9급, 7급 공무원 시험 완벽 대비!

토목직 응용역학

고영주 · 임성묵 지음

도서 A/S 안내

성안당에서 발행하는 모든 도서는 저자와 출판사, 그리고 독자가 함께 만들어 나갑니다.

좋은 책을 펴내기 위해 많은 노력을 기울이고 있습니다. 혹시라도 내용상의 오류나 오탈자 등이 발견되면 "좋은 책은 나라의 보배"로서 우리 모두가 함께 만들어 간다는 마음으로 연락주시기 바랍니다. 수정 보완하여 더 나은 책이 되도록 최선을 다하겠습니다.

성안당은 늘 독자 여러분들의 소중한 의견을 기다리고 있습니다. 좋은 의견을 보내주시는 분께는 성안당 쇼핑몰의 포인트(3,000포인트)를 적립해 드립니다.

잘못 만들어진 책이나 부록 등이 파손된 경우에는 교환해 드립니다.

내용 문의 : http://www.pass100.co.kr(게시판 이용)

본서 기획자 e-mail : coh@cyber.co.kr(최옥현)

홈페이지 : http://www.cyber.co.kr 전화 : 031) 950-6300

머리말

토목분야의 기술이 나날이 발전하고 있고, 이에 따라 공업역학, 재료역학, 구조역학 등의 내용을 광범위하게 다루고 있는 응용역학의 중요성도 커지고 있다.

응용역학은 구조물의 설계, 진단 및 평가와 관련된 기초학문으로서 많은 이해가 필요한 과목이다. 따라서 시험에 대비하여 다음의 내용에 중점을 두고 학습하기를 권한다.

- 필수적인 기본이론의 이해와 암기, 그리고 심화이론의 응용능력 향상을 위해 노력해야 한다.
- 문제풀이의 능력 배양을 위해서 힘의 평형과 자유물체도를 이해하여, 힘의 평형방정식을 적용할 줄 알아야 한다. 공무원 시험의 출제문제가 대부분 이해력을 바탕으로 출제되고 있기 때문이다.
- 주어진 시간 내에 20문제를 풀어야 하므로 이 책에 상세하게 기술한 기본이론을 숙지해야 한다. 이 책은 출제빈도 및 중요 항목을 페이지별로 정리하여 수록하였고, 단원별 기출문제 및 예시문제를 수록하여 최고의 점수를 획득할 수 있도록 하였다.

필자의 많은 강의 경험과 정성을 담아 집필하였으나 아직 부족한 점이 많으리라 생각된다. 지속적인 수정과 개선을 통해 보완할 것을 약속하며, 이 책을 통해 많은 사람들이 소기의 목적을 달성하기를 기원한다.

끝으로 이 책이 만들어지기까지 많은 노력을 기울여준 관계자분께 감사의 마음을 전한다.

저자 씀

시험안내

토목직 공무원은 도로, 교량, 철도, 댐, 항만 건설부터 일반하수, 상하수도, 오수, 하천관계시설, 도장 등의 관련 분야까지 그 범위가 매우 광범위하며 공사계획, 건설공사, 설계시공감독, 유지보수 관련 업무를 하게 된다. 일반토목, 수도토목, 농업토목 등으로 구분하며, 이 중 농업토목의 경우 농지의 개량 및 확대를 위한 조사, 계획, 설계, 측량제도와 공사시공 등에 관한 전문적이고 기술적인 업무를 수행한다.

1. 시험일정

<table>
<tr><th colspan="2">구분</th><th>원서접수</th><th colspan="2">필기시험</th><th>합격자 발표</th><th>인성검사</th><th>면접시험</th><th>최종 합격자 발표</th></tr>
<tr><td rowspan="3">국가직</td><td>9급</td><td>2.21.~2.24.</td><td colspan="2">4.17.</td><td>5.27.</td><td></td><td>8.4.~8.14.</td><td>8.26.</td></tr>
<tr><td rowspan="2">7급</td><td rowspan="2">5.24.~5.27.</td><td>1차</td><td>7.10.</td><td>8.18.</td><td rowspan="2"></td><td rowspan="2">11.14.~11.17.</td><td rowspan="2">11.29.</td></tr>
<tr><td>2차</td><td>9.11</td><td>10.13.</td></tr>
<tr><td rowspan="2">지방직</td><td>9급</td><td>3.29.~4.2.</td><td colspan="2">6.5.</td><td>7월 말</td><td></td><td>8월 중</td><td>8월 말</td></tr>
<tr><td>7급</td><td>7.5.~7.9.</td><td colspan="2">10.16.</td><td>11월 말</td><td></td><td>11월 중</td><td>11월 말</td></tr>
<tr><td rowspan="2">서울시</td><td>9급</td><td>3월 초</td><td colspan="2">6.5.</td><td rowspan="2"></td><td>7월 말</td><td>8월 중~9월 중</td><td>9월 말</td></tr>
<tr><td>7급</td><td>8월 초</td><td colspan="2">(1 · 2차 병합)
10.16.</td><td>11월 말</td><td>12월 중</td><td>12월 말</td></tr>
</table>

※ 지방직과 서울시의 필기시험일은 동일하나, 그 외 일정은 변동이 있을 수 있음

2. 시험과목

① 9급 : 국어, 영어, 한국사, 응용역학개론, 토목설계

② 7급

- 1차 : PSAT, 한국사검정, 영어검정
- 2차 : 물리학개론, 응용역학, 수리수문학, 토질역학

③ 영어검정 안내

<table>
<tr><th rowspan="2">구분</th><th colspan="2">TOEFL</th><th rowspan="2">TOEIC</th><th rowspan="2">TEPS
(2018.5.12.
전 시험)</th><th rowspan="2">TEPS
(2018.5.12.
이후 시험)</th><th rowspan="2">G-TELP</th><th rowspan="2">FLEX</th></tr>
<tr><th>PBT</th><th>IBT</th></tr>
<tr><td>7급 공채시험
(외무영사직렬 제외)</td><td>530</td><td>71</td><td>700</td><td>625</td><td>340</td><td>65(level 2)</td><td>625</td></tr>
<tr><td>7급 공채시험
(외무영사직렬)</td><td>567</td><td>86</td><td>790</td><td>700</td><td>382</td><td>77(level 2)</td><td>700</td></tr>
</table>

• 영어능력검정시험 인정범위
  - 2016.1.1. 이후 국내에서 실시된 시험으로서, 제1차 시험 시행예정일 전날까지 점수(등급)가 발표된 시험으로 한정하며 기준점수 이상으로 확인된 시험만 인정
  - 2016.1.1. 이후 외국에서 응시한 TOEFL, 일본에서 응시한 TOEIC, 미국에서 응시한 G-TELP는 제1차 시험 시행예정일 전날까지 점수(등급)가 발표된 시험으로 한정하며 기준점수 이상으로 확인된 시험만 인정
  - 다만, 자체 유효기간이 2년인 시험(TOEIC, TOEFL, TEPS, G-TELP)의 경우에는 유효기간이 경과되면 시행기관으로부터 성적을 조회할 수 없어 진위 여부확인 불가. 따라서 해당 능력검정시험의 유효기간이 만료될 예정인 경우 반드시 유효기간 만료 전 별도 안내하는 기간에 사이버국가고시센터(www.gosi.kr)를 통해 사전등록을 해야 함

④ 한국사검정 안내
• 기준점수(등급) : 한국사능력검정시험(국사편찬위원회) 2급 이상
• 인정범위 : 2016.1.1. 이후 실시된 시험으로서 제1차 시험 시행예정일 전날까지 점수(등급)가 발표된 시험으로 한정하며 기준점수 이상으로 확인된 시험만 인정

3. 응시자격

(1) 2021년 시험제도 개편에 따른 원서접수 안내

2021년 시험부터는 동일 날짜에 시행되는 지방직 공무원 7급 및 8·9급 공개경쟁 및 경력경쟁임용 필기시험의 응시원서는 1개 지방자치단체만 접수 가능하며 중복접수가 불가하다.

(2) 응시결격사유

해당 시험의 최종시험 시행예정일(면접시험 최종예정일) 현재를 기준으로 국가공무원법 제33조의 결격사유에 해당하거나, 국가공무원법 제74조(정년)에 해당하는 자 또는 공무원임용시험령 등 관계법령에 따라 응시자격이 정지된 자는 응시할 수 없다.

① 국가공무원법 제33조(결격사유)
• 피성년후견인 또는 피한정후견인
• 파산선고를 받고 복권되지 아니한 자
• 금고 이상의 실형을 선고받고 그 집행이 종료되거나 집행을 받지 아니하기로 확정된 후 5년이 지나지 아니한 자
• 금고 이상의 형을 선고받고 그 집행유예 기간이 끝난 날부터 2년이 지나지 아니한 자
• 금고 이상의 형의 선고유예를 받은 경우에 그 선고유예 기간 중에 있는 자

- 법원의 판결 또는 다른 법률에 따라 자격이 상실되거나 정지된 자
- 공무원으로 재직기간 중 직무와 관련하여 형법 제355조 및 제356조에 규정된 죄를 범한 자로서 300만원 이상의 벌금형을 선고받고 그 형이 확정된 후 2년이 지나지 아니한 자
- 성폭력범죄의 처벌 등에 관한 특례법 제2조에 규정된 죄를 범한 사람으로서 100만원 이상의 벌금형을 선고받고 그 형이 확정된 후 3년이 지나지 아니한 사람
- 미성년자에 대하여 성폭력범죄의 처벌 등에 관한 특례법 제2조에 따른 성폭력범죄, 아동·청소년의 성보호에 관한 법률 제2조 제2호에 따른 아동·청소년대상 성범죄를 저질러 파면·해임되거나 형 또는 치료감호를 선고받아 그 형 또는 치료감호가 확정된 사람(집행유예를 선고받은 후 그 집행유예기간이 경과한 사람을 포함)
- 징계로 파면처분을 받은 때부터 5년이 지나지 아니한 자
- 징계로 해임처분을 받은 때부터 3년이 지나지 아니한 자

② 국가공무원법 제74조(정년)

- 공무원의 정년은 다른 법률에 특별한 규정이 있는 경우를 제외하고는 60세로 한다.
- 공무원은 그 정년에 이른 날이 1월부터 6월 사이에 있으면 6월 30일에, 7월부터 12월 사이에 있으면 12월 31일에 각각 당연히 퇴직된다.

(3) 응시연령

① 9급 : 18세 이상

② 7급 : 20세 이상

(4) 학력 및 경력

제한없음

(5) 거주지 제한

국가직, 서울시, 인천시, 경기 시험은 거주지 제한이 없으나, 다른 지방직 시험은 거주지 제한이 있다.

① 부산, 대구, 광주, 대전, 강원, 충북, 충남, 전남, 전북, 경북, 경남, 제주

- 시험 당해년도 1월 1일 이전부터 최종 시험일(면접시험)까지 계속하여 해당 시·도에 주민등록상 거주자

  ※ 같은 기간 중 주민등록의 말소 및 거주불명으로 등록된 사실이 없어야 함
- 시험 당해년도 1월 1일 이전까지 해당 시·도의 주민등록상 주소지를 두고 있었던 기간을 모두 합산하여 총 3년 이상인 자

② 세종

- 시험 당해년도 1월 1일 이전부터 최종 시험일(면접시험 최종일)까지 계속하여 본인의 주민등록상 주소지가 세종특별자치시로 되어 있는 자
  ※ 같은 기간 중 말소 및 거주불명으로 등록된 사실이 없어야 함
- 시험 당해년도 1월 1일 이전까지 본인의 주민등록상 주소지가 세종특별자치시 관할 행정구역 내로 되어 있었던 기간이 모두 합하여 3년 이상인 사람

▸ 직렬별로 거주지 제한규정이 다를 수 있으니 공고문을 반드시 확인할 것!

4. 가산점

(1) 가산점 적용대상자 및 가산비율

구 분	가산비율
취업지원대상자	과목별 만점의 10% 또는 5%
의사상자 등(의사자 유족, 의상자 본인 및 가족)	과목별 만점의 5% 또는 3%
직렬별 가산대상 자격증 소지자	과목별 만점의 3~5%(1개의 자격증만 인정)

※ 취업지원대상자 가점과 의사상자 등 가점은 1개만 적용

※ 취업지원대상자/의사상자 등 가점과 자격증 가산점은 각각 적용

※ 직렬 공통으로 적용되었던 통신·정보처리 및 사무관리분야 자격증 가산점은 2017년부터 폐지됨

(2) 기술직(전산직 제외)

각 과목 만점의 40% 이상 득점한 자에 한하여 각 과목별 득점에 각 과목별 만점의 일정비율(다음 표에서 정한 가산비율)에 해당하는 점수를 가산한다.

구 분	7급		9급	
	기술사, 기능장, 기사 [시설직(건축)의 건축사 포함]	산업기사	기술사, 기능장, 기사, 산업기사 [시설직(건축)의 건축사 포함]	기능사 [농업직(일반농업)의 농산물품질관리사 포함]
가산비율	5%	3%	5%	3%

차 례

제1장 정역학의 기초

제2장 단면의 기하학적 성질

제3장 재료의 역학적 성질

제4장 구조물 일반

제5장 정정보

제6장 정정 라멘, 아치, 케이블

제7장 보의 응력

제8장 기둥

제9장 트러스

제10장 탄성변형의 정리

제11장 구조물의 처짐과 처짐각

제12장 부정정 구조물

부록 과년도 출제문제

시험 전 꼭 암기해야 할 필수 암기노트

APPLIED MECHANICS

01 | 힘

① 한 점에 작용하는 두 힘의 합성

- 합력 : $R=\sqrt{P_1{}^2+P_2{}^2+2P_1P_2\cos\alpha}$
- 합력방향 : $\tan\theta=\dfrac{P_2\sin\alpha}{P_1+P_2\cos\alpha}$

② 한 점에 작용하는 여러 힘의 합성

- 수평분력의 합 : $\Sigma H=H_1+H_2+H_3$
  $=P_1\cos\alpha_1-P_2\cos\alpha_2-P_3\cos\alpha_3$
- 수직분력의 합 : $\Sigma V=V_1+V_2+V_3$
  $=P_1\sin\alpha_1+P_2\sin\alpha_2+P_3\sin\alpha_3$
- 합력 : $R=\sqrt{(\Sigma H)^2+(\Sigma V)^2}$
- 합력의 위치 : ΣH와 ΣV의 부호에 따라 결정
- 합력의 방향 : $\tan\theta=\dfrac{\Sigma V}{\Sigma H}$

③ 한 점에 작용하지 않는 여러 힘의 합성

- 합력 : $R=\sqrt{(\Sigma H)^2+(\Sigma V)^2}$
- 합력의 방향 : $\tan\theta=\dfrac{\Sigma V}{\Sigma H}$
- 합력의 작용점

$$x_0=\frac{\Sigma Vx}{\Sigma V}=\frac{V_1x_1+V_2x_2}{V_1+V_2}$$

$$y_0=\frac{\Sigma Hy}{\Sigma H}=\frac{H_1y_1+H_2y_2}{H_1+H_2}$$

④ 평행한 힘의 합성과 합력위치

- 합력의 크기 : $R=P_1-P_2+P_3+P_4$
- 합력의 위치 : 바리뇽의 정리에 의하여
  $Rx=P_1l_1-P_2l_2+P_3l_3$
  $\therefore\ x=\dfrac{P_1l_1-P_2l_2+P_3l_3}{R}$

02 | 힘의 평형

① 동일점에 작용하는 힘의 평형조건 : $\Sigma H=0$, $\Sigma V=0$

② 여러 점에 작용하는 힘의 평형조건 : $\Sigma H=0$, $\Sigma V=0$, $\Sigma M=0$

③ 라미(Lami)의 정리 : $\dfrac{P_1}{\sin\theta_1}=\dfrac{P_2}{\sin\theta_2}=\dfrac{P_3}{\sin\theta_3}$

03 | 단면 1차 모멘트

① 단면 1차 모멘트

- 일반식 : $G_x=\int_A y\,dA$, $G_y=\int_A x\,dA$
- 기본공식 : $G_x=Ay$, $G_y=Ax$
- 단위 : cm^3
- 활용 : 구조물의 안정도 계산, 도심위치 결정, 전단응력 계산

② 도심 : $x=\dfrac{G_y}{A}$, $y=\dfrac{G_x}{A}$

③ 각종 단면의 도심(G)과 면적

$y_0=\dfrac{h}{2}$, $A_0=bh$

$y_0=\dfrac{h}{3}$, $A_0=\dfrac{bh}{2}$

$y_0=\dfrac{D}{2}$, $A_0=\dfrac{\pi D^2}{4}$

$y_0=\dfrac{4r}{3\pi}$, $A_0=\dfrac{\pi r^2}{2}$

$y_0=\dfrac{3}{8}h$, $y_1=\dfrac{3}{4}h$, $A_0=\dfrac{2}{3}bh$, $A_1=\dfrac{bh}{3}$

04 | 단면 2차 모멘트

① 단면 2차 모멘트

- 일반식 : $I_x = \int_A y^2 dA,\ I_y = \int_A x^2 dA$
- 기본공식 : $I_x = I_X + Ay^2,\ I_y = I_Y + Ax^2$
- 단위 : cm^4
- 활용 : 단면계수, 단면회전반경, 강비, 처짐각, 처짐, 휨응력, 전단응력 계산

② 기본도형의 단면 2차 모멘트

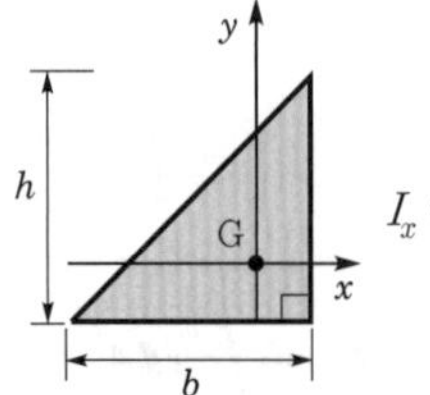

$I_x = \dfrac{bh^3}{36},\ I_y = \dfrac{hb^3}{36}$

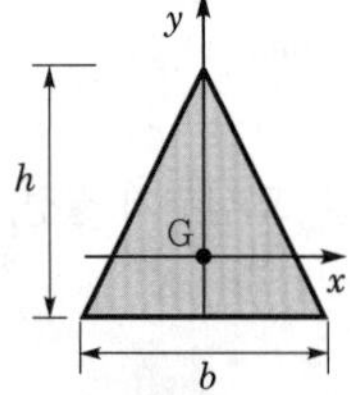

$I_x = \dfrac{bh^3}{36},\ I_y = \dfrac{hb^3}{48}$

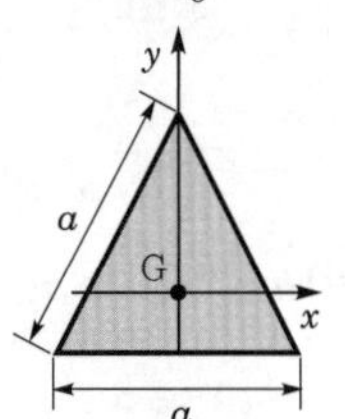

$I_x = I_y = \dfrac{\sqrt{3}}{96}a^4$

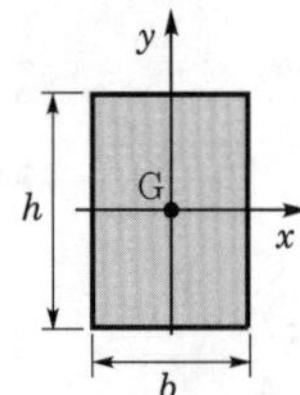

$I_x = \dfrac{bh^3}{12},\ I_y = \dfrac{hb^3}{12}$

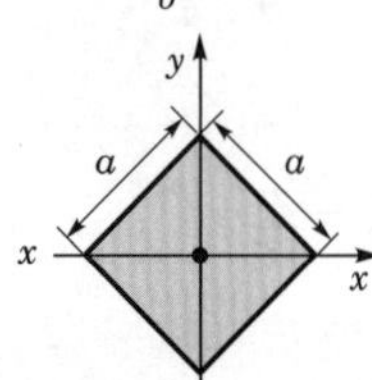

$I_x = \dfrac{a^4}{12},\ I_y = \dfrac{a^4}{12}$

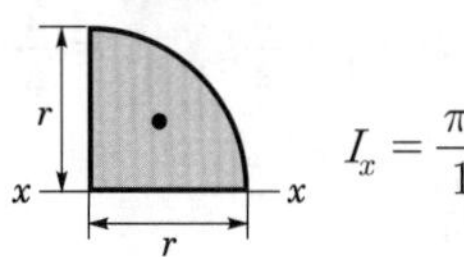

$I_x = \dfrac{\pi r^4}{16}$

$I_x = I_y = \dfrac{\pi D^4}{64} = \dfrac{\pi r^4}{4}$

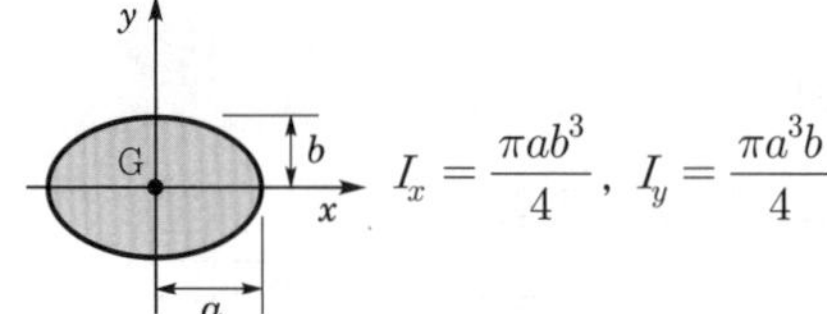

$I_x = \dfrac{\pi ab^3}{4},\ I_y = \dfrac{\pi a^3 b}{4}$

$I_x = \dfrac{\pi r^4}{8}$

05 | 단면 2차 극모멘트

① 일반식 : $I_P = \int_A r^2 dA$

② 기본공식 : $I_P = I_x + I_y$

③ 단위 : cm^4

④ 활용 : 비틀림 설계

06 | 단면 2차 회전반경

$r_x = \sqrt{\dfrac{I_x}{A}},\ r_y = \sqrt{\dfrac{I_y}{A}},\ r_{\min} = (r_x,\ r_y)_{\min}$

07 | 단면계수

$Z_c = \dfrac{I_X}{y_1},\ Z_t = \dfrac{I_X}{y_2}$

08 | 주단면 2차 모멘트

① $I_{\max} = \dfrac{1}{2}(I_x + I_y) + \dfrac{1}{2}\sqrt{(I_x - I_y)^2 + 4{I_{xy}}^2}$

② $I_{\min} = \dfrac{1}{2}(I_x + I_y) - \dfrac{1}{2}\sqrt{(I_x - I_y) + 4{I_{xy}}^2}$

③ 주축방향 : $\tan 2\theta = \dfrac{2I_{xy}}{I_y - I_x}$

09 | 응력

① 봉에 작용하는 응력

- 수직응력
  - 압축응력 : $\sigma_c = -\dfrac{P}{A}$
  - 인장응력 : $\sigma_t = +\dfrac{P}{A}$
- 전단응력 : $\tau = \dfrac{S}{A}$

② 보(휨부재)에 작용하는 응력

- 전단응력 : $\tau = \dfrac{SG}{Ib}$

  여기서, S : 전단력
  G : 단면 1차 모멘트
  I : 중립축 단면 2차 모멘트
  b : 단면폭

- 최대 전단응력 : $\tau_{\max} = \alpha\dfrac{S}{A}$

  여기서, α : 형상계수

- 단면형태별 최대 전단응력
  - △, ㅁ : $\tau_{\max} = \dfrac{3}{2}\dfrac{S}{A}$
  - ○ : $\tau_{\max} = \dfrac{4}{3}\dfrac{S}{A}$
  - ◇ : $\tau_{\max} = \dfrac{9}{8}\dfrac{S}{A}$
- 휨응력 : $\sigma = \pm\dfrac{M}{I}y = \pm\dfrac{M}{Z}$

  여기서, y : 중립축에서 떨어진 거리

③ 비틀림응력 : $\tau = \dfrac{Tr}{J} = \dfrac{Tr}{I_P}$

여기서, T : 비틀림모멘트
J : 비틀림상수
r : 중심축에서 반지름방향 거리
I_P : 단면 2차 극모멘트

④ 원환응력(횡방향 응력=관지름방향 응력)

$$\sigma_y = \frac{T}{A} = \frac{qD}{2t} = \frac{qr}{t}$$

⑤ 원통응력(종방향 응력=관길이방향 응력)

$$\sigma_x = \frac{1}{2}\sigma_y = \frac{1}{2}\left(\frac{qD}{2t}\right) = \frac{qD}{4t}$$

⑥ 온도응력 : $\sigma = E\varepsilon_t = E\alpha\Delta T$

여기서, α : 선팽창계수
ΔT : 온도변화량
E : 재료의 탄성계수

10 | 변형률, 응력–변형률도

① 푸아송비와 푸아송수

- 푸아송비 : $\nu = \dfrac{\text{가로변형도}(\varepsilon_d)}{\text{세로변형도}(\varepsilon_l)} = \dfrac{l\Delta d}{d\Delta l}$
- 푸아송수 : $m = \dfrac{\text{세로변형도}(\varepsilon_l)}{\text{가로변형도}(\varepsilon_d)} = \dfrac{d\Delta l}{l\Delta d}$
- 관계 : $m = \dfrac{1}{\nu}$ (역수관계)

② 훅의 법칙(Hook's law) : 탄성한도 내에서 응력은 그 변형에 비례한다.

- 응력 : $f = E\varepsilon = E\dfrac{\Delta l}{l}$
- 탄성계수 : $E = \dfrac{f}{\varepsilon} = \dfrac{P/A}{\Delta l/l} = \dfrac{Pl}{A\Delta l}$
- 탄성변형량 : $\Delta l = \dfrac{Pl}{AE}$

③ 전단탄성계수 : $G = \dfrac{r}{\gamma} = \dfrac{S/A}{\lambda/l} = \dfrac{Sl}{A\lambda} = \dfrac{S}{A\phi}$

④ 탄성계수의 관계 : $E = 2G(1+\nu)$

$$\therefore\ G = \frac{E}{2(1+\nu)} = \frac{mE}{2(m+1)} ≒ \frac{2}{5}E$$

11 | 합성부재에 받는 하중

① 철근이 받는 하중 : $P_s = \left(\dfrac{A_sE_s}{A_cE_c + A_sE_s}\right)P$

② 콘크리트가 받는 하중 : $P_c = \left(\dfrac{A_cE_c}{A_cE_c + A_sE_s}\right)P$

12 | 변형에너지(탄성에너지, 레질리언스)

① 수직력에 의한 변형에너지 : $u = \dfrac{1}{2}P\delta = \dfrac{P^2l}{2AE}$

② 순수 전단력에 의한 변형에너지

$$u = \frac{1}{2}S\delta = \frac{S}{2}\left(\frac{Sl}{GA}\right) = \frac{S^2l}{2GA}$$

③ 휨모멘트에 의한 변형에너지

- 순수 휨모멘트가 작용하는 경우 : $u = \dfrac{M^2l}{2EI}\left(= \dfrac{1}{2}M\theta\right)$
- 휨모멘트가 변하는 경우 : $u = \displaystyle\int_0^l \frac{M^2}{2EI}dx$

④ 비틀림모멘트에 의한 변형에너지

$$u=\frac{1}{2}T\phi=\frac{T}{2}\left(\frac{Tl}{GJ}\right)=\frac{T^2l}{2GJ}$$

13 | 조합응력

① 1축 응력

- 주(수직)응력 : $\sigma_{\substack{\max\\ \min}}=\frac{\sigma_x}{2}\pm\frac{1}{2}\sqrt{{\sigma_x}^2}=\sigma_x$ 또는 0(랭킨의 최대 수직응력)
- 주전단응력 : $\tau_{\substack{\max\\ \min}}=\pm\frac{1}{2}\sqrt{{\sigma_x}^2}=\pm\frac{\sigma_x}{2}$ (쿨롱의 최대 전단응력)

② 2축 응력

- 수직응력

$$\sigma_n=\frac{1}{2}(\sigma_x+\sigma_y)+\frac{1}{2}(\sigma_x-\sigma_y)\cos 2\theta$$

- 전단응력 : $\tau_n=\frac{1}{2}(\sigma_x-\sigma_y)\sin 2\theta$
- 주(수직)응력

$$\sigma_{\substack{\max\\ \min}}=\frac{\sigma_x+\sigma_y}{2}\pm\frac{1}{2}\sqrt{(\sigma_x-\sigma_y)^2}$$

$$=\frac{1}{2}(\sigma_x+\sigma_y)\pm\frac{1}{2}(\sigma_x-\sigma_y)$$

$$=\sigma_x \text{ 또는 } \sigma_y$$

- 주전단응력

$$\tau_{\substack{\max\\ \min}}=\pm\frac{1}{2}\sqrt{(\sigma_x-\sigma_y)^2}=\frac{1}{2}(\sigma_x-\sigma_y)$$

③ 평면응력

- 평면응력

$$\sigma_n=\frac{1}{2}(\sigma_x+\sigma_y)+\frac{1}{2}(\sigma_x-\sigma_y)\cos 2\theta+\tau_{xy}\sin 2\theta$$

$$\tau_n=\frac{1}{2}(\sigma_x-\sigma_y)\sin 2\theta-\tau_{xy}\cos 2\theta$$

- 주응력과 작용면

$$\sigma_{\substack{\max\\ \min}}=\frac{1}{2}(\sigma_x+\sigma_y)\pm\frac{1}{2}\sqrt{(\sigma_x-\sigma_y)^2+4{\tau_{xy}}^2}$$

$$\tan 2\theta_P=\frac{2\tau_{xy}}{\sigma_x-\sigma_y}$$

- 주전단응력과 작용면(주면)

$$\tau_{\substack{\max\\ \min}}=\pm\frac{1}{2}\sqrt{(\sigma_x-\sigma_y)^2+4{\tau_{xy}}^2}$$

$$\tan 2\theta_S=\frac{-(\sigma_x-\sigma_y)}{2\tau_{xy}}$$

14 | 구조물 판별식

$$N_t=r+m+S-2K$$

여기서, r : 반력수
m : 부재수
S : 강절점수
K : 절점 및 지점수(자유단 포함)

15 | 단순보의 해석

① 단순보의 반력

$$R_A=\frac{M}{l}(\downarrow),\ R_B=\frac{M}{l}(\uparrow)$$

$$R_A=\frac{Pb}{l}(\uparrow),\ R_B=\frac{Pa}{l}(\uparrow)$$

$$R_A=R_B=\frac{P}{2}(\uparrow)$$

$$R_A=R_B=\frac{wl}{2}(\uparrow)$$

$$R_A=\frac{wl}{6}(\uparrow),\ R_B=\frac{wl}{3}(\uparrow)$$

② 등분포하중작용

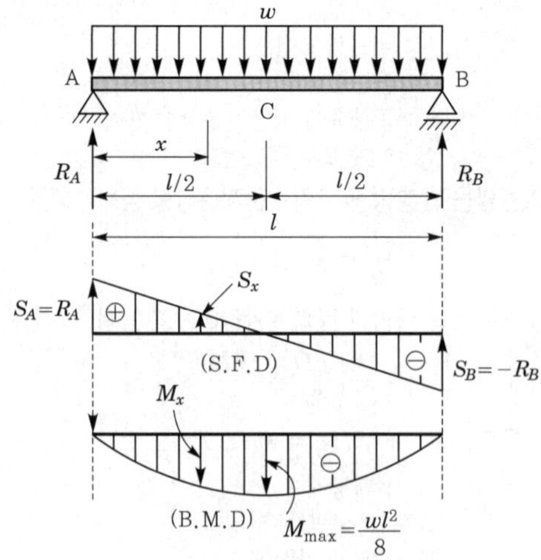

③ 등변분포하중작용

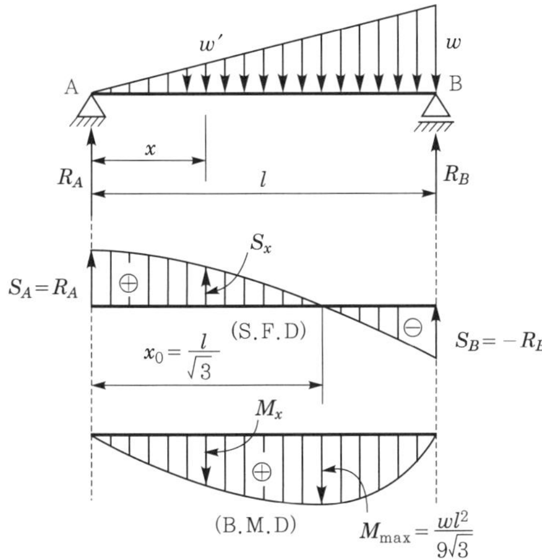

④ 단순보의 최대 단면력(집중하중 2개 작용 시)

- 최대 전단력(S_{max})
  - 큰 하중이 지점에 오고, 나머지 하중은 지간 내에 작용할 때 발생(1개 하중은 최대 종거에 재하, 1개 하중은 부호가 동일한 위치에 재하)
  - $S_{max}=P_1+P_2y$

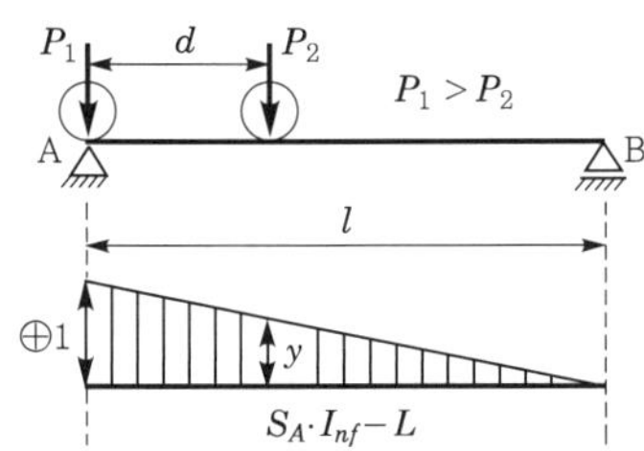

- 최대 휨모멘트(M_{max})
  - 합력 : $R=P_1+P_2$
  - 합력위치 : $x=\frac{P_2d}{R}$
  - 합력과 가장 가까운 하중과의 거리 1/2 되는 곳을 보의 중앙점에 오도록 하중이동
  - 최대 휨모멘트는 중앙점에서 가장 가까운 하중에서 발생
  - 최대 휨모멘트(M_{max}) : $\Sigma M_B=0$, R_A 구함, $M_{max}=R_A\left(\frac{l}{2}-\frac{x}{2}\right)$

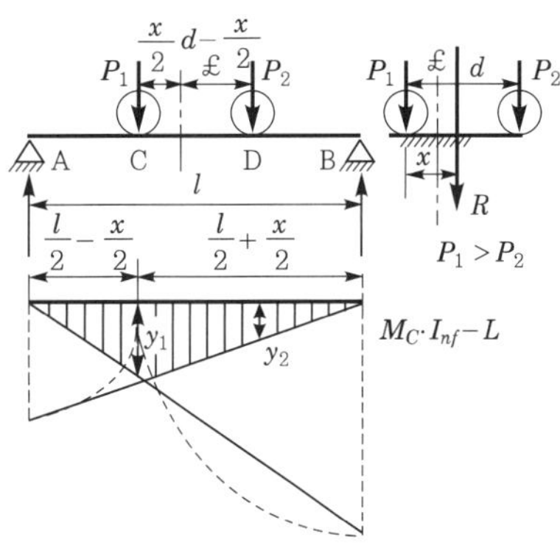

16 | 내민보의 반력

① $R_A=\frac{M}{l}(\downarrow)$, $R_B=\frac{M}{l}(\uparrow)$

② $R_A=\frac{Pb}{l}(\uparrow)$, $R_B=\frac{Pa}{l}(\uparrow)$

③ $R_A=R_B=\frac{P}{2}(\uparrow)$

④ $R_A=R_B=\frac{wl}{2}(\uparrow)$

⑤

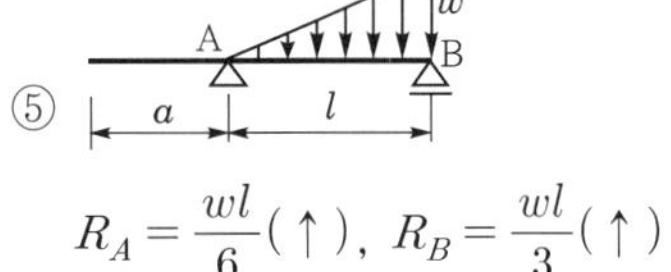

$R_A=\frac{wl}{6}(\uparrow)$, $R_B=\frac{wl}{3}(\uparrow)$

17 | 보의 응력

① 휨응력

- 휨모멘트만 작용 : $\sigma=\frac{M}{I}y=\frac{E}{R}y$
- 축방향력과 휨모멘트 작용 : $\sigma=\frac{N}{A}\pm\frac{M}{I}y$

여기서, M : 휨모멘트(kgf · cm)
I : 중립축 단면2차모멘트(cm^4)
y : 중립축에서 떨어진 거리(cm)
E : 탄성계수(kgf/cm^2)
R : 곡률반경(cm)
N : 축방향력(kgf)
A : 보의 단면적(cm^2)

② 전단응력 : $\tau = \dfrac{SG}{Ib}$

③ 최대 전단응력 : $\tau_{\max} = \alpha \dfrac{S}{A}$

여기서, α : 전단계수, $\dfrac{S}{A}$: 평균전단응력

④ 단면별 최대 전단응력

- 구형 단면, 삼각형 단면 : $\tau_{\max} = 1.5\dfrac{S}{A}$
- 원형 단면 : $\tau_{\max} = \dfrac{4}{3}\dfrac{S}{A}$

⑤ 소성설계법(강도설계법, 극한강도설계법)

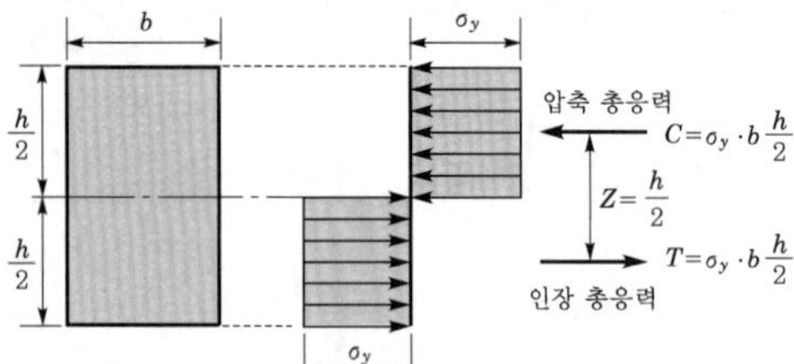

소성모멘트=극한저항모멘트=최대 모멘트

$$M_p = \sigma_y \frac{bh^2}{4} = \sigma_y Z_p$$

여기서, Z_p : 소성계수$\left(=\dfrac{bh^2}{4}\right)$

⑥ 단면별 소성계수

$Z_p = \dfrac{bh^2}{4}$

$Z_p = \dfrac{4r^3}{3}$

$Z_p = \dfrac{bh^2}{12}$

18 | 보의 처짐, 처짐각

① 탄성곡선식법

- 곡률과 휨모멘트 관계 : $\dfrac{1}{R} = \dfrac{M_x}{EI}$

여기서, R : 곡률반경(ρ)
$\dfrac{1}{R}$: 곡률
EI : 휨강성(굴곡강성)
$\dfrac{M}{EI}$: 탄성하중

- 탄성곡선식(처짐곡선식) : $\dfrac{1}{R} = \dfrac{d\theta}{dx} = \dfrac{d^2y}{dx^2} = -\dfrac{M_x}{EI}$

∴ 처짐곡선식 $\dfrac{d^2y}{dx^2} = -\dfrac{M_x}{EI}$

- 처짐각 : $\theta = y' = \dfrac{dy}{dx} = -\dfrac{1}{EI}\int Mdx + C_1$

→ 휨모멘트 한 번 적분(C_1 : 적분상수)

- 처짐 :

$$y = \int \frac{dy}{dx} = -\frac{1}{EI}\iint Mdx + \int C_1 dx + C_2$$

→ 휨모멘트 두 번 적분(C_1, C_2 : 적분상수)

② 가상일의 방법(단위하중법, Maxwell-Mohr법)

- 단위하중법의 일반식
  - 외적 가상일 $W_{\text{ext}} = 1\Delta$
  - 내적 가상일

$$W_{\text{int}} = \int n d\delta + \int m d\theta + \int s d\lambda + \int t d\phi$$

여기서, n, m, s, t : 단위하중에 의한 응력

- $W_{\text{ext}} = W_{\text{int}}$이므로

$\Delta = \int n d\delta + \int m d\theta + \int s d\lambda + \int t d\phi$이다.

이 식에서 실제 하중에 의한 구조물의 응력 N, M, S, T를 변형으로 표시하면

$$\Delta = \int \frac{nN}{EA}dx + \int \frac{mM}{EI}dx + \int \frac{sS}{GA}dx + \int \frac{tfT}{GJ}dx$$

여기서, Δ : 수직 및 수평변위, 회전각, 상대변위 등 구하고자 하는 변위

- 휨부재(보, 라멘)의 단위하중법에 의한 변위 : 휨모멘트만 고려

$$\Delta = \int \frac{mM}{EI}dx$$

여기서, Δ : 구하고자 하는 변위(δ, θ)
m : 단위하중에 의한 휨모멘트
M : 실제 하중에 의한 휨모멘트

- 트러스부재의 단위하중법에 의한 변위 : 축력만 고려

$$\Delta = \int_0^l \frac{nN}{EA}dx = \Sigma \frac{nN}{EA}L$$

여기서, Δ : 구하고자 하는 처짐(δ)
n : 단위하중에 의한 축력
N : 실제 하중에 의한 축력

③ 보의 종류별 처짐 및 처짐각

• 단순보

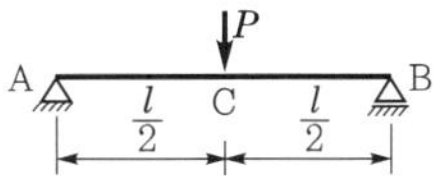

$$\theta_A = -\theta_B = \frac{Pl^2}{16EI},\ y_C = \frac{Pl^3}{48EI}$$

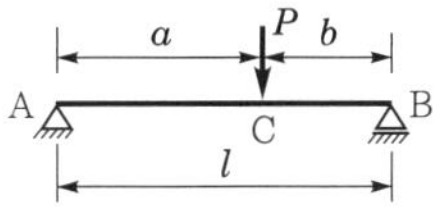

$$\theta_A = -\frac{Pb}{16EIl}(l^2-b^2),\ \theta_B = -\frac{Pa}{6EIl}(l^2-a^2),$$

$$y_C = \frac{Pa^2b^2}{3EIl}$$

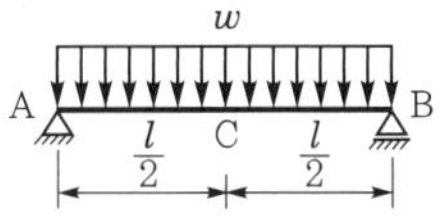

$$\theta_A = -\theta_B = \frac{wl^3}{24EI},\ y_C = \frac{5wl^4}{384EI}$$

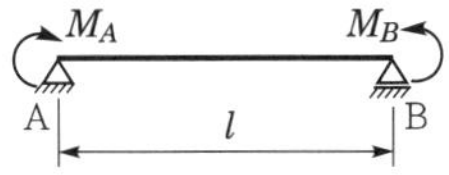

$$\theta_A = \frac{l}{6EI}(2M_A+M_B)$$

$$\theta_B = -\frac{l}{6EI}(M_A+2M_B),\ M_A = M_B = M$$

$$y_{\max} = \frac{Ml^2}{8EI}$$

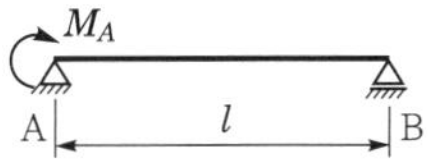

$$\theta_A = \frac{M_A l}{3EI},\ \theta_B = -\frac{M_A l}{6EI},\ y_{\max} = 0.064\frac{Ml^2}{EI}$$

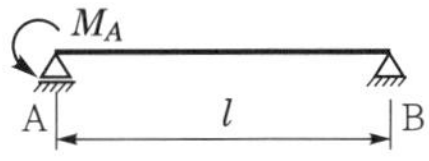

$$\theta_A = -\frac{M_A l}{3EI},\ \theta_B = \frac{M_A l}{6EI},\ y_{\max} = -0.064\frac{Ml^2}{EI}$$

• 캔틸레버보

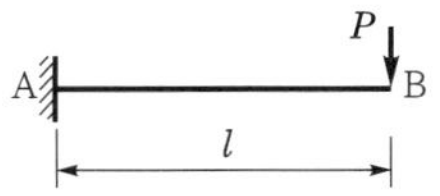

$$\theta_B = \frac{Pl^2}{2EI},\ y_B = \frac{Pl^3}{3EI}$$

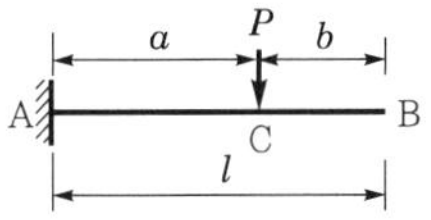

$$\theta_C = \theta_B = \frac{Pa^2}{2EI},\ y_B = \frac{Pa^3}{6EI}(3l-a)$$

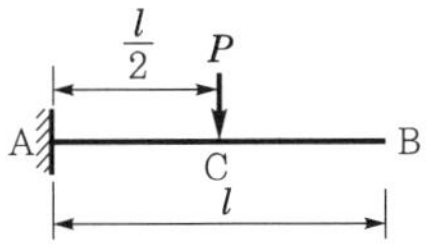

$$\theta_C = \theta_B = \frac{Pl^2}{8EI},\ y_B = \frac{5Pl^3}{48EI}$$

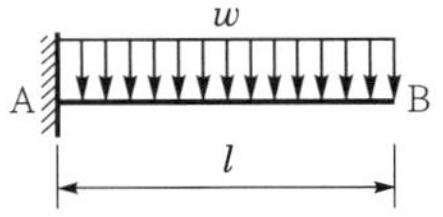

$$\theta_B = \frac{wl^3}{6EI},\ y_B = \frac{wl^4}{8EI}$$

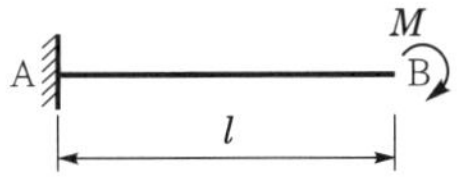

$$\theta_B = \frac{Ml}{EI},\ y_B = \frac{Ml^2}{2EI}$$

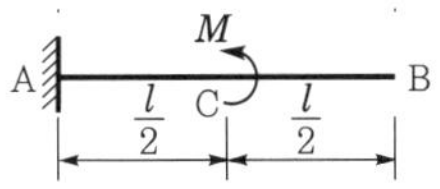

$$\theta_B = \frac{Ml}{2EI},\ y_B = \frac{3Ml^2}{8EI}$$

19 | 기둥

① 단주

• 1축 편심축하중

– x축상에 편심작용($e_y = 0$)

$$\sigma = \frac{P}{A} \pm \frac{M_x}{I_y}x = \frac{P}{A} \pm \frac{Pe_x}{I_y}x$$

– y축상에 편심작용($e_x = 0$)

$$\sigma = \frac{P}{A} \pm \frac{M_y}{I_x}y = \frac{P}{A} \pm \frac{Pe_y}{I_x}y$$

• 2축 편심축하중

$$\sigma = \frac{P}{A} \pm \frac{M_x}{I_y}x \pm \frac{M_y}{I_x}y = \frac{P}{A} \pm \frac{Pe_x}{I_y}x \pm \frac{Pe_y}{I_x}y$$

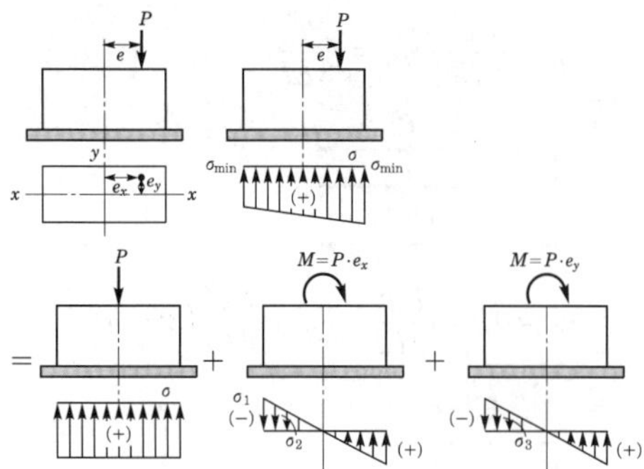

- 각 단면의 핵거리
  - 구형 단면 : $e_x = \dfrac{b}{6}$, $e_y = \dfrac{h}{6}$
  - 원형 단면 : $e_x = e_y = \dfrac{D}{8} = \dfrac{r}{4}$
  - 삼각형 단면 : $e_x = \dfrac{b}{8}$, $e_{y1} = \dfrac{h}{6}$, $e_{y2} = \dfrac{bh}{12}$

② 장주

- 좌굴하중 : $P_{cr} = \dfrac{n\pi^2 EI}{l^2} = \dfrac{\pi^2 EI}{{l_r}^2}$
- 단부조건별 강성계수(n)와 유효길이(l_r)

종류	양단 지지상태 (•은 변곡점)	$l_r = kl$ (유효길이=좌굴길이)	$n = \dfrac{1}{k^2}$ (좌굴계수=강도계수)
1단 고정 타단 자유	P, l, 2l, l, P	$2l$	$\dfrac{1}{2^2} = \dfrac{1}{4}$
양단 힌지	P, l, P	$1l$	1
1단 힌지 타단 고정	P, 0.7l, P	$0.7l$	$\dfrac{1}{0.7^2} \fallingdotseq 2$
양단 고정	P, 0.5l, P	$0.5l$	$\dfrac{1}{0.5^2} = \dfrac{1}{4}$

20 | 정정라멘

① 모멘트하중(우력)이 작용

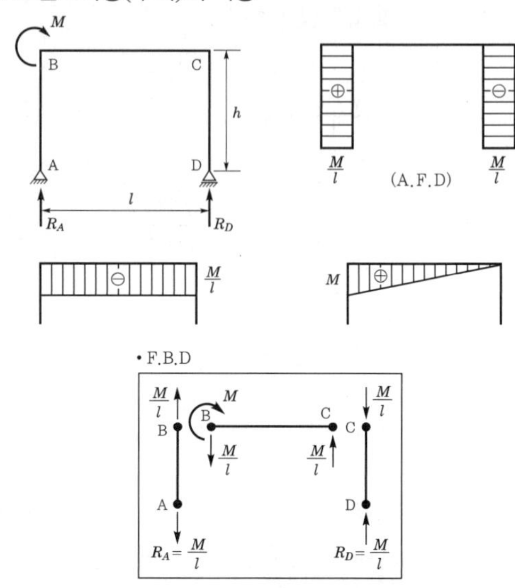

② 집중하중이 작용

- 수직하중작용

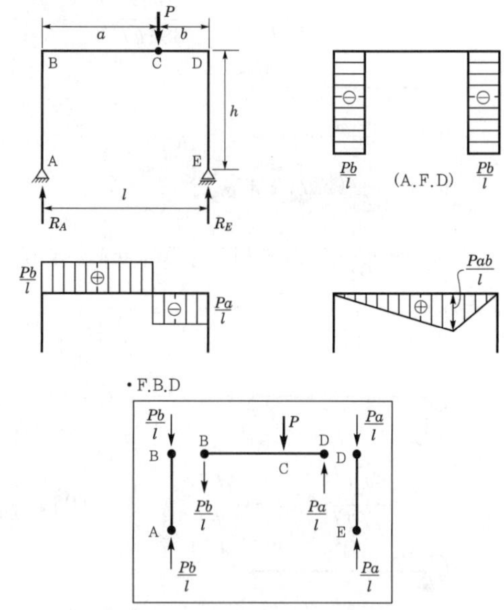

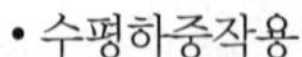
- 수평하중작용

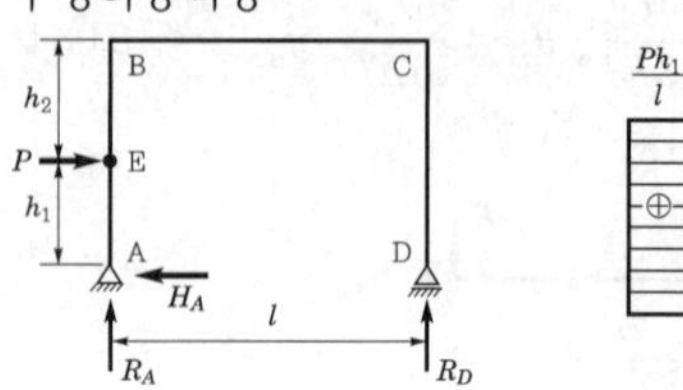

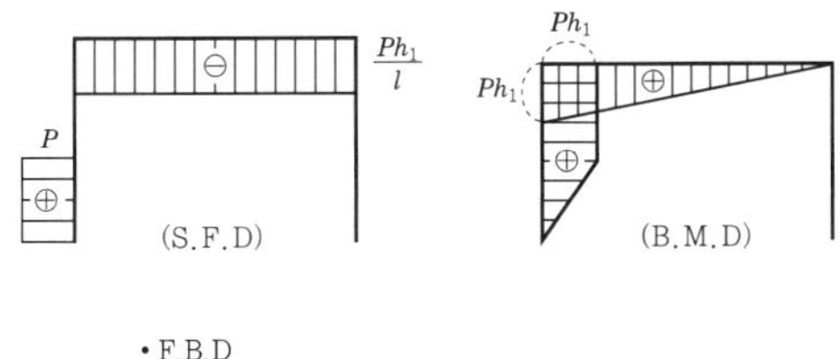

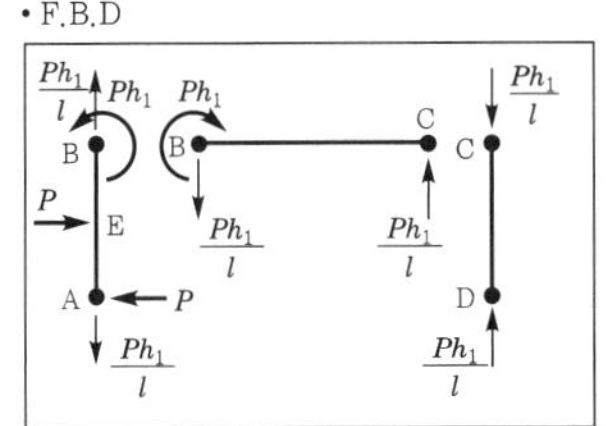

• 등분포하중작용

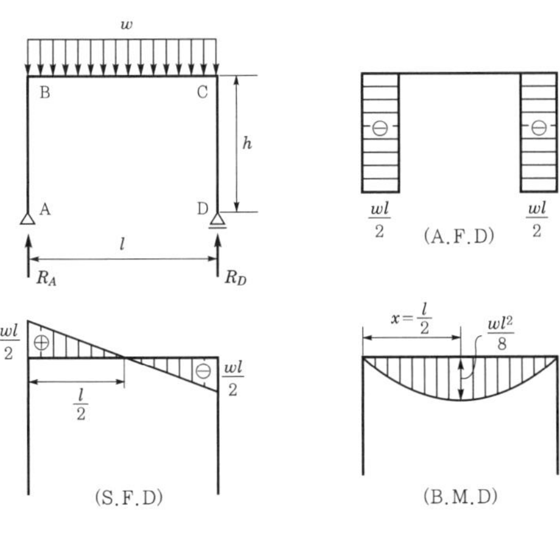

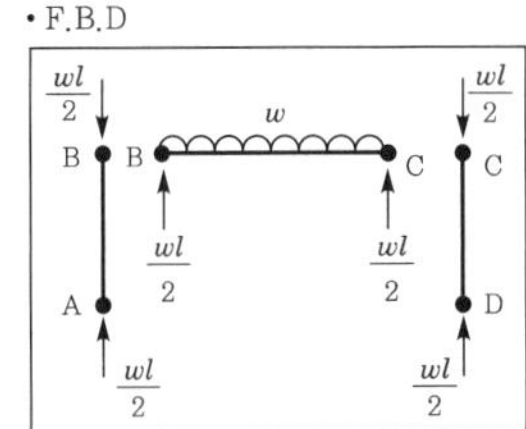

21 | 정정아치

① 단면력

• 축력 : $A_D = -V_A\sin\theta - H_A\cos\theta$ (압축)

• 전단력 : $S_D = V_A\cos\theta - H_A\sin\theta$

• 휨모멘트 : $M_D = V_A x - H_A y$

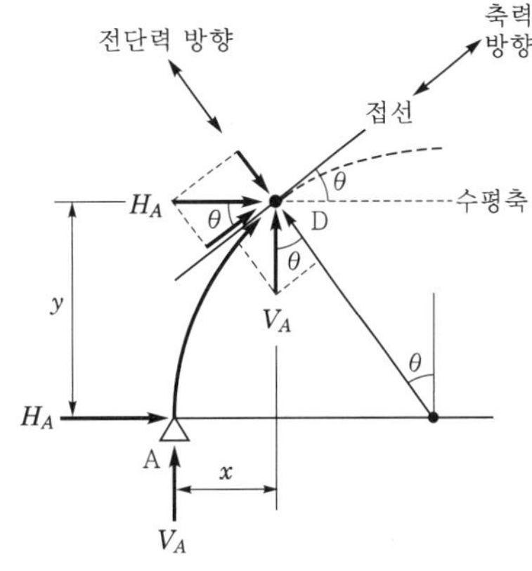

② 단순보형 아치

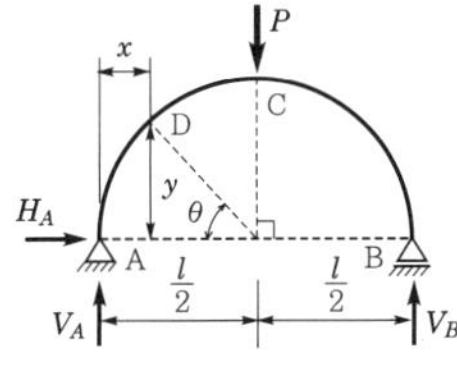

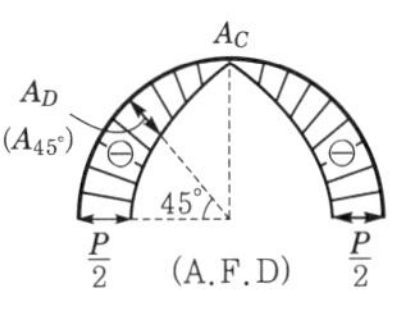

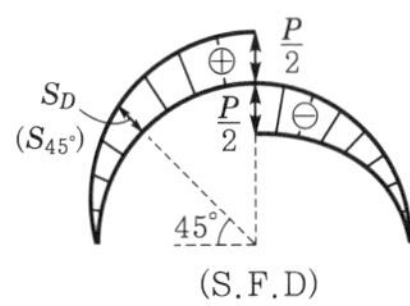

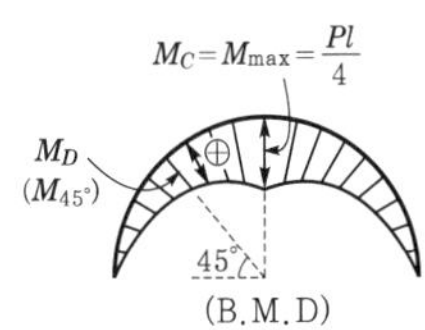

• 지점반력 : $V_A = \dfrac{P}{2}$, $V_B = \dfrac{P}{2}$

• 축력 : $A_\theta = -\dfrac{P}{2}\cos\theta$(압축)

• 전단력 : $S_\theta = V_A\sin\theta = \dfrac{P}{2}\sin\theta$

③ 3활절아치(수직등분포하중작용)

• 지점반력

$$\Sigma M_B = 0,\ V_A = \frac{wl}{2}(\uparrow)$$

$$\Sigma V = 0,\ V_B = \frac{wl}{2}(\uparrow)$$

$$\Sigma M_C = 0,\ H_A = \frac{wl^2}{8h}(\rightarrow)$$

$$\Sigma H = 0,\ H_B = \frac{wl^2}{8h}(\leftarrow)$$

• 축력 : $A_\theta = -(V_A - wx)\sin\theta - H_A\cos\theta$

• 전단력 : $S_\theta = (V_A - wx)\cos\theta - H_A\sin\theta$

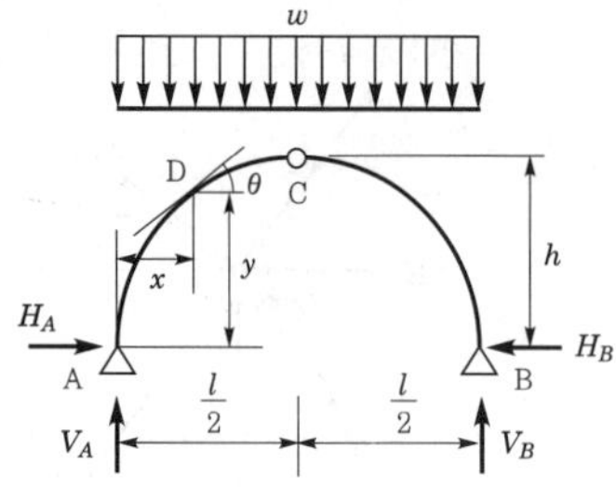

22 | 탄성변형에너지(내력일)의 종류

① 수직응력에 의한 탄성변형에너지

$$U_P = \int_0^l \frac{{P_x}^2}{2EA}dx = \Sigma\frac{P^2L}{2EA}$$

② 전단응력에 의한 탄성변형에너지

$$U_S = \int_0^l \frac{K{S_x}^2}{2GA}dx = \Sigma K\left(\frac{S^2L}{2GA}\right)$$

③ 휨응력에 의한 탄성변형에너지

$$U_M = \int_0^l \frac{{M_x}^2}{2EI}dx = \Sigma\frac{M^2L}{2EI}$$

④ 비틀림응력에 의한 탄성변형에너지

$$U_T = \int_0^l \frac{{T_x}^2}{2GJ}dx = \Sigma\frac{T^2L}{2GJ}$$

⑤ 자중에 의한 탄성변형에너지

$$U_W = \frac{A\gamma^2 l}{6E} = \frac{P^3}{6EA^2r}$$

여기서, K : 형상계수

γ : 재료단위무게

$P = Al\gamma$

23 | 변위일치법(변형일치법)

① 처짐을 이용한 방법 → 부정정력으로 이동지점 수직반력(R_B) 선택, 소거

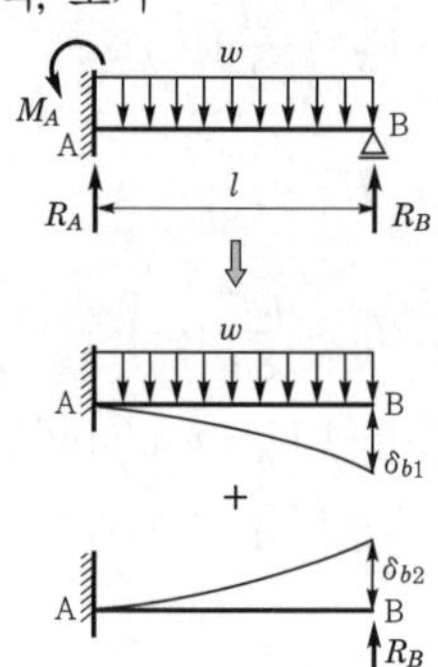

- 부정정력 : R_B 선택
- $\delta_{b1} = \frac{wl^4}{8EI}(\downarrow)$, $\delta_{b2} = \frac{R_B l^3}{3EI}(\uparrow)$
- B점의 실제 처짐=0이므로 $\delta_{b1} = \delta_{b2}$

$$\frac{wl^4}{8EI} = \frac{R_B l^3}{3EI}$$

$$\therefore\ R_B = \frac{3}{8}wl(\uparrow)$$

- $\Sigma M_A = 0$, $M_A = \frac{wl^2}{8}$
- $\Sigma V = 0$, $R_A = \frac{5}{8}wl(\uparrow)$

② 처짐각을 이용한 방법 → 부정정력으로 M_A 선택, 소거

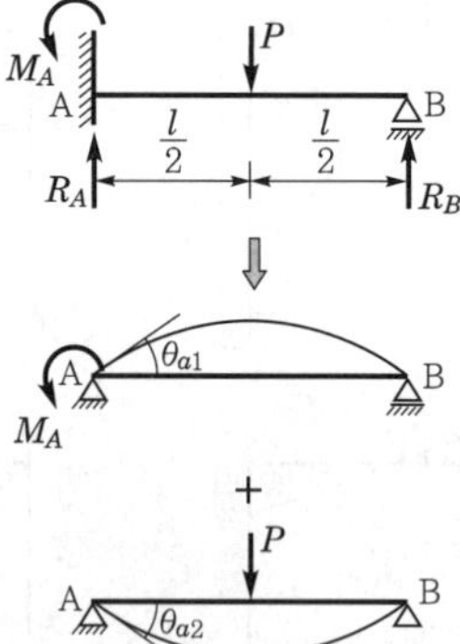

- 부정정력 : M_A 선택
- $\theta_{a1} = -\frac{M_A l}{3EI}(\curvearrowleft)$, $\theta_{a2} = \frac{Pl^2}{16EI}(\curvearrowright)$
- A점은 고정단으로 $\theta_A = 0$이므로 $\theta_{a1} = \theta_{a2}$

$$-\frac{M_A l}{3EI} = \frac{Pl^2}{16EI}$$

$$\therefore\ M_A = \frac{-3Pl}{16}(\curvearrowleft)$$

- $\Sigma M_B = 0$, $R_A = \frac{11}{16}P$
- $\Sigma V = 0$, $R_B = \frac{5}{16}P$

24 | 3연모멘트법

① 하중에 대한 처짐각 고려

$$M_A\frac{l_1}{I_1} + 2M_B\left(\frac{l_1}{I_1} + \frac{l_2}{I_2}\right) + M_C\frac{l_2}{I_2} = 6E(\theta_{BA} - \theta_{BC})$$

여기서, $I_1 = I_2 = I$, E : 일정

② 하중과 지점의 부등침하 고려

$$M_A\frac{l_1}{I_1}+2M_B\left(\frac{l_1}{I_1}+\frac{l_2}{I_2}\right)+M_C\frac{l_2}{I_2}$$

$$=6E(\theta_{BA}-\theta_{BC})+6E(R_{AB}-R_{BC})$$

$$R_{AB}=\frac{\delta_1}{l_1}$$

$$R_{BC}=\frac{\delta_2}{l_2}$$

25 | 모멘트분배법

① 부재강도 : $K=\dfrac{\text{단면 2차 모멘트}(I)}{\text{부재길이}(l)}$

② 강비 : $k=\dfrac{\text{해당 부재강도}(K)}{\text{기준강도}(K_0)}$

③ 유효강비(k_e) : 부재의 양단이 고정된 경우를 기준으로 상대부재의 강비를 정한 강비

부재 상태	휨모멘트 분포도	유효강비 (강도)	전달률 (f)	절대강도
양단 고정		$k(=100\%)$	$\frac{1}{2}$	$\frac{4EI}{l}(=4EK)$
일단 고정 타단 힌지		$\frac{3}{4}k(=75\%)$	0	$\frac{3EI}{l}(=3EK)$
일단 고정 타단 자유		0	0	0
대칭 변형		$\frac{1}{2}k(=50\%)$	-1	$\frac{2EI}{l}(=2EK)$
역대칭 변형		$\frac{3}{2}k(=150\%)$	1	$\frac{6EI}{l}(=6EK)$

④ 분배율

- 유효강비 사용
- $D.F=\dfrac{\text{해당 부재강비}(k)}{\text{전체 강비}(\Sigma k)}$

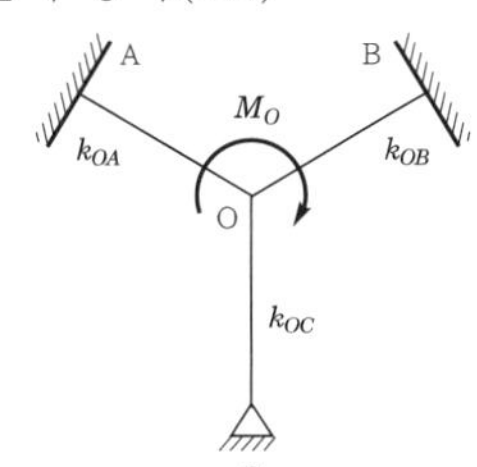

$$D.F_{OA}=\frac{k_{OA}}{k_{OA}+k_{OB}+\frac{3}{4}k_{OC}}$$

$$D.F_{OB}=\frac{k_{OB}}{k_{OA}+k_{OB}+\frac{3}{4}k_{OC}}$$

$$D.F_{OC}=\frac{k_{OC}}{k_{OA}+k_{OB}+\frac{3}{4}k_{OC}}$$

26 | 부정정구조물의 지점반력

①

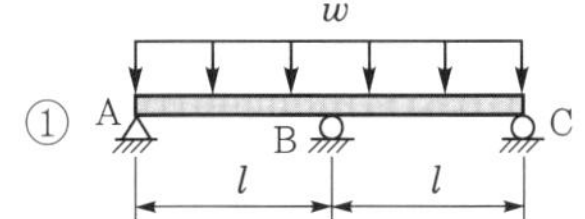

$$M_B=-\frac{wl^2}{8},\ R_{by}=\frac{5wl}{4}$$

②

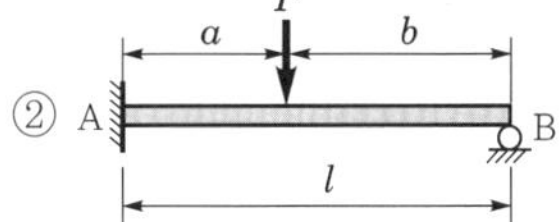

$$M_A=-\frac{Pab(l+b)}{2l^2},\ R_{by}=\frac{Pa^2(3l-a)}{2l^3}$$

③

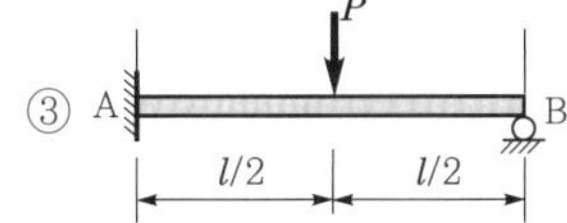

$$M_A=-\frac{3Pl}{16},\ R_{by}=\frac{5P}{16}$$

④

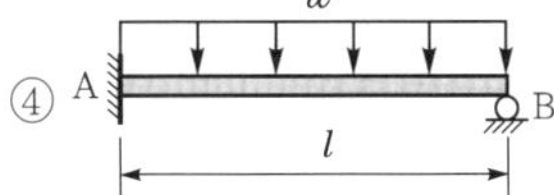

$$M_A=-\frac{wl^2}{8},\ R_{by}=\frac{3wl}{8}$$

⑤

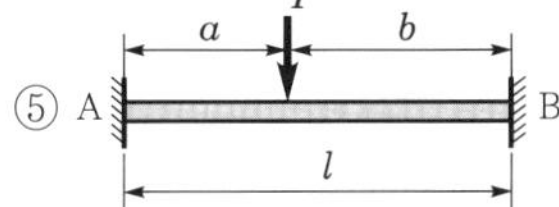

$$M_A=-\frac{Pab^2}{l^2},\ M_B=-\frac{Pa^2b}{l^2}$$

⑥ 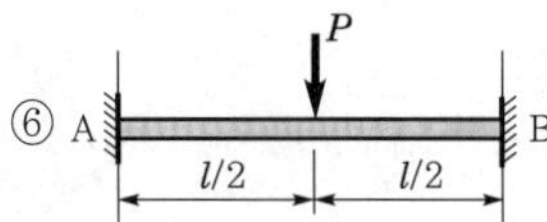

$M_A = -\frac{Pl}{8}$, $M_B = M_A$

⑦ 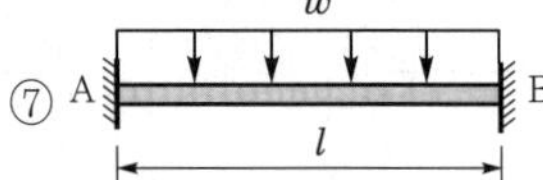

$M_A = -\frac{wl^2}{12}$, $M_B = M_A$

⑧ 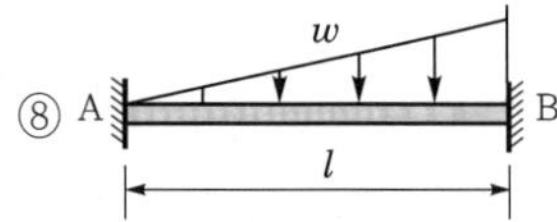

$M_A = -\frac{wl^2}{30}$, $M_B = -\frac{wl^2}{20}$

Chapter 01

정역학의 기초

1 힘(force)

2 힘의 합성과 분해

3 모멘트(moment)와 우력(couple force)

4 힘의 평형

5 마찰(friction)

6 도르래(활차)

CHAPTER 01

정역학의 기초

1 힘(force)

1. 정의

정지하고 있는 물체를 움직이거나 운동하는 물체의 방향 및 속도를 변화시키는 원인으로 크기와 방향을 갖는 벡터(vector)량

2. 힘의 3요소

① 크기: 선분의 길이로 표시(l)
② 방향: 선분의 기준선과 이루는 각도($\tan\theta$)
③ 작용점: 힘이 작용하는 점 또는 좌표(작용선상에 위치)

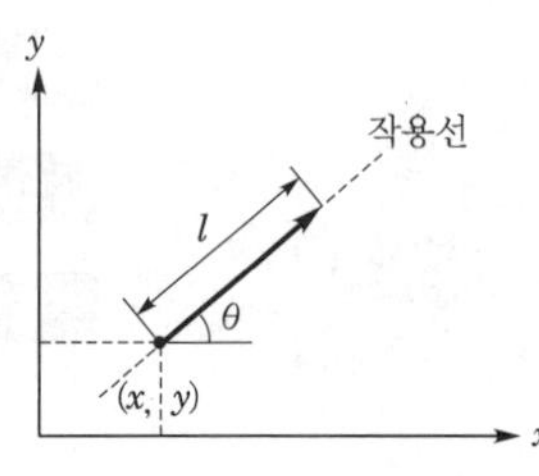

[그림 1.1] 힘의 3요소

3. 힘의 단위

(1) 절대단위계

① 1N: 질량 1kg의 물체에 1m/s^2의 가속도를 내게 하는 힘
$(1\text{kg}\times 1\text{m/s}^2 = 10^3\text{g}\times 10^2\text{cm/s}^2 = 10^5\text{g}\cdot\text{cm/s}^2 = 10^5\text{dyn})$
② 1dyn: 질량 1g의 물체에 1cm/s^2의 가속도를 내게 하는 힘
$(1\text{g}\times 1\text{cm/s}^2 = 1\text{g}\cdot\text{cm/s}^2)$

(2) 중력단위계

① 1kgf: 질량 1kg의 물체에 중력가속도($g = 9.8\text{m/s}^2$)를 곱한 값

KEY NOTE

힘의 4요소
크기, 방향, 작용점, 작용선

힘의 축척(Force Scale)
힘의 크기는 선분 길이에 비례

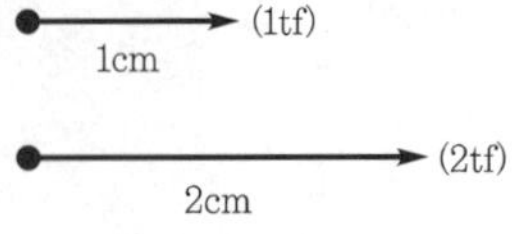

단위 요약
- $1\text{N} = 1\text{kg}\cdot\text{m/s}^2 = 10^5\text{dyn}$
- $1\text{dyn} = 1\text{g}\cdot\text{cm/s}^2$
- $1\text{kgf} = 1\text{kgw}$ = 1kg의 무게 = 1kg의 힘 = 9.8N

($1\text{kg} \times 9.8\text{m/s}^2 = 9.8\text{kg} \cdot \text{m/s}^2 = 9.8\text{N}$)

② 1gf: 질량 1g의 물체에 중력가속도($g = 9.8\text{m/s}^2$)를 곱한 값

($1\text{g} \times 9.8\text{m/s}^2 = 1\text{g} \times 980\text{cm/s}^2 = 980\text{dyn}$)

4. 역학적 의미의 힘

(1) 외력(external force)

① 주동외력: 외부에서 구조물에 작용하는 모든 힘

② 수동외력: 외부에서 구조물에 힘이 작용할 때 구조물에 생기는 반력(reaction)

(2) 단면력(section force)

① 외력이 작용할 때 부재의 단면에서 발생하는 힘

② 축방향력(축력), 전단력, 휨모멘트, 비틀림모멘트 등

(3) 내력(internal force)

① 외력이 작용할 때 물체 내부에서 외력에 저항하기 위해 발생되는 힘, 즉 응력(stress)을 말한다.

② 외력과 크기가 같고, 힘의 방향 반대

2 힘의 합성과 분해

1. 힘의 합성

여러 개의 힘을 크기가 같은 하나의 힘(합력)으로 표시

(1) 한 점에 작용하는 두 힘의 합성

① 도해법: 평행사변형법, 삼각형법

㉠ 힘 P_1, P_2의 평행사변형을 작도하여 대각선을 연결한 R이 두 힘의 합

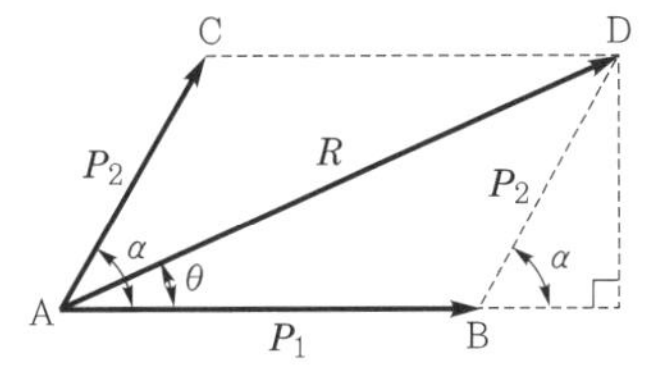

[그림 1.2] 평행사변형법

㉡ 힘 P_1과 P_2에서 P_2를 B점에 평행이동한 후 삼각형을 작도하고, 삼각형의 빗변 R이 두 힘의 합

KEY NOTE

단면력 의미

부재의 절단한 면에 작용하는 힘

동점 역계 해석방법

• 두 힘 합성(피타고라스 정리 이용)

$R = \sqrt{P_1^2 + P_2^2 + 2P_1P_2\cos\alpha}$

$\tan\theta = \dfrac{P_2\sin\alpha}{P_1 + P_2\cos\alpha}$

• 여러 힘 합성

$R = \sqrt{(\Sigma H)^2 + (\Sigma V)^2}$

$\tan\theta = \dfrac{\Sigma V}{\Sigma H}$

KEY NOTE

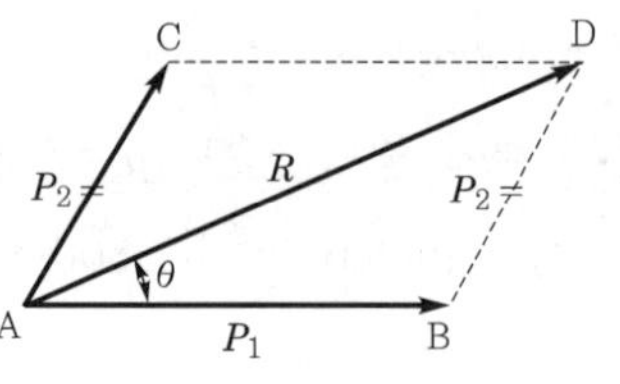

[그림 1.3] 삼각형법

② 해석법

c.f.

$R^2 = (\overline{AB} + \overline{BD})^2 + \overline{CD}^2$

$\cos^2\alpha + \sin^2\alpha = 1$

$$\begin{aligned} R^2 &= (P_1 + P_2\cos\alpha)^2 + (P_2\sin\alpha)^2 \\ &= P_1^2 + 2P_1P_2\cos\alpha + P_2^2\cos^2\alpha + P_2^2\sin^2\alpha \\ &= P_1^2 + 2P_1P_2\cos\alpha + P_2^2\underbrace{(\cos^2\alpha + \sin^2\alpha)}_{=1} \\ &= P_1^2 + 2P_1P_2\cos\alpha + P_2^2 \end{aligned}$$

- 합력: $R = \sqrt{P_1^{\ 2} + P_2^{\ 2} + 2P_1P_2\cos\alpha}$
- 합력 방향: $\tan\theta = \dfrac{P_2\sin\alpha}{P_1 + P_2\cos\alpha}$

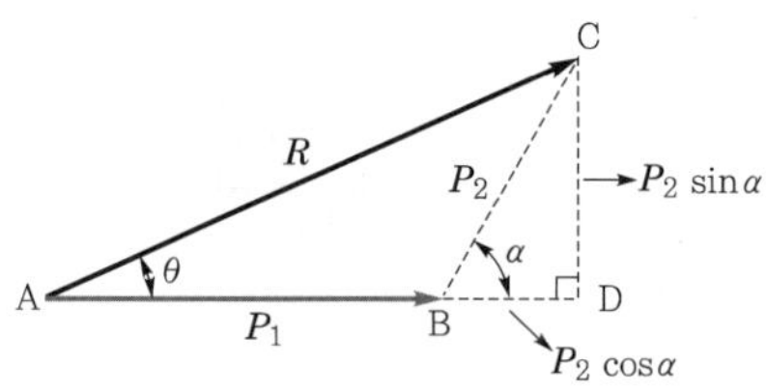

[그림 1.4] 힘의 합성

시력도가 폐합하면 합력(R)이 0이고, 힘은 작용점에서 평형상태

(2) 한 점에 작용하는 여러 힘의 합성

① 도해법: 여러 힘을 순서대로 평행이동시켜 힘의 다각형(시력도)을 작성하고, 힘의 처음 시작점(•)과 마지막 끝점(→)을 연결

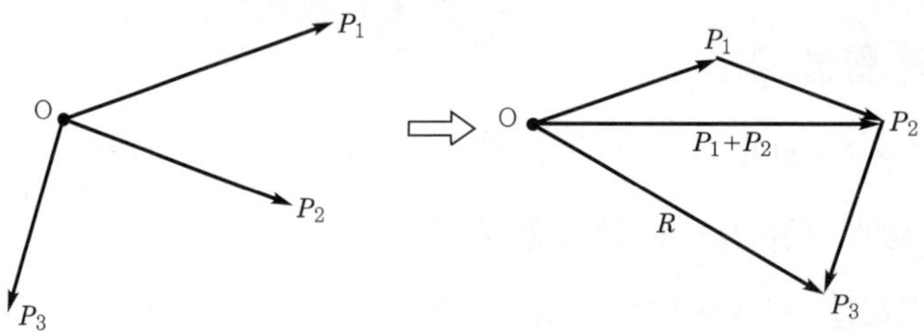

[그림 1.5] 주어진 힘　　[그림 1.6] 시력도(힘의 다각형)

② 해석법

㉠ 수평분력의 합

$\Sigma H = H_1 + H_2 + H_3 = P_1\cos\alpha_1 - P_2\cos\alpha_2 - P_3\cos\alpha_3$

㉡ 수직분력의 합

$\Sigma V = V_1 + V_2 + V_3 = P_1\sin\alpha_1 + P_2\sin\alpha_2 - P_3\sin\alpha_3$

㉢ 합력

$R = \sqrt{(\Sigma H)^2 + (\Sigma V)^2}$

㉣ 합력의 위치와 방향

합력의 위치: $\sum H$와 $\sum V$의 부호에 따라 결정한다.
합력의 방향: $\tan\theta = \dfrac{\sum V}{\sum H}$

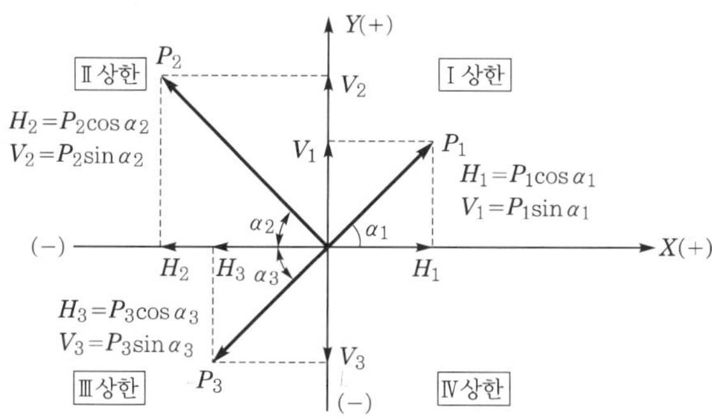

[그림 1.7] 한 점에서 여러 힘의 합성

(3) 한 점에 작용하지 않는 여러 힘의 합성

① 도해법

㉠ 교차법: 힘의 작용선을 차례로 교차시켜 작용점과 합력을 구하는 방법(같은 평면에서 교차가 가능한 힘을 합성할 때 적용)

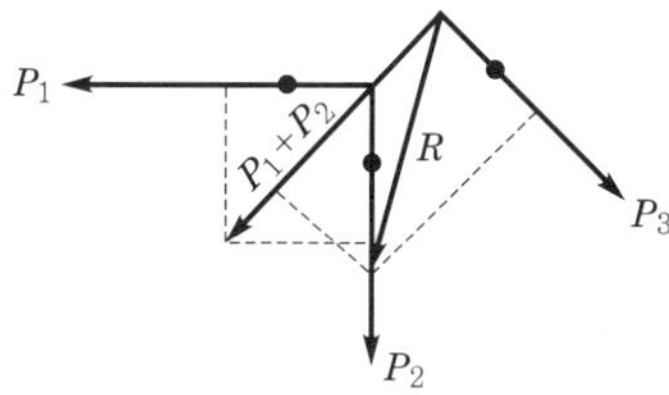

[그림 1.8] 교차법

㉡ 연력도법: 힘들이 거의 평행하거나 평행일 경우 시력도에 의하여 합력의 크기와 방향을 구하고 연력도로 합력의 작용위치(작용점)를 구하는 방법

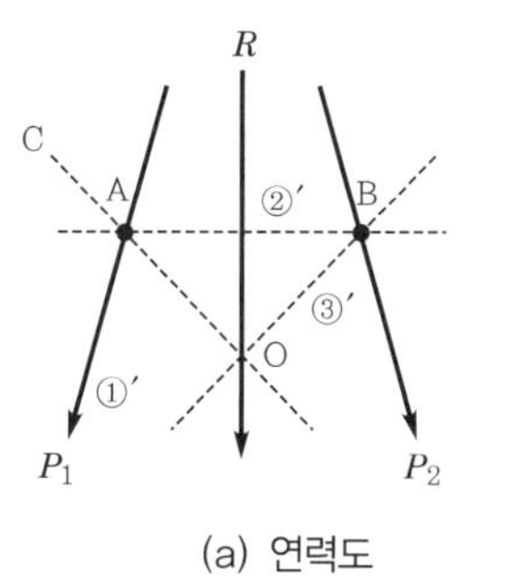

(a) 연력도

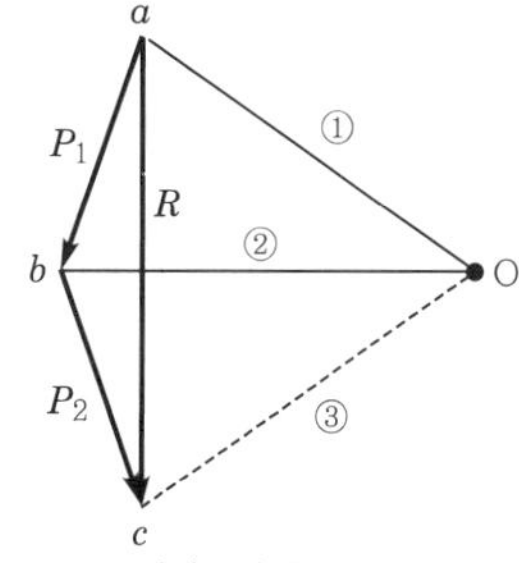

(b) 시력도

[그림 1.9] 연력도법

KEY NOTE

합력의 위치와 방향

구분	$\sum H$	$\sum V$	$\tan\theta$
Ⅰ상한	⊕	⊕	+
Ⅱ상한	⊖	⊕	−
Ⅲ상한	⊖	⊖	+
Ⅳ상한	⊕	⊖	−

교차법

교차가 가능한 힘들의 합성 시 적용

연력도법 적용 순서

(1) 시력도: 합력 크기, 방향
시력도의 폐합: $\sum H=0$
$\sum V=0$

(2) 연력도: 합력의 작용점(작용선)
연력도의 폐합: $\sum M=0$

※ 거의 평형한 힘의 합성 시 적용

작도 순서

(1) 시력도 작도
(2) ①②③과 평행하게 ①′②′③′ 작도
(3) ①′과 P_1의 교점: A
(4) A에서 ②′ 연결 후 P_2와의 교점: B
(5) B에서 ③′ 연결
(6) 합력 R은 ①′과 ③′의 교점 O 통과

◎ KEY NOTE

② 해석법

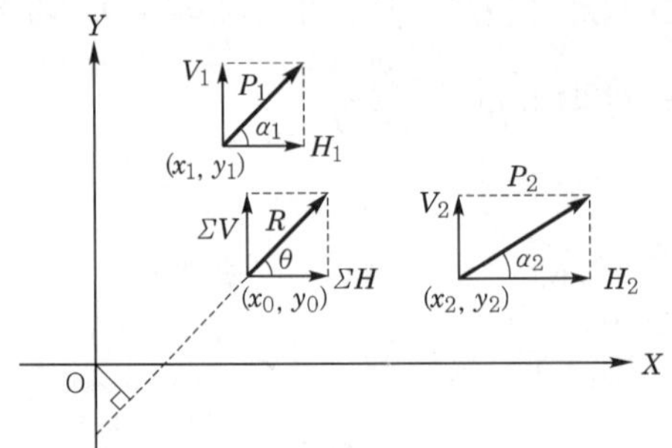

[그림 1.10] 해석법

㉠ 수평분력과 수직분력 총합

$$\sum H = H_1 + H_2 = P_1\cos\alpha_1 + P_2\cos\alpha_2$$

$$\sum V = V_1 + V_2 = P_1\sin\alpha_1 + P_2\sin\alpha_2$$

㉡ 합력과 방향

$$R = \sqrt{(\sum H)^2 + (\sum V)^2}, \quad \tan\theta = \frac{\sum V}{\sum H}$$

㉢ 합력의 작용점

합력의 작용점(x_0, y_0)
바리뇽 정리 이용
(분력모멘트 합=합력모멘트)

$$x_0 = \frac{\sum(V\times x)}{\sum V} = \frac{V_1x_1 + V_2x_2}{V_1 + V_2}$$

$$y_0 = \frac{\sum(H\times y)}{\sum H} = \frac{H_1y_1 + H_2y_2}{H_1 + H_2}$$

㉣ 좌표 원점에 대한 모멘트

$$M_0 = (H_1y_1 + H_2y_2) - (V_1x_1 + V_2x_2)$$

$$= \sum H\times y_0 - \sum V\times x_0 = R\times l$$

$$\therefore \quad l = \frac{M_0}{R} = \frac{\sum H\cdot y_0 - \sum V\cdot x_0}{R}$$

(4) 평행한 힘의 합성과 합력 위치

① 합력의 크기: $R = P_1 - P_2 + P_3 + P_4$

② 합력의 위치: 바리뇽 정리에 의하여

$R\cdot x = P_1l_1 - P_2l_2 + P_3l_3$

$$\therefore x = \frac{P_1 l_1 - P_2 l_2 + P_3 l_3}{R}$$

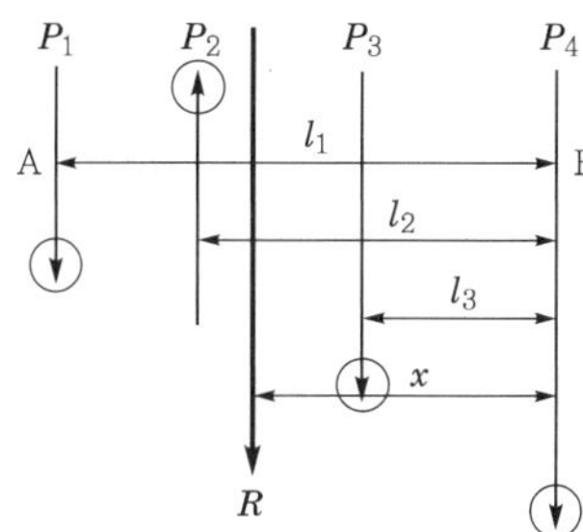

[그림 1.11] 평행한 힘의 합성

2. 힘의 분해

하나의 힘을 크기가 같은 두 개 이상의 힘(분력)으로 표시

(1) 합력(R)과 힘의 사잇각(α, β)을 알고 분력(P_1, P_2)을 구하는 경우

➡ sin 법칙 적용

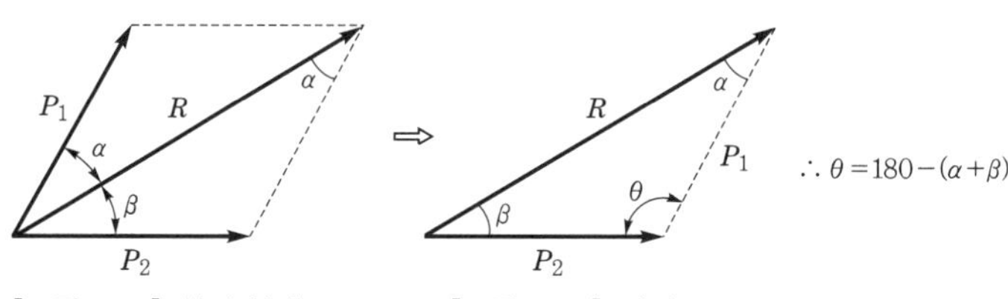

[그림 1.12] 힘의 분해 [그림 1.13] 시력도

$$\frac{R}{\sin\theta} = \frac{P_1}{\sin\beta} = \frac{P_2}{\sin\alpha}$$

$$\therefore P_1 = \frac{\sin\beta}{\sin\theta} \cdot R, \quad P_2 = \frac{\sin\alpha}{\sin\theta} \cdot R$$

(2) 합력(R)과 분력(P_1, P_2)을 알고 힘의 사잇각(α, β)을 구하는 경우

➡ cos 제2법칙 적용

$$\cos\alpha = \frac{R^2 + {P_2}^2 - {P_1}^2}{2R \cdot P_2}$$

$$\cos\beta = \frac{R^2 + {P_1}^2 - {P_2}^2}{2R \cdot P_1}$$

$$\cos\theta = \frac{{P_1}^2 + {P_2}^2 - R^2}{2P_1 \cdot P_2}$$

KEY NOTE

sin 법칙

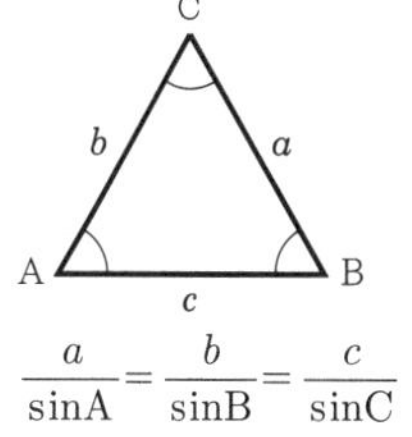

$$\frac{a}{\sin A} = \frac{b}{\sin B} = \frac{c}{\sin C}$$

cos 제2법칙

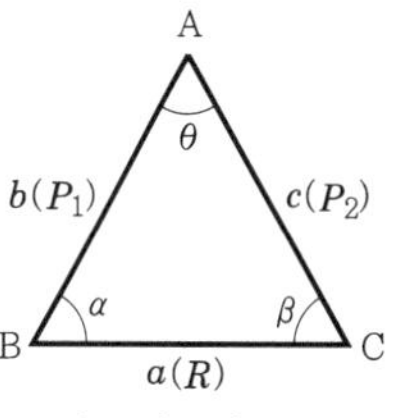

(1) $a^2 = b^2 + c^2 - 2bc\cos A$
(2) $b^2 = a^2 + c^2 - 2ac\cos C$
(3) $c^2 = a^2 + b^2 - 2ab\cos B$

KEY NOTE

모멘트
- $M = Pl$ (l: 수직거리)
- $M = 2 \cdot$ ▲ 면적

우력
힘의 크기가 같고, 힘의 방향 반대

3 모멘트(moment)와 우력(couple force)

1. 모멘트(회전)

(1) 정의

임의의 한 점을 중심으로 물체를 회전시키려는 힘

모멘트(M)=힘(P)×수직거리(l)

(2) 단위

tf · cm, kgf · cm, N · m, dyn · cm

(3) 부호

시계방향(⊕), 반시계방향(⊖)

(4) 기하학적 의미

모멘트=삼각형 면적의 2배

즉, $M_O = P \times l$, $\triangle AOB = P \times l \times \frac{1}{2} = \frac{M_O}{2}$

$\therefore M_O = 2\triangle AOB$

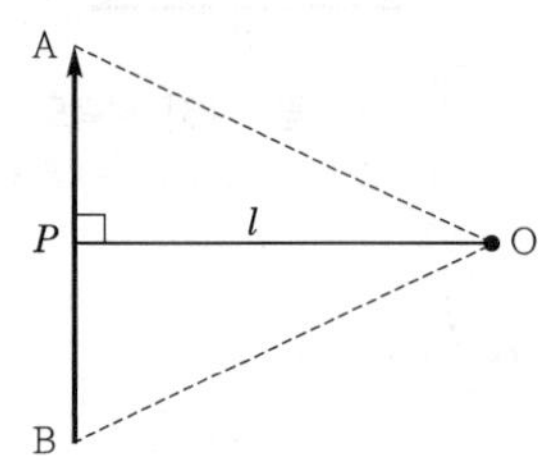

[그림 1.14] 모멘트의 기하학적 의미

2. 우력(짝힘)

(1) 정의

힘의 크기가 같고 방향이 서로 반대인 한 쌍의 나란한 힘

(2) 우력모멘트

우력에 대한 힘의 모멘트

$M_A = -P_2 l$

$M_B = P_1 l$

$$M_O = P_1 a - P_2(l+a)$$
$$= P_1 a - P_2 l - P_2 a \quad (P_1 = P_2)$$
$$M_O = -P_2 l$$

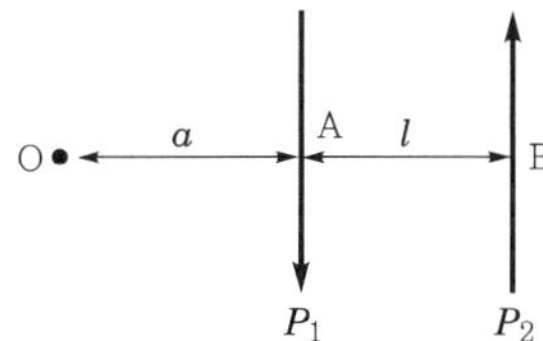

[그림 1.15] 우력과 우력모멘트

(3) 특징

① 우력의 합 = 0

② 우력모멘트는 항상 일정

③ 우력모멘트 단위(회전모멘트로 표시): tf · m, kgf · cm

④ 부체의 안정, 전단응력 등에 적용

4 힘의 평형

1. 정의

물체나 구조물에 여러 개의 힘이 작용할 때 물체나 구조물이 이동 또는 회전하지 않고 정지된 상태

2. 힘의 평형조건

(1) 동일점에 작용하는 힘의 평형조건

① 도해적 조건: 시력도(힘의 다각형)가 폐합해야 한다($R=0$).

② 해석적 조건

$$\Sigma H = 0,\ \Sigma V = 0$$

(2) 여러 점에 작용하는 힘의 평형조건

① 도해적 조건: 시력도와 연력도가 폐합해야 한다($R=0,\ M=0$).

② 해석적 조건

$$\Sigma H = 0,\ \Sigma V = 0,\ \Sigma M = 0$$

◎ KEY NOTE

힘의 정역학적 평형조건식

$\Sigma H=0,\ \Sigma V=0,\ \Sigma M=0$

힘의 평형조건	역학적 표현
수직 방향 이동 없음	$\Sigma V=0$
수평 방향 이동 없음	$\Sigma H=0$
회전 없음	$\Sigma M=0$

KEY NOTE

3. 라미(Lami)의 정리

(1) 정의

동일 평면상에서 한 점에 작용하는 3개의 힘이 평형을 이루면 각각의 힘은 다른 2개의 힘 사이각의 sin에 정비례한다(sin 법칙 성립).

(2) 적용

① 시력도를 작도하고, sin 법칙 적용

② $\dfrac{P_1}{\sin(180° - \theta_1)} = \dfrac{P_2}{\sin(180° - \theta_2)} = \dfrac{P_3}{\sin(180° - \theta_3)}$

$$\frac{P_1}{\sin\theta_1} = \frac{P_2}{\sin\theta_2} = \frac{P_3}{\sin\theta_3}$$

보각공식
- $\sin(180° - \theta) = \sin\theta$
- $\cos(180° - \theta) = -\cos\theta$

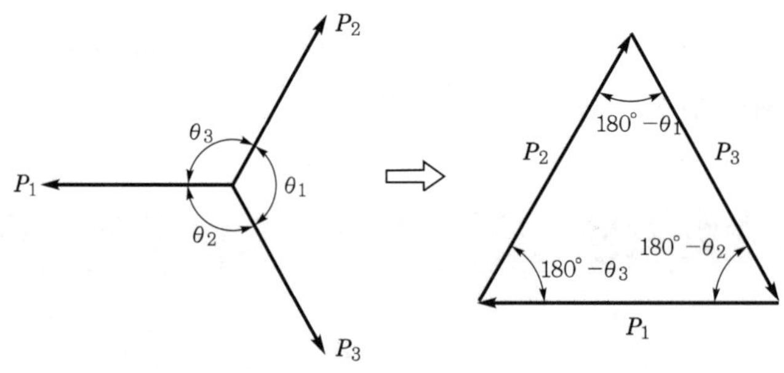

(a) 힘의 평형 (b) 시력도

[그림 1.16] 라미의 정리

4. 바리뇽(Varignon)의 정리

(1) 정의

합력에 의한 모멘트=분력들의 모멘트 합

(2) 적용

합력(R)의 작용위치(작용점)와 단면의 도심 계산에 적용

① $R \cdot a = P_2(a + b)$

$(P_1 + P_2)a = P_2(a + b)$

$P_1 a = P_2 b$

$\therefore \dfrac{P_1}{P_2} = \dfrac{b}{a}$ (힘의 비와 거리의 비는 반비례)

바리뇽의 정리
- 합력 $M = \sum$(분력 M)
- 합력의 작용위치(x_0, y_0), 단면 도심 계산에 적용

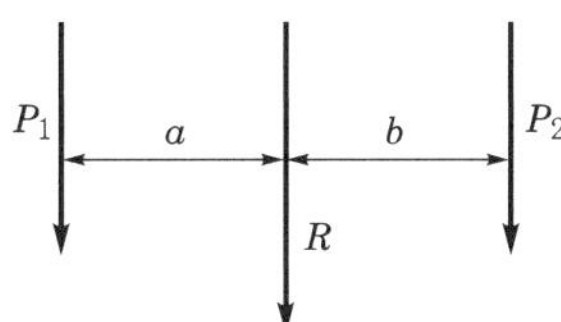

[그림 1.17] 합력의 작용위치

② $M_O = R \cdot l = P_v \cdot x + P_h \cdot y$
(합력 $M = \sum$ 분력 M)

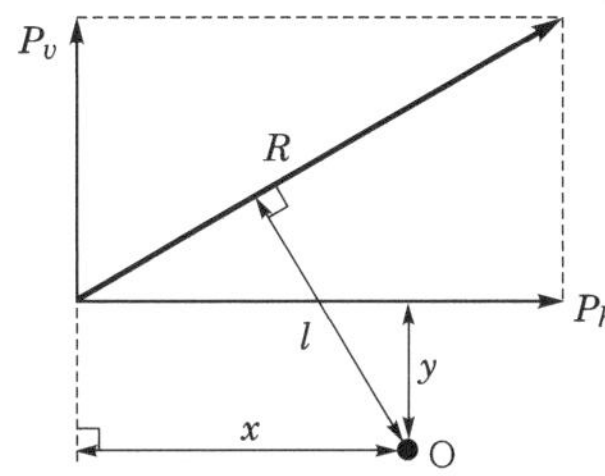

[그림 1.18] 합력과 분력의 모멘트

5 마찰(friction)

1. 정의

두 물체가 접촉면에서 활동하려고 할 때 저항력이 발생되는데, 이것을 마찰(friction)이라 한다.

2. 미끄럼 마찰

(1) 평면 미끄럼 마찰(마찰각: ϕ)

① 마찰력

$F = W \cdot f = V \cdot f$ 여기서, f: 마찰계수

② 마찰각

$$\tan\phi = \frac{F}{V} = f \text{ (마찰계수)}$$

KEY NOTE

마찰력(F)
- 물체무게(W) 또는 수직반력(V)에 비례
- 물체가 움직이려는 순간 최대 마찰력 작용

마찰각(ϕ)
합력(R)과 수직항력 V가 이루는 각

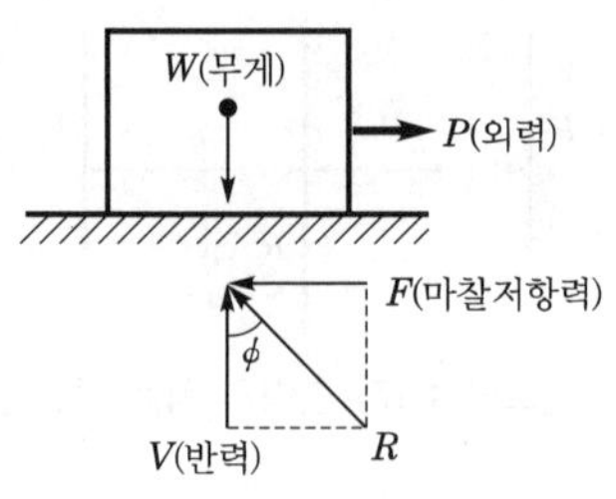

[그림 1.19] 평면 미끄럼 마찰

(2) 경사면의 미끄럼 마찰(마찰각: ϕ)

F(마찰력)$= W\sin\theta$

V(수직항력)$= W\cos\theta$

$$\tan\phi = \frac{F}{V} = \frac{\sin\theta}{\cos\theta} = f$$

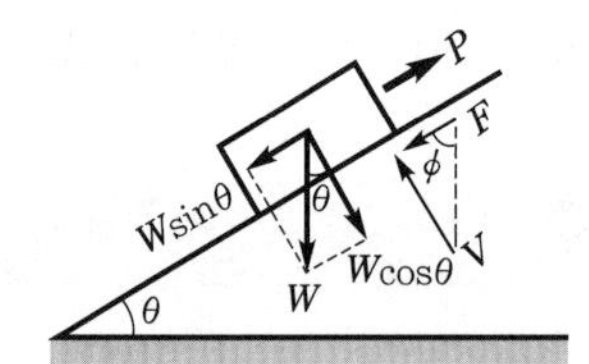

[그림 1.20] 경사면의 미끄럼 마찰

하중-마찰력 관계

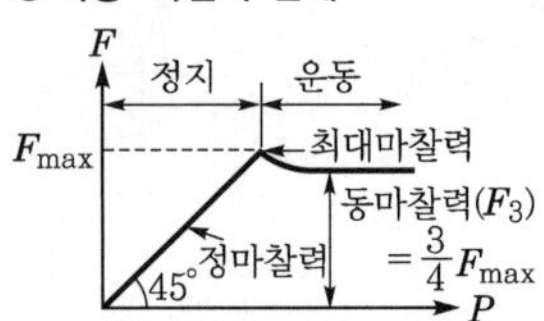

(3) 쿨롱(Coulomb)의 마찰법칙

① 마찰력은 수직력에 비례한다.
② 마찰력은 접촉면의 면적과 관계 없다.
③ 마찰력은 접촉면의 성질과 관계 있다.
④ 마찰력은 미끄럼 속도와 관계 없다.
⑤ 정마찰력이 동마찰력보다 크다.
⑥ 최대마찰력은 물체가 움직이려는 순간 발생한다.

3. 구름마찰

$$\text{마찰력 } F = f \cdot \frac{W}{r}$$

여기서, W: 자중
r : 구의 반경
f : 구름마찰계수
P : 수평력

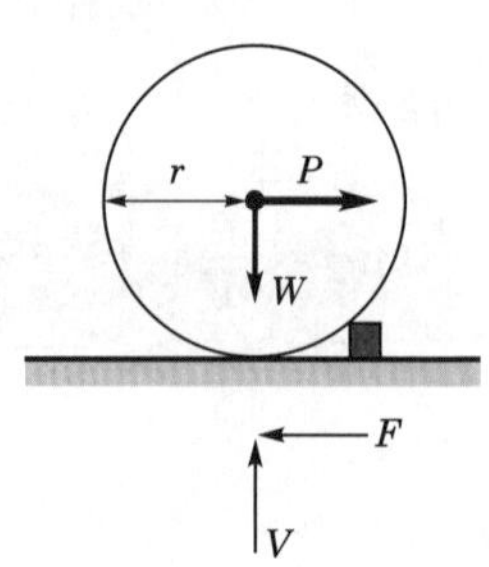

[그림 1.21] 구름마찰

6 도르래(활차)

KEY NOTE

1. 고정도르래

(1) 정의

도르래 자체 축의 이동 없이 바퀴의 회전으로 물체를 들어 올리는 1종 지레의 역할을 한다.

(2) 원리

$\sum M_O = 0,\ P \times r - W \times r = 0$

$\therefore\ P = W$

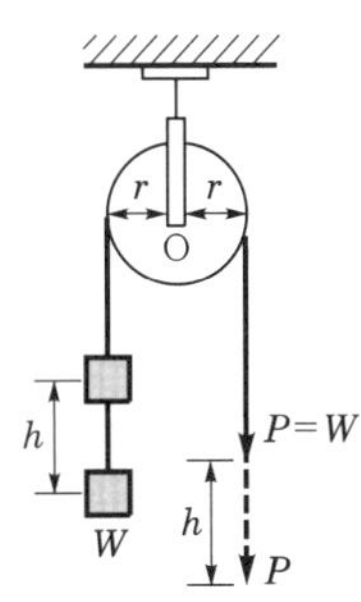

[그림 1.22] 고정도르래

(3) 응용

① 힘(P), 무게(W)와 α의 관계

㉠ $W = 0,\ \alpha = 180°$

㉡ $P = W,\ \alpha = 120°$

㉢ $P > W,\ 120° < \alpha < 180°$

㉣ $P < W,\ 0° < \alpha < 120°$

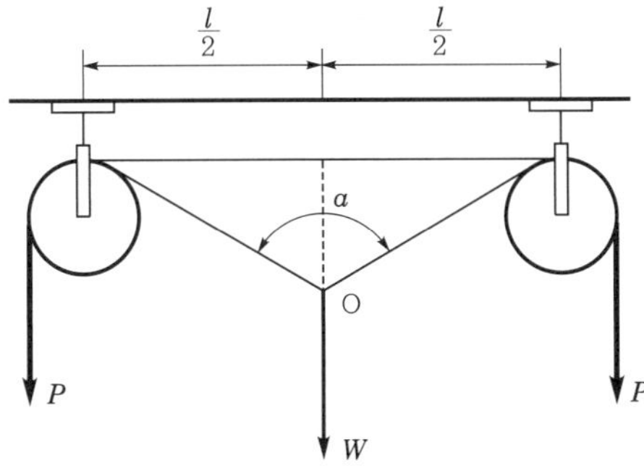

[그림 1.23] 고정도르래의 응용

고정도르래
힘의 방향을 바꾸어 주고 물체를 쉽게 들어올릴 수 있다.

1종 지레
가위, 못 뽑기, 천칭, 대저울 등

고정도르래 유형

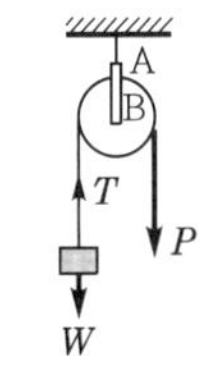

- 장력 T= 힘 P
- AB부재력 $= 2P$

KEY NOTE

② O점에서 힘의 균형을 유지할 때 P와 W의 관계

$\Sigma V_O = 0$에서

$$P\cos\frac{\alpha}{2} + P\cos\frac{\alpha}{2} - W = 0$$

$$2P\cos\frac{\alpha}{2} = W$$

$$\therefore\ P = \frac{W}{2\cos\frac{\alpha}{2}} = \frac{W}{2}\cdot\sec\frac{\alpha}{2}$$

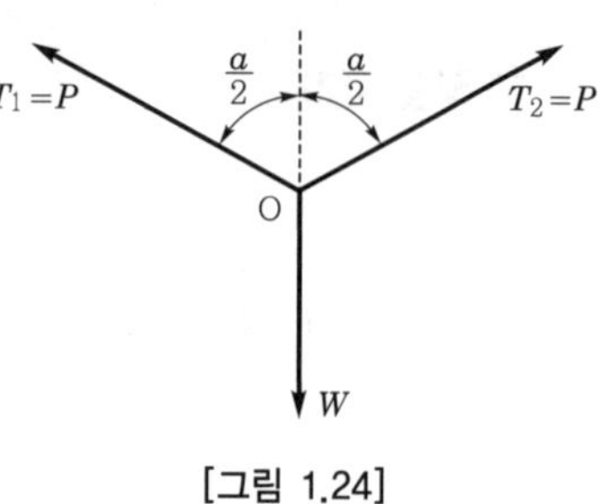

[그림 1.24]

2. 움직이는 도르래

움직이는 도르래

- 힘(P)은 들어올려야 할 무게(W)의 $\frac{1}{2}$
- P의 이동거리: l
  W의 이동거리: $\frac{l}{2}$
  [P 이동거리=2배× W 이동거리]

2종 지레

병마개 따개, 작두 등

(1) 정의

바퀴가 돌면서 축 자체도 동시에 움직이는 2종 지레의 역할을 한다.

(2) 원리

$$\Sigma M_O = 0$$

$$-P\times 2r + W\times r = 0$$

$$W\times r = P\times 2r$$

$$\therefore\ P = \frac{W}{2}$$

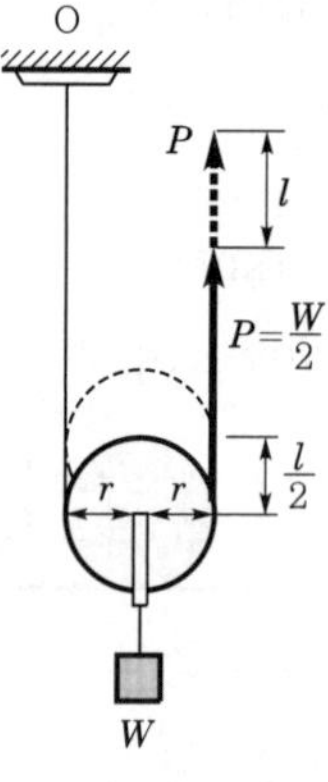

[그림 1.25] 움직이는 도르래

움직이는 도르래 유형

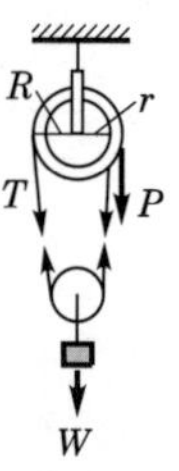

- 장력 $T = \frac{W}{2}$
- 힘 $P = \frac{W}{2}\cdot\frac{R-r}{R}$

3. 복합도르래

(1) 정의

고정도르래와 움직이는 도르래가 결합된 도르래

(2) 유형

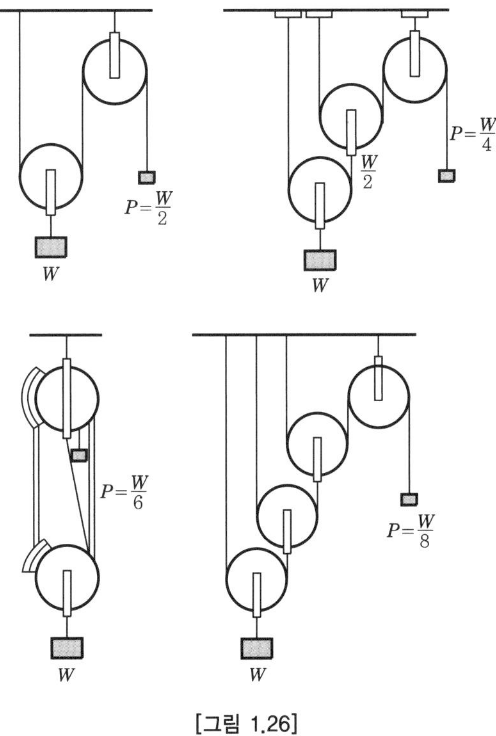

[그림 1.26]

KEY NOTE

CHAPTER 01 | 9급 기출문제

01 물리량의 차원으로 옳지 않은 것은? (단, M은 질량, T는 시간, L은 길이이다) [14. 지방직 9급]

① 응력의 차원은 $[MT^{-2}L^{-1}]$이다.

② 에너지의 차원은 $[MT^{-1}L^{-2}]$이다.

③ 전단력의 차원은 $[MT^{-2}L]$이다.

④ 휨모멘트의 차원은 $[MT^{-2}L^{2}]$이다.

해설 ㉠ 에너지 = 힘 × 거리

$1\text{N}\times\text{m} = 1\text{kg}\times 1\text{m/sec}^2\times\text{m} = 1\text{kg}\times\frac{1}{\text{sec}^2}\times\text{m}^2 = [MT^{-2}L^2]$

㉡ 응력 = 힘/면적당

$1\text{MPa} = 1\text{N/mm}^2 = 1\text{kg}\times 1\text{m/sec}^2\times\frac{1}{1{,}000^2\text{m}^2}$

$= \frac{1}{1{,}000^2}\text{kg}\times\frac{1}{\text{sec}^2}\times\frac{1}{\text{m}} = [MT^{-2}L^{-1}]$

㉢ 전단력 = 힘

$1\text{N} = 1\text{kg}\times 1\text{m/sec}^2 = 1\text{kg}\times\frac{1}{\text{sec}^2}\times\text{m} = [MT^{-2}L]$

㉣ 휨모멘트 = 힘 × 거리 = 에너지

차원은 $[MT^{-2}L^2]$이다.

02 다음 그림과 같이 $P = 160\text{kN}$이 OC방향으로 작용할 때 분력 P_x와 P_y는? [06. 국가직 9급]

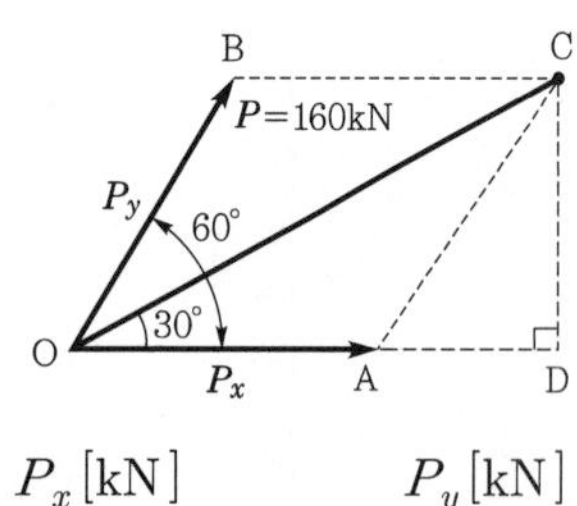

	$P_x[\text{kN}]$	$P_y[\text{kN}]$
①	$\frac{160\sqrt{3}}{3}$	$\frac{160\sqrt{3}}{3}$
②	$\frac{160\sqrt{3}}{3}$	$\frac{80\sqrt{3}}{3}$
③	$\frac{80\sqrt{3}}{3}$	$\frac{160\sqrt{3}}{3}$
④	$\frac{80\sqrt{3}}{3}$	$\frac{80\sqrt{3}}{3}$

해설 sin 법칙을 이용한다.

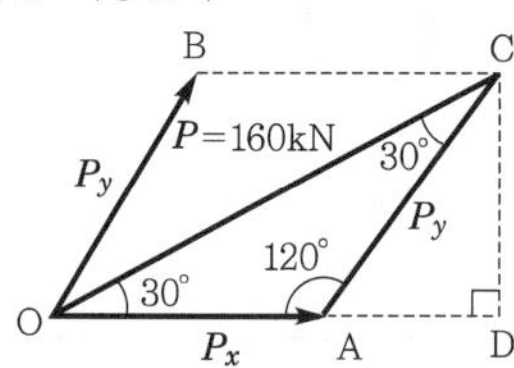

힘의 폐다각형인 삼각형 OAC는 이등변삼각형이므로 $P_x = P_y$이다.

$\frac{P_x}{\sin 30°} = \frac{160}{\sin 120°}$

$P_x = \frac{160}{\sin 120°}\times\sin 30° = \frac{160}{\frac{\sqrt{3}}{2}}\times\frac{1}{2} = \frac{160}{\sqrt{3}}$

$= \frac{160\sqrt{3}}{3}\text{kN}$

03 다음과 같이 구조물에서 작용하는 평행한 세 힘에 대한 합력(R)의 O점에서 작용점까지 거리 $x[\text{m}]$는? [13. 국가직 9급]

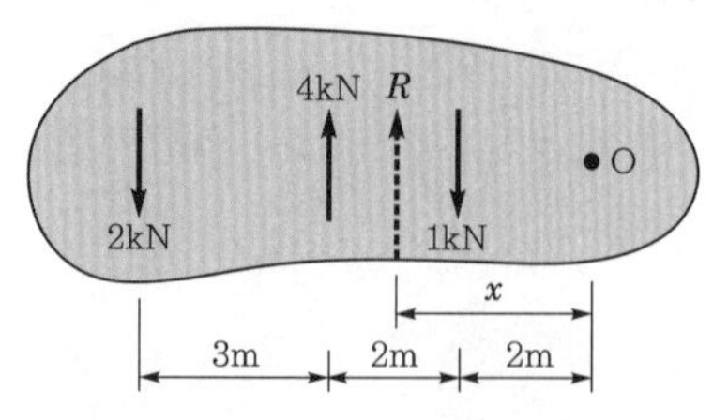

① 0　　② 1

③ 2　　④ 3

해설 바리뇽 정리를 적용한다. 합력 $R = 1\text{kN}$일 때

$1\times x = -2\times 7 + 4\times 4 - 1\times 2,\ x = 0$

정답 01 ② 02 ① 03 ①

04 그림과 같은 하중계에서 합력 R의 위치 $x[\text{m}]$를 구한 값은? [15. 서울시 9급]

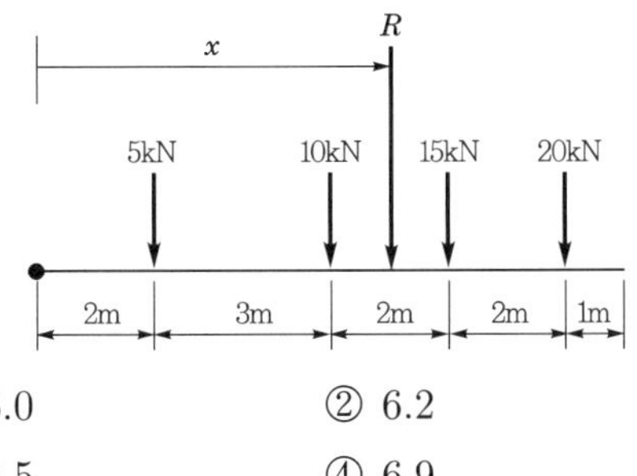

① 6.0　　② 6.2
③ 6.5　　④ 6.9

해설 바리뇽 정리로 구한다.
$50\times x=5\times2+10\times5+15\times7+20\times9$, $x=6.9\text{m}$

05 다음과 같이 힘이 작용할 때 합력(R)의 크기 [kN]와 작용점 x_0의 위치는? [14. 지방직 9급]

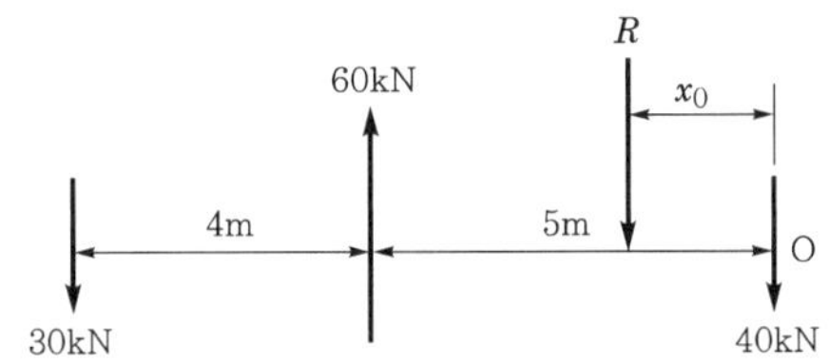

① $R=10(\downarrow)$, $x_0=$원점(O)의 우측 3m
② $R=10(\downarrow)$, $x_0=$원점(O)의 좌측 3m
③ $R=10(\uparrow)$, $x_0=$원점(O)의 우측 3m
④ $R=10(\uparrow)$, $x_0=$원점(O)의 좌측 3m

해설 합력 $R=10\text{kN}$이고 하향으로 작용한다. 그 합력의 작용점은 바리뇽 정리를 이용하여 구한다. 모멘트의 중심점을 O점으로 한다.

$$x_0=\frac{30\times9-60\times5}{10}=-3\text{m}$$

여기서, (−)는 우측의 거리를 말한다. 따라서 합력은 하향으로 10kN이고 원점 O에서 우측 3m 떨어진 점에 작용한다.

06 힘의 평형에 대한 설명 중 옳지 않은 것은? [09. 지방직 9급]

① 2차원 평면상에서 한 점에 작용하는 힘들의 평형조건은 2개이다.
② 3차원 공간상에서 한 물체에 작용하는 힘들의 평형조건은 4개이다.
③ 3차원 공간상에서 한 점에 작용하는 힘들의 평형조건은 3개이다.
④ 2차원 평면상에서 한 물체에 작용하는 힘들의 평형조건은 3개이다.

해설 3차원 공간상에서 한 물체에 작용하는 힘의 평형조건은 6개가 된다.

07 다음 그림과 같이 작용하는 힘에 대하여 점 O에 대한 모멘트는 얼마인가? [14. 서울시 9급]

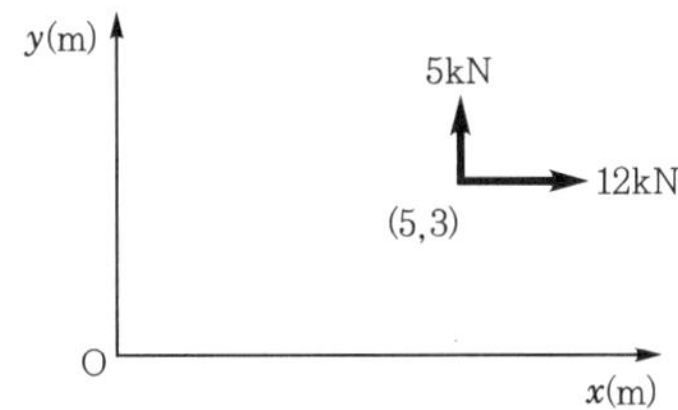

① 8kN · m　　② 9kN · m
③ 10kN · m　　④ 11kN · m
⑤ 12kN · m

해설 O점에 대한 모멘트는 $M_O=12\times3-5\times5=11\text{kN}\cdot\text{m}$

08 다음과 같은 구조물에서 하중 벡터 $\vec{F}$에 의해 O점에 발생되는 모멘트 벡터[kN · m]는? (단, $\vec{i}$, $\vec{j}$, $\vec{k}$는 각각 x, y, z축의 단위벡터이다) [13. 국가직 9급]

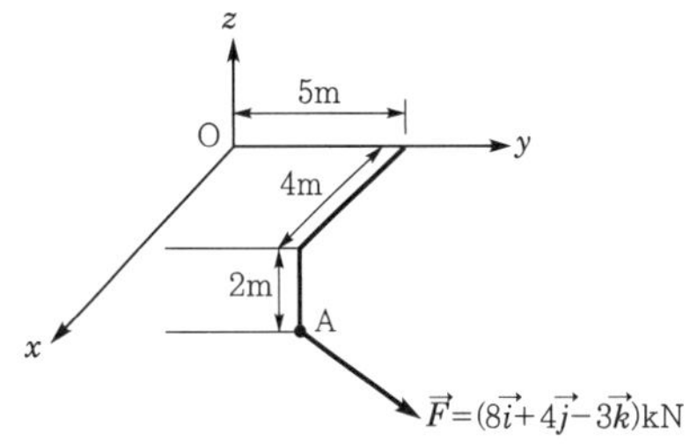

① $-7\vec{i}+4\vec{j}+24\vec{k}$　　② $-7\vec{i}-4\vec{j}-24\vec{k}$
③ $23\vec{i}-4\vec{j}+24\vec{k}$　　④ $23\vec{i}+4\vec{j}-24\vec{k}$

정답 04 ④ 05 ① 06 ② 07 ④ 08 ②

해설 $\begin{pmatrix} M_x \\ M_y \\ M_z \end{pmatrix} = \begin{bmatrix} i & j & k \\ 4 & 5 & (-2) \\ 8 & 4 & (-3) \end{bmatrix}$

$= (5\times(-3)-(-2)\times 4)\vec{i}$
$+ ((-2)\times 8 - 4\times(-3))\vec{j} + (4\times 4 - 5\times 8)\vec{k}$
$= -7\vec{i} - 4\vec{j} - 24\vec{k}$

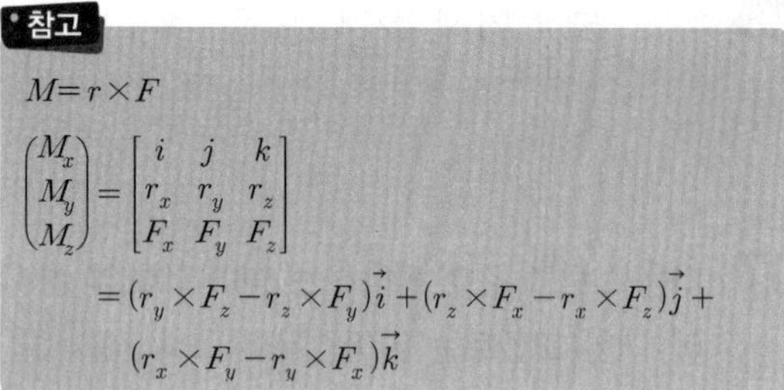

참고

$M = r \times F$

$\begin{pmatrix} M_x \\ M_y \\ M_z \end{pmatrix} = \begin{bmatrix} i & j & k \\ r_x & r_y & r_z \\ F_x & F_y & F_z \end{bmatrix}$

$= (r_y \times F_z - r_z \times F_y)\vec{i} + (r_z \times F_x - r_x \times F_z)\vec{j} +$
$(r_x \times F_y - r_y \times F_x)\vec{k}$

09 그림과 같이 정삼각형 구조체에 힘이 작용하고 있을 때 평형을 이루기 위해 필요한 모멘트[kN · m]는? [09. 지방직 9급]

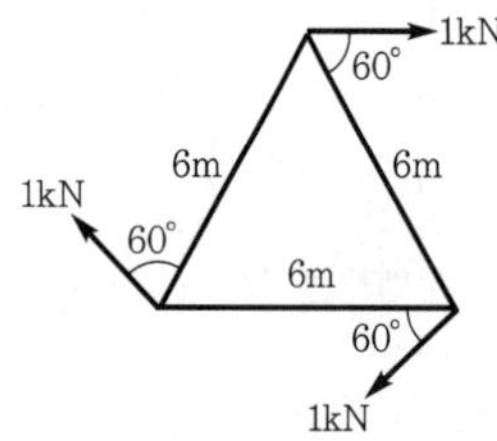

① 3(시계방향) ② $4\sqrt{3}$(반시계방향)
③ 6(반시계방향) ④ $6\sqrt{3}$(반시계방향)

해설 한 변이 b인 정삼각형의 도심위치는 각 꼭짓점으로부터

$$y_O = \frac{2h}{3} = \frac{2\left(\frac{\sqrt{3}b}{2}\right)}{3} = \frac{\sqrt{3}b}{3} = \frac{\sqrt{3}\times 6}{3} = 2\sqrt{3}\,\mathrm{m}$$

이며 각 꼭짓점의 모멘트 팔의 길이는 평형을 유지하기 위한 모멘트는 반시계방향으로 작동하여야 한다.
$M_O = 1\times 2\sqrt{3}\times 3 = 6\sqrt{3}\,\mathrm{kN\cdot m}$

10 다음 그림과 같이 점 B와 C점에 수직하중 받는 케이블이 있다. 평형상태를 유지하기 위한 C점의 수직하중 P[N]는? [06. 국가직 9급]

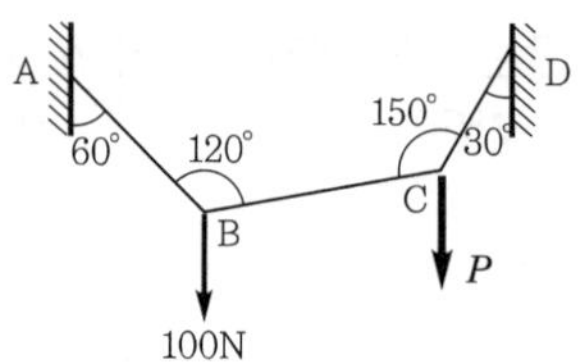

① 50 ② $50\sqrt{3}$
③ 100 ④ $100\sqrt{3}$

해설 B점에서 AB와 BC 사이의 각 120°이고, 이 점에서 3개의 힘이 평형상태를 유지하고 있으므로 BC케이블의 장력은 100N이다. 따라서 C점의 힘의 평형상태는 다음과 같다.
라미의 정리를 적용

$$\frac{100}{\sin 150°} = \frac{P}{\sin 150}$$

$\therefore P = 100\mathrm{N}$

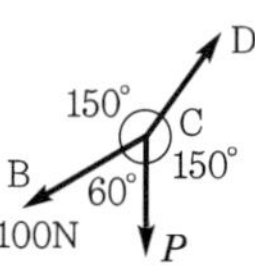

11 그림과 같은 구조물에서 BC부재가 100kN의 인장력을 받을 때 하중 P의 값[kN]은? [07. 국가직 9급]

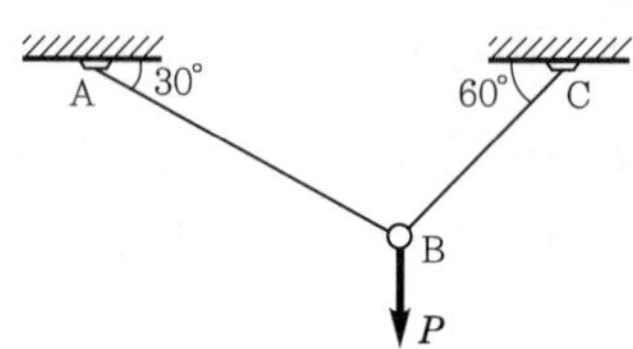

① 100.0 ② 115.4
③ 141.4 ④ 173.2

해설 BC의 부재력을 T라고 하면 $T = \sin 60° P$에서

$$P = \frac{T}{\sin 60°} = \frac{100}{\frac{\sqrt{3}}{2}} = \frac{200}{\sqrt{3}} = 200\times 0.577$$
$= 115.4\mathrm{kN}$

12 다음 그림과 같이 구조물에 하중이 작용하여 롤러지점 반력 R이 300kN이고, 구조물은 평형상태이다. 미지의 힘[kN] F_1과 F_2는? (단, 구조물의 자중은 무시한다) (12. 지방직 9급)

정답 09 ④ 10 ③ 11 ② 12 ③

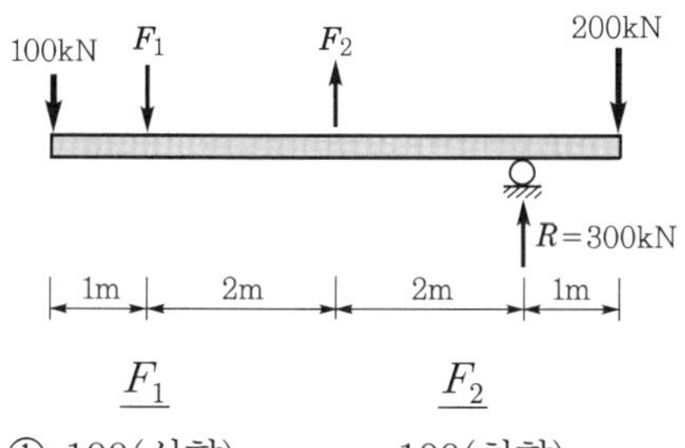

	F_1	F_2
①	100(상향)	100(하향)
②	100(하향)	100(상향)
③	150(상향)	150(하향)
④	150(하향)	150(상향)

해설 $\Sigma V=0$에 따라 F_1과 F_2는 그 값이 같고 방향이 서로 반대이다. F_1을 구하기 위해서 F_2점을 중심으로 힘의 평형조건식을 적용한다.

$\Sigma M_{F_2}=0,\ -100\times3-F_1\times2-300\times2+200\times3=0$

$F_1=-150\text{kN}$(상향)

13 다음과 같이 두께가 일정하고 1/4이 제거된 무게 $12\pi[\text{N}]$의 원판이 수평방향 케이블 AB에 의해 지지되고 있다. 케이블에 작용하는 힘[N]의 크기는? (단, 바닥면과 원판의 마찰력은 충분히 크다고 가정한다) (15. 지방직 9급)

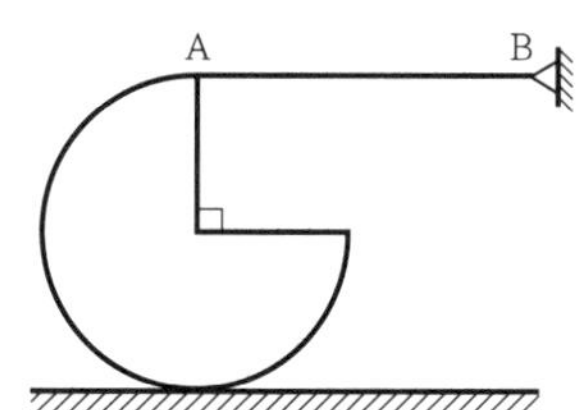

① $\dfrac{5}{3}$ ② 2

③ $\dfrac{7}{3}$ ④ $\dfrac{8}{3}$

해설 힘의 평형조건식을 적용한다.

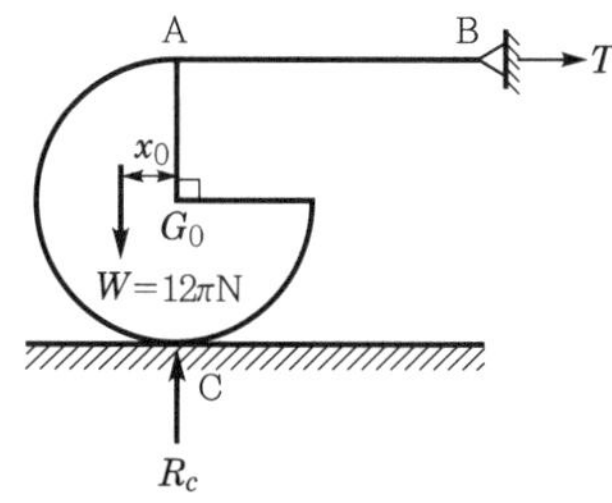

제거된 단면적을 A라고 하면 원래 단면적은 $4A$가 되며, 반지름을 R로 하면 도심이동량 x_0은 다음과 같다.

$$x_0=\frac{A\times\dfrac{4R}{3\pi}}{4A-A}=\frac{4R}{9\pi}$$

$$\Sigma M_C=0,\ T\times2R-12\pi\times\frac{4R}{9\pi}=0,\ T=\frac{8}{3}N$$

14 그림과 같이 마찰이 없는 경사면에 보 AB가 수평으로 놓여 있다. 만약 7kN의 집중하중이 보에 수직으로 작용할 때, 보가 평형을 유지하기 위한 하중의 B점으로부터의 거리 x[m]는? (단, 보는 강체로 재질은 균일하며, 자중은 무시한다) (15. 국가직 9급)

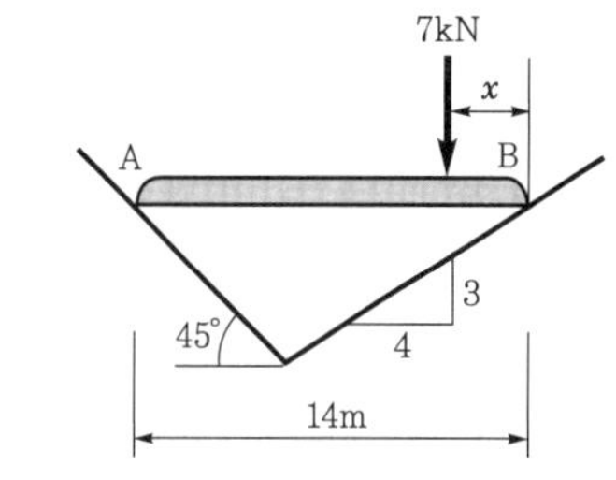

① 2 ② 4

③ 6 ④ 8

해설

㉠ $\dfrac{1}{\sqrt2}R_A=\dfrac{7\times x}{14}=\dfrac{x}{2}$

$R_A=\dfrac{\sqrt2\,x}{2}$

$\Sigma H=0,\ \dfrac{1}{\sqrt2}R_A=\dfrac{3}{5}R_B$

$R_B=\dfrac{5}{3\sqrt2}R_A=\dfrac{5}{3\sqrt2}\times\dfrac{\sqrt2\,x}{2}$

$=\dfrac{5x}{6}$

㉡ $\Sigma M_A=0,$

$7\times(14-x)-\dfrac{4}{5}R_B\times14=0$

$7\times(14-x)-\dfrac{4}{5}\times\dfrac{5x}{6}\times14=0$

$7\times(14-x)-\dfrac{28}{3}x=0$

$(14-x)-\dfrac{4x}{3}=0,\ x=6\text{m}$

정답 13 ④ 14 ③

15 그림과 같이 하중 50kN인 차륜이 20cm 높이의 고정된 장애물을 넘어가는데 필요한 최소한의 힘 P의 크기[kN]는? (단, 힘 P는 지면과 나란하게 작용하며, 계산값은 소수점 둘째자리에서 반올림한다) (04. 국가직 9급)

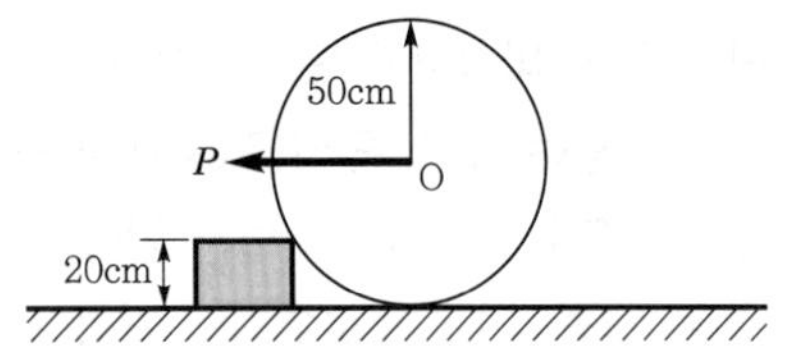

① 33.3　② 37.5
③ 66.7　④ 75.0

해설 A점을 기준으로 힘의 평형조건식(회전모멘트/저항모멘트)을 적용한다.

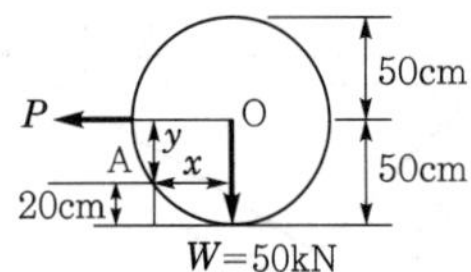

$y = R - 20 = 50 - 20 = 30\text{cm}$

$x = \sqrt{R^2 - y^2} = \sqrt{50^2 - 30^2}$
$= 40\text{cm}$

$P \times y > W \times x$

$P > \dfrac{W \times x}{y} = \dfrac{50 \times 40}{30} = 66.7\text{kN}$

16 다음 그림과 같이 강체(rigid body)에 우력이 작용하고 있다. A, B, C점에 관한 모멘트가 각각 ΣM_A, ΣM_B, ΣM_C일 때, 옳은 것은? (12. 지방직 9급)

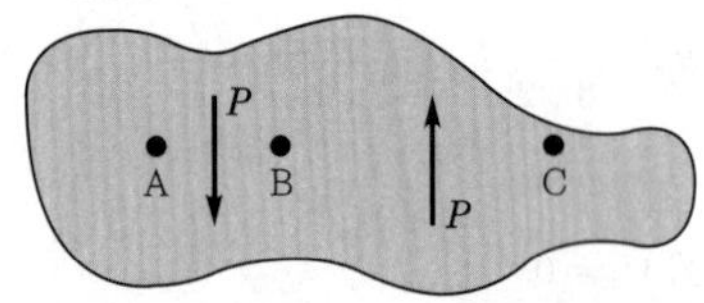

① $\Sigma M_A = \Sigma M_B < \Sigma M_C$
② $\Sigma M_A = \Sigma M_B > \Sigma M_C$
③ $\Sigma M_A < \Sigma M_B < \Sigma M_C$
④ $\Sigma M_A = \Sigma M_B = \Sigma M_C$

해설 우력을 받는 물체의 우력모멘트는 모든 점에 일정하다.

17 다음 그림과 같은 물막이용 콘크리트 구조물이 있다. 구조물이 전도가 발생하지 않을 최대 수면의 높이 h[m]는? (단, 물과 접해 있는 구조물 수직면에만 수평방향의 정수압이 작용하는 것으로 가정한다. 물의 단위중량 10kN/m^3, 콘크리트의 단위중량 25kN/m^3이다) (13. 지방직 9급)

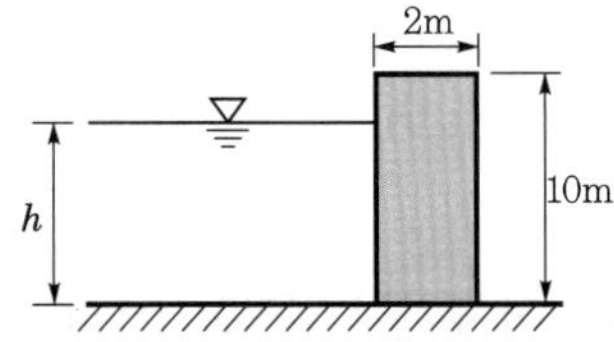

① $\sqrt[3]{100}$　② $\sqrt[3]{200}$
③ $\sqrt[3]{300}$　④ $\sqrt[3]{400}$

해설 ㉠ 구조물의 자중(W)

$W = 25 \times 2 \times 10 = 500\text{kN/m}$

㉡ 구조물에 작용하는 수평력

$H = \dfrac{1}{2} r_w h^2 = \dfrac{1}{2} \times 10 \times h^2$
$= 5h^2 [\text{kN/m}]$

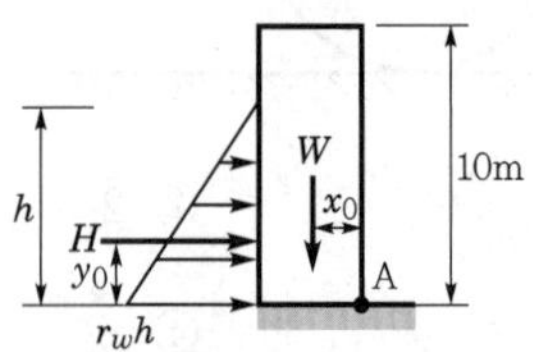

㉢ h계산: 전도되지 않기 위해서는 다음 조건을 만족해야 한다.

$W \times x_0 \geq H \times y_0$

$500 \times 1 \geq 5h^2 \times \dfrac{h}{3}$

$h^3 \leq 300$, $h \leq \sqrt[3]{300}\text{m}$

∴ 수면의 높이는 $\sqrt[3]{300}\text{m}$ 이하가 되어야 한다.

정답 15 ③ 16 ④ 17 ③

18 다음 그림과 같이 자중이 300kN인 중력식 옹벽에 100kN의 수평토압이 작용하고 있다. 전도와 활동에 대해 안전성을 검토하였을 때 옳은 것은? (단, 전도와 활동에 대한 안전율은 1.5이고, 옹벽과 지반과의 마찰계수는 0.4이다)

(10. 지방직 9급)

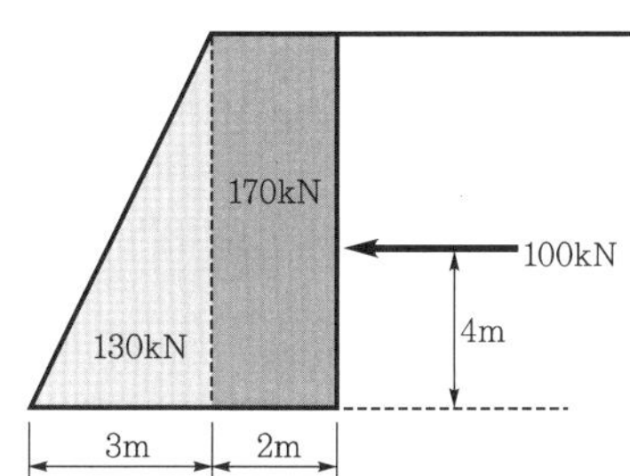

① 전도: 안전, 활동: 안전
② 전도: 불안전, 활동: 불안전
③ 전도: 불안전, 활동: 안전
④ 전도: 안전, 활동: 불안전

해설 ㉠ 전도 검토

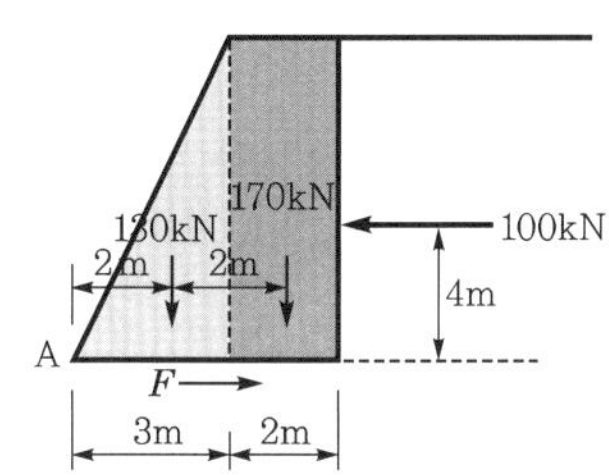

$$F \cdot S = \frac{\text{저항}M}{\text{전도}M} = \frac{130 \times 2 + 170 \times 4}{100 \times 4} = 2.35 > 1.5, \quad \therefore \text{ 안정}$$

㉡ 활동 검토

$$F \cdot S = \frac{\text{저항력}}{\text{활동력}} = \frac{F}{H} = \frac{\mu \times V}{H} = \frac{0.4 \times (130 + 170)}{100} = 1.2 < 1.5, \quad \therefore \text{ 불안정}$$

19 그림과 같이 두 개의 활차를 사용하여 물체를 매달 때, 3개의 물체가 평형을 이루기 위한 θ의 값은? (단, 로프와 활차의 마찰은 무시한다)

(05. 서울시 9급)

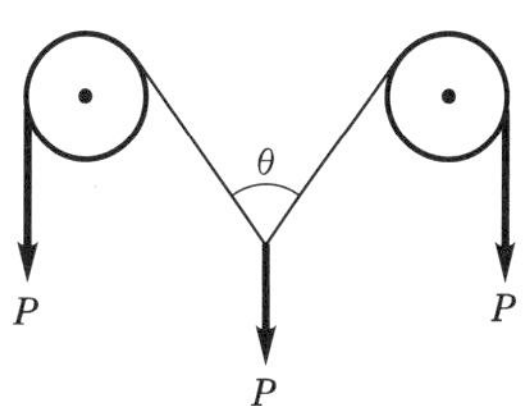

① 30°
② 45°
③ 60°
④ 90°
⑤ 120°

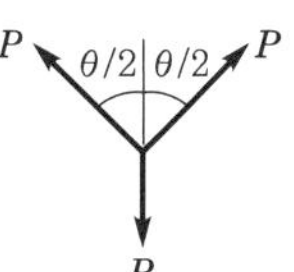

라미의 정리를 적용하면

$$\frac{P}{\sin\theta} = \frac{P}{\sin\left(180^\circ - \frac{\theta}{2}\right)} = \frac{P}{\sin\left(180^\circ - \frac{\theta}{2}\right)}$$

$$\theta = 180^\circ - \frac{\theta}{2} \qquad \therefore \theta = 120^\circ$$

20 다음 설명 중 옳지 않은 것은? (09. 지방직 9급)

① 일정한 속력으로 직선 운동하는 물체이 가속도는 0(zero)이다.
② 일정한 속력으로 곡선 운동하는 물체의 가속도는 0(zero)이 아니다.
③ 구조물의 단면에 휨모멘트가 작용하면 연직응력이 발생하지만 전단응력은 발생하지 않는다.
④ 물 속에 잠긴 물체의 표면에 작용하는 압력은 물체 표면에 항상 수직으로 작용한다.

정답 18 ④ 19 ⑤ 20 ③

21 다음 그림과 같이 원점 O에 세 힘이 작용할 때, 합력이 작용하는 상한의 위치는? (13. 지방직 9급)

① 1상한 ② 2상한
③ 3상한 ④ 4상한

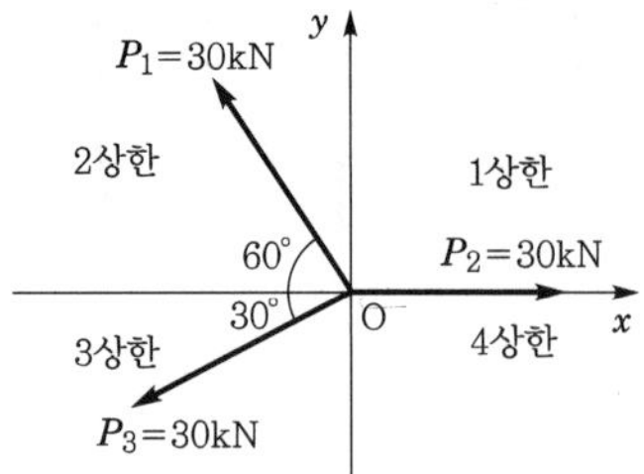

해설 $\Sigma H = -30\times\cos 60° - 30\times\cos 30° + 30 = -10.98\text{kN} < 0$
이므로 $(-)x$축 방향
$\Sigma V = 30\times\sin 60° - 30\times\sin 30° = +10.98\text{kN} > 0$
이므로 $(+)y$축 방향
따라서 ΣH와 ΣV의 합력은 2상한의 방향이 될 수밖에 없다.

22 다음 그림과 같이 방향이 반대인 힘 P와 $3P$가 L간격으로 평행하게 작용하고 있다. 두 힘의 합력의 작용위치 x는? (08. 국가직 9급)

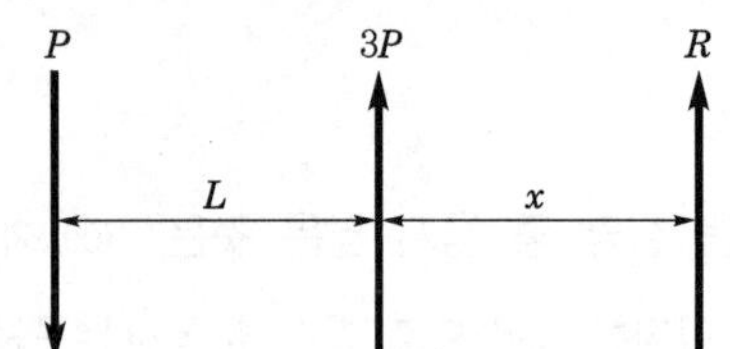

① $\frac{1}{3}L$ ② $\frac{1}{2}L$
③ $\frac{2}{3}L$ ④ L

해설 바리뇽 정리를 적용하면 합력의 위치는

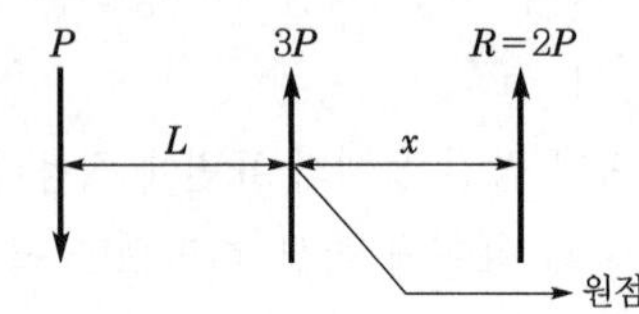

$2P\times x = P\times L \quad \therefore x = \frac{L}{2}$

23 다음 2개의 평행한 힘의 합력의 작용점은 2kN의 힘의 작용선으로부터 얼마[m]만큼 떨어져 있는가? (03. 인천시 9급)

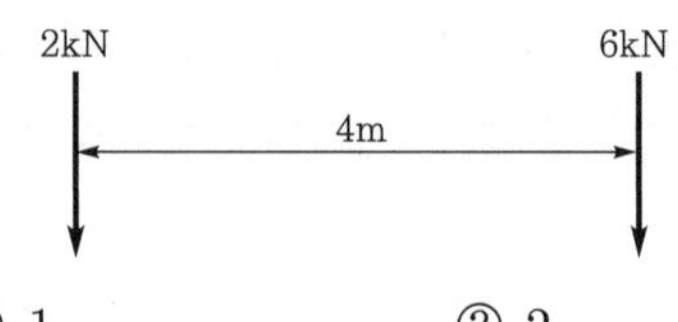

① 1 ② 2
③ 3 ④ 4
⑤ 5

해설 바리뇽 정리 적용
2t 힘의 작용선에 대해

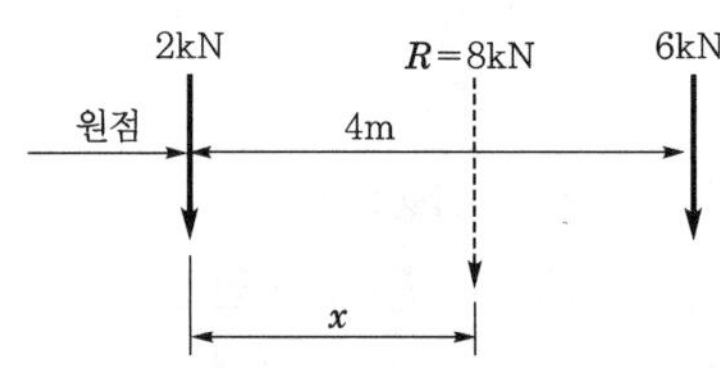

$8\times x = 6\times 4$
$\therefore x = 3\text{m}$

24 그림과 같이 3개의 힘이 평형상태라면 C점에 작용하는 힘 P의 크기와 AB 사이의 거리 x는? (14. 서울시 9급)

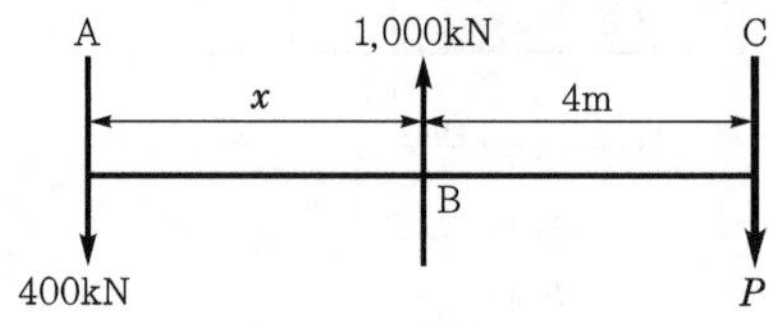

① $P = 500\text{kN}$, $x = 6.0\text{m}$
② $P = 500\text{kN}$, $x = 7.0\text{m}$
③ $P = 600\text{kN}$, $x = 6.0\text{m}$
④ $P = 600\text{kN}$, $x = 7.0\text{m}$
⑤ $P = 700\text{kN}$, $x = 9.0\text{m}$

해설 힘의 평형조건식을 적용
$\Sigma V = 0$,
$400 - 1{,}000 + P = 0$
$\therefore P = 600\text{kN}(\downarrow)$
$\Sigma M_B = 0$,
$-400\times x + 600\times 4 = 0$
$\therefore x = 6\text{m}$

정답 21 ② 22 ② 23 ③ 24 ③

25 다음 3개의 힘이 평형을 유지하기 위한 힘 P [kN]와 거리 x[m]는? (05. 서울시 9급)

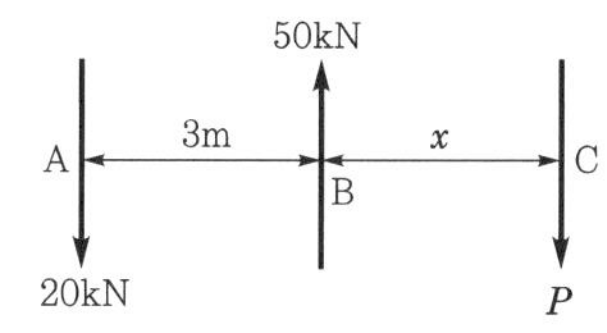

P[kN]	x[m]
① 30	3
② 20	3
③ 30	2
④ 40	2
⑤ 40	1

해설 $\Sigma V=0$,
$-30+50-P=0$
$\therefore P=30\text{kN}(\downarrow)$
$\Sigma M_B=0$,
$-20\times3+P\times x=0$
$-60+30\times x=0$
$\therefore x=2\text{m}$

26 다음 4개의 힘 A, B, C, D와 R이 평형을 이루고 있을 때 R의 크기와 D점에서의 거리 x는? (01. 국가직 9급)

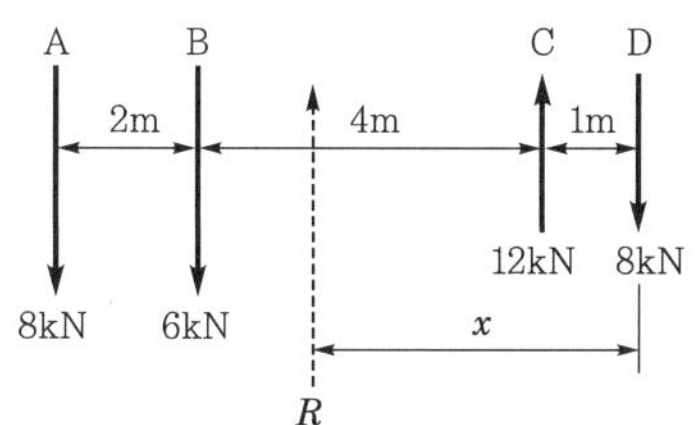

① 6m, 10kN ② 6m, 12kN
③ 7.4m, 10kN ④ 7.4m, 12kN

해설 힘의 평형조건식을 적용
$\Sigma V=0$,
$R-8+6+12-8=0$
$\therefore R=10\text{kN}$
$\Sigma M_D=0$,
$-8\times7-6\times5+12\times1+R\times x=0$
$\therefore x=7.4\text{m}$

27 원점 O에서 10kN · m가 되기 위해서 거리 e [m]는? (05. 국가직 9급)

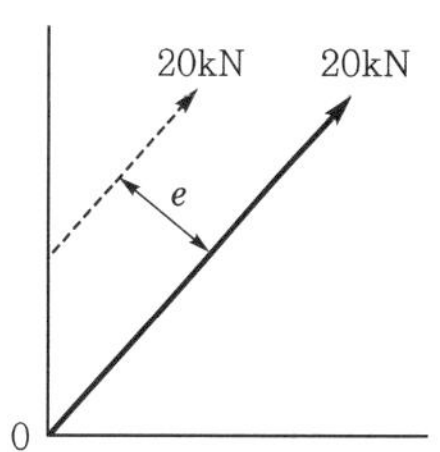

① 0.5 ② 0.6
③ 0.8 ④ 1.2

해설 $M=P\times e,\quad 10=20\times e,\quad e=0.5\text{m}$

28 다음은 '우력'에 대한 약술이다. ( )에 들어갈 단어를 바르게 연결한 것은? (08. 국가직 9급)

> 어떤 물체에 크기가 (㉠) 방향이 (㉡)인 2개의 힘이 작용할 때 그의 작용선이 일치하면, 합력이 0이지만 힘의 효과가 물체에 (㉢)을 일으킨다. 이와 같이 크기가 (㉠) 방향이 (㉡)인 한 쌍의 힘을 우력이라 한다.

	㉠	㉡	㉢
①	같고	반대방향	회전운동
②	다르고	반대방향	회전운동
③	다르고	같은 방향	평행운동
④	같고	같은 방향	평행운동

해설 같은 크기의 힘이 반대방향으로 평행하게 작용하는 힘을 우력이라고 하며, 우력은 물체를 회전시키게 된다.

29 그림과 같은 하중이 작용할 때 A에 대한 휨모멘트 [kN · m]는? (09. 지방직 9급)

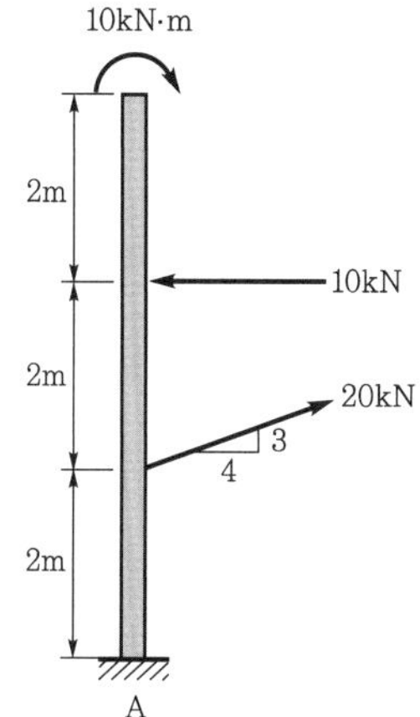

① 2 ② 4
③ 8 ④ 10

해설 $M_A=\left(20\times\frac{4}{5}\right)\times2-10\times4+10$
$=2\text{kN}\cdot\text{m}$

정답 25 ③ 26 ③ 27 ① 28 ① 29 ①

30 동일한 평면상의 동일한 점에서 세 힘 10kN, R, P가 평형을 유지하고 있을 때, R과 P는?

(05. 국가직 9급)

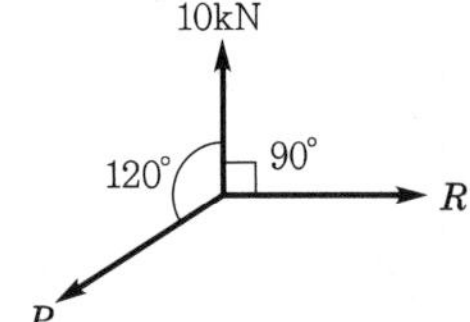

① $R = 20\text{kN},\ P = 10\sqrt{3}\,\text{kN}$

② $R = 10\sqrt{3}\,\text{kN},\ P = 20\text{kN}$

③ $R = 10\text{kN},\ P = 5\sqrt{3}\,\text{kN}$

④ $R = 5\sqrt{3}\,\text{kN},\ P = 10\text{kN}$

해설 폐삼각형의 닮음비로 구한다.

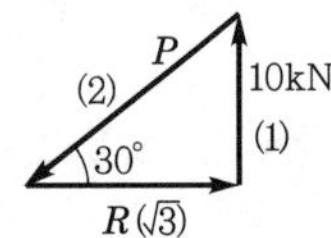

$$R = \frac{\sqrt{3}\times 10}{1} = 10\sqrt{3}\,\text{kN}$$

$$P = \frac{2\times 10}{1} = 20\text{kN}$$

31 부양하는 힘 400kN인 기구가 수평방향 바람에 의한 풍압 W에 의하여 그림과 같이 기울어져 있다. 이때 케이블에 작용하는 인장력 T[kN]와 풍압 W[kN]는? (단, $\sqrt{3} = 1.7$로 계산한다)

(14. 국회 9급)

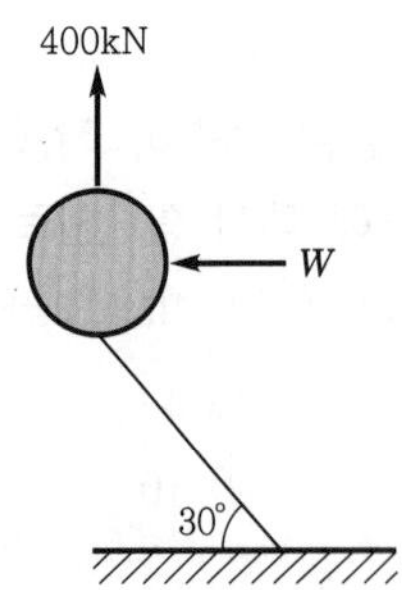

① $T = 680\text{kN},\ W = 340\text{kN}$

② $T = 680\text{kN},\ W = 425\text{kN}$

③ $T = 680\text{kN},\ W = 544\text{kN}$

④ $T = 800\text{kN},\ W = 425\text{kN}$

⑤ $T = 800\text{kN},\ W = 6800\text{kN}$

해설 힘의 폐삼각형을 이용하여 구한다.

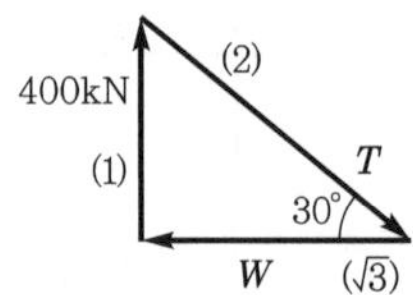

$$T = \frac{2\times 400}{1} = 800\text{kN}$$

$$W = \frac{\sqrt{3}\times 400}{1} = 1.7\times 400 = 680\text{kN}$$

32 다음 그림과 같이 길이 L인 통나무가 바위 위에 놓여 있다. 통나무의 무게가 1,400kN일 때, 600kN의 사람이 왼쪽에서 오른쪽으로 매우 천천히 걷고 있다. 통나무가 수평이 되기 위한 사람의 위치는? (단, 바위와 통나무의 위치는 변하지 않는다)

(10. 국가직 9급)

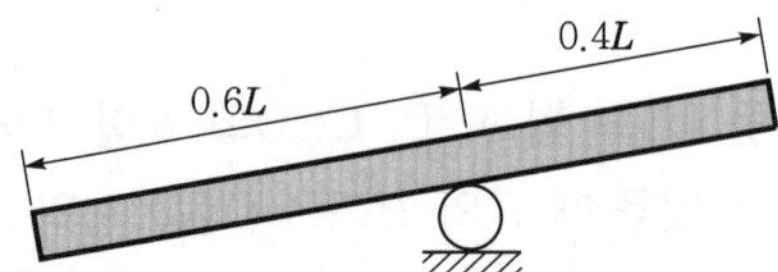

① 왼쪽에서 $\dfrac{2L}{3}$　　② 왼쪽에서 $\dfrac{3L}{4}$

③ 왼쪽에서 $\dfrac{4L}{5}$　　④ 왼쪽에서 $\dfrac{5L}{6}$

해설 $\Sigma M = 0$을 이용

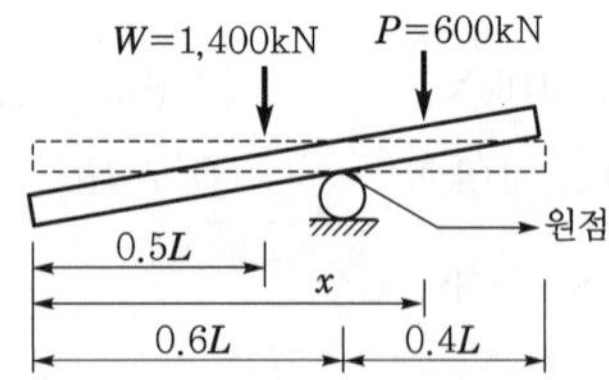

$$W(0.6L - 0.5L) = P(x - 0.6L)$$

$$0.1WL = Px - 0.6PL$$

$$0.1\times 1,400L = 600x - 0.6\times 600L$$

$$x = \frac{5}{6}L$$

정답 30 ② 31 ⑤ 32 ④

33 무게가 W인 구가 그림과 같이 마찰이 없는 두 벽면 사이에 놓여 있을 때, 반력 R의 크기는? (단, 구의 재질은 균질하며 무게중심은 구의 중앙에 위치한다) (11. 지방직 9급)

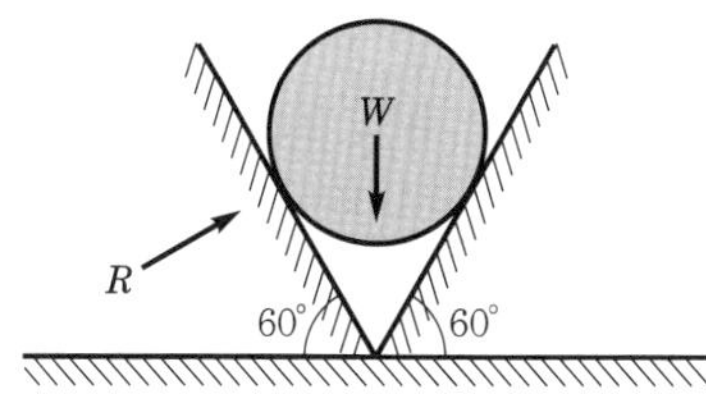

① $\frac{1}{2}W$ ② $\frac{\sqrt{2}}{2}W$

③ $\frac{\sqrt{3}}{2}W$ ④ W

해설 $\frac{W}{\sin 120} = \frac{R}{\sin 120} = \frac{R}{\sin 120}$

라미의 정리에 따라 모두 같다. 즉, $R = W$이다.

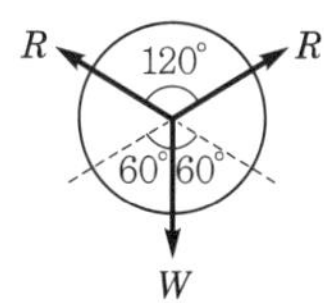

34 다음과 같이 경사면과 수직면 사이에 무게(W)와 크기가 동일한 원통 두 개가 놓여있다. 오른쪽 원통과 경사면 사이에 발생하는 반력 R은? (단, 마찰은 무시한다) (15. 지방직 9급)

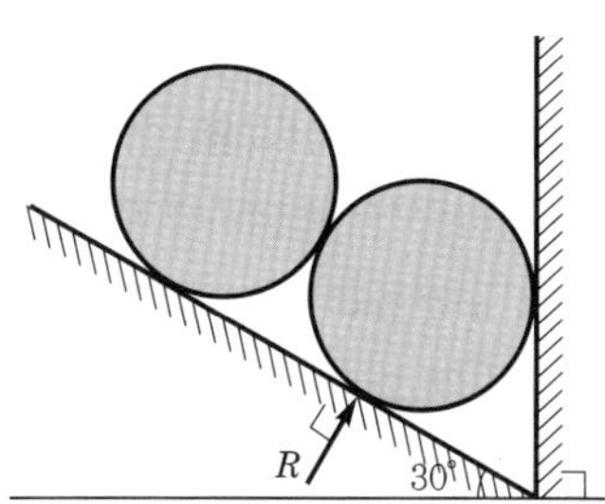

① $\frac{\sqrt{3}}{6}W$ ② $\frac{\sqrt{3}}{2}W$

③ $\frac{5\sqrt{3}}{6}W$ ④ $\frac{7\sqrt{3}}{6}W$

해설 ㉠ 반력 R은 다음과 같다.

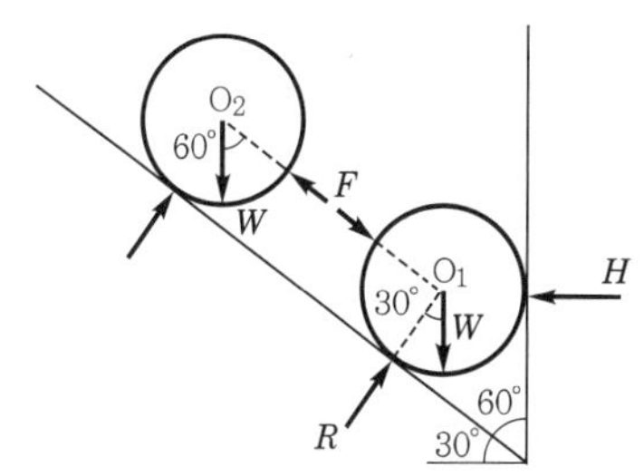

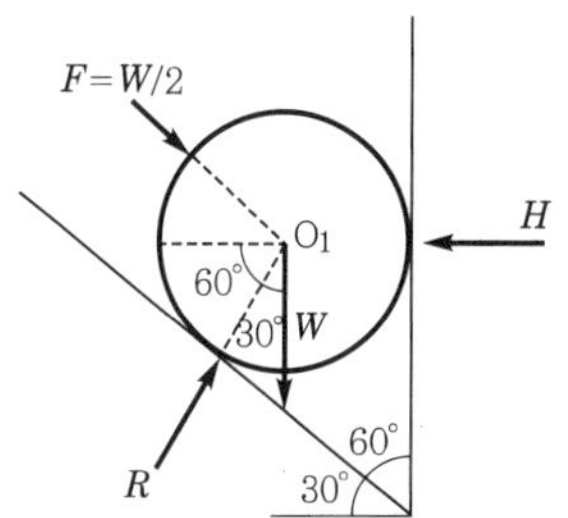

㉡ 위쪽 구가 아래 구에 작용하는 힘

$F = W \times \sin 30° = \frac{W}{2}$

㉢ 아래의 그림에서

$\Sigma H = 0,\ H \times \sin 60° - W \times \sin 30° - \frac{W}{2} = 0$

$H = \frac{2W}{\sqrt{3}} = \frac{2\sqrt{3}\,W}{3}$

$\Sigma V = 0,\ R - W \times \cos 30° - H \times \cos 60° = 0$

$R - \frac{\sqrt{3}\,W}{2} - \frac{2\sqrt{3}\,W}{3} \times \frac{1}{2} = 0$

$R = \frac{5\sqrt{3}\,W}{6}$

정답 33 ④ 34 ③

35 점 A와 점 B를 스프링으로 지지한 트러스 구조계가 있다. 점 C에 연직하중 P가 작용하는 경우, 스프링의 부재력은? (단, 봉부재의 축강성과 길이는 각각 EA, L이고, 스프링의 상수는 k이다) (12. 국가직 9급)

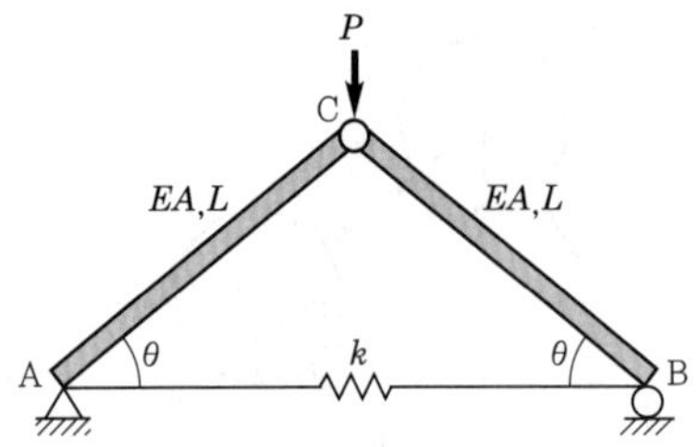

① $\dfrac{P}{2\sin\theta}$　　② $\dfrac{P}{2\cos\theta}$

③ $\dfrac{P}{2\tan\theta}$　　④ $\dfrac{P}{2\sec\theta}$

해설 B지점의 수직반력, $R_B = \dfrac{P}{2}$

스프링의 축력, $F = \dfrac{\frac{P}{2}}{\tan\theta} = \dfrac{P}{2\tan\theta}$

36 다음 그림과 같이 힘이 작용하는 구조물에서 부재 AB와 BC에 걸리는 부재력[kN] F_{AB}, F_{BC}는? (단, 부재의 자중과 도르래의 마찰은 무시한다) (12. 지방직 9급)

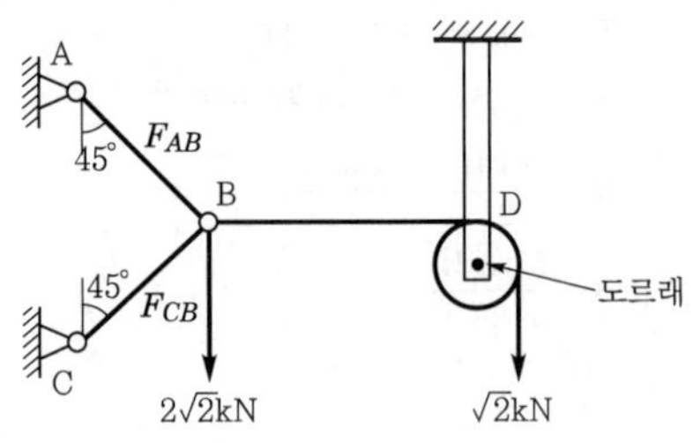

	F_{AB}	F_{BC}		F_{AB}	F_{BC}
①	1(인장)	1(압축)	②	1(압축)	1(인장)
③	3(인장)	1(압축)	④	3(압축)	1(인장)

해설

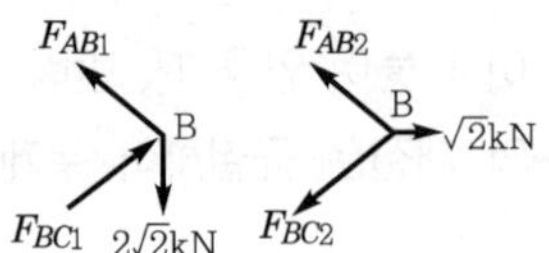

$$F_{AB1} = \frac{2\sqrt{2}\times 1}{\sqrt{2}} = 2\text{kN}(\text{인장})$$

$$F_{BC1} = -F_{AB1} = -2\text{kN}(\text{압축})$$

$$F_{AB} = F_{BC} = \sqrt{2}\times\sin 45° = \sqrt{2}\times\frac{1}{\sqrt{2}} = 1\text{kN}(\text{인장})$$

$$F_{AB} = F_{AB1} + F_{AB2} = 2+1 = 3\text{kN}(\text{인장})$$

$$F_{BC} = F_{BC1} + F_{BC2} = -2+1 = -1\text{kN}(\text{압축})$$

37 다음 설명에 옳지 않은 것은? (07. 국가직 9급)

① 힘을 표시하는 3요소는 힘의 크기, 방향 작용점이다.

② 선형 탄성영역에서는 응력과 변형률이 비례한다.

③ 동마찰계수는 정마찰계수보다 작다.

④ 힘, 변위, 속력, 가속도는 모두 벡터(vector)량이다.

해설 ㉠ 벡터량: 크기와 방향을 갖는 물리량으로 힘, 변위, 속도, 가속도, 모멘트, 운동량, 충격량, 전기장, 자기장
㉡ 스칼라(scalar)량: 크기만 갖는 물리량으로 길이, 면적, 부피, 시간, 온도, 질량, 속력, 일, 에너지

38 다음 그림과 같은 삼각형 콘크리트 구조물 상단에 수평하중 $P = 140\text{kN}$이 작용하고 있다. 콘크리트 구조물과 바닥접촉면 사이의 마찰계수가 0.3일 때 발생할 수 있는 사항은? (단, 콘크리트의 단위체적당 중량은 25kN/m^3이고 콘크리트 구조물의 균일폭은 1m이다) (06. 국가직 9급)

정답 35 ③ 36 ③ 37 ④ 38 ②

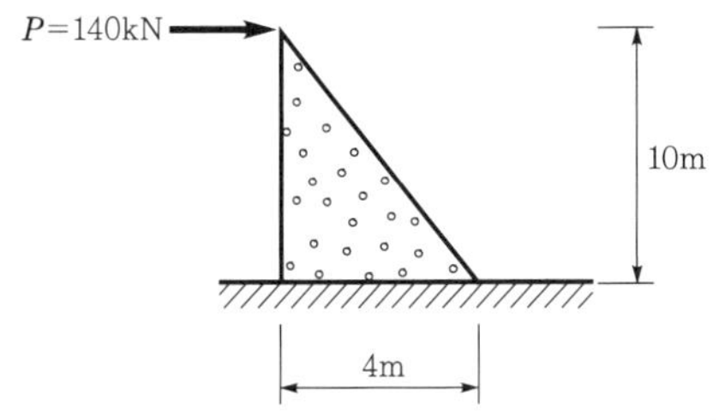

① 미끄러지고 전도되지 않는다.

② 미끄러지지 않고 전도된다.

③ 미끄러짐, 전도 모두 발생가능

④ 미끄러짐, 전도 모두 발생 가능하지 않는다.

해설

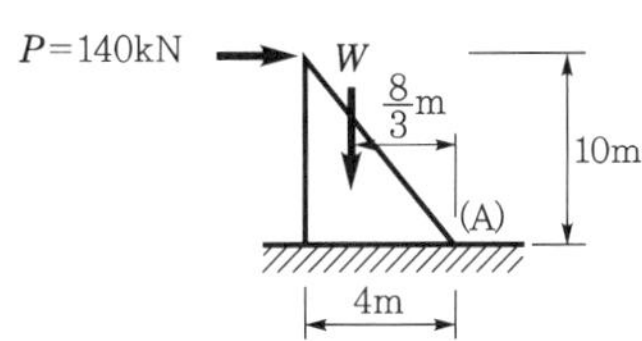

㉠ 활동의 판정

단위길이당의 마찰력 F와 수평력을 비교

콘크리트의 중량(W)

$W=\frac{1}{2}\times 4\times 10\times 25=500\text{kN}$

최대 정지 마찰력(F)

$F=\mu\times W=0.3\times 500=150\text{kN}$

$F(=150\text{kN})>P(=140\text{kN})$

㉡ 전도의 판정

전도모멘트(M_A)

$M_A=140\times 10=1{,}400\text{kN}\cdot\text{m}$

저항모멘트(M_R)

$M_R=500\times\frac{8}{3}=1{,}333\text{kN}\cdot\text{m}$

$\therefore M_R<M_A$이므로 넘어진다.

39 다음 그림과 같이 무게가 W인 물체가 수평면상에 놓여 있다. 그림과 같이 물체에 수평력 $\frac{2}{3}W$가 작용할 때 물체의 상태로 옳은 것은? (단, 물체와 수평면 사이의 마찰계수(f)는 0.75이다) (10. 국가직 9급)

① 수평으로 이동하나 넘어지지는 않는다.

② 수평이동 없이 넘어진다.

③ 수평이동하며 넘어진다.

④ 수평이동도 없고 넘어지지도 않는다.

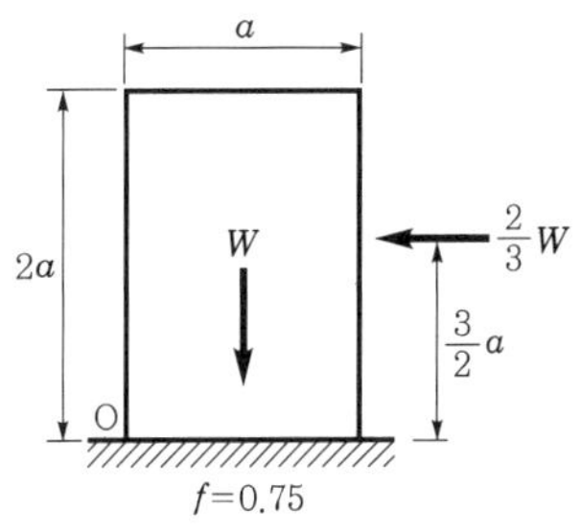

해설 ㉠ 전도 검토

전도모멘트, $M_O=\frac{2}{3}W\times\frac{3}{2}a$

$=Wa$

저항모멘트, $M_R=W\times\frac{a}{2}=\frac{Wa}{2}$

$M_O>M_R$

㉡ 활동 검토

활동력, $H=\frac{2}{3}W$

저항력, $F=\mu W=0.75W$

$H<F$

40 다음 그림과 같이 보 구조물 전체가 수평방향으로 이동하지 않고 안정을 유지할 수 있는 수평방향 하중 H[kN]의 최댓값은? (단, 힌지부는 마찰계수가 0.2인 바닥면에 놓인 블록에 강결되어 있고, 보의 자중과 롤러부의 마찰은 무시하며 블록의 질량은 11,000kg, 중력가속도는 10m/sec^2이다) (09. 국가직 9급)

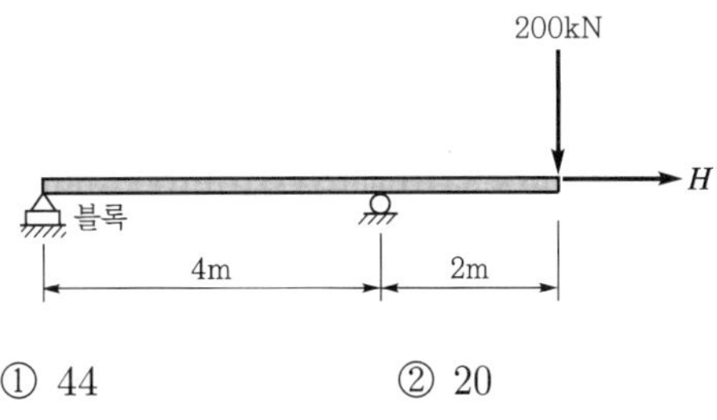

① 44 ② 20

③ 5 ④ 2

해설 ㉠ A지점의 반력

$R_A=\frac{200\times 2}{4}=100\text{kN}(\downarrow)$

㉡ 블록을 수직으로 누르는 힘(V)

블록에 작용하는 수직력 = 블록자중 + R_A의 반대 방향

블록의 자중

$W=11{,}000\text{kg}=110{,}000\text{N}=110\text{kN}$

정답 39 ② 40 ④

$V = 110 - 100 = 10\text{kN}$

㉢ 블록이 이동하지 않기 위한 최대의 힘(H)
마찰력 F가 H보다 크면 된다.
$H < F = \mu \cdot V = 0.2 \times 10 = 2\text{kN}$

41 그림과 같은 하중 Q가 작용하는 구조물에서 C점은 마찰연결로 되어 있다. 두 개의 구조물을 분리시키기 위해 필요한 최소 수평력 H는? (단, 구조물의 자중은 무시하고, 정지마찰계수 $\mu = 0.2$이다) (14. 국가직 9급)

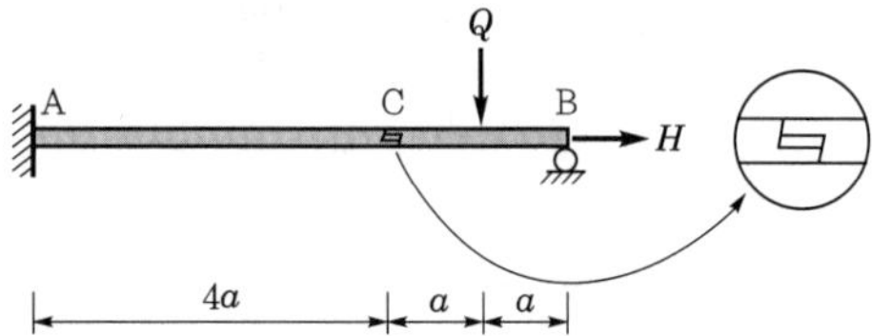

① $\dfrac{Q}{10}$ ② $\dfrac{W}{5}$

③ $\dfrac{3Q}{10}$ ④ $\dfrac{2Q}{5}$

해설 C점에 연직력 $Q/2$가 작용하고, 마찰력 F는 연직력에 비례한다. 구조물이 분리되기 위해서는 수평력 H가 마찰력 F보다 커야 한다.

$$H > F = \mu \times \frac{Q}{2} = 0.2 \times \frac{Q}{2} = \frac{Q}{10}$$

정답 41 ①

CHAPTER 01 | 7급 기출문제

01 그림과 같은 무게 12kN의 구가 매끄러운 벽에 의해 지지되어 있을 때, A점에서의 반력 R_A[kN]와 B점에서의 반력 R_B[kN]은?

(09. 국가직 7급)

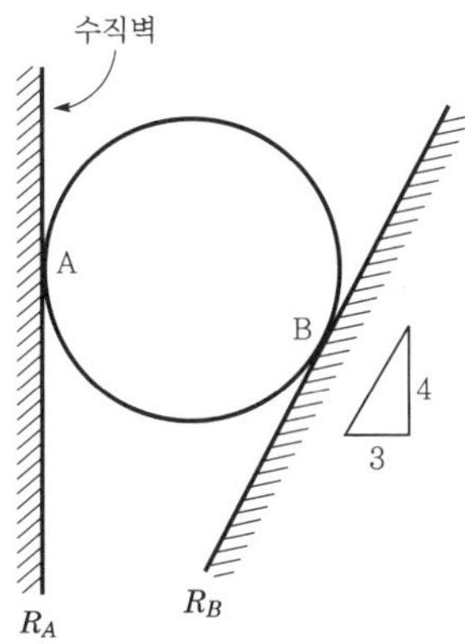

R_A	R_B
① 9(→)	15(↖)
② 9(→)	20(↖)
③ 16(→)	15(↖)
④ 16(→)	20(↖)

해설 힘의 폐삼각형에서

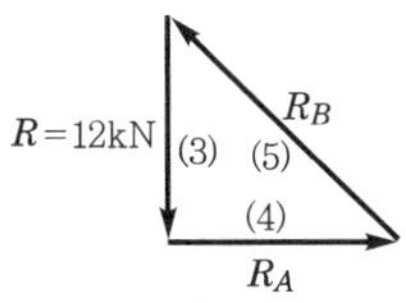

$$R_A = \frac{4\times12}{3} = 16\text{kN}$$

$$R_B = \frac{5\times12}{3} = 20\text{kN}$$

02 다음 좌표상에서 힘 $F=(10i+10j)$[N]이 점 P에 작용한다. 각 축의 모멘트는? (단, $r=(3i+3j+3k)$[m]이고, i, j, k는 x, y, z방향의 단위벡터이다)

(00. 국가직 7급)

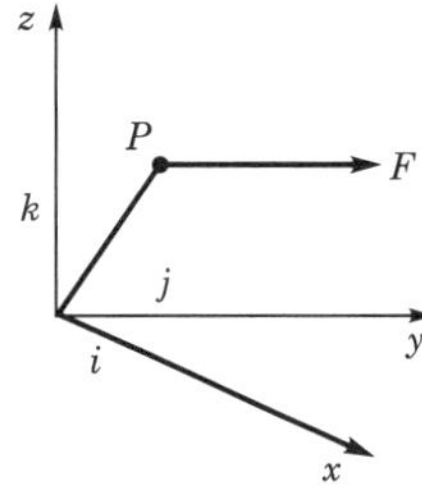

① $M_x=-30\text{N}\cdot\text{m}, M_y=-30\text{N}\cdot\text{m}, M_z=0$

② $M_x=30\text{N}\cdot\text{m}, M_y=30\text{N}\cdot\text{m}, M_z=0$

③ $M_x=30\text{N}\cdot\text{m}, M_y=-30\text{N}\cdot\text{m}, M_z=0$

④ $M_x=-30\text{N}\cdot\text{m}, M_y=30\text{N}\cdot\text{m}, M_z=0$

해설 $M=r\times F$

$$\begin{matrix} M_X \\ M_Y \\ M_Z \end{matrix} = \begin{vmatrix} i & j & k \\ r_x & r_y & r_z \\ F_x & F_y & F_z \end{vmatrix}$$

$$=(r_yF_z-r_zF_y)i+(r_xF_z-r_zF_x)j+(r_xF_y-r_yF_x)k$$

$$\begin{matrix} M_X \\ M_Y \\ M_Z \end{matrix} = \begin{vmatrix} i & j & k \\ 3 & 3 & 3 \\ 10 & 10 & 0 \end{vmatrix}$$

$$=(3\times0-3\times10)i+(3\times10-3\times0)j+(3\times10-3\times10)k$$

$$=-30i+30j$$

$\therefore M_x=-30\text{N}\cdot\text{m}$,

$M_y=30\text{N}\cdot\text{m}$,

$M_z=0$

정답 01 ④ 02 ④

03 아래 트러스에서 AB부재의 부재력이 80kN(인장)으로 측정되었다. AC부재의 길이 a는 얼마인가? (14. 서울시 7급)

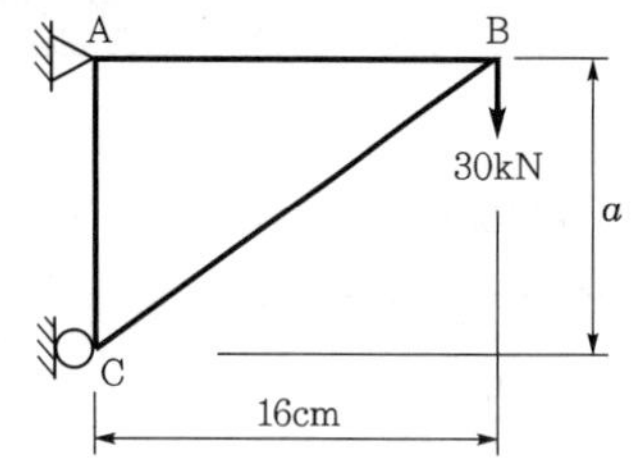

① 4m ② 6m ③ 8m
④ 10m ⑤ 12m

해설 폐삼각형에 의한 변의 비로 구한다.

$AC : AB = 30 : 80$

$a : 16 = 3 : 8$

$a = \frac{16 \times 3}{8} = 6m$

04 무게가 $2W$이고 길이가 L인 2개 강봉을 그림과 같이 연결하였다. C점에 수평력 P를 가했을 때 그림과 같이 평형이 유지되었다. 강봉과 연직선이 이루는 각도를 θ_1, θ_2라 할 때 W와 P를 이용하여 $\tan\theta_1$, $\tan\theta_2$를 구하면? (단, A, B점은 마찰이 없는 힌지로 연결되었다) (07. 국가직 7급)

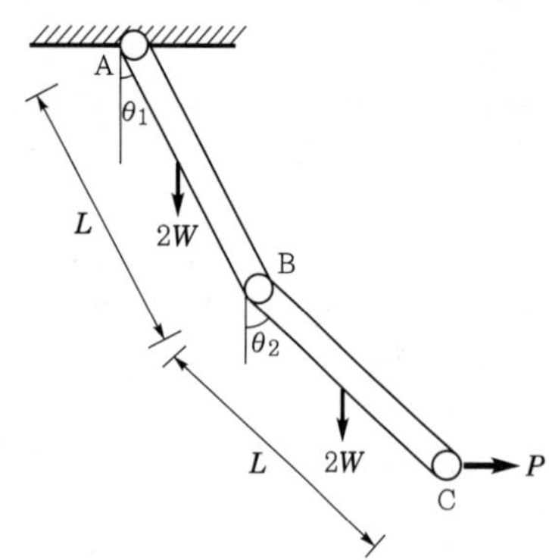

	$\tan\theta_1$	$\tan\theta_2$
①	$\frac{P}{3W}$	$\frac{P}{W}$
②	$\frac{P}{W}$	$\frac{P}{W}$
③	$\frac{P}{3W}$	$\frac{P}{3W}$
④	$\frac{P}{W}$	$\frac{P}{3W}$

해설 ㉠ 각 부재의 자유물체도는 다음과 같다.

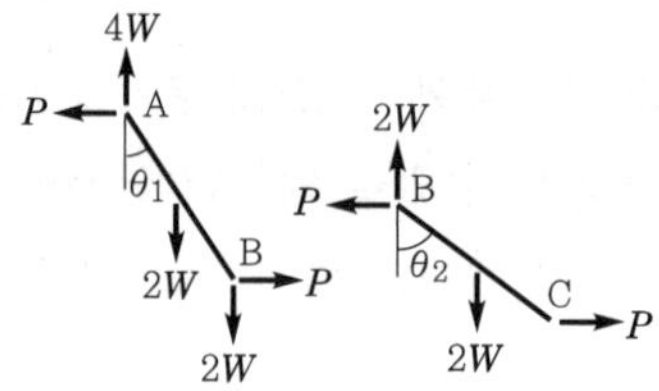

㉡ AB 자유물체도

$\Sigma M_A = 0$

$2WL\left(\sin\theta_1 + \frac{1}{2}\sin\theta_1\right) = PL\cos\theta_1$

$3WL\sin\theta_1 = PL\cos\theta_1$

$\tan\theta_1 = \frac{\sin\theta_1}{\cos\theta_1} = \frac{P}{3W}$

㉢ BC 자유물체도

$\Sigma M_B = 0$

$2W\left(\frac{L}{2}\sin\theta_2\right) = PL\cos\theta_2$

$W\sin\theta_2 = P\cos\theta_2$

$\tan\theta_2 = \frac{\sin\theta_2}{\cos\theta_2} = \frac{P}{W}$

05 다음과 같이 도르래는 케이블 AB와 BC에 의해 고정되어 있고 100N의 추는 도르래를 통과하여 D점에 고정되어 있다. 케이블 AB와 케이블 BC에 작용하는 힘[N]은? (11. 국가직 7급)

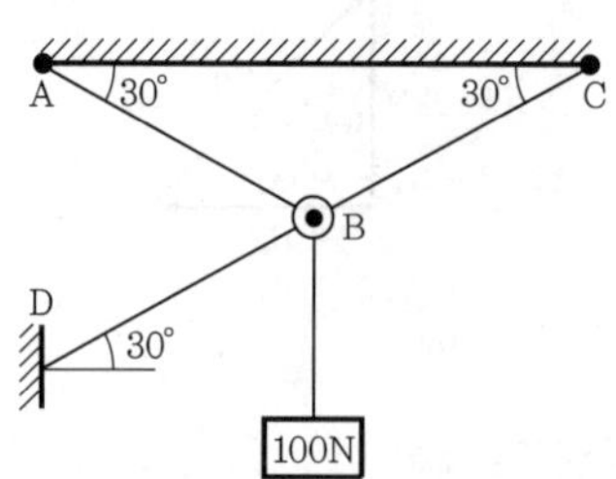

① $F_{AB} = 150$, $F_{BC} = 50$

② $F_{AB} = 50$, $F_{BC} = 150$

③ $F_{AB} = 200$, $F_{BC} = 100$

④ $F_{AB} = 100$, $F_{BC} = 200$

정답 03 ② 04 ① 05 ①

해설 100N이 연직으로 작용하는 경우와 BD방향의 100N이 작용하는 경우로 한다. 100N이 연직으로 작용하는 경우에 B점의 각각의 내각이 모두 120°이고, 평형을 유지하고 있으므로 AB와 BC의 부재력은 모두 100N이다. 그리고 BD방향의 100N은 BC방향과 일치하므로 AB 부재력은 없고, BC부재력만 100N이 된다. 따라서 AB 부재력은 100N, BC부재력은 200N이 된다.

06 45° 경사면에 놓여 있는 질량 100kg의 콘크리트 블록을 끌어 올리는 데 필요한 최소한의 힘의 크기[N]는? (단, 블록의 질량중심에서 힘이 작용하며, 경사면과 콘크리트 블록 사이의 마찰계수는 0.1이다. 또한 sin45° 및 cos45°는 0.7을 사용하며, 중력가속도는 10.0m/s^2으로 가정한다) (10. 국가직 7급)

① 70 ② 700
③ 770 ④ 1,000

해설 물체무게

$W = mg = 100 \times 10 = 1{,}000\text{N}$

수직항력

$N = W \times \cos 45° = 1{,}000 \times 0.7 = 700\text{N}$

경사면 평행력

$H = W \times \sin 45° = 1{,}000 \times 0.7 = 700\text{N}$

마찰력

$F = \mu \times N = 0.1 \times 700 = 70\text{N}$

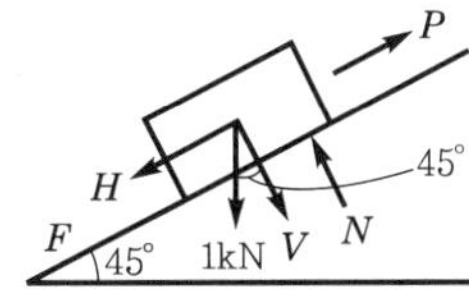

$P \geq H + F \geq 700 + 70 \geq 770\text{N}$

07 다음 그림과 같이 경사면에 중량 W인 물체가 두 개의 스프링에 의해 평형을 이루고 있다. 두 스프링 간의 스프링상수는 $k_1 = 2k_2$이다. 바닥면과 중량 간 접촉면의 마찰을 무시할 때, ②번 스프링에 작용하는 힘의 크기는?(06. 국가직 7급)

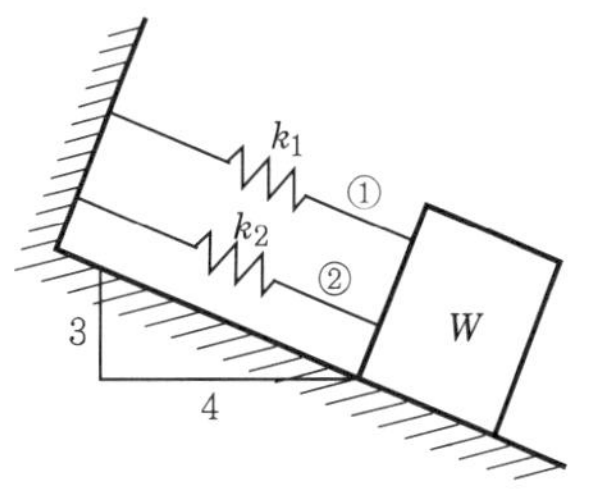

① 0.15W ② 0.20W
③ 0.25W ④ 0.30W

해설 ㉠ 스프링이 늘어난 길이(δ)

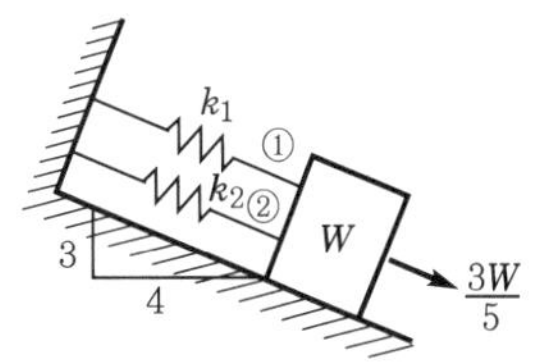

경사면상의 작용력

$F = W \times \sin\theta = W \times \frac{3}{5} = \frac{3W}{5}$

$\delta = \frac{\frac{3W}{5}}{k_1 + k_2} = \frac{\frac{3W}{5}}{2k_2 + k_2} = \frac{W}{5k_2}$

㉡ 스프링에 작용하는 힘(F_2)

$F_2 = k_2 \delta = k_2 \times \frac{W}{5k_2} = \frac{W}{5} = 0.2W$

08 고정도르래와 연결된 그림과 같은 구조물에 하중 W가 작용할 때 도르래의 마찰을 무시한 P 값은?(단, $0° < \alpha < 180°$이다) (00. 국가직, 06. 경기도 7급)

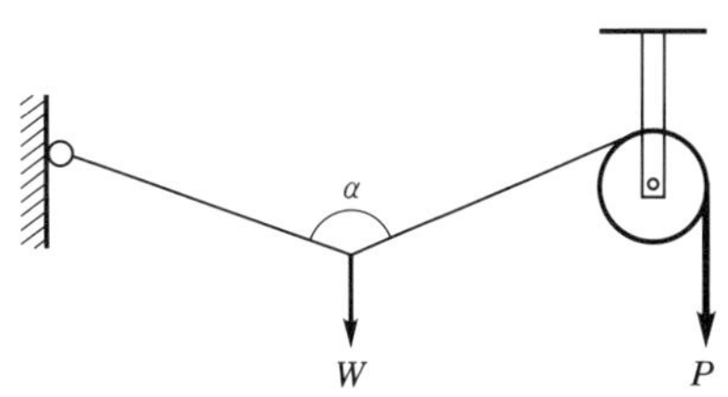

① $P = \frac{2W}{\cos\frac{\alpha}{2}}$ ② $P = \frac{W}{\cos\frac{\alpha}{2}}$

③ $P = \frac{W}{2\cos\alpha}$ ④ $P = \frac{W}{2\cos\frac{\alpha}{2}}$

정답 06 ③ 07 ② 08 ④

해설 줄의 장력을 T로 하면

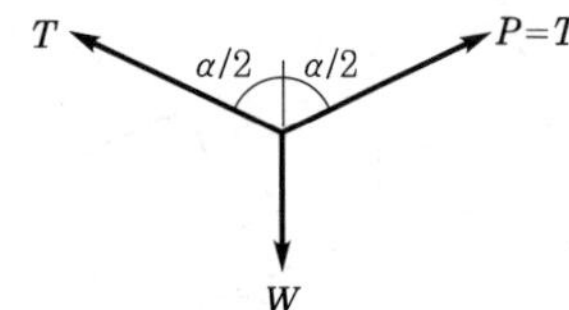

$\Sigma V=0$에서

$$2\times\left(T\cdot\cos\frac{\alpha}{2}\right)-W=0$$

$$2T\cdot\cos\frac{\alpha}{2}=W$$

$$\therefore\ T=P=\frac{W}{2\cdot\cos\dfrac{\alpha}{2}}=\frac{W}{2}\cdot\sec\frac{\alpha}{2}$$

09

그림과 같이 중력식 콘크리트 댐이 수압을 받고 있다. 이 댐이 A점에서 수압에 의한 전도모멘트에 대하여 안전율 2.0을 유지하기 위한 b[m]는? (단, 콘크리트 비중은 물 비중의 3배로 가정한다) (06. 국가직 7급)

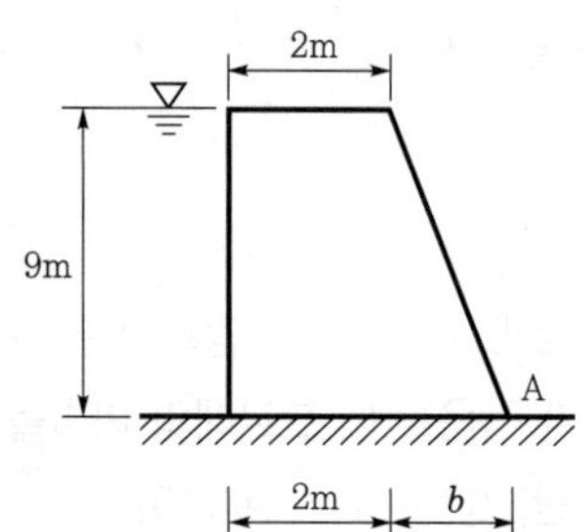

① $\sqrt{30}-1$ ② $\sqrt{30}-2$

③ $\sqrt{30}-3$ ④ $\sqrt{30}-4$

해설 댐에 작용하는 하중도는 다음과 같다.
전도에 대한 안전율이 2이므로

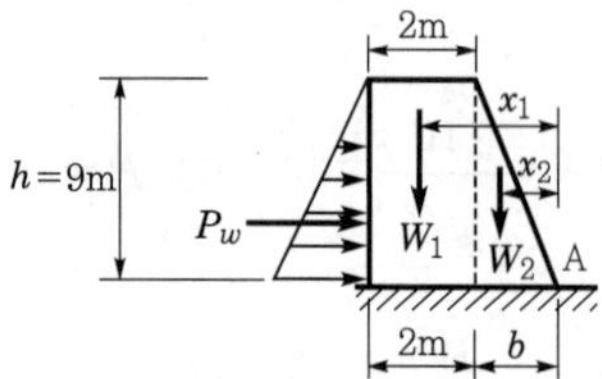

$$FS=\frac{\text{저항 }M}{\text{전도 }M}=\frac{W_1\cdot x_1+W_2\cdot x_2}{\dfrac{r_w\cdot h^2}{6}}\geq 2$$

$$W_1\cdot x_1+W_2\cdot x_2\geq\frac{r_w h^2}{3}$$

$$(2\times 9\times 3r_w)\times(b+1)+\left(\frac{1}{2}\times b\times 9\times 3r_w\right)\times\frac{2b}{3}\geq\frac{r_w\times 9^2}{3}$$

$$54(b+1)+9b^2\geq 27$$

$$9b^2+54b-27\geq 0$$

$$b^2+6b-3\geq 0$$

$$\therefore\ b=\frac{-6\pm\sqrt{6^2-4\times1\times3}}{2\times1}=-3\pm\frac{\sqrt{24}}{2}$$

$$\therefore\ b=-3+\frac{\sqrt{24}}{2}$$

10

그림과 같이 정지된 물체에 힘 P가 경사지게 작용하고 있다. 물체가 움직이지 않기 위한 최소의 마찰계수는? (단, m은 질량이고 g는 중력가속도이다) (08. 국가직 7급)

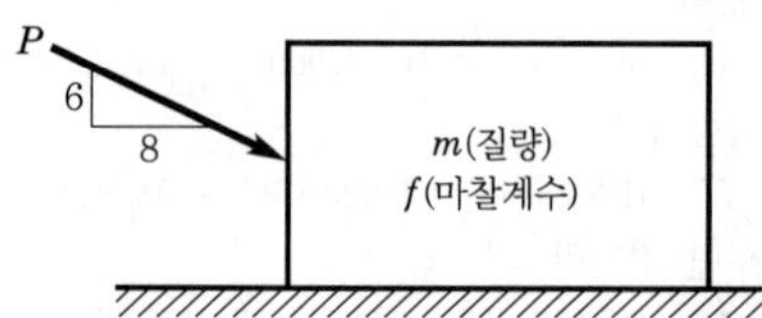

① $\dfrac{4P}{3P+5mg}$ ② $\dfrac{3P}{4P+5mg}$

③ $\dfrac{3P}{5mg}$ ④ $\dfrac{4P}{5mg}$

해설 ㉠ 주어진 물체의 자유물체도
외력 P를 수평분력과 수직분력으로 표시하면 다음 그림과 같다.

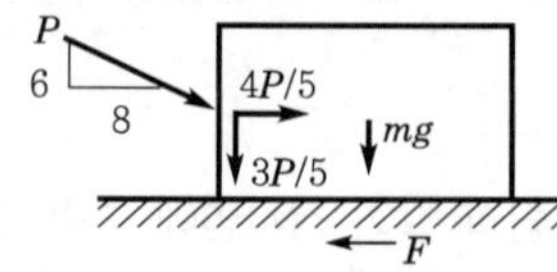

수직력, $V=mg+\dfrac{3P}{5}$

수평력, $H=\dfrac{4P}{5}$

㉡ 최소 마찰계수
마찰력은 최소한 수평분력보다 커야 한다. 그리고 마찰력은 수직력(V)에다가 마찰계수(f)를 곱한 값이다.

정답 09 답 없음 10 ①

$F \geq H$

$V \times f \geq \dfrac{4P}{5}$

$f \geq \dfrac{4P}{5V} = \dfrac{4P}{5\left(mg + \dfrac{3P}{5}\right)} = \dfrac{4P}{5mg + 3P}$

11 다음 그림과 같이 한 변의 길이가 6m인 정삼각형 구조체에 힘이 작용하고 있을 때 평형을 이루기 위해 필요한 모멘트[kN · m]는?

(10. 국가직 7급)

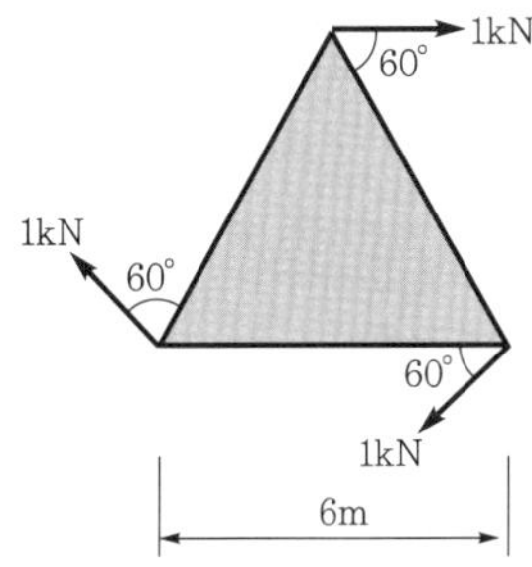

① $2\sqrt{3}$ (반시계방향)
② $4\sqrt{3}$ (반시계방향)
③ $6\sqrt{3}$ (반시계방향)
④ $8\sqrt{3}$ (반시계방향)

해설

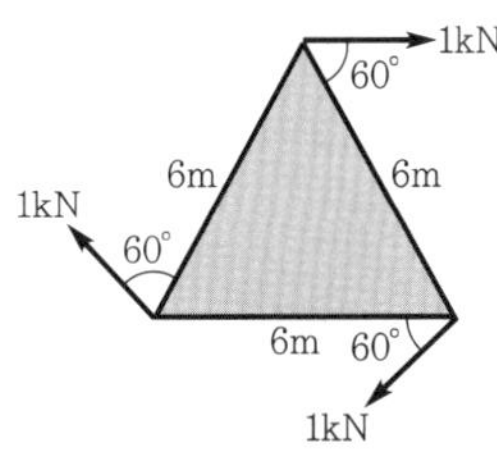

한 변이 b인 정삼각형의 도심위치는 각 꼭짓점으로부터

$$y_0 = \frac{2h}{3} = \frac{2\left(\frac{\sqrt{3}b}{2}\right)}{3} = \frac{\sqrt{3}b}{3} = \frac{\sqrt{3} \times 6}{3} = 2\sqrt{3}\text{m}$$

이미 각 꼭짓점의 모멘트 팔의 길이는 평형을 유지하기 위한 모멘트는 반시계방향으로 작동하여야 한다.

$M_G = 1 \times 2\sqrt{3} \times 3 = 6\sqrt{3}\text{kN} \cdot \text{m}$

12 그림과 같이 두께가 1m이고, 밀도가 균일한 물체가 받침대 위에 있다. 받침대를 화살표 방향으로 천천히 올릴 때, 물체가 넘어지기 시작하는 기울기($\tan\theta$)는? (단, 물체는 받침대로부터 미끄러지지 않는다고 가정한다)

(14. 서울시 7급)

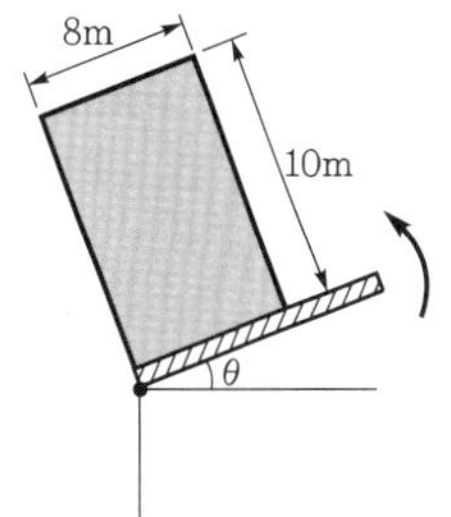

① 4/5
② $\sqrt{3}/3$
③ 2
④ 5/4
⑤ 1

해설 자중 W를 경사면에 수평한 힘(H)과 수직한 힘(V)으로 분해하고, a점을 중심으로 전도시키는 모멘트($H \times y$)가 이에 저항하는 모멘트($V \times x$)보다 커야 넘어진다.

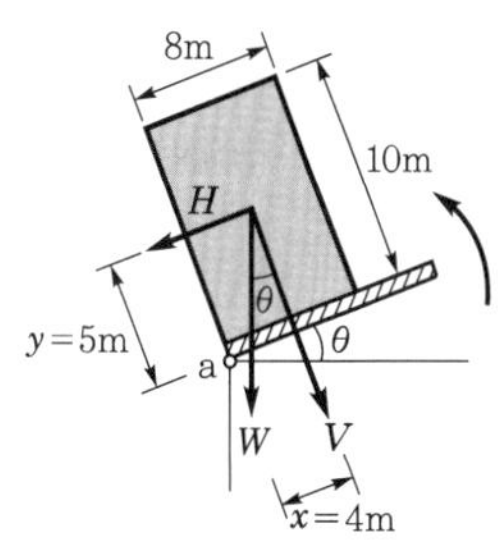

$H = W\sin\theta,\ V = W\cos\theta$

$H \times y \geq V \times x$

$W\sin\theta \times y \geq W\cos\theta \times x$

$\dfrac{\sin\theta}{\cos\theta} \geq \dfrac{x}{y}$

$\tan\theta \geq \dfrac{4}{5}$

13 다음과 같은 구조물을 지탱하고 있는 A물체를 움직이는데 필요한 힘 P[kN]는? (단, A물체의 자중은 무시하며, A물체와 바닥면의 마찰계수는 $\mu = 0.2$이다) (11. 국가직 7급)

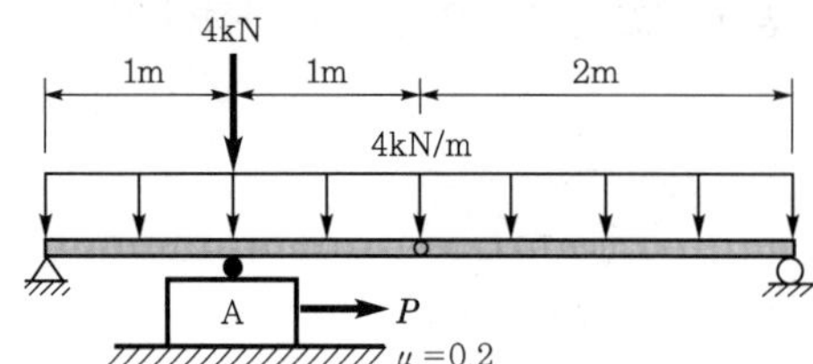

① 4　　② 8　　③ 12　　④ 20

해설 게르버보와 내민보로 구성된 구조물이다.

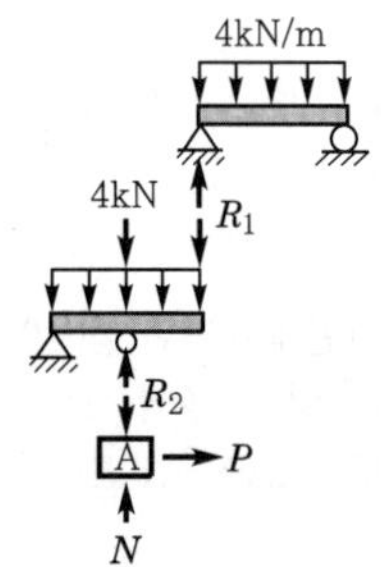

$R_1 = \dfrac{4\times2}{2} = 4\text{kN}$

$R_2 = 4+8+4+\dfrac{4\times1}{1} = 20\text{kN}$

수직항력 $N = R_2 = 20\text{kN}$

필요한 힘

$P = \mu \times N = 0.2\times20 = 4\text{kN}$

정답 13 ①

Chapter 02

단면의 기하학적 성질

CHAPTER 02

단면의 기하학적 성질

KEY NOTE

A : 단면적
dA : 미소면적
G : 도심
x, y : 미소면적까지 거리
$\bar{x}, \bar{y}$: 도심까지의 거리
$\bar{r}$: 도심의 극좌표 거리

1 단면1차모멘트(단면1차휨력)

1. 정의

(1) 단면1차모멘트를 구하려고 하는 기준축에서 단면의 미소면적과 그 미소면적의 도심까지 거리를 곱하여 전체 단면에 대해 적분한 값

(2) 단면1차모멘트=(면적)×(도심까지의 거리)

$$G_x = \int_A y \cdot dA = A \cdot \bar{y}$$

$$G_y = \int_A x \cdot dA = A \cdot \bar{x}$$

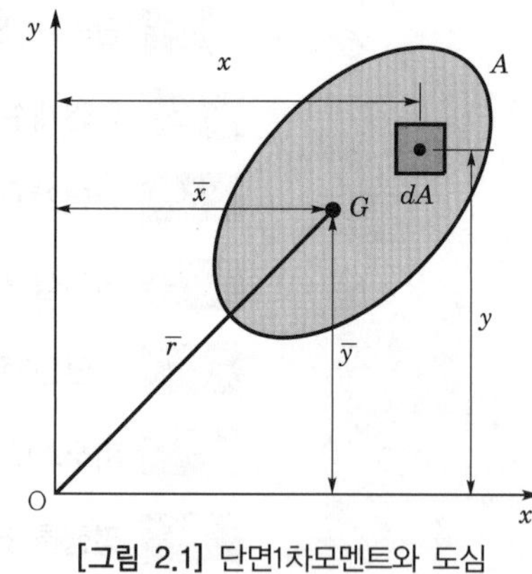

[그림 2.1] 단면1차모멘트와 도심

2. 단위

cm^3, m^3(차원: $[\mathrm{L}^3]$)

3. 특성 및 적용

(1) 단면의 도심을 지나는 축에 대한 단면1차모멘트는 0이다.

(2) 좌표축에 따라 (+), (−)의 부호를 갖는다(평면 직각좌표의 상한에 대한 거리의 부호와 같다).

(3) 도심의 위치 계산 시 사용한다.

(4) 탄성 휨해석의 중립축 위치 계산에 사용한다.

(5) 보의 전단응력 계산 시 사용한다.

(6) 단면 위치에 따른 단면1차모멘트

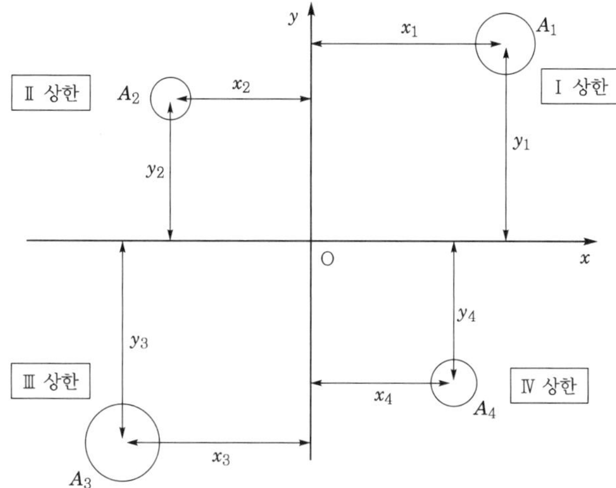

- x, y축의 단면1차모멘트

$G_x = A_1 y_1 + A_2 y_2 - A_3 y_3 - A_4 y_4$

$G_y = A_1 x_1 - A_2 x_2 - A_3 x_3 + A_4 x_4$

[그림 2.2] 단면1차모멘트

2 도심과 중심

1. 정의

직각좌표축에서 단면1차모멘트가 0이 되는 좌표의 원점

① $G_x = A \cdot \bar{y}$ $\quad \therefore \bar{y} = \dfrac{G_x}{A}$

② $G_y = A \cdot \bar{x}$ $\quad \therefore \bar{x} = \dfrac{G_y}{A}$

◎ KEY NOTE

상한에 따른 단면1차모멘트 부호

위치	G_x	G_y
Ⅰ 상한	⊕	⊕
Ⅱ 상한	⊕	⊖
Ⅲ 상한	⊖	⊖
Ⅳ 상한	⊖	⊕

도심(Centroid)

- y축 도심거리 $= \dfrac{x\text{축 1차모멘트}}{\text{면적}}$
- x축 도심거리 $= \dfrac{y\text{축 1차모멘트}}{\text{면적}}$

중심(center of gravity)

물체의 각 부분에 작용하는 중력의 합력이 통과하는 점(각 부분의 중력이 같으면 도심과 일치)

2. 각종 단면의 도심(G)

(1) 사각형, 평행사변형, 마름모

• 도형의 대각선 교점

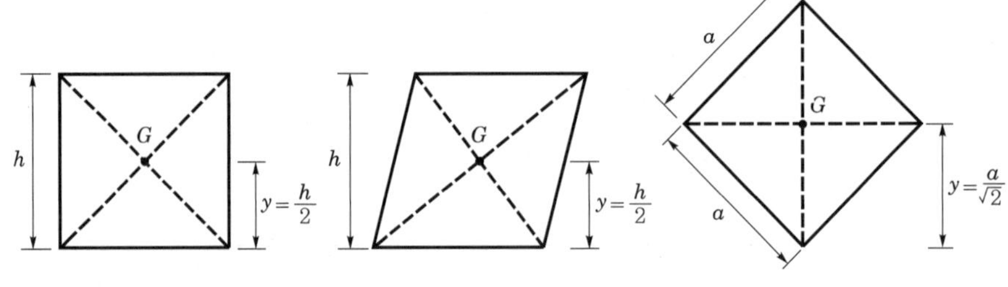

[그림 2.3]

(2) 삼각형

• 세 중선의 교차점

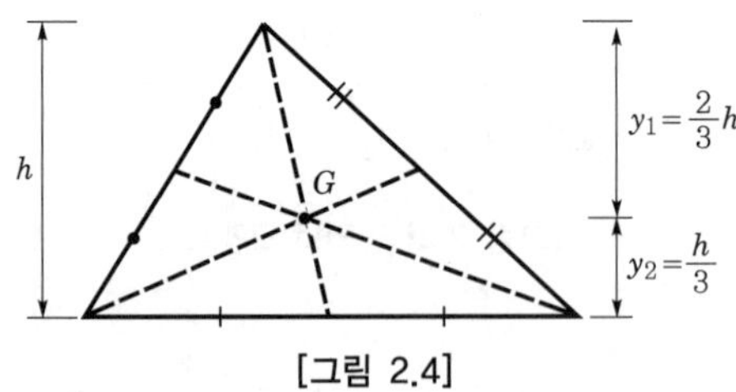

[그림 2.4]

KEY NOTE

삼각형의 x축 방향 도심

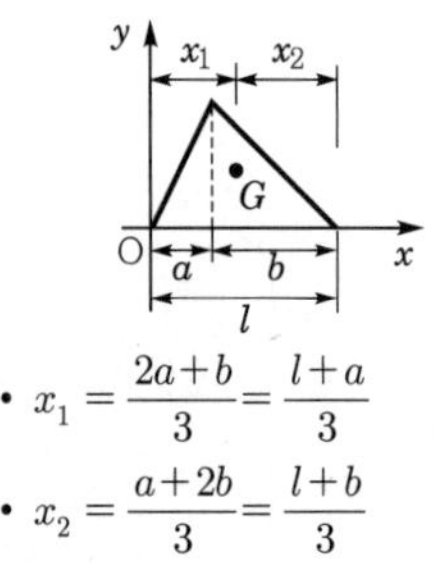

• $x_1=\frac{2a+b}{3}=\frac{l+a}{3}$

• $x_2=\frac{a+2b}{3}=\frac{l+b}{3}$

(3) 사다리꼴

• 네 삼각형의 도심을 연결한 선분의 교차점

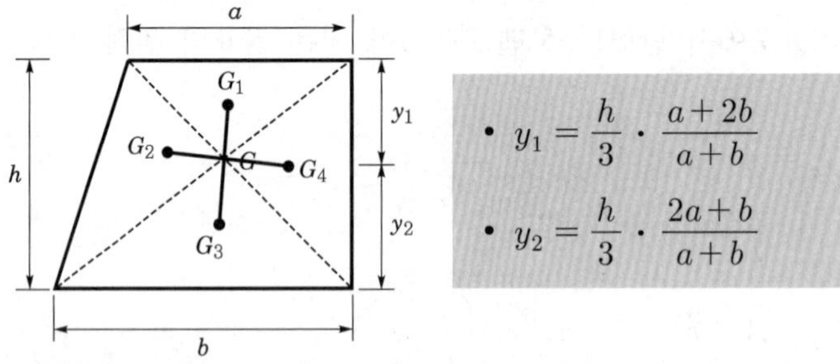

• $y_1=\frac{h}{3}\cdot\frac{a+2b}{a+b}$

• $y_2=\frac{h}{3}\cdot\frac{2a+b}{a+b}$

[그림 2.5]

(4) 원 및 원호

- 원, 원호의 중심

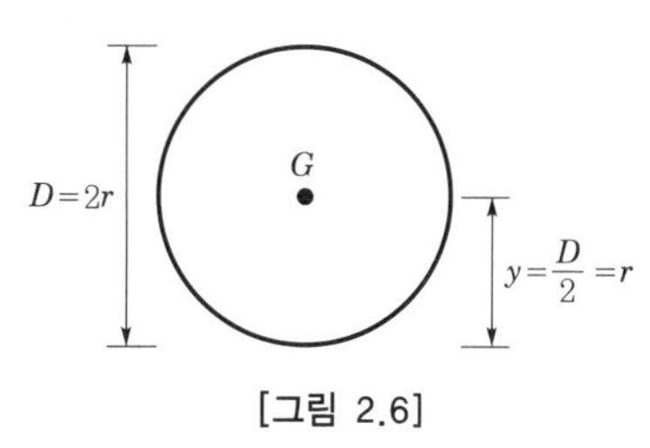

[그림 2.6]

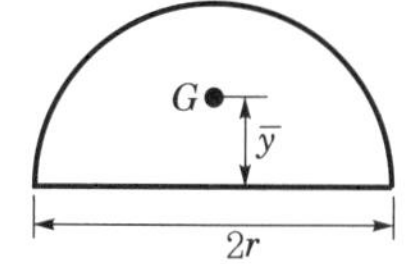

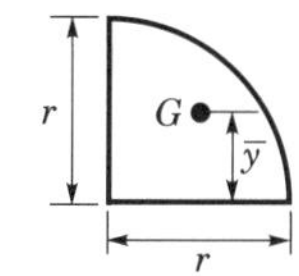

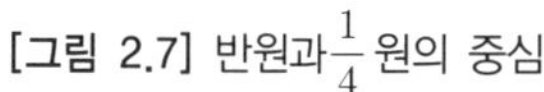

[그림 2.7] 반원과 $\frac{1}{4}$ 원의 중심

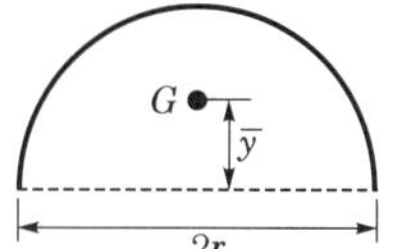

[그림 2.8] 반원호와 $\frac{1}{4}$ 원호의 중심

(5) 포물선 단면의 도심

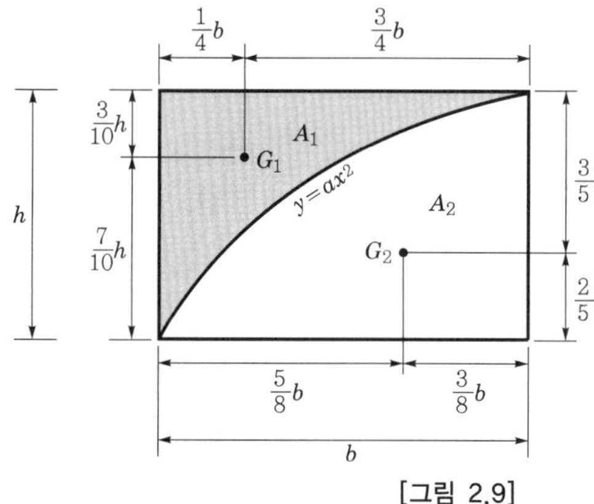

- $A_1 = \dfrac{1}{3}bh$
- $A_2 = \dfrac{2}{3}bh$

[그림 2.9]

(6) 불규칙 단면의 도심

- 단면1차모멘트로 계산

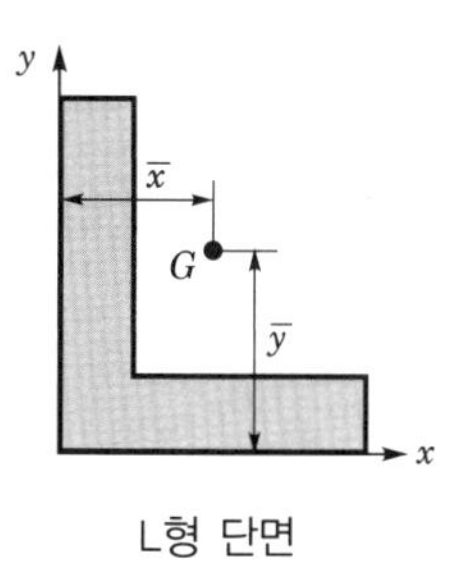

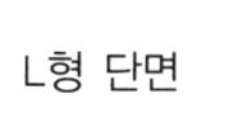

L형 단면

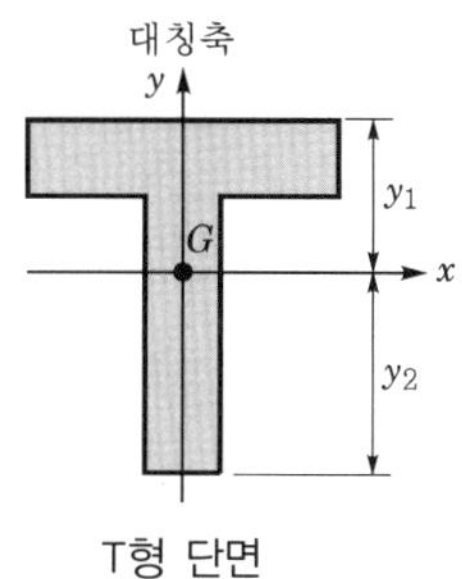

T형 단면

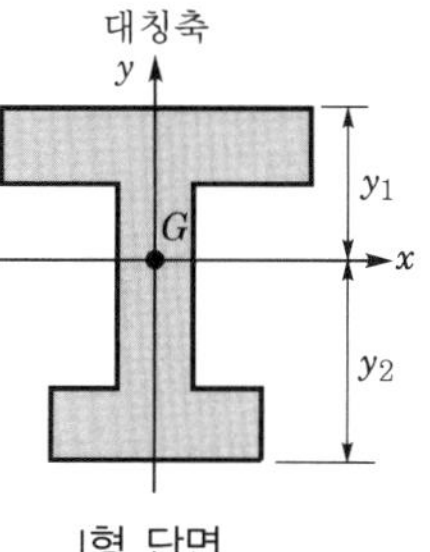

I형 단면

[그림 2.10]

KEY NOTE

원과 원호

- 원: 평면의 개념
- 원호: 선분의 개념

- $\bar{x} = \dfrac{G_y}{A}$, $\bar{y} = \dfrac{G_x}{A}$

(7) 기타 단면의 도심

① $y = 0.583a$

② $y = 0.755a$

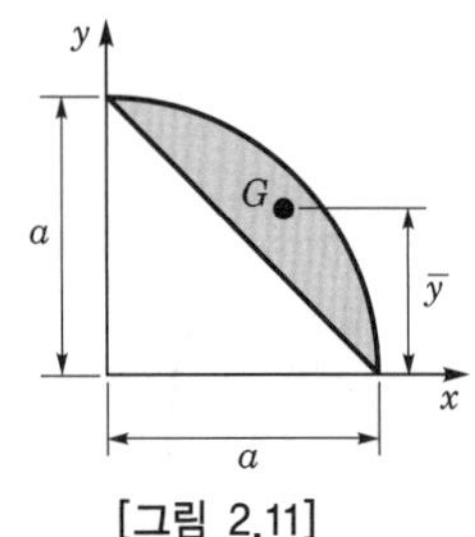

[그림 2.11]

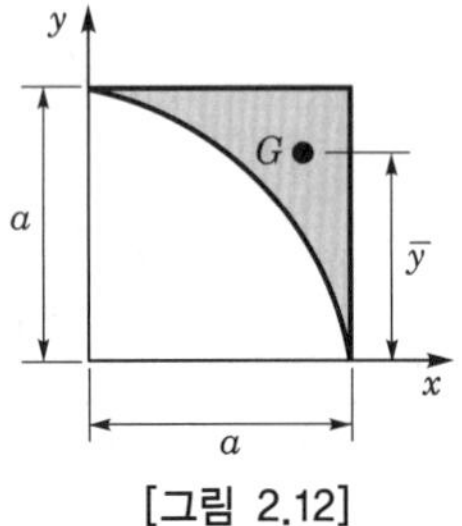

[그림 2.12]

3 단면2차모멘트(관성모멘트, 단면2차휨력)

1. 정의

(1) 단면2차모멘트를 구하려고 하는 기준축에서 미소면적과 그 미소면적의 도심까지 거리의 제곱을 곱하여 전체 단면에 대해 적분한 것

(2) 단면2차모멘트
= (면적) × (도심까지의 거리)^2

$$I_x = \int_A y^2 dA = I_X + A \cdot \bar{y}^2$$

$$I_y = \int_A x^2 dA = I_Y + A \cdot \bar{x}^2$$

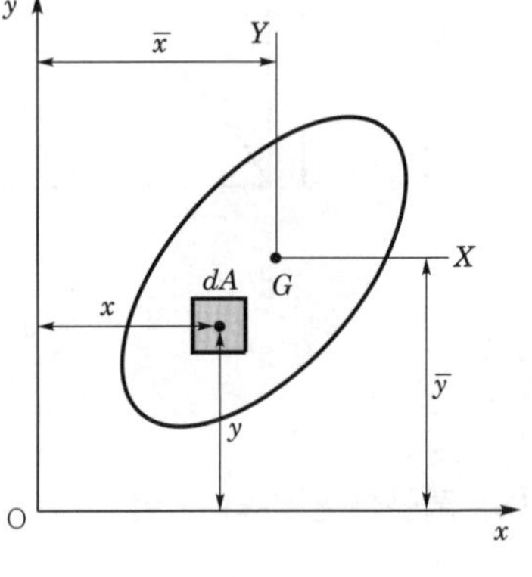

[그림 2.13] 단면2차모멘트

2. 단위

cm^4, m^4(차원: [L^4])

3. 특성 및 적용

(1) I는 항상 (+)값을 갖는다.

KEY NOTE

단면1차모멘트 활용

(1) 그림 2.11의 빗금친 도형 도심

- $G_x = A \cdot \bar{y}$
- (◔면적 − ◺면적) · $\bar{y}$

$= \left(◔ \text{ 면적} \times \dfrac{4a}{3\pi}\right)$

$- \left(◺ \text{ 면적} \times \dfrac{a}{3}\right)$

$$\therefore \bar{y} = \frac{\left(\dfrac{\pi a^2}{4} \cdot \dfrac{4a}{3\pi}\right) - \left(\dfrac{a^2}{2} \cdot \dfrac{a}{3}\right)}{\left(\dfrac{\pi a^2}{4} - \dfrac{a^2}{2}\right)}$$

$\therefore \bar{y} = 0.583a$

(2) 그림 2.12의 빗금친 도형 도심

- $G_x = A \cdot \bar{y}$
- (□면적 − ◔면적) · $\bar{y}$

$= \left(□ \text{ 면적} \times \dfrac{a}{2}\right)$

$- \left(◔ \text{ 면적} \times \dfrac{4a}{3\pi}\right)$

$$\therefore \bar{y} = \frac{\left(a^2 \cdot \dfrac{a}{2}\right) - \left(\dfrac{\pi a^2}{4} \cdot \dfrac{4a}{3\pi}\right)}{\left(a^2 - \dfrac{\pi a^2}{4}\right)}$$

$\therefore \bar{y} = 0.775a$

$I_{x(\text{임의축})} = I_{X(\text{도심축})} + A \cdot \bar{y}^2$

$I_{y(\text{임의축})} = I_{Y(\text{도심축})} + A \cdot \bar{x}^2$

(2) 도심축에 대한 단면2차모멘트는 최솟값이 되며 '0'은 아니다.

(3) 원형 및 정다각형의 도심에 대한 단면2차모멘트는 축의 회전에 관계 없이 모두 값이 같다.

(4) 동일 단면적의 원 및 정다각형의 도심에 대한 단면2차모멘트의 크기는 $I_{원} < I_{육각형} < I_{사각형} < I_{삼각형}$ 순이다.

(5) EI를 휨강성이라고 하며 I가 클수록 휨강성이 커서 구조적으로 안정하다.

(6) 단면의 폭 b보다 높이 h를 크게 하는 것이 I가 커서 휨에 대해 유리하다.

4. 기본 도형의 단면2차모멘트

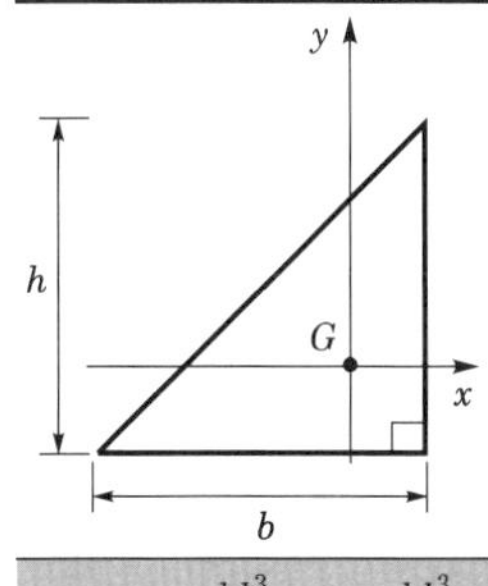	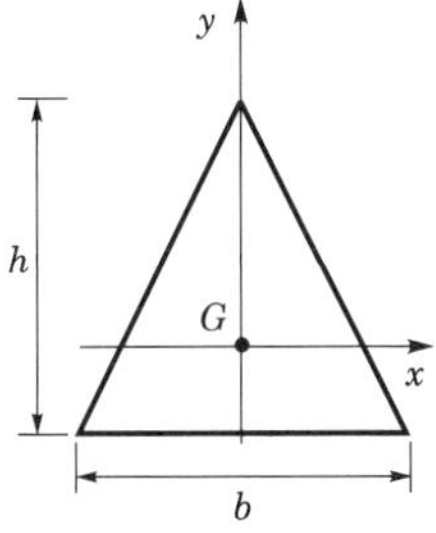	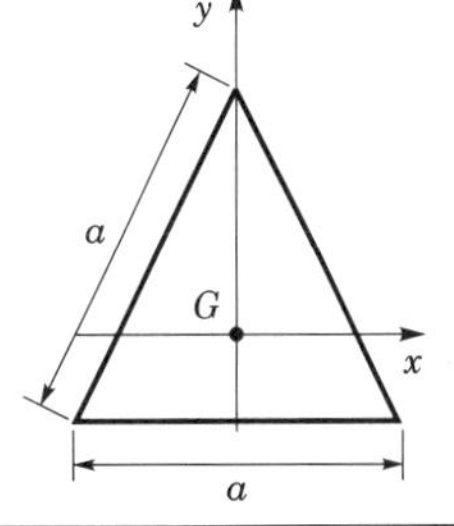
$I_x = \dfrac{hb^3}{36},\ I_y = \dfrac{hb^3}{36}$	$I_x = \dfrac{bh^3}{36},\ I_y = \dfrac{hb^3}{48}$	$I_x = I_y = \dfrac{\sqrt{3}}{96}a^4$
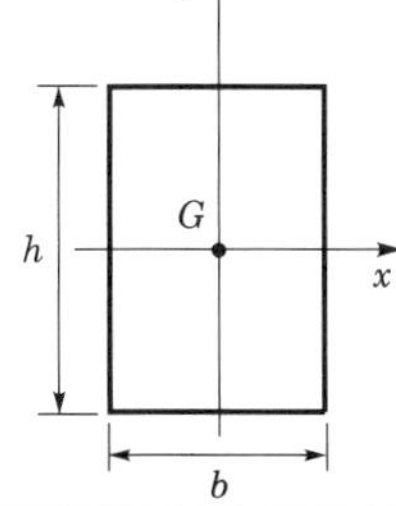	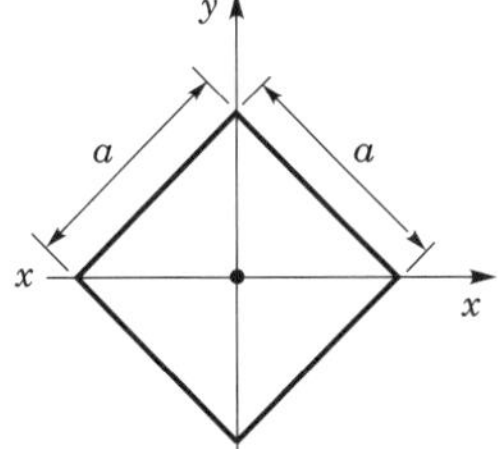	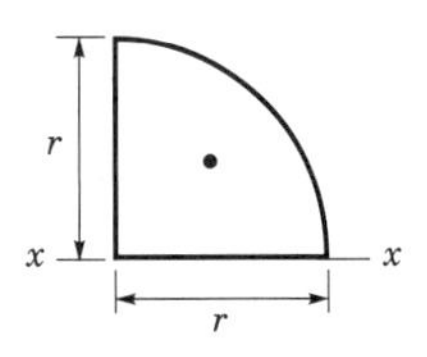
$I_x = \dfrac{bh^3}{12},\ I_y = \dfrac{hb^3}{12}$	$I_x = \dfrac{a^4}{12},\ I_y = \dfrac{a^4}{12}$	$I_x = \dfrac{\pi r^4}{16}$
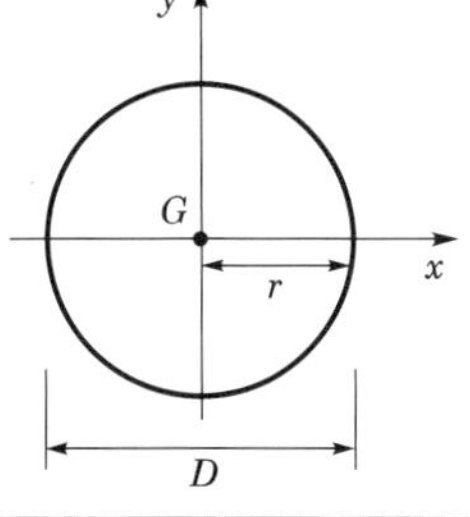	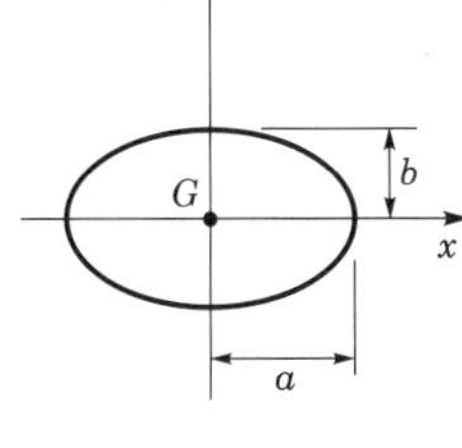	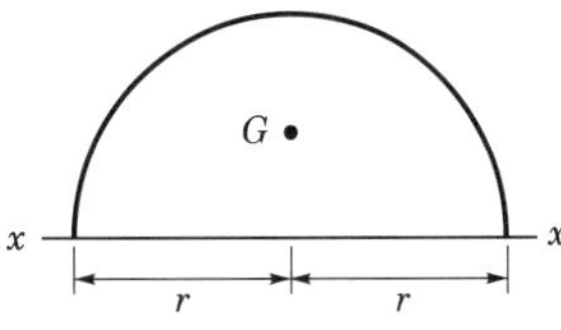
$I_x = I_y = \dfrac{\pi D^4}{64} = \dfrac{\pi r^4}{4}$	$I_x = \dfrac{\pi ab^3}{4},\ I_y = \dfrac{\pi a^3 b}{4}$	$I_x = \dfrac{\pi r^4}{8}$

KEY NOTE

단면2차모멘트의 크기

$I_{○} < I_{⬡} < I_{□} < I_{△}$

휨강성(bending rigidity)

- EI로 표시한다.
- 휨에 대해 강한 정도를 의미한다.
- I가 클수록 유리하다.
  (폭 b보다 높이 h를 크게 한다.)

주요 도형의 단면2차모멘트

(1) 삼각형

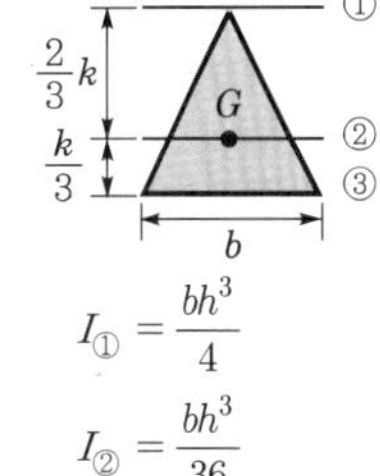

$I_{①} = \dfrac{bh^3}{4}$

$I_{②} = \dfrac{bh^3}{36}$

$I_{③} = \dfrac{bh^3}{12}$

(2) 사각형

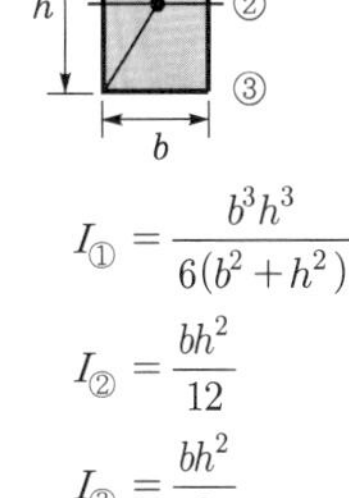

$I_{①} = \dfrac{b^3h^3}{6(b^2+h^2)}$

$I_{②} = \dfrac{bh^2}{12}$

$I_{③} = \dfrac{bh^2}{3}$

(3) 원형

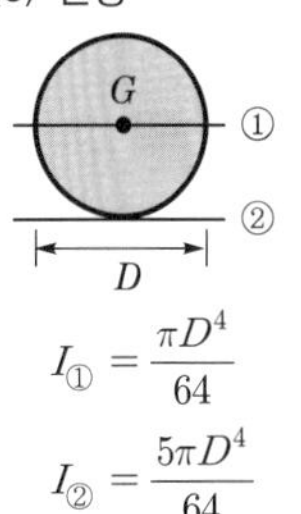

$I_{①} = \dfrac{\pi D^4}{64}$

$I_{②} = \dfrac{5\pi D^4}{64}$

KEY NOTE

5. 중공 단면의 2차모멘트

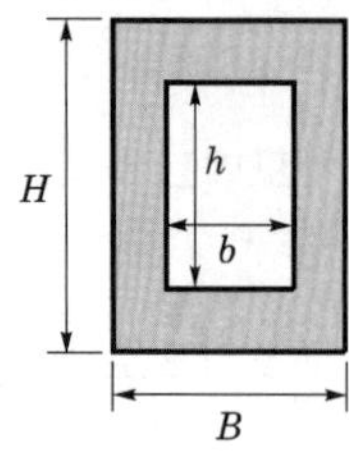

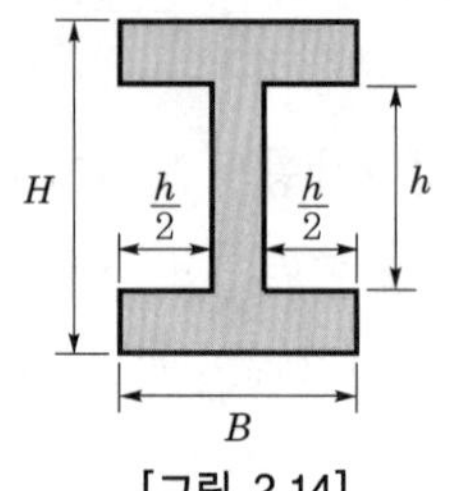

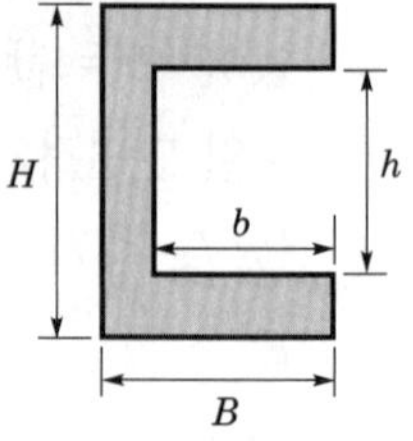

[그림 2.14]

$$\therefore\ I = I_{외부} - I_{내부} = \frac{BH^3}{12} - \frac{bh^3}{12}$$

6. 복합 단면의 2차모멘트

$$I_x = I_{x_1} + I_{x_2} = (I_{X_1} + A_1 \cdot {y_1}^2) + (I_{X_2} + A_2 \cdot {y_2}^2)$$

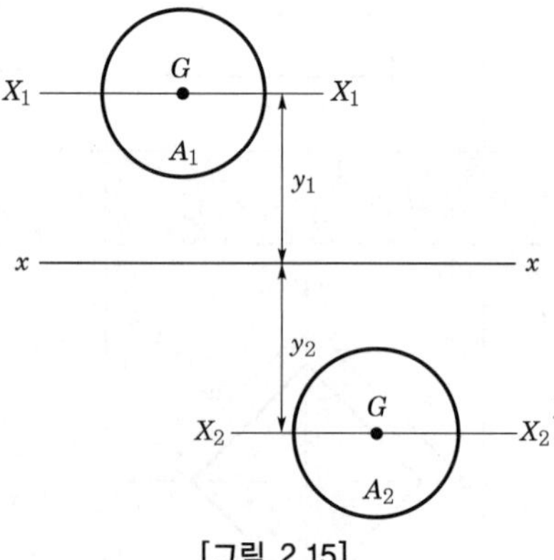

[그림 2.15]

7. 임의축 단면2차모멘트를 이용한 도심축 단면2차모멘트

(1) 기본식

$$I_X = I_x - A \cdot y^2$$

(2) 원

- 도심축 $I_{X_1} = \dfrac{\pi r^4}{4}$

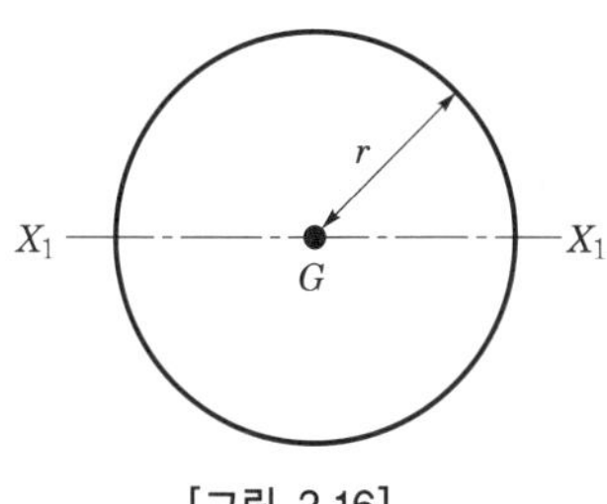

[그림 2.16]

(3) 반원

- 임의축 $I_{X_2} = \dfrac{\pi r^4}{8}$
- 도심축 $I_{X_0} = \dfrac{\pi r^4}{8} - \dfrac{8r^4}{9\pi}$

[그림 2.17]

(4) 1/4원

- 임의축 $I_{X_3} = \dfrac{\pi r^4}{16}$
- 도심축 $I_{X_0} = \dfrac{\pi r^4}{16} - \dfrac{4r^4}{9\pi}$

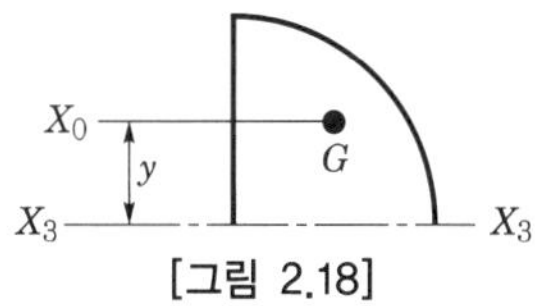

[그림 2.18]

4 단면 회전반경(회전반지름)

1. 정의

도심을 지나는 축에 대한 단면2차모멘트를 단면적으로 나눈 값의 제곱근

$$r_X = \sqrt{\frac{I_X}{A}}, \quad r_Y = \sqrt{\frac{I_Y}{A}}$$

2. 단위

cm, m (차원: [L])

KEY NOTE

최대 회전반경

$$r_{max} = \sqrt{\frac{I_{max}}{A}}$$

(I_{max}: 최대 단면2차모멘트)

최소 회전반경

$$r_{min} = \sqrt{\frac{I_{min}}{A}}$$

(I_{min}: 최소 단면2차모멘트)

※ 봉, 기둥설계: r_{min} 사용

KEY NOTE

3. 부호

항상 (+)

4. 적용

봉, 기둥 등 압축 부재 설계

5. 기본 단면의 회전반경

(1) 사각형

$$r_X = \frac{h}{2\sqrt{3}},\ r_Y = \frac{b}{2\sqrt{3}}$$

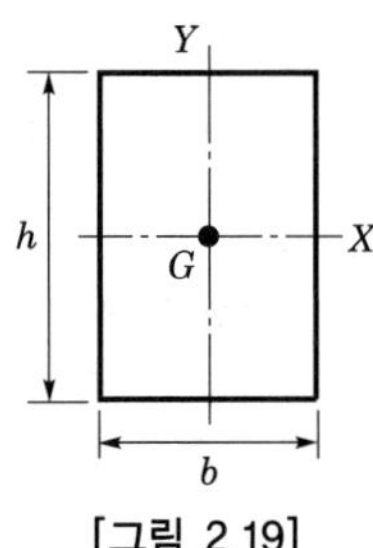

[그림 2.19]

(2) 원형

$$r_X = r_Y = \frac{d}{4}$$

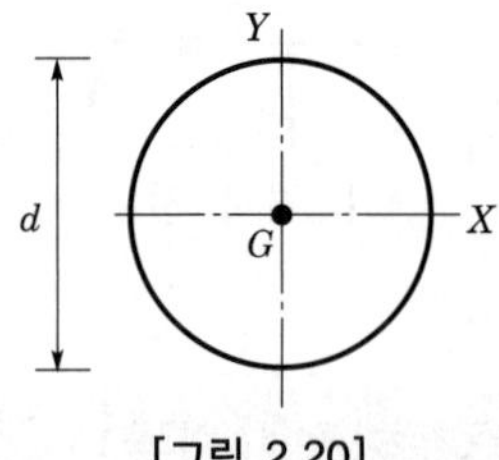

[그림 2.20]

(3) 삼각형

$$r_X = \frac{h}{3\sqrt{2}}$$

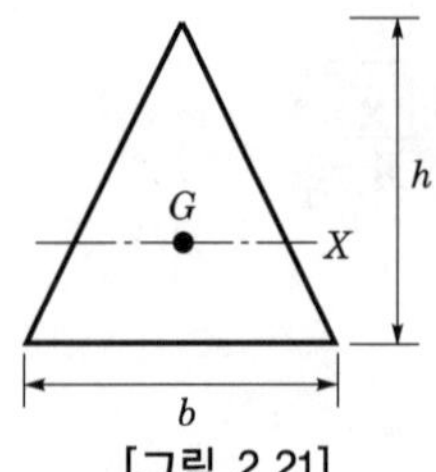

[그림 2.21]

5 단면계수

1. 정의

도심축 단면2차모멘트를 도심에서 상·하연단까지의 거리로 나눈 것

$$Z_1 = \frac{I_X}{y_1},\ Z_2 = \frac{I_X}{y_2}$$

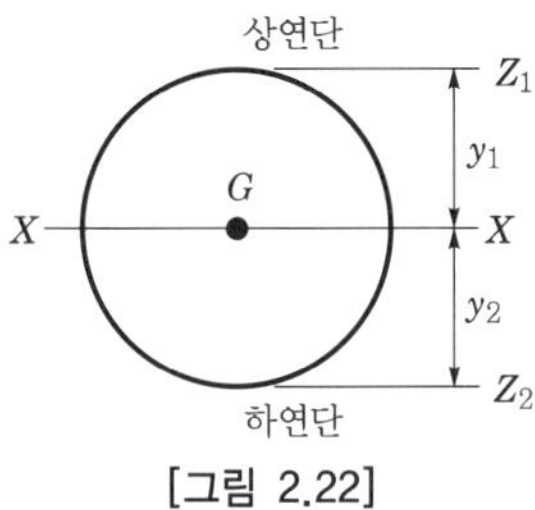

[그림 2.22]

2. 단위

cm^3, m^3(차원: $[L^3]$)

3. 부호

항상 (+)

4. 적용

휨 부재 설계

5. 기본 단면의 단면계수

(1) 사각형

$$Z_1 = Z_2 = \frac{bh^2}{6}$$

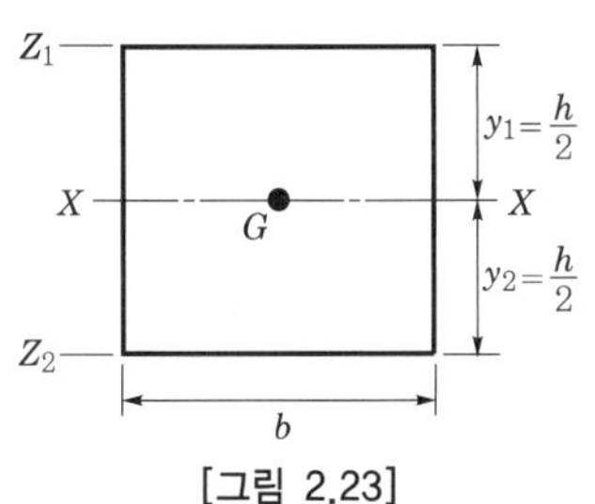

[그림 2.23]

KEY NOTE

단면계수의 정리

- 단면계수가 클수록 재료 강도 大
- 도심을 지나는 단면계수의 값은 0
- 단면계수 큰 단면 → 휨 저항력 大
- 단면계수는 휨 부재 설계 시 적용

단면2차모멘트, 단면계수, 회전반경

- I: 구조물의 강약 조사 및 설계에 사용
- Z: 휨에 대한 저항계수
- r: 좌굴에 대한 저항계수

$Z = \frac{I}{y}$: 휨 부재 설계(주보 설계)

$r = \sqrt{\frac{I}{A}}$: 압축 부재 설계 (기둥 설계)

(2) 원형

$$Z_1 = Z_2 = \frac{\pi D^3}{32}$$

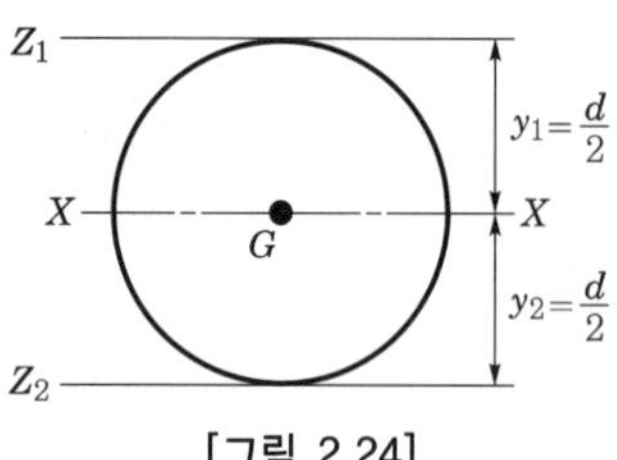

[그림 2.24]

(3) 삼각형

$$Z_1 = \frac{I_X}{y_1} = \frac{bh^2}{24}, \quad Z_2 = \frac{I_X}{y_2} = \frac{bh^2}{12}$$

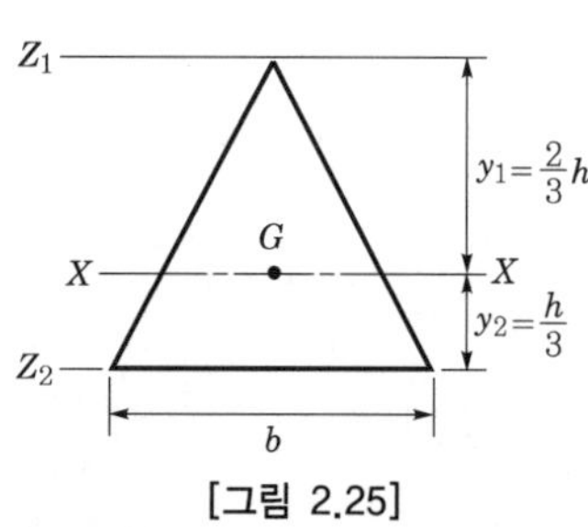

[그림 2.25]

6 단면2차극모멘트(극관성모멘트, 극단면2차모멘트)

1. 정의

미소면적에 도심까지 거리(극거리)의 제곱을 곱하여 전단면에 대해 적분한 것

$$I_P = \int_A \rho^2 dA = \int_A (x^2 + y^2) dA = I_X + I_Y$$

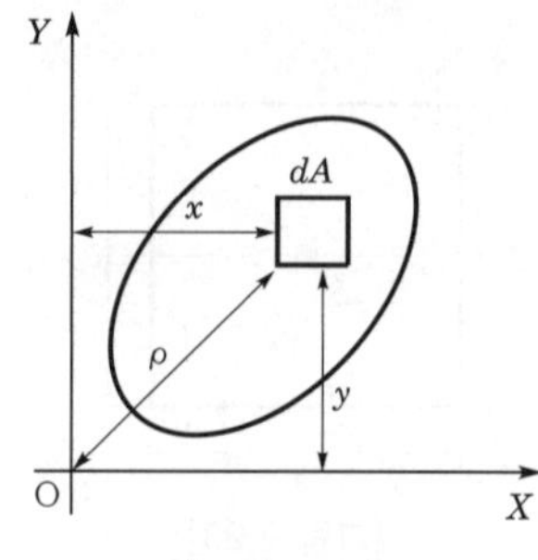

[그림 2.26]

KEY NOTE

단면2차극모멘트

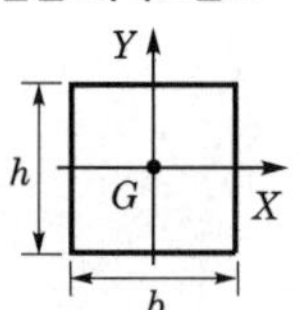

- $I_P = I_X + I_Y$
  $= \frac{bh^3}{12} + \frac{hb^3}{12}$
  $= \frac{bh}{12}(b^2 + h^2)$

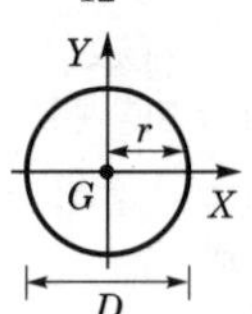

- $I_P = I_X - I_Y$
  $= \frac{\pi D^4}{64} - \frac{\pi D^4}{64}$
  $= \frac{\pi D^4}{32} - \frac{\pi r^4}{2}$

2. 단위

cm^4, m^4(차원: $[L^4]$)

3. 부호

항상 (+)

4. 적용

비틀림 부재 설계

5. 특성

(1) 단면2차극모멘트는 축의 회전에 관계없이 항상 일정

$$I_P = I_X + I_Y = I_u + I_v$$

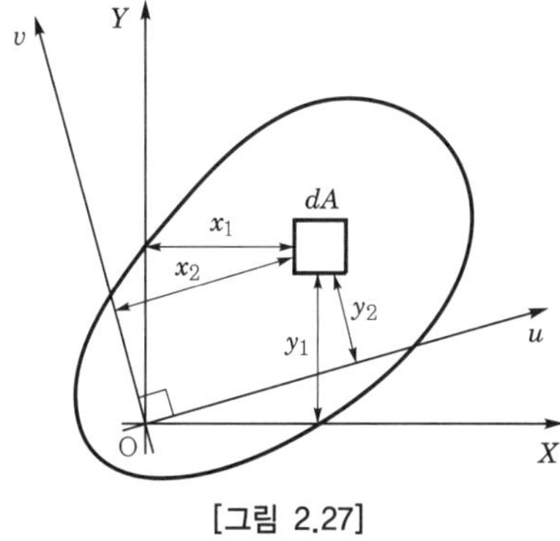

[그림 2.27]

(2) 단면2차극모멘트는 비틀림 모멘트에 의한 중실 원형 단면의 비틀림응력(전단응력) 계산에 이용

7 단면상승모멘트(관성상승모멘트)

1. 정의

미소면적과 구하려는 x축, y축에서 도심까지 거리를 곱하여 전단면에 대해 적분한 것

$$I_{XY} = \int_A xydA(\text{비대칭 단면})$$

$$I_{XY} = Axy(\text{대칭 단면})$$

KEY NOTE

전단응력

$$\tau = \frac{T \cdot r}{I_P}$$

단면상승모멘트

- 대칭축: $I_{XY} = 0$
- 대칭 단면: $I_{XY} = A \cdot x \cdot y$
- 대칭 단면에서 도심축: $I_{XY} = 0$ (비대칭 단면에서 도심축: $I_{XY} \neq 0$)
- 주축: $I_{XY} = 0$인 축(모든 대칭축)
- 공액축: $I_{XY} = 0$인 두 직교축

KEY NOTE

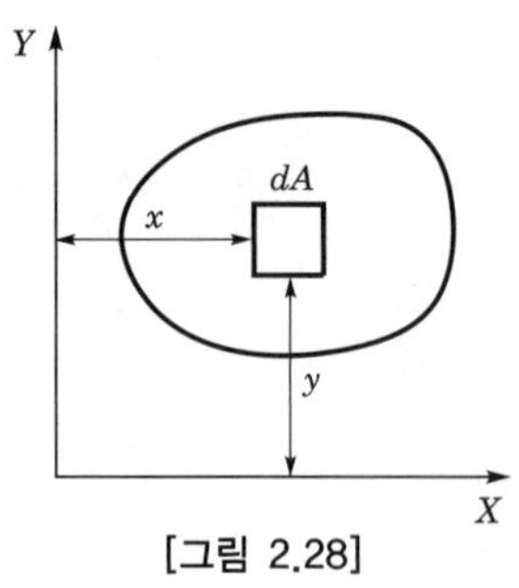

[그림 2.28]

2. 단위

cm^4, m^4(차원: $[L^4]$)

3. 부호

좌표축에 따라 (+), (−) 부호

4. 적용

(1) 단면의 주축, 주단면2차모멘트 계산에 사용
(2) 압축 부재(기둥) 설계에 적용

5. 기본 단면의 상승모멘트

(1) 대칭 단면

$$I_{XY} = A \cdot x \cdot y$$

① 도심축: $I_{XY} = 0$

x, y축: $I_{xy} = Ax_0y_0 = bh \times \frac{b}{2} \times \frac{h}{2} = \frac{b^2h^2}{4}$

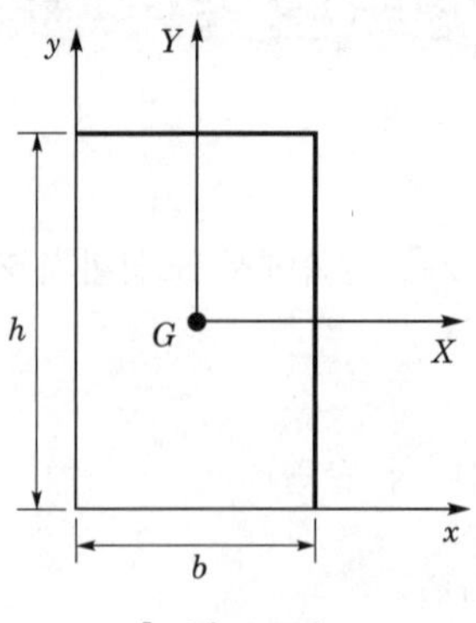

[그림 2.29]

② ┌ 도심축: $I_{XY} = 0$
└ x, y축: $I_{xy} = Ax_0y_0 = \pi r^2 \times r \times r = \pi r^4$

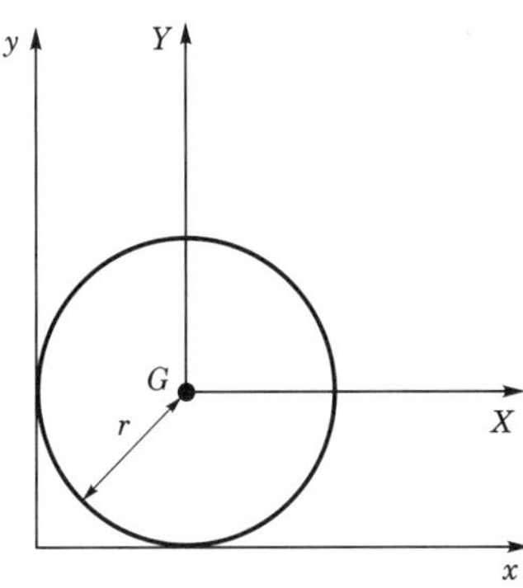

[그림 2.30]

(2) 비대칭 단면

$$I_{xy} = \int_A x \cdot y \cdot dA$$

① $I_{xy} = \int_A x \cdot y dA = \dfrac{b^2h^2}{24}$

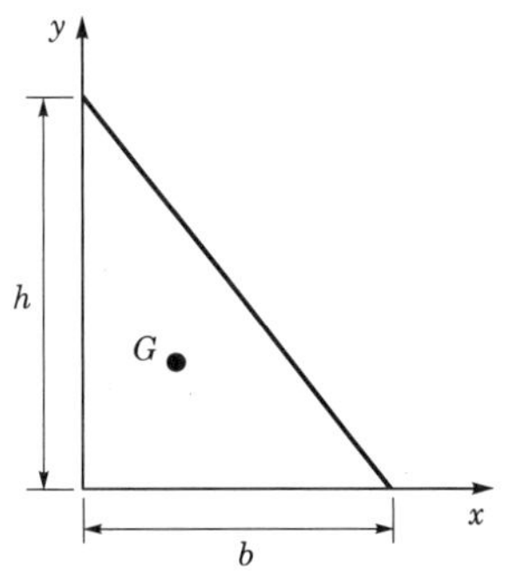

[그림 2.31]

② $I_{xy} = \int_A x \cdot y dA = \dfrac{r^4}{8}$

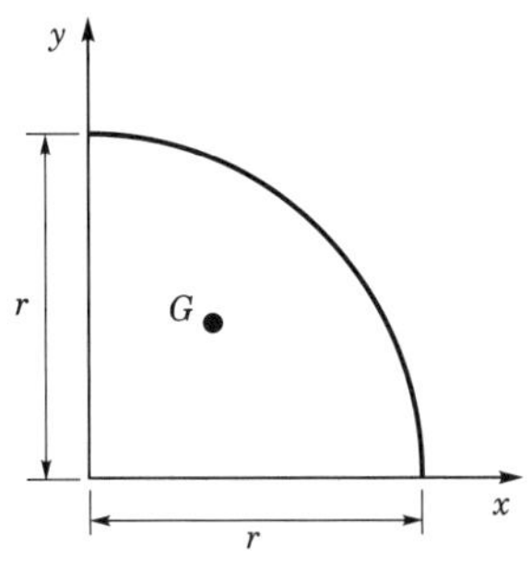

[그림 2.32]

KEY NOTE

KEY NOTE

8 주단면2차모멘트

1. 정의

도심축을 회전시켰을 때 단면2차모멘트가 최대 또는 최소인 축을 주축이라 하며, 그 주축에 관한 단면2차모멘트

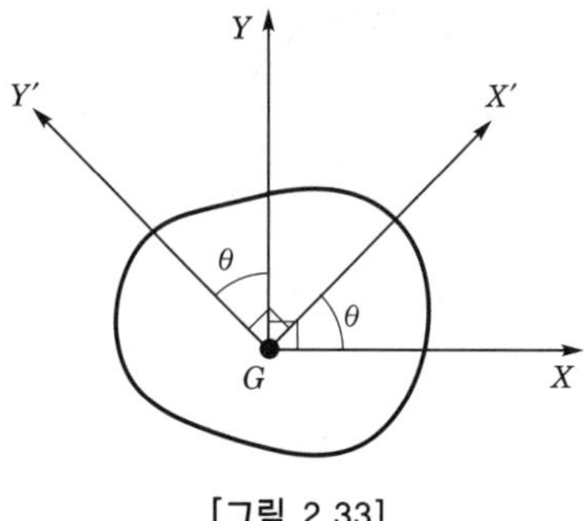

[그림 2.33]

주축 정리

- 도심축을 회전시켰을 때 $I_{xy}=0$인 축
- 최대 주축(I_{max}): 좌굴방향
- 최소 주축(I_{min}): 좌굴축

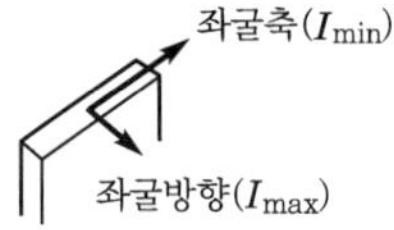

2. 주단면2차모멘트

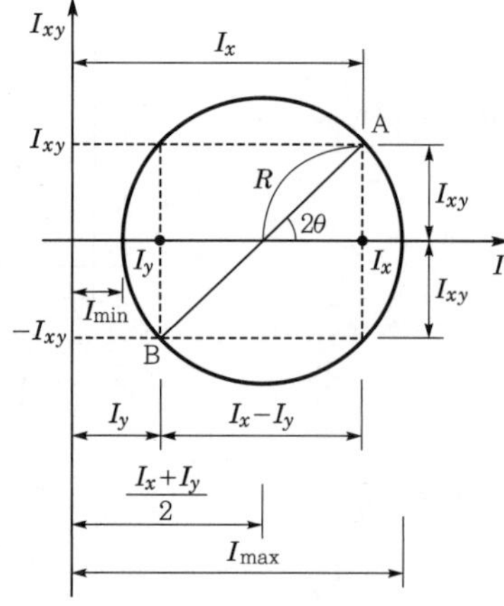

[그림 2.34] Mohr's circle

(1) $I_{max}=\frac{1}{2}(I_x+I_y)+\frac{1}{2}\sqrt{(I_x-I_y)^2+4I_{xy}{}^2}$

(2) $I_{min}=\frac{1}{2}(I_x+I_y)-\frac{1}{2}\sqrt{(I_x-I_y)^2+4I_{xy}{}^2}$

주단면2차모멘트 정리

- 주축에 대한 단면상승모멘트는 0이다.
- 주축에 대한 단면2차모멘트는 최대 및 최소이다.
- 대칭축은 주축이다.
- 정다각형 및 원형 단면에서는 대칭축이 여러 개이므로 주축도 여러 개 있다.
- 주축이라고 해서 대칭을 의미하는 것은 아니다.

모어 응력원의 반지름(R)

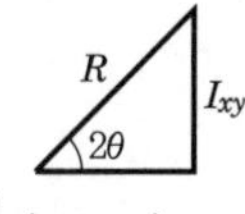

$\frac{1}{2}(I_x-I_y)$

$\therefore R^2=\left(\frac{I_x-I_y}{2}\right)^2+I_{xy}{}^2$

$\therefore R=\frac{1}{2}\sqrt{(I_x-I_y)^2+4I_{xy}{}^2}$

$\therefore \tan 2\theta=\frac{2I_{xy}}{I_x-I_y}$ (주축방향)

3. 주축의 방향

$$\tan 2\theta=\frac{2I_{xy}}{I_y-I_x}$$

KEY NOTE

4. 단위

cm^4, m^4(차원: $[L^4]$)

5. 부호

항상 (+)

6. 기본 단면의 주축

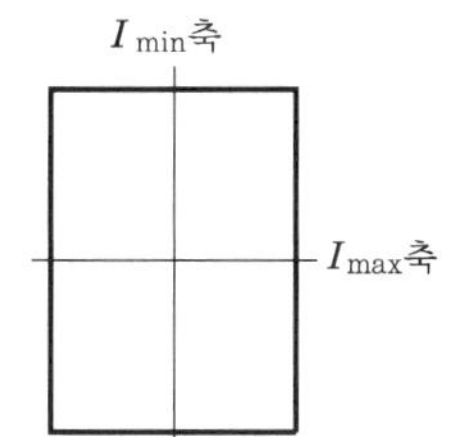

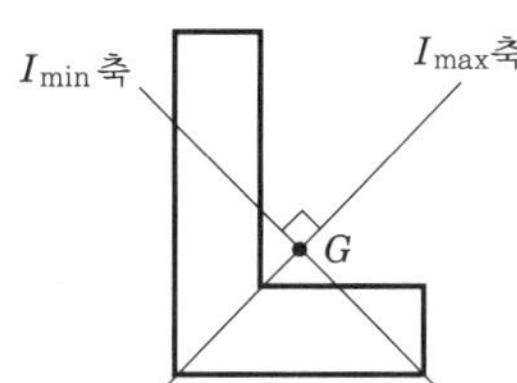

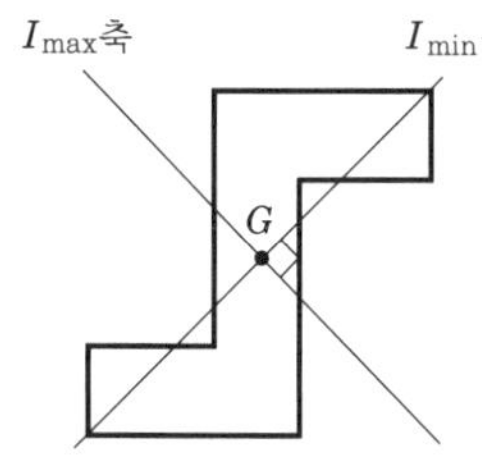

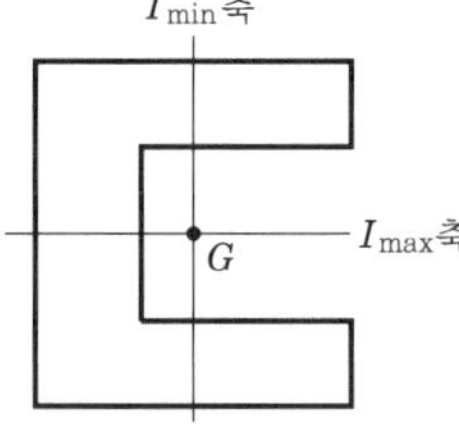

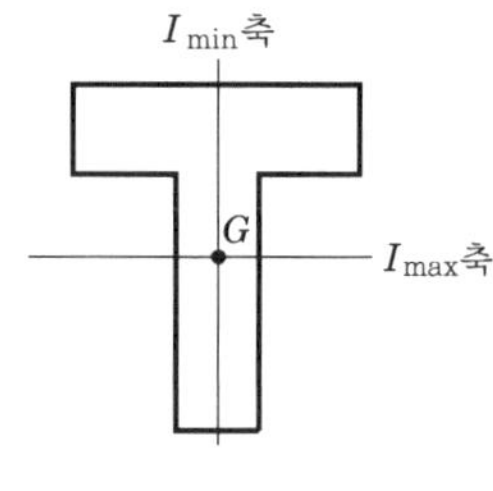

[그림 2.35]

9 파푸스(Pappus) 정리

1. 제1정리(표면적에 대한 정리)

(1) 정의

표면적=선분의 길이×선분의 도심이 이동한 거리

$$\therefore A = L \times y_0 \times \theta$$

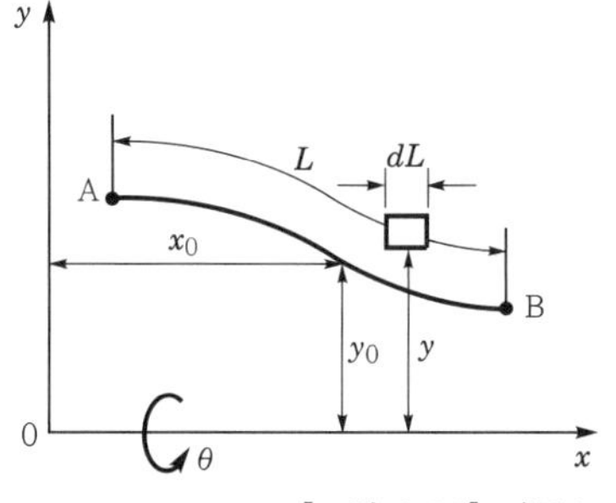

A: 회전체 표면적
y_0: 회전축에서 곡선 중심까지 거리
θ: 회전각(radian)

[그림 2.36] 파푸스 제1정리

파푸스 제1정리

$A = L \cdot y_0 \cdot \theta$

파푸스 제2정리

- $V = A \cdot y_0 \cdot \theta$
- $y_0 = \dfrac{V}{A \cdot \theta}$

(도심 구할 때 적용)

KEY NOTE

구의 체적과 표면적

- 구의 체적

  $V=\frac{4}{3}\pi r^3$

- 구의 표면적

  $A=4\pi r^2$

- 반원과 $\frac{1}{4}$원의 도심

  $y=\frac{4r}{3\pi}$

- 반원호와 $\frac{1}{4}$원호의 도심

  $y=\frac{2r}{\pi}$

(2) 적용

$\Delta x = 6-2=4$

$\Delta y = 5-2=3$

$\therefore\ \overline{\mathrm{AB}}=\sqrt{3^2+4^2}=5$

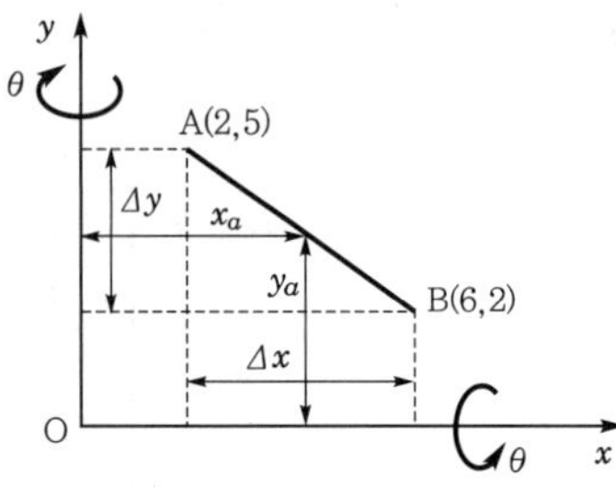

[그림 2.37] 제1정리(표면적)

① x축으로 한바퀴(360°) 회전시킨 경우

$$A=L\times y_0\times\theta=5\times\left(\frac{3}{2}+2\right)\times 2\pi=35\pi\mathrm{m}^2$$

② y축으로 반바퀴(180°) 회전시킨 경우

$$A=L\times x_0\times\theta=5\times\left(\frac{4}{2}+2\right)\times \pi=20\pi\mathrm{m}^2$$

2. 제2정리(체적에 대한 정리)

(1) 정의

체적=단면적×평면의 도심이 이동한 거리

$$\therefore\ V=A\times y_0\times\theta$$

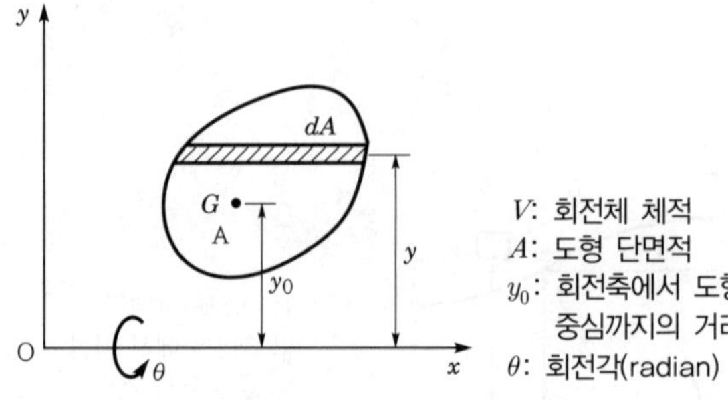

[그림 2.38] 파푸스 제2정리

KEY NOTE

(2) 적용

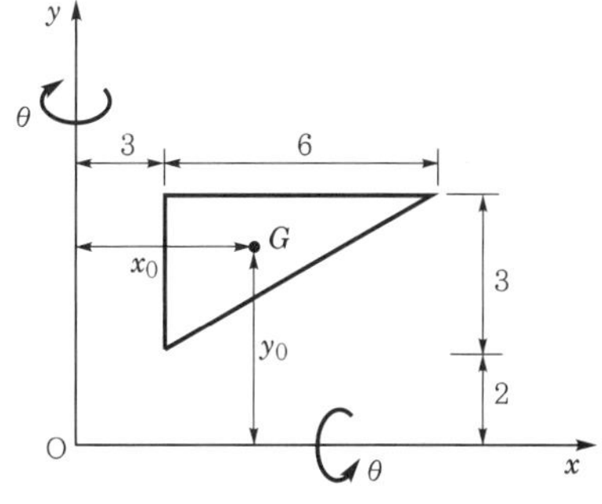

[그림 2.39] 제2정리(체적)

① x축으로 한바퀴(360°) 회전시킨 경우

$$V = A \times y_0 \times \theta = \frac{1}{2} \times 6 \times 3 \times \left(3 \times \frac{2}{3} + 2\right) \times 2\pi = 72\pi \mathrm{m}^3$$

② y축으로 반바퀴(180°) 회전시킨 경우

$$V = A \times x_0 \times \theta = \frac{1}{2} \times 6 \times 3 \times \left(3 + 6 \times \frac{1}{3}\right) \times \pi = 45\pi \mathrm{m}^3$$

10 평행축 정리(평행이동 정리)

1. 정의

임의축에 대한 단면2차모멘트는 도심축에 대한 단면2차모멘트에 "임의단면의 단면적×도심축과 임의축 사이의 거리의 제곱"을 합한 값과 같다.

2. 단면2차모멘트에 대한 평행축 정리

$$I_{x(\text{임의축})} = I_{X(\text{도심})} + A \cdot {y_0}^2$$
$$I_{y(\text{임의축})} = I_{Y(\text{도심})} + A \cdot {x_0}^2$$

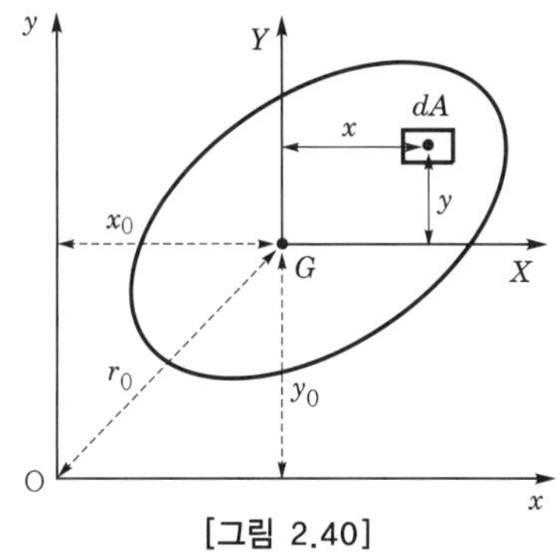

[그림 2.40]

단면2차모멘트 평행축 정리

$$I_{\text{임의축}} = I_{\text{도심}} + A \cdot {y_0}^2$$

구형 단면

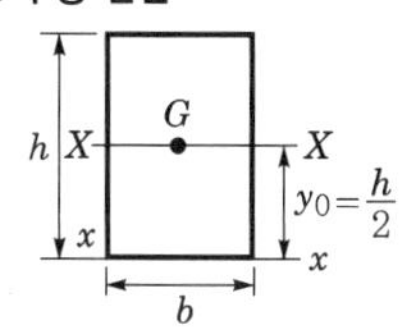

- $I_x = I_X + A \cdot {y_0}^2 = \frac{bh^3}{12} + bh\left(\frac{h}{2}\right)^2 = \frac{bh^3}{3}$

KEY NOTE

삼각형 단면

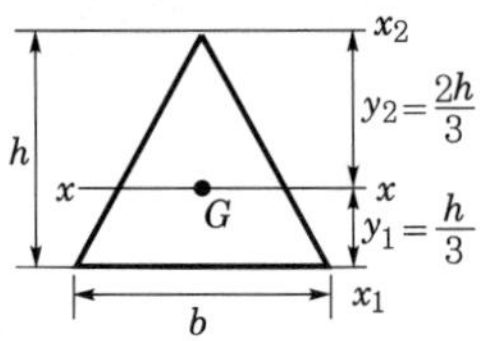

- $I_{x_1}=I_X+A\cdot y_1^{\,2}$
  $=\frac{bh^3}{36}+\frac{bh}{2}\left(\frac{h}{3}\right)^2$
  $=\frac{bh^3}{12}$
- $I_{x_2}=I_X+A\cdot y_2^{\,2}$
  $=\frac{bh^3}{36}+\frac{bh}{2}\left(\frac{2h}{3}\right)^2$
  $=\frac{bh^3}{4}$

3. 단면2차극모멘트에 대한 평행축 정리

$$I_{P(임의축)}=I_{P(도심)}+A({x_0}^2+{y_0}^2)$$

$(\therefore\ I_P=I_X+I_Y)$

4. 단면상승모멘트에 대한 평행축 정리

$$I_{xy(임의축)}=I_{XY(도심)}+A\cdot x_0y_0$$

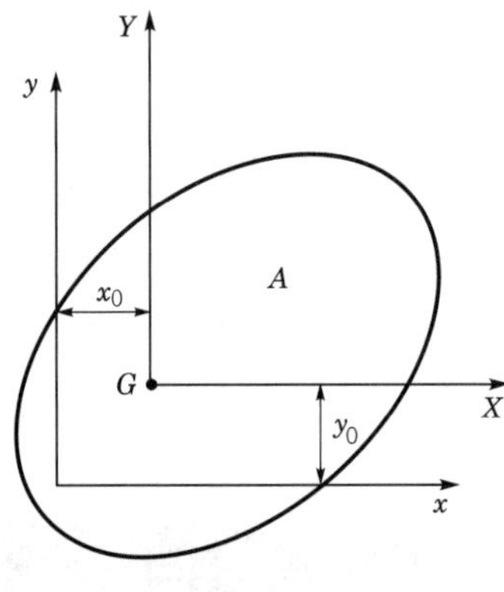

[그림 2.41]

5. 단면2차반경에 대한 평행축 정리

$$r_{x(임의축)}=\sqrt{{r_{X(도심)}}^2+{y_0}^2}$$
$$r_{y(임의축)}=\sqrt{{r_{Y(도심)}}^2+{x_0}^2}$$

(1) 각종 단면의 성질(요약 I)

단면 성질 분류	일반식	기본공식	단위	활용
단면1차모멘트	$G_x=\int_A ydA$	$G_x=Ay$	cm^3	• 구조물의 안정도 계산 • 도심 위치 결정 • 전단응력 계산
	$G_y=\int_A xdA$	$G_y=Ax$	cm^3	
도심	$x=\frac{G_y}{A}$	–	cm	• 단면1차모멘트 계산 • 분포 하중의 등치 하중 작용 위치 결정
	$y=\frac{G_x}{A}$	–	cm	

(계속)

단면 성질 분류	일반식	기본공식	단위	활용
단면2차모멘트	$I_x = \int_A y^2 dA$	$I_x = I_X + Ay^2$	cm^4	• 단면계수, 단면 회전반경 계산 • 강비, 처짐각, 처짐 계산 • 휨응력, 전단응력 계산
	$I_y = \int_A x^2 dA$	$I_y = I_Y + Ax^2$	cm^4	
단면 회전반경	$r_x = \sqrt{\frac{I_x}{A}}$	–	cm	• 기둥 판별 • 압축재의 설계
	$r_y = \sqrt{\frac{I_y}{A}}$	–	cm	
단면계수	$Z_X = \frac{I_X}{y}$	–	cm^3	• 보의 휨응력 계산 • 경제적인 단면 설계
	$Z_Y = \frac{I_Y}{x}$	–	cm^3	
단면2차극모멘트	$I_P = \int_A r^2 dA$	$I_P = I_x + I_y$	cm^4	• 비틀림 전단 설계
단면상승모멘트	$I_{XY} = \int_A xydA$	$I_{xy} = xyA$ (대칭 단면)	cm^4	• 주단면2차모멘트 계산

(공식이 적용된 그림)

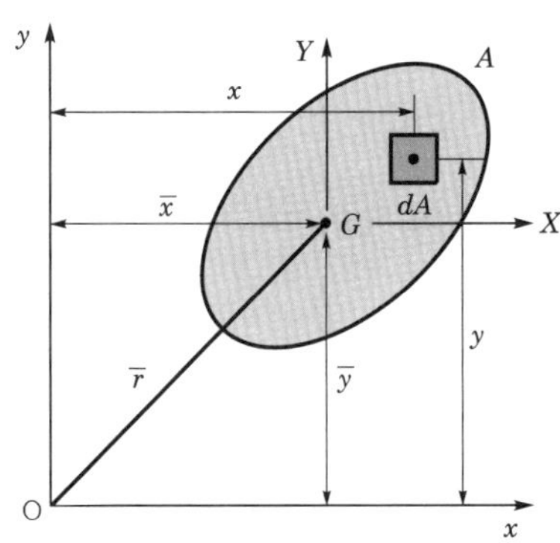

A: 전체면적
dA: 미소면적
G: 도심
x, y: 미소면적까지 거리
$\bar{x}, \bar{y}$: 도심까지의 거리
$\bar{r}$: 도심의 극좌표 거리

KEY NOTE

KEY NOTE

(2) 단면 형태별 단면 성질(요약 II)

단면 성질	단면적 $A(\mathrm{cm}^2)$	도심에서 연단까지 거리 $y(\mathrm{cm})$	단면2차모멘트 $I(\mathrm{cm}^4)$	단면계수 $Z(\mathrm{cm}^3)$	회전반경 $r(\mathrm{cm})$
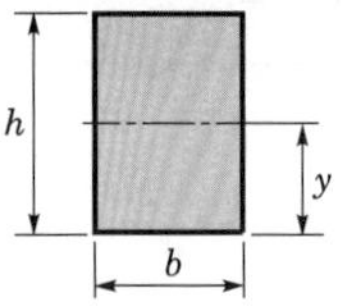	bh	$y=\frac{h}{2}$	$\frac{bh^3}{12}$	$\frac{bh^2}{6}$	$\frac{h}{\sqrt{12}}=0.289h$
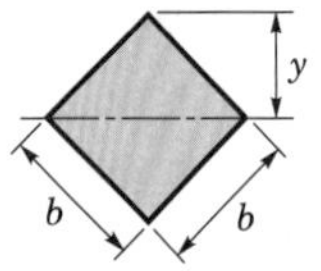	b^2	$\frac{b}{\sqrt{2}}=0.707b$	$\frac{b^4}{12}$	$\frac{b^3}{6\sqrt{2}}=0.118b^3$	$\frac{b}{\sqrt{12}}=0.289b$
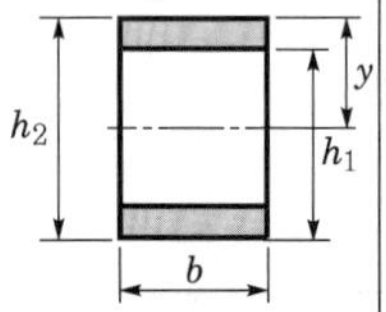	$b(h_2-h_1)$	$y=\frac{h_2}{2}$	$\frac{b}{12}(h_2{}^3-h_1{}^3)$	$\frac{b}{6h_2}(h_2{}^3-h_1{}^3)$	$\sqrt{\frac{h_2{}^2+h_1h_2+h_1{}^3}{12}}$
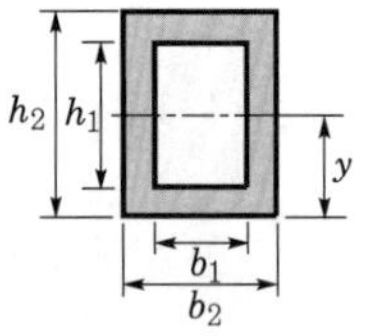	$b_2h_2-b_1h_1$	$\frac{h_2}{2}$	$\frac{b_2h_2{}^3-b_1h_1{}^3}{12}$	$\frac{b_2h_2{}^3-b_1h_1{}^3}{b_1h_2}$	$\sqrt{\frac{b_2h_2{}^3+b_1h_1{}^3}{12(b_2h_2-b_1h_1)}}$
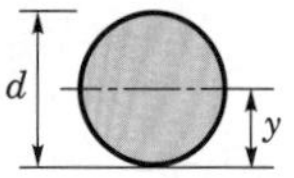	$\frac{\pi d^2}{4}=785d^2$	$\frac{d}{2}$	$\frac{\pi d^4}{64}=0.0491d^4$	$\frac{\pi r^3}{4}=0.7854r^3$ $\frac{\pi d^3}{32}=0.0982d^3$	$\frac{r}{2}=\frac{d}{4}$
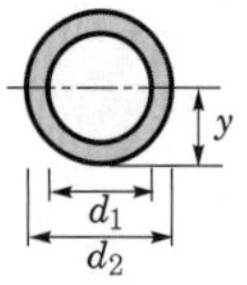	$\frac{\pi}{2}(d_2{}^2-d_1{}^2)$	$\frac{d_2}{2}$	$\frac{\pi}{64}(d_2{}^4-d_1{}^4)$	$\frac{\pi}{32}\frac{(d_2{}^4-d_1{}^4)}{d_2}$	$\sqrt{\frac{d_2{}^2+d_1{}^2}{16}}$
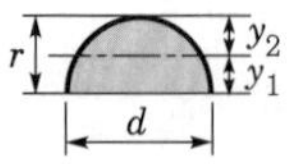	$\frac{\pi r}{2}$	$y_1=\frac{4r}{3\pi}$ $=0.4244r$ $=\frac{2d}{3\pi}$ $=0.212d$ $y_2=\frac{(3\pi-4)r}{3\pi}$ $=0.576r$ $=\frac{(3\pi-4)}{3\pi}d$ $=0.288d$	$\left(\frac{\pi}{8}-\frac{8}{9\pi}\right)r^4$ $=0.1098r^4$	$Z_1{}_=0.2587r^3$ $Z_2=0.1908r^3$	$0.2643r$

(계속)

단면 성질	단면적 $A(\text{cm}^2)$	도심에서 연단까지 거리 $y(\text{cm})$	단면2차모멘트 $I(\text{cm}^4)$	단면계수 $Z(\text{cm}^3)$	회전반경 $r(\text{cm})$
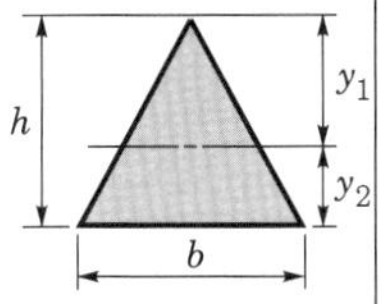	$\frac{bh}{2}$	$y_1=\frac{h}{3}$ $y_2=\frac{2h}{3}$	$\frac{bh^3}{36}$	$z_1=\frac{bh^2}{24}$ $z_2=\frac{bh^2}{12}$	$\frac{h}{\sqrt{18}}=0.236h$
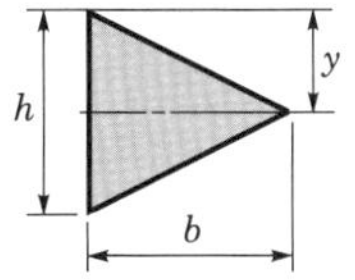	$\frac{bh}{2}$	$\frac{h}{2}$	$\frac{bh^3}{48}$	$\frac{bh^2}{24}$	$\frac{h}{\sqrt{24}}=0.2041h$
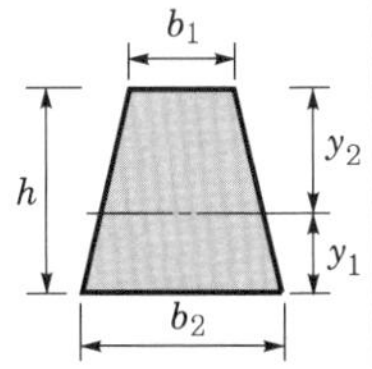	$\frac{b_1+b_2}{2}h$	$y_1=\frac{h}{3}\frac{2b_1+b_2}{b_1+b_2}$ $y_2=\frac{h}{3}\frac{b_1+2b_2}{b_1+b_2}$	$\frac{b_1{}^2+4b_1b_2+b_2{}^2}{36(b_1+b_2)}h^3$	$Z_1=$ $\frac{b_1{}^2+4b_1b_2+b_2{}^2}{12(b_1+b_2)}h^2$ $Z_2=$ $\frac{b_1{}^2+4b_1b_2+b_2{}^2}{12(b_1+b_2)}h^2$	$\frac{\sqrt{2(b_1{}^2+4b_1b_2+b_2{}^2)}h}{6(b_1+b_2)}$
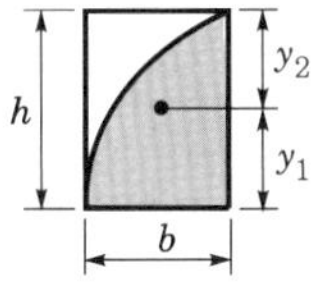	$\frac{2}{3}bh$	$y_1=\frac{3}{8}h$ $y_2=\frac{5}{8}h$	$\frac{19}{480}bh^3$	$Z_1=\frac{19}{180}bh^2$ $Z_2=\frac{19}{300}bh^2$	$\frac{\sqrt{95}}{40}h=0.2437h$
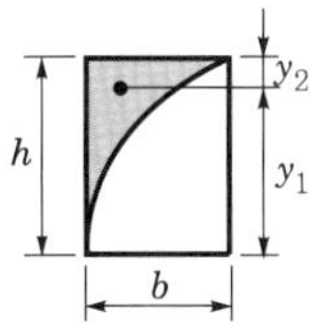	$\frac{1}{3}bh$	$y_1=\frac{3}{4}h$ $y_2=\frac{1}{4}h$	$\frac{1}{80}bh^3$	$Z_1=\frac{1}{60}bh^2$ $Z_2=\frac{1}{20}bh^2$	$\frac{\sqrt{15}}{20}h=0.1936h$
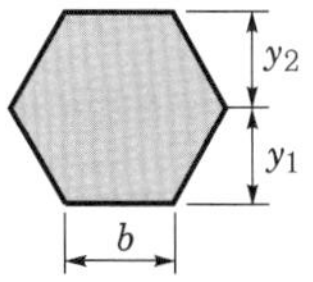	$\frac{3\sqrt{3}}{2}b^2$ $=2.598b^2$	$y_1=y_2$ $\frac{\sqrt{3}}{2}b$ $=0.866b-r$	$\frac{5\sqrt{3}}{16}b^4$ $=0.541b^4$	$\frac{5}{8}b^3-0.625b^3$	$\sqrt{\frac{5}{24}}b=0.4564b$
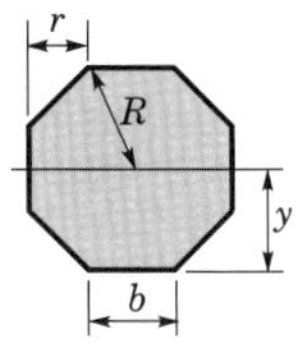	$4.8284b^2$ $=3.3137r^2$ $=2.8284R^2$	$r=1.2071b$ $=0.9239R$	$1.8595b^4$ $=0.8758r^4$ $=2.6381R^4$	$1.5405b^3$ $=0.8758r^3$ $=0.6906R^3$	$0.6206b$ $=0.5141r$ $=0.4750R$

KEY NOTE

CHAPTER

02 9급 기출문제

01 다음 중 틀린 것은?

① 단면 2차 모멘트는 단면 2차 반지름 r자승에 비례한다.
② 단면 계수는 단면 2차 모멘트에 비례한다.
③ 단면 2차 반지름은 단면적의 제곱근에 반비례한다.
④ 구형 단면의 단면 계수는 폭 b의 자승에 비례한다.
⑤ 단면 계수가 클수록 재료는 구조적으로 강도를 갖는다.

해설 구형단면 계수 $z=\frac{bh^2}{6}$
(b: 폭, h: 높이)

02 다음 설명 중에서 틀린 것은?

① 지름이 d인 원형단면의 단면 2차 모멘트는 $\frac{\pi d^4}{64}$이다.
② 단면계수는 단면 2차 모멘트에 비례한다.
③ 도심축에 대한 단면 1차 모멘트는 영(0)이다.
④ 단면계수의 단위는 단면 2차 모멘트와 같다.

해설 단면계수 단위: mm^3, cm^3, m^3
단면 2차 모멘트 단위: mm^4, cm^4, m^4

03 다음 용어들의 짝 중에서 상호 관련성이 없는 것은? [14. 국가직 9급]

① 전단응력 - 단면 1차 모멘트
② 곡률 - 단면상승 모멘트
③ 휨응력 - 단면 계수
④ 처짐 - 단면 2차 모멘트

해설 ㉠ 곡률 $k=\frac{1}{R}=\frac{M}{EI}$의 관계
㉡ 전단응력, $\tau=\frac{SG}{Ib}$에서 전단응력은 단면 1차 모멘트와 관계
㉢ 휨응력, $\sigma=\frac{M}{I}y$에서 휨응력은 단면 2차 모멘트와 관계 있고, 또한 최대휨응력은 $\sigma_{\max}=\frac{M_{\max}}{Z}$에서 단면계수와 관계
㉣ 처짐, $\delta=\frac{5wL^4}{384EI}$에서 단면 2차 모멘트와 관계

04 그림에서 사다리꼴의 도심을 구하는 공식은? [국가직 9급]

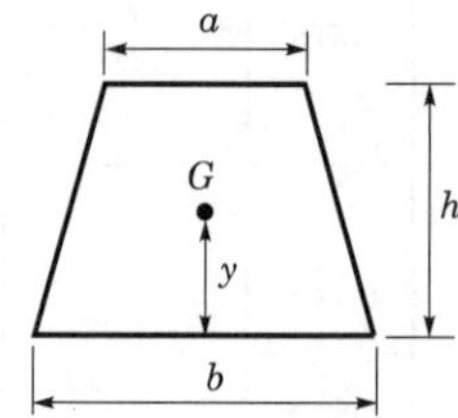

① $y=\frac{h(2a+b)}{3(a+b)}$
② $y=\frac{h(a+2b)}{3(a+b)}$
③ $y=\frac{h(2a+b)}{3(2a+b)}$
④ $y=\frac{h(2a+b)}{3(a+2b)}$

해설 $y=\frac{h}{3}\cdot\frac{2a+b}{a+b}$

정답 01 ④ 02 ④ 03 ② 04 ①

05 다음 색칠한 도형에 대한 도심 y_0는?

[00. 국가직 9급]

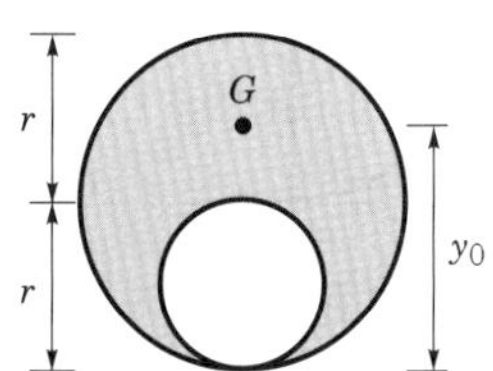

① $\frac{6}{5}r$ ② $\frac{7}{6}r$

③ $\frac{13}{10}r$ ④ $\frac{7}{12}r$

해설 $y_0 = \frac{G_x}{A} = \frac{\pi r^2 \times r - \frac{\pi r^2}{4} \times \frac{r}{2}}{\pi r^2 - \frac{\pi r^2}{4}} = \frac{7}{6}r$

06 다음과 같이 원으로 조합된 색칠한 단면의 도심 C(Centroid)의 $\bar{y}$는? [13. 국가직 9급]

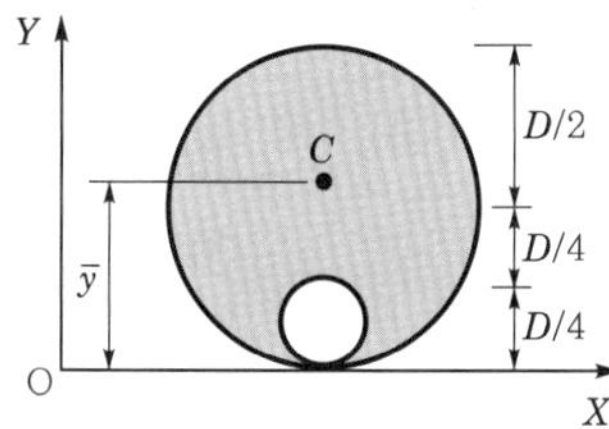

① $\frac{7}{12}D$ ② $\frac{7}{24}D$

③ $\frac{21}{40}D$ ④ $\frac{7}{40}D$

해설 작은 원의 단면적 A, 큰 원의 단면적은 $16A$

$$\bar{y} = \frac{\Sigma G_x}{\Sigma A}$$

$$= \frac{16A \times \frac{D}{2} - A \times \frac{D}{8}}{16A - A} = \frac{21}{40}D$$

07 직각삼각형의 x축에 대한 단면 1차 모멘트 $[\text{cm}^3]$는? [국가직 9급]

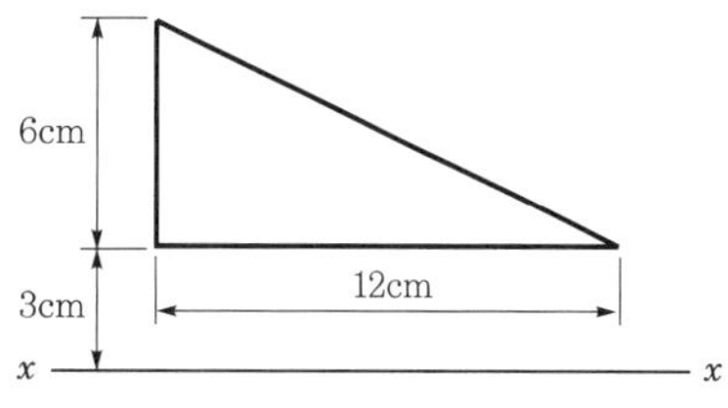

① 36 ② 72

③ 108 ④ 180

해설 $G_x = A \cdot y_0$

$$= \left(\frac{1}{2} \times 12 \times 6\right) \times \left(3 + \frac{1}{3} \times 6\right)$$

$$= 36 \times 5 = 180\text{cm}^2$$

08 반지름 r인 반원의 지름에 관한 단면 1차 모멘트를 구한 것 중 옳은 것은? [서울시 9급]

① $\frac{4r}{3\pi}$ ② $\frac{2r^2}{3\pi}$

③ $\frac{2r^3}{3}$ ④ $\frac{\pi r^2}{2}$

해설

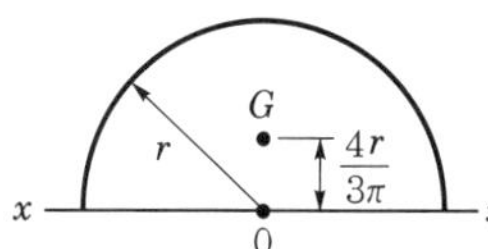

반원의 지름축(x축)에 대한 단면 1차 모멘트는

$$G_x = A \cdot y_0 = \frac{\pi r^2}{2} \times \frac{4r}{3\pi} = \frac{2r^3}{3}$$

09 다음의 도형에서 y축에 대한 단면 1차 모멘트는$[\text{cm}^3]$는?

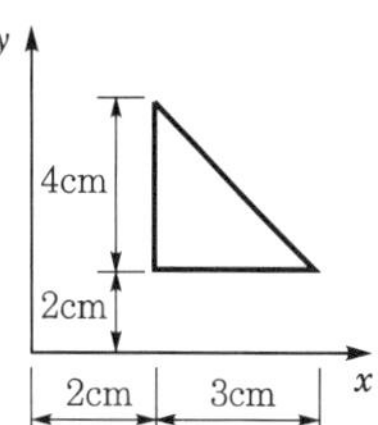

① 12 ② 15 ③ 18 ④ 21

해설 $G_x = A \cdot x = \frac{1}{2} \times 4 \times 3 \times \left(2 + 3 \times \frac{1}{3}\right) = 18\text{cm}^3$

정답 05 ② 06 ③ 07 ④ 08 ③ 09 ③

10 폭이 b, 높이 h인 직사각형 단면의 도심축에 대한 단면 2차 모멘트는? [02. 경기도 9급]

① $\frac{bh^3}{3}$　② $\frac{bh^3}{4}$

③ $\frac{bh^3}{6}$　④ $\frac{bh^3}{12}$

해설 구형단면의 도심축에 대한 단면 2차 모멘트는

$$I_X = \frac{bh^3}{12}$$

11 그림과 같이 지름 D인 원형 단면에서 x축에 대한 단면 2차 모멘트의 계산식은? [국가직 9급]

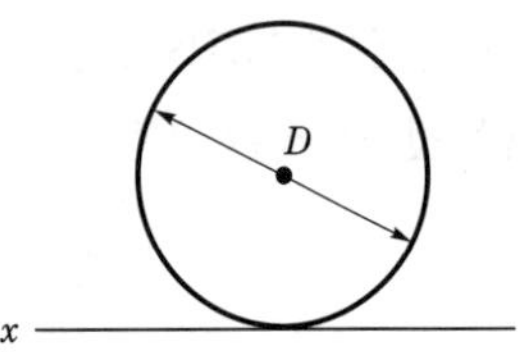

① $\frac{\pi D^3}{64}$　② $\frac{\pi D^3}{64}$

③ $\frac{3\pi D^4}{64}$　④ $\frac{5\pi D^4}{64}$

해설 $I_x = I_X + A \cdot y^2$

$$= \frac{\pi D^4}{64} + \left(\frac{\pi D^2}{4}\right) \cdot \left(\frac{D}{2}\right)^2$$

$$= \frac{5\pi D^4}{64}$$

12 그림과 같이 지름 D인 반원도형의 x축에 대한 단면 2차 모멘트를 구하면? [국가직 9급]

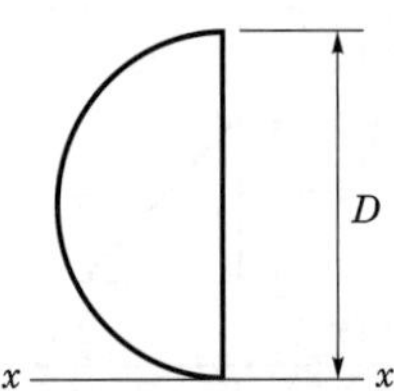

① $\frac{1}{128}\pi D^4$　② $\frac{3}{128}\pi D^4$

③ $\frac{5}{128}\pi D^4$　④ $\frac{7}{128}\pi D^4$

해설

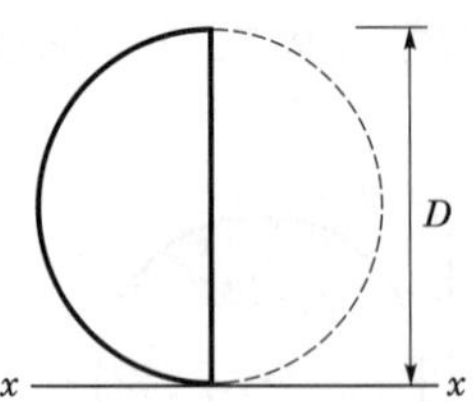

지름이 D인 원의 2차 모멘트를 구한 뒤에 $\frac{1}{2}$을 한다.

$$I_x = \frac{1}{2}(I_X + A \cdot y^2)$$

$$= \frac{1}{2}\left[\frac{\pi D^4}{64} + \frac{\pi D^2}{4} \times \left(\frac{D}{2}\right)^2\right]$$

$$= \frac{5\pi D^4}{128}$$

13 다음 그림에서 x축에 대한 단면 2차 모멘트 [cm^4]는?

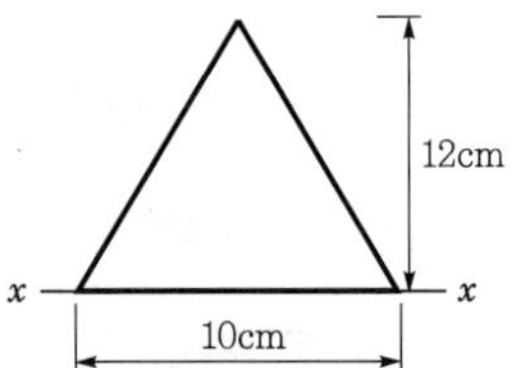

① 144　② 1,440

③ 288　④ 5,760

해설 $I_x = \frac{bh^3}{12} = \frac{10 \times 12^3}{12} = 1,440\text{cm}^4$

14 그림과 같이 타원 도형의 X축에 대한 단면 2차 모멘트는? [05. 경기교육청 9급]

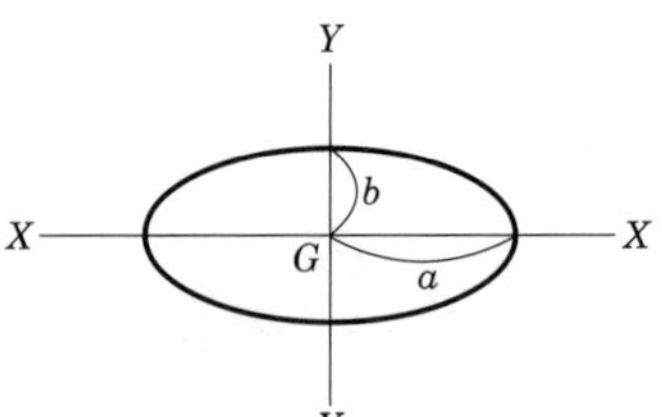

① $\frac{\pi ab^3}{3}$　② $\frac{\pi ab^3}{4}$

③ $\frac{\pi a^3 b}{3}$　④ $\frac{\pi a^3 b}{4}$

해설 $I_X = \frac{\pi \cdot a \cdot b^3}{4}$, $I_Y = \frac{\pi \cdot a^3 \cdot b}{4}$

정답 10 ④ 11 ④ 12 ③ 13 ② 14 ②

15 색칠한 부분의 단면에 대하여 x축에 관한 단면 2차 모멘트를 구하면 얼마인가? [05. 국가직 9급]

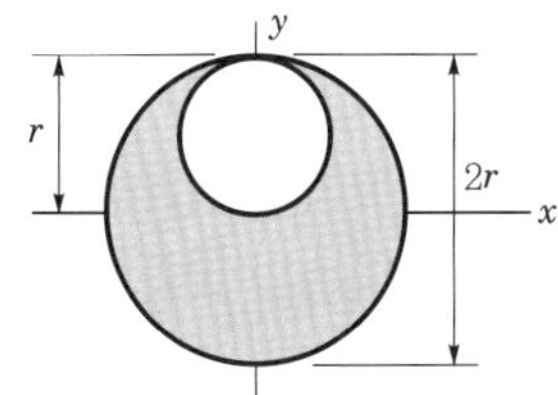

① $\frac{11}{64}\times\pi r^4$　② $\frac{9}{64}\times\pi r^4$

③ $\frac{9}{16}\times\pi r^4$　④ $\frac{5}{72}\times\pi r^4$

해설 $I_x = \frac{\pi(2r)^4}{64} - \left[\frac{\pi r^4}{64} + \frac{\pi r^2}{4}\left(\frac{r}{2}\right)^2\right]$

$= \frac{\pi r^4}{64}(16-1-4)$

$= \frac{11}{64}\pi r^4$

16 $x-x$축의 단면 2차 모멘트? [국가직 9급]

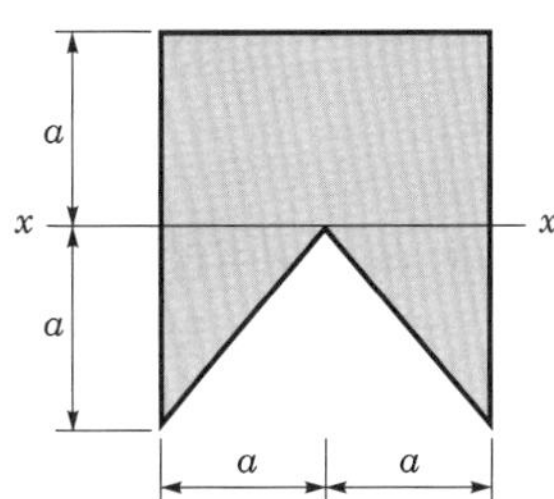

① $\frac{1}{6}a^4$　② $\frac{1}{3}a^4$

③ $\frac{1}{2}a^4$　④ $\frac{5}{6}a^4$

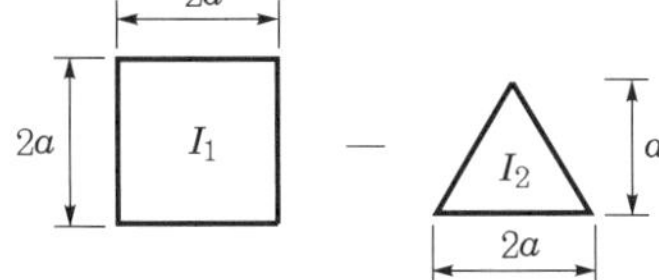

$I_x = \frac{(2a)^4}{12} - \frac{(2a)\cdot a^3}{4}$

$= \frac{5a^4}{6}$

17 그림과 같은 직사각형 단면의 단면계수는? [05. 경기교육청 9급]

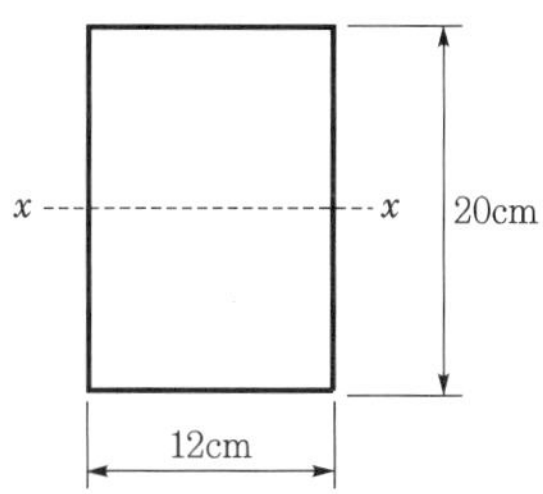

① 800cm^3　② 800cm^2

③ $8{,}000\text{cm}^3$　④ $8{,}000\text{cm}^2$

해설 직사각형 단면의 단면계수

$Z = \frac{bh^2}{6} = \frac{12\times 20^2}{6} = 800\text{cm}^3$

18 폭 $b=12\text{cm}$, 높이 $h=30\text{cm}$인 직사각형 단면의 단면계수로 맞는 것은? [국가직 9급]

① $1{,}400\text{cm}^3$　② $1{,}500\text{cm}^3$

③ $1{,}600\text{cm}^3$　④ $1{,}800\text{cm}^3$

해설 직사각형 단면에 대한 단면계수 Z는

$Z = \frac{bh^2}{6} = \frac{12\times 30^2}{6} = 1{,}800\text{cm}^3$

19 다음의 삼각형 단면에서 상단에 대한 단면계수는? [03. 인천시 9급]

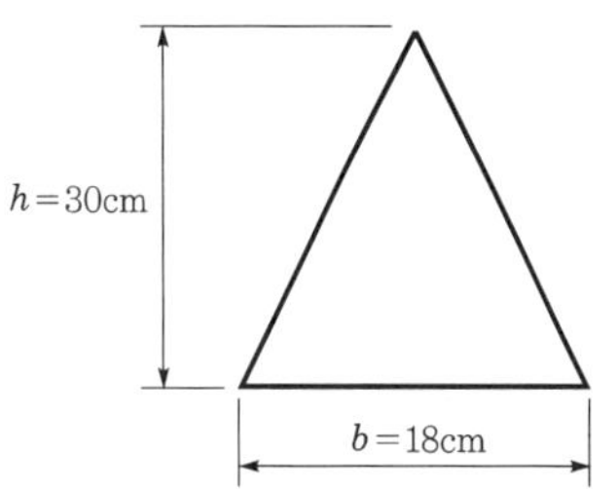

① 6.75cm^3　② 67.5cm^3

③ 675cm^3　④ $6{,}750\text{cm}^3$

해설 $Z = \frac{I_X}{y} - \frac{bh^2}{4} = \frac{18\times 30^2}{24} = 675\text{cm}^3$

정답 15 ① 16 ④ 17 ① 18 ④ 19 ③

20 지름 d인 단면의 단면계수를 구한 것 중 옳은 것은? [국가직 9급]

① $\frac{\pi d^3}{12}$　② $\frac{\pi d^4}{24}$

③ $\frac{\pi d^3}{32}$　④ $\frac{\pi d^3}{64}$

해설 $Z=\frac{I_x}{y}=\frac{\frac{\pi d^4}{64}}{\frac{d}{2}}=\frac{\pi d^3}{32}$

21 색칠한 부분의 원형 단면에 대한 단면계수 [cm^3]는?

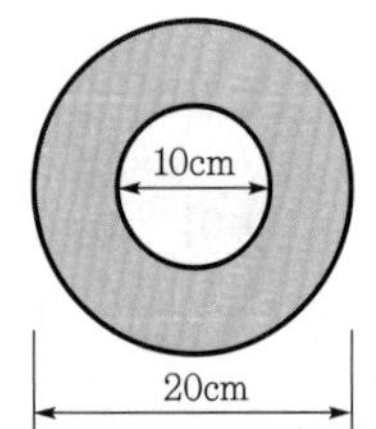

① 700　② 720

③ 736　④ 745

해설 $I_X=\frac{\pi}{64}(d_1{}^4-d_2{}^4)=\frac{\pi}{64}(20^4-10^4)$

$=\frac{15\pi}{64}\times 10^4 cm^4$

$Z=\frac{I_X}{y}=\frac{\frac{15\pi}{64}\times 10^4}{\frac{20}{2}}=736.3cm^3$

22 둘레의 길이가 같은 직사각형과 정사각형이 있다. 이 단면들 중에서 도심축에 대한 단면계수가 최대가 되는 폭 b와 높이 h의 비는? [11. 국가직 9급]

① 1 : 1　② 2 : 3

③ 1 : 2　④ 1 : 3

해설 단면 둘레 길이 $c=b+h$로 일정한 경우이다.

$Z=\frac{bh^2}{6}=\frac{(c-h)h^2}{6}$

$\frac{dZ}{dh}=\frac{2ch-3h^2}{6}=0$

$\therefore h=\frac{2}{3}c,\ b=\frac{1}{3}c$

$\therefore b:h=1:2$

23 폭이 b이고, 높이가 h인 직사각형 단면의 일변을 지나는 축에 대한 단면 회전반경을 구한 것은? [국가직 9급]

① $\frac{h}{\sqrt{2}}$　② $\frac{h}{\sqrt{3}}$

③ $\frac{h}{2\sqrt{3}}$　④ $\frac{h}{3\sqrt{2}}$

해설

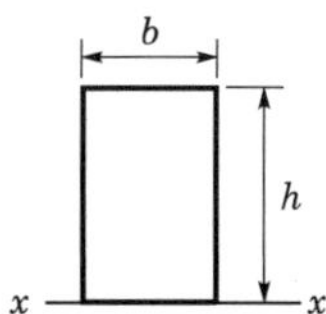

직사각형의 밑변에 대한 회전반경을 구한다.

$r_x=\sqrt{\frac{I_x}{A}}=\sqrt{\frac{\frac{bh^3}{3}}{bh}}=\frac{h}{\sqrt{3}}$

24 다음 그림과 같은 삼각형의 밑변 $x-x$축에 대한 단면 2차 모멘트 및 단면계수는? [국가직 9급]

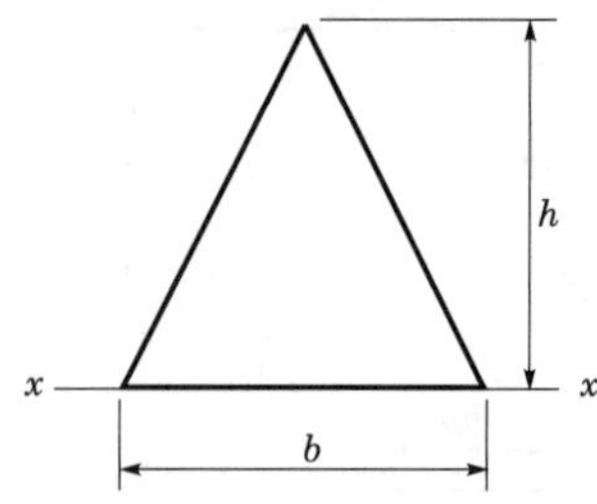

① $I_x=\frac{bh^3}{4},\ Z_x=\frac{bh^2}{12}$

② $I_x=\frac{bh^3}{24},\ Z_x=\frac{bh^2}{24}$

③ $I_x=\frac{bh^3}{36},\ Z_x=\frac{bh^2}{24}$

④ $I_x=\frac{bh^3}{12},\ Z_x=\frac{bh^2}{12}$

정답 20 ③ 21 ③ 22 ③ 23 ② 24 ④

해설 I_x는 평행축 정리로 구한다.

$$I_x = I_x + A \cdot y^2$$

$$= \frac{bh^3}{36} + \left(\frac{bh}{2}\right)\left(\frac{h}{3}\right)^2 = \frac{bh^3}{12}$$

단면계수 Z는

$$Z = \frac{I_x}{y} = \frac{\frac{bh^3}{36}}{\frac{h}{3}} = \frac{bh^2}{12}$$

25 직경 20cm인 원형 단면의 회전반경[cm]으로 맞는 것은? [국가직 9급]

① 4 ② 5

③ 6 ④ 7

⑤ 8

해설 $r = \sqrt{\frac{I}{A}} = \sqrt{\frac{\frac{\pi d^4}{64}}{\frac{\pi d^2}{4}}} = \frac{d}{4} = \frac{20}{4} = 5\text{cm}$

26 그림과 같은 단면의 Y축 단면 2차 모멘트 $I_Y[\text{cm}^4]$는? (단, X축과 Y축의 원점 C는 단면의 도심이다. 단면 2차모멘트 $I_X = 5\text{cm}^4$이며 최대 주단면 2차모멘트 $I_{\max} = 9\text{cm}^4$, 최소 주단면 2차모멘트 $I_{\min} = 3\text{cm}^4$이다) [14. 국회 9급]

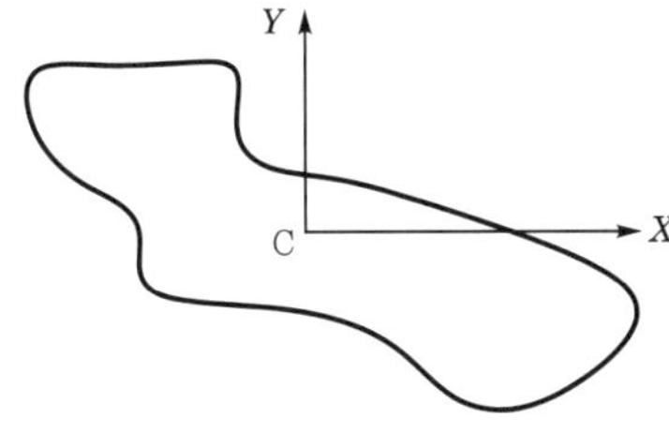

① 5 ② 6

③ 7 ④ 8

⑤ 9

해설 회전축 정리를 이용한다.

$$I_X + I_Y = I_{\max} + I_{\min}$$

$$I_Y = I_{\max} + I_{\min} - I_X$$

$$= 9 + 3 - 5 = 7\text{cm}^4$$

27 다음 그림과 같은 삼각형 도형의 단면의 성질을 나타낸 것으로 옳지 않은 것은? (단, c는 도심, Q는 단면 1차 모멘트, I는 단면 2차 모멘트, I_p는 단면 2차 극모멘트, 하첨자는 기준축) [10. 국가직 9급]

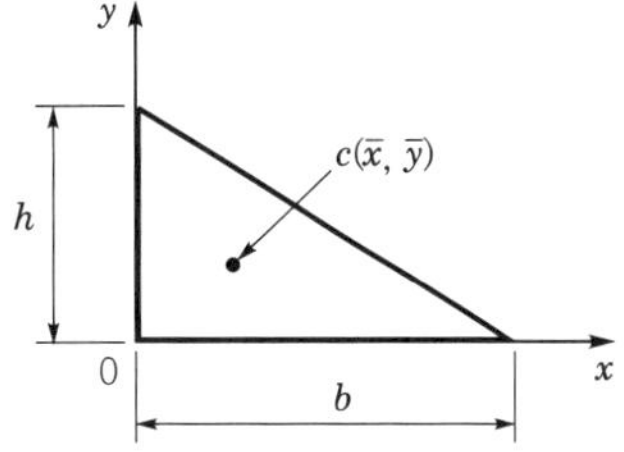

① $c = (\bar{x}, \bar{y}) = (b/3, h/3)$

② $Q_x = \dfrac{b^2h}{6}$

③ $I_x = \dfrac{bh^3}{12}$

④ $I_p = \dfrac{bh^3}{12} + \dfrac{hb^3}{12}$

해설 x축에 대한 단면 1차 모멘트

$$Q_x = A \times y_0 = \frac{bh}{2} \times \frac{h}{3} = \frac{bh^2}{6}$$

28 단면의 성질에 대한 설명으로 옳지 않은 것은? [09. 지방직 9급]

① x축, y축에 대한 단면 1차 모멘트는 $Q_x = \Sigma a_i y_i$, $Q_y = \Sigma a_i x_i$이며, (면적×거리)의 합이므로 단위는 mm^3, m^3 등으로 표시한다.

② x축, y축에 대한 2차 모멘트는 $I_x = \Sigma a_i {y_i}^2$, $I_y = \Sigma a_i {x_i}^2$으로 항상 (+)값을 가지며, (면적×거리²)의 합이므로 단위는 mm^4, m^4 등으로 표시한다.

③ 단면 1차 모멘트는 좌표축에 따라 (+), (−)의 부호를 가지며 도심을 지나는 축에 대하여 최대이다.

정답 25 ② 26 ③ 27 ② 28 ③

④ 단면계수(section modulus)는 단면 2차 모멘트를 도심축으로부터 최상단 또는 최하단까지의 거리로 나눈 값으로 단위는 mm^3, m^3으로 표시한다.

해설 도심축에 대한 단면 1차 모멘트는 항상 영(0)이다.

29 다음 주어진 도형에서 도심거리 y_0[cm]는?

[01. 서울시 9급]

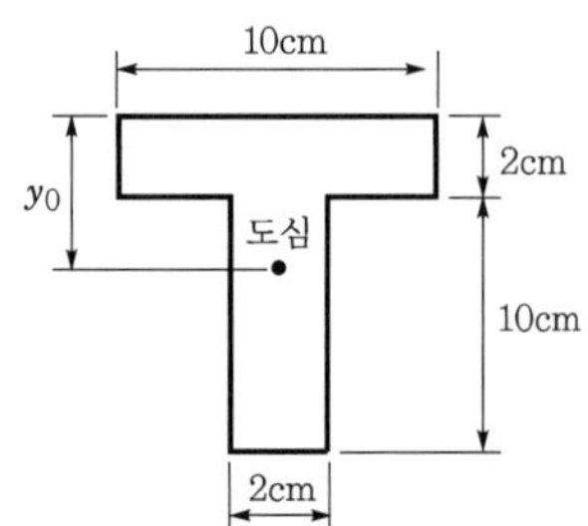

① 2.5 ② 4.0
③ 4.5 ④ 6.0
⑤ 8.0

해설 $y_0 = \dfrac{G_x}{A} = \dfrac{y_1 + y_2}{2} = \dfrac{1+7}{2} = 4\text{cm}$

30 다음 그림과 같은 산형강의 도심의 위치는?

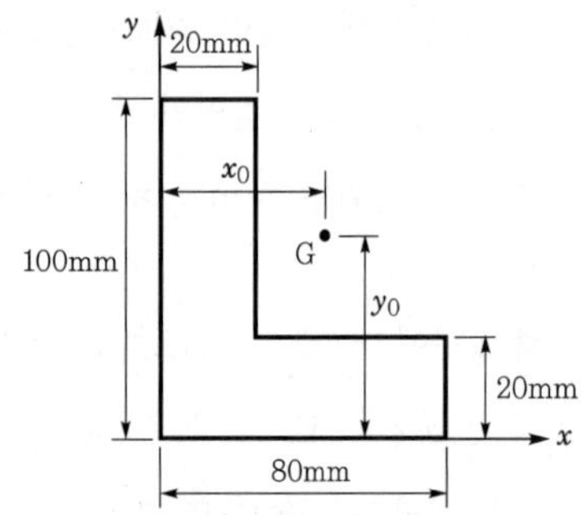

① $x_0 = 20\text{mm},\ y_0 = 30\text{mm}$
② $x_0 = 21\text{mm},\ y_0 = 31\text{mm}$
③ $x_0 = 22\text{mm},\ y_0 = 32\text{mm}$
④ $x_0 = 25\text{mm},\ y_0 = 35\text{mm}$

해설

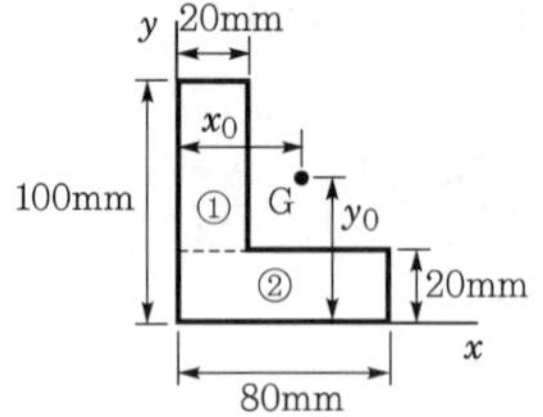

$$x_0 = \frac{A \cdot x_1 + A \cdot x_2}{A + A} = \frac{x_1 + x_2}{2} = \frac{10+40}{2} = 25\text{mm}$$

$$y_0 = \frac{A \cdot y_1 + A \cdot y_2}{A + A} = \frac{y_1 + y_2}{2} = \frac{60+10}{2} = 35\text{mm}$$

31 다음과 같은 원형, 정사각형, 정삼각형이 있다. 각 단면의 면적이 같을 경우 도심에서의 단면2차 모멘트(I_x)가 큰 순서대로 바르게 나열한 것은?

[15. 지방직 9급]

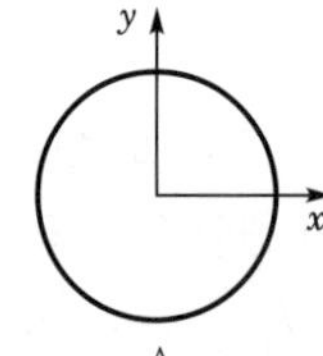

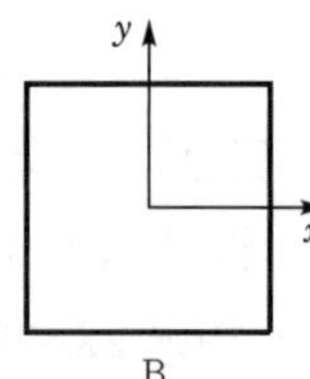

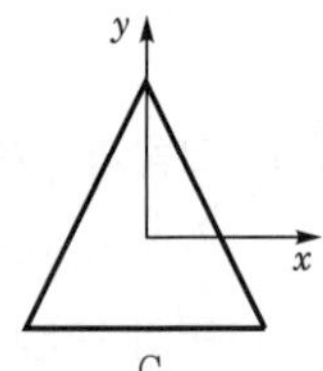

① A > B > C ② B > C > A
③ C > B > A ④ B > A > C

해설 단면적이 동일한 정다각형에서 도심축에 대한 단면2차 모멘트는 $I_{원} < I_{정육각형} < I_{정사각형} < I_{정삼각형}$의 순서가 된다. 따라서 C>B>A가 된다.

32 다음과 같이 직사각형 단면의 도심을 C라고 할 때, 각각의 축에 대한 단면 2차 모멘트 중 가장 큰 것은?

[12. 국가직 9급]

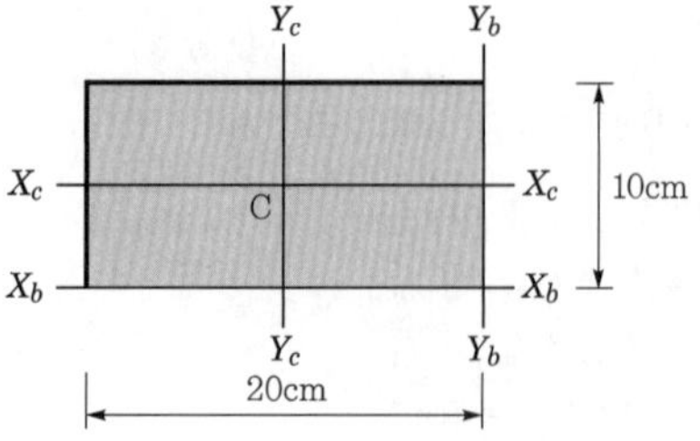

정답 29 ② 30 ④ 31 ③ 32 ③

① $I_{X_b}(X_b - X_b$축$)$

② $I_{X_c} = (X_c - X_c$축$)$

③ $I_{Y_b}(Y_b - Y_b$축$)$

④ $I_{Y_c}(Y_c - Y_c$축$)$

해설 축에 대한 수직방향의 변, 높이가 클수록 크며 평행축 정리를 고려하여 도심에서 축이 이동한 축이 크다.

33 폭 b, 높이 h인 구형 단면에서 중립축에 대한 단면 2차 모멘트를 I_{XO}, 밑면의 단면 2차 모멘트를 I_X라 할 때, I_X/Y_{XO}는?

[02. 경기도 9급]

① 1　　② 2

③ 3　　④ 4

해설 $I_X/I_{XO} = \dfrac{\frac{bh^3}{3}}{\frac{bh^3}{12}} = 4$

34 다음의 삼각형 단면에서 x축에 대한 단면 2차 모멘트는? [05. 경기도 9급]

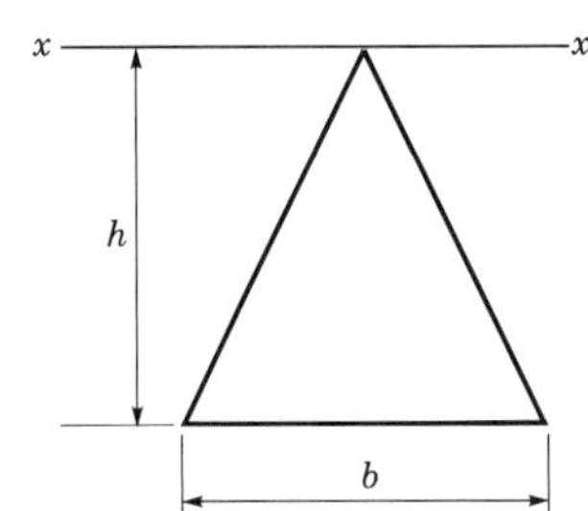

① $\dfrac{bh^3}{36}$　　② $\dfrac{bh^3}{24}$

③ $\dfrac{bh^3}{12}$　　④ $\dfrac{bh^3}{4}$

해설 평행축 정리를 이용한다.

$I_x = I_X + A \times y^2 = \dfrac{bh^2}{36} + \left(\dfrac{bh}{2}\right) \times \left(\dfrac{2h}{3}\right)^2 = \dfrac{bh^3}{4}$

35 한 변이 h인 정사각형 마름모단면의 도심축에 대한 단면 2차 모멘트는? [04. 부산시 9급]

① $\dfrac{h^4}{3}$　　② $\dfrac{h^4}{8}$

③ $\dfrac{h^4}{12}$　　④ $\dfrac{h^4}{24}$

해설 한 변이 h인 정사각형의 마름모단면의 단면 2차 모멘트는 $I_X = \dfrac{h^4}{12}$

36 다음의 1/4원에 대한 $I_x[\text{cm}^4]$는?

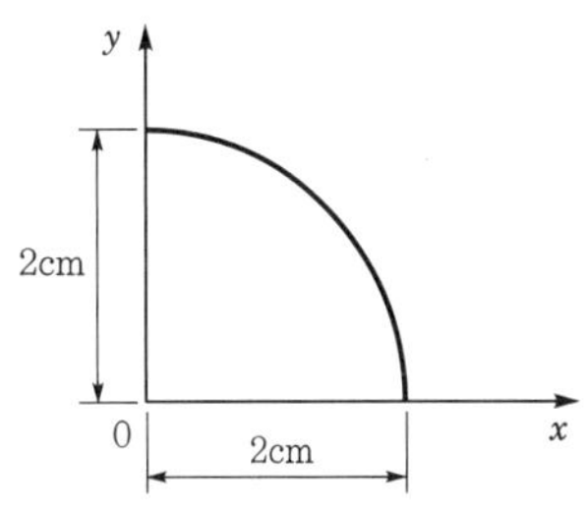

① π　　② 4π

③ 8π　　④ 12π

해설 $I_x = \dfrac{\pi r^4}{4} \times \dfrac{1}{4} = \dfrac{\pi \times 2^4}{4} \times \dfrac{1}{4} = \pi[\text{cm}^4]$

37 다음과 같은 도형의 x축에 대한 단면 2차 모멘트는? [13. 지방직 9급]

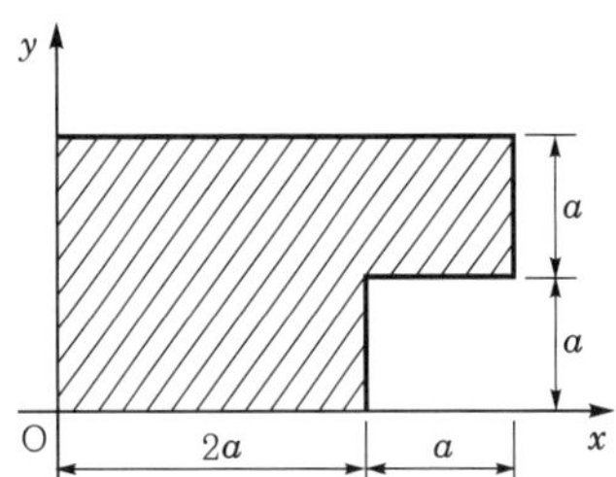

① $\dfrac{23a^4}{3}$　　② $\dfrac{25a^4}{3}$

③ $\dfrac{23a^4}{12}$　　④ $\dfrac{25a^4}{12}$

해설 $I_x = \dfrac{(3a)(2a)^3}{3} - \dfrac{a^4}{3} = \dfrac{23a^4}{3}$

정답 33 ④ 34 ④ 35 ③ 36 ① 37 ①

38 다음과 같은 원형 단면에서 임의의 축 x에 대한 단면 2차 모멘트가 도심축 X에 대한 단면 2차 모멘트의 2배가 되기 위한 거리(y)는?

[14. 지방직 9급]

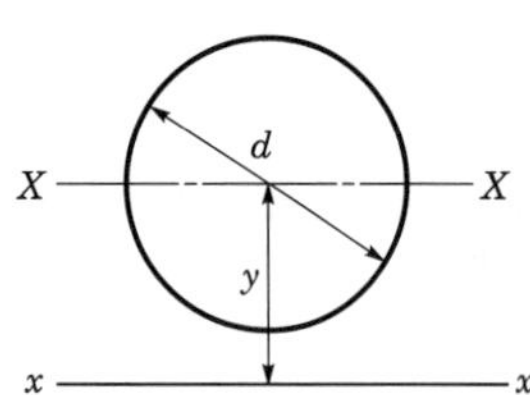

① $\dfrac{d}{2}$　　② $\dfrac{d}{3}$

③ $\dfrac{d}{4}$　　④ $\dfrac{d}{8}$

해설 평행축 정리를 적용한다.

$I_x = I_X + A \cdot y^2$

$2I_X = I_X + A \cdot y^2$

$$y^2 = \frac{I_X}{A} = \frac{\frac{\pi d^4}{64}}{\frac{\pi d^2}{4}} = \frac{d^2}{16}$$

$y = \dfrac{d}{4}$

39 다음 주어진 도형의 x축에 대한 단면 2차 모멘트 I_x는? [01. 서울시 9급]

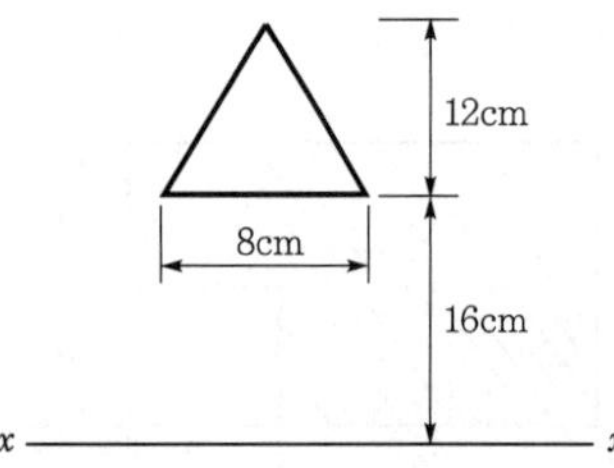

① $12,324\text{cm}^4$　　② $13,784\text{cm}^4$

③ $19,584\text{cm}^4$　　④ $25,184\text{cm}^4$

해설 평행축 정리에 의해

$$I_x = \frac{bh^3}{36} + Ay^2$$

$$= \frac{8\times12^3}{36} + \frac{8\times12}{2}\left(16+\frac{12}{3}\right)^2$$

$$= 19,584\text{cm}^4$$

40 단면계수의 단위는? [국가직 9급]

① cm　　② cm^2

③ cm^3　　④ cm^4

해설 단면계수는 도심축에 대한 단면 2차 모멘트를 도심축에서 단면의 상·하단까지의 거리로 나눈 것이므로 단위는 cm^3이다.

41 다음과 같이 정사각형단면(그림 1)과 원형단면(그림 2)의 면적이 동일한 경우, 정사각형단면의 단면계수(S_1)와 원형단면의 단면계수(S_2)의 비율(S_1/S_2)은? [14. 지방직 9급]

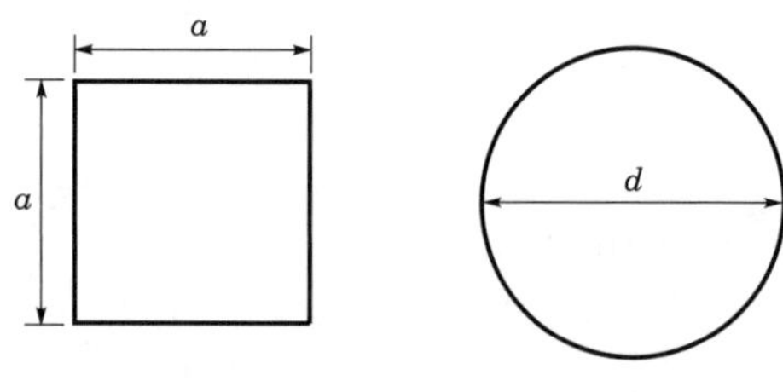

[그림 1]　　[그림 2]

① $\dfrac{2\sqrt{\pi}}{3}$　　② $\dfrac{3}{4\sqrt{\pi}}$

③ $\dfrac{4\sqrt{\pi}}{3}$　　④ $\dfrac{3}{2\sqrt{\pi}}$

해설 단면적이 동일하므로 $A_1 = A_2$이다.

$a^2 = \dfrac{\pi d^2}{4}$, $a = \dfrac{\sqrt{\pi}\, d}{2}$

$$\frac{S_1}{S_2} = \frac{\frac{a^3}{6}}{\frac{\pi d^3}{32}} = \frac{16a^3}{3\pi d^3} = \frac{16\times\left(\frac{\sqrt{\pi}\, d}{2}\right)^3}{3\pi d^3} = \frac{2\sqrt{\pi}}{3}$$

정답 38 ③ 39 ③ 40 ③ 41 ①

42 그림과 같은 원형 단면에서 최대 단면계수를 갖는 직사각형 단면을 얻으려면 폭 b와 높이 h의 비를 얼마로 하면 되겠는가? [05. 국가직 9급]

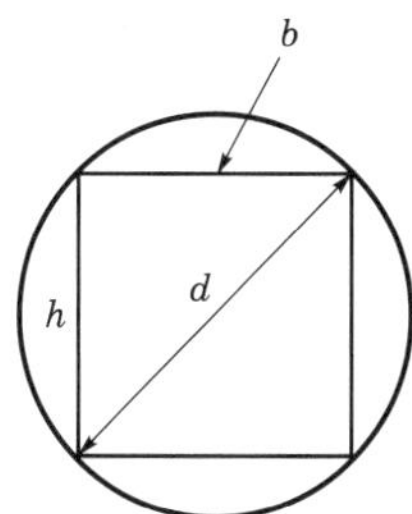

① 1 : 1　　② 1 : $\sqrt{2}$
③ 1 : $\sqrt{3}$　　④ 1 : 2

해설 ㉠ 단면계수

$$d^2=b^2+h^2$$

$$Z=\frac{bh^2}{6}=\frac{b(d^2-b^2)}{6}$$

㉡ b와 h의 비

최대 단면계수를 갖기 위해서

$\frac{\partial Z}{\partial b}=\frac{d^2-3b^2}{6}=0$ 에서

$$d^2-3b^2=0$$

$$(d+\sqrt{3}b)(d-\sqrt{3}b)=0$$

$$\therefore b=\frac{d}{\sqrt{3}}$$

b를 $d^2=b^2+h^2$에 대입하여 h를 구하면

$$d^2=b^2+h^2=\left(\frac{d}{\sqrt{3}}\right)^2+h^2$$

$$h^2=d^2-\frac{d^2}{3}=\frac{2d^2}{3}$$

$$\therefore h=\frac{\sqrt{2}d}{\sqrt{3}}$$

$$\therefore b:h=1:\sqrt{2}$$

43 $D=100\text{mm}$인 원형 단면의 회전반경[mm]은?

① 10　　② 25
③ 50　　④ 75

해설 $r=\frac{D}{4}=\frac{100}{4}=25\text{mm}$

44 다음 그림과 같이 폭 b, 높이 h가 $3b$인 직사각형 단면의 도심에 대한 극관성모멘트(Polar moment of inertia)는? (단, G는 도심이다) [14. 국회 9급]

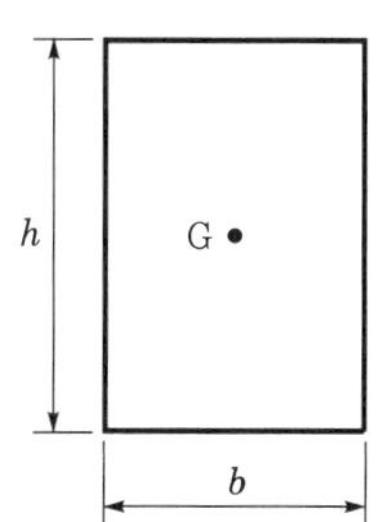

① $\frac{5}{6}b^4$　　② $\frac{7}{6}b^4$　　③ $\frac{3}{4}b^4$
④ $\frac{3}{2}b^4$　　⑤ $\frac{5}{2}b^4$

해설 $I_P=I_X+I_Y=\frac{b(3b)^3}{12}+\frac{3b(b)^3}{12}=\frac{5}{2}b^4$

45 다음의 도형에서 도심에 대한 단면상승 모멘트(I_{XY}, cm^4)는 얼마인가? [05. 경기도 9급]

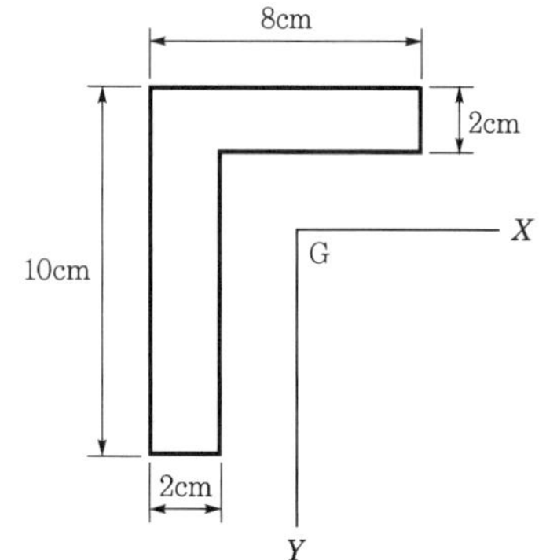

① +60　　② −60
③ +120　　④ −120

해설 ㉠ 단면적이 동일하게 플랜지부분과 웨브부분으로 나누어 도심위치를 결정한다.

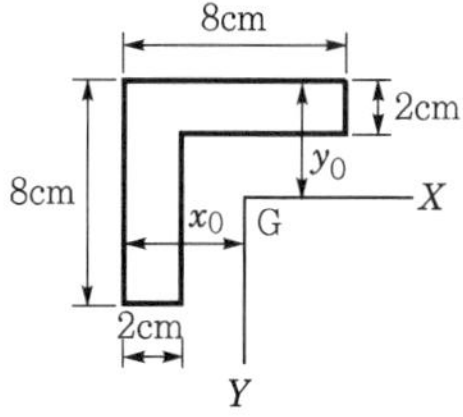

$$x_0 = \frac{x_1 + x_2}{2} = \frac{4+1}{2} = 2.5\text{cm}$$

$$y_0 = \frac{y_1 + y_2}{2} = \frac{1+6}{2} = 3.5\text{cm}$$

ⓛ 도심에 대한 단면상승모멘트

$$I_{XY} = \sum x_0 \cdot y_0 \cdot A$$
$$= \{-(2.5-1)\} \times (6-3.5) \times 16$$
$$+ (4-2.5) \times [-(3.5)-1] \times 16$$
$$= -60 - 60 = -120\text{cm}^4$$

46 그림과 같은 선분 AB를 Y축을 중심으로 하여 360° 회전시켰을 때 생기는 표면적[cm^2]은? [11. 지방직 9급]

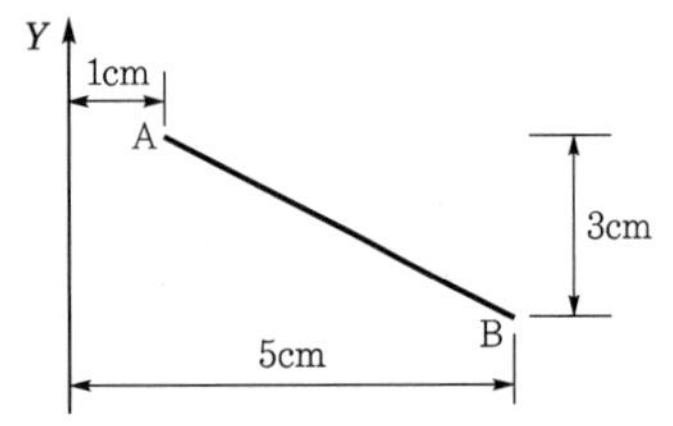

① 30π ② 40π

③ 50π ④ 60π

해설 파푸스의 제1정리 적용한다.

선분의 길이, $L = 5\text{cm}$

Y축으로부터 선분의 중점까지 거리,

$x_0 = 1 + 2 = 3\text{cm}$

표면적, $A = L \cdot x_0 \cdot \theta$

$= 5 \times 3 \times 2\pi = 30r\,[\text{cm}^2]$

47 다음과 같이 밑변 R과 높이 H인 직각삼각형 단면이 있다. 이 단면을 y축 중심으로 300° 회전시켰을 때 만들어지는 회전체의 부피는? [15. 지방직 9급]

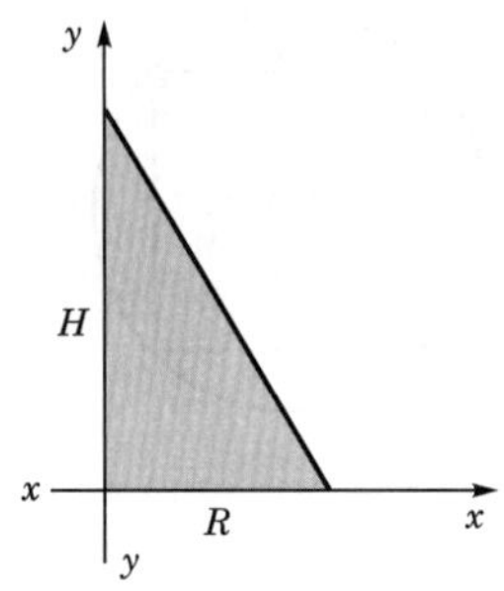

① $\dfrac{\pi R^2 H}{6}$ ② $\dfrac{\pi R^2 H}{4}$

③ $\dfrac{\pi R^2 H}{3}$ ④ $\dfrac{\pi R^2 H}{2}$

해설 파푸스의 제2정리를 적용한다.

$$V = A \cdot x_0 \cdot \theta = \frac{RH}{2} \times \frac{R}{3} \times 2\pi$$
$$= \frac{\pi R^2 H}{3}$$

정답 46 ① 47 ③

CHAPTER 02 | 7급 기출문제

01 단면 1차 모멘트와 차원이 같은 것은? [서울시 7급]

① 회전반경 ② 단면 2차 모멘트
③ 단면계수 ④ 단면상승 모멘트

해설 단면 1차 모멘트와 단면계수의 단위는 cm^3, m^3이다.

02 다음 중 차원이 서로 같은 단면의 성질끼리 묶은 것은? [07. 서울시 7급]

① 단면 2차 모멘트－단면계수
② 단면상승 모멘트－단면회전반경
③ 단면 1차 모멘트－단면계수
④ 단면 2차 극모멘트－단면 1차 모멘트
⑤ 단면회전반경－단면 1차 모멘트

해설 단면 1차 모멘트와 단면계수의 차원은 $[L^3]$으로 나타낸다.

03 단면(도형)의 성질과 관련된 다음 설명 중 옳지 않은 것은? [07. 국가직 7급]

① 회전반경은 장주의 좌굴응력을 결정하는 인자가 된다.
② 극관성 모멘트는 비틀림 우력을 받는 원형봉 부재 설계시 중요한 인자가 된다.
③ 휨 부재 설계시 다른 설계 조건이 동일할 때, 단면계수가 클수록 휨 저항에 유리하다.
④ 단면상승 모멘트는 축 하중을 받는 부재설계시 축강도(axial rigidity)를 결정하는데 중요한 인자가 된다.

해설 축강도(EA)의 결정요인에는 탄성계수와 단면적이 있다. 단면상승 모멘트는 주축을 결정할 경우에 사용된다.

04 다음 L형 단면에서 도심은? [서울시 7급]

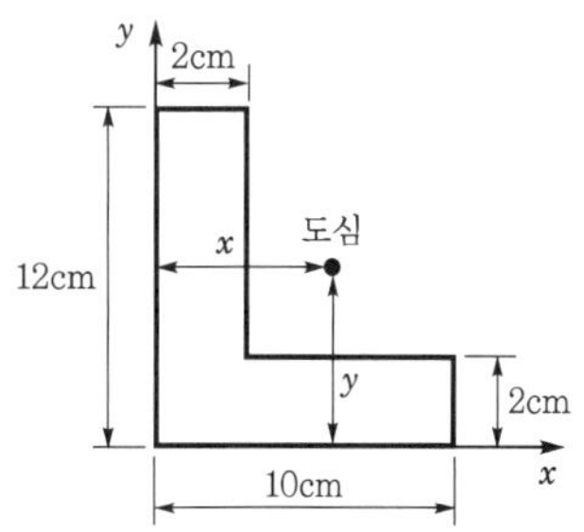

① $x=2\text{cm},\ y=3\text{cm}$
② $x=3\text{cm},\ y=2\text{cm}$
③ $x=3\text{cm},\ y=4\text{cm}$
④ $x=4\text{cm},\ y=3\text{cm}$

해설

$$x=\frac{20\times1+20\times5}{20+20}=\frac{1+5}{2}=3\text{cm}$$

$$y=\frac{20\times7+20\times1}{20+20}=\frac{7+1}{2}=4\text{cm}$$

정답 01 ③ 02 ③ 03 ④ 04 ③

05 다음 그림의 2차 포물선과 $x-y$축으로 둘러싸인 도형 ocd의 도심 G의 좌표$(x_G,\ y_G)$는? [단, 2차 포물선은 $x=\dfrac{c}{d^2}(y-d)^2$이다)

[06. 국가직 7급]

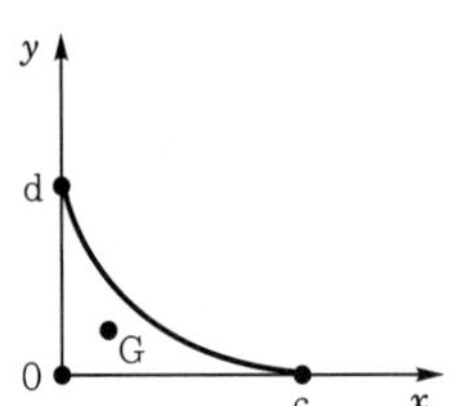

① $x_G=\dfrac{3}{10}c,\ y_G=\dfrac{d}{5}$

② $x_G=\dfrac{3}{10}c,\ y_G=\dfrac{d}{4}$

③ $x_G=\dfrac{4}{10}c,\ y_G=\dfrac{d}{5}$

④ $x_G=\dfrac{4}{10}c,\ y_G=\dfrac{d}{4}$

해설

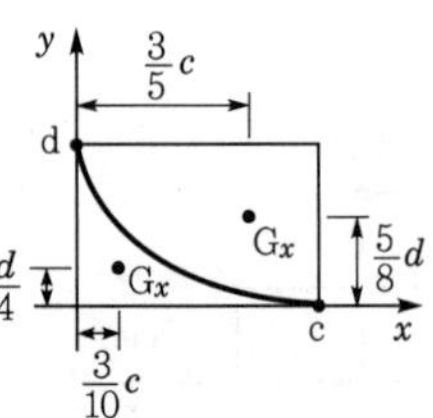

도심의 좌표는

$x_G=\dfrac{3}{10}c,\ y_G=\dfrac{d}{4}$

06 아래 그림과 같은 직경이 $2d$인 원형단면의 x축에 대한 단면2차모멘트는? [15. 서울시 7급]

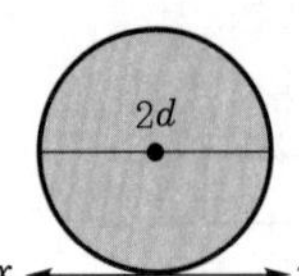

① $\dfrac{3}{2}\pi d^4$　② $\dfrac{4}{3}\pi d^4$

③ $\dfrac{5}{4}\pi d^4$　④ $\dfrac{6}{5}\pi d^4$

해설 원형에 접하는 축에 대한 단면2차 모멘트는 $I_x=\dfrac{5\pi d^4}{4}$이다.

07 그림과 같이 어떤 분포하중 $w(x)$는 같은 크기를 갖는 하나의 집중하중 F와 작용거리 x_0로 나타내어 치환할 수 있다. 이때 다음 설명 중 틀린 것은? [07. 서울시 7급]

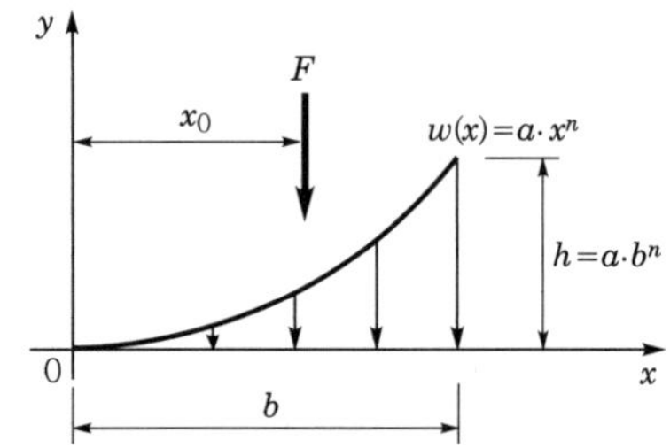

① 하중의 크기는 $F=\dfrac{a\cdot b^{n+1}}{n+1}$이다.

② $w(x)$로 인한 O점에 대한 모멘트는 $\dfrac{a\cdot b^{n+2}}{n+2}$이다.

③ $w(x)$로 인한 총하중의 크기는 $\dfrac{b\cdot h}{n+1}$이다.

④ 작용거리 $x_0=\dfrac{n+2}{n+3}\cdot b$이다.

⑤ 작용거리 x_0는 모멘트값을 하중의 크기 F로 나눈 값이다.

해설 ㉠ $F=\displaystyle\int_0^b a\cdot x^n dx=a\left[\frac{1}{n+1}x^{n+1}\right]_0^b=\frac{a\cdot b^{n+1}}{n+1}$

㉡ $M_0=F\times x_0=\dfrac{a\cdot b^{n+1}}{n+1}\times\dfrac{n+1}{n+2}b=\dfrac{a\cdot b^{n+2}}{n+2}$

㉢ 총하중의 크기

$F=\dfrac{a\cdot b^{n+1}}{n+1}=\dfrac{(a\cdot b^n)b}{n+1}=\dfrac{h\cdot b}{n+1}$

㉣ $x_0=\dfrac{n+1}{n+2}b$

08 그림과 같이 폭이 7cm이고, 두께가 1cm이면 높이가 12cm인 I형 단면의 도심축 X에 대한 단면 2차 모멘트[cm^4]는? [국가직 7급]

정답 05 ② 06 ③ 07 ④ 08 ③

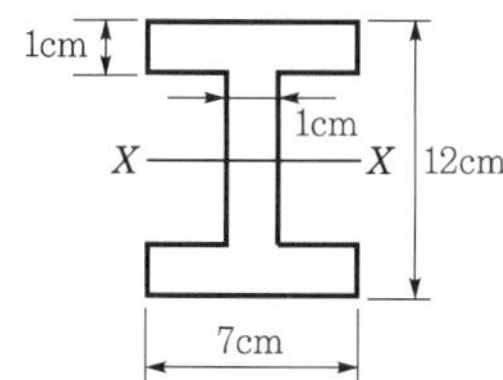

① 144　② 500
③ 508　④ 1,008

해설 $I_x = \dfrac{BH^3 - bh^3}{12} = \dfrac{7\times12^3 - 6\times10^3}{12} = 508\text{cm}^4$

09 색칠한 부분에서 도심축에 대한 단면 2차 모멘트는? [00. 서울시 7급]

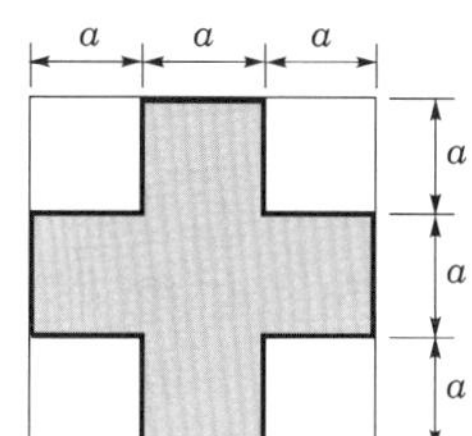

① $\dfrac{29}{12}a^4$　② $\dfrac{53}{12}a^4$
③ $\dfrac{60}{12}a^4$　④ $\dfrac{68}{12}a^4$
⑤ $\dfrac{71}{12}a^4$

해설 $I_x = \dfrac{a^4}{12}\times2 + \dfrac{a\times(3a)^3}{12} = \dfrac{29}{12}a^4$

10 휨에 대하여 높이가 폭의 2배인 직사각형은 단면적이 같은 정사각형에 비해 휨저항은 약 몇 배 더 강한가? [00. 국가직 7급]

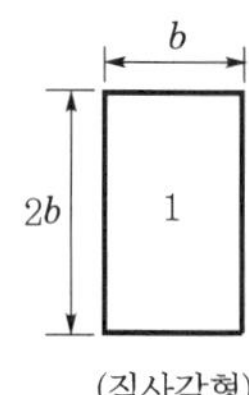

(직사각형)

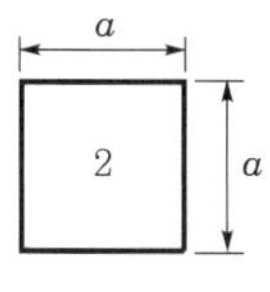

(정사각형)

① 0.8　② 1.0
③ 1.4　④ 2.0

해설 ㉠ 단면 변의 비

$A_1 = A_2$

$2b^2 = a^2$

$\therefore a = \sqrt{2}b$

㉡ 단면계수비

$$\frac{Z_1}{Z_2} = \frac{\dfrac{b(2b)^2}{6}}{\dfrac{a^3}{6}} = \frac{4b^3}{a^3} = \frac{4b^3}{(\sqrt{2}b)^3}$$

$$= \frac{4}{2\sqrt{2}} = \sqrt{2} \fallingdotseq 1.4$$

11 수평도심축에 대한 단면계수가 가장 큰 것은? [00. 국가직 7급]

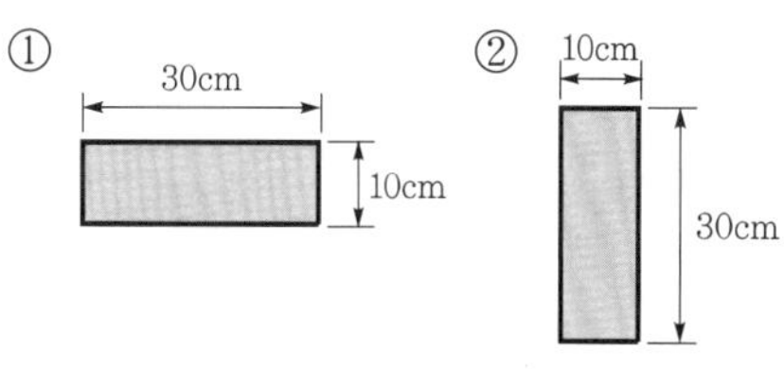

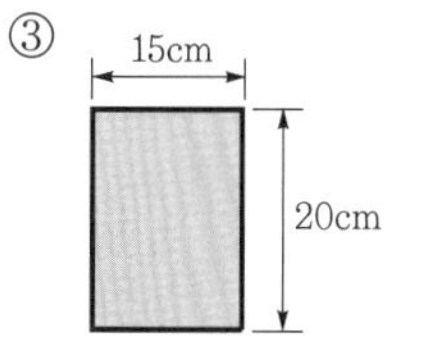

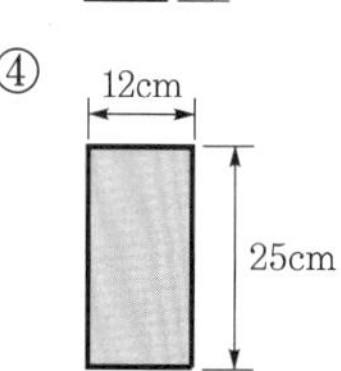

해설 단면계수 $Z = \dfrac{bh^2}{6}$ 에서

$Z_1 : Z_2 : Z_3 : Z_4$

$= 30\times10^2 : 10\times30^2 : 15\times20^2 : 12\times25^2$

$= 3 : 9 : 6 : 7.5$

$= 1 : 3 : 2 : 2.5$

12 다음 그림과 같은 단면에서 하단에 대한 단면계수는 상단에 대한 단면계수의 몇 배인가? [00. 서울시 7급]

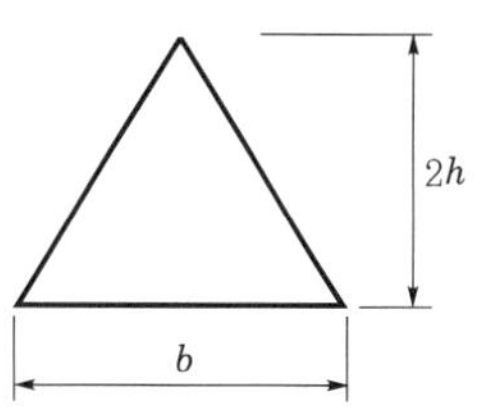

① 1/2배　② 2배
③ 2/3배　④ 3배
⑤ 4배

정답 09 ① 10 ③ 11 ② 12 ②

해설 단면계수(Z)= $\dfrac{\text{도심축에 대한 } I(I_X)}{\text{도심으로부터 상·하단까지 거리}(y)}$

$$\therefore \frac{Z_{하단}}{Z_{상단}} = \frac{y_{상단}}{y_{하단}} = \frac{\frac{2}{3}(2h)}{\frac{1}{3}(2h)} = 2\text{배}$$

13 지름 d인 원형 단면으로부터 휨응력에 대하여 가장 경제적인 직사각형 단면으로 재단했을 때, 이 단면의 단면계수 값은? [국가직 7급]

① $\dfrac{d^3}{\sqrt{3}}$ ② $\dfrac{d^3}{2\sqrt{3}}$

③ $\dfrac{d^3}{6\sqrt{3}}$ ④ $\dfrac{d^3}{9\sqrt{3}}$

해설 지름이 d인 원형 단면으로부터 휨저항에 가장 경제적인 직사각형 단면은

$$b = \frac{d}{\sqrt{3}},\ h = \frac{\sqrt{2}d}{\sqrt{3}}$$

일 때이다.

$$Z = \frac{bh^2}{6} = \frac{1}{6}\left(\frac{d}{\sqrt{3}}\right)\left(\frac{\sqrt{2}d}{\sqrt{3}}\right)^2 = \frac{d^3}{9\sqrt{3}}$$

14 다음 X축에 관한 두 단면에 설명 중 옳은 것은? [14. 서울시 7급]

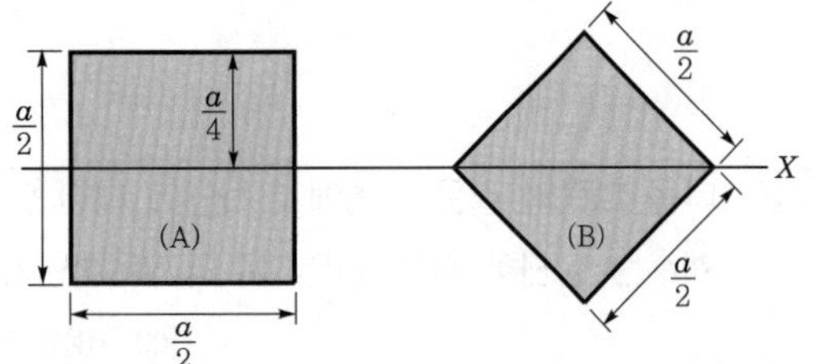

① 단면 2차 모멘트는 (A)쪽이 크고, 단면계수는 (B)쪽이 크다.

② 단면 2차 모멘트는 (B)쪽이 크고, 단면계수는 (A)쪽이 크다.

③ 단면 2차 모멘트는 같고, 단면계수는 (A)쪽이 크다.

④ 단면 2차 모멘트와 단면계수가 모두 서로 다르다.

⑤ 단면 2차 모멘트와 단면계수가 모두 서로 같다.

해설 단면도심으로부터 단면 상연 또는 하연까지 거리가 (B) 단면이 더 크기 때문에 단면계수는 (A)가 (B)보다 더 크다.

15 다음 그림과 같은 직사각형 단면에서 도심축에 대한 단면 2차 모멘트는? [국가직 7급]

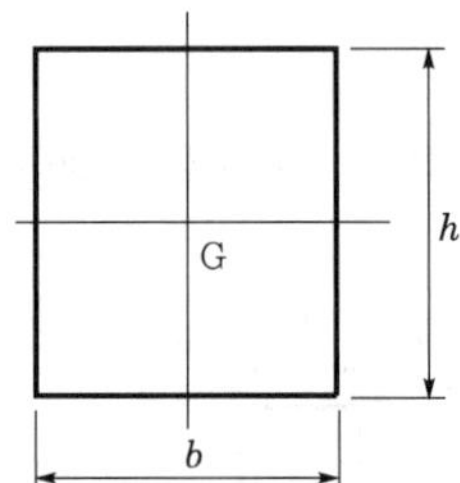

① $\dfrac{bh}{12}(b^2+h^2)$ ② $\dfrac{(bh)^2}{12}(b+h)$

③ $\dfrac{bh}{6}(b^2+h^2)$ ④ $\dfrac{(bh)^2}{6}(b+h)$

⑤ $\dfrac{bh}{12}(b^2-h^2)$

해설 $I_P = I_X + I_Y = \dfrac{bh^3}{12} + \dfrac{hb^3}{12} = \dfrac{bh}{12}(h^2+b^2)$

16 다음 그림 (a)와 같은 단면의 관성모멘트 모아원은 그림 (b)와 같다. 이에 대한 설명으로 옳지 않은 것은? (단, x축과 y축의 원점 C는 단면의 도심이다. 단면 2차 모멘트는 $I_x = 3\text{cm}^4$, $I_y = 7\text{cm}^4$이며 단면상승 모멘트 $I_{xy} = -\sqrt{5}$ cm^4이다) [13. 국가직 7급]

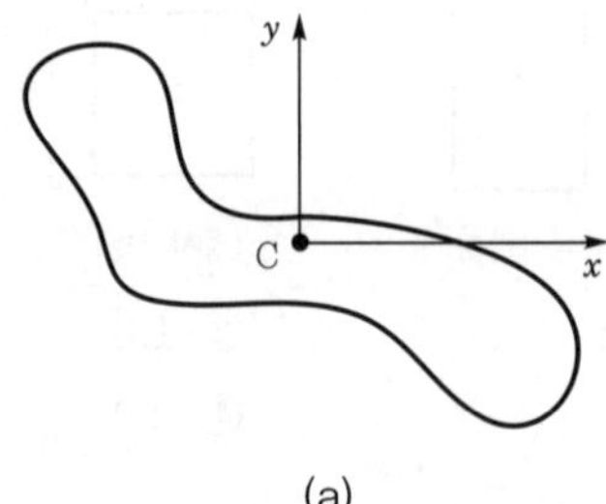

(a)

정답 13 ④ 14 ③ 15 ① 16 ③

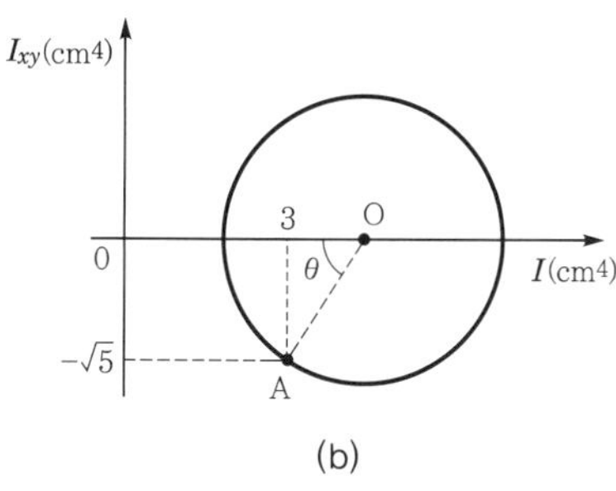

(b)

① 최소 주축은 x축을 시계방향으로 $\frac{\theta}{2}$만큼 회전한 축이다.

② 모아원의 중심 O의 좌표는 (5, 0)이다.

③ 최대 주단면 2차 모멘트는 9cm^4이다.

④ 최대와 최소 주단면 2차 모멘트의 합은 10cm^4이다.

해설 ㉠ 모아원의 중심좌표는 (C, 0)이다.

$$C=\frac{I_x+I_y}{2}=\frac{3+7}{2}=5\text{cm}^4$$

㉡ 최대 주단면 2차 모멘트는

$$\begin{aligned} I_{\max} &= I_1 \\ &= \frac{I_x+I_y}{2}+\sqrt{\left(\frac{I_x-I_y}{2}\right)^2+{I_{xy}}^2} \\ &= \frac{3+7}{2}+\sqrt{\left(\frac{3-7}{2}\right)^2+(-\sqrt{5})^2} \\ &= 5+3 \\ &= 8\text{cm}^4 \end{aligned}$$

㉢ 최대 및 최소 단면 2차 모멘트의 합

$$\begin{aligned} I_{\max}+I_{\min} &= I_x+I_y=3+7 \\ &= 10\text{cm}^4 \end{aligned}$$

17 다음과 같은 도형에서 y축에서 도심까지의 거리는? [국가직 7급]

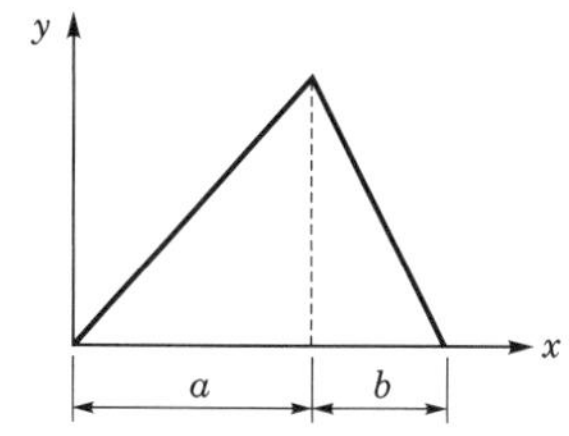

① $\frac{a+b}{3}$ ② $\frac{a+b}{2}$

③ $\frac{a+2b}{3}$ ④ $\frac{2a+b}{3}$

해설 $x_0=\frac{b+c}{3}=\frac{(a+b)+a}{3}=\frac{2a+b}{3}$

18 그림과 같은 abcd 사다리꼴에서 cd로부터 도심까지의 $\bar{y}$[cm]는 얼마인가? [국가직 7급]

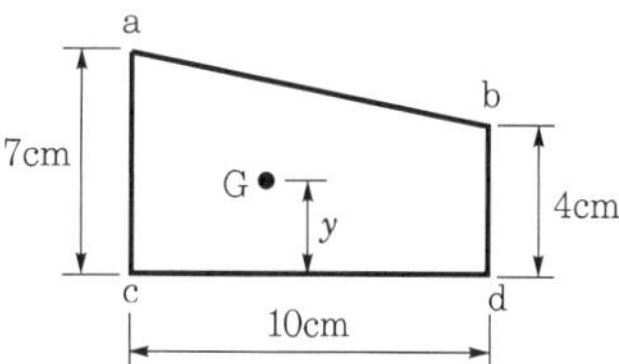

① 4.55 ② 3.98

③ 3.12 ④ 2.82

해설

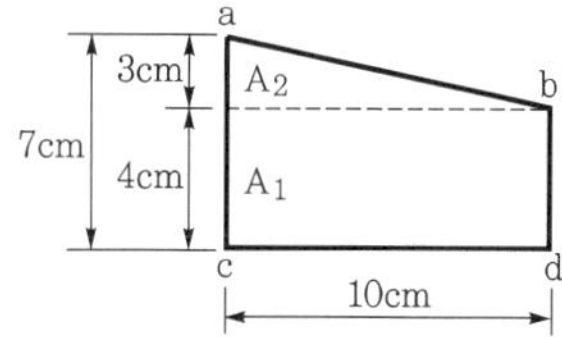

$$\bar{y}=\frac{40\times2+15\times(4+1)}{10\times4+\frac{1}{2}\times10\times3}=2.82\text{cm}$$

19 그림과 같이 $y=ax^2$으로 표시되는 포물선과 x축 그리고 $x=b$인 선이 만드는 색칠한 도형의 도심 위치(X_C, Y_C)로서 옳은 것은? [국가직 7급]

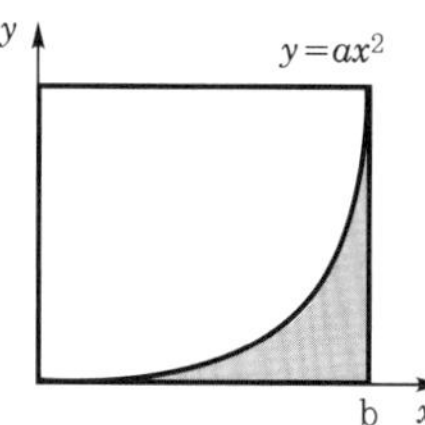

① $X_C=(3/4)b,\ Y_C=(3/10)ab^2$

② $X_C=(1/2)b,\ Y_C=(1/5)ab^2$

③ $X_C=(1/4)b,\ Y_C=(3/4)ab^2$

④ $X_C=(3/4)b,\ Y_C=(1/4)ab^2$

해설 $X_C=\frac{3}{4}b$,

$Y_C=\frac{3}{10}h=\frac{3}{10}ab^2$

정답 17 ④ 18 ④ 19 ①

20 그림과 같은 단면에서 x축에 대한 단면 2차 모멘트 $I_x[\mathrm{m}^4]$는?

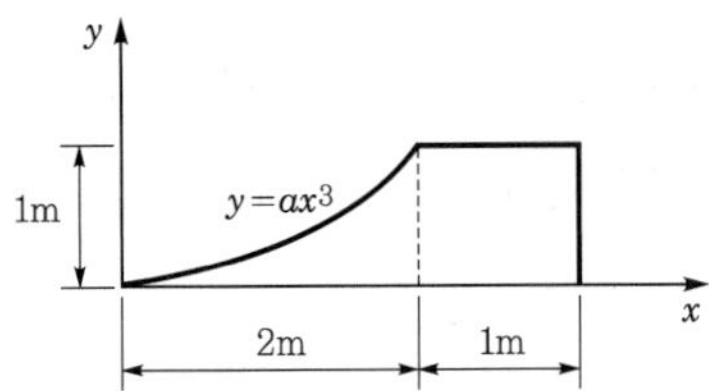

① $I_x = 2/15$ ② $I_x = 1/5$
③ $I_x = 4/15$ ④ $I_x = 2/5$
⑤ $I_x = 3/5$

해설 ㉠ 3차 곡선단면에 대한 단면 2차 모멘트(I_{x1})

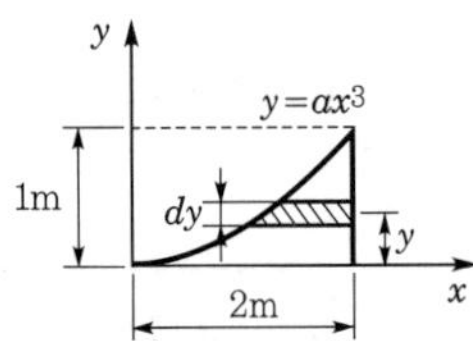

$x=2\mathrm{m},\ y=1\mathrm{m}$이므로 $1=a\times2^3$

$\therefore a=\dfrac{1}{8}$

따라서 $y=\dfrac{1}{8}x^3$

$$I_{x1}=\int y^2\cdot dA=\int_0^1 y^2\cdot(2-x)dy$$
$$=\int_0^1 y^2(2-2y^{\frac{1}{3}})dy$$
$$=\int_0^1 (2y^2-2y^{\frac{7}{3}})dy$$
$$=\left[\frac{2}{3}y^3-2\times\frac{3}{10}y^{\frac{10}{3}}\right]_0^1$$
$$=\frac{2}{3}-\frac{3}{5}=\frac{1}{15}\mathrm{m}^4$$

㉡ 사각형 단면의 단면 2차 모멘트(I_{x2})

$$I_{x2}=\frac{1\times1^3}{2}=\frac{1}{3}\mathrm{m}^4$$
$$\therefore I_x=I_{x1}+I_{x2}$$
$$=\frac{1}{15}+\frac{1}{3}=\frac{6}{15}=\frac{2}{5}\mathrm{m}^4$$

〈공식 적용〉

$$I_x=\frac{2\times1^3}{3(3\times3+1)}+\frac{1\times1^3}{3}=\frac{2}{5}\mathrm{m}^4$$

21 그림의 도형을 얇고 균질한 철사 조각으로 만들어졌다. 무게 중심의 위치($\bar{x}$, $\bar{y}$)로 옳은 것은? [14. 서울시 7급]

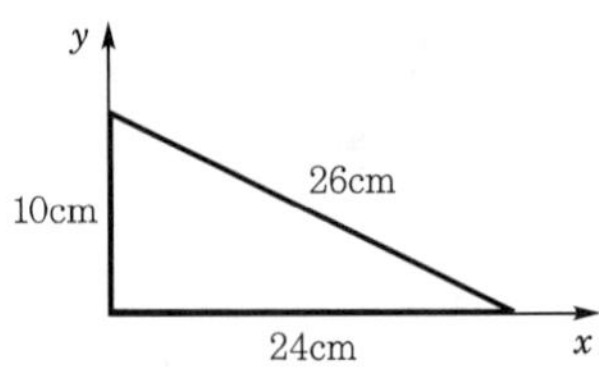

① (3, 8) ② (3, 10)
③ (4, 12) ④ (10, 3)
⑤ (12, 4)

해설 무게 중심은 각 철사의 무게의 합력의 작용점과 같다. 따라서 바리뇽 정리를 적용한다. 균질한 재료이므로 철사 조각의 무게는 철사 길이에 비례한다. 따라서 다음과 같이 정리할 수 있다.

㉠ $\bar{x}$ 계산

y축을 기준으로 바리뇽 정리를 적용한다.

$60\times\bar{x}=24\times12+26\times12$

$x=10\mathrm{cm}$

㉡ $\bar{y}$ 계산

x축을 기준으로 바리뇽 정리를 적용한다.

$60\times\bar{y}=10\times5+26\times5$

$\bar{y}=3\mathrm{cm}$

22 그림과 같은 직사각형 단면의 $x-x$축에 대한 단면 2차 모멘트 $I_x[\mathrm{cm}^4]$의 값은?

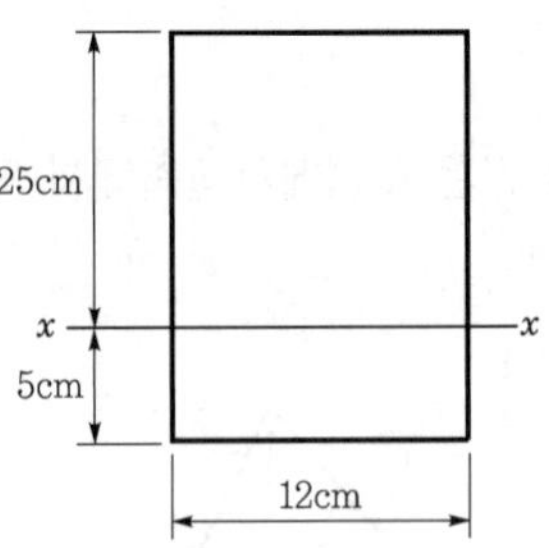

① 36,000 ② 48,000
③ 63,000 ④ 78,000

해설 평행축 정리를 적용하면

$$I_x=I_X+A\cdot y^2$$
$$=\frac{12\times30^3}{12}+(12\times30)\times(15-5)^2=63{,}000\mathrm{cm}^4$$

정답 20 ④ 21 ④ 22 ③

23 다음 도형의 도심축 x에서 10cm 떨어진 곳의 단면 2차 모멘트가 800,000cm^{4}일 때 x_2축의 단면 2차 모멘트[cm^4]는?

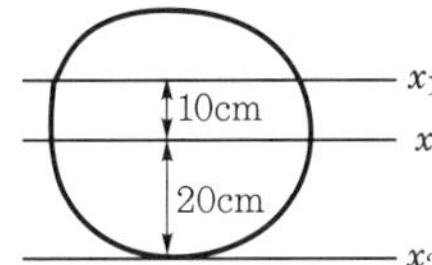

① 850,000 ② 870,000
③ 900,000 ④ 950,000

해설 평행축 정리를 이용한다.
① 도심축에 대한 단면 2차 모멘트(I_X)
$I_{x1} = I_X + A \cdot y^2$
$I_X = I_{x1} - A \cdot y^2 = 800,000 - 500 \times 10^2$
$= 750,000\text{cm}^4$
② x_2축에 대한 단면 2차 모멘트
$\therefore I_{x2} = I_X + A \cdot y^2 = 750,000 + 500 \times 20^2$
$= 950,0000\text{cm}^4$

24 어떤 평면도형의 점 O에 대한 극관성 모멘트(또는 단면 2차 모멘트)가 1,600cm^{4}이다. 점 O를 지나는 x축에 대한 단면 2차 모멘트가 1,024cm^{4}이면 x축과 직교하는 y축에 대한 단면 2차 모멘트[cm^4]는? [08. 국가직 7급]

① 288 ② 576
③ 1,312 ④ 2,624

해설 $I_P = I_X + I_Y =$ 일정
$I_Y = I_P - I_X = 1,600 - 1,024 = 576\text{cm}^4$

25 아래 그림과 같은 L형 단면의 xy축에 대한 상승모멘트 I_{xy}[cm^4]는? [15. 서울시 7급]

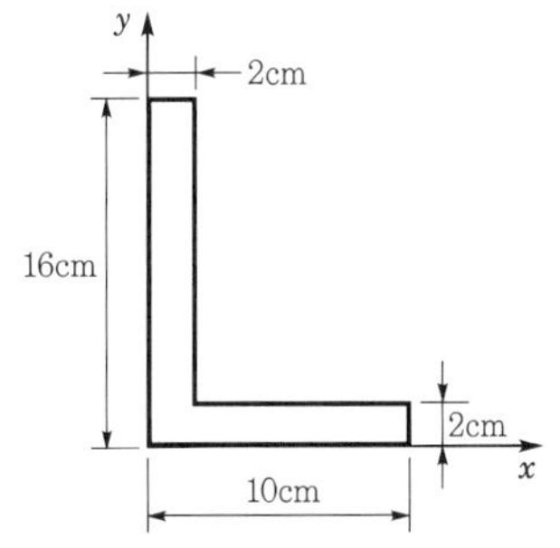

① 252 ② 352
③ 360 ④ 424

해설 단면 상승모멘트는
$I_{xy} = (2 \times 16) \times 1 \times 8 + (8 \times 2) \times 6 \times 1 = 352\text{cm}^4$
$I_Y = I_P - I_X = 1,600 - 1,024 = 576\text{cm}^4$

26 반지름이 r인 원형단면의 단면 2차 모멘트를 구하는 식은? [국가직 7급]

① $\dfrac{\pi r^4}{2}$ ② $\dfrac{\pi r^4}{4}$
③ $\dfrac{\pi r^4}{16}$ ④ $\dfrac{\pi r^4}{32}$

해설 반지름이 r인 원형단면의 단면 2차 모멘트는 $\dfrac{\pi r^4}{4}$이나 지름이 $d(=2r)$이면 $\dfrac{\pi r^4}{64}$이 된다.

27 다음과 같이 지름이 d인 원형단면을 깎아 휨응력에 대해 가장 효과적인 직사각형 단면으로 제작할 때, 지름 d, 단면의 폭 b와 높이 h의 비로 옳은 것은? [13. 국가직 9급]

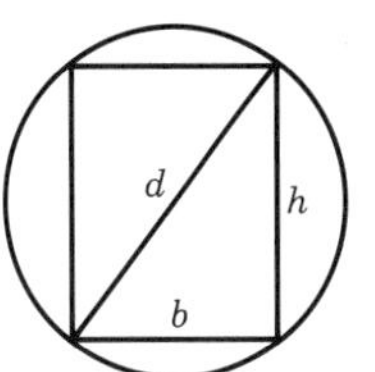

① $d : b : h = \sqrt{3} : 1 : \sqrt{2}$
② $d : b : h = \sqrt{5} : \sqrt{2} : \sqrt{3}$
③ $d : b : h = 2\sqrt{2} : \sqrt{3} : \sqrt{5}$
④ $d : b : h = 2 : 1 : \sqrt{3}$

정답 23 ④ 24 ② 25 ② 26 ② 27 ①

해설 $d^2 = b^2 + h^2$

$$Z = \frac{bh^2}{6} = \frac{b(d^2 - b^2)}{6} = \frac{bd^2 - b^3}{6}$$

$$\frac{dZ}{db} = \frac{d^2 - 3b^2}{6} = 0$$

$$b = \frac{d}{\sqrt{3}}$$

$$h = \sqrt{d^2 - b^2} = \sqrt{d^2 - \frac{d^2}{3}} = \frac{\sqrt{2}\,d}{\sqrt{3}}$$

$$d : b : h = d : \frac{d}{\sqrt{3}} : \frac{\sqrt{2}}{\sqrt{3}}d$$

$$= 1 : \frac{1}{\sqrt{3}} : \frac{\sqrt{2}}{\sqrt{3}}$$

$$= \sqrt{3} : 1 : \sqrt{2}$$

28 지름이 d인 원통형 단면을 구형단면으로 만들 때 보가 휨모멘트를 크게 받게 하기 위한 b, h의 값은? [00. 국가직 7급]

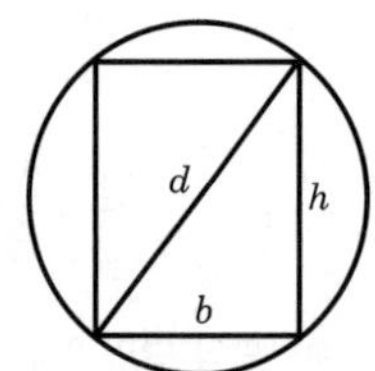

① $b = 2d$, $h = \dfrac{d}{\sqrt{2}}$

② $b = \sqrt{3}\,d$, $h = \dfrac{d}{\sqrt{2}}$

③ $b = \sqrt{2}\,d$, $h = \dfrac{d}{\sqrt{3}}$

④ $b = \dfrac{d}{\sqrt{3}}$, $h = \dfrac{\sqrt{2}\,d}{\sqrt{3}}$

해설 $b = \dfrac{d}{\sqrt{3}}$, $h = \dfrac{\sqrt{2}\,d}{\sqrt{3}}$

29 지름 d가 10cm인 원형 단면을 휨에 대해 가장 경제적인 구형 단면으로 만들 때 폭 b와 높이 h로 적당한 것은? [00. 국가직 7급]

① $b = \dfrac{\sqrt{200}}{\sqrt{3}}$[cm], $h = \dfrac{10}{\sqrt{3}}$[cm]

② $b = \dfrac{10}{\sqrt{3}}$[cm], $h = \dfrac{\sqrt{200}}{\sqrt{3}}$[cm]

③ $b = \dfrac{100}{\sqrt{3}}$[cm], $h = \dfrac{20}{\sqrt{3}}$[cm]

④ $b = \dfrac{100}{\sqrt{3}}$[cm], $h = \dfrac{20}{\sqrt{3}}$[cm]

해설 단면계수가 최대가 되는 단면으로

$$b = \frac{d}{\sqrt{3}} = \frac{10}{\sqrt{3}}\text{cm},$$

$$h = \frac{\sqrt{2}\,d}{\sqrt{3}} = \frac{\sqrt{2} \times 10}{\sqrt{3}} = \frac{\sqrt{200}}{\sqrt{3}}\text{cm}$$

30 반경이 r인 원의 중심에 관한 단면 2차 극모멘트는? [국가직 7급]

① $\dfrac{\pi r^4}{2}$ ② $\dfrac{\pi r^4}{3}$

③ $\dfrac{\pi r^4}{12}$ ④ $\dfrac{\pi r^4}{32}$

해설 $I_P = I_X + I_Y = 2I_X = 2 \times \dfrac{\pi r^4}{4} = \dfrac{\pi r^4}{2}$

31 단면상승 모멘트[cm^4]에 관한 기술 중 옳은 것은?

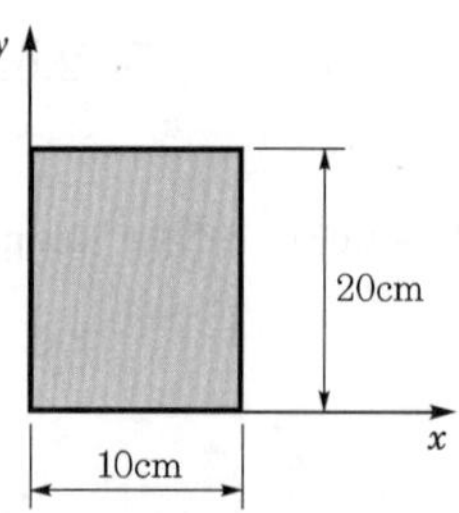

① 0 ② 6,667

③ 2,667 ④ 10,000

해설 대칭단면이므로

$$I_{xy} = A \cdot x_0 \cdot y_0 = (10 \times 20) \times 5 \times 10 = 10{,}000\text{cm}^4$$

정답 28 ④ 29 ② 30 ① 31 ④

32 다음 도형에서 O점의 단면상승 모멘트[cm^4]는? [00. 국가직 7급]

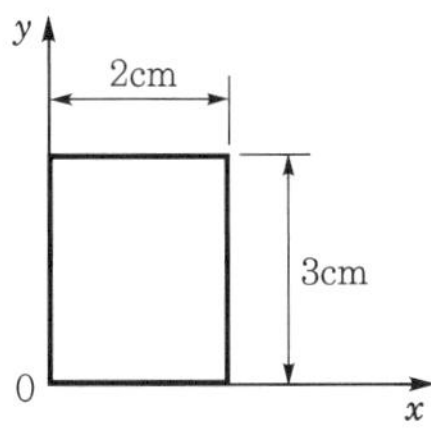

① 6.5 ② 9
③ 19.5 ④ 26

해설 $I_{xy} = A \cdot x_0 \cdot y_0 = (2\times3)\times(1)\times(1.5)$
$= 9\text{cm}^4$

33 직사각형 단면에 있어서 x축과 y축에 대한 단면상승 모멘트 I_{xy}[cm^4]는?

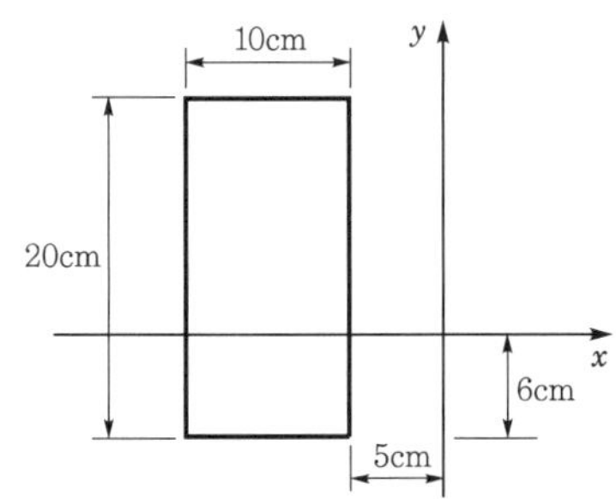

① 0 ② −8,000
③ +8,000 ④ 3,200

해설 대칭단면이므로
$I_{xy} = A \cdot x_0 \cdot y_0$
$= (10\times20)\times(-5-5)\times(10-6)$
$= (200)\times(-10)\times(4)$
$= -8{,}000\text{cm}^4$

34 다음 그림과 같이 두께가 t인 사각형 단면이 x축에 대해 30° 기울어진 경우 x축에 대한 단면 2차 모멘트는? (단, 단면의 두께는 높이에 비해 매우 얇다고 가정하며 기울어진 단면의 높이를 h로 한다) [06. 국가직 7급]

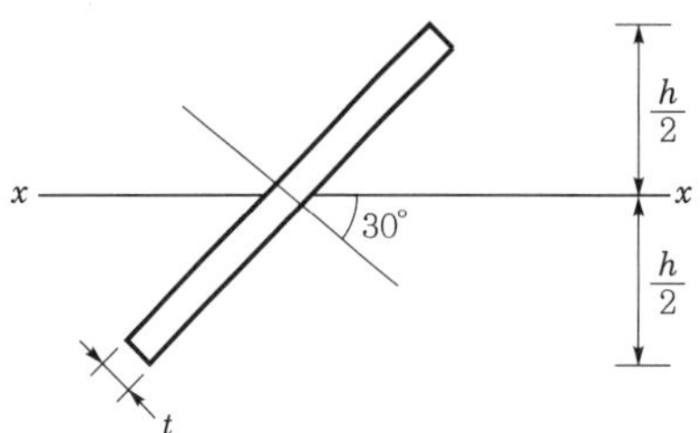

① $\dfrac{th^3}{6\sqrt{3}}$ ② $\dfrac{2th^3}{9\sqrt{3}}$
③ $\dfrac{th^3}{12\sqrt{3}}$ ④ $\dfrac{th^3}{9\sqrt{3}}$

해설 ㉠ 회전하기 이전의 단면 성질

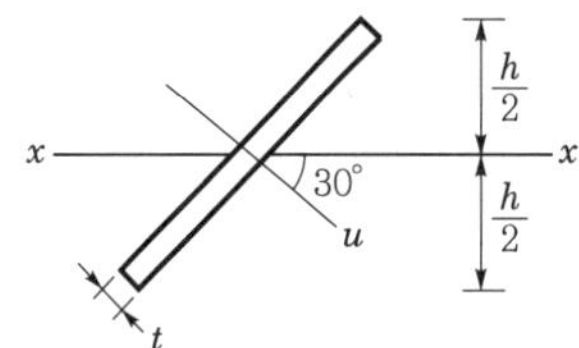

두께가 매우 작다고 하였으므로 u축에 직교하는 축에 관한 단면 2차 모멘트는 무시한다.

$$I_x = \frac{t\left(\frac{2h}{\sqrt{3}}\right)^3}{12} = \frac{2h^3}{9\sqrt{3}}$$

회전하기 이전의 u의 직교축에 대한 단면 2차 모멘는 0이다.

㉡ x축에 대한 단면 2차 모멘트

$$I_x = \frac{I_u}{2} + \frac{I_u}{2}\cos(2\theta)$$
$$= \frac{I_u}{2} + \frac{I_u}{2}\cos(2\times30^\circ)$$
$$= \frac{I_u}{2} + \frac{I_u}{2}\times\frac{1}{2} = \frac{3I_u}{4}$$
$$= \frac{3}{4}\times\frac{2th^3}{9\sqrt{3}}$$
$$= \frac{th^3}{6\sqrt{3}}$$

㉢ 공식 적용

$$I_x = \frac{tb^3}{12}\sin^2\alpha$$
$$= \frac{t\left(\frac{2h}{\sqrt{3}}\right)^3}{12}\times(\sin60^\circ)^2$$
$$= \frac{2th^3}{9\sqrt{3}}\times\left(\frac{\sqrt{3}}{2}\right)^2$$
$$= \frac{th^3}{6\sqrt{3}}$$

정답 32 ② 33 ② 34 ①

Chapter 03

재료의 역학적 성질

CHAPTER 03

재료의 역학적 성질

◎ KEY NOTE

○ 응력(도)
- 외력에 작용할 때 변형이 구속됨으로써 내부에 생기는 저항력으로 내력(內力)이라고도 한다.
- 전응력: 단면 전체에 작용하는 응력
- 단위응력(응력): 단위 면적에 작용하는 응력
- 밀도 또는 농도와 같이 응력도라 해야 하나 일반적으로 응력이라 한다.

○ 수직응력=축방향응력=법선응력

부재 축방향으로 외력이 작용하여 부재를 인장 또는 압축시키려고 할 때 발생하는 저항력

○ 전단응력=접선응력

부재축에 직각 방향으로 외력이 작용하여 부재를 전단하려고 할 때 저항하여 발생하는 저항력(단면에 평행하게 발생)

1 응력(stress)

1. 정의

물체에 외력이 작용하면 물체 내부에서 외력의 크기와 같은 원상태로 회복되려는 저항력

2. 단위

kgf/cm^2, tf/m^2, $N/m^2(=Pa)$

3. 응력의 종류

(1) 봉에 작용하는 응력

① 수직응력(법선응력): 부재 축방향에 수직인 단면에 발생하는 응력

- 압축응력 $\sigma_c = -\dfrac{P}{A}$
- 인장응력 $\sigma_t = +\dfrac{P}{A}$

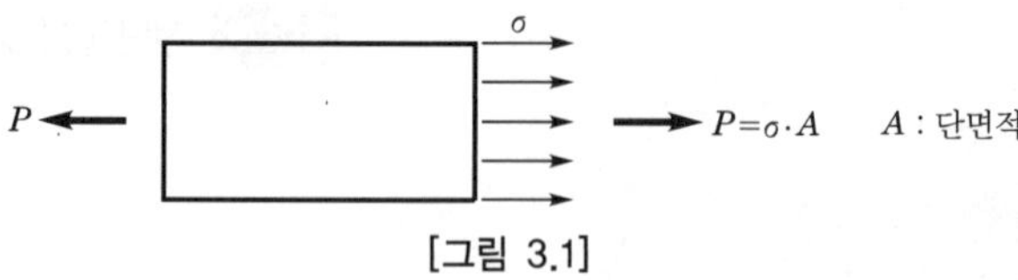

[그림 3.1]

② 전단응력(접선응력): 부재축 직각 방향의 전단력 S에 의해 발생하는 응력으로 절단면 간 밀림 현상에 저항하는 성질

$$\tau = \frac{S}{A}$$

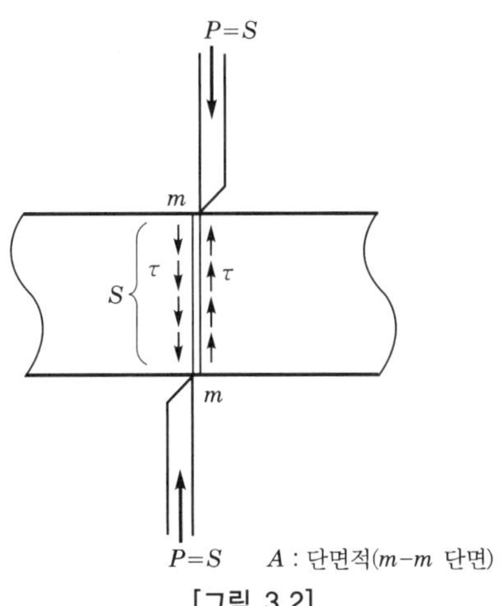

[그림 3.2]

(2) 보(휨부재)에 작용하는 응력

① 전단응력: 휨을 받는 보에서 부재축의 직각 방향으로 작용하는 수직력(전단력)에 의해 발생하는 응력

$$\text{일반식}\ \tau = \frac{S \cdot G}{I \cdot b}$$

여기서, S: 전단력

G: 단면1차모멘트

I: 중립축 단면2차모멘트

b: 단면 폭

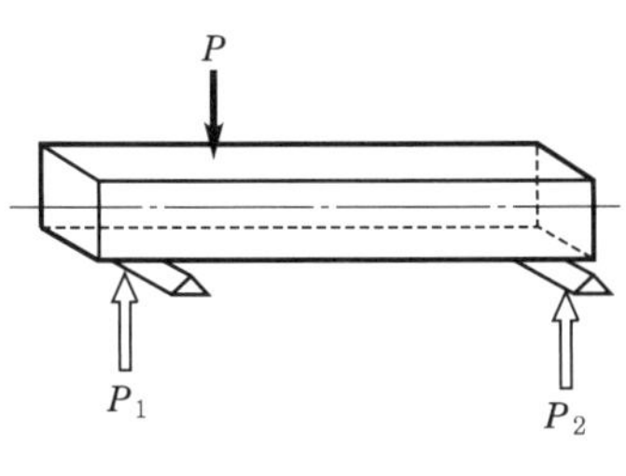

(a) 하중 작용 상태

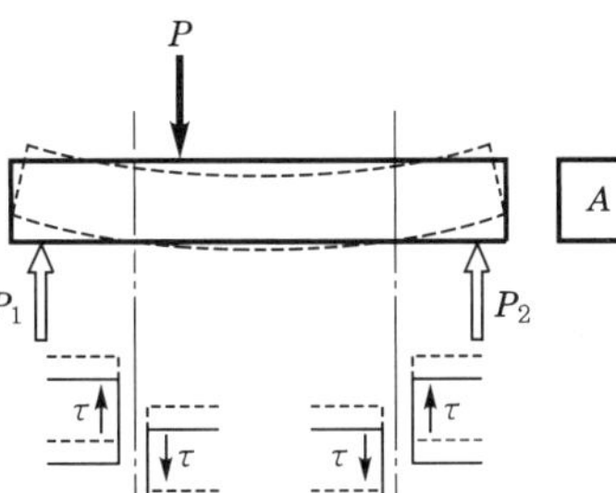

(b) 전단응력 발생

[그림 3.3]

- 최대 전단응력

$$\tau_{\max} = \alpha \cdot \frac{S}{A} \quad (\alpha\text{: 형상계수})$$

KEY NOTE

보에 작용하는 전단응력

(1) 수평전단응력

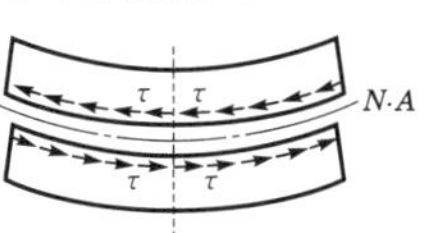

(2) 수직전단응력

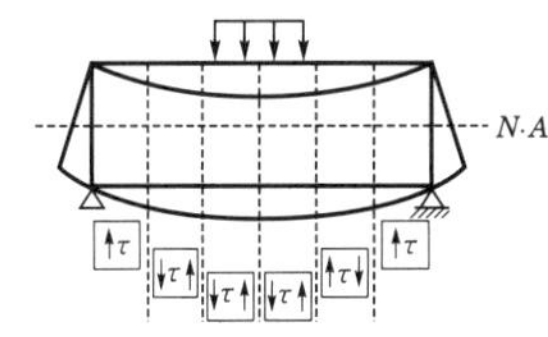

최대 전단응력

△ : $\tau_{\max} = \frac{3}{2} \cdot \frac{S}{A}$

□ : $\tau_{\max} = \frac{3}{2} \cdot \frac{S}{A}$

○ : $\tau_{\max} = \frac{4}{3} \cdot \frac{S}{A}$

◇ : $\tau_{\max} = \frac{9}{8} \cdot \frac{S}{A}$

KEY NOTE

② 휨응력: 부재가 휨을 받을 때 휨모멘트 M에 의해 단면 수직 방향에 생기는 응력

$$\sigma=\pm\frac{M}{I}y=\pm\frac{M}{Z}$$ (y: 중립축에서 떨어진 거리)

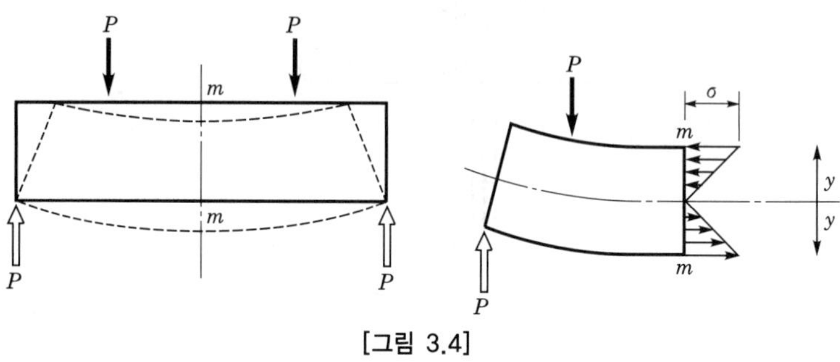

[그림 3.4]

(3) 연결부재의 전단응력

① 단전단이음

$$\tau=\frac{S}{A}=\frac{P}{A}=\frac{4P}{\pi d^2}$$ (d: 리벳지름)

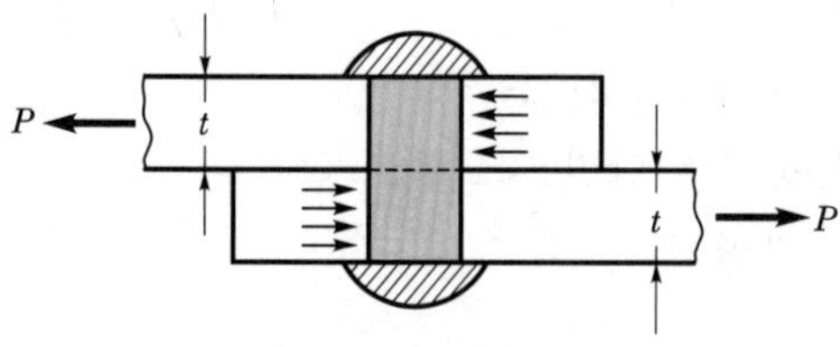

[그림 3.5] 단전단이음

② 복전단이음

$$\tau=\frac{S}{2A}=\frac{P}{2A}=\frac{2P}{\pi d^2}$$

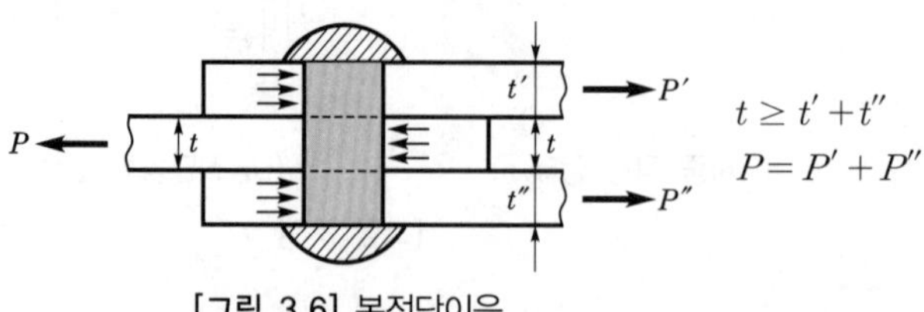

$t \geq t'+t''$
$P=P'+P''$

[그림 3.6] 복전단이음

③ 용접부 전단이음

$$\tau=\frac{P}{\sum al}=\frac{P}{0.707s\times 2l}=\frac{P}{1.414sl}$$

리벳의 전단응력

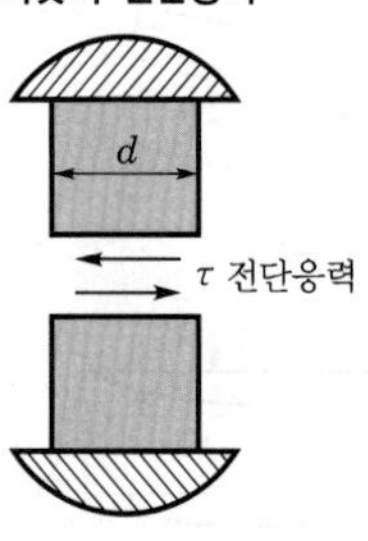

용접부 목두께(a)

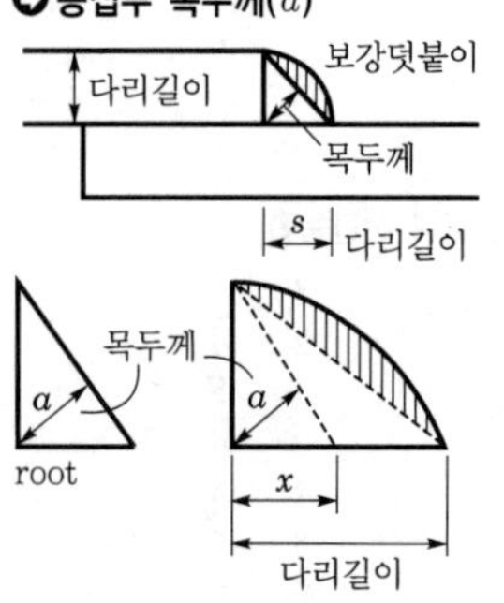

- 홈용접 : $a=1.0t$
- 필렛용접 : $a=0.707s$

여기서, a: 목두께, s: 용접치수, l: 용접부 유효길이

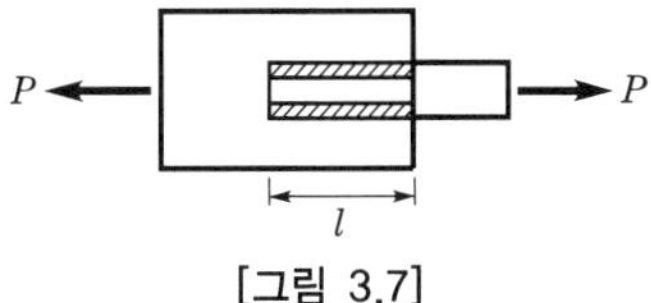

[그림 3.7]

④ 접합부 전단이음

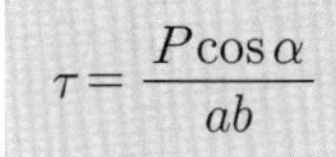

$$\tau = \frac{P\cos\alpha}{ab}$$

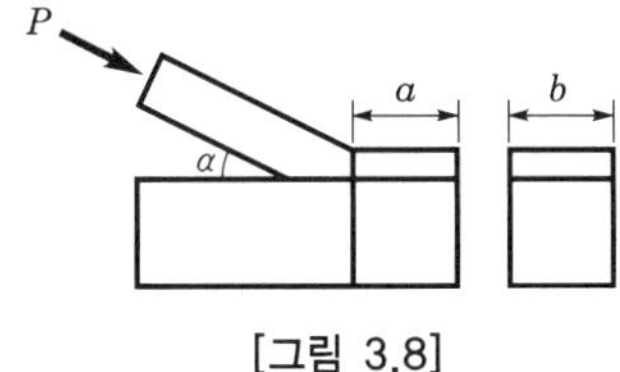

[그림 3.8]

$$\tau = \frac{P\cos\alpha}{a(b+2t)}$$

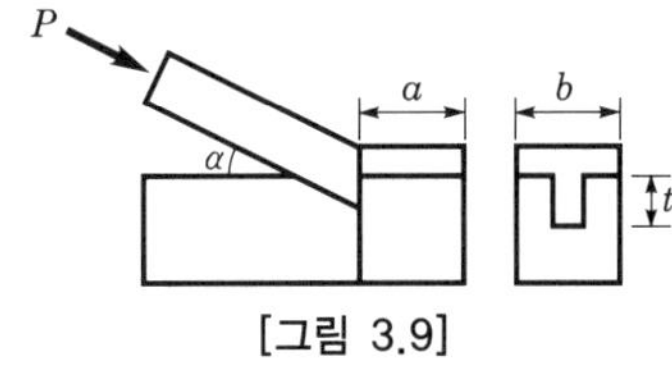

[그림 3.9]

KEY NOTE

(4) 비틀림응력

부재를 비틀려고 할 때 비틀림에 저항하여 발생하는 응력

① 비틀림응력

$$\tau = \frac{T \cdot r}{J} = \frac{T \cdot r}{I_P}$$

여기서, T: 비틀림모멘트

J: 비틀림상수

r: 중심축에서 반지름 방향 거리

I_P: 단면2차극모멘트

② 비틀림상수(J)

㉠ 충실 원형 단면: $J = I_P = \dfrac{\pi D^4}{32} = \dfrac{\pi r^4}{2}$

충실 원형 단면 최대 비틀림응력

$$\tau_{\max} = \frac{T \cdot r}{I_P} = \frac{16T}{\pi D^3} = \frac{2T}{\pi r^3}$$

(원주 끝 → 최대, 중심축 → 0)

박판 단면의 전단응력

$$\tau = \frac{T}{2A_m t}$$

비틀림상수 J

A_m: 중심선 치수의 단면적

L_m: 중심선의 둘레 길이

- 얇은 원형관

$L_m = 2\pi r$

$A_m = \pi r^2$

$\therefore J = 2\pi r^3 t$

KEY NOTE

- 얇은 직사각형관
  $L_m = 2(6+h)$
  $A_m = bh$
  $\therefore J = \dfrac{2tb^2h^2}{b+h}$
- 한 변이 b인 정사각형의 얇은 관
  $\therefore J = tb^2$

㉡ 얇은 관: $J = \dfrac{4A_m^2}{\displaystyle\int_0^{L_m} \dfrac{ds}{t}}$

㉢ 두께 t가 일정한 얇은 폐단면: $J = \dfrac{4A_m^2 t}{L_m}$

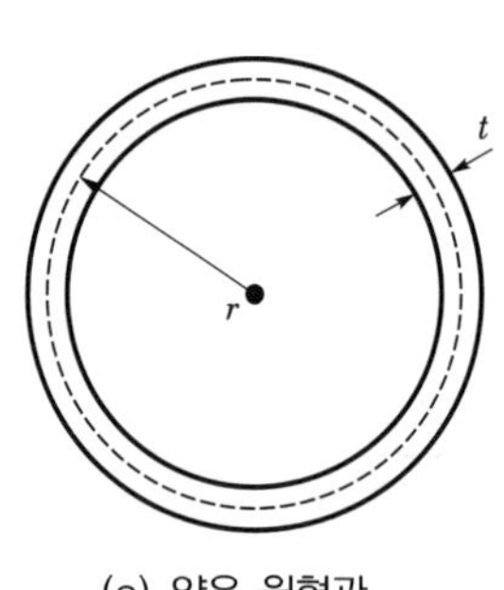

(a) 얇은 원형관

(b) 얇은 직사각형관

[그림 3.10]

③ 비틀림각

$$\phi = \theta \cdot L = \frac{T \cdot L}{G \cdot J}$$

여기서, $G \cdot J$: 비틀림 강성
L: 부재의 길이

④ 비틀림에너지

$$U = \frac{T^2 \cdot L}{2 \cdot G \cdot J}$$

⑤ 특징

㉠ 비틀림응력의 성질은 전단응력과 같다.

㉡ 비틀림응력은 중립축에서 0이다.

㉢ 비틀림응력은 원주 끝에서 최대이다.

㉣ 비틀림응력은 파괴 시 전단응력과 같고, 파괴각도는 45°이다.

㉤ 비틀림에 가장 유리한 단면은 원형 단면이다(단, 중실 단면보다 중공 단면이 유리).

원환응력

- $\Sigma H = 0,\ 2T = q \cdot D$
  $\therefore T = \dfrac{q \cdot D}{2}$

(5) 원환응력(횡방향 응력=관지름 방향 응력)

① 원환응력

$$\sigma_y = \frac{T}{A} = \frac{q \cdot D}{2 \cdot t} = \frac{q \cdot r}{t}$$

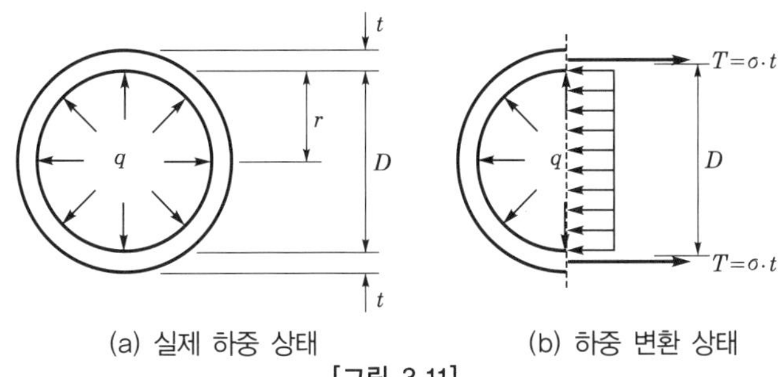

(a) 실제 하중 상태　　(b) 하중 변환 상태

[그림 3.11]

② 내압력

$$q=\frac{2\cdot\sigma\cdot t}{D}=\frac{\sigma\cdot t}{r}$$

(6) 원통응력(종방향 응력=관 길이 방향 응력)

$$\sigma_x=\frac{1}{2}\sigma_y=\frac{1}{2}\cdot\frac{q\cdot D}{2t}=\frac{q\cdot D}{4t}$$

(7) 온도응력

$$\sigma=E\cdot\varepsilon_t=E\cdot\alpha\Delta T$$

여기서, α: 선팽창계수

ΔT: 온도 변화량

E: 재료의 탄성계수

2 변형률(strain)

1. 정의

축방향으로 인장 또는 압축을 받을 때 변형량(Δl)을 변형 전의 길이(l)로 나눈 값

2. 세로 변형률과 가로 변형률

- 세로 변형률: $\varepsilon_l=\frac{\Delta l}{l}$
- 가로 변형률: $\varepsilon_d=\frac{\Delta d}{d}$
- 단위: 무차원

KEY NOTE

관두께 결정

- $\sigma\geq\sigma_a$(허용 인장응력)

$\frac{q\cdot D}{2t}=\sigma_a$

$$\therefore t=\frac{q\cdot D}{2\sigma_a}=\frac{q\cdot r}{\sigma_a}$$

원환응력과 원통응력

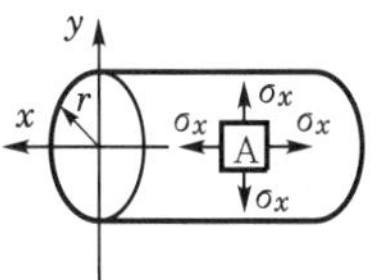

- y방향 : 원환응력
- x방향 : 원통응력

변형률 용어

- 세로 변형률 = 축방향 변형률
  = 길이방향 변형률
  = 종방향 변형률
- 가로 변형률 = 횡방향 변형률

KEY NOTE

변형률 종류

(1) 선(길이)변형률

$=\pm\dfrac{\text{변형된 길이}}{\text{원래 길이}}$

$\varepsilon_l=\pm\dfrac{\Delta l}{l}$

(2) 면적변형률

$=\pm\dfrac{\text{변형된 면적}}{\text{원래 면적}}$

$\varepsilon_A=\pm\dfrac{\Delta A}{A}=\pm 2\nu\varepsilon$

(3) 체적변형률

$=\pm\dfrac{\text{변형된 체적}}{\text{원래 체적}}$

$\varepsilon_V=e=\pm\dfrac{\Delta V}{V}=\pm(1-2\nu)\varepsilon$

포아송 비(ν)

일반 재료 : $0\le\nu\le 0.5$

포아송 수(m)

- 금속 재료 : $m=3\sim4$
- 콘크리트 : $m=6\sim12$
- 일반 재료 : $m\ge 2$

호도법과 60분법

$1\text{rad}=\dfrac{180^\circ}{\pi},\ 1^\circ=\dfrac{\pi}{180}\text{rad}$

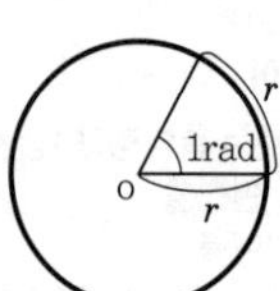

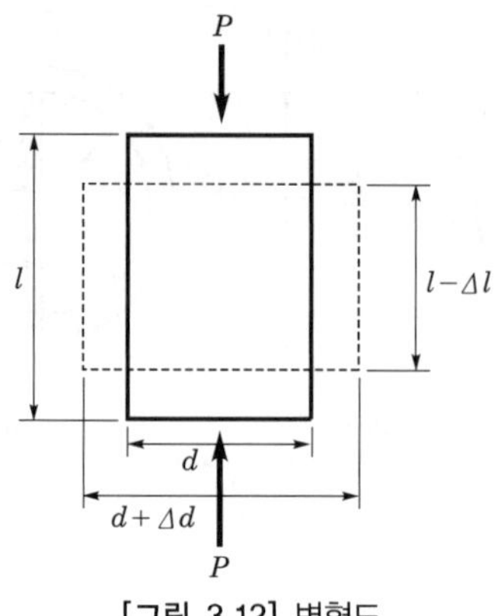

[그림 3.12] 변형도

3. 포아송 비(Poisson's ratio)와 포아송 수(Poisson's number)

① 포아송 비

$$\nu=\frac{\text{가로 변형도}(\varepsilon_d)}{\text{세로 변형도}(\varepsilon_l)}=\frac{l\cdot\Delta d}{d\cdot\Delta l}$$

② 포아송 수

$$m=\frac{\text{세로 변형도}(\varepsilon_l)}{\text{가로 변형도}(\varepsilon_d)}=\frac{d\cdot\Delta l}{l\cdot\Delta d}$$

③ 관계

$$m=\frac{1}{\nu}$$ (역수 관계)

4. 변형률의 종류

(1) 전단변형률

$$\tan\gamma\doteqdot\gamma=\frac{\lambda}{l}\quad[\text{rad}]$$

$$\therefore\ \varepsilon=\frac{\dfrac{\lambda}{\sqrt{2}}}{\sqrt{2}\,l}=\frac{\lambda}{2l}=\frac{\gamma}{2}$$

$$\gamma=2\cdot\varepsilon$$

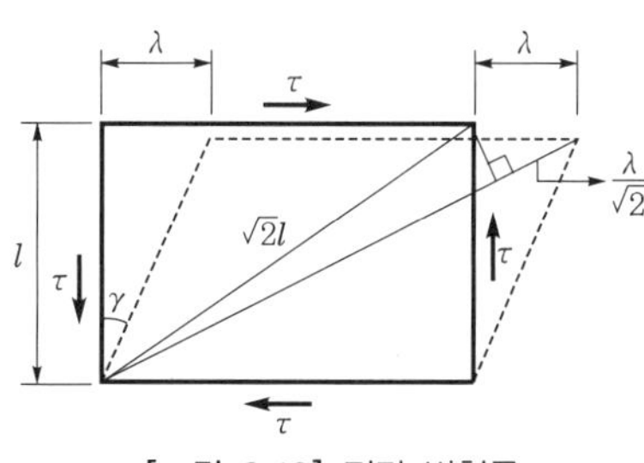

[그림 3.13] 전단 변형률

KEY NOTE

전단변형률
=2×(대각선 길이변형률)

체적변형률
=3×(길이변형률)

(2) 체적변형률

$$\varepsilon_V = \pm \frac{\Delta V}{V} \fallingdotseq \pm 3\left(\frac{\Delta l}{l}\right) = \pm 3\varepsilon_l$$

(3) 비틀림변형률

$$\gamma = \rho \cdot \theta = \rho \cdot \frac{\phi}{l}$$

여기서, ρ: 중심축에서 반지름 방향 거리

θ: 단위 길이당 비틀림 각$\left(\frac{T}{G \cdot I_P}\right)$

ϕ: 전체 비틀림 각$\left(\frac{T \cdot l}{G \cdot I_P}\right)$

l: 부재 길이

(4) 온도변형률

$$\varepsilon_t = \pm \frac{\Delta l}{l} = \frac{\alpha \cdot \Delta T \cdot l}{l} = \alpha \cdot \Delta T$$

여기서, α: 선팽창 계수

ΔT: 온도 변화량

l: 부재 길이

(5) 휨변형률

$$\varepsilon = \frac{y}{\rho} = ky = \frac{\Delta dx}{dx}$$

여기서, ρ: 보의 곡률 반경

k: 곡률

y: 중립축으로부터 거리

dx: 임의 두 단면 사이의 미소 거리

Δdx: dx의 변형량

KEY NOTE

비금속 재료의 응력-변형률도

$\sigma = E \cdot \varepsilon^n$

- $n=1$: 훅의 법칙 성립 재료
- $n<1$: 무기질 재료(석재, 콘크리트)
- $n>1$: 무기질 재료(고무, 가죽 등)

3 응력-변형률도(σ-ε 관계도)

1. 훅의 법칙(Hook's law)

탄성한도 내에서 응력은 그 변형에 비례한다.

(1) 응력

$$\sigma = E \cdot \varepsilon = E \cdot \frac{\Delta l}{l}$$

(2) 탄성계수

$$E = \frac{\sigma}{\varepsilon} = \frac{P/A}{\Delta l/l} = \frac{P \cdot l}{A \cdot \Delta l}$$

(3) 탄성 변형량

$$\Delta l = \frac{P \cdot l}{A \cdot E}$$

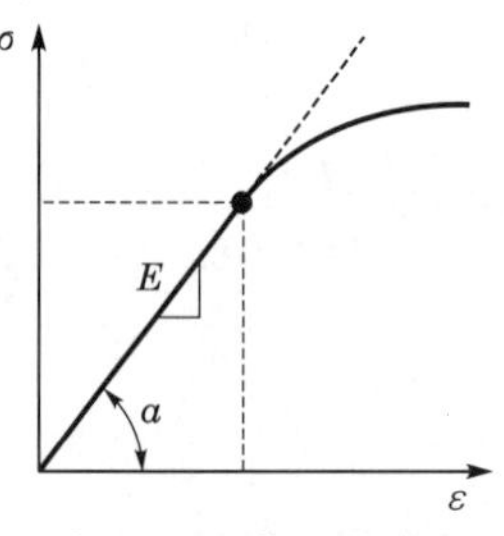

[그림 3.14] 탄성계수

2. 응력-변형률도

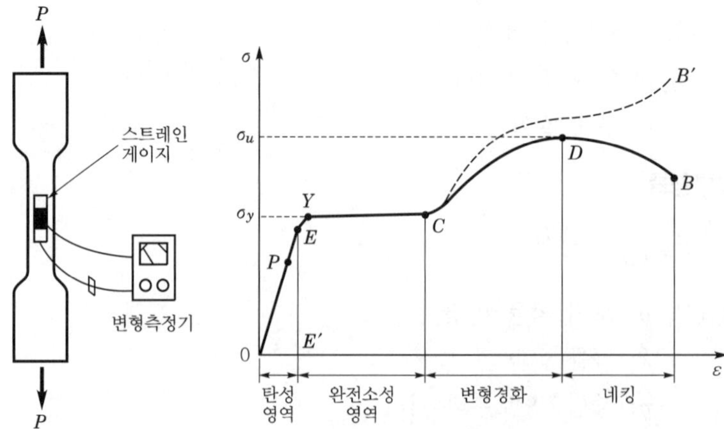

(a) 응력-변형률도 측정 (b) 응력-변형률도 곡선

[그림 3.15] 구조용 강재 응력-변형률도 관계

(1) 비례한도(P)

① 응력과 변형률이 비례하는 점
② 훅의 법칙이 성립되는 한도

(2) 탄성한도(E)

① 하중을 제거하면 원상태로 회복되는 점
② 0.02%의 잔류 변형이 발생하며 탄성을 잃어버리는 한계점

(3) 항복점(Y)

① 탄성에서 소성으로 바뀌는 점
② 응력의 증가는 없으나 변형이 급격히 증가하는 점
③ 0.2%의 잔류 변형이 발생하는 점

(4) 극한 강도점(D)

① 하중이 감소해도 변형이 증가되는 점
② 최대응력이 발생하는 점
③ 부재의 단면 감소 현상이 크게 발생하는 점(necking 현상)

(5) 파괴점(B)

재료가 파괴되는 점

(6) 실응력(CB')

재료의 파괴부분의 감소된 실제 단면적으로 계산된 응력

(7) 공칭응력(CB)

재료의 변형 전 원래 단면적으로 계산되는 응력으로 설계 시 적용

3. 탄성계수

(1) 탄성계수(영계수=종탄성계수)

수직응력(σ)과 변형률(ε) 간의 비례상수

$$E=\frac{\sigma}{\varepsilon}=\frac{P/A}{\Delta l/l}=\frac{P\cdot l}{A\cdot\Delta l}$$

(2) 전단 탄성계수(횡탄성계수)

$$G=\frac{\tau}{\gamma}=\frac{S/A}{\lambda/l}=\frac{S\cdot l}{A\cdot\lambda}=\frac{S}{A\cdot\phi}$$

KEY NOTE

탄성(elasticity)
하중을 제거하면 원형대로 복귀되는 성질

소성(plasticity)
하중을 제거해도 원형대로 복귀되지 않고 변형 상태로 있는 성질

실응력과 공칭응력
- 실응력$=\dfrac{\text{작용 하중}}{\text{감소 단면적}}$
- 공칭응력 $=\dfrac{\text{작용 하중}}{\text{변형 전 원래 단면적}}$

∴ 실응력>공칭응력

탄성계수 정리
- 탄성계수 의미 : 부재의 강성
- 탄성계수 단위 : kgf/cm^2
- 탄성계수 크기

∴ $E>K>G$

강성의 종류
- 축강성 : EA
- 전단강성 : GA
- 비틀림강성 : GJ or GI_P
- 휨강성 : EI

KEY NOTE

탄성계수 관계

- $G=\frac{E}{2(1+\nu)}=\frac{mE}{2(m+1)}$
- $G=\frac{3(m-2)}{2(m+1)}K$

탄성설계법(working stress design)

재료를 탄성체로 보고 사용하중에 의해 계산된 응력이 허용응력 이하가 되도록 하는 방법

$$\sigma_w=\frac{P}{A}\leq\sigma_a$$

여기서, σ_w: 사용응력
σ_a : 허용응력

(3) 체적 탄성계수

$$K=\frac{\sigma}{\varepsilon_V}=\frac{P/A}{\Delta V/V}=\frac{P\cdot V}{\Delta V\cdot A}$$

(4) 탄성계수(E, G, K)와 포아송 수(m)의 관계

① $E=2G(1+\nu)$

$$\therefore\ G=\frac{E}{2(1+\nu)}=\frac{m\cdot E}{2(m+1)}\doteqdot\frac{2}{5}E$$

② $E=3K(1-2\nu)$

$$\therefore\ K=\frac{E}{3(1-2\nu)}=\frac{m\cdot E}{3(m-2)}\doteqdot\frac{4}{5}E$$

③ $G=\frac{3(1-2\nu)}{2(1+\nu)}K=\frac{3(m-2)}{2(m+1)}K$

④ $\nu=\frac{E-2G}{2G}=\frac{3K-2G}{6K+2G}$

4 허용응력과 안전율

1. 허용응력(σ_a)

(1) 정의

탄성한도 범위 내에서 실제로 부재가 허용할 수 있는 최대응력

(2) 응력의 상호관계

$$\sigma_w=\frac{P}{A}\leq\sigma_a<\sigma_e<\sigma_y<\sigma_u$$

여기서, σ_w: 작용응력(사용응력, 실응력, working stress)
σ_a: 허용응력(allowable stress)
σ_e: 탄성한계에 해당하는 응력
σ_y: 항복응력(yielding stress)
σ_u: 극한응력(ultimate stress)

2. 안전율 = 안전계수(S_F)

(1) 정의

① $안전율(S_F) = \frac{극한응력(\sigma_u)}{허용응력(\sigma_a)} > 1$

② 취성재료(콘크리트, 목재): σ_u 사용

③ 연성재료(철근): σ_y 사용

(2) 허용응력$(\sigma_a) = \frac{극한응력(\sigma_u)}{안전율(S_F)}$

(3) 특징

① 안전율이 크면 설계는 안전하나 비경제적인 설계가 된다.

② 가장 경제적인 설계는 안전율이 1에 근접하여 설계하면 토목구조물은 2~3을 사용한다.

3. 응력집중현상

(1) 강판에 구멍을 뚫은 이유

① 응력집중계수 $K = \frac{최대응력(\sigma_{max})}{평균응력(\sigma_m)}$

② 평균응력 $\sigma_m = \frac{P}{(b-d)t}$

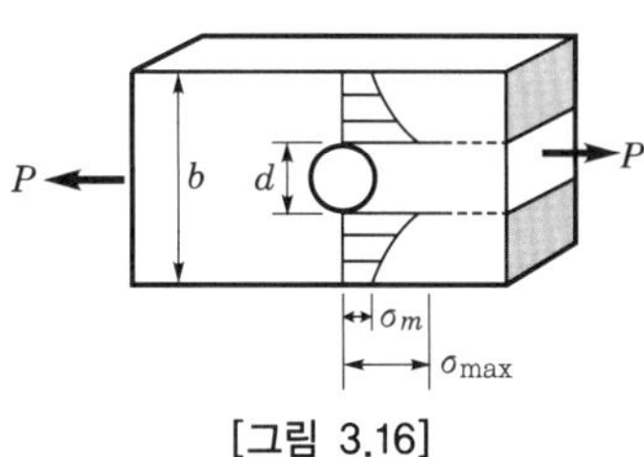

[그림 3.16]

(2) St. Venant의 원리

축하중을 받는 봉부재에서 하중 작용점 부근에서는 응력교란현상으로 큰 응력이 발생하는데 이러한 응력교란현상은 단면 폭 b만큼 떨어진 곳에서 없어진다는 원리

KEY NOTE

응력(stress)과 강도(strength)

- 응력 : 내력으로 하중의 크기에 따라 변한다.
- 강도 : 부재의 내하 능력을 나타내며 부재가 받을 수 있는 최대응력으로 파괴 시의 응력을 강도라 한다.

$\therefore S_F = \frac{실제강도(\sigma_u)}{필요강도(\sigma_a)}$

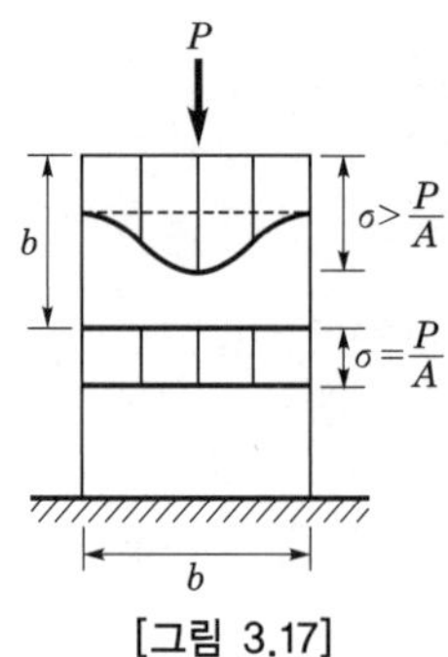

[그림 3.17]

5 축하중 부재

1. 강성도(stiffness)와 유연도(flexibility)

(1) 정의

① 강성도(k): 단위 변형($\Delta l = 1$)을 일으키는 데 필요한 힘으로 변형에 저항하는 정도

② 유연도(f): 단위하중($P = 1$)에 의한 변형량

(2) 축하중 부재의 강성도와 유연도

$$\sigma = \frac{P}{A} = E \cdot \varepsilon = E \cdot \frac{\Delta l}{l}$$

① 변형량: $\Delta l = \dfrac{l}{AE} \cdot P$

$$\therefore \text{유연도}(f) = \frac{l}{AE}$$

② 축하중: $P = \dfrac{AE}{l} \cdot \Delta l$

$$\therefore \text{강성도}(k) : \frac{AE}{l}$$

③ 강성도$(k) = \dfrac{1}{\text{유연도}(f)}$

(3) 선형 탄성 스프링

$$P = k \cdot \delta = \frac{AE}{l} \cdot \delta$$

KEY NOTE

강성도와 유연도

- 강성도 $= \dfrac{\text{강성}}{\text{부재길이}}$
- 유연도 $= \dfrac{\text{부재길이}}{\text{강성}}$

하중	강성도(k)	유연도(l)
축력	$\frac{EA}{l}$	$\frac{l}{EA}$
전단력	$\frac{GA}{l}$	$\frac{l}{GA}$
휨모멘트	$\frac{EI}{l}$	$\frac{l}{EI}$
비틀림력	$\frac{GI_P}{l}$	$\frac{l}{GI_P}$

- 유한요소법(F. E. M)에 사용되며, 구조부재의 특성을 표현하는 척도

스프링상수의 역수

= 스프링상수의 compliance

$$\therefore k = \frac{AE}{l}\text{(스프링상수=강성도)}$$

$$\therefore f = \frac{l}{AE} = \frac{1}{k}\text{(스프링상수의 역수=유연도)}$$

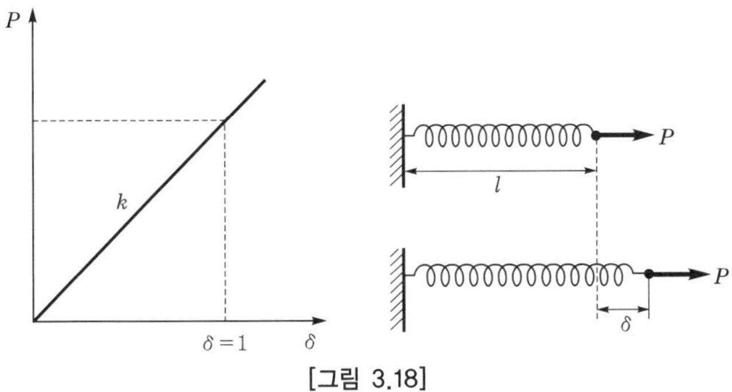

[그림 3.18]

2. 축하중 부재의 변위

(1) 균일 단면봉의 변위

$$\delta = \frac{P_2L}{AE} - \frac{P_1L_1}{AE}$$

여기서, AE: 축강성

(+): 인장

(−): 압축

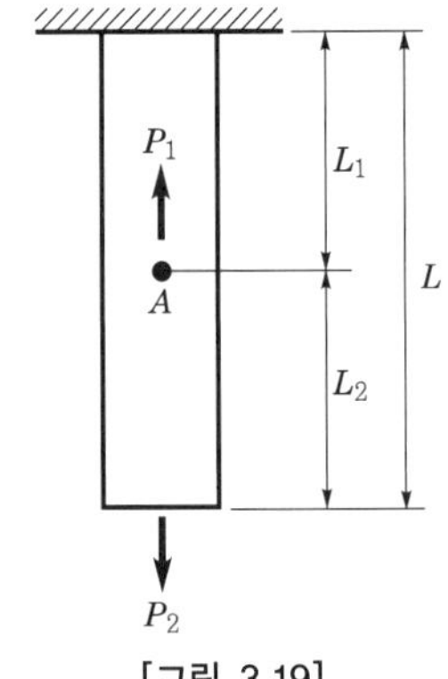

[그림 3.19]

(2) 변단면 봉의 변위

$$\delta = \delta_{AB} + \delta_{BC}$$

$$\therefore \delta = \frac{(P_1+P_2)}{A_1E_1} \cdot L_1 + \frac{P_2}{A_2E_2}L_2$$

KEY NOTE

강성도와 유연도

- 강성도 : $k = \frac{AE}{l}$
- 유연도 : $f = \frac{l}{AE}$

변단면 봉의 해석

- F, B ,D 작도
- 각 부재의 축하중 결정
- 응력, 변위 계산

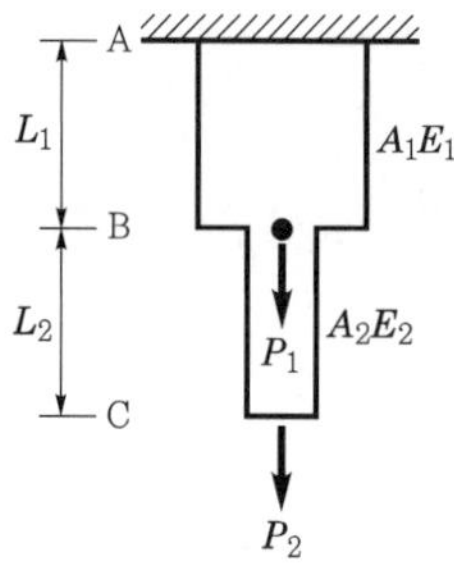

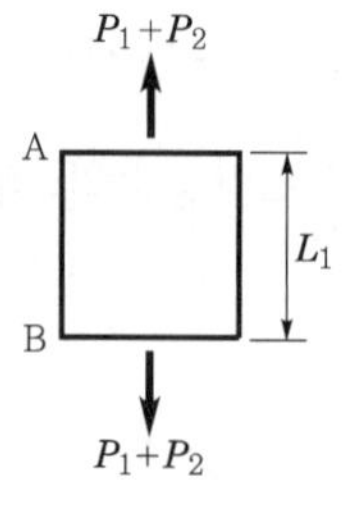

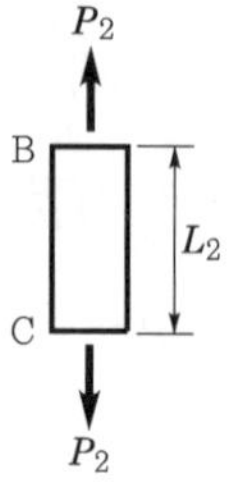

[그림 3.20]

3. 합성부재의 하중과 응력

(1) 변위가 일정한 경우 분담하중, 응력

① 하중

㉠ 철근이 받는 하중(P_s)

$$P_s = \frac{A_sE_s}{A_cE_c + A_sE_s} \cdot P$$

㉡ 콘크리트가 받는 하중(P_c)

$$P_c = \frac{A_cE_c}{A_cE_c + A_sE_s} \cdot P$$

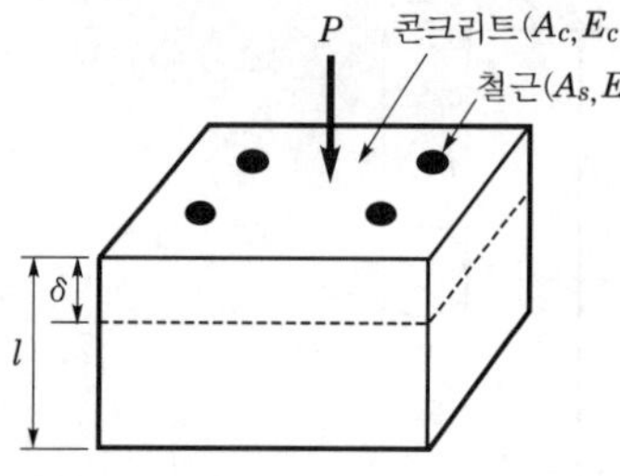

A_s: 철근 단면적
E_s: 철근 탄성계수
A_c: 콘크리트 단면적
E_c: 콘크리트 탄성계수
l: 부재길이
δ: 변위

[그림 3.21]

② 응력

㉠ 철근의 응력(σ_s)

$$\sigma_s = \frac{P_s}{A_s} = \frac{E_s}{A_cE_c + A_sE_s} \cdot P$$

㉡ 콘크리트의 응력(σ_c)

$$\sigma_c = \frac{P_c}{A_c} = \frac{E_c}{A_cE_c + A_sE_s} \cdot P$$

KEY NOTE

합성부재의 해석

① 힘의 평형조건식 작성
② 변위 적합조건식 작성
③ 두 조건식을 연립하여 하중, 변위 계산

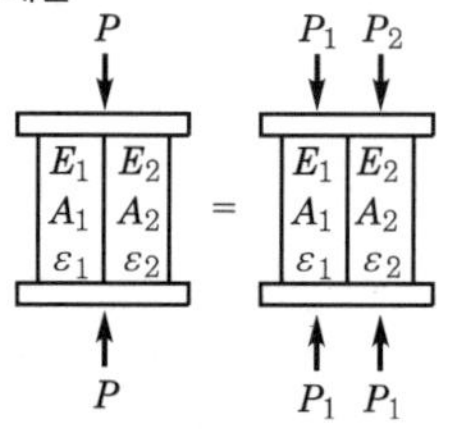

(1) 변형률(ε)

- 힘의 평형조건식
$P = P_1 + P_2 = \sigma_1 A_1 + \sigma_2 A_2$
$= \varepsilon_1 E_1 A_1 + \varepsilon_2 E_2 A_2$
합성부재이므로 $\varepsilon_1 = \varepsilon_2 = \varepsilon$ 이다.

$$\therefore \varepsilon = \frac{P}{E_1A_1 + E_2A_2} = \frac{P}{\sum E_iA_i}$$

(2) 각 부재의 응력

$$\sigma_1 = \varepsilon_1 \cdot E_1 = \frac{P \cdot E_1}{E_1A_1 + E_2A_2}$$

$$\sigma_2 = \varepsilon_2 \cdot E_2 = \frac{P \cdot E_2}{E_1A_1 + E_2A_2}$$

$$\therefore \sigma_i = \frac{P \cdot E_i}{\sum E_iA_i}$$

(3) 각 부재의 힘

$$P_1 = \sigma_1 \cdot A_1 = \frac{P \cdot E_1 \cdot A_1}{E_1A_1 + E_2A_2}$$

$$P_2 = \sigma_2 \cdot A_2 = \frac{P \cdot E_2 \cdot A_2}{E_1A_1 + E_2A_2}$$

$$\therefore P_i = \frac{P \cdot E_i \cdot A_i}{\sum E_iA_i}$$

③ 변위(변형량)

$$\delta = \frac{P_c l}{A_c E_c} = \frac{P_s l}{A_s E_s} = \frac{Pl}{A_c E_c + A_s E_s}$$

④ 변형률

$$\varepsilon = \frac{\delta}{l} = \frac{P}{A_c E_c + A_s E_s}$$

(2) 부재 특성별 분담하중

구분	축강성(EA)이 일정한 경우	부재길이(l)가 일정한 경우
구조물	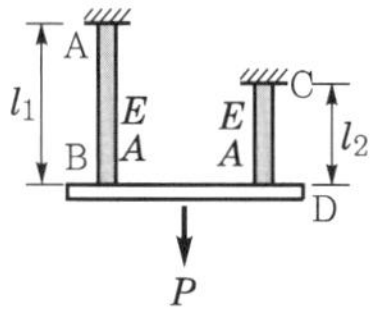 A, B, C, D, l_1, l_2, E, A, P	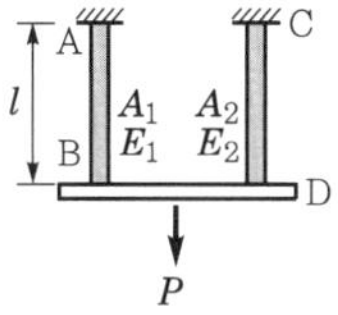 A, B, C, D, l, A_1, E_1, A_2, E_2, P
분담하중	$P_{AB} = \frac{l_2}{l_1 + l_2} P$ $P_{CD} = \frac{l_1}{l_1 + l_2} P$ (부재길이에 반비례)	$P_{AB} = \frac{A_1 E_1}{A_1 E_1 + A_2 E_2} P$ $P_{CD} = \frac{A_2 E_2}{A_1 E_1 + A_2 E_2} P$ (축강성에 비례)
구분	부재길이(l)와 탄성계수(E)가 일정한 경우	스프링 연결구조인 경우
구조물	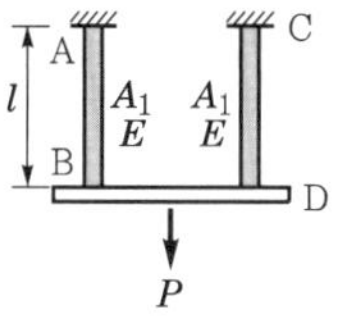 A, B, C, D, l, A_1, E, P	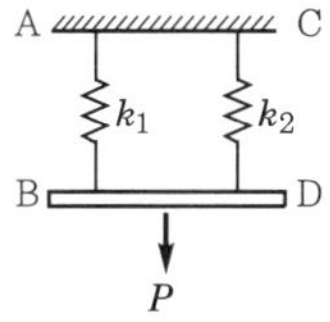 A, B, C, D, k_1, k_2, P
분담하중	$P_{AB} = \frac{A_1}{A_1 + A_2} P$ $P_{CD} = \frac{A_2}{A_1 + A_2} P$ (단면적에 비례)	$P_{AB} = \frac{k_1}{k_1 + k_2} P$ $P_{CD} = \frac{k_2}{k_1 + k_2} P$ (스프링상수에 비례)

4. 부정정 부재의 해석

(1) 부정정 기둥의 해석: 유연도법

① 힘의 평형조건식

$$R_A + R_B - P = 0$$

KEY NOTE

부정정 부재의 해석 방법

(1) 유연도법(응력법, 적합법)

① 부정정 여력을 미지수로 설정
② 구속을 제거한 구조물도 구성
③ 변위 적합조건식 구성
④ 적합조건식으로 부정정 여력 결정
⑤ 정역학적 평형조건식으로 나머지 부재력 계산

KEY NOTE

(2) 강성도법(변위법, 평형법)

① 절점 변위를 미지수로 설정
② 힘-변위 관계식 형성
③ 절점상의 평형조건식 구성
④ 절점 변위를 힘-변위 관계식에 대입
⑤ 부재력 결정

② P가 작용할 때 변위(δ_1)

$$\delta_1 = \frac{P \cdot b}{AE}(\downarrow)$$

③ R_A가 작용할 때 변위(δ_2)

$$\delta_2 = \frac{R_A \cdot L}{AE}(\uparrow)$$

④ 변위 적합조건식

$$\delta_1 = \delta_2$$

$$\frac{P \cdot b}{AE} = \frac{R_A \cdot L}{AE}$$

$$\therefore R_A = \frac{P \cdot b}{L}$$

$$R_B = \frac{P \cdot a}{L}$$

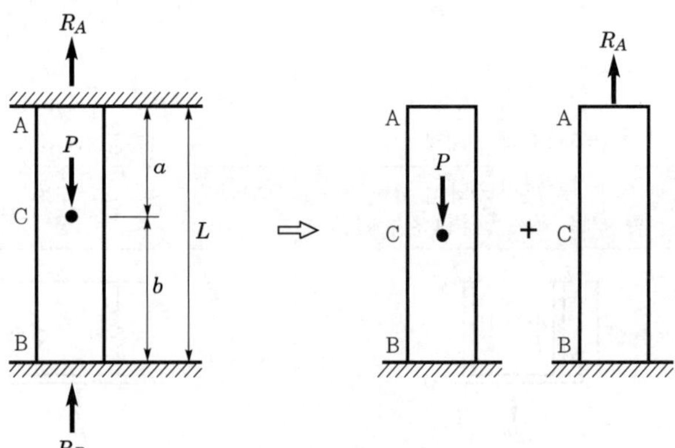

[그림 3.22] 부정정 기둥의 유연도법

(2) 일정한 온도변화의 부정정 구조 해석

① ΔT에 의한 B점의 변위(δ_T)

$$\delta_T = \alpha \cdot L \cdot \Delta T(\rightarrow)$$

② R_B에 의한 B점의 변위(δ_B)

$$\delta_B = \frac{R_B \cdot L}{AE}(\leftarrow)$$

③ 변위의 적합조건식

$$\delta_T = \delta_B$$

$$\therefore R_B = \alpha \cdot \Delta T \cdot AE$$

$$R_A = R_B$$

④ 온도응력

$$\sigma_T = \frac{R_A}{A} = E \cdot \alpha \cdot \Delta T$$

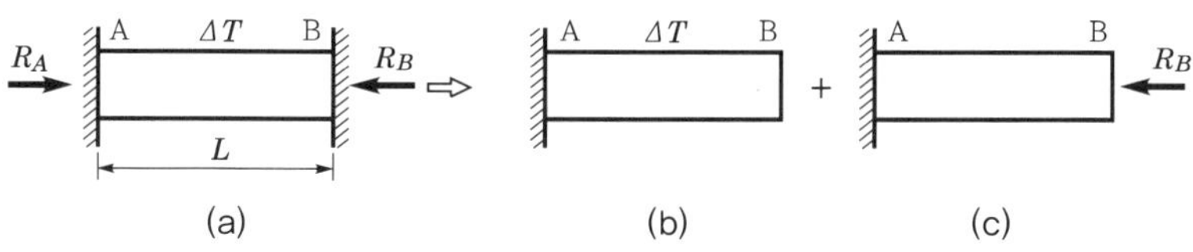

[그림 3.23] 온도변화가 있는 고정봉의 유연도법

KEY NOTE

6 변형에너지(탄성에너지 = 레질리언스)

1. 정의

물체에 외력이 작용하면 물체 내부에 원형으로 되돌아가려고 저장된 에너지

2. 수직력에 의한 변형에너지

$$u = \frac{1}{2}P \cdot \delta (= \triangle \mathrm{OAB})$$

$$\therefore u = \frac{P^2 l}{2AE}$$

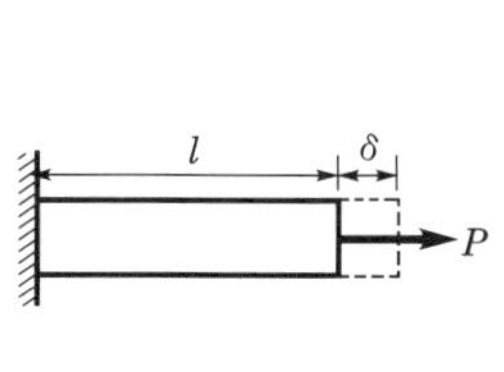

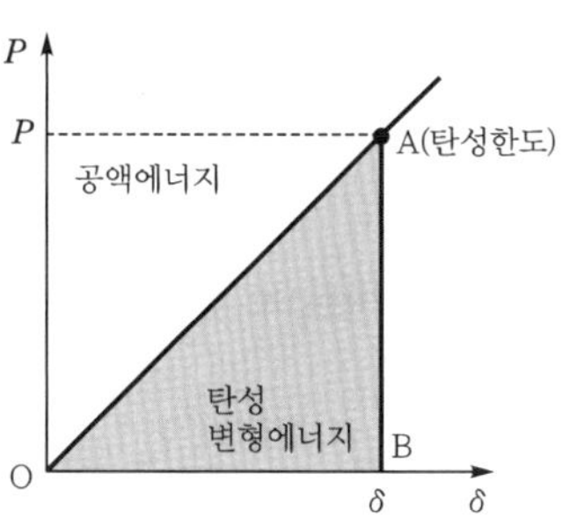

[그림 3.24] 탄성 변형에너지

변형에너지

$$u = \frac{P^2 l}{2AE} = \frac{\sigma^2 A l}{2E} (P = \sigma \cdot A)$$

$$= \frac{AE}{2l} \cdot \delta^2$$

$$\left(\sigma = \frac{P}{A} = E \cdot \varepsilon = \frac{E \cdot \delta}{l}\right)$$

(1) 변형에너지

$$u = \frac{\sigma^2}{2E} \cdot Al = \frac{\sigma^2}{2E} \cdot V = R \cdot V \text{ (여기서, } V\text{: 체적)}$$

KEY NOTE

레질리언스계수(최대 탄성에너지)
=변형에너지 밀도

- $R = \frac{\sigma^2}{2E}$
- 재료가 탄성한계 내에서 단위체적 속에 저장되는 변형에너지
- 탄성범위 내에서 재료가 에너지를 흡수할 수 있는 능력을 의미

인성계수(toughness index)
재료의 파괴점까지 변형에너지 밀도

인성(toughness)
재료가 파괴될 때의 에너지 흡수 능력

(2) 레질리언스계수(변형에너지 밀도)

$$R = \frac{\sigma^2}{2E}$$

3. 순수 전단력에 의한 변형에너지

(1) 변형에너지

$$u = \frac{1}{2}S\delta = \frac{S}{2}\left(\frac{Sl}{GA}\right) = \frac{S^2 l}{2GA} = \frac{\tau^2}{2G}Al = R \cdot V$$

(2) 레질리언스계수(변형에너지 밀도)

$$R = \frac{\tau^2}{2G}$$

4. 휨모멘트에 의한 변형에너지

(1) 순수 휨모멘트가 작용하는 경우

$$u = \frac{M^2 l}{2EI} \quad \left(u = \frac{1}{2}M\theta\right)$$

(2) 휨모멘트가 변하는 경우

$$u = \int_0^l \frac{M^2}{2EI}dx$$

5. 비틀림모멘트에 의한 변형에너지

$$u = \frac{1}{2}T\phi = \frac{T}{2}\left(\frac{Tl}{GJ}\right) = \frac{T^2 l}{2GJ}$$

6. 전체 변형에너지

$$U_t = \frac{P^2 l}{2EA} + \frac{M^2 l}{2EI} + \frac{S^2 l}{2GA} + \frac{T^2 l}{2GJ}$$

7 부재의 이음

KEY NOTE

1. 리벳이음의 전단세기

(1) 1면 전단

① 리벳의 전단응력

$$\tau = \frac{P}{A} = \frac{4P}{\pi D^2}$$

② 리벳의 전단강도:

$$P_{sa} = \tau_a \cdot A = \tau_a \cdot \frac{\pi D^2}{4}$$

(2) 2면 전단

① 리벳의 전단응력

$$\tau = \frac{P}{2A} = \frac{2P}{\pi D^2}$$

② 리벳의 전단강도

$$P_{sa} = \tau_a \cdot 2A = \tau_a \cdot \frac{\pi D^2}{2}$$

여기서, τ_a: 리벳의 허용 전단응력

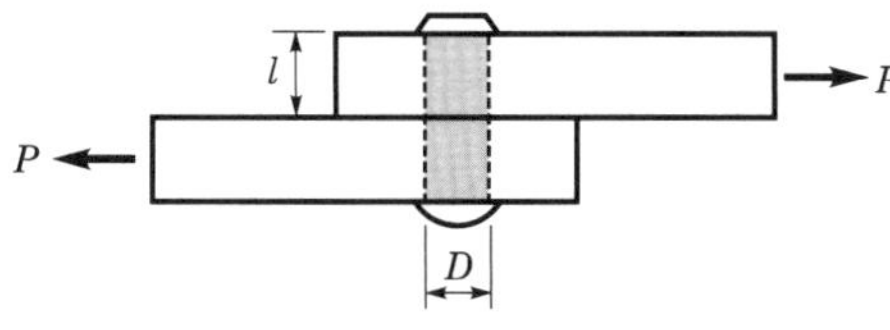

(a) 단전단이음

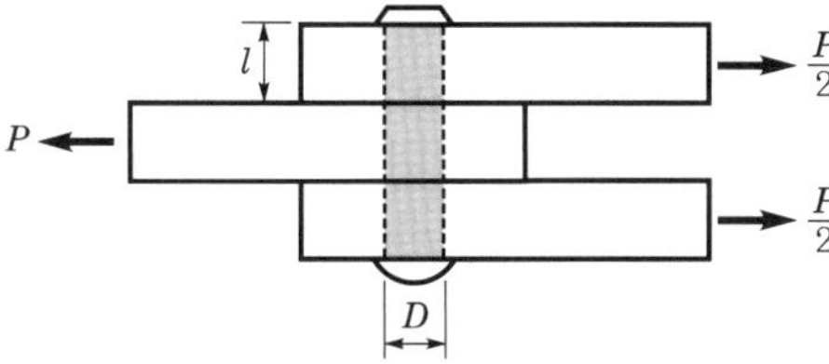

(a) 복전단이음

[그림 3.25] 전단이음

KEY NOTE

2. 리벳이음의 지압세기

(1) 리벳의 지압응력

$$\sigma_b = \frac{P}{D \cdot t}$$

(2) 리벳의 지압강도

$$P_b = \sigma_{ba} \cdot D \cdot t$$

여기서, σ_{ba}: 리벳의 허용 지압응력

3. 리벳 값(ρ)

허용 전단강도와 허용 지압강도 중 작은 값

4. 리벳 수

$$n = \frac{극한하중(P)}{리벳\ 값(\rho)}$$ (정수, 소수점 이하는 1개를 더한 값 사용)

1축 응력 모어 원(Mohr's circle)

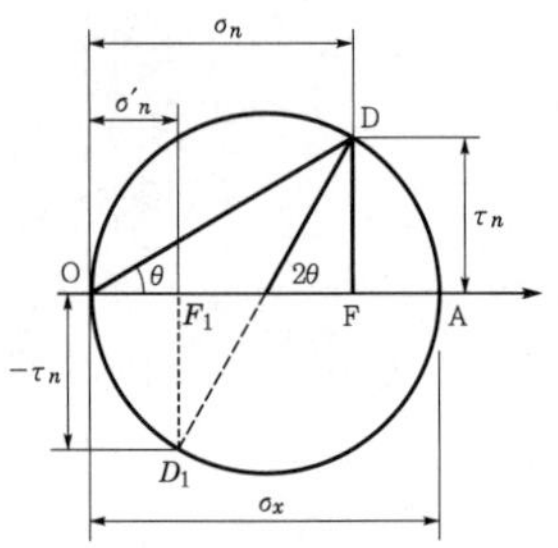

- $\sigma_n = OF = OC + CF$
  $= \frac{1}{2}\sigma_x + \frac{1}{2}\sigma_y \cos 2\theta$
  $= \boxed{\sigma_x \cos^2\theta}$
- $\tau_n = DF = CD\sin 2\theta$
  $= \boxed{\frac{1}{2}\sigma_x \sin 2\theta}$
- $\sigma_n' = OF_1 = OC - F_1C$
  $= \frac{1}{2}\sigma_x - \frac{1}{2}\sigma_x \cos 2\theta$
  $= \boxed{\sigma_x \sin^2\theta}$
- $-\tau_n = F_1D_1 = CD\sin 2\theta$
  $= \boxed{-\frac{1}{2}\sigma_x \sin 2\theta}$

8 조합응력

1. 1축 응력

x축 또는 y축 중에서 1축에만 수직응력(σ_x 또는 σ_y)이 작용하는 상태

$A' = \dfrac{A}{\cos\theta}$, $N = P\cos\theta$, $S = P\sin\theta$

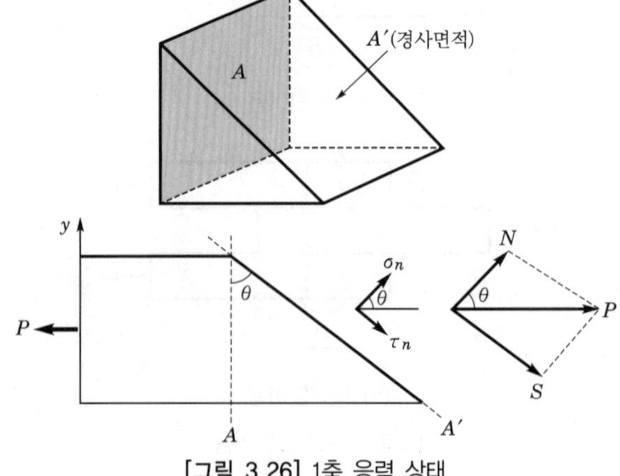

[그림 3.26] 1축 응력 상태

(1) 수직응력(법선응력)

$$\sigma_n = \frac{N}{A'} = \frac{P\cos\theta}{A/\cos\theta} = \frac{P}{A}\cos^2\theta = \sigma_x\cos^2\theta$$

(2) 전단응력

$$\tau_n = \frac{S}{A'} = \frac{P\sin\theta}{A/\cos\theta} = \frac{P}{A}\sin\theta\cdot\cos\theta = \frac{1}{2}\sigma_x\sin2\theta$$

$$= \sigma_x\sin\theta\cdot\cos\theta$$

(3) 주(수직)응력

$$\sigma_{\substack{max\\min}} = \frac{\sigma_x}{2} \pm \frac{1}{2}\sqrt{\sigma_x^2} = \sigma_x \text{ 또는 } 0$$ (랭킨의 최대 수직응력)

(4) 주전단응력

$$\tau_{\substack{max\\min}} = \pm\frac{1}{2}\sqrt{\sigma_x^2} = \pm\frac{\sigma_x}{2}$$ (쿨롱의 최대 전단응력)

2. 2축 응력

x, y 두 축에 σ_x, σ_y가 작용한 상태

$$\cos\theta = \frac{A}{A'} \quad A = A'\cos\theta$$

$$\sin\theta = \frac{A''}{A'} \quad A'' = A'\sin\theta$$

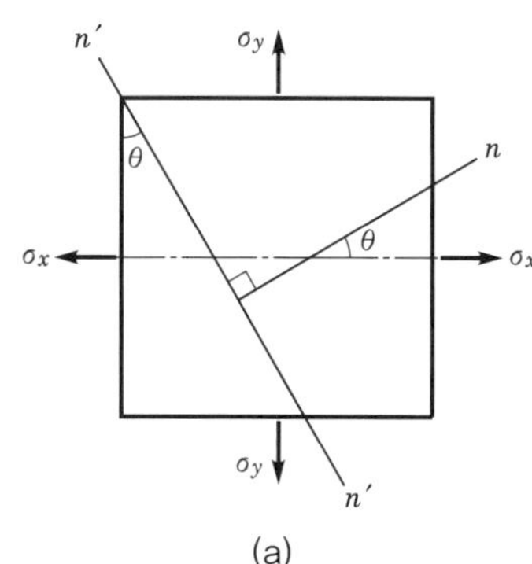

(a)

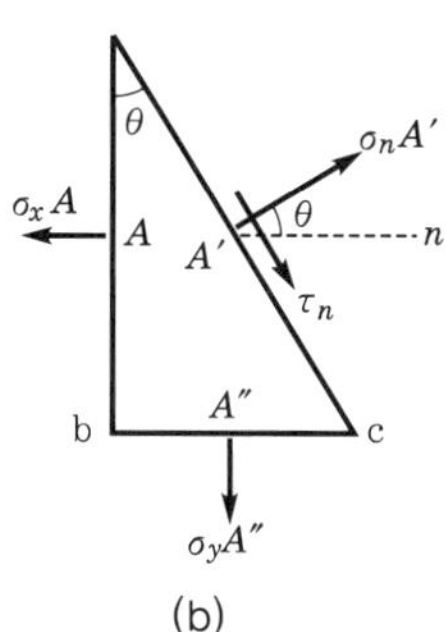

(b)

[그림 3.27] 2축 응력 상태

KEY NOTE

2축 응력 모어 원

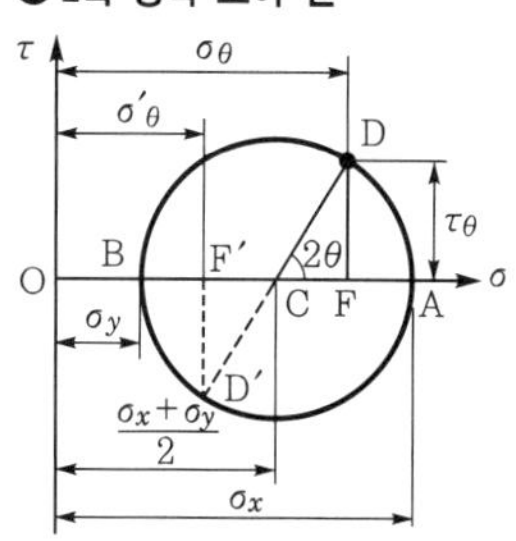

- $\sigma_\theta = \text{OF} = \text{OC} + \text{CD}\cos2\theta$

$\therefore \sigma_\theta = \frac{1}{2}(\sigma_x + \sigma_y) + \frac{1}{2}(\sigma_x - \sigma_y)\cos2\theta$

$\tau_\theta = \text{DF} = \text{CD}\sin2\theta$

$\therefore \tau_\theta = \frac{1}{2}(\sigma_x - \sigma_y)\sin2\theta$

$$\cos^2\theta = \frac{1+\cos2\theta}{2}$$
$$\sin^2\theta = \frac{1-\cos2\theta}{2}$$

KEY NOTE

(1) 수직응력

$$\sigma_n A' = (\sigma_x A)\cos\theta + (\sigma_y A'')\sin\theta$$
$$= (\sigma_x A'\cos\theta)\cos\theta + (\sigma_y A'\sin\theta)\sin\theta$$
$$\sigma_n = \sigma_x \cos^2\theta + \sigma_y \sin^2\theta$$
$$\therefore \sigma_n = \frac{1}{2}(\sigma_x + \sigma_y) + \frac{1}{2}(\sigma_x - \sigma_y)\cos 2\theta$$

(2) 전단응력

$$\tau_n A' = (\sigma_x A)\sin\theta - (\sigma_y A'')\cos\theta$$
$$= (\sigma_x A'\cos\theta)\sin\theta - (\sigma_y A'\sin\theta)\cos\theta$$
$$\tau_n = (\sigma_x - \sigma_y)\sin\theta\cos\theta$$
$$\therefore \tau_n = \frac{1}{2}(\sigma_x - \sigma_y)\sin 2\theta$$

(3) 주(수직)응력

$$\sigma_{\substack{max \\ min}} = \frac{\sigma_x + \sigma_y}{2} \pm \frac{1}{2}\sqrt{(\sigma_x - \sigma_y)^2}$$
$$= \frac{1}{2}(\sigma_x + \sigma_y) \pm \frac{1}{2}(\sigma_x - \sigma_y) = \sigma_x \text{ 또는 } \sigma_y$$

(4) 주전단응력

$$\tau_{\substack{max \\ min}} = \pm\frac{1}{2}\sqrt{(\sigma_x - \sigma_y)^2} = \frac{1}{2}(\sigma_x - \sigma_y)$$

3. 평면응력

(1) 정의

x, y축 방향에서 생긴 응력 σ_x, σ_y와 동시에 τ_{xy}가 작용할 때, 임의 방향에서 구한 법선응력 σ_n과 τ를 평면응력(Plane Stress)이라 한다(단, $\tau_{xy} = 0$이면 2축 응력).

(2) 평면응력

$$\sigma_n A' = (\sigma_x A)\cos\theta + (\sigma_y A'')\sin\theta + (\tau_{xy} A)\sin\theta + (\tau_{xy} A'')\cos\theta$$

$$\therefore \sigma_n = \frac{1}{2}(\sigma_x + \sigma_y) + \frac{1}{2}(\sigma_x - \sigma_y)\cos 2\theta + \tau_{xy}\sin 2\theta$$

$$\tau_n \cdot A' = (\sigma_x A)\sin\theta - (\sigma_y A'')\cos\theta - (\tau_{xy} A)\cos\theta + (\tau_{xy} A'')\sin\theta$$

$$\therefore \tau_n = \frac{1}{2}(\sigma_x - \sigma_y)\sin 2\theta - \tau_{xy}\cos 2\theta$$

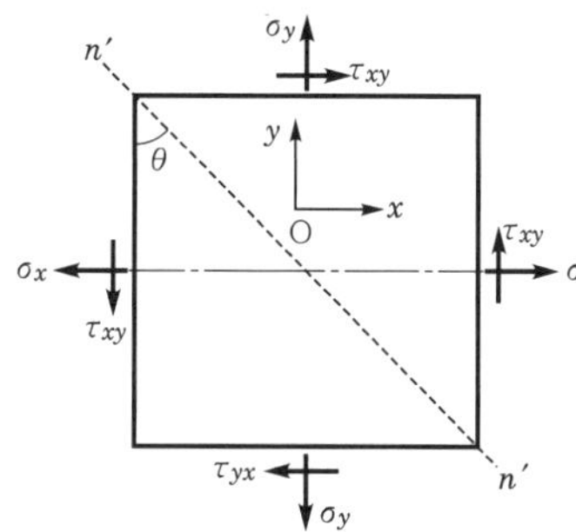

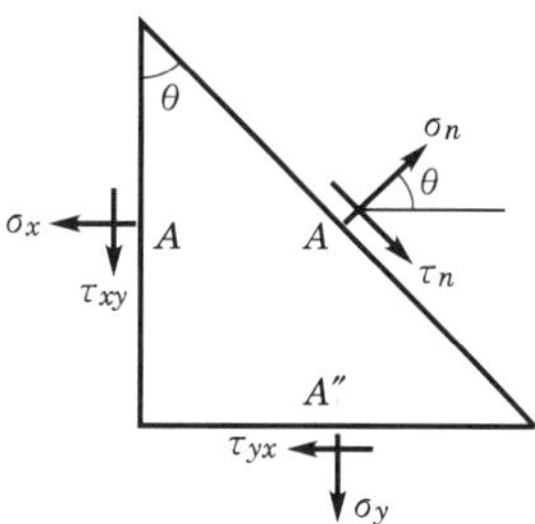

[그림 3.28] 평면응력 상태

(3) 주응력, 주전단응력

① 정의: σ_x와 τ_n은 θ값에 따라 변하며, σ_n과 τ_n의 최대 · 최소값을 각각 주응력(주수직응력), 주전단응력이라 한다.

② 주응력과 작용면(주면)

- $\sigma_{\substack{max \\ min}} = \frac{1}{2}(\sigma_x + \sigma_y) \pm \frac{1}{2}\sqrt{(\sigma_x - \sigma_y)^2 + 4{\tau_{xy}}^2}$
- $\tan 2\theta_P = \frac{2\tau_{xy}}{\sigma_x - \sigma_y}$

③ 주전단응력과 작용면(주면)

- $\tau_{\substack{max \\ min}} = \pm\frac{1}{2}\sqrt{(\sigma_x - \sigma_y)^2 + 4{\tau_{xy}}^2}$
- $\tan 2\theta_S = \frac{-(\sigma_x - \sigma_y)}{2\tau_{xy}}$

(4) 주응력과 주전단응력의 특성

① 주응력면은 서로 직교한다.

② 주전단응력면은 서로 직교한다.

KEY NOTE

주수직응력면에서 $\tau = 0$

주전단응력면에서

$\sigma = \frac{\sigma_x + \sigma_y}{2}$

- 주전단응력면

$2\theta_S = 2\theta_P + 90°$

$\therefore \theta_S = \theta_P + 45°$

(주전단응력면과 주수직응력면은 45° 차이)

- 모어의 응력 원 반지름(R)

$R = \frac{1}{2}\sqrt{(\sigma_x - \sigma_y)^2 + 4{\tau_{xy}}^2}$

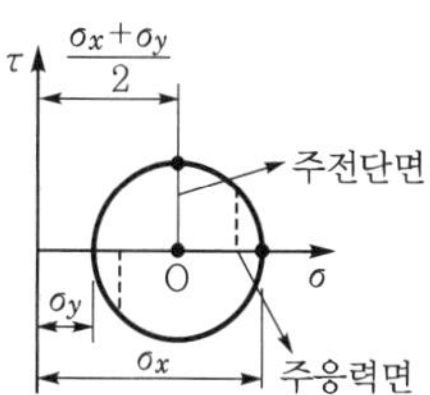

중심 O의 좌표 $\left(\frac{\sigma_x + \sigma_y}{2}, 0\right)$

KEY NOTE

③ 주응력면과 주전단응력면은 45°의 차이이다($\theta_S = \theta_P + 45°$).

④ 주응력면에서 전단응력은 0이다.

⑤ 주전단응력면에서 수직응력은 $\frac{1}{2}(\sigma_x + \sigma_y)$이다.

⑥ 주전단응력은 최대 수직응력과 최소 수직응력 차의 절반이다.

(5) 평면변형률과 주변형률

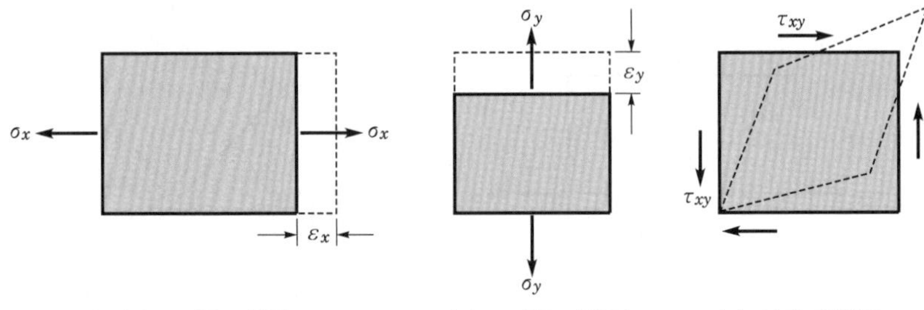

(a) x방향 변형률: ε_x　(b) y방향 변형률: ε_y　(c) 전단 변형률: γ_{xy}

[그림 3.29] 평면변형 상태

㉠ $\varepsilon_\theta = \dfrac{\varepsilon_x + \varepsilon_y}{2} + \dfrac{\varepsilon_x - \varepsilon_y}{2}\cos 2\theta + \dfrac{\gamma_{xy}}{2}\sin 2\theta$

㉡ $\dfrac{\gamma_\theta}{2} = -\dfrac{\varepsilon_x - \varepsilon_y}{2}\sin 2\theta + \dfrac{\gamma_{xy}}{2}\cos 2\theta$

이때 θ가 변하는 동안 발생할 수 있는 최대(또는 최소) 수직변형률을 주변형률(principal strain)이라 한다.

① 주변형률

$$\varepsilon_{\substack{max \\ min}} = \frac{1}{2}(\varepsilon_x + \varepsilon_y) \pm \frac{1}{2}\sqrt{(\varepsilon_x - \varepsilon_y)^2 + {\gamma_{xy}}^2}$$

② 최대 전단변형률

$$\frac{\gamma_{max}}{2} = \frac{1}{2}\sqrt{(\varepsilon_x - \varepsilon_y)^2 + {\gamma_{xy}}^2}$$

③ 주변형각

$$\tan 2\theta_P = \frac{\gamma_{xy}}{\varepsilon_x - \varepsilon_y}$$

9 전단중심(shear center)

◎ KEY NOTE

1. 정의

단면에 순수 굽힘을 유발시키는 하중의 작용점

> ◐ 하중이 전단중심에 작용하지 않으면 비틀림(torsion)이 발생한다.

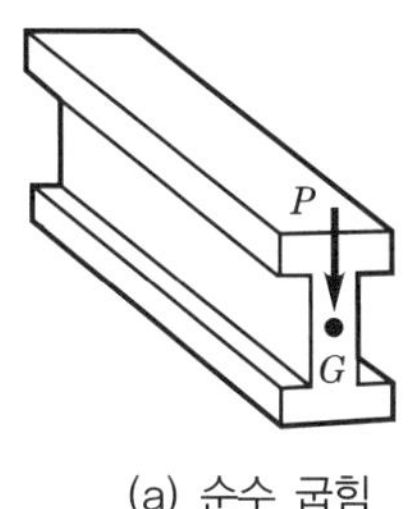

(a) 순수 굽힘

(b) 비틀림 발생

[그림 3.30]

2. 전단류(전단흐름)

(1) 정의

전단응력과 판의 두께와의 적(積)은 단면의 모든 점에서 동일하다. 이때의 적을 전단류(전단흐름)라 한다. 즉

> ◐ $F=\tau \cdot t=$constant이므로 가장 큰 전단응력은 두께(t)가 가장 작은 곳에서 발생한다.

$$f=\int \tau \cdot dA=\tau \cdot t=\text{일정} \quad (\mathrm{kgf/cm,\ tf/m})$$

(2) 휨부재의 전단흐름

① 전단응력 $\tau=\dfrac{SG}{Ib}$

② 전단흐름 $f=\tau \cdot b=\dfrac{SG}{I}$

여기서, S: 전단력

G: 단면1차모멘트

b: 단면의 폭

I: 단면2차모멘트

3. 중심선 이론

임의 박판 단면에 대한 전단류 산정은 그 단면의 중심선이 이루는 면적과 관계가 있다. 즉

KEY NOTE

$$f=\frac{T}{2A_m}=\frac{T}{2bh}=\tau\cdot t$$

여기서, T: 비틀림우력

A_m: 빗금친 부분 면적($b \cdot h$)

τ: 전단응력

f: 전단류

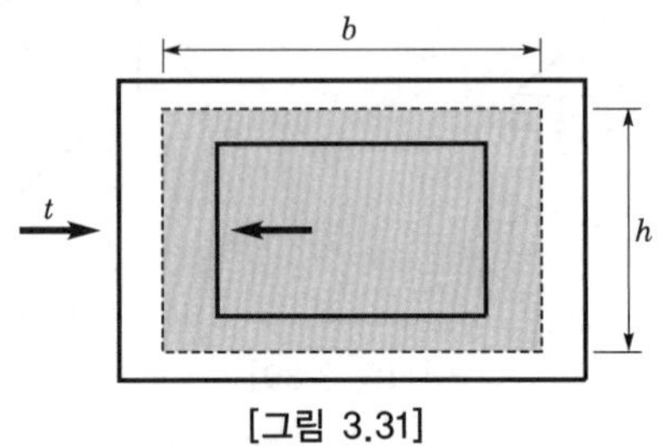

[그림 3.31]

4. 전단중심의 특징

(1) 1축 대칭단면의 전단중심은 그 대칭축상에 있다.

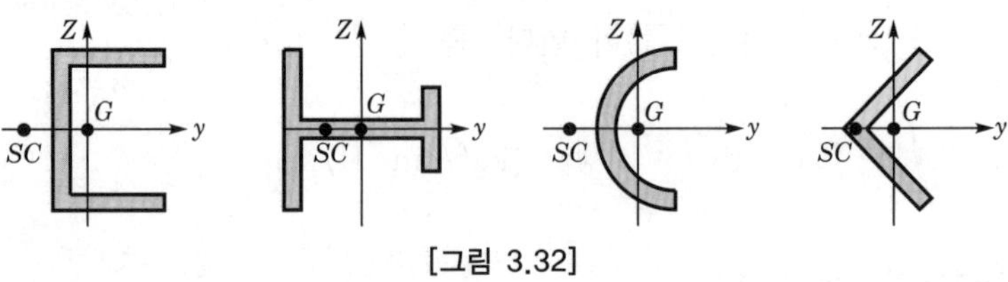

[그림 3.32]

(2) 2축 대칭단면의 전단중심은 도심과 일치한다.

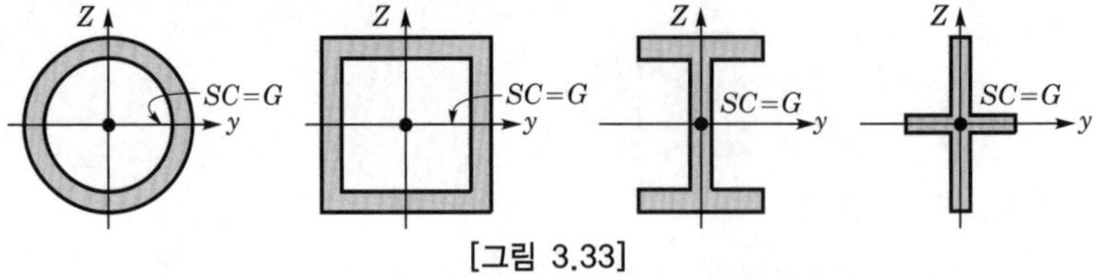

[그림 3.33]

(3) 비대칭단면의 전단중심은 일반적으로 도심과 일치하지 않는다.

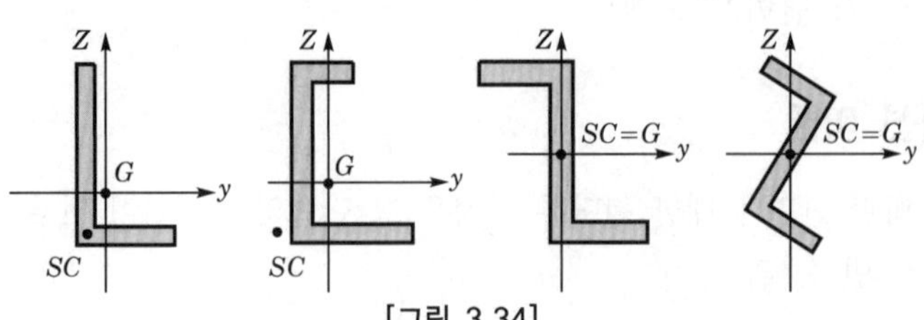

[그림 3.34]

CHAPTER

03 | 9급 기출문제

01 직경 20mm 중심원형강에 9.42kN이 작용할 때 인장응력[MPa]은?

① 10 ② 20

③ 30 ④ 40

해설 $\sigma = \dfrac{P}{A} = \dfrac{9.42\times10^3}{\dfrac{\pi\times20^2}{4}} = 30\text{MPa}$

02 다음 그림과 같이 단면적을 제외한 조건이 모두 동일한 두 개의 봉에 각각 동일한 하중 P가 작용한다. 봉의 거동을 해석하기 위한 두 개 봉의 물리량 중에서 값이 동일한 것은?

[09. 국가직 9급]

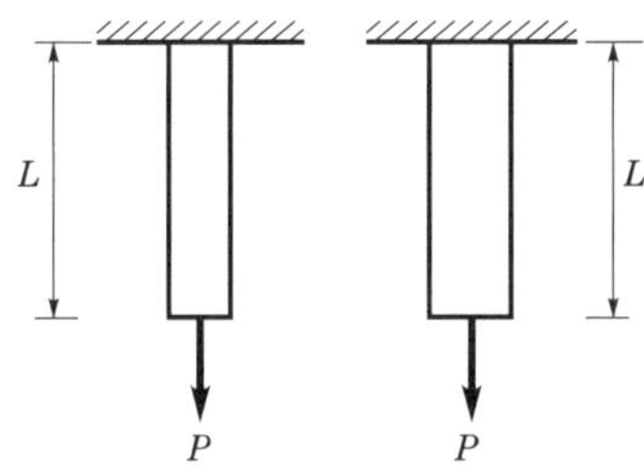

① 신장량 ② 변형률

③ 응력 ④ 단면력

해설 ㉠ $\Delta L = \dfrac{PL}{EA}$

㉡ $\varepsilon = \dfrac{\Delta L}{L} = \dfrac{P}{AE}$

㉢ $\sigma = \dfrac{P}{A}$

03 목재에서 수직력 31.4kN이 작용할 때 목재의 지름[mm]을 구하면? (단, 목재의 허용응력 $\sigma_a = 8\text{MPa}$이다)

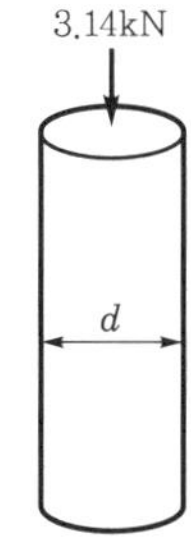

① 71 ② 111

③ 131 ④ 151

해설 $\sigma = \dfrac{P}{A} = \dfrac{P}{\dfrac{\pi d^2}{4}} = \dfrac{4P}{\pi d^2}$

$d = \sqrt{\dfrac{4P}{\sigma_a \pi}} = \sqrt{\dfrac{4\times31.4\times10^3}{80\times\pi}}$

$= 71\text{mm}$

04 그림과 같은 지름이 20mm인 리벳 이음에서 628kN의 인장력이 강판에 작용할 때 리벳은 최소 몇 개가 필요한가? (단, 리벳의 허용 전단응력 $\tau_a = 100\text{MPa}$)

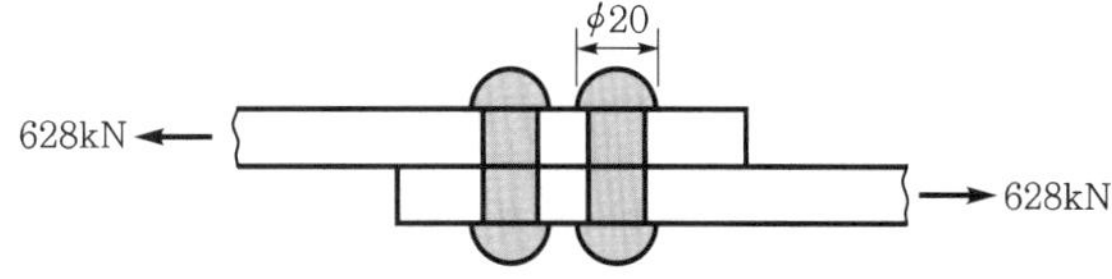

① 16개 ② 20개

③ 24개 ④ 28개

해설 리벳 1개의 허용 전단력

$P_a = \tau_a \cdot A = 100\times\dfrac{\pi\times20^2}{4}$

$= 1{,}000\pi\text{N}$

리벳의 소요개수

$n = \dfrac{P}{P_a} = \dfrac{628\times10^3}{10{,}000\pi} = 20$개

정답 01 ③ 02 ④ 03 ① 04 ②

05
그림과 같아 받침대 위에 블록이 놓여있다. 이 블록 중심에 $F=20\text{kN}$이 작용할 때 블록에서 생기는 평균전단응력[N/mm^2]은?

[14. 국가직 9급]

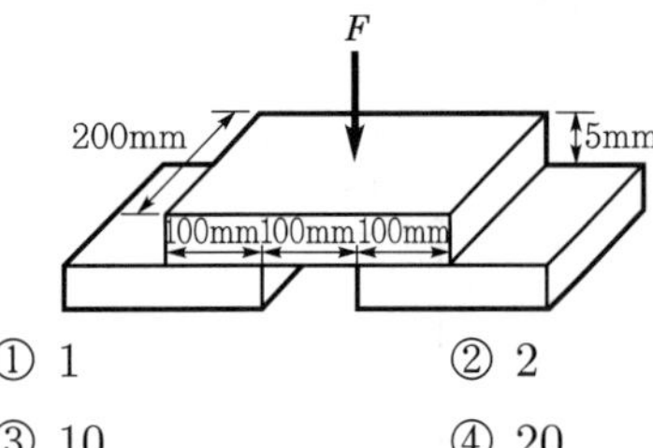

① 1 ② 2
③ 10 ④ 20

해설 2면 전단에 해당된다. A는 전단면적

$$\tau=\frac{F}{2A}=\frac{20\times10^3}{2\times(200\times5)}$$
$$=10\text{N/mm}^2$$

06
두께가 2mm인 강판을 지름이 5mm인 펀칭기로 하중 $P=3.14\text{kN}$을 가할 때 발생되는 전단응력[MPa]은 얼마인가?

① 20 ② 40
③ 80 ④ 100

해설 이는 펀칭전단의 경우이다. 펀칭단면의 전단응력(τ)은

$$\tau=\frac{P}{A}=\frac{P}{\pi\cdot d\cdot t}=\frac{3.14\times10^3}{3.14\times5\times2}$$
$$=100\text{MPa}$$

07
온도응력에 대한 설명으로 맞지 않는 것은?

[국가직 9급]

① 단위는 MPa이다.
② 열팽창계수에 비례한다.
③ 탄성계수에 비례한다.
④ 단면적에 비례한다.
⑤ 온도에 비례한다.

해설 온도응력 $\sigma_t=\alpha\cdot\Delta T\cdot E$로서 온도응력은 단면적과 관계없다.

08
그림과 같이 무응력 상태로 봉 AB부재와 봉 BC부재가 연결되어 있다. 만일, 봉 AB부재의 온도가 T만큼 상승했을 때 봉 BC부재에 응력이 생기지 않기 위해 봉 BC부재에 필요한 온도 변화량은? (단, 봉 AB부재와 봉 BC부재 사이는 길이를 무시할 수 있는 단열재에 의해 열의 이동이 완전히 차단되어 있다고 가정한다)

[09. 지방직 9급]

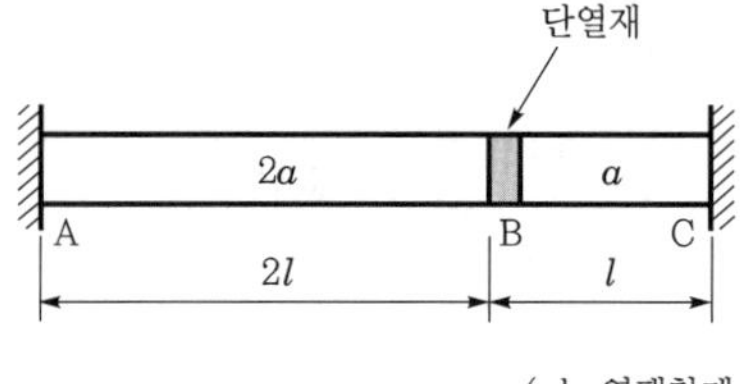

(a는 열팽창계수)

① $2T$(하강) ② $2T$(상승)
③ $4T$(하강) ④ $4T$(상승)

해설 AB부재가 늘어나는 만큼 BC부재는 같은 양으로 줄어야 함

AB부재의 늘음량,

$\delta_{AB}=2\alpha\times T\times2L=4\alpha TL$

BC부재의 온도 ΔT_{BC}에 의한 BC부재가 줄어드는 양,

$\delta_{BC}=\alpha\times\Delta T_{BC}\times L=\delta_{AB}$

$$\Delta T_{BC}=\frac{\delta_{AB}}{\alpha L}=\frac{4\alpha TL}{\alpha L}=4T$$

09
벽두께 t가 6mm이고, 내반경 r이 200mm인 구형압력용기를 제작하였다. 압력 $P=6\text{MPa}$이 구형압력용기에 작용할 경우 막응력의 크기[MPa]는? (단, 구형용기의 벽내부에 발생하는 인장응력 계산시 내반경 r을 사용하여 계산한다)

[13. 국가직 9급]

① 50 ② 100
③ 150 ④ 200

해설 $\sigma=\frac{Pr}{2t}=\frac{6\times200}{2\times6}=100\text{MPa}$(원주방향)

정답 05 ③ 06 ④ 07 ④ 08 ④ 09 ②

10 내경이 500mm, 두께가 20mm인 구형관(球形管)의 허용응력이 10MPa이다. 이 구형관이 받을 수 있는 최대의 내부압력[MPa]은 얼마인가?

① 0.4　② 0.8
③ 1.6　④ 3.2

해설 $\sigma = \dfrac{p \cdot d}{4t}$

$p = \dfrac{4\sigma_a \cdot t}{d} = \dfrac{4 \times 10 \times 20}{500} = 1.6\text{MPa}$

11 안쪽 반지름(r)이 300mm이고, 두께(t)가 10mm인 얇은 원통형 용기에 내압(q) 1.2MPa이 작용할 때 안쪽 표면에 발생하는 원주방향응력(σ_y) 또는 축방향응력(σ_x)으로 옳은 것은(MPa)? (단, 원통형 용기의 안쪽 표면에 발생하는 인장응력을 구할 때는 안쪽 반지름(r)을 사용한다) [14. 국가직 9급]

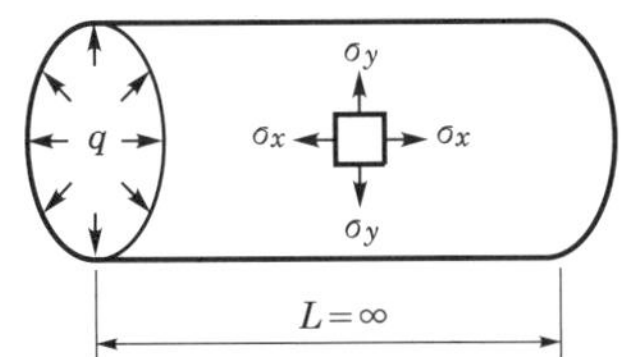

① $\sigma_y = 24$　② $\sigma_y = 48$
③ $\sigma_x = 18$　④ $\sigma_x = 36$

해설 • 원주방향응력,

$\sigma_y = \dfrac{q \cdot r}{t} = \dfrac{1.2 \times 300}{10} = 36\text{MPa}$

• 축방향응력,

$\sigma_x = \dfrac{q \cdot r}{2t} = \dfrac{1.2 \times 300}{2 \times 10} = 18\text{MPa}$

12 그림과 같은 봉에 인장력 P가 작용하여 길이방향으로 0.02m 늘어났고 두께방향으로 0.0003m 줄어들었을 경우, 이 재료의 푸아송비 ν는? (단, 봉의 자중은 무시한다) [11. 지방직 9급]

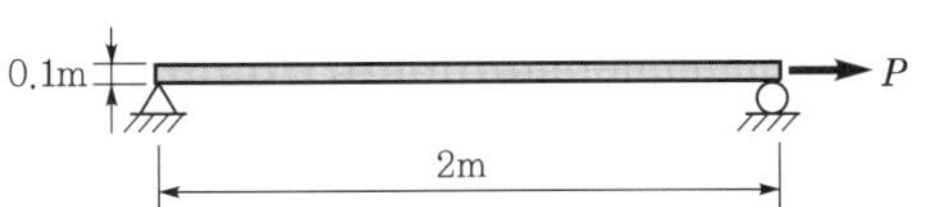

① 0.3　② 0.4
③ 0.5　④ 0.6

해설 $\nu = -\dfrac{\varepsilon_y}{\varepsilon_x} = -\dfrac{-\dfrac{0.0003}{0.1}}{\dfrac{0.02}{2}} = 0.3$

13 길이 10cm인 부재에 인장력이 작용하여 길이가 11.5cm로 늘어났다면 세로방향 변형률은?

① 10%　② 15%
③ 20%　④ 25%

해설 세로방향 변형률 $\varepsilon_t = \dfrac{\Delta l}{l} = \dfrac{1.5}{10} = 0.15$

따라서 15% 늘어났다.

14 길이가 10m이고 지름이 50cm인 강봉이 길이방향으로 작용하는 인장력에 의하여 길이방향으로 변형이 10cm 발생하였다. 이때 강봉의 푸아송비(Poisson's ratio)가 0.2인 경우, 강봉의 반지름[cm] 변화로 옳은 것은? [06. 국가직 9급]

① 0.1 증가　② 0.1 감소
③ 0.05 증가　④ 0.05 감소

해설 $\nu = -\dfrac{\varepsilon_d}{\varepsilon_l} = \dfrac{\dfrac{\Delta d}{d}}{\dfrac{\Delta l}{l}} = -\dfrac{\Delta d \cdot l}{\Delta l \cdot d}$ 에서

$\Delta d = -\dfrac{\Delta l \cdot d}{l}\nu = -\dfrac{10 \times 50}{10 \times 100} \times 0.2 = -0.1\text{cm}$(감소)

따라서 반지름의 감소량은 0.05cm가 된다.

15 폭 40cm, 길이 1m의 재료를 시험한 결과 길이 방향의 늘음이 0.15cm, 폭 방향의 줄음이 0.02cm였다. 이 재료의 푸아송의 수는?

① 1　② 2　③ 3
④ 4　⑤ 5

해설 $m = \dfrac{1}{\nu} = -\dfrac{\varepsilon_d}{\varepsilon_l} = \dfrac{\dfrac{0.15}{100}}{-\dfrac{0.02}{40}} = 3$

• ε_l: 종방향변형률
• ε_d: 횡방향변형률

정답 10 ③ 11 ③ 12 ① 13 ② 14 ③ 15 ③

16 그림과 같이 수평, 수직길이가 $2L$ 및 L인 판에 수평방향으로 σ의 응력을 가하였다. 이 경우 푸아송 효과에 의해 판의 수직방향길이는 감소하게 된다. 그 감소한 길이 δ_1을 구하고, 동일한 판에서 δ_1만큼의 수직방향 길이를 증가시키기 위해 가해야 하는 수직방향의 인장응력 σ_1은? (단, 재료는 등방성이며, 푸아송비는 ν이고, 수평방향의 변형률은 ε이다)[12. 지방직 9급]

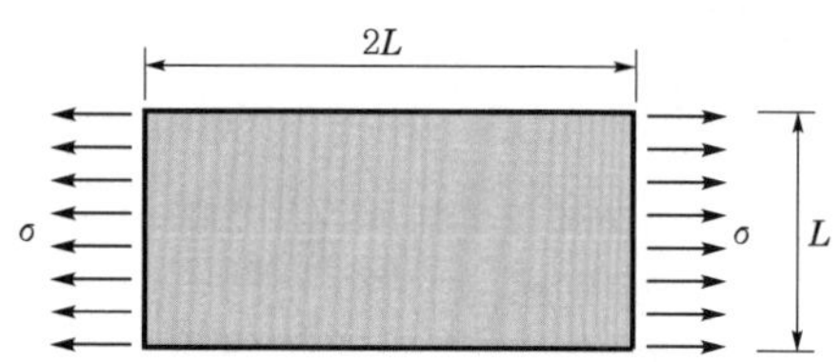

	δ_1	σ_1
①	$\nu\varepsilon L$	$\nu\sigma$
②	$2\nu\varepsilon L$	$\nu\sigma$
③	$\nu\varepsilon L$	$\frac{1}{2}\nu\sigma$
④	$2\nu\varepsilon L$	$\frac{1}{2}\nu\sigma$

해설 ㉠ δ_1 계산

$$\nu = \frac{\frac{\delta_1}{L}}{\varepsilon} = \frac{\delta_1}{\varepsilon L}$$

$$\delta_1 = \nu\varepsilon L$$

㉡ σ_1 계산

$$\sigma_1 = \frac{\delta_1}{L}E = \frac{\nu\varepsilon L}{L}E = \nu\varepsilon E = \nu\sigma$$

17 다음과 같이 길이가 1,000mm이고, 직경이 20mm인 균질하고 등방성인 재료로 만들어진 막대가 20kN의 축하중을 받을 때, 길이방향으로 500μm 늘어난 반면, 직경은 3μm 줄었다. 이 재료의 탄성계수(E[GPa])와 푸아송비(ν)는? [12. 국가직 9급]

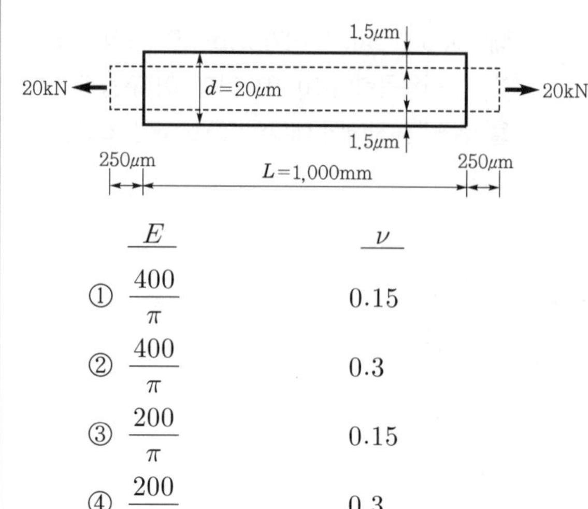

	E	ν
①	$\frac{400}{\pi}$	0.15
②	$\frac{400}{\pi}$	0.3
③	$\frac{200}{\pi}$	0.15
④	$\frac{200}{\pi}$	0.3

해설 ㉠ 응력과 변형률

$$\sigma_x = \frac{P}{A} = \frac{P}{\pi \times r^2} = \frac{20\times10^3}{\pi\times10^2} = \frac{200}{\pi}[\text{MPa}]$$

$$\varepsilon_x = \frac{\delta_x}{L} = \frac{500\times10^{-6}\times10^3}{1,000} = 0.0005$$

$$\varepsilon_y = -\frac{\delta_y}{d} = -\frac{3\times10^{-6}\times10^3}{20}$$

$$= -0.00015$$

㉡ 탄성계수: 종방향응력과 종방향변형률에 근거한다.

$$E = \frac{\sigma_x}{\varepsilon_x} = \frac{\frac{200}{\pi}}{0.0005} = \frac{400,000}{\pi}[\text{MPa}]$$

$$= \frac{400}{\pi}[\text{GPa}]$$

㉢ 푸아송비

$$\nu = -\frac{\varepsilon_y}{\varepsilon_x} = -\frac{0.00015}{0.0005} = 0.3$$

18 다음과 같은 응력-변형률 곡선에 관한 설명으로 옳지 않은 것은? [07. 국가직 9급]

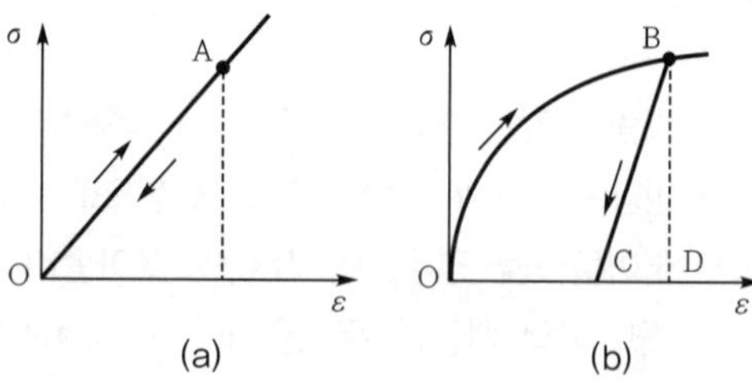

① 그림 (a)에서 하중을 받아 A점에 도달한 후에 하중을 제거했을 때 OA곡선을 따라

정답 16 ① 17 ② 18 ②

O점으로 되돌아가는 재료의 성질을 선형 탄성(linear elastic)이라 한다.

② 그림 (b)에서 하중을 받아 B점에 도달한 후 하중을 제거했을 때 OB곡선을 따라 되돌아 가지 않고 BC를 따라 C점으로 돌아가는 재료의 성질을 비선형 탄성(nonlinear elastic)이라 한다.

③ 그림 (b)에서 B점에 도달한 후 하중을 제거하였을 때 발생한 변형률 OC를 잔류변형률(residual strain)이라 하고 변형률 CD를 탄성적으로 회복된 변형률이라 한다.

④ 그림 (b)에서 B점에서 하중을 완전히 제거한 후 다시 하중을 가하면 CB곡선을 따라 응력과 변형률이 발생한다.

19 길이가 L이고, 단면적이 A인 축하중부재에 하중 P가 작용시켰더니 부재가 δ만큼 늘어났다. 탄성계수 E를 옳게 나타낸 것은?

[05. 경기도 9급]

① $\dfrac{P\delta}{AL}$ ② $\dfrac{PL}{A\delta}$

③ $\dfrac{AL}{P\delta}$ ④ $\dfrac{P}{AL\delta}$

해설 훅의 법칙으로부터

$\sigma = \varepsilon E$

$\dfrac{P}{A} = \dfrac{\delta}{L}E$

$\therefore E = \dfrac{PL}{A\delta}$

20 다음 중 탄성계수의 단위과 같은 것은?

① 단면계수 ② 휨 모멘트

③ 단면 1차 모멘트 ④ 전단응력

해설 탄성계수의 단위는 응력의 단위와 같다. 즉, MPa이다.

21 직경 $D = 20\text{mm}$이고, 부재길이 $L = 3\text{m}$인 부재에 인장력이 60kN이 작용할 때 인장응력 σ[MPa]과 신장량 ΔL[mm]은?

(단, $E = 2\times10^5\text{MPa}$, π는 3으로 한다)

① $\sigma = 200,\ \Delta L = 5$

② $\sigma = 400,\ \Delta L = 3$

③ $\sigma = 200,\ \Delta L = 3$

④ $\sigma = 400,\ \Delta L = 5$

해설 ㉠ 인장응력

$$\sigma = \frac{P}{A} = \frac{60\times10^3}{\dfrac{3\times20^2}{4}} = 200\text{MPa}$$

㉡ 신장량

$$\Delta L = \frac{PL}{EA} = \frac{60\times10^3\times3{,}000}{2\times10^5\times\dfrac{3\times20^2}{4}}$$

$= 5\text{mm}$

22 A단이 고정 지지된 원형봉에 인장력 30kN이 작용하여 그림과 같은 신장량 Δ가 발생하였다면 이 재료의 탄성계수[GPa]는? (단, 계산의 편의상 원주율 $\pi = 3$으로 한다) [07. 국가직 9급]

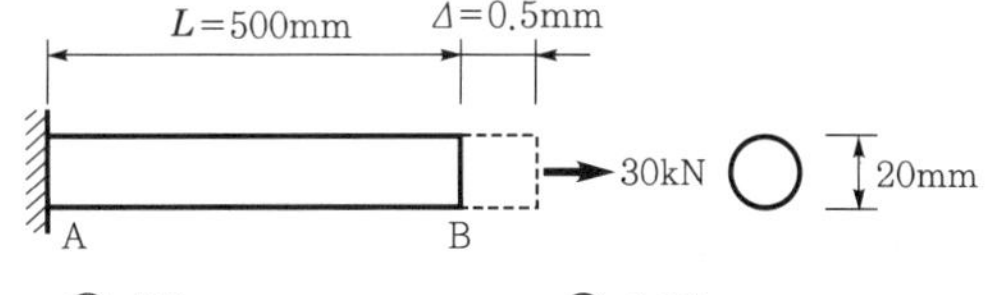

① 50 ② 100

③ 150 ④ 200

해설 $\delta = \dfrac{PL}{EA}$에서

$$E = \frac{PL}{A\cdot\delta} = \frac{(30\times10^3)\times(500)}{\dfrac{\pi\times20^2}{4}\times0.5}$$

$$= \frac{(30\times10^3)\times(500)}{\dfrac{3\times20^2}{4}\times0.5}$$

$= 1\times10^5\text{MPa}$

$= 100\text{GPa}$

정답 19 ② 20 ④ 21 ① 22 ②

23 그림과 같이 길이가 200mm이고, 단면이 20×20mm인 강봉에 6kN의 축방향 인장력이 작용하여 강봉이 0.15mm 늘어났을 때 강봉의 탄성계수[MPa]는? [09. 지방직 9급]

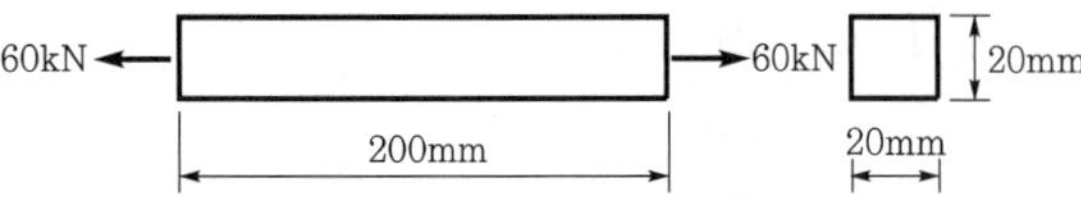

① 2.0×10^5 ② 2.0×10^4
③ 8.0×10^5 ④ 8.0×10^4

해설 $\Delta L=\dfrac{PL}{EA}$ 에서

$E=\dfrac{PL}{\Delta L\cdot A}=\dfrac{(60\times10^3)\times200}{0.15\times(20\times20)}=2\times10^5\text{MPa}$

24 길이가 L인 단면적 A의 인장시험체를 힘 P로 인장하였을 때 δ의 신장이 있었다고 한다. 이 강봉의 전단탄성계수(G)는? (단, 푸아송비는 ν이다) [10. 국가직 9급]

① $G=\dfrac{PL}{A\delta(1+\nu)}$

② $G=\dfrac{PL}{2A\delta(1+\nu)}$

③ $G=\dfrac{P}{AL\delta(1+\nu)}$

④ $G=\dfrac{P}{2AL\delta(1+\nu)}$

해설 $G=\dfrac{E}{2(1+\nu)}=\dfrac{\dfrac{PL}{\delta A}}{2(1+\nu)}=\dfrac{PL}{2A\delta(1+\nu)}$

25 그림과 같이 각 변의 길이가 10mm인 입방체에 전단력 $V=10\text{kN}$이 작용될 때, 이 전단력에 의해 입방체에 발생하는 전단 변형률 γ는? (단, 재료의 탄성계수 $E=130\text{GPa}$, 포아송비 $\nu=0.3$이다. 또한 응력은 단면에 균일하게 분포하며, 입방체는 순수전단 상태이다) [15. 국가직 9급]

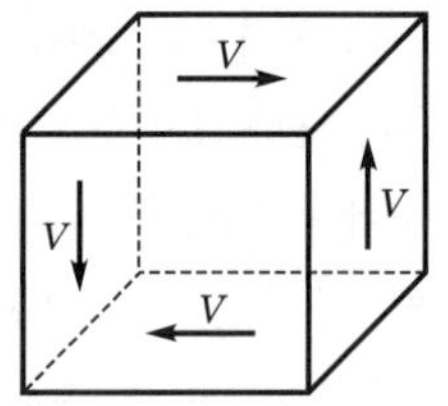

① 0.001 ② 0.002
③ 0.003 ④ 0.005

해설 $\tau=\dfrac{V}{A}=\dfrac{10\times10^3}{10\times10}=100\text{MPa}$

$G=\dfrac{E}{2(1+\nu)}=\dfrac{130\times10^3}{2(1+0.3)}=50{,}000\text{MPa}$

$\gamma=\dfrac{\tau}{G}=\dfrac{100}{50{,}000}=0.002$

26 어떤 재료의 탄성계수 $E=240\text{GPa}$이고, 전단탄성계수 $G=100\text{GPa}$인 물체가 인장력에 의하여 축방향으로 0.0001의 변형률이 발생할 때, 그 축에 직각 방향으로 발생하는 변형률의 값은? [15. 서울시 9급]

① +0.00002 ② −0.00002
③ +0.00005 ④ −0.00005

해설 $G=\dfrac{E}{2(1+\nu)}$ 에서

포아송비, $\nu=\dfrac{E}{2G}-1=\dfrac{240}{2\times100}-1=0.2$

직각 방향변형률(ε_y)은 $\nu=-\dfrac{\varepsilon_y}{\varepsilon_x}$ 에서 구한다.

$\varepsilon_y=-\nu\varepsilon_x$
$=-0.2\times0.0001=-0.00002$

27 지름이 10mm인 강재가 5kN의 인장하중을 받을 때 안전율은? (단, 이 철근의 극한 강도: 200MPa)

① 2.02 ② 2.89
③ 3.14 ④ 3.75

해설 $FS=\dfrac{\sigma_u}{\sigma}=\dfrac{\sigma_u}{\dfrac{P}{A}}=\dfrac{\sigma_u\cdot A}{P}$

$=\dfrac{200\times\dfrac{\pi\times10^2}{4}}{5\times10^3}=\pi=3.14$

정답 23 ① 24 ② 25 ② 26 ② 27 ③

28 그림은 단면적 A_s인 강재(탄성계수 E_s)와 단면적 A_c인 콘크리트(탄성계수 E_c)를 결합한 길이 L인 기둥 단면이다. 연직하중 P가 기둥 중심축과 일치하게 작용할 때 강재의 응력은? [14. 국가직 9급]

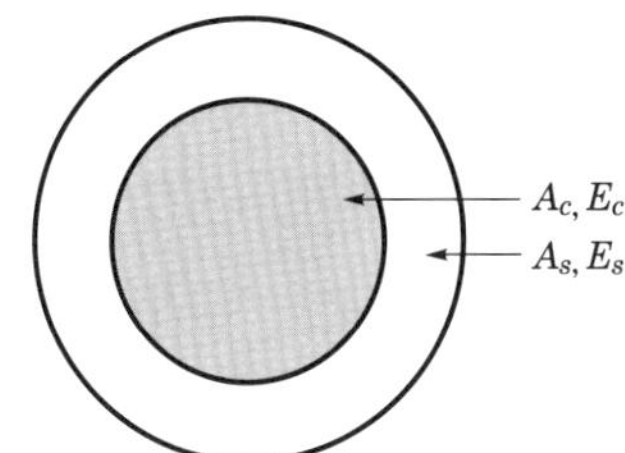

① $\dfrac{E_s}{E_c+E_s}P$　② $\dfrac{E_s}{E_cA_c+E_sA_s}P$

③ $\dfrac{E_sA_c}{E_cA_c+E_sA_s}P$　④ $\dfrac{E_sA_s}{E_cA_c+E_sA_s}P$

해설 합성부재에서 강재의 응력은 다음과 같다.

$$P=P_c+P_s=\sigma_cA_c+\sigma_sA_s$$
$$=\varepsilon_cE_cA_c+\varepsilon_sE_sA_s$$
$$\varepsilon_c=\varepsilon_s=\varepsilon$$
$$\therefore \varepsilon=\frac{P}{E_cA_c+E_sA_s}=\frac{P}{\Sigma E_iA_i}$$
$$\therefore \sigma_s=\varepsilon E_s=\frac{E_s}{\Sigma E_iA_i}P$$
$$=\frac{E_s}{E_cA_c+E_sA_s}P$$

29 한 변이 20mm인 정사각형 강봉에 인장력 160kN이 작용하고 있다. 강봉의 탄성계수 $E=2\times10^5$MPa일 때의 1mm^3당 변형에너지 $[\text{N}\cdot\text{mm}^3]$는?

① 0.2　② 0.4

③ 0.6　④ 0.8

해설 응력, $\sigma=\dfrac{P}{A}=\dfrac{160\times10^3}{20\times20}=400\text{MPa}$

변형에너지 밀도,

$$u=\frac{\sigma^2}{2E}=\frac{400^2}{2\times2\times10^5}$$
$$=0.4\text{N}\cdot\text{mm/mm}^3$$

30 다음과 같이 응력-변형률 관계를 가지는 재료로 만들어진 부재가 인장력에 의해 최대 500MPa의 인장응력을 받은 후, 주어진 인장력이 완전히 제거되었다. 이때 부재에 나타나는 잔류변형률은? (단, 재료의 항복응력은 400MPa이고, 응력이 항복응력을 초과한 후 하중을 제거하게 되면 초기 접선탄성계수를 따른다고 가정한다) [15. 지방직 9급]

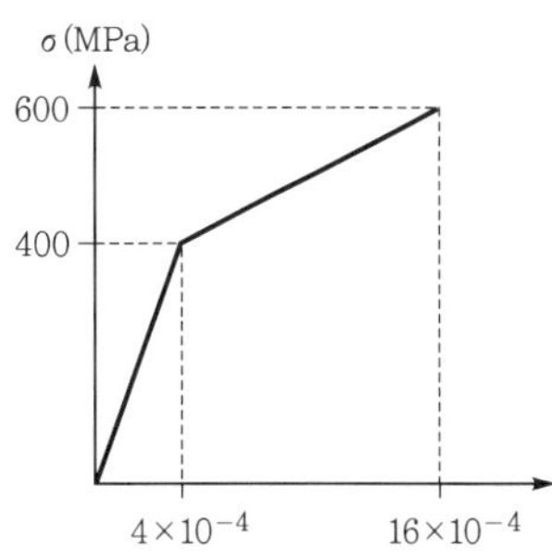

① 4×10^{-4}　② 5×10^{-4}

③ 6×10^{-4}　④ 7×10^{-4}

해설 초기의 접선탄성계수는

$$E_1=\frac{400}{4\times10^{-4}}=1\times10^6\text{MPa} \text{이다.}$$

항복 후의 탄성계수는

$$E_2=\frac{600-400}{16\times10^{-4}-4\times10^{-4}}$$
$$=\frac{1}{6}\times10^6\text{MPa} \text{이다.}$$

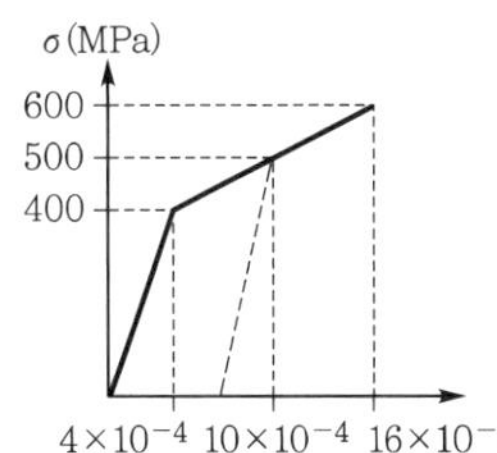

$\sigma=500$MPa에 해당하는 변형률,

$$\varepsilon_2=4\times10^{-4}+\frac{500-400}{\frac{1}{6}\times10^6}$$
$$=10\times10^{-4} \text{이다.}$$

잔류변형률은 다음과 같다. 이때 초기 탄성계수(기울기)를 이용한다.

$$\varepsilon_r=10\times10^{-4}-\frac{500}{1\times10^6}=5\times10^{-4}$$

정답 28 ② 29 ② 30 ②

31 부재의 강성도란? [04. 부산시 9급]

① 단위변형을 일으키는 힘
② 단위하중에 의한 변형
③ 단위면적당 작용하는 힘
④ 단위길이당 작용하는 힘

해설 강성도란 단위변위를 일으키는 데 필요한 힘을 말하며, 유연도란 단위하중으로 인한 변형을 말한다.

32 다음 그림과 같은 기둥 부재에 하중이 작용하고 있다. 부재 AB의 총수직방향 길이 변화량(δ)은? (단, 단면적 A와 탄성계수 E는 일정하고, 부재의 자중은 무시한다) [12. 지방직 9급]

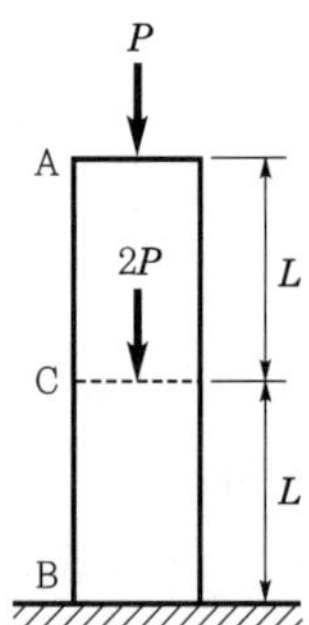

① $\dfrac{PL}{EA}$ ② $\dfrac{2PL}{EA}$

③ $\dfrac{3PL}{EA}$ ④ $\dfrac{4PL}{EA}$

해설 $\delta = \dfrac{P \cdot L}{EA} + \dfrac{3PL}{EA} = \dfrac{4PL}{EA}$

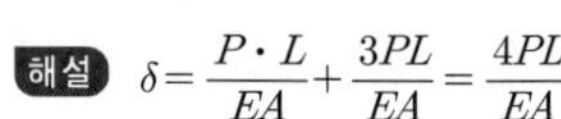

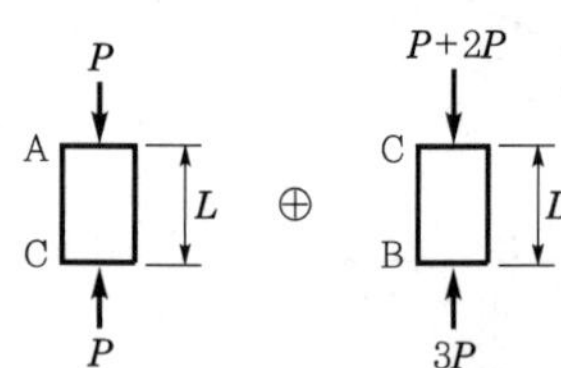

33 다음 그림과 같이 봉의 단면적이 AB구간은 $3A$, BC구간은 $2A$, CD구간은 A이고 탄성계수 E가 동일한 봉에 3개의 집중하중이 작용하여 발생되는 D점의 수직변위의 절대값은? (단, 봉의 자중은 무시한다) [14. 국회 9급]

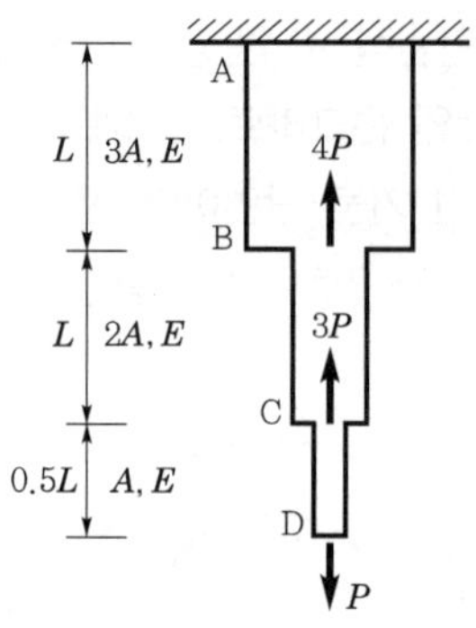

① $\dfrac{5PL}{2EA}$ ② $\dfrac{PL}{2EA}$

③ $\dfrac{PL}{EA}$ ④ $\dfrac{7PL}{3EA}$

⑤ $\dfrac{13PL}{6EA}$

해설
$$\delta_D = \frac{(4P)L}{E(3A)} - (3P)\left[\frac{L}{E(3A)} + \frac{L}{E(2A)}\right] + P\left[\frac{L}{E(3A)} + \frac{L}{E(2A)} + \frac{0.5L}{EA}\right] = -\frac{5PL}{2EA}(\uparrow)$$

34 그림과 같이 ac구간은 단면적이 $2A$, cd구간은 단면적이 A인 같은 재료의 봉이 있다. 하중 조건이 그림과 같을 때 점 d의 수평변위는? (단, E는 탄성계수이다) [11. 국가직 9급]

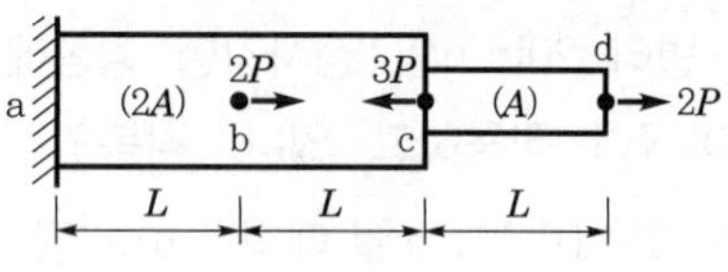

① 0 ② $\dfrac{PL}{EA}$

③ $\dfrac{2PL}{EA}$ ④ $\dfrac{3PL}{EA}$

해설
$$\delta_d = \delta_{bd} + \delta_{cd} + \delta_{dd} = \frac{(2P)L}{E(2A)} - \frac{(3P)(2L)}{E(2A)} + \frac{(2P)(2L)}{E(2A)} + \frac{(2P)(L)}{EA} = \frac{2PL}{EA}$$

정답 31 ① 32 ④ 33 ① 34 ③

35 축강성이 EA인 다음 강철봉의 C점에서의 수평변위는? [08. 국가직 9급]

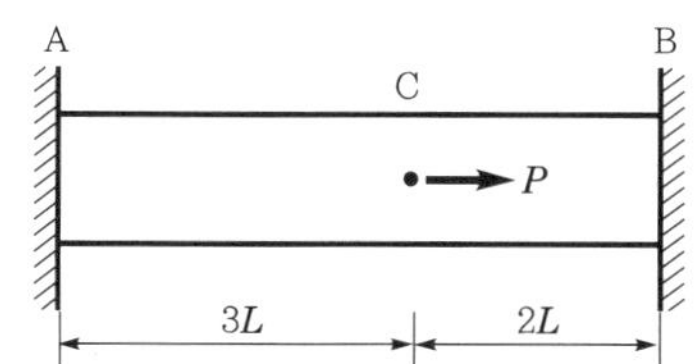

① $\dfrac{4PL}{5EA}$ ② $\dfrac{PL}{EA}$

③ $\dfrac{6PL}{5EA}$ ④ $\dfrac{7PL}{5EA}$

해설 AC부재의 강성도를 k_{ac}, BC부재의 강성도를 k_{bc}로 하면

$$\delta_c = \frac{P}{k_{ac}+k_{bc}} = \frac{P}{\dfrac{EA}{3L}+\dfrac{EA}{2L}} = \frac{6PL}{5EA}$$

36 그림과 같이 양단이 고정된 봉에 하중 P가 작용하고 있을 경우 옳지 않은 것은? (단, 각 부재는 동일한 재료로 이루어져 있고, 단면적은 각각 $3A$, $2A$, A이며, 보의 자중은 무시한다. 또한 응력은 단면에 균일하게 분포한다고 가정한다) [15. 국가직 9급]

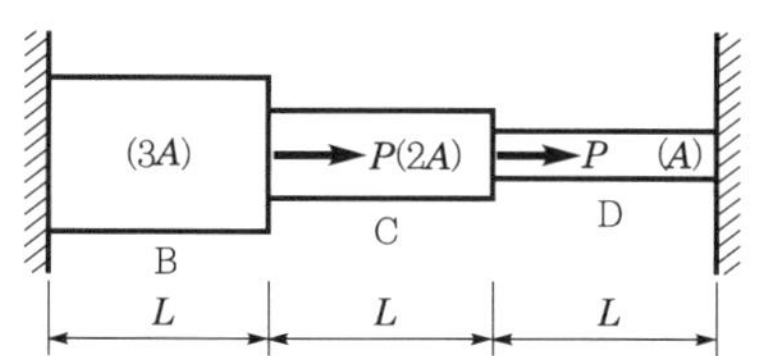

① B, C 부재의 축력 비는 15 : 4이다.

② D 부재에 발생하는 응력은 B 부재 응력의 $\dfrac{7}{5}$이다.

③ D 부재의 길이 변화량이 가장 크다.

④ 양 지점의 반력은 크기가 같고 방향이 반대이다.

해설 반력을 가정하고 먼저 구해야 한다.

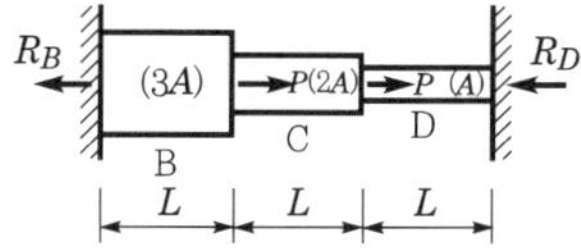

$$R_D = \frac{\dfrac{PL}{E(3A)}+\dfrac{PL}{E(3A)}+\dfrac{PL}{E(2A)}}{\dfrac{L}{E(3A)}+\dfrac{L}{E(2A)}+\dfrac{L}{EA}} = \frac{7P}{11}$$

$$R_B = 2P - \frac{7P}{11} = \frac{15P}{11}$$

㉠ B부재의 축력 $F_B = R_B = \dfrac{15P}{11}$,

C부재의 축력 $F_C = P - \dfrac{15P}{11}$

$= \dfrac{4P}{11}$ (압축)

㉡ B부재의 응력

$$\sigma_B = \frac{R_B}{3A} = \frac{\dfrac{15P}{11}}{3A} = \frac{5P}{11A}$$

D부재의 응력

$$\sigma_D = \frac{R_D}{A} = \frac{\dfrac{7P}{11}}{A} = \frac{7P}{11A} = \frac{7}{5}\sigma_B$$

㉢ B부재의 변형량

$$\delta_B = \frac{\left(\dfrac{15P}{11}\right)(L)}{E(3A)} = \frac{5PL}{11EA}$$

C부재의 변형량

$$\delta_C = \frac{\left(\dfrac{4P}{11}\right)(L)}{E(2A)} = \frac{2PL}{11EA}$$

D부재의 변형량

$$\delta_D = \frac{\left(\dfrac{7P}{11}\right)(L)}{E(A)} = \frac{7PL}{11EA}$$

37 그림에 주어진 봉은 AB면을 따라 접착되어 있다. 접착면의 허용압축응력은 9MPa, 허용전단응력은 $2\sqrt{3}$MPa일 때 접착면이 안전하기 위한 봉의 최소면적[mm²]은? [15. 서울시 9급]

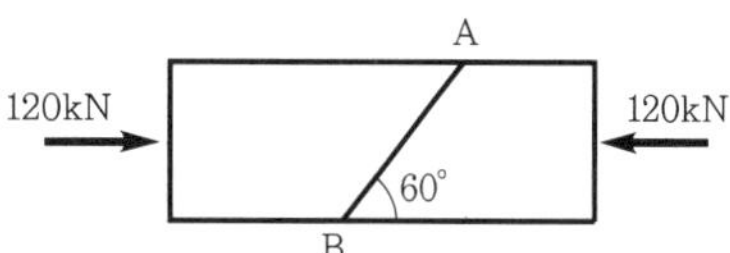

① 10,000 ② 12,000

③ 15,000 ④ 16,000

해설 ㉠ 압축응력에 의한 면적

여기서 θ은 연직각으로 30°가 된다.

$$\sigma_\theta = -\sigma_x \cos^2\theta = \frac{P}{A}\cos^2 y$$

정답 35 ③ 36 ④ 37 ③

$$A=\frac{P}{\sigma_a}(\cos 30°)^2$$
$$=\frac{120\times10^3}{9}\times\left(\frac{\sqrt{3}}{2}\right)^2$$
$$=10{,}000\text{mm}^2$$

㉡ 전단응력에 의한 면적

$$\tau_\theta=-\frac{\sigma_x}{2}\sin 2\theta=\frac{P}{24}\sin 2\theta$$
$$A=\frac{P}{2\tau_a}\sin 60°$$
$$=\frac{120\times10^3}{2\times2\sqrt{3}}\times\left(\frac{\sqrt{3}}{2}\right)$$
$$=15{,}000\text{mm}^2$$

38 길이가 1m이고 한 변의 길이가 10cm인 정사각형 단면부재의 양끝이 고정되어 있다. 온도가 10°C 상승했을 때 부재 단면에 발생하는 힘은? (단, 탄성계수 $E=2\times10^5$MPa, 선팽창계수 $\alpha=10^{-5}$/°C이다) [14. 서울시 9급]

① 150kN ② 200kN
③ 250kN ④ 300kN
⑤ 350kN

해설 $R_1=\alpha\cdot\Delta T\cdot EA$
$=10^{-5}\times10\times2\times10^5\times(100\times100)$
$=200{,}000\text{N}=200\text{kN}$

39 수직으로 매달린 단면적이 0.001m^2인 봉의 온도가 20°C에서 40°C까지 균일하게 상승되었다. 탄성계수(E)는 200GPa, 선팽창계수(α)는 1.0×10^{-5}/°C일 때, 봉의 길이를 처음 길이와 같게 하려면 봉의 하단에서 상향 수직으로 작용해야 하는 하중의 크기[kN]는? [14. 지방직 9급]

① 10 ② 20
③ 30 ④ 40

해설 $P=R_T=\alpha\cdot\Delta T\cdot EA$
$=1.0\times10^{-5}\times(40-20)\times200\times10^3\times0.001\times(1{,}000)^2$
$=40{,}000\text{N}=40\text{kN}$

40 그림과 같이 양단이 고정된 균일한 단면의 강봉이 온도하중($\Delta T=30°\text{C}$)을 받고 있다. 강봉의 탄성계수 $E=200\text{GPa}$, 열팽창계수 $\alpha=1.2\times10^{-6}$/°C일 때, 강봉에 발생하는 응력[MPa]은? (단, 강봉의 자중은 무시한다) [11. 지방직 9급]

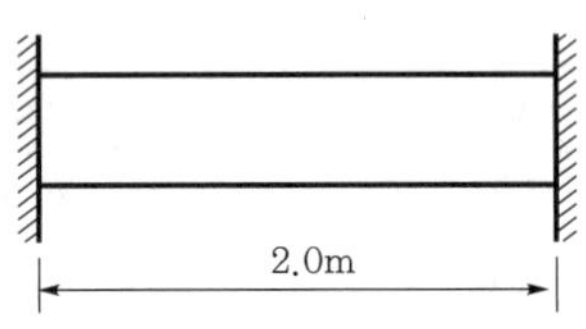

① 3.6 ② 7.2
③ 9.6 ④ 14.4

해설 $\sigma_x=\alpha\cdot\Delta T\cdot E=1.2\times10^{-6}\times30\times2\times10^5$
$=7.2\text{MPa}$

41 다음 그림에서 두 재료 A, B의 열팽창계수는 α_A, α_B이며, $\alpha_A=2\alpha_B$이다. 온도변화에 의해 발생한 온도응력을 각각 σ_A, σ_B라 하면 두 재료의 온도응력의 관계는? (단, 두 재료의 단면적과 탄성계수는 서로 같다)

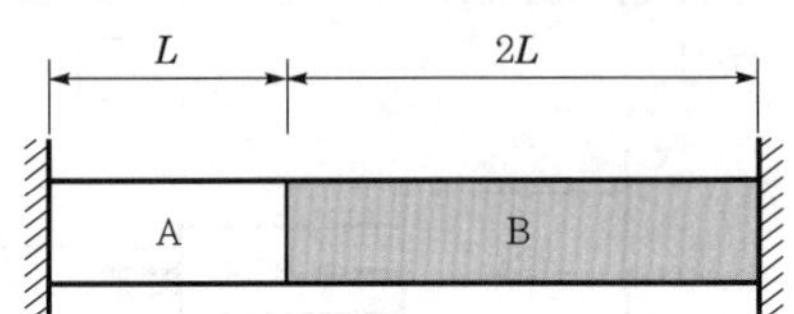

① $\sigma_A=\sigma_B$ ② $\sigma_A=-\sigma_B$
③ $\sigma_A=2\sigma_B$ ④ $2\sigma_A=-\sigma_B$

해설 ㉠ ΔT에 의한 변형량
$$\delta_T=\alpha_A\cdot\Delta T\cdot L+\alpha_B\cdot\Delta T\cdot 2L$$
$$=4\alpha_B\cdot\Delta T\cdot L$$
㉡ 온도반력에 의한 변형량
$$\delta_T=\frac{R_T(3L)}{EA}=\frac{3R_TL}{EA}$$
㉢ 온도반력
$$\delta_R=\delta_T$$
$$\frac{3R_TL}{EA}=4\alpha_B\cdot\Delta T\cdot L$$
$$R_T=\frac{4}{3}\alpha_B\cdot\Delta T\cdot EA$$
동일한 반력을 갖고 있으므로 부재에는 동일 축력이 작용한다.

정답 38 ② 39 ④ 40 ② 41 ①

42 그림과 같이 하단부에 고정된 길이 10m의 기둥이 천장과 1mm의 간격을 두고 놓여 있다. 만약 온도가 기둥 전체에 대해 균일하게 20°C 상승하였을 경우, 이 기둥의 내부에 발생하는 압축응력[MPa]은? (단, 재료는 균일하며, 열팽창계수 $\alpha = 1 \times 10^{-5}/°C$, 탄성계수 $E = 200\text{GPa}$이다. 또한 기둥의 자중은 무시하며, 기둥의 길이는 간격에 비해 충분히 긴 것으로 가정한다)

[15. 국가직 9급]

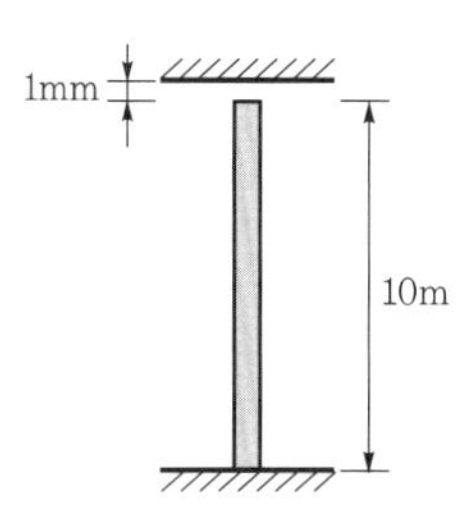

① 10 ② 20
③ 30 ④ 40

해설 ㉠ 1mm를 상쇄시키는 온도변화량

$$\Delta t = \frac{\delta_0}{\alpha \cdot L} = \frac{1}{1 \times 10^{-5} \times 10 \times 10^3} = 10°C$$

㉡ 온도응력

$$\sigma_t = \alpha \cdot \Delta T \cdot E$$
$$= 1 \times 10^{-5} \times (20-10) \times 200 \times 10^3 = 20\text{MPa}$$

43 다음 그림과 같이 강봉이 우측 단부에서 1.0mm 벌어져 있다. 온도가 50°C 상승하면 강봉에 발생하는 응력[MPa]의 크기는? (단, $E = 2.0 \times 10^6\text{MPa}$, $\alpha = 1.0 \times 10^{-5}/°C$이다)

[15. 서울시 9급]

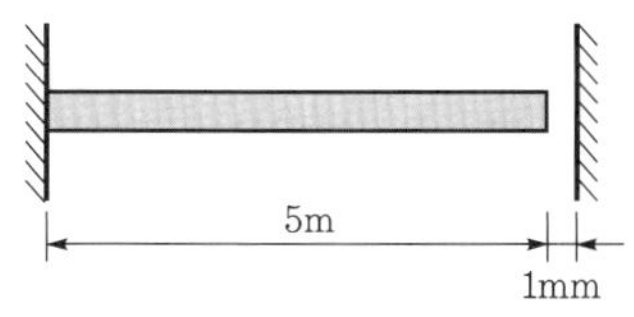

① 500 ② 600
③ 700 ④ 800

해설 ㉠ 시공오차 상쇄온도(T_0)

$$T_0 = \frac{\Delta}{\alpha \times L} = \frac{1}{1 \times 10^{-5} \times 5{,}000} = 20°C$$

즉 20°C가 상승하면 시공오차는 제거된다.

㉡ 강봉의 응력

$$\sigma_T = \alpha \cdot (\Delta T - T_0) \cdot E$$
$$= 1 \times 10^{-5} \times (50-20) \times 2 \times 10^6$$
$$= 600\text{MPa}$$

44 다음 그림에서 FE는 강체이고, AB, CD는 케이블이다. 케이블 AB의 부재력은?

[05. 국가직 9급]

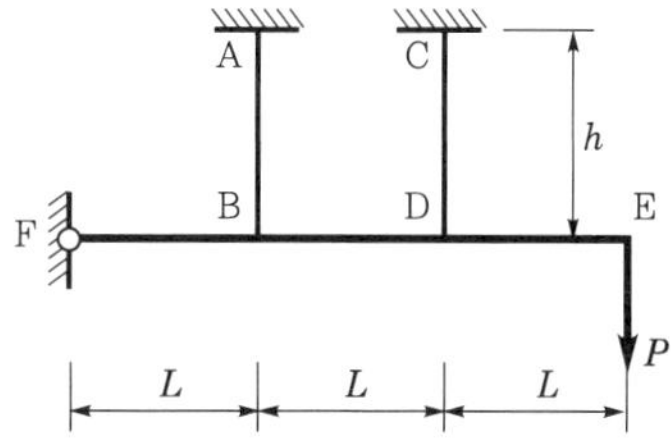

① $\frac{3}{5}P$ ② $\frac{4}{5}P$
③ $\frac{6}{5}P$ ④ P

해설 ㉠ 힘의 평형조건식

AB케이블의 장력: F_1

CD케이블의 장력: F_2

$\Sigma M_F = 0$,

$-F_1 \times L - F_2 \times 2L + P \times 3L = 0$

$\therefore F_1 + 2F_2 - 3P = 0$

㉡ 변위의 적합조건식

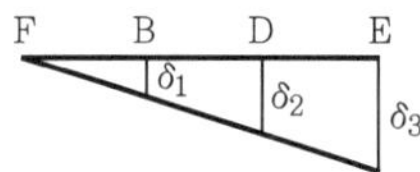

$\delta_2 = 2\delta_1$

δ와 축력 F는 비례관계에 있으므로

$F_2 = 2F_1$

이를 힘의 평형조건식에 대입하여 정리하면

㉢ 케이블의 장력

$F_1 = \frac{3}{5}P$, $F_2 = \frac{6}{5}P$

정답 42 ② 43 ② 44 ①

45 다음 <그림 1>과 같은 트러스 구조물에 수직하중 P가 작용하고 있다. 그리고 모든 트러스 부재에 대한 하중(P)-변위(δ) 곡선은 <그림 2>와 같다. 이 구조물이 지지할 수 있는 극한 수직하중 P는? (단, 모든 부재의 탄성계수 E와 단면적 A는 동일하고, 모든 부재는 미소변형 거동을 한다) [10. 국가직 9급]

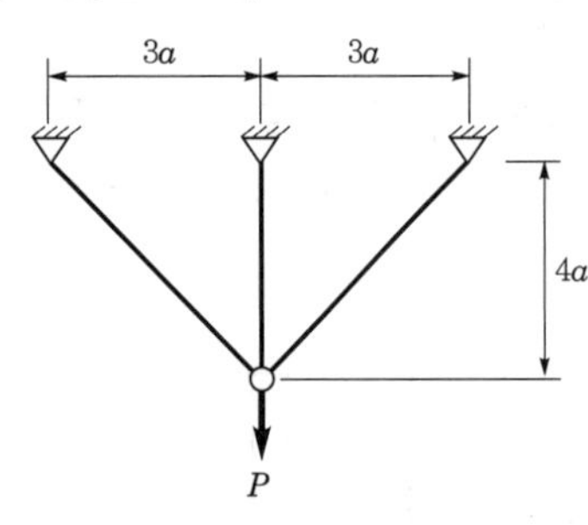

〈그림 1〉

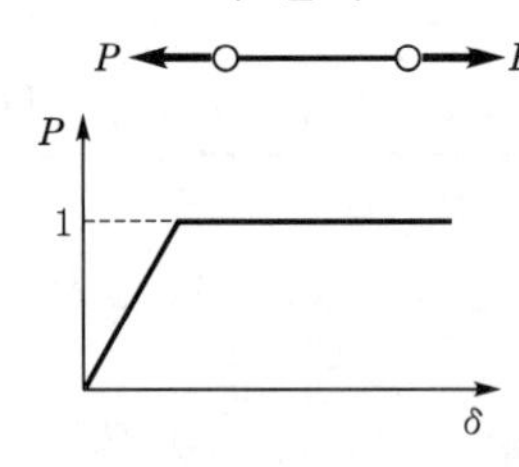

〈그림 2〉

① $\frac{13}{5}$ ② 3

③ $\frac{11}{5}$ ④ $\frac{3}{5}$

해설

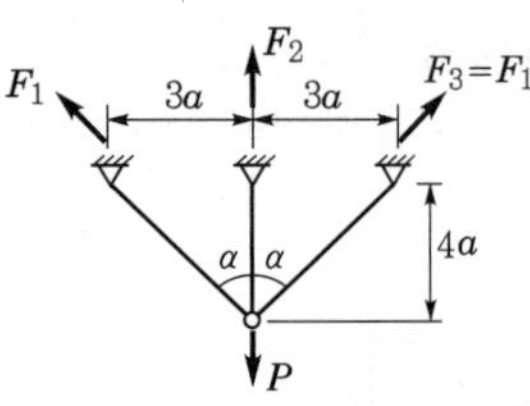

$\Sigma V=0,\ 2F_1\cos\alpha+F_2=P$

에서 극한하중은 모든 부재가 항복할 경우이다. 현재 항복하중 $P_y=1$이다.

$2P_y\cos\alpha+P_y=P_u$

$P_u=2\times1\times\frac{4}{5}+1=\frac{13}{5}$

46 재질과 단면적이 동일한 트러스부재 A, B, C가 강체에 연결되어 있다. 그림과 같은 하중이 강체에 가해질 때 트러스부재 A에 작용하는 축력은? (단, 미소변형이고, 횡방향변위는 없는 것으로 가정한다) [14. 국회 9급]

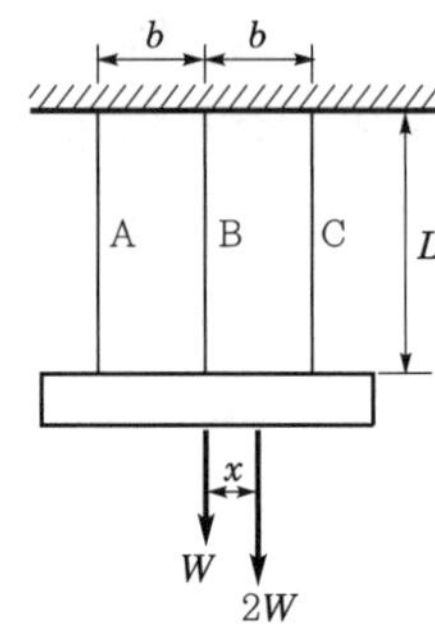

① W ② $1.5W$

③ $\frac{W(b+x)}{b}$ ④ $\frac{W(b-x)}{b}$

⑤ $\frac{W(b\times x)}{b}$

해설

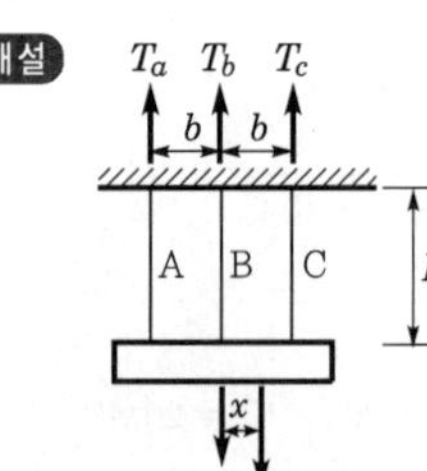

㉠ $\Sigma V=0,\ \ T_a+T_b+T_c=3W$

㉡ $\Sigma M_B=0,$

$T_a\times b+2W\times x-T_c\times b=0$

$T_a-T_c=-\frac{2Wx}{b}$

㉢ 강체변위도

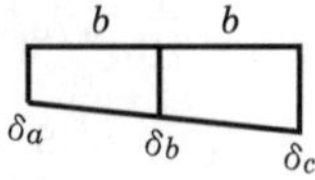

트러스부재의 변형량,

$\delta=\frac{TL}{EA}$에서 $\delta\propto T$이므로

$\delta_b=\frac{\delta_a+\delta_c}{2}$이므로

$T_b=\frac{T_a+T_c}{2}$가 된다.

이 관계식을 ㉠에 대입하면

정답 45 ① 46 ④

$$T_a + \frac{T_a + T_c}{2} + T_c = 3W$$

$$T_a + T_c = 2W$$

위의 ㉢식과 ㉡식을 연립하면

$$2T_a = -\frac{2Wx}{b} + 2W$$

$$2T_a = \frac{2W(b-x)}{b}$$

$$T_a = \frac{W(b-x)}{b}$$

47 다음 그림과 같은 수평한 강성보(rigid beam) AB가 길이가 다른 2개의 강봉으로 A와 B에서 핀으로 연결되어 있다. 연직하중 P가 강성보 AB 사이에 작용할 때 강성보 AB가 수평을 유지하기 위한 연직하중 P의 작용위치 X는? (단, 두 개 강봉의 단면적과 탄성계수는 동일하다) [10. 지방직 9급]

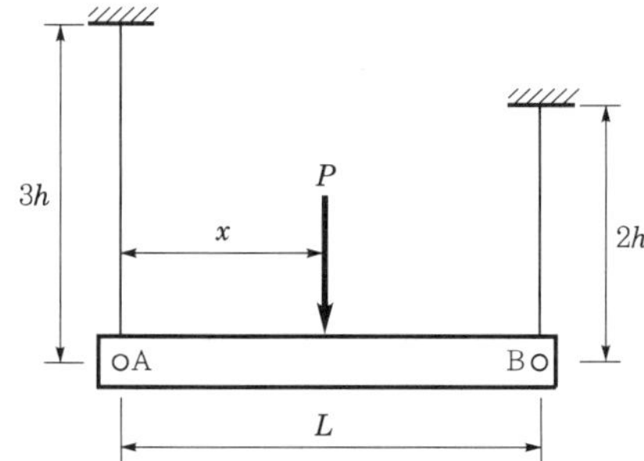

① 0.3L ② 0.4L

③ 0.5L ④ 0.6L

해설 ㉠ 강봉의 인장력

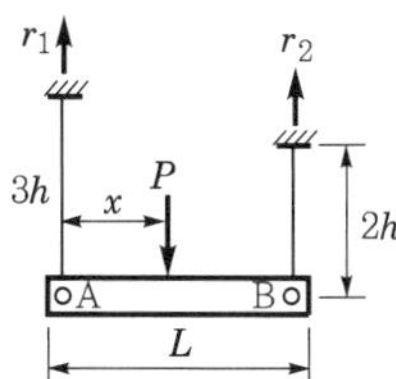

수평을 이루기 위해서는 강봉변위가 같아야 함

$\delta = \frac{T \cdot h}{EA}$에서 $\frac{1}{h}$에 비례

$$T_1 = \frac{2h}{3h+2h}P = \frac{2}{5}P$$

$$T_2 = \frac{3h}{3h+2h}P = \frac{3}{5}P$$

㉡ x의 위치

$\Sigma M_A = 0$, $(P \times x) - (T_2 \times L) = 0$

$$P \cdot x - \frac{3P}{5} \times L = 0$$

$$x = \frac{3L}{5} = 0.6L$$

48 다음과 같은 강체보에서 지점 간의 상대적 처짐이 없는 경우 A, B지점에 있는 스프링 상수의 비율(k_1/k_2)은? (단, 강체보의 자중은 무시한다) [14. 지방직 9급]

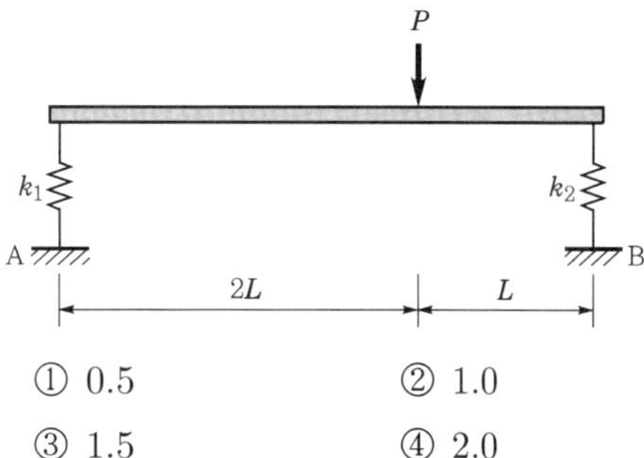

① 0.5 ② 1.0

③ 1.5 ④ 2.0

해설 A와 B점의 처짐량이 같다는 것이다.

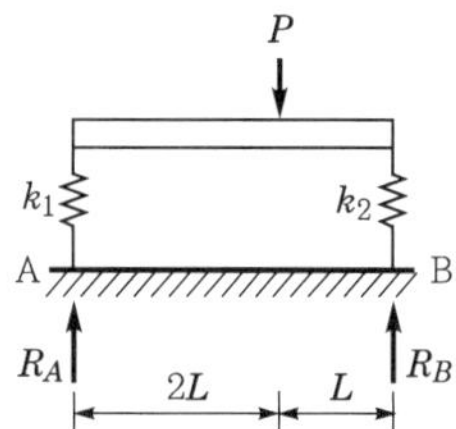

㉠ 반력계산

$$R_A = \frac{P \times L}{3L} = \frac{P}{3}$$

$$R_B = \frac{P \times 2L}{3L} = \frac{2P}{3}$$

㉡ k_1/k_2 계산: 상대처짐이 없으므로

$\delta_A = \delta_B$이다. 따라서 $\frac{R_A}{k_1} = \frac{R_B}{k_2}$

$$\frac{k_1}{k_2} = \frac{R_A}{R_B} = \frac{\frac{P}{3}}{\frac{2P}{3}} = \frac{1}{2} = 0.5$$

정답 47 ④ 48 ①

49 용수철이 그림과 같이 연결된 경우 전체의 용수철계수 k값은? [14. 서울시 9급]

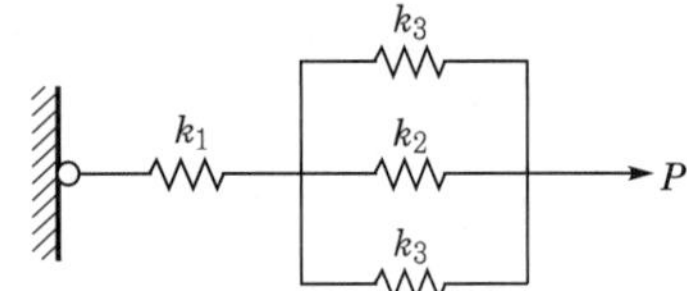

① $\dfrac{k_1(k_2+2k_3)}{k_1+k_2+2k_3}$

② $k_1+\dfrac{k_1(k_2+2k_3)}{k_1+k_2+2k_3}$

③ $k_1+\dfrac{k_2k_3k_3}{2k_2k_3+k_3k_3}$

④ $k_1+\dfrac{k_2k_3k_3}{k_2k_3+2k_3k_3}$

⑤ $k_1+\dfrac{2k_2k_3k_3}{2k_2k_3+k_3k_3}$

해설
- k_2와 k_3는 병렬연결
  k_2+k_3=등가스프링
- k_1과 k_2, k_3는 직렬연결
  따라서 등가스프링은

$$\frac{1}{k}=\frac{1}{k_1}+\frac{1}{k_2+2k_3}=\frac{k_2+2k_3+k_1}{k_1(k_2+2k_3)}$$

$$k=\frac{k_1(k_2+2k_3)}{k_2+2k_3+k_1}$$

50 다음과 같이 동일한 스프링 3개로 지지된 강체 막대기에 하중 W를 작용시켰더니 A, B, C점의 수직변위가 아래 방향으로 각각 δ, 2δ, 3δ였다. 하중 W의 작용 위치 d[m]는? (단, 자중은 무시한다) [15. 지방직 9급]

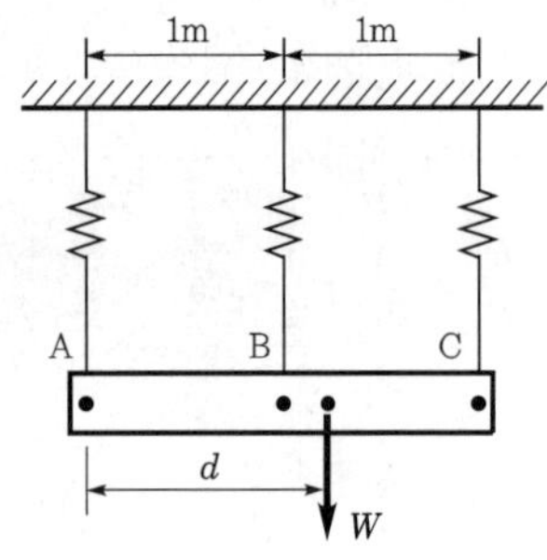

① $\dfrac{3}{2}$　　② $\dfrac{7}{6}$

③ $\dfrac{5}{3}$　　④ $\dfrac{4}{3}$

해설 강체의 변위도로부터 구한다.

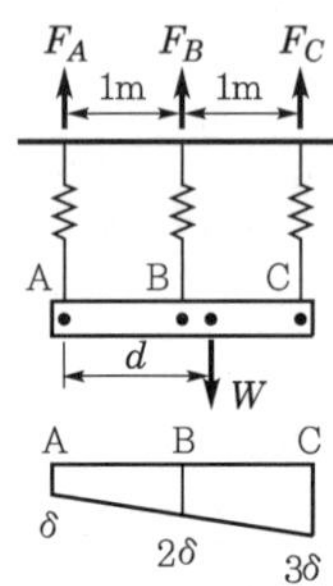

스프링의 축력과 강체막대기 자중은 다음과 같다.

$F_A=k\delta$

$F_B=k(2\delta)=2k\delta$

$F_C=k(3\delta)=3k\delta$

따라서 막대가 자중,

$W=F_A+F_B+F_C=6k\delta$

$\Sigma M_A=0$,

$-F_B\times1-F_C\times2+W\times d=0$

$-2k\delta\times1-3k\delta\times2+6k\delta\times d=0$

$d=\dfrac{4}{3}$m

51 다음 그림에서 봉 ABC는 강체(rigid body)이고, 현 BD의 축강성 $k=20{,}000$kN/m이다. 이때 C점의 처짐량[mm]은? (단, 부재의 자중은 무시한다) [12. 지방직 9급]

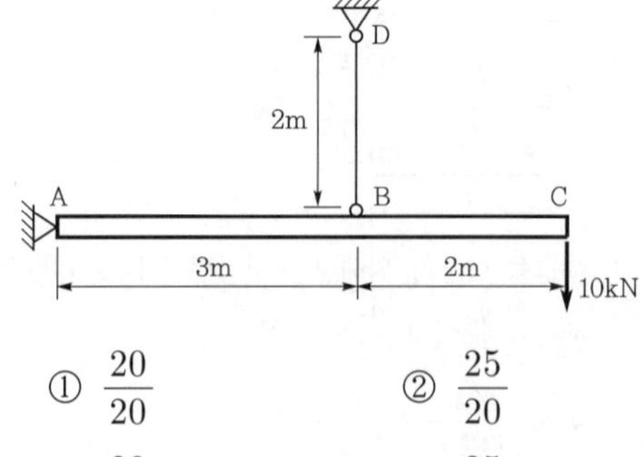

① $\dfrac{20}{20}$　　② $\dfrac{25}{20}$

③ $\dfrac{20}{18}$　　④ $\dfrac{25}{18}$

정답 49 ① 50 ④ 51 ④

해설 ㉠ D점의 수직반력

$$R_D = \frac{10\times5}{3} = \frac{50}{3}\text{kN}(\uparrow)$$

㉡ 현의 늘음량

$$\delta_B = \frac{R_D}{k} = \frac{\frac{50}{3}}{20{,}000} = \frac{5}{6{,}000}\text{m} = \frac{5}{6}\text{mm}$$

㉢ C점의 처짐량

$$\delta_C = \frac{5}{3}\delta_B = \frac{5}{3}\times\frac{5}{6} = \frac{25}{18}\text{mm}$$

52 그림과 같이 길이 L, 축강성 EA이며, 수평면과 기울기 θ를 이루고 있는 2개의 축부재 ac와 bc가 스프링 상수 k인 연직스프링 cd와 절점 c에서 연결된 트러스가 있다. 절점 c에 연직하중 P가 작용할 때, 절점 c의 연직 처짐은? (단, 스프링 상수는 $k = \frac{EA}{L}$이다) [11. 국가직 9급]

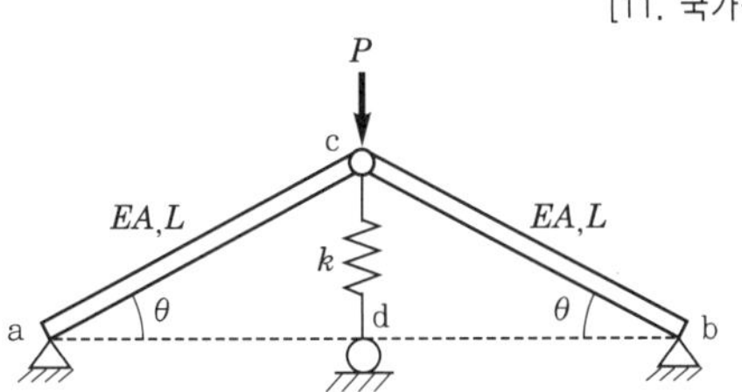

① $\frac{P}{2k(\sin^3\theta+1)}$　② $\frac{P}{k(2\sin^3\theta+1)}$

③ $\frac{P}{k(2\sin^2\theta+1)}$　④ $\frac{P}{2k(\sin^2\theta+1)}$

해설 ㉠ 기본구조물에 실하중 P가 작용할 때 c점의 연직처짐(δ_1)

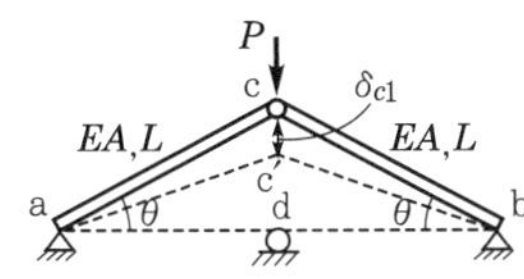

$$\delta_{c1} = \frac{PL}{2EA\sin^2\theta} = \frac{P}{2k\sin^2\theta}(\downarrow)$$

㉡ 기본구조물에 반력 F가 작용할 때 c점의 연직처짐(δ_{c2})

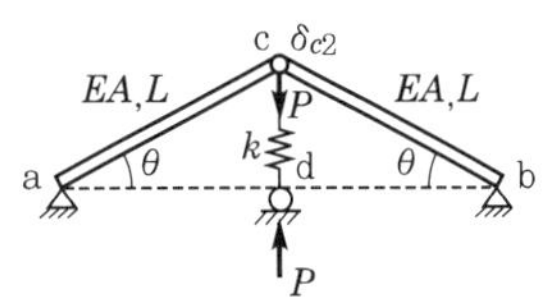

$$\delta_{c2} = \frac{FL}{2EA\sin^2\theta} = \frac{F}{2k\sin^2\theta}(\uparrow)$$

㉢ 변위의 적합조건식

$$\delta_{c1} - \delta_{c2} = \frac{F}{k},\ F = \frac{P}{2\sin^2\theta+1}$$

$$\delta_c = \frac{F}{k} = \frac{P}{k(2\sin^2\theta+1)}$$

53 다음 그림과 같은 변단면 강봉 ABC가 하중 $P = 20\text{kN}$을 받고 있을 때, 강봉 ABC의 변형에너지[N · mm]는? (단, 탄성계수 $E = 200\text{GPa}$, 원주율 π는 3으로 계산한다) [13. 지방직 9급]

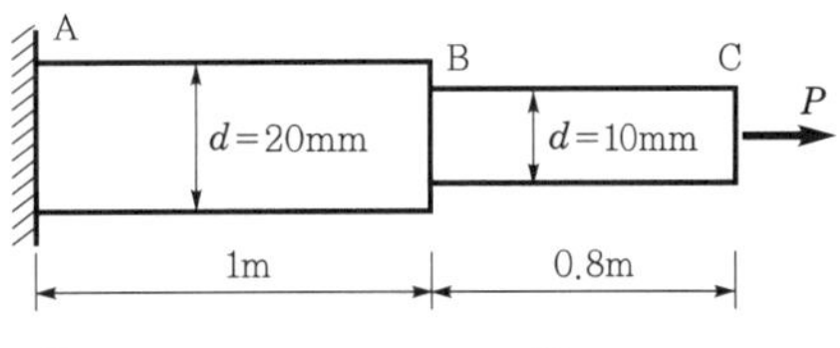

① 12,000　② 13,000

③ 14,000　④ 15,000

해설
$$U = \frac{P^2L_{AB}}{2E(4A)} + \frac{P^2L_{BC}}{2EA} = \frac{P^2}{2EA}\left(\frac{L_{AB}}{4} + L_{BC}\right)$$
$$= \frac{(20\times10^3)^2}{2\times200\times10^3\times\frac{3\times10^2}{4}}\left(\frac{1{,}000}{4}+800\right)$$
$$= 14{,}000\text{N}\cdot\text{mm}$$

54 그림과 같은 단면이 640kN의 축방향력을 받을 때 두께 t[mm]는? (단, $\sigma_a = 100\text{MPa}$)

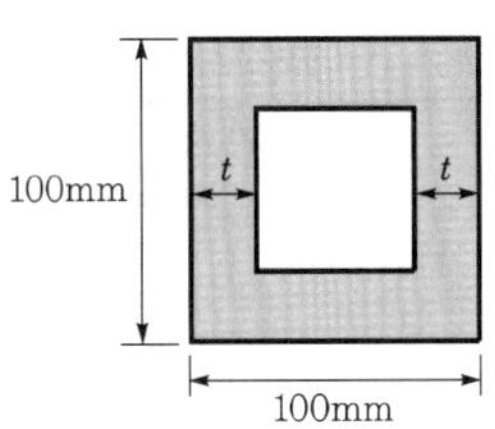

① 10　② 20

③ 30　④ 40

정답 52 ③ 53 ③ 54 ②

해설 $\sigma_a = \dfrac{P}{A}$에서

$A = \dfrac{P}{\sigma_a} = \dfrac{640\times10^3}{100} = 6,400\text{mm}^3$

전체 단면적

$100^2 - (10-2t)^2 = 6,400$

$10,000 - (10,000 - 400t + 4t^2) = 6,400$

$4t^2 - 400t + 6,400 = 0$

$t^2 - 100t + 1,600 = 0$

$(t-20)(t-80) = 0$

$t = 20\text{mm}$

55 그림과 같이 두 장의 철판을 지름 20mm의 리벳 2개로 접합한다. 여기서 리벳 허용 전단응력 80MPa일 때 인장력[kN]은 어느 정도 줄 수 있는가?

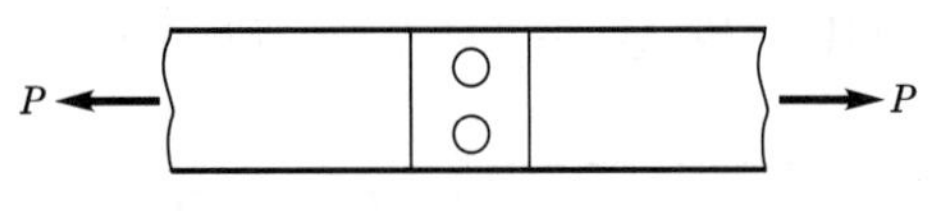

① 30.3 ② 40.3

③ 50.3 ④ 60.3

해설 허용 전단응력, $\tau_a = \dfrac{P}{A}$에서

2개의 리벳을 사용하므로

$\therefore P = 2\tau_a \cdot A = 2\times80\times\dfrac{\pi\times20^2}{4}$

$= 50,265\text{N}$

$= 50.3\text{kN}$

56 다음과 같이 리벳의 지름이 25mm, 강판의 두께가 10mm인 리벳 연결에서 지압응력도[MPa]는?

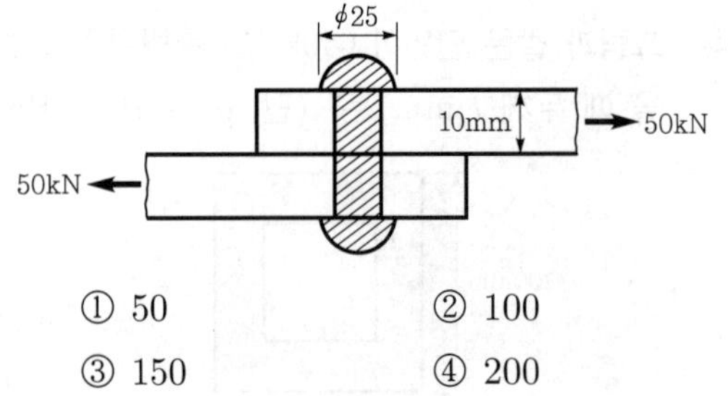

① 50 ② 100

③ 150 ④ 200

해설 지압응력

$\sigma_b = \dfrac{P}{A} = \dfrac{P}{d\cdot t} = \dfrac{50\times10^3}{25\times10}$

$= 200\text{MPa}$

57 다음 그림과 같이 강철판을 지름 2cm인 리벳으로 접합시킬 때 리벳의 허용 전단응력을 $\tau_a = 100\text{MPa}$로 하면 이 리벳의 전단력[kN]의 한도는?

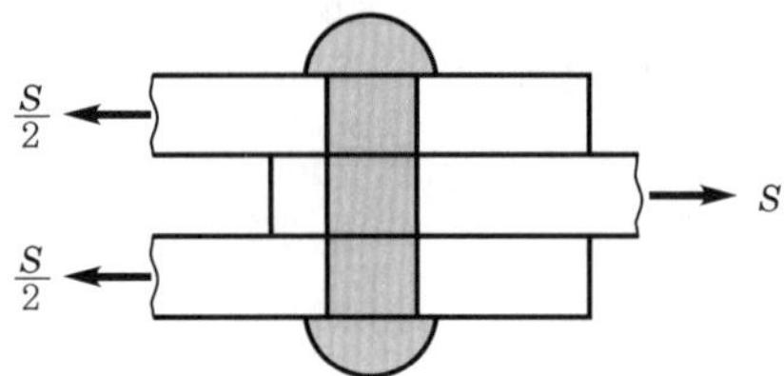

① 31.4 ② 36.8

③ 43.5 ④ 62.8

해설 2면 전단이 발생하므로 $\tau_a = \dfrac{S}{2A}$

$\therefore S = 2\tau_a \cdot A$

$= 2\times100\times\dfrac{\pi\times20^2}{4}$

$= 62.832\text{N}$

$= 62.8\text{kN}$

58 선팽창 계수 $\alpha = 12\times10^{-6}/℃$이고, 탄성계수 $E = 2\times10^5\text{MPa}$인 양단고정된 부재가 5℃ 온도상승할 때 생기는 온도응력[MPa]은?

① 12(인장) ② 12(압축)

③ 16(인장) ④ 16(압축)

해설 온도응력

$\sigma_T = \alpha\cdot\Delta T\cdot E$

$= 12\times10^{-6}\times5\times2\times10^5$

$= 120\text{MPa}$(압축)

양단고정부재에 온도가 증가하면 부재는 압축을 받고 온도가 하강하면 부재는 인장을 받는다.

59 다음 그림과 같이 봉의 양단이 고정지지되어 있다. 봉의 온도가 40℃ 상승하였을 때 양 끝단에 발생하는 수평반력의 크기[kN]는? (단, 봉의 단면적 $A = 100\text{cm}^2$, 탄성계수 $E = 2.0\times10^6\text{N/cm}^2$, 열팽창계수 $\alpha = 1.1\times10^{-5}/℃$이다) [10. 지방직 9급]

정답 55 ③ 56 ④ 57 ④ 58 ② 59 ④

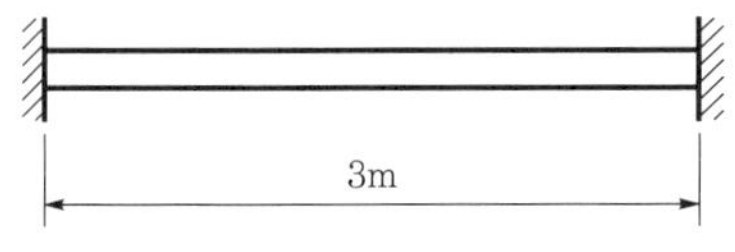

① 22 ② 44

③ 66 ④ 88

해설 온도반력

$R_t = \alpha \cdot \Delta T \cdot E \cdot A$

$= 1.1 \times 10^{-5} \times 40 \times 2 \times 10^6 \times 100$

$= 88,000\text{N} = 88\text{kN}$

60 길이가 100m이고 한 변의 길이가 1cm인 정사각형 단면 봉의 온도가 100℃ 하강하여 축방향 변형이 발생되었다. 발생된 변형을 제거하기 위하여 봉에 작용시켜야 하는 축방향 하중은? (단, 봉의 탄성계수 $E = 200\text{GPa}$, 온도선팽창계수 $\alpha = 1.0 \times 10^{-5}/℃$)[09. 국가직 9급]

① 20kN(압축) ② 20kN(인장)

③ 200N(압축) ④ 200N(인장)

해설 $\delta_T = \delta_P$에서

$\alpha \cdot \Delta T \cdot L = \frac{PL}{EA}$

$P = \alpha \cdot \Delta T \cdot EA$

$= (1 \times 10^{-5}) \times (100) \times (200 \times 10^3) \times (10 \times 10)$

$= 20,000\text{N} = 20\text{kN}$(인장)

61 안쪽 반지름 $r = 200\text{mm}$, 두께 $t = 10\text{mm}$인 구형 압력용기의 허용 인장응력(σ_a) 100MPa, 허용 전단응력(τ_a)이 30MPa인 경우, 이 용기의 최대 허용압력[MPa]은? (단, 구형 용기의 벽은 얇고 r/t의 비는 충분히 크다. 또한 구형 용기에 발생하는 응력 계산시 안쪽 반지름을 사용한다) [15. 국가직 9급]

① 6 ② 8

③ 10 ④ 12

해설 ㉠ 인장응력 검토

$\sigma_1 = \frac{pr}{2t} = \sigma_a$

$p = \frac{2t}{r}\sigma_a = \frac{2 \times 10}{200} \times 100 = 10\text{MPa}$

㉡ 전단응력 검토

평면 내에서 최대 전단응력에 대해서 검토한다.

$\tau_{\max} = \frac{\sigma_1 - \sigma_2}{2} = \frac{pr}{4t} = \tau_a$

$p = \frac{4t}{r}\tau_a = \frac{4 \times 10}{200} \times 30 = 6\text{MPa}$

따라서 최대 허용압력은 6MPa이다.

62 두께가 얇은 원통형 압력용기가 10MPa의 내부압력을 받고 있다. 이 압력용기의 바깥지름은 30cm이며, 허용응력이 90MPa일 경우, 필요로 하는 최소 두께[mm]는? [11. 지방직 9급]

① 12 ② 15

③ 18 ④ 20

해설 원환응력, $\sigma = \frac{pr}{t} = \frac{pd}{2t}$에서 r은 내반경이고, d는 내직경이다. 바깥쪽 지름 D, 바깥쪽 반지름 R, 두께 t로 한다.

$r = R - t$

$\sigma = \frac{pr}{t} = \frac{p(R-t)}{t} = \frac{pR}{t} - p$

$\sigma + p = \frac{pR}{t}$

$t = \frac{pR}{\sigma_a + p} = \frac{10 \times 150}{90 + 10} = 15\text{mm}$

63 변형률이 0.0002일 때 줄어든 길이가 0.06cm이었다. 이 강봉의 변형 전의 길이[m]는?

① 1 ② 2

③ 3 ④ 4

해설 $\varepsilon = \frac{\Delta l}{l}$,

$\therefore l = \frac{\Delta l}{\varepsilon} = \frac{0.06}{0.0002} = 30\text{cm} = 3\text{m}$

64 지름 100mm, 길이 250mm인 부재에 인장력을 작용시켰더니 지름은 99.8mm, 길이는 252mm로 변하였다. 이 부재 재료의 푸아송비는? [10. 지방직 9급]

정답 60 ② 61 ① 62 ② 63 ③ 64 ②

① 0.2 ② 0.25
③ 0.3 ④ 0.35

해설 $\nu = -\dfrac{\frac{\Delta d}{d}}{\frac{\Delta l}{l}} = -\dfrac{\Delta d}{\Delta El} \times \dfrac{l}{d} = -\dfrac{-0.2}{2} \times \dfrac{250}{100} = 0.25$

65 지름이 40mm이고 푸아송비가 $\nu = 0.4$, 탄성계수 $E = 200\text{GPa}$인 원형 강봉을 300kN으로 당길 때 줄어드는 지름의 변화량[mm]은? (단, 재료는 등방성이며, π는 3으로 한다) [14. 국회 9급]

① 0.002 ② 0.02
③ 0.025 ④ 0.04
⑤ 0.0025

해설 $\nu = \dfrac{\frac{\Delta D}{D}}{\frac{\Delta L}{L}} = \dfrac{\frac{\Delta D}{D}}{\frac{P}{EA}}$

$\Delta D = \dfrac{PD}{EA}\nu = \dfrac{300 \times 10^3 \times 40}{200 \times 10^3 \times \frac{3 \times 40^2}{4}} \times 0.4$

$= 0.02\text{mm}$

여기서, $\Delta L = \dfrac{PL}{EA}$에서 $\dfrac{\Delta L}{L} = \dfrac{P}{EA}$

66 지름 10mm의 원형단면을 갖는 길이 1m의 봉이 인장하중 $P = 15\text{kN}$을 받을 때, 단면 지름의 변화량[mm]은? (단, 계산시 π는 3으로 하고, 봉의 재질은 균일하며, 탄성계수 $E = 50\text{GPa}$, 푸아송비 $\nu = 0.3$이다. 또한 봉의 자중은 무시한다) [15. 국가직 9급]

① 0.006 ② 0.009
③ 0.012 ④ 0.015

해설 푸아송비 $\nu = -\dfrac{\frac{\Delta D}{D}}{\frac{\Delta L}{L}}$

$\dfrac{\Delta L}{L} = \dfrac{P}{EA}$

$\nu = -\dfrac{\frac{\Delta D}{D}}{\frac{\Delta L}{L}} = -\dfrac{\frac{\Delta D}{D}}{\frac{P}{EA}}$

$0.3 = -\dfrac{\frac{\Delta D}{10}}{\frac{15 \times 10^3}{50 \times 10^3 \times \frac{3 \times 10^2}{4}}}$

$\Delta D = -0.012\text{mm}$

67 다음과 같이 지름 10mm의 강봉에 3,000kN의 인장력이 작용하여 강봉의 지름이 0.4mm 줄어들었다. 이때 푸아송비(Poisson's ratio)는? (단, 강봉의 탄성계수는 $2.0 \times 10^5\text{MPa}$이고, π는 3으로 계산한다) [13. 국가직 9급]

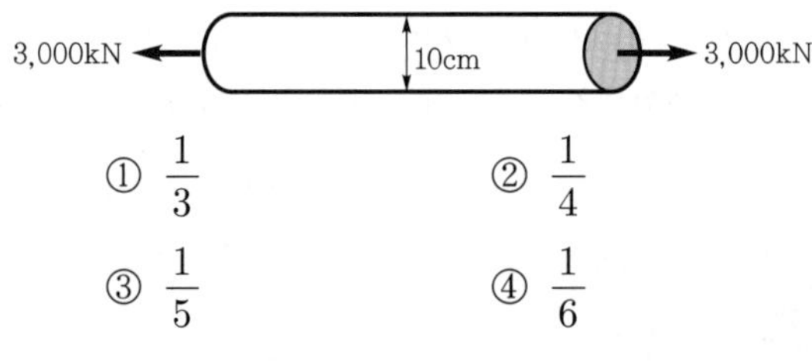

① $\dfrac{1}{3}$ ② $\dfrac{1}{4}$
③ $\dfrac{1}{5}$ ④ $\dfrac{1}{6}$

해설 $\sigma_x = \varepsilon_x E = \dfrac{\Delta l}{l}E$ 그리고 $\nu = \dfrac{\frac{\Delta d}{d}}{\frac{\Delta l}{l}}$

에서 $\dfrac{\Delta l}{l} = \dfrac{\Delta d}{\nu \cdot d}$이다.

$\sigma_x = \dfrac{\Delta l}{l}E$

$\dfrac{4P}{\pi d^2} = \dfrac{\Delta d}{\nu \cdot d}E$

$\nu = \dfrac{\pi \cdot d \cdot \Delta d}{4P}E$

$= \dfrac{3 \times 10 \times 0.4}{4 \times 3{,}000 \times 10^3} \times 2.0 \times 10^5$

$= 0.2 = \dfrac{1}{5}$

68 다음과 같은 원형단면봉이 인장력 P를 받고 있다. 다음 설명 중 옳지 않은 것은? (단, $P = 15\text{kN}$, $d = 10\text{mm}$, $L = 1.0\text{m}$, 탄성계수 $E = 200\text{GPa}$, 푸아송비 $\nu = 0.3$이고, 원주율 π는 3으로 계산한다) [15. 지방직 9급]

정답 65 ② 66 ③ 67 ③ 68 ③

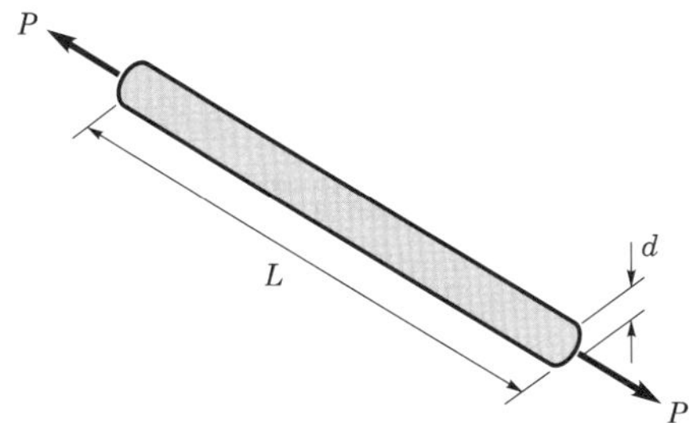

① 봉에 발생되는 인장응력은 약 200MPa이다.

② 봉의 길이는 약 1mm 증가한다.

③ 봉에 발생되는 인장변형률은 약 0.1×10^{-3}이다.

④ 봉의 지름은 약 0.003mm 감소한다.

해설 ㉠ 봉의 인장응력,

$$\sigma=\frac{P}{A}=\frac{4P}{\pi d^2}=\frac{4\times 15\times 10^3}{3\times 10^2}=200\text{MPa}$$

㉡ 봉의 길이변화량,

$$\Delta L=\frac{PL}{EA}=\frac{15\times 10^3\times 1\times 10^3}{200\times 10^3\times\frac{3\times 10^2}{4}}=1\text{mm 늘어난다.}$$

㉢ 봉에 발생되는 인장변형률,

$$\varepsilon_t=\frac{\sigma}{E}=\frac{P}{EA}=\frac{15\times 10^3}{200\times 10^3\times\frac{3\times 10^2}{4}}=0.1\times 10^{-2}$$

④ 봉의 지름변화량은 $\varepsilon_d=\nu\cdot\varepsilon_t$에서

$$\Delta d=\nu\varepsilon_t\times d=0.3\times 0.1\times 10^{-2}\times 10=0.003\text{mm 감소한다.}$$

69 전단응력 $\tau=51\text{MPa}$일 때 전단변형률은? (단, 전단탄성계수 $G=85{,}000\text{MPa}$)

① 0.00275 ② 0.0006

③ 0.1235 ④ 0.2805

해설 $\tau=\gamma G$에서

$$\gamma=\frac{\tau}{G}=\frac{51}{85{,}000}=0.0006$$

70 다음 그림과 바닥면이 고정되고 전단탄성계수가 G인 고무받침의 윗면에 전단력 V가 작용할 때 고무받침 윗면의 수평변위 d는? (단, 전단력은 고무받침 단면에 균일하게 전단되고 전단변형의 크기는 매우 작다고 가정한다)

[09. 국가직 9급]

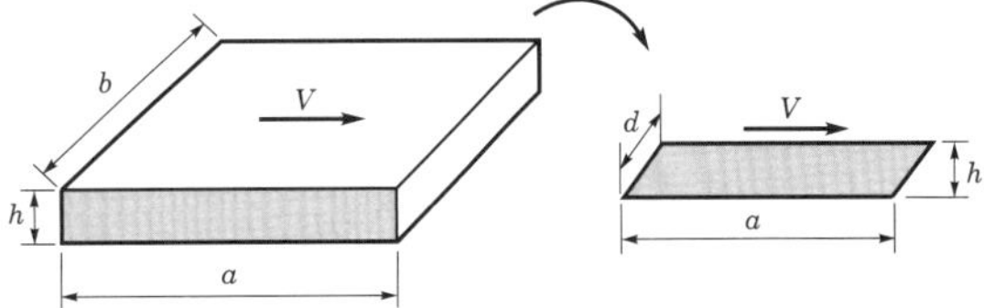

① $\dfrac{hV}{abG}$ ② $\dfrac{GV}{abh}$

③ $\dfrac{abV}{Gh}$ ④ $\dfrac{V}{abhG}$

해설 평균전단응력, $\tau=\dfrac{S}{ab}$

평균전단변형률, $\gamma=\dfrac{\tau}{G}=\dfrac{S}{abG}$

수평이동거리, $d=h\gamma=\dfrac{hV}{abG}$

71 20×20cm 단면, 길이 1m, 100kN의 압축력이 작용할 때 1mm 줄어든다고 한다면, 이때 탄성계수[MPa]는?

① 2,000 ② 2,500

③ 4,000 ④ 4,500

해설 $E=\dfrac{PL}{A\delta}=\dfrac{100\times 10^3\times 1{,}000}{200\times 200\times 1}=2{,}500\text{MPa}$

72 직경 20mm, 길이 3cm인 철근을 24kN의 힘으로 인장시키면 늘음량[cm]은? (단, 철근 탄성계수 $E=2\times 10^5\text{MPa}$, 원주율은 3으로 한다)

① 12 ② 0.12

③ 0.012 ④ 0.0012

정답 69 ② 70 ① 71 ② 72 ④

해설 $\delta=\frac{PL}{EA}=\frac{24\times10^3\times30}{2\times10^5\times\frac{3\times20^3}{4}}$

$=0.012\text{mm}=0.0012\text{cm}$

73 $30\text{cm}\times40\text{cm}\times2.0\text{m}$의 목주(木柱)에 $P=60\text{kN}$이 가해질 때 변형[mm]은? (단, 목재의 탄성계수 $E=8{,}000\text{MPa}$이다)

① 1.0　② 0.50
③ 0.250　④ 0.125

해설 $\delta=\frac{PL}{EA}=\frac{60\times10^3\times2{,}000}{8{,}000\times300\times400}$

$=0.125\text{mm}$

74 길이 100m의 철선에 20kN의 인장력을 주어 늘어난 길이가 10mm 이하로 하려면 단면적 $[\text{mm}^2]$의 크기를 얼마로 하면 되는가?

① 400　② 600
③ 800　④ 1,000

해설 $\delta=\frac{PL}{EA}\le10$

$A\ge\frac{PL}{10E}=\frac{20\times10^3\times100\times10^3}{10\times2\times10^5}$

$=1{,}000\text{mm}^2$

75 길이 $l=1\text{m}$, 지름 $d=20\text{mm}$인 봉재에 축력 P를 가했더니 변형이 80mm 생겼다. 이때 봉에 가해진 축하중[kN]의 크기는? (단, 재료의 탄성계수 $E=2\times10^5\text{MPa}$이다.)

① $1{,}600\pi$　② $1{,}400\pi$
③ $1{,}200\pi$　④ $1{,}000\pi$

해설 $P=\frac{EA}{l}\delta=\frac{2\times10^5\times\left(\frac{\pi\times20^2}{4}\right)}{1{,}000}\times80$

$=1{,}600{,}000\pi[\text{N}]=1{,}600\pi[\text{kN}]$

76 단면적이 5cm^2, 길이가 5m인 봉이 온도의 영향으로 탄성병형 1mm 늘어났다. 이 변형을 없애기 위해 작용시켜야 할 압축력의 크기[kN]는? (단, 탄성계수는 $E=2\times10^5\text{MPa}$이다)

[10. 국가직 9급]

① 10　② 20
③ 30　④ 40

해설 $P=\frac{EA}{L}\delta=\frac{2\times10^5\times(5\times10^2)}{5\times10^3}\times1$

$=20{,}000\text{N}=20\text{kN}$

77 다음 그림과 같은 단면적 1cm^2, 길이 1m 철근 AB부재가 있다. 이 철근이 최대 $\delta=1.0\text{cm}$ 늘어날 때 이 철근의 허용하중 $P[\text{kN}]$는? (단, 철근의 탄성계수(E)는 $2.1\times10^4\text{kN/cm}^2$로 한다)

[06. 국가직 9급]

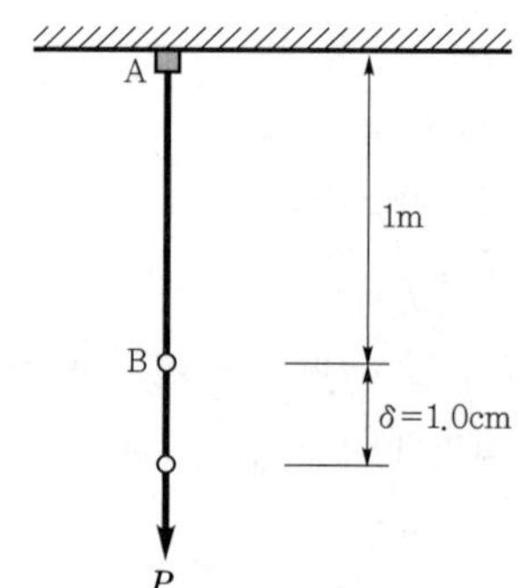

① 160　② 180
③ 210　④ 240

해설 $\delta=\frac{Pl}{EA}$에서

$P_a=\frac{EA}{l}\delta=\frac{2.1\times10^4\times1}{1\times100}\times1$

$=210\text{kN}$

78 철근의 응력-변형률 선도에서 변화경화구간은?

[03. 전남 9급]

① AB　② BC
③ CD　④ DE

정답 73 ④ 74 ④ 75 ① 76 ② 77 ③ 78 ③

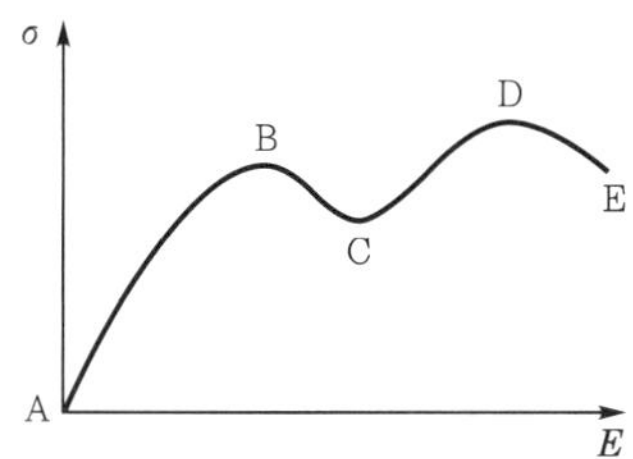

해설 변형경화구간은 하항복점에서 극한점까지를 말한다.

79 탄성계수와 전단탄성계수와의 관계를 옳게 나타낸 것은? (단, ν는 푸아송비)

① $G=\dfrac{E}{(1+\nu)}$ ② $G=\dfrac{E}{(1-\nu)}$

③ $G=\dfrac{E}{2(1+\nu)}$ ④ $G=\dfrac{E}{2(1-\nu)}$

해설 $G=\dfrac{E}{2(1+\nu)}=\dfrac{mE}{2(1+m)}$

80 탄성계수 E, 전단 탄성계수 G, 푸아송수 m 사이의 관계식으로 옳은 것은?

① $G=\dfrac{mE}{2(m+1)}$ ② $G=\dfrac{E}{2(m+1)}$

③ $E=\dfrac{mG}{2(m+1)}$ ④ $E=\dfrac{G}{2(m+1)}$

해설 $G=\dfrac{E}{2(1+\nu)}=\dfrac{mE}{2(1+m)}$

81 40kN의 하중을 지지하려면 직경 10mm인 강봉 몇 개가 필요한가? (단, 허용인장응력도 $=100\text{MPa}$, π는 3으로 한다)

① 3개 ② 4개

③ 5개 ④ 6개

해설 강봉 1개의 허용하중

$$P_a=\sigma_a\cdot A=100\times\frac{\pi\times 10^2}{4}=7{,}500\text{N}$$

∴ 강봉의 개수,

$$n=\frac{P}{P_a}=\frac{40\times 10^3}{7{,}500}=5.3$$

82 지름 20cm의 부재를 강도 시험한 결과 314kN의 하중에 파괴되었다. 이 부재를 사용하여 구조물을 설계하고자 한다. 안전율을 4로 한다면 허용응력[MPa]은?

① 2.5 ② 3.0

③ 3.5 ④ 4.0

해설 $$\sigma_a=\frac{\sigma_u}{S}=\frac{\dfrac{P_u}{A}}{S}=\frac{P_u}{S\cdot A}$$

$$=\frac{314\times 10^3}{4\times\dfrac{\pi\times 200^2}{4}}=2.5\text{MPa}$$

83 그림과 같은 케이블 구조물의 B점에 50kN의 하중이 작용할 때, B점의 수직 처짐[mm]은? (단, 케이블 BC와 BD의 길이는 각각 600mm, 단면적 $A=120\text{mm}^2$, 탄성계수 $E=250\text{GPa}$이다. 또한 미소변위로 가정하며, 케이블의 자중은 무시한다) [15. 국가직 9급]

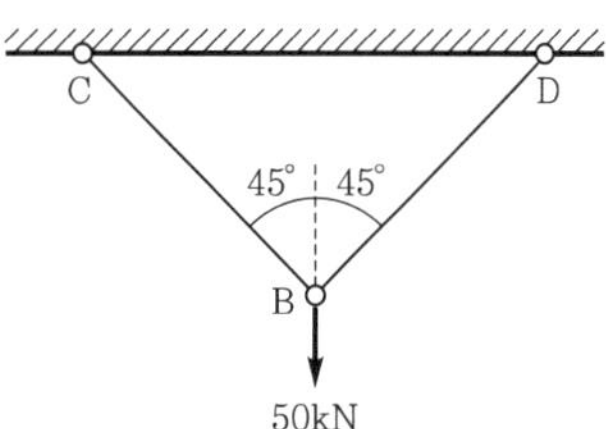

① 0.5 ② $\dfrac{1}{\sqrt{2}}$

③ 1.0 ④ $\sqrt{2}$

해설 $$\delta_B=\frac{PL}{2EA\cos^2\alpha}$$

$$=\frac{50\times 10^3\times 600}{2\times 250\times 10^3\times 120\times(\cos 45^\circ)^2}$$

$$=1\text{mm}$$

정답 79 ③ 80 ① 81 ④ 82 ① 83 ③

84 다음 그림과 같은 철근 콘크리트 기둥에 1,000kN의 축방향 압축력을 작용시킬 때 철근의 압축응력[MPa]은? (단, 철근의 탄성계수 $E_s = 2\times10^5$MPa, 콘크리트의 탄성계수 $E_c = 2\times10^4$MPa, 원주율은 3으로 하며 철근 4개의 단면적은 1,600mm^{2}으로 한다)

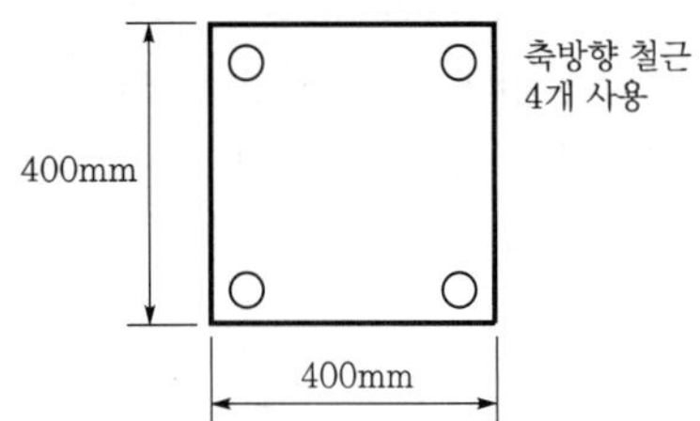

① 5.7 ② 8.4
③ 57 ④ 84

해설 탄성계수비,

$$n=\frac{E_s}{E_c}=\frac{2\times10^5}{2\times10^4}=10$$

콘크리트의 단면적,

$$A_c=A_g-A_s=400\times400-1,600=158,400\text{mm}^2$$

콘크리트의 응력,

$$\sigma_c=\frac{P}{A_c+nA_s}=\frac{1,000\times10^3}{158,400+10\times1,600}=5.7\text{MPa}$$

철근의 응력,

$$\sigma_s=n\sigma_c=10\times5.7=75\text{MPa}$$

85 다음 그림과 같이 응력(σ)-변형률(ε) 곡선과 항복강도 270MPa, 탄성계수 180GPa인 구조용강재로 만들어진 길이 1m의 봉이 축방향 인장력을 받고 있다. 봉의 신장량이 2.5mm일 때 인장력을 제거한다면 봉의 잔류 신장량[mm]은? [10. 국가직 9급]

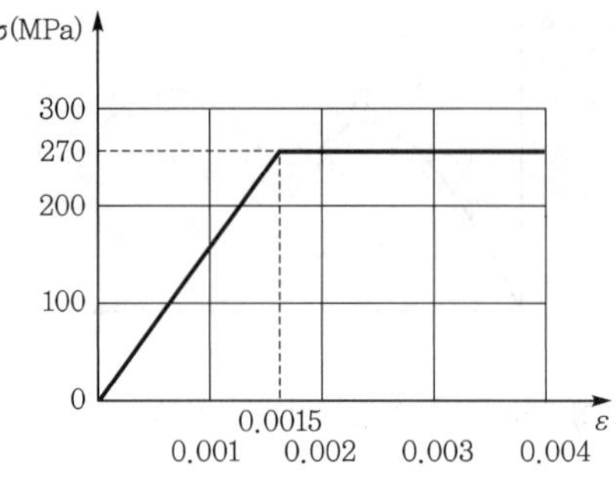

① 0.1 ② 0.2
③ 0.5 ④ 1.0

해설 ㉠ 봉의 변형률

$$\varepsilon_l=\frac{\delta}{L}=\frac{2.5}{1,000}=0.0025$$

㉡ 잔류변형률

$$\varepsilon_r=\varepsilon_l-\varepsilon_y=0.0025-0.0015=0.0010$$

㉢ 잔류변형량

$$\Delta L_r=\varepsilon_r L=0.0010\times1,000=1\text{mm}$$

86 길이가 0.3m인 강철봉이 6mm만큼 늘어날 때까지 축방향 하중을 가한 후 하중을 제거하였다. 잔류변형률은? (단, 강철봉의 탄성계수는 200GPa, 항복응력은 200MPa, 재료의 특성을 완전탄소성으로 가정한다) [14. 국회 9급]

① 0.001 ② 0.002
③ 0.019 ④ 0.021
⑤ 0.03

해설 잔류변형률은 다음과 같이 구한다.
항복변형률,

$$\varepsilon_y=\frac{\sigma_y}{E}=\frac{200}{200\times10^3}=0.001$$

강철봉의 변형률,

$$\varepsilon=\frac{\Delta L}{L}=\frac{6}{300}=0.02$$

잔류변형률,

$$\varepsilon_r=\varepsilon-\varepsilon_y=0.02-0.001=0.019$$

정답 84 ③ 85 ④ 86 ③

87 다음의 부재에 하중이 작용할 경우에 부재 전체의 신장량[mm]은? (단, 축강성 EA는 일정하고 10,000kN이다)

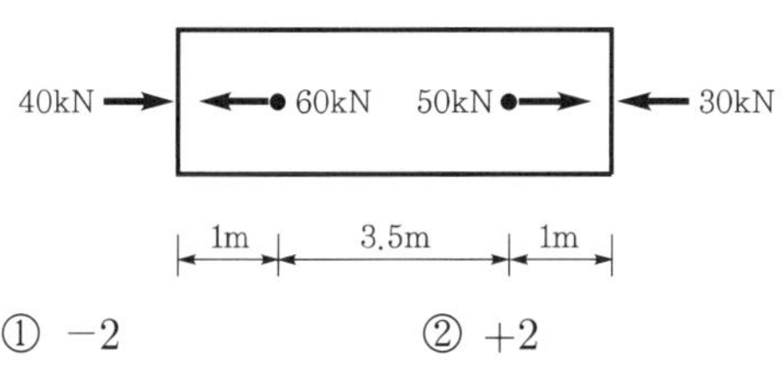

① −2　　② +2
③ 0　　④ −4

해설 ㉠ 자유물체도

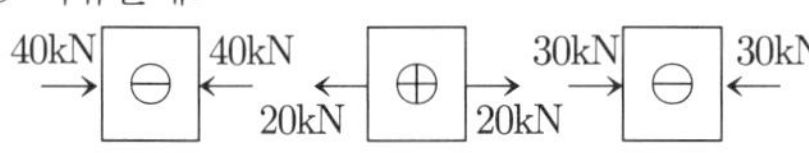

㉡ 신장량

$$\delta = \sum \frac{PL}{EA} = \frac{1}{1{,}000 \times 10^3}$$
$$(-40 \times 1 + 20 \times 3.5 - 30 \times 1) \times 10^6 = 0$$

88 그림과 같은 부재에 하중이 작용하고 있다. 부재 전체의 변형량(δ)은? (단, 단면적 A와 탄성계수 E는 일정하다) [14. 서울시 9급]

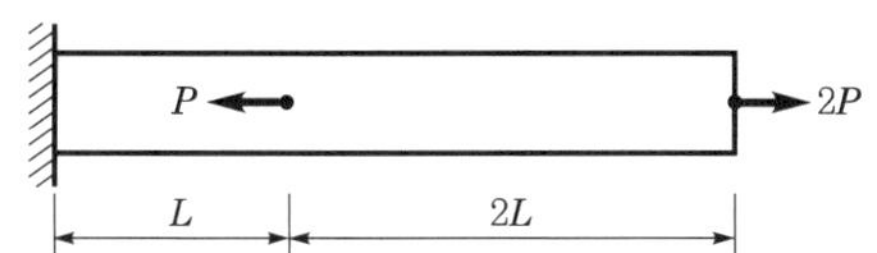

① $\frac{PL}{EA}$　　② $\frac{2PL}{EA}$
③ $\frac{3PL}{EA}$　　④ $\frac{4PL}{EA}$
⑤ $\frac{5PL}{EA}$

해설 중첩의 원리에 의해 축방향 변형량을 구한다.

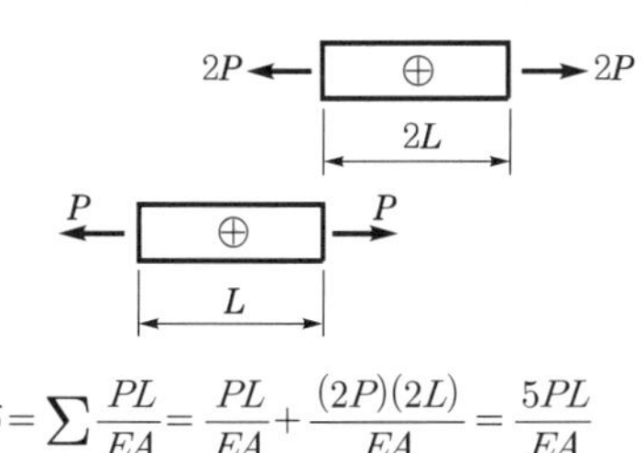

$$\delta = \sum \frac{PL}{EA} = \frac{PL}{EA} + \frac{(2P)(2L)}{EA} = \frac{5PL}{EA}$$

89 다음의 캔틸레버보(cantilever beam)에 하중이 아래와 같이 작용했을 때 전체 길이의 변화량(δ)은? (단, EA는 일정, 중력에 의한 처짐은 무시) [15. 서울시 9급]

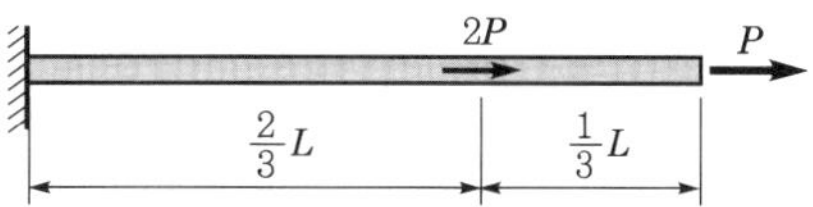

① $\frac{PL}{3EA}$　　② $\frac{PL}{EA}$
③ $\frac{5PL}{3EA}$　　④ $\frac{7PL}{3EA}$

해설 축력부재의 변형은 다음과 같다.

$$\delta = \frac{PL}{EA} + \frac{(2P)(2L/3)}{EA} = \frac{7PL}{EA}(\rightarrow)$$

90 다음과 같이 하중을 받는 강철봉의 전체 길이 변화량[mm]은? (단, 강철봉의 탄성계수는 300GPa이다) [12. 국가직 9급]

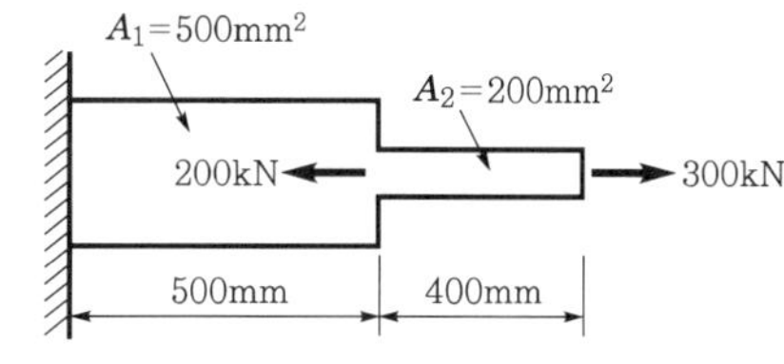

① $\frac{7}{3}$　　② $\frac{8}{3}$
③ $\frac{10}{3}$　　④ $\frac{11}{3}$

해설 자유물체도

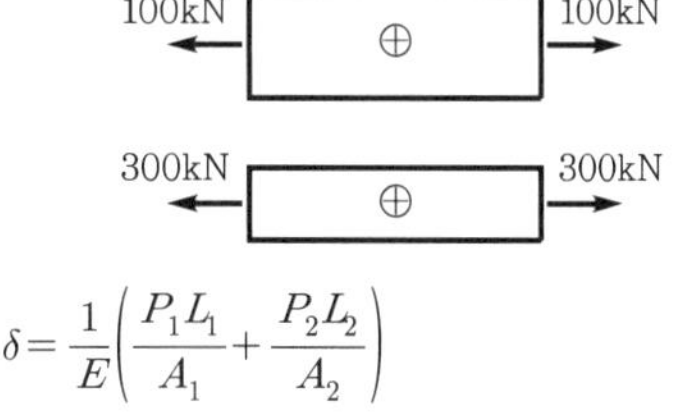

$$\delta = \frac{1}{E}\left(\frac{P_1 L_1}{A_1} + \frac{P_2 L_2}{A_2}\right)$$
$$= \frac{1}{300 \times 10^3}\left(\frac{100 \times 10^3 \times 500}{500} + \frac{300 \times 10^3 \times 400}{200}\right)$$
$$= \frac{7}{3}\text{mm}$$

정답 87 ③ 88 ⑤ 89 ④ 90 ①

91 다음 그림과 같이 부재의 B, C, D점에 수평하중이 작용할 때 D점의 수평변위 크기[cm]는? (단, 부재의 탄성계수 $E = 100\text{GPa}$, 단면적 $A = 1\text{mm}^2$이다) [10. 지방직 9급]

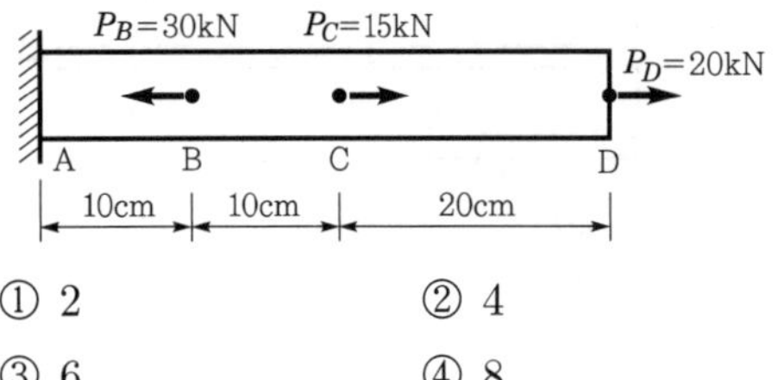

① 2 ② 4
③ 6 ④ 8

해설 $a = 10\text{cm} = 100\text{mm}$로 일반식 형태로 정리한다.

$$\delta = \frac{1}{EA}(-P_B \times a + P_C \times 2a + P_D \times 4a)$$
$$= \frac{1}{(100 \times 10^3) \times 1}(-30 \times 100 + 15 \times 200 + 20 \times 400) \times 10^3$$
$$= 800\text{mm} = 8\text{cm}$$

92 다음 그림은 동일한 재료인 두 개의 단면으로 이루어진 봉이다. $P_A = 10\text{kN}$의 힘이 그림과 같이 작용하는 경우, B점의 위치가 움직이지 않기 위한 힘 P_B[kN]는? (단, 탄성계수는 100GPa, A점과 B점에 작용하는 힘은 단면 중심에 작용하고, 봉의 자중은 무시한다) [11. 지방직 9급]

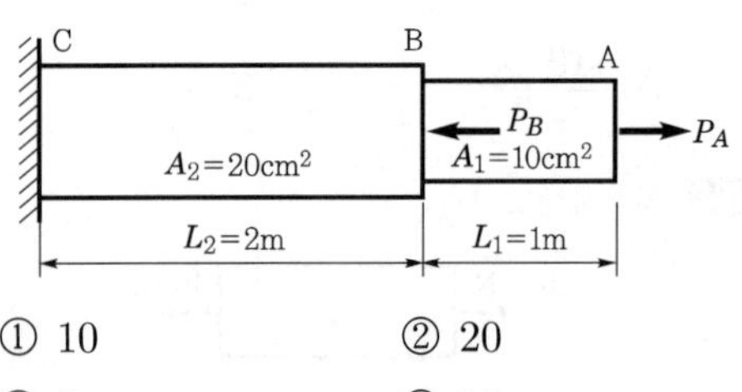

① 10 ② 20
③ 5 ④ 15

해설 BC부재의 변형이 0이 되어야 하고, BC부재의 변형이 0이라고 하는 것은 결국 BC부재 축력이 0, C점의 반력이 0. 따라서 $P_A = P_B = 10\text{kN}$

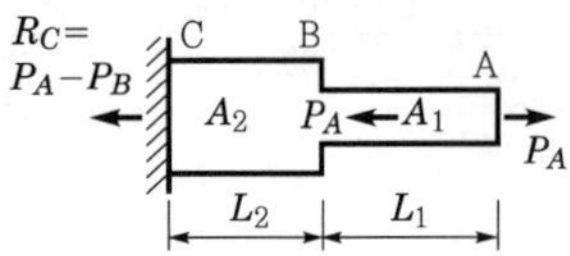

93 다음 그림과 같이 부재 BDE는 강체(rigid body)이고 D점에서 핀으로 지지되어 있으며, B점에서 수직부재 ABC와 핀으로 연결되어 있다. 이에 대한 설명으로 옳지 않은 것은? (단, 부재 ABC의 단면적 및 탄성계수는 일정하고, 자중은 무시한다) [12. 지방직 9급]

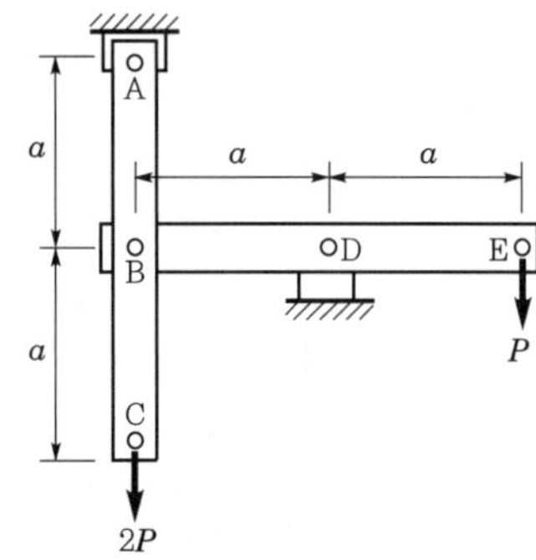

① 위 구조물은 정정구조물이다.
② A지점의 수직반력은 위로 P가 작용한다.
③ E점은 아래쪽으로 이동한다.
④ 수직부재에서 BC구간의 길이 변화량은 AB구간의 2배이다.

해설 E점의 변위

㉠ ABC부재에서 B점의 변위에 의한 E점의 변위
ABC부재에서 B점의 변위:
$\delta_B = \frac{Pa}{EA}(\downarrow)$
δ_B에 의한 E점의 변위:
$\delta_{E1} = \frac{Pu}{EA}(\uparrow)$

㉡ 강체 BDE가 수평부재일 때
E점의 변위: $\delta_{E2} = 0$
따라서 E점은 위로 이동한다.

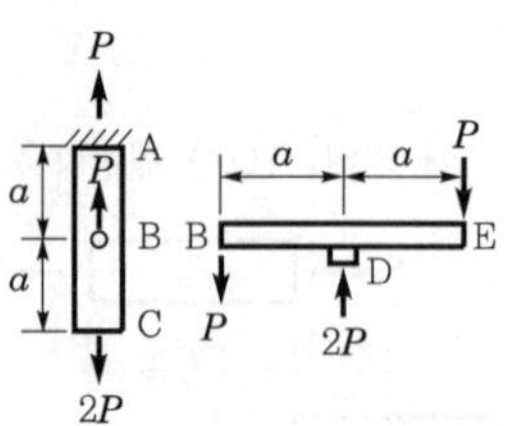

④ $\delta_{AB} = \frac{Pu}{EA}$(인장),
$\delta_{BC} = \frac{2Pu}{EA}$(인장)이므로 BC구간의 길이 변화량은 AB구간의 2배이다.

정답 91 ④ 92 ① 93 ③

94 전단력에 약한 콘크리트가 축방향 압축력을 받아 파괴될 경우 파괴의 방향은 압력의 방향과 몇 도 정도인가? [서울시 9급]

① 30°　② 45°
③ 60°　④ 90°

해설 $\tau_\theta = \frac{\sigma_x}{2}\sin 2\theta$에서

$\theta = 45°$에서 $\tau_{max} = \frac{\sigma_x}{2}$가 된다.

따라서 부재축의 45° 방향으로 파괴된다.

95 다음 그림과 같이 단면적이 $100mm^2$인 직사각형 단면의 봉에 인장력 10kN이 작용할 때, $\theta = 30°$ 경사면 m-n에 발생하는 수직응력(σ)과 전단응력(τ)의 크기[MPa]는? [12. 지방직 9급]

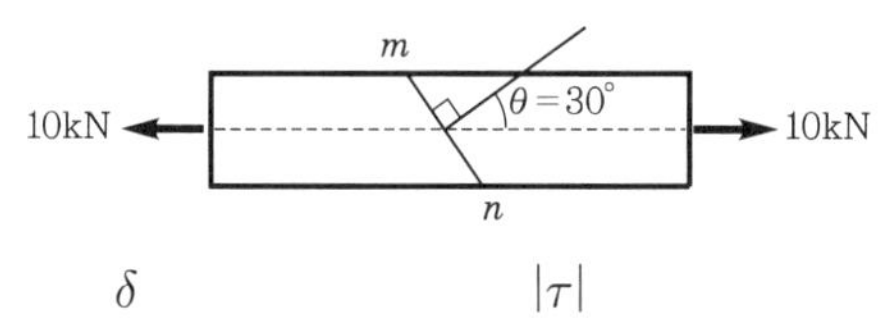

	δ	$\|\tau\|$
①	$25\sqrt{3}$	25
②	$25\sqrt{3}$	$25\sqrt{3}$
③	75	25
④	75	$25\sqrt{3}$

해설 수직응력,

$$\sigma_x = \frac{P}{A} = \frac{10\times10^3}{100} = 100\text{MPa}$$

m-n상의 수직응력,

$$\sigma_\theta = \sigma_x \cdot \cos^2\theta = 100\times(\cos 30°)^2$$
$$= 100\times\left(\frac{\sqrt{3}}{2}\right)^2 = 75\text{MPa}$$

m-n상의 전단응력,

$$\tau_\theta = \frac{\sigma_x}{2}\cdot\sin 2\theta$$
$$= \frac{100}{2}\times\sin(2\times30°)$$
$$= 50\times\frac{\sqrt{3}}{2} = 25\sqrt{3}\text{MPa}$$

96 그림과 같이 동일한 재료를 사용하여 양단이 고정된 기둥 (a), (b), (c)를 제작하였다. 온도를 균일하게 ΔT만큼 상승시킬 때 각 기둥의 반력의 크기는? (단, A는 단면적이고, L은 길이이다) [11. 국가직 9급]

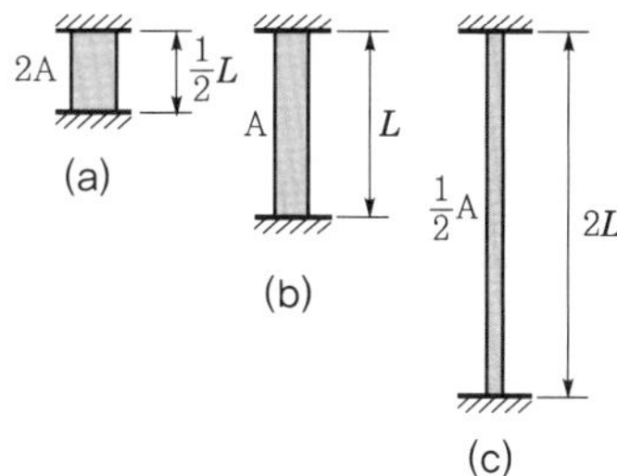

① (a)<(b)<(c)　② (a)=(b)=(c)
③ (a)>(b)=(c)　④ (a)>(b)>(c)

해설 온도반력은 $R_T = \alpha\cdot\Delta T\cdot EA$이다. 온도반력의 변수는 단면적이 된다. 따라서 단면적이 가장 큰 기둥의 온도반력이 가장 크게 되어 (a)>(b)>(c)가 된다.

97 다음과 같이 길이가 L인 균일 단면봉의 양단이 고정되어 있을 때, ΔT만큼 온도가 변화하고 봉이 탄성거동을 하는 경우에 대한 설명 중 옳지 않은 것은? (단, α는 열팽창계수, E는 탄성계수, A는 단면적이고, 봉의 자중은 무시한다) [14. 지방직 9급]

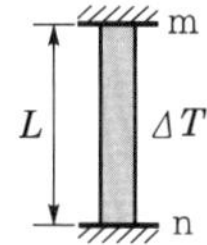

① ΔT로 인한 봉의 축방향 변형량은 0이다.
② 봉의 압축응력은 $E\alpha(\Delta T)$이다.
③ m지점은 고정단, n지점은 자유단인 경우, 고정단의 반력은 $EA\alpha(\Delta T)$이다.
④ m지점은 고정단, n지점은 자유단인 경우, 봉의 축방향 변형량은 $\alpha(\Delta T)L$이다.

정답 94 ② 95 ④ 96 ④ 97 ③

98 다음 그림과 같이 길이 L, 축강성 $2k$인 원형 튜브 속에 축강성도 k인 원형 실린더가 포함된 구조물이 있다. 좌측단은 일체로 고정되고 우측단은 원형 강체판과 연결되어 축변형을 제어하고 있다. 외부 튜브에 온도변화(ΔT)가 발생하였을 때, 원형 강체판의 수평변위 δ는? (단, 강성도 k는 $\dfrac{EA}{L}$이다. 또한 α는 튜브의 열팽창계수이며, 모든 부재의 자중효과는 무시한다) [13. 지방직 9급]

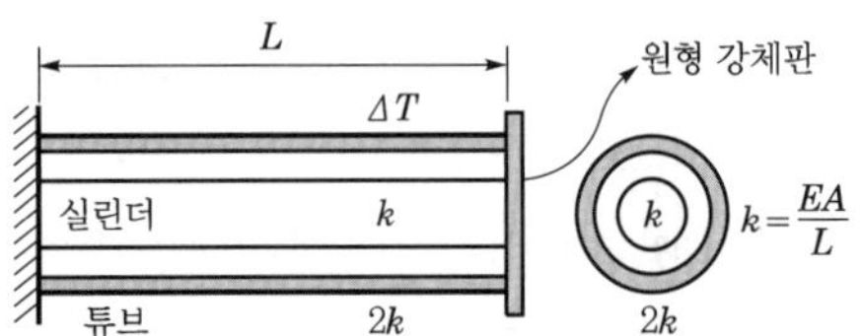

① $\dfrac{2\alpha L(\Delta T)}{3}$ ② $\dfrac{3\alpha L(\Delta T)}{4}$

③ $\dfrac{4\alpha L(\Delta T)}{5}$ ④ $\dfrac{5\alpha L(\Delta T)}{6}$

해설 ㉠ 온도변화에 의한 튜브의 변형량(δ_t)

실린더가 없는 가운데 튜브만 있을 때의 변형량을 구한다.

$\delta_t = \alpha \cdot \Delta T \cdot L$

㉡ 온도변화에 의한 변형을 구속하는 힘에 의한 튜브의 변형량(δ_r)

$$\delta_r = \frac{R}{\text{튜브강성도}} = \frac{R}{2k}$$

여기서, δ_r은 구속력이 온도변화에 따라 늘어난 튜브의 변형을 감소시키는 양

㉢ 실린더에 의한 변형량(δ_s)

$$\delta_s = \frac{R}{k}$$

여기서, δ_s은 튜브의 온도변화에 의한 튜브가 늘어날 때, 늘어나는 실린더의 늘어난 양

㉣ 구속력(R) 계산

변위의 적합조건식

$\delta_t - \delta_r = \delta_s$

$$\alpha \cdot \Delta T \cdot L - \frac{R}{2k} = \frac{R}{k}$$

$$R = \frac{2\alpha \cdot \Delta T \cdot L \cdot k}{3}$$

㉤ 원형 강체판의 수평변위(δ)

$$\delta = \delta_s = \frac{R}{k} = \frac{\dfrac{2\alpha \cdot \Delta T \cdot L \cdot k}{3}}{k} = \frac{2\alpha \cdot \Delta T \cdot L}{3}$$

<합성부재의 강성비식>

$$\Delta = \frac{k_t}{k_t + k_s} \times \delta = \frac{2k}{2k+k}(\alpha \cdot \Delta T \cdot L)$$

$$= \frac{2\alpha \cdot \Delta T \cdot L}{3}$$

99 다음의 구조물에서 AB는 강성(wire)이고, BC는 막대기이다. 강선의 부재력은? [05. 경기도 9급]

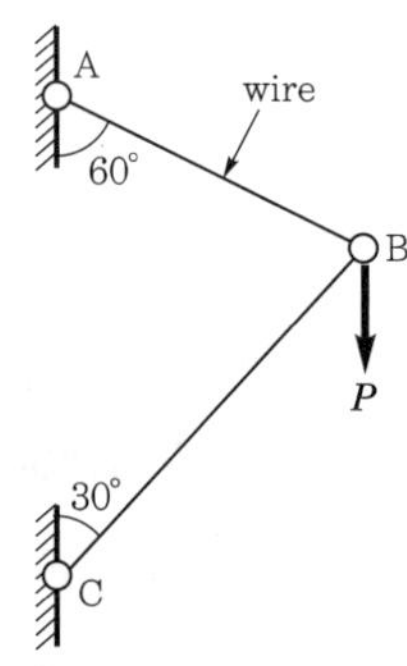

① P ② $P/2$

③ $P/3$ ④ $P/\sqrt{3}$

해설 BC부재 길이를 l로 가정하며

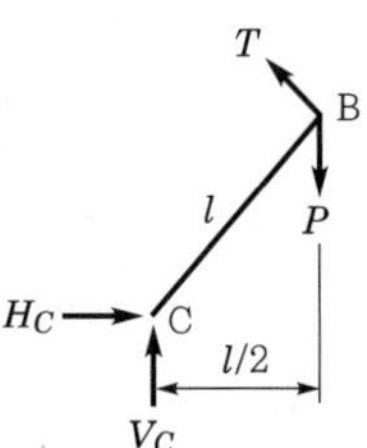

$$\sum M_C = 0,\ P \times \frac{1}{2} - T \times l = 0$$

$$\therefore T = \frac{P}{2}$$

100 아래 그림과 같이 스프링 상수가 각각 k_1, k_2인 부재 AD와 BF가 길이 L인 단순보 AB를 지지하는 구조물에서 A점으로부터 $L/2$만큼 떨어진 C점에 수직하중 P가 작용하고 있다. 하중 재하점의 수직처짐 δ는? (단, 보 AB의 휨강성은 EI이며 보의 축변형 및 전단변형은 무시한다) [07. 국가직 9급]

정답 98 ① 99 ② 100 ④

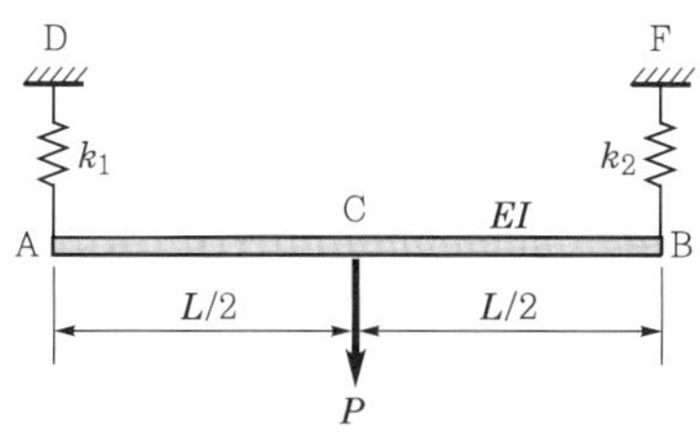

① $\delta = \dfrac{P}{k_1} + \dfrac{P}{k_2} + \dfrac{PL^3}{36EI}$

② $\delta = \dfrac{P}{2k_1} + \dfrac{P}{2k_2} + \dfrac{PL^3}{48EI}$

③ $\delta = \dfrac{P}{3k_1} + \dfrac{P}{3k_2} + \dfrac{PL^3}{36EI}$

④ $\delta = \dfrac{P}{4k_1} + \dfrac{P}{4k_2} + \dfrac{PL^3}{48EI}$

해설

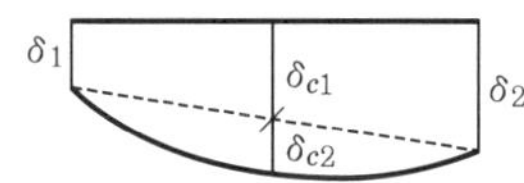

㉠ AD의 스프링의 변위량(δ_1)

$$\delta_1 = \frac{R_D}{k_1} = \frac{\frac{P}{2}}{k_1} = \frac{P}{2k_1}$$

㉡ BF의 스프링의 변위량(δ_2)

$$\delta_2 = \frac{R_F}{k_2} = \frac{\frac{P}{2}}{k_2} = \frac{P}{2k_2}$$

㉢ 보의 중앙점 C의 변위량(δ_c)

$$\delta_c = \delta_{c1} + \delta_{c2} = \frac{\delta_1 + \delta_2}{2} + \frac{PL^3}{48EI}$$
$$= \frac{P}{4k_1} + \frac{P}{4k_2} + \frac{PL^3}{48EI}$$

101 다음과 같은 강체보에서 지점 A와 B의 상대처짐이 0(Zero)이 되기 위한 AC와 BD구간을 연결하는 케이블의 면적비(A_{AC}/A_{BD})는? (단, 케이블은 같은 재료로 만들어져 있고, 보와 케이블의 자중은 무시한다) [14. 서울시 9급]

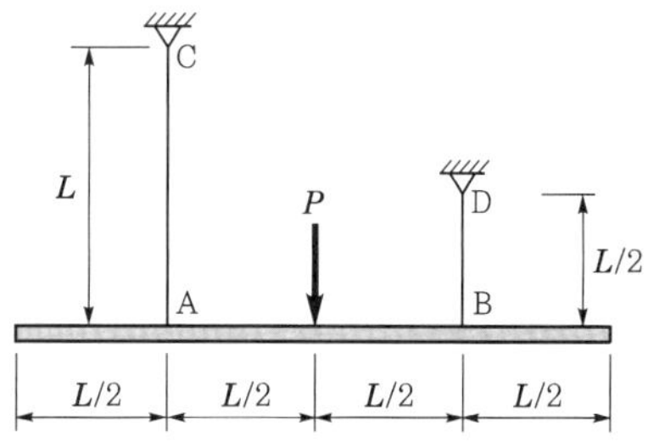

① 0.5　　② 1

③ 1.5　　④ 2

⑤ 3

해설 케이블의 변형량 $\delta = \dfrac{Fh}{EA}$에서 처짐량 δ가 일정하고, 같은 재료이므로 탄성계수 E가 일정하고 또한 C점의 반력과 D점의 반력이 동일하므로 케이블의 축력 $F = P/2$로 동일하다. 따라서 $A \propto h$이다. 즉, 케이블의 단면적은 케이블의 높이에 비례한다.

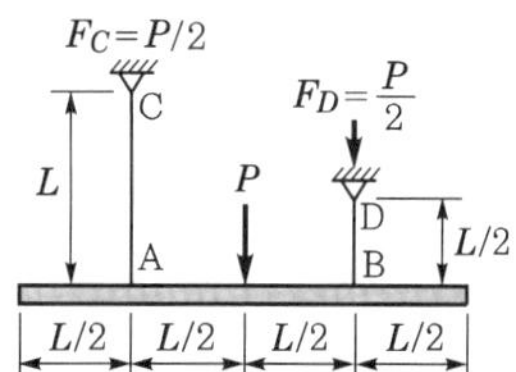

$\dfrac{A_{AC}}{A_{BD}} = \dfrac{L}{\frac{L}{2}} = 2$가 된다.

102 다음과 같이 강체가 두 개의 케이블에 지지되어 있다. 강체가 수평을 유지하기 위한 하중 P의 재하위치 x는? (단, 두 케이블의 EA는 같다) [13. 국가직 9급]

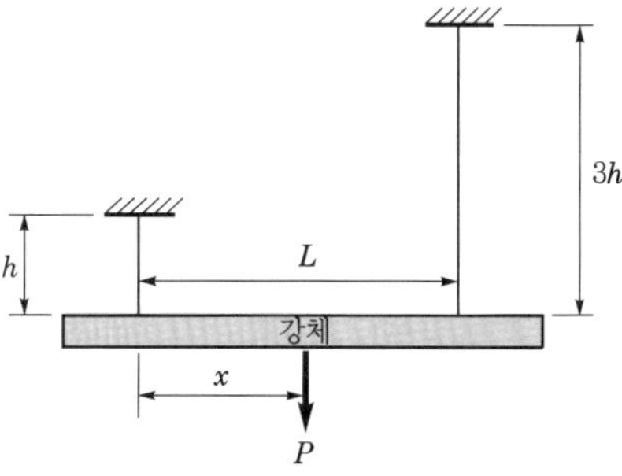

① $\dfrac{L}{3}$　　② $\dfrac{L}{4}$

③ $\dfrac{2L}{3}$　　④ $\dfrac{3L}{4}$

정답 101 ④ 102 ②

해설 ㉠ 강봉의 인장력

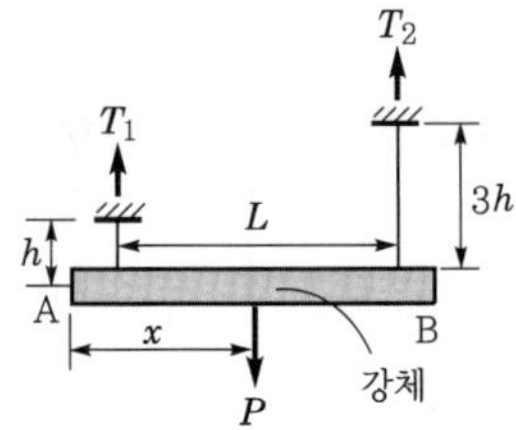

변위조건식으로 강체수평 유지를 위해서 케이블 변위 같다.

케이블의 변위에 관한 일반식 $\delta = \dfrac{Th}{EA}$에서 두 케이블의 EA가 같고, 변위도 같아야 하므로 케이블의 장력은 케이블의 길이에 반비례한다. 즉, $T \propto \dfrac{1}{h}$이다.

$$T_1 = \frac{3h}{h+3h}P = \frac{3P}{4}$$

$$T_2 = \frac{h}{h+3h}P = \frac{P}{4}$$

㉡ x의 위치

$$\Sigma M_A = 0,\ P \times x - T_2 \times L = 0$$

$$P \times x - \frac{P}{4} \times L = 0$$

$$x = \frac{L}{4}$$

103 다음 그림과 같이 보의 좌측에는 강성 $k_1 = 100\text{kN/m}$인 스프링에 의해 지지되며, 우측은 강성이 k_2인 2개의 직렬연결된 스프링으로 지지되어 있다. 집중하중 12kN이 그림과 같이 작용될 때, 양지점의 처짐량이 같아지기 위한 스프링 강성 k_2의 값[kN/m]은? (단, 보와 스프링의 자중은 무시한다)[12. 지방직 9급]

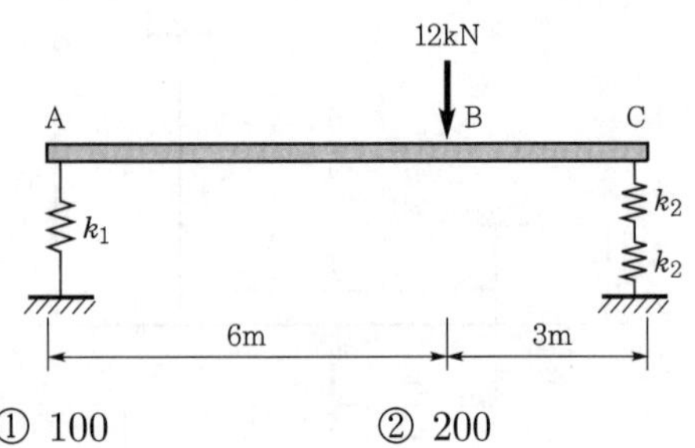

① 100　　② 200
③ 300　　④ 400

해설 ㉠ 스프링의 축력

$$F_A = R_A = \frac{12 \times 3}{9} = 4\text{kN}$$

$$F_C = R_C = \frac{12 \times 6}{9} = 8\text{kN}$$

㉡ 스프링의 강성

C위치의 스프링의 등가스프링강성

$$\frac{1}{k'} = \frac{1}{k_2} + \frac{1}{k_2} = \frac{2}{k_2} \qquad k' = \frac{k_2}{2}$$

$$\delta_A = \delta_C$$

$$\frac{F_A}{k_1} = \frac{F_C}{k'} \qquad \frac{F_A}{k_1} = \frac{2F_C}{k_2}$$

$$k_2 = \frac{2F_C}{F_A}k_1 = \frac{2 \times 8}{4} \times 100$$

$$= 400\text{kN/m}$$

104 다음과 같이 강체가 스프링에 의하여 지지되어 있다. 작용하중(P)은 1kN이고, 스프링상수 k_1 및 k_2는 각각 1kN/m일 때, 양 끝단 A, B의 높이 차이[m]는? (단, 강체의 자중은 무시하며, 하중(P)에 의하여 수직변위만 발생한다)

[14. 지방직 9급]

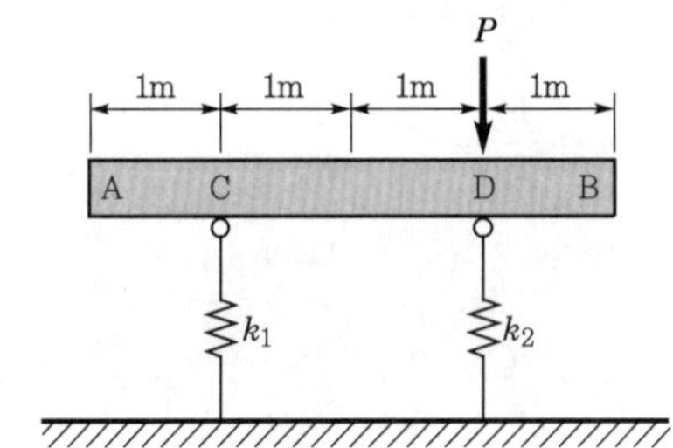

① 0.5　　② 1.0
③ 1.5　　④ 2.0

해설

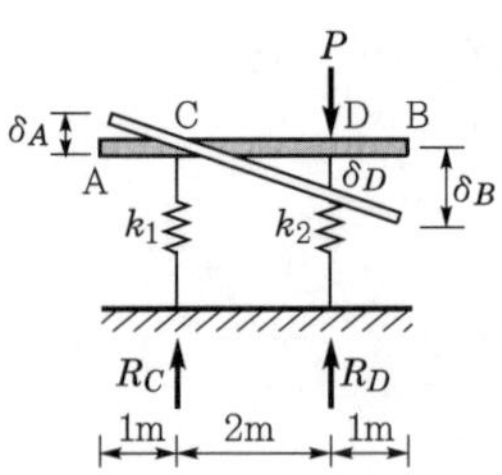

㉠ δ_D 계산

$$\delta_{D1} = \frac{F}{k_2} = \frac{P}{k_2} = \frac{1}{1} = 1\text{m}$$

㉡ A점과 B점의 높이 차이

$$\delta_A = \frac{\delta_D}{2} = \frac{1}{2}\text{m}(\uparrow)$$

정답 103 ④ 104 ④

$$\delta_B = \frac{3\delta_D}{2} = \frac{3\times 1}{2} = 1.5\text{m}(\downarrow)$$

A는 위로 처지고, B는 아래로 처지므로 두 점 사이의 높이 차는 0.5m+1.5m=2.0m가 된다.

105 다음의 구조물은 AB는 휨강성이 EI인 보이며, BC는 축강도가 EA인 케이블로 이루어져 있다. 이 경우에 케이블의 부재력은?

[05. 경기도 9급]

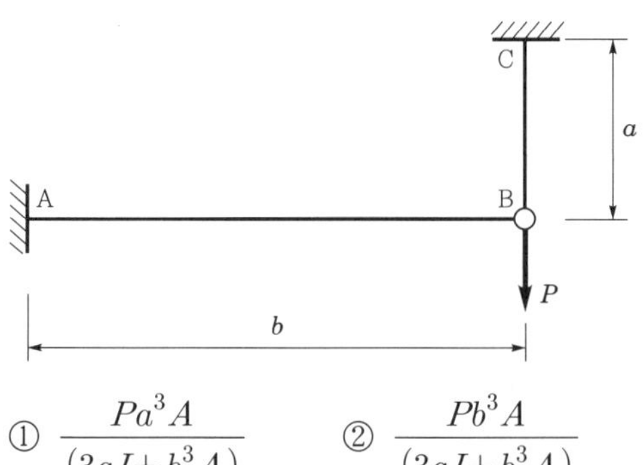

① $\dfrac{Pa^3A}{(3aI+b^3A)}$　② $\dfrac{Pb^3A}{(3aI+b^3A)}$

③ $\dfrac{Pa^3A}{(aI+3b^3A)}$　④ $\dfrac{Pb^3A}{(aI+3b^3A)}$

해설 변형일치법을 적용한다.

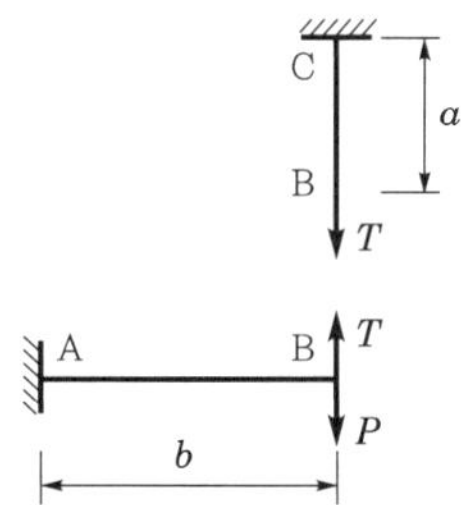

㉠ 보 AB에서 하중 P에 의한 B점의 처짐

$$\delta_1 = \frac{Pb^3}{3EI}(\downarrow)$$

㉡ 보 AB에서 하중 T에 의한 B점의 처짐

$$\delta_2 = \frac{Tb^3}{3EI}(\uparrow)$$

㉢ 케이블의 B점의 처짐

$$\delta_3 = \frac{Ta}{EA}(\downarrow)$$

㉣ 변위의 적합조건식

$$\delta_1 - \delta_2 = \delta_3$$

$$\frac{Pb^3}{3EI} - \frac{Tb^3}{3EI} = \frac{Ta}{EA}$$

$$T\left(\frac{a}{EA} + \frac{b^3}{3EI}\right) = \frac{Pb^3}{3EI}$$

$$T = \frac{Pb^3}{3EI} \times \frac{3EAI}{(3aI+b^3A)}$$

$$= \frac{Pb^3A}{(3aI+b^3A)}$$

106 다음 그림과 같은 강성보(rigid beam)가 A점은 핀(PIN)으로, B점과 C점은 스프링상수 k인 스프링으로 지지되어 있다. 이 보의 A점의 수직반력은?

[10. 국가직 9급]

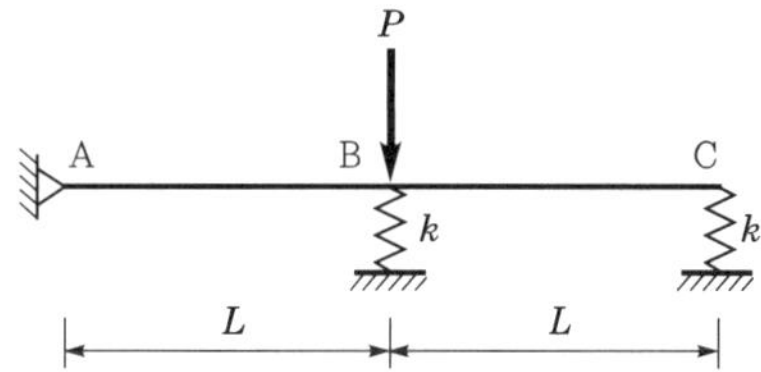

① 0　② $\dfrac{1}{5}P(\uparrow)$

③ $\dfrac{2}{5}P(\uparrow)$　④ $\dfrac{3}{5}P(\uparrow)$

해설

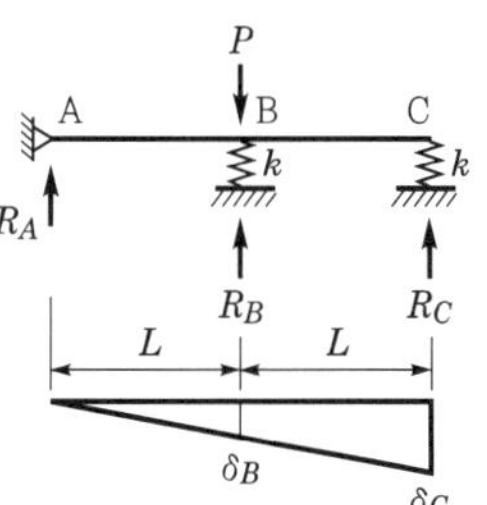

$\Sigma M_B = 0,\ R_A = R_C$

강성보의 변위도로부터 $\delta_C = 2\delta_B$이므로 $R_C = 2R_B$이다.

따라서 $R_A = R_C = 2R_B$이다.

$\Sigma V = 0,\ R_A + R_B + R_C = P$

$$R_A + \frac{R_A}{2} + R_A = 0$$

$$\therefore R_A = \frac{2P}{5}(\uparrow)$$

CHAPTER

03 7급 기출문제

01 그림과 같은 균일 단면봉에 비틀림 우력 T가 작용하는 봉구조에서 최대전단응력도는?

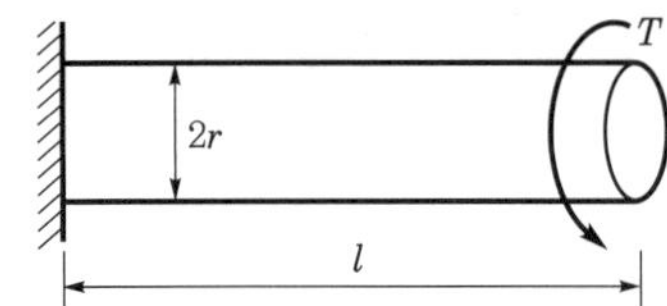

① $\frac{2T}{\pi r^3}$　② $\frac{4T}{\pi r^3}$

③ $\frac{16T}{\pi r^3}$　④ $\frac{32T}{\pi r^3}$

해설 $\tau_{\max} = \frac{16T}{\pi D^3} = \frac{16T}{\pi (2r)^3} = \frac{2T}{\pi r^3}$

02 직경 d인 원형 기둥이 비틀림모멘트(twisting moment) T_a를 받을 수 있도록 설계되어야 한다. 허용전단응력을 τ_a라 할 때, 직경(d)에 대한 관계식은? [15. 서울시 7급]

① $d = \sqrt[3]{\frac{16T_a}{\pi \tau_a}}$　② $d = \sqrt[3]{\frac{32T_a}{\pi \tau_a}}$

③ $d = \sqrt[3]{\frac{5T_a}{2\pi \tau_a}}$　④ $d = \sqrt[3]{\frac{8T_a}{\pi \tau_a}}$

해설 $\tau_a = \frac{16T_a}{\pi d^3}$

$d = \sqrt[3]{\frac{16T_a}{\pi \tau_a}}$

03 길이가 L이고 한 변의 길이가 a인 정사각형 단면의 보의 양단이 고정되어 있다. 온도가 T 만큼 상승할 때 이 보의 단면에 작용하는 응력은? (단, 탄성계수는 E이고, 선팽창 계수는 α이다)

① $\frac{E\alpha T}{L}$　② $E\alpha TL$

③ $\frac{E\alpha TL}{a^2}$　④ $E\alpha T$

해설 온도응력(열응력)

$\delta_t = \varepsilon_t \cdot E = \frac{\Delta l}{l} E = \frac{\alpha \cdot \Delta T \cdot l}{l} E$

$= \alpha \cdot \Delta T \cdot E = \alpha \cdot T \cdot E$

04 양단고정인 구조물에 온도가 50℃ 상승할 때 이 부재에 작용하는 반력[kN]은 얼마인가? (단, 온도팽창계수 $\alpha = 1 \times 10^{-6}/℃$, 탄성계수 $E = 2 \times 10^5 \text{MPa}$, 단면적 $A = 50\text{cm}^2$)

① 20(인장)　② 30(압축)

③ 30(인장)　④ 50(압축)

해설 $R_t = \alpha \cdot \Delta T \cdot EA$

$= 1 \times 10^{-6} \times 50 \times 2 \times 10^5 \times (50 \times 10^2)$

$= 50,000\text{N} = 50\text{kN}$ (압축)

05 다음 그림과 같은 항복응력 $\sigma_y = 300\text{MPa}$인 금속 파이프가 축방향압축력 $P = 1,500\text{kN}$을 받고 있다. 안전계수가 2이고, 파이프 두께(t)가 외경(outer diameter, d)의 6분의 1일 때, 허용되는 부재의 최소외경(minimum diameter) $d_{\min}$[mm]은? [11. 지방직 7급]

정답 01 ① 02 ① 03 ④ 04 ④ 05 ④

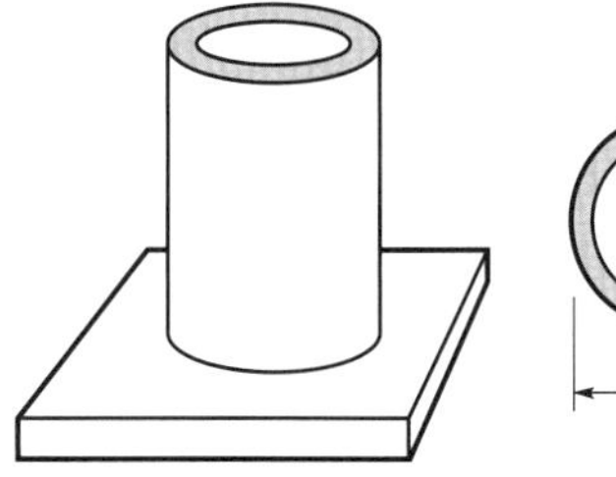

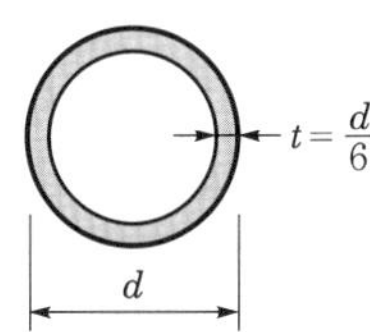

① $\frac{400}{\sqrt{3\pi}}$　　② $\frac{500}{\sqrt{3\pi}}$

③ $\frac{500}{\sqrt{5\pi}}$　　④ $\frac{600}{\sqrt{5\pi}}$

해설 ㉠ 항복하중

단면적,

$$A=\frac{\pi d^2}{4}-\frac{\pi(d-2t)^2}{4}$$

$$=\frac{\pi d^2}{4}-\frac{\pi\left(d-2\times\frac{a^2}{6}\right)^2}{4}=\frac{5\pi d^2}{36}$$

$$P_y=\sigma_y A=\sigma_y\times\frac{5\pi d^2}{36}=\frac{5\pi d^2}{36}\sigma_y$$

㉡ 최소외경

$$FS=\frac{P_y}{P}$$

$$2=\frac{\frac{5\pi d^2}{36}\sigma_y}{P}$$

$$d^2=\frac{72P}{5\pi\sigma_y}=\frac{72\times 1,500\times 10^3}{5\pi\times 300}=\frac{360,000}{5\pi}$$

$$d=\frac{600}{\sqrt{5\pi}}$$

06

안쪽 반지름 $r=4\text{m}$이고 두께가 20mm인 원통형 압력용기가 있다. 내압 p가 작용할 때 바깥 표면 평면 내에서 최대전단응력은? (단, 용기에 발생하는 인장응력 계산시 내·외측 평균 반지름 r_m 대신 안쪽 반지름 r을 사용하여 계산한다) [13. 국가직 9급]

① $10p$　　② $50p$

③ $100p$　　④ $200p$

해설 원환응력,

$$\sigma_1=\frac{pr}{t}=\frac{p\times 4,000}{20}=200p$$

종방향응력,

$$\sigma_2=\frac{pr}{2t}=\frac{p\times 4,000}{2\times 20}=100p$$

바깥 표면에서 최대전단응력,

$$\tau_{\max}=\frac{\sigma_1-\sigma_2}{2}=\frac{200p-100p}{2}=50p$$

07

단면이 10cm×10cm, 길이 1m인 각재에 50kN의 압축력을 가했더니 1mm가 줄었다. 이 각재의 탄성계수[MPa]는?

① 1,000　　② 5,000

③ 10,000　　④ 50,000

해설 $\delta=\frac{PL}{EA}$에서

$$E=\frac{PL}{\sigma\cdot A}=\frac{50\times 10^3\times 1,000}{1\times 100\times 100}$$

$$=5,000\text{MPa}$$

08

길이가 500mm이고, 직경이 16mm인 균질하고 등방성인 막대가 12kN의 축방향 하중을 받아서 길이가 300μm 신장되고, 직경은 2.4μm 수축되었다. 이 재료의 탄성계수(E)와 푸아송비(ν)는? [14. 서울시 7급]

① $E=90.5\text{GPa},\ \mu=0.15$

② $E=90.5\text{GPa},\ \nu=0.20$

③ $E=90.5\text{GPa},\ \nu=0.25$

④ $E=99.5\text{GPa},\ \nu=0.20$

⑤ $E=99.5\text{GPa},\ \nu=0.25$

해설 ㉠ 탄성계수

$\delta=\frac{PL}{EA}$에서

$$E=\frac{PL}{\delta\cdot A}$$

$$=\frac{12\times 10^3\times 500}{(300\times 10^{-6}\times 10^3)\left(\frac{\pi\times 16^2}{4}\right)}$$

$$=99.5\times 10^3\text{MPa}=99.5\text{GPa}$$

㉡ 푸아송비

$$\nu=\frac{\frac{2.4}{16}}{\frac{300}{500}}=\frac{2.4\times 5}{3\times 16}=0.25$$

정답 06 ② 07 ② 08 ⑤

09 평면응력 σ_X, σ_Y, τ_{XY} 작용하면 수직변형도 ε_X는? (단, E는 탄성계수이고 ν는 푸아송비이다) [국가직 7급]

① $(\sigma_X - \nu\sigma_Y)/E$　② $\nu(\sigma_X - \nu\sigma_Y)/E$
③ $(\sigma_X + \nu\sigma_Y)/E$　④ $\nu(\sigma_X + \nu\sigma_Y)/E$

해설 $\varepsilon_X = \frac{\sigma_X}{E} - \frac{\nu}{E}(\sigma_Y + \sigma_Z)$에서 $\sigma_Z = 0$이므로

$\therefore \varepsilon_X = \frac{1}{E}(\sigma_X - \nu\sigma_Y)$

10 탄성계수 $E = 200\text{GPa}$이고, 푸아송비 $\nu = 0.3$인 고강도 강봉이 축하중을 받아 압축되었고, 하중이 가해지기 전 이 봉의 직경은 50mm이었다. 이 봉의 직경은 하중작용 하에서 50.03mm를 초과할 수 없도록 해야 할 때 최대 허용압력하중 P[kN]는? (단, $\pi = 3$이다) [11. 국가직 7급]

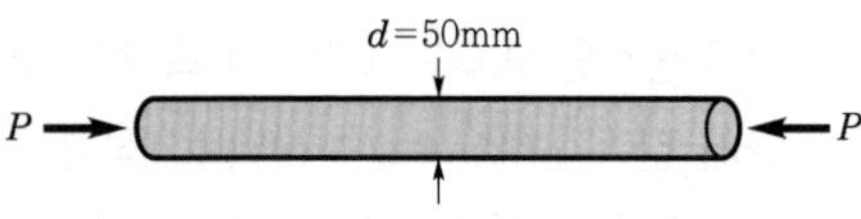

① 700　② 750
③ 800　④ 850

해설 $\varepsilon_y = \varepsilon_d = \frac{1}{E}[\sigma_y - \nu(\sigma_x + \sigma_z)]$에서

1축응력 상태이므로

$\sigma_x = -\frac{P}{A}$　$\sigma_y = \sigma_z = 0$

$\frac{\Delta d}{d} = \frac{1}{E}\left[-\nu\left(-\frac{P}{A}\right)\right] = \frac{\nu \cdot P}{EA}$

$P = \frac{\Delta d \cdot EA}{\nu \cdot d} = \frac{\Delta d \cdot E\left(\frac{\pi d^2}{4}\right)}{\nu \cdot d}$

$= \frac{\Delta d \cdot E \cdot \pi d}{4\nu} = \frac{0.03 \times 200 \times 10^3 \times 3 \times 50}{4 \times 0.3}$

$= 750{,}000\text{N} = 750\text{kN}$

11 체적변화율에 대한 주응력(Spherical stress)비로 정의되는 체적탄성계수 K와 E, G의 관계로 옳은 것은? (단, ν는 푸아송비이다) [서울시 7급]

① $K = \frac{E}{2(1+\nu)}$　② $K = \frac{G}{2(1+\nu)}$
③ $K = \frac{E}{3(1-2\nu)}$　④ $K = \frac{G}{3(1-2\nu)}$

해설 $G = \frac{E}{2(1+\nu)}$, $K = \frac{E}{3(1-2\nu)}$

12 어떤 재료의 푸아송수가 3이고, 탄성계수가 40,000MPa일 때 전단탄성계수[MPa]는 얼마인가?

① 15,000　② 30,000
③ 45,000　④ 50,000

해설 $G = \frac{E}{2(1+\nu)} = \frac{mE}{2(m+1)}$

$= \frac{3 \times 40{,}000}{2(3+1)} = 15{,}000\text{MPa}$

13 그림과 같은 두 원형 단면의 변형에너지비 $\frac{U_b}{U_a}$는? (단, U_a =균일단면봉의 변형에너지, U_b =비균일 단면봉의 변형에너지) [국가직 7급]

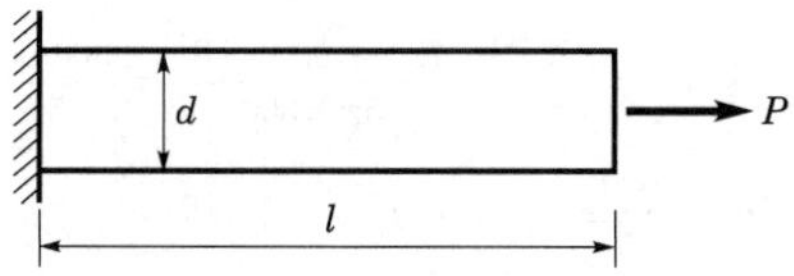

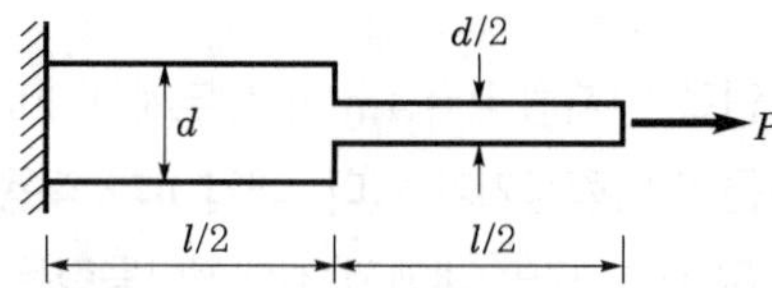

① 1.0　② 1.5
③ 2.0　④ 2.5

해설 $U = \frac{P^2 \cdot l}{2EA}$

$U_a = \frac{P^2 \cdot l}{2EA}$

$U_b = \frac{P^2 \cdot \left(\frac{l}{2}\right)}{2EA} + \frac{P^2 \cdot \left(\frac{l}{2}\right)}{2E\left(\frac{A}{4}\right)} = \frac{P^2 \cdot l}{EA}\left(\frac{1}{4} + 1\right) = \frac{5P^2 l}{4EA}$

$\therefore \frac{U_b}{U_a} = \frac{5/4}{1/2} = \frac{5}{2} = 2.5$배

정답 09 ① 10 ② 11 ③ 12 ① 13 ④

14 그림과 같은 길이가 L이고 선형탄성거동을 하는 동일한 재료로 만들어진 두 종류의 원형 강봉에 자중이 작용하고 있다. 두 강봉 (a) 및 (b)의 끝단에서 자중에 의한 처짐이 각각 δ_A와 δ_B일 때, 이 두 값의 비율(δ_A/δ_B)은?

[09. 국가직 7급]

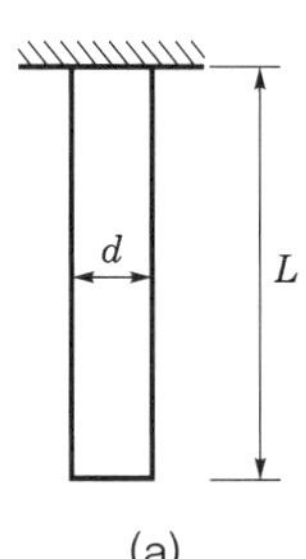

(a)

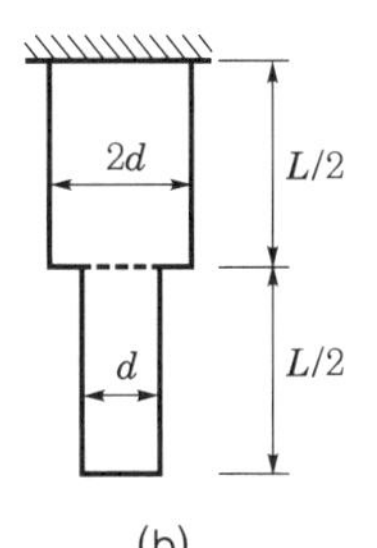

(b)

① $\frac{6}{5}$ ② $\frac{7}{5}$

③ $\frac{8}{5}$ ④ $\frac{9}{5}$

해설 ㉠ 그림 (a)의 자유단의 수직처짐

$$\delta_A = \frac{\gamma L^2}{2E} = \frac{(\gamma AL)L}{2EA} = \frac{WL}{2EA}$$

㉡ 그림 (b)의 자유단의 수직처짐

지름 d인 부분의 자중,

$$W_1 = \gamma A(L/2) = \frac{\gamma AL}{2} = \frac{W}{2}$$

지름 $2d$인 부분의 자중,

$$W_2 = \gamma(4A)(L/2) = 2\gamma AL = 2W$$

이들을 중첩하여 δ_B를 구한다.

$$\delta_B = \frac{W_1(L/2)}{2EA} + \frac{W_1(L/2)}{E(4A)} + \frac{W_2(L/2)}{2E(4A)}$$

$$= \frac{(W/2)(L/2)}{2EA} + \frac{(W/2)(L/2)}{E(4A)} + \frac{(2W)(L/2)}{2E(4A)}$$

$$= \frac{WL}{2EA}\left(\frac{1}{4} + \frac{1}{8} + \frac{1}{4}\right)$$

$$= \frac{WL}{2EA} \times \frac{5}{8} = \frac{5}{8}\delta_A$$

$$\therefore \frac{\delta_A}{\delta_B} = \frac{8}{5}$$

15 그림과 같이 테이퍼된 원형 단면봉에 인장하중 P가 작용하고 있다. 하중 P에 의한 봉의 신장량 δ는?

[06. 서울시 7급]

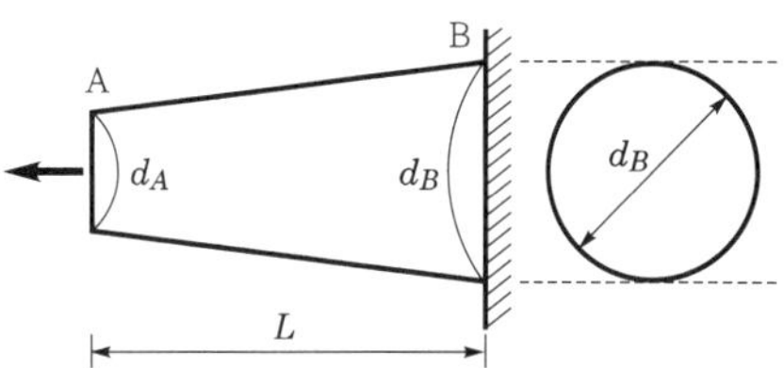

① $\delta = \frac{4PL}{\pi E d_A d_B}$ ② $\delta = \frac{3PL}{\pi E d_A d_B}$

③ $\delta = \frac{2PL}{\pi E d_A d_B}$ ④ $\delta = \frac{PL}{\pi E d_A d_B}$

⑤ $\delta = \frac{PL}{2\pi E d_A d_B}$

해설 $\delta = \frac{4PL}{\pi E D_1 D_2} = \frac{4PL}{\pi E d_A d_B}$

16 그림과 같은 기둥에서 R_a는 R_b의 몇 배인가?

[국가직 7급]

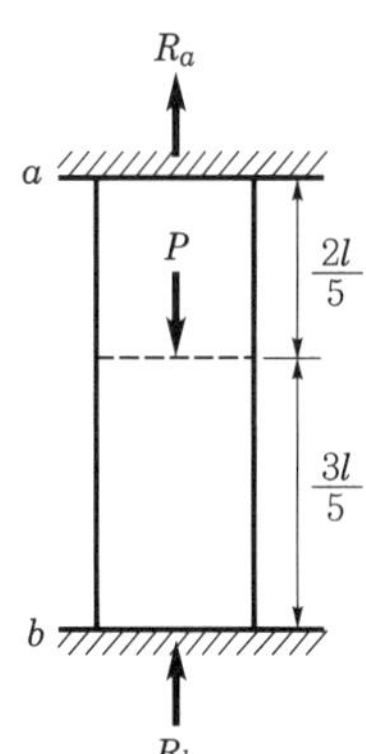

① $\frac{3}{2}$ ② $\frac{2}{3}$

③ $\frac{2}{5}$ ④ $\frac{3}{5}$

⑤ $\frac{5}{3}$

해설 $R_a = \frac{P \cdot b}{l} = \frac{P \times \frac{3}{5}l}{l} = \frac{3}{4}P$

$R_b = R_a - \frac{3}{5}P = \frac{2}{5}P$

$\therefore \frac{R_a}{R_b} = \frac{3}{2}$

정답 14 ③ 15 ① 16 ①

17 그림과 같은 구조물의 B단에 발생하는 반력 [kN]은? (단, 구조물의 자중은 무시하고, 하중 중은 단면중심에 작용한다) [10. 지방직 7급]

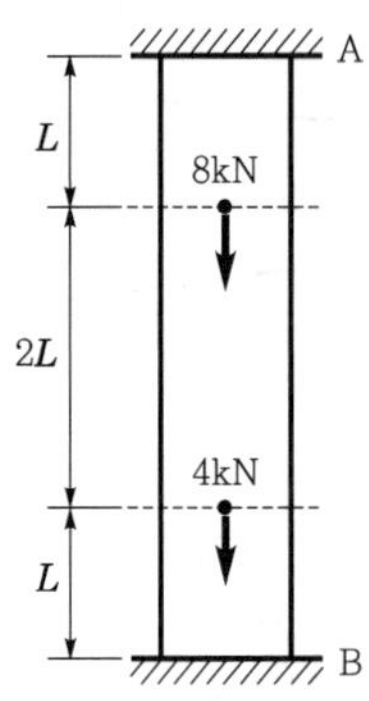

① 4 ② 5
③ 6 ④ 7

해설 $R_B = \frac{8 \times L}{4L} + \frac{4 \times 3L}{4L} = 5\text{kN}(\uparrow)$

18 하중이 B점에 그림과 같이 작용할 때 부재 $\overline{BC}$의 수직응력은? (단, $\overline{AB}$의 단면적은 $2A$, $\overline{BC}$의 단면적은 A이고 탄성계수 E는 일정하다) [국가직 7급]

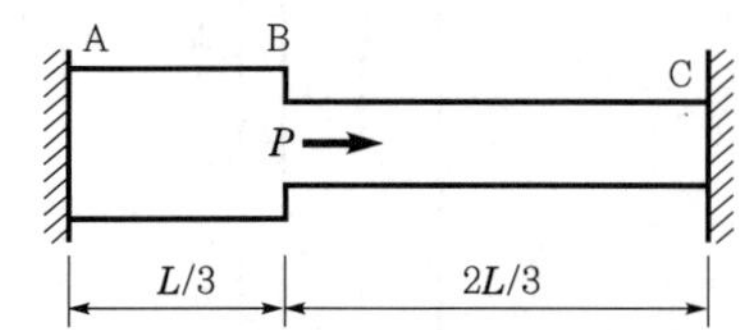

① $\frac{P}{5A}$ ② $\frac{2P}{5A}$
③ $\frac{3P}{5A}$ ④ $\frac{4P}{5A}$

해설

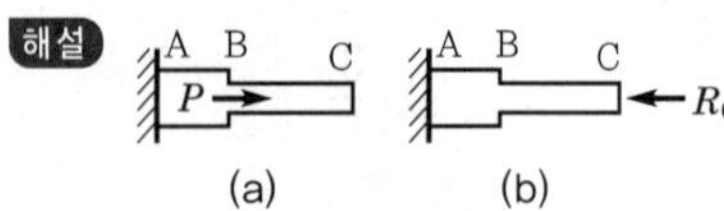

부정정력 R_C를 선택한다.

그림 (a)에서 변위량 δ_1

$$\therefore \delta_1 = \frac{P \cdot (L/3)}{E(2A)} = \frac{P \cdot L}{6EA}(\rightarrow)$$

그림 (b)에서 변위량 δ_2

$$\therefore \delta_2 = \frac{R_C \cdot (L/3)}{E(2A)} + \frac{R_C \cdot (2L/3)}{EA} = \frac{R_C \cdot L}{6EA} + \frac{2R_C \cdot L}{3EA} = \frac{5R_C \cdot L}{6EA}(\leftarrow)$$

변위의 적합조건식, $\delta_1 = \delta_2$

$$\therefore R_C = \frac{P}{5}$$

따라서 BC부재의 응력 σ_{BC}

$$\therefore \sigma_{BC} = \frac{R_C}{A} = \frac{P}{5A}$$

19 그림과 같이 간격 10m로 고정된 바닥(B)과 천정(A) 사이에 단면이 3×4cm로 일정한 직사각형 기둥이 놓여 있다. 이 기둥이 C점에 하중 P가 편심이 없이 작용하여 C점이 아래로 1mm 이동하였다면, C점에 작용한 하중 P[kN]는? (단, 탄성계수 $E = 200\text{GPa}$로 일정하고, 기둥의 자중은 무시한다) [10. 지방직 7급]

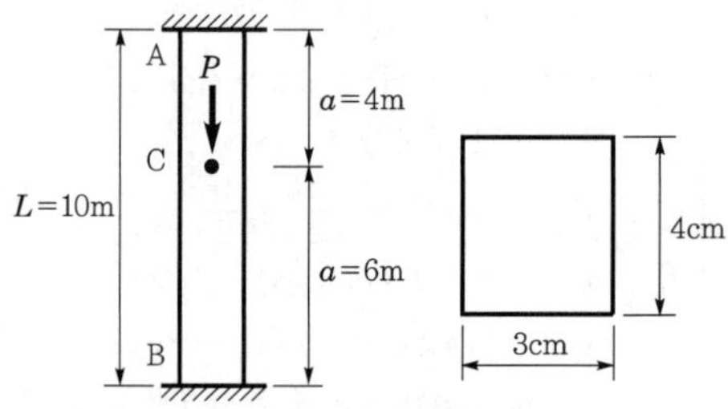

① 100 ② 120
③ 200 ④ 240

해설 ㉠ 강성도

$$k_{ac} = \frac{EA}{a} = \frac{200 \times 10^3 \times (30 \times 40)}{4 \times 10^3} = 60{,}000\text{N/mm}$$

$$k_{bc} = \frac{EA}{b} = \frac{200 \times 10^3 \times (30 \times 40)}{6 \times 10^3} = 40{,}000\text{N/mm}$$

㉡ 하중 P

$$P = (k_{ac} + k_{bc})\delta = (60{,}000 + 40{,}000) \times 1 = 100{,}000\text{N} = 100\text{kN}$$

정답 17 ② 18 ① 19 ①

20 그림과 같이 A부분은 길이가 $L_A = 100\text{mm}$ 이고, 단면의 직경은 10mm이다. B부분은 길이가 $L_B = 200\text{mm}$ 이고, 단면의 직경은 20mm이다. A부분은 왼쪽 단에 고정되어 있고, 강체 벽과 B부분의 오른쪽 단 사이에는 틈새(b)가 있다. $P = 25{,}000\pi\text{N}$ 의 축하중이 부재 중심에 작용할 때, $b = 0\text{mm}$ 일 때 A부분의 수직응력(σ_{A_0})과 $b = 10\text{mm}$ 일 때 A부분의 수직응력($\sigma_{A_{10}}$)의 비($\sigma_{A_0} : \sigma_{A_{10}}$)는? (단, 봉의 탄성계수 $E = 200\text{GPa}$ 이고, 자중은 무시한다) [10. 지방직 7급]

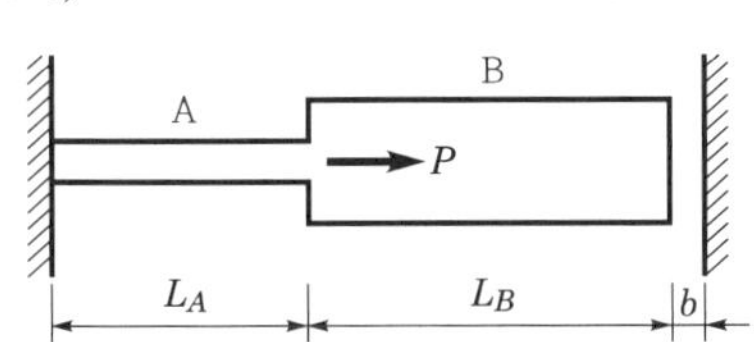

① 1:1 ② 1:2
③ 1:3 ④ 1:4

해설 ㉠ $b = 0\text{mm}$ 일 때 A부분의 수직응력(σ_{A_0})

강성도, $k_A = \dfrac{Ea_A}{L_A}$,

$$k_B = \frac{Ea_B}{L_B} = \frac{E(4a_A)}{2L_A} = 2\frac{Ea_A}{L_A} = 2k_A$$

$$\sigma_{A_0} = \frac{R_A}{a_A} = \frac{1}{a_A} \times \frac{k_A}{k_A + k_B}P$$

$$= \frac{1}{a_A} \times \frac{k_A}{k_A + 2k_A}P = \frac{P}{3a_A}$$

㉡ $b = 10\text{mm}$ 일 때 A부분의 수직응력($\sigma_{A_{10}}$)

P에 의한 늘음량,

$$\delta_P = \frac{PL_A}{Ea_A} = \frac{25{,}000\pi \times 100}{200 \times 10^3 \times \left(\dfrac{\pi \times 10^2}{4}\right)}$$

$= 0.5\text{mm}$

이므로 $b = 10\text{mm}$ 에 미치지 못하여 B부재의 응력은 0이 되고, A부재의 응력은 $\sigma_{A_{10}} = \dfrac{P}{a_A}$ 가 된다.

㉢ $\sigma_{A_0} : \sigma_{A_{10}}$

$$\sigma_{A_0} : \sigma_{A_{10}} = \frac{P}{3a_A} : \frac{P}{a_A}$$

$$= \frac{1}{3} : 1 = 1 : 3$$

21 다음 그림과 같은 트러스 구조물에서 부재 AD의 부재력은? (단, 이때 부재의 강성 EA는 모두 같고, 미소변형 문제이다) [10. 국가직 7급]

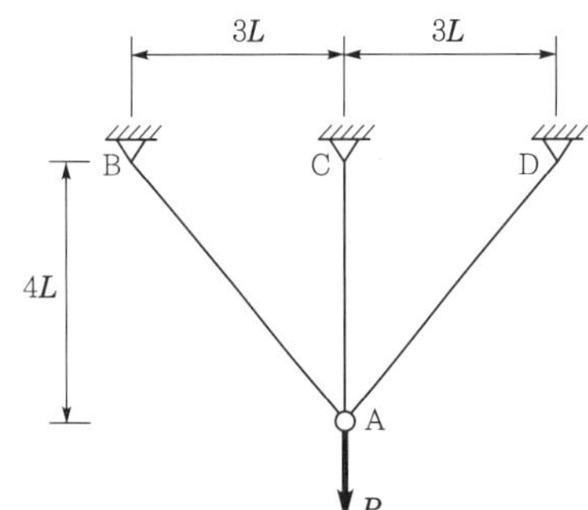

① $\dfrac{80}{253}P$ ② $\dfrac{5}{13}P$
③ $\dfrac{60}{221}P$ ④ $\dfrac{20}{47}P$

해설 AD의 부재력은 $\text{AD} = \dfrac{P\cos^2\alpha}{1 + 2\cos^3\alpha}$ 이다.

여기서, $\cos\alpha = \dfrac{4L}{5L} = \dfrac{4}{5}$ 이다.

$$AD = \frac{P\cos^2\alpha}{1 + 2\cos^3\alpha} = \frac{P \times \left(\dfrac{4}{5}\right)^2}{1 + 2 \times \left(\dfrac{4}{5}\right)^3}$$

$$= \frac{80}{253}P$$

22 2개의 합성재에서 A재료의 응력을 σ_1, 탄성계수를 E_1이라 하고 B재료의 응력을 σ_2, 탄성계수를 E_2라 하면 이들의 관계가 옳은 것은? [국가직 7급]

① $\sigma_1 E_1 = \sigma_2 E_2$ ② $\sigma_1 E_2 = \sigma_2 E_1$
③ $\sigma_1 \sigma_2 = E_1 E_2$ ④ $\sigma_1 + \sigma_2 = E_1 E_2$

해설 합성부재는 변형률이 같다.

$\varepsilon_1 = \dfrac{\sigma_1}{E_1}$, $\varepsilon_2 = \dfrac{\sigma_2}{E_2}$

$\therefore \varepsilon_1 = \varepsilon_2$, $\dfrac{\sigma_1}{E_1} = \dfrac{\sigma_2}{E_2}$

$\therefore \sigma_1 E_2 = \sigma_2 E_1$

정답 20 ③ 21 ① 22 ②

23 그림은 단면적 A_s인 강재(탄성계수 E_s)와 단면적 A_c인 콘크리트(탄성계수 E_c)를 결합한 L인 기둥이다. 연직하중 P가 작용할 때 강재의 변형률은? [국가직 7급]

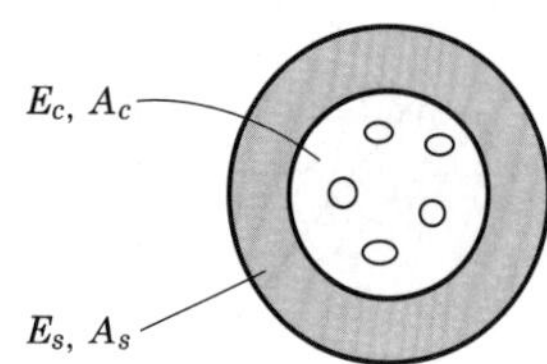

① $\dfrac{E_cA_c}{E_cA_c+E_sA_s}P$ ② $\dfrac{E_sA_s}{E_cA_c+E_sA_s}P$

③ $\dfrac{1}{E_cE_s}P$ ④ $\dfrac{1}{E_cA_c+E_sA_s}P$

해설 $P=P_c+P_s=\sigma_cA_c+\sigma_sA_s=\varepsilon_cE_cA_c+\varepsilon_sE_sA_s$

$\varepsilon=\varepsilon_c=\varepsilon_s$

$\therefore \varepsilon=\dfrac{P}{E_cA_c+E_sA_s}$

24 다음과 같이 높이가 200mm, 단면이 100×100mm인 정사각형 콘크리트 기둥 속에서 단면이 10×10mm인 정사각형 강봉을 4개 넣어 보강하였을 때, 허용되는 압축하중 P[kN]는? (단, 콘크리트의 허용응력 $\sigma_{ca}=12\text{MPa}$, 콘크리트의 탄성계수 $E_c=0.4\times10^5\text{MPa}$, 강봉의 허용응력 $\sigma_{sa}=120\text{MPa}$, 강봉의 탄성계수 $E_s=2\times10^5\text{MPa}$이며, 단면은 도심에 대해 2축 대칭이고, P는 단면 도심에 작용한다) [11. 지방직 7급]

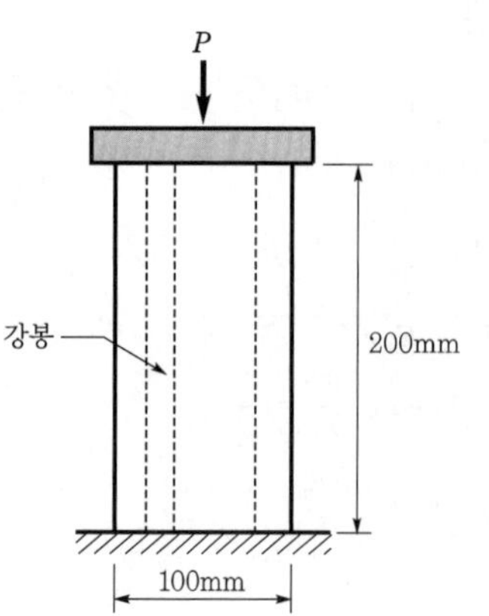

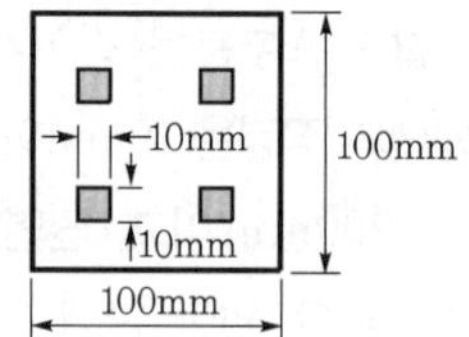

① 123.6 ② 134.4

③ 139.2 ④ 163.2

해설 ㉠ 콘크리트의 허용응력 검토 환산단면적을 이용한다.

탄성계수비

$n=\dfrac{E_s}{E_c}=\dfrac{2\times10^5}{0.4\times10^5}=5$

강봉의 단면적

$A_s=10\times10\times4=400\text{mm}^2$

콘크리트의 단면적

$A_c=100\times100-400=9,600\text{mm}^2$

$\sigma_{ca}=\dfrac{PE_c}{E_cA_c+E_sA_s}=\dfrac{P}{A_c+nA_s}$

$P=\sigma_m(A_c+nA_s)=12\times(9,600+5\times400)$

$=139,200\text{N}=139.2\text{kN}$

㉡ 강봉의 허용응력 검토

$\sigma_s=\dfrac{PE_s}{E_cA_c+E_sA_s}=n\dfrac{P}{A_c+nA_s}$

$P=\dfrac{\sigma_{sa}}{n}(A_c+nA_s)=\dfrac{120}{5}\times(9,600+5\times400)$

$=278,400\text{N}=278.4\text{kN}$

25 한 변의 폭이 10cm이고 길이 $l=100\text{cm}$인 정사각형 단면 봉의 양단을 단단한 벽에 고정하고 온도를 30℃ 상승시켰을 때, 벽을 미는 힘의 크기[kN]는? (단, 이 봉은 100℃ 상승시 1mm 늘어나며, 재료의 탄성계수 $E=20\text{GPa}$이다) [06. 국가직 7급]

① 15 ② 20

③ 30 ④ 60

해설 ㉠ 온도팽창계수(α)

$\alpha=\dfrac{\varepsilon}{\Delta T}=\dfrac{\frac{\Delta L}{L}}{\Delta T}=\dfrac{\Delta L}{L\times T}$

$=\dfrac{1}{1,000\times100}=1\times10^{-5}$

㉡ 온도반력(R_T)

$R_T=\alpha\cdot\Delta T\cdot EA=1\times10^{-5}$

$\times30\times20\times10^3\times(100\times10^2)$

$=60,000\text{N}=60\text{kN}$

정답 23 ④ 24 ③ 25 ④

26 강성체인 수평봉 AD가 한 개의 케이블 BC (단면적: A, 탄성계수: E)에 의하여 지지되어 있다. D점의 처짐 δ_D는? [국가직 7급]

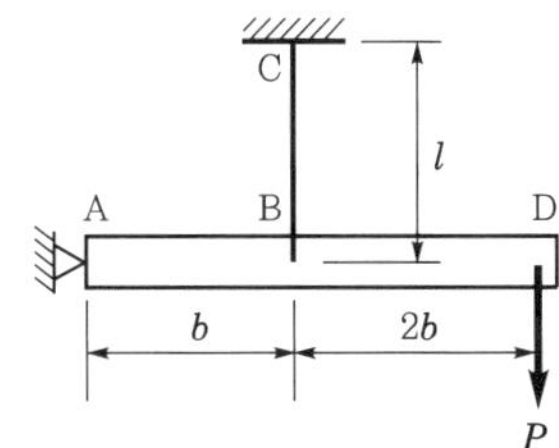

① $\dfrac{Pl}{EA}$　② $\dfrac{3Pl}{EA}$

③ $\dfrac{6Pl}{EA}$　④ $\dfrac{9Pl}{EA}$

해설

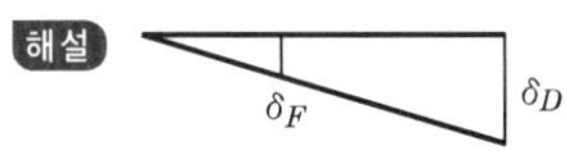

$\Sigma M_{A=0}$, $P\times 3b - F\times b = 0$

$\therefore F = 3P$

$\therefore \delta_F = \dfrac{F\cdot l}{EA} = \dfrac{3P\cdot l}{EA}$

강체의 변위도에서

$\therefore \delta_D = 3\cdot\delta_F = \dfrac{9Pl}{EA}$

27 다음 그림과 같이 균일단면 부재 ABC와 강체인 부재 BDE가 B점에서 핀으로 연결되어 있고, 강체 BDE의 E점에는 케이블이 연결되어 있다. 점 A에서 수직방향 처짐은? (단, 부재 ABC의 단면적은 A이고, 탄성계수는 E이다. 자중은 무시한다) [07. 국가직 7급]

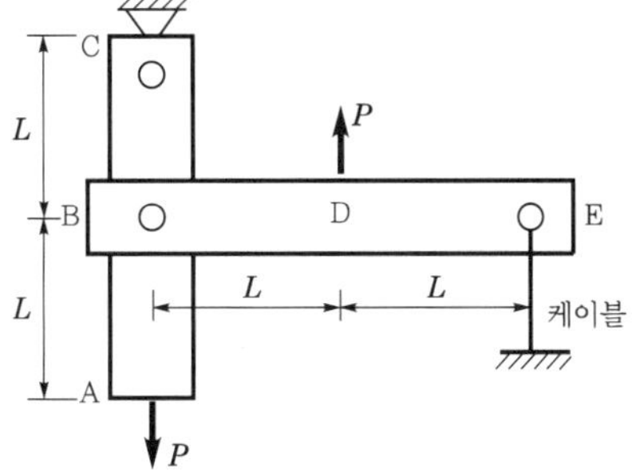

① $\dfrac{2PL}{AE}$　② $\dfrac{3PL}{2AE}$

③ $\dfrac{PL}{2AE}$　④ $\dfrac{PL}{AE}$

해설 ㉠ 강체인 수평봉 BDE에서 B점 반력

$R_B = \dfrac{P}{2}(\downarrow)$

㉡ ABC봉의 자유물체도

B점에 상향으로 $P/2$가 ABC봉에 작용한다.

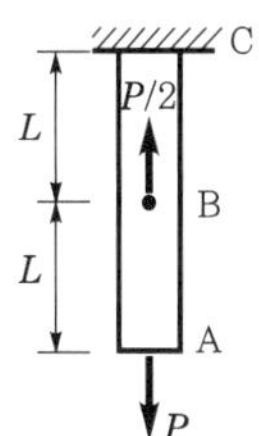

㉢ A점의 처짐

$\delta_A = \dfrac{(P/2)(L)}{EA} + \dfrac{(P)(2L)}{EA} = \dfrac{3PL}{2EA}(\downarrow)$

28 강체인 봉 AB가 한 끝단 A에는 ⓐ재료의 봉으로 연결되고, 다른 끝단 B에는 ⓑ재료의 봉으로 연결되어 있다. 하중이 작용하기 전에 강체 봉 AB는 수평으로 존재한다. 하중 P를 A점에서부터 작용시켜 오른쪽으로 이동시킬 때 강체 봉 AB가 다시 수평이 되는 위치 y는 얼마인가? (단, ⓐ재료와 ⓑ재료의 봉의 길이와 단면적, 탄성계수는 그림과 같다) [07. 서울시 7급]

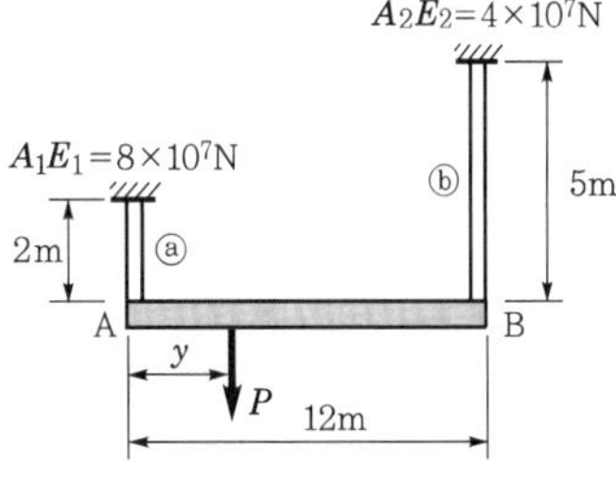

① 1m　② 1.5m

③ 2m　④ 2.5m

⑤ 3m

해설 ㉠ ⓐ봉의 축력(R_1)과 ⓑ봉의 축력(R_2)

$R_1 = \dfrac{P\times(12-y)}{12}$

$R_2 = \dfrac{P\times y}{12}$

정답 26 ④ 27 ② 28 ③

㉡ ⓐ봉의 신장량(δ_1)과 ⓑ봉의 신장량(δ_2)

$E_1A_1 = 2E_2A_2$이므로 $\delta_1 = \delta_2$

$\therefore \dfrac{R_1h_1}{E_1A_1} = \dfrac{R_2h_2}{E_2A_2}$

$\dfrac{R_1 \times 2}{2E_2A_2} = \dfrac{R_2 \times 5}{E_2A_2}$

$\therefore R_1 = 5R_2$

㉢ y 계산

$\dfrac{P \times (12-y)}{12} = 5 \times \dfrac{P \times y}{12}$

$12 - y = 5y$

$\therefore y = 2\text{m}$

29 그림과 같은 보 BD는 강봉 AB와 CD에 의해 지지되고 있다. 강봉의 길이가 모두 $2L$일 때 강봉 AB와 강봉 CD의 늘음량은? (단, 강봉의 단면적은 a, 탄성계수는 E이고, 강봉 및 보의 자중은 무시한다) [10. 지방직 7급]

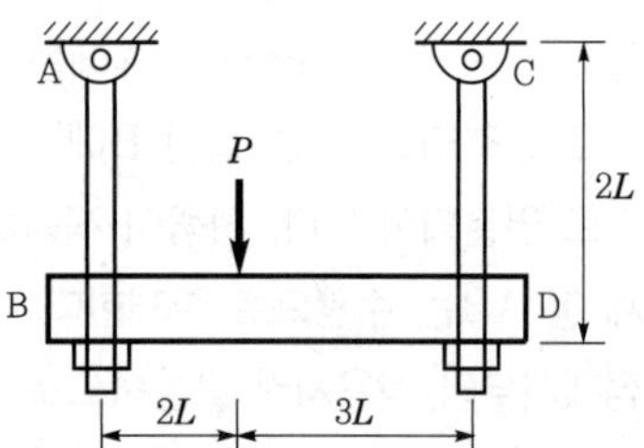

	강봉 AB	강봉 CD
①	$1.2\dfrac{PL}{Ea}$	$1.8\dfrac{PL}{Ea}$
②	$1.6\dfrac{PL}{Ea}$	$0.9\dfrac{PL}{Ea}$
③	$0.6\dfrac{PL}{Ea}$	$1.8\dfrac{PL}{Ea}$
④	$1.2\dfrac{PL}{Ea}$	$0.8\dfrac{PL}{Ea}$

해설 ㉠ 강봉의 축력 계산

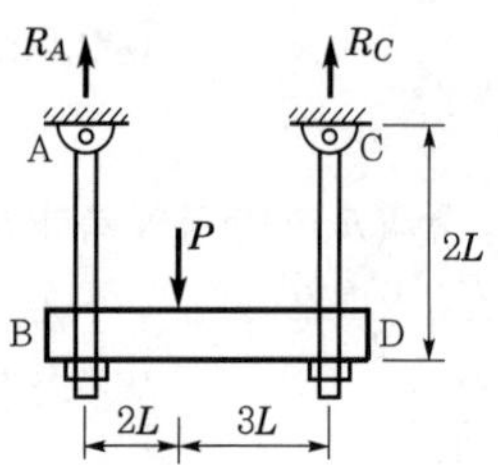

$R_A = \dfrac{P \times 3L}{5L} = \dfrac{3P}{5}(\uparrow)$

$R_C = \dfrac{P \times 2L}{5L} = \dfrac{2P}{5}(\uparrow)$

㉡ 강봉의 늘음량 계산

$\delta_{AB} = \dfrac{R_A(2L)}{Ea} = \dfrac{\frac{3P}{5} \times 2L}{Ea}$

$= 1.2\dfrac{PL}{Ea}$

$\delta_{CD} = \dfrac{R_C(2L)}{Ea} = \dfrac{\frac{2P}{5} \times 2L}{Ea}$

$= 0.8\dfrac{PL}{Ea}$

30 다음과 같이 길이 5m의 보가 절점 B에 2m 길이의 케이블과 지점 A에 힌지로 지지되어 있다. 케이블의 축강도(EA)는 20,000kN이고 보 ABC의 휨강도(EI)가 $5 \times 10^4 \text{kN} \cdot \text{m}^2$이라면 절점 C의 하향 연직처짐[mm]은? (단, 자중과 부재의 ABC의 축방향 변형은 무시한다) [13. 국가직 7급]

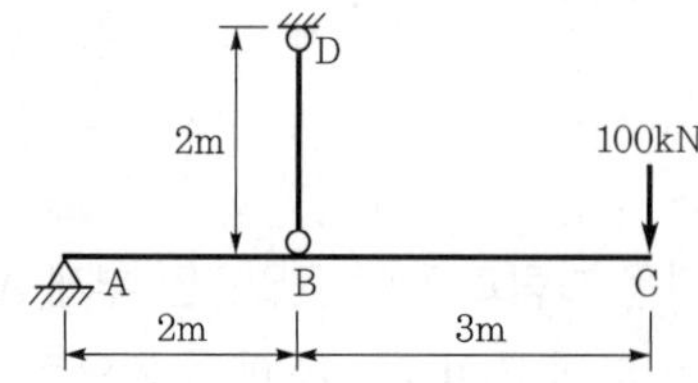

① 25.0 ② 30.0

③ 62.5 ④ 92.5

해설 ㉠ D점의 수직반력: $\Sigma M_A = 0$,

$R_D = \dfrac{100 \times 5}{2} = 250\text{kN}(\uparrow)$

㉡ C점의 처짐계산

ⓐ 케이블의 늘음량에 의한 C점의 처짐(δ_{C1})

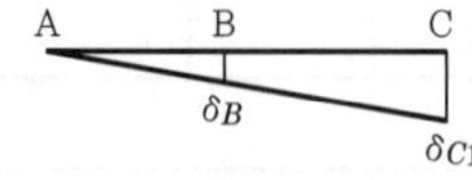

$\delta_B = \dfrac{R_Dh}{EA} = \dfrac{250 \times 3}{20,000} = 0.025\text{m} = 25\text{mm}$

$\delta_{C1} = \dfrac{5}{2}\delta_B = \dfrac{5}{2} \times 25 = 62.5\text{mm}$

ⓑ BC구간의 캔틸레버작용에 의한 C점의 처짐(δ_{C2})

정답 29 ④ 30 ④

$$\delta_{C2} = \frac{PL_{bc}^3}{3EI} = \frac{100 \times 3^3}{3 \times 5 \times 10^4}$$

$$= 0.018\text{m} = 18\text{mm}$$

ⓒ AB구간에서 B절점의 회전작용에 의한 C점의 처짐 (δ_{C3})

$$\delta_{C3} = \theta_B \times 3 = \frac{ML_{ab}}{3EI} \times 3$$

$$= \frac{(100 \times 3) \times 2}{3 \times 5 \times 10^4} \times 3 = 0.012\text{m} = 12\text{mm}$$

따라서

$$\delta_C = \delta_{C1} + \delta_{C2} + \delta_{C3} = 62.5 + 18 + 12 = 92.5\text{mm}$$

31 그림과 같이 극한응력(σ_u)이 250MPa인 두 개의 강선으로 보가 지지되어 있다. 강선 S_1의 단면적은 2cm^2이고, 강선 S_2의 단면적은 4cm^2일 때, 자유단 B점에 작용할 수 있는 최대 극한하중 P_u[kN]는? (단, 보 및 강선의 모든 자중은 무시하고, 강선의 위치를 나타내는 치수는 강선의 중심간격을 의미한다) [10. 지방직 7급]

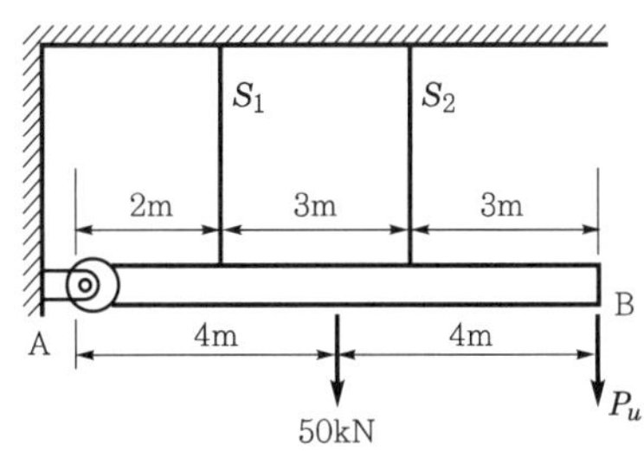

① 50　　② 75
③ 100　　④ 125

해설 $R_1 = \sigma_y A_1$, $R_2 = \sigma_y A_2$. 다음의 구조물의 평형조건식에서

$$\Sigma M_A = 0,\ R_1 \times 2 + R_2 \times 5$$
$$= 50 \times 4 + P \times 8$$
$$2\sigma_y A_1 + 5\sigma_y A_2 = 200 + 8P_u$$
$$2 \times 250 \times 2 \times 0.1 + 5 \times 250 \times 4 \times 0.1 = 200 + 8P_u$$
$$P_u = 50\text{kN}$$

여기서, $1\text{MPa} \times 1\text{cm}^2 = 0.1\text{kN}$

32 다음과 같이 수평 보가 양 끝에서 스프링으로 지지되어 있다. 스프링은 보에 하중이 작용하지 않을 때 보가 수평을 이루도록 제작되었다. 800N의 하중이 작용하여도 보가 수평을 유지하기 위한 지점 B의 스프링 상수[N/m]는? (단, 지점 A의 스프링 상수 $k_A = 1{,}200\text{N/m}$이다) [13. 국가직 7급]

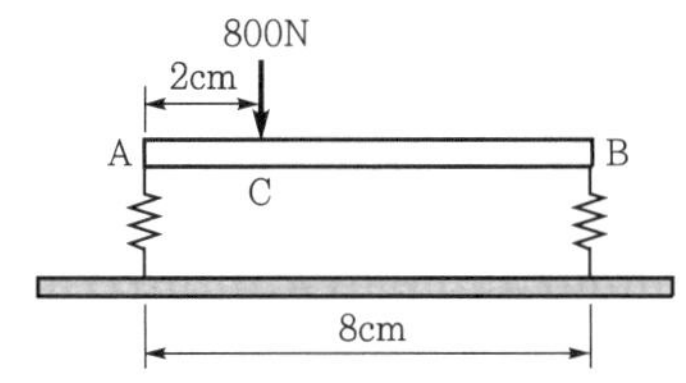

① 400　　② 600
③ 800　　④ 1,000

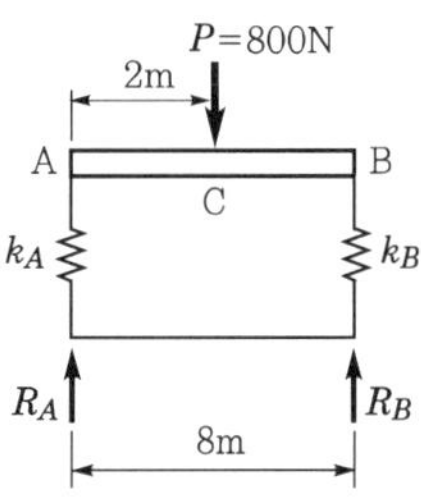

㉠ 반력 계산

$$R_A = \frac{800 \times 6}{8} = 600\text{N}$$

$$R_B = \frac{800 \times 2}{8} = 200\text{N}$$

㉡ k_B 계산

수평하게 처짐으로 $\delta_A = \delta_B$이다.

따라서 $\frac{R_A}{k_A} = \frac{R_B}{k_B}$

$$k_B = \frac{R_B}{R_A} k_A = \frac{200}{600} \times 1{,}200$$
$$= 400\text{N/m}$$

33 그림과 같이 항복응력이 σ_y, 단면적이 A인 두 개의 케이블(부재력은 각각 F_1, F_2)에 의하여 하중 P를 지탱하고 있다. 다음 설명 중 옳지 않은 것은? [07. 국가직 7급]

정답 31 ① 32 ① 33 ①

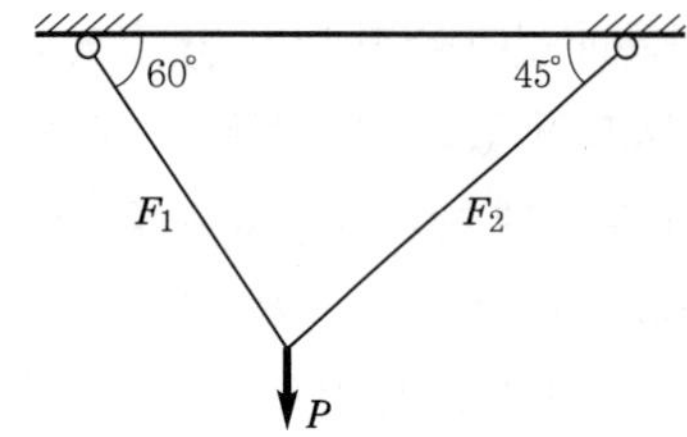

① 항복하중에 도달했을 때 부재력 F_2는 $\frac{\sigma_y \cdot A}{2}$이다.

② P를 증가시키면 좌측 케이블이 먼저 항복한다.

③ 힘의 평형조건을 이용하여 부재력을 구할 수 있다.

④ $P = F_1 \sin 60° + F_2 \sin 45°$와 같다.

해설 ㉠ 힘의 평형조건식에서 F_1와 F_2의 관계를 구한다.

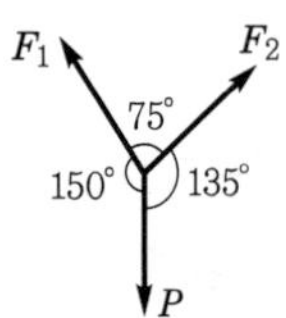

$F_1 \cos 60° = F_2 \cos 45°$

$F_1 \times \left(\frac{1}{2}\right) = F_2 \times \left(\frac{1}{\sqrt{2}}\right)$

$F_2 = \frac{\sqrt{2}}{2} F_1 = \frac{1}{\sqrt{2}} F_1$

㉡ 부재력 F_1이 F_2보다 더 크기 때문에 항복하중은 $F_1 = \sigma_y A$일 때이다.

따라서 이 경우의 F_2는 F_1의 $\frac{1}{\sqrt{2}}$배이므로

$F_2 = \frac{1}{\sqrt{2}} F_1 = \frac{1}{\sqrt{2}} \sigma_y A$가 된다.

34 그림과 같은 2단 원형 단면축의 양단을 고정하고 단이 있는 단면에 비틀림 모멘트 T_o를 작용시켰다. T_o가 작용하는 단면의 비틀림각 ϕ_o를 구하면? (단, J_a, J_b는 극관성 모멘트이다)

[07. 서울시 7급]

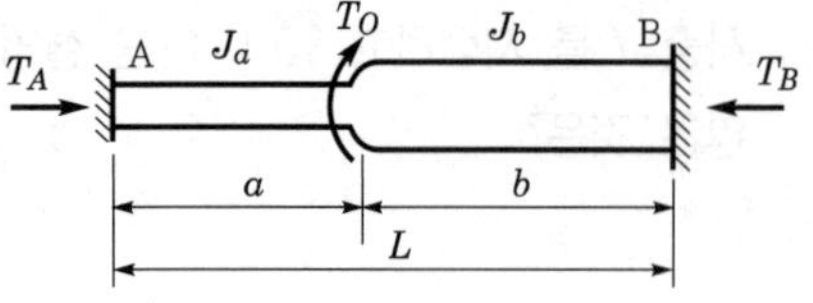

① $\phi_o = \frac{T_o ab}{(J_b b + J_a a)G}$

② $\phi_o = \frac{T_o b}{(J_b b + J_a a)G}$

③ $\phi_o = \frac{T_o a}{(J_a b + J_b a)G}$

④ $\phi_o = \frac{T_o ab}{(J_a b + J_b a)G}$

⑤ $\phi_o = \frac{T_o b}{(J_a b + J_b a)G}$

해설 $\phi_o = \frac{T_o}{k_a + k_b} = \frac{T_o}{\frac{GJ_a}{a} + \frac{GJ_b}{b}}$

$= \frac{T_o ab}{(J_a b + J_b a)G}$

35 한 변의 길이 $A = 30\text{cm}$인 정사각형 단면을 갖는 2개의 목재를 그림처럼 못으로 연결하여 캔틸레버보를 만들려고 한다. 못 한 개가 받을 수 있는 허용 전단력이 100kgf일 때 못의 최대 간격 s는 얼마인가? ($P = 400\text{kgf}$)

[국가직 7급]

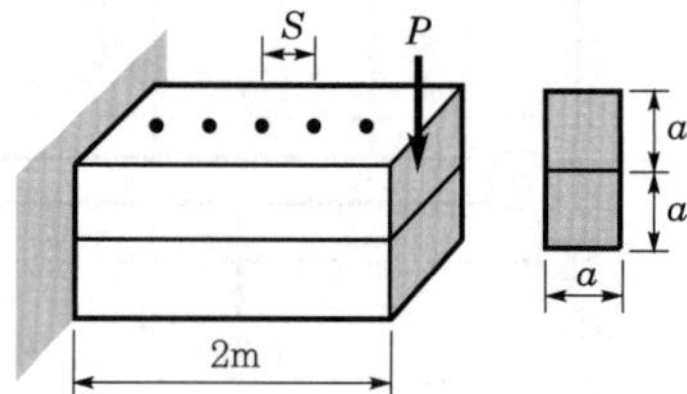

① 8cm ② 10cm

③ 12cm ④ 14cm

해설 연결부의 전단응력

$\tau = \frac{3}{2} \cdot \frac{S}{A} = \frac{3}{2} \times \frac{400}{30 \times 60}$

$= \frac{1}{3} \text{kgf/cm}^2$

전단흐름

$f = \tau \cdot b = \frac{1}{3} \times 30 = 10\text{kgf/cm}$

못의 간격 $s = \frac{F_a}{f} = \frac{100}{10} = 10\text{cm}$

정답 34 ④ 35 ②

36 구조물이 외력에 의한 변형에 강하도록 하는 방법 중 옳지 않은 것은? [서울시 7급]

① 탄성계수가 큰 재료를 사용한다.
② 각 부재에 작용하는 응력에 따라 단면적, 단면 2차 모멘트, 극관성 모멘트를 증가시킨다.
③ 구속도를 증가시킨다.
④ 파괴강도가 큰 재료를 사용한다.
⑤ 부재 길이를 작게 한다.

해설 $\delta = \frac{Pl}{EA}$, $\delta = \alpha \cdot \frac{Pl^3}{EI}$, $\delta = \alpha \cdot \frac{wl^4}{EI}$,
$\phi = \frac{Tl}{GI_P}$

37 그림과 같이 강판을 리벳 이음(리벳 1개)을 하여 62.8kN의 인장력을 가했을 때 리벳이 받을 전단응력[MPa]의 값은? (단, 리벳의 직경은 20mm이다)

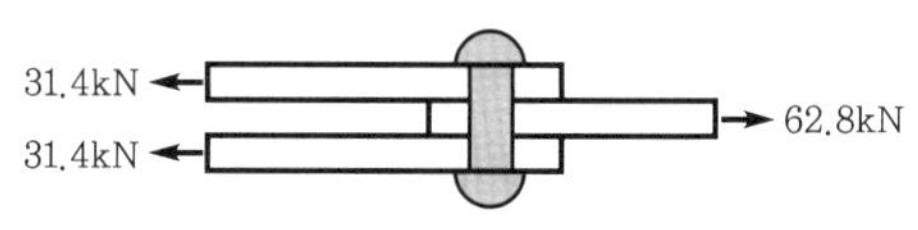

① 50 ② 80
③ 100 ④ 120

해설 2면 전단이므로
$$\tau = \frac{S}{2A} = \frac{62.8 \times 10^3}{2 \times \frac{\pi \times 20^2}{4}}$$
$= 100\text{MPa}$

38 180kN의 인장력을 받은 철판을 지름 20mm의 리벳으로 단전단 이음을 하려고 한다. 필요한 리벳의 수[개]는? (단, 리벳의 허용 전단응력 120MPa이며 π는 3으로 한다)

① 2 ② 3
③ 4 ④ 5

해설 리벳 1개의 허용 전단력
$$P_a = \tau_a \cdot A = 120 \times \frac{3 \times 20^2}{4} = 36{,}000\text{N}$$
리벳의 소요개수
$$n = \frac{P}{P_a} = \frac{180 \times 10^3}{36{,}000} = 5\text{개}$$

39 직경 20mm인 펀치를 이용하여 두께 $t = 2\text{mm}$, 허용전단응력 $\tau_a = 20\text{MPa}$인 강판에 원형 구멍을 뚫으려 할 때 필요한 힘[kN]은? (단, π는 3으로 한다)

① 24 ② 36
③ 48 ④ 52

해설 펀칭 전단응력 $\tau = \frac{P}{\pi dt}$
$\therefore P = \tau_a(\pi dt) = 200 \times (3 \times 20 \times 2)$
$= 24{,}000\text{N}$
$= 24\text{kN}$

40 원형 단면에서 비틀림상수로 옳은 것은? (단, d: 원의 지름)

① $\frac{\pi d^4}{64}$ ② $\frac{\pi d^3}{64}$
③ $\frac{\pi d^3}{32}$ ④ $\frac{\pi d^4}{32}$
⑤ $\frac{\pi d^4}{16}$

해설 원형 단면의 비틀림 상수는 단면 2차 극모멘트와 같다.
$$J = I_p = \frac{\pi d^4}{32}$$

41 그림과 같은 내반경 r인 얇은 벽을 가진 원통형 탱크가 내부압력 P와 외력 F를 받고 있다. 원관벽에 순수전단이 발생되기 위한 힘 F는?

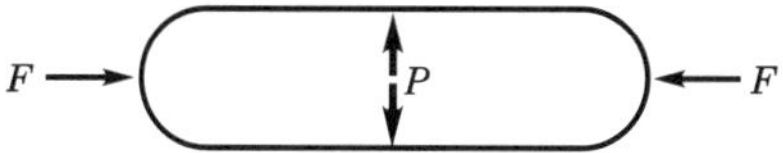

① $F = P\pi r^2$ ② $F = 2P\pi r^2$
③ $F = 3P\pi r^2$ ④ $F = 4P\pi r^2$
⑤ $F = 5P\pi r^2$

정답 36 ④ 37 ③ 38 ④ 39 ① 40 ④ 41 ③

해설 ㉠ 원환응력과 종방향응력

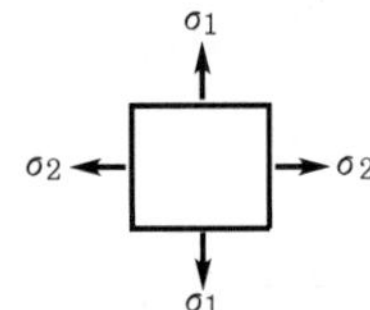

원환응력 $\sigma_1 = \frac{Pr}{t}$

종방향응력 $\sigma_2 = \frac{Pr}{2t} = \frac{\sigma_1}{2}$ 이다.

㉡ 순수전단조건

45° 경사면에는 수직응력은 0이고, 오직 전단응력만이 작용한다.

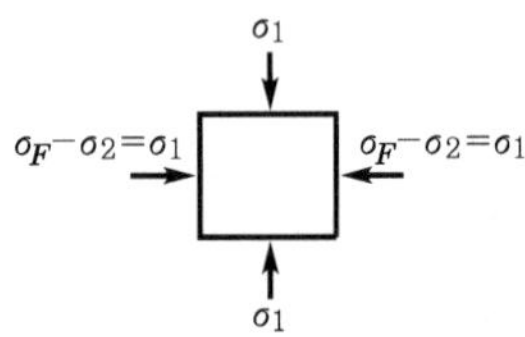

즉, $\sigma_1 = \sigma_F - \sigma_2$가 되어야 한다.

$\therefore \sigma_F = \sigma_1 + \sigma_2 = \frac{3}{2}\sigma_1$

$\therefore \frac{F}{2\pi rt} - = \frac{3}{2} \times \frac{Pr}{t}$

$\therefore F = 3P\pi r^2$

42 평균반경이 50cm이고, 두께가 5mm인 얇은 구형압력용기에 내압 20MPa이 작용하고 있을 때 발생되는 막응력[MPa]은? [10. 국가직 7급]

① 2,000 ② 1,000
③ 500 ④ 250

해설 $\sigma = \frac{Pr}{2t} = \frac{20 \times 500}{2 \times 5} = 1{,}000\text{MPa}$

43 지름 10cm, 길이 25cm인 재료에 인장력을 작용시켰더니 지름은 0.02cm 줄고 길이는 0.2cm 늘었다. 이 재료의 푸아송(Poisson)의 비는? [국가직 7급]

① 0.25 ② 0.50
③ 1.00 ④ 2.00

해설 $\nu = \frac{\Delta d \cdot l}{\Delta l \cdot d} = \frac{0.02 \times 25}{0.2 \times 10} = 0.25$

44 아래 그림과 같이 판 ABCD가 전단력 V에 의해 AB′C′D로 변형되었다. AB′과 DC′의 변형 현상이 그림과 같을 때, $y = 0.5$cn 지점에서의 전단변형률은? (단, 미소변형이다) [15. 서울시 7급]

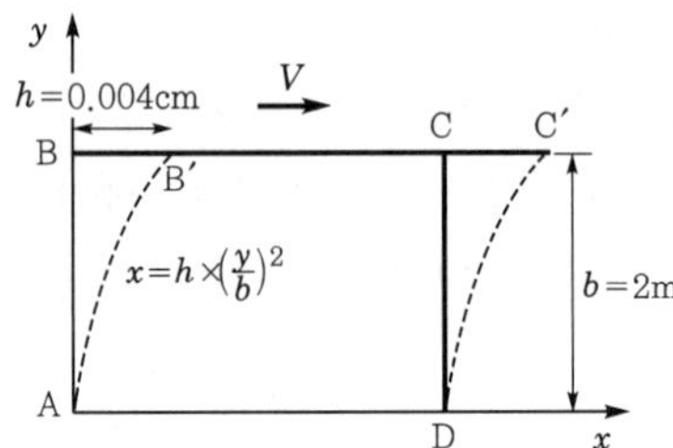

① 0.01 ② 0.001
③ 0.02 ④ 0.002

해설 $\gamma = \frac{dx}{dy}$ 이다. 즉, $y = 0.5$cm 에서

전단변형률,

$\gamma = \frac{dx}{dy} = \frac{2h}{b^2}y = \frac{2 \times 0.004}{2^2} \times 0.5 = 0.001\text{rad}$

45 다음과 같은 강재 볼트에 축하중 P가 작용할 때 머리부에 생기는 전단응력 τ를 볼트에 생기는 수직응력의 1.5배가 되게 하려면 머리높이 h는 볼트 지름 d의 몇 배인가? [11. 국가직 7급]

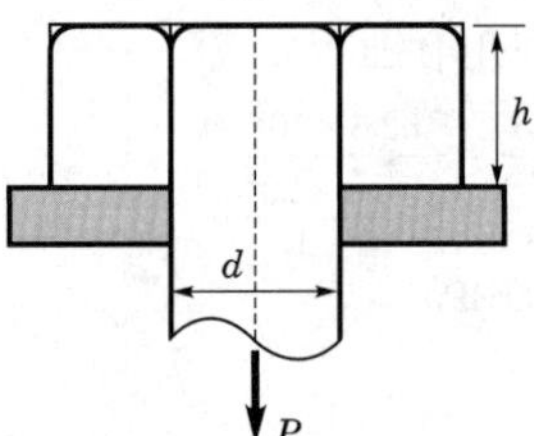

① $\frac{1}{5}$배 ② $\frac{1}{6}$배
③ $\frac{1}{7}$배 ④ $\frac{1}{8}$배

해설 $\tau = 1.5\sigma$

$\frac{P}{\pi dh} = 1.5 \times \frac{4P}{\pi d^2}$

$h = \frac{1}{6}d$

정답 42 ② 43 ① 44 ② 45 ②

46 그림과 같이 사각형의 철판 두 개를 볼트로 고정한 행어가 있다. 철판의 두께가 각각 10mm, 볼트구멍의 직경이 10mm, 윗 판의 폭이 60mm, 아래판의 폭이 40mm일 때, 이 행어가 지탱할 수 있는 최대 허용력[N]은? (단, 철판의 허용인장응력은 100MPa, 볼트의 허용전단응력은 50MPa, 볼트의 허용지압응력은 50MPa이다)

[15. 서울시 7급]

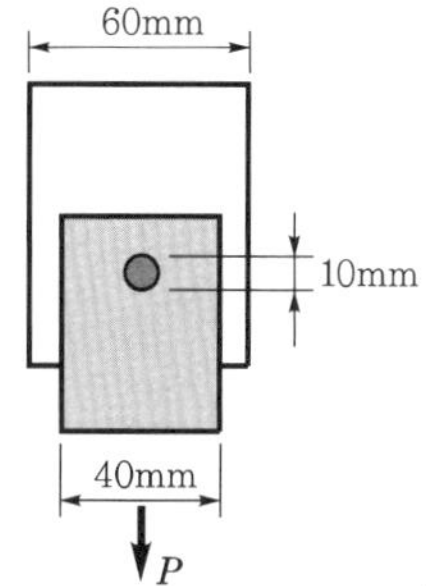

해설 ㉠ 철판의 인장검토
철판에 대한 인장검토는 아래쪽 철판에 대해서 구한다.
$P_a = \sigma_a A = 100 \times (40 \times 10) = 40,000\text{N}$
㉡ 볼트의 전단검토
$P_a = Z_a A = 50 \times \left(\dfrac{\pi \times 10^2}{4}\right) = 1,250\text{kN}$
㉢ 볼트의 지압검토
$P_a = \sigma_{ba} \cdot A = \sigma_{ba}(dt) = 50 \times (10 \times 10) = 5000\text{N}$

47 어떤 재료에 인장응력을 가했을 때 응력-변형률 관계가 그림과 같이 나타났다. 하중을 E점 이전까지 가한 후 하중을 제거하였을 때는 O점으로 복원되며, 하중을 E점을 넘어 B점까지 가한 후 하중을 제거하였을 때는 C점으로 복원되었다. 다음 중 맞는 설명은?[07. 서울시 7급]

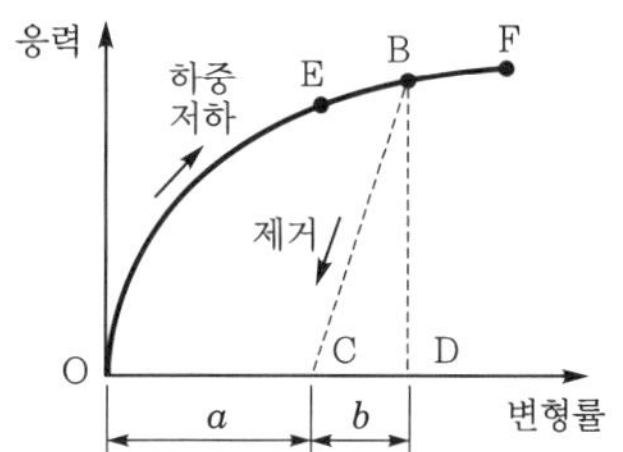

① B점을 탄성한계라 한다.
② b를 소성복원이라 한다.
③ a를 잔류응력이라 한다.
④ 선분 BC를 O점에서의 응력-변형률 곡선의 기울기에 평행하다.
⑤ E점에 도달 전에 하중을 제거해도 잔류응력이 발생한다.

해설 ① 탄성한계는 E점을 말한다.
② b를 탄성회복 또는 탄성복원이라 한다.
③ a를 잔류응력이 아니라 잔류변형률이라 한다.
⑤ E점, 즉 탄성한도에 도달하기 전에 하중을 제거하면 변형률은 다시 원점으로 되돌아가서 변형률이 0이 되며 잔류응력은 발생하지 않는다.

48 다음 기둥의 줄음량 Δl은? (단, EA는 일정하다)

[서울시 7급]

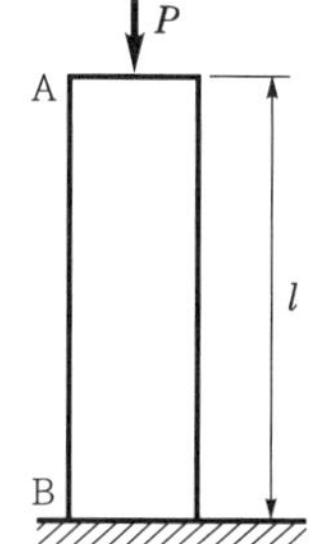

① $\dfrac{P \cdot l}{AE}$ ② $\dfrac{PA}{El}$ ③ $\dfrac{Al}{PE}$
④ $\dfrac{PEA}{l}$ ⑤ $\dfrac{PEl}{A}$

해설 $\Delta l = \dfrac{P \cdot l}{EA}$

49 어떤 재료에 인장력을 가했더니 길이방향으로 1mm의 변형이 생겼을 때 원래 부재 길이[m]는? (단, 재료의 탄성계수 $E = 2 \times 10^5$MPa, 허용응력 $\sigma_a = 20$MPa이다) [서울시 7급]

① 1 ② 4
③ 8 ④ 10

정답 46 ② 47 ④ 48 ① 49 ④

해설 $\sigma = \varepsilon E = \frac{\Delta l}{l} E$

$\therefore l = \frac{\Delta l}{\sigma} E = \frac{1}{20} \times 2 \times 10^5 = 10{,}000\text{mm} = 10\text{m}$

50 2mm 늘이는데 8N의 힘이 필요한 스프링(spring)에서 20mm 늘어난 상태에서 60mm 더 늘이는데 필요로 하는 일의 양[N · mm]은?

① 2,400 ② 7,200
③ 8,000 ④ 12,000

해설 ㉠ 스프링의 강성도

$k = \frac{P}{\delta} = \frac{8}{2} = 4\text{N/mm}$

㉡ $\Delta U = U_2 - U_1 = \frac{1}{2}k\delta_2^2 - \frac{1}{2}k\delta_1^2$

$= \frac{1}{2} \times 4 \times 80^2 - \frac{1}{2} \times 4 \times 20^2$

$= 12{,}000\text{N}\cdot\text{mm}$

51 응력 · 변형률 선도의 전면적이며 재료가 파단되지 전까지 에너지를 흡수할 수 있는 능력을 무엇이라 하는가? [서울시 7급]

① 탄성 ② 소성
③ 레질리언스 ④ 인성

52 구조용 강재의 성질에 대한 설명으로 가장 옳지 않은 것은? [06. 국가직 7급]

① 연성(ductility)은 재료가 파단 이전에 충분히 큰 변형률에 견디는 능력을 나타낸다.
② 경도(hardness)는 재료 표면이 손상에 저항하는 능력을 나타낸다.
③ 탄력(resilience)은 재료가 변형률 경화단계 전까지 에너지를 흡수할 수 있는 능력을 나타낸다.
④ 인성(toughness)은 재료가 파단되기 전까지 에너지를 흡수할 수 있는 능력을 나타낸다.

53 그림과 같이 지점 A, B, C가 힌지인 부정정 트러스에 하중 P가 점 O에 작용하고 있다. 만약 OA, OC 부재의 신장량이 각각 δ이면 하중 P에 의한 외적인 일은? (단, 모든 부재의 단면적과 탄성계수는 일정하다) [08. 국가직 7급]

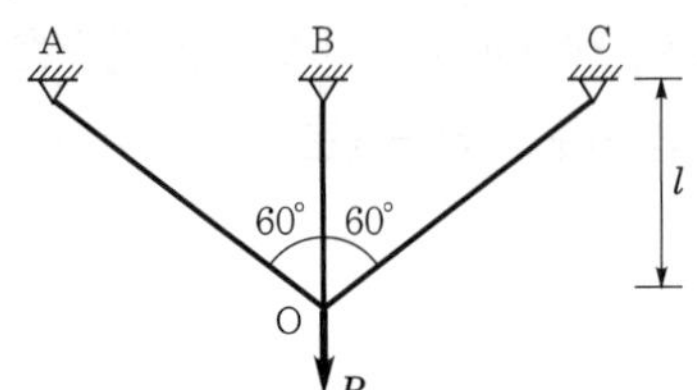

① $\frac{P\delta}{4}$ ② $\frac{P\delta}{3}$
③ $\frac{P\delta}{2}$ ④ $P\delta$

해설 williot선도로부터 변위관계식을 구할 수 있다.

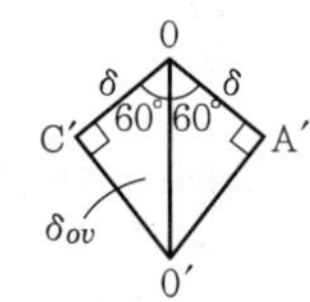

$\delta_{ov} = \frac{\delta_{oa}}{\cos 60°} = \frac{\delta}{1/2} = 2\delta$

따라서 P가 한 외적일은 다음과 같다.

$W_E = \frac{P}{2} \times \delta_{ov} = \frac{P}{2} \times 2\delta = P \cdot \delta$

54 그림과 같은 봉의 단면적이 A이고 탄성계수가 E일 때 이 봉의 변형량은? [국가직 7급]

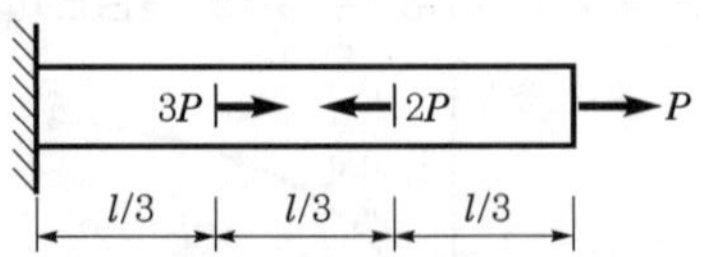

① $\frac{Pl}{3AE}$ ② $\frac{Pl}{AE}$
③ $\frac{4Pl}{3AE}$ ④ $\frac{2Pl}{3AE}$

정답 50 ④ 51 ④ 52 ③ 53 ④ 54 ④

해설 $\overleftarrow{2P}$ [1] $\overrightarrow{2P}$ $\overrightarrow{P}$ [2] $\overleftarrow{P}$ $\overleftarrow{P}$ [3] $\overrightarrow{P}$

$$\delta=\delta_1+\delta_2+\delta_3$$
$$=\frac{1}{EA}\left(2P\times\frac{l}{3}-P\times\frac{l}{3}+P\times\frac{l}{3}\right)$$
$$=\frac{2Pl}{3EA}$$

55 다음 봉에서 BC구간의 변위량 Δl은? (단, EA는 일정하다) [서울시 7급]

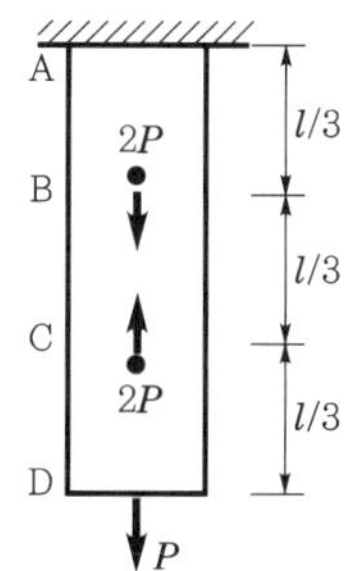

① 0 ② $-\dfrac{2Pl}{3EA}$

③ $\dfrac{Pl}{3EA}$ ④ $\dfrac{2Pl}{3EA}$

⑤ $-\dfrac{Pl}{3EA}$

해설 BC부분의 자유물체도에서

$\therefore \Delta l=\dfrac{(-P)(l/3)}{EA}=-\dfrac{Pl}{3EA}$ (압축)

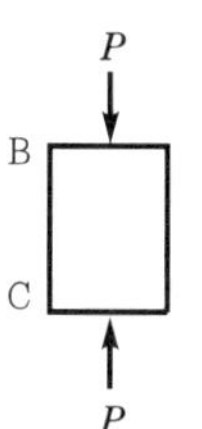

56 다음과 같은 구조물에 수직하중 P가 작용할 때 C점의 수직변위는? (단, 부재의 자중은 무시하며, 탄성계수는 E, AB 사이의 단면적은 BC 사이의 단면적 A의 3배인 $3A$이다) [11. 국가직 7급]

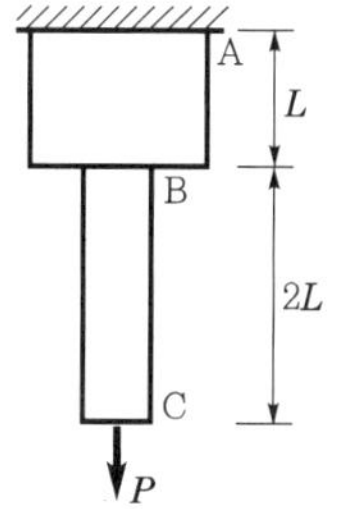

① $\dfrac{2PL}{EA}$ ② $\dfrac{PL}{2EA}$

③ $\dfrac{5PL}{3EA}$ ④ $\dfrac{7PL}{3EA}$

해설 ④$\delta_{av}=\dfrac{PL}{E(3A)}+\dfrac{P(2L)}{EA}=\dfrac{7PL}{3EA}$

57 다음과 같이 길이 L과 양단 단면의 직경이 D 및 $2D$이고, 탄성계수가 E인 원형 강봉에 인장력 P가 작용할 때, 강봉이 신장량 ΔL은? [11. 지방직 7급]

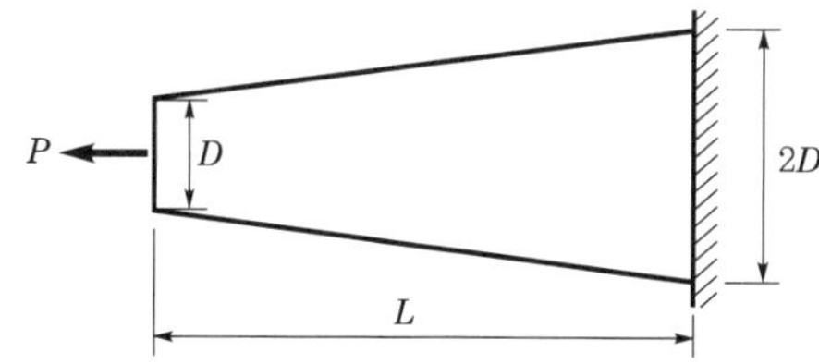

① $\dfrac{4PL}{\pi^2ED^2}$ ② $\dfrac{4PL}{\pi ED^2}$

③ $\dfrac{2PL}{\pi^2ED^2}$ ④ $\dfrac{2PL}{\pi ED^2}$

해설 $\delta=\dfrac{4PL}{\pi D_1D_2}=\dfrac{4PL}{\pi D\times 2D}=\dfrac{2PL}{\pi D^2}$

58 다음 그림 (a)와 같이 이중선형(bilinear) 응력-변형률 곡선을 갖는 그림 (b)와 같은 길이 2m의 강봉이 있다. 하중 $P=14\text{kN}$이 작용할 때 강봉의 늘어난 길이[mm]는? (단, 강봉의 단면적은 2cm^2이고, 자중은 무시하며, 탄성계수 $E_1=100\text{GPa}$이고, 탄성계수 $E_2=40\text{GPa}$이다) [13. 국가직 7급]

정답 55 ⑤ 56 ④ 57 ④ 58 ④

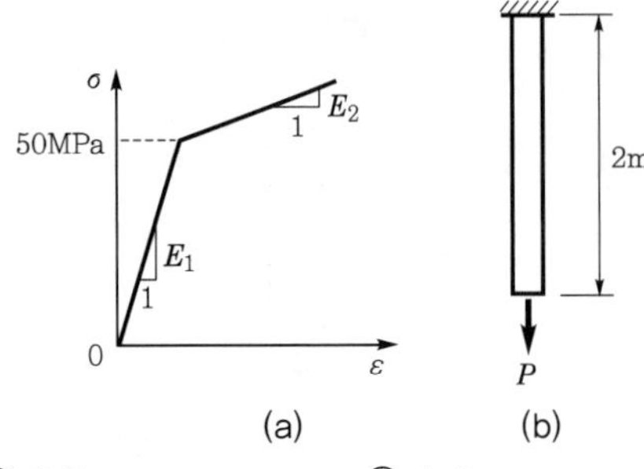

① 0.5 ② 1.0

③ 1.5 ④ 2.0

해설 ㉠ 50MPa에 해당하는 하중의 크기(P_1)

$P_1 = \sigma_y A = 50 \times (2 \times 10^2)$

$= 10{,}000\text{N} = 10\text{kN}$

㉡ 강봉의 늘어난 길이

$$\delta = \Sigma \frac{PL}{EA} = \frac{(10 \times 10^3) \times (2 \times 10^3)}{100 \times 10^3 \times (2 \times 10^2)} + \frac{(14-10) \times 10^3 \times (2 \times 10^3)}{40 \times 10^3 \times (2 \times 10^2)}$$

$= 1 + 1 = 2\text{mm}$

59 다음 그림과 같이 하중 P를 받는 기둥이 있다. 기둥의 상단과 하단이 고정되었다고 가정할 때, 상단경계의 반력 R_A는? [15. 서울시 7급]

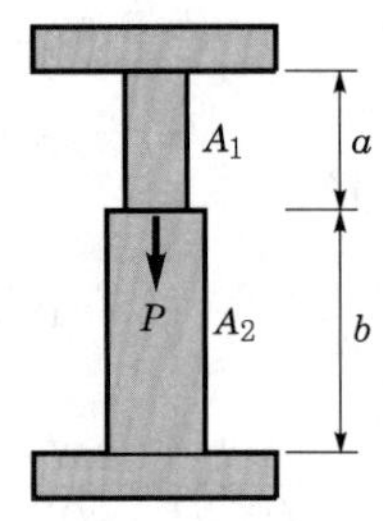

① $R_A = \dfrac{aA_2}{aA_1 + bA_2}P$

② $R_A = \dfrac{bA_2}{aA_1 + bA_2}P$

③ $R_A = \dfrac{bA_1}{aA_2 + bA_1}P$

④ $R_A = \dfrac{aA_1}{aA_2 + bA_1}P$

해설 강성도법

$$R_A = \frac{k_a}{k_a + k_b}P = \frac{\frac{EA_1}{a}}{\frac{EA_1}{a} + \frac{EA_2}{b}}P = \frac{bA_1}{bA_1 + aA_2}P$$

60 그림과 같이 단일 단면을 가지는 기둥과 천장과의 거리는 d이다. 열팽창계수가 α라고 할 때, 이 기둥이 천장에 닿도록 하는 데 필요한 온도상승치의 두 배만큼 온도가 올라갔을 때 발생하는 압축응력은? [15. 서울시 7급]

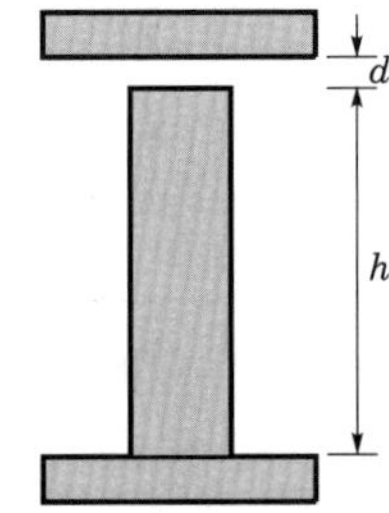

① $\sigma = E\alpha\dfrac{d}{h}$ ② $\sigma = E\dfrac{d}{h}$

③ $\sigma = E\alpha\dfrac{h}{d}$ ④ $\sigma = E\dfrac{2d}{h}$

해설 ㉠ 거리 d를 상쇄시키는 온도변화량

$\Delta T = \dfrac{d}{\alpha h}$

㉡ 압축응력계산

실제 온도변화량은 거리 d를 상쇄시키는 온도변화량의 2배라고 하였으므로 응력을 유발시키는 온도변화량은 거리 d를 상쇄시키는 온도변화량과 같다. 즉 응력을 유발시키는 온도변화량은 $\Delta T = \dfrac{d}{\alpha h}$가 된다.

$\sigma_t = \alpha \cdot \Delta T \cdot E$

$= \alpha \times \dfrac{d}{\alpha h} \times E = E\dfrac{d}{h}$

61 다음과 같이 양단이 고정된 부재의 BC구간에 발생하는 횡방향변형률은? (단, 단면적 $A = 100\text{mm}^2$, 종탄성계수 $E = 2 \times 10^5\text{MPa}$, 푸아송비 $\nu = 0.3$, 하중은 단면도심에 작용한다) [11. 지방직 7급]

정답 59 ③ 60 ② 61 ①

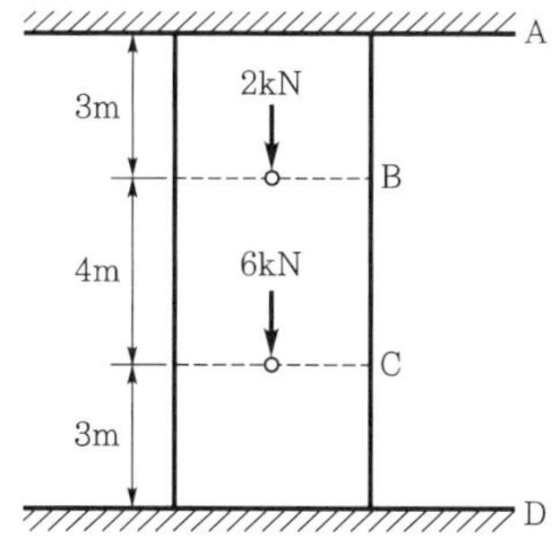

① 1.8×10^{-5} ② 1.8×10^{-6}

③ 6.0×10^{-5} ④ 6.0×10^{-6}

해설 ㉠ 자유물체도

$$R_A = \frac{2 \times 7 + 6 \times 3}{10} = 3.2\text{kN}(\uparrow)$$

$$R_D = \frac{2 \times 3 + 6 \times 7}{10} = 4.5\text{kN}(\uparrow)$$

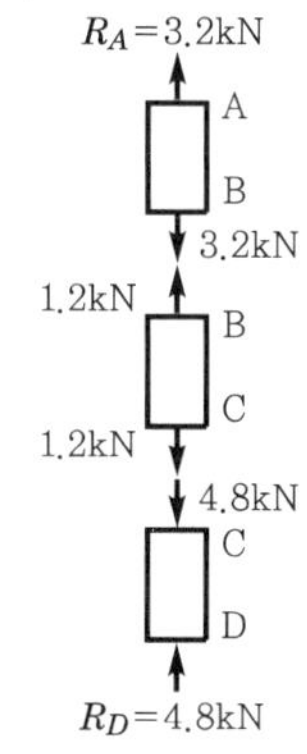

자유물체도로부터 BC부재에 인장력 1.2kN이 작용하고 있다.

㉡ 횡방향변형률

$$\varepsilon_x = \frac{1}{E}[\sigma_x - \nu(\sigma_y + \sigma_x + \sigma_z)]$$

$$\varepsilon_x = \frac{1}{E}(-\nu\sigma_y) = -\frac{1}{E}\left[\nu \times \left(-\frac{P_{BC}}{A}\right)\right] = \frac{\nu}{E} \times \frac{P_{BC}}{A}$$

$$= \frac{0.3}{2 \times 10^5} \times \frac{1.2 \times 10^3}{100} = 1.8 \times 10^{-5}$$

62 다음과 같이 단면적 A가 동일한 a, b 두 부재가 용접되어 양단이 구속되어 있다. 하중 P가 용접면에 그림과 같이 작용할 때 b부재에 발생되는 압축응력은? (단, 용접에 의한 잔류응력은 무시하고, a와 b의 탄성계수는 각각 E_a와 E_b이며 $E_a = 2E_b$의 관계를 갖는다. 또한, 보의 자중은 무시한다) [13. 국가직 7급]

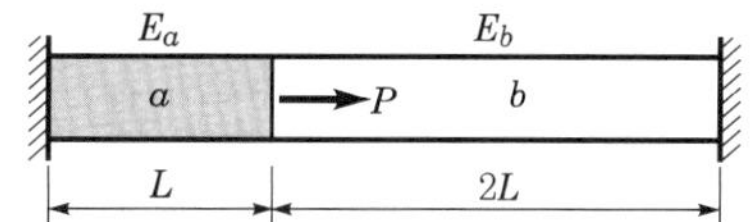

① $\frac{P}{5A}$ ② $\frac{P}{4A}$

③ $\frac{P}{3A}$ ④ $\frac{3P}{4A}$

해설 ㉠ R_b 계산

$$R_b = \frac{k_a}{k_a + k_b}P = \frac{\frac{E_b A}{2L}}{\frac{2E_b A}{L} + \frac{E_b A}{2L}}P$$

$$= \frac{P}{5}$$

㉡ b부재의 응력

$$\sigma_b = \frac{R_b}{A} = \frac{P}{5A}$$

63 다음 그림과 같이 단면적이 100cm^2의 콘크리트 기둥 속에 단면적 10cm^2인 강봉이 일체로 되어 있고, 2t를 받고 있다. 이때 강봉에 생기는 압축력은? (단, 콘크리트의 탄성계수는 $2.0 \times 10^6 \text{kgf/cm}^2$) [00. 국가직 7급]

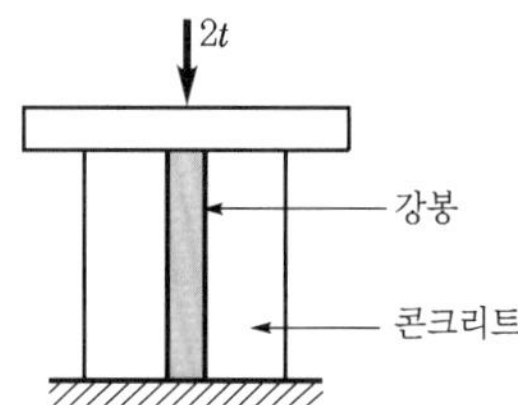

① 10kgf ② 75kgf

③ 1,000kgf ④ 2,000kgf

해설 강봉의 압축력

$$P_s = \frac{E_s A_s}{\Sigma EA}P = \frac{E_s A_s}{E_c A_c + E_s A_s}P$$

$$= \left(\frac{2 \times 10^6 \times 10}{2 \times 10^5 \times 100 + 2 \times 10^5 \times 10}\right) \times 2 \times 10^3$$

$$= 1{,}000\text{kgf}$$

정답 62 ① 63 ③

64 그림과 같이 길이가 L이고 재질이 다른 2가지의 재료로 된 구조물을 편심이 생기지 않도록 양단에서 힘 P로 잡아당길 때, 각 재료 ① 및 재료 ②가 받는 인장력의 크기는? (단, 재료 ①의 단면적은 A, 탄성계수는 E이며, 재료 ②의 단면적은 $2A$, 탄성계수는 $2E$이다)

[10. 국가직 7급]

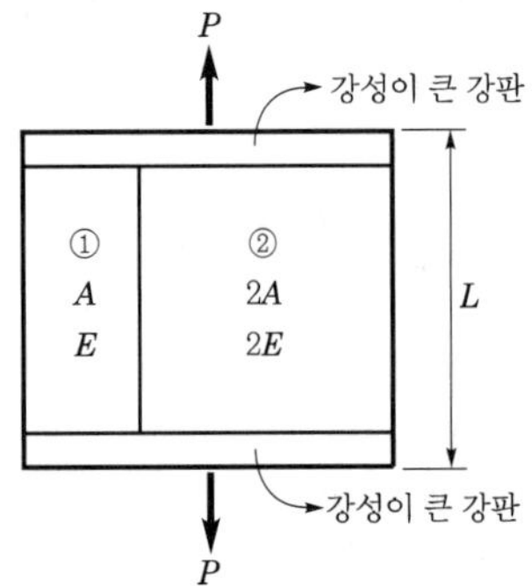

	P_1	P_2
①	$\frac{1}{2}P$	$\frac{1}{2}P$
②	$\frac{1}{3}P$	$\frac{2}{3}P$
③	$\frac{1}{4}P$	$\frac{3}{4}P$
④	$\frac{1}{5}P$	$\frac{4}{5}P$

해설 $P_1 = \dfrac{P(E_1A_1)}{\Sigma EA} = \dfrac{PEA}{EA+(2E)(2A)} = \dfrac{P}{5}$

$P_2 = \dfrac{4P}{5}$

65 그림과 같은 직사각형의 알루비늄(AL)과 강재(ST)를 겹쳐서 정사각형 기둥 20×20cm를 만들었다. 이 기둥이 압축하중 P를 받을 때 강성이 무한대인 강판이 수평을 유지하기 위한 편심거리 e[cm]는? (단, 알루비늄의 탄성계수 $E_{AL} = 0.5\times10^5$MPa, 강재의 탄성계수 $E_{ST} = 2\times10^5$MPa이고, 알루미늄, 강재 및 강판의 무게는 무시한다) [10. 지방직 7급]

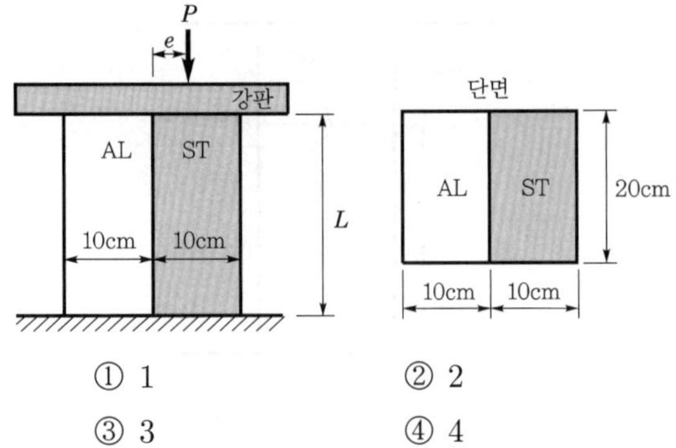

① 1　② 2
③ 3　④ 4

해설 $\delta_{AL} = \delta_{ST}$

부재 길이와 단면적은 동일하므로

$$\frac{P_{AL}L}{E_{AL}A} = \frac{P_{ST}L}{E_{ST}A}$$

따라서 $\dfrac{P_{AL}}{P_{ST}} = \dfrac{E_{AL}}{E_{ST}}$

$b = 10\text{cm} = 100\text{mm}$로 하며, 하중 작용점에서 P_{AL}, P_{ST}의 모멘트값이 같아야 하므로

$$P_{AL}\left(\frac{b}{2}+e\right) = P_{ST}\left(\frac{b}{2}-e\right)$$

$$\frac{P_{AL}}{P_{ST}} = \frac{\frac{b}{2}-e}{\frac{b}{2}+e} = \frac{E_{AL}}{E_{ST}}$$

$$(E_{AL}+E_{ST})e = \frac{b}{2}(E_{ST}-E_{AL})$$

$$e = \frac{b(E_{ST}-E_{AL})}{2(E_{AL}+E_{ST})} = \frac{100(2-0.5)\times10^5}{2(0.5+2)\times10^5}$$

$$= 30\text{mm} = 3\text{cm}$$

66 길이 1m의 구리봉의 그림과 같이 상단 A와 구속부 사이에 0.5mm 갭을 가지고 상온에서 놓여 있다. 온도가 50℃ 상승하였다면 구리봉에 발생하는 압축응력은 얼마인가? (단, 구리봉의 $\alpha = 17\times10^{-6}/°\text{C}$, $E = 110\text{GPa}$이다)

[국가직 7급]

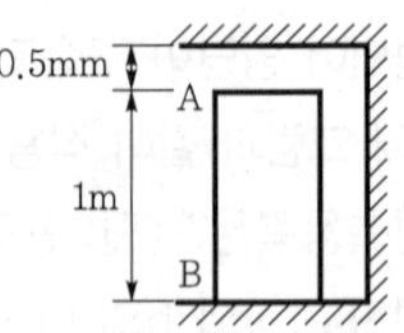

① 38.5GPa　② 55.5GPa
③ 93.5GPa　④ 응력이 없다.

정답 64 ④ 65 ③ 66 ①

해설 온도 변형량

$\delta_t = \alpha \cdot \Delta T \cdot l = 17\times10^{-4}\times50\times1$

$= 8.5\times10^{-4}\text{m}$

응력에 영향을 미치는 변형량

$\delta = \delta_t - \delta_i = 8.5\times10^{-4} - 0.5\times10^{-3}$

$= 3.5\times10^{-4}\text{m}$

$\therefore$ 온도응력 $\sigma_t = \varepsilon_t \cdot E = \dfrac{\delta}{l}\cdot E$

$= \dfrac{3.5\times10^{-4}}{1+0.5\times10^{-3}}\times110\times10^5$

$= 38,480,759\text{Pa} = 38.5\text{MPa}$

67 그림과 같이 B점에 집중하중 P를 받는 봉에서 압축응력이 발생하지 않기 위해 필요한 온도 변화량(ΔT)은? (단, 봉의 전구간에서 축강성과 열팽창계수는 각각 EA와 α로 일정하다) [09. 국가직 7급]

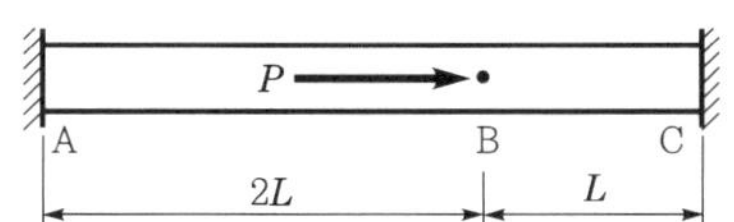

① $-\dfrac{P}{3\alpha EA}$　② $-\dfrac{2P}{3\alpha EA}$

③ $-\dfrac{P}{\alpha EA}$　④ $-\dfrac{4P}{3\alpha EA}$

해설

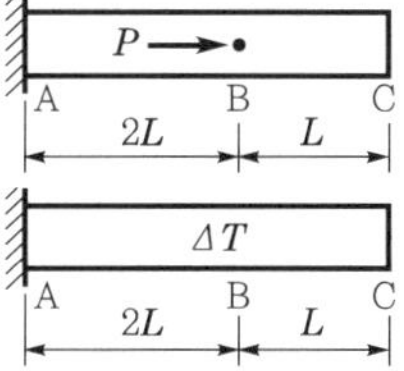

㉠ P에 의한 C점의 인장변위량

$\delta_{C1} = \dfrac{P(2L)}{EA} = \dfrac{2PL}{EA}(\rightarrow)$

㉡ ΔT에 의한 C점의 압축변위량

$\delta_{C2} = -\alpha\cdot\Delta T\cdot(3L)$

$= -3\alpha\cdot\Delta T\cdot L(\leftarrow)$

물론 온도는 내려가야 한다.

㉢ 변위의 적합조건식

$\delta_{C1} = \delta_{C2}$

$\dfrac{2PL}{EA} = -3\alpha\cdot\Delta T\cdot L$

$\Delta T = -\dfrac{2P}{3\alpha EA}$

68 다음과 같은 두 재료의 열팽창계수는 $\alpha_B = 2\alpha_A = 5\times10^{-6}/°\text{C}$, 탄성계수는 $2E_B = E_A = 200\text{GPa}$이다. 온도가 $100°\text{C}$ 상승했을 때, A재료의 압축응력[MPa]은? [11. 지방직 7급]

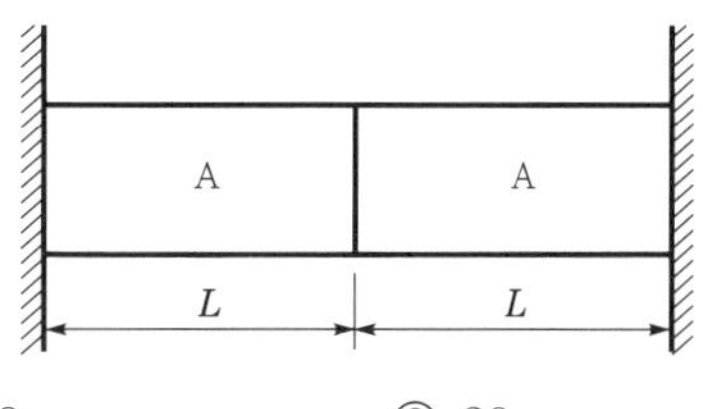

① 10　② 20

③ 50　④ 100

해설 우측 고정단 C를 제거하였을 때 온도변화에 의한 C점의 처짐 δ_{C1}과 반력 R_B를 가했을 때 처짐 δ_{C2}를 구하여 계산한다.

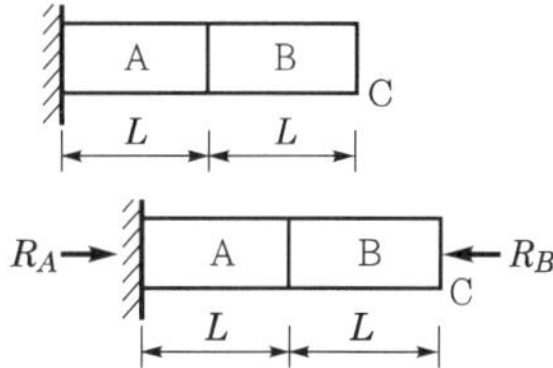

㉠ 반력 계산

$\delta_{C1} = \delta_{C2}$

$\alpha_A\cdot\Delta T\cdot L + 2\alpha_A\cdot\Delta T\cdot L$

$= \dfrac{R_BL}{E_AA} + \dfrac{R_BL}{\left(\dfrac{1}{2}E_A\right)A}$

$3\alpha_A\cdot\Delta T\cdot L = \dfrac{3R_BL}{E_AA}$

$R_B = \alpha_A\cdot\Delta T\cdot E_A\cdot A$

㉡ A재료의 압축응력

A재료에 작용하는 축력 R_A는 R_B와 같다.

$\sigma_A = \dfrac{R_A}{A} = \dfrac{\alpha_A\cdot\Delta T\cdot E_A\cdot A}{A}$

$= \alpha_A\cdot\Delta T\cdot E_A$

$= \dfrac{5}{2}\times10^{-6}\times100\times200\times10^3 = 50\text{MPa}$

69 다음 그림과 같이 20℃에서 길이(L)가 1m인 봉의 온도가 120℃로 상승하였다면 스프링에 발생하는 압축력[N]은? (단, 20℃에서 스프링의 압축력은 0이며, 스프링의 온도는 변화하지 않는 것으로 한다. 봉의 열팽창계수 $\alpha = 10^{-6}/℃$,

정답 67 ② 68 ③ 69 ②

단면적 $A = 10\text{mm}^2$, 탄성계수 $E = 100\text{GPa}$이며, 스프링계수 $K = 1\text{MN/m}$이다)

[10. 국가직 7급]

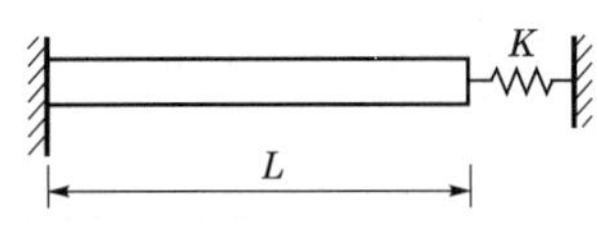

① 20　　② 50

③ 100　　④ 200

해설 보의 강성도,

$K_b = \dfrac{EA}{L} = \dfrac{100\times10^3\times10}{1\times10^3} = 1{,}000\text{N/mm}$

스프링 강성도,

$K_s = 1\text{MN/m} = 1{,}000\text{N/mm}$

온도에 의한 변형량,

$\delta = \alpha\cdot\Delta T\cdot L = 10^{-6}\times100\times1$

$= 1\times10^{-4}\text{m} = 10^{-1}\text{mm}$

반력,

$R = \dfrac{K_b\times K_s}{K_b + K_s}\times\delta_t = \dfrac{1{,}000\times1{,}000}{1{,}000+1{,}000}\times10^{-1} = 50\text{N}$

70 그림과 같이 보 ABC가 C점에 알루미늄 봉으로 지지되어 있다. 보 ABC의 자중은 40kN/m이며, AB구간에 삼각형 분포하중이 재하되어 있다. 보와 힌지로 연결된 알루미늄 봉 CD의 길이변화[mm]는? (단, 봉 CD의 단면적은 5cm^2, 탄성계수는 70GPa이며 봉 CD의 자중은 무시한다)

[09. 국가직 7급]

① 0.25　　② 0.5

③ 0.75　　④ 1.0

해설 알루미늄 봉의 축력은 C점의 반력과 같다.

보의 자중 $W = w\times(a+L)$

$= 40\times(3+6) = 360\text{kN}$

자중의 합력 W는 B지점에서 우측으로 1.5m 떨어진 점에 작용한다.

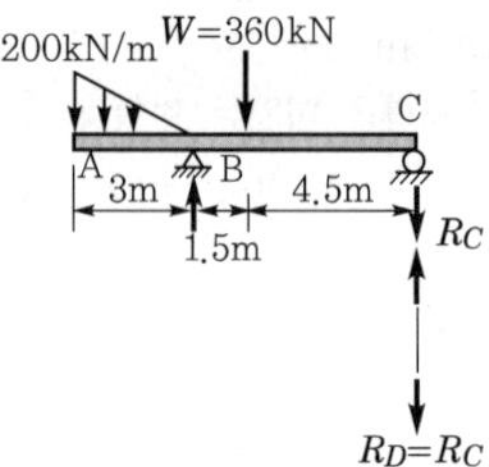

$\Sigma M_B = 0,\ R_C\times6 - \left(\dfrac{1}{2}\times3\times200\right)\times2 + 360\times1.5 = 0$

$R_C = 10\text{kN}(\downarrow)$

알루미늄 봉은 인장력 10kN을 받는다.

$\delta = \dfrac{R_C h}{EA} = \dfrac{(10\times10^3)\times(3.5\times10^3)}{(70\times10^3)\times(5\times10^2)}$

$= 1\text{mm}$(인장)

71 주어진 구조물은 강봉 AB와 CD에 의해 지지되고 있다. 각 강봉의 늘음량은? (단, 각 강봉의 단면적은 0.01m^2, 탄성계수는 10^6kN/m^2이다)

[06. 서울시 7급]

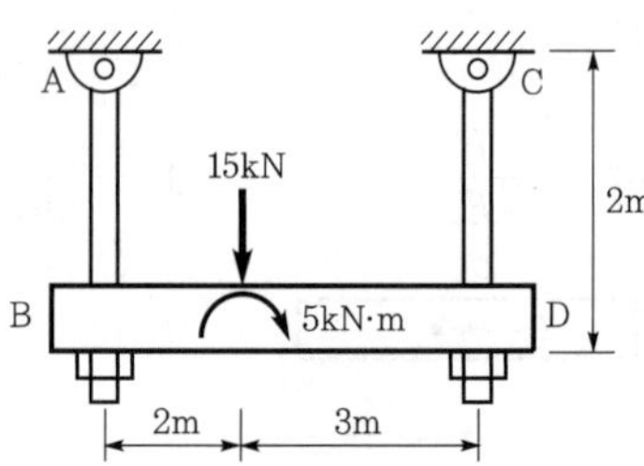

① $\delta_{AB} = 1.2\text{mm},\ \delta_{CD} = 1.8\text{mm}$

② $\delta_{AB} = 1.6\text{mm},\ \delta_{CD} = 1.2\text{mm}$

③ $\delta_{AB} = 1.4\text{mm},\ \delta_{CD} = 1.8\text{mm}$

④ $\delta_{AB} = 1.8\text{mm},\ \delta_{CD} = 1.2\text{mm}$

⑤ $\delta_{AB} = 1.6\text{mm},\ \delta_{CD} = 1.4\text{mm}$

해설 ㉠ 강봉의 축력 계산

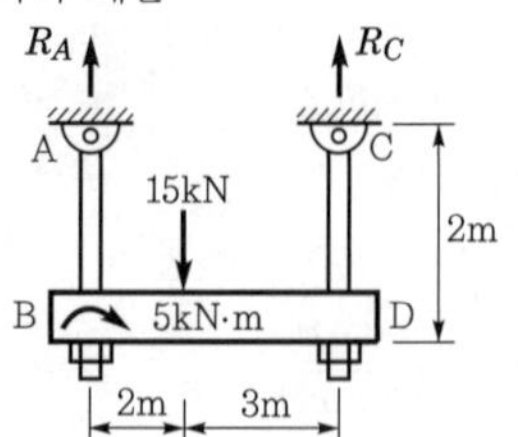

정답 70 ④ 71 ⑤

$R_A = \frac{15\times3}{5} - \frac{5}{5} = 9-1 = 8\text{kN}(\uparrow)$

$R_C = \frac{15\times2}{5} + \frac{5}{5} = 6+1 = 7\text{kN}(\uparrow)$

㉡ 강봉의 늘음량 계산

$\delta_{AB} = \frac{R_A L}{EA} = \frac{8\times2}{10^6\times0.01}$

$= 1.6\times10^{-3}\text{m} = 1.6\text{mm}$

$\delta_{CD} = \frac{R_B L}{EA} = \frac{7\times2}{10^6\times0.01}$

$= 1.4\times10^{-3}\text{m} = 1.4\text{mm}$

72 그림과 같은 무게가 W인 균일 단면의 강체가 두 개의 Cable(A, B)에 매달려 있고 한 끝은 C지점에 지지되어 있다. 이때, Cable A에 작용하는 힘은? (단, 두 Cable의 단면적은 같다)

[국가직 7급]

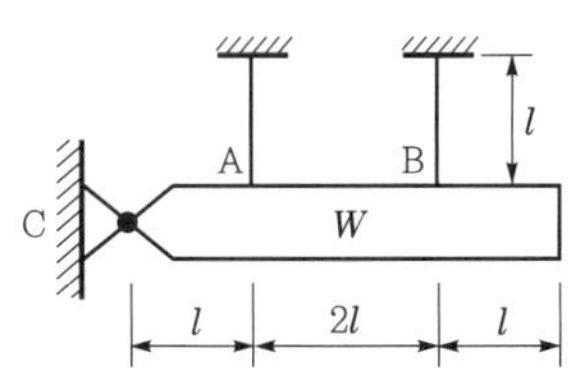

① $\frac{W}{3}$ ② $\frac{W}{4}$

③ $\frac{W}{5}$ ④ $\frac{W}{6}$

해설

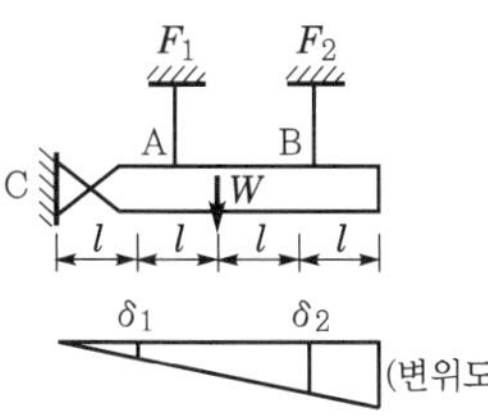

$\Sigma M_c = 0$,

$W\times2l - F_1\times l - F_2\times3l = 0$

$F_1 + 3F_2 = 2W$ — ①

강체의 변위도에서 $\delta_2 = 3\delta_1$ 이므로

$\therefore F_2 = 3F_1$ — ②

윗 식을 ①식에 대입하면

$F_1 + 3(3F_1) = 2W \quad \therefore F_1 = \frac{W}{5}$

73 길이가 다른 2개의 케이블로 A점과 B점에 지지된 보의 중앙부 C점에 수직력 P가 작용하는 경우 C점의 수직처짐은? (단, 케이블의 축강성은 EA, 보의 휨강성은 EI로 일정하며, 보 및 케이블의 자중은 무시한다)

[11. 국가직 7급]

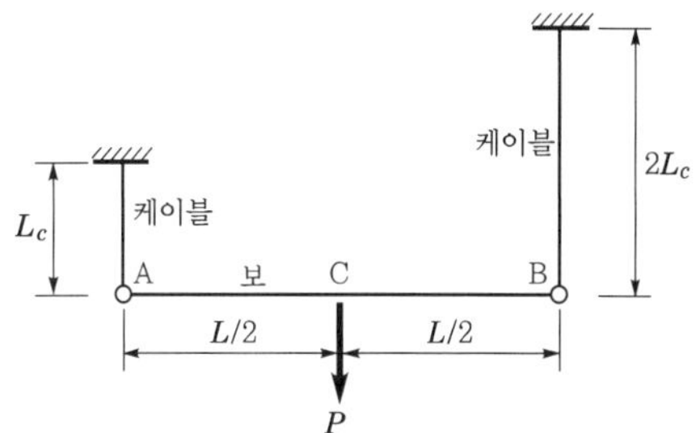

① $\frac{3PL_c}{2EA} + \frac{PL^3}{96EI}$

② $\frac{3PL_c}{2EA} + \frac{PL^3}{49EI}$

③ $\frac{3PL_c}{4EA} + \frac{PL^3}{96EI}$

④ $\frac{3PL_c}{4EA} + \frac{PL^3}{48EI}$

해설

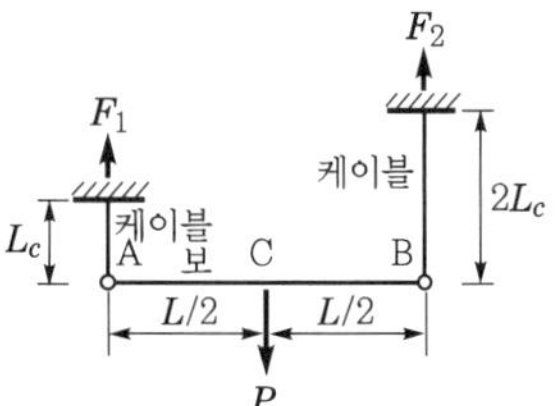

㉠ 힘의 평형조건식

$F_1 = F_2 = \frac{P}{2}$

㉡ C점의 수직처짐

좌측 케이블의 처짐량,

$\delta_A = \frac{\left(\frac{P}{2}\right)L_c}{EA} = \frac{PL_c}{2EA}(\downarrow)$

우측 케이블의 처짐량,

$\delta_B = \frac{\left(\frac{P}{2}\right)(2L_c)}{EA} = \frac{PL_c}{EA}(\downarrow)$

하중 P에 의한 C점의 처짐량,

$\delta_{c1} = \frac{PL^3}{48EI}(\downarrow)$

정답 72 ③ 73 ④

C점의 수직처짐은 다음 변위도로부터 구할 수 있다.

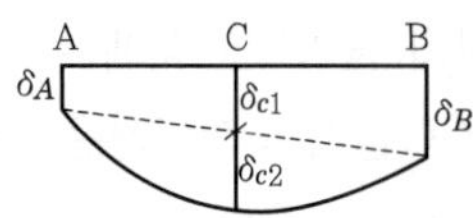

$$\delta_c = \frac{\delta_A + \delta_B}{2} + \delta_{c1}$$

$$= \frac{\frac{PL_c}{2EA} + \frac{PL_c}{EA}}{2} + \frac{PL^3}{48EI} = \frac{3PL_c}{4EA} + \frac{PL^3}{48EI}$$

74 단면적이 A인 부재에 인장력 P가 작용할 때 그림과 같이 θ만큼 회전한 경사면에 생기는 수직응력(σ_θ)과 전단응력(τ_θ)의 크기로 옳은 것은? [00. 서울시 7급]

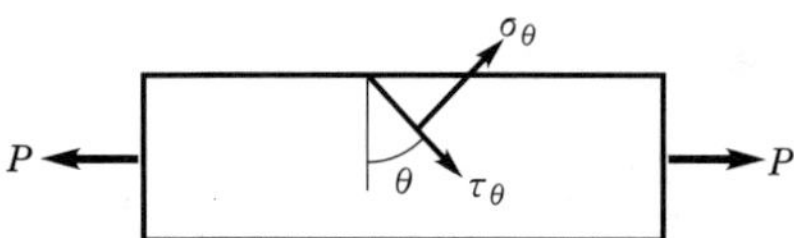

① $\sigma_\theta = \frac{P}{A}\cos^2\theta,\ \tau_\theta = \frac{P}{A}\sin\theta \cdot \cos\theta$

② $\sigma_\theta = \frac{P}{A}\cos^2\theta,\ \tau_\theta = \frac{P}{A}\sin^2\theta \cdot \cos^2\theta$

③ $\sigma_\theta = \frac{P}{A}\sin\theta \cdot \cos^2\theta,$
$\tau_\theta = \frac{P}{A}\sin^2\theta \cdot \cos^2\theta$

④ $\sigma_\theta = \frac{P}{2A}\cos^2\theta,\ \tau_\theta = \frac{P}{2A}\sin\theta \cdot \cos\theta$

⑤ $\sigma_\theta = \frac{P}{A}\sin\theta,\ \tau_\theta = \frac{P}{A}\cos^2\theta$

해설 $\sigma_\theta = \frac{P}{A}\cos^2\theta$

$\tau_\theta = \frac{P}{2A}\sin 2\theta = \frac{P}{A}\sin\theta \cdot \cos\theta$

75 단면적이 10cm^2인 인장재가 100kg의 인장력을 받는다면 그 인장재에 일어나는 최대전단응력(kg/cm^2)은? [국가직 7급]

① 5 ② 10
③ 15 ④ 20

해설 $\sigma_x = \frac{P}{A} = \frac{100}{10} = 10\text{kg/cm}^2$

$\tau_{max} = \frac{\sigma_x}{2} = 5\text{kg/cm}^2$

76 그림과 같이 단면적이 100mm^2인 인장재가 1kN의 인장력을 받고 있다. 인장재에서 30°로 절단한 경사면 $p-q$에 발생하는 수직응력(σ_θ)과 전단응력(τ_θ)의 크기[MPa]는? (단, 수직응력에서 인장응력은 (+), 전단응력은 x축 방향으로부터 반시계방향 회전을 (+)로 한다) [10. 지방직 7급]

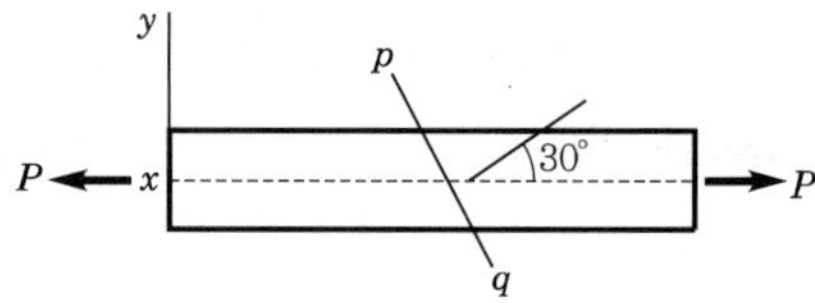

	수직응력	전단응력
①	$\frac{15}{2}$	$\frac{5\sqrt{3}}{2}$
②	$\frac{15}{2}$	$\frac{-5\sqrt{3}}{2}$
③	$\frac{5\sqrt{3}}{2}$	$\frac{15}{2}$
④	$\frac{5\sqrt{3}}{2}$	$-\frac{15}{2}$

해설 $\sigma_\theta = \sigma_x \cdot \cos^2\theta$

$= \left(\frac{1\times 10^3}{100}\right)\times\cos^2 30°$

$= 10\times\left(\frac{\sqrt{3}}{2}\right)^2 = \frac{15}{2}$

$\tau_\theta = \frac{\sigma_x}{2}\sin 2\theta = \frac{10}{2}\times\sin 60°$

$= 5\times\frac{\sqrt{3}}{2} = \frac{5\sqrt{3}}{2}$ (시계방향)

77 두께가 얇은 중공 원형 단면과 중공 사각형 단면에서 두 단면에 작용하는 비틀림 우력과 면적이 동일할 때, 발생하는 전단응력의 비는? [06. 서울시 7급]

정답 74 ① 75 ① 76 ② 77 ③

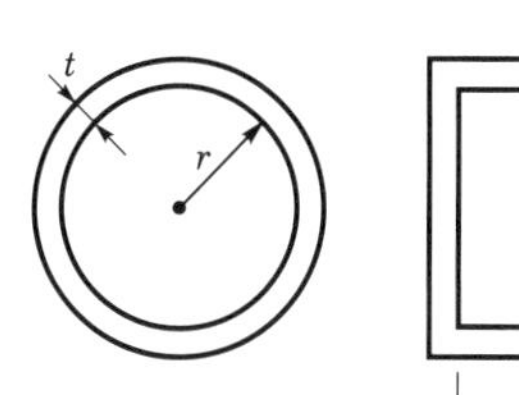

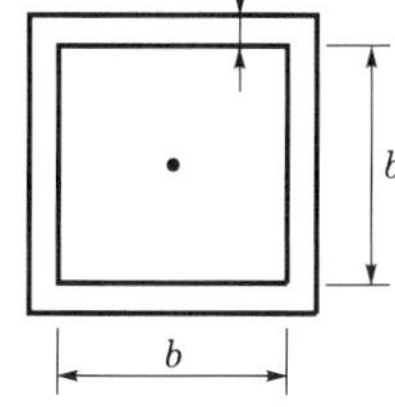

① $\dfrac{\tau_{원}}{\tau_{사각형}} = \pi$ ② $\dfrac{\tau_{원}}{\tau_{사각형}} = \dfrac{\pi}{2}$

③ $\dfrac{\tau_{원}}{\tau_{사각형}} = \dfrac{\pi}{4}$ ④ $\dfrac{\tau_{원}}{\tau_{사각형}} = \dfrac{\pi}{8}$

⑤ $\dfrac{\tau_{원}}{\tau_{사각형}} = 1$

해설 ㉠ 단면적 계산

중공 원형관의 단면적(A_1):

$A_1 = 2\pi rt$

중공 사각형관의 단면적(A_2):

$A_2 = 4bt$

㉡ b와 r의 관계

단면적이 동일하므로

$A_1 = A_2$

$\therefore b = \dfrac{\pi r}{2}$

㉢ 전단응력의 비

전단흐름 공식을 이용함

$f = \dfrac{T}{2A_m} = \tau \cdot t$

비틀림 우력 T가 동일하므로 전단응력은

$\tau \propto \dfrac{1}{A_m}$

$$\frac{\tau_{원}}{\tau_{사각형}} = \frac{A_{m(사각형)}}{A_{m(원)}} = \frac{b^2}{\pi r^2}$$

$$= \frac{\left(\dfrac{\pi r}{2}\right)^2}{\pi r^2} = \frac{\pi}{4}$$

78 그림과 같은 단면을 갖는 길이 10m인 두께가 얇은 각형 관이 있다. 끝단 B점에 비틀림 모멘트 $T = 5\text{kN} \cdot \text{m}$가 작용할 때 끝단의 회전각(radian)은? (단, 전단탄성계수 $G = 50\text{GPa}$이다) [08. 국가직 7급]

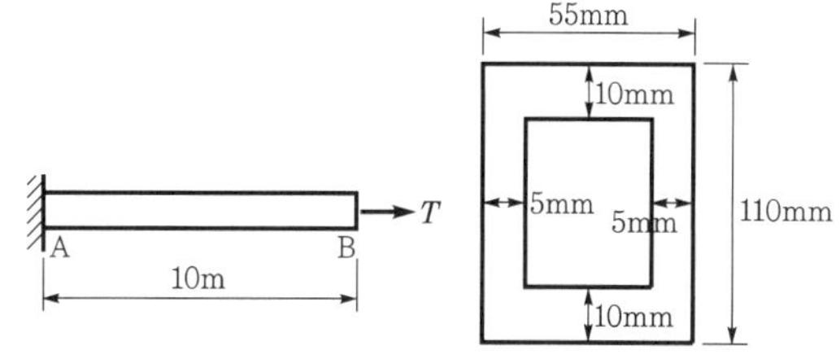

① 0.04 ② 0.05

③ 0.4 ④ 0.5

해설 $\phi = \dfrac{Tl}{GJ}$에서

$$J = \frac{4A_m^2}{\displaystyle\int_0^{L_m} \frac{ds}{t}} = \frac{4\times(50\times100)^2}{2\left(\displaystyle\int_0^b \frac{ds}{t_1} + \int_0^h \frac{ds}{t_1}\right)}$$

$$= \frac{1\times10^8}{2\left(\dfrac{b}{t_1}+\dfrac{h}{t_2}\right)} = \frac{1\times10^8}{2\left(\dfrac{50}{10}+\dfrac{100}{5}\right)}$$

$$= \frac{1\times10^8}{2\times25} = 2\times10^6\text{mm}^4$$

$$\phi = \frac{Tl}{GJ} = \frac{(5\times10^6)\times(10\times10^3)}{(50\times10^3)\times(2\times10^6)}$$

$= 0.5\text{rad}$

79 다음 중실단면 봉(그림(a))과 중공단면 봉(그림(b))이 같은 비틀림을 받을 때, 비틀림에 대한 중실단면 봉과 중공단면 봉의 강도 대 무게비(strength to weight ration)는?(단, 두 강봉은 재질과 길이가 같다) [07. 국가직 7급]

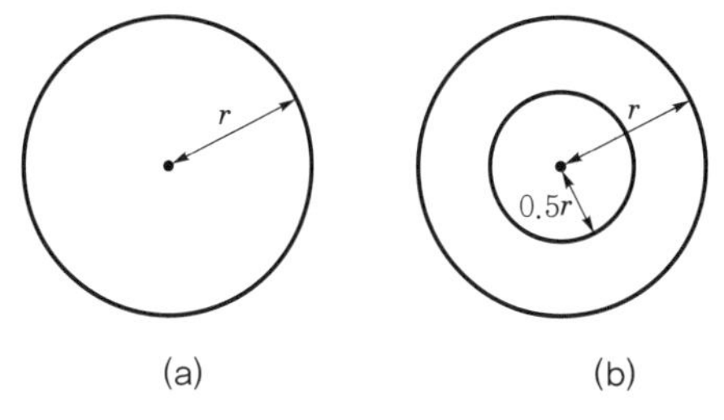

(a) (b) (a) (b)

① 4 : 5 ② 3 : 4

③ 4 : 6 ④ 3 : 5

해설 ㉠ 허용비틀림모멘트

$$T_a = \frac{\tau_{\max} I_p}{r} = \frac{\tau_{\max}}{r} \times \frac{\pi r^4}{4} \times 2$$
$$= \frac{\pi r^3}{2}\tau_{\max}$$
$$T_b = \frac{\tau_{\max} I_p}{r}$$
$$= \frac{\tau_{\max}}{r} \times \frac{\pi}{4}\left[r^4 - \left(\frac{r}{2}\right)^4\right] \times 2$$
$$= \frac{15\pi r^3}{32}\tau_{\max}$$

㉡ 무게

$$W_a = \pi r^2 \gamma L$$
$$W_b = \pi\left[r^2 - \left(\frac{r}{2}\right)^2\right]\gamma L = \frac{3\pi r^2}{4}\gamma L$$

㉢ 강도 대 무게의 비

$$S_a : S_b = \frac{T_a}{W_a} : \frac{T_b}{W_b}$$
$$= \frac{\frac{\pi r^3}{2}\tau_{\max}}{\pi r^2 \gamma L} : \frac{\frac{15\pi r^3}{32}\tau_{\max}}{\frac{3\pi r^2}{4}\gamma L}$$
$$= \frac{1}{2} : \frac{5}{8} = 4:5$$

80 그림과 같은 시스템에서 100kg의 질량을 갖는 물체가 0.016kN/cm의 강성을 갖는 스프링에서 수직으로 매달려 있다. 이 시스템이 수직으로 자유진동을 할 경우, 고유주기[sec]는? (단, π는 3.14이다) [10. 지방직 7급]

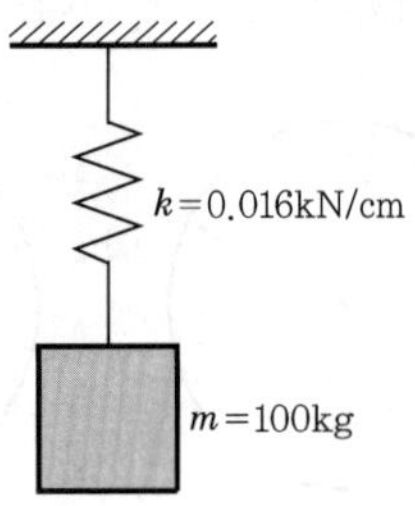

① 1.57　　② 3.14
③ 15.7　　④ 31.4

해설 고유주기 T

$$T = \frac{1}{f} = \frac{2\pi}{w} = 2\pi\sqrt{\frac{m}{k}}$$
$$= 2\pi\sqrt{\frac{100}{0.016 \times 10^5}}$$
$$= 1.57\text{sec}$$

81 무게가 1kN인 물체가 90mm 상공에서 자유낙하 하여 캔틸레버보(cantilever beam)의 자유단(끝단)에 떨어졌다. 이때의 충격계수는? (단, 자유단의 정적처짐량은 60mm이며 낙하거리 h에 비교하여 정적처짐량은 작지 않다) [15. 서울시 7급]

① 0　　② 1
③ 2　　④ 3

해설 낙하거리 h에 비교하여 정적처짐량은 작지 않으므로 충격계수의 일반식을 적용한다.

$$i = 1 + \sqrt{1 + \frac{2h}{\delta_{st}}}$$
$$= 1 + \sqrt{1 + \frac{2 \times 90}{60}}$$
$$= 1 + \sqrt{1+3} = 3$$

정답 80 ① 81 ④

Chapter 04

구조물 일반

CHAPTER 04

구조물 일반

◎ KEY NOTE

◐구조물 명칭

- 보(beam): 부재축에 수직한 하중을 받는 부재
- 아치(arch): 곡선보
- 기둥(column): 축방향으로 압축 하중을 받는 부재
- 샤프트(shaft): 비틀림을 받는 부재
- 트러스(truss): 부재가 활절로 연결된 부재
- 라멘(rahman): 부재가 강철로 연결된 부재

1 구조와 부재

1. 힘의 작용 상태에 따른 부재의 종류

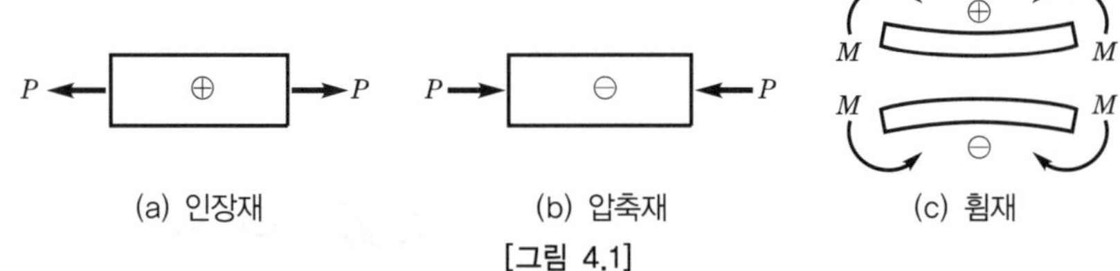

[그림 4.1]

2. 구조물의 종류

(1) 1차 구조물

x, y, z축을 가진 부재에서 어느 한 축방향으로 길이가 긴 부재로 된 구조물

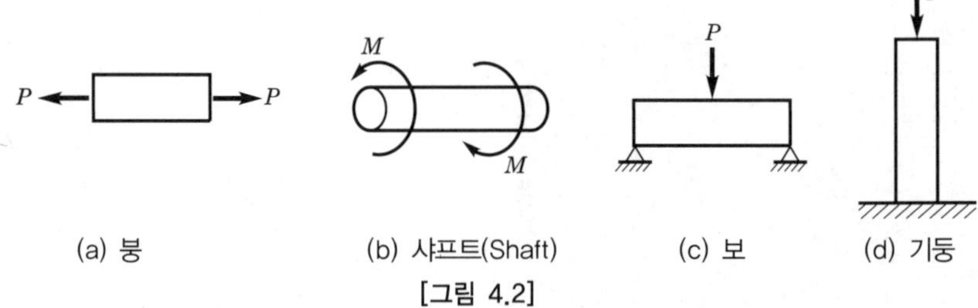

[그림 4.2]

(2) 2차 구조물

x, y, z축을 가진 부재에서 어느 두 축방향으로 길이가 긴 부재로 된 구조물

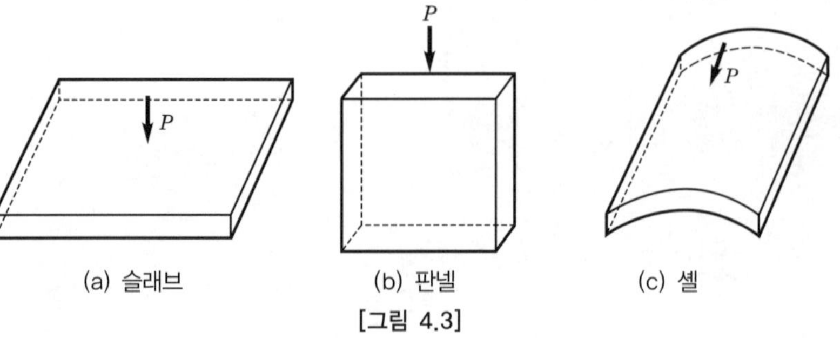

[그림 4.3]

(3) 복합(구성) 구조물

1, 2차 구조가 여러 개 복합적으로 구성된 구조물

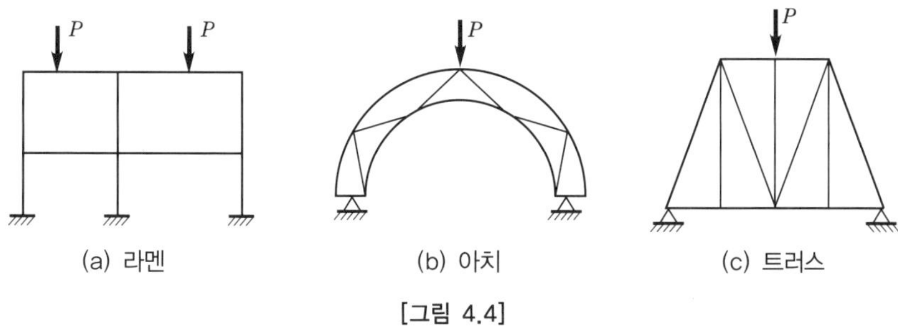

[그림 4.4]

KEY NOTE

2 구조물에 작용하는 하중

1. 하중의 이동 여부에 따른 분류

하중별 재료의 피로에 영향 정도
교대하중 〉 반복하중 〉 충격하중 〉 활하중 〉 사하중

(1) 사하중(dead load)

구조물의 자중과 같이 항상 일정한 위치에 정지하고 있는 하중으로, 정하중 또는 고정하중이라 한다.

(2) 활하중(live load)

일정한 크기를 가지는 무게가 구조물 위를 이동하는 하중

① 연행하중(travelling load): 하중의 크기는 달라도 작용 간격이 일정한 이동하중(기관차 바퀴하중)

② 이동하중(moving load): 일정한 크기의 무게가 이동하며 작용하는 하중(자동차 바퀴하중)

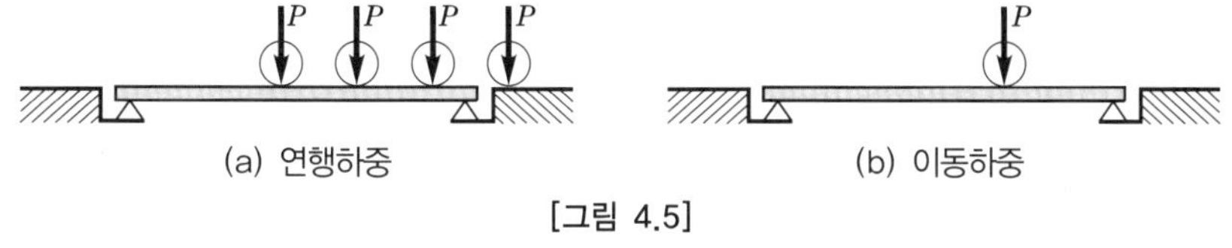

[그림 4.5]

(3) 충격하중(impulsive load)

활하중의 충격으로 발생한 하중(정하중의 2배)

(4) 반복하중(repeated load)

같은 성질의 하중(인장, 압축)이 반복 작용하는 하중

KEY NOTE

(5) 교대하중(alternated load)

성질이 다른 하중이 서로 교대로 작용하는 하중

2. 하중 분포상태에 따른 분류

(1) 집중하중(concentrated load)

구조물의 일점에 집중하여 작용하는 하중

(2) 분포하중(distributed load)

구조물에 일정한 범위 내에 분포하여 작용하는 하중

① 등분포하중: 하중의 크기가 균일하게 분포하여 작용하는 하중

② 등변분포하중: 하중의 크기가 일정하게 증가 또는 감소하여 분포 작용하는 하중

(3) 모멘트하중

힘의 모멘트로 작용하는 하중

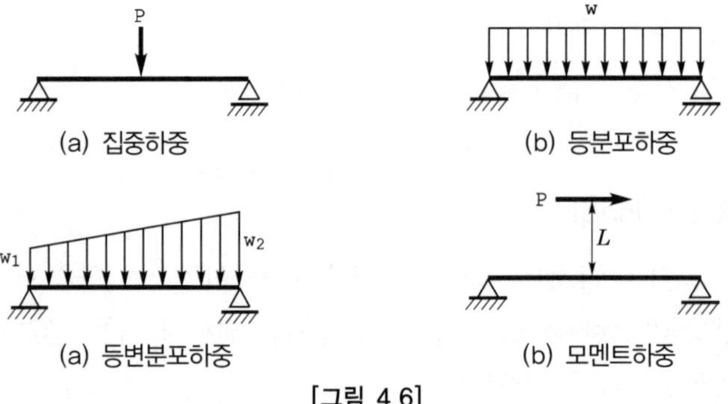

[그림 4.6]

3. 하중의 작용방법에 따른 분류

(1) 직접하중

구조물에 하중이 직접 작용

(2) 간접하중

다른 구조물을 통해 간접적으로 작용

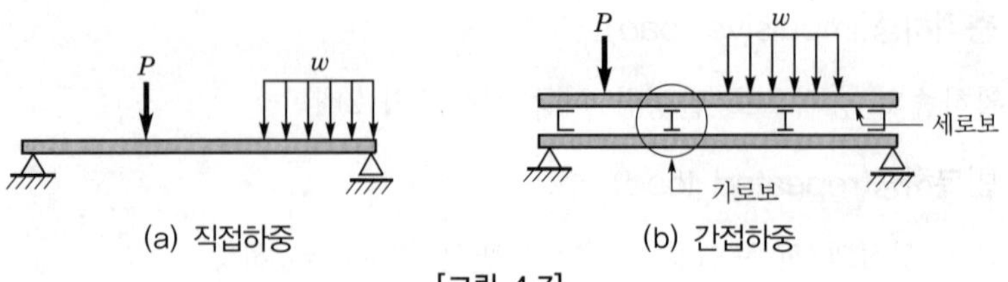

[그림 4.7]

4. 하중의 작용방향에 따른 분류

(1) 수직하중

자동차 하중과 같이 구조물에 수직방향으로 작용하는 하중

(2) 수평하중

풍압, 토압, 수압과 같이 구조물에 수평방향으로 작용하는 하중

KEY NOTE

3 교량 구조물의 구성 요소

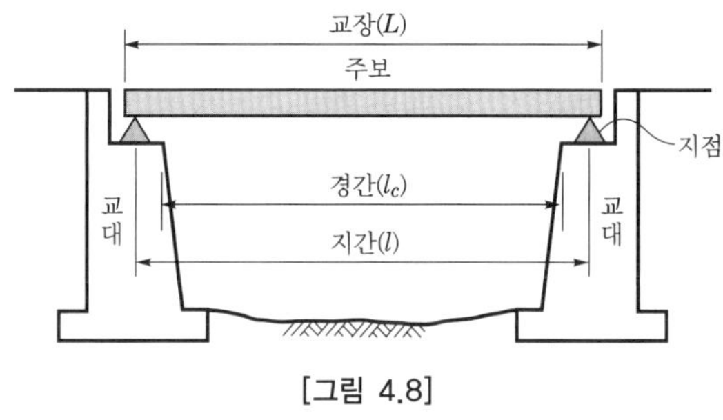

[그림 4.8]

1. 지간과 경간

교장 〉 지간 〉 경간

(1) 지간(span)

지점과 지점 간의 거리

(2) 경간(clear span)

교대머리와 교대머리 사이의 거리 또는 교대머리와 교각머리 사이의 거리

2. 지점과 절점

(1) 지점과 지점반력

① 지점(support): 구조물의 상부구조를 지지하기 위해 설치된 받침부
② 지점반력: 구조물에 외력이 발생하면 힘의 평형을 위해 받침부에 발생하는 힘

(2) 지점 종류

① 가동(이동)지점(roller support): 롤러
회전과 수평이동은 가능, 수직이동 불가능(수직반력)

KEY NOTE

② 회전(활절)지점(hinged support): 힌지
회전은 가능하나 수평과 수직이동 불가능(수평반력, 수직반력)

③ 고정지점(fixed support):
수평, 수직, 회전이동 모두 불가능(수평반력, 수직반력, 모멘트반력)

종류	지점 구조상태	수직방향		수평방향		회전		기호	반력수
		구속	반력	구속	반력	구속	반력		
가동지점 (roller support)		○	○	×	×	×	×		수직반력1개
회전지점 (hinged support)		○	○	○	○	×	×		수직반력1개 수평반력1개
고정지점 (fixed support)		○	○	○	○	○	○		수직반력1개 수평반력1개 모멘트반력 1개

절점과 응력수
- 강절점: 응력수 3개(축력, 전단력, 힘모멘트)
- 활절점: 응력수 2개(축력, 전단력)

(3) 절점(joint)

부재와 부재가 만나는 점(교점)

① 활절점(hinged joint): 회전 가능, 이동 불가능

② 강절점(rigid joint): 회전, 이동 모두 불가능

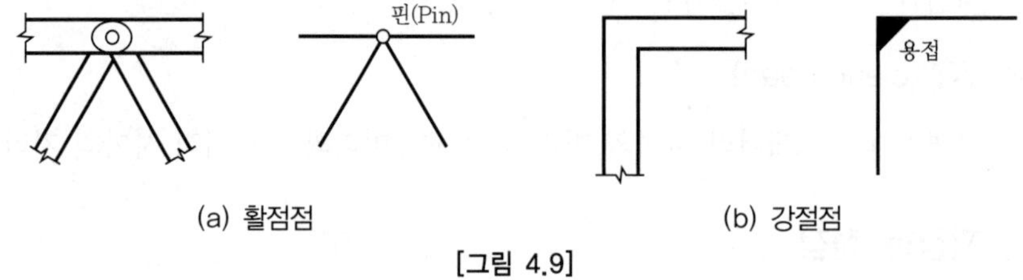

(a) 활절점 (b) 강절점

[그림 4.9]

③ 절점수(P)와 부재수(m)
㉠ 원칙상: 부재수 -1
㉡ 힌지절점은 제외한다.
∴ 트러스에서 강절점수(s)는 항상 0이다.

④ 힌지절점수(H)
㉠ 평형방정식 이외에 힌지절점에서 세울 수 있는 방정식의 수로 조건방정식수와 같다.
㉡ 힌지절점수(H)=힌지연결 부재수 -1

4 구조물 판별

1. 안정과 불안정

(1) 안정(stable)

① 내적 안정: 외력(P) 작용 시 구조물 형태가 변하지 않는 경우

② 외적 안정: 외력(P) 작용 시 구조물 위치가 변하지 않는 경우

(2) 불안정(unstable)

① 내적 불안정: 외력(P) 작용 시 구조물 형태가 변하는 경우

② 외적 불안정: 외력(P) 작용 시 구조물 위치가 변하는 경우

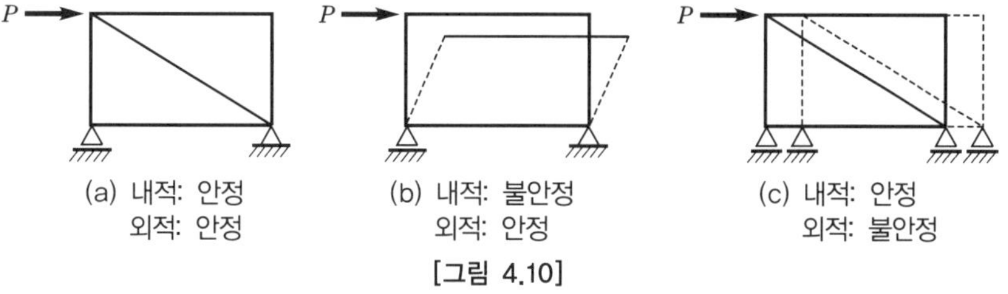

(a) 내적: 안정
외적: 안정

(b) 내적: 불안정
외적: 안정

(c) 내적: 안정
외적: 불안정

[그림 4.10]

KEY NOTE

안정과 불안정
- 내적 ➡ 구조물 형태
- 외적 ➡ 구조물 위치

2. 정정과 부정정

(1) 정정

① 내적 정정: 힘의 평형조건식으로 단면력을 구할 수 있는 경우

② 외적 정정: 힘의 평형조건식으로 반력을 구할 수 있는 경우

(2) 부정정

① 내적 부정정: 힘의 평형조건식으로 단면력을 구할 수 없는 경우

② 외적 부정정: 힘의 평형조건식으로 반력을 구할 수 없는 경우

정정과 부정정
- 내적 ➡ 단면력
- 외적 ➡ 반력

3. 구조물의 판별식

(1) 판별식의 일반해법

$$N = m_1 + 2m_2 + 3m_3 + r - (2P_2 + 3P_3)$$

① 총 미지수 $= m_1 + 2m_2 + 3m_3 + r$

② 총 조건식수 $= 2P_2 + 3P_3$

KEY NOTE

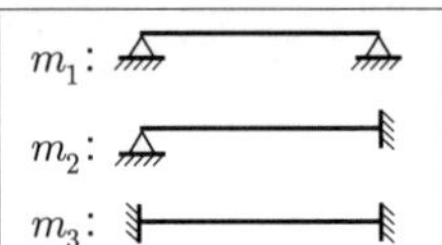

여기서, m: 부재 양단의 연결상태에 따른 부재수

- m_1: 양단이 회전지점(회전절점)으로 연결된 부재수
- m_2: 일단은 회전지점, 타단은 고정지점으로 연결된 부재수
- m_3: 양단이 고정지점으로 연결된 부재수

P: 힘의 평형 조건식수에 따른 절점수

- P_2: 회전절점수($\sum H=0,\ \sum V=0$: 2개 조건식)
- P_3: 강절점수($\sum H=0,\ \sum V=0,\ \sum M=0$: 3개 조건식)

r: 반력수

(2) 단층 구조물의 판별식

$$N=r-3-h$$

여기서, r: 반력수

h: 힌지절점수

강절점수

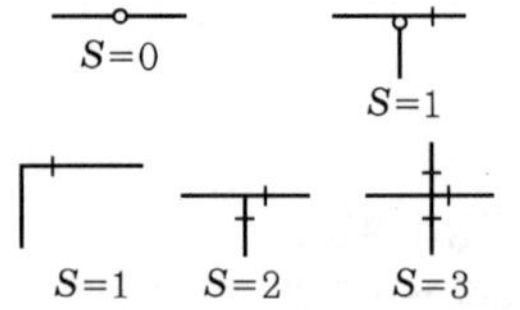

(3) 모든 구조물에 적용 가능한 판별식(공통 판별식)

① $N_t=r+m+S-2K$

② 외적 판별식$(N_o)=r-3$

③ 내적 판별식$(N_i)=N_t-N_o=m+S+3-2K$

여기서, N_t: 총 부정정 차수

m: 부재수

S: 강절점수

K: 절점 및 지점수(자유단 포함)

(4) 트러스 판별식

절점이 모두 활절로 가정되므로 일반해법에서 강절점수$(P_3)=0$

① $N_t=m_1+r-2P_2$

② 외적 판별식$(N_o)=r-3$

③ 내적 판별식$(N_i)=N_t-N_o=m_1+3-2P_2$

(5) 라멘의 판별식

절점이 모두 강절로 가정되므로 일반해법에서 활절점수$(P_2)=0$

① $N_t = 3m_3 + r - 3P_3$

② 외적 판별식$(N_o) = r - 3$

③ 내적 판별식$(N_i) = N_t - N_o = 3m_3 + 3 - P_3$

(6) 판정방법

① $N > 0$: 부정정 구조물
② $N = 0$: 정정 구조물
$\therefore N \geq 0$: 안정

③ $N < 0$: 불안정 구조물

KEY NOTE

라멘의 간편 판별식

$N_t = 3B - H$

여기서, B: 폐합된 Box 개수
H: (힌지: 1, 롤러: 2)

CHAPTER 04 | 9급 기출문제

01 지점으로서 회전과 수평 이동은 자유로우나 수직 이동은 허용되지 않는 지점은 다음 중 어느 것인가? [서울시 9급]

① 가동지점 ② 활절지점
③ 고정지점 ④ 절점

해설 〈지점 및 절점의 종류〉

지점 및 절점	종류	표시
지점(support)	가동(이동)지점(roller support)	
	힌지(회전)지점 또는 활절지점(hinged support)	
	고정지점(fixed support)	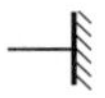
	링크지점(link support)	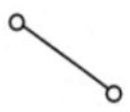
절점(panel point 또는 joint)	힌지절점 또는 활절(hinge joint)	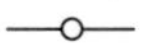
	고정절점, 강절점, 강결점(rigid joint)	

02 수직반력, 수평반력, 회전반력이 모두 일어나는 지점은? [국가직 9급]

① 가동지점 ② 고정지점
③ 활절지점 ④ 회전지점
⑤ 이동지점

해설 ㉠ 가동(이동)지점: 수직반력 존재
㉡ 힌지(회전, 활절)지점: 수직 및 수평반력 존재
㉢ 고정지점: 수직, 수평 및 회전반력 존재

03 다음의 구조형식 중 구조 계산 시 부재들이 축방향력만을 받는 것으로 가정되는 구조형식은? [07. 국가직 9급]

① 보 ② 트러스
③ 라멘 ④ 아치

04 다음 보(beam)에서 부정정보에 해당되는 것은? [국가직 9급]

① 단순보(simple beam)
② 외팔보(cantilever beam)
③ 내민보(over hanging beam)
④ 겔버보(gerber's beam)
⑤ 연속보(continuous beam)

해설 ㉠ 정정보: 단순보, 캔틸레버보(외팔보), 내민보, 겔버보
㉡ 부정정보: 연속보, 양단고정보, 1단고정 타단이동보 등이 있다.

05 다음 중 1차 부정정보는? [국회 9급]

① 
② 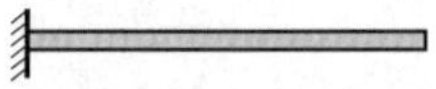
③ 
④ 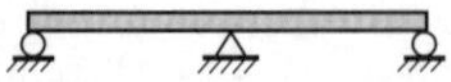
⑤

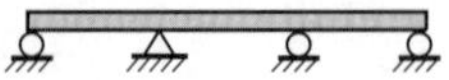

해설 ① 단순보
② 캔틸레버보
③ 양단고정보

정답 01 ① 02 ② 03 ② 04 ⑤ 05 ④

$N=r-h-3=6-0-3$
$=3$차 부정정
④ 2경간 연속보
$N=r-h-3=4-0-3$
$=1$차 부정정
⑤ 3경간 연속보
$N=r-h-3=5-0-3$
$=2$차 부정정

06 다음 라멘 구조물에서 부정정 차수는 얼마인가? [01. 국가직 9급]

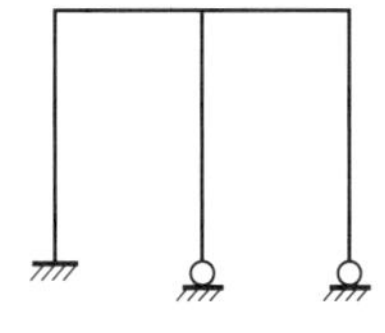

① 0 ② 1
③ 2 ④ 3

해설 $N=r+m+s-2K=5+5+4-2\times 6$
$=2$차 부정정

07 그림과 같은 구조물의 반력수(r)는? [국가직 9급]

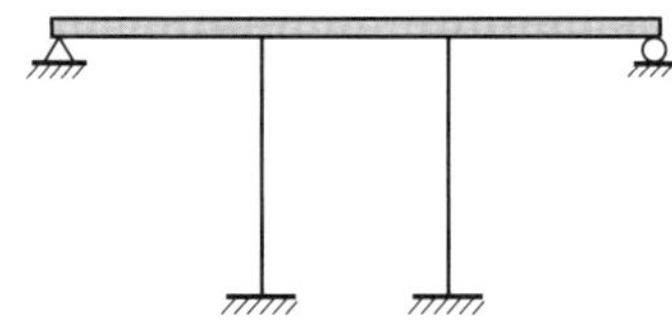

① $r=8$ ② $r=9$
③ $r=10$ ④ $r=11$

해설 $r=2+1+3+3=9$

08 다음 라멘 구조물에서 부정정 차수는? [01. 서울시 9급]

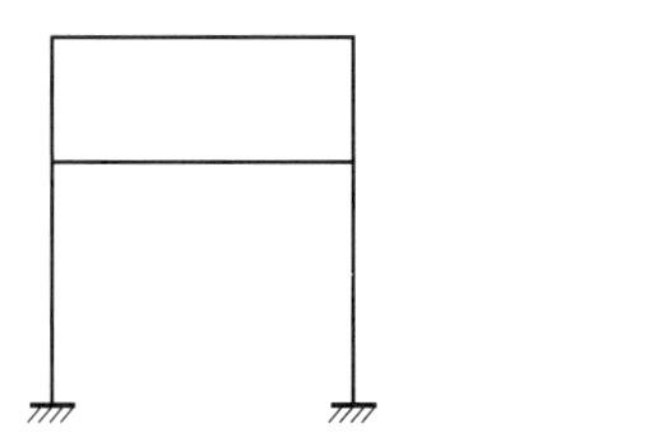

① 정정 ② 3차
③ 6차 ④ 9차

해설 $N=m+r+S-2K=6+6+6-2\times 6$
$=6$차 부정정

09 다음과 같은 구조물의 부정정 차수는? [12. 국가직 9급]

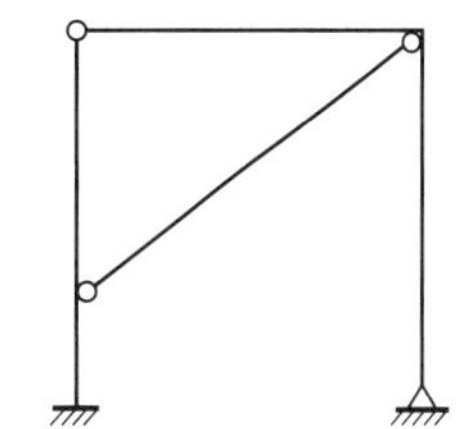

① 정정 구조물 ② 1차 부정정
③ 2차 부정정 ④ 3차 부정정

해설 $N=3\times 2-1\times 4=2$차 부정정

10 다음과 같은 라멘 구조의 부정정 차수가 맞는 것은? [14. 서울시 9급]

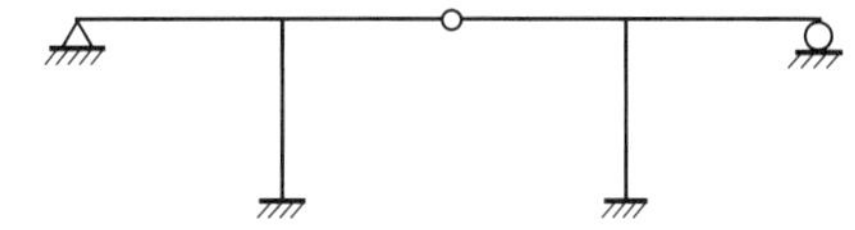

① 3차 부정정 ② 4차 부정정
③ 5차 부정정 ④ 6차 부정정
⑤ 7차 부정정

해설 $N=3\times 3-1\times 2-2\times 1=5$차 부정정

11 다음 그림과 같은 구조물을 판별한 것 중 옳은 것은? [09. 국가직 9급]

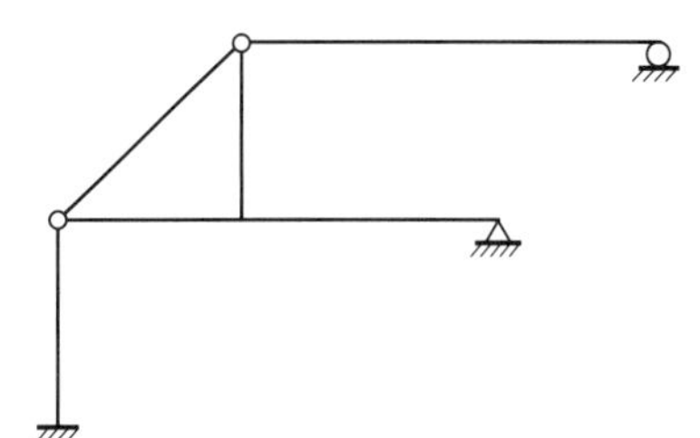

정답 06 ③ 07 ② 08 ③ 09 ③ 10 ③ 11 ③

① 정정 ② 1차 부정정
③ 2차 부정정 ④ 3차 부정정

해설 $N=3\times3-1\times5-2\times1=2$차 부정정

12 그림과 같은 구조물의 전체 부정정 차수는?

[14. 국가직 9급]

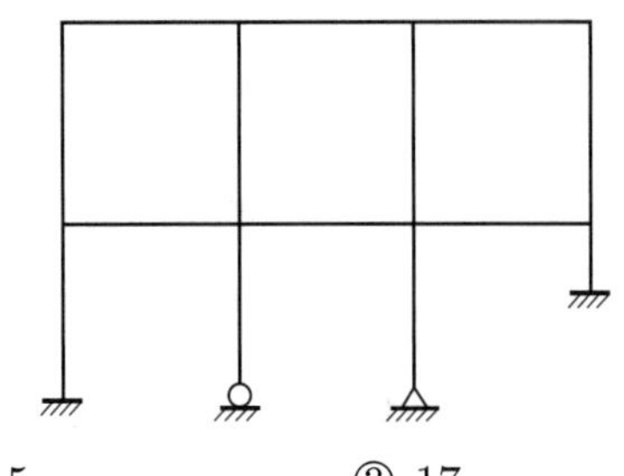

① 15 ② 17
③ 19 ④ 21

해설 $N=3\times6-1\times1-2\times1=15$차 부정정

13 다음과 같은 구조물이 부정정 차수는?

[13. 국가직 9급]

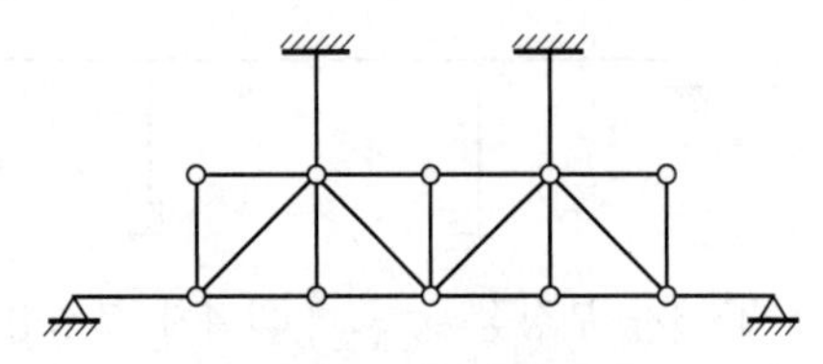

① 2차 ② 3차
③ 4차 ④ 5차

해설 $N=r+m+S-2K$
$=10+21+0-2\times14=3$
또는 $N=3\times11-1\times30=3$차 부정정

14 다음 설명 중에서 옳지 않은 것은?

[07. 국가직 9급]

① 평형조건식의 수보다 많은 미지의 힘을 갖는 구조물을 부정정 구조물이라 부른다.
② 기하학적 불안정은 구조물의 반력 성분이 외적 안정을 확보할 수 있도록 적절하게 배열되어 있지 않거나 구속되지 않는 경우를 말한다.
③ 트러스 구조물에서 부재의 수와 반력의 수의 합이 절점 수의 2배보다 작으면 부정정 트러스 구조물이다.
④ 구조물을 적절하게 구속하기 위해서는 반력의 작용선들이 동일한 점에서 교차되지 않도록 해야 한다.

해설 트러스 구조물의 부정정 차수에 관한 식
$N=r+m-2K$
지점반력수(r)와 부재수(m)의 합이 트러스 절점 수(K)의 2배보다 작으면 이는 불안정 트러스 구조물

15 그림과 같은 트러스의 내적 부정정 차수는?

[11. 지방직 9급]

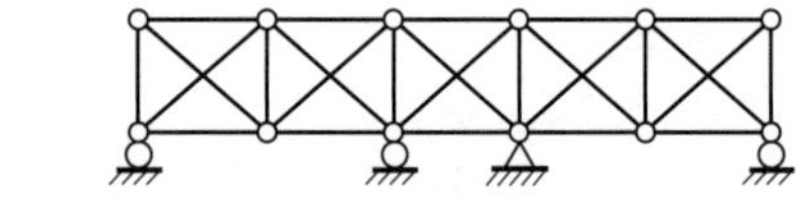

① 4차 ② 5차
③ 6차 ④ 7차

16 다음 트러스의 내적 부정정 차수를 구하면?

[국가직 9급]

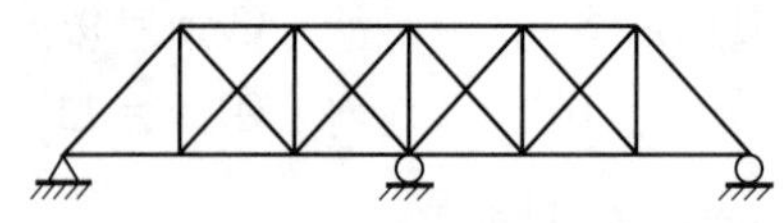

① 1차 ② 2차
③ 3차 ④ 4차

해설 트러스의 총 부정정 차수
$N_t=r+m-2K=4+25-2\times12$
$=5$차 부정정
외적 부정정 차수
$N_o=r-3=4-3$
$=1$차 부정정
내적 부정정 차수
$N_i=N_t-N_o=5-1=4$차 부정정

정답 12 ① 13 ② 14 ③ 15 ② 16. ④

17 주어진 트러스(truss)의 부정정량을 구한 값은? [국회 9급]

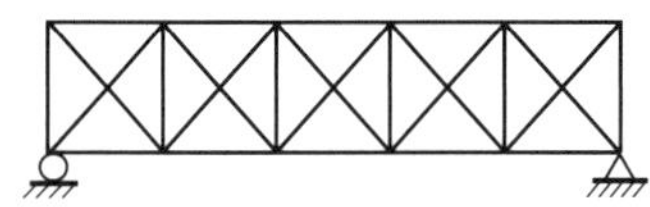

① 1차 부정정트러스 ② 2차 부정정트러스
③ 3차 부정정트러스 ④ 4차 부정정트러스
⑤ 5차 부정정트러스

해설 $N=r+m-2K=3+25-2\times12$
$=4$차 부정정

18 다음 그림과 같은 연속보가 정정보가 되기 위해 필요한 힌지절점의 수는? [00. 국가직 9급]

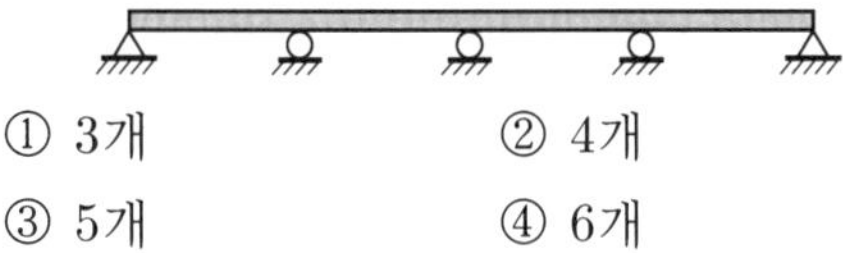

① 3개 ② 4개
③ 5개 ④ 6개

해설 부정정 차수 $N=r-3=7-3=4$차
∴ 필요한 힌지수는 4개

19 다음 그림과 같은 연속보가 정정보가 되기 위해서 필요한 내부힌지(internal hinge)의 개수는? [13. 지방직 9급]

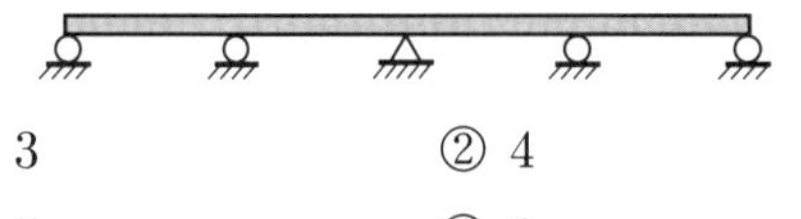

① 3 ② 4
③ 5 ④ 6

해설 4경간 연속보는 3차 부정정보이므로 정정구조물이 되기 위해서는 부정정 차수만큼 힌지절점이 필요하다.
∴ 필요한 내부힌지는 3개

20 그림과 같은 보의 부정정 차수는? [국가직 9급]

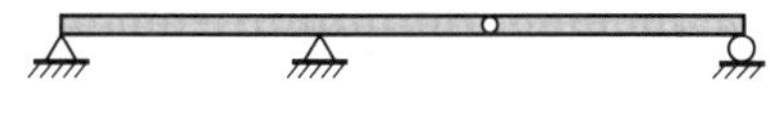

① 불안정 ② 정정
③ 1차 부정정 ④ 2차 부정정
⑤ 3차 부정정

해설 보의 간편식
$N=r-h-3=5-1-3=1$차 부정정

21 다음 연속보의 외적 부정정 차수는? [01. 국가직 9급]

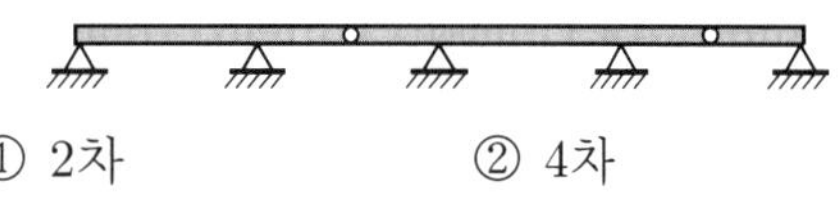

① 2차 ② 4차
③ 6차 ④ 7차

해설 주어진 문제는 총 부정정 차수를 구하는 것이 아니라 외적 부정정 차수를 구하는 것이다.
∴ $N=r-3=10-3=7$차 부정정

22 다음 보의 부정정 차수는? [05. 경기교육청 9급]

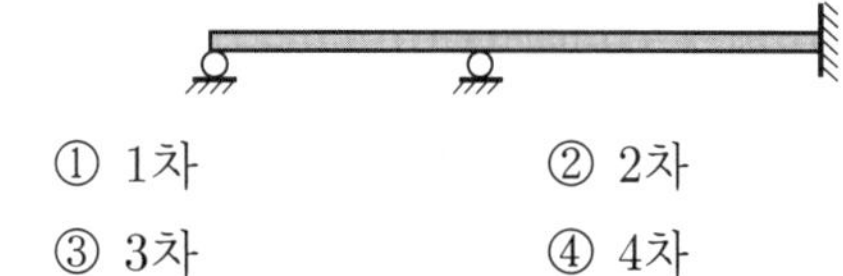

① 1차 ② 2차
③ 3차 ④ 4차

해설 부정정 차수는 다음과 같다.
$N=r-3=5-3=2$차 부정정

23 다음 구조물의 부정정 차수는 얼마인가? [국가직 9급]

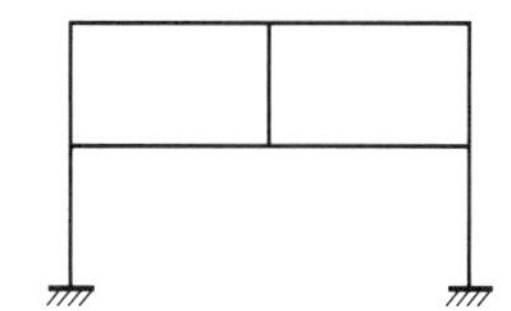

① 1차 부정정 ② 3차 부정정
③ 5차 부정정 ④ 9차 부정정

해설

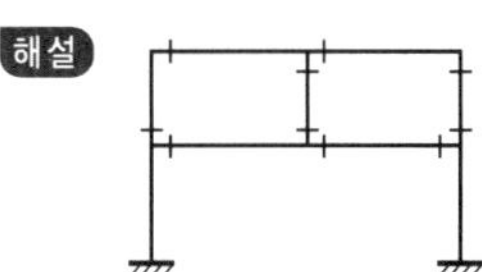

부정정 차수의 일반식
$N=r+m+S-2K$
여기서, r: 지점반력수
m: 부재수
S: 강절점수
K: 절점, 지점 및 자유단수
∴ $N=6+9+10-2\times8$
$=9$차 부정정

정답 17. ④ 18 ② 19 ① 20 ③ 21 ④ 22 ② 23 ④

24 다음 라멘의 내적 부정정 차수는? [국가직 9급]

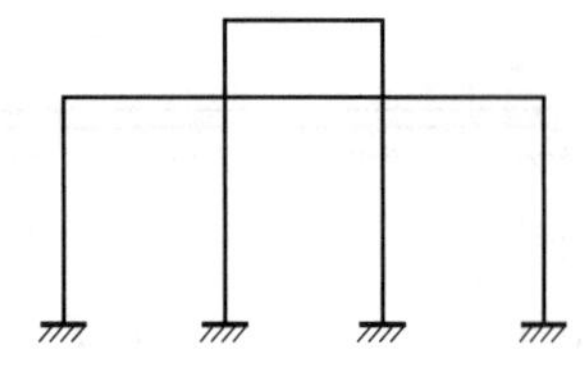

① 1 ② 2
③ 3 ④ 4

해설 총 부정정 차수
$N_t = r+m+S-2K = 12+10+10-2\times10$
$=2$차 부정정
외적 부정정 차수
$N_o = r-3 = 12-3 = 9$차 부정정
내적 부정정 차수
$N_i = N_t - N_o = 12-9 = 3$차 부정정

25 그림과 같은 구조물을 바르게 판별한 것은? [11. 국가직 9급]

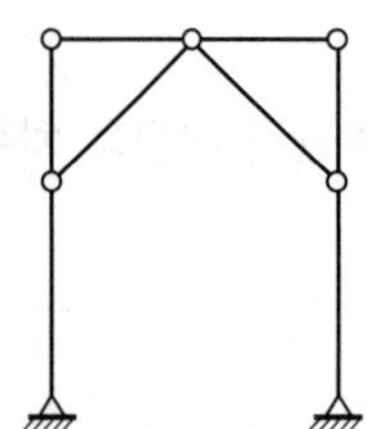

① 안정, 정정 구조물
② 안정, 1차 부정정 구조물
③ 불안정, 1차 부정정 구조물
④ 불안정, 2차 부정정 구조물

해설 구조물의 안정과 부정정 차수에 관한 문제이다.
$N=3\times3-1\times8=1$차 부정정 구조물이다.
내적 안정과 외적 안정을 모두 유지하고 있다.

26 그림과 같은 라멘 구조물의 부정정 차수는? [09. 지방직 9급]

내부힌지

① 7차 ② 8차
③ 9차 ④ 10차

해설 $N=3\times4-1\times3=9$차 부정정

27 그림과 같은 프레임 구조물의 부정정 차수는? [15. 국가직 9급]

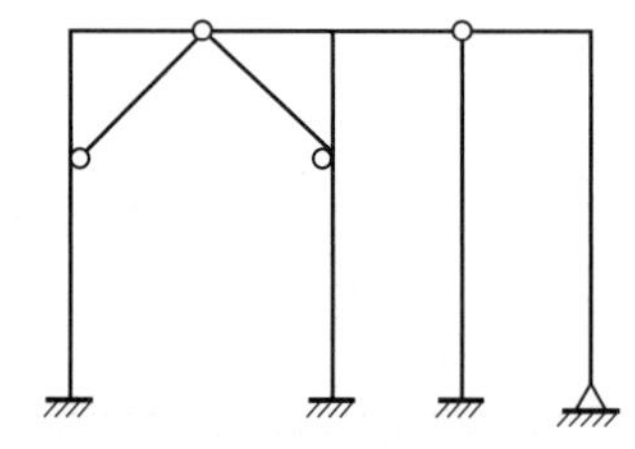

① 7차 ② 8차
③ 9차 ④ 10차

해설 라멘 구조물의 부정정 차수는 다음과 같다.
$N=3\times5-1\times7=8$차

28 다음의 라멘 구조물은 몇 차 부정정인가? [05. 국가직 9급]

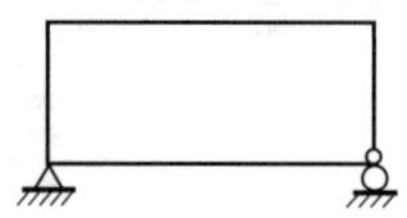

① 1차 ② 2차
③ 3차 ④ 4차

해설 ㉠ 지점반력의 수: $r=3$
㉡ 부재의 수: $m=4$
㉢ 강절점수: $S=3$

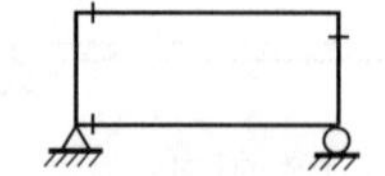

㉣ 지점과 절점수: $K=4$
∴ 부정정 차수 N은
$N=r+m+s-2k$
$=3+4+3-2\times4=2$차

정답 24 ③ 25 ② 26 ③ 27 ② 28 ②

29 외적으로 정정인 구조물에 대한 설명으로 옳지 않은 것은? [09. 지방직 9급]

① 구하고자 하는 반력의 개수와 평형 방정식의 개수가 같다.
② 외부 온도의 변화에 의해 추가적인 반력이 발생하지 않는다.
③ 동일한 외부하중에서 구조물 부재들의 강성이 달라지면 반력이 달라진다.
④ 구조물 제작오차에 의해 추가적인 반력이 발생하지 않는다.

30 다음 트러스에서 구조물 판별에 대한 설명 중 틀린 것은? [03. 경기도 9급]

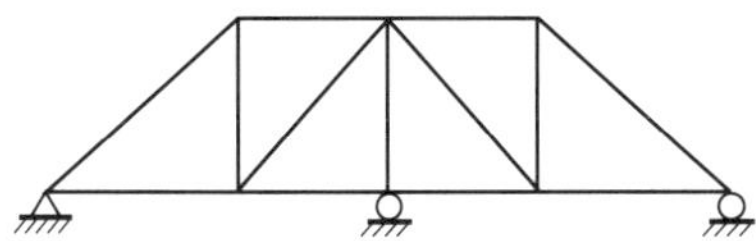

① 내적 안정 ② 외적 안정
③ 내적 정정 ④ 외적 정정

해설 외적으로 1차 부정정이고, 외적 안정을 유지하고 있다. 내적으로 정정이고, 내적 안정을 유지하고 있다.

31 그림과 같은 트러스교에서 부정정 차수를 구하면? [국가직 9급]

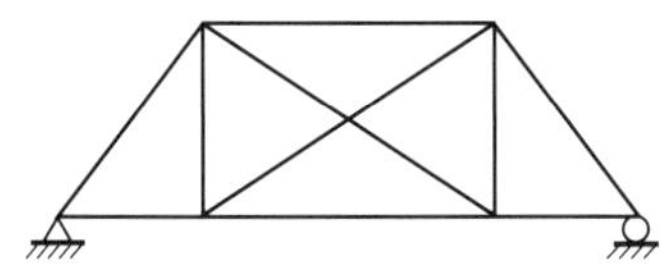

① 1차 부정정 ② 2차 부정정
③ 3차 부정정 ④ 4차 부정정
⑤ 정정

해설 트러스 구조물의 판별식
$N=r+m+S-2K=3+10-2\times6=1$차 부정정

32 다음 트러스의 부정정 차수는? [국가직 9급]

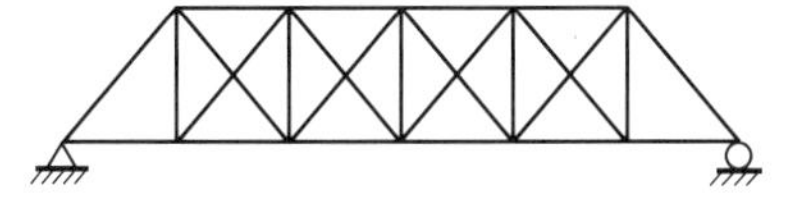

① 5 ② 4
③ 3 ④ 2
⑤ 1

해설 $N=r+m-2K$
$=3+25-2\times12=4$차 부정정

33 다음의 보가 정정 구조물이 되기 위해 필요한 내부힌지의 개수는? [07. 국가직 9급]

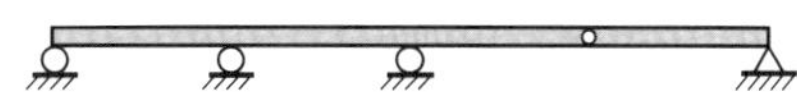

① 필요 없다. ② 1개
③ 2개 ④ 3개

해설 주어진 보의 부정정 차수가 1차 부정정이므로 정정보가 되려면 내부힌지가 1개

34 다음 그림과 같은 구조물 가, 나, 다, 라 중 정정 구조물만 묶인 것은? [12. 지방직 9급]

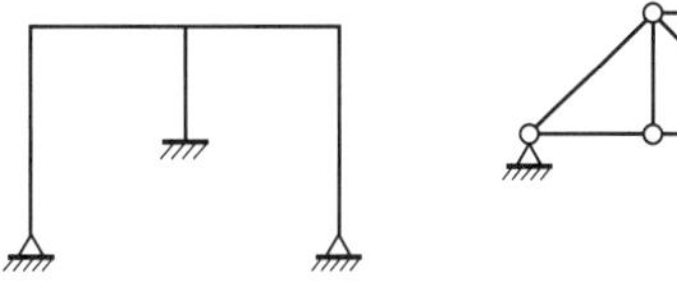

(가)

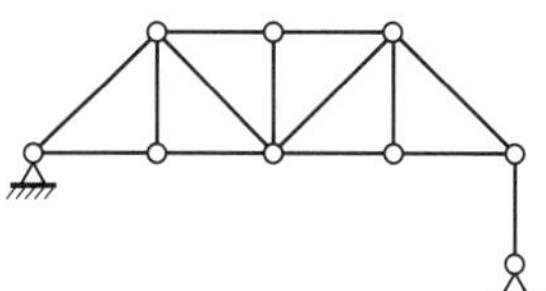

(나)

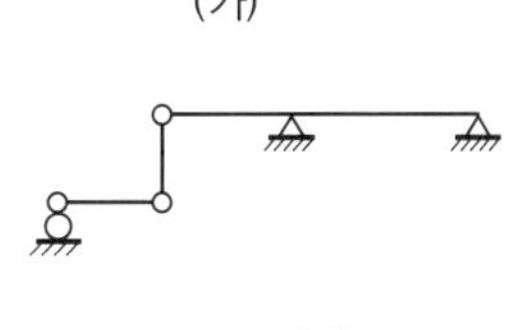

(다)

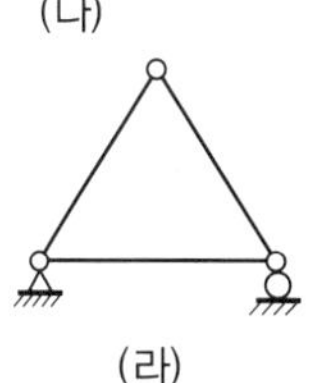

(라)

① 나, 다 ② 나, 라
③ 가, 다, 라 ④ 나, 다, 라

해설 (가)의 부정정 차수 :
$N=7+5+4-2\times6=4$차
(나)의 부정정 차수 :
$N=4+14-2\times9=0$차
(다)의 부정정 차수 :
$N=5+4+1-2\times5=0$차,
그러나 부재배치 부적당
(라)의 부정정 차수 :
$N=3+3-2\times3=0$차

정답 29 ③ 30 ④ 31 ① 32 ② 33 ② 34 ②

CHAPTER 04 | 7급 기출문제

01 다음 그림과 같은 구조물은 몇 차 부정정인가? [국가직 7급]

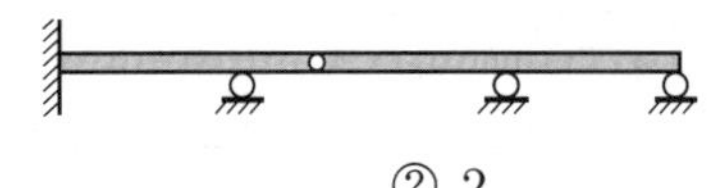

① 1 ② 2
③ 3 ④ 정정
⑤ 4

해설 $N=r-h-3=6-1-3=2$차 부정정

02 그림과 같은 내부 힌지가 있는 구조물의 부정정 차수는? [07. 국가직 7급]

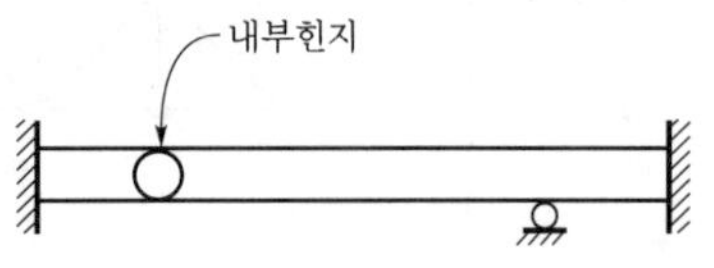

① 1차 ② 2차
③ 3차 ④ 4차

해설 $N=r-3-h=7-3-1=3$차 부정정

03 다음 구조물은 AB는 보이고, 나머지는 트러스이다. 몇 차 부정정인가? [서울시 7급]

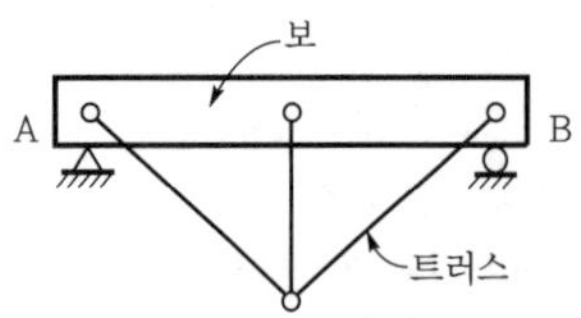

① 1차 부정정 ② 2차 부정정
③ 3차 부정정 ④ 4차 부정정
⑤ 5차 부정정

해설 트러스 구조물로 한 절점에 3부재가 만나고 있으므로 1차 부정정이다.

04 다음과 같은 2차원 프레임 구조물의 부정정 차수는? [13. 국가직 7급]

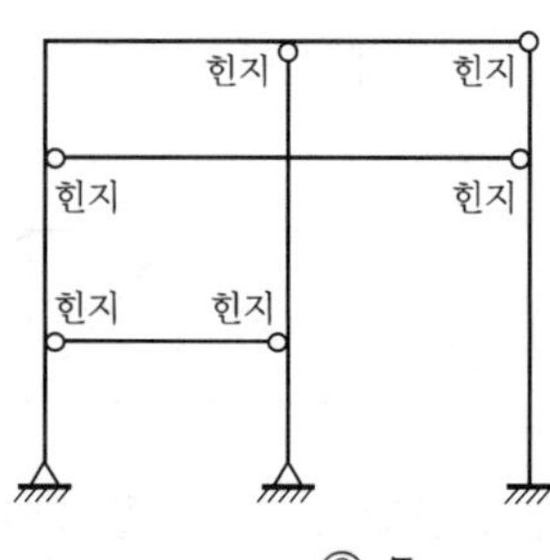

① 6 ② 7
③ 8 ④ 9

해설 $N=3\times5-1\times8=7$차 부정정

05 다음 트러스의 프레임이 혼합된 구조물의 부정정 차수는? [11. 국가직 7급]

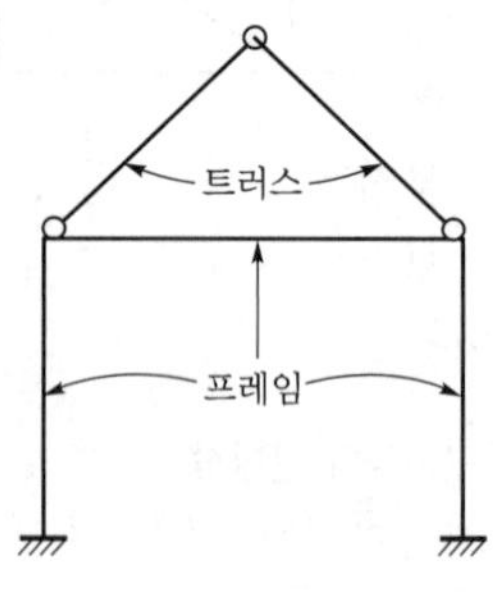

① 1 ② 2
③ 3 ④ 4

해설 $N=3\times2-1\times3=3$차 부정정

정답 01 ② 02 ③ 03 ① 04 ② 05 ③

06 다음 그림에서 주어진 트러스는? [국가직 7급]

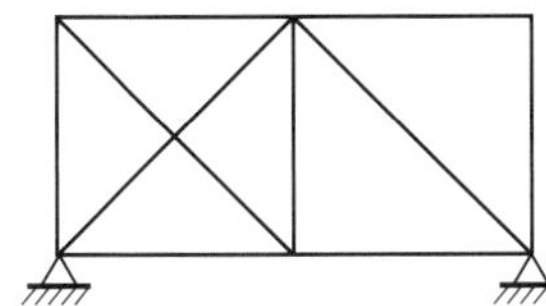

① 정정이다. ② 1차 부정정이다.
③ 2차 부정정이다. ④ 3차 부정정이다.

해설 트러스의 판별식
$N=r+m-2K$
$=4+10-2\times6=2$차 부정정

07 그림과 같은 트러스에서 부정정 차수는? [국가직 7급]

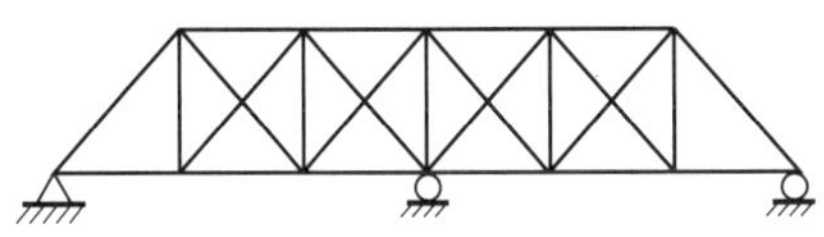

① 5차 ② 2차
③ 3차 ④ 4차
⑤ 1차

해설 $N=r+m-2K$
$=4+25-2\times12=5$차 부정정

08 다음 트러스 구조물의 부정정 차수는? [06. 서울시 7급]

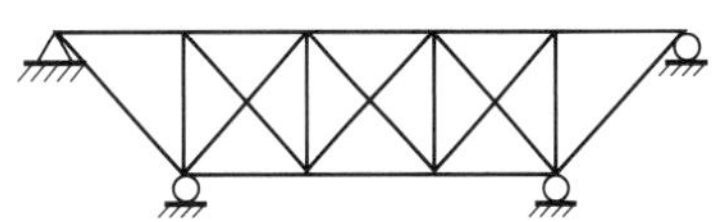

① 1차 ② 2차
③ 3차 ④ 5차

해설 주어진 트러스 구조물은 외적으로 2차 부정정이고, 내적으로 3차 부정정이므로 전체 부정정 차수는 5차 부정정이다.

09 그림과 같은 평면구조물에서 부정정 차수는? [10. 지방직 7급]

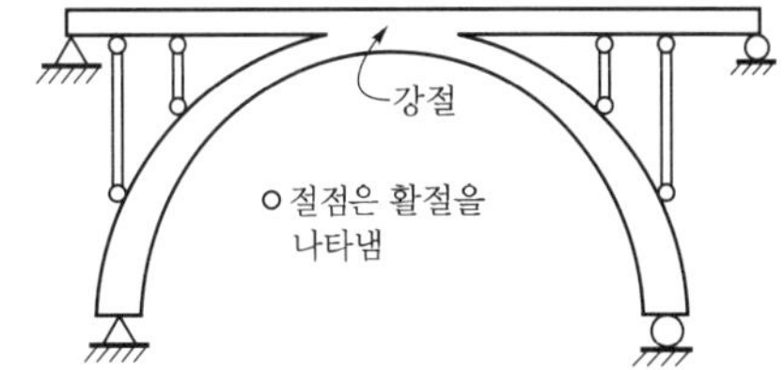

① 5차 ② 6차
③ 7차 ④ 8차

해설 $N=3\times7-1\times10-2\times2$
$=7$차 부정정

정답 06 ③④ 07 ① 08 ④ 09 ③

Chapter 05

정정보

1 보의 정의와 종류

2 반력과 단면력

3 정정보의 반력

4 정정보의 단면력

5 하중 · 전단력 · 휨모멘트의 관계

6 정정보의 해석

7 영향선(influence line)

8 단순보의 최대 단면력

CHAPTER

05 정정보

KEY NOTE

1 보의 정의와 종류

1. 정의

부재축이 수직인 하중을 받으며 몇 개의 지점으로 받친 구조물로, 교량에서는 형(girder)이라고 한다(box girder 등).

2. 종류

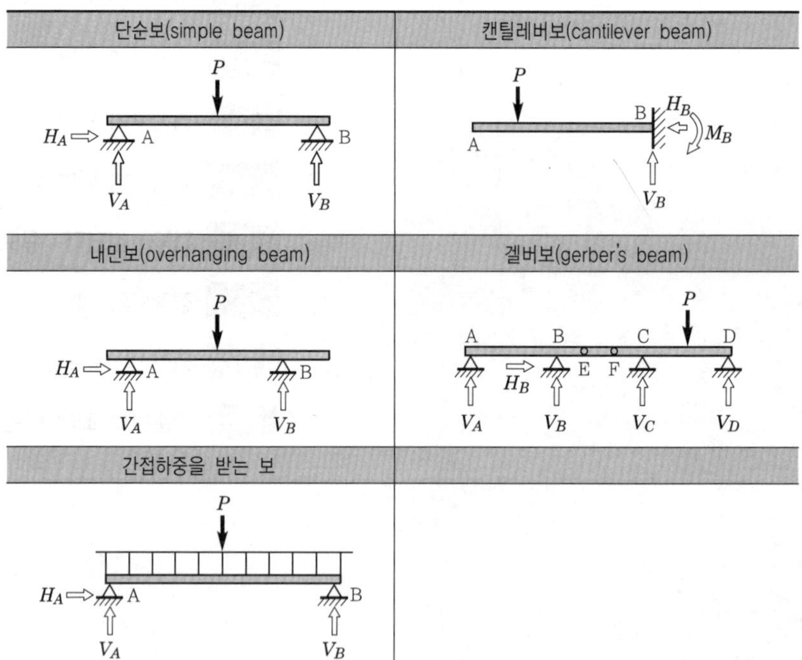

3. 정정보의 정의

힘의 평형조건식($\Sigma H = 0$, $\Sigma V = 0$, $\Sigma M = 0$)을 이용하여 반력과 단면력을 구할 수 있는 보

2 반력과 단면력

1. 반력(reaction)

작용과 반작용의 법칙에 따라 구조물에 외력(하중)이 작용하면 평형상태를 유지하기 위해 수동적으로 발생되는 힘

2. 단면력(section force)

부재 축에 직각인 단면에 생기는 응력의 합력으로 축방향력, 전단력, 휨모멘트가 있다.

(1) 축방향력(축력)

보 축에 수평한 힘

(2) 전단력

보 축에 수직한 힘

(3) 휨모멘트

휨의 크기를 모멘트로 표시한 것

3 정정보의 반력

1. 반력 계산

(1) 해법

힘의 평형조건식($\Sigma H=0$, $\Sigma V=0$, $\Sigma M=0$) 이용

(2) 부호 약속

ΣH 계산 = 좌우 구분없이 → (+), ← (−)
ΣV 계산 = 좌우 구분없이 ↑(+), ↓(−)
ΣM 계산 = 좌우 구분없이 ↷ (+), ↶ (−)
※ 계산 후 반력 값이 (+)이면 가정방향이고, (−)이면 가정방향과 반대이므로 반대방향으로 수정한다.

KEY NOTE

지점반력
- 구조물의 지지점에 발생하는 반력
- 단면력 계산 시 외력으로 간주한다.

외력과 내력
- 휨모멘트 M ↔ 휨응력 $\sigma = \frac{M}{I}y$
- 전단력 S ↔ 전단응력 $\tau = \frac{S \cdot G}{I \cdot b}$
- 축방향력 N ↔ 수직응력 $\sigma = \frac{N}{A}$

2. 단순보의 반력

모멘트하중	집중하중	분포하중
M, A, B, R_A, R_B	P, A, B, R_A, R_B	w, R_A, R_B
A, B, M, R_A, R_B	P, H_A, A, B, R_A, V_A, V_B	w, R_A, R_B
A, M, B, R_A, R_B	P, H_A, A, B, R_A, V_A, R_B	w_1, w_2, R_A, R_B

3. 캔틸레버보의 반력

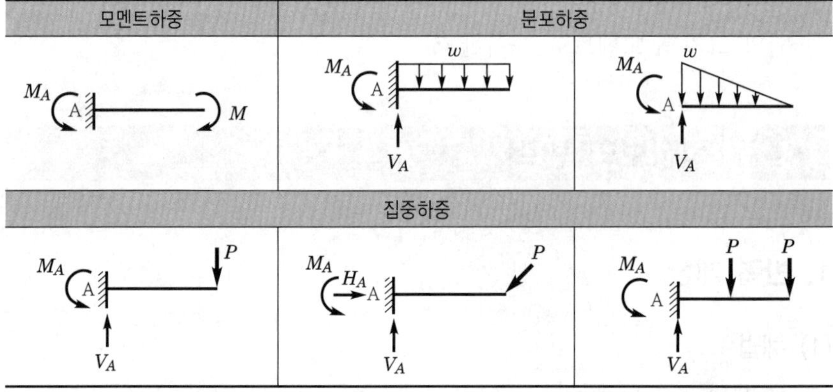

4. 내민보의 반력

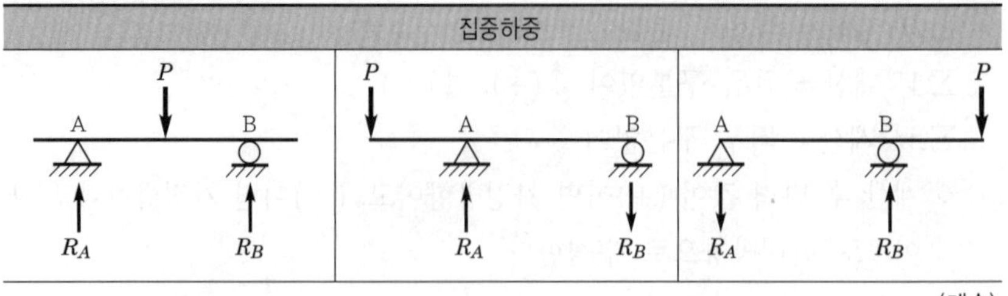

(계속)

KEY NOTE

단순보의 반력

M, A, B, l	$R_A=\frac{M}{l}(\downarrow)$ $R_B=\frac{M}{l}(\uparrow)$
P, A, B, a, b, l	$R_A=\frac{Pb}{l}(\uparrow)$ $R_B=\frac{Pa}{l}(\uparrow)$
P, A, B, $\frac{l}{2}$, $\frac{l}{2}$	$R_A=R_B$ $=\frac{P}{2}(\uparrow)$
w, A, B, l	$R_A=R_B$ $=\frac{wl}{2}(\uparrow)$
w, A, B, l	$R_A=\frac{wl}{6}(\uparrow)$ $R_B=\frac{wl}{3}(\uparrow)$

내민보의 반력

단순보 구간에만 하중이 작용하는 경우 반력은 단순보와 같다.

M, A, B, a, l	$R_A=\frac{M}{l}(\downarrow)$ $R_B=\frac{M}{l}(\uparrow)$
P, A, B, a, b, l	$R_A=\frac{Pb}{l}(\uparrow)$ $R_B=\frac{Pa}{l}(\uparrow)$
P, A, B, a, $l/2$, $l/2$	$R_A=R_B$ $=\frac{P}{2}(\uparrow)$
w, A, B, a, l	$R_A=R_B$ $=\frac{wl}{2}(\uparrow)$
w, A, B, a, l	$R_A=\frac{wl}{6}(\uparrow)$ $R_B=\frac{wl}{3}(\uparrow)$

KEY NOTE

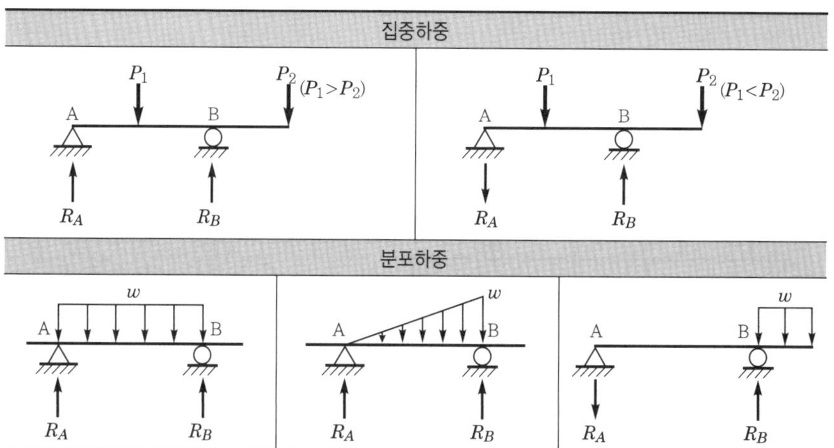

5. 겔버보의 반력

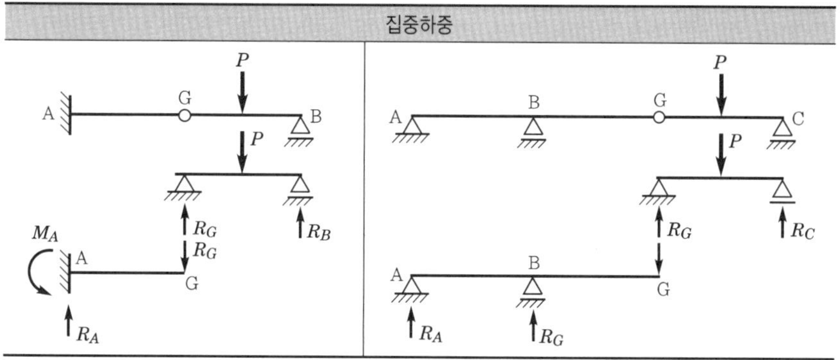

4 정정보의 단면력

1. 단면력 계산

(1) 단면력 계산의 의미

단면의 한쪽(왼쪽 또는 오른쪽)만을 생각하여 계산하라는 것

(2) 해법

힘의 평형조건식($\Sigma H=0$, $\Sigma V=0$, $\Sigma M=0$) 이용

① **축력**: 절단한 면 중 한쪽방향만의 수평력(H) 대수합

② **전단력**: 절단한 면 중 한쪽방향만의 수직력(V) 대수합

③ **휨모멘트**: 절단한 면 중 한쪽방향만의 모멘트(M) 대수합

KEY NOTE

부호규약 적용

- 전단력: 기준면에서 시계방향 ⊕
  기준면에서 반시계방향 ⊖
- 휨모멘트: ⊕, ⊖
- 축력: 인장 ⊕, 압축 ⊖

(3) 부호 약속

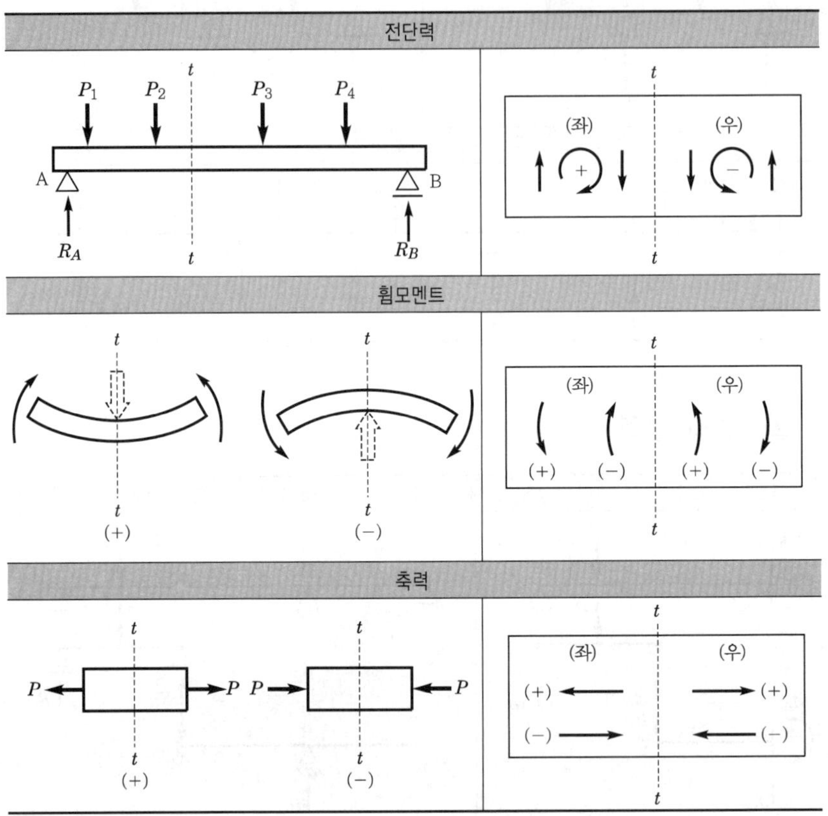

단면력도

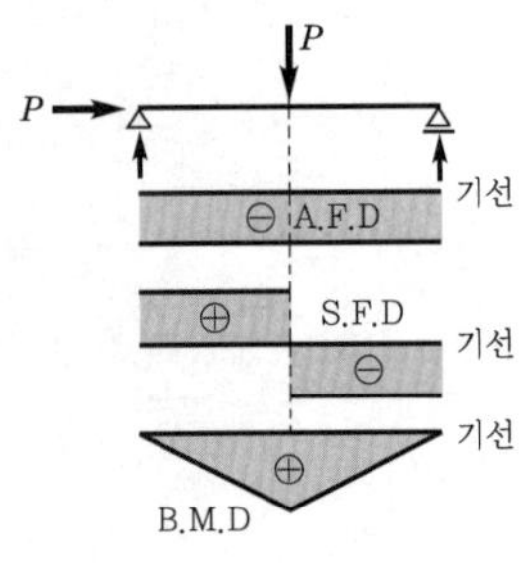

2. 단면력도

계산으로 구한 보의 전구간 단면력을 그림으로 표현한 것

(1) A.F.D(Axial Force Diagram)

축방향력도(기준선 위 ⊕, 기준선 아래 ⊖)

(2) S.F.D(Shear Force Diagram)

전단력도(기준선 위 ⊕, 기준선 아래 ⊖)

(3) B.M.D(Bending Moment Diagram)

휨모멘트도(기준선 위 ⊖, 기준선 아래 ⊕)

※ (+), (−)의 위치 표시는 일반적인 표현으로 반대도 관계없다.

5 하중 · 전단력 · 휨모멘트의 관계

임의 하중을 받는 보에서 임의의 미소구간 dx(C~D점)를 살펴보면 다음 그림과 같다.

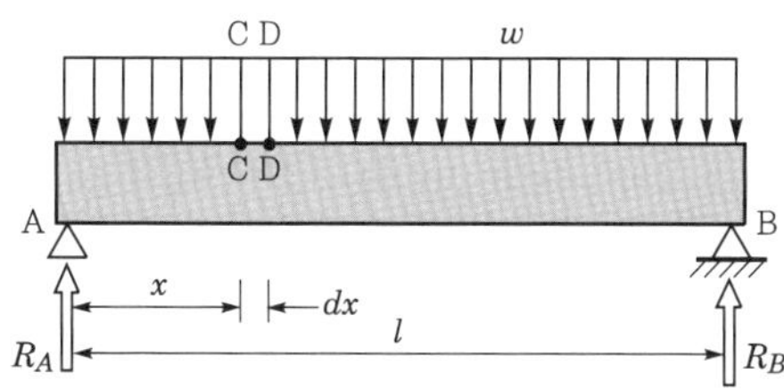

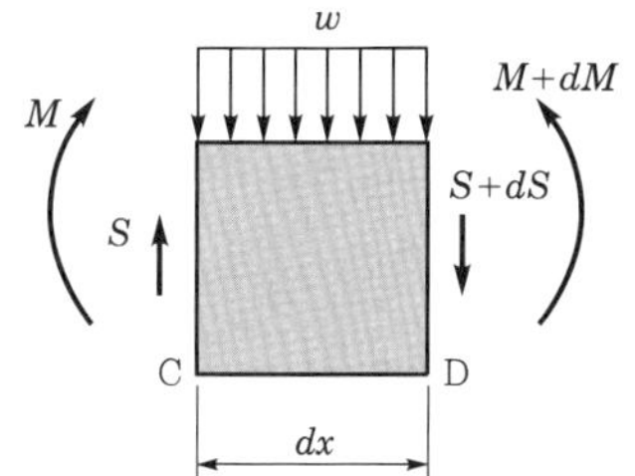

(b) 자유물체도

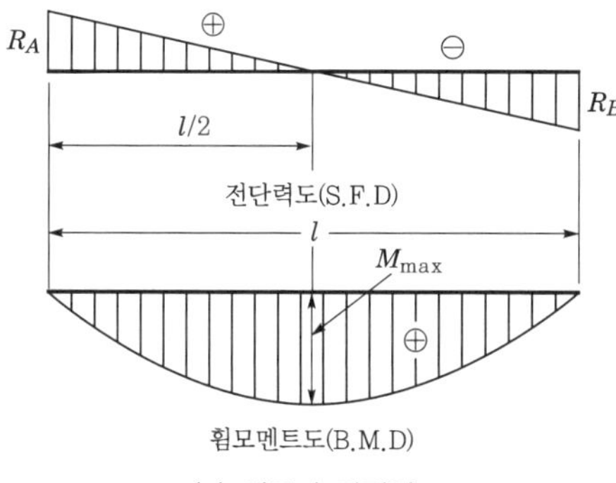

(a) 하중과 단면력

[그림 5.1] 하중과 단면력

1. 하중과 전단력 관계

자유물체도에서 $\Sigma V = 0$; $S - (S + dS) - w_x \cdot dx = 0$

$$\therefore \frac{dS}{dx} = (-)w_x$$

즉, (−)하중을 한 번 적분하면 전단력이 된다.

$$S = \int (-)w_x \cdot dx$$

2. 전단력과 휨모멘트 관계

자유물체도에서 $\Sigma M_d = 0$;

$$M + S \cdot dx - (M + dM) - w_x \cdot dx \cdot \frac{dx}{2} = 0$$

여기서, 미소항 $(dx)^2$을 무시하면

◎ KEY NOTE

● 응용

(1) $\boxed{\frac{dS}{dx} = -w_x}$

여기서, $\frac{dS}{dx}$: S의 기울기

• $w_x = 0$; $\frac{dS}{dx} = 0$

따라서 하중이 작용하지 않는 구간의 전단력은 일정하다.

KEY NOTE

(2) $\dfrac{dM}{dx} = S_x$

여기서, $\dfrac{dM}{dx}$: M의 기울기

- $S_x = 0$; $\dfrac{dM}{dx} = 0$

따라서 전단력이 0인 구간은 휨모멘트선의 기울기가 0으로 최대 또는 최소가 된다.

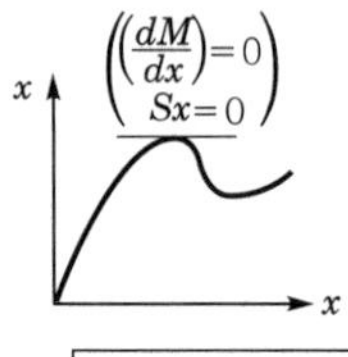

(3) $\dfrac{d^3M}{dx^2} = \dfrac{dS}{dx} = -w_x = 0$

- 하중(w_x)이 일정하면 S는 직선변화, M은 2차 곡선

(4) $S_x = -\int_{x_1}^{x_2} w_x \cdot dx$

- 어느 구간까지 하중크기의 절댓값=그 점의 전단력값

(5) $M_x = \int_{x_1}^{x_2} S_x \cdot dx$

- 어느 구간까지 S.F.D 면적의 절댓값=휨모멘트값

$$\therefore \frac{dM}{dx} = S$$

즉, 전단력을 한 번 적분하면 휨모멘트가 된다.

$$\therefore M = \int S \cdot dx$$

3. 하중, 전단력, 휨모멘트 관계

$$\therefore (-)w_x = \frac{dS}{dx} = \frac{d^2M}{dx^2}$$

$$\therefore M = \int S \cdot dx = \iint (-)w_x \cdot dx \cdot dx$$

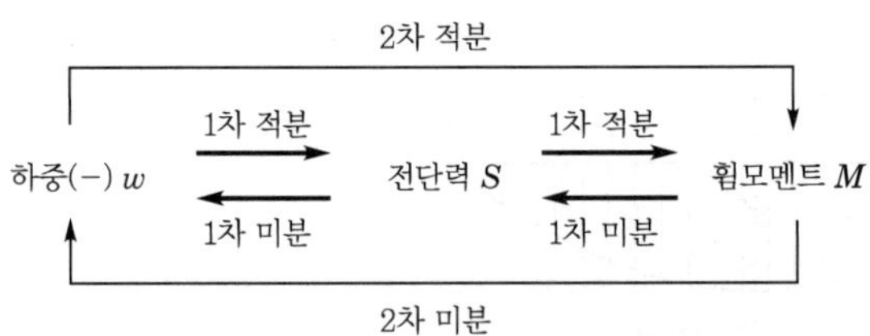

[그림 5.2] 관계도 요약

4. 하중, 전단력, 휨모멘트의 정리

(1) 보의 휨모멘트 최대 및 최소는 전단력$(S)=0$인 곳에서 발생

(2) 집중하중 작용 시 보의 최대 또는 최소 휨모멘트는 전단력 부호가 바뀌는 곳에서 발생(하중 작용점에서 최대 또는 최소 휨모멘트)

(3) 하중이 없는 구간의 전단력도는 기선과 평행한 직선, 휨모멘트도는 기선에 경사직선(1차 직선)으로 표시

(4) 임의점의 휨모멘트 절댓값=전단력도의 넓이의 절댓값

(5) 단순보에 모멘트가 작용하지 않을 경우 전단력도 ⊕면적 = ⊖면적

(6) 하중에 따른 단면력도 변화

하중 \ 단면력도	전단력도	휨모멘트도
집중하중	기선에 평행(일정)	기선에 경사직선
등분포하중	기선에 경사직선	2차 포물선
등변분포하중	2차 포물선	3차 포물선
모멘트하중	기선에 평행(일정)	기선에 경사직선

6 정정보의 해석

1. 단순보의 해석

(1) 임의점에 집중하중이 작용

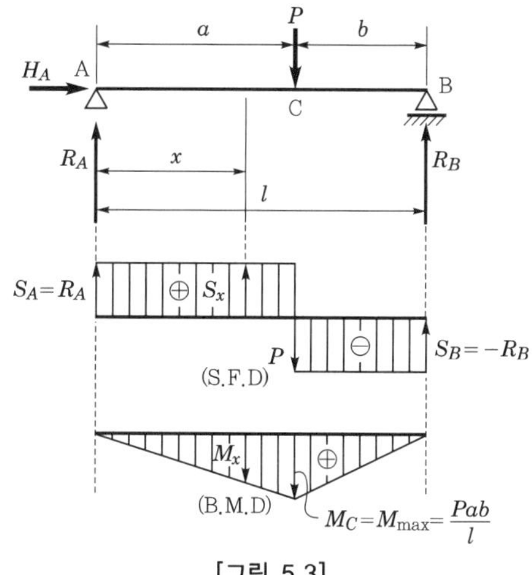

[그림 5.3]

① 지점반력

㉠ $\Sigma M_B = 0$; $R_A = \frac{Pb}{l}$

㉡ $\Sigma M_A = 0$; $R_B = \frac{Pa}{l}$

② 전단력

㉠ 일반식
- A점 기준: $S_x = \frac{Pb}{l}$
- B점 기준: $S_x = -\frac{Pa}{l}$

KEY NOTE

집중하중 작용 시 단면의 전단력은 2개 발생 → 절댓값 큰 것을 보의 설계 시 적용

집중하중 작용 시

- 반력(R) = $\frac{(\text{힘})\times(\text{반대편 거리})}{\text{총 거리}}$
- 재하점 M= $\frac{(\text{힘})\times(\text{좌우 거리})}{(\text{총 거리})} = M_{max}$

KEY NOTE

㉡ $S_{AC}=\frac{Pb}{l}=R_A$

㉢ $S_{CB}=\frac{Pa}{l}=R_B$

③ 휨모멘트

㉠ 일반식 ┌ A점 기준: $M_x=R_A\cdot x=\frac{Pb}{l}x$
└ B점 기준: $M_x=R_B\cdot x=\frac{Pa}{l}x$

㉡ $M_A=M_B=0$

㉢ $M_C=M_{\max}=R_A\cdot a=\frac{Pab}{l}$

(2) 보 중앙에 집중하중이 작용

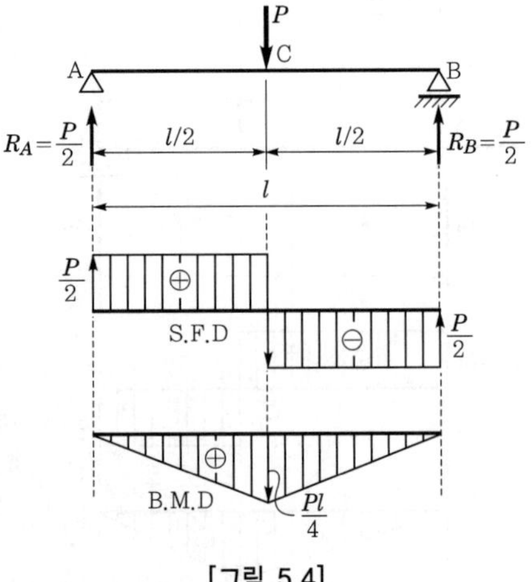

[그림 5.4]

① 지점반력

㉠ $\Sigma V=0$; $R_A=R_B=\frac{P}{2}$

② 전단력

㉠ 일반식 ┌ A점 기준: $S_x=R_A=\frac{P}{2}$
└ B점 기준: $S_x=-R_B=-\frac{P}{2}$

㉡ $S_{AC}=\frac{P}{2}$

㉢ $S_{CB}=\frac{P}{2}-P=-\frac{P}{2}$

③ 휨모멘트

㉠ $M_A = M_B = 0$

㉡ $M_C = M_{\max} = \dfrac{P}{2} \times \dfrac{l}{2} = \dfrac{Pl}{4}$

(3) 집중하중이 경사로 작용

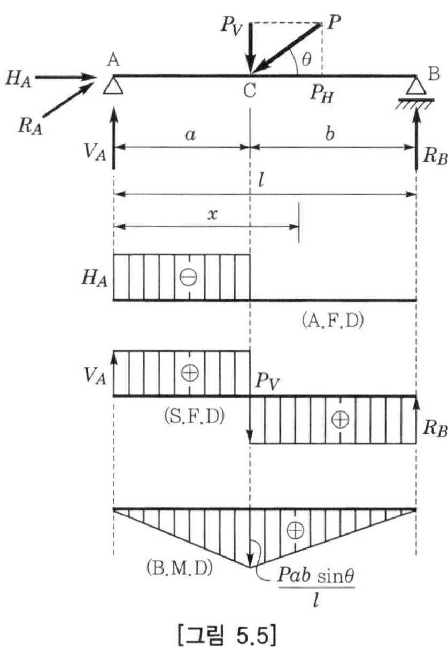

[그림 5.5]

① 지점반력

㉠ 수평반력: $\sum H = 0$에서 $H_A = P_H = P\cos\theta$

㉡ 수직반력: $\sum M_B = 0$에서 $V_A = \dfrac{P_V \cdot b}{l} = \dfrac{Pb\sin\theta}{l}$

$\therefore$ 반력$(R_A) = \sqrt{(H_A)^2 + (V_A)^2}$

$\therefore$ 반력$(R_B) = P_V - V_A = \dfrac{Pa\sin\theta}{l}$

② 축방향력

㉠ $A_{AC} = -H_A = -P\cos\theta$

㉡ $A_{CB} = 0$

KEY NOTE

KEY NOTE

③ 전단력

㉠ 일반식

A점 기준: $S_x = V_A = \frac{Pb\sin\theta}{l}$

B점 기준: $S_x = -R_B = -\frac{Pa\sin\theta}{l}$

㉡ $S_{AC} = \frac{Pb\sin\theta}{l}$

㉢ $S_{CB} = \ominus \frac{Pa\sin\theta}{l}$

④ 휨모멘트

㉠ $M_A = M_B = 0$

㉡ $M_C = M_{\max} = V_A \cdot a = \frac{Pab\sin\theta}{l}$

2개의 집중하중 작용

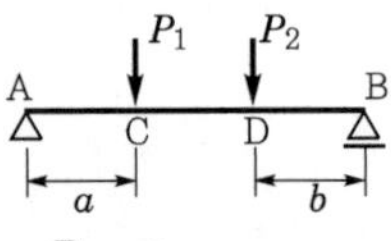

- $\frac{P_1}{P_2} = \frac{b}{a}$
- $R_A = P_1,\ R_B = P_2$
- $S_{CB} = 0$
- $M_{CD} = P_1 a$ or $P_2 b$

(4) 여러 개의 집중하중이 작용

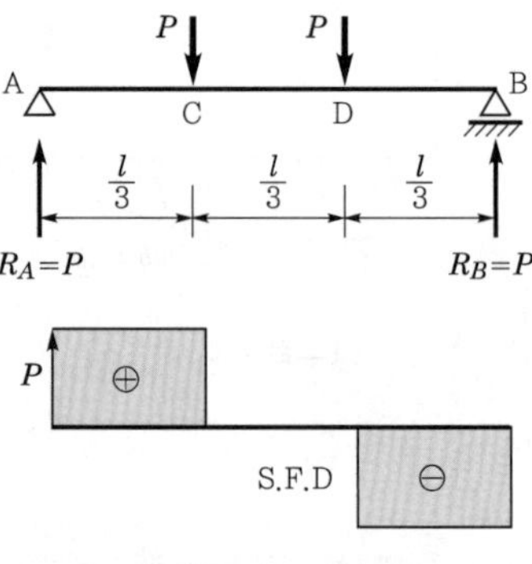

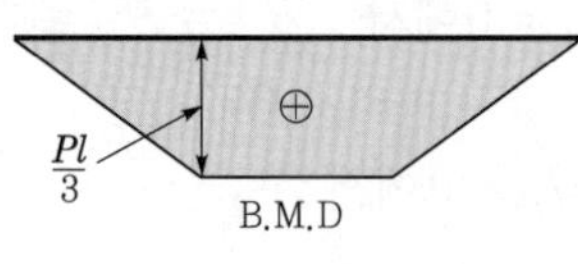

[그림 5.6]

① 지점반력

$\Sigma V = 0\,;\ R_A = R_B = P$

② 전단력

$S_{AC} = P,\ S_{CD} = 0,\ S_{BD} = -P$

③ 휨모멘트

$M_{AC} = Px,\ M_{CD} = \frac{Pl}{3},\ M_{BD} = Px$

(5) 분포하중이 작용

① 등분포하중 작용

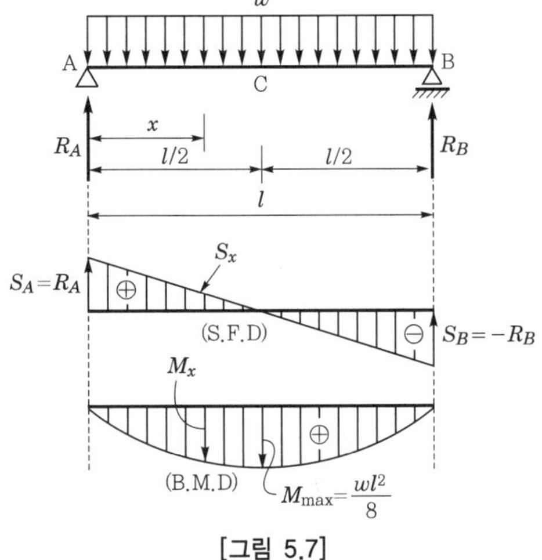

[그림 5.7]

㉠ 지점반력

- $\Sigma M_B = 0$; $R_A = \dfrac{wl}{2}$
- $\Sigma V = 0$; $R_B = \dfrac{wl}{2}$

㉡ 전단력

- $S_A = R_A = \dfrac{wl}{2}$, $S_B = -\dfrac{wl}{2}$
- 일반식: $S_x = R_A - wx = \dfrac{wl}{2} - wx$ (1차 직선식)
- 전단력이 0인 위치 x 계산(M_{max} 발생)

  $S_x = 0$, $R_A - w \cdot x = 0$

  $\therefore\ x = \dfrac{l}{2}$

㉢ 휨모멘트

- $M_A = M_B = 0$
- 일반식: $M_x = R_A \cdot x - w \cdot x \cdot \dfrac{x}{2} = \dfrac{wl}{2}x - \dfrac{wx^2}{2}$

  (2차식, 포물선 변화)

KEY NOTE

등가하중

- 분포하중을 집중하중으로 환산한 하중
- 작용점: 분포하중의 도심

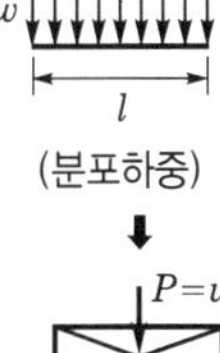

(분포하중)

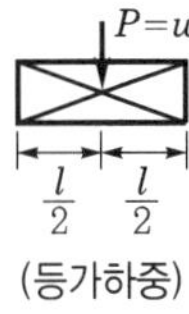

(등가하중)

KEY NOTE

등변분포하중의 등가하중 계산

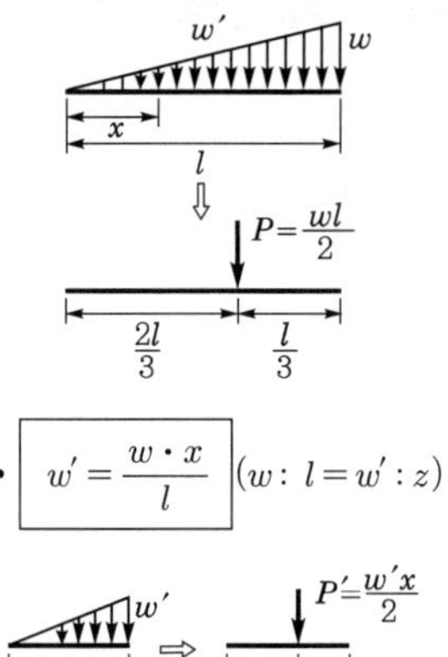

- $\boxed{w' = \dfrac{w \cdot x}{l}}$ $(w : l = w' : z)$

$P' = \dfrac{w'x}{2}$, $\dfrac{2x}{3}$, $\dfrac{x}{3}$

- $M_{\max} = \dfrac{wl^2}{8}$ $\left(x = \dfrac{l}{2}\text{지점},\ S = 0\right)$

② 등변분포하중 작용

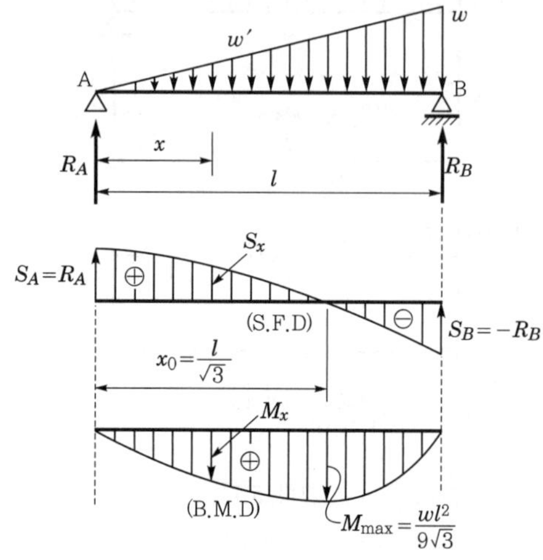

[그림 5.8]

㉠ 지점반력

- $\sum M_B = 0\ ;\ R_A = \dfrac{wl}{6}$
- $\sum V = 0\ ;\ R_B = \dfrac{wl}{3}$

㉡ 전단력

- $S_A = R_A = \dfrac{wl}{6},\ \ S_B = S_A - \dfrac{wl}{2} = -\dfrac{wl}{3}$
- 일반식: $S_x = R_A - \dfrac{w'x}{2} = \dfrac{wl}{6} - \dfrac{wx^2}{2l}$
- 전단력이 0인 위치 x 계산($M_{\max}$ 발생)

$S_x = 0,\ R_A - \dfrac{w'x_0}{2} = \dfrac{wl}{6} - \dfrac{wx_0^{\ 2}}{2l} = 0$

$\therefore\ x_0 = \dfrac{l}{\sqrt{3}} = 0.577l$

㉢ 휨모멘트

- $M_A = M_B = 0$
- 일반식: $M_x = R_A \cdot x - \left(\dfrac{w'x}{2}\right)\left(\dfrac{x}{3}\right)$

KEY NOTE

$$= \frac{w}{6}\left(lx - \frac{x^3}{l}\right) \quad (3차식)$$

- $M_{\max} = \dfrac{wl^2}{9\sqrt{3}}$ $(x_0 = 0.577l$ 지점, $S=0)$

(6) 모멘트하중이 작용

① 지점에 모멘트하중 작용

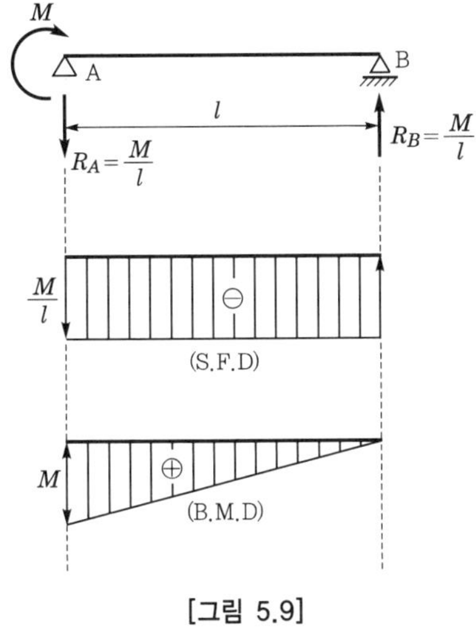

[그림 5.9]

㉠ 지점반력

- $\Sigma M_B = 0\ ;\ R_A = \dfrac{M}{l}(\downarrow)$
- $\Sigma V = 0\ ;\ R_B = \dfrac{M}{l}(\uparrow)$

㉡ 전단력

- 일반식(B점 기준): $S_x = -\dfrac{M}{l}$
- $S_{AB} = -\dfrac{M}{l}$
- $M_{C(우)} = (-)R_B \cdot b + M$

$$= -\frac{M}{l}b\left(b = \frac{l}{2}\ ;\ -\frac{M}{2}\right)$$

$$\therefore\ M_C = \pm\frac{M}{2}$$

(7) 간접하중이 작용

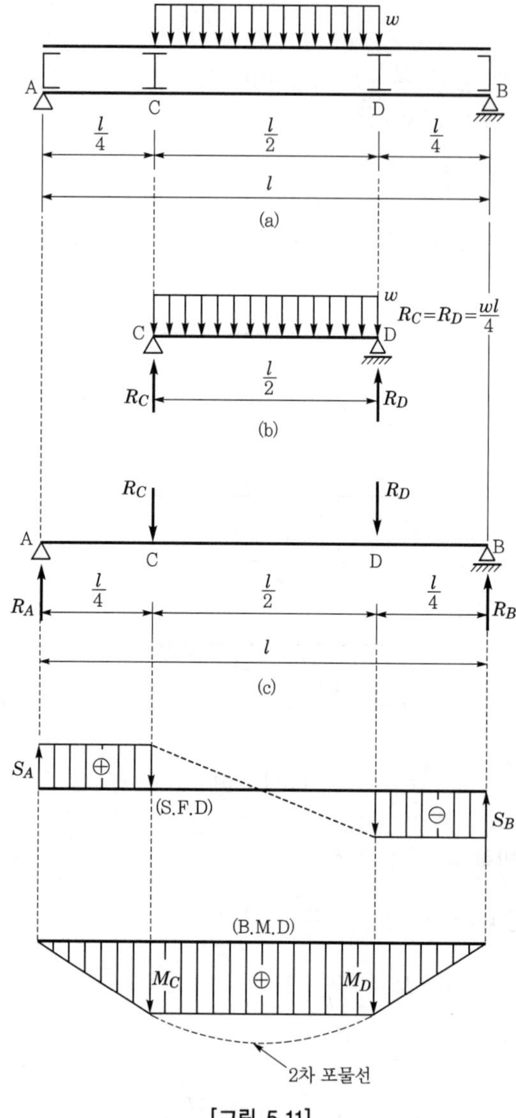

[그림 5.11]

① 가상반력

㉠ $R_C = R_D = \dfrac{wl}{4}$

② 지점반력

㉠ $\Sigma M_B = 0\ ;\ R_A = \dfrac{w \cdot l}{4}$

㉡ $\Sigma V = 0\ ;\ R_B = \dfrac{w \cdot l}{4}$

◎ KEY NOTE

간접하중 작용 시 계산

- 세로보는 가로보를 지점으로 하는 단순보로 생각하여 반력을 구한다.
- 반력의 작용방향과 반대로 하중을 보에 작용시켜 해석한다.

간접하중이 작용할 때가 직접하중이 작용할 때보다 휨모멘트가 작게 발생 → 단면설계 시 단면을 줄일 수 있어 경제적 설계

최대 휨모멘트 요약

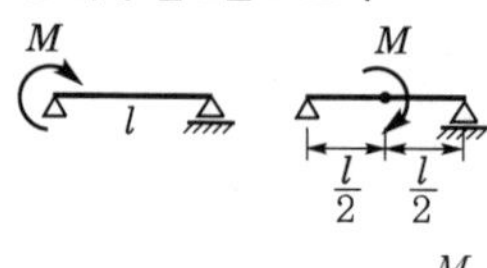

$M_{\max} = M$ $M_{\max} = \frac{M}{2}$

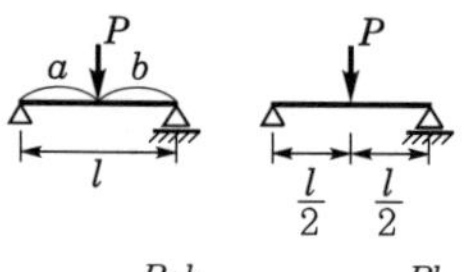

$M_{\max} = \frac{Pab}{l}$ $M_{\max} = \frac{Pl}{4}$

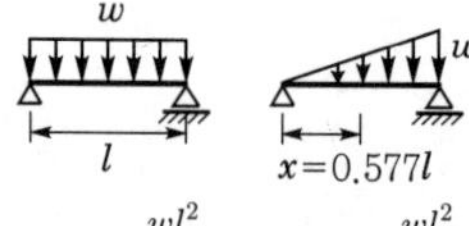

$M_{\max} = \frac{wl^2}{8}$ $M_{\max} = \frac{wl^2}{9\sqrt{3}}$

③ 전단력

㉠ $S_A = R_A = \frac{w \cdot l}{4}$

㉡ $S_B = -R_B = -\frac{w \cdot l}{4}$

㉢ $S_{AC} = \frac{wl}{4}$, $S_{BD} = -\frac{wl}{4}$

㉣ $S_{CD} = 0$

④ 휨모멘트

㉠ $M_A = M_B = 0$

㉡ $M_C = M_D = \frac{wl^2}{16}$

$\therefore M_{\max} = M_C = M_D$

2. 캔틸레버보의 해석

(1) 집중하중이 작용

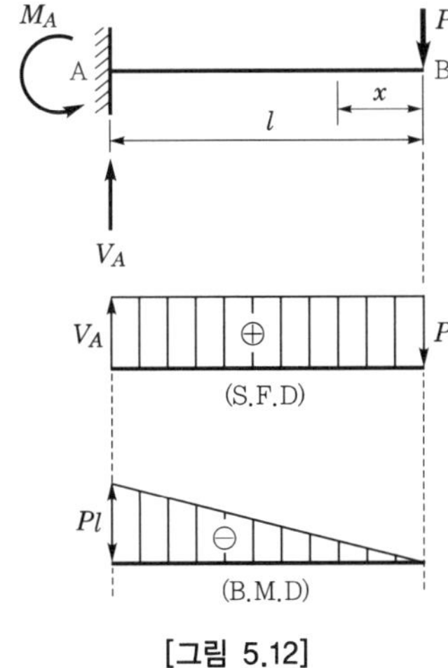

[그림 5.12]

① 지점반력

㉠ $\sum H = 0\,;\, H_A = 0$

㉡ $\sum V = 0\,;\, V_A = P(\uparrow)$

㉢ $\sum M = 0\,;\, M_A = Pl(\circlearrowleft)$

② 전단력

㉠ $S_x = P$

KEY NOTE

캔틸레버보의 성질

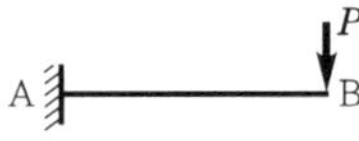

(1) 반력

① 고정단에서 수직(V), 수평(H), 모멘트(M)반력 발생

② 모멘트하중만 작용 시 모멘트반력만 발생

(2) 전단력

① 하중이 상향 or 하향으로 작용 시 고정단에서 최대

② 전단력 계산은 좌측 → 우측 방향으로 계산

③ 전단력 부호(하향으로 P 작용)

- 고정단(좌측): ⊕
- 고정단(우측): ⊖

(3) 휨모멘트

① 휨모멘트 계산은 자유단에서 시작

② 휨모멘트 부호(고정단 위치 관계 없음)

- 하향 힘: ⊖
- 상향 힘: ⊕

KEY NOTE

③ 휨모멘트

㉠ $M_x = -Px$

㉡ $M_A = -Pl,\ M_B = 0$

(2) 집중하중이 경사로 작용

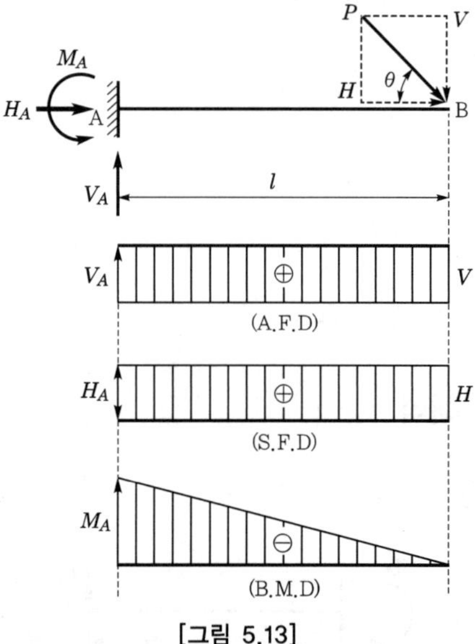

[그림 5.13]

① 지점반력

㉠ $\Sigma H = 0$; $H_A = -P\cos\theta$(−부호: 가정과 반대방향)

㉡ $\Sigma V = 0$; $V_A = P\sin\theta$

㉢ $\Sigma M = 0$; $M_A = Pl\sin\theta$

② 축방향력

㉠ $A_{AB} = H_A$(인장)$= P\cos\theta$

③ 전단력

㉠ $S_{AB} = P\sin\theta$(일정)

④ 휨모멘트

㉠ 일반식: $M_x = P\sin\theta \cdot x$(1차식)

㉡ $M_B = 0,\ M_A = \ominus P\sin\theta l$

(3) 모멘트하중이 작용

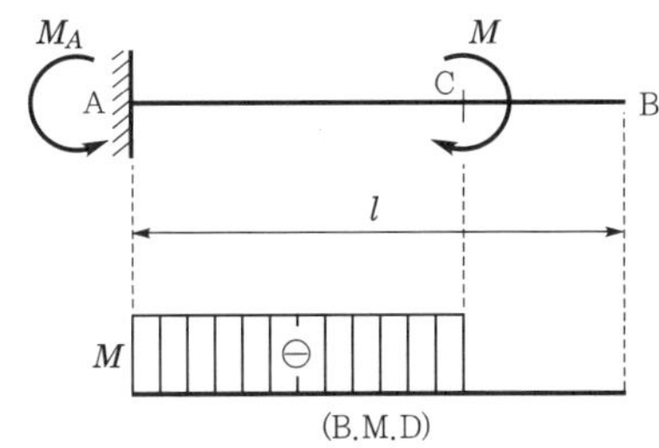

[그림 5.14]

① 지점반력

㉠ $\Sigma M_A = 0$; $M_A = M$

② 축방향력, 전단력은 발생하지 않는다.

③ 휨모멘트

㉠ $M_A = -M_A$(반력모멘트)$= -M$

㉡ $M_{AC} = -M$, $M_{CB} = 0$

(4) 등분포하중이 작용

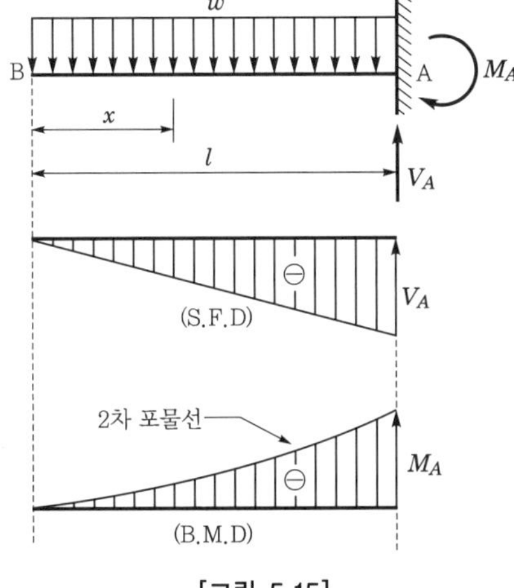

[그림 5.15]

① 지점반력

㉠ $\Sigma V = 0$; $V_A = w \cdot l(\uparrow)$

㉡ $\Sigma M_A = 0$; $M_A = \dfrac{wl^2}{2}(\curvearrowright)$

② 전단력

㉠ 일반식: $S_x = -w \cdot x$(1차식)

KEY NOTE

KEY NOTE

등변분포하중 작용 시
임의점 하중 w' 계산
• $w : l = w' : x$

$\therefore w' = \frac{w \cdot x}{l}$

㉡ $S_A = -wl,\ S_B = 0$

③ 휨모멘트

㉠ 일반식: $M_x = -wx\left(\frac{x}{2}\right) = -\frac{wx^2}{2}$ (2차식)

㉡ $M_A = -\frac{wl^2}{2},\ M_B = 0$

(5) 등변분포하중이 작용

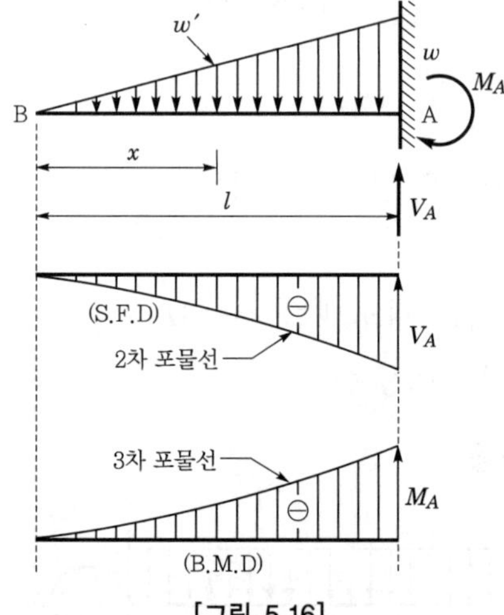

[그림 5.16]

① 지점반력

㉠ $\Sigma V = 0\ ;\ V_A = \frac{wl}{2}(\uparrow)$

㉡ $\Sigma M_A = 0\ ;\ M_A = \frac{wl^2}{6}(\curvearrowleft)$

② 전단력

㉠ 일반식: $S_x = -w'x\left(\frac{l}{2}\right) = -\frac{wx^2}{2l}$ (2차식)

㉡ $S_A = -\frac{wl}{2},\ S_B = 0$

③ 휨모멘트

㉠ 일반식: $M_x = -w'x\left(\frac{1}{2}\right)\left(\frac{x}{3}\right) = -\frac{wx^3}{6l}$ (3차식)

㉡ $M_A = -\frac{wl^2}{6},\ M_B = 0$

3. 내민보의 해석

KEY NOTE

(1) 종류

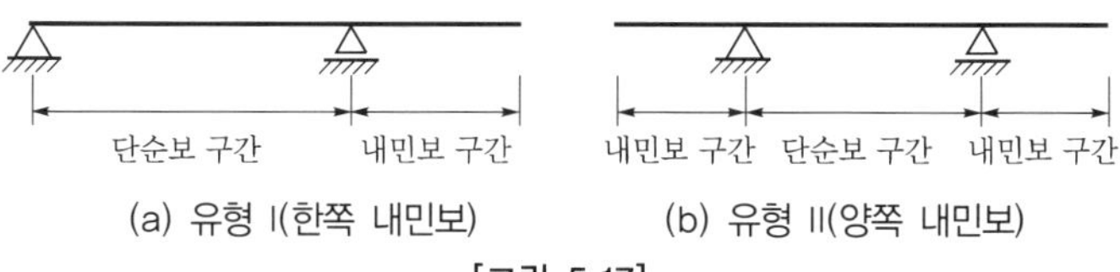

(a) 유형 I(한쪽 내민보) (b) 유형 II(양쪽 내민보)

[그림 5.17]

(2) 해석

단순보 + 캔틸레버보

(3) 유형 I (등분포하중 + 집중하중 작용: 한쪽 내민보)

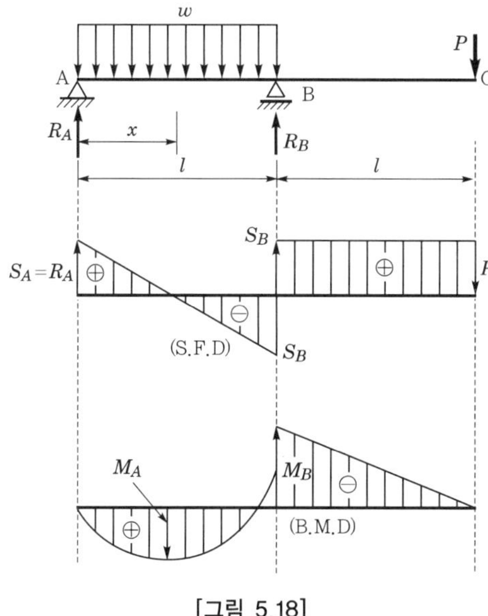

[그림 5.18]

① 지점반력(단순보와 동일)

㉠ $\Sigma M_B = 0\,;\, R_A = \dfrac{wl}{2} - P$

㉡ $\Sigma V = 0\,;\, R_B = \dfrac{wl}{2} + 2P$

② 전단력

㉠ 일반식 ┌ A점 기준: $S_x = R_A - w \cdot x$
└ C점 기준: $S_x = P$

㉡ $S_x = 0$인 위치($M_{\max}$ 발생): $x = \dfrac{R_A}{w} = \dfrac{l}{2} - \dfrac{P}{w}$

KEY NOTE

③ 휨모멘트

㉠ 일반식
- A점 기준: $M_x = R_A \cdot x - \frac{wx^2}{2}$ (2차식)
- C점 기준: $M_x = \ominus P \cdot x$ (1차식)

㉡ $M_A = 0,\ M_B = -Pl$

(4) 유형 Ⅱ (양쪽 내민보)

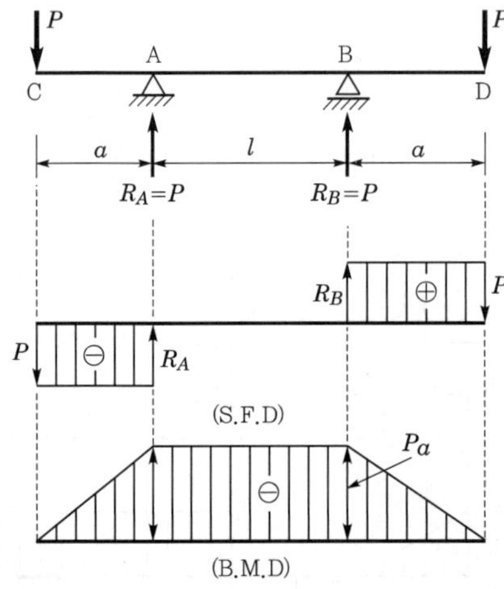

[그림 5.19]

① 지점반력

㉠ $\Sigma M_B = 0\ ;\ R_A = P$

㉡ $\Sigma V = 0\ ;\ R_B = P$

② 전단력

일반식
- AC 구간: $S_x = -P$
- AB 구간: $S_x = -P + R_A = 0$
- BD 구간: $S_x = P$

③ 휨모멘트

일반식
- AC 구간(C점 기준): $M_x = -Px$ (1차식)
- AB 구간(A점 기군): $M_x = -P(a+x) + Px$
  $= -Pa$
- BD 구간(D점 기준): $M_x = -Px$ (1차식)

4. 겔버보의 해석

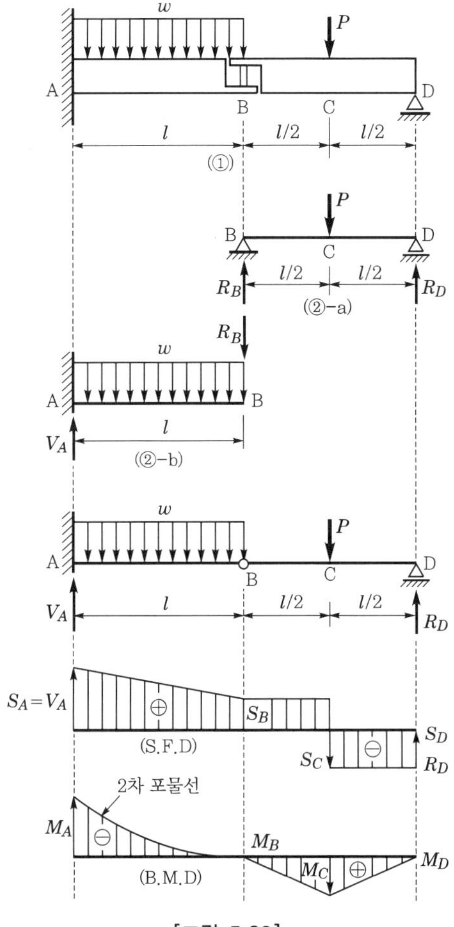

[그림 5.20]

(1) 지점반력

① 하중대칭: $R_B = R_D = \dfrac{P}{2}$

② $\sum V = 0$; $V_A = wl + \dfrac{P}{2}$

(2) 전단력

① AB 구간(A점 기준)

$$\therefore S_x = V_A - w \cdot x = wl + \frac{P}{2} - wx$$

$$\therefore S_A = wl + \frac{P}{2},\ S_B = \frac{P}{2}$$

② BC 구간(B점 기준)

$$\therefore S_x = S_B = \frac{P}{2}$$

KEY NOTE

겔버보의 특징

- 부정정보의 힌지(hinge)를 넣어 정정보로 만든 것
- (내민보 및 캔틸레버보)+단순보 합성
- 힌지(활절)에서 휨모멘트=0
- 단순보에 비해 경제적인 구조

겔버보의 기준

(1) 연속보를 겔버보로 만든 보

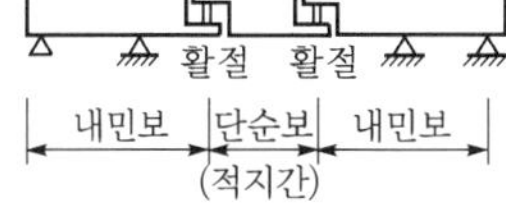

(2) 고정보를 겔버보로 만든 보

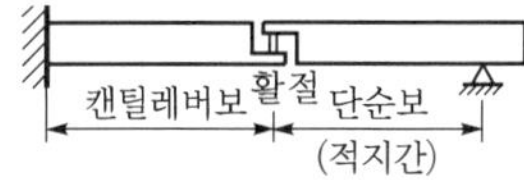

겔버보 해석 순서

(1) 단순보의 구조반력을 구한다.
(2) 구한 반력의 반대방향으로 하중을 작용시킨다.
(3) 나머지 구조의 반력 및 단면력을 구한다.

KEY NOTE

③ CD 구간(D점 기준)

$$\therefore S_x = -R_D = -\frac{P}{2}$$

(3) 휨모멘트

① AB 구간(B점 기준): 그림 5.20(②-b)

$$\therefore M_x = -R_B \cdot x - w \cdot x\left(\frac{x}{2}\right)$$

$$= -\frac{Px}{2} - \frac{wx^2}{2} \quad (2차식)$$

$$\therefore M_A = -\frac{Pl}{2} - \frac{wl^2}{2},\ M_B = 0$$

② BC 구간(B점 기준): 그림 5.20(②-a)

$$\therefore M_x = R_B x = \frac{P}{2}x\,(1차식)$$

$$\therefore M_C = \frac{Pl}{4}$$

③ CD 구간(D점 기준): 그림 5.20(②-a)

$$\therefore M_x = R_D x = \frac{P}{2}x$$

$$\therefore M_D = 0$$

5. 기타

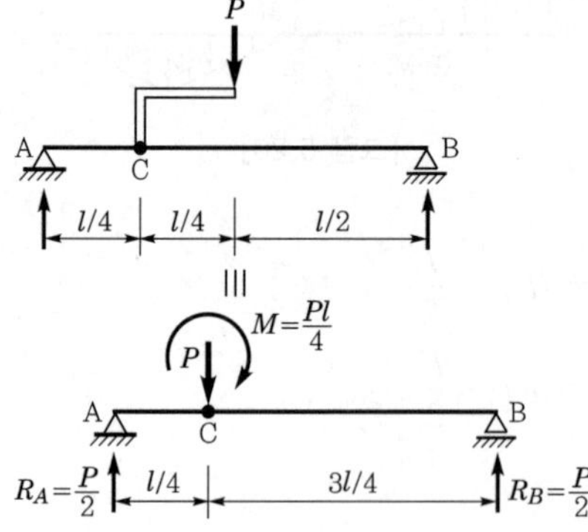

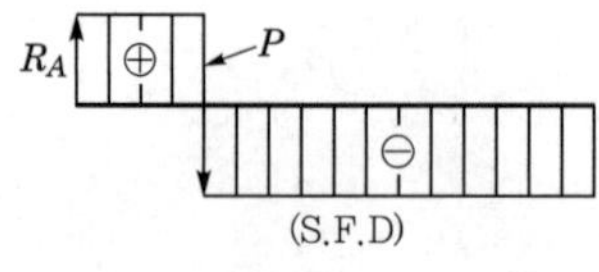

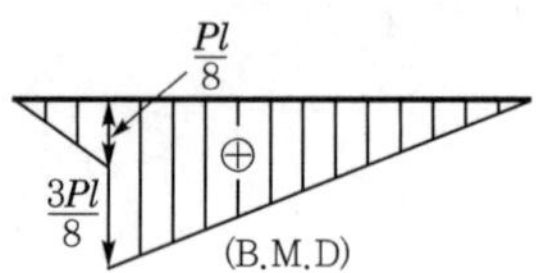

[그림 5.21]

(1) 지점반력

① $\sum M_B = 0$; $R_A = \frac{P}{2}(\uparrow)$

② $\sum V = 0$; $R_B = \frac{P}{2}(\uparrow)$

(2) 전단력

① AC 구간(A점 기준): $S_x = \frac{P}{2}$

② BC 구간(B점 기준): $S_x = -\frac{P}{2}$

(3) 휨모멘트

① AC 구간(A점 기준): $M_x = \frac{P}{2}x$(1차식)

② BC 구간(B점 기준): $M_x = \frac{P}{2}x$(1차식)

$\therefore M_C$(AC 구간)$= \frac{P}{2}\left(\frac{l}{4}\right) = \frac{Pl}{8}$

$\therefore M_C$(BC 구간)$\frac{P}{2}\left(\frac{3}{4}l\right) = \frac{3Pl}{8}$

7 영향선(influence line)

1. 정의

단위하중($P = 1$)이 구조물 위를 이동할 때 발생하는 지점반력, 전단력 및 휨모멘트의 변화를 표시한 선도

2. 실제 작용하중의 단면력 계산

(1) 집중하중 작용

① 지점반력(R)=집중하중(P)×반력 영향선의 종거(y)

② 전단력(S)=집중하중(P)×전단력 영향선의 종거(y)

③ 휨모멘트(M)=집중하중(P)×휨모멘트 영향선의 종거(y)

(2) 등분포하중 작용

① 지점반력(R)=등분포하중(W)×반력 영향선도 면적(A)

KEY NOTE

영향선도 면적(A)

= 등분포하중 작용구간의 영향선도 면적

KEY NOTE

② 전단력(S)=등분포하중(W)×전단력 영향선도 면적(A)

③ 휨모멘트(M)=등분포하중(W)×휨모멘트 영향선도 면적(A)

3. 단순보의 영향선

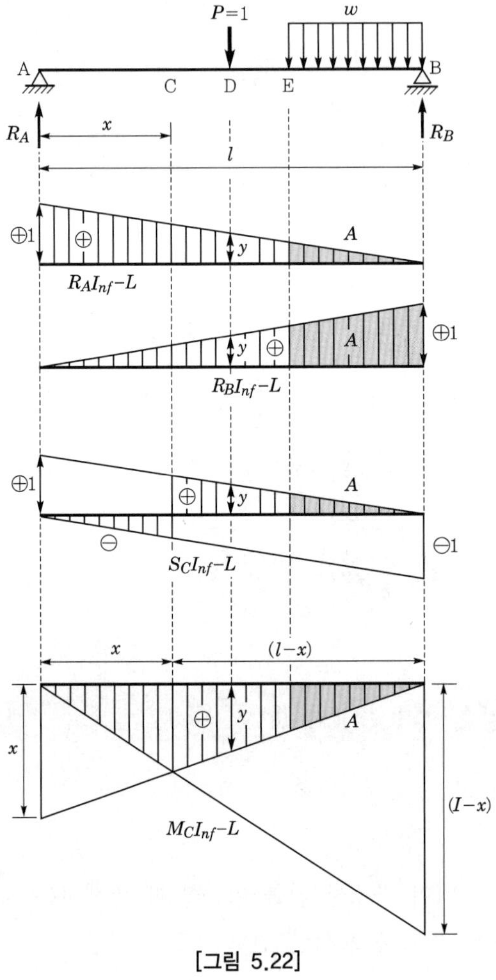

[그림 5.22]

(1) 지점반력 영향선

① A, B점: 기준종거 ⊕1

② $R_A = P \times y + w \times A$

③ $R_B = P \times y + w \times A$

(2) 전단력 영향선

① A점: 기준종거 ⊕1

② B점: 기준종거 ⊖1

③ 구하는 지점에서 영향선 절단(기선에 접한 삼각형만 유효)

④ $S_c = P \times y + w \times A$

(3) 휨모멘트 영향선

① 구하는 지점 x까지 거리를 A점에서 종거로 작도

② 구하는 지점 $(l-x)$까지 거리를 B점에서 종거로 작도

③ 기선에 접한 삼각형만 유효

④ $M_C = P \times y + w \times A$

KEY NOTE

4. 캔틸레버보의 영향선

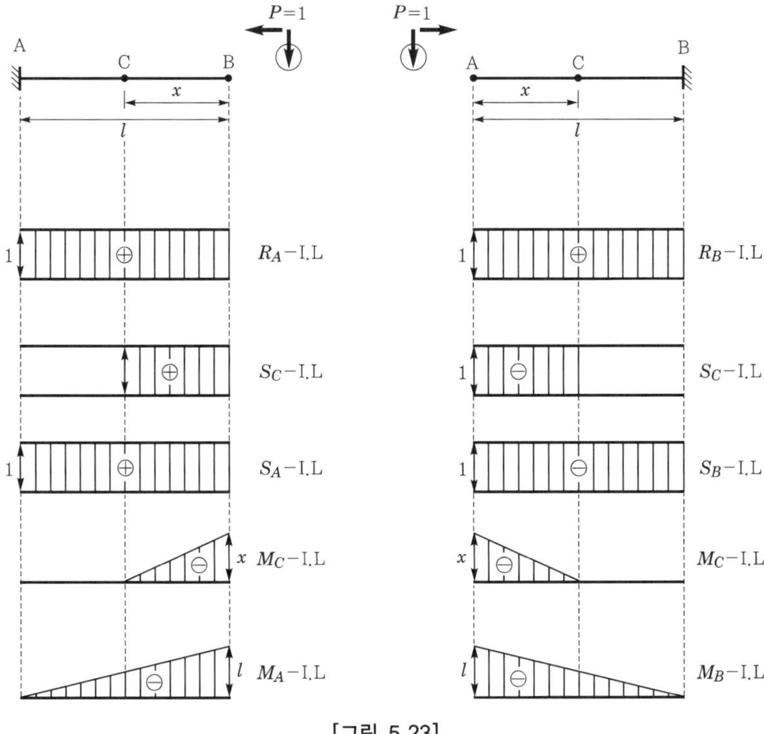

[그림 5.23]

(1) 지점반력 영향선

① 자유단에서 기준종거 ⊕1을 지점까지 연결

② $V_A = P \times y$

(2) 전단력 영향선

① 고정지점 좌측: 기준종거 ⊕1

KEY NOTE

② 고정지점 우측: 기준종거 ⊖1

③ 기준종거를 구하는 점까지 연장

(3) 휨모멘트 영향선

① 자유단에서 구하는 점까지의 거리를 기준종거로 삼각형 작도(부호는 ⊖임)

5. 내민보의 영향선

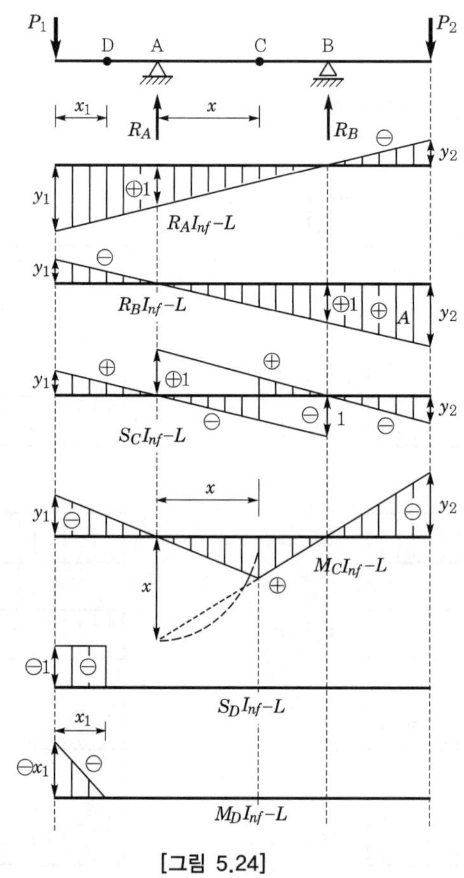

[그림 5.24]

(1) 작도방법

① 단순보구간은 단순보와 같이 작도하고 내민구간은 직선으로 연장

② 내민구간은 캔틸레버보와 동일하게 작도

(2) 반력 및 단면력

① $R_A = P_1 \times y_1 - P_2 \times y_2$

② $R_B = -P_1 \times y_1 + P_2 \times y_2$

KEY NOTE

③ $S_C = P_1 \times y_1 - P_2 \times y_2$

④ $M_C = -P_1 \times y_1 - P_2 \times y_2$

⑤ $S_D = -P_1$

⑥ $M_D = -P_1 \times x_1$

6. 겔버보의 영향선

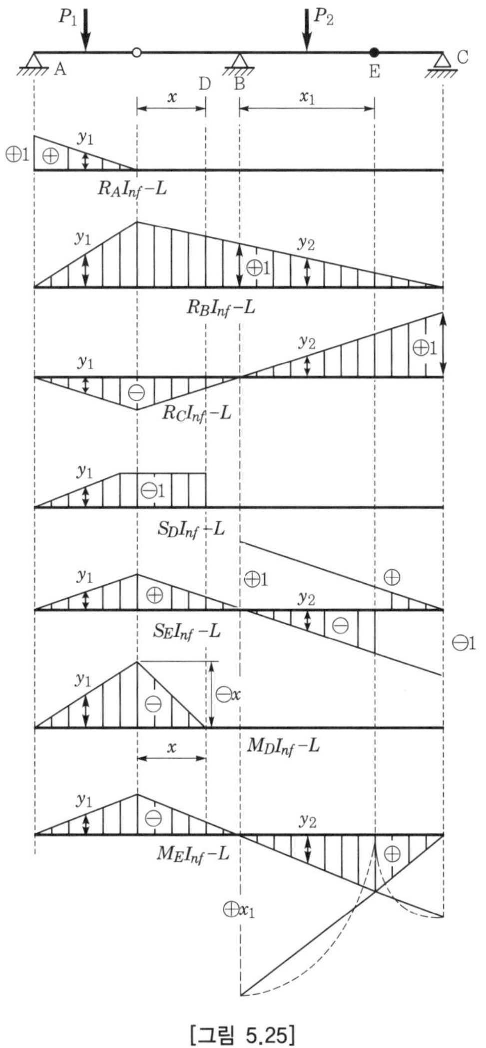

[그림 5.25]

(1) 작도방법

① 단순보 구간

㉠ 단순보와 같이 작도하고 힌지(hinge)까지 영향선 연장 작도

㉡ 힌지에서 영향선을 꺾어 지점 연결

KEY NOTE

② 힌지 구간

㉠ 단순보와 같이 작도

(2) 반력 및 단면력

① $R_A = P_1 \times y_1$

② $R_B = P_1 \times y_1 + P_2 \times y_2$

③ $R_C = -P_1 \times y_1 + P_2 \times y_2$

④ $S_D = -P_1 \times y_1$

⑤ $S_E = P_1 \times y_1 - P_2 \times y_2$

⑥ $M_D = -P_1 \times y_1$

⑦ $M_E = -P_1 \times y_1 + P_2 \times y_2$

7. 간접하중을 받는 단순보의 영향선

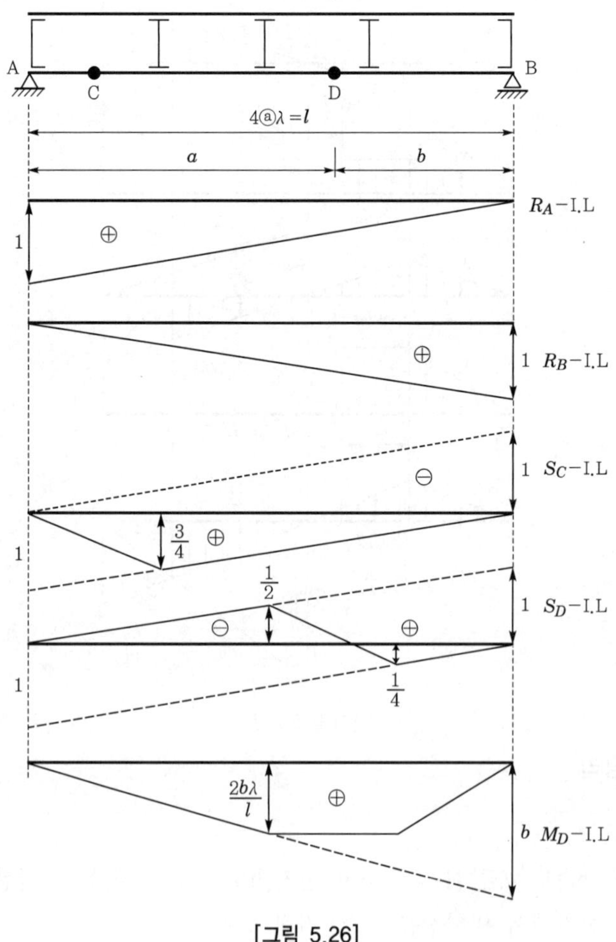

[그림 5.26]

8 단순보의 최대 단면력

1. 집중하중이 이동하며 작용

(1) 집중하중 1개 작용

최대 전단력(S_{max})	최대 휨모멘트(M_{max})
• 하중이 지점에 작용할 때 발생(최대종거에 재하될 때) • 최대 전단력은 하중크기와 같다. $\therefore S_{max} = P$	• 하중이 중앙지점에 작용할 때 발생 • $M_{max} = \dfrac{Pl}{4}$

(2) 집중하중 2개 작용

최대 전단력(S_{max})	최대 휨모멘트(M_{max})
• 큰 하중이 지점에 오고, 나머지 하중은 지간 내에 작용할 때 발생(1개 하중은 최대종거에 재하, 1개 하중은 부호가 동일한 위치에 재하) • $S_{max} = P_1 \times 1 + P_2 \times y$ 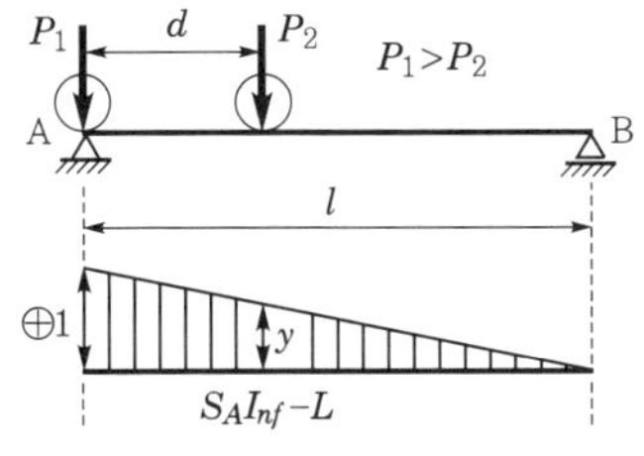 	• 합력 $R = P_1 + P_2$ • 합력위치 $x = \dfrac{P_2 \cdot d}{R}$ • 합력과 가장 가까운 하중과의 거리 1/2 되는 곳을 보의 중앙점에 오도록 하중 이동 • 최대 휨모멘트는 중앙점에서 가장 가까운 하중에서 발생 • 최대 휨모멘트(M_{max}) $\Sigma M_B = 0\,;\, R_A$ 구함 $M_{max} = R_A \times \left(\dfrac{l}{2} - \dfrac{x}{2}\right)$ 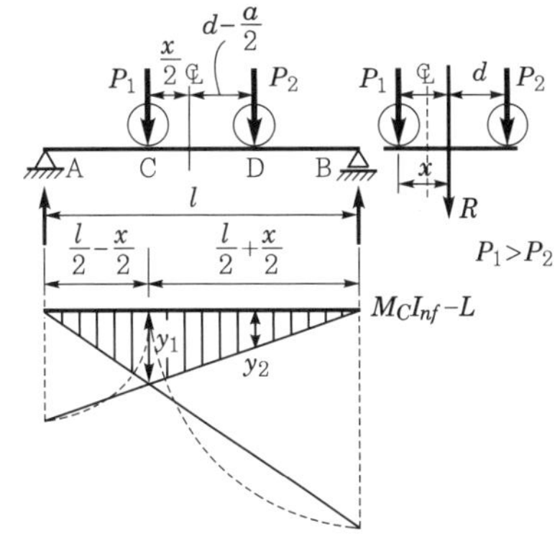

KEY NOTE

최대 휨모멘트(영향선법)

- M_C의 영향선 작도
- $M_{max} = P_1 \times y_1 + P_2 \times y_2$

합력 R과 P_1의 거리

- $x = \dfrac{P_2 \times d(\text{두 힘의 거리})}{R}$

지점 A에서 P_2까지 거리

- $x' = \dfrac{l}{2} - \dfrac{x}{2}$

절대 최대 휨모멘트 M_{max}

- $M_{max} = R_A \cdot x'$

$\therefore R_A = \dfrac{R \cdot \left(\dfrac{l}{2} - \dfrac{x}{2}\right)}{l}$

$\therefore M_{max} = \dfrac{R}{l}\left(\dfrac{l-x}{2}\right)^2$

KEY NOTE

절대 최대 전단력

- 가장 큰 전단력으로 지점에서 가까운 단면에서 발생하며 최대 반력과 같다.

(3) 여러 개의 집중하중이 작용

① 최대 전단력(S_{max})

㉠ P_1이 C점 작용 시 최대 전단력 발생조건

$$\therefore \frac{x_1}{l} < \frac{P_1}{\Sigma_1 P}$$

$\therefore S_{max} = R_A$

㉡ P_2가 C점 작용 시 최대 전단력 발생조건

$$\therefore \frac{x_1}{l} > \frac{P_1}{\Sigma_1 P} \text{이고 } \frac{x_2}{l} < \frac{P_2}{\Sigma_2 P}$$

$\therefore S_{max} = R_A - P_1$

㉢ P_3가 C점 작용 시 최대 전단력 발생조건

$$\therefore \frac{x_1}{l} > \frac{P_1}{\Sigma_1 P},\ \frac{x_2}{l} > \frac{P_2}{\Sigma_2 P} \text{이고 } \frac{x_3}{l} < \frac{P_3}{\Sigma_3 P}$$

$\therefore S_{max} = R_A - P_1 - P_2$

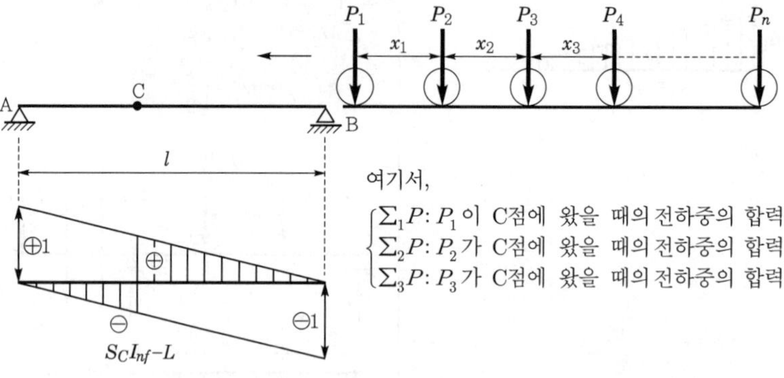

[그림 5.27]

② 최대 휨모멘트(M_{max})

㉠ 다음 조건을 만족하는 m번째 하중 P_m이 C점에 올 때 발생

$$\frac{\Sigma_m P}{b} = \frac{\Sigma_{m-1} P}{a} = \frac{\Sigma P}{l}$$

$$\therefore \frac{b}{a} = \frac{\Sigma_m P}{\Sigma_{m-1} P}$$

KEY NOTE

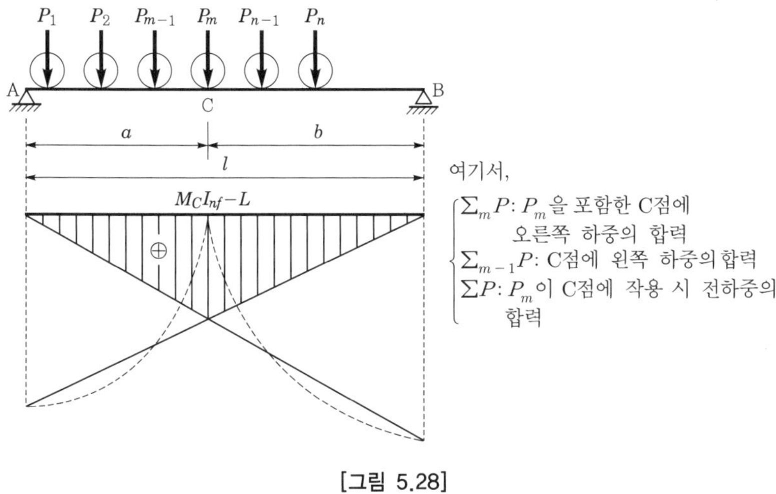

[그림 5.28]

2. 등분포하중이 작용

(1) 최대 전단력($S_{\max}$)

하중의 처음 또는 끝이 지점에 작용할 때

$$S_{\max} = w \times A$$

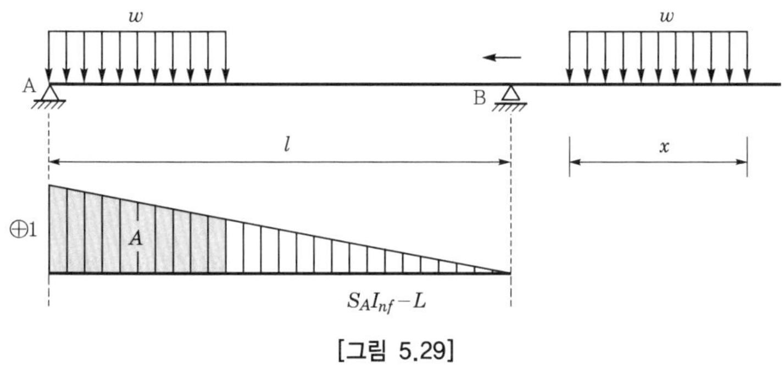

[그림 5.29]

(2) 최대 휨모멘트($M_{\max}$)

하중의 도심이 중앙점에 작용할 때

KEY NOTE

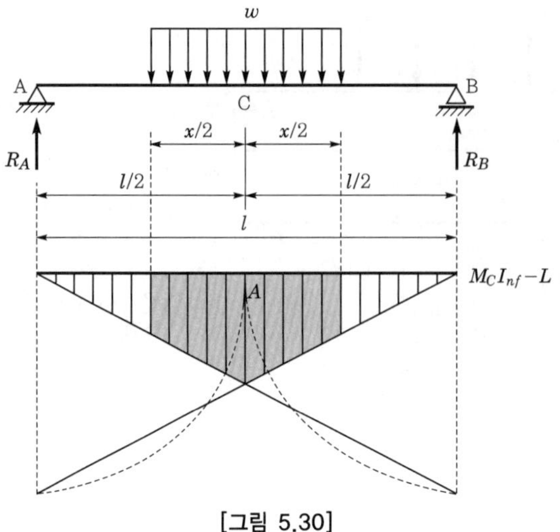

[그림 5.30]

① 영향선법: $M_{max} = w \cdot A$

② 해석법: $R_A = R_B = \dfrac{wx}{2}$,

$$M_{max} = R_A \times \frac{l}{2} - w \times \frac{x}{2} \times \frac{x}{4}$$

(3) 임의점 C의 최대 전단력

영향선 종거가 큰 곳에 하중의 처음이 작용할 때

(4) 임의점 C의 최대 휨모멘트

① C점에 최대 휨모멘트가 발생하기 위한 하중 작용위치 a 계산

$$a = \frac{x \times b}{l}$$

② 해석법: $M_{max} = R_A \times b - w \times \dfrac{a^2}{2}$

③ 영향선법: $M_{max} = w \times A$

KEY NOTE

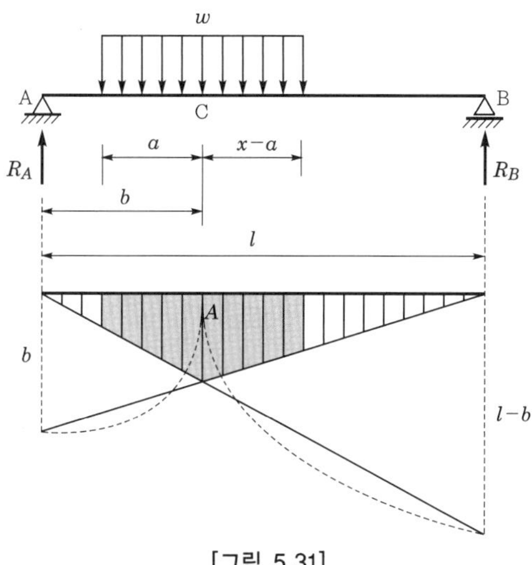

[그림 5.31]

CHAPTER 05 | 9급 기출문제

01 다음에서 정정보가 아닌 것은? [00. 국가직 9급]

① 게르버보 ② 양단고정보
③ 캔틸레버보 ④ 내민보

해설 정정보의 기본형태에는 단순보, 캔틸레버보(외팔보), 내민보, 게르버보 등이 있다.

02 한 쪽 끝이 활절이고 다른 한 쪽이 이동인 보를 무엇이라고 하는가? [03. 전남 9급]

① 단순보 ② 게르버보
③ 캔틸레버보 ④ 연속보

해설 일단이 힌지지점(활절)이고, 다단이 롤러지점(이동)인 보는 단순보이다.

03 외적으로 정정인 구조물에 대한 설명으로 옳지 않은 것은? [09. 지방직 9급]

① 구하고자 하는 반력의 개수와 평형 방정식의 개수가 같다.
② 외부 온도의 변화에 의해 추가적인 반력이 발생하지 않는다.
③ 동일한 외부하중에서 구조물 부재들의 강성이 달라지면 반력이 달라진다.
④ 구조물 제작오차에 의해 추가적인 반력이 발생하지 않는다.

해설 정정보인 단순보의 휨강성이 EI이든 $2EI$든 외부하중에 의한 지점 반력은 변함이 없다.

04 그림과 같은 단순보에 모멘트 하중이 작용할 때의 설명으로 옳지 않은 것은? [09. 지방직 9급]

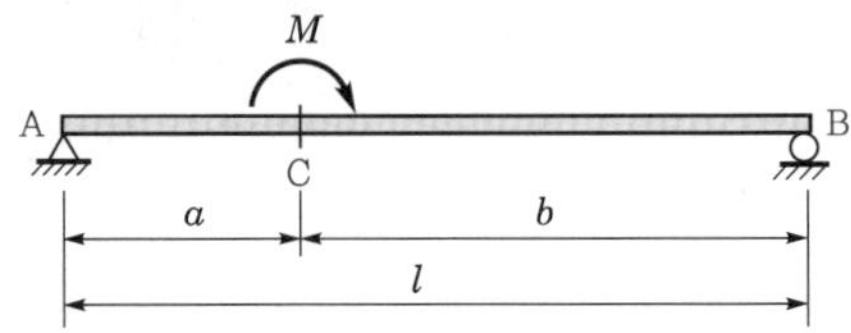

① 전단력의 크기는 AB구간 전체에서 일정하다.
② 휨모멘트는 C단면에서 부호가 바뀌게 된다.
③ 축방향력은 모멘트 하중의 작용위치에 상관없이 영(zero)이다.
④ 지점 A와 지점 B의 반력의 크기는 모멘트 하중의 작용위치에 따라 달라진다.

해설 절점 모멘트 하중은 작용거리와 관계가 없으므로 반력의 크기는 같다.

05 그림과 같은 단순보에서 A, B지점의 반력은? [국가직 9급]

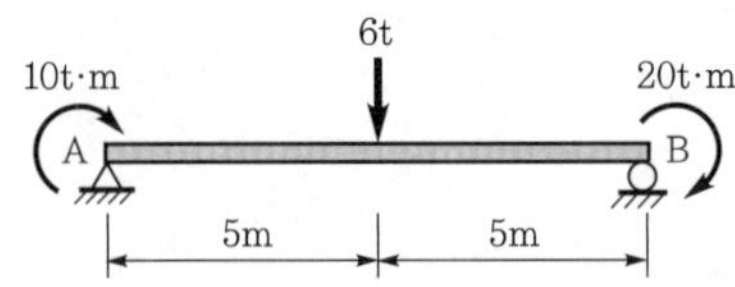

① $R_A = -5\text{t}$, $R_B = -5\text{t}$
② $R_A = 6\text{t}$, $R_B = 12\text{t}$
③ $R_A = -2\text{t}$, $R_B = 8\text{t}$
④ $R_A = 0\text{t}$, $R_B = 6\text{t}$

해설 ㉠ $\Sigma M_B = 0$ ⊕
$(R_A \times 10) + 10.0 = (6 \times 5) + 20 = 0$
$R_A = 0$
㉡ $\Sigma V = 0$ $R_A + R_B = 6 \cdot 0$
$R_B = 6 \cdot 0$

정답 01 ② 02 ① 03 ③ 04 ④ 05 ④

06 다음 그림과 같은 단순보에서 A점과 B점의 수직반력이 같을 때 B점에 작용하는 모멘트 M [kN · m]은? [13. 지방직 9급]

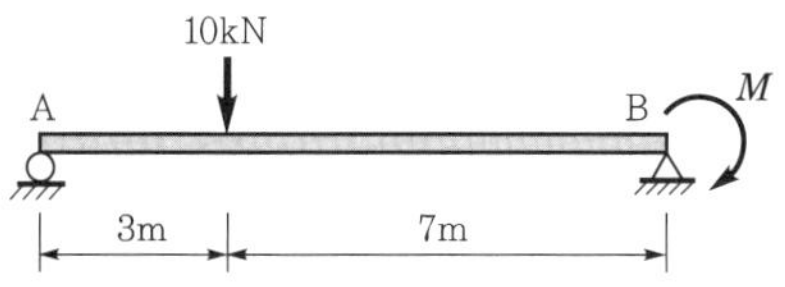

① 10 ② 20
③ 30 ④ 40

해설 ① $\Sigma M_B = 0$ ⊕

$(R_A \times 10) - (10 \times 7) + M = 0$

$R_A = \frac{10 \times 7}{10} - \frac{M}{10}$

② $\Sigma M_A = 0$ ⊕

$-(R_B \times 10) + M + (3 \times 10) = 0$

$R_B = \frac{(3 \times 10)}{10} + \frac{M}{10}$

07 그림에서 반력의 비는 얼마인가? [국가직 9급]

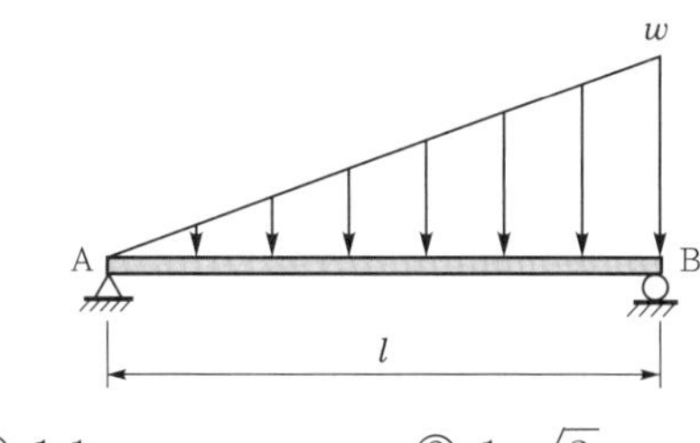

① 1:1 ② 1: $\sqrt{3}$
③ 1:2 ④ 1:3

해설

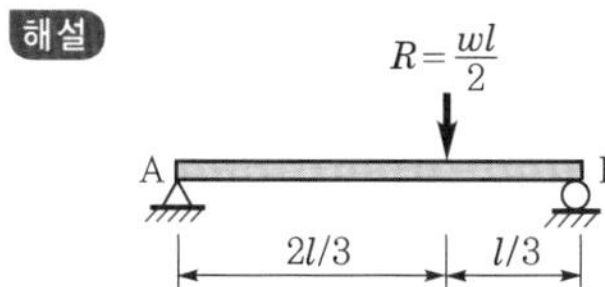

등변분포하중의 합력 $\frac{wl}{2}$ 을 삼각형의 도심에 작용시키면

$R_A = \frac{\frac{wl}{2} \times \frac{l}{3}}{l} = \frac{wl}{6}(\uparrow)$

$R_B = \frac{wl}{2} - \frac{wl}{6} = \frac{wl}{3}(\uparrow)$

$\therefore R_A : R_B = \frac{wl}{6} : \frac{wl}{3}$

$= \frac{1}{6} : \frac{1}{3} = 1 : 2$

08 그림과 같은 단순보에서 주어진 하중에 대한 B 지점의 반력 R_B는? [01. 국가직 9급]

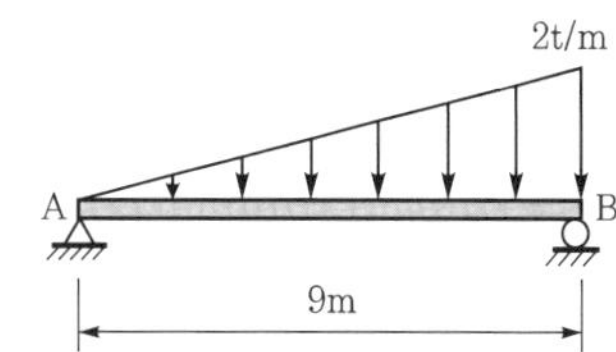

① 3t ② 6t
③ 9t ④ 12t

해설 $\Sigma M_A = 0$

$-(R_B \times 9.0) + \left(2 \times 9 \times \frac{1}{2} \times \frac{2 \times 9}{3}\right) = 0$

$R_B = 6\text{t}$

09 그림과 같은 단순보에서 지점 B의 수직반력 [kN]은? (단, 보의 자중은 무시한다) [15. 국가직 9급]

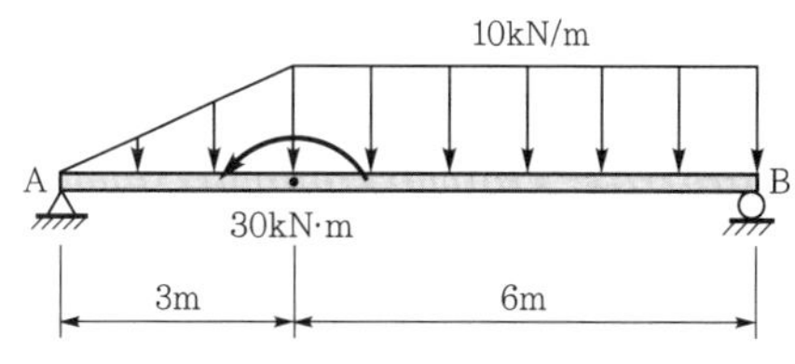

① 40 ② 46
③ 52 ④ 60

해설 $\Sigma M_A = 0$ ⊕

$-(R_B \times 9.0) + (10 \times 6.0 \times 6.0) + \left(\frac{1}{2} \times 3 \times 10 \times \frac{6}{3}\right) - 30$

$= 0$

$R_B = 40\text{kN}(\uparrow)$

정답 06 ② 07 ③ 08 ② 09 ①

10 단순보에 다음과 같이 하중이 작용할 경우에 A지점의 반력은? [03. 전남 9급]

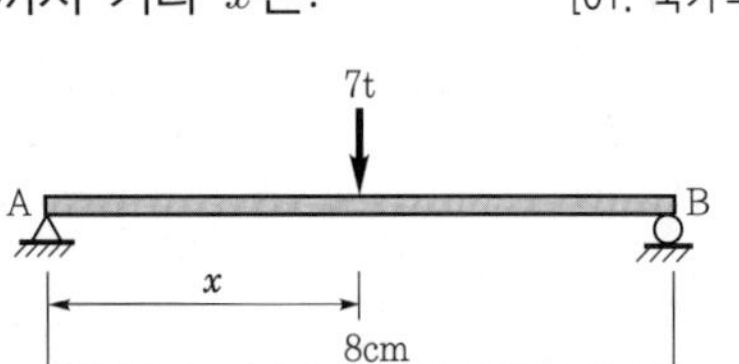

① 1t ② 2t
③ 3t ④ 4t

해설 $R_A = 2 - \dfrac{4}{4} = 1\text{t}$

11 다음 단순보에서 B지점의 반력 R_B가 최대 5t까지 받을 수 있을 때 A지점으로부터 하중 작용점까지 거리 x는? [01. 국가직 9급]

7t
A
B
x
8cm

① 2.1m ② 2.5m
③ 4.2m ④ 5.7m

해설 $R_B = \dfrac{7 \times x}{8} = 5\text{t}$

$\therefore x = \dfrac{40}{7} = 5.7\text{m}$

12 다음의 단순보에서 A지점의 반력과 B지점의 반력이 같아질 때, x는? [05. 국가직 9급]

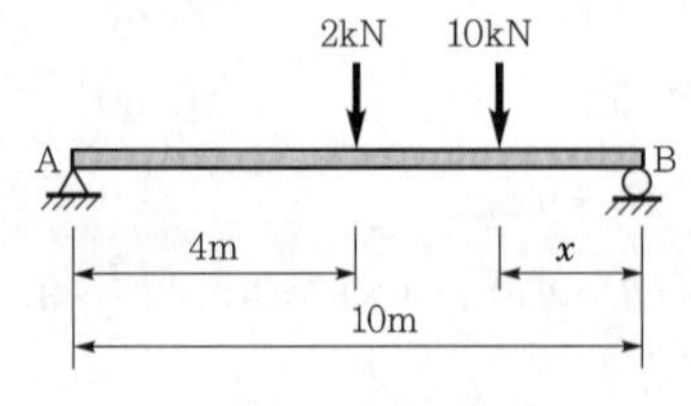

① 4.2m ② 4.4m
③ 4.6m ④ 4.8m

해설 $R_A = R_B$

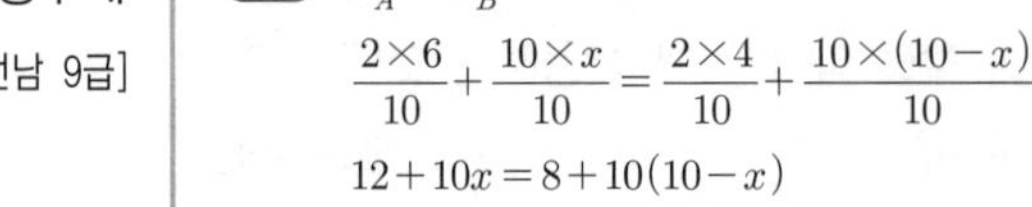

$$\frac{2\times 6}{10} + \frac{10\times x}{10} = \frac{2\times 4}{10} + \frac{10\times(10-x)}{10}$$

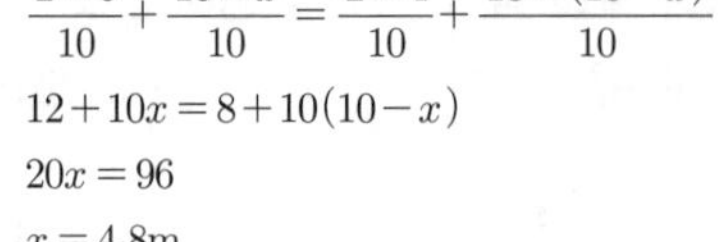

$$12 + 10x = 8 + 10(10-x)$$
$$20x = 96$$
$$x = 4.8\text{m}$$

13 그림과 같은 단순보에서 반력 R_A의 값은 얼마인가? [국회 9급]

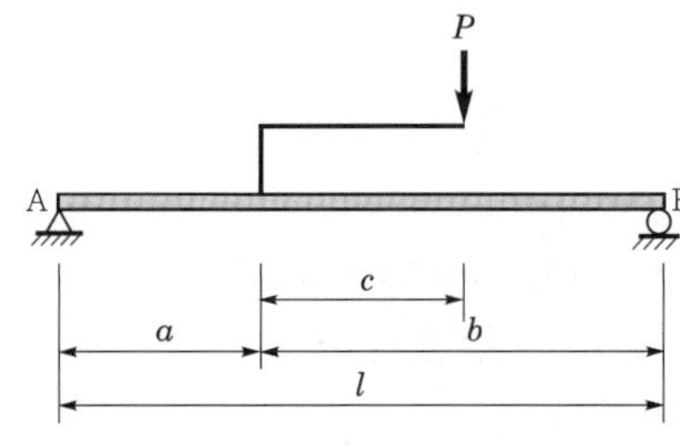

① $\dfrac{P}{l}(a+c)$ ② $\dfrac{P}{l}b$
③ $\dfrac{P}{l}a$ ④ $\dfrac{P}{l}(b-c)$
⑤ $\dfrac{P}{l}c$

해설

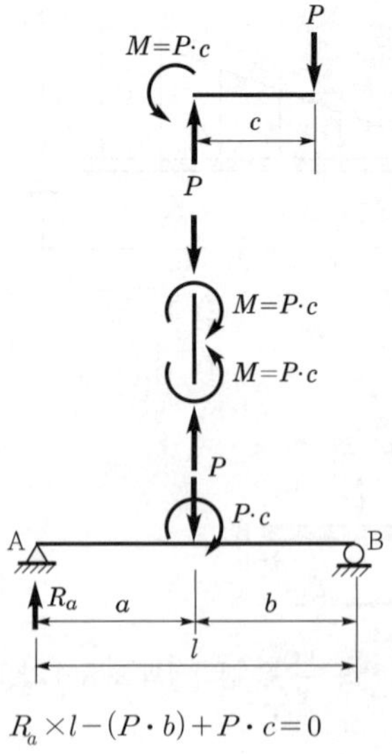

$R_a \times l - (P \cdot b) + P \cdot c = 0$

$R_a = \dfrac{P(b-c)}{l}$

정답 10 ① 11 ④ 12 ④ 13 ④

14 A점이 회전(hinge), B점이 이동(roller) 지지이고 부재의 길이가 L인 단순보에서, A지지점에서 중앙 C점($L/2$)까지 작용하는 하중이 등분포하중일 때, 부재길이 L 내에서 전단력이 0인 점은 A지지점에서 중앙쪽으로 얼마만큼 떨어진 곳에 위치하고 있는가? [08. 국가직 9급]

① $\dfrac{1}{8}L$ ② $\dfrac{1}{16}L$

③ $\dfrac{3}{8}L$ ④ $\dfrac{3}{16}L$

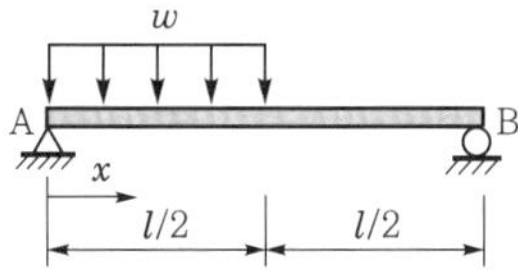

$R_A = \dfrac{3wl}{8}$

$S_x = R_A - wx = \dfrac{3wl}{8} - wx = 0$

$\therefore x = \dfrac{3l}{8}$

15 그림과 같은 단순보에서 등분포하중이 작용할 때 단면 C의 전단력은? [국가직 9급]

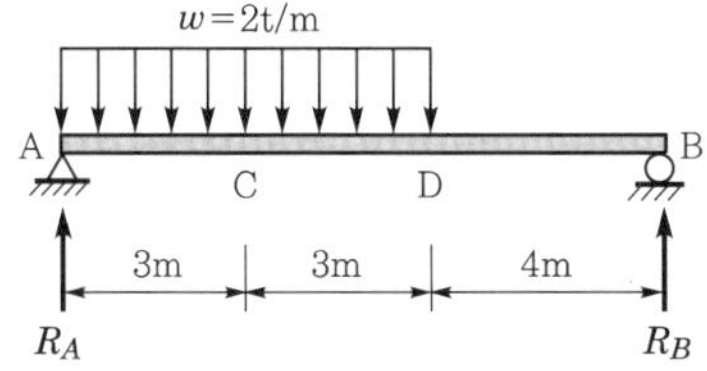

① 2.0t ② 2.4t

③ 2.8t ④ 3.2t

해설 $\Sigma M_B = 0$

$R_A \times 10 - 2 \times 6 \times (4+3) = 0$

$\therefore R_A = 8.4\text{t}$

$\therefore S_C = R_A - wx = 8.4 - 2 \times 3 = 2.4\text{t}$

16 그림의 단순보에서 전단력이 0이 되는 점은 A지점으로부터 얼마인가? [국가직 9급]

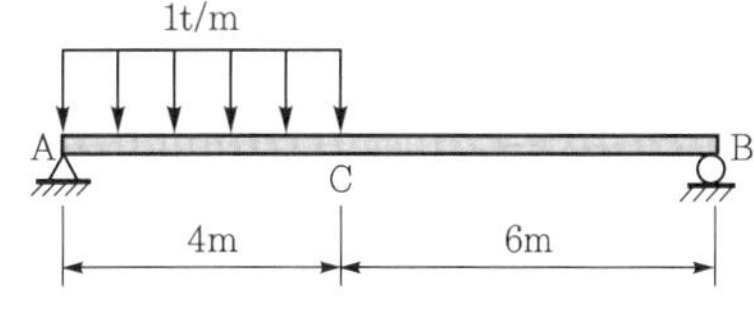

① 1.2m ② 2.2m

③ 3.2m ④ 4.2m

해설 $\Sigma M_B = 0$

$R_A \times 10 - 1 \times 4 \times (6+2) = 0$

$\therefore R_A = 3.2\text{t}$

$S_C = R_A - w \cdot x = 3.2 - 1 \times x = 0$

$\therefore x = 3.2\text{m}$

17 그림과 같이 간접 하중을 받는 단순보에서 C점의 휨모멘트[N · m]는? (단, 모든 보의 자중은 무시한다) [11. 지방직 9급]

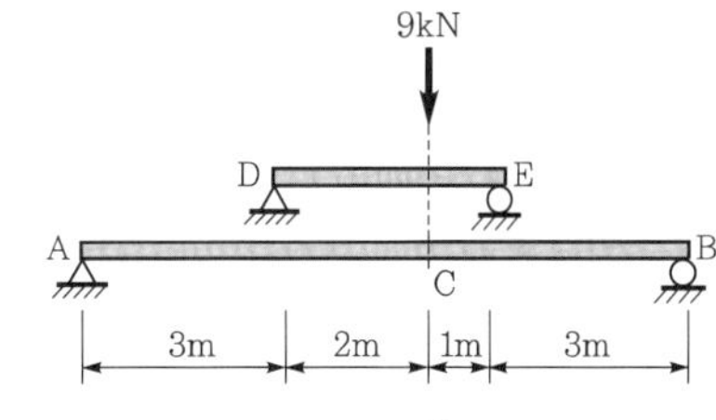

① 11 ② 12

③ 13 ④ 14

해설 ㉠ R_D와 R_E 산정

DE를 단순보로 한 지점반력이다.

$R_D = \dfrac{9 \times 1}{3} = 3\text{kN}$

$R_E = \dfrac{9 \times 2}{3} = 6\text{kN}$

㉡ C점의 휨모멘트 산정

AB단순보에서 지점반력 산정

$R_B = \dfrac{3 \times 3 + 6 \times 6}{9} = 5\text{kN}(\uparrow)$

$R_A = \dfrac{3 \times 6 + 6 \times 3}{9} = 4\text{kN}(\uparrow)$

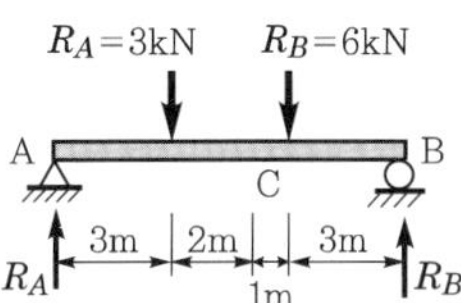

$M_C = 5 \times 4 - 6 \times 1 = 14\text{kN} \cdot \text{m}$

정답 14 ③ 15 ② 16 ③ 17 ④

18 그림과 같이 간접하중을 받고 있는 정정보 AB에 발생하는 최대 휨모멘트의 값[kN · m]은? [11. 국가직 9급]

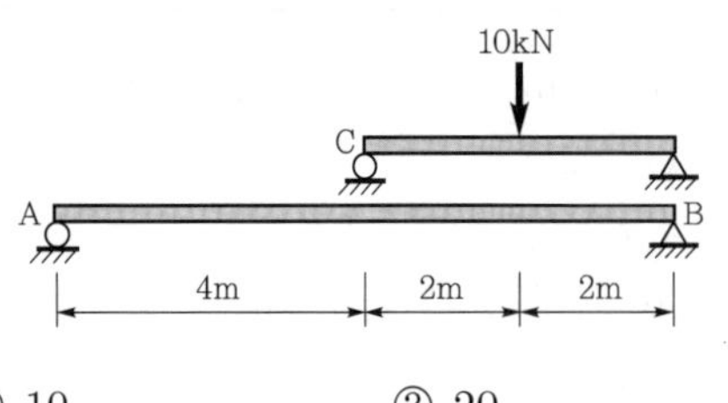

① 10 ② 20
③ 30 ④ 40

해설 ㉠ C점의 작용력(R_C)

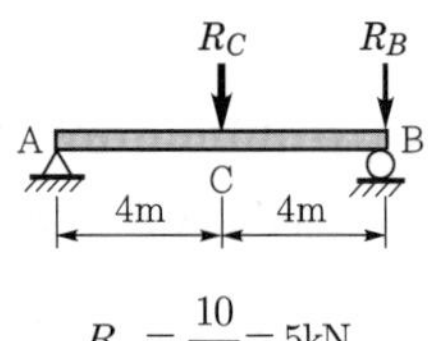

$$R_C = \frac{10}{2} = 5\text{kN}$$

㉡ 최대 휨모멘트 C점에서 발생한다.

$$M_C = \frac{R_C L}{4} = \frac{5 \times 8}{4} = 10\text{kN} \cdot \text{m}$$

19 그림과 같은 구조물의 B지점에서 반력 R_B의 값[kN]은? (단, DE는 강성부재이고, 보의 자중은 무시한다) [14. 국가직 9급]

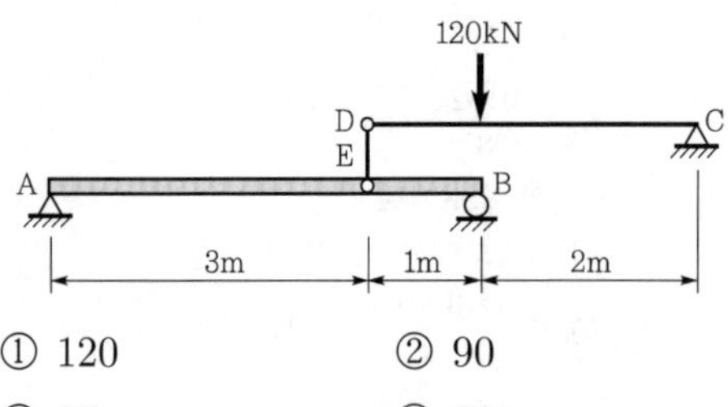

① 120 ② 90
③ 80 ④ 60

해설 $R_D = \dfrac{120 \times 2}{3} = 80\text{kN}$

$R_B = \dfrac{80 \times 3}{4} = 60\text{kN}(\uparrow)$

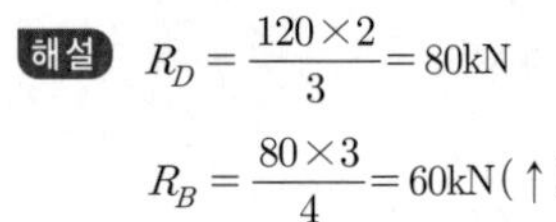

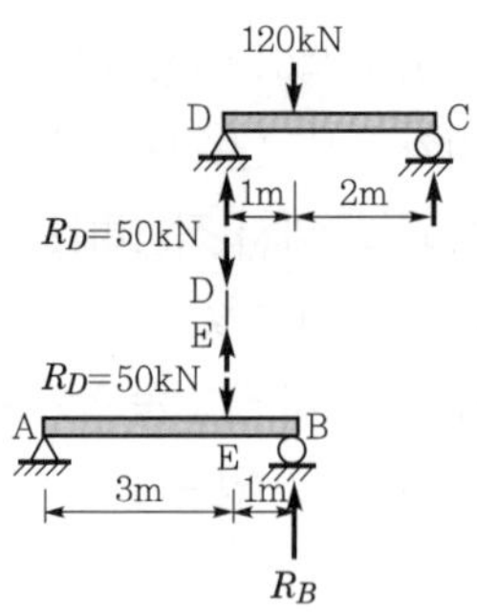

20 다음 그림과 같은 보에서 C점의 휨모멘트는? [05. 경기교육청 9급]

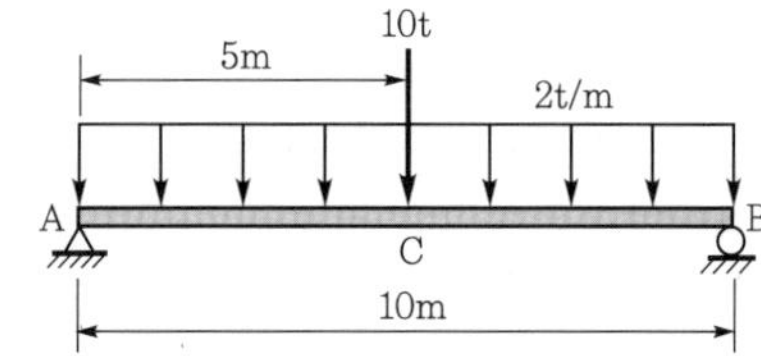

① 0t · m ② 40t · m
③ 45t · m ④ 50t · m

해설 등분포하중과 집중하중의 중첩의 원리 적용

$$M_C = \frac{w \cdot l^2}{8} + \frac{P \cdot l}{4} = \frac{2 \times 10^2}{8} + \frac{10 \times 10}{4} = 50\text{t} \cdot \text{m}$$

21 그림과 같이 집중하중과 등분포하중이 동시에 작용하는 단순보에서 구간 AB의 휨모멘트 분포식으로 옳은 것은? (단, 휨모멘트 단위는 kN · m로 한다) [09. 지방직 9급]

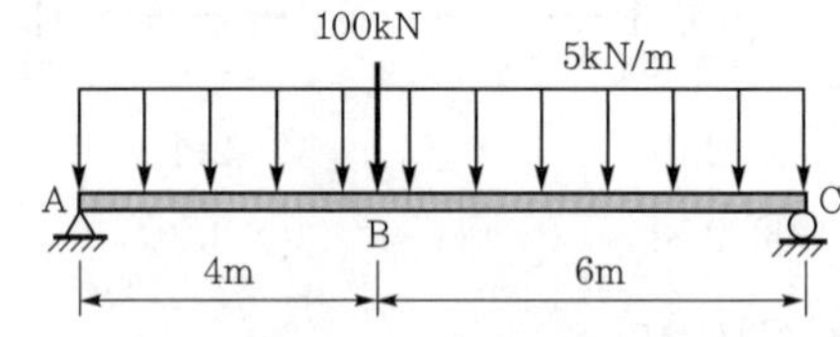

① $-2.5x^2 + 85x$ ② $2.5x^2 + 85x$
③ $-2.5x^2 + 45x$ ④ $2.5x^2 + 45x$

해설

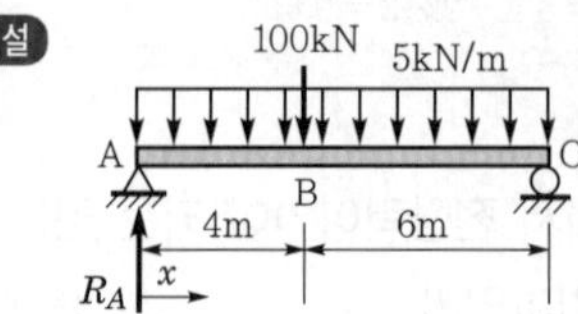

정답 18 ① 19 ④ 20 ④ 21 ①

$$R_A = \frac{100 \times 6}{10} + \frac{5 \times 10}{2} = 85\text{kN}(\uparrow)$$

$$M_x = R_A \times x - \frac{wx^2}{2} = 85x - \frac{5x^2}{2}$$
$$= 85x - 2.5x^2$$

22 그림과 같은 단순보에서 중앙점 C의 휨모멘트를 0으로 하기 위해서는 집중하중 P의 크기를 얼마만큼 작용하여야 되는가? [국가직 9급]

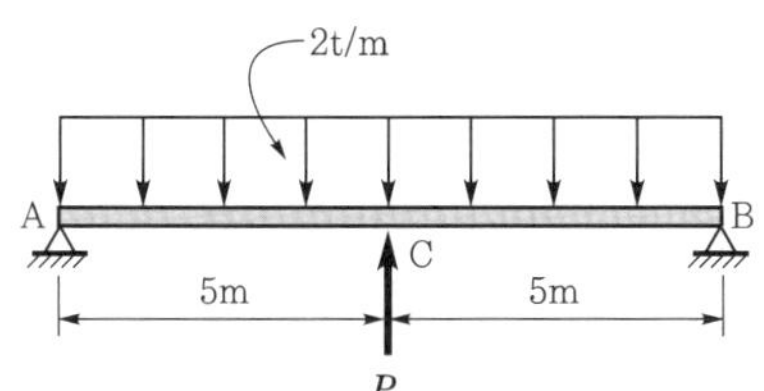

① 10t ② 8t
③ 6t ④ 4t

해설 $M_C = \frac{wl^2}{2} - \frac{P \cdot l}{4} = 0$에서

$\therefore P = \frac{wl^2}{2} = \frac{2 \times 10}{2} = 10\text{t}(\uparrow)$

23 그림과 같은 단순보에서 지점 A로부터 최대 휨모멘트가 생기는 위치로 맞는 것은? [국가직 9급]

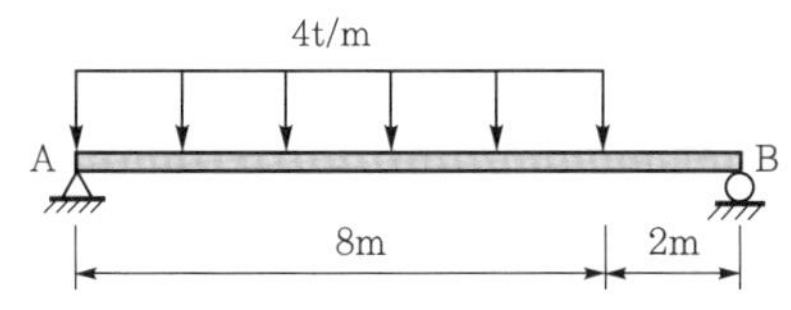

① 5.4m ② 5.2m
③ 4.3m ④ 4.8m

해설 $\Sigma M_B = 0$
$R_A \times 10 - 4 \times 8 \times (2+4) = 0$
$R_A = 19.2\text{t}(\uparrow)$
A지점에서 x거리의 전단력
$S_x = R_A - w \cdot x = 19.2 - 4 \times x = 0$
$\therefore x = 4.8\text{m}$

24 다음 그림과 같은 단순보에서 오른쪽 지점의 수직반력 R이 1kN일 때 작용하는 분포하중의 길이 X[m]는? [10. 지방직 9급]

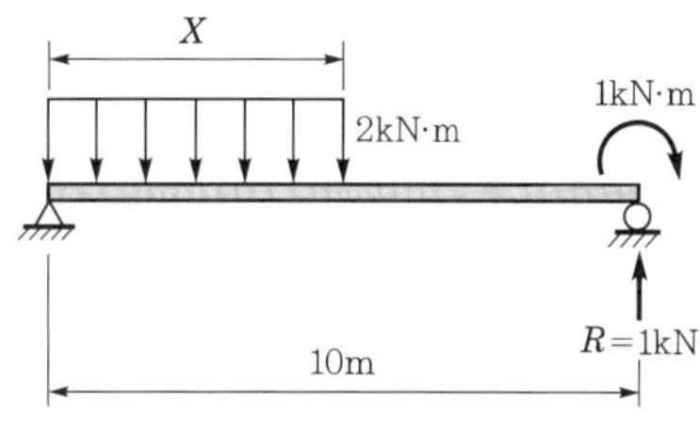

① 3 ② 4
③ 5 ④ 6

해설 $\Sigma M_{좌측지점} = 0$,
$2 \times x \times \frac{x}{2} + 1 - 1 \times 10 = 0$,
$\therefore x = 3\text{m}$

25 다음 보에서 C점의 휨모멘트는? [05. 경기교육청 9급]

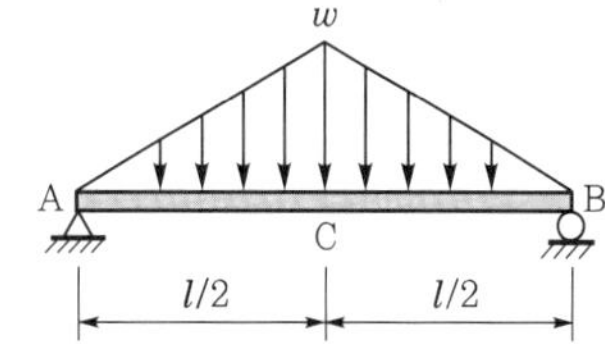

① $\frac{wl^2}{12}$ ② $\frac{wl^2}{10}$
③ $\frac{wl^2}{16}$ ④ $\frac{wl^2}{24}$

해설 $\therefore M_C = \frac{wl^2}{12}$

26 그림과 같은 단순보의 D점의 휨모멘트는? [국가직 9급]

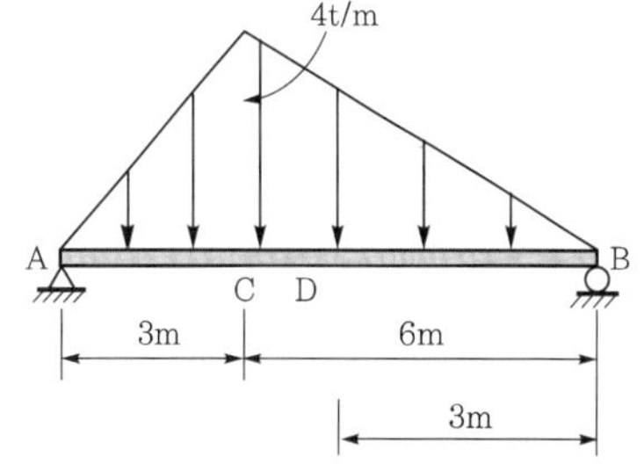

정답 22 ① 23 ④ 24 ① 25 ① 26 ③

① 14t · m ② 16t · m

③ 21t · m ④ 23t · m

해설 $\Sigma M_A = 0$ ⊕

$-(R_B \times 9.0) + \left(\frac{1}{2} \times 6 \times 4 \times 5.0\right)$

$+\left(\frac{1}{2} \times 3 \times 4 \times 2.0\right) = 0$

$R_B = 8\text{t/m}$

$\therefore M_D = (8 \times 3) - \left(\frac{1}{2} \times 2.0 \times 3.0 \times 1\right) = 21\text{t} \cdot \text{m}$

27 다음 그림과 같은 철도 침목에 열차바퀴하중 $P = 125\text{kN}$이 작용하고 있다. 침목 하부에 있는 자갈에 의한 반력 q는 그림과 같이 침목 전체에 균일하게 분포한다. 열차바퀴하중이 작용하는 지점에서 침목에 발생하는 모멘트[kN · m]는? [14. 국회 9급]

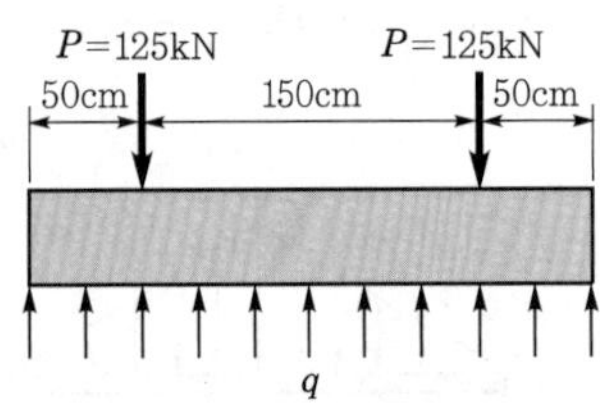

① 0.125 ② 1.25

③ 12.5 ④ 6.25

해설 지반반력 q를 먼저 구하여 모멘트를 구한다.

$q = \frac{250}{2.5} = 100\text{kN/m}$

침목 아래에서 모멘트는

$M = \frac{qx^2}{2} = \frac{100 \times 0.5^2}{2} = 12.5\text{kN} \cdot \text{m}$

28 다음 그림과 같이 자중이 20kN/m인 콘크리트 기초구조에 집중하중 100kN과 상향으로 등분포 수직토압이 작용할 때, 기초 중앙부 C점에 발생하는 모멘트[kN · m]는? [12. 지방직 9급]

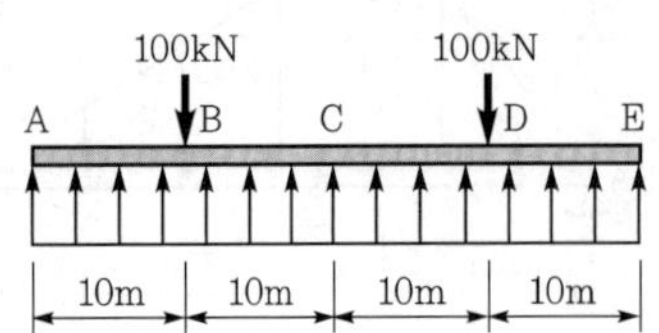

① 1,000(부모멘트) ② 0

③ 1,000(정모멘트) ④ 2,000(정모멘트)

해설 상향의 등분포수직토압,

$q = 20 + \frac{100+100}{40} = 25\text{kN/m}$

따라서

$M_C = -100 \times 10 - \frac{20 \times 20^2}{2} + \frac{25 \times 20^2}{2} = 0$

29 그림과 같이 모래 위에 놓인 보 AB에서 점 D에 148kN, 점 E에 200kN의 집중하중과 AB의 중앙 C점에 모멘트하중 176kN · m이 작용한다. 모래 지반에서의 반력은 A로부터 B까지 직선적으로 분포한다고 가정할 때 148kN이 작용되는 D점에서의 휨모멘트에 가장 가까운 값[kN · m]은? [11. 국가직 9급]

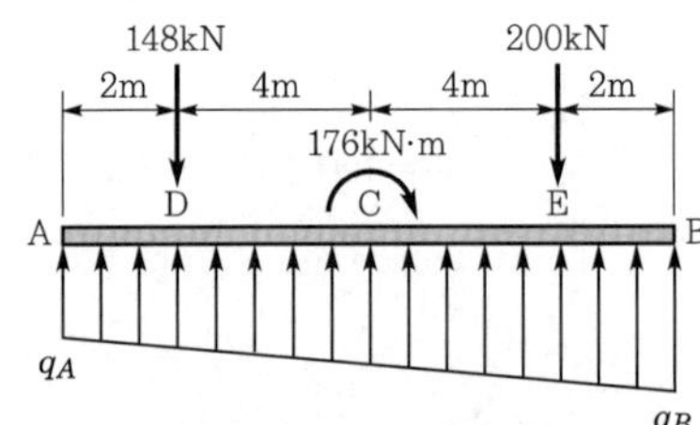

① 28.0 ② 29.6

③ 31.5 ④ 33.2

해설 ㉠ $\Sigma V = 0$

$\Sigma V = 0,\ \frac{12}{2}(q_A + q_B) = 148 + 200$

$q_A + q_B = 58 \cdots\cdots$ ⓐ

㉡ $\Sigma M_C = 0$

$-148 \times 4 + 176 + 200 \times 4 - \frac{1}{2} \times 12$

$12 \times (q_B - q_A) \times \left(6 - \frac{12}{3}\right) = 0$

$384 - 12(q_B - q_A) = 0$

$q_B - q_A = 32 \cdots\cdots$ ⓑ

ⓐ와 ⓑ를 연립하면

$q_A = 13\text{kN/m}^2,\ q_B = 45\text{kN/m}^2$

㉢ M_D

$M_D = 13 \times 2 \times 1 + \frac{1}{2} \times \left[(45-13) \times \frac{2}{12}\right] \times 2 \times \frac{2}{3}$

$= 29.6\text{kN/m}$

정답 27 ③ 28 ② 29 ②

30 다음 그림은 임의의 하중이 가해지고 있는 단순보의 전단력선도이다. 최대 휨모멘트[kN · m]는? [07. 국가직 9급]

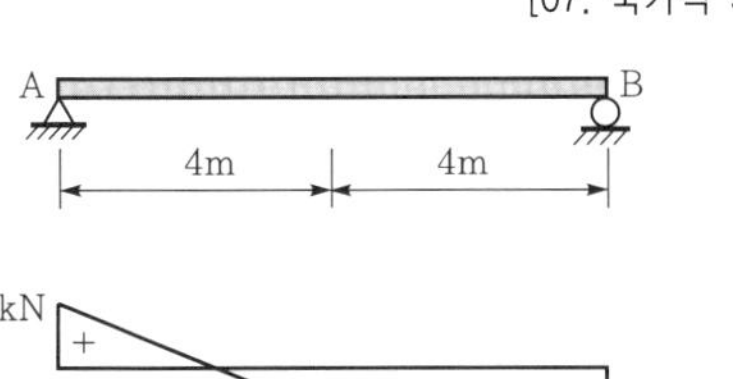

① 3.0 ② 3.5

③ 4.0 ④ 4.5

해설 주어진 전단력도에서 A지점으로부터 지간 중앙점까지 작용하는 등분포하중(w)은

$$w = -\frac{3-(-1)}{4} = -1\text{kN/m}$$

가 작용함을 알 수 있다. 여기서 (−)는 하향을 의미한다. 따라서 최대 휨모멘트는

$$M_{\max} = \frac{9wl^2}{128} = \frac{9\times1\times8^2}{128}$$
$$= 4.5\text{kN} \cdot \text{m}$$

31 다음은 단순보의 전단력도(S.F.D)를 나타낸다. 이 보에서 C점의 휨모멘트는? (단, 지점 위에는 어떤 하중도 작용하지 않는다) [00. 국가직 9급]

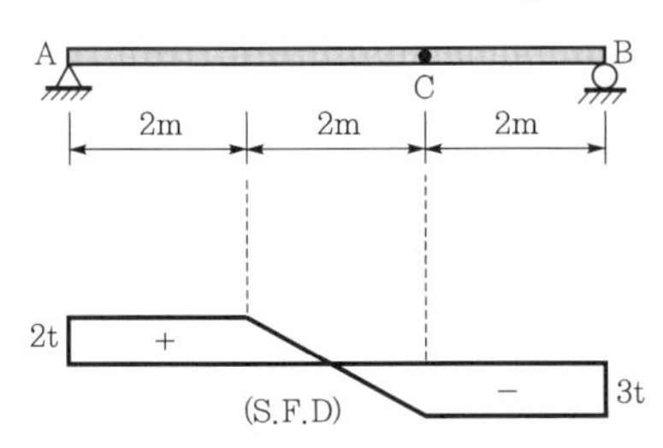

① 2t · m ② 4t · m

③ 6t · m ④ 7t · m

해설 B지점에서 전단력이 −3ton이라는 것은 $R_B = 3\text{t}(\uparrow)$을 의미하고, BC 구간에 전단력도가 수평선이라는 것은 이 구간에 하중이 작용하지 않는다는 의미이므로 C지점의 휨모멘트는

$$M_C = R_B \times 2 = 3\times2 = 6\text{t} \cdot \text{m}$$

32 그림은 단순보의 전단력(S.F.D)이다. 최대 휨모멘트(t · m)는? [국가직 9급]

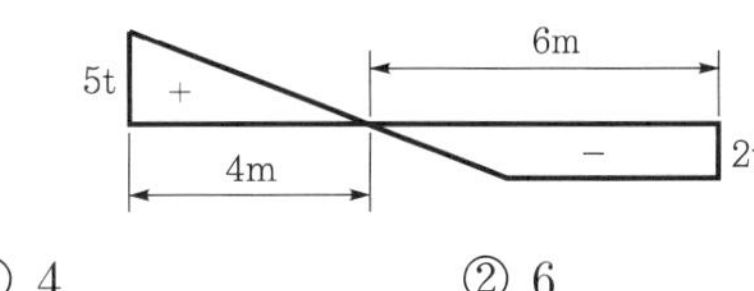

① 4 ② 6

③ 8 ④ 10

해설 최대 휨모멘트는 전단력이 0인 점에서 생기므로 주어진 단순보의 S.F.D에서 최대 휨모멘트는 삼각형의 단면적이 된다.

$$\therefore M_{\max} = \frac{1}{2}\times4\times5 = 10\text{cm}$$

33 다음 그림은 집중하중과 등분포하중이 작용하는 단순보의 전단력도(S.F.D)이다. 이 경우의 최대 휨모멘트의 크기[kN · m]는? [12. 지방직 9급]

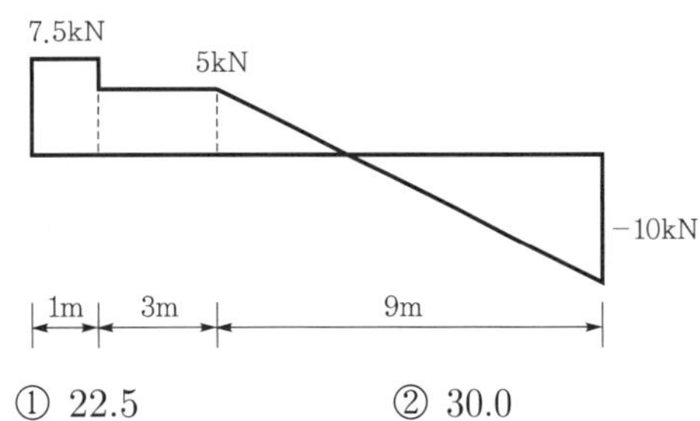

① 22.5 ② 30.0

③ 45.0 ④ 60.0

해설 전단력이 0인 위치,

$$x = \frac{10}{10+5}\times9 = 6\text{m}$$

$$M_{\max} = \frac{1}{2}\times6\times10 = 30\text{kN} \cdot \text{m}$$

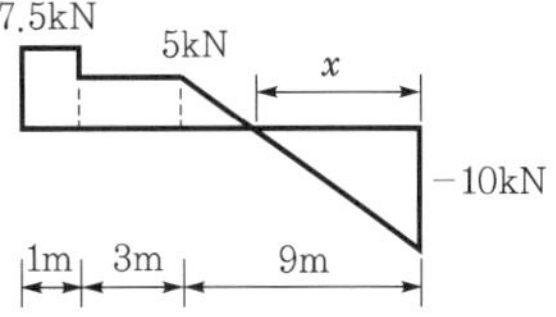

정답 30 ④ 31 ③ 32 ④ 33 ②

34 어떤 보의 전단력도가 다음과 같은 경우, 휨모멘트도로 가장 가까운 것은?

4kN
10kN
6kN
−4kN
−12kN
2m
2m
4m

①

②

③

④

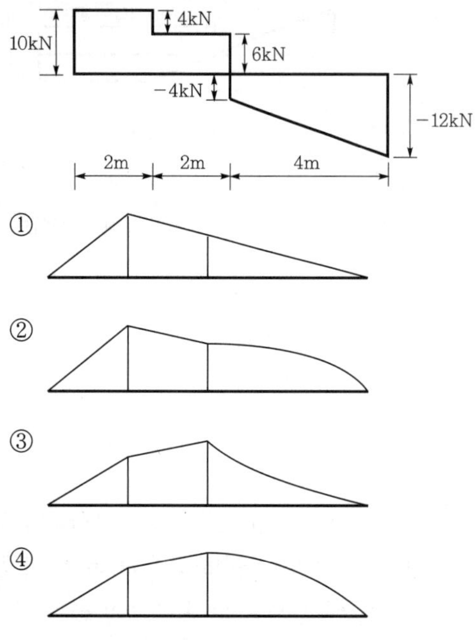

35 다음과 같은 단순보의 휨모멘트선도(BMD)에서 구한 전단력선도로 가장 유사한 것은? (단, 휨모멘트선도의 AB구간은 직선이고, BC, CD, DE구간은 2차 포물선이다)

[14. 지방직 9급]

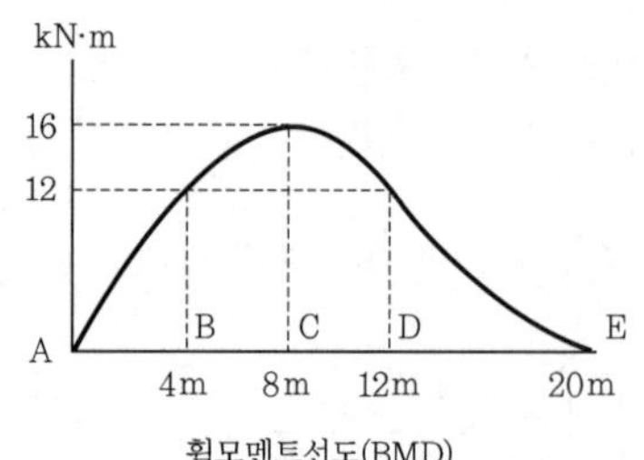

kN·m
16
12
A
B
C
D
E
4m
8m
12m
20m

휨모멘트선도(BMD)

①

kN
2
A
−2
B
C
D
E
4m
8m
12m
20m

②

kN
3
2
A
−2
−3
B
C
D
E
4m
8m
12m
20m

③

kN
3
2
A
−2
−3
B
C
D
E
4m
8m
12m
20m

④

kN
3
2
A
−2
−3
B
C
D
E
4m
8m
12m
20m

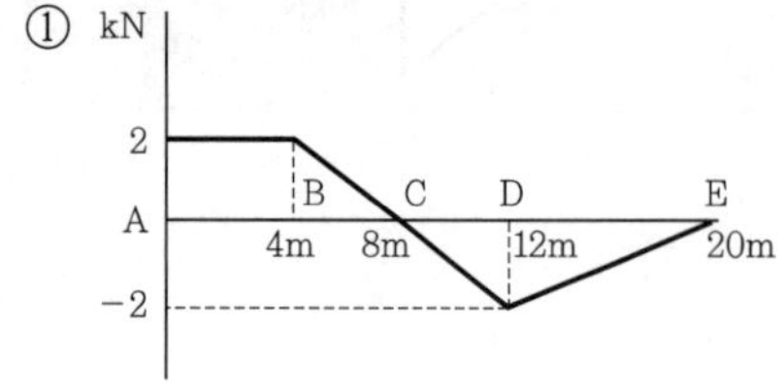

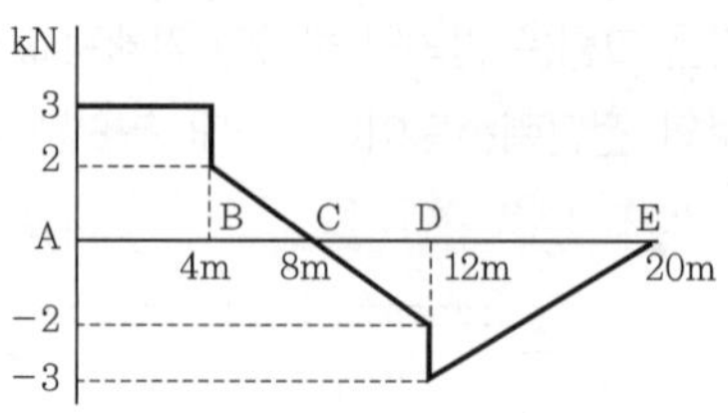

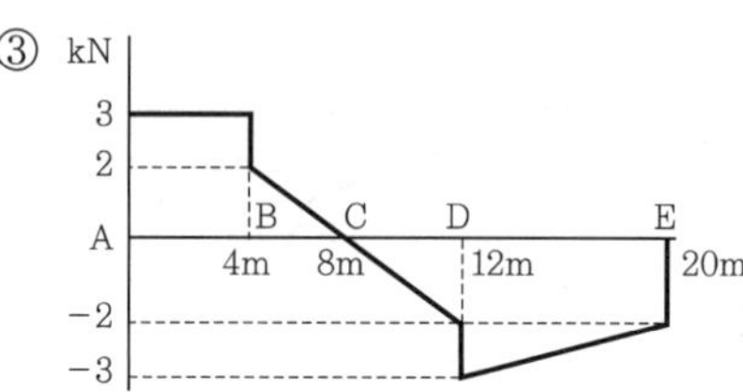

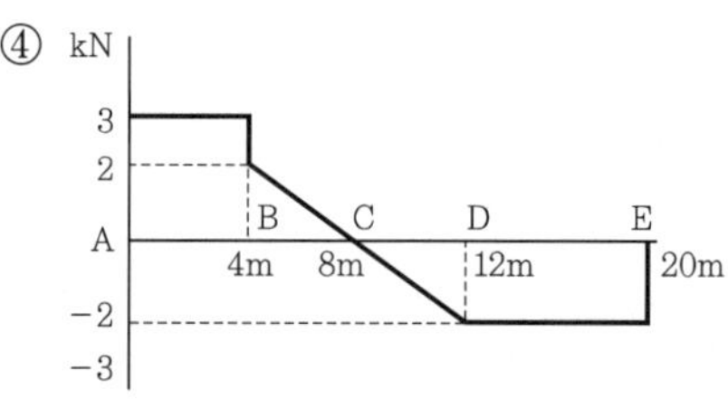

해설 ㉠ AB구간의 전단력도

AB구간의 전단력은 휨모멘트도의 기울기:

$$S=\frac{12-0}{4}=3\text{kN}$$

따라서 지문 ①은 틀린 것이고 나머지 지문 ②, ③, ④를 검토한다.

㉡ BC구간의 전단력도

B점과 C점 사이의 휨모멘트값의 차이는 그 구간의 전단력도의 면적과 같아야 한다.

S.F.D의 BC구간의 면적

$=M_C-M_B$

$=16-12=+4\text{kN}\cdot\text{m}$

이 값에 해당되는 경우는 지문 ②, ③, ④의 BC구간의 면적

$=\frac{1}{2}\times4\times2=+4\text{kN}\cdot\text{m}$

㉢ DE구간의 전단력도

B점과 D점 사이의 휨모멘트값의 차이는 그 구간의 전단력도의 면적과 같아야 한다.

S.F.D의 DE구간의 면적

$=M_E-M_D$

$=0-12=-12\text{kN}\cdot\text{m}$

이 값에 해당되는 경우는 지문 ②의 DE구간의 면적

$=-\frac{1}{2}\times8\times3=-12\text{kN}\cdot\text{m}$

따라서 이 값에 해당되는 경우는 지문 ②밖에 없으므로 ②가 답이 된다.

정답 34 ④ 35 ②

36 보의 전 지간에 등분포하중 $w = 1\text{t/m}$를 받는 캔틸레버보의 최대 휨모멘트는? [국가직 9급]

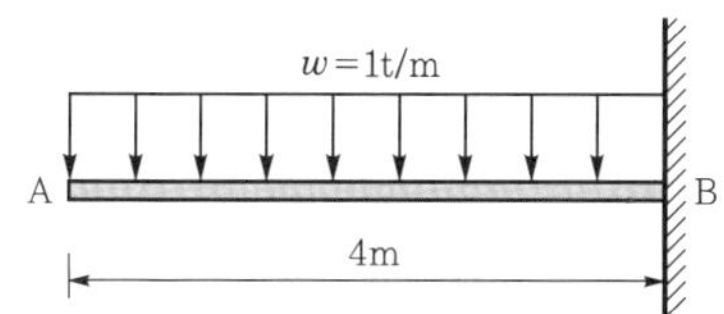

① $-4\text{t}\cdot\text{m}$ ② $-8\text{t}\cdot\text{m}$
③ $-24\text{t}\cdot\text{m}$ ④ $-32\text{t}\cdot\text{m}$

해설 $M_{max} = M_B = -\dfrac{wl^2}{2} = -\dfrac{1\times 4^2}{2} = -8\text{t}\cdot\text{m}$

37 등분포하중이 작용할 때 보에 작용하는 최대 휨모멘트의 값은? [03. 전남 9급]

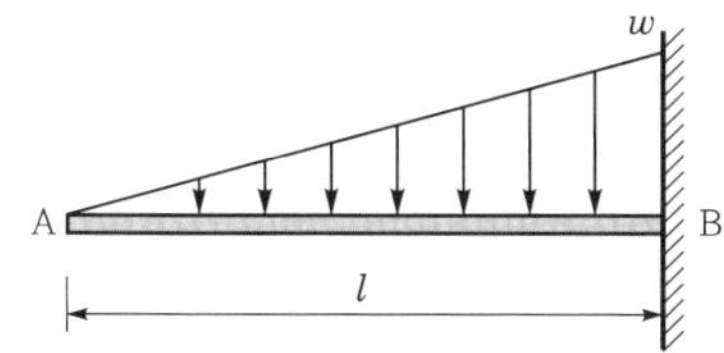

① $-\dfrac{wl^2}{2}$ ② $-\dfrac{wl^2}{3}$
③ $-\dfrac{wl^2}{6}$ ④ $-\dfrac{wl^2}{8}$

해설 캔틸레버보에 등변분포하중이 작용할 경우에 고정단에서 최대 휨모멘트가 발생한다.

$M_B = -\dfrac{wl^2}{6}$

38 그림과 같은 외팔보(캔틸레버보)의 A의 휨모멘트는? [국가직 9급]

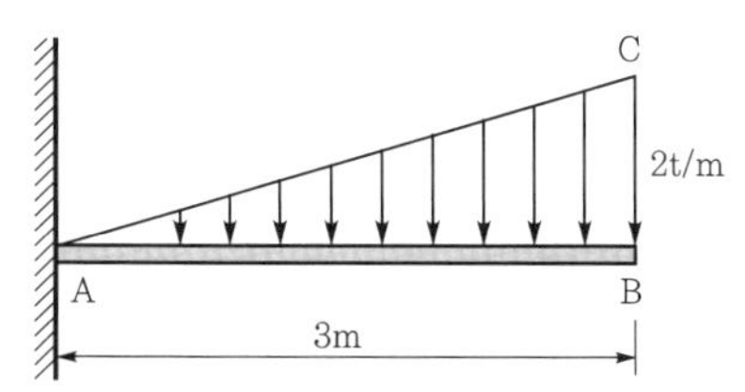

① $-1\text{t}\cdot\text{m}$ ② $-3\text{t}\cdot\text{m}$
③ $-6\text{t}\cdot\text{m}$ ④ $-9\text{t}\cdot\text{m}$
⑤ $-12\text{t}\cdot\text{m}$

해설

$R = \frac{1}{2}\times 3\times 2 = 3$

A, B, 2m, 3m

$M_A = -3\times 2 = -6\text{t}\cdot\text{m}$

39 다음과 같이 2차 함수 형태의 분포하중을 받는 캔틸레버보에서 A점의 휨모멘트[kN·m]의 크기는? (단, 자중은 무시한다) [15. 지방직 9급]

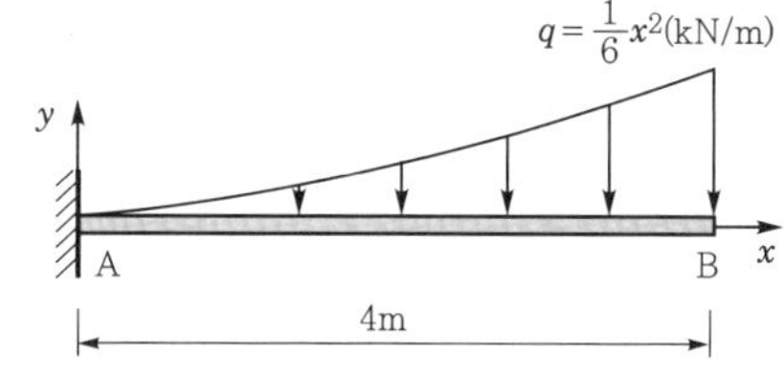

① $\dfrac{32}{9}$ ② $\dfrac{16}{9}$
③ $\dfrac{32}{3}$ ④ $\dfrac{16}{3}$

해설 합력 R과 고정단으로부터의 합력이 작용하는 도심까지 거리 x_q를 구하여 결정한다.

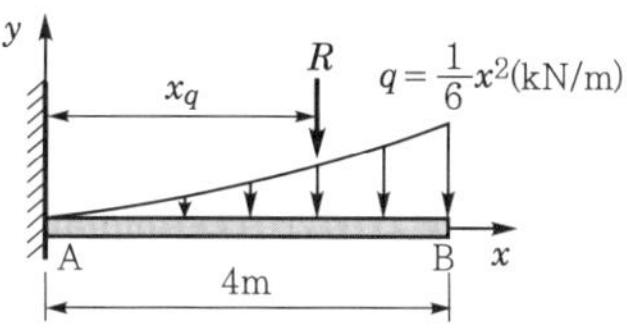

$x = 4\text{m},\ q = \dfrac{1}{6}\times 4^2 = \dfrac{8}{3}\text{kN/m}$

$R = \dfrac{1}{3}\times 4\times\dfrac{8}{3} = \dfrac{32}{9}\text{kN}$

$x_q = \dfrac{n+1}{n+2}b = \dfrac{2+1}{2+2}\times 4 = 3\text{m}$

$M_A = -\dfrac{32}{9}\times 3 = -\dfrac{32}{3}\text{kN}\cdot\text{m}$

40 다음과 같은 캔틸레버보에서 고정단 B의 휨모멘트가 0이 되기 위한 집중하중 P의 크기[kN]는? (단, 자중은 무시한다) [15. 지방직 9급]

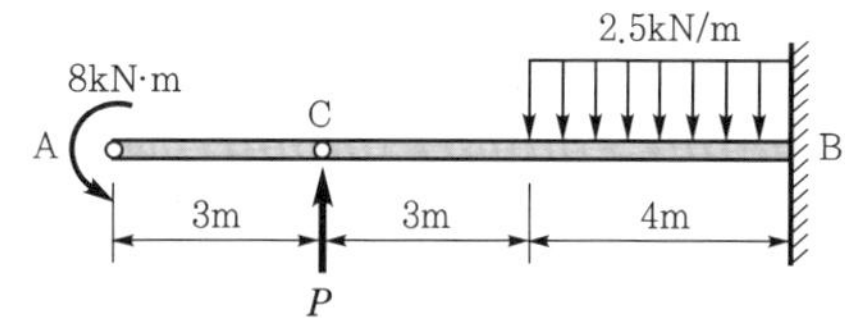

정답 36 ② 37 ③ 38 ③ 39 ③ 40 ②

① 3 ② 4
③ 5 ④ 10

해설 $\Sigma M_B = 0,\ -8 + P\times 7 - \frac{2.5}{2}\times 4^2 = 0,$
$P = 4\text{kN}$

41 그림과 같이 하중이 작용하는 보의 B지점에서 수직반력의 크기[kN]는? (단, 보의 자중은 무시한다) [14. 국가직 9급]

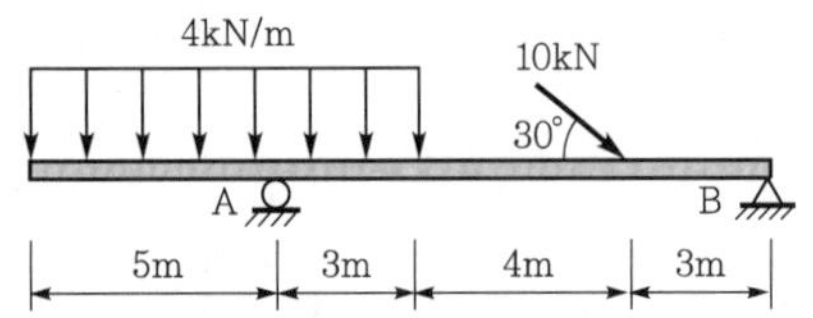

① 0.2 ② 0.3
③ 3.8 ④ 6.7

해설 경사하중을 수직분력과 수평분력으로 분해하여 구한다.

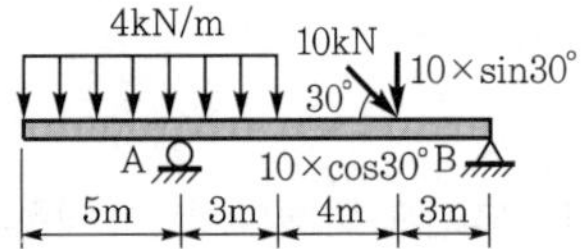

$\Sigma M_A = 0,$
$-(4\times 8)\times 1 + (10\times \sin 30°)\times 7 - R_B\times 10 = 0$
$R_B = 0.3\text{kN}(\uparrow)$

42 D점의 휨모멘트는? [국가직 9급]

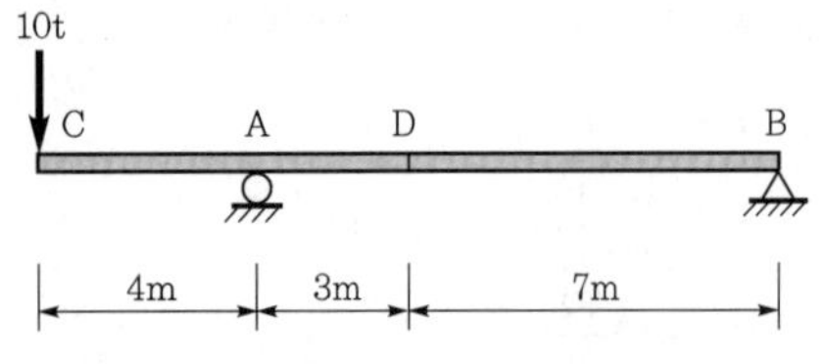

① −70t · m ② +42t · m
③ −28t · m ④ +28t · m
⑤ −42t · m

해설

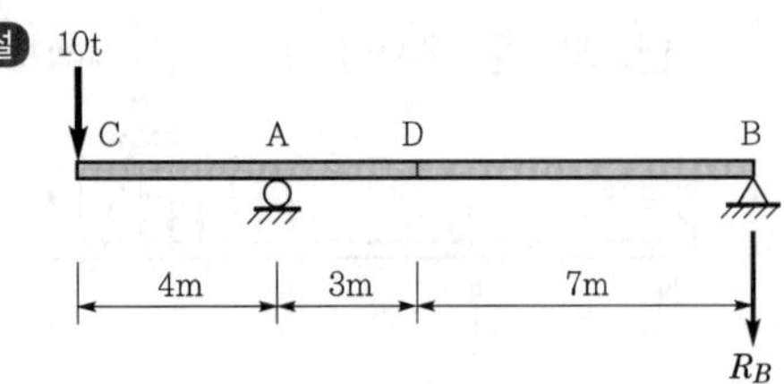

$\Sigma M_A = 0$
$R_B\times 10 - 10\times 4 = 0$
$\therefore R_B = 4\text{t}(\downarrow)$
$\therefore M_D = -R_B\times 7 = -4\times 7 = -28\text{t}\cdot\text{m}$

43 다음과 같은 보에서 D점에 발생하는 휨모멘트의 크기[kN · m]는? [12. 국가직 9급]

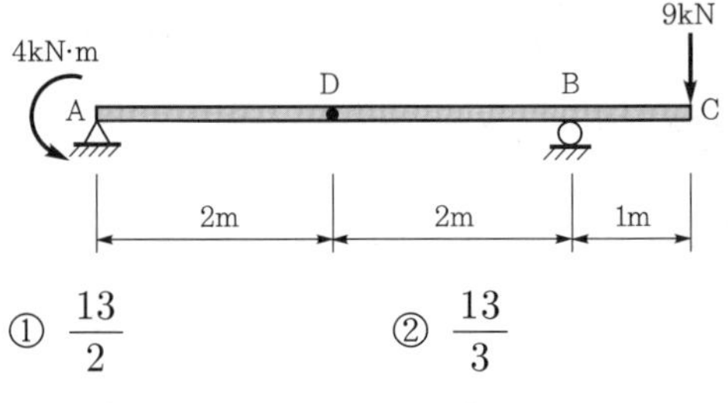

① $\frac{13}{2}$ ② $\frac{13}{3}$
③ $\frac{13}{4}$ ④ $\frac{3}{2}$

해설 중첩의 원리를 적용한다.
$M_D = -\frac{4}{2} - \frac{9\times 1}{2} = -\frac{13}{2}\text{kN}\cdot\text{m}$

44 다음 그림과 같은 보에서 지점 B의 반력이 $4P$일 때 하중 $3P$의 재하위치 x는? [08. 국가직 9급]

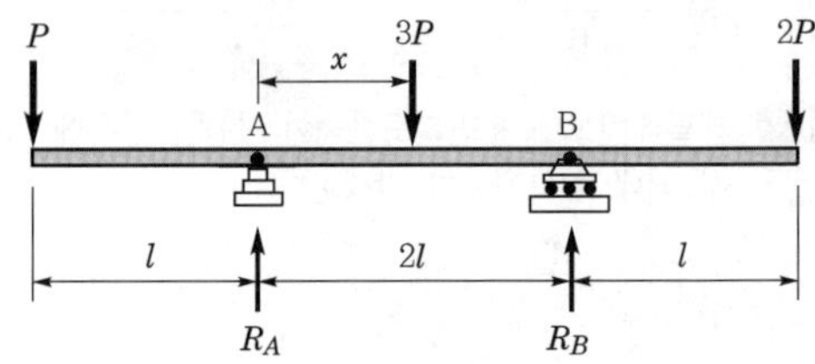

① $x = l$ ② $x = \frac{3}{2}l$
③ $x = 2l$ ④ $x = \frac{2}{3}l$

해설

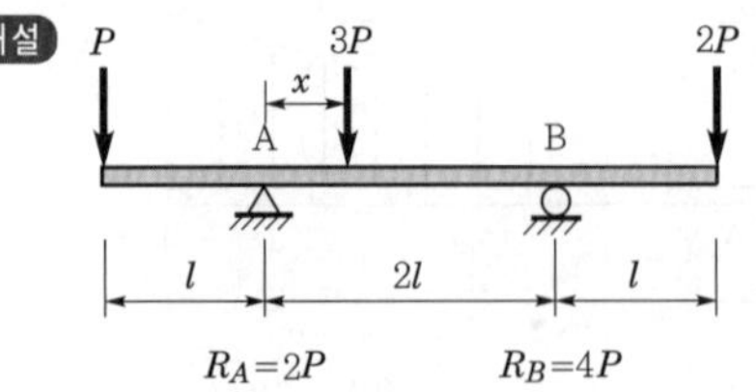

㉠ 지점반력
$\Sigma V = 0,$
$R_A + R_B - P - 3P - 2P = 0$

정답 41 ② 42 ③ 43 ① 44 ①

$R_A + 4P - P - 3P - 2P = 0$

$R_A = 2P$

㉡ x 위치

$\Sigma M_A = 0, \; -P \times l + 3P \times x - 4P \times 2l + 2P \times 3l = 0$

$\therefore x = l$

45 다음 내민보에서 지점 A, B의 휨모멘트가 $-\dfrac{Pl}{4}$일 때 거리 x는 얼마인가? [01. 국가직 9급]

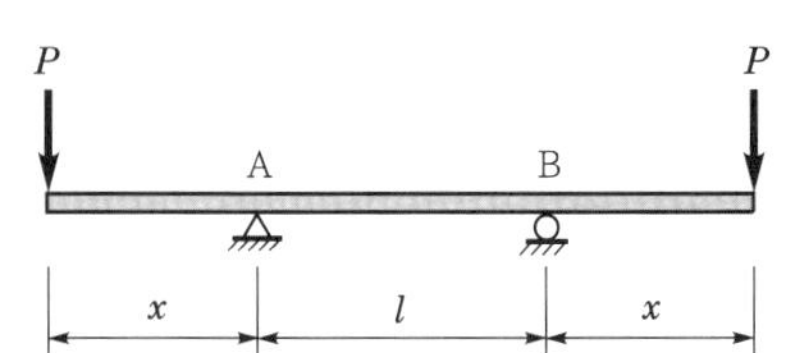

① $\dfrac{l}{6}$ ② $\dfrac{l}{5}$

③ $\dfrac{l}{4}$ ④ $\dfrac{l}{3}$

해설 $M_A = M_B = -P \cdot x = -\dfrac{Pl}{4}$

$\therefore x = \dfrac{l}{4}$

46 그림과 같은 내민보에서 지점 A, B에 휨모멘트가 $\dfrac{Pl}{8}$이면 a의 길이는? [국가직 9급]

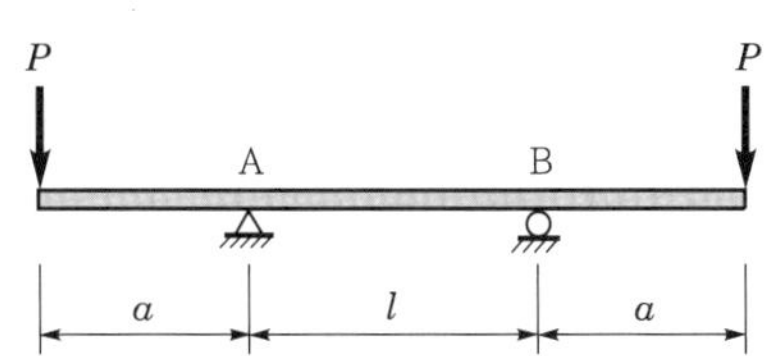

① l ② $\dfrac{l}{2}$

③ $\dfrac{l}{4}$ ④ $\dfrac{l}{8}$

해설 $M_A = P \times a = \dfrac{Pl}{8}$

$\therefore a = \dfrac{l}{8}$

47 다음과 같이 양단 내민보 전구간에 등분포하중이 균일하게 작용하고 있다. 이때 휨모멘트도에서 최대정모멘트와 최대부모멘트의 절댓값이 같기 위한 L과 a의 관계는? (단, 자중은 무시한다) [13. 국가직 9급]

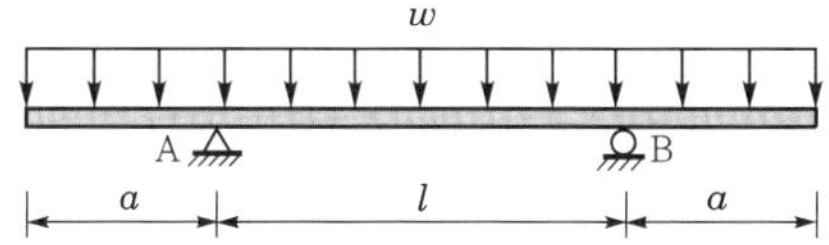

① $L = \sqrt{2a}$ ② $L = 2\sqrt{2a}$

③ $L = \sqrt{2}\,a$ ④ $L = 2\sqrt{2}\,a$

해설 최대정모멘트는 단순지간의 중앙점에서 발생하며 최대부모멘트는 A와 B점에서 발생한다. 단순지간 중앙점을 C라고 한다면

$|M_A| = |M_C|$

$\left| -\dfrac{wa^2}{2} \right| = \left| \dfrac{wL^2}{8} - \dfrac{wa^2}{2} \right|$

$\dfrac{wa^2}{2} = \dfrac{wL^2}{8} - \dfrac{wa^2}{2}$

$a^2 = \dfrac{L^2}{8}$

$L = \sqrt{8}\,a = 2\sqrt{2}\,a$

48 그림과 같은 보 구조물에서 지점 B의 수직반력[kN]은? [09. 지방직 9급]

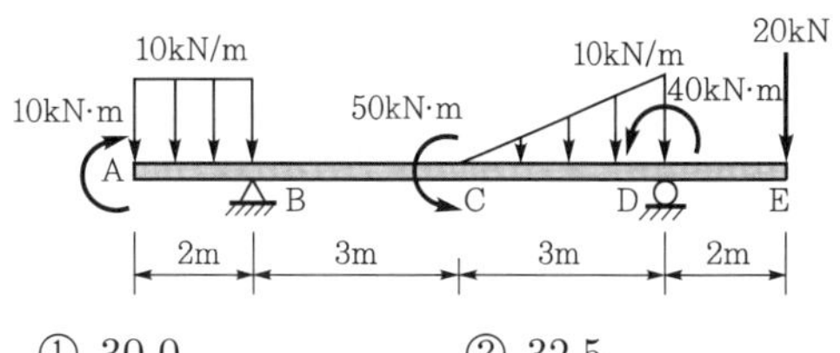

① 30.0 ② 32.5

③ 35.0 ④ 37.5

해설 $\Sigma M_D = 0$ ⊕

$10.0 - (10 \times 2.0 \times 7.0) + (R_B \times 6.0) - 50$

$-\left(\dfrac{1}{2} \times 3 \times 10 \times 1.0\right) - 40 + (20 \times 2.0) = 0$

$6.0 R_B = -10.0 + 140 + 50 + 15 + 40 - 40 = 0$

$R_B = 32.5$

정답 45 ③ 46 ④ 47 ④ 48 ②

49 다음 그림과 같은 내민보에서 전단력도가 다음과 같을 때 휨모멘트가 '0'이 되는 위치 x[m]는? [10. 국가직 9급]

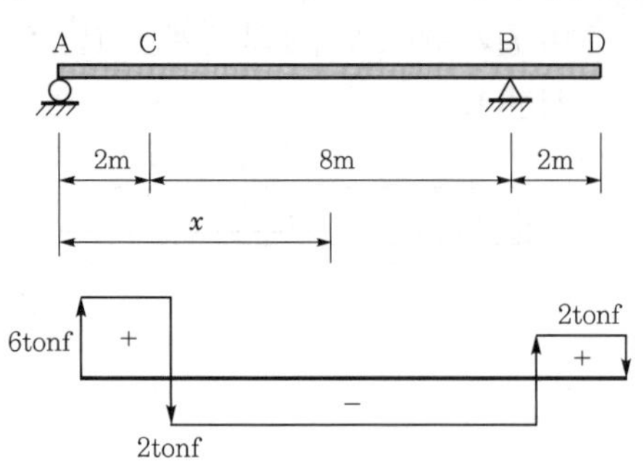

① 2 ② 5
③ 8 ④ 10

해설 전단력도로부터 $R_A = 6\text{tonf}$, C점의 하향의 수직하중 $P = 8\text{tonf}$이므로

$M_x = R_A x - P(x-2) = 6 \times x - 8(x-2) = 0$

$2x = 16$

$x = 8\text{m}$

50 다음 그림과 같이 하중을 받는 게르버보에서 C점의 반력[kN]은? [13. 지방직 9급]

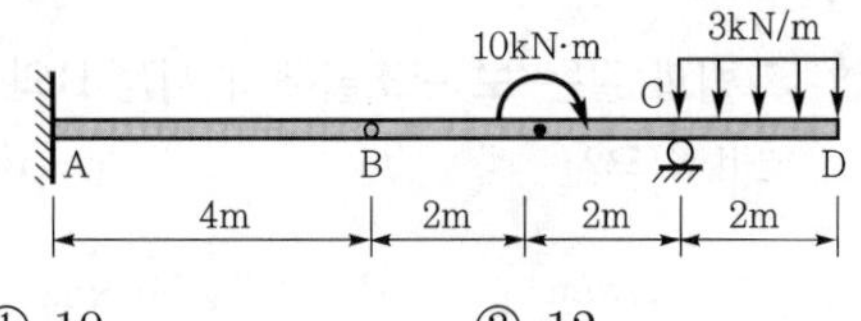

① 10 ② 12
③ 14 ④ 16

해설 C점의 반력은 적지간인 BCD 구간을 내민보에 의하여 구한다.

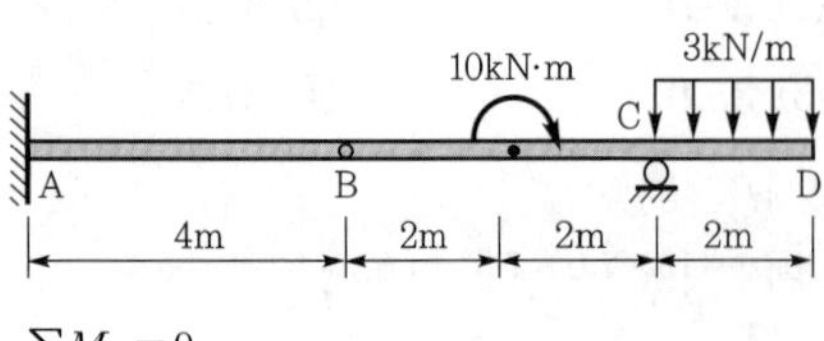

$\Sigma M_B = 0,$

$10 - R_C \times 4 + (3 \times 2) \times 5 = 0$

$R_C = 10\text{kN}(\uparrow)$

51 다음과 같이 C점에 내부 힌지를 갖는 게르버보에서 B점의 수직반력[kN]의 크기는? (단, 자중은 무시한다) [15. 지방직 9급]

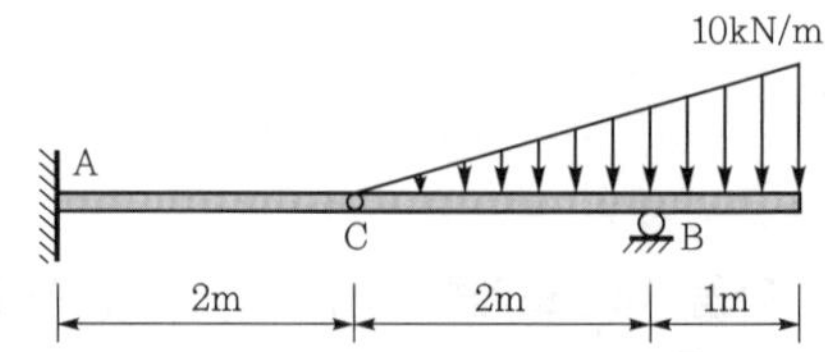

① 15.0 ② 18.5
③ 20.0 ④ 30.0

해설 게르버보 구간이 내민보 형식으로 되어 있다. CB의 적지 간에서 $\Sigma M_C = 0$을 적용한다.

$\Sigma M_C = 0,$

$-R_B \times 2 + \left(\frac{1}{2} \times 3 \times 10\right) \times \frac{2 \times 3}{3} = 0,$

$R_C = 15\text{kN}(\uparrow)$

52 그림과 같은 보의 A점의 휨모멘트는? [국가직 9급]

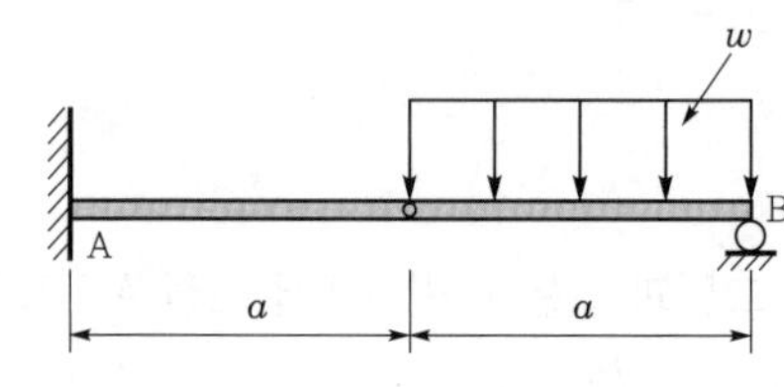

① $-\frac{1}{3}wa^2$ ② $-\frac{2}{3}wa^2$
③ $-\frac{1}{2}wa^2$ ④ $-wa^2$
⑤ $\frac{2}{3}wa^2$

해설

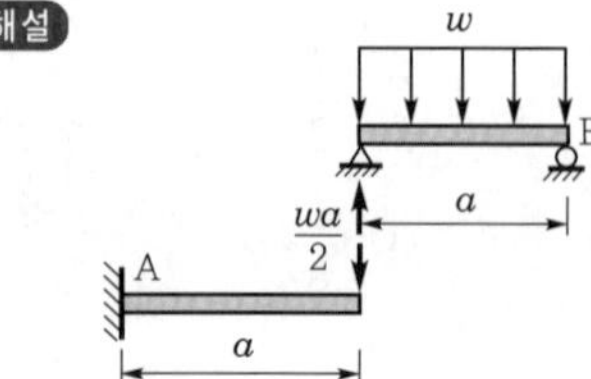

$M_A = -\frac{wa}{2} \times a = -\frac{wa^2}{2}$

정답 49 ③ 50 ① 51 ① 52 ③

53 다음 그림과 같은 게르버보의 A점에 발생하는 전단력[N]은? (단, 전단력의 부호는 ↑⊞↓이다) [10. 지방직 9급]

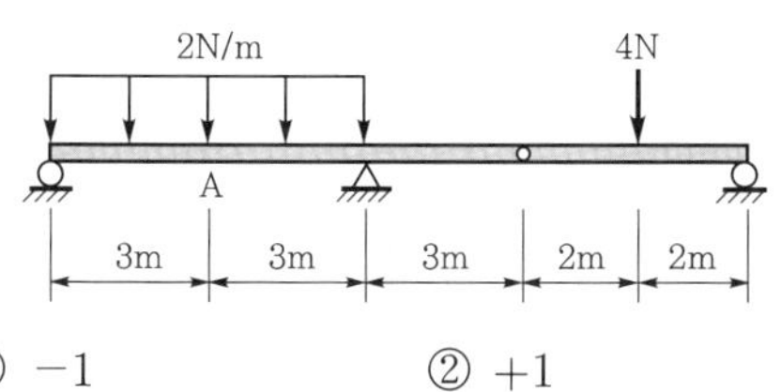

① −1 ② +1
③ −6 ④ +6

해설 게르버보의 반력도에서 등분포하중에 의한 A점의 전단력은 영(0)이다. 따라서 자유물체도의 내민보에서 자유단의 하향의 집중반력 2N에 의한 A점의 전단력을 구한다.

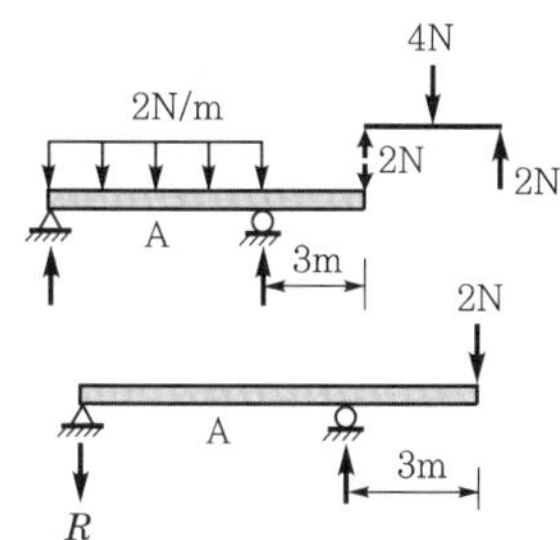

위의 우측 그림에서 2N에 의한 좌단지점의 반력, $R=\frac{2\times3}{6}=1\text{N}(\downarrow)$이다. 따라서 A점의 전단력은 $S_A=-R=-1\text{N}$

54 다음과 같은 게르버보에서 하중이 작용하여 발생하는 정모멘트와 부모멘트 중 큰 절댓값은 [kN·m]은? (단, 자중은 무시한다) [13. 국가직 9급]

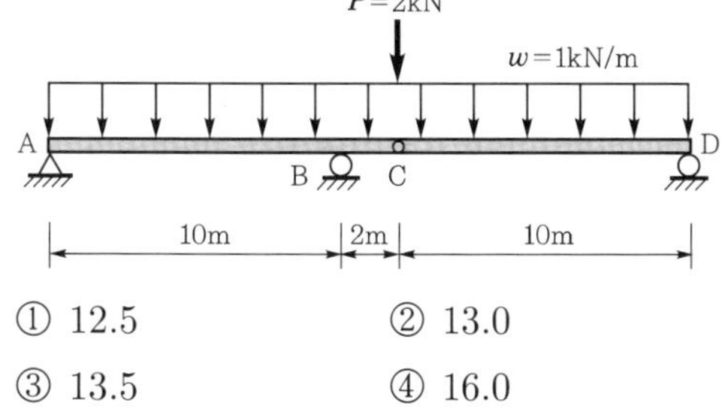

① 12.5 ② 13.0
③ 13.5 ④ 16.0

해설 ㉠ 자유물체도 이용

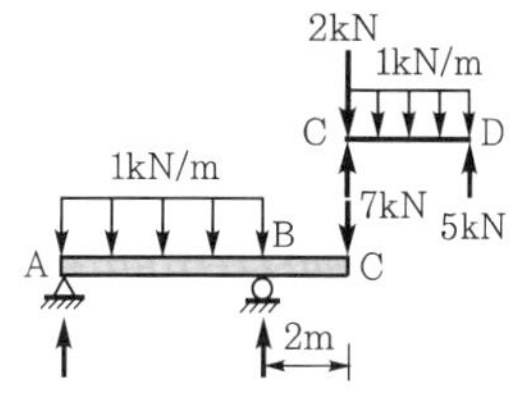

$$M_{max}=M_D=-\frac{1\times2^2}{2}-7\times2=-16\text{kN}\cdot\text{m}$$

㉡ 영향선도를 이용
절댓값의 최대휨모멘트는 B점에서 발생하며 이를 M_B의 영향선도를 이용하여 풀어본다.

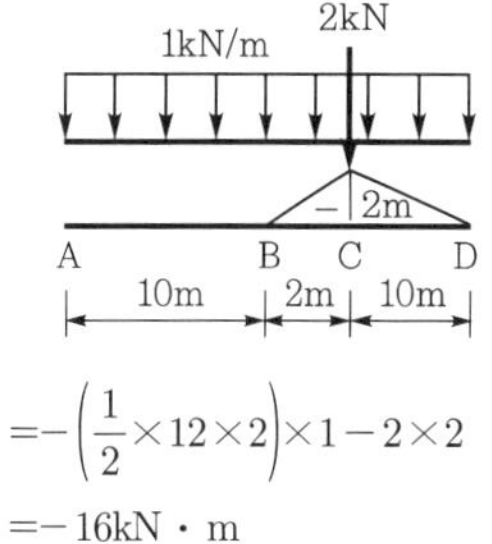

$$M_B=-\left(\frac{1}{2}\times12\times2\right)\times1-2\times2$$
$$=-16\text{kN}\cdot\text{m}$$

55 다음 그림의 보에서 B점과 C점은 내부힌지이다. 집중하중 P에 의해 발생되는 A점의 수직반력 R_A와 D점의 수직반력 R_D의 비율 $\frac{R_A}{R_D}$는? [14. 국회 9급]

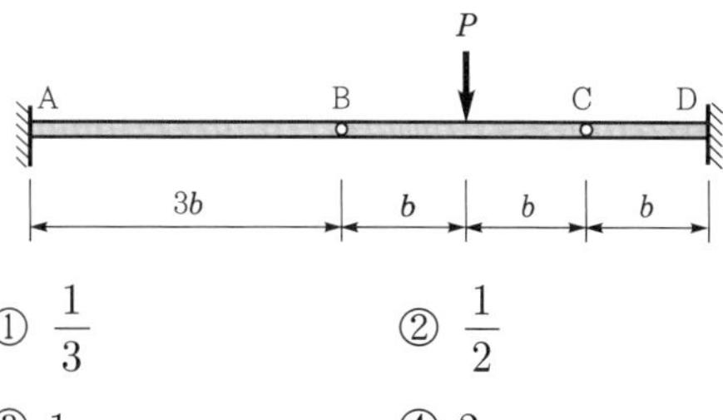

① $\frac{1}{3}$ ② $\frac{1}{2}$
③ 1 ④ 2
⑤ 3

해설 집중하중 P는 BC 적지간의 중앙에 작용하고 있으므로 B점과 C점의 반력은 동일하며 그 값은 $\frac{P}{2}$가 된다. 그리고 이 힘 $\frac{P}{2}$가 AB 캔틸레버 구간의 자유단에 작용하므로 $R_A=\frac{P}{2}$가 된다. 마찬가지로 C점의 $\frac{P}{2}$가 CD 캔틸레버 구간의 자유단에 작용하므로 $R_D=\frac{P}{2}$가 된다. 따라서 $\frac{R_A}{R_D}=1$이 된다.

정답 53 ① 54 ④ 55 ③

56 자중이 200kg/m인 그림과 같은 단순보에 이동하중이 작용할 때 이 보에 일어나는 절대최대 전단력의 크기는? [국가직 9급]

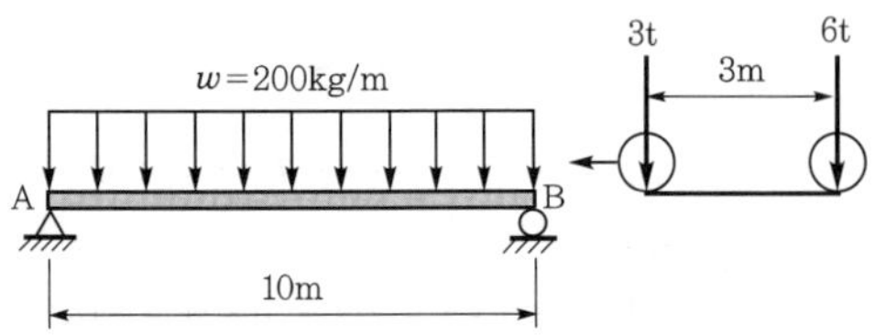

① 8.1t ② 9.1t
③ 10.1t ④ 11.1t

해설

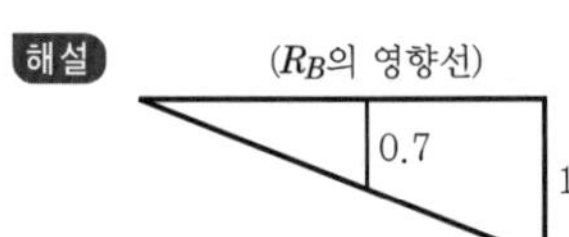

주어진 단순보에 절대최대 전단력은 R_B의 최대반력과 같으므로 R_B의 영향선도를 이용한다.

$$\therefore S_{max} = \left(\frac{1}{2} \times 10 \times 1\right) \times 0.2 + 3 \times 0.7 + 6 \times 1$$
$$= 9.1t$$

57 다음 그림과 같은 연행하중이 단순보를 지날 때 절대 최대 휨모멘트 발생하는 위치는 A지점에서 얼마인가? [05. 국가직 9급]

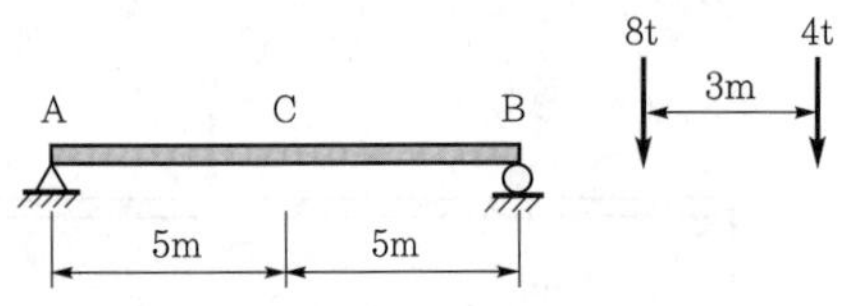

① 3.65m ② 3.85m
③ 4.45m ④ 4.50m

해설 ㉠ 합력의 위치

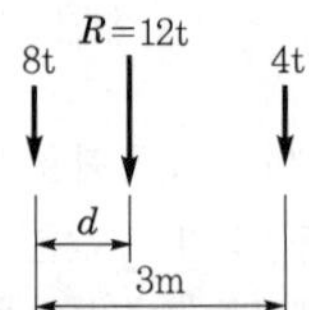

8t의 작용선을 기준으로 바리뇽 정리를 적용

$12 \times d = 4 \times 3 \quad \therefore d = 1\text{m}$

㉡ M_{max} 의 발생위치

절대 최대 휨모멘트는 8t과 합력이 지간 중앙을 중심으로 좌우로 양분될 때 8t 아래에서 발생한다.

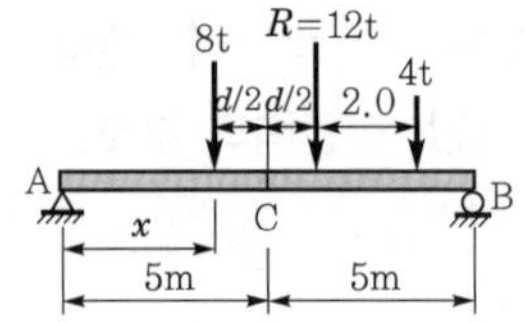

A지점으로부터 M_{max} 가 발생하는 위치

$$x = \frac{l}{2} - \frac{d}{2} = \frac{10}{2} - \frac{1}{2} = 4.5\text{m}$$

58 다음의 단순보 위를 이동하중이 지날 때 절대최대 휨모멘트는 얼마인가? [06. 경기도 9급]

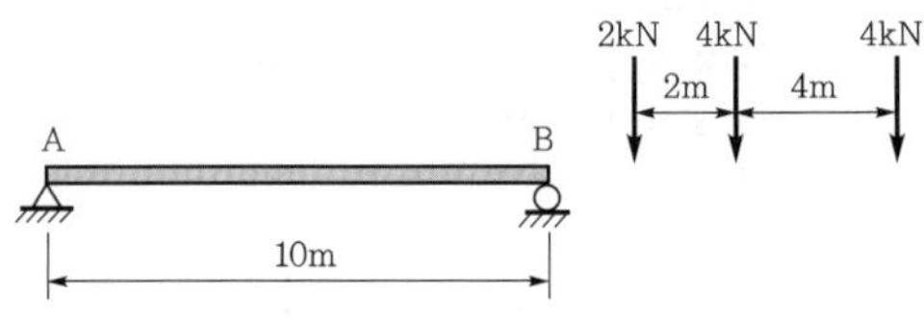

① 10.56kN · m ② 12.96kN · m
③ 15.36kN · m ④ 18.96kN · m

해설 ㉠ 합력의 작용위치

합력 $R = 10\text{kN}$의 작용위치는 바리뇽 정리로부터 모멘트의 중심점을 2kN 작용점으로 한다.

$10 \times x = 4 \times 2 + 4 \times 6$

$$x = \frac{32}{10} = 3.2\text{m}$$

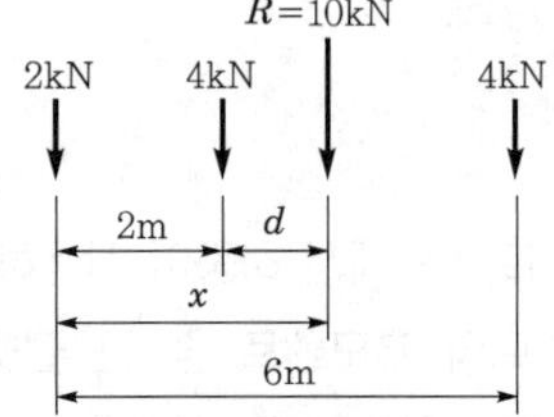

㉡ 절대 최대 휨모멘트

합력의 작용점과 가장 가까이에 있는 하중 아래, 즉 D점에서 발생한다.

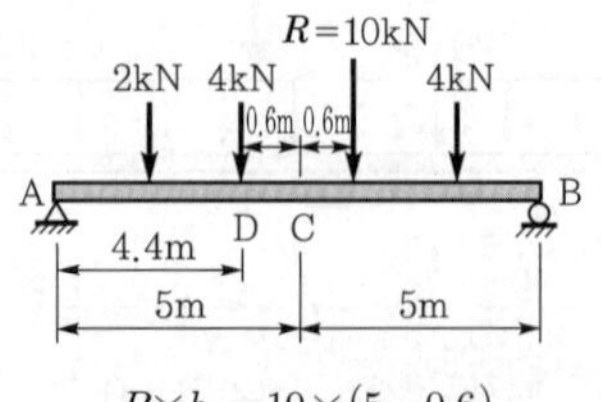

$$R_A = \frac{R \times b}{l} = \frac{10 \times (5 - 0.6)}{10} = 4.4\text{kN}$$

$$M_{max} = M_D = R_A \times 4.4 - 2 \times 2$$
$$= 4.4 \times 4.4 - 4 = 15.36\text{kN} \cdot \text{m}$$

정답 56 ② 57 ④ 58 ③

59 다음과 같은 길이 10m인 단순보에 집중하중군이 이동할 때 발생하는 절대최대 휨모멘트의 크기[kN · m]는? (단, 보의 자중은 무시한다)

[14. 지방직 9급]

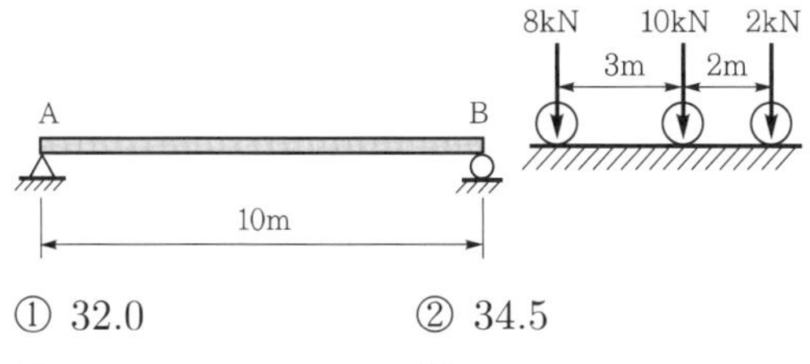

① 32.0 ② 34.5
③ 36.5 ④ 38.0

해설 ㉠ 합력(R)과 합력의 작용위치(d)
합력 $R=20$kN이다.

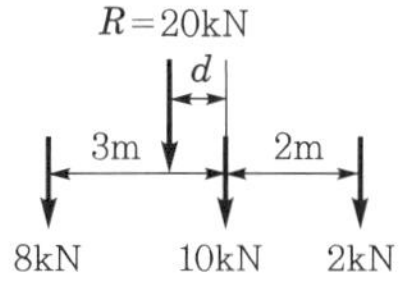

10kN을 기준으로 바리뇽 정리를 적용하여 합력의 위치 d를 구한다.

$20\times d=8\times3-2\times2$

$d=1$m

㉡ 최대휨모멘트
합력 R과 가까이에 있는 큰 하중 10kN이 단순보의 지간 중앙점을 기준으로 좌우로 양분될 때 큰 하중 10kN 아래(C점)에서 발생한다.

60 그림과 같이 집중하중과 등분포하중이 동시에 작용하는 단순보에서 구간 AB의 휨모멘트 분포식으로 옳은 것은? (단, 휨모멘트 단위는 kN · m로 한다)

[09. 지방직 9급]

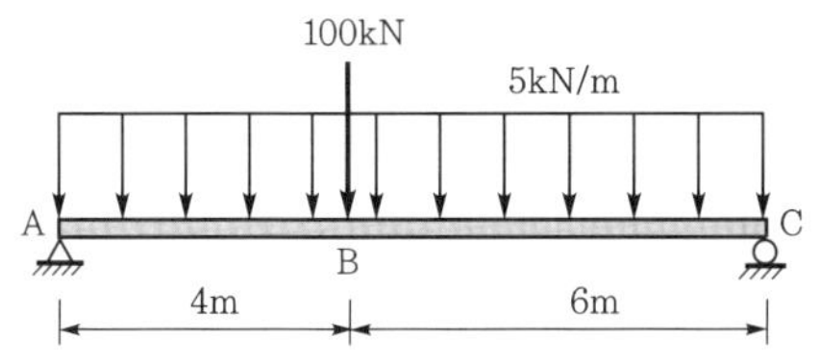

① $-2.5x^2+85x$ ② $2.5x^2+85x$
③ $-2.5x^2+45x$ ④ $2.5x^2+45x$

해설

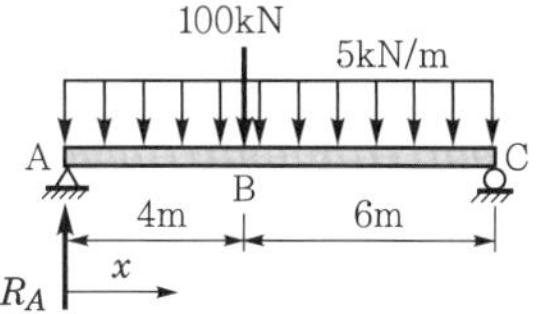

$R_A=\dfrac{100\times6}{10}+\dfrac{5\times10}{2}=85\text{kN}(\uparrow)$

$M_x=R_A\times x-\dfrac{wx^2}{2}=85x-\dfrac{5x^2}{2}$

$=85x-2.5x^2$

61 다음 그림과 같은 단순보에서 A점의 반력 R_A는?

[국가직 9급]

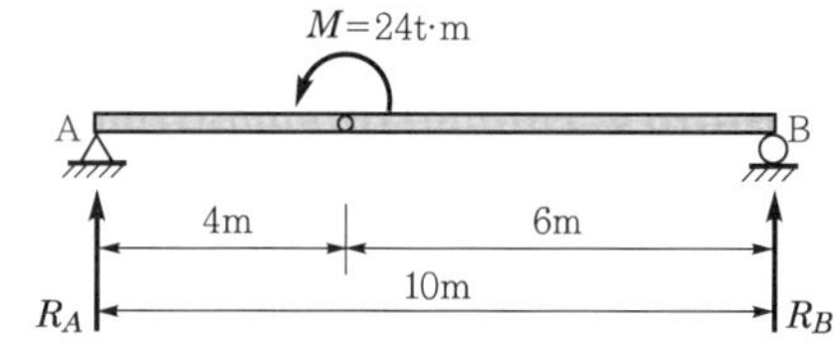

① $R_A=-2.4$t ② $R_A=2.4$t
③ $R_A=14.4$t ④ $R_A=9.6$t
⑤ $R_A=-12$t

해설 $R_A=\dfrac{\Sigma M}{l}=\dfrac{24}{10}=2.4\text{t}(\uparrow)$

62 다음 그림과 같은 단순보에서 B점의 지점반력[kN]은?

[06. 국가직 9급]

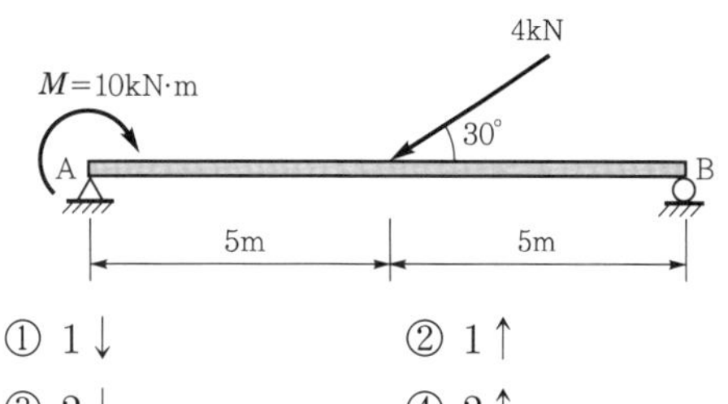

① 1↓ ② 1↑
③ 2↓ ④ 2↑

해설 $R_B=\dfrac{4\times\sin30^\circ}{2}+\dfrac{10}{10}=1+1$

$=2\text{kN}(\uparrow)$

정답 59 ③ 60 ① 61 ② 62 ④

63 다음과 같이 분포하중이 작용할 때, 지점 A, B의 반력의 비는? [12. 국가직 9급]

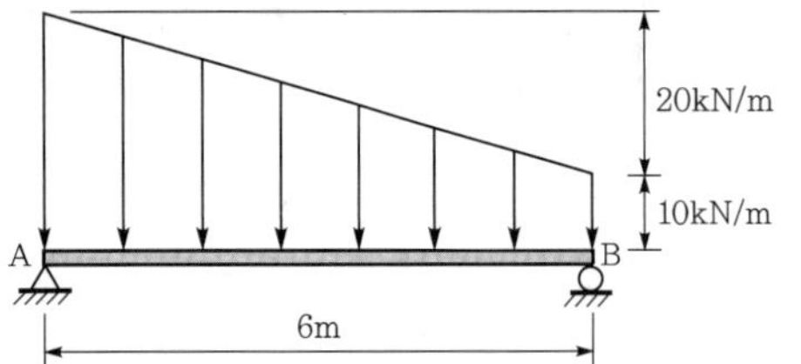

① 7 : 5 ② 5 : 3
③ 6 : 5 ④ 4 : 3

해설 $R_A = \frac{w_1 L}{2} + \frac{w_2 L}{3} = \frac{10 \times 6}{2} + \frac{20 \times 6}{3} = 70\text{kN}$

$R_A = \frac{w_1 L}{2} + \frac{w_2 L}{6} = \frac{10 \times 6}{2} + \frac{20 \times 6}{6} = 50\text{kN}$

64 그림과 같은 $w_2 = 2w_1$인 사다리꼴 하중이 작용할 때 지점 A, B의 반력비는? [국가직 9급]

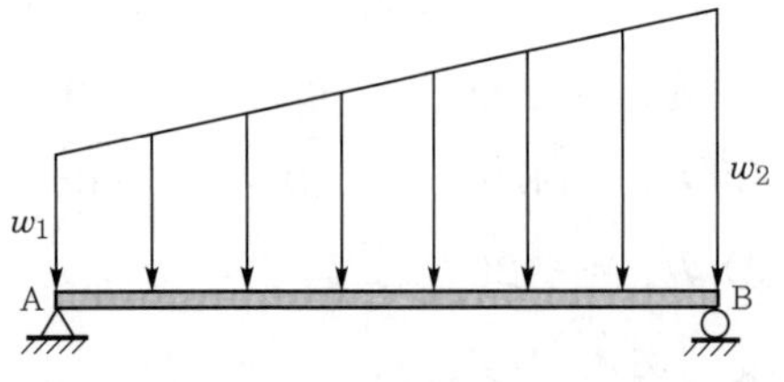

① 1 : 2 ② 1 : 3
③ 2 : 3 ④ 3 : 4
⑤ 4 : 5

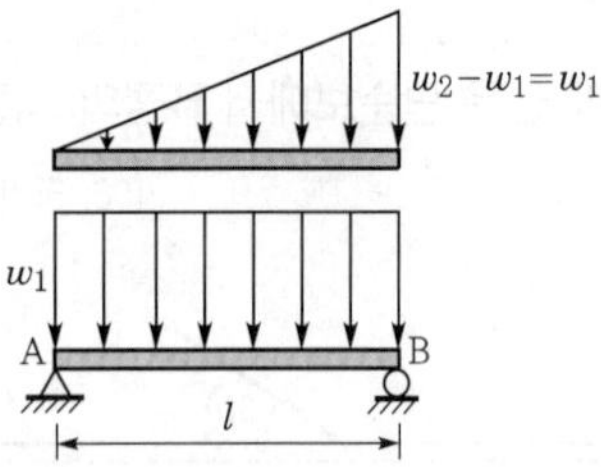

사다리꼴분포하중을 등분포하중과 등변분포하중으로 중첩하여 계산한다.

$R_A = \frac{w_1 l}{2} + \frac{w_1 l}{6} = \frac{4w_1 l}{6} = \frac{2w_1 l}{3}$

$R_B = \frac{w_1 l}{2} + \frac{w_1 l}{3} = \frac{5w_1 l}{6}$

$\therefore R_A : R_B = 4 : 5$

65 그림과 같은 단순보에서 하중이 다음과 같이 작용할 때, 지점 A, B의 수직반력을 차례로 나타낸 것은? [15. 서울시 9급]

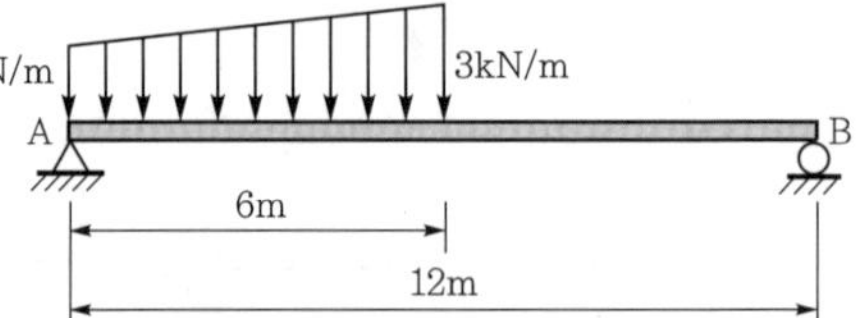

① $R_A = 2\text{kN},\ R_B = 5.5\text{kN}$
② $R_A = 5{,}5\text{kN},\ R_B = 2\text{kN}$
③ $R_A = 4\text{kN},\ R_B = 11\text{kN}$
④ $R_A = 11\text{kN},\ R_B = 4\text{kN}$

해설 작용하중을 등분포하중과 등변분포하중으로 분할하여 중첩한다.

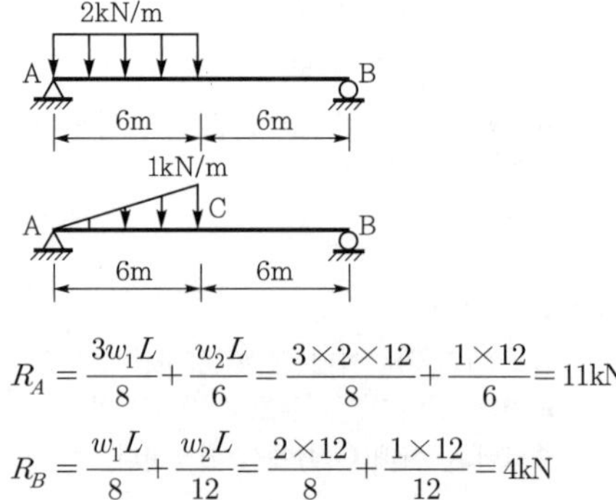

$R_A = \frac{3w_1 L}{8} + \frac{w_2 L}{6} = \frac{3 \times 2 \times 12}{8} + \frac{1 \times 12}{6} = 11\text{kN}$

$R_B = \frac{w_1 L}{8} + \frac{w_2 L}{12} = \frac{2 \times 12}{8} + \frac{1 \times 12}{12} = 4\text{kN}$

66 다음 그림과 같은 보에서 반력 $R_A = 3R_B$의 관계가 성립하는 힘 P_1의 크기[kN]는? [10. 국가직 9급]

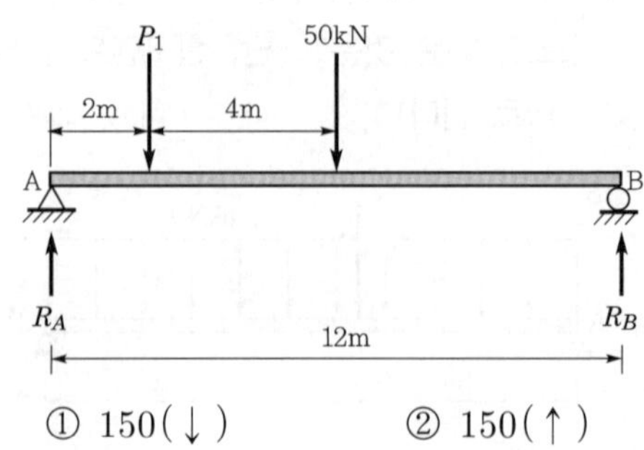

① 150(↓) ② 150(↑)
③ $\frac{150}{7}$(↓) ④ $\frac{150}{7}$(↑)

정답 63 ① 64 ⑤ 65 ④ 66 ①

해설 $\Sigma V=0,\ R_A+R_B-P_1-50=0$

$\therefore 4R_B-P_1=50$

$\Sigma M_A=0,\ 2P_1+50\times6-12R_B=0$

$\therefore -12R_B+2P_1=-300$

연립해서 풀면

$P_1=150\text{kN}(\downarrow)$

67 다음 그림과 같이 단순보에서 두 개의 집중하중이 작용하여 발생하는 두 지점 반력 R_A, R_B가 같아지는 하중의 위치 x[m]는?

[14. 국회 9급]

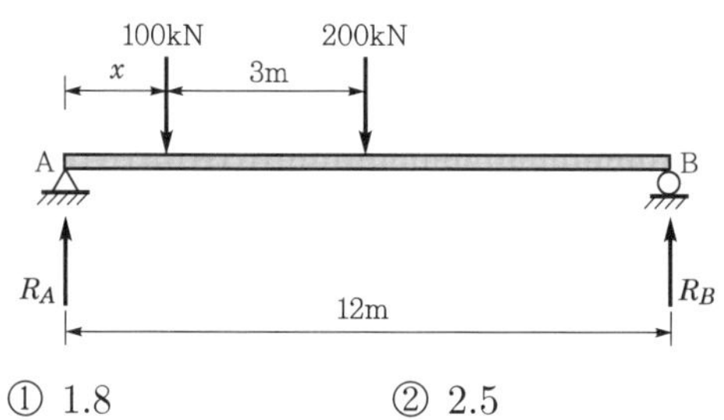

① 1.8 ② 2.5

③ 3.2 ④ 4.0

해설 두 지점의 반력이 같으므로

$R_A=R_B=\dfrac{300}{2}=150\text{kN}$이 된다.

$\Sigma M_A=0,$

$100x+200(x+3)-150\times12=0$

$300x=1,200$

$x=4\text{m}$

68 그림과 같이 2kN과 4kN의 하중이 4m 간격을 유지하며 이동하고 있다. 지점 A와 B의 반력이 같게 될 때, 2kN이 작용하는 위치로부터 A 지점까지의 거리 x[m]는?

[11. 국가직 9급]

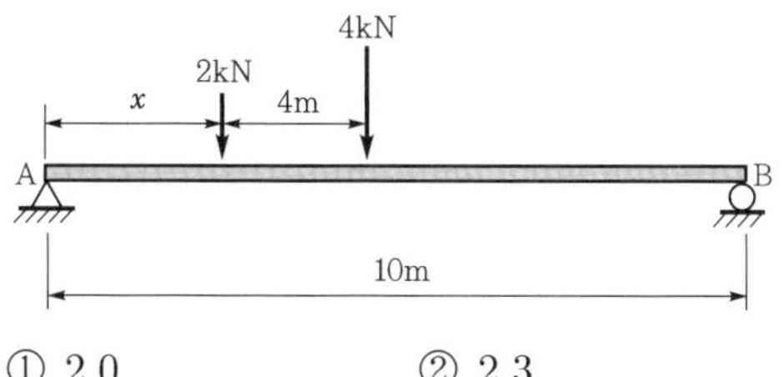

① 2.0 ② 2.3

③ 3.0 ④ 3.3

해설 지점반력이 같다는 것은

$R_A=R_B=\dfrac{2+4}{2}=3\text{kN}$을 의미한다.

$\Sigma M_A=0,$

$2\times x+4\times(x+4)-3\times10=0$

$6x=14$

$x=2.33\text{m}$

69 지간이 10m인 단순보에 $w=2\text{t/m}$의 등분포하중이 전지간에 작용할 때 최대 전단력의 크기는?

[국회 9급]

① 2t ② 10t

③ 20t ④ 40t

해설 등분포하중을 받는 단순보의 최대 전단력은 지점반력과 같다.

$\therefore S_{max}=\dfrac{wl}{2}=\dfrac{2\times10}{2}=10\text{t}$

70 다음의 단순보에서 CD구간의 전단력은?

[00. 국가직 9급]

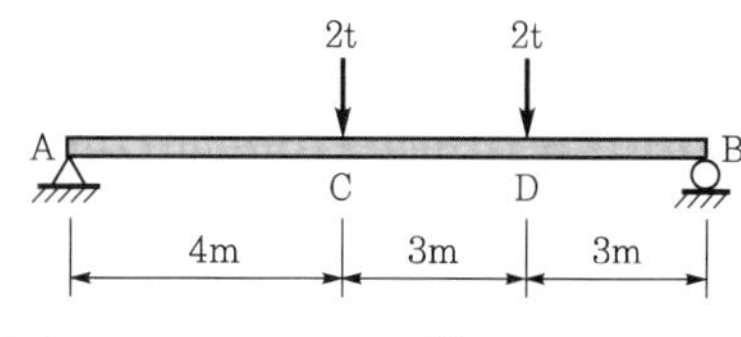

① 0.2t ② −0.2t

③ 0.4t ④ −0.4t

해설 $R_A=\Sigma\dfrac{P\cdot b}{l}=\dfrac{2\times6+2\times3}{10}$

$=1.8(\uparrow)$

$\therefore S_{CD}=R_A-2=1.8-2=-0.2\text{t}$

정답 67 ④ 68 ② 69 ② 70 ②

71 다음 그림에서 단순보의 m점과 n점 사이에 작용하는 전단력은? [서울시 9급]

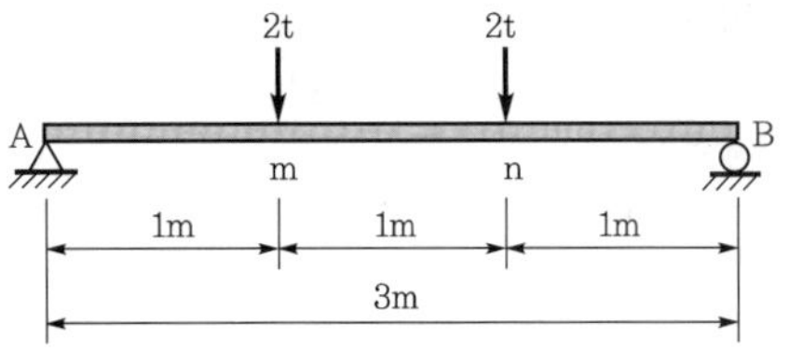

① 5ton ② 3ton
③ 2ton ④ 0ton

해설 지점반력, $R_A = R_B = 2t$이므로 m-n구간에서 전단력이 0이다.

72 다음 그림과 같이 연직하중을 받는 단순보의 지간 중앙에 발생하는 휨모멘트의 크기[kN · m]는? [10. 지방직 9급]

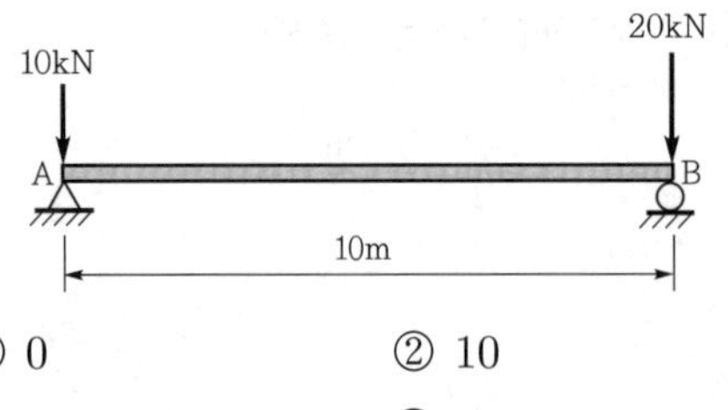

① 0 ② 10
③ 50 ④ 100

해설 지점 위에 집중하중만 작용하고 있기 때문에 지간 내에서 휨모멘트는 영(0)이다.

73 단순보 CD에 발생하는 최대 휨모멘트[kN · m]는? [07. 국가직 9급]

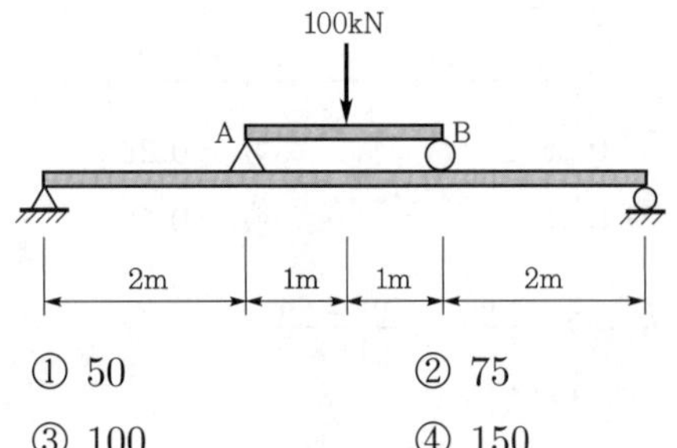

① 50 ② 75
③ 100 ④ 150

해설 단순보 AB의 반력은 각각 50kN이므로 단순보 CD의 휨모멘트는 AB구간에서 발생한다.

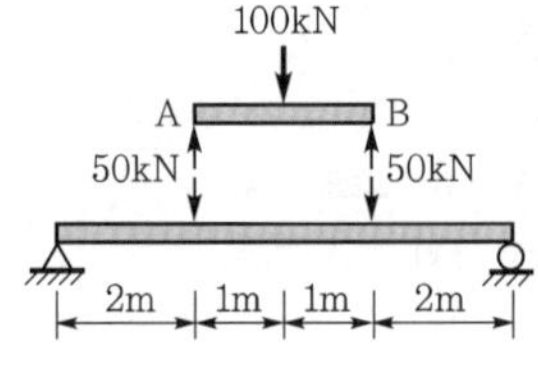

$M_{max} = 50 \times 2 = 100\text{kN} \cdot \text{m}$

74 그림과 같은 단순보 구조물에서 전단력이 영(zero)이 되는 구간의 길이와 최대 휨모멘트는? [09. 지방직 9급]

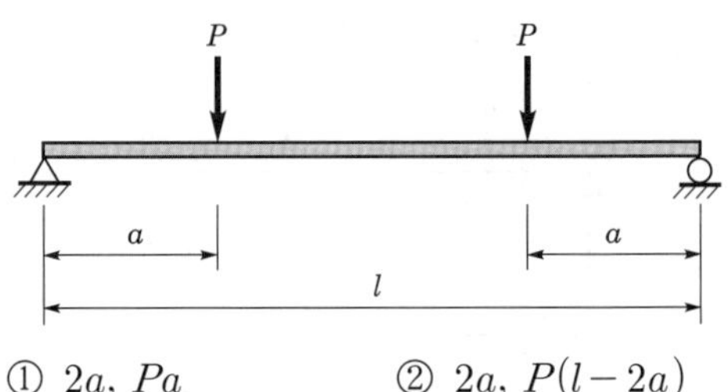

① $2a$, Pa ② $2a$, $P(l-2a)$
③ $l-2a$, Pa ④ $l-2a$, $P(l-2a)$

해설 구조대칭이고 하중대칭 단순보 구조물이다. 하중이 없는 지간 중앙구간은 전단력이 0이고 휨모멘트 값은 일정하며, 그 값이 최댓값이다.

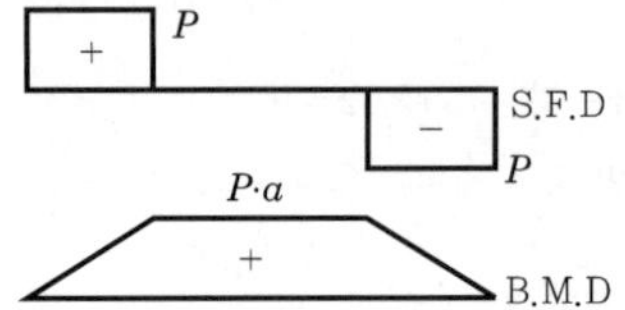

따라서 전단력이 영인 구간은 하중이 없는 지간 중앙구간으로 $l-2a$가 되고, 최대 휨모멘트는 Pa가 된다.

75 그림과 같은 단순보에서 전단력 $Q_x = 0$이 되는 단면까지 거리는 A점에서 약 몇 m인가? [국가직 9급]

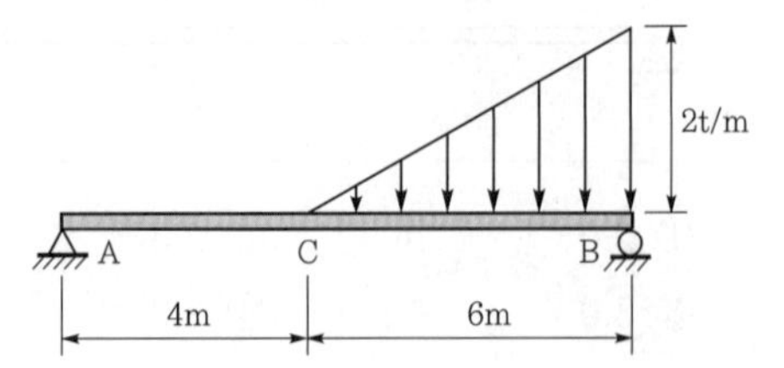

정답 71 ④ 72 ① 73 ③ 74 ③ 75 ④

① 6.38 ② 6.48
③ 6.58 ④ 6.68
⑤ 6.78

해설 $\Sigma M_B = 0$

$R_A \times 10 - \left(\frac{1}{2} \times 6 \times 2\right) \times \frac{6}{3} = 0$

$\therefore R_A = 1.2\text{t}(\uparrow)$

전단력이 0인 점의 위치

$S_x = R_A - \frac{1}{2} \times x \times \frac{2}{6} x = 1.2 - \frac{x^2}{6} = 0$

$\therefore x = 2.68\text{m}$

따라서 전단력이 0인 점은 A로부터 6.68m이다.

76

다음의 단순보에서 최대 휨모멘트는 얼마인가? [03. 경기도 9급]

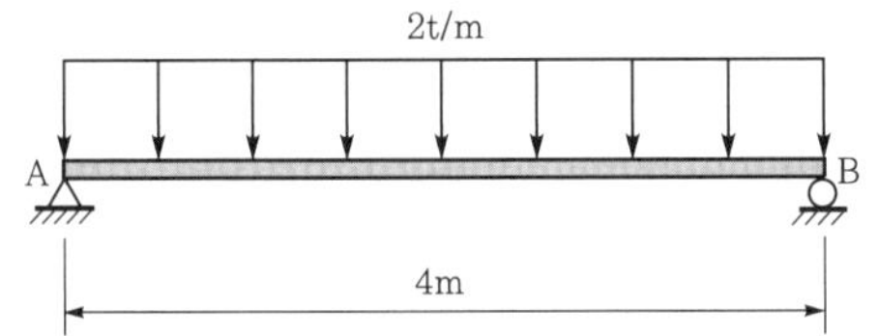

① 2t · m ② 4t · m
③ 8t · m ④ 16t · m

해설 $M_{\max} = \frac{wl^2}{8} = \frac{2 \times 4^2}{8} 4\text{t} \cdot \text{m}$

77

그림과 같은 단순보에서 최대 휨모멘트 $M_{\max} = 50\text{t} \cdot \text{m}$일 때 단위 하중 w는 얼마인가? [국가직 9급]

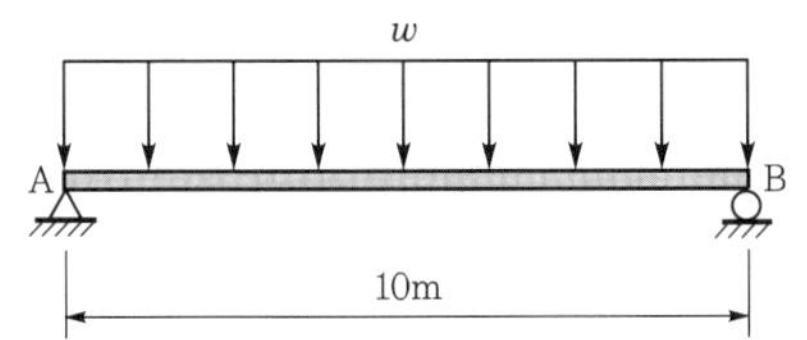

① 1t/m ② 2t/m
③ 3t/m ④ 4t/m
⑤ 5t/m

해설 $M_{\max} = \frac{wl^2}{8}$에서

$\therefore w = \frac{8 \cdot M}{l^2} = \frac{8 \times 50}{10^2} = 4\text{t/m}$

78

그림과 같이 모멘트하중과 집중하중을 받고 있는 단순보 D점의 휨모멘트는? [국가직 9급]

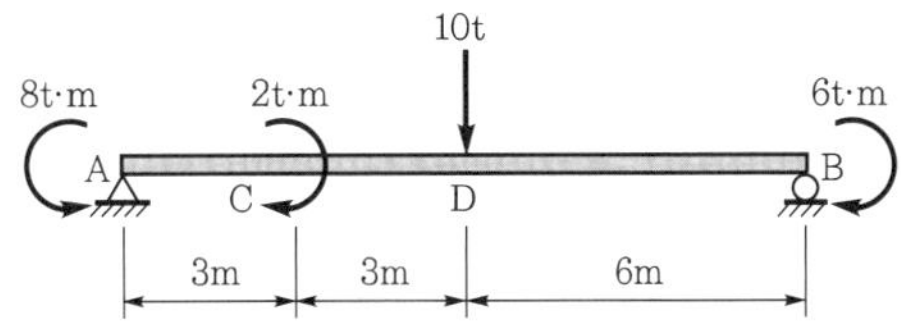

① 5t · m ② 10t · m
③ 15t · m ④ 24t · m

해설 $R_B = 5\text{t}(\uparrow)$

$\therefore M_D = 5 \times 6 - 6 = 24\text{t} \cdot \text{m}$

79

다음의 단순보에서 지간 중앙점의 휨모멘트는? [05. 국가직 9급]

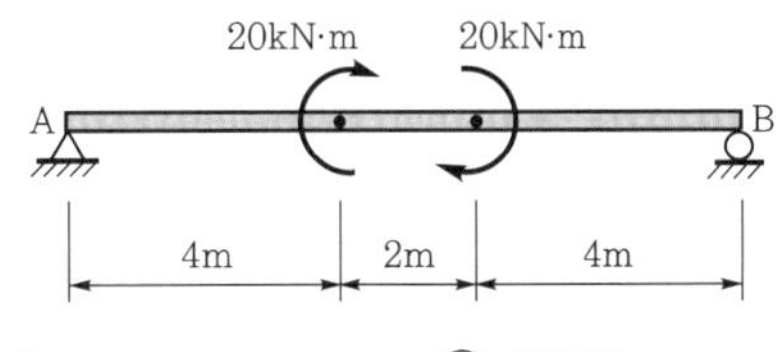

① 0 ② 10kN · m
③ 20kN · m ④ 40kN · m

해설 구조대칭 하중 역대칭의 구조이므로 지간 중앙점의 휨모멘트는 0이다.

80

동일지간의 단순보에 다음의 하중들이 작용할 경우에 지간 중앙의 휨모멘트가 가장 큰 것은? [06. 국가직 9급]

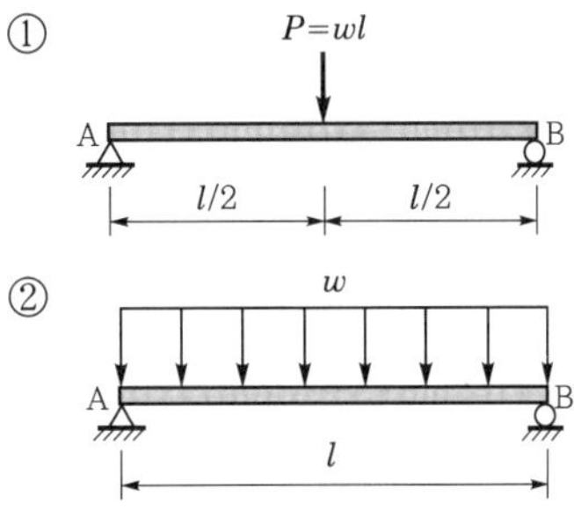

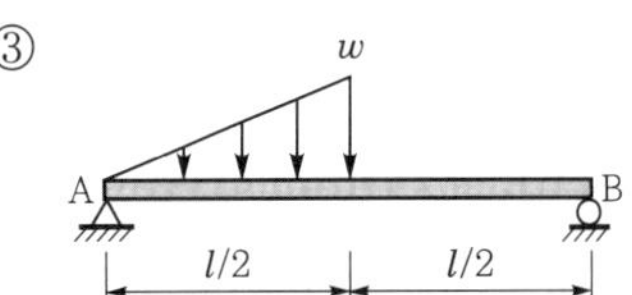

정답 76 ② 77 ④ 78 ④ 79 ① 80 ④

④

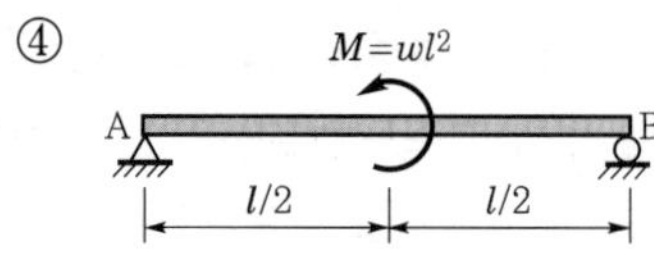

해설 ①번의 경우:

$$M=\frac{Pl}{4}=\frac{(wl)l}{4}=\frac{wl^2}{4}$$

②번의 경우: $M=\frac{wl^2}{8}$

③번의 경우:

$$M=R_B\times\frac{l}{2}=\left(\frac{\left(\frac{wl}{4}\right)\times\frac{l}{3}}{l}\right)\times\frac{l}{2}=\frac{wl^2}{24}$$

④번의 경우: $M=\frac{M}{2}=\frac{wl^2}{2}$

81 다음의 단순보에서 C점의 전단력은?

[06. 서울시 9급]

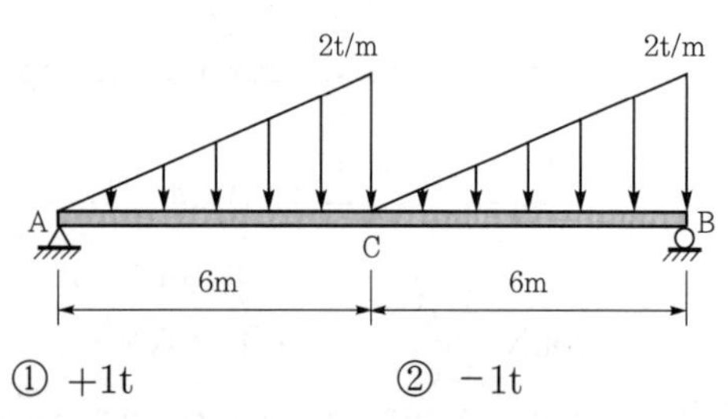

① +1t ② −1t
③ +2t ④ −2t
⑤ 0

해설 ㉠ 지점반력 계산
좌우에 작용하는 등변분포하중을 집중하중으로 전환하여 지점반력을 구한다.

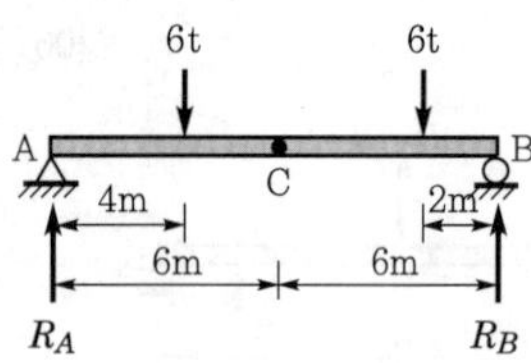

$$R_A=\frac{6\times8+6\times2}{12}=5\text{t}(\uparrow)$$

$$R_B=12-R_A=12-5=7\text{t}(\uparrow)$$

㉡ C점의 전단력 계산

$$S_C=R_A-6=5-6=-1\text{t}$$

82 다음 중 단순보에서 하중이 작용할 때의 전단력도를 옳게 나타낸 것은?

[15. 서울시 9급]

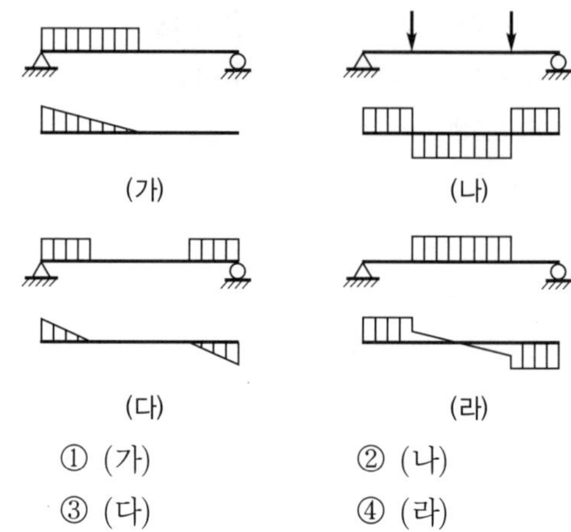

① (가) ② (나)
③ (다) ④ (라)

해설 각 구조물의 전단력도는 다음과 같다.

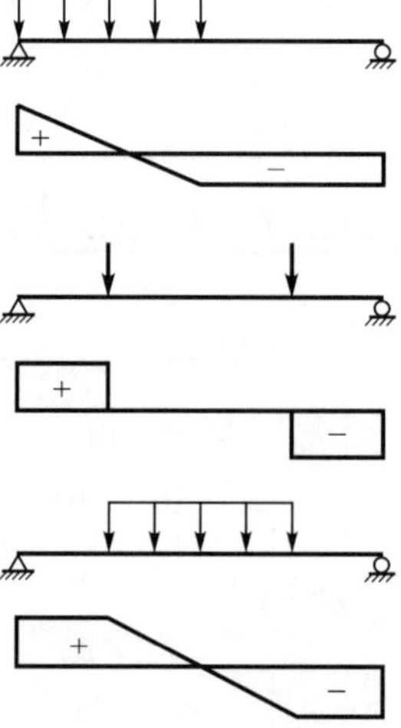

83 다음은 단순보의 S.F.D이다. 다음 설명 중 틀린 것은? (단, 지점에는 하중이 작용하지 않는다)

[05. 국가직 9급]

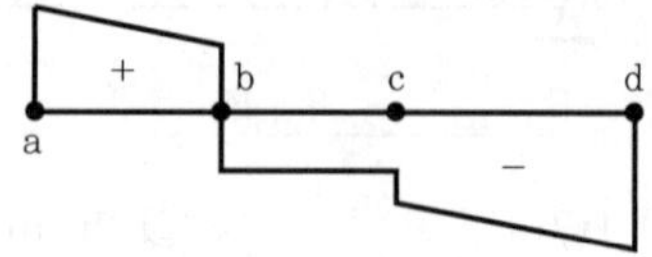

① 집중하중은 b, c점에 작용한다.
② 등분포하중은 ad, cd구간에 작용한다.
③ 최대 휨모멘트 b점에서 발생한다.
④ bc구간에는 하중이 작용하지 않는다.

정답 81 ② 82 ③ 83 ④

해설 bc구간은 수평선이므로 수직하중 및 경사하중은 작용하지 않지만 전단력에 영향을 주지 않는 모멘트하중이나 수평하중이 작용할 수 있다.

84 다음 그림은 임의의 하중을 받는 단순보의 전단력도이다. 옳지 않은 것은? (단, 보의 자중은 고려하지 않는다) [07. 국가직 9급]

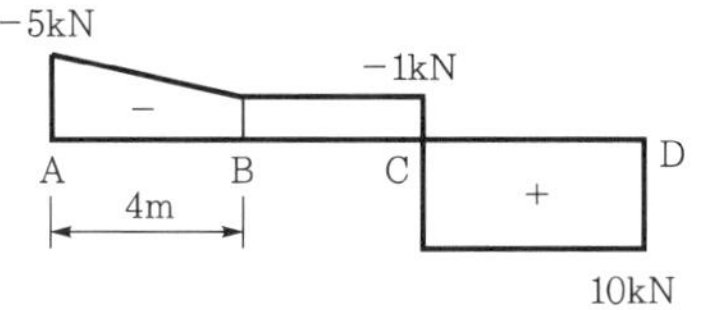

① AB구간은 1kN/m의 등분포하중이 작용한다.
② CD구간에는 하중이 작용하지 않는다.
③ 전단력선도에서 (+)부 면적과 (−)부 면적은 같다.
④ B점에 집중하중이 작용한다.

해설 B점에서는 전단력도의 종거의 변화가 없기 때문에 집중하중이 작용하지 않는다.

85 단순보의 전단력선도가 그림과 같을 경우에 CE구간에 작용하는 등분포하중의 크기[kN/m]는? [14. 국가직 9급]

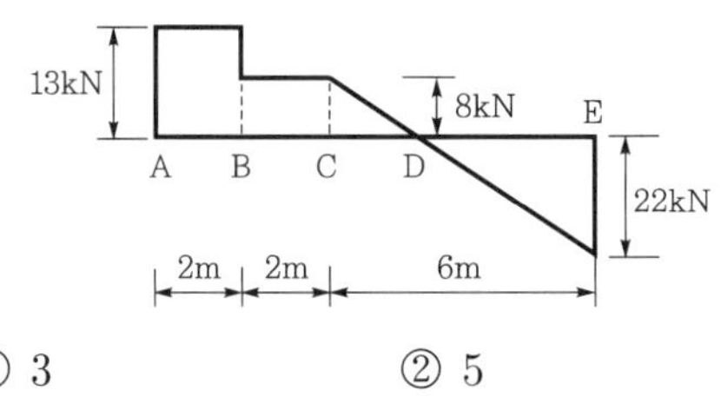

① 3　　② 5
③ 7　　④ 14

해설 CE구간의 등분포하중의 크기는 CE구간의 전단력선도의 기울기를 의미한다.

$w = -\dfrac{8+22}{6} = -5\text{kN/m}$

(−는 하향의 등분포하중)

86 어떤 보의 전단력도가 다음과 같은 경우, B점에서의 모멘트 크기[kN · m]는? [12. 국가직 9급]

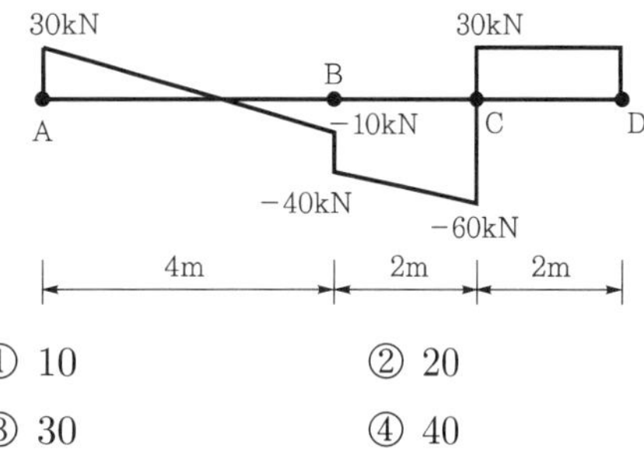

① 10　　② 20
③ 30　　④ 40

해설 전단력도에서 AB 사이의 면적을 구하거나 BCD 사이의 면적을 구한다.
여기서는 AB 사이의 면적을 이용한다. 전단력이 0인 A점으로부터 위치는

$x = \dfrac{30}{30+10} \times 4 = 3\text{m}$

$M_B = \dfrac{1}{2} \times 3 \times 30 - \dfrac{1}{2} \times 1 \times 10 = 40\text{kN} \cdot \text{m}$

87 어떤 단순보의 전단력선도가 다음 그림과 같을 때, 휨모멘트선도로 가장 가까운 것은? (단, 모멘트하중은 작용하지 않는다) [13. 지방직 9급]

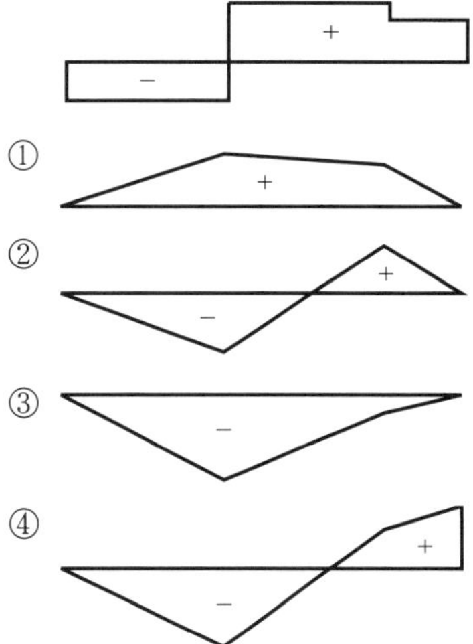

해설 ㉠ 좌측단면의 전단력도의 부호가 (−)라고 하는 것은 좌측지점의 수직반력이 하향으로 작용하므로 휨모멘트는 (−)가 되고, 우측단면의 전단력도의 부호가 (+)라고 하는 것은 우측지점의 수직반력은 하향으로 작용하므로 휨모멘트가 (−)가 된다. 그리고 전단력도의 우측부분에서 오른쪽에서 왼쪽으로 진행

정답 84 ④ 85 ② 86 ④ 87 ③

됨에 따라 전단력이 커지는 것은 하중이 하향으로 작용하고 있다는 의미이므로 (−)휨모멘트는 그 방향에 따라 커진다.

㉡ 전단력도에서 종거가 급격히 변화하는 점이 두 군데 있으므로 그 점에서 연직하중이 작용하고 있다. 따라서 그 점에서 휨모멘트의 기울기는 변화된다.

㉢ 전단력도에서 수평구간은 휨모멘트도에서 경사직선 형태가 된다.

88 하중을 받는 보의 모멘트선도가 다음 그림과 같을 때, B점 및 C점의 전단력[kN]은? (단, AB구간 및 CD구간은 2차 곡선이고 BC구간은 직선이다. 또한 A점의 상향 수직반력은 5.5kN이다) [13. 지방직 9급]

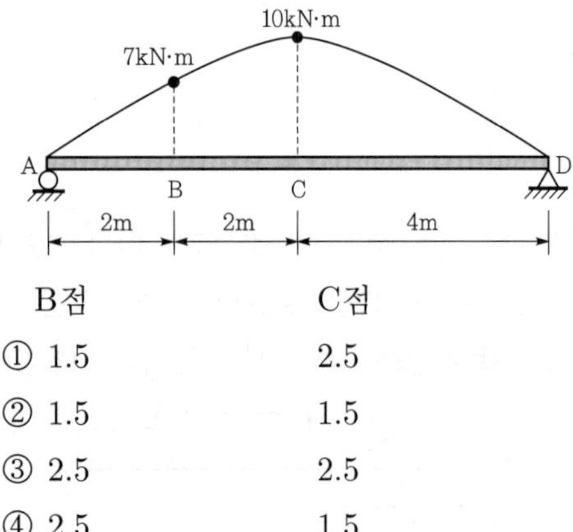

	B점	C점
①	1.5	2.5
②	1.5	1.5
③	2.5	2.5
④	2.5	1.5

해설 ㉠ AB구간의 등분포하중

AB구간의 B.M.D가 2차 곡선이므로 이 구간에는 등분포하중 w가 작용한다. B점의 휨모멘트가 7kN · m이므로

$$M_B = R_A x - \frac{wx^2}{2}$$

$$7 = 5.5\times2 - \frac{w\times2^2}{2}$$

$$7 = 5.5\times2 - \frac{w\times2^2}{2}$$

$$w = 2\text{kN/m}$$

㉡ B점과 C점의 전단력

$S_B = R_A - wx = 5.5 - 2\times2 = 1.5\text{kN}$

C점의 전단력은 B점과 같다. BC구간에서 B.M.D가 직선이라고 하는 것은 S.F.D는 수평구간이 된다. 전단력도가 수평구간이라고 하는 것은 그 구간의 전단력이 일정하다는 의미가 된다. 따라서 C점의 전단력은 B점의 전단력과 같게 되어 1.5kN이다.

89 주어진 전단력도(S.F.D)를 기준으로 가장 가까운 물체의 형상은? [14. 서울시 9급]

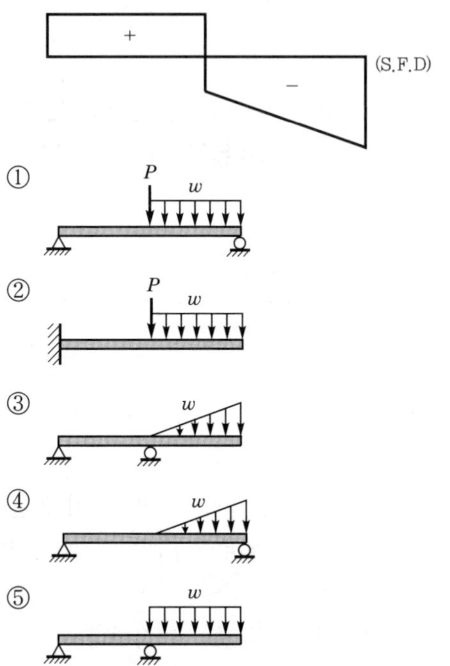

해설 ㉠ 전단력도에서 수평선 구간은 하중이 작용하지 않는 구간이다.

㉡ 전단력이 급격히 변하는 부분은 집중하중이 작용하는 점이며 좌에서 우로 가면서 (+)에서 (−)로 변하기 때문에 하향의 집중하중이 작용한다. 따라서 지문 ①과 ②가 해당된다.

㉢ 전단력에서 직선으로 경사진 부분은 등분포하중이 작용하는 구간이다. 따라서 지문 ①과 ②가 해당된다.

㉣ 그런데 전단력의 맨우측에서 급격한 수직선이 그려져 있다는 것은 집중하중이 작용하는 의미이므로 자유단으로 되어 있는 지문 ②는 해당되지 않는다. 따라서 정답은 ①이 된다.

90 다음과 같은 구조물에서 A점에 발생하는 휨모멘트의 크기[kN · m]는? [12. 국가직 9급]

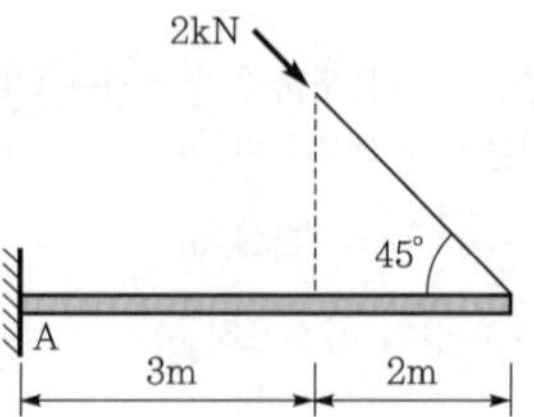

정답 88 ② 89 ① 90 ④

① $\sqrt{2}$ ② $2\sqrt{2}$
③ $3\sqrt{2}$ ④ $5\sqrt{2}$

해설 A점으로부터 하중작용선까지의 수직거리 x

$x = L \times \sin 45° = 5 \times \frac{1}{\sqrt{2}} = \frac{5}{\sqrt{2}} = \frac{5\sqrt{2}}{2}$m

휨모멘트의 크기는

$M_A = -2 \times \frac{5\sqrt{2}}{2} = -5\sqrt{2}$kN · m

91 등분포하중 w를 받는 지간 l인 캔틸레버의 A 지점의 휨모멘트는? [국회 9급]

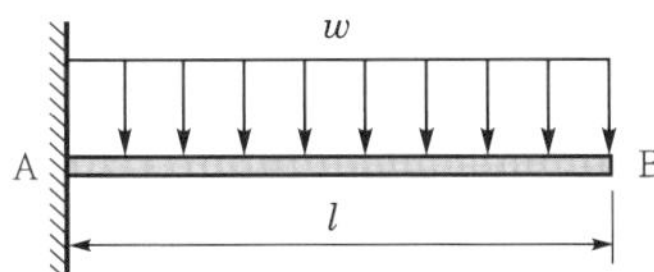

① 0 ② wl^2
③ $-\frac{1}{2}wl^2$ ④ $-\frac{1}{4}wl^2$
⑤ $-\frac{1}{8}wl^2$

해설 $M_A = -\left(w \times l \times \frac{l}{2}\right) = -\frac{wl^2}{2}$

92 그림과 같은 내민보에서 A점이 반력은? [국가직 9급]

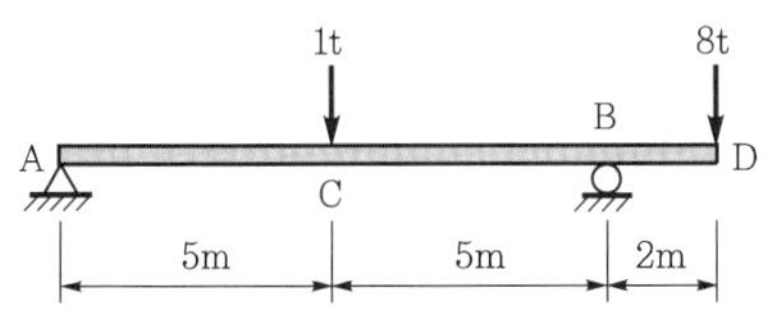

① 상향 2.2t ② 상향 1.1t
③ 하향 2.2t ④ 하향 1.1t

해설

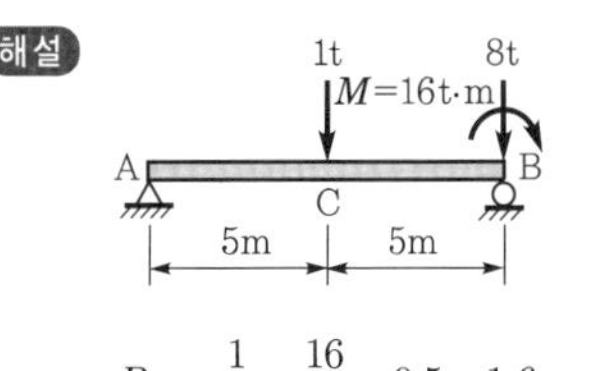

$R_A = \frac{1}{2} - \frac{16}{10} = 0.5 - 1.6 = -1.1$t(하향)

93 다음 한끝 내민보에서 A지점의 반력이 4ton이 되려면 하중 P는 얼마이겠는가? [국회 9급]

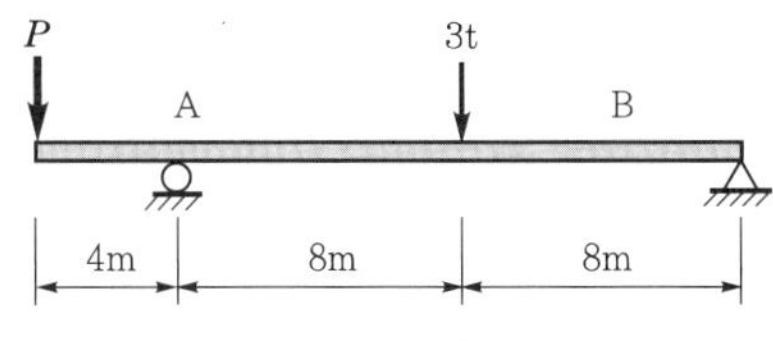

① 4t ② 3.5t
③ 3t ④ 2t

해설

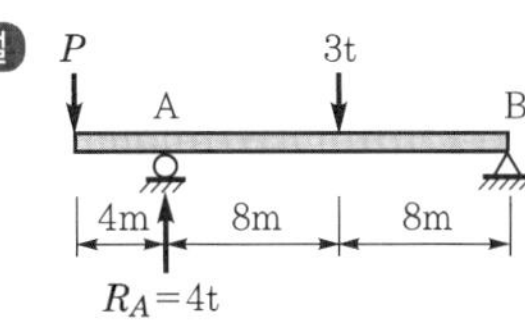

$\Sigma M_B = 0$

$-P \times 20 + 4 \times 16 - 3 \times 8 = 0$

$\therefore P = 2$t

94 그림과 같은 내민보에 등분포하중과 집중하중이 동시에 작용할 때 지점 A와 지점 B의 반력 [kN]은? [14. 국회 9급]

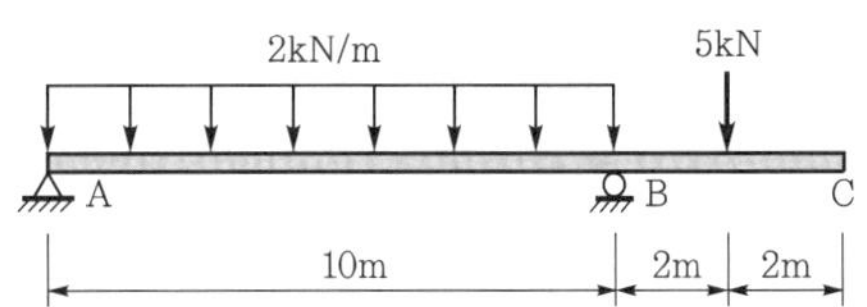

① $R_A = 3$kN, $R_B = 22$kN
② $R_A = 9$kN, $R_B = 16$kN
③ $R_A = 10$kN, $R_B = 15$kN
④ $R_A = 15$kN, $R_B = 10$kN
⑤ $R_A = 16$kN, $R_B = 9$kN

해설 지점반력은 다음과 같이 구한다.

$R_A = \frac{2 \times 10}{2} - \frac{5 \times 2}{10} = 9$kN(↑)

$R_B = \frac{2 \times 10}{2} + 5 + \frac{5 \times 2}{10} = 16$kN(↑)

정답 91 ③ 92 ⑤ 93 ④ 94 ②

95 다음 그림에서 지점 C의 반력이 0이 되기 위하여 B점에 작용시킬 집중하중 P의 크기는? [14. 서울시 9급]

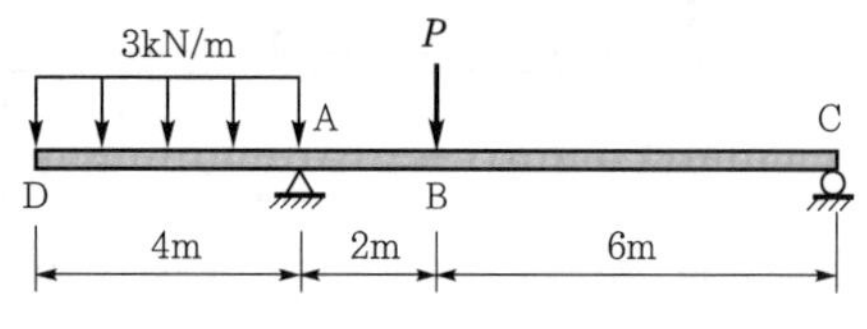

① 4kN ② 6kN
③ 8kN ④ 10kN
⑤ 12kN

해설 C점의 수직반력이 0이므로 A점에 대한 $\Sigma M_A=0$의 평형조건식을 적용한다.

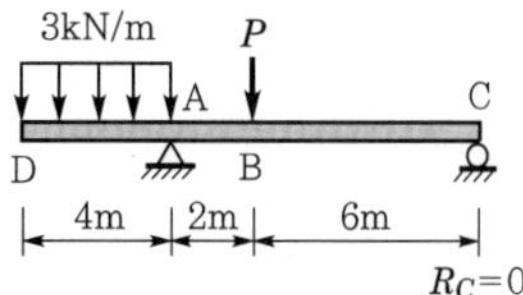

$\Sigma M_A=0,\ -(3\times4\times2)+P\times2=0$

$P=12\text{kN}$

96 다음 그림과 같은 구조물에서 최대 정모멘트가 발생되는 위치는? [09. 국가직 9급]

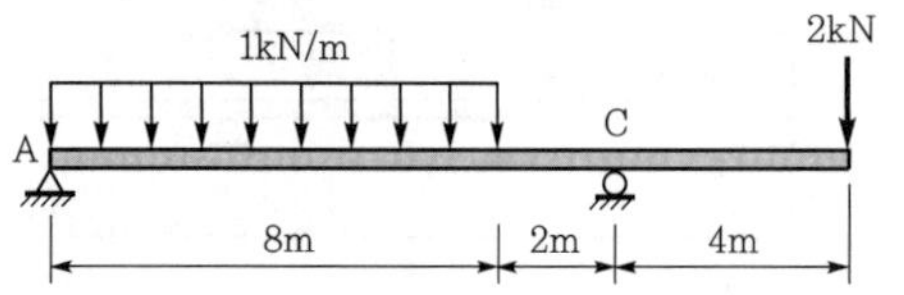

① 점 A에서 3.5m ② 점 A에서 4m
③ 점 C ④ 점 C에서 5m

해설 ㉠ A지점의 반력

$R_A=\dfrac{(1\times8)\times6}{10}-\dfrac{2\times4}{10}=4\text{kN}$

㉡ 정의 최대 휨모멘트가 발생하는 위치
이 경우에는 전단력이 0인 지점에서 발생한다.

$S_x=R_A-wx=4-1\times x=0$

$x=4\text{m}$

따라서 정의 최대 휨모멘트는 A지점에서 지간 내로 4m 위치에서 발생한다.

97 주어진 내민보에서 발생하는 최대 휨모멘트 [kN · m]는? [15. 서울시 9급]

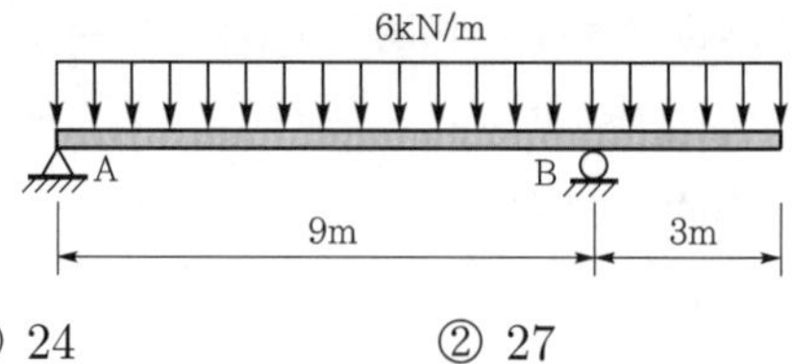

① 24 ② 27
③ 48 ④ 52

해설 단순구간에서 전단력이 0인 위치에서 구한 휨모멘트와 B점에서 구한 휨모멘트값을 비교하여 결정한다.

㉠ 단순구간에서 최대 휨모멘트

$R_A=\dfrac{6\times9}{2}-\dfrac{\frac{6\times3^2}{2}}{9}=27-3=24\text{kN}(\uparrow)$

$S_x=24-6x=0,\ x=4\text{m}$

$M_{x=2.5\text{m}}=15\times4-\dfrac{6\times4^2}{2}=48\text{kN}\cdot\text{m}$

㉡ B점에서 휨모멘트

$M_B=-\dfrac{6\times3^2}{2}=-27\text{kN}\cdot\text{m}$

∴ 최대 휨모멘트 48kN · m이다.

98 다음 그림과 같은 내민보에서 B점에 발생하는 전단력의 크기[kN]는? [10. 지방직 9급]

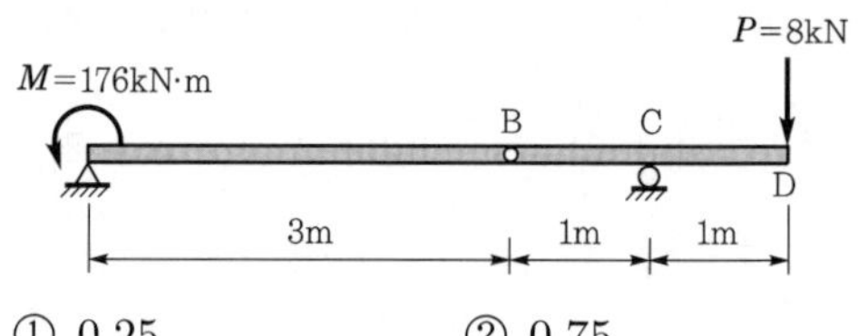

① 0.25 ② 0.75
③ 1.25 ④ 1.75

해설 $R_A=\dfrac{-3+8\times1}{4}=\dfrac{5}{4}\text{kN}(\uparrow)$

$S_B=-R_A=-\dfrac{5}{4}\text{kN}=-1.25\text{kN}$

99 그림과 같은 내민보 중앙점 C의 휨모멘트는? [국가직 9급]

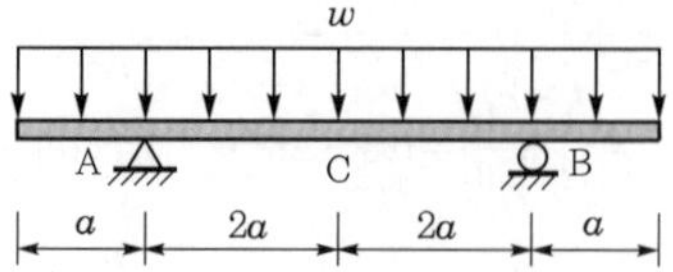

정답 95 ⑤ 96 ② 97 ③ 98 ③ 99 ③

① $0.5wa^2$　　② $1.0wa^2$

③ $1.5wa^2$　　④ $2.0wa^2$

해설 C점을 중심으로 좌우대칭이므로

$R_A = R_B 3wa$

$\therefore M_C = R_A \times 2a = \frac{w}{2}(3a)^2$

$= 3wa \times 2a - \frac{9wa^2}{2} = \frac{3}{2}wa^2 = 1.5wa^2$

100

다음 그림과 같은 구조물의 중앙 C점에서 휨모멘트가 0이 되기 위한 $\frac{a}{l}$의 비는? (단, $P = 2wl$이다) [08. 국가직 9급]

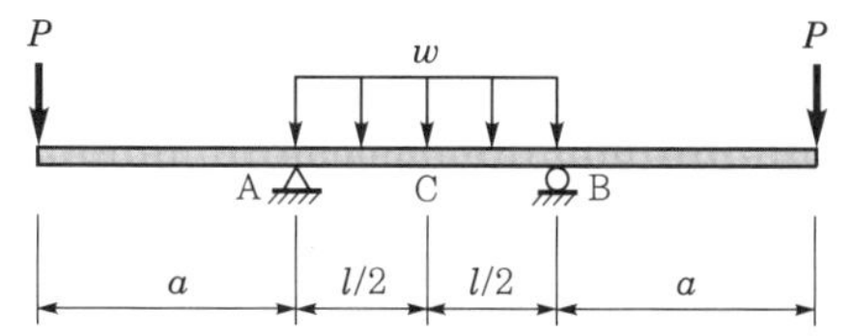

① $\frac{1}{4}$　　② $\frac{1}{6}$

③ $\frac{1}{8}$　　④ $\frac{1}{16}$

해설 중첩의 원리를 적용한다.

$M_C = \frac{wl^2}{8} - Pa = \frac{wl^2}{8} - (2wl)a = 0$

$\therefore \frac{a}{l} = \frac{1}{16}$

101

다음의 게르버보에서 A단의 휨모멘트는? [05. 경기도 9급]

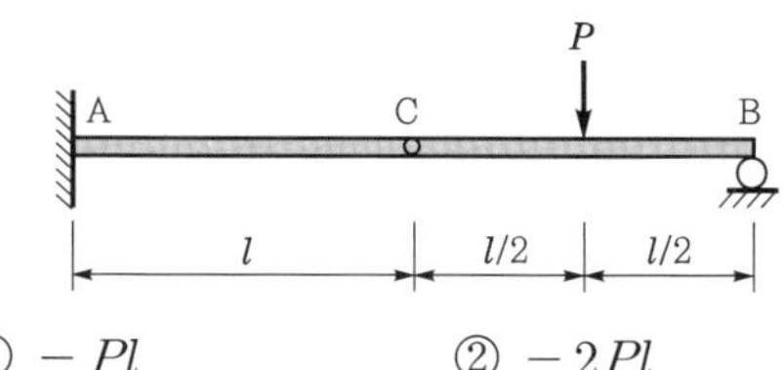

① $-Pl$　　② $-2Pl$

③ $-\frac{Pl}{3}$　　④ $-\frac{Pl}{2}$

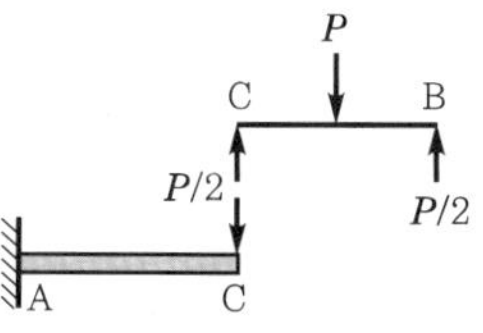

$M_A = -\frac{P}{2} \times l = -\frac{Pl}{2}$

102

다음 그림과 같이 지점 A는 롤러지점, 지점 B는 고정지점이고 C점에 내부힌지를 배치한 정정보에 하중이 작용하고 있다. B지점의 반력 R_B와 M_B는? [09. 국가직 9급]

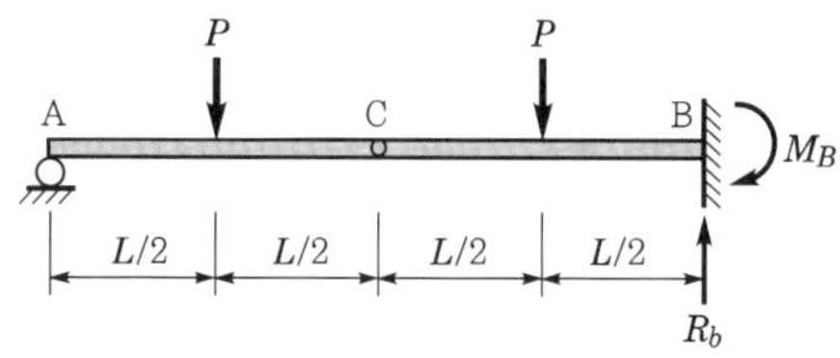

	R_b	M_B		R_b	M_B
①	P	$\frac{PL}{2}$	②	$\frac{3P}{2}$	PL
③	$\frac{5P}{3}$	$\frac{7PL}{6}$	④	$\frac{7P}{4}$	$\frac{5PL}{4}$

해설

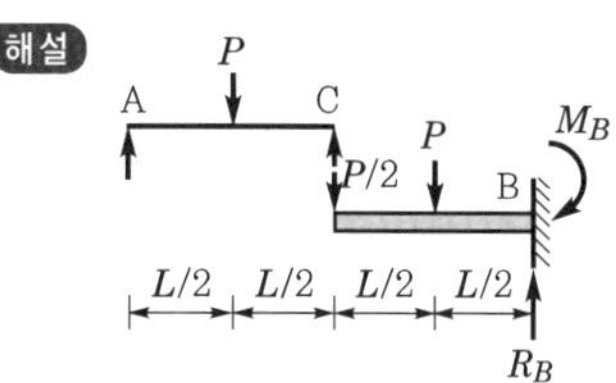

$R_C = \frac{P}{2}$이므로

$R_B = \frac{3P}{2}$

$M_B = -\frac{P}{2} \times L - P \times \frac{L}{2} = -PL$

103

다음의 게르버보에서 C지점의 수직반력은? [06. 국가직 9급]

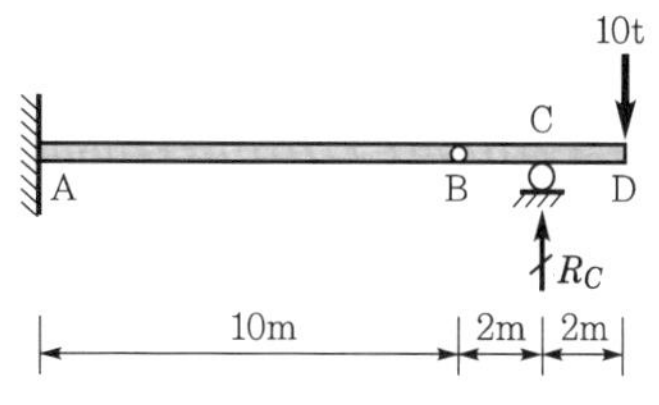

① 10t　　② 15t

③ 20t　　④ 25t

정답 100 ④ 101 ④ 102 ② 103 ③

해설

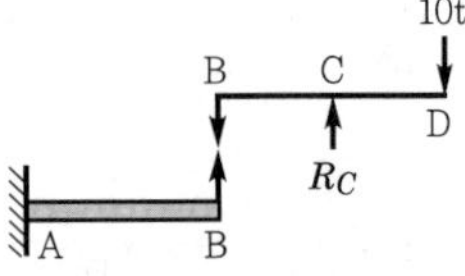

보 BCD에서

$\Sigma M_B = 0, -R_C \times 2 + 10 \times 4 = 0$

$R_C = 20\text{t}$

104 그림과 같은 보의 A점의 휨모멘트는? [국가직 9급]

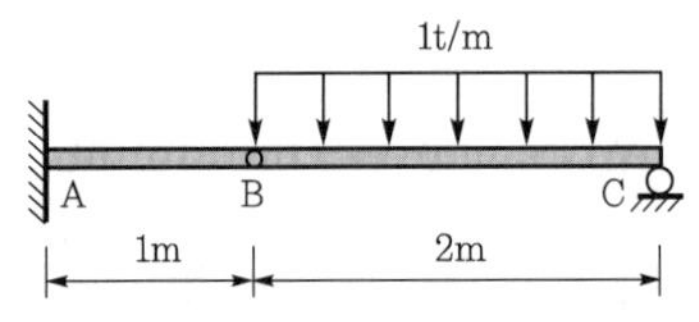

① 0t · m ② −1t · m
③ −2t · m ④ −3t · m
⑤ −4t · m

해설

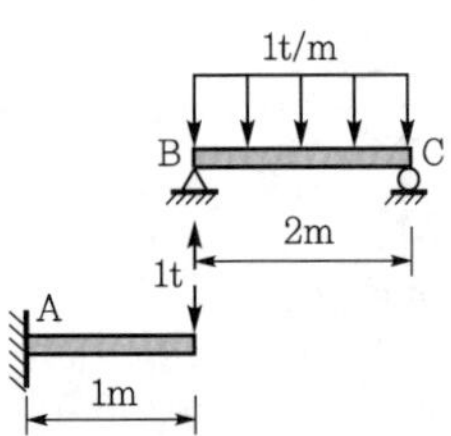

$R_B = 1\text{t}$이므로

$\therefore M_A = -1 \times 1 = -1\text{t} \cdot \text{m}$

105 다음 그림과 같은 게르버보에서 지점 A에서의 휨모멘트[kN · m]는? (단, 시계방향을 (+)로 간주한다) [10. 국가직 9급]

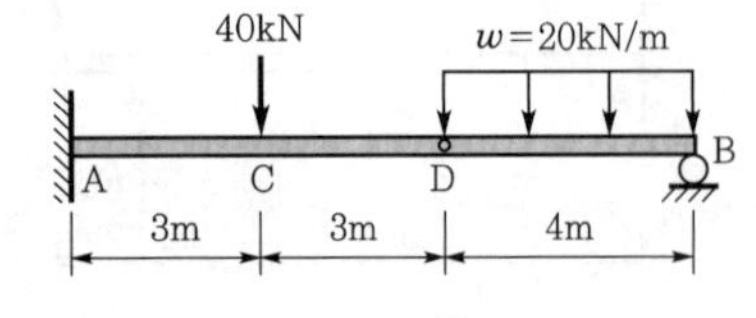

① −120 ② 120
③ −360 ④ 360

해설 ACD캔틸레버보에서 D점에 하향으로

수직력 $\dfrac{wL}{2} = \dfrac{20 \times 4}{2} = 40\text{kN}(\downarrow)$이 작용하므로

$M_A = -40 \times 3 - \dfrac{20 \times 4}{2} \times 6 = -360\text{kN} \cdot \text{m}$

106 다음 그림과 같은 게르버보(Gerber beam)에서 A점의 휨모멘트 값[tf · m]은? [08. 국가직 9급]

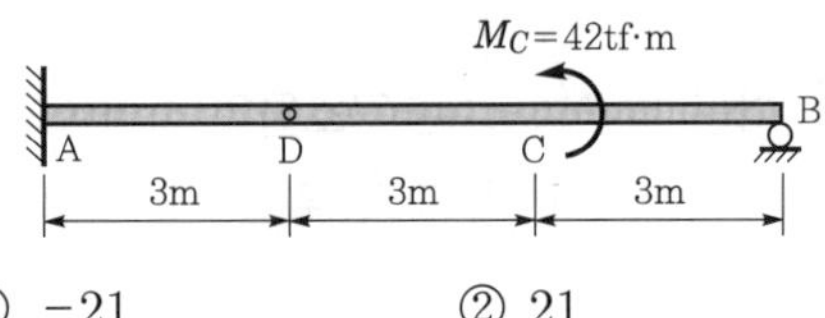

① −21 ② 21
③ −9 ④ 9

해설

$R_D = \dfrac{42}{6} = 7\text{t}$

$M_A = -7 \times 3 = -21\text{t} \cdot \text{m}$

107 그림과 같은 게르버보에서 지점 A의 휨모멘트[kN · m]는? (단, 게르버보의 자중은 무시한다) [11. 지방직 9급]

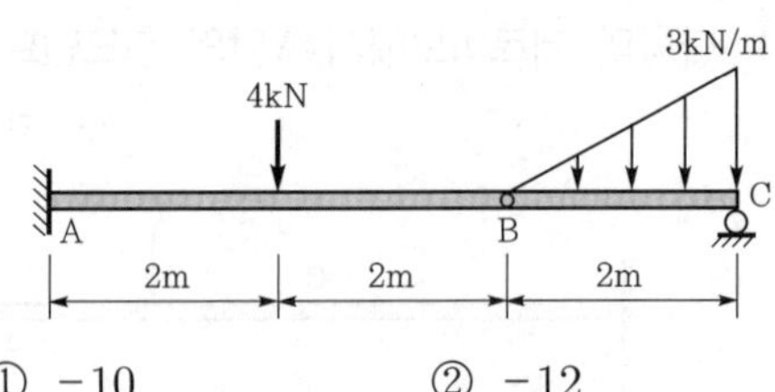

① −10 ② −12
③ −14 ④ −16

해설

$R_B = \dfrac{wL}{6} = \dfrac{3 \times 2}{6} = 1\text{kN}$

$M_A = -4 \times 2 - R_B \times 4 = -8 - 1 \times 4 = -12\text{kN} \cdot \text{m}$

정답 104 ② 105 ③ 106 ① 107 ②

108 그림과 같은 게르버보에 집중하중이 작용할 때 B점의 휨모멘트는? [국가직 9급]

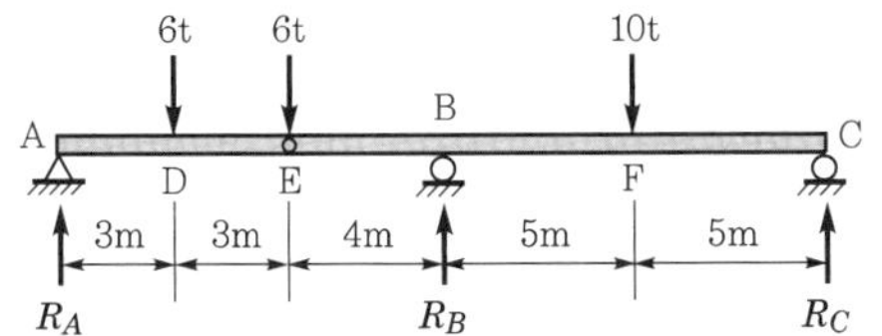

① $-18\text{t}\cdot\text{m}$　② $-24\text{t}\cdot\text{m}$
③ $-30\text{t}\cdot\text{m}$　④ $-36\text{t}\cdot\text{m}$

해설

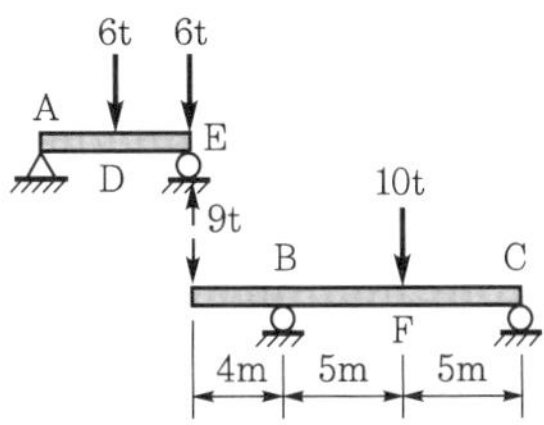

보 AE에서 E점의 반력

$R_E = \frac{6}{2} + 6 = 9\text{t}$

보 EBC에서 B점의 휨모멘트는

$\therefore M_B = -9 \times 4 = -36\text{t}\cdot\text{m}$

109 다음과 같이 하중을 받는 보에서 AB 부재에 부재력이 발생되지 않기 위한 CD 부재의 길이 a[m]는? (단, 자중은 무시한다) [13. 국가직 9급]

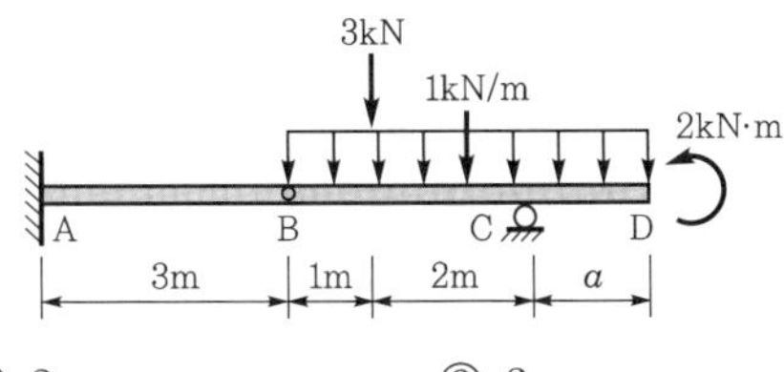

① 2　② 3
③ 5　④ 6

해설 AB 부재에 부재력이 발생되지 않기 위해서는 B점의 수직반력이 0이 되는 경우이다. 따라서 적지간인 BCD 구간에서 BC구간의 하중과 CD구간의 하중이 평형을 유지하면 된다. 따라서 C점에서 힘의 평형조건식을 적용한다.

$\Sigma M_C = 0,$

$-1 \times 3 \times 1.5 - 3 \times 2 - 2 + 1 \times a \times \frac{a}{2} = 0$

$a^2 = 25$

$a = 5\text{m}$

110 그림과 같이 절점 D는 내부 힌지로 연결되어 있으며, 점 A에 수평하중 P가 작용하고 비신장 케이블 FG부재로 무게 W를 지지하는 게르버보(Gerber Beam)가 있다. 이때 지점 C에서 수직반력이 발생하지 않도록 하기 위한 하중 P에 대한 무게 W의 비는? [09. 지방직 9급]

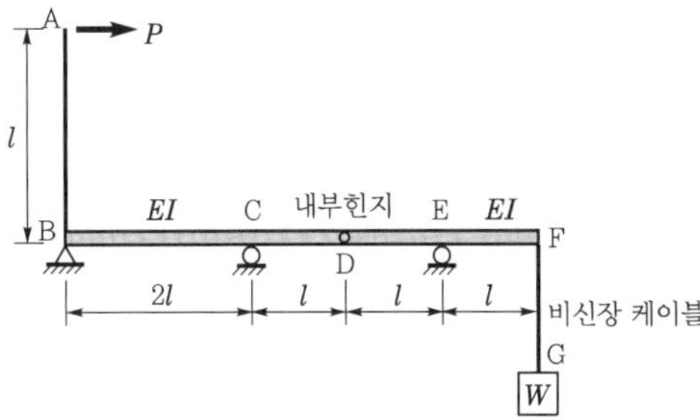

① $\frac{W}{P} = \frac{1}{2}$　② $\frac{W}{P} = \frac{1}{3}$
③ $\frac{W}{P} = 3$　④ $\frac{W}{P} = 1$

해설 다음 구조물의 자유물체도에서

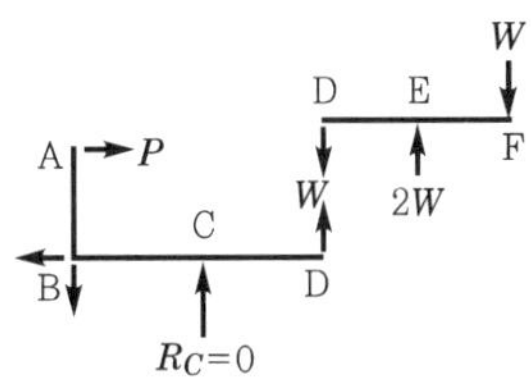

C점의 수직반력이 0이 되는 조건이므로 $R_C = 0$으로 하여 B점에 대하여 모멘트를 취한다.

$\Sigma M_B = 0,\ P \times l - W \times 3l = 0$

$\frac{W}{P} = \frac{1}{3}$

111 그림과 같은 단순보에 이동하중이 오른편(B)에서 왼편(A)으로 이동하는 경우, 절대 최대 휨모멘트가 생기는 위치로부터 A점까지의 거리[m]는? [15. 서울시 9급]

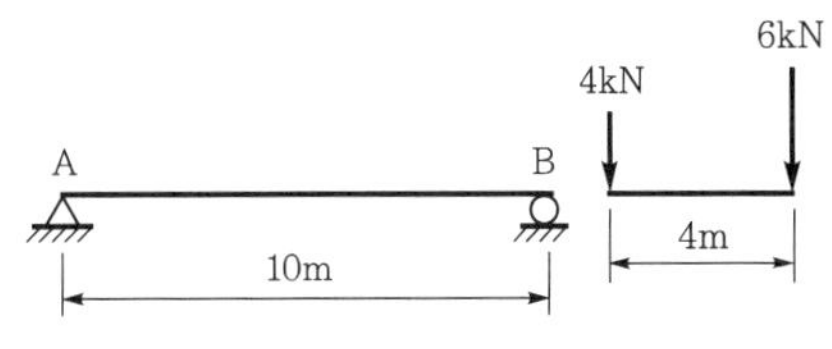

① 4.2　② 5.6
③ 5.8　④ 6.0

정답 108 ④ 109 ③ 110 ② 111 ③

해설 먼저 합력의 위치를 구하여 다음과 같이 결정한다.

㉠ 합력의 위치(d)

이 경우 합력은 6kN 가까이에 위치할 것이다. 그 위치 d는

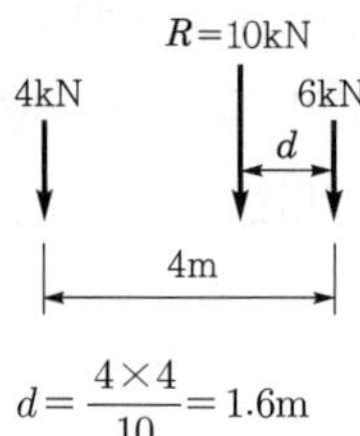

$$d=\frac{4\times4}{10}=1.6\text{m}$$

㉡ 절대 최대 휨모멘트의 위치(x)

합력 R과 6kN이 지간 중앙점을 중심으로 좌우로 양분될 때 6kN이 작용하는 위치에서 발생한다.

$$x=\frac{L}{2}+\frac{d}{2}=\frac{10}{2}+\frac{1.6}{2}=5.8\text{m}$$

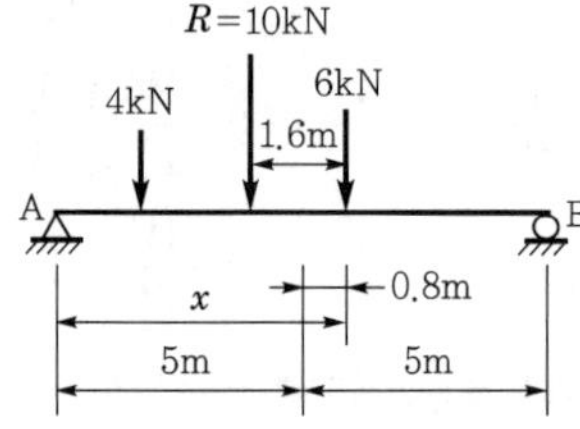

112 다음 그림과 같이 지간장이 9m인 단순보 AB에 이동집중하중군이 작용하고 있다. 이동집중하중군에 대한 절대최대휨모멘트[kN·m]는?

[10. 지방직 9급]

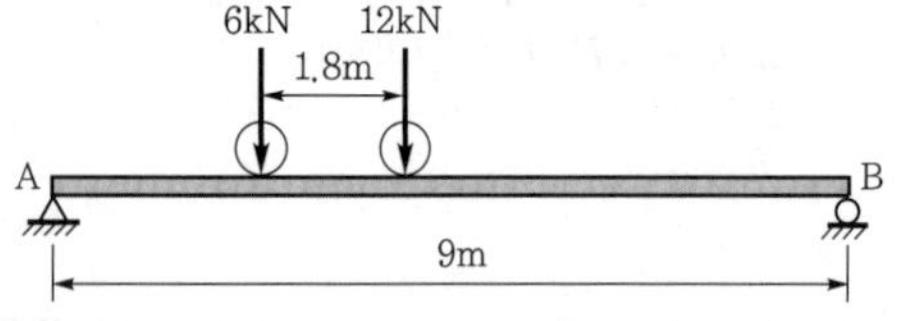

① 27.62 ② 30.42
③ 35.28 ④ 41.26

해설 ㉠ 합력의 작용위치

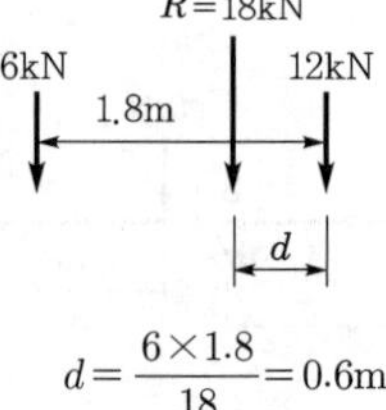

$$d=\frac{6\times1.8}{18}=0.6\text{m}$$

㉡ 절대최대휨모멘트

$$\therefore M_{\max}=\frac{R}{l}\left(\frac{l}{2}-\frac{d}{2}\right)^2=\frac{18}{9}\left(\frac{9}{2}-\frac{0.6}{2}\right)^2$$

$$=35.28\text{kN}\cdot\text{m}$$

113 다음과 같이 보가 A와 D에서 단순 지지되어 있고, B점에 고정되어 있는 케이블이 E점의 도르래를 지나서 하중 P를 받고 있다. 이때, C점 바로 왼쪽 단면의 휨모멘트의 절댓값이 800N·m일 경우, 하중 P의 크기[N]는?

[12. 국가직 9급]

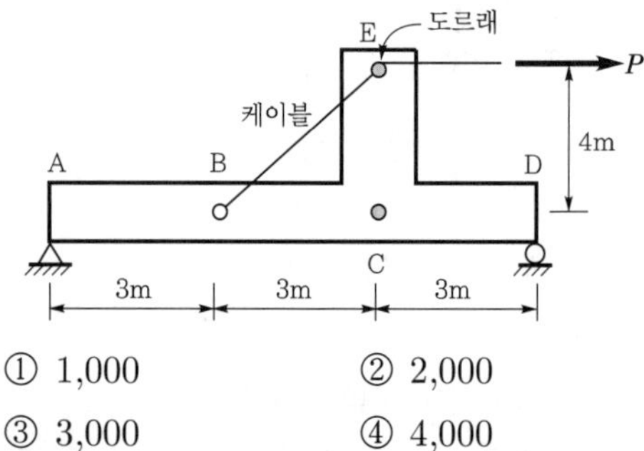

① 1,000 ② 2,000
③ 3,000 ④ 4,000

해설 C점의 바로 왼쪽 단면을 절단한 t-t 단면의 좌측부분을 고려한다.

㉠ 반력산정

$$(R_A\times9.0)+\left(\frac{4}{5}P\times6.0\right)=0$$

$$R_A=-\frac{24}{45}P$$

㉡ M_C 산정

$$\left|\left(-\frac{24}{45}P\times6.0\right)+\left(\frac{4}{5}P\times3.0\right)\right|=800$$

$$\left|-\frac{36}{45}P\right|=800$$

$$P=1000\text{N}$$

114 그림과 같은 이동하중이 작용할 때 C점의 최대 휨모멘트는?

[국가직 9급]

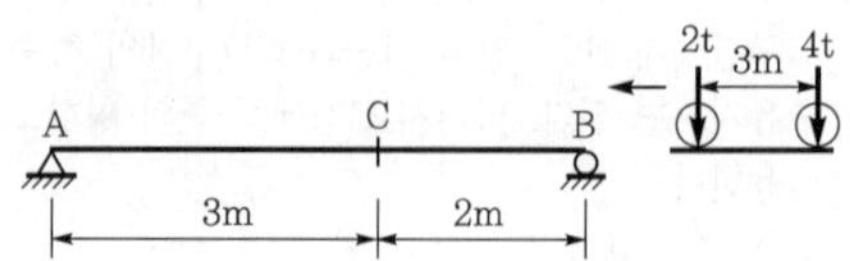

① 7.6t·m ② 8.4t·m
③ 9.2t·m ④ 10.2t·m

정답 112 ③ 113 ① 114 ②

해설

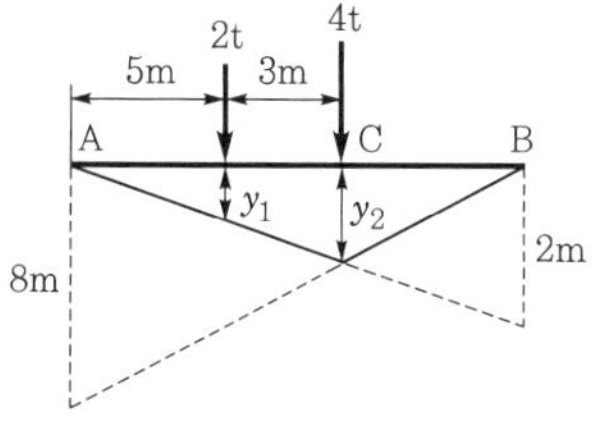

$y_2 = \frac{ab}{l} = \frac{8\times2}{10} = 1.6\text{m}$

$y_1 = 2\times\frac{5}{10} = 1\text{m}$

$\therefore M_c = 4\times y_2 + 2\times y_1 = 4\times1.6 + 2\times1 = 8.4\text{t}\cdot\text{m}$

115 그림 (a)와 같은 단순보 위를 그림 (b)의 연행하중이 통과할 때, C점의 최대 휨모멘트[kN · m]는? (단, 보의 자중은 무시한다) [15. 국가직 9급]

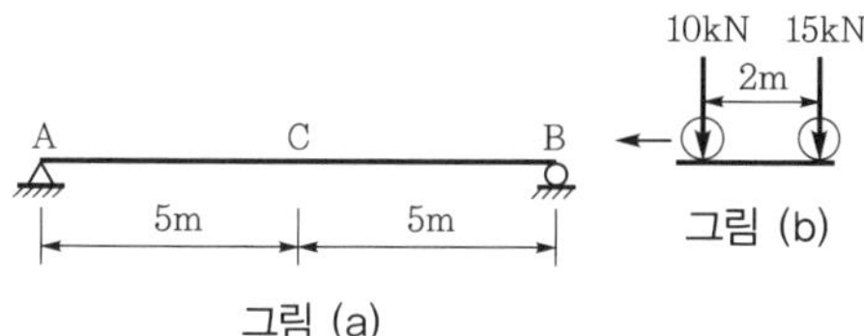

① 20 ② 47.5
③ 50 ④ 52.5

해설 C점의 휨모멘트에 관한 영향선도를 이용하여 구한다.

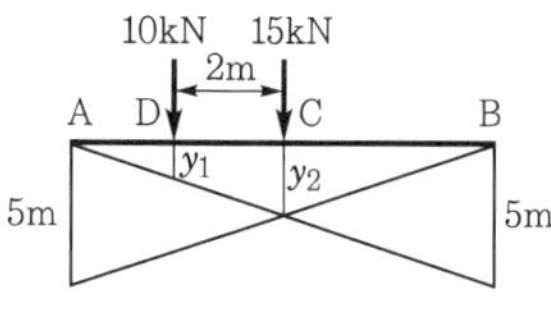

$y_c = \frac{5\times5}{10} = 2.5\text{m}$

$y_d = \frac{3\times5}{10} = 1.5\text{m}$

$M_{c\cdot\max} = 15\times2.5 + 10\times1.5 = 52.5\text{kN}\cdot\text{m}$

116 다음과 같은 단순보에서 집중 이동하중 10kN과 등분포 이동하중 4kN/m로 인해 C점에서 발생하는 최대휨모멘트[kN · m]의 크기는? (단, 자중은 무시한다) [15. 지방직 9급]

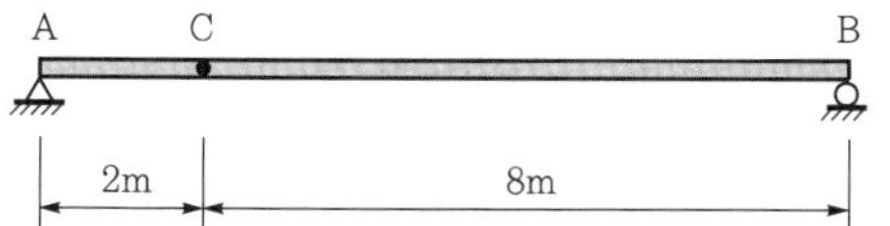

① 42 ② 48
③ 54 ④ 62

해설 M_c의 영향선도를 이용한다. 집중하중은 최대종거에 재하하고 등분포 이동하중은 전지간에 작용시켜 구한다.

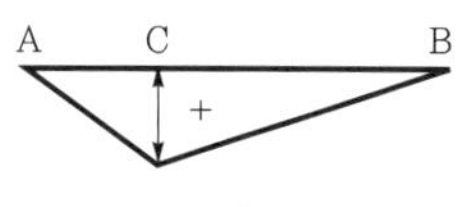

$M_c = \frac{2\times8}{10} = 1.6\text{m}$

$M_{c\cdot\max} = 10\times1.6 + 4\times\left(\frac{1}{2}\times10\times1.5\right) = 48\text{kN}\cdot\text{m}$

117 다음 그림과 같은 내민보에서 C점에 대한 전단력의 영향선에서 D점에 대한 종거는? [08. 국가직 9급]

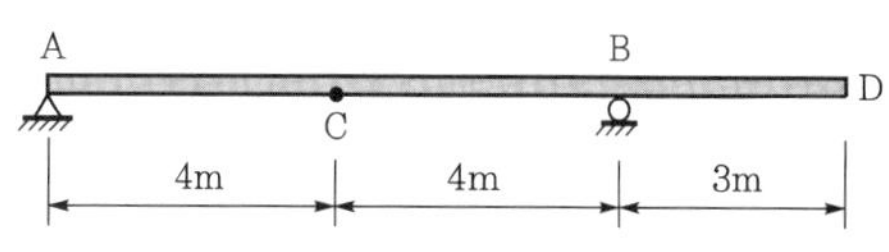

① −0.156 ② −0.264
③ −0.375 ④ −0.557

해설 $(S_C - IL)$

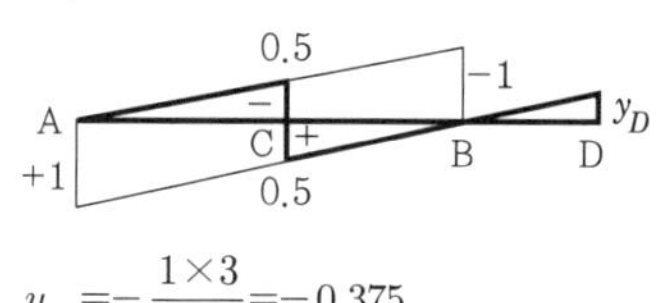

$y_D = -\frac{1\times3}{8} = -0.375$

118 다음 그림과 같은 내민보에서 C점에 대한 전단력의 영향선에서 D점의 종거는? [14. 국회 9급]

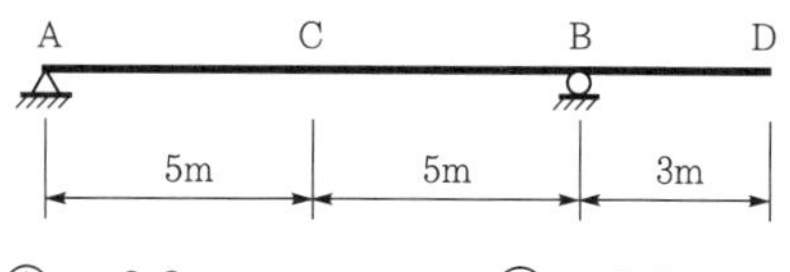

① −0.3 ② −0.2
③ 0.0 ④ 0.2
⑤ 0.3

해설 단순구간의 C점의 전단력에 대한 영향선도를 내민구간으로 그대로 연장하며, 수평선을 지나면 부호를 바꾼다.

정답 115 ② 116 ① 117 ③ 118 ①

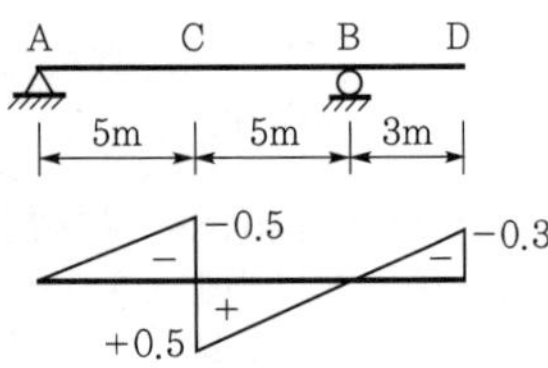

119 다음 그림과 같은 내민보에 등분포활하중 10kN/m이 이동하중으로 작용할 때, B점에서의 절대 최대전단력의 크기[kN]는? (단, 보의 자중은 무시한다) [12. 지방직 9급]

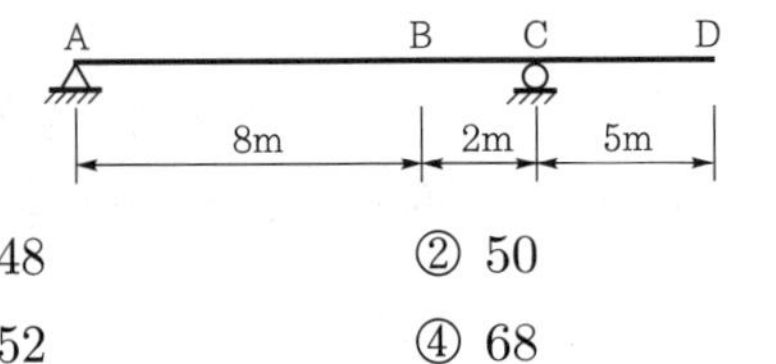

① 48 ② 50

③ 52 ④ 68

해설 B점의 절대 최대전단력은 B점의 전단력의 영향선도를 이용하여 구한다.

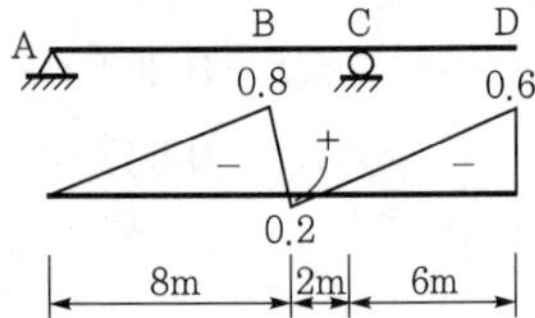

등분포하중이 AB구간과 CD구간에 작용할 때가 최대가 발생한다.

$$S_{c,\max} = \left[\frac{1}{2}\times 8\times 0.8+\frac{1}{2}\times 6\times 0.6\right]\times 10 = 50\text{kN}$$

120 다음과 같이 내부힌지가 있는 보에서 C점의 전단력의 영향선은? [15. 서울시 9급]

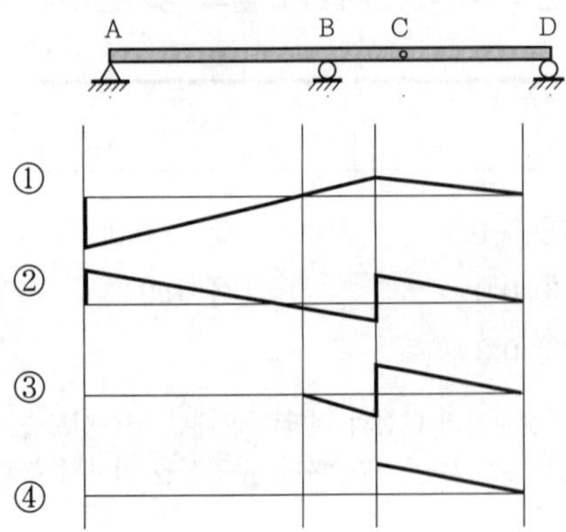

해설 게르버보의 C점은 적지간의 단부에 해당되는 점으로 C점의 전단력의 영향선도는 적지간인 CD구간에만 그려진다. 이에 해당되는 것은 지문 ④밖에 없다.

121 다음의 게르버보에서 C점에 대한 전단력의 영향선은? [03. 전남 9급]

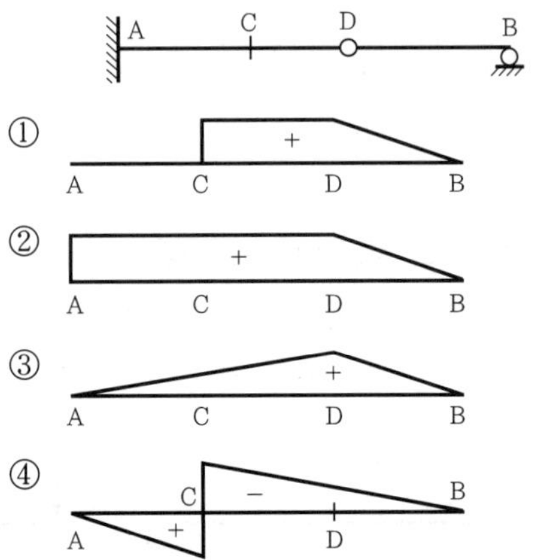

해설 ㉠ BD구간은 적지간으로 C점의 영향선도는 단순보의 지점반력의 영향선도와 같다.

㉡ CD구간은 캔틸레버구간으로 C점의 전단력의 영향선도에 종거는 1이 된다.

㉢ AC구간은 C점의 전단력은 0이 된다.

122 다음 그림과 같은 게르버보에서 지점 A의 반력 모멘트에 대한 정성적인 영향선은? [10. 국가직 9급]

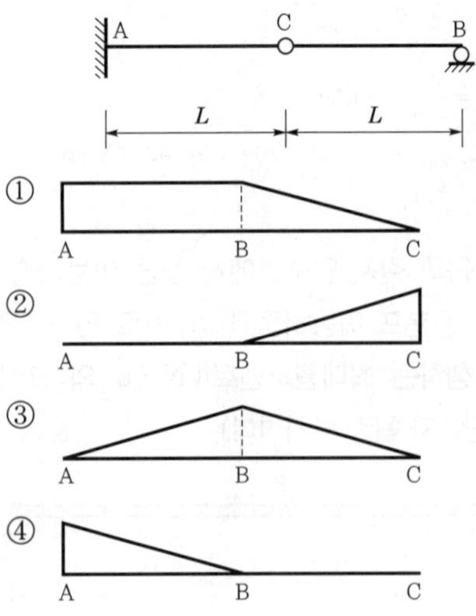

정답 119 ② 120 ④ 121 ① 122 ①

해설 ① R_A의 영향선도
② R_C의 영향선도
③ M_A의 영향선도

123 그림과 같이 단순보 위에 이동하중이 통과할 때 절대 최대 전단력 값은? [14. 서울시 9급]

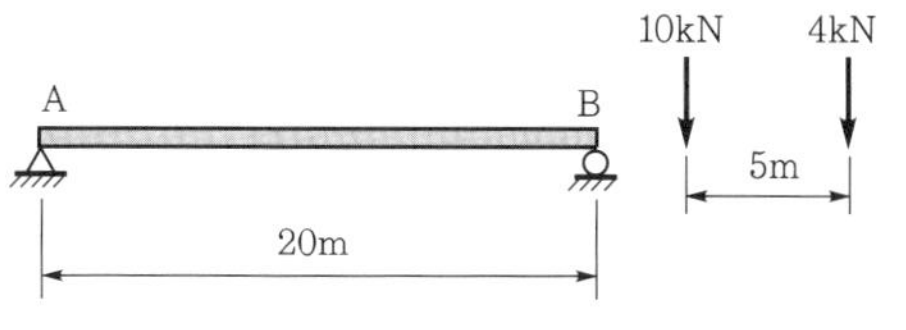

① 10kN ② 13kN
③ 14kN ④ 15kN
⑤ 16kN

해설 최대 전단력은 A지점에서 발생하기 때문에 A지점의 전단력의 영향선도를 작도한다.

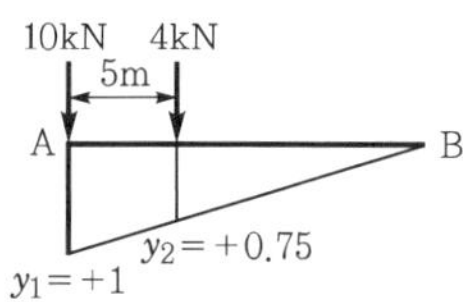

$S_{\max} = 10\times1+4\times0.75 = 13\text{kN}$

124 다음의 단순보 위를 이동하중이 지날 때 절대 최대 전단력은 얼마인가? [00. 국가직 9급]

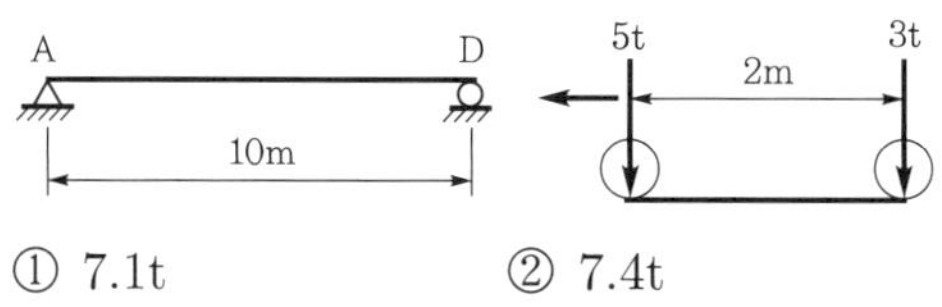

① 7.1t ② 7.4t
③ 7.8t ④ 8.0t

해설 단순보 위를 이동하중이 지날 때 큰 하중이 지점 위에 올 때 지점에서 최대 전단력이 발생한다.
영향선도를 이용하면
$S_{\max} = R_A = 5\times1+3\times0.8 = 7.4\text{t}$

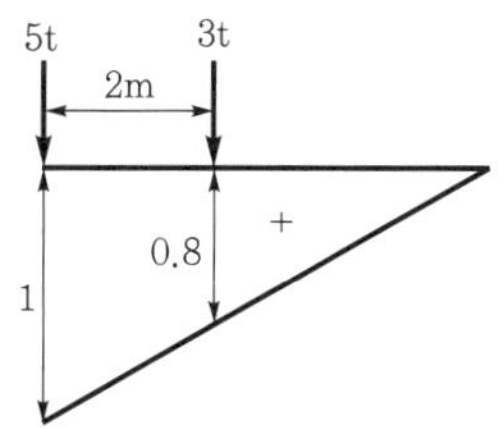

125 다음과 같이 단순보에 이동하중이 재하될 때, 단순보에 발생하는 절대최대전단력[kN]의 크기는? (단, 자중은 무시한다) [15. 지방직 9급]

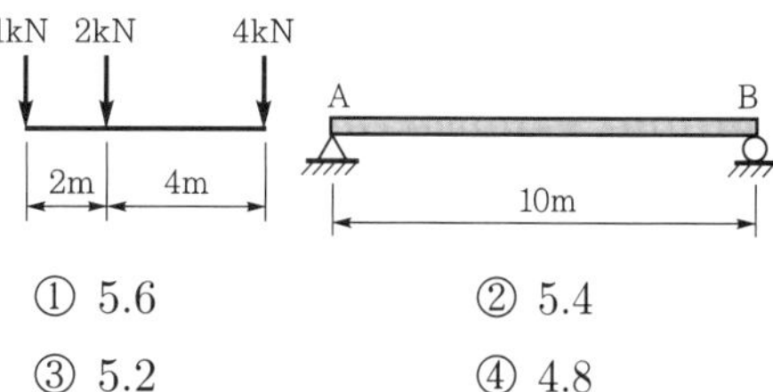

① 5.6 ② 5.4
③ 5.2 ④ 4.8

해설 절대최대전단력은 최대반력지점에서 발생한다. 이동하중이 좌측에서 우측으로 이동한다면 B지점에서 최대반력이 최대전단력이 된다. B점의 전단력에 대한 영향선도를 이용하여 구하는데 B점의 전단력은 B점의 지점반력에 대한 영향선도에 부호만 바꾸면 된다.

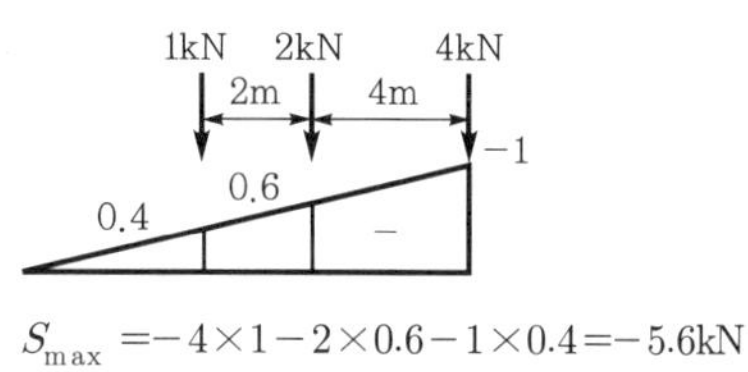

$S_{\max} = -4\times1-2\times0.6-1\times0.4 = -5.6\text{kN}$

126 그림 (a)와 같은 단순보 위를 그림 (b)와 같은 이동분포하중이 통과할 때 C점의 최대 휨모멘트[kN · m]는? (단, 보의 자중은 무시한다) [14. 국가직 9급]

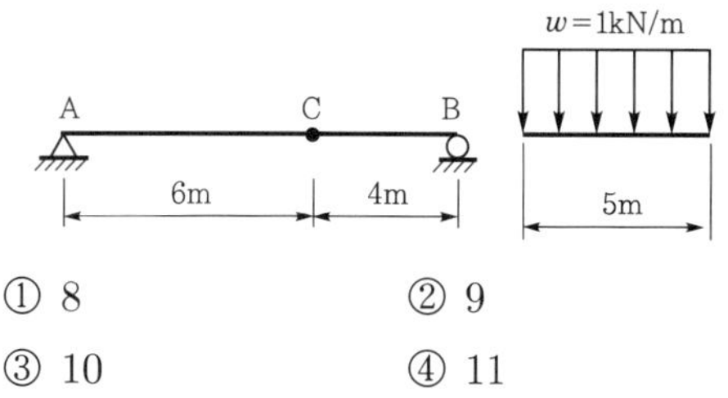

① 8 ② 9
③ 10 ④ 11

해설 C점의 휨모멘트의 영향선도는 다음과 같다. C점에서 최대 휨모멘트가 되기 위해서 이동등분포하중이 아래의 그림처럼 분포하여야 하는데 빗금친 부분의 영향선도의 면적이 최대가 될 때이며 그 값이 최대가 되는 것은 영향선도의 종거 $y_1 = y_2$일 때이다.

정답 123 ② 124 ② 125 ① 126 ②

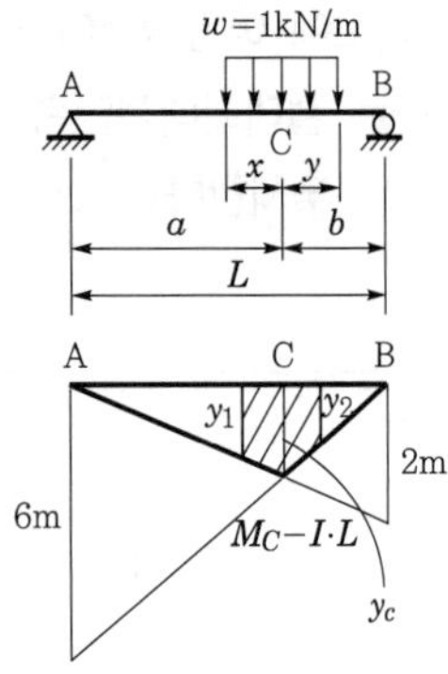

㉠ x, y 계산

하중분포비가 $\frac{wx}{a}=\frac{w\lambda}{L}$일 때 최대가 된다. 여기서 λ는 이동등분포하중의 길이이다.

$x=\frac{a\lambda}{L}=\frac{6\times5}{10}=3\text{m}$

$y=\lambda-x=5-3=2\text{m}$

㉡ 종거 계산

$y_c=\frac{6\times4}{10}=2.4\text{m}$

$y_1=\frac{y_c}{L}\times(a-x)=\frac{4}{10}\times(6-3)=1.2\text{m}$

$y_2=y_1=1.2\text{m}$

㉢ 영향선도에서 빗금친 부분의 면적

$A=5\times1.2+\frac{1}{2}\times5\times(2.4-1.2)=9\text{m}^2$

㉣ C점의 최대휨모멘트

$M_{c,\max}=wA=1\times9=9\text{kN}\cdot\text{m}$

127 다음과 같은 보 구조물에서 지점 B의 연직반력에 대한 정상적인 영향선으로 가장 유사한 것은? (단, D점은 내부힌지이다) [14. 지방직 9급]

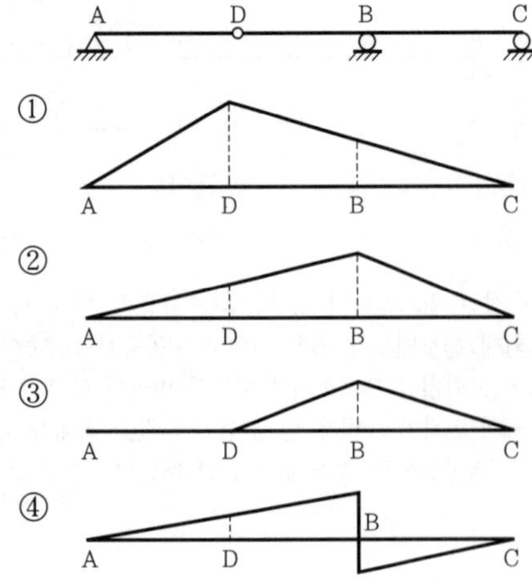

해설 B점은 BC단순구간의 한 지점이므로 단순보의 B지점의 수직반력에 대한 영향선도를 그려서 내민구간(BD)까지 연장하고 힌지절점(D)의 위치에서 영향선도의 기울기를 반대로 한다.

128 다음과 같이 게르버보에 연행하중이 이동할 때, B점에 발생되는 부모멘트의 최대 절댓값 [kN · m]은? (단, 보의 자중은 무시하며, D점은 내부힌지이다) [14. 지방직 9급]

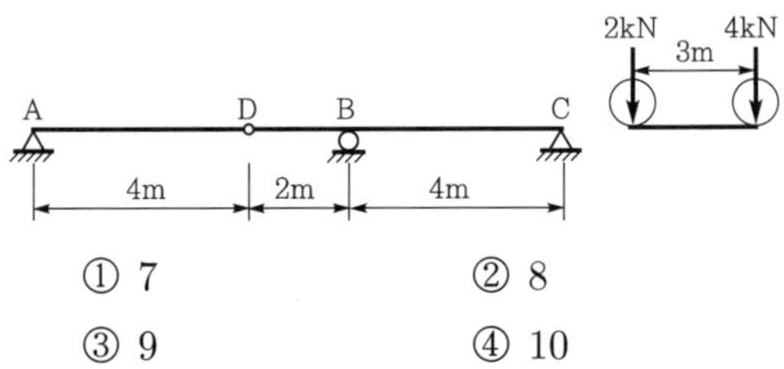

① 7　② 8
③ 9　④ 10

해설 B점의 휨모멘트에 영향선도를 이용한다.

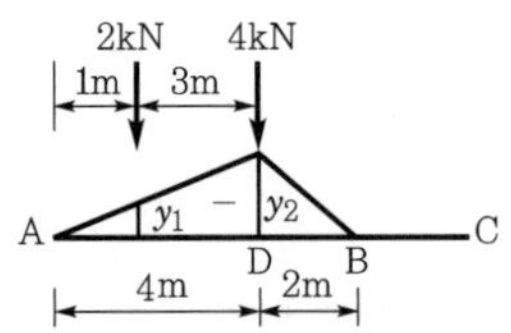

영향선도에서 종거는 각각 다음과 같다.

$y_1=\frac{2}{4}\times1=0.5\text{m}$

$y_2=2\text{m}$

$M_B=-4\times2-2\times0.5=-9\text{kN}\cdot\text{m}$

129 그림과 같이 E, F점이 힌지인 게르버보에서 지점 C의 연직반력에 대한 영향선을 바르게 그린 것은? [11. 국가직 9급]

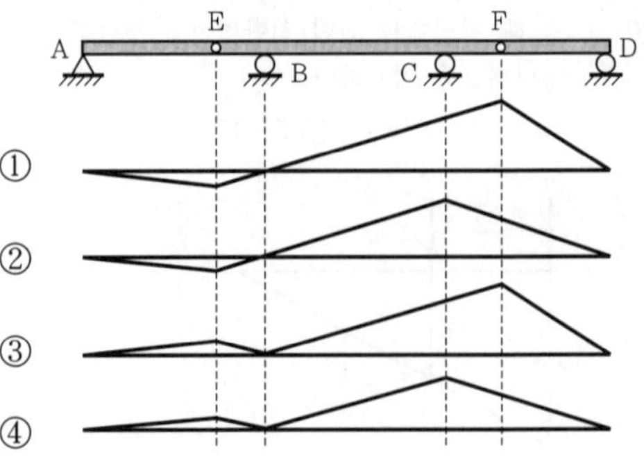

정답 127 ① 128 ③ 129 ①

해설 BC단순지간에서 C점의 반력의 영향선도를 내민구간까지 연장하고 힌지절점에서 기울기의 부호를 바꾸어 준다.

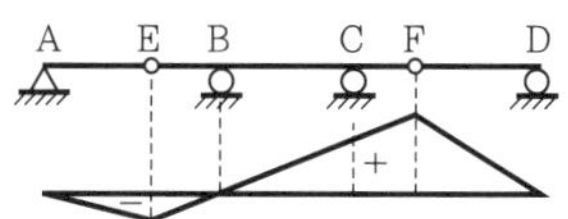

130 그림과 같은 게르버보에서 C점의 지점반력의 영향선도는? [00. 국가직 9급]

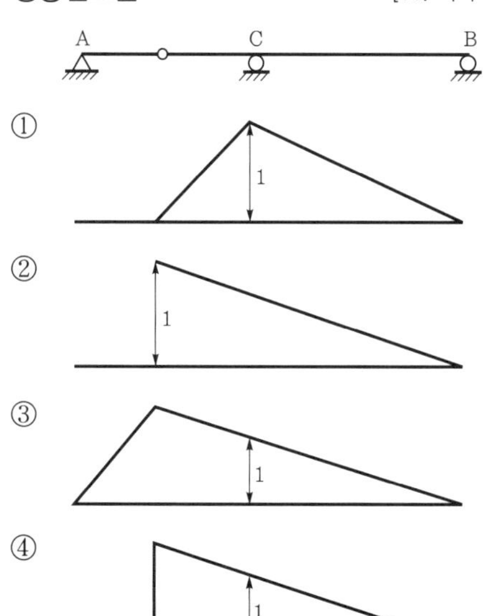

해설 단순보구간 CB에서 R_C에 대한 영향선도를 작도해서 내민구간에서는 연장하고 내부힌지절점에서는 선도의 기울기의 부호를 바꾼다.

131 다음과 같이 게르버보에 우측과 같은 이동하중이 지날 때, 지점 B의 반력(R_B)의 최대크기 [kN]는? [13. 국가직 9급]

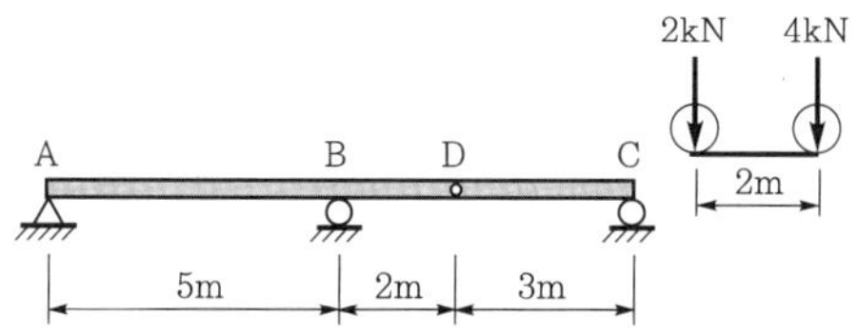

① $\frac{24}{5}$ ② $\frac{26}{5}$

③ $\frac{36}{5}$ ④ $\frac{38}{5}$

해설 R_B에 관한 영향선도를 작도하여 구한다.

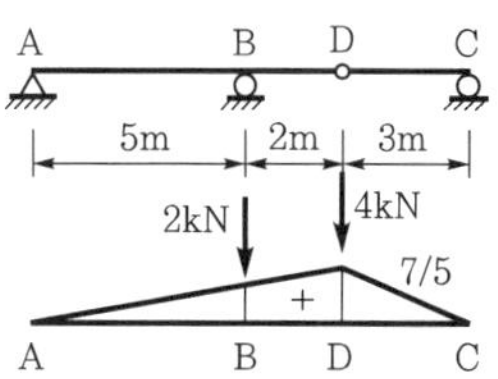

B점의 종거, $y_b = 1$

D점의 종거, $y_d = \frac{5+2}{5} = \frac{7}{5}$

$R_B = 1 \times 2 + \frac{7}{5} \times 4 = \frac{38}{5}$kN(↑)

132 그림과 같은 트러스에서의 영향선은 어떤 부재력을 구하기 위한 것인가? [05. 경기교육청 9급]

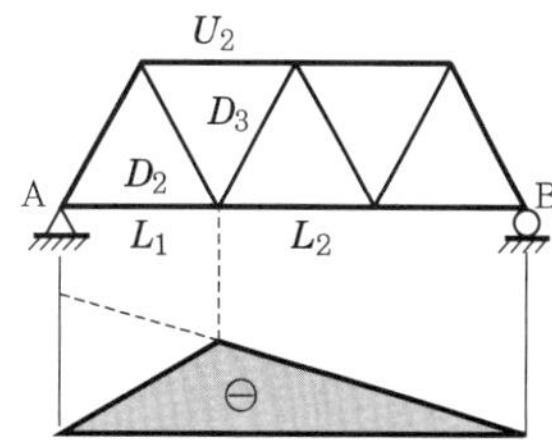

① L_2 ② D_2

③ D_3 ④ U_2

해설 L_1, L_2 하현재 인장재이고 D_2, D_3는 절단면에서 간접하중을 받으므로 (+), (−)구간이 생긴다.
상현재 U_2는 압축재가 된다.

정답 130 ③ 131 ④ 132 ④

CHAPTER

05 7급 기출문제

01 그림과 같이 등분포하중이 작용하는 단순보에서 단면 A, B의 휨모멘트 관계로 옳은 것은? (단, 전단력은 V, 분포하중강도는 q이다) [서울시 7급]

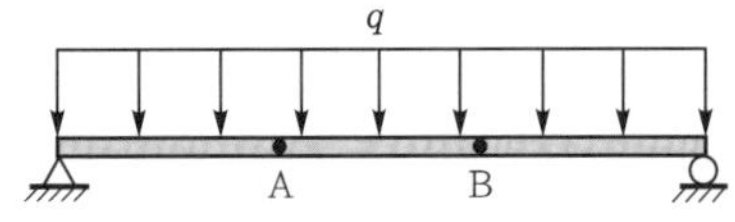

① $M_A + M_B = \int_A^B V dx$

② $M_B - M_A = \int_A^B V dx$

③ $M_A + M_B = \int_A^B q dx$

④ $M_A + M_B = -\int_A^B q dx$

해설 임의 두 점 사이의 휨모멘트 값의 차이는 전단력도의 면적과 같다.

$M_B - M_A = \int_A^B V dx$

02 그림과 같은 굽힘 모멘트가 생기게 하기 위해 작용하여야 할 하중 P는? [국가직 7급]

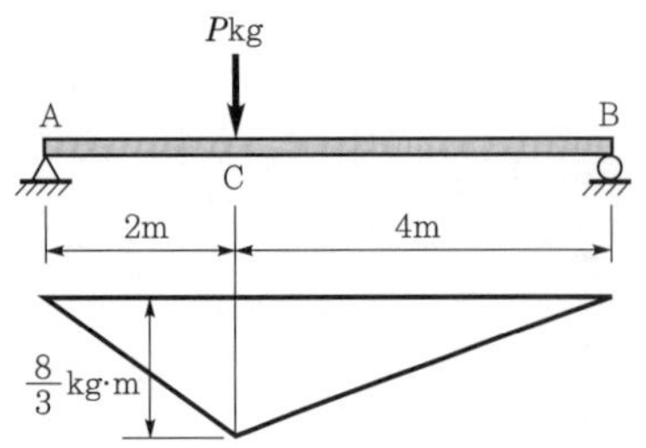

① $\frac{3}{8}$kg　② 1kg

③ 2kg　④ 3kg

해설 $M_C = \frac{P \cdot a \cdot b}{l} = \frac{8}{3}$에서

$\therefore \frac{P \times 2 \times 4}{6} = \frac{8}{3}$

$\therefore P = 2$kg

03 다음 그림에서 최대 굽힘모멘트를 구하면? [국가직 7급]

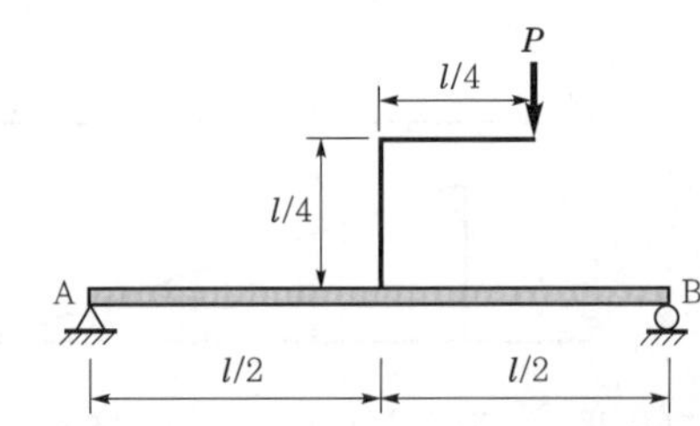

① $\frac{Pl}{8}$　② $\frac{2Pl}{8}$

③ $\frac{3Pl}{8}$　④ $\frac{4Pl}{8}$

해설

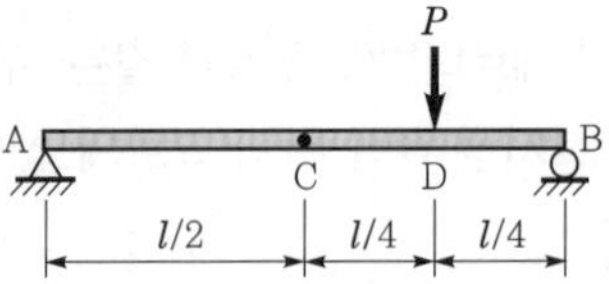

P가 D점에 작용하는 경우로 볼 수 있다.

$R_A = \frac{P}{4}(\uparrow)$, $R_B = \frac{3P}{4}(\uparrow)$이다.

따라서 M_{max}는 BC구간의 C점에서 발생한다.

$\therefore M_{max} = \frac{3}{4}P \times \frac{l}{2} = \frac{3Pl}{8}$

정답 01 ② 02 ③ 03 ③

04 다음 그림과 같은 내민보에서 최대 전단력을 구하면 얼마인가? [국가직 7급]

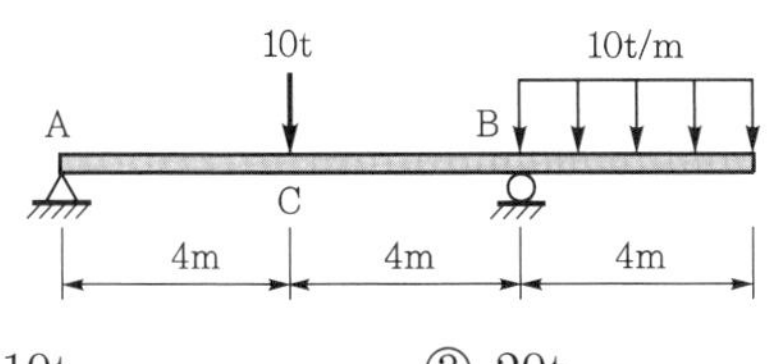

① 10t ② 20t
③ 30t ④ 40t

해설 내민보에서 내민부분의 하중이 단순지간에 작용하는 하중보다 클 경우 내민부분에 작용하는 총하중이 곧 최대전단력이 된다.

$\therefore S_{\max} = 10 \times 4 = 40\text{t}$

05 다음 단순보에서 C점의 휨모멘트는? [국가직 7급]

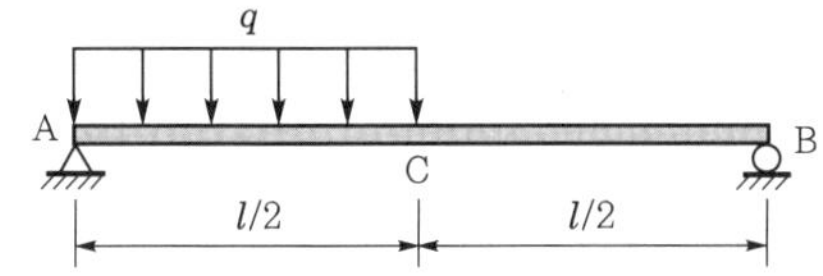

① $ql^2/8$ ② $ql^2/16$
③ $ql^2/32$ ④ $ql^2/36$

해설 $\Sigma M_A = 0$

$R_B \times l - q \cdot \left(\frac{l}{2}\right) \times \left(\frac{l}{4}\right) = 0$

$\therefore R_B = \frac{ql}{8}(\uparrow)$

$\therefore M_C = R_B \times \frac{l}{2} = \frac{ql}{8} \times \frac{l}{2} = \frac{ql^2}{16}$

06 다음 그림과 같이 등분포하중이 부분적으로 작용하는 단순보에서 지점 A로부터 최대 휨모멘트가 발생하는 점까지의 거리 x는? [06. 국가직 7급]

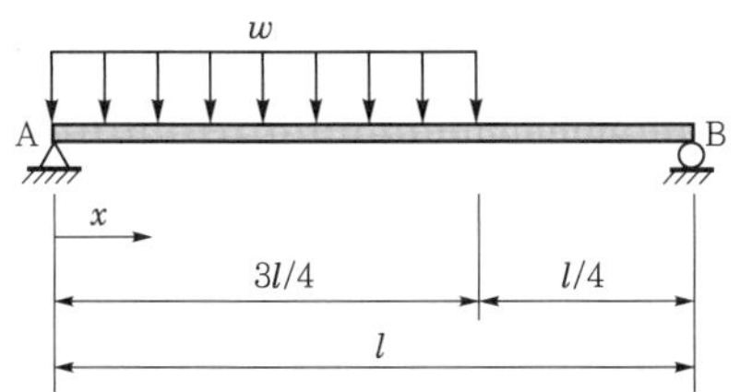

① $\frac{12l}{32}$ ② $\frac{13l}{32}$
③ $\frac{14l}{32}$ ④ $\frac{15l}{32}$

해설 주어진 단순보에서 최대 휨모멘트가 발생하는 점은 전단력이 0인 지점이 된다.

$R_A = \frac{\left(w \times \frac{3l}{4}\right) \times \frac{5l}{8}}{l} = \frac{15wl}{32}(\uparrow)$

A지점으로부터 전단력이 0인 점의 위치 x

$S_x = \frac{15wl}{32} - wx = 0$

$\therefore x = \frac{15l}{32}$

07 다음 단순보에서 최대 휨모멘트가 발생하는 위치는 A에서 얼마인가? [서울시 7급]

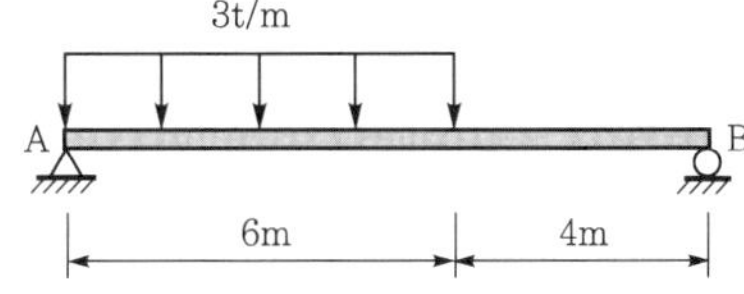

① 2.1m ② 3.6m
③ 4.2m ④ 5.4m
⑤ 6.6m

해설 $R_A = \frac{(3 \times 6) \times 7}{10} = 12.6\text{t}(\uparrow)$

$S_x = 12.6 - 3x = 0$

$\therefore x = 4.2\text{m}$

08 그림과 같은 단순보에서 C점의 휨모멘트를 구하는 식은? [국가직 7급]

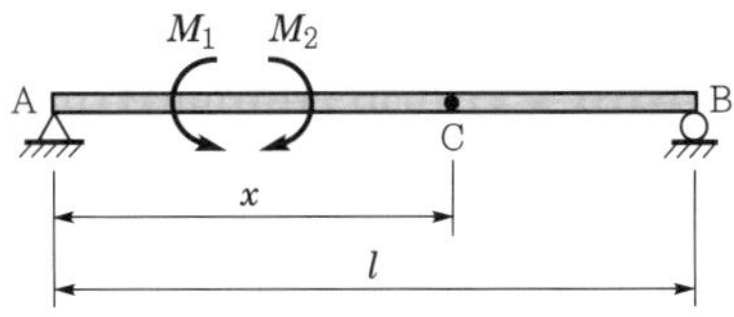

① $M_C = \frac{M_1 - M_2}{l}x + M_1 - M_2$

② $M_C = \frac{M_1 - M_2}{l}x - M_1 + M_2$

③ $M_C = \frac{M_1 + M_2}{l}x - M_1 + M_2$

④ $M_C = \frac{M_1 + M_2}{l}x + M_1 - M_2$

정답 04 ④ 05 ② 06 ④ 07 ③ 08 ②

해설 $R_A = \frac{\Sigma M}{l} = \frac{M_1 - M_2}{l}(\uparrow)$

$\therefore M_C = R_A \times x - M_1 + M_2$

$= \frac{M_1 - M_2}{l}x - M_1 + M_2$

09 그림과 같은 단순보에 집중하중 P와 $3P$가 작용한다. A점의 반력과 B점의 반력이 $R_A = 3R_B$의 관계가 성립할 때, 집중하중 P의 재하위치 x는? [06. 서울시 7급]

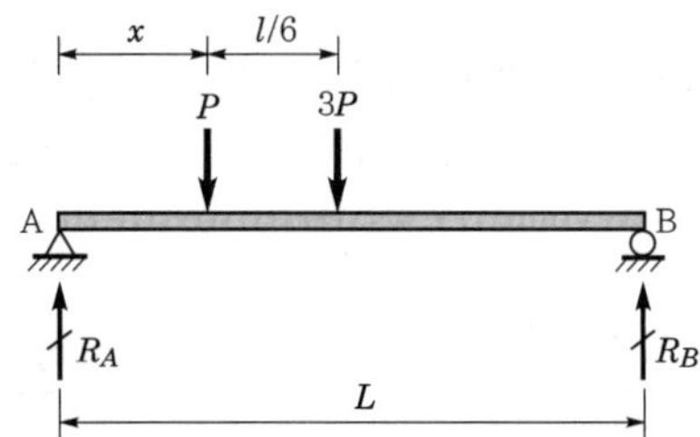

① $x = \frac{1}{8}L$　② $x = \frac{3}{8}L$

③ $x = \frac{5}{8}L$　④ $x = \frac{5}{12}L$

⑤ $x = \frac{7}{12}L$

해설 ㉠ 지점반력 계산

$\Sigma V = 0,\ R_A + R_B - P - 3P = 0$

$3R_B + R_B - 4P = 0$

$\therefore R_B = P$

$\therefore R_A = 3P$

또한 $R_A + R_B = 4P$를 충족시키는 비례식으로 풀어도 좋다.

$R_A : R_B = P : 3P$

$R_A = 3P,\ R_B = P$

㉡ x 계산

집중하중 P작용점을 중심으로

$\Sigma M_P = 0$

$R_A \times x + 3P \times \frac{L}{6} - P \times (L - x) = 0$

$3P \times x + 3P \times \frac{L}{6} - P \times (L - x) = 0$

$3x + \frac{L}{2} - L + x = 0$

$x = \frac{L}{8}$

10 그림은 어떤 부재의 전단력을 나타낸다. 이 전단력도를 보고 최대 휨모멘트를 계산하면? [국가직 7급]

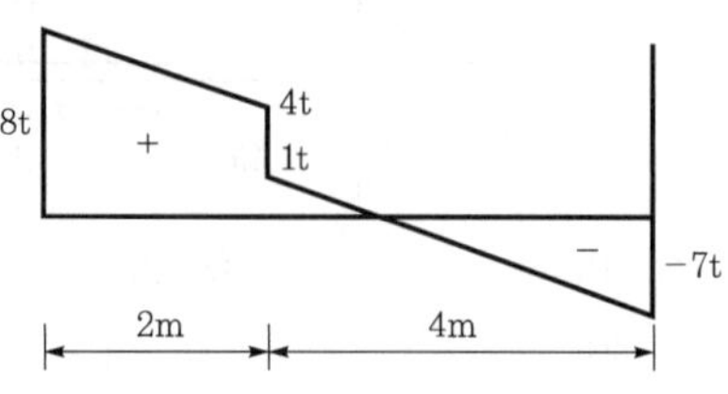

① 16t · m　② 12.25t · m

③ 12t · m　④ 10.25t · m

해설

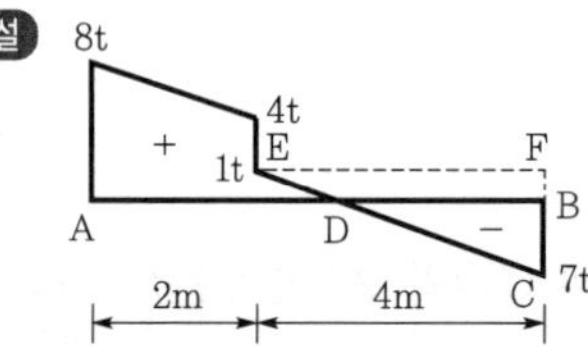

최대 휨모멘트 △BCD의 면적과 같다.

전단력도에서, △BCD ∽ △FCE이다.

$\therefore \overline{BC} : \overline{BD} = \overline{CF} : \overline{EF}$

$7 : \overline{BD} = 8 : 4$

$\therefore \overline{BD} = \frac{28}{8} = 3.5\text{m}$

따라서 $M_{max} = \frac{1}{2} \times \overline{BD} \times \overline{BC}$

$= \frac{1}{2} \times 3.5 \times 7$

$= 12.25\text{t} \cdot \text{m}$

11 다음과 같은 캔틸레버보에서 좌우 비대칭(부재의 좌측은 직선이고 우측은 2차 곡선)인 분포하중이 작용하고 있다. 2차 포물선 형태의 분포하중은 지점 A로부터 $\frac{L}{2}$만큼 떨어진 곳에서 w_0이며, 기울기가 0이다. 이때 지점 A의 반력모멘트는? [11. 지방직 7급]

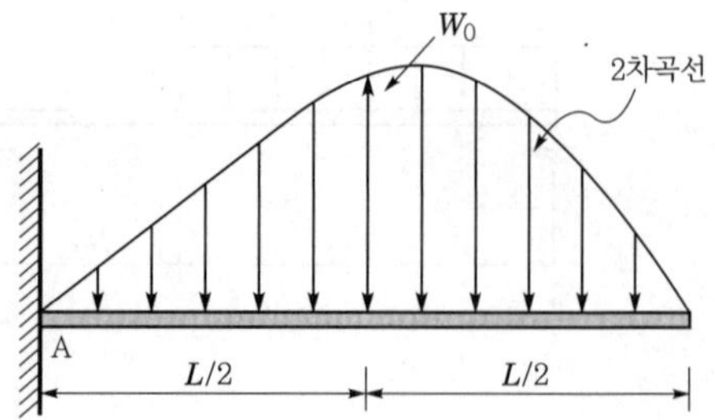

정답 09 ① 10 ② 11 ③

① $-\frac{5}{24}w_0L^2$ ② $-\frac{5}{18}w_0L^2$

③ $-\frac{5}{16}w_0L^2$ ④ $-\frac{5}{4}w_0L^2$

해설 $M_A = -\left(\frac{1}{2}\times\frac{L}{2}\times w_0\right)\times\left(\frac{L}{2}\times\frac{2}{3}\right)$
$-\left(\frac{2}{3}\times\frac{L}{2}\times w_0\right)\times\left(\frac{L}{2}+\frac{3}{8}\times\frac{L}{2}\right) = -\frac{5}{16}w_0L^2$

12 그림은 단위 중량 1t/m^3인 물을 저장한 댐이다. 댐의 정착부 A에 있어서 댐 단위 길이(1m)당의 반력 모멘트를 구하면? [국가직 7급]

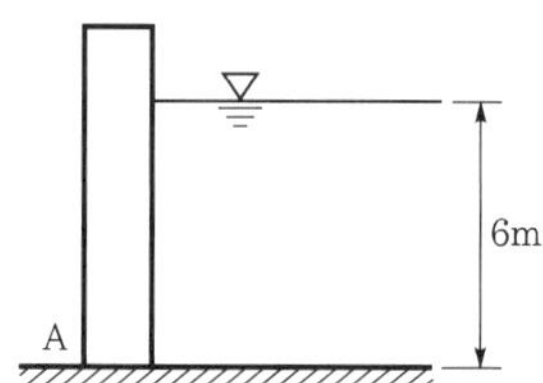

① 12t · m ② 18t · m

③ 36t · m ④ 72t · m

해설

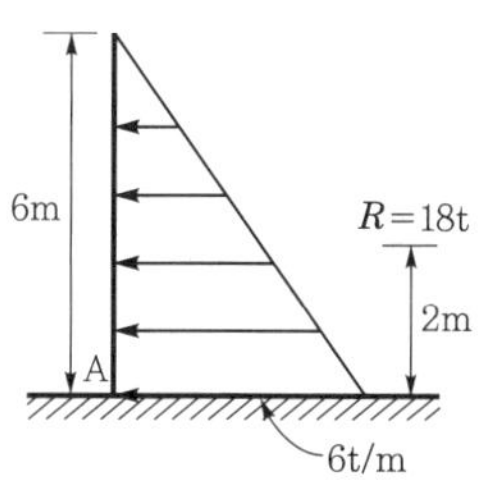

댐에 작용하는 수압분포도는 그림과 같다.
∴ 단위길이당 A점의 반력 모멘트는
$M_A = 18\times2 = 36\text{t}\cdot\text{m}$

13 다음 보에서 A점의 반력이 0이 되기 위한 P는? [서울시 7급]

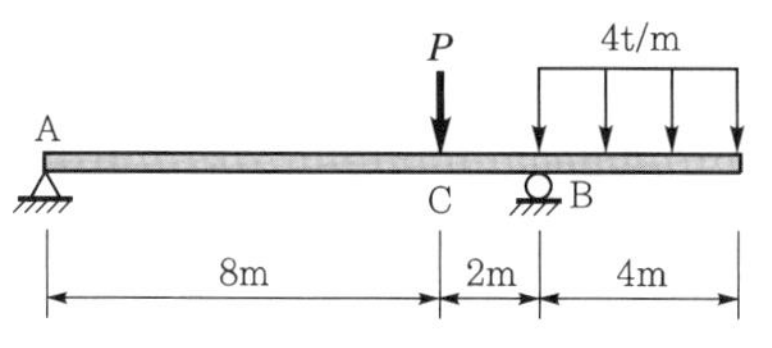

① 16t ② 20t

③ 24t ④ 28t

⑤ 32t

해설 $\Sigma M_B = 0$,
$R_A\times10 - P\times2 + \frac{4\times4^2}{2} = 0\ (R_A = 0)$
$\therefore P = 16\text{t}$

14 다음 내민보에서 A, B점의 휨모멘트의 크기가 같고, $-\frac{wl^2}{18}$일 때, l_1의 길이는? [00. 서울시 7급]

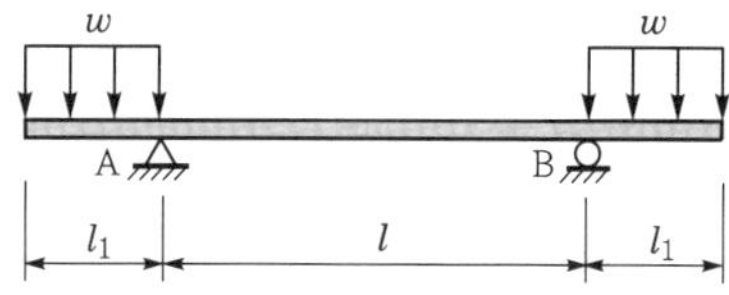

① $\frac{l}{2}$ ② $\frac{l}{3}$

③ $\frac{l}{4}$ ④ $\frac{l}{5}$

⑤ $\frac{l}{6}$

해설 $M_A = -\frac{wl_1^2}{2} = -\frac{wl^2}{18}$
$\therefore l_1^2 = \frac{l^2}{9}$
$\therefore l_1 = \frac{l}{3}$

15 다음의 동질, 동단면의 구조물에서 휨모멘트(B.M.D)로 옳은 것은? (단, EI는 일정하다) [00. 국가직 7급]

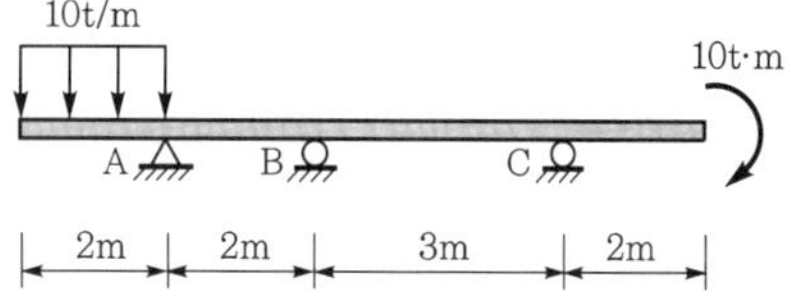

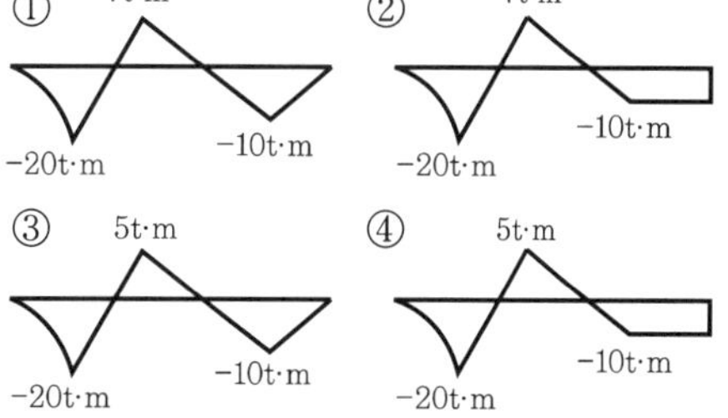

정답 12 ③ 13 ① 14 ② 15 ②

해설 ㉠ $M_A = -\dfrac{10\times 2^2}{2} = -20\text{t}\cdot\text{m}$

㉡ $M_B = -10\text{t}\cdot\text{m}$

㉢ 3연모멘트법에 의해 M_B 계산

$$M_A\left(\frac{l_1}{I_1}\right)+2M_B\left(\frac{l_1}{I_1}+\frac{l_2}{I_2}\right)+M_C\left(\frac{l_2}{I_2}\right)$$
$$=6E(\theta_{21}-\theta_{23})$$

하중이 AB, BC경간에 작용하지 않으므로,

$\theta_{21}=\theta_{23}=0$

I가 일정하므로,

$-20\times 2+2M_B(2+3)-10\times 3=0$

$\therefore M_B = 7\text{t}\cdot\text{m}$

㉣ C지점에서의 내민부분은 M만 작용하므로 휨모멘트의 크기는 일정하다.

16 다음은 집중하중 P와 등분포하중 w를 받는 내민보의 단면력도를 나타낸 것이다. 전단력도(SFD)와 휨모멘트(BMD)가 다음과 같을 때, 등분포하중 w, 지점 A의 수직반력 V_A, 지점 B로부터 모멘트가 0인 곳까지의 거리 a는 각각 얼마인가? (단, BMD에서 최대 휨모멘트는 $M_{\max} = 3.125\text{kN}\cdot\text{m}$이고, 최소 휨모멘트는 $M_{\min} = -10\text{kN}\cdot\text{m}$이다)[11. 지방직 7급]

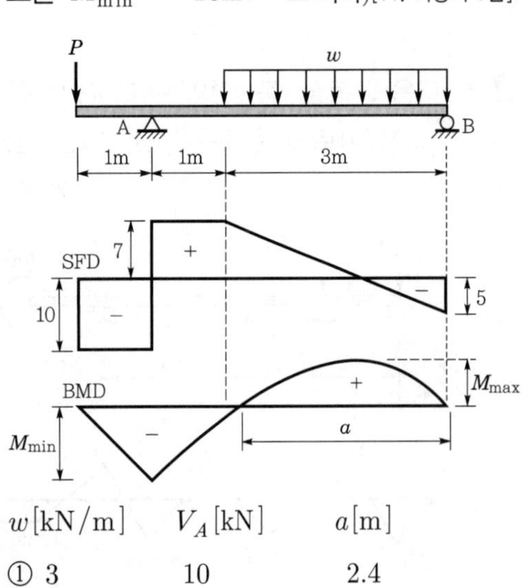

w[kN/m]	V_A[kN]	a[m]
① 3	10	2.4
② 3	17	2.5
③ 4	17	2.4
④ 4	17	2.5

해설 ㉠ w 계산

해당 구간의 전단력도의 기울기

$w = \dfrac{7+5}{3} = 4\text{kN/m}$

㉡ V_A 계산

A지점에서 전단력의 전체 크기로

$V_A = 10+7 = 17\text{kN}$

㉢ a 계산

$M_c = -R_B\times a+\dfrac{wa^2}{2}=0$

$5\times a+\dfrac{4\times a^2}{2}=0$

$2a^2-5a=0$

$a=\dfrac{5}{2}=2.5\text{m}$

17 다음 그림과 같은 게르버보에서 하중이 단순보의 중앙에 작용할 때 B점에서의 전단력과 휨모멘트는 각각 얼마인가? [국가직 7급]

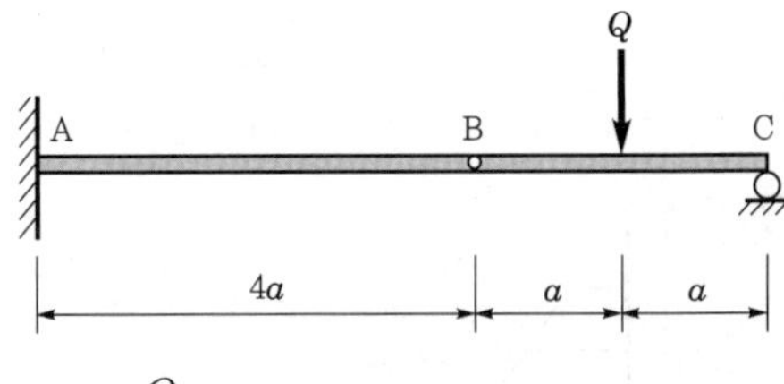

① $Q,\ \dfrac{Qa}{3}$ ② $Q,\ 0$

③ $\dfrac{Q}{2},\ \dfrac{Qa}{3}$ ④ $\dfrac{Q}{2},\ 0$

해설 ㉠ 내부힌지절점에서는 휨모멘트는 항상 0이다.

㉡ $S_B = R_B = \dfrac{Q}{2}$

18 다음 게르버보의 처짐곡선 모양은 어떻게 되는가? [00. 국가직 7급]

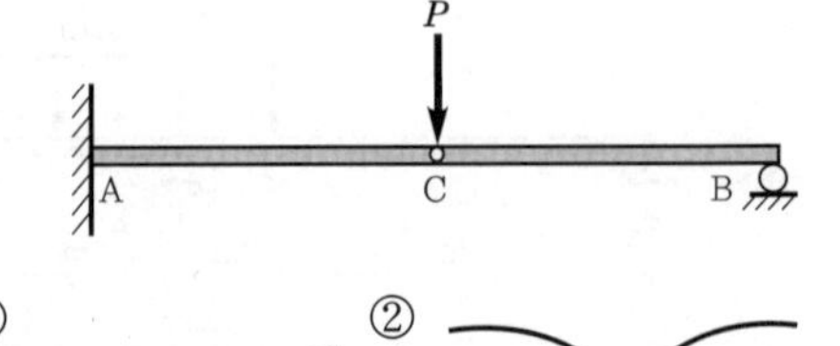

① ② ③ ④

정답 16 ④ 17 ④ 18 ③

해설

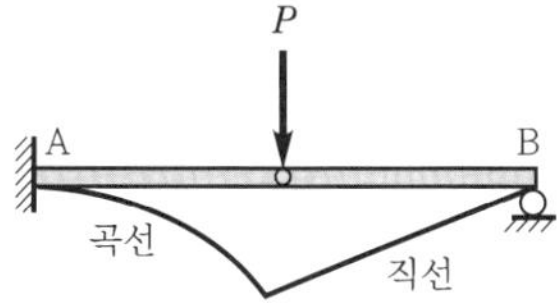

㉠ AC구간은 캔틸레버로서 보는 위가 볼록한 모양으로 아래로 처진다.
㉡ BC구간에는 하중이 작용하지 않으므로 직선변위를 일으킨다.

19 다음 게르버보에서 지점반력이 생기지 않는 점은? [서울시 7급]

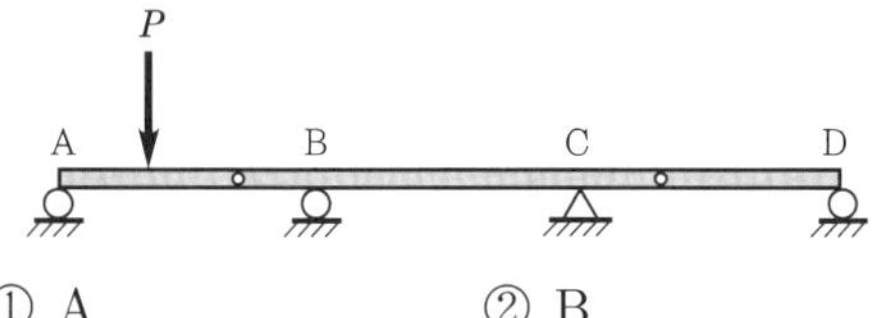

① A ② B
③ C ④ D
⑤ 모두 반력이 생긴다.

해설 적지간에 작용하는 하중 P는 다른 내부힌지절점을 지나서 하중 영향을 미치지 못한다.

20 다음 그림과 같은 정정게르버보에서 A점에서의 모멘트[N·m]는? (단, B, D, F는 내부힌지이다) [10. 국가직 7급]

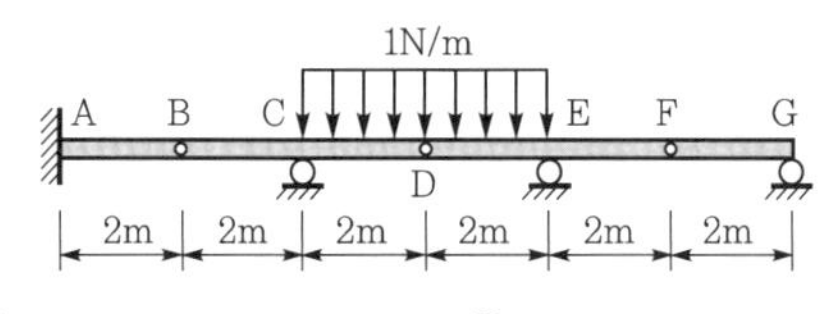

① 4 ② 5
③ 6 ④ 7

해설

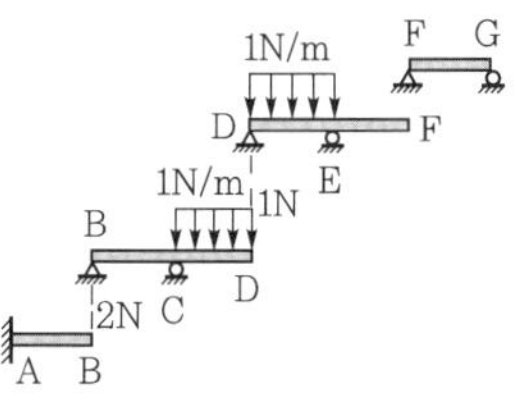

$M_A = 2 \times 2 = 4\text{N}\cdot\text{m}$

21 그림과 같이 2개의 집중하중 P_1, P_2가 B에서 A로 이동하여 보에 실릴 때 최대 휨모멘트가 생기는 곳의 위치는 A점부터 얼마의 거리에 있는가? [국가직 7급]

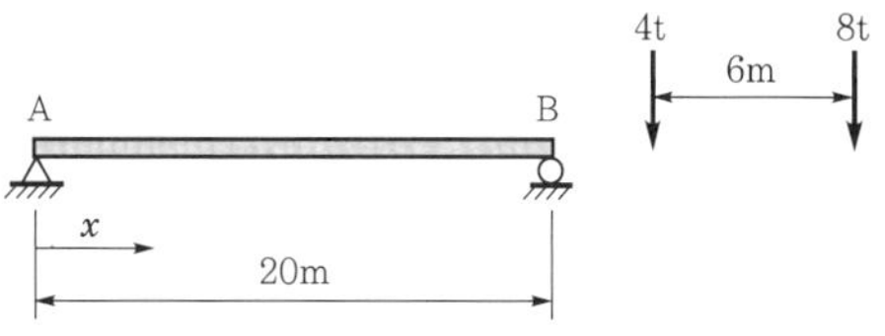

① 5m ② 10m
③ 11m ④ 14m
⑤ 16m

해설 ㉠ 합력의 작용위치(d)
바리뇽 정리로부터
$12 \times d = 4 \times 6$
$\therefore d = \frac{24}{12} = 2\text{m}$
㉡ 합력 R과 가까이 있는 8t 하중 합력이 지간 중앙을 좌·우로 같은 위치에 놓일 때 8t 아래에서 절대최대모멘트가 생긴다.
㉢ 절대최대 휨모멘트 위치
$x = \frac{l}{2} + \frac{d}{2} = \frac{20}{2} + \frac{2}{2} = 11\text{m}$
㉣ $M_{max} = \frac{R}{l}\left(\frac{l}{2} - \frac{d}{2}\right)^2 = \frac{12}{20} \times \left(\frac{20}{2} - \frac{2}{2}\right)^2 = \frac{12}{20} \times 9^2$
$= 48.6\text{t}\cdot\text{m}$

22 그림과 같은 연행하중이 단순보에 작용할 때 P_1이 보의 중점 C에서 좌측으로 몇 [m] 거리에 오면 보에 절대최대 휨모멘트가 일어나겠는가? [국가직 7급]

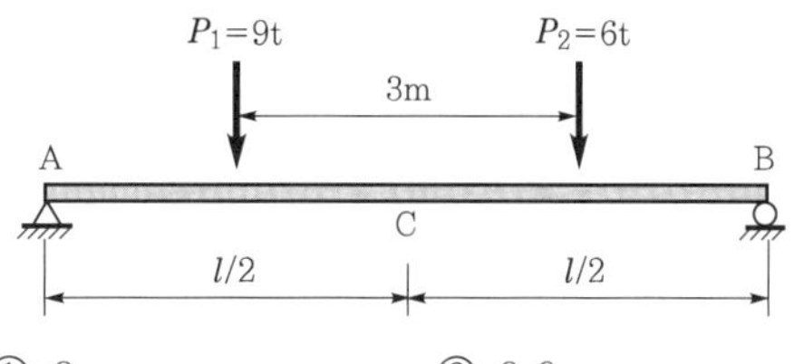

① 0 ② 0.6
③ 0.9 ④ 2.1

해설 ㉠ 합력의 위치: $d = \frac{6 \times 3}{9+6} = 1.2\text{m}$
㉡ C점에서의 M_{max} 위치
좌측으로 $x = \frac{d}{2} = \frac{1.2}{2} = 0.6\text{m}$

정답 19 ④ 20 ① 21 ③ 22 ②

23 다음 단순보 위를 이동하중이 지날 때 절대최대 휨모멘트가 발생하는 점의 A로부터 거리는? [서울시 7급]

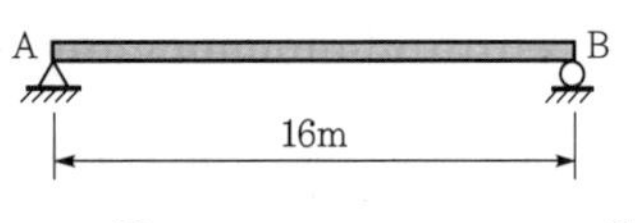

① 8m ② 7m
③ 6m ④ 5m

해설 ㉠ 합력 위치(d)

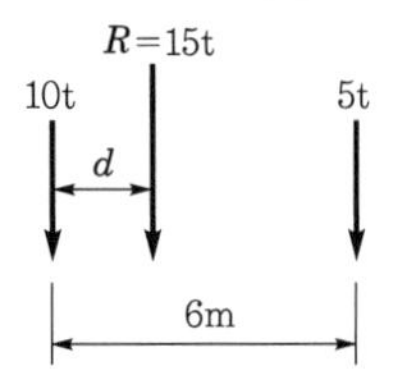

$15\times d=5\times 6$

$\therefore d=2\text{m}$

㉡ $M_{\max}$ 위치(x)

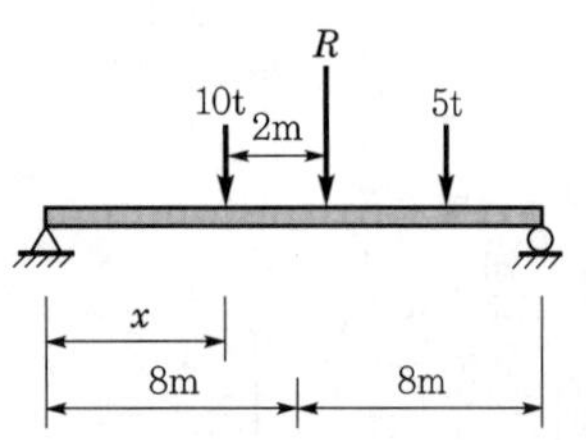

$M_{\max}$는 10t 아래에서 발생한다.

$\therefore x=\dfrac{l}{2}-\dfrac{d}{2}=\dfrac{16}{2}-\dfrac{2}{2}=7\text{m}$

24 다음과 같은 이동하중이 단순보를 지나갈 때 발생하는 절대 최대휨모멘트[kN · m]는? [11. 국가직 7급]

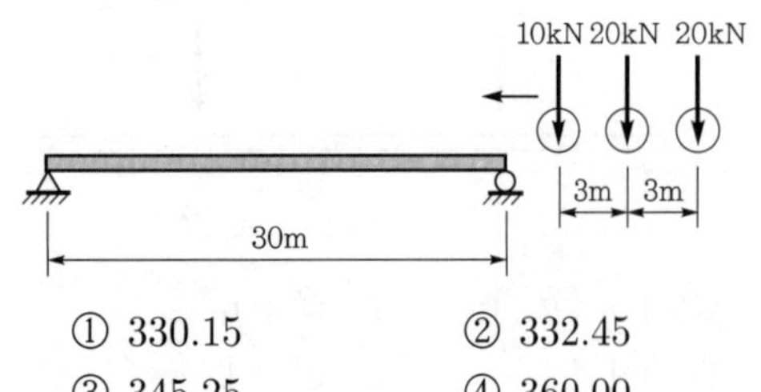

① 330.15 ② 332.45
③ 345.25 ④ 360.00

해설 ㉠ 합력의 작용위치(x)

여기서 x는 10kN으로부터 거리

$x=\dfrac{20\times 3+20\times 6}{50}=3.6\text{m}$

㉡ 합력과 가장 가까이에 있는 하중거리(d)

합력은 가운데 20kN과 가장 가까이에 있으며 그 거리 $d=0.6\text{m}$이다.

㉢ 절대 최대휨모멘트

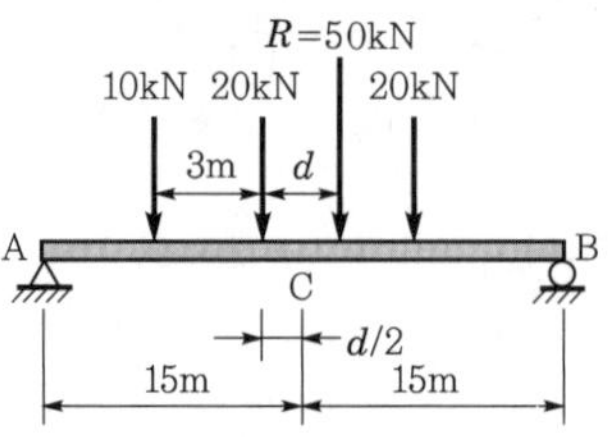

절대 절대휨모멘트는 중앙점 C점의 좌측에 있는 20kN 아래에서 발생한다. 일반식과 10kN으로 고려하면 다음과 같다.

$$M_{\max}=\frac{R}{L}\left(\frac{L-d}{2}\right)^2-10\times 3$$

$$=\frac{50}{30}\left(\frac{30-0.6}{2}\right)^2-30=330.15\text{kN}\cdot\text{m}$$

25 다음 단순보에서 지점 A의 반력과 지점 B의 반력이 바르게 연결된 것은? [00. 국가직 7급]

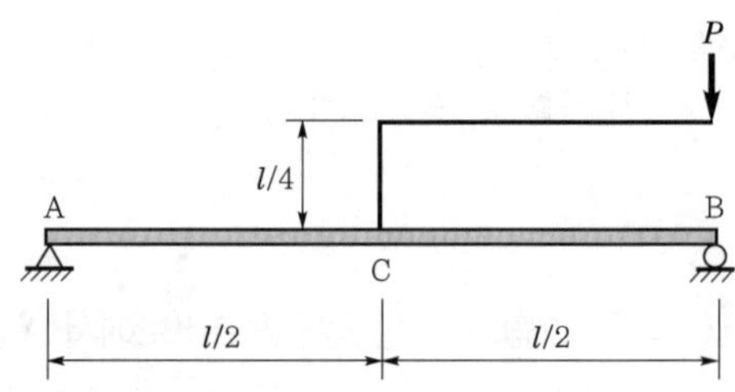

① $R_A=0,\ R_B=P$

② $R_A=\dfrac{P}{2},\ R_B=\dfrac{P}{2}$

③ $R_A=\dfrac{P}{4},\ R_B=\dfrac{3}{4}P$

④ $R_A=P,\ R_B=0$

해설 $R_A=0,\ R_B=P$

26 다음 단순보에서 CD구간의 전단력은 얼마인가? [서울시 7급]

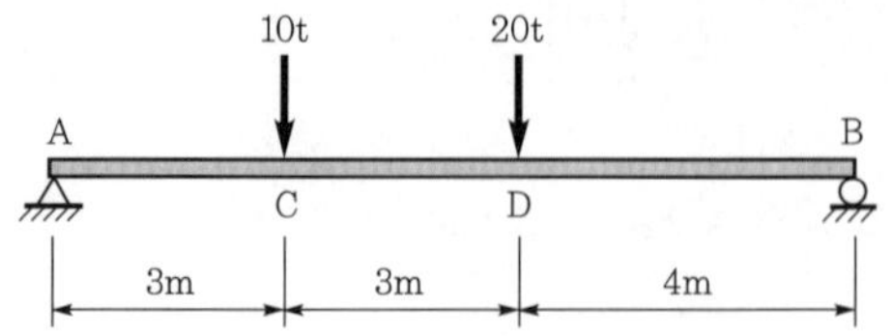

정답 23 ② 24 ① 25 ① 26 ④

① −10t ② −5t
③ 0 ④ 5t
⑤ 10t

해설 $R_A = \frac{10\times7+20\times4}{10} = 15\text{t}(\uparrow)$
$S_{CD} = 15-10 = 5\text{t}$

27 그림과 같은 보에서 지점 B의 반력이 $6P$일 때 지점 A로부터 하중 $4P$의 재하위치 x는? [14. 서울시 7급]

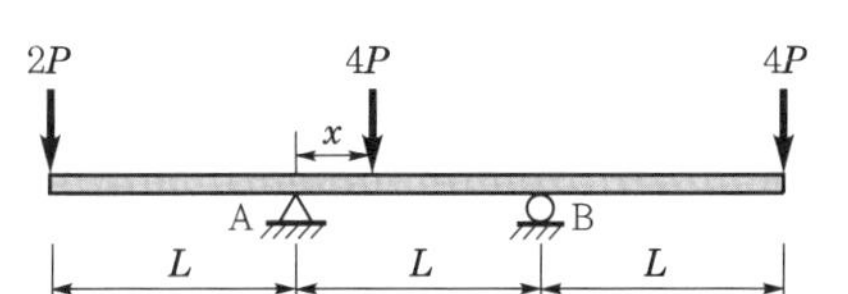

① $\frac{3}{2}L$ ② $\frac{1}{2}L$
③ $\frac{5}{8}L$ ④ $\frac{3}{10}L$
⑤ 0

해설 A지점에 대한 모멘트 총합은 0이라는 평형조건식을 적용한다.
$\Sigma M_A = 0$,
$-2P\times L+4P\times x-6P\times L+4P\times 2L=0$
$x=0$

28 이동하중 P가 다음 보에 작용할 때 모멘트를 x로 나타내면? [서울시 7급]

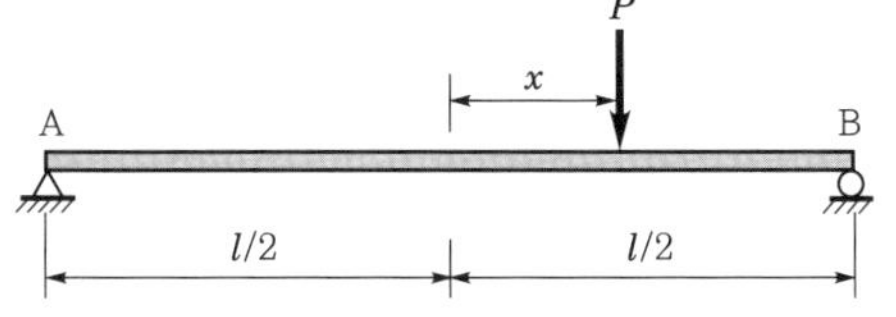

① $M=\frac{P}{l}\left(\frac{l}{2}+x\right)\left(\frac{l}{2}-x\right)$
② $M=\frac{P}{2l}\left(\frac{l}{2}+x\right)\left(\frac{l}{2}-x\right)$
③ $M=\frac{P}{2l}\left(\frac{l}{2}+x\right)$
④ $M=\frac{P}{l}(l+x)(l-x)$
⑤ $M=\frac{P}{2l}(l+x)(l-x)$

해설 $R_A = \frac{P}{l}\left(\frac{l}{2}-x\right)$
$\therefore M_x = R_A\cdot\left(\frac{l}{2}+x\right)=\frac{P}{l}\cdot\left(\frac{l}{2}-x\right)\left(\frac{l}{2}+x\right)$

29 최대 휨모멘트가 생기는 위치는 A점으로부터 몇 m 떨어진 곳인가? [국가직 7급]

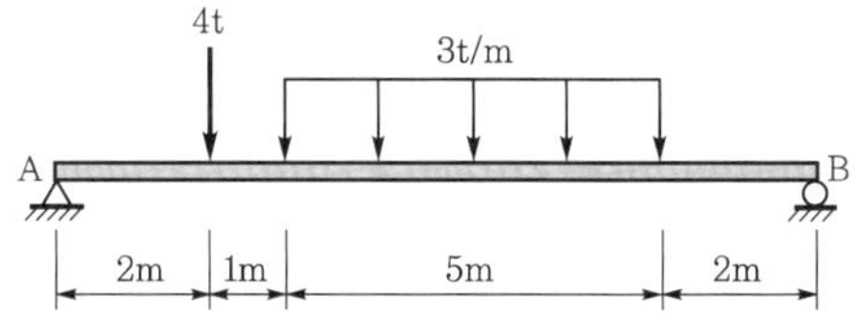

① 4.98 ② 4.48
③ 3.32 ④ 5.48

해설 $\Sigma M_B = 0$
$R_A\times10-4\times8-3\times5\times4.5=0$
$\therefore R_A = 9.95\text{t}(\uparrow)$
최대 휨모멘트는 전단력이 0인 점에서 생기므로
$S_x = R_A-4-3x = 9.95-4-3x=0$
$x=1.98\text{m}$
$\therefore S=0$인 점은 A에서 $(3+1.98)=4.98\text{m}$이다.

30 그림과 같은 단순보에서 휨모멘트도에 대한 기술 중 잘못된 것은? [국가직 7급]

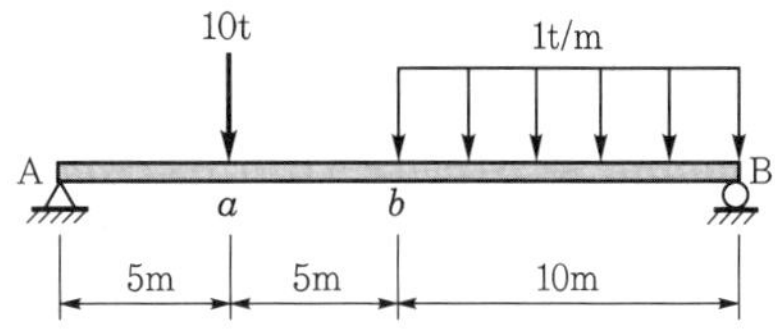

① 최대 휨모멘트의 값은 50t·m이다.
② 최대 휨모멘트의 a점에 발생한다.
③ 휨모멘트의 분포는 ab구간에서 직선이다.
④ 휨모멘트의 분포는 bB구간에서 포물선이다.
⑤ 휨모멘트의 변화율은 a, b점에서 불연속이다.

정답 27 ⑤ 28 ① 29 ① 30 ②

해설 ① 주어진 보를 다음의 하중상태로 볼 수 있으므로 $M_{max}=50\text{t}\cdot\text{m}$이다.

② 최대 휨모멘트는 ab구간에서 발생

③ ab구간의 B.M.D는 하중이 없으므로 직선인 수평선이다.

④ bB구간은 등분포하중이 작용하므로 B.M.D는 포물선이다.

⑤ 휨모멘트의 변화율은 a, b점에서 불연속이다.

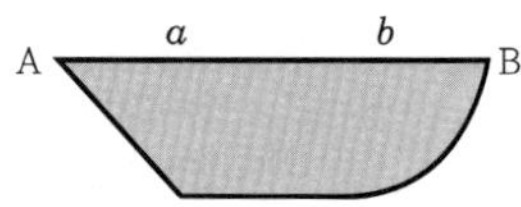

31 그림은 단순보의 전단력도이다. 단순보에 작용하는 등분포하중의 크기는?

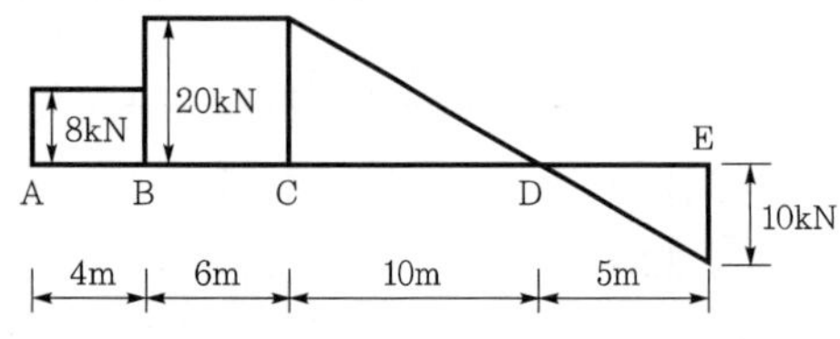

① 1.5kN/m ② 2kN/m

③ 2.5kN/m ④ 3kN/m

⑤ 3.5kN/m

해설 등분포하중의 크기는 전단력도에서 그 선도의 기울기가 된다. 즉, CDE구간의 기울기가 등분포하중의 크기가 되며 기울기가 동일하므로 CD구간만 고려한다.

$$w=\frac{20}{10}=2\text{kN/m}$$

32 A-B구간에 등분포하중 wkN/m가 작용하는 단순보의 전단력선도가 아래 그림과 같을 때, 최대 휨모멘트[kN · m]의 크기는? [15. 서울시 7급]

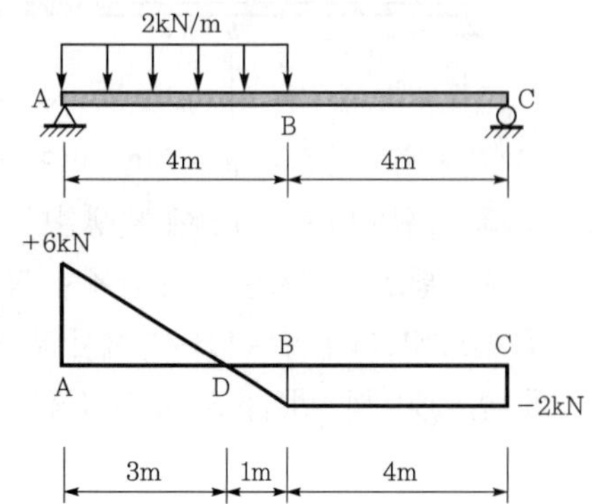

① 3 ② 6

③ 9 ④ 18

해설 최대 휨모멘트는 전단력의 부호가 바뀌는 점에서 발생하고, 그래서 D점에서 최대 휨모멘트가 발생한다. A가 힌지단으로 휨모멘트가 영이 되므로 결국 전단력에서 왼쪽의 삼각형 면적과 같다. 물론 D의 오른쪽 도형 면적과도 같다.

$$M_{max}=\frac{1}{2}\times3\times6=9\text{kN}\cdot\text{m}$$

33 다음과 같은 단순보에서 최대 휨모멘트가 발생하는 위치 x[m]는? (단, x는 지점 A로부터 거리이다) [11. 지방직 7급]

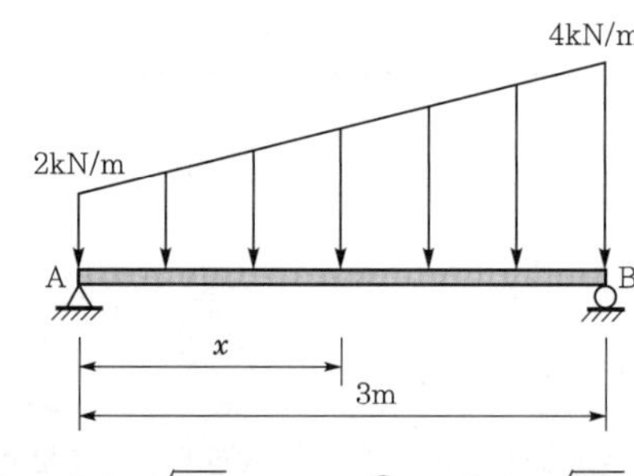

① $-2+\sqrt{18}$ ② $-3+\sqrt{19}$

③ $-2+\sqrt{20}$ ④ $-3+\sqrt{21}$

해설 ㉠ A지점의 수직반력

중첩의 원리에 의하여 구한다.

$$R_A=\frac{2\times3}{2}+\frac{(4-2)\times3}{6}=4\text{kN}(\uparrow)$$

㉡ 최대 휨모멘트의 위치

최대 휨모멘트는 전단력이 0인 곳에서 발생한다. x 위치에서의 전단력을 중첩의 원리로 구한다.

$$S_x=R_A-2x-\left(\frac{1}{2}\times x\times\frac{(4-2)x}{3}\right)=0,$$

$$4-2x-\frac{x^2}{3}=0$$

$$x^2+6x-12=0$$

$$x=\frac{-b\pm\sqrt{b^2-4ac}}{2a}$$

$$=\frac{-6\pm\sqrt{6^2-4\times1\times(-12)}}{2\times1}$$

$$=\frac{-6\pm\sqrt{84}}{2}=-3+\sqrt{21}$$

정답 31 ② 32 ③ 33 ④

34 다음 보에서 최대 전단력은? [00. 국가직 7급]

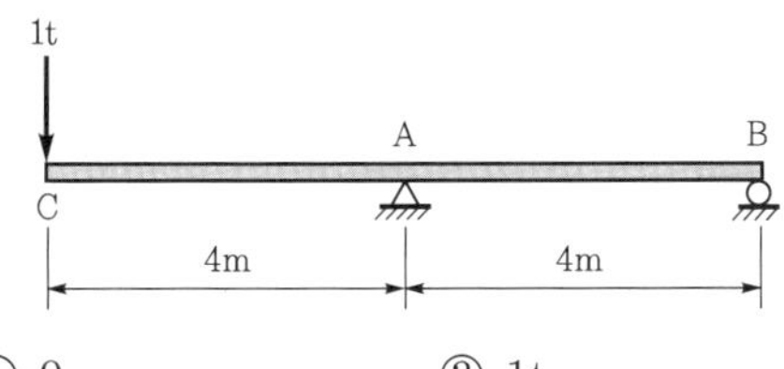

① 0 ② 1t
③ 2t ④ 3t

해설 내민부분에만 하중이 작용하는 경우의 최대 전단력은 그 작용하중과 같다.

$\therefore S_{max} = 1t$

35 다음 그림과 같은 내민보에서 전단력이 0이 되는 위치 x 거리는? [국가직 7급]

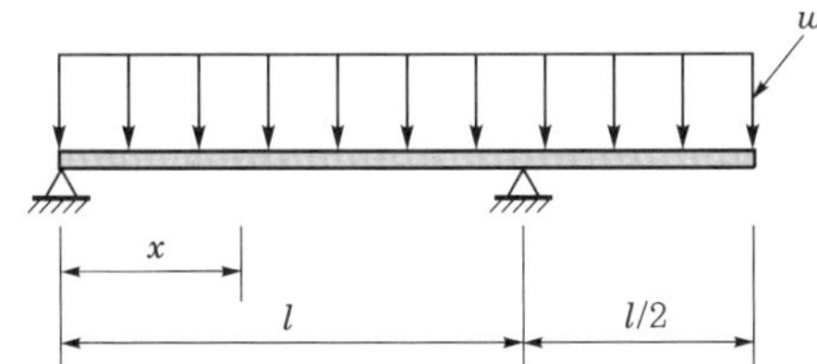

① $\frac{3}{4}l$ ② $\frac{3}{8}l$
③ $\frac{2}{3}l$ ④ $\frac{2}{7}l$
⑤ $\frac{2}{4}l$

해설

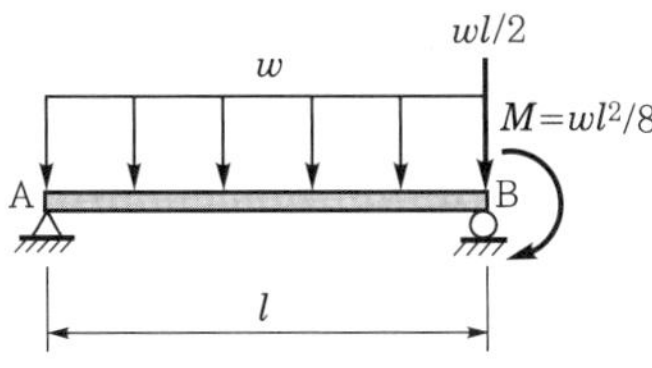

$R_A = \frac{wl}{2} - \frac{wl}{8} = \frac{3wl}{8}(\downarrow)$

$\therefore S_x = R_A - wx = \frac{3wl}{8} - wx = 0$

$\therefore x = \frac{3}{8}l$

36 다음 내민보의 A지점으로부터 변곡점의 위치 x는 얼마인가? [00. 서울시 7급]

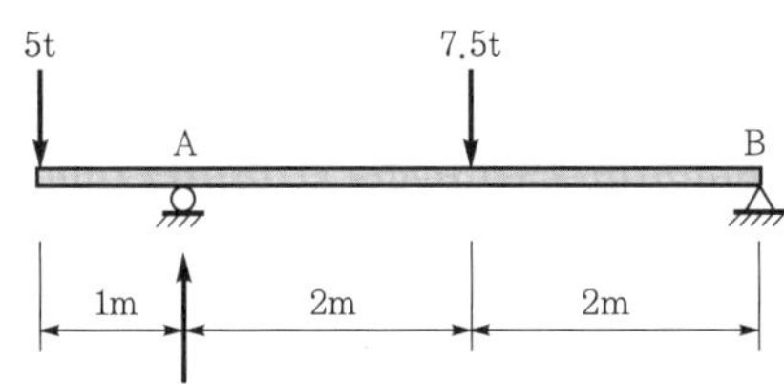

① 0.5m ② 1.0m
③ 1.5m ④ 2.0m
⑤ 2.5m

해설 변곡점이란 휨모멘트의 부호가 바뀌는 점으로 곡률중심의 위치가 상·하로 바뀌는 점을 의미한다.

$R_A = 5 + \frac{5\times1}{4} + \frac{7.5}{2} = 10t(\uparrow)$

$M_x = -5(1+x) + 10\times x = 0$

$\therefore x = 1m$

37 다음과 같은 내민보에서 발생하는 최대휨모멘트[kN·m]는? [13. 국가직 7급]

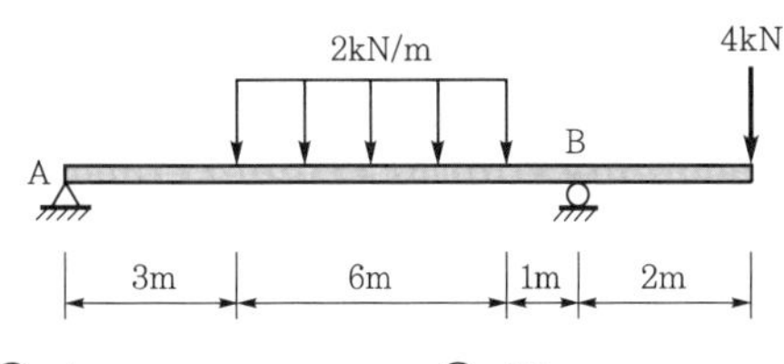

① 4 ② 12
③ 16 ④ 19

해설 ㉠ R_A 계산

$R_A = \frac{(2\times6)\times4}{10} - \frac{4\times2}{10} = 4kN(\uparrow)$

㉡ M_{max} 위치

$S_x = R_A - wx = 4 - 2x = 0$

$x = 2m$

여기서 x는 등분포하중의 시점부터 거리이다.

㉢ M_{max}의 값

$M_x = R_A(3+x) - \frac{wx^2}{2}$

$= 4\times(3+2) - \frac{2\times2^2}{2}$

$= 16kN\cdot m$

정답 34 ② 35 ② 36 ② 37 ③

38 다음과 같이 집중하중 P와 등분포하중 $w=5\text{kN/m}$를 받는 내민보에서, 전단력이 0이 되는 위치가 B점에서 왼쪽으로 2m 떨어져 있을 때, 집중하중 P의 크기[kN]는? [13. 국가직 7급]

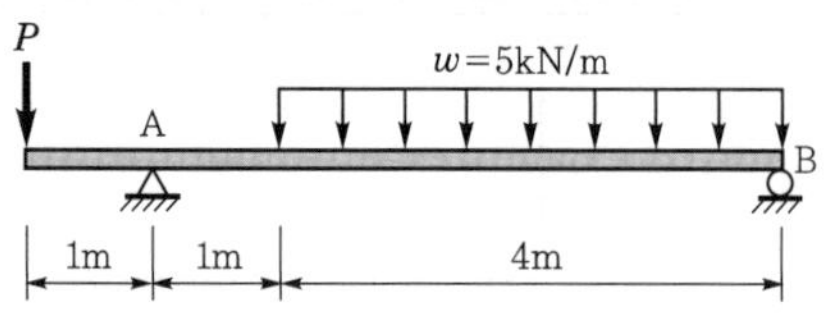

① 6 ② 8
③ 10 ④ 12

해설 $R_B=\dfrac{(5\times4)\times3}{5}-\dfrac{P\times1}{5}=12-\dfrac{P}{5}$

$S=R_B-w\times2=\left(12-\dfrac{P}{5}\right)-5\times2=0$

$\therefore P=10\text{kN}$

39 다음 게르버보에서 A지점의 수직반력은? [00. 국가직 7급]

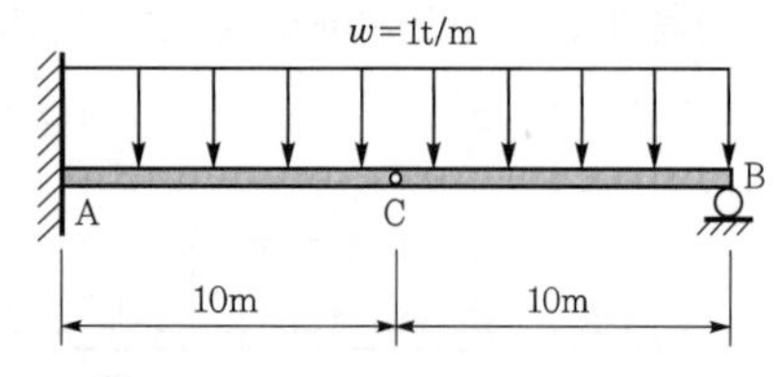

① 5t ② 10t
③ 15t ④ 20t

해설 $R_A=1\times10+\dfrac{1\times10}{2}=15\text{t}(\uparrow)$

40 그림과 같은 게르버보에서 A점의 휨모멘트의 크기는? [05. 서울시 7급]

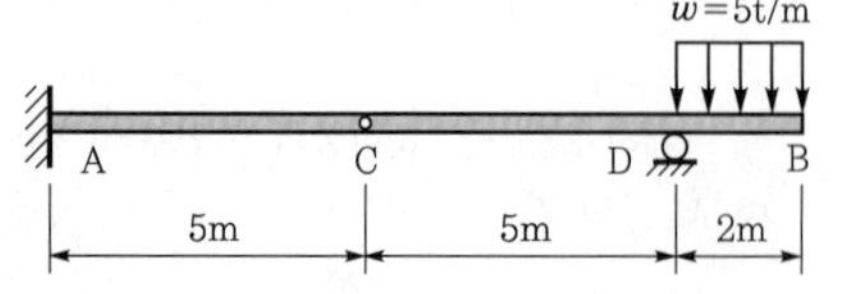

① 5tonf · m ② −5tonf · m
③ 10tonf · m ④ −10tonf · m

해설 CD구간에서 힌지절점인 C점의 반력 R_C를 구하여 A지점의 휨모멘트를 구한다.

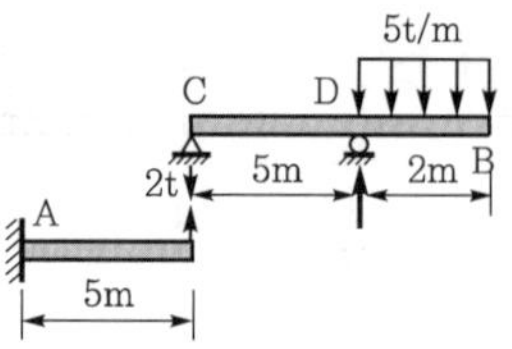

㉠ $R_C=\dfrac{M}{l}=\dfrac{\dfrac{5\times2^2}{2}}{5}=2\text{tonf}$

㉡ $M_A=R_C\times L=2\times5=10\text{tonf·m}$

41 다음과 같은 게르버보에서 B지점의 휨모멘트는? [11. 국가직 7급]

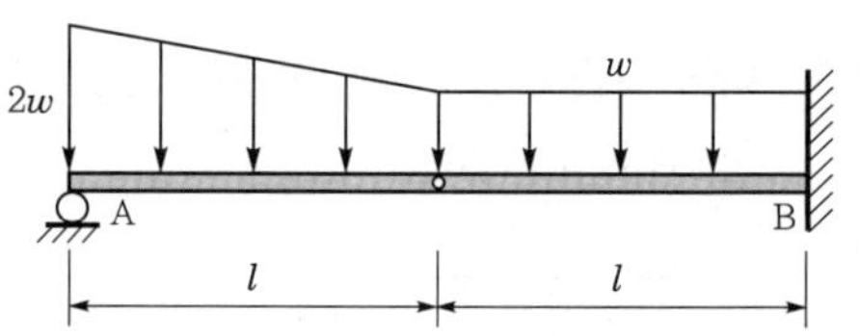

① $\dfrac{10wl^2}{6}$ ② $-\dfrac{wl^2}{6}$
③ $-\dfrac{7wl^2}{6}$ ④ $-\dfrac{10wl^2}{6}$

해설 적지간의 C점의 반력을 먼저 구한다.

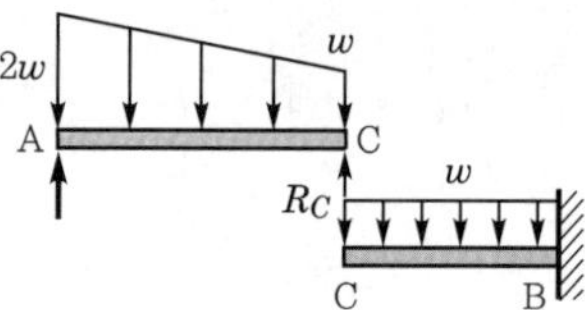

$R_C=\dfrac{wl}{2}+\dfrac{wl}{6}=\dfrac{2wl}{3}$

$M_B=-\dfrac{2wl}{3}\times l-\dfrac{wl^2}{2}=-\dfrac{7wl^2}{6}$

42 다음과 같은 구조물에서 지점 C의 반력이 작용하중 P의 3배일 때, 거리 비 $\dfrac{x}{y}$는? [11. 지방직 7급]

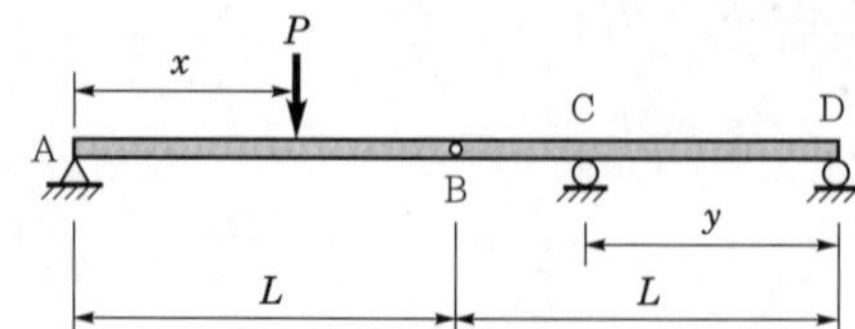

정답 38 ③ 39 ③ 40 ③ 41 ③ 42 ①

① 3 ② 4

③ 5 ④ 9

해설 $R_B = \frac{Px}{L}$

$\Sigma M_D = 0,\ -R_B \times L + R_C \times y = 0$

$-\frac{Px}{L} \times L + 3P \times y = 0$

$-x + 3y = 0$

$\frac{x}{y} = 3$

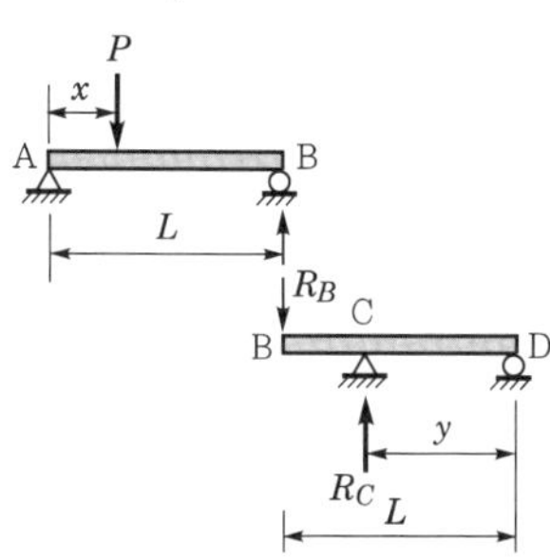

43 다음과 같은 구조물에서 지점 A의 반력모멘트 [kN · m]는? (단, 부재 CE는 강체이다)

[11. 지방직 7급]

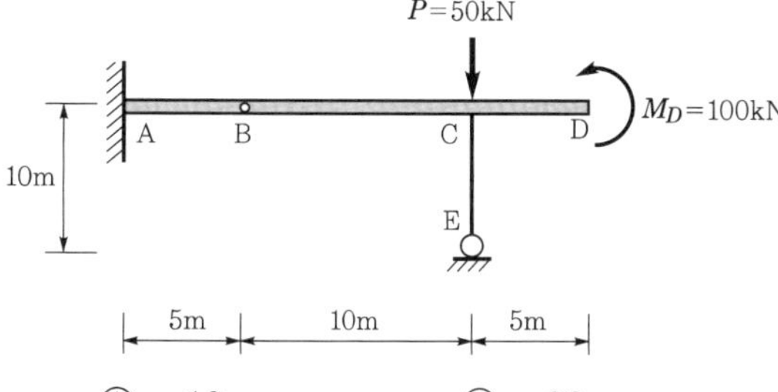

① −10 ② −20

③ −50 ④ −150

해설 게르버보 형태의 라멘구조물이다.

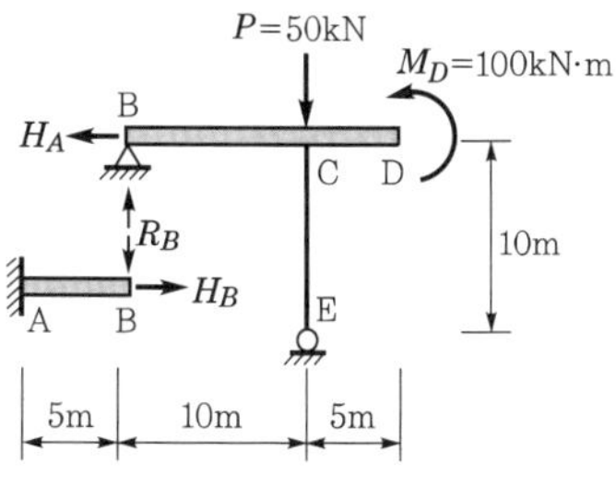

$R_B = \frac{100}{10} = 10\text{kN}$

$M_A = -R_B \times 5 = -10 \times 5 = -50\text{kN} \cdot \text{m}$

44 다음 그림에서 BD구간에 작용하는 전단력은?

[06. 서울시 7급]

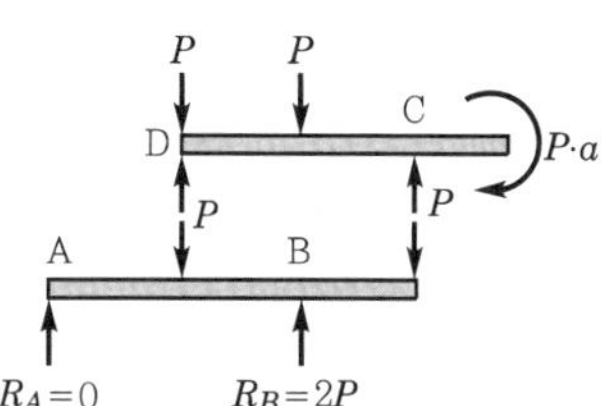

① 0 ② P

③ $-P$ ④ $2P$

⑤ $-2P$

해설

BC구간의 전단력

$S_{BC} = R_C = P$

45 그림과 같은 휨모멘트는 다음의 어느 구조물에 대한 것인가?

[국가직 7급]

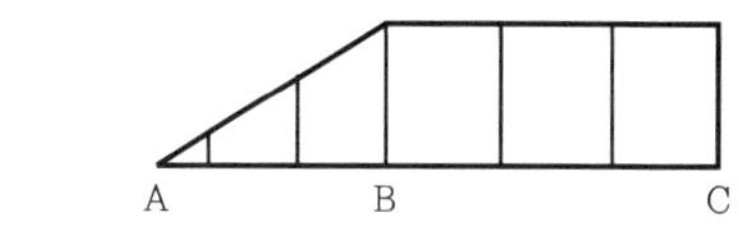

①

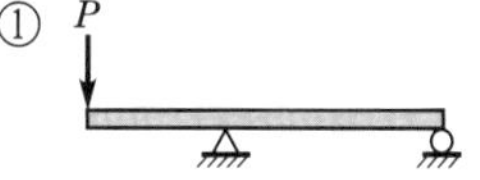

②

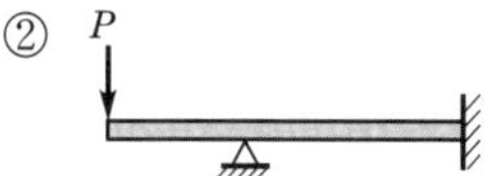

③

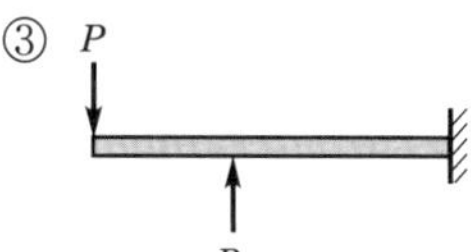

④

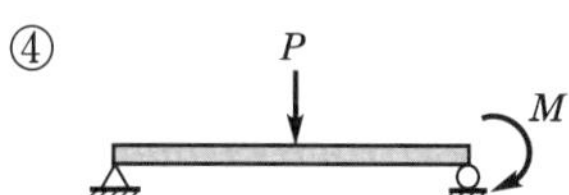

해설 ㉠ C점에 휨모멘트가 존재하므로 ①은 아니다.

㉡ BC구간의 휨모멘트가 일정하므로 C점의 지점반력은 없다. ②, ④는 아니다.

정답 43 ③ 44 ② 45 ③

㉢
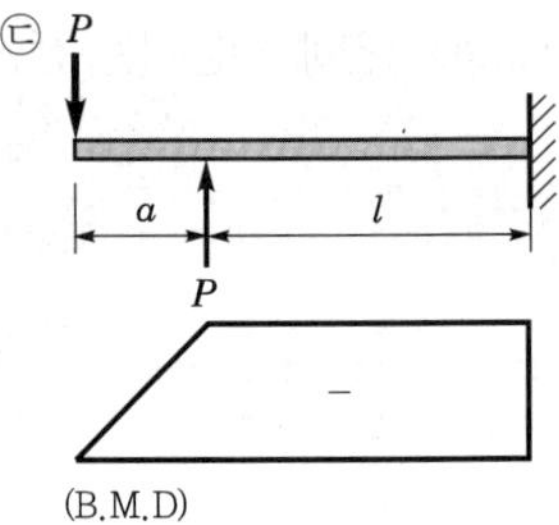

46 그림과 같은 보에 이동하중이 작용할 때 절대최대 휨모멘트 A점으로부터 얼마의 거리에 있는가? [00. 서울시 7급]

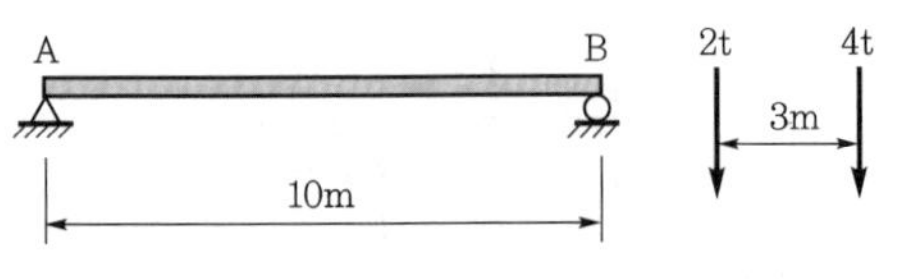

① 1m　　② 2m
③ 3m　　④ 5.5m

해설 ㉠ d 계산: 합력 R과 큰 하중 사이의 거리

$6\times d=2\times 3$

$\therefore d=1\text{m}$

㉡ $M_{\max}$ 의 위치: A지점으로부터 거리

$x=\dfrac{l}{2}+\dfrac{d}{2}=\dfrac{10}{2}+\dfrac{1}{2}=5.5\text{m}$

47 그림과 같은 게르버보(gerber's beam)에 이동하중 P가 작용할 때 B점의 최대반력은? [국가직 7급]

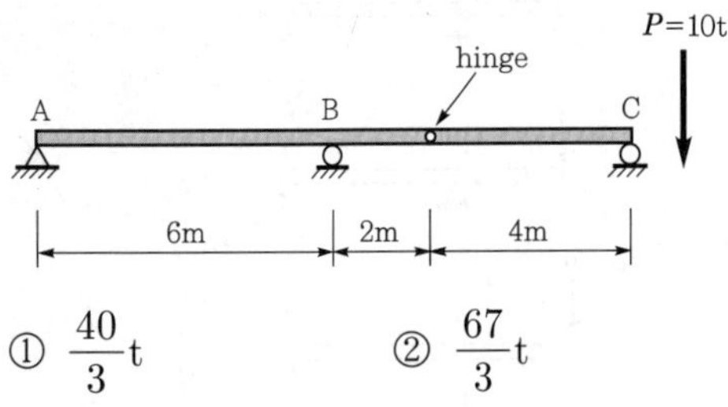

① $\dfrac{40}{3}\text{t}$　　② $\dfrac{67}{3}\text{t}$
③ 15t　　④ 10t

해설

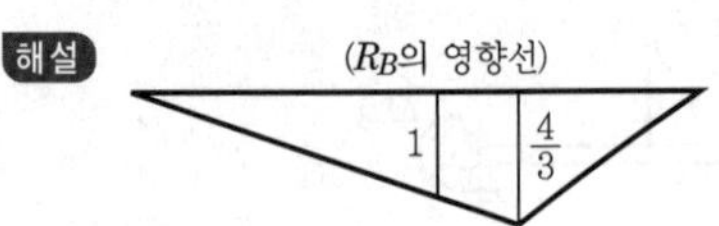

R_B의 영향선도를 이용한다.

$\therefore R_B=10\times\dfrac{4}{3}=\dfrac{40}{3}\text{t}$

48 그림과 같이 이동하중 P_A와 P_B가 작용할 때 절대최대 휨모멘트의 발생위치가 지간 중앙에서 가장 가까운 경우는? [07. 서울시 7급]

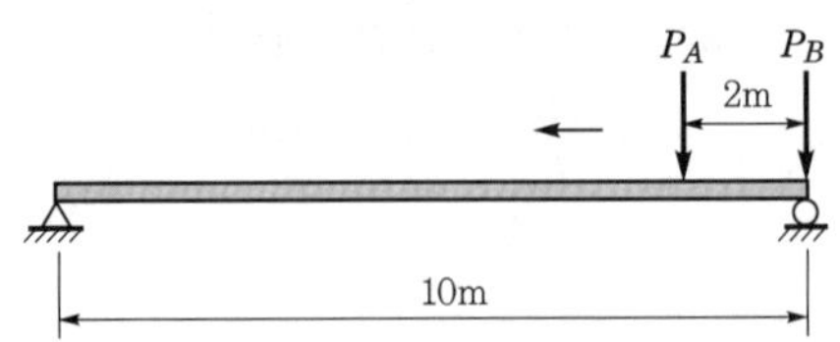

① $P_A=1\text{tf},\ P_B=8\text{tf}$
② $P_A=2\text{tf},\ P_B=6\text{tf}$
③ $P_A=3\text{tf},\ P_B=5\text{tf}$
④ $P_A=4\text{tf},\ P_B=4\text{tf}$
⑤ $P_A=5\text{tf},\ P_B=4\text{tf}$

해설 두 하중의 크기 차이가 클수록 절대최대 휨모멘트는 지간 중앙 가까이에서 발생한다.

49 연행하중이 다음 단순보 위를 통과할 때 생기는 최대 전단력은? [서울시 7급]

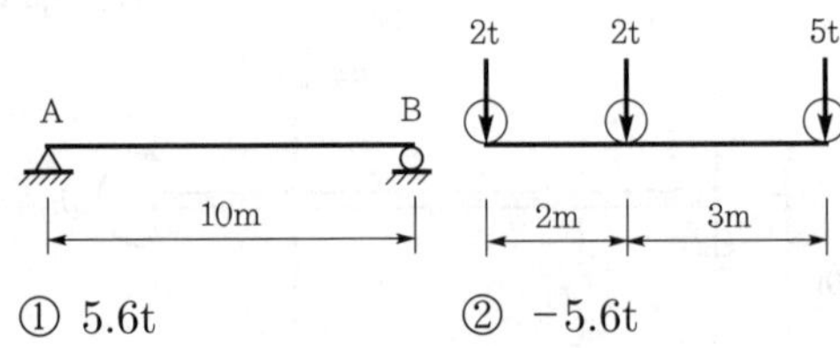

① 5.6t　　② −5.6t
③ 6.2t　　④ −6.2t
⑤ −6.7t

해설 단순보에 연행하중이 지날 때 최대 전단력은 큰 하중이 지점 위에 작용할 때 발생한다.

$S_{\max}=S_B=-R_B$로 B지점의 반력의 영향선도를 작도하여 (−)를 붙인다.

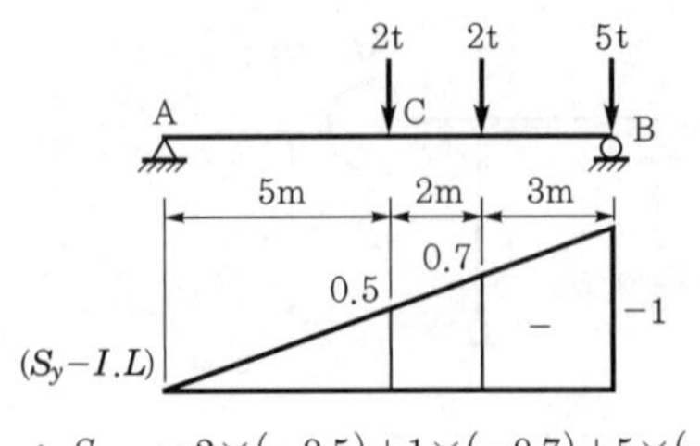

$\therefore S_{\max}=2\times(-0.5)+1\times(-0.7)+5\times(-1)$
$=-6.7\text{t}$

정답 46 ④ 47 ① 48 ① 49 ⑤

50 다음 단순보에서 C점의 휨모멘트의 영향선의 크기는? [국가직 7급]

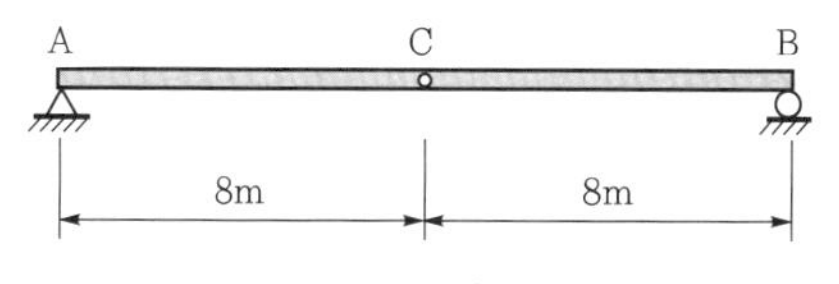

① 2.0m ② 8.0m
③ 1.0m ④ 4.0m

해설 M_c의 영향선도에서 C점의 종거 y_c는

$y_c = \frac{ab}{l} = \frac{8 \times 8}{16} = 4\text{m}$

51 그림과 같이 단순보에 진행 활하중이 작용할 때 C점에서의 최대 휨모멘트는? [14. 서울시 7급]

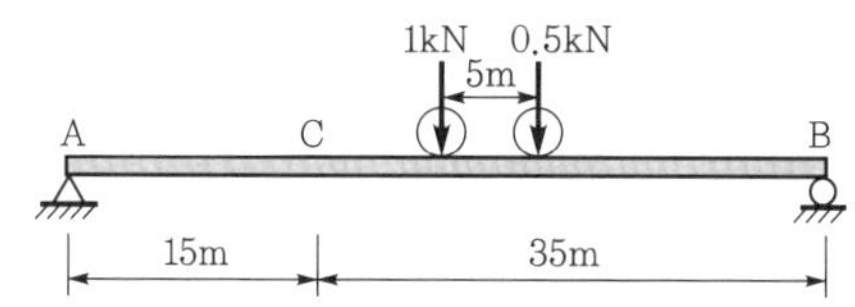

① 15kN · m ② 18kN · m
③ 21kN · m ④ 24kN · m
⑤ 27kN · m

해설 C점에 대한 휨모멘트의 영향선도를 이용하여 구한다.

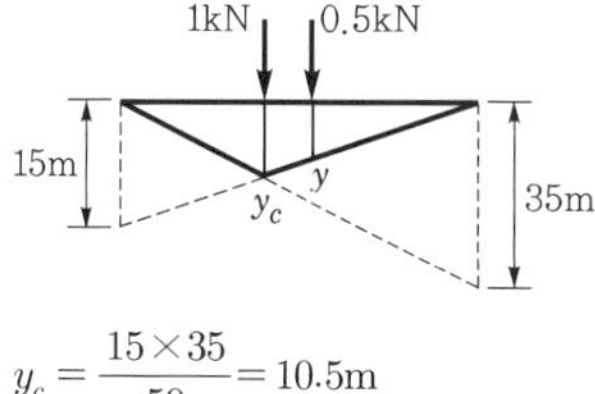

$y_c = \frac{15 \times 35}{50} = 10.5\text{m}$

$y = \frac{15 \times 30}{50} = 9\text{m}$

$M_C = 1 \times 10.5 + 0.5 \times 9 = 15\text{kN} \cdot \text{m}$

52 이동하중이 그림과 같은 보 위를 이동할 때 B점에 생기는 최대 휨모멘트 값은? [국가직 7급]

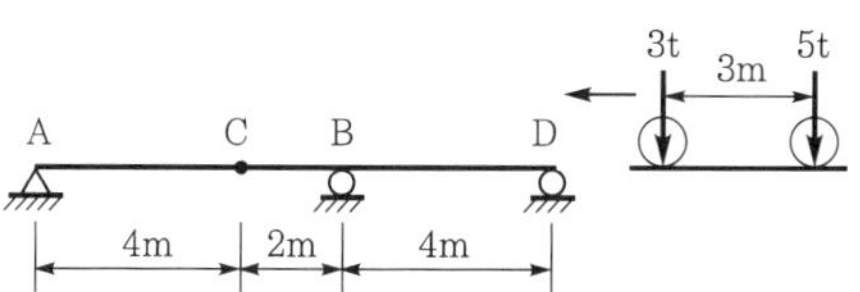

① −8t · m ② −11.5t · m
③ −2.25t · m ④ −5.5t · m

해설

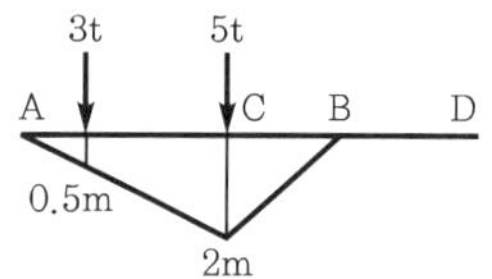

$\therefore M_B = 5 \times (-2) + 3 \times (-0.5) = -11.5\text{t} \cdot \text{m}$

53 다음 게르버보 위를 이동하중이 지날 때 B점의 최대 휨모멘트는? [서울시 7급]

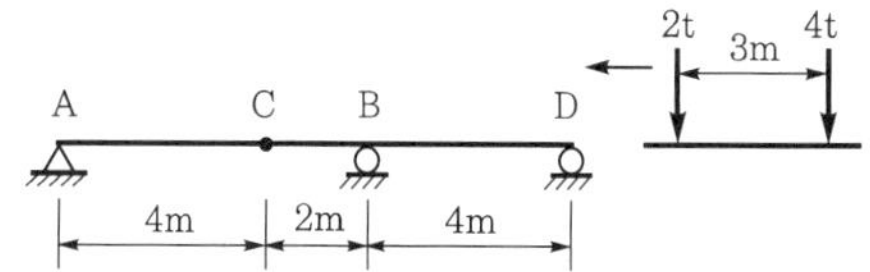

① −8t · m ② −9t · m
③ −10t · m ④ −11t · m
⑤ −12t · m

해설 $(M_B - IL)$

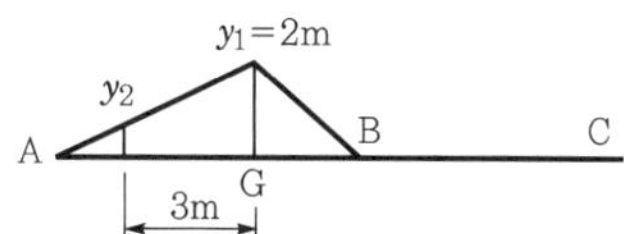

$M_B = -2R_C$가 된다. 즉, M_B 영향선의 종거는 R_G 영향선의 종거의 2배로 되고 부호는 (−)이다.

$\therefore y_1 = -2\text{m},\ y_2 = \frac{2}{4} \times 1 = -0.5\text{m}$

$\therefore d_{c(\max)} = -4 \times 2 - 2 \times 0.5 = -9\text{t} \cdot \text{m}$

54 다음 그림과 같은 게르버보에서 점 D의 휨모멘트에 대한 영향선은? [국가직 7급]

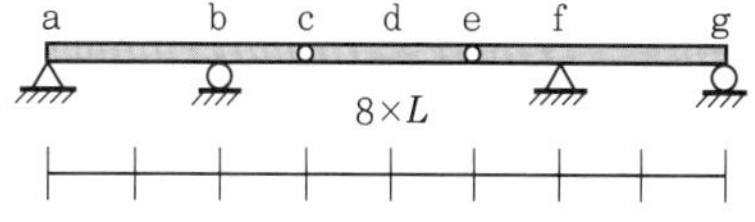

①

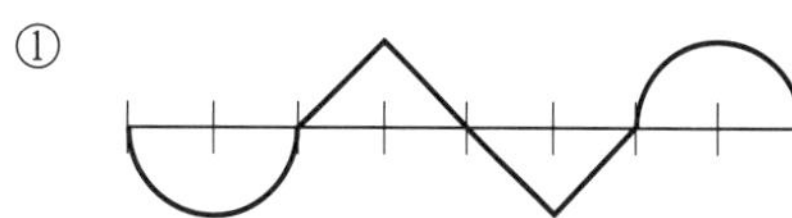

②

정답 50 ④ 51 ① 52 ② 53 ② 54 ③

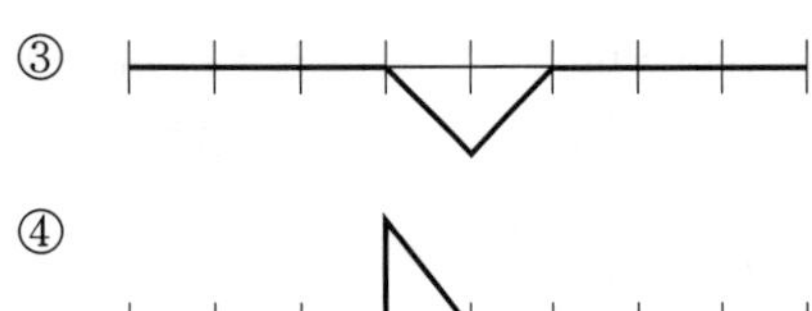

해설 d점은 적지간의 임의점으로 적지간은 단순보로 해석하므로 단순보의 휨모멘트의 영향선도의 모양과 동일하여 적지간 이외에 단위하중에 이동하면 D점의 휨모멘트는 0이 된다.

55 그림과 같은 내민보에 등분포 사하중 $w_d = 20\text{kN/m}$, 등분포 활하중 $w_l = 10\text{kN/m}$와 간격이 3m이고 크기가 각각 20kN인 2개의 집중하중으로 이루어진 연행하중이 작용하고 있다. 점 D에서의 최대 정모멘트[kN · m]는? [08. 국가직 7급]

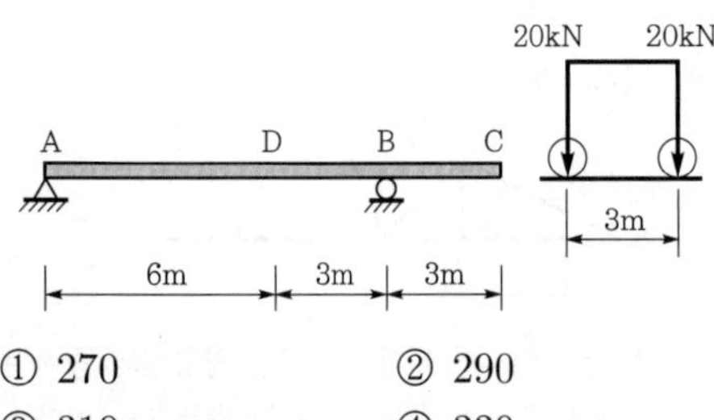

① 270　　② 290
③ 310　　④ 330

해설 D점의 휨모멘트의 영향선도를 작도하고, 여기에 D점에서 (+)최대 휨모멘트가 발생하기 위해서는 등분포사하중은 어차피 전 지간에 걸쳐 분포하며, 등분포활하중은 AB지간 내에만 작용하여야 최대가 되며 집중활하중도 각각 아래의 그림처럼 작용할 때 D점에서 최대 휨모멘트가 발생하게 된다.

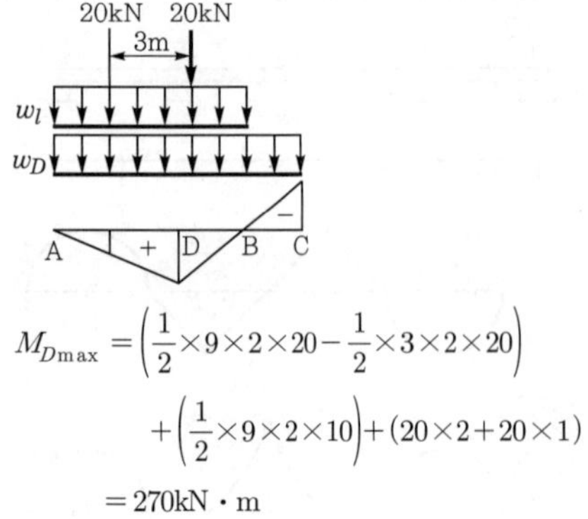

$$M_{D\max} = \left(\frac{1}{2}\times9\times2\times20-\frac{1}{2}\times3\times2\times20\right)$$
$$+\left(\frac{1}{2}\times9\times2\times10\right)+(20\times2+20\times1)$$
$$=270\text{kN}\cdot\text{m}$$

56 다음 보 위를 단위이동하중이 지날 때 AB구간에서 M_B의 영향선에 관한 식은? (단, EI는 일정하다) [서울시 7급]

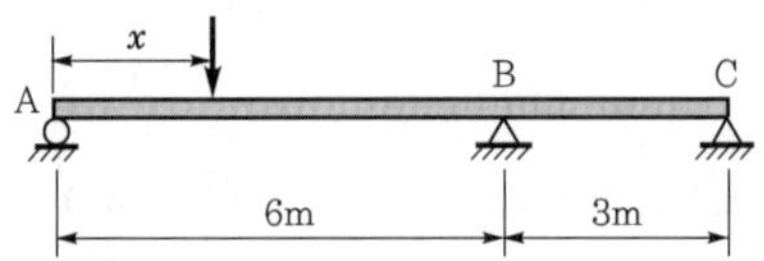

① $M_B = \dfrac{x(x^2-36)}{108}$

② $M_B = \dfrac{x(72-x^2)}{216}$

③ $M_B = \dfrac{x(x^2-9)}{54}$

④ $M_B = \dfrac{x(105-x^2)}{108}$

⑤ $M_B = \dfrac{x(x^2-9)}{216}$

해설 3연 모멘트법을 적용한다.

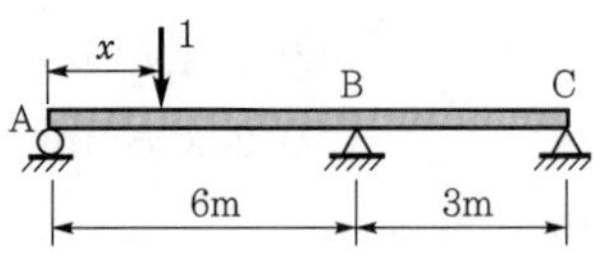

$M_A = M_C = 0$

$\therefore 2M_B\left(\frac{6}{I}+\frac{3}{I}\right)=6E(\theta_{BA}-\theta_{BC})$

$18M_B = -6\times\dfrac{1\times x\times(6-x)(6+x)}{6\times6} = -\dfrac{x(36-x^2)}{6}$

$\therefore M_B = \dfrac{x(x^2-36)}{108}$

57 구조물의 단위하중에 의한 B점의 반력의 영향선은? [국가직 7급]

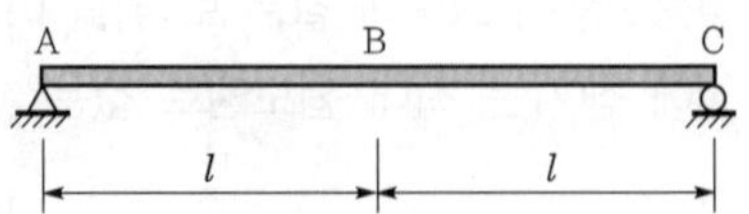

정답 55 ① 56 ① 57 ②

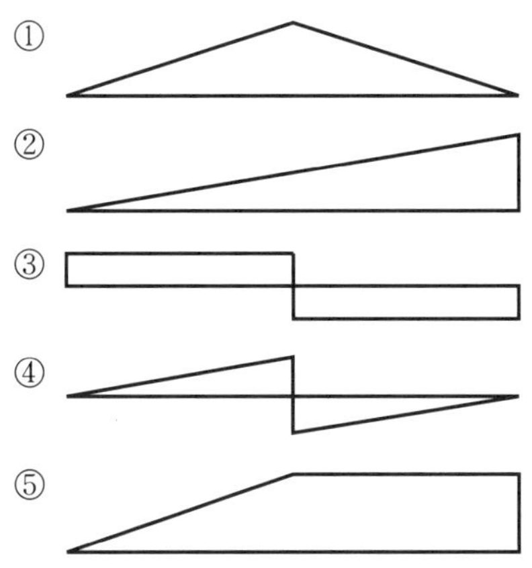

해설 내민보의 영향선도는 단순보의 영향선을 내민구간에 연장하면 된다.

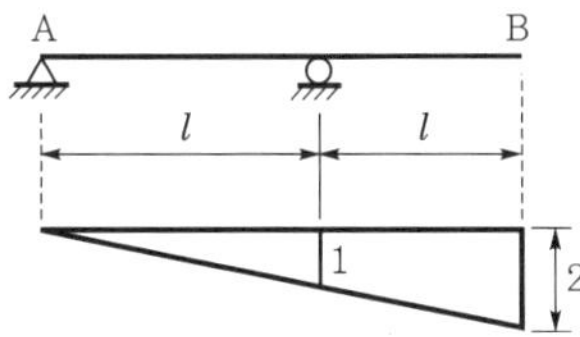

58 그림과 같이 연행하중이 게르버보 위를 지날 때 R_B(B점 반력)의 최대 크기는? [국가직 7급]

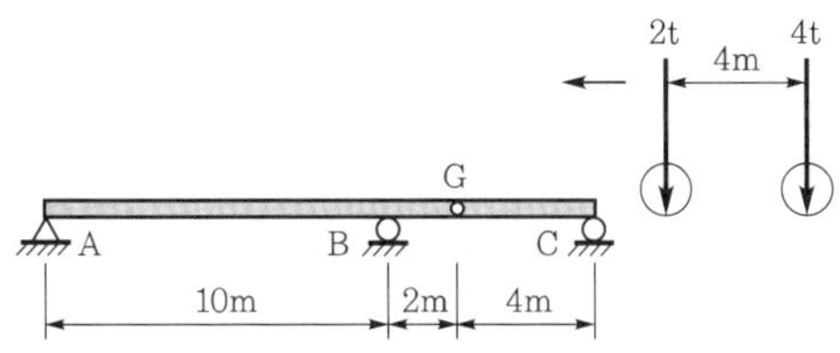

① 4.0t ② 5.6t
③ 6.4t ④ 7.2t
⑤ 8.6t

해설

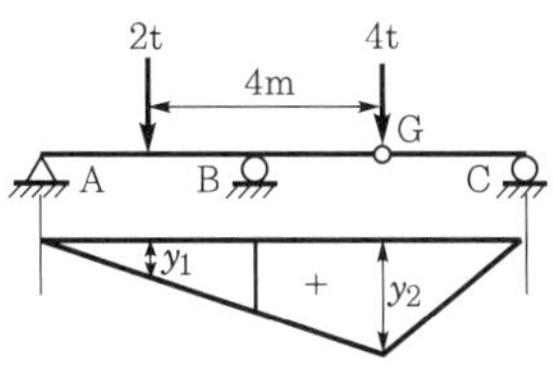

R_B의 영향선도를 이용한다.

$$y_1=\frac{8}{10}=0.8$$

$$y_2=\frac{l+l_1}{l}=\frac{10+2}{10}=1.2$$

$$\therefore R_B=2\times0.8+4\times1.2=6.4\text{t}$$

59 다음 그림과 같은 게르버보에 대한 설명이 옳은 것은? [00. 국가직 7급]

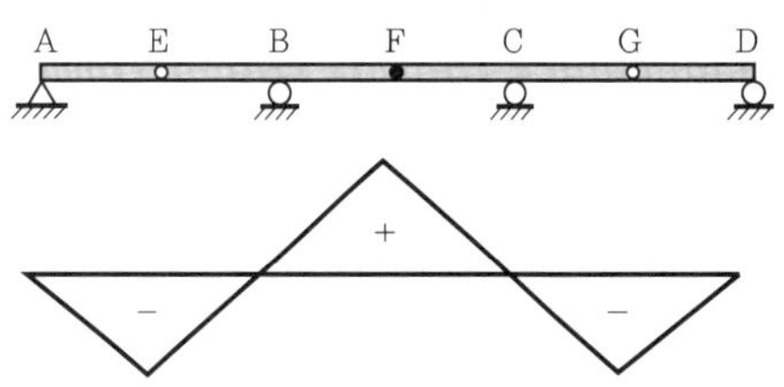

① B지점의 반력에 대한 영향선($R_B-I\cdot L$)
② B지점의 전단력에 대한 영향선 ($S_B-I\cdot L$)
③ F지점의 휨모멘트에 대한 영향선 ($M_F-I\cdot L$)
④ F지점의 전단력에 대한 영향선 ($S_F-I\cdot L$)

해설 게르버보의 영향선도는 단순보의 영향선도를 작도하여 내민구간은 그대로 연장하고, 힌지절점에서는 영향선도의 기울기 부호를 변화시킨다. 주어진 게르버보에서 단순지간 BC구간의 영향선도 모양이 F점에 대한 단순보의 휨모멘트의 영향선도 모양과 동일하다. 단순보의 휨모멘트의 영향선도를 내민구간 BE와 CG구간으로 연장되어 있고, 힌지절점 E와 G점에서 영향선도의 기울기 부호가 변화가 생긴 모양이다. 따라서 이는 F점의 휨모멘트의 영향선도와 같은 모양이다.

60 다음과 같은 내민보에서 지점 B, D의 연직반력과 C점에서의 전단력 및 휨모멘트에 대한 영향선으로 옳지 않은 것은? [11. 국가직 7급]

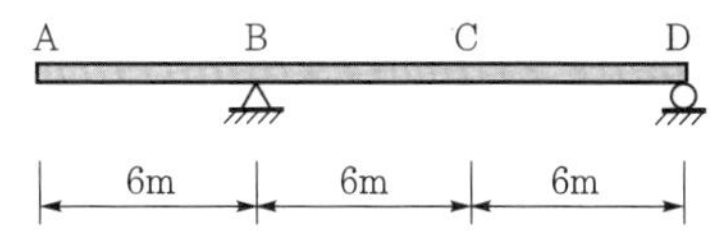

① 지점 B의 연직반력에 대한 영향선

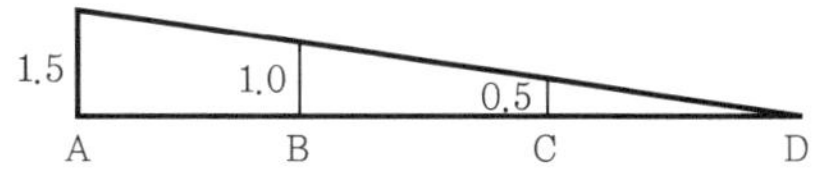

② 지점 D의 연직반력에 대한 영향선

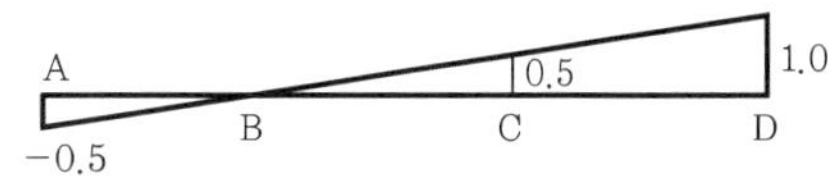

정답 58 ③ 59 ③ 60 ④

③ C점에서의 전단력에 대한 영향선

④ C점에서의 휨모멘트에 대한 영향선

해설 C점에서의 휨모멘트에 대한 영향선은 다음과 같다.

C점의 종거, $y_c = \frac{ab}{l} = \frac{6 \times 6}{12} = 3\text{m}$

A점의 종거는 C점의 종거와 같다.
부호는 반대이다.

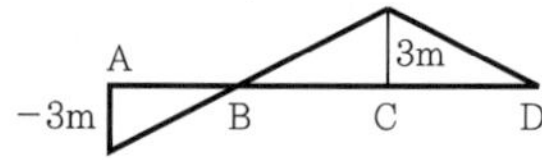

61 다음 그림과 같은 정정게르버보에 대한 영향선으로 옳지 않은 것은? (단, 여기서 C, D점은 내부힌지이다) [10. 국가직 7급]

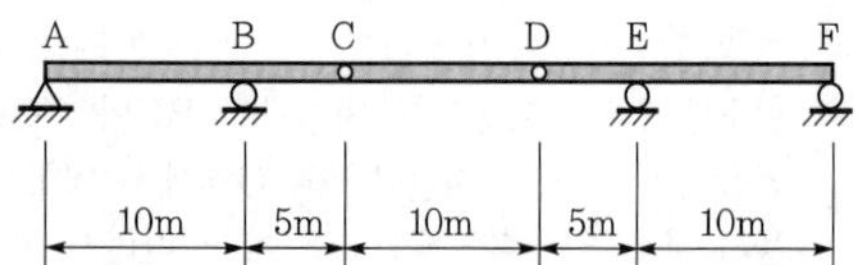

① A점 연직반력

② B점 연직반력

③ B점 휨모멘트

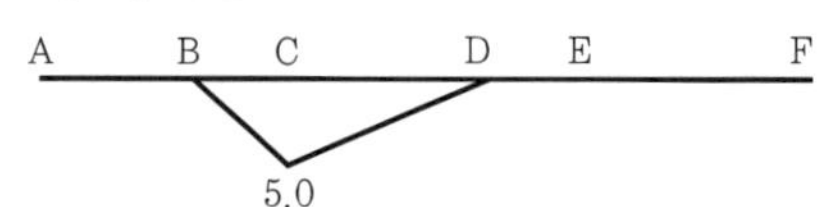

④ B 우측점 전단력

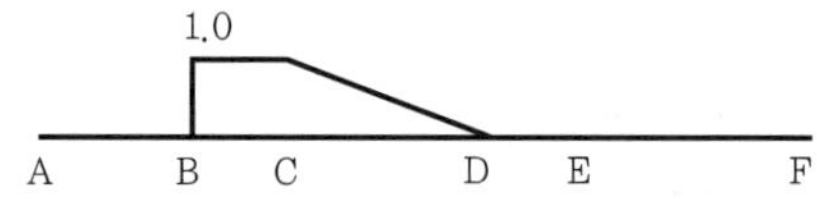

해설 B점의 연직반력에 관한 영향선도는 다음과 같다.

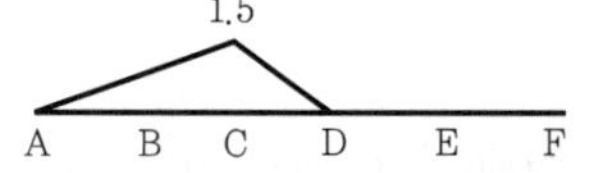

정답 61 ②

Chapter 06

정정 라멘, 아치, 케이블

CHAPTER 06

정정 라멘, 아치, 케이블

KEY NOTE

1 정정 라멘(rahmen)

1. 정의

부재와 부재가 고정 또는 강절(rigid joint)로 연결된 구조물로, 외력작용에 의한 각 절점들의 절점각(회전각)은 변하지 않는다.

2. 라멘의 종류

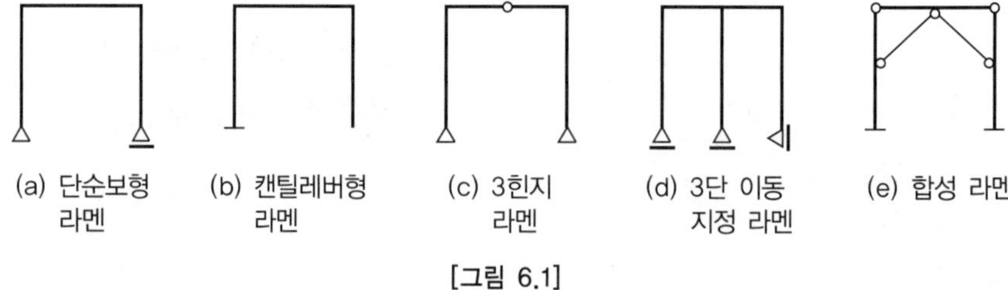

[그림 6.1]

3. 라멘의 해법

(1) 반력

힘의 평형조건식($\Sigma H=0$, $\Sigma V=0$, $\Sigma M=0$) 적용

(2) 단면력

라멘의 내측을 기준으로 보의 해법과 같은 방법으로 구한다.

(3) 자유물체도(F.B.D)를 그려서 해석한다.

자유물체도(Free Body of Diagram: F.B.D)
물체 사이에 작용하는 힘의 관계만을 도식화하여 표시한 것으로 자유물체도상에서 항상 힘의 평형 성립
$\therefore \Sigma H=0,\ \Sigma V=0,\ \Sigma M=0$

4. 단순보형 라멘 해석

(1) 모멘트하중(우력)이 작용

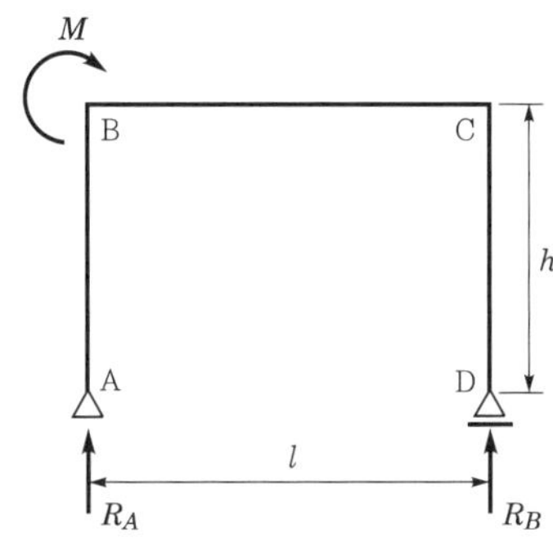

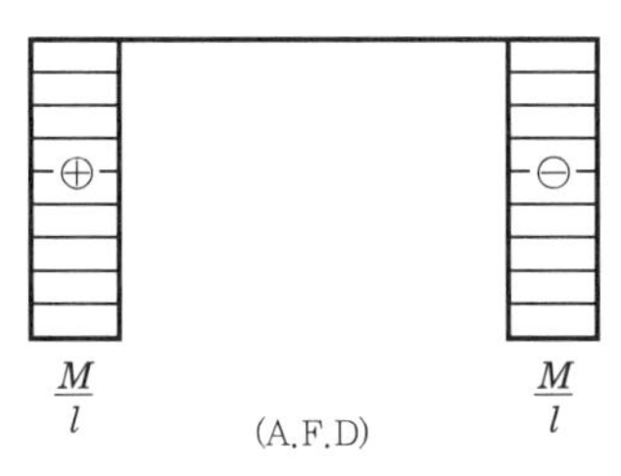

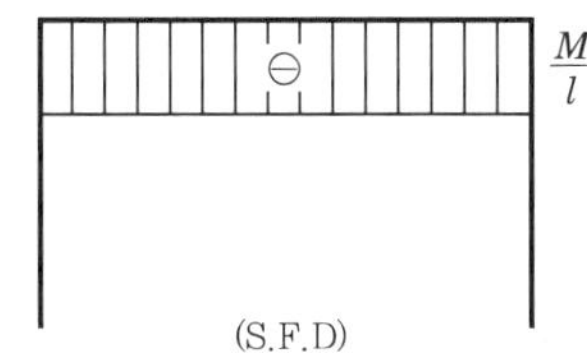

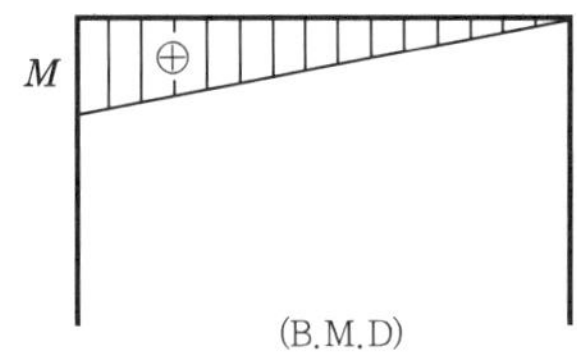

[그림 6.2]

① 지점반력

㉠ $\sum M_D = 0\ ;\ R_A l + M = 0$

$$\therefore\ R_A = -\frac{M}{l}(\downarrow)$$

㉡ $\sum M_A = 0\ ;\ \therefore\ R_D = \dfrac{M}{l}(\uparrow)$

② 축력

㉠ AB 부재: $A_{AB} = \dfrac{M}{l}$(인장)

㉡ BC 부재: $A_{BC} = 0$

㉢ CD 부재: $A_{CD} = -\dfrac{M}{l}$(압축)

③ 전단력

㉠ AB 부재: $S_{AB} = 0$

㉡ BC 부재: $S_{BC} = -\dfrac{M}{l}$

㉢ CD 부재: $S_{CD} = 0$

④ 휨모멘트

㉠ AB 부재: $M_A = M_{B(좌)} = 0$

KEY NOTE

F.B.D

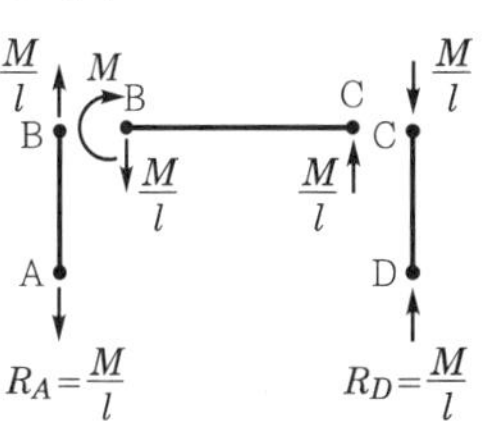

KEY NOTE

㉡ BC 부재(B점 기준): $M_x = M - \frac{M}{l}x$ (1차식)

$\therefore M_{B(우)} = M$

$\therefore M_C = 0$

㉢ CD 부재: $M_D = 0$

(2) 집중하중이 작용

F.B.D

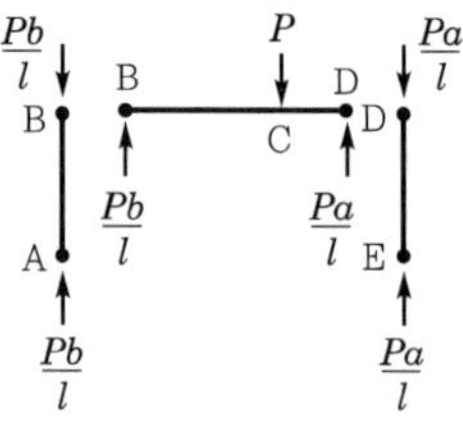

① 수직하중 작용

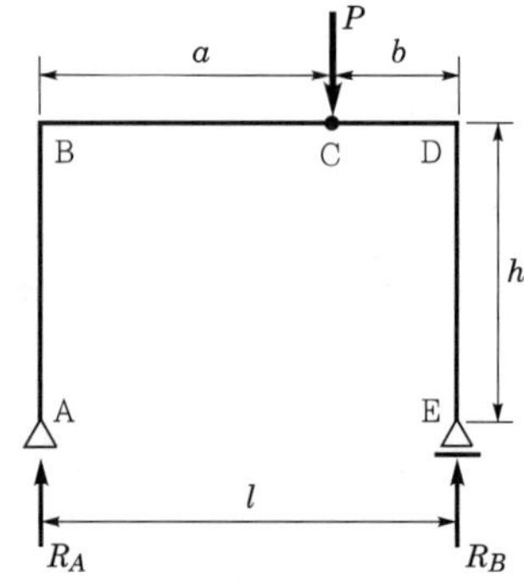

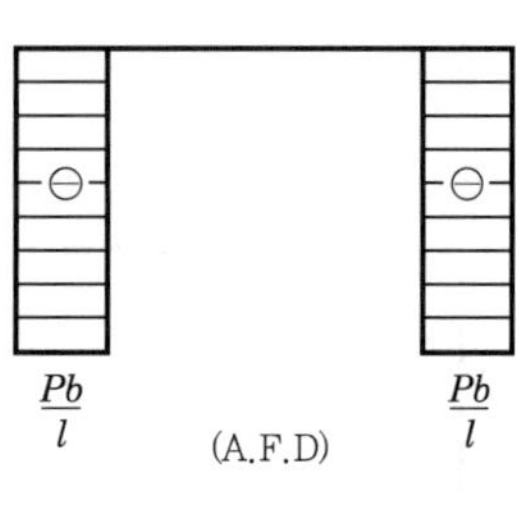

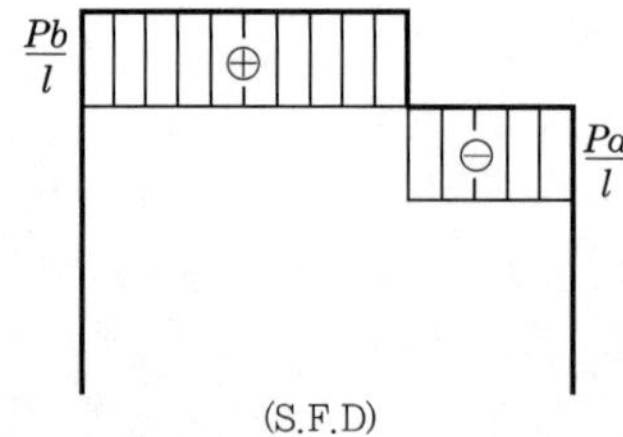

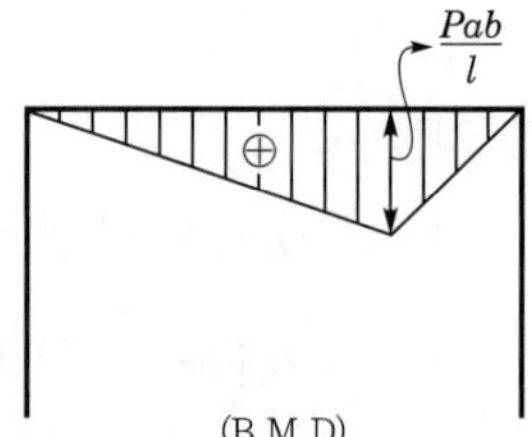

[그림 6.3]

㉠ 지점반력

- $\Sigma M_E = 0$; $R_A l - Pb = 0 \quad \therefore R_A = \frac{Pb}{l}(\uparrow)$
- $\Sigma M_A = 0$; $\therefore R_E = \frac{Pa}{l}(\uparrow)$

㉡ 축력

- AB 부재: $A_{AB} = -\frac{Pb}{l}$(압축)
- BD 부재: $A_{BD} = 0$
- DE 부재: $A_{DE} = -\frac{Pa}{l}$(압축)

㉢ 전단력

- AB 부재: $S_{AB} = 0$
- BC 부재: $S_{BC} = \frac{Pa}{l}$

• CD 부재: $S_{CD} = -\dfrac{Pa}{l}$

㉣ 휨모멘트

• AB 부재: $M_A = M_{B(좌)} = 0$

• BC 부재(B점 기준): $M_x = \dfrac{Pb}{l}x$(1차식)

$\therefore M_B = 0,\ M_C = \dfrac{Pab}{l}$

• CD 부재(D점 기준): $M_x = \dfrac{Pa}{l}x$(1차식)

$\therefore M_D = 0,\ M_C = \dfrac{Pab}{l}$

• DE 부재: $M_E = 0$

② 수평하중 작용

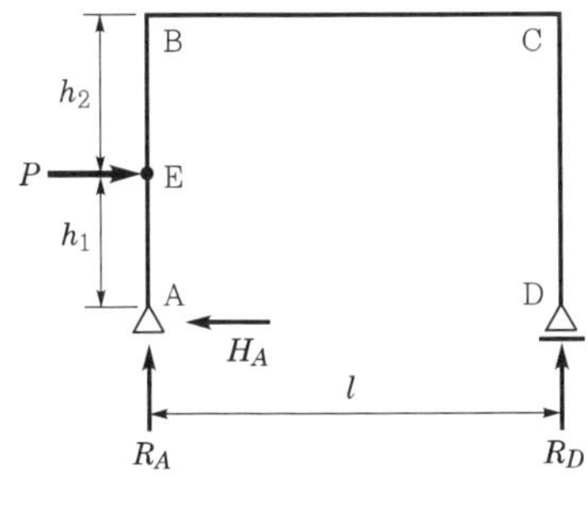

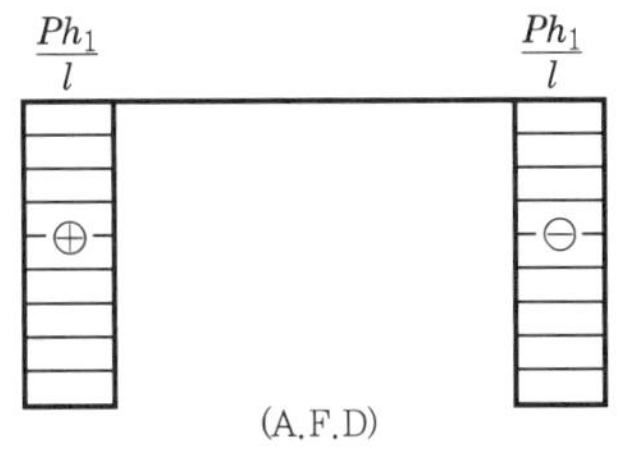

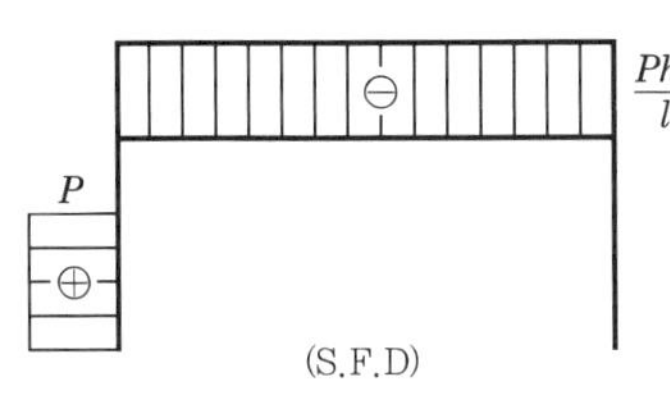

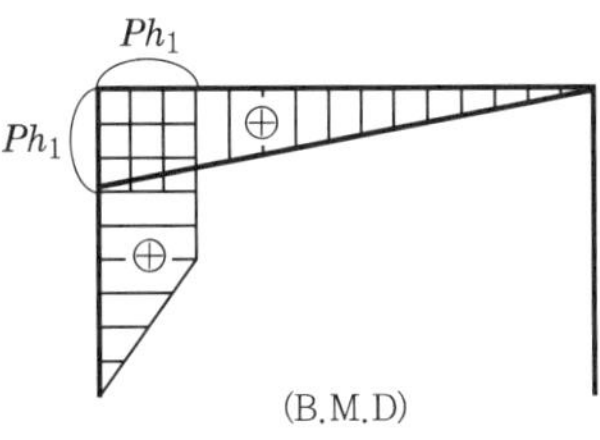

[그림 6.4]

㉠ 지점반력

• $\sum M_{D=0}\ ;\ R_A l + Ph_1 = 0$

$\therefore R_A = \ominus\dfrac{Ph_1}{l}(\downarrow)$

• $\sum M_A = 0\ ;\ \therefore R_D = \dfrac{Ph_1}{l}(\uparrow)$

• $\sum H = 0\ ;\ \therefore H_A = P(\leftarrow)$

㉡ 축력

• AB 부재: $A_{AB} = \dfrac{Ph_1}{l}$(인장)

• BC 부재: $A_{BC} = 0$

KEY NOTE

F.B.D

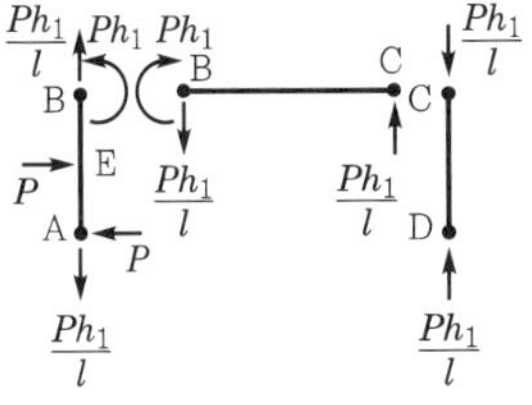

KEY NOTE

• CD 부재: $A_{CD} = \ominus \frac{Ph_1}{l}$(압축)

㉢ 전단력

• AE 부재: $S_{AE} = H_A = P$

• BE 부재: $S_{BE} = 0$

• BC 부재: $S_{BC} = -\frac{Ph_1}{l}$

• CD 부재: $S_{CD} = 0$

㉣ 휨모멘트

• AE 부재(A점 기준): $M_x = Px$ (1차식)

$\therefore M_A = 0$

$\therefore M_E = Ph_1$

• BE 부재(E점 기준): $M_x = P(h_1 + x) - Px = Ph_1$(일정)

$\therefore M_B = Ph_1$

• BC 부재(B점 기준): $M_x = Ph_1 - \frac{Ph_1}{l}x$

$\therefore M_C = 0$

• M_{CD} 부재: $\therefore M_D = 0$

③ 등분포하중 작용

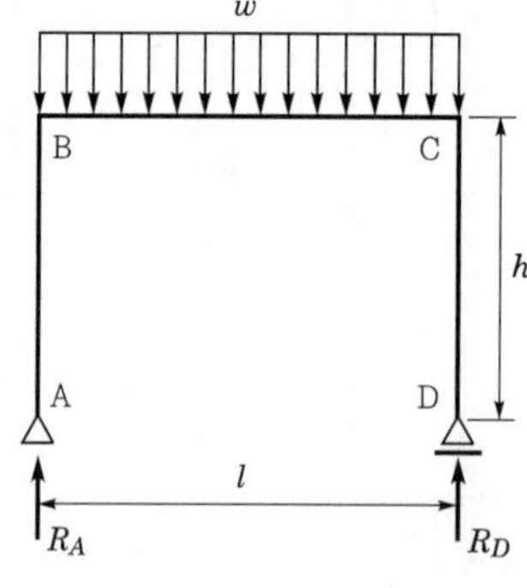

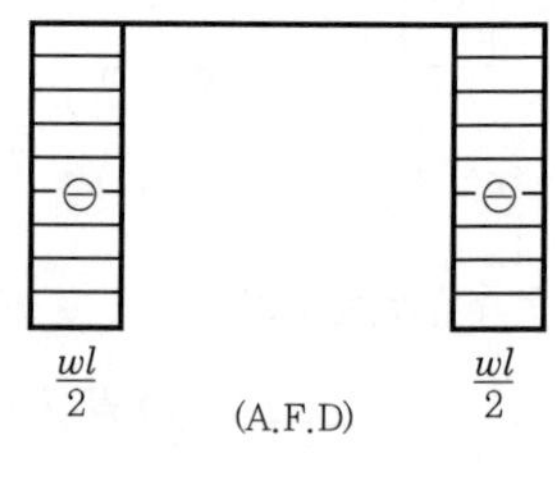

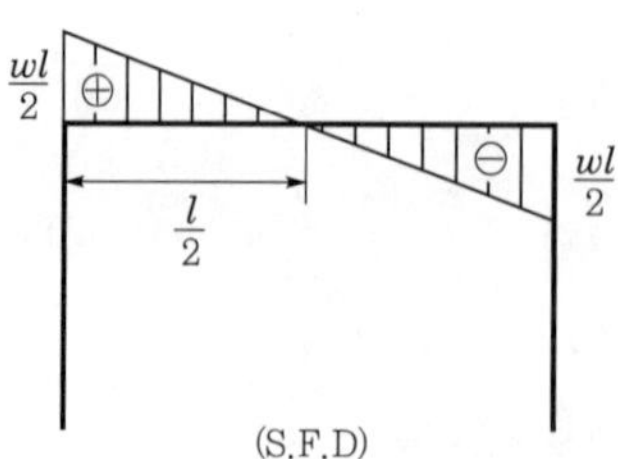

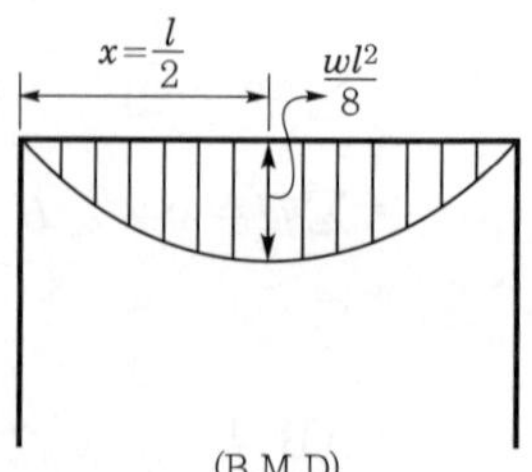

[그림 6.5]

F.B.D

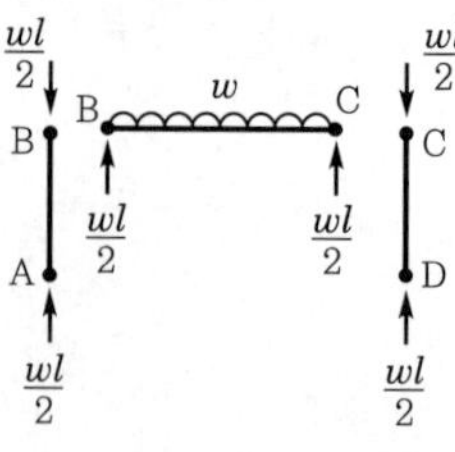

㉠ 지점반력

- $\sum V=0$(하중 대칭) ; $\therefore R_A=R_D=\dfrac{wl}{2}(\uparrow)$

㉡ 축력

- AB 부재: $A_{AB}=-\dfrac{wl}{2}$(압축)
- BD 부재: $A_{BC}=0$
- CD 부재: $A_{CD}=-\dfrac{wl}{2}$(압축)

㉢ 전단력

- AB 부재: $S_{AB}=0$
- BC 부재: $S_{BC}=\dfrac{wl}{2}-wx$(1차식)

$\therefore S_B=\dfrac{wl}{2},\quad S_C=\ominus\dfrac{wl}{2}$

- CD 부재: $S_{CD}=0$

㉣ 휨모멘트

- AB 부재: $M_A=0$
- BC 부재: $M_x=\dfrac{wl}{2}x-\dfrac{wx^2}{2}$(2차식)

$\therefore M_B=0,\ M_C=0$

$$\therefore M_{\max}=M_{\frac{l}{2}}=\frac{wl^2}{8}$$

- CD 부재: $M_D=0$

KEY NOTE

5. 캔틸레버형 라멘 해석

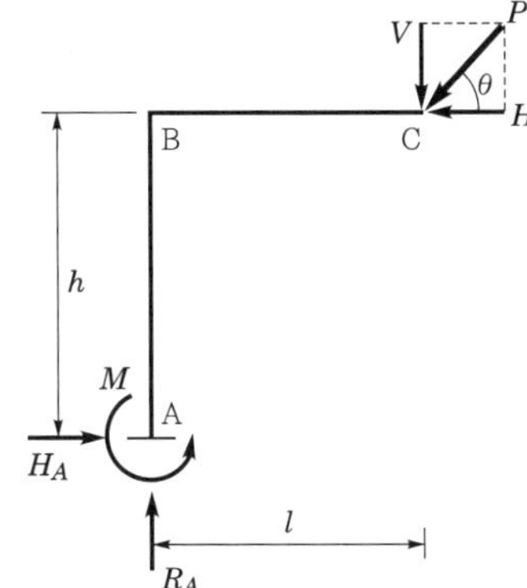

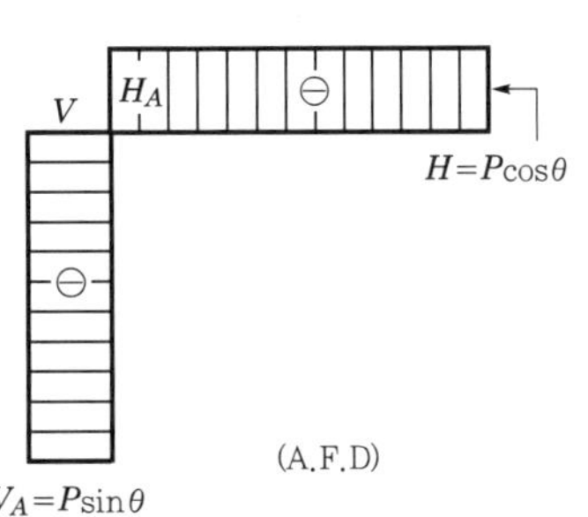

[그림 6.6]

(계속)

F.B.D

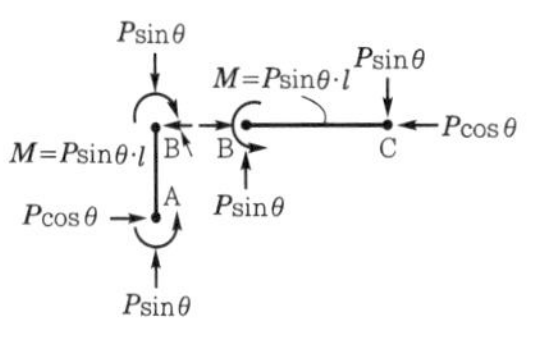

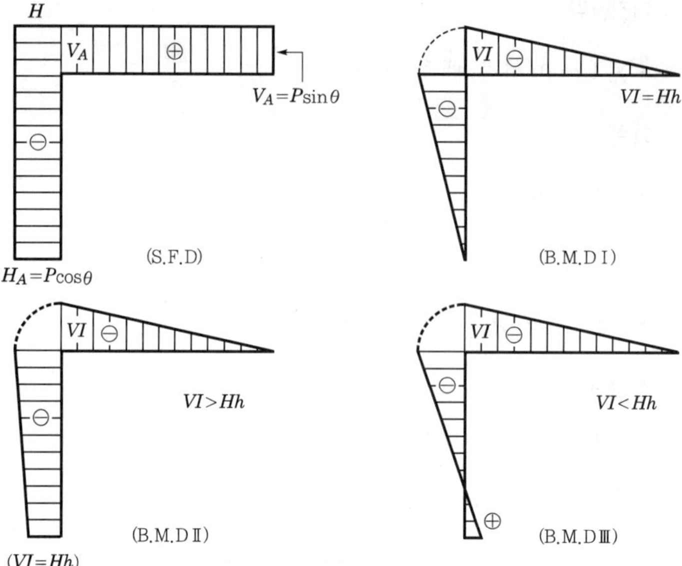

[그림 6.6] (계속)

(1) 지점반력

① $\Sigma H=0$; $\therefore H_A = H = P \cdot \cos\theta$

② $\Sigma V=0$; $R_A = V = P \cdot \sin\theta$

③ $\Sigma M_A = 0$; $\therefore M_A = V \cdot l - H \cdot h (\circlearrowleft)$

(2) 축력

① AB 부재: $A_{AB} = -V_A = -P\sin\theta$(압축)

② BC 부재: $A_{BC} = -H_A = -P\cos\theta$(압축)

(3) 전단력

① AB 부재: $S_{AB} = -H_A = -P\cos\theta$

② BC 부재: $S_{BC} = V_A = P\sin\theta$

(4) 휨모멘트

① BC 부재(C점 기준): $M_x = -P\sin\theta \cdot x$(1차식)

$\therefore M_C = 0,\ M_B = -P\sin\theta \cdot l$

② AB 부재(B점 기준): $M_x = \ominus Vl + P\cos\theta \cdot x$ (1차식)

$\therefore M_A = -P\sin\theta \cdot l + P\cos\theta \cdot h$

KEY NOTE

캔틸레버형 라멘 단면력 해법

원리

- 구하고자 하는 점에서 한쪽 방향만 고려한다.
- 자유단에서 고정지점으로 이동하여 계산한다.

부호

- 축력: ←⊕→ →⊖←
- 전단력: ↑⊕↓ ↓⊖↑
- 휨모멘트: ⊕ ⊖

KEY NOTE

$$\left\{\begin{array}{l}\text{BMD I, } P\sin\theta l = P\cos\theta h : M_A = 0 \\ \text{BMD II, } P\sin\theta l > P\cos\theta h : M_A = \ominus\text{값} \\ \text{BMD III, } P\sin\theta l < P\cos\theta h : M_A = \oplus\text{값}\end{array}\right\}$$

6. 3활절(hinge) 라멘 해석

(1) 집중하중이 작용

① 수직하중 작용

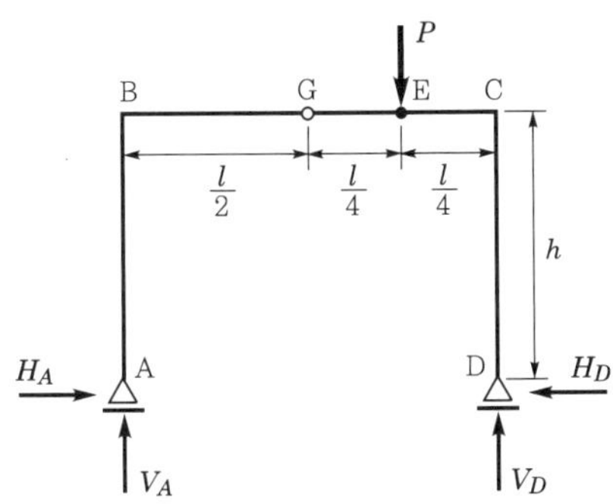

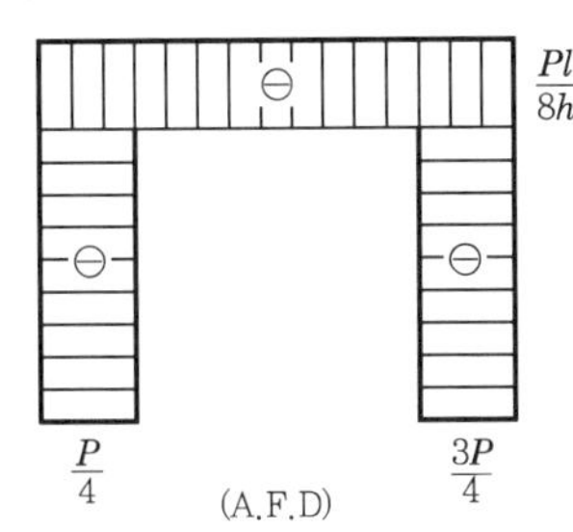

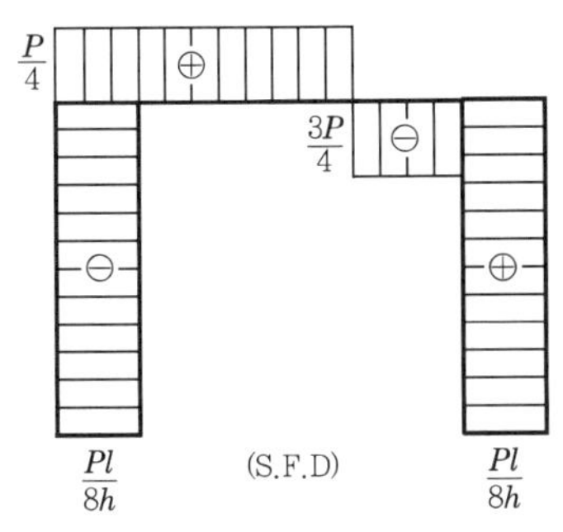

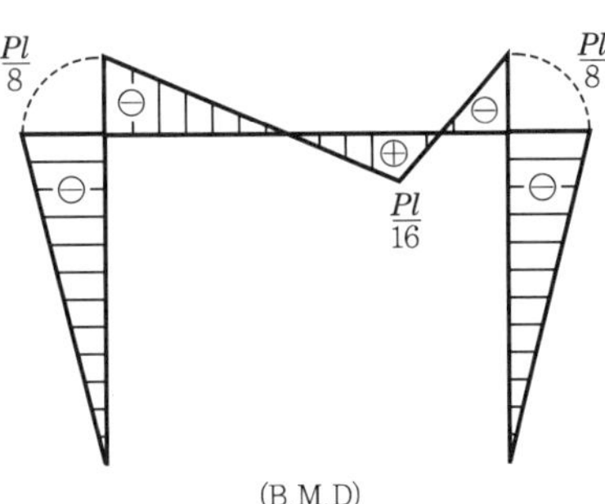

[그림 6.7]

㉠ 지점반력

- $\sum M_D = 0,\ V_A l - P\left(\dfrac{l}{4}\right) = 0$

  $\therefore\ V_A = \dfrac{P}{4}(\uparrow)$

- $\sum V = 0\ ;\ \therefore\ V_D = \dfrac{3P}{4}(\uparrow)$

- $\sum M_G = 0;\ V_A\left(\dfrac{l}{2}\right) - H_A \cdot h = 0$

  $\therefore\ H_A = \dfrac{1}{h}\left(\dfrac{Pl}{8}\right)(\rightarrow)$

- $\sum H = 0\ ;\ \therefore H_D = \dfrac{1}{h}\left(\dfrac{Pl}{8}\right)(\leftarrow)$

KEY NOTE

㉡ 축력

- AB 부재: $A_{AB} = -V_A = -\dfrac{P}{4}$ (압축)
- BC 부재: $A_{BC} = -H_A = -\dfrac{1}{h}\left(\dfrac{Pl}{8}\right)$ (압축)
- CD 부재: $A_{CD} = -V_D = -\dfrac{3P}{4}$ (압축)

㉢ 전단력

- AB 부재: $S_{AB} = -H_A = -\dfrac{1}{h}\left(\dfrac{Pl}{8}\right)$
- BC 부재
  - BE 구간: $S_{BE} = \dfrac{P}{4}$
  - CE 구간: $S_{EC} = -\dfrac{3P}{4}$
- CD 부재: $S_{CD} = \dfrac{1}{h}\left(\dfrac{Pl}{8}\right)$

㉣ 휨모멘트

- AB 부재: $M_x = -H_A \cdot x$ (1차식)

$$\therefore M_A = 0,\ M_B = -H_A \cdot h = -\frac{Pl}{8}$$

- BC 부재
  - BE 구간: $M_x = V_A \cdot x - H_A \cdot h$ (1차식)

$$\therefore M_E = \frac{P}{4}\left(\frac{3l}{4}\right) - \frac{Pl}{8} = \frac{Pl}{16}$$

$$\therefore M_G = 0$$

  - CE 구간: $M_x = V_D x - H_D \cdot h$ (1차식)

$$\therefore M_C = -\frac{Pl}{8}$$

$$\therefore M_D = 0$$

② 수평하중 작용

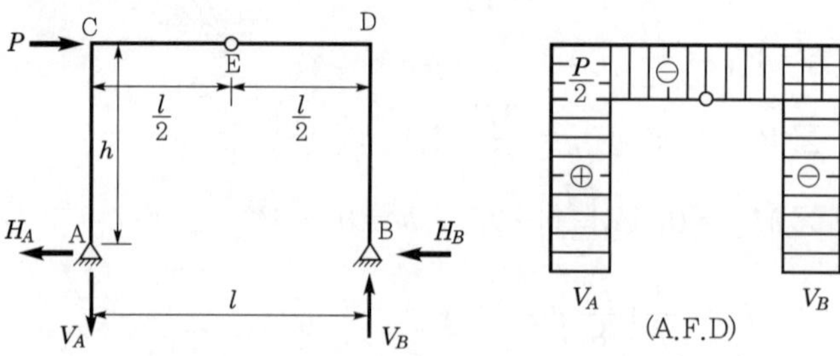

[그림 6.8] (계속)

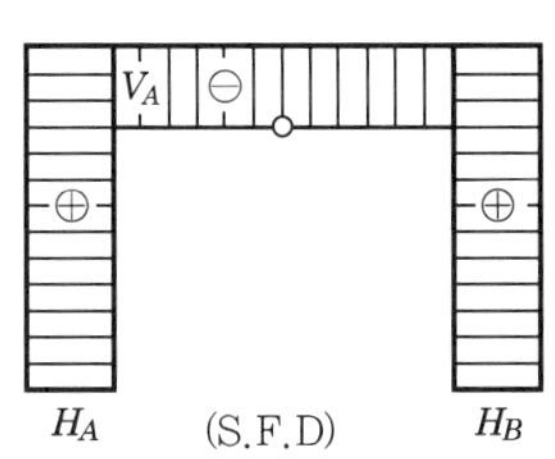

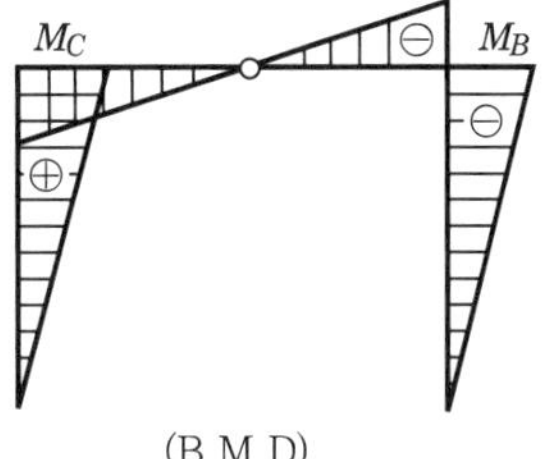

[그림 6.8] (계속)

◎ KEY NOTE

㉠ 지점반력

- $\sum M_B = 0\ ;\ \therefore V_A = \dfrac{Ph}{l}(\downarrow)$
- $\sum V = 0\ ;\ \therefore V_B = V_A = \dfrac{Ph}{l}(\uparrow)$
- $\sum M_E = 0\ ;\ \therefore H_A = H_B = \dfrac{P}{2}(\leftarrow)$

㉡ 축력

- AC 부재: $A_{AC} = V_A = \dfrac{Ph}{l}$(인장)
- CD 부재: $A_{CD} = -\dfrac{P}{2}$(압축)
- BD 부재: $A_{BD} = -V_B = -\dfrac{Ph}{l}$(압축)

㉢ 전단력

- AC 부재: $S_{AC} = H_A = \dfrac{P}{2}$
- CD 부재: $S_{CD} = -V_A = -\dfrac{Ph}{l}$
- BD 부재: $S_{BD} = H_B = \dfrac{P}{2}$

㉣ 휨모멘트

- AC 부재: $M_x = H_A \cdot x = \dfrac{P}{2}x$ (1차식)

  $\therefore M_A = 0,\ M_C = \dfrac{Ph}{2}$

- CD 부재: $M_x = H_A \cdot h - V_A \cdot x$

  $= \dfrac{Ph}{2} - \dfrac{Ph}{l}x$ (1차식)

  $\therefore M_E = 0,\ M_D = -\dfrac{Ph}{2}$

KEY NOTE

• BD 부재: $M_x = -H_B x = -\frac{P}{2}x$ (1차식)

$\therefore M_B = 0$

(2) 등분포하중이 작용

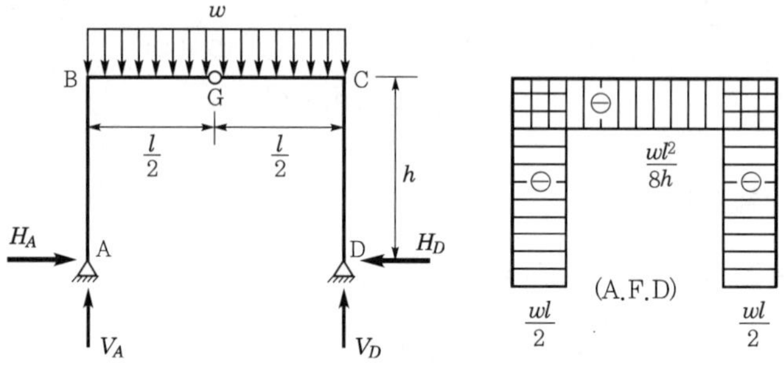

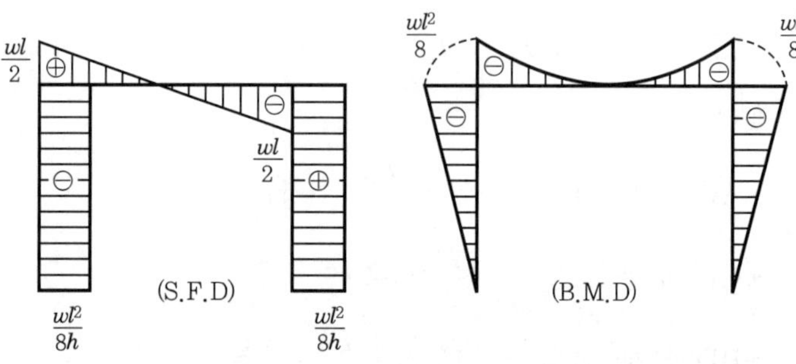

[그림 6.9]

① 지점반력

㉠ $\Sigma M_D = 0$; $\therefore V_A = \frac{wl}{2}(\uparrow)$

㉡ $\Sigma V = 0$; $\therefore V_D = \frac{wl}{2}(\uparrow)$

㉢ $\Sigma M_G = 0$; $\therefore H_A = \frac{1}{h}\left(\frac{wl^2}{8}\right)(\rightarrow)$

㉣ $\Sigma = 0$; $\therefore H_D = \frac{1}{h}\left(\frac{wl^2}{8}\right)(\leftarrow)$

② 축력

㉠ AB 부재: $A_{AB} = -V_A = -\frac{wl}{2}$(압축)

㉡ BC 부재: $A_{BC} = -H_A = -\frac{wl^2}{8h}$(압축)

㉢ DC 부재: $A_{DC} = -V_D = -\frac{wl}{2}$(압축)

KEY NOTE

③ 전단력

㉠ AB 부재: $S_{AB} = -H_A = -\frac{wl^2}{8h}$

㉡ BC 부재: $S_x = V_A - w \cdot x = \frac{wl}{2} - wx$ (1차식)

$\therefore S_B = \frac{wl}{2},\ S_C = -\frac{wl}{2}$

㉢ DC 부재: $S_{DC} = H_D = \frac{wl^2}{8h}$

④ 휨모멘트

㉠ AB 부재: $M_x = -H_A \cdot x = -\frac{wl^2}{8h} \cdot x$ (1차식)

$\therefore M_A = 0,\ M_B = -\frac{wl^2}{8}$

㉡ BC 부재: $M_x = V_A \cdot x - H_A \cdot h - wx\left(\frac{x}{2}\right)$

$= \frac{wl}{2}x - \frac{wl^2}{8} - \frac{wx^2}{2}$ (2차식)

$\therefore M_G = 0,\ M_C = -\frac{wl^2}{8}$

㉢ DC 부재: $M_x = -H_D \cdot x = -\frac{wl^2}{8h} \cdot x$ (1차식)

$\therefore M_D = 0$

7. 정정 라멘의 하중별 M_{max} 정리

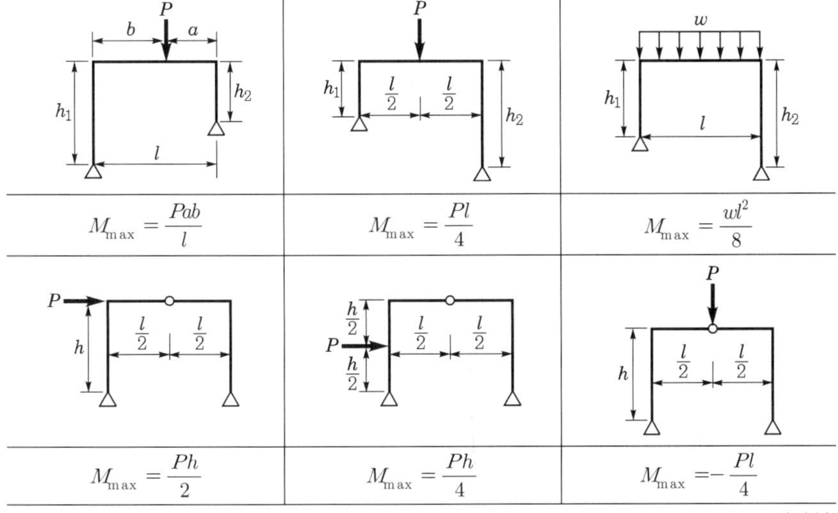

$M_{max} = \frac{Pab}{l}$	$M_{max} = \frac{Pl}{4}$	$M_{max} = \frac{wl^2}{8}$
$M_{max} = \frac{Ph}{2}$	$M_{max} = \frac{Ph}{4}$	$M_{max} = -\frac{Pl}{4}$

(계속)

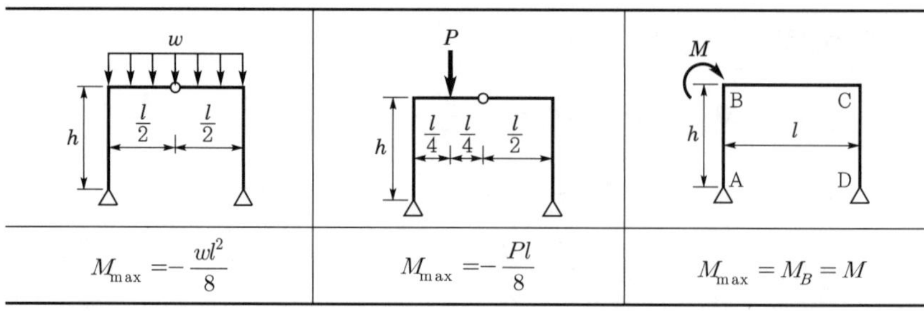

$M_{max} = -\frac{wl^2}{8}$	$M_{max} = -\frac{Pl}{8}$	$M_{max} = M_B = M$

2 정정 아치(arch)

1. 정의

라멘의 직선부재를 곡선부재로 만든 보로, 축방향력에 저항하도록 만든 구조물

2. 아치의 종류

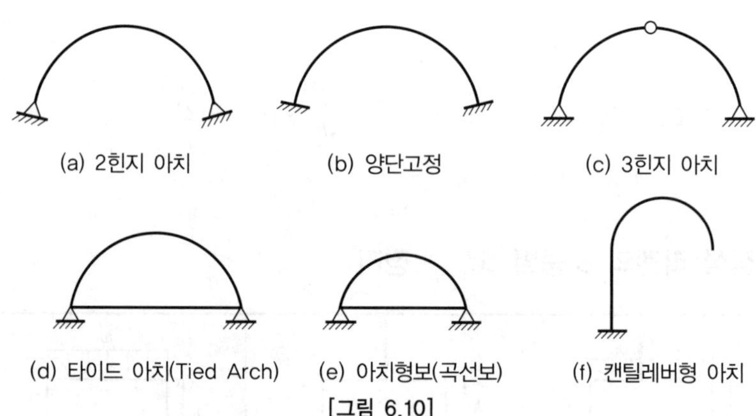

(a) 2힌지 아치 (b) 양단고정 (c) 3힌지 아치

(d) 타이드 아치(Tied Arch) (e) 아치형보(곡선보) (f) 캔틸레버형 아치

[그림 6.10]

3. 아치의 해법

(1) 반력

힘의 평형조건식($\Sigma H = 0$, $\Sigma V = 0$, $\Sigma M = 0$) 적용

(2) 단면력

아치의 내측을 기준으로 구하고자 하는 점(D)에서 접선축을 긋고, 접선축에 수평한 힘(축방향력)과 수직한 힘(전단력)을 계산한다.

① 축력: $A_D = -V_A \sin\theta - H_A \cos\theta$(압축)

KEY NOTE

아치의 특성

- 수평보의 지간이 길어지면 휨모멘트가 커지므로 휨모멘트를 감소시키기 위해 겔버보, 연속보, 아치 등을 채택하여 경제적인 설계 도모
- 아치 양단의 지점에서 중앙으로 향하는 수평반력에 의해 휨모멘트 감소
- 축방향 압축력에 저항
- 2힌지 아치: 1차 부정정
- 양단고정 아치: 3차 부정정
- 캔틸레버 아치, 3힌지 아치, 타이드 아치: 정정 구조물
- 타이로드 아치: 단순아치의 수평력 흡수

② 전단력: $S_D = V_A\cos\theta - H_A\sin\theta$

③ 휨모멘트: $M_D = V_A \cdot x - H_A \cdot y$

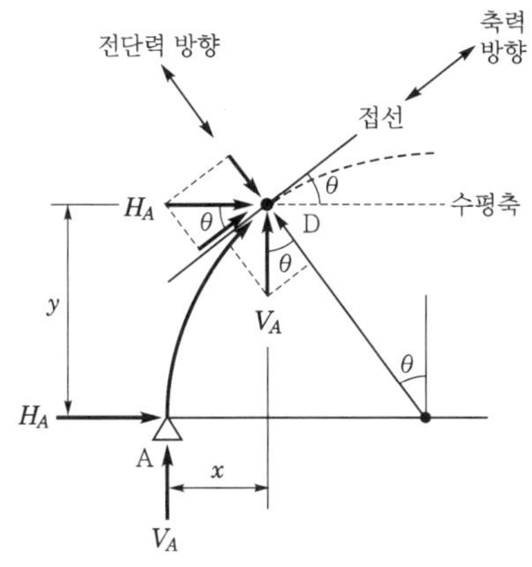

[그림 6.11]

4. 단순보형 아치

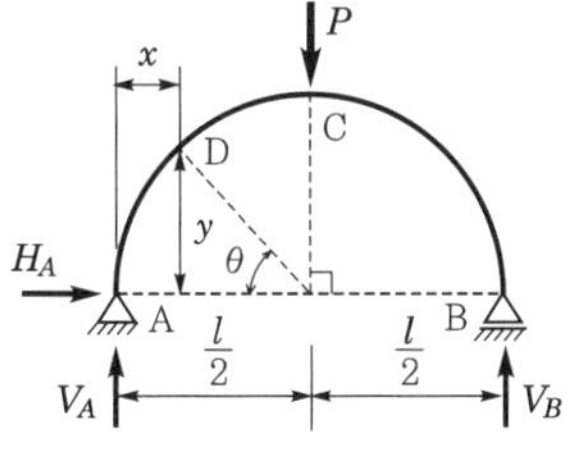

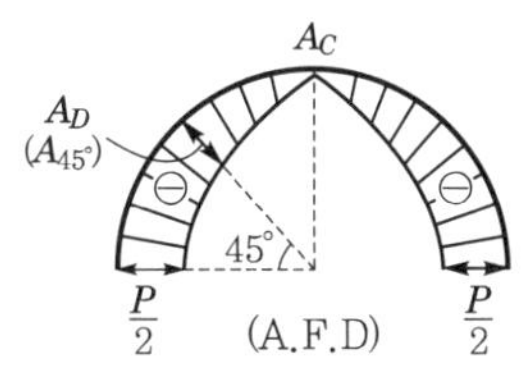

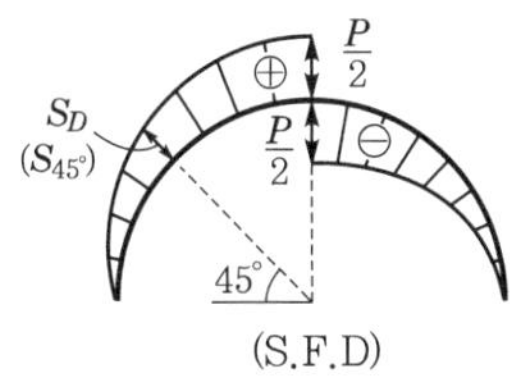

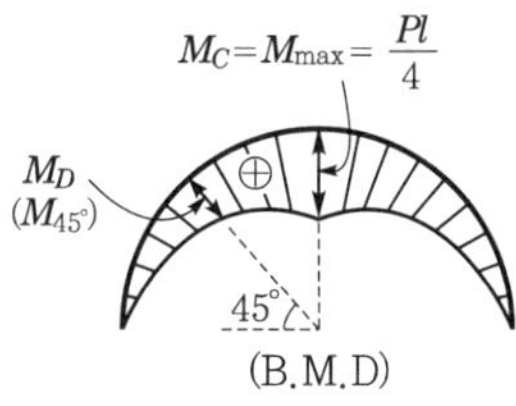

[그림 6.12]

(1) 지점반력

① $\Sigma M_B = 0\ ;\ V_A l - P \times \frac{l}{2} = 0$

$\therefore\ V_A = \frac{P}{2}$

② $\Sigma V = 0\ ;\ \therefore\ V_B = \frac{P}{2}$

KEY NOTE

D점 상세도

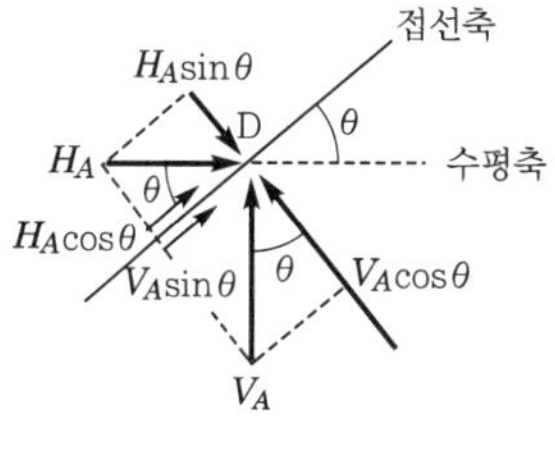

F.B.D

(1) 수평축과 점선축의 각 θ를 알 때

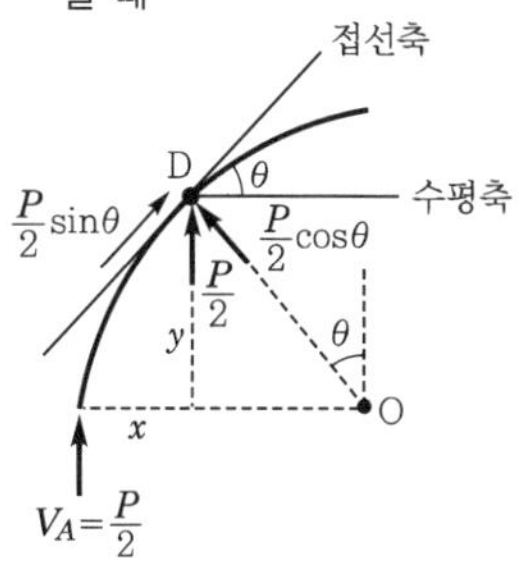

(2) 수평축과 전단축의 각 θ를 알 때

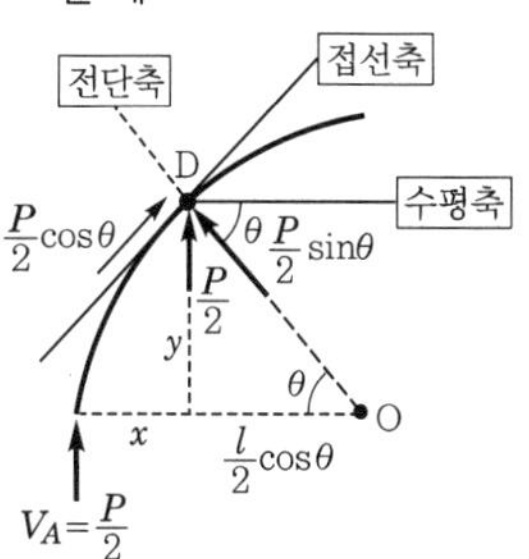

D점 상세도

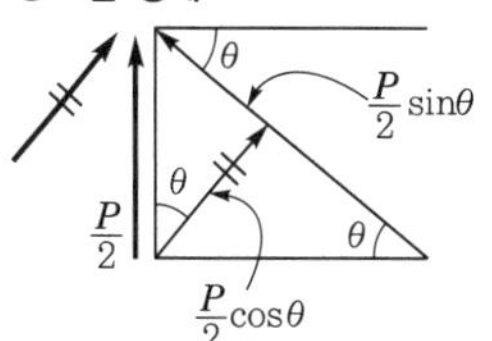

KEY NOTE

(2) 축력

① $A_\theta = -\frac{P}{2}\cos\theta$(압축)

② $A_{\theta=0} = A_A = -\frac{P}{2}$

③ $A_{\theta=45°} = -\frac{P}{2\sqrt{2}}$

④ $A_{\theta=90°} = 0$

(3) 전단력

① $0 < x < \frac{l}{2}$ 구간: $S_x = V_A \sin\theta = \frac{P}{2}\sin\theta$

㉠ $S_{\theta=0} = S_A = 0$

㉡ $S_{\theta=45°} = \frac{P}{2}\sin 45° = \frac{P}{2\sqrt{2}}$

㉢ $S_{\theta=90°} = S_{C(좌)} = \frac{P}{2}$

② $\frac{l}{2} < x < l$ 구간: $S_x = (V_A - P)\sin\theta = -\frac{P}{2}\sin\theta$

㉠ $S_{\theta=90°} = S_{C(우)} = -\frac{P}{2}$

㉡ $S_{\theta=135°} = -\frac{P}{2\sqrt{2}}$

㉢ $S_{\theta=180°} = 0$

(4) 휨모멘트

① $0 < x < \frac{l}{2}$ 구간 : $M_x = V_A \cdot x = \frac{P}{2}x = \frac{Pl}{4}(1-\cos\theta)$

$\left[x = \frac{l}{2} - \frac{l}{2}\cos\theta = \frac{l}{2}(1-\cos\theta)\right]$

㉠ $M_{\theta=0} = M_A = 0$

㉡ $M_{\theta=45°} = \frac{Pl}{4}\left(1 - \frac{1}{\sqrt{2}}\right)$

㉢ $M_{\theta=90°} = M_C = \frac{Pl}{4}(M_{max})$

② $\frac{l}{2} < x < l$ 구간: $M_x = \frac{Pl}{4}(1-\cos\theta)$

㉠ $M_{\theta=135°} = \frac{Pl}{4}\left(1 - \frac{1}{\sqrt{2}}\right)$

㉡ $M_{\theta=180°} = M_B = 0$

5. 캔틸레버형 아치

(1) 수평 집중하중이 작용

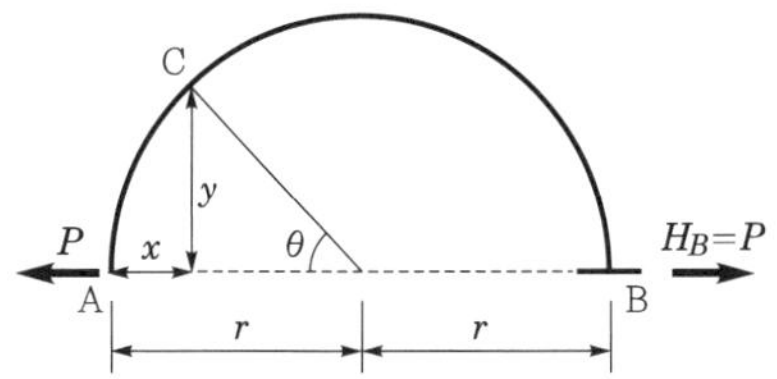

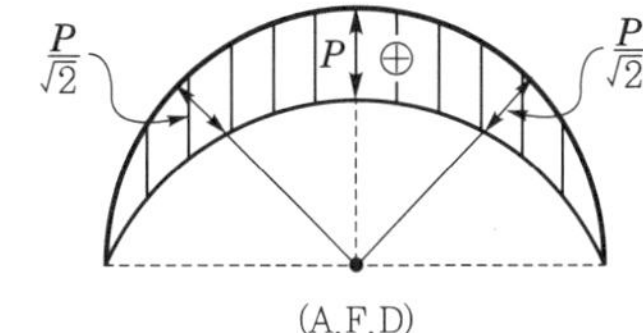

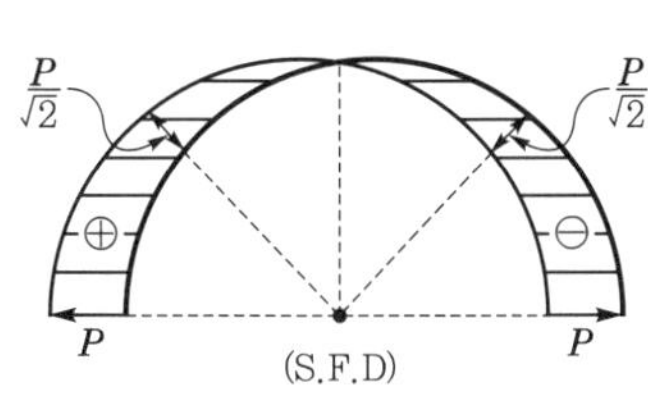

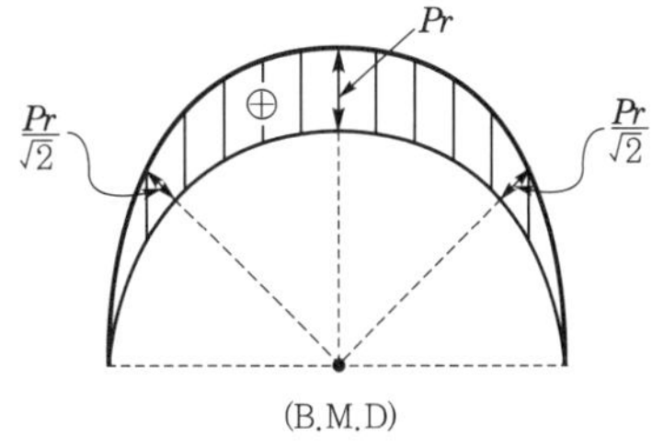

[그림 6.13]

① 지점반력

㉠ $\Sigma H = 0\ ;\ \therefore\ H_B = P(\rightarrow)$

㉡ $\Sigma V = 0\ ;\ \therefore\ V_B = 0$

㉢ $\Sigma M = 0\ ;\ \therefore\ M_B = 0$

② 축력

$$A_\theta = P\sin\theta(\text{인장})$$

- $A_{\theta=0} = A_A = 0$
- $A_{\theta=\pi} = A_B = 0$
- $A_{\theta=\frac{\pi}{4}} = \frac{P}{\sqrt{2}}$

③ 전단력

$$S_\theta = P\cos\theta$$

- $S_{\theta=0} = S_A = P$

KEY NOTE

수평축과 접선축의 각 θ일 때

축력
- (수평힘)×$\cos\theta = H\cos\theta$
- (수직힘)×$\sin\theta = V\sin\theta$

전단력
- (수평힘)×$\sin\theta = H\sin\theta$
- (수직힘)×$\cos\theta = V\cos\theta$

수평축과 전단축의 각 θ일 때

축력
- (수평힘)×$\sin\theta = H\sin\theta$
- (수직힘)×$\cos\theta = V\cos\theta$

전단력
- (수평힘)×$\cos\theta = H\cos\theta$
- (수직힘)×$\sin\theta = V\sin\theta$

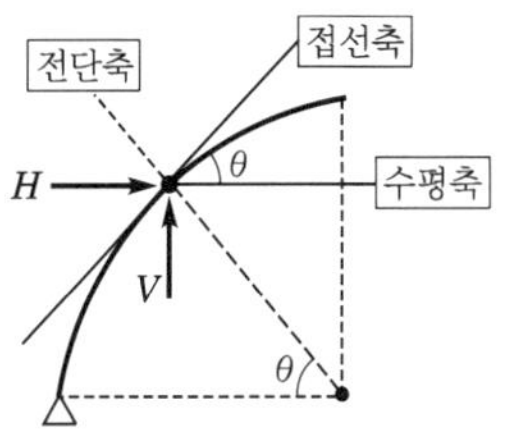

KEY NOTE

- $S_{\theta=\frac{\pi}{4}} = \dfrac{P}{\sqrt{2}}$
- $S_{\theta=\frac{\pi}{2}} = 0$
- $S_{\theta=\pi} = -P$

④ 휨모멘트

$$M_\theta = P \cdot y = P \cdot r\sin\theta$$

- $M_{\theta=0} = M_A = 0$
- $M_{\theta=\pi} = M_B = 0$
- $M_{\theta=\frac{\pi}{4}} = \dfrac{Pr}{\sqrt{2}}$
- $M_{\theta=\frac{\pi}{2}} = P \cdot r$

(2) 수직 집중하중이 작용

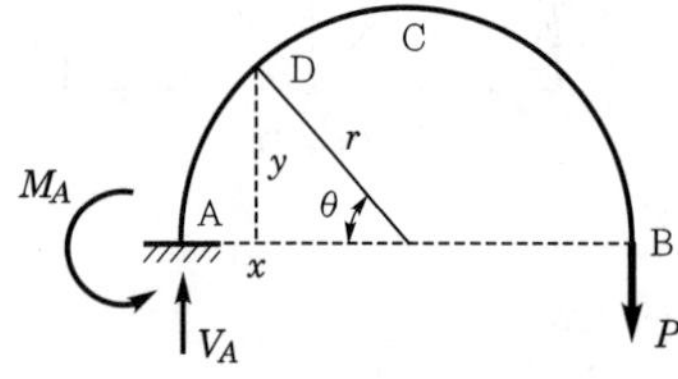

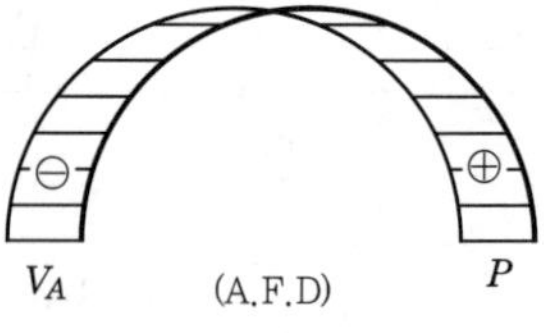

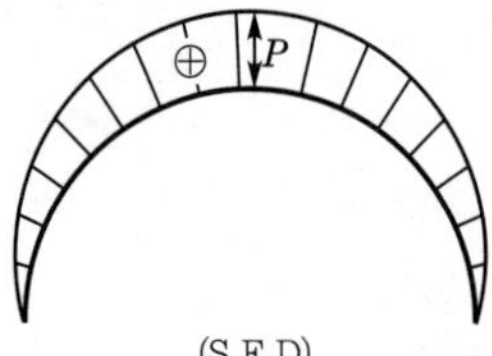

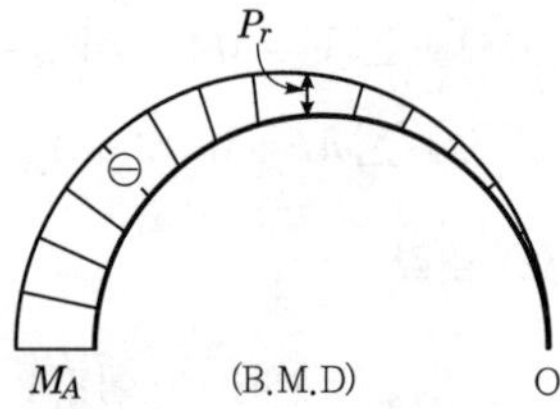

[그림 6.14]

① 지점반력

㉠ $\Sigma H = 0\,;\ \therefore\ H_A = 0$

㉡ $\Sigma V = 0\,;\ \therefore\ V_A = P(\uparrow)$

㉢ $\Sigma M_A = 0\,;\ \therefore\ M_A = 2Pr(\curvearrowleft)$

② 축력

$$A_\theta = -V_A\cos\theta = -P\cos\theta$$

- $A_{\theta=0} = A_A = -P$(압축)
- $A_{\theta=90°} = A_C = 0$
- $A_{\theta=180°} = A_B = P$(인장)

③ 전단력

$$S_\theta = V_A \sin\theta = P\sin\theta$$

- $S_{\theta=0} = S_A = 0$
- $S_{\theta=90°} = S_C = P$
- $S_{\theta=180°} = S_B = 0$

④ 휨모멘트

$$M_\theta = V_A \cdot x = -Pr(1-\cos\theta)$$

$[x = r - r\cos\theta = r(1-\cos\theta)]$

- $M_{\theta=0} = M_A = 0$
- $M_{\theta=90°} = M_C = -Pr$
- $M_{\theta=180°} = M_B = -2Pr$

KEY NOTE

6. 3활절(힌지) 아치

(1) 집중하중이 작용

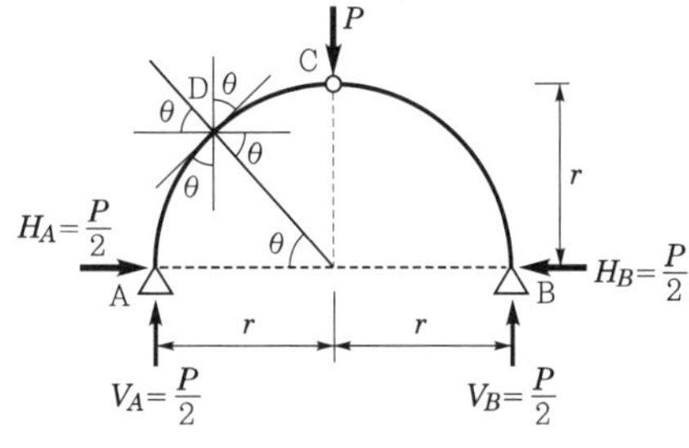

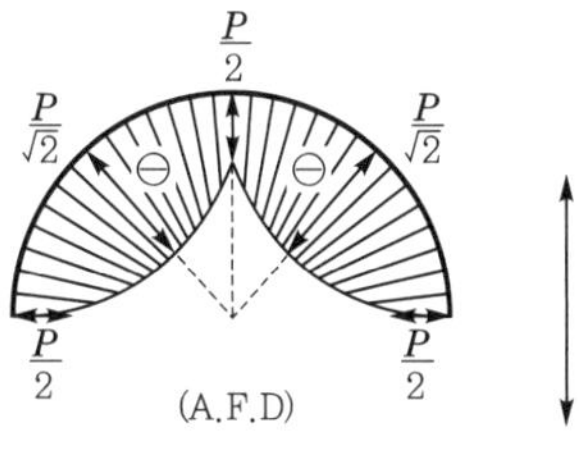

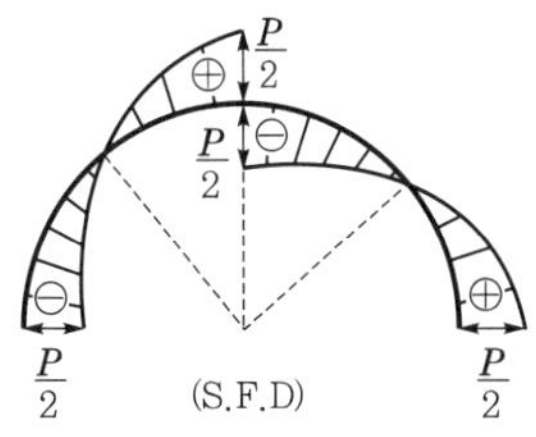

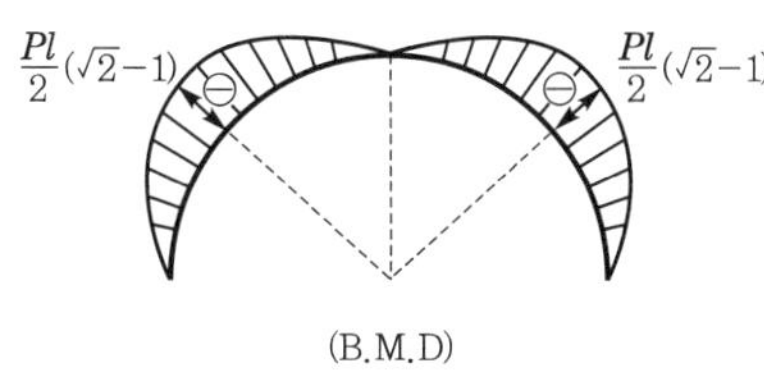

[그림 6.15]

KEY NOTE

① 지점반력

㉠ $\sum M_B = 0;\ \therefore\ V_A = \frac{P}{2}(\uparrow)$

㉡ $\sum V = 0;\ \therefore\ V_B = \frac{P}{2}(\uparrow)$

㉢ $\sum M_C = 0;\ \therefore\ H_A = \frac{P}{2}(\rightarrow)$

㉣ $\sum H = 0;\ \therefore\ H_B = \frac{P}{2}(\leftarrow)$

② 축력

㉠ $A_\theta = -H_A \sin\theta - V_A \cos\theta = -\frac{P}{2}(\sin\theta + \cos\theta)$

㉡ A-C 구간

- $A_{\theta=0} = A_A = -\frac{P}{2}$
- $A_{\theta=90^\circ} = A_C = -\frac{P}{2}$

㉢ B-C 구간: A-C 구간과 대칭

③ 전단력

㉠ $S_\theta = V_A \sin\theta - H_A \cos\theta = \frac{P}{2}(\sin\theta - \cos\theta)$

㉡ A-C 구간

- $S_{\theta=0} = S_A = -\frac{P}{2}$
- $S_{\theta=90^\circ} = S_C = \frac{P}{2}$
- $S_{\theta=45^\circ} = 0$

㉢ B-C 구간: A-C 구간과 부호반대 대칭

- $S_B = \frac{P}{2}$

④ 휨모멘트

㉠ $M_\theta = V_A \cdot x - H_A \cdot y = \frac{Pr}{2}(1 - \cos\theta - \sin\theta)$

$$\left[\begin{aligned} x &= r - r\cos\theta = r(1-\cos\theta) \\ y &= r\sin\theta \end{aligned}\right]$$

ⓛ A-C 구간

- $M_{\theta=0} = M_A = 0$
- $M_{\theta=45^\circ} = \frac{Pr}{2}(1-\sqrt{2}) = -\frac{Pr}{2}(\sqrt{2}-1)$
- $M_{\theta=90^\circ} = M_C = 0$

ⓒ B-C 구간: A-C 구간과 대칭

$\therefore\ M_B = 0$

(2) 수직 등분포하중이 작용

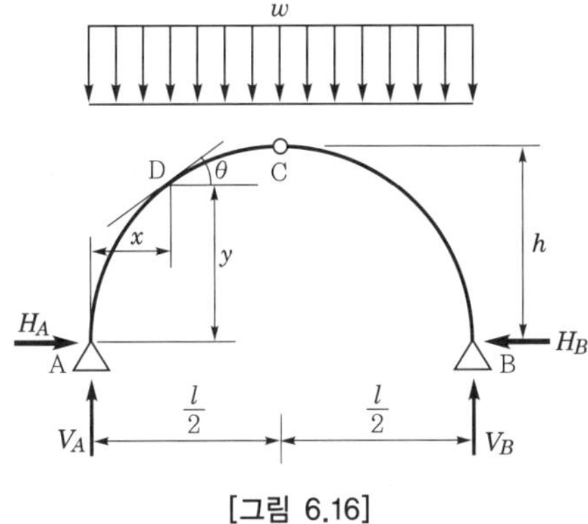

[그림 6.16]

① 지점반력

㉠ $\Sigma M_B = 0\ ;\ \therefore\ V_A = \frac{wl}{2}(\uparrow)$

ⓛ $\Sigma V = 0;\ \therefore\ V_B = \frac{wl}{2}(\uparrow)$

ⓒ $\Sigma M_C = 0\ ;\ \therefore\ H_A = \frac{wl^2}{8h}(\rightarrow)$

㉣ $\Sigma H = 0\ ;\ \therefore\ H_B = \frac{wl^2}{8h}(\leftarrow)$

② 축력

㉠ $A_\theta = -(V_A - w \cdot x)\sin\theta - H_A\cos\theta$

ⓛ A-C 구간

- $A_{\theta=90^\circ} = A_A = -V_A = -\frac{wl}{2}$(압축)
- $A_{\theta=0} = A_C = -H_A = -\frac{wl^2}{8h}$(압축)

ⓒ B-C 구간: A-C 구간과 대칭

- $A_B = -V_B = -\frac{wl}{2}$(압축)

KEY NOTE

KEY NOTE

③ 전단력

㉠ $S_{\theta} = (V_A - w \cdot x)\cos\theta - H_A \sin\theta$

㉡ A-C 구간

- $S_{\theta=90°} = S_A = -H_A = -\dfrac{wl^2}{8h}$
- $S_{\theta=0} = S_C = V_A - w\left(\dfrac{l}{2}\right) = 0$

㉢ B-C 구간: A-C 구간과 부호반대 대칭

- $S_{\theta=90°} = S_B = H_B = \dfrac{wl^2}{8h}$

④ 휨모멘트

㉠ $M_\theta = V_A \cdot x - H_A \cdot y - \dfrac{wx^2}{2}$

- $M_A = M_B = M_C = 0$

(3) 수평 등분포하중이 작용

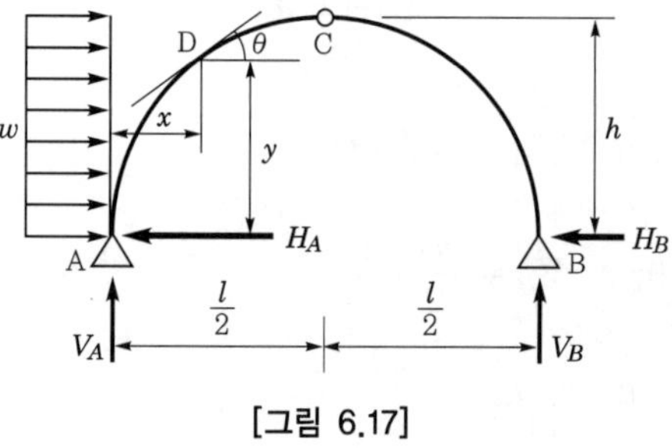

[그림 6.17]

① 지점반력

㉠ $\Sigma M_B = 0$; ∴ $V_A = -\dfrac{wh^2}{2l}(\downarrow)$

㉡ $\Sigma V = 0$; ∴ $V_B = \dfrac{wh^2}{2l}(\uparrow)$

㉢ $\Sigma M_C = 0$; ∴ $H_A = \dfrac{3wh}{4}(\leftarrow)$

㉣ $\Sigma H = 0$; ∴ $H_B = \dfrac{wh}{4}(\leftarrow)$

② 축력

㉠ $A_\theta = -V_A \sin\theta + (H_A - wy)\cos\theta$

㉡ A-C 구간

• $A_{\theta=90°} = A_A = -V_A = -\frac{wh^2}{2l}$ (인장)

• $A_{\theta=0} = A_C = \frac{3wh}{4} - \frac{wl}{2}$

㉢ B-C 구간: A-C 구간과 대칭

• $A_B = V_B = -\frac{wh^2}{2l}$ (압축)

③ 전단력

㉠ $S_\theta = V_A\cos\theta + (H_A - w \cdot y)\sin\theta$

㉡ A–C 구간

• $S_{\theta=90°} = S_A = H_A = \frac{3wh}{4}$

• $S_{\theta=0} = S_C = V_A = -\frac{wh^2}{2l}$

㉢ B-C 구간: A-C 구간과 대칭

• $S_{\theta=90°} = S_B = H_B = \frac{wh}{4}$

④ 휨모멘트

㉠ $M_\theta = V_A \cdot x + H_A \cdot y - \frac{wy^2}{2}$

• $M_A = M_B = 0$

• $M_C = \frac{wh^2}{2}$

7. 포물선 아치

(1) 포물선 방정식

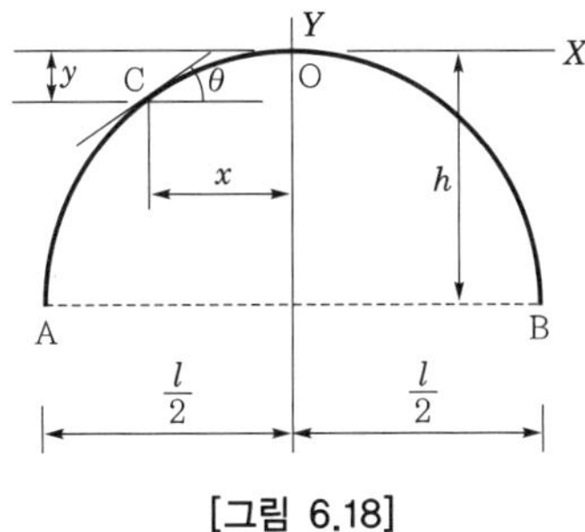

[그림 6.18]

KEY NOTE

포물선 아치(2차 방정식)

• $y = ax^2 + bx + c$

$\begin{cases} x = 0\text{일 때, } y = 0\,;\, c = 0 \\ x = l\text{일 때, } y = 0\,;\, b = -al \\ x = \frac{l}{2}\text{일 때, } y = h\,;\, a = -\frac{4h}{l^2} \end{cases}$

따라서

$$y = -\frac{4h}{l^2} \cdot x^2 + \frac{4h}{l^2} \cdot l \cdot x = \frac{4h}{l^2} \cdot x(l - x)$$

• $\tan\theta = \frac{dy}{dx}$ 이므로

$$\therefore \frac{dy}{dx} = \frac{8h}{l^2}\left(\frac{l}{2} - x\right)$$

KEY NOTE

① $y = ax^2 = \frac{4h}{l^2}x^2$

$\tan\theta = \frac{dy}{dx} = \frac{8h}{l^2}x$

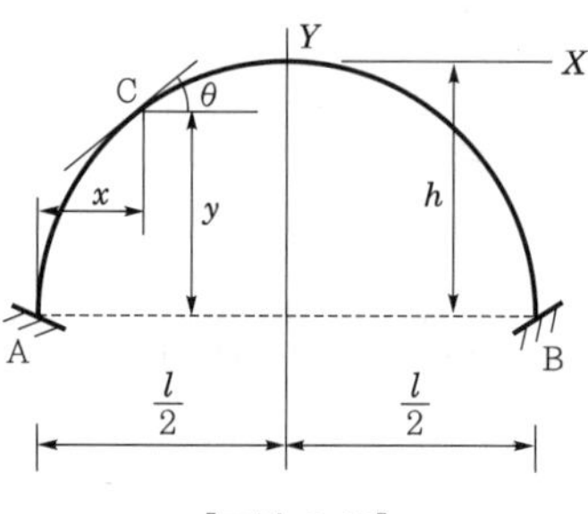

[그림 6.19]

② $y = ax^2 + bx + c = \frac{4h}{l^2}(lx - x^2)$

$\tan\theta = \frac{dy}{dx} = \frac{4h}{l^2}(l - 2x)$

$\tan\theta = \frac{\sin\theta}{\cos\theta}$

(2) 포물선 아치에 등분포하중이 작용

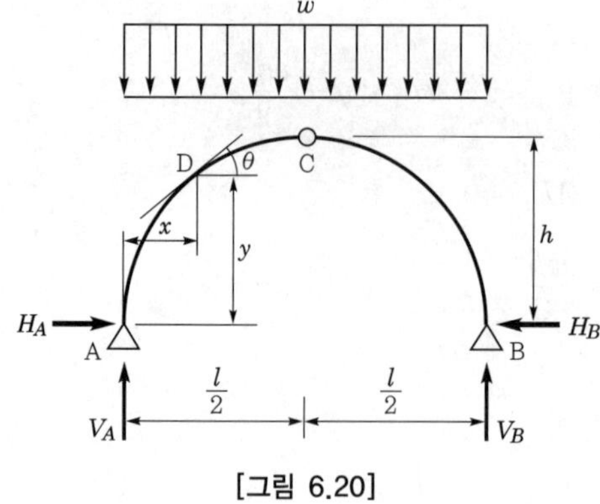

[그림 6.20]

① 지점반력

㉠ $\Sigma M_B = 0$; $\therefore\ V_A = \frac{wl}{2}(\uparrow)$

㉡ $\Sigma V = 0$; $\therefore\ V_B = \frac{wl}{2}(\uparrow)$

㉢ $\Sigma M_C = 0$; $\therefore\ H_A = \frac{wl^2}{8h}(\rightarrow)$

㉣ $\Sigma H=0$; $\therefore\ H_B=\dfrac{wl^2}{8h}(\leftarrow)$

② 축력

㉠ $A_\theta=-(V_A-w\cdot x)\sin\theta-H_A\cos\theta$

③ 전단력

$$S_\theta=(V_A-w\cdot x)\cos\theta-H_A\sin\theta$$
$$=\frac{wl}{2}\cos\theta-wx\cos\theta-\frac{wl^2}{8h}(\tan\theta\cdot\cos\theta)$$
$$=\frac{wl}{2}\cos\theta-wx\cos\theta-\frac{wl^2}{8h}\left\{\frac{4h}{l^2}(l-2x)\cdot\cos\theta\right\}$$
$$=0$$

④ 휨모멘트

$$M_\theta=V_A\cdot x-H_A\cdot y-\frac{wx^2}{2}$$
$$=\frac{wl}{2}x-\frac{wl^2}{8h}\cdot\frac{4h}{l^2}(lx-x^2)-\frac{wx^2}{2}=0$$

8. 타이드 아치

3힌지 아치 해석과 동일

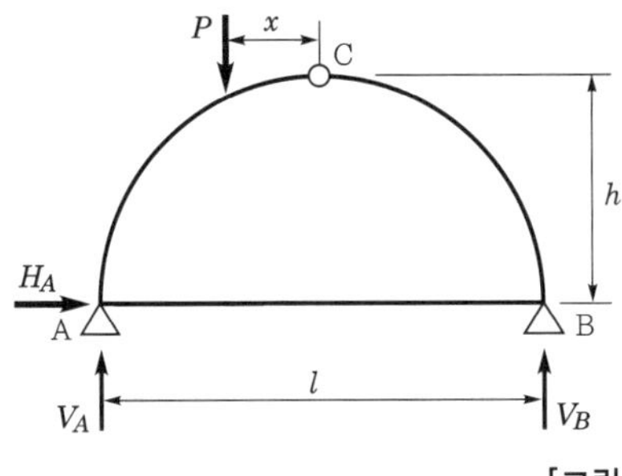

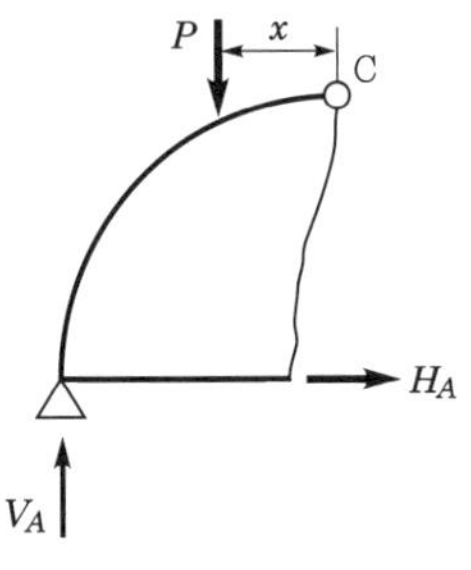

[그림 6.21]

(1) 지점반력

① $\Sigma M_B=0$; $\therefore\ V_A=\dfrac{P(l+2x)}{2l}$

② $\Sigma V=0$; $\therefore\ V_B=\dfrac{P(l-2x)}{2l}$

(2) 수평력(H_A)

① $\Sigma M_C=0$; $\therefore\ H_A=\dfrac{P(l-2x)}{4h}$

KEY NOTE

KEY NOTE

[보강] 정정 라멘과 정정 아치의 반력 정리

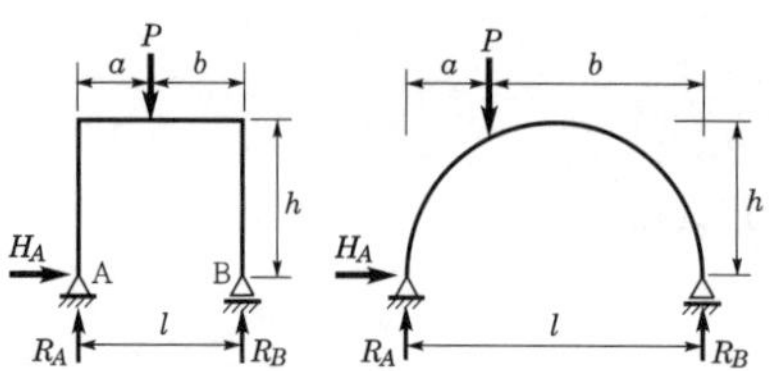	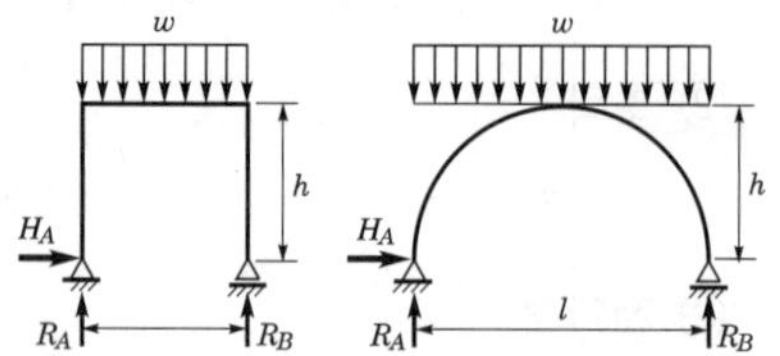
$R_A = \frac{P \cdot b}{l},\ R_B = \frac{P \cdot a}{l},\ H_A = 0$	$R_A = R_B = \frac{wl}{2},\ H_A = 0$
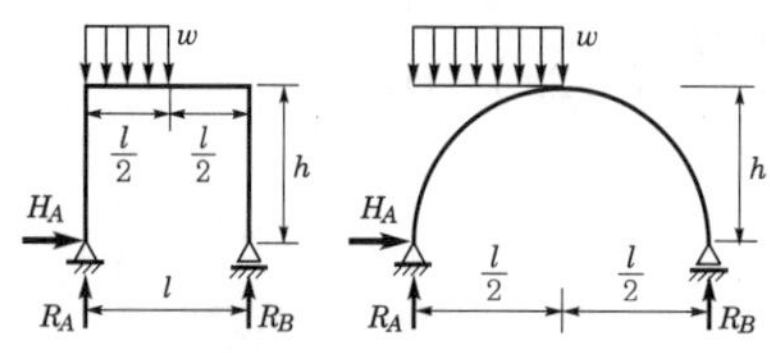	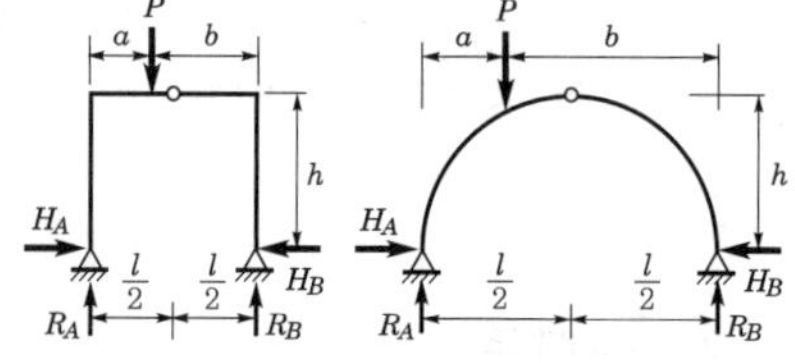
$R_A = \frac{3wl}{8},\ R_B = \frac{wl}{8},\ H_A = 0,\ M_C = \frac{wl^2}{16}$	$R_A = \frac{P \cdot b}{l},\ R_B = \frac{P \cdot a}{l},\ H_A = H_B = \frac{P \cdot a}{2h}$
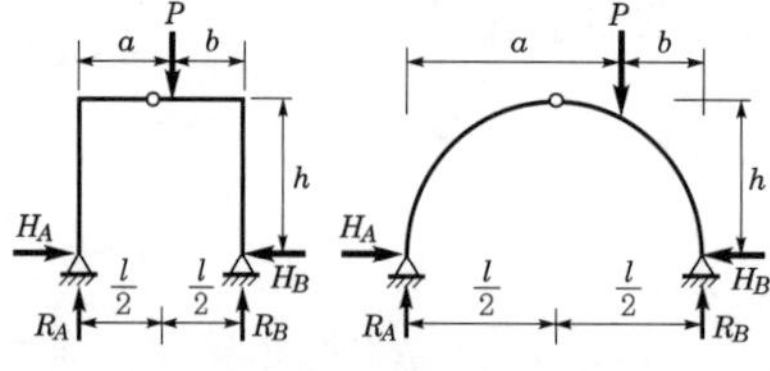	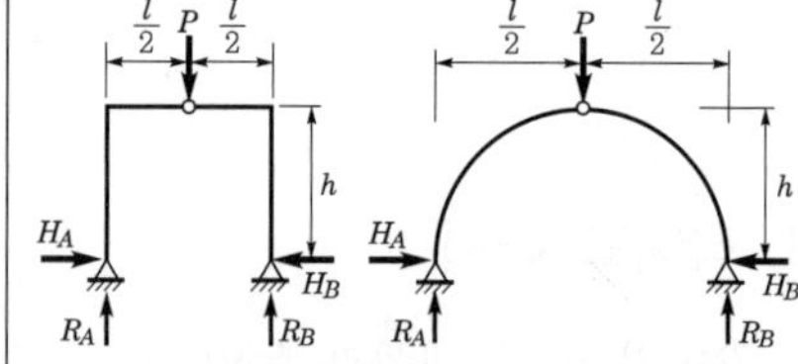
$R_A = \frac{P \cdot b}{l},\ R_B = \frac{P \cdot a}{l},\ H_A = H_B = \frac{P \cdot b}{2h}$	$R_A = R_B = \frac{P}{2},\ H_A = H_B = \frac{P \cdot l}{4h}$
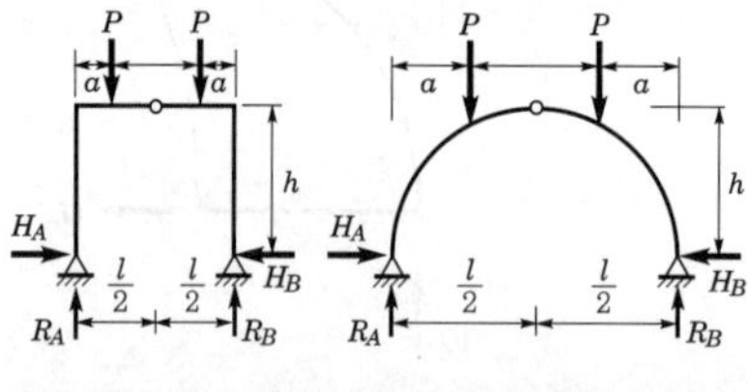	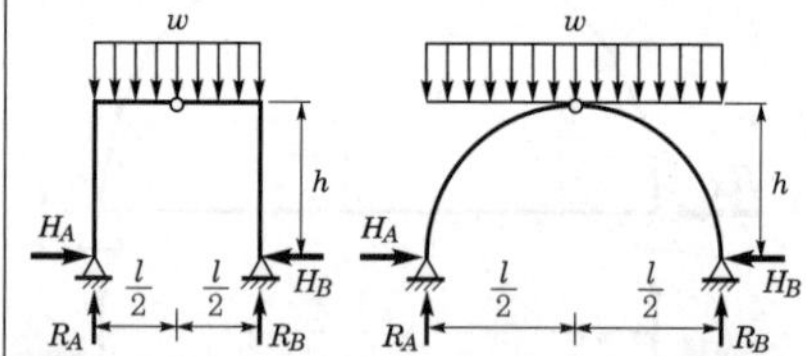
$R_A = R_B = P,\ H_A = H_B = \frac{P \cdot a}{h}$	$R_A = R_B = \frac{wl}{2},\ H_A = H_B = \frac{wl^2}{8h}$

3 케이블(cable)

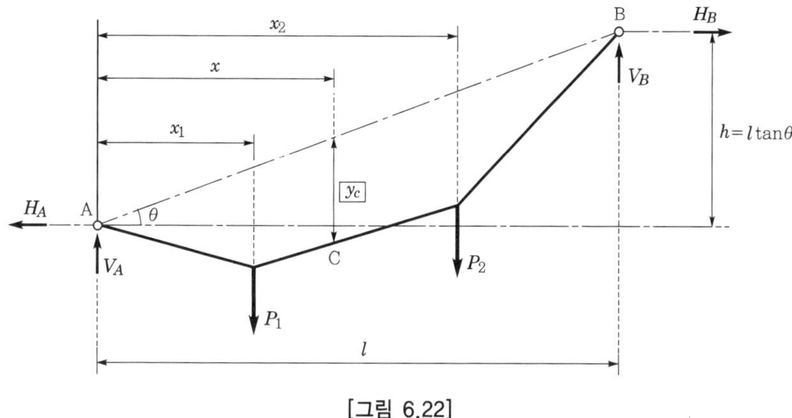

[그림 6.22]

1. 지점반력

- $\sum M_B = 0$; $V_A \cdot l + H_A \cdot h - P_1(l - x_1) - P_2(l - x_2) = 0$

$$\therefore\ V_A = \frac{1}{l}[P_1(l-x_1)+P_2(l-x_2)-H_A\tan\theta] \quad \cdots\cdots \text{①}$$

2. 수평력(H_A), 임의점까지 거리(y_C)

- $\sum M_C = 0$;

$$V_A \cdot x - H_A \cdot (y_C - x\tan\theta) - P_1(x - x_1) = 0$$

$$H_A \cdot (y_C - x\tan\theta) = V_A \cdot x - P_1(x - x_1) \quad \cdots\cdots \text{②}$$

$$\text{①} \xrightarrow{\text{대입}} \text{②}$$

$$\therefore\ H_A \cdot y_C = \frac{x}{l}[P_1(l-x_1)+P_2(l-x_2)] - P_1(x-x_1)$$

3. 휨모멘트(M_C)

케이블을 아래의 단순로보 생각하여 임의의 C점의 모멘트를 구하면 다음과 같다.

KEY NOTE

케이블에 대한 일반정리

수평성분 H와 임의점에서 케이블현까지의 거리 y_C를 곱한 값 $H \cdot y_C$는 같은 조건의 단순보에서 그 점의 모멘트와 같다. 즉,

$$H \cdot y_C = M_C$$

KEY NOTE

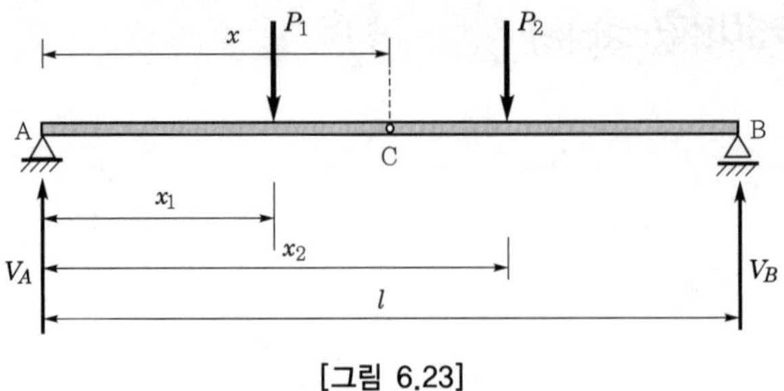

[그림 6.23]

(1) 지점반력

- $\sum M_B = 0$; $\therefore\ V_A = \dfrac{1}{l}[P_1(l-x_1)+P_2(l-x_2)]$

(2) C점의 모멘트

$$\therefore\ M_C = V_A \cdot x - P_1(x-x_1)$$
$$= \frac{x}{l}[P_1(l-x_1)+P_2(l-x_2)] - P_1(x-x_1)$$

따라서

$$H_A \cdot y_C = M_C$$

CHAPTER 06 | 9급 기출문제

01 그림과 같은 구조물에서 지점 A의 수평반력 H_A[kN], 수직반력 R_A[kN] 및 휨모멘트 M_A [kN · m]는? [09. 지방직 9급]

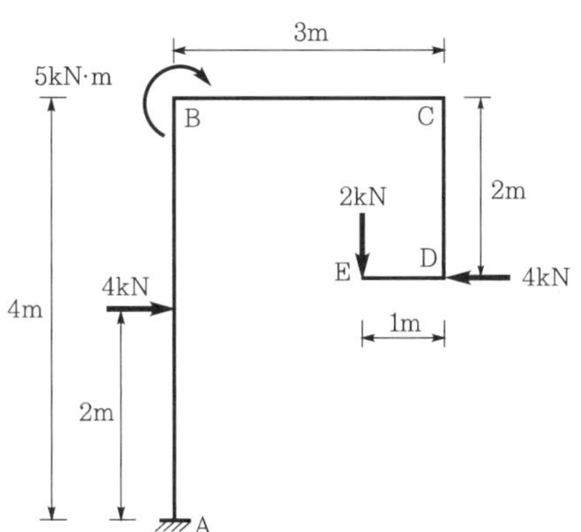

	H_A	R_A	M_A
①	2	2	5
②	2	2	9
③	0	2	5
④	0	2	9

해설 $\Sigma H=0,\ H_A+4-4=0$
$\therefore H_A=0$
$\Sigma V=0,\ R_A-2=0,$
$\therefore R_A=2\text{kN}(\uparrow)$
$\Sigma M_A=0,$
$-M_A+5+2\times(3-1)=0,$
$M_A=9\text{kN}\cdot\text{m}$(반시계)

02 다음 3활절 아치의 A점의 수평반력은? [01. 서울시 9급]

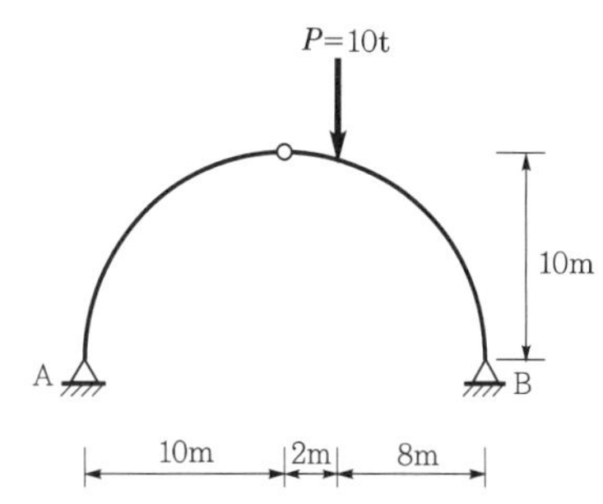

① 2t ② 4t ③ 8t
④ 10t ⑤ 12t

해설 $H_A=\dfrac{Pb}{2h}=\dfrac{10\times8}{2\times10}=4\text{t}(\rightarrow)$

03 그림과 같은 3힌지 아치에서 A점에 작용하는 수평반력 H_A는? [14. 서울시 9급]

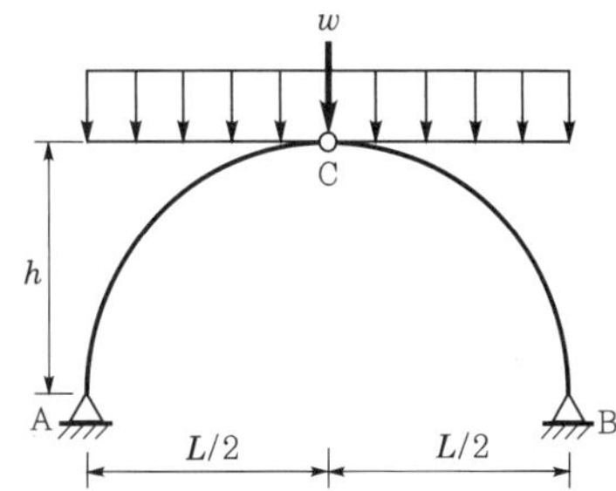

① $H_A=\dfrac{wL^2}{6h}(\rightarrow)$ ② $H_A=\dfrac{wL^2}{8h}(\leftarrow)$

③ $H_A=\dfrac{wL^2}{8h}(\rightarrow)$ ④ $H_A=\dfrac{wL^2}{6h}(\leftarrow)$

⑤ $H_A=\dfrac{wL^2}{10h}(\rightarrow)$

해설 3힌지 아치에 등분포하중이 작용할 때 수평반력 $H_A=\dfrac{wL^2}{8h}(\rightarrow)$이 된다.

정답 01 ④ 02 ② 03 ③

04 그림과 같은 3힌지 아치에서 지점 B의 수평반력은? (단, 아치의 자중은 무시한다) [15. 국가직 9급]

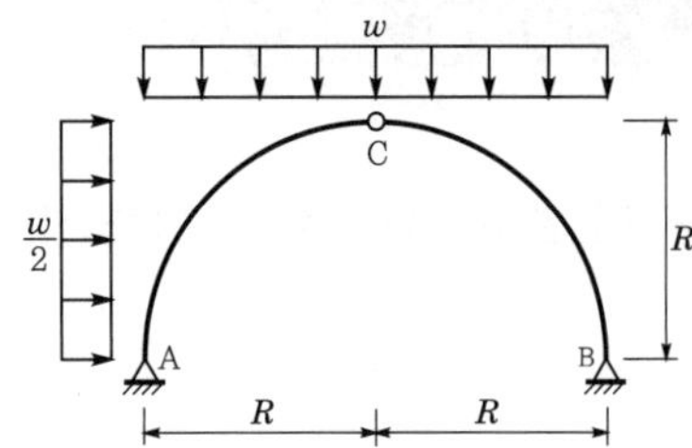

① $\frac{7}{8}wR(\leftarrow)$ ② $\frac{5}{8}wR(\leftarrow)$

③ $\frac{3}{8}wR(\rightarrow)$ ④ $\frac{1}{8}wR(\rightarrow)$

해설 B지점의 수평반력은 다음과 같다.

$$H_B = \frac{w(2R)^2}{8R} + \frac{\left(\frac{w}{2}R\right)}{4} = \frac{5}{8}wR(\leftarrow)$$

05 그림과 같은 라멘의 B점의 휨모멘트 M_B는? [05. 경기교육청 9급]

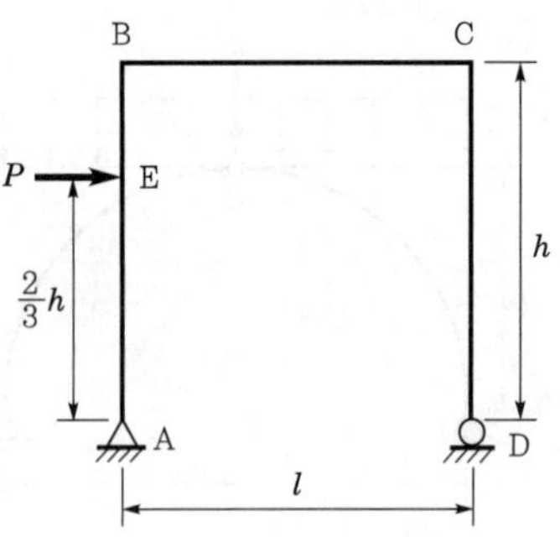

① $\frac{3}{2}Ph$ ② $\frac{2}{3}Ph$

③ $\frac{2}{3l}Ph$ ④ $\frac{3}{2l}Ph$

해설 $\Sigma M_A = 0, -R_D \times l + P \times \frac{2h}{3} = 0$

$\therefore R_D = \frac{2Ph}{3l}(\uparrow)$

$\therefore M_B = R_D \times l = \frac{2}{3}Ph$

06 그림과 같은 정정라멘 구조물에서 BC 부재에 발생하는 최대 휨모멘트[kN · m]는? (단, 라멘 구조물의 자중은 무시한다) [11. 지방직 9급]

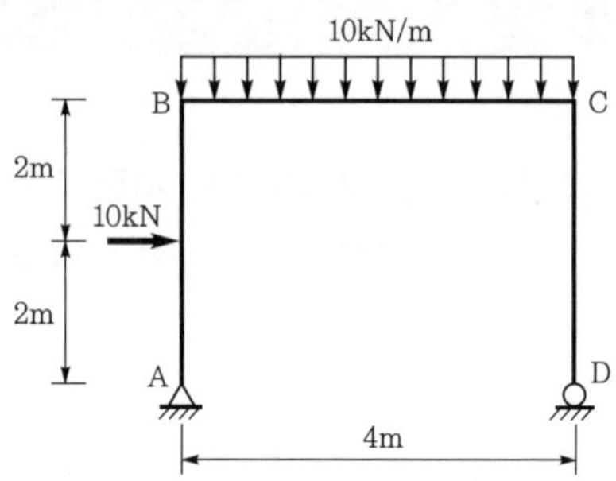

① 31.25 ② 31.5

③ 31.75 ④ 32.0

해설 ㉠ D지점의 수직반력(R_D)

$R_D = \frac{10 \times 4}{2} + \frac{10 \times 2}{4}$

$= 25\text{kN}(\uparrow)$

㉡ BC 부재에서 전단력이 0인 위치(x)

원점을 C로 한다.

$S_x = -R_D + wx = -25 - 10 \times x$

$= 0$

$X = 2.5\text{m}$

㉢ BC 부재에서의 최대 휨모멘트

$M_{\max} = R_D \times x - \frac{wx^2}{2}$

$= 25 \times 2.5 - \frac{10 \times 2.5^2}{2}$

$= 31.25\text{kN} \cdot \text{m}$

07 다음 구조물의 BE구간에서 휨모멘트선도의 기울기가 0이 되는 위치에서 휨모멘트의 크기[kN · m]는? (단, E점은 내부힌지이다) [14. 지방직 9급]

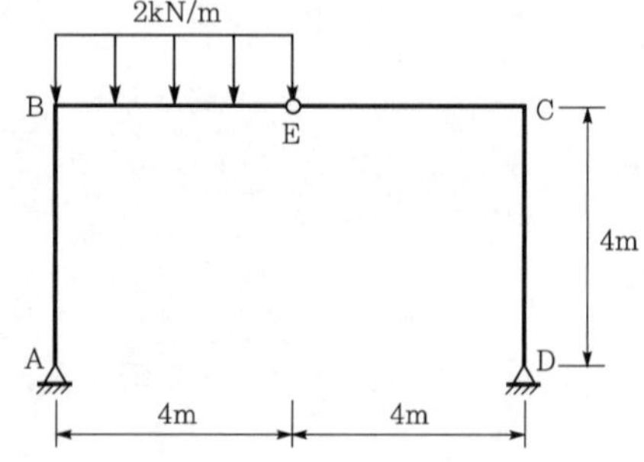

정답 04 ② 05 ② 06 ① 07 ①

① 1 ② 2
③ 9 ④ 17

해설 휨모멘트선도의 기울기가 0이 되는 점은 BE구간에서 전단력이 0이 되는 점을 말한다.

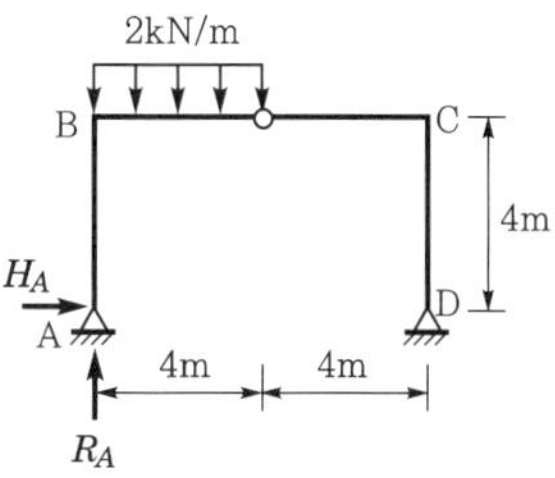

- $R_A = \frac{3wL}{8} = \frac{3\times2\times8}{8} = 6\text{kN}$
- $H_A = \frac{wL^2}{16h} = \frac{2\times8^2}{16\times4} = 2\text{kN}$
- $S_x = R_A - wx = 6 - 2x = 0$
  $x = 3.0$
- $M_x = R_A \times 3 - H_A \times h - \frac{wx^2}{2}$
  $= 6\times3 - (2\times4)\frac{2\times3^2}{2} = 1\text{kN}$

08 다음 타이드 아치(tired arch)에서 타이 로드의 축력은? [05. 경기도 9급]

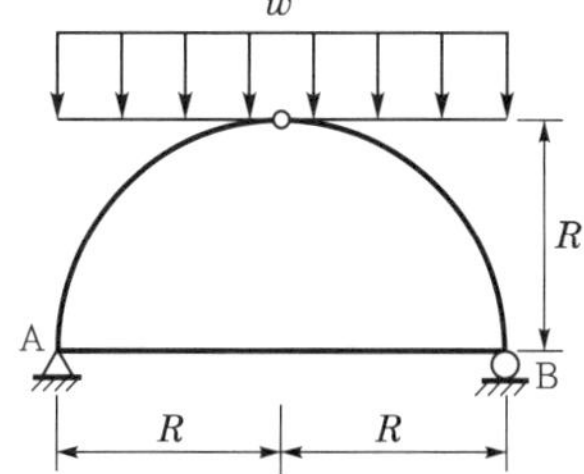

① wR ② $\frac{wR}{2}$
③ $\frac{wR}{4}$ ④ $\frac{wR}{8}$

해설 타이 로드는 A지점의 수평반력을 흡수한다.

$T = H_A = \frac{wl^2}{8h} = \frac{w(2R)^2}{8R} = \frac{wR}{2}$

09 다음과 같은 프레임 구조물에 분포하중 4kN/m와 집중하중 5kN이 작용할 때, 프레임 구조물 ABCD에 발생하는 정성적인 휨모멘트선도(BMD)로 가장 유사한 것은? (단, E점은 내부힌지이다) [14. 지방직 9급]

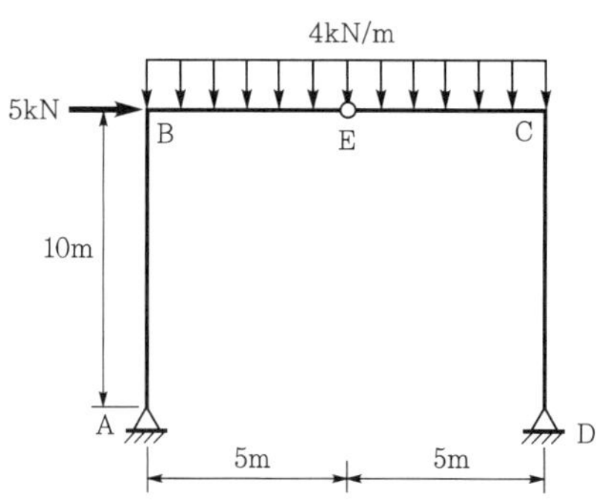

①
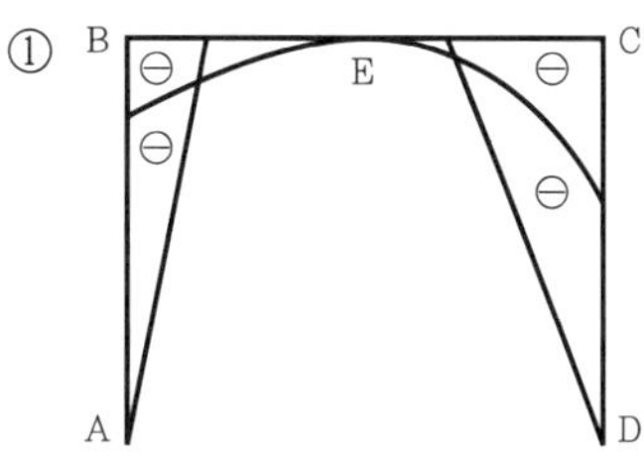

②
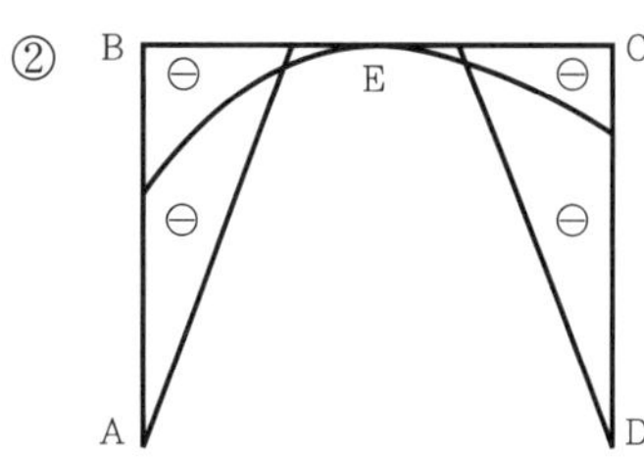

③
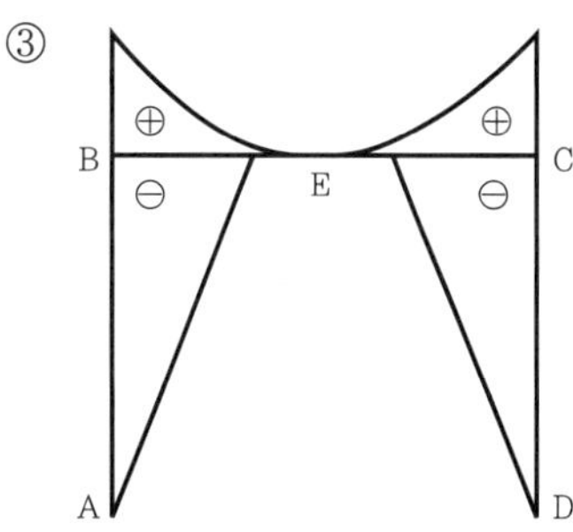

④
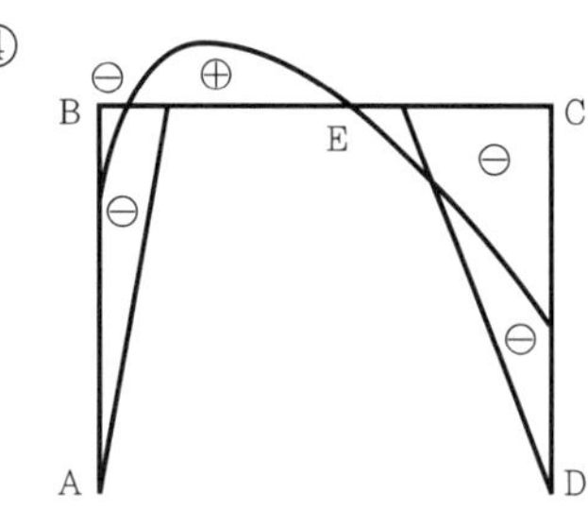

해설 정성적 휨모멘트도이더라도 양쪽 지점에서 수직 및 수평반력의 크기를 알아야 그 모양을 정확히 구분할 수 있다.

정답 08 ② 09 ④

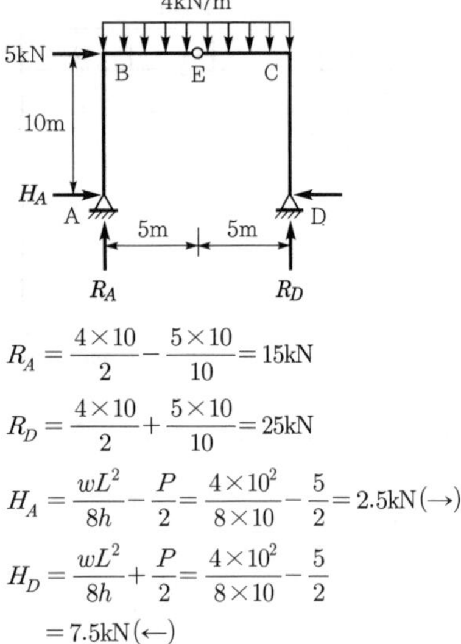

$$R_A = \frac{4\times10}{2} - \frac{5\times10}{10} = 15\text{kN}$$

$$R_D = \frac{4\times10}{2} + \frac{5\times10}{10} = 25\text{kN}$$

$$H_A = \frac{wL^2}{8h} - \frac{P}{2} = \frac{4\times10^2}{8\times10} - \frac{5}{2} = 2.5\text{kN}(\rightarrow)$$

$$H_D = \frac{wL^2}{8h} + \frac{P}{2} = \frac{4\times10^2}{8\times10} - \frac{5}{2}$$
$$= 7.5\text{kN}(\leftarrow)$$

10 그림과 같은 프레임 구조물에 하중 P가 작용할 때, 프레임 구조물 ABCD에 발생하는 모멘트선도로 가장 가까운 것은? [13. 지방직 9급]

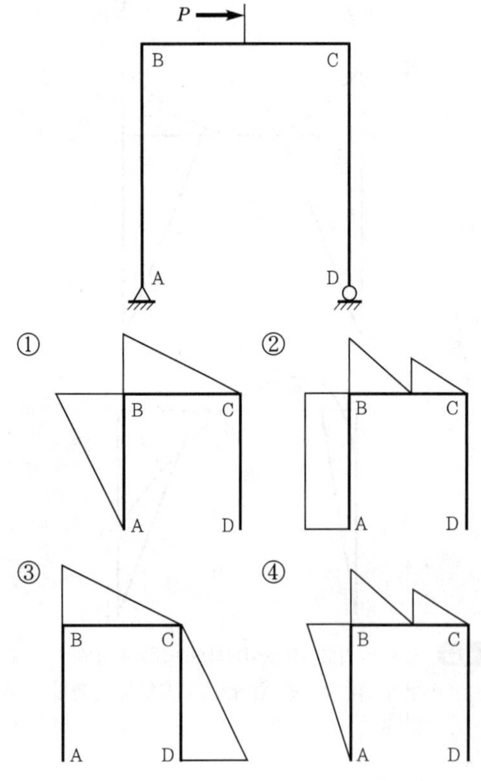

해설

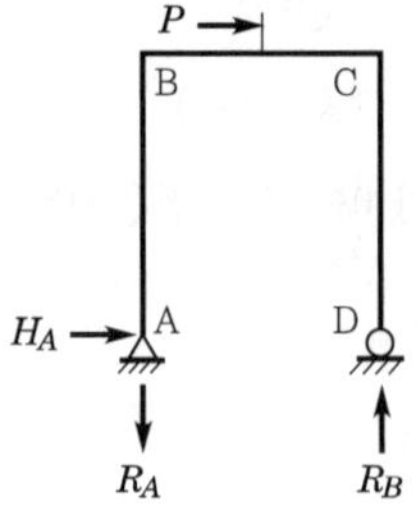

11 그림과 같은 포물선 케이블에 수평방향을 따라 전구간에 걸쳐 연직방향으로 8N/m의 등분포하중이 작용하고 있다. 케이블의 최소 인장력의 크기[N]는? (단, 케이블의 자중은 무시하며, 최대 새그량은 2m이다) [14. 국가직 9급]

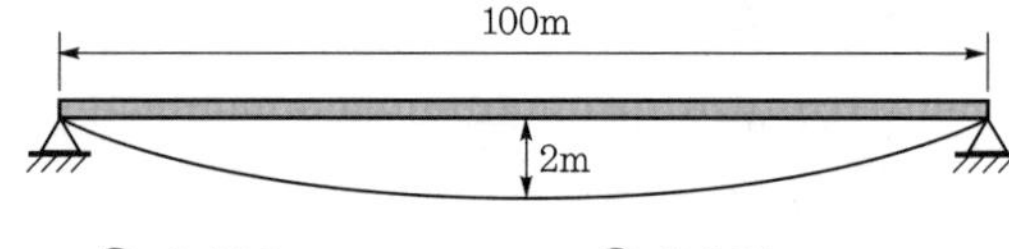

① 2,000 ② 3,000
③ 4,000 ④ 5,000

해설 케이블의 정리를 이용하면

$$H = \frac{wL^2}{8h} = \frac{8\times100^2}{8\times2} = 5{,}000\text{N}$$

12 다음과 같이 C점에 내부 힌지를 갖는 라멘에서 A점의 수평반력[kN]의 크기는? (단, 자중은 무시한다) [15. 지방직 9급]

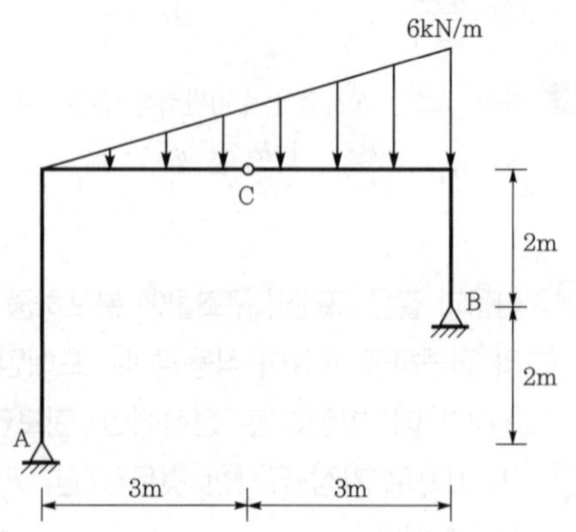

정답 10 ④ 11 ④ 12 ②

① 5.5　　② 4.5

③ 3.5　　④ 2.5

해설 힘의 평형조건식에 의한다.

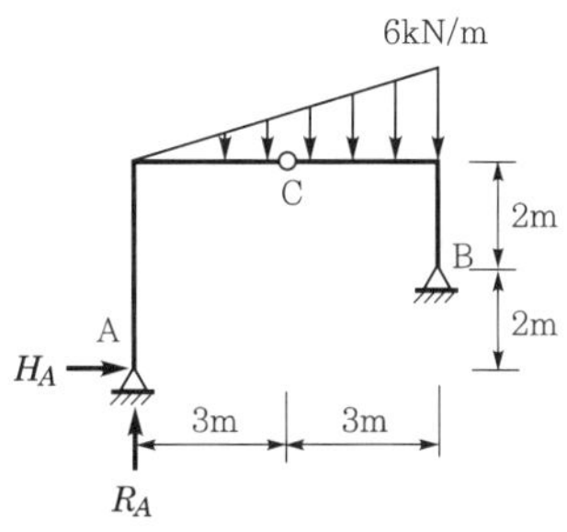

$\Sigma M_B = 0,$

$R_A \times 6 - H_A \times 2 - \left(\frac{1}{2}\times 6\times 6\right)\times\frac{6}{3} = 0$

$3R_A - H_A = 18$

$\Sigma M_C = 0,$

$R_A \times 3 - H_A \times 4 - \left(\frac{1}{2}\times 3\times 3\right)\times\frac{3}{3} = 0$

$3R_A - 4H_A = 4.5$

위의 두 식을 연립하면

$3H_A = 13.5$

$H_A = 4.5\text{kN}(\rightarrow)$

13 다음 3활절 아치 구조에서 B지점의 수평반력 [kN]은? [15. 서울시 9급]

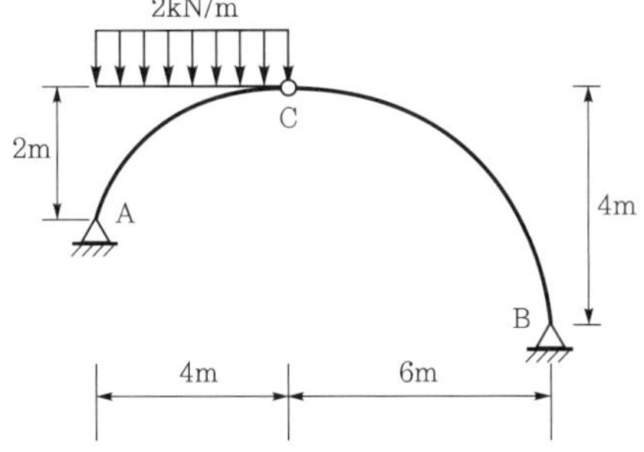

① $\frac{24}{7}$　　② $\frac{25}{7}$

③ $\frac{26}{7}$　　④ $\frac{27}{7}$

해설 다음과 같이 구한다.

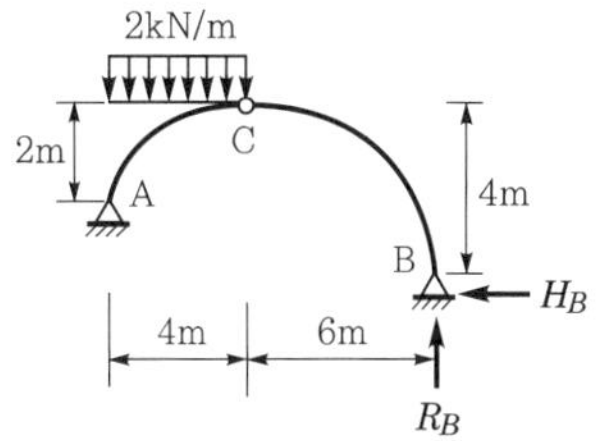

$R_B = \frac{4}{6}H_B = \frac{2}{3}H_B$

$\Sigma M_A = 0,$

$H_B \times (4-2) - \left(\frac{2}{3}H_B\right)\times 10 + (2\times 4\times 2) = 0$

$\therefore H_B = \frac{24}{7}\text{kN}$

정답 13 ①

CHAPTER 06 | 7급 기출문제

01 그림과 같은 정정라멘에서 B점의 휨모멘트를 구한 값? [국가직 7급]

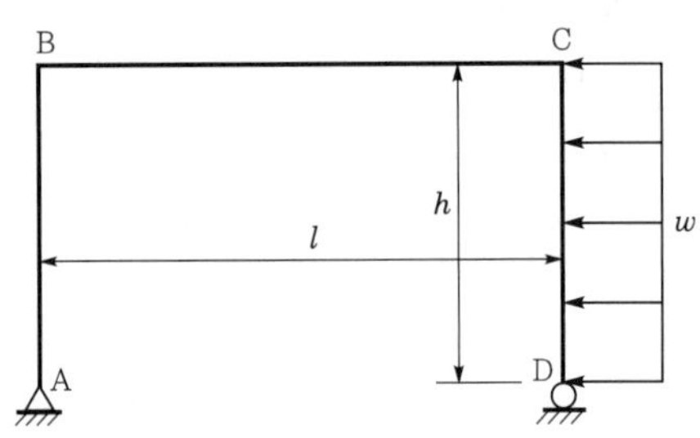

① $M_B = 0$ ② $M_B = -\frac{wh^2}{2}$

③ $M_B = -\frac{wh^2}{3}$ ④ $M_B = -wh^2$

⑤ $M_B = -\frac{wh^2}{4}$

해설 $\Sigma H = 0,\ H_A = wh(\rightarrow)$

$\therefore M_B = -H_A \times h = -wh^2$

02 다음 구조물에서 A점의 수평반력은? [00. 국가직 7급]

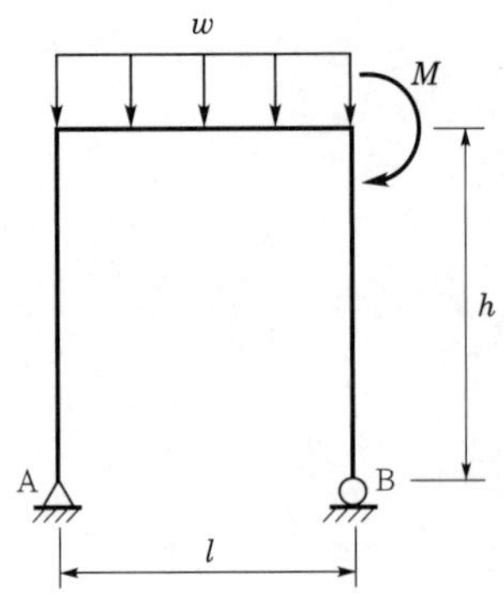

① 0 ② $\frac{M}{h}$

③ $\frac{wl}{2} + \frac{M}{h}$ ④ $\frac{wl}{2} + \frac{M}{l}$

해설 $\Sigma H = 0,\ H_A = 0$

03 다음의 라멘구조에서 BC부재에 작용하는 축력은? [00. 국가직 7급]

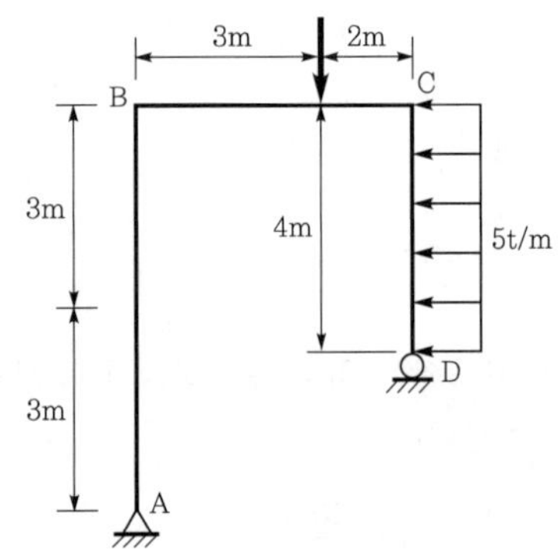

① 0 ② 10t

③ 20t ④ 40t

해설 $N_{BC} = H_{CD} = -4 \times 5 = -20\text{t}$(압축)

04 다음에서 C점의 휨모멘트는? [서울시 7급]

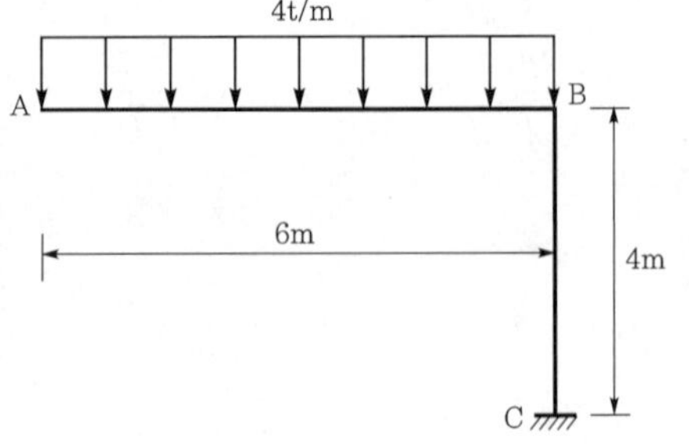

정답 01 ④ 02 ① 03 ③ 04 ⑤

① 4.5t · m ② 9.0t · m
③ 18.0t · m ④ 36.0t · m
⑤ 72.0t · m

해설 $M_C = -\frac{4\times6^2}{2} = -72\text{t} \cdot \text{m}$

05 다음 3힌지 라멘에서 수평반력 H_A는?

[서울시 7급]

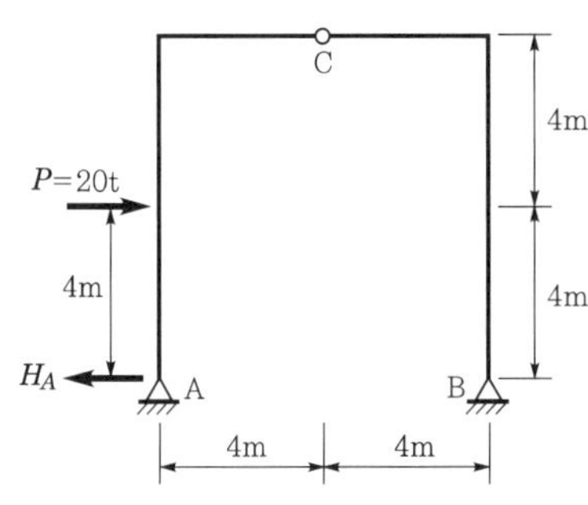

① 0 ② 5t
③ 10t ④ 15t
⑤ 20t

해설 $H_A = \frac{3P}{4} = \frac{3\times20}{4} = 15\text{t}$

06 그림의 반원형 3힌지 아치에서 A점의 수평반력 H_A는?

[국가직 7급]

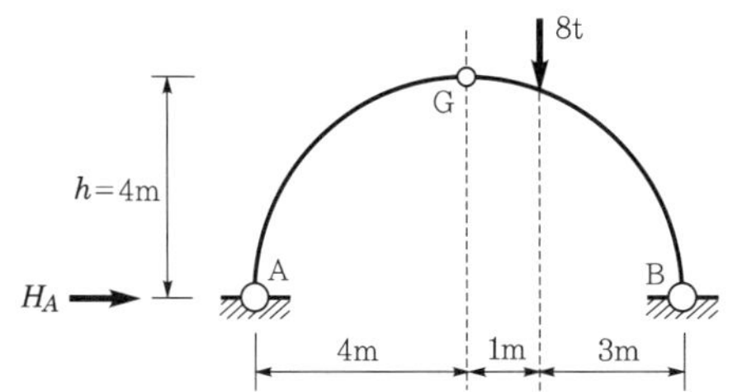

① 3t ② 4t
③ 5t ④ 6t

해설 $H_A = \frac{P\cdot b}{2h} = \frac{8\times3}{2\times4} = 3\text{t}(\rightarrow)$

07 좌우 대칭인 포물선형 단순아치에서 중앙점 C의 전단력 S_C 및 휨모멘트 M_C를 구하면?

[국가직 7급]

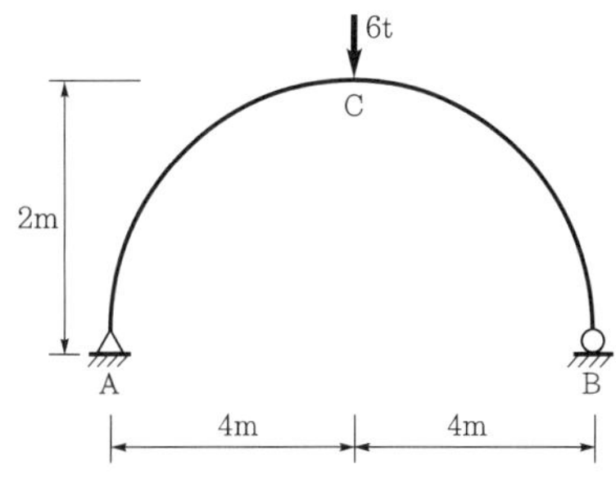

① $S_C = 3\text{t}$, $M_C = 6\text{t} \cdot \text{m}$
② $S_C = 6\text{t}$, $M_C = 3\text{t} \cdot \text{m}$
③ $S_C = 6\text{t}$, $M_C = 9\text{t} \cdot \text{m}$
④ $S_C = 3\text{t}$, $M_C = 12\text{t} \cdot \text{m}$

해설 $S_C = R_A = 3\text{t}$

$M_C = \frac{P\cdot l}{4} = \frac{6\times8}{4} = 12\text{t} \cdot \text{m}$

08 다음 반원의 3힌지 아치에서 A지점의 수평반력은?

[서울시 7급]

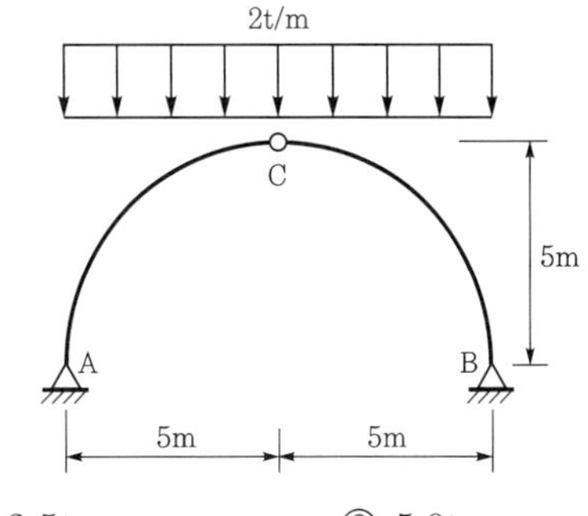

① 2.5t ② 5.0t
③ 7.5t ④ 10.0t
⑤ 12.5t

해설 $H_A = \frac{wl^2}{8h} = \frac{2\times10^2}{8\times5} = 5\text{t}(\rightarrow)$

정답 05 ④ 06 ① 07 ④ 08 ②

09 다음 그림과 같은 3힌지 아치구조물에서 A지점의 수평반력은? [05. 서울시 7급]

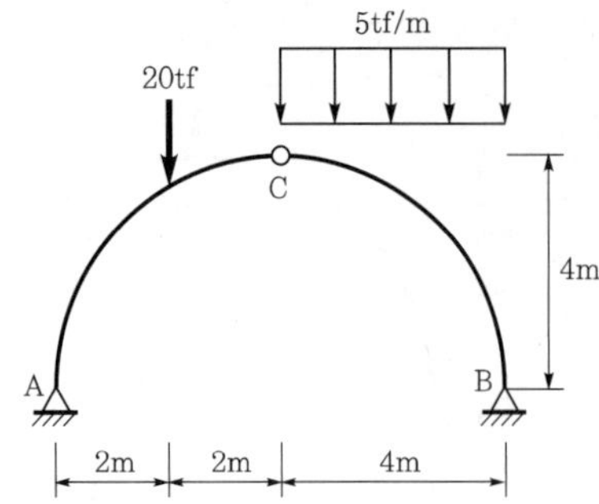

① 5tonf ② 10tonf
③ 15tonf ④ 20tonf
⑤ 25tonf

해설 3힌지 아치구조물의 수평반력은 일반공식을 적용한다.

$$H_A = \frac{P \cdot a}{2h} + \frac{wl^2}{16h} = \frac{20 \times 2}{2 \times 4} + \frac{5 \times 8^2}{16 \times 4}$$
$$= 5 + 5 = 10\text{tonf}$$

10 그림과 같은 3활절 아치의 A에서의 수평반력의 값은? [국가직 7급]

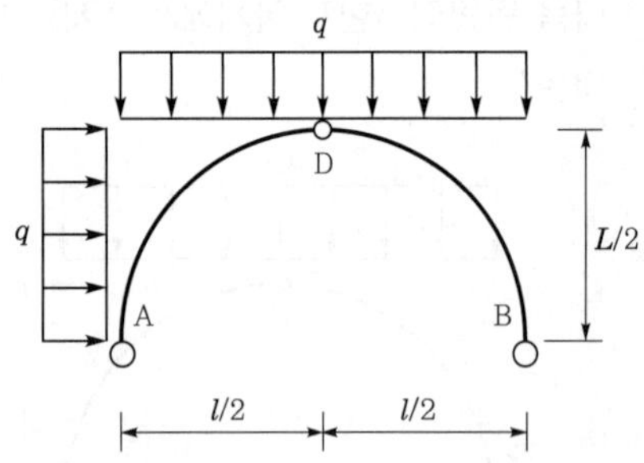

① $\frac{qL}{4}$ ② $\frac{qL}{2}$
③ $\frac{qL}{8}$ ④ $\frac{qL}{6}$

해설 $H_A = \frac{3qh}{4} - \frac{qL^2}{8h} = \frac{3q/(L/2)}{4} - \frac{qL^2}{8(L/2)}$

$= \frac{3qL}{8} - \frac{q \cdot L}{4} = \frac{qL}{8}(\leftarrow)$

11 그림과 같이 Tied Arch의 부재 AB의 응력은? [국가직 7급]

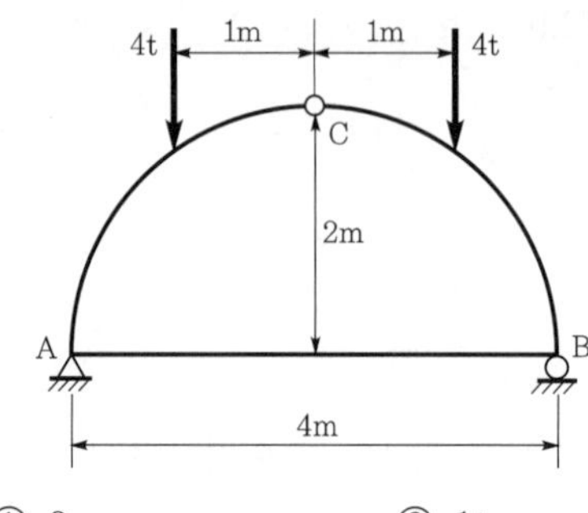

① 0 ② 1t
③ 1.5t ④ 2t
⑤ 3.5t

해설 타이드 아치에서 타이 로드는 수평반력을 흡수한다.

$T = H_A = \frac{Pa}{2} = \frac{4 \times 1}{2} = 2\text{t}$

12 다음 3힌지 라멘의 단면력도가 맞는 것은? [00. 국가직 7급]

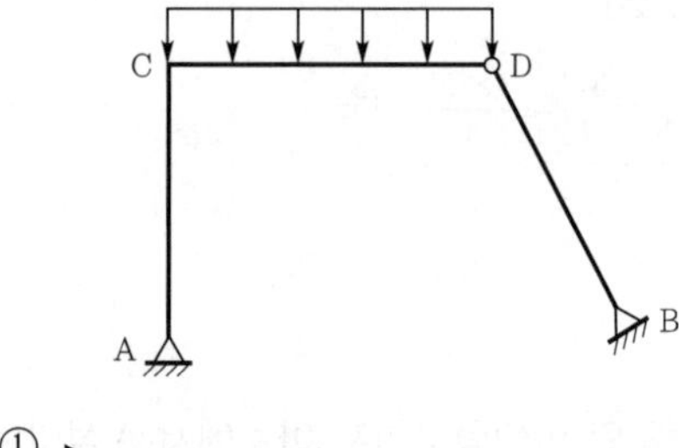

①

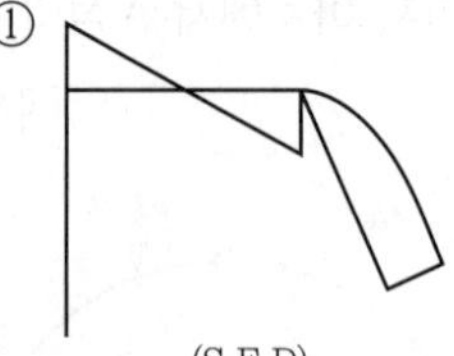

(S.F.D)

②

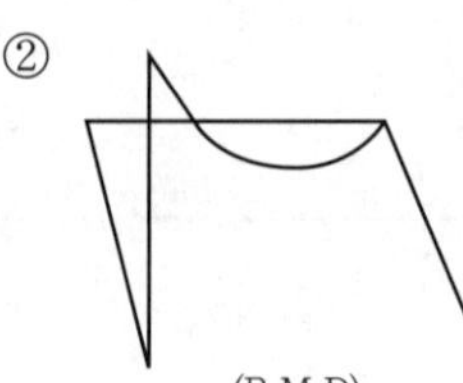

(B.M.D)

정답 09 ② 10 ③ 11 ④ 12 ②

③

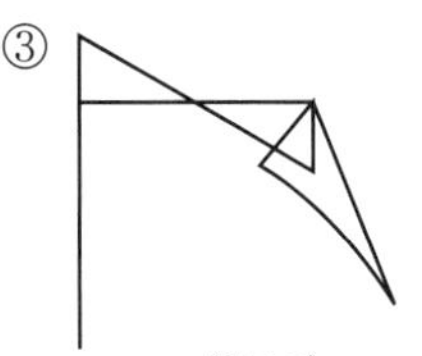

(S.F.D)

④

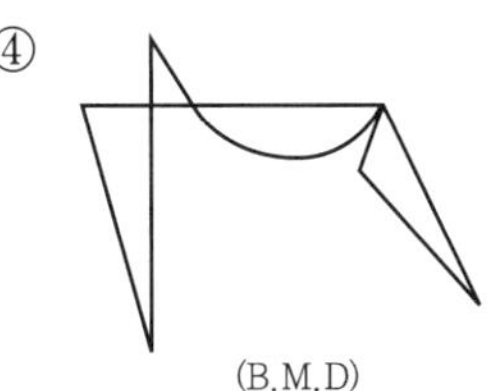

(B.M.D)

해설 구조물의 자유물체도로부터

㉠ S.F.D

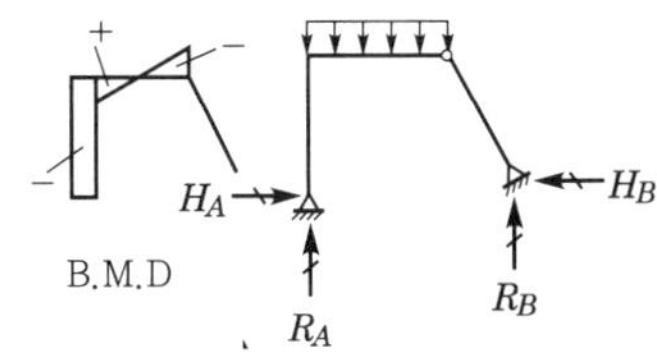

㉡ B.M.D

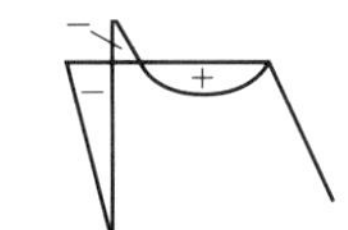

㉢ BD 구간은 양단힌지 구간으로 하중이 작용하지 않으므로 $M=0$, $S=0$이다.

13 다음 그림과 같은 3활절 라멘구조의 지점 B의 수직반력 R_{By}[tf]는? [05. 국가직 7급]

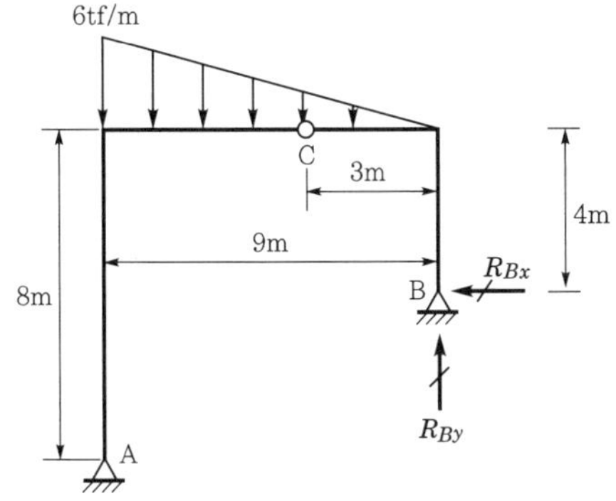

① 7.5 ② 6.75
③ 7.0 ④ 8.0

해설 $\Sigma M_A=0$,

$$-R_{By}\times 9-R_{Bx}\times 4+\left(\frac{1}{2}\times 6\times 9\right)\times 3=0$$

$$9R_{By}+4R_{Bx}=81 \qquad \cdots\cdots ㉠$$

$\Sigma M_C=0$,

$$-R_{By}\times 3+R_{Bx}\times 4+\left(\frac{1}{2}\times 2\times 3\right)\times 1=0$$

$$3R_{By}-4R_{Bx}=3 \qquad \cdots\cdots ㉡$$

위의 두 식을 식 ㉠에서 식 ㉡을 더하면

$12R_{By}=84$

$\therefore R_{By}=7\text{tf}$

14 다음과 같은 3힌지 아치에서 지점 A의 수평반력[kN]은? [13. 국가직 7급]

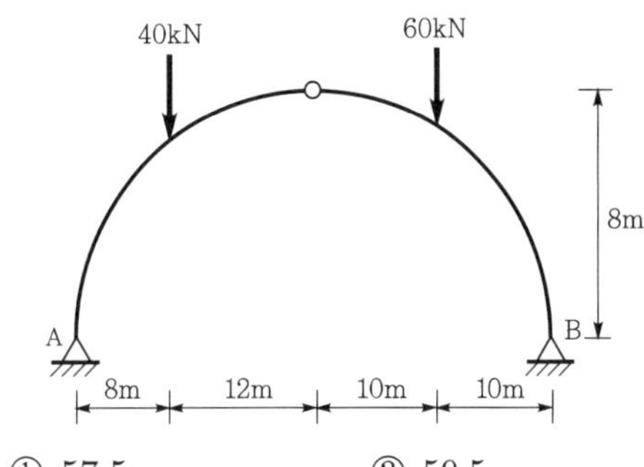

① 57.5 ② 59.5
③ 62.5 ④ 65.5

해설 $H_A=\dfrac{40\times 8}{2\times 8}+\dfrac{60\times 10}{2\times 8}=57.5\text{kN}(\rightarrow)$

15 그림과 같이 2개의 집중하중을 받고 있는 반경 R인 정정 원호 아치 구조물에서 지점 A의 수평반력[kN]은? [06. 국가직 7급]

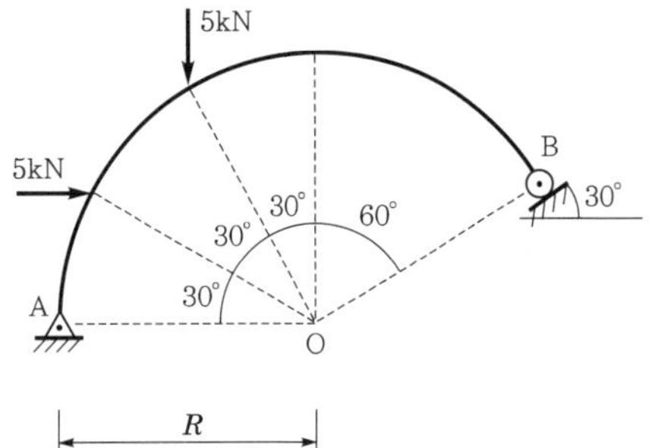

① $2(\sqrt{3}-1)(\leftarrow)$ ② $5(\sqrt{3}-1)(\leftarrow)$
③ $2(\sqrt{3}+1)(\leftarrow)$ ④ $5(\sqrt{3}+1)(\leftarrow)$

정답 13 ③ 14 ① 15 ②

해설 힘의 평형조건식을 적용한다.

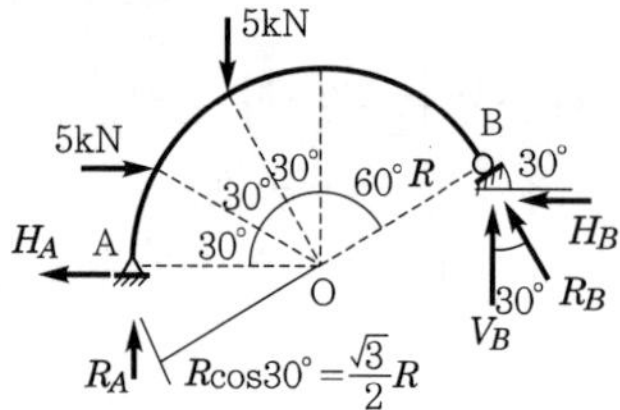

$H_A = 5 - H_B = 5 - R_B \sin 30°$에서 R_B는 다음과 같이 구한다.

$\Sigma M_A = 0,\ 5 \times R(\sin 30°) + 5 \times (R - R(\cos 60°))$
$- R_B \times (R \times R(\cos 30°)) = 0$

$$5 \times \frac{1}{2} + 5\left(1 - \frac{1}{2}\right) - R_B\left(1 + \frac{\sqrt{3}}{2}\right) = 0$$

$$2.5 + 2.5 - R_B\left(1 + \frac{\sqrt{3}}{2}\right) = 0$$

$$R_B = \frac{10}{2 + \sqrt{3}} = 10(2 - \sqrt{3})\text{kN}$$

$$H_A = 5 - R_B \sin 30° = 5 - 10(2 - \sqrt{3}) \times \frac{1}{2}$$
$$= 5 - 5(2 - \sqrt{3}) = 5(1 - 2 + \sqrt{3})$$
$$= 5(\sqrt{3} - 1)\text{kN}(\leftarrow)$$

16 그림과 같은 케이블에서 C, D점에 각각 10kN의 집중하중이 작용하여 C점이 A지점보다 1m 아래로 쳐졌다. 지점 A에 대한 수평반력(H_A)[kN]과 케이블에 걸리는 최대장력(T_{max})[kN]은? (단, 케이블의 자중은 무시한다)

[09. 국가직 7급]

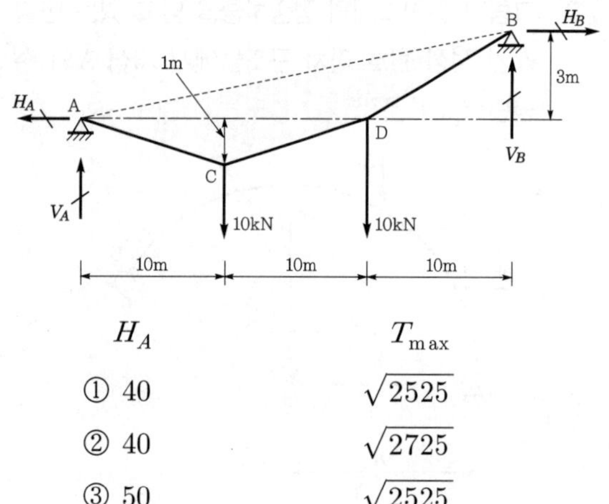

H_A	T_{max}
① 40	$\sqrt{2525}$
② 40	$\sqrt{2725}$
③ 50	$\sqrt{2525}$
④ 50	$\sqrt{2725}$

해설 ㉠ 단순보로 보았을 때 C점의 휨모멘트
구조대칭 하중대칭이므로
$M_C = 10 \times 10 = 100\text{kN} \cdot \text{m}$

㉡ C점의 케이블 현의 높이(y)

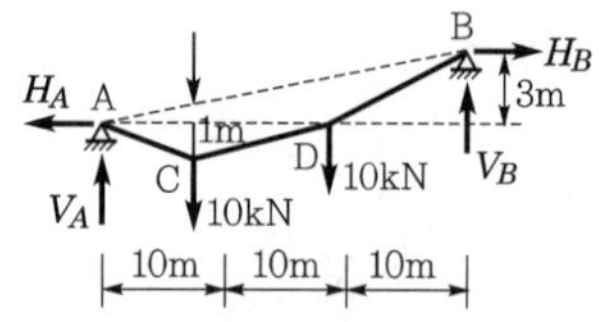

$$y = 1 + y_0 = 1 + \frac{10}{30} \times 3 = 2\text{m}$$

㉢ 케이블의 수평력
케이블의 정리를 이용한다.
$H \times y = M_C$
$H \times 2 = 100$
$\therefore H = 50\text{kN}$
케이블의 수평력은 수평반력과 동일하다.
$H = H_A = 50\text{kN}$

㉣ 케이블의 최대 장력
$\Sigma M_A = 0,\ H_B \times 3 - V_B \times 30 + 10 \times 10 + 10 \times 20 = 0$
$50 \times 3 - V_B \times 30 + 10 \times 10 + 10 \times 20 = 0$

17 아래 그림과 같은 케이블의 C, D, E점에 각각 12kN의 힘을 받고 있다. A점에서의 수평반력 H[kN]는?

[15. 서울시 7급]

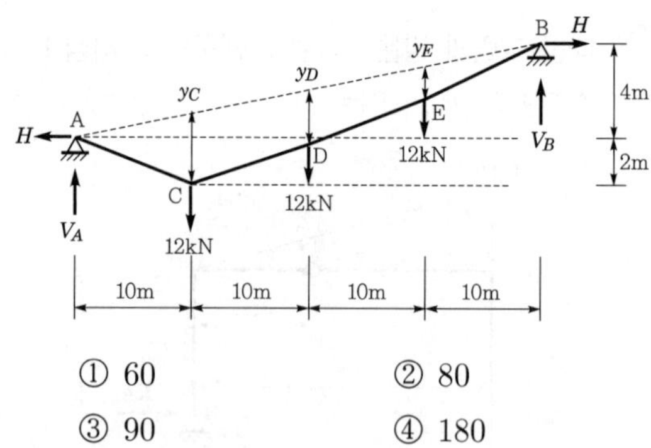

① 60　　② 80
③ 90　　④ 180

해설 케이블의 일반정리를 이용한다.
$H \times y_c = M_c$

$$H \times \left(2 + \frac{4}{40} \times 10\right) = 18 \times 10$$

$3H = 180$
$H = 60\text{kN}$

정답 16 ④ 17 ①

18 다음 그림과 같은 케이블에서 A점의 수평반력 (H_A)의 크기[kN]는? [10. 국가직 7급]

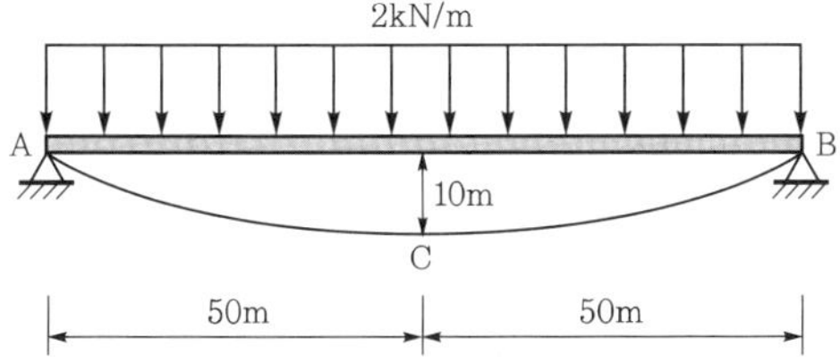

① 100 ② 150
③ 200 ④ 250

해설 $H=\dfrac{wL^2}{8h}=\dfrac{2\times 100^2}{8\times 10}=250\text{kN}$

19 다음과 같은 비대칭 3힌지 아치에서 힌지 C에 집중하중 $P=100\text{kN}$과 모멘트 $M=200$ kN · m이 작용할 때, 지점 A의 수직반력 R_V [kN]는? [11. 지방직 7급]

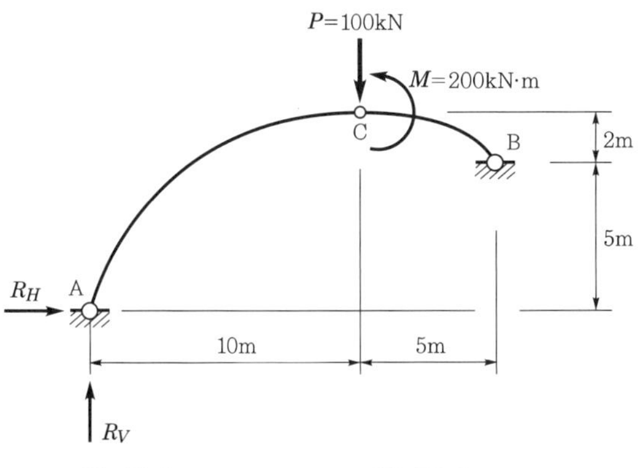

① 60.8 ② 70.9
③ 82.5 ④ 85.0

해설 $\Sigma M_B=0$,
$R_V\times 15-R_H\times 5-100\times 5-200=0$
$3R_V-R_H=140$ ⋯⋯ ⓐ
$\Sigma M_{C(좌측)}=0$,
$R_V\times 10-R_H\times 7-200=0$
$10R_V-7R_H=200$ ⋯⋯ ⓑ
ⓐ, ⓑ에서
$11R_V=780$
$R_V=70.9\text{kN}$

20 그림과 같은 반경 5m인 반원형 3활절 아치에서 하중 작용점의 휨모멘트 M_C는? [국가직 7급]

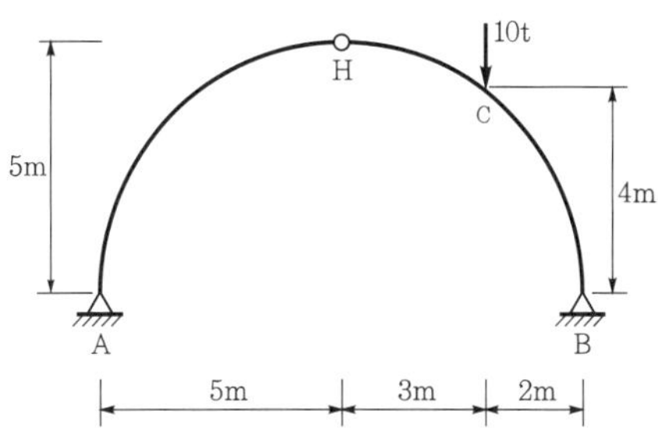

① 6t · m ② 8t · m
③ 10t · m ④ 16t · m

해설 $R_B=\dfrac{Pa}{l}=\dfrac{10\times 8}{10}=8\text{t}(\uparrow)$
$H_B=\dfrac{Pb}{2h}=\dfrac{10\times 2}{2\times 5}=2\text{t}(\leftarrow)$
$\therefore M_C=8\times 2-2\times 4=8\text{t}\cdot\text{m}$

21 다음 그림은 3활절 아치에서 D점의 전단력은? [국가직 7급]

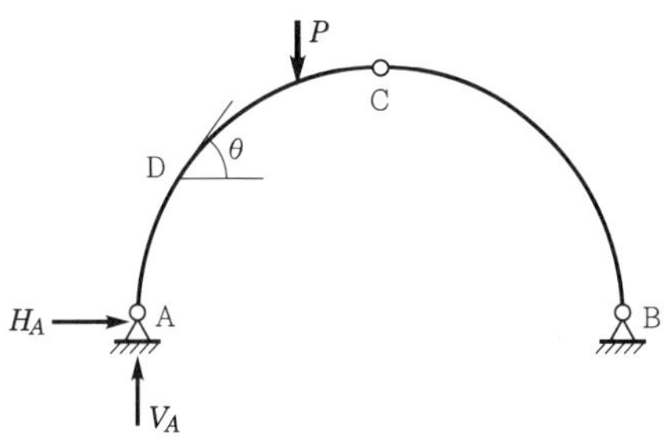

① $S_D=V_A\cos\theta+H_A\sin\theta$
② $S_D=V_A\cos\theta-H_A\sin\theta$
③ $S_D=V_A\sin\theta+H_A\sin\theta$
④ $S_D=V_A\sin\theta-H_A\sin\theta$
⑤ $S_D=V_A/2\cos\theta+H_A/2\sin\theta$

정답 18 ④ 19 ② 20 ② 21 ②

해설

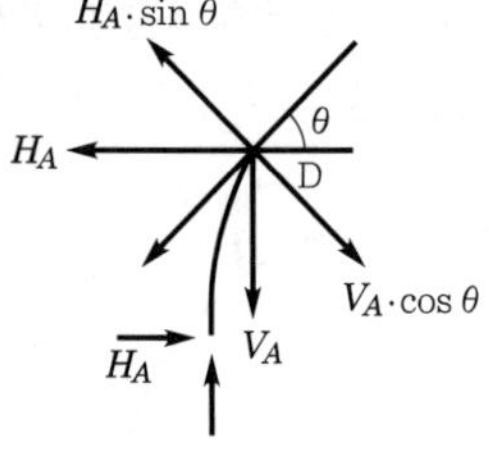

$\therefore S_D = V_A \cdot \cos\theta - H_A \cdot \sin\theta$

22 그림과 같은 반원(직경 l)의 3힌지 아치에서 지점 B의 수평반력 H_B는 얼마인가? [국가직 7급]

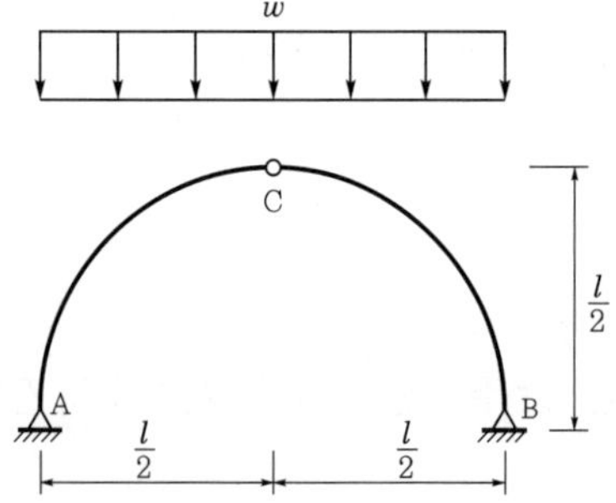

① 0　② $\frac{wl}{2}(\rightarrow)$

③ $\frac{wl}{6}(\leftarrow)$　④ $\frac{wl}{8}(\rightarrow)$

⑤ $\frac{wl}{4}(\leftarrow)$

해설 $V_B = \frac{wl}{2}(\uparrow)$

$H_B = \frac{wl^2}{8h} = \frac{wl^2}{8 \times \frac{l}{2}} = \frac{wl}{4}(\leftarrow)$

23 절점 B로 연결된 단순구조를 케이블(cable) AB로 연결하여 장력을 흡수하고자 한다. AB 부재가 받는 힘은? [00. 국가직 7급]

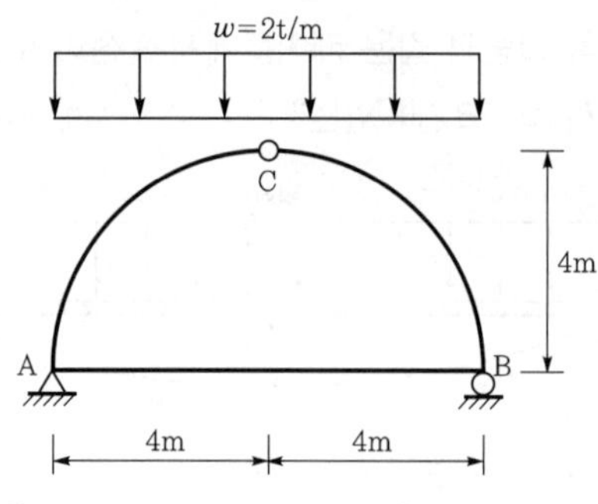

① 2t　② 4t

③ 8t　④ 12t

해설 타이드 아치의 타이 로드 AB의 부재력은 A지점의 수평반력을 흡수한다.

$\therefore H_A = T_{AB} = \frac{wl^2}{8h} = \frac{2 \times 6^2}{8 \times 4}$

$= 4t$(인장)

24 그림과 같은 캔틸레버 아치에서 E점의 휨모멘트는? [국가직 7급]

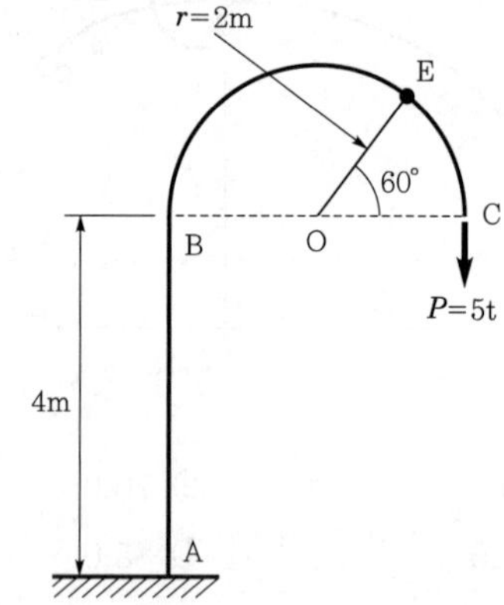

① $-5t \cdot m$　② $-10t \cdot m$

③ $-12t \cdot m$　④ $-15t \cdot m$

해설 $M_E = -P \times (r - r\cos\theta)$

$= -Pr(1-\cos\theta)$

$= -5 \times 2 \times (1 - \cos 60^\circ)$

$= -5t \cdot m$

정답 22 ⑤ 23 ② 24 ①

25 다음 그림과 같은 라멘에서 B점의 휨모멘트는 얼마인가? [국가직 7급]

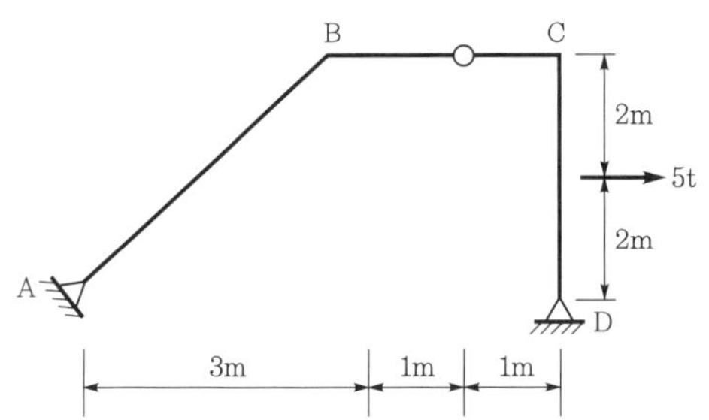

① 2t · m ② 4t · m
③ 6t · m ④ 8t · m

해설 $H_A = \dfrac{Pa \cdot d}{l \cdot h} = \dfrac{5\times2\times4}{5\times4} = 2\text{t}(\leftarrow)$

$R_A = \dfrac{P \cdot a}{l} = \dfrac{5\times2}{5} = 2\text{t}(\downarrow)$

$\therefore M_B = H_A \times 4 - R_A \times 3 = 2\times4 - 2\times3 = 2\text{t}\cdot\text{m}$

26 포물선 3힌지 아치에 등분포하중이 작용할 때 휨모멘트선도를 가장 적절하게 나타낸 것은? (단, 포물선 아치의 형상은 A점을 원점으로 했을 때 $y = \dfrac{4H}{L^2}x(L-x)$이다)[09. 국가직 7급]

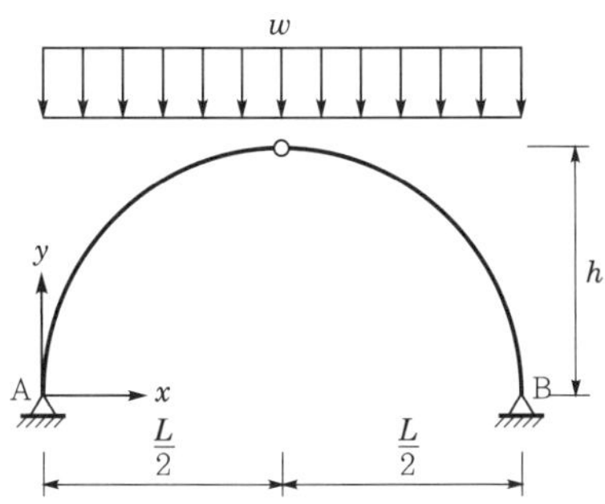

①

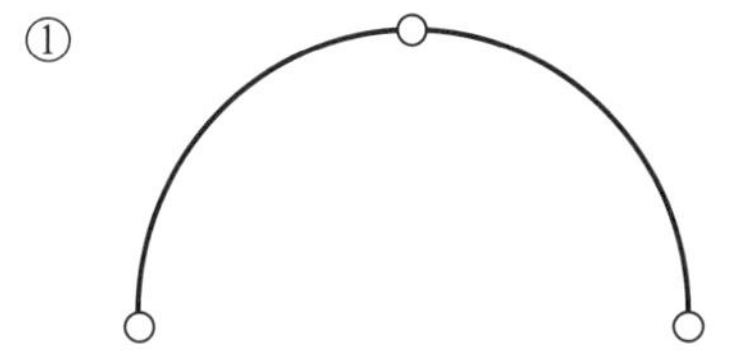

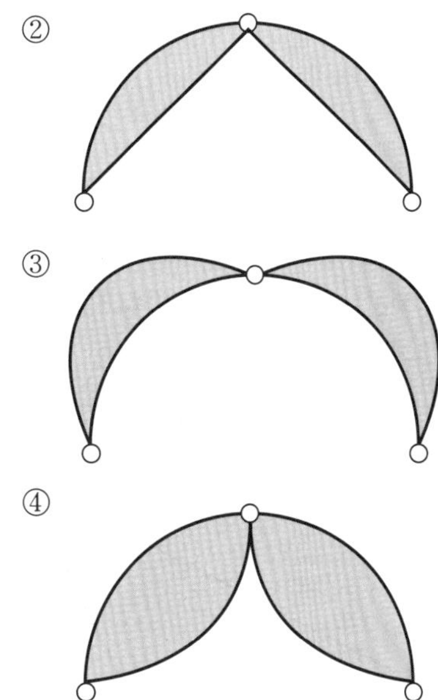

해설 3힌지 포물선 아치에 등분포하중이 작용하면 모든 단면에서 휨모멘트는 0이 된다.

27 다음과 같은 구조에서 생기는 최대 휨모멘트는? [06. 서울시 7급]

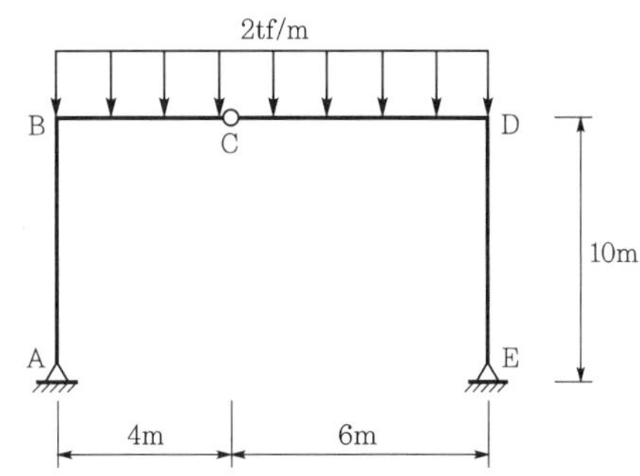

① −12tf · m ② −18tf · m
③ −24tf · m ④ −36tf · m

해설 ㉠ 수평반력 계산: 주어진 구조물에서 A지점과 E지점의 수평반력은 동일하므로 최대 휨모멘트는 B절점과 D절점에서 발생한다.

$R_A = \dfrac{2\times10}{2} = 10\text{t}(\uparrow)$

$\Sigma M_C = 0$을 우측에 대해 적용하면

$R_A \times 4 - H_A \times 10 - \dfrac{2\times4^2}{2} = 0$

$10\times4 - H_A \times 10 - 16 = 0$

$H_A = \dfrac{40-16}{10} = 2.4\text{t}(\rightarrow)$

정답 25 ① 26 ① 27 ③

㉡ B절점의 휨모멘트

$M_B = -H_A \times 10 = -2.4 \times 10 = -24\text{t}\cdot\text{m}$

28 다음과 같이 집중하중 P_1, P_2에 의해 케이블에 처짐이 생겼을 때, 케이블의 장력이 가장 크게 발생하는 구간은? (단, 케이블의 단면적은 전구간에서 동일하고 케이블의 자중은 무시한다) [13. 국가직 7급]

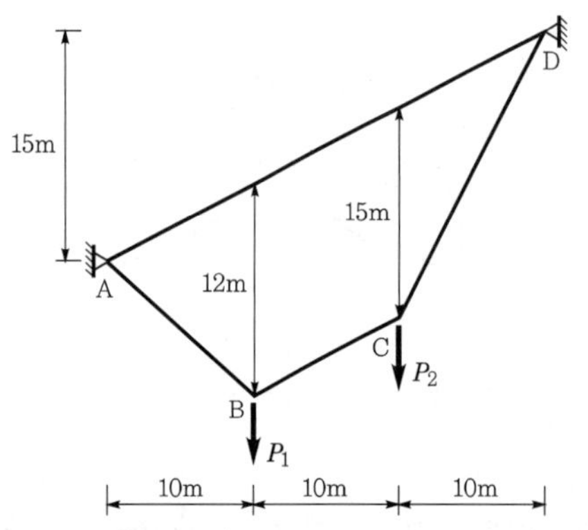

① 전구간 동일　　② AB구간

③ BC구간　　④ CD구간

해설 케이블의 최대장력은 케이블의 수평력이 모든 점에서 동일하기 때문에 케이블의 경사도가 가장 큰 구간에서 발생한다. 따라서 CD구간의 케이블 경사도가 가장 크기 때문에 CD구간에서 최대장력이 발생한다.

AB구간의 경사도

$$= \frac{12 - 15 \times \frac{1}{3}}{10} = \frac{7}{10}$$

BC구간의 경사도

$$= \frac{\left[\left(12 - 15 \times \frac{1}{3}\right) - \left(15 - 15 \times \frac{2}{3}\right)\right]}{10}$$

$$= \frac{7-5}{10} = \frac{2}{10}$$

CD구간의 경사도

$$= \frac{15 + 15 \times \frac{1}{3}}{10} = \frac{20}{10}$$

29 다음과 같은 케이블구조에서 BC에서 발생하는 장력[kN]은? [11. 국가직 7급]

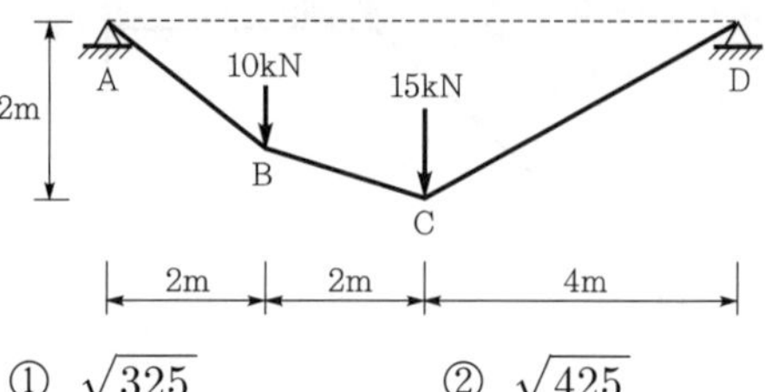

① $\sqrt{325}$　　② $\sqrt{425}$

③ $\sqrt{475}$　　④ $\sqrt{525}$

해설 ㉠ 케이블의 수평력: 케이블의 일반정리를 적용하기 위하여 단순보인 경우의 C점에서 휨모멘트값은

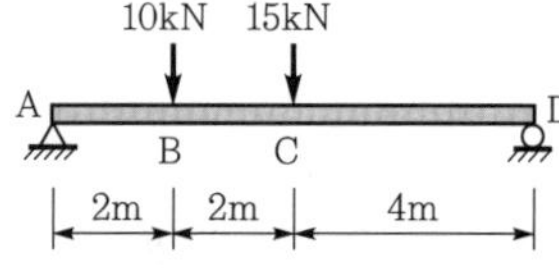

$$R_D = \frac{10 \times 2}{8} + \frac{15}{2} = 10\text{kN}(\uparrow)$$

$M_C = R_D \times 4 = 10 \times 4 = 40\text{kN}\cdot\text{m}$

케이블의 일반정리를 적용하여 수평력 H를 구한다. 여기서 케이블 현에서 임의점인 C점까지의 거리 $y_C = 2\text{m}$가 된다.

$H \times y_C = M_C$

$H \times 2 = 40 \quad \therefore H = 20\text{kN}$

㉡ D점의 수직반력: 양지점 A와 D의 지점 차이가 없으므로

$$R_D = \frac{10 \times 2}{8} + \frac{15}{2} = 10\text{kN}(\uparrow)$$

㉢ BC케이블의 장력: 세 개의 힘은 15kN, 10kN, 20kN의 합력은 장력 T와 같다.

$T = \sqrt{(15-10)^2 + 20^2} = \sqrt{425}\text{kN}$

정답 28 ④ 29 ②

Chapter 07

보의 응력

CHAPTER 07

보의 응력

1 휨응력(bending stress)

1. 정의

보에 외력이 작용하면 단면이 중립축을 경계로 상단면은 압축되어 압축응력이 발생하고, 하단면은 인장되어 인장응력이 생기는데, 이때의 응력을 휨응력이라 한다.

2. 보의 응력발생 흐름도

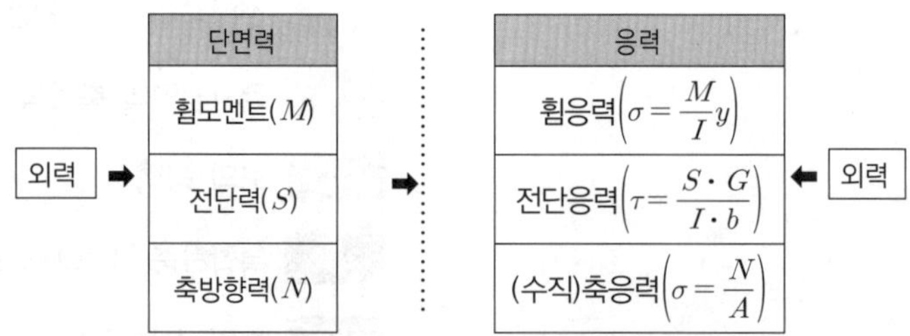

3. 휨응력 가정(베르누이-오일러의 가정)

(1) 보는 완전 탄성체이다.

(2) 보의 휨단면은 변형 후에도 평면이다(평면보존의 법칙).

(3) 탄성한도 내에서 응력과 변형은 비례한다(훅의 법칙).

(4) 보의 휨단면의 중심축은 변형 후에도 종단면에 수직이다.

(5) 인장과 압축에 대한 탄성계수는 같다.

(6) 중립축의 길이는 휨작용을 받은 후에도 원길이를 유지한다.

KEY NOTE

휨응력

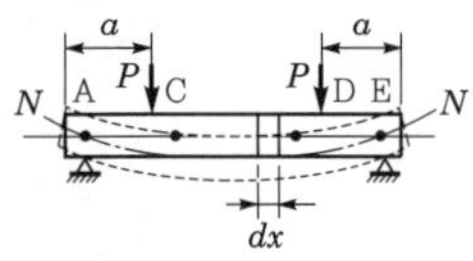

(a) 휨모멘트 발생

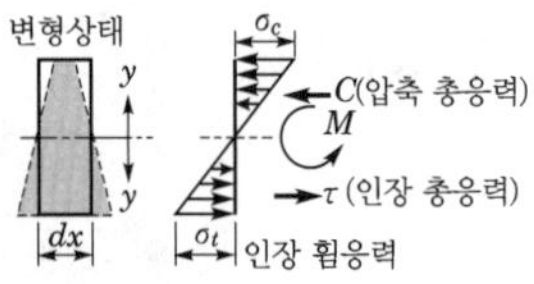

(b) 단면의 변형과 휨응력

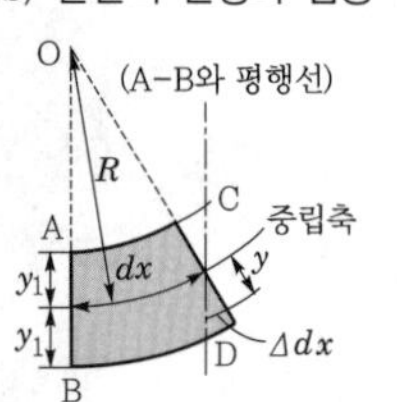

(c) 변형 단면도

[그림 7.1] 휨응력 발생도

- 변형률 $\varepsilon=\frac{\Delta dx}{dx}$

  훅의 법칙에서

  $E=\frac{\sigma}{\varepsilon}=\frac{dx}{\Delta dx}\cdot\sigma$

- $\Delta dx=\frac{\sigma}{E}dx$ …… ①

  그림 7.1(c)에서

  $R:dx=y:\Delta dx$

- $\Delta dx=\frac{y}{R}dx$ …… ②

  결국 ①=②이므로

  $\frac{\sigma}{E}=\frac{y}{R}$

  $\therefore\sigma=\frac{E}{R}y,\ \frac{E}{R}=\frac{\sigma}{y}$ …… ③

4. 휨응력 일반식

휨모멘트만 작용	축방향력과 휨모멘트 작용
• $\sigma=\frac{M}{I}y$, $\sigma=\frac{E}{R}y$	• $\sigma=\frac{N}{A}\pm\frac{M}{I}y$

여기서, M: 휨모멘트(kgf·cm)
I: 중립축 단면2차모멘트(cm^4)
y: 중립축에서 떨어진 거리(cm)
E: 탄성계수(kgf/cm^2)
R: 곡률반경(cm)
N: 축방향력(kgf)
A: 보의 단면적(cm^2)

5. 최대 휨응력

비대칭 단면	대칭 단면
• 상단: $\sigma_1=\pm\frac{M}{I}y_1=\pm\frac{M}{Z_1}$ • 하단: $\sigma_2=\pm\frac{M}{I}y_2=\pm\frac{M}{Z_2}$	• $\sigma_{max}=\pm\frac{M}{Z}$

여기서, Z(단면계수) $=\frac{I}{y}$
y_1, y_2: 단면에서 상·하연단거리

6. 휨응력의 특징

(1) 휨응력은 중립축에서 0이다.
(2) 휨응력은 상·하연단에서 최대이다.
(3) 휨응력도는 직선변화를 한다.
(4) 휨응력의 크기는 중립축으로부터 거리에 비례한다.
(5) 휨만 작용하는 경우 중립축과 도심축은 일치한다.
(6) 휨과 축력이 작용하는 경우 중립축은 $y=\frac{PI}{AM}$ 거리만큼 이동한다.

KEY NOTE

• $M=\sigma\cdot y\cdot\int_A dA$
(모멘트)=(응력)×(거리)×(단면적)
$M=\frac{E}{R}y^2\int_A dA=\frac{E}{R}\int_A y^2 dA$
$M=\frac{E}{R}I$ $\therefore \frac{E}{R}=\frac{M}{I}$ …… ④
③=④이므로
$\frac{\sigma}{y}=\frac{M}{I}$

$\therefore \sigma=\frac{M}{I}y$
$\therefore R=\frac{EI}{M}$ (곡률반경)
$\frac{1}{R}=\frac{M}{EI}$ (곡률)

중립축의 위치이동(y)
$\sigma=\frac{P}{A}-\frac{M}{I}y=0$
$\therefore y=\frac{PI}{AM}$

◎ KEY NOTE

7. 축방향력과 수직하중에 의한 조합응력

(1) 축방향력이 중립축에 작용할 때 휨응력과 합성

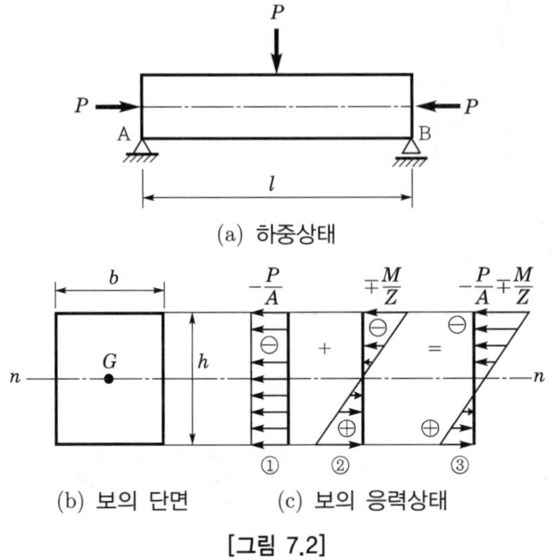

(a) 하중상태

(b) 보의 단면 (c) 보의 응력상태

[그림 7.2]

◐ 축방향 인장에 의한 수직응력

$\sigma = \oplus\frac{P}{A}$

① 축방향 압축에 의한 수직응력: $\sigma = -\frac{P}{A}$

② 휨모멘트에 의한 휨응력: $\sigma = \mp\frac{M}{I}y = \mp\frac{M}{Z}$

③ (축방향력+휨모멘트) 조합응력

$$\sigma = -\frac{P}{A}\mp\frac{M}{I}y = -\frac{P}{A}\mp\frac{M}{Z}$$

(2) 축방향력이 중립축에 편심작용할 때 휨응력과 합성

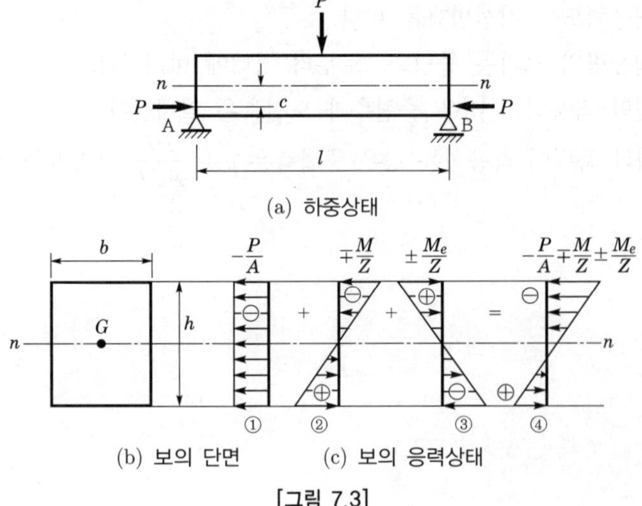

(a) 하중상태

(b) 보의 단면 (c) 보의 응력상태

[그림 7.3]

① 축방향력에 의한 수직응력: $\sigma = -\dfrac{P}{A}$

② 휨모멘트에 의한 휨응력: $\sigma = \mp\dfrac{M}{I}y = \mp\dfrac{M}{Z}$

③ 축방향 편심모멘트에 의한 휨응력:

$\sigma = \pm\dfrac{M_e}{I}y = \pm\dfrac{M_e}{Z}$

④ (축방향력+휨모멘트+편심모멘트) 조합응력

$$\sigma = -\frac{P}{A} \mp \frac{M}{I}y \pm \frac{M_e}{I}y = -\frac{P}{A} \mp \frac{M}{Z} \pm \frac{M_e}{Z}$$

2 전단응력(휨-전단응력)(shear stress)

1. 정의

보에 외력이 작용하면 단면의 전단력에 의해 전단응력이 발생하며, 임의 단면에서는 크기가 서로 같은 수평전단응력과 수직전단응력이 동시에 일어난다.

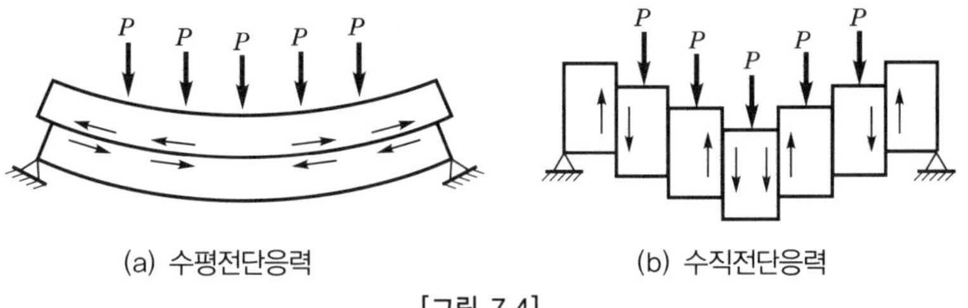

[그림 7.4]

2. 전단응력 일반식

$$\tau = \frac{S \cdot G}{I \cdot b}$$

여기서, I: 중립축 단면2차모멘트(cm^4)
b: 단면폭(cm)
S: 전단력(kgf)
G: 중립축 단면1차모멘트(cm^3)

KEY NOTE

PC보 설계 시 이상적인 응력도

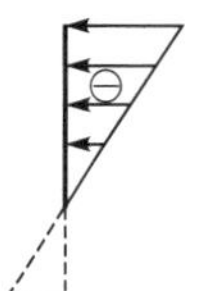

전단면에 압축이 발생 → 하면의 응력이 0인 삼각형 모양

보의 전단응력

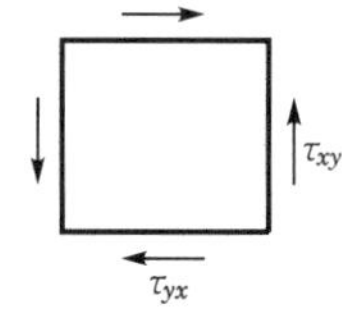

- $\tau_{xy} = -\tau_{yx}$
- 모멘트 평형에 의해 크기 같고, 방향 반대

◎ KEY NOTE

3. 최대 전단응력

$$\tau_{max} = \alpha \cdot \frac{S}{A}$$

여기서, α: 전단계수

$\frac{S}{A}$: 평균 전단응력

(1) 구형 단면

정사각형(구형) 단면과 원형 단면의 최대 전단응력비

- 구형: 원형 $= \frac{3}{2} : \frac{4}{3} = 9:8$

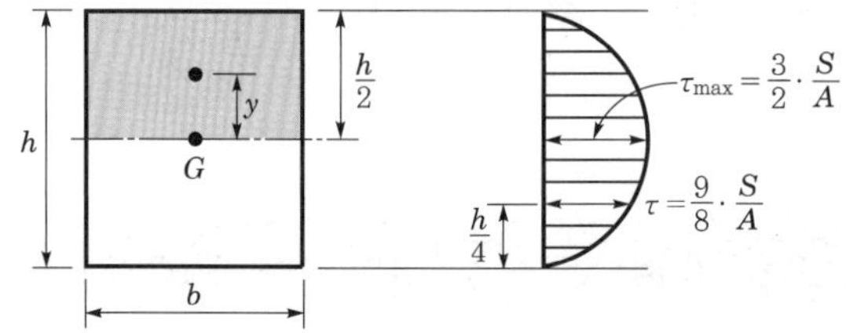

[그림 7.5]

① $G = A \cdot y = \frac{bh}{2} \times \frac{h}{4} = \frac{bh^2}{8}$

② $I = \frac{bh^3}{12}$

$$\therefore \tau_{max} = \frac{S \times \frac{bh^2}{8}}{\frac{bh^3}{12} \times b} = \frac{3}{2} \cdot \frac{S}{bh} = 1.5\frac{S}{A}$$

(2) 원형 단면

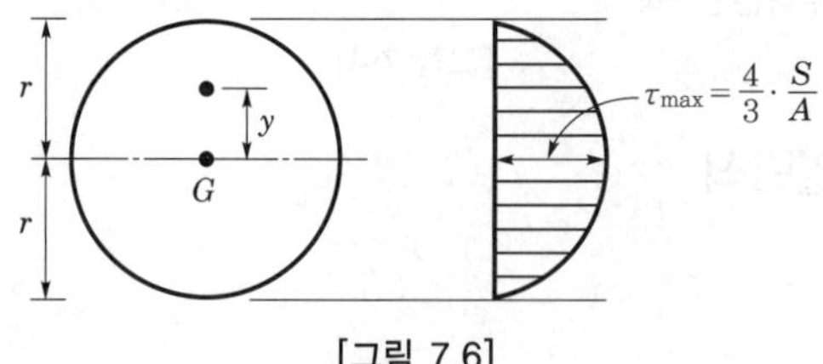

[그림 7.6]

① $G = A \cdot y = \frac{\pi r^2}{2} \times \frac{4r}{3\pi} = \frac{2r^3}{3}$

② $I = \frac{\pi r^4}{4}$

$$\therefore \tau_{max} = \frac{S \times \frac{2r^3}{3}}{\frac{\pi r^4}{4} \times 2r} = \frac{4}{3} \times \frac{S}{\pi r^2} = \frac{4}{3} \cdot \frac{S}{A}$$

(3) 삼각형 단면

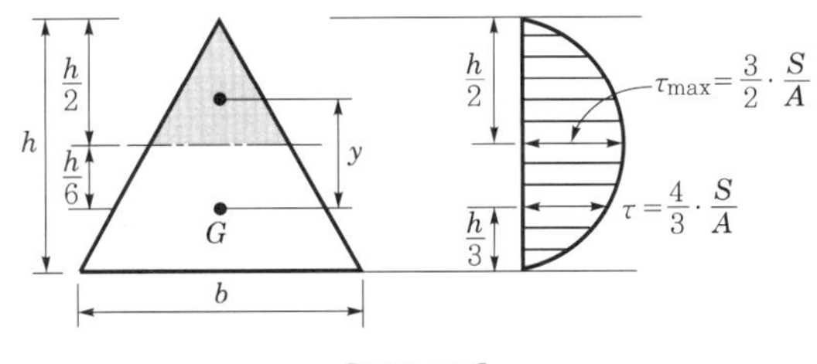

[그림 7.7]

$$① \ \tau_{max} = \frac{SG}{Ib} = \frac{S \times \dfrac{\frac{b}{2}\times\frac{h}{2}}{2} \times \left[\left(\frac{h}{2}\times\frac{1}{3}\right)+\frac{h}{6}\right]}{\dfrac{bh^3}{36}\times\dfrac{b}{2}}$$

$$= \frac{3S}{bh} = \frac{3}{2}\cdot\frac{S}{A} = 1.5\frac{S}{A}$$

(4) 기타 단면

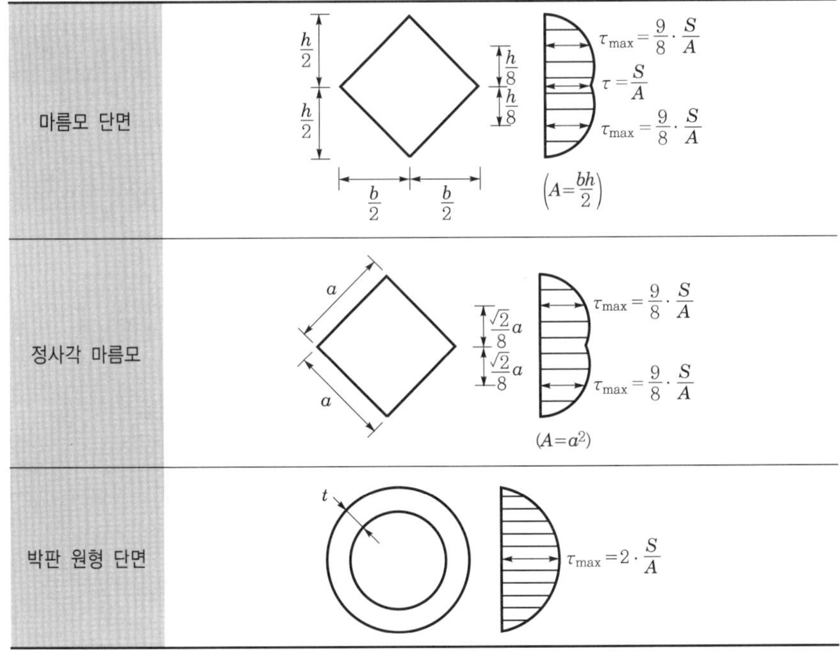

◎ KEY NOTE

○ I형 단면의 최대 전단응력

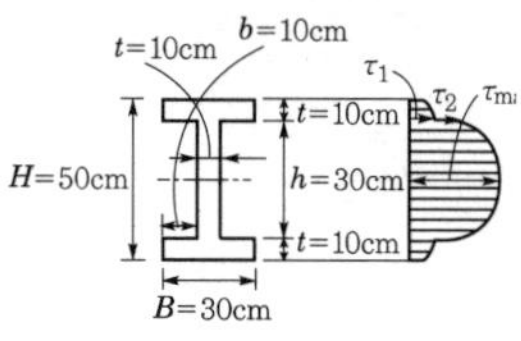

(1) 단면2차모멘트(I) :

τ_{max}, τ_1, τ_2에 사용

- $I = \dfrac{BH^3}{12} - \dfrac{bh^3}{12} \times 2 = 267500\text{cm}^4$

(2) 전단력(S) :

τ_{max}, τ_1, τ_2에 사용

(3) 단면폭(b) :

- τ_2 구할 때 → $t = 10\text{cm}$
- τ_1 구할 때 → $B = 30\text{cm}$

(4) 단면1차모멘트(G_x)

- $\tau_{max} \Rightarrow G_x = B \times t \times \left(\dfrac{h}{2} + \dfrac{t}{2}\right) + t\left(\dfrac{h}{2}\right)\left(\dfrac{h}{4}\right) = 7125\text{cm}^3$
- $\tau_1, \tau_2 \Rightarrow G_x = B \times t\left(\dfrac{h}{2} + \dfrac{t}{2}\right) = 6000\text{cm}^3$

$$\therefore \tau_{max} = \frac{G_x \cdot S}{I \cdot b} = \frac{7125 \times S}{267500 \times 10} \fallingdotseq \frac{S}{375}\text{kg/cm}^2$$

$$\therefore \tau_1 = \frac{G_x \cdot S}{Ib} = \frac{6000 \times S}{267500 \times 10} \fallingdotseq \frac{S}{446}$$

$$\therefore \tau_2 = \frac{G_x \cdot S}{Ib} = \frac{6000 \times S}{267500 \times 30} \fallingdotseq \frac{S}{1338}$$

※ 플랜지와 웨브의 경계면에서 τ_1과 τ_2비

$\tau_1 : \tau_2 = t : B$

4. 여러 단면의 전단응력 분포도

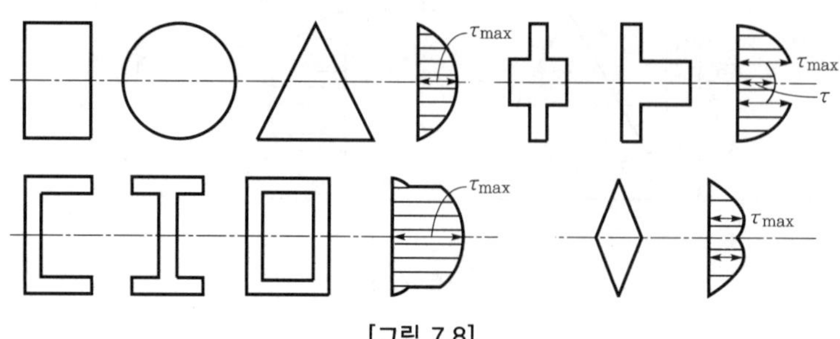

[그림 7.8]

5. 전단응력의 특성

(1) 전단응력도는 2차곡선(포물선) 분포

(2) 일반적으로 단면의 중립축에서 전단응력 최대(단면의 형상에 따라 성립하지 않는 경우 존재)

(3) 전단응력은 단면의 상・하단에서 0

(4) 구형 단면과 삼각형 단면의 면적이 같으면 τ_{max}도 동일

3 경사평면의 축응력

1. 경사평면의 단축응력

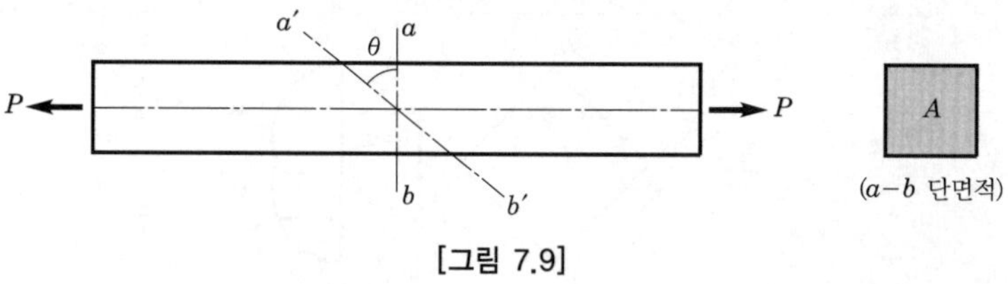

[그림 7.9]

(1) θ만큼 경사진 $a'b'$ 단면적 A' 계산

① $A = A'\cos\theta$ $\quad \therefore A' = \dfrac{A}{\cos\theta}$

[그림 7.10]

(2) θ만큼 경사진 $a'b'$ 단면의 수직력(P')과 전단력(P'')으로 분해

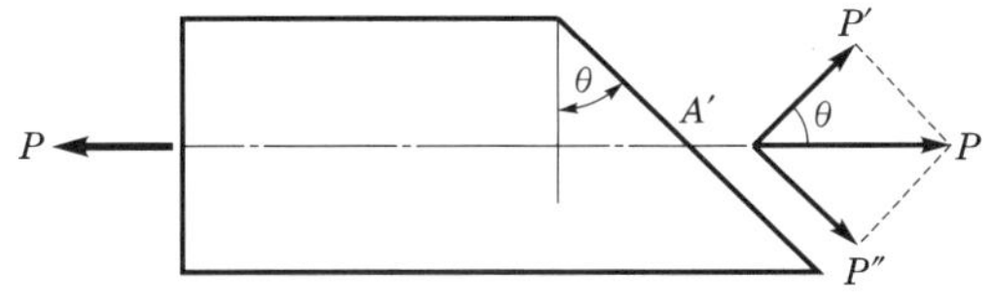

[그림 7.11]

① 수직력: $P' = P \cdot \cos\theta$ (P의 법선방향 분력)

② 전단력: $P'' = P \cdot \cos\theta$ (P의 접선방향 분력)

(3) θ만큼 경사진 단면의 수직응력(σ_θ)

① $\sigma_\theta = \dfrac{P'}{A'} = \dfrac{P\cos\theta}{\dfrac{A}{\cos\theta}} = \dfrac{P}{A}\cos^2\theta$

② $\theta = 0^\circ$; $\sigma_{\max} = \dfrac{P}{A}$

(4) θ만큼 경사진 단면의 전단응력(접선응력)(τ_θ)

① $\tau_\theta = \dfrac{P''}{A'} = \dfrac{P\sin\theta}{\dfrac{A}{\cos\theta}} = \dfrac{P}{A}\sin\theta \cdot \cos\theta = \dfrac{P}{2 \cdot A}\sin 2\theta$

② $\theta = 45^\circ$: $\tau_{\max} = \dfrac{P}{2 \cdot A} = \dfrac{1}{2}\sigma_{\max}$

KEY NOTE

$\sin 2\theta = 2\sin\theta \cdot \cos\theta$

2. 경사평면의 2축 응력(biaxial stress)

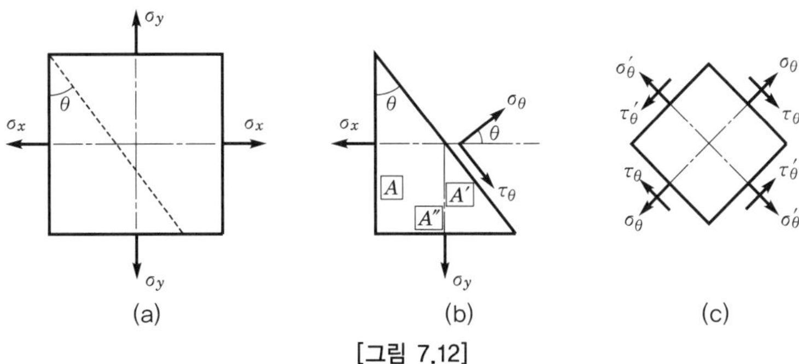

[그림 7.12]

KEY NOTE

(1) θ만큼 경사진 단면(A'), θ와 마주보는 단면(A'') 계산

① $A = A'\cos\theta \quad \therefore A' = \dfrac{A}{\cos\theta}$

② $A'' = A\tan\theta = A \cdot \dfrac{\sin\theta}{\cos\theta} = A'\sin\theta$

(2) θ만큼 경사진 단면의 수직응력(σ_θ)

① 평형조건:

$\sigma_\theta \cdot A' - (\sigma_x \cdot A)\cos\theta - (\sigma_y \cdot A'')\sin\theta = 0$

$\dfrac{\sigma_\theta \cdot A}{\cos\theta} = \sigma_x \cdot A \cdot \cos\theta + \sigma_y \cdot A\dfrac{\sin\theta}{\cos\theta} \cdot \sin\theta$

② 양변$\times\cos\theta$, A 약분 ; $\sigma_\theta = \sigma_x\cos^2\theta + \sigma_y\sin^2\theta$

$$\therefore \sigma_\theta = \frac{\sigma_x + \sigma_y}{2} + \left(\frac{\sigma_x - \sigma_y}{2}\right)\cos 2\theta$$

> $\cos^2\theta = \dfrac{1+\cos 2\theta}{2}$
> $\sin^2\theta = \dfrac{1-\cos 2\theta}{2}$

(3) θ만큼 경사진 단면의 전단응력(τ_θ)

① 평형조건 ;

$\tau_\theta \cdot A' - (\sigma_x \cdot A)\sin\theta + (\sigma_y \cdot A'')\cos\theta = 0$

$\dfrac{\tau_\theta \cdot A}{\cos\theta} = \sigma_x \cdot A \cdot \sin\theta - \sigma_y \cdot A \cdot \dfrac{\sin\theta}{\cos\theta} \cdot \cos\theta$

$\tau_\theta = \sigma_x\sin\theta \cdot \cos\theta - \sigma_y \cdot \sin\theta \cdot \cos\theta$

$$\therefore \tau_\theta = \left(\frac{\sigma_x - \sigma_y}{2}\right)\sin 2\theta$$

(4) 경사단면의 수직응력(σ_θ), 전단응력(τ_θ)과 직교하는 수직응력($\sigma_\theta{}'$), 전단응력($\tau_\theta{}'$) 계산($\theta \to \theta + 90^\circ$ 대입)

① 수직응력: $\sigma_\theta{}' = \dfrac{\sigma_x + \sigma_y}{2} + \left(\dfrac{\sigma_x - \sigma_y}{2}\right)\cos(\pi + 2\theta)$

$\qquad = \dfrac{\sigma_x + \sigma_y}{2} - \left(\dfrac{\sigma_x - \sigma_y}{2}\right)\cos 2\theta$

② 전단응력: $\tau_\theta{}' = \left(\dfrac{\sigma_x - \sigma_y}{2}\right)\sin(\pi + 2\theta)$

> $\cos(x + 2\theta) = -\cos 2\theta$
> $\sin(\pi + 2\theta) = -\sin 2\theta$

$$=-\left(\frac{\sigma_x-\sigma_y}{2}\right)\sin 2\theta$$

∴ 공액응력 $\sigma_\theta+\sigma_\theta{}'=\sigma_x+\sigma_y$

$\tau_\theta+\tau_\theta{}'=0,\ \tau_\theta=-\tau_\theta{}'$

3. 평면응력(plane stress)

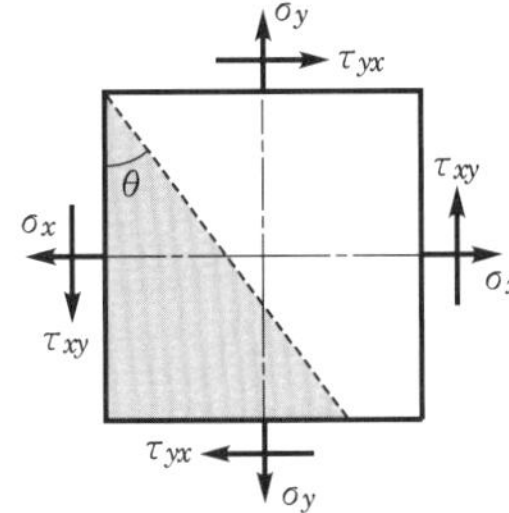

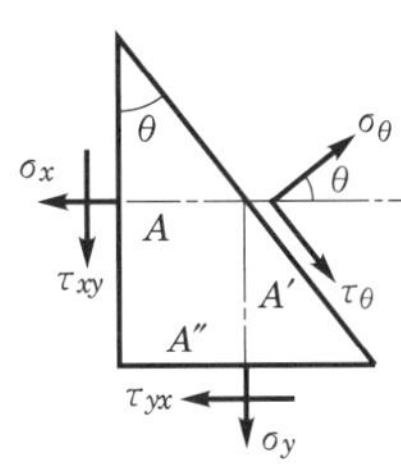

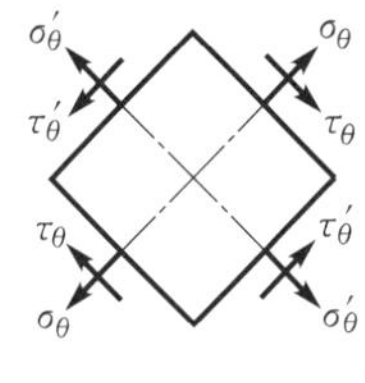

[그림 7.13]

(1) θ만큼 경사진 단면의 수직응력(σ_θ)

① 평형조건: $\sigma_\theta A'-(\sigma_x\cdot A)\cdot\cos\theta-(\sigma_y\cdot A'')\sin\theta$

$-(\tau_{xy}\cdot A)\sin\theta-(\tau_{yx}\cdot A'')\cos\theta=0$

$$\therefore\ \sigma_\theta=\frac{\sigma_x+\sigma_y}{2}+\frac{\sigma_x-\sigma_y}{2}\cos 2\theta+\tau_{xy}\sin 2\theta$$

(2) θ만큼 경사진 단면의 전단응력(τ_θ)

① 평형조건: $\tau_\theta A'-(\sigma_x\cdot A)\sin\theta+(\sigma_y A'')\cos\theta$

$+(\tau_{xy}A)\cos\theta-(\tau_{yx}\cdot A'')\sin\theta=0$

$\tau_\theta A'=(\sigma_x\cdot A')\sin\theta\cdot\cos\theta-\sigma_y A'\sin\theta\cdot\cos\theta$

$-\tau_{xy}A'\cos^2\theta+\tau_{yx}A'\sin^2\theta$

$\tau_\theta=(\sigma_x-\sigma_y)\sin\theta\cdot\cos\theta-\tau_{xy}(\cos^2\theta-\sin^2\theta)$

$$\therefore\ \tau_\theta=\frac{\sigma_x-\sigma_y}{2}\sin 2\theta-\tau_{xy}\cdot\cos 2\theta$$

(3) 법선의 공액응력

$$\therefore\ \sigma_\theta{}'=\frac{\sigma_x+\sigma_y}{2}-\frac{\sigma_x-\sigma_y}{2}\cos 2\theta-\tau_{xy}\sin 2\theta$$

KEY NOTE

수직응력 부호(+)방향

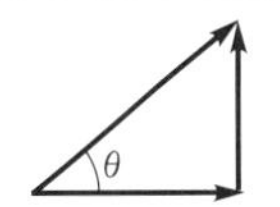

전단응력 부호(+)방향

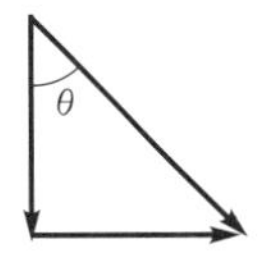

수직응력 σ와 전단응력 τ의 부호

수직응력

[의미]
- σ_x: x면 위에 작용
- σ_y: y면 위에 작용

[부호]
- 인장(+), 압축(−)

전단응력

[의미]
- τ_{xy}: x면 위에 y축 방향으로 작용
- τ_{yx}: y면 위에 x축 방향으로 작용

[부호]
- 양의 면, 양의 축(양−양) ┐ (+)
- 음의 면, 음의 축(음−음) ┘
- 양−음 ┐ (−)
- 음−양 ┘

KEY NOTE

$$\therefore \tau_\theta' = -\frac{\sigma_x - \sigma_y}{2}\sin 2\theta + \tau_{xy} \cdot \cos 2\theta$$

∴ 공액응력 $\sigma_\theta + \sigma_\theta' = \sigma_x + \sigma_y$

$\tau_\theta + \tau_\theta' = 0, \quad \tau_\theta = -\tau_\theta'$

주응력, 주응력면

임의 단면에서 전단응력이 0인 단면을 주응력면이라 하고, 그 면에 작용하는 수직응력을 주응력이라 한다.

4. 주응력(principal stress)

(1) 주응력 크기

$$(\text{최대})\ \sigma_{max} = \frac{1}{2}(\sigma_x + \sigma_y) + \frac{1}{2}\sqrt{(\sigma_x - \sigma_y)^2 + 4{\tau_{xy}}^2}$$

$$(\text{최소})\ \sigma_{min} = \frac{1}{2}(\sigma_x + \sigma_y) - \frac{1}{2}\sqrt{(\sigma_x - \sigma_y)^2 + 4{\tau_{xy}}^2}$$

주응력 계산이 필요한 경우

- 지간이 짧은 보에서 휨모멘트가 작고 전단력이 큰 경우
- 캔틸레버 지점에서 전단력과 휨모멘트의 최댓값이 동시에 발생
- I형 단면의 보에서 플랜지와 복부의 경계면 주응력이 연응력보다 클 경우
- 철근콘크리트보에서 사인장응력에 의한 파괴위험 존재 시

(2) 주응력면

$$\therefore \tan 2\theta_p = \frac{2\tau_{xy}}{\sigma_x - \sigma_y}$$

(3) 주전단응력 크기

$$\tau_{max,min} = \pm\frac{1}{2}\sqrt{(\sigma_x - \sigma_y)^2 + 4{\tau_{xy}}^2}$$

(4) 주전단응력면

$$\tan 2\theta_x = -\frac{\sigma_x - \sigma_y}{2\tau_{xy}}$$

(5) 주응력의 성질

① 주응력면에서 전단응력(τ)은 0이다.

② 주전단응력면에서 수직응력(σ)은 0이 아니고, $\dfrac{\sigma_x + \sigma_y}{2}$ 이다.

③ 주응력면과 주전단응력면은 서로 역수관계가 있다.
($\tan 2\theta_p \cdot \tan 2\theta_s = -1$)

④ 주전단응력면과 주응력면은 45° 각을 이룬다.

⑤ 주응력면은 서로 직교하고, 주전단응력면도 서로 직교한다.

5. 1축 및 2축 응력상태의 주응력과 주전단응력

1축 응력상태	2축 응력상태
• $\sigma_y = 0,\ \tau_{xy} = 0$ 또는 $\sigma_x = 0$인 경우 • 주응력 $\sigma_{max} = \sigma_x$ $\sigma_{min} = 0$ • 주전단응력 $\tau_{max} = \frac{\sigma_x}{2}$ $\tau_{min} = -\frac{\sigma_x}{2}$	• $\tau_{xy} = 0$인 경우 • 주응력 $\sigma_{max} = \sigma_x$ $\sigma_{min} = \sigma_y$ • 주전단응력 $\tau_{max} = \frac{\sigma_x - \sigma_y}{2}$ $\tau_{min} = -\frac{\sigma_x - \sigma_y}{2}$

KEY NOTE

4 보의 응력

1. 주응력과 주전단응력

보의 주응력(σ)	보의 주전단응력(τ)
• 최대, 최소 주응력 크기 $\sigma_{\substack{max \\ min}} = \frac{\sigma}{2} \pm \frac{1}{2}\sqrt{\sigma^2 + 4 \cdot \tau^2}$ • 주응력면 방향 $\tan 2\theta_p = \frac{2 \cdot \tau}{\sigma}$	• 최대, 최소 주전단응력 크기 $\tau_{\substack{max \\ min}} = \pm \frac{1}{2}\sqrt{\sigma^2 + 4 \cdot \tau^2}$ • 주전단응력면 방향 $(\theta_s = \theta_p + 45^\circ)$ $\tan 2\theta_x = -\cot 2\theta_p = -\frac{\sigma}{2\tau}$

2. 보 응력의 성질

(1) 정리 1

중립축에서 주응력의 크기는 최대 전단응력과 같고, 방향은 중립축과 45° 방향이다(중립축에서 $\sigma_x = 0,\ \tau = \tau_{max}$).

$\therefore\ \sigma_{1,2} = \pm\,\tau_{max}$

$\therefore\ \tan 2\theta_p = \frac{2\tau}{\sigma} = \frac{2\tau}{\theta} = \infty$

$$\Rightarrow \begin{cases} \theta_p = 45^\circ : \sigma_1 = \tau_{max}\,(\text{최대 인장응력}) \\ \theta_p = 135^\circ(-45^\circ) : \sigma_2 = -\tau_{max}\,(\text{최대 압축응력}) \end{cases}$$

KEY NOTE

(2) 정리 2

연단에서 주응력은 최대 휨응력과 같고, 축과 90° 방향이다($\sigma_x = \sigma_{max}$, $\tau = 0$).

$\therefore \sigma_1 = \sigma_{max}, \sigma_2 = 0$

$\therefore \tan 2\theta_p = \dfrac{2\tau}{\sigma} = 0 \Rightarrow \begin{cases} \theta_p = 0° : \sigma_1 = \sigma_{max} \\ \theta_p = 90° : \sigma_2 = 0 \end{cases}$

(3) 정리 3

연중립축에서 주전단응력의 크기는 최대 전단응력과 같고, 방향은 0°이다($\theta = 0°$, $\tau = \tau_{max}$).

$\therefore \tau_{1,2} = \pm \tau_{max} \Rightarrow \begin{cases} \theta_s = 0° : \tau_1 = \tau_{max} (\text{최대 전단응력}) \\ \theta_s = 90° : \tau_2 = -\tau_{max} (\text{최소 전단응력}) \end{cases}$

(4) 정리 4

연단에서 주전단응력은 최대 휨응력의 $\dfrac{1}{2}$이며 45° 방향이다.

$\therefore \tau_1 = \dfrac{\sigma}{2}, \tau_2 = \dfrac{-\sigma}{2}$

$\therefore \cot 2\theta_s = -\dfrac{2\tau}{\sigma} = -\dfrac{0}{\sigma} = 0$

$\Rightarrow \begin{cases} \theta_s = 45° : \tau_1 = \dfrac{\sigma}{2} (\text{인장 측 최대 전단응력}) \\ \theta_2 = 135°(-45°) : \tau_2 = -\dfrac{\sigma}{2} (\text{압축 측 최대 전단응력}) \end{cases}$

5 복합하중(휨응력+비틀림응력)

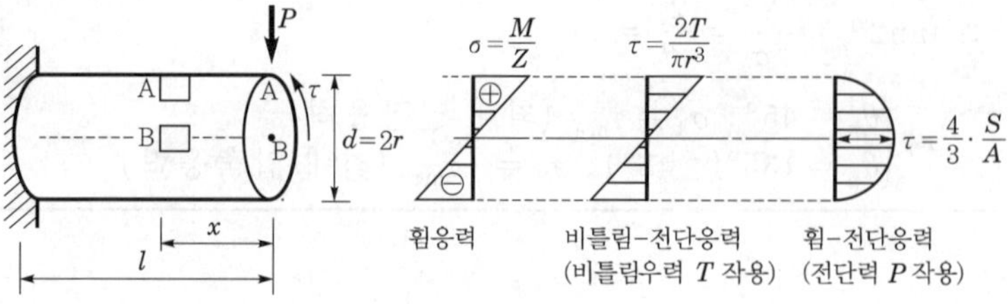

[그림 7.14]

1. 요소 A단면(평면응력상태)

KEY NOTE

휨응력과 비틀림전단응력이 동시에 작용

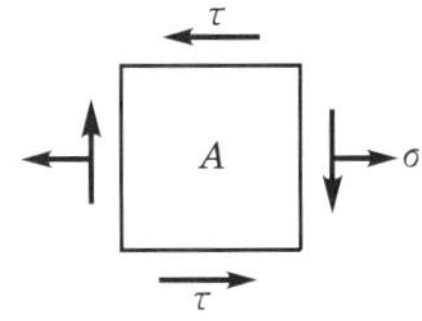

[그림 7.15]

① $\sigma = \dfrac{M}{I}y = \dfrac{M}{Z} = \dfrac{32M}{\pi d^3}$

② $\tau = \dfrac{T \cdot r}{J} = \dfrac{16T}{\pi d^3}$

여기서, $M = P \cdot x$

$J = I_P = \dfrac{\pi d^3}{32}$

$d = 2r$

(1) 주응력의 크기

$$\sigma_{1,2} = \frac{\sigma}{2} \pm \frac{1}{2}\sqrt{\sigma^2 + 4\tau^2}$$

$$= \frac{16M}{\pi d^3} \pm \frac{1}{2}\sqrt{\left(\frac{32M}{\pi d^3}\right)^2 + 4\left(\frac{16T}{\pi d^3}\right)^2}$$

$$= \frac{16}{\pi d^3}(M \pm \sqrt{M^2 + T^2}) = \frac{2}{\pi r^3}(M \pm \sqrt{M^2 + T^2})$$

$$= \frac{M_e}{Z}$$

∴ 등가 휨모멘트: $M_e = \dfrac{1}{2}(M \pm \sqrt{M^2 + T^2})$

(2) 주전단응력의 크기

$$\tau_{1,2} = \pm \frac{1}{2}\sqrt{\sigma^2 + 4\tau^2}$$

$$= \pm \frac{1}{2}\sqrt{\left(\frac{32M}{\pi d^3}\right)^2 + 4\left(\frac{16T}{\pi d^3}\right)^2}$$

$$= \pm \frac{16}{\pi d^3}\sqrt{M^2 + T^2}$$

$$= \pm \frac{2}{\pi r^3}\sqrt{M^2 + T^2}$$

KEY NOTE

$$=\pm\frac{T_e \cdot r}{I_P}$$

$\therefore$ 등가 비틀림모멘트: $T_e=\sqrt{M^2+T^2}$

2. 요소 B단면(순수전단상태)

중립축상에 있으므로 휨전단응력만 작용하는 순수전단상태이다.

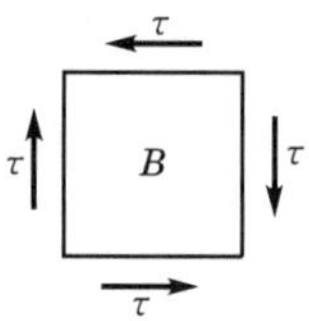

[그림 7.16]

① 비틀림모멘트(T)에 의한 전단응력

$$\therefore \tau_1=\frac{T \cdot r}{I_P}$$

② 전단력($S=P$)에 의한 전단응력

$$\therefore \tau_2=\frac{S \cdot G}{I \cdot b}=\frac{4}{3}\cdot\frac{S}{A}$$

(1) 주응력의 크기(축에 45° 방향)

① $\sigma_1=\sigma_{\max}=\tau$

② $\sigma_2=\sigma_{\min}=-\tau$

(2) 주전단응력의 크기

$$\therefore \tau=\tau_1+\tau_2=\frac{T \cdot r}{I_P}+\frac{4}{3}\cdot\frac{S}{A}$$

$$=\frac{16T}{\pi d^3}+\frac{16S}{3\pi d^2}$$

6 보의 소성해석

1. 개념

(1) 정의

탄소성 재료에서 훅(Hooke)의 법칙이 성립되지 않는 비탄성굽힘, 즉 소성굽힘(plastic bending)이 발생하며, 이러한 비탄성굽힘에 대한 해석을 소성해석 또는 비탄성해석이라 한다.

(2) 소성굽힘(휨) 설계의 가정

① 변형률은 중립축으로부터 거리에 비례한다.

② 응력-변형률 관계는 항복점강도(σ_y)에 도달할 때까지는 탄성이며, 그 이후에는 일정한 응력(σ_y)하에서 소성흐름의 발생이 지속된다.

③ 압축 측의 응력-변형률 관계는 인장 측과 동일하다.

2. 탄성설계와 소성설계

(1) 탄성설계법(허용응력설계법)

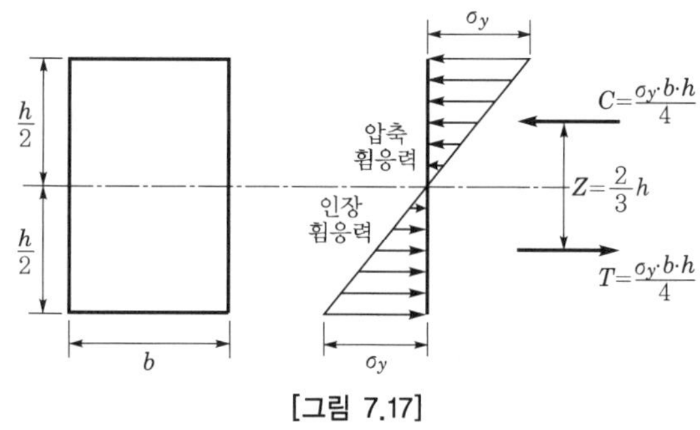

[그림 7.17]

- 우력모멘트=저항모멘트=항복모멘트

$$\therefore M_y = \sigma_y \times \frac{bh^2}{6} = \sigma_y \cdot Z_e$$

$$\left(Z_e = \frac{bh^2}{6}\text{: 단면계수}\right)$$

(2) 소성설계법(강도설계법, 극한강도설계법)

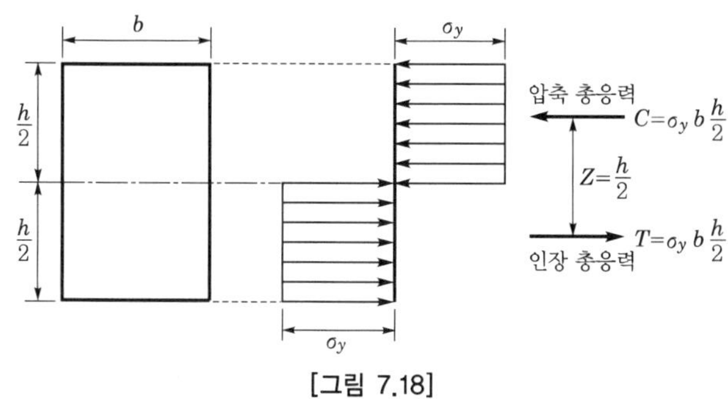

[그림 7.18]

KEY NOTE

탄소성 재료의 $\sigma-\varepsilon$ 선도

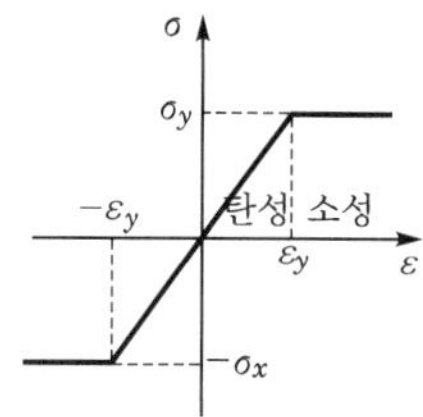

탄성설계법

(1) 실제 하중에 의한 응력(σ)이 재료의 허용응력(σ_x)를 초과하지 않도록 설계

(2) 항복모멘트(M_y): 보의 상·하단응력이 σ_y에 도달할 때의 모멘트

(3) 탄성단면계수 Z_e

$$Z_e = \frac{bh^2}{6}$$

소성설계법

(1) 실제 하중에 의한 응력(강도)이 재료의 극한응력(강도)을 초과하지 않도록 설계

(2) 소성모멘트(M_p): 보의 단면 전체에 걸쳐 σ_y에 도달할 때의 모멘트

(3) 소성계수(소성단면계수: Z_p)

$$Z_p = \frac{A}{2}(y_1 + y_2)$$

여기서, A: 단면적(cm^2)
y_1, y_2: 상부, 하부 단면도심

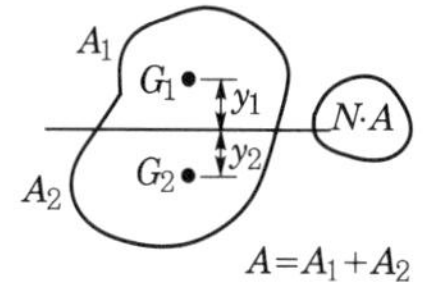

➡ 중립축 단면1차모멘트의 합

KEY NOTE

단면별 소성계수

(1) 직사각형 (b, h) : $Z_p = \frac{bh^2}{4}$

(2) 원형 (r) : $Z_p = \frac{4r^3}{3}$

(3) 마름모 ($\frac{h}{2}$, $\frac{h}{2}$, $\frac{b}{2}$, $\frac{b}{2}$) : $Z_p = \frac{bh^2}{12}$

- 소성모멘트=극한저항모멘트=최대모멘트

$$\therefore M_p = \sigma_y \times \frac{bh^2}{4} = \sigma_y \cdot Z_p$$

$$\left(Z_p = \frac{bh^2}{4}\text{: 소성계수}\right)$$

(3) 형상계수(f)

소성계수와 단면계수의 비

$$f = \frac{Z_p}{Z_e} = \frac{M_p}{M_y} > 1$$

① 구형 단면: $f = \frac{3}{2}$

② 원형 단면: $f \fallingdotseq 1.7$

③ 마름모 단면: $f = 2$

④ I형 단면: $f = 1.15(1.1 \sim 1.2)$

3. 보의 소성해석

탄소성보에서 극한하중(P_u)과 소성힌지(plastic hinge)의 위치를 결정하는 것으로, 극한하중은 소성힌지를 일으키는데 요구되는 하중이다.

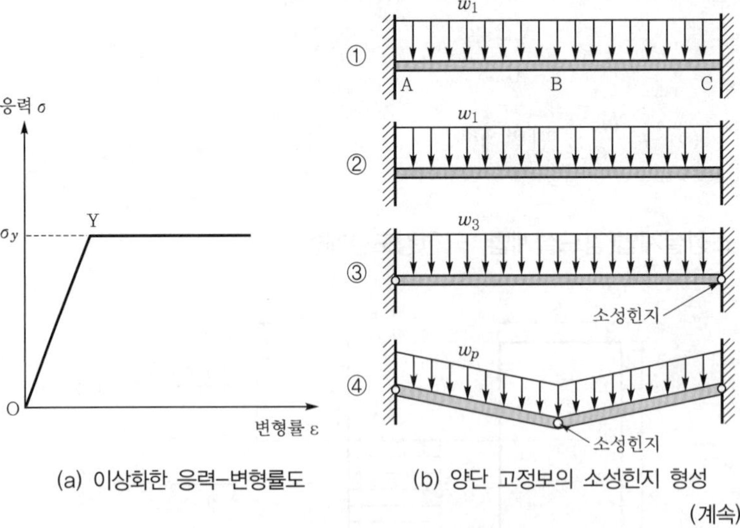

(a) 이상화한 응력-변형률도 (b) 양단 고정보의 소성힌지 형성

(계속)

[그림 7.19]

KEY NOTE

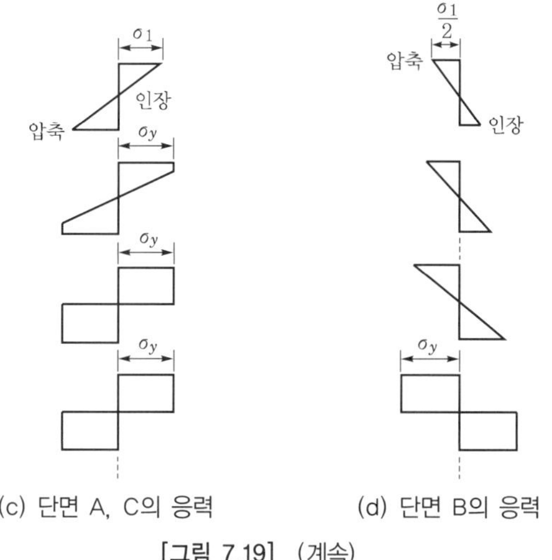

(c) 단면 A, C의 응력　　　(d) 단면 B의 응력

[그림 7.19] (계속)

(1) 등분포하중 w_1이 작을 경우(응력은 OY구간)

① 단면 A와 C(양단) → 보의 상면: 인장, 하면: 압축

② 단면 B(중앙) → 보의 상면: 압축, 하면: 인장

$$\left(\text{양 끝단 응력의 } \frac{1}{2}\right)$$

(2) 하중 w_2 작용

응력 σ_y 도달

(3) 하중 w_3 작용

단면 A, C는 완전 소성화되며, 이때 A, C에 작용하는 휨모멘트를 전소성모멘트라 한다. 이때 하중이 증가해도 단면 A, C는 전소성모멘트 이상의 휨모멘트를 전달할 수 없으므로 이들 위치에 마치 힌지가 만들어지게 되는 것과 같이 되어 자유롭게 회전변위가 증대된다. 이때의 힌지를 소성힌지라고 한다.

(4) 하중 w_p 작용 → 소성힌지가 단면 B에도 형성

구조적인 불안정으로 파괴되며, 이때의 붕괴하중을 극한하중 P_u라 한다.

KEY NOTE

4. 단순보의 소성해석

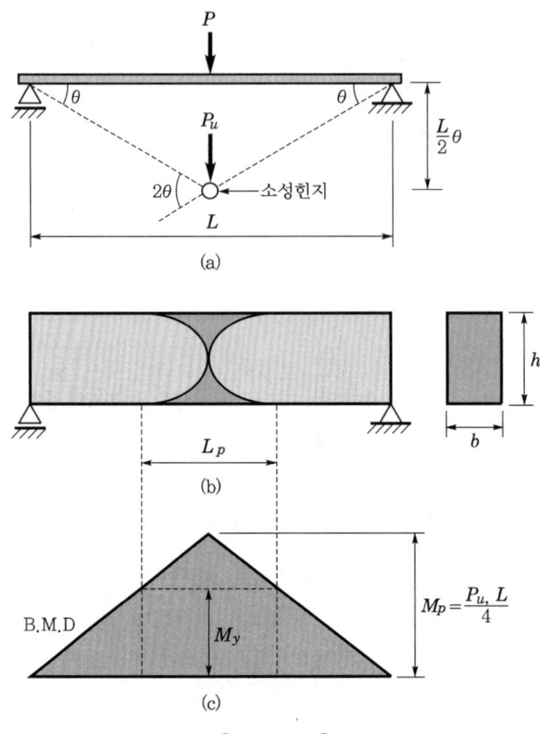

[그림 7.20]

구형 단면

$L_p = \frac{L}{3}$

I형 단면

$L_p = (0.09 \sim 0.17)L$

소성힌지의 생성

- 항상 최대 휨모멘트가 생기는 단면에 형성
- 정정 구조물의 경우 소성힌지가 1개만 있어도 파괴
- 부정정 구조물은 2개 이상의 소성힌지가 있어야 파괴
- 극한하중(P_u)은 탄성보가 지탱할 수 있는 최대 하중

(1) 소성영역(L_p)

① 항복모멘트(M_y)보다는 크고, 소성모멘트(M_p)보다는 작은 영역으로, 무제한의 소성흐름이 생기는 범위

② $M_y = \frac{P_u}{2}\left(\frac{L-L_p}{2}\right) = \frac{1}{2} \times \frac{4M_p}{L} \times \left(\frac{L-L_p}{2}\right)$

$$\therefore L_p = L\left(1 - \frac{M_y}{M_p}\right) = L\left(1 - \frac{1}{f}\right)$$

(2) 극한하중(P_u) 결정

① 가상일의 원리 적용: 외력에 의한 일=내력이 행한 일

$$\Sigma P_u \cdot \delta = \Sigma M_p \cdot \theta$$

② $P_u \cdot \frac{L}{2}\theta - M_p \cdot 2\theta = 0$

$$\therefore P_u = \frac{4M_p}{L}$$

구조물	항복하중(P_y)과 극한하중(P_u)
P, $\frac{L}{2}$, $\frac{L}{2}$ / P_u, θ, θ, δ, 2θ	• 항복하중(P_y) $M_{\max} = \frac{PL}{4} = M_y \to P_y = \frac{4}{L}M_y$ • 극한하중(P_u) $M_{\max} = \frac{PL}{4} = M_p \to P_u = \frac{4}{L}M_p$ 또는 $P_u\delta = 2M_p\theta \to P_u = \frac{4}{L}M_p$
w, L / w_u, θ, θ, δ, 2θ	• 항복하중(w_y) $M_{\max} = \frac{wL^2}{8} = M_y \to w_y = \frac{8}{L^2}M_y$ • 극한하중(w_u) $M_{\max} = \frac{wL^2}{8} = M_p \to w_u = \frac{8}{L^2}M_p$
w, $\frac{L}{2}$, $\frac{L}{2}$ / w_u, θ_1, θ_2, $\theta_1+\theta_2$	• 항복하중(w_y) $M_{\max} = \frac{9}{128}wL^2 = M_y \to w_y = \frac{128}{9L^2}M_y$ • 극한하중(w_u) $M_{\max} = \frac{9}{128}wL^2 = M_p \to w_u = \frac{128}{9L^2}M_p$
P, $\frac{L}{2}$, $\frac{L}{2}$ / P_u, θ, θ, δ	• 항복하중(P_y) $M_{\max} = \frac{3}{16}PL = M_y \to P_y = \frac{16}{3L}M_p$ • 극한하중(P_u) $P_u \cdot \delta = M_p\theta + 2M_y\theta \to P_u = \frac{6M_p}{L}$

◎ KEY NOTE

CHAPTER 07 9급 기출문제

01 가로와 세로의 길이가 4.8mm인 정사각형 단면의 길이가 100mm인 단순보에 순수굽힘이 작용하고 있다. 단면 최상단에서 수직변형률이 0.0012에 도달했을 경우의 곡률반경 ρ[m]는?

[14. 국회 9급]

① 1　　② 2
③ 3　　④ 4
⑤ 5

해설 부재가 휨을 받을 때의 수직변형률(ε_x), 곡률반경(ρ), 중립축으로부터 거리(y) $\varepsilon_x = \frac{y}{\rho}$에서

$$\rho = \frac{y}{\varepsilon_x} = \frac{2.4}{0.0012} = 2{,}000\text{mm} = 2\text{m}$$

02 벽면에 수평으로 연결된 와이어가 있다. 중심각이 2θ인 원호형태로 처짐이 발생된다면 이때 생기는 와이어의 변형률은? (단, θ의 단위는 radian이다)

[14. 국가직 9급]

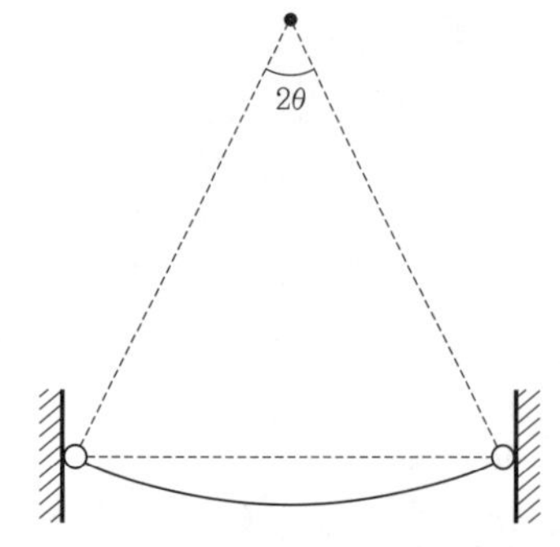

① $\frac{\theta - \sin\theta}{\sin\theta}$　　② $1 - \frac{\sin\theta}{\theta}$

③ $\frac{\sin\theta}{\theta - \sin\theta}$　　④ $\frac{\theta}{\cos\theta} - 1$

해설

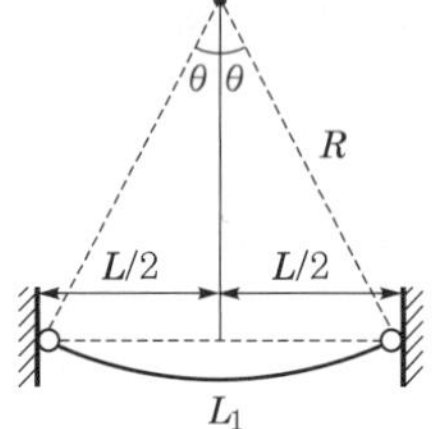

㉠ 변형 전의 부재길이(L)

$$\sin\theta = \frac{\frac{L}{2}}{R} = \frac{L}{2R}$$

$L = 2R\sin\theta$

㉡ 변형 후의 부재길이(L_1)

$L_1 = L + \Delta L = R(2\theta) = 2R\theta$

㉢ 변형률

$$\varepsilon_x = \frac{\Delta L}{L} = \frac{L_1 - L}{L}$$

$$= \frac{2R\theta - 2R\sin\theta}{2R\sin\theta} = \frac{\theta - \sin\theta}{\sin\theta}$$

03 지름이 990cm인 원통드럼 위로 지름이 10mm인 강봉이 탄성적으로 휘어져 있을 때 강봉 내에 발생되는 최대 휨응력[MPa]은? (단, 탄성계수는 2.0×10^5MPa이다)

[14. 국가직 9급]

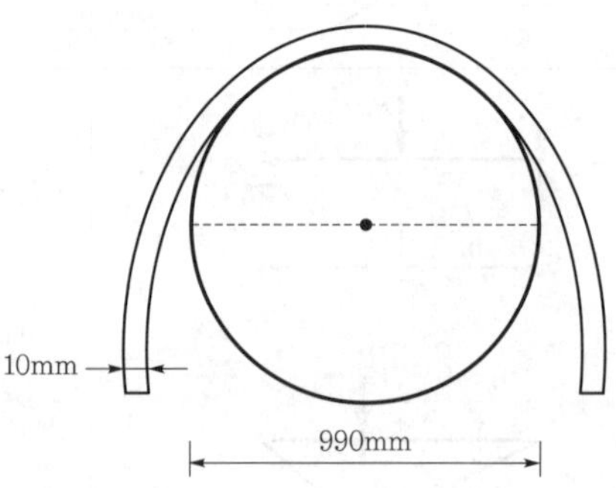

① 495　　② 990
③ 1,000　　④ 2,000

정답 01 ② 02 ① 03 ④

해설 지름 10mm 강봉의 상연과 하연에서 최대 휨인장응력과 최대 휨압축응력이 발생한다.

$$\sigma_{max} = kEy = \frac{1}{R}Ey = \frac{E}{r+\frac{d}{2}} \times \frac{d}{2}$$

$$= \frac{2\times10^5}{495+\frac{10}{2}} \times \frac{10}{2}$$

$$= 2{,}000\text{MPa}$$

04 15cm×30cm 구형 단면을 가진 보에 1.8t · m의 절대최대 휨모멘트가 작용할 때 최대 휨응력은? [국가직 9급]

① $\sigma_{max} = \pm 60\text{kg/cm}^2$

② $\sigma_{max} = \pm 70\text{kg/cm}^2$

③ $\sigma_{max} = \pm 80\text{kg/cm}^2$

④ $\sigma_{max} = \pm 90\text{kg/cm}^2$

해설 구형 단면의 최대 휨응력

$$\sigma_{max} = \frac{M}{I}y = \frac{M}{Z} = \frac{6M}{bh^2}$$

$$= \pm\frac{6\times1.8\times10^5}{15\times30^2}$$

$$= \pm 80\text{kg/cm}^2$$

05 폭 20cm, 높이 30cm, 최대응력 $\sigma = 90\text{kg/cm}^2$ 되는 보가 견딜 수 있는 최대 휨모멘트는 몇 kg · cm인가? [국가직 9급]

① 270,000 ② 280,000

③ 290,000 ④ 300,000

해설 $\sigma_{max} = \frac{6M_{max}}{bh^2}$ 에서

$$\therefore M_{max} = \frac{bh^2}{6}\cdot\sigma_{max}$$

$$= \frac{20\times30^2}{6}\times90$$

$$= 270{,}000\text{kg}\cdot\text{cm}$$

06 단면이 10cm×10cm인 다음의 단순보에서 발생하는 최대 휨응력은? [03. 인천시 9급]

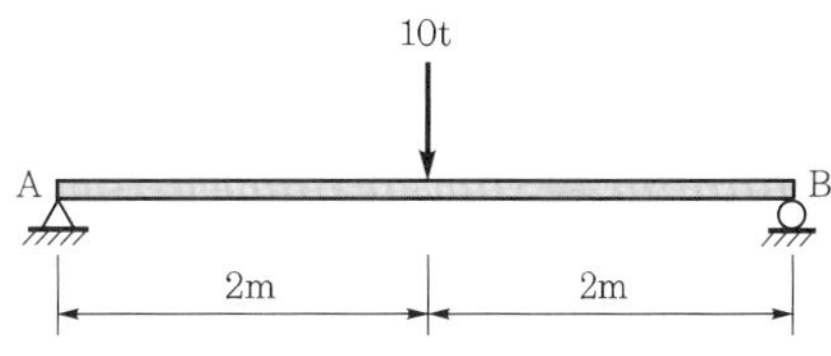

① $3{,}000\text{kgf/cm}^2$ ② $4{,}000\text{kgf/cm}^2$

③ $4{,}500\text{kgf/cm}^2$ ④ $6{,}000\text{kgf/cm}^2$

해설 $$\sigma_{max} = \frac{M_{max}}{Z} = \frac{\frac{PL}{4}}{\frac{bh^2}{6}} = \frac{3PL}{2bh^2} = \frac{3\times10\times4\times10^5}{2\times10\times10^2}$$

$$= 6{,}000\text{kgf/cm}^2$$

07 다음 그림과 같은 직사각형 단면의 캔틸레버 구조물에서 발생되는 최대 휨응력은? [06. 국가직 9급]

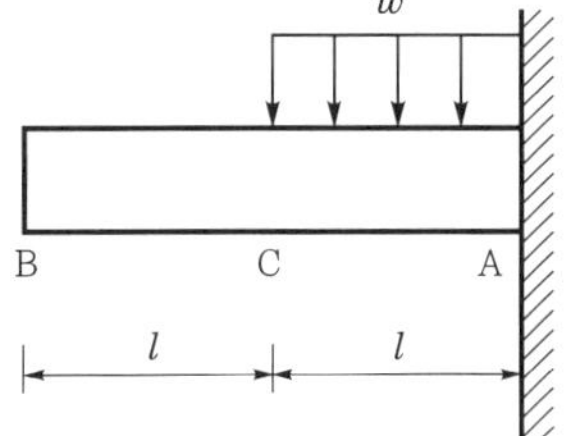

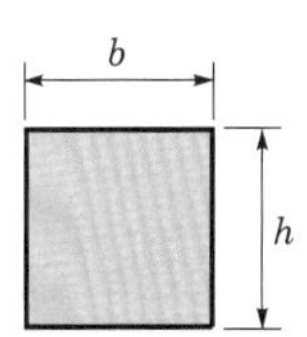

① $\frac{4wl^2}{3bh^2}$ ② $\frac{9wl^2}{4bh^2}$

③ $\frac{5wl^2}{2bh^2}$ ④ $\frac{3wl^2}{bh^2}$

해설 $M_{max} = M_A = -\frac{wl^2}{2}$

$$\therefore \sigma_{max} = \frac{M_{max}}{Z} = \frac{6M_{max}}{bh^2} = \frac{6\times\left(\frac{wl^2}{2}\right)}{bh^2} = \frac{3wl^2}{bh^2}$$

08 폭 $b = 8\text{cm}$, 높이 $h = 12\text{cm}$의 구형 단면을 가지는 지간 $l = 4\text{m}$의 단순보 중앙에 집중하중이 작용할 때 최대 휨응력에 저항하기 위한 집중하중 P의 최대치는? (단, 허용응력 $\sigma_a = 100\text{kg/cm}^2$이다) [00. 국가직 9급]

정답 04 ③ 05 ① 06 ④ 07 ④ 08 ④

① 114kgf ② 144kgf

③ 172kgf ④ 192kgf

해설 $\sigma_{max} = \frac{M}{Z} = \frac{\frac{Pl}{4}}{\frac{bh^2}{6}} = \frac{3Pl}{2bh^2} \leq \sigma_a$

$P_{max} = \frac{2bh^2}{3l}\sigma_a = \frac{2\times8\times12^2}{3\times400}\times100 = 192\text{kgf}$

09 그림과 같은 단면계수 $Z = 2\times10^6\text{mm}^3$인 단순보가 등분포하중 w를 받고 있다. 최대 휨응력(σ_{max})이 40MPa일 때 등분포하중 w의 크기[kN/m]는? (단, 단순보의 자중은 무시한다) [11. 지방직 9급]

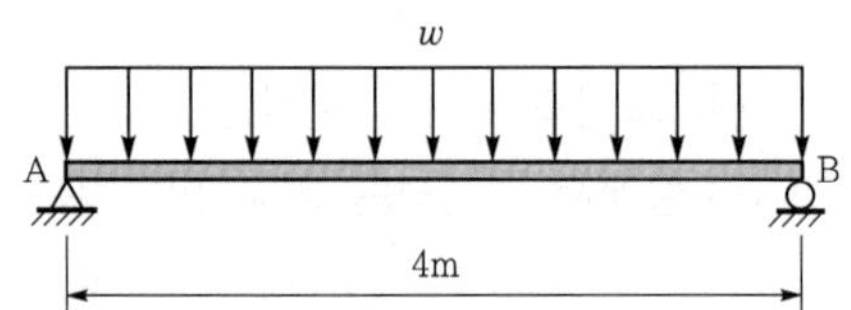

① 10 ② 20

③ 30 ④ 40

해설 $\sigma_{max} = \frac{M_{max}}{Z} = \frac{\frac{wL^2}{8}}{Z} = \frac{wL^2}{8Z}$

$w = \frac{8Z}{L^2}\sigma_{max} = \frac{8\times2\times10^2}{4{,}000^2}\times40 = 40\text{N/mm} = 40\text{kN/m}$

10 보에서 휨모멘트 M을 받고 있는 지름이 D인 중심원형 단면에서 회대 휨응력의 크기는 얼마인가? [04. 부산시 9급]

① $\frac{12M}{\pi D^3}$ ② $\frac{24M}{\pi D^3}$

③ $\frac{32M}{\pi D^3}$ ④ $\frac{64M}{\pi D^3}$

해설 중심원형 단면에서 최대 휨응력은

$\sigma_{max} = \frac{M_{max}}{Z} = \frac{M}{\frac{\pi D^3}{32}} = \frac{32M}{\pi D^3}$

11 다음 그림과 같은 캔틸레버보에 집중하중 150kN이 작용하여 발생되는 최대휨응력[MPa]의 크기는? [14. 서울시 9급]

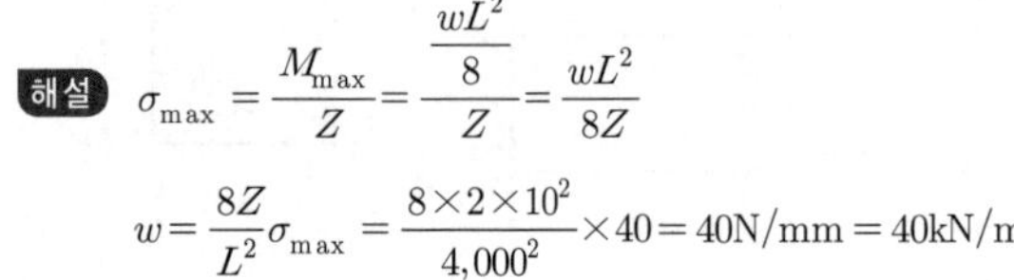

① 18 ② 27

③ 36 ④ 45

해설 최대휨응력은 최대휨모멘트가 발생하는 고정단의 상하연에서 발생한다.

$\sigma_{max} = \frac{M_{max}}{Z} = \frac{6M_{max}}{bh^2} = \frac{6\times(150\times10\times10^6)}{500\times1{,}000^2}$

$= 18\text{MPa}$

12 구형 단면의 보의 단면적을 $A[\text{cm}^2]$, 전단력을 $Q[\text{kg}]$으로 하면 이 보의 최대 전단응력도는? [국가직 9급]

① $\frac{Q}{A}$ ② $2\times\frac{Q}{A}$

③ $1.5\times\frac{Q}{A}$ ④ $3\times\frac{Q}{A}$

해설 구형 단면의 $\tau_{max} = \frac{3}{2}\cdot\frac{Q}{A}$

13 단면이 25cm×40cm인 직사각형 보가 5t의 전단력을 받을 때 최대 전단응력도는? [국가직 9급]

① 7.5kg/cm^2 ② 5.0kg/cm^2

③ 2.5kg/cm^2 ④ 10.0kg/cm^2

해설 $\tau_{max} = \frac{3}{2}\cdot\frac{S}{A} = \frac{3}{2}\times\frac{5\times10^3}{25\times40} = 7.5\text{kg/cm}^2$

정답 09 ④ 10 ③ 11 ① 12 ③ 13 ①

14 그림과 같이 균일한 직사각형 단면에 전단력 V가 작용하고 있다. a－a 위치에 발생하는 전단응력의 크기를 계산할 때 필요한 단면 1차 모멘트의 크기는? [14. 국가직 9급]

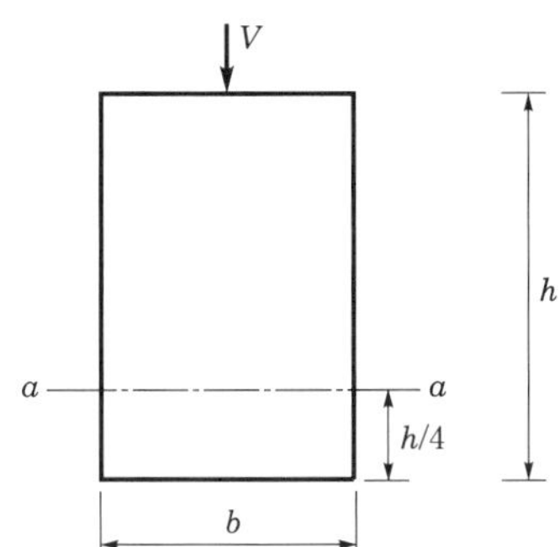

① $\frac{1}{32}bh^2$ ② $\frac{2}{32}bh^2$

③ $\frac{3}{32}bh^2$ ④ $\frac{8}{32}bh^2$

해설 전단응력 $\tau=\frac{VG}{Ib}$에서 단면 1차 모멘트 G는 전단응력을 구하는 단면에서 외측부 단면에 대한 단면 1차 모멘트이므로

$G=\left(b\times\frac{h}{4}\right)\times\left(\frac{h}{2}-\frac{h}{8}\right)=\frac{3bh^2}{32}$

15 그림과 같은 단순보에 등분포하중이 작용할 때 최대 전단응력은? [국가직 9급]

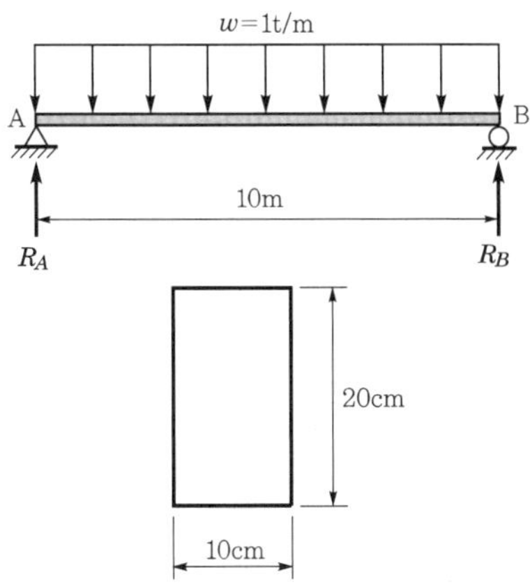

① 37.5kg/cm^2 ② 39.5kg/cm^2

③ 41.5kg/cm^2 ④ 43.5kg/cm^2

해설 구형 단면의 최대 전단응력

$\tau_{\max}=\frac{3}{2}\cdot\frac{S_{\max}}{A}$에서

최대 전단력 $S_{\max}=\frac{wl}{2}=\frac{1\times10}{2}=5\text{t}=5{,}000\text{kg}$

$\therefore\ \tau_{\max}=\frac{3}{2}\times\frac{5{,}000}{10\times20}=37.5\text{kg/cm}^2$

16 원형 단면에서 최대 전단응력은 평균 전단응력의 몇 배 정도인가? [국가직 9급]

① $\frac{4}{3}$배 ② $\frac{2}{3}$배

③ $\frac{3}{2}$배 ④ $\frac{3}{4}$배

해설 원형 단면의 최대 전단응력

$\tau_{\max}=\frac{4}{3}\cdot\frac{S}{A}$

$\therefore\ \frac{4}{3}$배

17 다음 그림과 같은 단면을 갖는 보에 수직하중이 작용할 때, 이에 대한 설명으로 옳지 않은 것은? [13. 지방직 9급]

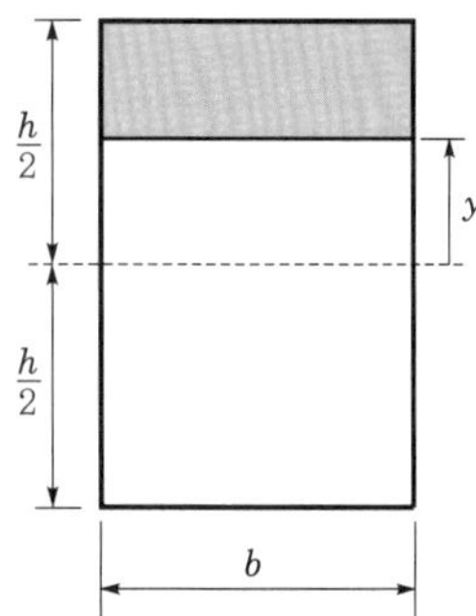

① 전단응력을 구할 때 사용하는 단면 1차 모멘트 Q는 $\frac{b}{2}\left(\frac{h^2}{4}-y^2\right)$이다.

② 전단력은 V, 단면 2차 모멘트 I라 할 때, 전단응력은 $\frac{V}{2I}\left(\frac{h^2}{4}-y^2\right)$이다.

③ 최대 전단응력은 중립축에서 발생한다.

④ 최대 전단응력의 크기는 평균 전단응력의 $\frac{4}{3}$배이다.

정답 14 ③ 15 ① 16 ① 17 ④

해설 ① $Q = A \cdot y_0$

$$= b\left(\frac{h}{2} - y\right) \times \left(y + \frac{\frac{h}{2} - y}{2}\right) = b\left(\frac{h}{2} - y\right) \times \frac{\frac{h}{2} + y}{2}$$

$$= \frac{b}{2}\left(\frac{h^2}{4} - y^2\right)$$

② $\tau = \frac{VQ}{Ib} = \frac{V\left[\frac{b}{2}\left(\frac{h^2}{4} - y^2\right)\right]}{Ib} = \frac{V}{2I}\left(\frac{h^2}{4} - y^2\right)$

③ 직사각형 단면의 최대 전단응력은 중립축에서 발생한다.

④ 중립축에서 최대 전단응력은 $\tau_{max} = \frac{3V}{2A}$로서 평균 전단응력의 3/2배이다.

18 직사각형 단면의 전단응력도를 그렸더니 그림과 같이 나타났다. 최대 전단응력이 $\tau_{max} = 90\text{kN/m}^2$일 때, 이 단면에 가해진 전단력의 크기는? [14. 서울시 9급]

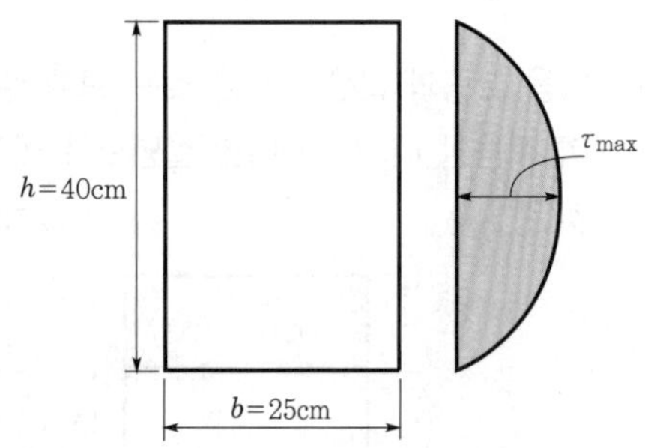

① 2kN ② 4kN
③ 6kN ④ 7kN
⑤ 8kN

해설 직사각형 단면의 최대 전단응력은 다음과 같다.

$$\tau_{max} = \frac{3S}{2A}$$

$$S = \frac{2A}{3}\tau_{max} = \frac{2 \times (0.25 \times 0.4)}{3} \times 90 = 6\text{kN}$$

19 전 지간에 걸쳐 등분포하중(20kN/m)이 작용하고 있는 지간 12m인 단순보(사각형 단면의 폭은 100mm, 높이는 100mm)가 있다. 지점에서 4m 떨어진 점의 최대 휨응력 f[MPa]와 지간 내 발생하는 최대 전단응력 τ[MPa]는? [09. 국가직 9급]

	f	τ
①	1,900	6
②	1,900	18
③	1,920	18
④	1,920	6

해설 ㉠ 4m점의 최대 휨응력

$$M = \frac{wL^2}{9} = \frac{20 \times 12^2}{9} = 320\text{kN} \cdot \text{m}$$

이 단면에서의 최대 휨응력은 상하연에서 발생한다.

$$f = \frac{M}{Z} = \frac{6M}{bh^2} = \frac{6 \times 320 \times 10^6}{100 \times 100^2} = 1{,}920\text{MPa}$$

㉡ 지간 내의 최대 전단응력

$$S_{max} = \frac{wL}{2} = \frac{20 \times 12}{2} = 120\text{kN}$$

$$\tau_{max} = \frac{3S_{max}}{2A} = \frac{3 \times 120 \times 10^3}{2 \times (100 \times 100)} = 18\text{MPa}$$

20 그림과 같은 직사각형 단면적을 갖는 캔틸레버보(cantilever beam)에 등분포하중이 작용할 때 최대 휨응력과 최대 전단응력의 비(σ_{max}/τ_{max})는? [15. 서울시 9급]

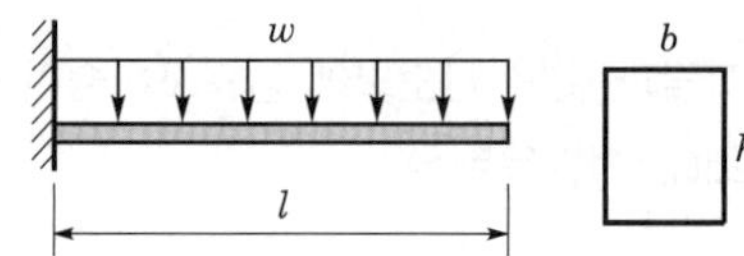

① $\frac{l}{b}$ ② $\frac{2}{b}l$
③ $\frac{2}{h}l$ ④ $\frac{l}{2h}$

해설 기본공식을 활용한다.

$$\sigma_{max} = \frac{M_{max}}{Z} = \frac{6\left(\frac{wl^2}{2}\right)}{bh^2} = \frac{3wl^2}{bh^2}$$

$$\tau_{max} = \frac{3S_{max}}{2A} = \frac{3wl}{2bh}$$

$$\frac{\sigma_{max}}{\tau_{max}} = \frac{\frac{3wl^2}{bh^2}}{\frac{3wl}{2bh}} = \frac{2l}{h}$$

정답 18 ③ 19 ③ 20 ③

21 그림과 같이 집중하중과 등분포하중이 동시에 작용할 때, 단순보 내부에서 발생하는 응력에 대한 설명으로 옳지 않은 것은? [09. 지방직 9급]

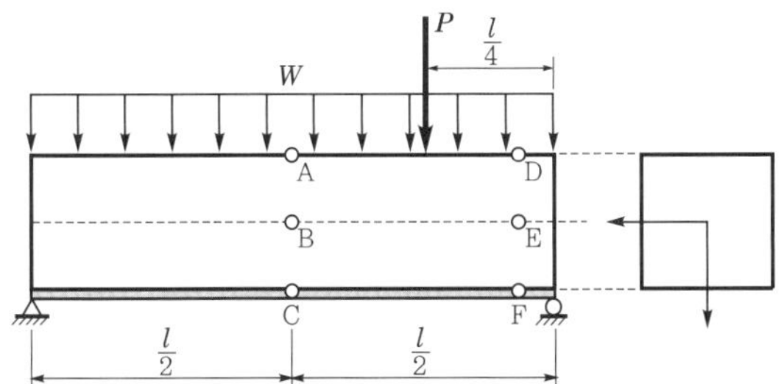

① 단순보 전구간에서 최대 휨인장응력은 C점에서 발생한다.
② E점에서 휨응력은 영(zero)이다.
③ B점에서 전단응력만 발생한다.
④ A점에서 휨압축응력이 발생한다.

22 1축방향의 인장만 받는 부재의 모어(Mohr)원으로 옳은 것은? [05. 경기도 9급]

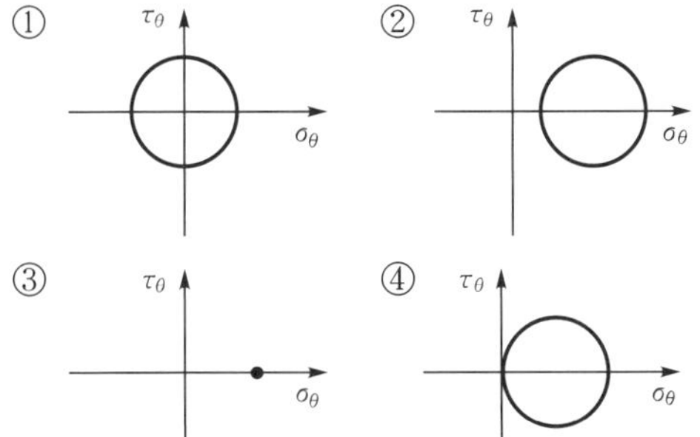

해설 1축응력상태의 모어원은 원점에 접하며, 인장을 받는다고 하였으므로 종좌표의 우측에 연하여 그려진다.

23 다음의 응력요소에서 최대 전단응력은 얼마인가? [05. 국가직 9급]

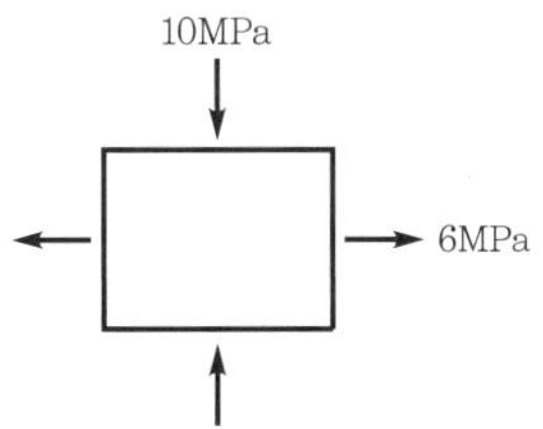

① 4MPa ② 8MPa
③ 12MPa ④ 16MPa

해설 $\tau_{max} = \dfrac{\sigma_x - \sigma_y}{2} = \dfrac{6-(-10)}{2} = 8\text{MPa}$

24 다음과 같이 평면응력상태에 있는 미소응력요소에서 최대전단 응력[MPa]의 크기는? [15. 지방직 9급]

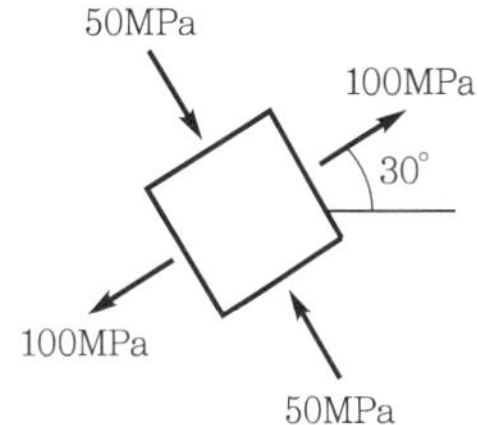

① 25.0 ② 50.0
③ 62.5 ④ 75.0

해설 2축응력상태의 최대전단응력은 다음과 같다.

$$\tau_{max} = \frac{\sigma_x - \sigma_y}{2} = \frac{100-(-50)}{2} = 75\text{MPa}$$

25 다음과 같은 응력상태에 있는 요소에서 최대 주응력 및 최대 전단응력의 크기[MPa]는? [14. 지방직 9급]

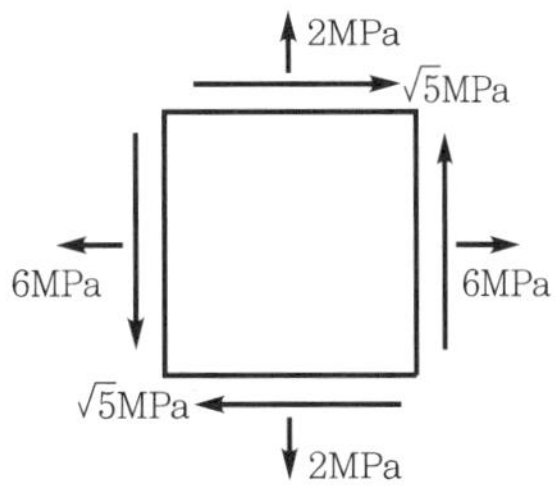

① $\sigma_{max} = 5,\ \tau_{max} = \dfrac{3}{2}$

② $\sigma_{max} = 5,\ \tau_{max} = 3$

③ $\sigma_{max} = 7,\ \tau_{max} = \dfrac{3}{2}$

④ $\sigma_{max} = 7,\ \tau_{max} = 3$

정답 21 ① 22 ④ 23 ② 24 ④ 25 ④

해설 최대 주응력과 최대 전단응력은 다음과 같다.

$$\sigma_{max} = \frac{\sigma_x + \sigma_y}{2} + \sqrt{\left(\frac{\sigma_x - \sigma_y}{2}\right)^2 + \tau_{xy}^2}$$
$$= \frac{6+2}{2} + \sqrt{\left(\frac{6-2}{2}\right)^2 + (\sqrt{5})^2} = 4+3 = 7\text{MPa}$$
$$\tau_{max} = \sqrt{\left(\frac{\sigma_x - \sigma_y}{2}\right)^2 + \tau_{xy}^2}$$
$$= \sqrt{\left(\frac{6-2}{2}\right)^2 + (\sqrt{5})^2} = 3\text{MPa}$$

26 다음 그림과 같은 응력상태의 요소에서 최대주응력 및 최대전단응력[MPa]는? [14. 국회 9급]

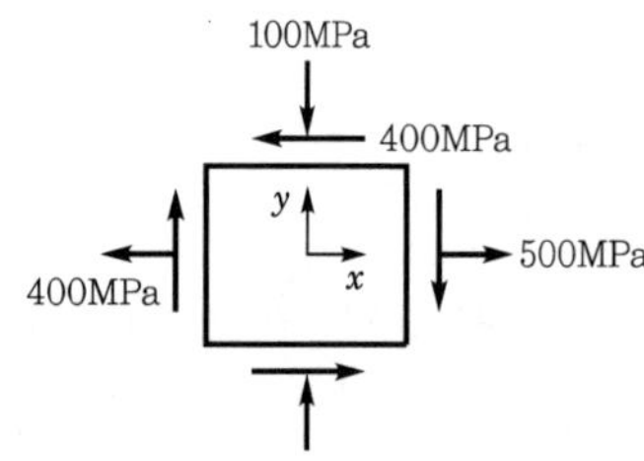

최대주응력[MPa]	최대전단응력[MPa]
① $\sigma_{max} = 747$	$\tau_{max} = 447$
② $\sigma_{max} = 647$	$\tau_{max} = 447$
③ $\sigma_{max} = 600$	$\tau_{max} = 500$
④ $\sigma_{max} = 747$	$\tau_{max} = 500$
⑤ $\sigma_{max} = 700$	$\tau_{max} = 500$

해설 공식을 이용하여 구한다.

$$\sigma_{max} = \frac{\sigma_x + \sigma_y}{2} + \sqrt{\left(\frac{\sigma_x - \sigma_y}{2}\right)^2 + \tau_{xy}^2}$$
$$= \frac{500-100}{2} + \sqrt{\left(\frac{500-(-100)}{2}\right)^2 + 400^2}$$
$$= 200 + 500 = 700\text{MPa}$$
$$\tau_{max} = \sqrt{\left(\frac{\sigma_x - \sigma_y}{2}\right)^2 + \tau_{xy}^2}$$
$$= \sqrt{\left(\frac{500-(-100)}{2}\right)^2 + 400^2}$$
$$= 500\text{MPa}$$

27 보의 중립축상에서 최대 주응력은? (단, σ는 수직응력, τ는 전단응력이다) [05. 경기교육청 9급]

① σ　　② $\frac{\sigma}{2}$

③ τ　　④ $\frac{\tau}{2}$

해설 보의 주응력은

$$\sigma_1 = \sigma_{max} = \frac{\sigma}{2} + \sqrt{\left(\frac{\sigma}{2}\right)^2 + \tau^2}$$

그런데 보의 중립축상에서는 수직응력은 0이고, 전단응력만 존재하므로 보의 중립축상의 최대 주응력은 τ가 된다.

28 그림과 같은 보의 C점에 발생하는 수직응력(σ) 및 전단응력(τ)의 크기[MPa]는? (단, 작용하중 $P = 120\text{kN}$, 보의 전체 길이 $L = 27\text{m}$, 단면의 폭 $b = 30\text{mm}$, 높이 $h = 120\text{mm}$, 탄성계수 $E = 210\text{GPa}$이며, 보의 자중은 무시한다) [15. 국가직 9급]

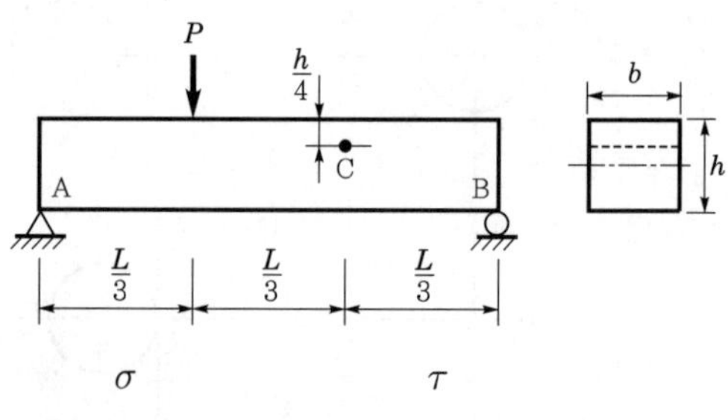

σ	τ
① 2,500	12.5
② 2,500	25.0
③ 5,000	12.5
④ 5,000	25.0

해설 ㉠ 수직응력

$$M_c = R_B \times \frac{L}{3} = \frac{P \times \frac{L}{3}}{L} \times \frac{L}{3}$$
$$= \frac{PL}{9} = \frac{120 \times 27}{9} = 360\text{kN} \cdot \text{m}$$
$$\sigma = -\frac{\sigma_{c,max}}{2} = -\frac{1}{2} \times \frac{6M_c}{bh^2}$$
$$= -\frac{1}{2} \times \frac{6 \times 360 \times 10^6}{30 \times 120^2} = -2500\text{MPa}(\text{압축})$$

정답 26 ⑤ 27 ③ 28 ①

㉡ 전단응력

C단면의 전단력

$$S_c = -R_B = -\frac{P}{3} = -\frac{120}{3} = -40\text{kN}$$

$$\tau = \frac{9S}{8A} = \frac{9\times 40\times 10^3}{8\times 30\times 120} = 12.5\text{MPa}$$

29 다음의 주어진 한 변이 L인 정사각형 단면이 x축 방향으로 늘어난 길이가 $L+a$로 되었다면 대각선 방향의 길이변형률은 얼마인가? [08. 경기도 9급]

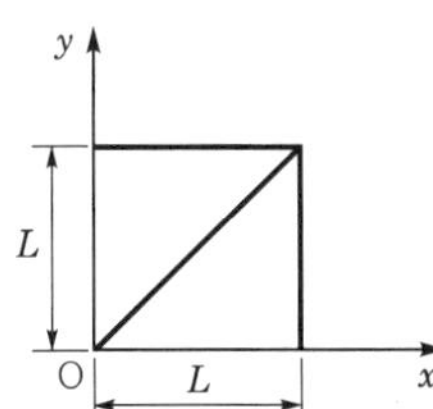

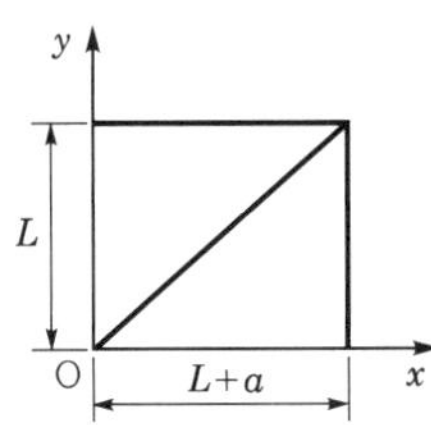

① $\dfrac{a}{4L}$ ② $\dfrac{a}{2L}$

③ $\dfrac{a}{L}$ ④ $\dfrac{\sqrt{2}\,a}{L}$

해설 정사각형 단면의 대각선 방향의 길이변형량은 $\varepsilon_y = \gamma_{xy} = 0$이므로 $\Delta d = \varepsilon_x dx \cos\theta$이다.

여기서, $\varepsilon_x = \dfrac{a}{L}$, $dx = L$이다.

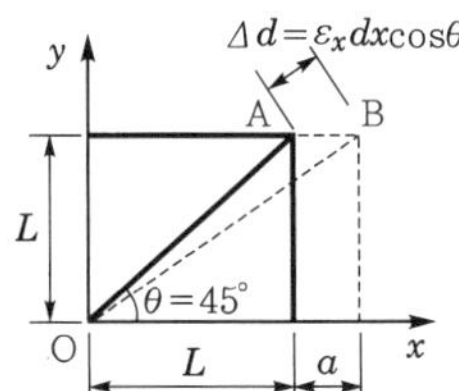

$$\Delta d = \varepsilon_x dx\cos\theta = \left(\frac{a}{L}\right)(L)(\cos 45^\circ) = \frac{a}{\sqrt{2}}$$

대각선 방향의 길이변형률은

$$\frac{\Delta d}{d} = \frac{\frac{a}{\sqrt{2}}}{\sqrt{2}\,L} = \frac{a}{2L}$$

30 그림과 같이 높이가 2m인 댐이 두께 100mm인 수직 목재보로 가설되었다. 직사각형 단면 목재보의 하단은 완전 고정되었고 물의 단위중량을 10kN/m^3으로 가정할 때, 목재보에 작용하는 최대 휨응력[MPa]은? [11. 국가직 9급]

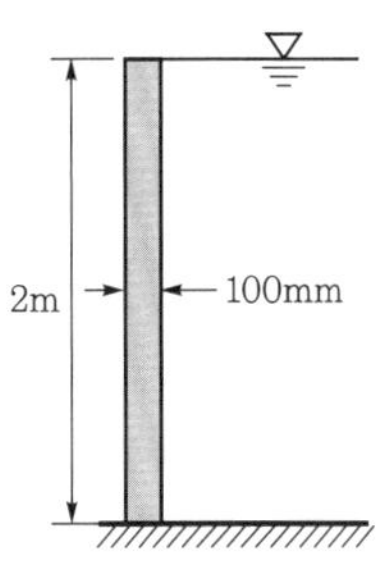

① 6 ② 8

③ 10 ④ 12

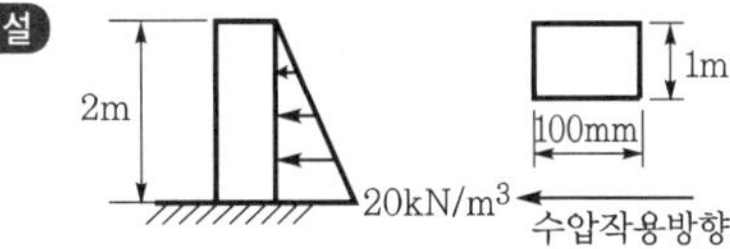

$$M_{\max} = \frac{wL^2}{6} = \frac{20\times 2^2}{6} = \frac{40}{3}\text{kN}\cdot\text{m}$$

$$\sigma_{\max} = \frac{M_{\max}}{Z} = \frac{6M_{\max}}{bh^2} = \frac{6\times\left(\frac{40}{3}\times 10^6\right)}{1{,}000\times 100^2} = 8\text{MPa}$$

31 다음과 같은 짧은 기둥 구조물에서 단면 m−n 위의 A점과 B점의 수직 응력[MPa]은? (단, 자중은 무시한다) [15. 지방직 9급]

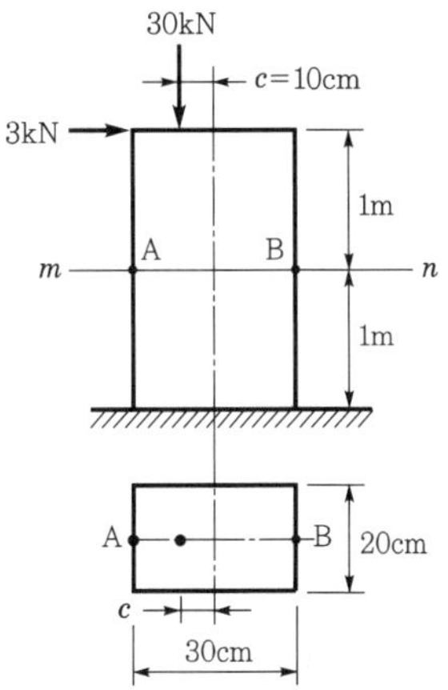

정답 29 ② 30 ② 31 ②

A	B
① 0	0
② 0.5(압축)	0.5(압축)
③ 3.5(압축)	2.5(인장)
④ 2.5(인장)	1.5(압축)

해설 $\sigma_A = \frac{30 \times 10^3}{200 \times 300} + \frac{6(30 \times 10 \times 10^4)}{200 \times 300^2} - \frac{6(3 \times 1 \times 10^6)}{200 \times 300^2}$

$= 0.5 + 1 - 1 = 0.5\text{MPa}$

$\sigma_B = 0.5 - 1 + 1 = 0.5\text{MPa}$

32 다음 그림과 같이 배치된 H형 거더에서 H형 단면의 높이(h)는 500mm이고, 단면 2차 모멘트는 $2.0 \times 10^8\text{mm}^4$이며, 항복강도는 250MPa이다. 단면의 항복모멘트(M_y)의 크기[kN · m]는? [12. 지방직 9급]

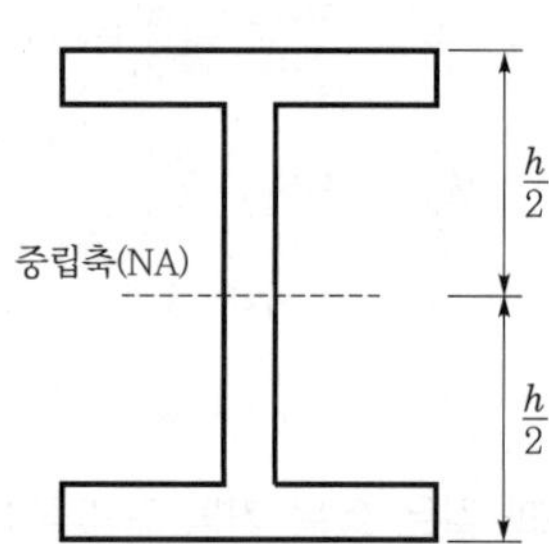

① 100 ② 150
③ 175 ④ 200

해설 $M_y = Z \cdot \sigma_y = \frac{I_X}{y} \cdot \sigma_y = \frac{2.0 \times 10^8}{250} \times 250$

$= 2 \times 10^8 \text{N} \cdot \text{mm}$

$= 200\text{kN} \cdot \text{m}$

33 다음 그림과 같은 탄소성 재료로 된 직사각형 단면보의 거동에 관한 설명 중 옳지 않은 것은? [08. 국가직 9급]

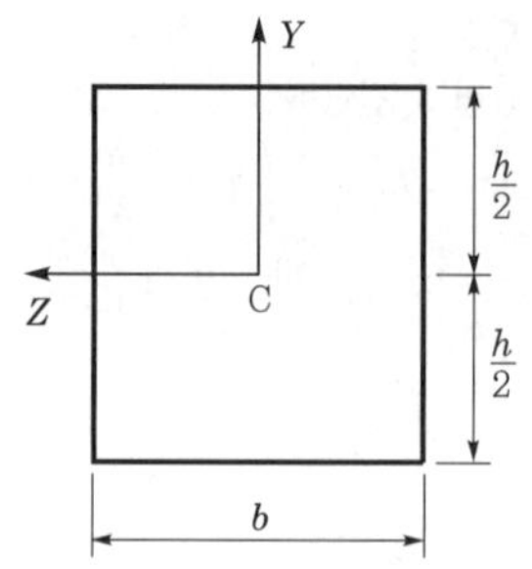

① 소성계수(Z_p) $= \frac{bh^2}{4}$ 이다.

② 소성모멘트(M_p) $= \frac{\sigma_y \cdot bh^2}{4}$ 이다.

③ 항복모멘트(M_y) $= \frac{\sigma_y \cdot bh^2}{6}$ 이다.

④ 형상계수(f) $= \frac{M_y}{M_p} = \frac{2}{3}$ 이다.

해설 구형 단면의 형상계수

$$f = \frac{Z_p}{Z} = \frac{M_p}{M_y} = \frac{\frac{bh^2}{4}}{\frac{bh^2}{6}} = \frac{3}{2}$$

34 그림과 같이 B점에 내부힌지를 배치한 게르버 보에서 D점에 소성힌지가 발생하는 경우 작용한 분포하중 w는? (단, 부재 단면의 수직항복 응력은 σ_y이며, 보의 자중은 무시한다) [11. 지방직 9급]

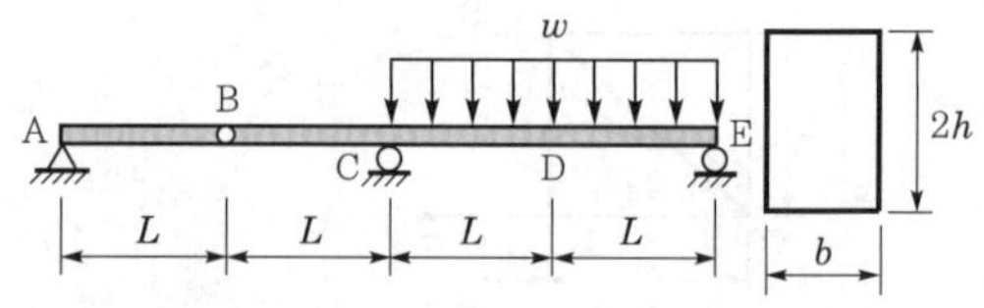

① $\frac{bh^2\sigma_y}{4L^2}$ ② $\frac{bh^2\sigma_y}{2L^2}$

③ $\frac{2bh^2\sigma_y}{L^2}$ ④ $\frac{4bh^2\sigma_y}{L^2}$

해설 $M_D = M_P$

$\frac{w_u(2L)^2}{8} = Z_p \times \sigma_y$

정답 32 ④ 33 ④ 34 ③

$$\frac{w_u L^2}{2} = \frac{b(2h)^2}{4} \times \sigma_y$$

$$w_u = \frac{2bh^2}{L^2}\sigma_y$$

35 오일러-베르누이 가정이 적용되는 균일단면 보의 응력에 관한 설명으로 옳은 것은? [07. 국가직 9급]

① 휨을 받는 단면에 발생하는 법선(단면에 수직) 응력은 단면계수에 비례한다.

② 직사각형 단면 내 전단응력은 단면의 상·하 끝단에서 최대이다.

③ 휨을 받는 단면에 발생하는 법선(단면에 수직) 변형률은 중립축으로부터 거리에 비례한다.

④ 단면이 I형인 경우 복부판(web)과 평행한 수직방향 하중이 작용할 때 단면에 작용하는 전단응력의 방향은 모두 수직방향(수직 전단응력)이다.

해설 ㉠ 휨을 받는 단면에 발생하는 법선(단면에 수직) 응력의 최대값이 단면계수에 반비례하고 임의 단면에 대한 응력도 값을 단면계수화하더라도 이는 단면계수에 반비례한다.
㉡ 직사각형 단면 내 전단응력은 단면의 상·하 끝단에서 영(0)이다.
㉢ 단면이 I형인 경우 복부판(web)과 평행한 수직방향 하중이 작용할 때 단면에 작용하는 전단응력의 방향은 수직전단응력과 수평전단응력이 발생한다.

36 다음과 같이 길이가 π인 양 끝단에 모멘트 M을 가하였더니, 봉의 굽은 형태가 $\frac{1}{6}$ 원의 형태가 되었다. 이 봉의 휨강성이 EI라면 작용한 모멘트 M의 크기는? [12. 국가직 9급]

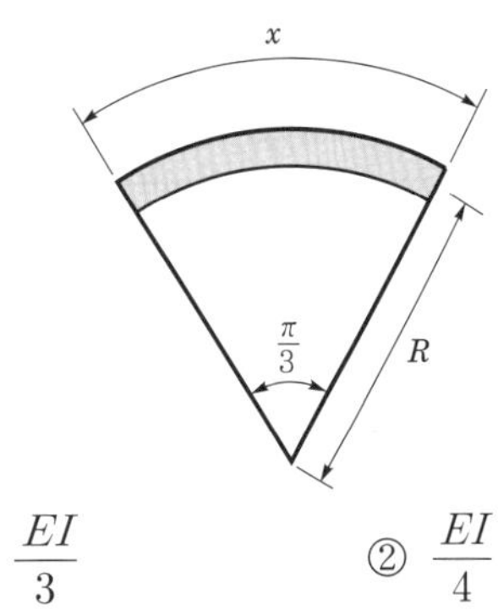

① $\frac{EI}{3}$ ② $\frac{EI}{4}$

③ $\frac{EI}{5}$ ④ $\frac{EI}{6}$

37 가로, 세로의 길이가 4.8mm인 정사각형 단면을 가진 길이가 10cm인 단순보에 순수 휨모멘트가 작용하고 있다. 단면 최상단에서의 수직 변형률(normal strain) ε_x이 0.0012에 도달했을 경우의 곡률 $k[\mathrm{m}^{-1}]$의 절댓값은? (단, 부재는 미소변형 거동을 한다) [13. 국가직 9급]

① 0.1 ② 0.2

③ 0.5 ④ 2.0

해설 $\varepsilon_x = \frac{y}{\rho} = ky$이다. 여기서 ρ는 곡률반경, k는 곡률, y는 중립축으로부터의 거리를 의미한다.

$$k = \frac{\varepsilon_x}{y} = \frac{0.0012}{2.4 \times 10^{-3}} = 0.5\mathrm{m}^{-1}$$

38 단순보의 상부 온도가 10°C, 하부 온도가 20°C일 때, 그림과 같은 단순보가 건설되었다. 사용 중에 단순보의 아래 공간에서 화재가 발생하여 단순보의 온도가 그림과 같이 상부 온도는 20°C, 하부 온도는 50℃로 되었을 경우의 곡률$[\mathrm{m}^{-1}]$의 절댓값은? (단, 보의 높이 $h = 1\mathrm{m}$, 온도팽창계수 $\alpha = 10^{-5}/°\mathrm{C}$, 단순보 상하부에서 측정된 온도는 지간 길이에 걸쳐 균일하다) [14. 국회 9급]

정답 35 ③ 36 ① 37 ③ 38 ③

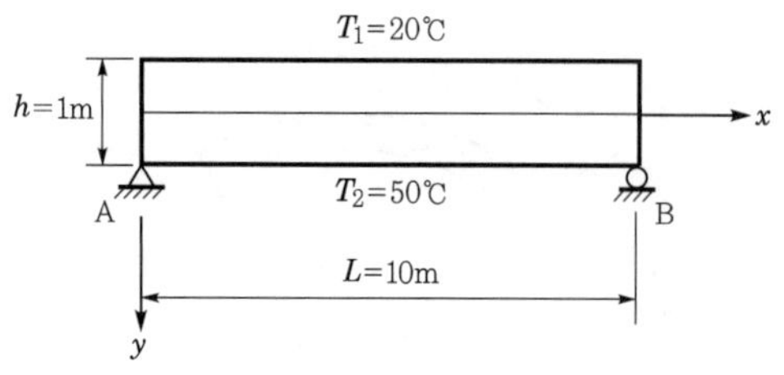

① 1×10^{-4} ② 1.5×10^{-4}

③ 2×10^{-4} ④ 2.5×10^{-4}

⑤ 3×10^{-4}

해설 직사각형 단면에서 보의 상하연에서 온도차가 있을 때 모멘트값은 다음과 같다.

$M=\dfrac{\alpha\cdot \Delta T\cdot EI}{h}$

그리고 곡률반경 R과 모멘트 사이의 관계는 $R=\dfrac{EI}{M}$에 있고 곡률 k는 곡률반경의 역수이므로 곡률 k는

$$k=\frac{1}{R}=\frac{M}{EI}=\frac{\frac{\alpha\cdot \Delta T\cdot EI}{h}}{EI}=\frac{\alpha\cdot\Delta T}{h}$$

$$=\frac{10^{-5}\times(30-10)}{1}=2\times10^{-4}\text{m}^{-1}$$

39 휨응력의 크기에 대한 설명 중 맞는 것은?

[02. 경기도 9급]

① 중립축에서 거리가 정비례

② 상단에서 최대이고 하단에서 최소

③ 응력도는 곡선변화

④ 중립축에서 최대

해설 단면에 작용하는 휨응력은 선형탄성법 위에서 중립축으로부터의 거리에 비례하고 상하단에서 최댓값을 가지며 중립축에서 0이다.

40 직사각형 단면의 단순보 중앙에 집중하중이 작용할 때 휨응력에 대한 설명으로 적당하지 않은 것은?

[국회 9급]

① 휨응력은 폭에 비례한다.

② 휨응력은 하중에 비례한다.

③ 휨응력은 지간에 비례한다.

④ 휨응력은 높이의 제곱에 반비례한다.

⑤ 휨응력은 면적과 높이에 반비례한다.

해설 직사각형 단면의 휨응력 $\sigma=\dfrac{M}{I}y$에서 편의상 최대 휨응력으로 비교하면

$$\sigma_{\max}=\frac{M}{Z}=\frac{6\cdot M}{bh^2}=\frac{6\cdot\left(\frac{P\cdot l}{4}\right)}{bh^2}$$

$$=\frac{3P\cdot l}{2bh^2}=\frac{3P\cdot l}{2A\cdot h}$$

41 20×30cm인 직사각형 보의 최대 휨응력이 $1,200\text{kg/cm}^2$일 때 이 보의 최대 휨모멘트는?

[국가직 9급]

① 24t · m ② 28t · m

③ 32t · m ④ 36t · m

해설 $M_{\max}=\dfrac{bh^2}{6}\cdot\sigma_{\max}=\dfrac{20\times30^2}{6}\times1,200$

$=36\times10^5\text{kg}\cdot\text{cm}=36\text{t}\cdot\text{m}$

42 단면이 폭 300mm, 높이 500mm인 단순보의 중앙 지간에 집중하중 10kN이 작용하고 있다. 이 구조물에서 생기는 최대 휨응력($\sigma_{\max}$ [MPa])는?

[07. 국가직 9급]

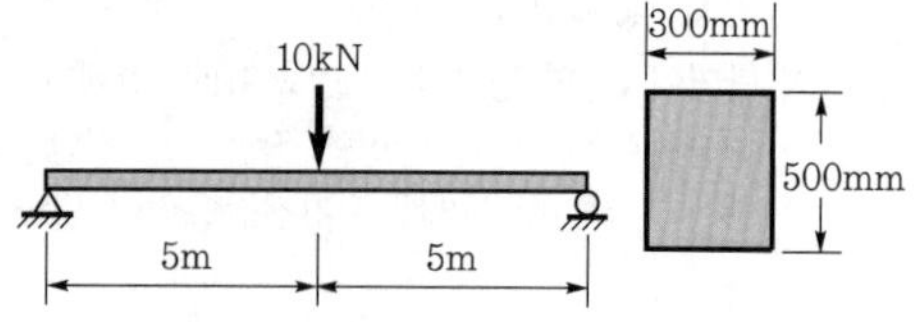

① $\sigma_{\max}=1$ ② $\sigma_{\max}=2$

③ $\sigma_{\max}=100$ ④ $\sigma_{\max}=200$

해설 $$\sigma_{\max}=\frac{M_{\max}}{Z}=\frac{\frac{PL}{4}}{\frac{bh^2}{6}}=\frac{3PL}{2bh^2}$$

$$=\frac{3\times(10\times10^3)\times(10\times10^3)}{2\times300\times500^2}$$

$=2\text{MPa}$

정답 39 ① 40 ① 41 ④ 42 ②

43 그림과 같이 하중을 받는 단순보에서 C점의 최대 휨응력[MPa]은? [13. 지방직 9급]

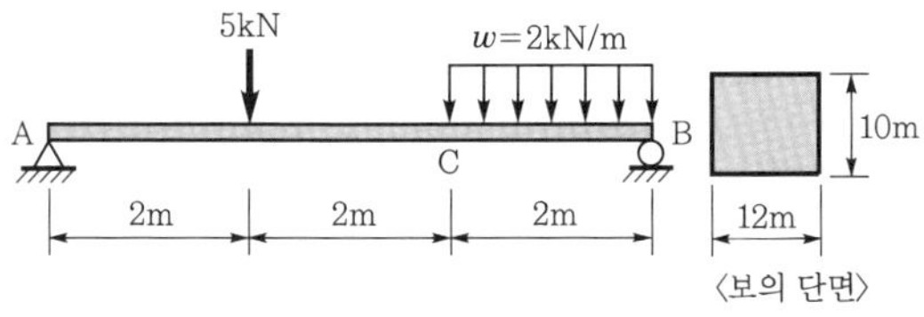

① 15 ② 30

③ 45 ④ 60

해설 ㉠ M_c

최대 휨모멘트는 5kN이 작용하는 점에서 발생한다.

$R_B = \dfrac{5\times2}{6} + \dfrac{(2\times2)\times5}{6} = 5\text{kN}(\uparrow)$

$M_c = R_B x - \dfrac{wx^2}{2} = 5\times2 - \dfrac{2\times2^2}{2}$

$= 6\text{kN}\cdot\text{m}$

㉡ 최대 휨응력

$\sigma_c = \dfrac{M_c}{Z} = \dfrac{6M_c}{bh^2} = \dfrac{6\times(6\times10^6)}{120\times100^2}$

$= 30\text{MPa}$

44 보의 최대 휨모멘트가 10t · m이고 보의 단면 폭이 20cm이다. 보의 허용 휨응력이 100kg/cm^2일 때 보의 높이(cm)는? [국가직 9급]

① 32.5 ② 22.4

③ 54.8 ④ 25

해설 $h = \sqrt{\dfrac{6M}{b\cdot\sigma}} = \sqrt{\dfrac{6\times10\times10^5}{20\times100}}$

$= 54.8\text{cm}$

45 그림과 같은 캔틸레버보에서 발생되는 최대 휨모멘트 M_{max}[kN · m] 및 최대 휨응력 σ_{max}[MPa]의 크기는? (단, 보의 자중은 무시한다) [15. 국가직 9급]

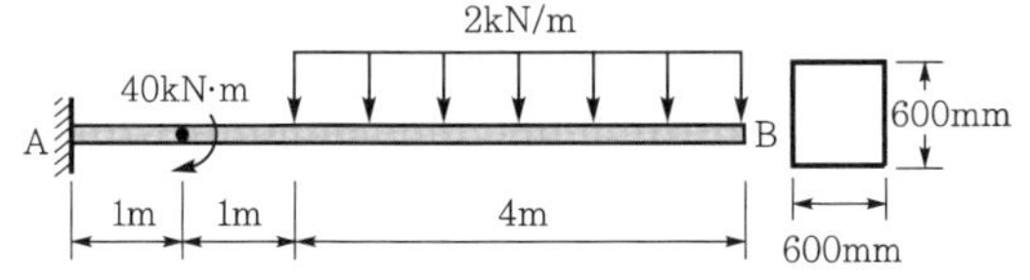

M_{max}	σ_{max}
① 32	1
② 32	1.2
③ 72	1.2
④ 72	2

해설 $M_{max} = -(2\times4)\times4 - 40 = -72\text{kN}\cdot\text{m}$

$\sigma_{max} = \dfrac{M_{max}}{Z} = \dfrac{6M_{max}}{a^3} = \dfrac{6\times72\times10^6}{600^3} = 2\text{MPa}$

46 다음 그림과 같은 정정 게르버보에서 최대 휨응력[kPa]은? [10. 국가직 9급]

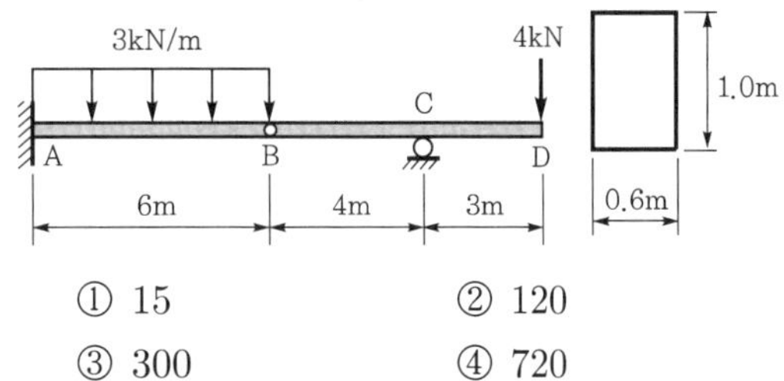

① 15 ② 120

③ 300 ④ 720

해설 ㉠ 최대 휨모멘트

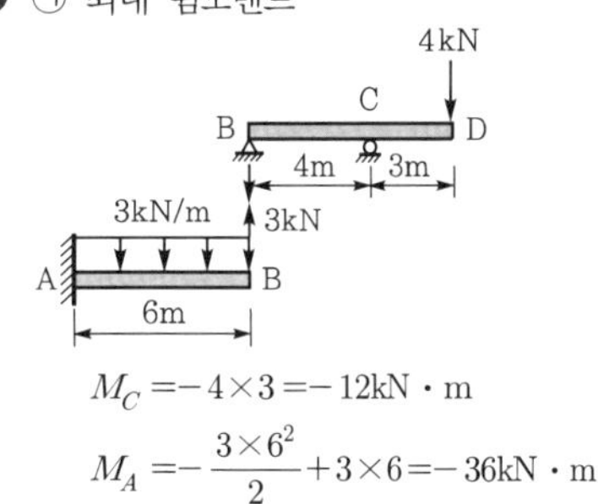

$M_C = -4\times3 = -12\text{kN}\cdot\text{m}$

$M_A = -\dfrac{3\times6^2}{2} + 3\times6 = -36\text{kN}\cdot\text{m}$

㉡ 최대 휨응력

$\sigma_{max} = \dfrac{6M_A}{bh^2} = \dfrac{6\times(36)}{0.6\times1^2} = 360\text{kPa}$

47 보에 수직하중이 작용할 때 전단응력의 크기가 최대가 되는 위치는? [02. 경기도 9급]

① 보의 상단 또는 하단

② 중립축과 상단 또는 하단

③ 중립축

④ 전단면에 균일한 응력발생

정답 43 ② 44 ③ 45 ④ 46 ③ 47 ③

48 20cm×30cm인 직사각형 단면의 지간 4m인 단순보에 $w=800\text{kg/m}$의 등분포하중이 작용할 때 최대 전단응력의 값으로 옳은 것은? [국가직 9급]

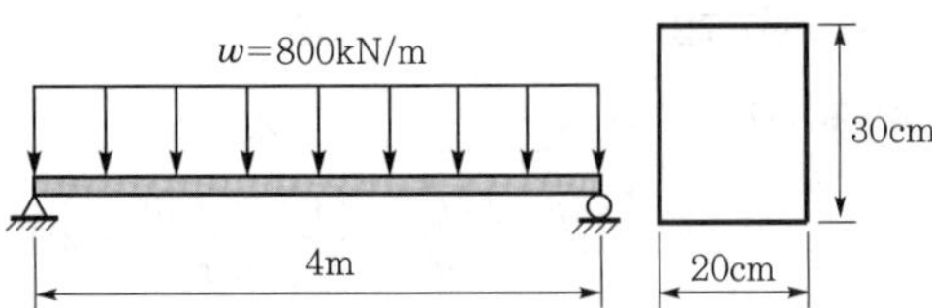

① $\tau=7\text{kg/cm}^2$ ② $\tau=6.4\text{kg/cm}^2$
③ $\tau=5.6\text{kg/cm}^2$ ④ $\tau=4.9\text{kg/cm}^2$
⑤ $\tau=4\text{kg/cm}^2$

해설 $S_{\max}=\dfrac{wl}{2}=\dfrac{800\times4}{2}=1{,}600\text{kg}$

$\therefore \tau_{\max}=\dfrac{3}{2}\times\dfrac{S_{\max}}{A}=\dfrac{3}{2}\times\dfrac{1{,}600}{20\times30}$

$=4\text{kg/cm}^2$

49 전단력 $S=1.8\text{t}$, $\tau_{\max}=4.5\text{kgf/cm}^2$이고, 폭이 20cm일 때 단면의 높이는? [02. 경기도 9급]

① 25cm ② 27cm
③ 30cm ④ 35cm

해설 $\tau_{\max}=\dfrac{3}{2}\cdot\dfrac{S_{\max}}{A}=\dfrac{3}{2}\cdot\dfrac{S_{\max}}{bh}$

$h=\dfrac{3}{2}\cdot\dfrac{S_{\max}}{b\times\tau_{\max}}=\dfrac{3}{2}\times\dfrac{1.8\times10^3}{20\times4.5}$

$=30\text{cm}$

50 구형 보에 전단력이 S일 경우 그림 (a)의 전단응력은 그림 (b)의 몇 배인가? [국회 9급]

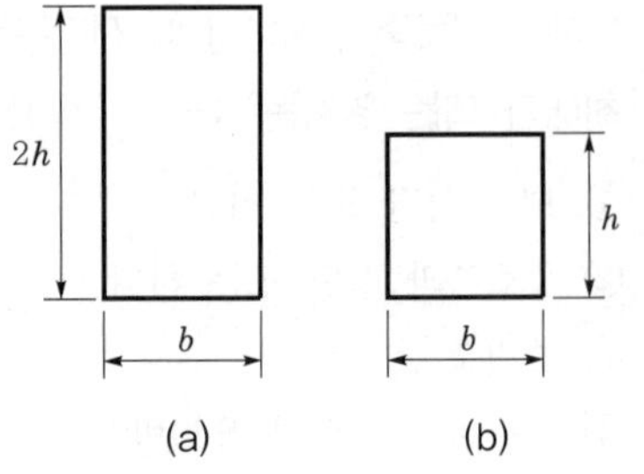

① 5 ② 0.5
③ 2.5 ④ 3
⑤ 3.5

해설 구형 단면의 최대 전단응력

$\tau_{\max}=\dfrac{3}{2}\cdot\dfrac{S}{A}$에서 $\tau_{\max}\propto\dfrac{1}{A}$이다.

$\therefore \tau_u=\dfrac{\tau_b}{2}$

51 단순보에 있어서 원형 단면에 분포되는 최대 전단응력은 평균 전단응력(S/A)의 몇 배가 되는가? [국가직 9급]

① 1.0 ② 2.0
③ $\dfrac{3}{2}$ ④ $\dfrac{1}{2}$
⑤ $\dfrac{4}{3}$

해설 각 단면의 최대 전단응력

단면	최대 전단응력	평균 전단응력	단면적
직사각형 단면	$\dfrac{3}{2}\cdot\dfrac{S}{A}$	$\dfrac{S}{A}$	$A=bh$
삼각형 단면	$\dfrac{3}{2}\cdot\dfrac{S}{A}$	$\dfrac{S}{A}$	$A=\dfrac{bh}{2}$
원형 단면	$\dfrac{4}{3}\cdot\dfrac{S}{A}$	$\dfrac{S}{A}$	$A=\dfrac{\pi d^2}{4}$

52 다음과 같이 한 변의 길이가 100mm인 정사각형 단면보에 발생하는 최대 전단응력의 크기[MPa]는? (단, 보의 자중은 무시한다) [14. 지방직 9급]

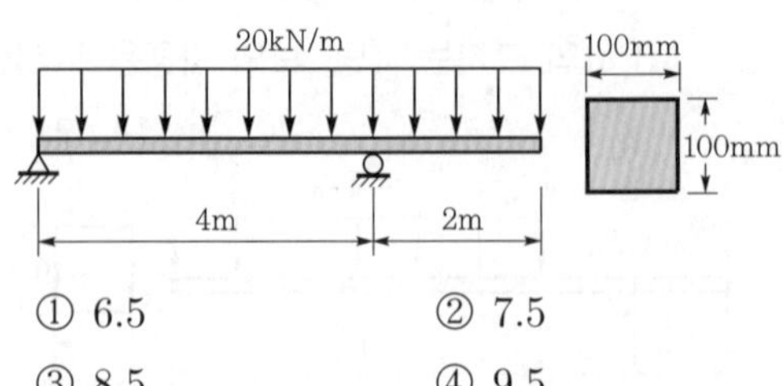

① 6.5 ② 7.5
③ 8.5 ④ 9.5

정답 48 ⑤ 49 ③ 50 ② 51 ⑤ 52 ②

해설

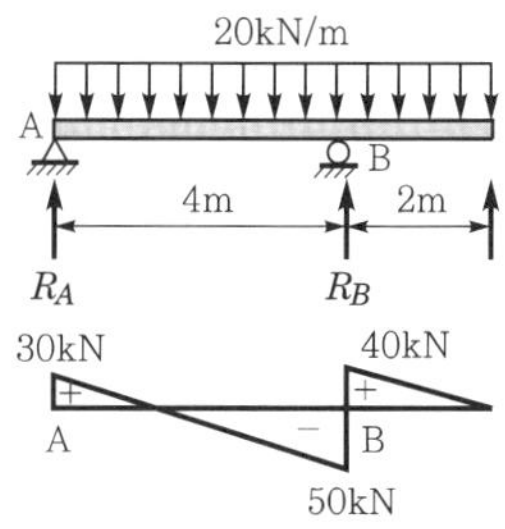

$$R_A = \frac{20\times6\times1}{4} = 30\text{kN}(\uparrow)$$

$$R_B = \frac{20\times6\times3}{4} = 90\text{kN}(\uparrow)$$

$$S_{max} = -R_B + 20\times2 = -90+40 = -50\text{kN}$$

$$\tau_{max} = \frac{3S_{max}}{2A} = \frac{3\times50\times10^3}{2\times(100\times00)} = 7.5\text{MPa}$$

53 다음 그림 (a)와 같은 원형 단면과 그림 (b)와 같은 원형관 단면에서 두 단면이 동일한 크기의 전단력을 받을 때, 두 단면에서 발생하는 최대 전단응력의 비 $(\tau_{max})_{원형} : (\tau_{max})_{원형관}$는? [13. 국가직 9급]

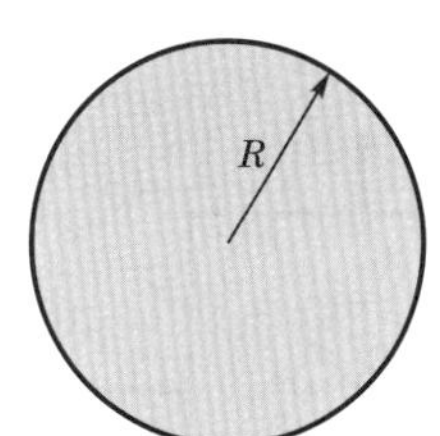

(a) 원형단면 (b) 원형관 단면

① 8 : 15 ② 8 : 13
③ 15 : 28 ④ 15 : 26

해설 전단력에 의한 단면의 전단응력 일반공식 $\tau = \frac{SG}{Ib}$이다.

㉠ 원형 단면의 최대 전단응력

$$\tau_{max,원형} = \frac{4S}{3A} = \frac{4S}{3\pi R^2}$$

㉡ 원형관 단면의 최대 전단응력

중립축에 관한 단면 2차 모멘트

$$I = \frac{\pi R^4}{4} - \frac{\pi\left(\frac{R}{2}\right)^4}{4} = \frac{15\pi R^4}{54}$$

중립축에 관한 단면 1차 모멘트

$$G = \left(\frac{\pi R^2}{2}\right)\times\frac{4R}{3\pi} - \left\{\frac{\pi\left(\frac{R}{2}\right)^2}{2}\right\}\times\frac{4\left(\frac{R}{2}\right)}{3\pi} = \frac{7R^3}{12}$$

$$\tau_{max,원형관} = \frac{SG}{Ib} = \frac{S\left(\frac{7R^3}{12}\right)}{\frac{15\pi R^4}{64}\times R} = \frac{7\times16S}{15\times3\pi R^2}$$

$$\tau_{max,원형} : \tau_{max,원형관}$$

$$= \frac{4S}{3\pi R^2} : \frac{7\times16S}{15\times3\pi R^2} = 1 : \frac{28}{15}$$

$$= 15 : 28$$

54 다음 그림과 같이 두 개의 집중하중을 받는 단순보의 내부에서 발생하는 응력을 관찰하기 위하여 A, B, C, D, E점을 선정하였다. 각 점의 응력상태를 기술한 것 중 옳지 않은 것은? (단, A, B, E점은 단면의 상연과 하연에 위치한다) [09. 국가직 9급]

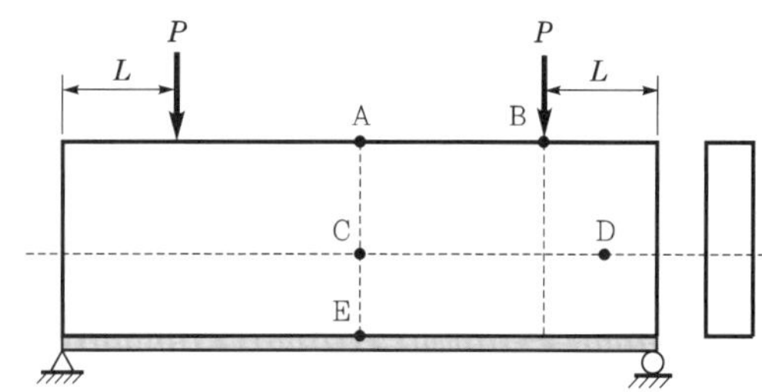

① A점과 B점의 주응력은 같다.
② C점의 주응력은 중립축과 45° 각을 이루는 면에 발생한다.
③ D점의 최대 및 최소 주응력은 최대 전단응력과 크기가 같다.
④ E점에는 인장 주응력이 발생한다.

55 다음 그림과 같이 수직력이 작용되는 단순보에 부득이하게 작은 구멍을 뚫어야 하는 상황이 발생하였다. 보 구조물에서 가장 피해를 적게 입히는 구멍의 위치는? [10. 국가직 9급]

정답 53 ③ 54 ② 55 ④

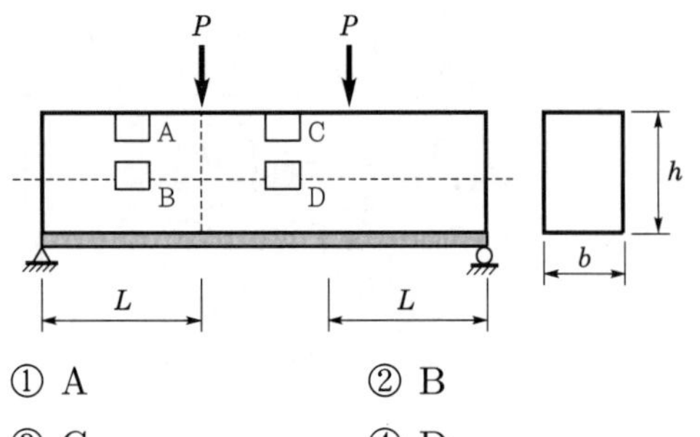

① A　　② B

③ C　　④ D

해설

56 평면응력(Plane stress)상태에서 주응력(Principal stress)에 관한 설명 중 옳은 것은?

[01. 서울시 9급]

① 최대 전단응력이 작용하는 경사평면에서의 법선응력이다.

② 전단응력이 0인 경사평면에서의 법선응력으로 최대 · 최소 법선응력이다.

③ 주평면에 작용하는 최대 · 최소 전단응력이다.

④ 순수전단응력에 작용하는 경사평면에서의 법선응력으로 최대 법선응력이다.

⑤ 주응력은 중립축에서 최대 전단응력과 같고 방향은 중립축과 90°를 이룬다.

57 다음의 응력요소에서 최대 주응력은?

[05. 경기도 9급]

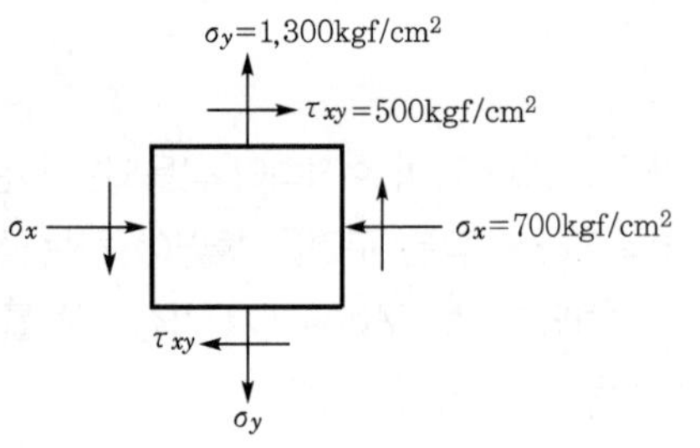

① $1,418\text{kgf/cm}^2$　　② $1,240\text{kgf/cm}^2$

③ $1,140\text{kgf/cm}^2$　　④ 940kgf/cm^2

해설 보의 주응력 공식으로부터

$$\sigma_{1,2}=\frac{\sigma_x+\sigma_y}{2}\pm\sqrt{\left(\frac{\sigma_x-\sigma_y}{2}\right)^2+\tau_{xy}^2}$$

최대 주응력

$$\sigma_1=\frac{\sigma_x+\sigma_y}{2}+\sqrt{\left(\frac{\sigma_x-\sigma_y}{2}\right)^2+\tau_{xy}^2}$$

$$\sigma_1=\frac{-700+1,300}{2}+\sqrt{\left(\frac{-700-1,300}{2}\right)^2+500^2}$$

$$=300+\sqrt{1,000^2+500^2}$$

$$=300+100\sqrt{125}$$

$$=300+1,118$$

$$=1,418\text{kgf/cm}^2$$

58 다음 그림과 같이 탄성체 내의 한 점 A에 대한 평면 응력이 $\sigma_x=-40$MPa(압축), $\sigma_y=40$MPa(인장), $\tau_{xy}=0$일 때 x축으로부터 45° 경사진 단면에서의 응력 $\sigma_{45°}$(법선) 및 $\tau_{45°}$(전단응력)은?

[06. 국가직 9급]

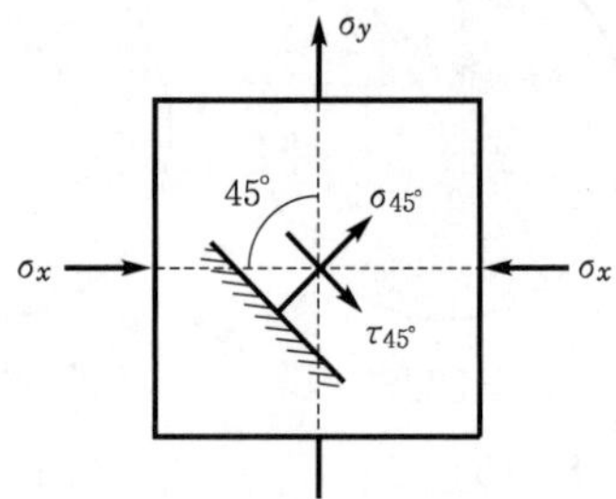

	$\sigma_{45°}$[MPa]	$\tau_{45°}$[MPa]
①	0	40
②	0	-40
③	40	0
④	-40	0

해설 $\tau_{max}=\dfrac{\sigma_x-\sigma_y}{2}=\dfrac{-40-40}{2}$

$=-40\text{MPa}$

정답 56 ② 57 ① 58 ②

59 휨모멘트와 전단력을 받고 있는 보의 중립축에서의 최대 주응력과 최소 주응력의 차이는? [02. 경기도 9급]

① τ ② 2τ
③ 3τ ④ 4τ

해설 보의 주응력은

$$\sigma_{max} = \frac{\sigma}{2} + \sqrt{\left(\frac{\sigma}{2}\right)^2 + \tau^2}$$

$$\sigma_{min} = \frac{\sigma}{2} - \sqrt{\left(\frac{\sigma}{2}\right)^2 + \tau^2}$$

보의 중립축에서의 휨응력이 0이므로

$\sigma_{max} = +\tau$

$\sigma_{min} = -\tau$

따라서 최대 주응력과 최소 주응력의 차이는 2τ가 된다.

60 다음과 같이 주어진 응력 상태에서 주응력의 크기(σ_1)과 방향(θ_1)은? [12. 국가직 9급]

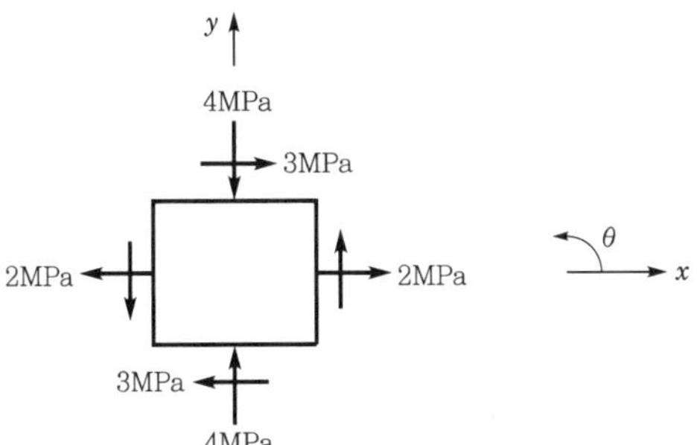

	σ_1	θ_1
①	$3+3\sqrt{2}$	22.5°
②	$-1+3\sqrt{2}$	22.5°
③	$1+3\sqrt{2}$	45°
④	$-3+3\sqrt{2}$	45°

해설 ㉠ 주응력

$$\sigma_1 = \frac{\sigma_x + \sigma_y}{2} + \sqrt{\left(\frac{\sigma_x - \sigma_y}{2}\right)^2 + \tau_{xy}^2}$$

$$= \frac{2-4}{2} + \sqrt{\left(\frac{2-(-4)}{3}\right)^2 + 3^2}$$

$$= -1 + 3\sqrt{2}\,\text{MPa}$$

㉡ 주응력 방향

$$\tan 2\theta_p = \frac{2\tau_{xy}}{\sigma_x - \sigma_y} = \frac{2\times 3}{2-(-4)} = 1$$

따라서 $2\theta_p = 45°$

$\theta_p = 22.5°$

61 다음 그림과 같이 길이가 l이고 휨강성이 EI인 단순보에서 중앙점 C에 연직하중 P가 작용할 때 하중 작용선상에 r, s, t가 놓여진 점에 각각 발생하는 2개의 주응력 σ_1과 σ_2의 합($\sigma_1 + \sigma_2$)은? (단, r, s, t는 단면, 상단, 중앙 하단점을 나타내며 인장이 (+)이고 압축이 (−)이다) [06. 국가직 9급]

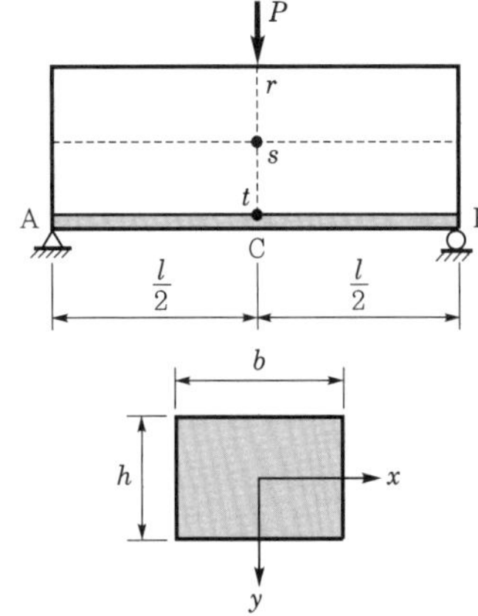

	점 r	점 s	점 t
①	$-\frac{3Pl}{2bh^2}c$	0	$-\frac{3Pl}{2bh^2}$
②	0	$-\frac{3Pl}{2bh^2}$	0
③	$-\frac{3Pl}{2bh^2}$	0	$+\frac{3Pl}{2bh^2}$
④	0	$-\frac{3Pl}{2bh^2}$	0

해설 두 주응력의 합은 보의 경우에 σ_x가 된다.

㉠ r점은 보의 상연으로 휨응력은

$$\sigma_x = -\frac{M}{Z} = -\frac{6M}{bh^2} = -\frac{6(Pl/4)}{bh^2}$$

$$= -\frac{3Pl}{2bh^2}$$

㉡ s점은 보의 중립축으로 휨응력은 0이 된다.

㉢ t점은 보의 하연으로 휨응력은

$$\sigma_x = \frac{M}{Z} = \frac{6M}{bh^2} = \frac{6(Pl/4)}{bh^2}$$

$$= \frac{3Pl}{2bh^2}$$

정답 59 ② 60 ② 61 ③

62 그림과 같이 직사각형 단면을 가진 캔틸레버보의 끝단에 집중하중 P가 작용할 때, 상연으로부터 $\frac{h}{4}$ 위치인 고정단의 미소면적 A에서 휨응력 σ와 전단응력 τ의 값은? [11. 국가직 9급]

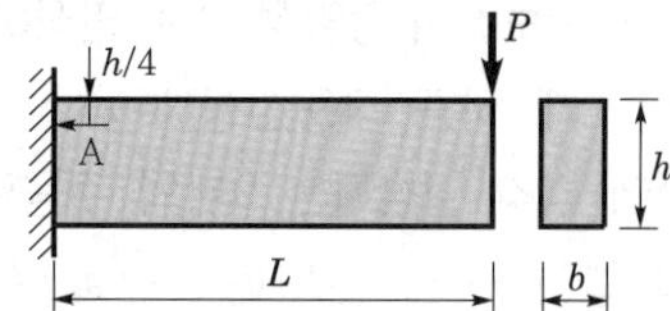

① $\sigma = \frac{3PL}{bh^2}$, $\tau = \frac{9P}{8bh}$

② $\sigma = \frac{6PL}{bh^2}$, $\tau = \frac{9P}{8bh}$

③ $\sigma = \frac{3PL}{bh^2}$, $\tau = \frac{P}{bh}$

④ $\sigma = \frac{6PL}{bh^2}$, $\tau = \frac{P}{bh}$

해설 ㉠ 휨응력(σ)

단면의 전체 높이의 $h/4$이므로 연단의 휨응력의 1/2이다.

$$\sigma = \frac{1}{2}\sigma_{\max} = \frac{1}{2}\left(\frac{M}{Z}\right) = \frac{1}{2}\left(\frac{6M}{bh^2}\right)$$

$$= \frac{1}{2}\left(\frac{6PL}{bh^2}\right) = \frac{3PL}{bh^2}$$

㉡ 전단응력(τ)

단면의 전체 높이의 $h/4$이므로 평균전단응력의 9/8이다.

$$\tau = \frac{9S}{8A} = \frac{9P}{8bh}$$

63 다음과 같이 직경이 40mm인 원형봉이 $T=$ 30N · m의 비틀림을 받고 있다. 이때, 봉의 축에 대하여 45° 경사로 부착된 변형률게이지(strain gage)의 값이 $\epsilon = 0.0001$이다. 이 재료의 전단탄성계수 G의 값[GPa]은? (단, π값은 3으로 계산한다) [12. 국가직 9급]

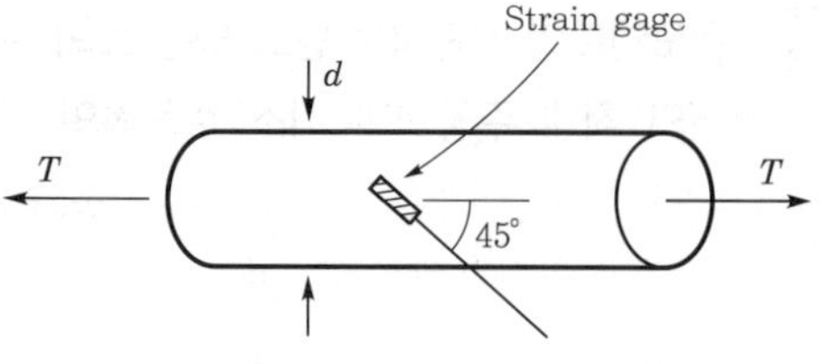

① 62.5 ② 125.0

③ 187.5 ④ 250.0

해설 ㉠ 전단변형률

45° 스트레인 로제트에서 전단변형률은

$\gamma_{xy} = 2\epsilon_b - (\epsilon_a + \epsilon_c)$이다.

그런데 여기서 $\epsilon_a = \epsilon_b = 0$이므로 이 경우, 전단변형률은

$\gamma_{xy} = 2\epsilon_b = 2 \times 0.0001 = 0.00002$

㉡ 전단탄성계수

$\tau = \gamma G$

$$G = \frac{\tau}{\gamma_{xy}} = \frac{\frac{16T}{\pi d^3}}{\gamma_{xy}} = \frac{16T}{\pi \gamma_{xy} d^3} = \frac{16 \times 300 \times 10^3}{3 \times 0.0002 \times 40^3}$$

$= 125 \times 10^3\text{MPa} = 125\text{GPa}$

64 그림과 같이 구조물의 표면에 스트레인 로제트를 부착하여 각 게이지 방향의 수직 변형률을 측정한 결과, 게이지 A는 50, B는 60, C는 45로 측정되었을 때, 이 표면의 전단변형률 γ_{xy}는? [15. 국가직 9급]

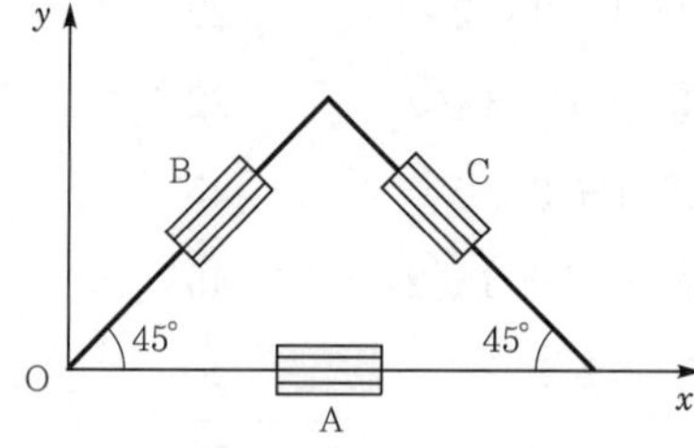

① 5 ② 10

③ 15 ④ 20

해설 스트레인 로제트에서 전단변형률은 다음과 같다.

$\epsilon_x = \epsilon_a = 50$이므로

$$\epsilon_b = \frac{\epsilon_x + \epsilon_y}{2} + \frac{\epsilon_x - \epsilon_y}{2}\cos 2\theta_b + \frac{\gamma_{xy}}{2}\sin 2\theta_b$$

정답 62 ① 63 ② 64 ③

$$60=\frac{50+\epsilon_y}{2}+\frac{50-\epsilon_y}{2}\times\cos90^{\circ}+\frac{\gamma_{xy}}{2}\times\sin90^{\circ}$$

$$120=50+\epsilon_y+\gamma_{xy}$$

$$\epsilon_y+\gamma_{xy}=70 \quad \cdots\cdots ①$$

$$\epsilon_c=\frac{\epsilon_x+\epsilon_y}{2}+\frac{\epsilon_x-\epsilon_y}{2}\cos2\theta_c+\frac{\gamma_{xy}}{2}\sin2\theta_c$$

$$45=\frac{50+\epsilon_y}{2}+\frac{50-\epsilon_y}{2}\times\cos270^{\circ}+\frac{\gamma_{xy}}{2}\times\sin270^{\circ}$$

$$90=50+\epsilon_y-\gamma_{xy}$$

$$\epsilon_y-\gamma_{xy}=40 \quad \cdots\cdots ②$$

①과 ②를 연립해서 풀면, 즉 ①식에서 ②식을 뺀다.

$$2\gamma_{xy}=30$$

$$\gamma_{xy}=15$$

65 다음 그림과 같은 자유단의 도심축에 연직하중 P와 토크 T가 작용하는 캔틸레버 보가 있다. 캔틸레버 보의 임의 두 개 단면의 표면(최외측)에 위치하는 4개의 점에 발생하는 응력에 관한 설명 중 옳지 않은 것은? [10. 지방직 9급]

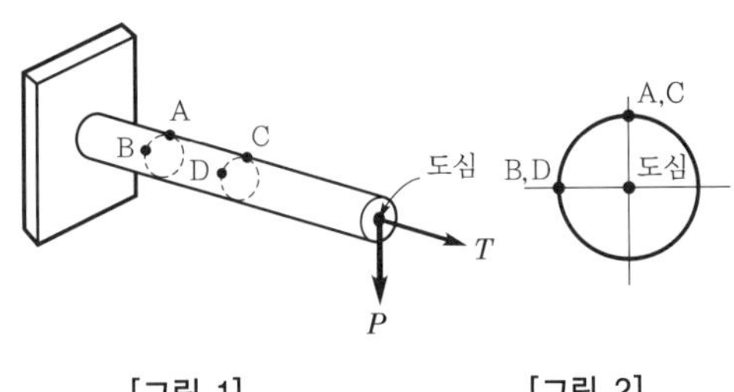

[그림 1] [그림 2]

① A점의 수직응력은 B와 C점의 수직응력보다 크다.

② A와 C점의 전단응력은 서로 같으며, B점의 전단응력보다 작다.

③ B점의 전단응력은 D점의 전단응력보다 크다.

④ A점은 전단응력과 수직응력이 모두 존재한다.

66 구조부재 단면의 도심(C)과 전단중심(S)을 표시한 것으로 옳지 않은 것은? [11. 국가직 9급]

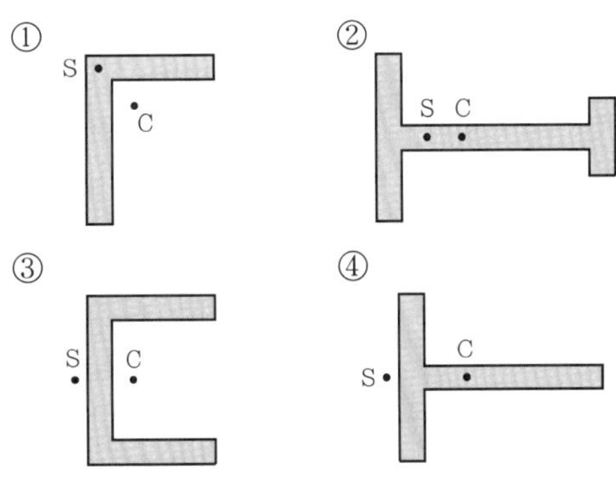

해설 두 개의 좁은 직사각형 단면으로 구성된 경우는 두 개의 사각형 단면이 연결부에 전단중심이 위치한다.

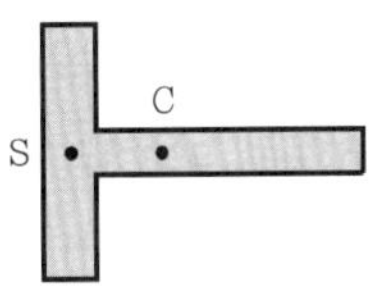

67 다음 그림과 같은 직사각형 단면의 도심을 지나는 X축에 대한 단면계수와 소성계수의 비(단면계수 : 소성계수)는? [10. 지방직 9급]

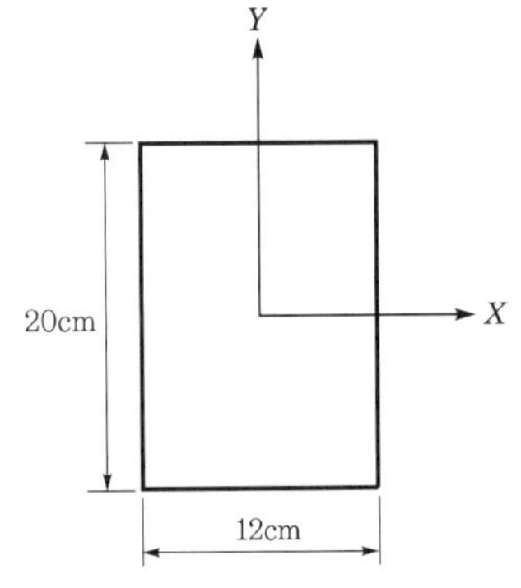

① 1 : 2 ② 2 : 3

③ 1 : 468 ④ 4 : 1

해설 형상계수비를 이용한다.

$$f=\frac{Z_p}{Z}=\frac{3}{2}$$

$$3Z=2Z_p$$

$$Z:Z_p=2:3$$

정답 65 ③ 66 ④ 67 ②

68 다음 그림과 같은 직사각형 탄소성 단면에 대해 기술한 것 중 옳지 않은 것은? (단, $h > b$이다) [09. 국가직 9급]

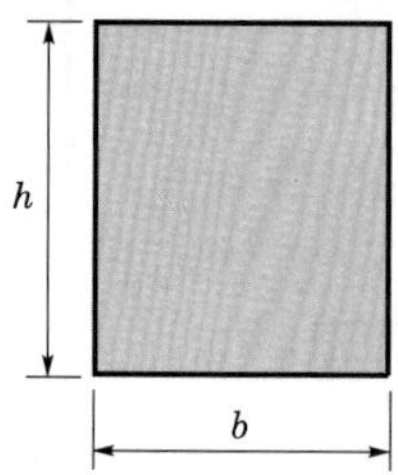

① 도심에 대한 최대 회전반경과 최소 회전반경의 곱은 $bh/12$이다.

② 단면의 도심과 전단중심은 동일하고, 가로축에 대한 탄성 중립축과 소성 중립축은 단면 하단에서 $h/2$에 위치한다.

③ 동일 단면으로 장주를 제작하였을 때, 탄성 좌굴축은 단면의 도심을 통과하는 세로축이다.

④ 동일 단면으로 지간 중앙에서 집중하중을 받는 길이가 L인 단순보를 제작하였을 때 소성영역 길이는 $2L/3$이다.

해설 단면이 구형 단면이고 지간이 L인 단순보에 지간 중앙에 집중하중이 작용하는 경우의 소성영역의 길이는 지간 중앙구간의 $L/3$에 해당된다.
구형 단면의 형상계수 $f = \frac{3}{2}$이므로 소성영역의 길이는
$L_P = l\left(1 - \frac{1}{f}\right) = l\left(1 - \frac{1}{3/2}\right) = \frac{l}{3}$

정답 68 ④

CHAPTER

07 7급 기출문제

01 그림과 같이 폭이 b, 높이가 h인 직사각형 단면의 캔틸레버보에 등분포하중 w가 작용할 때, 캔틸레버보의 최대 휨응력은? [14. 서울시 7급]

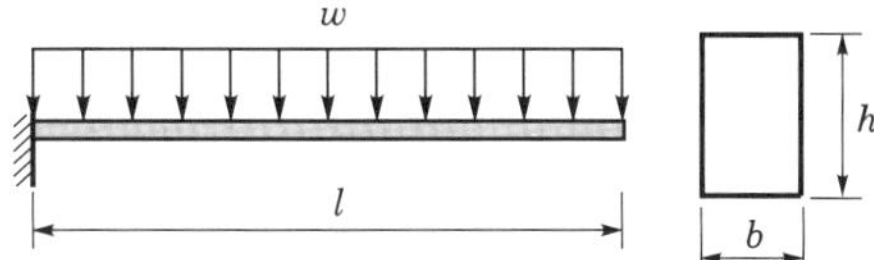

① $\dfrac{2wl^2}{bh^2}$ ② $\dfrac{3wl^2}{bh^2}$

③ $\dfrac{wl^2}{bh^2}$ ④ $\dfrac{3wl}{2bh^2}$

⑤ $\dfrac{3wl}{5bh^2}$

해설 최대 휨응력은 고정단에서 발생한다.

$$\sigma_{max} = \frac{M_{max}}{Z} = \frac{(wl^2/2)}{bh^2/6} = \frac{3wl^2}{bh^2}$$

02 다음 그림과 같은 보에 대한 설명 중 틀린 것은? [국가직 7급]

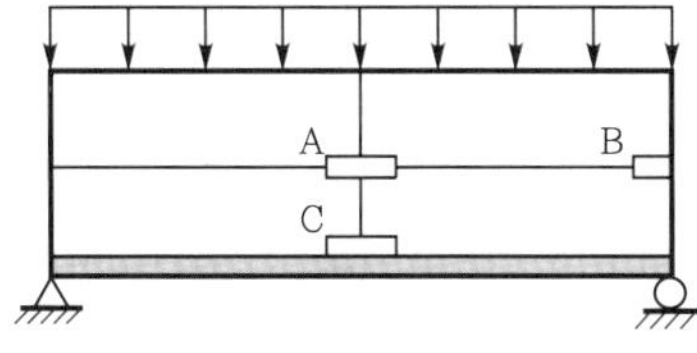

① A점에서 휨응력은 생기지 않는다.

② B점에서 최대 전단응력이 생긴다.

③ C점에서 최대 휨응력이 생긴다.

④ A, B점에서 전단응력은 같다.

해설 ㉠ A점에서는 전단력이 0이므로

$\tau_A = 0$

㉡ B점의 전단력은 지점반력과 같고

$\tau_B = \tau_{max}$ 이다.

03 그림과 같은 단면보가 휨모멘트 $M = 900\text{kgf}\cdot\text{m}$를 받을 때 중립축에서 10cm 떨어진 단면에서의 휨응력의 절대치는? [00. 서울시 7급]

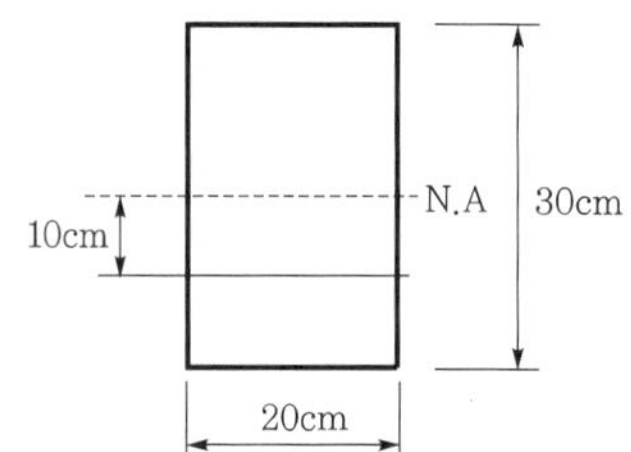

① 15kgf/cm^2 ② 20kgf/cm^2

③ 25kgf/cm^2 ④ 30kgf/cm^2

해설 $\sigma = \dfrac{M}{I}y = \dfrac{900\times100}{\dfrac{20\times30^3}{12}}\times10 = 20\text{kgf/cm}^2$

04 전단면이 유효하게 작용할 수 있는 폭 20cm, 높이 30cm의 구형 단면보에서 허용 휨응력 $\sigma_a = 900\text{kgf/cm}^2$인 경우, 이 보가 받을 수 있는 최대 저항모멘트(t · m)는? [국가직 7급]

① 4.5 ② 9

③ 18 ④ 27

⑤ 36

해설 $M_{max} = Z\cdot\sigma_a = \dfrac{bh^2}{6}\times\sigma_a$

$= \dfrac{20\times30^2}{6}\times900$

$= 2{,}700{,}000\text{kg}\cdot\text{cm} = 27\text{t}\cdot\text{m}$

정답 01 ② 02 ④ 03 ② 04 ④

05 최대 휨모멘트 8,000kg · m를 받는 목재 단면의 1변의 h는? (단, $b=25\text{cm}$, 휨응력도 $\sigma_a = 120\text{kg/cm}^2$이다) [국가직 7급]

① 40cm ② 30cm
③ 20cm ④ 50cm

해설 $\sigma_a = \dfrac{6M}{bh^2}$에서

$$\therefore h = \sqrt{\frac{6M}{b \cdot \sigma_a}} = \sqrt{\frac{6\times 8{,}000\times 10^2}{25\times 120}} = 40\text{cm}$$

06 단순보의 부재단면이 6cm×12cm인 단면에 $w = 3\text{kgf/cm}$의 등분포하중이 미칠 때 보의 허용길이는?(허용 휨응력도 $f_a = 96\text{kgf/cm}^2$) [00. 국가직 7급]

① 1.2m ② 1.5m
③ 1.92m ④ 2.42m

해설 $\sigma_{\max} = \dfrac{M_{\max}}{Z} \le f_a$

$$\frac{\frac{wl^2}{8}}{\frac{bh^2}{6}} \le f_a$$

$$\therefore l^2 \le \frac{4bh^2}{3w} f_a = \frac{4\times 6\times 12^2}{3\times 3}\times 96 = 36{,}864\text{cm}^2$$

$$\therefore l = 192\text{cm} = 1.92\text{m}$$

07 길이와 단면의 형상이 같은 두 개의 보기 그림과 같은 방법으로 단순지지되어 있을 때 (A)보와 (B)보 연단에서의 휨응력 크기의 비는? [국가직 7급]

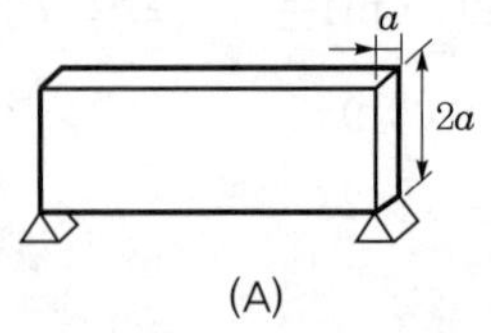

(A)

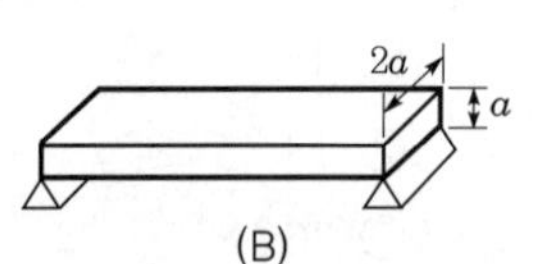

(B)

① $\sigma_A : \sigma_B = 1:1$
② $\sigma_A : \sigma_B = 1:2$
③ $\sigma_A : \sigma_B = 2:1$
④ $\sigma_A : \sigma_B = 1:4$

해설 보의 연단의 응력, $\sigma = \dfrac{M}{I}y = \dfrac{M}{Z}$에서 M은 일정하므로 $\sigma \infty \dfrac{1}{Z}$이다.

$$\therefore \sigma_A : \sigma_B = \frac{1}{Z_A} : \frac{1}{Z_B} = Z_B : Z_A = \frac{2a\times a^2}{6} : \frac{a\cdot(2a)^2}{6}$$
$$= 2:4 = 1:2$$

08 다음 그림과 같은 보에서 중앙단면의 하단에 생기는 응력은?(단, $b = 30\text{cm}$, $h = 40\text{cm}$이다) [국가직 7급]

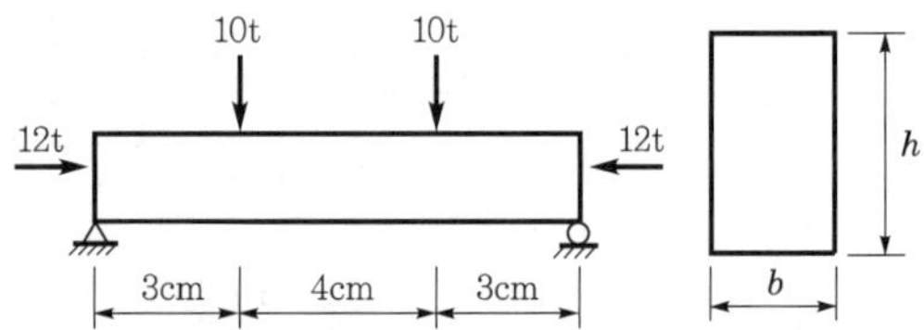

① 32kg/cm^2(압축)
② 365kg/cm^2(인장)
③ 384kg/cm^2(인장)
④ 392kg/cm^2(압축)

해설 $\therefore \sigma = -\dfrac{N}{A} + \dfrac{M}{I}y = -\dfrac{N}{A} + \dfrac{M}{Z}$

$$= -\frac{12\times 10^3}{30\times 40} + \frac{6\times 10\times 3\times 10^5}{30\times 40^2}$$

$$= -10 + 375 = +365\text{kg/cm}^2\text{(인장)}$$

09 다음 그림과 같이 30cm×60cm 직사각형 단면에 부분 등분포하중 4kN/m을 받는 보에 생기는 최대 휨응력[MPa]은? (단, 소수점 셋째자리에서 반올림한다) [10. 국가직 7급]

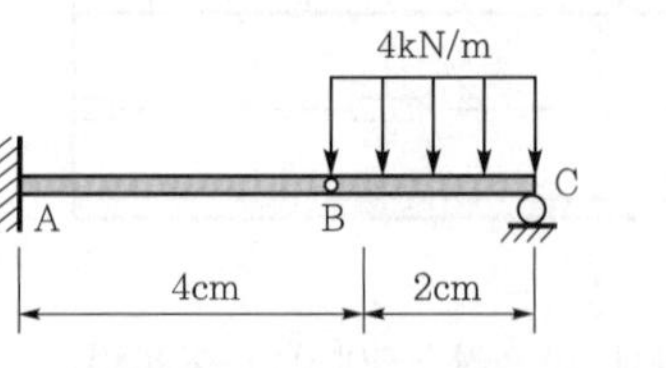

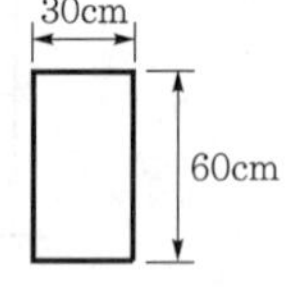

① 0.89 ② 0.93
③ 0.96 ④ 0.99

해설 ㉠ 최대 휨모멘트 산정
BC보에서

$$M_{BC} = \frac{4\times 2^2}{8} = 2\text{kN}\cdot\text{m}$$

정답 05 ① 06 ③ 07 ② 08 ② 09 ①

고정단 A에서

$M_A = \left(\frac{4\times2}{2}\right)\times4 = 16\text{kN}\cdot\text{m}$

㉡ 최대 휨응력

$\sigma_{\max} = \frac{6M_{\max}}{bh^2} = \frac{6\times16\times10^6}{300\times600^2} = 0.89\text{MPa}$

10 다음 보에서 상연과 하연의 최대 휨응력을 각각 구하면 얼마인가? (단, 중립축 단면 2차 모멘트는 I이다) [국가직 7급]

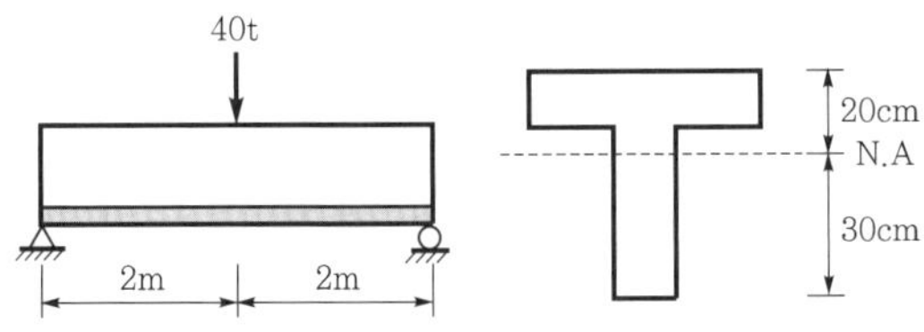

① 상연 : $-\frac{2}{I}$, 하연 : $\frac{8}{I}$

② 상연 : $-\frac{4}{I}$, 하연 : $\frac{10}{I}$

③ 상연 : $-\frac{6}{I}$, 하연 : $\frac{12}{I}$

④ 상연 : $-\frac{8}{I}$, 하연 : $\frac{12}{I}$

해설 $M_{\max} = \frac{Pl}{4} = \frac{40\times4}{4} = 40\text{t}\cdot\text{m}$

$\sigma_{상연} = -\frac{40}{I}\times0.2 = -\frac{8}{I}$, $\sigma_{하연} = \frac{40}{I}\times0.3 = \frac{12}{I}$

11 다음 게르버보에서 단면이 T형으로 때 최대 압축응력은? (단, 중립축 단면 2차 모멘트 $I = 2.0\times10^5\text{cm}^4$) [00. 국가직 7급]

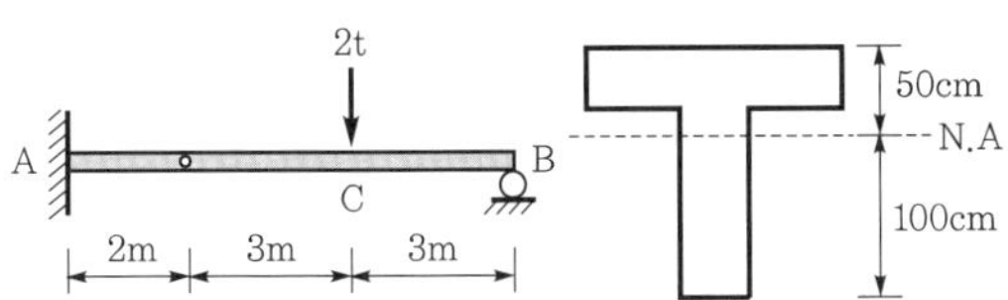

① 20kgf/cm^2 ② 50kgf/cm^2

③ 75kgf/cm^2 ④ 100kgf/cm^2

해설 ㉠ A점에서 압축응력

$M_A = -1\times2 = -2\text{t}\cdot\text{m}$

하연,

$\sigma_A = -\frac{M}{I}y = -\frac{2\times10^5}{2\times10^5}\times100 = -100\text{kgf/cm}^2$

㉡ C점에서 압축응력

$M_C = \frac{2\times6}{4} = 3\text{t}\cdot\text{m}$

상연,

$\sigma_C = -\frac{M}{I}y = -\frac{3\times10^5}{2\times10^5}\times50 = -75\text{kgf/cm}^2$

12 그림과 같은 직사각형 단면의 임의 거리(y)에 대한 전단응력 τ를 구하는 식은? [국가직 7급]

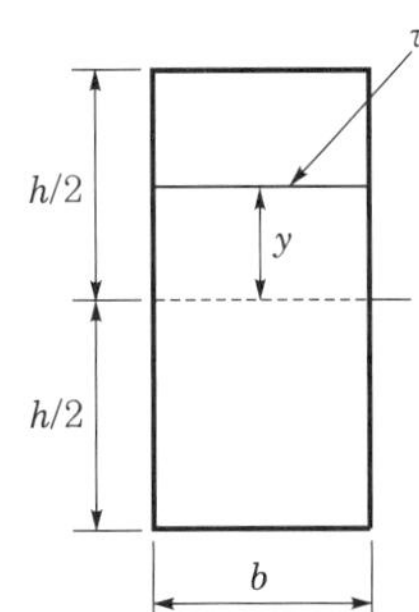

① $\frac{3}{2}\cdot\frac{S}{bh^3}(h^2+4h^2)$

② $\frac{3}{2}\cdot\frac{S}{bh^3}(h^2-4y^2)$

③ $\frac{3}{2}\cdot\frac{S}{bh^3}(h+4y)$

④ $\frac{3}{2}\cdot\frac{S}{bh^3}(h-4y)$

해설 $\tau = \frac{S\cdot G}{Ib}$에서

$\therefore G = b\left(\frac{h}{2}-y\right)\times\left(y+\frac{h/2-y}{2}\right)$

$= \frac{b}{2}\left(\frac{h^2}{4}-y^2\right) = \frac{b}{8}(h^2-4y^2)$

$I = \frac{bh^3}{12}$

$\therefore \tau = \frac{S\times\frac{b}{8}(h^2-4y^2)}{\frac{bh^2}{12}\cdot b} = \frac{3}{2}\cdot\frac{S}{bh^3}(h^2-4y^2)$

정답 10 ④ 11 ④ 12 ②

13 그림과 같은 구형단면의 보에서 전단력 V, 단면적 A일 때 중립축에서 $h/4$ 위치한 곳에서의 전단응력도는? [서울시 7급]

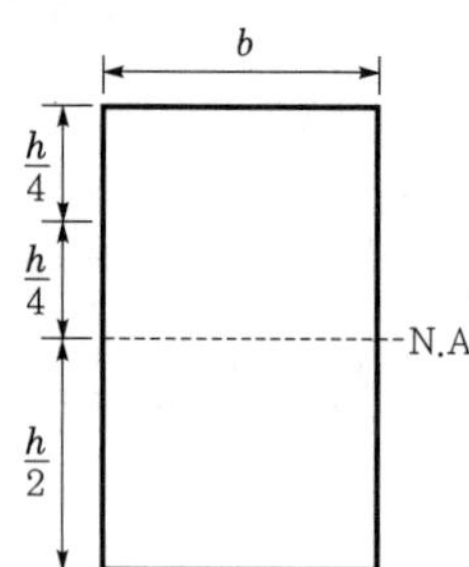

① $0.374\dfrac{V}{A}$ ② $1.125\dfrac{V}{A}$

③ $1.5\dfrac{V}{A}$ ④ $2.5\dfrac{V}{A}$

⑤ $0.5\dfrac{V}{A}$

해설 $G=b\times\dfrac{h}{4}\times\left(\dfrac{h}{4}+\dfrac{h}{8}\right)=\dfrac{3bh^2}{32}$

$\therefore \tau=\dfrac{V\cdot G}{Ib}=\dfrac{36}{32}\cdot\dfrac{V}{A}=\dfrac{9}{8}\cdot\dfrac{V}{A}=1.125\dfrac{V}{A}$

14 길이 10m의 단순보에서 20t의 집중하중이 이동한다면 최대 전단응력은? (단, 단면은 직사각형으로 폭 20cm, 높이 30cm임) [국가직 7급]

① 50.0kg/cm^2 ② 33.3kg/cm^2

③ 25.0kg/cm^2 ④ 12.5kg/cm^2

해설 최대 전단력

$S_{max}=\dfrac{3}{2}\cdot\dfrac{S_{max}}{A}=\dfrac{3}{2}\times\dfrac{20\times10^3}{20\times30}=50.0\text{kg/cm}^2$

15 지간길이 l, 폭 b, 높이 h인 단순보에 등분포하중 w(kgf/cm)가 만재하여 작용할 때 중립축(N · A)에서의 최대 전단응력으로 옳은 것은? [서울시 7급]

① $\dfrac{4wl}{3bh}$ ② $\dfrac{4wl^2}{3bh^2}$

③ $\dfrac{3wl}{4bh}$ ④ $\dfrac{3wl}{4bh^2}$

해설 구형 단면의 최대 전단응력

$\tau_{max}=\dfrac{3}{2}\cdot\dfrac{S_{max}}{A}=\dfrac{3}{2}\times\dfrac{\frac{wl}{2}}{bh}=\dfrac{3wl}{4bh}$

16 그림과 같은 원형 단면의 단순보에 등분포하중이 작용할 때 최대 전단응력을 구하여라. (자중은 무시한다) [국가직 7급]

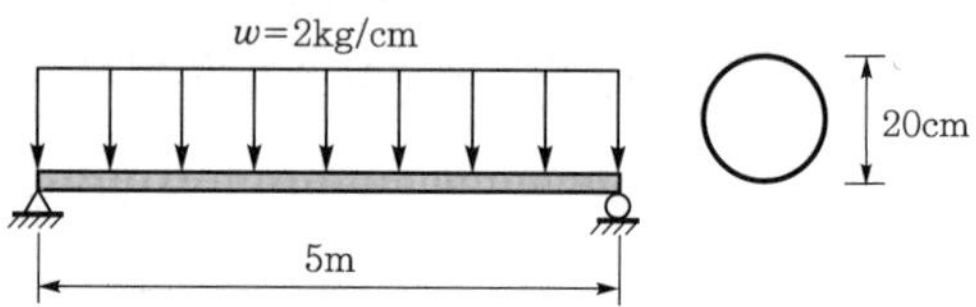

① 0.5kg/cm^2 ② 1.2kg/cm^2

③ 2.1kg/cm^2 ④ 4.2kg/cm^2

⑤ 8.4kg/cm^2

해설 $S_{max}=\dfrac{wl}{2}=\dfrac{2\times500}{2}=500\text{kg}$

$\therefore \tau_{max}=\dfrac{4}{3}\cdot\dfrac{S_{max}}{A}=\dfrac{4}{3}\times\dfrac{S_{max}}{\frac{\pi d^2}{4}}=\dfrac{4}{3}\times\dfrac{500}{\frac{\pi\times20^2}{4}}$

$=2.1\text{kg/cm}^2$

17 전단력이 5t일 때 A−A단면의 전단응력도는? (단, A−A단면의 폭은 10cm이다) [00. 국가직 7급]

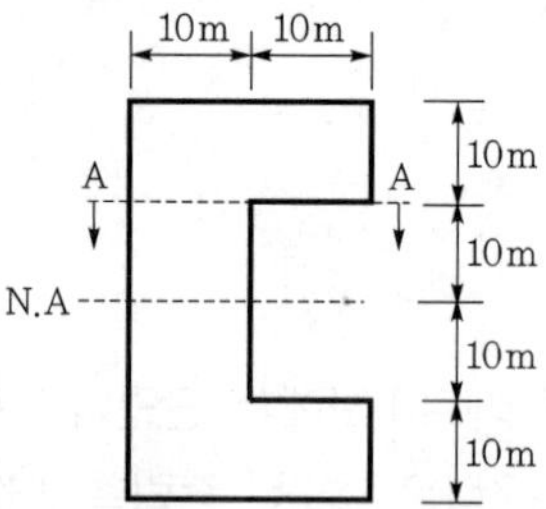

① 7.5kgf/cm^2 ② 9kgf/cm^2

③ 11.5kgf/cm^2 ④ 15kgf/cm^2

해설 $\tau=\dfrac{SG}{Ib}$에서

$G=A\cdot y=20\times10\times15=3{,}000\text{cm}^2$

$I=\dfrac{1}{12}(BH^3-bh^3)=\dfrac{1}{12}(20\times40^3-10\times20^3)$

$=100{,}000\text{cm}^4$

$\therefore \tau=\dfrac{5\times10^3\times3{,}000}{1\times10^5\times10}=15\text{kgf/cm}^2$

정답 13 ② 14 ① 15 ③ 16 ③ 17 ④

18 전단에 지배되는 다음 그림의 보에서 원형 단면과 구형 단면의 단면적이 동일할 때 최대로 받을 수 있는 하중의 비(P_a/P_b)는 얼마인가? (단, 단면에 작용하는 전단응력은 같다) [국가직 7급]

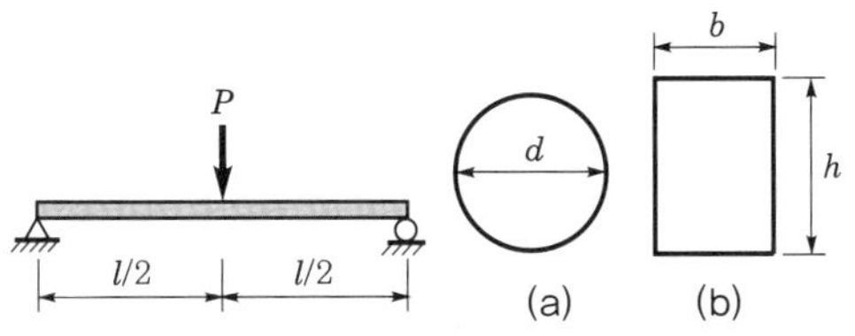

① $\dfrac{9}{8}$ ② $\dfrac{8}{9}$

③ $\dfrac{9}{10}$ ④ $\dfrac{10}{9}$

해설 $\tau_{\max(a)} = \dfrac{4}{3} \cdot \dfrac{\frac{P_a}{2}}{A} = \dfrac{4P_a}{6A} = \dfrac{2P_a}{3A}$

$\tau_{\max(b)} = \dfrac{3}{2} \cdot \dfrac{\frac{P_b}{2}}{A} = \dfrac{3P_b}{4A}$

$\therefore \dfrac{2P_a}{3A} = \dfrac{3P_b}{4A}$

$\therefore \dfrac{P_a}{P_b} = \dfrac{9}{8}$

19 그림과 같이 단면 폭이 b, 높이가 h인 직사각형 단면을 가지는 단순보에 등분포하중 w (N/m)가 작용하고 있다. 최대 휨응력($\sigma_{\max}$)과 최대 전단응력($\tau_{\max}$)의 비($\sigma_{\max}/\tau_{\max}$)는? (단, 단순보의 자중은 무시하다) [10. 지방직 7급]

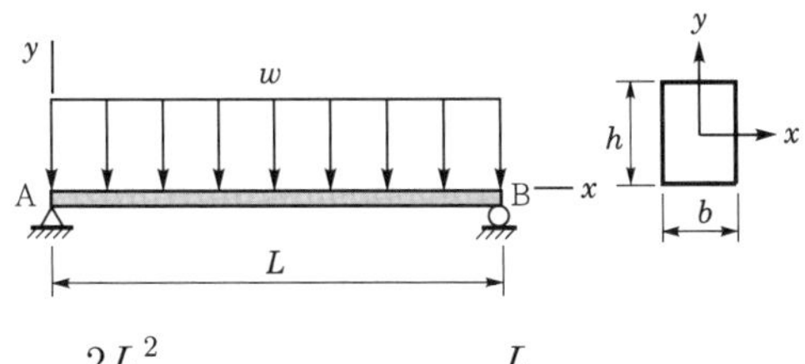

① $\dfrac{2L^2}{h^2}$ ② $\dfrac{L}{h}$

③ $\dfrac{L^2}{h}$ ④ $\dfrac{bh}{L}$

해설 ㉠ 최대 휨응력

$$\sigma_{\max} = \frac{M_{\max}}{Z} = \frac{6\left(\frac{wL^2}{8}\right)}{bh^2} = \frac{3wL^2}{4bh^2}$$

㉡ 최대 전단응력

$$\tau_{\max} = \frac{3S_{\max}}{2A} = \frac{3\left(\frac{wL}{2}\right)}{2bh} = \frac{3wL}{4bh}$$

㉢ $\sigma_{\max}/\tau_{\max}$의 비

$$\sigma_{\max}/\tau_{\max} = \frac{L}{h}$$

20 인장력을 받는 보에서 경사면에 생기는 최대 전단응력 값은? [국가직 7급]

① $\sigma/5$ ② $\sigma/4$

③ $\sigma/3$ ④ $\sigma/2$

⑤ σ

해설 1축 응력의 받는 보의 최대 전단응력은 $\tau_{\max} = \dfrac{\sigma}{2}$ 이다.

21 단면적이 8.8cm^2, 길이가 10cm인 균일 단면 봉의 양단에서 100kg의 인장력을 가할 때, 이 봉에 생기는 최대 전단응력이 옳은 것은? [국가직 7급]

① 5.7kg/cm^2 ② 8.2kg/cm

③ 10.5kg/cm ④ 12.5kg/cm

해설 1축 응력을 받는 경우이므로 최대 전단응력은

$$\tau_{\max} = \frac{\sigma_x}{2} = \frac{P/A}{2} = \frac{P}{2A} = \frac{100}{2\times 8.8} = 5.7\text{kg/cm}^2$$

22 그림과 같이 전 길이에 걸쳐 일정한 직사각형 단면(폭 12cm, 높이 20cm)을 갖는 게르버보의 자유단에 반시계 방향 모멘트하중 $30\text{kN}\cdot\text{m}$가 작용할 때, 이 보에 발생하는 최대 휨인장력 [MPa]은? [08. 국가직 7급]

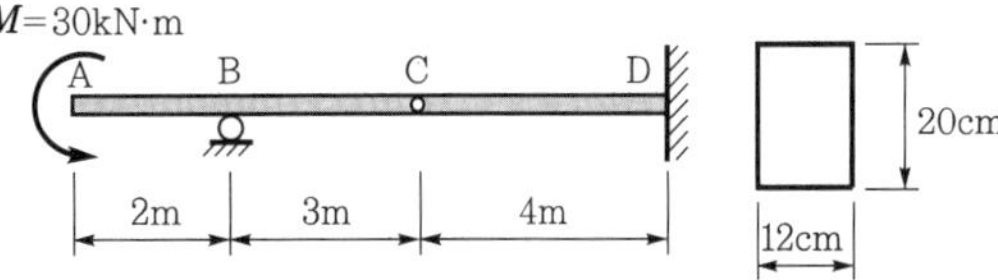

정답 18 ① 19 ② 20 ④ 21 ① 22 ③

① 25.0　　② 37.5
③ 50.0　　④ 87.5

해설 최대 휨모멘트는 D지점에서 40kN · m이 발생한다.

$$\sigma_{\max} = \frac{6M_{\max}}{bh^2} = \frac{6\times(40\times10^6)}{120\times200^2} = 50\text{MPa}$$

23 다음과 같이 하중이 작용하는 보를 허용응력법으로 설계하는 경우, 단면에 폭 a, 높이 $2a$인 직사각형 단면에서 단면치수 a의 최솟값[cm]은? (단, 휨강도 EI는 보 전체에서 일정하며, 등분포하중 $w = 2\text{kN/m}$, 길이 $L = 7\text{m}$이다. 허용수직응력 $\sigma_{\text{allow}} = 30\text{MPa}$ 및 허용전단응력 $\tau_{\text{allow}} = 33/7\text{MPa}$는 부호에 무관하게 적용된다) [11. 국가직 7급]

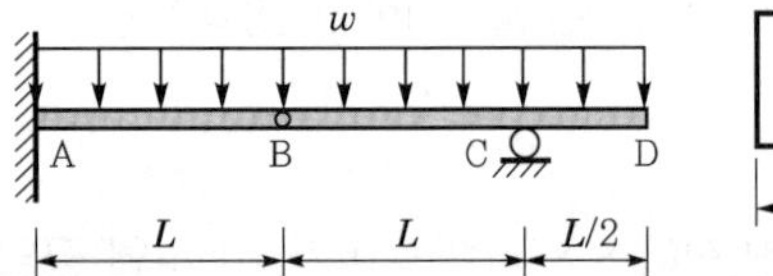

① $\dfrac{17.5}{\sqrt{10}}$　　② $\dfrac{25}{\sqrt{10}}$
③ $\dfrac{35}{\sqrt[3]{10}}$　　④ $\dfrac{40}{\sqrt[3]{10}}$

해설 ㉠ 허용휨응력 검토
최대 휨모멘트는 고정단에서 발생한다.

$$R_B = \frac{wL}{2} - \frac{\dfrac{w\left(\dfrac{L}{2}\right)^2}{2}}{L} = \frac{3wL}{8}$$

$$M_{\max} = -\frac{wL^2}{2} - \frac{3wL}{8}\times L = -\frac{7wL^2}{8}$$

$$\sigma_a = \frac{M_{\max}}{Z} = \frac{\dfrac{7wL^2}{8}}{\dfrac{a\times(2a)^2}{6}} = \frac{21wL^2}{16a^3}$$

$$a^3 = \frac{21wL^2}{16\sigma_a} = \frac{21\times2\times(7\times10^3)^2}{16\times30} = \frac{(7\times10^2)^3}{2^3\times10}$$

$$a = \frac{350}{\sqrt[3]{10}}\text{mm} = \frac{35}{\sqrt[3]{10}}\text{cm} = 16.2\text{cm}$$

㉡ 허용전단응력 검토
최대 전단력은 고정단에서 발생한다.

$$S_{\max} = wL + \frac{3wL}{8} = \frac{11wL}{8}$$

$$\tau_a = \frac{3S_{\max}}{2A} = \frac{3\times\dfrac{11wL}{8}}{2\times(a\times2a)} = \frac{33wL}{32a^2}$$

$$a^2 = \frac{33wL}{32\tau_a} = \frac{33\times2\times7{,}000}{32\times\dfrac{33}{7}} = \frac{49\times10^3}{16}$$

$$a = \frac{70\sqrt{10}}{4}\text{mm} = \frac{3.5\sqrt{10}}{2}\text{cm} = 5.53\text{cm}$$

∴ 최솟값이므로 위의 두 값 중 큰 값인 $\dfrac{35}{\sqrt[3]{10}}$cm가 된다.

24 그림과 같이 평면응력상태($\sigma_x = 60\text{MPa}$), $\sigma_y = -20\text{MPa}$, $\tau_{xy} = 30\text{MPa}$에서 최대 주응력[MPa]과 최대 전단응력[MPa]은? [10. 지방직 7급]

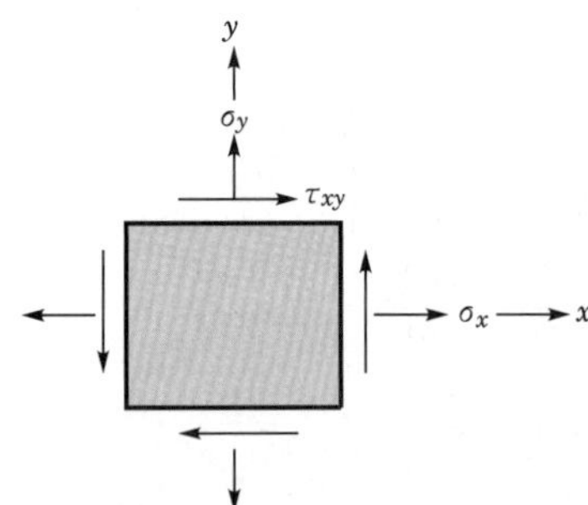

	최대 주응력	최대 전단응력
①	70	36
②	70	50
③	76	36
④	76	50

해설

$$\sigma_{1,2} = \frac{\sigma_x+\sigma_y}{2} \pm \sqrt{\left(\frac{\sigma_x-\sigma_y}{2}\right)^2 + \tau_{xy}^2}$$
$$= \frac{60-20}{2} \pm \sqrt{\left(\frac{60-(-20)}{2}\right)^2 + 30^2}$$
$$= 20 \pm \sqrt{40^2+30^2}$$
$$= 20 \pm 50 = 70,\ -30$$

$$\tau_{1,2} = \pm\sqrt{\left(\frac{\sigma_x-\sigma_y}{2}\right)^2 + \tau_{xy}^2}$$
$$= \pm\sqrt{\left(\frac{60-(-20)}{2}\right)^2 + 30^2}$$
$$= \pm\sqrt{40^2+30^2}$$
$$= \pm 50$$

정답 23 ③ 24 ②

25 다음과 같은 응력상태가 주어질 경우, 최대 주응력(σ_{max})과 최대 전단응력(τ_{max})의 크기 [MPa]는? [13. 국가직 7급]

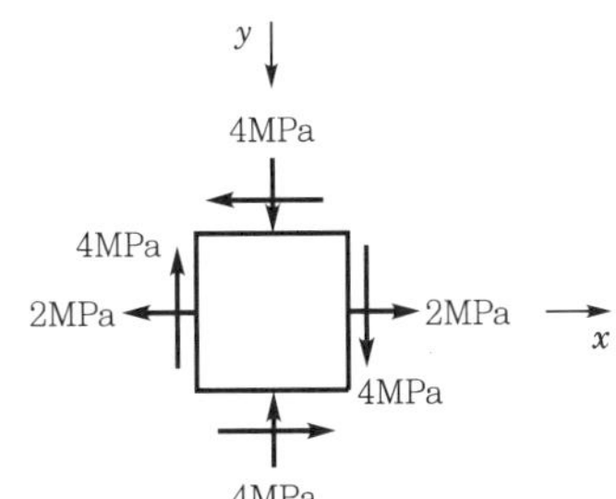

	σ_{max}	τ_{max}
①	3	4
②	4	5
③	4	4
④	3	5

해설 ㉠ 최대 주응력

$$\sigma_{max} = \frac{\sigma_x + \sigma_y}{2} + \sqrt{\left(\frac{\sigma_x - \sigma_y}{2}\right)^2 + \tau_{xy}^2}$$
$$= \frac{2-4}{2} + \sqrt{\left(\frac{2-(-4)}{2}\right)^2 + 4^2}$$
$$= -1 + 5 = 4\text{MPa}$$

㉡ 최대 전단응력

$$\tau_{max} = \sqrt{\left(\frac{\sigma_x - \sigma_y}{2}\right)^2 + \tau_{xy}^2} = \sqrt{\left(\frac{2-(-4)}{2}\right)^2 + 4^2}$$
$$= 5\text{MPa}$$

26 내경이 0.4m이고 두께가 10mm인 원통형 압력용기가 4MPa의 압력을 받고 있다. 이 압력용기의 원주방향과 60°를 이루는 AB선상에 작용하는 수직응력[MPa]은? [08. 국가직 7급]

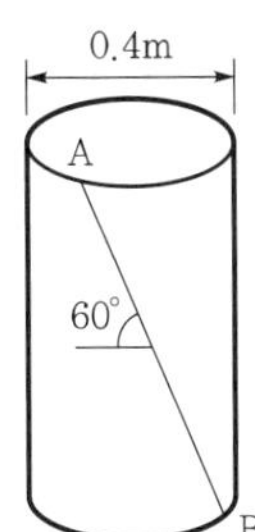

① 50 ② $(60-10\sqrt{3})$
③ 70 ④ $(60+10\sqrt{3})$

해설 ㉠ 원통형 관의 작용응력요소도

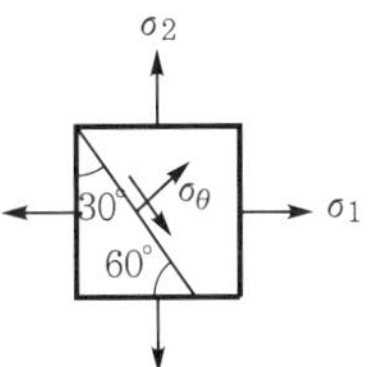

원환응력,

$$\sigma_1 = \frac{pr}{t} = \frac{pd}{2t} = \frac{4 \times (0.4 \times 10^3)}{2 \times 10} = 80\text{MPa}$$

원주방향응력,

$$\sigma_2 = \frac{pr}{2t} = \frac{pd}{4t} = \frac{4 \times (0.4 \times 10^3)}{4 \times 10} = 40\text{MPa}$$

또는 $\sigma_2 = \frac{\sigma_1}{2} = \frac{80}{2} = 40\text{MPa}$

㉡ $\theta = 30°$ 경사면상의 수직응력
수평각이 60° 경사면상은 연직각 30° 경사면상과 같으므로 수직응력은 다음과 같다.

$$\sigma_\theta = \frac{\sigma_x + \sigma_y}{2} + \frac{\sigma_x - \sigma_y}{2}\cos 2\theta$$
$$= \frac{80+40}{2} + \frac{80-40}{2} \times \cos(2 \times 30°)$$
$$= 60 + 10 = 70\text{MPa}$$

여기서, $\sigma_x = \sigma_1$, $\sigma_y = \sigma_2$가 된다.

27 다음 그림과 같은 평면응력(Plane Stress) 상태에서 절대 최대 전단응력[MPa]은? [07. 국가직 7급]

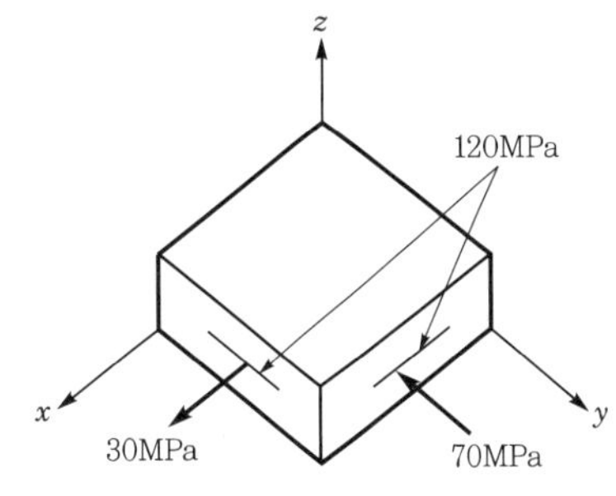

① 90 ② 100
③ 120 ④ 130

해설
$$\tau_{max} = \sqrt{\left(\frac{\sigma_x - \sigma_y}{2}\right)^2 + \tau_{xy}^2}$$
$$= \sqrt{\left(\frac{30-(-70)}{2}\right)^2 + 120^2}$$
$$= \sqrt{50^2 + 120^2} = 130\text{MPa}$$

정답 25 ② 26 ③ 27 ④

28 다음과 같은 응력상태에 있는 한 요소에서 최대 및 최소 주응력[MPa]과 최대 주응력의 방향[°]은? [11. 국가직 7급]

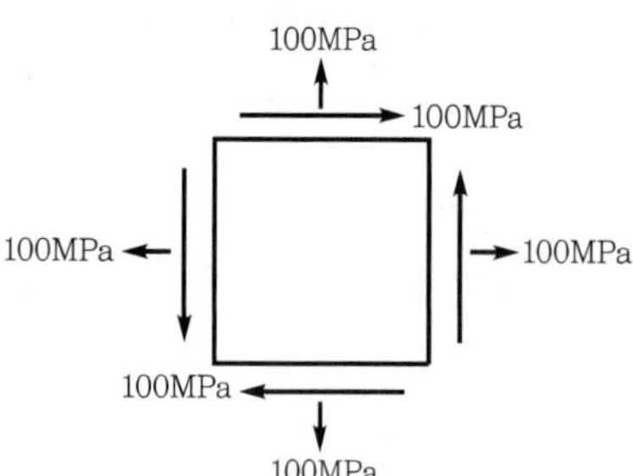

① $\sigma_{max}=200,\ \sigma_{min}=0,\ \theta_{P1}=30$

② $\sigma_{max}=100,\ \sigma_{min}=-100,\ \theta_{P1}=45$

③ $\sigma_{max}=200,\ \sigma_{min}=0,\ \theta_{P1}=45$

④ $\sigma_{max}=100,\ \sigma_{min}=-100,\ \theta_{P1}=30$

해설 $\sigma_{max,min}=\dfrac{100+100}{2}\pm\sqrt{\left(\dfrac{100-100}{2}\right)^2+100^2}$

$=100\pm100=200$ 또는 0

$\tan 2\theta_P=\dfrac{2\tau_{xy}}{\sigma_x-\sigma_y}=\dfrac{2\times100}{100-100}=\infty$

$2\theta_P=90^\circ$

$\theta_P=45^\circ$

29 다음과 같이 직사각형 단면의 보에 순수 모멘트 M이 양단에 작용하고 있다. 중립축으로부터 10mm 위에 위치한 A요소의 평면응력상태는 아래와 같이 $\sigma_{x'}=-30\text{MPa}$, $\sigma_{y'}=-10\text{MPa}$일 때, 이러한 응력상태를 발생시키는 휨모멘트 M의 크기[N·m]는? [11. 국가직 7급]

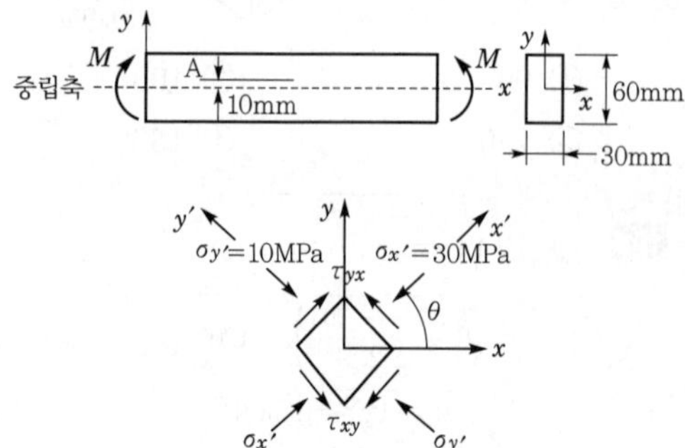

① 1,160 ② 2,160

③ 3,160 ④ 4,160

해설 직교하는 두 평면상의 수직응력의 합은 항상 일정하다.

$\sigma_x+\sigma_y=\sigma_{x'}+\sigma_{y'}=-30-10$

$=-40\text{MPa}$

가 된다. 그런데 보에서는 $\sigma_y=0$이므로 $\sigma_x=-40\text{MPa}$이다. 중립축으로부터 상부로 10mm 떨어져 있는 A요소의 휨응력 σ_x가 -40MPa이라는 의미이다.

$\sigma_x=-\dfrac{M}{I}y=-40$

$M=\dfrac{40}{y}I=\dfrac{40}{10}\times\dfrac{30\times60^3}{12}=2{,}160{,}000\text{N}\cdot\text{mm}$

$=2{,}160\text{N}\cdot\text{m}$

30 그림과 같이 중력식 콘크리트 댐이 수압을 받고 있다. 이 댐이 A점에서 수압에 의한 전도모멘트에 대하여 안전율 2.0을 유지하기 위한 b[m]는? (단, 콘크리트 비중은 물 비중의 3배로 가정한다) [06. 국가직 7급]

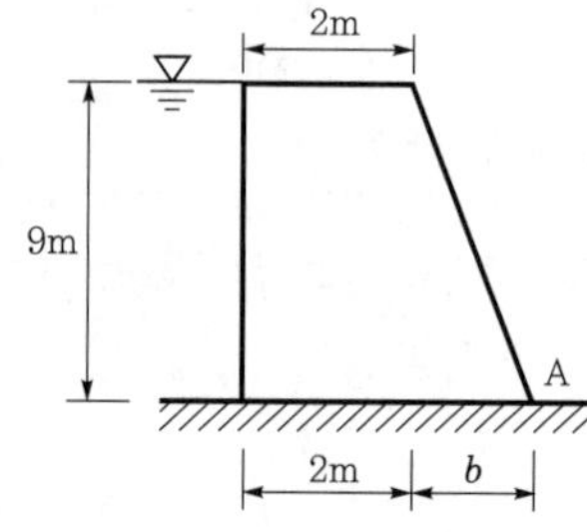

① $\sqrt{30}-1$ ② $\sqrt{30}-2$

③ $\sqrt{30}-3$ ④ $\sqrt{30}-4$

해설

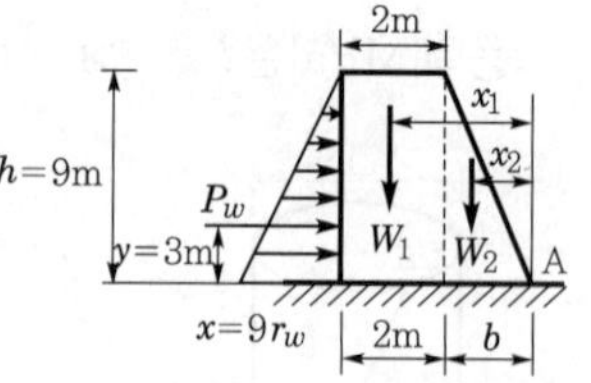

$FS=\dfrac{\text{저항}M}{\text{전도}M}=\dfrac{W_1\cdot x_1+W_2\cdot x_2}{\dfrac{wh^2}{6}}\geq2$

$W_1\cdot x_1+W_2\cdot x_2\geq\dfrac{wh^2}{3}$

$(2\times9\times3r_w)\times(b+1)+\left(\dfrac{1}{2}\times b\times9\times3r_w\right)\times\dfrac{2b}{3}$

정답 28 ③ 29 ② 30 ③

$$\geq \frac{9r_w \times 9^2}{3}$$

$$54(b+1)+9b^2 \geq 243$$

$$9b^2+54b-189 \geq 0$$

$$b^2+6b-21 \geq 0$$

$$\therefore b=\frac{-6 \pm \sqrt{6^2-4\times1\times21}}{2\times1} = -3 \pm \sqrt{30}$$

$$\therefore b=-3+\sqrt{30}$$

31 전단중심에 대한 설명 중 옳지 못한 것은?

[국가직 7급]

① 2축 대칭단면의 전단중심은 도심축과 일치한다.

② 비틀림이 생기지 않는 특정한 점이다.

③ 전단력의 합력이 통과하는 점이다.

④ L형 단면의 전단중심은 도심축과 일치한다.

해설 L형 단면의 전단중심은 두 단면의 접합부에 있다.

32 다음의 탄성보에서 소성모멘트로 옳은 것은? (단, 항복응력도는 σ_y이다)

[서울시 7급]

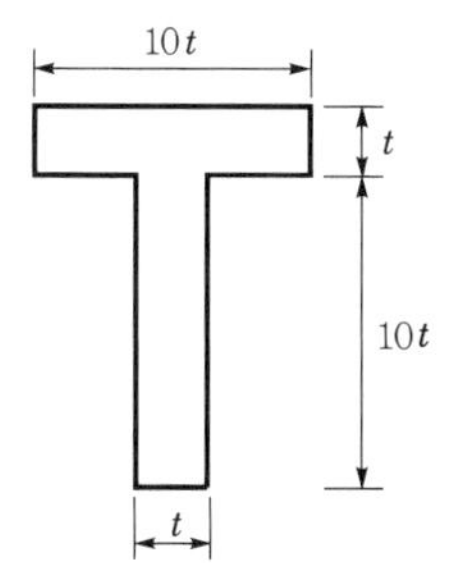

① $40t^3\sigma_y$ ② $45t^3\sigma_y$

③ $55t^3\sigma_y$ ④ $50t^3\sigma_y$

해설 소성계수 Z_P는

$$Z_P=\frac{A}{2}(y_1+y_2)=\frac{10t^2\times2}{2}\left(\frac{t}{2}+5t\right)=55t^3$$

소성모멘트 M_P

$$\therefore M_P=Z_P \cdot \sigma_y = 55t^3 \cdot \sigma_y$$

33 소성힌지에 대한 설명으로 틀린 것은?

[서울시 7급]

① 최대 휨모멘트 점에서 발생한다.

② 소성힌지는 좌·우단면 강체는 상대적인 회전이 가능하다.

③ 소성힌지에서 완전소성영역이 된다.

④ 소성해석으로 소성힌지의 위치를 구할 때 중첩의 원리를 적용한다.

해설 소성해석은 비탄성해석이므로 중첩 원리가 적용되지 않는다.

34 다음 중 가상일의 원리에 대한 사항 중 틀린 것은?

[07. 서울시 7급]

① 단위하중법이라고도 한다.

② 단순보의 처짐을 구하는 데 이용할 수 있다.

③ 가상변위는 실제변위와 일치한다.

④ 재료는 탄성한도 내에서 거동한다고 가정한다.

⑤ 에너지 불변의 법칙이 성립된다.

35 순수 휨을 받고 있는 탄소성 재료로 된 보에 대한 다음 설명 중 옳지 않은 것은?

[06. 국가직 7급]

① 항복모멘트를 받는 상황에서의 중립축 위치와 완전 소성상태에 있는 단면의 중립축 위치는 단면형태에 따라 다를 수 있다.

② 소성모멘트란 전 단면이 항복응력에 이르렀을 때 가해진 휨모멘트를 말한다.

③ 형상계수란 단면 형상의 종류에 따른 소성계수 (또는 소성단면계수)의 비를 뜻한다.

④ 소성계수란 단면의 중립축 상·하 부분의 각 단면적들을 중립축에 관하여 취한 단면 1차 모멘트의 합이다.

정답 31 ④ 32 ③ 33 ④ 34 ③ 35 ③

36 다음과 같은 보에서 극한하중 P_u는? (단, M_P는 소성모멘트이다) [02. 서울시 7급]

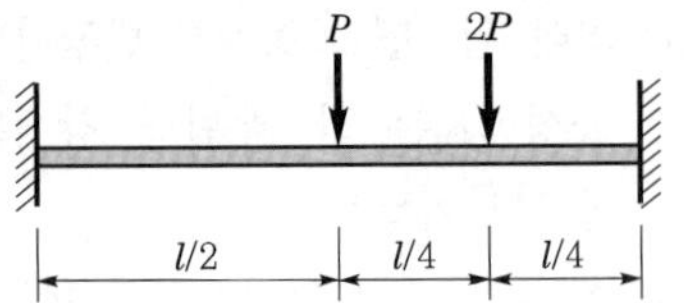

① $\dfrac{16M_P}{l}$ ② $\dfrac{12M_P}{l}$

③ $\dfrac{8M_P}{l}$ ④ $\dfrac{6M_P}{l}$

⑤ $\dfrac{4M_P}{l}$

해설 파괴메카니즘은 다음과 같다.

㉠

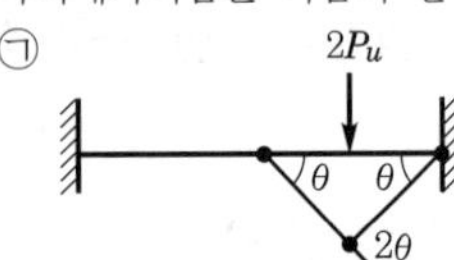

㉡

㉢

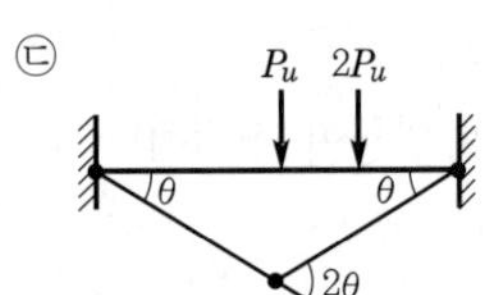

㉣

㉠ $2P_u \times \dfrac{l\theta}{4} = 2 \times M_P \cdot \theta + M_P \cdot 2\theta$

$\therefore P_u = \dfrac{8M_P}{l}$

㉡ $P_u \times \dfrac{l\theta}{2} = M_P \cdot \theta + M_P \cdot 2\theta + M_P \cdot 3\theta$

$\therefore P_u = \dfrac{12M_P}{l}$

㉢ $P_u \times \dfrac{l\theta}{2} + 2P_u \times \dfrac{l\theta}{4} = 2M_P \cdot \theta + M_P \cdot 2\theta$

$\therefore P_u = \dfrac{4M_P}{l}$

㉣ $P_u \times \dfrac{l\theta}{2} + 2P_u \times \dfrac{3l\theta}{4} = M_P \cdot \theta + M_P \cdot 3\theta + M_P \cdot 4\theta$

∴ 극한하중은 이들 중 작은 값

$P_u = \dfrac{4M_P}{l}$

37 등분포하중 $w = 1\text{tf/m}$(자중 포함)가 만재된 지간 l인 단순보를 설계하고자 한다. 보의 휨강성 $EI = 400\ \text{tf} \cdot \text{m}^2$이며, 처짐곡선의 최소곡률반경은 200m가 되도록 할 때 가능한 최대 지간[m]은? [06. 국가직 7급]

① 3 ② 4

③ 6 ④ 8

해설 ㉠ 곡률반경과 휨모멘트의 관계

$\dfrac{1}{R} = \dfrac{M}{EI}$

㉡ 지간 길이

$\dfrac{1}{R} = \dfrac{M_{max}}{EI} = \dfrac{\frac{wl^2}{8}}{EI} = \dfrac{wl^2}{8EI}$

$l = \sqrt{\dfrac{8EI}{wR}} = \sqrt{\dfrac{8 \times 400}{1 \times 200}} = 4\text{m}$

38 다음과 같은 보에서 휨강도(EI)가 $3,600\text{kN} \cdot \text{m}^2$일 경우, CD구간의 곡률반경[m]은? [13. 국가직 7급]

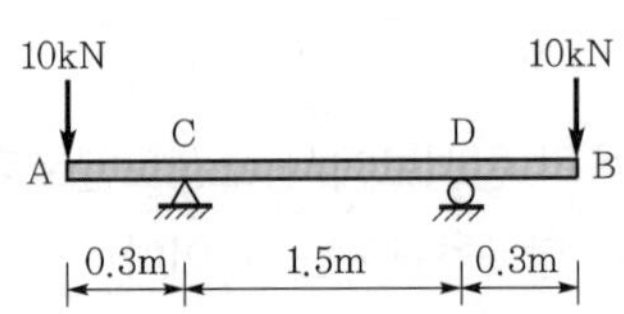

① 600 ② 900

③ 1,200 ④ 1,500

해설 $R = \dfrac{EI}{M} = \dfrac{3,600}{10 \times 0.3} = 1,200\text{m}$

39 단순보의 상부 온도가 10℃, 하부 온도가 20℃일 때 단순보가 건설되었다. 사용 중에 단순보의 아래공간에 화재가 발생하여 단순보의 온도가 그림과 같이 발생되었을 경우의 곡률[m^{-1}]은? (단, 보의 높이 $h = 1\text{m}$, 열팽창계수 $\alpha = 10^{-5}$℃이며, 단순보 상하부에서 측정된 온도는 지간 길이에 걸쳐 균일하다) [15. 서울시 7급]

정답 36 ⑤ 37 ② 38 ③ 39 ④

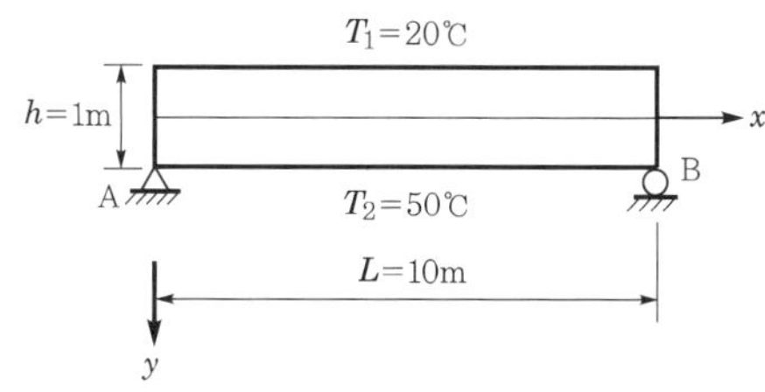

① 1×10^{-4}　　② -1×10^{-4}

③ 2×10^{-4}　　④ -2×10^{-4}

해설 $M=\dfrac{\alpha\cdot\Delta T\cdot EI}{h}$

그리고 곡률반경 R과 모멘트 사이의 관계는 $R=\dfrac{EI}{M}$에 있고 곡률 k는 곡률반경의 역수이고 $(+)y$이고 처짐형상은 아래로 볼록한 모양으로 곡률 k는

$$k=-\frac{1}{R}=-\frac{M}{EI}=-\frac{\frac{\alpha\cdot\Delta T\cdot EI}{a}}{EI}$$

$$=-\frac{\alpha\cdot\Delta T}{h}=-\frac{10^{-5}\times(30-10)}{1}=-2\times10^{-4}\text{m}^{-1}$$

40

그림과 같은 단면을 갖는 단주에 원점 O에서 x방향으로 8cm 떨어진 점 A에 부재축 방향으로 24kN의 하중이 작용하고 있다. 이 단면의 중립축 위치[cm]는? [06. 국가직 7급]

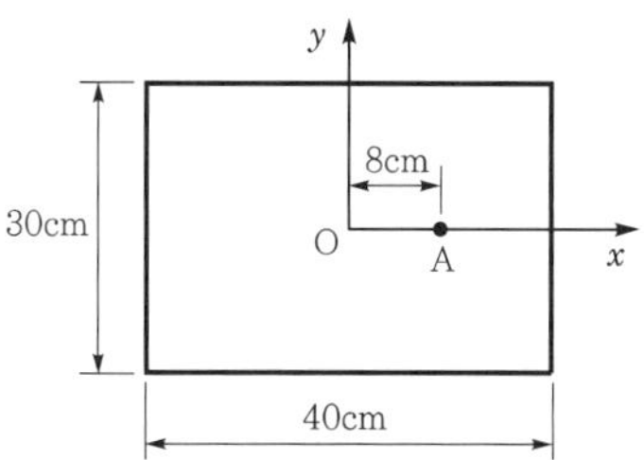

① y축에서 왼쪽으로 $\dfrac{75}{8}$

② y축에서 왼쪽으로 $\dfrac{44}{3}$

③ y축에서 왼쪽으로 16

④ y축에서 왼쪽으로 $\dfrac{50}{3}$

해설 $\sigma=-\dfrac{P}{A}+\dfrac{M}{I_y}x=-\dfrac{P}{A}+\dfrac{P\cdot e_x}{I_y}x=0$

$$x=\frac{I_y}{A\cdot e_x}=\frac{r_y^2}{e_x}=\frac{\left(\frac{b}{2\sqrt{3}}\right)^2}{e_x}$$

$$=\frac{\left(\frac{40}{2\sqrt{3}}\right)^2}{8}=\frac{\frac{400}{3}}{8}=\frac{50}{3}$$

y축에서 왼쪽으로 $\dfrac{50}{3}$cm 떨어진 점이 중립축이 된다.

41

그림과 같이 폭이 B, 높이가 H인 직사각형 단면을 가진 단순보에서 보 중앙 C점의 최대 전단응력은? [14. 서울시 7급]

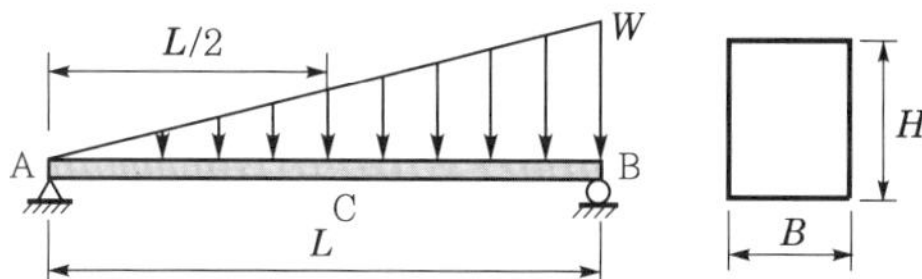

① $\dfrac{WL}{16BH}$　　② $\dfrac{2WL}{16BH}$

③ $\dfrac{3WL}{16BH}$　　④ $\dfrac{4WL}{16BH}$

⑤ $\dfrac{5WL}{16BH}$

해설 C점의 전단력을 구한 후에 응력을 구한다.

$$S_C=R_A-\left(\frac{1}{2}\times\frac{L}{2}\times\frac{W}{2}\right)=\frac{WL}{6}-\frac{WL}{8}=\frac{WL}{24}$$

$$\tau_{\max}=\frac{3S_C}{2A}=\frac{3\times\frac{WL}{24}}{2BH}=\frac{WL}{16BH}$$

42

그림과 같이 지간 중앙에 집중하중 40kN을 받는 단순보의 허용휨응력이 120MPa일 때, 단면의 최소폭 b[cm]는? [10. 지방직 7급]

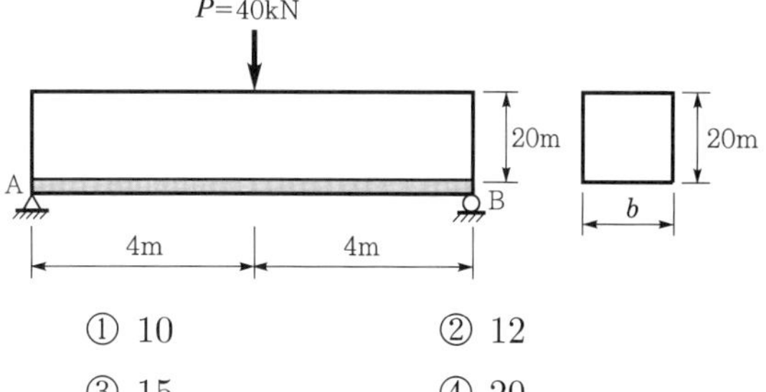

① 10　　② 12

③ 15　　④ 20

해설 $\sigma_a=\sigma_{\max}=\dfrac{M_{\max}}{Z}=\dfrac{6\left(\frac{PL}{4}\right)}{bh^2}=\dfrac{3PL}{2bh^2}$

$$b=\frac{3PL}{2\sigma_a h^2}=\frac{3\times40\times10^3\times8\times10^3}{2\times120\times200^2}=100\text{mm}=10\text{cm}$$

정답 40 ④ 41 ① 42 ①

43 그림과 같은 10×10cm 정사각형 단면인 캔틸레버보의 끝에 3kN의 하중을 가할 때 지탱할 수 있는 보의 최대 길이 L[m]은? (단, 허용휨응력은 18MPa이다) [09. 국가직 7급]

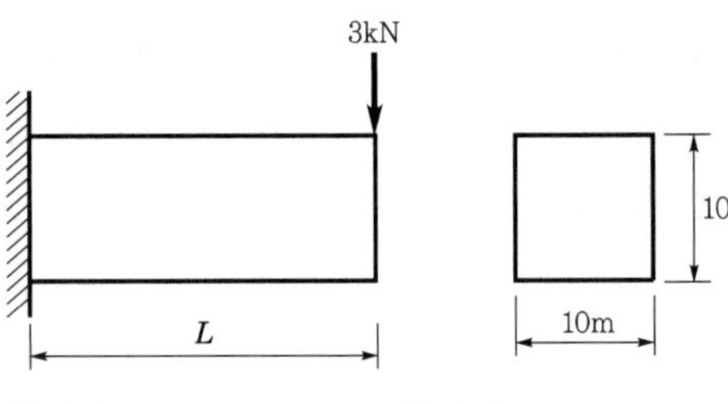

① 0.5 ② 1.0
③ 1.5 ④ 2.0

해설 $M_{\max} = 3{,}000L$

$$\sigma_a = \sigma_{\max} = \frac{M_{\max}}{Z} = \frac{6M_{\max}}{a^3} = \frac{6(3{,}000L)}{a^3}$$

$$L = \frac{a^3}{18{,}000}\sigma_a = \frac{100^3}{18{,}000} \times 18 = 1{,}000\text{mm} = 1\text{m}$$

44 그림과 같은 단순 지지보에서 허용휨응력을 100kgf/cm^2라 하면 보의 단면에 필요한 단면계수는? [국가직 7급]

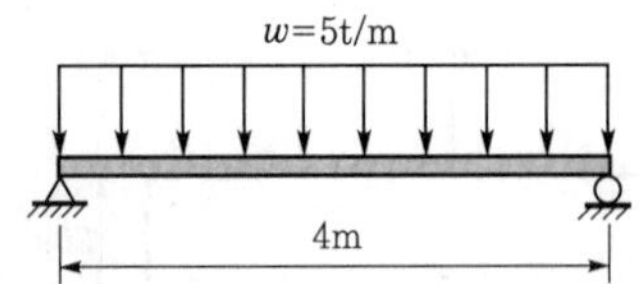

① $10{,}000\text{cm}^3$ ② $12{,}000\text{cm}^3$
③ $14{,}000\text{cm}^3$ ④ $16{,}000\text{cm}^3$

해설 $\sigma_a = \dfrac{M_{\max}}{Z}$

$$\therefore Z = \frac{M_{\max}}{\sigma_a} = \frac{(5 \times 4^2/8) \times 10^5}{100} = 10{,}000\text{cm}^3$$

45 그림과 같이 라멘구조의 자유단에 집중하중이 작용한다. 이때 E점에서 발생하는 최대 압축응력은? (단, 단면은 20×20cm의 정사각형임) [06. 서울시 7급]

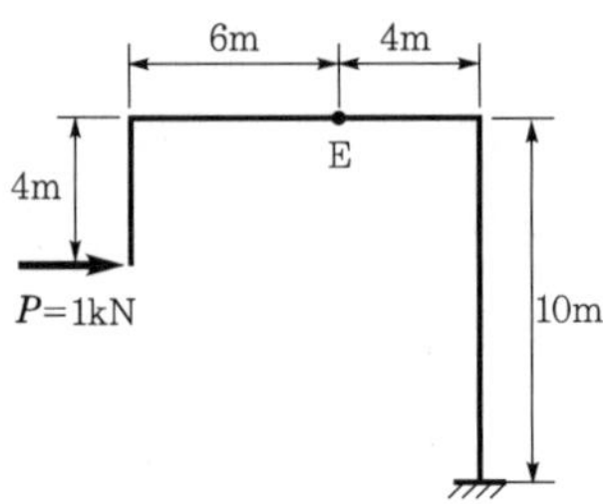

① $\sigma_{\max} = 2{,}085\text{kN/m}^2$
② $\sigma_{\max} = 2{,}095\text{kN/m}^2$
③ $\sigma_{\max} = 3{,}005\text{kN/m}^2$
④ $\sigma_{\max} = 3{,}015\text{kN/m}^2$
⑤ $\sigma_{\max} = 3{,}025\text{kN/m}^2$

해설 $N_E = -1\text{kN}$

$M_E = -4\text{kN}\cdot\text{m}$

$$\sigma_{\max,E} = -\frac{1}{0.2\times0.2} - \frac{6(4)}{0.2\times0.2^2} = -3{,}025\text{kN/m}^2$$

46 그림과 같이 캔틸레버보(cantilever beam)에 편심 인장력이 주축 Y축상에 작용할 때, 단면 내의 임의점$(0, y)$에서의 응력을 구하면? (단, I_X, I_Y, I_Z는 각각 X축, Y축, Z축에 대한 단면 2차 모멘트이며, 인장응력을 양(+)으로 한다) [국가직 7급]

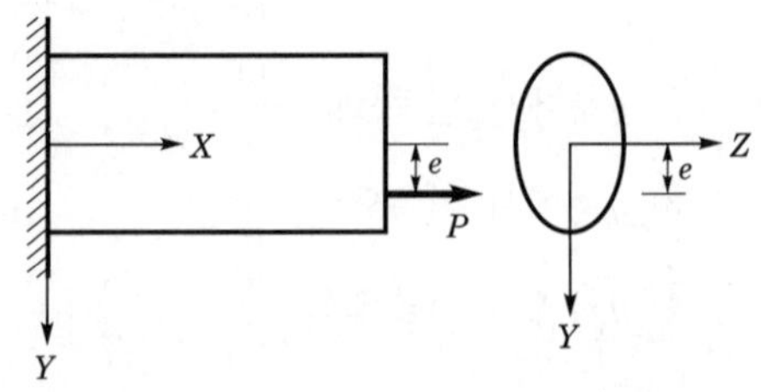

① $\dfrac{P}{A}$ ② $\dfrac{P}{A} - \dfrac{Pe}{I_x}y^2$
③ $\dfrac{Pe}{I_y}y$ ④ $\dfrac{P}{A} + \dfrac{Pe}{I_x}y$

정답 43 ② 44 ① 45 ⑤ 46 ④

해설 주어진 보는 축방향 인장력과 (+)의 편심모멘트($P \cdot e$)가 작용한다.

$\therefore \sigma = \frac{P}{A} + \frac{Pe}{I_x} y$

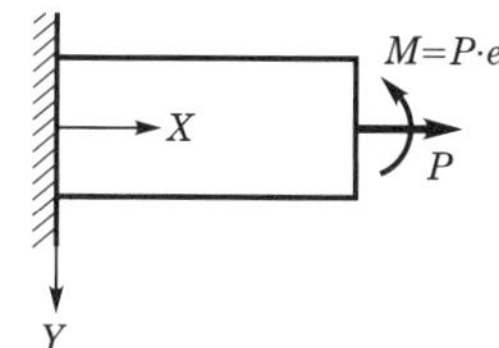

47 그림과 같은 보의 최대 휨응력은? [국가직 7급]

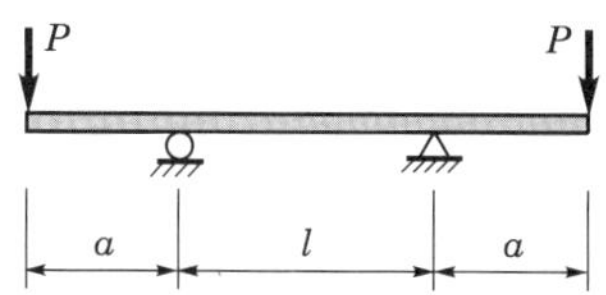

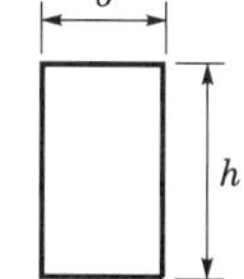

① $\frac{6Pl}{bh^2}$　② $\frac{6Pa}{bh^2}$

③ $\frac{4Pa}{b^2h}$　④ $\frac{4Pl}{b^2h}$

해설 $M_{max} = -P \cdot a$이므로

$\sigma_{max} = \frac{M_{max}}{Z} = \pm \frac{6(P \cdot a)}{bh^2}$

48 그림과 같이 길이가 L이고, 단면폭이 b인 캔틸레버 형태의 부재가 있다. 하중 P가 자유단에 작용할 때, 길이에 따라 선형으로 단면 높이가 변하는 캔틸레버를 설계하려고 한다. 이때, 최대 휨응력의 발생점 x_m과 휨응력의 크기 σ_{max}는? [07. 국가직 7급]

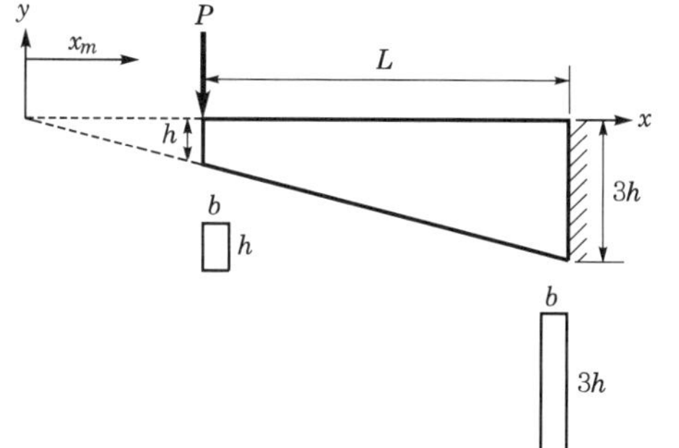

x_m	σ_{max}
① L	$\frac{3}{4}\frac{PL}{bh^2}$
② L	$\frac{2}{3}\frac{PL}{bh^2}$
③ $1.5L$	$\frac{3}{4}\frac{PL}{bh^2}$
④ $1.5L$	$\frac{2}{3}\frac{PL}{bh^2}$

해설 ㉠ 최대 휨응력의 위치

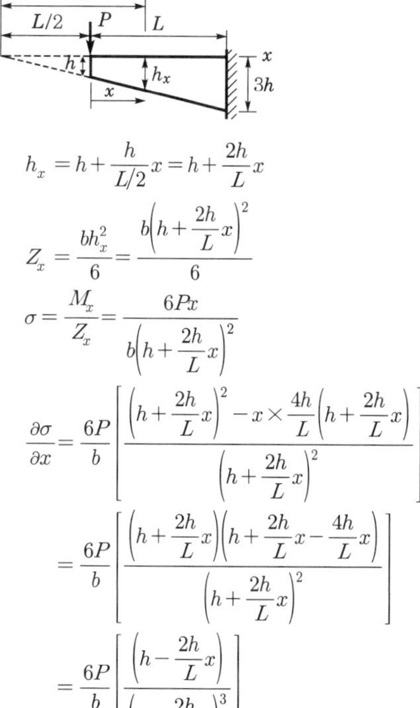

$h_x = h + \frac{h}{L/2}x = h + \frac{2h}{L}x$

$Z_x = \frac{bh_x^2}{6} = \frac{b\left(h + \frac{2h}{L}x\right)^2}{6}$

$\sigma = \frac{M_x}{Z_x} = \frac{6Px}{b\left(h + \frac{2h}{L}x\right)^2}$

$$\frac{\partial\sigma}{\partial x} = \frac{6P}{b}\left[\frac{\left(h + \frac{2h}{L}x\right)^2 - x \times \frac{4h}{L}\left(h + \frac{2h}{L}x\right)}{\left(h + \frac{2h}{L}x\right)^2}\right]$$

$$= \frac{6P}{b}\left[\frac{\left(h + \frac{2h}{L}x\right)\left(h + \frac{2h}{L}x - \frac{4h}{L}x\right)}{\left(h + \frac{2h}{L}x\right)^2}\right]$$

$$= \frac{6P}{b}\left[\frac{\left(h - \frac{2h}{L}x\right)}{\left(h + \frac{2h}{L}x\right)^3}\right]$$

최대 휨응력은 $\frac{\partial\sigma}{\partial x} = 0$에서 발생하므로

$h - \frac{2h}{L}x = 0$

$x = \frac{L}{2}$이다.

그러므로 $x_m = \frac{L}{2} + \frac{L}{2} = L$

㉡ 최대 휨응력

$$\sigma_{max} = \frac{M_x}{Z_x} = \frac{6Px}{b\left(h + \frac{2h}{L}x\right)^2}$$

$$= \frac{6P \times \frac{L}{2}}{b\left(h + \frac{2h}{L} \times \frac{L}{2}\right)^2} = \frac{3PL}{4bh^2}$$

정답 47 ② 48 ①

49 폭 $b=20\text{cm}$, 높이 $h=30\text{cm}$인 구형 단면의 목재·들보에서 전단력 $S=1.8\text{t}$이 작용할 때 최대 전단응력을 구하면? [국가직 7급]

① 2.5kgf/cm^2 ② 4.5kgf/cm^2

③ 6.5kgf/cm^2 ④ 8.5kgf/cm^2

해설 $\tau_{max}=\frac{3}{2}\times\frac{S}{A}=\frac{3}{2}\times\frac{1.8\times10^3}{20\times30}$

$=4.5\text{kgf/cm}^2$

50 다음과 같은 내민보에서 구형 단면의 폭이 25cm이고, 허용 전단응력이 300kgf/cm^2일 때, 높이 h에 대해 설계하면? [국가직 7급]

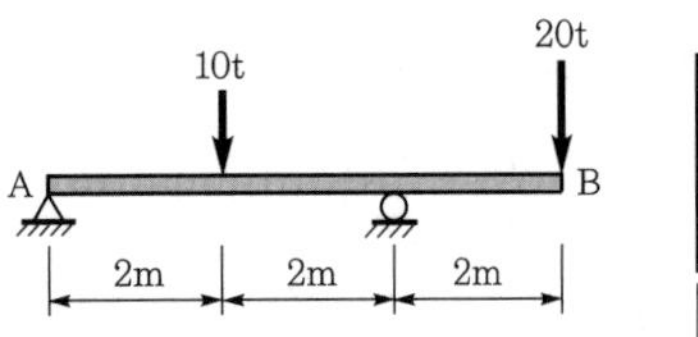

① 15cm ② 10cm

③ 7cm ④ 4cm

해설 $\tau_{max}=\frac{3}{2}\cdot\frac{S_{max}}{A}\le\tau_a$

$\frac{3}{2}\cdot\frac{S_{max}}{bh}\le\tau_a$

$h\ge\frac{3}{2}\cdot\frac{S_{max}}{b\times\tau_a}=\frac{3}{2}\times\frac{20\times10^3}{25\times300}=4\text{cm}$

51 단순보에서 전단력이 2t, 허용 전단응력이 5kg/cm^2이다. 폭이 20일 때 필요한 단면의 높이는? [국가직 7급]

① 20cm ② 25cm

③ 30cm ④ 35cm

⑤ 40cm

해설 구형 단면의 최대 전단응력

$\tau_{max}=\frac{3}{2}\cdot\frac{S}{A}=\frac{3}{2}\cdot\frac{S}{bh}$에서

$\therefore h=\frac{3\times S}{2\times\tau_a\times b}=\frac{3\times2\times10^3}{2\times5\times20}$

$=30\text{cm}$

52 다음과 같은 단순보에서 최대 전단응력의 값은? [국가직 7급]

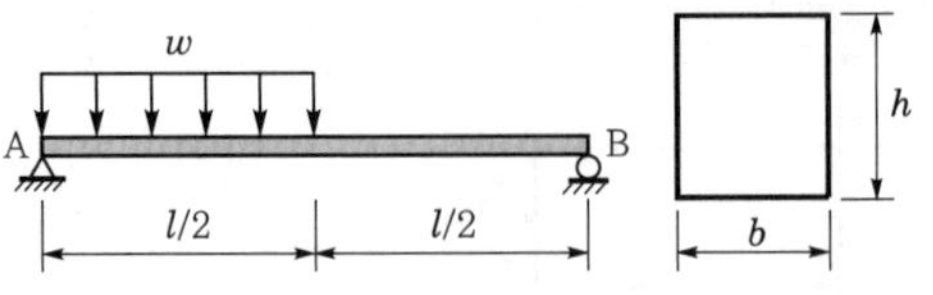

① $\frac{wl}{8bh}$ ② $\frac{3wl}{8bh}$

③ $\frac{9wl}{16bh}$ ④ $\frac{15wl}{32bh}$

해설 $S_{max}=R_A=\frac{3wl}{8}$

$\therefore \tau_{max}=\frac{3}{2}\cdot\frac{S_{max}}{A}=\frac{3}{2}\times\frac{\frac{3wl}{8}}{bh}$

$=\frac{9wl}{16bh}$

53 단면 $10\times30\text{cm}$인 구형의 단순보에서 자중을 포함한 등분포하중이 1.0t/m로 작용할 때, 이 보에 필요한 최대 지간 길이로 옳은 것은? (단, 허용휨응력 $\sigma_a=1{,}200\text{kgf/cm}^2$, 허용전단응력 $\tau_a=30\text{kgf/cm}^2$) [서울시 7급]

① 7m ② 8m

③ 9m ④ 12m

해설 $\sigma_{max}=\frac{M}{Z}=\frac{6wl^2}{8bh^2}=\frac{3wl^2}{4bh^2}\le\sigma_a$

$l^2\le\sigma_a\cdot\frac{4bh^2}{3w}=1{,}200\times\frac{4\times10\times30^2}{3\times10}$

$=1{,}440{,}000\text{cm}^2$

$\therefore l\le12\text{m}$

$\tau_{max}=\frac{3}{2}\cdot\frac{\frac{wl}{2}}{A}=\frac{3}{2}\cdot\frac{wl}{2A}$

$=\frac{3}{2}\times\frac{10\times1{,}200}{2\times10\times30}$

$=30\text{kgf/cm}^2\le30\text{kgf/cm}^2$

정답 49 ② 50 ④ 51 ③ 52 ③ 53 ④

54 그림과 같은 보에 생기는 최대 전단응력 τ_{max} 및 최대 법선응력 σ_{max}는? [국가직 7급]

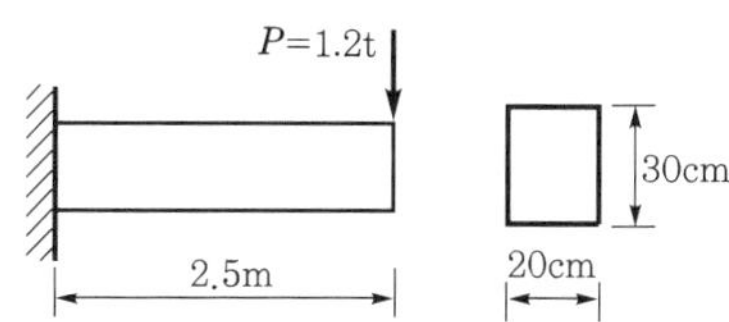

① $\tau_{max} = 6\text{kgf/cm}^2$, $\sigma_{max} = 600\text{kgf/cm}^2$

② $\tau_{max} = 2\text{kgf/cm}^2$, $\sigma_{max} = 600\text{kgf/cm}^2$

③ $\tau_{max} = 3\text{kgf/cm}^2$, $\sigma_{max} = 600\text{kgf/cm}^2$

④ $\tau_{max} = 3\text{kgf/cm}^2$, $\sigma_{max} = 100\text{kgf/cm}^2$

해설 $\tau_{max} = \frac{3}{2} \cdot \frac{S}{A} = \frac{3}{2} \times \frac{1.2 \times 10^3}{20 \times 30} = 3\text{kgf/cm}^2$

$\sigma_{max} = \frac{M}{I}y = \frac{M}{Z} = \frac{M_{max}}{bh^2}$

$= \frac{6 \times (1.2 \times 2.5) \times 10^5}{20 \times 30^2}$

$= 100\text{kgf/cm}^2$

55 다음 그림과 같이 길이 $L = 1\text{m}$인 직사각형 단면 목재보가 하중 P를 받고 있다. 이 보의 휨에 의한 압축 및 인장 허용응력이 12MPa이고 전단허용응력이 1.2MPa일 때, P의 허용력[kN]은? [06. 국가직 7급]

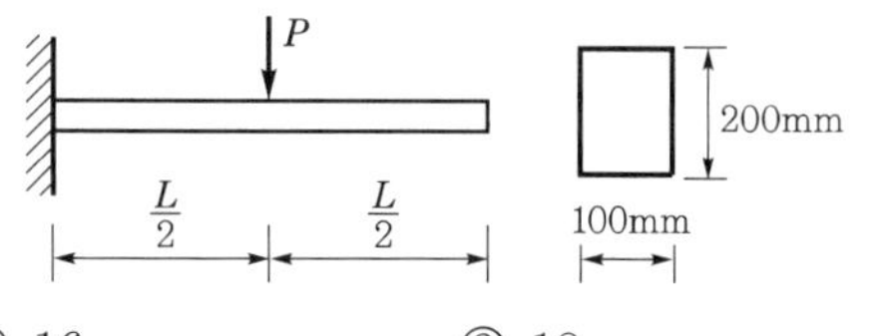

① 16 ② 18

③ 20 ④ 22

해설 ㉠ 허용휨응력에 대한 검토

$\sigma_{max} = \sigma_a = \frac{M_{max}}{Z} = \frac{6M_{max}}{bh^2}$

$= \frac{6(0.5 \times 10^3 P)}{bh^2}$

$P = \frac{bh^2}{6 \times 0.5 \times 10^3}\sigma_a$

$= \frac{100 \times 200^2}{6 \times 0.5 \times 10^3} \times 12$

$= 16{,}000\text{N} = 16\text{kN}$

㉡ 허용전단응력에 대한 검토

$\tau_{max} = \tau_a = \frac{3}{2} \times \frac{S_{max}}{A} = \frac{3}{2} \times \frac{P}{A}$

$P_a = \frac{2A}{3}\tau_a = \frac{2 \times 100 \times 200}{3} \times 1.2$

$= 16{,}000\text{N} = 16\text{kN}$

56 다음 그림 (a)와 같이 폭이 b이고 높이가 $2b$인 직사각형 단면을 가진 부정정보의 점 C에 하중 24kN이 작용하고 있다. 이때 부정정보의 휨모멘트도(B.M.D)는 그림 (b)와 같고 재료의 허용휨응력이 27MPa일 때, 휨모멘트에 저항하기 위해 필요한 최소 단면폭 b의 크기[mm]는? (단, 보의 자중은 무시한다) [13. 국가직 7급]

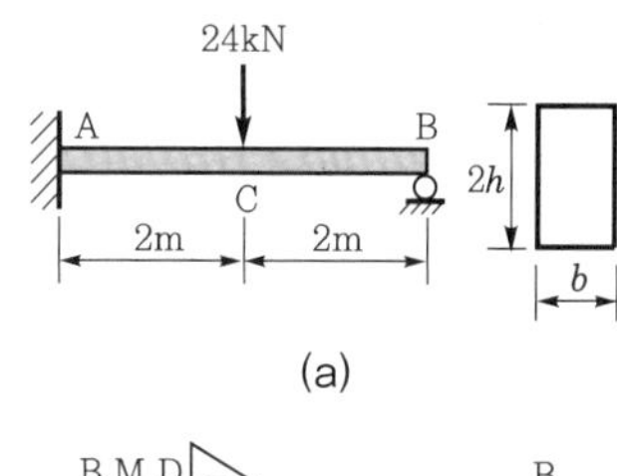

(a)

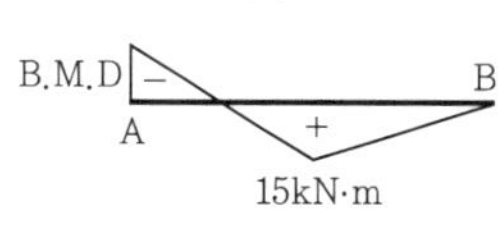

(b)

① 40 ② 60

③ 80 ④ 100

해설 ㉠ R_B 계산

$M_c = R_B \times 2 = 15$

$R_B = \frac{15}{2}\text{kN}(\uparrow)$

㉡ 최대 휨모멘트 계산

$M_{max} = M_A = R_B \times 4 - 24 \times 2$

$= \frac{15}{2} \times 4 - 48 = -18\text{kN} \cdot \text{m}$

㉢ 폭 b 계산

$\sigma_{max} = \frac{M_{max}}{Z} = \frac{6M_{max}}{b(2b)^2} = \frac{3M_{max}}{2b^3}$

$b^3 = \frac{3M_{max}}{2\sigma_{max}} = \frac{3 \times 18 \times 10^6}{2 \times 27}$

$= 1 \times 10^6\text{mm}^3$

$b = 100\text{mm}$

정답 54 ④ 55 ① 56 ④

57 그림과 같이 등분포하중 $q = 4\text{kN/m}$ 받는 지간 6m의 직사각형 단면 목재보에 $F = 12\text{kN}$의 이동 집중하중이 작용할 경우, 설계 최적 단면폭 b[mm]는? (단, 단면의 높이 $h = 600\text{mm}$이고 허용 휨응력 $\sigma_a = 10\text{N/mm}^2$, 허용 전단응력 $\tau_a = 1\text{N/mm}^2$이다) [08. 국가직 7급]

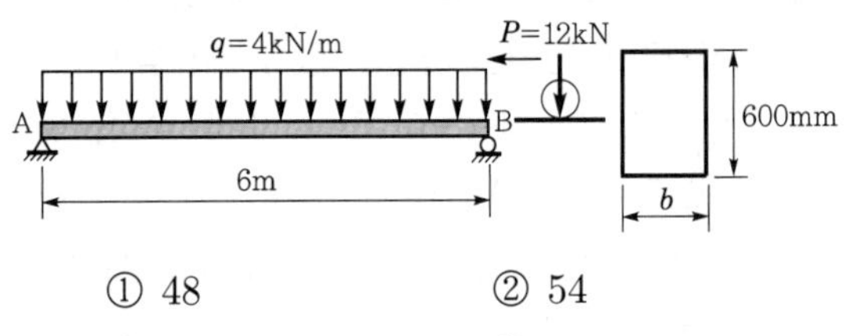

① 48 ② 54
③ 60 ④ 66

해설 ㉠ 허용휨응력에 의한 단면폭

$$M_{\max} = \frac{4 \times 6^2}{8} + \frac{12 \times 6}{4} = 36\text{kN}\cdot\text{m}$$

$$\sigma_a = \frac{M_{\max}}{Z} = \frac{6M_{\max}}{bh^2}$$

$$b = \frac{6M_{\max}}{\sigma_a h^2} = \frac{6 \times (36 \times 10^6)}{10 \times 600^2} = 60\text{mm}$$

㉡ 허용전단응력에 의한 단면폭

$$S_{\max} = \frac{4 \times 6}{2} + 12 = 24\text{kN}$$

$$\tau_a = \frac{3S_{\max}}{2bh}$$

$$b = \frac{3S_{\max}}{2\tau_a h} = \frac{3 \times (24 \times 10^3)}{2 \times 1 \times 600} = 60\text{mm}$$

모두 60mm일 때 만족시키고 있다.

58 아래 그림과 같은 대칭 하중이 작용하는 단순보에서 경간 중앙단면의 최하단 A점의 응력상태는? (단, 보의 단면은 폭이 b, 높이가 h인 직사각형단면이다) [15. 서울시 7급]

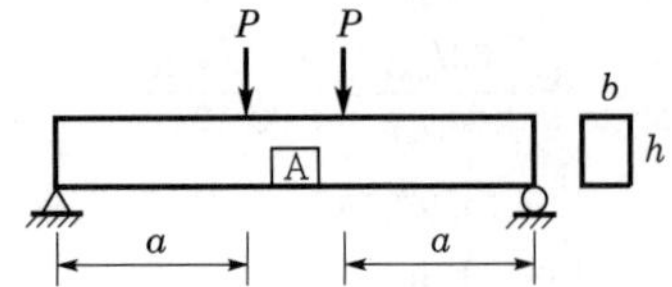

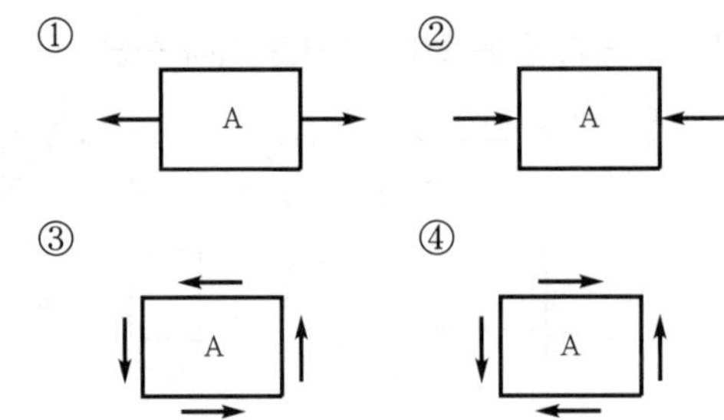

해설 ① A점은 지간 중앙단면으로 휨모멘트는 존재하지만 전단력은 영이다. 따라서 A점에서 전단응력은 영이 되고, 휨모멘트에 의한 인장응력만 존재하고 있다.

$$\sigma_A = \frac{M}{Z} = \frac{6Pa}{bh^2}$$

으로 인장응력만 작용한다.

59 $\sigma_x = 4\text{MPa}$, $\sigma_y = 12\text{MPa}$, $\tau_{xy} = -3\text{MPa}$이 작용하고 있는 평면 요소의 Mohr원에 대한 설명으로 옳지 않은 것은? (단, Mohr원 좌표축의 단위는 MPa이다) [10. 국가직 7급]

① 원 중심의 좌표는 (8, 0)이다.
② 원의 반지름은 5이다.
③ 최대 전단응력점의 좌표는 (0, 5)이다.
④ 최대 주응력점의 좌표는 (13, 0)이다.

해설 최대 전단응력점의 좌표는 x방향으로 모어원의 중심점과 y방향으로는 최대 전단응력으로 모어원의 반지름값이 된다. 따라서 최대 전단응력점의 좌표는 (8, 5)가 된다.

60 다음 응력 요소에 $\sigma_x = 100\text{kgf/cm}^2$, $\sigma_y = 200\text{kgf/cm}^2$, $\tau_{xy} = 200\text{kgf/cm}^2$이 작용할 때 최대 주응력 값은? [00. 국가직 7급]

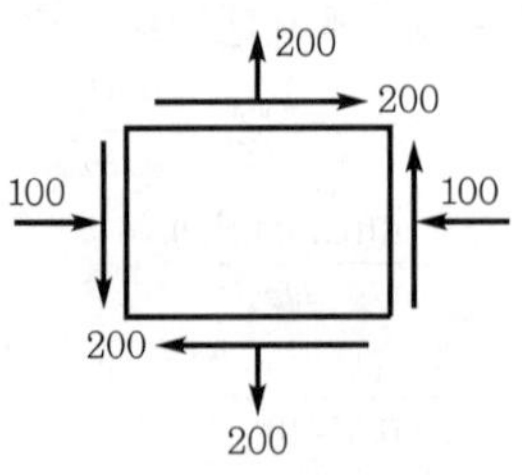

① 200kg/cm^2 ② 250kg/cm^2
③ 300kg/cm^2 ④ 400kg/cm^2

정답 57 ③ 58 ① 59 ③ 60 ③

해설 $\sigma_{1,2} = \dfrac{\sigma_x+\sigma_y}{2} \pm \sqrt{\left(\dfrac{\sigma_x-\sigma_y}{2}\right)^2+\tau_{xy}^2}$

$= \dfrac{-100+200}{2} \pm \sqrt{\left(\dfrac{-100-200}{2}\right)^2+200^2}$

$= 50 \pm 250$

$= 300\text{kgf/cm}^2 \text{ or } -200\text{kgf/cm}^2$

$\therefore \sigma_{max} = \sigma_1 = 300\text{kgf/cm}^2$

61 캔틸레버보(cantilever beam)의 A단면에 그림과 같은 응력의 상태가 나타났을 경우 A점에 작용하는 주응력[MPa]의 크기로 맞는 것은? [15. 서울시 7급]

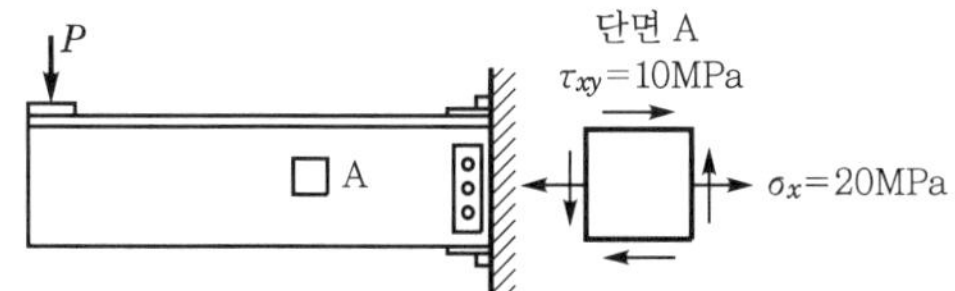

① $10 \pm 5\sqrt{2}$ ② $10 \pm 5\sqrt{3}$
③ $10 \pm 10\sqrt{2}$ ④ $10 \pm 10\sqrt{3}$

해설 보의 주응력 공식을 이용한다.

$\sigma_{1,2} = \dfrac{\sigma}{2} \pm \sqrt{\left(\dfrac{\sigma}{2}\right)^2+\tau^2}$

$= \dfrac{20}{2} \pm \sqrt{\left(\dfrac{20}{2}\right)^2+10^2}$

$= 10 \pm 10\sqrt{2}\,\text{MPa}$

62 얇은 벽을 가진 원통형 압력용기가 그림과 같이 캔틸레버 형태로 되어 있다. 횡하중 P에 점 A에서 발생하는 휨응력이 20MPa이고, 관 내부의 압력에 의하여 발생되는 원통형 벽에서의 축방향 응력이 15MPa이며, 원주방향 응력이 30MPa이다. 원통형 벽의 점 A에서의 최대 전단응력[MPa]은? (단, 평면 내 응력만을 고려한다) [07. 국가직 7급]

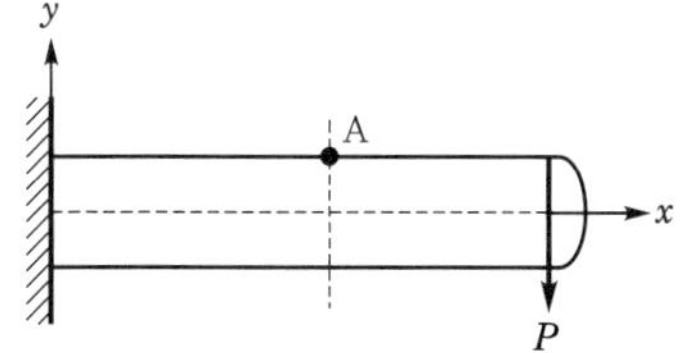

① 2.5 ② 5.0
③ 12.5 ④ 25.0

해설 ㉠ A점의 응력작용도

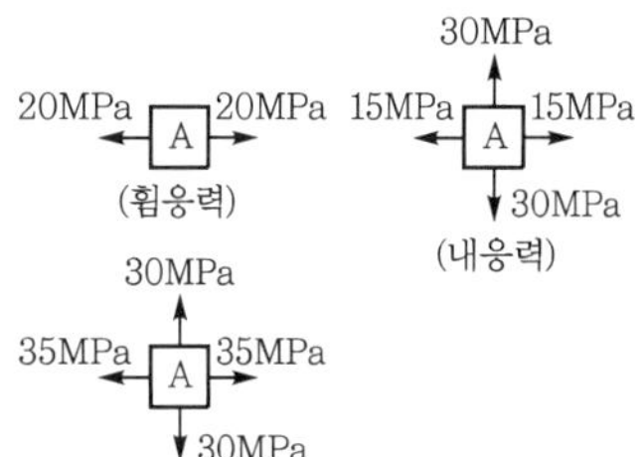

㉡ 절대최대전단응력

$\tau_{max} = \sqrt{\left(\dfrac{\sigma_x-\sigma_y}{2}\right)^2+\tau_{xy}^2} = \sqrt{\left(\dfrac{35-30}{2}\right)^2+0}$

$= 2.5\text{MPa}$

63 그림과 같은 내반경 r인 얇은 벽을 가진 원통형 탱크가 내부압력 P와 외력 F를 받고 있다. 원관벽에 순수전단이 발생되기 위한 힘 F는? [서울시 7급]

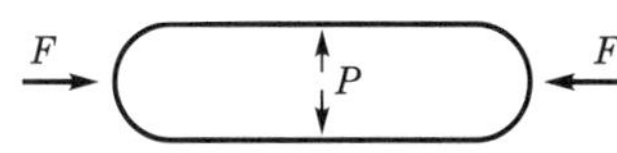

① $F = P\pi r^2$ ② $F = 2P\pi r^2$
③ $F = 3P\pi r^2$ ④ $F = 4P\pi r^2$
⑤ $F = 5P\pi r^2$

해설 ㉠ 원환응력과 종방향 응력

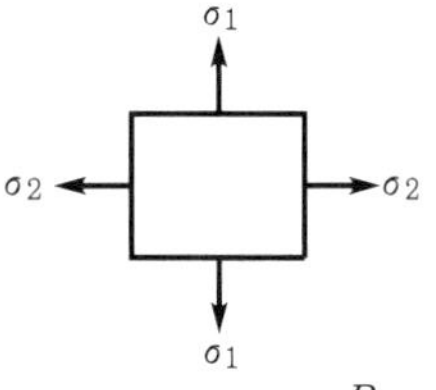

원환응력 $\sigma_1 = \dfrac{Pr}{t}$

종방향 응력 $\sigma_2 = \dfrac{Pr}{2t} = \dfrac{\sigma_1}{2}$이다.

㉡ 순수전단조건

임의 평면에 인장응력이 작용하고 이와 직교평면에 같은 크기의 압축응력이 작용하면 이와 45° 경사면에는 수직응력은 0이고, 오직 전단응력만이 작용한다.

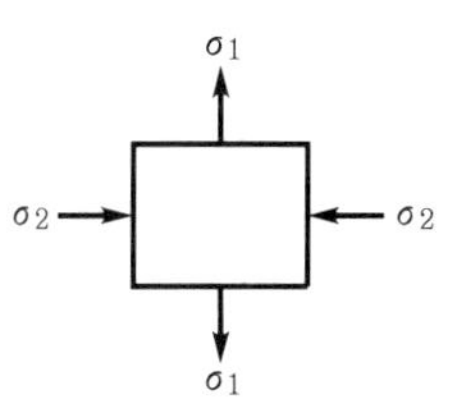

정답 61 ③ 62 ① 63 ③

즉, $\sigma_1 = \sigma_F - \sigma_2$가 되어야 한다.

$\therefore \sigma_F = \sigma_1 + \sigma_2 = \frac{3}{2}\sigma_1$

$\therefore \frac{F}{2\pi rt} = \frac{3}{2} \times \frac{Pr}{t}$

$\therefore F = 3P\pi r^2$

64 보의 중립축에서 주응력의 크기는? (단, τ는 중립축에서의 전단응력도이다) [00. 서울시 7급]

① $\pm\tau$ ② $\pm 2\tau$

③ 0 ④ $\pm\frac{\tau}{2}$

해설 보의 중립축상에서 휨응력(수직응력)은 0이고, 전단응력 τ만 존재하므로 주응력은

$\sigma_{1,2} = \frac{\sigma}{2} \pm \sqrt{\left(\frac{\sigma}{2}\right)^2 + \tau^2} = \pm\tau$

65 $x-y$면에서 발생하는 평면응력상태 및 평면변형상태에 대한 설명으로 옳은 것은? [06. 서울시 7급]

① 평면응력상태에서 항상 $\sigma_x = \sigma_y = \tau_{xy} = 0$이다.

② 평면응력상태에서 항상 $\epsilon_x = \epsilon_y = \gamma_{xy} = 0$이다.

③ 평면변형률상태에서 항상 $\epsilon_x = \gamma_{xz} = \gamma_{yz} = 0$이다.

④ 평면변형률상태에서 항상 $\sigma_x = \sigma_y = \tau_{xy} = 0$이다.

⑤ 일반적으로 평면응력과 평면변형률상태는 동시에 발생한다.

해설 평면응력상태는 $\sigma_x \neq 0$, $\sigma_y \neq 0$, $\tau_{xy} \neq 0$이므로, 따라서 $\sigma_z = 0$, $\tau_{xz} = 0$, $\tau_{yz} = 0$이 성립하고, 평면변형률상태는 $\epsilon_x \neq 0$, $\epsilon_y \neq 0$, $\gamma_{xy} \neq 0$이므로, 따라서 평면변형률상태에서는 $\epsilon_x = 0$, $\gamma_{xz} = 0$, $\gamma_{yz} = 0$이 성립한다.

66 수평축으로부터 반시계 방향으로 0°, 45°, 90° 방향의 45° 스트레인 로제트를 이용하여 변형률 $\epsilon_{0°} = \bar{\epsilon}$, $\epsilon_{45°} = \bar{\epsilon}$, $\epsilon_{90°} = -\bar{\epsilon}$가 각각 측정되었다. 주변형률 ϵ_1, ϵ_2와 최대 전단변형률 γ_{max}는? [08. 국가직 7급]

	ϵ_1	ϵ_2	γ_{max}
①	$\bar{\epsilon}$	$-\bar{\epsilon}$	$\bar{\epsilon}$
②	$\bar{\epsilon}$	$-\bar{\epsilon}$	$2\bar{\epsilon}$
③	$\sqrt{2}\bar{\epsilon}$	$-\sqrt{2}\bar{\epsilon}$	$\sqrt{2}\bar{\epsilon}$
④	$\sqrt{2}\bar{\epsilon}$	$-\sqrt{2}\bar{\epsilon}$	$2\sqrt{2}\bar{\epsilon}$

해설 ㉠ 45° 스트레인 로제트의 수직변형률

$\epsilon_x = \epsilon_{0°} = \bar{\epsilon}$, $\epsilon_y = \epsilon_{90°} = -\bar{\epsilon}$

$\gamma_{xy} = 2\epsilon_{45°} - (\epsilon_{0°} + \epsilon_{90°})$

$= 2 \times \bar{\epsilon} - (\bar{\epsilon} + (-\bar{\epsilon})) = 2\bar{\epsilon}$

㉡ 주변형률

$$\epsilon_{1,2} = \frac{\epsilon_x + \epsilon_y}{2} \pm \sqrt{\left(\frac{\epsilon_x - \epsilon_y}{2}\right)^2 + \left(\frac{\gamma_{xy}}{2}\right)^2}$$

$$= 0 \pm \sqrt{\left(\frac{\bar{\epsilon} - (-\bar{\epsilon})}{2}\right)^2 + \left(\frac{2\bar{\epsilon}}{2}\right)^2}$$

$$= \pm\sqrt{2}\bar{\varepsilon}$$

$$\gamma_{max} = \pm 2\sqrt{\left(\frac{\epsilon_x - \epsilon_y}{2}\right)^2 + \left(\frac{\gamma_{xy}}{2}\right)^2}$$

$$= \pm 2\sqrt{\left(\frac{\bar{\epsilon} - (-\bar{\epsilon})}{2}\right)^2 + \left(\frac{2\bar{\epsilon}}{2}\right)^2}$$

$$= \pm 2\sqrt{2}\bar{\epsilon}$$

67 한 변의 길이가 d인 정사각형 단면의 보-기둥 부재가 축하중 P를 받는다. 중앙부 단면이 절반으로 줄었다면, 보-기둥 부재의 최대 인장응력은? [06. 서울시 7급]

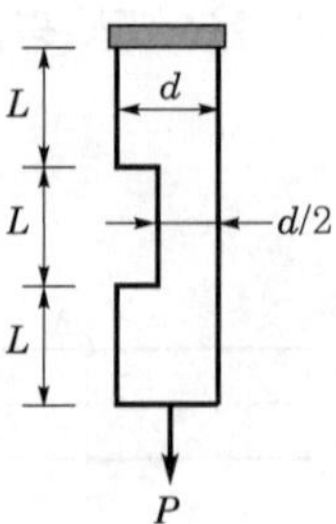

정답 64 ① 65 ③ 66 ④ 67 ③

① $\sigma_{max} = \dfrac{P}{d^2}$　　② $\sigma_{max} = \dfrac{4P}{d^2}$

③ $\sigma_{max} = \dfrac{8P}{d^2}$　　④ $\sigma_{max} = \dfrac{12P}{d^2}$

해설

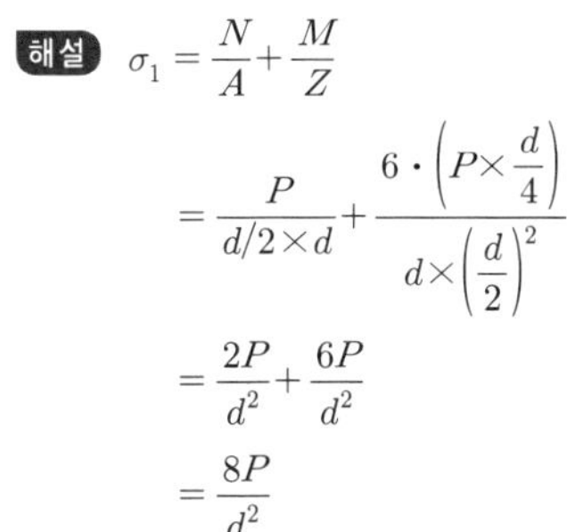

$$\sigma_1 = \frac{N}{A} + \frac{M}{Z}$$

$$= \frac{P}{d/2 \times d} + \frac{6 \cdot \left(P \times \frac{d}{4}\right)}{d \times \left(\frac{d}{2}\right)^2}$$

$$= \frac{2P}{d^2} + \frac{6P}{d^2}$$

$$= \frac{8P}{d^2}$$

68 그림과 같이 크기가 1.6×1.0m인 표지판을 속이 빈 원형 기둥이 지지하고 있다. 표지판이 y 방향으로 2kPa의 풍압을 받을 때, 기둥 밑부분 A점의 전단응력[MPa]은? (단, 기둥의 단면 2차 모멘트 $I_X = 40 \times 10^{-6}\text{m}^4$이고, 단면적 $A = 0.01\text{m}^2$이다) [06. 국가직 7급]

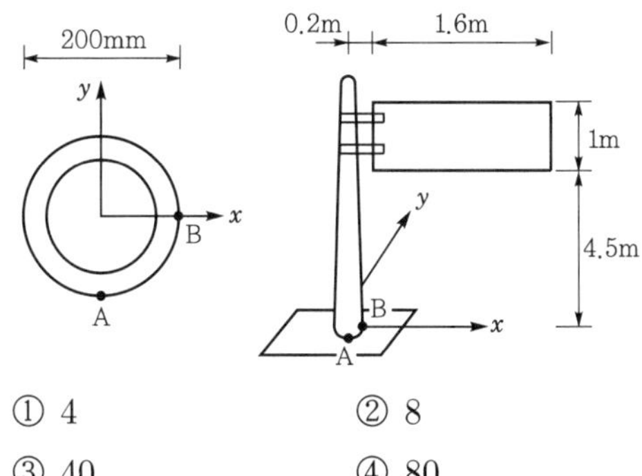

① 4　　② 8

③ 40　　④ 80

해설 이것은 접선응력이 얼마인지를 묻는 문제이다.
A점에는 전단력과 비틀림 모멘트가 작용하고 있다.
㉠ A점의 전단력과 비틀림 모멘트

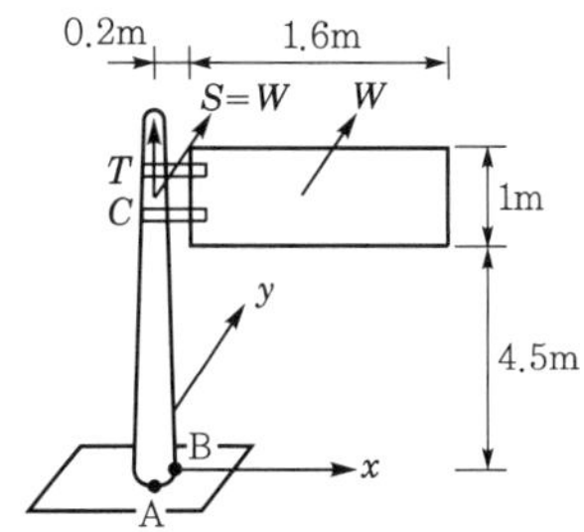

표지판에 작용하는 풍력 W

$W = p_w A$

$= (2 \times 10^{-3}) \times (1,600 \times 1,000)$

$= 3,200\text{N} = 3.2\text{kN}$

풍력 3.2kN이 기둥에 전단력으로 작용한다.
그리고 이에 의한 비틀림 모멘트 T

$T = Wz = 3.2 \times (0.8 + 0.2)$

$= 3.2\text{kN} \cdot \text{m}$

㉡ 전단응력
A점에서는 전단력에 의한 전단응력은 0이고, 비틀림 모멘트에 의한 비틀림응력이 존재한다.
중공원형 단면의 비틀림응력

$$\tau = \frac{T}{J}r = \frac{T}{2I_X}r$$

$$= \frac{3.2 \times 10^6}{2 \times 40 \times 10^{-6} \times 10^{12}} \times 100$$

$$= 4\text{MPa}$$

69 전단중심에 대한 설명 중 옳은 것은? [국가직 7급]

① 전단중심은 힘의 크기에 따라 변한다.
② 전단중심에 수직힘이 작용하면 비틀림이 생긴다.
③ 2축 대칭단면은 도심과 전단중심이 일치한다.
④ ㄱ형 단면(angle)의 전단중심은 무게중심이다.

해설 2축 대칭단면의 전단중심과 도심은 일치한다.

70 다음과 같이 등분포하중 w가 작용하는 단순보에서 소성붕괴 등분포하중 w_u는? [13. 국가직 7급]

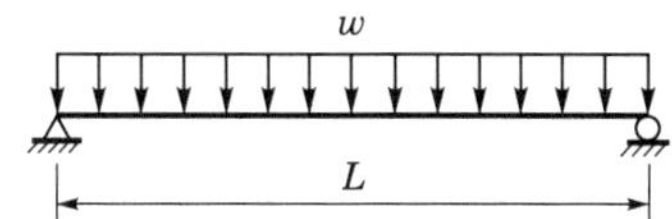

① $\dfrac{M_p}{L^2}$　　② $\dfrac{2M_p}{L^2}$

③ $\dfrac{4M_p}{L^2}$　　④ $\dfrac{8M_p}{L^2}$

해설 정역학적 방법에 의하면

$$M_{max} = \frac{w_u L^2}{8} = M_p$$

$$w_u = \frac{8M_p}{L^2}$$

정답 68 ① 69 ③ 70 ④

71 다음 단순보에서 극한등변분포하중 w_u는? (단, M_p는 소성모멘트이다) [06. 서울시 7급]

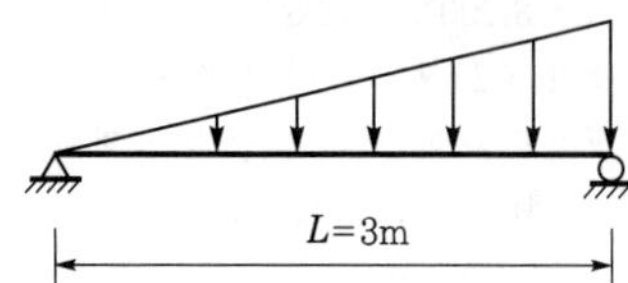

① $0.707M_p$ ② M_p

③ $1.414M_p$ ④ $1.731M_p$

⑤ $2.236M_p$

해설 $M_{max} = \dfrac{w_u L^2}{9\sqrt{3}} = M_p$

$w_u = \dfrac{9\sqrt{3}M_p}{L^2} = \dfrac{9\sqrt{3}}{3^2}M_p$

$= \sqrt{3}M_p = 1.731M_p$

72 다음 부정정보가 소성거동을 할 때 극한하중 P_u를 구하면? (단, 단면의 소성모멘트는 M_p라 한다) [06. 국가직 7급]

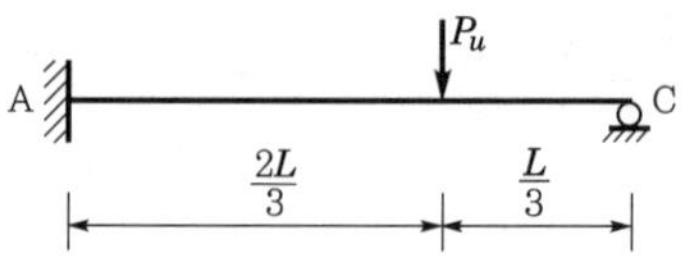

① $\dfrac{6M_p}{L}$ ② $\dfrac{4M_p}{L}$

③ $\dfrac{3M_p}{L}$ ④ $\dfrac{2M_p}{L}$

해설 붕괴메카니즘에 의한 해석

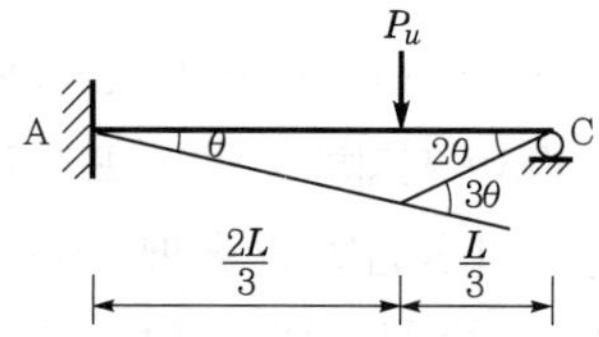

$P_u \times \dfrac{2L}{3}\theta = M_p \times \theta + M_p \times 3\theta$

$P_u = \dfrac{6M_P}{L}$

정답 71 ④ 72 ①

Chapter 08

기둥

CHAPTER 08

기둥

◎ KEY NOTE

● $l_r = k \cdot l$
- l_r: 기둥의 좌굴길이 (유효길이)
- k: 유효길이계수
- l: 기둥의 비지지길이

● $r_{min} = \sqrt{\frac{I_{min}}{A}}$
- r_{min}: 최소 회전반경
- I_{min}: 단면2차 최소모멘트
- A: 단면적

1 개요

1. 정의

축방향 압축력을 주로 받는 부재로, 길이가 단면 최소 치수의 3배 이상인 부재를 말하며, 단주와 장주가 있다.

2. 기둥의 판별

(1) 파괴형상에 따른 분류

① 단주(short column, 짧은 기둥): 부재의 중립축방향으로 압축력을 받으 압축파괴를 하는 기둥

② 장주(long column, 긴 기둥): 부재의 중립축방향으로 압축력을 받아 좌굴파괴를 하는 기둥

(2) 세장비에 따른 분류

$$\text{세장비: } \lambda = \frac{l_r(\text{좌굴길이})}{r_{min}(\text{최소 회전반경})} = \frac{k \cdot l}{r_{min}}$$

3. 기둥의 종류

종류	세장비(λ)	파괴형태	해석법
단주	30~45	압축파괴($\sigma \le \sigma_y$)	훅 법칙
중간주	45~100	비탄성 좌굴파괴($0.5\sigma_y < \sigma < \sigma_y$)	실험 공식
장주	100 이상	탄성 좌굴파괴($\sigma \le 0.5\sigma_y$)	오일러 공식

2 단주의 해석

1. 중심축하중을 받는 단주

$$\sigma = \frac{P}{A} \leq \sigma_a$$

여기서, σ: 축방향 압축응력($\mathrm{kgf/cm^2}$)
P: 압축하중
A: 단면적
σ_a: 허용 압축응력($\mathrm{kgf/cm^2}$)

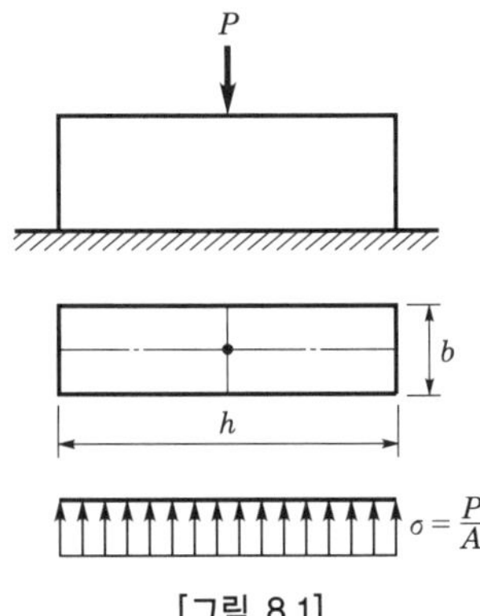

[그림 8.1]

2. 1축 편심축하중을 받는 단주

(1) x축상에 편심 작용($e_y = 0$)

$$\sigma = \frac{P}{A} \pm \frac{M_x}{I_y} \cdot x = \frac{P}{A} \pm \frac{P \cdot e_x}{I_y} \cdot x$$

(2) y축상에 편심 작용($e_x = 0$)

$$\sigma = \frac{P}{A} \pm \frac{M_y}{I_x} \cdot y = \frac{P}{A} \pm \frac{P \cdot e_y}{I_x} \cdot y$$

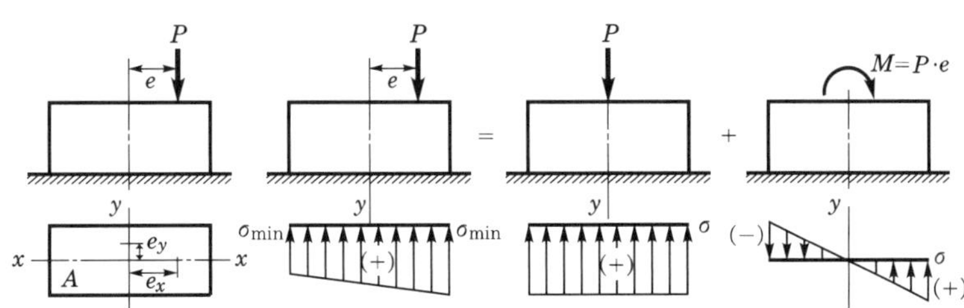

[그림 8.2]

KEY NOTE

허용하중

$P_a = \sigma_a \cdot A$

기둥단면 계산

$A \geq \frac{P}{\sigma_a}$

부호 적용

- 압축(+)
- 인장(−)

KEY NOTE

2축 편심축하중 작용 시 각 점의 응력

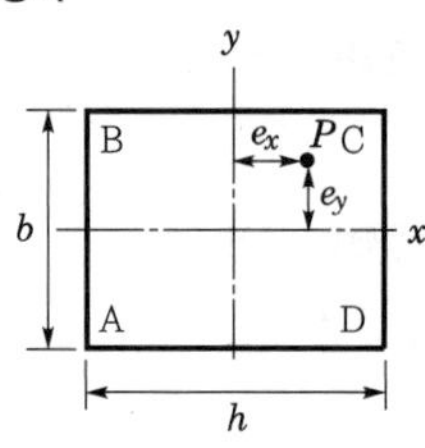

(최소)

$$\sigma_A = \frac{P}{A} - \frac{P \cdot e_y}{I_X} y - \frac{P \cdot e_x}{I_Y} x$$

$$\sigma_B = \frac{P}{A} + \frac{P \cdot e_y}{I_X} y - \frac{P \cdot e_x}{I_Y} x$$

(최대)

$$\sigma_C = \frac{P}{A} + \frac{P \cdot e_y}{I_X} y + \frac{P \cdot e_x}{I_Y} x$$

$$\sigma_D = \frac{P}{A} - \frac{P \cdot e_y}{I_X} y + \frac{P \cdot e_x}{I_Y} x$$

- 부호 작용

x, y, e_x, e_y: 양–양, 음–음 (+)
양–음, 음–양 (–)

핵거리

$$e_y = \frac{I_x}{A \cdot y} = \frac{{r_x}^2}{y}$$

$$e_y = \frac{I_y}{A \cdot x} = \frac{{r_y}^2}{x}$$

여기서,

$$r_x = \sqrt{\frac{I_x}{A}}, \quad r_y = \sqrt{\frac{I_y}{A}}$$

3. 2축 편심축하중을 받는 단주

$$\sigma = \frac{P}{A} \pm \frac{M_x}{I_y} \cdot x \pm \frac{M_y}{I_x} \cdot y = \frac{P}{A} \pm \frac{P \cdot e_x}{I_y} x \pm \frac{P \cdot e_y}{I_x} y$$

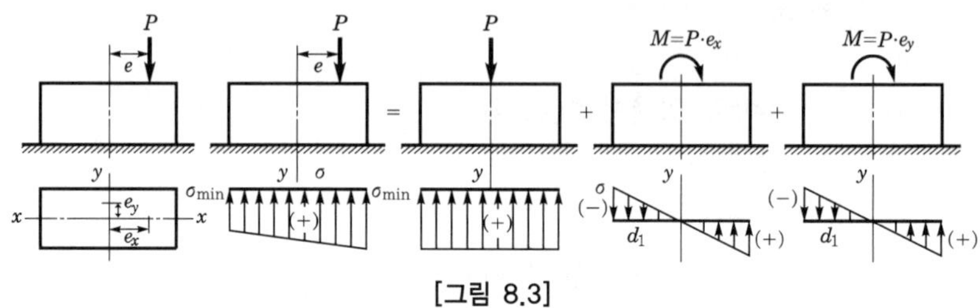

[그림 8.3]

4. 단면의 핵(core), 핵점(core point)

(1) 핵

인장응력이 생기지 않는 하중작용 범위

(2) 핵점

압축응력과 인장응력이 발생하는 한계점(경계점)

(3) 핵거리

단면 도심에서 핵점까지의 거리

① $\sigma = \frac{P}{A} - \frac{M_y}{I_y} \cdot x = \frac{P}{A} - \frac{P \cdot e_x}{I_y} \cdot x = 0$

$$\therefore e_x = \frac{I_y}{A \cdot x} = \frac{Z_y}{A}$$

② $\sigma = \frac{P}{A} - \frac{M_y}{I_x} \cdot y = \frac{P}{A} - \frac{P \cdot e_y}{I_x} \cdot y = 0$

$$\therefore e_y = \frac{I_x}{A \cdot y} = \frac{Z_x}{A}$$

(4) 각 단면의 핵

① 구형 단면

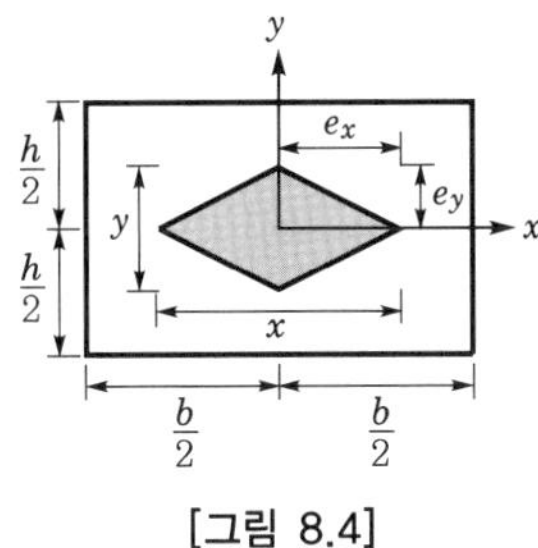

[그림 8.4]

㉠ 핵거리

- $e_x = \dfrac{Z_y}{A} = \dfrac{\frac{b^2h}{6}}{bh} = \dfrac{b}{6}$
- $e_y = \dfrac{Z_x}{A} = \dfrac{\frac{bh^2}{6}}{bh} = \dfrac{h}{6}$

㉡ 핵지름

- $D_x = 2 \cdot e_x = \dfrac{b}{3}$
- $D_y = 2 \cdot e_y = \dfrac{h}{3}$

㉢ 핵면적

- $A = \dfrac{1}{2} \times \dfrac{b}{3} \times \dfrac{h}{3} = \dfrac{bh}{18}$

㉣ 도형면적: 핵면적 비

- $bh : \dfrac{bh}{18} = 18:1$

② 원형 단면

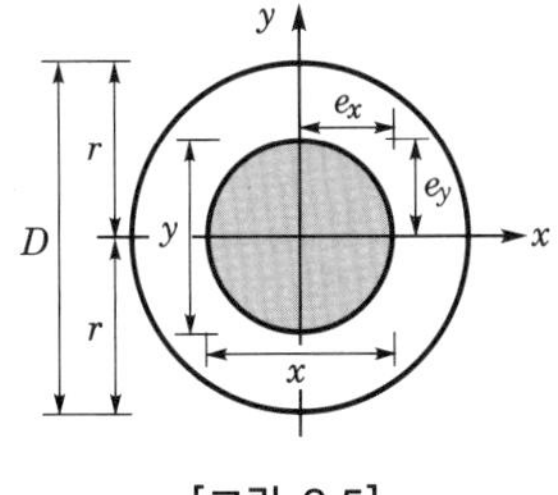

[그림 8.5]

KEY NOTE

각 단면의 핵면적과 주변장

- 직사각형 단면
  $A_c = \dfrac{bh}{18},\quad L_c = \dfrac{2}{3}\sqrt{b^2+h^2}$
- 원형 단면
  $A_c = \dfrac{\pi r^2}{16} = \dfrac{\pi D^2}{64},\quad L_c = \dfrac{\pi D}{4}$
- 삼각형 단면
  $A_c = \dfrac{bh}{32},$
  $L_c = \dfrac{1}{4}\sqrt{4h^2+b^2+2b}$

KEY NOTE

㉠ 핵거리

• $e_x = e_y = \dfrac{Z}{A} = \dfrac{\dfrac{\pi D^3}{32}}{\dfrac{\pi D^2}{4}}$

$\therefore \dfrac{D}{8} = \dfrac{r}{4}$

㉡ 핵지름

• $D = 2 \cdot e = \dfrac{D}{4} = \dfrac{r}{2}$

㉢ 핵면적

• $A = \pi\left(\dfrac{r}{4}\right)^2 = \dfrac{\pi r^2}{16}$

㉣ 도형면적: 핵면적 비

• $\pi r^2 : \dfrac{\pi r^2}{16} = 16:1$

③ 삼각형 단면

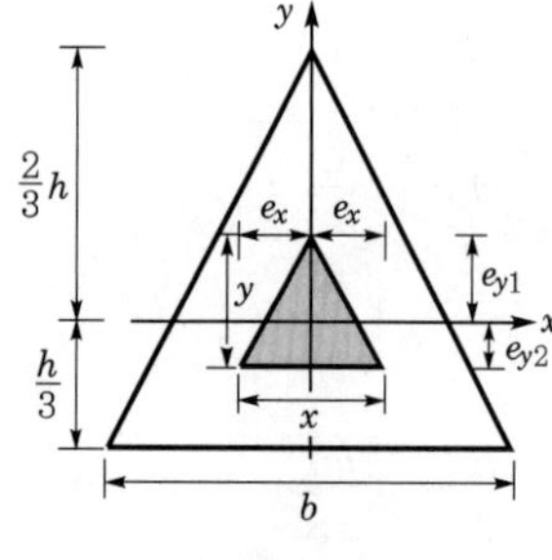

[그림 8.6]

㉠ 핵거리

• $e_x = \dfrac{I_y}{A \cdot x} = \dfrac{b}{8}$

• $e_{y1} = \dfrac{I_x}{A \cdot y_2} = \dfrac{h}{6}$

• $e_{y2} = \dfrac{I_x}{A \cdot y_1} = \dfrac{bh}{12}$

㉡ 핵지름

- $D_x = 2 \cdot e_x = \dfrac{b}{4}$

- $D_y = e_{y1} + e_{y2} = \dfrac{h}{4}$

㉢ 핵면적

- $A = \dfrac{1}{2} \times \dfrac{b}{4} \times \dfrac{h}{4} = \dfrac{bh}{32}$

㉣ 도형면적: 핵면적 비

- $\dfrac{bh}{2} : \dfrac{bh}{32} = 16:1$

5. 편심거리에 따른 응력분포도

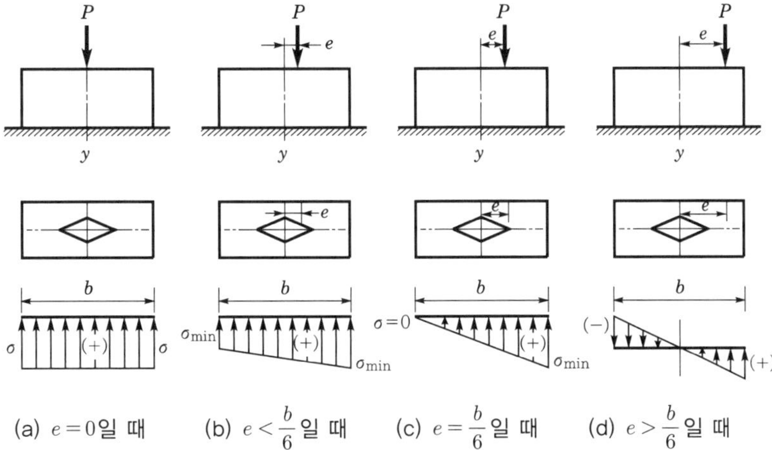

(a) $e = 0$일 때 (b) $e < \dfrac{b}{6}$일 때 (c) $e = \dfrac{b}{6}$일 때 (d) $e > \dfrac{b}{6}$일 때

[그림 8.7]

3 장주의 해석

1. 좌굴방향

(1) 단면2차모멘트가 최대인 주축(I_{max}축)의 방향으로 좌굴

(2) 단면2차모멘트가 최소인 주축(I_{min}축)의 직각방향으로 좌굴

2. 좌굴축

좌굴의 기준축은 최소 회전반경(r_{min})이 생기는 축, 즉 최소 주축(I_{min})을 의미

KEY NOTE

장주

- $\lambda > 100$

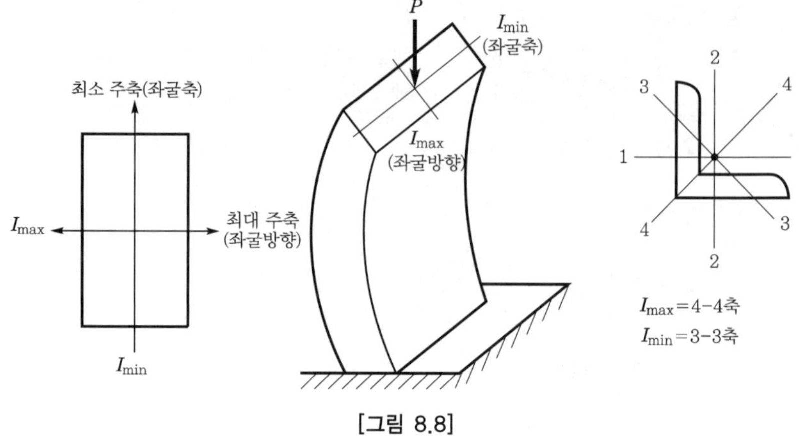

[그림 8.8]

3. 오일러(Euler) 장주 공식(탄성이론 공식)

(1) 좌굴하중

$$P_{cr} = \frac{n\pi^2 EI}{l^2} = \frac{\pi^2 EI}{{l_r}^2}$$

(2) 좌굴응력

$$\sigma_{cr} = \frac{P_{cr}}{A} = \frac{n\pi^2 E}{\lambda^2}$$

- n: 기둥강성계수(좌굴계수) $= \dfrac{1}{k^2}$
- EI: 휨강성
- l_r: 기둥의 유효길이 (좌굴길이=환산길이)
- l: 기둥의 비지지길이
- λ: 세장비$\left(\dfrac{l_r}{r}\right)$

4. 단부조건별 강성계수(n)와 유효길이(l_r)

	1단 고정 타단자유	양단힌지	1단힌지 타단고정	양단고정
양단지지상태 (• 은 변곡점)	P, l, l, $2l$	P, l	P, $0.7l$	P, $0.5l$

(계속)

○ 좌굴 기본방정식(양단힌지)

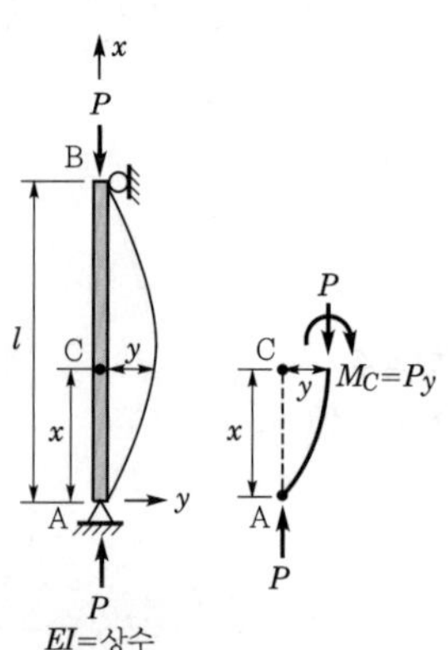

	1단 고정 타단자유	양단힌지	1단힌지 타단고정	양단고정
유효길이 =좌굴길이 kl (변곡점 간 길이) $\left(k=\frac{1}{\sqrt{n}}\right)$	$2l$	$1l$	$0.7l$	$0.5l$
좌굴계수 =강도계수 =구속계수 $n=\frac{1}{k^2}$	$\frac{1}{2^2}=\frac{1}{4}$	1	$\frac{1}{(0.7)^2}\fallingdotseq 2$	$\frac{1}{(0.5)^2}=4$
좌굴길이가 같게 되는 등가 기둥길이 $\frac{1}{k}(=\sqrt{n})$	$\frac{1}{2}$	1	$\sqrt{2}$	2

KEY NOTE

(1) 탄성곡선의 미분방정식

• 곡률–모멘트 관계에서

$$\frac{d^2y}{dx^2}=-\frac{M}{EI}=-\frac{P\cdot y}{EI}$$

$$\frac{d^2y}{dx^2}+\frac{P}{EI}y=0$$

$k^2=\frac{P}{EI}$로 놓고

$$\frac{d^2y}{dx^2}+k^2y=0 \quad \cdots\cdots ①$$

(2) 일반해

• 식 ①의 미분방정식의 일반해는

$y=A\cos kx+B\sin kx$ ⋯⋯ ②

(3) 경계조건

① $x=0\rightarrow y=0$

② $x=l\rightarrow y=0$

(4) 좌굴하중, P_{cr}

• 식 ②에 경계조건을 적용하면

① $y_{(x=1)}=A\cos k(0)+B\sin k(0)=0$

$\therefore A=0$

② $y_{(x=0)}=B\sin kl=0$

$\therefore B=0$ 또는 $\sin kl=0$

좌굴이 발생하면 $B\neq 0$이어야 하므로 $\sin kl=0$이다.

$\therefore kl=n\pi(n=1, 2, 3, \cdots)$

$k^2l^2=n^2\pi^2\left(k^2=\frac{P}{EI}\right)$

$\frac{Pl^2}{EI}=n^2\pi^2$

$$\therefore P=\frac{n\pi^2EI}{l^2}$$

CHAPTER 08 9급 기출문제

01 압축재(compressive member)만으로 된 부재는 다음 중 어느 것인가? [서울시 9급]

① 현수교(suspension bridge)
② 기둥(column)
③ 보(beam)
④ 아치(arch)

02 길이가 1.5m이고 단면이 25cm×25cm인 짧은 기둥에 3t의 압축력이 작용한다. 압축 응력도(kg/cm^2)의 크기는? [국가직 9급]

① 2.0 ② 4.8
③ 7.2 ④ 9.6

해설 압축응력

$$\sigma = \frac{P}{A} = \frac{3\times10^3}{25\times25} = 4.8\text{kg/cm}^2$$

03 50t을 받는 확대기초가 지름 1m의 기둥 4개를 지지할 때 기둥 1개의 응력은? [00. 국가직 9급]

① 1.60kgf/cm^2 ② 1.80kgf/cm^2
③ 2.0kgf/cm^2 ④ 2.4kgf/cm^2

해설 $$\sigma = \frac{P}{4A} = \frac{50\times10^3}{4\times\frac{\pi\times100^2}{4}}$$
$$= 1.59 \fallingdotseq 1.60\text{kgf/cm}^2$$

04 편심하중을 받는 단주의 핵거리 e값은? [서울시 9급, 02. 경기도 9급]

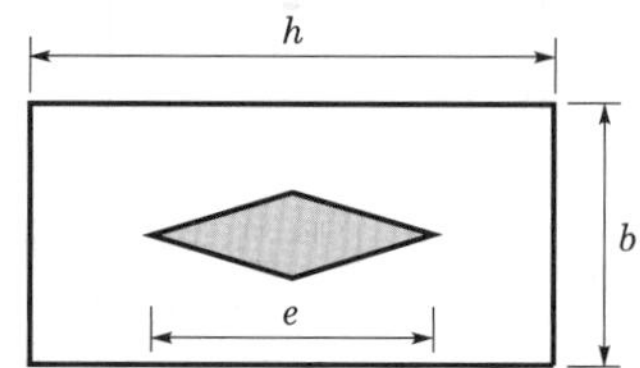

① $\frac{h}{2}$ ② $\frac{h}{3}$
③ $\frac{h}{4}$ ④ $\frac{h}{6}$

해설 구형 단면의 핵거리 $e=\frac{h}{3}$

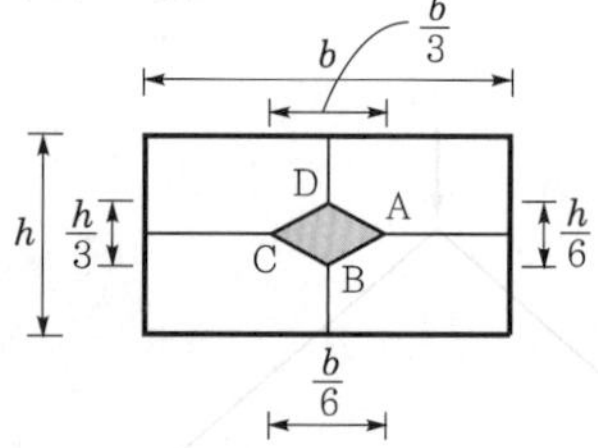

05 반지름이 r인 원형 단면의 단주에 압축력 P가 작용할 때 이 기둥에 인장응력이 생기지 않기 위한 편심거리 e는 단면의 도심에서 얼마나 떨어진 곳인가? [국가직 9급]

① $\frac{r}{4}$ ② $\frac{r}{5}$
③ $\frac{r}{6}$ ④ $\frac{r}{7}$

해설 원형 단면의 핵점의 위치

$$e = \frac{D}{8} = \frac{r}{4}$$

정답 01 ② 02 ② 03 ① 04 ② 05 ①

06 그림과 같은 직사각형 단주가 있다. 이 단주의 상단 A점에 압축력 24kN이 작용할 때, 단주의 하단에 발생하는 최대 압축응력[MPa]은? [09. 지방직 9급]

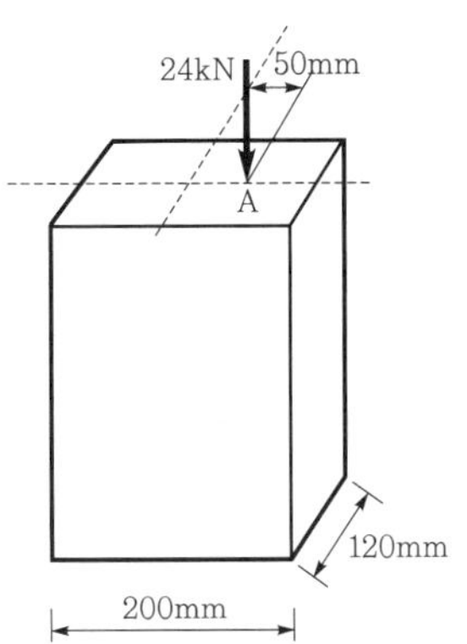

① 1.5 ② 1.75

③ 2.0 ④ 2.5

해설 최대 압축응력의 기본공식

$\sigma_{max} = \dfrac{P}{A}\left(1+\dfrac{6e_y}{h}+\dfrac{6e_x}{b}\right)$에서

$e_y = 0$이므로

$\sigma_{max} = \dfrac{P}{A}\left(1+\dfrac{6e_x}{b}\right) = \dfrac{24\times10^3}{200\times120}$

$\left(1+\dfrac{6\times50}{200}\right) = 2.5\text{MPa}$

07 그림과 같은 기둥에 축방향 하중이 도심축으로부터 편심 $e = 100\text{mm}$ 떨어져서 작용할 때 발생하는 최대 압축응력[MPa]은? (단, 기둥은 단주이며 자중은 무시한다) [11. 지방직 9급]

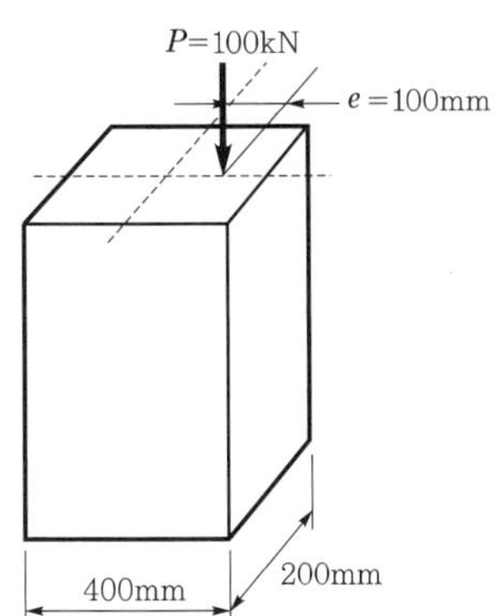

① 1.25 ② 2.188

③ 3.125 ④ 5

해설 $\sigma_A = \dfrac{P}{A}\left(1+\dfrac{6e_y}{h}+\dfrac{6e_x}{b}\right) = \dfrac{P}{A}\left(1+\dfrac{6e_x}{b}\right)$

$= \dfrac{100\times10^3}{400\times200}\left(1+\dfrac{6\times100}{400}\right) = 3.125\text{MPa}$(압축)

08 다음과 같이 편심하중이 작용하고 있는 직사각형 단면의 짧은 기둥에서, 바닥면에 발생하는 응력에 대한 설명 중 옳은 것은? (단, $P=300\text{kN}$, $e=40\text{mm}$, $b=200\text{mm}$, $h=300\text{mm}$)

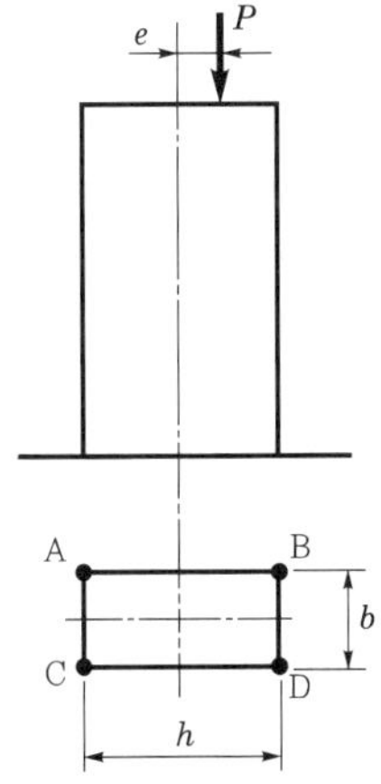

① A점과 B점의 응력은 같다.

② B점에 발생하는 압축응력의 크기는 5MPa보다 크다.

③ A점에는 인장응력이 발생한다.

④ B점과 D점의 응력이 다르다.

해설 ㉠ $\sigma_A = \dfrac{P}{A} - \dfrac{Pe}{Z}$

$\sigma_B = \dfrac{P}{A} + \dfrac{Pe}{Z}$

㉡ B점의 응력은

$\sigma_B = \dfrac{P}{A} + \dfrac{Pe}{Z} = \dfrac{300\times10^3}{200\times300} + \dfrac{6\times300\times10^3\times40}{200\times300^2}$

$= 5+4 = 9\text{MPa}$

㉢ A점에는 압축응력이 발생한다.

$\sigma_A = \dfrac{P}{A} - \dfrac{Pe}{Z} = \dfrac{300\times10^3}{200\times300} - \dfrac{6\times300\times10^3\times40}{200\times300^2}$

$= 5-4 = 1\text{MPa}$

㉣ B점과 D점의 응력이 같다. 중립축으로 동일한 위치에 있으므로 B와 D점의 응력은 같다.

정답 06 ④ 07 ③ 08 ②

09 Euler 탄성좌굴이론의 기본가정 중 옳지 않은 것은? [09. 국가직 9급]

① 기둥의 재료는 후크의 법칙을 따르며 균질하다.

② 좌굴발생에 따른 처짐(v)은 매우 작으므로 곡률(k)은 d^2v/dx^2와 같다.

③ 좌굴발생 전 양단이 핀으로 지지된 기둥은 초기결함 없이 완전한 직선을 유지하고 어떠한 잔류응력도 없다.

④ 좌굴발생 전 중립축에 직각인 평면은 좌굴발생 후 중립축에 직각을 유지하지 않는다.

해설 평면유지의 법칙, 즉 평면보존의 법칙이 존재한다.

10 기둥의 임계하중에 대한 설명으로 옳지 않은 것은? [14. 지방직 9급]

① 단면 2차 모멘트가 클수록 임계하중은 크다.

② 좌굴 길이가 길수록 임계하중은 작다.

③ 임계하중에서의 기둥은 좌굴에 대해서 안정하지도 불안정하지도 않다.

④ 동일조건에서 원형단면은 동일한 면적의 정삼각형보다 임계하중이 크다.

해설 단부 조건이 동일하고, 동일한 단면적인 경우에 정삼각형 단면의 단면 2차 모멘트가 가장 크기 때문에 정삼각형의 임계하중이 어떤 단면보다 크다.

11 기둥에서 $\sigma_{cr} = \dfrac{\pi^2 E}{\lambda^2}$의 공식을 적용할 수 있는 범위는? [01. 국가직 9급]

① 비례한도 이내 ② 비례한도 이상

③ 극한강도 이내 ④ 극한강도 이상

해설 오일러 공식은 비례한도 이내에서 파괴되는 탄성좌굴이다.

12 지름이 40cm이고 길이 3m인 원형 기둥의 세장비는? [국가직 9급]

① 20 ② 30

③ 40 ④ 50

해설 원형 기둥의 세장비

$$\lambda = 4 \cdot \frac{l}{d} = 4 \times \frac{300}{40} = 30$$

13 오일러 공식에서 장주의 적용 범위는 세장비가 얼마 이상일 때인가? [서울시 9급]

① 50 ② 90

③ 100 ④ 200

해설 오일러의 장주공식은 세장비 100 이상의 기둥에 적용한다.

14 길이가 4.0m이고 직사각형 단면을 가진 기둥이 있다. 세장비 λ는? (단, 기둥의 단면성질에서 $I_{max} = 2{,}500\text{cm}^4$, $I_{min} = 1{,}600\text{cm}^4$, $A = 100\text{cm}^2$이다) [09. 국가직 9급]

① 50 ② 80

③ 100 ④ 160

해설 회전반경,

$$r_{min} = \sqrt{\frac{I_{max}}{A}} = \sqrt{\frac{1{,}600}{100}} = 4$$

세장비, $\lambda = \dfrac{l}{r_{min}} = \dfrac{4 \times 100}{4} = 100$

15 그림과 같이 길이 l, 지름 12cm인 원형 단면 기둥의 세장비는? [국가직 9급]

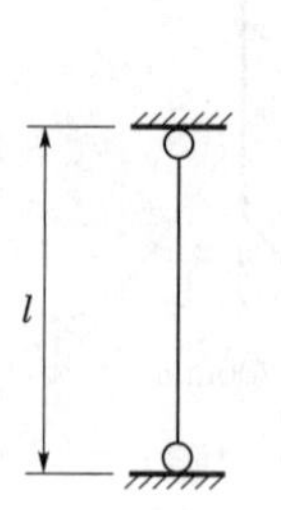

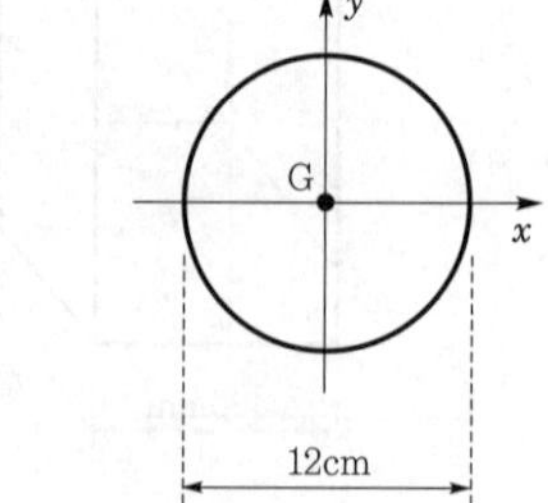

정답 09 ④ 10 ④ 11 ① 12 ② 13 ③ 14 ③ 15 ②

① $\frac{l}{4}$ ② $\frac{l}{3}$

③ $3l$ ④ $4l$

해설 원형 단면의 양단힌지 기둥의 세장비

$\lambda = 4 \cdot \frac{l}{d} = 4 \times \frac{l}{12} = \frac{l}{3}$

16 A의 긴 기둥이 2t를 받을 수 있을 때 B의 긴 기둥이 받을 수 있는 힘은? [국가직 9급]

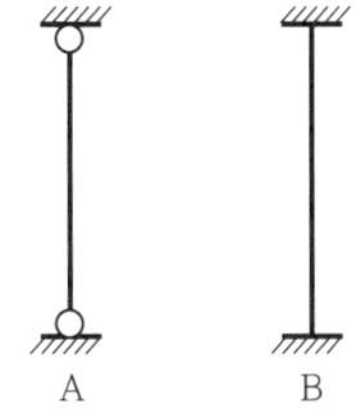

① 6t ② 8t

③ 10t ④ 12t

해설 등단면, 등질, 같은 길이의 양단고정의 장주의 강도는 양단힌지의 장주보다 4배 더 강하다.

$\therefore P_{cr(B)} = 4P_{cr(A)} = 4 \times 2 = 8\text{t}$

17 그림과 같이 동일한 재료와 단면으로 제작된 길이가 다른 세 개의 기둥이 있다. 각 기둥에 대한 오일러 좌굴하중을 비교하였을 때 다음 중 옳은 것은? [10. 지방직 9급]

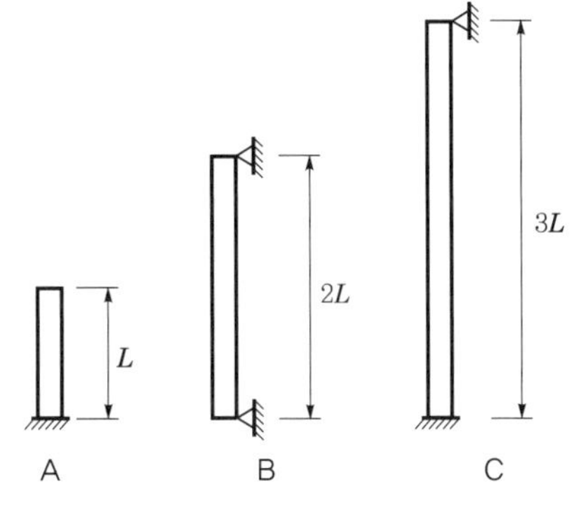

① A = B > C ② A = B < C

③ A < B < C ④ A > B > C

해설 $P_{cr} = \frac{n\pi^2 EI}{L^2}$ 에서

$P_{cr(A)} : P_{cr(B)} : P_{cr(C)} = \frac{1/4}{(L)^2} : \frac{1}{(2L)^2} : \frac{2}{(3L)^2}$

$= \frac{1}{4} : \frac{1}{4} : \frac{2}{9} = 1 : 1 : \frac{8}{9}$

$P_{cr(A)} = P_{cr(B)} > P_{cr(C)}$

18 그림과 같이 길이가 L인 장주의 강도를 비교한 것으로 옳은 것은? [14. 서울시 7급]

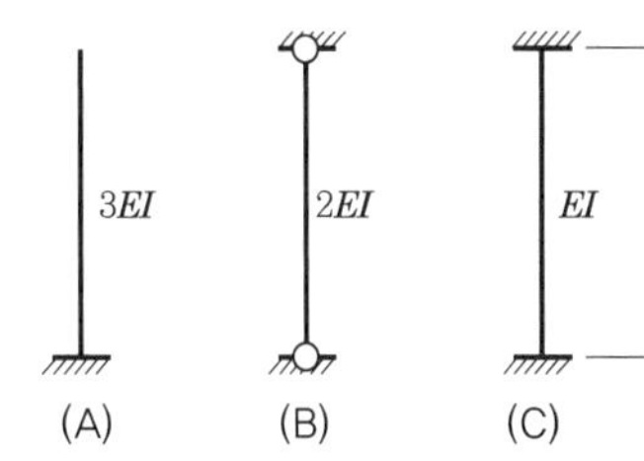

① (A) < (B) = (C)

② (A) > (B) > (C)

③ (A) < (B) < (C)

④ (A) = (B) = (C)

⑤ (A) = (B) > (C)

해설 장주의 좌굴하중

$P_{cr} = \frac{\pi^2 EI}{(kL)^2} = \frac{n\pi^2 EI}{L^2}$ 이다.

여기서 기둥길이가 같으므로

$P_{cr} \propto nEI$

$P_{cr,A} : P_{cr,B} : P_{cr,C} = \frac{3EI}{4} : 1 \times 2EI : 4 \times EI$

$= \frac{3}{4} : 2 : 4$

$\therefore$ (A) < (B) < (C) 가 된다.

19 아래 세 기둥의 좌굴강도 크기 비교가 옳은 것은? [15. 서울시 9급]

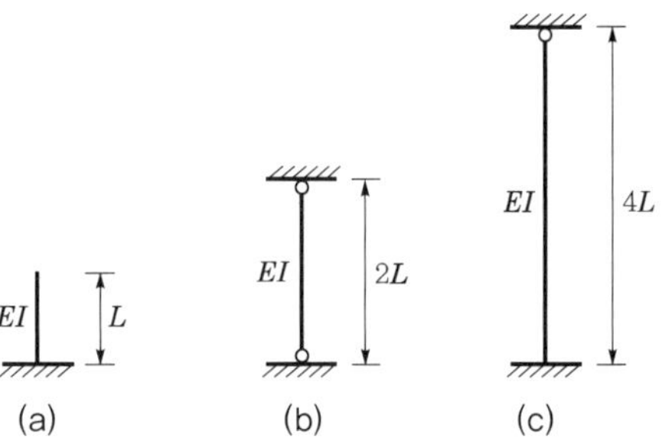

정답 16 ② 17 ① 18 ③ 19 ④

① $P_a = P_b < P_c$　　② $P_a > P_b > P_c$

③ $P_a < P_b < P_c$　　④ $P_a = P_b > P_c$

해설 기둥의 좌굴강도$\left(P_{cr} = \dfrac{n\pi^2 EI}{L^2}\right)$는 단부조건과 기둥길이에 의해서 결정된다.

$P_a : P_b : P_c = \dfrac{1}{4L^2} : \dfrac{1}{(2L)^2} : \dfrac{2}{(4L)^2} = 2:2:1$

따라서 $P_a = P_b > P_c$가 된다.

20 그림과 같은 두 기둥의 탄성좌굴하중의 크기가 같다면, 단면 2차 모멘트 I의 비$\left(\dfrac{I_2}{I_1}\right)$는? (단, 두 기둥의 탄성계수 E, 기둥의 길이 L은 같다)

[14. 국가직 9급]

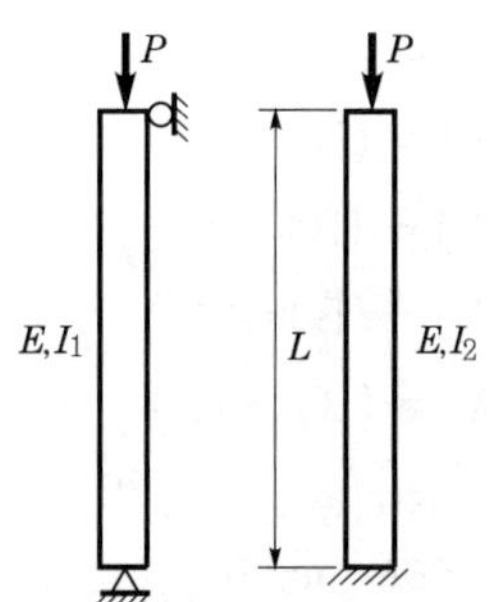

① $\dfrac{1}{4}$　　② $\dfrac{1}{2}$

③ 2　　④ 4

해설 양단힌지기둥과 1단고정 타단자유단 기둥의 좌굴하중이

$P_{cr1} = P_{cr2}$

$\dfrac{\pi^2 EI_1}{L^2} = \dfrac{\pi^2 EI_2}{4L^2}$

$\therefore \dfrac{I_2}{I_1} = 4$

21 그림과 같은 양단고정 기둥에서 온도를 ΔT만큼 상승시켜 오일러 좌굴을 발생시킬 때, 온도 상승량 ΔT의 값은? (단, 열팽창계수는 α이고, 휨강성은 EI이며, 단면적은 A이다)

[11. 국가직 9급]

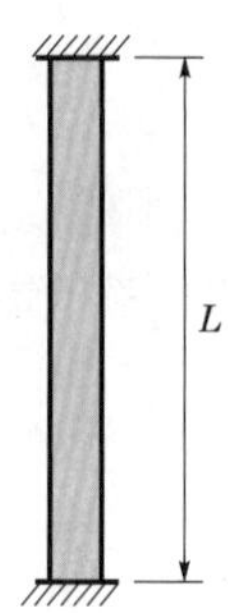

① $\dfrac{\pi^2 I}{A\alpha L^2}$　　② $\dfrac{2\pi^2 I}{A\alpha L^2}$

③ $\dfrac{4\pi^2 I}{A\alpha L^2}$　　④ $\dfrac{8\pi^2 I}{A\alpha L^2}$

해설 $R_T = P_{cr}$

$\alpha \cdot \Delta T \cdot EA = \dfrac{4\pi^2 EI}{L^2}$

$\therefore \Delta T = \dfrac{4\pi^2 I}{\alpha A L^2}$

22 그림과 같이 강체인 봉과 스프링으로 이루어진 구조물의 좌굴하중 P_{cr}은? (단, 스프링은 선형탄성 거동을 하며, 상수는 k이다. 또한 B점은 힌지이며, 봉 및 스프링의 자중은 무시한다)

[15. 국가직 9급]

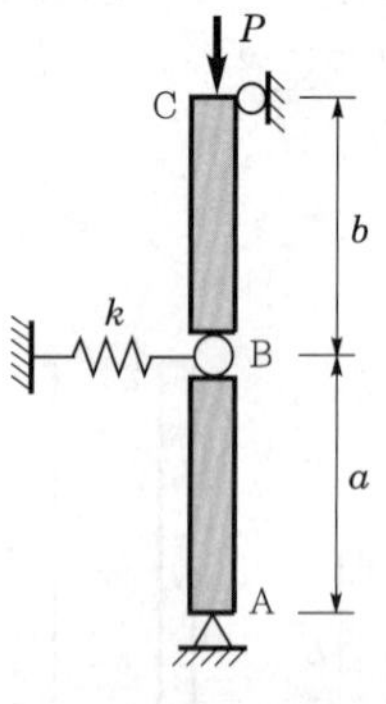

① $\dfrac{ka}{2}$　　② $\dfrac{kb}{2}$

③ $\dfrac{ka^2}{a+b}$　　④ $\dfrac{kab}{a+b}$

정답 20 ④ 21 ③ 22 ④

해설 AB부재에서 $\Sigma M_B = 0$을 아래쪽으로 적용한다. 그런데 B점의 반력은 스프링의 압축력과 같게 된다. 즉, $R_B = kb$가 된다. 또한 A지점의 수평반력

$$H_B = \frac{R_B b}{a+b} = \frac{k\delta b}{a+b} = \frac{kb}{a+b}\delta$$

이 된다.

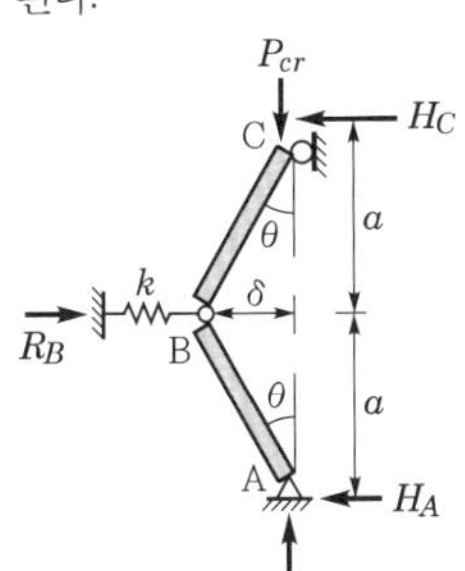

$$\Sigma M_B = 0,\ H_A \times a - P_{cr} \times \delta = 0$$

$$\frac{kb\delta}{a+b} \times a - P_{cr} \times \delta = 0$$

$$P_{cr} = \frac{kab}{a+b}$$

23 다음 그림과 같이 중앙 내부힌지 B점에 강성(stiffness) k인 회전스프링에 의하여 지지되는 기둥이 있다. 이 기둥의 임계좌굴하중(P_{cr})은? [12. 지방직 9급]

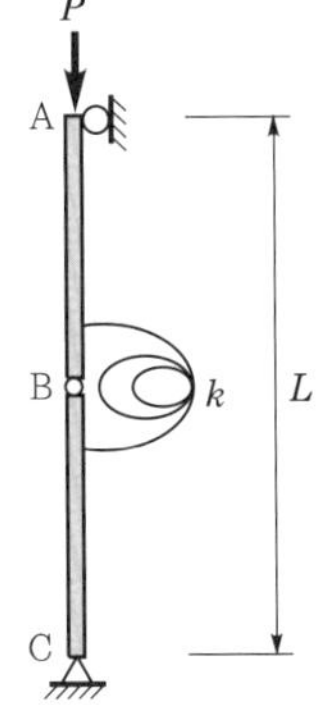

① $\dfrac{k}{2L}$　② $\dfrac{k}{L}$

③ $\dfrac{2k}{L}$　④ $\dfrac{4k}{L}$

해설 회전스프링 모멘트, $M = 2k\theta$

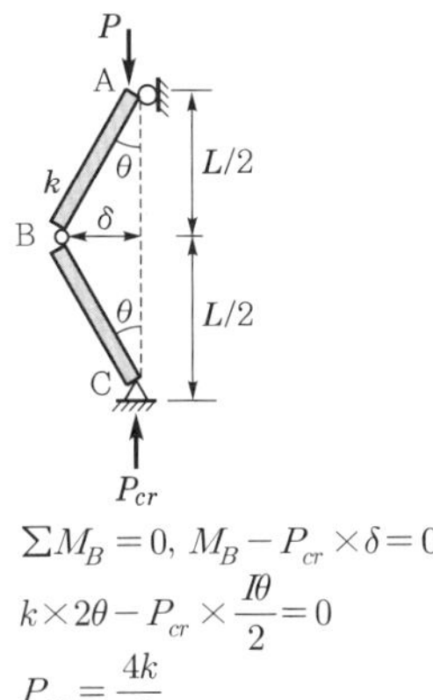

$$\Sigma M_B = 0,\ M_B - P_{cr} \times \delta = 0$$

$$k \times 2\theta - P_{cr} \times \frac{l\theta}{2} = 0$$

$$P_{cr} = \frac{4k}{L}$$

24 그림과 같이 $P = 50\text{t}$과 $M = 2\text{t}\cdot\text{m}$의 하중이 작용하는 단주의 편심거리 e는? [국가직 9급]

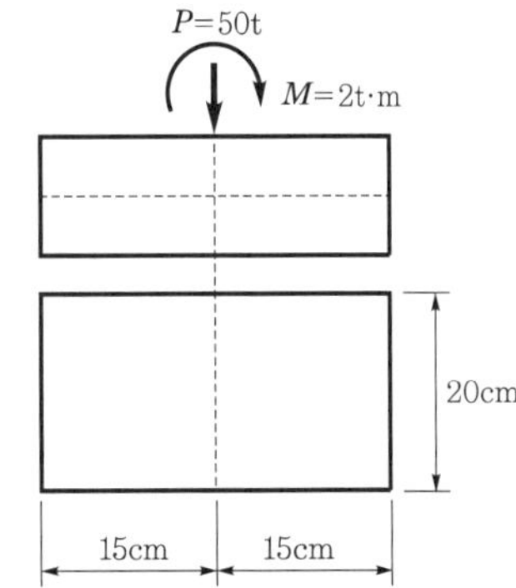

① 4cm　② 6cm

③ 10cm　④ 12cm

해설 $e = \dfrac{M}{P} = \dfrac{2}{50} = 0.04\text{m} = 4\text{cm}$

25 그림과 같은 기둥에 150kN의 축력이 B점에 편심으로 작용할 때 A점의 응력이 0이 되려면 편심 e[mm]는? (단, 단면적 $A = 125\text{mm}^2$, 단면계수 $Z = 2,500\text{mm}^3$이다) [15. 서울시 9급]

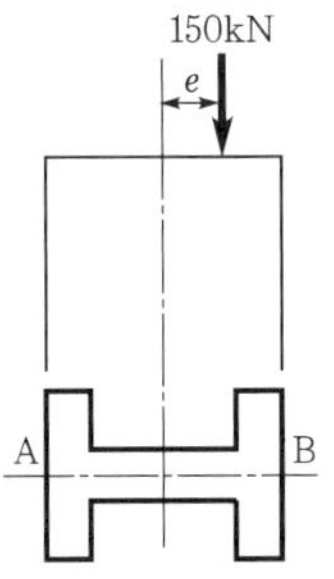

정답 23 ④ 24 ① 25 ①

① 20 ② 25
③ 30 ④ 35

해설 $\sigma_A = \frac{P}{A} - \frac{Pe}{I_y}x_1 = 0$

$e = \frac{I_y}{A \cdot x_1} = \frac{Z}{A} = \frac{2,500}{125} = 20\text{mm}$

26 그림과 같은 짧은 기둥의 단면 K점에 10t의 하중이 작용할 때 AC의 응력 $\sigma_a = 13.75$ kg/cm^{2}이면 편심거리 e의 값은? [국가직 9급]

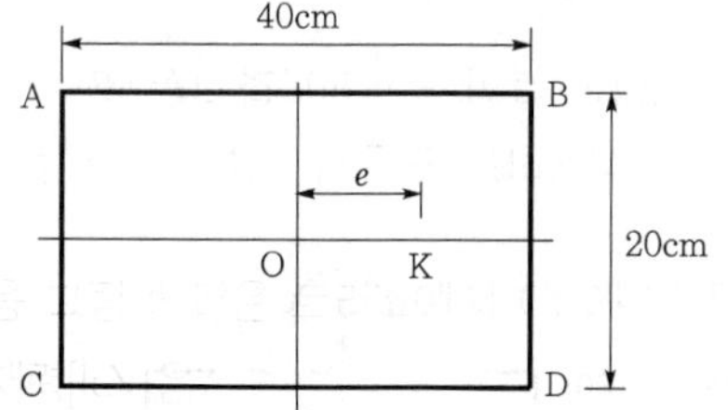

① 7cm ② 12cm
③ 14cm ④ 16cm

해설 $\sigma_{AC} = -\frac{P}{A} + \frac{P \cdot e}{I_y}x = -\frac{P}{A} + \frac{P \cdot e}{Z_y}$

$\therefore 13.75 = -\frac{10 \times 10^3}{20 \times 40} + \frac{10 \times 10^3 \times e}{\frac{20 \times 40^2}{6}} = -\frac{25}{2} + \frac{15}{8}e$

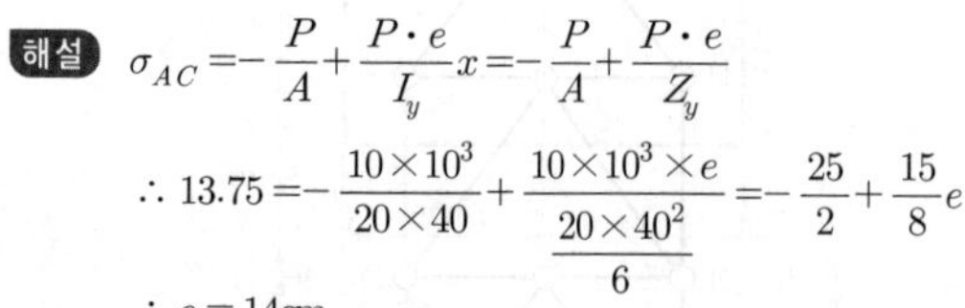

$\therefore e = 14\text{cm}$

27 다음 기둥의 핵의 면적은? [국가직 9급]

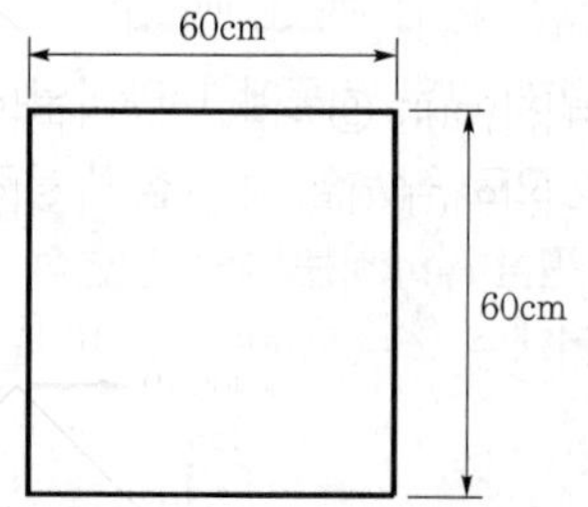

① 100cm^2 ② 160cm^2
③ 200cm^2 ④ 240cm^2

해설 구형단면의 핵의 면적

$A_e = \frac{1}{2} \times \frac{b}{3} \times \frac{h}{3} = \frac{bh}{18} = \frac{60 \times 60}{18}$

$= 200\text{cm}^2$

28 다음 그림과 같은 정사각형 기둥이 모서리에 20kN의 수직하중이 작용할 때, A점에 발생하는 수직응력[MPa]은? [13. 지방직 9급]

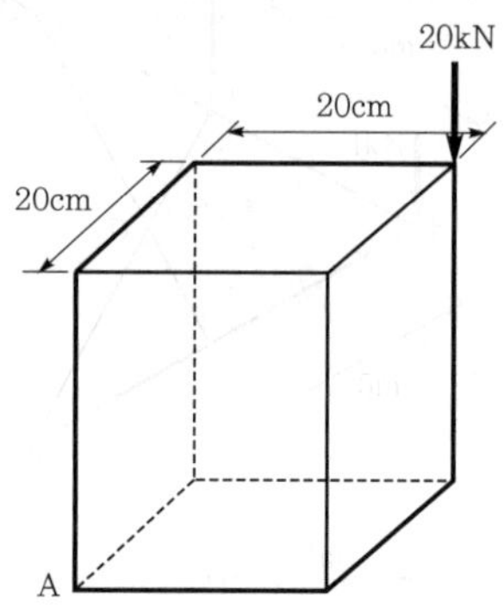

① 0.5 ② 1.5
③ 2.5 ④ 3.5

해설 하중의 편심거리는 $e_x = e_y = 10\text{cm}$이고, 압축은 (+), 인장은 (−)로 한다.

$\sigma_A = \frac{P}{A} + \frac{P \cdot e_y}{I_x} \cdot y + \frac{P \cdot e_x}{I_y} \cdot x$

$= \frac{P}{A}\left(1 - \frac{6e_y}{h} - \frac{6e_x}{b}\right)$

$= \frac{20 \times 10^3}{200 \times 200}\left(1 - \frac{6 \times 100}{200} - \frac{6 \times 100}{200}\right)$

$= 0.5 - 1.5 - 1.5 = -2.5\text{MPa}$(인장)

29 다음 그림에서 원점으로부터 (a, a) 떨어진 C점 위치에 P가 작용할 때 A점에 발생하는 응력은? [14. 서울시 9급]

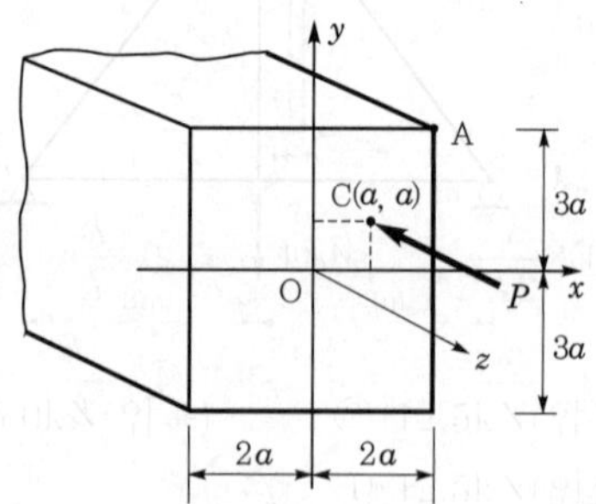

정답 26 ③ 27 ③ 28 ③ 29 ④

① $\frac{4P}{48a^2}$ ② $\frac{5P}{48a^2}$

③ $\frac{6P}{48a^2}$ ④ $\frac{7P}{48a^2}$

⑤ $\frac{8P}{48a^2}$

해설 직사각형 단면에 2축 편심하중이 작용할 때 A점의 응력은 다음과 같다.

$$\sigma_A = \frac{P}{A}\left(1+\frac{6e_y}{h}+\frac{6e_x}{b}\right) = \frac{P}{(4a\times 6a)}\left(1+\frac{6\times a}{6a}+\frac{6\times a}{4a}\right) = \frac{7P}{48a^2}$$

여기서, 압축을 (+)로 한 것이다.

30 양단 힌지 경계조건을 가지는 기둥의 좌굴하중보다 두 배의 좌굴하중을 가지는 기둥의 경계조건으로 적절한 경우는? (단, 두 경우의 기둥 길이와 단면특성 EI는 같다) [10. 국가직 9급]

① 1단 힌지, 타단 자유
② 1단 자유, 타단 고정
③ 1단 힌지, 타단 고정
④ 양단 고정

해설 기둥의 강도계수에 관한 문제로서 1단 힌지 타단 고정의 양단 힌지 기둥보다 좌굴하중의 크기는 2배가 된다.

31 기둥의 최소 좌굴응력을 결정하는 오일러(Euler) 공식은 $\sigma_{cr} = \dfrac{\pi^2 E}{\left(\dfrac{KL}{r}\right)^2}$이다. 다음 중 설명이 잘못된 것은? [01. 국가직 9급]

① KL은 기둥의 유효좌굴길이이다.
② r은 단면의 반지름이다.
③ 1단고정, 타단 힌지인 경우 K는 0.7이다.
④ 양단 힌지일 때 K는 1이다.

해설 r은 단면의 최소 회전반경을 의미한다.

32 기둥에 관한 설명으로 옳지 않은 것은? [07. 국가직 9급]

① 기둥은 세장비에 따라 단주, 중간주, 장주로 구분할 수 있다.
② 단주에 편심 압축하중이 단면의 핵(core) 안에 작용하면 단면 내 어느 점에서도 인장응력이 발생하지 않는다.
③ 기둥의 세장비는 기둥단면의 단면적, 단면 2차 모멘트, 그리고 기둥의 길이로 계산된다.
④ 장주의 양단이 핀 지지되지 않은 경우의 탄성좌굴 하중은 양단이 핀 지지된 장주의 오일러 공식에 유효길이(effective length)를 사용하여 구할 수 있으며 양단이 고정된 장주의 유효길이 계수(effective length factor)는 0.7이다.

해설 양단 고정의 장주의 유효길이계수는 0.5이다.

33 다음 중 좌굴응력의 성질이 아닌 것은? [02. 경기도 9급]

① 세장비의 제곱에 비례한다.
② 탄성계수에 비례한다.
③ 좌굴계수의 제곱에 반비례한다.
④ 강도(구속)계수에 비례한다.

해설 좌굴용력은 세장비의 제곱에 반비례한다.

$$\sigma_{cr} = \frac{P_{cr}}{A} = \frac{\pi^2 E}{(kl)^2}\cdot\frac{I}{A} = \frac{\pi^2 E}{\left(\frac{kl}{r}\right)^2} = \frac{n\pi^2 E}{\lambda^2}$$

34 다음과 같은 장주의 좌굴응력 식은? (단, EI는 일정하고, 세장비 $\lambda = \dfrac{L}{r}$이다) [14. 국회 9급]

정답 30 ③ 31 ② 32 ④ 33 ① 34 ④

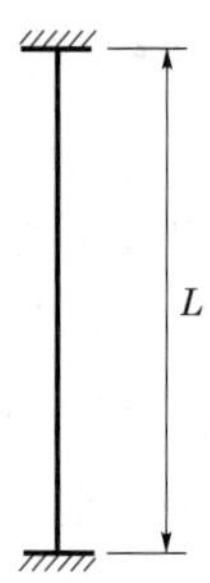

① $\dfrac{2\pi^2 E}{3\lambda^2}$　② $\dfrac{8\pi^2 E}{\lambda^2}$

③ $\dfrac{3\pi^2 E}{2\lambda^2}$　④ $\dfrac{4\pi^2 E}{\lambda^2}$

해설 $\sigma_{cr} = \dfrac{P_{cr}}{A} = \dfrac{\dfrac{n\pi^2 EI}{L^2}}{A} = \dfrac{n\pi^2 E}{L^2}\left(\dfrac{I}{A}\right)$

$= \dfrac{n\pi^2 E}{L^2}(r^2) = \dfrac{n\pi^2 E}{\left(\dfrac{L}{r}\right)^2} = \dfrac{n\pi^2 E}{\lambda^2}$

$= \dfrac{4\pi^2 E}{\lambda^2}$

35 좌굴하중 P_B의 값은? (단, 양단 고정임)

[국가직 9급]

① $4\dfrac{\pi^2 EI}{l^2}$　② $\dfrac{1}{4}\dfrac{\pi^2 EI}{l^2}$

③ $\dfrac{\pi^2 EI}{l^2}$　④ $2\dfrac{\pi^2 EI}{l^2}$

해설 양단고정 기둥의 좌굴하중

$P_{cr} = \dfrac{4\pi^2 EI}{l^2}$

36 1단고정 타단힌지 기둥의 좌굴하중은? (단, 기둥의 길이 l, 그 단면의 약한 주축 둘레의 휨강성이 EI이다) [05. 국가직 9급]

① $\dfrac{\pi^2 EI}{4l^2}$　② $\dfrac{\pi^2 EI}{l^2}$

③ $\dfrac{2\pi^2 EI}{l^2}$　④ $\dfrac{4\pi^2 EI}{l^2}$

해설 1단고정 타단힌지 기둥이 좌굴하중

$P_{cr} = \dfrac{\pi^2 EI}{(0.7l)^2} = \dfrac{2\pi^2 EI}{l^2}$

37 그림과 같은 A기둥과 B기둥의 강도로 바른 것은 어느 것은가? (단, 단면의 재질과 길이는 같다) [서울시 9급]

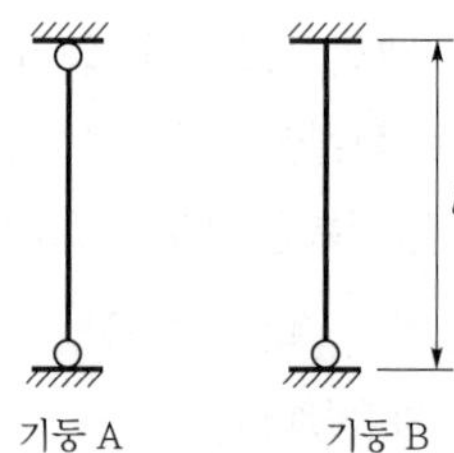

① 1 : 6　② 1 : 5

③ 1 : 4　④ 1 : 2

해설 단면, 재질, 기둥의 길이가 같으므로 두 기둥의 강도비는 좌굴계수비와 같다.

$P_{cr(A)} = P_{cr(B)} = n_A : n_B = 1 : 2$

38 양단힌지 기둥이 중심축하중 2,000kgf를 받을 수 있을 때 모든 조건이 동일하다면 양단고정의 장주는 얼마의 하중을 받을 수 있는가?

[03. 경기도 9급]

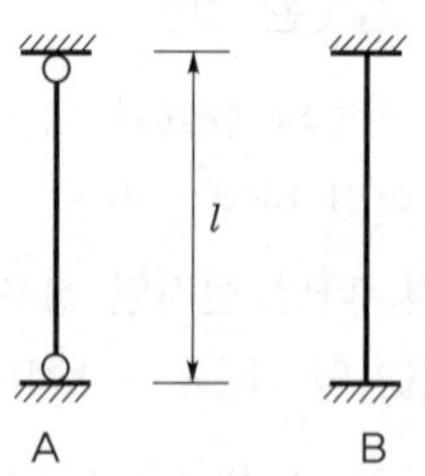

① 1,000kgf　② 2,000kgf

③ 4,000kgf　④ 8,000kgf

정답 35 ① 36 ③ 37 ④ 38 ④

해설 두 기둥의 강도계수를 비교하여 구한다.

$$\frac{P_{양단고정}}{P_{양단힌지}} = \frac{n_{양단고정}}{n_{양단힌지}} = \frac{4}{1} = 4\text{배}$$

39

동일 단면, 동일 재료, 동일 길이(l)를 갖는 장주(長柱)에서 좌굴하중(P_b)에 대한 (a):(b):(c):(d) 크기의 비는? [14. 서울시 9급]

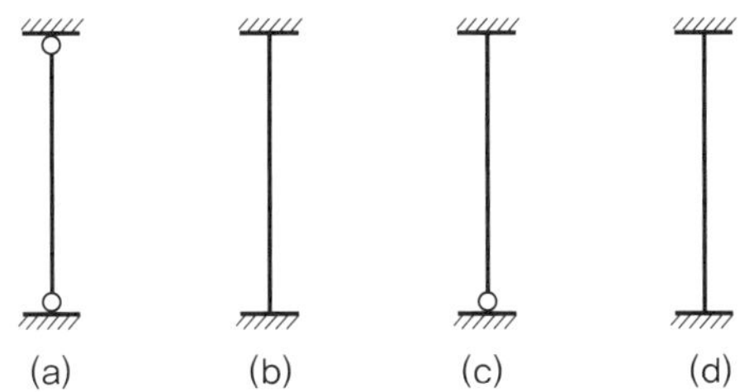

① $1:4:\frac{1}{4}:2$　② $1:3:2:\frac{1}{4}$

③ $1:4:2:\frac{1}{4}$　④ $1:2:2:\frac{1}{4}$

⑤ $1:2:\frac{1}{4}:2$

해설 $P_{cr} = \frac{\pi^2 EI}{(kl)^2}$에서 동일 단면이므로 단면2차모멘트 I가 같으며, 동일 재료이므로 탄성계수 E가 같으며, 동일 길이이므로 좌굴하중은 $P_b \propto \frac{1}{k^2} = n$의 관계에 있다.

$$P_{b,a} : P_{b,b} : P_{b,c} : P_{b,d} = 1:4:2:\frac{1}{4}$$

40

다음 좌굴에 대해 가장 취약한 기둥은? (단, 재료 및 단면 특성치는 모두 동일한 것으로 가정한다) [12. 국가직 9급]

①
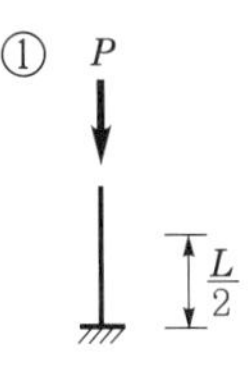

②
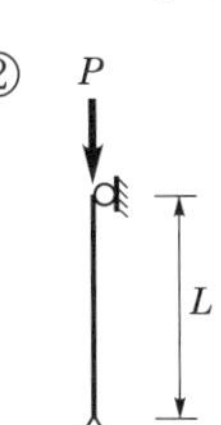

③
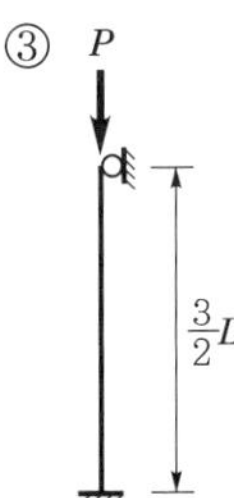

④
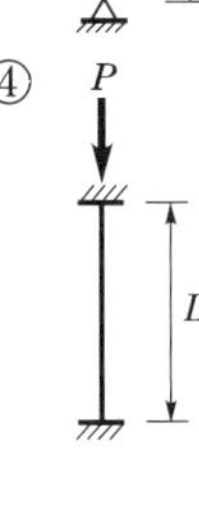

해설 $P_{cr} = \frac{n\pi^2 EI}{L^2}$에서 $P_{cr} \propto \frac{n}{l^2}$이 성립한다.

$$P_{cr1} : P_{cr2} : P_{cr3} : P_{cr4}$$

$$= \frac{\frac{1}{4}}{\left(\frac{L}{2}\right)^2} : \frac{1}{L^2} : \frac{2}{\left(\frac{3L}{2}\right)^2} : \frac{4}{L^2} = 1:1:\frac{4}{9}:4$$

41

그림과 같은 이상형 강체 기둥 모델의 좌굴임계하중은? (단, A점은 힌지절점이고, B점은 선형탄성 거동을 하는 스프링에 연결되어 있으며, C점의 변위는 작다고 가정한다. BD구간의 스프링상수는 k이다) [11. 국가직 9급]

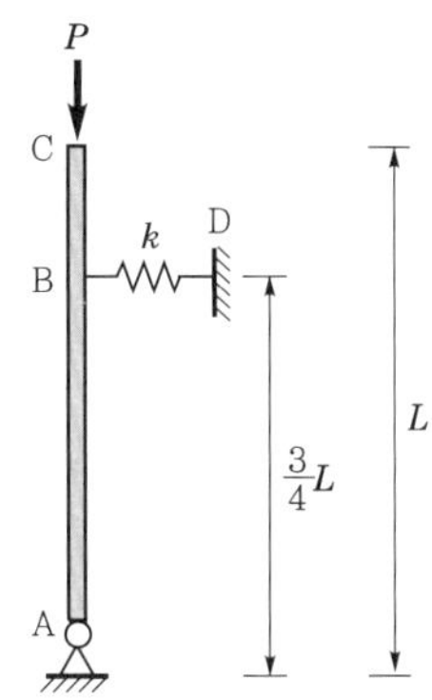

① $\frac{1}{4}kL$　② $\frac{3}{4}kL$

③ $\frac{9}{16}kL$　④ $1kL$

해설

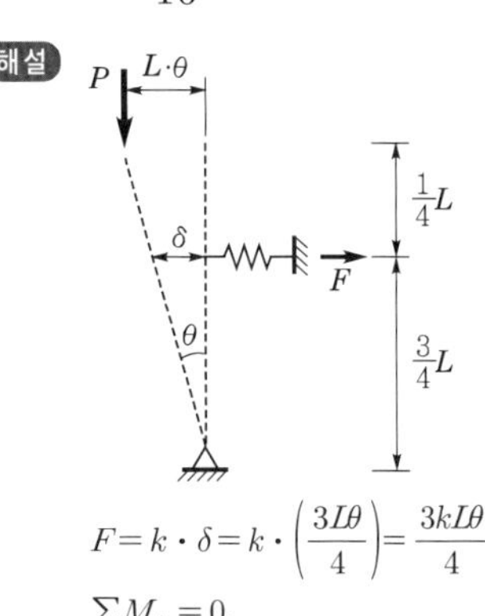

$$F = k \cdot \delta = k \cdot \left(\frac{3L\theta}{4}\right) = \frac{3kL\theta}{4}$$

$$\Sigma M_A = 0,$$

$$-P_{cr} \times (L\theta) + F \times \frac{3L}{4} = 0$$

$$-P_{cr} \times (L\theta) + \left(\frac{3kL\theta}{4}\right) \times \frac{3L}{4} = 0$$

$$P_{cr} = \frac{9kL}{16}$$

정답 39 ③　40 ③　41 ③

42 다음과 같은 강체(Rigid) AD 부재에 축방향으로 하중 P가 작용하고 있다. 지점 A는 힌지이며, 두 개의 스프링은 B점과 C점에 연결되어 있고, 스프링계수는 동일한 k이다. 강체의 임계좌굴하중(P_{cr})은? (단, 부재는 미소변형 거동을 한다) [13. 국가직 9급]

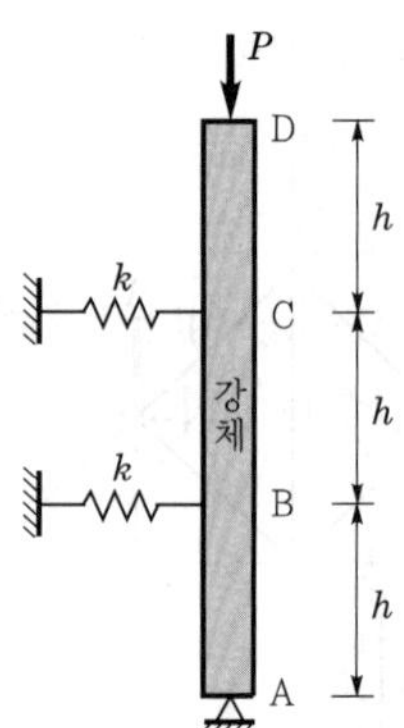

① $\dfrac{4hk}{3}$ ② $\dfrac{5hk}{3}$

③ $2hk$ ④ $3hk$

해설

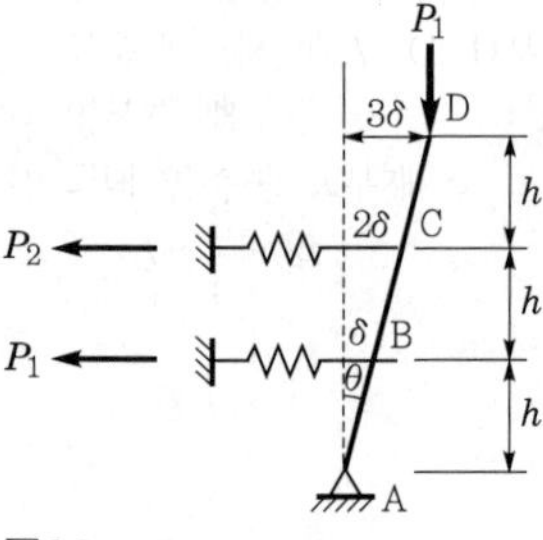

$\Sigma M_A = 0,$

$P_{cr} \times 3\delta = F_1 \times h + F_2 \times 2h$

$P_{cr} \times 3\delta = (k \cdot \delta) \times h + (k \cdot 2\delta) \times 2h$

$P_{cr} = \dfrac{5kh}{3}$

43 그림과 같은 기둥 AC의 좌굴에 대한 안전율이 2.0인 경우, 보 AB에 작용하는 하중 P의 최대 허용값은? (단, 기둥 AC의 좌굴축에 대한 휨강성은 EI이고, 보와 기둥이 연결부는 힌지로 연결되어 있으며, 보의 자중은 무시한다) [15. 국가직 9급]

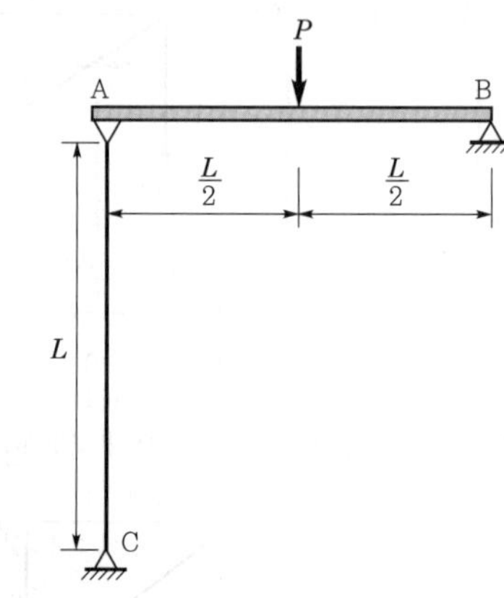

① $\dfrac{\pi^2 EI}{2L^2}$ ② $\dfrac{\pi^2 EI}{L^2}$

③ $\dfrac{2\pi^2 EI}{L^2}$ ④ $\dfrac{4\pi^2 EI}{L^2}$

해설 AC기둥 상단에 작용하는 하중은 AB부재 반력 $\dfrac{P}{2}$가 된다. AC기둥은 양단힌지기둥이다. 그리고 안전율을 2.0으로 하고 있다.

$FS = \dfrac{P_{cr}}{P/2} = 2$

$P = P_{cr} = \dfrac{\pi^2 EI}{L^2}$

정답 42 ② 43 ②

CHAPTER

08 | 7급 기출문제

01 짧은 기둥에 10t의 축방향력이 작용한다면 단면의 지름은 얼마로 하는 것이 좋은가? (단, $\sigma_a = 50\text{kg/cm}^2$) [국가직 7급]

① 12cm ② 14cm
③ 16cm ④ 18cm

해설 파괴 시 압축응력

$$\sigma_a = \frac{P}{A} = \frac{P}{\frac{\pi d^2}{4}} = \frac{4P}{\pi d^2} \text{ 에서}$$

$$\therefore d = \sqrt{\frac{4P}{\pi \cdot \sigma_a}} = \sqrt{\frac{4\times10\times10^3}{\pi\times50}} = 16.0\text{cm}$$

02 짧은 기둥에 편심축하중 $P = 12\text{t}$이 그림과 같이 작용할 때 최대 법선응력 $\sigma_{\max}$는? [국가직 7급]

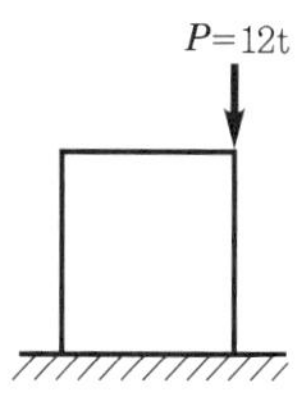

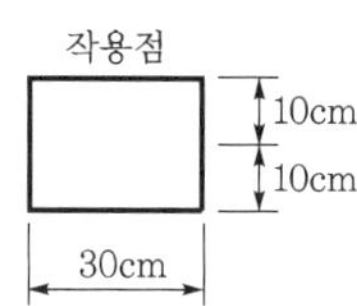

① 80kg/cm^2 ② 60kg/cm^2
③ 20kg/cm^2 ④ 120kg/cm^2

해설

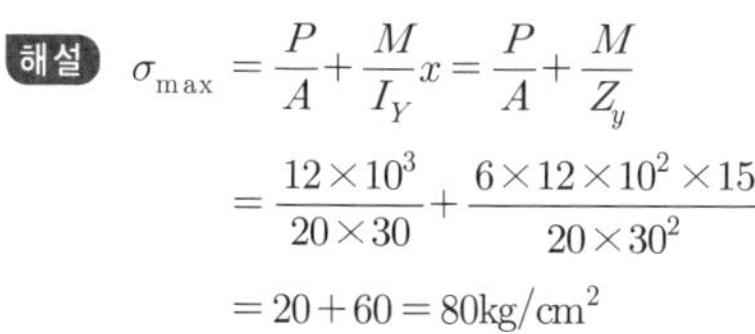

$$\sigma_{\max} = \frac{P}{A} + \frac{M}{I_Y}x = \frac{P}{A} + \frac{M}{Z_y}$$

$$= \frac{12\times10^3}{20\times30} + \frac{6\times12\times10^2\times15}{20\times30^2}$$

$$= 20 + 60 = 80\text{kg/cm}^2$$

03 그림과 같이 $P = 60\text{kgf}$인 단주에서 최대 인장응력은? (단, 폭은 3cm이다) [00. 국가직 7급]

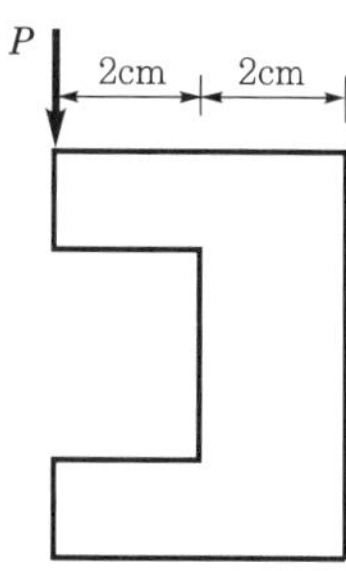

① 10kgf/cm^2 ② 20kgfcm^2
③ 80kgf/cm^2 ④ 100kgf/cm^2

해설

$$\sigma_{\max} = -\frac{P}{A} + \frac{M}{Z} = -\frac{P}{A} + \frac{6M}{bh^2} = \frac{P}{A}\left(-1 + \frac{6e}{h}\right)$$

$$= \frac{60}{2\times3}\left(-1 + \frac{6\times3}{2}\right)$$

$$= 10(-1+9)$$

$$= 80\text{kgf/cm}^2$$

04 그림과 같은 단면을 갖는 단주에 원점 O에서 x방향으로 8cm 떨어진 점 A에 부재축 방향으로 24kN의 하중이 작용하고 있다. 이 단면의 중립축 위치[cm]는? [08. 국가직 7급]

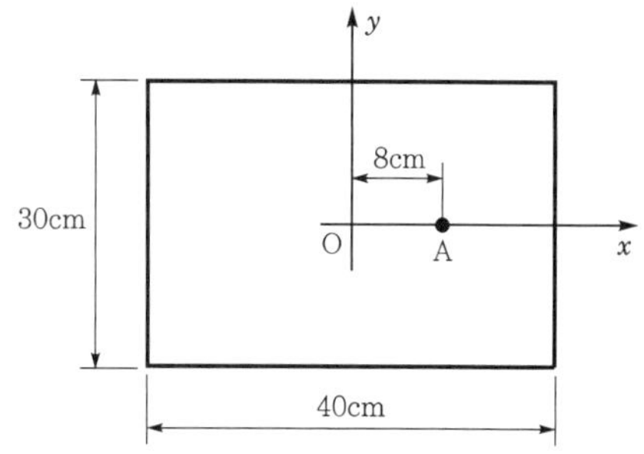

정답 01 ③ 02 ① 03 ③ 04 ④

① y축에서 왼쪽으로 $\frac{75}{8}$

② y축에서 왼쪽으로 $\frac{44}{3}$

③ y축에서 왼쪽으로 16

④ y축에서 왼쪽으로 $\frac{50}{3}$

해설 $\sigma = -\frac{P}{A} + \frac{M}{I_y}x$

$$= -\frac{P}{A} + \frac{P \cdot e_x}{I_y}x = 0$$

$$x = \frac{I_y}{A \cdot e_x} = \frac{r_y^2}{e_x} = \frac{\left(\frac{b}{2\sqrt{3}}\right)^2}{e_x}$$

$$= \frac{\left(\frac{40}{2\sqrt{3}}\right)^2}{8} = \frac{\frac{400}{3}}{8} = \frac{50}{3}$$

y축에서 왼쪽으로 $\frac{50}{3}$cm 떨어진 점이 중립축이 된다.

05 그림과 같이 직경 D인 원형 단면 단주에서 편심 e인 위치에 집중하중 P가 작용할 때 최대 응력은? [14. 서울시 7급]

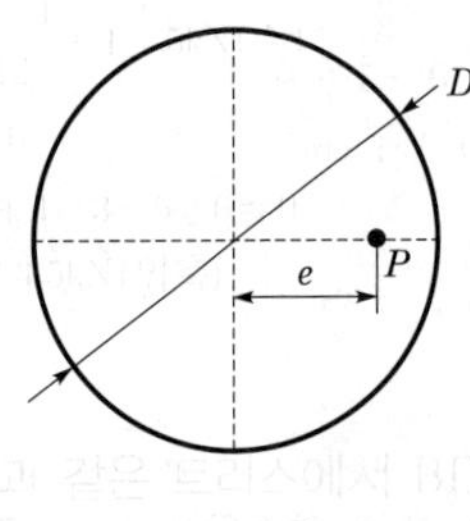

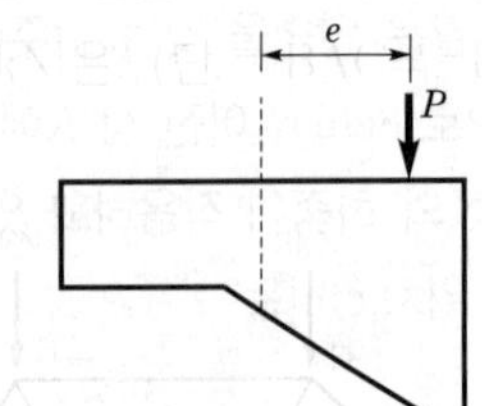

① $-\frac{2P}{\pi D^2} - \frac{32Pe}{\pi D^4}$ ② $-\frac{P}{\pi D^2} - \frac{16Pe}{\pi D^4}$

③ $-\frac{2P}{\pi D^2} - \frac{16Pe}{\pi D^3}$ ④ $-\frac{4P}{\pi D^2} - \frac{32Pe}{\pi D^3}$

⑤ $-\frac{P}{\pi D^2} - \frac{8Pe}{\pi D^3}$

해설 지름이 D인 원형단면의 단주에 일축편심 축하중을 받을 때의 최대 응력은

$$\sigma_{\max} = -\frac{P}{A}\left(1 + \frac{8e}{D}\right)$$

$$= -\frac{4P}{\pi D^2}\left(1 + \frac{8e}{D}\right)$$

$$= -\frac{4P}{\pi D^2} - \frac{32Pe}{\pi D^3}$$

06 양 끝단이 핀연결되어 있고 세장비가 100인 장주(long column)가 중심축하중을 받을 때, 허용압축응력[MPa]은? (단, 탄성계수는 200GPa이고 안전계수 FS는 2.0이다) [09. 국가직 7급]

① $20\pi^2$ ② $10\pi^2$

③ $7\pi^2$ ④ $5\pi^2$

해설 $\sigma_a = \frac{\sigma_{cr}}{FS} = \frac{\frac{\pi^2 E}{\lambda^2}}{FS} = \frac{\frac{\pi^2 \times 200 \times 10^3}{100^2}}{2}$

$$= \frac{20\pi^2}{2} = 10\pi^2$$

07 다음과 같은 두 장주의 좌굴하중이 같다면 기둥 길이비(L_1/L_2)는? [국가직 7급]

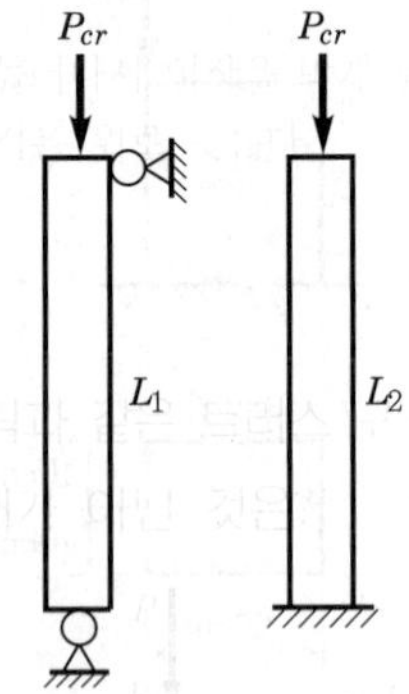

① 2 ② 4

③ 0.25 ④ 0.5

해설 $P_1 = \frac{\pi^2 EI}{L_1^2}$, $P_2 = \frac{\pi^2 EI}{4L_2^2}$

$P_1 = P_2$이므로 $\frac{\pi^2 EI}{L_1^2} = \frac{\pi^2 EI}{4L_2^2}$

$\therefore L_1/L_2 = 2$

정답 05 ④ 06 ② 07 ①

08 다음 그림과 같은 3종류 기둥의 좌굴길이[m]를 옳게 나열한 것은? [06. 국가직 7급]

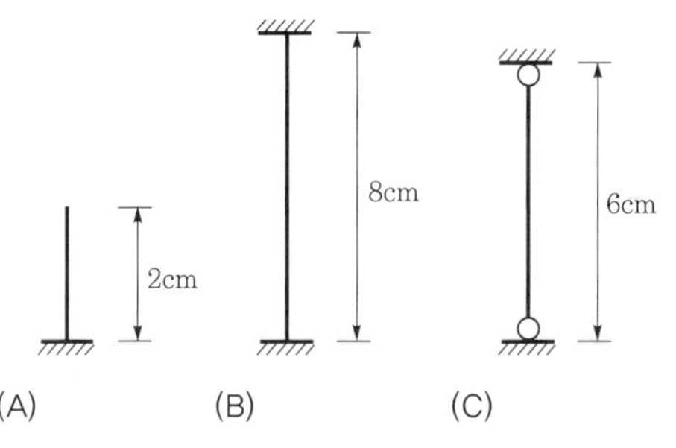

(A) (B) (C)

	(A)	(B)	(C)
①	4	4	6
②	2	4	4
③	4	8	3
④	2	8	6

해설 기둥의 좌굴길이는 다음과 같다.

(A) 기둥의 좌굴길이 $= kl = 2 \times 2 = 4\text{m}$

(B) 기둥이 좌굴길이 $= kl = 0.5 \times 8 = 4\text{m}$

(C) 기둥의 좌굴길이 $= kl = 1 \times 6 = 6\text{m}$

09 단면의 형상과 재료의 성질이 동일할 때 좌굴하중이 가장 큰 것은? [국가직 7급]

①

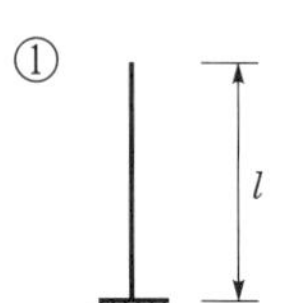

②

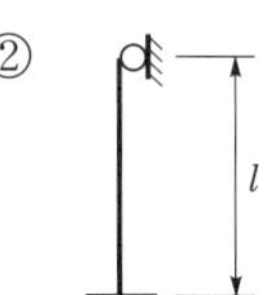

③

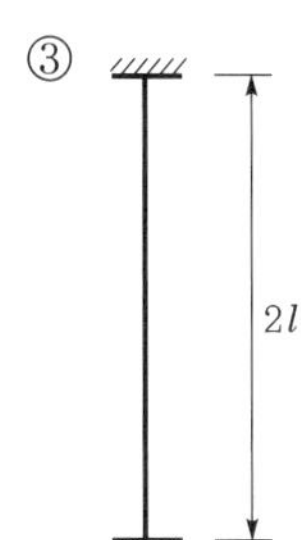

④

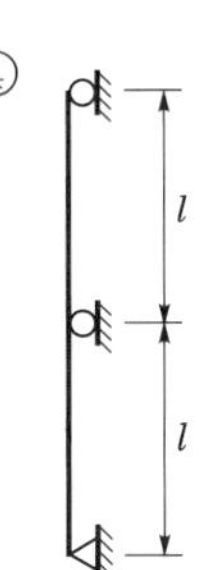

해설 좌굴하중 $P_b = \dfrac{n\pi^2 EI}{l^2}$에 단면형상과 재질이 같으므로 좌굴하중 P_b는 $\dfrac{n}{l^2}$에 비례한다.

$P_{b(A)} : P_{b(B)} : P_{b(C)} : P_{b(D)}$

$= \dfrac{1}{4l^2} : \dfrac{2}{l^2} : \dfrac{4}{(2l)^2} : \dfrac{1}{(2l)^2}$

$= 1 : 8 : 4 : 1$

여기서, (A)의 경우는 단일단곡을 일으키는 경우로 계산한 것이다.

만일, 복만곡을 일으킬 경우의 $P_b = \dfrac{4\pi^2 EI}{(2l)^2} = \dfrac{\pi^2 EI}{l^2}$가 된다.

10 다음과 같이 18kN의 축하중을 받는 12m 길이의 직사각형 단면 기둥(양단 고정)을 설계하고자 한다. 약축 및 강축 모두 휨좌굴이 가능하다고 가정할 때, 좌굴하지 않기 위한 단면 최소치수 a[mm]는? (단, 부재의 탄성계수 $E = 2 \times 10^5 \text{MPa}$이다) [11. 지방직 7급]

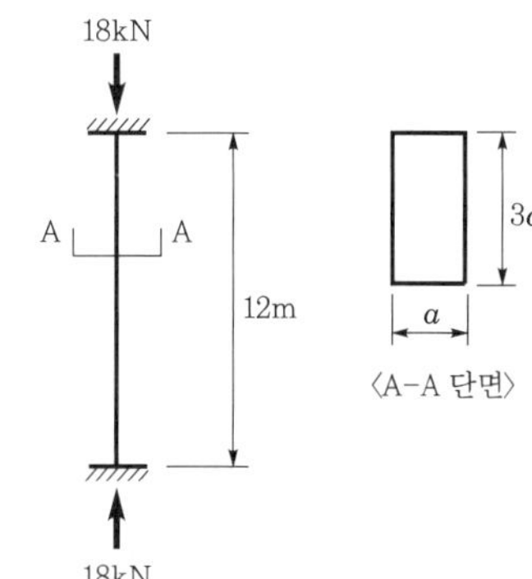

〈A-A 단면〉

① $\dfrac{40}{\sqrt{\pi}}$ ② $\dfrac{43.64}{\sqrt{\pi}}$

③ $\dfrac{60}{\sqrt{\pi}}$ ④ $\dfrac{63.64}{\sqrt{\pi}}$

해설 $P_{cr} = \dfrac{4\pi^2 EI_{\min}}{L^2} = \dfrac{4\pi^2 EI\left(\dfrac{3a \times a^3}{L^2}\right)}{L^2}$

$= \dfrac{\pi^2 Ea^4}{L^2}$

$a^4 = \dfrac{P_{cr} L^2}{\pi^2 E} = \dfrac{18 \times 10^3 \times (12 \times 10^3)^2}{\pi^2 \times 2 \times 10^5}$

$= \dfrac{1,296 \times 10^4}{\pi^2} = \dfrac{60^4}{\pi^2}$

$a = \dfrac{60}{\sqrt{\pi}}$

정답 08 ① 09 ② 10 ③

11 다음과 같은 기둥에서 좌굴하중은? (단면은 정사각형) [서울시 7급]

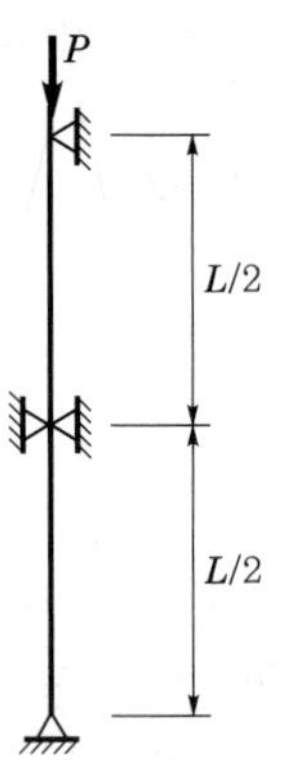

① $\dfrac{\pi^2 EI}{l^2}$ ② $\dfrac{2\pi^2 EI}{l^2}$

③ $\dfrac{3\pi^2 EI}{l^2}$ ④ $\dfrac{4\pi^2 EI}{l^2}$

해설 $P_{cr} = \dfrac{\pi^2 EI}{(kl)^2} = \dfrac{\pi^2 EI}{l^2}$

12 그림과 같이 직사각형 단면을 갖는 단주의 도심축에 수직, 수평하중이 작용하고 있다. 단면의 어느 곳에도 인장응력이 발생하지 않도록 하는 최소 길이 h[m]는? [07. 국가직 7급]

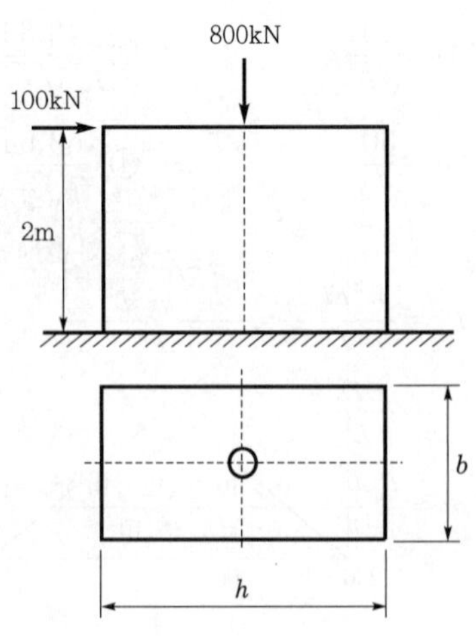

① 0.5 ② 1.0

③ 1.5 ④ 2.0

해설 $\sigma = \dfrac{P}{A} - \dfrac{M}{Z} = \dfrac{P}{bh} - \dfrac{6M}{bh^2} = 0$

$h = \dfrac{6M}{P} = \dfrac{6\times(100\times2)}{800} = 1.5\text{m}$

13 저면부 단면의 폭이 h, 길이가 1m인 직사각형 기초 구조물에 $P = 45\text{t}$, $M = 15\text{t}\cdot\text{m}$의 하중이 중앙에 작용하고 있다. B지점에 생기는 압축응력을 0이 되도록 하려면 기초폭(h)은? [국가직 7급]

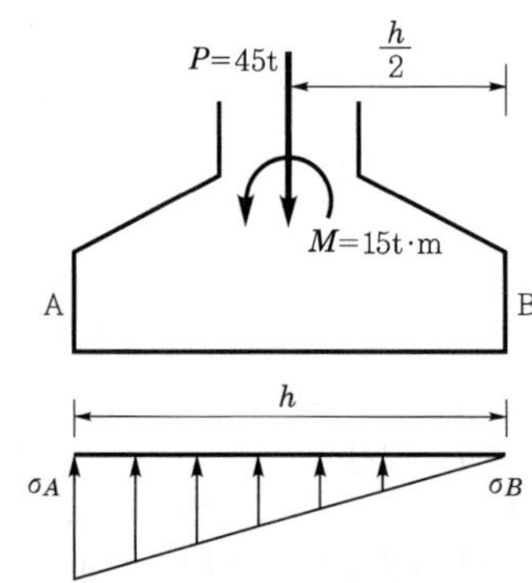

① 1.0m ② 1.5m

③ 2.0m ④ 3.0m

해설 $\sigma_B = -\dfrac{N}{A} + \dfrac{M}{I}y = -\dfrac{N}{A} + \dfrac{M}{Z} = 0$

$-\dfrac{45}{1\times h} + \dfrac{6\times15}{1\times h^2} = 0$

$\dfrac{90}{h^2} = \dfrac{45}{h}$

$\therefore h = 2\text{m}$

14 다음 단주의 핵면적은? [서울시 7급]

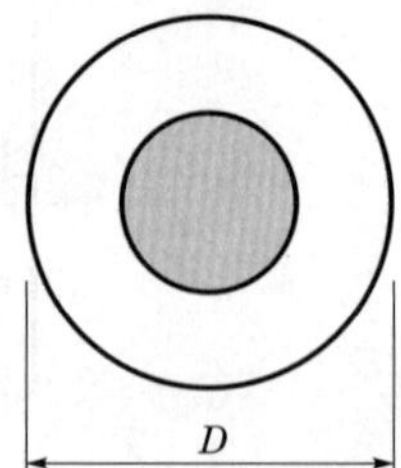

① $\dfrac{\pi D^2}{128}$ ② $\dfrac{\pi D^2}{64}$

③ $\dfrac{\pi D^2}{32}$ ④ $\dfrac{\pi D^2}{16}$

정답 11 ① 12 ③ 13 ③ 14 ②

해설 핵의 직경$=\dfrac{D}{4}$

$$\therefore A_C=\frac{\pi(D/4)^2}{4}=\frac{\pi D^2}{64}$$

15 장주의 좌굴방향은? [서울시 7급]

① 최대 주축과 같은 방향
② 최소 주축과 같은 방향
③ 최대 주축과 직각방향
④ 최대 주축과 최소 주축의 중간방향

해설 장주의 좌굴방향은 최대 주축방향, 최소 주축에 직각방향이다.

16 다음 중 기둥의 오일러(Euler)식 $\sigma_{cr}=\pi^2E/(KL/r)^2$에 대한 설명으로 옳은 것은? [국가직 7급]

① KL은 기둥의 유효 좌굴길이이다.
② L/r은 기둥 단면의 최소 회전반경이다.
③ 1단고정, 타단 힌지기둥의 경우 $K=2$이다.
④ 양단 힌지기둥의 경우 $K=4$이다.

해설 ① KL: 기둥의 유효길이 또는 좌굴길이
② L/r: 기둥의 세장비
③ 1단고정, 타단 힌지기둥: 유효길이계수 $K=0.7$
④ 양단 힌지기둥: $K=0.5$

17 길이 l인 원형 기둥의 단면이 다음과 같을 때 단면의 도심을 지나는 축 $x-x$에 대한 세장비는? [서울시 7급]

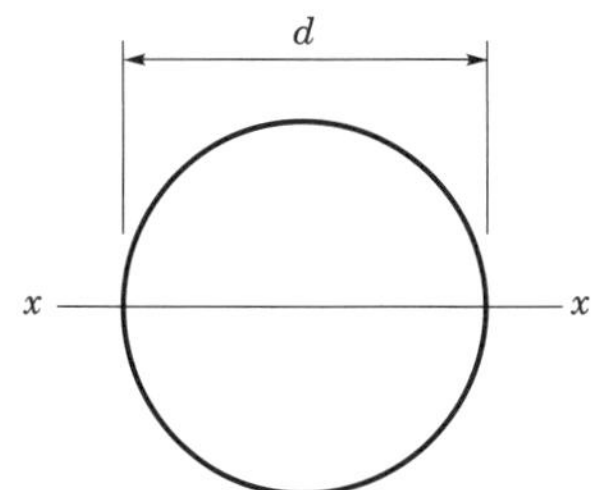

① $\dfrac{8l}{d}$　② $\dfrac{2\sqrt{2}\,l}{d}$
③ $\dfrac{2l}{d}$　④ $\dfrac{4l}{d}$

해설 세장비 $\lambda=\dfrac{l}{r}=\dfrac{l}{d/4}=\dfrac{4l}{d}$

18 지름 $d=16\text{cm}$인 원형 단면의 기둥에서 길이 5m일 때 세장비로 옳은 것은? [서울시 7급]

① 100　② 115
③ 152　④ 125

해설 $\lambda=\dfrac{l}{r}=\dfrac{l}{\frac{d}{4}}=\dfrac{4l}{d}=\dfrac{4\times500}{16}=125$

19 지름 d인 원형 단면의 나무기둥 길이가 2m일 때 세장비가 꼭 100이 되도록 하려면 적당한 지름 d는? [00. 서울시 7급]

① 2cm　② 4cm
③ 8cm　④ 12cm

해설 $\lambda=\dfrac{l}{r}=\dfrac{l}{\frac{d}{4}}=\dfrac{4\times200}{d}=100$

$\therefore d=8\text{cm}$

20 아래 그림과 같은 단면 (a)와 (b)를 갖는 양단 힌지인 기둥의 좌굴하중비 $P_{cr(a)}/P_{cr(b)}$는? (단, 단면 (a)와 (b)의 단면적의 크기는 같고, 재질 및 기둥길이 등도 동일하다) [15. 서울시 7급]

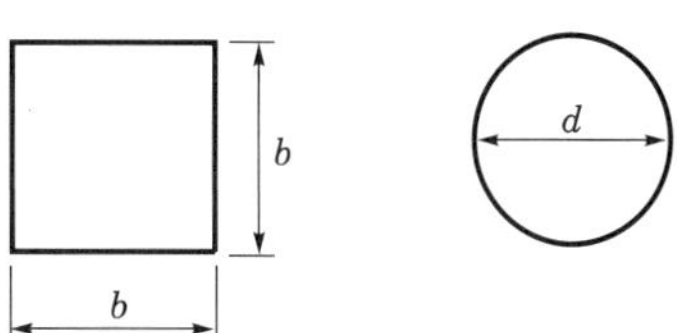

① $\dfrac{\pi}{3}$　② $\dfrac{\pi}{4}$
③ $\dfrac{\pi}{5}$　④ $\dfrac{\pi}{6}$

해설 양단힌지 기둥의 좌굴하중 $P_{cr}=\dfrac{\pi^2EI}{L^2}$에서 재질 및 기둥길이가 같아서 좌굴하중 $P_{cr}\propto I$의 관계에 있다.
㉠ b와 c의 관계
단면적이 동일하므로

$$b^2 = \frac{\pi d^2}{4}$$

㉡ 좌굴하중비

$$\frac{P_{cr(a)}}{P_{cr(b)}} = \frac{I_a}{I_b} = \frac{\frac{b^4}{12}}{\frac{\pi d^4}{64}} = \frac{16b^4}{3\pi d^4} = \frac{16\left(\frac{\pi d^2}{4}\right)^2}{3\pi d^4} = \frac{\pi}{3}$$

21 다음 그림과 같이 장주 A, B에 대하여 최소 좌굴 하중비 $P_{cr}(A)/P_{cr}(B)$는? (단, 단면 2차 모멘트 I, 탄성계수 E, 기둥 A, B는 부재 축방향 재질이 동일하고, 기둥 A는 양단이 단순지지, 기둥 B는 1단고정, 타단자유단이다) [10. 국가직 7급]

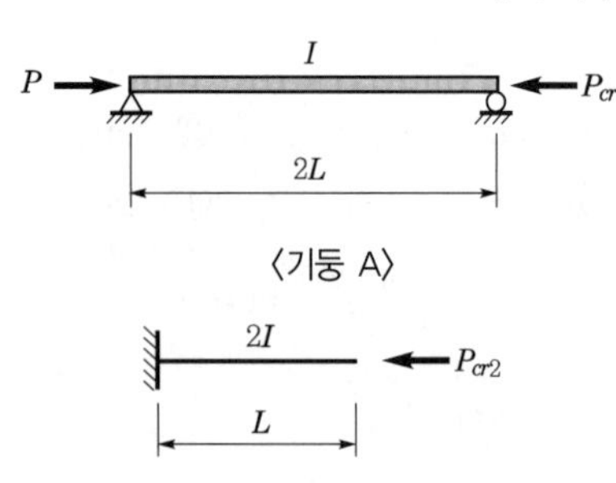

① $\frac{1}{2}$　② $\frac{1}{4}$

③ 1　④ 2

해설 $P_{cr}(A) : P_{cr}(B) = \frac{I}{(2L)^2} : \frac{2I}{4L^2} = 1 : 2$

$$\frac{P_{cr}(A)}{P_{cr}(B)} = \frac{1}{2}$$

22 그림과 같은 강체기둥의 좌굴하중은? (단, K는 스프링 탄성계수) [국가직 7급]

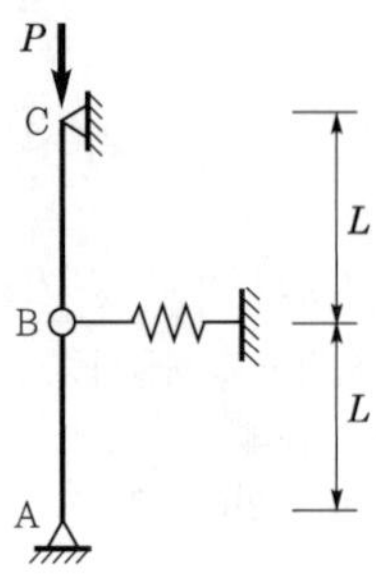

① KL　② $\frac{KL}{2}$

③ $\frac{KL}{3}$　④ $\frac{KL}{4}$

해설

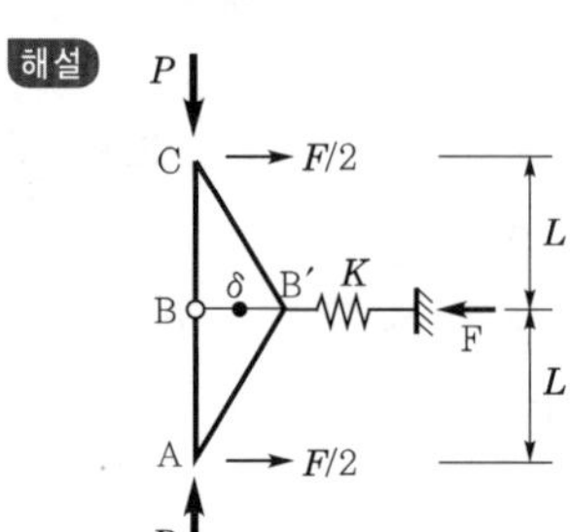

스프링지점의 반력이 F라면 A, C점의 수평반력은 $F/2$이다.

$F = K \cdot \delta$

$P \times \delta - \frac{F}{2} \times L = 0$

$P \cdot \delta - \frac{K \cdot \delta}{2} \times L = 0$

$\therefore P = \frac{KL}{2}$

23 강체인 봉 AB가 그림과 같이 스프링상수 k인 두 스프링에 의해 평형상태로 지지되어 있다. 이 봉에 크기가 같고 방향이 반대인 하중 P와 P'가 작용한다고 할 때 이 구조계의 임계하중 P_{cr}의 크기는 얼마인가? (단, 좌굴은 고려되지 않는다) [07. 서울시 7급]

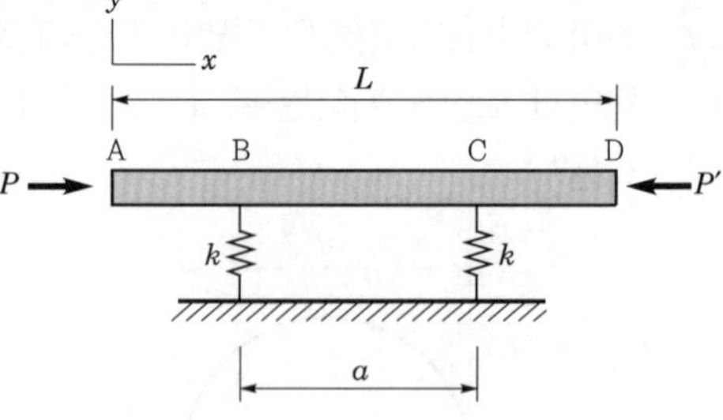

① $\frac{k \cdot a}{L}$　② $\frac{k \cdot a^2}{L}$

③ $\frac{k \cdot a}{2L}$　④ $\frac{k \cdot a^2}{2L}$

⑤ $\frac{2k \cdot a}{L^2}$

정답 21 ① 22 ② 23 ④

해설 강체가 θ만큼 회전할 경우

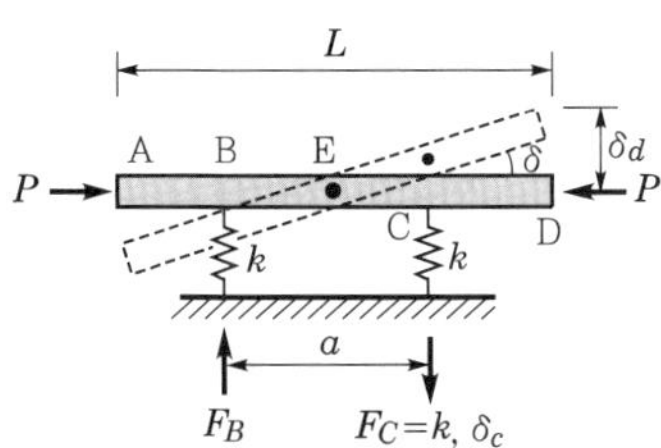

두 힘 $P = P'$이고 두 스프링의 반력은 $F_B = F_C$이고, 또한 $F_C = k \cdot \delta_c$로 두면 강체의 중앙점 E점에 관한 힘의 평형조건식에 의하면

$$\Sigma M_E = 0,\ -2\times(P\times\delta_d)+2\times\left(F_C\times\frac{a}{2}\right)=0$$

$$P_{cr}\times\delta_d = F_C\times\frac{a}{2}$$

$$P_{cr}\times\delta_d = (k\cdot\delta_c)\times\frac{a}{2}$$

$$P_{cr}\times\frac{L\cdot\theta}{2}=\left(k\cdot\frac{a\cdot\theta}{2}\right)\times\frac{a}{2}$$

$$P_{cr}=\frac{k\cdot a^2}{2L}$$

24 그림과 같이 부재 중앙이 힌지로 연결되고 양단은 고정지지된 수평부재가 있다. 직경이 $d = 2\text{cm}$인 원형 단면일 때 부재가 탄성좌굴되기 위해서는 최소한 온도가 약 몇 ℃ 상승하여야 하는가? (단, 부재는 장주로 가정하며, 열팽창계수 $\alpha = 1\times10^{-5}/℃$이고 탄성계수 $E = 210\text{GPa}$이다) [09. 국가직 7급]

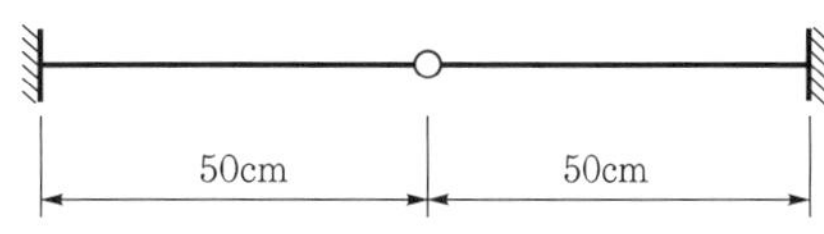

① 6.17℃ ② 24.7℃
③ 98.7℃ ④ 39.5℃

해설 $\alpha\cdot\Delta T\cdot EA = \dfrac{\pi^2 EI}{L^2}$

$$\Delta T = \frac{\pi^2 I}{\alpha\cdot A\cdot L^2} = \frac{\pi^2}{\alpha\cdot L^2}\times\frac{I}{A}$$

$$= \frac{\pi^2}{\alpha\cdot L^2}\times r^2 = \frac{\pi^2}{\alpha\cdot L^2}\times\left(\frac{D}{4}\right)^2$$

$$= \frac{\pi^2 D^2}{16\alpha\cdot L^2} = \frac{\pi^2\times2^2}{16\times1\times10^{-5}\times100^2}$$

$$= 24.7℃$$

정답 24 ②

Chapter 09

트러스

CHAPTER 09

트러스

KEY NOTE

1 트러스 부재의 명칭과 종류

1. 트러스의 정의

트러스(truss)는 최소 3개 이상의 직선부재들이 1개 또는 그 이상이 삼각형 형상으로 결합된 구조물로, 오직 축방향의 압축력 또는 인장력만을 받는다.

2. 트러스 부재의 명칭

(1) 현재(chord member): 트러스의 상 · 하 부재

① 상현재(upper chord: U)

② 하현재(lower chord: L)

(2) 복부재(web member): 상 · 하현재의 연결부재

① 수직재(vertical member: V)

② 사재(diagonal member: D)

(3) 단사재(end post, 단주): 트러스의 좌 · 우측단 사재

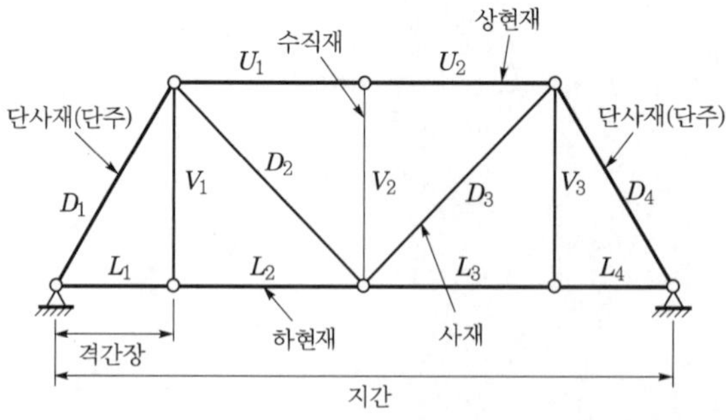

[그림 9.1]

3. 트러스의 종류

(1) 트러스의 형식

① 하로교 형식(through type): 하중이 하현재에 작용하는 트러스
② 상로교 형식(deck type): 하중이 상현재에 작용하는 트러스

(2) 트러스의 종류

① 프랫 트러스(pratt truss): 상현재는 압축, 하현재는 인장에 저항하며, 사재는 주로 인장, 수직재는 압축에 저항하는 트러스
② 하우 트러스(howe truss): 상현재는 압축, 하현재는 인장에 저항하며, 사재는 주로 압축, 수직재는 인장에 저항하는 트러스
③ 와렌 트러스(warren truss): 수직재가 없는 경우 타 트러스에 비하여 부재수가 적고 구조가 간단하며 연속교량 트러스에 많이 사용되나, 현재의 길이가 과대하여 강성을 감소시킨다. 이것을 보완한 것이 수직재가 있는 와렌 트러스이다.

KEY NOTE

트러스의 형대

(1) 프랫(pratt) 트러스

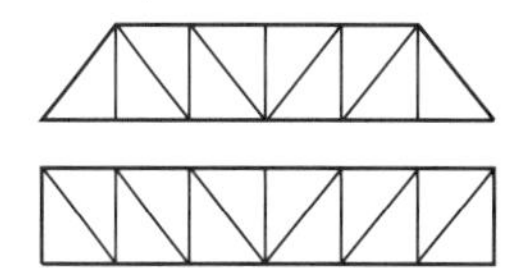

(2) 하우(howe) 트러스

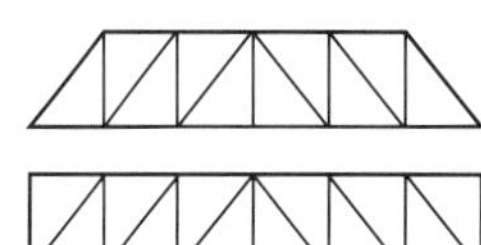

(3) 와렌(warren) 트러스

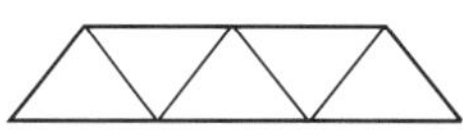

(4) 수직재가 있는 와렌 트러스

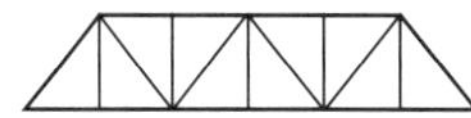

(5) 지붕 트러스(King-post truss)

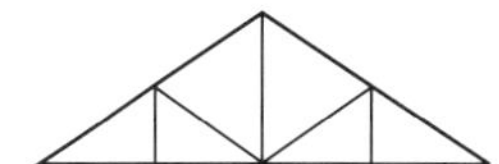

(6) 핀크(fink) 트러스

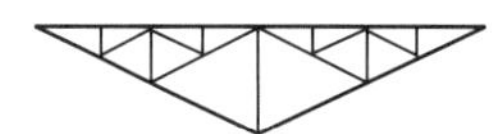

(7) K-truss

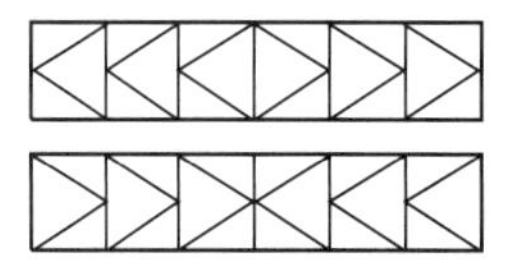

2 트러스의 해석

1. 트러스의 해석상 가정사항

(1) 모든 부재는 직선재이다.
(2) 각 부재는 마찰이 없는 핀(pin)이나 힌지로 연결되어 있다.
(3) 부재의 축은 각 절점에서 한 점에 모인다.
(4) 모든 외력의 작용선은 트러스와 동일 평면 내에 있고, 하중과 반력은 절점(격점)에만 작용한다.
(5) 각 부재의 변형은 미소하여 2차응력은 무시한다. 따라서 단면 내력은 축방향력만 존재한다.
(6) 하중이 작용한 후에도 절점(격점)의 위치는 변하지 않는다.

2. 트러스의 해석법

(1) 일반사항

① 트러스 전체를 보로 가정
② 지점반력을 구한다.

KEY NOTE

(+)
(−) (+)
(−)

③ 미지수가 2개 이하가 되게 각 절점의 부재력 산정

④ 부재력 산정방법은 격점법(절점법)과 절단법이 있다.

(2) 격점법(절점법)

자유물체도를 절점단위로 표현한 후 힘의 평형방정식을 이용하여 미지의 부재력을 구하는 방법

① 적용식: $\Sigma H = 0$, $\Sigma V = 0$

② 해석순서

㉠ 트러스 전체를 하나의 보로 하여 반력 산정

㉡ 각 절점에 작용하는 모든 힘의 자유물체도를 그리고 $\Sigma H = 0$, $\Sigma V = 0$의 식을 사용하여 미지의 부재력 산정. 이때 미지의 부재력이 2개 이하인 절점부터 차례로 산정

㉢ 힘의 부호는 상향과 우향은 (+), 하향과 좌향은 (−)로 한다.

㉣ 부재력은 자유물체도에서 절점 밖으로 향하는 힘(인장)으로 표시하며 결과가 (+)이면 인장, (−)이면 압축

③ 특징

㉠ 모든 부재력을 계산할 때 편리하다.

㉡ 지점 양쪽에서 계산을 수행함으로써 검산 가능

④ 절점법의 활용 예(U_1 부재력 계산)

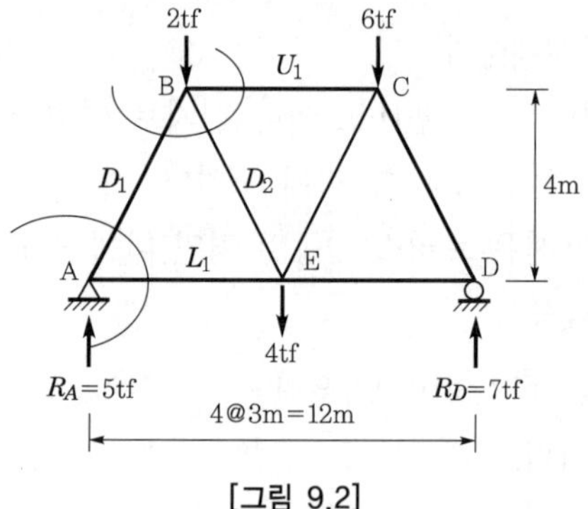

[그림 9.2]

㉠ 지점반력

- $\Sigma M_D = 0\,;\, R_A \times 12 - 2 \times 9 - 4 \times 6 - 6 \times 3 = 0$

  $\therefore\ R_A = 5\text{tf}(\uparrow)$

- $\Sigma V = 0\,;\, 5 - 2 - 4 - 6 + R_D = 0$

  $\therefore\ R_D = 7\text{tf}(\uparrow)$

ⓛ A절점

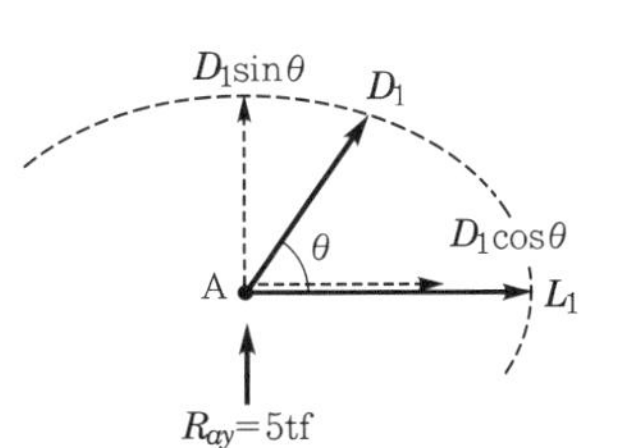

5m
4m
θ
3m

$\sin\theta=\frac{4}{5}$, $\cos\theta=\frac{3}{5}$

[그림 9.3]

- $\sum V=0\;;\;5+D_1\sin\theta=0$
  $\therefore\; D_1=-6.25\text{tf}$(압축)
- $\sum H=0\;;\;D_1\cos\theta+L_1=0$
  $\therefore\; L_1=3.75\text{tf}$(인장)

ⓒ B절점

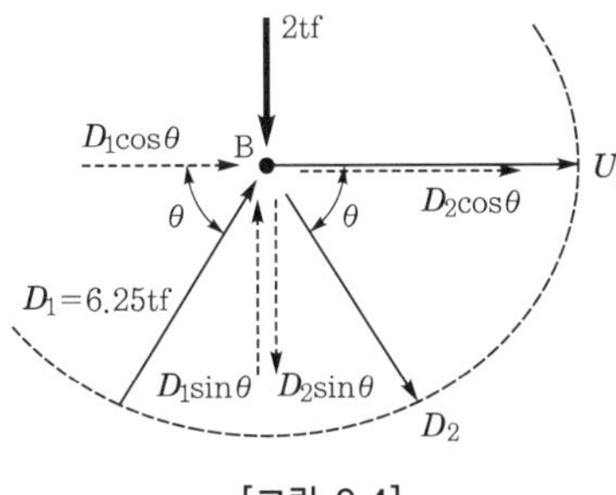

[그림 9.4]

- $\sum V=0\;;\;D_1\sin\theta-D_2\sin\theta-2=0$
  $\therefore\; D_2=3.75\text{tf}$(인장)
- $\sum H=0\;;\;D_1\cos\theta+D_2\cos\theta+U_1=0$
  $\therefore\; U_1=-6\text{tf}$(압축)

(3) 단면법(절단법)

자유물체도를 단면단위로 표현한 후 힘의 평형방정식을 적용하여 미지의 부재력을 구하는 방법

① 모멘트법(Ritter법): $\sum M=0$

② 전단력법(Culmann법): $\sum H=0,\ \sum V=0$

③ 해석순서

KEY NOTE

모멘트법
현재의 단면력 산정 시 사용

전단력법
복재의 단면력 산정 시 사용

KEY NOTE

㉠ 격점법과 같이 트러스 전체를 하나의 보로 하여 반력 산정

㉡ 미지 부재력이 3개 이하가 되도록 가상단면을 절단

㉢ 절단된 면의 어느 한쪽을 선택하여 평형조건식($\Sigma H=0, \Sigma V=0, \Sigma M=0$)을 적용하고, 부재력 산정

㉣ 부재력은 모두 인장으로 가정하고 산정하며, 결과가 (+)이면 인장, (−)이면 압축

④ 특징

㉠ 전단력법은 모든 부재의 부재력을 구할 수 있으나, 특히 사재와 수직재의 부재력 계산에 편리하다.

㉡ 모멘트법은 상·하현재의 부재력 계산에 편리하다.

㉢ 임의 부재의 부재력을 쉽게 구할 수 있으나 검산이 필요하다.

⑤ 단면법의 활용 예(U_1 부재력 계산)

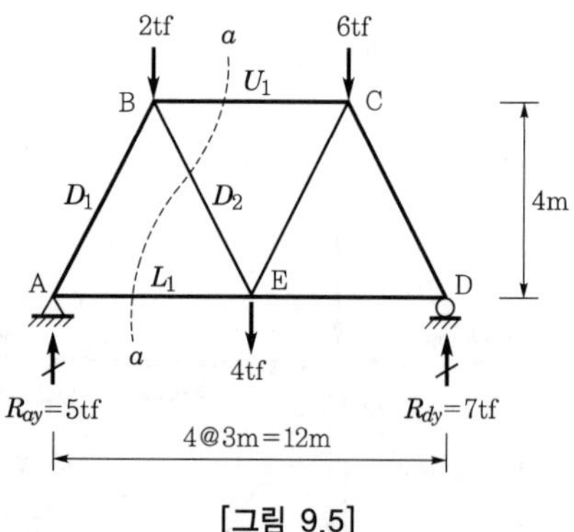

[그림 9.5]

㉠ 지점반력

- $\Sigma M_D=0\,;\, R_{ay}\times 12-2\times 9-4\times 6-6\times 3=0$

  $\therefore\ R_{ay}=5\text{tf}(\uparrow)$

- $\Sigma V=0\,;\, 5-2-4-6+R_{dy}=0$

  $\therefore\ R_{dy}=7\text{tf}(\uparrow)$

KEY NOTE

㉡ $a-a$단면

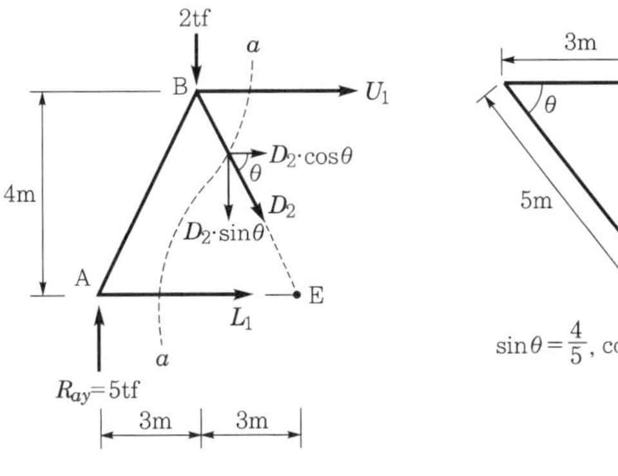

[그림 9.6]

- $\sum M_E = 0\ ;\ 5\times6-2\times3+U_1\times4=0$

  $\therefore\ U_1=-6\text{tf}$(압축)

- $\sum M_E = 0\ ;\ 5\times3-L_1\times4=0$

  $\therefore\ L_1=3.75\text{tf}$(인장)

- $\sum V=0\ ;\ 5-D_2\sin\theta-2=0$

  $\therefore\ D_2=3.75\text{tf}$(인장)

3 트러스의 부재력에 관한 성질

1. 트러스 응력의 원칙

(1) 절점에 모인 부재가 2개이고, 이 절점에 외력이 작용하지 않을 때 이 두 부재의 응력은 0이다[그림 9.7(a)].

(2) 절점에 모인 2개 부재에서 한 부재의 축방향으로 외력이 작용할 때 외력 작용 방향의 부재 응력은 그 외력과 같고, 다른 부재의 응력은 0이다[그림 9.7(b)].

(3) 절점에 모인 부재가 3개이고, 외력이 작용하지 않을 때 그 중 2개 부재가 일직선상에 있으면, 2개 부재의 응력은 같고 다른 부재의 응력은 0이다[그림 9.7(c)].

(4) (3)의 경우 일직선상에 2개 부재가 아닌 다른 부재에 외력이 작용하면, 일직선상의 2개 부재 응력은 같고, 다른 한 부재의 응력은 외력과 같다

KEY NOTE

[그림 9.7(d)].

(5) 2부재씩 일직선을 이루는 4개 부재가 한 절점에서 만날 때 동일직선상의 부재 응력은 서로 같다[그림 9.7(e)].

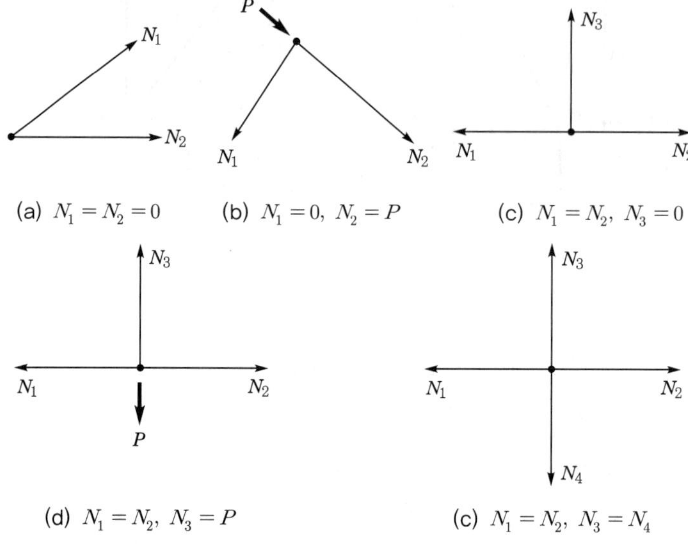

(a) $N_1 = N_2 = 0$ (b) $N_1 = 0,\ N_2 = P$ (c) $N_1 = N_2,\ N_3 = 0$

(d) $N_1 = N_2,\ N_3 = P$ (c) $N_1 = N_2,\ N_3 = N_4$

[그림 9.7]

2. 영(0)부재

(1) 정의

계산상 부재력이 0이 되는 부재

(2) 영부재 설치 이유

① 변형을 방지

② 처짐을 방비

③ 구조적으로 안정 유지

(3) 영부재 판별법

① 외력과 반력이 작용하지 않는 절점 주시

② 3개 이하의 부재가 모이는 점 주시

③ 트러스의 응력 원칙 적용

④ 영부재로 판정되면 이 부재를 제외하고 다시 위의 과정 반복

KEY NOTE

3. 트러스 부재의 인장 · 압축 구분

프랫 트러스교	하우 트러스교	와렌 트러스교	인장, 압축 구분
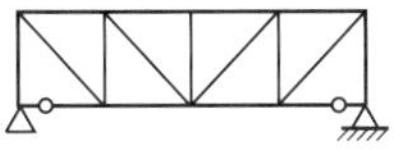 (상로교)	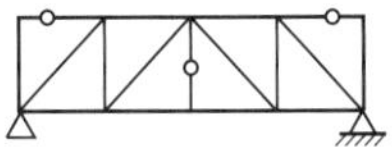 (상로교)	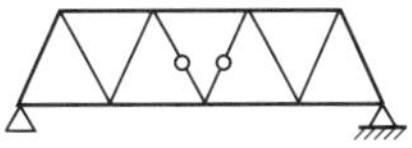 (하로교 Ⅰ)	(압축재)
(하로교)	(하로교)	(하로교 Ⅱ)	(인장재)
			(영부재)

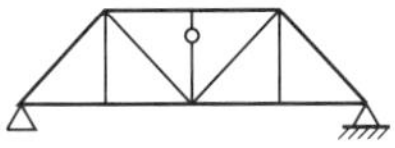

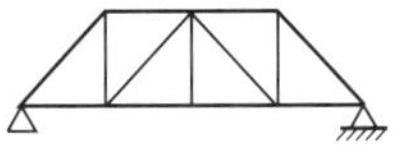

4 트러스 부재력 간편 계산법(비례법)

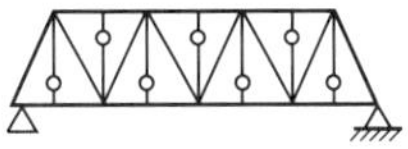

1. 출제 유형 Ⅰ (수직력 작용)

구조물 형태	부재력
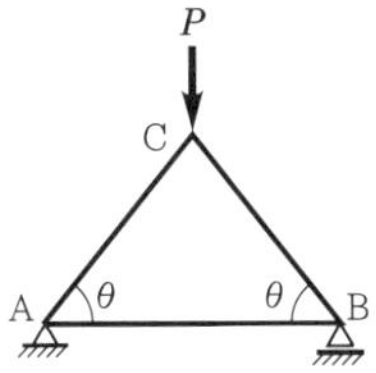 P, C, A, B, θ, θ	① $AB=\dfrac{P}{2\tan\theta}$ (인장) ② $AC=BC=\dfrac{P}{2\sin\theta}$ (압축)
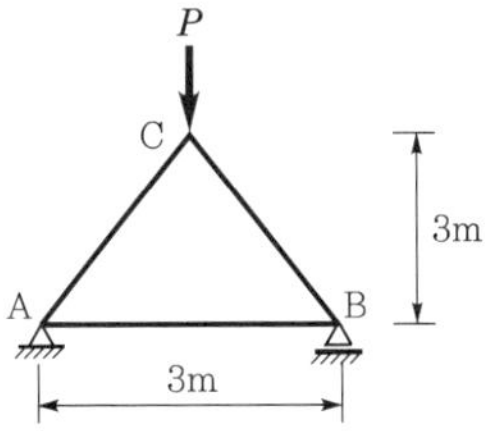 P, C, A, B, 3m, 3m	① $AB=\dfrac{P}{2}\times\dfrac{4}{3}=\dfrac{2P}{3}$ (인장) ② $AC=BC=\dfrac{P}{2}\times\dfrac{5}{3}=\dfrac{5P}{6}$ (압축)
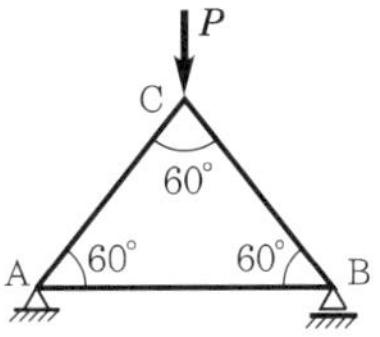 P, C, 60°, A, 60°, 60°, B	① $AB=\dfrac{P}{2}\times\dfrac{1}{\sqrt{3}}=\dfrac{P}{2\sqrt{3}}$ (인장) ② $AC=BC=\dfrac{P}{2}\times\dfrac{2}{\sqrt{3}}=\dfrac{P}{\sqrt{3}}$ (압축)

◎ KEY NOTE

2. 출제 유형 II (수평력 작용)

구조물 형태	부재력
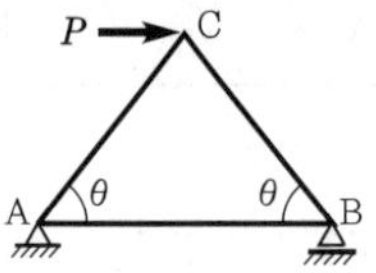	① $AB=\frac{P}{2}$(인장) ② $AC=\frac{P}{2\cos\theta}$(인장) ③ $BC=\frac{P}{2\cos\theta}$(압축)
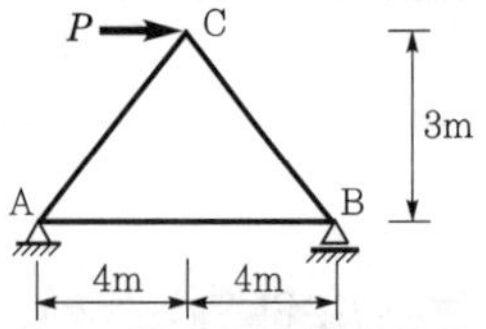	① $AB=\frac{P}{2}$(인장) ② $AC=\frac{P}{2}\times\frac{5}{4}=\frac{5}{8}P$(인장) ③ $BC=\frac{P}{2}\times\frac{5}{4}=\frac{5}{8}P$(압축)
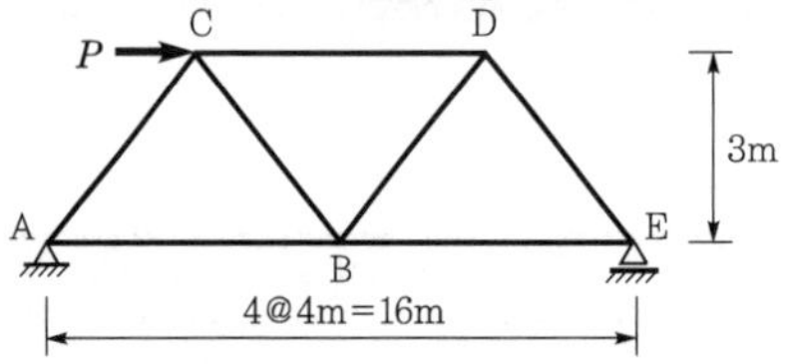	① $AB=\frac{3}{4}P$(인장) ② $AC=\frac{P}{4}\times\frac{5}{4}=\frac{5}{16}P$(인장)
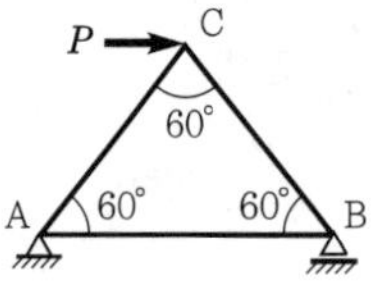	① $AB=\frac{P}{2}$(인장) ② $AC=\frac{P}{2}\times 2=P$(인장) ③ $BC=\frac{P}{2}\times 2=P$(압축)
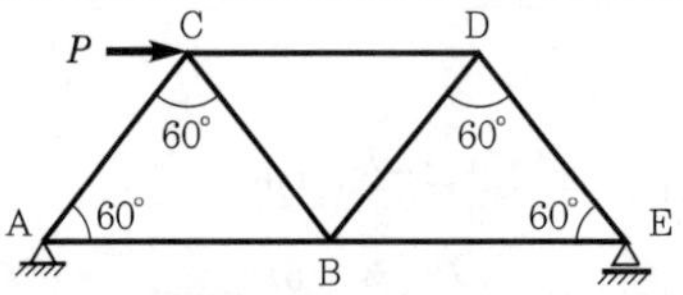	① $AB=\frac{3}{4}P$(인장) ② $AC=\frac{P}{4}\times 2=\frac{P}{2}$(인장)

5 트러스의 영향선

1. 영향선 작도방법

(1) 반력의 영향선

단순보의 반력 영향선과 동일하게 작도

(2) 현재의 영향선

모멘트법($\Sigma M=0$) 이용(U, L)

(3) 복부재의 영향선

전단력법 이용(D, V)

2. 하우 트러스, 프랫 트러스, 와렌 트러스의 영향선(하로교)

(1) 반력 영향선

$y=1$

(2) 현재(상현재, 하현재) 영향선

① 좌측지점에서 부재력을 구하기 위해 $\Sigma M=0$으로 취한 절점까지의 거리를 트러스 높이(h)로 나눈 값이 종거

$$y=\frac{\lambda(\Sigma M=0)}{h}$$

② 부호: 상현대(U) → (−), 하현재(L) → (+)

③ 지점기선에서 $\Sigma M=0$으로 한 점까지 경사지게 절단하여 기선에 접한 삼각형이 현재의 영향선

(3) 사재 영향선

① 좌・우측지점의 기준종거: $y=\dfrac{1}{\sin\theta}$

② 부호: 하로교를 기준으로 부재절단이 : (−)
하로교를 기준으로 부재절단이 : (+)

③ 좌측지점 기준종거의 부호 (−) ➡ 기선 위에 작도
좌측지점 기준종거의 부호 (+) ➡ 기선 아래에 작도

④ 구하는 부재의 격간에서 절단부재와 같은 방향으로 전단력의 영향선을 절단하면, 기선에 접한 삼각형이 사재의 영향선

(4) 수직재 영향선

① 좌・우측지점의 기준종거: $y=1$

② 부호: 하로교를 기준으로 부재절단이 : (−)
하로교를 기준으로 부재절단이 : (+)

③ 좌측지점 기준종거의 부호 (−) ➡ 기선 위에 작도
좌측지점 기준종거의 부호 (+) ➡ 기선 아래에 작도

◎ KEY NOTE

◎ 트러스의 영향선 작도 요약

- 상현재(U)의 영향선
  ➡ $\dfrac{M\text{의 영향선}}{-h}$
- 하현재(L)의 영향선
  ➡ $\dfrac{M\text{의 영향선}}{h}$
- 사재(D)의 영향선
  ↗ 방향부재 ⊖
  ↖ 방향부재 ⊕
  ➡ $\dfrac{S\text{의 영향선}}{\sin\theta}$
- 수직재(V)의 영향선
  ➡ 단순보 S(전단력)의 영향선

◎ 간접하중 구간 ➡ 사선연결

- 복부재(D, V)
  전단력법으로 절단 후 그 부재의 양 절점구간
- 상・하현재(U, L)
  모멘트법으로 절단 후 그 부재의 양 절점구간

KEY NOTE

④ 하로교를 기준으로 구하는 부재의 절점에서 사재 반대방향의 격간으로 전단력의 영향선을 절단하면, 기선에 접한 삼각형이 수직재의 영향선

(5) 영부재 수직재 영향선

① 기선을 긋고, 구하는 부재의 절점에서 기준종거 1로 하고, 부호는 하중이 위에 있으면 (−), 하중이 아래 있으면 (+)로 한다.

② 구하는 부재의 절점에서 좌・우 격간장을 지간으로 한 삼각형을 작도한다.

3. 간접하중 발생구간의 영향선

(1) 복부재(사재, 수직재) 영향선

전단력법으로 절단하여, 절단면이 구하는 부재를 통과할 때 그 부재의 양 절점구간을 사선으로 연결

(2) 상·하현재 영향선

모멘트법으로 절단하여, 모멘트 중심점이 구하는 부재의 중간에 위치하는 경우 그 부재의 양 절점구간을 사선으로 연결

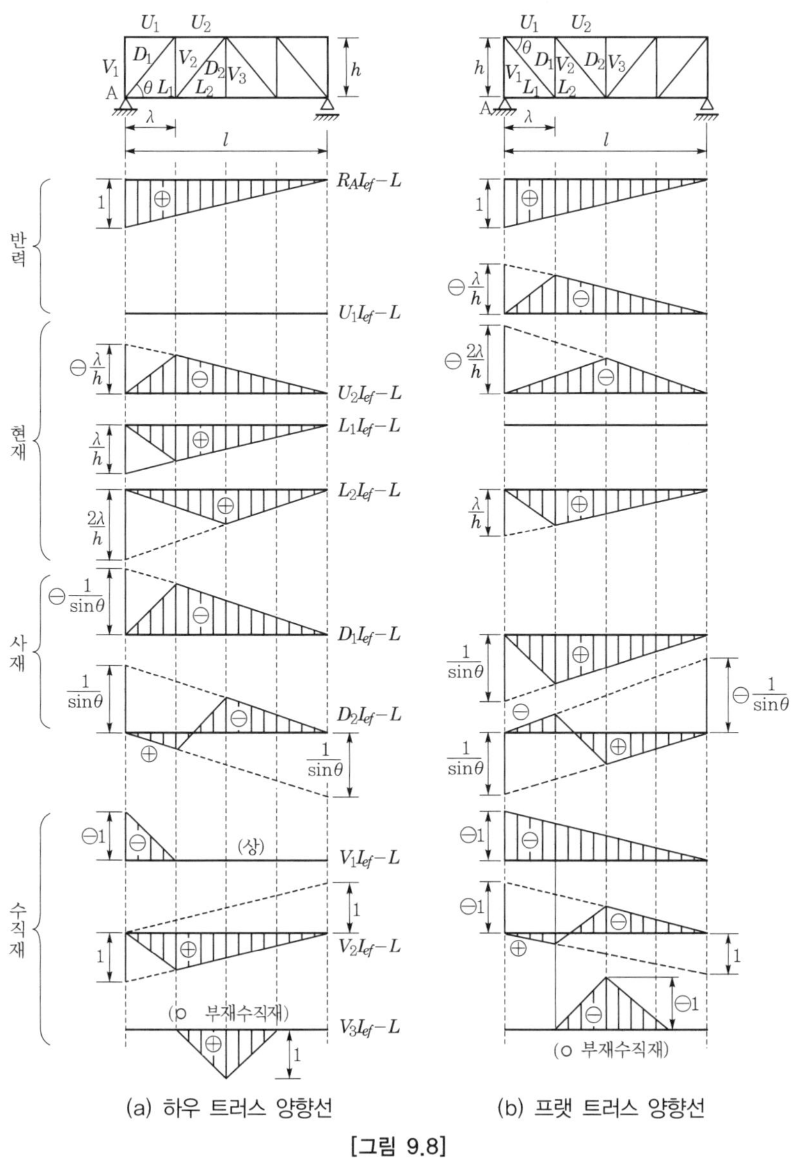

[그림 9.8]

KEY NOTE

CHAPTER 09 | 9급 기출문제

01 다음 트러스(Truss) 구조물의 명칭으로 옳은 것은? [01. 국가직 9급]

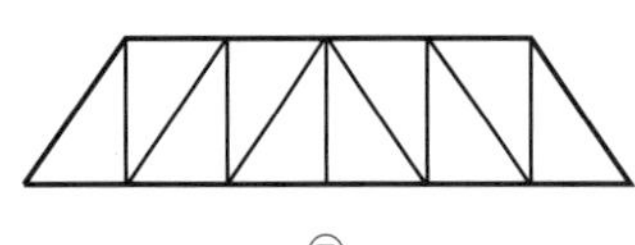

㉠

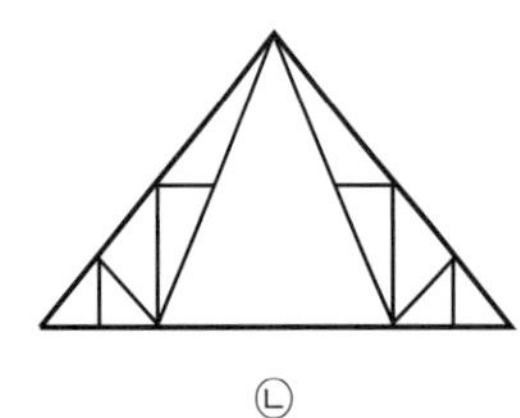

㉡

	㉠	㉡
①	프랫 트러스	K-트러스
②	프랫 트러스	핀크 트러스
③	K-트러스	하우 트러스
④	하우 트러스	핀크 트러스

해설 하우 트러스와 핀크 트러스 구조이다.

02 트러스의 부재력 V의 값은? [국가직 9급]

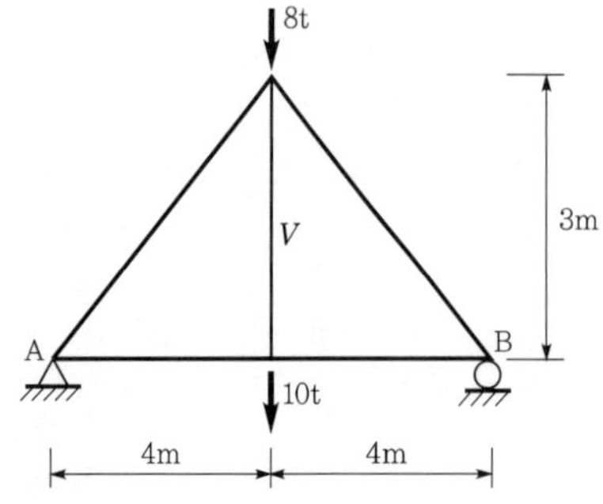

① 6t(압축) ② 10t(압축)
③ 6t(인장) ④ 10t(인장)

해설

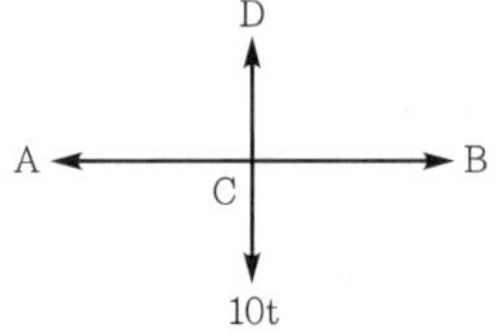

C점에 대한 자유물체도에서
$\Sigma V=0,\ -10+V=0$
$\therefore\ V=10\text{t}$(인장)

03 그림과 같은 트러스에서 AC부재력[kN]을 계산한 값은? [국가직 9급]

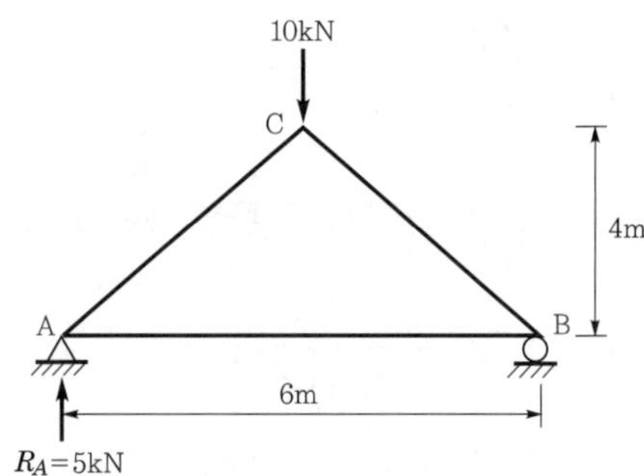

① 4.25(압축) ② 5.25(인장)
③ 6.25(압축) ④ 7.25(인장)

해설 $R_A=5\text{t}(\uparrow)$이고, 폐합삼각형의 닮음비를 이용하면

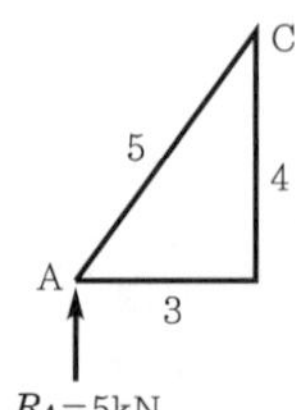

$\therefore\ \text{AC}=5\times\frac{5}{4}=\frac{25}{4}=6.25\text{kN}$(압축)

정답 01 ④ 02 ④ 03 ③

04 다음 그림과 같은 트러스에서 부재 BC의 부재력[kN]은? [12. 지방직 9급]

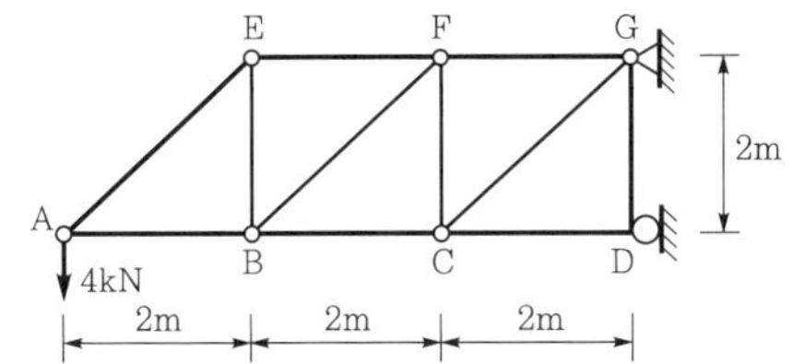

① 8(압축력) ② 8(인장력)
③ 16(압축력) ④ 16(인장력)

해설 t-t 절단면에서 좌측에 대해서 힘의 평형조건식을 적용하며 모멘트의 중심점을 F점으로 한다.

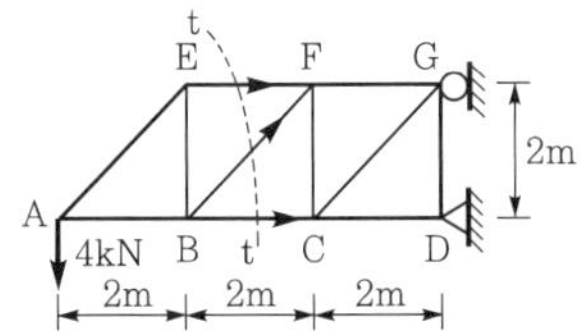

$\Sigma M_F = 0,\ -4\times4 - BC\times2 = 0$
BC부재력 $= -8$kN(압축)

05 다음 그림과 같은 트러스 구조물에서 부재 CG와 DE의 부재력 F_{CG}와 F_{DE}는? [10. 지방직 9급]

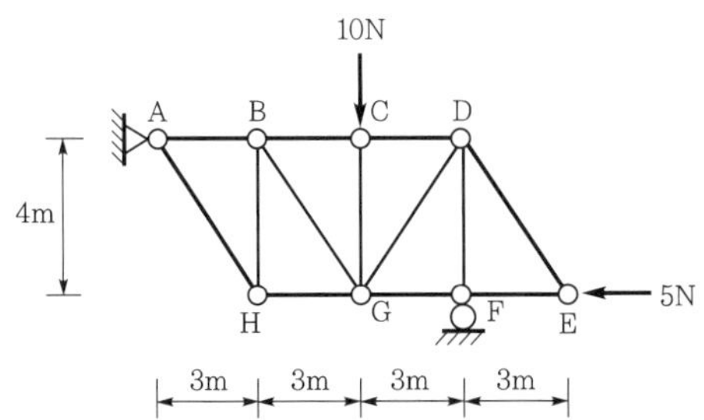

① F_{CG}=압축력 10N, F_{DE}=압축력 5N
② F_{CG}=인장력 10N, F_{DE}=인장력 5N
③ F_{CG}=압축력 10N, F_{DE}=0N
④ F_{CG}=인장력 10N, F_{DE}=0N

06 그림과 같이 트러스의 C점에 하중 $P = 8$kN이 작용한다면 AB부재가 받는 힘[kN]은? [09. 지방직 9급]

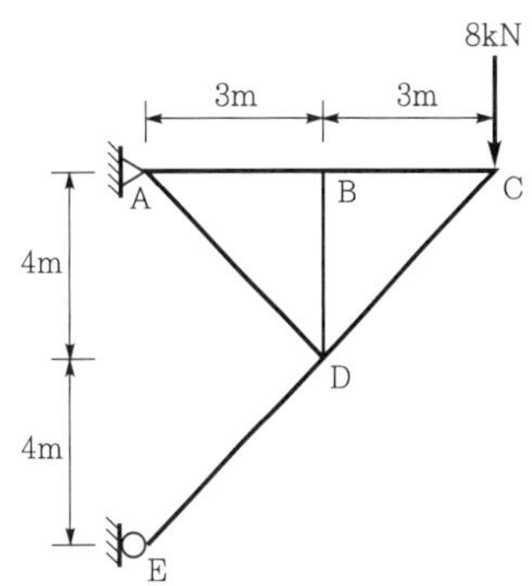

① 4(압축) ② 4(인장)
③ 6(압축) ④ 6(인장)

07 다음과 같은 트러스 구조물에서 부재 AD의 부재력[kN]은? [14. 지방직 9급]

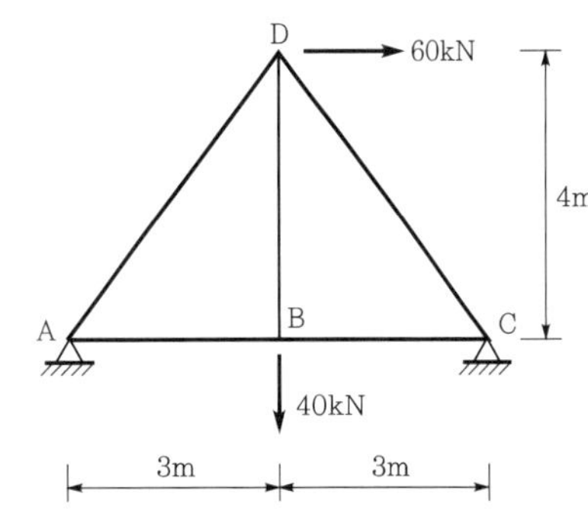

① 15 ② 25
③ 40 ④ 75

해설

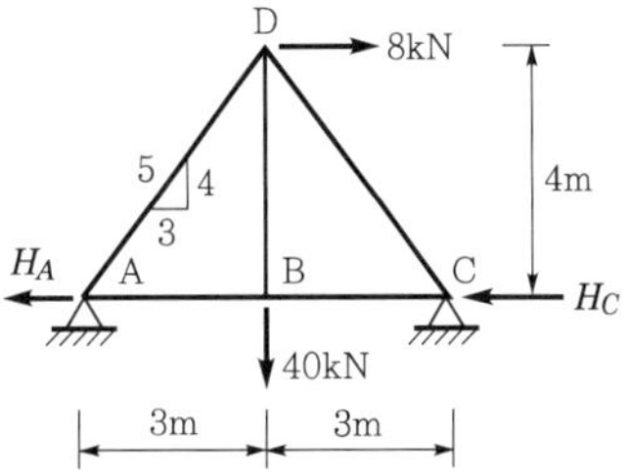

$\Sigma M_B = 0,$
$-R_A\times6 - 40\times3 + 60\times4 = 0$

정답 04 ① 05 ③ 06 ④ 07 ③

$R_A = 20\text{kN}(\downarrow)$

AD의 부재력은 삼각형의 닮음비를 이용하여 구한다.

$AD = \frac{5\times 20}{4} = 25\text{kN}$

08 트러스의 상현대 U의 부재력[kN]은?[국가직 9급]

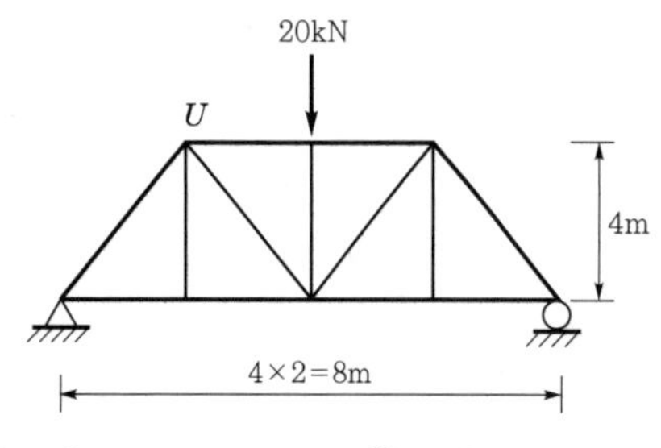

① −5　　② −6
③ −8　　④ −10

해설

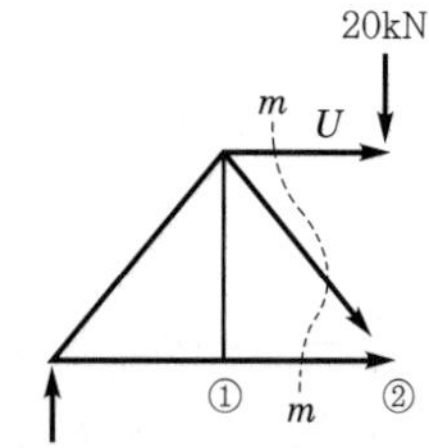

m-m 단면으로 절단하면

$\Sigma M_{②} = 0,\ R_A \times 4 + U \times 4 = 0$

$10\times 4 + U\times 4 = 0$

$\therefore U = -10\text{kN}$(압축)

09 그림과 같은 트러스의 부재력이 압축인 것은? [국가직 9급]

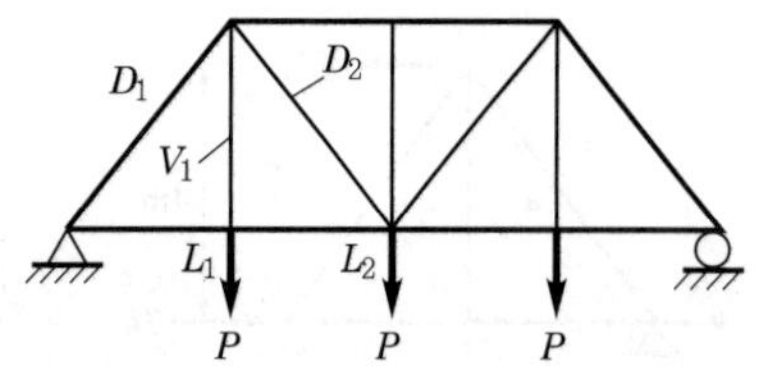

① D_1　　② D_2
③ L_1　　④ L_2

해설 압축재는 D_1이고, 인장재는 L_1, L_2, V_1, D_2가 된다.

10 다음 그림과 같은 트러스에서 BD부재의 부재력[kN]은? [13. 지방직 9급]

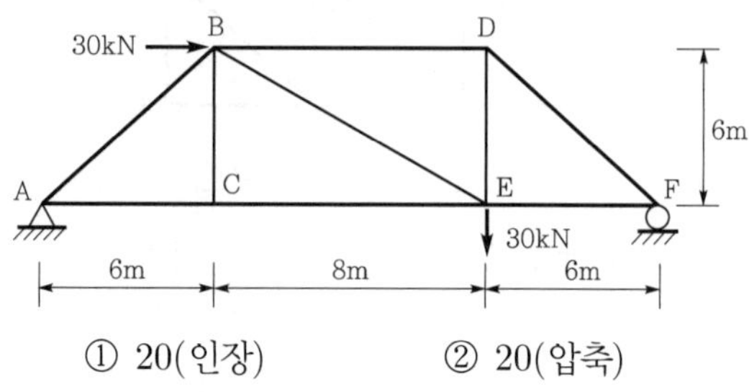

① 20(인장)　　② 20(압축)
③ 30(인장)　　④ 30(압축)

해설 t-t 절단면에서 우측을 고려한다.

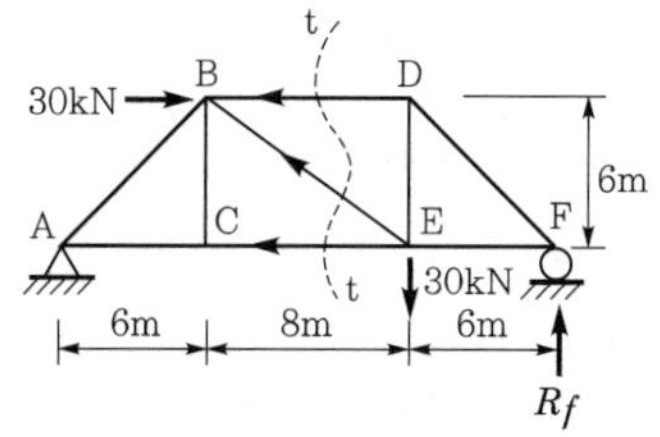

$R_f = \frac{30\times 14}{20} + \frac{30\times 6}{20} = 30\text{kN}(\uparrow)$

$\Sigma M_E = 0,\ -\text{BD}\times 6 - R_f \times 6 = 0$

$-\text{BD}\times 6 - 30\times 6 = 0$

$\text{BD} = -30\text{kN}$(압축)

11 그림과 같은 트러스에서 지점 A의 반력 R_A 및 BC부재의 부재력 F_{BC}는? (단, 트러스의 자중은 무시한다) [15. 국가직 9급]

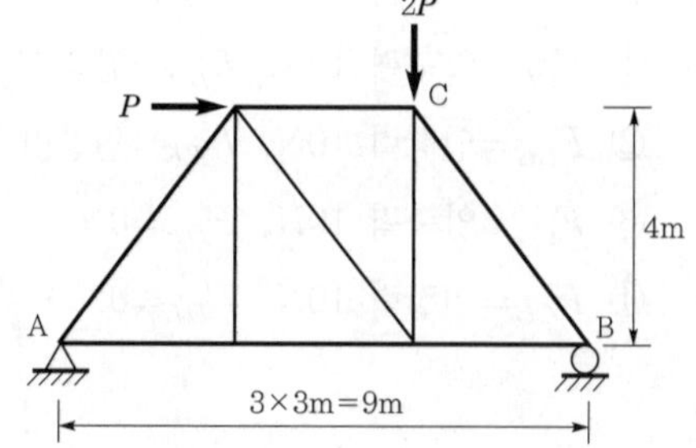

정답 08 ④ 09 ① 10 ④ 11 ①

	R_A	F_{BC}
①	$\frac{2}{9}P$	$\frac{20}{9}P$(압축)
②	$\frac{2}{9}P$	$\frac{25}{12}P$(압축)
③	$\frac{16}{9}P$	$\frac{20}{9}P$(압축)
④	$\frac{16}{9}P$	$\frac{25}{12}P$(압축)

해설 ㉠ R_A 계산

$$R_A = \frac{2P\times 3}{9} - \frac{P\times 4}{9} = \frac{2P}{9}(\uparrow)$$

㉡ F_{BC} 계산

$$R_B = 2P - R_A = 2P - \frac{2P}{9} = \frac{16P}{9}(\uparrow)$$

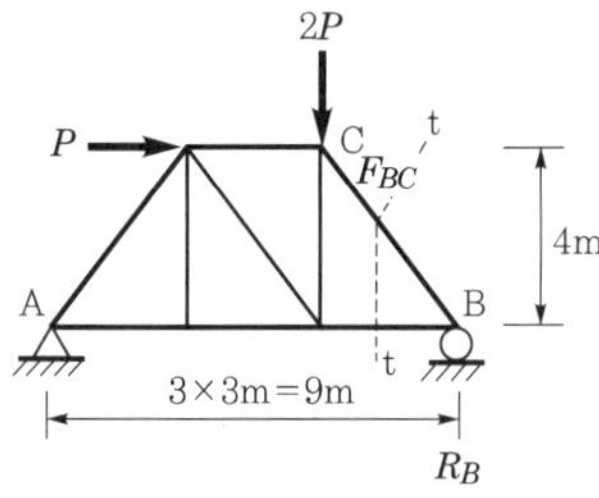

절단면에서 $\Sigma V=0$을 적용하면

$$F_{BC} = -\frac{5R_B}{4} = -\frac{5\times\frac{16P}{9}}{4} = -\frac{20P}{9}(\text{압축})$$

12 단순 지지된 트러스에서 부재 A, B의 부재력[kN]은? [07. 국가직 9급]

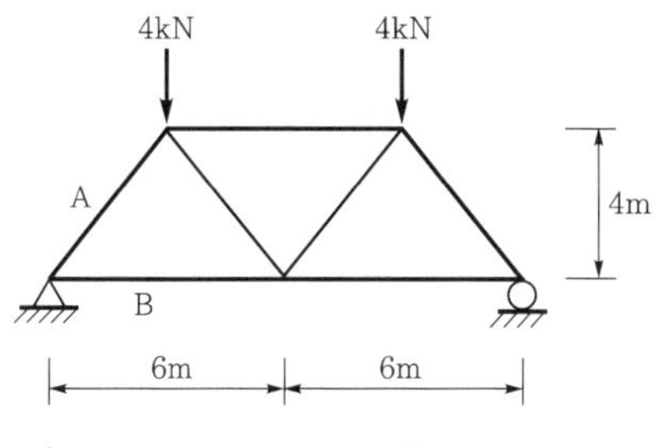

	A	B
①	5(압축)	3(인장)
②	5(인장)	3(압축)
③	3(압축)	5(인장)
④	3(인장)	5(압축)

해설

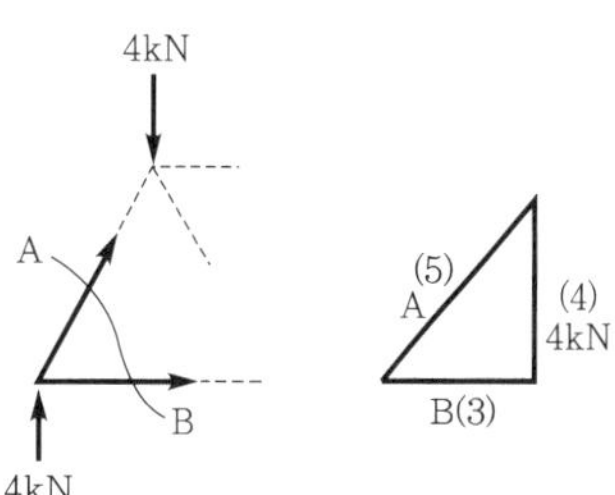

$$A = -\frac{5\times 4}{4} = -5\text{kN}(\text{압축})$$

$$B = \frac{3\times 4}{4} = 3\text{kN}(\text{인장})$$

13 다음 트러스에서 AB부재의 부재력[kN]은? [01. 국가직 9급]

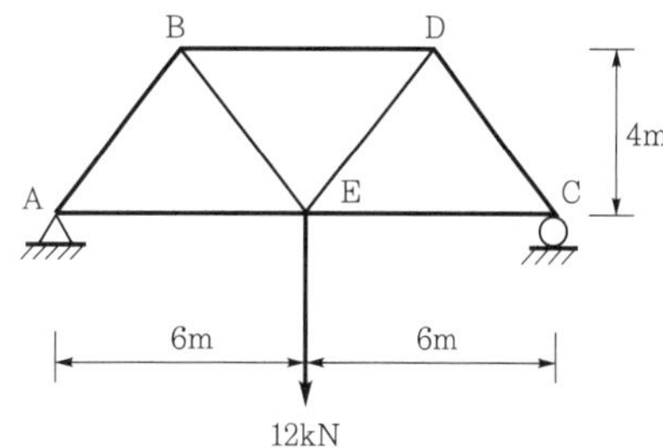

① 5.5　② 6.5　③ 7.5　④ 8.5

해설

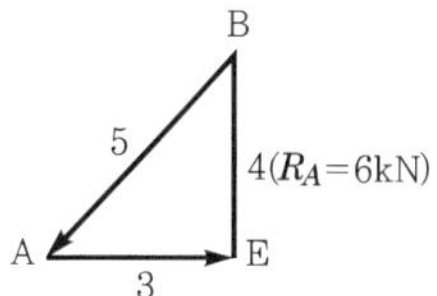

$R_A = 6\text{kN}$

$$\therefore \text{AB} = -\frac{5\times 6}{4} = -7.5\text{kN}(\text{압축})$$

14 다음 트러스 구조물에서 부재력이 0인 부재의 수는? [05. 국가직 9급]

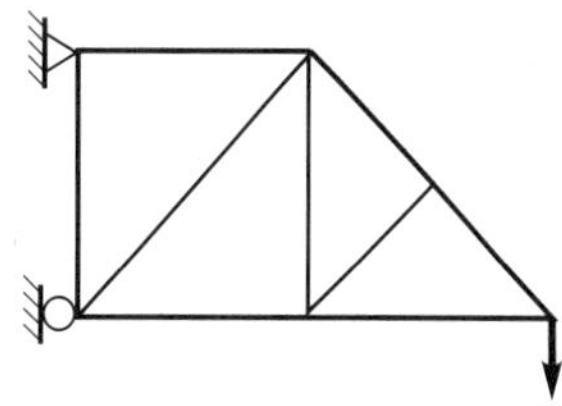

정답 12 ① 13 ③ 14 ③

① 0개 ② 1개

③ 2개 ④ 3개

해설 영부재는 2개이다.

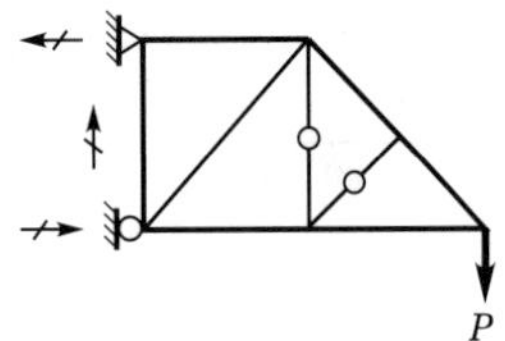

15 다음 트러스 구조물에서 부재력이 0이 아닌 것은? [01. 서울시 9급, 국회 9급]

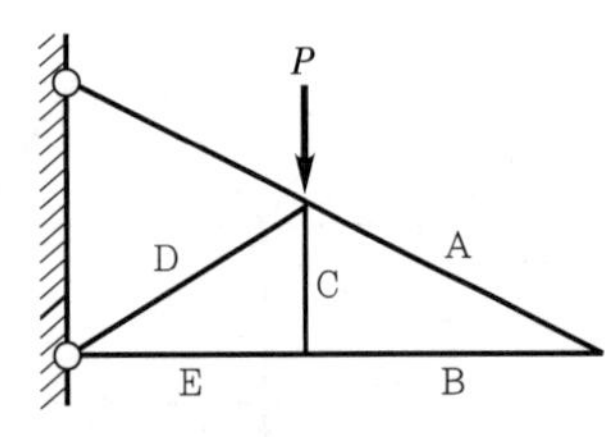

① A ② B

③ C ④ D

해설

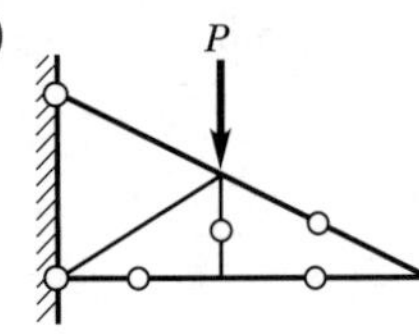

16 다음 트러스 구조물 중에서 사재가 압축만 받는 구조물은? [11. 국가직 9급]

①

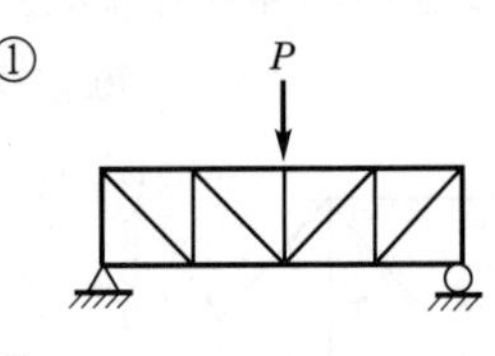

② P

③

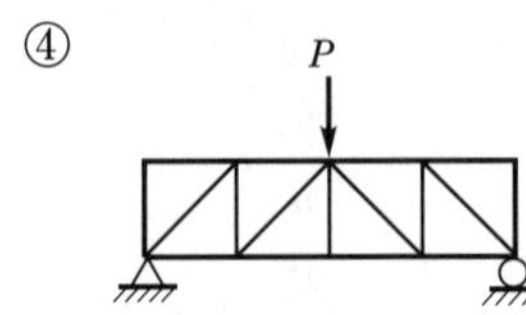

④ P

해설 ④는 하우 트러스이며 하우 트러스의 사재는 모두가 압축력을 받는다.

17 트러스 구조물 해석시 가정사항이다. 틀린 것은? [01. 서울시 9급]

① 부재는 마찰이 없고 힌지로 연결된다.

② 축력과 전단력은 작용하나 휨모멘트는 무시한다.

③ 부재응력은 탄성한도 이내에서 성립한다.

④ 하중은 절점에 집중하여 작용한다.

해설 트러스 해석시에는 휨변형과 전단변형을 무시하고 축변형만을 고려한다.

18 트러스의 부재력은 다음과 같은 가정하에서 계산된다. 틀린 것은? [국가직 9급]

① 부재는 고정 결합되어 있다고 본다.

② 트러스의 부재축과 외력은 동일 평면 내에 있다.

③ 외력은 격점에만 작용한다.

④ 외력에 의한 트러스의 변형은 무시한다.

해설 트러스의 각 부재는 힌지 결합되어 있다고 가정한다.

정답 15 ④ 16 ④ 17 ② 18 ①

19 다음 트러스의 가정 중 틀린 것은? [국가직 9급]

① 부재와 작용하는 외력은 같은 평면 안에 있다.
② 하중은 절점에만 집중하여 작용한다.
③ 부재의 축선은 반드시 접합 핀의 중심을 통과한다.
④ 부재는 곡선이다.

해설 트러스의 부재는 직선재로 구성된다.

20 다음 트러스 구조물의 명칭은? [00. 국가직 9급]

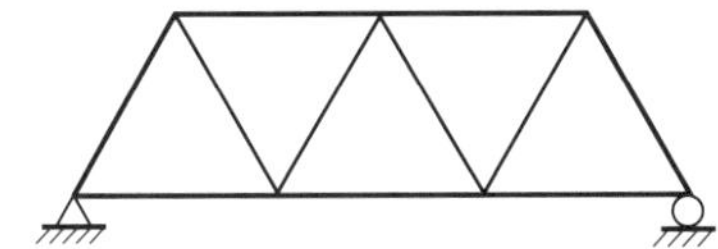

① 하우 트러스
② 킹-포스트 트러스
③ 와렌 트러스
④ K 트러스

해설 와렌 트러스를 말한다.

21 다음 그림의 트러스 명칭은? [국가직 9급]

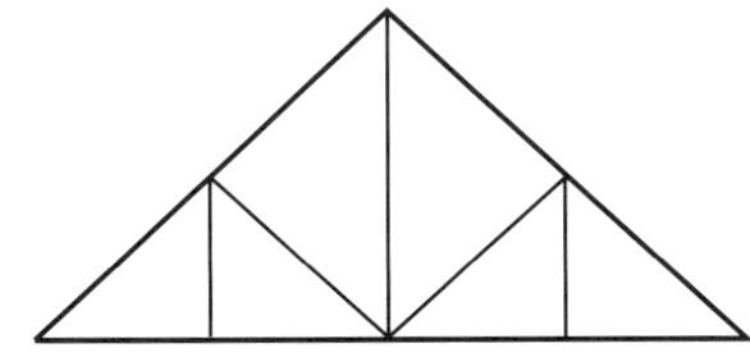

① 하우(howe) 트러스
② 프랫(pratt) 트러스
③ 와렌(warren) 트러스
④ King post 트러스

해설 트러스의 종류

[하우 트러스] [프랫 트러스]

[와렌 트러스] [King post 트러스]

[핀크 트러스]

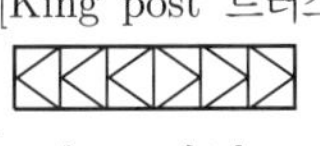

[K-트러스]

22 그림과 같은 트러스에서 하현재, L부재의 부재력[kN]은? [국가직 9급]

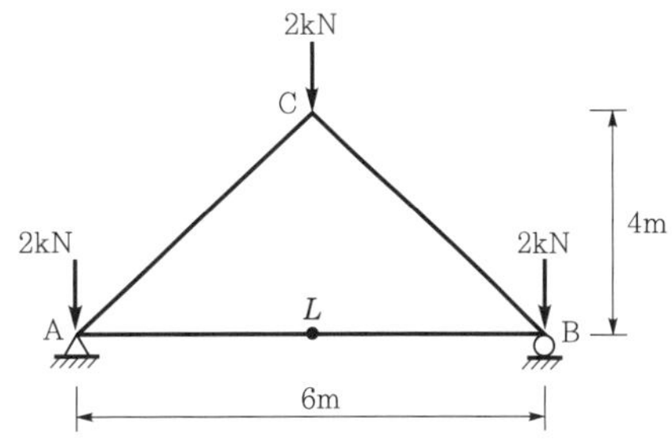

① 0.75　② 1.75
③ 2.75　④ 3.75

해설

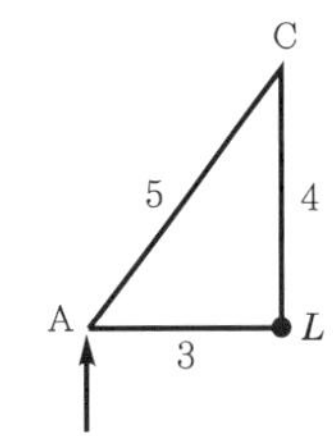

A점의 수직반력, $R_A = 3\text{kN}(\uparrow)$

격점 A에서의 평형조건식을 이용하면

$\sum V = 0,\ 3 - 2 + AC \times \frac{4}{5} = 0$

$\therefore\ AC = -\frac{5}{4}\text{kN}$(압축)

$\sum H = 0,\ AC \times \frac{3}{5} + L = 0$

$-\frac{5}{4} \times \frac{3}{5} + L = 0$

$\therefore\ L = \frac{3}{4} = 0.75\text{kN}$(인장)

23 그림과 같은 트러스에서 ㉡의 부재력[kN]은? [국가직 9급]

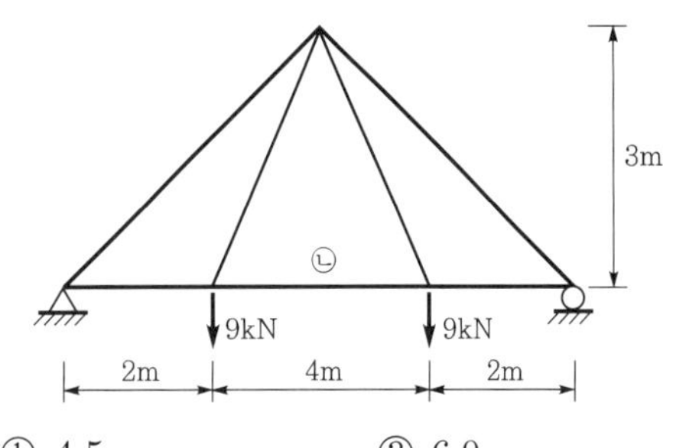

① 4.5　② 6.0
③ 8.6　④ 9.0

정답 19 ④ 20 ③ 21 ④ 22 ① 23 ②

해설

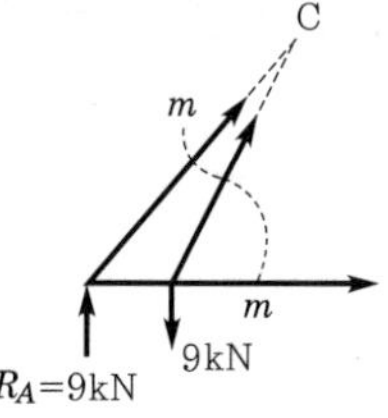

$R_A = 9\text{kN}(\uparrow)$
m-m 단면으로 절단하면
$\Sigma M_c = 0,\ R_A \times 4 - 9 \times 2 - ㉡ \times 3 = 0$
$9 \times 4 - 9 \times 2 - ㉡ \times 3 = 0$
$\therefore ㉡ = 6\text{kN}$(인장)

24 다음 그림과 같은 트러스에서 CF에 발생하는 부재력[kN]은? [06. 국가직 9급]

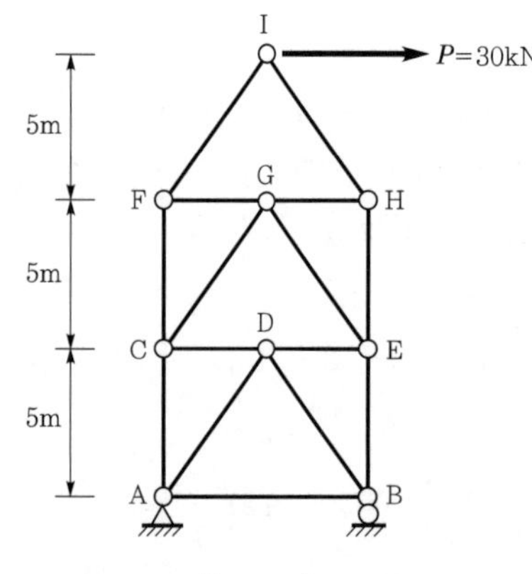

① 30(압축) ② 30(인장)
③ 15(압축) ④ 15(인장)

해설

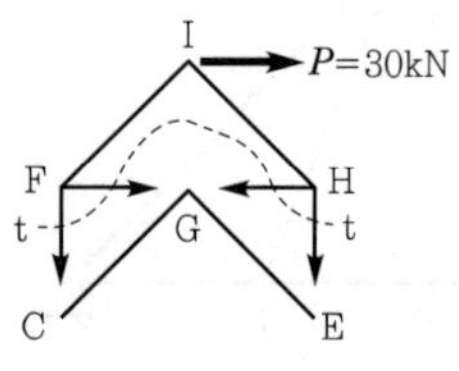

$\Sigma M_H = 0,\ -\text{CF} \times 10 + 30 \times 5 = 0$
$\text{CF} = 15\text{kN}$

25 다음 그림과 같은 트러스 구조물에서 CD부재의 부재력[kN]은? [10. 국가직 9급]

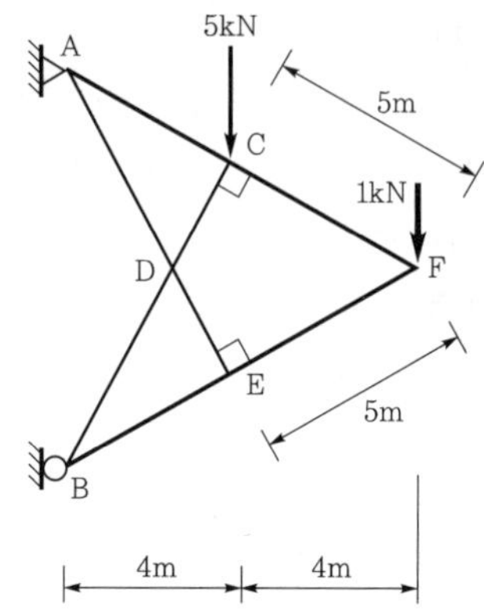

① 4.0(압축) ② 4.5(압축)
③ 5.0(압축) ④ 5.5(압축)

해설 절단면에서 F점을 기준으로 모멘트법을 적용한다.

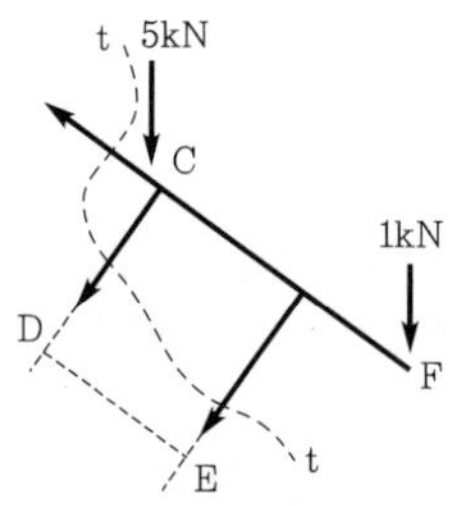

$\Sigma M_F = 0,\ -\text{CD} \times 5 - 5 \times 4 = 0$
$\therefore \text{CD} = -4\text{kN}$(압축)

26 그림과 같은 트러스에서 부재 AD가 받는 힘은? [14. 서울시 9급]

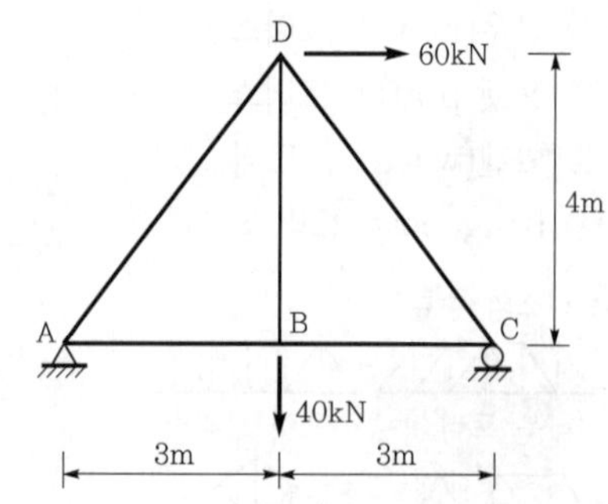

① 75.0kN(압축) ② 12.5kN(압축)
③ 0 ④ 12.5kN(인장)
⑤ 25.0kN(인장)

정답 24 ④ 25 ① 26 ⑤

해설

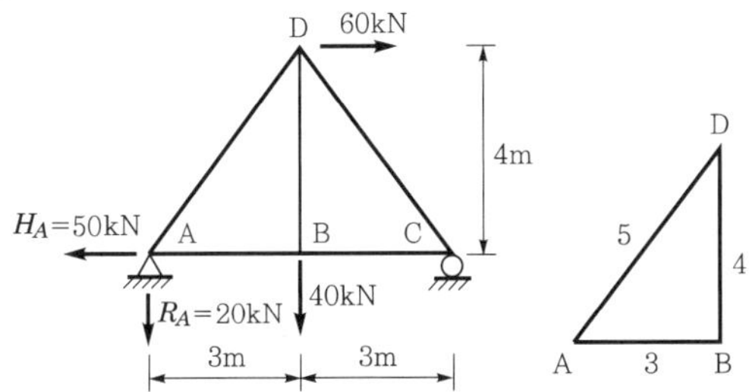

$H_A = 60\text{kN}$

$R_A = -\frac{40}{2} + \frac{60\times4}{6} = 20\text{kN}(\downarrow)$

$\text{AD} = \frac{5\times20}{4} = 25\text{kN}(\text{인장})$

27 다음 트러스에서 부재 U_1L_2의 부재력[kN]은?

[14. 국회 9급]

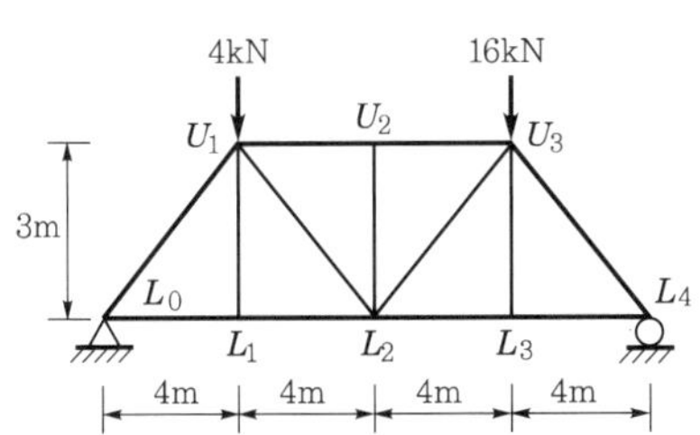

① 3 ② 5

③ $\frac{15}{4}$ ④ $\frac{16}{3}$

⑤ $\frac{20}{3}$

해설

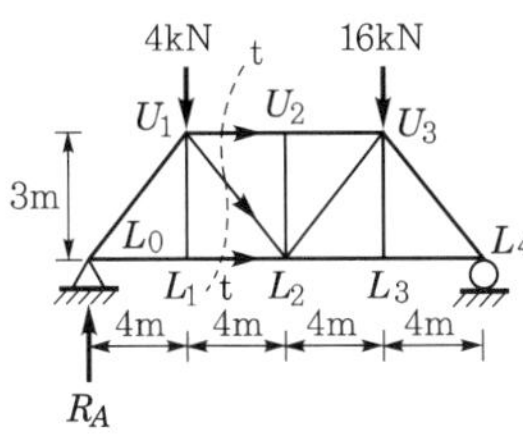

$R_A = \frac{4\times12+16\times4}{16} = 7\text{kN}(\uparrow)$

절단면(점선)의 좌측에 대해서 다음의 힘의 평형조건식을 적용한다.

$\Sigma V = 0,\ R_A - 4 - U_1L_2 \times \frac{3}{5} = 0$

$7 - 4 - \frac{3}{5}U_1L_2 = 0$

$U_1L_2 = 5\text{kN}(\text{인장})$

28 다음 트러스 구조물의 상현재 U와 하현재 L의 부재력[kN]은? (단, 모든 부재의 탄성계수와 단면적은 같고, 자중은 무시한다)

[14. 국가직 9급]

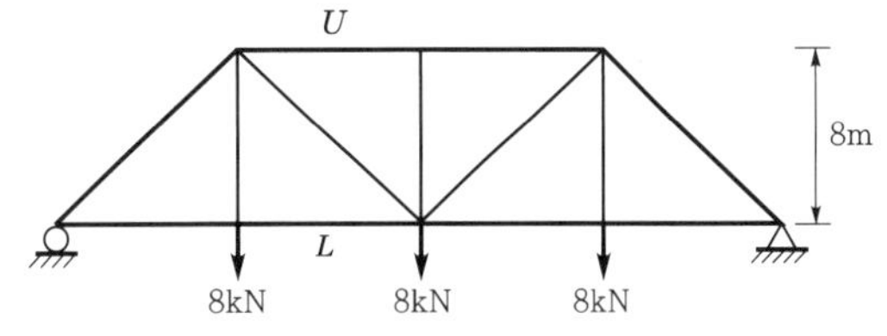

U부재력	L부재력
① 12(압축)	9(인장)
② 12(인장)	6(압축)
③ 9(압축)	18(인장)
④ 9(인장)	9(압축)

해설 부재력은 다음과 같다.

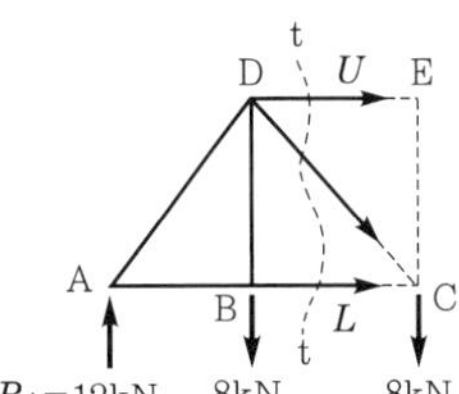

$R_A = \frac{8+8+8}{2} = 12\text{kN}$

㉠ U부재력

$\Sigma M_C = 0,$

$12\times12 - 8\times6 + U\times8 = 0$

$U = -12\text{kN}(\text{압축})$

㉡ L부재력

$\Sigma M_D = 0,\ 12\times6 - L\times8 = 0$

$L = 9\text{kN}(\text{인장})$

정답 27 ② 28 ①

29 다음과 같은 트러스에서 CD부재의 부재력 F_{CD}[kN] 및 CF부재의 부재력 F_{CF}[kN]의 크기는? (단, 자중은 무시한다) [15. 지방직 9급]

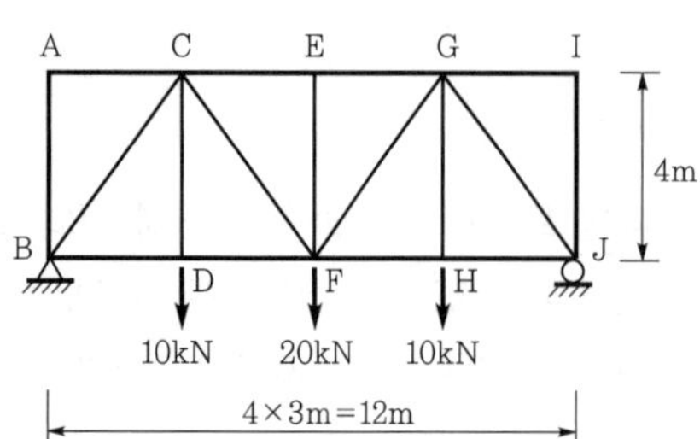

	F_{CD}	F_{CF}
①	6.0	25.0
②	6.0	12.5
③	10.0	25.0
④	10.0	12.5

해설

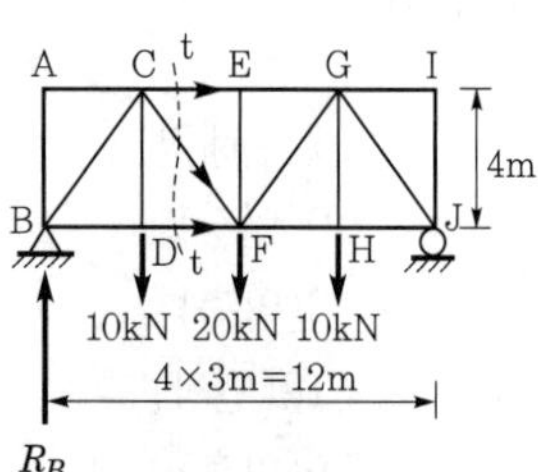

㉠ $F_{CD}=10\text{kN}$

㉡ F_{CF} 계산

$R_B=20\text{kN}$

점선의 절단면에서 좌측에 대해 힘의 평형조건식을 적용한다.

$\Sigma V=0,\ R_B-10-\frac{4}{5}F_{CF}=0$

$20-10-\frac{4}{5}F_{CF}=0$

$F_{CF}=12.5\text{kN}$

30 다음과 같은 트러스 구조물에서 BD, CD의 부재력 값[N]은? (단, $\sqrt{2}$는 1.4, $\sqrt{3}$은 1.7로 계산한다) [12. 국가직 9급]

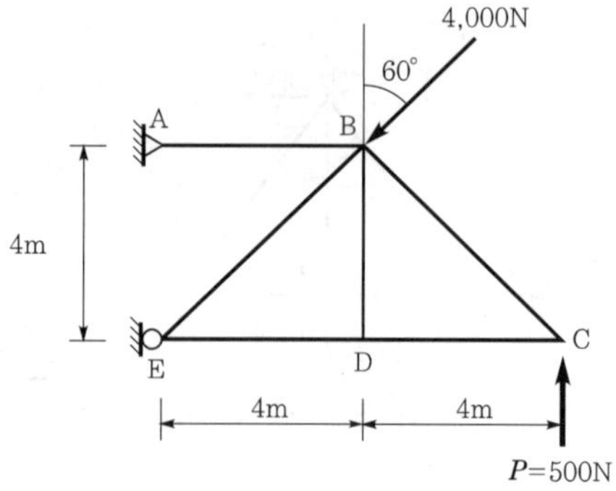

	BC부재력	CD부재력
①	0	500(인장)
②	0	500(압축)
③	2,000(압축)	700(인장)
④	3,400(인장)	700(압축)

해설 ㉠ BD부재력

D점에 세 부재가 만나는데 이 절점에 외력이 없으므로 BD부재력은 0이다.

㉡ CD부재력

격점법에 의한다. 삼각형의 닮음비로 구한다.

$CD=\frac{500\times 1}{1}=500\text{N}(\text{인장})$

31 다음의 트러스 구조에서 0인 부재의 개수는? [05. 경기교육청 9급]

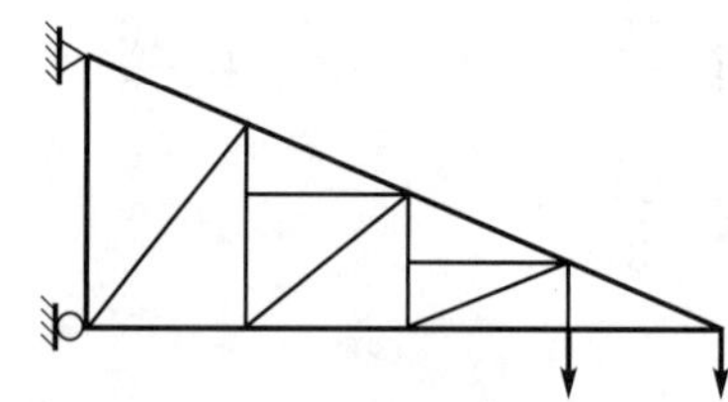

① 0개	② 1개
③ 2개	④ 3개

해설

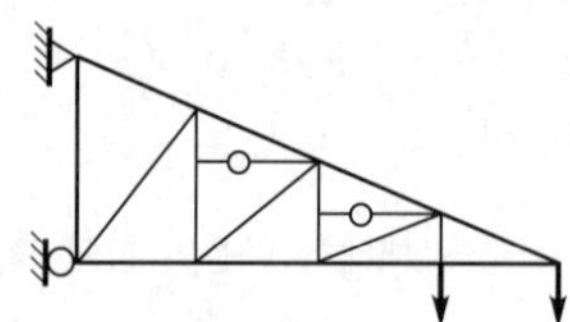

정답 29 ④ 30 ① 31 ③

32 다음 그림과 같은 트러스 구조물에 중앙하중(P)이 재하될 때, 영부재(부재력이 발생하지 않는 부재)의 개수는? [13. 지방직 9급]

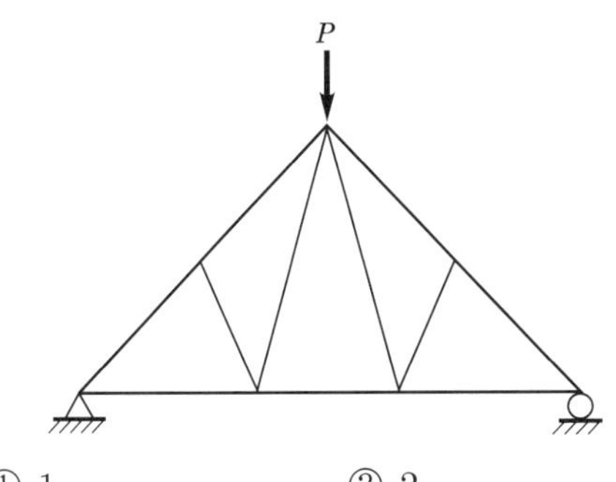

① 1 ② 2
③ 3 ④ 4

해설

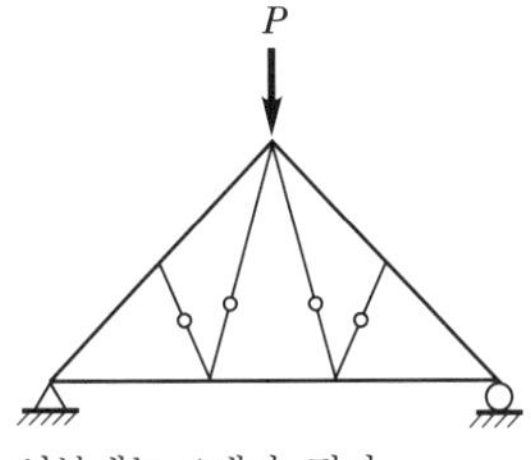

영부재는 4개가 된다.

33 다음 그림과 같이 하중 P가 작용하는 트러스에서 AB부재의 부재력이 0이 아닌 것은? [09. 국가직 9급]

①

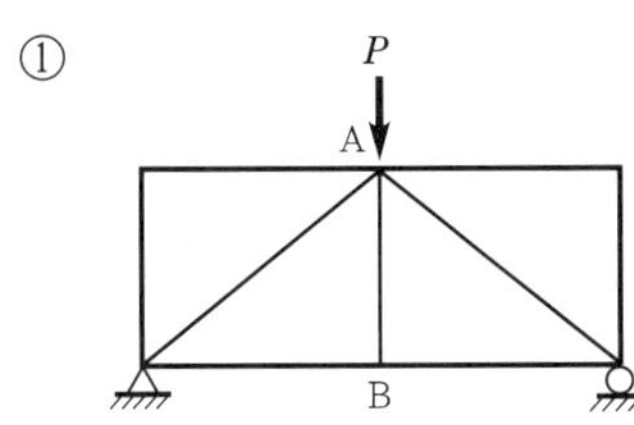

②

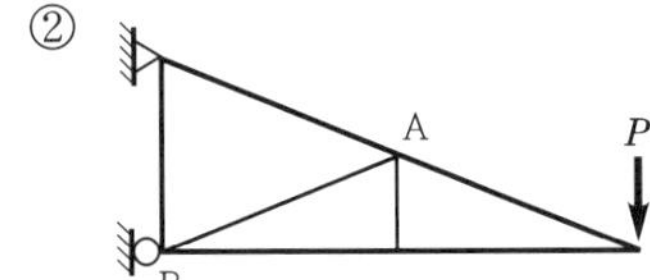

③

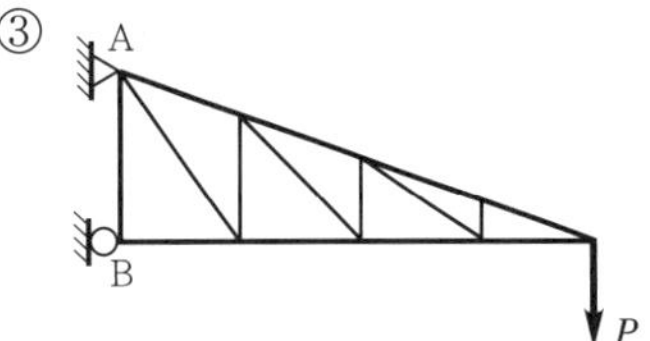

④

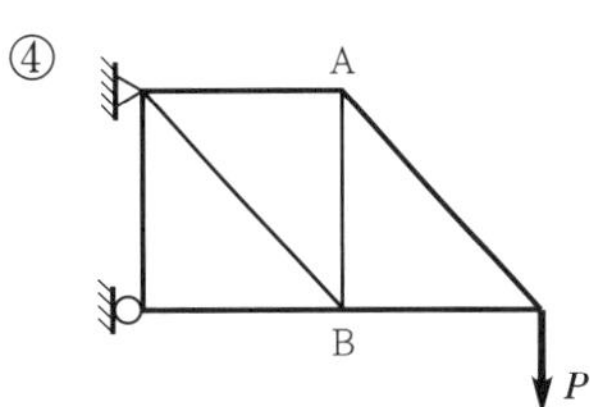

해설 ④에서는 A점에 작용하는 부재 내력이 어느 부재의 축방향과 일치하지 않기 때문에 AB에는 부재력이 존재한다.

34 다음과 같이 수직, 수평의 집중하중을 받고 있는 트러스에서 부재력이 0인 부재의 개수는? (단, 자중은 무시한다) [13. 국가직 9급]

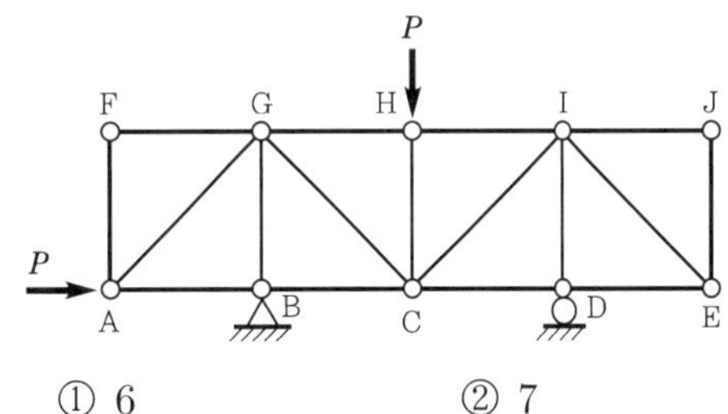

① 6 ② 7
③ 8 ④ 9

해설

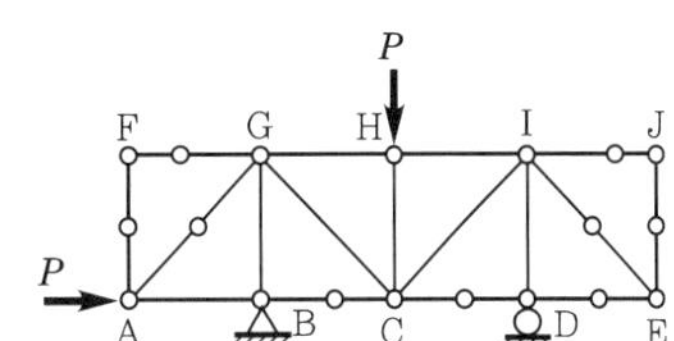

영부재의 개수는 9개이다.

정답 32 ④ 33 ④ 34 ④

CHAPTER 09 | 7급 기출문제

01 그림과 같은 트러스에서 최대 압축력을 받는 부재는? [국가직 7급]

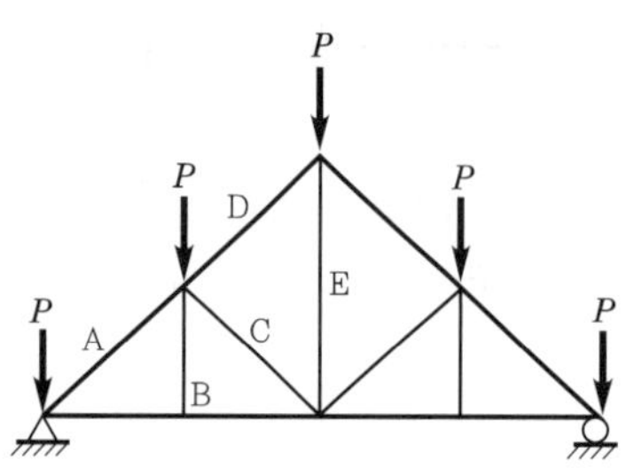

① A ② B
③ C ④ D
⑤ E

해설 킹포스트 트러스의 부재력
㉠ 인장재: 수평재, King post부재(E부재)
㉡ 압축재: 경사재(A, C, D부재)
㉢ 영부재: B부재
㉣ 최대 압축재: A부재

02 그림과 같은 트러스의 AB부재의 응력은 얼마인가? [국가직 7급]

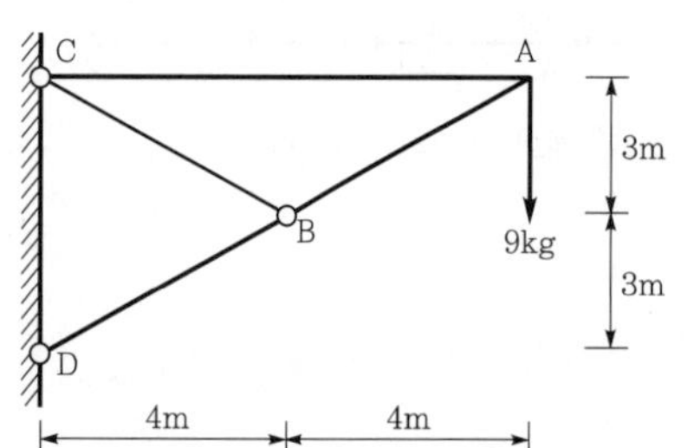

① 9kg ② 12kg
③ 15kg ④ 18kg

해설

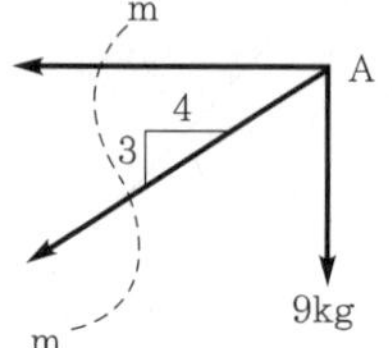

m-m 단면으로 절단하면

$\Sigma V=0,\ -9-AB\times\dfrac{3}{5}=0$

$\therefore\ AB=-15kg$(압축)

또는 폐합삼각형의 닮음비를 이용할 수 있다.

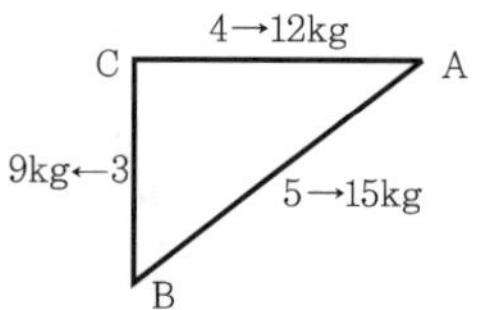

03 그림과 같은 트러스 구조물에서 BC부재의 부재력은? [07. 국가직 7급]

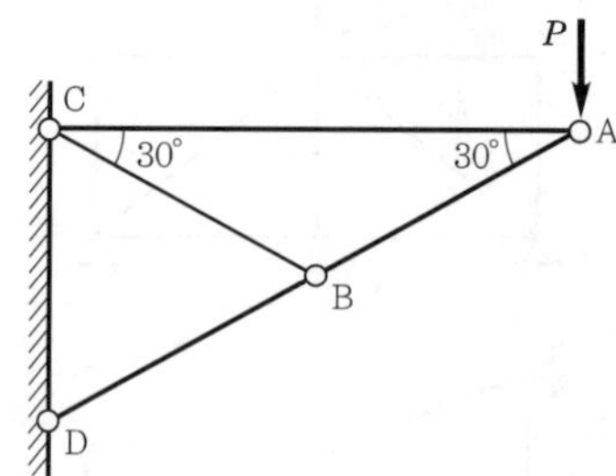

① 0 ② P(인장)
③ P(압축) ④ $2P$(인장)

해설 B절점에 3부재가 만나는데 B절점에 하중이 작용하지 않으므로 동일한 축상에 있지 않은 BC부재는 영부재이다.

정답 01 ① 02 ③ 03 ①

04 다음과 같은 트러스에서 DE부재의 부재력 값은? [국가직 7급]

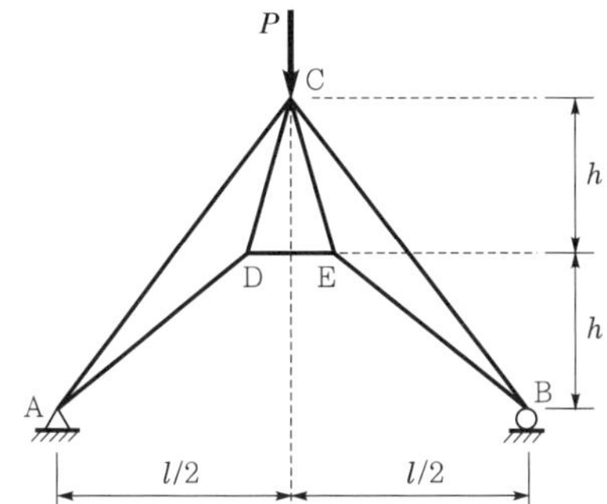

① $\frac{Ph}{8l}$ ② $\frac{Pl}{2l}$

③ $\frac{Pl}{2h}$ ④ $\frac{Pl}{4h}$

해설 m-m 단면으로 절단해서

$\Sigma M_c = 0,\ R_A \times \frac{l}{2} - DE \times h = 0$

$\frac{P}{2} \times \frac{l}{2} - DE \times h = 0$

$\therefore DE = \frac{P \cdot l}{4h}$(인장)

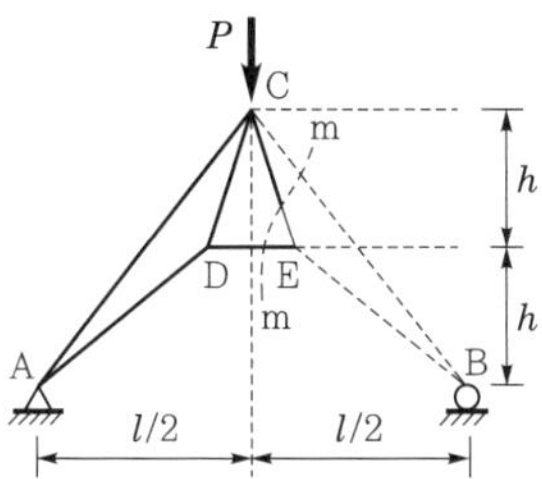

05 그림과 같은 트러스의 부재 D_1의 부재응력은? [국가직 7급]

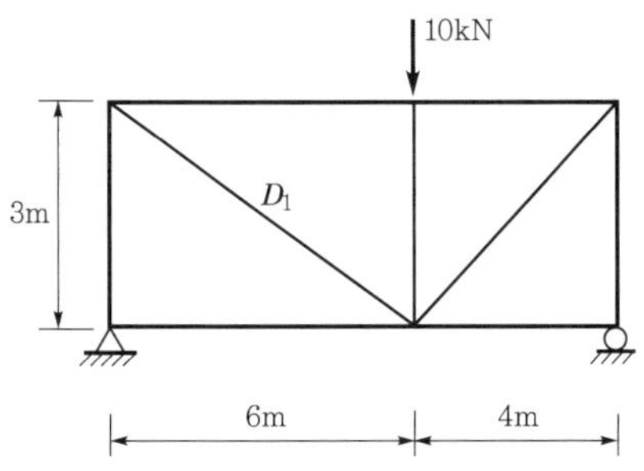

① $-2\sqrt{5}$ kN(압축)

② $+4\sqrt{5}$ kN(인장)

③ $-6\sqrt{5}$ kN(압축)

④ $+8\sqrt{5}$ kN(인장)

해설

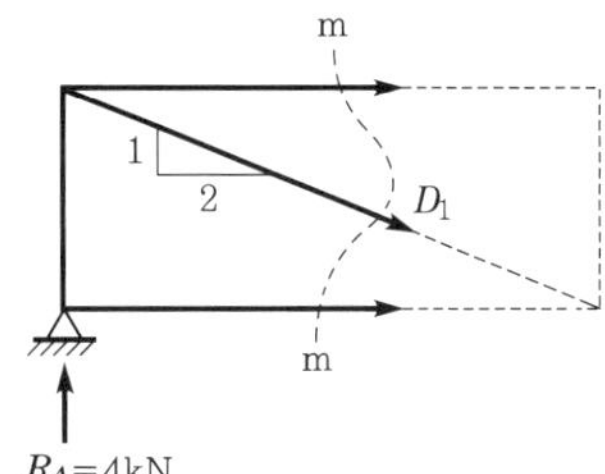

$R_A = \frac{P \cdot b}{l} = \frac{10 \times 4}{10} = 4\text{kN}(\uparrow)$

m-m 단면으로 절단해서

$\Sigma V = 0,\ R_A - D_1 \times \frac{1}{\sqrt{5}} = 0$

$4 - D_1 \times \frac{1}{\sqrt{5}} = 0$

$\therefore D_1 = 4\sqrt{5}$ kN(인장)

$\therefore D_1$은 인장력 $4\sqrt{5}$ kN을 받는다.

06 다음 트러스에서 U부재의 부재력[kN]은? [서울시 7급]

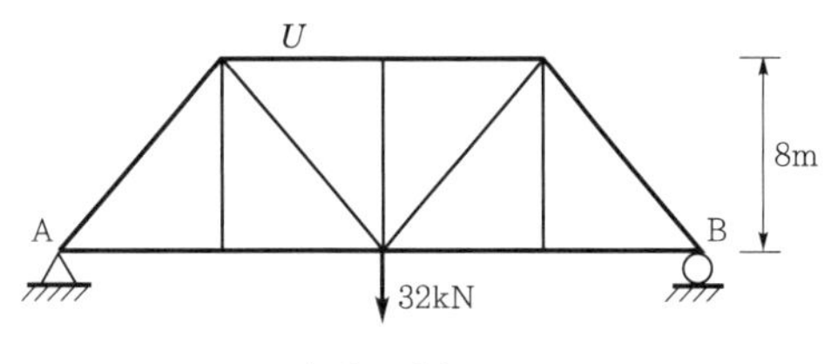

① −12 ② −16

③ −20 ④ −24

해설 절단면에서

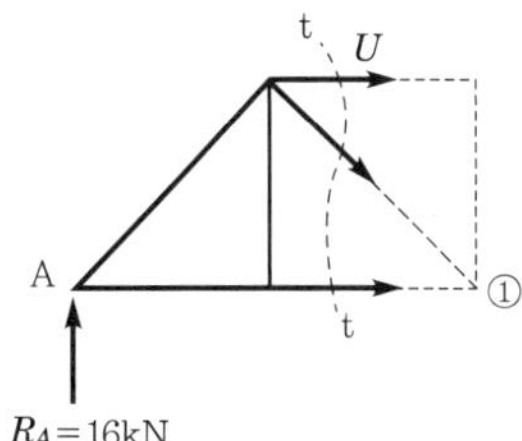

$\Sigma M_{①} = 0,\ 16 \times 12 + U \times 8 = 0$

$\therefore U = -24\text{t}$(압축)

정답 04 ④ 05 ② 06 ④

07 다음 트러스에서 U부재의 부재력[kN]은? (단, 인장 +, 압축 −) [서울시 7급]

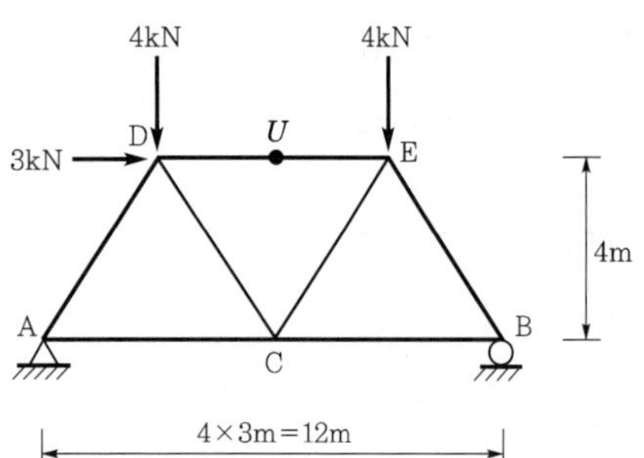

① 4 ② −4

③ −4.5 ④ 5.0

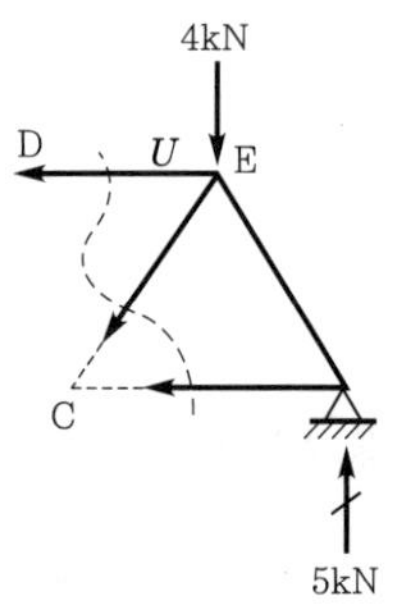

㉠ $R_B = \frac{3\times4}{12} + 4 = 5\text{kN}(\uparrow)$

㉡ $\Sigma M_C = 0$,

$-U\times4 + 4\times3 - 5\times6 = 0$

$\therefore U = -4.5\text{kN}$(압축)

08 다음 그림과 같은 트러스에서 BD부재의 축력의 크기[kN]은? (단, ∠BAC=∠BCA=∠DCE이다) [10. 국가직 7급]

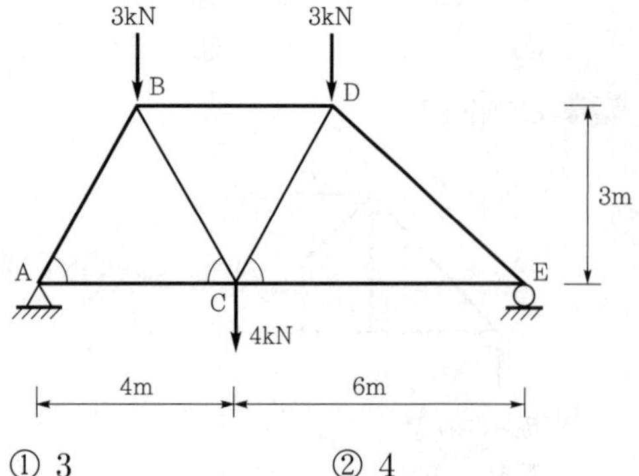

① 3 ② 4

③ 6 ④ 8

해설

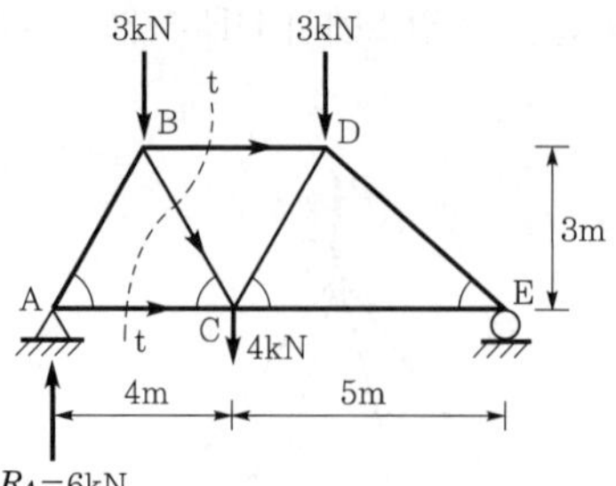

$$R_A = \frac{3\times8 + 3\times4 + 4\times6}{10} = 6\text{kN}(\uparrow)$$

t-t 절단면에서 C점에서 $\Sigma M_c = 0$의 평형조건식을 좌측에 대해서 적용한다.

$6\times4 - 3\times2 + BD\times3 = 0$

$BD = -6\text{kN}$(압축)

09 다음 트러스 구조에서 상현재의 온도가 올라가고 하현재의 온도가 내려가면 G점의 처짐은 어떻게 되는가? [00. 국가직 7급]

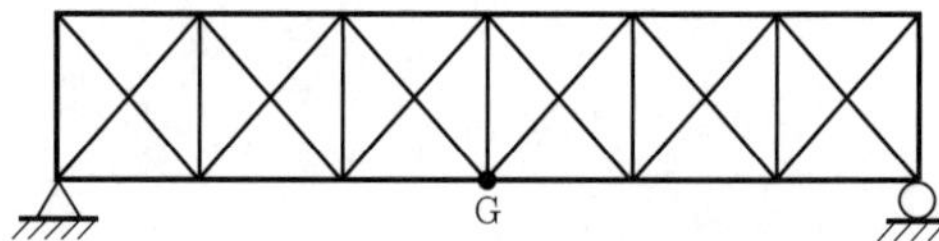

① 위로 솟는다 ② 아래로 처진다.

③ 그대로 있다. ④ 수평이동한다.

해설 상현재는 늘어나서 인장을 받게 되고 하현재는 압축을 받아서 G점은 위로 솟는다.

10 다음 그림과 같은 트러스 구조물에서 부재력이 0인 부재가 아닌 것은? [06. 국가직 7급]

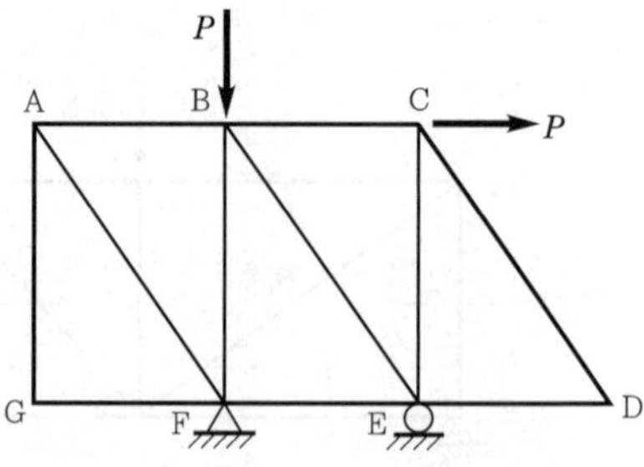

① 부재 CD ② 부재 DE

③ 부재 CE ④ 부재 BE

정답 07 ③ 08 ③ 09 ① 10 ④

해설 영부재는 다음과 같다.

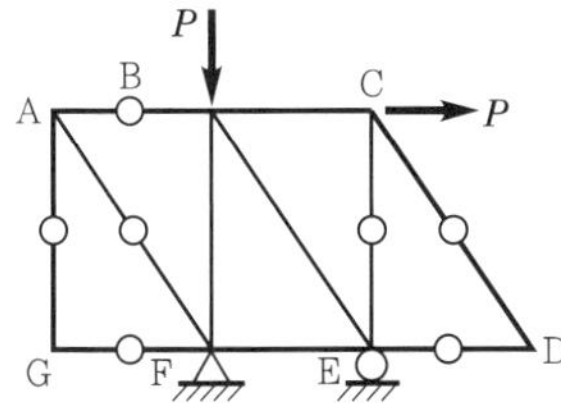

11 그림과 같은 트러스에서 부재력이 0인 부재는 몇 개인가?

[국가직 7급]

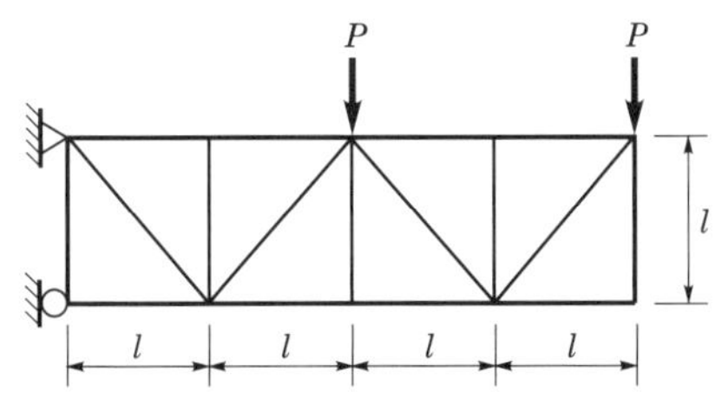

① 3개　② 4개
③ 5개　④ 6개

해설

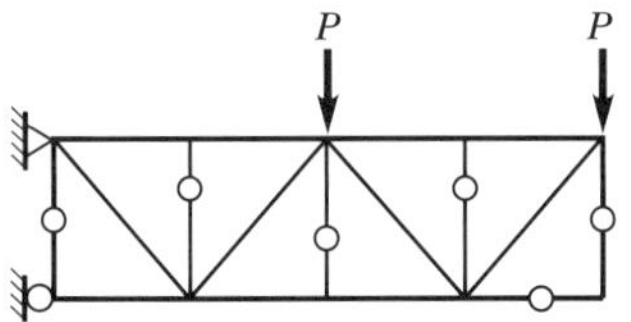

영부재는 6개이다.

12 다음 그림과 같은 트러스에서 AD부재의 부재력은? (단, 인장은 +, 압축은 −이다)

[00. 서울시 7급]

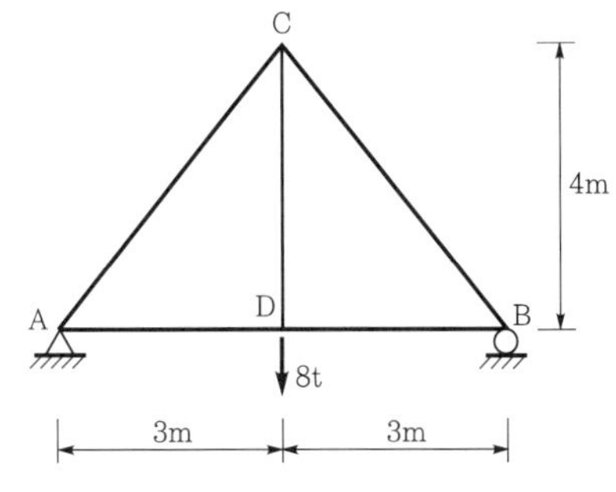

① +3t　② −3t
③ +4t　④ −4t

해설 폐삼각형의 닮음비를 이용

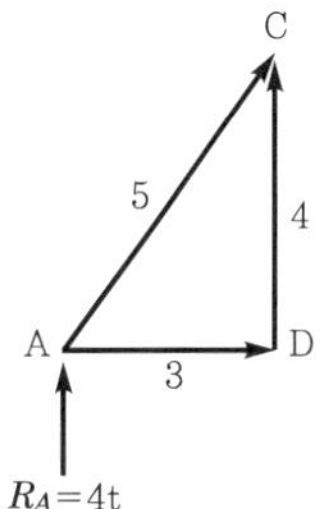

$$AD = \frac{3 \times 4}{4} = 3t(\text{인장})$$

13 그림과 같은 트러스에서 AC부재의 부재력(t)은?

[국가직 7급]

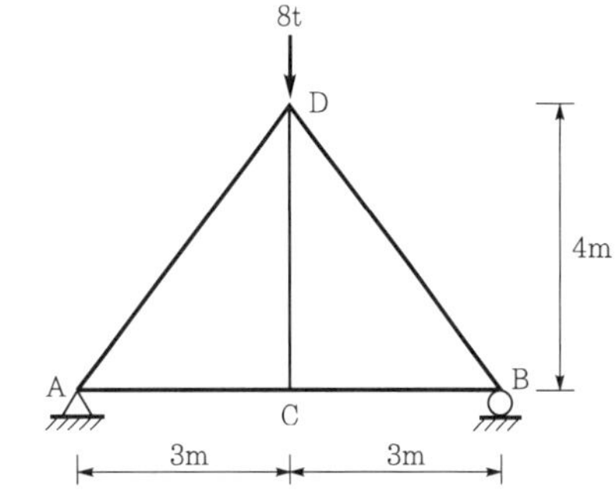

① 3　② 4
③ $3\sqrt{2}$　④ 5

해설

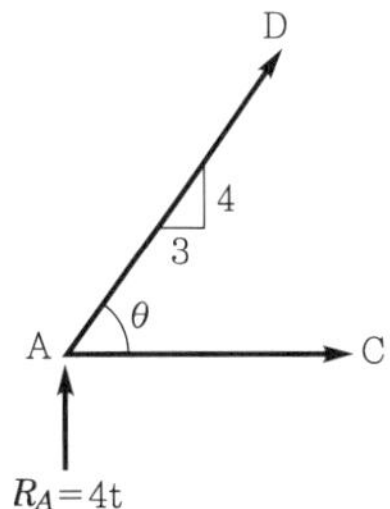

$\Sigma M_B = 0,\ R_A \times 6 - 8 \times 3 = 0$

$\therefore R_A = 4t(\uparrow)$

격점 A점의 자유물체도에서

$\Sigma V = 0,\ AD \times \sin\theta + R_A = 0,$

$AD \times \frac{4}{5} + 4 = 0$

$\therefore$ AD$= -5$t(압축)

$\Sigma H = 0,\ AC + AD \times \cos\theta = 0$

$AC + (-5) \times \frac{3}{5} = 0$

$\therefore AC = 3$t(인장)

정답 11 ④　12 ①　13 ①

14 다음 트러스에서 CD의 부재력은?

[00. 국가직 7급]

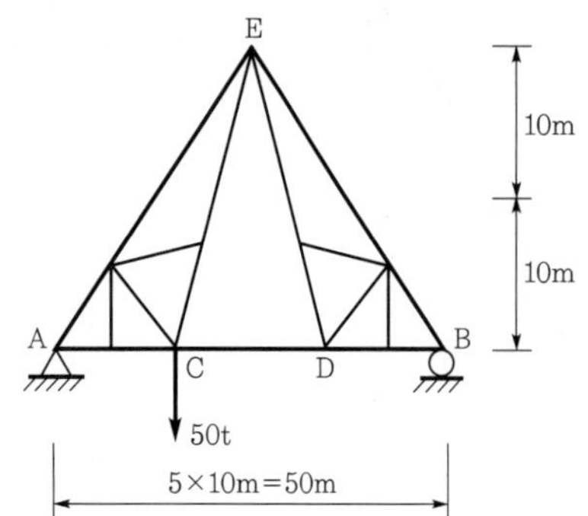

① 25t(인장) ② −25t(압축)
③ 37.5t(인장) ④ −37.5t(압축)

해설

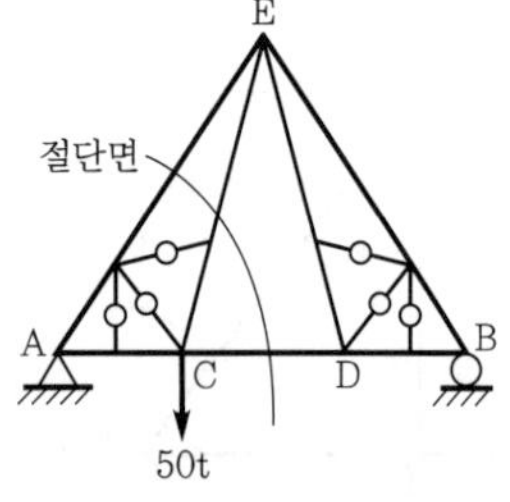

㉠ $R_A = \dfrac{50 \times 30}{50} = 30\text{t}(\uparrow)$

㉡ 절단면에서 $\Sigma M_E = 0$

$R_A \times 25 - 50 \times 5 - N_{CD} \times 20 = 0$

$30 \times 25 - 250 - 20N_{CD} = 0$

$\therefore N_{CD} = 25\text{t}$(인장)

15 그림과 같은 트러스의 BE부재의 부재력[kN]은?

[국가직 7급]

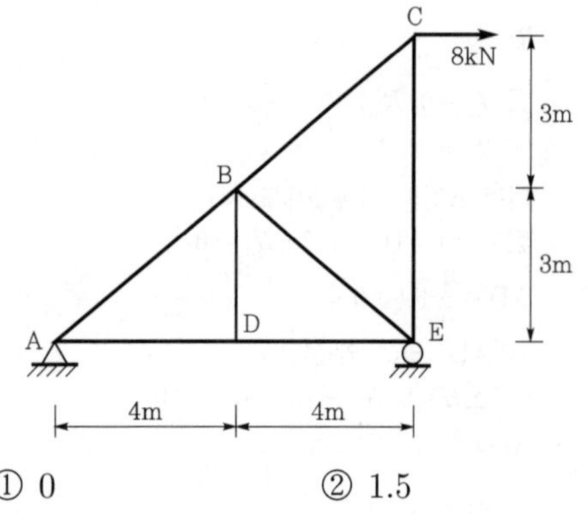

① 0 ② 1.5
③ 2.0 ④ 2.5

해설

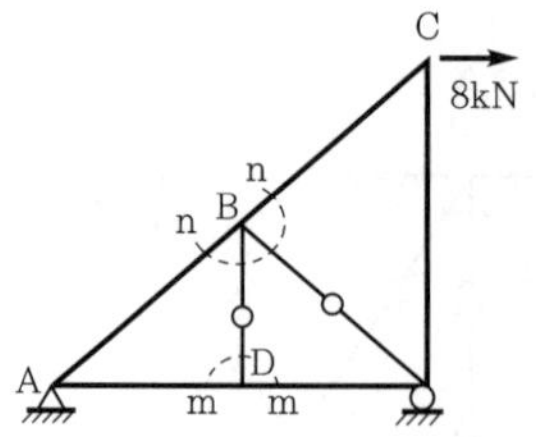

㉠ 격점 D에서 m-m 단면으로 절단하면 BD가 영부재가 되고

㉡ 격점 B에서 n-n 단면으로 절단하면 BE가 영부재가 된다.

16 그림과 같은 트러스의 부재 AB에 걸리는 힘은?

[국가직 7급]

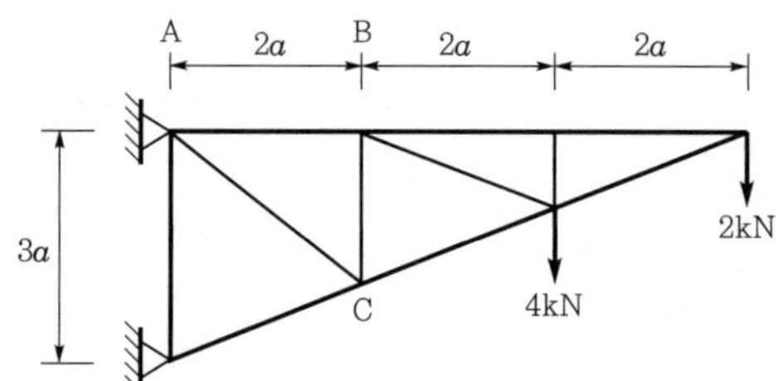

① 2kN ② 4kN
③ 6kN ④ 8kN

해설

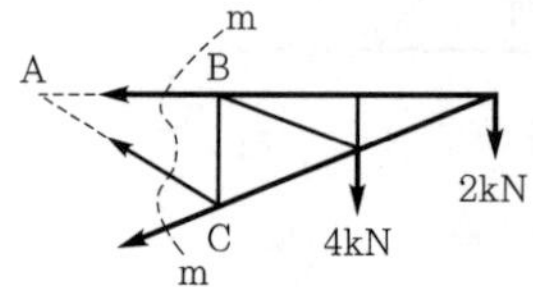

BC 부재의 높이는 2a이다.

$\Sigma M_c = 0, \ -\text{AB} \times 2\text{a} + 4 \times 2\text{a} + 2 \times 4\text{a} = 0$

$\therefore \text{AB} = 8\text{kN}$

17 그림과 같은 캔틸레버 트러스에서 BC부재의 부재력은?

[14. 서울시 7급]

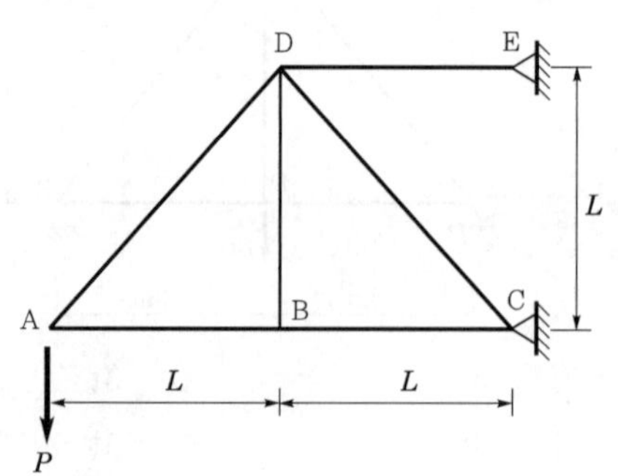

정답 14 ① 15 ① 16 ④ 17 ⑤

① $-3P$　　② $-2.5P$

③ $-2P$　　④ $-1.5P$

⑤ $-P$

해설 절단면 t-t에서 D점에 대한 모멘트 총합에 평형조건식을 좌측에 대해 적용한다.

$\Sigma M_D = 0,\ -P \times L - \mathrm{BC} \times L = 0$

$\mathrm{BC} = -P$

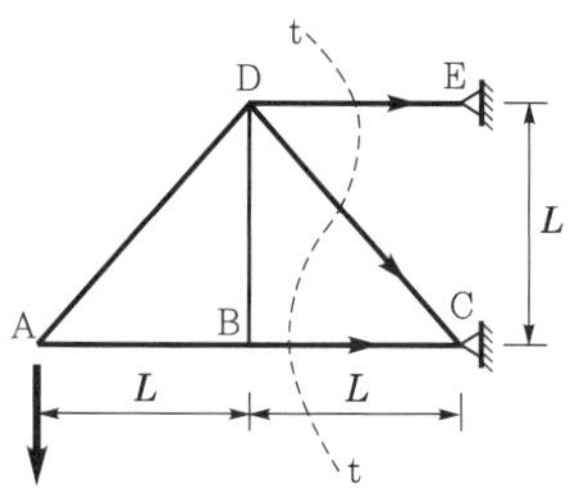

18 다음 그림과 같은 트러스에서 부재 U_1U_2의 부재력은 얼마인가? [국가직 7급]

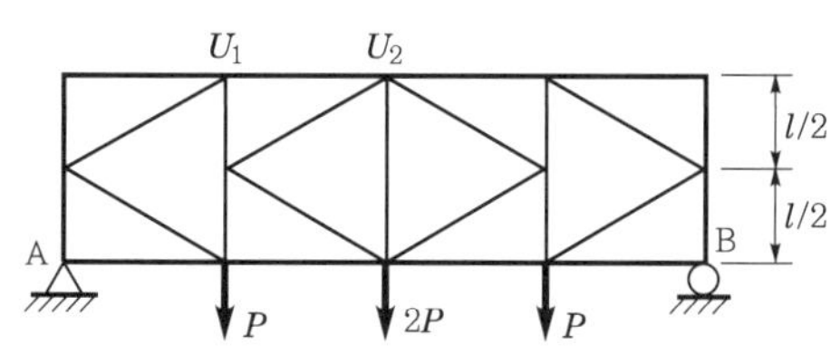

① $-P$　　② $-2P$

③ $-3P$　　④ $-4P$

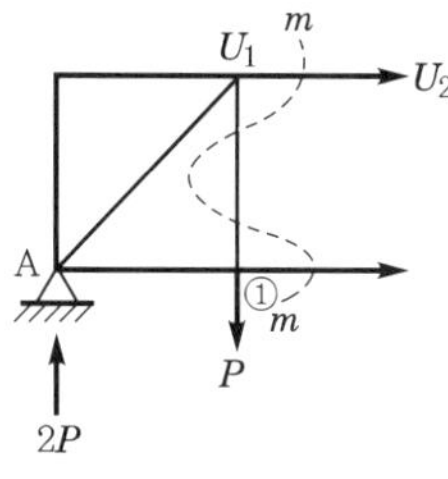

$R_A = 2P(\uparrow)$

m-m 단면으로 절단해서

$\Sigma M_{①} = 0,$

$2P \times L + U_1U_2 \times L = 0$

$\therefore U_1U_2 = -2P$(압축)

19 다음 트러스에서 A부재의 인장력[kN]은? [00. 국가직 7급]

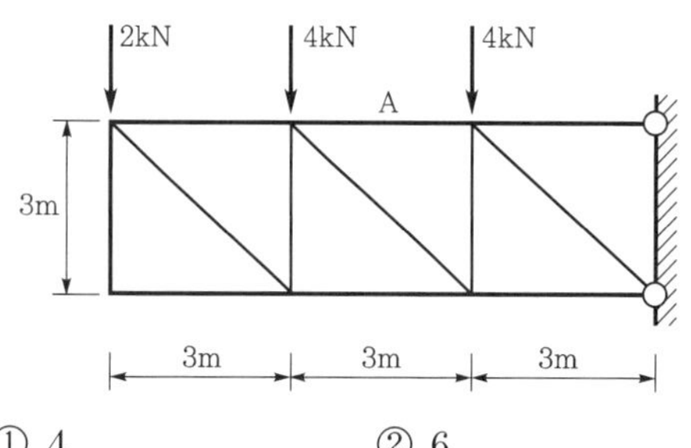

① 4　　② 6

③ 8　　④ 10

해설 단면법 적용

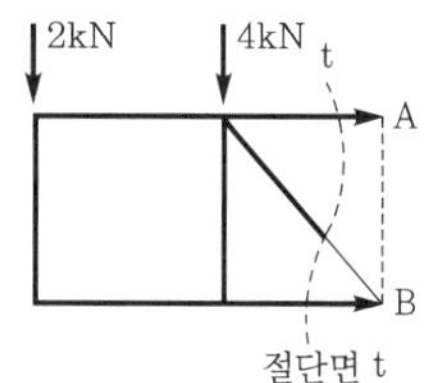

$\Sigma M_B = 0,$

$-2 \times 6 - 4 \times 3 + \mathrm{A} \times 3 = 0$

$\therefore \mathrm{A} = 8\mathrm{kN}$(인장)

20 다음 트러스에서 BC부재의 부재력[kN]은? [국가직 7급]

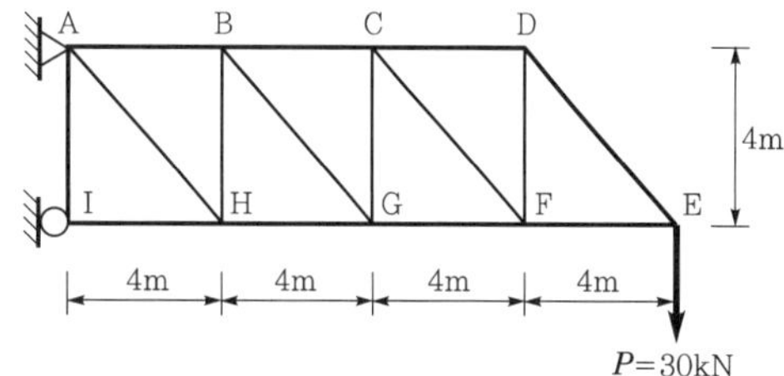

① 10　　② 30

③ 60　　④ 100

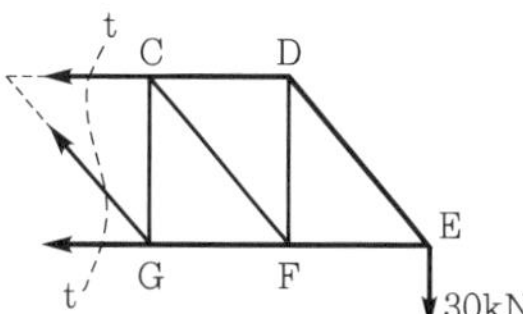

자유물체도에서

$\Sigma M_C = 0,\ -\mathrm{BC} \times 4 + 30 \times 8 = 0$

$\therefore \mathrm{BC} = 60\mathrm{kN}$

정답 18 ② 19 ③ 20 ③

21 그림과 같은 트러스 구조물에서 압축력을 받는 부재는? [09. 국가직 7급]

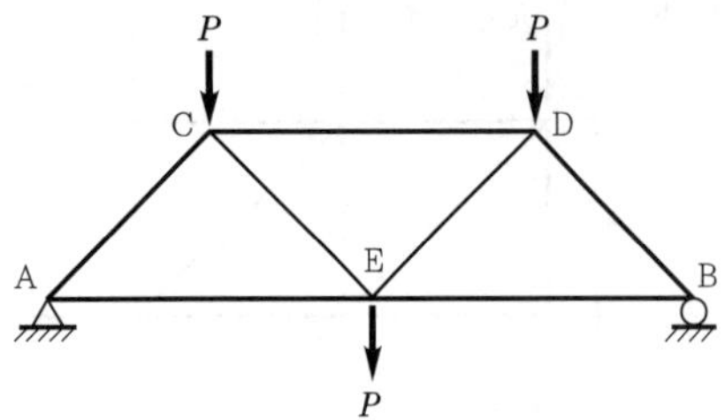

① AC, CD, BD
② CE, ED, CD
③ AC, CE, ED, DB
④ AC, CD, BD, CE, ED

해설 수직하중을 받고 있는 단순 트러스 구조물에서 상현재는 압축력을 부담한다. 와렌 트러스에서 단사재 역시 압축력을 부담한다. 따라서 압축재는 AC, CD, BD가 된다.

22 그림과 같은 트러스에서 부재력이 0인 것은? [00. 서울시 7급]

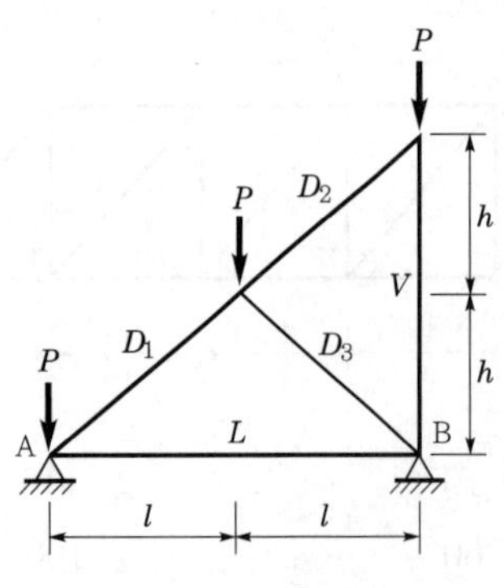

① D_1 ② D_2
③ D_3 ④ V
⑤ L

해설 임의 한 절점에 두 부재가 만날 경우에 외력이 한 부재축상으로 작용하면 다른 부재축상의 부재는 영부재이다.

23 그림과 같은 트러스의 부재력을 산정하였을 때, 가장 큰 부재력을 갖는 부재와 그 값[kN]은? (단, 트러스 모든 부재의 자중은 무시한다) [10. 지방직 7급]

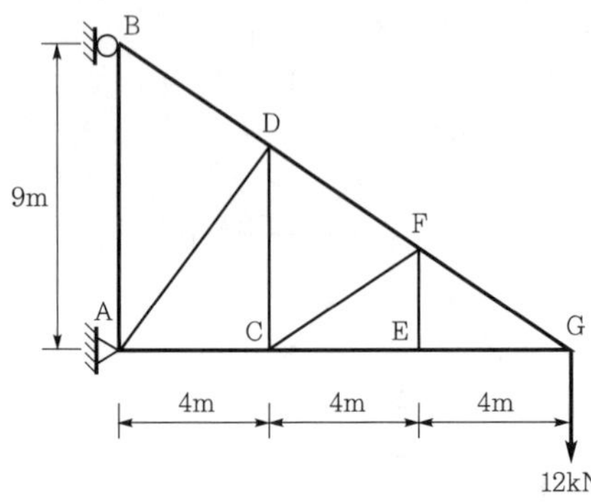

① AB부재, 24(압축) ② AC부재, 22(인장)
③ CE부재, 16(압축) ④ BD부재, 20(인장)

해설 부재 AD, CD, CF, EF가 영부재이므로 나머지 부재들에서 부재력이 발생하는데 결과적으로 삼각형 ABDFGECA에서 부재력이 존재하는 바, 그 중에서 사재에 해당되는 BD부재력이 최대가 되고 인장이 된다. 폐합삼각형의 닮음비를 이용한다.

$$BD = \frac{5 \times 12}{3} = 20\text{kN}$$

24 다음 그림과 같은 트러스의 부재력이 0인 부재 수는? [국가직 7급]

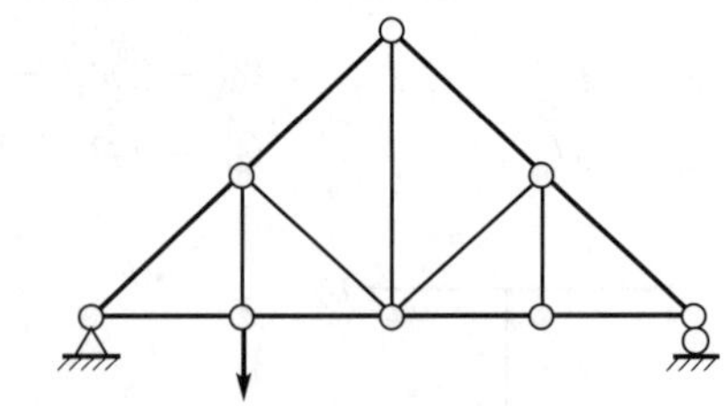

① 0 ② 1
③ 2 ④ 3
⑤ 4

해설 영부재는 다음 그림과 같이 2개가 된다.

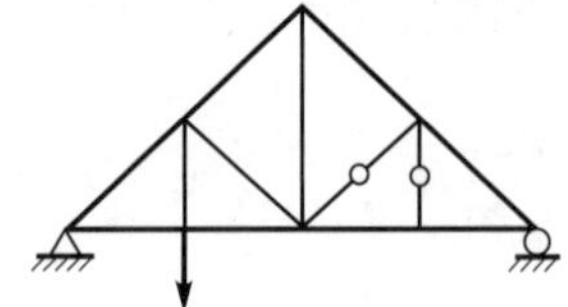

정답 21 ① 22 ② 23 ④ 24 ③

25 다음 트러스에서 부재 U_1U_2의 부재력[kN]은?

[06. 국가직 7급]

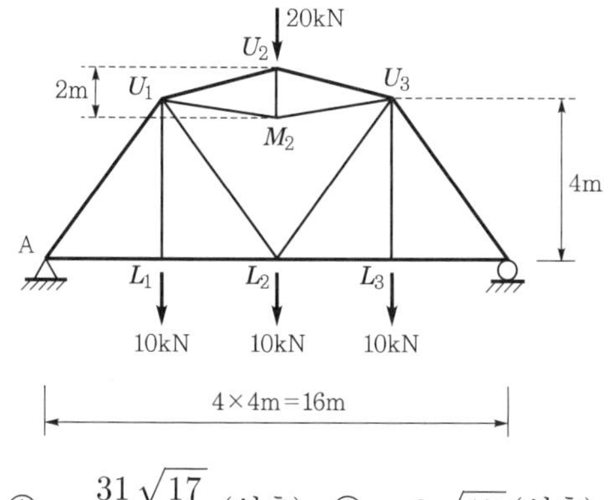

① $-\frac{31\sqrt{17}}{4}$(압축) ② $-8\sqrt{17}$(압축)

③ $-\frac{33\sqrt{17}}{4}$(압축) ④ $-\frac{70\sqrt{17}}{8}$(압축)

해설 ㉠ 자유물체도

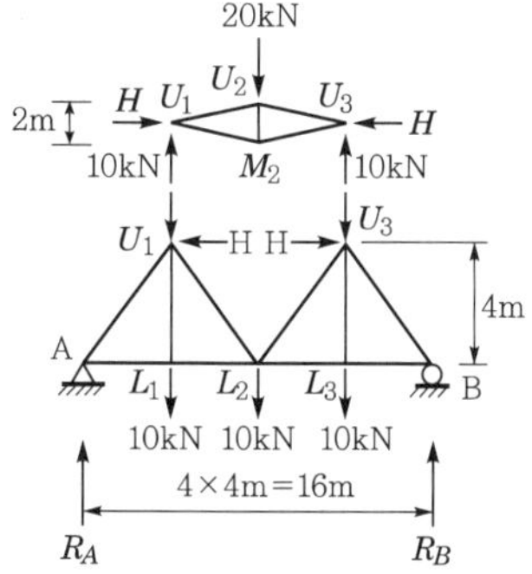

구조대칭이고 하중대칭이므로 지점 반력 $R_A = R_B = 25\text{kN}$가 되고, U_1과 U_3에서 수직반력은 10kN이 되고, 수평력을 H라고 두면

$\sum M_{L_2} = 0$,

$25\times8-20\times4-H\times4=0$

$\therefore H=30\text{kN}$

㉡ 부재력 계산

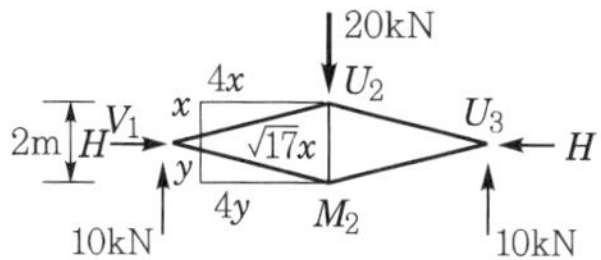

U_1점에서 힘의 평형조건식을 세우면 다음과 같다.

$4x+4y=30$

$x-y=10$

위의 두 식을 연립해서 풀면 다음과 같다.

$8x=70$

$x=\frac{70}{8}$

따라서 U_1U_2의 부재력은

$I_1U_2=\sqrt{17}x=\sqrt{17}\times\frac{70}{8}$

$=\frac{70\sqrt{17}}{8}\text{kN}$(압축)

참고로

$y=x-10=\frac{70}{8}-10=-\frac{10}{8}$

이므로

$U_1M_2=\sqrt{17}y=\sqrt{17}\times\left(-\frac{10}{8}\right)$

$=-\frac{10\sqrt{17}}{8}\text{kN}$(인장)

정답 25 ④

Chapter 10

탄성변형의 정리

CHAPTER 10

탄성변형의 정리

KEY NOTE

1 탄성구조해석의 조건

1. 정의

구조해석의 목적은 하중, 온도변화, 지점침하 등의 작용을 받는 평형상태 구조물의 변위와 변형 및 응력분포를 구하는 데 있다.

2. 구조해석 시 만족조건

(1) 평형조건

외력과 내력(전체응력)은 평형을 이루어야 한다.

(2) 적합조건

변위와 변형은 부재 내부 및 경계면에서 연속이다.

(3) 구성조건

부재는 탄성체로 훅(Hooke)의 법칙이 성립되어야 한다.

2 일(work)

1. 정의

물체에 힘이 작용하여 물체를 이동시켰을 때, 힘은 물체에 일을 하였다고 하며, 힘과 변위의 곱을 일량이라 한다.

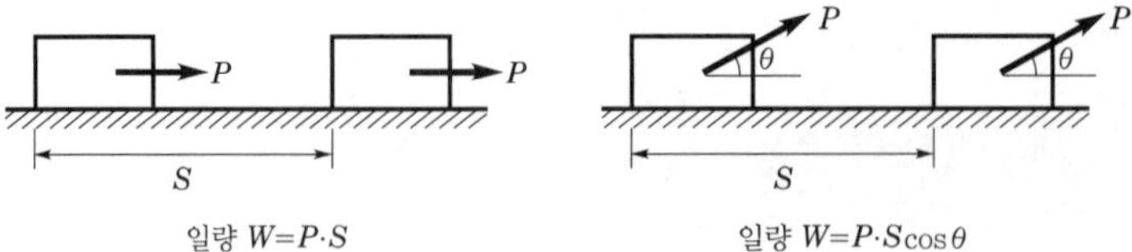

[그림 10.1]

2. 외력일(external work)

(1) 비변동 외력일(일정한 방향의 일정한 힘에 의한 일)

외력 P가 작용하여 물체를 A에서 B′로 움직일 때 외력일은 힘 P와 그 방향 변위 δ의 곱으로 나타낸다.

$$W_E = P \cdot \delta = P \cdot \overline{AB'}\cos\theta$$

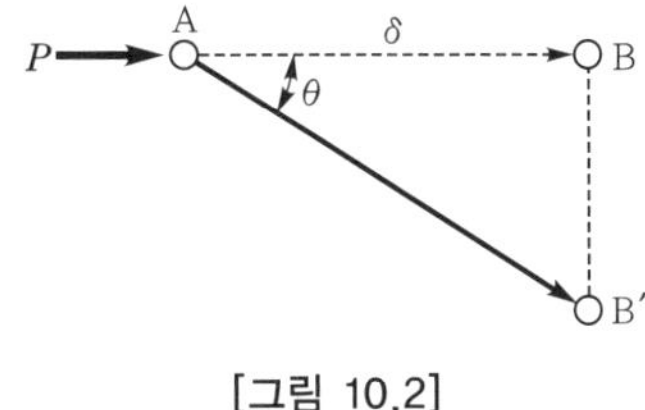

[그림 10.2]

(2) 변동 외력일(하중의 크기가 0부터 일정하게 서서히 증가할 때의 일)

기둥에 외력 P가 작용하여 A가 A′로 변위했을 때 외력의 크기를 P'라 하면 훅의 법칙에 따라 외력이 한 일은 다음과 같다.

① 하중 P 작용

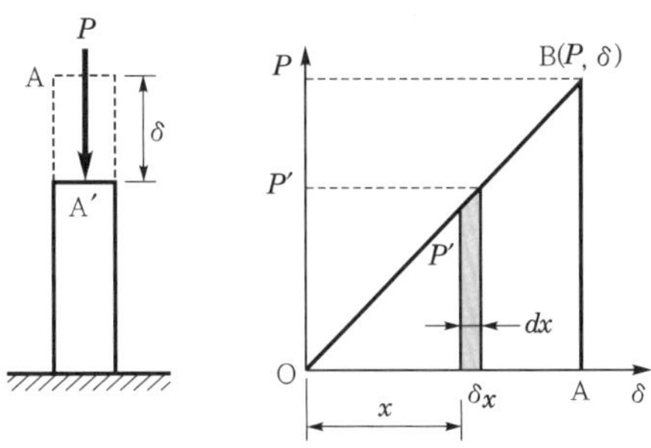

[그림 10.3] 외력 P와 변위 δ의 관계

$$P' : x = P : \delta \qquad \therefore P' = \frac{P \cdot x}{\delta}$$

$$W_E = \int_0^{\delta} P' \cdot dx = \int_0^{\delta} \frac{P \cdot x}{\delta} dx$$

$$= \frac{P}{\delta}\left[\frac{1}{2}x^2\right]_0^{\delta} = \frac{1}{2}P \cdot \delta$$

KEY NOTE

비변동 외력일

➡ 질점에 대한 일
- 하중 P 작용: $W_E = P \cdot \delta$
- 모멘트 M 작용: $W_E = M \cdot \theta$

변동 외력일

- $W = \frac{1}{2}P \cdot \delta = \triangle OAB$ 면적

② 모멘트 하중 M 작용

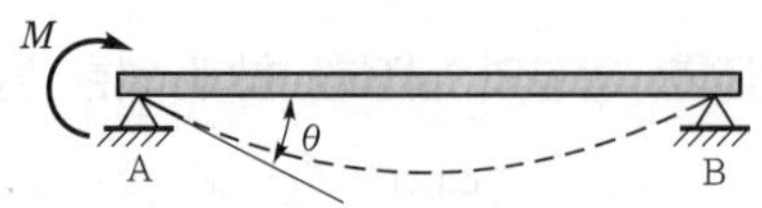

[그림 10.4] 모멘트에 의한 일

$$M' : \theta_x = M : \theta \qquad \therefore M' = \frac{M}{\theta} \cdot \theta_x$$

$$W_E = \int_0^\theta M' \cdot d\theta = \int_0^\theta \frac{M}{\theta} \cdot \theta_x \cdot d\theta$$

$$= \frac{M}{\theta}\left[\frac{1}{2}\theta_x\right]_0^\theta = \frac{1}{2}M \cdot \theta$$

(3) 외력일의 합(보)

$$W_E = \frac{1}{2}P \cdot \delta + \frac{1}{2}M \cdot \theta = \frac{1}{2}(P \cdot \delta + M \cdot \theta)$$

3. 내력일(internal work)=탄성변형에너지

(1) 정의

부재에 외력이 작용하면 그 부재는 변형하면서 내부에 응력이 발생한다. 선형탄성범위 내에서 이 부재에 한 모든 외적일은 내적인 에너지로 저장되고, 이 저장된 에너지를 탄성변형에너지 또는 변형에너지라고 하며, 이것은 내력일과 같다.

(2) 탄성변형에너지(내력일)의 종류

① 수직응력에 의한 탄성변형에너지:

$$U_P = \int_0^l \frac{{P_x}^2}{2EA}dx = \Sigma \frac{P^2 L}{2EA}$$

② 전단응력에 의한 탄성변형에너지:

$$U_S = \int_0^l \frac{K \cdot {S_x}^2}{2GA}dx = \Sigma K \cdot \frac{S^2 L}{2GA}\ (K:\ 형상계수)$$

③ 휨응력에 의한 탄성변형에너지:

$$U_M = \int_0^l \frac{{M_x}^2}{2EI}dx = \Sigma \frac{M^2 L}{2EI}$$

KEY NOTE

내력일
- 외력에 의해 변형된 내부에서 응력이 하는 일=저항일
  =변형에너지=탄성변형일
  =원상태로 복귀하려는 에너지
  =탄성에너지=처짐에너지
  =레질리언스(복원력, 탄력)

레질리언스계수(R)
- 수직응력에 의한 일

$$W = \int_0^l \frac{P^2}{2AE}dx = \frac{P^2 \cdot l}{2A \cdot E} = \frac{P^2 l}{2AE} \cdot \frac{A}{A} = \frac{P^2 Al}{2A^2 E} = \frac{\sigma^2 \cdot l}{2E} = R \cdot l$$

$$\left(R = \frac{\sigma^2}{2E}\right)$$

형상계수 K
- 원형 단면: $\frac{10}{9}$
- 직사각형 단면: $\frac{6}{5}$

④ 비틀림응력에 의한 탄성변형에너지:

$$U_T = \int_0^l \frac{{T_x}^2}{2GJ}dx = \Sigma \frac{T^2 L}{2GJ}$$

⑤ 자중에 의한 탄성변형에너지:

$$U_W = \frac{A \cdot \gamma^2 \cdot l^3}{6E} = \frac{P^3}{6E \cdot A^2 \cdot \gamma}$$

여기서, γ: 재료 단위무게

$P = A \cdot l \cdot \gamma$

(3) 내력일의 합(보)

$$U = \int_0^l \frac{{P_x}^2}{2EA}dx + \int_0^l K \cdot \frac{{S_x}^2}{2GA}dx + \int_0^l \frac{{M_x}^2}{2EI}dx$$

3 탄성변형의 정리

에너지 불변의 법칙에 의해 외력이 한 일과 내력이 한 일은 같다.

외력일 W_E = 내력일 W_i(=탄성변형에너지 U)

(보): $\frac{1}{2}(P \cdot \delta + M \cdot \theta)$

$$= \int_0^l \frac{{P_x}^2}{2EA}dx + \int_0^l \frac{K \cdot {S_x}^2}{2GA}dx + \int_0^l \frac{{M_x}^2}{2EI}dx$$

여기서, EI: 휨강성

EA: 축강성

GA: 전단강성

GJ: 비틀림강성

KEY NOTE

강성(rigidity)
변형에 저항하는 성질(정도)

◎ KEY NOTE

탄성변형에너지 정리

(1) 축력(P)에 의한 변형에너지

- $U_P = \int_0^l \frac{P_x^{\ 2}}{2EA} dx$

(일반식)

- $U_P = \frac{1}{2} P \cdot \delta = \frac{P^2 l}{2EA} = \frac{EA\delta^2}{2l}$
- 레질리언스계수 $R = \frac{\sigma^2}{2E} = \frac{\sigma \cdot \varepsilon}{2}$

(2) 휨모멘트(M)에 의한 변형에너지

- $U_M = \int_0^l \frac{M_x^{\ 2}}{2EI} dx$

(일반식)

- $U_M = \frac{1}{2} M\theta = \frac{M^2 l}{2EI} = \frac{EI\theta^2}{2l}$
- 레질리언스계수 $R = \frac{\sigma^2}{2E} = \frac{\left(\frac{M}{Z}\right)^2}{2E}$

(3) 전단력(S)에 의한 변형에너지

- $U_S = \int_0^l K \frac{S_x^{\ 2}}{2GA} dx$

(일반식)

- $U_S = \frac{1}{2} S\lambda = \frac{S^2 l}{2GA} = \frac{GA\lambda^2}{2l}$ ($K=1$일 때)
- 레질리언스계수 $R = \frac{\tau^2}{2G} = \frac{\tau \cdot \nu}{2}$

(4) 비틀림(T)에 의한 변형에너지

- $U_T = \int_0^l \frac{T_x^{\ 2}}{2GI_P} dx$

(일반식)

- $U_T = \frac{1}{2} T \cdot \phi = \frac{\tau^2 l}{2GI_P} = \frac{GI_p\phi^2}{2l}$
- 레질리언스계수 $R = \frac{\tau^2}{2G} = \frac{(T \cdot \nu)^2}{2G}$

➡ 보의 탄성변형에너지

하중형태	하중 작용상태	단면력	탄성에너지(U)	
축하중	캔틸레버, 자유단에 축방향 하중 P	축방향력 $P_x = P$	$U = \int_0^l \frac{P^2}{2E \cdot A} dx = \int_0^l \frac{P_x \cdot l}{E \cdot A} dP_x = \frac{P^2 \cdot l}{2E \cdot A}$	
모멘트하중	단순보 양단 모멘트 M / 캔틸레버 자유단 모멘트 M	휨모멘트 $M_x = M$ 전단력 $S_x = 0$	휨모멘트에 의한 탄성에너지 $U = \int_0^l \frac{M^2}{2E \cdot I} dx = \frac{M^2 \cdot l}{2E \cdot I}$	전단력에 의한 탄성에너지 $U = \int_0^l K \frac{S^2}{2GA} dx = 0$
집중하중·등분포하중	캔틸레버(A 고정), 자유단 집중하중 P	$M_x = -P \cdot x$ $S_x = P$	$U = \frac{P^2 \cdot l^3}{6E \cdot I}$	$U = \frac{K \cdot P^2 \cdot l}{2G \cdot A}$
	캔틸레버(A 고정), 등분포하중 w	$M_x = -\frac{w \cdot x^2}{2}$ $S_x = w \cdot x$	$U = \frac{w^2 \cdot l^5}{40E \cdot I}$	$U = \frac{K \cdot w^2 \cdot l^3}{6G \cdot A}$
	단순보 AB, 중앙 집중하중 P	$M_x = R_A \cdot r = \frac{P \cdot x}{2}$ $S_x = R_A = \frac{P}{2}$	$U = \frac{P^2 \cdot l^3}{96E \cdot I}$	$U = \frac{K \cdot P^2 \cdot l}{8G \cdot A}$
	단순보 AB, 등분포하중 w	$M_x = \frac{w \cdot l}{2} x - \frac{w \cdot x^2}{2}$ $S_x = \frac{w \cdot l}{2} - w \cdot x$	$U = \frac{w^2 \cdot l^2}{240E \cdot I}$	$U = \frac{K \cdot w^2 \cdot l^2}{24G \cdot A}$
	양단 고정보, 중앙 집중하중 P	$M_x = \frac{P}{2} x - \frac{P \cdot l}{8}$ $S_x = \frac{P}{2}$	$U = \frac{P^2 \cdot l^3}{384E \cdot I}$	$U = \frac{K \cdot P^2 \cdot l}{8G \cdot A}$
	양단 고정보, 등분포하중 w	$M_x = \frac{w \cdot l}{2} x - \frac{w \cdot l^2}{12}$ $S_x = \frac{w \cdot l}{2} - w \cdot x$	$U = \frac{w^2 \cdot l^5}{1440E \cdot I}$	$U = \frac{K \cdot w^2 \cdot l^3}{24G \cdot A}$

4 보에서 외력이 한 일

1. 하중이 서서히 작용할 경우(변동하중)

선형탄성 구조물에 하중이 0에서 서서히 증가하고 동시에 변위도 서서히 증가할 때 외력일 W_E는

$$W_E = \frac{1}{2}(\text{작용하중}) \times (\text{변위})$$

2. 하중이 갑자기 작용할 경우(비변동하중)

선형탄성 구조물에 하중이 갑자기 작용하거나 일정한 하중이 작용한 상태에서 변위가 갑자기 발생할 경우 외력이 한 일 W_E는

$$W_E = (\text{작용하중}) \times (\text{변위})$$

3. 보에서 외력이 한 일

P_1, P_2가 작용할 경우 외력일(P_1, P_2는 0부터 서서히 증가)

(1) P_1, P_2가 동시에 작용할 때 외력일

$$W_E = \frac{P_1}{2}(\delta_{11} + \delta_{12}) + \frac{P_2}{2}(\delta_{21} + \delta_{22})$$

(2) P_1이 먼저 작용 ➡ P_2가 작용할 때 외력일

$$W_E = \frac{P_1}{2}\delta_{11} + \frac{P_2}{2}\delta_{22} + P_1\delta_{12}$$

(3) P_2가 먼저 작용 ➡ P_1이 작용할 때 외력일

$$W_E = \frac{P_2}{2}\delta_{22} + \frac{P_1}{2}\delta_{11} + P_2\delta_{21}$$

(4) P_1이 먼저 작용 ➡ P_2가 작용할 때 P_1이 한 일

$$W_{P1} = \frac{P_1}{2} \cdot \delta_{11} + P_1 \cdot \delta_{12}$$

KEY NOTE

작용하중 ↔ 변위

$$\begin{pmatrix} P \leftrightarrow \delta \\ M \leftrightarrow \theta \\ S \leftrightarrow \lambda \\ T \leftrightarrow \phi \end{pmatrix}$$

첨자의 의미(맥스웰의 기호)

- δ_{11} : P_1 작용, P_1방향 1점 처짐
- δ_{12} : P_1 작용, P_2방향 1점 처짐
- δ_{21} : P_1 작용, P_2방향 2점 처짐
- δ_{22} : P_2 작용, P_2방향 2점 처짐
- 하중 작용방향×그 방향 처짐
  ➡ $P_{②} \times \delta_{①1}$, $P_{②} \times \delta_{②1}$

KEY NOTE

(5) P_2가 먼저 작용 ➡ P_1이 작용할 때 P_2가 한 일

$$W_{P2} = \frac{P_2}{2} \cdot \delta_{22} + P_2 \cdot \delta_{21}$$

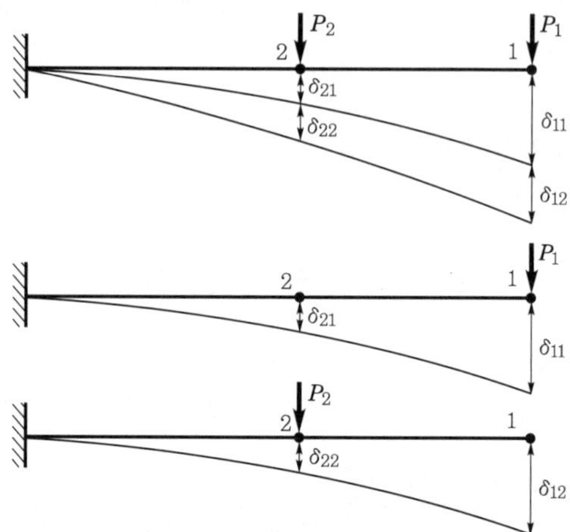

[그림 10.5] P_1, P_2에 의한 외력이 한 일

5 상반작용의 정리

1. 상반일의 정리(Betti의 상반작용 정리)

선형탄성 구조물에서 동일한 구조물에 서로 다른 두 하중군 P_1, P_2에서 P_1하중이 P_2하중에 의한 변위를 따라가며 한 외적가상일은 P_2하중이 P_1하중에 의한 변위를 따라가며 한 외적가상일과 같다.

- $P_1 \cdot \delta_{12} = P_2 \cdot \delta_{21}$ [그림 10.6(a))]
- $P_1 \cdot \delta_{12} = M_2 \cdot \theta_{21}$ [그림 10.6(b)]
- $M_1 \cdot \theta_{12} = M_2 \cdot \theta_{21}$ [그림 10.6(c)]

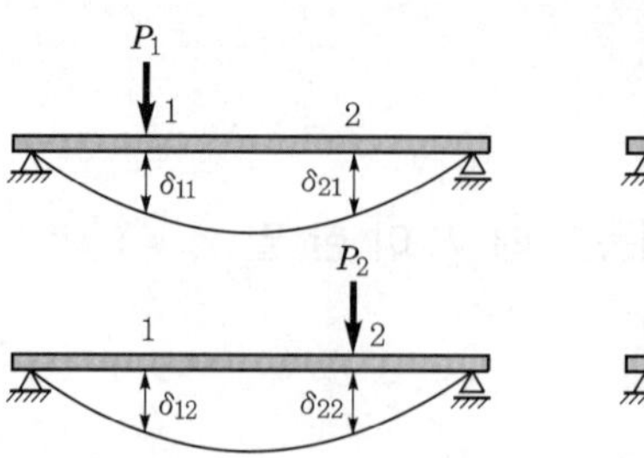

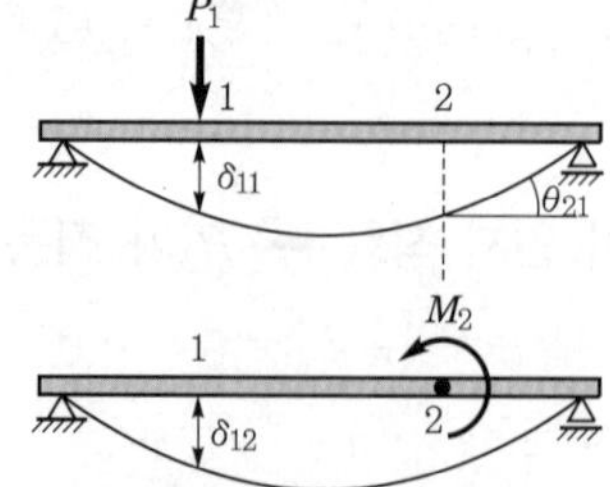

(a) 집중하중의 상반작용 (b) 집중하중과 모멘트하중의 상반작용 (계속)

[그림 10.6] 처짐과 처짐각의 상반작용

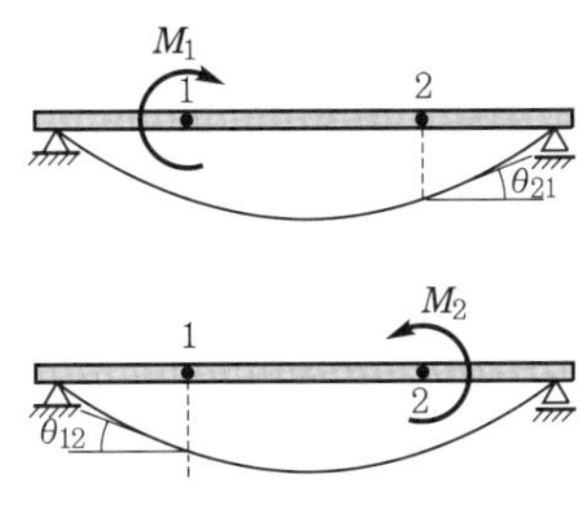

(c) 모멘트하중의 상반작용

[그림 10.6] (계속) 처짐과 처짐각의 상반작용

2. 상반변위의 정리(Maxwell의 상반작용 정리)

Betti의 정리에서 $P_1 = P_2 = M_1 = M_2 = 1$로 놓은 식

- $\delta_{12} = \delta_{21}$
- $\delta_{12} = \theta_{21}$
- $\theta_{12} = \theta_{21}$

3. 응용

① 부정정 구조물을 해석할 때 변형일치법으로 응용

② 부정정 구조물의 영향선을 만들 때 이용

KEY NOTE

CHAPTER 10 9급 기출문제

01 지간이 L이고, 비틀림강도 GJ이고, 비틀림 모멘트 T를 받고 있는 캔틸레버봉의 변형에너지는? [04. 부산시 9급]

① $U=\dfrac{T\cdot L}{2G\cdot J}$ ② $U=\dfrac{T^2\cdot L}{2G\cdot J}$

③ $U=\dfrac{T\cdot L^2}{2G\cdot J}$ ④ $U=\dfrac{T^2\cdot L^2}{2G\cdot J}$

해설 변형에너지(U)는 외력의 일($U=W_E$)과 같다.

$\therefore U=W_E=\dfrac{T}{2}\times\dfrac{T\cdot L}{GJ}=\dfrac{T^2\cdot L}{2G\cdot J}$

02 다음 외팔보에서 집중하중 P가 자유단에 작용할 때 휨모멘트에 의한 변형에너지는? [01. 서울시 9급]

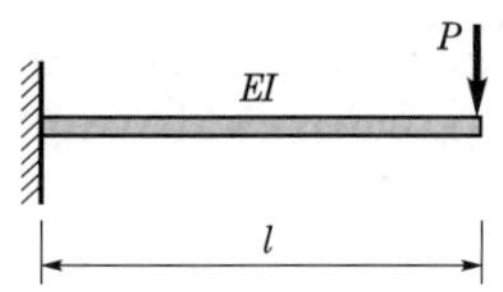

① $\dfrac{P^2l^3}{2EI}$ ② $\dfrac{P^2l^3}{3EI}$

③ $\dfrac{P^2l^3}{4EI}$ ④ $\dfrac{P^2l^3}{6EI}$

해설 $W_E=\dfrac{P}{2}\cdot\delta=\dfrac{P}{2}\times\dfrac{Pl^3}{3EI}=\dfrac{P^2l^3}{6EI}=U$

03 다음 그림과 같은 자유단에 집중하중 $2P$를 받고 있는 캔틸레버보에서 휨모멘트에 의한 변형에너지는? (단, EI는 일정하고, 보의 자중은 무시한다) [14. 국회 9급]

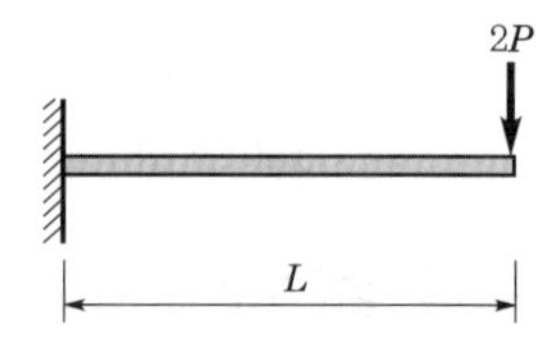

① $\dfrac{P^2L^3}{6EI}$ ② $\dfrac{P^2L^3}{3EI}$

③ $\dfrac{P^2L^3}{2EI}$ ④ $\dfrac{2P^2L^3}{3EI}$

⑤ $\dfrac{5P^2L^3}{6EI}$

해설 변형에너지를 외적일의 방법으로 구한다.

$U=W_E=-\dfrac{(2P)}{2}\times\dfrac{(2P)L^3}{3EI}=\dfrac{2P^2L^3}{3EI}$

04 다음 그림과 같은 보에서 휨모멘트에 의한 탄성변형에너지는? (단, EI는 일정하다) [14. 서울시 9급]

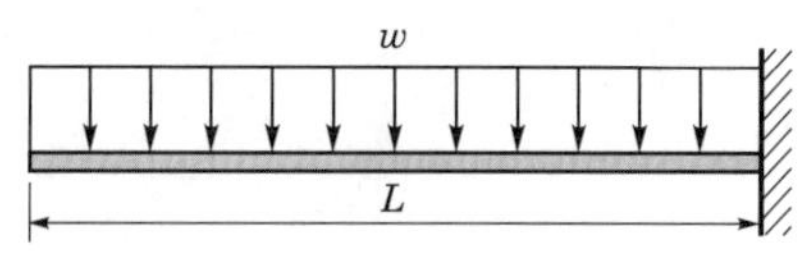

① $\dfrac{w^2L^5}{48EI}$ ② $\dfrac{w^2L^5}{40EI}$

③ $\dfrac{w^2L^5}{24EI}$ ④ $\dfrac{w^2L^5}{8EI}$

⑤ $\dfrac{w^2L^5}{6EI}$

해설 등분포하중을 받는 캔틸레버보의 변형에너지

$U=\dfrac{w^2L^5}{40EI}$

정답 01 ② 02 ④ 03 ④ 04 ②

05 다음 그림과 같이 단순보의 지간 중앙에 연직 하중 P가 작용할 때 휨모멘트에 의한 탄성변형에너지는? (단, E는 탄성계수, I는 단면 2차 모멘트이다) [10. 지방직 9급]

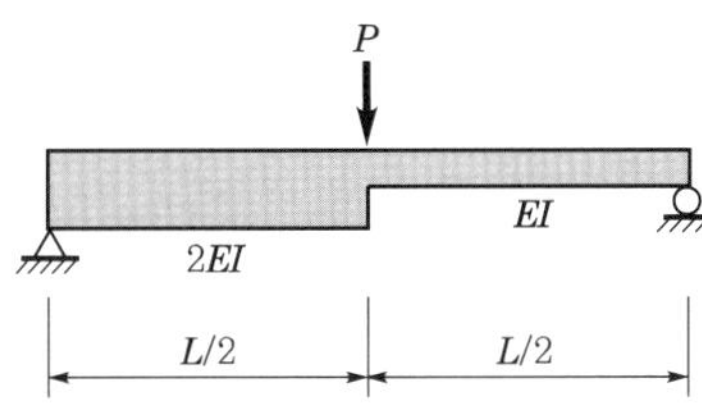

① $\dfrac{P^2L^3}{24EI}$ ② $\dfrac{P^2L^3}{128EI}$

③ $\dfrac{P^2L^3}{192EI}$ ④ $\dfrac{P^2L^3}{250EI}$

해설 변형에너지 이용

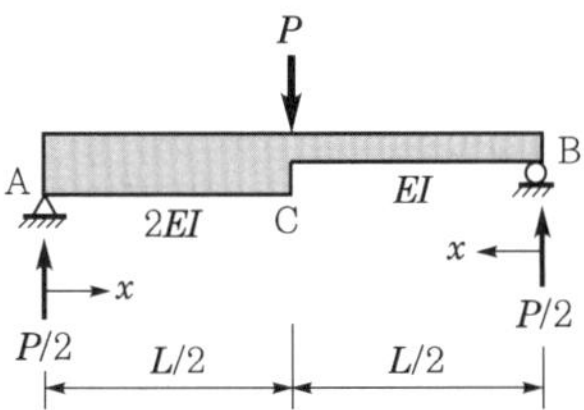

$$U=\int \frac{M_x^2}{2EI}dx$$

$$=\int_0^{L/2}\frac{\left(\frac{Px}{2}\right)^2}{2(2EI)}dx+\int_0^{L/2}\frac{\left(\frac{Px}{2}\right)^2}{2EI}dx$$

$$=\frac{P^2}{16EI}\int_0^{L/2}x^2dx+\frac{P^2}{8EI}\int_0^{L/2}x^2dx$$

$$=\frac{P^2}{16EI}\left[\frac{x^3}{3}\right]_0^{L/2}+\frac{P^2}{8EI}\left[\frac{x^3}{3}\right]_0^{L/2}$$

$$=\frac{P^2L^3}{384EI}+\frac{P^2L^3}{192EI}=\frac{P^2L^3}{128EI}$$

06 다음 그림과 같이 수직으로 매달려 있는 균일 단면봉이 하중 P_1을 받으면 δ_1의 변위가 발생하고, P_2의 하중을 받으면 δ_2의 변위가 발생한다. 하중 P_1이 가해진 상태에서 P_2의 하중이 작용할 경우 이 봉에 저장된 변형에너지 U는? (단, 봉의 자중은 무시하고, 하중 작용 시 봉은 선형탄성거동을 한다) [10. 국가직 9급]

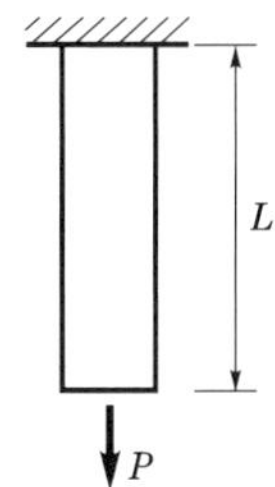

① $\frac{1}{2}P_1\delta_1+\frac{1}{2}P_2\delta_2$

② $\frac{1}{2}P_1\delta_1+P_1\delta_1+\frac{1}{2}P_2\delta_2$

③ $\frac{1}{2}P_1\delta_1+P_2\delta_2+\frac{1}{2}P_2\delta_2$

④ $\frac{1}{2}P_1\delta_1+P_1\delta_2+\frac{1}{2}P_2\delta_2$

해설 $U=W_E=\frac{1}{2}P_1\delta_1+P_1\delta_2+\frac{1}{2}P_2\delta_2$

07 P_1, P_2가 0으로부터 작용하였다. B점의 처짐이 P_1으로 인하여 δ_1, P_2로 인하여 δ_2가 생겼다면 P_1이 먼저 작용하였을 때 P_1이 하는 일은? [05. 경기교육청 9급]

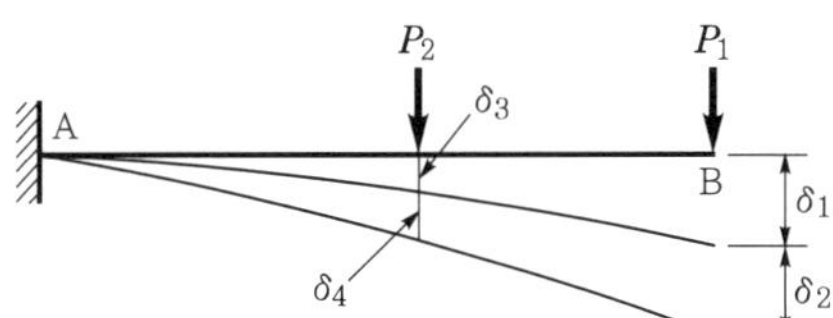

① $\frac{1}{2}P_1\cdot\delta_1+\frac{1}{2}P_2\cdot\delta_2$

② $\frac{1}{2}P_1\cdot\delta_1+\frac{1}{2}P_1\cdot\delta_2$

③ $\frac{1}{2}P_1\cdot\delta_1+P_2\cdot\delta_2$

④ $\frac{1}{2}P_1\cdot\delta_1+P_1\cdot\delta_2$

해설 P_1이 먼저 작용한 후 P_2가 작용할 때 P_1이 한 일 W_1은

$W_1=\frac{P_1}{2}\cdot\delta_1+P_1\cdot\delta_2$

이때 P_2가 한 일 W_2는

$W_2=\frac{P_2}{2}\cdot\delta_3$

이때 전체의 일 W는

$W=\frac{P_1}{2}\cdot\delta_1+\frac{P_2}{2}\cdot\delta_3+P_1\cdot\delta_2$가 된다.

정답 05 ② 06 ④ 07 ④

08 다음 그림과 같은 단순보에서 상반일의 원리를 설명한 것 중 옳은 것은? [01. 서울시 9급]

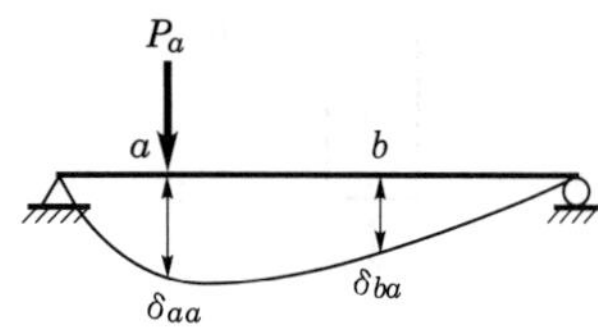

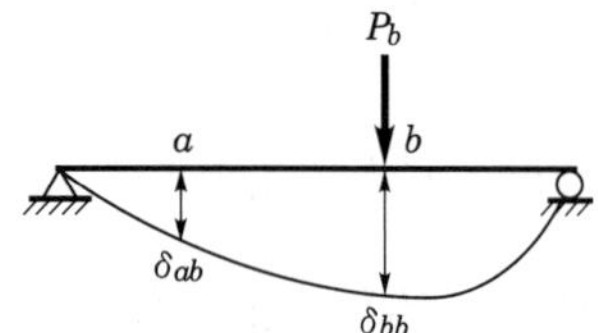

① $P_a\delta_{aa} = P_b\delta_{bb}$　② $P_a\delta_{aa} = P_b\delta_{ba}$

③ $P_a\delta_{ab} = P_b\delta_{bb}$　④ $P_a\delta_{ba} = P_b\delta_{ab}$

⑤ $P_a\delta_{ab} = P_b\delta_{ba}$

해설 상반일의 원리, 즉 Betti의 원리는 다음과 같다.
$P_a \cdot \delta_{ab} = P_b \cdot \delta_{ba}$

09 단순보에 P_1이 서서히 작용할 때 C점의 처짐 δ_1, D점의 처짐이 δ_3, 또 P_2가 D점에서 서서히 작용할 때 C점의 처짐이 δ_2이고 D점의 처짐이 δ_4일 때 P_1이 먼저 작용한 후 P_2가 작용할 때 P_1가 한 일은? [05. 국가직 9급]

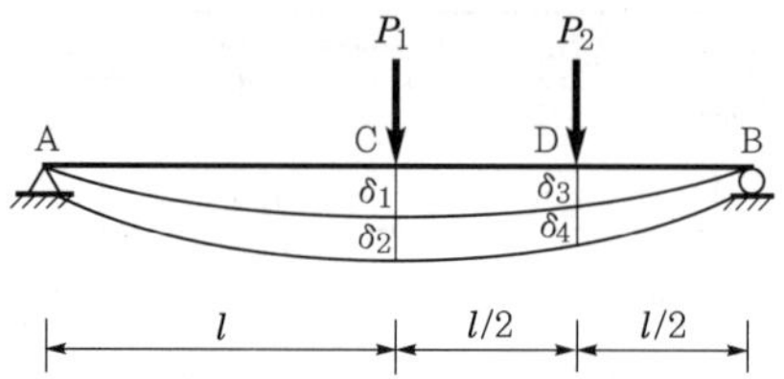

① $\dfrac{P_1}{2} \cdot \delta_1 + P_1 \cdot \delta_2$

② $\dfrac{P_1}{2} \cdot \delta_1 + P_1 \cdot \delta_3$

③ $\dfrac{P_1}{2} \cdot \delta_2 + P_1 \cdot \delta_3$

④ $\dfrac{P_1}{2} \cdot \delta_2 + P_1 \cdot \delta_4$

해설 이때 P_1가 한 일

$W_E = \dfrac{P_1}{2} \cdot \delta_1 + P_1 \cdot \delta_2$

정답 08 ④ 09 ①

CHAPTER **10** | # 7급 기출문제

01 다음 그림과 같은 부재에 P_2가 더해졌을 때 탄성변형에너지는?(축강성은 EA) [국가직 7급]

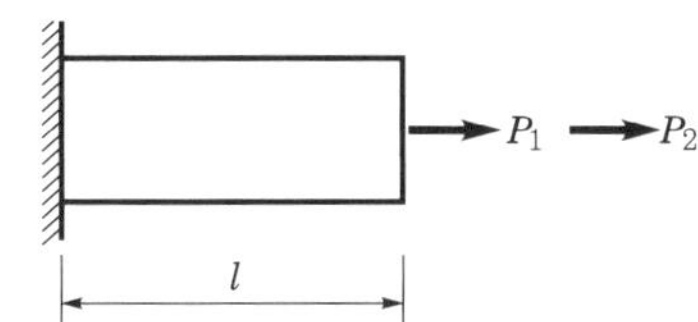

① $\frac{L}{2EA}(P_1^2+2P_1P_2+P_2^2)$

② $\frac{L}{2EA}(P_1^2+P_2^2)$

③ $\frac{L}{2EA}(P_1^2+P_1P_2+P_2^2)$

④ $\frac{L}{2EA}(P_1^2-2P_1P_2+P_2^2)$

해설 $U=\frac{P^2\cdot l}{2EA}=\frac{(P_1+P_2)^2\cdot l}{2EA}$

$=\frac{l}{2EA}(P_1^2+2P_1P_2+P_2^2)$

02 그림과 같이 지점 A, B, C가 힌지인 부정정 트러스에 하중 P가 점 O에 작용하고 있다. 만약 OA, OC 부재의 신장량이 각각 δ이면 하중 P에 의한 외적인 일은? (단, 모든 부재의 단면적과 탄성계수는 일정하다) [06. 국가직 7급]

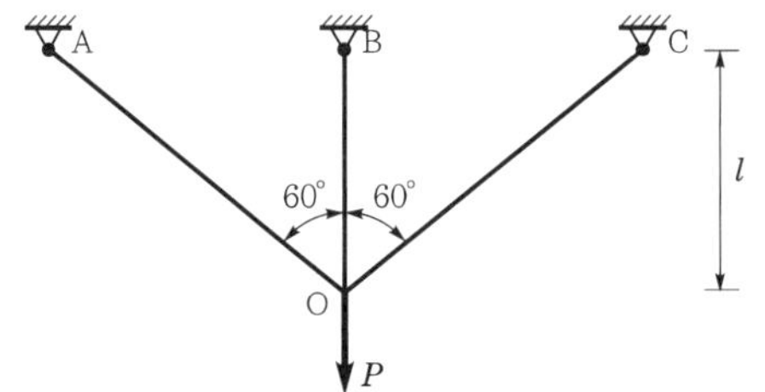

① $\frac{P\delta}{4}$　　② $\frac{P\delta}{3}$

③ $\frac{P\delta}{2}$　　④ $P\delta$

해설 다음의 williot선도로부터 변위관계식을 구할 수 있다.

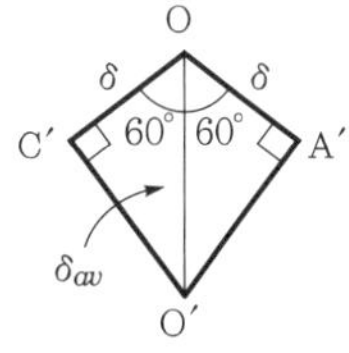

$\delta_{av}=\frac{\delta_{oa}}{\cos 60^\circ}=\frac{\delta}{1/2}=2\delta$

∴ P가 한 외적일은 다음과 같다.

$W_E=\frac{P}{2}\times\delta_{av}=\frac{P}{2}\times 2\delta=P\delta$

03 아래 그림과 같은 트러스에 저장되는 변형에너지는? (단, EA는 일정하다) [15. 서울시 7급]

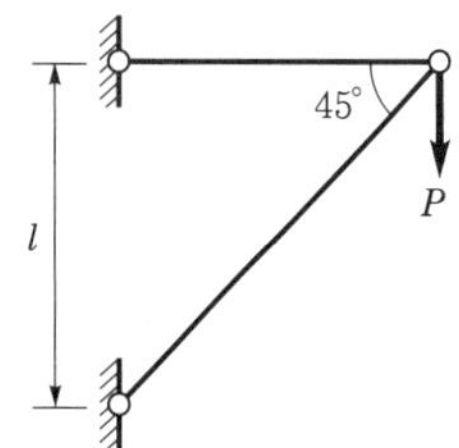

① $\frac{1+\sqrt{2}}{2EA}P^2l$　　② $\frac{1+2\sqrt{2}}{2EA}P^2l$

③ $\frac{1+3\sqrt{2}}{2EA}P^2l$　　④ $\frac{1+4\sqrt{2}}{2EA}P^2l$

해설 트러스구조물의 변형에너지는

$U=\Sigma\frac{N^2L}{2EA}$와 같다.

주어진 트러스 수평재 부재력은 $+P$, 경사부재 부재력은 $-\sqrt{2}P$이다.

$U=\frac{(+P)^2l}{2EA}+\frac{(-\sqrt{2}Pl)^2(\sqrt{2}l)}{2EA}=\frac{1+2\sqrt{2}}{2EA}P^2l$

정답 01 ① 02 ④ 03 ②

04 단순보에서 그림과 같은 등변분포하중이 작용할 때, 보의 변형에너지 U는? (단, 보의 탄성계수는 E이고, 단면 2차 모멘트는 I이다)

[06. 서울시 7급]

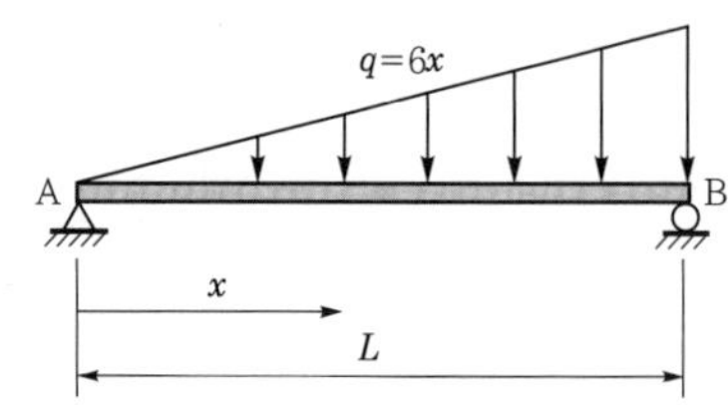

① $U=\dfrac{4L^6}{85EI}$　② $U=\dfrac{4L^7}{85EI}$

③ $U=\dfrac{4L^6}{105EI}$　④ $U=\dfrac{4L^7}{105EI}$

⑤ $U=\dfrac{9L^7}{105EI}$

해설 ㉠ 지점반력과 x위치에서의 휨모멘트 계산

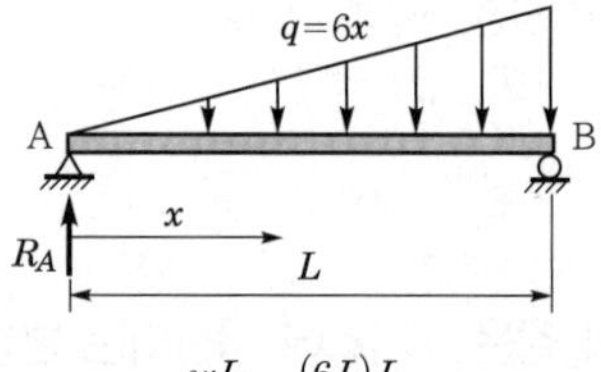

$$R_A=\frac{wL}{6}=\frac{(6L)L}{6}=L^2$$

$$M_x=R_A\times x-\frac{(6x)}{6x}x^3=L^2x-x^3$$

㉡ 변형에너지

$$U=\int_0^L\frac{M_x^2}{2EI}dx=\frac{1}{2EI}\int_0^L(L^2x-x^3)^2dx$$

$$=\frac{1}{2EI}\int_0^L(L^4x^2-2L^2x^4+x^6)dx$$

$$=\frac{1}{2EI}\left[\frac{L^4x^3}{3}-\frac{2L^2x^5}{5}+\frac{x^7}{7}\right]_0^L$$

$$=\frac{L^7}{2EI}\left(\frac{1}{3}-\frac{2}{5}+\frac{1}{7}\right)=\frac{4L^7}{105EI}$$

05 다음과 같이 1차 부정정보에 등분포하중 w가 작용하는 경우, 부재의 변형에너지(strain energy)는? (단, EI는 일정하다)　[11. 지방직 7급]

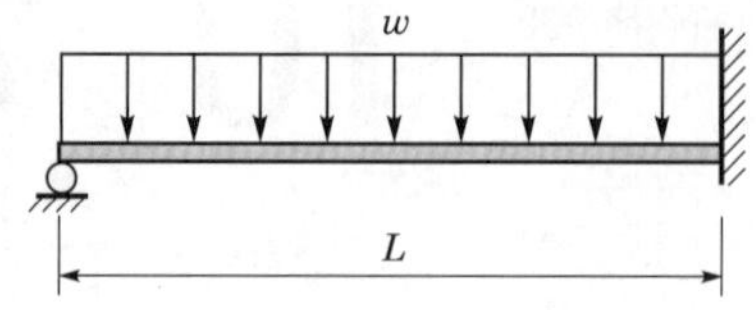

① $\dfrac{w^2L^5}{320EI}$　② $\dfrac{w^2L^5}{640EI}$

③ $\dfrac{w^3L^4}{320EI}$　④ $\dfrac{w^3L^4}{640EI}$

해설

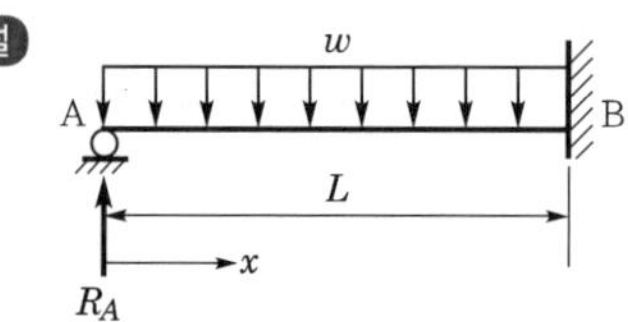

㉠ A지점의 반력, $R_A=\dfrac{3wL}{8}$

x위치에서 휨모멘트,

$$M_x=\frac{3wL}{8}x-\frac{wx^2}{2}=\frac{3wLx-4wx^2}{8}$$

㉡ 변형에너지

$$U=\int_0^L\frac{M_x^2}{2EI}dx$$

$$=\int_0^L\frac{\left(\dfrac{3wLx-4wx^2}{8}\right)^2}{2EI}dx$$

$$=\frac{1}{128EI}\int_0^L(9w^2L^2x^2-24w^2Lx^3+6w^2x^4)dx$$

$$=\frac{1}{128EI}\left[\frac{9w^3L^2x^3}{3}-\frac{24w^2Lx^4}{4}+\frac{16w^2x^5}{5}\right]_0^L$$

$$=\frac{w^2L^5}{640EI}$$

06 그림과 같은 캔틸레버의 자유단에 수직하중 P와 모멘트하중 M이 작용할 때 캔틸레버에 저장되는 변형에너지 U는 얼마인가? (단, 전단에 의한 변형에너지는 무시하며 E는 탄성계수, I는 단면 2차 모멘트, L은 보의 길이)

[국가직 7급]

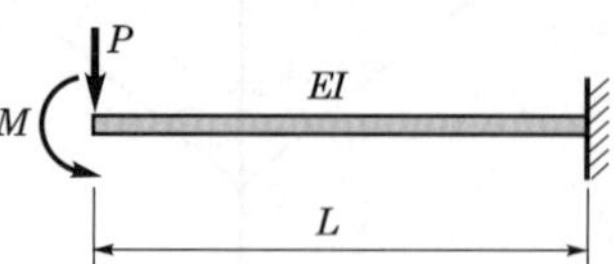

정답 04 ④ 05 ② 06 ④

① $U=\frac{M^2L}{EI}+\frac{MPL^2}{8EI}+\frac{P^2L^3}{3EI}$

② $U=\frac{M^2L}{2EI}+\frac{MPL^2}{6EI}+\frac{P^2L^3}{4EI}$

③ $U=\frac{M^2L}{2EI}+\frac{MPL^2}{4EI}+\frac{P^2L^3}{5EI}$

④ $U=\frac{M^2L}{2EI}+\frac{MPL^2}{2EI}+\frac{P^2L^3}{6EI}$

해설 $U=\int_0^L \frac{M_x^2}{2EI}dx=\frac{1}{2EI}\int_0^L(-M-Px)^2\cdot dx$

$=\frac{1}{2EI}\int_0^L(M^2+2MPx+P^2x^2)\cdot dx$

$=\frac{1}{2EI}\left[M^2\cdot x+MPx^2+\frac{P^2}{3}\cdot x^3\right]_0^L$

$=\frac{M^2L}{2EI}+\frac{MPL^2}{2EI}+\frac{P^2L^3}{6EI}$

07 다음 그림에서 P_1으로 인하여 B점의 처짐 $\delta_1=3\text{cm}$, P_2로 인한 B점의 처짐 $\delta_2=2\text{cm}$이었다. P_1이 먼저 작용한 후에 P_2가 나중에 작용했을 때 P_1이 하는 일은? [국가직 7급]

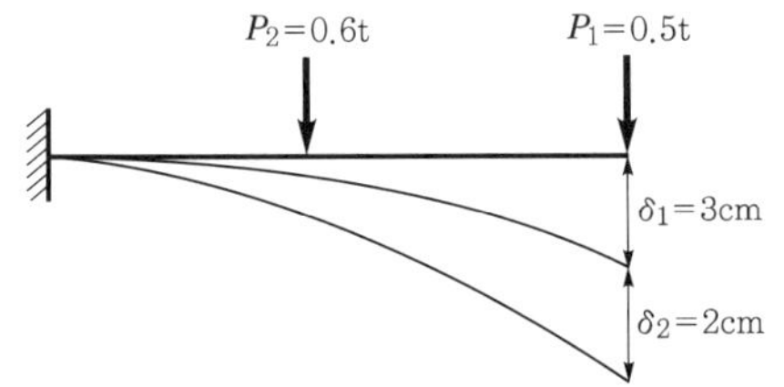

① 1,750kg · cm ② 1,850kg · cm

③ 1,950kg · cm ④ 2,050kg · cm

⑤ 2,270kg · cm

해설 P_1이 먼저 작용한 후 P_2가 작용할 때 P_1이 한 일 W

$W=\frac{P_1}{2}\cdot\delta_1+P_1\cdot\delta_2$

$=\frac{0.5\times10^3}{2}\times3+0.5\times10^3\times2$

$=1{,}750\text{kg}\cdot\text{cm}$

08 다음에서 P_1으로 인한 B점의 처짐(δ_1)은 4cm, P_2로 인한 B점의 처짐(δ_2)은 3cm이었다. P_1이 작용하여 발생되는 C점의 처짐[cm]은?

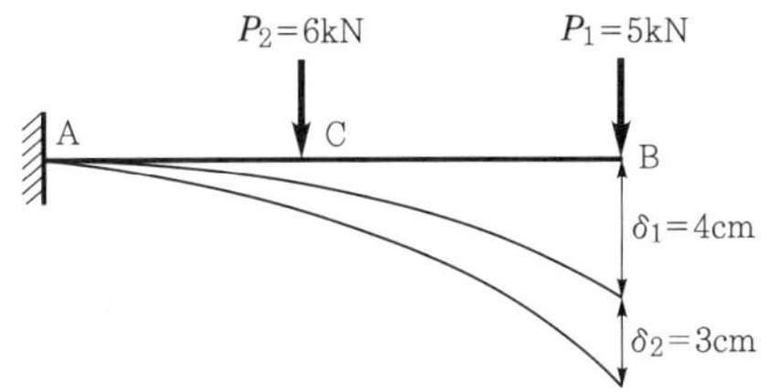

① 1.0 ② 1.5

③ 2.0 ④ 2.5

해설 P_1에 의한 C점의 처짐 δ_C는 상반일의 정리를 적용하여 구한다.

$P_1\times\delta_2=P_2\times\delta_C$

$5\times3=6\times\delta_C$

$\delta_C=2.5\text{cm}$

09 그림과 같은 단순보의 B지점에 P가 작용할 때 C지점의 처짐을 y_c라 하면, C에 하중 P가 작용할 때 B지점의 y_b는 얼마인가? [국가직 7급]

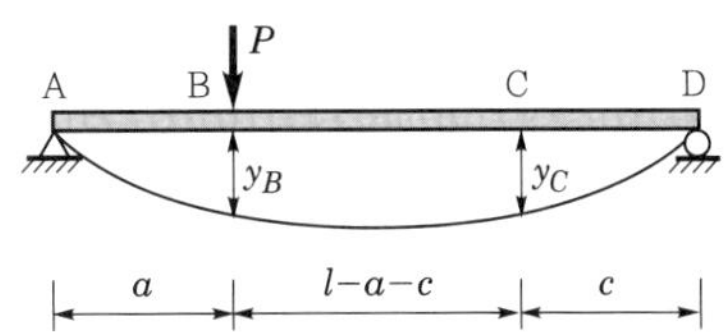

① y_c ② $\frac{c}{l}y_c$

③ $\frac{a}{l}y_c$ ④ $\frac{l-a-c}{l}y_c$

해설 Betti의 상반일의 정리를 적용한다.

$P_i\cdot\delta_{ik}=P_k\cdot\delta_{ki}$

$\therefore P\cdot y_c=P\cdot y_b$

$\therefore y_b=y_c$

정답 07 ① 08 ④ 09 ①

10 그림과 같이 2경간 연속보의 a점에 작용하는 수직하중 P에 의한 중간지점반력 X는? (단, 식 중에서 d_{ji}는 지점 2를 제거한 정정구조에 i점에 작용시킨 단위수지가중에 의한 j점의 수직처짐) [07. 서울시 7급]

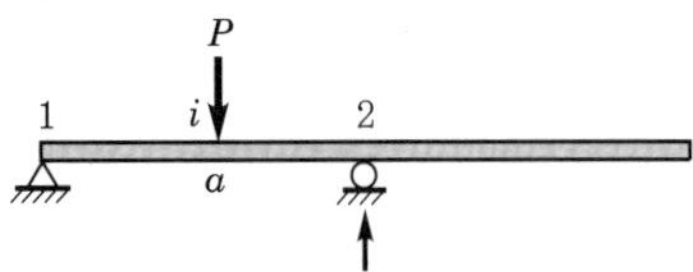

① $X=\left|\dfrac{d_{a2}}{d_{22}}\right|P\uparrow$ ② $X=\left|\dfrac{d_{22}}{d_{a2}}\right|P\uparrow$

③ $X=\left|\dfrac{d_{2a}}{d_{a2}}\right|P\uparrow$ ④ $X=\left|\dfrac{d_{1a}}{d_{11}}\right|P\uparrow$

⑤ $X=\left|\dfrac{d_{11}}{d_{1a}}\right|P\uparrow$

해설 Muller-Breslau의 원리에 의하면 단위하중에 의한 B점 반력 R_B는

$$R_B=\frac{\delta_{ib}}{\delta_{bb}}=\frac{\delta_{bi}}{\delta_{bb}}$$

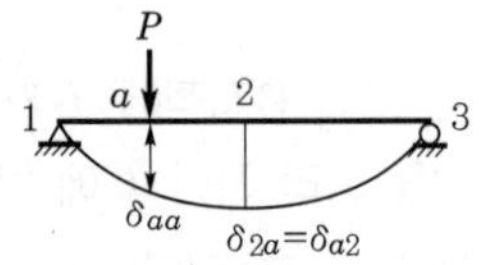

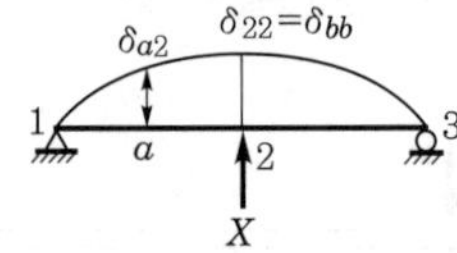

$$\therefore X=\frac{\delta_{a2}}{\delta_{12}}\times P$$

11 그림과 같은 2경간 연속보에 크기가 1kN인 집중하중 P가 하향수직으로 D점에 작용될 때 각 위치에서 처짐이 아래와 같이 계측되었다. 이후 이 집중하중을 제거하고 A점에 10kN, B점에 10kN, C점에 20kN의 하향 수직하중을 동시에 재하한다면 D점의 처짐[cm]은? (단, 보의 자중은 무시하고, 처짐은 하향방향을 (+), 상향방향을 (−)로 한다) [10. 지방직 7급]

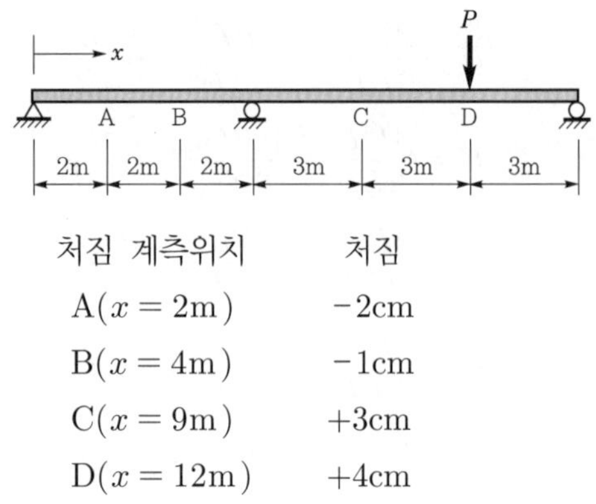

처짐 계측위치	처짐
A($x=2$m)	−2cm
B($x=4$m)	−1cm
C($x=9$m)	+3cm
D($x=12$m)	+4cm

① −10 ② −30

③ +10 ④ +30

해설 상반일의 정리를 적용한다.

$P\times\delta_D=10\times(-2)+10\times(-1)+20\times3$

$1\times\delta_D=30$

$\delta_D=30$cm

12 그림과 같은 단순보에 저장된 탄성변형에너지 W는? [국가직 7급]

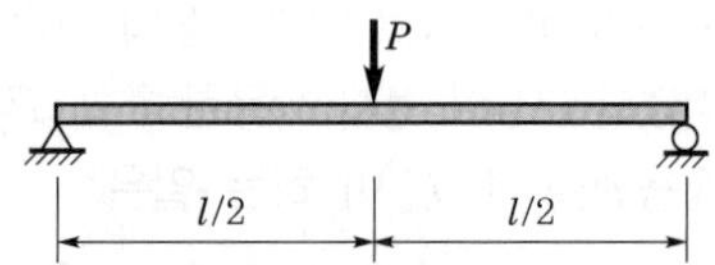

① $W=\dfrac{Pl^3}{48EI}$ ② $W=\dfrac{Pl^3}{16EI}$

③ $W=\dfrac{P^2l^3}{96EI}$ ④ $W=\dfrac{P^2l^3}{192EI}$

해설 탄성에너지(U)는 외력이 한 일(W)과 같다.

$$U=W=\frac{P}{2}\cdot\delta=\frac{P}{2}\times\frac{P\cdot l^3}{48EI}=\frac{P^2l^3}{96EI}$$

13 그림과 같은 길이 L인 단순보에서 탄성계수(E)와 단면 2차 모멘트(I)가 일정할 때 굽힘 변형에너지는? [14. 서울시 7급]

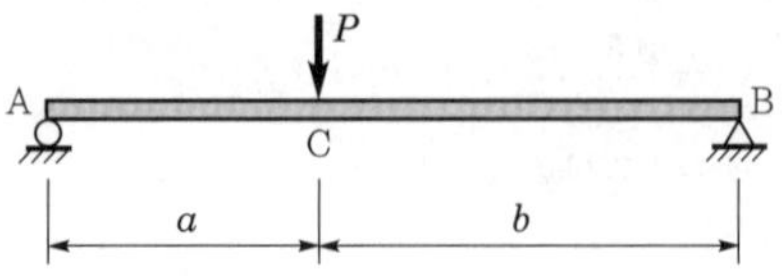

정답 10 ① 11 ④ 12 ③ 13 ②

① $\dfrac{P^2a^2b^2}{3EIL}$ ② $\dfrac{P^2a^2b^2}{6EIL}$

③ $\dfrac{P^2a^2b^2}{8EIL}$ ④ $\dfrac{P^2a^2b^2}{10EIL}$

⑤ $\dfrac{P^2a^2b^2}{24EIL}$

해설 변형에너지와 외적일은 같기 때문에 외적일의 방법을 적용한다.

$U=W_E=\dfrac{P}{2}\times\delta_C=\dfrac{P}{2}\times\dfrac{Pa^2b^2}{3LEI}=\dfrac{P^2a^2b^2}{6LEI}$

14 그림과 같은 단순보에 축적되는 변형에너지(Strain energy)는? [국가직 7급]

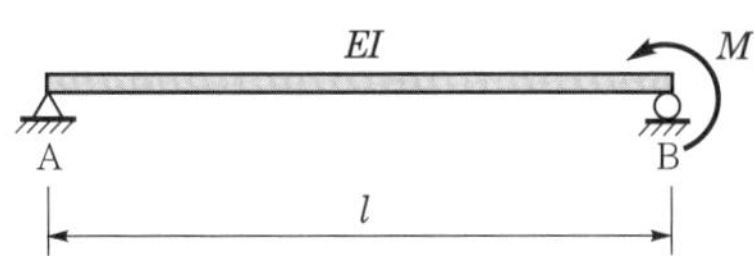

① $\dfrac{M^2l}{12EI}$ ② $\dfrac{M^2l}{6EI}$

③ $\dfrac{M^2l}{4EI}$ ④ $\dfrac{M^2l}{3EI}$

해설 $U=W=\dfrac{M}{2}\cdot\theta=\dfrac{M}{2}\times\dfrac{M\cdot l}{3EI}=\dfrac{M^2l}{6EI}$

15 다음 그림과 같이 자유단에 집중하중 P를 받고 있는 켄틸레버보에서 굽힘모멘트에 의한 변형에너지는? [06. 국가직 7급]

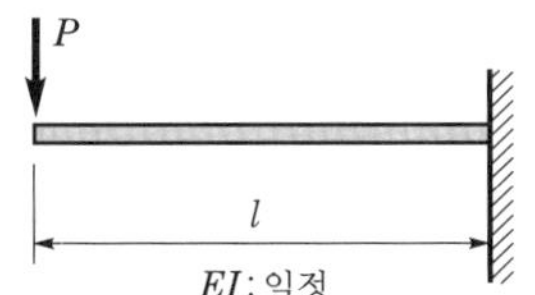

① $\dfrac{P^2\cdot l^3}{8EI}$ ② $\dfrac{P^2\cdot l^3}{6EI}$

③ $\dfrac{P^2\cdot l^3}{10EI}$ ④ $\dfrac{P^2\cdot l^3}{4EI}$

해설 $U=W_E=\dfrac{P}{2}\times\delta_A=\dfrac{P}{2}\times\dfrac{Pl^3}{3EI}=\dfrac{P^2l^3}{6EI}$

16 그림과 같이 재료와 단면이 같은 두 개의 외팔보가 있다. 이때 보(A)에 저장되는 변형에너지는 보(B)에 저장되는 변형에너지의 몇 배인가? [국가직 7급]

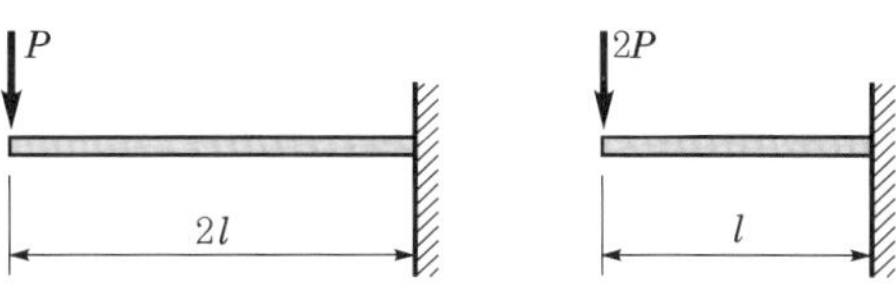

① 0.5배 ② 1배

③ 2배 ④ 4배

해설 $U_A=W_A=\dfrac{P}{2}\cdot\delta=\dfrac{P}{2}\times\dfrac{P\cdot(2l)^3}{3EI}=\dfrac{4P^2l^3}{3EI}$

$U_B=W_B=\dfrac{P}{2}\cdot\delta=\dfrac{2P}{2}\times\dfrac{2P\cdot l^3}{3EI}=\dfrac{2P^2\cdot l^3}{3EI}$

$\therefore U_A=2U_B$

17 그림과 같은 두 개의 캔틸레버보에서 휨변형에너지의 비(A:B)는? (단, 모든 캔틸레버보의 EI는 일정하고, 자중은 무시한다)[10. 지방직 7급]

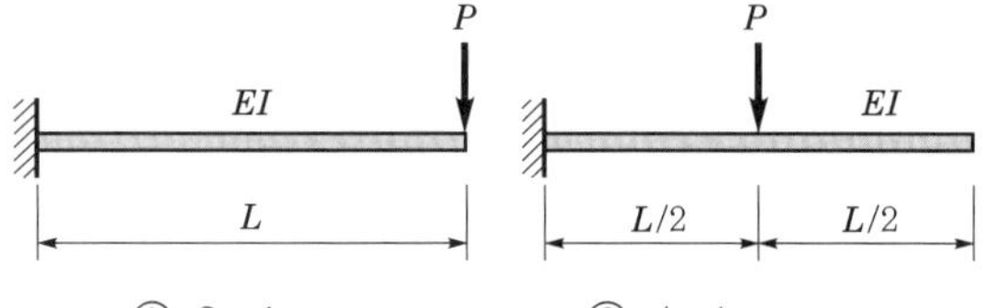

① 2 : 1 ② 4 : 1

③ 6 : 1 ④ 8 : 1

해설 $U_A=W_E=\dfrac{P}{2}\times\delta=\dfrac{P}{2}\times\dfrac{PL^3}{3EI}=\dfrac{P^2L^3}{6EI}$

$U_B=W_E=\dfrac{P}{2}\times\delta=\dfrac{P}{2}\times\dfrac{PL^3}{24EI}=\dfrac{P^2L^3}{48EI}$

$U_A:U_B=\dfrac{PL^3}{6EI}:\dfrac{PL^3}{48EI}=1:\dfrac{1}{8}=8:1$

정답 14 ② 15 ② 16 ③ 17 ④

Chapter 11

구조물의 처짐과 처짐각

CHAPTER 11

구조물의 처짐과 처짐각

KEY NOTE

기호

- 변위, 처짐: y, δ, Δ
- 처짐각: θ[radian]

1 개요

1. 용어의 정의

(1) 탄성곡선(elastic curve, 처짐곡선)

하중에 의한 변형된 곡선($\mathrm{AC'B}$)

(2) 변위(displacement)

임의점 C의 이동량($\mathrm{CC'}$)

(3) 처짐(deflection)

변위의 수직성분($\mathrm{CC''}$)≒변위

(4) 처짐각(deflection angle, 회전각, 절점각, 접선각)

변형 전 부재축 방향과 탄성곡선상의 임의점의 접선이 이루는 각(처짐곡선의 기울)

(5) 변형(deformation)

구조물의 형태가 변하는 것

(6) 부재각(joint translation angle)

지점의 침하 또는 절점의 이동으로 변위가 발생했을 때 부재 양단 사이 각$\left(R=\dfrac{\delta}{l}\right)$

2. 부호의 약속

(1) 처짐

하향 ↓(+), 상향 ↑(−)

(2) 처짐각

변형 전의 축을 기준, 시계방향(↻): (+), 반시계방향(↺): (−)

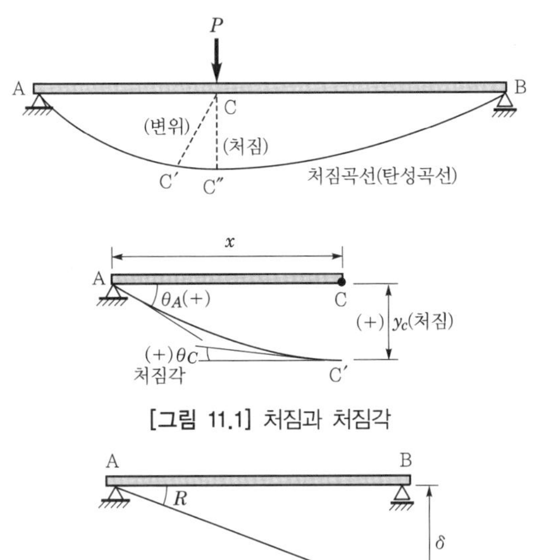

[그림 11.1] 처짐과 처짐각

[그림 11.2] 부재각 $R=\frac{\delta}{l}$

2 처짐의 해법

1. 기하학적 방법

(1) **탄성곡선식법**(처짐곡선식법, 미분방정식법, 2중적분법)

➡ 보, 기둥에 적용

(2) **탄성하중법**

Mohr의 정리 ➡ 단순보, 라멘 적용

(3) **공액보법**

모든 보, 라멘 적용

(4) **중첩법**(겹침법)

부정정보인 고정보에 주로 적용

(5) **모멘트면적법**

Green의 정리 ➡ 보, 라멘에 집중하중 작용 시 적용

KEY NOTE

처짐해석의 목적, 원인
- 목적: 사용성 검토, 부정정 구조물 해석
- 원인: 휨모멘트, 전단력, 축방향력 등 단면력
- 계산
  - 보, 라멘: 휨모멘트
  - 트러스: 축방향력

KEY NOTE

2. 에너지 방법

(1) **가상일의 방법**(단위하중법)

➡ 모든 구조물에 적용

(2) **실제일의 방법**(탄성변형, 에너지 불변 정리)

집중하중 한 개만 작용 시 하중 작용점의 처짐만 구함

➡ 보, 트러스에 적용

(3) Castigliano의 제2정리

➡ 모든 구조물에 적용

3. 수치해석법

(1) **유한차분법**(finite difference method)

(2) Rayleigh-Ritfz법

3 탄성곡선식법

1. 곡률과 휨모멘트 관계

- $\frac{y}{R} = \frac{\Delta dx}{dx}$

$\frac{\Delta dx}{dx} = \varepsilon = \frac{\sigma}{E}$

$\frac{y}{R} = \frac{\sigma}{E} \left(\sigma = \frac{M}{I} y \right)$

$\frac{y}{R} = \frac{1}{E} \cdot \frac{M}{I} y$

$\therefore$ 곡률 $\frac{1}{R} = \frac{M_x}{E \cdot I}$

여기서, R: 곡률반경(ρ)

$\frac{1}{R}$: 곡률

$E \cdot I$: 휨강성(굴곡강성)

$\frac{M}{EI}$: 탄성하중

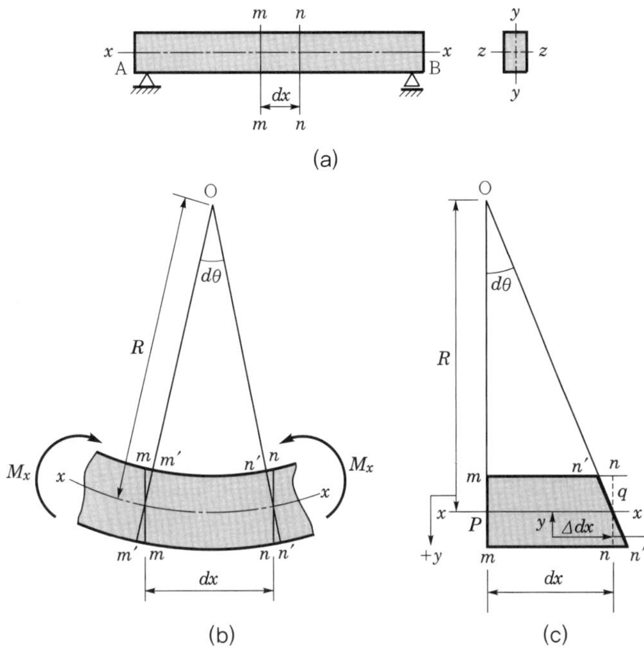

[그림 11.3] 보의 처짐곡선과 곡률반경 R

2. 탄성곡선식(처짐곡선식)

- $\dfrac{1}{R}=\dfrac{d\theta}{dx}=\dfrac{d^2y}{dx^2}=-\dfrac{M_x}{EI}$

$\therefore$ 처짐곡선식 $\dfrac{d^2y}{dx^2}=-\dfrac{M_x}{E\cdot I}$

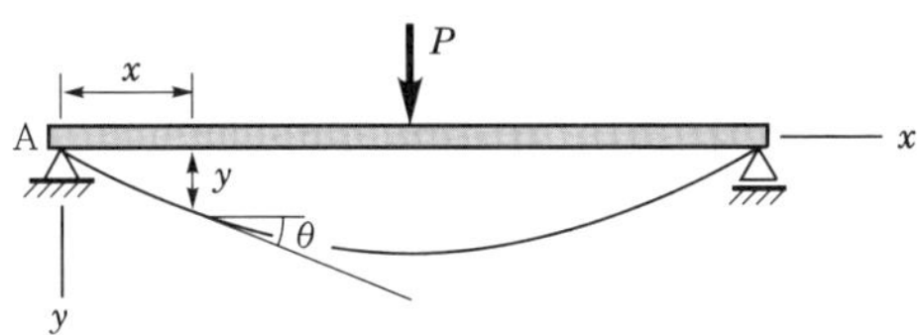

[그림 11.4] 탄성곡선식

3. 처짐각(θ)

- $\theta=y'=\dfrac{dy}{dx}=-\dfrac{1}{EI}M\cdot dx+C_1$

➡ 휨모멘트 한 번 적분

4. 처짐(y)

- $y=\displaystyle\int\dfrac{dy}{dx}=-\dfrac{1}{EI}\iint M\cdot dx+\int C_1\cdot dx+C_2$

➡ 휨모멘트 두 번 적분(C_1, C_2: 적분상수)

KEY NOTE

처짐특성

- 휨모멘트 M에 비례
- 단면2차모멘트 I에 반비례
- 탄성계수 E에 반비례

KEY NOTE

5. 탄성곡선방정식, 처짐각, 처짐의 관계

(1) 탄성곡선방정식:

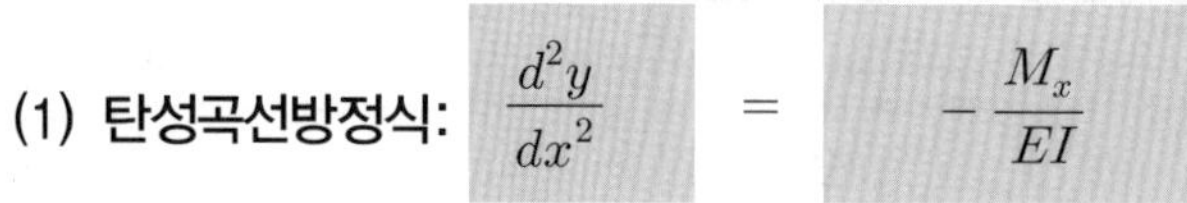

$$\frac{d^2y}{dx^2} = -\frac{M_x}{EI}$$

1차 적분 ↓ ↓1차 적분

(2) 처짐각(기울기): $\theta = \dfrac{dy}{dx} = -\displaystyle\int \frac{M_x}{EI}dx$

1차 적분 ↓ ↓1차 적분

(3) 처짐: $y = -\displaystyle\iint \frac{M_x}{EI}dx$

(4) 탄성하중, 처짐각, 처짐의 관계

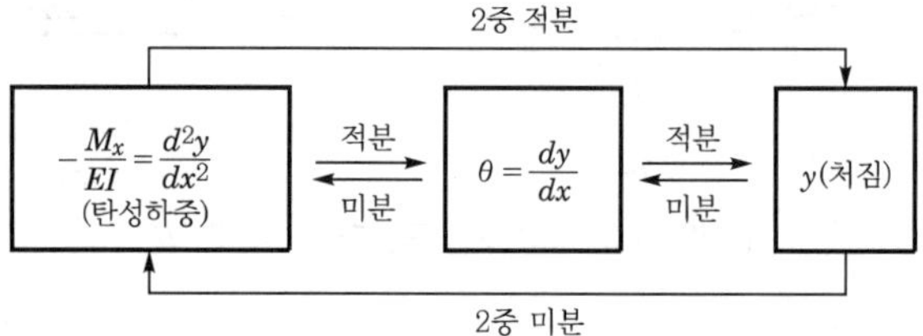

6. 탄성곡선방정식의 적용

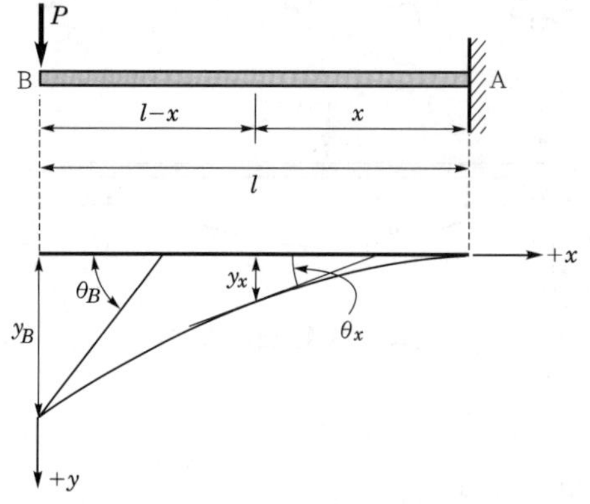

[그림 11.5] 캔틸레버보에 집중하중 작용

(1) 임의점 x의 모멘트

$$M_x = -P(l-x)$$

(2) 탄성곡선방정식

$$\frac{d^2y}{dx^2} = -\frac{M_x}{EI} = \frac{P(l-x)}{EI}$$

KEY NOTE

(3) 임의점 x의 처짐각(θ_x), 처짐(y_x)

$$\theta_x = \int \frac{P(l-x)}{EI}dx = \frac{P}{EI}\int (l-x)dx$$

$$= \frac{P}{EI}\left(lx - \frac{x^2}{2}\right) + C_1 \quad \cdots\cdots ①$$

$$\therefore y_x = \int \theta_x dx = \int \left\{\frac{P}{EI}\left(lx - \frac{x^2}{2}\right) + C_1\right\}dx$$

$$= \frac{P}{EI}\left(\frac{l}{2} \cdot x^2 - \frac{x^3}{6}\right) + C_1 x + C_2 \quad \cdots\cdots ②$$

(4) 처짐각(θ), 처짐(y)의 일반식

$$\theta = \frac{P}{EI}\left(l \cdot x - \frac{1}{2} \cdot x^2\right)$$

$$y = \frac{P}{EI}\left(\frac{l}{2} \cdot x^2 - \frac{1}{6} \cdot x^3\right)$$

⬅ ①과 ②식에서
$x = 0$(A점): $\theta_A = 0,\ y_A = 0$
$\therefore\ C_1 = 0,\ C_2 = 0$

(5) $x = l$ 점(B)의 처짐각(θ_B), 처짐(y_B)

$$\therefore \theta_B = \frac{P}{EI}\left(l^2 - \frac{1}{2}l^2\right) = \frac{Pl^2}{2EI}$$

$$\therefore y_B = \frac{P}{EI}\left(\frac{l^3}{2} - \frac{l^3}{6}\right) = \frac{Pl^3}{3EI}$$

4 탄성하중법(Mohr의 정리)

1. 개념과 적용

(1) 탄성하중법은 휨모멘트도를 EI로 나눈 값을 하중(탄성하중)으로 취급한다$\left(\text{탄성하중} = \frac{M}{EI}\right)$.

(2) $(+)M$은 하향의 탄성하중, $(-)M$은 상향의 탄성하중으로 작용시킨다.

(3) 탄성하중법은 단순보에만 적용한다.

KEY NOTE

2. 탄성하중법의 정리

(1) 제1정리(Mohr의 제1정리)

처짐각(θ)은 $\dfrac{M}{EI}$도를 탄성하중으로 작용시켰을 때 그 점의 전단력값과 같다.

$$\theta = \frac{S'}{E \cdot I} = \frac{R_A{}'}{E \cdot I}$$

여기서, S', M: $\dfrac{M}{EI}$을 하중으로 작용하고 계산한 전단력과 휨모멘트

(2) 제2정리(Mohr의 제2정리)

처짐(y, δ)은 $\dfrac{M}{E \cdot I}$도를 탄성하중으로 작용시켰을 때 그 점의 휨모멘트값과 같다.

$$y = \frac{M'}{E \cdot I}$$

3. 탄성하중법의 적용

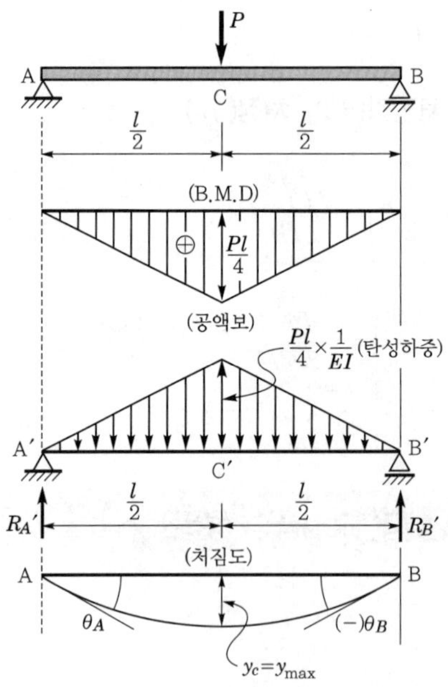

[그림 11.6] 단순보에 집중하중이 작용할 때 탄성하중법 해석

(1) A점의 처짐각(θ_A)

$$\therefore\ \theta_A = S_A{}' = R_A{}' = \frac{Pl}{4EI} \times \frac{l}{2} \times \frac{1}{2} = \frac{Pl^2}{16E \cdot I}$$

KEY NOTE

(2) B점의 처짐각(θ_B)

$$\therefore\ \theta_B = \theta_A = -\frac{Pl^2}{16EI}$$

(3) A점의 처짐(y_A)

$$\therefore\ y_A = M_A{}' = 0$$

(4) C점의 처짐 $(y_C) = y_{\max}$

$$\therefore\ y_C = y_{\max} = R_A{}' \times \frac{l}{2} - \left(\frac{1}{2} \times \frac{l}{2} \times \frac{Pl}{4EI}\right) \times \left(\frac{1}{3} \times \frac{l}{2}\right)$$

$$= \frac{Pl^3}{48EI}$$

5 공액보법

1. 개념과 적용

(1) 탄성하중법은 단순보만 적용되므로 탄성하중법의 원리를 적용할 수 있도록 지점상태를 바꾸어 만든 가상의 보(공액보)에 탄성하중$\left(\frac{M}{EI}\right)$을 재하시켜 처짐과 처짐각을 해석하는 방법

(2) 공액보법은 모든 보에 적용된다.

2. 공액보를 만드는 방법

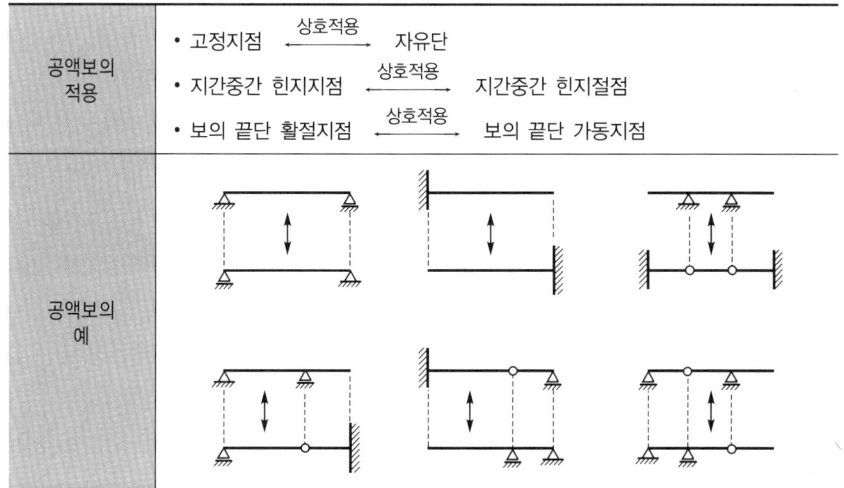

공액보의 적용	• 고정지점 ←상호적용→ 자유단 • 지간중간 힌지지점 ←상호적용→ 지간중간 힌지절점 • 보의 끝단 활절지점 ←상호적용→ 보의 끝단 가동지점
공액보의 예	

KEY NOTE

3. 공액보법의 적용

(1) A점의 처짐각(θ_A)과 처짐(y_A)

$$\theta_A = S_A' = 0,\ y_A = M_A' = 0$$

(2) B점의 처짐각(θ_B)

$$\theta_B = S_B' = R_B' = \frac{Pl}{EI} \times l \times \frac{1}{2} = \frac{Pl^2}{2EI}$$

(3) B점의 처짐(y_B)

$$y_B = M_B' = \left(\frac{Pl}{EI} \times l \times \frac{1}{2}\right) \times \left(\frac{2l}{3}\right) = \frac{Pl^3}{3EI}$$

$$\therefore\ y_B = y_{\max}$$

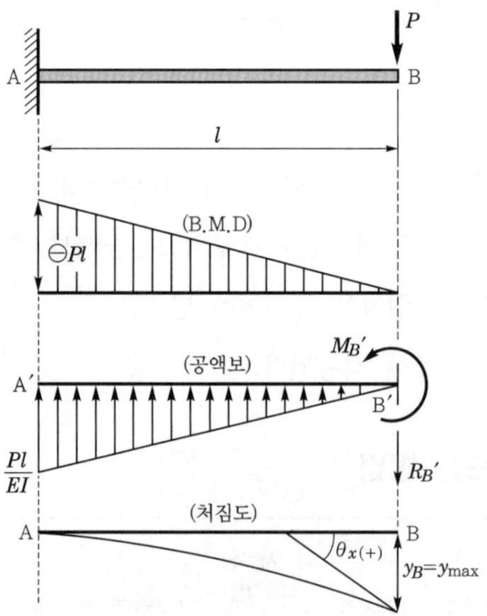

[그림 11.7] 캔틸레버보에 집중하중이 작용할 때 공액보법 해석

6 중첩법(겹침법)

1. 원리

선형탄성 구조물에서 여러 가지 하중이 작용할 때 순서에 관계없이 하중에 대한 변위를 계산하여 변위의 대수합으로 구한다.

2. 중첩법의 적용

KEY NOTE

(1) 양단고정보에 집중하중

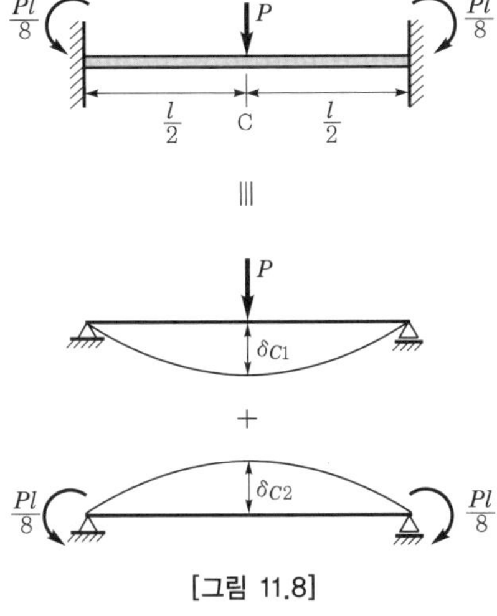

[그림 11.8]

$$\therefore\ \delta_C = \delta_{C1} - \delta_{C2}$$

$$= \frac{Pl^3}{48EI} - \frac{(Pl/8)\cdot l^2}{8EI} = \frac{Pl^3}{192EI}(\downarrow)$$

(2) 양단고정보에 등분포하중

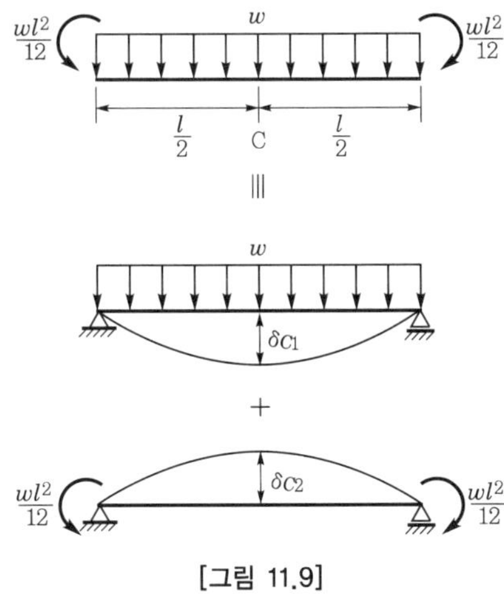

[그림 11.9]

$$\therefore\ \delta_C = \delta_{C1} - \delta_{C2}$$

$$= \frac{5wl^4}{384EI} - \frac{\left(\frac{wl^2}{12}\right)\cdot l^2}{8EI} = \frac{wl^4}{384EI}(\downarrow)$$

KEY NOTE

7 모멘트면적법(Green의 정리)

1. 모멘트면적법 제1정리

탄성곡선상에서 임의의 두 점의 접선이 이루는 각(θ)은 이 두 점 간의 휨모멘트도의 면적(A)을 EI로 나눈 값과 같다.

$$\therefore \theta = \int \frac{M}{EI} dx = \frac{A}{EI}$$

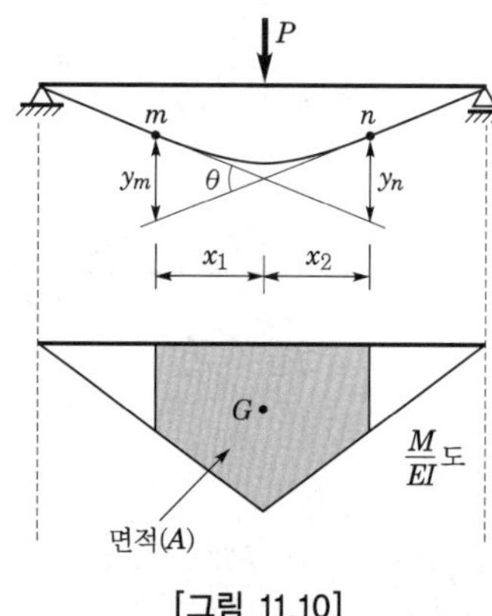

[그림 11.10]

2. 모멘트면적법 제2정리

탄성곡선상 임의의 m점으로부터 n점에서 그은 접선까지의 수직거리(y_m)는 그 두 점 사이의 휨모멘트도 면적의 m점에 대한 1차모멘트를 EI로 나눈 값과 같다.

$$y_m = \int \frac{M}{EI} \cdot x_1 \cdot dx = \frac{A}{EI} \cdot x_1$$

$$y_n = \int \frac{M}{EI} \cdot x_2 \cdot dx = \frac{A}{EI} \cdot x_2$$

3. 모멘트면적법의 적용

(1) 휨모멘트 계산 및 휨모멘트도(B.M.D) 작도

- $M_B = M_C = 0,\ M_A = -\frac{Pl}{2}$

(2) B, C점의 처짐각(θ_B, θ_C)

- $\theta_B = \theta_C = \int \frac{M}{EI} \cdot dx = \frac{A}{EI}$

$$= \frac{1}{EI} \times \frac{Pl}{2} \times \frac{l}{2} \times \frac{1}{2} = \frac{Pl^2}{8EI}$$

(3) C점의 처짐(y_C)

- $y_C = \int \frac{M}{EI} \cdot x \cdot dx = \frac{A}{EI} \cdot x$

$$= \frac{1}{EI}\left(\frac{Pl}{2} \times \frac{l}{2} \times \frac{1}{2}\right) \times \left(\frac{2}{3} \times \frac{l}{2}\right) = \frac{Pl^3}{24EI}$$

(4) B점의 처짐(y_B)

- $y_B = \frac{1}{EI}\left(\frac{Pl}{2} \times \frac{l}{2}\right) \times \left(\frac{l}{2} \times \frac{l}{2} \times \frac{2}{3}\right) = \frac{5Pl^3}{48EI}$

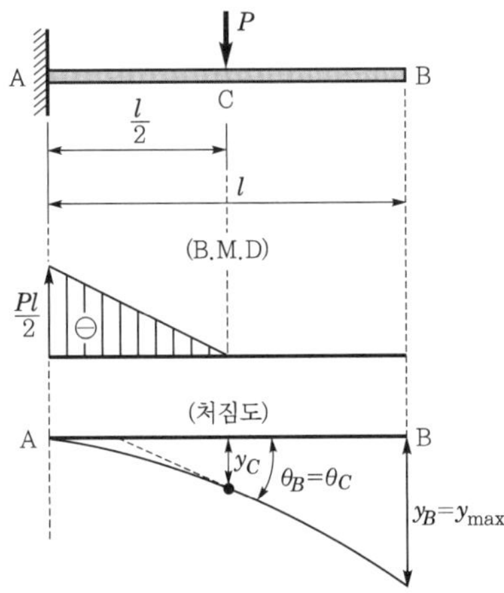

[그림 11.11] 캔틸레버보의 집중하중이 작용할 때 모멘트면적법 해석

KEY NOTE

8 가상일의 방법(단위하중법, Maxwell-Mohr법)

1. 개념

에너지 불변의 법칙에 근거를 두고, 구조물이 평형상태에 있을 때 이 구조물에 작은 가상변형을 주면 외부 하중에 의한 가상일은 내력에 의한 가상일(탄성에너지)과 같다는 이론으로, 모든 구조물의 처짐각과 처짐을

KEY NOTE

구할 수 있는 에너지 방법이며, 단위하중법이라고 한다.

$$W_{ext} = W_{int}$$

① W_{ext}: 외부 가상일

② W_{int}: 내부 가상일$(= \int N d\delta + \int M d\theta + \int S d\lambda + \int T d\phi)$

여기서, N, M, S, T: 축력, 휨모멘트, 전단력, 비틀림모멘트에 의한 응력

$d\delta$, $d\theta$, $d\lambda$, $d\phi$: 가상변위

2. 가상일의 방법(=단위하중법)

(1) 단위하중법의 일반식

① 외적 가상일: $W_{ext} = 1 \cdot \Delta$

② 내적 가상일: $W_{\int} = \int n d\delta + \int m d\theta + \int s d\lambda + \int t d\phi$

여기서, n, m, s, t: 단위하중에 의한 응력

③ $W_{ext} = W_{int}$이므로

$\therefore \Delta = \int n d\delta + \int m d\theta + \int s d\lambda + \int t d\phi$

여기서, 실제하중에 의한 구조물의 응력 N, M, S, T를 변형으로 표시하면,

$d\delta = \frac{N}{EA} dx$, $d\theta = \frac{M}{EI} dx$, $d\lambda = \frac{K \cdot S}{GA} dx$,

$d\phi = \frac{T}{GI_P} dx$

$$\therefore \Delta = \int \frac{nN}{EA} dx + \int \frac{mM}{EI} dx + k \int \frac{sS}{GA} dx + \int \frac{tfT}{GJ} dx$$

여기서, Δ: 수직 및 수평변위, 회전각, 상대변위 등 구하고자 하는 변위

(2) 휨부재(보, 라멘)의 단위하중법에 의한 변위: 휨모멘트만 고려

$$\Delta = \int \frac{mM}{EI} dx$$

여기서, Δ: 구하고자 하는 변위(δ, θ)

m: 단위하중에 의한 휨모멘트

M: 실제하중에 의한 휨모멘트

(3) 트러스 부재의 단위하중법에 의한 변위: 축력만 고려

$$\Delta = \int_0^l \frac{nN}{EA}dx = \Sigma \frac{nN}{EA}L$$

여기서, Δ: 구하고자 하는 처짐(δ)

n: 단위하중에 의한 축력

N: 실제하중에 의한 축력

3. 가상일의 방법 적용

(1) 트러스의 처짐

① 부재력(AC, BC)

㉠ $N_{AC} = N_{BC} = \dfrac{P}{2\sin\theta}$(인장)

㉡ 단위하중($P=1$)에 의한 부재력

$n_{AC} = n_{BC} = \dfrac{1}{2\sin\theta}$(인장)

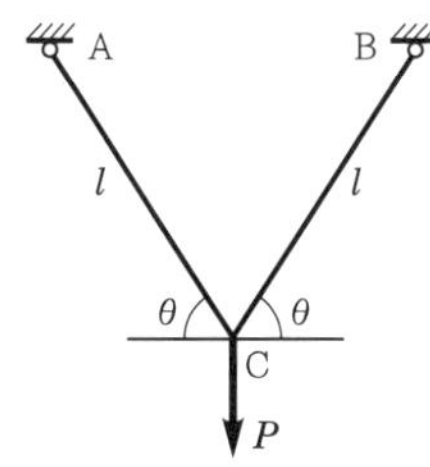

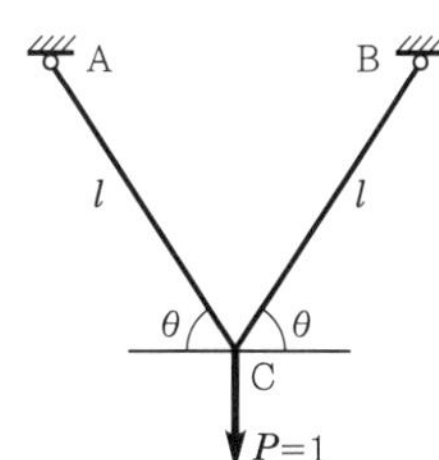

[그림 11.12]

② C점의 수직처짐(δ_C)

$$\therefore \delta_C = \Sigma \frac{nN}{EA}L = \frac{1}{EA}\left(\frac{1}{2\sin\theta} \times \frac{P}{2\sin\theta} \times l\right) \times 2$$

$$= \frac{Pl}{2EA\sin^2\theta}$$

(2) 캔틸레버보의 처짐, 처짐각(집중하중)

① 실제하중에 의한 휨모멘트

- $M_x = -P \cdot x$

KEY NOTE

KEY NOTE

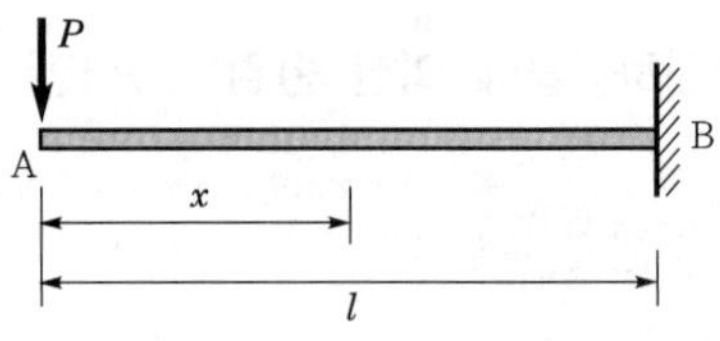

[그림 11.13] 실제하중

② 처짐계산을 위한 단위하중($P=1$)에 의한 휨모멘트

- $m_x = -x$

$$\therefore \text{ 처짐 } y_A = \int_0^l \frac{mM}{EI} dx$$

$$= \frac{1}{EI}\int_0^l (-x)(-Px)dx$$

$$= \frac{Pl^3}{3EI}$$

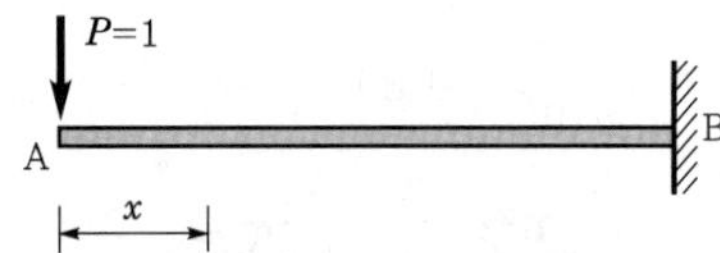

[그림 11.14] 단위하중

③ 처짐각 계산을 위한 단위모멘트하중($M=1$)에 의한 휨모멘트

- $m_x = -1$

$$\therefore \text{ 처짐각 } \theta_A = \int_0^l \frac{mM}{EI} dx = \frac{1}{EI}\int_0^l (-)(-Px)dx$$

$$= \frac{Pl^2}{2EI}$$

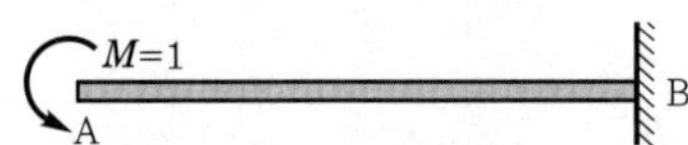

[그림 11.15] 단위모멘트하중

9 실제일의 방법(에너지 불변의 법칙)

KEY NOTE

1. 개념

실제일의 원리는 집중하중이 1개 작용할 경우 에너지 불변의 법칙에 따라(외력일=내력일) 하중작용점의 처짐만 구할 수 있다.

2. 실제일의 원리 적용

(1) 임의점 x 위치의 휨모멘트, 전단력

$$\therefore\ R_A = \frac{P}{2},\ M_x = \frac{P}{2} \cdot x,\ S_x = \frac{P}{2}$$

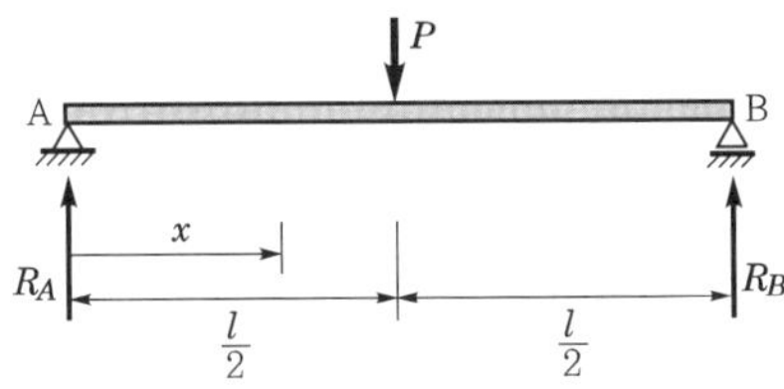

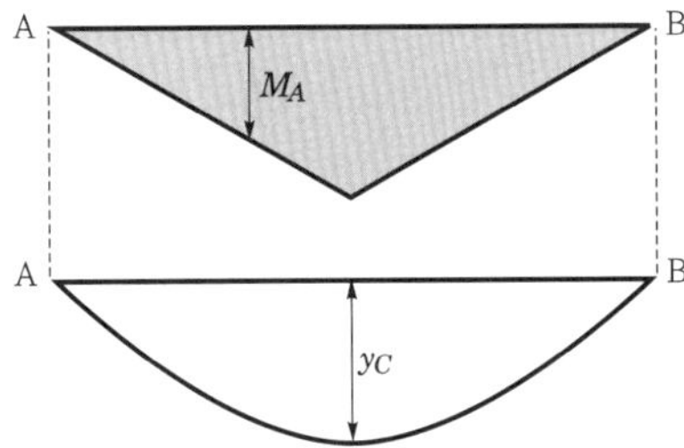

[그림 11.16] 단순보에 집중하중 작용 시 실제일의 원리 해석

(2) 보 전체의 탄성에너지(U)

$$U = 2\int_0^{\frac{l}{2}} \frac{M^2}{2EI}dx + 2\int_0^{\frac{l}{2}} K\frac{S^2}{2GA}dx$$

(전단력에 의한 탄성에너지는 미소하여 무시)

$$\therefore\ U = 2\int_0^{\frac{l}{2}} \frac{M^2}{2EI}dx = \frac{P^2}{4EI}\int_0^{\frac{l}{2}} x^2 \cdot dx$$

$$= \frac{P^2 l^3}{96EI}$$

KEY NOTE

(3) 하중 P에 의한 외력일(W)

$$\therefore\ W = \frac{1}{2}P \cdot y_C$$

(4) 에너지 불변의 법칙에 의거(외력일 W = 내력일 U)

$$W_E = W_i\,;\ \frac{1}{2}P \cdot y_C = \frac{P^2 l^3}{96EI}$$

$$\therefore\ y_C = \frac{Pl^3}{48EI}$$

10 카스틸리아노(Castigliano)의 정리

1. 개념

에너지 보전의 법칙의 따라 구조물에서 이루어지는 외력일을 내력일로 계산하는 방법

2. 변형에너지(U)

$$U = \int \frac{N^2}{2EA}dx + \int \frac{M^2}{2EI}dx + \int \frac{KS^2}{2GA}dx + \int \frac{T^2}{2GJ}dx$$

3. Castigliano의 제1정리: 하중(P, M)을 구한다.

$$P_i = \frac{\partial U}{\partial \delta_i},\ M_i = \frac{\partial U}{\partial \theta_i}$$

4. Castigliano의 제2정리: 변위(δ, θ)를 구한다.

$$\delta_i = \frac{\partial U}{\partial P_i},\ \theta_i = \frac{\partial U}{\partial M_i}$$

5. 카스틸리아노의 정리 적용

(1) 처짐각(θ_A) 계산

① $M_x = -M_A - \dfrac{wx^2}{2}$ [⬅ 그림 11.17(b)]

② $\theta_A = \int \frac{\partial M_x}{\partial M} \cdot \frac{M}{EI} dx$ 에서,

$\frac{\partial M_x}{\partial M} = -1 \ (M_A = 0)$

$\therefore \ \theta_A = \int_0^l \frac{1}{EI}\left(-\frac{w}{2} \cdot x^2\right)(-1)dx = \frac{wl^3}{6EI}$

(2) 처짐(y_A) 계산

① $M_x = -P \cdot x - \frac{wx^2}{2}$ [⬅ 그림 11.17(c)]

② $y_A = \int \frac{\partial M_x}{\partial P} \cdot \frac{M}{EI} dx$ 에서, $\frac{\partial M_x}{\partial P} = -x \ (P = 0)$

$\therefore \ y_A = \int_0^l \frac{1}{EI}\left(-\frac{w}{2} \cdot x^2\right)(-x)\,dx = \frac{wl^4}{8EI}$

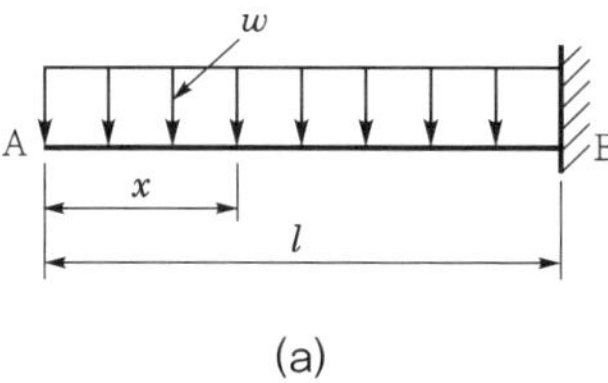

(a)

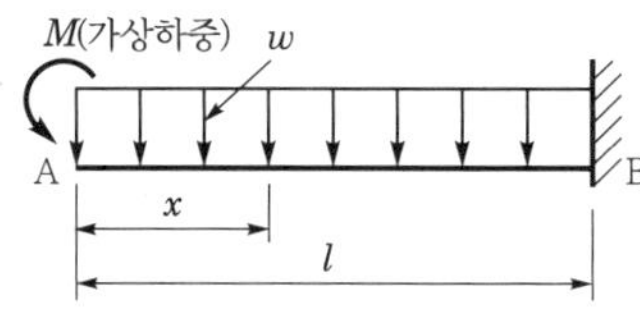

(b) 처짐각

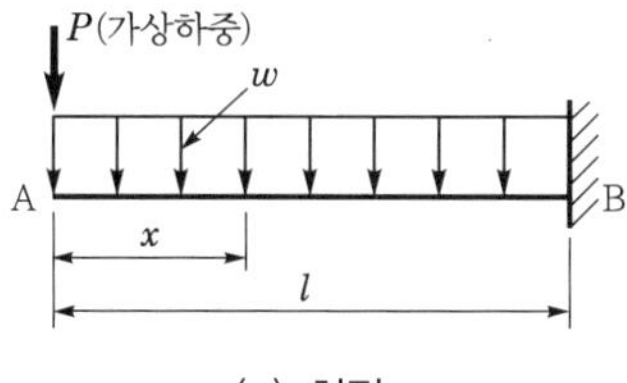

(c) 처짐

[그림 11.17]

KEY NOTE

KEY NOTE

11 보의 종류별 처짐 및 처짐각

보의종류		하중 작용 상태	처짐각(θ)	최대 처짐(y_{max})
단순보	1	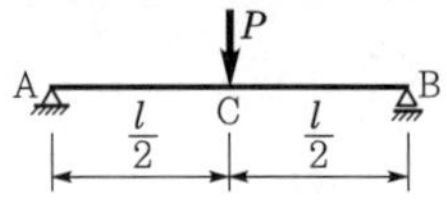	$\theta_A = -\theta_B = \boxed{\frac{Pl^2}{16EI}}$	$y_C = \boxed{\frac{Pl^3}{48EI}}$
	2	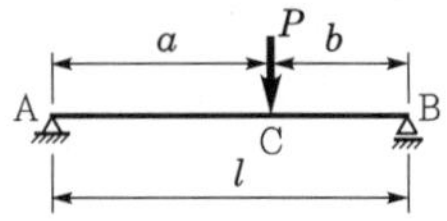	$\theta_A = -\frac{Pb}{16EIl}(l^2-b^2)$ $\theta_B = -\frac{Pa}{6EIl}(l^2-a^2)$	$y_C = \boxed{\frac{Pa^2b^2}{3EIl}}$
	3	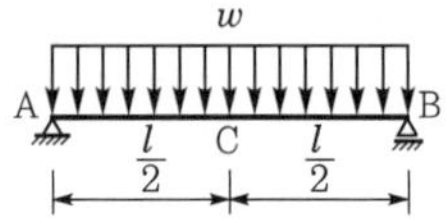	$\theta_A = -\theta_B = \boxed{\frac{wl^3}{24EI}}$	$y_C = \boxed{\frac{5wl^4}{384EI}}$
	4	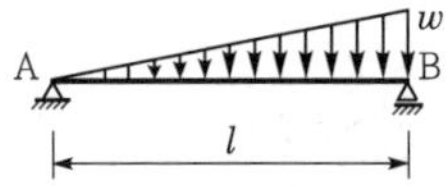	$\theta_A = \frac{7wl^3}{360EI}$ $\theta_B = -\frac{8wl^3}{360EI}$	$y_{max} = 0.00652 \times \frac{wl^4}{EI}$
	5	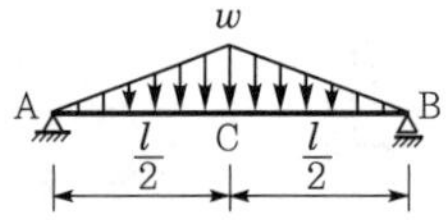	$\theta_A = -\theta_B = \frac{5wl^3}{192EI}$	$y_C = \frac{wl^4}{120EI}$
	6	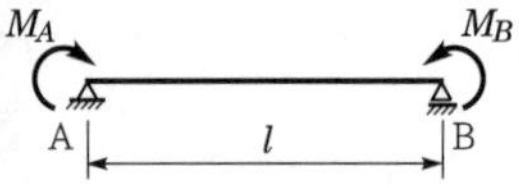	$\theta_A = \boxed{\frac{l}{6EI}(2M_A + M_B)}$ $\theta_B = \boxed{-\frac{l}{6EI}(M_A + 2M_B)}$	$M_A = M_B = M$ $y_{max} = \boxed{\frac{Ml^2}{8EI}}$
	7	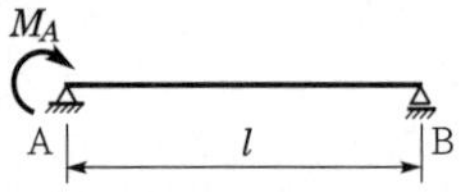	$\theta_A = \boxed{\frac{M_A l}{3EI}}$ $\theta_B = \boxed{-\frac{M_A l}{6EI}}$	$y_{max} = 0.064 \times \frac{Ml^2}{EI}$
	8	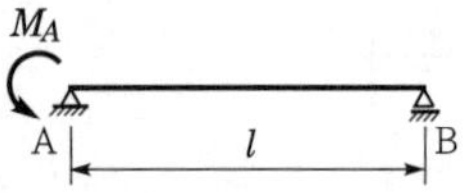	$\theta_A = \boxed{-\frac{M_A l}{3EI}}$ $\theta_B = \boxed{\frac{M_A l}{6EI}}$	$y_{max} = -0.064 \times \frac{Ml^2}{EI}$
캔틸레버보	9	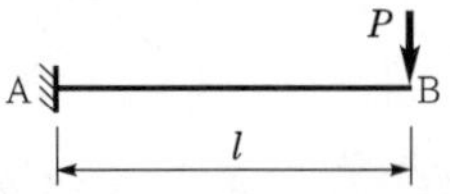	$\theta_B = \boxed{\frac{Pl^2}{2EI}}$	$y_B = \boxed{\frac{Pl^3}{3EI}}$
	10	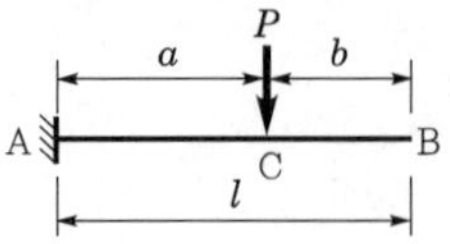	$\theta_C = \theta_B = \frac{Pa^2}{2EI}$	$y_B = \frac{Pa^3}{6EI}(3l-a)$

(계속)

보의종류		하중 작용 상태	처짐각(θ)	최대 처짐(y_{max})
캔틸레버보	11	A, C, B; $\frac{l}{2}$, P, l	$\theta_C = \theta_B = \boxed{\frac{Pl^2}{8EI}}$	$y_B = \boxed{\frac{5Pl^3}{48EI}}$
	12	A, C, B; P, P, $\frac{l}{2}$, $\frac{l}{2}$	$\theta_B = \frac{3Pl^2}{8EI}$	$y_B = \frac{11Pl^3}{48EI}$
	13	A, B; w, l	$\theta_B = \boxed{\frac{wl^3}{6EI}}$	$y_B = \boxed{\frac{wl^4}{8EI}}$
	14	A, C, B; w, $\frac{l}{2}$, $\frac{l}{2}$	$\theta_C = \theta_B = \boxed{\frac{wl^3}{48EI}}$	$y_B = \frac{7wl^4}{384EI}$
	15	A, C, B; w, $\frac{l}{2}$, $\frac{l}{2}$	$\theta_B = \boxed{\frac{7wl^3}{48EI}}$	$y_B = \frac{41wl^4}{384EI}$
	16	A, B; w, l	$\theta_B = \frac{wl^3}{24EI}$	$y_B = \frac{wl^4}{30EI}$
	17	A, B; M, l	$\theta_B = \boxed{\frac{Ml}{EI}}$	$y_B = \boxed{\frac{Ml^2}{2EI}}$
	18	A, C, B; M, $\frac{l}{2}$, $\frac{l}{2}$	$\theta_B = \boxed{\frac{Ml}{2EI}}$	$y_B = \boxed{\frac{3Ml^2}{8EI}}$
부정정보	19	A, C, B; M, $\frac{l}{2}$, $\frac{l}{2}$	$\theta_B = -\frac{Ml}{4EI}$	
	20	A, B; w, l	$\theta_B = -\frac{wl^3}{8EI}$	$y_{max} = \frac{wl^4}{185EI}$
	21	A, C, B; P, $\frac{l}{2}$, $\frac{l}{2}$		$y_C = \boxed{\frac{Pl^3}{192EI}}$
	22	A, C, B; w, $\frac{l}{2}$, $\frac{l}{2}$		$y_C = \boxed{\frac{wl^4}{384EI}}$

KEY NOTE

CHAPTER 11 | 9급 기출문제

01 그림에서 최대 처짐 $y_{\max}$의 값은? (단, EI는 일정하다) [02. 경기도 9급, 국가직 9급]

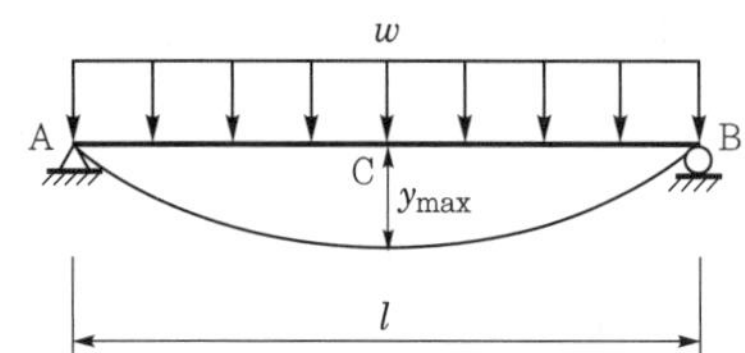

① $\dfrac{5wl^4}{384EI}$ ② $\dfrac{wl^3}{24EI}$

③ $\dfrac{4wl^4}{385EI}$ ④ $\dfrac{4wl^3}{24EI}$

⑤ $\dfrac{wl^4}{8EI}$

해설 $y_{\max}=\dfrac{5wl^4}{384EI}$

02 그림과 같이 휨강성 EI가 일정한 단순보에 등분포하중 w가 작용할 때 최대 처짐각 θ와 최대 처짐량 δ는? [07. 국가직 9급]

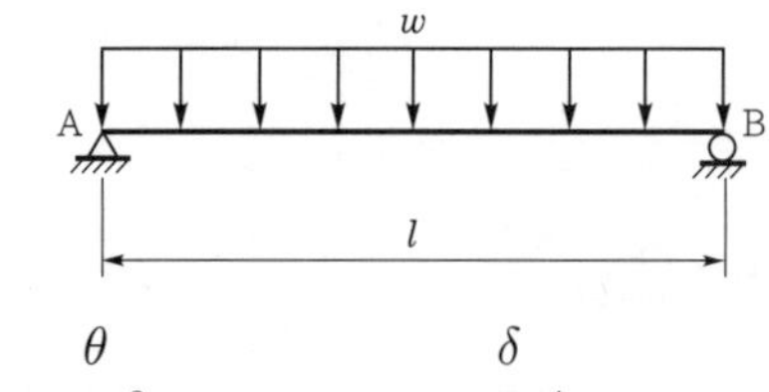

	θ	δ
①	$\dfrac{wL^3}{12EI}$	$\dfrac{wL^4}{30EI}$
②	$\dfrac{wL^3}{24EI}$	$\dfrac{5wL^4}{384EI}$
③	$\dfrac{wL^3}{12EI}$	$\dfrac{5wL^4}{384EI}$
④	$\dfrac{wL^3}{24EI}$	$\dfrac{wL^4}{30EI}$

해설 ㉠ $\theta_{\max}=\theta_A=-\theta_B=\dfrac{wL^3}{24EI}$

㉡ $\delta_{\max}=\dfrac{5wL^4}{384EI}$

03 폭 0.3m, 높이 0.4m, $E=8\text{GPa}$인 단순보의 중앙지점에 그림과 같은 집중하중이 작용할 때, C점에서의 수직처짐[mm]은? (단, 보의 자중은 무시한다) [14. 국회 9급]

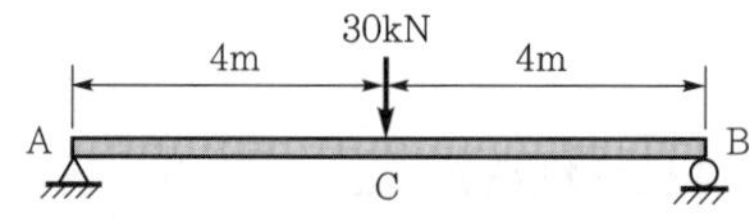

① 25 ② 28

③ 30 ④ 35

⑤ 50

해설 $\delta_C=\dfrac{PL^3}{48EI}=\dfrac{30\times10^3\times(8\times10^3)^2}{48\times8\times10^3\times\dfrac{300\times400^3}{12}}=25\text{mm}$

04 휨강성 EI를 갖는 단순보에서 다음 그림과 같이 하중이 작용할 때, 지점 A에 발생하는 휨변형에 대한 처짐각 θ_A는? (단, $EI=1{,}000\text{kN}\cdot\text{m}^2$이고, 자중은 무시한다) [13. 국가직 9급]

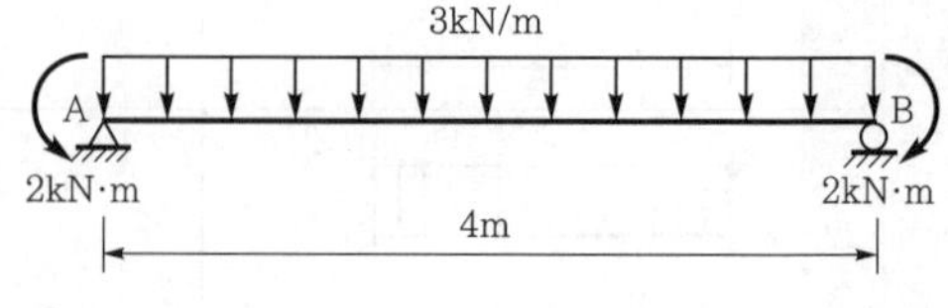

① 0.004(↷) ② 0.004(↶)

③ 0.012(↷) ④ 0.012(↶)

정답 01 ① 02 ② 03 ① 04 ①

해설 중첩의 원리를 적용한다.

$$\theta_A = \frac{wL^3}{24EI} - \frac{ML}{2EI} = \frac{3\times4^2}{24\times1,000} - \frac{2\times4}{2\times1,000}$$
$$= 0.008 - 0.004$$
$$= 0.004\text{rad}(\text{시계방향})$$

05 다음 그림과 같이 3개의 단순보가 각각 하중을 받고 있을 때, 최대 처짐의 비는? (단, 모든 보의 EI는 동일하다) [13. 지방직 9급]

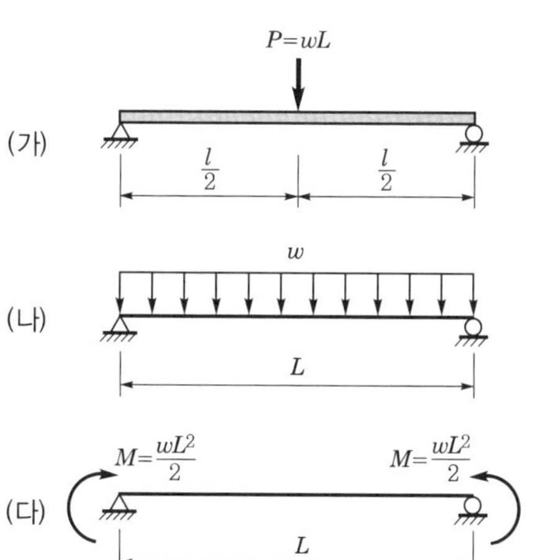

	(가)	(나)	(다)
①	1	1	1
②	5	8	12
③	8	5	12
④	8	5	24

해설 $\delta_{\max,\text{가}} : \delta_{\max,\text{나}} : \delta_{\max,\text{다}}$

$$= \frac{(wL)L^3}{48EI} : \frac{5wL^4}{384EI} : \frac{\left(\frac{wL^2}{2}\right)L^2}{8EI} = 8 : 5 : 24$$

06 다음과 같은 구조물에서 C점의 수직변위[mm]의 크기는?

(단, 휨강성 $EI = \frac{1,000}{16}\text{MN}\cdot\text{m}^2$, 스프링 상수 $k = 1\text{MN/m}$이고, 자중은 무시한다)

[15. 지방직 9급]

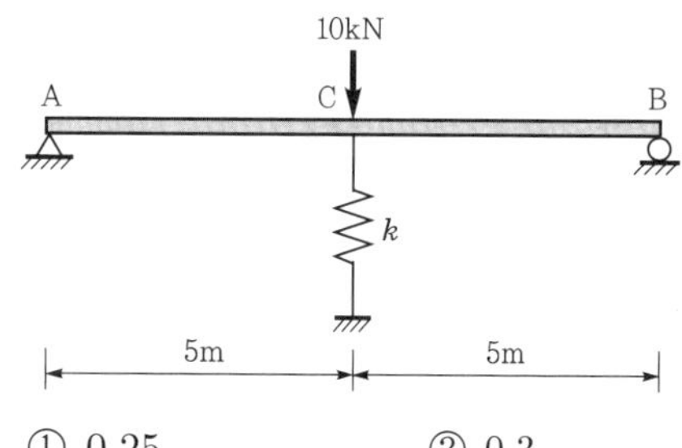

① 0.25 ② 0.3
③ 2.5 ④ 3.0

해설 $\delta_C = \frac{P}{k_b + k_s} = \frac{P}{\frac{48EI}{L^3} + k_s}$

$$= \frac{10\times10^{-3}}{\frac{48\times\frac{1,000}{16}}{10^3} + 1}$$

$$= 2.5\times10^{-3}\text{m} = 2.5\text{mm}$$

07 그림과 같은 캔틸레버보(cantilever beam)에 등분포하중 w가 작용하고 있다. 이 보의 변위함수 $v(x)$를 다항식으로 유도했을 때 x^4의 계수는? (단, 보의 단면은 일정하며 탄성계수 E와 단면 2차모멘트 I를 가진다. 이때 부호는 고려하지 않는다) [15. 서울시 9급]

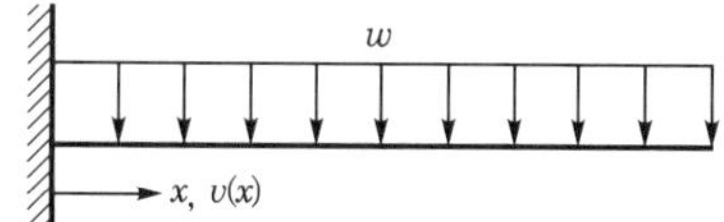

① $\frac{w}{24EI}$ ② $\frac{w}{24}EI$
③ $\frac{w}{12EI}$ ④ $\frac{w}{12}EI$

해설 탄성곡선식을 적용하면,

$$M_x = -\frac{w^2}{2} + wLx - \frac{wL^2}{2}$$
$$EIy'' = -M_x = \frac{wx^2}{2} - wLx + \frac{wL^2}{2}$$
$$EIy' = \frac{w}{6}x^3 - \frac{wL}{2}x^2 + \frac{wL^2}{2}x + C_1$$
$$EIy = \frac{w}{24}x^4 - \frac{wL}{6}x^3 + \frac{wL^2}{4}x^2 + C_1x + C_2$$

정답 05 ④ 06 ③ 07 ①

08 그림과 같이 캔틸레버보의 등분포하중이 작용할 때 B점의 처짐 y_B의 식은? (단, E와 I는 일정하다) [01. 국가직 9급]

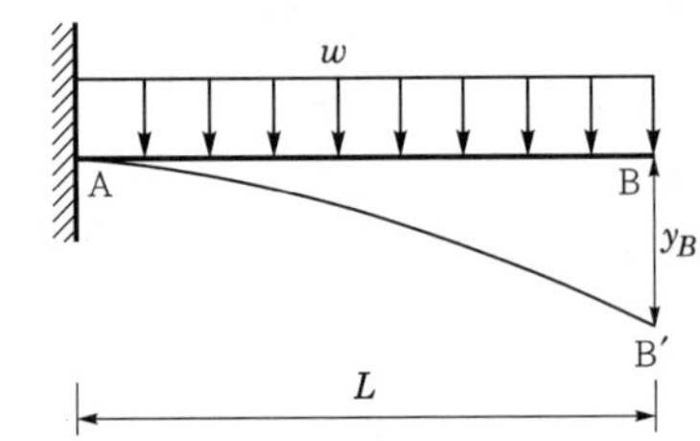

① $\dfrac{wL^4}{2EI}$　② $\dfrac{wL^4}{3EI}$

③ $\dfrac{wL^4}{6EI}$　④ $\dfrac{wL^4}{8EI}$

해설

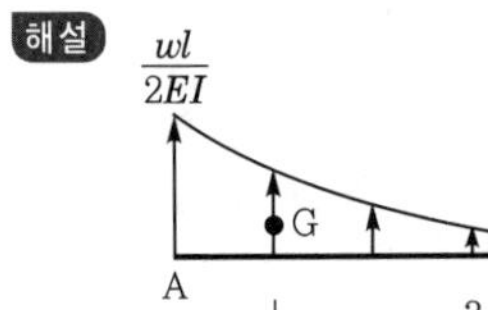

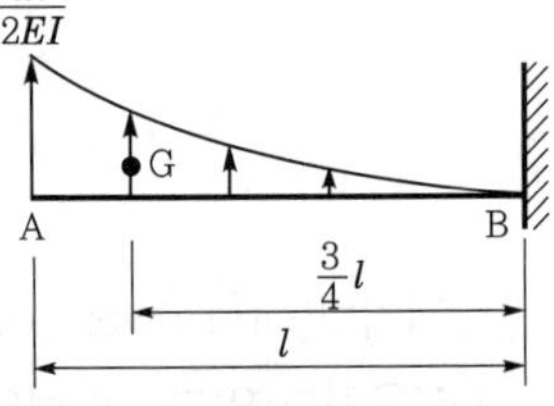

공액보로 해석하면 G는 도심을 의미함

$$y_B=\frac{1}{3}\times l\times\frac{wl^2}{2EI}\times\frac{3l}{4}=\frac{wl^4}{8EI}$$

$$\theta_B=\frac{1}{3}\times l\times\frac{wl^2}{2EI}=\frac{wl^3}{6EI}$$

09 다음과 같은 간접하중을 받고 있는 정정보 AB에 발생하는 최대 연직처짐[m]은? (단, AB 부재의 휨강성 $EI=\dfrac{1}{48}\times10^5\text{kN}\cdot\text{m}^2$이고, 자중은 무시한다) [13. 국가직 9급]

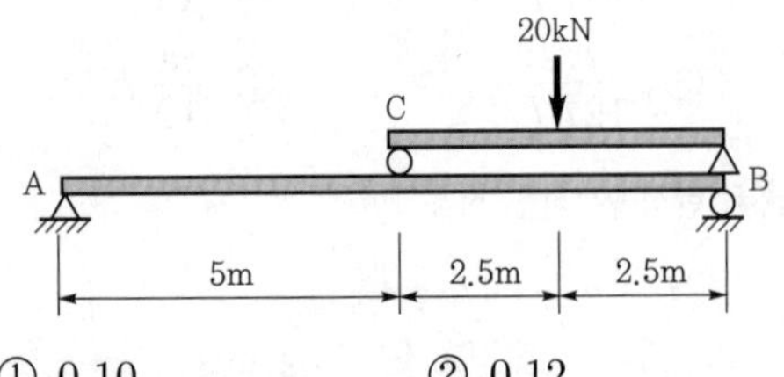

① 0.10　② 0.12

③ 0.15　④ 0.20

해설 $R_C=\dfrac{20}{2}=10\text{kN}$

$$\delta_C=\frac{R_CL^3}{48EI}=\frac{10\times10^3}{48\times\left(\frac{1}{48}\times10^5\right)}=0.1\text{m}(\downarrow)$$

10 다음 그림과 같은 캔틸레버보의 B점의 처짐은? (단, $EI=48\times10^8\text{kg/cm}^2$이다) [국가직 9급]

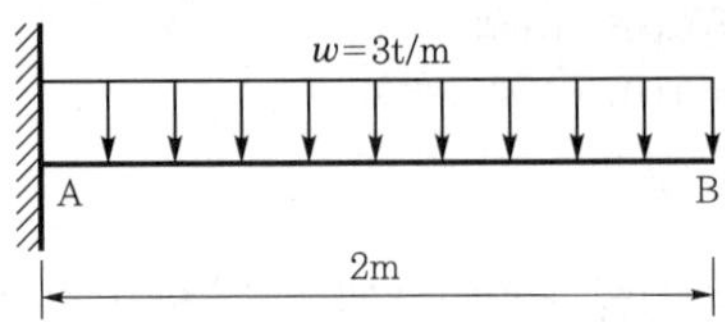

① 1.3cm　② 2.3cm

③ 3.6cm　④ 4.6cm

해설 $y_B=\dfrac{wl^4}{8EI}=\dfrac{3\times2^4\times10^9}{8\times48\times10^8}=1.25\text{cm}\fallingdotseq1.3\text{cm}$

11 캔틸레버보에 1t/m의 등분포하중이 작용하고 있다. 지간이 2m, 단면 2차 모멘트 $I=10^3\text{cm}^4$, 탄성계수 E는 $1\times10^6\text{kg/cm}^2$이면 캔틸레버보의 최대 처짐은? [국가직 9급]

① $y_{max}=5\text{cm}$　② $y_{max}=4\text{cm}$

③ $y_{max}=3\text{cm}$　④ $y_{max}=2\text{cm}$

해설 $y_{max}=\dfrac{wl^4}{8EI}=\dfrac{1\times2^4\times10^9}{8\times1\times10^6\times10^3}=2\text{cm}$

12 지간 l인 외팔보에 등분포하중 w가 만재하여 작용할 때 자유단에서 생기는 최대 처짐각과 최대 처짐을 구하는 식은? (단, EI는 일정하다) [국가직 9급]

① $\theta_{max}=\dfrac{wl^3}{2EI}$, $y_{max}=\dfrac{wl^3}{3EI}$

② $\theta_{max}=\dfrac{wl^4}{2EI}$, $y_{max}=\dfrac{wl^4}{3EI}$

③ $\theta_{max}=\dfrac{wl^3}{6EI}$, $y_{max}=\dfrac{wl^4}{8EI}$

④ $\theta_{max}=\dfrac{wl^2}{6EI}$, $y_{max}=\dfrac{wl^2}{8EI}$

해설 $\theta_{max}=\dfrac{wl^3}{6EI}$, $y_{max}=\dfrac{wl^4}{8EI}$

정답 08 ④ 09 ① 10 ① 11 ④ 12 ③

13 다음 그림과 같은 캔틸레버보에서 $M_0 = 2Pl$인 경우 B점의 처짐방향과 처짐량 δ는? (단, 휨강성 EI는 일정하다) [08. 국가직 9급]

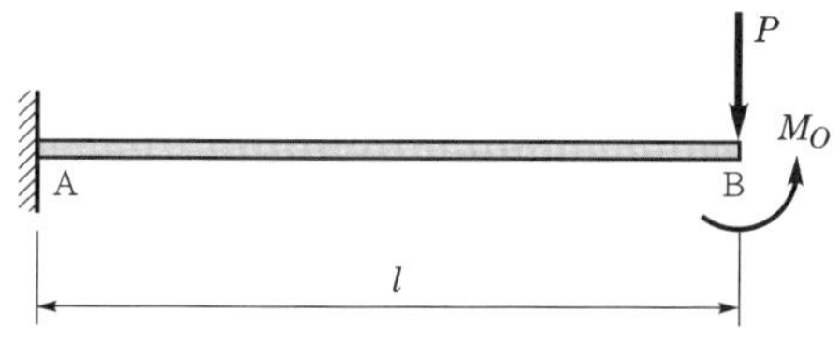

① ↑, $\dfrac{2}{3}\dfrac{Pl^3}{EI}$ ② ↑, $\dfrac{4}{3}\dfrac{Pl^3}{EI}$

③ ↓, $\dfrac{2}{3}\dfrac{Pl^3}{EI}$ ④ ↓, $\dfrac{4}{3}\dfrac{Pl^3}{EI}$

해설 중첩원리를 이용하면

$$\therefore \delta = -\frac{Pl^3}{3EI} + \frac{M_0 l^2}{2EI}$$

$$= -\frac{Pl^3}{3EI} + \frac{(2Pl)l^2}{2EI} = \frac{2Pl^3}{3EI}(\uparrow)$$

14 휨강성이 EI인 다음과 같은 구조에서 B점의 처짐값이 0이 되기 위한 x값은? [12. 국가직 9급]

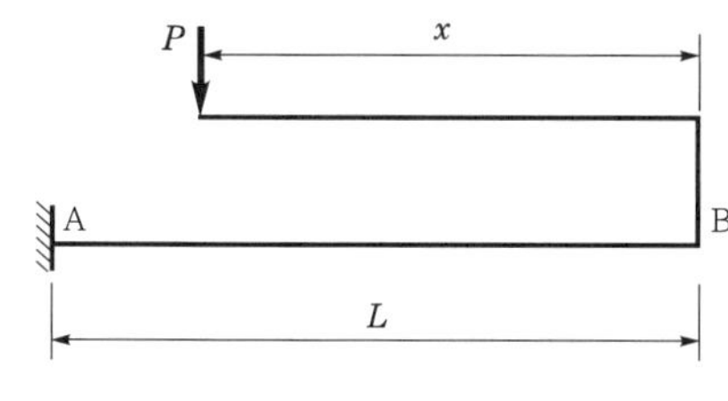

① $\dfrac{L}{3}$ ② $\dfrac{L}{2}$

③ $\dfrac{2L}{3}$ ④ L

해설

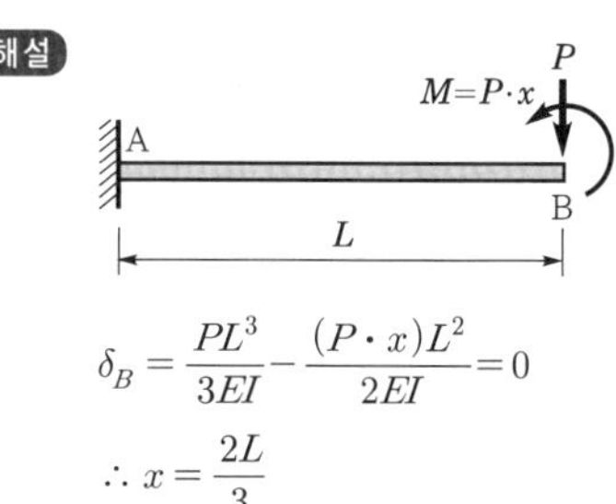

$$\delta_B = \frac{PL^3}{3EI} - \frac{(P\cdot x)L^2}{2EI} = 0$$

$$\therefore x = \frac{2L}{3}$$

15 그림과 같은 캔틸레버보(Cantilever Beam)에서 B점의 처짐각(θ_B)은? [09. 지방직 9급]

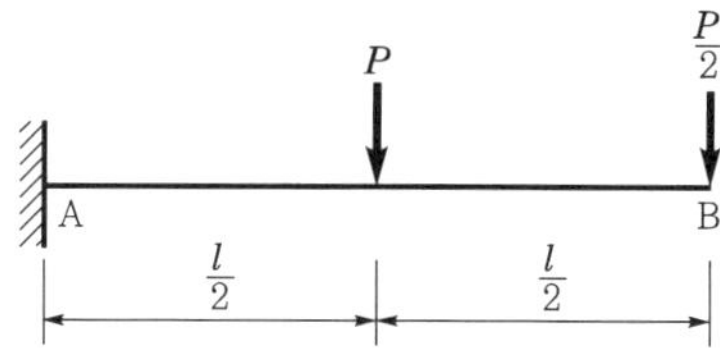

① $\dfrac{3Pl^2}{8EI}$ ② $\dfrac{3Pl^2}{16EI}$

③ $\dfrac{5Pl^2}{24EI}$ ④ $\dfrac{5Pl^2}{27EI}$

해설 중첩원리를 이용하면

$$\theta_B = \frac{P(l/2)^2}{2EI} + \frac{(P/2)l^2}{2EI} = \frac{3Pl^2}{8EI}$$

16 다음 그림과 같은 보에서 C점의 처짐각은? (단, EI는 일정하다) [03. 인천시 9급]

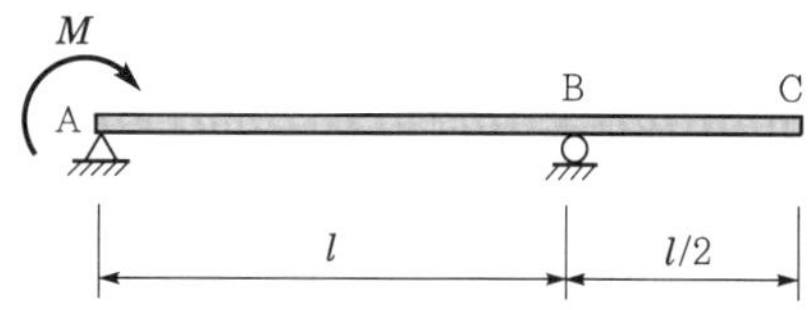

① $-\dfrac{Ml}{EI}$ ② $-\dfrac{Ml}{2EI}$

③ $-\dfrac{Ml}{3EI}$ ④ $-\dfrac{Ml}{6EI}$

해설 C점의 처짐각은 B점의 처짐각과 같다.

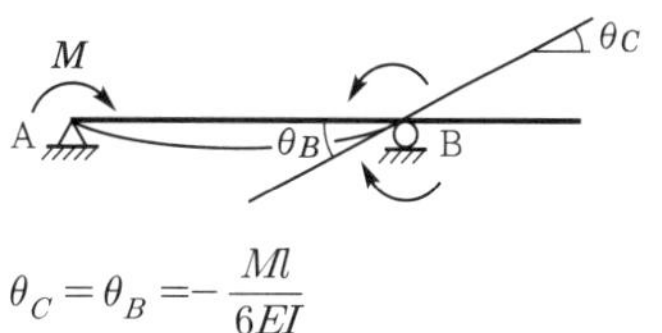

$$\theta_C = \theta_B = -\frac{Ml}{6EI}$$

17 다음의 내민보에서 C점의 처짐은 얼마인가? (단, EI는 일정하다) [05. 경기도 9급]

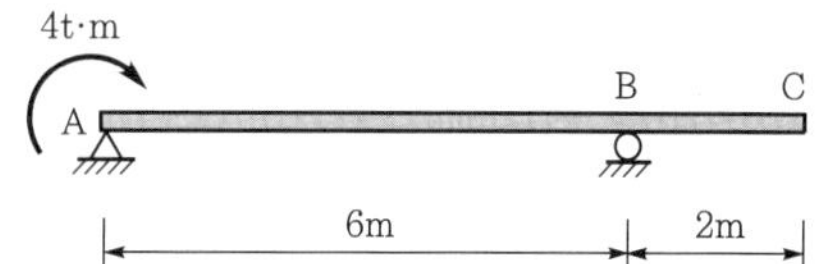

정답 13 ① 14 ③ 15 ① 16 ④ 17 ③

① $\frac{4}{EI}$ ② $\frac{6}{EI}$

③ $\frac{8}{EI}$ ④ $\frac{12}{EI}$

해설 A지점에 작용하는 모멘트하중에 의한 B절점의 회전작용으로 인한 C점의 처짐은

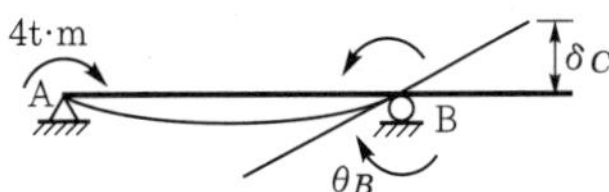

$$\delta_C = \theta_B \times 2 = \frac{Ml}{6EI} \times 2 = \frac{4\times6}{6EI} \times 2 = \frac{8}{EI}(\uparrow)$$

18 다음 그림과 같은 내민보의 D점에 연직하중 P가 작용하고 있다. C점의 연직방향 처짐량은? (단, E는 탄성계수, I는 단면 2차 모멘트이고 하향처짐의 부호를 (+)로 한다)

[10. 지방직 9급]

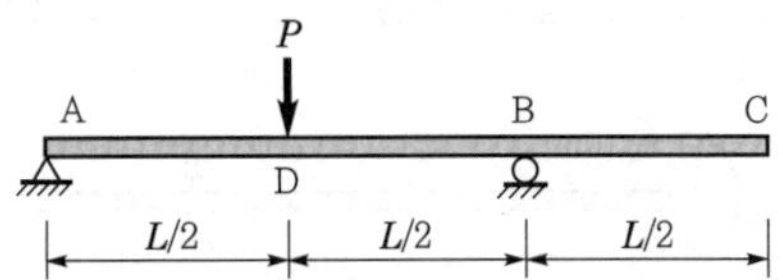

① $-\frac{PL^3}{8EI}$ ② $\frac{PL^3}{24EI}$

③ $-\frac{PL^3}{32EI}$ ④ $-\frac{PL^3}{48EI}$

해설 $\delta_C = \theta_b \times \frac{L}{2} = \frac{PL^2}{16EI} \times \frac{L}{2} = \frac{PL^3}{32EI}(\uparrow)$

19 다음 그림과 같은 게르버보에서 C점의 처짐은? (단, 보의 휨강성은 EI이다)

[13. 지방직 9급]

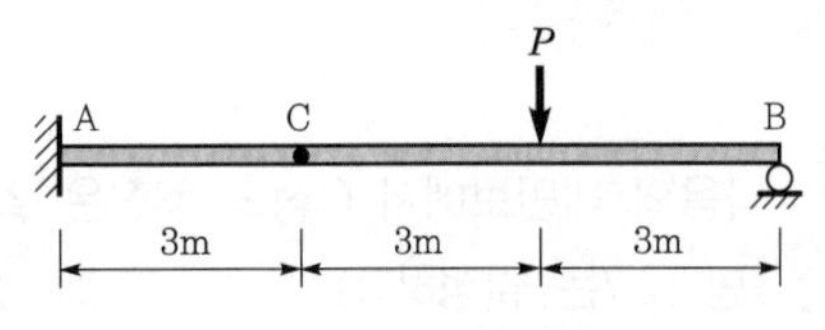

① $\frac{9P}{EI}$ ② $\frac{9P}{2EI}$

③ $\frac{9P}{4EI}$ ④ $\frac{9P}{8EI}$

해설

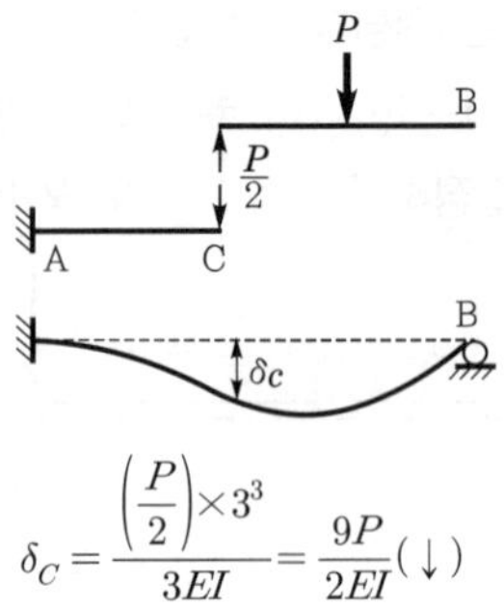

$$\delta_C = \frac{\left(\frac{P}{2}\right)\times 3^3}{3EI} = \frac{9P}{2EI}(\downarrow)$$

20 다음 보의 내부힌지 B점에서의 처짐[mm]은? (단, 탄성계수 $E = 200\text{GPa}$, 단면 2차 모멘트 $I = 5\times10^8\text{mm}^4$이고, 보의 자중은 무시한다)

[12. 지방직 9급]

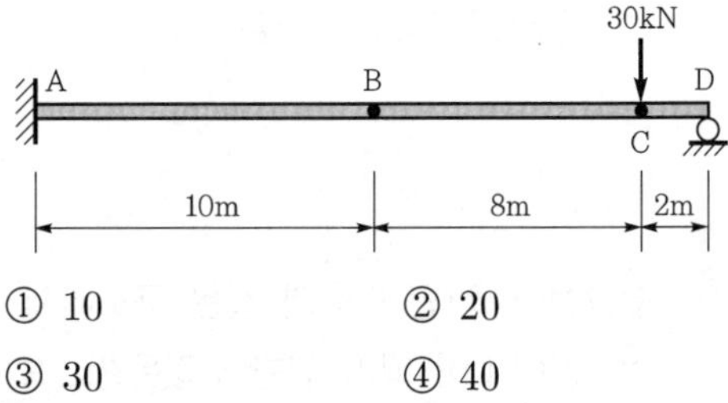

① 10 ② 20

③ 30 ④ 40

해설 B점의 수직반력 $R_B = \frac{30\times2}{10} = 6\text{kN}$

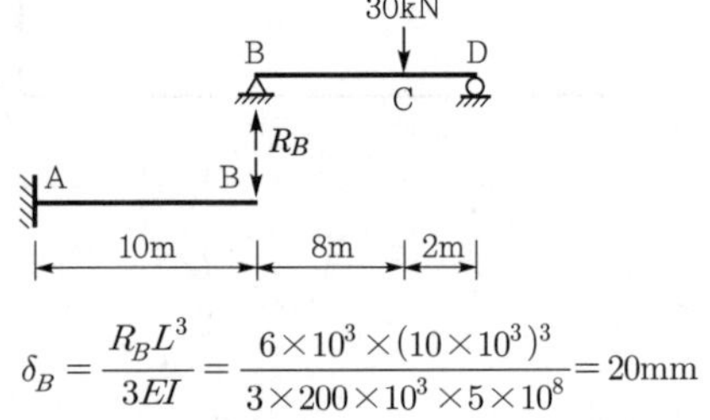

$$\delta_B = \frac{R_B L^3}{3EI} = \frac{6\times10^3\times(10\times10^3)^3}{3\times200\times10^3\times5\times10^8} = 20\text{mm}$$

21 다음과 같은 캔틸레버보에서 B점이 스프링상수 $k = \frac{EI}{2L^3}$인 스프링 2개로 지지되어 있을 때, B점의 수직 변위의 크기는? (단, 보의 휨강성 EI는 일정하고, 자중은 무시한다)

[15. 지방직 9급]

정답 18 ③ 19 ② 20 ② 21 ①

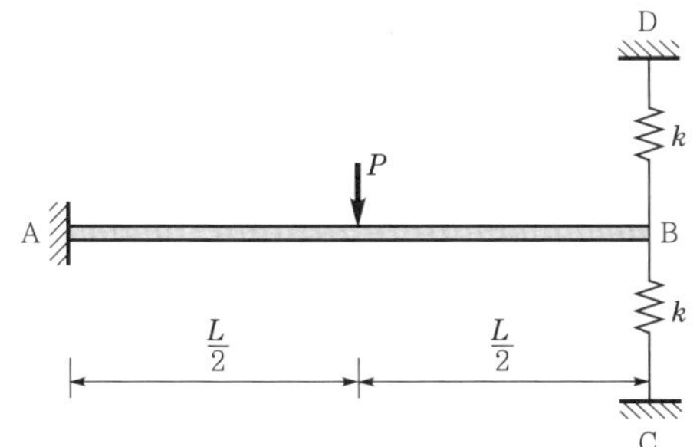

① $\dfrac{5PL^3}{64EI}$　　② $\dfrac{5PL^3}{32EI}$

③ $\dfrac{PL^3}{64EI}$　　④ $\dfrac{PL^3}{32EI}$

해설 스프링이 병렬연결

등가스프링계수 $k' = 2k = \dfrac{EI}{L^3}$

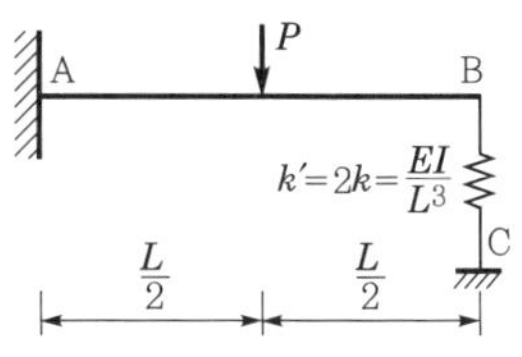

$$\delta_B = \frac{k_b}{k_b + k_s}\delta = \frac{\dfrac{3EI}{L^3}}{\dfrac{3EI}{L^3} + \dfrac{EI}{L^3}} \times \frac{5PL^3}{48EI} = \frac{5PL^3}{64EI}$$

22 다음과 같은 트러스에서 A점에서 수평으로 90kN의 힘이 작용할 때 A점의 수평변위는? (단, 부재의 탄성계수 $E = 2\times10^5$MPa, 단면적 $A = 500\text{mm}^2$이다) [15. 서울시 9급]

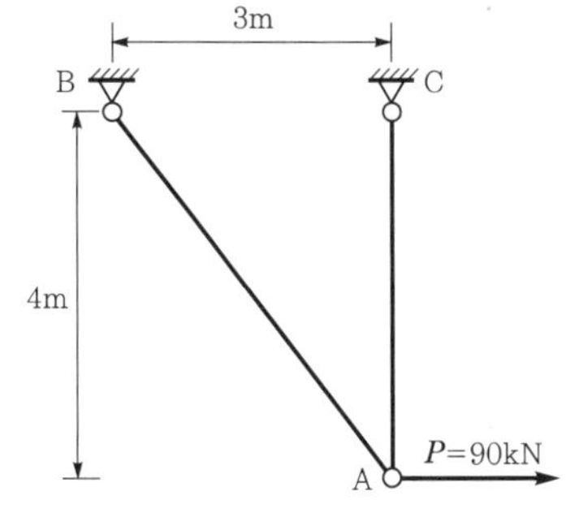

① 18.9　　② 19.2

③ 21.8　　④ 22.1

해설 단위하중법을 적용

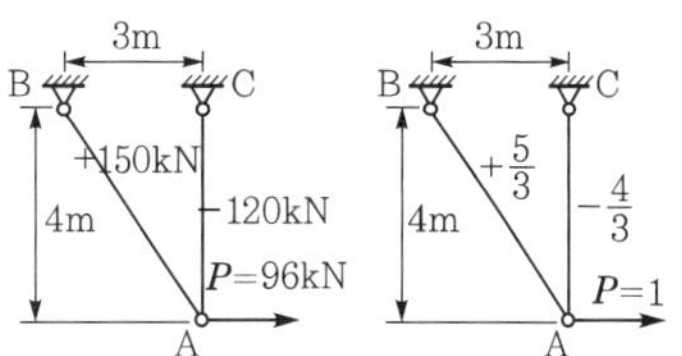

[실하중 작용 시 부재력] [단위하중 작용 시 부재력]

$$\delta_{AB} = \Sigma\frac{nNL}{EA}$$

$$= \frac{1}{EA}\left[\frac{5}{3}\times150\times5 + \left(-\frac{4}{3}\right)\times(-120)\times4\right]\times10^6$$

$$= \frac{1{,}890\times10^5}{2\times10^5\times500} = 18.9\text{mm}$$

23 그림과 같은 단순보에서 C점의 처짐은? (단, 보의 자중은 무시한다) [11. 지방직 9급]

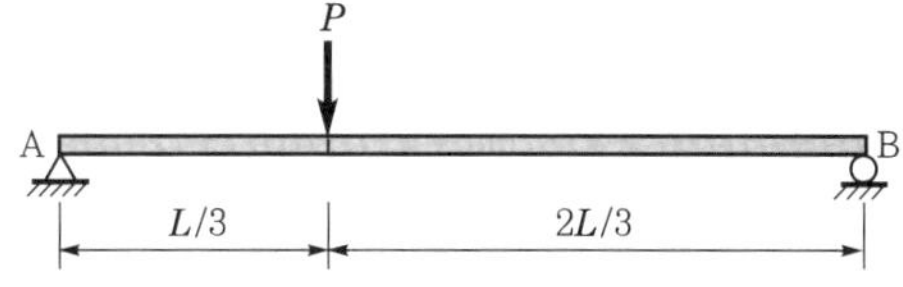

① $\dfrac{PL^3}{243EI}$　　② $\dfrac{2PL^3}{243EI}$

③ $\dfrac{4PL^3}{243EI}$　　④ $\dfrac{11PL^3}{243EI}$

해설 $\delta_C = \dfrac{P(L/3)^2(2L/3)^2}{3LEI} = \dfrac{4PL^3}{243EI}$

24 등분포하중이 작용하는 단순보에서 보의 최대 처짐을 설명한 내용이 잘못된 것은? [국가직 9급]

① 등분포하중 w에 비례한다.

② 탄성계수 E에 비례한다.

③ 지간 l^4에 비례한다.

④ 단면 2차 모멘트 I에 비례한다.

해설 $y_{\max} = \dfrac{5wl^4}{384EI}$에서

$y_{\max}$는 탄성계수 E에 반비례한다.

정답 22 ① 23 ③ 24 ②

25 보의 중앙에 집중하중 P가 작용할 때 폭 b, 높이 h인 단면의 직사각형 단순보에서 최대 처짐에 관한 설명 중 틀린 것은? [국가직 9급]

① P에 비례한다.
② 탄성계수에 반비례한다.
③ 지간의 3제곱에 비례한다.
④ 보의 폭에 반비례한다.
⑤ 보의 높이의 제곱에 반비례한다.

해설 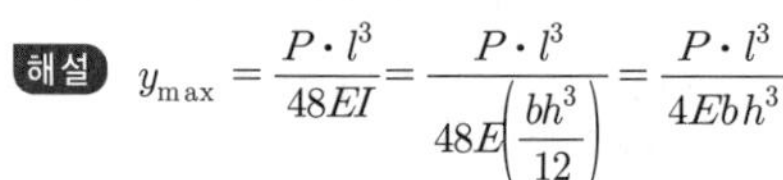

$$y_{\max}=\frac{P\cdot l^3}{48EI}=\frac{P\cdot l^3}{48E\left(\frac{bh^3}{12}\right)}=\frac{P\cdot l^3}{4Ebh^3}$$

처짐은 높이의 3제곱에 반비례한다.

26 다음과 같이 등분포하중(w)을 받는 단순보가 있다. 보의 지간이 2배, 단면의 높이가 2배로 증가하는 경우, B점에서의 처짐값은 원래 처짐값의 몇 배가 되는가? [12. 국가직 9급]

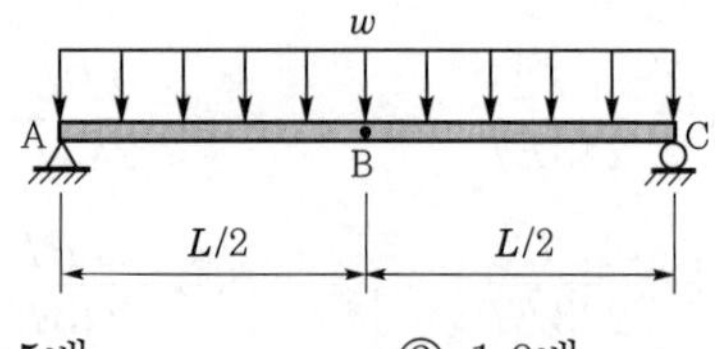

① 0.5배 ② 1.0배
③ 1.5배 ④ 2.0배

해설 $\delta_{B0}=\dfrac{5wL^4}{384EI}$

지간 $2L$로 되고, 높이 h가 2배로 되면 단면 2차 모멘트 $I\left(=\dfrac{bh^3}{12}\right)$는 h의 3제곱에 비례하므로 $8I$

$$\delta_B=\frac{5w(2L)^4}{384E(8I)}=2\times\frac{5wL^4}{384EI}=2\delta_{B0}$$

27 다음 그림과 같이 지간이 같은 단순보에 작용하는 하중이 $P_1=P_2$일 때 최대 처짐은 (a)가 (b)의 몇 배인가? [국가직 9급]

① 같다 ② 2
③ 4 ④ 6
⑤ 8

해설 $y_{\max}\propto\dfrac{1}{h^3}$ 이므로

$$y_A : y_B=\frac{1}{h_A{}^3} : \frac{1}{h_B{}^3}=h_B{}^3 : h_A{}^3$$
$$=(2h)^3 : (h)^3=8 : 1$$
$$\therefore y_A=8y_B$$

28 단순보의 중앙점에 집중하중 P가 작용하는 경우와 등분포하중 $w=P/l$가 작용하는 경우 최대 처짐 y_p : y_m의 비로서 바른 것은 어느 것인가? [국회 9급]

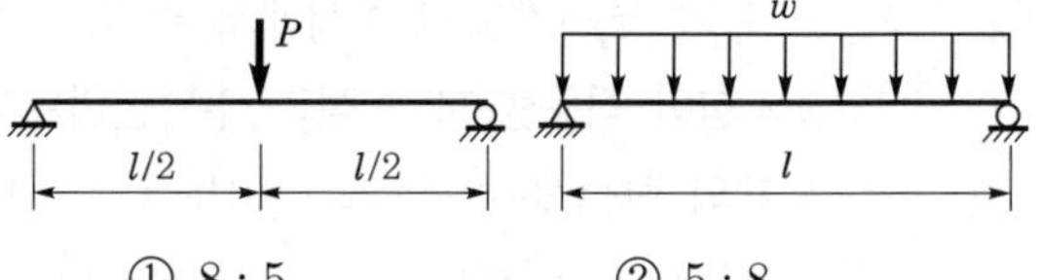

① 8 : 5 ② 5 : 8
③ 4 : 3 ④ 3 : 4
⑤ 2 : 1

해설 $y_p=\dfrac{Pl^3}{48EI}$

$$y_m=\frac{5wl^4}{384EI}=\frac{5\left(\frac{P}{l}\right)l^4}{384EI}=\frac{5Pl^3}{384EI}$$

$y_p : y_m=8 : 5$

정답 25 ⑤ 26 ④ 27 ⑤ 28 ①

29 다음과 같이 길이 L인 단순보와 외팔보에 집중하중 P가 작용하고 있다. 단순보의 B점에 발생되는 수직처짐(δ_B)과 외팔보 E점에서 발생되는 수직처짐(δ_E)의 비교값$\left(\frac{\delta_E}{\delta_B}\right)$은? (단, 자중은 무시한다) [13. 국가직 9급]

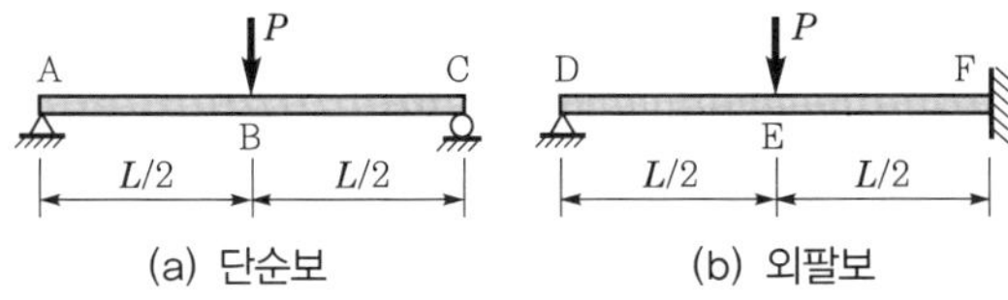

(a) 단순보 (b) 외팔보

① 0.25 ② 0.50
③ 2.00 ④ 4.00

해설 $\frac{\delta_E}{\delta_B}=\frac{\frac{PL^3}{24EI}}{\frac{PL^3}{48EI}}=\frac{48}{24}=2$

30 다음 그림과 같은 부재 A점에서의 처짐각 θ_A는? (단, EI는 일정) [15. 서울시 9급]

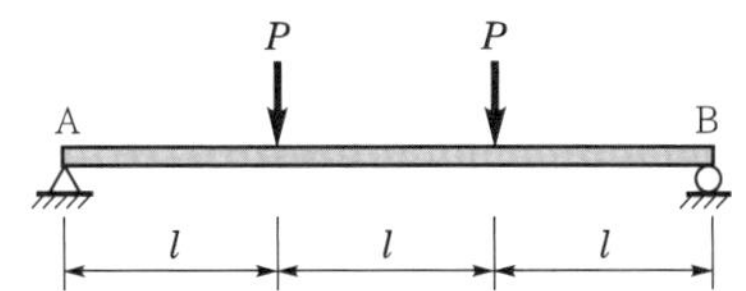

① $\frac{Pl^2}{4EI}$ ② $\frac{Pl^2}{3EI}$
③ $\frac{Pl^2}{2EI}$ ④ $\frac{Pl^2}{EI}$

해설 일반공식 $\theta_A=\frac{Pl^2}{9EI}$을 이용한다.

$\theta_A=\frac{P(3l)^2}{9EI}=\frac{Pl^2}{EI}$

31 그림과 같은 단순보에서 중앙점의 처짐은 얼마인가? [14. 서울시 9급]

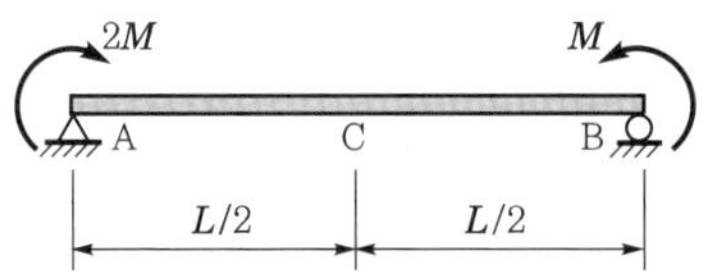

① $\delta_C=\frac{9KL^2}{48EI}$ ② $\delta_C=\frac{10ML^2}{48EI}$
③ $\delta_C=\frac{11ML^2}{48EI}$ ④ $\delta_C=\frac{12ML^2}{48EI}$

해설 $\delta_C=\Sigma\frac{ML^2}{16EI}=\frac{(2M+M)L^2}{16EI}=\frac{3ML^2}{16EI}$

32 그림과 같이 A점, C점의 스프링으로 연결된 보 구조물이 등분포하중을 받고 있을 때, 보 중앙의 B점에 발생하는 연직 처짐[m]은? (단, 휨강성 $EI=\frac{5}{384}\times10^3\text{kN}\cdot\text{m}^2$이며, 스프링 상수 100kN/m이다) [11. 국가직 9급]

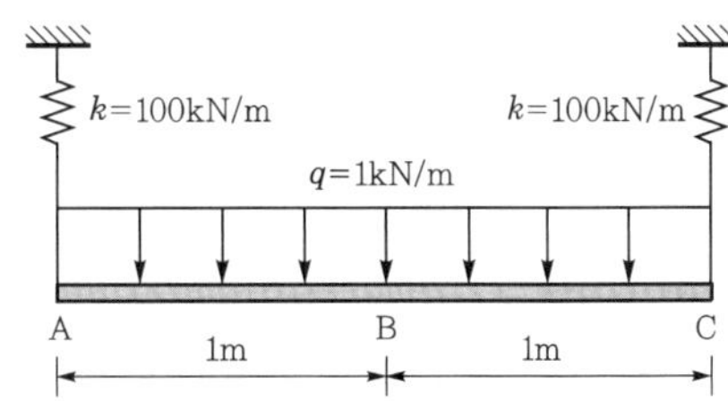

① 0.010 ② 0.018
③ 0.022 ④ 0.026

해설 ㉠ 스프링의 축력(F)

구조대칭 하중대칭이므로 양쪽 스프링의 축력 F는 같다.

$F=\frac{qL}{2}=\frac{1\times2}{2}=1\text{kN}$

㉡ 스프링 축력에 의한 B점의 처짐량 δ_{B1}은 스프링의 늘어난 길이와 같다.

$\delta_{B1}=\delta_S=\frac{F}{k}=\frac{1}{100}=0.01\text{m}$

㉢ 등분포하중에 의한 B점의 처짐량

$\delta_{B2}=\frac{5qL^4}{384EI}=\frac{5\times1\times2^4}{384\times\frac{5}{384}\times10^3}$

$=\frac{16}{1,000}=0.016\text{m}$

$\therefore\ \delta_B=\delta_{B1}+\delta_{B2}=0.01+0.016=0.026\text{m}$

정답 29 ③ 30 ④ 31 ① 32 ④

33 그림과 같은 단순보의 하중 상태에서 본 중앙 C점의 처짐은? (단, EI는 일정하다) [국가직 9급]

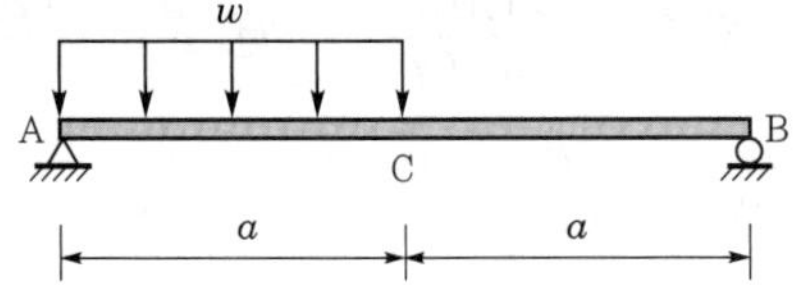

① $\dfrac{5wa^4}{24EI}$　② $\dfrac{5wa^4}{48EI}$

③ $\dfrac{5wa^4}{96EI}$　④ $\dfrac{5wa^4}{192EI}$

⑤ $\dfrac{5wa^4}{384EI}$

해설 가상일의 방법(단위하중법)으로 해석한다.

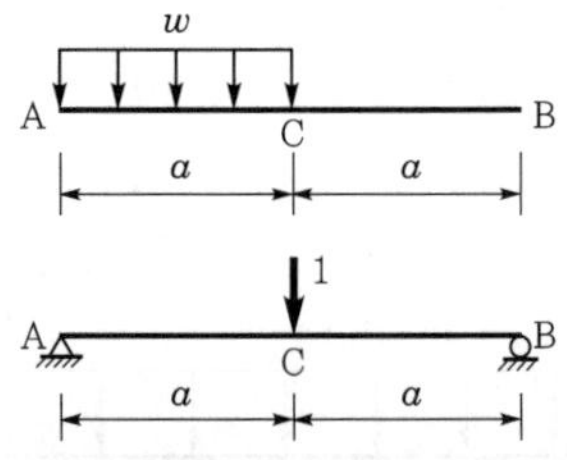

구간	원점	적분 구간	M	m
AC	A	$0\sim a$	$\dfrac{3wa}{4}x-\dfrac{w}{2}x^2$	$\dfrac{x}{2}$
BC	B	$0\sim a$	$\dfrac{wa}{4}x$	$\dfrac{x}{2}$

$$y_C=\int\frac{Mm}{EI}dx$$
$$=\frac{1}{EI}\int_0^a\left(\frac{3wa}{4}x-\frac{w}{2}x^2\right)\left(\frac{x}{2}\right)dx$$
$$+\frac{1}{EI}\int_0^a\left(\frac{wa}{4}x\right)\left(\frac{x}{2}\right)dx=\frac{5wa^4}{48EI}$$

34 그림과 같이 휨강성 EI, 길이 L인 단순보의 지점 B에 모멘트하중 M_0가 작용할 경우, 임의의 점 x에서 단순보의 연직 처짐은 $v(x)$, 곡률은 $v''(x)$로 표시한다면, 단순보구간 $0<x<L$에서 곡률에 대한 처짐의 비 $v(x)/v''(x)$는? (단, 단순보의 자중, 축변형 및 전단변형은 무시하며, EI값은 일정하다)

[11. 지방직 9급]

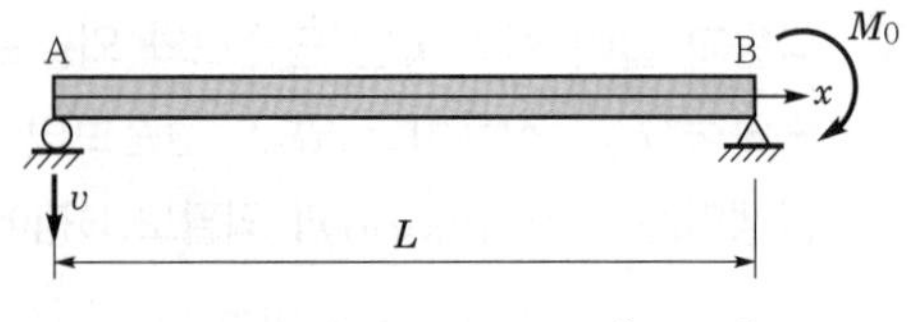

① $\dfrac{x-L}{2}$　② $\dfrac{x^2-L^2}{4}$

③ $\dfrac{x^2-L^2}{6}$　④ $\dfrac{x^3-L^3}{24}$

해설 탄성하중법을 이용한다.

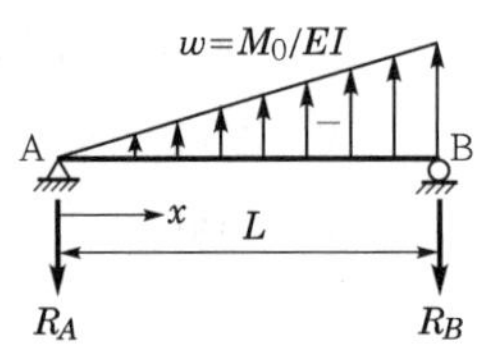

$$v(x)=-R_Ax+\frac{w}{6L}x^3=-\frac{wL}{6}x+\frac{w}{6L}x^3$$
$$v'(x)=-\frac{wL}{6}+\frac{w}{2L}x^2$$
$$v''(x)=\frac{w}{L}x$$
$$v(x)/v''(x)=\frac{-\dfrac{wL}{6}x+\dfrac{w}{6L}x^3}{\dfrac{w}{L}x}$$
$$=-\frac{L^2}{6}+\frac{x^2}{6}=\frac{x^2-L^2}{6}$$

35 그림에서 외팔보의 B점에서 처짐값은? (단, EI : 휨강성) [국회 9급, 서울시 9급]

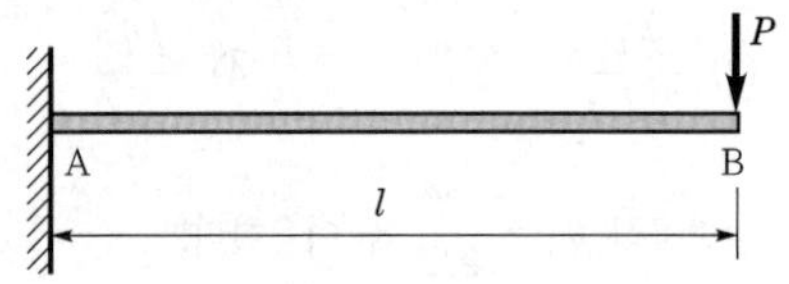

① $\dfrac{Pl^3}{2EI}$　② $\dfrac{Pl^3}{6EI}$

③ $\dfrac{Pl^3}{3EI}$　④ $\dfrac{Pl^3}{8EI}$

해설

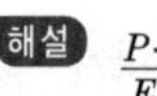

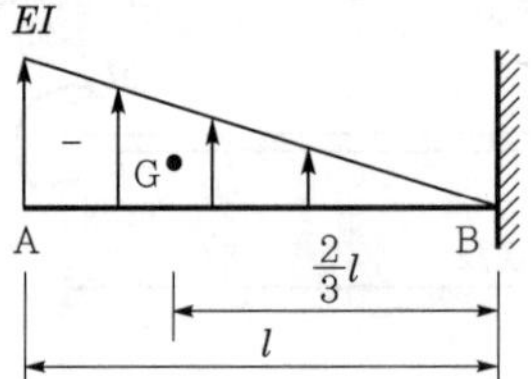

정답 33 ② 34 ③ 35 ③

공액보에서 B점 처짐

$y_B = \frac{1}{2} \times l \times \frac{Pl}{EI} \times \frac{2l}{3} = \frac{Pl^3}{3EI}$

B점의 처짐각

$\theta_B = \frac{1}{2} \times l \times \frac{Pl}{EI} = \frac{Pl^2}{2EI}$

36 주어진 구조물에서 B점과 C점간의 처짐비와 처짐각비는? [14. 서울시 9급]

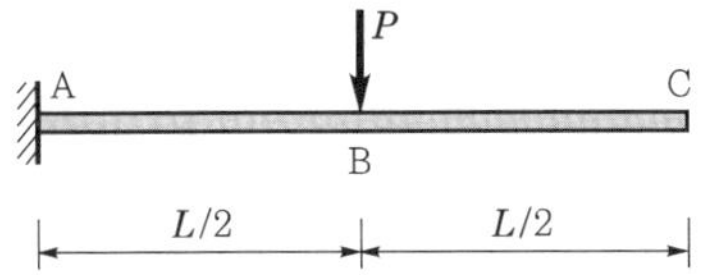

① 처짐비(δ_B/δ_C) : 0.125 /처짐각비(θ_B/θ_C) : 0.333

② 처짐비(δ_B/δ_C) : 0.5 /처짐각비(θ_B/θ_C) : 0.5

③ 처짐비(δ_B/δ_C) : 0.4 /처짐각비(θ_B/θ_C) : 1.0

④ 처짐비(δ_B/δ_C) : 1.0 /처짐각비(θ_B/θ_C) : 1.5

⑤ 처짐비(δ_B/δ_C) : 1.5 /처짐각비(θ_B/θ_C) : 1.333

해설 공액보법을 이용하여 정량적으로 해석해본다.

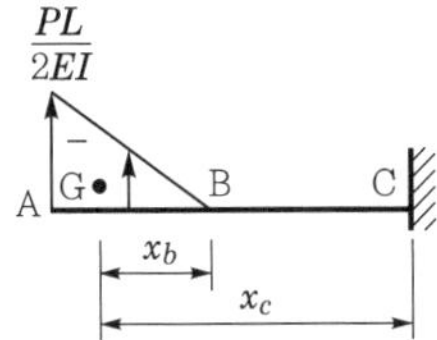

㉠ 처짐비: 공액보법에 임의점의 처짐은 그 점에 대한 휨모멘트의 크기와 같다.

$$\frac{\delta_B}{\delta_C} = \frac{M_{B,\text{공액보}}}{M_{C,\text{공액보}}} = \frac{x_b}{x_c}$$

$$= \frac{\frac{2}{3} \times \frac{L}{2}}{\frac{L}{2} + \frac{2}{3} \times \frac{L}{2}} = 0.4$$

㉡ 처짐각비 $\frac{\theta_B}{\theta_C} = \frac{S_{B,\text{공액보}}}{S_{C,\text{공액보}}} = 1$

37 그림과 같이 균일 캔틸레버보에 하중이 작용할 때 B점의 처짐각은? (단, 보의 자중은 무시한다) [14. 국가직 9급]

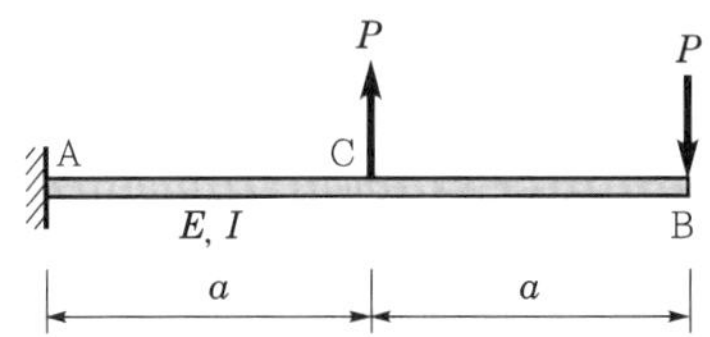

① $\frac{3Pa^2}{2EI}$ ② $\frac{11Pa^2}{6EI}$

③ $\frac{5Pa^2}{2EI}$ ④ $\frac{10Pa^2}{6EI}$

해설 $\theta_b = \frac{P(2a)^2}{2EI} - \frac{P(a)^2}{2EI} = \frac{3Pa^2}{2EI}$

38 캔틸레버보의 자유단의 처짐은? (단, $EI = 4 \times 10^8 \text{N} \cdot \text{m}^2$) [05. 국가직 9급]

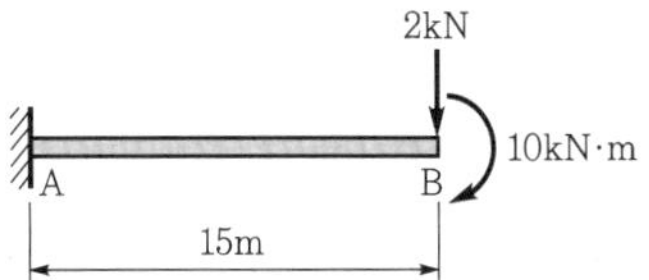

① 0.054m ② 0.068m

③ 0.084m ④ 0.096m

해설 $\delta = \frac{PL^3}{3EI} + \frac{ML^2}{2EI} = \frac{2 \times 10^3 \times 15^3}{3 \times 4 \times 10^8} + \frac{10 \times 10^3 \times 15^2}{2 \times 4 \times 10^8}$

$= 0.05625 + 0.028125 = 0.084\text{m}$

39 그림에서 캔틸레버보의 B점 처짐이 단순보의 B점 처짐과 같게 되기 위한 단면 2차 모멘트의 비$\left(\frac{I_c}{I_s}\right)$는? (단, 보의 자중은 무시한다) [14. 국가직 9급]

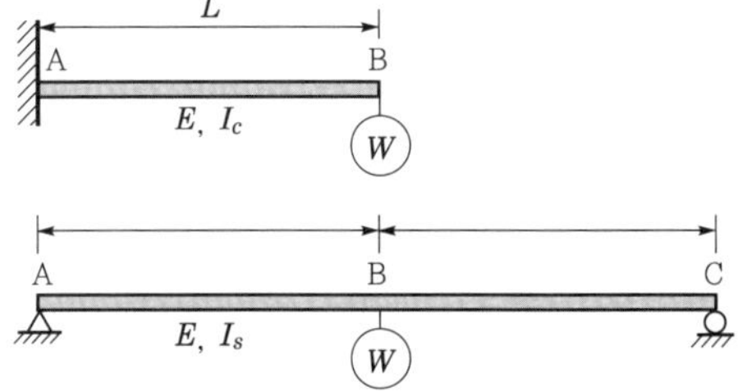

정답 36 ③ 37 ① 38 ③ 39 ③

① 1.0　　② 1.5
③ 2.0　　④ 2.5

해설 $\frac{WL^3}{3EI_c}=\frac{W(2L)^3}{48EI_s}$

$\frac{I_c}{I_s}=\frac{6}{3}=2$

40 단면 2차 모멘트가 2배로 증가할 때 처짐은? [00. 국가직 9급]

① $\frac{1}{2}$배 감소한다.　② 2배 증가한다.
③ 4배 증가한다.　④ $\frac{1}{4}$배 감소한다.

해설 $\delta=\alpha\cdot\frac{P\cdot l^3}{EI}$에서 $\delta\propto\frac{1}{I}$이므로

처짐은 $\frac{1}{2}$배로 감소한다.

41 하중을 받는 보의 정성적인 휨모멘트도가 그림과 같을 때, 이 보의 정성적인 처짐 곡선으로 가장 유사한 것은? [15. 국가직 9급]

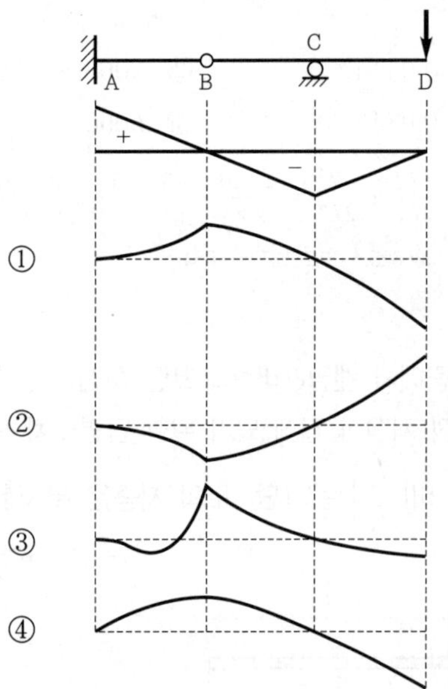

해설 게르버보이므로 캔틸레버보와 내민보로 분리하여 자유물체도를 확인

42 다음과 같은 보 구조물에 집중하중 20kN이 D점에 작용할 때 D점에서의 수직처짐[mm]은? (단, $E=200\text{GPa}$, $I=25\times10^6\text{mm}^4$, 보의 자중은 무시하며, D점은 내부힌지이다) [14. 지방직 9급]

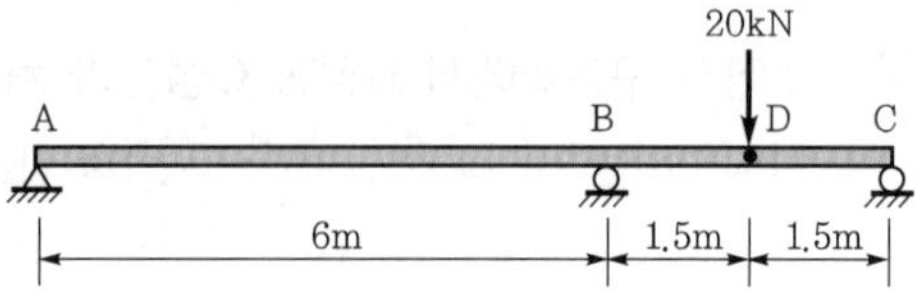

① 10.8　　② 22.5
③ 27.0　　④ 108.0

해설 $\delta_{D1}=\frac{P(L/4)^3}{3EI}=\frac{PL^3}{192EI}$

43 그림과 같이 B점과 D점에 힌지가 있는 보에서 B점의 처짐이 δ라 할 때, 하중 작용점 C의 처짐은? (단, 보 AB의 휨강성은 EI, 보 BD는 강체, 보 DE의 휨강성은 $2EI$이며, 보의 자중은 무시한다) [15. 국가직 9급]

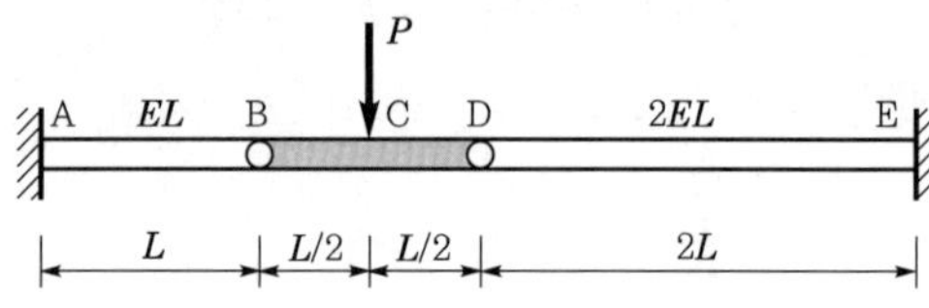

① 1.75δ　　② 2.25δ
③ 2.5δ　　④ 2.75δ

해설 AB보는 캔틸레버보이며 자유단 B점의 처짐 $\delta_B=\delta$이다. DE보도 캔틸레버보이며 자유단 D점의 처짐 δ_D는 자유단의 집중하중에 비례하고 길이의 세제곱에 비례하고 휨강성에 반비례하므로 D점의 처짐 $\delta_D=\frac{2^3}{2}\delta=4\delta$가 된다.

BD보가 강체이므로 하중작용점에서 처짐은

$\delta_C=\frac{\delta_B+\delta_D}{2}=\frac{\delta+4\delta}{2}=2.5\delta$

정답 40 ① 41 ① 42 ② 43 ③

44 다음 그림과 같이 길이 10m이고 높이가 40cm인 단순보의 상면 온도가 40℃, 하면의 온도가 120℃일 때 지점 A의 처짐각[rad]은? (단, 보의 온도는 높이 방향으로 직선변화하며, 선팽창계수 $\alpha = 1.2 \times 10^{-5}/℃$ 이다)

[10. 국가직 9급]

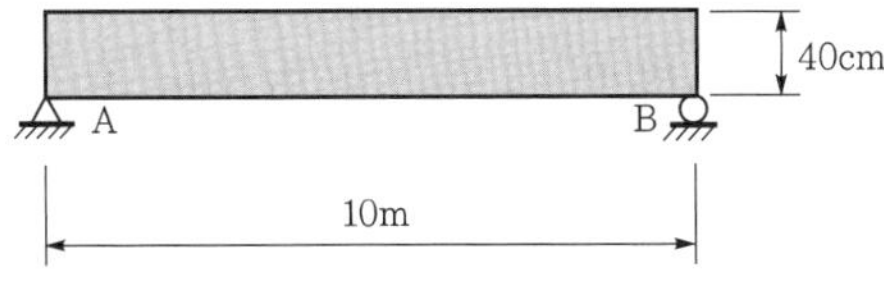

① 0.12　　② 0.012

③ 0.14　　④ 0.014

해설 온도변화에 의한 모멘트

$M = \dfrac{\alpha \cdot \Delta T \cdot EI}{h}$ 이 AB보의 양단으로 작용하므로

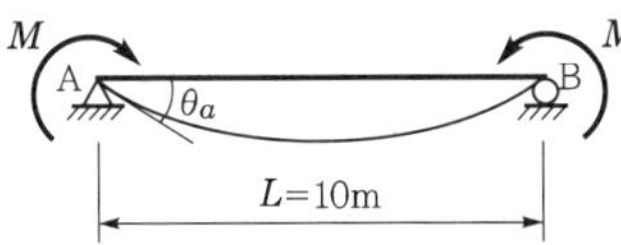

$$\theta_A = \frac{ML}{2EI} = \frac{\left(\dfrac{\alpha \cdot \Delta T \cdot EI}{h}\right)(L)}{2EI}$$

$$= \frac{\alpha \cdot \Delta T \cdot L}{2h}$$

$$= \frac{1.2 \times 10^{-5} \times 80 \times 10}{2 \times 0.4}$$

$$= 0.012\text{rad}$$

정답 44 ②

CHAPTER

11 7급 기출문제

01 등분포하중(w)이 작용하고 길이(l), 휨강성(EI)인 들보의 처짐곡선이 $y = \frac{wx}{24EI}(x^3 - 2lx^2 + l^3)$이라면 양단($x=0$, $x=l$)에서 경계지점은 어떠한가? [국가직 7급]

① 회전단 및 고정단
② 고정단 및 이동단
③ 회전단 및 이동단
④ 고정단 및 고정단

해설 $y = \frac{wx}{24EI}(x^3 - 2lx^2 + l^3)$

$y' = \frac{wx}{24EI}(4x^3 - 6lx^2 + l^2)$

$y'' = \frac{w}{24EI}(12x^2 - 12lx)$

㉠ $x=0$에서 $y=0,\ y' = \frac{wl^3}{24EI},\ y''=0$

∴ 회전단 또는 이동단

㉡ $x=l$에서 $y=0,\ y' = \frac{wl^3}{24EI},\ y''=0$

∴ 회전단 또는 이동단

따라서 회전단과 이동단이다.

02 다음은 단순보의 휨모멘트도(B.M.D)이다. 다음 이 보에 대한 처짐각와 처짐에 대한 것 중 틀린 것은? (단, A': B.M.D의 면적, I: 단면 2차 모멘트, E: 탄성계수) [00. 서울시 7급]

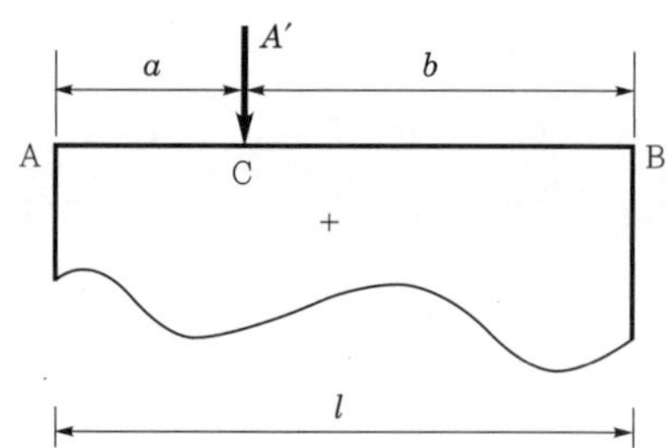

① $\theta_A = \frac{A'b}{lEI}$
② $\theta_B = \frac{A'a}{lEI}$
③ $\delta_A = 0$
④ $\delta_B = 0$
⑤ $\delta_C = \frac{A'ab}{l^2EI}$

해설 탄성하중법 적용

$\theta_A = S_A = R_A = \frac{P \cdot b}{l}$

$= \frac{\left(\frac{A'}{EI}\right) \cdot b}{l} = \frac{A' \cdot b}{lEI}$

$\theta_B = S_B = -R_B = -\frac{P \cdot a}{l}$

$= \frac{\left(\frac{A'}{EI}\right) \cdot a}{l} = \frac{A' \cdot a}{lEI}$

$\delta_A = M_A = 0$

$\delta_B = M_B = 0$

$\delta_C = M_C = R_A \cdot a - \int_0^a \frac{M_x}{EI} dx \times x_0$

여기서, x_0는 AC구간 단면 도심위치로 C로부터의 거리이다.

03 중첩법이 적용되는 탄성체에서 힘들의 2차 함수형으로 표시된 변형에너지를 그들 중의 임의의 한 점에 작용하는 힘에 관해서 편미분하면 그 편도함수는 그 작용점 방향의 변위성분을 나타낸다. 이 정리는? [서울시 7급]

① 중첩법
② Castigliano 제2정리
③ Betti의 정리
④ Maxwell의 정리

해설 Castigliano 제2정리, $\Delta_i = \frac{\partial U}{\partial P_i}$

정답 01 ③ 02 ⑤ 03 ②

04 다음의 단순보에서 B점의 처짐각은? (단, EI는 일정하다) [서울시 7급]

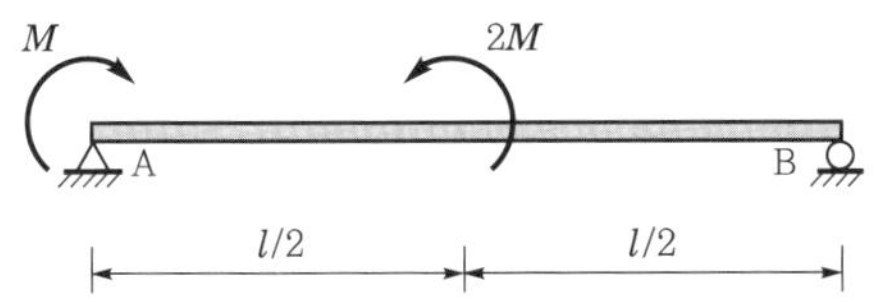

① $-\frac{Ml}{8EI}$ ② $-\frac{Ml}{12EI}$

③ $\frac{Ml}{8EI}$ ④ $-\frac{Ml}{6EI}$

해설 중첩법을 적용한다.

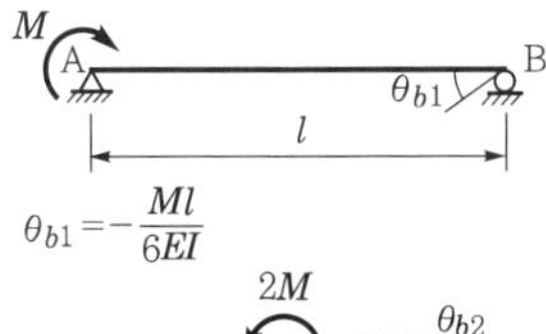

$\theta_{b1} = -\frac{Ml}{6EI}$

2M
A B
l/2 l/2

$\theta_{b2} = \frac{(2M)l}{24EI} = \frac{Ml}{12EI}$

$\therefore \theta_b = \theta_{b1} + \theta_{b2}$

$= -\frac{M \cdot l}{6EI} + \frac{M \cdot l}{12EI} = -\frac{M \cdot l}{12EI}$ (반시계방향)

05 단순지보의 중앙에 집중하중 P가 작용하는 경우의 최대 처짐(δ_1)과 등분포하중이 전지간에 작용하는 경우의 최대 처짐(δ_2)과의 비(δ_1/δ_2)는? (단, $wl = P$이다. l은 보의 길이이고 w는 단위길이당 작용하는 등분포하중이다) [국가직 7급]

① 1.0 ② 1.2

③ 1.4 ④ 1.6

해설 $\delta_1 = \frac{P \cdot l^3}{48EI} = \frac{wl^4}{48EI}$

$\delta_2 = \frac{5wl^4}{384EI}$

$\therefore \delta_1/\delta_2 = \frac{1}{48} \times \frac{384}{5} = \frac{8}{5} = 1.6$

06 다음 그림과 같이 다른 특성을 가진 2개의 원형단면 캔틸레버보가 있다. 그림 (A)의 캔틸레버보는 길이가 $2L$이고 단면의 지름은 $2D$이며 끝단에 P의 힘을 받고 있다. 반면 그림 (B)의 캔틸레버보는 길이가 L이고 단면의 지름은 D이며 끝단에 $2P$의 힘을 받고 있다. 이때, 그림 (A)와 그림 (B)의 캔틸레버보의 최대 처짐 δ_A와 δ_B의 비로 옳은 것은? (단, 탄성계수 E는 동일하다) [14. 서울시 7급]

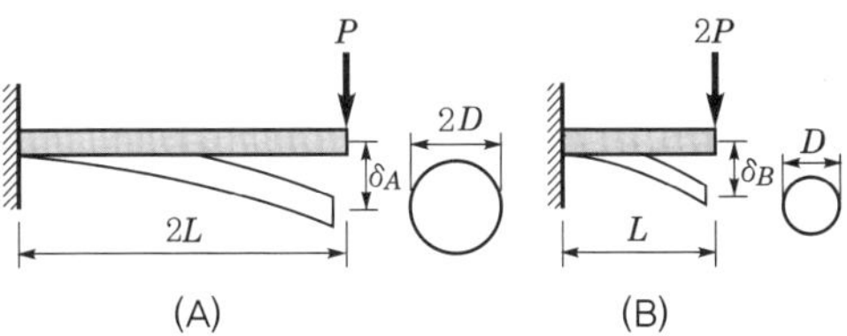

① $\delta_A : \delta_B = 2:1$ ② $\delta_A : \delta_B = 1:1$

③ $\delta_A : \delta_B = 1:2$ ④ $\delta_A : \delta_B = 1:4$

⑤ $\delta_A : \delta_B = 1:8$

해설 $\delta_A : \delta_B = \frac{P(2L)^3}{16I} : \frac{(2P)L^3}{I}$

$= \frac{1}{2} : 2$

$= 1:4$

07 그림과 같은 외팔보의 A지점의 처짐은 얼마인가? (단, 보의 강성계수 EI이다) [국가직 7급]

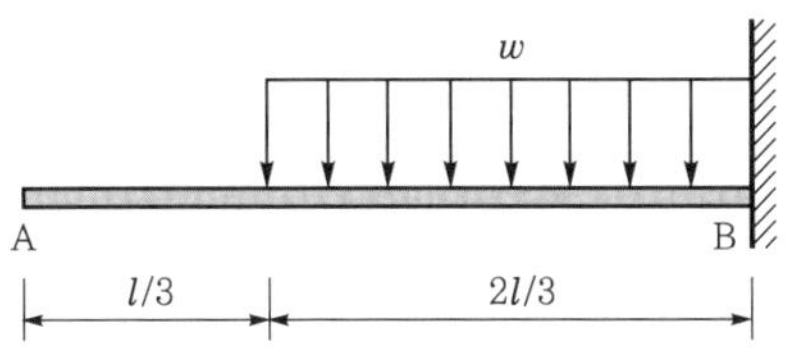

① $\frac{9wl^4}{243EI}$ ② $\frac{10wl^4}{243EI}$

③ $\frac{11wl^4}{243EI}$ ④ $\frac{12wl^4}{243EI}$

해설

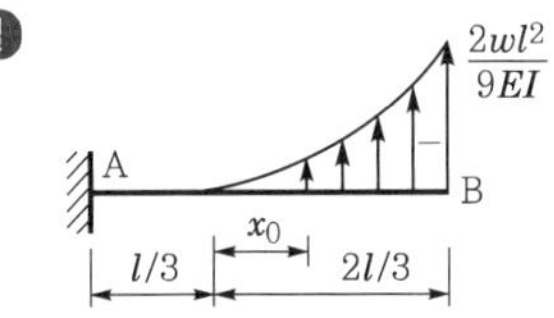

정답 04 ② 05 ④ 06 ④ 07 ②

공액보법을 적용한다.

$\delta_A = M_A = \frac{1}{3} \times \frac{2l}{3} \times \frac{2wl^2}{9EI} \times \left(\frac{l}{3} + \frac{l}{2}\right) = \frac{10wl^4}{243EI}$

여기서, 도심 $x_0 = \frac{3}{4} \times \frac{2l}{3} = \frac{l}{2}$

08 다음 보에서 A점의 처짐 y_A는? [서울시 7급]

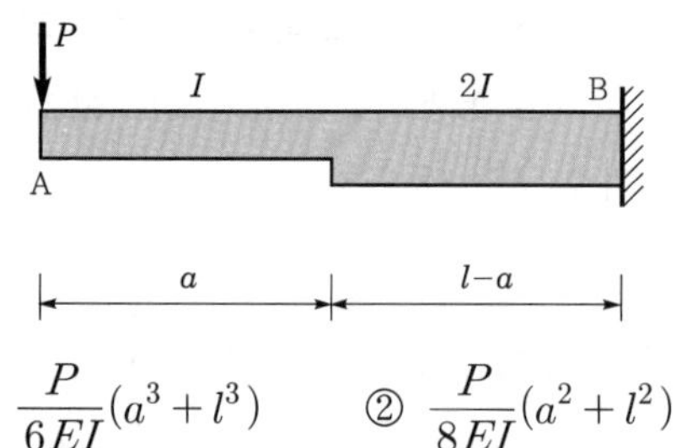

① $\frac{P}{6EI}(a^3 + l^3)$ ② $\frac{P}{8EI}(a^2 + l^2)$

③ $\frac{P}{18EI}(a^3 + l^3)$ ④ $\frac{P}{24EI}(a^3 + l^2)$

⑤ $\frac{P}{12EI}(a^3 + l^3)$

해설 공액보법 이용

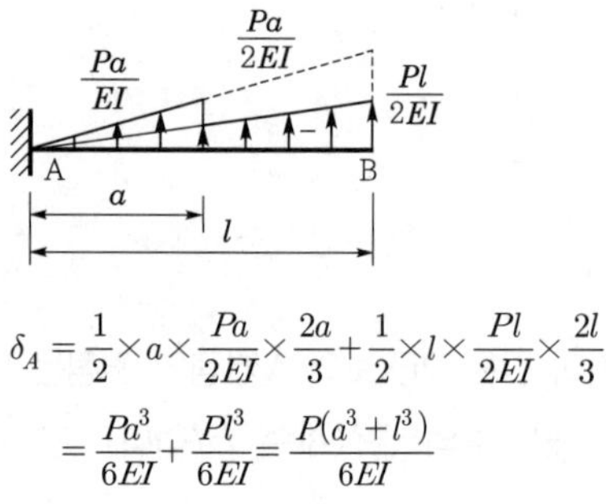

$\delta_A = \frac{1}{2} \times a \times \frac{Pa}{2EI} \times \frac{2a}{3} + \frac{1}{2} \times l \times \frac{Pl}{2EI} \times \frac{2l}{3}$

$= \frac{Pa^3}{6EI} + \frac{Pl^3}{6EI} = \frac{P(a^3 + l^3)}{6EI}$

09 다음 게르버보에서 B점에 생기는 처짐은? (단, 보의 휨강성은 EI로 일정하다) [국가직 7급]

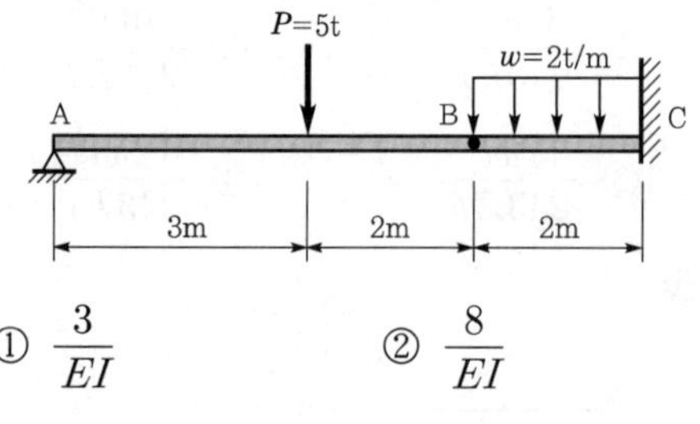

① $\frac{3}{EI}$ ② $\frac{8}{EI}$

③ $\frac{12}{EI}$ ④ $\frac{4}{EI}$

해설

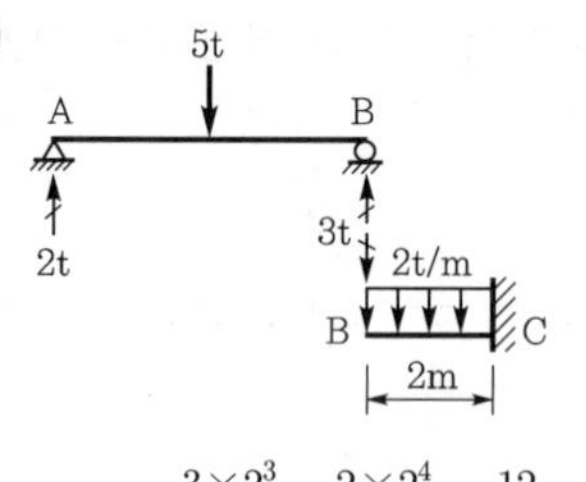

$\therefore \delta_B = \frac{3 \times 2^3}{3EI} + \frac{2 \times 2^4}{8EI} = \frac{12}{EI}(\downarrow)$

10 그림과 같은 구조물에서 C점의 처짐각과 처짐을 구하면? (단, 보의 강성(EI)은 일정하다) [07. 서울시 7급]

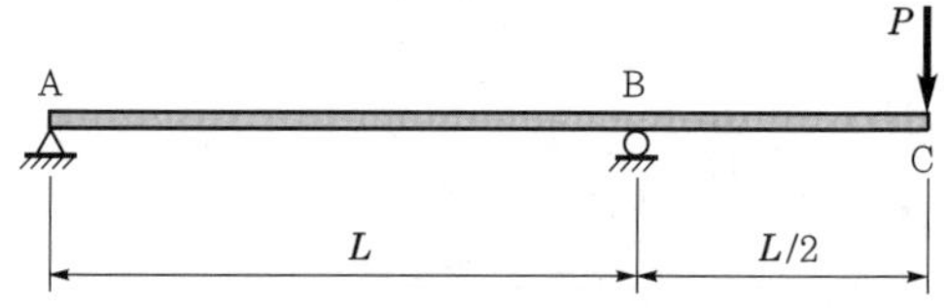

① $\theta = \frac{7PL^2}{24EI}$, $\delta = \frac{13PL^3}{16EI}$

② $\theta = \frac{7PL^2}{24EI}$, $\delta = \frac{PL^3}{8EI}$

③ $\theta = \frac{PL^2}{3EI}$, $\delta = \frac{13PL^3}{16EI}$

④ $\theta = \frac{PL^2}{6EI}$, $\delta = \frac{5PL^3}{12EI}$

⑤ $\theta = \frac{PL^2}{4EI}$, $\delta = \frac{13PL^3}{16EI}$

해설 ㉠ 처짐각 계산

ⓐ B절점의 캔틸레버 작용

$\theta_{c1} = \frac{P\left(\frac{L}{2}\right)^2}{2EI} = \frac{PL^2}{8EI}$

ⓑ B절점의 회전작용

$\theta_{c2} = \frac{\left(\frac{PL}{2}\right)L}{3EI} = \frac{PL^2}{6EI}$

따라서 C점의 처짐각

$\theta_c = \theta_{c1} + \theta_{c2} = \frac{PL^2}{8EI} + \frac{PL^2}{6EI} = \frac{7PL^2}{24EI}$

㉡ 처짐 계산

ⓐ B절점의 캔틸레버 작용

정답 08 ① 09 ② 10 ②

$$\delta_{c1} = \frac{P\left(\frac{L}{2}\right)^3}{3EI} = \frac{PL^3}{24EI}$$

ⓑ B절점의 회전작용

$$\delta_{c2} = \theta_b \times \frac{L}{2} = \left[\frac{\left(\frac{PL}{2}\right)L}{3EI}\right] \times \frac{L}{2} = \frac{PL^3}{12EI}$$

따라서 C점의 처짐

$$\delta_c = \delta_{c1} + \delta_{c2} = \frac{PL^3}{24EI} + \frac{PL^3}{12EI} = \frac{PL^3}{8EI}$$

ⓛ C점의 처짐각

$$\theta_C = \theta_{C1} + \theta_{C2} = \frac{v_B}{L_{BC}} + \frac{PL_{BC}^2}{16EI}$$

$$= \frac{\frac{18\text{kN} \cdot \text{m}^3}{EI}}{4\text{m}} + \frac{4 \times 4^2\text{kN} \cdot \text{m}^2}{16EI}$$

$$= \frac{9\text{kN} \cdot \text{m}^2}{2EI} + \frac{4\text{kN} \cdot \text{m}^2}{EI}$$

$$= \frac{17\text{kN} \cdot \text{m}^2}{2EI}$$

11 다음과 같은 하중을 받고 있는 게르버보의 내부 힌지 B점에서의 수직처짐(v_B)과 C점의 회전변위(θ_C)는? (단, EI는 전구간 일정하며, 보의 자중은 무시한다) [11. 국가직 9급]

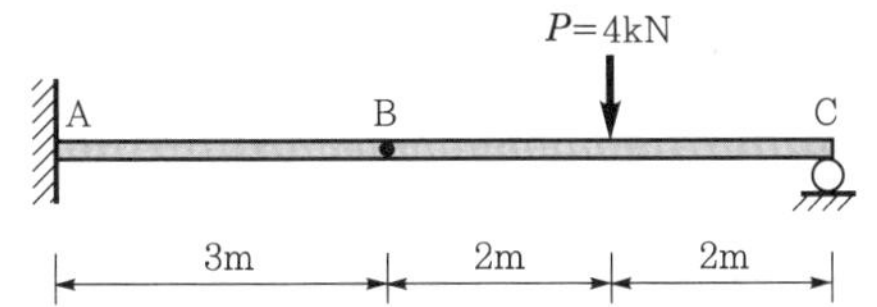

① $v_B = \frac{9\text{kN} \cdot \text{m}^3}{EI}$, $\theta_C = \frac{4\text{kN} \cdot \text{m}^2}{EI}$

② $v_B = \frac{18\text{kN} \cdot \text{m}^3}{EI}$, $\theta_C = \frac{17\text{kN} \cdot \text{m}^2}{2EI}$

③ $v_B = \frac{9\text{kN} \cdot \text{m}^3}{EI}$, $\theta_C = \frac{17\text{kN} \cdot \text{m}^2}{EI}$

④ $v_B = \frac{18\text{kN} \cdot \text{m}^3}{EI}$, $\theta_C = \frac{4\text{kN} \cdot \text{m}^2}{EI}$

해설 B점의 반력은 2kN이다.

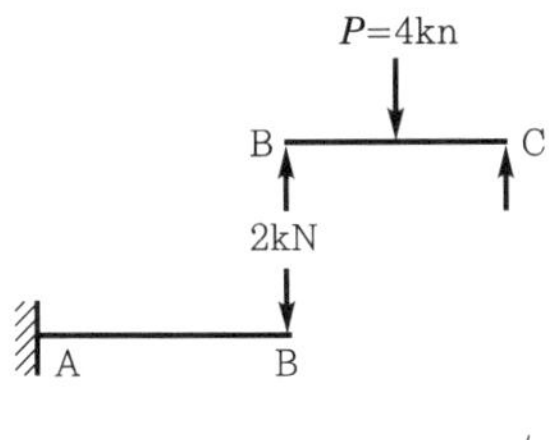

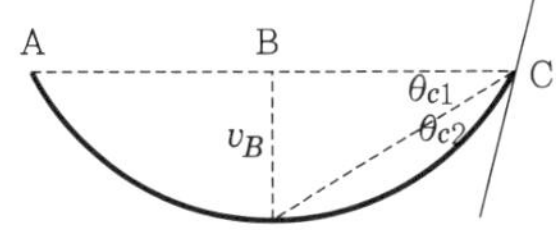

㉠ v_B 계산

$$v_B = \frac{R_B L_{AB}^3}{3EI} = \frac{2 \times 3^3}{3EI} = \frac{18\text{kN} \cdot \text{m}^3}{EI}$$

12 양단고정보에 등분포하중 w가 작용할 때 최대 처짐과 단순보에 등분포하중 q가 작용할 때 최대 처짐이 같기 위한 w/q는? (단, 휨강성 EI와 지간 l은 같다) [00. 국가직 7급]

① 0.2 ② 0.5

③ 2.0 ④ 5.0

해설 ㉠ 양단고정보에 등분포하중 w가 작용하는 경우

$$\delta_{\max} = \frac{wl^4}{384EI}$$

ⓛ 단순보에 등분포하중 q가 작용하는 경우

$$\delta_{\max} = \frac{5ql^4}{384EI} \qquad \therefore \frac{w}{q} = 5$$

13 다음 트러스 구조에서 BC부재의 늘어난 길이는? (단, BC부재의 단면적 $A = 10\text{cm}^2$, E = 2,000t/cm²) [00. 국가직 7급]

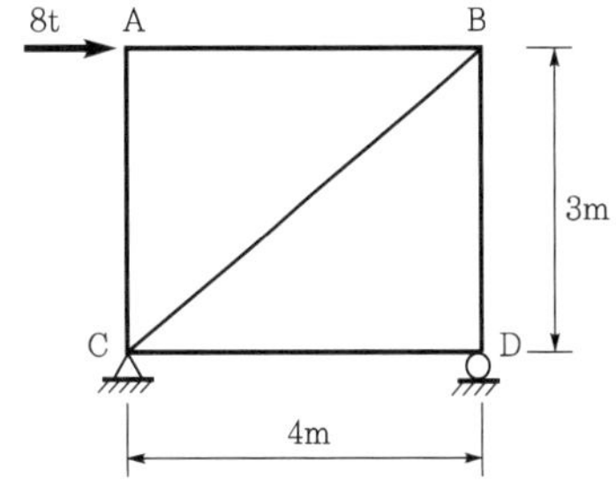

① 2mm ② 2.5mm

③ 3.2mm ④ 4mm

해설

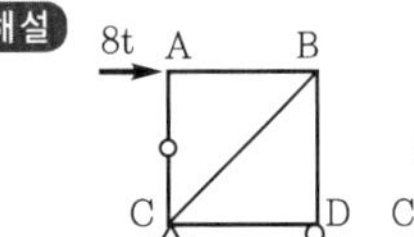

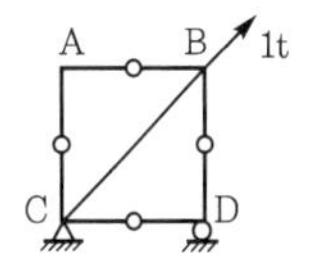

정답 11 ② 12 ④ 13 ②

㉠ 단위하중을 B 절점에 적용
부재력은 다음과 같다.
AB부재, AC부재, BD부재, CD부재는 각각 영부재이다.
$n_{bc} = 1$

㉡ 실하중에 의한 BC부재력
실하중에 의한 부재력은 BC부재력만 계산하면 된다.

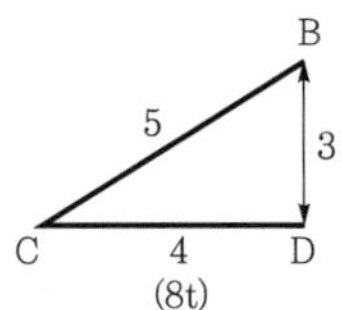

$N_{BC} = \frac{5 \times 8}{4} = 10\text{t}$(인장)

㉢ 단위하중법 적용

$$\delta_{BC} = \Sigma \frac{nNL}{EA}$$
$$= \frac{(1) \times (10 \times 10^3) \times (5 \times 10^2)}{2{,}000 \times 10^3 \times 10}$$
$$= 0.25\text{cm} = 2.5\text{mm}$$

14 다음과 같은 트러스에서 모든 부재의 탄성계수는 E, 단면적은 A이다. 절점 b에서 수평방향 하중 P를 받을 때, b점의 수평변위는?

[13. 국가직 7급]

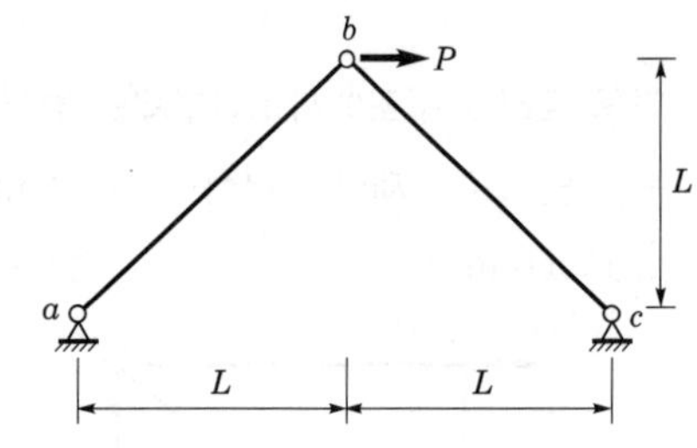

① $\frac{\sqrt{2}\,PL}{EA}$　② $\frac{PL}{2EA}$
③ $\frac{PL}{\sqrt{2}\,EA}$　④ $\frac{2PL}{EA}$

해설 단위하중법을 적용한다.

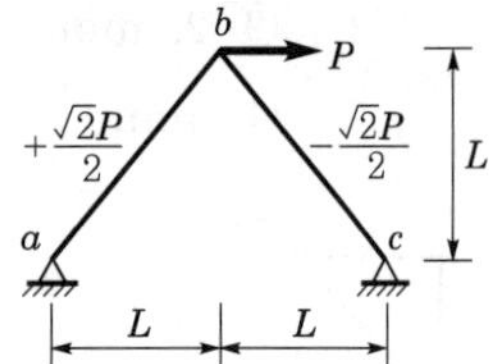

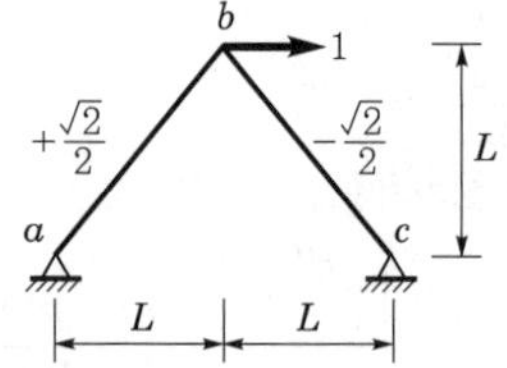

$$\delta_{bh} = \Sigma \frac{nNL}{EA}$$
$$= \frac{1}{EA}\left[\left(\frac{\sqrt{2}}{2}\right)\left(\frac{\sqrt{2}\,P}{2}\right)(\sqrt{2}\,L) + \left(-\frac{\sqrt{2}}{2}\right)\left(-\frac{\sqrt{2}\,P}{2}\right)(\sqrt{2}\,L)\right]$$
$$= \frac{\sqrt{2}\,PL}{EA}(\rightarrow)$$

15 그림과 같은 B점이 고정되어 있는 구조물에서 수평하중 P가 A점에 작용하고 있다. A점의 수평변위는? (단, 구조물의 휨강성 및 축강성은 각각 EI 및 EA로 일정하며, 휨변형 및 축변형을 모두 고려한다)

[09. 국가직 7급]

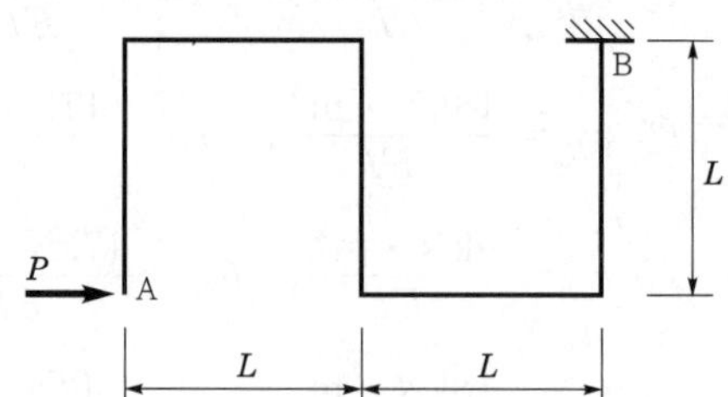

① $\frac{3PL^3}{2EI} + \frac{3PL}{EA}$　② $\frac{3PL^3}{2EI} + \frac{2PL}{EA}$
③ $\frac{2PL^3}{EI} + \frac{3PL}{EA}$　④ $\frac{2PL^3}{EI} + \frac{2PL}{EA}$

해설 단위하중법에 의해서 풀이한다.

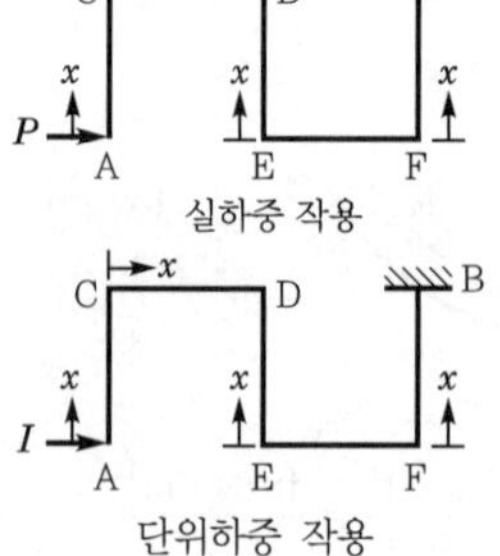

정답 14 ① 15 ④

부재	적분구간	원점	TR_x	M_x
AC	$0 \le x \le L$	A	$-x$	$-Px$
CD	$0 \le x \le L$	C	$-L$	$-PL$
DE	$0 \le x \le L$	E	$-x$	$-Px$
EF	$0 \le x \le L$	E	0	0
BF	$0 \le x \le L$	F	$-x$	$-Px$

$$\delta_{AH1} = \Sigma \int \frac{m_x M_x}{EI} dx$$
$$= 3\int_0^L \frac{(-x)(-Px)}{EI} dx + \int_0^L \frac{(-L)(-PL)}{EI} dx$$
$$= \frac{3P}{EI}\left[\frac{x^3}{3}\right]_0^L + \frac{PL^2}{EI}[x]_0^L$$
$$= \frac{PL^3}{EI} + \frac{PL^3}{EI} = \frac{2PL^3}{EI}$$

축변형에 의한 A점의 수평처짐은 CD부재와 BF부재가 압축력 P를 받고 있으며 이에 압축변형이 A점의 수평처짐이 된다.

$$\delta_{AH2} = 2 \times \frac{PL}{EA} = \frac{2PL}{EA}$$

따라서 A점의 수평처짐은

$$\delta_{AH} = \frac{2PL^3}{EI} + \frac{2PL}{EA}(\rightarrow)$$

16 다음 그림 (a), (b)와 같이 캔틸레버보의 자유단 B단에 탄성지점을 설치하였다. 집중하중 P가 B점에 작용하는 구조물 (a)와 등분포하중 w가 작용하는 구조물 (b)의 B점에 발생되는 수직변위가 동일할 때 집중하중 P와 등분포하중 w의 관계는? (단, 구조물 (a)와 (b)는 하중과 부재 길이만 다르고 다른 조건은 동일하며, 자중은 무시한다) [13. 국가직 7급]

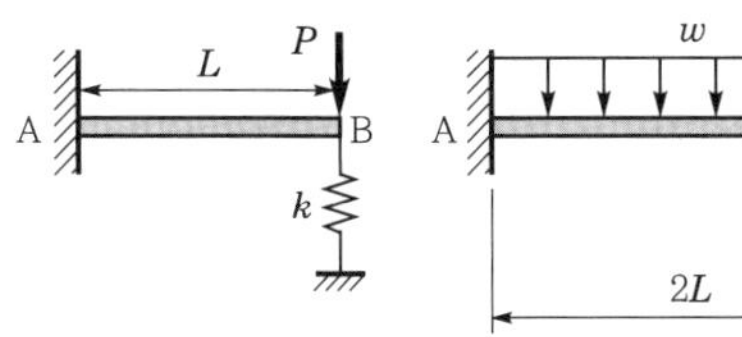

① $P = \frac{1}{2}wL$ ② $P = \frac{1}{8}wL$

③ $P = \frac{3}{4}wL$ ④ $P = \frac{3}{8}wL$

해설 ㉠ 처짐을 같게 하는 등치하중

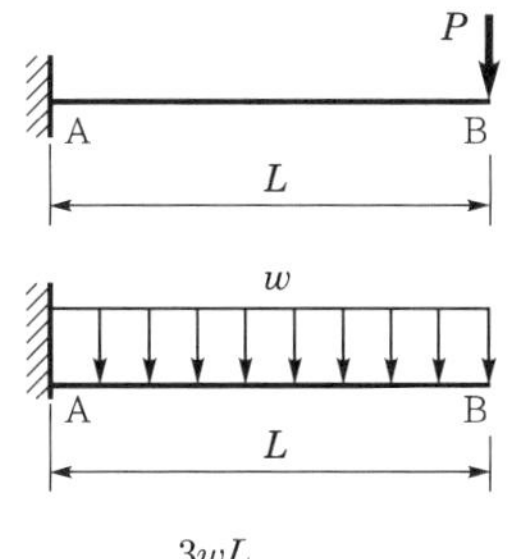

$$P = \frac{3wL}{8}$$

㉡ 주어진 구조물에서 처짐을 같게 하는 하중

$$\frac{P}{k + \frac{3EI}{L^3}} = \frac{\frac{3w(2L)}{8}}{k + \frac{3EI}{L^3}}$$

$$P = \frac{6wL}{8} = \frac{3wL}{4}$$

17 곡률 반지름 R이 옳게 표시된 것은? [서울시 7급]

① $\frac{M}{EI}$ ② $\frac{EI}{M}$

③ $\frac{MI}{E}$ ④ $\frac{E}{MI}$

⑤ $\frac{ME}{I}$

해설 $\frac{1}{R} = \frac{M}{EI}$

$\therefore R = \frac{EI}{M}$

18 길이가 L, 곡률반경이 R, 그리고 휨강성이 EI인 곡선보가 있다. 이 곡선보를 직선으로 변화시키기 위하여 자유단에 가해야 하는 휨모멘트 M은 얼마인가? [국가직 7급]

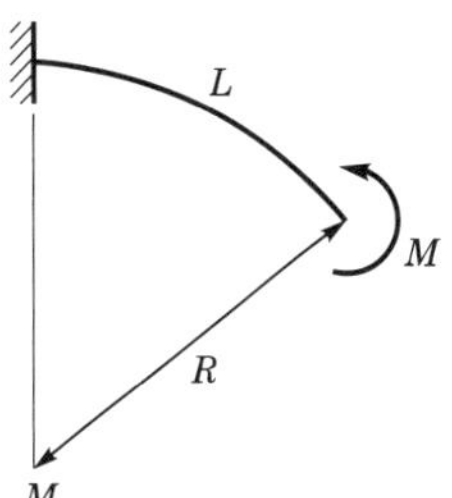

정답 16 ③ 17 ② 18 ①

① $\dfrac{EI}{R}$　② $\dfrac{EI}{L}$

③ EIR　④ $\dfrac{EIR}{R^2}$

해설 $\dfrac{1}{R}=\dfrac{M}{EI}$

$\therefore M=\dfrac{EI}{R}$

19 길이 10m인 단순보 중앙에 집중하중 $P=2\text{t}$이 작용할 때 중앙에서 곡률반경 R값(m)은? (단, $I=350\text{cm}^4$, $E=2.1\times10^6\text{kgf/cm}^2$이다) [국가직 7급]

① 14.7　② 15.2

③ 16.5　④ 31.4

해설 $M_c=\dfrac{P\cdot l}{4}=\dfrac{2\times10}{4}=5\text{t}\cdot\text{m}$

$\dfrac{1}{R}=\dfrac{M}{EI}$에서

$\therefore R=\dfrac{EI}{M_c}=\dfrac{2.1\times10^6\times350}{5\times10^5}$

$=1470\text{cm}=14.7\text{m}$

20 다음 단순보의 중앙점 C의 처짐이 $l/10$일 때 작용하중 P는? [서울시 7급]

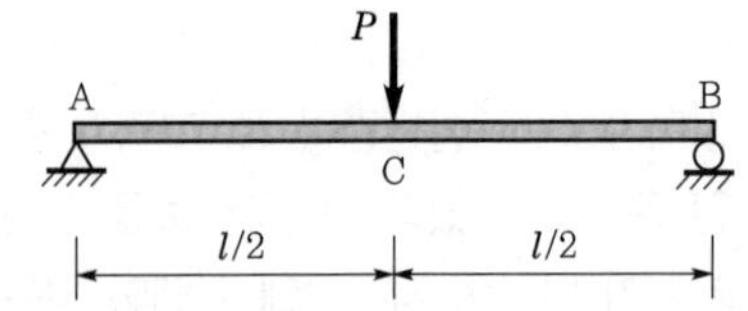

① $\dfrac{2.4EI}{l^2}$　② $\dfrac{4.8EI}{l^2}$

③ $\dfrac{7.2EI}{l^2}$　④ $\dfrac{9.6EI}{l^2}$

해설 $\delta_c=\dfrac{P\cdot l^2}{48EI}=\dfrac{l}{10}$

$\therefore P=\dfrac{4.8EI}{l^2}$

21 그림과 같은 단순보의 양단에 모멘트하중 M이 작용할 경우 최대처짐은? (단, 휨강성 EI는 일정하다) [00. 서울시 7급]

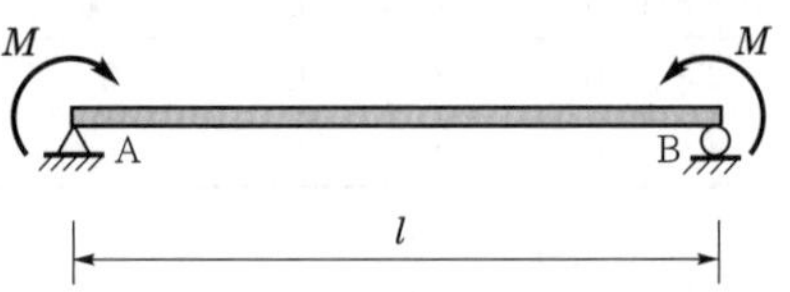

① $\dfrac{Ml^2}{EI}$　② $\dfrac{Ml^2}{2EI}$

③ $\dfrac{Ml^2}{4EI}$　④ $\dfrac{Ml^2}{8EI}$

해설 탄성하중법 적용
탄성하중보에서 최대 휨모멘트를 구하면 최대 처짐이 된다.

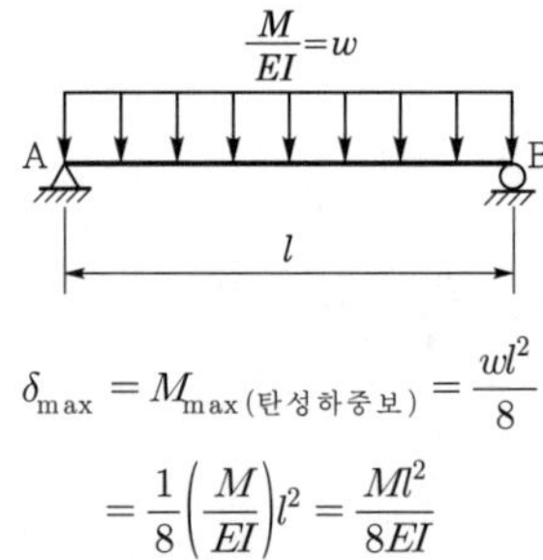

$\delta_{\max}=M_{\max(\text{탄성하중보})}=\dfrac{wl^2}{8}$

$=\dfrac{1}{8}\left(\dfrac{M}{EI}\right)l^2=\dfrac{Ml^2}{8EI}$

22 다음의 그림과 같은 보에 하중이 작용할 경우에 B점의 처짐으로 옳은 것은? (단, EI는 일정하다) [05. 서울시 7급]

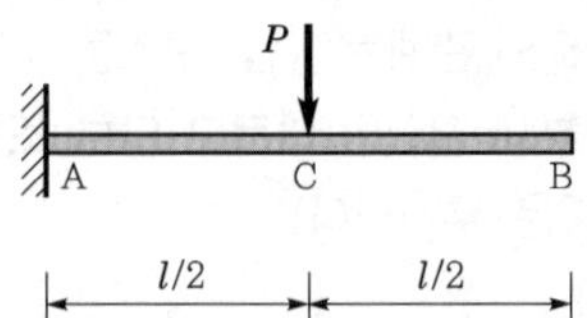

① $\dfrac{5Pl}{48EI}$　② $\dfrac{7Pl^2}{48EI}$

③ $\dfrac{5Pl^3}{48EI}$　④ $\dfrac{7Pl^3}{48EI}$

해설 자유단의 처짐은 $\delta_B=\dfrac{5Pl^3}{48EI}$

정답 19 ① 20 ② 21 ④ 22 ③

23 그림과 같은 직사각형 단면의 지점 B에서 단면상연의 휨응력이 300MPa일 때, 캔틸레버보에서 A점의 처짐[mm]은? (단, 보의 탄성계수는 $E=200$GPa이고, EI는 일정하며, 자중 및 전단의 영향은 무시한다) [10. 지방직 7급]

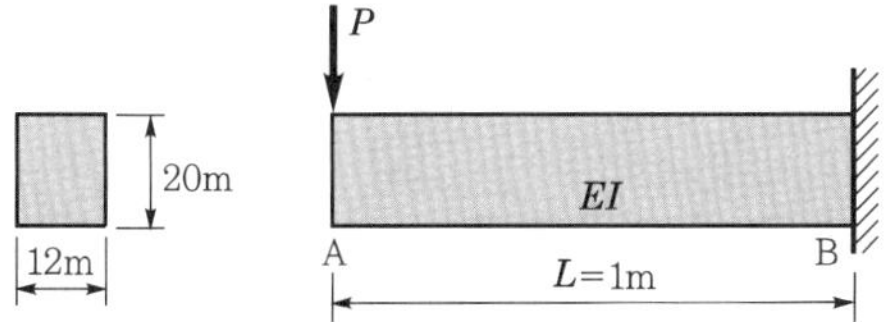

① 2.5　　② $\frac{8}{3}$

③ 5　　④ $\frac{16}{3}$

해설 $\sigma_B=\frac{M}{Z}=\frac{6PL}{bh^2}$

$\therefore P=\frac{bh^2}{6L}\sigma_B$

$\delta_A=\frac{PL^3}{3EI}=\frac{\left(\frac{bh^2}{6L}\sigma_B\right)L^3}{3E\left(\frac{bh^3}{12}\right)}=\frac{2\sigma_B L^2}{3Eh}$

$=\frac{2\times300\times1{,}000^2}{3\times200\times10^3\times200}=5$

24 집중하중이 캔틸레버보(cantilever beam) 중앙에 작용할 때, 자유단 B점의 수직처짐은? (단, EI는 일정) [15. 서울시 7급]

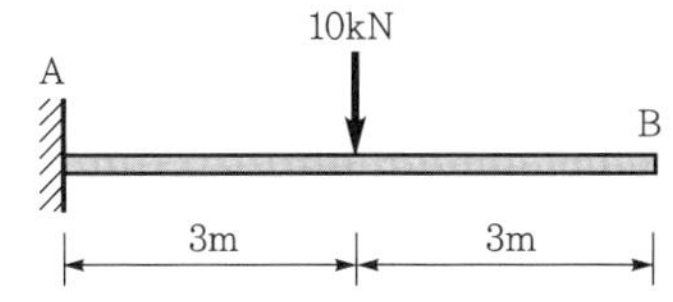

① $\frac{45}{EI}$　　② $\frac{75}{EI}$

③ $\frac{135}{EI}$　　④ $\frac{225}{EI}$

해설 $\delta_B=\frac{5PL^3}{48EI}=\frac{5\times10\times6^3}{48EI}=\frac{225}{EI}$

25 그림과 같은 캔틸레버보에서 점 C에 집중하중 P와 점 B에 모멘트하중 $M=2Pl$이 작용하고 있다. 점 D의 처짐은? (단, 휨강성 EI는 일정하다) [08. 국가직 7급]

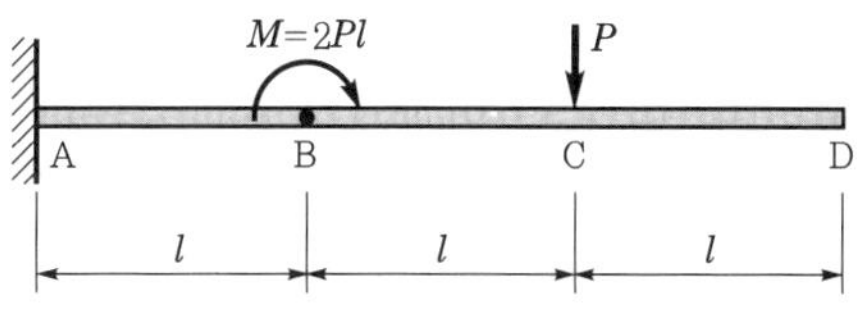

① $\frac{29Pl^3}{6EI}$　　② $\frac{29Pl^3}{3EI}$

③ $\frac{70Pl^3}{6EI}$　　④ $\frac{70Pl^3}{3EI}$

해설 공액보법에

$\delta_d=\delta_{dm}+\delta_{dp}$

$=\left(\frac{M}{EI}\times l\right)\times\left(2l\times\frac{l}{2}\right)+\left(\frac{1}{2}\times2l\times\frac{2Pl}{EI}\right)\times\left(l+2l\times\frac{2}{3}\right)$

$=\frac{5Ml^2}{2EI}+\frac{14Pl^3}{3EI}$

$=\frac{5(2Pl)l^2}{2EI}+\frac{14Pl^3}{3EI}$

$=\frac{29Pl^3}{3EI}$

26 다음과 같이 재질은 다르지만, 단면이 같은 2개의 캔틸레버보에서 자유단의 처짐을 같게 하는 하중비 $\frac{P_1}{P_2}$의 값은? (단, 그림 a와 b의 탄성계수는 각각 E_1과 E_2이며, $3E_1=E_2$이다) [11. 지방직 7급]

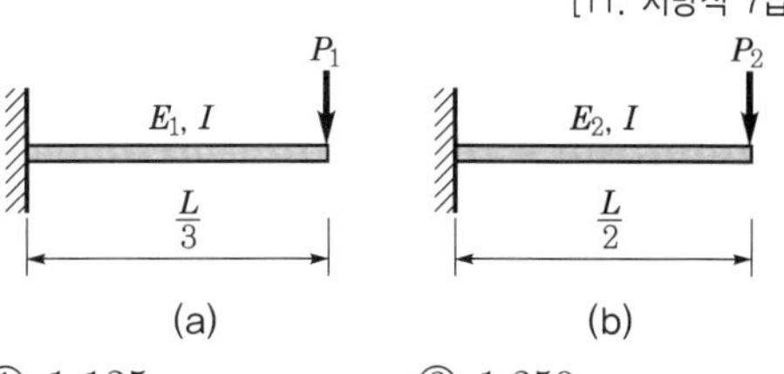

① 1.125　　② 1.250
③ 1.375　　④ 1.5

해설 $\delta_a=\delta_b$

$\frac{P_1\left(\frac{L}{3}\right)^3}{3E_1I}=\frac{P_2\left(\frac{L}{2}\right)^3}{3E_2I}$

정답 23 ③　24 ④　25 ②　26 ①

$$\frac{P_1\left(\frac{L}{3}\right)^3}{3E_1 I} = \frac{P_2\left(\frac{L}{2}\right)^3}{3(3E_1)I}$$

$$\frac{P_1}{P_2} = \frac{9}{8} = 1.125$$

27 다음과 같은 보에서 A점의 수직처짐량은? (단, EI는 일정하다) [11. 지방직 7급]

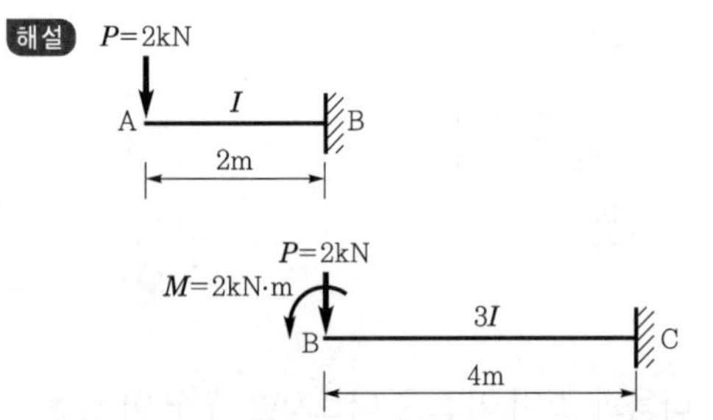

① $\dfrac{31.56}{EI}$　② $\dfrac{38.12}{EI}$

③ $\dfrac{45.56}{EI}$　④ $\dfrac{51.56}{EI}$

해설 $P=2\text{kN}$

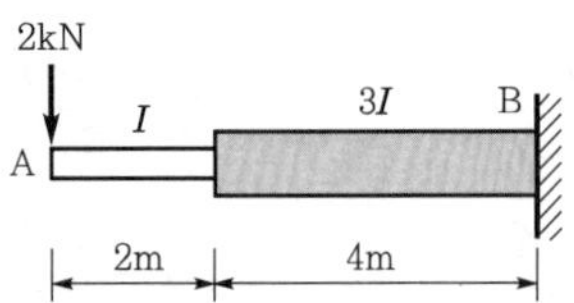

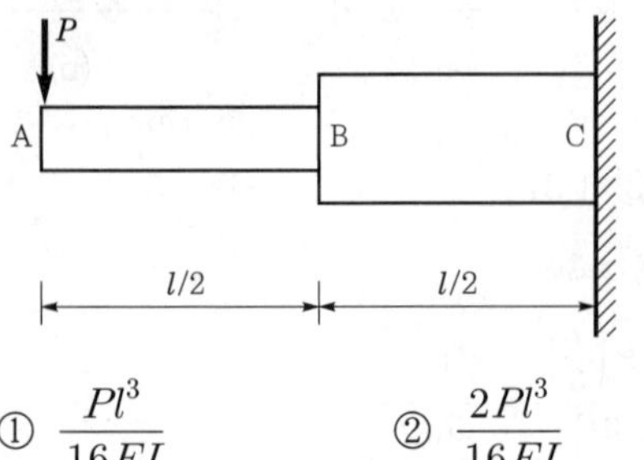

㉠ AB부재에서 P에 의한 A점의 수직처짐

$$\delta_{A1} = \frac{PL_1^3}{3EI} = \frac{2\times 3^3}{3EI} = \frac{16}{3EI}(\downarrow)$$

28 그림에서 A지점의 처짐량은? (단, AB 사이의 보의 강성계수는 EI이고, BC 사이의 보의 강성계수는 $2EI$이다) [국가직 7급]

① $\dfrac{Pl^3}{16EI}$　② $\dfrac{2Pl^3}{16EI}$

③ $\dfrac{3Pl^3}{16EI}$　④ $\dfrac{4Pl^3}{16EI}$

해설 공액보법 적용

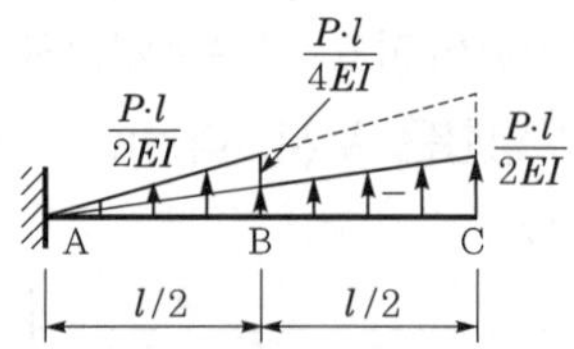

공액보에서

$$y_A = \frac{1}{2}\times\frac{l}{2}\times\frac{Pl}{4EI}\times\left(\frac{l}{2}\times\frac{2}{3}\right)+\frac{1}{2}\times l\times\frac{Pl}{2EI}\times\frac{2l}{3}$$

$$= \frac{Pl^3}{48EI}+\frac{Pl^3}{6EI}=\frac{9Pl^3}{48EI}=\frac{3Pl^3}{16EI}$$

29 전체 길이가 1인 균일한 원형 강봉을 길이 $a(0 < a < 1)$에서 직각으로 꺾어서 그림과 같은 구조물을 만들었다. 수직하중 P가 A점에 작용할 때 A점의 수직처짐이 최소가 되기 위한 a값은? (단, 단면 2차 모멘트 I와 단면적 A의 비율은 $\dfrac{I}{A}=\dfrac{3}{8}$이며 꺾인 부분은 강절이라 가정하고, 휨변형 및 축변형을 모두 고려한다) [09. 국가직 7급]

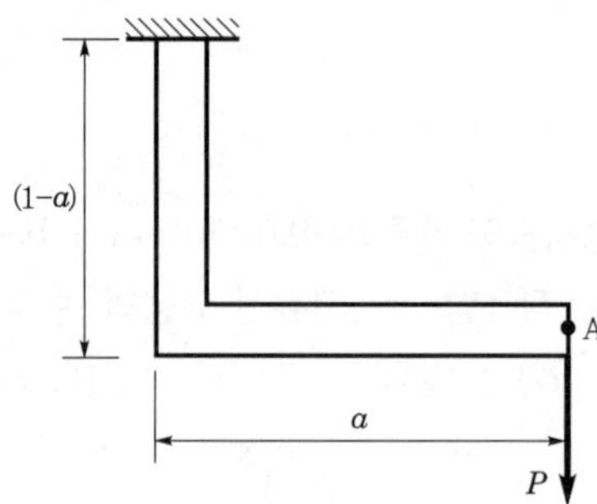

① $\dfrac{1}{5}$　② $\dfrac{1}{4}$

③ $\dfrac{1}{3}$　④ $\dfrac{1}{2}$

해설 휨변형과 축방향 변형을 고려하면

$$\delta_A = \frac{Pa^3}{3EI}+\frac{(Pa)(1-a)}{EI}\times a+\frac{P(1-a)}{EA}$$

$$= \frac{P(Aa^3-3Aa^3+3Aa^2-3Ia+3I)}{3EAI}$$

정답 27 ④ 28 ③ 29 ②

$$\delta_A = -\frac{P(2Aa^3 - 3Aa^2 + 3Ia - 3I)}{3EAI}$$

$$\frac{\partial \delta_A}{\partial a} = -\frac{P(6Aa^2 - 6Aa + 3I)}{3EAI} = 0$$

$$6Aa^2 - 6Aa + 3I = 0$$

$$6a^2 - 6a + 3\frac{I}{A} = 0$$

$$6a^2 - 6a + 3 \times \frac{3}{8} = 0$$

$$48a^2 - 48a + 9 = 0$$

$$(4a-1)(12a-9) = 0$$

$$a = \frac{1}{4},\ a = \frac{9}{12} = \frac{3}{4}$$

30 그림과 같이 좌측단이 롤러로 지지되어 있으며 지간 중앙에 내부힌지가 있는 보가 있다. A점에 모멘트 M_o가 작용할 때, 내부힌지가 있는 C점의 수직처짐은? (단, 주어진 보의 휨강성은 EI로 일정하다) [09. 국가직 7급]

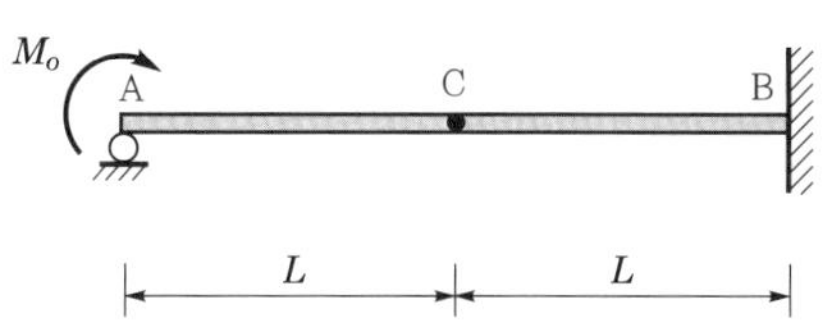

① $\dfrac{M_oL^2}{EI}(\downarrow)$ ② $\dfrac{M_oL^2}{2EI}(\downarrow)$

③ $\dfrac{M_oL^2}{3EI}(\downarrow)$ ④ $\dfrac{2M_oL^2}{3EI}(\downarrow)$

해설

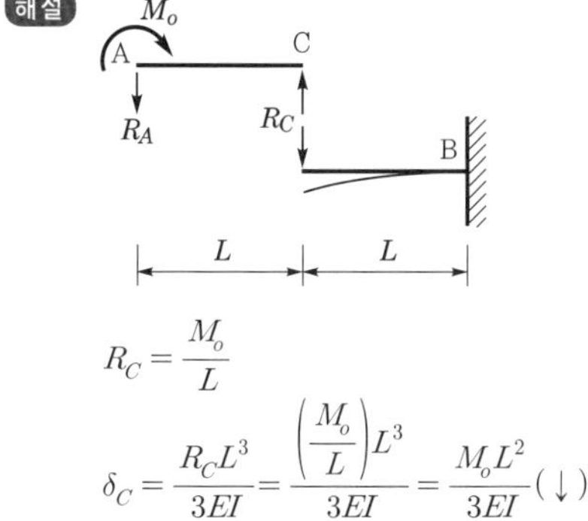

$$R_C = \frac{M_o}{L}$$

$$\delta_C = \frac{R_CL^3}{3EI} = \frac{\left(\frac{M_o}{L}\right)L^3}{3EI} = \frac{M_oL^2}{3EI}(\downarrow)$$

31 그림과 같이 휨강성은 모두 EI이고, 내부힌지를 가진 보 AB에 대하여 좌측지점 A에 시계방향 모멘트하중 M과 우측지점 B로부터 거리 $L/2$지점인 D에 연직하중 P가 작용할 때, 하중작용점 D의 연직처짐은? (단, 보의 축변형과 전단변형은 무시한다) [07. 국가직 7급]

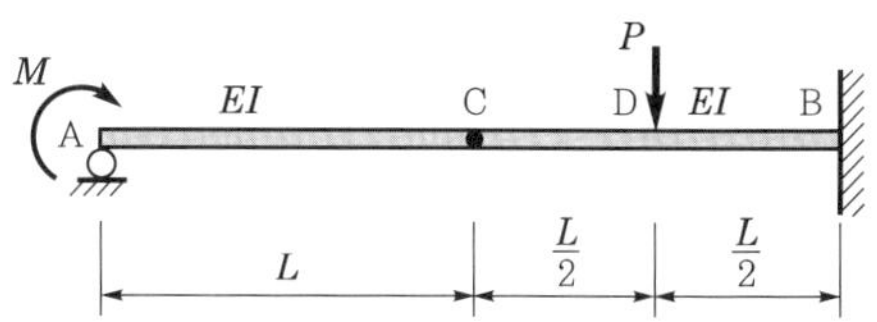

① $\dfrac{5ML^2}{48EI} + \dfrac{PL^3}{24EI}$ ② $\dfrac{5ML^2}{24EI} + \dfrac{PL^3}{12EI}$

③ $\dfrac{5ML^2}{12EI} + \dfrac{PL^3}{6EI}$ ④ $\dfrac{5ML^2}{6EI} + \dfrac{PL^3}{3EI}$

해설 ㉠ 단순지간 AC부터 해석한다.

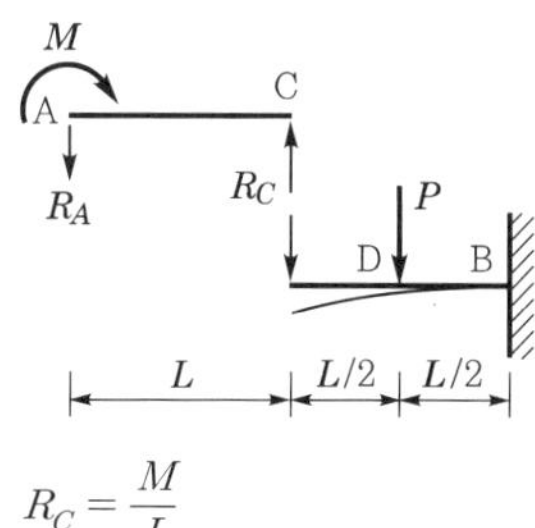

$$R_C = \frac{M}{L}$$

㉡ D점의 처짐

$$\delta_D = \frac{5R_CL^3}{48EI} + \frac{PL^3}{24EI}$$

$$= \frac{5\left(\frac{M}{L}\right)L^3}{48EI} + \frac{PL^3}{24EI}$$

$$= \frac{5ML^2}{48EI} + \frac{PL^3}{24EI}$$

32 그림 A와 같은 단면의 단순보에 등분포하중이 연직으로 작용할 때 최대 처짐을 d라 하자. 이 단면을 그림 B와 같이 회전시킨 후 같은 등분포하중이 작용하면 최대 처짐은 얼마인가? [국가직 7급]

정답 30 ③ 31 ① 32 ②

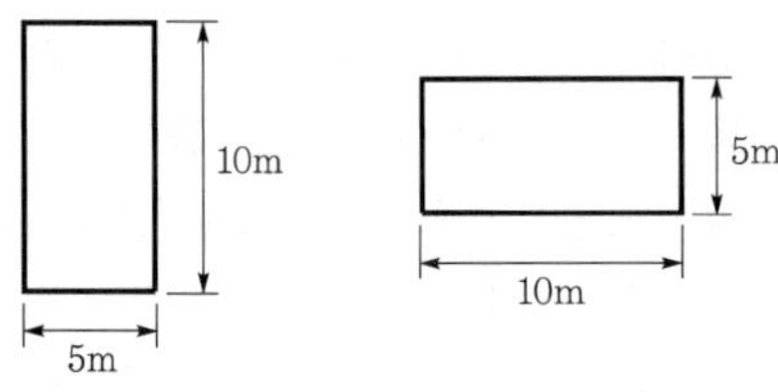

[그림 A] [그림 B]

① $2d$ ② $4d$

③ $8d$ ④ $32d$

해설 $\delta_{\max} = \dfrac{5wl^4}{384EI}$에서 w, l, E가 동일하므로 $\delta_{\max} \propto \dfrac{1}{I}$

또한, $I = \dfrac{bh^3}{12}$이므로

$\therefore \delta_{\max} \propto \dfrac{1}{bh^3}$

$\therefore d : \dfrac{1}{5\times10^3} = y : \dfrac{1}{10\times5^3}$

$\therefore y = \dfrac{5\times10^3}{10\times5^3}d = 4d$

33 그림과 같은 트러스에서 절점 B의 연직변위 δ_b는? (단, 두 부재는 같은 축강도 EA를 갖는다) [국가직 7급]

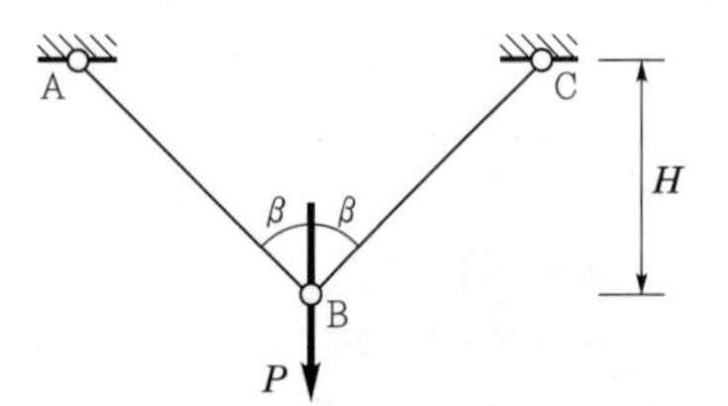

① $\dfrac{P^2H}{4EA\cos^3\beta}$ ② $\dfrac{PH}{2EA\cos^3\beta}$

③ $\dfrac{PH}{4EA\cos^3\beta}$ ④ $\dfrac{P^2H}{2EA\cos^3\beta}$

해설

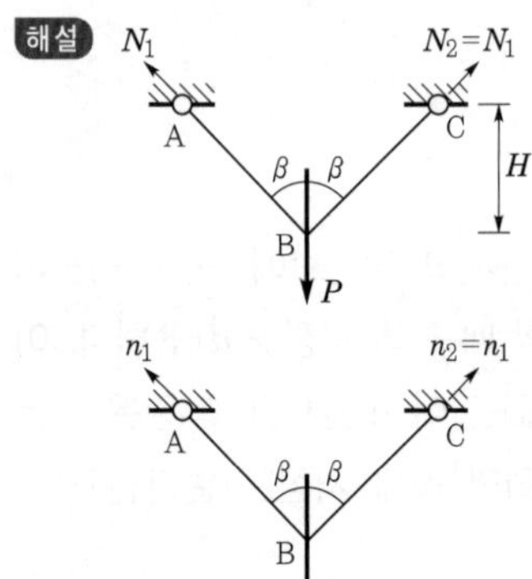

가상일의 방법으로 해석한다.

AB, BC의 부재력은 같다.

$\therefore N_1 = N_2$

힘의 정형조건식에 의해

$\Sigma V = 0,\ 2N_2\cos\beta = P$

$\therefore N_1 = \dfrac{P}{2\cos\beta}$ (인장)

B에 연직으로 단위하중을 가하면

$\therefore n_1 = \dfrac{1}{2\cos\beta} = n_2$ (인장)

가상일의 원리를 적용하면

$$\delta_{BV} = \Sigma\frac{Nn}{EA}L = \frac{1}{EA}\left(\frac{P}{2\cos\beta}\times\frac{1}{2\cos\beta}\times\frac{H}{\cos\beta}\right)\times2 = \frac{PH}{2EA\cos^3\beta}$$

34 그림과 같은 라멘에서 A점의 수평변위는? (단, 라멘의 자중은 무시하고, 모든 부재의 EI는 일정하다) [10. 지방직 7급]

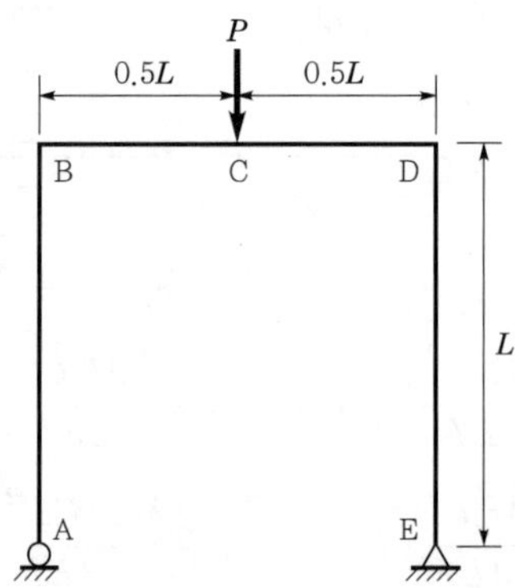

① $\dfrac{PL^3}{2EI}$ ② $\dfrac{PL^3}{4EI}$

③ $\dfrac{PL^3}{6EI}$ ④ $\dfrac{PL^3}{8EI}$

해설 ㉠ 중첩원리

$$\delta_{BH} = \delta_{DH} = \theta_E \times L = \theta_D \times L = \frac{PL^2}{16EI}\times L = \frac{PL^3}{16EI}$$

$$\delta_{AH} = \theta_B \times L + \delta_{BH} = \frac{PL^2}{16EI}\times L + \frac{PL^3}{16EI} = \frac{PL^3}{8EI}$$

㉡ 단위하중법

실하중에 의한 휨모멘트를 구하고 A점에서 우측으로 단위하중 1을 작용하여 휨모멘트를 구한다.

정답 33 ② 34 ④

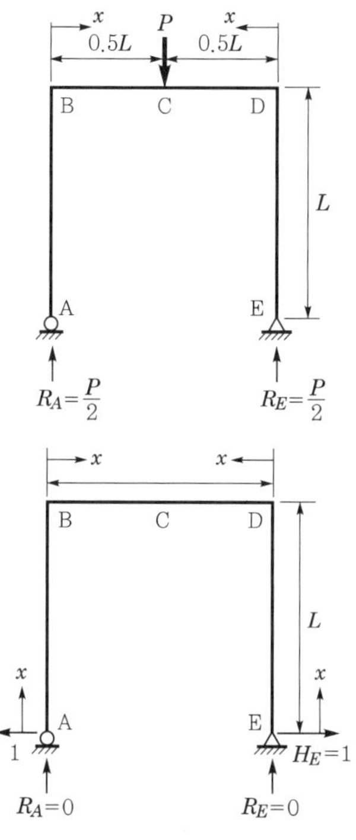

구간	적분구간	원점	M_x	m_x
AB	$0 \le x \le L$	A	0	x
BC	$0 \le x \le 0.5L$	B	$\frac{P}{2}x$	L
DE	$0 \le x \le L$	E	0	x
CD	$0 \le x \le 0.5L$	D	$\frac{P}{2}x$	L

휨모멘트가 대칭이므로

$$\delta_{AH} = 2\times\frac{1}{EI}\int_0^{0.5L}\left(\frac{Px}{2}\right)(L)dx$$

$$= \frac{2}{EI}\left[\frac{PL}{4}x^2\right]_0^{0.5L} = \frac{2}{EI}\left[\frac{PL}{3}\times\left(\frac{L}{2}\right)^2\right]$$

$$= \frac{PL^3}{8EI}$$

35 힌지와 케이블로 지지되어 있는 그림과 같은 보에서, 하중 P가 작용하는 B점의 수직처짐을 구하면? (단, 케이블의 축강성은 EA, 보의 휨강성은 EI이다) [국가직 7급]

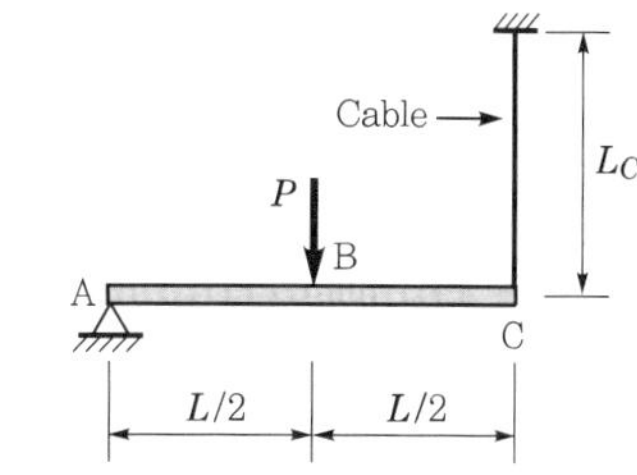

① $\frac{PL^3}{96EI}+\frac{PL_c}{4EA}$ ② $\frac{PL^3}{48EI}+\frac{PL_c}{2EA}$

③ $\frac{PL^3}{48EI}+\frac{PL_c}{4EA}$ ④ $\frac{PL^3}{48EI}+\frac{PL_c}{EA}$

해설 처짐 형상은 다음 그림과 같다.

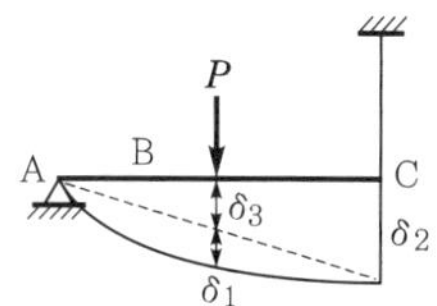

① $\delta_1 = \frac{P\cdot L^3}{48EI}$

② $\Sigma M_A = 0,\ P\times\frac{L}{2} - T\times L = 0$

$\therefore\ T = \frac{P}{2}$

$\delta_1 = \frac{T\cdot L_c}{EA} = \frac{P\cdot L_c}{2EA}$

$\delta_1 = \frac{1}{2}\cdot\delta_2 = \frac{P\cdot L_c}{4EA}$

$\therefore\ \delta_B = \delta_1 + \delta_2 = \frac{PL^3}{48EI} + \frac{PL_c}{4EA}$

36 다음 그림의 구조물에서 C점의 수직처짐은? (단, 보의 휨강성 EI와 스프링계수 K는 일정하다) [10. 국가직 7급]

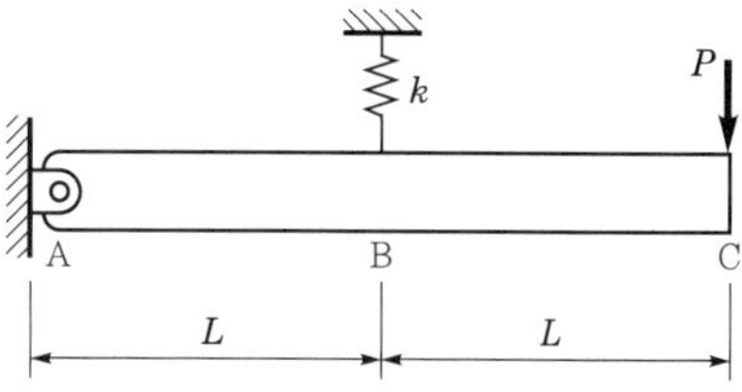

① $\frac{PL^3}{3EI}+\frac{4P}{K}$ ② $\frac{2PL^3}{3EI}+\frac{4P}{K}$

③ $\frac{PL^3}{3EI}+\frac{2P}{K}$ ④ $\frac{2PL^3}{3EI}+\frac{2P}{K}$

정답 35 ③ 36 ②

해설 ㉠ ABC보를 내민보로 간주할 때

δ_{C1} =캔틸레버 작용+B절점 회전작용

$$= \frac{PL^3}{3EI} + \left[\frac{(PL)L}{3EI}\right] \times L = \frac{2PL^3}{3EI}$$

㉡ B점의 스프링이 늘어날 때

스프링점의 반력, $R=2P$

스프링이 늘어난 길이, $\delta_B = \frac{R}{K} = \frac{2P}{K}$

C점의 처짐, $\delta_{C2} = 2\delta_B = \frac{4P}{K}$

∴ C점의 수직처짐

$$\delta_C = \frac{2PL^3}{3EI} + \frac{4P}{K}$$

37 그림과 같이 부재길이가 l인 트러스에서 하중 P가 절점 E에 작용할 때, 절점 E의 처짐은? (단, 축강성 EA는 일정하다) [08. 국가직 7급]

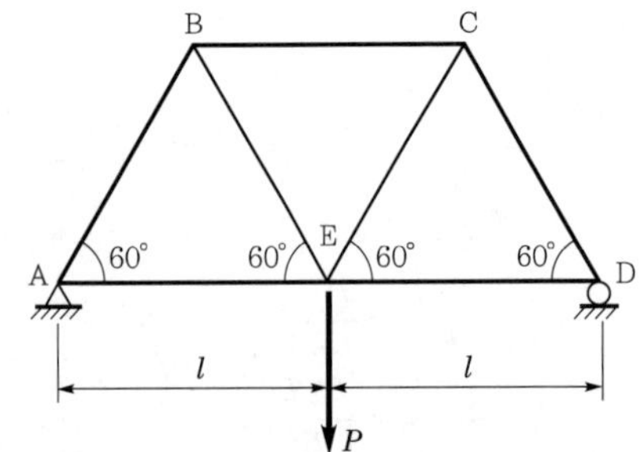

① $\frac{4Pl}{3EA}$　② $\frac{3Pl}{2EA}$

③ $\frac{5Pl}{3EA}$　④ $\frac{11Pl}{6EA}$

해설 ㉠ 부재력 계산

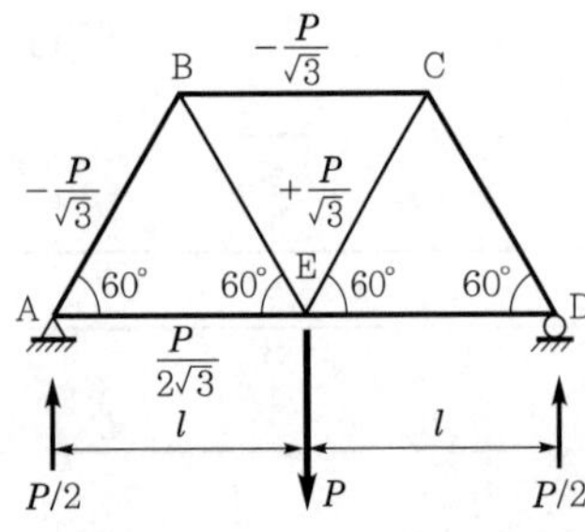

구조대칭 하중대칭성을 이용한다.

㉡ E점의 처짐계산

단위하중법을 적용한다.

$$\delta_E = \Sigma\frac{n \cdot N \cdot l}{EA}$$

$$= \frac{l}{EA}\left[\left(-\frac{1}{\sqrt{3}}\right)\left(-\frac{P}{\sqrt{3}}\right)\times 5 + \left(\frac{1}{2\sqrt{3}}\right)\left(\frac{P}{2\sqrt{3}}\right)\times 2\right]$$

$$= \frac{l}{EA}\left(\frac{5P}{3} + \frac{P}{6}\right) = \frac{11Pl}{6EA}$$

38 다음 그림과 같은 단순 지지보에서 온도변화가 보의 상단은 20℃, 보의 하단은 −20℃로 온도차가 발생되었을 때 보 중앙점에서의 수직 변위의 크기는? (단, 재료의 열팽창 계수(α)는 10^{-3}/℃ 이다) [10. 국가직 7급]

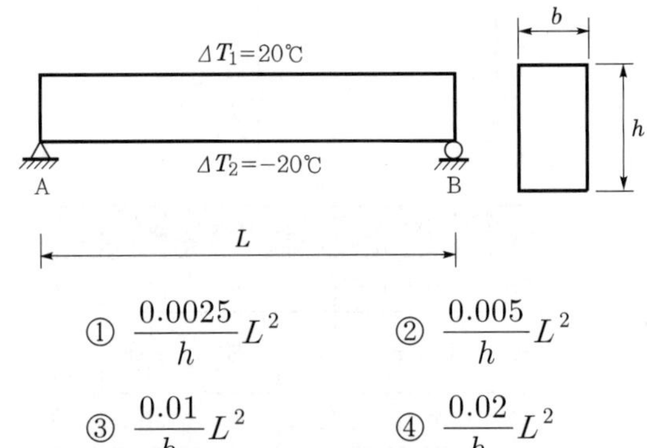

① $\frac{0.0025}{h}L^2$　② $\frac{0.005}{h}L^2$

③ $\frac{0.01}{h}L^2$　④ $\frac{0.02}{h}L^2$

해설 단순보의 양단에 $M = \frac{\alpha \cdot \Delta T \cdot EI}{h}$의 모멘트가 작용하는 것과 같다.

$$\delta_c = \frac{ML^2}{8EI} = \frac{\alpha \cdot \Delta T \cdot L^2}{8h}$$

$$= \frac{10^{-3} \times 40}{8h}L^2$$

$$= \frac{0.005}{h}L^2$$

정답 37 ④ 38 ②

Chapter 12

부정정 구조물

1 부정정 구조물의 특성

2 변위일치법(변형일치법)

3 3연모멘트법

4 최소일의 방법(카스틸리아노의 제2정리 응용)

5 처짐각법(요각법)

6 모멘트분배법

7 매트릭스 방법(matrix method)

8 부정정보의 영향선

CHAPTER

12 부정정 구조물

KEY NOTE

1 부정정 구조물의 특성

1. 정의

구조물의 미지수(반력, 단면력)가 3개 이상인 경우 정역학적 힘의 평형조건식($\sum H=0$, $\sum V=0$, $\sum M=0$)만으로는 해석이 불가능한 구조물을 부정정 구조물이라 한다. 따라서 부정정 구조물을 해석하기 위해서는 구조물의 변형과 구속조건을 고려한 탄성방정식을 추가로 만들어 해석하는 것이 일반적인 방법이다.

2. 부정정 구조물의 장단점

(1) 장점

① 휨모멘트 감소로 단면을 작게 할 수 있다.
  ➡ 재료절감 ➡ 경제적이다.

② 같은 단면일 때 정정 구조물보다 더 큰 하중을 받을 수 있다.
  ➡ 지간길이를 길게 할 수 있다. ➡ 교각수가 줄고 외관상 아름답다.

③ 강성이 크므로 변형이 작게 발생한다.

④ 과대한 응력을 재분배하므로 안정성이 좋다.

(2) 단점

① 해설과 설계가 복잡하다(E, I, A값을 알아야 해석 가능).

② 온도변화, 지점침하 등으로 인해 큰 응력이 발생하게 된다.

③ 응력교체가 정정 구조물보다 많이 발생하여 부가적인 부재가 필요하다.

3. 부정정 구조물의 해법

(1) 응력법(유연도법, 적합법)

부정정반력이나 부정정내력을 미지수로 취급하고, 적합조건을 유연도계수와 부정정력의 항으로 표시하여 미지의 부정정력을 계산하는 방법이다.

① 변위일치법(변형일치법): 부정정 차수가 낮은 단지간 고정보에 적용
② 3연모멘트법: 연속보에 적용(라멘에는 적용되지 않는다)
③ 가상일의 방법(단위하중법): 부정정 트러스와 아치에 적용
④ 최소일의 방법(카스틸리아노의 제2정리 응용): 변형에너지를 알 때 부정정 트러스와 아치에 적용
⑤ 처짐곡선(탄성곡선)의 미분방정식법
⑥ 기둥유사법: 연속보, 라멘에 적용

KEY NOTE

(2) 변위법(강성도법, 평형법)

절점의 변위를 미지수로 하여 절점변위와 부재의 내력을 구하는 방법

① 처짐각법(요각법): 직선재의 모든 부정정 구조물에 적용(간단한 직사각형 라멘에 적용)
② 모멘트분배법: 직선재의 모든 부정정 구조물에 적용(고층다경간 라멘에 적용)
③ 최소일의 방법(카스틸리아노의 제1정리 응용)
④ 모멘트면적법(모멘트면적법 제1정리 응용)

(3) 수치해석법

① 매트릭스 구조해석법
② 유한요소법(F.E.M)

2 변위일치법(변형일치법)

1. 원리

부정정 구조물의 부정정력(redundant force)을 소거시켜 정정구조물인 기본 구조물을 만든 후에 가동지점 또는 활절지점(hinge)에 처짐 및 처짐각이 발생하지 않는 경계조건을 이용하여 부정정 구조물을 해석하는 방법이다.

변위일치법은 모든 부정정 구조물의 해석에 적용되는 가장 일반적인 방법으로 적합방정식(compatibility equation)과 겹침방정식(superposition equation) 등이 이용된다.

KEY NOTE

2. 적용방법

적용방법	부정정력(여력)	정정 기본 구조물
처짐 이용	이동지점(△)의 수력반력	
처짐각 이용	고정단( )의 모멘트	

3. 변위일치법 적용

처짐을 이용한 방법 ➡ 부정정력으로 이동지점 수직반력(R_B) 선택, 소거

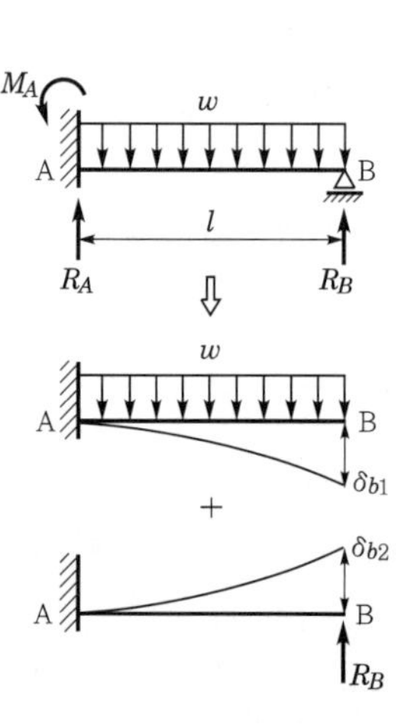

- 부정정력: R_B 선택
- $\delta_{b1} = \dfrac{wl^4}{8EI}(\downarrow)$, $\delta_{b2} = \dfrac{R_B l^3}{3EI}(\uparrow)$
- B점의 실제 처짐 = 0이므로

$$\delta_{b1} = \delta_{b2} : \frac{wl^4}{8EI} = \frac{R_B l^3}{3EI}$$

$$\therefore R_B = \frac{3}{8}wl(\uparrow)$$

- $\Sigma M_A = 0;$

$$M_a + wl\left(\frac{l}{2}\right) - R_B \cdot l = 0$$

$$\therefore M_A = \frac{wl^2}{8}$$

- $\Sigma V = 0;$ $\therefore R_A = \dfrac{5}{8}wl(\uparrow)$

처짐각을 이용한 방법 ➡ 부정정력으로 M_A 선택, 소거

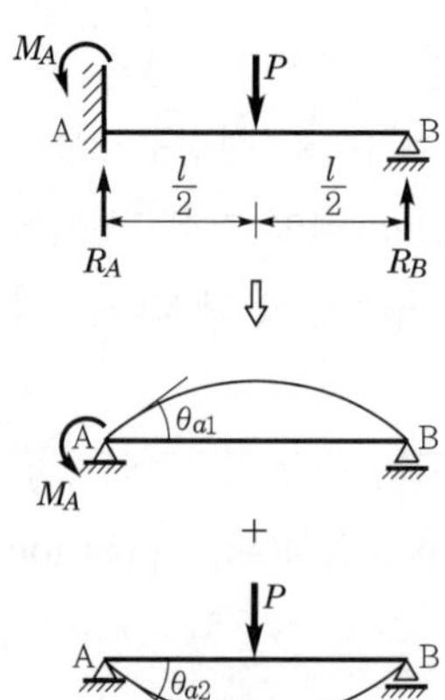

- 부정정력: M_A 선택
- $\theta_{a1} = -\dfrac{M_A \cdot l}{3EI}(\curvearrowleft)$, $\theta_{a2} = \dfrac{P \cdot l^2}{16EI}(\curvearrowright)$
- A점은 고정단으로 $\theta_A = 0$이므로

$$\theta_{a1} = \theta_{a2} : -\frac{M_A \cdot l}{3EI} = \frac{P \cdot l^2}{16EI}$$

$$\therefore M_A = \frac{\ominus 3Pl}{16}(\curvearrowleft)$$

- $\Sigma M_B = 0 :$ $R_A = \dfrac{11}{16}P$
- $\Sigma V = 0 :$ $R_B = \dfrac{5}{16}P$

3 3연모멘트법

1. 원리

부정정 연속보의 2경간 3개 지점에 대한 휨모멘트 관계방정식을 만들어 부정정을 해석하는 방법이다. 즉, 연속보에서 지점모멘트를 부정정 여력으로 취하고, 부정정 여력 수만큼 방정식을 만들어 이것을 연립하여 풂으로써 지점모멘트를 구하는 정리이다.

2. 적용방법

(1) 2지간 3개 지점을 묶어 하나의 방정식을 만든다.

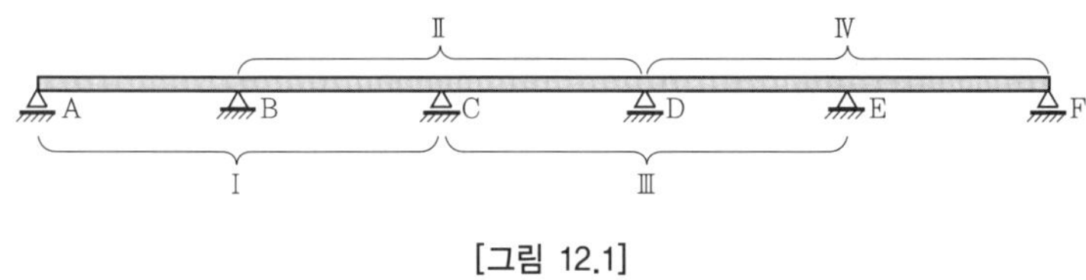

[그림 12.1]

① 부정정 여력: I식 → M_B, II식 → M_C, III식 → M_D, IV식 → M_E를 구한다.

② 기본 방정식 수: 4개

③ 최소 방정식 수: 2개(I식 = IV식, II식 = III식)

(2) 고정지점인 경우 가상지간을 연장하여 가동지점으로 한 후 방정식을 수립하여 해석한다.

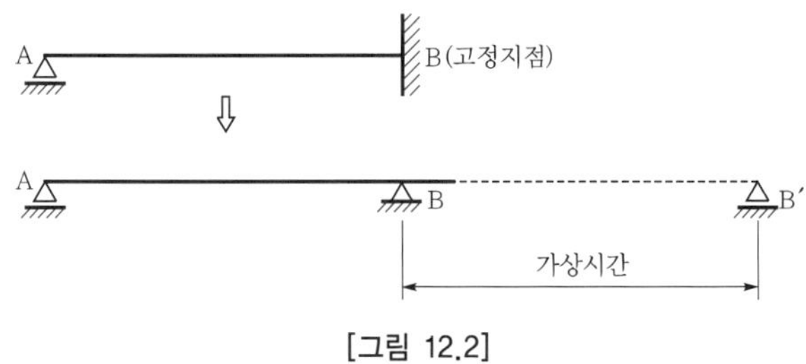

[그림 12.2]

(3) 기본식의 처짐각과 부재각은 연속보의 1지간을 단순보로 가정한 값을 적용한다.

KEY NOTE

해법순서

(1) 고정단은 → 힌지지점으로 가상지간을 만든다($I = \infty$ 가정).
(2) 단순보 지간별로 하중에 의한 처짐각, 침하에 의한 부재각을 계산한다.
(3) 왼쪽부터 2지간씩 중복되게 묶어 공식에 대입한다.
(4) 연립하여 내부 휨모멘트를 계산한다.
(5) 지간을 하나씩 구분하여 계산된 휨모멘트를 작용시키고 반력을 계산한다.

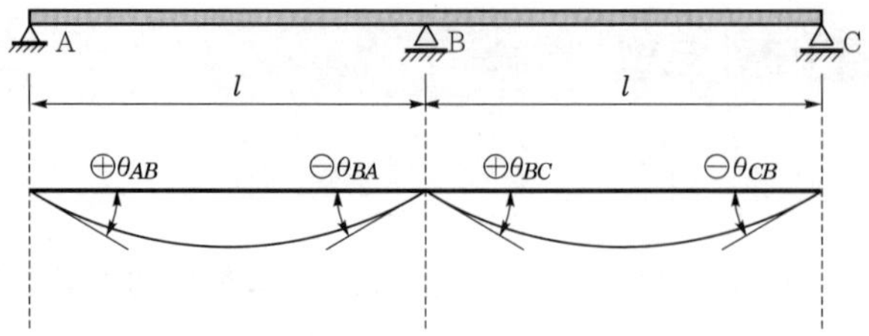

[그림 12.3] 처짐각(시계방향 ⊕, 반시계방향 ⊖)

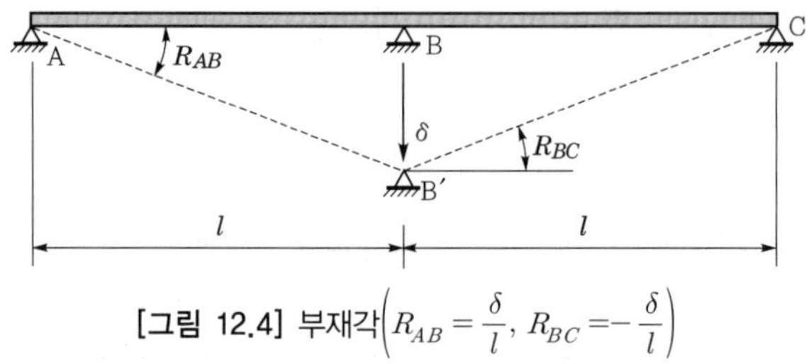

[그림 12.4] 부재각$\left(R_{AB} = \dfrac{\delta}{l},\ R_{BC} = -\dfrac{\delta}{l}\right)$

3. 3연모멘트 기본방정식($I_1 = I_2 = I$, E: 일정)

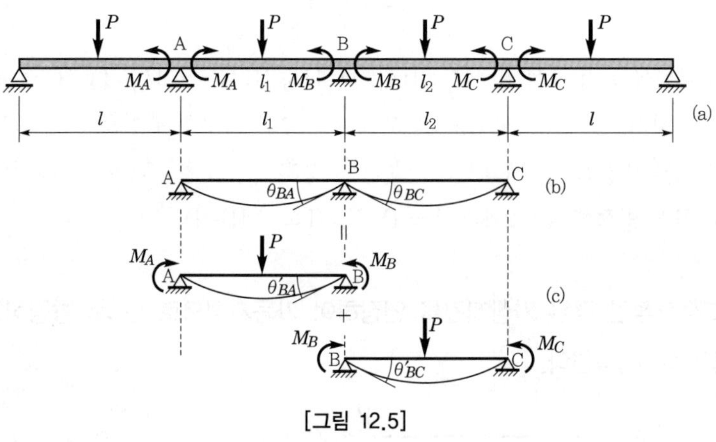

[그림 12.5]

(1) 하중에 대한 처짐각 고려

$$M_A\frac{l_1}{I_1} + 2M_B\left(\frac{l_1}{I_1} + \frac{l_2}{I_2}\right) + M_C\frac{l_2}{I_2} = 6E(\theta_{BA} - \theta_{BC})$$

(2) 하중과 지점의 부등침하 고려

$$M_A\frac{l_1}{I_1} + 2M_B\left(\frac{l_1}{I_1} + \frac{l_2}{I_2}\right) + M_C\frac{l_2}{I_2}$$
$$= 6E(\theta_{BA} - \theta_{BC}) + 6E(R_{AB} - R_{BC})$$

KEY NOTE

3연모멘트 기본방정식 유도

- 그림 12.5(b)에서
  $\theta_{BA} = \theta_{BC}$ …… ①
- 그림 12.5(c)에서
  θ_{BA}' =지점모멘트에 의한 처짐각+하중에 의한 처짐각
  $\therefore \theta_{BA}' = -\dfrac{(M_A + 2M_B)}{6EI_1}l_1 + \theta_{BA}$ …… ②
  $\therefore \theta_{BC}' = \dfrac{(2M_B + M_C)}{6EI_2}l_2 + \theta_{BC}$ …… ③

①, ②, ③에서

$$-\frac{(M_A + 2M_B)}{6EI_1}\cdot l_1 + \theta_{BA} = \frac{(2M_B + M_C)}{6EI_2}\cdot l_2 + \theta_{BC}$$

$$R_{AB} = \frac{\delta_1}{l_1}$$

$$R_{BC} = \frac{\delta_2}{l_2}$$

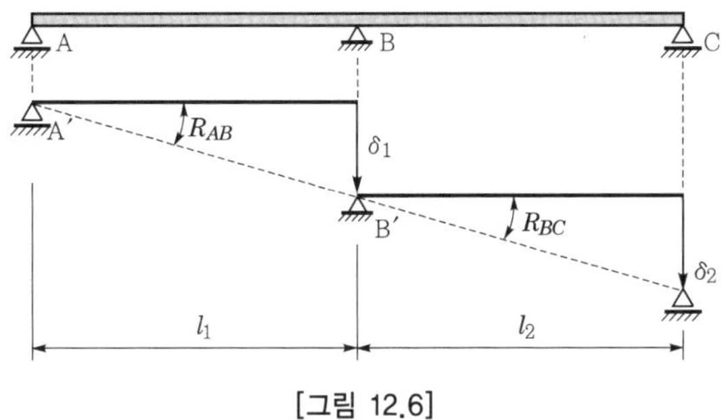

[그림 12.6]

4. 3연모멘트법의 적용

(1) 2지간 연속보에 집중하중 작용($E \cdot I =$ 일정)

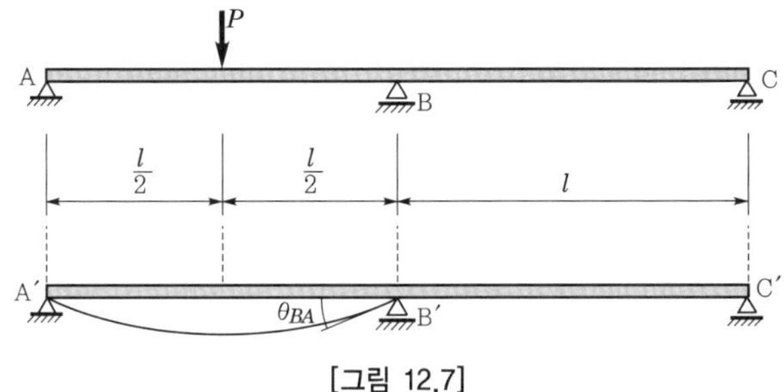

[그림 12.7]

① $M_A = M_C = 0$이므로

② $2M_B\left(\frac{l_1}{I_1} + \frac{l_2}{I_2}\right) - 6E(\theta_{BA} - \theta_{BC})$

$$\therefore M_B = \frac{6EI}{4l}(\theta_{BA} - \theta_{BC}) - \frac{6EI}{4l}\left(-\frac{Pl^2}{16EI} - 0\right)$$

$$= -\frac{3Pl}{32}$$

(2) 2지간 연속보에 등분포하중 작용($E \cdot I =$ 일정)

① $M_A = M_C = 0$이므로

KEY NOTE

KEY NOTE

② $2M_D\left(\dfrac{l_1}{I_1}+\dfrac{l_2}{I_2}\right)=6E(\theta_{BA}-\theta_{BC})$

$$\therefore\ M_B=\frac{6EI}{4l}(\theta_{BA}-\theta_{BC})$$

$$=\frac{6EI}{4l}\left(-\frac{wl^3}{24EI}-\frac{wl^3}{24EI}\right)$$

$$=-\frac{wl^2}{8}$$

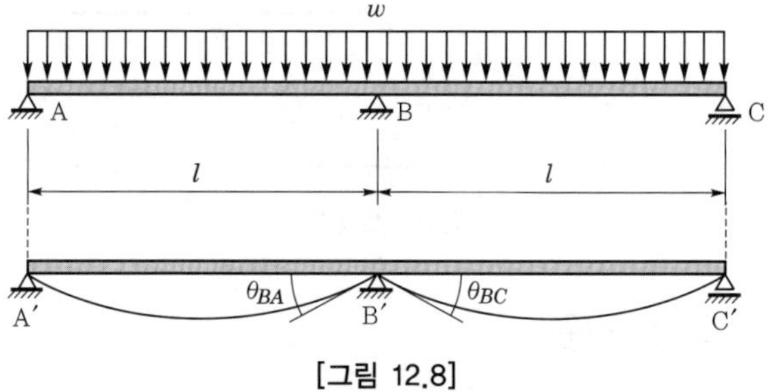

[그림 12.8]

(3) 2지간 연속보에서 B저점이 δ만큼 침하($E \cdot I=$일정)

① $M_A=M_B=0$이므로

② $2M_B\left(\dfrac{l_1}{I_1}+\dfrac{l_2}{I_2}\right)=6E(R_{AB}-R_{BC})$

$$\therefore\ M_B=\frac{6EI}{4l}(R_{AB}-R_{BC})=\frac{6EI}{4l}\left(\frac{\delta}{l}+\frac{\delta}{l}\right)$$

$$=\frac{6EI}{4l}\times\frac{2\delta}{l}=\frac{3EI\delta}{l^2}$$

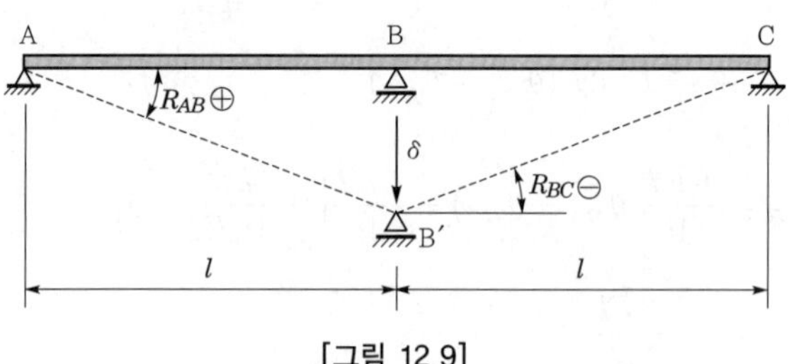

[그림 12.9]

4 최소일의 방법(카스틸리아노의 제2정리 응용)

KEY NOTE

1. 원리

부정정 구조물에 외력이 작용할 때 각 부재가 한 내적일은 평형을 유지하기 위하여 필요한 최소의 일이며, 이것을 다음 식과 같이 정의한다. 즉

$$\Delta_1 = \frac{\partial U}{\partial X_1} = 0$$ (카스틸리아노의 제2정리 응용)

여기서, Δ_1: X_1 방향의 변위(수직, 수평변위 δ, 회전각 θ)

U: 변형에너지

X_1: 부정정력(수직, 수평모멘트)

2. 적용

(1) 보 및 라멘 구조물

$$U = \int \frac{M^2}{2EI} dx$$

$$\therefore \Delta = \frac{\partial U}{\partial X_1} = \frac{1}{EI}\int M \cdot \left(\frac{\partial M}{\partial X_1}\right) dx = 0$$

(2) 트러스 구조물

$$U = \int \Sigma \frac{N^2}{2EA} L$$

$$\therefore \Delta = \frac{\partial U}{\partial X_1} = \Sigma N \cdot \left(\frac{\partial N}{\partial X_1}\right) \cdot \left(\frac{L}{EA}\right) = 0$$

(3) 보+트러스 합성 구조물

$$U = \int \frac{M^2}{2EI} dx + \Sigma \frac{N^2}{2EA} L$$

$$\therefore \Delta = \frac{\partial U}{\partial X_1} = \Sigma \int M \cdot \left(\frac{\partial M}{\partial X_1}\right) \cdot \frac{dx}{EI} - \Sigma N \cdot \left(\frac{\partial N}{\partial X_1}\right) \cdot \left(\frac{L}{EA}\right)$$

$$= 0$$

KEY NOTE

처짐각법 가정사항

(1) 각 부재의 교각은 변형 후에도 직선유지(직선재)
(2) 절점에 모인 각 부재는 힌지절점을 제외하고 모두 완전 강절점
(3) 축방향력과 전단력에 의한 변형은 무시
(4) 휨모멘트에 의한 부재의 처짐은 고려하나, 처짐으로 인한 변형은 무시
(5) 재단모멘트의 부호는 작용점에 관계 없이 시계방향 ⊕, 반시계방향 ⊖

해법순서

(1) 하중항과 강비 계산
(2) 처짐각 기본식(재단모멘트식) 구성
(3) 평형방정식(절점방정식, 층방정식) 구성
(4) 미지수(처짐각, 부재각) 결정
(5) 미지수를 처짐각 기본식에 대입하여 재단모멘트 M 계산
(6) 지점반력과 단면력 계산

기호 정의

- E: 탄성계수
- K(강도): $\frac{I}{l}$
- R(부재력): $\frac{\delta}{l}$
- C_{AB}, C_{BA}: 하중항
- M_{AB}, M_{BA}: 재단모멘트

5 처짐각법(요각법)

1. 원리

직선부재에 작용하는 하중과 하중으로 인한 변형에 의해서 절점에 발생하는 절점각과 부재각으로 표시되는 처짐각방정식(재단모멘트식)을 구성하고, 평형조건식(절점방정식, 층방정식)에 의해 미지수인 절점각과 부재각을 구한다. 이 값을 기본식(재단모멘트식, 처짐각방정식)에 대입하여 재단(고정지점)모멘트 M을 직접 구하는 방법이다.

2. 처짐각법의 기본식(재단모멘트방정식)

(1) 방정식 구성

재단모멘트(M)=처짐각에 의한 M(처짐각 θ항)
+침하에 의한 M(부재각 R항)
+하중에 의한 M(하중항 C, H)

(2) 양단 고정절점(고정지점)

$$M_{AB} = 2EK_{AB}(2\theta_A + \theta_B - 3R) - C_{AB}$$
$$M_{BA} = 2EK_{BA}(\theta_A + 2\theta_B - 3R) + C_{BA}$$

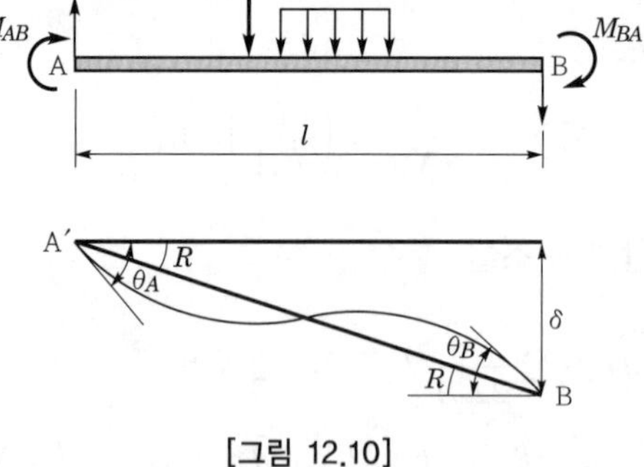

[그림 12.10]

(3) 일단 고정지점, 타단 고정절점

① A점 지점, B점 절점

$$M_{AB} = 2EK_{AB}(\theta_B - 3R) - C_{AB}$$
$$M_{BA} = 2EK_{BA}(2\theta_B - 3R) + C_{BA}$$

② A점 절점, B점 지점

$$M_{AB} = 2EK_{AB}(2\theta_A - 3R) - C_{AB}$$
$$M_{BA} = 2EK_{BA}(\theta_A - 3R) + C_{BA}$$

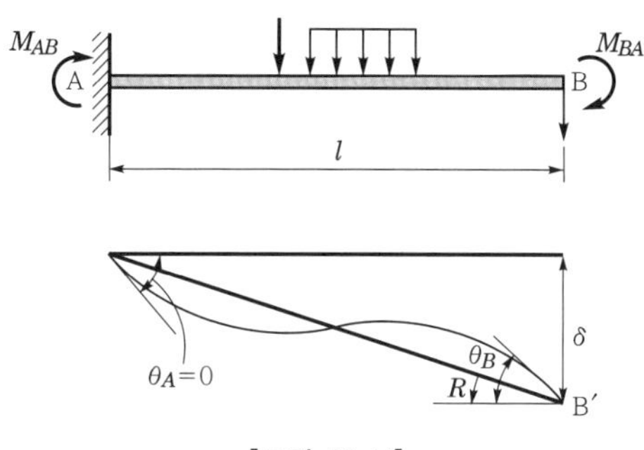

[그림 12.11]

(4) 일단 고정절점, 타단 활절 또는 가동지점

① A점 고정절점, B점 활절(힌지)

$$M_{AB} = 2EK_{AB}(1.5\theta_A - 1.5R) - H_{AB}$$
$$M_{BA} = 0$$

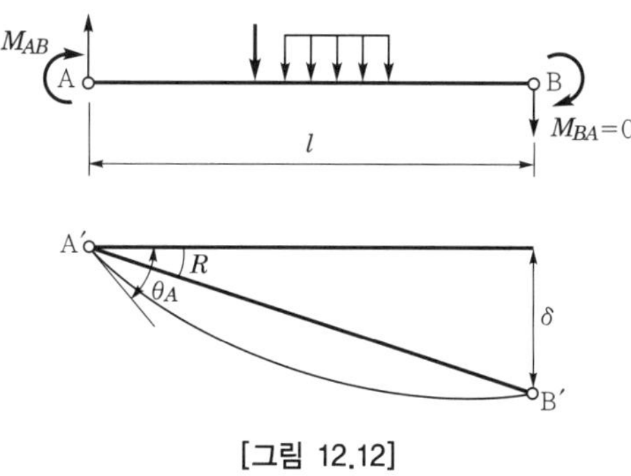

[그림 12.12]

② B점 고정절점, A점 활절(힌지)

$$M_{AB} = 0$$
$$M_{BA} = 2EK_{AH}(1.5\theta_B - 1.5R) + H_{BA}$$

KEY NOTE

하중항(고정단모멘트)

- C_{AB}, C_{BA}: 양단 고정절점(지점) 일 때 하중항
- H_{AB}, H_{BA}: 일단 고정, 타단 힌지일 때 하중항

$$\therefore H_{AB} = -\left(C_{AB} + \frac{C_{BA}}{2}\right)$$
$$H_{BA} = \left(C_{BA} + \frac{C_{AB}}{2}\right)$$

KEY NOTE

(5) 실용공식

① 양단 고정절점, 고정지점

$$M_{AB}=k_0(2\phi_A+\phi_B+\mu)-C_{AB}$$
$$M_{BA}=k_0(2\phi_B+\phi_A+\mu)+C_{BA}$$

② 일단 고정절점, 타단 활절 또는 가동지점

$$M_{AB}=k_0(1.5\phi_A+0.5\mu)-H_{AB}$$
$$M_{BA}=0$$

여기서, ϕ: $2\cdot E\cdot K\cdot\theta$

μ: $-6\cdot E\cdot K\cdot R$

k_0: 강비$\left(\dfrac{\text{그 부재 강도}}{\text{기준강도}}\right)$

3. 평형방정식

처짐각방정식(재단모멘트식)에서 미지수(ϕ, μ)를 구하기 위해 절점방정식(모멘트식)과 층방정식(전단력식)을 사용한다.

(1) 절점방정식(모멘트식)

절점에 모인 각 부재의 재단모멘트 합은 0이며, 절점방정식은 끝지점을 제외한 절점의 수만큼 존재한다.

① 임의 하중에 의한 절점방정식

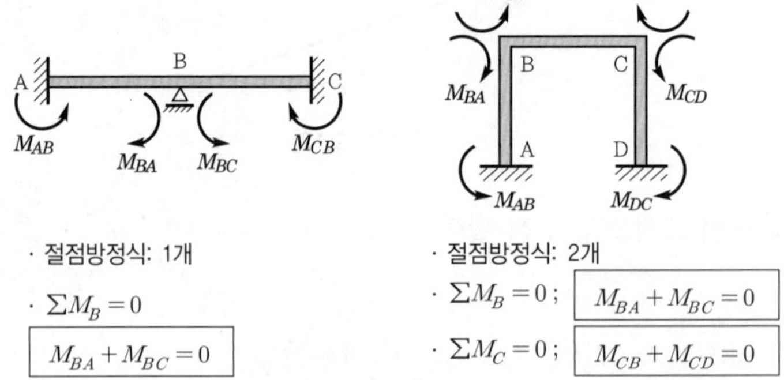

[그림 12.13]

KEY NOTE

② 모멘트하중(M)이 작용할 때의 절점방정식

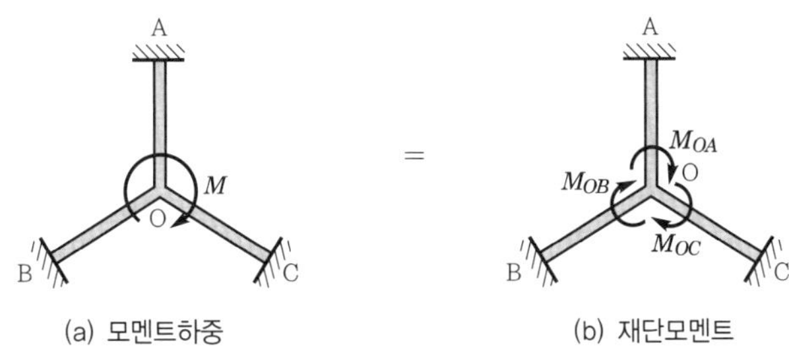

· 절점방정식: 1개

· $M = M_{OA} + M_{OB} + M_{OC}$

[그림 12.14]

(2) **층방정식**(전단력식)

각 층에서 전단력(수평력)의 합은 0이며, 층방정식 수는 구조물의 층 수만큼 존재한다.

각 층의 층방정식
=위 절점의 재단모멘트+아래 절점의 재단모멘트
+(해당 층 위에 작용하는 수평력)×해당 층의 높이
+(해당 층에 작용하는 수평력)×기둥 하단에서 수평력까지의 거리
=0

① 1층구조의 층방정식

㉠ AC부재의 수평반력[그림 12.15(b)]

$\sum M_C = 0$에서

$H_A \times h + M_{AC} + M_{CA} = 0$

$$\therefore H_A = -\frac{1}{h}(M_{AC} + M_{CA})$$

㉡ BD부재의 수평반력[그림 12.15(c)]

$\sum M_D = 0$에서

$H_B \times h + M_{BD} + M_{DB} = 0$

$$\therefore H_B = -\frac{1}{h}(M_{BD} + M_{DB})$$

㉢ 층방정식[그림 12.15(a)]

$\sum H = 0$에서

KEY NOTE

$P - H_A - H_B = 0$

$\therefore\ P - \left[-\frac{1}{h}(M_{AC} + M_{CA})\right] - \left[-\frac{1}{h}(M_{BD} + M_{DB})\right] = 0$

$$\therefore\ Ph + M_{AC} + M_{CA} + M_{BD} + M_{DB} = 0$$

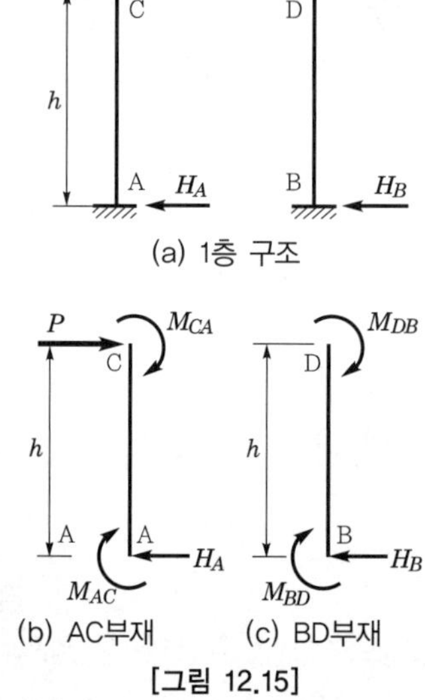

[그림 12.15]

② 2층구조의 층방정식

㉠ 1층에 대한 층방정식

$\Sigma H = 0$에서 $\Sigma P + \Sigma M_0 = 0$

$$\therefore\ P_1 \cdot h_1 + P_2 \cdot h_1 - P_3 \cdot y_1 + M_{AB} + M_{BA} + M_{EF} + M_{FE} = 0$$

㉡ 2층에 대한 층방정식: 2층 위에 있는 수평력을 모두 더한다.

$\Sigma H = 0$에서 $\Sigma P + \Sigma M_0 = 0$

$$\therefore\ P_2 \cdot y_2 + M_{BC} + M_{CB} + M_{DE} + M_{ED} = 0$$

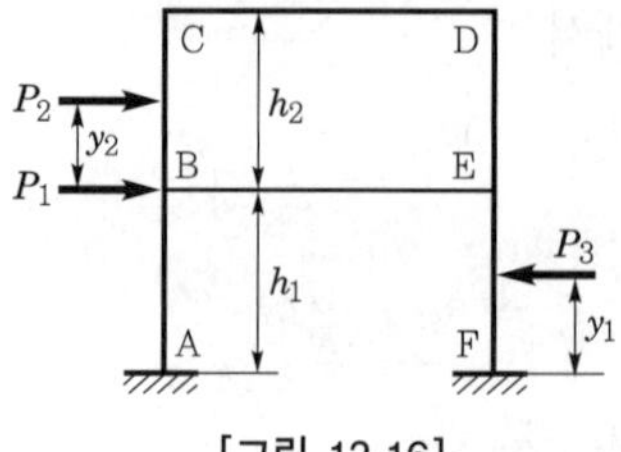

[그림 12.16]

(3) 절점각(θ)과 부재각(R)

① 절점각(처짐각, 회전각): 절점각 수는 끝지점을 제외한 절점수

② 부재각(침하각): 부재각 수는 구조물의 층 수만큼 존재

$$R_1 = \frac{\delta_1}{h_1} \rightarrow \delta_1 = R_1 \cdot h_1$$

$$R_2 = \frac{\delta_2}{h_2} \rightarrow \delta_2 = R_2 \cdot h_2$$

$\therefore \delta_1 = \delta_2$이므로 $R_2 = \dfrac{\delta_2}{h_2} = \dfrac{h_1 \cdot R_1}{h_2}$

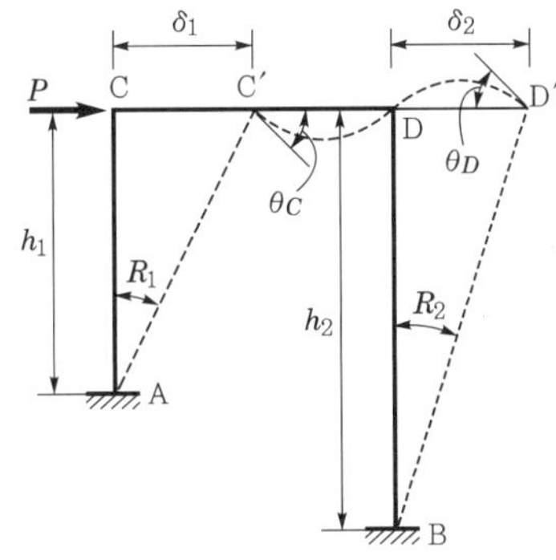

[그림 12.17]

(4) 절점각과 부재각의 최소 미지수 합

유형	단층구조	2층구조
구조, 하중 : 대칭	w, C, K, D, K, K, A, B · θ=1개($\theta_C = \theta_D$) · $R=0$ ∴ 계: 1개	w, E, K, F, K, K, C, K, D, K, A, B, K · θ=2개 ($\theta_C = \theta_D$, $\theta_E = \theta_F$) · $R=0$ ∴ 계: 2개

(계속)

KEY NOTE

절점각(θ) 미지수 판정

- 절점각은 끝지점을 제외한 절점 수와 같다.
- 한 절점에서 모든 부재의 절점각은 같다.
- 고정지점에서 절점각은 0
- 대칭라멘에서 절점각 수는 절점 수의 $\frac{1}{2}$
- 대칭라멘에서 대칭축상에 수직부재가 일치할 경우 절점각은 0

KEY NOTE

유형	단층구조	2층구조
구조 : 대칭 하중 : 역대칭	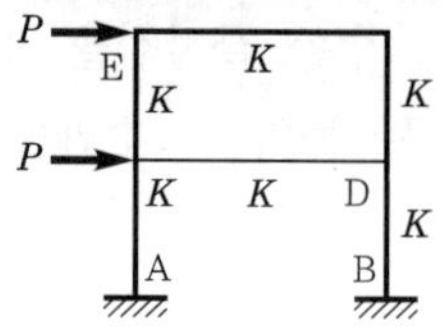 · θ=1개($\theta_C=\theta_D$) · R=1개 ∴ 계: 2개	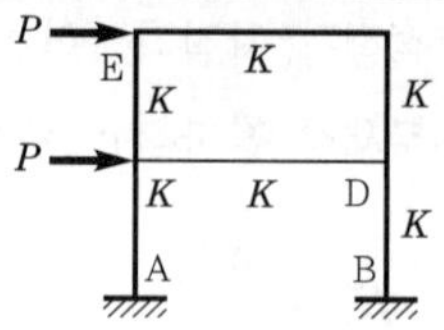 · θ=2개 ($\theta_C=\theta_D$, $\theta_E=\theta_F$) · R=2개(층당 1개) ∴ 계: 4개
구조, 하중 : 비대칭	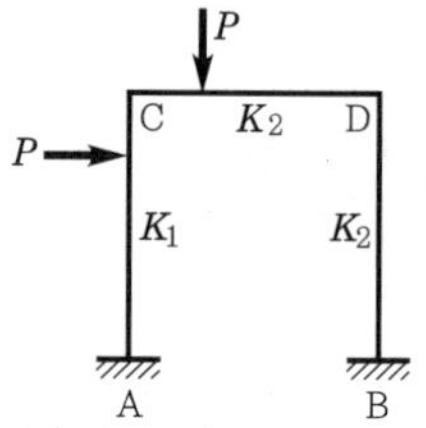 · θ=2개($\theta_C\neq\theta_D$) · R=1개 ∴ 계: 3개	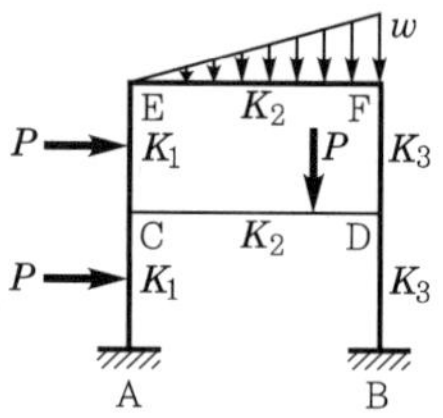 · θ=4개 ($\theta_C\neq\theta_D$, $\theta_E\neq\theta_F$) · R=2개(층당 1개) ∴ 계: 6개

4. 하중항(= 고정단모멘트)

재단모멘트에서 하중으로 인해 발생하는 모멘트를 하중항이라 하며, 하중만 작용하는 경우의 재단모멘트 값은 하중항과 같다.

(1) 하중항 공식

① $H_{AB}=-\left(C_{AB}+\frac{1}{2}C_{BA}\right)$

② $H_{BA}=\left(C_{BA}+\frac{1}{2}C_{BA}\right)$

여기서, C_{AB}, C_{BA}: 양단 고정절점(지점)일 때 하중항

H_{AB}, H_{BA}: 일단 고정, 타단 힌지일 때 하중항

(2) 하중형태별 주요 하중항

양단 고정보	하중항(C)	일단 고정, 타단 힌지보	하중항(H)
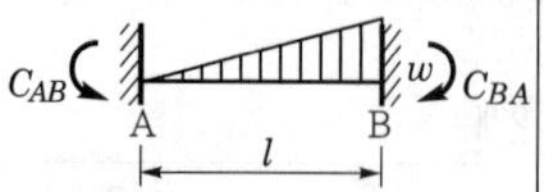	$C_{AB}=-\frac{wl^2}{30}$ $C_{BA}=\frac{wl^2}{20}$	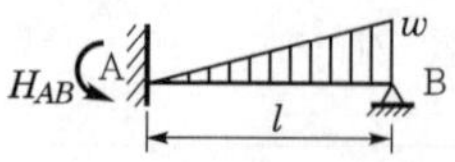	$H_{AB}=\frac{7wl^2}{120}$
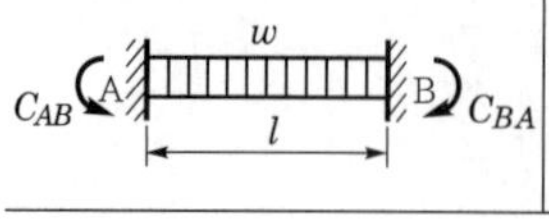	$C_{AB}=-\frac{wl^2}{12}$ $C_{BA}=\frac{wl^2}{12}$	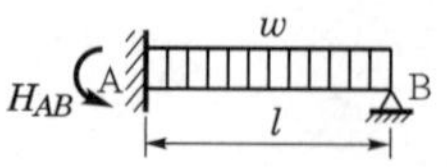	$H_{AB}=-\frac{wl^2}{8}$

(계속)

양단 고정보	하중항(C)	일단 고정, 타단 힌지보	하중항(H)
	$C_{AB}=-\dfrac{Pab^2}{l^2}$ $C_{BA}=\dfrac{Pa^2b}{l^2}$		$H_{AB}=$ $-\dfrac{Pab}{2l^2}(l+b)$
	$C_{AB}=-\dfrac{Pl}{8}$ $C_{BA}=\dfrac{Pl}{8}$		$H_{AB}=-\dfrac{3}{16}Pl$
	$C_{AB}=-\dfrac{5wl^2}{192}$ $C_{BA}=\dfrac{11wl^2}{192}$		$H_{AB}=-\dfrac{Pl}{3}$
	$C_{AB}=\dfrac{M}{4}$ $C_{BA}=\dfrac{M}{4}$		$H_{AB}=\dfrac{M}{8}$

KEY NOTE

5. 처짐각법의 적용

(1) 처짐각법 기본식 이용

① 예비조건: 대칭구조이므로 절반만 계산한다.

$M_A=M_F,\ M_B=M_E$

$M_D=0,\ M_{CD}=0$

$\theta_A=\theta_D=\theta_F=\theta_C=0$

$R=0$

$\theta_B=-\theta_E$ (미지수 1개)

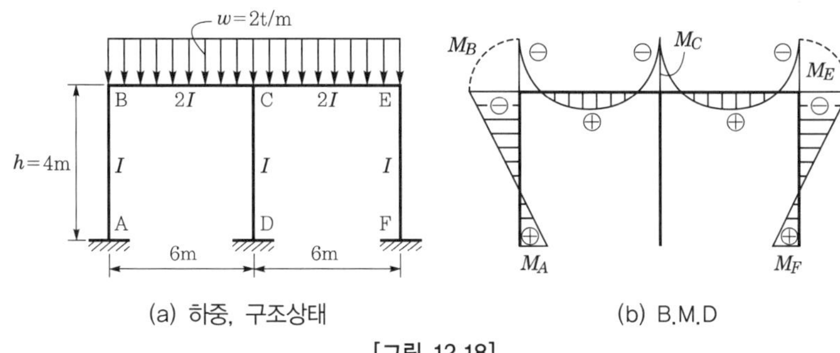

(a) 하중, 구조상태 (b) B.M.D

[그림 12.18]

KEY NOTE

② 강도

$K_{BA} = \frac{I}{4}$, $K_{BC} = \frac{2I}{6}$

$K_O = K_{BC}$ (기준강도)

③ 강비

$$k_{AB} = k_{BA} = \frac{K_{BA}}{K_O} = \frac{I}{4} \times \frac{6}{2I} = 0.75$$

$$k_{BC} = k_{CB} = \frac{K_{BC}}{K_O} = 1$$

④ 하중항

$$C_{BC} = C_{CB} = \frac{wl^2}{12} = \frac{2\times6\times6}{12} = 6\text{tf}\cdot\text{m}$$

⑤ 기본식

$$M_{AB} = 2EK_{AB}(2\theta_A + \theta_B - 3R) - C_{AB}$$
$$= k_{AB}(\theta_H) = 0.75\theta_B$$
$$M_{BA} = 2EK_{BA}(\theta_A + 2\theta_B - 3R) + C_{BA}$$
$$= k_{BA}(2\theta_B) = 1.5\theta_B$$
$$M_{BC} = 2EK_{BC}(2\theta_B + \theta_C - 3R) - C_{BC}$$
$$= k_{BC}(2\theta_B) - C_{BC} - 2\theta_B - 6$$
$$M_{CB} = 2EK_{CB}(\theta_B + 2\theta_C - 3R) + C_{CB}$$
$$= k_{CB}(\theta_B) + C_{CB} = \theta_B + 6$$

⑥ 절점방정식

$\Sigma M_B = 0\,;\ M_{BA} + M_{BC} - 1.5\theta_B + 2\theta_B - 6 = 0$

$\therefore\ \theta_B = \frac{6}{3.5} = 1.71$

⑦ 재단모멘트

㉠ $M_{AB} = 0.75\times1.71 = 1.28\text{tf}\cdot\text{m} = M_{FE}$

㉡ $M_{BA} = 1.5\times1.71 = 2.56\text{tf}\cdot\text{m} = -M_{EF}$

㉢ $M_{BC} = 2\times1.71 - 6 = -2.58\text{tf}\cdot\text{m} = M_{EC}$

㉣ $M_{CB} = 1.71 + 6 = 7.71\text{tf}\cdot\text{m} = -M_{CE}$

(2) 처짐각법의 실용식 이용

① 예비조건: 대칭 구조이므로 절반만 계산한다.

$\phi_A = 0$, $\phi_c = -\phi_B$

KEY NOTE

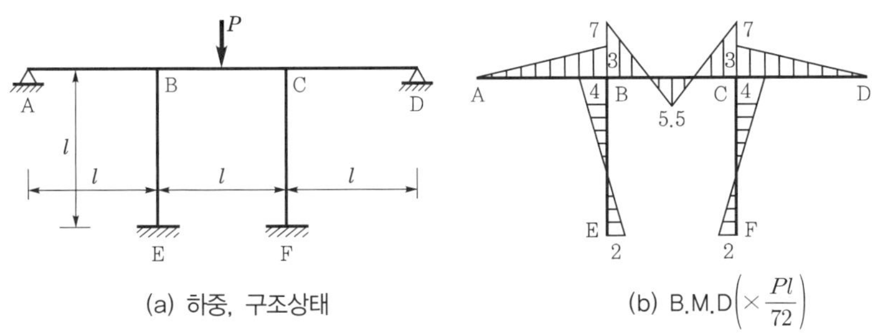

(a) 하중, 구조상태 (b) B.M.D$\left(\times\frac{Pl}{72}\right)$

[그림 12.19] 처짐각법의 실용식을 이용한 부정정 해석

② 강도, 강비

$$K_{BA}=K_{BC}=K_{BE}=\frac{I}{l}$$

$$k_{BA}=k_{BC}=k_{BE}=1$$

③ 하중항

$$C_{BC}=C_{CB}=\frac{Pl}{8}$$

④ 기본식

$$\therefore\ M_{BA}=k_{BA}(1.5\phi_B+0.5\mu)+H_{AB}=1.5\phi_B$$

$$M_{BE=}2\phi_B,\ M_{EB}=\phi_B$$

$$M_{BC}=(2\phi_B+\phi_C)-\frac{Pl}{8}=\phi_B-\frac{Pl}{8}$$

⑤ 절점방정식

$$M_{BA}+M_{BC}+M_{BE}=\frac{9}{2}\phi_B-\frac{Pl}{8}=0$$

$$\therefore\ \phi_B=\frac{Pl}{36}$$

⑥ 재단모멘트

$$M_{BA}=\frac{Pl}{24},\ M_{BC}=\frac{-7Pl}{72},\ M_{BE}=\frac{Pl}{18},\ M_{EB}=\frac{Pl}{36}$$

6 모멘트분배법

1. 원리

그림 12.20과 같은 부정정보에서 AB보는 하중이 없어 $M_{BA}=0$이나, BC보에는 하중으로 인한 M_{BC}가 발생하게 된다. 그러나 평형조건에 의해 B절점이 모멘트 합은 0이 되어야 되는데 $M_{BA}+M_{BC}\neq 0$이다. 이 두 모멘트의 차를 불균형모멘트라 하며, 이불균형모멘트를 부재의 강도

에 따라 AB와 BC부재에 분배하고 B점에 분배된 모멘트를 고정단으로 전달하도록 하여 전달모멘트를 구함으로써 재단모멘트를 해석하는 부정정 해법이다.

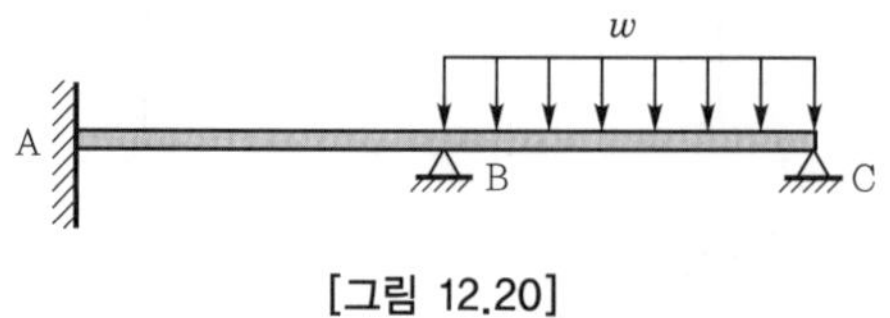

[그림 12.20]

KEY NOTE

2. 해법 순서

모멘트분배법의 해석 순서
- 강도(K), 강비(k) 계산
- 분배율($D.F$) 계산
- 하중항($F.E.M$) 계산
- 불균형모멘트($U.M$) 계산
- 분배모멘트($D.M$) 계산
- 전달모멘트($C.M$) 계산
- 적중(지단)모멘트 계산

(1) 부재강도(K)와 강비(k) 계산

$$\therefore\ K = \frac{\text{단면2차모멘트}(I)}{\text{부재길이}(l)} \qquad \therefore\ k = \frac{\text{해당 부재강도}(K)}{\text{기준강도}(K_0)}$$

(2) 유효강비(k_k)

부재의 양단이 고정된 경우를 기준으로 상대부재의 강비를 정한 강비

부재상태	휨모멘트 분포도	유효강비(강도)	전달률 (f)	절대강도
양단 고정		k (100%)	$\frac{1}{2}$	$\frac{4EI}{l}(=4EK)$
일단 고정 타단 힌지		$\frac{3}{4}k$ (75%)	0	$\frac{3EI}{l}(=3EK)$
일단 고정 타단 자유		0	0	0
대칭 변형		$\frac{1}{2}k$ (50%)	−1	$\frac{2EI}{l}(=2EK)$
역대칭 변형		$\frac{3}{2}k$ (150%)	1	$\frac{6EI}{l}(=6EK)$

분배율의 총합 = 1

(3) 분배율(Distribution Factor: D.F) ➡ 유효강비 사용

$$D.F = \frac{\text{해당 부재강비}(k)}{\text{전체 강비}(\Sigma k)}$$

① $(D.F)_{OA} = \dfrac{k_{OA}}{k_{OA} + k_{OB} + \frac{3}{4}k_{OC}}$

② $(D.F)_{OB} = \dfrac{k_{OB}}{k_{OA} + k_{OB} + \frac{3}{4}k_{OC}}$

③ $(D.F)_{OC} = \dfrac{\frac{3}{4}k_{OC}}{k_{OA} + k_{OB} + \frac{3}{4}k_{OC}}$

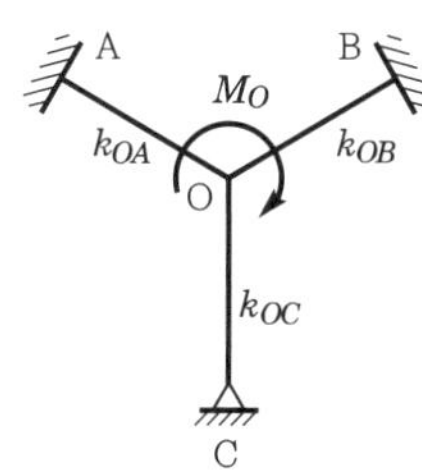

[그림 12.21]

KEY NOTE

(4) **하중항**(Fixed End Moment: F.E.M) ➡ 하중항 공식 이용

고정단에서 하중에 의해 발생되는 재단모멘트로 시계방향 ⊕, 반시계방향 ⊖

(5) **불균형모멘트**(Unbalanced Moment: U.M)

한 절점에서 좌·우 모멘트 값의 차이로 총합이 0이 아닌 모멘트양

불균형모멘트와 균형모멘트

- B.M=−(U.M)

(6) **균형모멘트**(Balanced Moment: B.M)

불균형모멘트를 해소하기 위해 크기가 같고, 반대방향으로 가한 모멘트양

(7) **분배모멘트**(Distributed Moment: D.M)

D.M=균형모멘트(B.M)×분배율(D.F)

(8) **전달률**(f)**과 전달모멘트**(Carry Moment: C.M)

① 전달률(f): 한쪽에 작용하는 모멘트를 다른 쪽 지점으로 전달하는 비율

∴ 고정절점(지점): 1/2, 힌지: 0

② 전달모멘트(C.M)

C.M=분배모멘트(D.M)×전달률(f)

작용모멘트와 전달모멘트

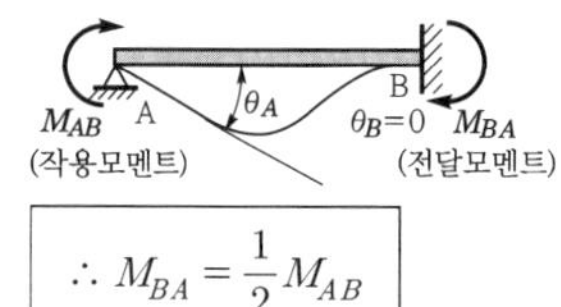

$\therefore M_{BA} = \dfrac{1}{2}M_{AB}$

KEY NOTE

재단모멘트(F.M) 부호의 의미

- (+)인 경우(↻)
- (−)인 경우(↺)

(9) **재단모멘트−최종모멘트**(Final Moment: F.M)

재단모멘트=하중항+분배모멘트+전달모멘트
(F.M) (F.E.M) (D.M) (C.M)

3. 모멘트분배법의 적용

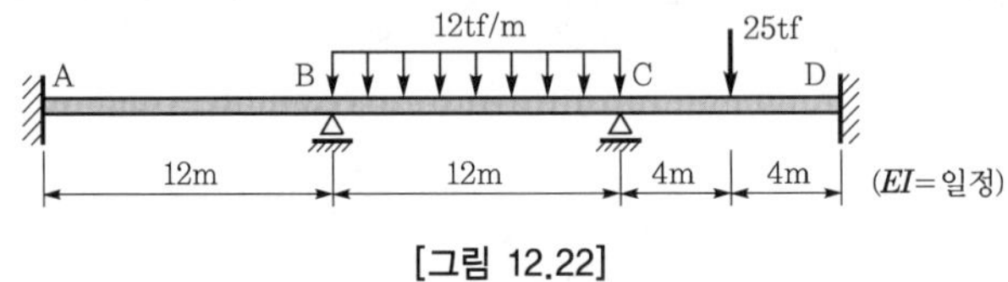

[그림 12.22]

(1) 부재강도

① $K_{AB}=\dfrac{I}{12}$

② $K_{BC}=\dfrac{I}{12}$

③ $K_{CD}=\dfrac{I}{8}$

(2) 분배율(D.F)

① $(D.F)_{AB}=(D.F)_{BC}=\dfrac{I/12}{\infty+I/12}=0$

② $(D.F)_{BA}=(D.F)_{BC}=\dfrac{I/12}{I/12+I/12}=0.5$

③ $(D.F)_{CB}=\dfrac{I/12}{I/12+I/8}=0.4$

④ $(D.F)_{CD}=\dfrac{I/8}{I/12+I/8}=0.6$

(3) 고정단모멘트(F.E.M)

① $(F.E.M)_{BC}=-\dfrac{wL^2}{12}=\dfrac{-2(12)^2}{12}=24\text{tf}\cdot\text{m}$

② $(F.E.M)_{CB}=\dfrac{wL^2}{12}=\dfrac{2(12)^2}{12}=24\text{tf}\cdot\text{m}$

③ $(F.E.M)_{CD}=-\dfrac{PL}{8}=\dfrac{-25(8)}{8}=-25\text{tf}\cdot\text{m}$

④ $(F.E.M)_{DC}=\dfrac{PL}{8}=\dfrac{25(8)}{8}=25\text{tf}\cdot\text{m}$

KEY NOTE

(4) 모멘트 분배과정

절점	A	B		C		D
부재	AB	BA	BC	CB	CD	DC
D.F	0	0.5	0.5	0.4	0.6	0
F.E.M		12	-24 12	24 0.4	-25 0.6	25
	6	-0.1	0.2 -0.1	6 -2.4	-3.6	0.3
	-0.05	0.6	-1.2 0.6	-0.05 0.02	0.03	-1.8
	0.3	-0.005	0.01 -0.005	0.3 -0.12	-0.18	0.02
	-0.002	0.03	-0.006 0.003	-0.002 0.001	0.001	-0.09
ΣM	6.25	12.53	-12.53	28.15	-28.15	23.43

(5) 자유물체도와 휨모멘트도

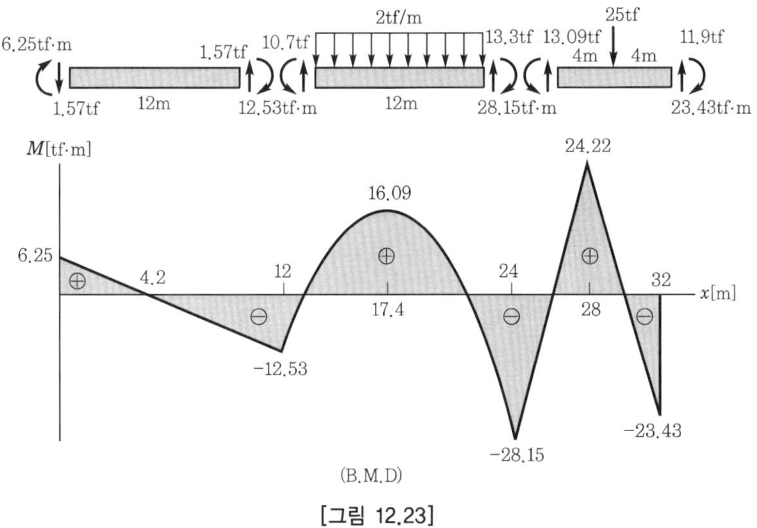

[그림 12.23]

7 매트릭스 방법(matirx method)

1. 개요

처짐각식을 기초로 한 수식을 컴퓨터에 적용할 수 있도록 매트릭스 대수를 이용하여 개발된 방법이다.

2. 매트릭스 해법

(1) **변위법**(강성도법, 강성법)

① 처짐각법과 유사한 방법으로 격점의 변위를 미지수로 부정정 구조물을 해석하는 방법

② 강성 매트릭스식

$$\{P\}=[k][u]$$

$$\therefore k(\text{강성계수})=\frac{E\cdot A}{l}$$

여기서, $\{P\}=\begin{Bmatrix} P_1 \\ P_2 \end{Bmatrix}$: 힘벡터

$\{u\}=\begin{Bmatrix} u_1 \\ u_2 \end{Bmatrix}$: 변위 벡터

$\{k\}=\begin{Bmatrix} k & -k \\ k & k \end{Bmatrix}$: 강성 매트릭스

(2) **응력법**(유연도법, 연성법, 적합법)

① 변위일치법과 유사한 방법으로, 부정정 반력 또는 부정정 내력을 미지수로 부정정 구조물을 해석하는 방법

② 연성 매트릭스식

$$\{u\}=[f]\{P\}$$

$$\therefore f(\text{연성계수})=\frac{P}{E\cdot A}$$

3. 강성 매트릭스의 특징

(1) 강성 매트릭스는 정방 매트릭스로 그 원소는 요소변위만 1이고 다른 모든 변위는 0이 되게 하기 위한 힘의 값이다.

(2) 강성 매트릭스는 대칭 매트릭스이다.

(3) 강성 매트릭스의 주대각 원소들은 항상 0보다 크다.

(4) 임의 열의 원소는 그 자체가 힘의 평형을 유지하므로 구조물의 전체 평형조건을 만족한다.

(5) 구조물 전체의 강성 매트릭스 행렬식은 0이다.

◎ KEY NOTE

변위법 해석 순서

(1) 구조물을 이상화(요소 분할한다)
(2) 각 요소의 강성 매트릭스 $[k]$를 구한다.
(3) 요소 강성 메트릭스를 결합하여 전체 강성 매트릭스 $[k]$를 구한다.
- $[K]=[a]^T[k][a]$

여기서, $[a]$: 변위변환 매트릭스
(4) 경계조건 적용하여 1차 미지수인 절점변위 $[a]$를 구한다.
- $[K](u)=\{P\}$에서 Gauss 소거법 적용
(5) 2차미지수인 부재력, 내력을 구한다.
- 부재력 $\{Q\}=[k][a][u]$
(6) 평형조건식의 만족여부를 검토한다.

변위법이 응력법보다 널리 사용되는 이유

① 계산순서의 체계적 접근이 쉬워 프로그램 작성에 유리하다.
② 정정 및 부정정 구조물에 동일한 해석과정을 사용한다.
③ 복잡한 구조도 쉽게 강성 매트릭스를 만들 수 있다.
④ 많은 연립방정식에도 컴퓨터 연상이 가능하다.

KEY NOTE

4. 용어 해설

(1) 강성도(stiffness)

강성도란 단위변위($\delta=1$)를 발생시키는 데 필요한 하중으로 표시한다.

$\delta=\dfrac{P \cdot L}{E \cdot A}$ 에서 $\delta=1$(단위변형)이면

$$\text{하중}(P)=\frac{E \cdot A}{L} \quad (\text{강성도})$$

(2) 유연도(flexibility)

유연도란 단위하중($P=1$)에 의하여 발생되는 변위로 표시한다.

$\delta=\dfrac{P \cdot L}{E \cdot A}$ 에서 $P=1$(단위하중)이면

$$\text{변위}(\delta)=\frac{L}{E \cdot A} \quad (\text{유연도})$$

(3) 요소(element)

구조물을 매트릭스 계산법에 사용하기 위해 부재를 여러 개로 나눌 때 분할된 1구간을 요소라 하며, 해석 목적에 따라 임의로 나눌 수 있다.

(4) 부재(member)

절점과 절점 사이의 구조 부분으로, 해석 시 임의대로 나눌 수 없다.

(5) 격점(nodal point)

요소와 요소가 만나는 점으로, 하중 작용점 또는 단면력과 처짐(변위)을 구하고자 하는 점이다.

(6) 절점(joint)

부재와 부재가 만나는 점이며, 부재와 지점이 만나 격점이 되기도 한다.

(7) 변환(transformation)

전체좌표계와 요소(국부)좌표계와의 관계를 말한다.

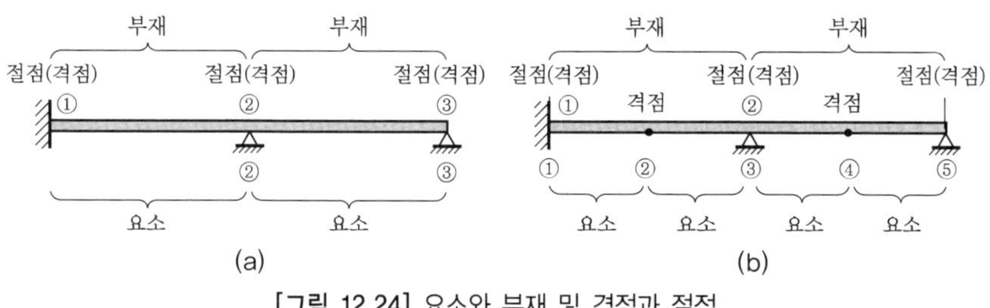

[그림 12.24] 요소와 부재 및 격점과 절점

KEY NOTE

5. 자유도(degree of freedom): 동역학적 부정정 차수

매트릭스 방법으로 구조 해석을 할 경우 변위를 계산하는 과정에서 풀어야 할 연립방정식의 미지수를 말하며, 각 격점이 수평·수직·회전방향으로 자유로이 이동할 수 있는 미지의 격점(절점)변위수를 말한다.

(1) 트러스 자유도(N)

① 적용 식

$$N = 2P - r$$

② 적용 예

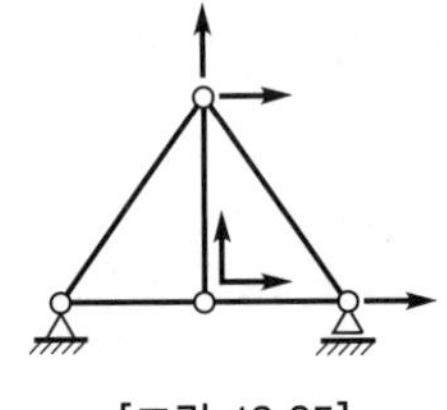

[그림 12.25]

$$n = 2P - r = 2 \times 4 - 3 = 5$$

(2) 보, 라멘 자유도(N)

① 적용 식

$$N = 3P - (r - 2h) = 3P - r + 2h$$

여기서, P: 트러스 ➡ 지점과 모든 절점수
보 ➡ 지점의 수(자유단 포함, 힌지 절점 제외)
라멘 ➡ 지점 및 절점수(자유단 포함, 힌지 절점 제외)
r: 반력수
h: 힌지 절점수(보와 라멘에 적용)

② 적용 예

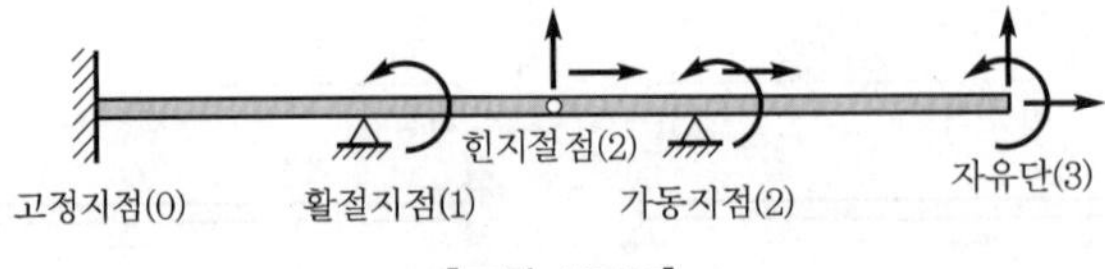

[그림 12.26]

$$n = 3P - r + 2h = 3 \times 4 - 6 + 2 \times 1 = 8$$

(3) 절점, 지점형태별 자유도(격점변위) 수

절점 또는 지점의 형태			이동변위 ($H \cdot V$방향)	회전변위 (θ)	자유도 수
절점	힌지 절점		2	0	2
	강절점		2	1	3
지점	트러스	활절지점	0	0	0
		가동지점	1	0	1
	라멘, 보	활절지점	0	1	1
		가동지점	1	1	2
		자유단	2	1	3
		고정지점	0	0	0

(4) 각종 구조물의 자유도 수

구조물의 종류	자유도 수	구조물의 종류	자유도 수
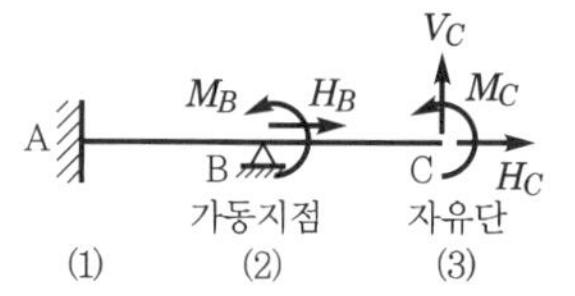 A, B, C, M_B, H_B, V_C, M_C, H_C 가동지점 (2), 자유단 (3), (1)	5개	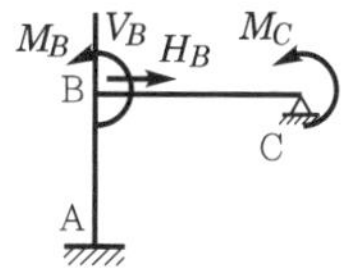 A, B, C, M_B, V_B, H_B, M_C	4개
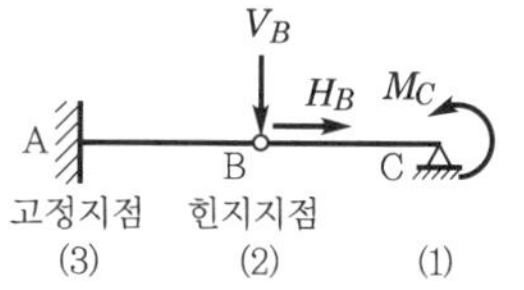 A, B, C, V_B, H_B, M_C 고정지점 (3), 힌지지점 (2), (1)	3개	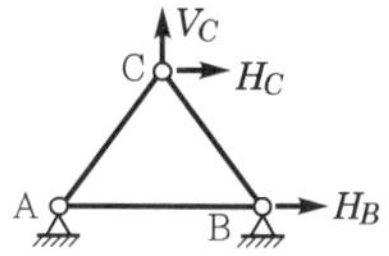 A, B, C, V_C, H_C, H_B	3개
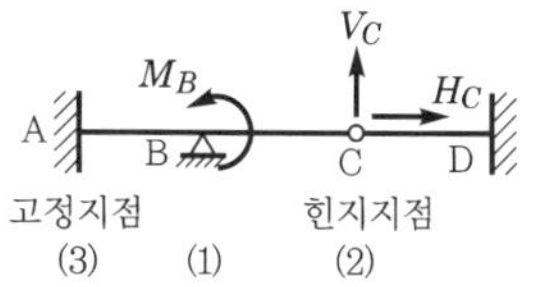 A, B, C, D, M_B, V_C, H_C 고정지점 (3), (1), 힌지지점 (2)	3개	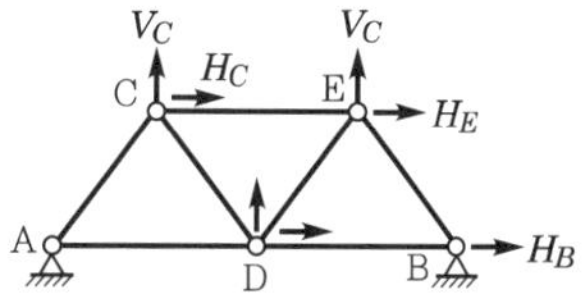 A, B, C, D, E, V_C, H_C, V_C, H_E, H_B	7개

8 부정정보의 영향선

1. Müller-Breslau의 원리

변위일치법과 Maxwell의 상반변위의 정리를 이용하여 부정정 구조물의 어느 특정기능(반력, 전단력, 휨모멘트 등)에 대한 영향선을 정성적(qualitatively)으로 작도 시 적용한다.

KEY NOTE

영향선 작도 원리

구조물의 어느 특정 기능(반력, 전단력, 휨모멘트, 부재력 또는 처짐)에 대한 영향선의 종거는 구조물에 그 특정 기능이 대응하는 구속을 제거하고 그 제거된 구속위치에 대응하는 단위 변위를 발생시켰을 때 그 처짐형상의 종거와 같다.

KEY NOTE

2. 반력 영향선

(1) $P=1$ 작용 시 B점 처짐: $1 \cdot \delta_{b1}$

(2) R_B 작용 시 B점 처짐: $R_b \cdot \delta_{bb}$

(3) 변위일치법에 의해

$$\Delta_b = \delta_{bi} - R_b \cdot \delta_{bb} = 0$$

$$\therefore R_b = \frac{\delta_{bi}}{\delta_{bb}}$$

(4) Maxwell 상반변위의 정리에서

① $\delta_{bi} = \delta_{ib}$이므로

$$\therefore R_b = \frac{\delta_{ib}}{\delta_{bb}}$$

즉, "반력 R_b의 영향선은 지점 B를 제거하고 $\delta_{bb}=1$을 R_b 방향으로 발생시켰을 때 구조물의 처짐형상"이다.

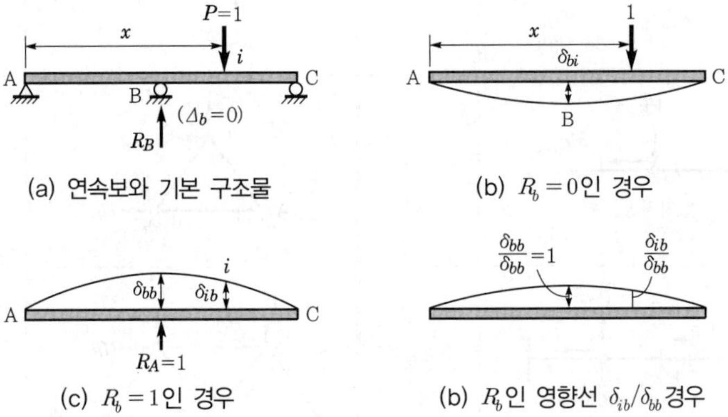

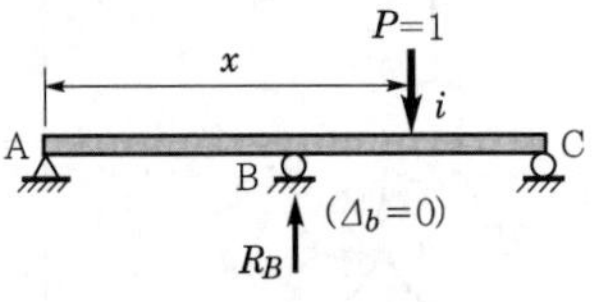

(a) 연속보와 기본 구조물

(b) $R_b=0$인 경우

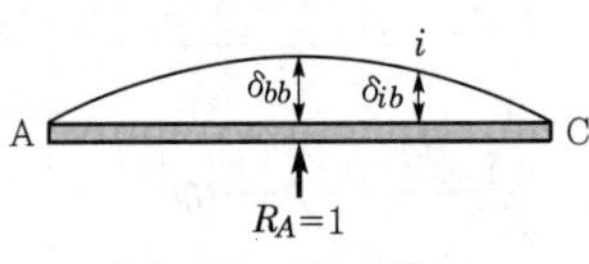

(c) $R_b=1$인 경우

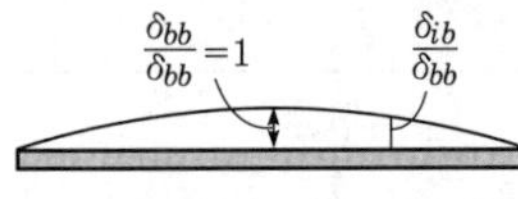

(b) R_b인 영향선 δ_{ib}/δ_{bb} 경우

[그림 12.27]

3. 휨모멘트 영향선

(1) $P=1$ 작용 시 B점 처짐각: $1 \cdot \theta_{bi}$

(2) M_b 작용 시 B점 처짐각: $M_b \cdot \theta_{bb}$

(3) 변위일치법에 의해

$$\theta_b = \theta_{bi} + M_b \cdot \theta_{bb} = 0$$

$$\therefore M_b = -\frac{\theta_{bi}}{\theta_{bb}}$$

(4) Maxwell 상반변위의 정리에서

$\theta_{bi} = \theta_{bb}$이므로

$$\therefore M_b = -\frac{\delta_{ib}}{\theta_{bb}}$$

즉, "휨모멘트 M_b의 영향선은 지점 B에 힌지를 설치하고 $\theta_{bb} = 1$을 M_b 방향으로 발생시켰을 때의 구조물의 M_b 방향과 반대방향의 처짐형상"이다.

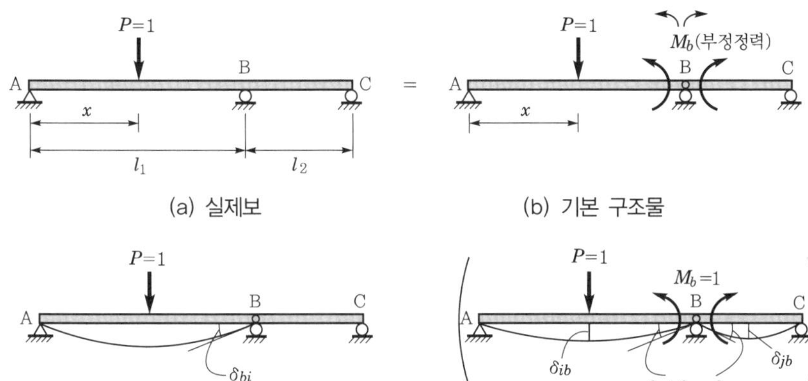

(c) AB 사이에 $P=1$이 작용하는 경우(M_a-0) (d) $M_a=1$인 경우

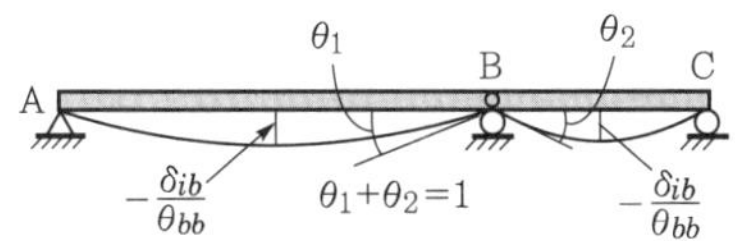

(e) M_{bi}의 영향선의 모양

[그림 12.28]

4. 부정정 구조물 영향선의 정성적 작성

Müller Breslau의 원리를 이용하여 부정정 구조물의 어느 특정 기능에 대한 영향선을 정성적(qualitively)으로 작성 가능하다.

KEY NOTE

1차 부정정보에서 휨모멘트 M_b의 영향선

➡ 임의점 i에 $P=1$ 작용 시 M_b의 값이 바로 M_N의 영향선에서 i점의 종거이다.

➡ 그림 12.29(a) $=m_e$×그림 12.28(b)

KEY NOTE

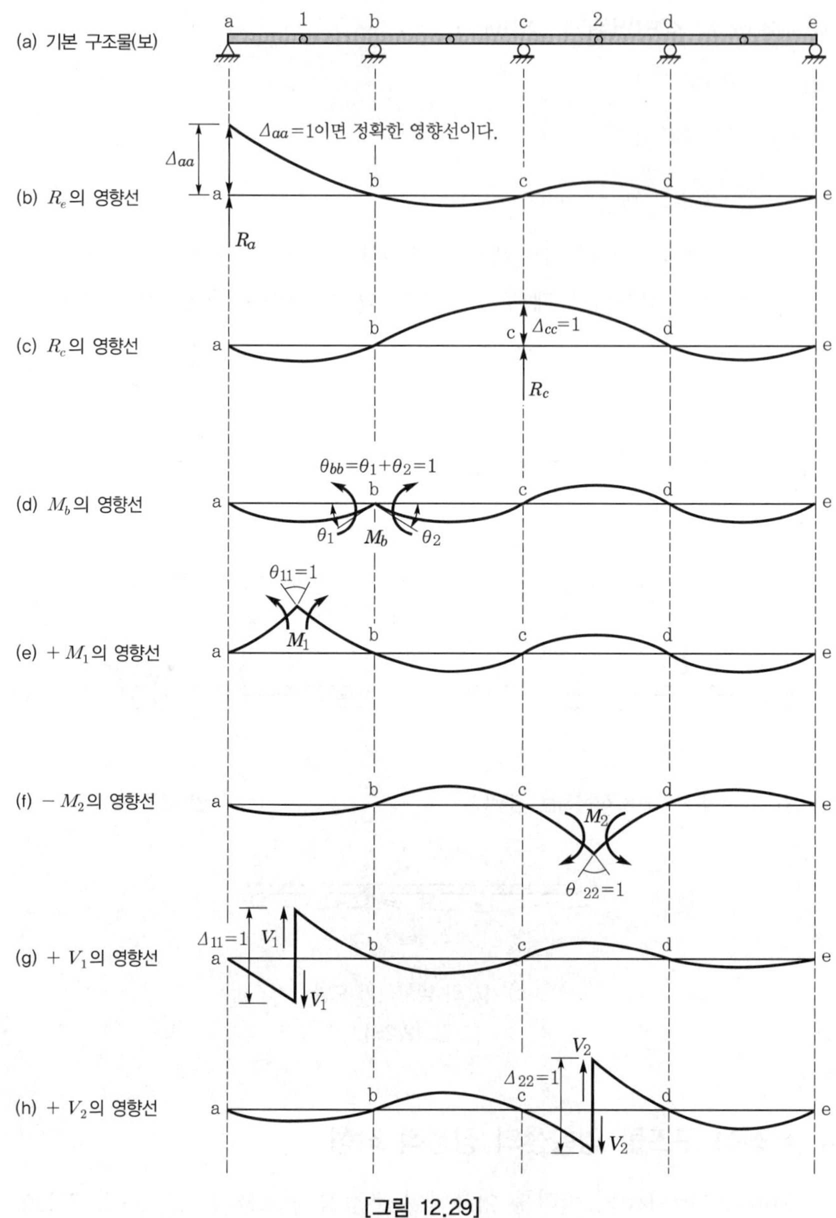

[그림 12.29]

CHAPTER 12 9급 기출문제

01 다음 중 부정정구조물의 장점이 아닌 것은? [01. 서울시 9급]

① 휨모멘트의 감소로 단면이 줄어들고 재료가 절감되어 경제적이다.
② 강성이 커서 처짐이 줄어든다.
③ 지간이 길고 교각수가 줄어들면 외관상 우아하고 아름답다.
④ 응력교체가 정정구조물보다 적으므로 부가적인 부재가 필요하지 않다.
⑤ 정정구조물보다 더 큰 하중을 받을 수 있다.

해설 부정정구조물은 응력교체 현상이 발생하므로 부가적인 재료가 필요하다.

02 변위일치의 방법을 이용하여 양단고정보를 해석하고자 할 때, 잉여미지반력의 개수는? (단, 보의 수평반력은 없다고 가정한다) [08. 서울시 9급]

① 1개 ② 2개
③ 3개 ④ 4개

해설

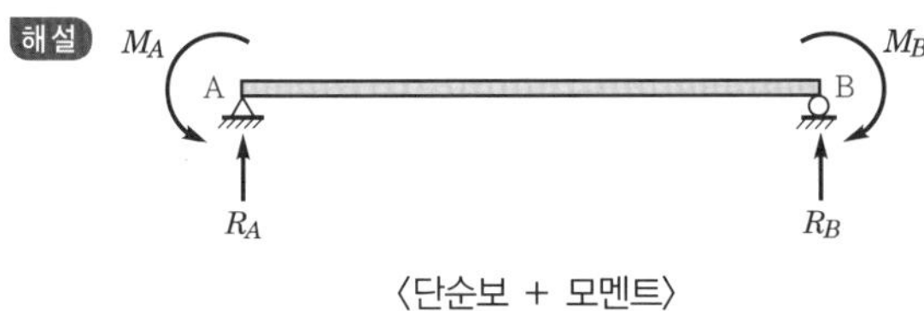

〈단순보 + 모멘트〉

03 다음 그림은 지점 B 단하부의 탄성지반을 모델화 한 것이다. 이 경우 D단의 반력 V_D는? (단, k는 스프링 상수이고, EI는 일정하다) [06. 국가직 9급]

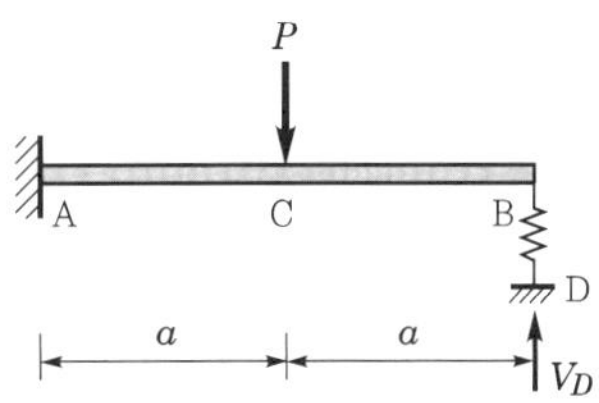

① $\left(\dfrac{5Pa^3}{12EI}\right) \Big/ \left(\dfrac{8a^3}{3EI}+\dfrac{1}{k}\right)$

② $\left(\dfrac{5Pa^3}{6EI}\right) \Big/ \left(\dfrac{8a^3}{3EI}+\dfrac{1}{k}\right)$

③ $\left(\dfrac{5Pa^3}{12EI}\right) \Big/ \left(\dfrac{8a^3}{3EI}-\dfrac{1}{k}\right)$

④ $\left(\dfrac{5Pa^3}{6EI}\right) \Big/ \left(\dfrac{8a^3}{3EI}-\dfrac{1}{k}\right)$

해설 $V_D = k_b\delta_B = \dfrac{k_a k_b}{k_b + k_a}\delta_B$

$$= \frac{\dfrac{3EI}{(2a)^3}\times k}{\dfrac{3EI}{(2a)^3}\times k} \times \frac{5P(2a)^3}{48EI}$$

$$= \frac{1}{\dfrac{1}{k}+\dfrac{8a^3}{3EI}} \times \frac{5Pa^3}{6EI}$$

04 다음 그림과 같은 구조물에서 B점의 수직처짐 Δ는? (단, B점은 스프링 상수 k인 스프링으로 지지되어 있고, 보의 휨강성 EI는 일정하다) [13. 지방직 9급]

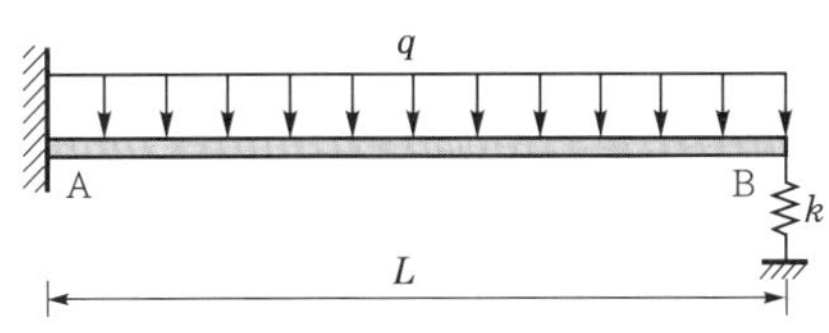

정답 01 ④ 02 ② 03 ② 04 ③

① $\frac{1}{8}qL^2\left(\frac{1}{kL+\frac{3EI}{L^2}}\right)$

② $\frac{2}{8}qL^2\left(\frac{1}{kL+\frac{3EI}{L^2}}\right)$

③ $\frac{3}{8}qL^2\left(\frac{1}{kL+\frac{3EI}{L^2}}\right)$

④ $\frac{5}{8}qL^2\left(\frac{1}{kL+\frac{3EI}{L^2}}\right)$

해설 $\Delta=\frac{k_b}{k_a+k_b}\times\frac{qL^4}{8EI}$

$$=\frac{\frac{3EI}{L^3}}{k+\frac{3EI}{L^3}}\times\frac{qL^4}{8EI}$$

$$=\frac{3qL}{8}\left(\frac{1}{k+\frac{3EI}{L^2}}\right)$$

$$=\frac{3qL^2}{8}\left(\frac{1}{kL+\frac{3EI}{L^2}}\right)$$

05 그림과 같은 부정정보에서 지점 A의 휨모멘트가 0이 발생할 가능성이 있는 경우는? (단, P와 M는 (+)값을 갖고 보의 자중은 무시한다) [11. 지방직 9급]

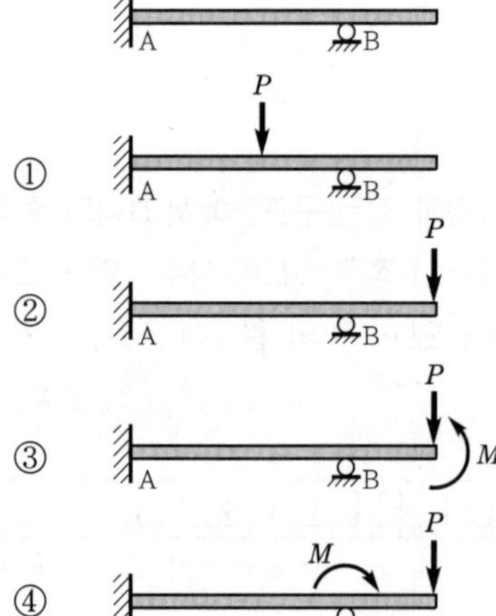

06 다음 그림과 같은 보의 경우에 지점 B의 수직 반력(R_B)은? (단, 길이가 L인 외팔보의 단위 하중에 의한 자유단의 처짐은 다음과 같다) [10. 국가직 9급]

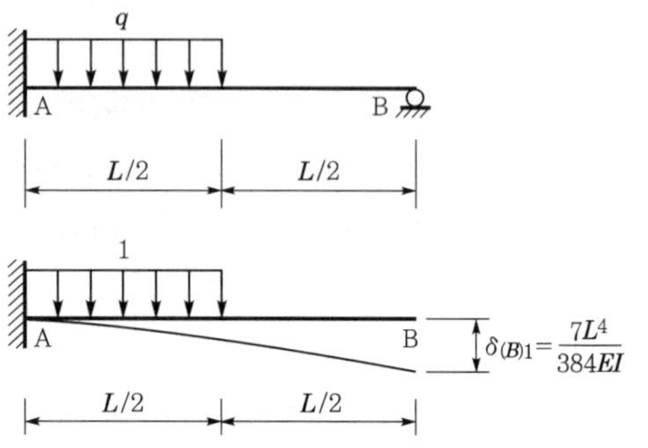

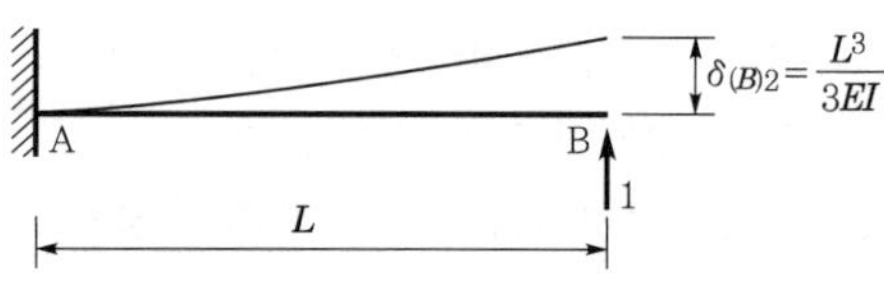

① $\frac{3}{128}qL$　　② $\frac{7}{128}qL$

③ $\frac{21}{128}qL$　　④ $\frac{48}{128}qL$

해설 $q\times\delta_{(B)1}=R_B\times\delta_{(B)2}$

$$q\times\frac{7L^4}{384EI}=R_B\times\frac{L^3}{3EI}$$

$$R_B=\frac{7qL}{128}$$

07 부정정구조물의 해석에서 연립방정식을 풀지 않고 반복적인 계산으로 해에 수렴해가는 방법은? [02. 경기도 9급]

① 변위일치법　　② 3연 모멘트법

③ 처짐각법　　④ 모멘트분배법

해설 모멘트분배법은 연립방정식을 세우지 않는 해석방법

정답 05 ③ 06 ② 07 ④

08 다음의 양단고정보에서 B지점이 Δ 만큼 침하하였을 때의 B지점의 수직반력 R_B는? (단, EI는 일정하다) [05. 경기도 9급]

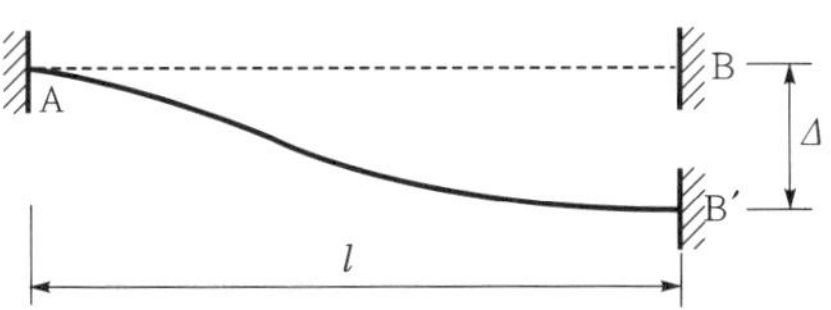

① $\dfrac{6EI\Delta}{l^2}$ ② $\dfrac{6EI\Delta}{l^3}$

③ $\dfrac{12EI\Delta}{l^2}$ ④ $\dfrac{12EI\Delta}{l^3}$

해설 처짐각법을 이용하면

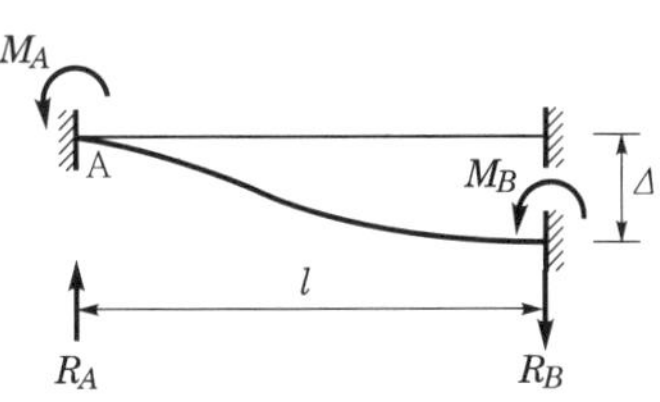

$$M_{AB} = \frac{2EI}{l}(2\theta_a + \theta_b - 3R) + C_{AB}$$

에서

$$\theta_a = \theta_b = 0,\ R = \frac{\Delta}{l},\ C_{AB} = 0$$

$$M_A = M_{AB} = \frac{2EI}{l}\left(-\frac{3\Delta}{l}\right) = -\frac{\Delta 6EI}{l^2}$$

$$M_B = -M_{BA}$$

$$= -\left[\frac{2EI}{l}(\theta_a + 2\theta_b - 3R)\right] + C_{BA}$$

$$M_B = -M_{BA} = -\frac{2EI}{l}\left(-3\times\frac{\Delta}{l}\right) = \frac{\Delta 6EI}{l^2}$$

$$\therefore R_A = -R_B = \frac{M_A + M_B}{l} = \frac{6EI\Delta/l^2 + 6EI\Delta/l^2}{l}$$

$$= \frac{12EI\Delta}{l^3}$$

09 다음의 부정정보에서 A단의 휨모멘트는? (단, EI는 일정하다) [03. 인천시 9급]

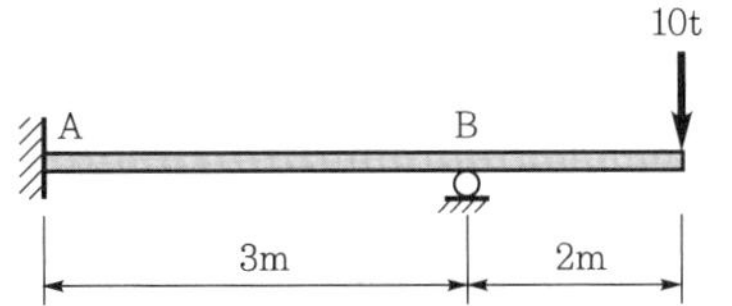

① +10t · m ② −10t · m

③ +15t · m ④ −15t · m

⑤ +20t · m

해설

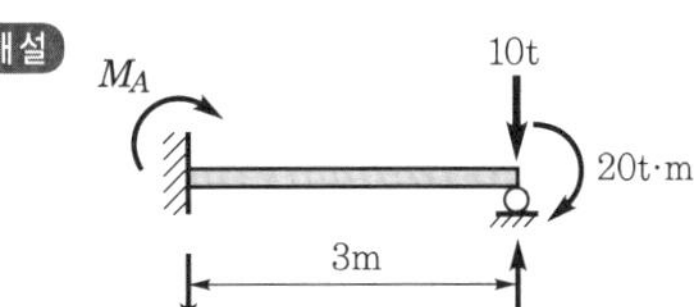

B단에 작용하는 모멘트가 A단으로 1/2이 전달

$M_A = 10\text{t}\cdot\text{m}$

10 다음 그림과 같이 끝단이 고정지지된 3개의 부재가 절점 A에서 강결되어 있다. 절점 A에 외력 모멘트 M이 작용할 때 부재 AB의 모멘트 분배율(분배계수)은? (단, I는 단면 2차 모멘트이다) [10. 지방직 9급]

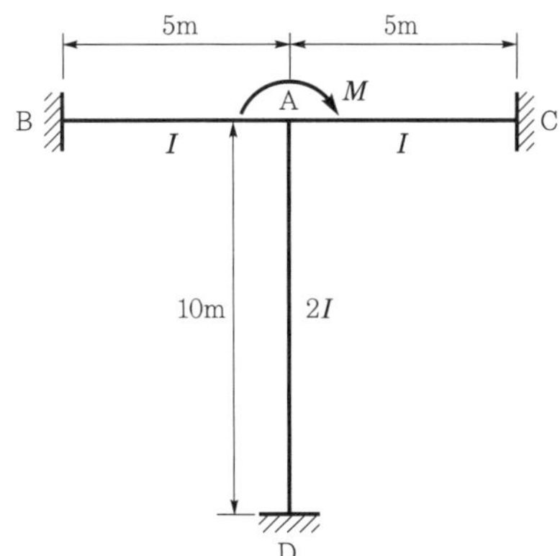

① $\dfrac{1}{2}$ ② $\dfrac{1}{3}$

③ $\dfrac{1}{4}$ ④ $\dfrac{1}{5}$

해설 $\mu_{AB} = \dfrac{\dfrac{I}{5}}{\dfrac{I}{5}+\dfrac{I}{5}+\dfrac{2I}{10}} = \dfrac{1}{3}$

정답 08 ④ 09 ① 10 ②

11 다음의 라멘 구조물에서 C지점의 수평반력은 얼마인가? (단, EI는 일정하다) [05. 경기도 9급]

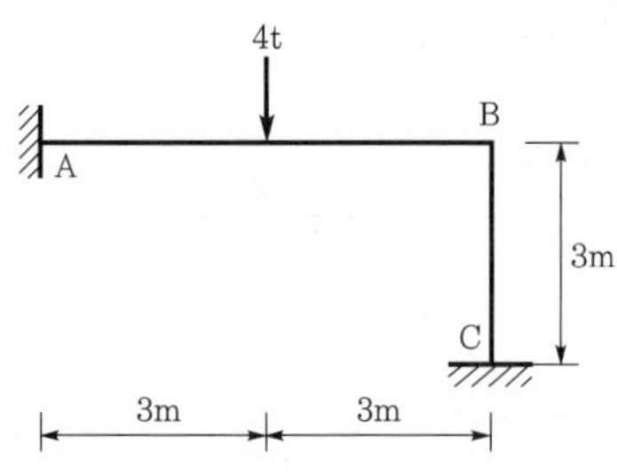

① 1t(←) ② 1t(→)
③ 3t(←) ④ 3t(→)

해설 ㉠ 강도(K) 계산

$K_{AB}=\frac{I}{6},\ K_{BC}=\frac{I}{3}$

㉡ 강비(k) 계산

$k_{ab}=1,\ k_{bc}=2$

㉢ BC부재의 B단의 분배율(DF) 계산

$DF_{bc}=\frac{2}{1+2}=\frac{2}{3}$

㉣ B절점의 불균형모멘트(UBM)

$UBM=\frac{4\times6}{8}=3\text{t}\cdot\text{m}$

㉤ BC부재의 B단의 분배모멘트(DM_B)

$DM_B=-3\times\frac{2}{3}=-2\text{t}\cdot\text{m}$

㉥ C단으로의 전달모멘트(CM)

$CM=-2\times\frac{1}{2}=-1\text{t}\cdot\text{m}$

㉦ B절점과 C지점의 재단모멘트

$M_{BC}=-2\text{t}\cdot\text{m}$

$M_{CB}=-1\text{t}\cdot\text{m}$

㉧ C지점의 수평반력

$H_C=\frac{M_{BC}+M_{CB}}{h}=\frac{(-2)+(-1)}{3}=-1\text{t}(\leftarrow)$

12 그림과 같이 양단고정보로 설계된 구조물에 대해 고정단 B에서 볼트 체결이 충분하지 않다고 판단되어, B지점을 힌지로 바꾸어 안전성을 검토하려 한다. 이때 양단고정보와 비교하여 A지점의 모멘트와 보의 최대 모멘트의 절대치 크기에 대한 기술로 옳은 것은? [11. 국가직 9급]

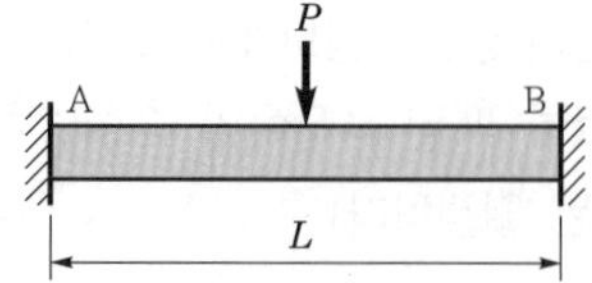

① A지점 모멘트 증가, 최대 모멘트 감소
② A지점 모멘트 증가, 최대 모멘트 증가
③ A지점 모멘트 감소, 최대 모멘트 증가
④ A지점 모멘트 감소, 최대 모멘트 감소

13 그림과 같은 부정정보의 B점에서의 반력은 얼마인가? [14. 서울시 9급]

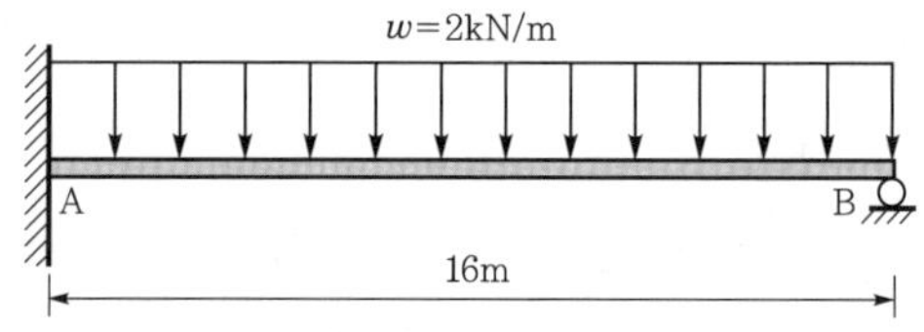

① 9kN ② 10kN
③ 11kN ④ 12kN
⑤ 18kN

해설 변형일치방법을 이용한 R_B의 반력은

$R_B=\frac{3wL}{8}=\frac{3\times2\times16}{8}=12\text{kN}(\uparrow)$

14 그림과 같은 등분포 하중 q를 받는 1차 부정정보의 고정단 모멘트 M_A와 반력 R_B는? (단, 보의 자중은 무시한다) [14. 국가직 9급]

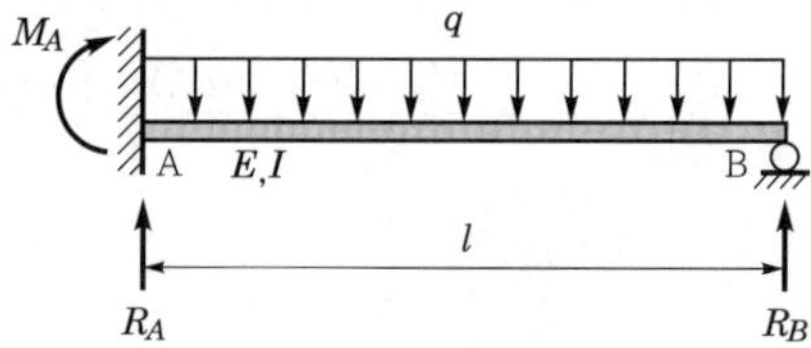

	M_A	R_B
①	$-\frac{ql^2}{8}$	$\frac{3ql}{8}$
②	$-\frac{ql^2}{4}$	$\frac{ql}{4}$
③	$-\frac{ql^2}{3}$	$\frac{ql}{3}$
④	$-\frac{ql^2}{3}$	$\frac{ql}{4}$

정답 11 ① 12 ② 13 ④ 14 ①

해설 변형일치방법을 이용한 M_A와 R_B는

$M_A = -\frac{ql^2}{8}$, $R_B = \frac{3ql}{8}$,

$R_A = \frac{5ql}{8}$가 된다.

15 다음 그림과 같은 부정정보에서 지점 A의 처짐각(θ_A) 및 수직반력(R_A)은? (단, 휨강성 EI는 일정하다) [08. 국가직 9급]

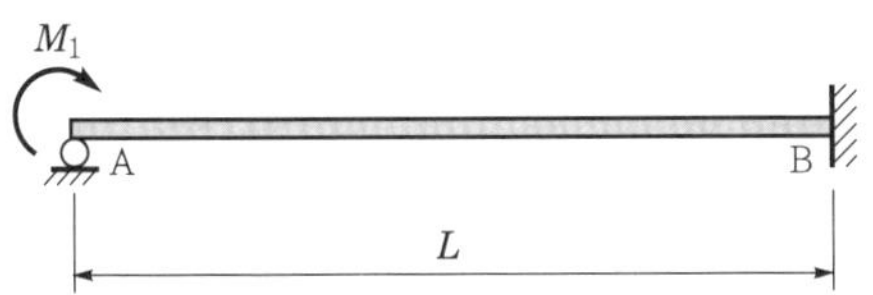

① $\theta_A = \frac{M_1 L}{4EI}$(시계방향), $R_A = \frac{M_1}{2L}(\downarrow)$

② $\theta_A = \frac{M_1 L}{4EI}$(시계방향), $R_A = \frac{3M_1}{2L}(\downarrow)$

③ $\theta_A = \frac{5M_1 L}{12EI}$(시계방향), $R_A = \frac{M_1}{2L}(\downarrow)$

④ $\theta_A = \frac{5M_1 L}{12EI}$(시계방향), $R_A = \frac{3M_1}{2L}(\downarrow)$

해설 ㉠ 처짐각법에 의한 처짐각의 계산

A단의 재단모멘트식

$M_{AB} = \frac{2EI}{L}(2\theta_A + \theta_B - 3R) + C_{AB}$

에서 B단이 고정단이므로 $\theta_B = 0$이고, 하중항 $C_{AB} = 0$이다. 그리고 A단의 모멘트 하중이 시계방향으로 M_1이 작용하고 있다.

$M_{AB} = \frac{2EI}{L}(2\theta_A + 0 - 0) + 0 = M_1$

$\theta_A = \frac{M_1 L}{4EI}$ (시계방향)

㉡ A지점의 수직반력(R_A)

B단에 모멘트가 1/2전달되므로 모멘트 대수합은 $\frac{3M_1}{2}$이다. 따라서 A지점에서 수직반력은

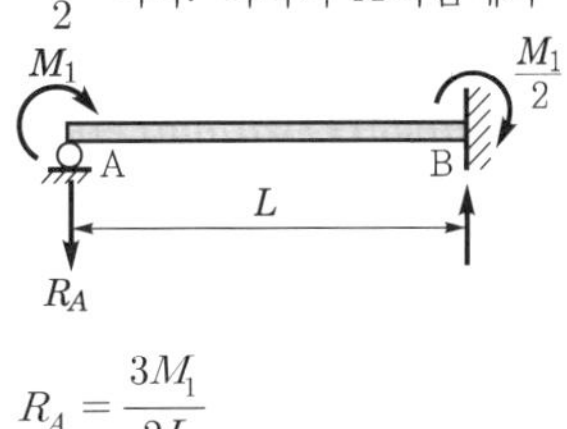

$R_A = \frac{3M_1}{2L}$

16 다음 부정정보의 B단에 모멘트를 작용시킬 때, A단에 전달되는 모멘트(M_A)는 B단의 작용 모멘트(M_B)의 몇 배가 되는가? (단, E : 탄성계수, I : 단면 2차 모멘트) [07. 국가직 9급]

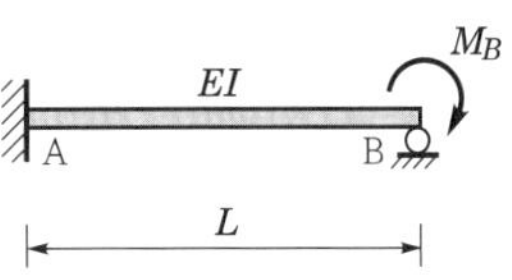

① 0.5배 ② 1.0배

③ 1.5배 ④ 2.0배

해설 B단의 모멘트 하중이 1/2전달되므로 A단의 모멘트는 B단의 모멘트의 $\frac{1}{2}$배가 된다.

17 그림과 같은 등분포하중을 받고 있는 양단고정보에서 발생되는 최대휨응력[MPa]은? (단, 보의 자중은 무시한다) [11. 지방직 9급]

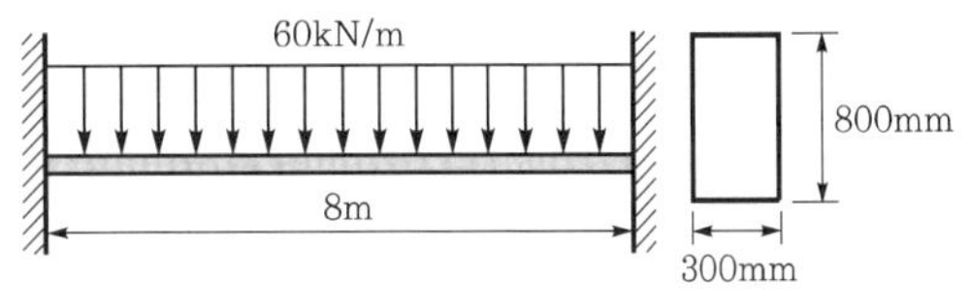

① 1 ② 8

③ 10 ④ 80

해설 $\sigma_{\max} = \frac{6M_{\max}}{bh^2} = \frac{6\left(\frac{wL^2}{12}\right)}{bh^2} = \frac{wL^2}{2bh^2} = \frac{60 \times 8{,}000^2}{2 \times 300 \times 800^2}$

$= 10\text{MPa}$

정답 15 ② 16 ① 17 ②

18 다음과 같은 집중하중이 작용하는 양단 고정보에서 지점의 반력 모멘트가 그림과 같이 A점에 8kN·m(↶)이고 B점에 4kN·m(↷)일 때, C점의 휨모멘트[kN·m]는? (단, 자중은 무시한다) [13. 국가직 9급]

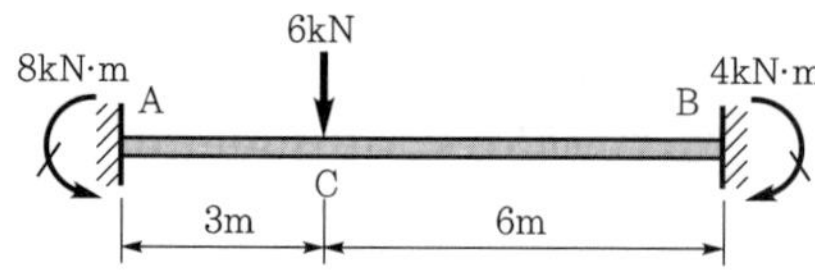

① $\frac{16}{3}$ ② $\frac{20}{3}$

③ $\frac{22}{3}$ ④ $\frac{25}{3}$

해설 ㉠ A지점의 수직반력

$$R_A = \frac{6\times6}{9} + \frac{8-4}{9} = \frac{40}{9}(\uparrow)$$

㉡ C점의 휨모멘트

$$M_C = R_A \times 3 - 8 = \frac{40}{9}\times3-8$$

$$= \frac{16}{3}\text{kN}\cdot\text{m}$$

19 아래 연속보에서 B점이 Δ만큼 침하한 경우 B점의 휨모멘트 M_B는? (단, EI는 일정하다) [15. 서울시 9급]

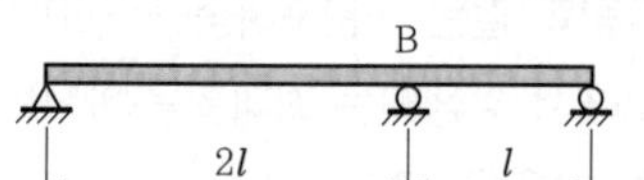

① $\frac{EI\Delta}{2l^2}$ ② $\frac{EI\Delta}{l^2}$

③ $\frac{3EI\Delta}{2l^2}$ ④ $\frac{2EI\Delta}{l^2}$

해설 3연모멘트법을 적용

$$2M_B\left(\frac{2l}{I}+\frac{l}{I}\right) = 6E\left[\frac{\Delta}{2l} - \left(-\frac{\Delta}{l}\right)\right]$$

$$M_B = \frac{EI}{l}\times\frac{3\Delta}{2l} = \frac{3EI\Delta}{2l^2}$$

20 다음의 구조에서 D점에서 10kN·m의 모멘트가 작용할 때 CD의 모멘트(M_{CD})([kN·m]의 값은? (단, A, B, C는 고정단, K는 강성도를 나타냄) [15. 서울시 9급]

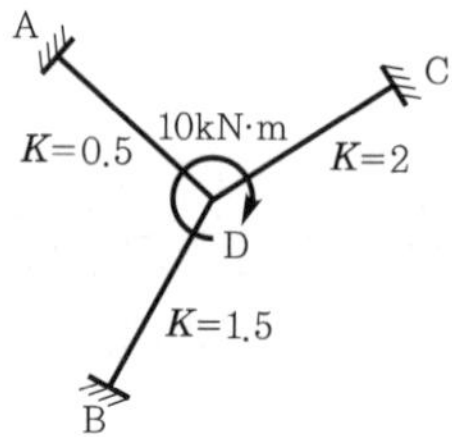

① 2 ② 2.5

③ 4 ④ 5

해설
- CD부재의 D단의 분배율,

$$DF_{DC} = \frac{2}{0.5+1.5+2} = \frac{1}{2}$$

- CD부재에서 C단의 모멘트,

$$M_{CD} = 10\times\frac{1}{2}\times\frac{1}{2} = 2.5\text{kN}\cdot\text{m}$$

21 다음의 구조물에서 AD부재에서 A단의 분배율은? [03. 인천시 9급]

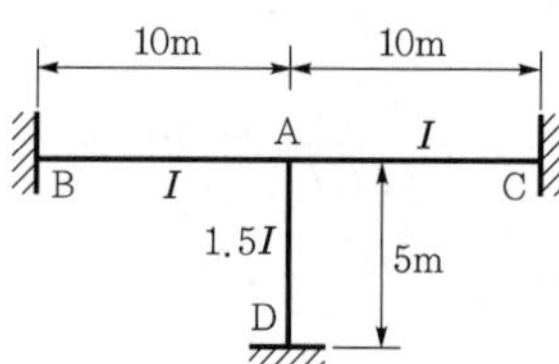

① 0.2 ② 0.3

③ 0.4 ④ 0.5

해설 ㉠ 강도(K)

$$K_{ab} = K_{ac} = \frac{I}{10}$$

$$k_{ad} = \frac{1.5I}{5} = \frac{3I}{10}$$

㉡ 강비(k)

$k_{ab} = k_{ac} = 1,\ k_{ad} = 3$

㉢ 분배율(DF_{AD})

$$\mu_{AD} = \frac{3}{1+1+3} = \frac{3}{5} = 0.6$$

정답 18 ① 19 ③ 20 ② 21 ④

22 그림과 같은 부정정 구조물에서 OC부재의 분배율은? (단, EI는 일정하다) [14. 서울시 9급]

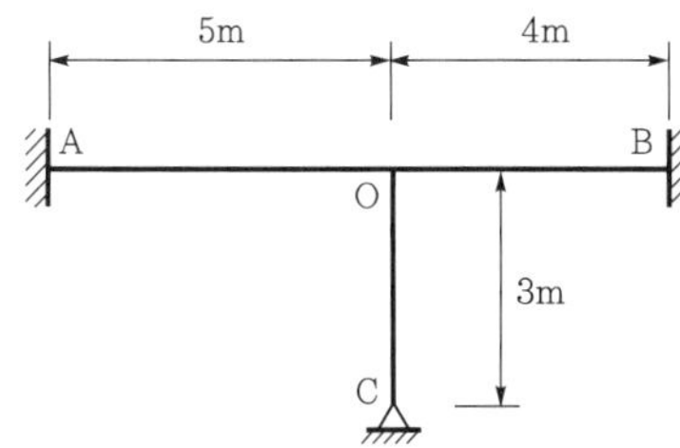

① 5/14 ② 5/15
③ 4/15 ④ 4/16
⑤ 5/13

해설 $DF_{OC}=\dfrac{\dfrac{I}{3}\times\dfrac{3}{4}}{\dfrac{I}{5}+\dfrac{I}{4}+\dfrac{I}{3}\times\dfrac{3}{4}}=\dfrac{5}{4+5+5}=\dfrac{5}{14}$

정답 22 ①

CHAPTER 12 7급 기출문제

01 그림과 같은 부정정보에서 A점으로부터 전단력이 0(zero)이 되는 위치 x의 거리는? [06. 서울시 7급]

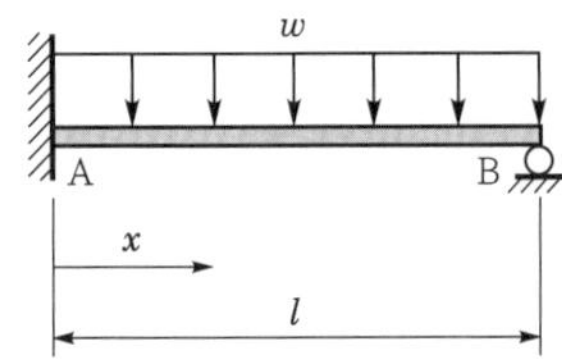

① $\frac{2}{3}l$ ② $\frac{3}{4}l$

③ $\frac{5}{8}l$ ④ $\frac{1}{2}l$

⑤ $\frac{3}{8}l$

해설 ㉠ 지점의 반력 계산

R_B를 부정정력으로 선택하여 변위일치법 적용

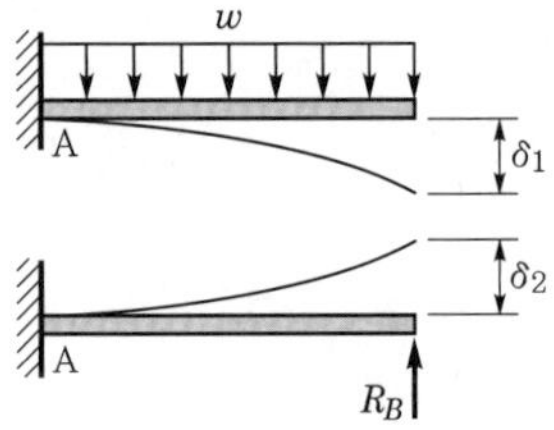

$\delta_1 = \frac{wl^4}{8EI}(\uparrow)$, $\delta_2 = \frac{R_B l^2}{3EI}(\downarrow)$

B지점은 침하가 없으므로 변위의 적합조건식

$\delta_1 = \delta_2$ $\frac{wl^4}{8EI} = \frac{R_B l^3}{3EI}$

$\therefore R_B = \frac{3wl}{8}(\uparrow)$

따라서 $R_A = \frac{5wl}{8}$이다.

㉡ 전단력이 0인 위치

A지점으로부터의 전단력은 다음의 식으로 표현되므로

$S_x = R_A - wx = 0$

$\frac{5wl}{8} - wx = 0$

$\therefore x = \frac{5l}{8}$

02 다음 그림은 부정정보의 휨모멘트도를 나타낸다. A점의 수직반력[N]은? [10. 국가직 7급]

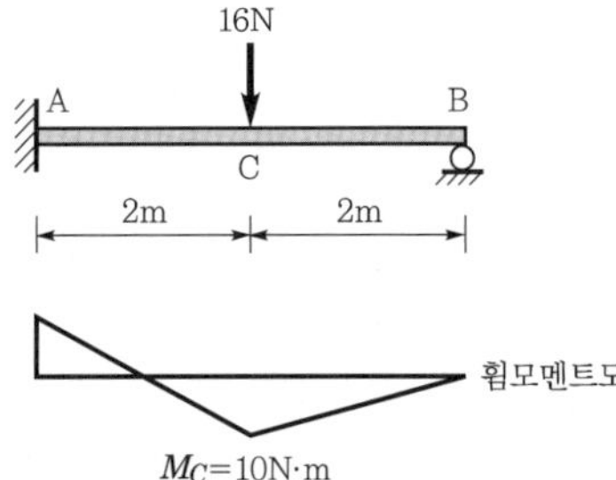

① 5 ② 6

③ 10 ④ 11

해설 $R_A = \frac{11P}{16} = \frac{11 \times 16}{16} = 11\text{kN}$

03 그림과 같이 A지점은 구속되어 있고, C점은 스프링으로 지지된 보가 있다. 이 보이 중간 지점 B에 집중하중 P가 작용할 때, C지점의 변위는? (단, 스프링 상수 $k = \frac{12EI}{L^3}$, 보의 휨강성 EI는 일정하다) [14. 서울시 7급]

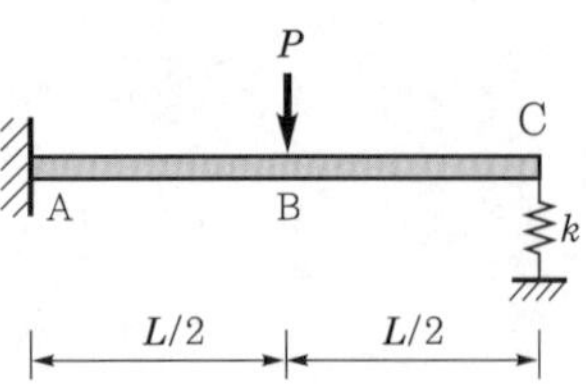

정답 01 ③ 02 ④ 03 ②

① $\frac{PL^3}{36EI}$ ② $\frac{PL^3}{48EI}$

③ $\frac{5PL^3}{48EI}$ ④ $\frac{PL^3}{60EI}$

⑤ $\frac{PL^3}{64EI}$

해설 변형일치법을 이용하면

$$\delta_a = \frac{k_b}{k_a + k_b}\delta$$

$$= \frac{\frac{3EI}{L^3}}{\frac{12EI}{L^3} + \frac{3EI}{L^3}} \times \frac{5PL^3}{48EI} = \frac{PL^3}{48EI}$$

04 다음과 같은 보 구조물에서 A점에 휨모멘트 10kN · m가 작용할 때 수직변위가 위로 1cm (↑) 발생하였을 경우, 지점 B에서의 휨모멘트 [kN · m]는? (단, 휨강성 EI는 일정하며, 스프링계수 $k = 200\text{kN/m}$이다) [11. 국가직 7급]

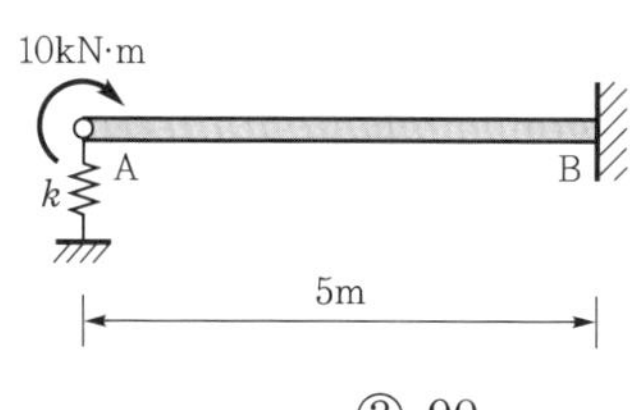

① 80 ② 90

③ 100 ④ 110

해설 스프링지점의 수직반력($F = k \cdot f$)

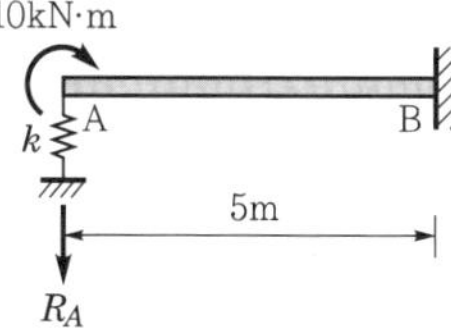

$R_A = k \cdot \delta = 200 \times (1 \times 10^{-2}) = 2\text{kN}(\downarrow)$

$M_B = 10 - 2 \times 5 = 0$

05 그림과 같은 구조물에서 B지점의 반력 R_B는? (단, 스프링상수 $k = \frac{12EI}{L^3}$이고, 보의 휨강성은 EI로 일정하다) [09. 국가직 7급]

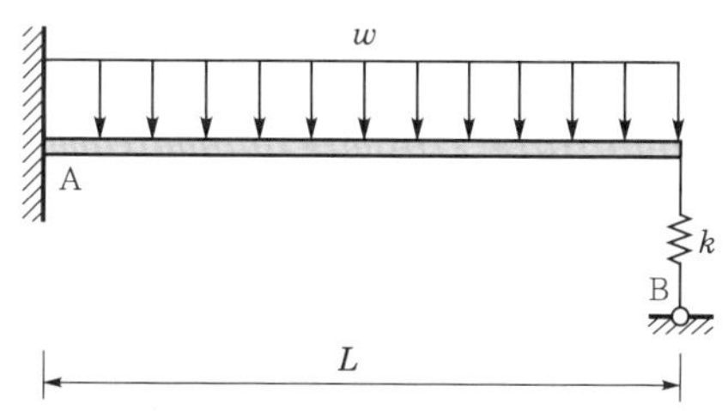

① $0.3wL(\uparrow)$ ② $0.4wL(\uparrow)$

③ $0.5wL(\uparrow)$ ④ $0.6wL(\uparrow)$

해설 $R_B = \frac{k_a k_b}{k_a + k_b}\delta = \frac{\left(\frac{12EI}{L^3}\right)\left(\frac{3EI}{L^3}\right)}{\frac{12EI}{L^3} + \frac{3EI}{L^3}} \times \frac{wL^4}{8EI}$

$= \frac{36}{12+3} \times \frac{wL}{8} = 0.3wL(\uparrow)$

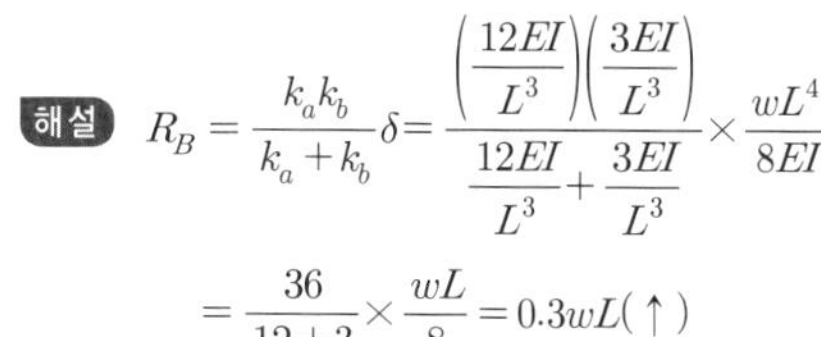

06 그림과 같은 양단 고정보에서 보 중앙의 휨모멘트는? [14. 서울시 7급]

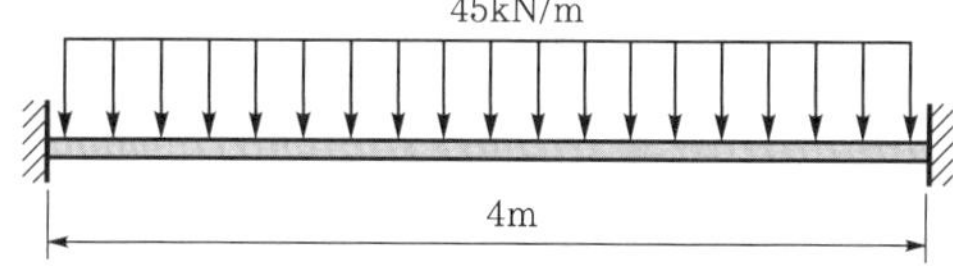

① 10kN · m ② 20kN · m

③ 30kN · m ④ 40kN · m

⑤ 50kN · m

해설 변형일치법을 이용하면

$M = -\frac{wL^2}{24} = -\frac{45 \times 4^2}{24} = -30\text{kN} \cdot \text{m}$

07 다음과 같은 보에서 지점 A의 반력모멘트는? (단, EI는 일정하다) [11. 지방직 7급]

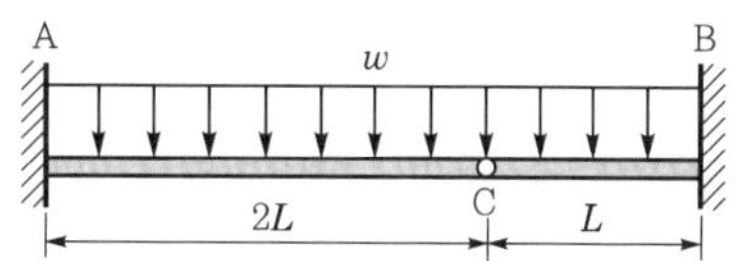

① $-\frac{1}{4}wL^2$ ② $-\frac{1}{2}wL^2$

③ $-\frac{3}{4}wL^2$ ④ $-\frac{3}{2}wL^2$

정답 04 ② 05 ① 06 ③ 07 ③

해설 변형일치법에 의해서 반력

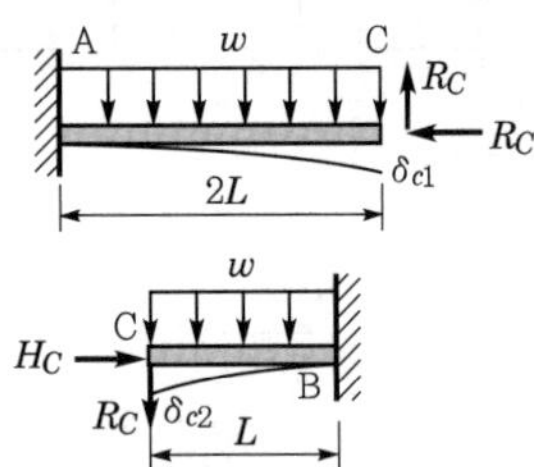

㉠ R_C의 계산

$\delta_{C1} = \delta_{C2}$

$\frac{w(2L)^4}{8EI} - \frac{R_C(2L)^3}{3EI} = \frac{wL^4}{8EI} + \frac{R_C L^3}{3EI}$

$2wL - \frac{8}{3}R_C = \frac{wL}{8} + \frac{1}{3}R_C$

$3R_C = \frac{15wL}{8}$

$R_C = \frac{5wL}{8}$

㉡ M_A 계산

$M_A = -\frac{w(2L)^2}{2} + \frac{5wL}{8} \times 2L = -\frac{3}{4}wL^2$

08

그림과 같이 휨강성이 EI이고, 길이가 각각 $2L$ 및 L인 2개의 외팔보로 이루어진 구조물에서 B점의 휨모멘트의 크기는? [06. 서울시 7급]

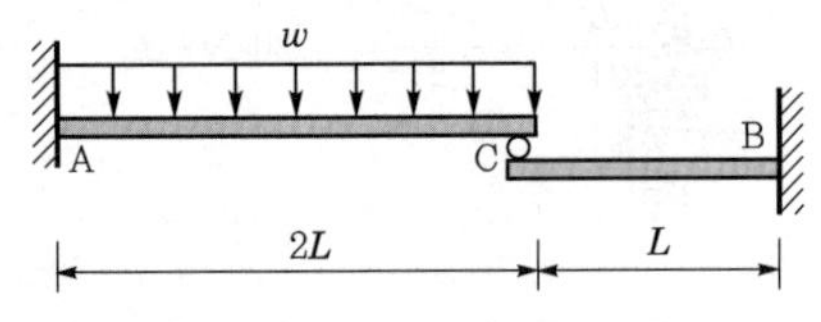

① $-\frac{1}{3}wL^2$　② $-\frac{2}{3}wL^2$

③ $-wl^2$　④ $-\frac{4}{3}wL^2$

⑤ $-\frac{5}{3}wL^2$

해설

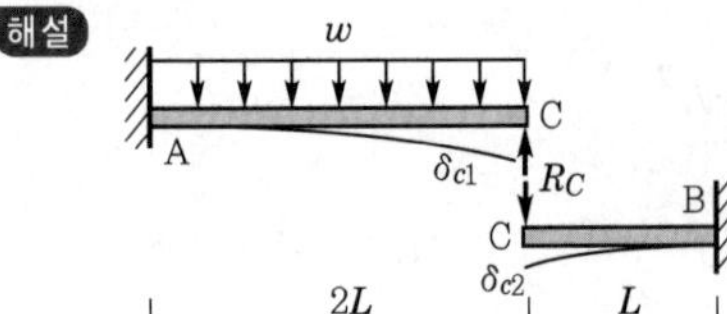

㉠ C점의 반력계산

변형일치법에 의한다.

$\delta_{C1} = \delta_{C2}$

$\frac{w(2L)^4}{8EI} - \frac{R_C(2L)^3}{3EI} = \frac{R_C L^3}{3EI}$

$3R_C = 2wL$

$\therefore R_C = \frac{2wL}{3}$

㉡ B점의 휨모멘트

$M_B = -R_C \times L = -\frac{2wL}{3} \times L = -\frac{2wL^2}{3}$

09

그림과 같은 보 구조물에서 지점 A에 스프링이 없을 때 연직하중 P에 의한 A점의 수직처짐이 Δ만큼 발생하였다. 스프링상수가 k인 스프링을 지점 A에 설치한 후 연직하중 P가 재하되었을 때, A점의 수직처짐은? (단, 주어진 보의 휨강성은 EI로 일정하다)

[09. 국가직 7급]

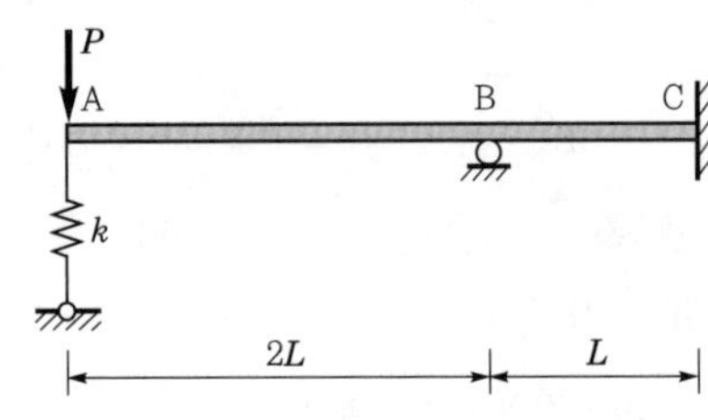

① $\frac{P\Delta}{P+k\Delta}$　② $\frac{P\Delta+k\Delta^2}{P}$

③ $\frac{\Delta}{1+k\frac{8L^3}{3EI}}$　④ $\frac{\Delta}{1+k\frac{5L^3}{3EI}}$

해설 $k_b = \frac{P}{\Delta}$ 이므로

$\delta = \frac{k_b}{k_a + k_b}\Delta = \frac{\frac{P}{\Delta}}{k + \frac{P}{\Delta}}\Delta$

$= \frac{P}{k\Delta + P}\Delta = \frac{P \times \Delta}{k\Delta + P}$

정답 08 ② 09 ①

10 그림과 같은 연속보에서 중간지점 B가 하향으로 2cm 침하될 때 B지점의 수직반력은? (단, 휨강성 $EI=2\times10^5\text{t}\cdot\text{m}^2$) [00. 국가직 7급]

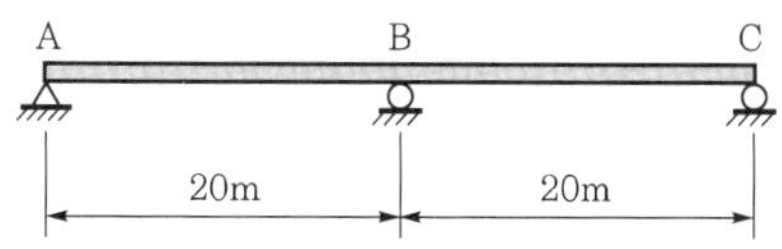

① 1.5t(↑) ② 1.5t(↓)
③ 3.0t(↑) ④ 3.0t(↓)

해설 3연모멘트법을 적용

$$2M_B\left(\frac{l}{I}+\frac{l}{I}\right)=6E\left\{\frac{\delta}{l}-\left(-\frac{\delta}{l}\right)\right\}$$

$$4M_B=\frac{6EI}{l}\left(2\cdot\frac{\delta}{l}\right)=\frac{12EI\delta}{l^2}$$

$$\therefore M_B=\frac{3EI}{l^2}\delta$$

$$\therefore R_B=\frac{M_B}{l}\cdot2=\frac{6EI}{l^2}l=\frac{6\times2\times10^5\times0.02}{20^3}=3\text{t}(\downarrow)$$

11 좌·우가 대칭인 연속보에서 세워야 할 3연 모멘트 방정식의 최소 개수는? [국가직 7급]

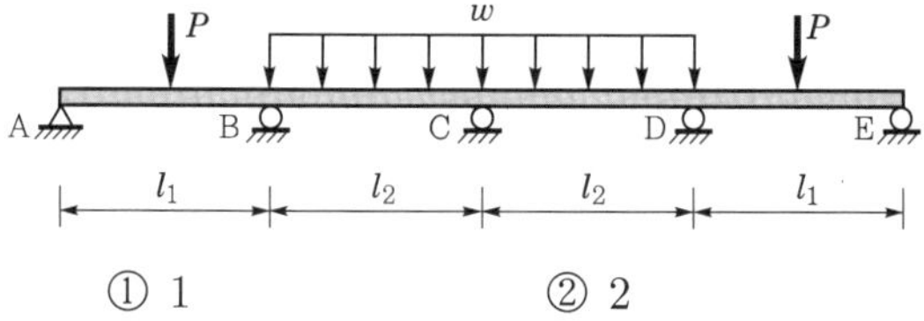

① 1 ② 2
③ 3 ④ 4
⑤ 5

해설 ㉠ $M_A=M_E=0$
㉡ C지점을 중심으로 구조대칭, 하중대칭이다.
$\therefore M_B=M_D$

12 아래 그림과 같이 연속보에서 지점 B가 1cm 아래로 침하하였을 때, $M_B[\text{kN}\cdot\text{m}]$의 값은? (단, $EI=100\text{kN}\cdot\text{m}^2$이다) [15. 서울시 7급]

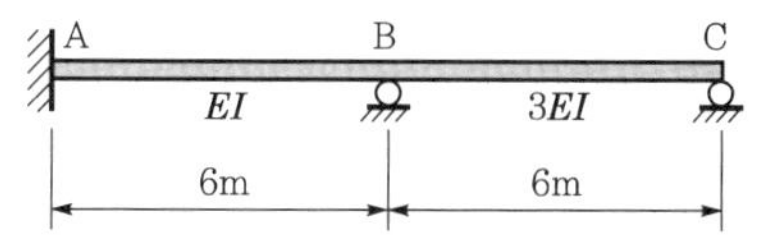

① $\frac{5}{39}$ ② $\frac{7}{39}$
③ $\frac{5}{26}$ ④ $\frac{7}{26}$

해설 3연모멘트법을 적용
㉠ 경간 A′AB
고정단은 휨강성 EI가 무한대인 가상지간(A′A)으로 하여 풀이한다.

$$2M_A\left(\frac{6}{I}\right)+M_B\left(\frac{6}{I}\right)=6E\left(-\frac{0.01}{6}\right)$$

$$2M_A+M_B=-\frac{0.01}{6}EI$$

㉡ 경간 ABC
C단은 롤러단으로 휨모멘트가 영이다.

$$M_A\left(\frac{6}{I}\right)+2M_B\left(\frac{6}{I}+\frac{6}{3I}\right)=6E\left[\frac{0.01}{6}-\left(-\frac{0.01}{6}\right)\right]$$

$$M_A+\frac{8}{3}M_B=\frac{0.02}{6}EI$$

㉠과 ㉡을 연립해서 M_B를 구한다.

$$\frac{13}{3}M_B=\frac{0.05}{6}EI$$

$$M_B=\frac{0.05}{26}\times100=\frac{5}{26}\text{kN}\cdot\text{m}$$

13 그림과 같은 라멘에서 성립되지 않는 평형 방정식은? (단, M_{AB}는 부재 AB의 A단에 작용하는 모멘트, M_{BA}는 부재 AB의 B단에 작용하는 모멘트이다) [국가직 7급]

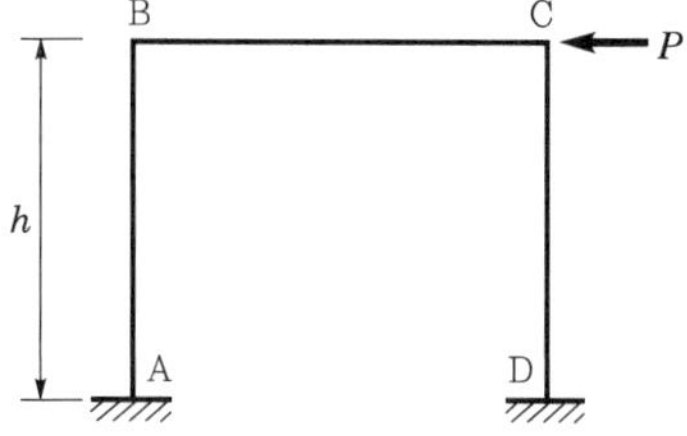

① $M_{AB}+M_{BA}+M_{CD}+M_{DC}-Ph=0$
② $M_{BA}+M_{BC}=0$
③ $M_{CB}+M_{CD}=0$
④ $M_{CD}+M_{DC}=0$

해설 ㉠ 처짐각법의 절점방정식
$\Sigma M_B=0,\ M_{BA}+M_{BC}=0$
$\Sigma M_C=0,\ M_{CB}+M_{CD}=0$

정답 10 ④ 11 ② 12 ③ 13 ④

㉡ 처짐각법의 층방정식

$$\frac{M_{AB}+M_{BA}+M_{CD}+M_{DC}}{h}-P=0$$

$$\therefore M_{AB}+M_{BA}+M_{CD}+M_{DC}-Ph=0$$

14 그림과 같은 구조물에서 층방정식으로 옳은 것은? [00. 서울시 7급]

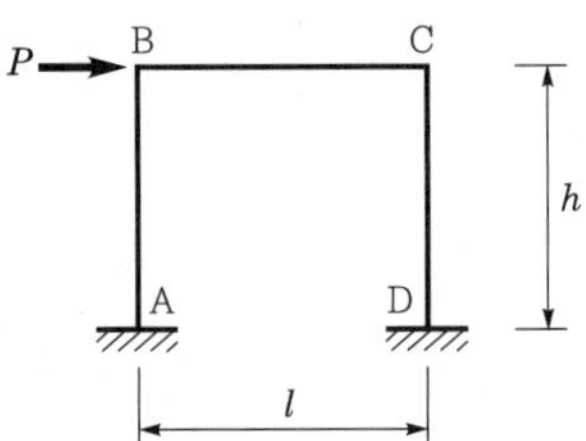

① $M_{AB}+M_{BA}+Ph=0$

② $M_{CD}+M_{DC}+Ph=0$

③ $M_{BC}+M_{CB}+Ph=0$

④ $M_{AB}+M_{BA}+M_{BC}+M_{CB}=0$

⑤ $M_{AB}+M_{BA}+M_{CD}+M_{DC}+Ph=0$

해설 ㉠ $\frac{M_{AB}+M_{BA}+M_{CD}+M_{DC}}{h}+P=0$

$\therefore M_{AB}+M_{BA}+M_{CD}+M_{DC}+Ph=0$

㉡ 역대칭 변형구조

$M_{AB}=M_{DC},\ M_{BA}=M_{CD}$

$M_{AB}+M_{BA}+\frac{Ph}{2}=0$

15 1단고정, 타단활절로 된 구조물에서 부재강도로 옳은 것은? (단, 부재길이는 l이고, 휨강성 EI는 l구간에 걸쳐 일정하다) [서울시 7급]

① $\frac{2EI}{l}$　　② $\frac{3EI}{l}$

③ $\frac{4EI}{l}$　　④ $\frac{5EI}{l}$

해설 1단고정 타단활절의 절대강도

$=\frac{4EI}{l}\times\frac{3}{4}=\frac{3EI}{l}$

16 다음 그림과 같은 구조물에서 OA부재의 분배율은? (단, k는 강비이다) [00. 서울시 7급]

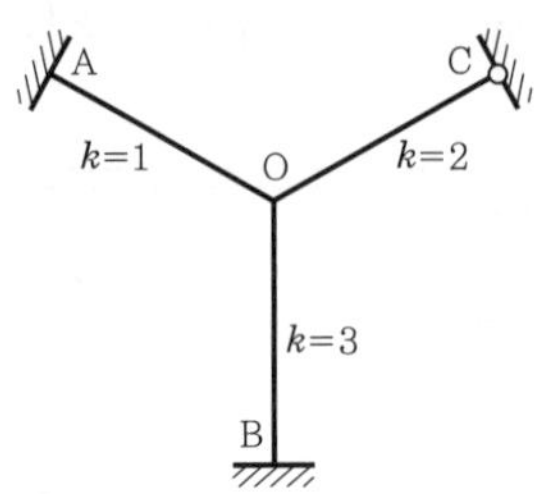

① 0.15　　② 0.16

③ 0.17　　④ 0.18

⑤ 0.19

해설 OC부재의 유효강비

$k_{OC(e)}=\frac{3}{4}k=\frac{3}{4}\times2=\frac{3}{2}$

$\therefore DF_{OA}=\frac{1}{1+3+\frac{3}{2}}=\frac{2}{11}=0.18$

17 그림에서 절점 O는 이동하지 않으며 단, A 및 B는 고정이고 C는 힌지일 때 M_{OC}는? (k는 강비이고 길이와 재질은 동일하다) [국가직 7급]

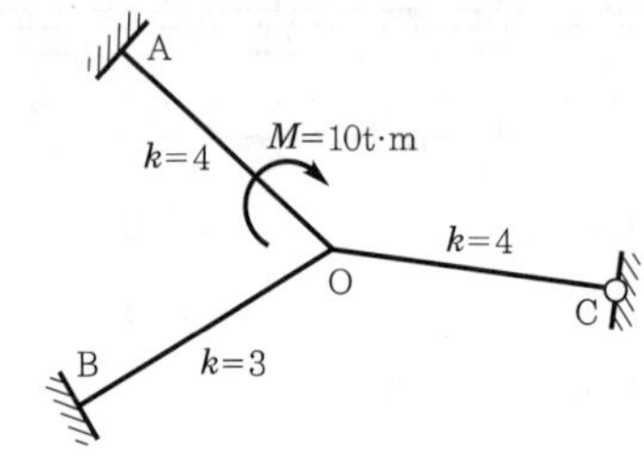

① 1.8t · m　　② 2.0t · m

③ 3.0t · m　　④ 3.6t · m

⑤ 5.2t · m

해설 OC부재의 유효강비

$k_{e(OC)}=\frac{3}{4}k=\frac{3}{4}\times4=3$

OC부재에서 O단의 분배율

$DF_{OC}=\frac{k_{e(OC)}}{\Sigma k}=\frac{3}{43+3}=0.3$

∴ 분배모멘트,

$M_{OC}=DF_{OC}\times M=0.3\times10=3\text{t}\cdot\text{m}$

정답 14 ⑤ 15 ② 16 ④ 17 ③

18 그림과 같은 구조물에서 절점은 고정되어 있으며, 부재 ①, ②, ③은 고정단으로 지지되고, 부재 ④는 힌지로 지지될 때 ④번 부재의 분배율로 옳은 것은? [서울시 7급]

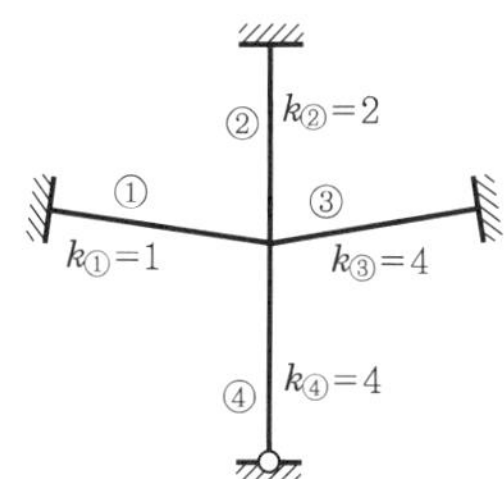

① 0.1 ② 0.2
③ 0.3 ④ 0.4

해설 ④번 부재의 유효강비

$k_{④(e)}=\frac{3}{4}k_④=\frac{3}{4}\times4=3$

$\therefore DF_④=\frac{3}{1+2+4+3}=\frac{3}{10}=0.3$

19 그림과 같은 연속보에서 지점 B점 휨모멘트 M_B의 값은? (단, EI는 일정하다) [국가직 7급]

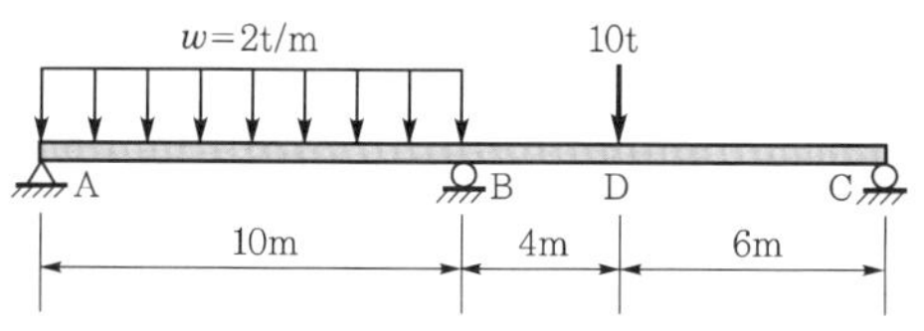

① −11.5t · m ② −16.5t · m
③ −22.1t · m ④ −25t · m
⑤ 27.7t · m

해설 3연모멘트법을 적용

$M_A=M_C=0$

EI가 일정하고 지간이 같으므로

$2M_B\left(\frac{l}{I}+\frac{l}{I}\right)=6E(\theta_{BA}-\theta_{BC})$

$\therefore 4M_B\times l=6EI(\theta_{BA}-\theta_{BC})$

여기서,

$\theta_{BA}=-\frac{wl^3}{24EI}=-\frac{2\times10^3}{24EI}=-\frac{1000}{12EI}$

$\theta_{BC}=\frac{Pab(l+b)}{6lEI}=\frac{10\times4\times6\times(10+6)}{6\times10EI}=\frac{64}{EI}$

$\therefore 4M_B\times10=6EI\left(-\frac{1000}{12EI}-\frac{64}{EI}\right)$

$\therefore M_B=\frac{6}{40\times12}(-1000-64\times12)$

$=-22.1\text{t}\cdot\text{m}$

20 뼈대구조물의 A점에 72kN · m의 모멘트가 작용할 때, D점의 휨모멘트[kN · m]는? (단, K_{AB}, K_{AC}, K_{AD}는 보와 기둥의 강성이다) [11. 국가직 7급]

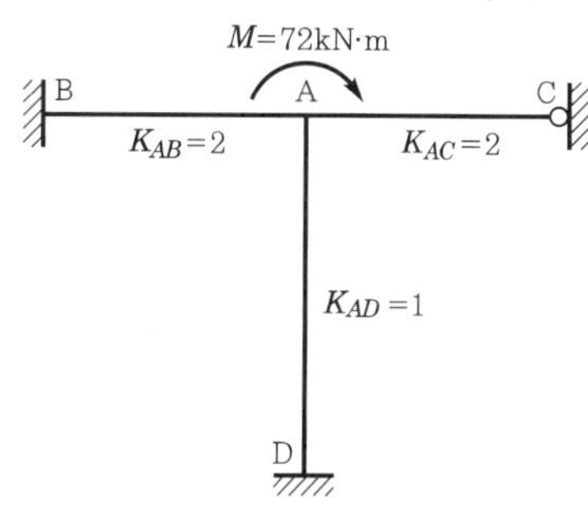

① 8 ② 10
③ 12 ④ 14

해설 AD부재의 A단의 분배모멘트를 1/2D단으로 전달한다. 여기서 AC부재의 C단이 롤러단으로 유효강비

$K_{AC(e)}=\frac{3}{4}\times2=1.5$가 된다.

$M_D=-M_{DA}=-\left(72\times\frac{1}{2+1.5+2}\times\frac{1}{2}\right)$

$=-8\text{kN}\cdot\text{m}$

21 다음 부정정 라멘에서 재단모멘트 M_{BA}는? (단, EI는 일정하다) [00. 서울시 7급]

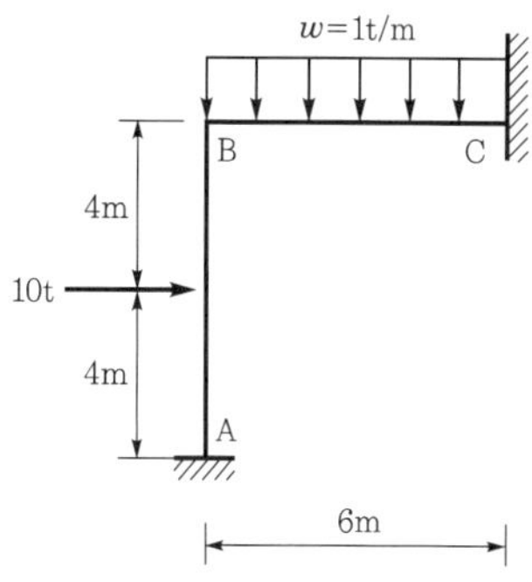

① 6t · m ② −6t · m
③ 4.5t · m ④ −4.5t · m
⑤ 7t · m

정답 18 ③ 19 ③ 20 ① 21 ⑤

해설 ㉠ 강도 : $K_{AB}=\frac{I}{8}$, $K_{BC}=\frac{I}{6}$

㉡ 강비 : $k_{ab}=3$, $k_{bc}=4$

㉢ 분배율 : $\mu_{ba}=\frac{3}{3+4}=\frac{3}{7}$

M_{BA} =(하중항)+분배모멘트

$$=\left(\frac{10\times8}{8}\right)+\left[-\left\{\frac{10\times8}{8}+\left(-\frac{1\times6^2}{12}\right)\right\}\right]\times\frac{3}{7}$$

$$=10+(-10+3)\times\frac{3}{7}$$

$$=10-3=7\text{t}\cdot\text{m}$$

22 등질, 등지간의 다음 두 보에서 지간 중앙점에 P_1, P_2가 작용할 때 등단면의 설계하중을 갖도록 하는 $P_1 : P_2$의 비는? [00. 국가직 7급]

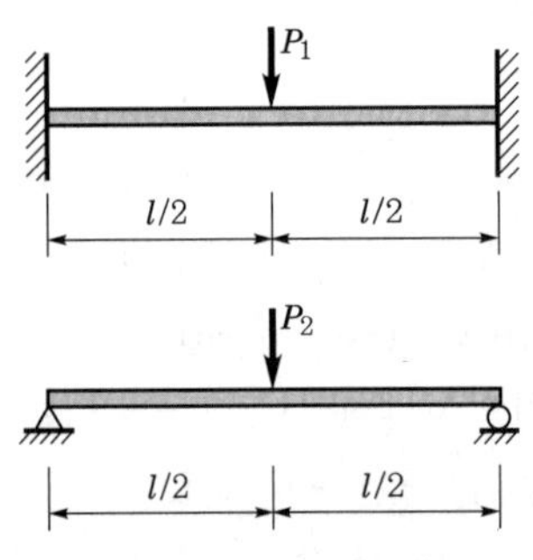

① 2 : 1 ② 3 : 1
③ 4 : 1 ④ 8 : 1

해설 $M_{\max(1)}=\frac{P_1\cdot l}{8}$, $M_{\max(2)}=\frac{P_2\cdot l}{4}$

$M_{\max(1)}=M_{\max(2)}$

$\therefore \frac{P_1 l}{8}=\frac{P_2 l}{4}$

$\therefore P_1=2P_2$

$\therefore P_1 : P_2=2:1$

23 선형탄성인 구조물의 매트릭스 구조해석에서 강도 매트릭스가 대칭인 이유 중 가장 직접적인 것은 어떤 원리인가? [국가직 7급]

① Betti-Maxwell's Principle
② St. Vernant's Principle
③ Pytagoras' Principle
④ Castigliano's Principle

24 부정정 구조물 해석방법 중 응력법이 아닌 것은? [00. 서울시 7급]

① 3연 모멘트법 ② 기둥 유사법
③ 최소일의 원리 ④ 모멘트 분배법
⑤ 2중 적분법

해설 모멘트 분배법은 처짐각의 원리를 이용하므로 변위법(강성도법)의 일종이다.

25 부정정 트러스의 해석법으로 가장 적당한 방법은? [국가직 7급]

① 모멘트 분배법 ② 가상일의 원리
③ 모멘트 면적법 ④ 3연 모멘트법

26 다음 보에서 A지점의 반력은? [서울시 7급]

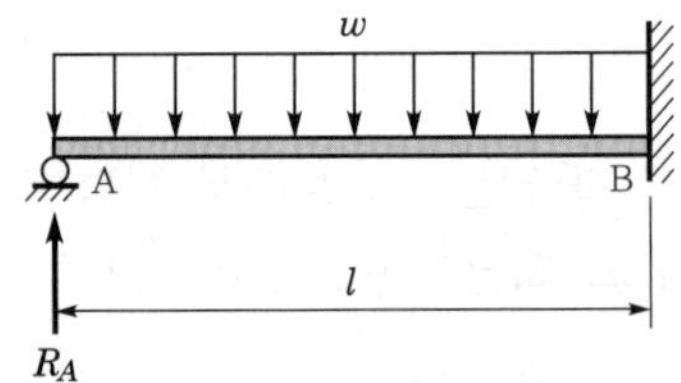

① $\frac{wl}{4}$ ② $\frac{3wl}{8}$
③ $\frac{wl}{2}$ ④ $\frac{5wl}{8}$
⑤ $\frac{3wl}{2}$

해설 $R_A=\frac{3wl}{8}$

27 다음과 같은 보에서 A지점에 발생하는 휨모멘트[tf · m]는? (단, 부재의 휨강성 EI는 일정하다) [06. 국가직 7급]

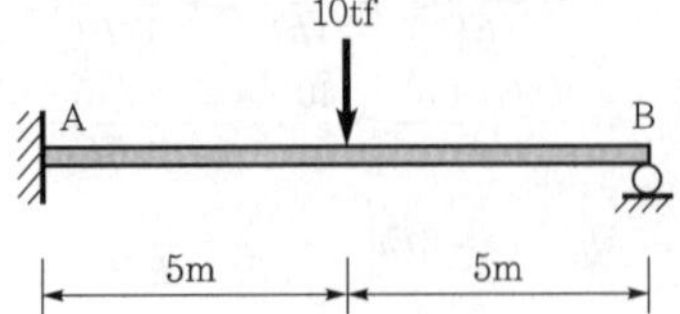

정답 22 ③ 23 ① 24 ④ 25 ② 26 ② 27 ①

① −18.75　　② −16.75

③ −14.75　　④ −12.75

해설 $M_A = -\frac{3PL}{16} = \frac{3\times10\times10}{16} = -18.75\text{t}\cdot\text{m}$

28 다음 부정정보에서 B지점의 반력은 얼마인가? [00. 국가직 7급]

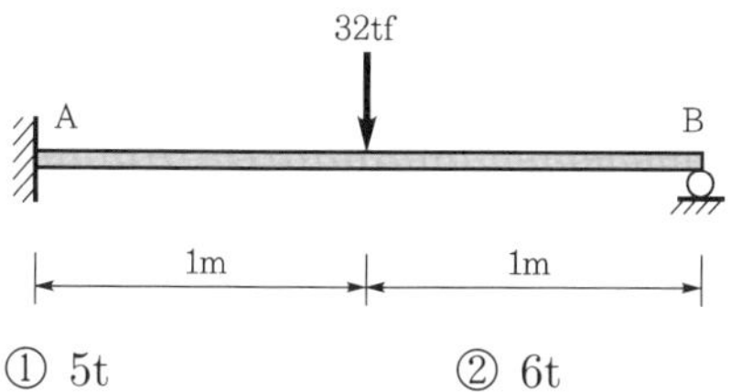

① 5t　　② 6t

③ 10t　　④ 22t

해설

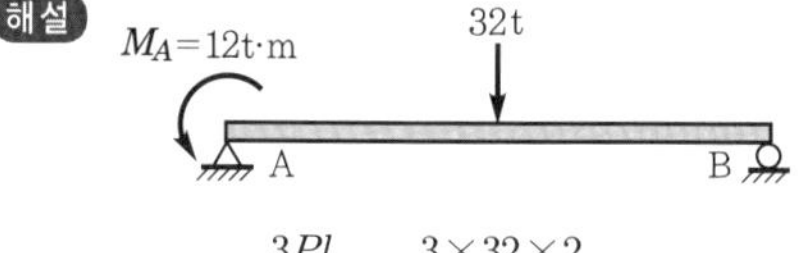

$M_A = -\frac{3Pl}{16} = -\frac{3\times32\times2}{16} = -12\text{t}\cdot\text{m}$

$\therefore R_B = 16 - \frac{12}{2} = 10\text{t}(\uparrow)$

29 그림과 같은 부정정보의 B점 및 C점에 각각 모멘트 M_B 및 M_C가 작용하고 있다. C점의 수직반력이 0이 되기 위한 M_B와 M_C의 비율(M_B/M_C)은? (단, 주어진 보의 휨강성은 EI로 일정하다) [09. 국가직 7급]

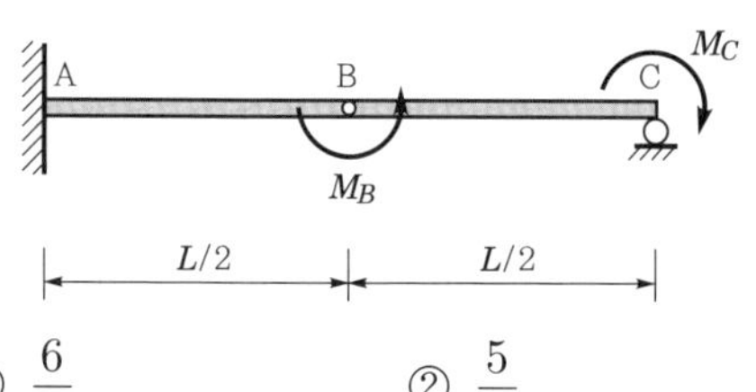

① $\frac{6}{5}$　　② $\frac{5}{4}$

③ $\frac{4}{3}$　　④ $\frac{3}{2}$

해설 ㉠ M_B에 의한 C점의 수직처짐

$$\delta_{C1} = \frac{M_B(L/2)^2}{2EI} + \theta_B \times \frac{L}{2}$$

$$= \frac{M_BL^2}{8EI} + \frac{M_B\times\frac{L}{2}}{EI}\times\frac{L}{2} = \frac{3M_BL^2}{8EI}(\uparrow)$$

㉡ M_C에 의한 C점의 수직처짐

$$\delta_{C2} = \frac{M_CL^2}{2EI}(\downarrow)$$

변위의 적합조건식

$$\delta_{C1} = \delta_{C2}$$

$$\frac{3M_BL^2}{8EI} = \frac{M_CL^2}{2EI}$$

$$\frac{M_B}{M_C} = \frac{4}{3}$$

30 다음과 같이 길이 L이 캔틸레버보의 자유단 B에 탄성지점을 설치하였더니 자유단 B단의 처짐이 탄성지점이 없을 때에 비하여 $\frac{1}{2}$로 감소하였다. 탄성지점의 스프링계수 k는? (단, 휨변형만 고려하며, 부재의 EI는 일정하다) [11. 국가직 7급]

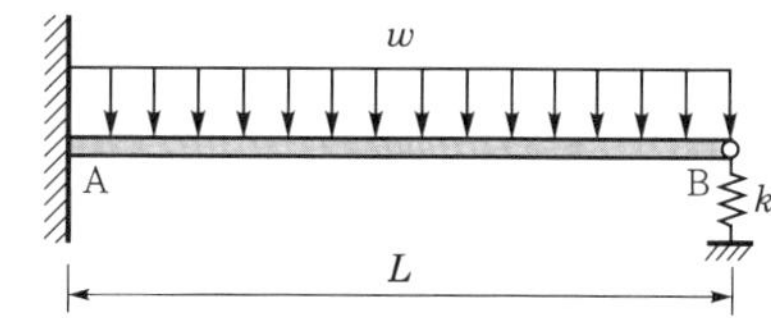

① $\frac{EI}{L^3}$　　② $\frac{2EI}{L^3}$

③ $\frac{3EI}{L^3}$　　④ $\frac{4EI}{L^3}$

해설 변형일치법을 이용하면

㉠ 스프링이 없을 때 자유단의 처짐

$$\delta_0 = \frac{wL^4}{8EI}$$

㉡ 스프링이 있을 때 자유단의 처짐

$$\delta_1 = \frac{1}{2}\delta_0 = \frac{wL^4}{16EI}$$

㉢ 변위의 적합조건식

여기서 스프링 축력, $F = k\cdot\delta_1$으로 한다.

$$\delta_0 - \frac{(k\cdot\delta_1)L^3}{3EI} = \delta_1$$

$$\delta_0 = k\times\frac{\frac{\delta_0}{2}L^3}{3EI} = \frac{\delta_0}{2}$$

$$1 - k\times\frac{L^3}{6EI} = \frac{1}{2}$$

$$k = \frac{3EI}{L^3}$$

정답 28 ③　29 ③　30 ③

31 다음 부정정보의 C점에 대한 처짐은? (단, 부재의 휨강성 EI는 일정하다) [06. 국가직 7급]

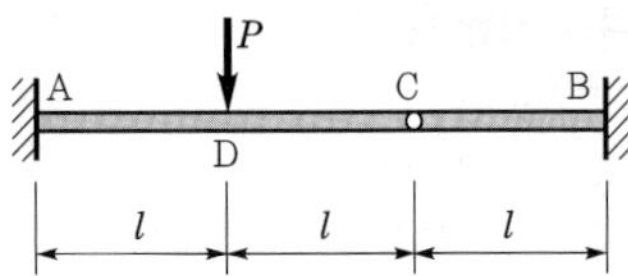

① $\dfrac{5P\cdot l^3}{54EI}$ ② $\dfrac{3P\cdot l^3}{3EI}$

③ $\dfrac{P\cdot l^3}{6EI}$ ④ $\dfrac{4P\cdot l^3}{138EI}$

해설

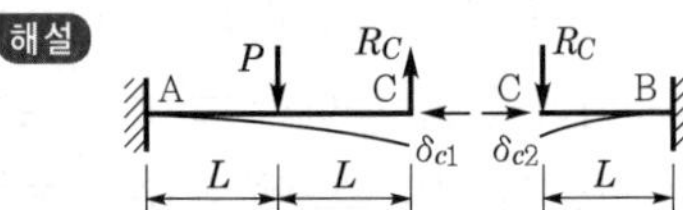

㉠ 힌지절점의 수직반력 R_C

AC부재에서 C단의 처짐 δ_{C1}

$$\delta_{C1} = \frac{5P(2L)^3}{48EI} - \frac{R_C(2L)^3}{3EI} = \frac{5PL^3}{6EI} - \frac{8R_CL^3}{3EI}(\downarrow)$$

BC부재에서 C단의 처짐 δ_{C2}

$$\delta_{C2} = \frac{R_CL^3}{3EI}(\downarrow)$$

㉡ 변위의 적합조건식

$$\delta_{C1} = \delta_{C2}$$

$$\frac{5PL^3}{6EI} - \frac{8R_CL^3}{3EI} = \frac{R_CL^3}{3EI}$$

$$3R_C = \frac{5P}{6}$$

$$\therefore R_C = \frac{5P}{18}$$

㉢ C점의 수직처짐

C점의 수직처짐은 BC부재에서 C단의 처짐과 같다.

$$\delta_C = \frac{R_CL^3}{3EI} = \frac{\left(\frac{5P}{18}\right)L^3}{3EI} = \frac{5PL^3}{54EI}(\downarrow)$$

32 그림과 같은 구조물에서 지점 C에 작용하는 수직반력 [kN]은? (단, 휨강성은 EI로 모든 부재에서 일정하다) [09. 국가직 7급]

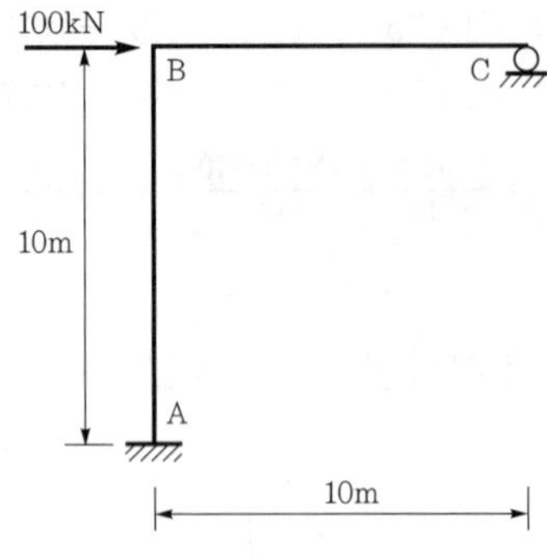

① 30 ② 32.5

③ 35 ④ 37.5

해설

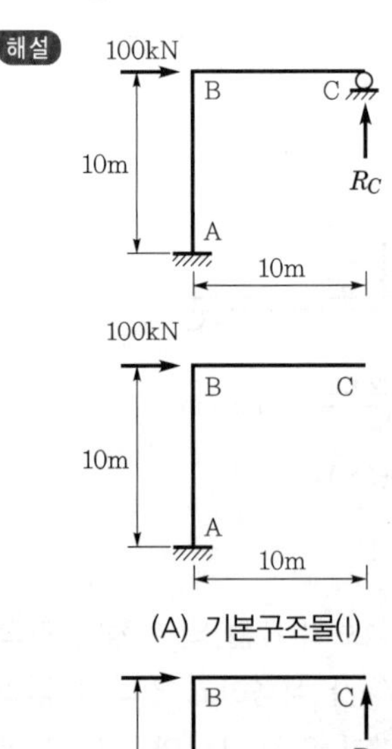

(A) 기본구조물(I)

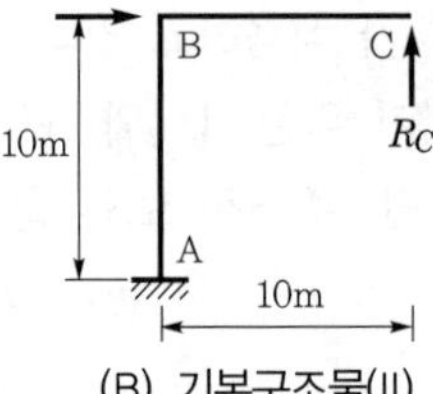

(B) 기본구조물(II)

㉠ 기본구조물(I)에서 C점의 수직처짐 계산

$$\delta_{C1} = \theta_B \times 10 = \left(\frac{100\times10^2}{2EI}\right)\times10 = \frac{50,000}{EI}(\downarrow)$$

㉡ 기본구조물(II)에서 C점의 수직처짐 계산

δ_{C2}=캔틸레버 작용+B절점 회전작용

$$= \frac{R_C\times10^3}{3EI} + \left(\frac{(10R_C)\times10}{EI}\right)\times10 = \frac{4,000R_C}{3EI}(\uparrow)$$

㉢ 변위의 적합조건식

$\delta_{C1} = \delta_{C2}$에서

$$\frac{50,000}{EI} = \frac{4,000R_C}{3EI}$$

$$R_C = \frac{150}{4}\text{kN} = 37.5\text{kN}(\uparrow)$$

정답 31 ① 32 ④

33 주어진 2경간 연속보에서 지점 A의 반력은? [06. 서울시 7급]

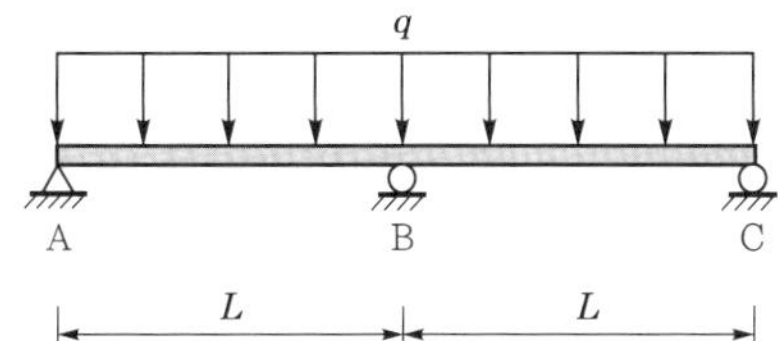

① $\frac{1}{4}qL$ ② $\frac{3}{8}qL$

③ $\frac{1}{2}qL$ ④ $\frac{5}{8}qL$

⑤ $\frac{7}{8}qL$

해설 변형일치법을 이용하면

$R_A = \frac{3ql}{8}$

$R_B = \frac{5ql}{4}$

34 다음 연속보에서 B점이 δ만큼 침하하였을 때 B점의 휨모멘트를 구하는 식은? (단, EI는 일정하다) [서울시 7급]

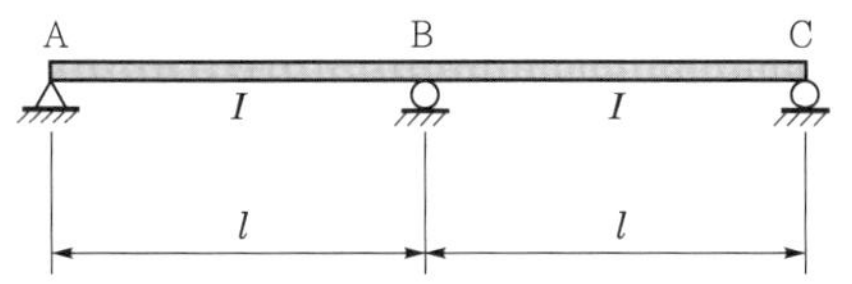

① $2\left(\frac{l}{I}+\frac{l}{I}\right)M_B = 6E\left(\frac{\delta}{l}-\frac{\delta}{l}\right)$

② $2\left(\frac{l}{I}+\frac{l}{I}\right)M_B = 6E\left\{\frac{\delta}{l}-\left(-\frac{\delta}{l}\right)\right\}$

③ $2\left(\frac{l}{I}+\frac{l}{I}\right)M_B = 6E\left(\frac{\delta}{l}\right)$

④ $2\left(\frac{l}{I}+\frac{l}{I}\right)M_B = 6E\theta_B + 6E\left(\frac{\delta}{l}\right)$

⑤ $2\left(\frac{l}{I}+\frac{l}{I}\right)M_B = 6E\theta_B$

$+6E\left\{\left(\frac{\delta}{l}\right)-\left(-\frac{\delta}{l}\right)\right\}$

해설 3연모멘트법 적용

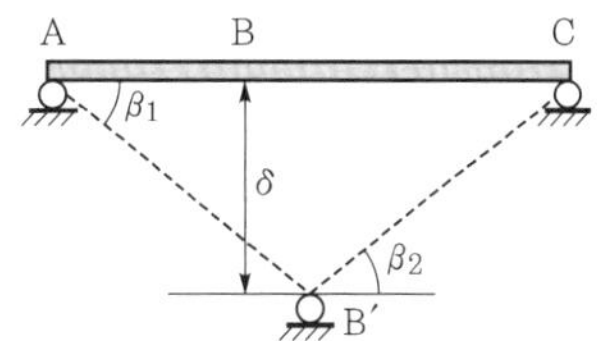

$M_A = M_C = 0$

$\therefore 2M_B\left(\frac{l}{I}+\frac{l}{I}\right) = 6E(\beta_1-\beta_2) = 6E\left[\frac{\delta}{l}-\left(-\frac{\delta}{l}\right)\right]$

35 그림과 같은 연속보에서 B점의 변위량이 하향으로 5cm 침하될 때 B점의 휨모멘트는 얼마인가? (단, EI= 80,000t · m이다) [국가직 7급]

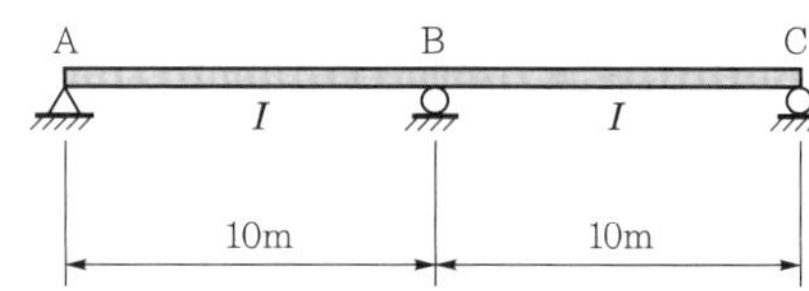

① 100,000kgf · cm

② 120,000kgf · cm

③ 150,000kgf · cm

④ 200,000kgf · cm

해설 3연모멘트법을 이용하면

$\therefore 4M_B = \frac{6EI}{l}\left\{\frac{\delta}{l}-\left(-\frac{\delta}{l}\right)\right\}$

$M_B = \frac{3EI}{2l^2}(2\delta) = \frac{3EI}{l^2}\delta = \frac{3\times 80,000\times 10^5\times 5}{1,000^2}$

$= 120,000\text{kgf} \cdot \text{cm}$

36 다음 구조물에서 절점각과 부재각을 합한 최소 개수는? [00. 서울시 7급]

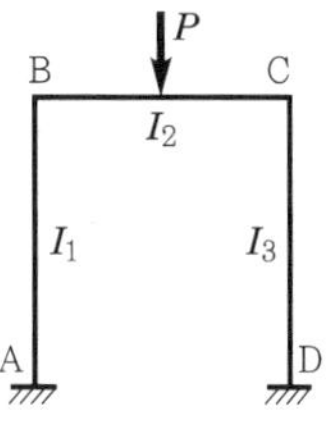

① 1 ② 2

③ 3 ④ 4

⑤ 5

정답 33 ② 34 ② 35 ② 36 ③

37 다음 단순보가 그림과 같은 하중을 받고 있을 때 M_b는? (단, EI는 일정하다) [서울시 7급]

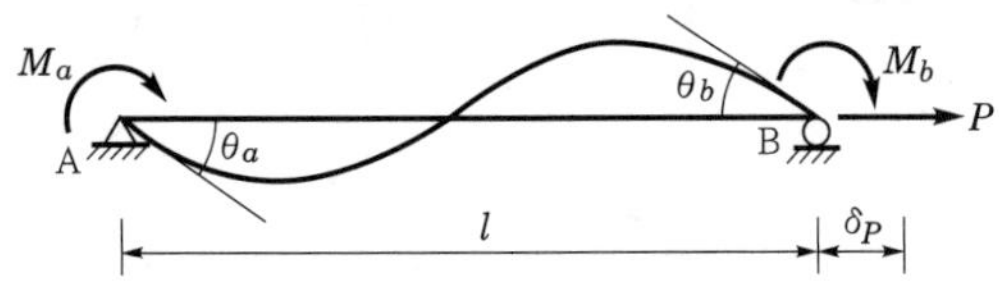

① $M_b = \frac{2EI}{l}(\theta + 2\theta_b)$

② $M_b = \frac{2EI}{l}(2\theta_a + \theta_b)$

③ $M_b = EA\sigma_P$

④ $M_b = \frac{3EI}{l}(\theta_a + 2\theta_b)$

⑤ $M_b = \frac{3EI}{l}(2\theta_a + \theta_b)$

해설 $M_b = \frac{2EI}{l}(\theta_a + 2\theta_b)$

38 아래 그림과 같은 양단 고정보에서 지점 B를 반시계방향으로 1.0radian만큼 회전시켰을 때, B점에 발생되는 모멘트는? (단, EI는 일정하며, 부호는 고려하지 않는다.) [15. 서울시 7급]

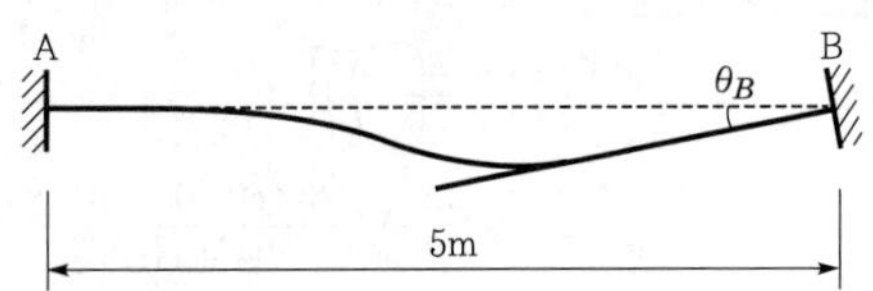

① $\frac{2EI}{5}$ ② $\frac{3EI}{5}$

③ $\frac{4EI}{5}$ ④ $\frac{6EI}{5}$

해설 처짐각법을 이용하면

$M_B = -M_{BA} = -\frac{2EI}{5}[2\times(-1.0)] = \frac{4EI}{5}$

39 그림에서 B점의 휨모멘트는? [국가직 7급]

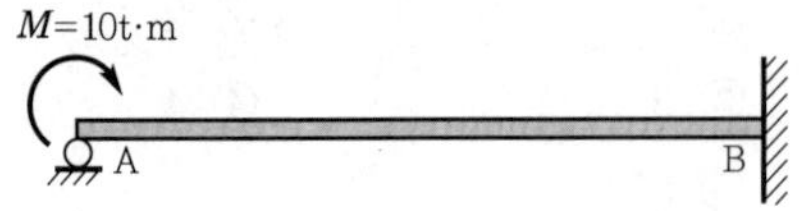

① $M_B = -10\text{t}\cdot\text{m}$

② $M_B = -5\text{t}\cdot\text{m}$

③ $M_B = -7.5\text{t}\cdot\text{m}$

④ $M_B = -2.5\text{t}\cdot\text{m}$

해설

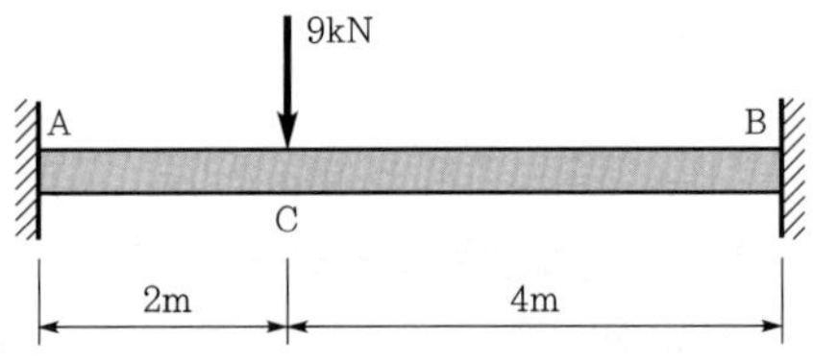

A점의 모멘트 하중은 고정단의 B점에 1/2 전달된다.

$\therefore M_B = -M_{BA} = -\frac{10}{2} = -5\text{t}\cdot\text{m}$

여기서, M_{BA}는 AB부재에서 B단의 재단모멘트이다.

40 그림과 같은 양단 고정보에서 C점의 휨모멘트 [kN · m]는? [08. 국가직 7급]

① 4 ② $\frac{16}{3}$

③ $\frac{20}{3}$ ④ 8

해설 각 단의 지점의 휨모멘트를 구하여 중첩의 원리를 적용한다.

$M_A = -\frac{Pab^2}{l^2} = -\frac{9\times2\times4^2}{6^2} = -8\text{kN}\cdot\text{m}$

$M_B = -\frac{Pa^2b}{l^2} = -\frac{9\times2^2\times4}{6^2} = -4\text{kN}\cdot\text{m}$

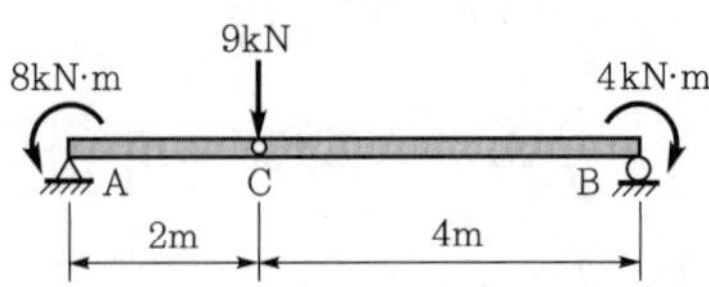

$M_C = \frac{9\times2\times4}{6} - 8\times\frac{4}{6} - 4\times\frac{2}{6}$

$= 12 - \frac{16}{3} - \frac{4}{3} = \frac{16}{3}\text{kN}\cdot\text{m}$

정답 37 ① 38 ③ 39 ② 40 ②

41 그림과 같은 부정정보에서 AB부재의 분배율의 근사치는? (단, I는 단면 2차 모멘트이다) [07. 국가직 7급]

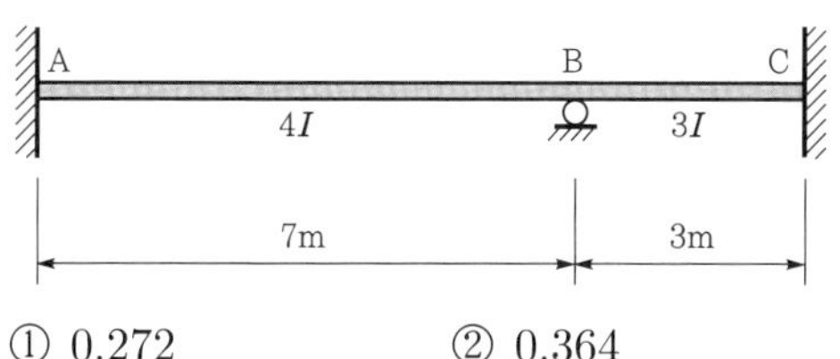

① 0.272 ② 0.364

③ 0.429 ④ 0.500

해설 AB부재의 B단의 분배율은 이 경우에 다음과 같다.

$$DF_{BA}=\frac{k_{ab}}{k_{ab}+k_{bc}}=\frac{K_{AB}}{K_{AB}+K_{BC}}$$

$$=\frac{\frac{4I}{7}}{\frac{4I}{7}+\frac{3I}{3}}=\frac{4}{4+7}=\frac{4}{11}$$

$$=0.364$$

42 다음 그림과 같은 라멘 구조물의 E점에서 A점으로의 분배율 DF_{EA}의 값은? (단, 탄성계수 E는 일정하다) [10. 국가직 7급]

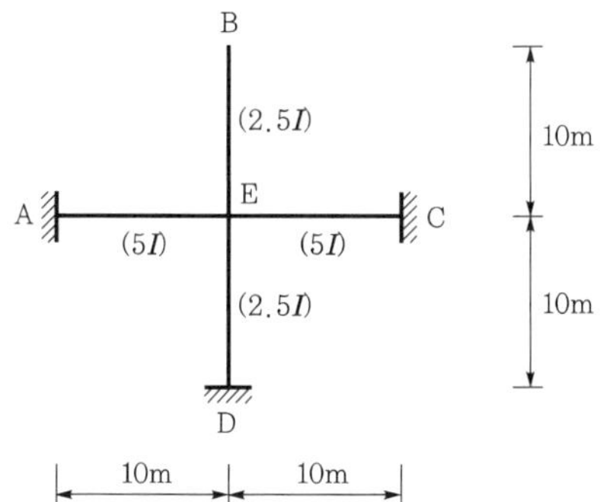

① 0.20 ② 0.33

③ 0.40 ④ 0.50

해설 $DF_{EA}=\frac{5I}{5I+5I+2.5I}=0.4$

43 그림과 같은 부정정 라멘에서 A점의 휨모멘트는? [국가직 7급]

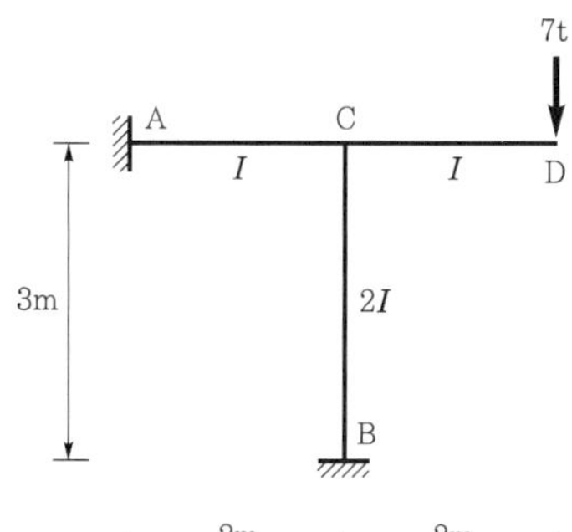

① 3t · m ② 4t · m

③ 6t · m ④ 7t · m

해설 ㉠ 강도 $K=\frac{I}{l}$에서

$$K_{AC}=\frac{I}{2}=\frac{3I}{6}$$

$$K_{BC}=\frac{2I}{3}=\frac{4I}{6}$$

㉡ 강비 $K_{AC}=3,\ K_{BC}=4$

㉢ 분배율 $DF_{CA}=\frac{3}{3+4}=\frac{3}{7}$

㉣ 분배모멘트

$$M_{CA}=\frac{3}{7}\times 14=6\text{t}\cdot\text{m}$$

㉤ A점의 휨모멘트

$$M_A=(\text{전달률})\times(\text{분배 }M)=\frac{1}{2}\times 6=3\text{t}\cdot\text{m}$$

44 다음 부정정보의 고정단에서 생기는 모멘트 반력은? (단, 보의 휨강성 EI는 일정하다) [국가직 7급]

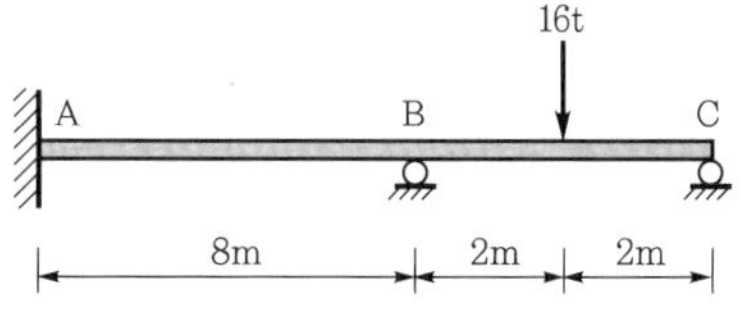

① 2.4t · m ② 4.5t · m

③ 11t · m ④ 9.0t · m

정답 41 ② 42 ③ 43 ① 44 ①

해설 ㉠ 강도 : $K_{AB}=\frac{I}{8}$, $K_{BC}=\frac{I}{4}$

㉡ 강비 : $k_{ab}=1$, $k_{bc}=2$

㉢ 유효강비 : $k_{bc(e)}=2\times\frac{3}{4}=\frac{3}{2}$

㉣ $\mu_{ba}=\frac{1}{1+\frac{3}{2}}=\frac{2}{5}$

㉤ B절점의 불균형

$M=-\frac{3Pl}{16}=-\frac{3\times16\times4}{16}=-12\text{t}\cdot\text{m}$

㉥ B절점의 구속해제 $M=12\text{t}\cdot\text{m}$

㉦ AB부재에서 B단의 분배

$M=12\times\frac{2}{5}\text{t}\cdot\text{m}$

$\therefore M_A=12\times\frac{2}{5}\times\frac{1}{2}=2.4\text{t}\cdot\text{m}$

45 그림과 같은 구조물에서 모멘트 M_{OC}의 크기가 40kN·m일 때, 점 O에서 모멘트 M[kN·m]의 크기는? [15. 서울시 7급]

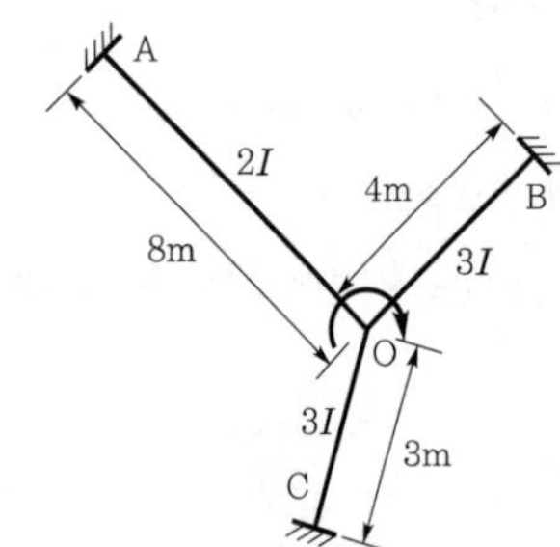

① 20 ② 40
③ 60 ④ 80

해설 모멘트분배법을 이용하면

㉠ 분배율

OC부재에서 O단의 분배율,

$$DF_{OC}=\frac{\frac{3I}{3}}{\frac{3I}{3}+\frac{3I}{4}+\frac{3I}{8}}=\frac{24}{24+18+6}=\frac{1}{2}$$

㉡ M 계산

$M_{OC}=M\times\frac{1}{2}$

$M=2M_{OC}\times=2\times40=80\text{kN}\cdot\text{m}$

46 다음과 같은 구조물에서 고정단 C점에서의 반력 휨모멘트 M_C[kN·m]와 수직반력 R_C[kN]의 크기는? (단, 부재 단면 및 재질은 모두 같다) [13. 국가직 7급]

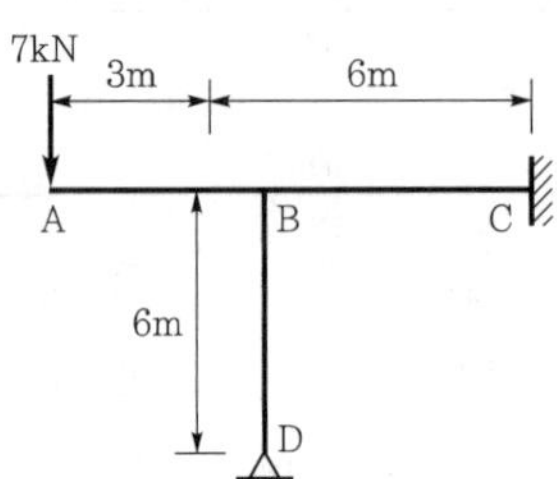

M_C	R_C
① 5	2
② 6	2
③ 5	3
④ 6	3

해설 ㉠ BC부재에서 B단의 분배율

$$\mu_{BC}=\frac{\frac{I}{6}}{\frac{I}{6}\times\frac{3}{4}\times\frac{I}{6}}=\frac{4}{7}$$

㉡ M_C 계산

$M_C=-M_{CB}$

$=-\left[(-7\times3)\times\frac{4}{7}\times\frac{1}{2}\right]=6\text{kN}\cdot\text{m}$

㉢ R_C 계산

$M_B=M_{BC}=\left[(-7\times3)\times\frac{4}{7}\right]=-12\text{kN}\cdot\text{m}$

$R_C=\Sigma\frac{M}{L}=\frac{12+6}{6}=3\text{kN}(\downarrow)$

47 그림과 같은 부정정라멘의 D점에서 δ만큼 하향 침하가 생길 경우 A점의 휨모멘트는? (단, 모든 부재의 EI는 일정하고, 자중은 무시한다) [10. 지방직 7급]

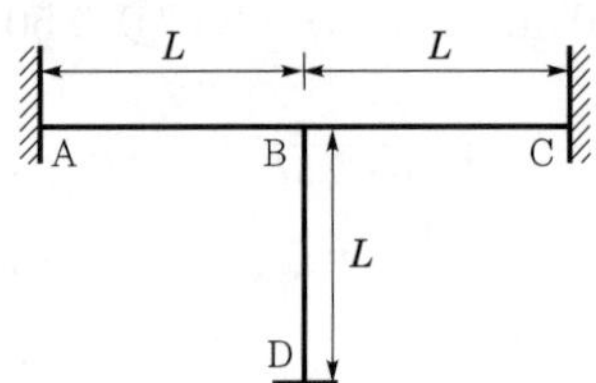

정답 45 ④ 46 ④ 47 ①

① $-\dfrac{6EI}{L^2}\delta$　　② $-\dfrac{3EI}{L^2}\delta$

③ $-\dfrac{2EI}{L^2}\delta$　　④ $-\dfrac{EI}{L^2}\delta$

해설 〈외적일의 방법〉

$$R_D = k \cdot \delta = \frac{192EI}{(2L)^3} \times \delta = \frac{24EI}{L^3}\delta(\downarrow)$$

$$M_A = -\frac{R_D \times 2L}{8} = -\frac{\left(\frac{24EI}{L^3}\delta\right) \times 2L}{8} = -\frac{6EI}{L^2}\delta$$

48 그림과 같은 구조물의 탄성곡선을 그리면 변곡점(모멘트가 0인)의 수는 몇 개인가?

[국가직 7급]

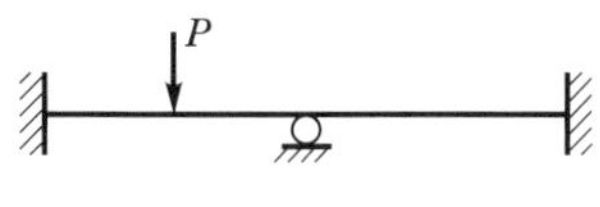

① 1　　② 2

③ 3　　④ 4

해설

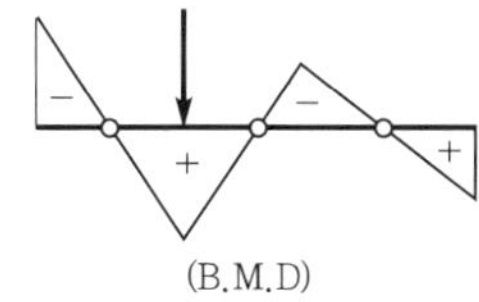

(B.M.D)

B.M.D에서 휨모멘트의 부호가 바뀌는 점은 3개가 된다.

49 그림과 같은 라멘 구조물에 하중 P가 작용할 때, 이 구조물의 변형도로 가장 적절한 것은?

[07. 국가직 7급]

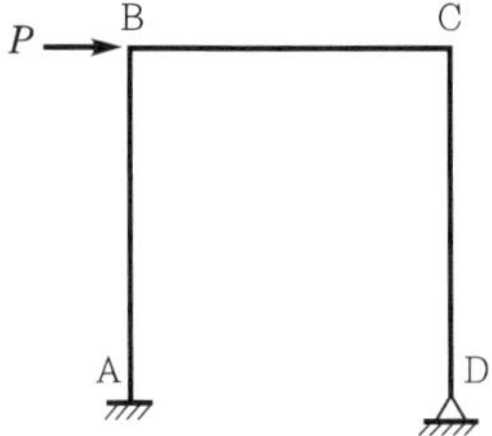

①

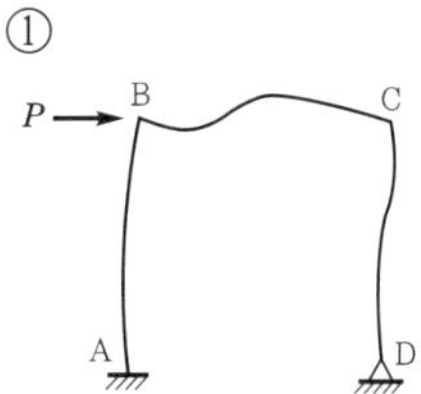

②

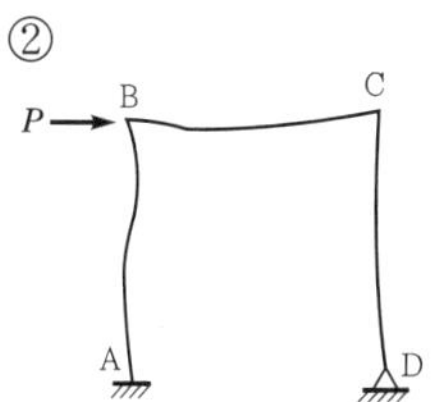

③

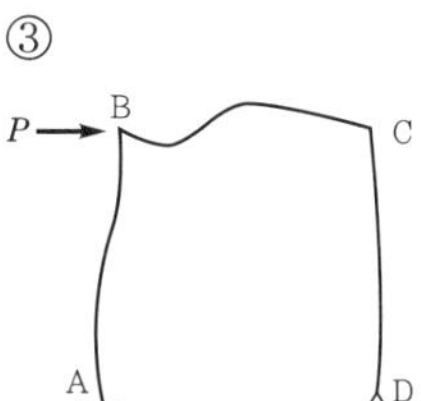

④

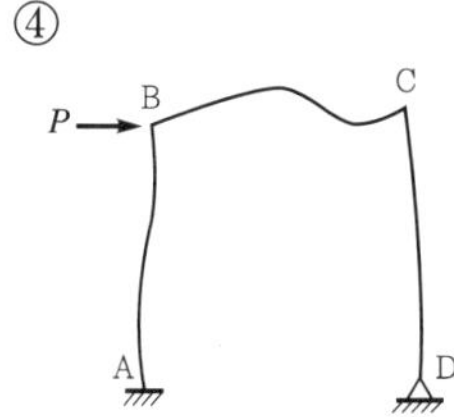

해설 자유물체도를 통한 반력 가정 및 B.M.D 모양추정으로부터

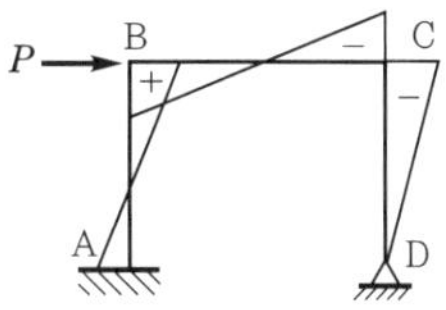

AB부재는 하단이 (−)M이고 상단이 (+)M이므로
CD부재는 전 길이에 걸쳐서 (−)M

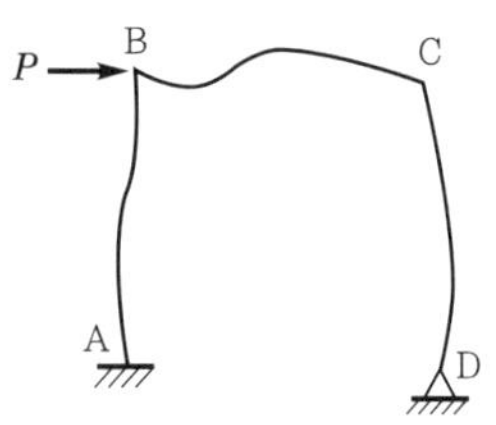

정답 48 ③　49 ③

부록

과년도 출제문제

과년도 출제문제(2015년 국가직 9급)

01 그림과 같은 트러스에서 지점 A의 반력 R_A 및 BC부재의 부재력 F_{BC}는? (단, 트러스의 자중은 무시한다.)

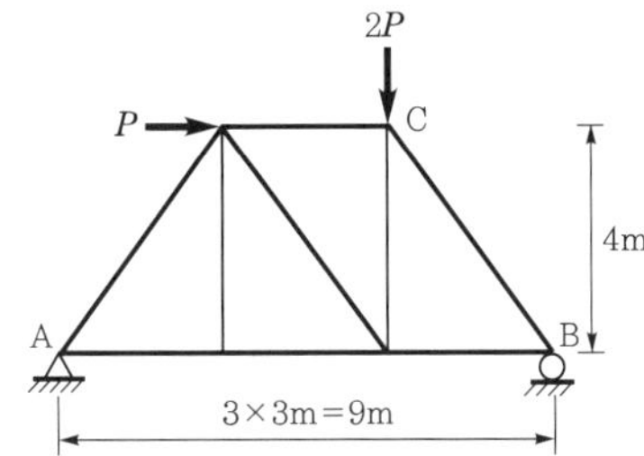

	R_A	F_{BC}
①	$\frac{2}{9}P$	$\frac{20}{9}P$(압축)
②	$\frac{2}{9}P$	$\frac{25}{12}P$(압축)
③	$\frac{16}{9}P$	$\frac{20}{9}P$(압축)
④	$\frac{16}{9}P$	$\frac{25}{12}P$(압축)

해설 ㉠ R_A 계산

$$R_A = \frac{2P\times3}{9} - \frac{P\times4}{9} = \frac{2P}{9}(\uparrow)$$

㉡ F_{BC} 계산

$$R_B = 2P - R_A$$
$$= 2P - \frac{2P}{9} = \frac{16P}{9}(\uparrow)$$

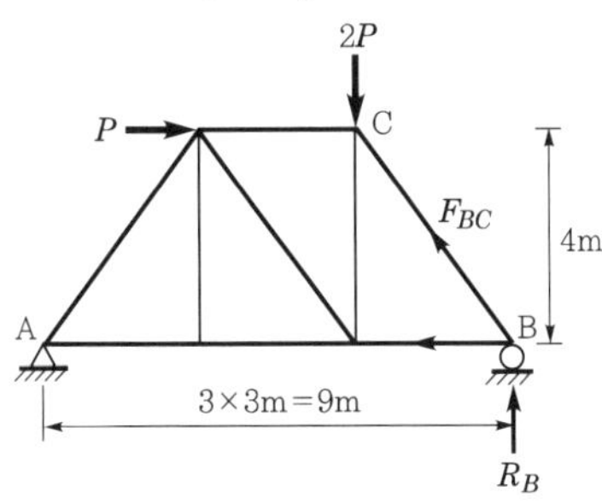

절점 B에서 $\Sigma V=0$을 적용하면

$$F_{BC} = -\frac{5R_B}{4} = -\frac{5\times\frac{16P}{9}}{4} = -\frac{20P}{9}(\text{압축})$$

02 그림과 같이 각 변의 길이가 10mm인 입방체에 전단력 $V=10\text{kN}$이 작용될 때, 이 전단력에 의해 입방체에 발생하는 전단변형률 γ는? (단, 재료의 탄성계수 $E=130\text{GPa}$, 푸아송비 $\nu=0.3$이다. 또한 응력은 단면에 균일하게 분포하며, 입방체는 순수전단상태이다.)

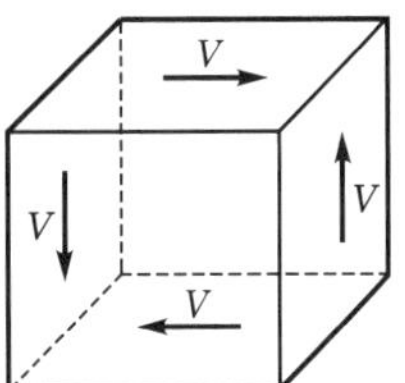

① 0.001 ② 0.002

③ 0.003 ④ 0.005

해설 $\tau=\gamma G$에서 $\gamma=\frac{\tau}{G}$로 구한다.

$$\tau = \frac{V}{A} = \frac{10\times10^3}{10\times10} = 100\text{MPa}$$

$$G = \frac{E}{2(1+\nu)} = \frac{130\times10^3}{2(1+0.3)}$$
$$= 50{,}000\text{MPa}$$

$$\gamma = \frac{\tau}{G} = \frac{100}{50{,}000} = 0.002$$

03 그림과 같은 3힌지 아치에서 지점 B의 수평 반력은?(단, 아치의 자중은 무시한다.)

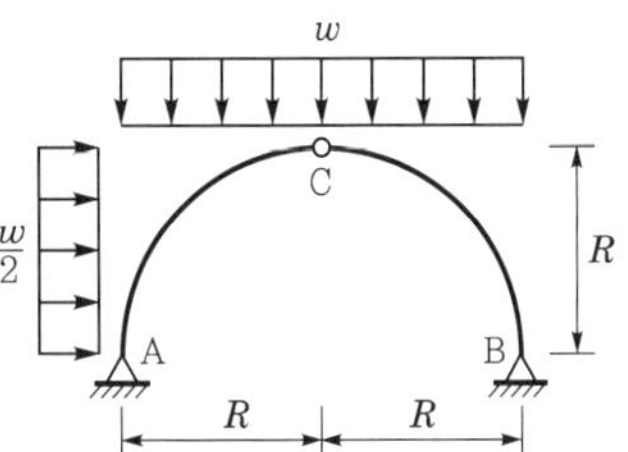

① $\frac{7}{8}wR(\leftarrow)$　② $\frac{5}{8}wR(\leftarrow)$

③ $\frac{3}{8}wR(\rightarrow)$　④ $\frac{1}{8}wR(\rightarrow)$

해설 B지점의 수평반력은

$$H_B = \frac{w(2R)^2}{8R} + \frac{\left(\frac{w}{2}R\right)}{4}$$
$$= \frac{5}{8}wR(\leftarrow)$$

04 그림과 같은 캔틸레버보에서 발생되는 최대 휨모멘트 $M_{\max}$[kN · m] 및 최대 휨응력 $\sigma_{\max}$[MPa]의 크기는? (단, 보의 자중은 무시한다.)

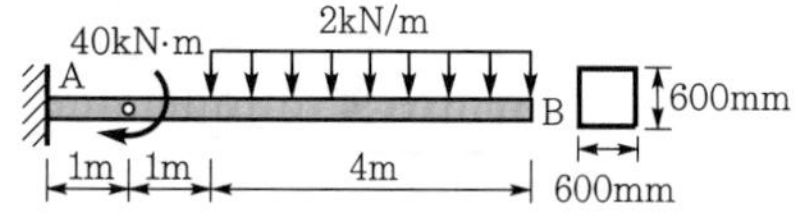

$M_{\max}$	$\sigma_{\max}$
① 32	1
② 32	1.2
③ 72	1.2
④ 72	2

해설 최대 휨모멘트는 고정단에서 최대 휨응력은 고정단의 상하연에서 발생한다.

$$M_{\max} = -(2\times4)\times4 - 40$$
$$= -72\text{kN}\cdot\text{m}$$
$$\sigma_{\max} = \frac{M_{\max}}{Z} = \frac{6M_{\max}}{a^3}$$
$$= \frac{6\times72\times10^6}{600^3} = 2\text{MPa}$$

05 지름 10mm의 원형단면을 갖는 길이 1m의 봉이 인장하중 $P=15\text{kN}$을 받을 때, 단면 지름의 변화량[mm]은? (단, 계산 시 π는 3으로 하고, 봉의 재질은 균일하며, 탄성계수 $E=50\text{GPa}$, 푸아송비 $\nu=0.3$이다. 또한 봉의 자중은 무시한다.)

① 0.006　② 0.009

③ 0.012　④ 0.015

해설 푸아송비 $\nu = -\frac{\frac{\Delta D}{D}}{\frac{\Delta L}{L}}$을 이용하여 구하면

$\Delta L = \frac{PL}{EA}$에서 $\frac{\Delta L}{L} = \frac{P}{EA}$가 된다.

$$\nu = -\frac{\frac{\Delta D}{D}}{\frac{\Delta L}{L}} = -\frac{\frac{\Delta D}{D}}{\frac{P}{EA}}$$

$$0.3 = -\frac{\frac{\Delta D}{10}}{\frac{15\times10^3}{50\times10^3\times\frac{3\times10^2}{4}}}$$

$\Delta D = -0.012\text{mm}$

06 그림과 같이 구조물의 표면에 스트레인 로제트를 부착하여 각 게이지 방향의 수직 변형률을 측정한 결과, 게이지 A는 50, B는 60, C는 45로 측정되었을 때, 이 표면의 전단변형률 γ_{xy}는?

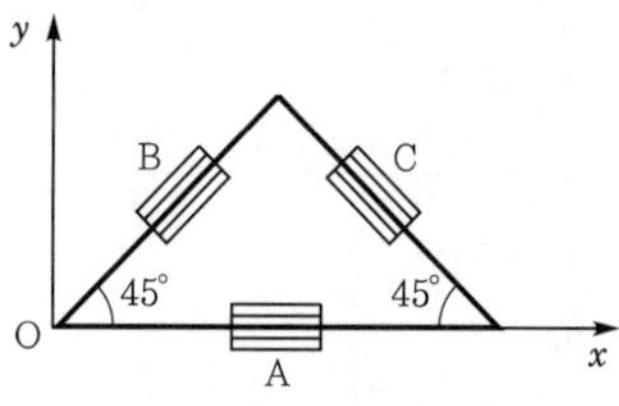

① 5　② 10

③ 15　④ 20

해설 스트레인 로제트에서 전단변형률은

$\varepsilon_x = \varepsilon_a = 50$이므로

$$\varepsilon_b = \frac{\varepsilon_x+\varepsilon_y}{2} + \frac{\varepsilon_x-\varepsilon_y}{2}\cos2\theta_b + \frac{\gamma_{xy}}{2}\sin2\theta_b$$

$$60 = 50 + \frac{\varepsilon_y}{2} + 50 - \frac{\varepsilon_y}{2}\times\cos90° + \frac{\gamma_{xy}}{2}\times\sin90°$$

$$120 = 50 + \varepsilon_y + \gamma_{xy}$$

$$\varepsilon_y + \gamma_{xy} = 70 \quad \cdots\cdots ①$$

$$\varepsilon_c = \frac{\varepsilon_x+\varepsilon_y}{2} + \frac{\varepsilon_x-\varepsilon_y}{2}\cos2\theta_c + \frac{\gamma_{xy}}{2}\sin2\theta_c$$

$$45 = \frac{50+\varepsilon_y}{2} + \frac{50-\varepsilon_y}{2}\times\cos270° + \frac{\gamma_{xy}}{2}\times\sin270°$$

정답 04 ④ 05 ③ 06 ③

$90 = 50 + \varepsilon_y - \gamma_{xy}$

$\varepsilon_y - \gamma_{xy} = 40$ ······ ②

①과 ②를 연립해서 풀면, 즉 ①식에서 ②식을 뺀다.

$2\gamma_{xy} = 30$

$\gamma_{xy} = 15$

07 그림과 같이 양단이 고정된 봉에 하중 P가 작용하고 있을 경우 옳지 않은 것은? (단, 각 부재는 동일한 재료로 이루어져 있고, 단면적은 각각 $3A$, $2A$, A이며, 보의 자중은 무시한다. 또한 응력은 단면에 균일하게 분포한다고 가정한다.)

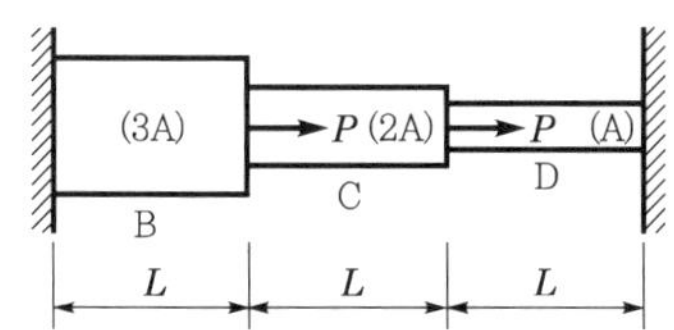

① B, C 부재의 축력 비는 15 : 4이다.

② D 부재에 발생하는 응력은 B 부재 응력의 $\frac{7}{5}$이다.

③ D 부재의 길이 변화량이 가장 크다.

④ 양 지점의 반력은 크기가 같고 방향이 반대이다.

해설 양 지점의 반력은 같지 않고 방향은 같다.

$$R_D = \frac{\frac{PL}{E(3A)} + \frac{PL}{E(3A)} + \frac{PL}{E(2A)}}{\frac{L}{E(3A)} + \frac{L}{E(2A)} + \frac{L}{EA}} = \frac{7P}{11}$$

$$R_B = 2P - \frac{7P}{11} = \frac{15P}{11}$$

㉠ B 부재의 축력 $F_B = R_B = \frac{15P}{11}$

C 부재의 축력

$$F_C = P - \frac{15P}{11} = \frac{4P}{11} \text{(압축)}$$

㉡ B 부재의 응력

$$\sigma_B = \frac{R_B}{3A} = \frac{\frac{15P}{11}}{3A} = \frac{5P}{11A}$$

D 부재의 응력

$$\sigma_D = \frac{R_D}{A} = \frac{\frac{7P}{11}}{A} = \frac{7P}{11A} = \frac{7}{5}\sigma_B$$

㉢ B 부재의 변형량

$$\delta_B = \frac{\left(\frac{15P}{11}\right)(L)}{E(3A)} = \frac{5PL}{11EA}$$

C 부재의 변형량

$$\delta_C = \frac{\left(\frac{4P}{11}\right)(L)}{E(2A)} = \frac{2PL}{11EA}$$

D 부재의 변형량

$$\delta_D = \frac{\left(\frac{7P}{11}\right)(L)}{E(A)} = \frac{7PL}{11EA}$$

08 그림과 같이 강체인 봉과 스프링으로 이루어진 구조물의 좌굴하중 P_{cr}은? (단, 스프링은 선형탄성 거동을 하며, 상수는 k이다. 또한 B점은 힌지이며, 봉 및 스프링의 자중은 무시한다.)

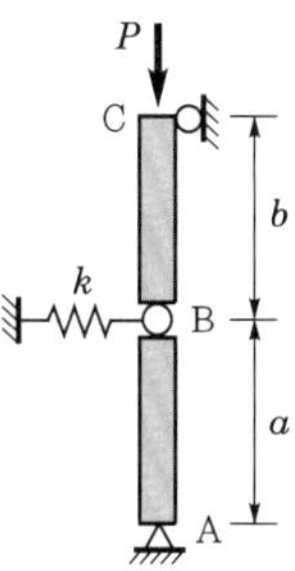

① $\frac{ka}{2}$　　② $\frac{kb}{2}$

③ $\frac{ka^2}{a+b}$　　④ $\frac{kab}{a+b}$

해설 강체봉의 좌굴하중은 AB부재에서 $\Sigma M_B = 0$을 아래쪽으로 적용한다.

그런데 B점의 반력은 스프링의 압축력과 같게 된다.

즉, $R_B = k\delta$가 된다.

또한 A지점의 수평반력

정답 07 ④ 08 ④

$$H_B = \frac{R_B b}{a+b} = \frac{k\delta b}{a+b} = \frac{kb}{a+b}\delta$$

가 된다.

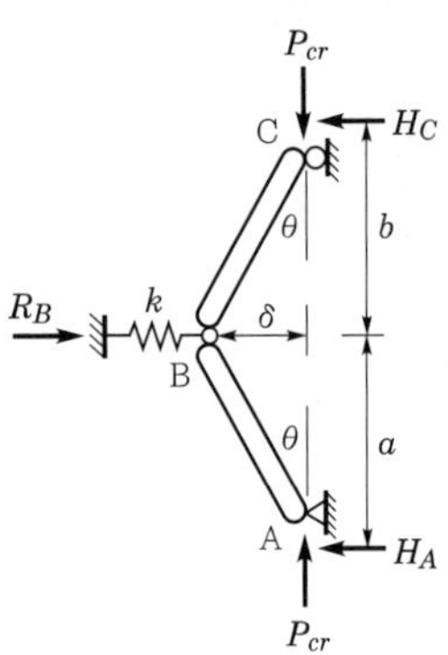

$\Sigma M_B = 0,\quad H_A \times a - P_{cr} \times \delta = 0$

$\frac{kb\delta}{a+b} \times a - P_{cr} \times \delta = 0$

$P_{cr} = \frac{kab}{a+b}$

09 그림과 같은 보의 C점에 발생하는 수직응력(σ) 및 전단응력(τ)의 크기[MPa]는? (단, 작용하중 $P = 120\text{kN}$, 보의 전체 길이 $L = 27\text{m}$, 단면의 폭 $b = 30\text{mm}$, 높이 $h = 120\text{mm}$, 탄성계수 $E = 210\text{GPa}$이며, 보의 자중은 무시한다.)

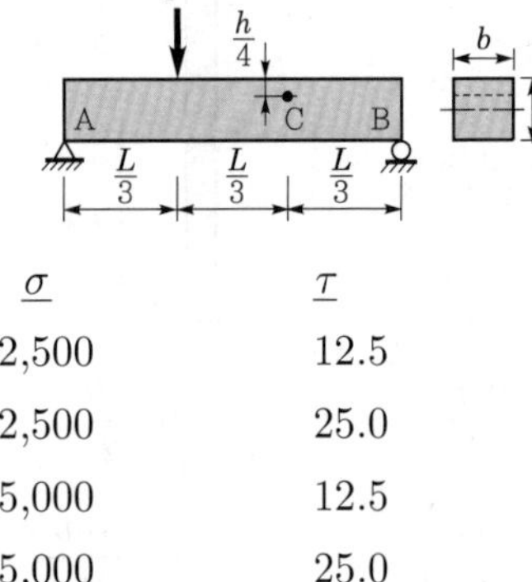

	σ	τ
①	2,500	12.5
②	2,500	25.0
③	5,000	12.5
④	5,000	25.0

해설 ㉠ 수직응력

우선 C단면의 휨모멘트를 구하고, C단면의 수직응력인 휨응력을 구하는데 C단면은 중립축에서 연단까지 거리의 $\frac{1}{2}$의 위치에 있으므로 C단면의 수직응력은 연단에서의 응력의 $\frac{1}{2}$에 해당된다.

$$M_c = R_B \times \frac{L}{3} = \frac{P \times \frac{L}{3}}{L} \times \frac{L}{3}$$

$$= \frac{PL}{9} = \frac{120 \times 27}{9}$$

$$= 360\text{kN} \cdot \text{m}$$

$$\sigma = -\frac{\sigma_{c,\max}}{2} = -\frac{1}{2} \times \frac{6M_c}{bh^2}$$

$$= -\frac{1}{2} \times \frac{6 \times 360 \times 10^6}{30 \times 120^2}$$

$$= -2{,}500\text{MPa}(\text{압축})$$

㉡ 전단응력

C단면의 전단력

$$S_c = -R_B = -\frac{P}{3} = -\frac{120}{3}$$

$= -40\text{kN}$이다.

C단면은 중립축으로 $\frac{h}{4}$ 거리 떨어져 있다. 따라서 C단면에서 직사각형단면의 전단응력은 다음과 같다.

$$\tau = \frac{9S}{8A} = \frac{9 \times 40 \times 10^3}{8 \times 30 \times 120}$$

$$= 12.5\text{MPa}$$

10 그림과 같은 기둥 AC의 좌굴에 대한 안전율이 2.0인 경우, 보 AB에 작용하는 하중 P의 최대 허용값은? (단, 기둥 AC의 좌굴축에 대한 휨강성은 EI이고, 보와 기둥의 연결부는 힌지로 연결되어 있으며, 보의 자중은 무시한다.)

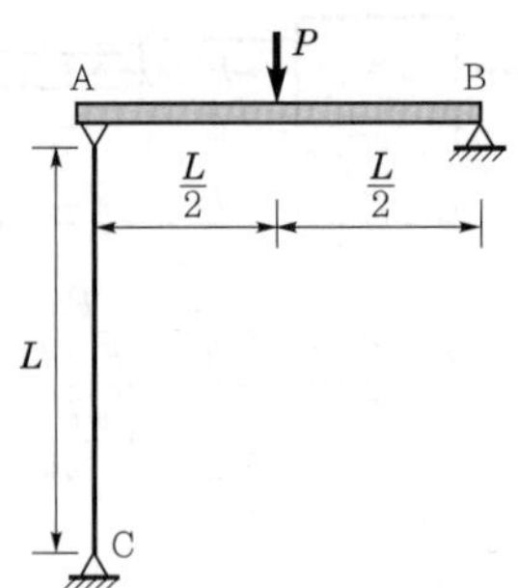

① $\frac{\pi^2 EI}{2L^2}$ ② $\frac{\pi^2 EI}{L^2}$

③ $\frac{2\pi^2 EI}{L^2}$ ④ $\frac{4\pi^2 EI}{L^2}$

정답 09 ① 10 ②

해설 AC기둥 상단에 작용하는 하중은 $\frac{P}{2}$가 된다. AC기둥은 양단힌지기둥이다. 그리고 안전율을 2.0으로 하고 있다.

$$FS = \frac{P_{cr}}{\frac{P}{2}} = 2$$

$$P = P_{cr} = \frac{\pi^2 EI}{L^2}$$

11 그림과 같은 단순보에서 지점 B의 수직반력 [kN]은? (단, 보의 자중은 무시한다.)

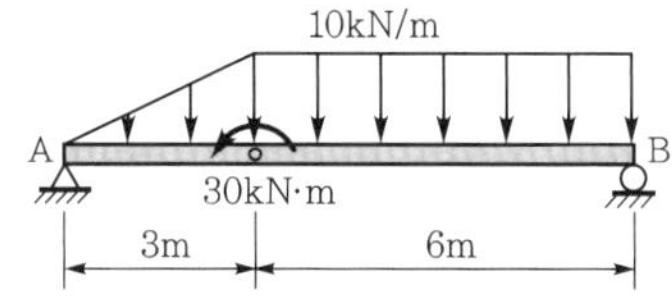

① 40
② 46
③ 52
④ 60

해설 중첩의 원리에 의하여 구한다.

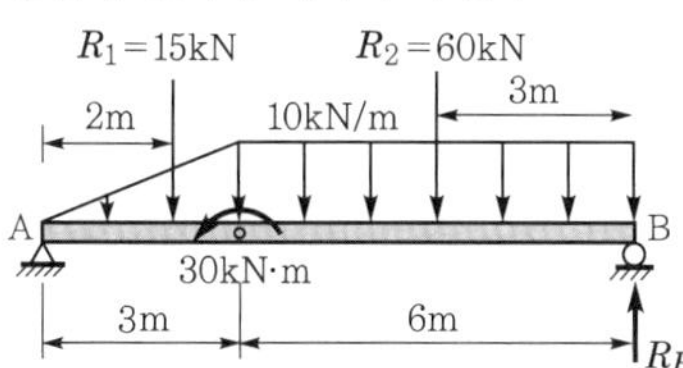

등변분포하중의 총 크기

$R_1 = \frac{1}{2} \times 3 \times 10 = 15\text{kN}$

등분포하중의 총 크기

$R_2 = 10 \times 6 = 60\text{kN}$

$$R_B = \frac{15 \times 2}{9} - \frac{30}{9} + \frac{60 \times 6}{9} = 40\text{kN}$$

12 하중을 받는 보의 정성적인 휨모멘트도가 그림과 같을 때, 이 보의 정성적인 처짐 곡선으로 가장 유사한 것은?

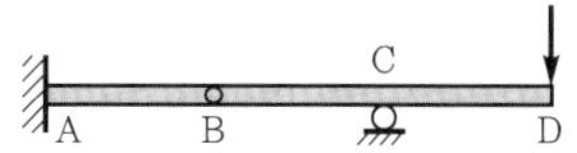

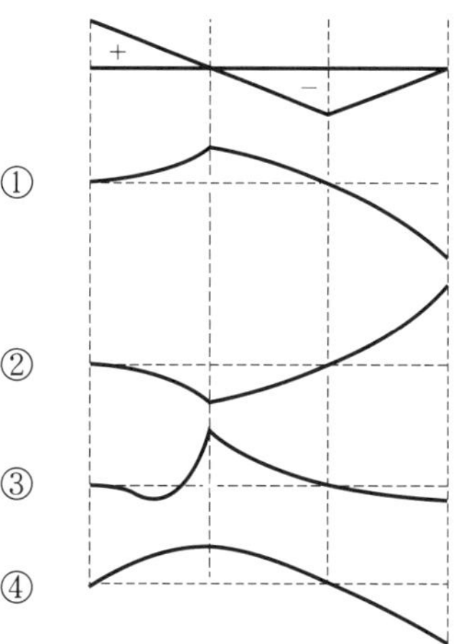

해설 내민보구간에서는 전구간에 걸쳐 (−)휨모멘트를 받고 있으므로 위로 볼록한 모양의 처짐곡선이 되어야 한다. 그래서 ②와 ③은 이에 맞지 않는다. 캔틸레버 구간인 AB구간은 (+)휨모멘트를 받고 있으므로 아래로 볼록한 모양의 처짐곡선이 되어야 하고 고정단에서는 처짐각이 0이 되어야 한다.

13 그림 (a)와 같은 단순보 위를 그림 (b)의 연행하중이 통과할 때, C점의 최대 휨모멘트 [kN · m]는? (단, 보의 자중은 무시한다.)

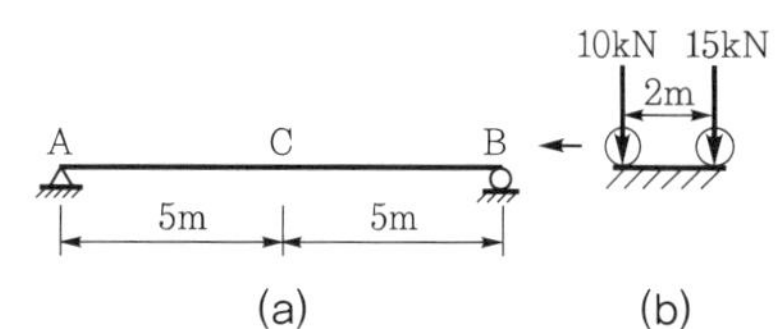

① 20
② 47.5
③ 50
④ 52.5

해설 C점의 휨모멘트에 관한 영향선도를 이용하여 구한다.

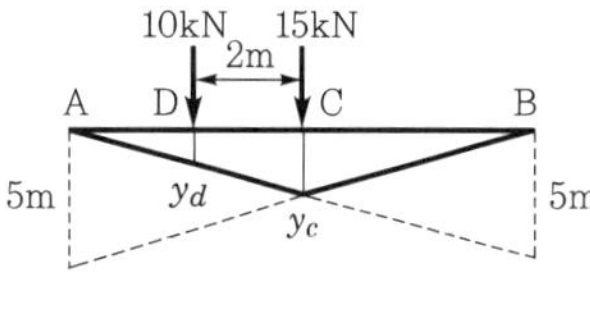

$y_c = \frac{5 \times 5}{10} = 2.5\text{m}$

$y_d = \frac{3 \times 5}{10} = 1.5\text{m}$

$M_{c,max} = 15 \times 2.5 + 10 \times 1.5$

$= 52.5\text{kN} \cdot \text{m}$

14 그림과 같은 프레임 구조물의 부정정 차수는?

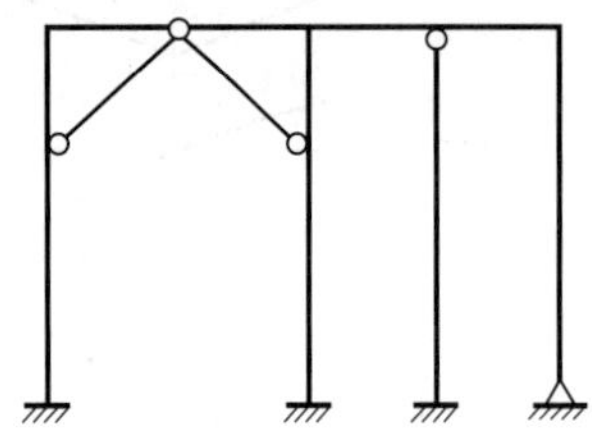

① 7차 ② 8차
③ 9차 ④ 10차

해설 라멘 구조물의 부정정 차수는 다음과 같다.
$N=3\times5-1\times7=8$차

15 안쪽 반지름 $r=200\text{mm}$, 두께 $t=10\text{mm}$인 구형 압력용기의 허용 인장응력(σ_a) 100MPa, 허용 전단응력(τ_a)이 30MPa인 경우, 이 용기의 최대 허용압력[MPa]은? (단, 구형 용기의 벽은 얇고 $\frac{r}{t}$의 비는 충분히 크다. 또한 구형 용기에 발생하는 응력 계산시 안쪽 반지름을 사용한다.)

① 6 ② 8
③ 10 ④ 12

해설 ㉠ 인장응력 검토

$$\sigma_1=\frac{pr}{2t}=\sigma_a$$

$$p=\frac{2t}{r}\sigma_a=\frac{2\times10}{200}\times100=10\text{MPa}$$

㉡ 전단응력 검토

평면 내에서 최대 전단응력에 대해서 검토한다.

$$\tau_{\max}=\frac{\sigma_1-\sigma_2}{2}=\frac{pr}{4t}=\tau_a$$

$$p=\frac{4t}{r}\tau_a=\frac{4\times10}{200}\times30=6\text{MPa}$$

따라서 최대 허용압력은 6MPa이다.

16 그림과 같이 마찰이 없는 경사면에 보 AB가 수평으로 놓여 있다. 만약 7kN의 집중하중이 보에 수직으로 작용할 때, 보가 평형을 유지하기 위한 하중의 B점으로부터의 거리 x[m]는? (단, 보는 강체로 재질은 균일하며, 자중은 무시한다.)

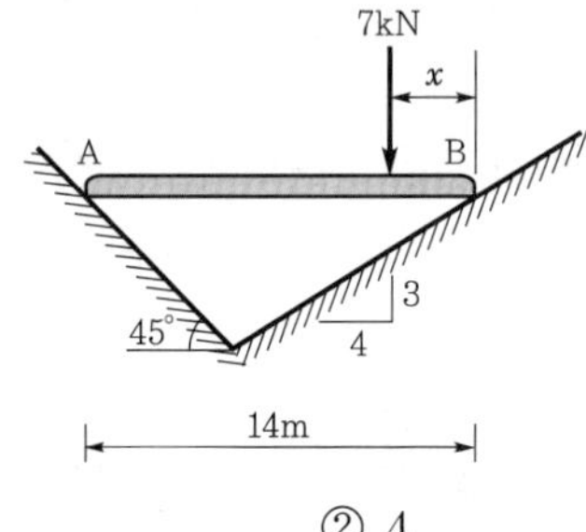

① 2 ② 4
③ 6 ④ 8

해설 힘의 평형조건식을 적용한다.

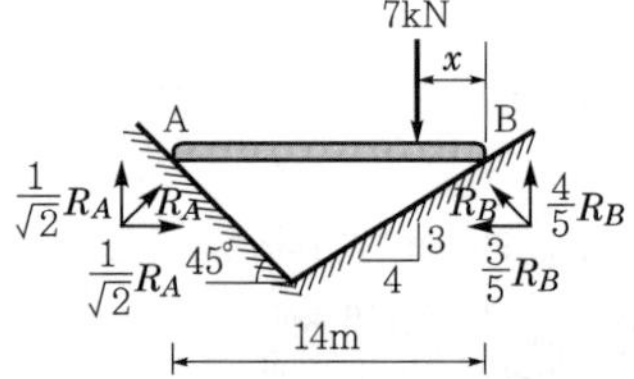

$$\frac{1}{\sqrt2}R_A=\frac{7\times x}{14}=\frac{x}{2}$$

$$R_A=\frac{\sqrt2 x}{2}$$

$$\Sigma H=0,\quad \frac{1}{\sqrt2}R_A=\frac{3}{5}R_B$$

$$R_B=\frac{5}{3\sqrt2}R_A=\frac{5}{3\sqrt2}\times\frac{\sqrt2 x}{2}=\frac{5x}{6}$$

$$\Sigma M_A=0,$$

$$7\times(14-x)-\frac{4}{5}R_B\times14=0$$

$$7\times(14-x)-\frac{4}{5}\times\frac{5x}{6}\times14=0$$

$$7\times(14-x)-\frac{28}{3}x=0$$

$$(14-x)-\frac{4x}{3}=0$$

$$x=6\text{m}$$

정답 14 ② 15 ① 16 ③

17 그림과 같이 3가지 재료로 구성된 합성단면의 하단으로부터의 중립축의 위치[mm]는? (단, 각 재료는 완전히 접착되었다.)

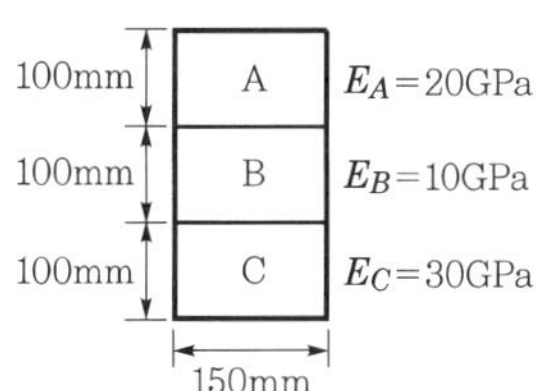

① $\frac{400}{3}$　② $\frac{380}{3}$

③ $\frac{365}{3}$　④ $\frac{350}{3}$

해설 재료 B를 기준으로 환산단면을 이용하여 구한다.

탄성계수비

$n_a = \frac{20}{10} = 2,\quad n_a = \frac{30}{10} = 3$

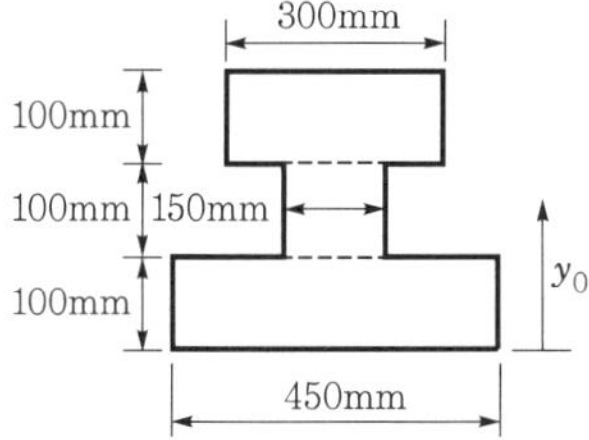

중립축의 위치 y_0는 웨브의 단면적을 $A(=100\times150=15{,}000\text{mm}^2)$로 두면 상부플랜지의 단면적은 $2A$, 하부플랜지의 단면적 $3A$가 된다.

$$y_0 = \frac{3A\times50 + A\times150 + 2A\times250}{3A + A + 2A} = \frac{400}{3}\text{mm}$$

18 그림과 같이 하단부가 고정된 길이 10m의 기둥이 천장과 1mm의 간격을 두고 놓여 있다. 만약 온도가 기둥 전체에 대해 균일하게 20℃ 상승하였을 경우, 이 기둥의 내부에 발생하는 압축응력[MPa]은? (단, 재료는 균일하며, 열팽창계수 $\alpha = 1\times10^{-5}/℃$, 탄성계수 $E = 200\text{GPa}$이다. 또한 기둥의 자중은 무시하며, 기둥의 길이는 간격에 비해 충분히 긴 것으로 가정한다.)

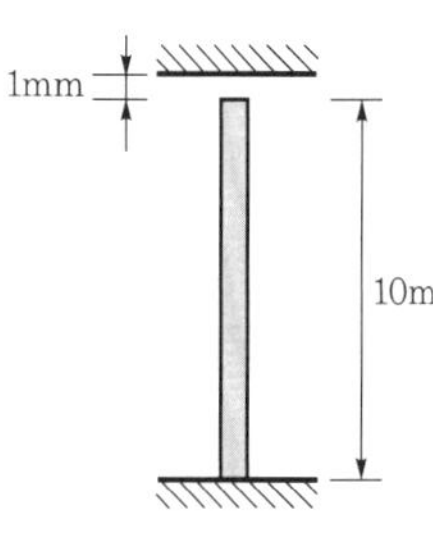

① 10　② 20

③ 30　④ 40

해설 ㉠ 1mm를 상쇄시키는 온도변화량

$$\Delta t = \frac{\delta_0}{\alpha\cdot L} = \frac{1}{1\times10^{-5}\times10\times10^3} = 10℃$$

㉡ 온도응력

$$\sigma_t = \alpha\cdot\Delta T\cdot E = 1\times10^{-5}\times(20-10)\times200\times10^3 = 20\text{MPa}$$

19 그림과 같이 B점과 D점에 힌지가 있는 보에서 B점의 처짐이 δ라 할 때, 하중 작용점 C의 처짐은? (단, 보 AB의 휨강성은 EI, 보 BD는 강체, 보 DE의 휨강성은 $2EI$이며, 보의 자중은 무시한다.)

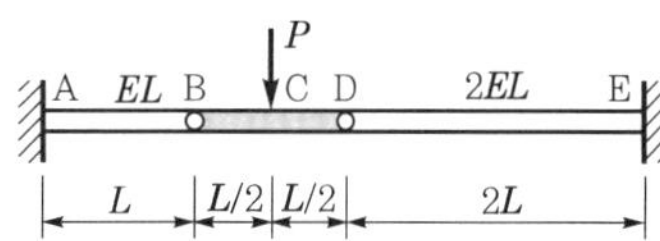

① 1.75δ　② 2.25δ

③ 2.5δ　④ 2.75δ

해설 AB보는 캔틸레버보이며 자유단 B점의 처짐 $\delta_B = \delta$이다. DE보도 캔틸레버보이며 자유단 D점의 처짐 δ_D는 자유단의 집중하중에 비례하고 길이의 세제곱에 비례하고 휨강성에 반비례하므로 D점의 처짐 $\delta_D = \frac{2^3}{2}\delta = 4\delta$가 된다.

BD보가 강체이므로 하중작용점에서 처짐은

$$\delta_C = \frac{\delta_B + \delta_D}{2} = \frac{\delta + 4\delta}{2} = 2.5\delta$$

정답 17 ① 18 ② 19 ③

20 그림과 같은 케이블 구조물의 B점에 50kN의 하중이 작용할 때, B점의 수직 처짐[mm]은? (단, 케이블 BC와 BD의 길이는 각각 600mm, 단면적 $A = 120\text{mm}^2$, 탄성계수 $E = 250\text{GPa}$이다. 또한 미소변위로 가정하며, 케이블의 자중은 무시한다.)

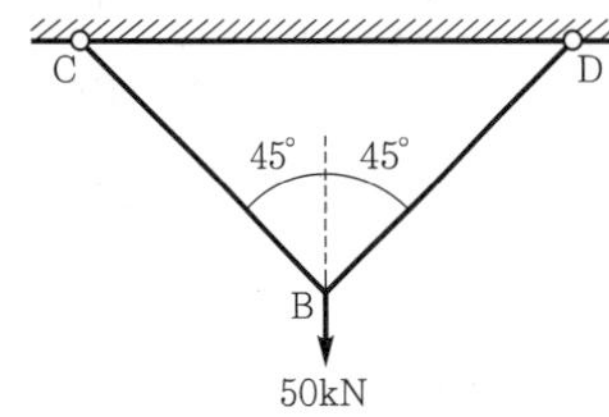

① 0.5 ② $\frac{1}{\sqrt{2}}$

③ 1.0 ④ $\sqrt{2}$

해설

$$\delta_B = \frac{PL}{2EA\cos^2\alpha}$$

$$= \frac{50\times10^3\times600}{2\times250\times10^3\times120\times(\cos45°)^2}$$

$$= 1\text{mm}$$

정답 20 ③

과년도 출제문제(2015년 지방직 9급)

01 다음과 같이 밑변 R과 높이 H인 직각삼각형 단면이 있다. 이 단면을 y축 중심으로 360° 회전시켰을 때 만들어지는 회전체의 부피는?

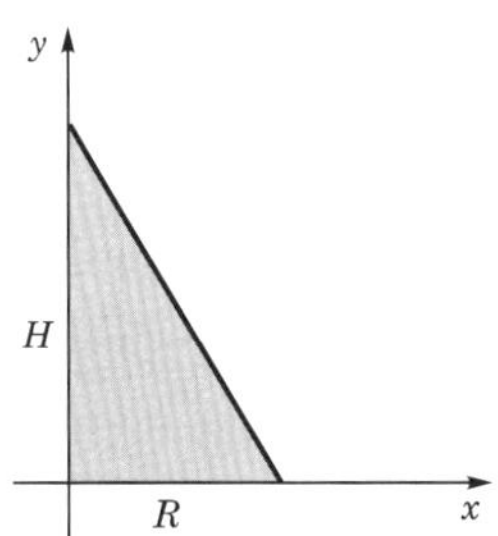

① $\dfrac{\pi R^2 H}{6}$

② $\dfrac{\pi R^2 H}{4}$

③ $\dfrac{\pi R^2 H}{3}$

④ $\dfrac{\pi R^2 H}{2}$

해설 파푸스의 제2정리를 적용한다.

$$V = A \cdot x_0 \cdot \theta$$
$$= \frac{RH}{2} \times \frac{R}{3} \times 2\pi$$
$$= \frac{\pi R^2 H}{3}$$

02 다음과 같은 표지판에 풍하중이 작용하고 있다. 표지판에 작용하고 있는 등분포 풍압의 크기가 2.5kPa일 때, 고정지점부 A의 모멘트 반력[kN · m]의 크기는? (단, 풍하중은 표지판에만 작용하고, 정적하중으로 취급하며, 자중은 무시한다.)

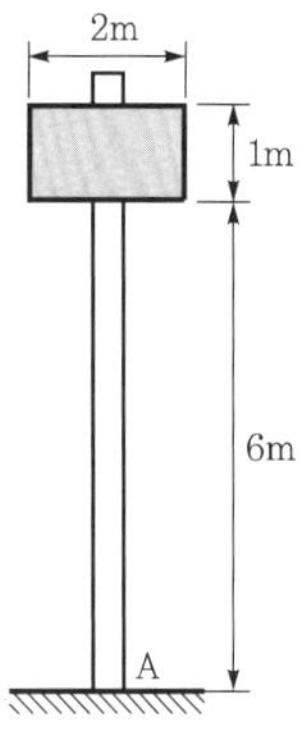

① 32.5 ② 38.5
③ 42.5 ④ 52.0

해설 $M = (2.5 \times 2 \times 1) \times 6.5$
$= 32.5\text{kN} \cdot \text{m}$

03 다음과 같은 원형, 정사각형, 정삼각형이 있다. 각 단면의 면적이 같을 경우 도심에서의 단면2차모멘트(I_x)가 큰 순서대로 바르게 나열한 것은?

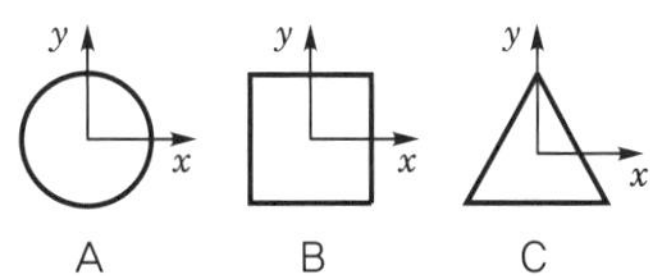

① A > B > C
② B > C > A
③ C > B > A
④ B > A > C

해설 단면적이 동일한 정다각형에서 도심축에 대한 단면2차모멘트는

$I_{원} < I_{정육각형} < I_{정사각형} < I_{정삼각형}$

의 순서가 된다. 따라서 C > B > A가 된다.

정답 01 ③ 02 ① 03 ③

04 다음과 같이 평면응력상태에 있는 미소응력 요소에서 최대전단 응력[MPa]의 크기는?

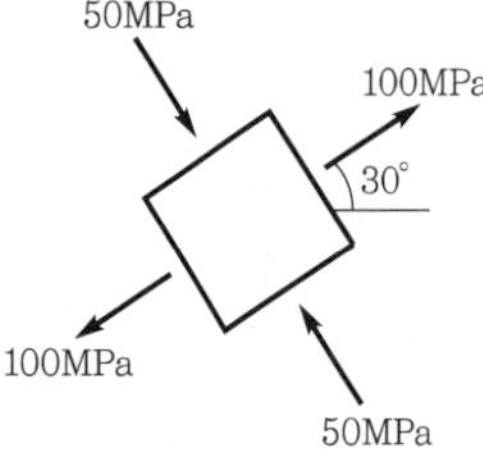

① 25.0 ② 50.0
③ 62.5 ④ 75.0

해설 2축응력 상태의 최대전단 응력은 다음과 같다.

$$\tau_{\max} = \frac{\sigma_x - \sigma_y}{2} = \frac{100-(-50)}{2} = 75\text{MPa}$$

참고
Mohr's 원을 이용하면 편리하다.

05 다음과 같은 원형단면봉이 인장력 P를 받고 있다. 다음 설명 중 옳지 않은 것은? (단, P =15kN, d=10mm, L= 1.0m, 탄성계수 E= 200GPa, 푸아송비 ν = 0.3이고, 원주율 π는 3으로 계산한다.)

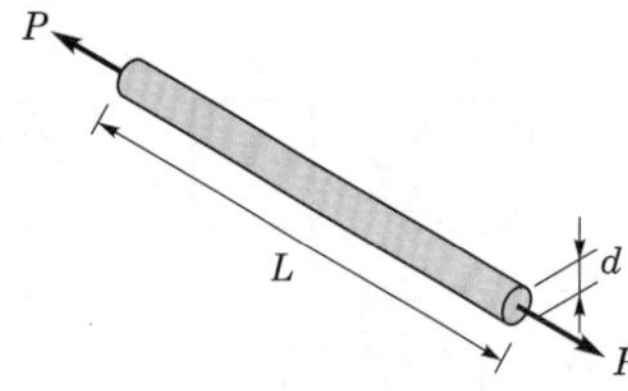

① 봉에 발생되는 인장응력은 약 200MPa 이다.
② 봉의 길이는 약 1mm 증가한다.
③ 봉에 발생되는 인장변형률은 약 0.1×10^{-3}이다.
④ 봉의 지름은 약 0.003mm 감소한다.

해설 봉에 발생되는 인장변형률은 다음과 같다.

$$\epsilon_l = \frac{\sigma}{E} = \frac{P}{EA} = \frac{15\times10^3}{200\times10^3\times\frac{3\times10^2}{4}}$$

$$= 0.1\times10^{-2}$$

① 봉의 인장응력,

$$\sigma = \frac{P}{A} = \frac{4P}{\pi d^2} = \frac{4\times15\times10^3}{3\times10^2}$$

② 봉의 길이변화량,

$$\Delta L = \frac{PL}{EA} = \frac{15\times10^3\times1\times10^3}{200\times10^3\times\frac{3\times10^2}{4}}$$

= 1mm 늘어난다.

④ 봉의 지름변화량은 $\epsilon_d = \nu\epsilon_l$에서

$$\Delta d = \nu\epsilon_l \times d$$

$$= 0.3\times0.1\times10^{-2}\times10$$

= 0.003mm 감소한다.

06 다음과 같이 경사면과 수직면 사이에 무게 (W)와 크기가 동일한 원통 두 개가 놓여있다. 오른쪽 원통과 경사면 사이에 발생하는 반력 R은? (단, 마찰은 무시한다.)

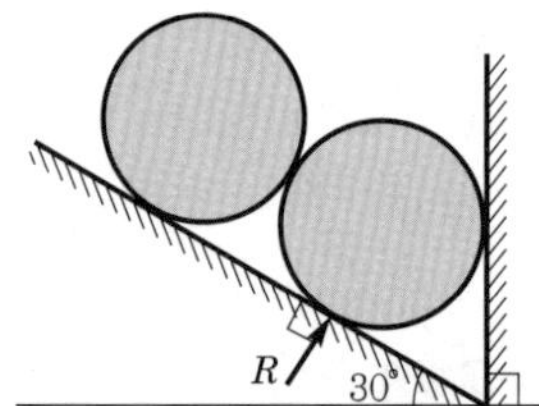

① $\frac{\sqrt{3}}{6}W$ ② $\frac{\sqrt{3}}{2}W$
③ $\frac{5\sqrt{3}}{6}W$ ④ $\frac{7\sqrt{3}}{6}W$

해설 반력 R은 다음과 같다.

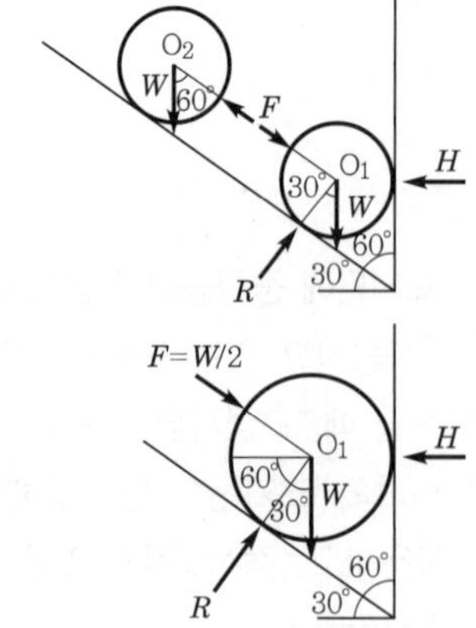

정답 04 ④ 05 ③ 06 ③

왼쪽 위의 구가 누르는 힘,

$F = W\times \sin 30° = \frac{W}{2}$

우측의 그림에서

$\sum H = 0$,

$H\times \sin 60° - W\times \sin 30° - \frac{W}{2} = 0$,

$H = \frac{2W}{\sqrt{3}} = \frac{2\sqrt{3}\,W}{3}$

$\sum V = 0$,

$R - W\times \cos 30° - H\times \cos 60° = 0$

$R - \frac{\sqrt{3}\,W}{2} - \frac{2\sqrt{3}\,W}{3}\times\frac{1}{2} = 0$

$R = \frac{5\sqrt{3}\,W}{6}$

07 다음과 같이 단순보에 이동하중에 재하될 때, 단순보에 발생하는 절대최대전단력[kN]의 크기는? (단, 자중은 무시한다.)

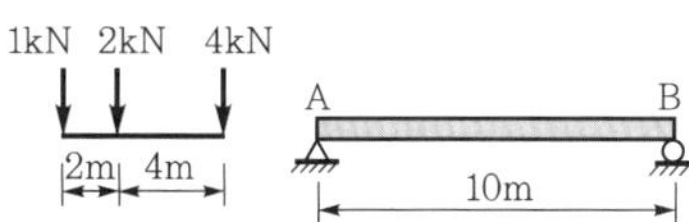

① 5.6

② 5.4

③ 5.2

④ 4.8

해설 B지점에서 최대반력이 최대 전단력이 된다. B점의 전단력에 대한 영향선도를 이용하여 구하는데 B점의 전단력은 B점의 지점반력에 대한 영향선도에 부호만 바꾸면 된다.

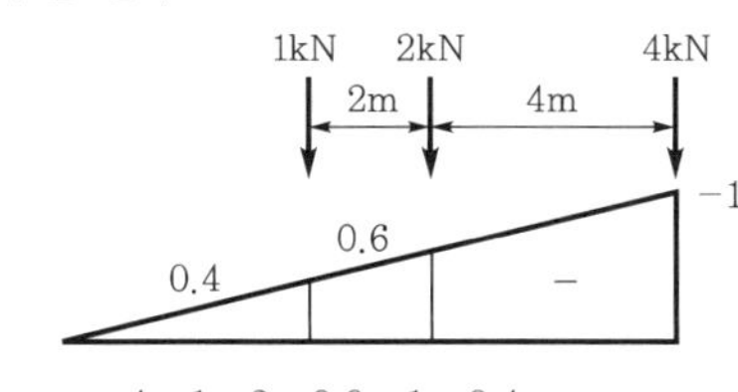

$S_{\max} = -4\times 1 - 2\times 0.6 - 1\times 0.4$

$= -5.6\text{kN}$

08 다음과 같이 C점에 내부 힌지를 갖는 라멘에서 A점의 수평반력[kN]의 크기는? (단, 자중은 무시한다.)

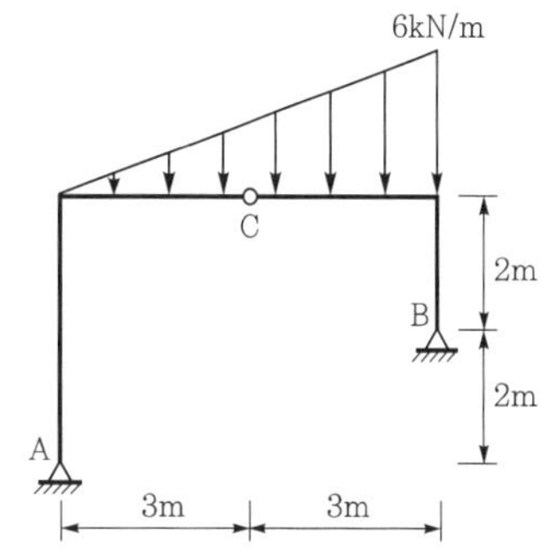

① 5.5

② 4.5

③ 3.5

④ 2.5

해설 힘의 평형조건식에 의한다.

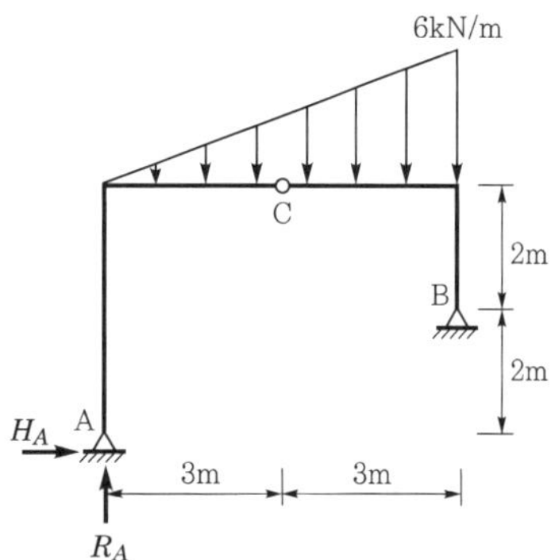

$\sum M_B = 0$,

$R_A\times 6 - H_A\times 2 - \left(\frac{1}{2}\times 6\times 6\right)\times\frac{6}{3} = 0$

$3R_A - H_A = 18$

$\sum M_C = 0$,

$R_A\times 3 - H_A\times 4 - \left(\frac{1}{2}\times 3\times 3\right)\times\frac{3}{3} = 0$

$3R_A - 4H_A = 4.5$

위의 두 식을 연립하면

$3H_A = 13.5$

$H_A = 4.5\text{kN}(\rightarrow)$

정답 07 ① 08 ②

09 다음과 같이 2차 함수 형태의 분포하중을 받는 캔틸레버보에서 A점의 휨모멘트[kN · m]의 크기는? (단, 자중은 무시한다.)

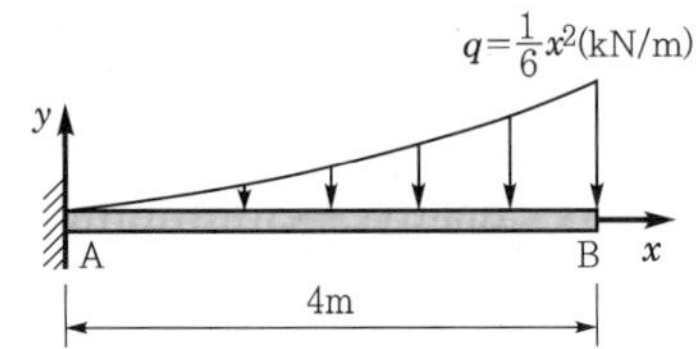

① $\frac{32}{9}$ ② $\frac{16}{9}$

③ $\frac{32}{3}$ ④ $\frac{16}{3}$

해설 합력 R과 고정단으로부터 합력이 작용하는 도심까지 거리 x_0를 구하여 결정한다.

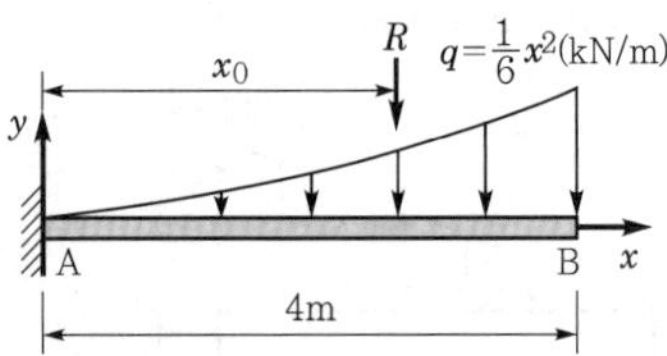

$x=4\text{m},\ q=\frac{1}{6}\times 4^2=\frac{8}{3}\text{kN/m}$

$R=\frac{1}{3}\times 4\times\frac{8}{3}=\frac{32}{9}\text{kN}$

$x_0=\frac{n+1}{n+2}b=\frac{2+1}{2+2}\times 4=3\text{m}$

$M_A=-\frac{32}{9}\times 3=-\frac{32}{3}\text{kN}\cdot\text{m}$

10 다음과 같은 구조물에서 C점의 수직변위[mm]의 크기는?(단, 휨강성 $EI=\frac{1,000}{16}$ MN · m^2, 스프링상수 $k=1\text{MN/m}$이고, 자중은 무시한다.)

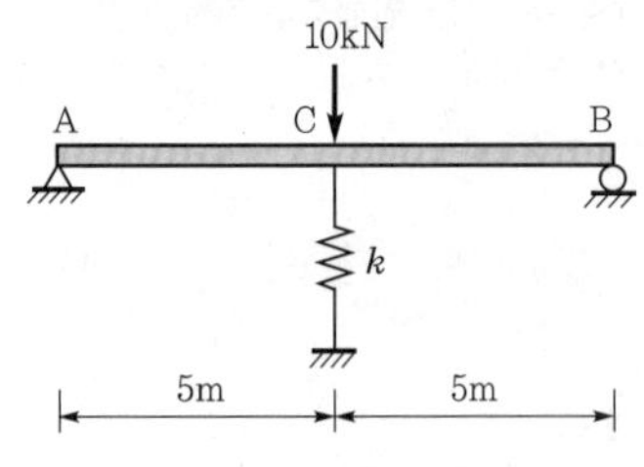

① 0.25 ② 0.3

③ 2.5 ④ 3.0

해설 강성도법 공식을 이용한다.

$$\delta_c=\frac{P}{k_b+k_s}=\frac{P}{\frac{48EI}{L^3}+k_s}$$

$$=\frac{10\times 10^{-3}}{\frac{48\times\frac{1,000}{16}}{10^3}+1}$$

$$=2.5\times 10^{-3}\text{ m}=2.5\text{mm}$$

11 다음과 같은 트러스에서 CD부재의 부재력 F_{CD}[kN] 및 CF부재의 부재력 F_{CF}[kN]의 크기는? (단, 자중은 무시한다.)

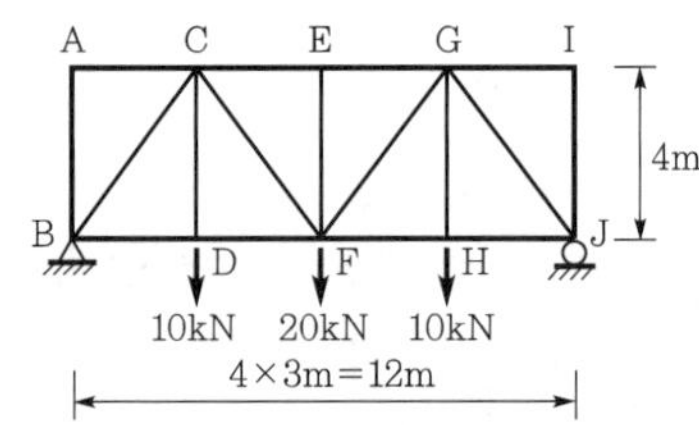

	F_{CD}	F_{CF}
①	6.0	25.0
②	6.0	12.5
③	10.0	25.0
④	10.0	12.5

해설 단면법에 의해 구한다.

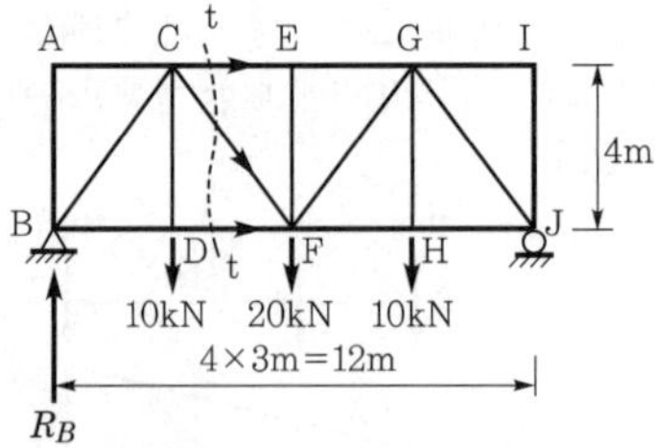

㉠ $F_{CD}=10\text{kN}$

㉡ F_{CF} 계산

$R_B=20\text{kN}$

점선의 절단면에서 좌측에 대해 힘의 평형조건식을 적용한다.

$\Sigma V=0,\quad R_B-10-\frac{4}{5}F_{CF}=0$

$20-10-\frac{4}{5}F_{CF}=0$

$F_{CF}=12.5\text{kN}$

정답 09 ③ 10 ③ 11 ④

12 다음과 같이 편심하중이 작용하고 있는 직사각형 단면의 짧은 기둥에서, 바닥면에 발생하는 응력에 대해 설명 중 옳은 것은?(단, $P = 300\text{kN}$, $e = 40\text{mm}$, $b = 200\text{mm}$, $h = 300\text{mm}$)

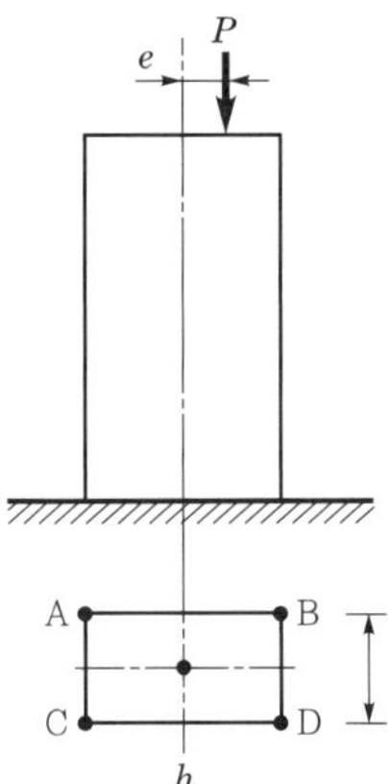

① A점과 B점의 응력은 같다.

② B점에 발생하는 압축응력의 크기는 5MPa보다 크다.

③ A점에는 인장응력이 발생한다.

④ B점과 D점의 응력이 다르다.

해설 ㉠ A점과 B점의 응력은 같지 않다. 축방향압축응력과 휨응력이 동시에 존재한다. 편심모멘트에 의한 휨응력은 A점은 휨인장응력, B점은 휨압축응력이 되므로 그 응력의 크기는 같지 않다. 압축을 +, 인장을 −로 하면 다음과 같다.

$\sigma_A = \dfrac{P}{A} - \dfrac{Pe}{Z}$, $\sigma_B = \dfrac{P}{A} + \dfrac{Pe}{Z}$

㉡ B점에 발생하는 압축응력의 크기는 5MPa보다 크다. B점의 응력은 $\sigma_B = \dfrac{P}{A} + \dfrac{Pe}{Z}$가 된다. 그런데 여기서는 압축응력의 크기만으로 지문 ②의 옳고 그름을 알 수 있다.

$$\sigma_B = \frac{P}{A} + \frac{Pe}{Z} = \frac{300 \times 10^3}{200 \times 300} + \frac{6 \times 300 \times 10^3 \times 40}{200 \times 300^2} = 5 + 4 = 9\text{MPa}$$

㉢ A점에는 압축응력이 발생한다.

$$\sigma_A = \frac{P}{A} - \frac{Pe}{Z} = \frac{300 \times 10^3}{200 \times 300} - \frac{6 \times 300 \times 10^3 \times 40}{200 \times 300^2} = 5 - 4 = 1\text{MPa}$$

㉣ B점과 D점의 응력이 같다. 중립축으로 동일한 위치에 있으므로 B와 D점의 응력은 같다.

13 다음과 같이 응력−변형률 관계를 가지는 재료로 만들어진 부재가 인장력에 의해 최대 500MPa의 인장응력을 받은 후, 주어진 인장력이 완전히 제거되었다. 이때 부재에 나타나는 잔류변형률은? (단, 재료의 항복응력은 400MPa이고, 응력이 항복응력을 초과한 후 하중을 제거하게 되면 초기 접선탄성계수를 따른다고 가정한다.)

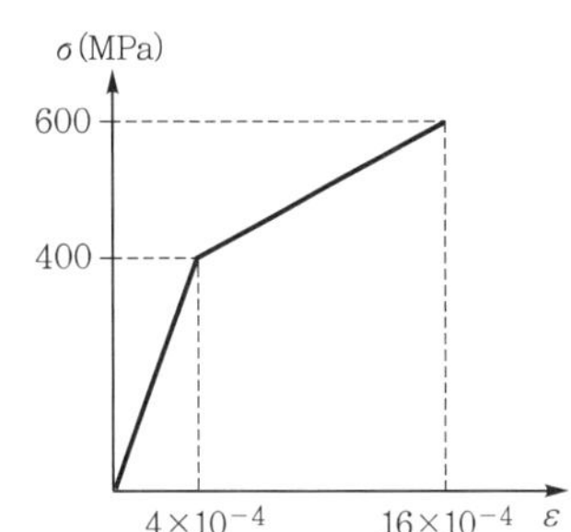

① 4×10^{-4}　② 5×10^{-4}

③ 6×10^{-4}　④ 7×10^{-4}

해설 초기의 접선탄성계수

$E_1 = \dfrac{400}{4 \times 10^{-4}} = 1 \times 10^6\text{MPa}$이다.

항복 후의 탄성계수

$E_2 = \dfrac{600 - 400}{16 \times 10^{-4} - 4 \times 10^{-4}} = \dfrac{1}{6} \times 10^6\text{MPa}$이다.

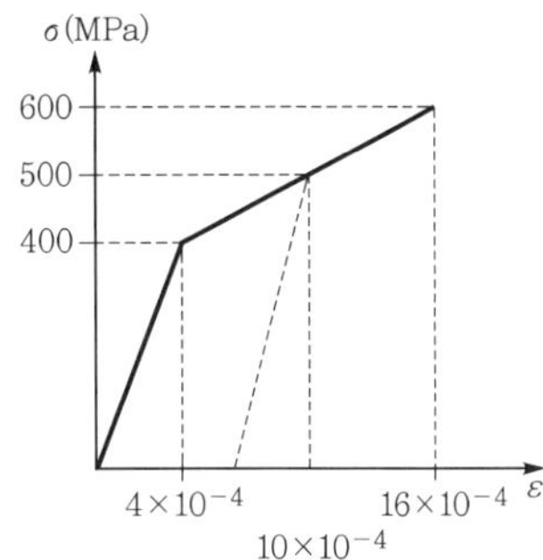

$\sigma = 500\text{MPa}$에 해당하는 변형률,

$\varepsilon_2 = 4 \times 10^{-4} + \dfrac{500 - 400}{\frac{1}{6} \times 10^5} = 10 \times 10^{-4}$이다.

정답 12 ② 13 ②

잔류변형률은 다음과 같다. 이때 초기탄성계수(기울기)를 이용한다.

$$\varepsilon_r = 10\times10^{-4} - \frac{500}{1\times10^6} = 5\times10^{-4}$$

14 다음과 같은 단순보에서 집중 이동하중 10kN과 등분포 이동하중 4kN/m로 인해 C점에서 발생하는 최대휨모멘트[kN · m]의 크기는? (단, 자중은 무시한다.)

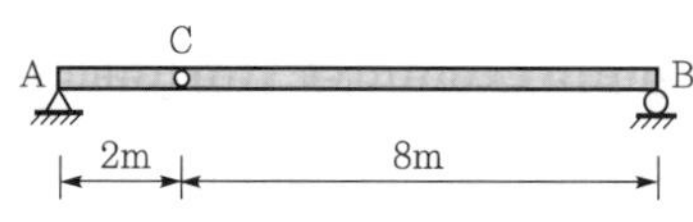

① 42 ② 48
③ 54 ④ 62

해설 M_c의 영향선도를 이용한다. 집중하중은 최대종거에 재하하고 등분포이동하중은 전지간에 작용시켜 구한다.

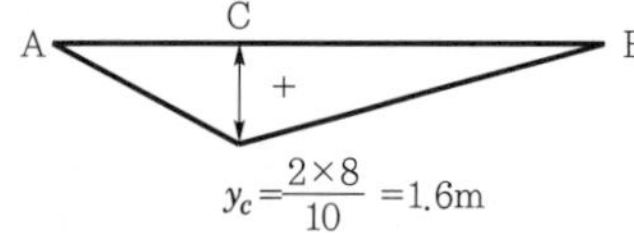

$$y_c = \frac{2\times8}{10} = 1.6\text{m}$$

$$M_{c,\max} = 10\times1.6 + 4\times\left(\frac{1}{2}\times10\times1.6\right) = 48\text{kN}\cdot\text{m}$$

15 다음과 같은 짧은 기둥 구조물에서 단면 m-n 위의 A점과 B점의 수직응력[MPa]은? (단, 자중은 무시한다.)

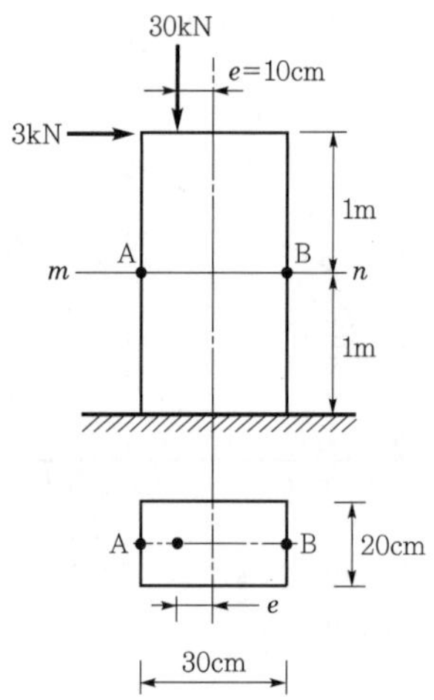

	A	B
①	0	0
②	0.5(압축)	0.5(압축)
③	3.5(압축)	2.5(인장)
④	2.5(인장)	1.5(압축)

해설 축응력, 편심모멘트 및 수평력에 의한 모멘트의 휨응력의 조합응력상태이다. 압축응력을 +, 인장응력을 -로 한다.

$$\sigma_A = \frac{30\times10^3}{200\times300} + \frac{6(30\times10\times10^4)}{200\times300^2} - \frac{6(3\times1\times10^6)}{200\times300^2}$$
$$= 0.5+1-1$$
$$= 0.5\text{MPa}$$

$$\sigma_B = 0.5-1+1 = 0.5\text{MPa}$$

16 다음과 같이 두께가 일정하고 1/4이 제거된 무게 12πN의 원판이 수평방향 케이블 AB에 의해 지지되고 있다. 케이블에 작용하는 힘[N]의 크기는? (단, 바닥면과 원판의 마찰력은 충분히 크다고 가정한다.)

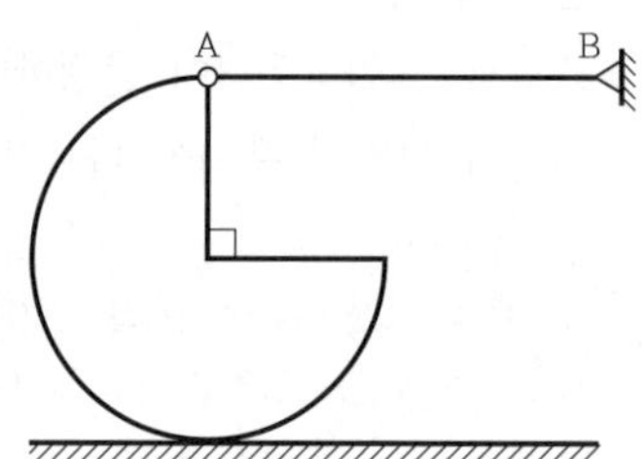

① $\frac{5}{3}$ ② 2
③ $\frac{7}{3}$ ④ $\frac{8}{3}$

해설 힘의 평형조건식을 적용한다.

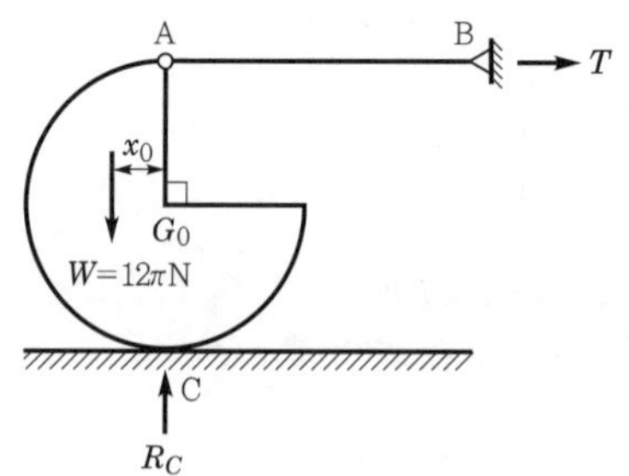

정답 14 ② 15 ② 16 ④

제거된 단면적을 A라고 하면 원래 단면적은 $4A$가 되며, 반지름을 R로 하면 도심이동량 x_0은 다음과 같다.

$$x_0 = \frac{A \times \frac{4R}{3\pi}}{4A - A} = \frac{4R}{9\pi}$$

$\Sigma M_C = 0, \quad T \times 2R - 12\pi \times \frac{4R}{9\pi} = 0$

$\therefore \ T = \frac{8}{3}\text{N}$

17 다음과 같은 캔틸레버보에서 고정단 B의 휨 모멘트가 0이 되기 위한 집중하중 P의 크기 [kN]는? (단, 자중은 무시한다.)

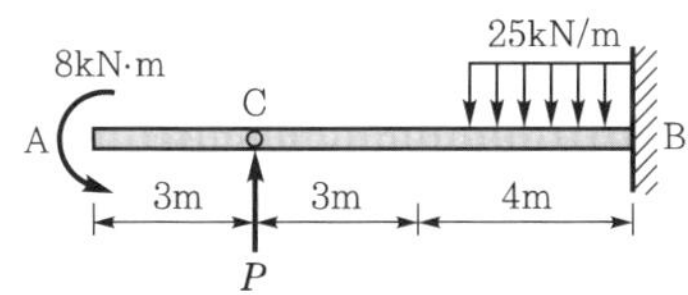

① 3 ② 4
③ 5 ④ 10

해설 $\Sigma M_B = 0$,

$-8 + P \times 7 - \frac{2.5}{2} \times 4^2 = 0$,

$P = 4\text{kN}$

18 다음과 같이 C점에 내부 힌지를 갖는 게르버보에서 B점의 수직반력[kN]의 크기는? (단, 자중은 무시한다.)

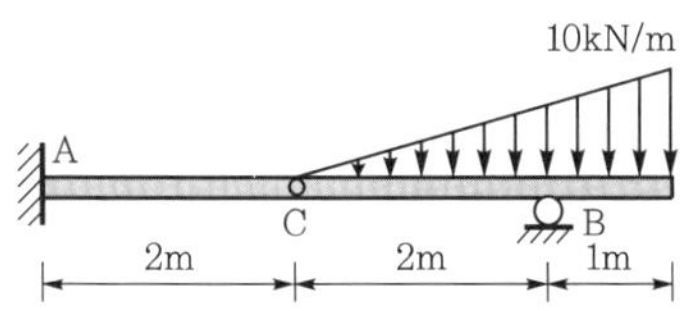

① 15.0 ② 18.5
③ 20.0 ④ 30.0

해설 CB의 힌지지간에서 $\Sigma M_C = 0$을 적용한다.

$\Sigma M_C = 0$,

$-R_B \times 2 + \left(\frac{1}{2} \times 3 \times 10\right) \times \frac{2 \times 3}{3} = 0$,

$R_C = 15\text{kN}(\uparrow)$

19 다음과 같은 캔틸레버보에서 B점이 스프링 상수 $k = \frac{EI}{2L^3}$인 스프링 2개로 지지되어 있을 때, B점의 수직 변위의 크기는? (단, 보의 휨강성 EI는 일정하고, 자중은 무시한다.)

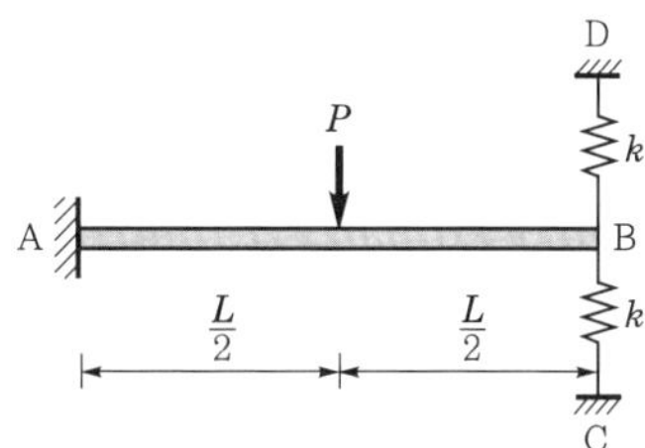

① $\frac{5PL^3}{64EI}$

② $\frac{5PL^3}{32EI}$

③ $\frac{PL^3}{64EI}$

④ $\frac{PL^3}{32EI}$

해설 스프링이 병렬연결로 되어 있으므로 등가스프링계수 $k' = 2k = \frac{EI}{L^3}$가 된다. 주어진 구조물은 아래와 같이 치환할 수 있다.

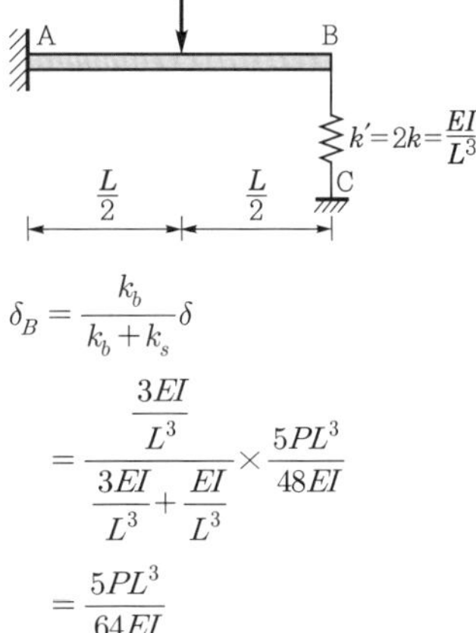

$$\delta_B = \frac{k_b}{k_b + k_s}\delta$$

$$= \frac{\frac{3EI}{L^3}}{\frac{3EI}{L^3} + \frac{EI}{L^3}} \times \frac{5PL^3}{48EI}$$

$$= \frac{5PL^3}{64EI}$$

20 다음과 같이 동일한 스프링 3개로 지지된 강체 막대기에 하중 W를 작용시켰더니 A, B, C점의 수직변위가 아래 방향으로 각각 δ, 2δ, 3δ였다. 하중 W의 작용 위치 d[m]는? (단, 자중은 무시한다.)

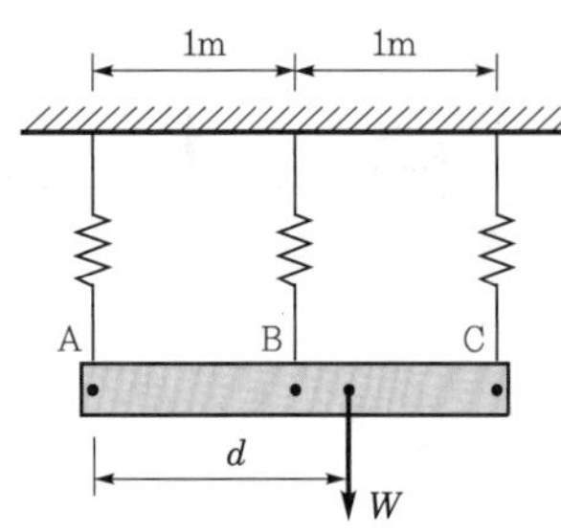

① $\frac{3}{2}$ ② $\frac{7}{6}$

③ $\frac{5}{3}$ ④ $\frac{4}{3}$

해설 강체의 변위도로부터 구한다.

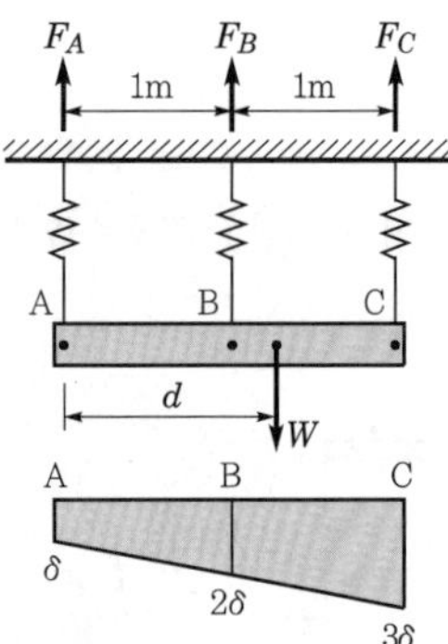

스프링의 축력과 강체 막대기 자중은 다음과 같다.

$F_A = k\delta$

$F_B = k(2\delta) = 2k\delta$

$F_C = k(3\delta) = 3k\delta$

따라서 막대기 자중,

$W = F_A + F_B + F_C = 6k\delta$

$\sum M_A = 0$,

$-F_B \times 1 - F_C \times 2 + W \times d = 0$

$-2k\delta \times 1 - 3k\delta \times 2 + 6k\delta \times d = 0$

$d = \frac{4}{3}$m

정답 20 ④

과년도 출제문제(2015년 서울시 9급)

01 아래 세 기둥의 좌굴강도 크기 비교가 옳은 것은?

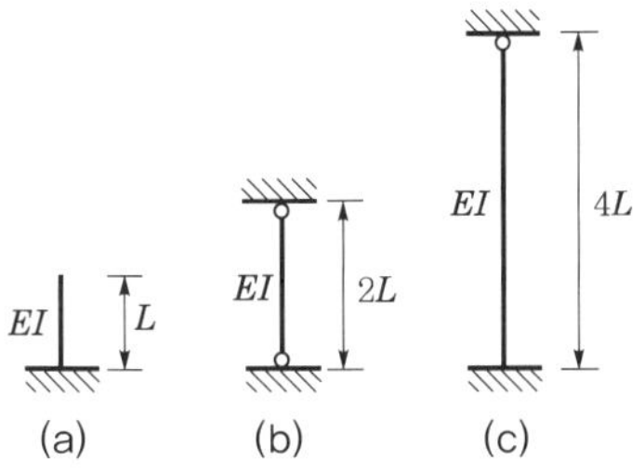

① $P_a = P_b < P_c$

② $P_a > P_b > P_c$

③ $P_a < P_b < P_c$

④ $P_a = P_b > P_c$

해설 주어진 문제에서 기둥의 좌굴강도 $\left(P_{cr} = \dfrac{n\pi^2 EI}{L^2}\right)$는 단부조건과 기둥길이에 의해서 결정된다.

$P_a : P_b : P_c = \dfrac{1}{4L^2} : \dfrac{1}{(2L)^2} : \dfrac{2}{(4L)^2} = 2 : 2 : 1$

따라서 $P_a = P_b > P_c$가 된다.

02 다음 중 단순보에서 하중이 작용할 때의 전단력도를 옳게 나타낸 것은?

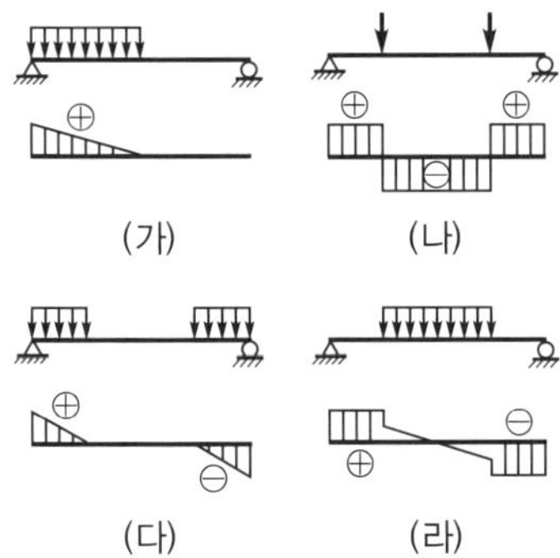

① (가)　　② (나)

③ (다)　　④ (라)

해설 각 구조물의 전단력도는 다음과 같다.

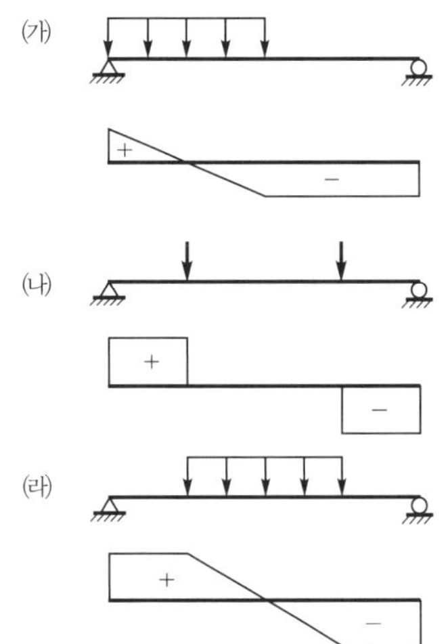

03 다음의 캔틸레버보(cantilever beam)에 하중이 아래와 같이 작용했을 때 전체 길이의 변화량(δ)은? (단, EA는 일정, 중력에 의한 처짐은 무시)

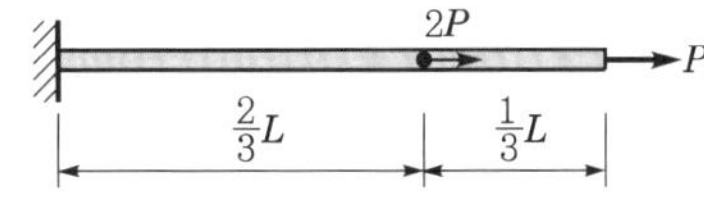

① $\dfrac{PL}{3EA}$　　② $\dfrac{PL}{EA}$

③ $\dfrac{5PL}{3EA}$　　④ $\dfrac{7PL}{3EA}$

해설 축력부재의 변형은 다음과 같다.

$$\delta = \frac{PL}{EA} + \frac{(2P)\left(\frac{2L}{3}\right)}{EA} = \frac{7PL}{EA}(\rightarrow)$$

정답 01 ④ 02 ③ 03 ④

04 다음 단순보의 중앙점에 작용하는 하중 P에 의해 중앙점이 $\frac{L}{20}$만큼 처질 때의 하중 P는? (단, EI는 일정)

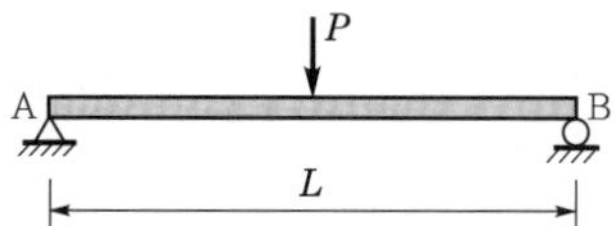

① $\frac{1.2EI}{L^2}$ ② $\frac{2.4EI}{L^2}$

③ $\frac{3.6EI}{L^2}$ ④ $\frac{4.8EI}{L^2}$

해설 처짐 공식을 활용한다.

$\delta = \frac{PL^3}{48EI} = \frac{L}{20}$

$\therefore P = \frac{2.4EI}{L^2}$

05 그림과 같은 직사각형 단면적을 갖는 캔틸레버보(cantilever beam)에 등분포하중이 작용할 때 최대 휨응력과 최대 전단응력의 비 $(\sigma_{max}/\tau_{max})$는?

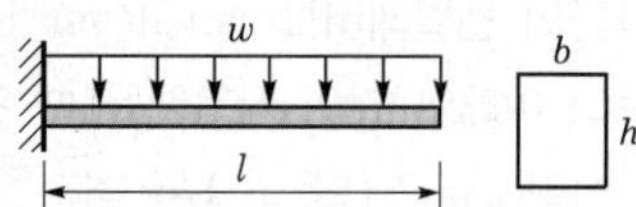

① $\frac{l}{b}$ ② $\frac{2}{b}l$

③ $\frac{2}{h}l$ ④ $\frac{l}{2h}$

해설 기본공식을 활용한다.

$$\sigma_{max} = \frac{M_{max}}{Z} = \frac{6\left(\frac{wl^2}{2}\right)}{bh^2} = \frac{3wl^2}{bh^2}$$

$$\tau_{max} = \frac{3S_{max}}{2A} = \frac{3wl}{2bh}$$

$$\frac{\sigma_{max}}{\tau_{max}} = \frac{\frac{3wl^2}{bh^2}}{\frac{3wl}{2bh}} = \frac{2l}{h}$$

06 어떤 재료의 탄성계수 $E = 240\text{GPa}$이고, 전단탄성계수 $G = 100\text{GPa}$인 물체가 인장력에 의하여 축방향으로 0.0001의 변형률이 발생할 때, 그 축에 직각 방향으로 발생하는 변형률의 값은?

① +0.00002 ② −0.00002

③ +0.00005 ④ −0.00005

해설 프아송비를 구하여 이를 이용해서 구한다. 즉,

$G = \frac{E}{2(1+\nu)}$에서

프아송비,

$\nu = \frac{E}{2G} - 1 = \frac{240}{2 \times 100} - 1 = 0.2$

직각 방향변형률(ϵ_y)은 $\nu = -\frac{\epsilon_y}{\epsilon_x}$에서 구한다.

$\epsilon_y = -\nu\epsilon_x = -0.2 \times 0.0001$

$= -0.00002$

07 다음 3활절 아치 구조에서 B지점의 수평반력[kN]은?

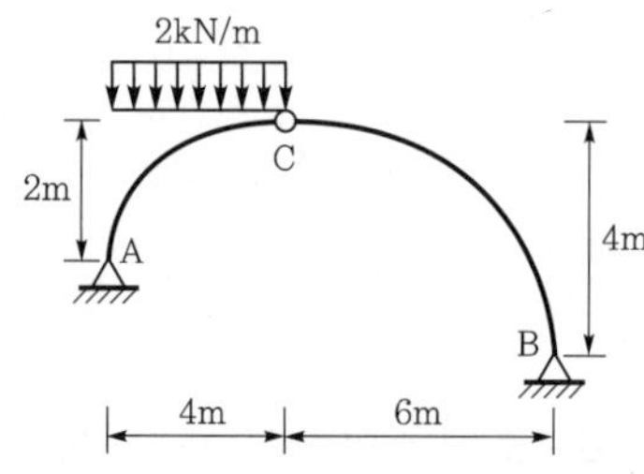

① $\frac{24}{7}$ ② $\frac{25}{7}$

③ $\frac{26}{7}$ ④ $\frac{27}{7}$

해설 다음과 같이 구한다.

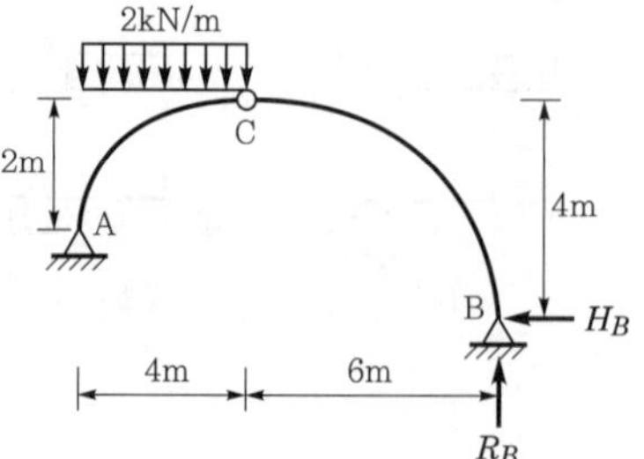

정답 04 ② 05 ③ 06 ② 07 ①

$R_B = \frac{4}{6}H_B = \frac{2}{3}H_B$

$\Sigma M_A = 0,$

$H_B \times (4-2) - \left(\frac{2}{3}H_B\right) \times 10 + (2\times4\times2) = 0,$

$\therefore H_B = \frac{24}{7}\text{kN}$

08 다음 그림과 같은 부재 A점에서의 처짐각 θ_A는?(단, EI는 일정)

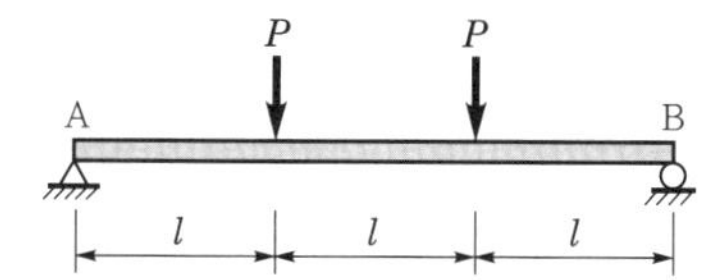

① $\frac{Pl^2}{4EI}$ ② $\frac{Pl^2}{3EI}$

③ $\frac{Pl^2}{2EI}$ ④ $\frac{Pl^2}{EI}$

해설 일반공식 $\theta_A = \frac{Pl^2}{9EI}$을 이용한다.

$\theta_A = \frac{P(3l)^2}{9EI} = \frac{Pl^3}{EI}$

09 그림에 주어진 봉은 AB면을 따라 접착되어 있다. 접착면의 허용압축응력은 9MPa, 허용전단응력은 $2\sqrt{3}$MPa일 때 접착면이 안전하기 위한 봉이 최소면적[mm^2]은?

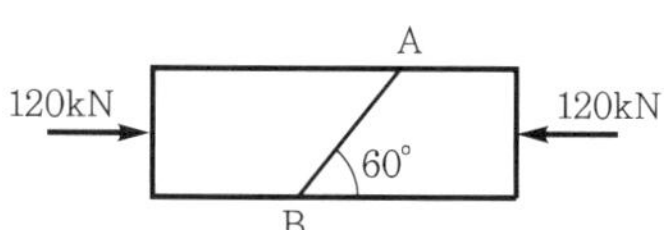

① 10,000 ② 12,000

③ 15,000 ④ 16,000

해설 압축응력에 의한 면적과 전단응력에 의한 면적을 구하여 큰 값을 취한다.

$\sigma_x = -\frac{P}{A}$

㉠ 압축응력에 의한 면적

여기서 θ는 연직각으로 30°가 된다.

$\sigma_\theta = -\sigma_x \cos^2\theta = \frac{P}{A}\cos^2\theta$

$A = \frac{P}{\sigma_a}(\cos 30°)^2$

$= \frac{120\times10^3}{9} \times \left(\frac{\sqrt{3}}{2}\right)^2$

$= 10,000\text{mm}^2$

㉡ 전단응력에 의한 면적

$\tau_\theta = -\frac{\sigma_x}{2}\sin 2\theta = \frac{P}{2A}\sin 2\theta$

$A = \frac{P}{2\tau_a}\sin 60°$

$= \frac{120\times10^3}{2\times2\sqrt{3}} \times \left(\frac{\sqrt{3}}{2}\right)$

$= 15,000\text{ mm}^2$

10 다음과 같이 내부힌지가 있는 보에서 C점의 전단력의 영향선은?

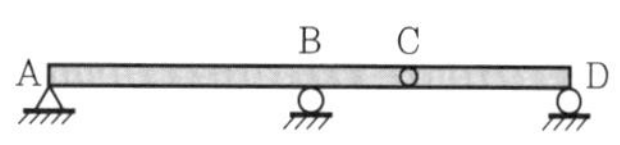

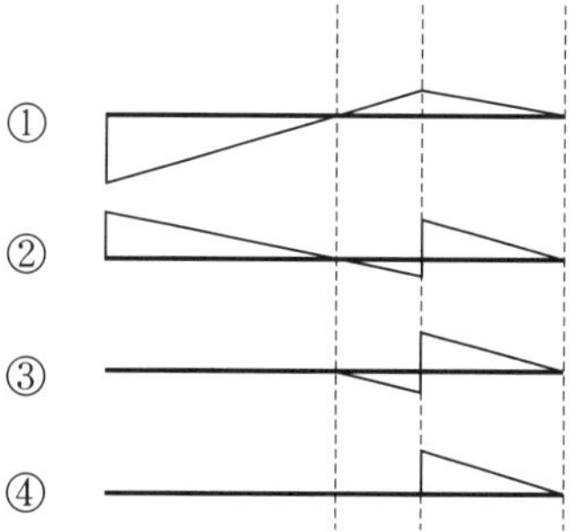

해설 게르버보의 C점은 힌지지간의 단부에 해당되는 점으로 C점의 전단력의 영향선도는 적지간인 CD구간에만 그려진다.

11 그림과 같은 단순보에 이동하중이 오른편(B)에서 왼편(A)으로 이동하는 경우, 절대최대 휨모멘트가 생기는 위치로부터 A점까지의 거리[m]는?

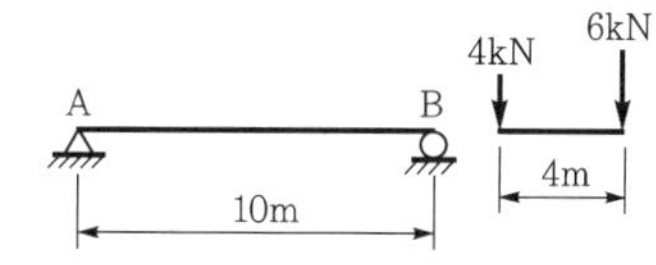

① 4.2 ② 5.6

③ 5.8 ④ 6.0

정답 08 ④ 09 ③ 10 ④ 11 ③

해설 ㉠ 합력의 위치(d)
이 경우 합력은 6kN 가까이에 위치할 것이다. 그 위치 d는

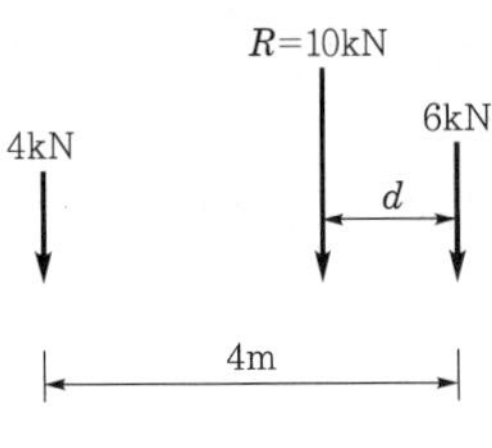

$$d = \frac{4 \times 4}{10} = 1.6\text{m}$$

㉡ 절대 최대 휨모멘트의 위치(x)
합력 R과 6kN이 지간 중앙점을 중심으로 좌우로 양분될 때 6kN이 작용하는 위치에서 발생한다.

$$x = \frac{L}{2} + \frac{d}{2} = \frac{10}{2} + \frac{1.6}{2} = 5.8\text{m}$$

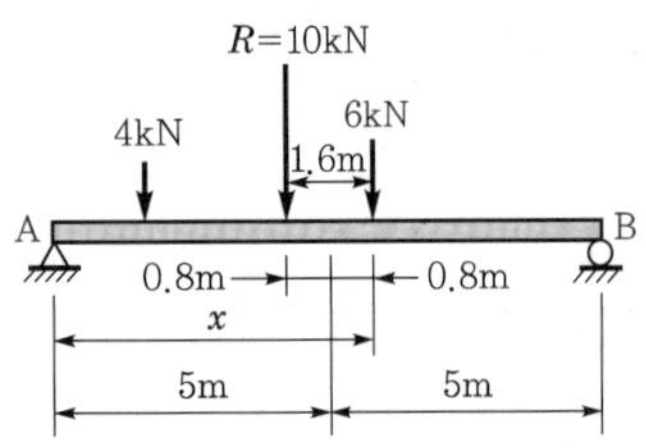

12 아래 연속보에서 B점이 Δ만큼 침하한 경우 B점의 휨모멘트 M_B는? (단, EI는 일정하다.)

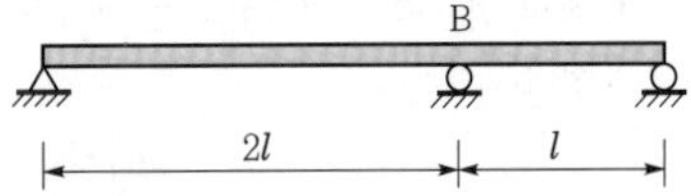

① $\dfrac{EI\Delta}{2l^2}$ ② $\dfrac{EI\Delta}{l^2}$

③ $\dfrac{3EI\Delta}{2l^2}$ ④ $\dfrac{2EI\Delta}{l^2}$

해설 3연모멘트법을 적용한다.

$$2M_B\left(\frac{2l}{I} + \frac{l}{I}\right) = 6E\left[\frac{\Delta}{2l} - \left(-\frac{\Delta}{l}\right)\right]$$

$$M_B = \frac{EI}{l} \times \frac{3\Delta}{2l} = \frac{3EI\Delta}{2l^2}$$

13 그림과 같은 캔틸레버보(cantilever beam)에 등분포하중 w가 작용하고 있다. 이 보의 변위함수 $v(x)$를 다항식으로 유도했을 때 x^4의 계수는? (단, 보의 단면은 일정하며 탄성계수 E와 단면 2차모멘트 I를 가진다. 이때 부호는 고려하지 않는다.)

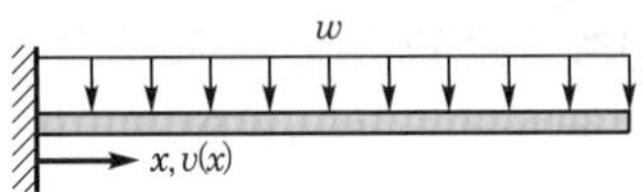

① $\dfrac{w}{24EI}$ ② $\dfrac{w}{24}EI$

③ $\dfrac{w}{12EI}$ ④ $\dfrac{w}{12}EI$

해설

$$M_x = -\frac{wx^2}{2} + wLx - \frac{wL^2}{2}$$

$$EIy'' = -M_x = \frac{wx^2}{2} - wLx + \frac{wL^2}{2}$$

$$EIy' = \frac{w}{6}x^3 - \frac{wL}{2}x^2 + \frac{wL^2}{2}x + C_1$$

$$EIy = \frac{w}{24}x^4 - \frac{wL}{6}x^3 + \frac{wL^2}{4}x^2 + C_1x + C_2$$

따라서 처짐방정식의 x^4의 계수는 $\dfrac{w}{24EI}$가 된다. 나머지 C_1, C_2는 경계조건에 대입하면 구할 수 있다.

14 그림과 같은 기둥에 150kN의 축력이 B점에 편심으로 작용할 때 A점의 응력이 0이 되려면 편심 e[mm]는? (단, 단면적 $A = 125\text{mm}^2$, 단면계수 $= 2{,}500\text{mm}^3$이다.)

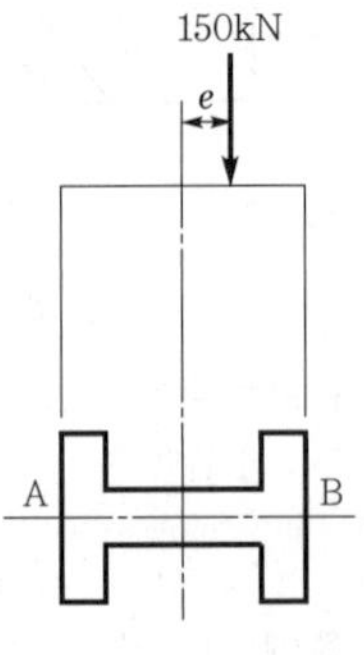

① 20 ② 25

③ 30 ④ 35

정답 12 ③ 13 ① 14 ①

해설 $\sigma_A = \frac{P}{A} - \frac{Pe}{I_y}x_1 = 0$

$e = \frac{I_y}{A \cdot x_1} = \frac{Z}{A} = \frac{2,500}{125} = 20\text{mm}$

15 다음 그림과 같이 강봉이 우측 단부에서 1.0mm 벌어져 있다. 온도가 50℃ 상승하면 강봉에 발생하는 응력[MPa]의 크기는? (단, $E = 2.0 \times 10^6$MPa, $\alpha = 1.0 \times 10^{-5}$/℃ 이다.)

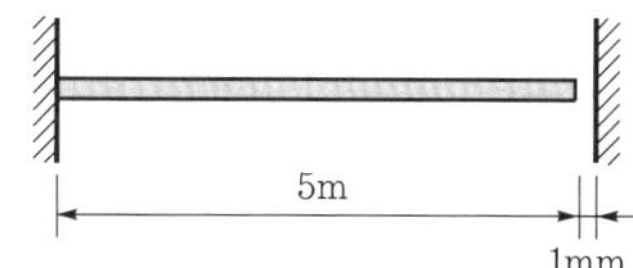

① 500 ② 600
③ 700 ④ 800

해설 시공오차 시 온도변화에 따른 응력을 구하는 것이다.

㉠ 시공오차 상쇄온도(T_0)

$T_0 = \frac{\Delta}{\alpha \times L} = \frac{1}{1 \times 10^{-5} \times 5,000}$

$= 20℃$

즉 20℃가 상승하면 시공오차는 제거된다.

㉡ 강봉의 응력

$\sigma_T = \alpha \cdot (\Delta T - T_0) \cdot E$

$= 1 \times 10^{-5} \times (50 - 20) \times 2 \times 10^6$

$= 600\text{MPa}$

16 다음과 같은 트러스에서 A점에서 수평으로 90kN의 힘이 작용할 때 A점의 수평변위는? (단, 부재의 탄성계수 $E = 2 \times 10^5$MPa, 단면적 $A = 500\text{mm}^2$이다.)

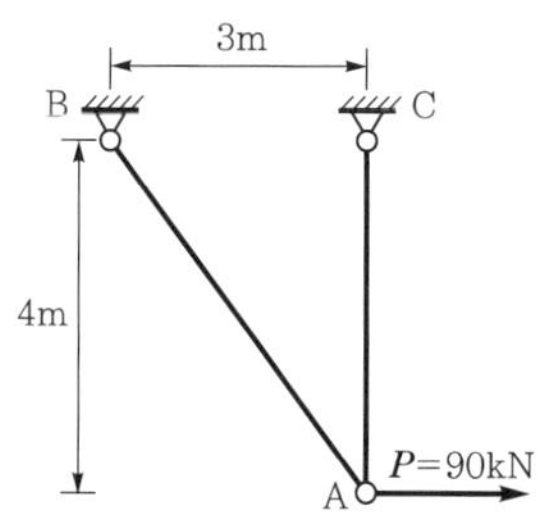

① 18.9 ② 19.2
③ 21.8 ④ 22.1

해설 단위하중법을 적용한다.

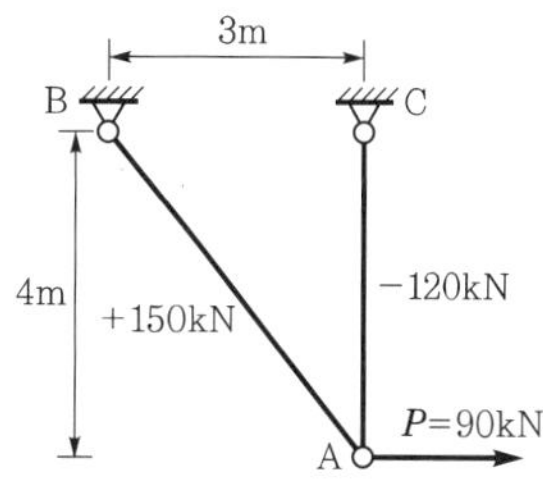

〈실하중 작용 시 부재력〉

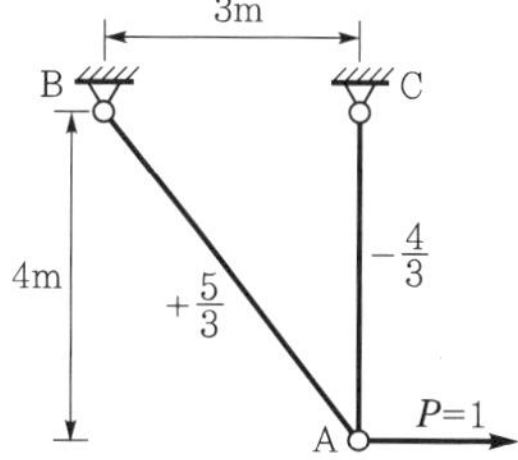

〈단위하중 작용 시 부재력〉

$\delta_{AH} = \Sigma \frac{nNL}{EA}$

$= \frac{1}{EA}\left[\frac{5}{3} \times 150 \times 5 + \left(-\frac{4}{3}\right) \times (-120) \times 4\right] \times 10^6$

$= \frac{1,890 \times 10^6}{2 \times 10^5 \times 500} = 18.9\text{mm}$

17 다음의 구조에서 D점에서 10kN·m의 모멘트가 작용할 때 CD의 모멘트(M_{CD})[kN·m]의 값은? (단, A, B, C는 고정단, K는 강성도를 나타냄)

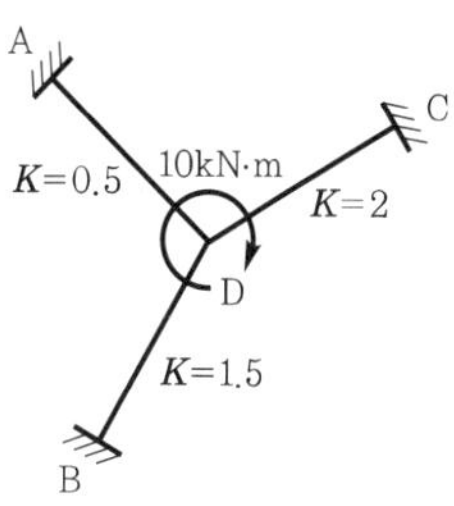

① 2 ② 2.5
③ 4 ④ 5

정답 15 ② 16 ① 17 ②

해설 모멘트분배법을 적용하는데 먼저 분배율을 결정한 후에 전달률 $\frac{1}{2}$을 고려하여 구한다.

CD부재의 D단의 분배율,

$$DF_{DC} = \frac{2}{0.5+1.5+2} = \frac{1}{2}$$

CD부재에서 C단의 모멘트,

$$M_{CD} = 10 \times \frac{1}{2} \times \frac{1}{2} = 2.5\text{kN} \cdot \text{m}$$

18 그림과 같은 단순보에서 하중이 다음과 같이 작용할 때, 지점 A, B의 수직반력을 차례로 나타낸 것은?

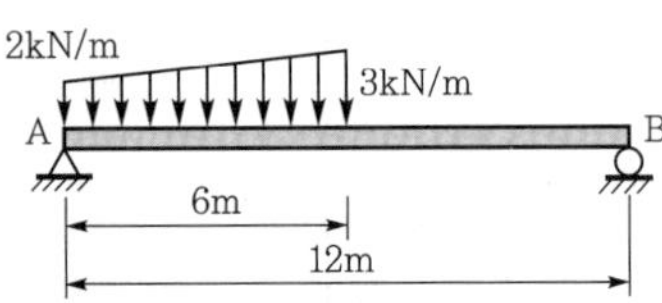

① $R_A = 2\text{kN}$, $R_B = 5.5\text{kN}$

② $R_A = 5.5\text{kN}$, $R_B = 2\text{kN}$

③ $R_A = 4\text{kN}$, $R_B = 11\text{kN}$

④ $R_A = 11\text{kN}$, $R_B = 4\text{kN}$

해설 작용하중을 등분호하중과 등변분포하중으로 분할하여 중첩한다.

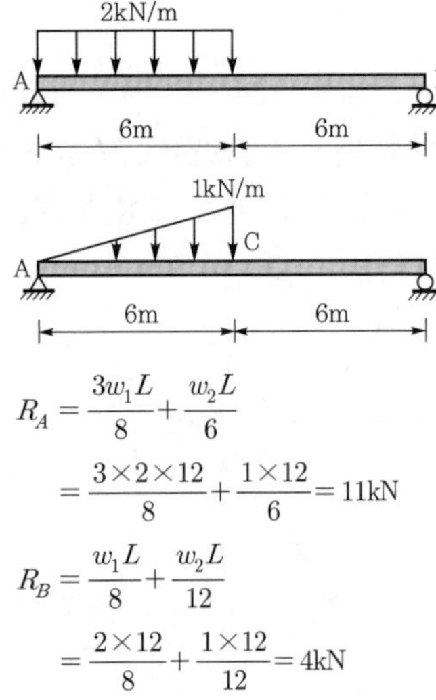

$$R_A = \frac{3w_1L}{8} + \frac{w_2L}{6}$$

$$= \frac{3\times2\times12}{8} + \frac{1\times12}{6} = 11\text{kN}$$

$$R_B = \frac{w_1L}{8} + \frac{w_2L}{12}$$

$$= \frac{2\times12}{8} + \frac{1\times12}{12} = 4\text{kN}$$

19 주어진 내민보에서 발생하는 최대 휨모멘트 [kN · m]는?

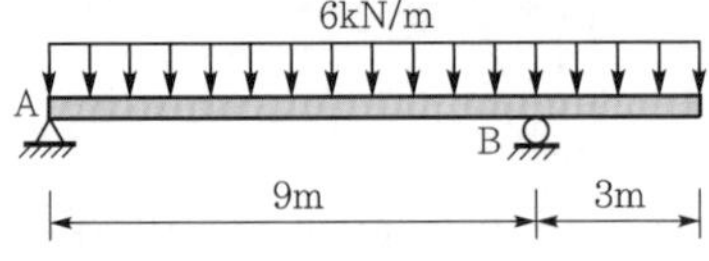

① 24 ② 27

③ 48 ④ 52

해설 ㉠ 단순구간에서 최대 휨모멘트

$$R_A = \frac{6\times9}{2} - \frac{\frac{6\times3^2}{2}}{9}$$

$$= 27 - 3 = 24\text{kN}(\uparrow)$$

$$S_x = 24 - 6x = 0, \quad x = 4\text{m}$$

$$M_{x=2.5\text{m}} = 15\times4 - \frac{6\times4^2}{2}$$

$$= 48\text{kN} \cdot \text{m}$$

㉡ B점에서 휨모멘트

$$M_B = -\frac{6\times3^2}{2} = 27\text{ kN} \cdot \text{m}$$

최대휨모멘트 48kN · m이다.

20 그림과 같은 하중계에서 합력 R의 위치 x[m]를 구한 값은?

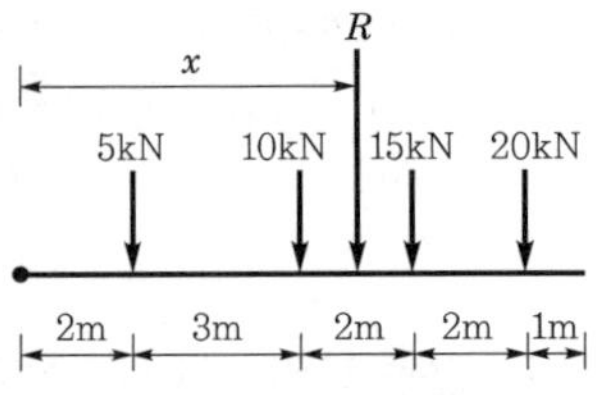

① 6.0 ② 6.2

③ 6.5 ④ 6.9

해설 바리뇽 정리로 구한다.

$$50\times x = 5\times2 + 10\times5 + 15\times7 + 20\times9$$

$$x = 6.9\text{m}$$

정답 18 ④ 19 ③ 20 ④

과년도 출제문제(2015년 서울시 7급)

01 아래 그림과 같은 대칭 하중이 작용하는 단순보에서 경간 중앙단면의 최하단 A점의 응력상태는? (단, 보의 단면은 폭이 b, 높이가 h인 직사각형 단면이다.)

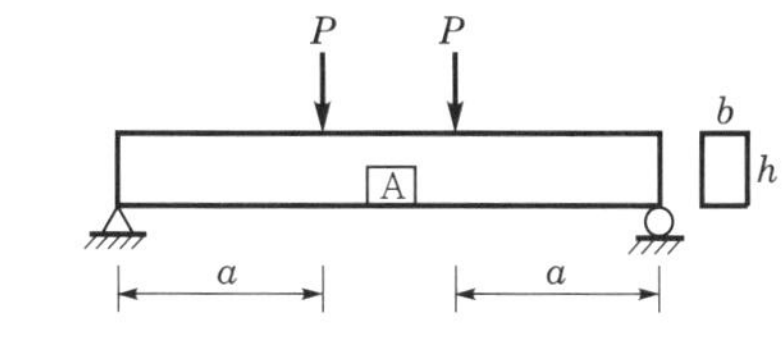

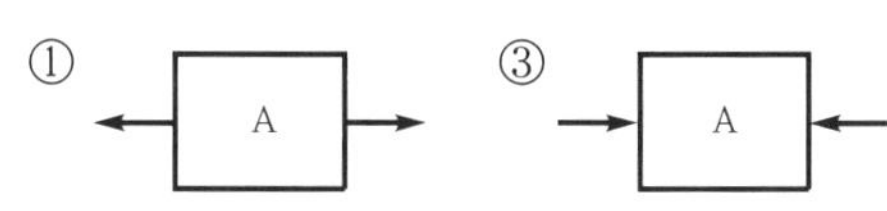

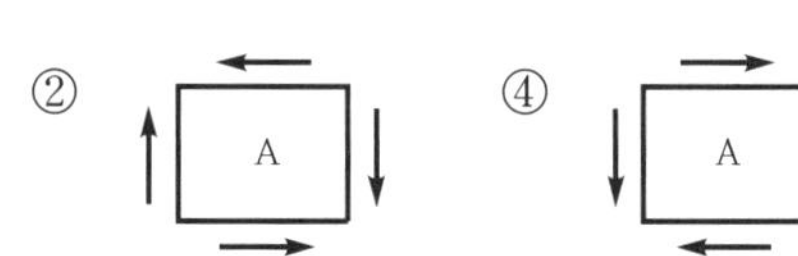

해설 A점은 지간 중앙단면으로 휨모멘트는 발생하지만 전단력은 0이다. $\sigma_A = \dfrac{M}{Z} = \dfrac{6Pa}{bh^2}$로 인장응력만 작용한다.

02 아래 그림과 같은 직경이 $2d$인 원형단면의 x축에 대한 단면2차모멘트는?

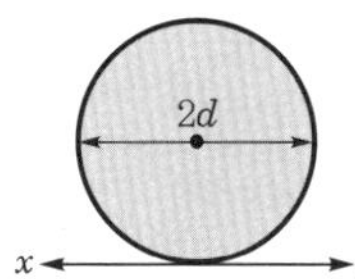

① $\dfrac{3}{2}\pi d^4$ ② $\dfrac{4}{3}\pi d^4$

③ $\dfrac{5}{4}\pi d^4$ ④ $\dfrac{6}{5}\pi d^4$

해설 원형에 접하는 축에 대한 단면 2차 모멘트는 $I_x = \dfrac{5\pi d^4}{4}$이다.

03 그림과 같이 단일 단면을 가지는 기둥과 천장과의 거리는 d이다. 열팽창계수가 α라고 할 때, 이 기둥이 천장에 닿도록 하는 데 필요한 온도상승치의 두 배만큼 온도가 올라갔을 때 발생하는 압축응력은?

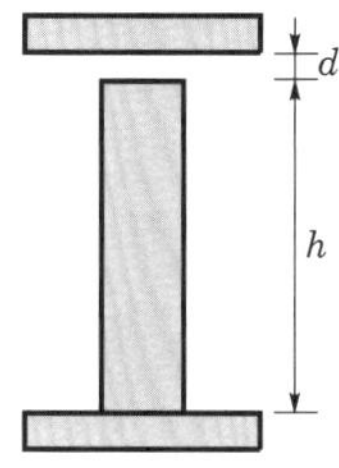

① $\sigma = E\alpha\dfrac{d}{h}$ ② $\sigma = E\dfrac{d}{h}$

③ $\sigma = E\alpha\dfrac{h}{d}$ ④ $\sigma = E\dfrac{2d}{h}$

해설 ㉠ 거리 d를 상쇄시키는 온도변화량

$\Delta T = \dfrac{d}{\alpha h}$

㉡ 압축응력계산

실제 온도변화량은 거리 d를 상쇄시키는 온도변화량의 2배라고 하였으므로 응력을 유발시키는 온도변화량은 거리 d를 상쇄시키는 온도변화량과 같다.

즉 응력을 유발시키는 온도변화량은 $\Delta T = \dfrac{d}{\alpha h}$가 된다. 따라서 온도응력은 다음과 같다.

$\sigma_t = \alpha \cdot \Delta T \cdot E$

$= \alpha \times \dfrac{d}{\alpha h} \times E = E\dfrac{d}{h}$

04 그림과 같이 핀과 선형 탄성 스프링으로 연결된 이상적인 강체 기둥에서의 임계하중 P_{cr}은? (단, 각각의 스프링 강성은 β_R을 가지며, 처짐과 회전각은 미소한 것으로 가정한다.)

정답 01 ① 02 ③ 03 ② 04 ②

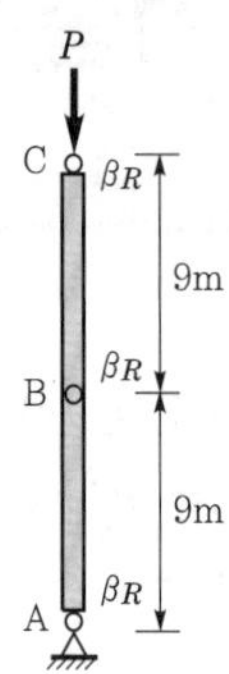

① $\frac{1}{9}\beta_R$ ② $\frac{1}{3}\beta_R$

③ $\frac{1}{2}\beta_R$ ④ $\frac{2}{3}\beta_R$

해설 B점의 회전각은 2θ가 된다.

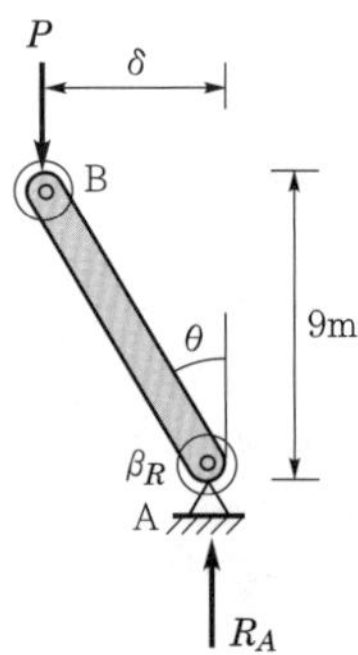

$\Sigma M_B = 0, \quad M_B + M_A - P_{cr} \times \delta = 0$

$\beta_R \times 2\theta + \beta_R \times \theta - P_{cr} \times 9\theta = 0$

$P_{cr} = \frac{\beta_R}{3}$

05 아래 그림과 같이 연속보에서 지점 B가 1cm 아래로 침하하였을 때, M_B[kN · m]의 값은? (단, EI= 100kN · m^{2}이다.)

A B C
EI 3EI
6m 6m

① $\frac{5}{39}$ ② $\frac{7}{39}$

③ $\frac{5}{26}$ ④ $\frac{7}{26}$

해설 3연모멘트법을 적용한다.

㉠ 경간 A′AB

고정단은 휨강성 EI가 무한대인 가상지간(A′A)으로 하여 풀면

$2M_A\left(\frac{6}{I}\right) + M_B\left(\frac{6}{I}\right) = 6E\left(-\frac{0.01}{6}\right)$

$2M_A + M_B = -\frac{0.01}{6}EI$

㉡ 경간 ABC

$M_A\left(\frac{6}{I}\right) + 2M_B\left(\frac{6}{I} + \frac{6}{3I}\right)$

$= 6E\left[\frac{0.01}{6} - \left(-\frac{0.01}{6}\right)\right]$

$M_A + \frac{8}{3}M_B = \frac{0.02}{6}EI$

㉠과 ㉡을 연립해서 M_B를 구한다.

$\frac{13}{3}M_B = \frac{0.05}{6}EI$

$M_B = \frac{0.05}{26} \times 100 = \frac{5}{26}$kN · m

06 아래 그림과 같이 판 ABCD가 전단력 V에 의해 AB′C′D로 변형되었다. AB′과 DC′의 변형 현상이 그림과 같을 때, $y = 0.5$cm 지점에서의 전단변형률은? (단, 미소변형이다.)

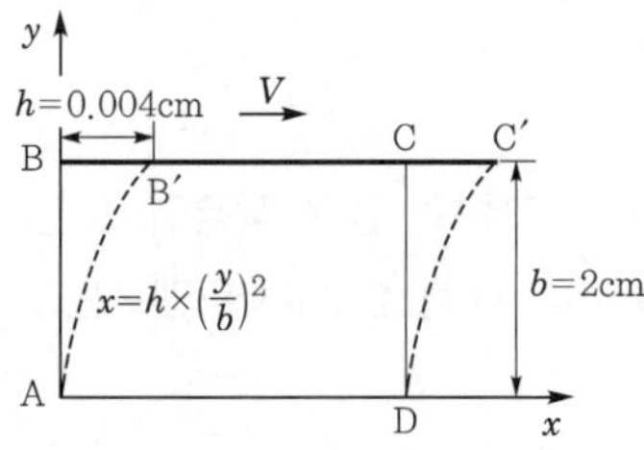

① 0.01 ② 0.001

③ 0.02 ④ 0.002

해설 임의 위치에서 전단변형률은 2차 곡선식에서 임의점에서 접선의 기울기와 같다.

$\gamma = \frac{dx}{dy}$ 이다.

즉, $y = 0.5$cm에서 전단변형률,

$\gamma = \frac{dx}{dy} = \frac{2h}{b^2}y = \frac{2 \times 0.004}{2^2} \times 0.5$

$= 0.001$rad

정답 05 ③ 06 ②

07 단순보의 상부 온도가 10℃, 하부 온도가 20℃일 때 단순보가 건설되었다. 사용 중에 단순보의 아래공간에 화재가 발생하여 단순보의 온도가 그림과 같이 발생되었을 경우의 곡률(m^{-1})은? (단, 보의 높이 $h=1m$, 열팽창계수 $\alpha=10^{-5}$℃이며, 단순보 상하부에서 측정된 온도는 지간 길이에 걸쳐 균일하다.)

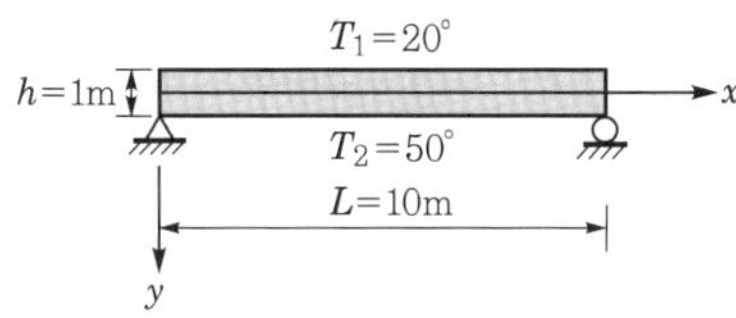

① 1×10^{-4} ② -1×10^{-4}
③ 2×10^{-4} ④ -2×10^{-4}

해설 $M=\frac{\alpha\cdot\Delta T\cdot EI}{h}$

그리고 곡률반경 R과 모멘트 사이의 관계는 $R=\frac{EI}{M}$에 있고 곡률 k는 곡률반경의 역수이고 $(+)y$이고 처짐형상은 아래로 볼록한 모양으로 곡률 k는

$$k=-\frac{1}{R}=-\frac{M}{EI}=-\frac{\frac{\alpha\cdot\Delta T\cdot EI}{h}}{EI}$$

$$=-\frac{\alpha\cdot\Delta T}{h}=-\frac{10^{-5}\times(30-10)}{1}$$

$$=-2\times10^{-4}\,m^{-1}$$

08 아래 그림과 같은 L형 단면의 xy축에 대한 상승모멘트 $I_{xy}[cm^4]$는?

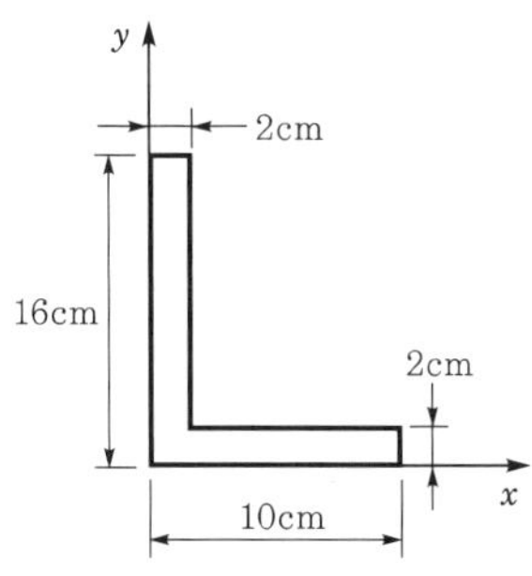

① 252 ② 352
③ 360 ④ 424

해설 단면 상승모멘트는 다음과 같다.

$$I_{xy}=(2\times16)\times1\times8+(8\times2)\times6\times1$$
$$=352cm^4$$

09 아래 그림과 같은 케이블의 C, D, E점에 각각 12kN의 힘을 받고 있다. A점에서의 수평반력 $H[kN]$는?

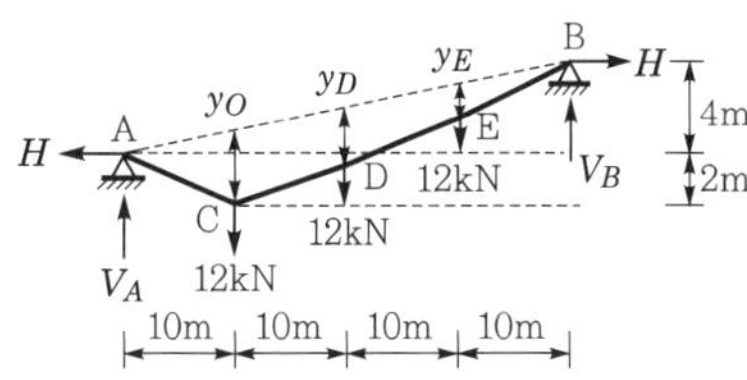

① 60
② 80
③ 90
④ 180

해설 케이블의 일반정리를 이용한다.

$$H\times y_c=M_c$$
$$H\times\left(2+\frac{4}{40}\times10\right)=18\times10$$
$$3H=180$$
$$H=60kN$$

10 아래 그림과 같은 양단 고정보에서 지점 B를 반시계방향으로 1.0radian만큼 회전시켰을 때, B점에 발생되는 모멘트는? (단, EI는 일정하며, 부호는 고려하지 않는다)

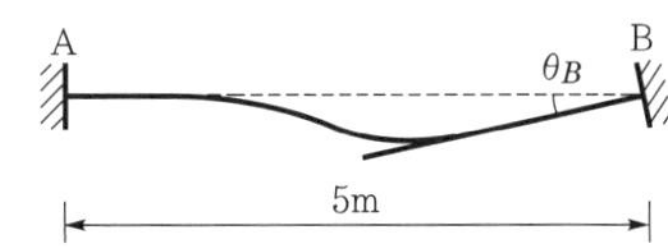

① $\frac{2EI}{5}$ ② $\frac{3EI}{5}$
③ $\frac{4EI}{5}$ ④ $\frac{6EI}{5}$

해설 처짐각법의 재단모멘트의 일반식을 이용한다.

$$M_B=-M_{BA}=-\frac{2EI}{5}[2\times(-1.0)]$$
$$=\frac{4EI}{5}$$

정답 07 ④ 08 ② 09 ① 10 ③

11 A－B구간에 등분포하중 w[kN/m]가 작용하는 단순보의 전단력선도가 아래 그림과 같을 때, 최대 휨모멘트[kN · m]의 크기는?

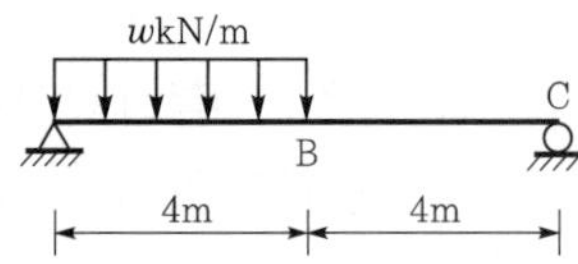

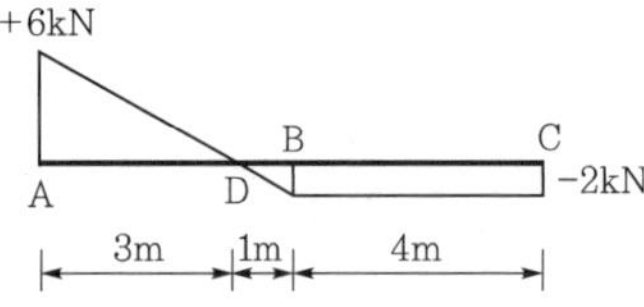

① 3 ② 6
③ 9 ④ 18

해설 최대휨모멘트는 전단력의 부호가 바뀌는 점에서 발생하므로 D점에서 최대휨모멘트가 발생한다. A가 힌지단으로 휨모멘트가 0이 되므로 결국 전단력에서 왼쪽의 삼각형 면적과 같다. 물론 D의 오른쪽 도형 면적과도 같다.

$M_{max} = \frac{1}{2} \times 3 \times 6 = 9\text{kN} \cdot \text{m}$

12 아래 그림과 같은 트러스에 저장되는 변형에너지는? (단, EA는 일정하다.)

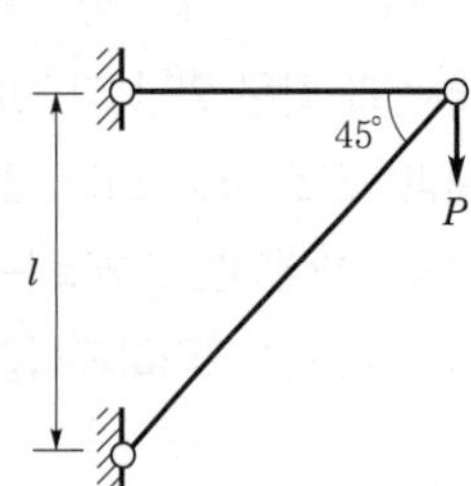

① $\dfrac{1+\sqrt{2}}{2EA}P^2 l$

② $\dfrac{1+2\sqrt{2}}{2EA}P^2 l$

③ $\dfrac{1+3\sqrt{2}}{2EA}P^2 l$

④ $\dfrac{1+4\sqrt{2}}{2EA}P^2 l$

해설 트러스 구조물의 변형에너지는 $U = \Sigma \frac{N^2 L}{2EA}$과 같다. 주어진 트러스 수평재 부재력은 $+P$, 경사부재 부재력은 $-\sqrt{2}P$이다.

$$U = \frac{(+P)^2 l}{2EA} + \frac{(-\sqrt{2}P)^2(\sqrt{2}l)}{2EA} = \frac{1+2\sqrt{2}}{2EA}P^2 l$$

13 아래 그림과 같은 단면 (a)와 (b)를 갖는 양단 힌지인 기둥의 좌굴하중비 $P_{cr(a)}/P_{cr(b)}$는? (단, 단면 (a)와 (b)의 단면적의 크기는 같고, 재질 및 기둥길이 등도 동일하다.)

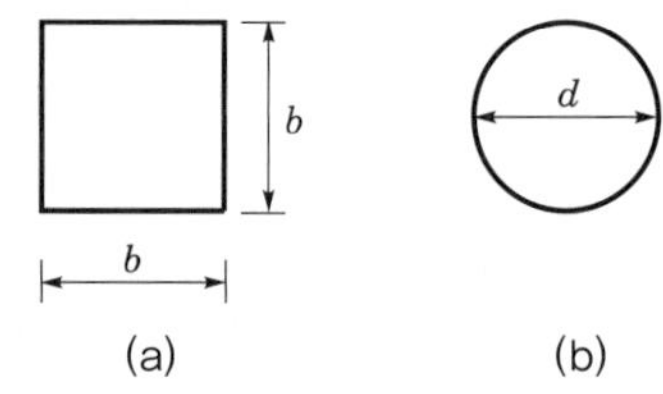

① $\dfrac{\pi}{3}$

② $\dfrac{\pi}{4}$

③ $\dfrac{\pi}{5}$

④ $\dfrac{\pi}{6}$

해설 양단 힌지 기둥의 좌굴하중 $P_{cr} = \frac{\pi^2 EI}{L^2}$에서 재질 및 기둥길이가 같으므로 좌굴 하중 $P_{cr} \propto I$의 관계에 있다.

㉠ b와 d의 관계
단면적이 동일하므로
$b^2 = \frac{\pi d^2}{4}$

㉡ 좌굴하중비

$$\frac{P_{cr(a)}}{P_{cr(b)}} = \frac{I_a}{I_b} = \frac{\frac{b^4}{12}}{\frac{\pi d^4}{64}} = \frac{16b^4}{3\pi d^4}$$

$$= \frac{16\left(\frac{\pi d^2}{4}\right)^2}{3\pi d^4} = \frac{\pi}{3}$$

정답 11 ③ 12 ② 13 ①

14 그림과 같이 사각형의 철판 두 개를 볼트로 고정한 행어가 있다. 철판의 두께가 각각 10mm, 볼트구멍의 직경이 10mm, 윗 판의 폭이 60mm, 아래판의 폭이 40mm일 때, 이 행어가 지탱할 수 있는 최대허용력[N]은? (단, 철판의 허용인장응력은 100MPa, 볼트의 허용전단응력은 50MPa, 볼트의 허용지압응력은 50MPa이다.)

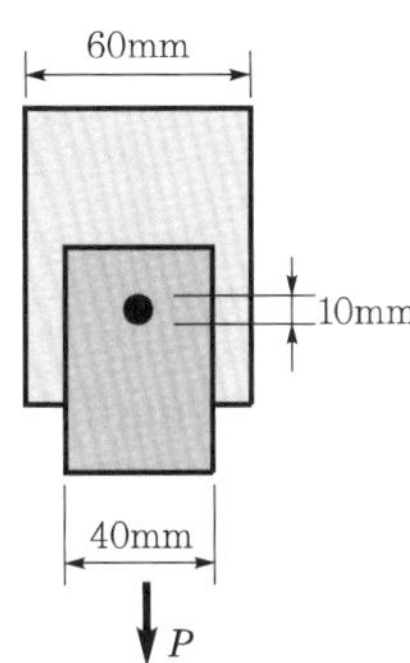

① $1,000\pi$　　② $1,250\pi$
③ 5,000　　④ 30,000

해설 ㉠ 철판의 인장검토
철판에 대한 인장검토는 아래쪽 철판에 대해서 구한다.
$P_a = \sigma_a A = 100 \times (40 \times 10)$
$= 40,000\text{N}$
㉡ 볼트의 전단검토
$P_a = \tau_a A = 50 \times \left(\frac{\pi \times 10^2}{4}\right)$
$= 1,250\pi\text{N}$
㉢ 볼트의 지압검토
$P_a = \sigma_{ba} A = \sigma_{ba}(dt)$
$= 50 \times (10 \times 10) = 5,000\text{N}$
∴ 허용하중은 $1,250\pi\text{N}$이다.

15 무게가 1kN인 물체가 90mm 상공에서 자유낙하 하여 캔틸레버보(cantilever beam)의 자유단(끝단)에 떨어졌다. 이때의 충격계수는? (단, 자유단의 정적처짐량은 60mm이며 낙하 거리 h에 비교하여 정적처짐량은 작지 않다.)

① 0　　② 1
③ 2　　④ 3

해설 낙하 거리 h에 비교하여 정적처짐량은 크므로 충격계수의 일반식을 적용한다.
$i = 1 + \sqrt{1 + \frac{2h}{\delta_{st}}} = 1 + \sqrt{1 + \frac{2 \times 90}{60}}$
$= 1 + \sqrt{1+3} = 3$

16 집중하중이 캔틸레버보(cantilever beam) 중앙에 작용할 때, 자유단 B점의 수직처짐은? (단, EI는 일정)

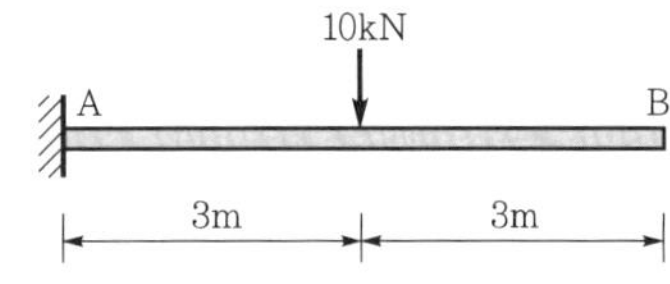

① $\frac{45}{EI}$　　② $\frac{75}{EI}$
③ $\frac{135}{EI}$　　④ $\frac{225}{EI}$

해설 $\delta_B = \frac{5PL^3}{48EI} = \frac{5 \times 10 \times 6^3}{48EI} = \frac{225}{EI}$

17 직경 d인 원형 기둥이 비틀림모멘트(twisting moment) T_a를 받을 수 있도록 설계되어야 한다. 허용전단응력을 τ_a라 할 때, 직경(d)에 대한 관계식은?

① $d = \sqrt[3]{\frac{16T_a}{\pi\tau_a}}$　　② $d = \sqrt[3]{\frac{32T_a}{\pi\tau_a}}$
③ $d = \sqrt[3]{\frac{5T_a}{2\pi\tau_a}}$　　④ $d = \sqrt[3]{\frac{8T_a}{\pi\tau_a}}$

해설 지름이 d인 원형단면에 비틀림모멘트가 작용할 때 최대비틀림응력은
$\tau_a = \frac{16T_a}{\pi d^3}$에서 $d = \sqrt[3]{\frac{16T_a}{\pi\tau_a}}$

정답 14 ② 15 ④ 16 ④ 17 ①

18 그림과 같은 구조물에서 모멘트 M_{OC}의 크기가 40kN · m일 때, 점 O에서 모멘트 M [kN · m]의 크기는?

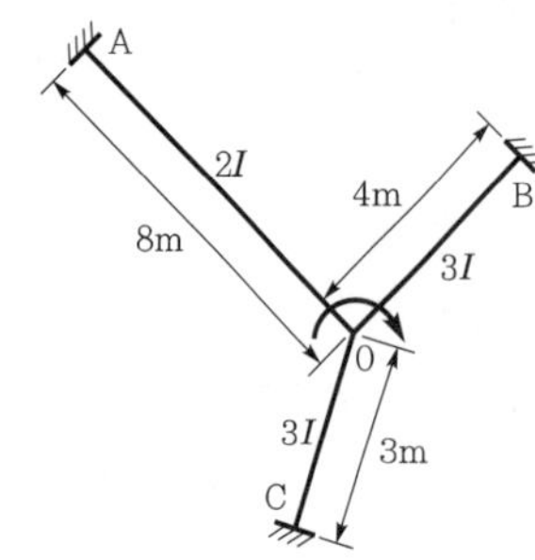

① 20 ② 40
③ 60 ④ 80

해설 모멘트분배법을 적용한다.

㉠ 분배율

OC부재에서 O단의 분배율

$$DF_{OC}=\frac{\frac{3I}{3}}{\frac{3I}{3}+\frac{3I}{4}+\frac{2I}{8}}=\frac{24}{24+18+6}=\frac{1}{2}$$

㉡ M 계산

$$M_{OC}=M\times\frac{1}{2}$$

$$M=2M_{OC}=2\times 40=80\text{ kN}\cdot\text{m}$$

19 다음 그림과 같이 하중 P를 받는 기둥이 있다. 기둥의 상단과 하단이 고정되었다고 가정할 때, 상단경계의 반력 R_A는?

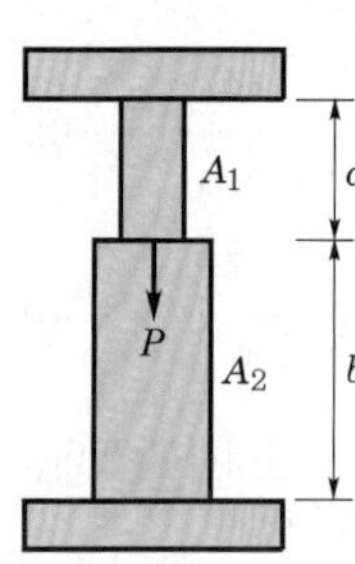

① $R_A=\dfrac{aA_2}{aA_1+bA_2}P$

② $R_A=\dfrac{bA_2}{aA_1+bA_2}P$

③ $R_A=\dfrac{bA_1}{aA_2+bA_1}P$

④ $R_A=\dfrac{aA_1}{aA_2+bA_1}P$

해설 강성도법을 적용한다.

$$R_A=\frac{k_a}{k_a+k_b}P=\frac{\frac{EA_1}{a}}{\frac{EA_1}{a}+\frac{EA_2}{b}}P=\frac{bA_1}{bA_1+aA_2}P$$

20 캔틸레버보(cantilever beam)의 A단면에 그림과 같은 응력의 상태가 나타났을 경우 A점에 작용하는 주응력[MPa]의 크기로 맞는 것은?

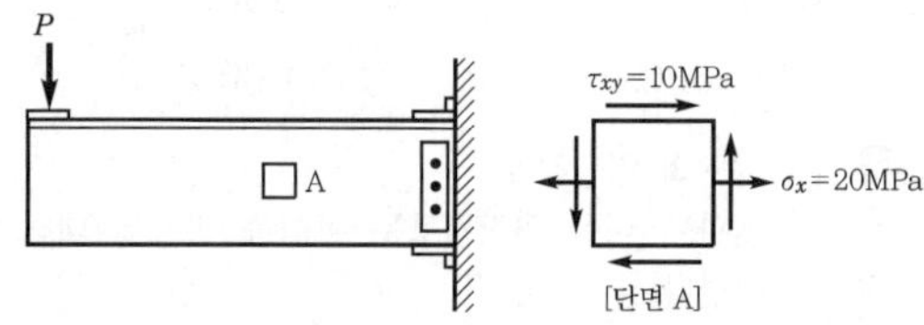

① $10\pm 5\sqrt{2}$ ② $10\pm 5\sqrt{3}$
③ $10\pm 10\sqrt{2}$ ④ $10\pm 10\sqrt{3}$

해설 보의 주응력 공식을 이용한다.

$$\sigma_{1,2}=\frac{\sigma}{2}\pm\sqrt{\left(\frac{\sigma}{2}\right)^2+\tau^2}=\frac{20}{2}\pm\sqrt{\left(\frac{20}{2}\right)^2+10^2}=10\pm 10\sqrt{2}\text{ MPa}$$

참고

Mohr's 원을 이용하면 편리하다.

정답 18 ④ 19 ③ 20 ③

과년도 출제문제(2016년 국가직 9급)

01 그림과 같이 여러 힘이 평행하게 강체에 작용하고 있을 때, 합력의 위치는?

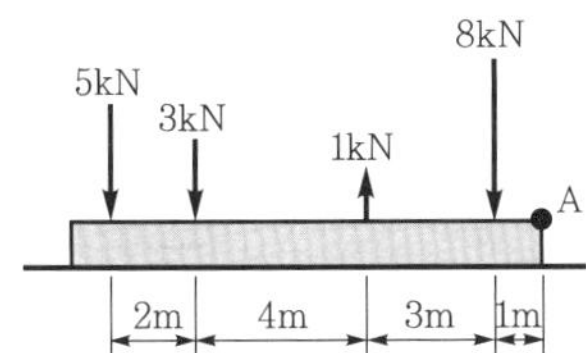

① A점에서 왼쪽으로 5.2m

② A점에서 오른쪽으로 5.2m

③ A점에서 왼쪽으로 5.8m

④ A점에서 오른쪽으로 5.8m

해설 바리뇽 정리를 이용하면

$R = 5 + 3 - 1 + 8 = 15\,\text{kN}(\downarrow)$

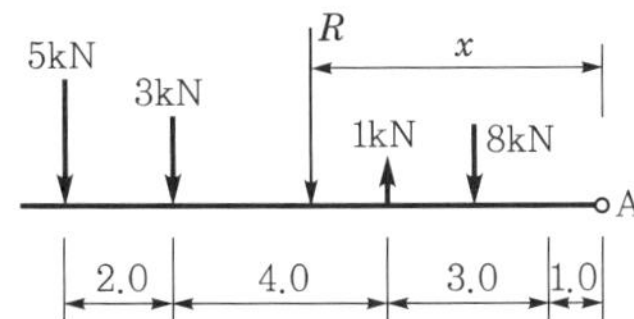

$\Sigma M_A = 0$

$(5 \times 10) + (3 \times 8.0) - (1 \times 4.0) + (8 \times 1.0) = 15\text{kN} \cdot x$

$x = 5.2\text{m}$(왼쪽)

02 그림과 같이 무게와 정지마찰계수가 다른 3개의 상자를 30° 경사면에 놓았을 때, 발생되는 현상은? (단, 상자 A, B, C의 무게는 각각 W, $2W$, W이며, 정지마찰계수는 각각 0.3, 0.6, 0.3이다. 또한, 경사면의 재질은 일정하다.)

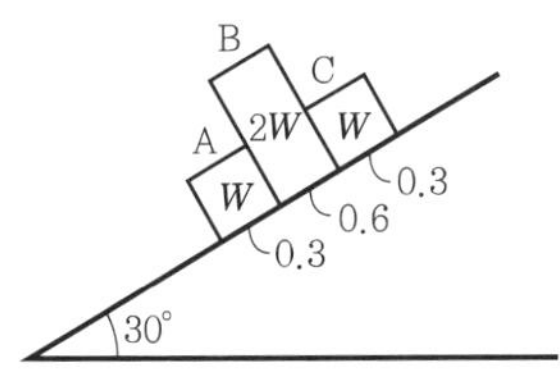

① A상자만 미끄러져 내려간다.

② A, B상자만 미끄러져 내려간다.

③ 모두 미끄러져 내려간다.

④ 모두 정지해 있다.

해설 ㉠ 저항력 $R = (0.3W_A + 1.2W_B + 0.3W_C)$

㉡ 작용력

$F = \cos 30°\, W_A + \cos 30° \times 2W_B + \cos 30°\, W_C$

$= 0.866W_A + 1.732W_B + 0.866W_C$

$\therefore F > R$

03 그림과 같이 길이 200mm, 바깥지름 100mm, 안지름 80mm, 탄성계수 200GPa인 원형 파이프에 축하중 9kN이 작용할 때, 축하중에 의한 원형 파이프의 수축량[mm]은? (단, 축하중은 단면 도심에 작용한다.)

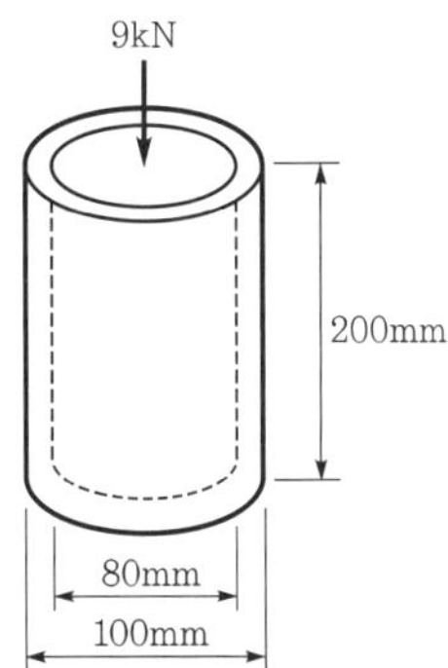

① $\dfrac{1}{50\pi}$ ② $\dfrac{1}{100\pi}$

③ $\dfrac{9}{1600\pi}$ ④ $\dfrac{9}{2500\pi}$

해설 단면적 $A = \dfrac{\pi}{4}(0.1 - 0.08)^2 = 9 \times 10^{-4}\pi$

$\delta = \dfrac{PL}{EA} = \dfrac{9 \times 10^3 \times 0.2}{200 \times 10^9 \times 9 \times 10^{-4} \times \pi}$

$= \dfrac{9 \times 10^3 \times 0.2}{9 \times 200 \times 10^5 \times \pi} = \dfrac{1}{100\pi}$

정답 01 ① 02 ③ 03 ②

04 그림과 같은 길이가 1m, 지름이 30mm, 포아송비가 0.3인 강봉에 인장력 P가 작용하고 있다. 강봉이 축 방향으로 3mm 늘어날 때, 강봉의 최종 지름[mm]은?

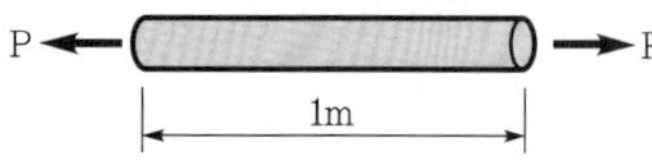

① 29.730

② 29.973

③ 30.027

④ 30.270

해설

$$\nu = \frac{\frac{\Delta d}{d}}{\frac{\Delta l}{l}}$$

$$0.3 = \frac{\frac{\Delta d}{30}}{\frac{3}{1000}}$$

$$0.3 = \frac{1000 \times \Delta d}{3 \times 30}$$

$\Delta d = 0.027\text{mm}$

∴ 최종 지름 $= 30 - 0.027$

$= 29.973\text{mm}$

05 그림과 같이 양단 고정봉에 100kN의 하중이 작용하고 있다. AB 구간의 단면적은 100mm^2, BC 구간의 단면적은 200mm^2으로 각각 일정할 때, A지점에 작용하는 수평반력[kN]의 크기는? (단, 탄성계수는 200GPa로 일정하고, 자중은 무시한다.)

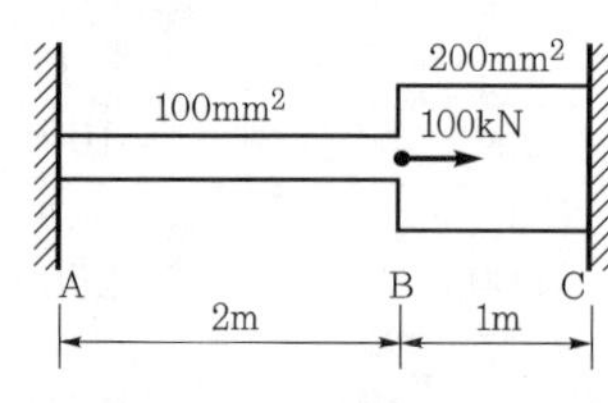

① 20 ② 30

③ 40 ④ 50

해설

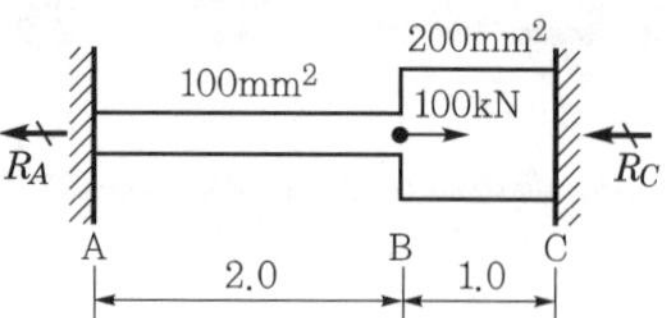

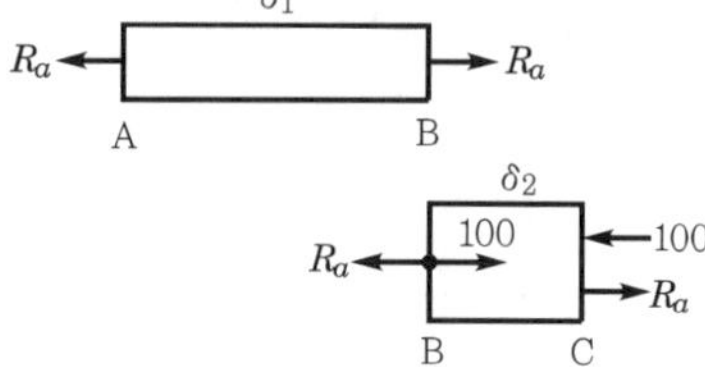

$$\delta_1 = \frac{R_a \cdot L}{EA} = \frac{R_a \times 2.0}{200 \times 10^9 \times 1 \times 10^{-4}} = 1 \times 10^{-7} R_a$$

$$\delta_2 = \frac{(R_a - 100) \times 1.0}{200 \times 10^9 \times 2 \times 10^{-4}} = 2 \times 10^{-8}(R_a - 100)$$

$\delta_1 + \delta_2 = 0$

$(1 \times 10^{-7} R_a) + (2 \times 10^{-8} R_a) - 2 \times 10^{-6} = 0$

$1.2 \times 10^{-7} R_a = 2 \times 10^{-6}$

$R_a = 16.7\text{kN}$

06 그림과 같은 3힌지 라멘구조에서 A지점의 수평반력[kN]의 크기는? (단, 자중은 무시한다.)

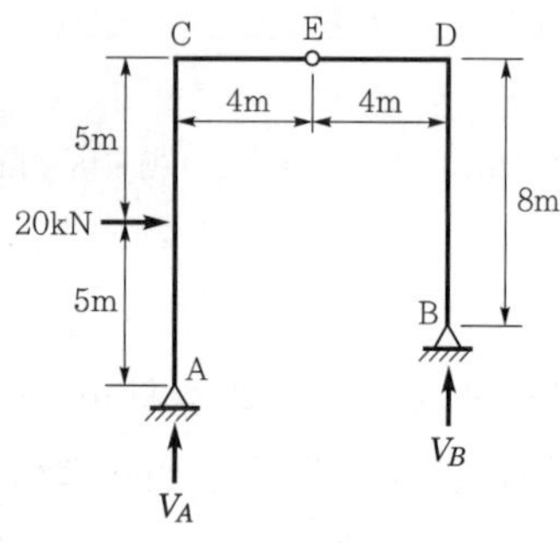

① 2.50 ② 6.67

③ 10.00 ④ 14.44

해설 $\Sigma M_A = 0$

$-(V_B \times 8.0) + (20 \times 5.0) = 0$

$V_B = 12.5(\uparrow), \quad V_A = 12.5(\downarrow)$

$\Sigma M_E = 0$

$-(12.5 \times 4) - (20 \times 5) - (H_A \times 10) = 0$

$H_A = 15.0$

정답 04 ② 05 ① 06 ④

07 그림과 같이 x'과 y'축에 대하여 게이지로 응력을 측정하여 $\sigma_{x'} = 55\text{MPa}$, $\sigma_{y'} = 45\text{MPa}$, $\tau_{x'y'} = -12\text{MPa}$의 응력을 얻었을 때, 주응력[MPa]은?

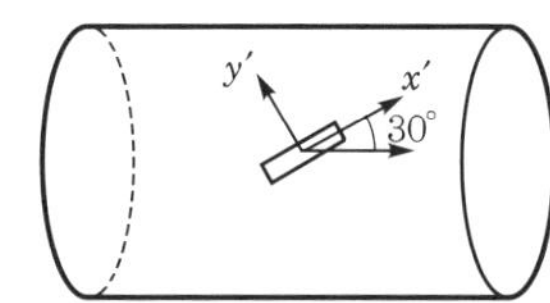

σ_{max}	σ_{min}
① 24	12
② 37	32
③ 50	13
④ 63	37

해설 모어원을 이용하면

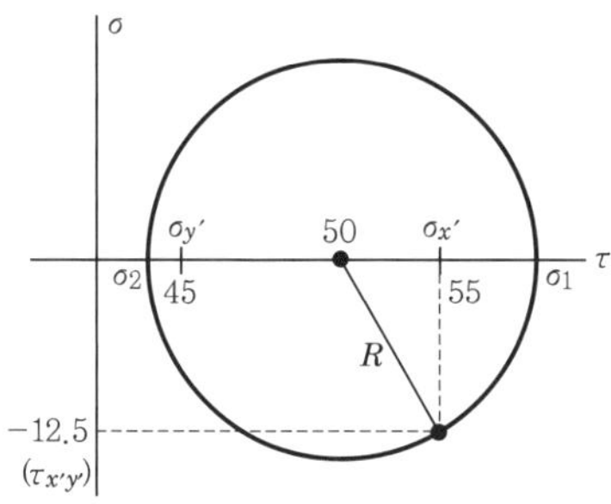

$R = \sqrt{5^2 + 12.5^2} = 13.46\text{MPa}$

$\sigma_1 = 50 + 13.46 = 63.46\text{MPa}$

$\sigma_2 = 50 - 13.46 = 36.54\text{MPa}$

08 그림과 같은 응력-변형률 관계를 갖는 길이 1.5m의 강봉에 인장력이 작용되어 응력상태가 점 O에서 A를 지나 B에 도달하였으며, 봉의 길이는 15mm 증가하였다. 이때, 인장력을 완전히 제거하여 응력상태가 C점에 도달할 경우 봉이 영구 신장량[mm]은? (단, 봉의 응력-변형률 관계는 완전탄소성 거동이며, 항복강도는 300MPa이고 탄성계수는 E=200GPa이다.)

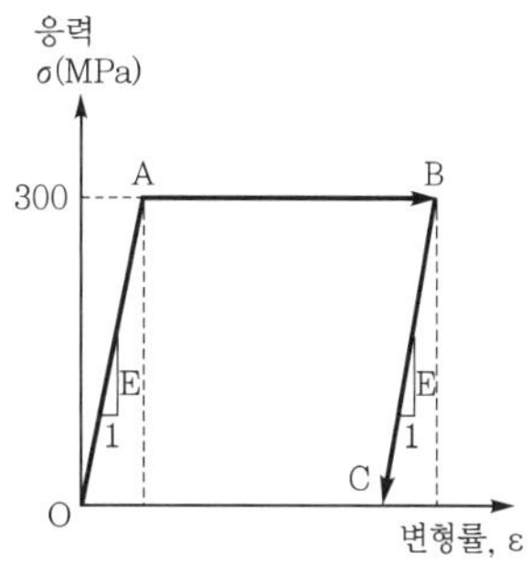

① 1.25 ② 2.25
③ 12.75 ④ 13.75

해설
㉠ 항복변형률 $\varepsilon_y = \dfrac{\sigma_y}{E} = \dfrac{300}{200 \times 10^3} = 1.5 \times 10^{-3}$

㉡ 봉의 변형률 $\varepsilon_l = \dfrac{\delta}{L} = \dfrac{15}{1500} = 0.01$

㉢ 잔류변형률
$\varepsilon_r = \varepsilon_l - \varepsilon_y = 0.01 - (1.5 \times 10^{-3}) = 8.5 \times 10^{-3}$

㉣ 영구 신장량
$\varepsilon_r l = 8.5 \times 10^{-3} \times 1500 = 12.75\text{mm}$

09 그림과 같이 길이 L인 원형 막대의 끝단에 길이 $\dfrac{L}{2}$의 직사각형 막대가 직각으로 연결되어 있다. 직사각형 막대의 끝에 $\dfrac{P}{4}$의 하중이 작용할 때, 고정지점의 최상단 A점에서의 전단응력은? (단, 원형 막대의 직경은 d이고, 자중은 무시한다.)

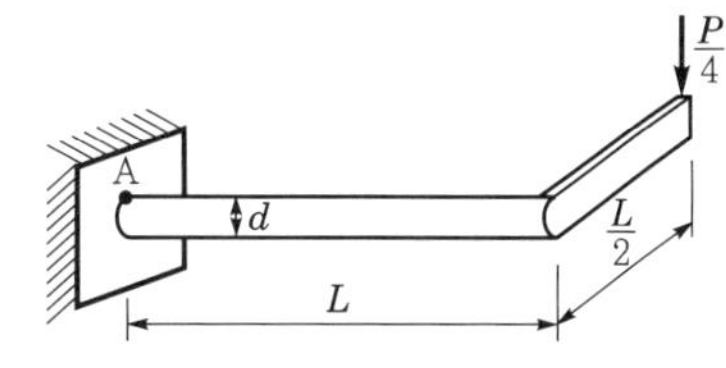

① $\dfrac{4P}{3\pi d^2}$ ② $\dfrac{2PL}{\pi d^3}$
③ $\dfrac{4PL}{\pi d^3}$ ④ $\dfrac{8PL}{\pi d^3}$

해설

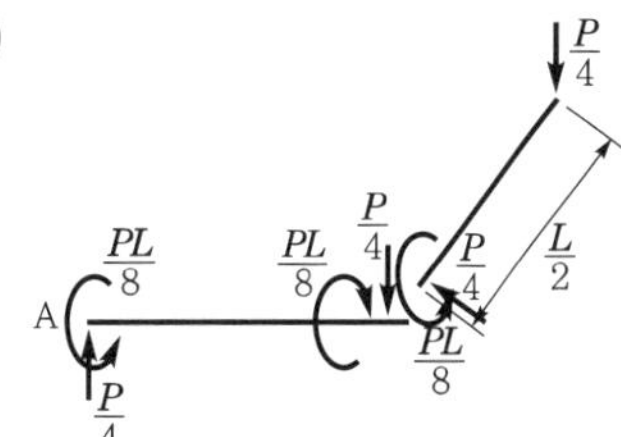

$$\tau_{max} = \frac{4}{3}\frac{S}{A} = \frac{4}{3}\times\frac{\frac{P}{4}}{\frac{\pi d^2}{4}} = \frac{4}{3}\times\frac{4P}{4\pi d^2} = \frac{4P}{3\pi d^2}$$

여기서, $A = \frac{\pi}{4}d^2$

10 그림과 같은 게르버보에서 고정지점 E점의 휨모멘트[kN·m]의 크기는? (단, C점은 내부힌지이며, 자중은 무시한다.)

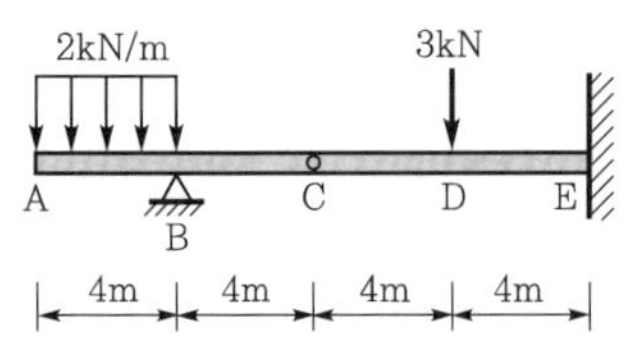

① 8　　② 12
③ 20　　④ 44

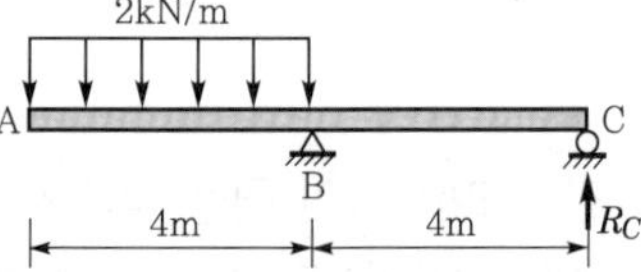

$\Sigma M_B = 0$

$-(2\times4\times2)-(R_C\times4)=0$

$R_C = -4\text{kN}(\downarrow)$

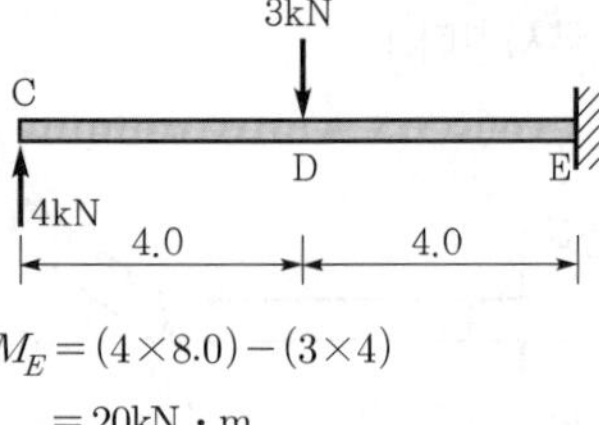

$M_E = (4\times8.0)-(3\times4)$

$= 20\text{kN}\cdot\text{m}$

11 그림과 같은 구조물에서 A지점의 수직반력[kN]은? (단, 자중은 무시한다.)

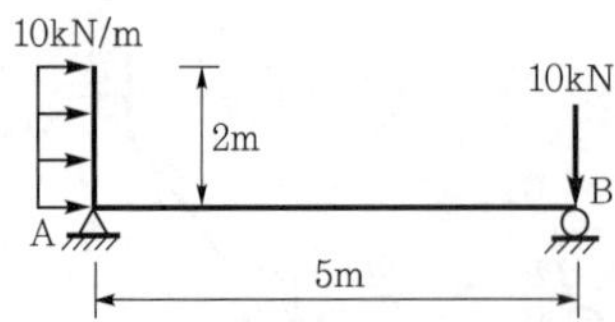

① 4(↑)　　② 4(↓)
③ 5(↑)　　④ 5(↓)

해설

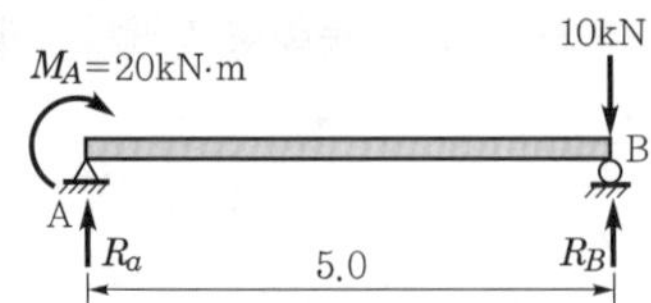

$M_A = (10\times2\times1.0) = 20\text{kN}\cdot\text{m}$

$\Sigma M_B = 0$

$20+(R_a\times5.0)=0,\quad R_a = \frac{-20}{5} = -4.0(\downarrow)$

12 그림과 같은 트러스에서 사재 AH의 부재력[kN]은? (단, $P_1 = 10\text{kN}$, $P_2 = 30\text{kN}$이며, 자중은 무시한다)

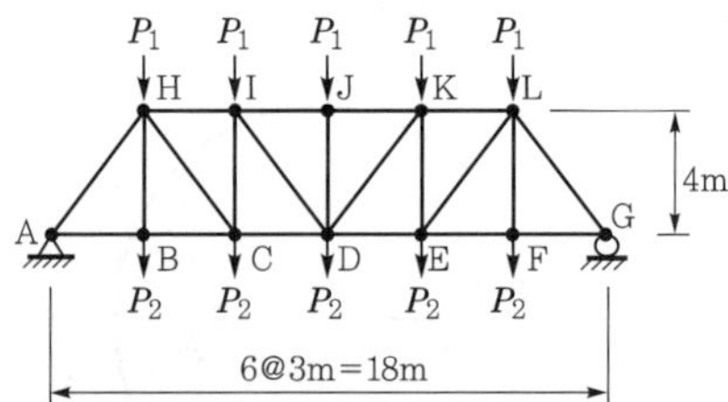

① 75(인장)
② 75(압축)
③ 125(인장)
④ 125(압축)

해설 $R_a = 100\text{kN},\quad R_G = 100\text{kN}$

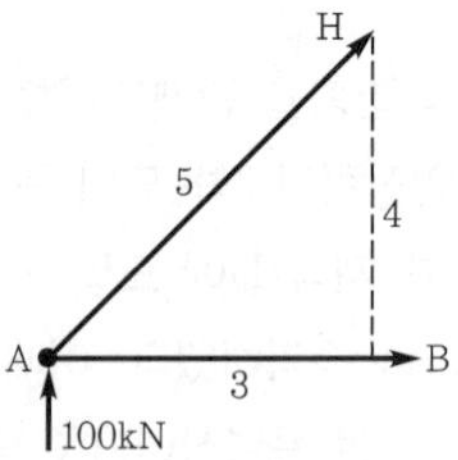

$\Sigma V = 0$

$F_{AH}\cdot\frac{4}{5}+100=0$

$F_{AH} = -100\times\frac{5}{4} = -125\text{kN}(\text{압축})$

정답 10 ③ 11 ② 12 ④

13 그림과 같은 단주에서 지점 A에 발생하는 응력[kN/m^2]의 크기는? (단, O점은 단면의 도심이고, 자중은 무시한다.)

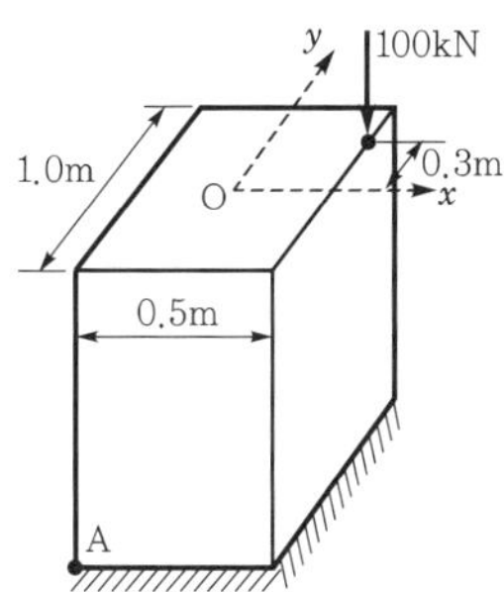

① 640 ② 680
③ 760 ④ 800

해설

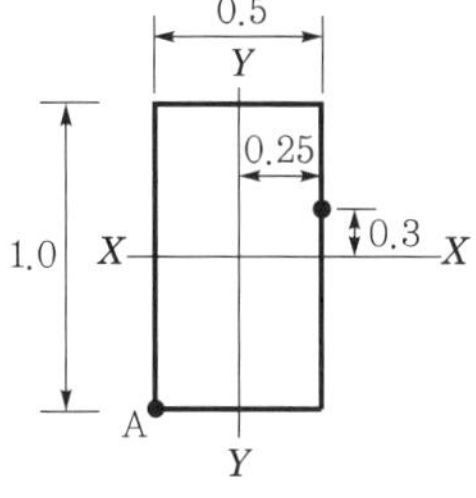

$$\sigma_A = \frac{P}{A} - \frac{P(0.3)}{I_{XX}}y - \frac{P(0.25)}{I_{YY}}x$$
$$= \frac{100}{0.5} - \frac{(100\times0.3)}{0.042}(0.5) - \frac{(100\times0.25)}{0.01}(0.25)$$
$$= 782.14\text{kN/m}^2$$
$$A = (0.5\times1.0) = 0.5\text{m}^2$$
$$I_{XX} = \frac{0.5\times1.0^3}{12} = 0.042\text{m}^4$$
$$I_{YY} = \frac{1.0\times0.5^3}{12} = 0.01\text{m}^4$$

14 그림과 같이 내민보가 하중을 받고 있다. 내민보의 단면은 폭이 b이고 높이가 0.1m인 직사각형이다. 내민보의 인장 및 압축에 대한 허용휨응력이 600MPa일 때, 폭 b의 최솟값[m]은? (단, 자중은 무시한다.)

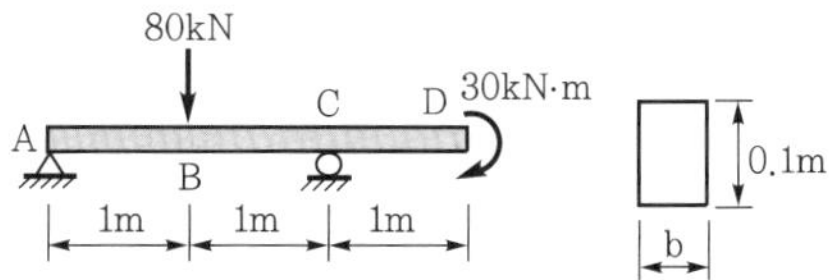

① 0.03 ② 0.04
③ 0.05 ④ 0.06

해설

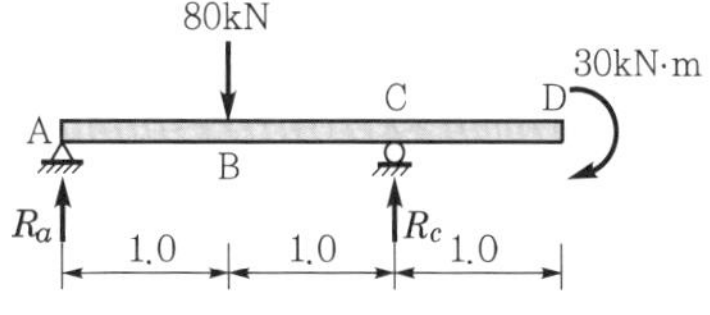

$$\Sigma M_C = 0,\ (R_a\times2.0) - (80\times1.0) + 30 = 0$$
$$R_a = \frac{80-30}{2} = 25\text{kN},\ R_b = 55\text{kN}$$
$$M_B = (25\times1.0) = 25\text{ kN}\cdot\text{m}$$
$$M_C = (25\times2.0) - (80\times1.0) = -30\text{ kN}\cdot\text{m}$$

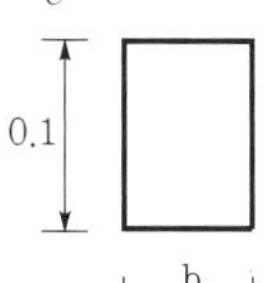

$$\sigma_a \ge \frac{M}{I}y = \frac{M}{Z} = \frac{30\text{ kN}\cdot\text{m}}{1.67\times10^{-3}\cdot b} = 17964\cdot b$$
$$\left(Z = \frac{bh^2}{6} = \frac{b\times0.1^2}{6} = 1.67\times10^{-3}\cdot b\right)$$
$$600 = 17964\cdot b$$
$$b = 0.03\text{m}$$

15 그림과 같은 보-스프링 구조에서 A점에 휨모멘트 $2M$이 작용할 때, 수직변위가 상향으로 $\frac{L}{100}$, 지점 B의 모멘트 반력 M이 발생하였다. 이때, 스프링 상수 k는? (단, 휨강성 EI는 일정하고, 자중은 무시한다.)

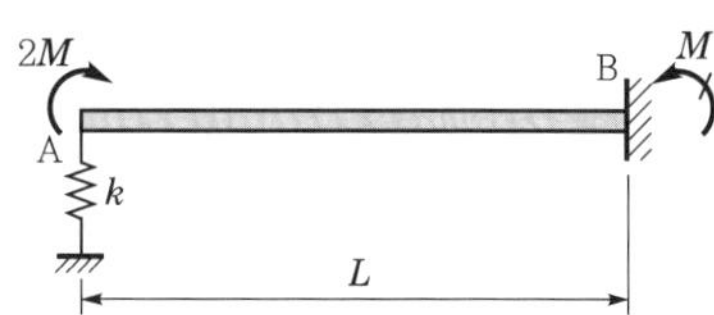

① $\frac{50M}{L^2}$ ② $\frac{100M}{L^2}$
③ $\frac{150M}{L^2}$ ④ $\frac{200M}{L^2}$

해설

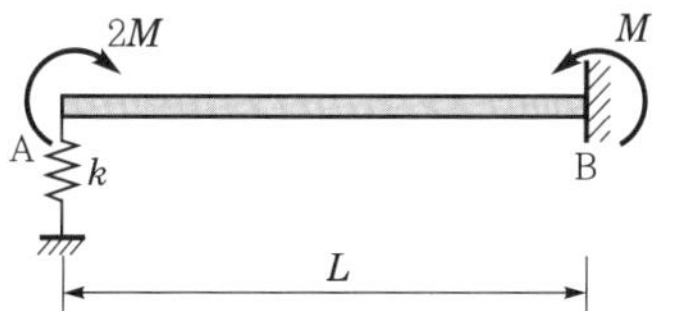

정답 13 ③ 14 ① 15 ②

$F = k\delta = k\frac{L}{100}$

$\left(k\frac{L}{100}\right)L + 2M = M$

$\frac{kL^2}{100} = -M$

$k = \frac{-100M}{L^2}$

16 그림과 같은 단순보에서 최대 휨모멘트가 발생하는 곳의 위치 x[m]는? (단, 자중은 무시한다.)

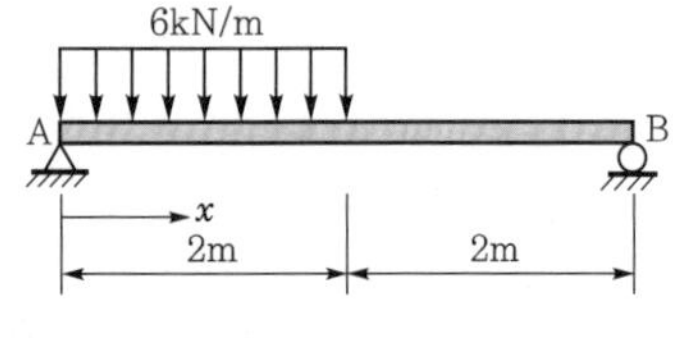

① 1.0 ② 1.25

③ 1.5 ④ 1.75

해설 $(R_a \times 4.0) - (6 \times 2.0 \times 3.0) = 0$

$R_a = 9.0\text{kN}$, $R_b = 3.0\text{kN}$

전단력이 0인 곳이 모멘트 최대

$9.0 - 6x = 0$

$x = 1.5$

17 그림과 같은 단면의 도심 C점을 지나는 X_C축에 대한 단면2차모멘트가 $5{,}000\text{cm}^4$이고, 단면적이 $A = 100\text{cm}^2$이다. 이때, 도심축에서 5cm 떨어진 x축에 대한 단면2차모멘트[cm^4]는?

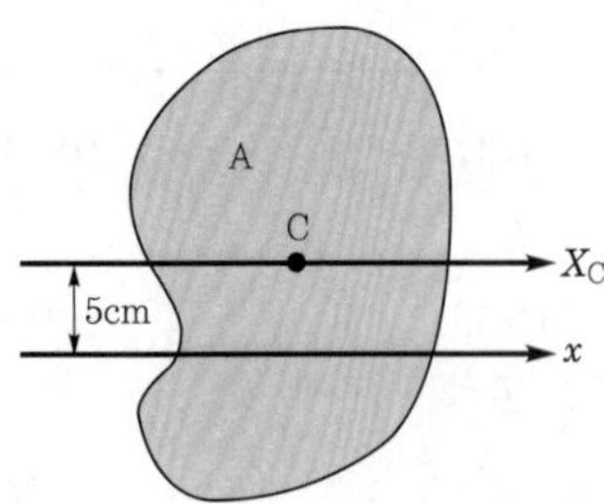

① 2,500 ② 5,000

③ 5,500 ④ 7,500

해설 $I_{XX(\text{도심축})} = 5{,}000\text{cm}^4$

$A_{XX(\text{도심축})} = 100$

$I_{xx} = I_{XX(\text{도심축})} + A_{XX(\text{도심축})}y^2$

$= 5{,}000 + 100 \times 5^2$

$= 7{,}500\text{cm}^4$

18 그림과 같은 보-스프링 구조에서 스프링 상수 $k = \frac{24EI}{L^3}$일 때, B점에서의 처짐은? (단, 휨강성 EI는 일정하고, 자중은 무시한다.)

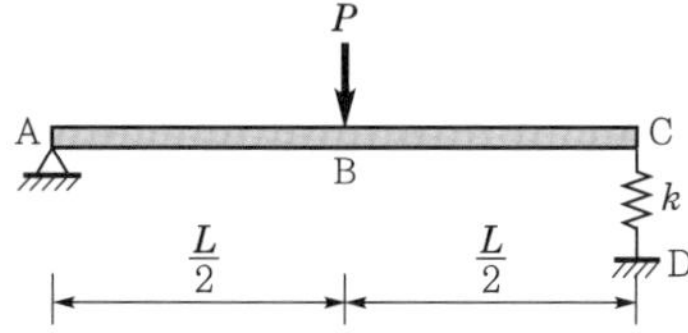

① $\frac{PL^3}{16EI}$ ② $\frac{PL^3}{24EI}$

③ $\frac{PL^3}{32EI}$ ④ $\frac{PL^3}{48EI}$

해설

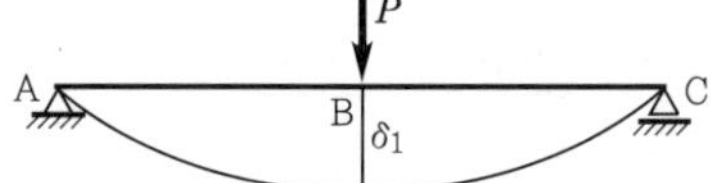

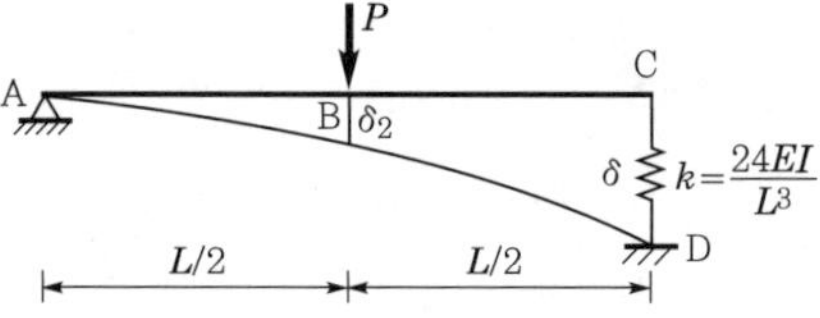

$\delta_1 = \frac{PL^3}{48EI}$

$\frac{P}{2} = \frac{24EI}{L^3}\delta$

$\delta = \frac{P}{2} \times \frac{L^3}{24EI}$

$\delta_2 = \frac{PL^3}{96EI}$

$\delta_b = \frac{PL^3}{48EI} + \frac{PL^3}{96EI} = \frac{3PL^3}{96EI} = \frac{PL^3}{32EI}$

정답 16 ③ 17 ④ 18 ③

19 그림과 같이 단면적이 다른 봉이 있을 때, 점 D의 수직변위[m]는? (단, 탄성계수 $E = 20$ kN/m^2이고, 자중은 무시한다.)

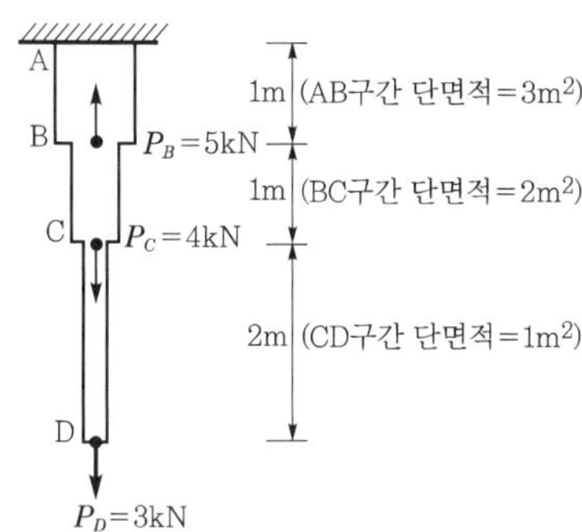

① 0.475(↓) ② 0.508(↓)
③ 0.675(↓) ④ 0.708(↓)

해설

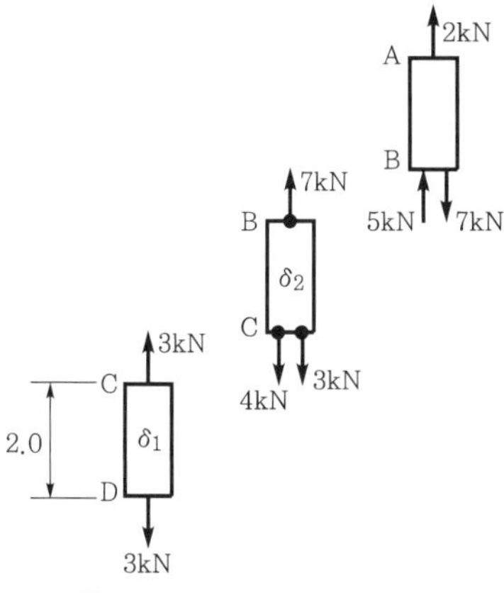

$\delta = \dfrac{PL}{EA}$ 에서

$\delta_3 = \dfrac{2\times1.0}{20\times3} = 0.033\text{m}(+)$

$\delta_2 = \dfrac{7\times1.0}{20\times2.0} = 0.175\text{m}(+)$

$\delta_1 = \dfrac{3\times2}{EA} = \dfrac{3\times2}{20\times1} = 0.3\text{m}(+)$

$\delta = \delta_1 + \delta_2 + \delta_3 = 0.508(+)$

20 그림과 같이 단순보에 집중하중군이 이동할 때, 절대최대휨모멘트가 발생하는 위치 x[m]는? (단, 자중은 무시한다.)

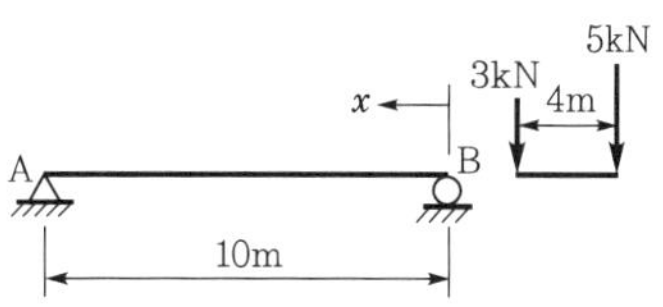

① 4.25 ② 4.50
③ 5.25 ④ 5.75

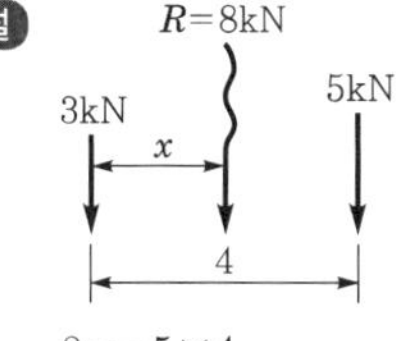

$8x = 5\times4$

$\therefore\ x = 2.5$

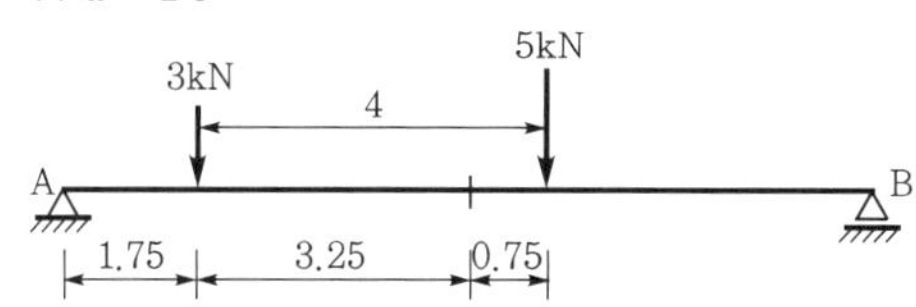

∴ B점에서 4.25m

과년도 출제문제(2016년 지방직 9급)

01 그림과 같이 단부 경계 조건이 각각 다른 장주에 대한 탄성 좌굴하중(P_{cr})이 가장 큰 것은? (단, 기둥의 휨강성 $EI = 4,000\text{kN}\cdot\text{m}^2$이며, 자중은 무시한다.)

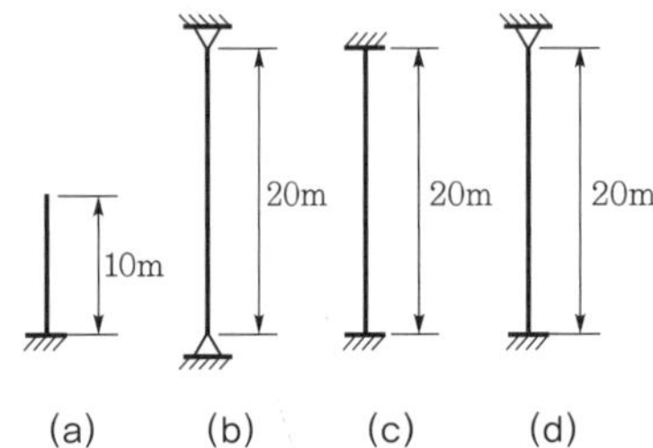

① (a) ② (b)
③ (c) ④ (d)

해설

$P_{cr} = \dfrac{\pi^2 EI}{(KL)^2}$ 에서

(a) $\dfrac{\pi^2 \times 4,000}{(2\times 10)^2} = 10\pi^2$

(b) $\dfrac{\pi^2 \times 4,000}{(1\times 20)^2} = 10\pi^2$

(c) $\dfrac{\pi^2 \times 4,000}{(0.5\times 20)^2} = 40\pi^2$

(d) $\dfrac{\pi^2 \times 4,000}{(0.7\times 20)^2} = 20\pi^2$

02 그림과 같이 2개의 힘이 동일점 O에 작용할 때 합력(R)의 크기[kN]와 방향(α)은?

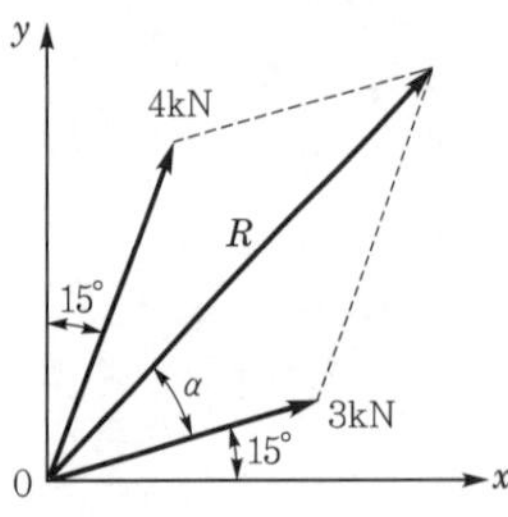

	R	α
①	$\sqrt{37}$	$\cos^{-1}\left(\dfrac{5}{R}\right)$
②	$\sqrt{37}$	$\cos^{-1}\left(\dfrac{2\sqrt{3}}{R}\right)$
③	$\sqrt{61}$	$\cos^{-1}\left(\dfrac{5}{R}\right)$
④	$\sqrt{61}$	$\cos^{-1}\left(\dfrac{2\sqrt{3}}{R}\right)$

해설

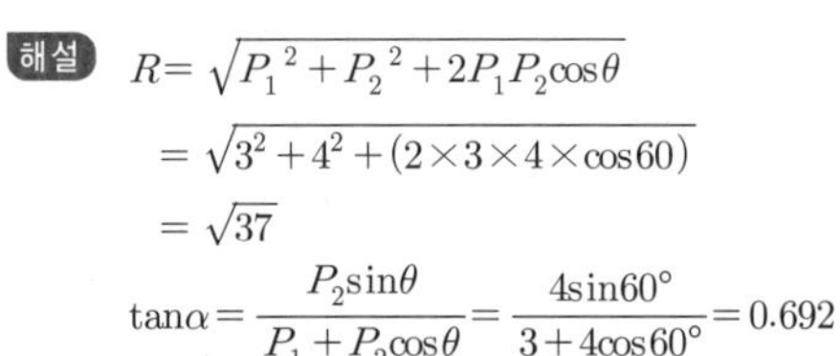

$R = \sqrt{{P_1}^2 + {P_2}^2 + 2P_1P_2\cos\theta}$

$= \sqrt{3^2 + 4^2 + (2\times 3\times 4\times \cos 60)}$

$= \sqrt{37}$

$\tan\alpha = \dfrac{P_2\sin\theta}{P_1 + P_2\cos\theta} = \dfrac{4\sin 60°}{3 + 4\cos 60°} = 0.692$

03 그림과 같이 직사각형 단면을 갖는 단주에 집중하중 $P = 120\text{kN}$이 C점에 작용할 때 직사각형 단면에서 인장응력이 발생하는 구역의 넓이[m^2]는?

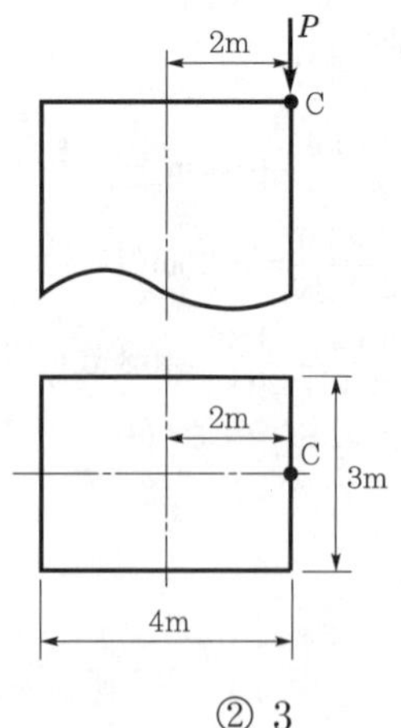

① 2 ② 3
③ 4 ④ 5

정답 01 ③ 02 ① 03 ③

해설 $\sigma = \dfrac{P}{A} \pm \dfrac{Pe_x}{I_y} \cdot x$

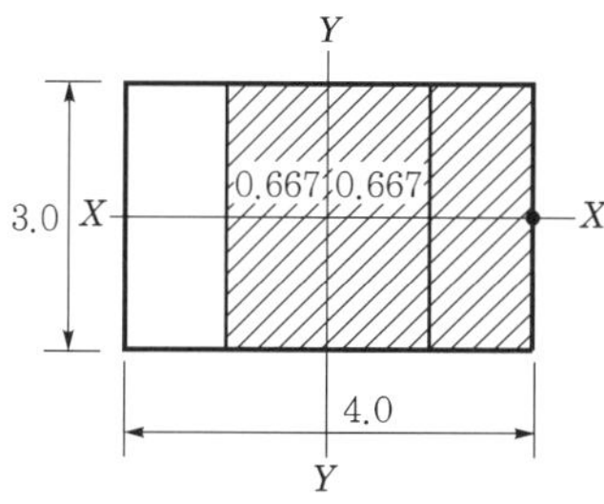

$A = 3 \times 4 = 12\ \text{m}^2$

$I_y = \dfrac{3 \times 4.0^3}{12} = 16\text{m}^4$

항을 구하면

$0 = \dfrac{120}{12} \pm \dfrac{120 \times 2.0}{16} x$

$= 10 \pm 15x$

$x = 0.67$

인장응력 면적 $(2 - 0.67) \times 3.0 = 3.99\text{m}^2$

04 그림과 같은 트러스에서 부재 CG에 대한 설명으로 옳은 것은? (단, 모든 부재의 자중은 무시한다.)

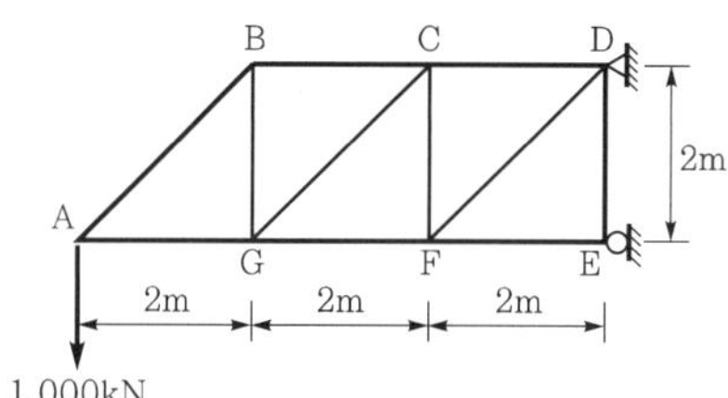

① 압축 부재이다.
② 부재력은 2,000kN이다.
③ 부재력은 1,000kN이다.
④ 부재력은 $1{,}000\sqrt{2}$kN 이다.

해설

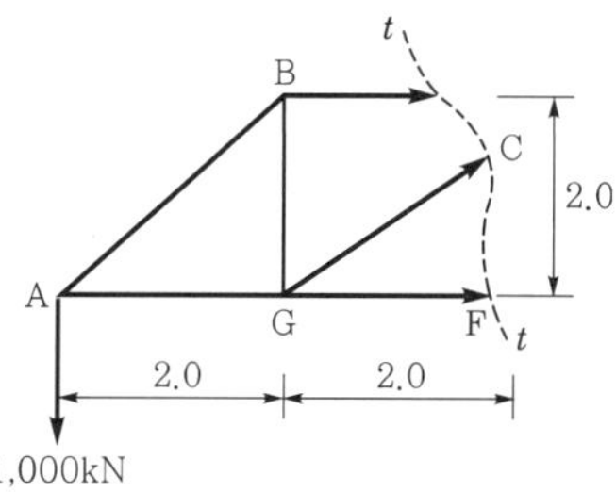

단면법 적용하면

$-1{,}000 + F_{CG}\dfrac{1}{\sqrt{2}} = 0$

$F_{CG} = \sqrt{2} \cdot 1{,}000\text{kN}$

05 그림과 같은 외팔보에서 B점의 회전각은? (단, 보의 휨강성 EI는 일정하며, 자중은 무시한다.)

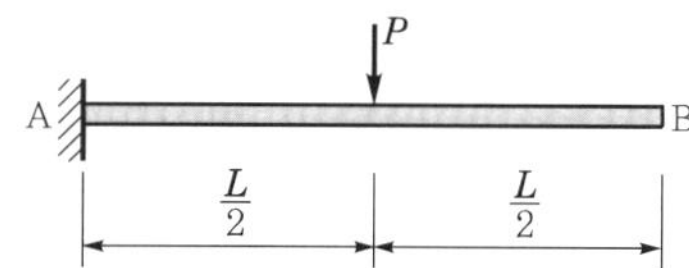

① $\dfrac{PL^2}{4EI}$ ② $\dfrac{PL^2}{6EI}$

③ $\dfrac{PL^2}{8EI}$ ④ $\dfrac{PL^2}{12EI}$

해설 공액보 적용하면

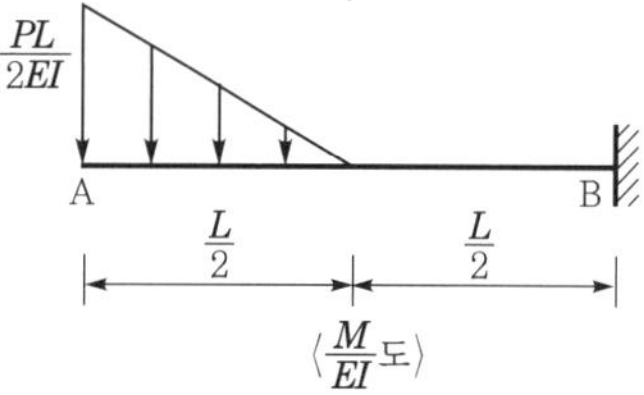

⟨$\dfrac{M}{EI}$도⟩

$\theta_B = \dfrac{1}{2} \times \dfrac{PL}{2EI} \times \dfrac{L}{2}$

$= \dfrac{PL^2}{8EI}$

06 그림과 같은 단순보에서 절대 최대 휨모멘트의 크기[kN · m]는? (단, 보의 휨강성 EI는 일정하며, 자중은 무시한다.)

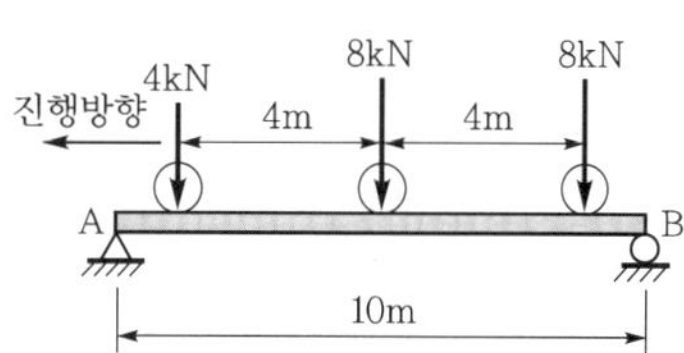

① 23.32 ② 26.32
③ 29.32 ④ 32.32

정답 04 ④ 05 ③ 06 ②

해설

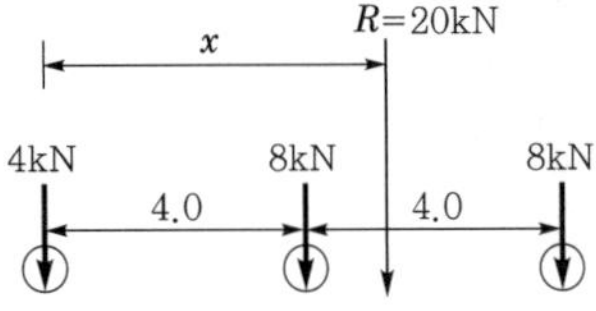

바리뇽 정리

$20 \cdot x = (8 \times 4.0) + (8 \times 8)$

$20 \cdot x = 96.0$

$x = 4.8$

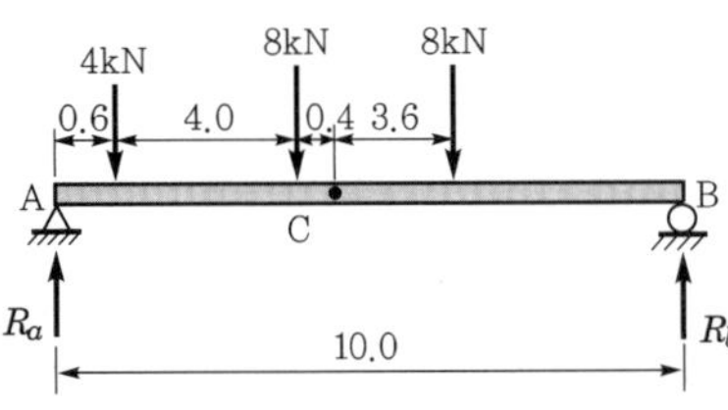

$\Sigma M_B = 0$

$R_a \times 10 - (4 \times 9.4) - (8 \times 5.4) - (8 \times 1.4) = 0$

$R_a = 9.2\text{kN}$

$M_C = (9.2 \times 4.6) - (4 \times 4) = 26.32\text{kN} \cdot \text{m}$

07

그림과 같이 빗금 친 단면의 도심을 G라 할 때, x축에서 도심까지 거리(y)는?

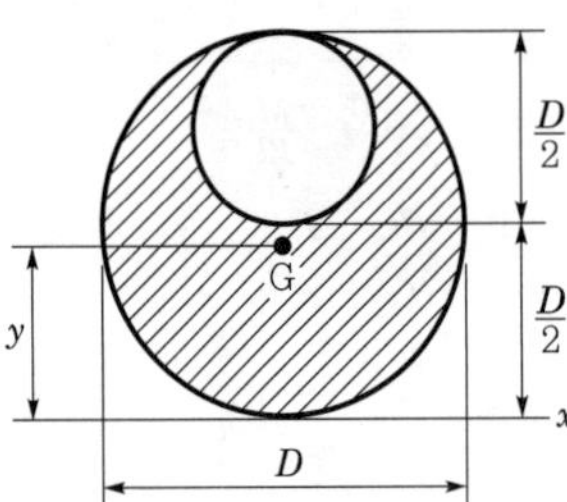

① $\frac{3}{12}D$ ② $\frac{5}{12}D$

③ $\frac{7}{12}D$ ④ $\frac{9}{12}D$

해설

$$A = \frac{\pi}{4}D^2 - \frac{\pi}{4}\left(\frac{D}{2}\right)^2$$

$$= \frac{\pi D^2}{4} - \frac{\pi D^2}{16} = \frac{(4\pi D^2 - \pi D^2)}{16} = \frac{3\pi D^2}{16}$$

$$G = \left(\frac{\pi D^2}{4} \times \frac{D}{2}\right) - \left(\frac{\pi D^2}{16} \times \left(\frac{D}{2} + \frac{D}{4}\right)\right)$$

$$= \frac{\pi D^3}{8} - \left(\frac{\pi D^2}{16} \times \frac{3D}{4}\right)$$

$$= \frac{\pi D^3}{8} - \frac{3\pi D^3}{64} = \frac{5\pi D^3}{64}$$

$$y = \frac{G_x}{A} = \frac{\frac{5\pi D^3}{64}}{\frac{3\pi D^2}{16}}$$

$$= \frac{80}{192}D = \frac{5}{12}D$$

08

한 점에서의 미소 요소가 $\varepsilon_x = 300 \times 10^{-6}$, $\varepsilon_y = 100 \times 10^{-6}$, $\gamma_{xy} = -200 \times 10^{-6}$인 평면 변형률을 받을 때, 이 점에서 주 변형률의 방향(θ_p)은? (단, 방향의 기준은 x축이며, 반시계방향을 양의 회전으로 한다)

① 22.5°, 112.5° ② 45°, 135°

③ −22.5°, 67.5° ④ −45°, 45°

해설 모어원 이용하면

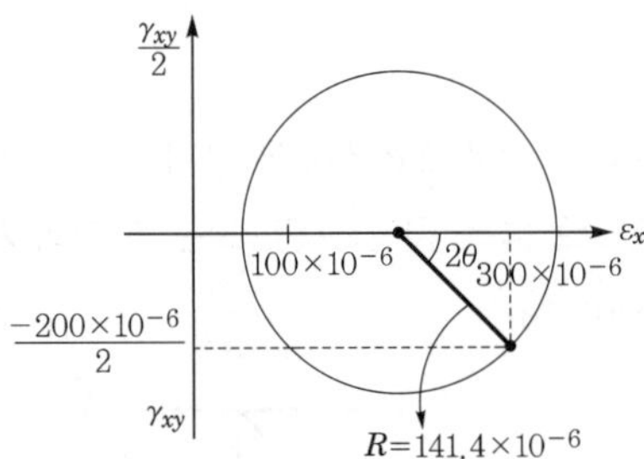

$$\tan 2\theta = \frac{-100 \times 10^{-6}}{100 \times 10^{-6}}$$

$$2\theta = \tan^{-1}\left(\frac{100 \times 10^{-6}}{100 \times 10^{-6}}\right)$$

$$\theta = 22.5°, 67.5°$$

09

그림과 같은 단순보에서 B점에 집중하중 $P = 10$ kN이 연직방향으로 작용할 때 C점에서의 전단력 V_c[kN] 및 휨모멘트 M_c [kN · m]의 값은? (단, 보의 휨강성 EI는 일정하며, 자중은 무시한다.)

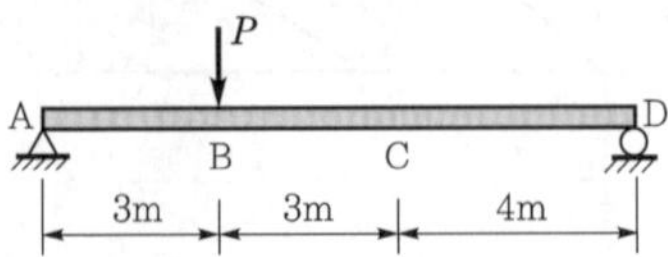

정답 07 ② 08 ③ 09 ②

V_c	M_c
① −3	10
② −3	12
③ −7	14
④ −7	16

해설

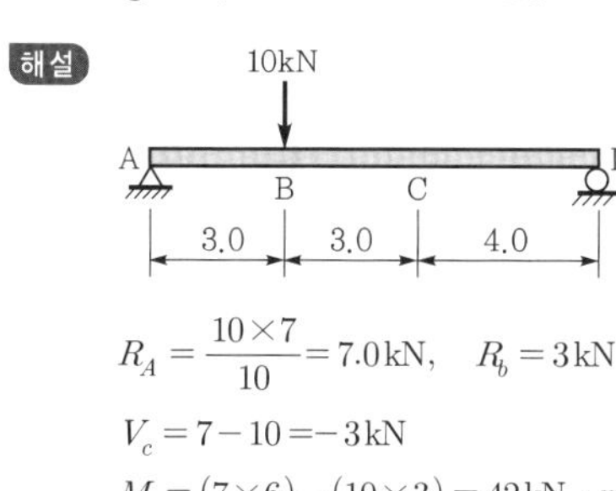

$R_A = \frac{10\times7}{10} = 7.0\text{kN},\quad R_b = 3\text{kN}$

$V_c = 7 - 10 = -3\text{kN}$

$M_c = (7\times6) - (10\times3) = 42\text{kN}\cdot\text{m}$

10 그림과 같이 양단 고정된 보에 축력이 작용할 때 지점 B에서 발생하는 수평 반력의 크기[kN]는? (단, 보의 축강성 EA는 일정하며, 자중은 무시한다.)

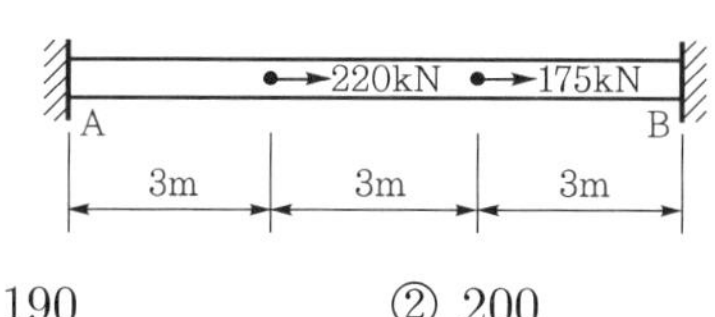

① 190 ② 200
③ 210 ④ 220

해설

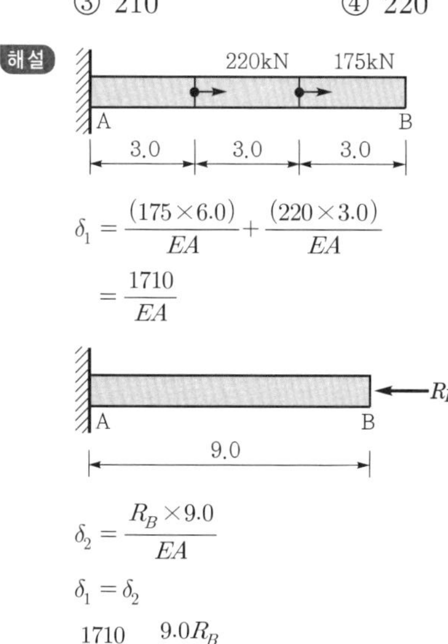

$\delta_1 = \frac{(175\times6.0)}{EA} + \frac{(220\times3.0)}{EA}$

$= \frac{1710}{EA}$

$\delta_2 = \frac{R_B\times9.0}{EA}$

$\delta_1 = \delta_2$

$\frac{1710}{EA} = \frac{9.0R_B}{EA}$

$R_B = 190\text{kN}$

11 그림과 같이 단순보에서 작용하는 여러 가지 하중에 대한 전단력도(SFD)로 옳지 않은 것은? (단, 보의 자중은 무시한다.)

①

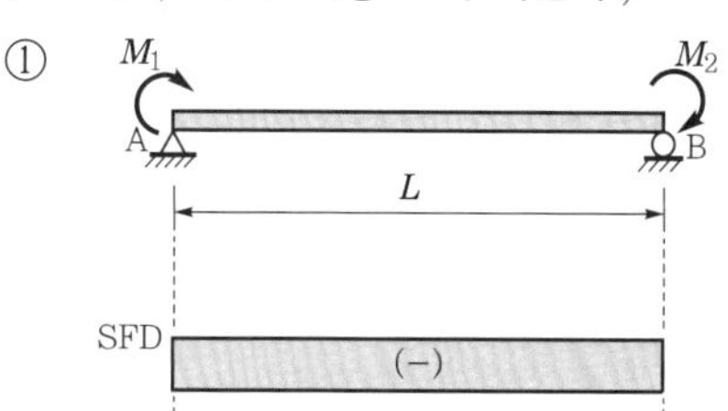

②

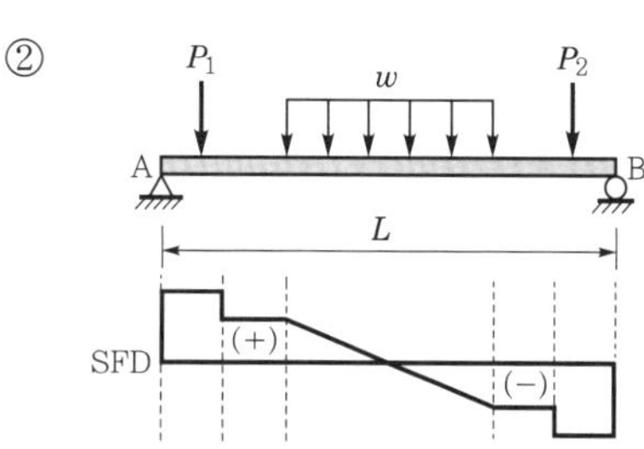

③

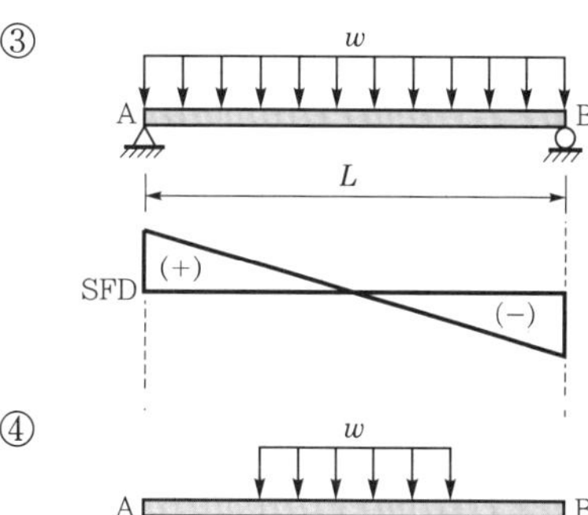

④

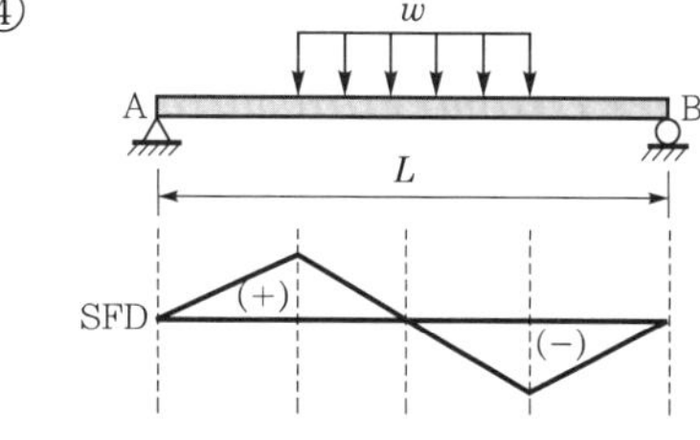

12 그림과 같은 보 ABC에서 지점 A에 수직 반력이 생기지 않도록 하기 위한 수직 하중 P의 값[kN]은? (단, 모든 구조물의 자중은 무시한다.)

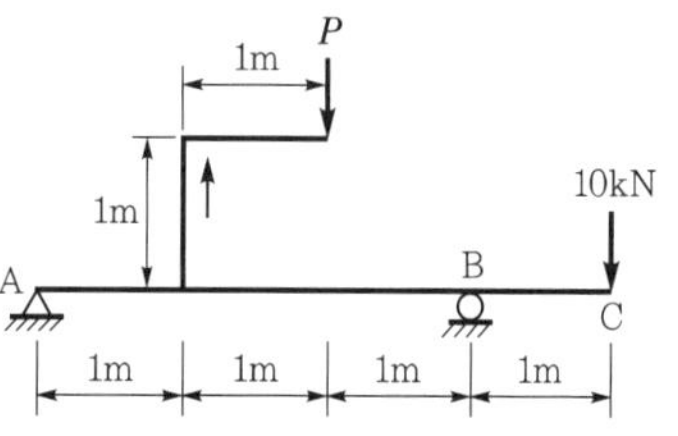

정답 10 ① 11 ④ 12 ②

① 5 ② 10
③ 15 ④ 20

해설

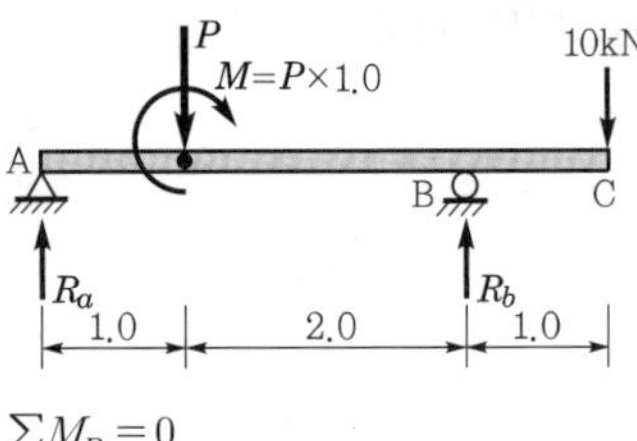

$\Sigma M_B = 0$

$(R_a \times 3.0) - (P \times 2.0) + P + 10 = 0$

$3R_a - 2P + P + 10 = 0$

$3R_a + P + 10 = 0$

$3R_a = -P - 10$

$P = 10$

13 폭 0.2m, 높이 0.6m의 직사각형 단면을 갖는 지간 $L = 2n$ 단순보의 허용 휨응력이 40MPa일 때 이 단순보의 중앙에 작용시킬 수 있는 최대 집중하중 P의 값[kN]은? (단, 보의 휨강성 EI는 일정하며, 자중은 무시한다.)

① 240 ② 480
③ 960 ④ 1080

해설

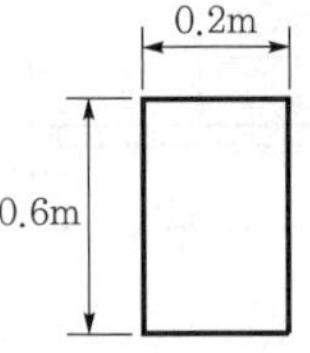

$M_{max} = \frac{PL}{4} = \frac{P \times 2.0}{4} = 0.5P$

$\sigma_a = 40\text{ MPa} = 40 \times 10^3 \text{kN/m}^2$

$Z = \frac{bh^2}{6} = \frac{0.2 \times 0.6^2}{6} = 0.012\text{m}^3$

$\sigma_a \geq \frac{M}{Z} = \frac{0.5P}{0.012} = 40 \times 10^3 \text{kN/m}^2$

$P = 960\text{kN}$

14 그림과 같이 일정한 두께 $t = 10\text{mm}$의 직사각형 단면을 갖는 튜브가 비틀림 모멘트 $T = 300\text{kN} \cdot \text{m}$를 받을 때 발생하는 전단흐름의 크기[kN/m]는?

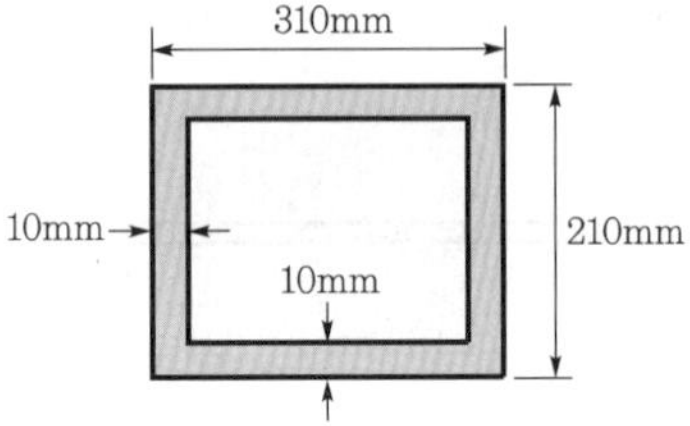

① 0.25 ② 2,500
③ 5,000 ④ 0.5

해설 $f = \frac{T}{2 \cdot A_m} = \frac{300}{2 \times 0.06} = 2,500$

$A_m = 0.3 \times 0.2 = 0.06\text{m}^2$

15 그림과 같이 단순보 중앙 C점에 집중하중 P가 작용할 때 C점의 처짐에 대한 설명으로 옳은 것은? (단, 보의 자중은 무시한다.)

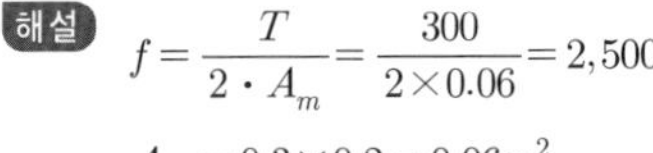

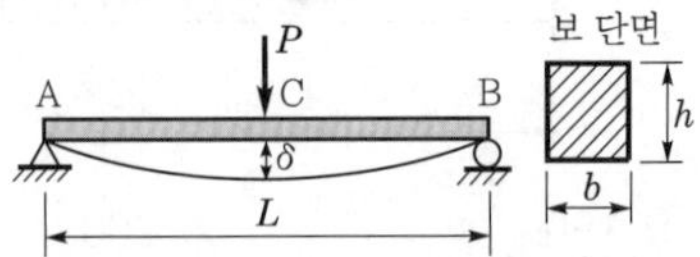

① 집중하중 P를 $\frac{P}{2}$로 하면 처짐량 δ는 $\frac{\delta}{4}$가 된다.

② 부재의 높이 h를 그대로 두고 폭 b를 2배로 하면 처짐량 δ는 $\frac{\delta}{4}$가 된다.

③ AB 간의 거리 L을 $\frac{L}{2}$로 하면 처짐량 δ는 $\frac{\delta}{6}$가 된다.

④ 부재의 폭 b를 그대로 두고 높이 h를 2배로 하면 처짐량 δ는 $\frac{\delta}{8}$가 된다.

정답 13 ③ 14 ② 15 ④

16 그림과 같은 라멘 구조물에 수평 하중 $P = 12\text{kN}$이 작용할 때, 지점 B의 수평 반력 크기[kN]와 방향은? (단, 자중은 무시하며, E점은 내부 힌지이다.)

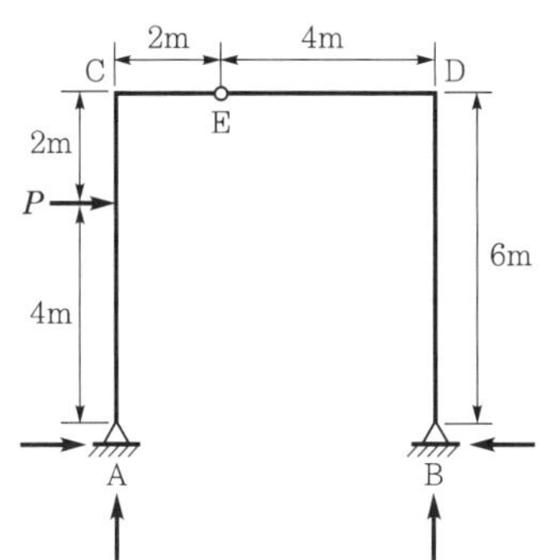

① $\frac{14}{3}(\leftarrow)$ ② $\frac{16}{3}(\leftarrow)$

③ $\frac{18}{3}(\rightarrow)$ ④ $\frac{20}{3}(\leftarrow)$

해설 $\Sigma M_B = 0$

$(R_a \times 6.0) + (12 \times 4.0) = 0$

$R_a = \frac{-48}{6} = -8\text{kN}$

$\Sigma V = 0$

$R_a + R_b = 0$

$-8\text{ kN} + R_b = 0,\ \ R_b = 8\text{ kN}$

$\Sigma H = 0$

$H_A = H_B$

$\Sigma M_E = 0 \quad -(8.0 \times 4) + H_B \times 6 = 0$

$H_B = \frac{32}{6} = \frac{16}{3}(\leftarrow)$

17 그림과 같은 단순보에 모멘트 하중이 작용할 때 발생하는 지점 A의 수직 반력(R_A)과 지점 B의 수직 반력(R_B)의 크기[kN]와 방향은? (단, 보의 휨강성 EI는 일정하며, 자중은 무시한다.)

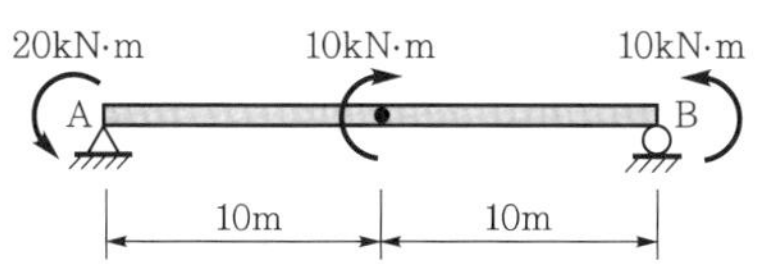

	R_A	R_B
①	1(↑)	1(↓)
②	1(↓)	1(↑)
③	2(↑)	2(↓)
④	2(↓)	2(↑)

해설 $\Sigma M_B = 0$

$-20 + (R_a \times 20) + 10 - 10 = 0$

$R_a = 1.0(\uparrow)$

$\Sigma V = 0$

$R_a + R_b = 0, \quad R_b = -1.0\text{kN}$

18 그림과 같은 부정정보에 등분포하중 $w = 10\text{ kN/m}$가 작용할 때 지점 A에 발생하는 휨모멘트 값[kN · m]은? (단, 보의 휨강성 EI는 일정하며, 자중은 무시한다.)

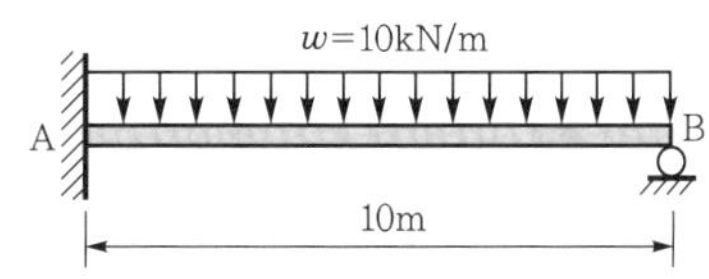

① −125 ② −135

③ −145 ④ −155

해설

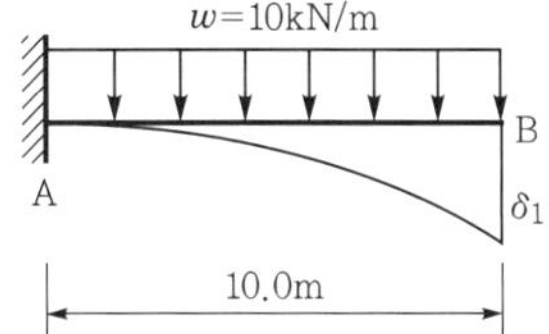

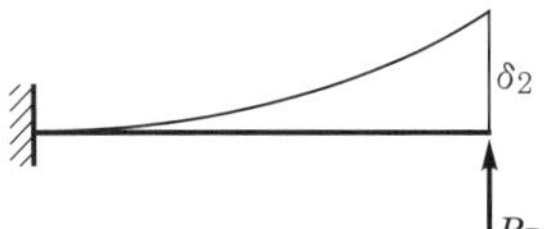

$\delta_1 = \frac{wl^4}{8EI} = \frac{10 \times 10^4}{8EI}$

$\delta_2 = \frac{pl^3}{3EI} = \frac{R_B \times 10^3}{3EI}$

$\delta_1 = \delta_2$

$\frac{10 \times 10^4}{8} = \frac{R_B \times 10^3}{3}$

$R_B = 37.5\text{kN}$

따라서 $M_A = -(10 \times 10 \times 5) + (37.5 \times 10)$

$= -125\text{kN} \cdot \text{m}$

정답 16 ② 17 ① 18 ①

19 그림과 같은 2개의 게르버보에 하중이 각각 작용하고 있다. 그림(a)에서 지점 A의 수직 반력(R_A)과 그림(b)에서 지점 D의 수직 반력(R_D)이 같기 위한 하중 P의 값[kN]은? (단, 보의 자중은 무시한다.)

(a)

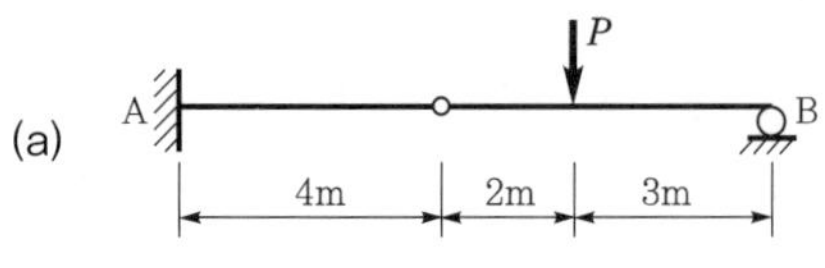

(b)

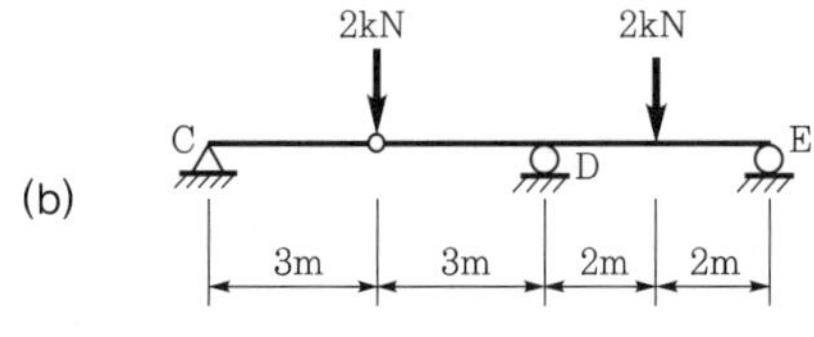

① 4.5 ② 5.5
③ 6.5 ④ 7.5

해설

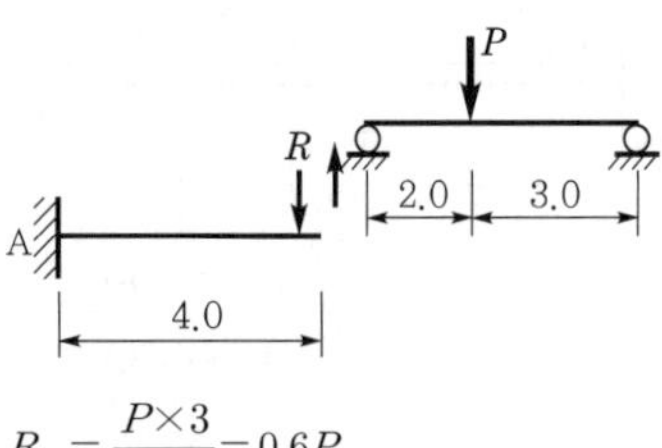

$R_A = \dfrac{P \times 3}{5} = 0.6P$

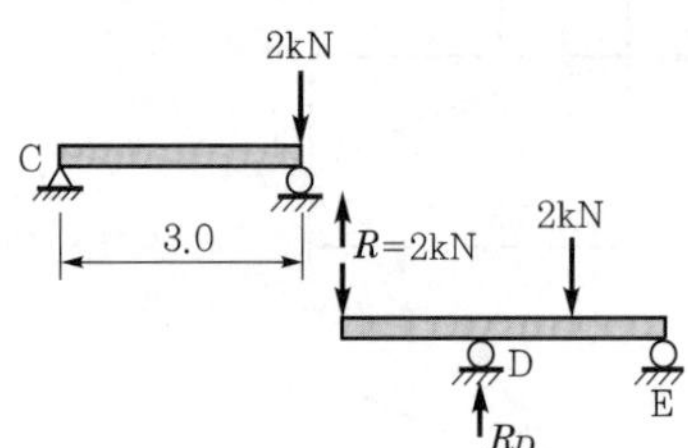

$\Sigma M_E = 0$

$-(2 \times 7.0) + (R_D \times 4) - (2 \times 2) = 0$

$-14.0 + 4R_D - 4 = 0$

$R_D = 4.5$

$R_A = R_D$

$0.6P = 4.5 \rightarrow P = 7.5\text{ kN}$

20 다음 그림은 단순보에 수직 등분포하중이 일부 구간에 작용했을 때의 전단력도이다. 이 단순보에 작용하는 등분포하중의 크기[kN/m]는? (단, 보의 휨강성 EI는 일정하며, 자중은 무시한다.)

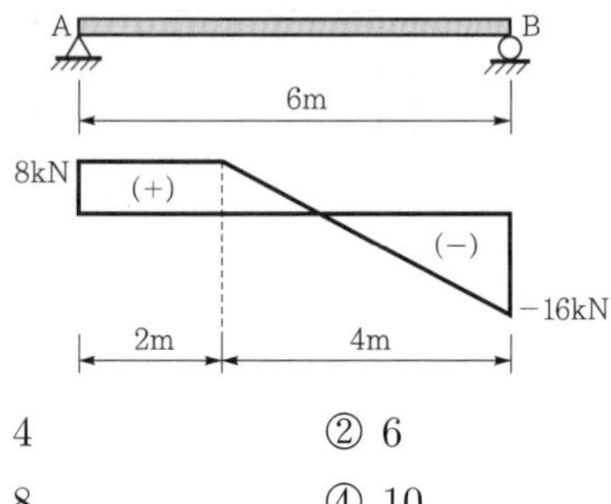

① 4 ② 6
③ 8 ④ 10

해설 전단력도에서 $R_a = 8\text{kN}(\uparrow)$
$R_b = 16\text{kN}(\uparrow)$

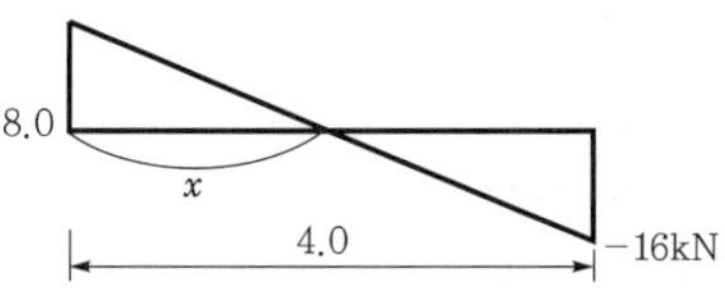

$4 : 24 = x : 8$

$24x = 32$

$x = 1.33$

$S_x = 8 - (w \times 1.33) = 0, \quad w = 6.015\text{kN/m}$

정답 19 ④ 20 ②

과년도 출제문제(2016년 서울시 9급_3월 16일)

01 다음 중 기둥의 유효길이 계수가 큰 것부터 작은 것 순서로 바르게 나열한 것은? (단, 기둥의 길이는 모두 같다.)

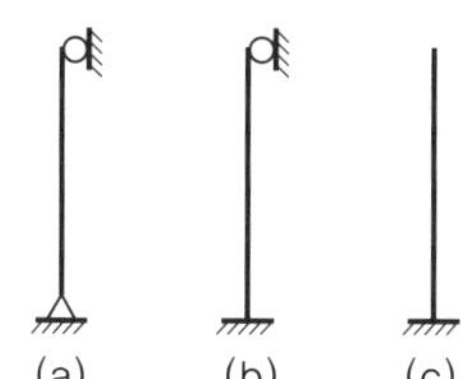

① (a)－(b)－(c) ② (a)－(c)－(b)
③ (b)－(c)－(a) ④ (c)－(a)－(b)

해설 유효길이 계수 K (a) 1.0 (b) 0.7 (c) 2.0

02 직경 $d = 20\text{mm}$인 원형 단면을 갖는 길이 $L = 1\text{m}$인 강봉의 양 단부에서 $T = 800$ N・m의 비틀림모멘트가 작용하고 있을 때, 이 강봉에서 발생하는 최대 전단응력에 가장 근접한 것은?

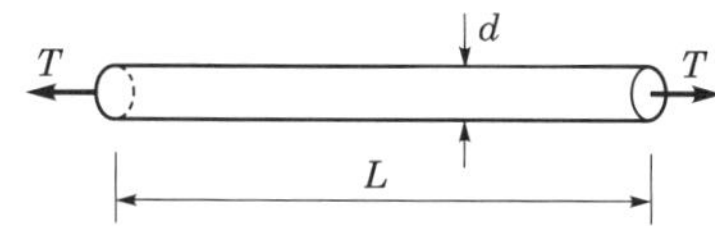

① 309.3MPa ② 409.3MPa
③ 509.3MPa ④ 609.3MPa

해설 충실원형 단면에서

$$\tau_{max} = \frac{T \cdot r}{I_P} = \frac{16T}{\pi D^3} = \frac{16 \times 800}{\pi \times 0.02^3} = 509.3 \text{ MPa}$$

03 3활절 아치 구조물이 아래 그림과 같은 하중을 받을 때 C점에서 발생하는 휨모멘트의 크기와 방향은? (단, G점은 힌지)

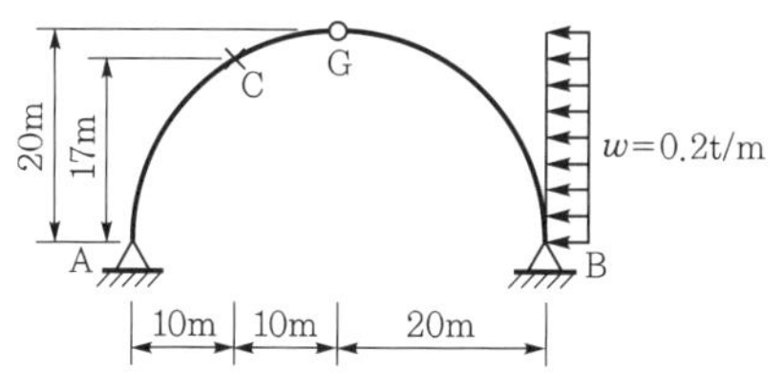

① 3t・m(시계방향)
② 3t・m(반시계방향)
③ 7t・m(시계방향)
④ 7t・m(반시계방향)

해설

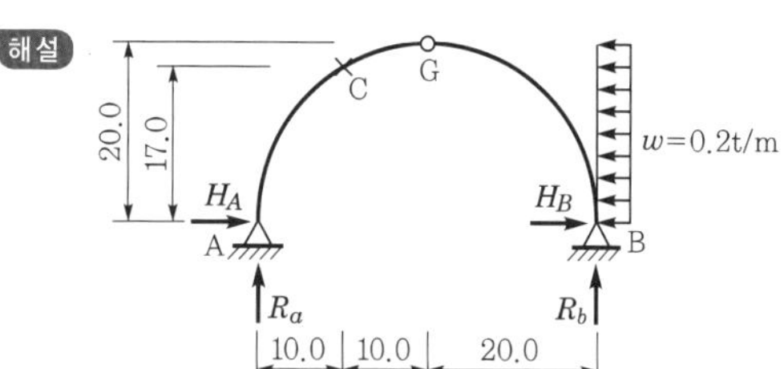

$\Sigma M_B = 0 \quad R_a \times 40 - (0.2 \times 20.0 \times 10.0) = 0$

$R_a = 1.0\text{ton}, \ R_b = -1.0\text{ton}$

$\Sigma M_G = 0 \quad -(H_a \times 20) + (1.0 \times 20.0) = 0$

$H_a = 1.0\text{ton}$

$M_C = (1.0 \times 10) - (1.0 \times 17.0)$

$= 10 - 17 = -7.0\,\text{t} \cdot \text{m}$(반시계방향)

04 중심 압축력을 받는 기둥의 좌굴 거동에 대한 설명 중 옳지 않은 것은?

① 좌굴하중은 탄성계수에 비례한다.
② 좌굴하중은 단면2차모멘트에 비례한다.
③ 좌굴응력은 세장비에 반비례한다.
④ 좌굴응력은 기둥 길이의 제곱에 반비례한다.

05 다음과 같은 연속보의 지점 B에서 0.4m 지점 침하가 발생했을 때 B지점에서 발생되는 휨모멘트의 크기는? ($EI = 2.1 \times 10^4 \text{kN} \cdot \text{m}^2$)

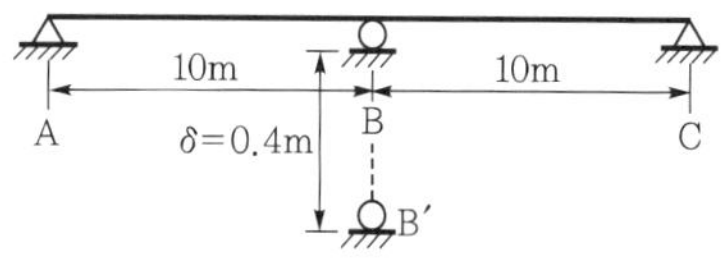

정답 01 ④ 02 ③ 03 ④ 04 ③ 05 ②

① 378kN · m ② 252kN · m
③ 126kN · m ④ 52kN · m

해설 3연모멘트법 적용하면

$$M_A\frac{L_1}{I_1}+2M_B\left(\frac{L_1}{I_1}+\frac{L_2}{I_2}\right)+M_C\frac{L_2}{I_2}=6E(R_{AB}-R_{BC})$$

$M_A=0,\ M_C=0,$

$$2M_B\left(\frac{l_1}{I_1}+\frac{l_2}{I_2}\right)=6E(R_{AB}-R_{BC})$$

$$\therefore M_B=\frac{6EI}{4l}(R_{AB}-R_{BC})=\frac{6EI}{4l}\left(\frac{\delta}{l}+\frac{\delta}{l}\right)$$

$$=\frac{6EI}{4l}\times\frac{2\delta}{l}=\frac{3EI\delta}{l^2}$$

$$M_B=\frac{3\times2.1\times10^4\times0.4}{10^2}=252\text{kN}\cdot\text{m}$$

06 길이가 L이고 휨강성이 EI인 외팔보의 자유단에 스프링 상수 k인 선형탄성스프링이 설치되어 있다. 자유단에 작용하는 수직하중 P에 의하여 발생하는 B점의 수직 처짐은?

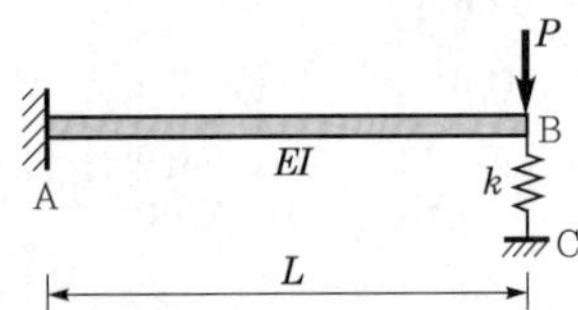

① $\dfrac{4PL^3}{3EI+kL^3}$

② $\dfrac{3PL^3}{3EI+kL^3}$

③ $\dfrac{2PL^3}{3EI+kL^3}$

④ $\dfrac{PL^3}{3EI+kL^3}$

해설 강성도법에 의해

$$\delta_b=\frac{P}{k_b+k_s}=\frac{P}{\frac{3EI}{L^3}+k}$$

$$=\frac{P}{\frac{3EI+kL^3}{L^3}}=\frac{PL^3}{3EI+kL^3}$$

07 길이가 10m이고 양단이 구속된 강봉 주변의 온도변화가 50℃일 때 강봉에 발생하는 축력은? (단, 강봉의 축강성은 10,000kN, 열팽창계수는 $2\times10^{-6}/℃$ 이다.)

① 1kN ② 10kN
③ 100kN ④ 1,000kN

해설

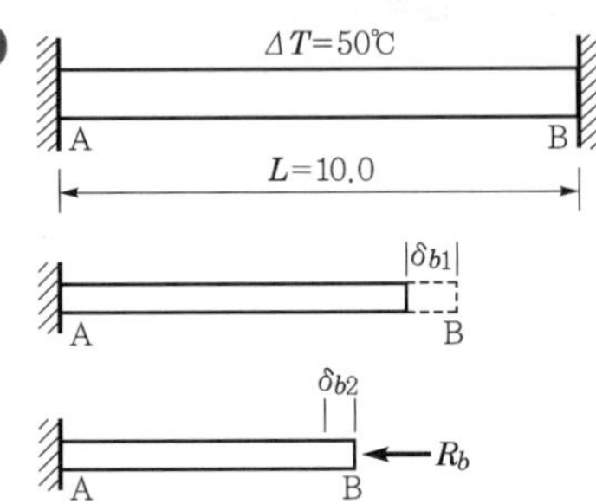

$E\cdot A=10{,}000\text{kN}$

$\alpha=2\times10^{-6}/°\text{C}$

$\delta_{b_1}=\Delta T\times l=2\times10^{-6}\times50\times10=1\times10^{-3}$

$$\delta_{b_2}=\frac{R_b\cdot l}{EA}=\frac{R_b\cdot 10}{10{,}000}$$

$\delta_{b_1}=\delta_{b_2}$에서 $1\times10^{-3}=\dfrac{R_b\cdot10}{10{,}000}$

$R_b=1.0\text{kN}$

08 그림과 같은 트러스구조의 C점에 하중 P가 작용할 때 부재력이 0(Zero)이 되는 부재를 모두 고른 것은?

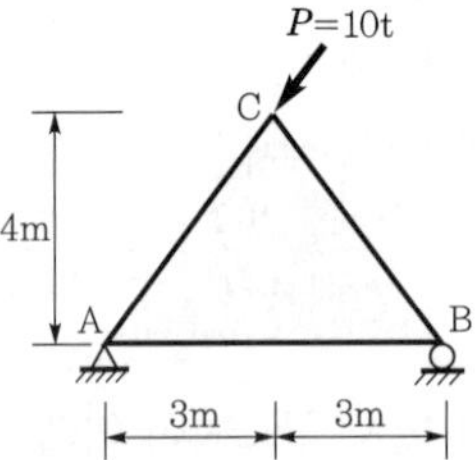

① AB 부재
② AB 부재, BC 부재
③ AC 부재, BC 부재
④ BC 부재

정답 06 ④ 07 ① 08 ②

09 그림과 같이 축강성 EA인 현으로 단순보의 중앙점을 지지하면 지지하지 않을 때보다 보 중앙점의 변위가 절반으로 감소($\delta \rightarrow \delta/2$)한다면, 이때 현에 발생하는 응력(MPa)으로 옳은 것은? (단, $P=10\text{kN}$이고, 현의 단면적은 100mm^2이다.)

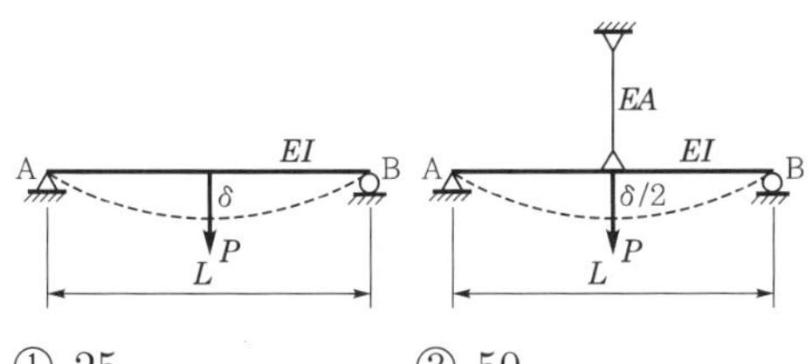

① 25　　② 50
③ 75　　④ 100

해설

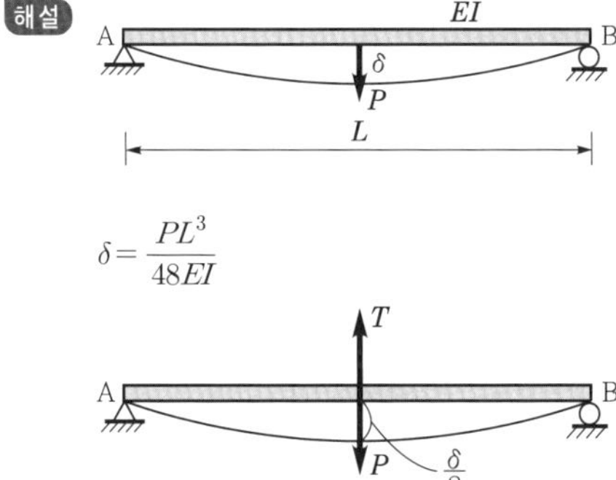

$\delta = \dfrac{PL^3}{48EI}$

㉠ 보 AB에서 P에 의한 처짐

$\delta_1 = \dfrac{PL^3}{48EI}(\downarrow)$

㉡ 보 AB에서 T에 의한 처짐

$\delta_2 = \dfrac{TL^3}{48EI}$

$\therefore \dfrac{\delta}{2} = \delta_1 - \delta_2 = \dfrac{PL^3}{48EI} - \dfrac{TL^3}{48EI}$

$\dfrac{5L^3}{48EI} = \dfrac{(P-T)L^3}{48EI}$

$T = 5\text{kN}$

응력 $\sigma = \dfrac{T}{A} = \dfrac{5\times10^3\text{N}}{100\text{mm}^2} = 50\text{MPa}$

10 다음과 같은 단순보에 1개의 집중하중과 계속되는 등분포활하중이 동시에 작용할 때 아래 단순보에서 발생하는 절대 최대휨모멘트는?

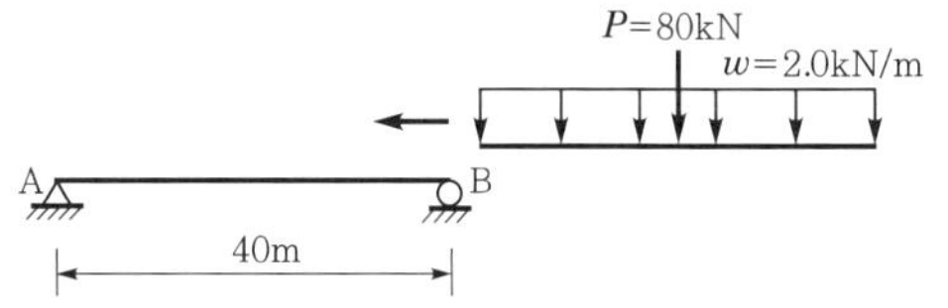

① 1,500kN·m　　② 1,200kN·m
③ 950kN·m　　④ 750kN·m

해설

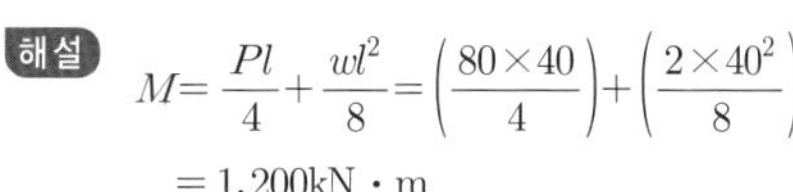

$M = \dfrac{Pl}{4} + \dfrac{wl^2}{8} = \left(\dfrac{80\times40}{4}\right) + \left(\dfrac{2\times40^2}{8}\right)$

$= 1,200\text{kN}\cdot\text{m}$

11 다음과 같은 구조의 게르버보에 대한 영향선으로 옳은 것은?

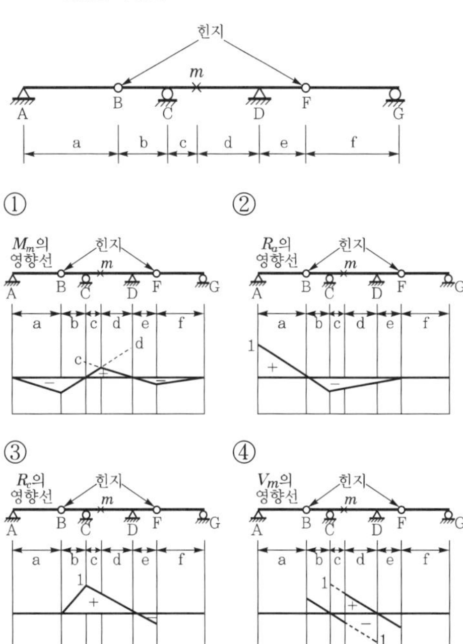

12 다음과 같은 단순보에서 A점, B점의 반력으로 옳은 것은?

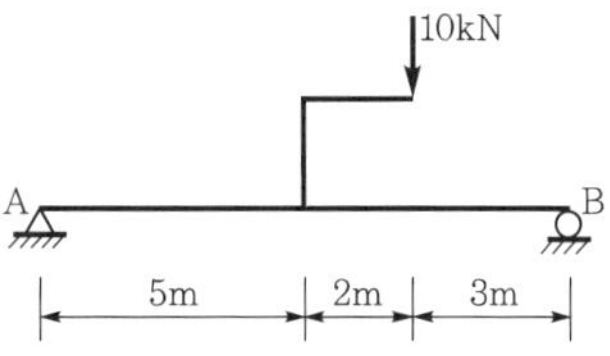

① $R_A = 7\text{kN}$, $R_B = 3\text{kN}$

② $R_A = 6\text{kN}$, $R_B = 4\text{kN}$

③ $R_A = 5\text{kN}$, $R_B = 5\text{kN}$

④ $R_A = 3\text{kN}$, $R_B = 7\text{kN}$

해설

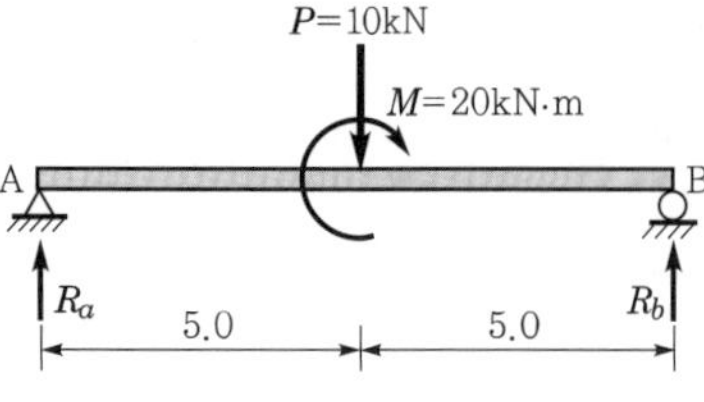

$(R_a \times 10) - (10 \times 5.0) + 20.0 = 0$

$R_a = 3\text{kN}$

$R_b = 7\text{kN}$

13 외경 $d = 1\text{m}$이고 두께 $t = 10\text{mm}$인 원형 강관 내부에 $p = 20\text{MPa}$의 압력이 균일하게 작용할 때, 강관의 원주방향으로 발생하는 수직응력의 크기는?

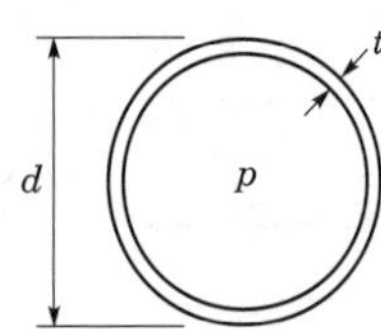

① 980MPa ② 1,000MPa

③ 1,020MPa ④ 1,040MPa

해설 원환응력 $\sigma_y = \dfrac{p \cdot D}{2 \cdot t} = \dfrac{20 \times 0.98}{2 \times 0.01} = 980\text{ MPa}$

14 집중하중을 받는 트러스에서 E점에 작용하는 외력 4kN에 의한 CD부재력의 크기는?

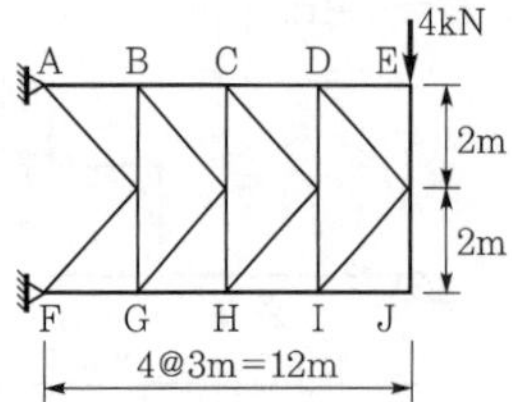

① 1kN

② 2kN

③ 3kN

④ 4kN

해설

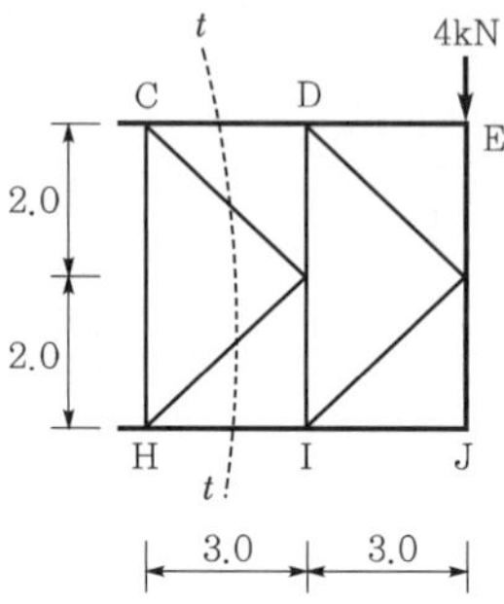

상현재 CD의 부재력은 단면법 적용

단면 $t-t$ 우측에 대해서

$\Sigma M_I = 0$

$(4 \times 3) - F_{CD} \times 4 = 0$

$F_{CD} = 3\text{kN}$

15 C-형강에서 전단중심의 위치는?

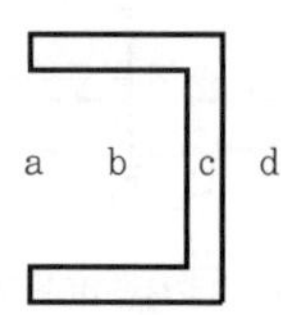

① a ② b

③ c ④ d

16 재료의 탄성계수가 240GPa이고 전단탄성계수가 100GPa인 물체의 포아송비는?

① 0.1 ② 0.2

③ 0.3 ④ 0.4

해설 $E = 2G(1+\nu)$

$\nu = \dfrac{E}{2G} - 1 = \dfrac{240}{2 \times 100} - 1 = 0.2$

정답 13 ① 14 ③ 15 ④ 16 ②

17 A점이 경사롤러로 지지된 라멘구조에서 AB부재에 작용하는 등분포하중에 의해 발생하는 C점의 수직반력은?

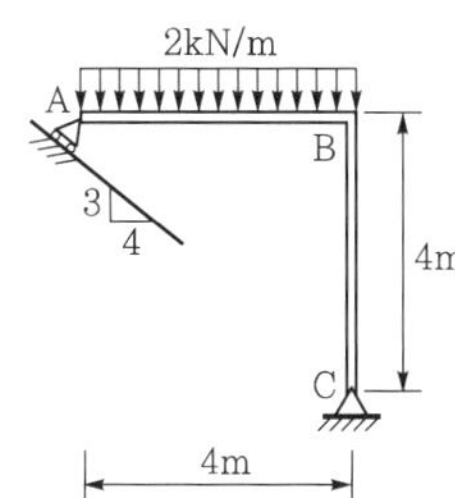

① $\dfrac{30}{7}$kN ② $\dfrac{40}{7}$kN

③ $\dfrac{50}{7}$kN ④ $\dfrac{60}{7}$kN

해설

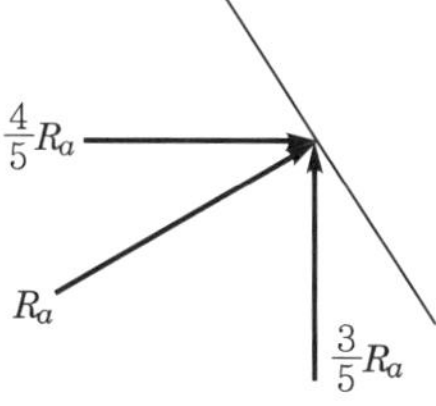

$\Sigma M_C = 0$

$\left(\dfrac{3}{5}R_a \times 4.0\right) - (2\times4\times2) + \left(\dfrac{4}{5}R_A \times 4\right) = 0$

$\dfrac{12}{5}R_a + \dfrac{16}{5}R_a - 16.0 = 0$

$\dfrac{28}{5}R_a = 16.0$

$R_a = \dfrac{80}{28}$kN

$\Sigma V = 0$

$\dfrac{3}{5}R_a - (2\times4) + R_C = 0$

$-\dfrac{3}{5}\left(\dfrac{80}{28}\right) + 8.0 = R_C$

$-\dfrac{48}{28} + \dfrac{224}{28} = R_C$

$R_C = \dfrac{176}{28} = \dfrac{44}{7}$ kN

18 다음과 같이 집중하중을 받는 보에서 B점의 수직변위는?

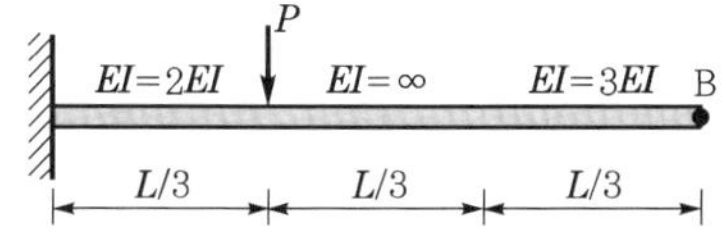

① $\dfrac{2PL^3}{81EI}$ ② $\dfrac{4PL^3}{81EI}$

③ $\dfrac{5PL^3}{324EI}$ ④ $\dfrac{4PL^3}{324EI}$

해설

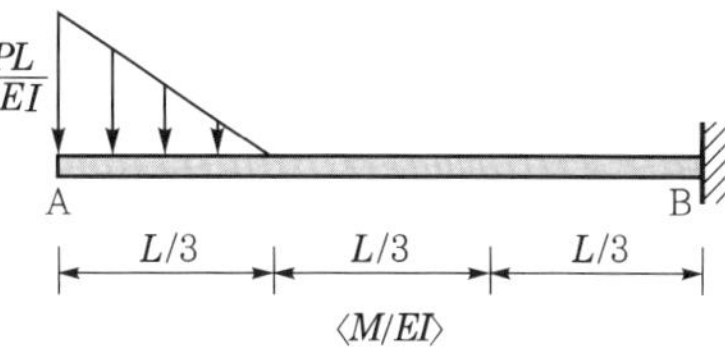

$\delta_b = \dfrac{1}{2} \times \dfrac{L}{3} \times \dfrac{PL}{6EI} \times \left(\dfrac{2}{3} \times \dfrac{L}{3} + \dfrac{2L}{3}\right)$

$= \dfrac{PL^2}{36EI} \times \left(\dfrac{2L}{9} + \dfrac{2L}{3}\right)$

$= \dfrac{PL^2}{36EI} \times \left(\dfrac{2L}{9} + \dfrac{6L}{9}\right)$

$= \dfrac{PL^2}{36EI} \times \dfrac{8L}{9}$

$= \dfrac{8PL^3}{324EI} = \dfrac{2PL^3}{81EI}$

19 다음 중 무차원량은?

① 변형률 ② 곡률

③ 온도팽창계수 ④ 응력

20 다음과 같은 골조구조의 부정정차수로 옳은 것은?

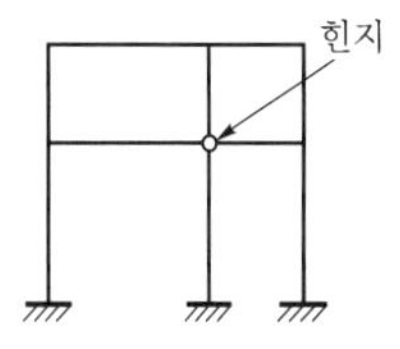

① 3 ② 5

③ 7 ④ 9

해설 $N = R + m + s - 2k$

$R = 9 \quad m = 10 \quad s = 8 \quad k = 9$

$N = 9 + 10 + 8 - (2\times9)$

$= 9$

정답 17 ② 18 ① 19 ① 20 ④

과년도 출제문제(2016년 서울시 9급_6월 25일)

01 다음 그림과 같은 캔틸레버보에서 B점과 C점의 처짐비($\delta_B : \delta_C$)는?

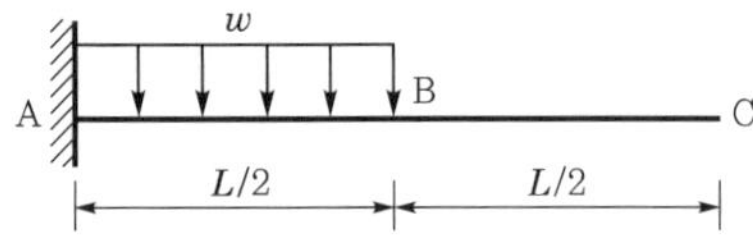

① 1 : 1 ② 2 : 5
③ 3 : 7 ④ 4 : 9

해설 공액보법으로 풀면

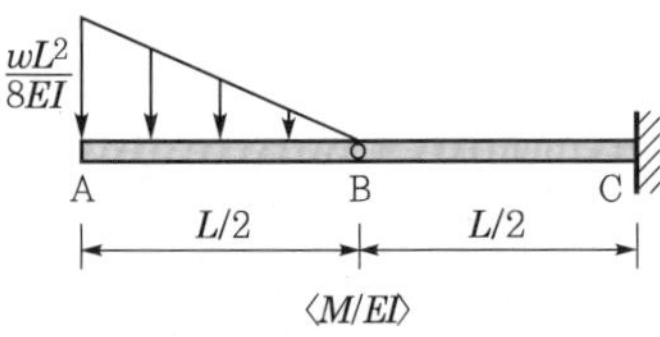

〈M/EI〉

$$M_A = \frac{L}{2} \times w \times \frac{L}{4} = \frac{wL^2}{8}$$

$$\delta_B = \left(\frac{1}{3} \times \frac{L}{2} \times \frac{wL^2}{8EI}\right) \times \left(\frac{3}{4} \times \frac{L}{2}\right)$$

$$= \frac{wL^3}{48EI} \times \frac{3L}{8}$$

$$= \frac{wL^4}{128EI}$$

$$\delta_C = \left(\frac{1}{3} \times \frac{L}{2} \times \frac{wL^2}{8EI}\right) \times \left(\frac{3}{4} \times \frac{L}{2} + \frac{L}{2}\right)$$

$$= \frac{wL^3}{48EI} \times \frac{7}{8}L$$

$$= \frac{7wL^4}{384EI}$$

$$\delta_B : \delta_C = \frac{wL^4}{128EI} : \frac{7wL^4}{384EI}$$

$$= 3 : 7$$

02 다음 그림과 같은 응력 상태의 구조체에서 A-A 단면에 발생하는 수직응력 σ와 전단응력 τ의 크기는?

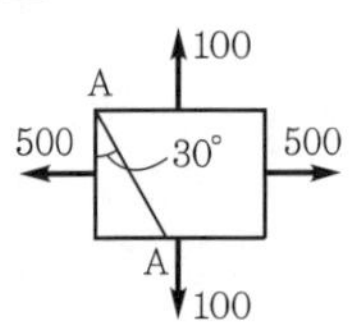

① $\sigma = 400$, $\tau = 100\sqrt{3}$
② $\sigma = 400$, $\tau = 200$
③ $\sigma = 500$, $\tau = 100\sqrt{3}$
④ $\sigma = 500$, $\tau = 200$

해설 모어원을 이용하면

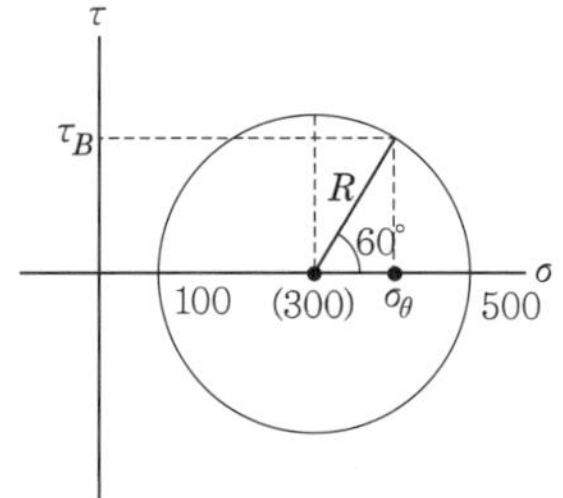

모어원 $R = 200$

$\sigma_{\theta=30} = 200\cos 60 + 300$

$= 400$

$\tau_{\theta=30} = 200\sin 60$

$= 173.20$

03 다음 그림과 같은 부재에 수직하중이 작용할 때, C점의 수직방향 변위는? (단, 선형탄성 부재이고, 탄성계수는 E로 일정, [1]의 단면적은 A, [2]의 단면적은 $2A$이다.)

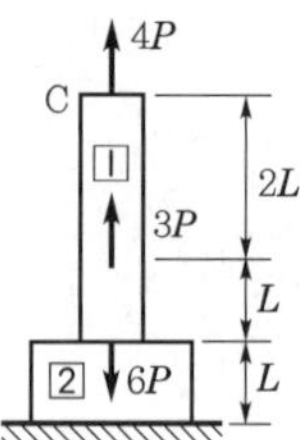

① $\dfrac{23PL}{2EA}$ ② $\dfrac{12PL}{EA}$
③ $\dfrac{14PL}{EA}$ ④ $\dfrac{31PL}{2EA}$

정답 01 ③ 02 ① 03 ④

해설

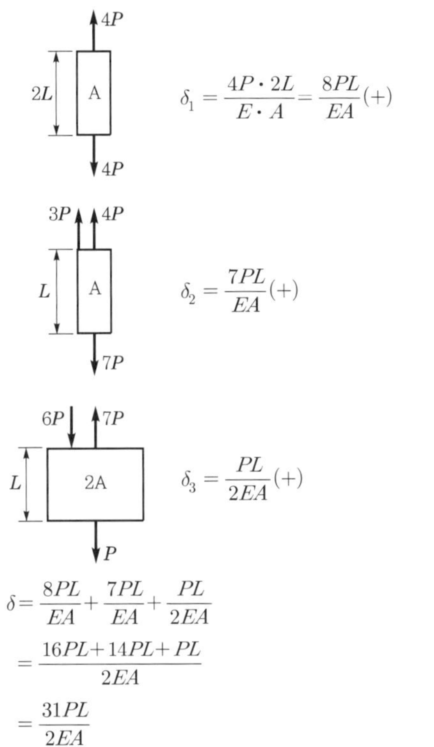

$$\delta_1 = \frac{4P \cdot 2L}{E \cdot A} = \frac{8PL}{EA}(+)$$

$$\delta_2 = \frac{7PL}{EA}(+)$$

$$\delta_3 = \frac{PL}{2EA}(+)$$

$$\delta = \frac{8PL}{EA} + \frac{7PL}{EA} + \frac{PL}{2EA} = \frac{16PL + 14PL + PL}{2EA} = \frac{31PL}{2EA}$$

04 다음 그림과 같은 양단이 고정되고 속이 찬 원형단면을 가진 길이 2m 봉의 전체온도가 100℃ 상승했을 때 좌굴이 발생하였다. 이때 봉의 지름은? (단, 열팽창계수 $\alpha = 10^{-6}/℃$ 이다.)

A　　　　B

$L = 2\text{m}$

① $\sqrt{\dfrac{0.02}{\pi}}\,\text{m}$　　② $\sqrt{\dfrac{0.04}{\pi}}\,\text{m}$

③ $\dfrac{0.02}{\pi}\,\text{m}$　　④ $\dfrac{0.04}{\pi}\,\text{m}$

해설 $\delta_1 = \Delta T \cdot \alpha \cdot L$

$\delta_2 = \dfrac{R_b \cdot L}{EA}$

$\delta_1 = \delta_2,\ \Delta T \cdot \alpha \cdot L = \dfrac{R_b \cdot L}{EA},\quad R_b = \Delta T \cdot \alpha \cdot EA$

좌굴하중은 $\dfrac{\pi^2 EI}{(KL)^2}$ 이므로

$$\Delta T \cdot \alpha \cdot EA = \frac{\pi^2 EI}{(KL)^2}$$

$$\Delta T \cdot \alpha \cdot E(KL)^2 = \pi^2 E\frac{I}{A}$$

$$\frac{\Delta T \cdot \alpha \cdot (KL)^2}{\pi} = \frac{I}{A}$$

$$\frac{100 \times 10^{-6} \times (0.5 \times 2.0)^2}{\pi} = \frac{I}{A}$$

$$\frac{10^{-4}}{\pi} = \frac{I}{A} = \frac{\frac{\pi D^4}{64}}{\frac{\pi D^2}{4}} = \frac{4\pi D^4}{64\pi D^2} = \frac{D^2}{16}$$

$$D^2 = \frac{16 \times 10^{-4}}{\pi},\quad D = \frac{0.04}{\pi}$$

05 다음 그림과 같은 하우트러스에 대한 내용 중 옳지 않은 것은? (단, 구조물은 대칭이며, 사재와 하현재가 이루는 각의 크기는 모두 같다.)

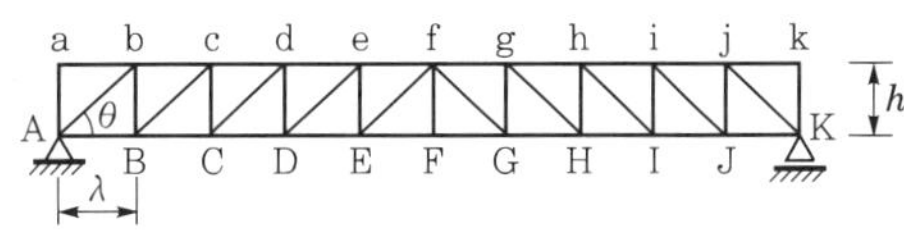

① 부재 Aa, ab, jk, Kk 등에는 부재력이 발생하지 않으므로 특별한 용도가 없는 한 제거하여도 무방하다.

② 수직재 Dd의 영향선은 다음과 같다.

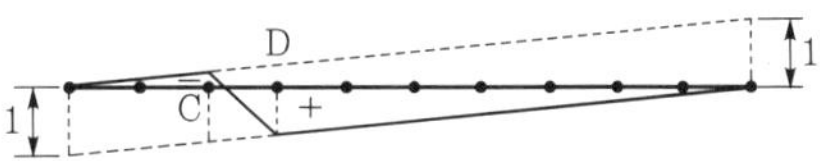

③ 사재 De의 영향선은 다음과 같다.

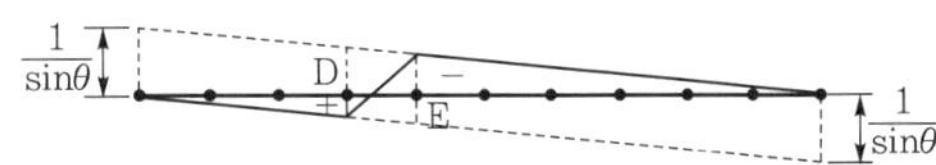

④ 하현재 CD의 영향선은 다음과 같다.

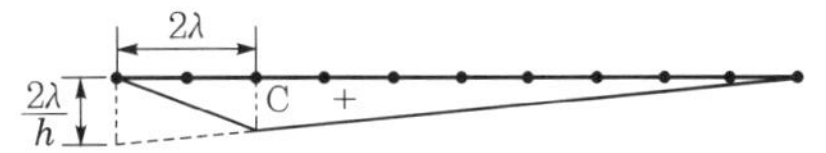

정답 04 ④ 05 ④

06 다음 그림과 같이 30kN의 힘이 바닥판 DE에 의해 지지되고 있다. 이와 같은 간접하중이 작용하고 있을 경우 M_c의 크기는?

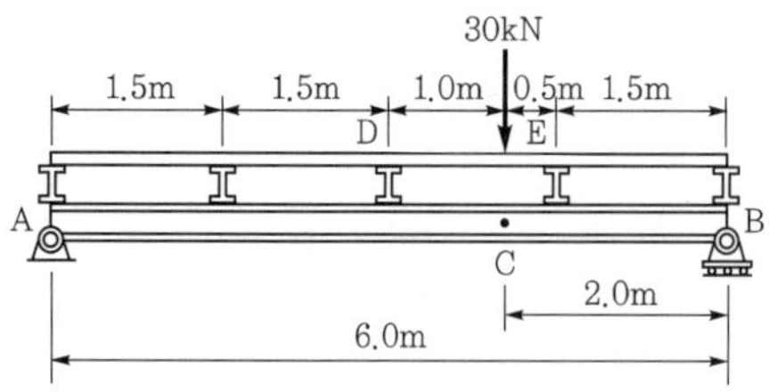

① 10kN · m ② 20kN · m
③ 30kN · m ④ 40kN · m

해설

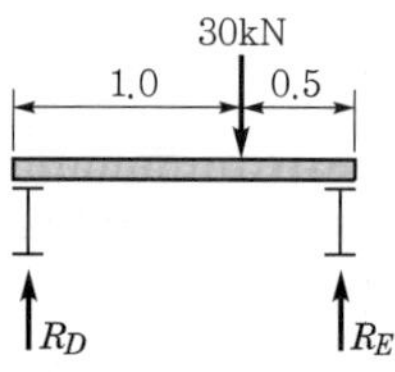

$R_D = \frac{30 \times 0.5}{1.5} = 10$ kN, $R_E = 20$ kN

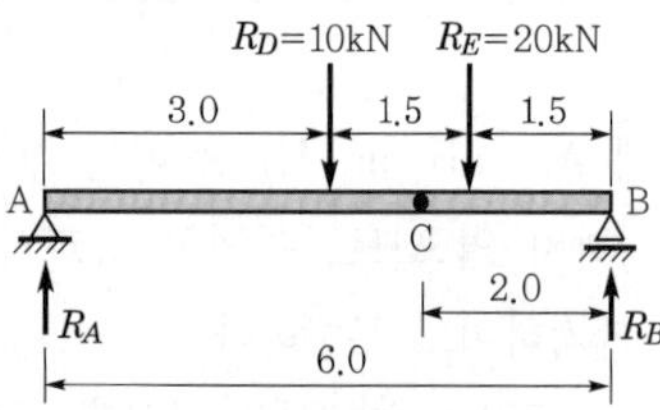

$\Sigma M_B = 0$

$(R_A \times 6.0) - (10 \times 3.0) - (20 \times 1.5) = 0$

$R_A = 10$kN $R_B = 20$kN

$M_C = (20 \times 2) - (20 \times 0.5)$

$= 30$kN · m

07 수평으로 놓인 보 AB의 끝단에 봉 BC가 힌지로 연결되어 있고, 그 아래에 질량 m인 블록이 놓여 있다. 봉 BC의 온도가 ΔT만큼 상승했을 때 블록을 빼내기 위한 최소 힘 H는? (단, B, C점은 온도변화 전후 움직이지 않으며, 보 AB와 봉 BC의 열팽창계수는 α, 탄성계수는 E, 단면2차모멘트는 I, 단면적은 A, 지면과 블록 사이의 마찰계수는 0.5이다.)

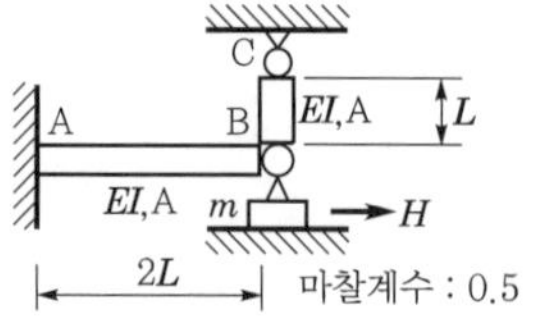

① $\frac{EA}{4}(\alpha \cdot \Delta T)$

② $\frac{EA}{2}(\alpha \cdot \Delta T)$

③ $\frac{\alpha \cdot \Delta T \cdot E}{4}\left(A - \frac{3I}{L^2}\right)$

④ $\frac{\alpha \cdot \Delta T \cdot E}{2}\left(A - \frac{3I}{L^2}\right)$

해설 절점 BC가 움직이지 않으므로 BC부재의 온도에 대한 B점 반력은 $R_B = EA \cdot \Delta T \cdot \alpha$
R_B가 블록에 작용하는 수직하중이므로 블록을 빼내기 위한 수평력은 $R_B \times 0.5$임

08 직사각형 단면 15mm×60mm를 가진 강판이 인장하중 P를 받으며, 직경이 15mm인 원형볼트에 의해 지지대에 부착되어 있다. 부재의 인장하중에 대한 항복응력은 300MPa이고, 볼트의 전단에 대한 항복응력은 750 MPa이다. 이때 재료에 작용할 수 있는 최대 인장력 P는? (단, 부재의 인장에 대한 안전율 $S.F. = 2$, 볼트의 전단에 대한 안전율 $S.F. = 1.5$, $\pi = 3$으로 계산한다.)

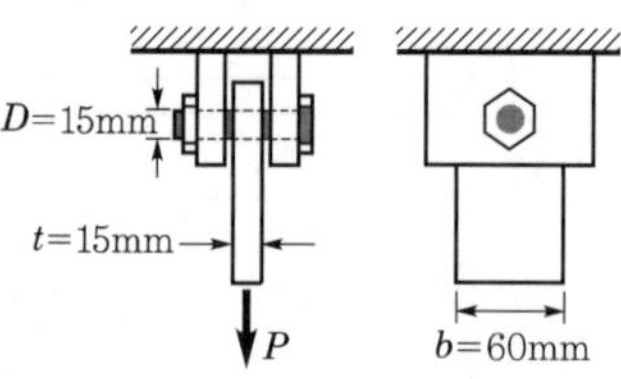

① 101.25kN ② 132.65kN
③ 168.50kN ④ 176.63kN

해설 ㉠ 강판인장강도
$A_n = 0.015 \times (0.06 - 0.015) = 6.75 \times 10^{-4}$
㉡ 허용인장응력
$\frac{300\text{MPa}}{2.0} = 150\text{MPa} = 150 \times 10^6 \text{ N/m}^2$

정답 06 ③ 07 ② 08 ①

$\therefore\ P=\sigma_a A=150\times10^6\times6.75\times10^{-4}$

$=101.25\text{kN}$

㉢ 볼트전단강도(2면 전단)

$A=\dfrac{\pi D^2}{4}=\dfrac{3}{4}\times(0.015)^2=1.6875\times10^{-4}\ \text{m}^2$

㉣ 허용전단응력

$\tau_a=\dfrac{750\text{MPa}}{1.5}=500\text{MPa}=500\times10^6\ \text{N/m}^2$

$\therefore\ P=\tau_a\cdot 2A=500\times10^6\times2\times1.6875\times10^{-4}$

$=168.75\ \text{kN}$

09 다음 그림과 같은 케이블 ABC가 하중 P를 지지하고 있을 때 케이블 AB의 장력은?

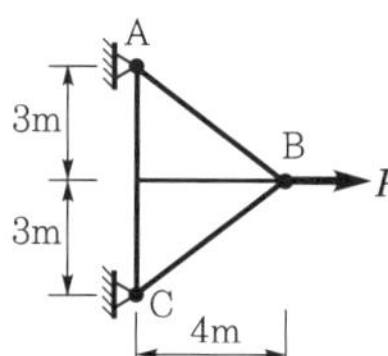

① $\dfrac{1}{2}P$　　② $\dfrac{5}{8}P$

③ $\dfrac{3}{4}P$　　④ P

해설

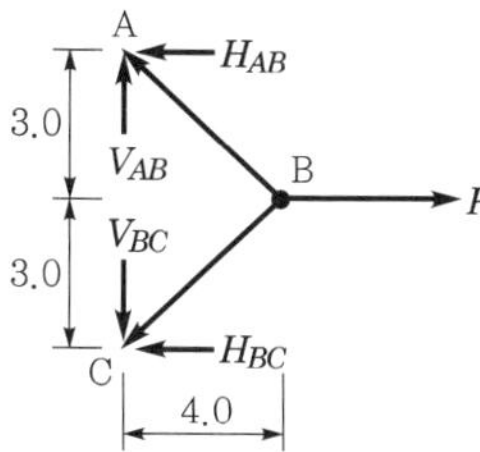

$\Sigma V=0$

$\dfrac{3}{5}F_{AB}-\dfrac{3}{5}F_{BC}=0$

$\dfrac{3}{5}F_{AB}=\dfrac{3}{5}F_{BC}$ ………………… ①

$\Sigma H=0$

$-\dfrac{4}{5}F_{AB}-\dfrac{4}{5}F_{BC}+P=0$ ….. ②

$-\dfrac{4}{5}F_{AB}-\dfrac{4}{5}F_{AB}+P=0$

$-\dfrac{8}{5}F_{AB}=-P$

$F_{AB}=\dfrac{5}{8}P$

10 다음 그림과 같은 구조물에서 AB 부재의 변형량은? (단, 각 부재의 단면적은 $1,000\text{cm}^2$, 탄성계수는 100MPa, +는 늘음, −는 줄음을 의미한다.)

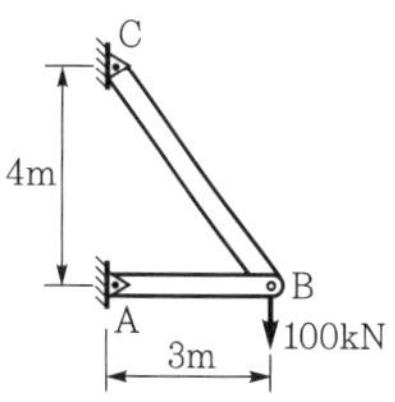

① −22.5mm　　② +7.5mm

③ +22.5mm　　④ −7.5mm

해설

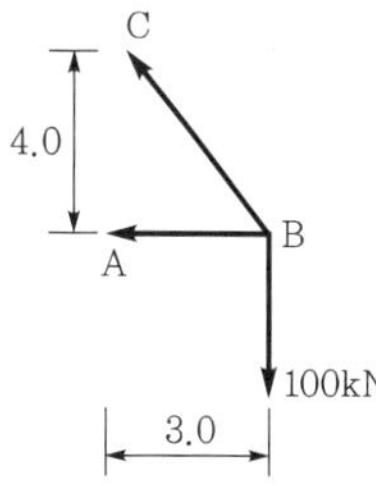

$\Sigma V=0$

$F_{BC}\times\dfrac{4}{5}-100=0$

$F_{BC}=125\text{kN}(+)$

$\Sigma H=0$

$F_{BC}\times\dfrac{3}{5}+F_{AB}=0$

$-125\times\dfrac{3}{5}=F_{AB}$

$F_{AB}=75\text{kN}(-)$

$\delta_{AB}=\dfrac{F_{AB}L}{EA}=\dfrac{-75\times10^3\times3}{100\times10^6\times1,000\times10^{-4}}$

$=-22.5\text{mm}$

11 다음 그림과 같은 내부 힌지가 있는 구조물에 하중이 작용할 때, 내부힌지 B점의 처짐은? (단, EI는 일정하다.)

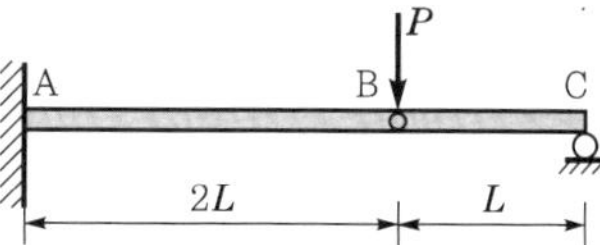

정답 09 ② 10 ① 11 ④

① $\frac{PL^3}{6EI}$ ② $\frac{PL^3}{3EI}$

③ $\frac{3PL^3}{2EI}$ ④ $\frac{8PL^3}{3EI}$

해설

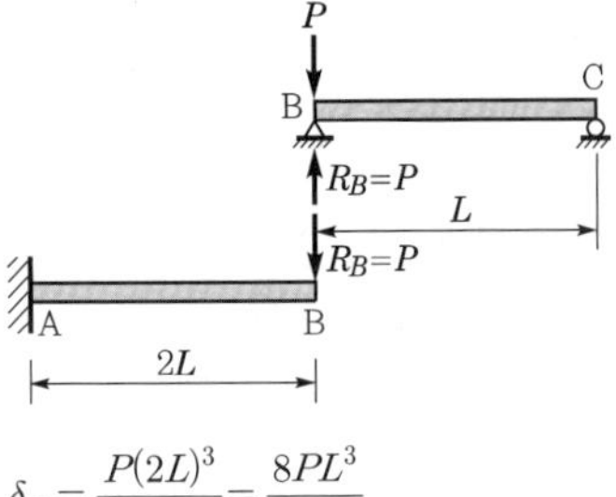

$$\delta_B = \frac{P(2L)^3}{3EI} = \frac{8PL^3}{3EI}$$

12 다음 그림과 같은 Wide Flange 보에 전단력 $V=40\text{kN}$ 이 작용할 때, 최대전단응력과 가장 가까운 값은? (단, $I_{\min}=24\times10^7$ mm^4이다.)

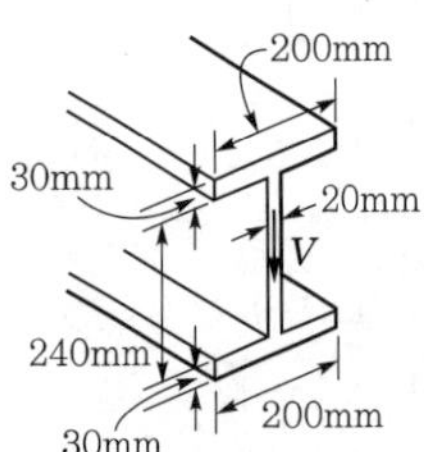

① 5MPa ② 8MPa

③ 50MPa ④ 80MPa

해설

$$\tau_{\max} = \frac{V \cdot G}{I \cdot b}$$

$I=24\times10^7$

$b=200\text{mm}$

$G=(200\times30\times135)+(20\times120\times60)=954000\text{mm}^3$

$$\tau=\frac{40\times10^3\times954000}{24\times10^7\times200}=7.9\text{MPa}$$

13 다음 그림과 같이 양단 단순지지된 장주에서 y방향의 변위는 $EI\frac{d^2y}{dx^2}=-Py$의 미분방정식으로 나타낼 수 있다. 이 방정식을 만족하는 P값은 무수히 많으나 이 중 가장 작은 좌굴하중 P_1과 두 번째로 작은 P_2와의 비 $(P_1:P_2)$는? (단, P는 좌굴하중, E는 탄성계수, I는 단면2차모멘트이다.)

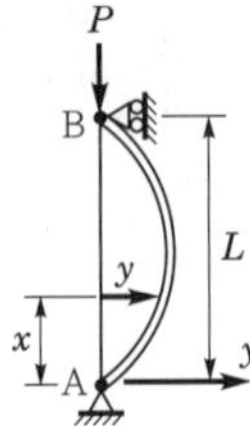

① 1 : 2

② 1 : 3

③ 1 : 4

④ 1 : 9

해설

$P=\frac{n^2\cdot\pi^2EI}{l^2}$에서, $n=1, 2$ 대입하면

$P_1=\frac{\pi^2EI}{l^2}$, $P_2=\frac{4\pi^2EI}{l^2}$

$P_1:P_2=1:4$

14 다음 그림과 같은 반지름 40mm의 강재 샤프트에서 비틀림변형에너지는? (단, A는 고정단이고, 전단탄성계수 $G=90\text{GPa}$, 극관성모멘트 $J=5\times10^{-6}\text{m}^4$이다.)

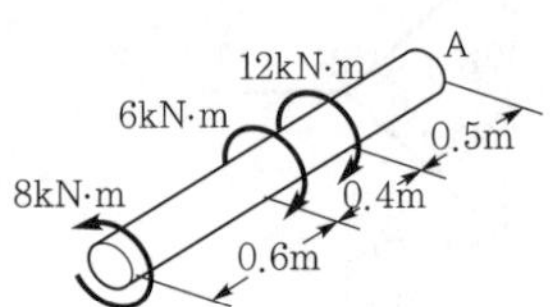

① 5J ② 10J

③ 50J ④ 100J

해설

$$U_T=\frac{T^2\cdot L}{2GJ}$$

$$U_{T_1}=\left(\frac{8^2\times1.5}{2\times90\times10^6\times5\times10^{-6}}\right)=0.107$$

$$U_{T_2}=\left(\frac{6^2\times1.0}{2\times90\times10^6\times5\times10^{-6}}\right)=0.04$$

$$U_{T_3}=\left(\frac{12^2\times0.5}{2\times90\times10^6\times5\times10^{-6}}\right)=0.08$$

$U=0.107\text{kN/m}+0.04\text{kN/m}+0.08\text{kN/m}$

$=0.101\text{J}$

정답 12 ② 13 ③ 14 ④

15 다음 그림에서 점 C의 수직 변위 δ_c를 구하기 위한 가상일의 원리를 바르게 표기한 것은? (단, 두 구조계는 동일하다.)

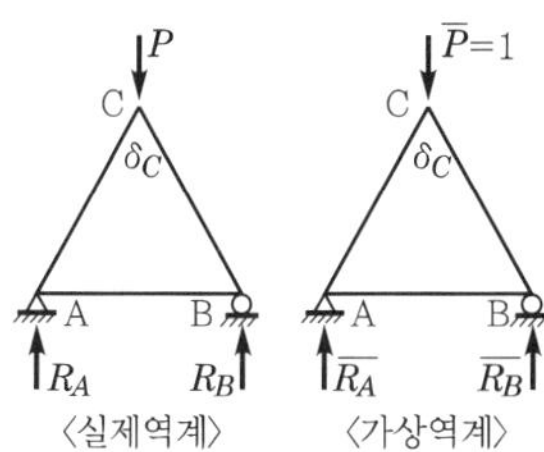

① $W_e = R_A \times 0 + 1 \times \delta_C + R_B \times 0$

② $W_e = R_A \times 0 + 1 \times \delta_C + \overline{R_B} \times 0$

③ $W_e = \overline{R_A} \times 0 + 1 \times \delta_C + \overline{R_B} \times 0$

④ $W_e = \overline{R_A} \times 0 + 1 \times \delta_C + R_B \times 0$

해설 가상일의 원리

$\Sigma \frac{n \cdot N \cdot L}{EA}$

16 다음 그림과 같이 탄성계수 E와 단면2차모멘트 I가 일정한 부정정보의 부재 AB와 강성 매트릭스가 $[K]$와 같을 때, B점에서의 회전 변위의 크기는?

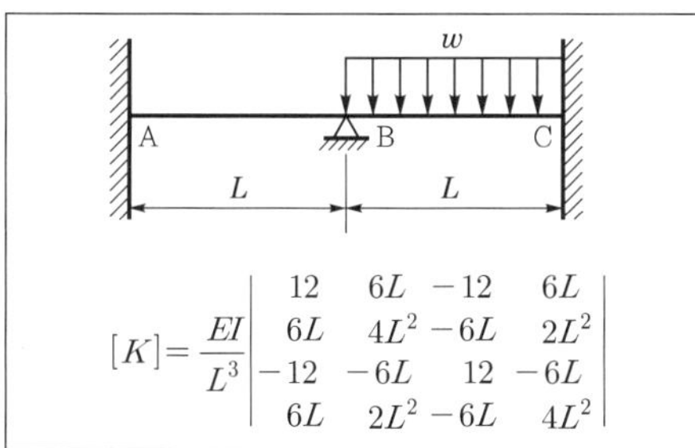

$$[K] = \frac{EI}{L^3}\begin{vmatrix} 12 & 6L & -12 & 6L \\ 6L & 4L^2 & -6L & 2L^2 \\ -12 & -6L & 12 & -6L \\ 6L & 2L^2 & -6L & 4L^2 \end{vmatrix}$$

① $\frac{wL^3}{96EI}$

② $\frac{wL^3}{128EI}$

③ $\frac{wL^3}{384EI}$

④ $\frac{wL^3}{1284EI}$

17 다음 그림과 같은 하중이 작용하는 단순보에서 B점의 회전각은? (단, EI는 일정하다.)

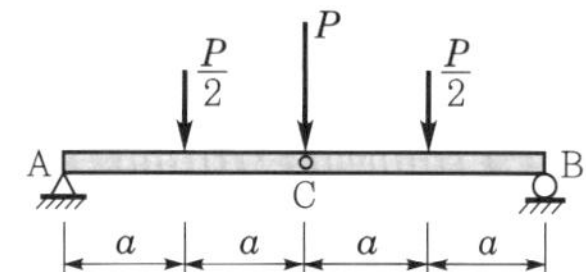

① $\frac{7Pa^2}{8EI}$ ② $\frac{7Pa^2}{6EI}$

③ $\frac{5Pa^2}{4EI}$ ④ $\frac{7Pa^2}{4EI}$

해설

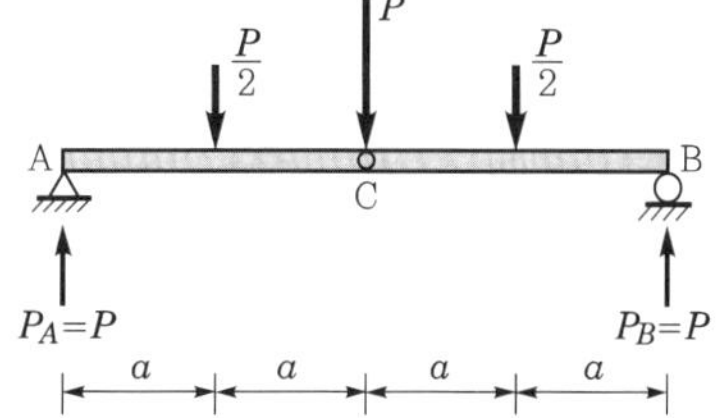

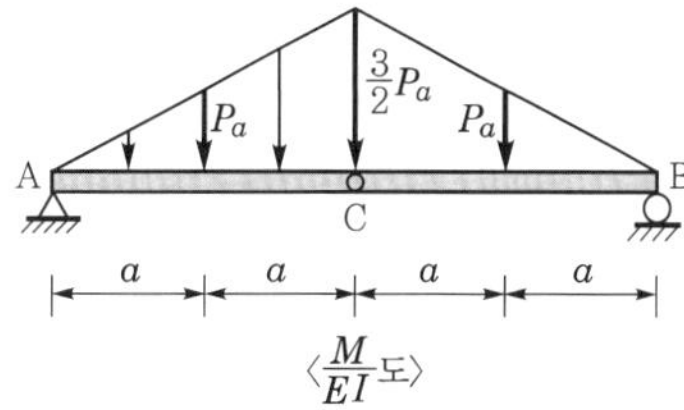

$\langle \frac{M}{EI}$도$\rangle$

$R_B = \theta_B$

$$= \frac{\frac{1}{2}\times(a\times Pa)}{EI} + \frac{Pa}{EI}\cdot a + \left(\frac{1}{2}\times a \times \frac{Pa}{2EI}\right)$$

$$= \frac{Pa^2}{2EI} + \frac{Pa^2}{EI} + \frac{Pa^2}{4EI}$$

$$= \frac{2Pa^2 + 4Pa^2 + Pa^2}{4EI} = \frac{7Pa^2}{4EI}$$

18 다음 그림과 같은 3연속보에서 휨강성 EI가 일정할 때 절대 최대모멘트가 발생하는 위치는?

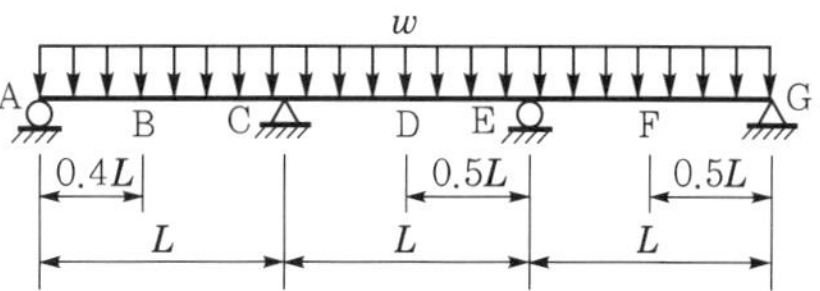

정답 15 ③ 16 ① 17 ④ 18 ②

① B　　② C

③ D　　④ F

해설 등경간에서 절대 최대휨모멘트는 첫 지점 부모멘트 위치

19 다음 그림과 같은 단면을 갖는 부재에 대하여 도심에서 가로, 세로축을 각각 x, y라고 할 때, 도심축의 단면2차모멘트 I_x, I_y 및 상승모멘트 I_{xy} 그리고 주단면2차모멘트 $I_{1,2}$에 대한 식을 바르게 표기한 것은?

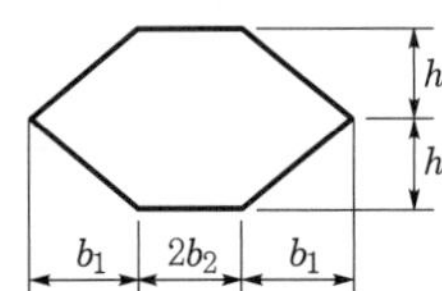

① $I_x = 2\times\left(\dfrac{b_1(2h)^3}{48}\right)+\dfrac{b_2(2h)^3}{12}$

② $I_y = 2\times\left\{\dfrac{b_1^3(2h)}{36}+b_1h\left(\dfrac{b_1}{3}+b_2\right)^2+\dfrac{b_2^3(2h)}{3}\right\}$

③ $I_{xy} = 2\times\dfrac{b_1^2(2h)^2}{2}$

④ $I_{1,2} = \dfrac{I_x+I_y}{2}\pm\sqrt{(I_x-I_y)^2+4I_{xy}^2}$

20 다음 그림과 같은 2경간 연속보에서 지점 A의 반력은?

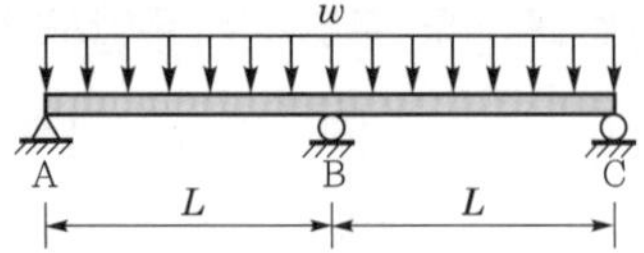

① $\dfrac{3}{16}wL$　　② $\dfrac{5}{16}wL$

③ $\dfrac{3}{8}wL$　　④ $\dfrac{5}{8}wL$

해설 3연모멘트 방정식을 적용하면

$M_A = M_C = 0$

$2M_B\left(\dfrac{L_1}{I_1}+\dfrac{L_2}{I_2}\right)=6E(\theta_{BA}-\theta_{BC})$

$\therefore M_B = \dfrac{6EI}{4L}(\theta_{BA}-\theta_{BC})$

$= \dfrac{6EI}{4L}\left(-\dfrac{wL^3}{24EI}-\dfrac{wL^3}{24EI}\right)$

$= -\dfrac{wL^2}{8}$

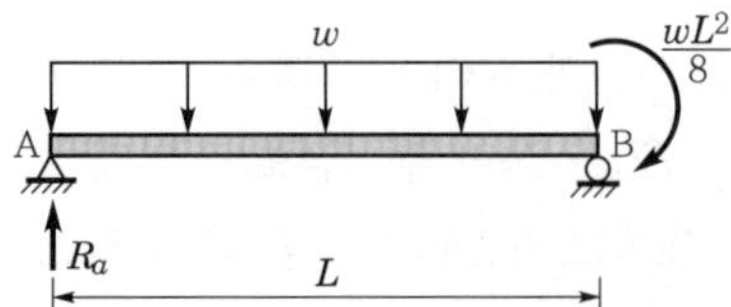

$\Sigma M_B = 0$

$R_A\times L-\left(w\times L\times\dfrac{L}{2}\right)+\dfrac{wL^2}{8}=0$

$R_AL-\dfrac{wL^2}{2}+\dfrac{wL^2}{8}$

$\therefore\ R_A = \dfrac{3wL}{8}$

정답 19 ② 20 ③

과년도 출제문제(2016년 국가직 7급)

01 그림과 같은 단면을 가지고 양단이 핀으로 지지된 기둥의 오일러 좌굴에 대한 임계하중 P_{cr}은? (단, 기둥의 높이는 L, 탄성계수는 E이며, $x-x$축과 $y-y$축에 대한 단면2차 모멘트는 각각 $I_{xx}=3I$, $I_{yy}=I$이다.)

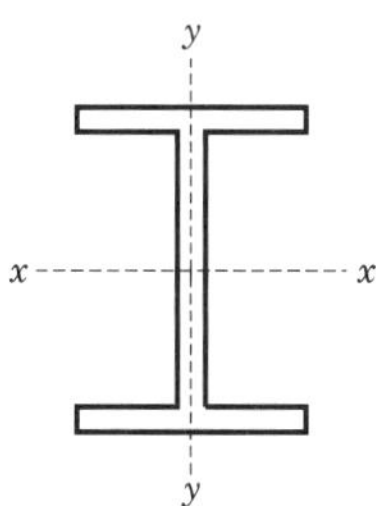

① $\dfrac{\pi^2 EI}{3L^2}$　② $\dfrac{\pi^2 EI}{L^2}$

③ $\dfrac{4\pi^2 EI}{3L^2}$　④ $\dfrac{3\pi^2 EI}{L^2}$

해설

$$P_{cr}=\frac{\pi^2 EI}{(kL)^2}=\frac{\pi^2\cdot E\cdot I_{\min}}{(1.0\times L)^2}=\frac{\pi^2 EI}{L^2}$$

02 그림과 같이 폭 12mm, 높이 10mm인 직사각형 단면을 가지는 단순보가 양단에서 스프링계수 $k=30\text{kN/m}$의 스프링으로 지지되어 있다. 보의 중앙에 수직하중 $P=480\text{N}$이 작용할 때, 보의 중앙에서의 처짐[mm]은? (단, 보의 탄성계수 $E=40\text{GPa}$이고, 보와 스프링의 자중은 무시한다.)

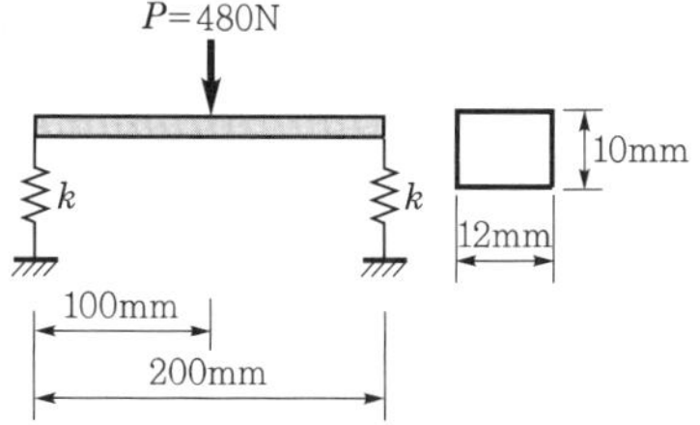

① 8　② 10

③ 12　④ 14

해설

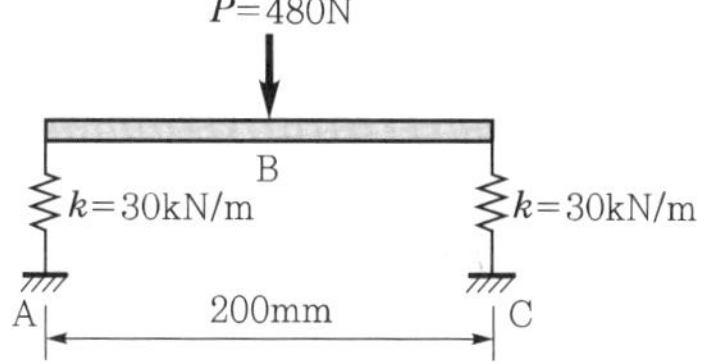

㉠ 하중이 대칭이므로 스프링 축력은

$$F=\frac{P}{2}=240\text{N}$$

㉡ 스프링 축력에 의한 B점의 처짐량은 δ_{B1}은 스프링의 줄어든 양과 같다.

$$\delta_{B1}=\delta_s=\frac{F}{k}=\frac{240}{30}=8.0\text{mm}$$

㉢ 집중하중에 의한 B점의 처짐량

$$\delta_{B2}=\frac{pl^3}{48EI}=\frac{480\times 200^3}{48\times 40\times 10\times 1000}=2\text{mm}$$

$$\left(I=\frac{12\times 10^3}{12}=1000\text{mm}^4,\quad 1\text{ GPa}=10^9\text{N/m}^2\right)$$

$$\therefore\ \delta_B=8.0+2.0=10.0\text{mm}$$

03 그림과 같이 힌지와 스프링으로 지지되어 있는 강체봉의 좌굴에 대한 임계하중 P_{cr}은? (단, k는 스프링 상수이고, 스프링과 강체봉의 자중은 무시한다.)

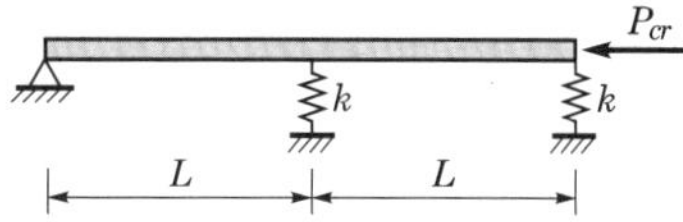

① $\dfrac{5}{2}kL$

② $2kL$

③ $\dfrac{3}{2}kL$

④ kL

해설

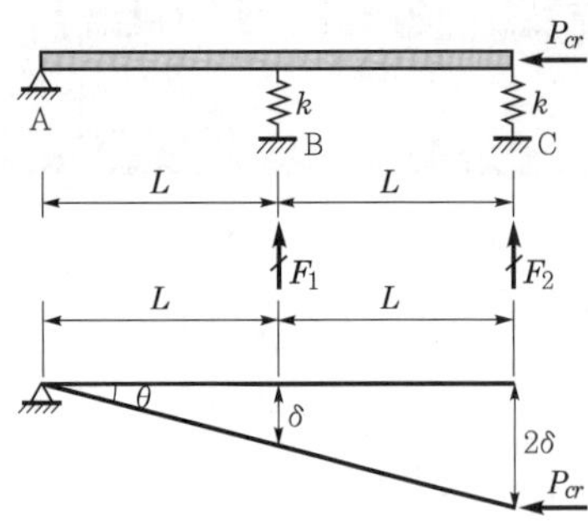

$\Sigma M_A = 0$

$P_{cr} \times 2\delta = F_1 \times L + F_2 \times 2L$

$P_{cr} \times 2\delta = (k\delta) \times L + (k \times 2\delta) \times 2L$

$P_{cr} \times 2\delta = k\delta \cdot L + 4k\delta L$

$P_{cr} = \dfrac{5k\delta L}{2\delta} = \dfrac{5kL}{2}$

04 그림과 같은 외팔보의 자유단에 수직하중 P가 작용할 때, C점의 수직처짐은? (단, AB구간의 휨강성은 EI이고, BC구간은 강체로 가정하며, 보의 자중은 무시한다.)

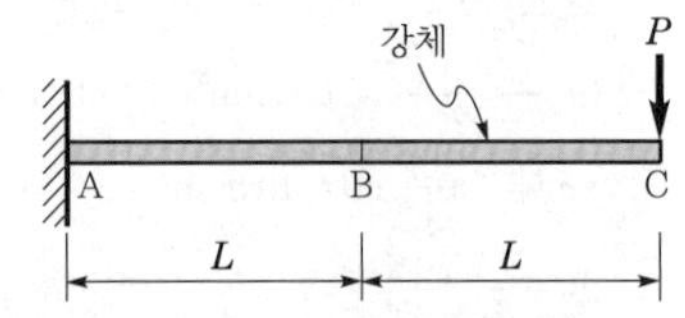

① $\dfrac{4PL^3}{3EI}$　② $\dfrac{5PL^3}{3EI}$

③ $\dfrac{2PL^3}{EI}$　④ $\dfrac{7PL^3}{3EI}$

해설

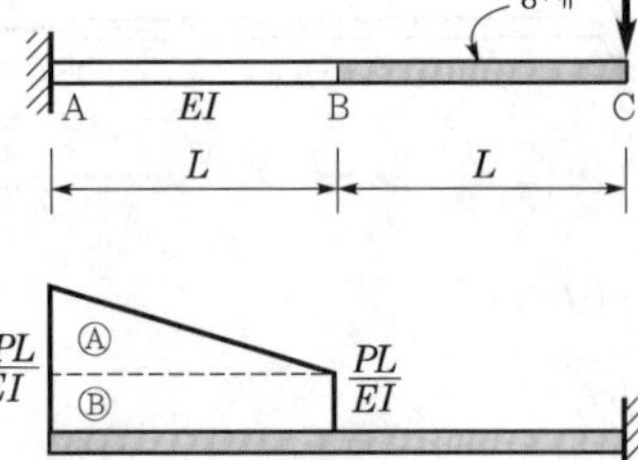

공액보법으로 풀면

$$\delta_c = \left[\frac{PL^2}{2EI} \times \left(\frac{2}{3}L + L\right)\right] + \left[\frac{PL^2}{EI} \times \left(\frac{L}{2} + L\right)\right]$$

$$= \frac{5PL^3}{6EI} + \frac{3PL^3}{2EI}$$

$$= \frac{14PL^3}{6EI} = \frac{7PL^3}{3EI}$$

05 그림과 같은 평면 트러스에서 절점 B의 변위가 30mm로 제한될 때 최대허용하중 P[kN]는? (단, 모든 부재의 단면적은 1,000 mm^{2}이고 탄성계수는 200GPa이며, 구조물의 자중은 무시한다.)

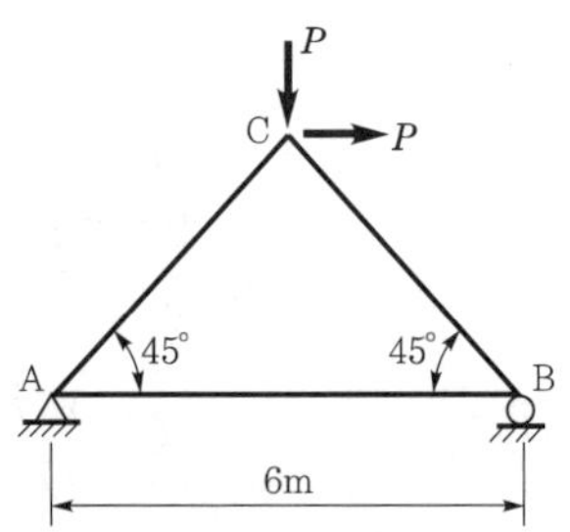

① 1,000　② 1,500

③ 2,000　④ 2,500

해설 단위하중법을 적용하면

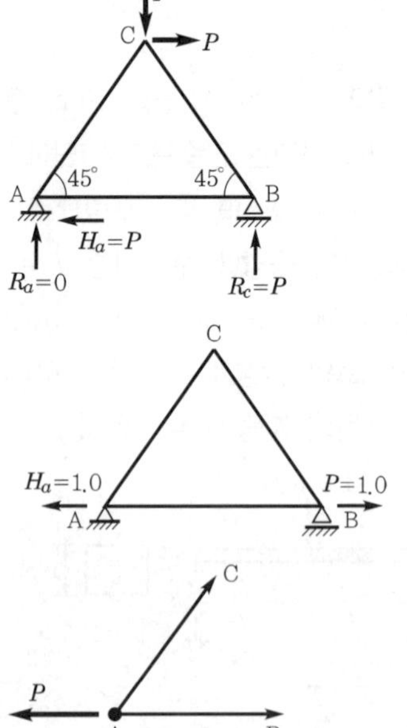

정답 04 ④ 05 ①

$\Sigma V=0,\ F_{AC}\cdot\dfrac{1}{\sqrt{2}}=0,\ F_{AC}=0$

$\Sigma H=0,\ -P+F_{AB}=0,\ F_{AB}=P$

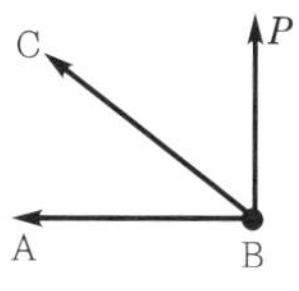

〈절점 B〉

$\Sigma V=0,\ P+F_{BC}\cdot\dfrac{1}{\sqrt{2}}=0,\ F_{BC}=-\sqrt{2}P$

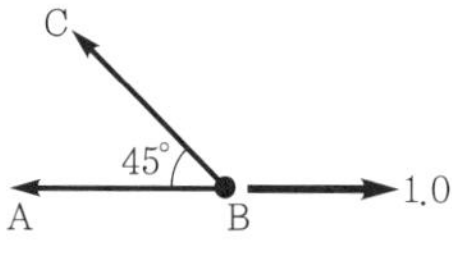

〈절점 B〉

$\Sigma V=0,\ F_{BC}\cdot\dfrac{1}{\sqrt{2}}=0,\ F_{BC}=0$

$\Sigma H=0,\ -F_{AB}+1.0=0,\ F_{AB}=1.0$

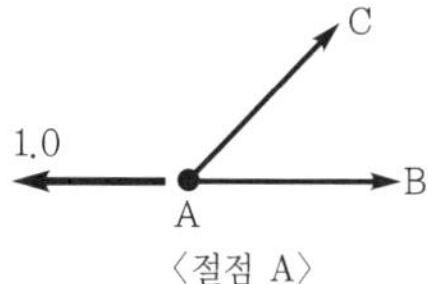

〈절점 A〉

$\Sigma V=0,\ F_{AC}\cdot\dfrac{1}{\sqrt{2}}=0,\ F_{AC}=0$

$\Sigma H=0,\ -1.0+F_{AB}+F_{AC}\cdot\dfrac{1}{\sqrt{2}}=0,\ F_{AB}=1.0$

부재	N	n	L(m)	$n\cdot N\cdot L$
AB	P	1.0	6.0	$6P$
AC	0	0	$3\sqrt{2}$	0
CB	$-\sqrt{2}P$	0	$3\sqrt{2}$	0
Σ				$6P$

$1\cdot\delta_B=\Sigma\dfrac{n\cdot N\cdot L}{EA}$에서

$0.03=\dfrac{6P}{EA}=\dfrac{6P}{200\times10^9\times1000\times10^{-6}}$

$P=1000\text{kN}$

06 그림과 같은 외팔보 AB와 CD가 자유단에서 롤러로 연결되어 있다. 외팔보 AB의 자유단에 수직하중 P가 작용할 때, 롤러가 전달하는 힘은? (단, 외팔보 AB와 CD는 같은 재료로 만들어져 있고, 휨강성은 각각 EI_1과 EI_2이며, 보와 롤러의 자중은 무시한다.)

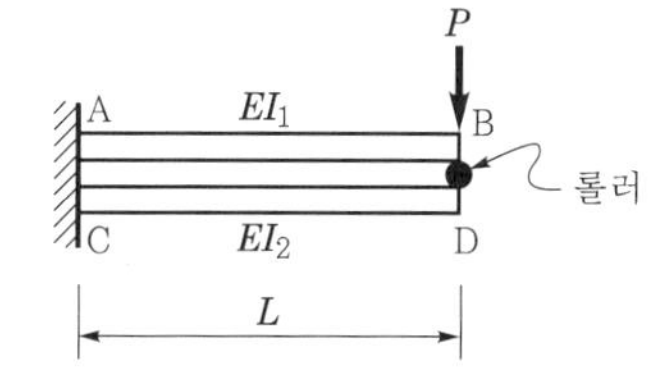

① $\dfrac{PI_2}{I_1+I_2}$　② $\dfrac{2PI_2}{I_1+I_2}$

③ $\dfrac{PI_1}{I_1+I_2}$　④ $\dfrac{2PI_1}{I_1+I_2}$

해설 $P_1+P_2=P\cdots\cdots$ ①

$\delta_1=\dfrac{P_1L^3}{3EI_1},\quad \delta_2=\dfrac{P_2L^3}{3EI_2}$

$\delta_1=\delta_2$에서 $\dfrac{P_1L^3}{3EI_1}=\dfrac{P_2L^3}{3EI_2}\quad \therefore\ P_1=\dfrac{P_2I_1}{I_2}\cdots\cdots$ ②

①식에 ②식을 대입하면

$P=\dfrac{P_2I_1}{I_2}+P_2=P_2\left(\dfrac{I_1+I_2}{I_2}\right)$

$P_2=\dfrac{PI_2}{I_1+I_2}$

07 그림과 같이 직경 d인 원형봉 단면(A)와 평균직경 d이고 두께 $0.1d$인 원형관 단면(B)에 각각 비틀림 모멘트 T가 작용할 때, B단면에 발생한 최대전단응력 τ_B에 대한 A단면에 발생한 최대전단응력 τ_A의 비(τ_A/τ_B)는? (단, 원형봉과 원형관은 동일한 재료로 만들어지고, 원형관은 두께가 얇은 관에 대한 비틀림 공식을 사용한다.)

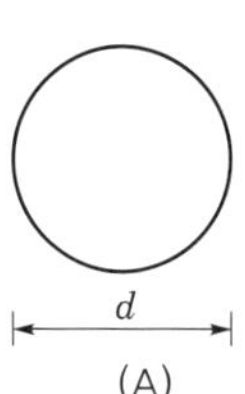

(A)

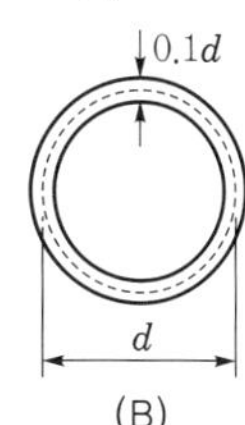

(B)

① 0.40　② 0.80

③ 1.25　④ 2.50

해설

㉠ 충실원형단면 : $J_1=I_{P_1}=\dfrac{\pi d^4}{32}$

㉡ 얇은 관$=J=\dfrac{4A_m^2}{\int_0^{l_m}\dfrac{ds}{t}}$

정답 06 ① 07 ②

$$J_2 = 2\pi r^3 t$$
$$= 2\pi\left(\frac{d}{2}\right)^3 \cdot 0.1d$$
$$= 2\pi \cdot \frac{d^3}{8} \cdot 0.1d$$
$$= 0.025\pi d^3$$

$\tau_A : \tau_B$는 $\dfrac{1}{I_{P_A}} : \dfrac{1}{I_{P_B}}$이므로 0.8

08 그림과 같은 부정정구조물에서 수평하중 P에 의한 B점의 지점반력은? (단, 모든 부재의 휨강성 EI는 일정하고, 구조물의 자중은 무시한다.)

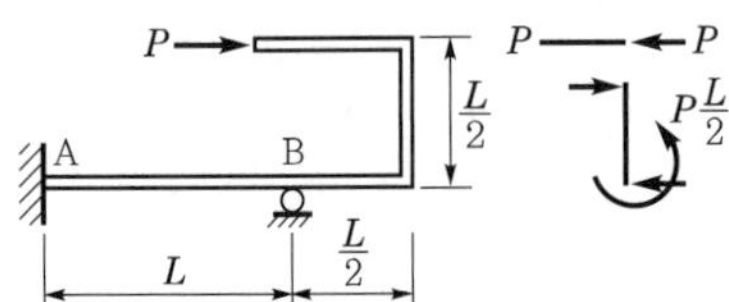

① $\dfrac{1}{2}P$ ② $\dfrac{3}{4}P$

③ P ④ $\dfrac{3}{2}P$

해설

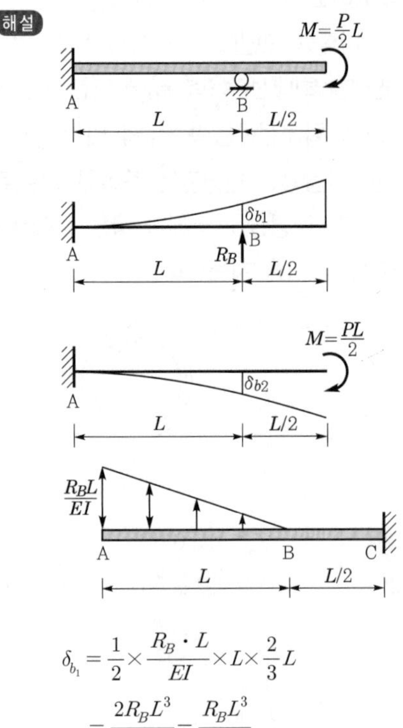

$$\delta_{b_1} = \frac{1}{2} \times \frac{R_B \cdot L}{EI} \times L \times \frac{2}{3}L$$
$$= \frac{2R_BL^3}{6EI} = \frac{R_BL^3}{3EI}$$

$$\delta_{b_2} = \frac{PL}{2EI} \times L \times \frac{L}{2} = \frac{PL^3}{4EI}$$

$$\delta_{b_1} = \delta_{b_2}$$

$$\frac{R_BL^3}{3EI} = \frac{PL^3}{4EI}$$

$$R_B = \frac{PL^3}{4EI} \times \frac{3EI}{L^3} = \frac{3}{4}P$$

09 그림과 같이 지름 D, 길이 $2D$인 원형봉에 인장력 P를 작용시켰을 때 길이가 $\dfrac{D}{5}$만큼 증가했다면, 변형 전 단면적에 대한 변형 후 단면적의 비는? (단, 포아송비 $\nu = 0.25$이고, 원형봉의 자중은 무시한다.)

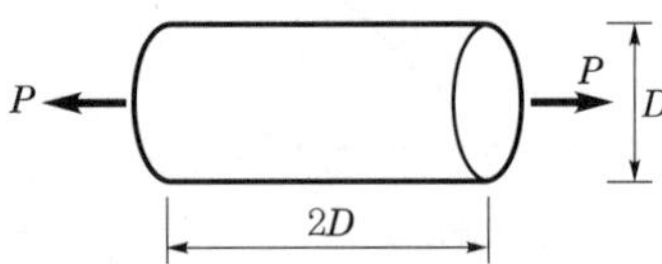

① $\left(\dfrac{9}{10}\right)^2$

② $\left(\dfrac{37}{40}\right)^2$

③ $\left(\dfrac{19}{20}\right)^2$

④ $\left(\dfrac{39}{40}\right)^2$

해설 포아송비 $\nu = \dfrac{\text{가로 변형률}(\varepsilon_d)}{\text{세로 변형률}(\varepsilon_l)} = \dfrac{l \cdot \Delta d}{d \cdot \Delta l}$

$$0.25 = \frac{2D \cdot \Delta d}{D \cdot \frac{D}{5}}$$

$$\Delta d = \frac{0.25 \times D \times \frac{D}{5}}{2D} = 0.025D$$

변형 전 단면적 $\dfrac{\pi}{4}D^2$

변형 후 단면적 $\dfrac{\pi}{4}(D - 0.025D)^2 = \dfrac{\pi}{4}(0.975D)^2$

$$\therefore \frac{(0.975D)^2}{D^2} = \left(\frac{39}{40}\right)^2$$

정답 08 ② 09 ④

10 그림과 같이 양단 고정된 원형봉의 지간 중앙 C점의 비틀림모멘트 T가 작용할 때, C점에서의 비틀림각은? (단, AC구간의 비틀림강성 GI_P는 BC구간 비틀림강성의 3배이다.)

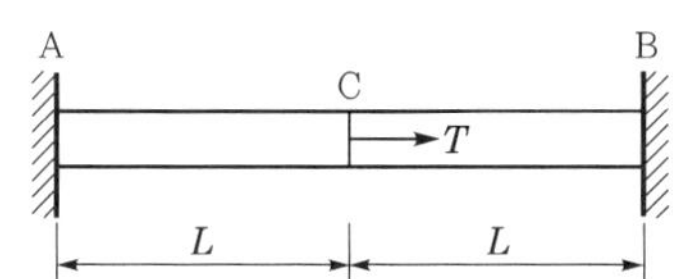

① $\dfrac{TL}{4GI_P}$ ② $\dfrac{TL}{2GI_P}$

③ $\dfrac{3TL}{4GI_P}$ ④ $\dfrac{TL}{GI_P}$

해설

$$\phi_c = \frac{T}{K_{AC}+K_{CB}} = \frac{T}{\dfrac{GJ_{AC}}{L}+\dfrac{GJ_{CB}}{L}}$$

$$= \frac{T}{\dfrac{GJ_{AC}+GJ_{CB}}{L}} = \frac{TL}{GJ_{AC}+GJ_{CB}} \cdots\cdots ①$$

$GJ_{AC} = 3GJ_{CB} \cdots\cdots ②$

②식을 ①식에 대입하면

$$\frac{TL}{3GJ_{CB}+GJ_{CB}} = \frac{TL}{4GJ_{CB}} (J = I_P)$$

11 그림과 같이 트러스 구조물에 하중이 작용할 때, 부재 BC의 부재력[kN]은? (단, 구조물의 자중은 무시한다.)

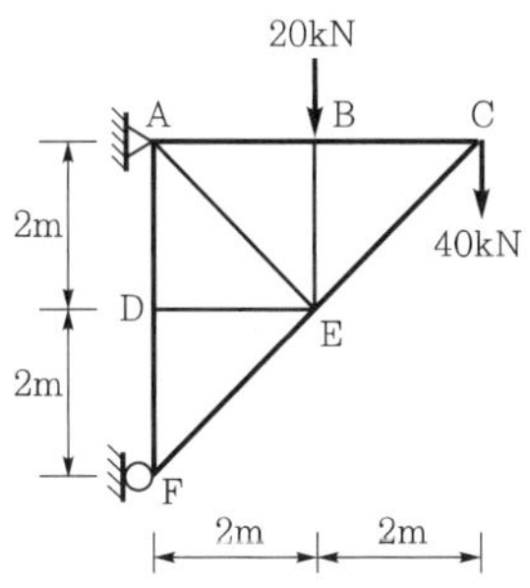

① 40 (압축)

② 50 (압축)

③ 40 (인장)

④ 50 (인장)

해설 단면법으로 계산하면

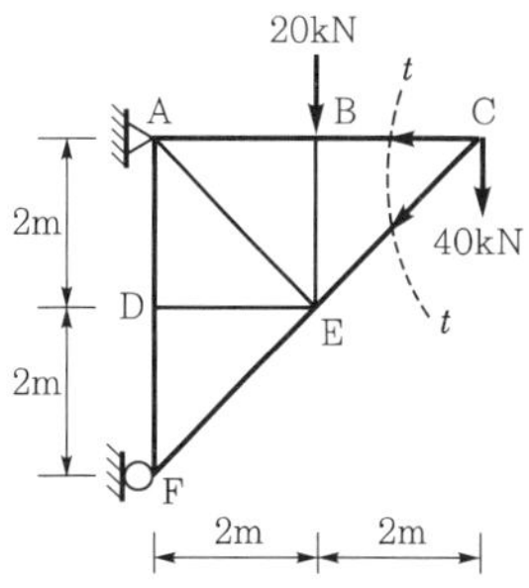

절단면 우측에 대해 $\Sigma M_E = 0$

$-(F_{BC} \times 2.0) + (40 \times 2.0) = 0$

$F_{BC} = 40\text{kN}$ (인장)

12 그림과 같이 ㄱ자 형태의 강체가 피봇을 중심으로 회전 가능한 상태이고 스프링강성 k인 스프링에 연결되어 있다. A점에 수직하중 P가 작용할 때, 스프링의 늘어난 길이는? (단, 모든 구조물의 자중은 무시하고, 하중 P에 의한 A점의 이동량은 L에 비해 매우 작다고 가정한다.)

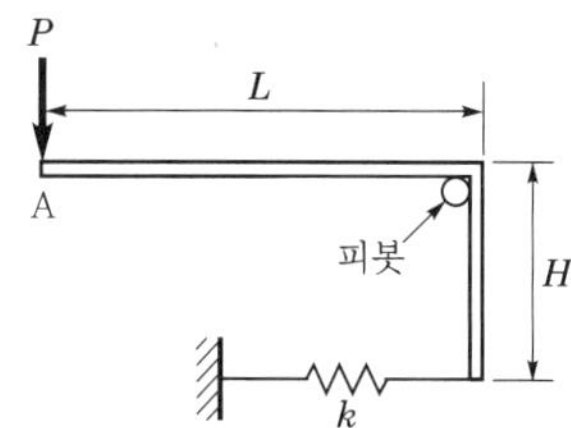

① $\dfrac{PL}{kH}$ ② $\dfrac{PH}{kL}$

③ $\dfrac{2PL}{kH}$ ④ $\dfrac{PH}{2kL}$

해설

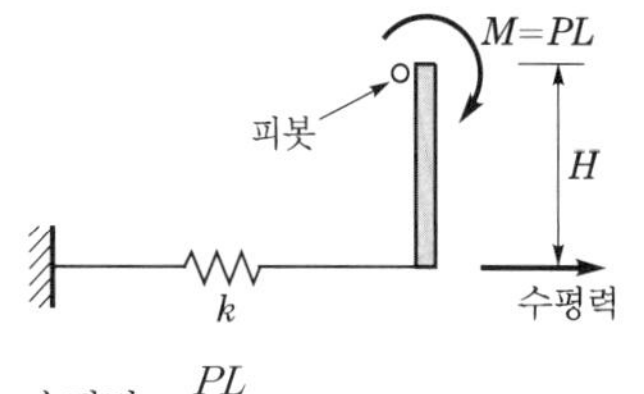

수평력$= \dfrac{PL}{H}$

늘어난 길이 $\delta = \dfrac{\text{수평력}}{k} = \dfrac{PL}{Hk}$

13 그림과 같이 높이 10m인 기둥의 상단에서 천장까지의 거리는 1mm이다. 온도가 30℃ 상승했을 때, 기둥에 발생하는 압축응력[MPa]은? (단, 기둥의 탄성계수는 100GPa이고, 열팽창 계수는 1×10^{-5}/℃ 이며, 기둥의 자중은 무시한다.)

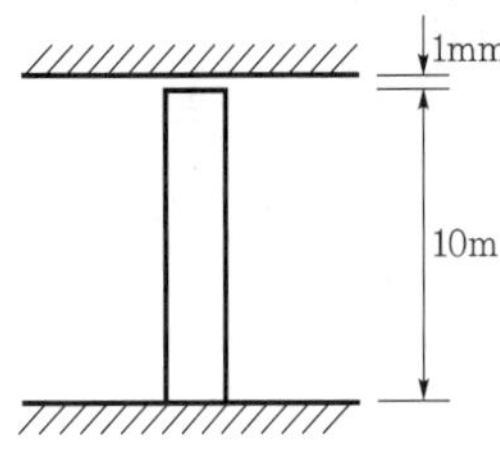

① 50 ② 30
③ 20 ④ 10

해설 ㉠ 온도변화량 $\delta_t = \alpha\Delta T l = 1\times10^{-5}\times30\times10$
$= 3\times10^{-3}$ m

㉡ 응력에 영향을 미치는 변형량
$\delta = \delta_t - \delta_i = 3\times10^{-3} - 0.1\times10^{-3}$
$= 2.9\times10^{-3}$ m

∴ 온도 응력 $\sigma_t = \varepsilon_t E = \dfrac{\delta}{l}E$
$= \dfrac{2.9\times10^{-3}}{10+(1.0\times10^{-3})}\times100\times10^9$
$= 28997100\text{Pa} = 28.9\text{MPa}$

14 그림과 같이 단순보의 양단 A점과 B점에 각각 휨모멘트 M과 $2M$이 작용할 때, B점에서의 회전각은? (단, 보의 휨강성은 EI이고 보의 자중은 무시한다)

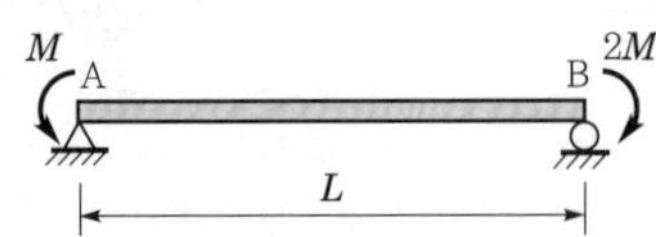

① $\dfrac{ML}{3EI}$ ② $\dfrac{ML}{2EI}$
③ $\dfrac{2ML}{3EI}$ ④ $\dfrac{5ML}{6EI}$

해설

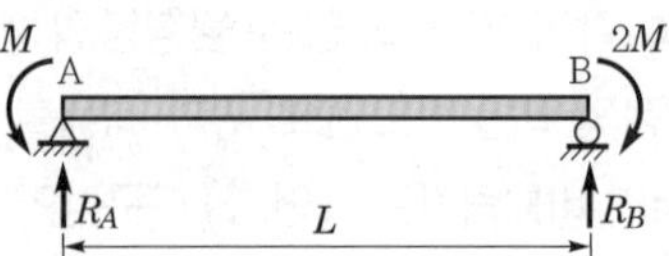

$\Sigma M_B = 0$
$(R_A\times L) - M + 2M = 0$
$R_a = -\dfrac{M}{L}$
$\Sigma V = 0$
$R_a + R_B = 0$
$-\dfrac{M}{L} + R_B = 0$
$R_B = 0$

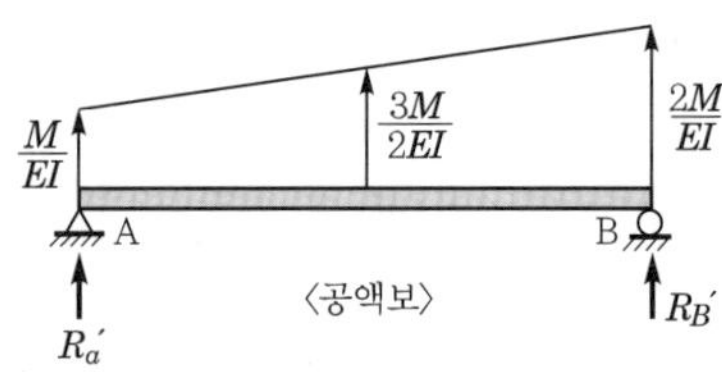

$x = 0 \rightarrow -M$
$x = \dfrac{l}{2} \rightarrow -M - \dfrac{M}{L}\times\dfrac{L}{2} = -\dfrac{3M}{2}$
$\theta_B = R_B'$ 이므로 공액보에서
$\Sigma M_A = 0$
$-(R_B'\times L) - \left(\dfrac{M}{EL}\times L\times\dfrac{L}{2}\right) - \left(\dfrac{1}{2}\times L\times\dfrac{M}{EI}\times\dfrac{2}{3}L\right) = 0$
$-R_B' L = \dfrac{ML^2}{2EI} + \dfrac{ML^2}{3EI} = \dfrac{5ML^2}{6EI}$
$\theta_B = R_B' = -\dfrac{5ML}{6EI}$

15 그림과 같이 하중을 받고 있는 케이블에서 지점에 작용하는 수평반력의 크기[kN]는? (단, 구조물의 자중은 무시한다.)

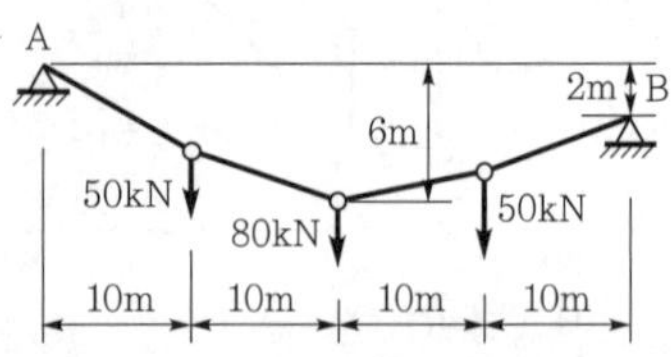

① 250 ② 260
③ 270 ④ 280

정답 13 ② 14 ④ 15 ②

해설 케이블 정리를 적용하면

$\Sigma M_B = 0$

$(V_A \times 40) + (H_A \times 2.0) - (50 \times 30) - (80 \times 20)$
$- (50 \times 10) = 0$

$40V_A + 2H_A = 3{,}600$

$V_A = 90 - 0.05H_A$ ································· ①

$\Sigma M_C = 0$

$V_A \times 20 + (H_A \times 6.0) - (50 \times 10) = 0$

$20V_A + 6H_A - 500 = 0$ ························· ②

①식을 ②식에 대입

$20(90 - 0.05H_A) + 6H_A - 500 = 0$

$1800 - H_A + 6H_A - 500 = 0$

$5H_A = -1300 \quad \therefore H_A = -260\text{ kN}$

16 그림과 같이 강봉 AD가 A점에서 힌지, B점과 C점에서 케이블로 지지되어 있다. 수직하중 P가 D점에 작용할 때, 케이블 CG에 작용하는 인장력은? (단, 강봉은 강체로 가정하고, 케이블 BF와 케이블 CG의 탄성계수와 단면적은 같으며, 강봉과 케이블의 자중은 무시한다.)

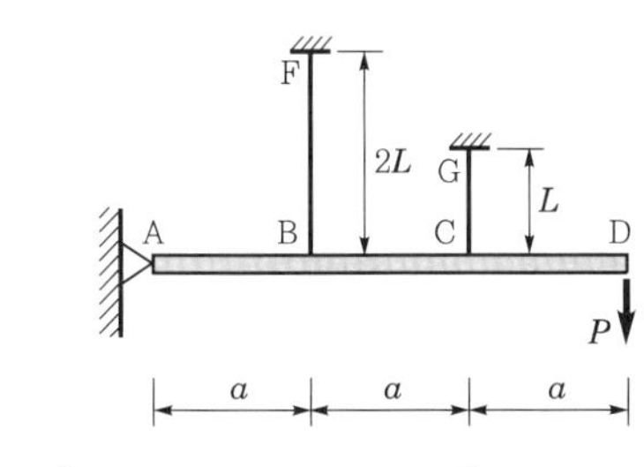

① $\frac{1}{3}P$ ② $\frac{2}{3}P$

③ P ④ $\frac{4}{3}P$

해설

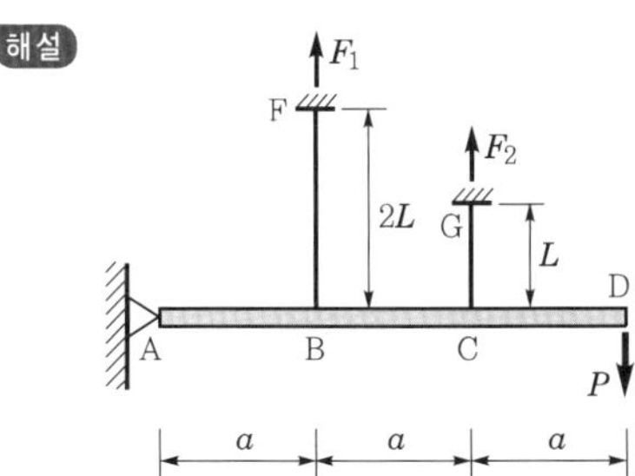

$\Sigma M_A = 0$

$(P \times 3a) - (F_2 \times 2a) - (F_1 \times a) = 0$

$F_1 + 2F_2 = 3P$ ·········①

$\delta_1 = \frac{F_1 \cdot 2L}{EA}, \quad \delta_2 = \frac{F_2 \cdot L}{EA}$

$\delta_2 = 2\delta_1$ 이므로

$\frac{F_2 L}{EA} = 2 \cdot \frac{F_1 2L}{EA}$

$F_2 = 4F_1$ ·········②

①식에 ②식을 대입하면

$F_1 + 2 \times (4F_1) = 3P$

$9F_1 = 3P$

$F_1 = \frac{1}{3}P$

$F_2 = 4 \times \frac{1}{3}P = \frac{4}{3}P$

17 그림과 같은 트러스에서 FH부재의 부재력이 200N(압축)이 되기 위한 하중 P의 크기[N]는? (단, 구조물의 자중은 무시한다.)

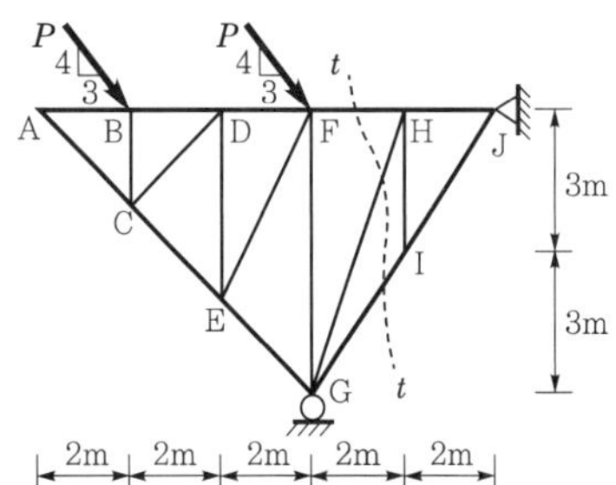

① 100 ② 200

③ 300 ④ 400

해설 단면법 적용에서 단면 좌측에 대해

$\Sigma M_G = 0$

$\left(-\frac{4P}{5} \times 4.0\right) + \left(\frac{3}{5}P \times 6.0\right) + \left(\frac{3P}{5} \times 6.0\right) + (F_{FH} \times 6.0)$
$= 0$

$-\frac{16P}{5} + \frac{18P}{5} + \frac{18P}{5} + 6F_{FH} = 0$

$\frac{20P}{5} + (6 \times -200) = 0$

$P = 300\text{N}$

정답 16 ④ 17 ③

18 그림과 같이 두께 10mm인 세 개의 보를 접착시켜 제작한 단순보가 자중을 포함한 등분포하중 $q = 10\text{N/m}$를 받고 있을 때 지점 B에 반시계방향으로 가할 수 있는 최대허용모멘트 $M[\text{N}\cdot\text{m}]$은? (단, 접착면의 허용전단응력은 0.3MPa이다. 보의 파괴는 접착면에서의 전단파괴만을 고려하고, 파괴 이전에 접착면에서는 미끄러짐이 발생하지 않는다.)

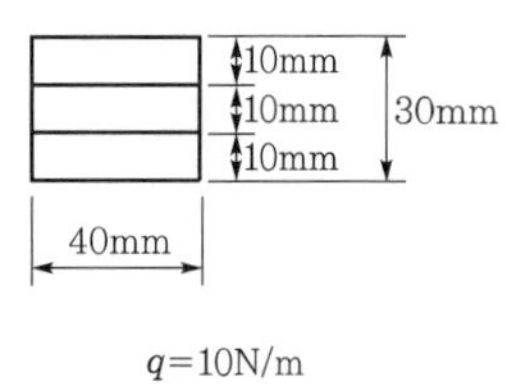

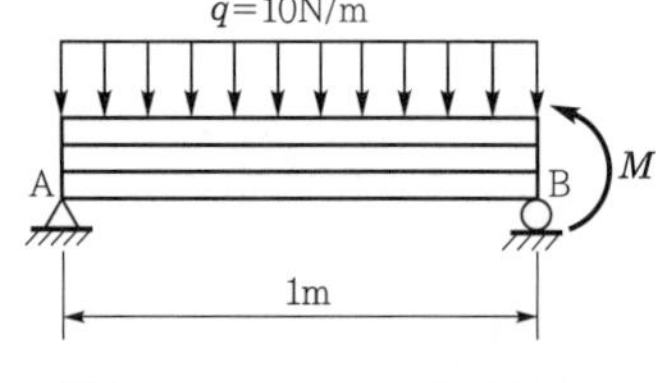

① 265 ② 270

③ 275 ④ 280

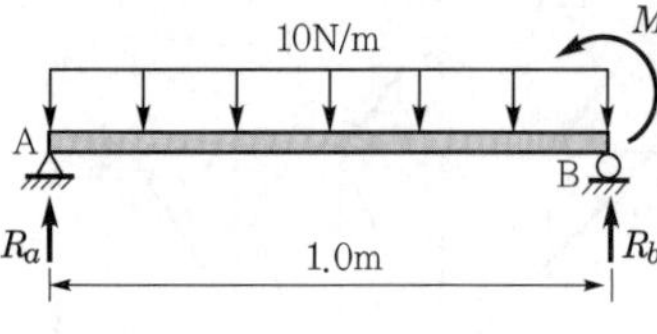

$\Sigma M_B = 0$

$(R_a \times 1.0) - (10 \times 1.0 \times 0.5) - M = 0$

$R_a - 5 - M = 0$

$R_a = M + 5(\uparrow)$

$\Sigma V = 0$

$R_a + R_b - (10 \times 1.0) = 0$

$(M+5) + R_b - 5.0 = 0 \quad R_b = -M$

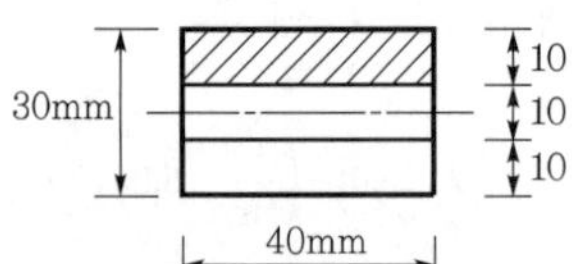

$I = \dfrac{0.04 \times 0.03^3}{12} = 9 \times 10^{-8}\ \text{m}^4$

$b = 0.04\ \text{m}$

$V = M + 5$

$G = (0.04 \times 0.01) \times 0.01 = 4 \times 10^{-6}$

$\tau = \dfrac{(M+5) \times (4 \times 10^{-6})}{9 \times 10^{-8} \times 0.04} \le \tau_a = 0.3\ \text{MPa}$

$= 0.3 \times 10^6\ \text{N/m}^2$

$M = 265\ \text{N}\cdot\text{m}$

19 그림과 같이 두 개의 다른 재료 A와 B로 구성된 합성단면의 중립축($x-x$축)에 대한 최대허용휨모멘트[kN · m]는? (단, 재료 B의 탄성계수는 재료 A의 탄성계수의 2배이고, 재료 A와 B의 허용 휨응력은 각각 30MPa과 50MPa이다. A와 B는 완전하게 결합되어 휨거동을 할 때 접촉면에서 미끄러짐이 발생하지 않는다.)

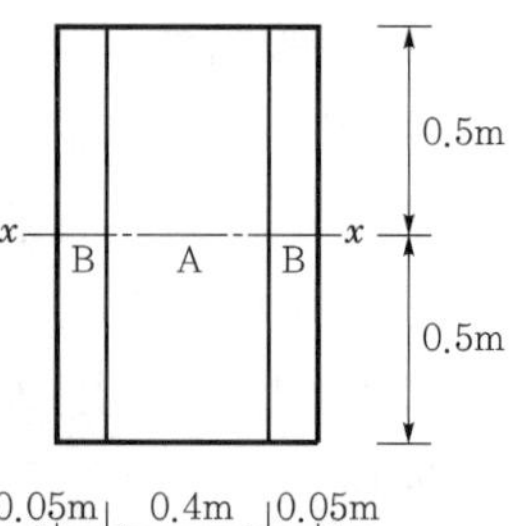

① 1,500 ② 2,000

③ 2,500 ④ 3,000

$E_B = 2E_A \rightarrow n = \dfrac{E_B}{E_A} = 2$ (환산계수)

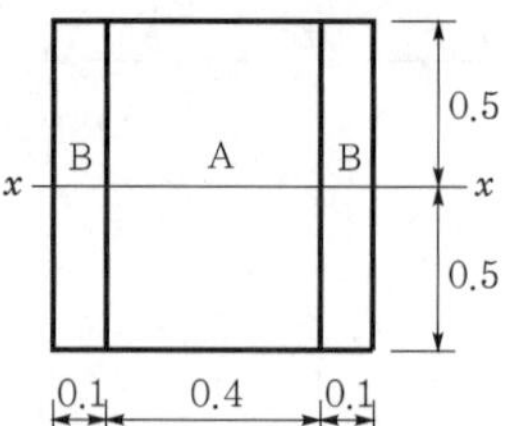

$I_t = \dfrac{0.6 \times 1.0^3}{12} = 0.05\text{m}^4$

$\sigma = \dfrac{M}{I_t} y = \dfrac{M \times 0.5}{0.05} = 3\text{MPa}$

$= 30 \times 10^6\ \text{N/m}^2$

$M = 30 \times 10^6 \times 0.05 \div 0.5$

$= 3{,}000\text{kN}\cdot\text{m}$

정답 18 ① 19 ④

20 그림과 같이 높이 500mm, 길이 1,000mm, 두께 10mm인 강판의 상면과 하면이 마찰이 없는 강체벽에 y방향으로만 구속되어 있다. 10MPa의 압력이 x방향으로 작용할 때, 강판의 x방향 변형량[mm]은? (단, 탄성계수는 100GPa, 포아송비는 0.2이고 강판의 자중은 무시한다.)

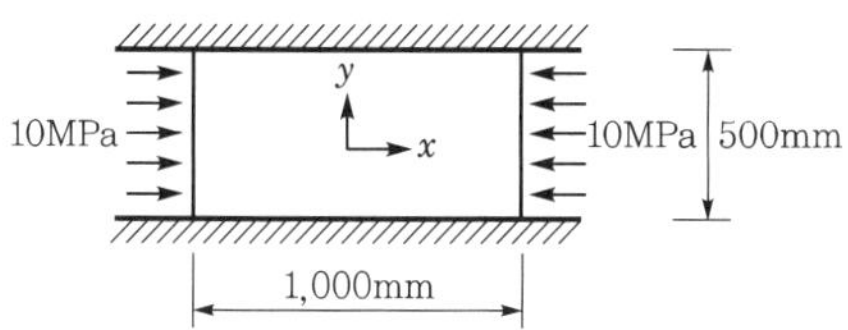

① 0.024 ② 0.048

③ 0.072 ④ 0.096

해설 다축하중을 받는 보의 요소에서

$$\varepsilon_x = +\frac{\sigma_x}{E} - \frac{\nu \cdot \sigma_y}{E} - \frac{\nu \cdot \sigma_z}{E} \cdots\cdots\cdots ①$$

$$\varepsilon_y = -\frac{\nu \cdot \sigma_x}{E} + \frac{\sigma_y}{E} - \frac{\nu \cdot \sigma_z}{E} \cdots\cdots\cdots ②$$

$$\varepsilon_z = -\frac{\nu \cdot \sigma_x}{E} - \frac{\nu \cdot \sigma_y}{E} + \frac{\sigma_z}{E} \cdots\cdots\cdots ③$$

y축에 대해 변위고정이므로 ①식에서

$$\varepsilon_x = +\frac{\sigma_x}{E} - \frac{\nu \cdot \sigma_z}{E}$$

$$= \frac{10\times10^6}{100\times10^9} - \left(\frac{0.2\times10\times10^6}{100\times10^9}\right) = 8\times10^{-5}$$

$$\varepsilon_x = \frac{\Delta l}{1,000} = 8\times10^{-5}$$

$$\Delta l = 8\times10^{-2}$$

정답 20 ③

과년도 출제문제(2017년 국가직 9급)

01 균일 원형 단면 강봉에 인장력이 작용할 때, 강봉의 지름을 3배로 증가시키면 응력은 몇 배가 되는가? (단, 강봉의 자중은 무시한다.)

① 9　② 3

③ $\frac{1}{9}$　④ $\frac{1}{27}$

해설 ㉠ 인장력이 작용할 때의 응력

$$\sigma = \frac{4P}{\pi d^2}$$

㉡ 지름을 3배로 증가시킨 후의 응력

$$\sigma = \frac{4P}{\pi(3d)^2} = \frac{4P}{9\pi d^2}$$

㉢ 응력은 $\frac{1}{9}$ 배가 된다.

02 단위가 나머지 셋과 다른 것은?

① 인장응력　② 비틀림응력

③ 전단변형률　④ 철근의 탄성계수

해설 ① 인장응력(σ) : MPa

② 비틀림응력(τ) : MPa

③ 전단변형률(γ) : rad

④ 철근의 탄성계수(E) : MPa

03 그림과 같은 xy 평면상의 두 힘 P_1, P_2의 합력의 크기[kN]는?

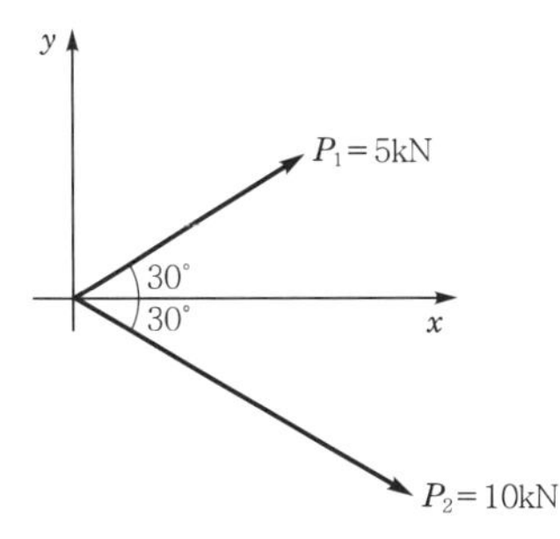

① 5　② $5\sqrt{7}$

③ 10　④ $10\sqrt{7}$

해설 $R = \sqrt{{P_1}^2 + 2P_1P_2\cos\theta + {P_2}^2}$

$= \sqrt{5^2 + 2\times5\times10\times\cos60° + 10^2}$

$= 5\sqrt{7}$

04 그림과 같이 단면적 $A = 4{,}000\text{mm}^2$인 원형 단면을 가진 캔틸레버보의 자유단에 수직하중 P가 작용한다. 이 보의 전단에 대하여 허용할 수 있는 최대하중 P[kN]는? (단, 허용 전단응력은 1N/mm^2이다.)

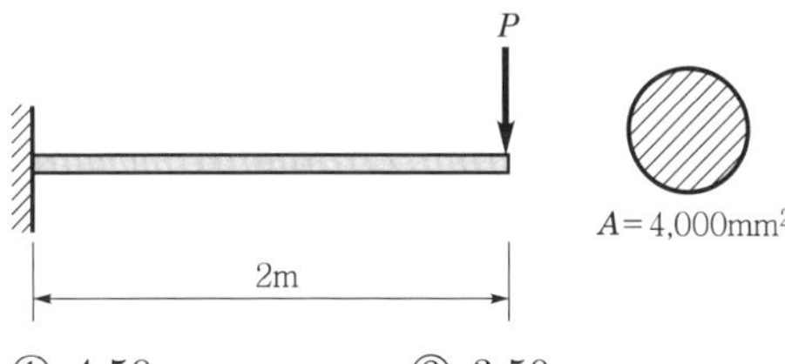

① 4.50　② 3.50

③ 3.00　④ 2.25

해설 ㉠ $\tau_a = \frac{4S}{3A}$, $1 = \frac{4P}{3\times4{,}000}$

㉡ $P = 3{,}000\text{N} = 3\text{kN}$

㉢ $S = \frac{3AI_a}{4} = \frac{3\times4{,}000\times1}{4} = 3{,}000\text{N} = 3\text{kN}$

05 그림과 같이 빗금친 단면의 도심이 x축과 평행한 직선 A－A를 통과한다고 하면, x축으로부터의 거리 c의 값은?

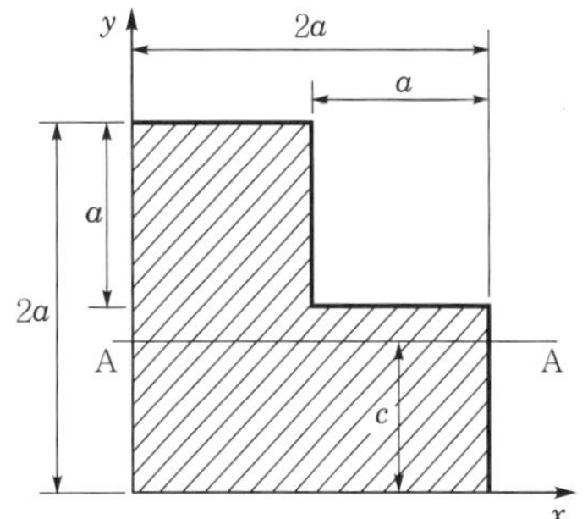

① $\dfrac{3}{4}a$　　② $\dfrac{4}{5}a$

③ $\dfrac{5}{6}a$　　④ $\dfrac{6}{7}a$

$$y=\frac{A_1\times y_1+A_2\times y_2}{A_1+A_2}$$

$$=\frac{(2a\times a)\left(\dfrac{a}{2}\right)+(a\times a)\times\left(\dfrac{3}{2}a\right)}{(2a\times a)+(a\times a)}=\frac{5}{6}a$$

06 그림과 같이 집중하중 P가 작용하는 트러스 구조물에서 부재력이 발생하지 않는 부재의 총개수는? (단, 트러스의 자중은 무시한다.)

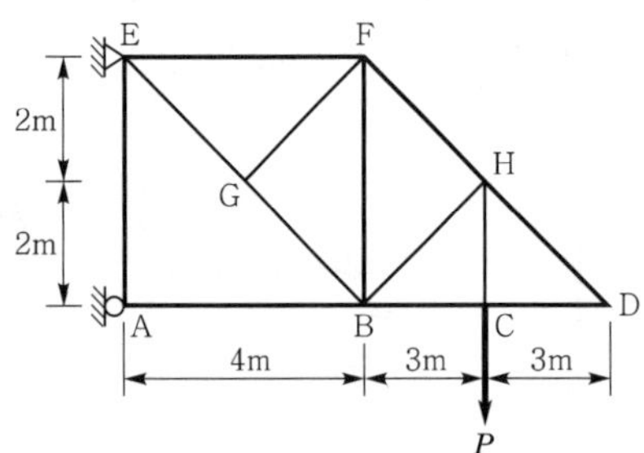

① 0　　② 1

③ 3　　④ 5

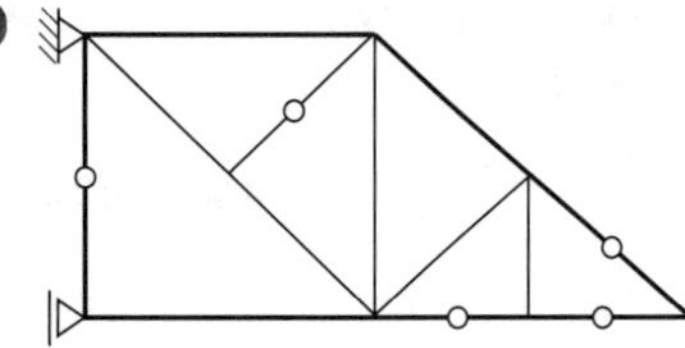

5개의 영부재가 있다.

07 한 변이 40mm인 정사각형 단면의 강봉에 100kN의 인장력을 가하였더니 강봉의 길이가 1mm 증가하였다. 이때 강봉에 저장된 변형에너지[N · m]의 크기는? (단, 강봉은 선형탄성 거동하는 것으로 가정하며, 자중은 무시한다.)

① 50　　② 30

③ 10　　④ 4

해설

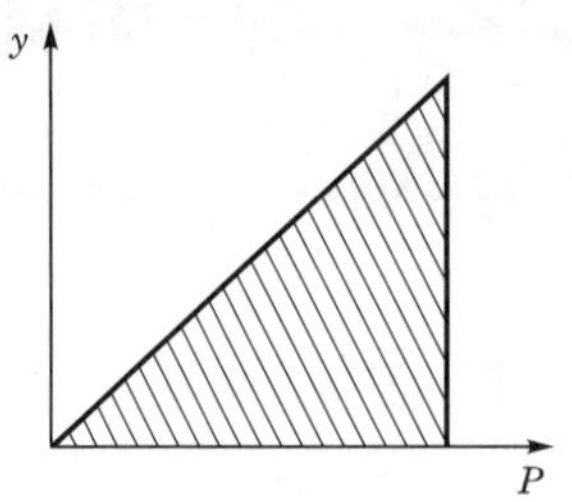

변형에너지=삼각형의 넓이

$$=\frac{P\times S}{2}$$

$$=\frac{100\times10^3\times1\times10^{-3}}{2}=50\text{N}\cdot\text{mm}$$

08 그림과 같은 트러스 구조물에서 모든 부재의 온도가 20℃ 상승할 경우 각 부재의 부재력은? (단, 모든 부재의 열팽창계수는 α[1/℃]이고, 탄성계수는 E로 동일하다. AB, AC 부재의 단면적은 A_1, BC부재의 단면적은 A_2이다. 모든 부재의 초기 부재력은 0으로 가정하고, 자중은 무시한다.)

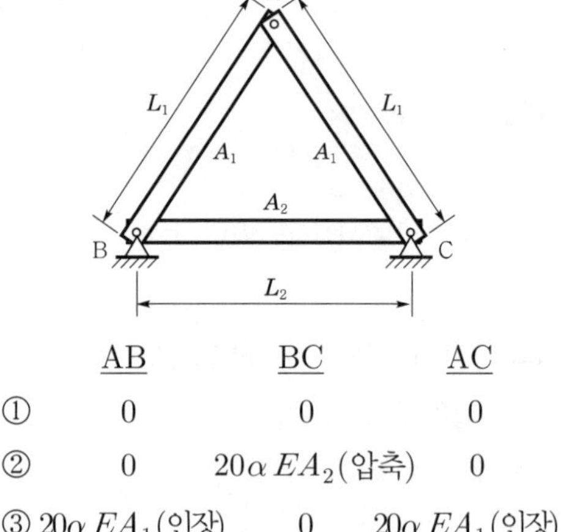

	AB	BC	AC
①	0	0	0
②	0	$20\alpha EA_2$(압축)	0
③	$20\alpha EA_1$(인장)	0	$20\alpha EA_1$(인장)
④	0	$20\alpha EA_2$(인장)	0

해설 부재 AB와 부재 AC는 구속이 되어 있지 않다.
따라서 부재력은 0이다.
부재 BC는 힌지로 되어 있을 때
부재력은 $\Delta T\alpha EA_2=20\alpha EA_2$(압축)이다.

정답 06 ④ 07 ① 08 ②

09 그림과 같은 구조물의 부정정 차수는? (단, C점은 롤러 연결지점이다.)

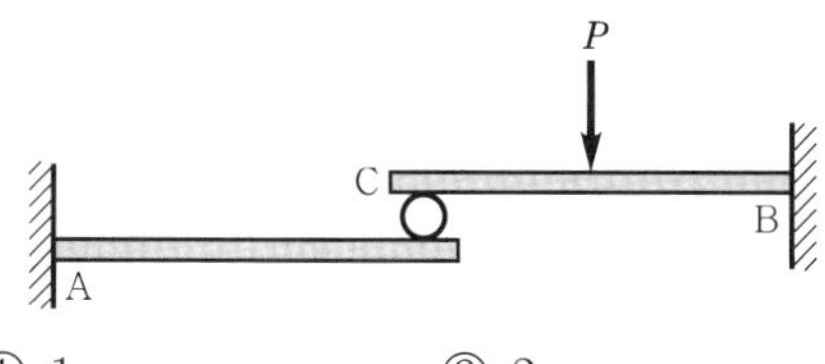

① 1　　② 2
③ 3　　④ 4

해설 1차 부정정 구조물이다.

10 그림과 같이 보는 등분포하중 q_1과 q_2에 의해 힘의 평형상태에 있다. 이 보의 최대 휨모멘트 크기[kN·m]는? (단, $a=2\text{m}$, $b=6\text{m}$, $q_1=10\text{kN/m}$이며, 보의 자중은 무시한다.)

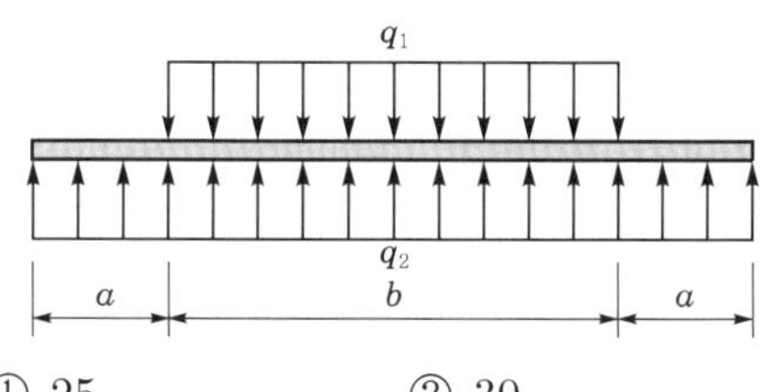

① 25　　② 30
③ 35　　④ 40

해설 ㉠ $\Sigma V=0$

$6\times10-10q_2=0$

$\therefore\ q_2=6\text{kN/m}$

㉡ $M_{\max}=M_c$

$$=\frac{-10\times3^2+6\times5^2}{2}=30\text{kN}\cdot\text{m}$$

11 그림과 같은 xy 평면상의 구조물에서 지점 A의 반력모멘트[kN·m]의 크기는? (단, 구조물의 자중은 무시한다.)

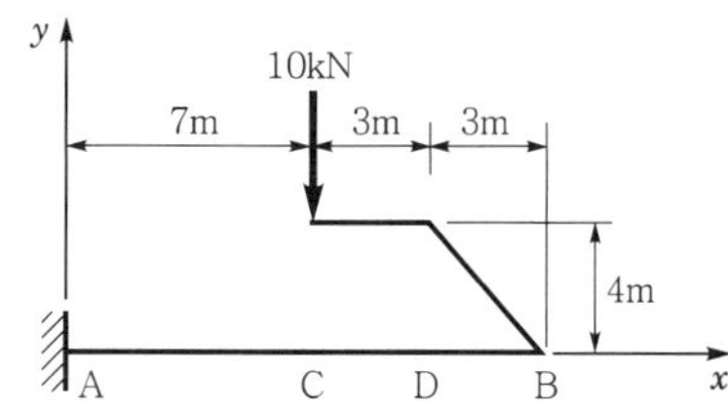

① 130　　② 104
③ 100　　④ 70

해설 $M_A=10\times7=70\text{kN}\cdot\text{m}$ ↻

12 그림과 같이 휨강성 EI가 일정한 내민보의 자유단에 수직하중 P가 작용하고 있을 때, 하중작용점에서 수직처짐의 크기는? (단, 보의 자중은 무시한다.)

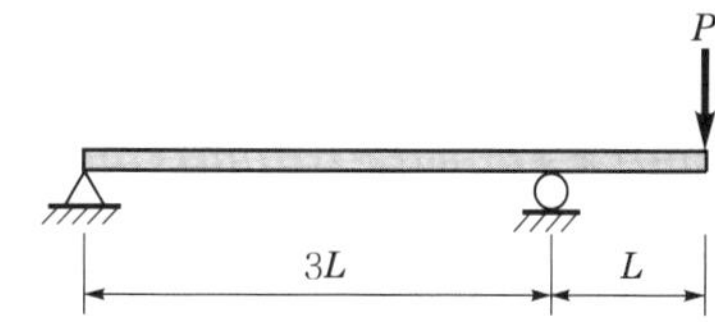

① $\dfrac{PL^3}{3EI}$　　② $\dfrac{4PL^3}{3EI}$
③ $\dfrac{7PL^3}{3EI}$　　④ $\dfrac{10PL^3}{3EI}$

해설

$$\delta=\frac{PL\times3L}{3EI}\times L+\frac{PL^3}{3EI}$$

$$=\frac{4PL^3}{3EI}$$

13 그림과 같은 부정정 구조물에 등변분포하중이 작용할 때, 반력의 총개수는? (단, B점은 강결되어 있다.)

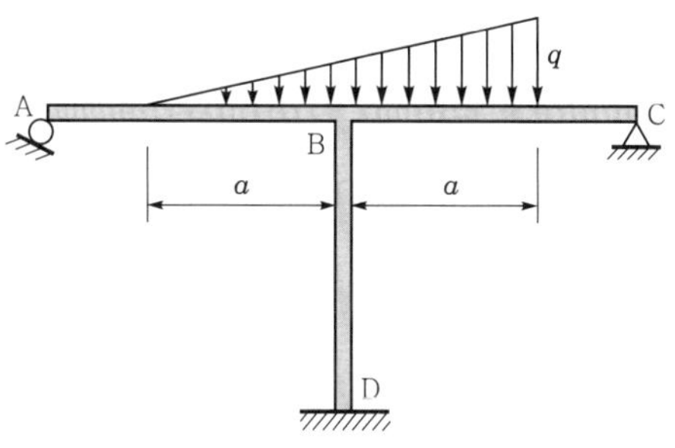

① 4　　② 5
③ 6　　④ 7

해설 ㉠ 롤러 : 1개

㉡ 힌지 : 2개

㉢ 고정 : 3개

㉣ 반력의 총개수 6개

정답 09 ① 10 ② 11 ④ 12 ② 13 ③

14 그림과 같은 단순보에서 D점의 전단력은? (단, 보의 자중은 무시한다.)

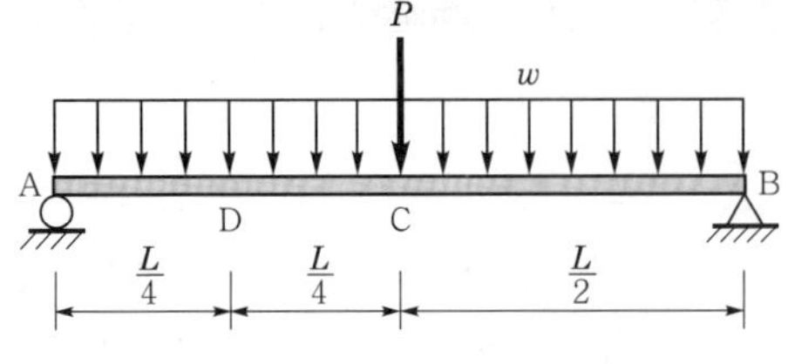

① $\frac{P}{2}$ ② $\frac{P}{2}+\frac{wL}{4}$

③ $\frac{wL}{2}$ ④ $\frac{P}{2}+\frac{wL}{2}$

해설

$$S_D=\frac{P}{2}+\frac{wL}{2}-\frac{wL}{4}$$
$$=\frac{P}{2}+\frac{wL}{4}$$

15 그림과 같이 길이 11m인 단순보 위에 길이 5m의 또 다른 단순보(CD)가 놓여 있다. 지점 A와 B에 동일한 수직반력이 발생하도록 만들기 원한다면, $3P$의 크기를 갖는 집중하중을 보 CD 위의 어느 위치에 작용시켜야 하나? (단, 지점 D에서 떨어진 거리 x[m]를 결정하며, 모든 자중은 무시한다.)

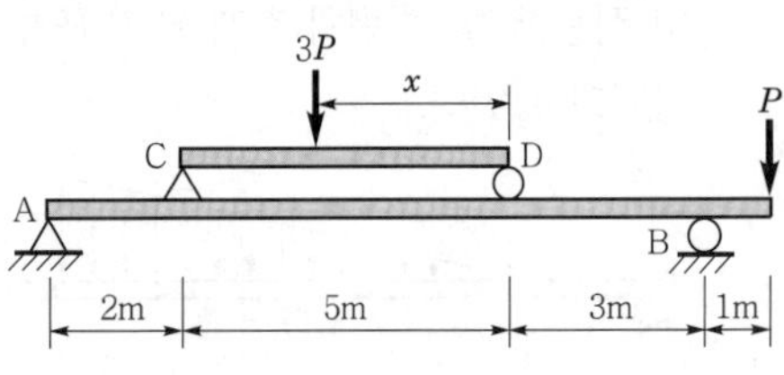

① 1 ② 2

③ 3 ④ 4

해설

㉠ $R_A=\frac{4P}{2}=2P$

㉡ $\Sigma M_D=0$ ⊕

$10R_A-3P\times(x+3)+P=0$

$10\times2P-3P\times(x+3)+P=0$

$\therefore\ x=4\text{m}$

16 그림과 같은 하중이 작용하는 직사각형 단면의 단순보에서 전단력을 지지할 수 있는 지간 L의 최대 길이[m]는? (단, 보의 자중은 무시하고, 허용전단응력은 1.5MPa이다.)

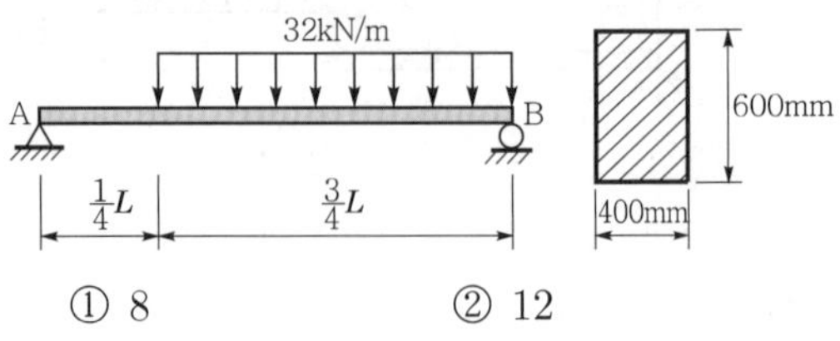

① 8 ② 12

③ 16 ④ 20

해설 ㉠ $\Sigma M_A=0$ ⊕

$$32\times\frac{3}{4}L\times\left(\frac{L}{4}+\frac{3}{8}L\right)-S_{\max}\times L=0$$

$\therefore\ S_{\max}=15L$

㉡ $\tau_a=\frac{3S_{\max}}{2A}$

$$1.5=\frac{3\times1.5L}{2\times600\times400}$$

$\therefore\ L=16\text{m}$

17 그림과 같이 길이가 L인 기둥의 중심원형 단면이 있다. 단면의 도심을 지나는 A-A축에 대한 세장비는?

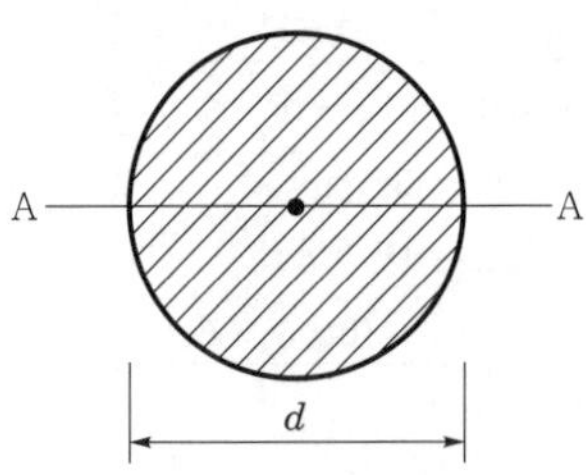

① $\frac{4L}{d}$ ② $\frac{2\sqrt{2}\,L}{d}$

③ $\frac{2L}{d}$ ④ $\frac{L}{d}$

해설

$$r=\sqrt{\frac{I}{A}}=\sqrt{\frac{\frac{\pi D^4}{64}}{\frac{\pi D^2}{4}}}=\frac{D}{4}$$

$$\lambda=\frac{L}{r}=\frac{4L}{D}$$

정답 14 ② 15 ④ 16 ③ 17 ①

18 그림과 같은 트러스 구조물에서 C점에 수직 하중이 작용할 때, 부재 CG와 BG의 부재력 (F_{CG}, F_{BG})[kN]은? (단, 트러스의 자중은 무시한다.)

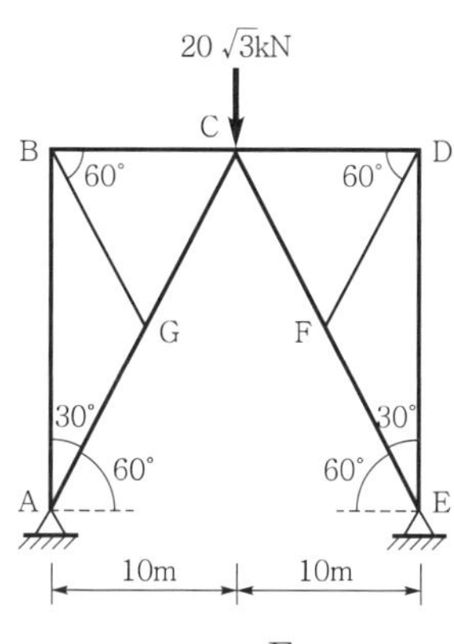

	F_{CG}	F_{BG}
①	20(압축)	0
②	0	20(압축)
③	30(압축)	0
④	20(압축)	30(압축)

해설 F_{BG} = 영부재

$$F_{CG} = \frac{-20\sqrt{3}}{\sqrt{3}}$$

$= -20$kN(압축)

19 그림과 같이 배열된 무게 1,200kN을 지지하는 도르래 연결구조에서 수평방향에 대해 60°로 작용하는 케이블의 장력 T[kN]는? (단, 도르래와 베어링 사이의 마찰은 무시하고, 도르래와 케이블의 자중은 무시한다.)

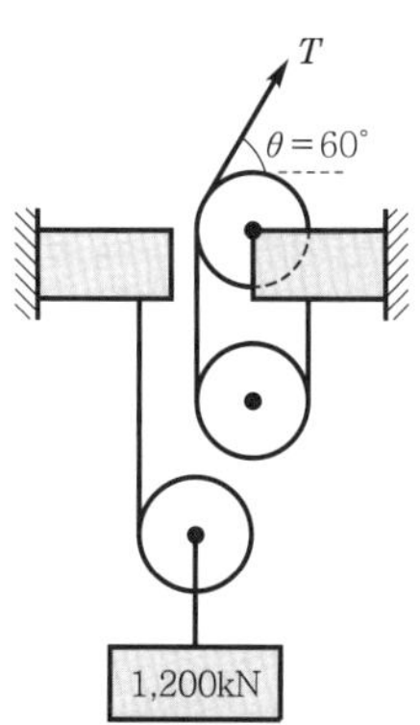

① $150\sqrt{3}$　　② 300

③ $300\sqrt{3}$　　④ 600

해설

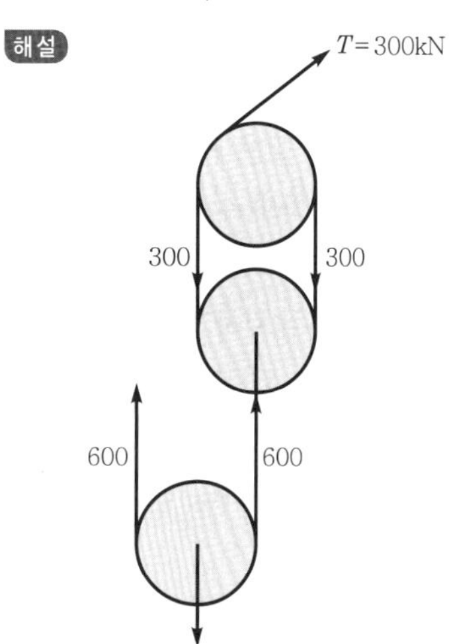

20 그림과 같은 단순보에서 최대 휨모멘트가 발생하는 단면까지의 A로부터의 거리 x[m]와 최대 휨모멘트 M_{max}[kN·m]는? (단, 보의 자중은 무시한다.)

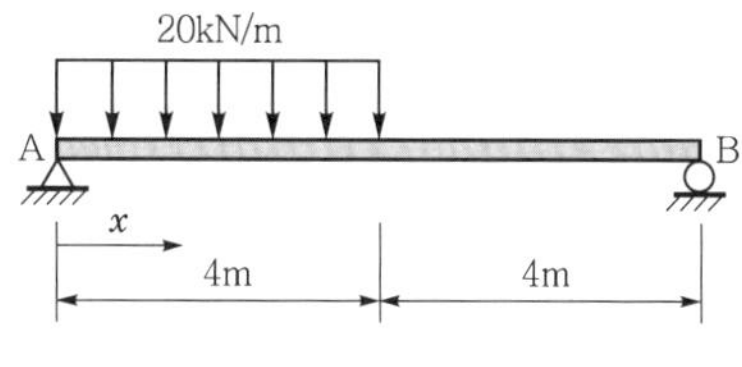

	x	M_{max}
①	2	80
②	2	90
③	3	80
④	3	90

해설 $x = \frac{3}{8}l = \frac{3}{8} \times 8 = 3$m

$$M_{max} = \frac{9}{128}wl^2 = \frac{9}{128} \times 20 \times 8^2 = 90\text{kN} \cdot \text{m}$$

정답 18 ①　19 ②　20 ④

과년도 출제문제(2017년 지방직 9급)

01 그림과 같이 보 BD가 같은 탄성계수를 갖는 케이블 AB와 CD에 의해 수직하중 P를 지지하고 있다. 케이블 AB의 길이가 L이라 할 때, 보 BD가 수평을 유지하기 위한 케이블 CD의 길이는? (단, 보 BD는 강체이고, 케이블 AB의 단면적은 케이블 CD의 단면적의 3배이며, 모든 자중은 무시한다.)

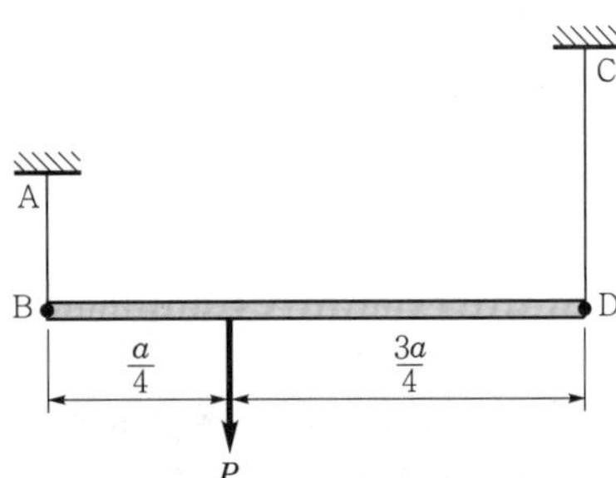

① $\dfrac{L}{4}$ ② $\dfrac{3L}{4}$

③ L ④ $3L$

해설 ㉠ $\Sigma M_B = 0$ ⊕

$P \times \dfrac{a}{4} = R_{CD} \times a$

$\therefore\ R_{CD} = \dfrac{P}{4}$

㉡ $\Sigma V = 0$

$\dfrac{P}{4} + R_{AB} = P$

$\therefore\ R_{AB} = \dfrac{3}{4}P(\uparrow)$

㉢ $\delta_{AB} = \delta_{CD}$

$\dfrac{\frac{3}{4}P \times L}{3A \times E} = \dfrac{\frac{P}{4} \times L}{A \times E}$

$\therefore\ L_{CD} = L$

02 그림과 같은 트러스 구조물에서 부재 AD의 부재력[kN]은? (단, 모든 자중은 무시한다.)

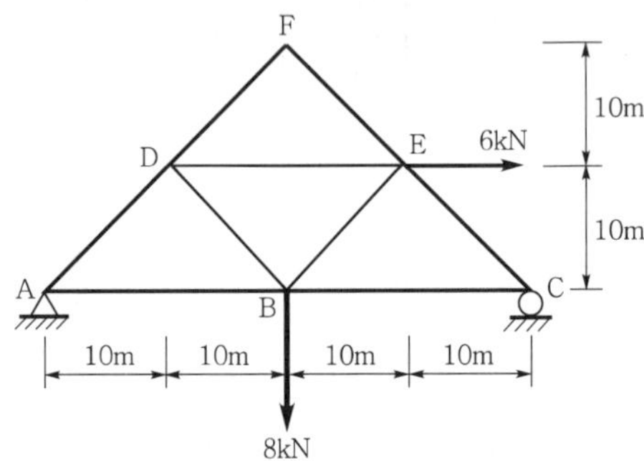

① $\dfrac{5\sqrt{2}}{2}$(압축) ② $\dfrac{5\sqrt{2}}{2}$(인장)

③ $\dfrac{\sqrt{2}}{2}$(압축) ④ $\dfrac{\sqrt{2}}{2}$(인장)

해설 ㉠ $\Sigma M_C = 0$ ⊕

$40 \times R_A - 20 \times 8 + 10 \times 6 = 0$

$\therefore\ R_A = \dfrac{5}{2}\text{kN}(\uparrow)$

㉡

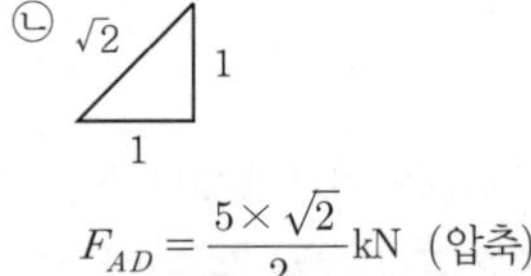

$F_{AD} = \dfrac{5 \times \sqrt{2}}{2}\text{kN}$ (압축)

03 지름 $d = 50\text{mm}$, 길이 $L = 1\text{m}$인 강봉의 원형 단면 도심에 축방향 인장력이 작용했을 때 길이는 1mm 늘어나고, 지름은 0.0055mm 줄어들었다. 탄성계수 $E = 1.998 \times 10^5[\text{N/mm}^2]$이라면 전단탄성계수 G의 크기[N/mm^2]는? (단, 강봉의 축강성은 일정하고, 자중은 무시한다.)

① 9.0×10^4 ② 10.0×10^4

③ 12.0×10^4 ④ 15.0×10^4

정답 01 ③ 02 ① 03 ①

해설

㉠ $\nu = -\dfrac{\frac{\Delta L}{L}}{\frac{\Delta d}{d}} = -\dfrac{\frac{1}{1,000}}{-\frac{0.0055}{50}} = 0.11$

㉡ $G = \dfrac{E}{2(\nu+1)} = \dfrac{1.998\times10^5}{2\times1.11} = 9\times10^4$

04 그림과 같이 50kN의 수직하중이 작용하는 트러스 구조물에서 BC 부재력의 크기[kN]는? (단, 모든 자중은 무시한다.)

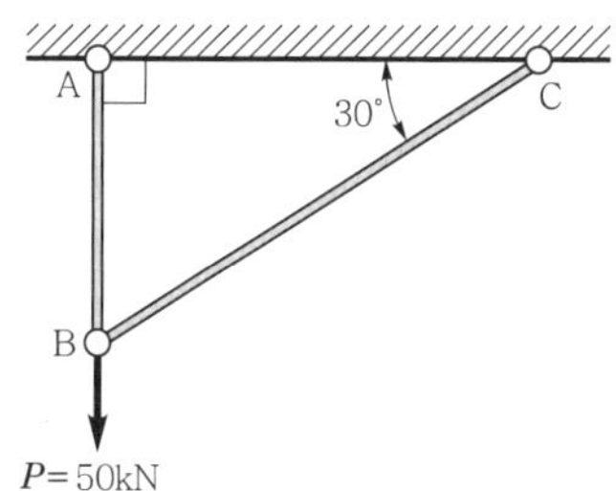

① 0 ② 25
③ 50 ④ 100

해설 절점에 모인 부재가 3개이고, 외력이 작용하지 않을 때 그중 2개 부재가 일직선상에 있으면, 2개 부재의 응력은 같고 다른 부재의 응력은 0이다.

05 케이블 BC의 허용축력이 150kN일 때, 그림과 같은 100kN의 수직하중을 지지할 수 있는 구조물에서 경사각 $0° \le \theta \le 60°$일 때, 가장 작은 단면의 케이블을 사용하려고 한다. 필요한 경사각의 크기는? (단, 봉 AB는 강체로 가정하고, 모든 자중과 미소변형 및 케이블의 처짐은 무시한다.)

[계산참고](근삿값)
sin 10°=0.2, sin 50°=0.8, sin 60°=0.9

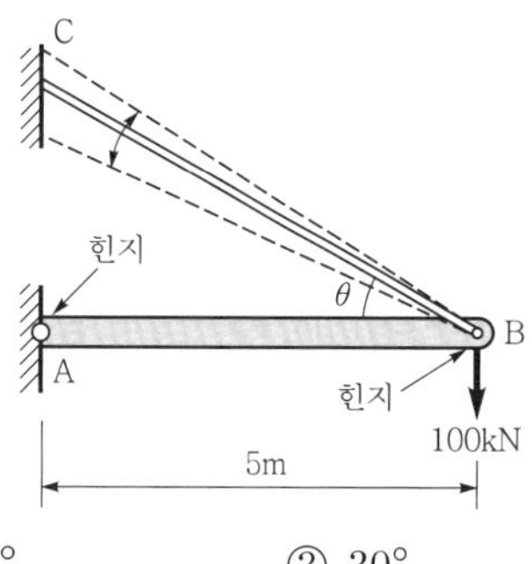

① 10° ② 30°
③ 50° ④ 60°

해설

㉠ 케이블 장력 $T = \dfrac{100}{\sin\theta}$

㉡ 경사각 : 케이블 축력(T) θ와 반비례 관계이다. 가장 작은 단면의 케이블을 사용하려면 범위 내 최대 경사각(60°)이 필요하다.

06 그림과 같은 정정보의 휨변형에 의한 B점의 수직변위의 크기[mm]는? (단, B점이 힌지이고, 휨강성 EI=100,000kN·m²이고, 자중은 무시한다.)

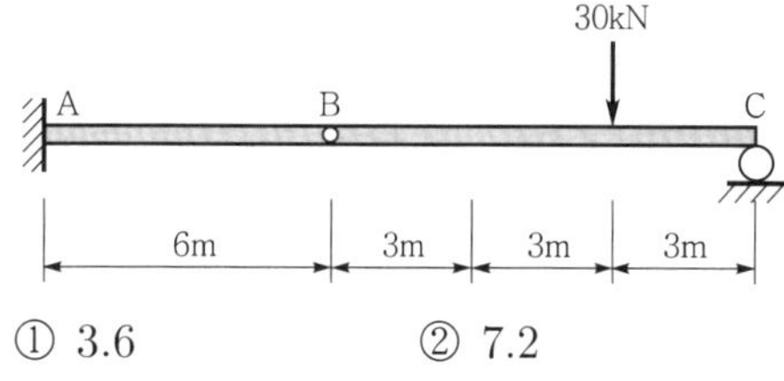

① 3.6 ② 7.2
③ 12.2 ④ 14.4

해설

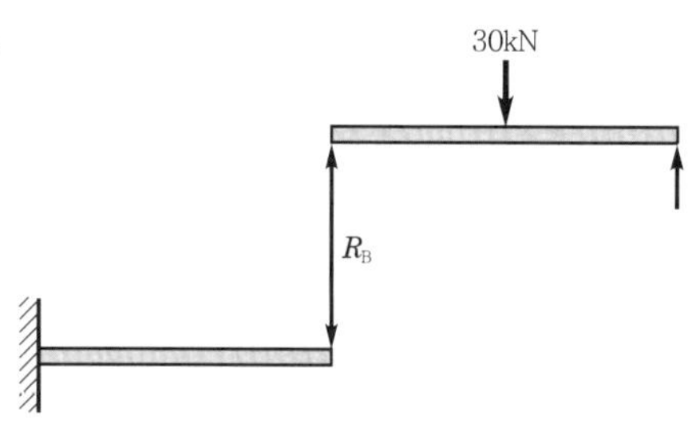

㉠ $R_B = \dfrac{P\times b}{l} = \dfrac{30\times3}{9} = 10\text{kN}$

㉡ $\delta_B = \dfrac{R_B l^3}{3EI}$

$= \dfrac{10\times6^3}{3\times100,000}$

$= 7.2\times10^{-3}\text{m}$

$= 7.2\text{mm}$

07 그림과 같은 단순보의 수직반력 R_A 및 R_B가 같기 위한 거리 x의 크기[m]는? (단, 보의 휨강성 EI는 일정하고, 자중은 무시한다.)

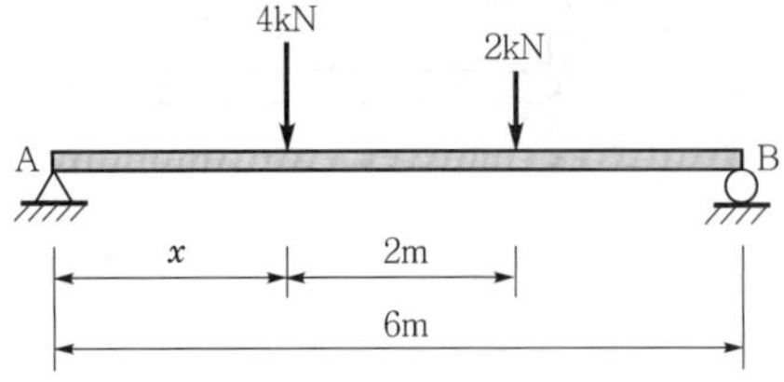

① $\frac{7}{3}$ ② $\frac{8}{3}$

③ $\frac{10}{3}$ ④ $\frac{11}{3}$

해설

㉠ $R_A = \frac{6}{2} = 3\text{kN}$

㉡ $\Sigma M_B = 0$ ⊕

$-2\times(6-(2+x))-4\times(6-x)+R_A\times6=0$

$x = \frac{7}{3}\text{m}$

08 그림과 같이 길이가 L인 부정정보에서 B지점이 δ만큼 침하하였다. 이때 B지점에 발생하는 반력의 크기는? (단, 보의 휨강성 EI는 일정하고, 자중은 무시하며, 휨에 의한 변형만을 고려한다.)

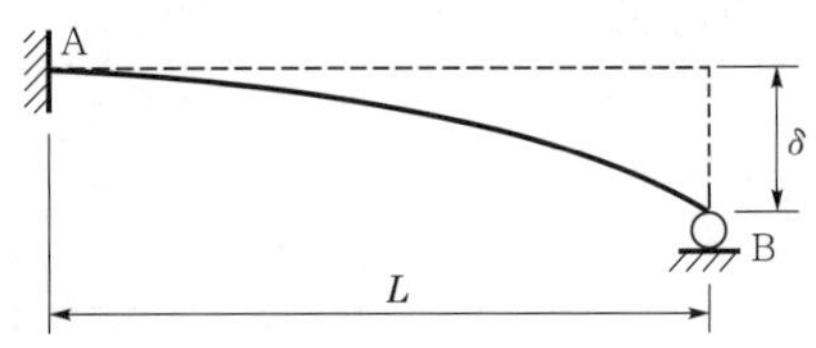

① $\frac{EI\delta}{2L^3}$ ② $\frac{EI\delta}{L^3}$

③ $\frac{3EI\delta}{L^3}$ ④ $\frac{6EI\delta}{L^3}$

해설

$\delta = \frac{PL^3}{3EI}$

$R_B = \frac{3EI\delta}{L^3}$

09 그림과 같은 외팔보의 자유단에 모멘트 하중($=P\cdot L$)이 작용할 때 보에 저장되는 탄성 변형에너지와 동일한 크기의 탄성 변형에너지를 집중하중을 이용하여 발생시키고자 할 때, 보의 자유단에 작용시켜야 하는 수직하중 Q의 크기는? (단, 모든 보의 휨강성 EI는 일정하고, 자중은 무시한다.)

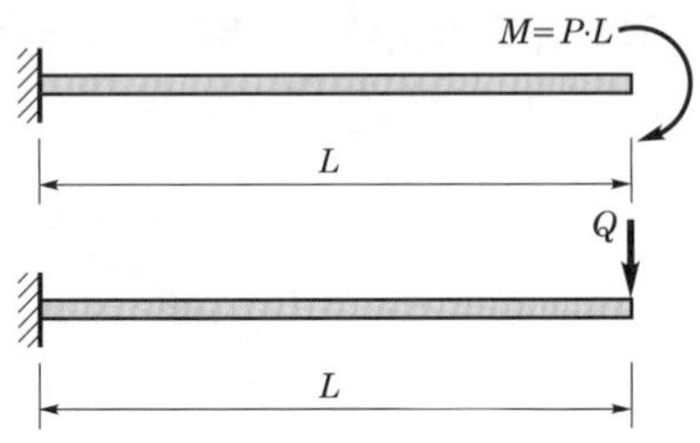

① $\sqrt{2}P$ ② $2\sqrt{2}P$

③ $\sqrt{3}P$ ④ $2\sqrt{3}P$

해설

㉠ $w_1 = \frac{1}{2}\times M\times\theta$

$w_2 = \frac{1}{2}\times Q\times\delta$

㉡ $w_1 = w_2$

$\frac{1}{2}\times M\times\frac{ML}{EI} = \frac{1}{2}\times Q\times\frac{QL^3}{3EI}$

㉢ $Q = \sqrt{3}P$

10 그림의 봉 부재는 단면적이 $10{,}000\text{mm}^2$이며, 단면도심에 압축하중 P를 받고 있다. 이 부재의 변형에너지밀도(strain energy density, v)가 $v=0.01\text{N/mm}^2$일 때, 수평하중 P의 크기[kN]는? (단, 부재의 축강성 $EA=500\text{kN}$이고, 자중은 무시한다.)

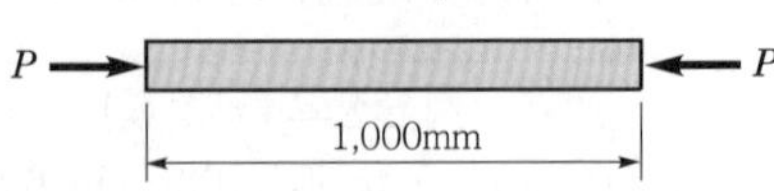

① 10 ② 11

③ 100 ④ 110

해설

$\mu = \frac{1}{2}\times\sigma\times\varepsilon = \frac{P^2}{2AE\times A}$

$P^2 = \mu\times2AE\times A$

$P^2 = 0.01\times2\times(500\times10^3)\times10{,}000$

$P = 10{,}000\text{N} = 10\text{kN}$

정답 07 ① 08 ③ 09 ③ 10 ①

11 그림과 같이 $x-y$ 평면상에 있는 단면의 최대 주단면 2차모멘트 I_{max}[mm^4]는? (단, x축과 y축의 원점 C는 단면의 도심이다. 단면 2차 모멘트는 $I_x=3mm^4$, $I_y=7mm^4$이며, 최소 주단면 2차 모멘트 $I_{min}=2mm^4$이다.)

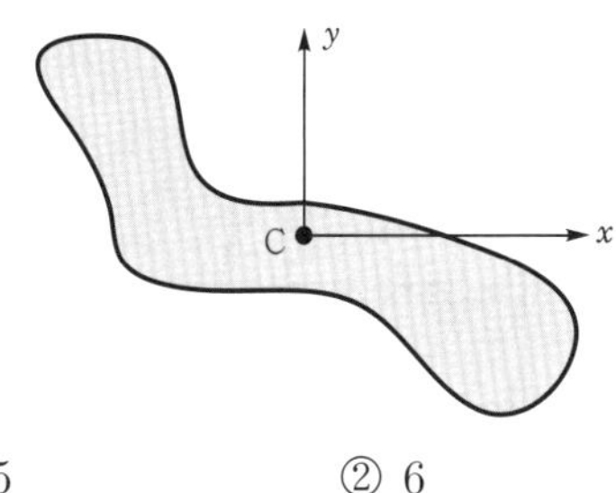

① 5 ② 6
③ 7 ④ 8

해설 $I_x+I_y=I_{max}+I_{min}$

$I_{max}=-I_{min}+I_x+I_y$
$=-2+3+7$
$=8mm^4$

12 그림과 같이 2개의 힘이 동일 점 O에 작용할 때, 두 힘 U, V의 합력의 크기[kN]는?

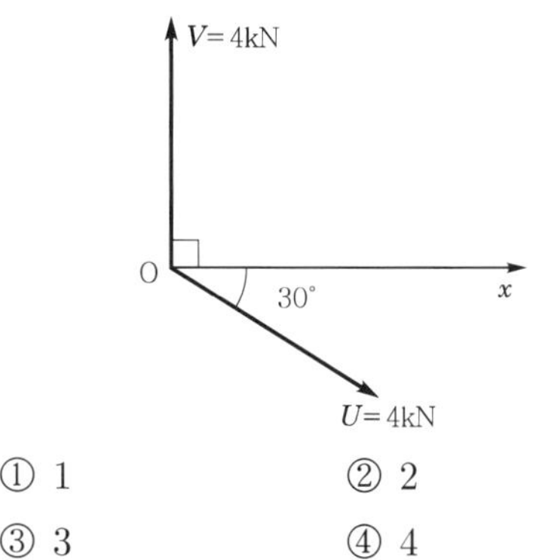

① 1 ② 2
③ 3 ④ 4

해설 120°로 같은 힘이 2개 방향이 작용할 때, 두 힘과 합력의 크기는 같다.

13 공칭응력(nominal stress)과 진응력(true stress, 실제응력), 공칭변형률(nominal strain)과 진변형률(true strain, 실제변형률)에 대한 설명으로 옳은 것은?

① 변형이 일어난 단면에서의 실제 단면적을 사용하여 계산한 응력을 공칭응력이라고 한다.
② 모든 공학적 용도에서는 진응력과 진변형률을 사용하여야 한다.
③ 인장실험의 경우 진응력은 공칭응력보다 크다.
④ 인장실험의 경우 진변형률은 공칭변형률보다 크다.

해설 ① 변형이 일어난 단면에서의 실제 단면적을 사용하여 계산한 응력을 진응력이라고 한다.
② 모든 공학적 용도에서는 공칭응력, 공칭변형률을 사용하여야 한다.
④ 인장실험의 경우 진변형률은 공칭변형률보다 작다.

14 그림과 같은 하중을 받는 사각형 단면의 탄성 거동하는 짧은 기둥이 있다. A점의 응력이 압축이 되기 위한 P_1/P_2의 최솟값은? (단, 기둥의 자중은 무시한다.)

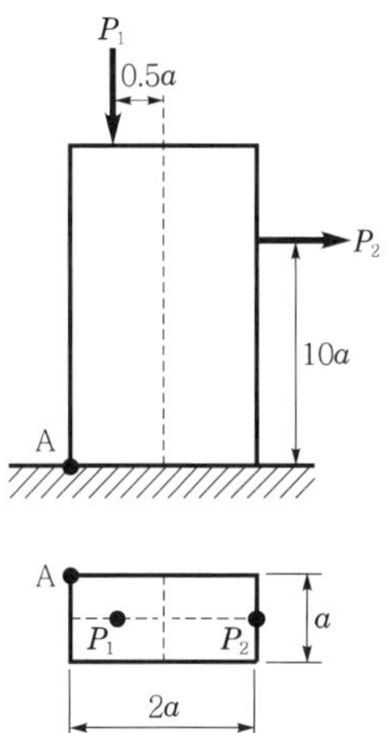

① 6 ② 8
③ 10 ④ 12

해설
$$\sigma = \frac{1}{A}\left(P_1 - \frac{(10aP_2 - 0.5aP_1)\times 6}{2a}\right) \geq 0$$
$$P_1 \geq 12P_2$$
$$\frac{P_1}{P_2} = 12$$

15 그림과 같은 라멘 구조물에서 지점 A의 반력의 크기[kN]는? (단, 모든 부재의 축강성과 휨강성은 일정하고, 자중은 무시한다.)

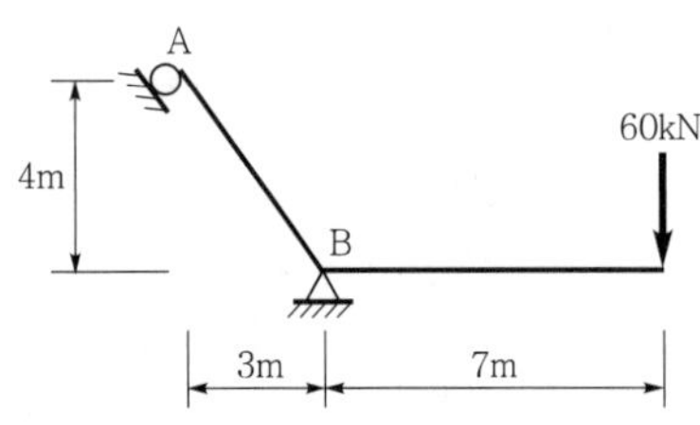

① 60 ② 84
③ 105 ④ 140

해설 $\Sigma M_B = 0$ ⊕
$$7\times 60 - 5\times R_A = 0$$
$$R_A = \frac{7\times 60}{5} = 84\text{kN}$$

16 그림과 같은 삼각형 단면에서 y축에서 도심까지의 거리는?

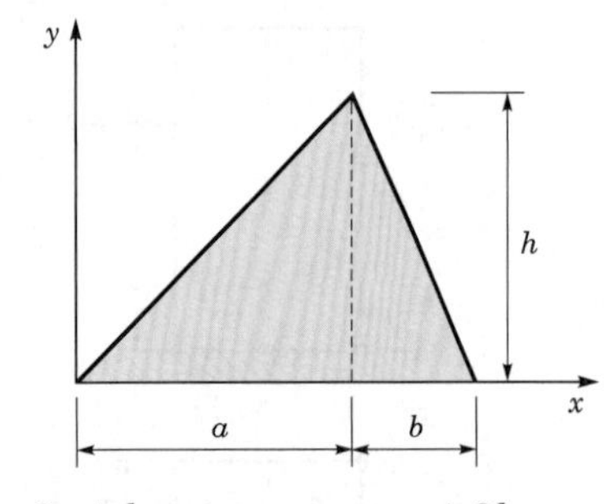

① $\frac{2a+b}{3}$ ② $\frac{a+2b}{4}$
③ $\frac{a+b}{3}$ ④ $\frac{a+2b}{3}$

해설
$$x = \frac{(a+b)+a}{3} = \frac{2a+b}{3}$$

17 그림과 같은 양단 고정보에 수직하중이 작용할 때, 하중 작용점 위치의 휨모멘트 크기[kN · m]는? (단, 보의 휨강성 EI는 일정하고, 자중은 무시한다.)

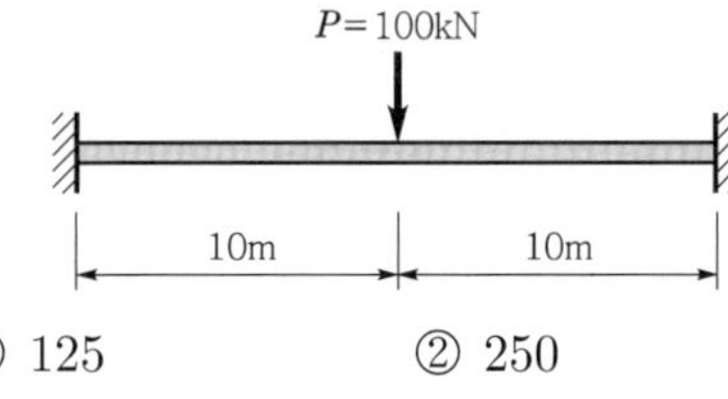

① 125 ② 250
③ 275 ④ 400

해설
$$M_c = \frac{Pl}{8} = \frac{100\times 20}{8} = 250\text{kN}\cdot\text{m}$$

18 그림과 같이 트러스 부재들의 연결점 B에 수직하중 P가 작용하고 있다. 모든 부재들의 길이 L, 단면적 A, 탄성계수 E가 같은 경우, 부재 BC의 부재력은? (단, 모든 자중은 무시한다.)

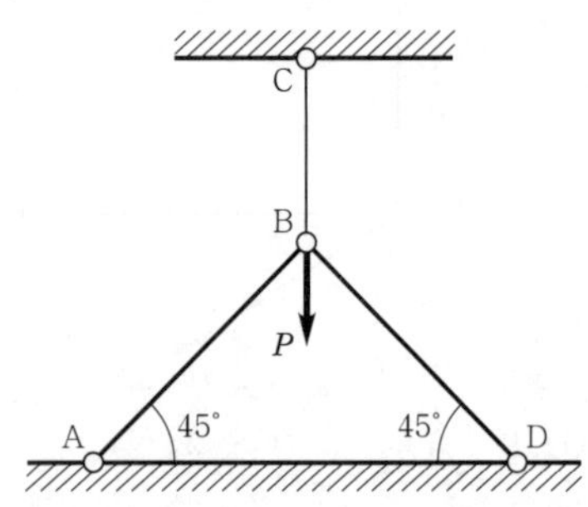

① $\frac{P}{3}$(압축) ② $\frac{P}{2}$(인장)
③ $\frac{2P}{3}$(압축) ④ $\frac{3P}{4}$(인장)

해설
㉠ $$\delta_B = \frac{P}{\left(\frac{2\sqrt{2}}{2}\right)^2 \times \left(\frac{EA}{L}\right)\times 2 + \frac{EA}{L}} = \frac{PL}{2AE}(\downarrow)$$
㉡ $$F = \delta_B K_{BC} = \frac{PL}{2AE}\times\frac{EA}{L} = \frac{P}{2}(\text{인장})$$

정답 15 ② 16 ① 17 ② 18 ②

19 그림과 같은 구조물에서 C점에 단위크기(=1)의 수직방향 처짐을 발생시키고자 할 때, C점에 가해 주어야 하는 수직하중 P의 크기는? (단, 모든 자중은 무시하고, AC, BC 부재의 단면적은 A, 탄성계수는 E인 트러스 부재이다.)

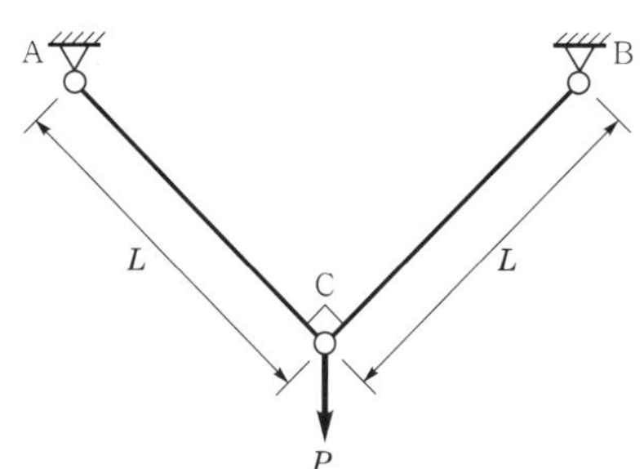

① $\frac{EA}{4L}$　　② $\frac{EA}{3L}$

③ $\frac{EA}{2L}$　　④ $\frac{EA}{L}$

해설

$$K=\frac{2\times EA\times\left(\frac{\sqrt{2}}{2}\right)^2}{L}$$

$$=\frac{EA}{L}$$

20 단면적 500mm², 길이 1m인 강봉 단면의 도심에 100kN의 인장력을 주었더니 길이가 1mm 늘어났다. 이 강봉의 탄성계수 E[N/mm²]는? (단, 강봉의 축강성은 일정하고 자중은 무시한다.)

① 1.0×10^5　　② 1.5×10^5

③ 1.8×10^5　　④ 2.0×10^5

해설 $E=\frac{Pl}{A\delta}=\frac{100\times10^3\times1,000}{500\times1}$

$=2\times10^5\text{N/mm}^2$

정답 19 ④　20 ④

과년도 출제문제(2017년 서울시 9급)

01 구조물의 처짐을 구하는 방법 중 공액보법에 대한 다음 설명으로 가장 옳지 않은 것은?

① 지지조건이 이동단인 경우 공액보는 자유단으로 바꾸어 계산한다.

② M/EI(곡률)을 공액보에 하중으로 작용시켜 계산한다.

③ 공액보의 최대전단력 발생지점에서 최대처짐각을 계산한다.

④ 공액보의 전단력이 0인 지점에서 최대처짐을 계산한다.

해설 고정단 → 자유단

02 그림과 같은 축력 P, Q를 받는 부재의 변형에너지는? (단, 보의 축강성은 EA로 일정하다.)

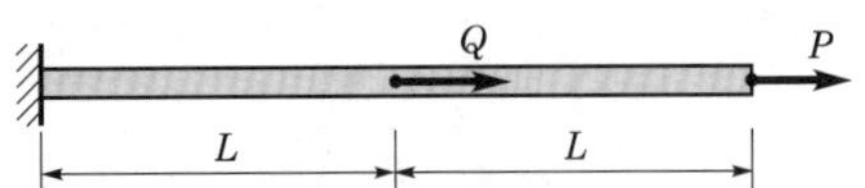

① $\dfrac{P^2L}{2EA}+\dfrac{Q^2L}{2EA}$

② $\dfrac{P^2L}{EA}+\dfrac{Q^2L}{2EA}$

③ $\dfrac{P^2L}{EA}+\dfrac{Q^2L}{2EA}+\dfrac{PQL}{EA}$

④ $\dfrac{P^2L}{EA}+\dfrac{Q^2L}{2EA}+\dfrac{PQL}{2EA}$

해설

$$U=\frac{(P+Q)^2L}{2AE}+\frac{P^2L}{2AE}$$

$$=\frac{P^2L}{AE}+\frac{Q^2L}{2AE}+\frac{PQL}{AE}$$

03 그림과 같이 캔틸레버보에 하중이 작용하고 있다. 동일한 재료 및 단면적을 가진 두 구조물의 자유단 A에서 동일한 처짐이 발생하기 위한 P와 w의 관계로 옳은 것은?

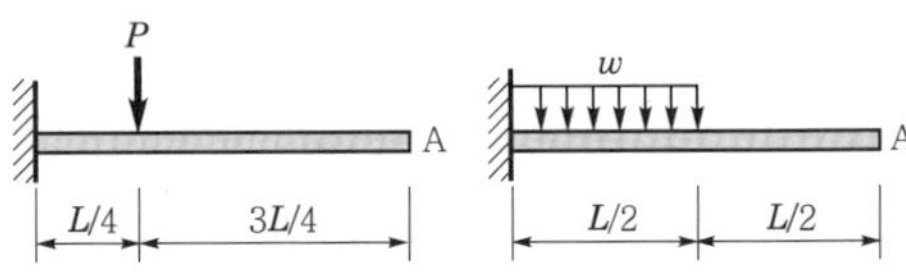

① $P=\dfrac{7wL}{10}$ ② $P=\dfrac{7wL}{11}$

③ $P=\dfrac{7wL}{12}$ ④ $P=\dfrac{7wL}{13}$

해설 $S_A=S_A{}'$

$$\frac{P\left(\frac{L}{4}\right)^3}{3EI}+\frac{P\left(\frac{L}{4}\right)^2}{2EI}\times\frac{3}{4}L=\frac{w\left(\frac{L}{2}\right)^4}{8EI}+\frac{w\left(\frac{L}{2}\right)^3}{6EI}\times\frac{1}{2}L$$

$$\frac{11PL^3}{384EI}=\frac{7wL^4}{384EI}$$

$$P=\frac{7}{11}wL$$

04 사각형 단면으로 설계된 보가 분포하중과 집중하중을 받고 있다. 그림과 같이 단면의 높이는 같으나 단면 폭은 구간 AB가 구간 BC에 비해 1.5배 크다. 이 경우 구간 AB와 구간 BC에서 발생하는 최대휨응력의 비($\sigma_{\overline{AB}}:\sigma_{\overline{BC}}$)는?

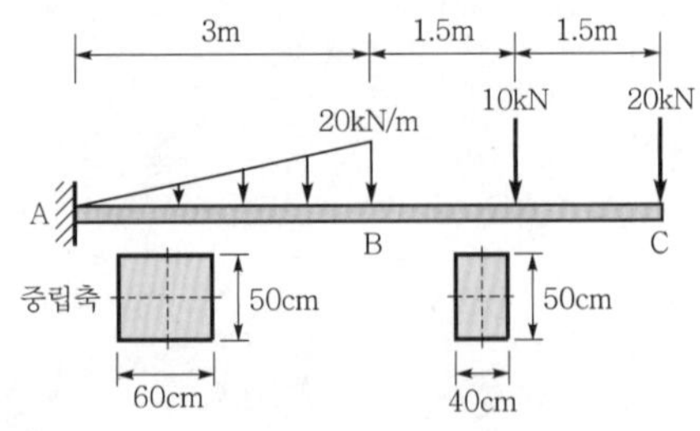

① 1 : 1.5 ② 1.5 : 1

③ 1 : 2 ④ 2 : 1

정답 01 ① 02 ③ 03 ② 04 ④

해설 ㉠ AB구간

$M_{max} = -\left(3\times 20\times \frac{1}{2}\right)\times\left(3\times\frac{2}{3}\right)$

$= -10\times 4.5 - 20\times 6$

$= -225\text{kN}\cdot\text{m}$

㉡ BC구간

$M_{max} = -10\times 1.5 - 20\times 3$

$= -75\text{kN}\cdot\text{m}$

㉢ h가 50cm로 동일하기 때문에 $\sigma \propto \frac{M}{b}$이다.

$\sigma_{\overline{AB}} : \sigma_{\overline{BC}} = \frac{M_A}{60} : \frac{M_B}{40}$

$= \frac{225}{60} : \frac{75}{40}$

$= 2 : 1$

05 그림과 같은 3힌지 라멘에서 A점의 수직반력 V_A 및 B점의 수평반력 H_B로 옳은 것은?

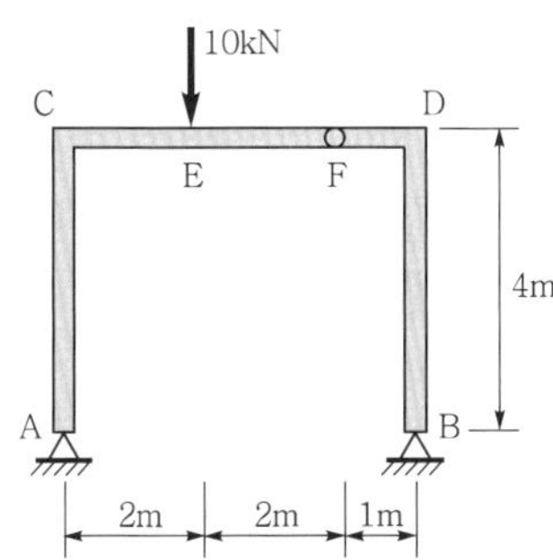

① V_A=6kN(↑), H_B=1kN(←)
② V_A=4kN(↑), H_B=1kN(←)
③ V_A=6kN(↑), H_B=1kN(→)
④ V_A=4kN(↑), H_B=1kN(→)

해설 ㉠ $\Sigma M_B = 0$ ⊕

$5V_A - 3\times 10 = 0$

$\therefore\ V_A = 6\text{kN}(\uparrow)$

㉡ $\Sigma M_F = 0$

$4H_B - V_B = 0$

$H_B = 1\text{kN}(\leftarrow)$

06 그림과 같은 단면의 도심의 좌표는?

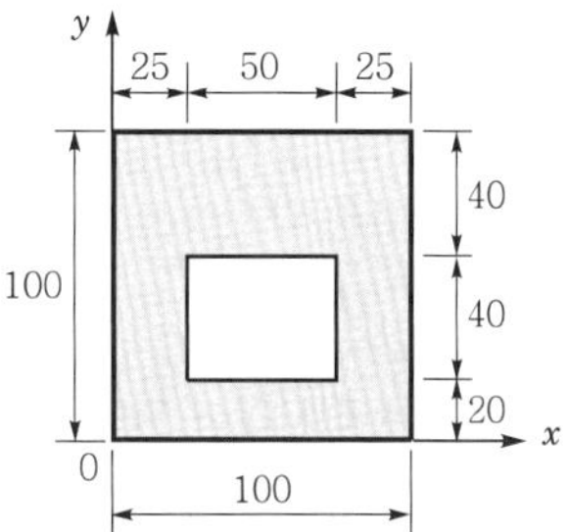

① (50, 47.5) ② (50, 50.0)
③ (50, 52.5) ④ (50, 55.0)

해설 ㉠ A

$A_1 = 10{,}000$

$A_2 = 2{,}000$

$A_1 : A_2 = 5 : 1$

㉡ x_o, y_o

$x_o = \frac{50\times A_1 - 50\times A_2}{A_1 - A_2} = \frac{50\times 5 - 50\times 1}{5-1} = 50$

$y_o = \frac{50\times A_1 - 40\times A_2}{A_1 - A_2} = \frac{50\times 5 - 40\times 1}{5-1} = 52.5$

07 그림과 같이 100N의 전단강도를 갖는 못(nail)이 웨브(web)와 플랜지(flange)를 연결하고 있다. 이 못들은 부재의 길이방향으로 150mm 간격으로 설치되어 있다. 이 부재에 작용할 수 있는 최대 수직전단력은? (단, 단면 2차 모멘트 I=1,012,500mm^4)

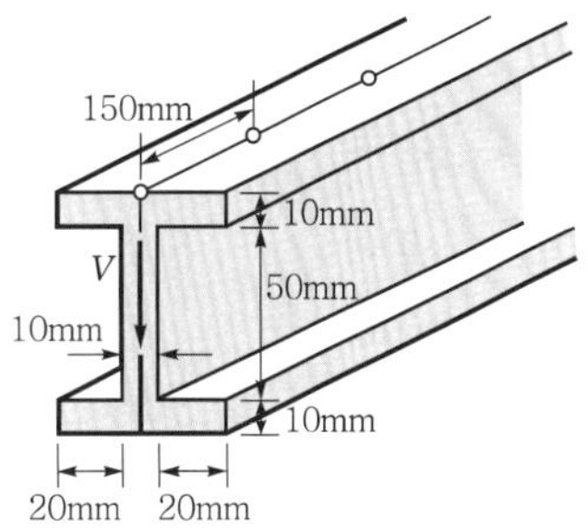

① 35N ② 40N
③ 45N ④ 50N

해설 ㉠ $f=\frac{VG}{I}$

㉡ 못의 간격 $=\frac{P}{\frac{VG}{I}}=\frac{100}{\frac{V\times(50\times10\times30)}{1{,}012{,}500}}$

$\therefore\ V=45\text{N}$

08 그림과 같은 직사각형 단면을 갖는 보가 집중하중을 받고 있다. 보의 길이 L이 5m일 경우 단면 $a-a$의 c위치에서 발생하는 주응력 $(\sigma_1,\ \sigma_2)$은? [단, (+) : 인장, (−) : 압축]

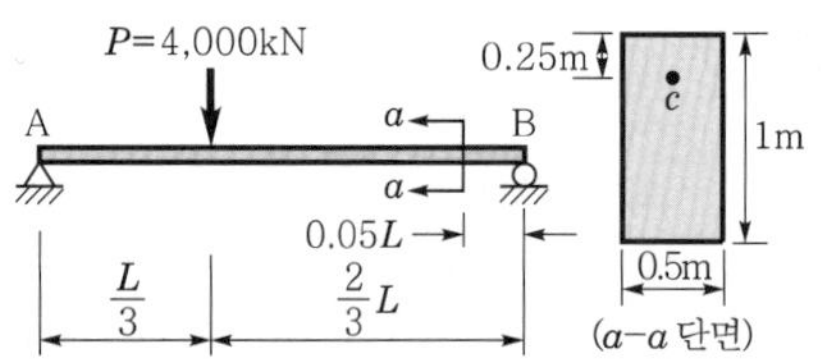

① $(2+\sqrt{10},\ 2-\sqrt{10})$
② $(-2+\sqrt{10},\ -2-\sqrt{10})$
③ $(1+\sqrt{10},\ 1-\sqrt{10})$
④ $(-1+\sqrt{10},\ -1-\sqrt{10})$

해설 ㉠ $M_{a-a}=R_B\times0.05L$

$=\frac{4{,}000\times0.05\times5}{3}$

$=\frac{1{,}000}{3}\text{kN}\cdot\text{m}$

㉡ $\sigma=-\frac{1}{2}\times\sigma_{\max}$

$=-\frac{1}{2}\times\frac{6M}{bh^2}$

$=-\frac{1}{2}\times\frac{6\times\frac{1{,}000}{3}\times10^6}{500\times1{,}000^2}$

$=-2\text{MPa}$

㉢ $V=\frac{-4{,}000\times\frac{L}{3}}{L}=\frac{-4{,}000}{3}\text{kN}$

$\tau=\frac{9V}{8A}=\frac{9\times\left(\frac{-4{,}000}{3}\times10^3\right)}{8\times500\times1{,}000}$

$=-3\text{MPa}$

㉣ 모어원을 이용하여 구하면,
σ는 $-1+\sqrt{10},\ -1-\sqrt{10}$

09 그림과 같이 단면적이 200mm^2인 강봉의 양단부(A점 및 B점)를 6월(25℃)에 용접하였을 때, 다음 해 1월(−5℃)에 AB부재에 생기는 힘의 종류와 크기는? (단, 강봉의 탄성계수 $E=2.0\times10^5\text{MPa}$, 열팽창계수 $\alpha=1.0\times10^{-5}/℃$이고, 용접부의 온도변형은 없는 것으로 가정한다.)

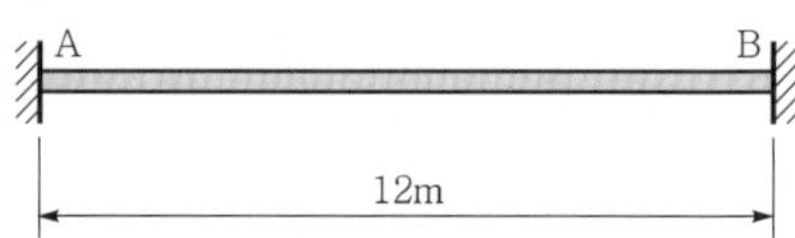

① 인장력 8kN ② 인장력 12kN
③ 압축력 8kN ④ 압축력 12kN

해설 $R=\alpha\times\Delta T\times AE$

$=(1.0\times10^{-5})\times30\times(200\times20\times10^5)$

$=12{,}000\text{N}$

$=12\text{kN}$

10 아래 그림은 어느 단순보의 전단력도이다. 이 보의 휨모멘트도는? (단, 이 보에 집중모멘트는 작용하지 않는다.)

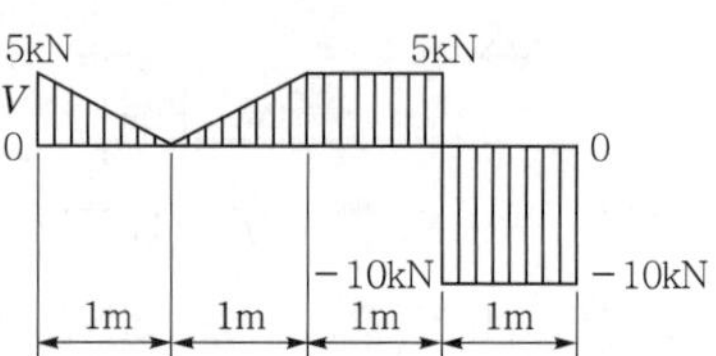

①
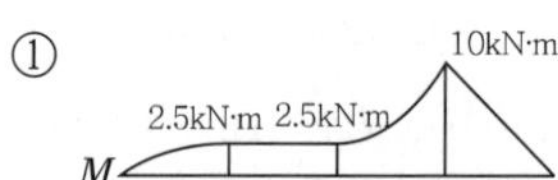

②
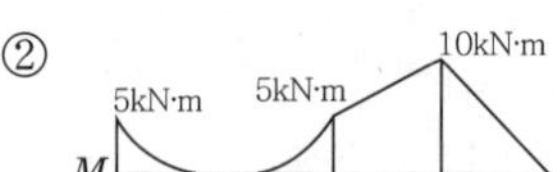

③
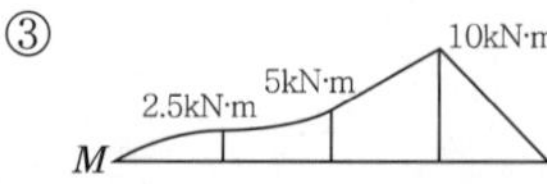

④

정답 08 ④ 09 ② 10 ③

해설 ㉠ 좌측 0~1m : BMD 기울기 감소
㉡ 좌측 1~2m : BMD 기울기 증가
㉢ 좌측 2~3m : BMD 기울기 일정
㉣ 좌측 3~4m : BMD 기울기 일정

11 그림과 같이 지점조건이 다른 3개의 기둥이 단면중심에 축하중을 받고 있다. 좌굴하중이 큰 순서대로 나열된 것은?

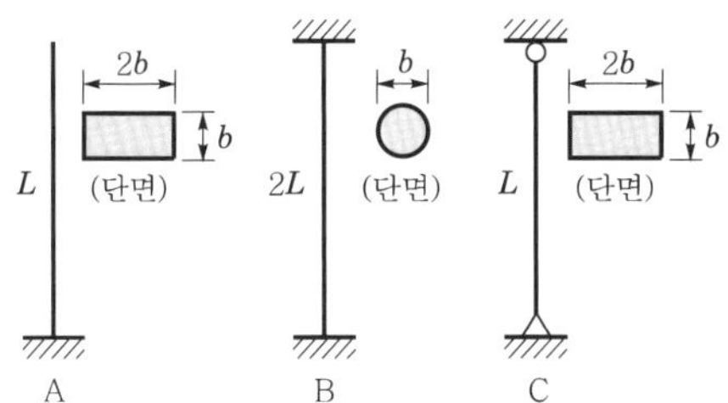

① B, A, C　② B, C, A
③ C, A, B　④ C, B, A

해설 $P_{cr} = \frac{\pi^2 EI}{L^2} n$

$P_{cr} \propto \frac{I}{L^2} n$

$A : B : C = \frac{\frac{2b \times b^3}{12}}{L^2} \times \frac{1}{4} : \frac{\frac{\pi b^4}{64}}{(2L)^2} \times 4 : \frac{\frac{2b \times b^3}{12}}{L^2} \times 1$

$\therefore C > B > A$

12 그림과 같은 단면으로 설계된 보가 집중하중과 등분포하중을 받고 있다. 보의 허용휨응력이 42MPa일 때 보에 요구되는 최소 단면으로 적합한 a값은?

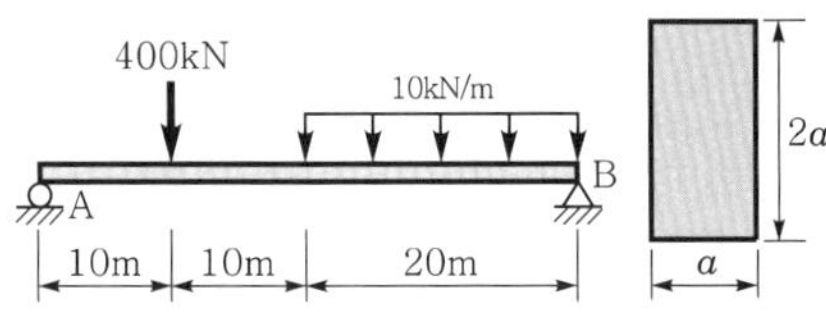

① 0.40m　② 0.50m
③ 0.60m　④ 0.70m

해설 ㉠ $R_A = \frac{30 \times 400}{40} + \frac{10 \times 200}{40} = 350\text{kN}$

㉡ $M_{max} = R_A a$
$= 350 \times 10 = 3{,}500\text{kN} \cdot \text{m}$

㉢ $\sigma = \frac{6M_{max}}{bh^2}$

$42 = \frac{6 \times 3{,}500 \times 10^6}{2 \times a^3}$

$\therefore a = 0.5\text{m}$

13 그림과 같이 일정한 두께 $t = 10\text{mm}$의 원형 단면을 갖는 튜브가 비틀림모멘트 $T = 40\text{kN} \cdot \text{m}$를 받을 때 발생하는 전단 흐름의 크기[kN/m]는?

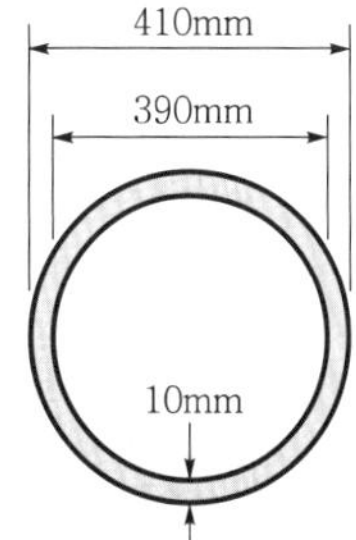

① $\frac{500}{\pi}$　② $\frac{400}{\pi}$
③ $\frac{\pi}{350}$　④ $\frac{\pi}{300}$

해설 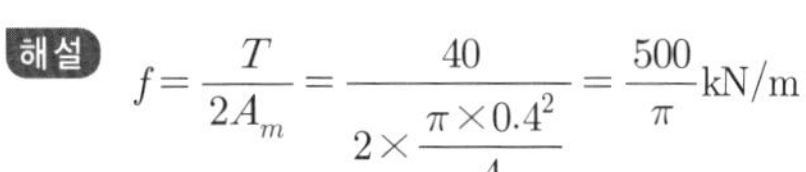
$f = \frac{T}{2A_m} = \frac{40}{2 \times \frac{\pi \times 0.4^2}{4}} = \frac{500}{\pi}\text{kN/m}$

14 그림과 같이 상하부에 알루미늄판과 내부에 플라스틱 코어가 있는 샌드위치 패널에 휨모멘트 4.28kN · m가 작용하고 있다. 알루미늄판은 두께 2mm, 탄성계수는 30GPa이고 내부 플라스틱 코어는 높이 6mm, 탄성계수는 10GPa이다. 부재가 일체거동한다고 가정할 때 외부 알루미늄판의 최대응력은?

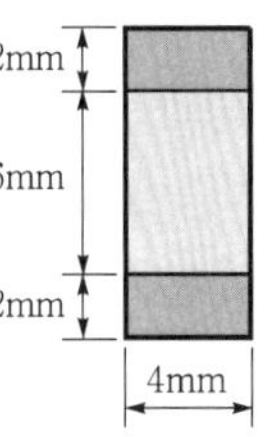

① 25N/mm^2　② 30N/mm^2
③ 60N/mm^2　④ 75N/mm^2

해설 ㉠ 탄성계수비 n

$$n = \frac{E_{알루미늄}}{E_{플라스틱}} = \frac{30}{10} = 3$$

㉡ $$I_{플라스틱} = \frac{1}{12}(12\times10^3 - 8\times6^3) = 856\text{mm}^4$$

㉢ $$\sigma_{알루미늄} = n\sigma_{플라스틱} = n\times\frac{M}{I}y = 3\times\frac{4.28\times10^3}{856}\times5 = 75\text{MPa}$$

15 그림과 같은 T형 단면에 수직방향의 전단력 V가 작용하고 있다. 이 단면에서 최대전단응력이 발생하는 위치는 어디인가? (단, c는 도심까지의 거리)

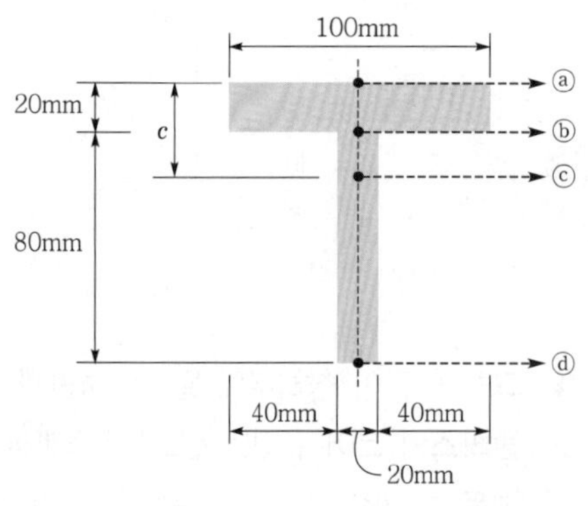

① ⓐ　② ⓑ
③ ⓒ　④ ⓓ

해설 도심축은 ⓒ이다.

16 휨강성이 EI로 일정한 캔틸레버보가 그림과 같이 스프링과 연결되어 있다. 이 구조물이 B점에서 하중 P를 받을 때 B점에서의 변위는? (단, k_s는 스프링 상수이며, 보의 강성 $k_b = \dfrac{3EI}{L^3}$이다.)

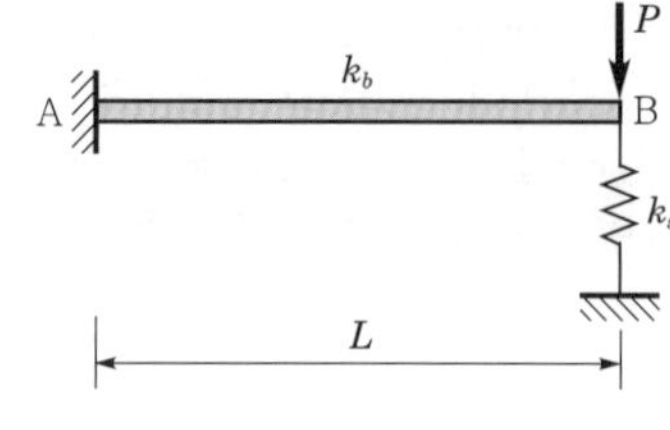

① $\left(\dfrac{1}{k_s/k_b+1}\right)\dfrac{PL^3}{3EI}$

② $\left(\dfrac{1}{2k_s/k_b+1}\right)\dfrac{PL^3}{3EI}$

③ $\left(\dfrac{1}{3k_s/k_b+1}\right)\dfrac{PL^3}{3EI}$

④ $\left(\dfrac{1}{4k_s/k_b+1}\right)\dfrac{PL^3}{3EI}$

해설 $$\delta_B = \frac{P}{k_s + k_b} = \frac{1}{\frac{k_s}{k_b}+1}\times\frac{PL^3}{3EI}$$

17 그림의 수평부재 AB의 A지점은 힌지로 지지되고 B점에는 집중하중 P가 작용하고 있다. C점과 D점에서는 끝단이 힌지로 지지된 길이가 L이고 휨강성이 모두 EI로 일정한 기둥으로 지지되고 있다. 두 기둥 모두 좌굴에 의해서 붕괴되는 하중 P의 크기는? (단, AB부재는 강체이다.)

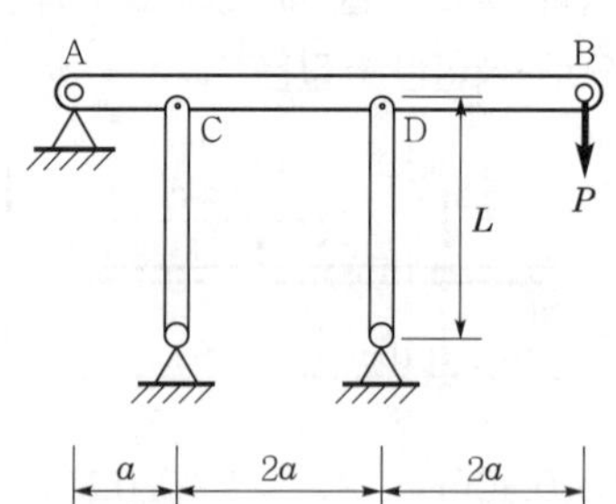

① $P = \dfrac{3}{4}\dfrac{\pi^2 EI}{L^2}$　② $P = \dfrac{4}{5}\dfrac{\pi^2 EI}{L^2}$

③ $P = \dfrac{5}{2}\dfrac{\pi^2 EI}{L^2}$　④ $P = \dfrac{5}{3}\dfrac{\pi^2 EI}{L^2}$

정답 15 ③ 16 ① 17 ②

해설 $\Sigma M_A = 0$ ⊕

$5a \times P - a \times P_{cr} - 3a \times P_{cr} = 0$

$\therefore\ P = \frac{4}{5}P_{cr} = \frac{4}{5} \times \frac{\pi^2 EI}{L^2}$

18 그림과 같이 단면적이 1.5A, A, 0.5A인 세 개의 부재가 연결된 강체는 집중하중 P를 받고 있다. 이때 강체의 변위는? (단, 모든 부재의 탄성계수는 E로 같다.)

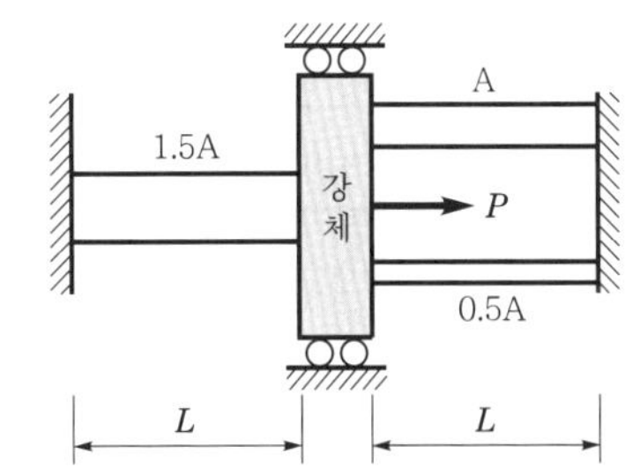

① $\frac{PL}{1.5EA}$ ② $\frac{PL}{2.0EA}$

③ $\frac{PL}{2.5EA}$ ④ $\frac{PL}{3.0EA}$

해설 $\delta = \frac{P}{\frac{(1.5A)\cdot E}{L} + \frac{A \cdot E}{L} + \frac{0.5A \cdot E}{L}} = \frac{PL}{3AE}$

19 그림과 같은 구조물에서 $\overline{AB}$의 부재력과 $\overline{BC}$의 부재력은? (단, 모든 절점은 힌지임)

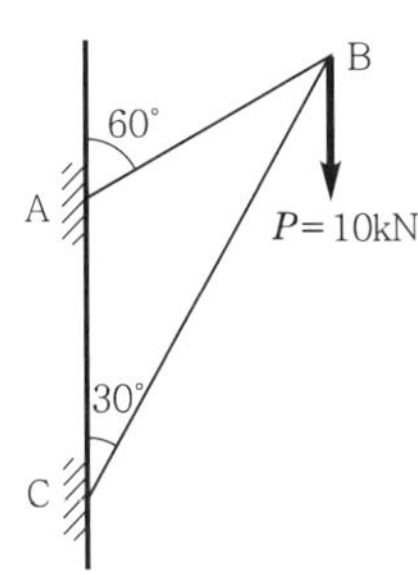

① $\overline{AB} = 10$kN(인장), $\overline{BC} = 10\sqrt{3}$ kN(압축)

② $\overline{AB} = 10$kN(압축), $\overline{BC} = 10\sqrt{3}$ kN(인장)

③ $\overline{AB} = 10\sqrt{3}$ kN(인장), $\overline{BC} = 10$kN(압축)

④ $\overline{AB} = 10\sqrt{3}$ kN(압축), $\overline{BC} = 10$kN(인장)

해설 AB=10kN(인장)

BC=$-10\sqrt{3}$kN(압축)

20 그림과 같이 양단이 고정된 원형 부재에 토크(torque) T=400N·m가 A단으로부터 0.4m 떨어진 위치에 작용하고 있다. 단면의 지름이 40mm일 때 토크 T가 작용하는 단면에서 발생하는 최대전단응력의 크기와 비틀림각은? (단, GJ는 비틀림강도)

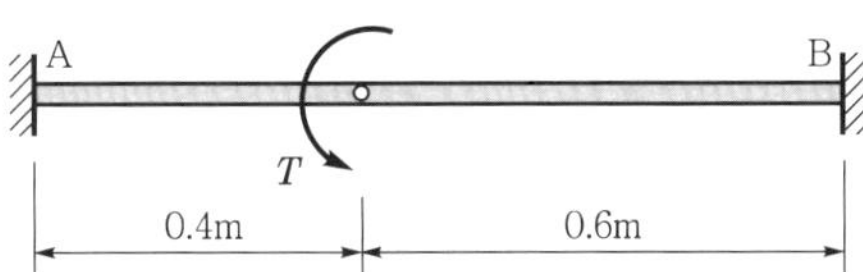

① $\frac{40}{\pi}$MPa, $\frac{96}{GJ}$rad

② $\frac{40}{\pi}$MPa, $\frac{160}{GJ}$rad

③ $\frac{60}{\pi}$MPa, $\frac{96}{GJ}$rad

④ $\frac{60}{\pi}$MPa, $\frac{160}{GJ}$rad

해설

㉠ $T_A = \frac{\frac{GJ}{0.4}}{\frac{GJ}{0.4} + \frac{GJ}{0.6}} T$

$= \frac{3}{5} \times 400 = 240\text{N} \cdot \text{mm}$

㉡ $\tau_{max} = \frac{16T_A}{\pi D^3} = \frac{16 \times 240 \times 10^3}{\pi \times 40^3}$

$= \frac{60}{\pi}$

㉢ $\phi = \frac{a \cdot T_A}{GJ}$

$= \frac{0.4 \times 240}{GJ}$

$= \frac{96}{GJ}$

정답 18 ④ 19 ① 20 ③

과년도 출제문제(2017년 국가직 7급)

01 그림과 같이 질량 m인 블록이 스프링에 매달려 평형상태에 있을 때, 블록의 질량 m[kg]은? (단, 블록을 설치하기 전 스프링 AB의 길이는 4m이고, 중력가속도 $g=10\text{m/s}^2$이며, 모든 스프링 및 부재의 자중은 무시한다.)

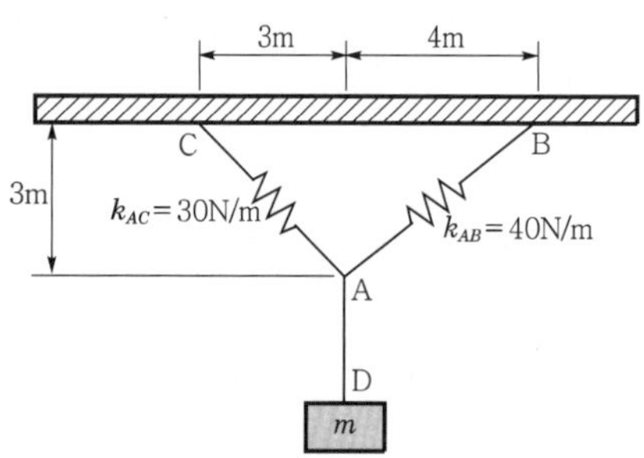

① 4.0
② 5.6
③ 8.0
④ 10.5

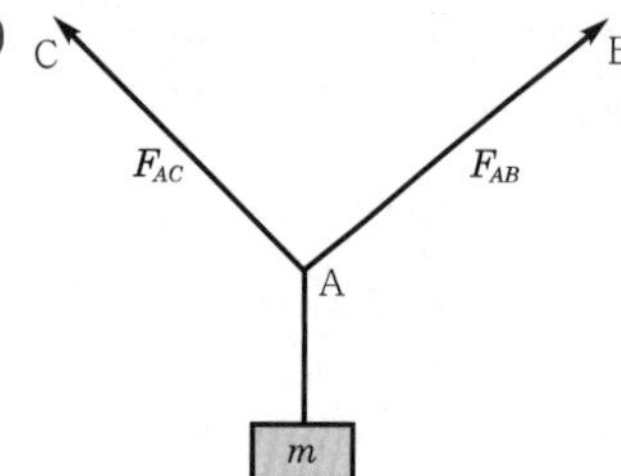

㉠ $F_{AB}=K_{AB}\,\delta=40\text{N/m}\times1\text{m}=40\text{N}$

㉡ $\Sigma H=0$

$$F_{AC}\frac{1}{\sqrt{2}}+\frac{4}{5}F_{AB}=0$$

$$F_{AC}=-\frac{4}{5}F_{AB}\cdot\sqrt{2}=-\frac{4\sqrt{2}}{5}\times40=45.25\text{N}$$

㉢ $\Sigma V=0$

$$F_{AC}\frac{1}{\sqrt{2}}+\frac{3}{5}F_{AB}=10m$$

$$\left(45.25\times\frac{1}{\sqrt{2}}\right)+\left(\frac{3}{5}\times40\right)=10m$$

$\therefore\ m=5.6\text{kg}$

02 그림과 같이 캔틸레버보에 10kN의 하중이 작용하고 있을 때, 다음 중 옳지 않은 것은? (단, 강체와 보의 단면은 보의 도심에서 접합되어 있으며, 강체와 보의 자중은 무시한다.)

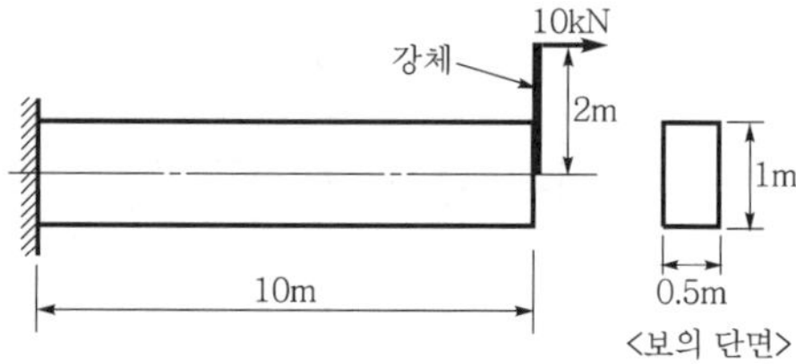

① 보에 작용하는 휨모멘트는 모든 단면에서 균일하다.
② 보의 수직단면에는 전단력이 작용하지 않는다.
③ 보의 수직단면에 대한 최대 인장응력은 0.25MPa이다.
④ 보의 수직단면에 대한 최대 압축응력은 0.22MPa이다.

$$\sigma_b=\frac{M}{Z}$$

$$=\frac{(10\times2)}{\frac{1.5\times1^2}{6}}=0.24\text{MPa}$$

$$\sigma_t=\frac{P}{A}$$

$$=\frac{10}{(0.5\times1)}=0.020\text{MPa}$$

$\therefore\ \sigma_t=0.26\text{MPa}$

정답 01 ② 02 ③

03 그림과 같이 기둥의 단면 도심에 각각 $P=10\text{kN}$의 하중이 작용하고 있다. 기둥 (가)에서 부재 AB의 단면적은 300mm^2이고, 부재 BC의 단면적은 100mm^2이다. 기둥 (가)의 C점과 기둥 (나)의 E점의 수직변위가 같도록 하려면 기둥 (나)의 단면적$[\text{mm}^2]$은? (단, 기둥의 자중은 무시하며, 두 기둥의 재료는 동일하다.)

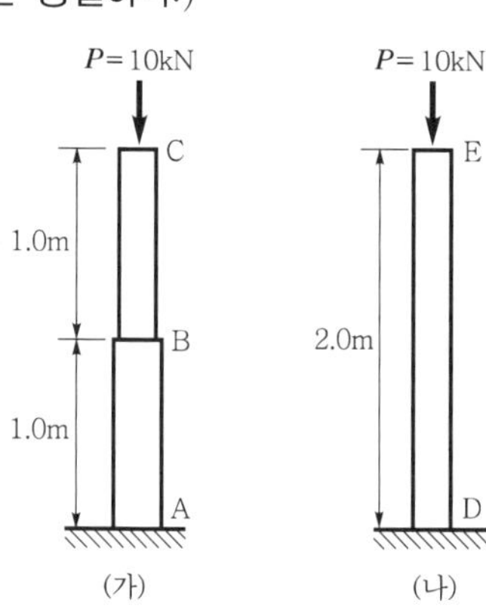

① 165 ② 160
③ 155 ④ 150

해설

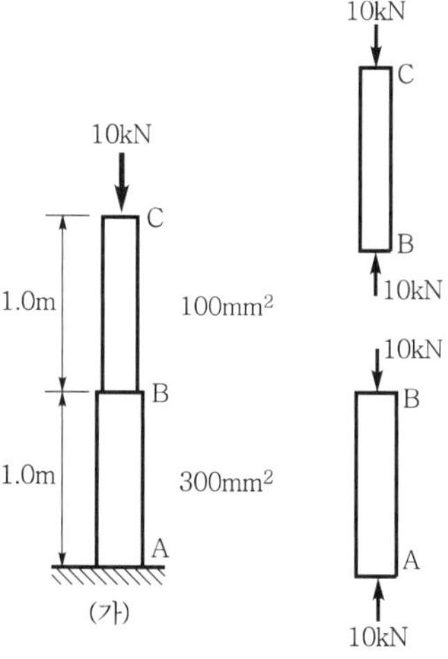

$$\delta_{BC}=\frac{10\times10^3\times10^3}{E\cdot100}=\frac{10^4\times10^3}{E\cdot100}=\frac{10^5}{E}$$

$$\delta_{AB}=\frac{10\times10^3\times10^3}{E\cdot300}=\frac{10^7}{E\cdot300}=\frac{33333.3}{E}$$

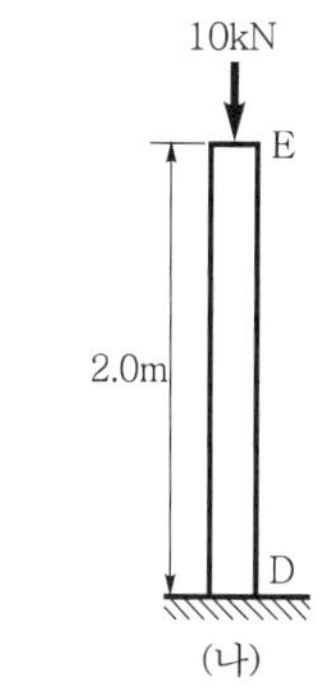

$$\delta_{ED}=\frac{10\times10^3\times2\times10^3}{E\cdot A}=\frac{2\times10^7}{EA}$$

$$\delta_C=\delta_E$$

$$\frac{10^5+33333.3}{E}=\frac{2\times10^7}{E\cdot A}$$

$$\therefore\ A=150\text{mm}^2$$

04 그림과 같은 구조물에서 부재 BC는 D점에서 3kN의 외력을 받고 있다. 케이블 AB가 받는 인장응력과 C점의 탄성받침에서 받는 압축응력의 크기(절댓값)가 같아지기 위한 외력의 작용위치 $x[\text{mm}]$는? (단, 케이블 AB의 단면적은 200mm^2이고, C점에서 탄성받침과 보의 접촉면적은 400mm^2이며, 부재 및 케이블의 자중은 무시한다.)

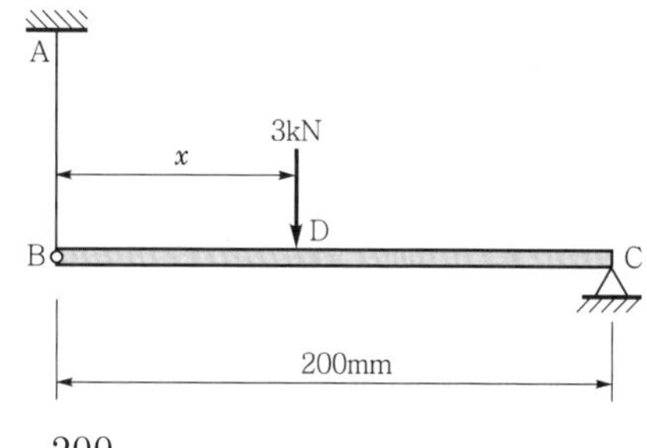

① $\frac{200}{3}$ ② 100
③ $\frac{400}{3}$ ④ $\frac{500}{3}$

해설

㉠ $\Sigma M_C = 0$

$T_{AB} \times 200 - [3 \times (200 - x)] = 0$

$T_{AB} = \dfrac{3 \times (200 - x)}{200} = 3 - 0.015x$

㉡ $\Sigma V = 0$

$T_{AB} + R_C = 3$

$R_C = 3 - T_{AB} = 3 - (3 - 0.015x) = 0.015x$

$\dfrac{3 - 0.015x}{200} = \dfrac{0.015x}{400}$

$200 \times 0.015x = 400(3 - 0.015x)$

$3x = 1,200 - 6x,\ x = \dfrac{1,200}{9} = \dfrac{400}{3}$

05

그림과 같이 단순보에서 등분포하중이 화살표 방향으로 이동하고 있다. C점의 최대휨모멘트가 7kN · m일 때, 등분포하중 w[kN/m]는? (단, 단순보의 자중은 무시한다.)

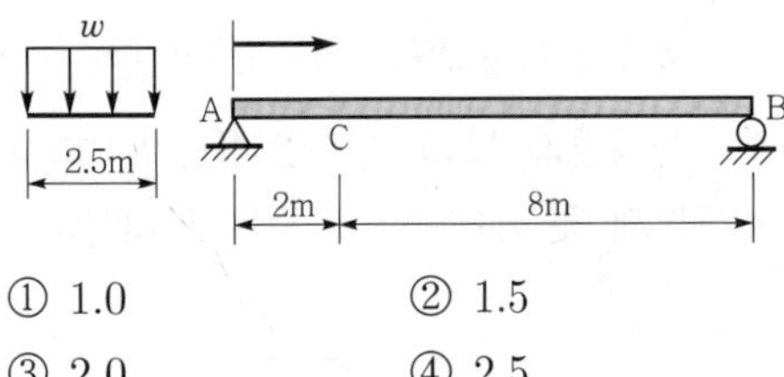

① 1.0 ② 1.5

③ 2.0 ④ 2.5

해설

$y_1 = 1.6$
$y_2 = 1.2$
$y_3 = 1.2$

<M_C 영향선>

$A_1 = \dfrac{(1.6 + 1.2) \times 0.5}{2} + \dfrac{(1.6 + 1.2) \times 2.0}{2} = 3.5\text{m}^2$

$M_C = w \times A_1 = w \times 3.5 = 7\text{kN} \cdot \text{m}$

$w = 2.0\text{kN/m}$

06

그림과 같이 직경 40mm, 길이 1mm인 원형 봉의 단면 도심에 축방향 인장력 120kN이 작용하여, 봉의 길이가 2mm 늘어났고 직경이 0.02mm 감소되었다. 이때 봉을 구성하는 재료의 전단탄성계수 G[GPa]는? (단, 봉의 자중은 무시하고, π는 3으로 계산한다.)

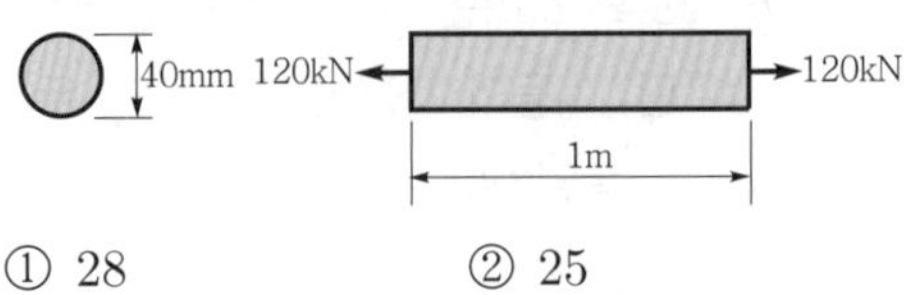

① 28 ② 25

③ 22 ④ 20

해설 푸아송 비

$\nu = \dfrac{l\Delta d}{d\Delta l} = \dfrac{1,000 \times 0.02}{40 \times 2.0} = 0.25$

$E = \dfrac{\sigma}{\varepsilon} = \dfrac{\dfrac{120 \times 10^3}{\dfrac{\pi \times 40^2}{4}}}{\dfrac{2}{1,000}} = 50,000\text{N/mm}^2$

$G = \dfrac{E}{2(1+\nu)} = \dfrac{50,000}{2(1+0.25)} = 20\text{GPa}$

07

그림과 같이 길이 2m인 캔틸레버보 AB가 B점에서 길이 1m인 수직 봉에 의해 지지되고 있다. 보 AB에 등분포하중 1,000N/m가 작용할 때, C점의 수직반력[N]은? (단, 모든 부재의 자중은 무시하며, 보의 휨강성 $EI = 1.0 \times 10^4\text{kN} \cdot \text{m}^2$이고, 수직 봉의 축강성 $EA = 1.0 \times 10^4\text{kN}$이며, 수직봉의 좌굴은 고려하지 않는다.)

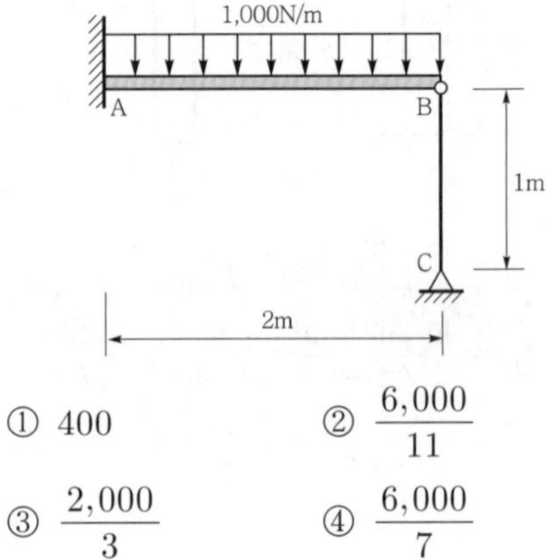

① 400 ② $\dfrac{6,000}{11}$

③ $\dfrac{2,000}{3}$ ④ $\dfrac{6,000}{7}$

정답 05 ③ 06 ④ 07 ②

해설

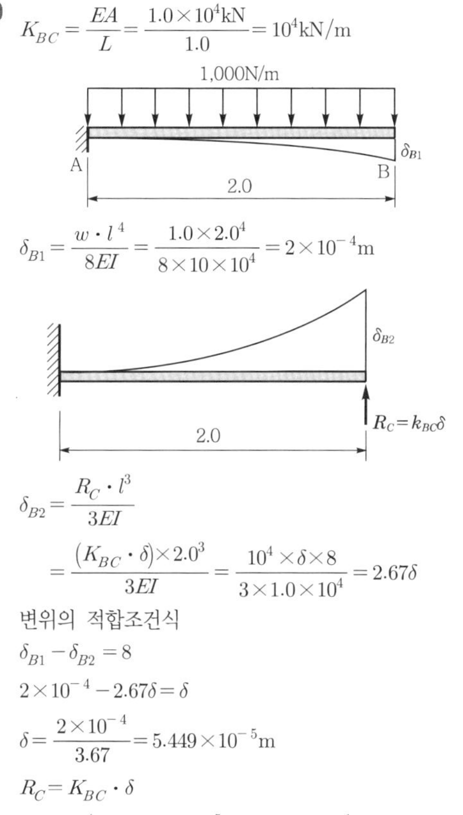

$K_{BC} = \dfrac{EA}{L} = \dfrac{1.0\times10^4\text{kN}}{1.0} = 10^4\text{kN/m}$

$\delta_{B1} = \dfrac{w\cdot l^4}{8EI} = \dfrac{1.0\times2.0^4}{8\times10\times10^4} = 2\times10^{-4}\text{m}$

$\delta_{B2} = \dfrac{R_C\cdot l^3}{3EI}$

$= \dfrac{(K_{BC}\cdot\delta)\times2.0^3}{3EI} = \dfrac{10^4\times\delta\times8}{3\times1.0\times10^4} = 2.67\delta$

변위의 적합조건식

$\delta_{B1} - \delta_{B2} = 8$

$2\times10^{-4} - 2.67\delta = \delta$

$\delta = \dfrac{2\times10^{-4}}{3.67} = 5.449\times10^{-5}\text{m}$

$R_C = K_{BC}\cdot\delta$

$= 10^4\times5.449\times10^{-5} = 5.449\times10^{-1}\text{kN} = 544.9\text{N}$

08 그림과 같이 하중이 작용하는 보가 있다. 양단 하부의 지점 A, B의 응력크기가 같게 되는 하중 P[kN]는? (단, 부재의 자중은 무시하며, 단면적 $A = 100\text{cm}^2$, 단면계수 $S = 600\text{cm}^3$이고, 축하중은 단면의 도심에 작용한다.)

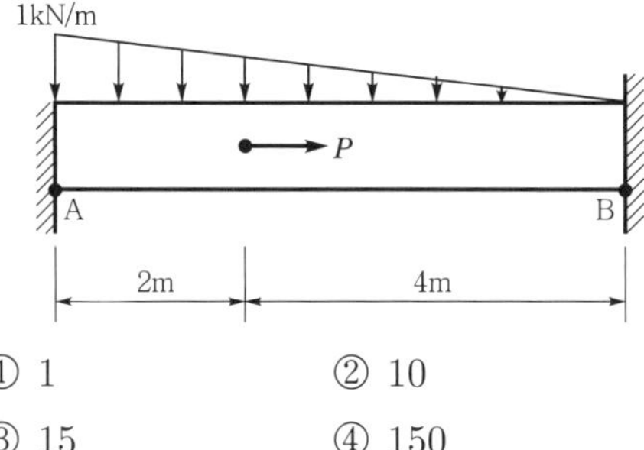

① 1 ② 10
③ 15 ④ 150

해설

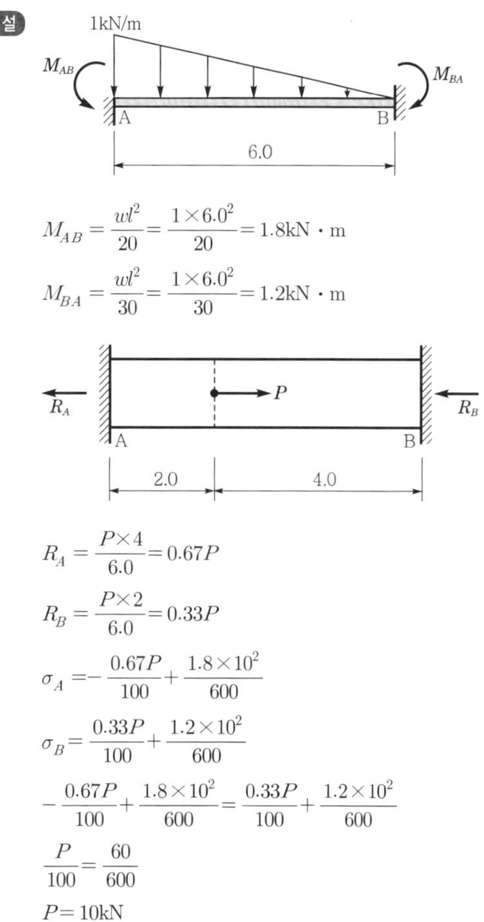

$M_{AB} = \dfrac{wl^2}{20} = \dfrac{1\times6.0^2}{20} = 1.8\text{kN}\cdot\text{m}$

$M_{BA} = \dfrac{wl^2}{30} = \dfrac{1\times6.0^2}{30} = 1.2\text{kN}\cdot\text{m}$

$R_A = \dfrac{P\times4}{6.0} = 0.67P$

$R_B = \dfrac{P\times2}{6.0} = 0.33P$

$\sigma_A = -\dfrac{0.67P}{100} + \dfrac{1.8\times10^2}{600}$

$\sigma_B = \dfrac{0.33P}{100} + \dfrac{1.2\times10^2}{600}$

$-\dfrac{0.67P}{100} + \dfrac{1.8\times10^2}{600} = \dfrac{0.33P}{100} + \dfrac{1.2\times10^2}{600}$

$\dfrac{P}{100} = \dfrac{60}{600}$

$P = 10\text{kN}$

09 그림과 같이 단순지지보의 중앙에 구리와 알루미늄으로 이루어진 봉이 수직으로 연결되어 있다. 구리와 알루미늄 봉 모두 온도가 40℃만큼 감소할 때, 이 봉들에 작용하는 축력[kN]은? (단, 구리봉의 단면적은 500mm^2, 탄성계수는 100GPa, 온도팽창계수는 20×10^{-6}/℃이고, 알루미늄봉의 단면적은 $1{,}000\text{mm}^2$, 탄성계수는 70GPa, 온도팽창계수는 25×10^{-6}/℃이다. 보의 탄성계수는 200GPa이고, 단면2차 모멘트는 $\dfrac{1}{18}\times10^9\text{mm}^4$이다. 또한 최초에 보는 수평상태, 구리봉과 알루미늄봉은 수직상태로 접합되어 있으며, 온도에 의한 변형은 구리와

정답 08 ② 09 ①

알루미늄봉의 축방향으로만 발생하며, 보와 봉들의 자중은 무시한다.)

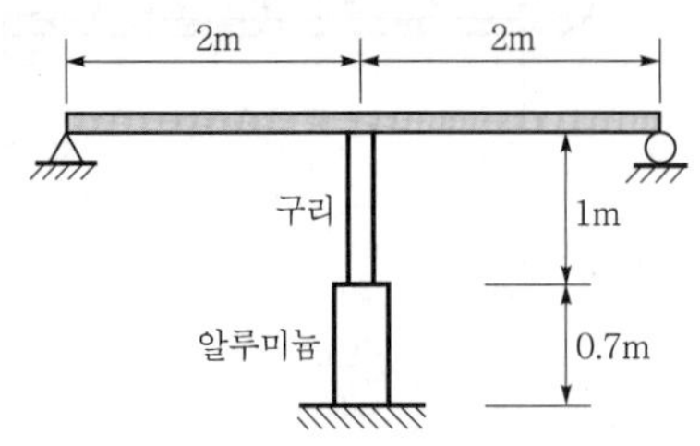

① 10 ② 9
③ 8 ④ 7

해설 $\delta_C = \alpha \Delta T L_C = 20\times10^{-6}\times40\times1\times10^3 = 0.8\text{mm}$

$\delta_A = \alpha \Delta T L_A = 25\times10^{-6}\times40\times7\times10^2 = 0.7\text{mm}$

$\delta_C{}' = \dfrac{PL_C}{EA}$

$= \dfrac{P\times1\times10^3\text{mm}}{100\times10^3\text{N/mm}^2\times500\text{mm}^2} = 29\times10^{-5}\text{mm}$

$\delta_A{}' = \dfrac{PL_A}{EA} = \dfrac{P\times0.7\times10^3}{70\times10^3\text{N/mm}^2\times1{,}000} = P\times10^{-5}$

$\delta_b = \dfrac{Pl^3}{48EI}$

$= \dfrac{P\times(4\times10^3)^3\text{mm}^3}{48\times200\times10^3\times\dfrac{1}{18}\times10^9\text{mm}^4}$

$= \dfrac{P\times6.4\times10^{10}}{48\times200\times10^3\times\dfrac{1}{18}\times10^9} = 1.2\times10^{-4}P$

$(\delta_C - \delta_C{}') + (\delta_A - \delta_A{}') = \delta_b$

$(0.8 - 29\times10^{-5}) + (0.7 - P\times10^{-5}) = 1.2\times10^{-4}P$

$1.5 - 39\times10^{-5} = 1.2\times10^{-4}P$

$150{,}000 - 3P = 12P$

$15P = 150{,}000$

$P = 10{,}000\text{N}$

$P = 10\text{kN}$

10 그림과 같이 화재가 발생하여 단순보의 상·하부에 온도상승이 발생되었다. 발생된 상·하부의 온도분포는 그림과 같이 선형분포로 각각 발생하고 있다. 연직방향 최대변위가 발생되는 위치[m]는? (단, 보의 자중은 무시하며, 보의 높이 $h = 1\text{m}$, 온도팽창계수 $\alpha = 10^{-5}/℃$이다.)

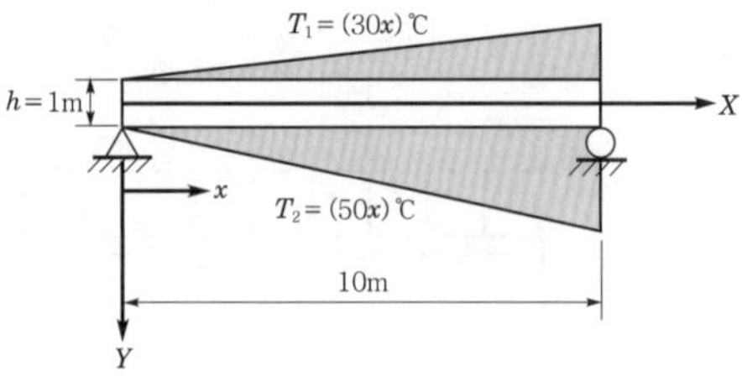

① $\dfrac{10}{\sqrt{3}}$ ② 6.0

③ $\dfrac{15}{\sqrt{6}}$ ④ 6.5

해설 $\Delta T = 20\cdot x$

$M_x = \dfrac{\Delta T\cdot\alpha}{h} = \dfrac{2.0\times10}{1.0} = 200x$

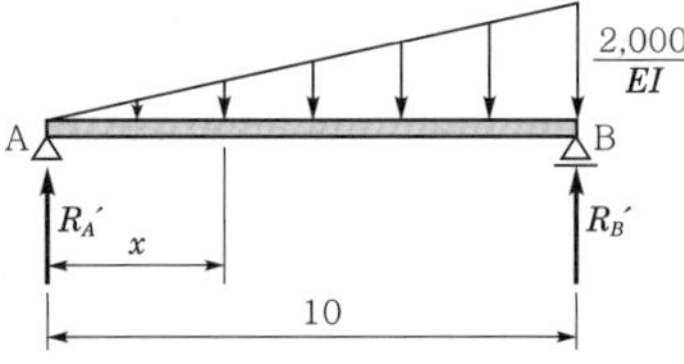

$\langle \dfrac{M}{E}$ 도$\rangle$

$(R_A{}'\times10) - \left(\dfrac{1}{2}\times10\times\dfrac{2{,}000}{EI}\times\dfrac{10}{3}\right) = 0,$

$R_A{}' = \dfrac{3333.3}{EI}$

처짐각이 '0'인 곳이 최대처짐 발생

$\theta_x = \dfrac{3333.3}{EI} - \left(\dfrac{\dfrac{1}{2}\times x\times200x}{EI}\right) = 0,\ x = 5.773\left(\dfrac{10}{\sqrt{3}}\right)$

11 그림과 같이 단순보에 집중하중(P)과 등분포하중(w)이 작용하고 있다. C점의 발생응력이 140MPa이 되기 위한 w[kN/m]는? (단, 단면계수 $S = 300{,}000\text{mm}^3$이고, 보의 자중은 무시한다.)

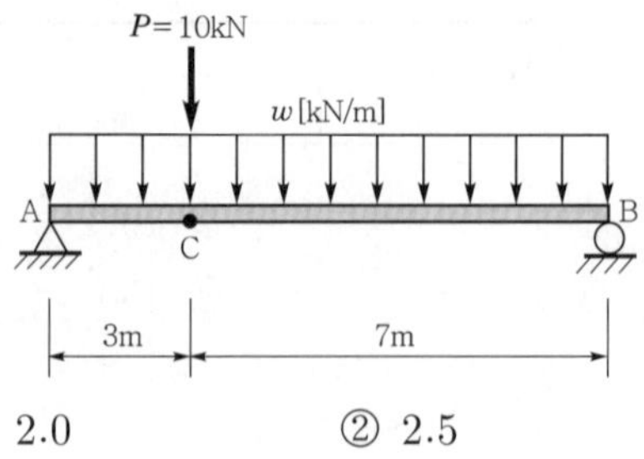

① 2.0 ② 2.5
③ 2.7 ④ 3.0

정답 10 ① 11 ①

해설

$R_A = \frac{Pb}{l} = \frac{10 \times 7}{10} = 7.0\text{kN}$

$R_A = \frac{wl}{2} = \frac{w \times 10}{2} = 5w$

$M_C = (7+5w) \times 3.0 - (w \times 3 \times 1.5)$

$= 21 + 15w - 4.5w = (21 + 10.5w)\text{kN} \cdot \text{m}$

$\sigma_c = \frac{M}{s} = \frac{(21+10.5w) \times 10^6}{300,000} = 140 \times 10^6 \text{Pa}$

$= 140 \times 10^6 \text{N/m}^2 = 140 \text{N/mm}^2$

$\therefore \ w = 2.0\text{kN/m}$

12 그림과 같은 평면 트러스에서 절점 D의 수평변위가 0.8mm로 제한되고 있다. 부재 AB와 부재 BD에 온도변화(Δt)가 $(+)30℃$ 발생할 때, 절점 A에 작용하는 최대수평하중 $P[\text{kN}]$는? (단, 부재의 자중은 무시하며, 부재의 단면적을 A, 탄성계수를 E라 할 때, 모든 부재의 축강성 $EA = 1.0 \times 10^4\text{kN}$이고, 온도팽창계수 $\alpha = 10^{-5}/℃$ 이다.)

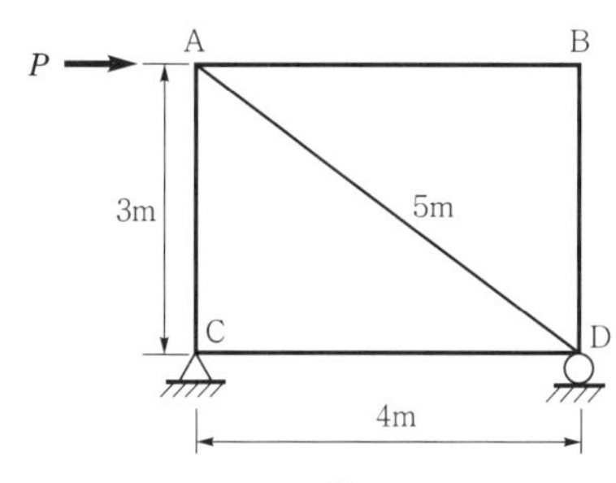

① 1.5 ② 2.0

③ 2.5 ④ 3.0

해설 ㉠ P에 의한 D점의 변위

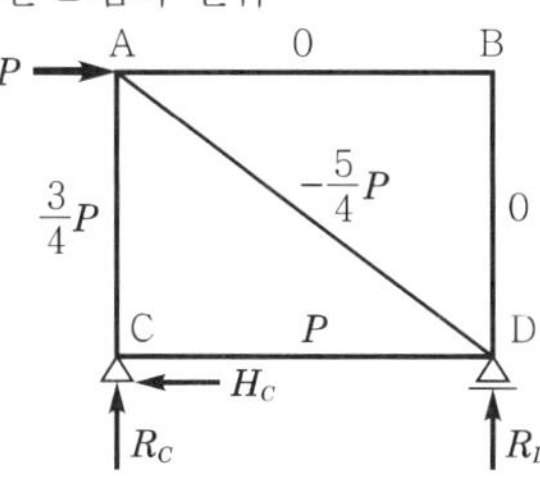

- $\Sigma M_C = 0, \ R_D = \frac{3}{4}P$
- $\Sigma V = 0, \ R_C = -\frac{3}{4}P$
- $\Sigma H = 0, \ H_C = P$

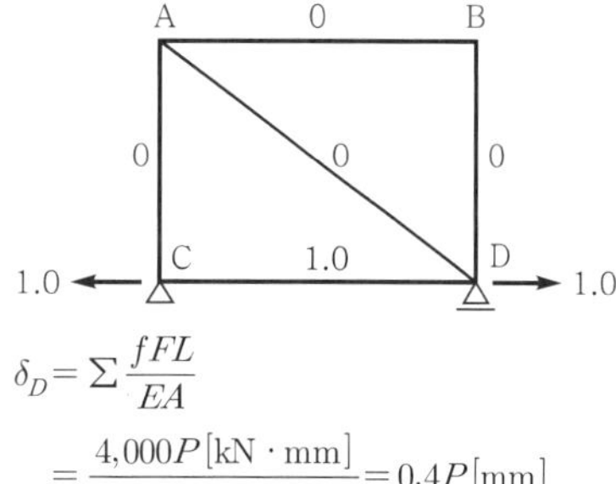

$\delta_D = \Sigma \frac{fFL}{EA}$

$= \frac{4,000P[\text{kN} \cdot \text{mm}]}{10,000\text{kN}} = 0.4P[\text{mm}]$

㉡ 온도에 의한 D점 변위

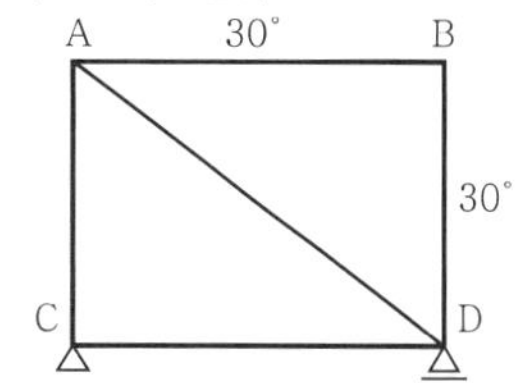

부재	f	$(\Delta t)\alpha l$	$f(\Delta t)\alpha l$
AB	0	−1.2	0
AD	0	0	0
AC	0	0	0
BD	0	−0.9	0
CD	1	0	0
Σ			0

$0.4P = 0.8$

$P = 2\text{kN}$

13 그림과 같이 하중을 받는 중공단면의 캔틸레버 부재가 있다. A점의 응력이 0이 되는 하중 $P[\text{kN}]$는? (단, 부재의 자중은 무시한다.)

(단위 : mm)

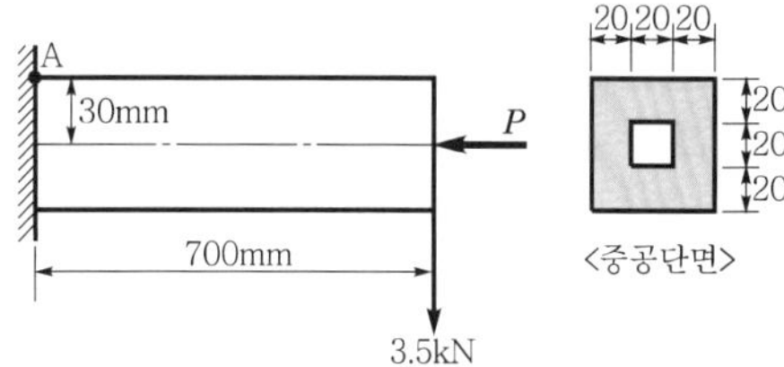

① 254.2

② 245.0

③ 220.5

④ 217.8

해설

$\sigma_A = \dfrac{P}{A} - \dfrac{M}{I}y$

$M_A = 3.5\text{kN} \times 0.7\text{m} = 2.45\text{kN} \cdot \text{m}$

단면적 $A = (0.06 \times 0.06) - (0.02 \times 0.02)$

$= 3.2 \times 10^{-3}\text{m}^2$

단면2차모멘트 $I = \dfrac{0.06 \times 0.06^3}{12} - \left(\dfrac{0.02 \times 0.02^3}{12}\right)$

$= 1.067 \times 10^{-6}$

$\sigma_A = \dfrac{P}{3.2 \times 10^{-3}} - \dfrac{2.45 \times 0.03}{1.067 \times 10^{-6}} = 0$

$\therefore\ P = 220.43\text{kN}$

14 그림과 같은 게르버보의 자유단(A점)에 반시계방향 모멘트(M)가 작용할 때, D점에서 모멘트 크기(절댓값)가 A점의 모멘트 크기(절댓값)의 2배가 되는 거리 a[m]는? (단, 보의 자중은 무시한다.)

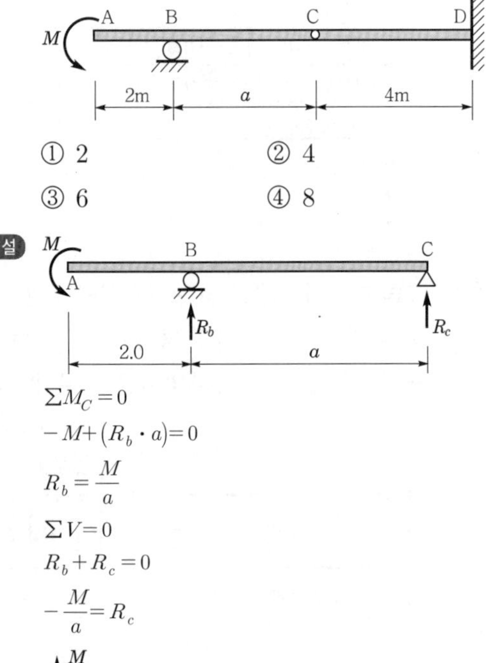

① 2　　② 4

③ 6　　④ 8

해설

$\Sigma M_C = 0$

$-M + (R_b \cdot a) = 0$

$R_b = \dfrac{M}{a}$

$\Sigma V = 0$

$R_b + R_c = 0$

$-\dfrac{M}{a} = R_c$

$M_D = \dfrac{M}{a} \times 4 = \dfrac{4M}{a}$

$|M_D| = |2M_A|$

$\dfrac{4M}{a} = 2M$

$\therefore\ a = 2$

15 그림과 같은 단순보에서 집중하중(P)이 작용하는 위치에서 발생하는 처짐의 크기는? (단, 단순보의 자중은 무시한다.)

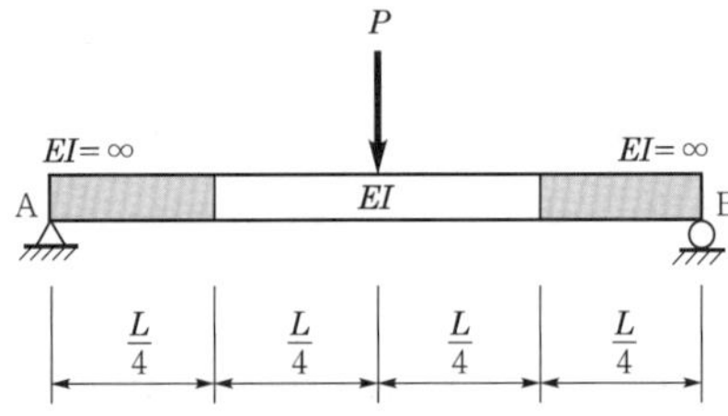

① $\dfrac{PL^3}{96EI}$

② $\dfrac{5PL^3}{384EI}$

③ $\dfrac{PL^3}{64EI}$

④ $\dfrac{7PL^3}{384EI}$

해설

$R_a' = \left(\dfrac{PL}{8EI} \times \dfrac{L}{4}\right) + \left(\dfrac{1}{2} \times \dfrac{L}{4} \times \dfrac{PL}{8EI}\right)$

$= \dfrac{PL^2}{32EI} + \dfrac{PL^2}{64EI} = \dfrac{3PL^2}{64EI}$

$\delta_c = \left(\dfrac{3PL^2}{64EI} \times \dfrac{L}{2}\right) - \left(\dfrac{PL}{8EI} \times \dfrac{L}{4} \times \dfrac{L}{8}\right)$

$- \left(\dfrac{1}{2} \times \dfrac{L}{4} \times \dfrac{PL}{8EI} \times \dfrac{1}{3} \times \dfrac{L}{4}\right)$

$= \dfrac{3PL^3}{128EI} - \dfrac{PL^3}{256EI} - \dfrac{PL^3}{768EI}$

$= \dfrac{18PL^3 - 3PL^3 - PL^3}{768EI} = \dfrac{14PL^3}{768EI} = \dfrac{7PL^3}{384EI}$

정답 14 ① 15 ④

16 그림과 같이 길이 L인 단순보의 중앙에 질량이 m인 물체가 매달려 있다. 시스템 (A)에서는 보가 스프링과 물체의 가운데에 연결되어 있고, 시스템 (B)에서는 물체가 보의 중앙에 매달린 스프링의 끝에 연결되어 있다. 두 시스템의 고유진동수 비(ω_A : ω_B)는? (단, 보와 모든 스프링의 자중은 무시하며, 보의 휨강성은 EI이고, 물체의 질량 m과 스프링 상수 k는 두 시스템의 경우 모두 동일하며, 스프링 상수 $k=\dfrac{24EI}{L^3}$이다.)

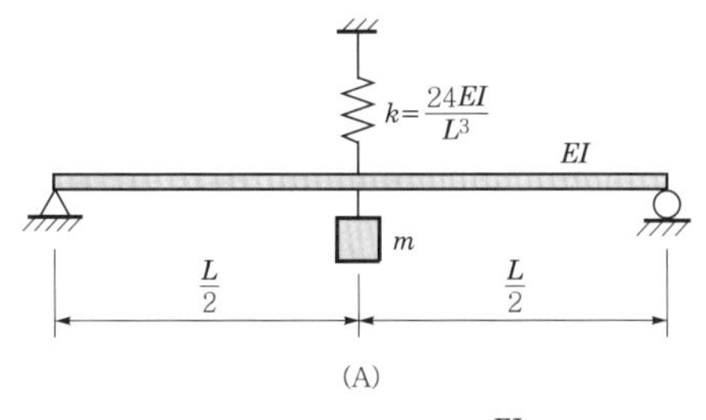

(A)

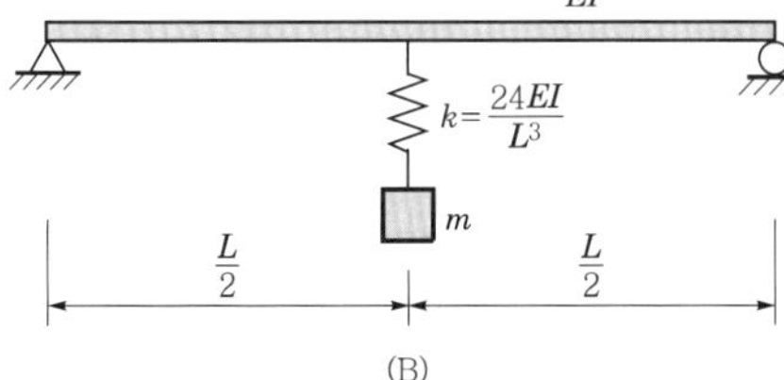

(B)

① $\omega_A : \omega_B = 1 : \dfrac{3}{\sqrt{2}}$

② $\omega_A : \omega_B = \dfrac{3}{\sqrt{2}} : 1$

③ $\omega_A : \omega_B = \sqrt{2} : 1$

④ $\omega_A : \omega_B = 1 : \sqrt{2}$

해설 고유진동수 $f=\dfrac{1}{2\pi}\sqrt{\dfrac{K}{m}}$

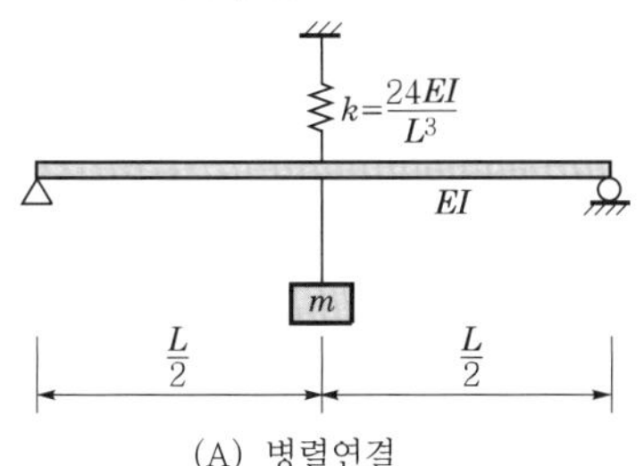

(A) 병렬연결

$$K_b=\frac{48EI}{L^3}$$

$$K=\frac{24EI}{L^3}$$

$$K_e=\frac{48EI}{L^3}+\frac{24EI}{L^3}=\frac{72EI}{L^3}$$

(B) 직렬연결

$$\frac{1}{K_e}=\frac{1}{K_b}+\frac{1}{K}$$

$$=\frac{1}{\frac{48EI}{L^3}}+\frac{1}{\frac{24EI}{L^3}}$$

$$=\frac{L^3}{48EI}+\frac{L^3}{24EI}=\frac{3L^3}{48EI}$$

$$K_e=\frac{48EI}{3L^3}$$

$$f_A : f_B=\sqrt{\frac{72EI}{L^3}} : \sqrt{\frac{48EI}{3L^3}}=\sqrt{72} : \sqrt{16}=\frac{3}{\sqrt{2}} : 1$$

17 그림과 같이 보 AB의 지점 B에 44N의 힘이 작용할 때, 스프링의 변형량[mm]은? (단, 스프링 상수(k)는 3kN/m이고, 보의 탄성계수(E)는 200GPa이며, 보와 스프링의 자중은 무시한다.)

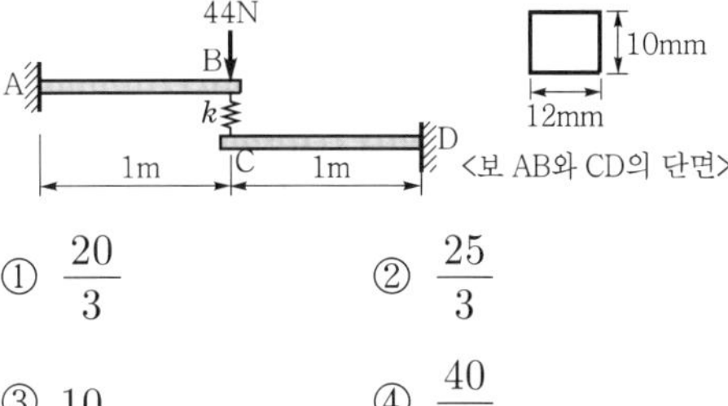

① $\dfrac{20}{3}$ ② $\dfrac{25}{3}$

③ 10 ④ $\dfrac{40}{3}$

해설 부재 AB와 스프링 연결은 병렬연결이고, 부재 AB, 스프링과 부재 CD는 직렬연결상태이다.

㉠ 부재강성 $K_b=\dfrac{3EI}{l^3}$

$$=\frac{3\times200\times10^3\times10^3}{(10^3)^3}=0.6\text{N/mm}$$

㉡ 스프링 강성 $K=3\text{N/mm}$

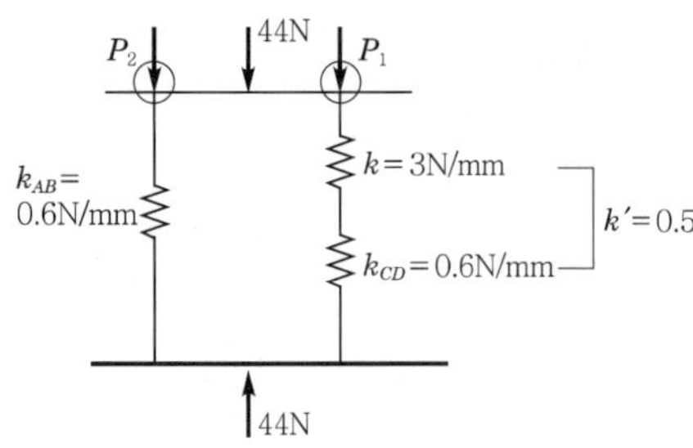

㉢ 직렬연결 $\frac{1}{k'}=\frac{1}{3}+\frac{1}{0.6}$

$\therefore\ k'=0.5\text{N/mm}$

㉣ $P_1=\frac{0.5}{0.6+0.5}\times 44=20\text{N}$

$\therefore$ 스프링 처짐량 $f=\frac{P_1}{k}=\frac{20}{3}\text{mm}$

18 그림과 같은 캔틸레버보에서 하중을 받기 전 B점의 1cm 아래에 지점 C가 있다. 집중하중 20kN이 보의 중앙에 작용할 때, 지점 C에 발생하는 수직반력의 크기[kN]는? (단, 보의 자중은 무시하며, $EI=2.0\times10^5\text{kN}\cdot\text{m}^2$이다.)

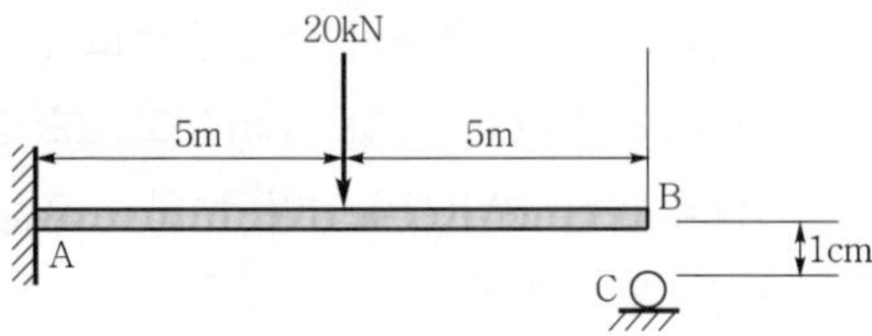

① 0.2
② 0.25
③ 0.3
④ 0.35

해설 캔틸레버보에서 처짐량

$\frac{5Pl^3}{48EI}=\frac{5\times20\times10^3}{48\times2\times10^5}$

$=0.0104\text{m}=1.04\text{cm}$

δ_B처짐량$=1.04\text{cm}-1\text{cm}=0.04\text{cm}$

$K_{AB}=\frac{3EI}{l^3}=\frac{3\times2\times10^5}{10^3}=600\text{kN/m}$

지점 C에 발생하는 수직반력

$R_C=600\times0.04\times10^{-2}=0.24\text{kN}$

19 그림과 같이 하중을 받는 부재(a)의 오른쪽 지점이 강체 부재(b)에 올려져 있다. 받침 B와 받침 C는 마찰력으로 지지되어 있다. 받침 B 또는 받침 C가 움직이게 되는 최소하중 P[kN]는? (단, 모든 부재의 자중은 무시하며, 받침 B의 정지마찰계수는 0.2, 받침 C의 정지마찰계수는 0.4이고 받침의 두께는 무시한다. 또한 P는 강체 부재(b)의 도심에 작용하는 수평하중이다.)

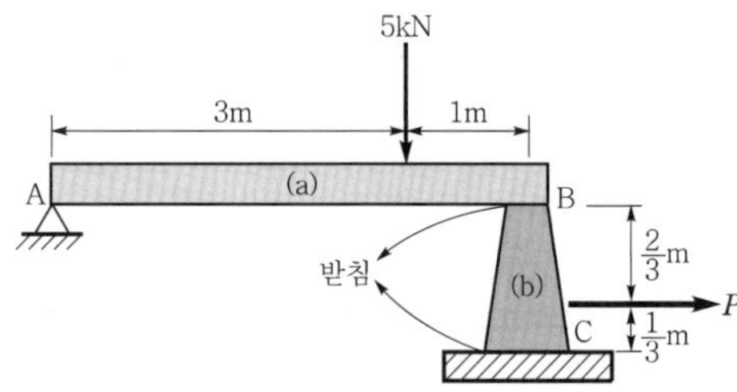

① 2.25
② 1.875
③ 1.5
④ 0.75

해설 부재 AB에서 B점의 반력 $R_b=\frac{5\times3}{4}=3.75\text{kN}$

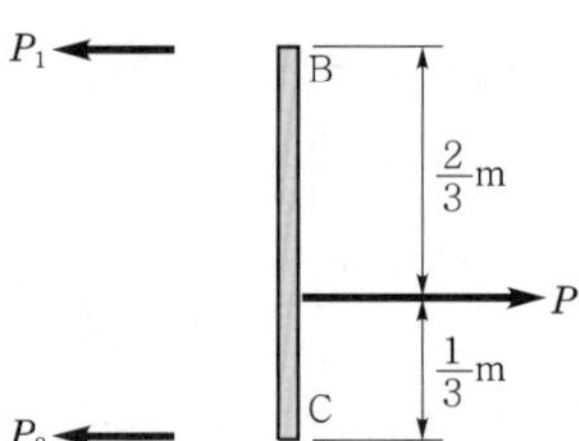

$P_1=3.75\times0.2=0.75\text{kN}$

$P_2=3.75\times0.4=1.5\text{kN}$

$P_1+P_2<P$이므로 $P=2.25\text{kN}$

정답 18 ② 19 ①

20 그림과 같은 분포하중을 받는 단순보에서 B점의 수직반력[kN]은? (단, 보의 자중은 무시한다.)

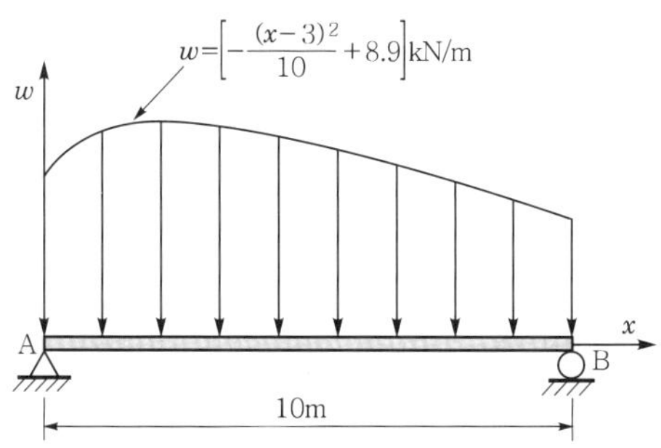

① 32.5 ② 35

③ 37.5 ④ 40

해설

$w(x)=-\frac{x^2}{10}+\frac{6}{10}x+8$

A지점 $\Sigma M=0$

$\int_0^{10} w(x)dx \times y - R_B \times 10 = 0$

$R_B = \frac{\int_0^{10} w(x)\cdot y}{10}$

여기서, $y = \frac{\int_0^{10} w(x)\cdot x dx}{\int_0^{10} w(x)dx}$

$\therefore\ R_B = \frac{\int_0^{10} w(x)\cdot x dx}{10}$

$= \frac{\int_0^{10}\left(-\frac{x^3}{10}+\frac{6x^2}{10}+8x\right)dx}{10}$

$= \frac{-\frac{10^4}{40}+\frac{6\times 10^3}{30}+\frac{8\times 10^2}{2}}{10} = 35$

정답 20 ②

과년도 출제문제(2017년 서울시 7급)

01 그림과 같이 모멘트 하중이 단순보에 작용할 때, C점의 수직처짐은? (단, EI는 일정하다.)

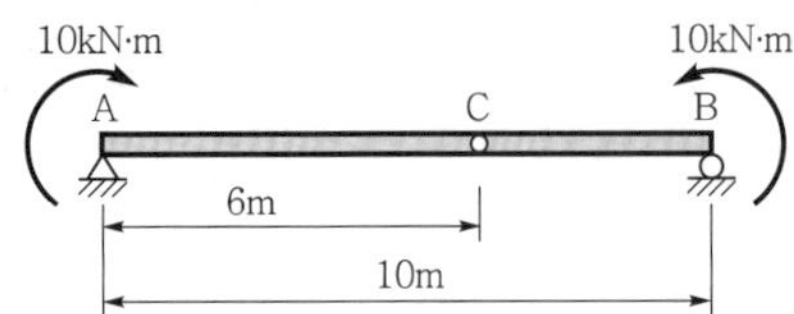

① $\frac{60}{EI}(\downarrow)$ ② $\frac{90}{EI}(\downarrow)$

③ $\frac{120}{EI}(\downarrow)$ ④ $\frac{150}{EI}(\downarrow)$

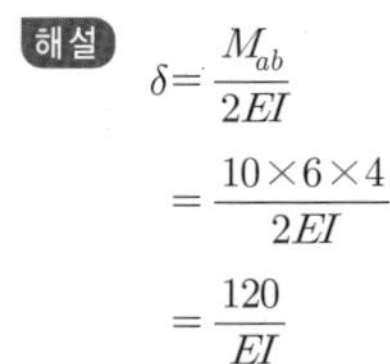

해설

$$\delta = \frac{M_{ab}}{2EI} = \frac{10\times6\times4}{2EI} = \frac{120}{EI}$$

02 그림과 같이 반지름이 R이고 x축으로부터 θ_1, θ_2의 원호로 구성된 원의 일부분에서 y축에 대한 단면 1차 모멘트 Q_y는 얼마인가?

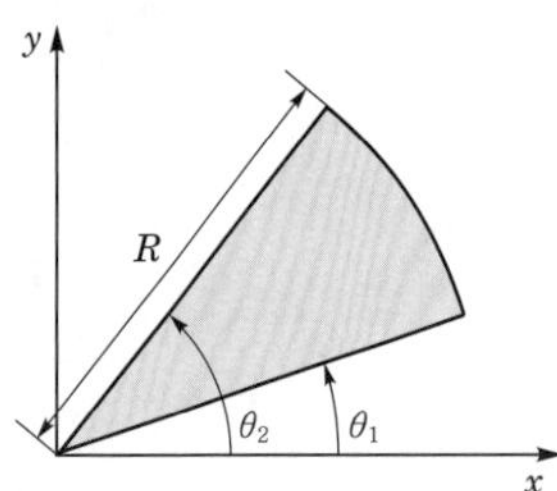

① $Q_y = \frac{1}{6}R^3(\cos\theta_2 - \cos\theta_1)$

② $Q_y = \frac{1}{6}R^3(\sin\theta_2 - \sin\theta_1)$

③ $Q_y = \frac{1}{3}R^3(\cos\theta_2 - \cos\theta_1)$

④ $Q_y = \frac{1}{3}R^3(\sin\theta_2 - \sin\theta_1)$

해설

㉠ $dA = \frac{1}{2}\times R^2 d\theta = \frac{R^2 d\theta}{2}$

㉡ $x = \frac{2}{3}\times R\cos\theta = \frac{2R\cos\theta}{3}$

㉢ $Q = \int \frac{2R\cos\theta}{3}\times\frac{R^2 d\theta}{2}$

$$\frac{R^3}{3}\int_{\theta_1}^{\theta_2}\cos\theta d\theta = \frac{R^3}{3}[\sin\theta]_{\theta_1}^{\theta_2} = \frac{R^3}{3}(\sin\theta_2 - \sin\theta_1)$$

03 그림과 같은 3활절 라멘 구조물에서 발생하는 최대휨모멘트의 크기는?

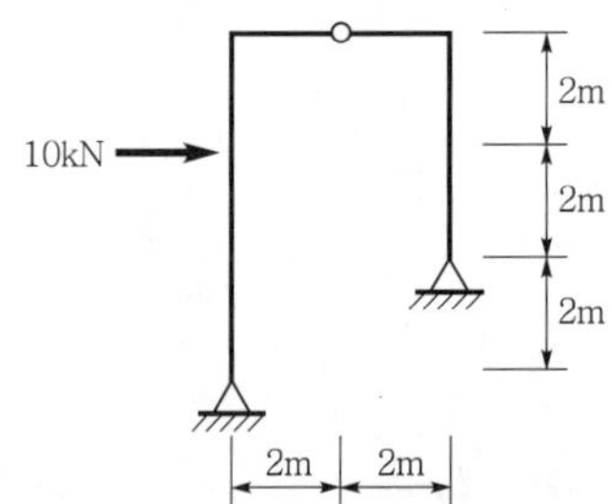

① 16kN · m ② 20kN · m

③ 24kN · m ④ 28kN · m

해설 $\Sigma M_A = 0$ ⊕

$-2H_B\times4 + 10\times4 - H_B\times2$

$\therefore\ H_B = 4\text{kN}(\leftarrow)$

$H_A = 6\text{kN}(\leftarrow)$

$M_{max} = 6\times4 = 24\text{kN}\cdot\text{m}$

04 그림과 같은 부정정보에 대한 지점 B에서의 휨모멘트는? (단, 보의 자중은 무시하며, 휨강성 EI는 일정하다.)

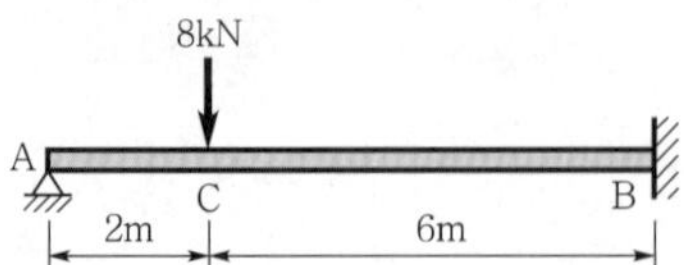

정답 01 ③ 02 ④ 03 ③ 04 ①

① 7.5kN · m(↺)
② 7.5kN · m(↻)
③ 9.5kN · m(↺)
④ 9.5kN · m(↻)

해설

$$M_{AB} = -\left(\frac{2EI}{l}(1.5\theta_B - 1.5R) - \frac{1}{2}C_{AB} + C_{BA}\right)$$
$$= -\left(-\frac{1}{2}C_{AB} + C_{BA}\right)$$
$$= -\left(-\frac{1}{2}\times\frac{Pab^2}{l^2} - \frac{Pa^2b}{l^2}\right)$$
$$= -\left(-\frac{1}{2}\times\frac{8\times2\times6^2}{8^2} - \frac{8\times2^2\times6}{8^2}\right)$$
$$= -7.5\text{kN}\cdot\text{m}$$

05 그림과 같은 마름모형상의 단면을 갖고 있는 보의 소성모멘트 M_P로 옳은 것은? (단, 인장과 압축에 대하여 항복강도는 동일하게 σ_y이다.)

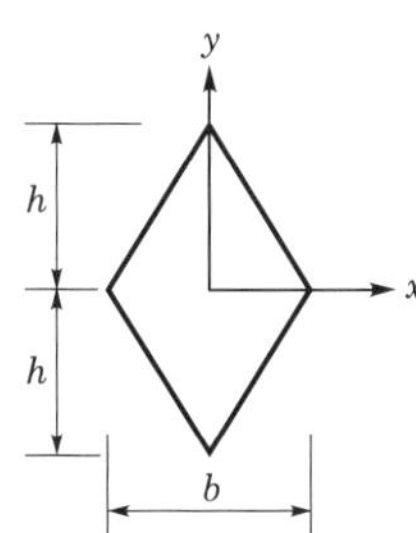

① $\frac{bh^2}{6}\cdot\sigma_y$　② $\frac{bh^2}{3}\cdot\sigma_y$
③ $\frac{2bh^2}{3}\cdot\sigma_y$　④ $\frac{4bh^2}{3}\cdot\sigma_y$

해설

$$Z_P = \frac{b(2h)^2}{12} = \frac{bh^2}{3}$$
$$M_P = Z_P\times\sigma_y$$
$$= \frac{bh^2}{3}\sigma_y$$

06 그림과 같은 두 구조물에 작용하는 하중비가 $\frac{P_1}{P_2} = \frac{5}{2}$일 때, 지점 B의 반력비$\left(\frac{R_{B1}}{R_{B2}}\right)$는 얼마인가?

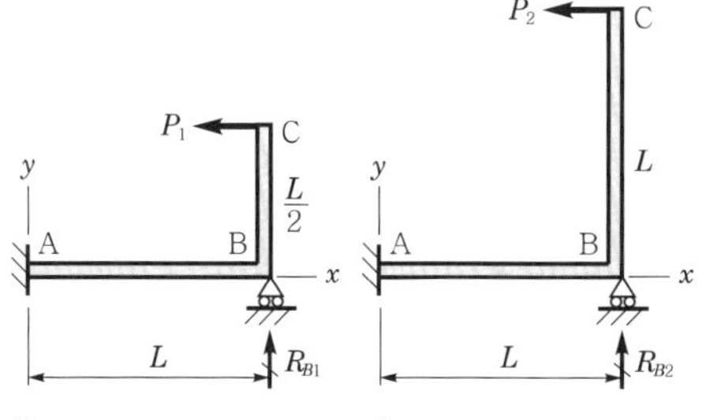

① 0.75　② 1.00
③ 1.25　④ 1.50

해설

$$\frac{R_{B_1}}{R_{B_2}} = \frac{\frac{3M_{B_1}}{2L}}{\frac{3M_{B_2}}{2L}} = \frac{M_{B_1}}{M_{B_2}}$$
$$= \frac{P_1}{2P_2} = \frac{5}{4} = 1.25$$

07 그림과 같이 지지된 강체기둥의 좌굴하중은? (단, 강성 k의 스프링이 힌지 B점에 연결돼 있고, A점의 회전스프링 강성 $k_r = \frac{1}{4}kL^2$이다.)

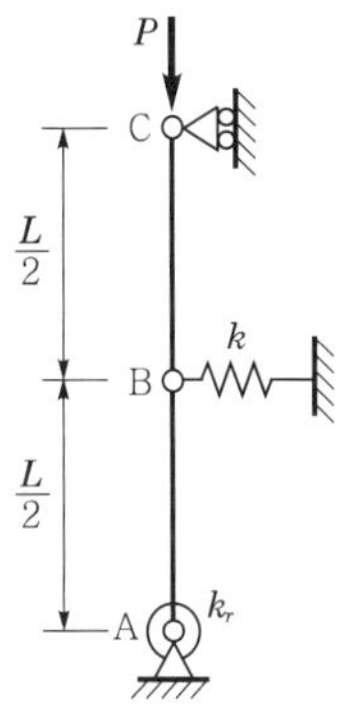

① $\frac{1}{4}kL$　② $\frac{1}{2}kL$
③ $\frac{3}{4}kL$　④ kL

정답 05 ② 06 ③ 07 ②

해설 $\Sigma M_B = 0$ ⊕

$$-P_{cr} \times \frac{l\theta}{2} + \frac{k\theta}{L} \times \frac{L}{2} + \frac{kl\theta}{4} \times \frac{L}{2} = 0$$

$$\therefore\ -P_{cr} + \frac{k}{L} + \frac{kL}{4} = 0$$

$$\therefore\ P_{cr} = \frac{kL}{2}$$

08 그림은 반지름이 4cm인 원형 단면에 작용하는 세 힘을 나타낸 것이다. 세 힘에 대한 합력의 작용선이 선분 AB와 교차하는 점의 위치는?

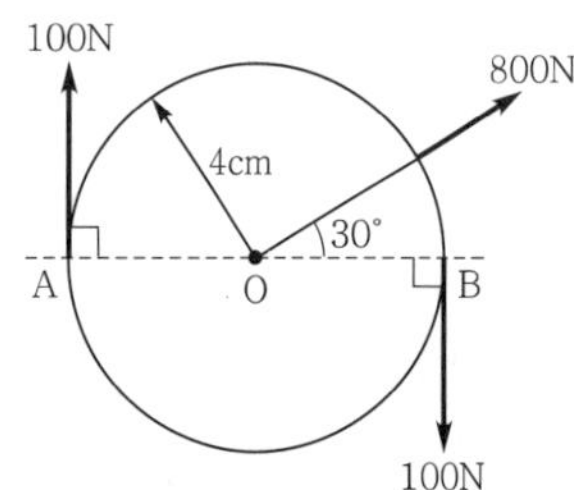

① O점을 기준으로 왼쪽으로 1cm
② O점을 기준으로 오른쪽으로 1cm
③ O점을 기준으로 왼쪽으로 2cm
④ O점을 기준으로 오른쪽으로 2cm

해설 $R = 400\text{N}(\uparrow)$

$100 \times 4 + 100 \times 4 - 400x = 0$

$\therefore\ x = 2\text{m}$

09 그림과 같이 두 개의 서로 다른 재료로 구성된 단면을 갖는 합성보가 모멘트 하중을 받고 있다. 만약 1번 재료의 최대응력이 34MPa이라면 2번 재료의 최대응력은 얼마인가? (단, 1번 재료의 탄성계수는 100GPa, 2번 재료의 탄성계수는 200GPa이다.)

① 34MPa
② 52MPa
③ 68MPa
④ 76MPa

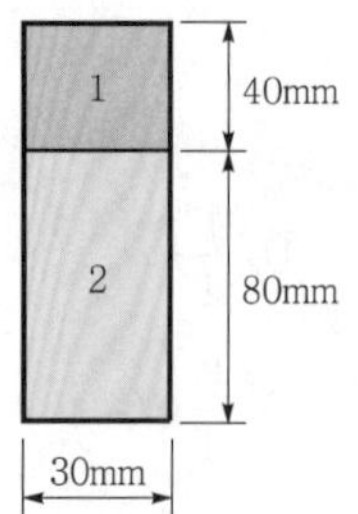

해설 ㉠ $y_1 = \dfrac{A_1E_1 \times y_1 + A_2E_2y_2}{A_1E_1 + A_2E_2}$

$$= \frac{20 \times 1 + 80 \times 4}{1+4} = 68$$

㉡ $y_2 = 120 - 68 = 52$

㉢ $\sigma_2 = n \times \dfrac{y_2}{y_1} \times \sigma_1$

$$= 2 \times \frac{52}{68} \times 34 = 52\text{MPa}$$

10 그림과 같이 길이 L인 변단면 원형봉의 내부에 0에서 x까지 직경 $\frac{d}{2}$의 원통형 구멍이 존재하여 구간 1과 2의 단면적이 각각 $\frac{3}{4}A$와 A이다. 하중 P가 A점에 작용하고 하중 $\frac{P}{2}$가 B점에 작용할 때, 봉의 끝단에서 축방향변위가 $\frac{PL}{EA}$이 되기 위한 x값은? (단, 보의 탄성계수는 일정하다.)

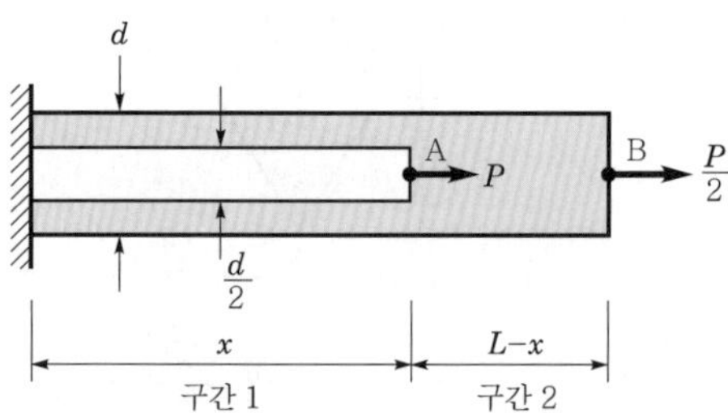

① $\frac{1}{4}L$　　② $\frac{1}{3}L$

③ $\frac{3}{5}L$　　④ $\frac{2}{3}L$

해설 ㉠ $\delta_B = \dfrac{\left(\frac{P}{2}+P\right)x}{\frac{3}{4}A \times E} + \dfrac{\frac{P}{2}(L-x)}{AE}$

$$= \frac{PL + 3Px}{2AE}$$

㉡ $L = 2x + \dfrac{L}{2} - \dfrac{x}{2}$

$\therefore\ x = \dfrac{L}{3}$

정답 08 ③ 09 ② 10 ②

11 그림과 같이 중공 원형 단면을 가진 균질의 봉에 비틀림모멘트 $T = 15\pi \text{N} \cdot \text{m}$가 작용하고 있을 때, 중앙에 주축에서 45° 방향으로 설치된 스트레인 게이지의 값이 2×10^{-4}으로 측정되었다. 이 봉을 구성하고 있는 재료의 전단탄성계수는 얼마인가? (단, 봉의 외경은 $d_1 = 20\text{mm}$, 내경은 $d_2 = 10\text{mm}$이다.)

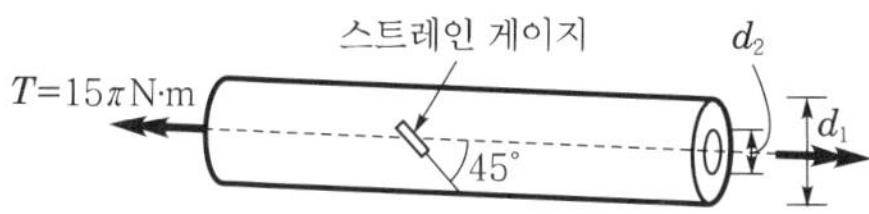

① 20GPa ② 40GPa
③ 60GPa ④ 80GPa

해설
㉠ $\tau = \dfrac{T}{J} r = \dfrac{15\pi \times 10^3}{\dfrac{\pi(20^4 - 10^4)}{32}} \times 10$
$= 32\text{MPa}$
㉡ $\tau_{max} = 2\varepsilon_{max}$
㉢ $\tau = rG$
$G = \dfrac{r}{\tau} = \dfrac{32}{4 \times 10^{-4}} = 80\text{GPa}$

12 그림과 같은 캔틸레버보의 B점에서 처짐은? (단, 보의 자중은 무시하며, 휨강성 EI는 일정하다.)

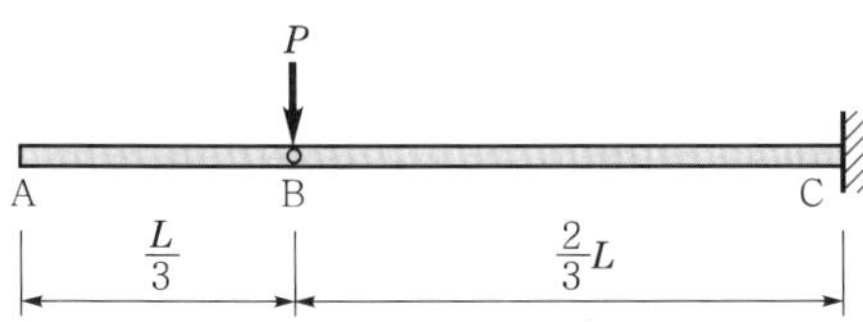

① $\dfrac{4PL^3}{81EI}$(하향) ② $\dfrac{8PL^3}{81EI}$(하향)
③ $\dfrac{4PL^3}{27EI}$(하향) ④ $\dfrac{8PL^3}{27EI}$(하향)

해설
$\delta_B = \dfrac{P\left(\dfrac{2}{3}L\right)^3}{3EI} = \dfrac{8PL^3}{81EI}(\downarrow)$

13 직경 d인 원형 단면의 단순보에 그림과 같이 등분포하중(w)과 축방향압축력(P)이 작용할 때 보에서 발생하는 최대압축응력($f_{c,\max}$)과 최대인장응력($f_{t,\max}$)은?

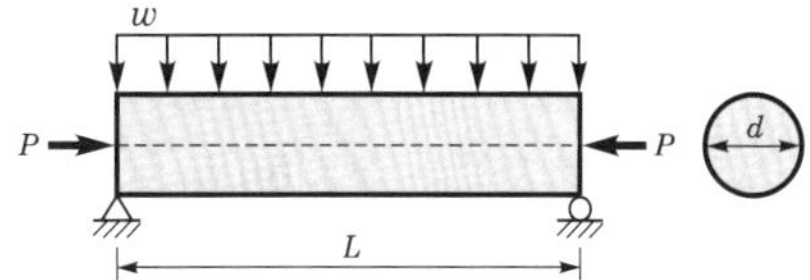

① $f_{c,\max} = -\dfrac{2P}{\pi d^2} + \dfrac{2wL^2}{\pi d^3}$,
$f_{t,\max} = -\dfrac{2P}{\pi d^2} - \dfrac{2wL^2}{\pi d^3}$

② $f_{c,\max} = -\dfrac{4P}{\pi d^2} + \dfrac{4wL^2}{\pi d^3}$,
$f_{t,\max} = -\dfrac{4P}{\pi d^2} - \dfrac{4wL^2}{\pi d^3}$

③ $f_{c,\max} = -\dfrac{2P}{\pi d^2} - \dfrac{2wL^2}{\pi d^3}$,
$f_{t,\max} = -\dfrac{2P}{\pi d^2} + \dfrac{2wL^2}{\pi d^3}$

④ $f_{c,\max} = -\dfrac{4P}{\pi d^2} - \dfrac{4wL^2}{\pi d^3}$,
$f_{t,\max} = -\dfrac{4P}{\pi d^2} + \dfrac{4wL^2}{\pi d^3}$

해설
㉠ $f_{c,\max} = -\dfrac{P}{A} - \dfrac{32M_{\max}}{\pi D^3}$
$= -\dfrac{4P}{\pi D^2} - \dfrac{32\left(\dfrac{wL^2}{8}\right)}{\pi D^3}$
$= -\dfrac{4P}{\pi D^2} - \dfrac{4wL^2}{\pi D^3}$
㉡ $f_{t,\max} = -\dfrac{P}{A} + \dfrac{32M_{\max}}{\pi D^3}$
$= -\dfrac{4P}{\pi D^2} + \dfrac{32\left(\dfrac{wL^2}{8}\right)}{\pi D^3}$
$= -\dfrac{4P}{\pi D^2} + \dfrac{4wL^2}{\pi D^3}$

정답 11 ④ 12 ② 13 ④

14 그림과 같은 단순보의 지점 A에서 3kN · m의 모멘트를 작용시켰더니 지점 A 및 B에서의 처짐각이 각각 0.09rad과 0.06rad으로 발생하였다. 만일 동일한 단순보의 지점 B에 4kN · m의 모멘트를 작용시킨다면 이 하중에 의해 지점 A에서 발생하는 처짐각은? (단, 보의 자중은 무시하며, 보의 휨강성 EI는 일정하다.)

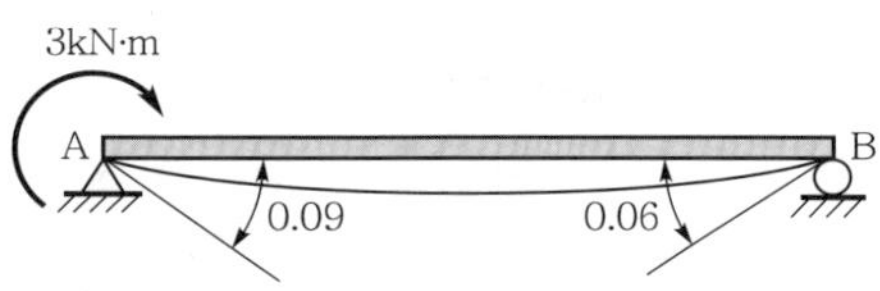

① 0.08rad ② 0.09rad
③ 0.12rad ④ 0.15rad

해설 $M_A\theta_A = M_B\theta_B$

$\theta_A = \frac{4}{3}\times 0.06 = 0.08\text{rad}$

15 그림과 같은 양단 고정보에 포물선 형태의 온도분포로 온도변화가 발생하였다. 이때 보에 발생하는 압축응력은 얼마인가? (단, 열팽창계수 $\alpha_c = 2\times10^{-5}/℃$이고, 탄성계수는 200GPa이다.)

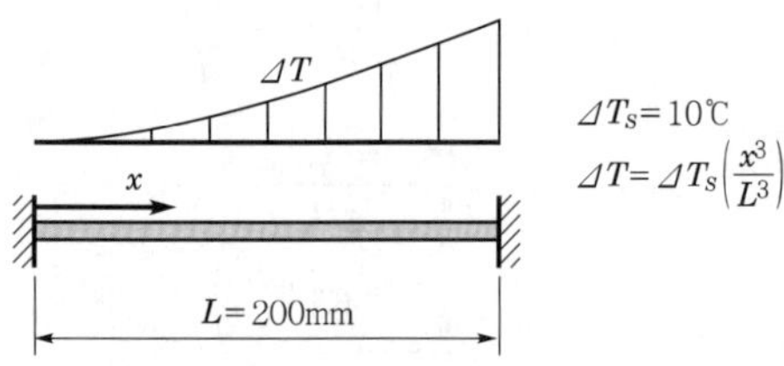

① 10MPa ② 20MPa
③ 30MPa ④ 40MPa

해설 $\sigma = \frac{\alpha\cdot\Delta T\cdot E}{4}$

$= \frac{2\times10^{-5}\times10\times200\times10^3}{4}$

$= 10\text{MPa}$

16 그림과 같이 반원 형상을 하고 있는 캔틸레버박스거더에서 A점이 고정단이고 원의 중심은 O점일 때, 자중에 의해서 A점에서 발생하는 y축 모멘트 반력 M_y의 크기는 얼마인가? (단, 단위길이당 보의 무게는 w이고, 원의 반지름은 R이다.)

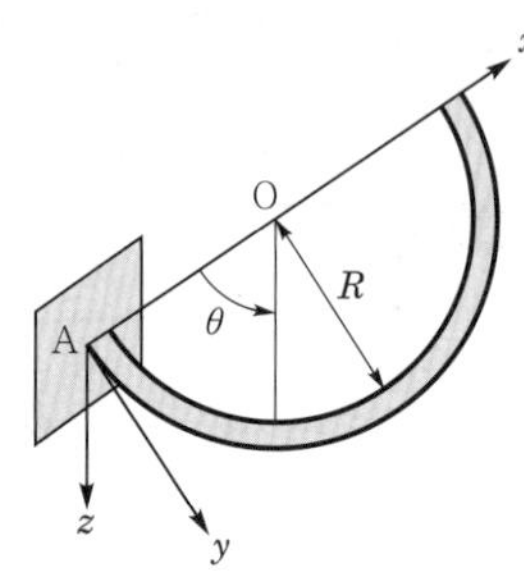

① $wR^2\pi$ ② $2wR^2\pi$
③ $3wR^2\pi$ ④ $4wR^2\pi$

해설 $M_y = (w\times\pi\times R)\times R$

$= wR^2\pi$

17 길이 2m의 봉이 항복강도가 250MPa이고 탄성계수가 200GPa인 완전탄소성 강재로 만들어져 있다. 이 봉이 축방향으로 6mm만큼 늘어났다가 하중이 제거된다면 잔류변형 길이는 얼마인가?

① 0.5mm ② 1.5mm
③ 2.5mm ④ 3.5mm

해설 $\varepsilon_r = \frac{\Delta l}{l} - \frac{\sigma}{E}$

$= \frac{6}{2,000} - \frac{250}{200\times10^3}$

$= 1.75\times10^{-3}$

잔류변형의 길이 $= \varepsilon_r\times l$

$= 1.75\times10^{-3}\times2,000$

$= 3.5\text{mm}$

정답 14 ① 15 ① 16 ① 17 ④

18 그림과 같이 O점에 모멘트 하중이 작용할 때 OA부재의 분배모멘트(M_{OA})와 전달모멘트(M_{AO})의 크기는? (단, 부재의 EI는 일정하다.)

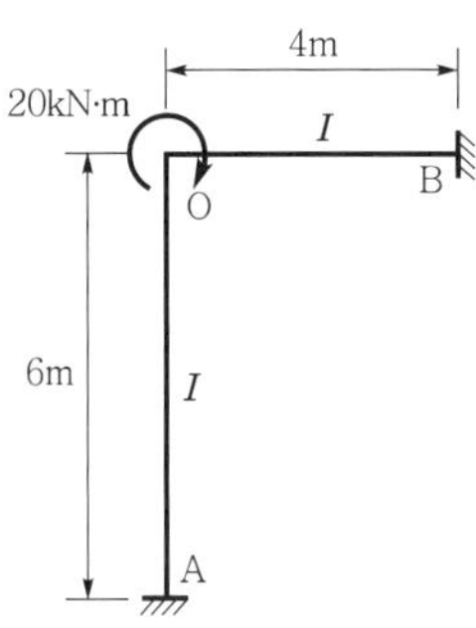

① $M_{OA}=4\text{kN}\cdot\text{m},\ M_{AO}=8\text{kN}\cdot\text{m}$

② $M_{OA}=6\text{kN}\cdot\text{m},\ M_{AO}=12\text{kN}\cdot\text{m}$

③ $M_{OA}=8\text{kN}\cdot\text{m},\ M_{AO}=4\text{kN}\cdot\text{m}$

④ $M_{OA}=12\text{kN}\cdot\text{m},\ M_{AO}=6\text{kN}\cdot\text{m}$

해설

㉠ 분배율 $=\dfrac{4}{6+4}=\dfrac{2}{5}$

㉡ $M_{OA}=20\times\dfrac{2}{5}=8\text{kN}\cdot\text{m}$

㉢ $M_{AO}=8\times\dfrac{1}{2}=4\text{kN}\cdot\text{m}$

19 그림과 같은 라멘 구조물에 대한 지점 A에서의 수평반력의 크기는? (단, 구조물의 자중은 무시한다.)

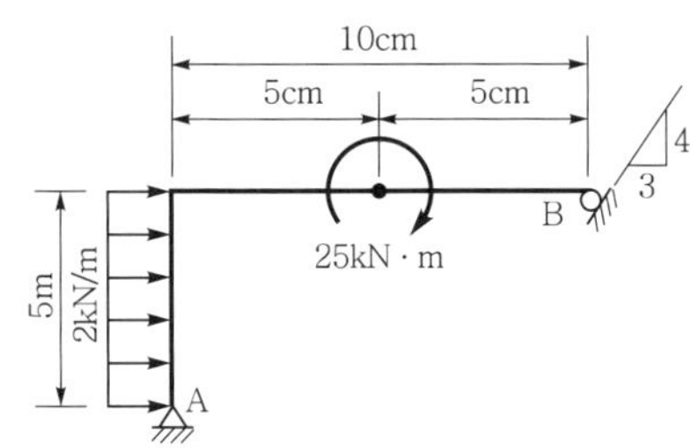

① 3kN ② 4kN

③ 5kN ④ 6kN

해설

㉠ $\Sigma M_A=0$ ⊕

$-\dfrac{4}{5}R_B\times5-\dfrac{5}{3}R_B\times10+25+2\times5\times\dfrac{5}{2}=0$

$R_B=5\text{kN}$

$H_B=4\text{kN}$

㉡ $\Sigma H=0$

$R_B\times2-H_B=5\times2-4=6\text{kN}$

20 그림과 같이 중공 원형 강관 내에 구리봉이 있고, 이들이 총 150kN의 압축력을 받고 있다. 강관의 단면적이 20cm^2이고 구리봉의 단면적이 50cm^2일 때, 구리봉에만 압축력이 작용하기 위한 온도 변화 ΔT는? (단, 압축되기 전 두 부재의 길이는 같고 강관의 탄성계수는 200GPa, 열팽창계수는 $12\times10^{-6}/℃$이며, 구리의 탄성계수는 100GPa, 열팽창계수는 $17\times10^{-6}/℃$이다.)

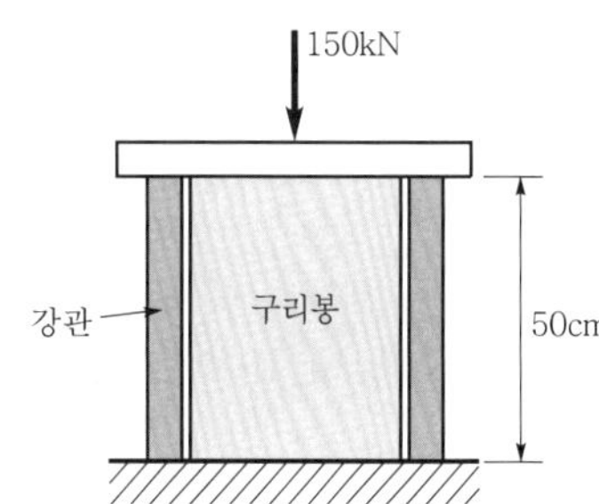

① 40℃ ② 60℃

③ 80℃ ④ 100℃

해설

$\alpha_c\Delta Tl-\dfrac{P_cl}{A_cE_c}=\alpha_s\Delta Tl$

$\Delta T=\dfrac{P}{(\alpha_c-\alpha_s)A_cE_c}$

$=\dfrac{150\times10^3}{(17\times10^6-12\times10^{-6})\times5{,}000\times(100\times10^3)}$

$=60℃$

과년도 출제문제(2018년 국가직 9급)

01 다음 그림과 같이 변의 길이가 r인 정사각형에서 반지름이 r인 $\frac{1}{4}$ 원을 뺀 나머지 부분의 x축에서 도심까지의 거리 $\bar{y}$는?

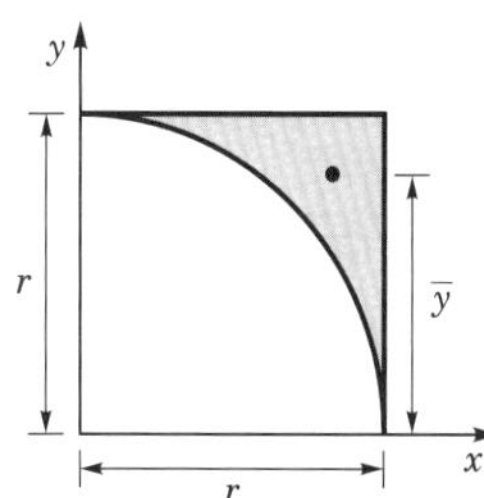

① $\frac{2r}{3(4-\pi)}$ ② $\frac{3r}{4(4-\pi)}$

③ $\frac{(3\pi-4)r}{3\pi}$ ④ $\frac{(\pi-1)r}{\pi}$

해설

$$\bar{y}=\frac{\Sigma G_x}{\Sigma A}=\frac{\left(r^2\times\frac{r}{2}\right)-\left(\frac{\pi r^2}{4}\times\frac{4r}{3\pi}\right)}{r^2-\frac{\pi r^2}{4}}$$

$$=\frac{\frac{r^3}{2}-\frac{4\pi r^3}{12\pi}}{r^2-\frac{\pi r^2}{4}}=\frac{r^3\left(\frac{1}{2}-\frac{1}{3}\right)}{r^2\left(1-\frac{\pi}{4}\right)}=\frac{\frac{r^3}{6}}{r^2\left(1-\frac{\pi}{4}\right)}$$

$$=\frac{\frac{r^3}{6}}{\frac{r^2}{4}(4-\pi)}=\frac{4r^3}{6r^2(4-\pi)}=\frac{2r}{3(4-\pi)}$$

02 다음 그림과 같은 봉의 C점에 축하중 P가 작용할 때 C점의 수평변위가 0이 되게 하는 B점에 작용하는 하중 Q의 크기는? (단, 봉의 축강성 EA는 일정하고, 좌굴 및 자중은 무시한다.)

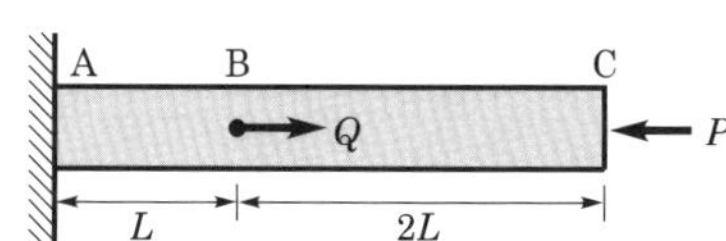

① $1.5P$ ② $2.0P$

③ $2.5P$ ④ $3.0P$

해설

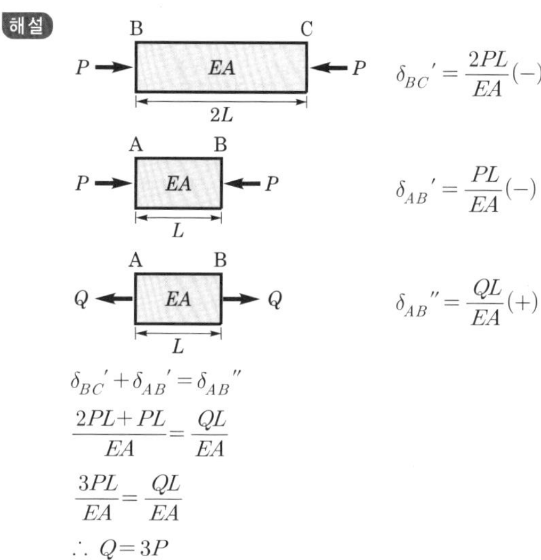

$\delta_{BC}'=\frac{2PL}{EA}(-)$

$\delta_{AB}'=\frac{PL}{EA}(-)$

$\delta_{AB}''=\frac{QL}{EA}(+)$

$\delta_{BC}'+\delta_{AB}'=\delta_{AB}''$

$\frac{2PL+PL}{EA}=\frac{QL}{EA}$

$\frac{3PL}{EA}=\frac{QL}{EA}$

$\therefore\ Q=3P$

03 다음 그림과 같은 보에서 주어진 이동하중으로 인해 B점에서 발생하는 최대 휨모멘트의 크기(kN·m)는? (단, 보의 자중은 무시한다.)

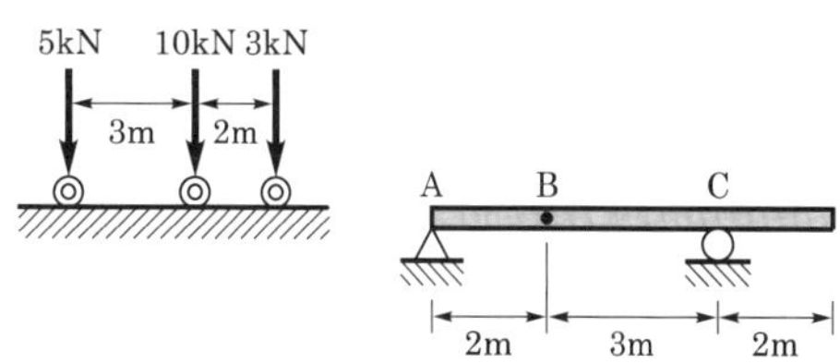

① 9.5 ② 10.0

③ 13.2 ④ 14.5

해설

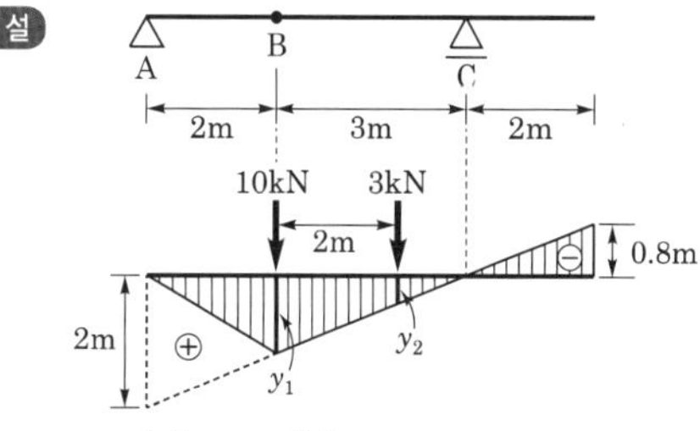

$y_1=1.2,\ y_2=0.4$

$M_{max}=(10\times1.2)+(3\times0.4)=13.2\text{kN}\cdot\text{m}$

정답 01 ① 02 ④ 03 ③

04 다음 그림과 같은 하중을 받는 단순보에서 최대 휨모멘트가 발생하는 위치가 A점으로부터 떨어진 수평거리(m)는? (단, 보의 자중은 무시한다.)

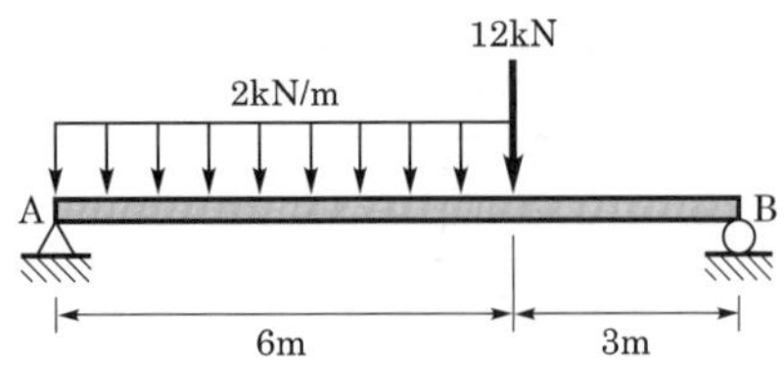

① 3　　② 4
③ 5　　④ 6

해설 $\Sigma M_B = 0$

$(R_A \times 9) - (2\times6\times6) - (12\times3) = 0$

$\therefore R_A = \dfrac{72+36}{9} = 12\text{kN}$

A점에서 전단력 $S_x = 0$인 곳을 산정하면

$S_x = 12 - 2x = 0$

$\therefore x = 6\text{m}$

05 다음 그림과 같이 양단이 고정되고 일정한 단면적(200mm^2)을 가지는 초기 무응력상태인 봉의 온도변화(ΔT)가 −10℃일 때 A점의 수평반력의 크기(kN)는? (단, 구조물의 재료는 탄성−완전소성거동을 하고, 항복응력은 200MPa, 초기 탄성계수는 200GPa, 열팽창계수는 5×10^{-5}/℃이며, 좌굴 및 자중은 무시한다.)

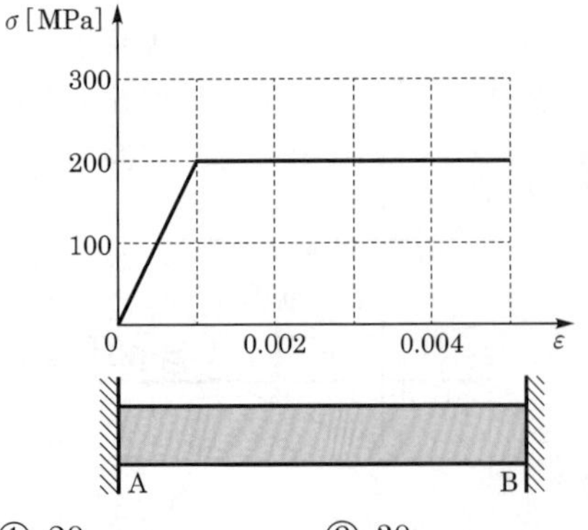

① 20　　② 30
③ 40　　④ 50

해설 $\varepsilon = (\Delta T)\alpha = -10\times5\times10^{-5} = 5\times10^{-4}$

$\sigma = E\varepsilon = 200\text{GPa}\times10^3\times5\times10^{-4} = 100\text{MPa}$

$\therefore R_A = 100\text{N/mm}^2\times200\text{mm}^2 = 20{,}000\text{N} = 20\text{kN}$

06 다음 그림과 같은 하중을 받는 단순보에서 B점의 수직반력이 A점의 수직반력의 2배가 되도록 하는 삼각형 분포하중 w[kN/m]는? (단, 보의 자중은 무시한다.)

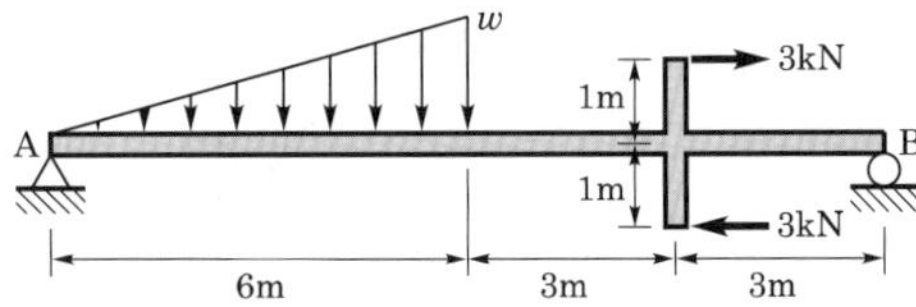

① $\dfrac{1}{2}$　　② $\dfrac{1}{3}$
③ $\dfrac{1}{4}$　　④ $\dfrac{1}{5}$

해설

$\Sigma M_B = 0$

$(R_A\times12) - \left(\dfrac{1}{2}\times6\times w\times8\right) + 6 = 0$

$12R_A - 24w + 6 = 0$

$\therefore R_A = 2w - 0.5$ ⋯⋯⋯ ㉠

$\Sigma V = 0$

$R_A + R_B - \left(\dfrac{1}{2}\times6\times w\right) = 0$

$R_A + R_B - 3w = 0$

$R_B = 2R_A$이므로

$R_A + 2R_A - 3w = 0$

$3R_A = 3w$

$\therefore R_A = w$ ⋯⋯⋯ ㉡

식 ㉡을 ㉠에 대입하면

$w = 2w - 0.5$

$\therefore w = \dfrac{1}{2}$

정답 04 ④ 05 ① 06 ①

07 다음 그림과 같은 라멘구조물에서 AB부재의 수직 단면 $n-n$에 대한 전단력의 크기(kN)는? (단, 모든 부재의 자중은 무시한다.)

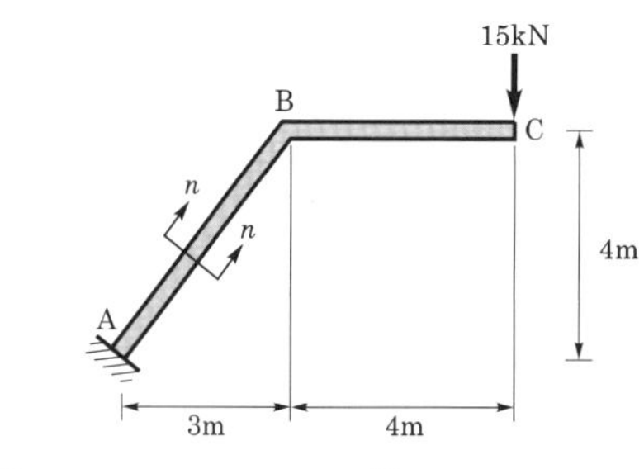

① 6 ② 9
③ 12 ④ 15

해설

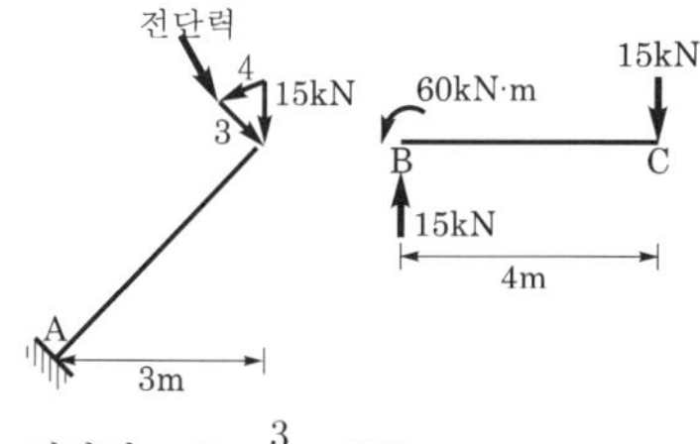

전단력$=15\times\frac{3}{5}=9$kN

08 다음 그림과 같은 분포하중을 받는 단순보에서 C점에서 발생하는 휨모멘트의 크기(kN·m)는? (단, 보의 자중은 무시한다.)

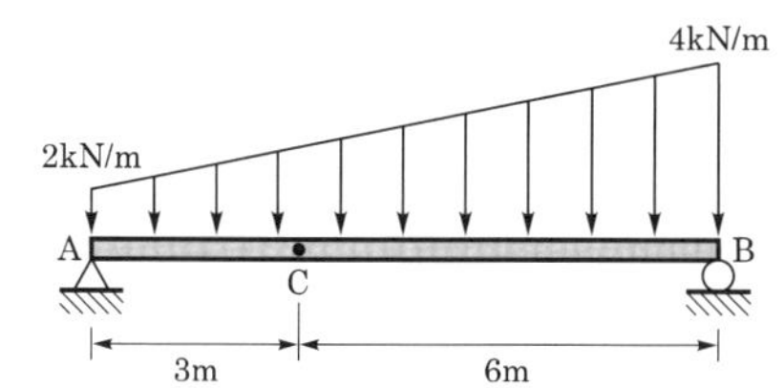

① 25 ② 26
③ 27 ④ 28

해설

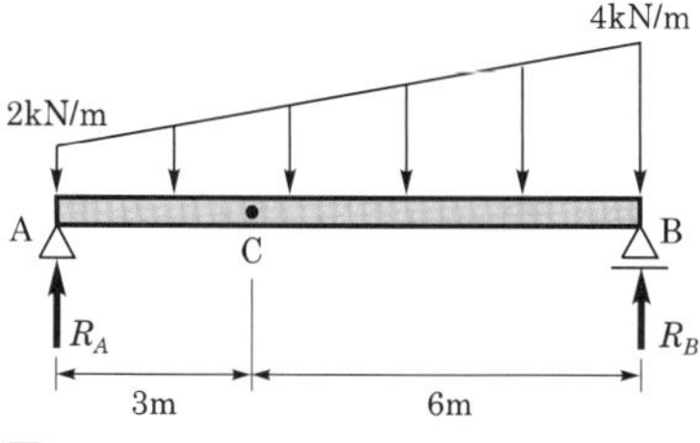

$\Sigma M_B=0$

$(R_A\times 9)-(2\times 9\times 4.5)-\left(\frac{1}{2}\times 2\times 9\times 3\right)=0$

$\therefore R_A=12$kN

$\therefore M_C=(12\times 3)-(2\times 3\times 1.5)-\left(\frac{1}{2}\times 0.67\times 3\times 1\right)$

$=25.995=26$kN·m

09 다음 그림과 같이 높이가 폭(b)의 2배인 직사각형 단면을 갖는 압축부재의 세장비(λ)를 48 이하로 제한하기 위한 부재의 최대 길이는 직사각형 단면폭(b)의 몇 배인가?

① $6\sqrt{3}$
② $8\sqrt{3}$
③ $10\sqrt{3}$
④ $12\sqrt{3}$

해설

$I_{min}=\frac{2b\times b^3}{12}=\frac{b^3}{6}$

$A=b\times 2b=2b^2$

$\gamma_{min}=\sqrt{\frac{I_{min}}{A}}=\sqrt{\frac{\frac{b^3}{6}}{2b^2}}=\sqrt{\frac{b^3}{12b^2}}=\sqrt{\frac{b}{12}}$

세장비$(\lambda)=\frac{l}{\gamma_{min}}$에서

$48=\frac{l}{\sqrt{\frac{b}{12}}}$

$\therefore l=48\times\sqrt{\frac{b}{12}}=8\sqrt{3}b$

10 다음 그림과 같은 트러스에서 부재 AB의 온도가 10℃ 상승하였을 때 B점의 수평변위의 크기(mm)는? (단, 트러스부재의 열팽창계수 $\alpha=4\times 10^{-5}$/℃이고, 자중은 무시한다.)

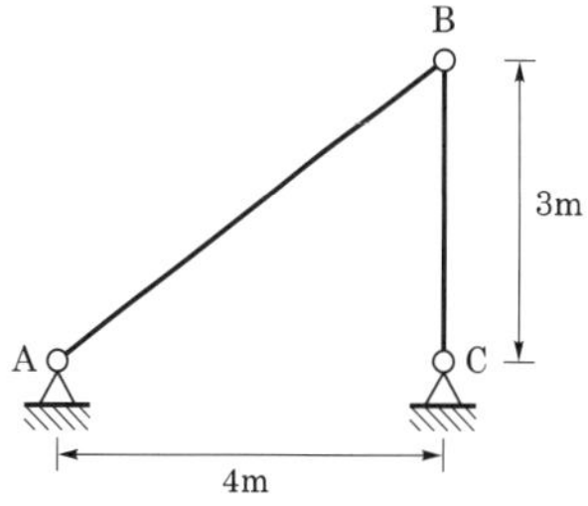

① 1.0 ② 1.5
③ 2.0 ④ 2.5

정답 07 ② 08 ② 09 ② 10 ④

해설

부재	F	f	$\alpha L\Delta T$
AB	0	1.25	2×10^{-3}
BC	0	−0.75	−

㉠ 단위하중에 의한 부재력

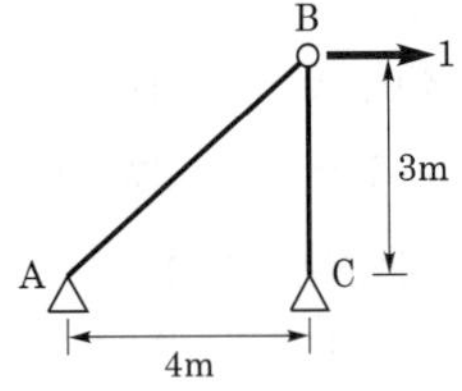

$-F_{AB}\times\frac{3}{5}-F_{BC}=0$

$-F_{AB}\times\frac{4}{5}+1=0$

$F_{AB}=\frac{5}{4}=1.25\text{t}$

$F_{BC}=-1.25\times\frac{3}{5}=-0.75\text{t}$

㉡ 온도하중에 의한 변형량

$\alpha L\Delta T=4\times10^{-5}\times5\times10=2\times10^{-3}\text{m}$

$\therefore \delta_{BH}=\Sigma\frac{Ffl}{EA}+\Sigma f\alpha L\Delta T$

$=(1.25\times2\times10^{-3})\times10^3=2.5\text{mm}$

11 다음 그림과 같은 캔틸레버보에서 자유단 A의 처짐각이 0이 되기 위한 모멘트 M의 값은? (단, 보의 휨강성 EI는 일정하고, 자중은 무시한다.)

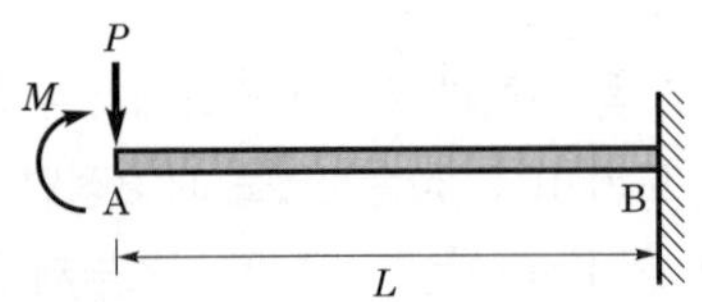

① $\frac{PL}{3}$ ② $\frac{2PL}{3}$

③ $\frac{PL}{2}$ ④ PL

해설 $\theta_A=\frac{PL^2}{2EI}-\frac{ML}{EI}$에서 $\theta_A=0$이므로

$\frac{PL^2}{2EI}-\frac{ML}{EI}=0$

$\therefore M=\frac{PL^2}{2EI}\times\frac{EI}{L}=\frac{PL}{2}$

12 다음 그림과 같이 B점에 모멘트 M을 받는 캔틸레버보에서 C점의 수직처짐은 B점의 수직처짐의 몇 배인가? (단, 보의 휨강성 EI는 일정하고, 자중은 무시한다.)

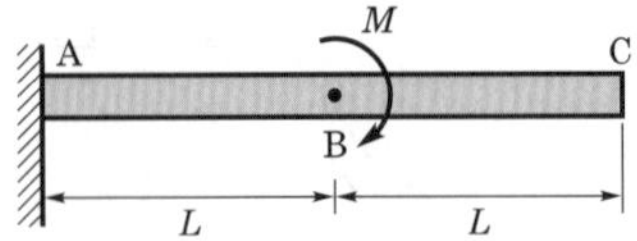

① 3.0 ② 3.5

③ 4.0 ④ 4.5

해설 공액보법으로 풀이하면

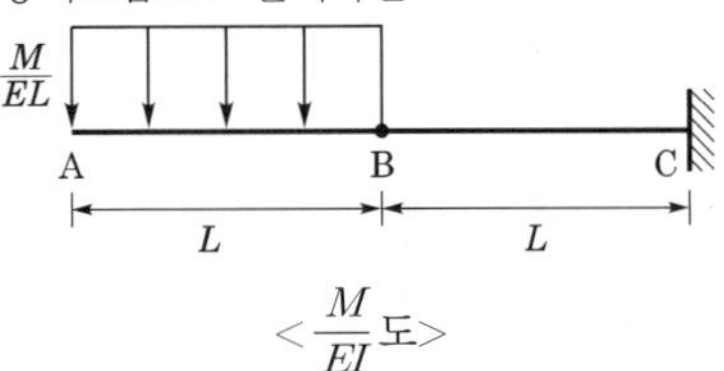

<$\frac{M}{EI}$도>

$\delta_C=\frac{M}{EI}\times L\times\left(L+\frac{L}{2}\right)=\frac{ML}{EI}\times\frac{3L}{2}=\frac{3ML^2}{2EI}$

$\delta_B=\frac{M}{EI}\times L\times\frac{L}{2}=\frac{ML}{EI}\times\frac{L}{2}=\frac{ML^2}{2EI}$

$\therefore \delta_C=3\delta_B$

13 다음은 평면응력상태의 응력요소를 표시한 것이다. 최대 전단응력의 크기가 가장 큰 응력요소는?

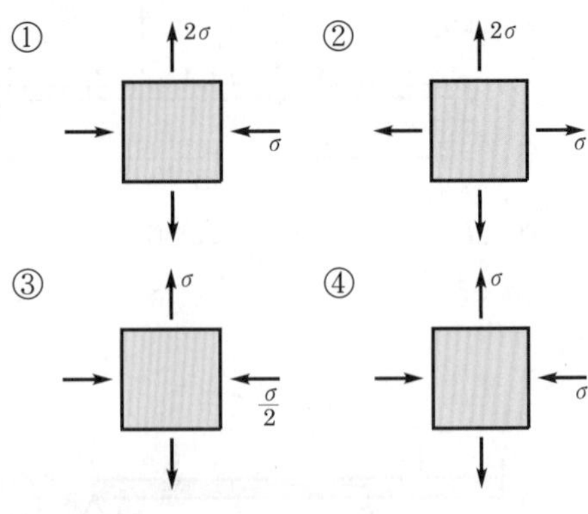

해설

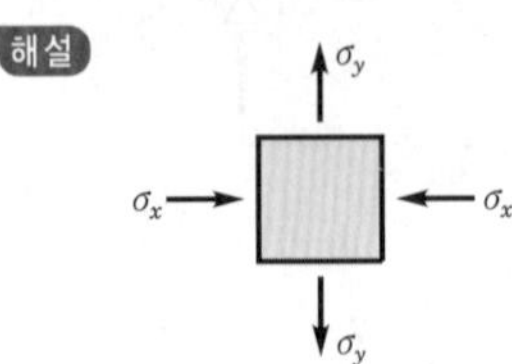

정답 11 ③ 12 ① 13 ①

$\tau_{max} = \frac{1}{2}(\sigma_x - \sigma_y)$이므로

① $\tau_{max} = \frac{1}{2}(-\sigma - 2\sigma) = -\frac{3}{2}\sigma$

② $\tau_{max} = \frac{1}{2}(\sigma - 2\sigma) = -\frac{1}{2}\sigma$

③ $\tau_{max} = \frac{1}{2}\left(-\frac{\sigma}{2} - \sigma\right) = -\frac{3}{4}\sigma$

④ $\tau_{max} = \frac{1}{2}(-\sigma - \sigma) = -\sigma$

14 다음 그림과 같이 강체보가 길이가 다른 케이블에 지지되어 있다. 보의 중앙에서 수직하중 W가 작용할 때 케이블 AD에 걸리는 인장력의 크기는? (단, 모든 케이블의 단면적과 탄성계수는 동일하고, 모든 부재의 자중은 무시한다.)

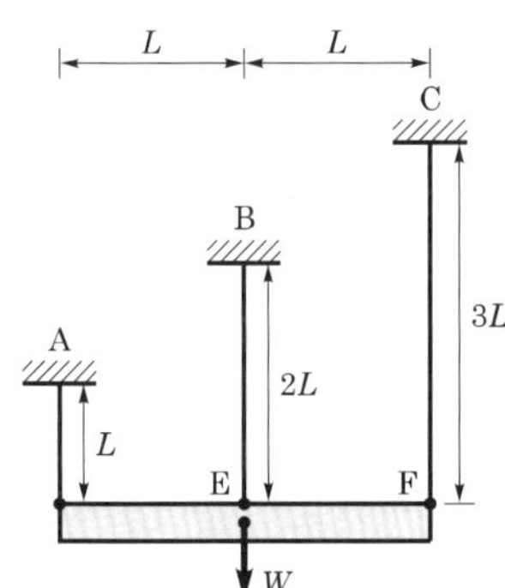

① $\frac{1}{2}W$ ② $\frac{1}{3}W$

③ $\frac{1}{4}W$ ④ $\frac{2}{3}W$

해설

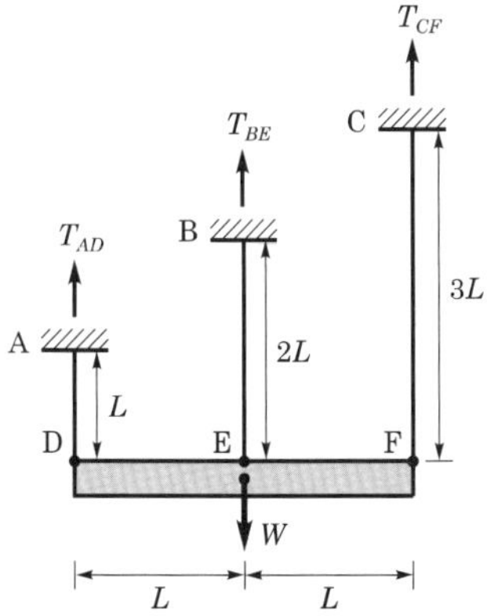

$\sum V = 0$

$T_{AD} + T_{BE} + T_{CF} = W$

$\sum M_E = 0$

$T_{AD} \times L - T_{CF} \times L = 0$

$\therefore T_{AD} = T_{CF}$

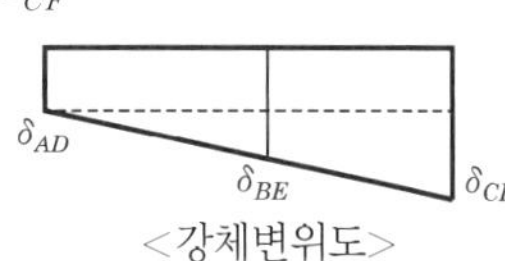

<강체변위도>

축부재의 변형량이므로 $\delta = \frac{TL}{EA}$에서 $\delta \propto T$

$\delta_{AD} = \frac{T_{AD}L}{EA}$

$\delta_{BE} = \frac{T_{BE}(2L)}{EA}$

$\delta_{CF} = \frac{T_{CE}(3L)}{EA}$

$2\delta_{AD} = \delta_{BE}$이므로 $T_{AD} = T_{BE}$

$3T_{AD} = W$

$\therefore T_{AD} = \frac{W}{3}$

15 다음 그림과 같이 동일한 사각형이 각각 다른 위치에 있을 때 사각형 A, B, C의 x축에 관한 단면 2차 모멘트의 비($I_A : I_B : I_C$)는?

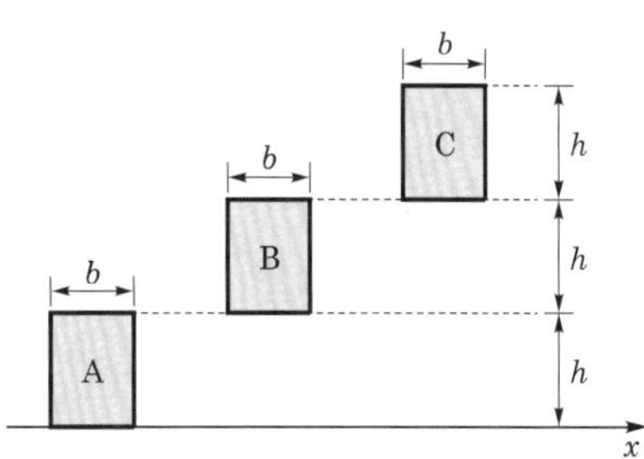

① 1 : 4 : 19 ② 1 : 4 : 20

③ 1 : 7 : 19 ④ 1 : 7 : 20

해설 평행축정리를 이용하면

$I_A = \frac{bh^3}{3}$

$I_B = \frac{b[(2h)^3 - h^3]}{3} = \frac{7bh^3}{3}$

$I_C = \frac{b[(3h)^3 - (2h)^3]}{3} = \frac{19bh^3}{3}$

$\therefore I_A : I_B : I_C = 1 : 7 : 19$

정답 14 ② 15 ③

16 다음 그림과 같은 하중을 받는 길이가 $2L$인 단순보에서 D점의 처짐각크기는? (단, 보의 휨강성 EI는 일정하고, 자중은 무시한다.)

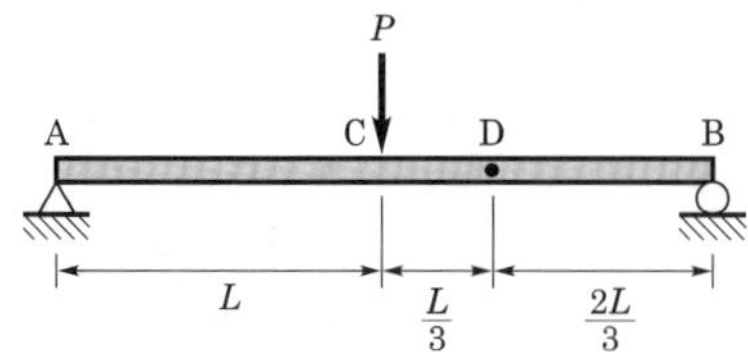

① $\dfrac{5PL^2}{6EI}$　　② $\dfrac{5PL^2}{12EI}$

③ $\dfrac{5PL^2}{24EI}$　　④ $\dfrac{5PL^2}{36EI}$

해설

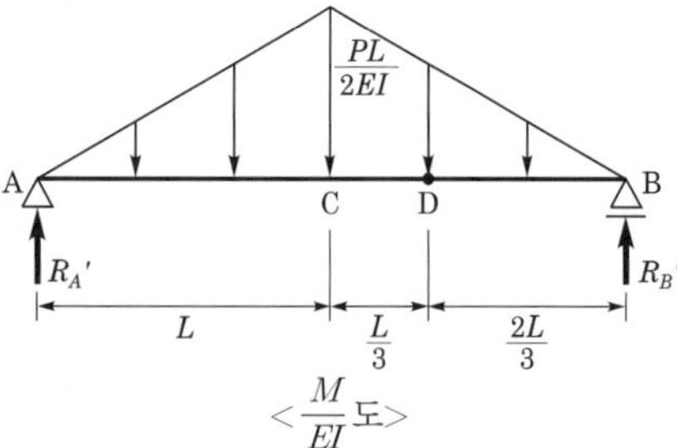

<$\dfrac{M}{EI}$도>

θ_D를 구하기 위해 <$\dfrac{M}{EI}$도>에서 전단력을 구하면

$$R_B{}' = \frac{1}{2} \times L \times \frac{PL}{2EI} = \frac{PL^2}{4EI}$$

D점의 크기를 구하면

$$L : \frac{PL}{2EI} = \frac{2L}{3} : x$$

$$x = \frac{PL^2}{3EI} \times \frac{1}{L} = \frac{PL}{3EI}$$

$$\therefore \theta_D = \frac{PL^2}{4EI} - \left(\frac{1}{2} \times \frac{2}{3} L \times \frac{PL}{3EI} \right)$$

$$= \frac{PL^2}{4EI} - \frac{PL^2}{9EI} = \frac{9PL^2 - 4PL^2}{36EI} = \frac{5PL^2}{36EI}$$

17 다음 그림과 같이 C점에 축하중 P가 작용하는 봉의 부재 CD에 발생하는 수직응력은? (단, 부재 BC의 단면적은 $2A$, 부재 CD의 단면적은 A이다. 모든 부재의 탄성계수 E는 일정하고, 자중은 무시한다.)

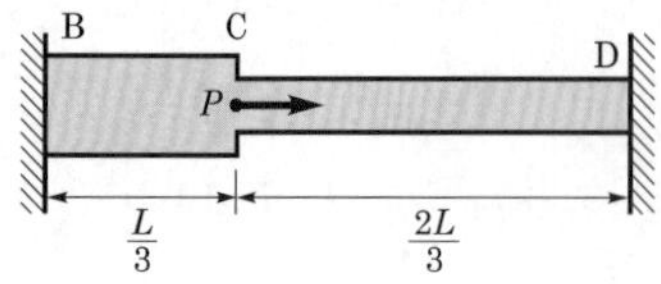

① $\dfrac{P}{3A}$　　② $\dfrac{P}{6A}$

③ $\dfrac{2P}{5A}$　　④ $\dfrac{P}{5A}$

해설

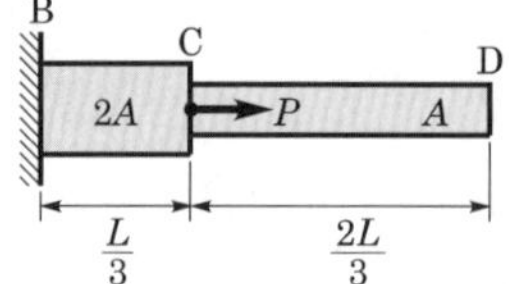

$$\delta_{D1} = \frac{P\frac{L}{3}}{2EA} = \frac{PL}{6EA}$$

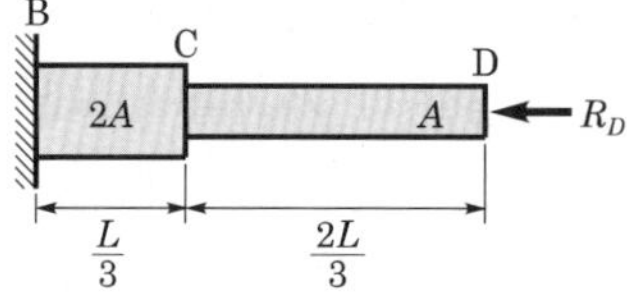

$$\delta_{D2} = \frac{\frac{2L}{3}R_D}{EA} + \frac{\frac{R_D L}{3}}{2EA} = \frac{5R_D L}{6EA}$$

$\delta_{D1} = \delta_{D2}$이므로

$$\frac{PL}{6EA} = \frac{5R_D L}{6EA}$$

$$\therefore R_D = \frac{P}{5}$$

$$\therefore \delta_{CD} = \frac{\frac{P}{5}}{A} = \frac{P}{5A}$$

18 다음 그림과 같은 트러스에서 CB부재에 발생하는 부재력의 크기(kN)는? (단, 모든 부재의 자중은 무시한다.)

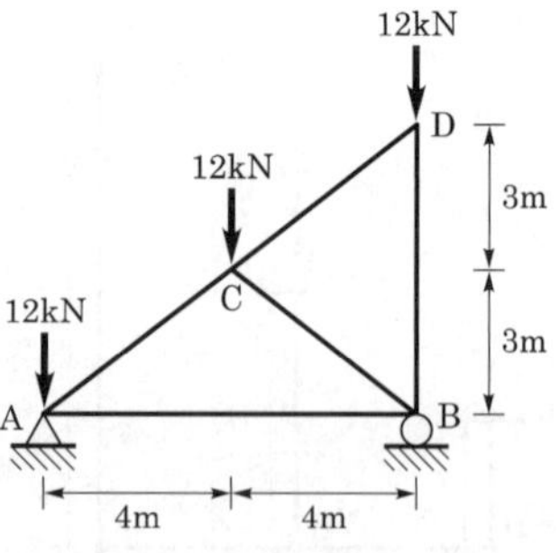

① 5.0　　② 7.5

③ 10.0　　④ 12.5

정답 16 ④ 17 ④ 18 ③

해설

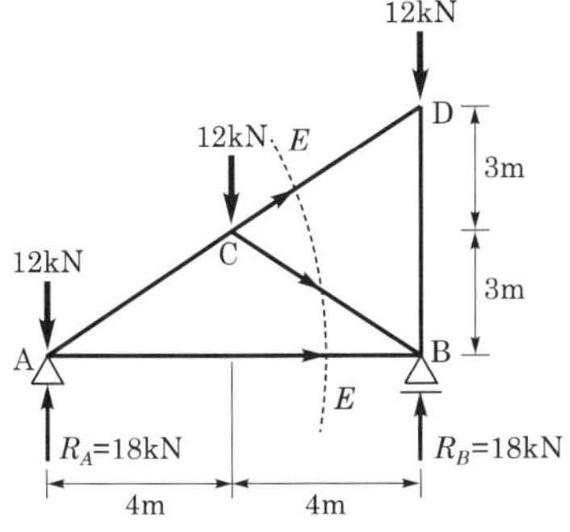

단면 $E-E$에서 전단력법을 적용하면

$\Sigma V=0$

$$18-12-12-F_{CB}\times\frac{3}{5}=0$$

$\therefore F_{CB}=10\text{kN}$

19 다음 그림과 같은 편심하중을 받는 짧은 기둥이 있다. 허용인장응력 및 허용압축응력이 모두 150MPa일 때 바닥면에서 허용응력을 넘지 않기 위해 필요한 a의 최소값(mm)은? (단, 기둥의 좌굴 및 자중은 무시한다.)

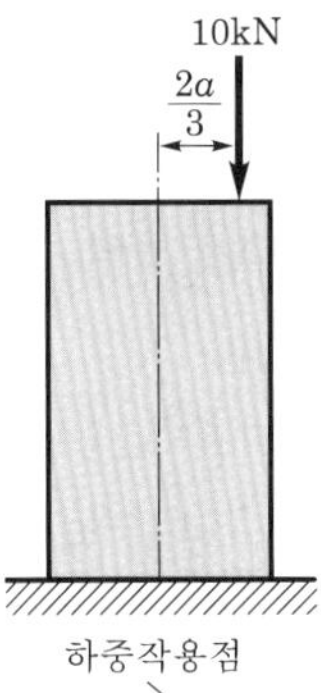

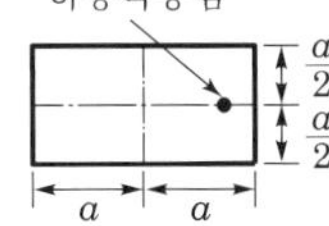

① 5 ② 10
③ 15 ④ 20

해설

$$\sigma_{max}=\frac{P}{A}\left(-1-3\times\frac{\frac{2a}{3}}{a}\times\frac{a}{a}\right)$$

$$=-\frac{3P}{A}=-\frac{3P}{2a\times a}=-\frac{3P}{2a^2}$$

$-\frac{3P}{2a^2}\le\sigma_a(=-150)$이므로

$$a^2\le\frac{3P}{2\times150}$$

$$\therefore a=\sqrt{\frac{3\times(10\times10^3)}{2\times150}}=10\text{mm}$$

20 다음 그림과 같이 강체로 된 보가 케이블로 지지되고 있다. F점에 수직하중 P가 작용할 때 F점의 수직변위의 크기는? (단, 케이블의 단면적은 A, 탄성계수는 E라 하고, 모든 부재의 자중은 무시하며, 변위는 미소하다고 가정한다.)

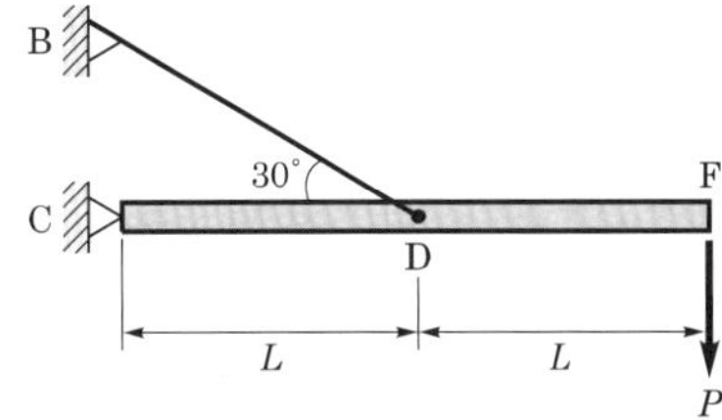

① $\frac{4\sqrt{3}PL}{3EA}$ ② $\frac{8\sqrt{3}PL}{3EA}$

③ $\frac{16\sqrt{3}PL}{3EA}$ ④ $\frac{32\sqrt{3}PL}{3EA}$

해설

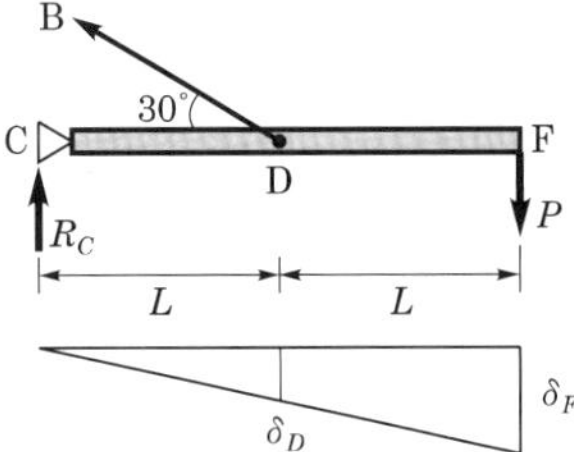

$\Sigma V=0$

$F_{BD}\times\sin30°-P+R_C=0$

$\Sigma M_C=0$

$(P\times2L)-(F_{BD}\times\sin30°\times L)=0$

$$F_{BD}=\frac{2PL}{\sin30°L}=\frac{2P}{\sin30°}$$

$$\delta_{BD}=\frac{F_{BD}\frac{L}{\cos30°}}{EA}=\frac{\frac{F_{BD}L}{\cos30°}}{EA}=\frac{F_{BD}L}{\cos30°EA}$$

$$\delta_D=\sin30°\delta_{BD}=\frac{\sin30°F_{BD}L}{\cos30°EA}=\frac{0.577F_{BD}L}{EA}$$

$\delta_F=2\delta_D$

$$=\frac{1.154F_{BD}L}{EA}=\frac{1.154\times\frac{2P}{\sin30°}\times L}{EA}=\frac{4.616PL}{EA}$$

$$=\frac{32\sqrt{3}PL}{3EA}$$

과년도 출제문제(2018년 지방직 9급)

01 다음 그림과 같이 단단한 암반 위에 삼각형 콘크리트중력식 옹벽을 설치하고 토사 뒤채움을 하였을 때 옹벽이 전도되지 않을 최소 길이 B[m]는? (단, 뒤채움 토사로 인한 토압의 합력은 24kN/m이며, 콘크리트의 단위중량은 24kN/m^3이다.)

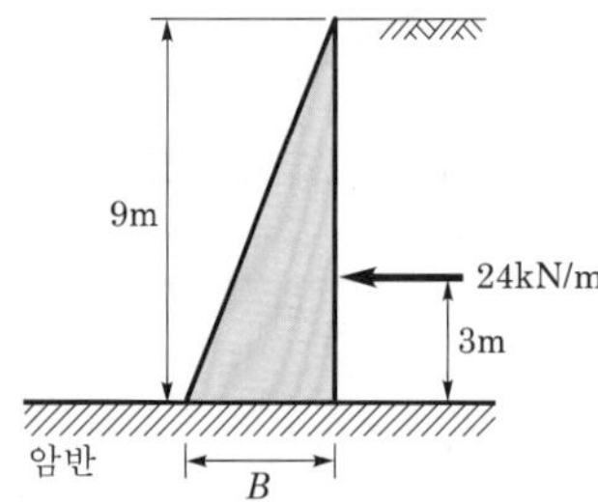

① 0.8 ② 1.0

③ 1.2 ④ 1.4

해설

구체자중 $\frac{1}{2}\times B\times 9\times 24 = 108B$[kN]

저항모멘트 $M_R = 108\times B\times\frac{2B}{3} = 72B^2$

전도모멘트 $M_O = 24\times 3 = 72$

전도되지 않기 위해서 $M_R = M_O$

$72B^2 = 72$

$\therefore B = 1\text{m}$

02 다음 그림과 같이 평면응력상태에 있는 한 점에서 임의로 설정한 x, y축방향 응력이 각각 $\sigma_x = 450\text{MPa}$, $\sigma_y = -150\text{MPa}$이다. 이때 주평면(principal plane)에서의 최대 주응력은 $\sigma_1 = 550\text{MPa}$이고, x축에서 각도 θ만큼 회전한 축 x_θ방향 응력이 $\sigma_{x_\theta} = 120\text{MPa}$이었다면 최소 주응력 σ_2[MPa] 및 y축에서 각도 θ만큼 회전한 축 y_θ방향 응력 σ_{y_θ}[MPa]는?

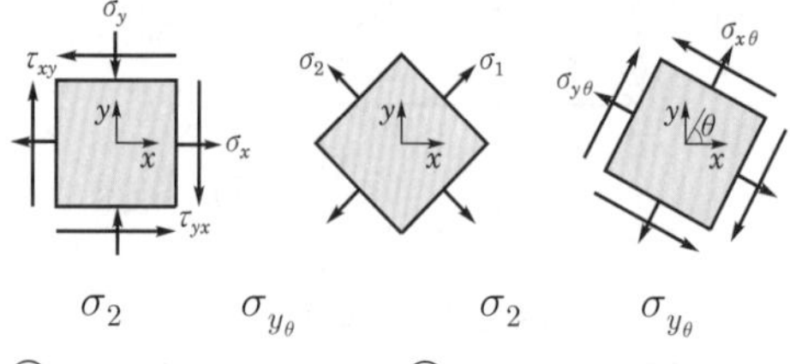

	σ_2	σ_{y_θ}		σ_2	σ_{y_θ}
①	−150	180	②	250	90
③	−250	180	④	150	−90

해설

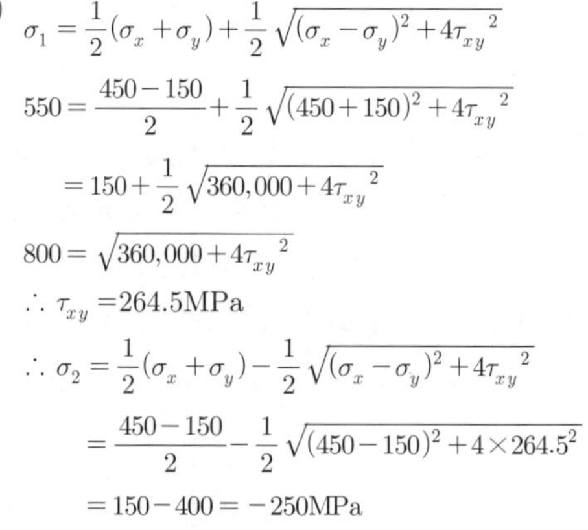

$$\sigma_1 = \frac{1}{2}(\sigma_x+\sigma_y)+\frac{1}{2}\sqrt{(\sigma_x-\sigma_y)^2+4\tau_{xy}^2}$$

$$550 = \frac{450-150}{2}+\frac{1}{2}\sqrt{(450+150)^2+4\tau_{xy}^2}$$

$$= 150+\frac{1}{2}\sqrt{360{,}000+4\tau_{xy}^2}$$

$$800 = \sqrt{360{,}000+4\tau_{xy}^2}$$

$\therefore \tau_{xy} = 264.5\text{MPa}$

$$\therefore \sigma_2 = \frac{1}{2}(\sigma_x+\sigma_y)-\frac{1}{2}\sqrt{(\sigma_x-\sigma_y)^2+4\tau_{xy}^2}$$

$$= \frac{450-150}{2}-\frac{1}{2}\sqrt{(450-150)^2+4\times 264.5^2}$$

$$= 150-400 = -250\text{MPa}$$

$\sigma_{x_\theta}+\sigma_{y_\theta} = \sigma_x+\sigma_y$

$120+\sigma_{y_\theta} = 450-150$

$\therefore \sigma_{y_\theta} = 180\text{MPa}$

03 다음 그림과 같이 캔틸레버보에 하중 P와 Q가 작용하였을 때 캔틸레버보 끝단 A점의 처짐이 0이 되기 위한 P와 Q의 관계는? (단, 보의 휨강성 EI는 일정하고, 자중은 무시한다.)

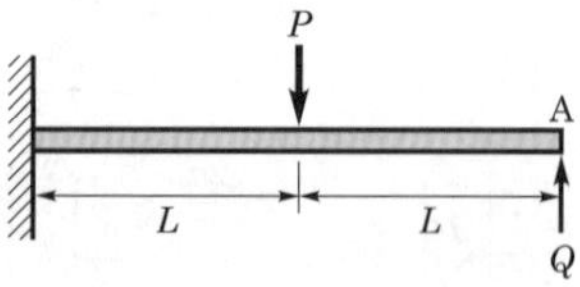

① $Q = \frac{3}{16}P$ ② $Q = \frac{1}{4}P$

③ $Q = \frac{5}{16}P$ ④ $Q = \frac{3}{8}P$

정답 01 ② 02 ③ 03 ③

해설

$$\delta_{A1} = \frac{5P\times(2L)^3}{48EI} = \frac{40PL^3}{48EI}$$

$$\delta_{A2} = \frac{Q(2L)^3}{3EI} = \frac{8QL^3}{3EI}$$

$$\frac{40PL^3}{48EI} = \frac{8QL^3}{3EI}$$

$$120PL^3 = 384QL^3$$

$$\therefore Q = \frac{120}{384}P = \frac{5}{16}P$$

04 다음 그림 (a)와 같은 양단이 힌지로 지지된 기둥의 좌굴하중이 10kN이라면 그림 (b)와 같은 양단이 고정된 기둥의 좌굴하중(kN)은? (단, 두 기둥의 길이, 단면의 크기 및 사용재료는 동일하다.)

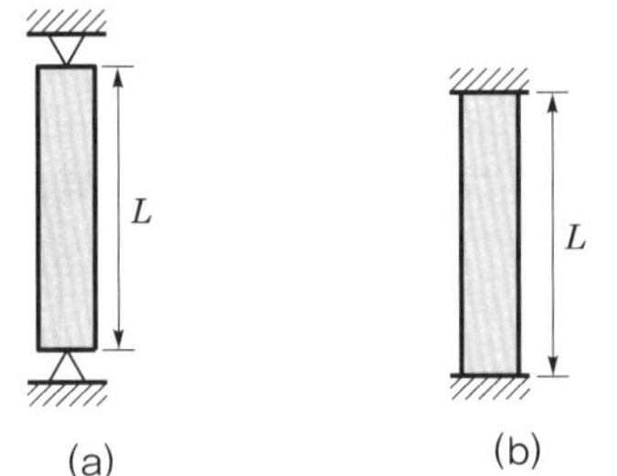

① 10　　② 20
③ 30　　④ 40

해설

$$P_{cr} = \frac{\pi^2 EI}{(KL)^2} \text{에서}$$

$$P_{cr(a)} = \frac{\pi^2 EI}{(1.0\times L)^2},\ K=1.0$$

$\frac{\pi^2 EI}{L^2} = 10$이므로 $P_{cr(b)}$에 대입하면

$$P_{cr(b)} = \frac{\pi^2 EI}{(0.5\times L)^2},\ K=0.5$$

$$\therefore P_{cr(b)} = 10\times 4 = 40\text{kN}$$

05 다음 그림과 같이 동일한 높이 L을 갖는 3개의 기둥 위에 강판(rigid plate)을 대고 압축력 P를 가하고 있다. 좌·우측 기둥 (가), (다)의 축강성은 E_1A_1으로 동일하고, 가운데 기둥 (나)의 축강성은 E_2A_2일 때 기둥 (가)와 기둥 (나)에 가해지는 압축력 P_1과 P_2는? (단, $r = \frac{E_1A_1}{E_2A_2}$이고, 강판 및 기둥의 자중은 무시한다.)

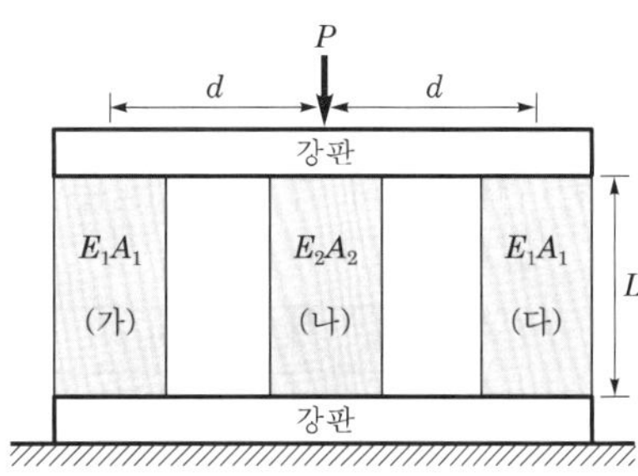

	P_1	P_2
①	$\left(\frac{r}{2r+1}\right)P$	$\left(\frac{1}{2r+1}\right)P$
②	$\left(\frac{1}{2r+1}\right)P$	$\left(\frac{r}{2r+1}\right)P$
③	rP	$(2r-1)P$
④	$r(r+1)P$	$(r+1)P$

해설

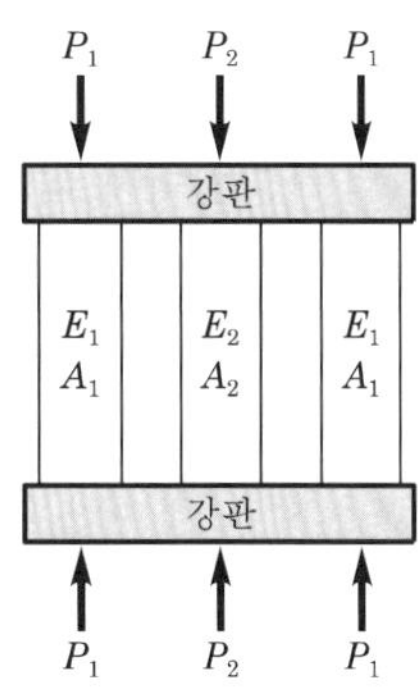

$$P = 2P_1 + P_2 = 2\sigma_1 A_1 + \sigma_2 A_2 = 2\varepsilon_1 E_1 A_1 + \varepsilon_2 E_2 A_2$$

합성부재이므로

$$\varepsilon_1 = \varepsilon_2 = \varepsilon$$

$$\varepsilon = \frac{P}{2E_1A_1 + E_2A_2}$$

$$\sigma_1 = \varepsilon_1 E_1 = \frac{PE_1}{2E_1A_1 + E_2A_2}$$

$$\sigma_2 = \sigma_2 E_2 = \frac{PE_2}{2E_1A_1 + E_2A_2}$$

$$P_1 = \sigma_1 A_1 = \frac{PE_1A_1}{2E_1A_1 + E_2A_2} = \frac{rP}{2r+1}$$

$$P_2 = \sigma_2 A_2 = \frac{PE_2A_2}{2E_1A_1 + E_2A_2} = \frac{P}{2r+1}$$

정답 04 ④　05 ①

06 다음 그림과 같이 양단이 고정된 부재에서 두 재료의 열팽창계수의 관계가 $\alpha_A = 2\alpha_B$, 탄성계수의 관계가 $2E_A = E_B$일 때 온도변화에 의한 두 재료의 축방향 변형률의 관계는? (단, ε_A와 ε_B는 각각 A부재와 B부재의 축방향 변형률이며, 부재의 자중은 무시한다.)

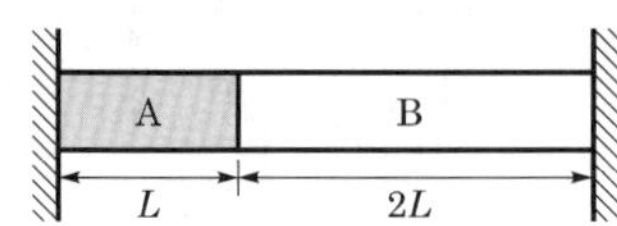

① $2\varepsilon_A = -\varepsilon_B$　② $\varepsilon_A = -2\varepsilon_B$
③ $2\varepsilon_A = \varepsilon_B$　④ $\varepsilon_A = 2\varepsilon_B$

해설 $\alpha_A = 2\alpha_B$
$2E_A = E_B$
$\varepsilon_A = \alpha_A \Delta T = 2\alpha_B \Delta T = 2\varepsilon_B$
$\varepsilon_B = \alpha_B \Delta T$
$\therefore \varepsilon_A = -2\varepsilon_B$

07 다음 그림 (a)와 같이 막대구조물에 $P=$ 2,500N의 축방향력이 작용하였을 때 막대구조물 끝단 A점의 축방향 변위(mm)는? (단, 막대구조물재료의 응력-변형률관계는 그림 (b)와 같고, 막대구조물의 단면적은 10mm^2이다.)

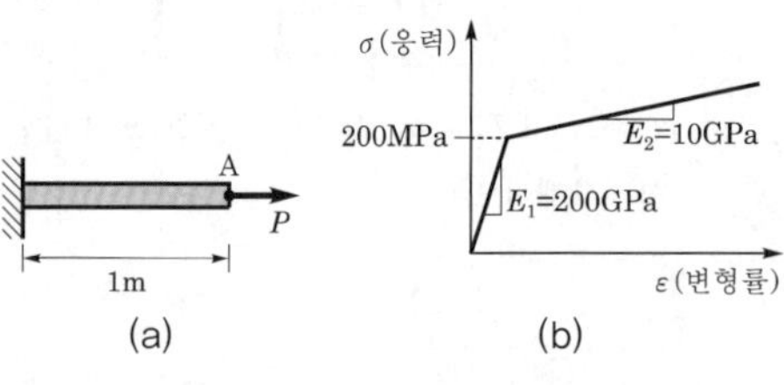

① 3　② 4
③ 5　④ 6

해설 발생응력을 구해보면
$$\sigma = \frac{P}{A} = \frac{2,500}{10}$$
$$= 250\text{N/mm}^2 = 250\text{MPa}$$

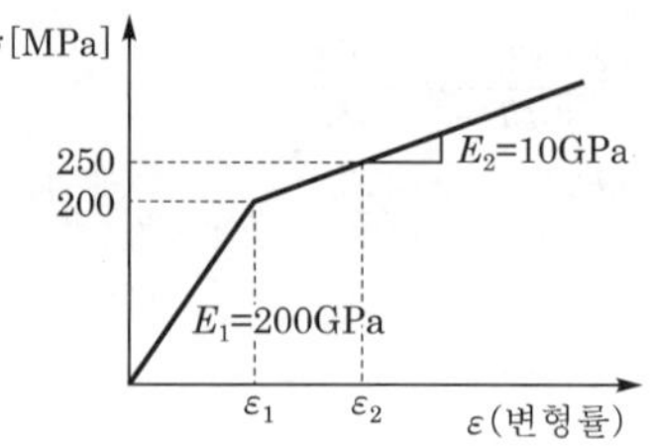

$$\varepsilon_1 = \frac{200}{200 \times 10^3} = 1 \times 10^{-3}\text{m}$$
$$\varepsilon_2 = \frac{50}{10 \times 10^3} = 5 \times 10^{-3}\text{m}$$
$$\varepsilon = \varepsilon_1 + \varepsilon_2 = 0.001 + 0.005 = 0.006\text{m} = 6\text{mm}$$

08 다음 그림과 같은 하중을 받는 라멘구조에서 C점의 모멘트가 0이 되기 위한 집중하중 P [kN]는? (단, 라멘구조의 자중은 무시한다.)

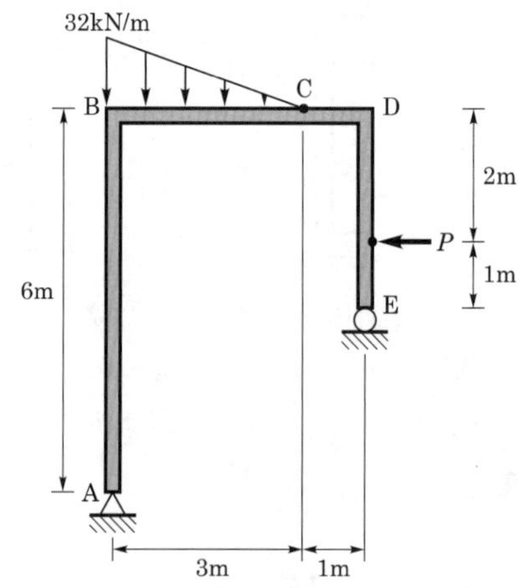

① 2　② 4
③ 6　④ 8

해설

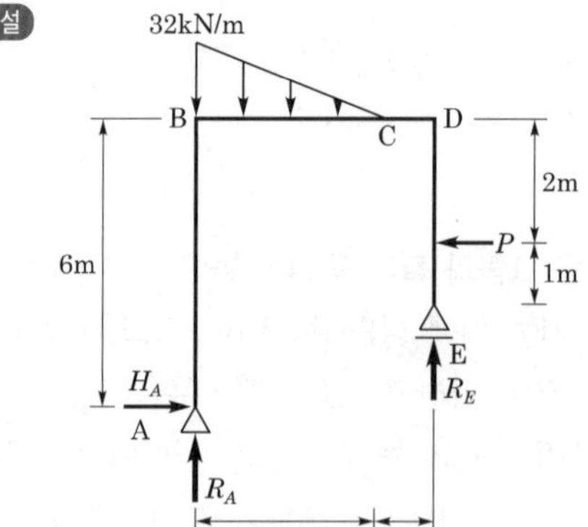

정답 06 ② 07 ④ 08 ②

$\Sigma M_A = 0$

$(-R_E \times 4) - (P \times 4) + \left(\frac{1}{2} \times 3 \times 32 \times \frac{3}{3}\right) = 0$

$\therefore R_E = \frac{-4P + 48}{4} = -P + 12[\text{kN}]$

$M_C = [(-P+12) \times 1] - 2P = 0$

$-P + 12 - 2P = 0$

$\therefore P = 4\text{kN}$

09 다음 그림과 같이 양단이 고정된 부재에 하중 P가 C점에 작용할 때 부재의 변형에너지는? (단, 부재의 축강성은 EA이고, 부재의 자중은 무시한다.)

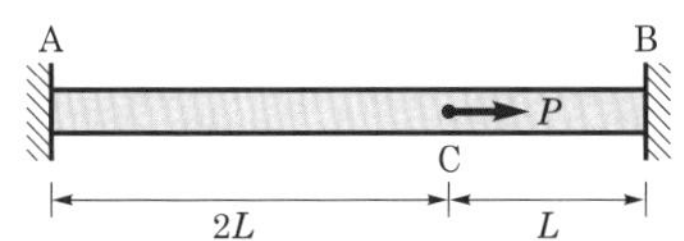

① $\frac{P^2 L}{EA}$ ② $\frac{2P^2 L}{3EA}$

③ $\frac{P^2 L}{3EA}$ ④ $\frac{P^2 L}{6EA}$

해설 변형에너지=외적일이므로

$W = U = \frac{1}{2} P\delta$

$\delta = \frac{P}{K} = \frac{P}{\frac{EA}{2L} + \frac{EA}{L}} = \frac{2PL}{3EA}$

$\therefore U = \frac{1}{2} P\delta = \frac{1}{2} \times P \times \frac{2PL}{3EA} = \frac{P^2 L}{3EA}$

10 다음 그림과 같이 두 스프링에 매달린 강성이 매우 큰 봉(bar) AB의 중간지점에 하중 100N을 작용시켰더니 봉이 수평이 되었다. 이때 스프링의 강성 k_2[N/m]는? (단, k_1, k_2는 스프링의 강성이며, 봉과 스프링의 자중은 무시한다.)

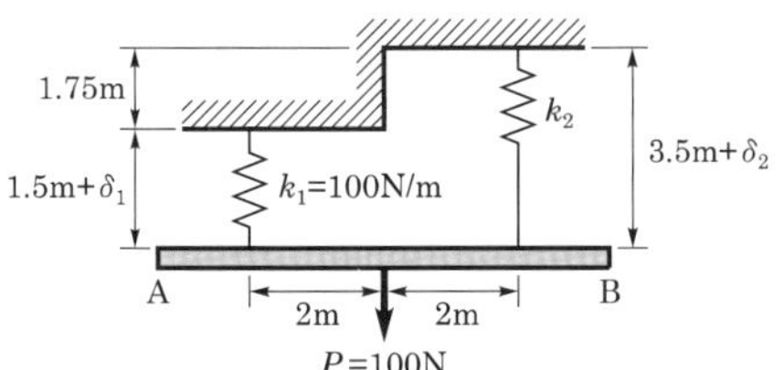

① 350 ② 300

③ 250 ④ 200

해설

$F_1 = F_2 = 50\text{N}$

$\delta_1 = \frac{F_1}{k_1} = \frac{50}{100} = 0.5\text{m}$

$\delta_2 = \frac{F_2}{k_2} = \frac{50}{k_2}[\text{m}]$

$\delta_A = 1.75 + (1.5 + \delta_1) = 3.75\text{m}$

$\delta_B = 3.5 + \delta_2 = 3.5 + \frac{50}{k_2}$

$\delta_A = \delta_B$이므로

$3.75 = 3.5 + \frac{50}{k_2}$

$\therefore k_2 = \frac{50}{0.25} = 200\text{N/m}$

11 다음 그림과 같은 직사각형 단면을 갖는 단주에 하중 $P = 10{,}000\text{kN}$이 상단 중심으로부터 1.0m 편심된 A점에 작용하였을 때 단주의 하단에 발생하는 최대 응력(σ_{max})과 최소 응력(σ_{min})의 응력차($\sigma_{max} - \sigma_{min}$)[MPa]는? (단, 단주의 자중은 무시한다.)

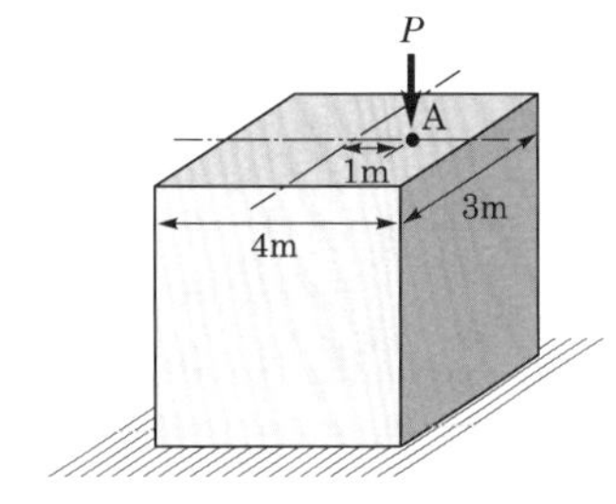

① 1.25 ② 2.0

③ 2.5 ④ 4.0

해설 $\sigma = \frac{P}{A} \pm \frac{Pe}{Z}$에서

$\sigma_{max} = \frac{P}{A}\left(-1 - 3 \times \frac{1}{2}\right) = \frac{-5P}{2A}$

정답 09 ③ 10 ④ 11 ③

$$\sigma_{\min} = \frac{P}{A}\left(-1+3\times\frac{1}{2}\right) = \frac{P}{2A}$$

$$\therefore \sigma_{\max} - \sigma_{\min} = \frac{-5P}{2A} - \frac{P}{2A} = \frac{-3P}{A}$$

$$= \frac{-3\times(10,000\times10^3)}{4,000\times3,000} = 2.5\text{MPa}$$

12 다음 그림과 같이 평면응력을 받고 있는 평면요소에 대하여 주응력이 발생되는 주각(°)은? (단, 주각은 x축에 대하여 반시계방향으로 회전한 각도이다.)

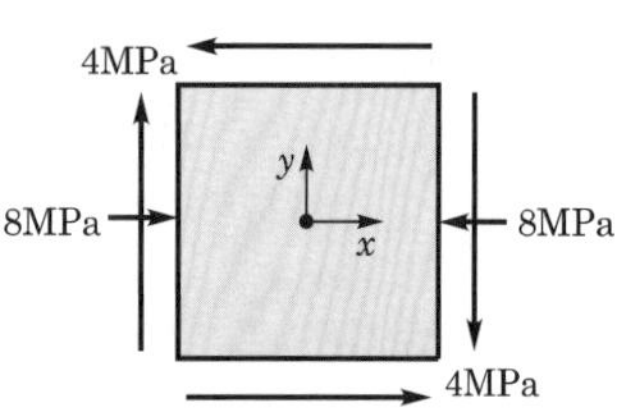

① 15.0 ② 22.5
③ 30.0 ④ 45.0

해설 모어원을 이용하면

$\sigma_x = -8,\ \tau_{xy} = 4$

$\sigma_y = 0,\ \tau_{xy} = -4$

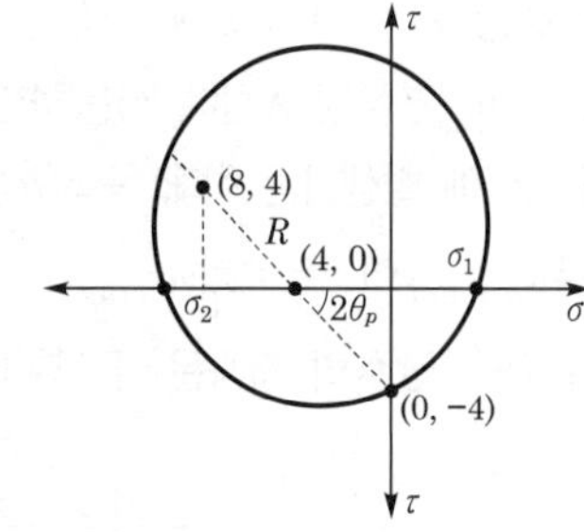

$R = \sqrt{4^2+4^2} = 5.656$

$\tan 2\theta_p = \frac{4}{4} = 1$

$2\theta_p = 45°$

$\therefore \theta_p = 22.5°$

13 다음 그림과 같이 집중하중, 모멘트하중 및 등분포하중을 받는 보에서 벽체에 고정된 지점 A에서의 수직반력이 0이 되기 위한 a의 최소 길이(m)는? (단, 자중은 무시한다.)

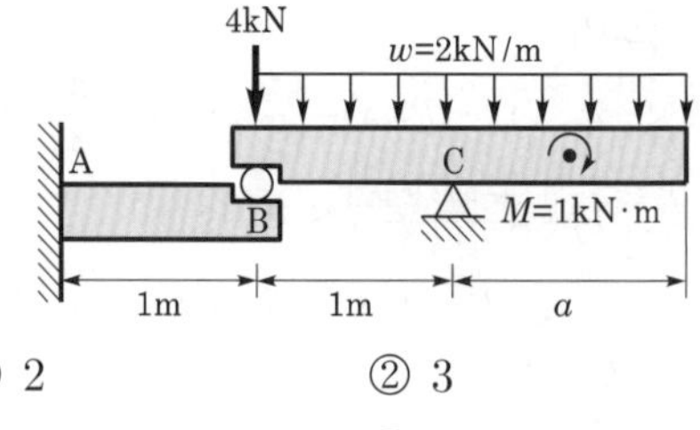

① 2 ② 3
③ 4 ④ 5

해설 캔틸레버에서 $R_A = 0$이므로 BC구간에서 $R_B = 0$

$\Sigma M_C = 0(\oplus)$

$$\left(2\times a\times\frac{a}{2}\right) - \left(2\times1\times\frac{1}{2}\right) + 1 - (4\times1) = 0$$

$a^2 = 4$

$\therefore a = 2\text{m}$

14 다음 그림 (a)와 같이 30° 각도로 설치된 레이커로 지지된 옹벽을 그림 (b)와 같이 모사하였다. 옹벽에 작용하는 토압의 합력이 그림 (b)와 같이 하부의 지지점 A로부터 1m 높이에 F=100kN일 때 레이커 BC에 작용하는 압축력(kN)은? (단, 옹벽 및 레이커의 자중은 무시한다.)

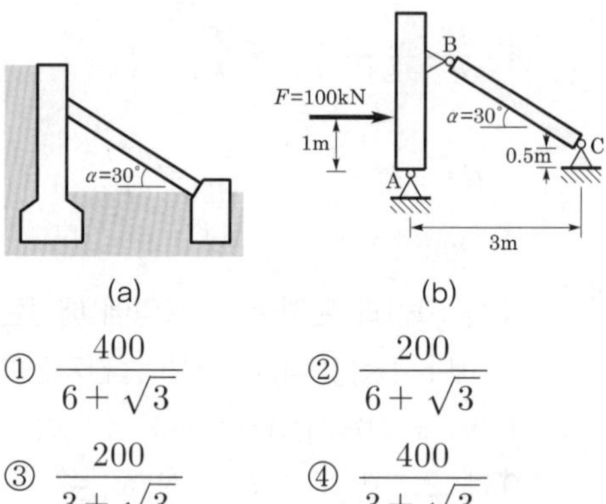

(a) (b)

① $\frac{400}{6+\sqrt{3}}$ ② $\frac{200}{6+\sqrt{3}}$

③ $\frac{200}{3+\sqrt{3}}$ ④ $\frac{400}{3+\sqrt{3}}$

해설

B, 30°, C, F=100kN, 0.5m, 1m, A, $\frac{\sqrt{3}}{2}F_{BC}$, 30°, F_{BC}, $\frac{F_{BC}}{2}$, 3m

정답 12 ② 13 ① 14 ①

$\Sigma M_A = 0(\oplus)$

$(100\times 1)-\left(\frac{F_{BC}}{2}\times 3\right)-\left(\frac{\sqrt{3}}{2}F_{BC}\times 0.5\right)=0$

$100-\frac{3F_{BC}}{2}-\frac{\sqrt{3}F_{BC}}{4}=0$

$\therefore F_{BC}=\frac{400}{6+\sqrt{3}}\text{kN}$

15 다음 그림과 같이 정사각형의 변 단면을 갖는 캔틸레버보의 중앙지점 단면 C에서의 최대 휨응력은? (단, 캔틸레버보의 자중은 무시한다.)

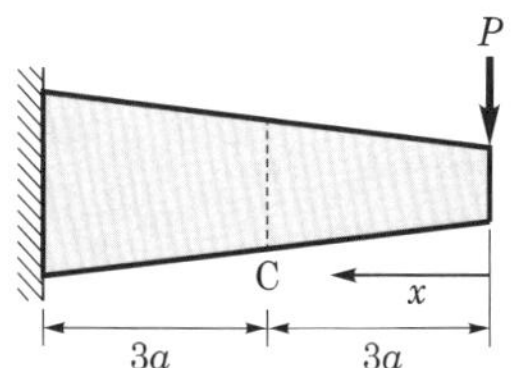

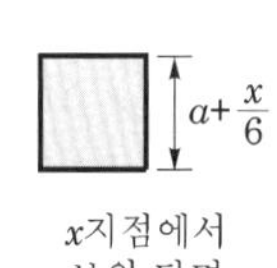

① $\frac{14P}{3a^2}$ ② $\frac{16P}{3a^2}$

③ $\frac{18P}{3a^2}$ ④ $\frac{20P}{3a^2}$

해설 ㉠ 단면 C에서 폭과 높이 산정

$C=a+\frac{x}{6}=a+\frac{3a}{6}=\frac{3}{2}a$

㉡ 최대 휨응력

$Z_c=\frac{bh^2}{6}=\frac{\left(\frac{3}{2}a\right)^3}{6}=\frac{9a^3}{16}$

$M_c=P\times 3a=3Pa$

$\therefore \sigma_{c\max}=\frac{M_c}{Z_c}=\frac{3Pa}{\frac{9a^3}{16}}=\frac{16P}{3a^2}$

16 다음 그림과 같이 한 변의 길이가 100mm인 탄성체가 강체블록(rigid block)에 의해 x방향 및 바닥면방향으로의 변형이 구속되어 있다. 탄성체 상부에 그림과 같은 등분포하중 $w=0.1\text{N/mm}^2$가 작용할 때 포아송효과를 고려한 y방향으로의 변형률은? (단, 탄성체와 강체 사이는 밀착되어 있고 마찰은 작용하지 않는 것으로 가정한다. 탄성체의 포아송비 및 탄성계수는 각각 $\mu=0.4$, $E=10^3\text{N/mm}^2$이다.)

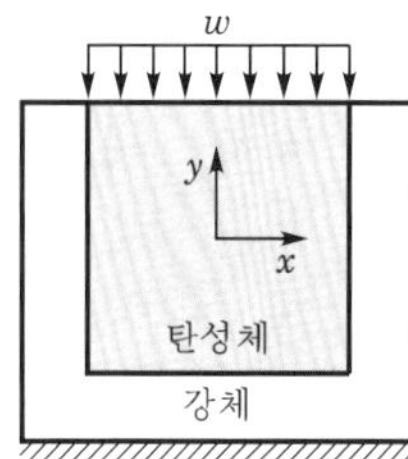

① -8.4×10^{-4} ② -8.4×10^{-5}

③ -7.6×10^{-4} ④ -7.6×10^{-5}

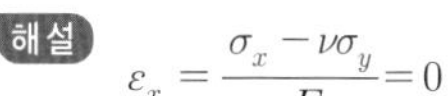

해설 $\varepsilon_x=\frac{\sigma_x-\nu\sigma_y}{E}=0$

$\sigma_x=\nu\sigma_y$

$\sigma_x=0.4\times(-0.1)=-0.04\text{N/mm}^2$

$\varepsilon_y=\frac{\sigma_y-\nu\sigma_x}{E}$

$=\frac{(-0.1)-(0.4\times(-0.04))}{10^3}$

$=\frac{-8.4\times 10^{-2}}{10^3}$

$=-8.4\times 10^{-5}$

17 다음 그림과 같이 각 부재의 길이가 4m, 단면적이 0.1m^2인 트러스구조물에 작용할 수 있는 하중 P[kN]의 최대값은? (단, 부재의 좌굴강도는 6kN, 항복강도는 100kN/m^2이다.)

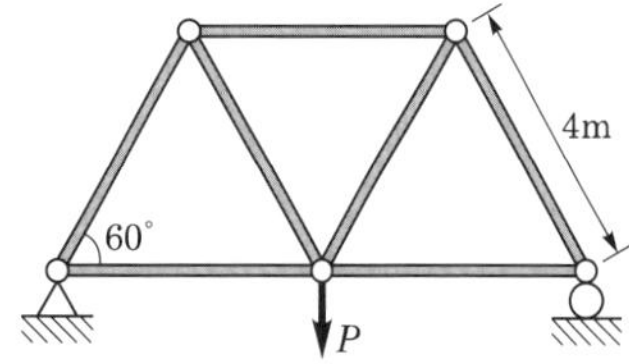

① $6\sqrt{3}$ ② $8\sqrt{3}$

③ $10\sqrt{3}$ ④ $12\sqrt{3}$

정답 15 ② 16 ② 17 ①

해설 부재력을 산정해보면

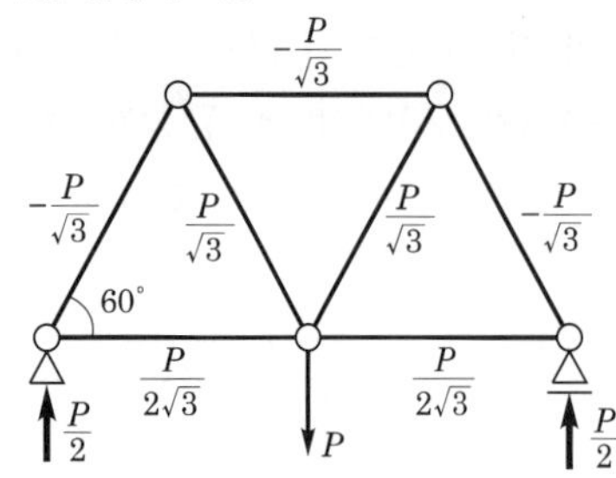

최대 부재력$=\pm\frac{P}{\sqrt{3}}$

$\sigma_{max}=\frac{P_1}{\sqrt{3}A}\le\sigma_a$이므로

$P_1\le\sqrt{3}A\sigma_a$

$\therefore P_1=\sqrt{3}\times100\times0.1=10\sqrt{3}\,\text{kN}$

$\frac{P_2}{\sqrt{3}}<P_{cr}$이므로 $P_2\le\sqrt{3}P_{cr}$

$P_2=\sqrt{3}\times6=6\sqrt{3}\,\text{kN}$

$\therefore P_{max}=6\sqrt{3}\,\text{kN}$

18 다음 그림과 같이 동일한 길이의 캔틸레버보 (a), (b), (c)에 각각 그림과 같은 분포하중이 작용하였을 때 캔틸레버보 (a), (b), (c)의 고정단에 작용하는 휨모멘트크기의 비율은? (단, 캔틸레버보의 자중은 무시한다.)

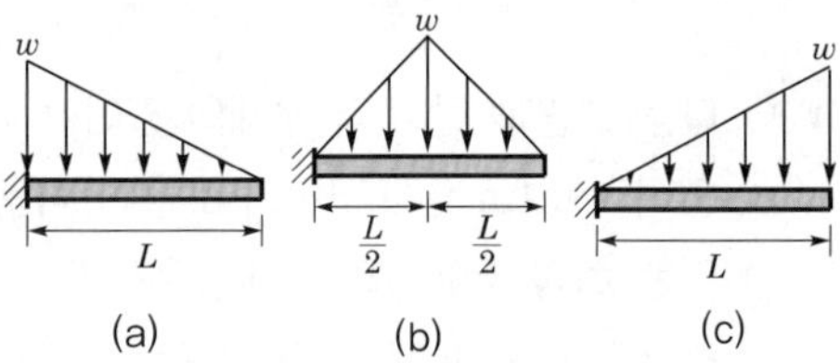

① 1 : 2 : 3 ② 2 : 3 : 4

③ 4 : 3 : 2 ④ 3 : 2 : 1

해설 휨모멘트(M)=하중합×작용거리

여기서, 하중합$=\frac{1}{2}wL$

작용거리(X_a)=고정단에서 거리

$\therefore M_a:M_b:M_c=\frac{L}{3}:\frac{L}{2}:\frac{2L}{3}=2:3:4$

19 다음 그림과 같이 각각 (a)와 (b)의 단면을 가진 두 부재가 서로 다른 순수휨모멘트 M_a와 M_b를 받는다. 각각의 단면에서 최대 휨응력의 크기가 같을 때 각 부재에 작용하는 휨모멘트의 비(M_a : M_b)는?

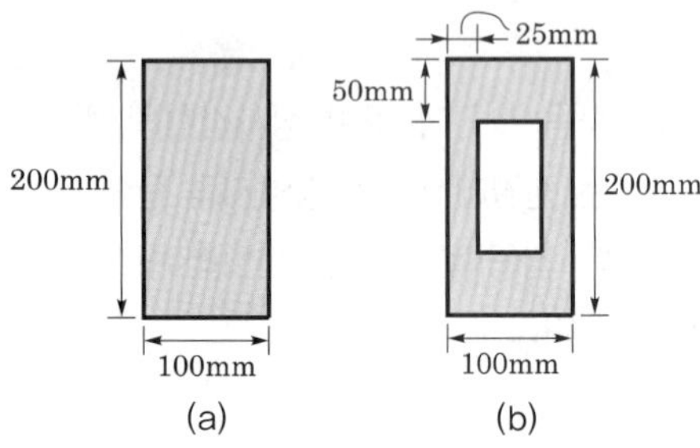

① $M_a:M_b=4:3$

② $M_a:M_b=8:7$

③ $M_a:M_b=16:15$

④ $M_a:M_b=24:23$

해설

$$Z_a=\frac{BH^2}{6}$$

$$Z_b=\frac{\frac{BH^3-bh^3}{12}}{\frac{H}{2}}=\frac{BH^3-bh^3}{6H}$$

$$\frac{M_a}{M_b}=\frac{\sigma_{max}Z_a}{\sigma_{max}Z_b}=\frac{Z_a}{Z_b}$$

$$=\frac{\frac{BH^2}{6}}{\frac{BH^3-6bh^3}{6H}}=\frac{BH^3}{BH^3-bh^3}$$

$$=\frac{100\times200^3}{(100\times200^3)-(50\times100^3)}$$

$$=\frac{800}{750}$$

$$=\frac{16}{15}$$

$\therefore M_a:M_b=16:15$

정답 18 ② 19 ③

20 다음 그림과 같이 B점에 내부힌지가 있는 게르버보에서 C점의 전단력의 영향선형태로 가장 적합한 것은?

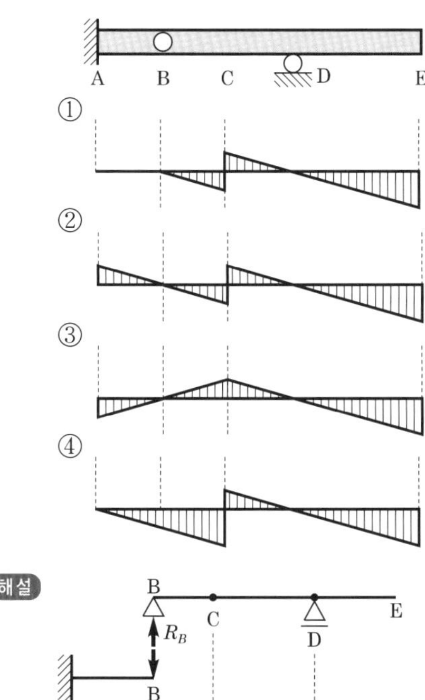

해설

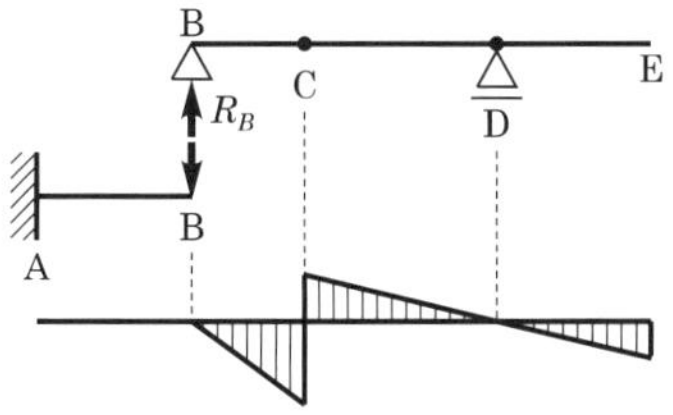

과년도 출제문제(2018년 서울시 9급_3월 24일)

01 다음 그림과 같이 동력차가 강성도 $k=2\text{TN/m}$인 스프링으로 구성된 차막이에 100m/s의 속도로 충돌할 때 스프링의 최대 수평변위량은? (단, 동력차의 무게는 80tf이다.)

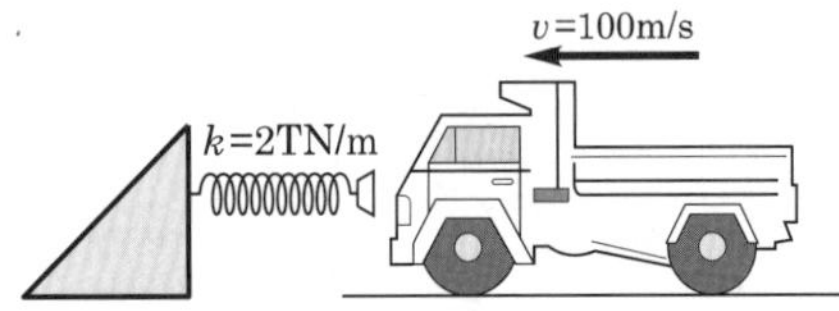

① 0.01m ② 0.015m

③ 0.02m ④ 0.025m

해설 $W=F=\frac{1}{2}mv^2=\frac{1}{2}\times 80\times 100^2=400{,}000\text{tf}\cdot\text{m/s}$

$F=k\Delta$

$\therefore \Delta=\frac{F}{k}=\frac{400{,}000\times 10^5}{2\times 10^{12}\text{N/m}}=0.02\text{m}$

02 다음 그림과 같이 주어진 문제의 반력으로 가장 옳은 것은?

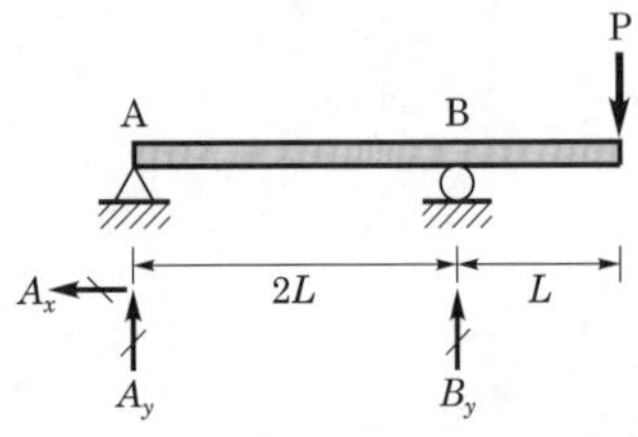

① $A_x=0,\ A_y=0.5P,\ B_y=0.5P$

② $A_x=0,\ A_y=-0.25P,\ B_y=1.75P$

③ $A_x=0,\ A_y=-0.5P,\ B_y=1.5P$

④ $A_x=P,\ A_y=0.5P,\ B_y=1.5P$

해설 $\Sigma M_B=0(\oplus)$

$2LA_y+PL=0$

$\therefore A_y=-\frac{PL}{2L}=-0.5P$

$\Sigma V=0$

$-0.5P+B_y-P=0$

$\therefore B_y=1.5P$

$\Sigma H=0$

$\therefore A_x=0$

03 다음 그림과 같은 구조물의 부정정차수는?

① 15

② 16

③ 17

④ 18

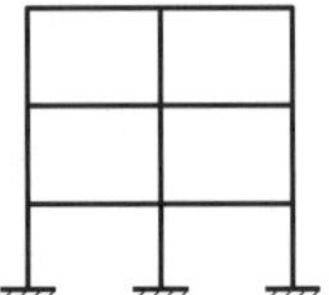

해설 $N=R+m+S-2k=9+15+20-(2\times 12)=20$차

여기서, R : 반력수(9)

m : 부재수(15)

S : 강절점수(20)

k : 절점수(12)

04 다음 그림과 같은 직사각형 단면의 E점에 하중(P)이 작용할 경우 각 모서리 A, B, C, D의 응력은? (단, 압축은 +이고 $I_x=\frac{bh^3}{12}$, $I_y=\frac{b^3h}{12}$이다.)

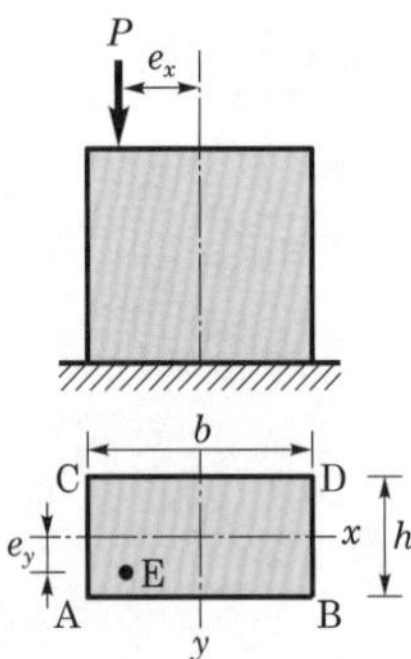

① $f_A=\frac{P}{bh}+\frac{Pe_x}{I_y}x+\frac{Pe_y}{I_x}y$

② $f_B=\frac{P}{bh}+\frac{Pe_x}{I_y}x-\frac{Pe_y}{I_x}y$

③ $f_C=\frac{P}{bh}-\frac{Pe_x}{I_y}x+\frac{Pe_y}{I_x}y$

④ $f_D=\frac{P}{bh}+\frac{Pe_x}{I_y}x-\frac{Pe_y}{I_x}y$

정답 01 ③ 02 ③ 03 정답없음 04 ①

해설 단주에 발생하는 응력은 $f=\frac{P}{A}\pm\frac{Pe_y}{I_x}y\pm\frac{Pe_x}{I_y}x$ 에서

$$f_A=\frac{P}{bh}+\frac{Pe_x}{I_y}x+\frac{Pe_y}{I_x}y$$

$$f_B=\frac{P}{bh}-\frac{Pe_x}{I_y}x+\frac{Pe_y}{I_x}y$$

$$f_C=\frac{P}{bh}+\frac{Pe_x}{I_y}x-\frac{Pe_y}{I_x}y$$

$$f_D=\frac{P}{bh}-\frac{Pe_x}{I_y}x-\frac{Pe_y}{I_x}y$$

05 다음 그림과 같은 트러스에서 단면법으로 구한 U의 부재력의 크기는?

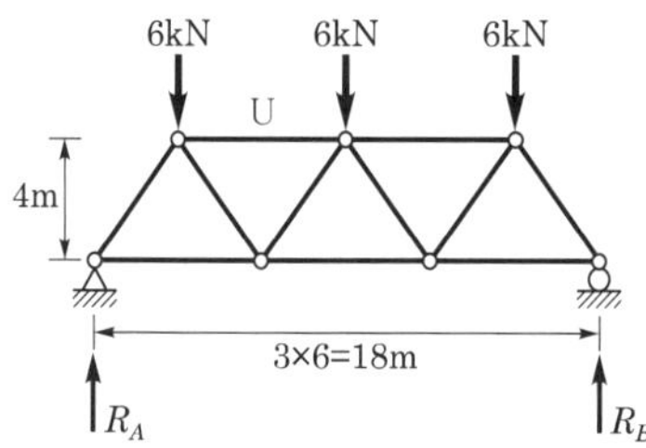

① 9kN ② 11kN
③ 13kN ④ 15kN

해설 반력 $R_A=9\text{kN}$, $R_B=9\text{kN}$
단면법을 이용하여 부재력을 구해보면

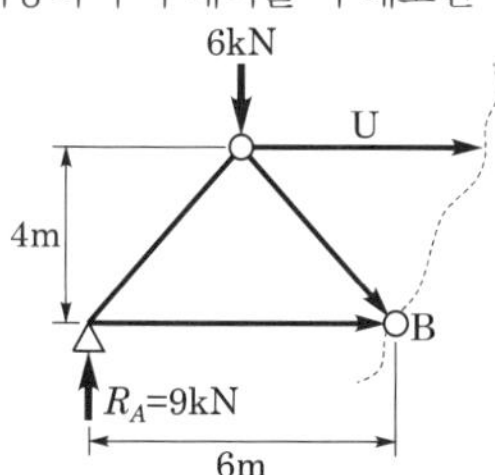

$\Sigma M_B=0$
$(9\times6)-(6\times3)+(U\times4)=0$
$\therefore\ U=9\text{kN}$

06 다음 그림과 같이 모멘트하중을 받는 내민보가 있을 때 C점의 처짐각 θ_C와 처짐 y_C는? (단, EI는 일정하다.)

A B C M
L L

① $\theta_C=\frac{4ML}{3EI}(\curvearrowright)$, $y_C=\frac{5ML^2}{6EI}(\downarrow)$

② $\theta_C=\frac{5ML}{3EI}(\curvearrowright)$, $y_C=\frac{2ML^2}{3EI}(\downarrow)$

③ $\theta_C=\frac{2ML}{3EI}(\curvearrowright)$, $y_C=\frac{5ML^2}{3EI}(\downarrow)$

④ $\theta_C=\frac{5ML}{6EI}(\curvearrowright)$, $y_C=\frac{4ML^2}{3EI}(\downarrow)$

해설

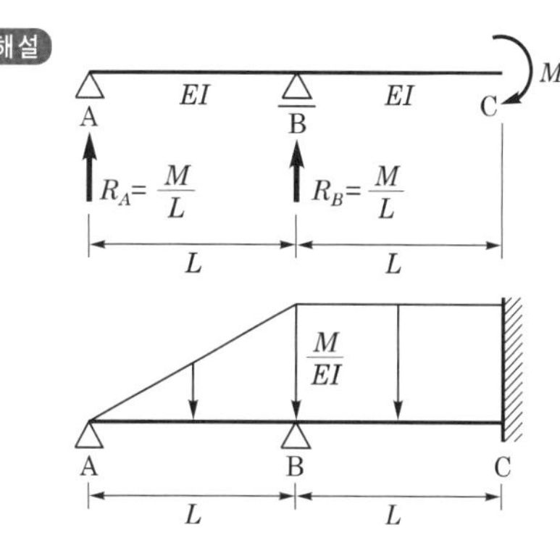

<$\frac{M}{EI}$도>

$R_AL+M=0$

$\therefore\ R_A=-\frac{M}{L},\ R_B=\frac{M}{L}$

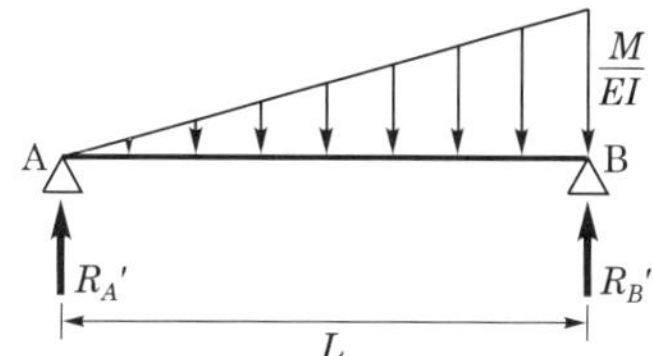

$\Sigma M_A=0$

$-(R_B'\times L)+\left(\frac{1}{2}\times L\times\frac{M}{EI}\times\frac{2L}{3}\right)=0$

$R_B'L=\frac{ML^2}{3EI}$

$\therefore\ R_B'=\frac{ML}{3EI}$

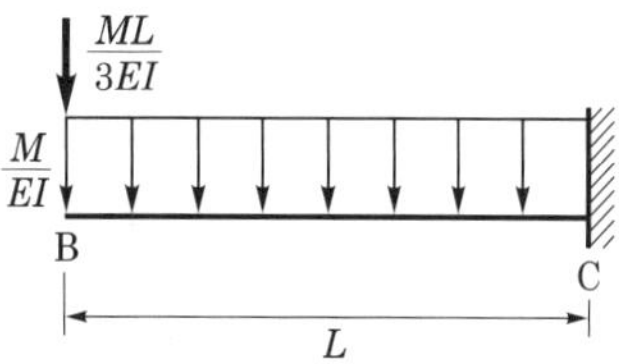

$\theta_C=\frac{ML}{3EI}+\frac{ML}{EI}=\frac{4ML}{3EI}$

$y_C=\left(\frac{ML}{3EI}\times L\right)+\left(\frac{ML}{EI}\times\frac{L}{2}\right)=\frac{ML^2}{3EI}+\frac{ML^2}{2EI}=\frac{5ML^2}{6EI}$

정답 05 ① 06 ①

07 다음 그림과 같이 P_1으로 인한 B점의 처짐 $\delta_{B1}=0.2\text{m}$, P_2로 인한 B점의 처짐 $\delta_{B2}=0.2\text{m}$이다. P_1과 P_2가 동시에 작용했을 때 P_1이 한 일의 크기는?

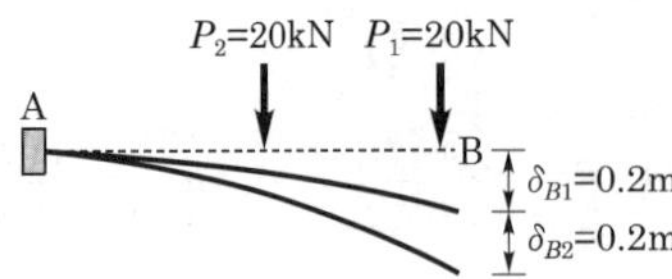

① 4kN · m ② 8kN · m
③ 12kN · m ④ 16kN · m

해설

$$W_E=\frac{P_1}{2}\delta_{B1}+P_1\delta_{B2}$$
$$=\left(\frac{40}{2}\times 0.2\right)+(40\times 0.2)=12\text{kN}\cdot\text{m}$$

08 다음의 그림 (a)와 같이 등분포하중과 단부 모멘트하중이 작용하는 단순지지보의 휨모멘트도는 그림 (b)와 같다. 정모멘트 M_p와 부모멘트 M_n의 차이 M_T의 크기는?

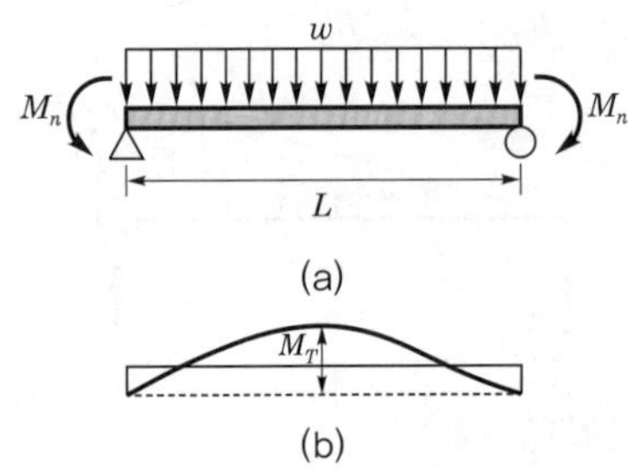

① $\dfrac{wL^2}{24}$ ② $\dfrac{wL^2}{6}$

③ $\dfrac{wL^2}{12}$ ④ $\dfrac{wL^2}{8}$

해설

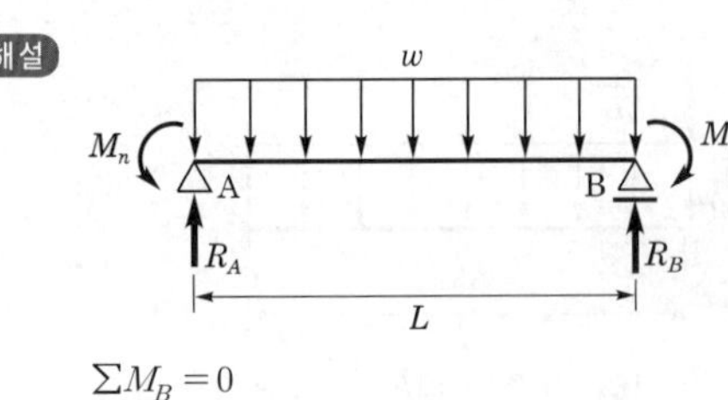

$$\Sigma M_B=0$$
$$-M_n+(R_A\times L)-\left(w\times L\times\frac{L}{2}\right)+M_n=0$$
$$\therefore R_A=\frac{wL}{2}(\uparrow)$$

정모멘트 $M_p=-M_n+\left(\frac{wL}{2}\times\frac{L}{2}\right)-\left(w\times\frac{L}{2}\times\frac{L}{4}\right)$
$$=-M_n+\frac{wL^2}{4}-\frac{wL^2}{8}$$
$$=-M_n+\frac{wL^2}{8}$$
$$\therefore M_T=-M_n+\frac{wL^2}{8}-(-M_n)=\frac{wL^2}{8}$$

09 다음 그림은 응력과 변형률곡선을 나타낸 그래프이다. 각 지점의 명칭으로 옳지 않은 것은?

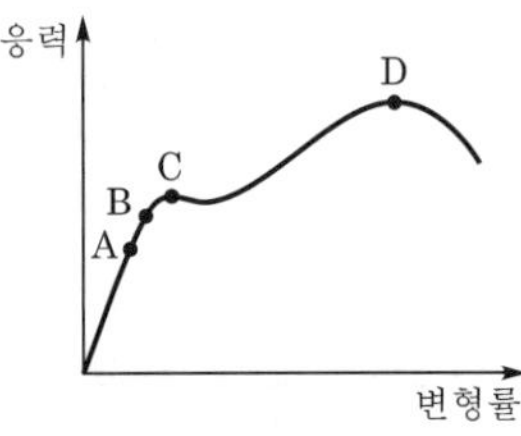

① A점은 비례한도(proportional limit)이다.
② B점은 소성한도(plastic limit)이다.
③ C점은 항복점(yield strength)이다.
④ D점은 한계응력(ultimate stress)이다.

해설 B점은 탄성한도이다.

10 다음 그림과 같은 게르버보에서 B점의 휨모멘트크기는? (단, 반시계방향은 +, 시계방향은 −이다.)

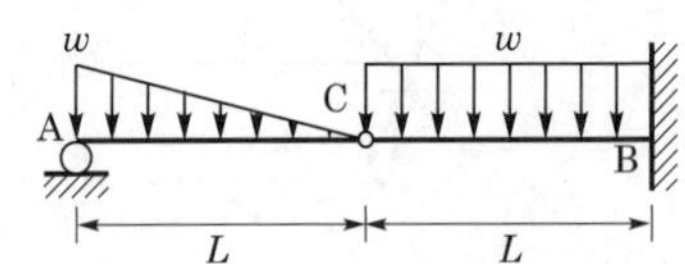

① $-\dfrac{wL^2}{6}$ ② $-\dfrac{wL^2}{2}$

③ $-\dfrac{2wL^2}{3}$ ④ $-\dfrac{wL^2}{3}$

해설

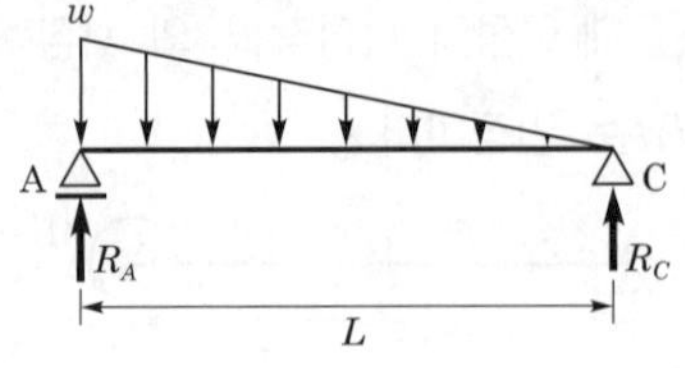

정답 07 ③ 08 ④ 09 ② 10 ③

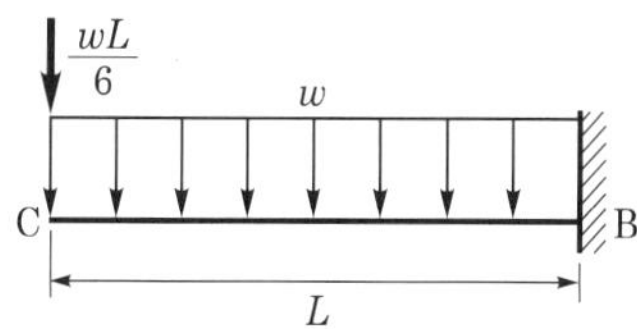

$\Sigma M_A = 0$

$-(R_C \times L) + \left(\frac{1}{2} \times L \times w \times \frac{L}{3}\right) = 0$

$\therefore R_C = \frac{wL}{6}(\uparrow)$

$\therefore M_B = \left(-\frac{wL}{6} \times L\right) - \left(w \times L \times \frac{L}{2}\right)$

$= -\frac{wL^2}{6} - \frac{wL^2}{2} = -\frac{2wL^2}{3}$

11 다음 그림과 같은 보의 반력으로 옳은 것은?

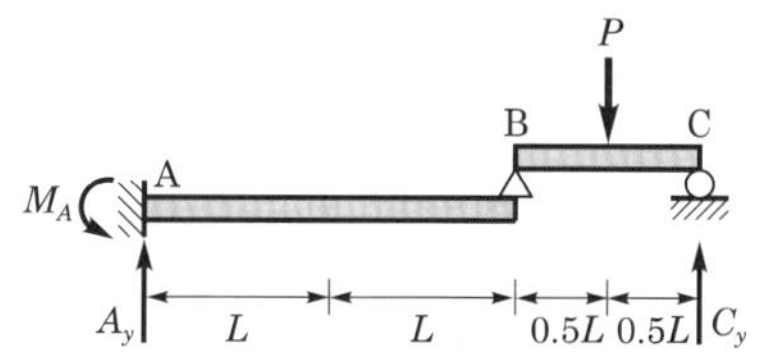

① $A_y = 0.25P$, $M_A = -PL$, $C_y = 0.5P$

② $A_y = 0.5P$, $M_A = -PL$, $C_y = 0.5P$

③ $A_y = -0.25P$, $M_A = PL$, $C_y = 0.25P$

④ $A_y = 0.5P$, $M_A = PL$, $C_y = 0.5P$

해설

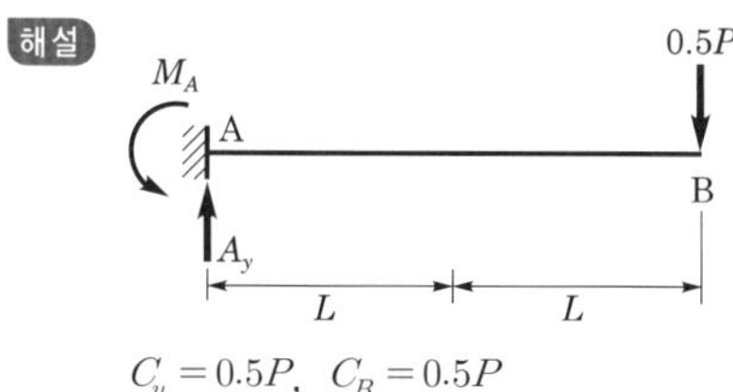

$C_y = 0.5P$, $C_B = 0.5P$

$M_A = 0.5P \times 2L = PL$

$A_y = 0.5P$

12 다음 그림과 같은 직사각형에서 최소 단면 2차 반경(최소 회전반경)은? (단, $h > b$이다.)

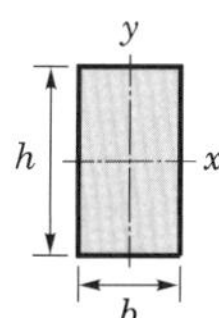

① $\frac{b}{2\sqrt{3}}$ ② $\frac{bh}{2\sqrt{3}}$

③ $\frac{b}{\sqrt{6}}$ ④ $\frac{h}{2\sqrt{3}}$

해설

$A = bh$, $I_{min} = \frac{hb^3}{12}$

$\gamma_{min} = \sqrt{\frac{I_{min}}{A}}$

$= \sqrt{\frac{\frac{hb^3}{12}}{bh}} = \sqrt{\frac{hb^3}{12bh}} = \sqrt{\frac{b^2}{12}} = \frac{b}{2\sqrt{3}}$

13 다음 그림과 같은 부정정보가 등분포하중을 지지하고 있을 때 B지점 수직반력의 한계는 300kN이다. B지점의 수직반력이 한계에 도달할 때까지 보에 재하할 수 있는 최대 등분포하중 W_{max}의 크기는? (단, EI는 일정하며 단면의 휨성능은 받침 B의 휨성능을 초과한다고 가정한다.)

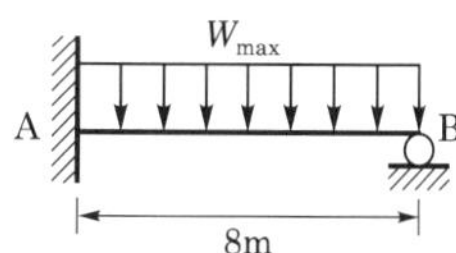

① 50kN/m ② 100kN/m

③ 200kN/m ④ 300kN/m

해설

$R_B = \frac{3W_{max}l}{8} = \frac{3 \times W_{max} \times 8}{8} = 300\text{kN}$

$\therefore W_{max} = 100\text{kN/m}$

14 다음 그림과 같이 길이가 $7L$인 내민보 위로 길이가 L인 등분포하중 W가 이동하고 있을 때 이 보에 발생하는 최대 반력은?

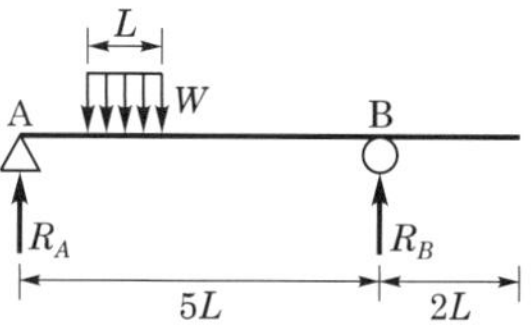

① $R_A = 1.3WL$ ② $R_B = 0.9WL$

③ $R_A = 0.9WL$ ④ $R_B = 1.3WL$

정답 11 ④ 12 ① 13 ② 14 ④

해설 내민보의 반력영향선을 이용하면

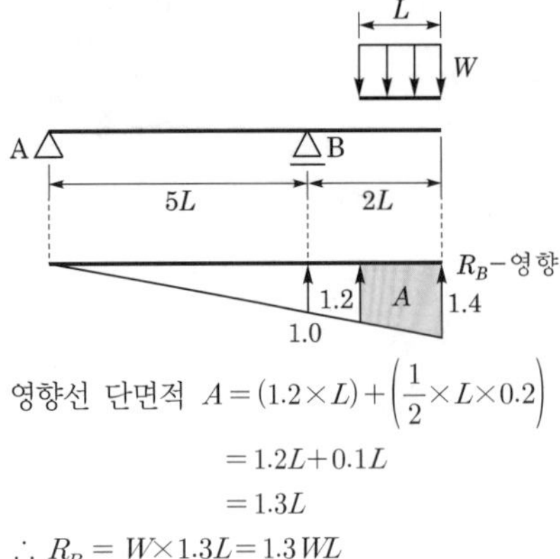

영향선 단면적 $A=(1.2\times L)+\left(\frac{1}{2}\times L\times 0.2\right)$

$=1.2L+0.1L$

$=1.3L$

$\therefore R_B=W\times 1.3L=1.3WL$

15 다음 그림과 같이 O점에 20kN·m의 모멘트하중이 작용할 때 각 부재의 전달모멘트는?

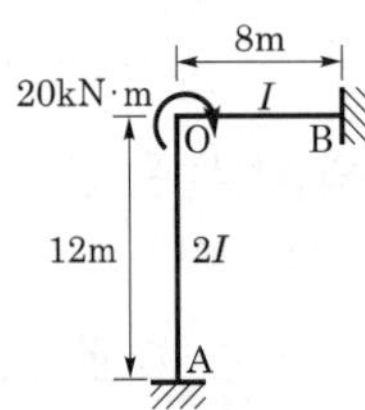

① $M_{AO}=11.4\text{kN}\cdot\text{m}(\curvearrowright)$, $M_{BO}=8.5\text{kN}\cdot\text{m}(\curvearrowright)$

② $M_{AO}=5.7\text{kN}\cdot\text{m}(\curvearrowright)$, $M_{BO}=4.2\text{kN}\cdot\text{m}(\curvearrowright)$

③ $M_{AO}=8.5\text{kN}\cdot\text{m}(\curvearrowright)$, $M_{BO}=11.4\text{kN}\cdot\text{m}(\curvearrowright)$

④ $M_{AO}=4.2\text{kN}\cdot\text{m}(\curvearrowright)$, $M_{BO}=5.7\text{kN}\cdot\text{m}(\curvearrowright)$

해설 $K_{OA}=\frac{2I}{12}=\frac{I}{6}=4K$

$K_{OB}=\frac{I}{8}=3K$

$DF_{OA}=\frac{4K}{4K+3K}=0.571$

$DF_{OB}=\frac{3K}{4K+3K}=0.429$

$M_{OA}=0.571\times 20=11.42\text{kN}\cdot\text{m}$

$M_{OB}=0.429\times 20=8.58\text{kN}\cdot\text{m}$

$M_{AO}=11.42\times 0.5=5.71\text{kN}\cdot\text{m}$

$M_{BO}=8.58\times 0.5=4.29\text{kN}\cdot\text{m}$

16 다음 그림과 같은 정정라멘구조에 분포하중 w가 작용할 때 최대 모멘트크기는?

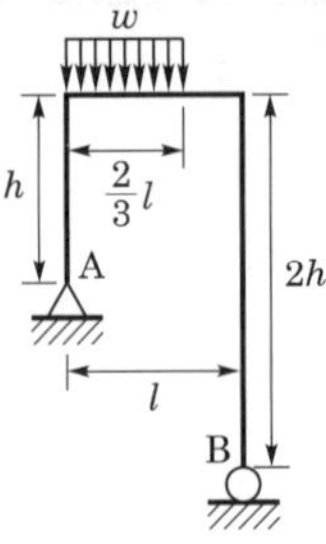

① $\frac{2}{3}wl^2$　② $\frac{1}{12}wl^2$

③ $\frac{8}{81}wl^2$　④ $\frac{7}{72}wl^2$

해설 $\Sigma M_B=0$

$(R_A\times l)-\left(w\times\frac{2}{3}l\times\frac{2l}{3}\right)=0$

$\therefore R_A=\frac{4wl}{9}(\uparrow)$

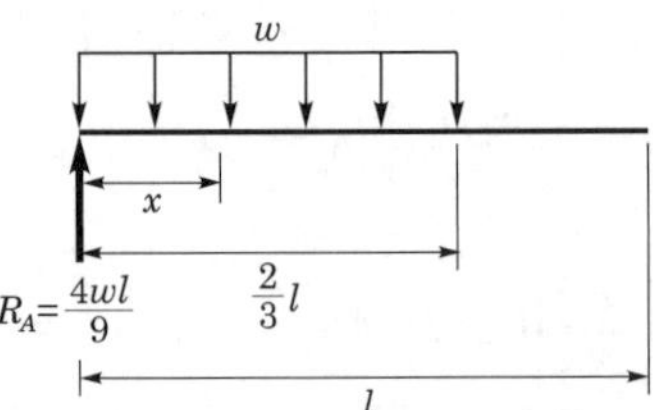

$S_x=\frac{4wl}{9}-wx=0$

$\therefore x=\frac{4l}{9}=0.444l\rightarrow$ 전단력=0

$\therefore M_{\max}=\left(\frac{4wl}{9}\times\frac{4l}{9}\right)-\left(w\times\frac{4l}{9}\times\frac{2l}{9}\right)$

$=\frac{16wl^2}{81}-\frac{8wl^2}{81}$

$=\frac{8}{81}wl^2$

17 보에 굽힘이 발생하였을 때 보의 상면과 하면 사이에 종방향의 길이가 변하지 않는 어떤 면이 존재하는데, 이 면의 이름은?

① 중립면　② 중심면

③ 중앙면　④ 중간면

해설 변형률이 0인 중립면이 발생한다.

정답 15 ② 16 ③ 17 ①

18 균일 단면을 가지며 높이가 20m인 콘크리트 교각이 압축하중 $P=11\text{MN}$을 받고 있다. 콘크리트의 허용압축응력이 5.5MPa일 때 필요한 교각의 단면적은? (단, 교각의 자중을 고려하며 콘크리트의 비중량은 25kN/m^3이다.)

① 2.0m^2　② 2.2m^2
③ 2.4m^2　④ 2.6m^2

해설
$\sigma_c=\dfrac{P}{A}$에서

$P=11\times10^3+(25\times20\times A)=11\times10^3+500A[\text{kN}]$

$\sigma_c=5.5\text{MPa}=5.5\times10^6\text{N/m}^2$

$$5.5\times10^6=\frac{11\times10^6}{A}+500\times10^3$$

$$(5.5\times10^6)-(500\times10^3)=\frac{11\times10^6}{A}$$

$$\therefore A=\frac{11\times10^6}{5{,}000{,}000}=2.2\text{m}^2$$

19 원통형 압력용기에 작용하는 원주방향 응력이 16MPa이다. 이때 원통형 압력용기의 종방향 응력크기는?

① 4MPa　② 8MPa
③ 16MPa　④ 32MPa

해설
$$\sigma_x=\frac{1}{2}\sigma_y=\frac{1}{2}\times16=8\text{MPa}$$

20 다음 그림과 같이 타원형 단면을 가진 얇은 두께의 관이 비틀림우력 $T=6\text{N}\cdot\text{m}$를 받고 있을 때 관에 작용하는 전단흐름의 크기는? (단, $\pi=3$이다.)

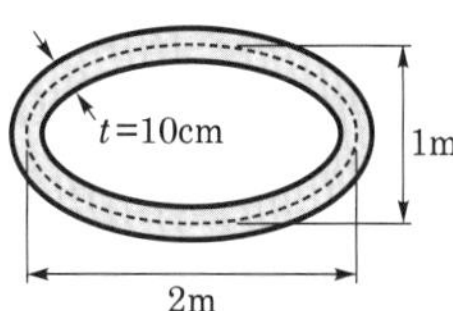

① 20N/m　② 10N/m
③ 5N/m　④ 2N/m

해설
$$A_m=4ab\times\frac{\pi}{4}=4\times1\times0.5\times\frac{\pi}{4}=1.5\text{m}^2$$

$$\therefore f=\frac{T}{2A_m}=\frac{6}{2\times1.5}=2\text{N/m}$$

정답 18 ② 19 ② 20 ④

과년도 출제문제(2018년 서울시 9급_6월 23일)

01 다음 그림과 같은 단면 (a), (b)를 가진 단순보에서 중앙에 같은 크기의 집중하중을 받을 때 두 보의 최대 처짐비(δ_a/δ_b)는? (단, 각 단순보의 길이와 탄성계수는 서로 동일하며, (a)의 두 보는 서로 분리되어 있다.)

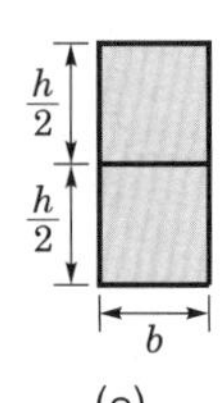
(a)

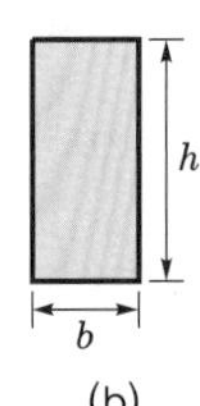
(b)

① 2 ② 3

③ 4 ④ 5

해설

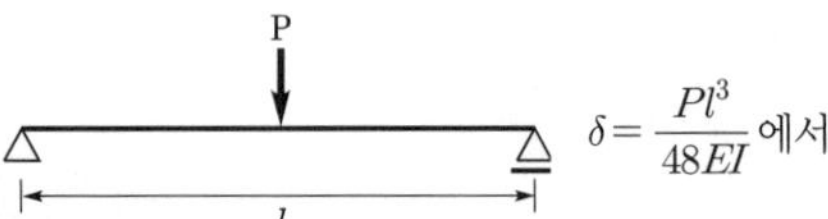

$\delta = \dfrac{Pl^3}{48EI}$ 에서

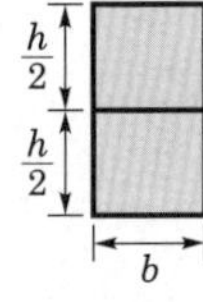

$I_a = \dfrac{b\left(\dfrac{h}{2}\right)^3}{12} = \dfrac{\dfrac{bh^3}{8}}{12} = \dfrac{bh^3}{96}$

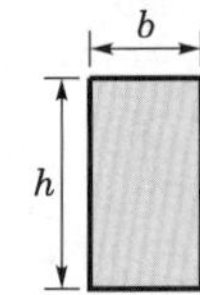

$I_b = \dfrac{bh^3}{12}$

$\delta_a = \dfrac{Pl^3}{48E} \times \dfrac{96}{bh^3 \times 2}$

$= \dfrac{Pl^3}{Ebh^3}$

$\delta_b = \dfrac{Pl^3}{48E} \times \dfrac{12}{bh^3}$

$= \dfrac{Pl^3}{4Ebh^3}$

$\therefore \dfrac{\delta_a}{\delta_b} = 4$

02 다음 그림과 같은 3힌지라멘의 A점에서 발생하는 수평반력은?

① $\dfrac{q_o h}{6}$

② $\dfrac{q_o h}{4}$

③ $\dfrac{q_o h}{3}$

④ $\dfrac{q_o h}{2}$

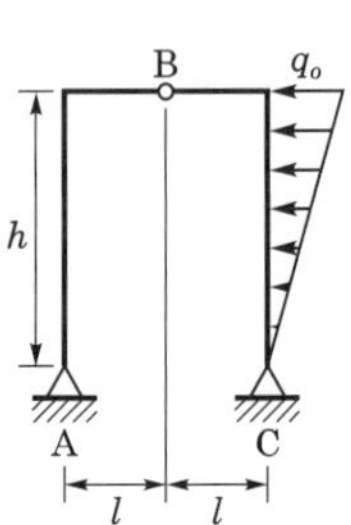

해설 $\Sigma M_C = 0$

$(R_A \times 2l) - \left(\dfrac{1}{2} \times h \times q_o \times \dfrac{2h}{3}\right) = 0$

$\therefore R_A = \dfrac{h^2 q_o}{6l}$

$\Sigma M_B = 0$

$\left(\dfrac{h^2 q_o}{6l} \times l\right) - (H_A \times h) = 0$

$\therefore H_A = \dfrac{h^2 q_o}{6h} = \dfrac{h q_o}{6}$

03 다음 그림과 같이 구조물에 외력이 $P_1 = 2\text{t}$, $P_2 = 2\text{t}$, $W = 30\text{t}$ 작용하여 평형상태에 있을 때 합력의 작용선이 x축을 지나는 점의 위치 $\bar{x}$ 값(m)은?

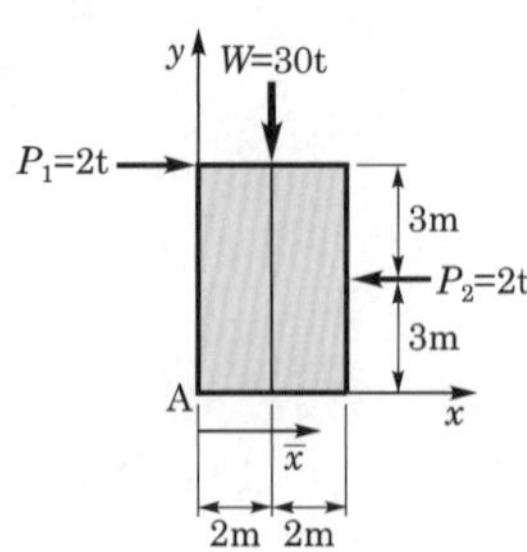

① 2.0m ② 2.2m

③ 2.6m ④ 2.8m

정답 01 ③ 02 ① 03 ②

해설 $\Sigma H=0$

$\Sigma V=30\text{t}$

$R=\sqrt{0^2+30^2}=30$

$30\times\bar{x}=(2\times6)-(2\times3)+(30\times2)$

$\therefore\ \bar{x}=\dfrac{66}{30}=2.2\text{m}$

04 다음 그림과 같은 높이가 h인 캔틸레버보에 열을 가하여 윗부분과 아랫부분의 온도차이가 ΔT가 되었을 때 보의 끝점 B에서의 처짐은?

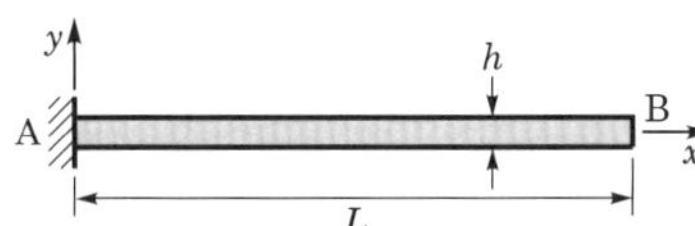

① $\dfrac{\alpha L^2\Delta T}{2h}$ ② $\dfrac{\alpha L^2\Delta T}{h}$

③ $\dfrac{3\alpha L^2\Delta T}{2h}$ ④ $\dfrac{2\alpha L^2\Delta T}{h}$

해설 온도하중에 의한 $M=\dfrac{\alpha\Delta T}{h}$

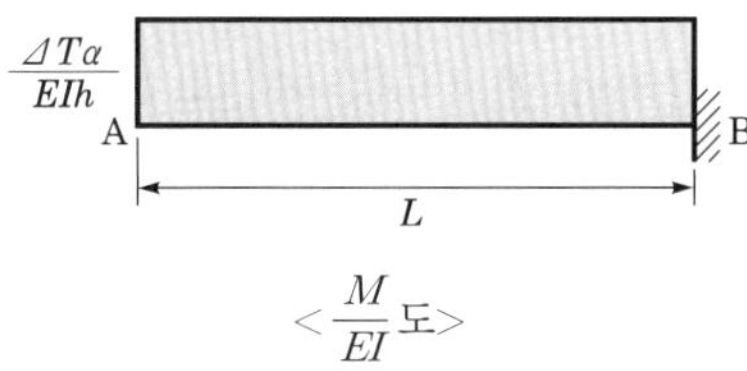

<$\dfrac{M}{EI}$도>

$\delta_B=\dfrac{\alpha\Delta T}{EIh}\times L\times\dfrac{L}{2}=\dfrac{\alpha L^2\Delta T}{2EIh}$

05 다음 그림과 같이 트러스의 B점에 연직하중 P가 작용할 때 B점의 연직처짐은? (단, 모든 부재의 축강성도 EA는 일정하다.)

① $\dfrac{76PL}{8EA}$

② $\dfrac{189PL}{9EA}$

③ $\dfrac{125PL}{16EA}$

④ $\dfrac{91PL}{25EA}$

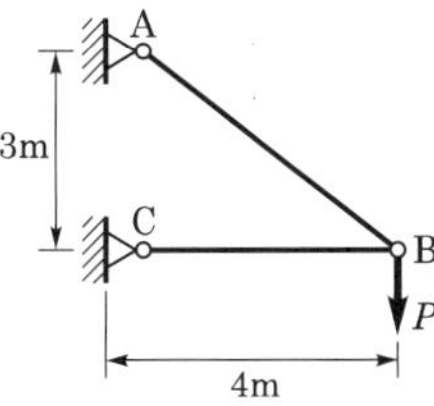

해설

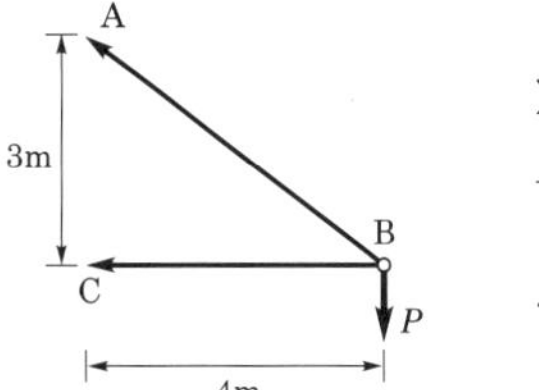

$\Sigma V=0$

$\dfrac{3}{5}F_{AB}-P=0$

$\therefore\ F_{AB}=\dfrac{5}{3}P$

$\Sigma H=0$

$-\dfrac{5}{3}P\times\dfrac{4}{5}-F_{BC}=0$

$\therefore\ F_{BC}=-\dfrac{4}{3}P$

$f_{ab}=\dfrac{5}{3}$

$f_{bc}=-\dfrac{4}{3}$

$$\Delta=\Sigma\frac{FfL}{EA}$$

$$=\frac{\frac{5P}{3}\times\frac{5}{3}\times5L}{EA}+\frac{-\frac{4P}{3}\times\left(-\frac{4}{3}\right)\times4L}{EA}$$

$$=\frac{125PL}{9EA}+\frac{64PL}{9EA}=\frac{189PL}{9EA}$$

06 다음 그림과 같은 원형 단면과 튜브 단면을 갖는 보에서 원형 단면보와 튜브 단면보의 소성모멘트(plastic moment)의 비($M_{p(a)}/$ $/M_{p(b)}$)는? (단, 두 단면은 동일한 강재로 제작되었다.)

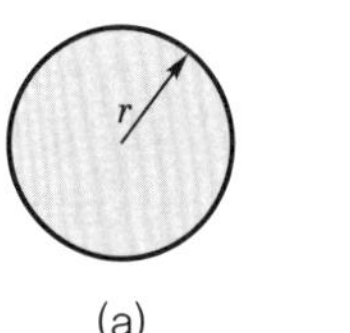

(a)

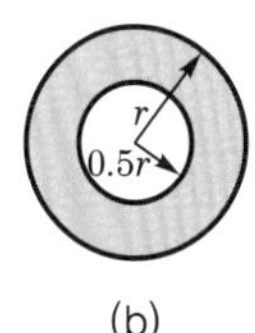

(b)

① $\dfrac{15}{16}$ ② $\dfrac{8}{7}$

③ $\dfrac{6}{5}$ ④ $\dfrac{4}{3}$

해설 소성모멘트 $M_p=\sigma_y Z_p$에서

$Z_{p(a)}=\dfrac{4}{3}r^3$

$Z_{p(b)}=\dfrac{4}{3}\times(r^3-(0.5r)^3)=\dfrac{4}{3}\times0.875r^3=\dfrac{3.5}{3}r^3$

$$\therefore\ \frac{Z_{p(a)}}{Z_{p(b)}}=\frac{\frac{4r^3}{3}}{\frac{3.5r^3}{3}}=\frac{12}{10.5}=\frac{8}{7}$$

정답 04 ① 05 ② 06 ②

07 다음 그림과 같은 비대칭삼각형 y축에서 도심까지의 거리 $\bar{x}$는?

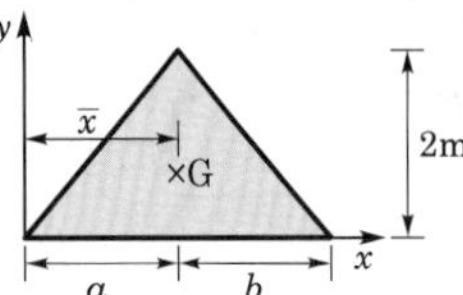

① $\dfrac{a+b}{2}$ ② $\dfrac{a+b}{3}$

③ $\dfrac{a+2b}{2}$ ④ $\dfrac{2a+b}{3}$

해설

$$\bar{x}=\frac{G_y}{\Sigma A}=\frac{\left(a\times\frac{2a}{3}\right)+\left(b\times\left(a+\frac{b}{3}\right)\right)}{\left(\frac{1}{2}\times a\times 2\right)+\left(\frac{1}{2}\times b\times 2\right)}$$

$$=\frac{\frac{2a^2}{3}+ab+\frac{b^2}{3}}{a+b}=\frac{\frac{2a^2+3ab+b^2}{3}}{a+b}$$

$$=\frac{2a^2+3ab+b^2}{3(a+b)}=\frac{(a+b)(2a+b)}{3(a+b)}=\frac{2a+b}{3}$$

08 다음 그림과 같은 단면에 4,000kgf·cm 비틀림모멘트(T)가 작용할 때 최대 전단응력은?

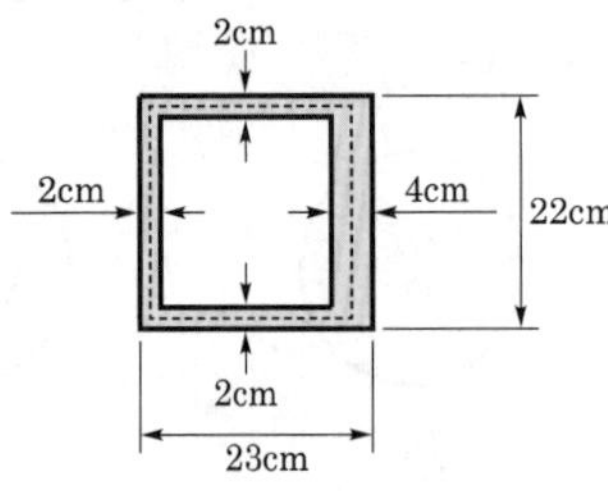

① 2.5kgf/cm^2 ② 3.5kgf/cm^2

③ 4.5kgf/cm^2 ④ 5.5kgf/cm^2

해설

$$J=\frac{4A_m^{\ 2}}{\int_0^{l_m}\frac{ds}{t}}$$

$$A_m=20\times 20=400\text{cm}^2$$

$$\therefore \tau_{\max}=\frac{T}{2A_m t_{\min}}=\frac{4,000}{2\times 400\times 2}=2.5\text{kgf/cm}^2$$

09 P_1이 단순보의 C점에 단독으로 작용했을 때 C점, D점의 수직변위가 각각 4mm, 3mm 이었고, P_2가 D점에 단독으로 작용했을 때 C점, D점의 수직변위가 각각 3mm, 4mm 이었다. P_1이 C점에 먼저 작용하고 P_2가 D점에 나중에 작용할 때 P_1과 P_2가 한 전체 일은? (단, $P_1=P_2=4$N이다.)

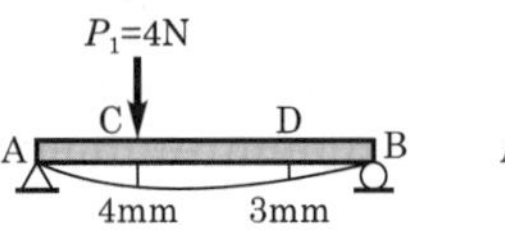

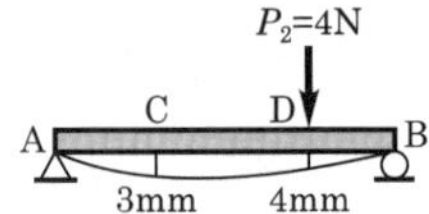

① 22N·mm ② 28N·mm

③ 30N·mm ④ 32N·mm

해설

$$W_E=\frac{P_1}{2}\delta_{11}+\frac{P_2}{2}\delta_{22}+P_1\delta_{12}$$

$$=\left(\frac{4}{2}\times 4\right)+\left(\frac{4}{2}\times 4\right)+(4\times 3)$$

$$=8+8+12=28\text{N}\cdot\text{mm}$$

10 다음 그림과 같이 캔틸레버보 AB에서 끝점 B는 강성이 $k=\dfrac{9EI}{L^3}$인 스프링으로 지지되어 있다. B점에 하중 P가 작용할 때 B점에서 처짐의 크기는? (단, 보의 휨강성도 EI는 전 길이에 걸쳐 일정하다.)

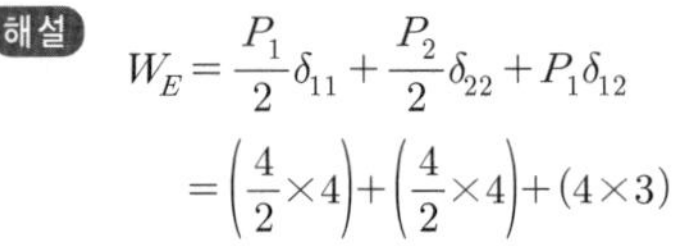

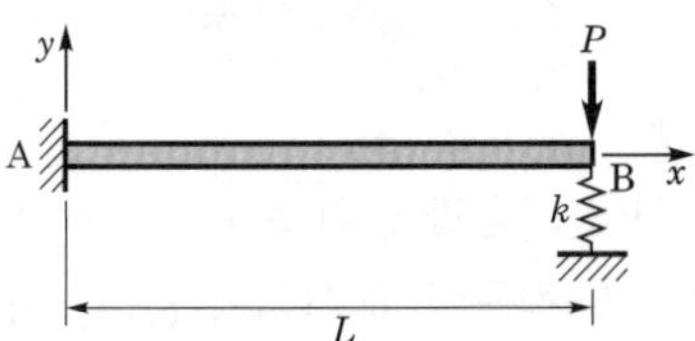

① $\dfrac{PL^3}{24EI}$ ② $\dfrac{PL^3}{12EI}$

③ $\dfrac{PL^3}{6EI}$ ④ $\dfrac{PL^3}{3EI}$

해설

$$\delta_B=\frac{P}{k_b+k_s}=\frac{P}{\frac{3EI}{L^3}+\frac{9EI}{L^3}}=\frac{P}{\frac{12EI}{L^3}}=\frac{PL^3}{12EI}$$

정답 07 ④ 08 ① 09 ② 10 ②

11 다음 그림과 같은 한 변의 길이가 자유단에서 b, 고정단에서 $2b$인 정사각형 단면봉이 인장력 P를 받고 있다. 봉의 탄성계수가 E일 때 변 단면봉의 길이변화량은?

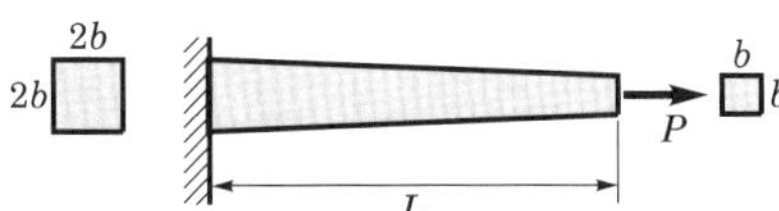

① $\dfrac{PL}{4Eb^2}$　② $\dfrac{PL}{2Eb^2}$

③ $\dfrac{2PL}{3Eb^2}$　④ $\dfrac{3PL}{4Eb^2}$

해설 x위치에서 변의 길이 $b_x = \dfrac{b}{L}x$

x위치에서 $A_x = \dfrac{b}{L}x \times \dfrac{b}{L}x = \dfrac{b^2}{L^2}x^2$

$$\delta_1 = \int_0^L \frac{P_x}{EA_x}dx = \int_0^L \frac{P}{E\dfrac{b^2}{L^2}x^2}dx$$

$$= \int_0^L \frac{PL^2}{Eb^2x^2}dx = \frac{PL^2}{Eb^2}\int_0^L \frac{1}{x^2}dx$$

$$= \frac{PL^2}{Eb^2}[-x^{-1}]_0^L$$

$$= \frac{PL^2}{Eb^2} \times \frac{1}{L} = \frac{PL}{Eb^2}$$

$$\delta_2 = \frac{PL}{EA} = \frac{PL}{Eb^2}$$

$$\therefore \delta = \delta_1 + \delta_2 = \frac{PL}{2Eb^2}$$

12 다음 그림과 같은 평면트러스에서 B점에서의 반력의 크기와 방향은? (단, $\sqrt{3} = 1.7$로 계산한다.)

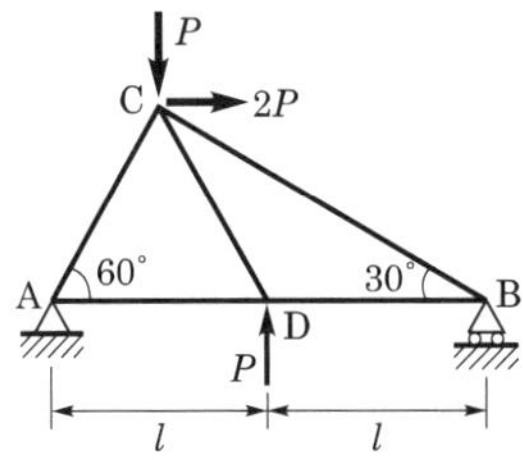

① $0.6P(\uparrow)$　② $0.6P(\downarrow)$

③ $1.1P(\uparrow)$　④ $1.1P(\downarrow)$

해설 $\Sigma M_A = 0$

$(R_B \times 2l) = -(P \times l) + (2P \times l \times \sin 60°) + (P \times 0.5l)$

$\therefore R_B = \dfrac{-Pl + 1.7Pl + 0.5Pl}{2l} = 0.6P(\uparrow)$

13 다음 그림은 상부 콘크리트슬래브와 하부 강거더로 구성된 합성 단면으로 강재와 콘크리트의 탄성계수는 각각 $E_s = 200\text{GPa}$, $E_c = 25\text{GPa}$이다. 이 단면에 정모멘트가 작용하여 콘크리트슬래브에는 최대 압축응력 5MPa, 강거더에는 최대 인장응력 120MPa이 발생하였다. 합성 단면 중립축의 위치(C)는?

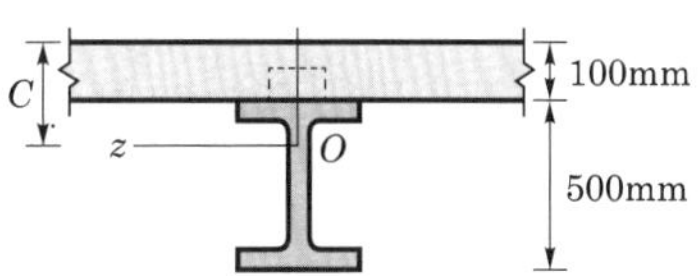

① 150mm　② 160mm

③ 170mm　④ 180mm

해설 $\varepsilon = \dfrac{\sigma}{E}$에서

$\varepsilon_c = \dfrac{\sigma_c}{E_c} = \dfrac{5 \times 10^6}{25 \times 10^9} = 0.2 \times 10^{-3}$

$\varepsilon_s = \dfrac{\sigma_s}{E_s} = \dfrac{120 \times 10^6}{200 \times 10^9} = 0.6 \times 10^{-3}$

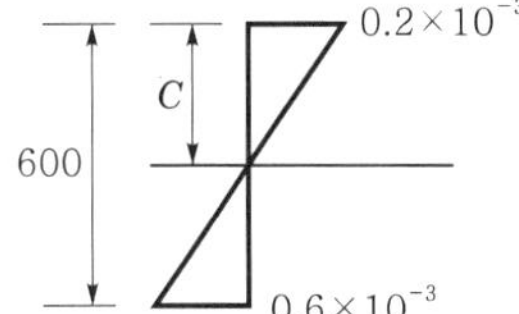

$600 : 0.8 \times 10^{-3} = C : 0.2 \times 10^{-3}$

$\therefore C = \dfrac{0.2 \times 600}{0.8} = 150\text{mm}$

14 길이가 1m인 축부재에 인장력을 가했더니 길이가 3mm 늘어났다. 축부재는 완전탄소성재료(perfectly elasto-plastic material)로 항복응력은 200MPa, 탄성계수는 200GPa이다. 인장력을 제거하고 나면 축부재의 길이는?

① 1,000mm　② 1,001mm

③ 1,002mm　④ 1,003mm

정답 11 ② 12 ① 13 ① 14 ③

해설

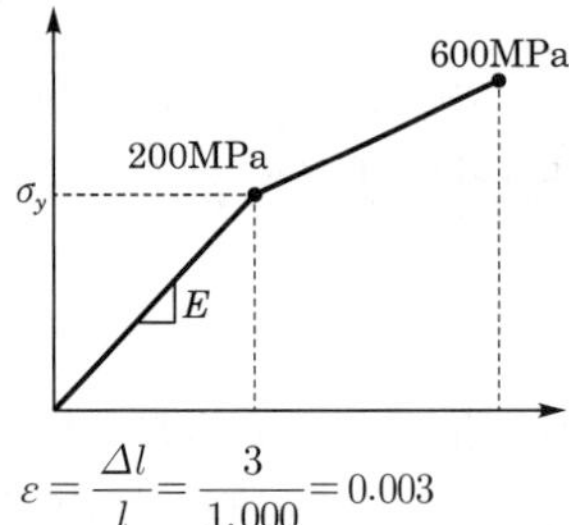

$\varepsilon = \dfrac{\Delta l}{l} = \dfrac{3}{1,000} = 0.003$

$\sigma = E\varepsilon = 200 \times 10^3 \times 0.003 = 600\text{MPa}$

$\Delta\sigma = 600 - 200 = 400\text{MPa}$

$\varepsilon = \dfrac{\sigma}{E} = \dfrac{400}{200 \times 10^3} = 0.002$

최종 늘어난 길이$= 1,000 \times 0.002 = 2\text{mm}$

$\therefore\ l = 1,000 + 2 = 1,002\text{mm}$

15 다음 그림과 같은 길이가 10m인 캔틸레버보에 분포하중 $q_x = 50 - 10x + \dfrac{x^2}{2}$ 이 작용하고 있을 때 지점 A에서부터 6m 떨어진 지점 B에서의 전단력 V_B의 크기로 가장 옳은 것은?

① 84N
② 156N
③ 444N
④ 516N

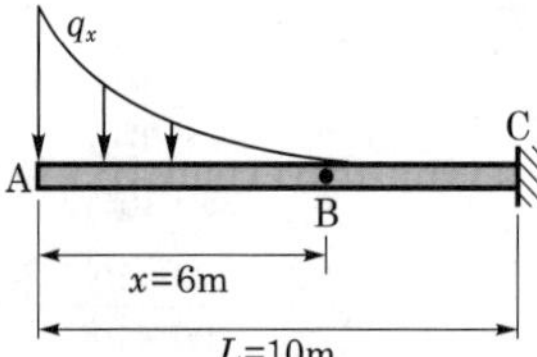

해설

$V_B = \displaystyle\int_0^6 \left(50 - 10x + \frac{x^2}{2}\right) dx$

$= \left[50x - 5x^2 + \dfrac{1}{6}x^3\right]_0^6$

$= (50 \times 6) - (5 \times 6^2) + \left(\dfrac{1}{6} \times 6^3\right) = 156\text{N}$

16 다음 그림과 같은 부정정기둥의 하중작용점에서 처짐량은? (단, 축강성은 EA이다.)

① $\dfrac{Pa}{AE(a+b)}$

② $\dfrac{Pb}{AE}$

③ $\dfrac{Pab}{AE(a+b)}$

④ $\dfrac{Pab}{AE}$

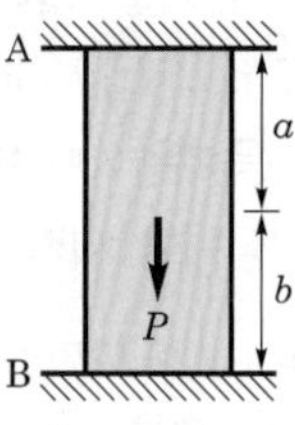

해설

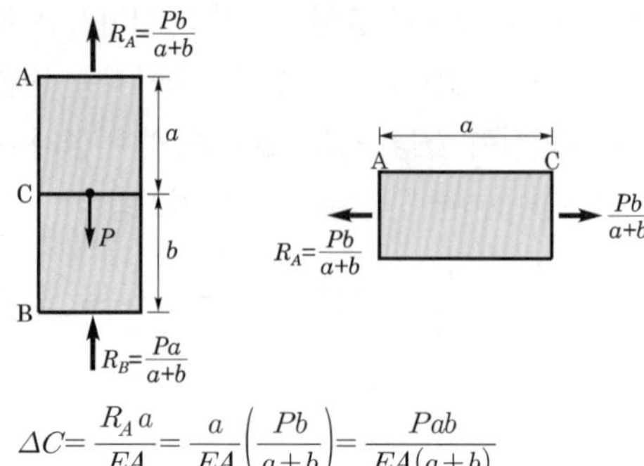

$\Delta C = \dfrac{R_A a}{EA} = \dfrac{a}{EA}\left(\dfrac{Pb}{a+b}\right) = \dfrac{Pab}{EA(a+b)}$

17 다음 그림과 같은 정사각형 단면을 갖는 짧은 기둥의 측면에 홈이 패어있을 때 작용하는 하중 P로 인해 단면 $m-n$에 발생하는 최대 압축응력은?

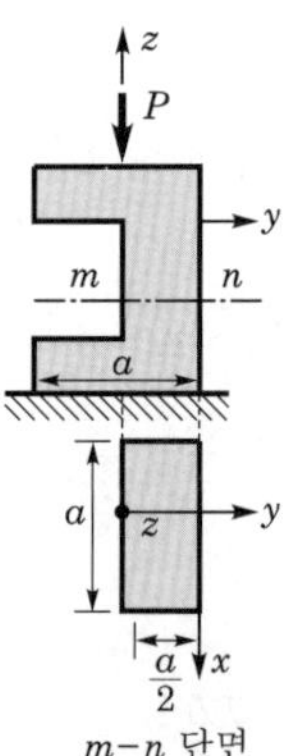

$m-n$ 단면

① $2P/a^2$ ② $4P/a^2$
③ $6P/a^2$ ④ $8P/a^2$

해설 기둥의 압축응력 $\sigma_c = \dfrac{P}{A} + \dfrac{M}{I_x}y$

$A = a \times \dfrac{a}{2} = \dfrac{a^2}{2}$

$I_x = \dfrac{a\left(\frac{a}{2}\right)^3}{12} = \dfrac{\frac{a^4}{8}}{12} = \dfrac{a^4}{96}$

$M = \dfrac{Pa}{4}$

$y = \dfrac{a}{4}$

$\sigma = \dfrac{P}{\frac{a^2}{2}} + \dfrac{\frac{Pa}{4} \times \frac{a}{4}}{\frac{a^4}{96}} = \dfrac{2P}{a^2} + \dfrac{\frac{Pa^2}{16}}{\frac{a^4}{96}}$

$= \dfrac{2P}{a^2} + \dfrac{6Pa^2}{a^4} = \dfrac{2P}{a^2} + \dfrac{6P}{a^2} = \dfrac{8P}{a^2}$

정답 15 ② 16 ③ 17 ④

18 다음 그림과 같이 단순보 위를 이동하중이 통과할 때 A점으로부터 절대 최대 모멘트가 발생하는 위치는?

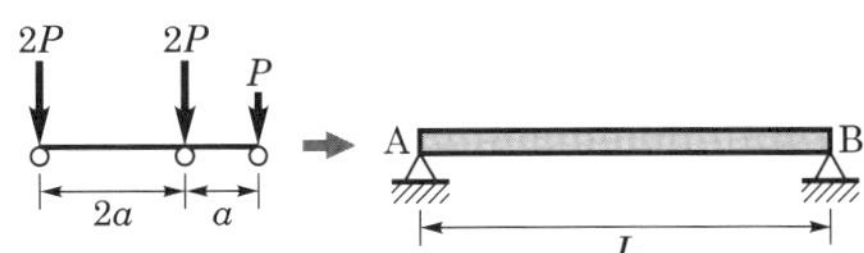

① $\frac{L}{2}-\frac{3}{5}a$　　② $\frac{L}{2}-\frac{3}{10}a$

③ $\frac{L}{2}+\frac{3}{10}a$　　④ $\frac{L}{2}+\frac{3}{5}a$

해설

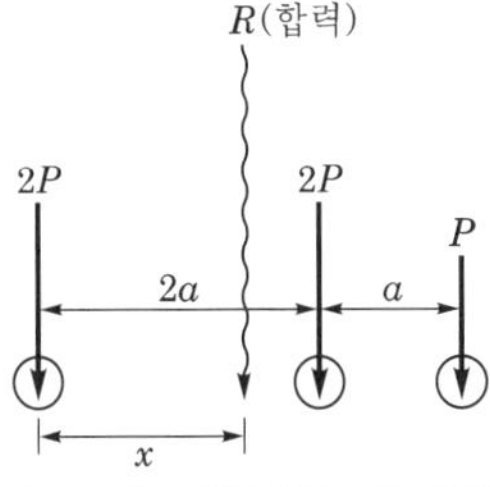

합력 $R=2P+2P+P=5P$

합력 R의 위치 x

$5Px=(2P\times 2a)+(P\times 3a)$

$\therefore x=\frac{4Pa+3Pa}{5P}=\frac{7Pa}{5P}=1.4a$

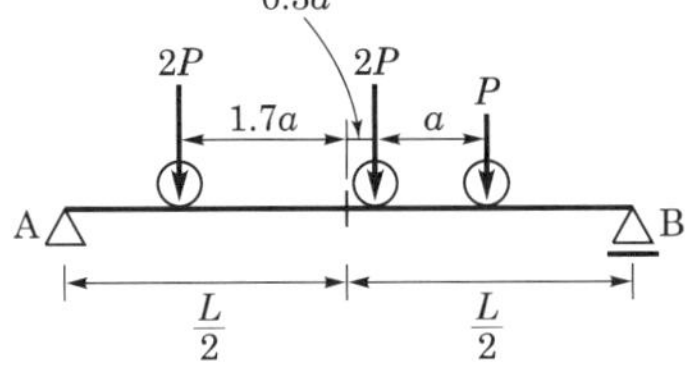

$\therefore$ 최대 모멘트 발생위치$=\frac{L}{2}+0.3a$

19 다음 그림과 같은 연속보의 지점 B에서 침하가 δ만큼 발생하였다면 B지점의 휨모멘트 M_B는? (단, 모든 부재의 휨강성도 EI는 일정하다.)

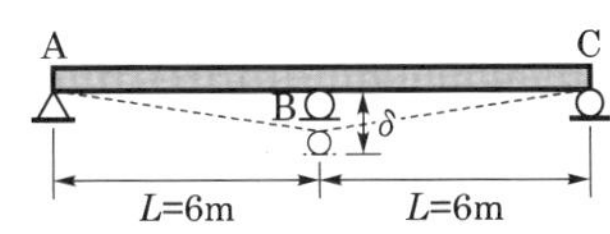

① $\frac{\delta}{6}EI$　　② $\frac{\delta}{12}EI$

③ $\frac{\delta}{24}EI$　　④ $\frac{\delta}{36}EI$

해설 3연모멘트방정식을 적용하면

$$M_A\frac{6}{I}+2M_B\left(\frac{6}{I}+\frac{6}{I}\right)+M_C\frac{6}{I}=6E\left(\frac{\delta}{6}+\frac{\delta}{6}\right)$$

$$M_A=M_C=0$$

$$2M_B\times\frac{12}{I}=6E\times\frac{2\delta}{6}$$

$$\therefore M_B=\frac{I}{24}\times E\times 2\delta=\frac{\delta EI}{12}$$

20 A단이 고정이고, B단이 이동단인 부정정보에서 B점 수직반력의 크기와 방향은?

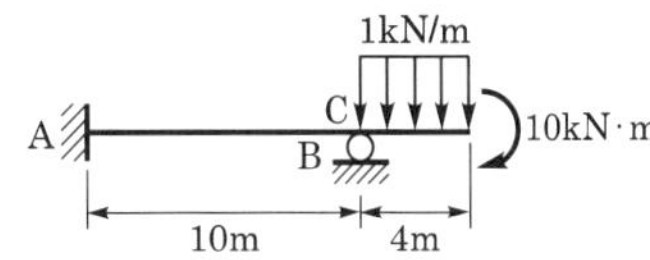

① 2.7kN(↑)　　② 2.7kN(↓)

③ 3.7kN(↑)　　④ 3.7kN(↓)

해설 부정정력 R_B를 구하면

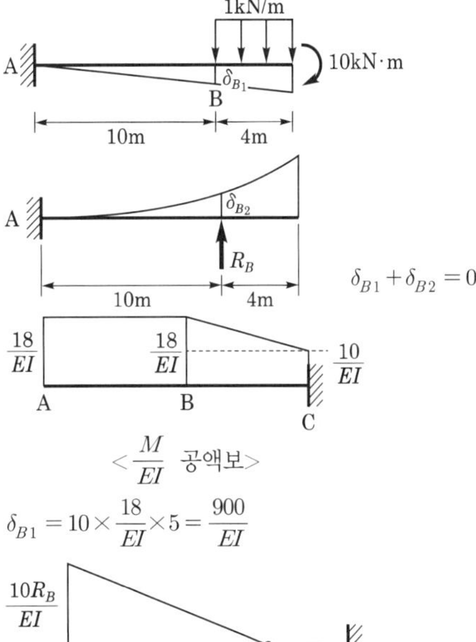

<$\frac{M}{EI}$ 공액보>

$$\delta_{B1}=10\times\frac{18}{EI}\times 5=\frac{900}{EI}$$

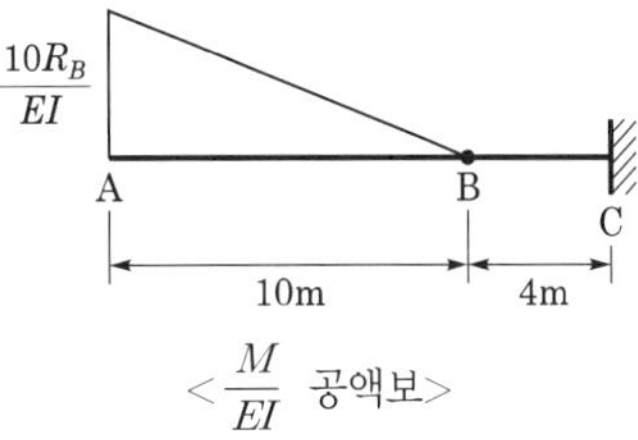

<$\frac{M}{EI}$ 공액보>

$$\delta_{B2}=\frac{1}{2}\times\frac{10R_B}{EI}\times 10\times\frac{20}{3}=\frac{1,000R_B}{3EI}$$

$$\frac{900}{EI}=\frac{1,000R_B}{3EI}$$

$$\therefore R_B=\frac{2,700}{1,000}=2.7\text{kN}$$

정답 18 ③　19 ②　20 ②

과년도 출제문제(2018년 국가직 7급)

01 다음 그림과 같이 C점에 내부힌지를 포함하는 라멘구조물의 B점에 20kN의 수평하중이 작용하고 있을 때 구조물에 발생하는 최대 휨모멘트(kN・m)의 크기는? (단, 자중은 무시한다.)

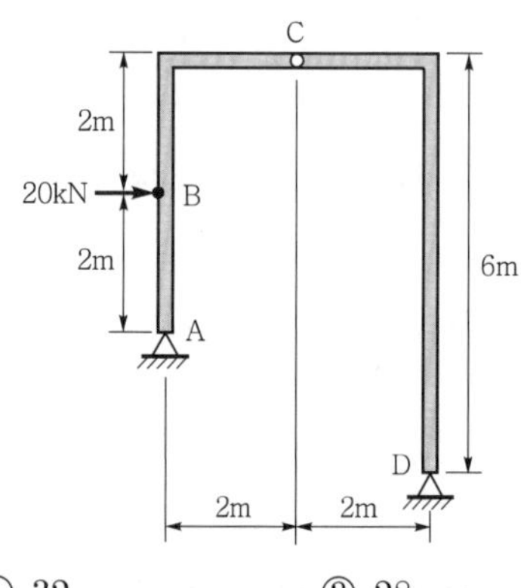

① 32　② 28
③ 24　④ 20

해설

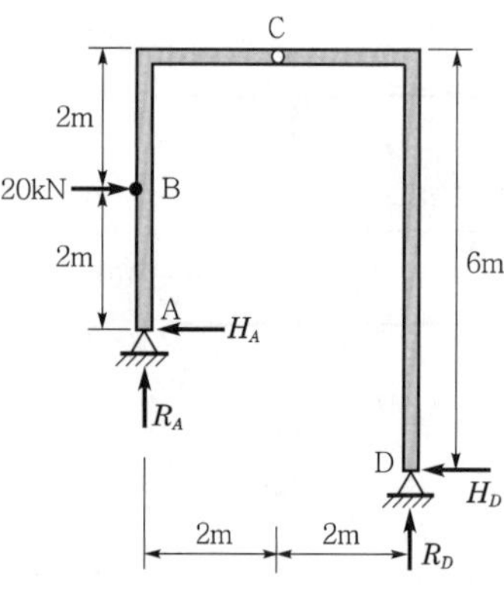

$\Sigma M_B = 0$

$(R_A \times 4) - (H_A \times 2) + (20 \times 4) = 0$

$4R_A - 2H_A + 80 = 0$ ……………… ㉠

$\Sigma V = 0$

$R_A + R_D = 0$

$\therefore R_A = -R_D$

$\Sigma M_C = 0$

$(R_A \times 2) + (H_A \times 4) - (20 \times 2) = 0$

$2R_A + 4H_A - 40 = 0$

$R_A = -2H_A + 20$ ……………… ㉡

$\Sigma H = 0$

$H_A + H_D = 20$

식 ㉡을 ㉠에 대입하면

$4 \times (-2H_A + 20) - 2H_A + 80 = 0$

$-8H_A + 80 - 2H_A + 80 = 0$

$10H_A = 160$

$\therefore H_A = 16\text{kN},\ H_D = 4\text{kN}$

식 ㉡에서

$\therefore R_A = -2 \times 16 + 20 = -12\text{kN}$

$R_D = 12\text{kN}$

$\therefore M_{max} = H_a \times 2 = 16 \times 2 = 32\text{kN}$

02 다음 그림과 같은 구조물에서 EF구간의 전단력이 0이 되기 위한 등분포하중 w[kN/m]의 크기는? (단, 자중은 무시한다.)

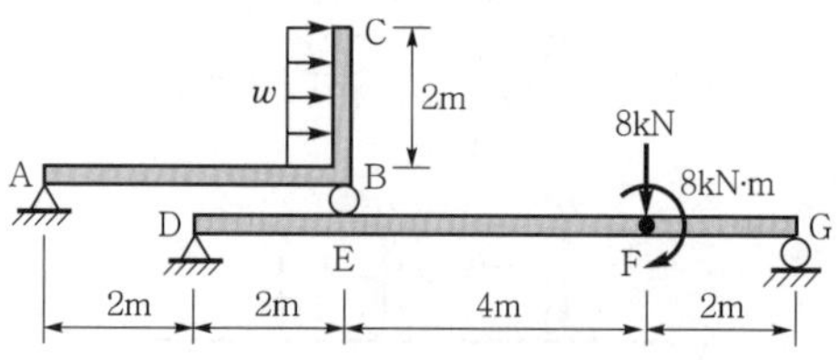

① 4　② 8
③ 12　④ 16

해설

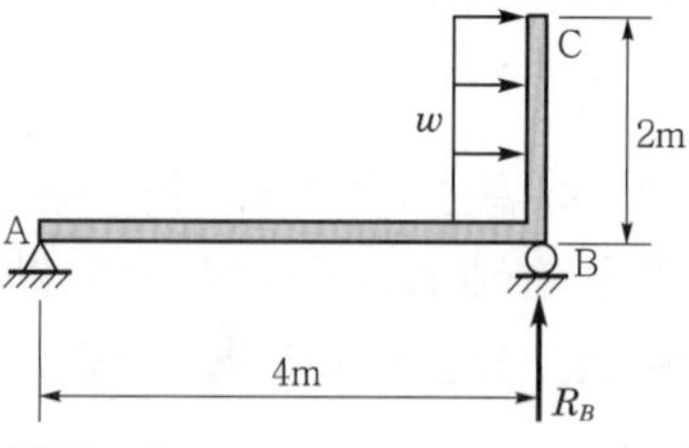

$\Sigma M_A = 0$

$(-R_B \times 4) + (w \times 2 \times 1) = 0$

$\therefore R_B = 0.5w[\text{kN}]$

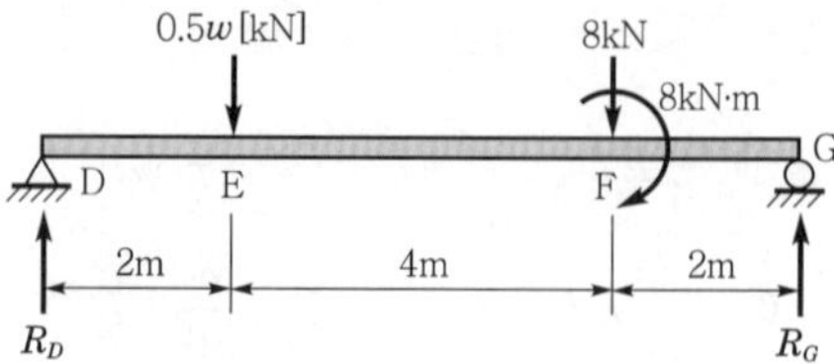

정답 01 ① 02 ②

$\Sigma M_G = 0$

$(R_D \times 8) - (0.5w \times 6) + 8 - (8 \times 2) = 0$

$8R_D = 3w + 8$

$\therefore\ R_D = \frac{3}{8}w + 1$

$S_{EF} = \left(\frac{3}{8}w + 1\right) - 0.5w = 0$

$0.125w = 1$

$\therefore\ w = 8\text{kN/m}$

03 다음 그림과 같이 내부힌지가 있는 보에서 하중 P에 의해 부재 AB에 발생하는 변형에너지는 부재 BD에 발생하는 변형에너지의 몇 배인가? (단, 휨에 의한 변형에너지만을 고려하고 보의 휨강성은 균일하며, 자중은 무시한다.)

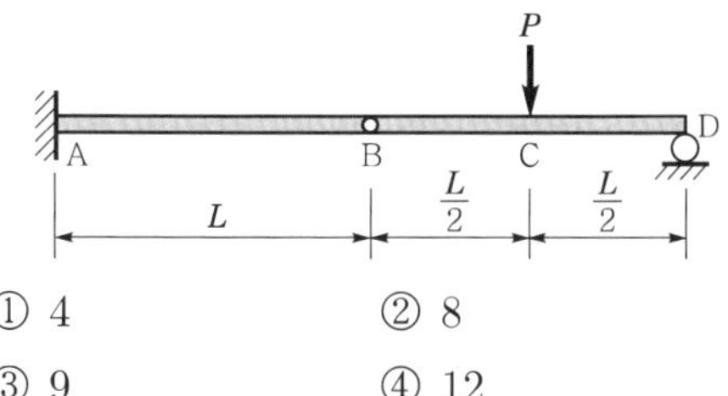

① 4 ② 8

③ 9 ④ 12

해설

$U = \int_0^L \frac{M_x^{\ 2}}{2EI} dx$에서

$M_x = \frac{P}{2}x = \frac{PL}{4}$

$U_{BD} = \Sigma \frac{M^2 L}{2EI} = \frac{1}{2EI}\left(\frac{PL}{4}\right)^2 L = \frac{PL^3}{32EI}$

$M_x = \frac{P}{2}x = \frac{PL}{2}$

$U_{AB} = \frac{1}{2EI}\left(\frac{PL}{2}\right)^2 L = \frac{PL^3}{8EI}$

$\therefore\ \frac{U_{BD}}{U_{AB}} = 4$

04 다음 그림과 같은 직사각형 단면보에 발생하는 최대 휨인장응력(MPa)의 크기는? (단, 자중은 무시한다.)

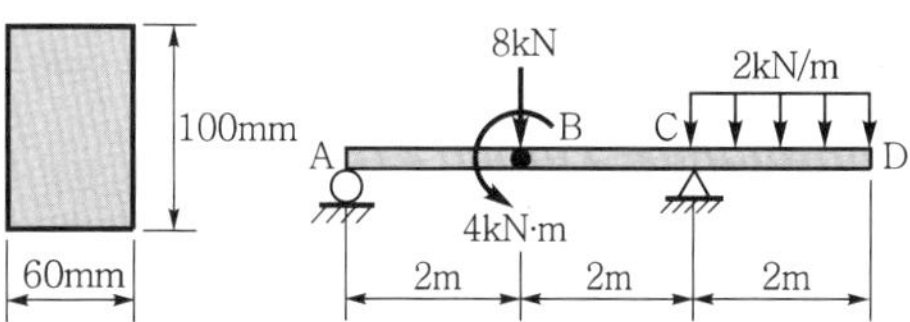

① 40 ② 80

③ 100 ④ 120

해설

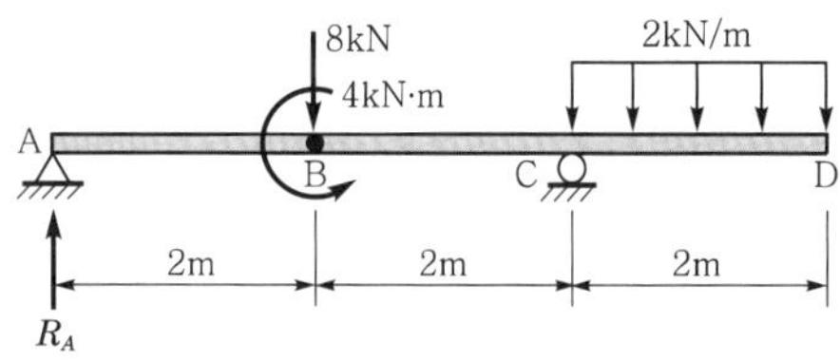

$\Sigma M_C = 0$

$(R_A \times 4) - 4 - (8 \times 2) + (2 \times 2 \times 1) = 0$

$\therefore\ R_A = 4\text{kN}$

$M_B = 4 \times 2 = 8\text{kN}\cdot\text{m}$

$M_C = 2 \times 2 \times 1 = 4\text{kN}\cdot\text{m}$

$\therefore\ \sigma_{max} = \frac{M}{I}y = \frac{8 \times 10^3 \times 10^3 \times 50}{\frac{60 \times 100^3}{12}} = 80\text{MPa}$

05 다음 그림과 같은 하중을 받는 게르버보에서 D점에 발생하는 수직변위의 크기는? (단, AB 및 CE구간의 휨강성은 EI이고, BC구간은 강체로 가정하며, 자중은 무시한다.)

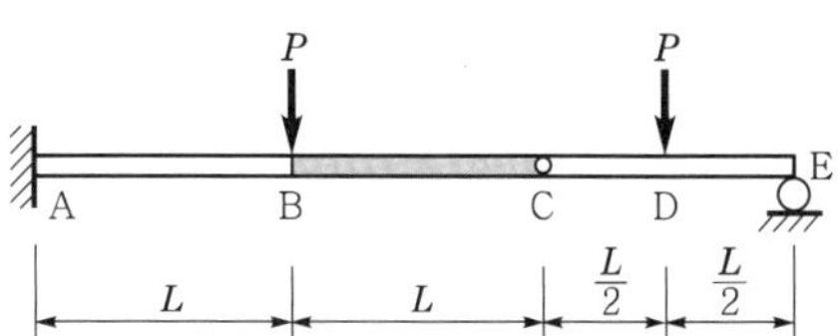

① $\frac{47PL^3}{48EI}$ ② $\frac{49PL^3}{48EI}$

③ $\frac{17PL^3}{16EI}$ ④ $\frac{53PL^3}{48EI}$

정답 03 ① 04 ② 05 ②

해설

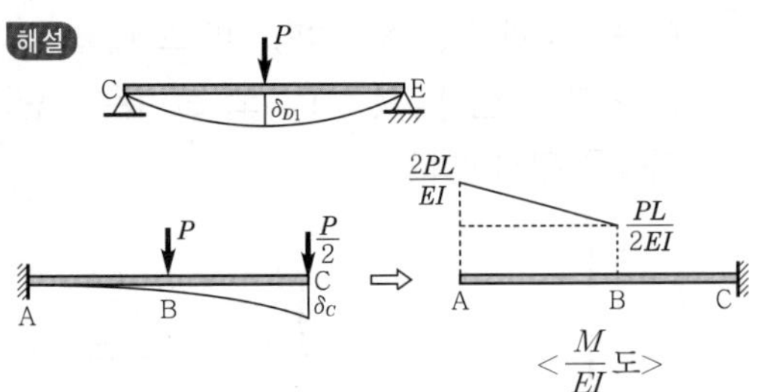

$$\delta_{D1}=\frac{PL^3}{48EI}$$

$$\delta_C=\left(\frac{PL\times L\times\frac{3}{2}L}{2EI}\right)+\left(\frac{1}{2}\times\frac{3PL}{2EI}\times L\times\frac{5L}{3}\right)$$

$$=\frac{\frac{3PL^3}{2}}{2EI}+\frac{5PL^3}{4EI}=\frac{8PL^3}{4EI}$$

$$\therefore\ \delta_D=\delta_{D1}+\frac{1}{2}\delta_C=\frac{PL^3}{48EI}+\frac{PL^3}{EI}=\frac{49PL^3}{48EI}$$

06 다음 그림과 같은 구조물에서 B점에 하중 P가 작용할 때 D점의 수평변위가 0이 되기 위한 하중 Q의 크기는? (단, 부재의 휨변형만을 고려하고 휨강성은 균일하며, 자중은 무시한다.)

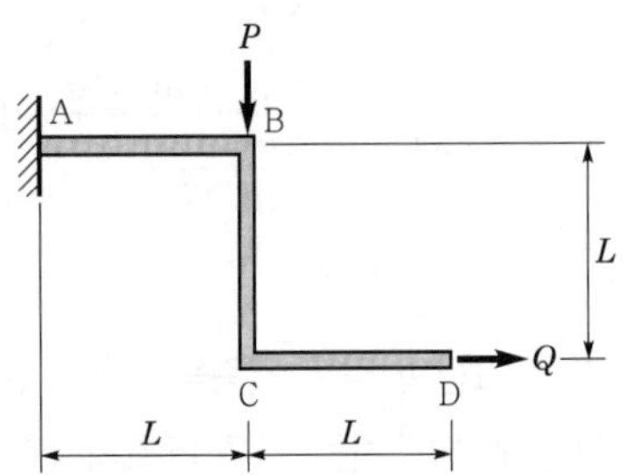

① $\frac{3}{4}P$ ② $\frac{5}{4}P$

③ $\frac{3}{8}P$ ④ $\frac{5}{8}P$

해설

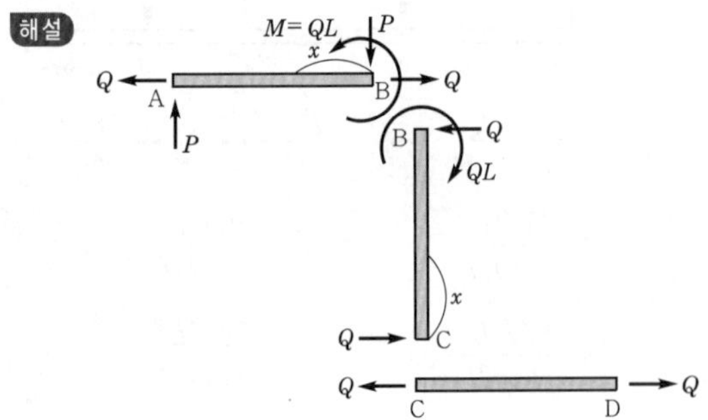

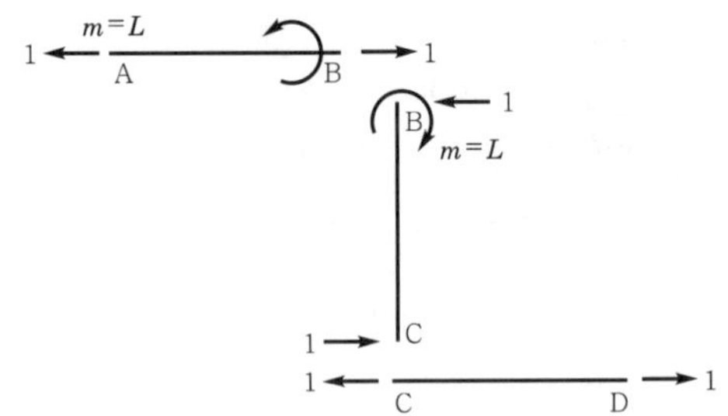

부재	M_x	m_x
AB	$-Px+QL$	L
BC	Qx	x
CD	−	−

$$\Delta=\int_0^L\frac{M_x m_x}{EI}dx$$

$$=\frac{1}{EI}\int_0^L(-Px+QL)Ldx+\frac{1}{EI}\int_0^L(Qx)xdx$$

$$=\frac{1}{EI}\int_0^L(-PxL+QL^2)dx+\frac{1}{EI}\int_0^L Qx^2dx$$

$$=\frac{1}{EI}\left[-\frac{1}{2}x^2PL+QL^2x\right]_0^L+\frac{1}{EI}\left[\frac{1}{3}x^3Q\right]_0^L$$

$$=\frac{1}{EI}\left[-\frac{PL^3}{2}+QL^3\right]+\frac{1}{EI}\left(\frac{QL^3}{3}\right)$$

$$=-\frac{PL^3}{2EI}+\frac{QL^3}{EI}+\frac{QL^3}{3EI}$$

$$=-\frac{PL^3}{2EI}+\frac{4QL^3}{2EI}=0$$

$$\frac{4QL^3}{2EI}=\frac{PL^3}{2EI}$$

$$\therefore\ Q=\frac{PL^3}{2EI}\times\frac{3EI}{4L^3}=\frac{3P}{8}$$

07 다음 그림과 같이 중앙에 모멘트 M을 받는 부정정 캔틸레버보에서 B점에 발생하는 처짐각의 크기는? (단, 보의 휨강성 EI는 균일하며 자중은 무시한다.)

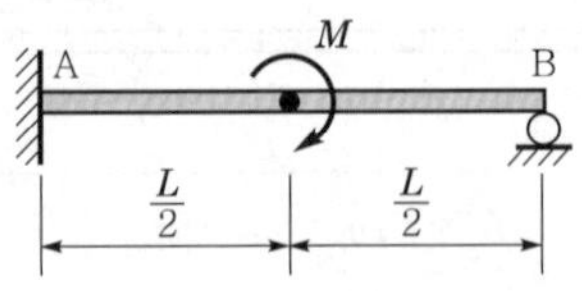

① $\frac{ML}{6EI}$ ② $\frac{ML}{12EI}$

③ $\frac{ML}{16EI}$ ④ $\frac{ML}{32EI}$

정답 06 ③ 07 ③

해설

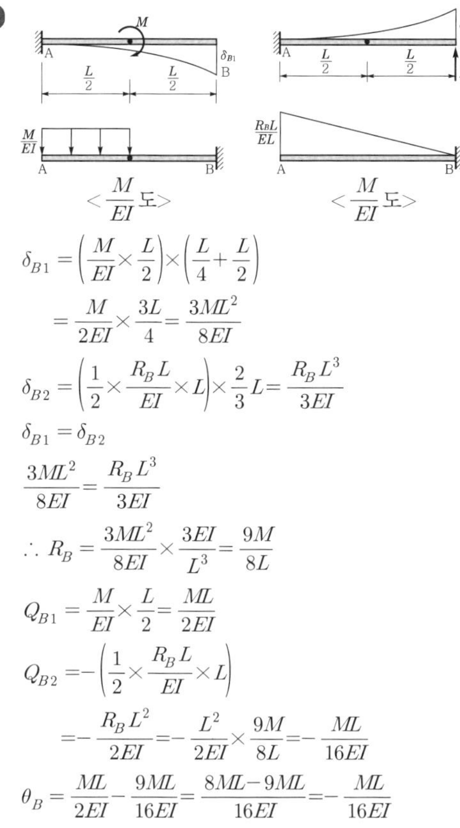

$$\delta_{B1}=\left(\frac{M}{EI}\times\frac{L}{2}\right)\times\left(\frac{L}{4}+\frac{L}{2}\right)$$

$$=\frac{M}{2EI}\times\frac{3L}{4}=\frac{3ML^2}{8EI}$$

$$\delta_{B2}=\left(\frac{1}{2}\times\frac{R_BL}{EI}\times L\right)\times\frac{2}{3}L=\frac{R_BL^3}{3EI}$$

$$\delta_{B1}=\delta_{B2}$$

$$\frac{3ML^2}{8EI}=\frac{R_BL^3}{3EI}$$

$$\therefore R_B=\frac{3ML^2}{8EI}\times\frac{3EI}{L^3}=\frac{9M}{8L}$$

$$Q_{B1}=\frac{M}{EI}\times\frac{L}{2}=\frac{ML}{2EI}$$

$$Q_{B2}=-\left(\frac{1}{2}\times\frac{R_BL}{EI}\times L\right)$$

$$=-\frac{R_BL^2}{2EI}=-\frac{L^2}{2EI}\times\frac{9M}{8L}=-\frac{ML}{16EI}$$

$$\theta_B=\frac{ML}{2EI}-\frac{9ML}{16EI}=\frac{8ML-9ML}{16EI}=-\frac{ML}{16EI}$$

08 다음 그림과 같은 트러스에서 부재 FG의 영향선으로 옳은 것은?

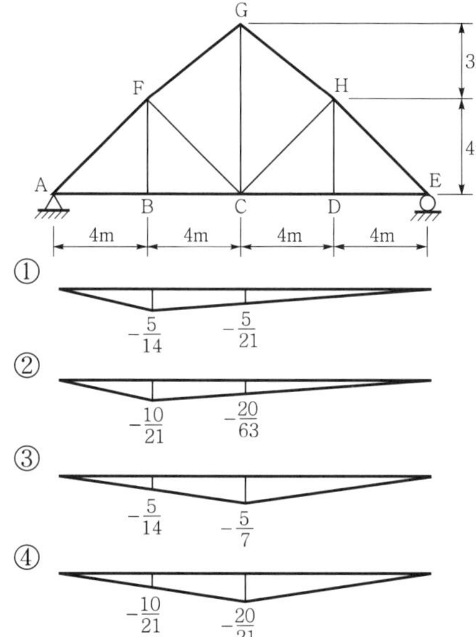

해설 절점 B, $P=1$을 재하하고 단면력법으로 부재력 FG를 구한다.

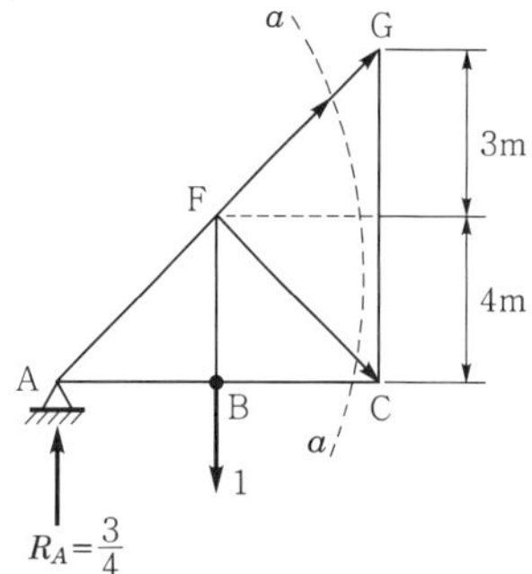

절점 C에 모멘트를 취하면

$$\left(\frac{3}{4}\times8\right)-(1\times4)+\left(\frac{4}{5}FG\times7\right)=0$$

$$6-4+\frac{28}{5}FG=0$$

$$\therefore FG=-2\times\frac{5}{28}=-\frac{5}{14}$$

09 다음 그림과 같이 A점은 고정되고, B점은 이동지점으로 지지된 직경 D의 원형 단면을 갖는 부재가 있다. 온도가 ΔT만큼 상승할 때 부재에 탄성좌굴이 발생하지 않기 위한 최소 직경은? (단, 열팽창계수는 α이며, 자중은 무시한다.)

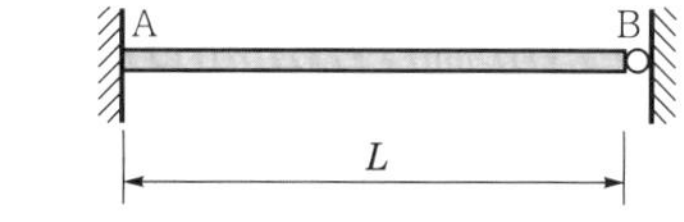

① $\frac{16L}{\pi}\sqrt{\alpha\Delta T}$　　② $\frac{8L}{\pi}\sqrt{\alpha\Delta T}$

③ $\frac{4L}{\pi}\sqrt{\alpha\Delta T}$　　④ $\frac{2L}{\pi}\sqrt{\alpha\Delta T}$

해설 $\varepsilon=\alpha\Delta T$

$$\sigma_{cr}=E\alpha\Delta T=\frac{n\pi^2E}{\lambda^2}$$

$$r=\sqrt{\frac{I}{A}}=\sqrt{\frac{\frac{\pi D^4}{64}}{\frac{\pi D^2}{4}}}=\sqrt{\frac{D^2}{16}}=\frac{D}{4}$$

$$\lambda=\frac{L}{r}=\frac{4L}{D}$$

$$E\alpha\Delta T=\frac{\frac{1}{4}\pi^2E}{\left(\frac{4L}{D}\right)^2}\left(n=\frac{1}{4}\text{일 때}\right)$$

정답 08 ③　09 ②

$$E\alpha\Delta T = \frac{\frac{1}{4}\pi^2 E}{\frac{16L^2}{D^2}} = \frac{\pi^2 ED^2}{64L^2}$$

$$D^2 = E\alpha\Delta T \times \frac{64L^2}{\pi^2 E} = \frac{64L^2}{\pi^2}\alpha\Delta T$$

$$\therefore D = \frac{8L}{\pi}\sqrt{\alpha\Delta T}$$

10 다음 그림과 같이 길이가 L인 강선 BC 및 FG와 길이가 $\frac{L}{2}$인 강선 DE로 지지된 강체 보의 중앙에 하중 P를 가하였다. 하중 P와 강체의 수직변위 Δ의 관계를 표시한 그래프에서 하중 P_1과 변위 Δ_1의 크기는? (단, 모든 강선은 탄성-완전소성거동을 하고, 단면적, 탄성계수, 항복응력은 각각 A, E, σ_y이며, 모든 자중은 무시한다.)

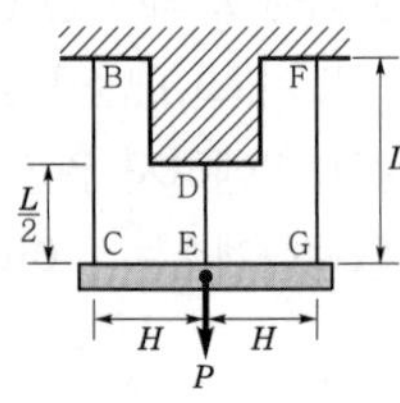

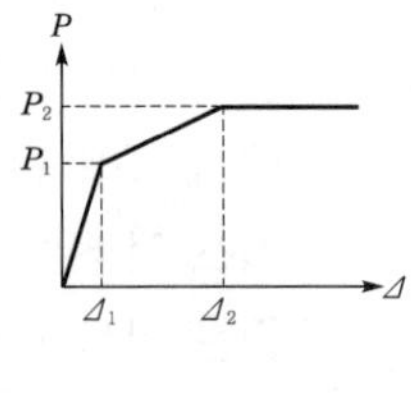

	P_1	Δ_1		P_1	Δ_1
①	$3\sigma_y A$	$\frac{\sigma_y L}{E}$	②	$2\sigma_y A$	$\frac{\sigma_y L}{E}$
③	$3\sigma_y A$	$\frac{\sigma_y L}{2E}$	④	$2\sigma_y A$	$\frac{\sigma_y L}{2E}$

해설

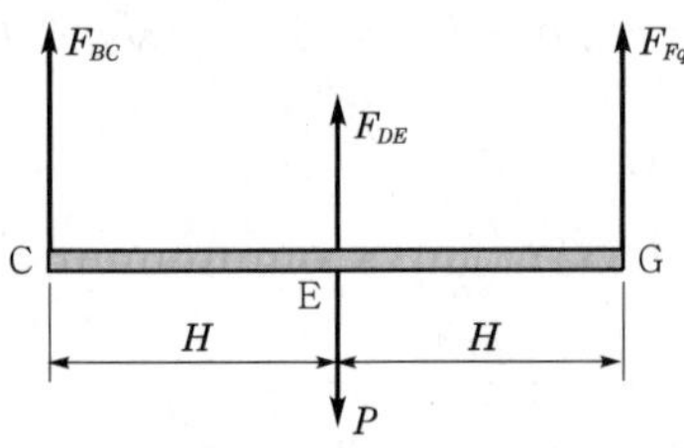

㉠ 힘의 평형방정식

$\Sigma V = 0$

$F_{BC} + F_{DE} + F_{FG} = P$

$F_{BC} = F_{FG}$이므로

$2F_{BC} + F_{DE} = P$ ……… ㉠

㉡ 변위의 적합조건식

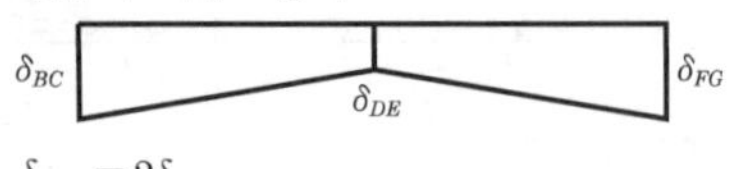

$\delta_{BC} = 2\delta_{DE}$

$\frac{F_{BC}L}{EA} = 2\frac{F_{DE}}{EA}\left(\frac{L}{2}\right) = \frac{F_{DE}L}{EA}$

$F_{BC} = F_{DE}$ ……… ㉡

$\therefore$ P_1은 항복하중으로 식 ㉠에서 $2\sigma_y A = P_1$, P_2는 극한하중으로 $2\sigma_y A + \sigma_y A = P_2$, $3\sigma_y A = P_2$

항복 시 변형 $\Delta_1 = \frac{\sigma_y L}{2E}$, 극한 시 변형 $\Delta_2 = \frac{\sigma_y L}{3E}$

11 다음 그림과 같은 케이블구조물에서 지점부 수평반력이 12kN인 경우 수평인 선분 AD에서 B점 및 C점까지의 수직거리 y_B와 y_C를 더한 값(m)은? (단, 자중은 무시한다.)

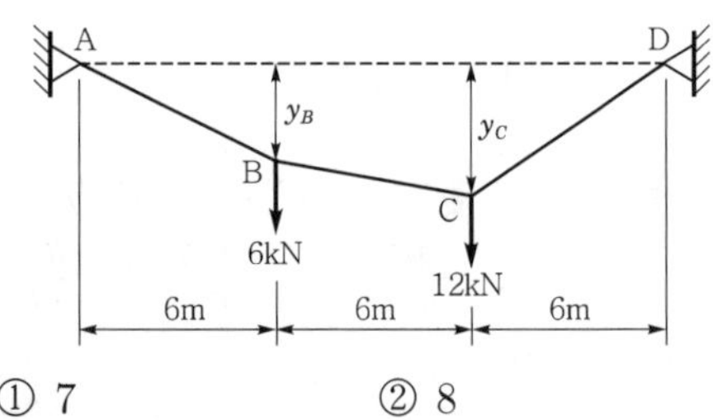

① 7 ② 8
③ 9 ④ 12

해설

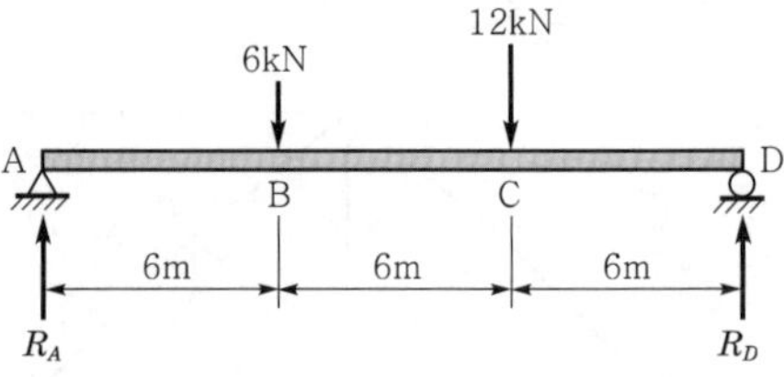

$(R_A' \times 18) - (6 \times 12) - (12 \times 6) = 0$

$\therefore R_A' = 8\text{kN}$, $R_D' = 10\text{kN}$

단순보로 가정했을 때

$M_B = 6 \times 8 = 48\text{kN}\cdot\text{m}$

$M_C = 10 \times 6 = 60\text{kN}\cdot\text{m}$

케이블정리를 이용하면

$12 \times y_B = 48$

$\therefore y_B = 4\text{m}$

$12 \times y_C = 60$

$\therefore y_C = 5\text{m}$

$\therefore y_B + y_C = 4 + 5 = 9\text{m}$

정답 10 ④ 11 ③

12 다음 그림과 같은 하중을 받는 부정정구조물이 있다. 고정단 D점에 발생하는 반력모멘트(kN · m)의 크기 및 방향은? (단, 부재 AB의 휨강성은 $2EI$이고, 부재 BC 및 BD의 휨강성은 EI이며, 휨변형만을 고려하고 자중은 무시한다.)

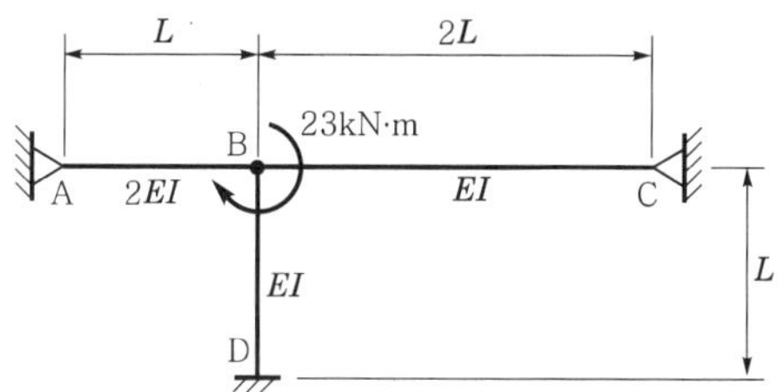

① 8, 시계방향
② 8, 반시계방향
③ 4, 시계방향
④ 4, 반시계방향

해설

$K_{AB} = \frac{2EI}{L}$, $K_{BC} = \frac{EI}{2L}$, $K_{BD} = \frac{EI}{L}$

강비를 구하면

$K_{AB} : K_{BC} : K_{BD} = 4K : K : 2K$

유효강비를 고려하면

$$K_{AB} : K_{BC} : K_{BD} = \frac{3}{4}\times 4K : \frac{3}{4}K : 2K$$
$$= 3K : \frac{3}{4}K : 2K$$
$$= 12K : 3K : 8K$$

$$DF_{BD} = \frac{8K}{12K+3K+8K} = 0.349$$

$$M_{BD} = 0.349\times 23 = 8.027\text{kN}\cdot\text{m}$$

$$M_{DB} = 8.027\times\frac{1}{2} = 4\text{kN}\cdot\text{m}$$

∴ 시계방향, 4kN · m

13 다음 그림과 같이 편심하중 P를 받는 짧은 기둥에서 바닥면의 A점과 B점에 발생하는 압축응력의 비율($\sigma_A : \sigma_B$)이 1 : 3이 되는 편심거리 e는? (단, 기둥의 좌굴 및 자중은 무시한다.)

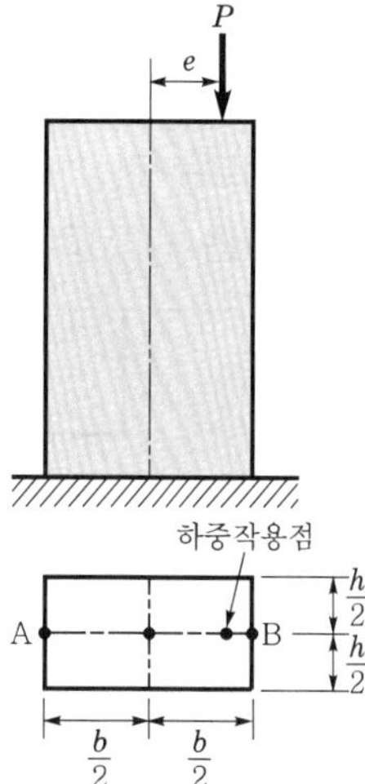

① $\frac{b}{6}$

② $\frac{b}{8}$

③ $\frac{b}{9}$

④ $\frac{b}{12}$

해설

$A = bh$, $Z = \frac{hb^2}{6}$, $M = Pe$

$$\sigma = \frac{P}{A} \pm \frac{Pe}{Z}$$
$$= \frac{P}{bh} \pm \frac{Pe}{\frac{b^2h}{6}}$$
$$= \frac{P}{bh} \pm \frac{6Pe}{b^2h}$$
$$= \frac{P}{bh}\left(1\pm\frac{6e}{b}\right)$$

$\sigma_A = 1 - \frac{6e}{b}$

$\sigma_B = 1 + \frac{6e}{b}$

$\sigma_A = 3\sigma_B$

$$\left(1-\frac{6e}{b}\right) = 3\times\left(1+\frac{6e}{b}\right)$$

$$1-\frac{6e}{b} = 3+\frac{18e}{b}$$

$$2 = -\frac{24e}{b}$$

$$\therefore e = \frac{2b}{24} = \frac{b}{12}$$

정답 12 ③ 13 ④

14 다음 그림과 같은 단면을 가지는 보의 수평축 x에 대한 소성모멘트(kN · m)의 크기는? (단, 보의 재료는 탄성-완전소성거동을 하고, 항복응력은 100MPa이다.)

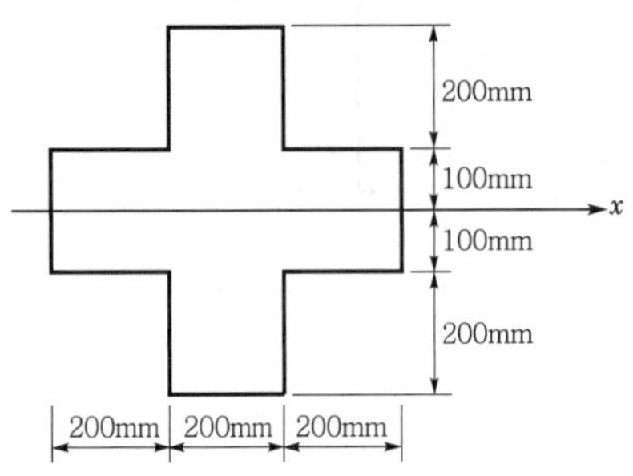

① 220　　② 240
③ 2,200　　④ 2,400

해설

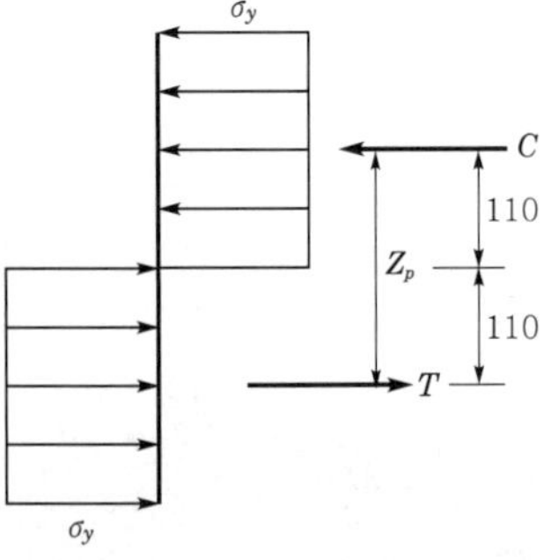

작용점을 구하면

$$\frac{(60,000\times 50)+(4,000\times 200)}{(600\times 100)+(200\times 200)}=\frac{11,000,000}{100,000}=110\text{mm}$$

$$C=\sigma_y A=100\times[(200\times 200)+(600\times 100)]$$
$$=10,000,000\text{N}=10,000\text{kN}$$
$$M_p=CZ_p=10,000\times 0.22=2,200\text{kN}\cdot\text{m}$$

15 다음 그림과 같은 하중을 받는 트러스에서 C점에 발생하는 수평변위의 크기는? (단, 모든 부재의 단면적은 A이고, 탄성계수는 E이며, 자중은 무시한다.)

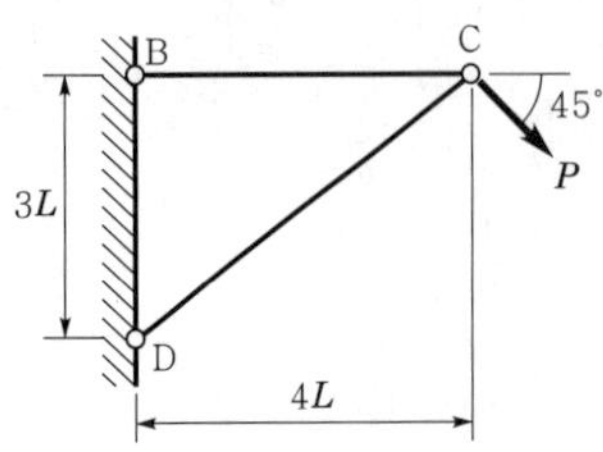

① $\dfrac{14\sqrt{2}PL}{3EA}$　　② $\dfrac{11\sqrt{2}PL}{3EA}$
③ $\dfrac{11\sqrt{2}PL}{2EA}$　　④ $\dfrac{7\sqrt{2}PL}{2EA}$

해설

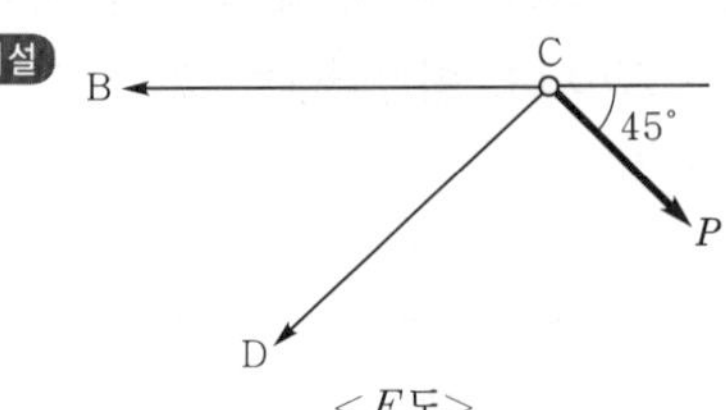

<F도>

$\Sigma V=0$

$-F_{CD}\times\frac{3}{5}-P\times\sin 45^\circ=0$

$-F_{CD}\times\frac{3}{5}-\frac{1}{\sqrt{2}}\times P=0$

$\therefore F_{CD}=-\frac{P}{\sqrt{2}}\times\frac{5}{3}=-\frac{5P}{3\sqrt{2}}$

$\Sigma H=0$

$-F_{BC}-F_{CD}\times\frac{4}{5}+P\times\frac{1}{\sqrt{2}}=0$

$\therefore F_{BC}=-F_{CD}\times\frac{4}{5}+\frac{P}{\sqrt{2}}$

$=\frac{5P}{3\sqrt{2}}\times\frac{4}{5}+\frac{P}{\sqrt{2}}=\frac{4P+3P}{3\sqrt{2}}=\frac{7P}{3\sqrt{2}}$

부재력	F	f	L
F_{BC}	$\frac{7P}{3\sqrt{2}}$	1	$4L$
F_{CD}	$-\frac{5P}{3\sqrt{2}}$	0	$5L$

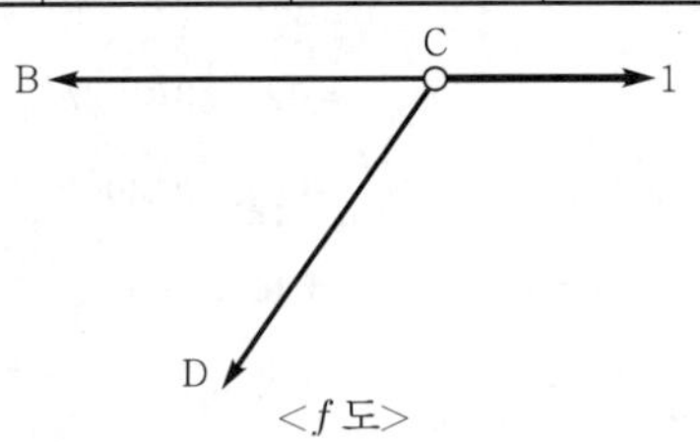

<f도>

$\Sigma H=0$

$-F_{BC}+1=0$

$\therefore F_{BC}=1$

$\Sigma V=0$

$-F_{CD}\times\frac{3}{5}=0$

$\therefore F_{CD}=0$

$\therefore \delta_C=\Sigma\frac{FfL}{EA}=\frac{1}{EA}\left(\frac{7P}{3\sqrt{2}}\times 1\times 4L\right)$

$=\frac{1}{EA}\times\frac{28PL}{3\sqrt{2}}=\frac{14\sqrt{2}PL}{3EA}$

정답 14 ③ 15 ①

16 다음 그림과 같은 하중을 받는 캔틸레버보에서 A점에 발생하는 최대 주응력(MPa)의 크기는? (단, 자중은 무시한다.)

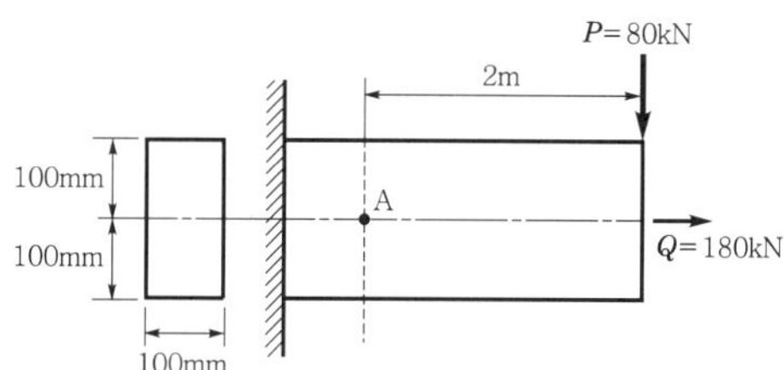

① 12.0 ② 11.0
③ 9.5 ④ 7.5

해설

휨응력 $\sigma = \dfrac{M}{I}y = 0$(중립축)

압축응력 $\sigma' = \dfrac{P}{A}$

$= \dfrac{180,000}{0.1 \times 0.2}$

$= 9 \times 10^6 \text{Pa}$

$= 9\text{MPa}$

전단응력 $\tau = \alpha \dfrac{S}{A}$

$= \dfrac{3}{2} \times \dfrac{80,000}{0.1 \times 0.2}$

$= 6 \times 10^6 \text{Pa}$

$= 6\text{MPa}$

최대 주응력(Mohr의 원)

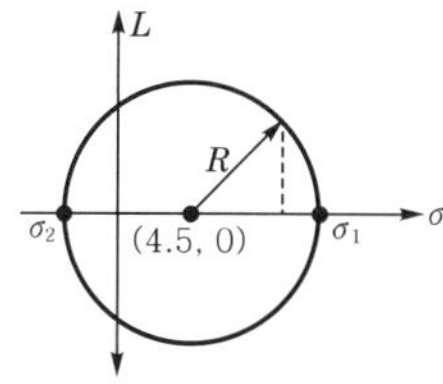

원의 중심$= \dfrac{9}{2} = 4.5\text{MPa}$

원의 반경 $R = \sqrt{4.5^2 + 6^2} = 7.5\text{MPa}$

∴ 최대 주응력 $\sigma_{max} = 4.5 + 7.5 = 12\text{MPa}$

17 다음 그림과 같은 보의 B점에서 x만큼 떨어진 위치에 하중 P를 가하였더니 C점의 수직변위가 B점 수직변위의 3배만큼 발생하였다. 거리 x는? (단, 부재 AB의 휨강성은 $2EI$이고, 부재 BC 및 CD의 휨강성은 EI이며, 휨변형만을 고려하고, 자중은 무시한다.)

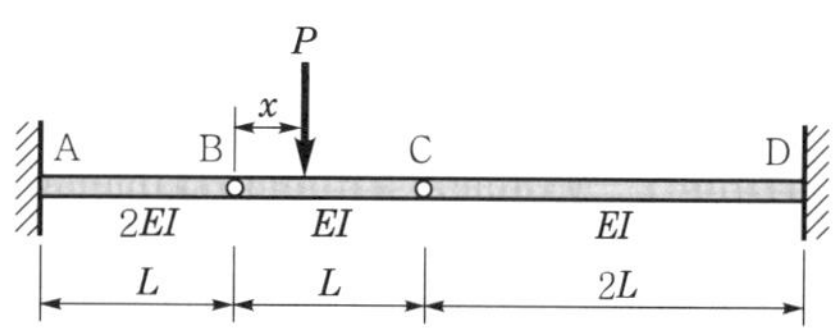

① $\dfrac{L}{10}$

② $\dfrac{3L}{11}$

③ $\dfrac{3L}{13}$

④ $\dfrac{3L}{19}$

해설

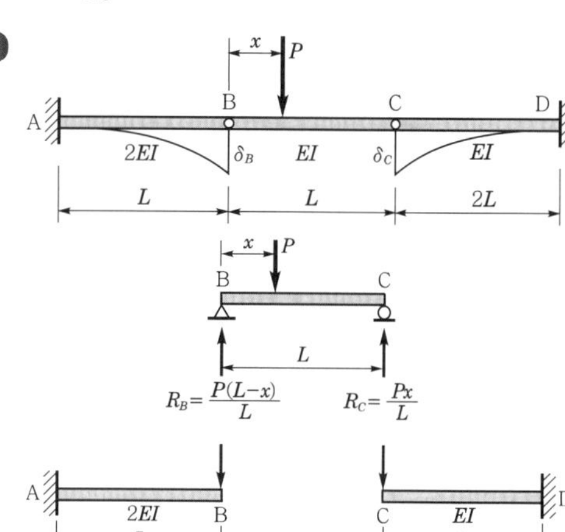

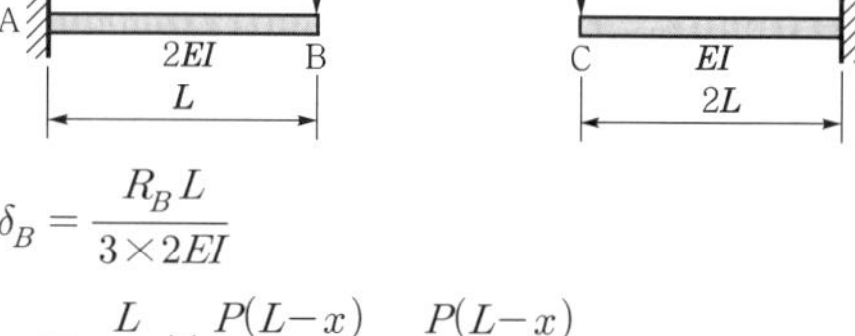

$\delta_B = \dfrac{R_B L}{3 \times 2EI}$

$= \dfrac{L}{6EI} \times \dfrac{P(L-x)}{L} = \dfrac{P(L-x)}{6EI}$

$\delta_C = \dfrac{2R_C L}{3EI}$

$= \dfrac{2L}{3EI} \times \dfrac{Px}{L} = \dfrac{2Px}{3EI}$

$\delta_B = 3\delta_C$에서

$\dfrac{P(L-x)}{6EI} = 3 \times \dfrac{2Px}{3EI}$

$\dfrac{PL - Px}{6EI} = \dfrac{2Px}{EI}$

$12Px = PL - Px$

$\therefore x = \dfrac{L}{13}$

정답 16 ① 17 ④

18 다음 그림과 같이 동일한 재료로 만들어진 캔틸레버보 (a), (b), (c)에 같은 크기의 하중 P가 각각 작용하여 하중작용점에 수직변위 Δ_a, Δ_b, Δ_c가 발생한 경우 그 비율 ($\Delta_a : \Delta_b : \Delta_c$)은? (단, 보의 휨변형만을 고려하고 자중은 무시한다)

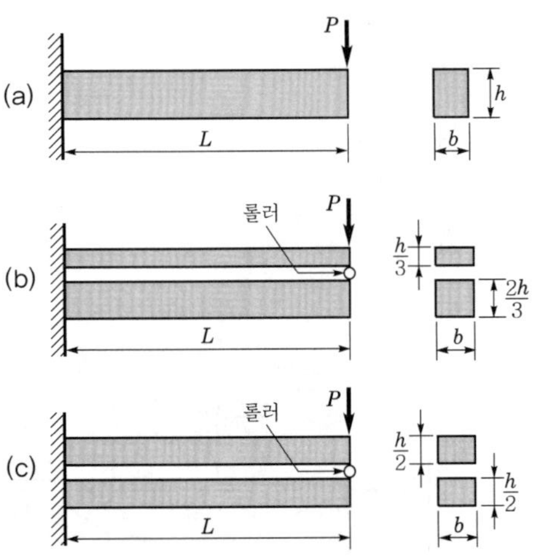

① 1 : 2 : 4

② 1 : 3 : 2

③ 1 : 3 : 4

④ 2 : 3 : 4

해설

$\Delta = \dfrac{PL^3}{3EI}$에서

$I_a = \dfrac{bh^3}{12} \propto h^3$

$I_b = \left(\dfrac{2}{3}h\right)^3 + \left(\dfrac{h}{3}\right)^3$

$= \dfrac{8h^3}{27} + \dfrac{h^3}{27}$

$= \dfrac{9h^3}{27} = \dfrac{h^3}{3}$

$I_c = \left(\dfrac{h}{2}\right)^3 \times 2 = \dfrac{h^3}{8} \times 2 = \dfrac{h^3}{4}$

$\therefore \Delta_a : \Delta_b : \Delta_c = \dfrac{1}{I_a} : \dfrac{1}{I_b} : \dfrac{1}{I_c} = 1 : 3 : 4$

19 다음 그림과 같이 크기가 100kN인 힘 F가 B점에서 C점방향으로 작용하고 있다. 힘 F에 의한 A점에서의 모멘트 M_A[kN · m]를 벡터로 표현하면? (단, i, j, k는 각각 x, y, z축에 대한 방향단위벡터이다.)

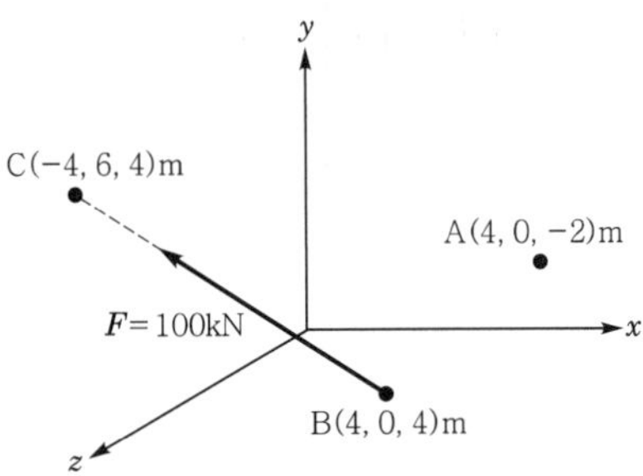

① $M_A = -360i - 480j$

② $M_A = -360i + 480k$

③ $M_A = -360i + 240k$

④ $M_A = -360i - 240j$

해설 B점 (4, 0, 4)에서 C점 (−4, 6, 4)를 향하는 벡터 $U_1 = (-4i+6j+4k)-(4i+0j+4k)$

$= -8i+6j$

단위벡터 $u_1 = \dfrac{1}{U_1}U_1$

$= \dfrac{1}{\sqrt{(-8)^2+6^2}} \times (-8i+6j)$

$= -\dfrac{8}{10}i + \dfrac{6}{10}j$

$F = 100 \times \left(-\dfrac{8}{10}i + \dfrac{6}{10}j\right)$

$= -80i+60j$

A점 (4, 0, −2)로부터 힘 F의 작용점 B(4, 0, 4)를 가리키는 벡터 $r_1 = 6k$

$\therefore M_A = r_1 F = \begin{bmatrix} i & j & k \\ 0 & 0 & 6 \\ -80 & 60 & 0 \end{bmatrix}$

$= \begin{bmatrix} 0 & 6 \\ 60 & 0 \end{bmatrix} i - \begin{bmatrix} 0 & 6 \\ -80 & 0 \end{bmatrix} j + \begin{bmatrix} 0 & 0 \\ -80 & 60 \end{bmatrix} k$

$= -360i - 480j$

정답 18 ③ 19 ①

20 다음 그림과 같이 두 개의 캔틸레버보를 스프링으로 연결한 구조에 하중 P가 작용하고 있다. C점의 수평변위크기는? (단, 모든 캔틸레버보의 휨강성은 EI이고, 스프링의 강성 k는 $\frac{6EI}{L^3}$이다.)

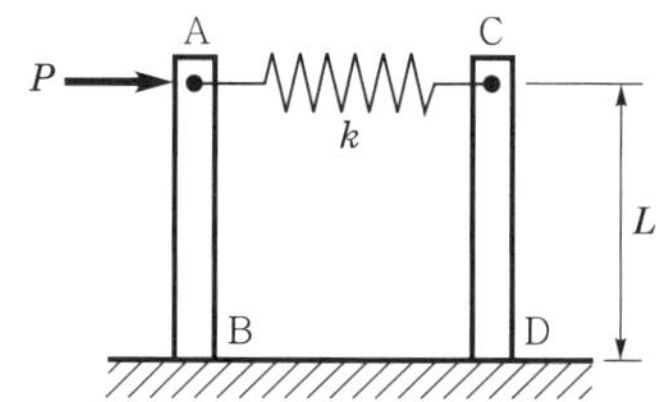

① $\frac{PL^3}{7EI}$ ② $\frac{2PL^3}{15EI}$

③ $\frac{2PL^3}{13EI}$ ④ $\frac{3PL^3}{13EI}$

해설 캔틸레버보의 강성 $k_{AB} = \frac{3EI}{L^3}$, $k_{CD} = \frac{3EI}{L^3}$

$$\frac{1}{k_1} = \frac{1}{k_{AB}} + \frac{1}{k_{CD}} = \frac{1}{\frac{3EI}{L^3}} + \frac{1}{\frac{3EI}{L^3}} = \frac{2L^3}{3EI}$$

$$k_1 = \frac{3EI}{2L^3}$$

$$\Sigma k = k_1 + k_s = \frac{3EI}{2L^3} + \frac{6EI}{L^3} = \frac{15EI}{2L^3}$$

$$\therefore \delta_C = \frac{P}{k} = \frac{2PL^3}{15EI}$$

정답 20 ②

과년도 출제문제(2018년 서울시 7급_3월 24일)

01 다음 그림과 같이 B점에 집중모멘트 M을 받고 휨강성 EI가 일정한 뼈대구조에서 발생하는 B점의 회전변위는?

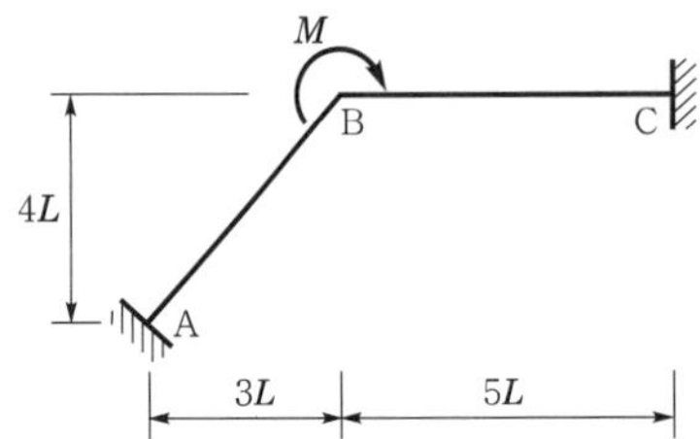

① $\dfrac{ML}{8EI}$

② $\dfrac{7ML}{8EI}$

③ $\dfrac{9ML}{8EI}$

④ $\dfrac{5ML}{8EI}$

해설 ㉠ 처짐각방정식에서 재단모멘트

$M_{AB}=2EK_{AB}(2\theta_A+\theta_B)$

$M_{BA}=2EK_{AB}(2\theta_B+\theta_A)$

$M_{BC}=2EK_{BC}(2\theta_B+\theta_C)$

$M_{CB}=2EK_{BC}(2\theta_C+\theta_B)$

㉡ 절점방정식

$\Sigma M_B=0$

$\theta_A=0,\ \theta_C=0,\ K_{AB}=\dfrac{I}{5L},\ K_{BC}=\dfrac{I}{5L}$

$M_{BA}+M_{BC}=M$

$(2EK_{AB}\times 2\theta_B)+(2EK_{BC}\times 2\theta_B)=M$

$4EK_{AB}\theta_B+4EK_{BC}\theta_B=M$

$\theta_B(4EK_{AB}+4EK_{BC})=M$

$\therefore\ \theta_B=\dfrac{M}{4E\times\dfrac{I}{5L}+4E\times\dfrac{I}{5L}}$

$=\dfrac{M}{\dfrac{4EI+4EI}{5L}}=\dfrac{5ML}{8EI}$

02 다음 그림과 같이 모든 부재의 휨강성 EI가 일정한 3경간 연속보에서 B점과 C점의 지점 침하가 각각 Δ_B, Δ_C 발생하였을 때 B점의 휨모멘트는?

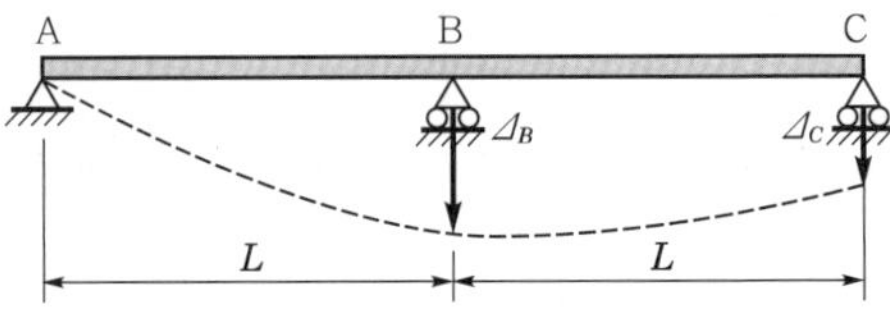

① $\dfrac{EI(2\Delta_B-\Delta_C)}{2L^2}$

② $\dfrac{EI(2\Delta_B-\Delta_C)}{L^2}$

③ $\dfrac{2EI(2\Delta_B-\Delta_C)}{L^2}$

④ $\dfrac{3EI(2\Delta_B-\Delta_C)}{2L^2}$

해설 3연모멘트법을 이용하면

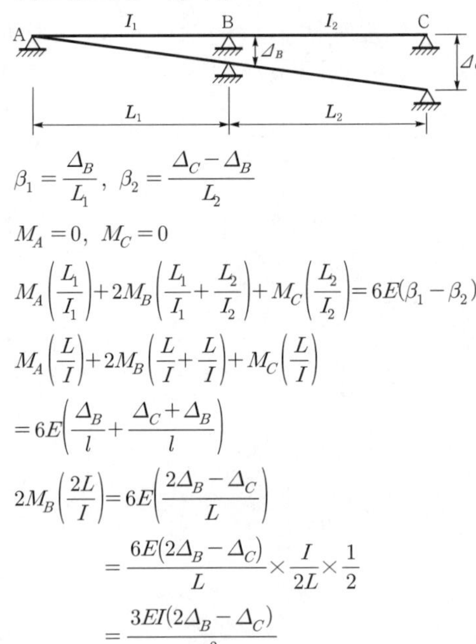

$\beta_1=\dfrac{\Delta_B}{L_1},\ \beta_2=\dfrac{\Delta_C-\Delta_B}{L_2}$

$M_A=0,\ M_C=0$

$M_A\left(\dfrac{L_1}{I_1}\right)+2M_B\left(\dfrac{L_1}{I_1}+\dfrac{L_2}{I_2}\right)+M_C\left(\dfrac{L_2}{I_2}\right)=6E(\beta_1-\beta_2)$

$M_A\left(\dfrac{L}{I}\right)+2M_B\left(\dfrac{L}{I}+\dfrac{L}{I}\right)+M_C\left(\dfrac{L}{I}\right)$

$=6E\left(\dfrac{\Delta_B}{l}+\dfrac{\Delta_C+\Delta_B}{l}\right)$

$2M_B\left(\dfrac{2L}{I}\right)=6E\left(\dfrac{2\Delta_B-\Delta_C}{L}\right)$

$=\dfrac{6E(2\Delta_B-\Delta_C)}{L}\times\dfrac{I}{2L}\times\dfrac{1}{2}$

$=\dfrac{3EI(2\Delta_B-\Delta_C)}{2L^2}$

정답 01 ④ 02 ④

03 다음 그림과 같이 휨강성 EI가 일정하고 길이가 L인 단순보의 양단에 휨모멘트가 그림과 같이 재하될 때 지점 A에서의 처짐각은?

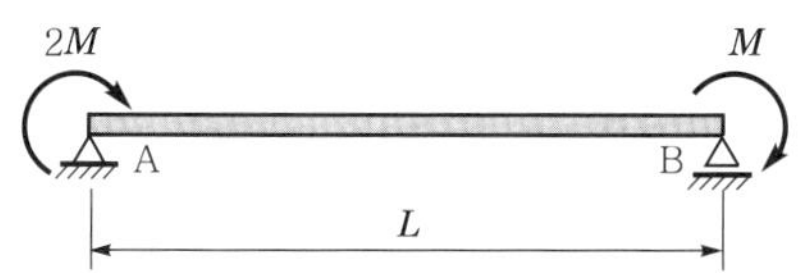

① $\dfrac{ML}{2EI}$　② $\dfrac{ML}{3EI}$

③ $\dfrac{ML}{4EI}$　④ $\dfrac{ML}{5EI}$

해설

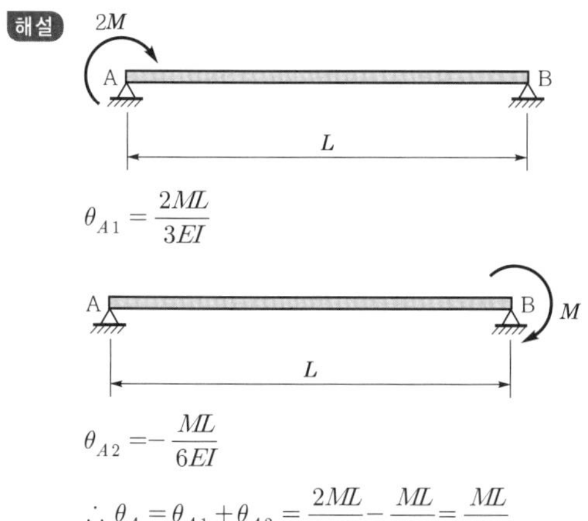

$\theta_{A1} = \dfrac{2ML}{3EI}$

$\theta_{A2} = -\dfrac{ML}{6EI}$

$\therefore \theta_A = \theta_{A1} + \theta_{A2} = \dfrac{2ML}{3EI} - \dfrac{ML}{6EI} = \dfrac{ML}{2EI}$

04 다음 그림과 같이 단순보의 단면이 직사각형이고 허용인장응력 $\sigma_{allow} = 2\text{MPa}$일 때 필요한 최소 단면계수의 값은?

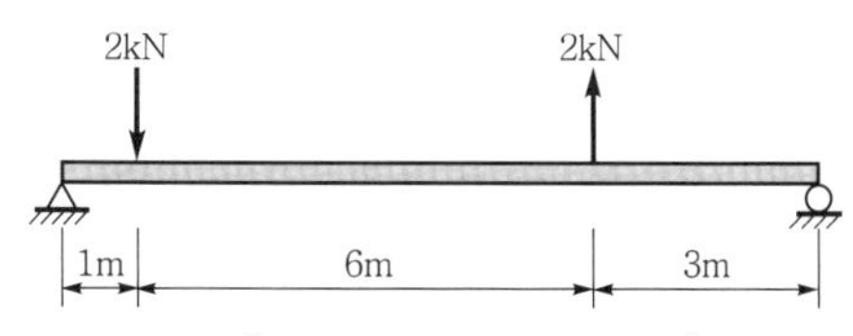

① $1,800\text{cm}^3$　② $2,000\text{cm}^3$

③ $2,400\text{cm}^3$　④ $3,600\text{cm}^3$

해설

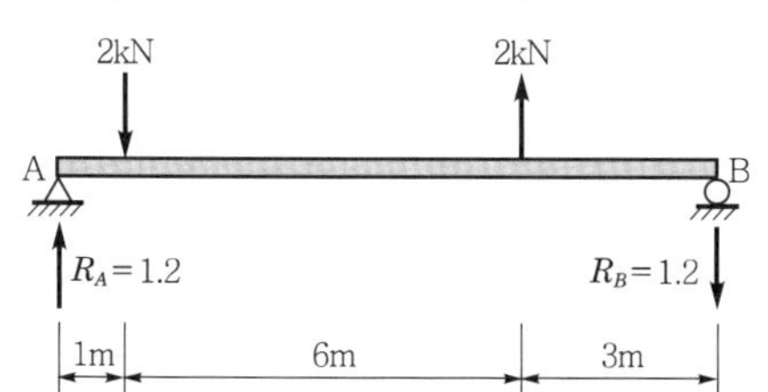

$\Sigma M_B = 0$

$(R_A \times 10) - (2 \times 9) + (2 \times 3) = 0$

$\therefore R_A = \dfrac{12}{10} = 1.2\text{kN}$

$M_{max} = 1.2 \times 3 = 3.6\text{kN}\cdot\text{m}$

$\sigma_{allow} = 2\text{MPa} = 2 \times 10^6 \text{N/m}^2$

$\sigma = \dfrac{M}{Z}$에서

$\therefore Z = \dfrac{M}{\sigma} = \dfrac{3.6 \times 10^3}{2 \times 10^6} = 1,800\text{cm}^3$

05 다음 그림과 같이 단순지지된 보의 끝단에 하중 $P = 10\text{kN}$이 작용하고 있을 때 $x = 5\text{m}$ 지점의 수직변위는? (단, $EI = 5,000\text{kN}\cdot\text{m}^2$이다.)

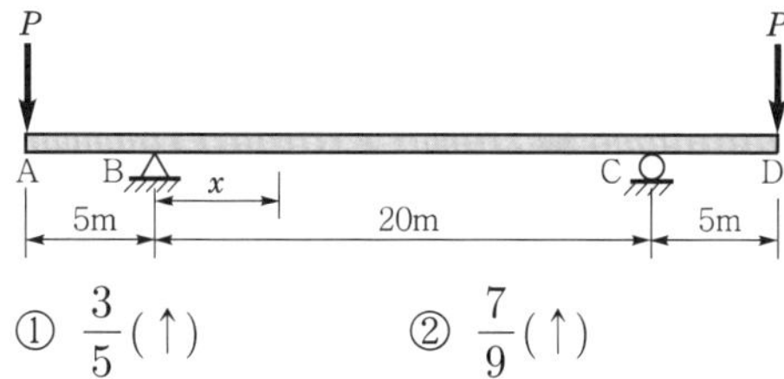

① $\dfrac{3}{5}(\uparrow)$　② $\dfrac{7}{9}(\uparrow)$

③ $\dfrac{5}{8}(\uparrow)$　④ $\dfrac{3}{8}(\uparrow)$

해설

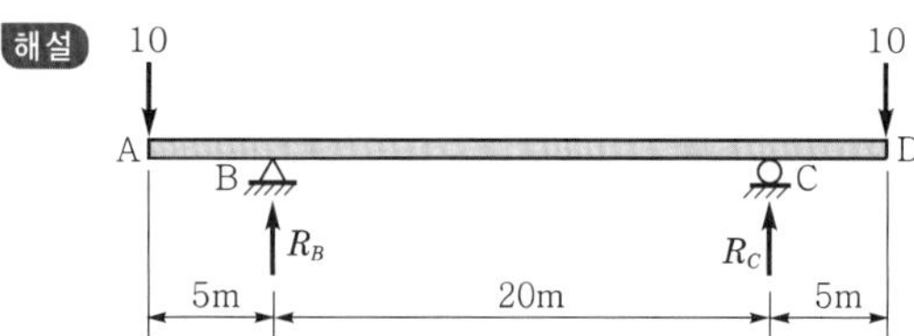

$\Sigma M_C = 0$

$-(10 \times 25) + (R_B \times 20) + (10 \times 5) = 0$

$\therefore R_B = 10\text{kN}$

$\Sigma V = 0$

$10 + 10 - R_B - R_C = 0$

$\therefore R_C = 10\text{kN}$

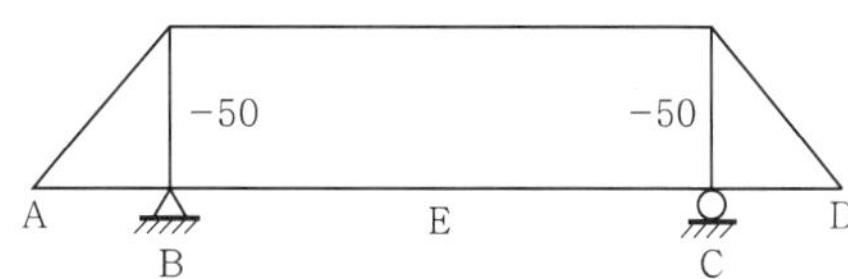

$M_B = -(10 \times 5) = -50\text{kN}\cdot\text{m}$

$M_E = -(10 \times 15) + (10 \times 10) = -50\text{kN}\cdot\text{m}$

$M_C = -(10 \times 5) = -50\text{kN}\cdot\text{m}$

공액보법으로 처짐을 구하면

정답 03 ① 04 ① 05 ④

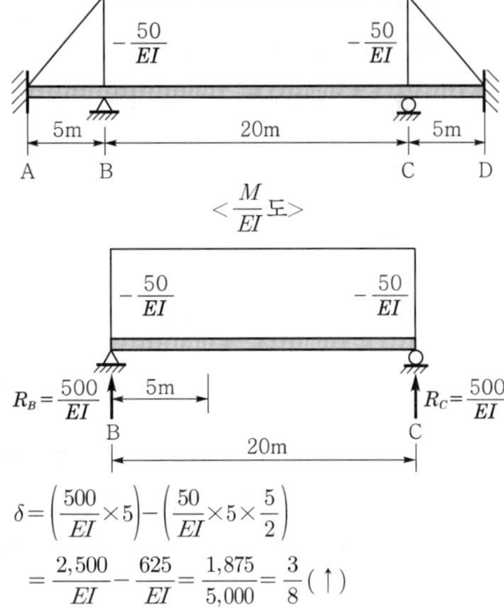

$$\delta=\left(\frac{500}{EI}\times5\right)-\left(\frac{50}{EI}\times5\times\frac{5}{2}\right)$$

$$=\frac{2,500}{EI}-\frac{625}{EI}=\frac{1,875}{5,000}=\frac{3}{8}(\uparrow)$$

06 다음 그림과 같이 길이가 L이고 휨강성이 EI인 외팔보의 자유단에 스프링상수 k인 스프링이 설치되어 있다. 선형분포하중 w에 의하여 발생하는 B점의 수직처짐은?

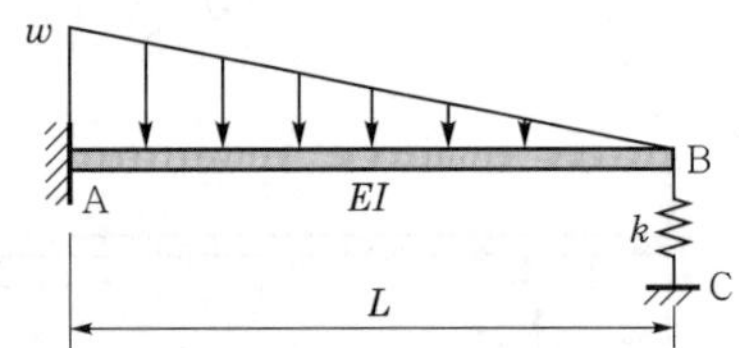

① $\dfrac{wL^4}{30EI+7kL^3}$ ② $\dfrac{wL^4}{30EI+8kL^3}$

③ $\dfrac{wL^4}{30EI+9kL^3}$ ④ $\dfrac{wL^4}{30EI+10kL^3}$

해설 보의 강성 $k_b=\dfrac{3EI}{L^3}$, $\delta=\dfrac{wL^4}{30EI}$

$$\delta_B=\left(\frac{k_b}{k_b+k_s}\right)\delta=\frac{\frac{3EI}{L^3}}{\frac{3EI}{L^3}+k}\times\frac{wL^4}{30EI}$$

$$=\frac{\frac{3EI}{L^3}}{\frac{3EI+L^3k}{L^3}}\times\frac{wL^4}{30EI}=\frac{3EIL^3}{L^3(3EI+L^3k)}\times\frac{wL^4}{30EI}$$

$$=\frac{wL^4}{30EI+10kL^3}$$

07 다음 그림과 같이 A지점에서 얇은 벽에 고정된 외팔보의 다른 끝단(자유단) B지점에 집중모멘트 M을 가하여 0부터 증가시켰더니 어느 시점에 B점과 A점이 만나면서 원이 되었다. 이 원의 지름에 가장 가까운 값은? (단, 영탄성계수 E와 단면 2차 모멘트 I는 일정하며, 선형보이론이 유효하다고 가정한다.)

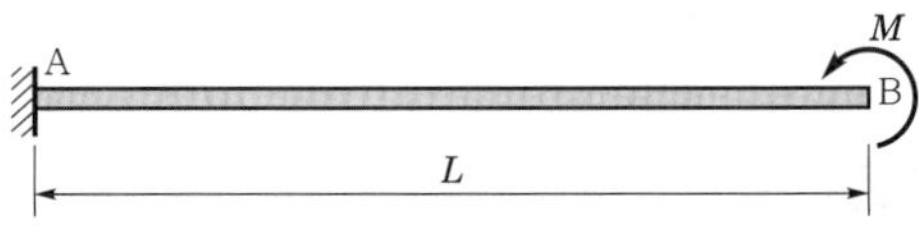

① $\dfrac{4EI}{M}$ ② $\dfrac{\pi EI}{M}$

③ $\dfrac{2EI}{M}$ ④ $\dfrac{EI}{M}$

해설 곡률과 휨모멘트의 관계에서

$$\frac{1}{R}=\frac{M}{EI}$$

$$\therefore R=\frac{EI}{M}$$

$$\therefore D=2R=2\times\frac{EI}{M}=\frac{2EI}{M}$$

08 직접강성도법(Direct Stiffness Method)에 대한 설명으로 가장 옳지 않은 것은?

① 강성매트릭스의 n번째 세로열(column)의 합은 항상 0이다.

② 매트릭스구조 해석의 대표적인 방법이며, 상대적으로 변위법보다 컴퓨터프로그래밍에 활용하기 쉽다.

③ 강성매트릭스의 왼쪽 상단과 오른쪽 하단을 잇는 대각선행렬항은 항상 0보다 큰 양수이다.

④ 강성매트릭스의 (m, n)항과 (n, m)항은 항상 동일한 값을 가진다.

정답 06 ④ 07 ③ 08 ①

09 다음 그림과 같이 3개의 내부힌지가 있는 뼈대구조의 정역학적 부정정차수는?

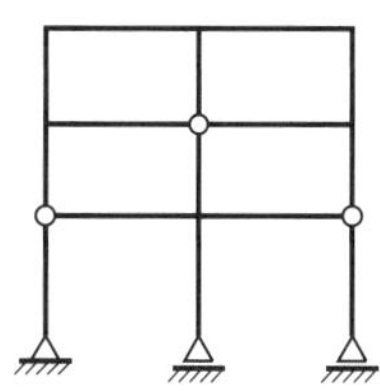

① 6　　② 7
③ 8　　④ 9

해설 반력수 $R=2+1+1=4$
부재수 $m=15$
강절점수 $S=11$
절점수(지점포함) $k=12$
$\therefore n=R+m+S-2k=4+15+11-(2\times12)=6$

10 다음 그림과 같이 삼각형 분포하중과 모멘트하중 Q가 평형을 이루고 있는 구조물의 단면에서 최대 수직응력은? (단, 단면은 직사각형이며, 폭(b)은 60mm, 높이(h)는 100mm이다.)

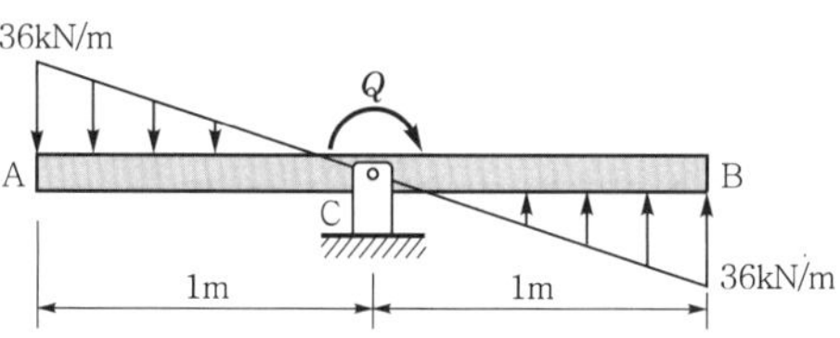

① 100MPa　　② 120MPa
③ 160MPa　　④ 180MPa

해설

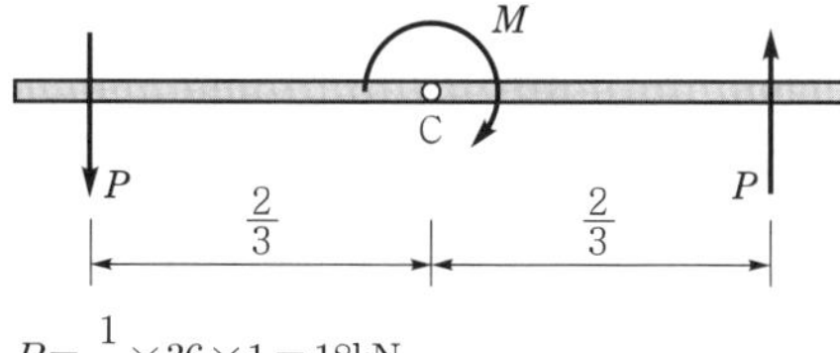

$P=\frac{1}{2}\times36\times1=18\text{kN}$

절점 C에 대한 휨모멘트$=18\times\frac{2}{3}=12\text{kN}\cdot\text{m}$

$Z=\frac{bh^2}{6}=\frac{0.06\times0.1^2}{6}=1\times10^{-4}\text{m}^3$

$\therefore\ \sigma=\frac{M}{Z}=\frac{12\times10^3}{1\times10^{-4}\times10^6}=120\text{MPa}$

11 다음 그림과 같은 트러스구조물에서 모든 부재의 축력을 더한 값은? (단, 모든 부재의 단면적과 탄성계수는 각각 A와 E로 동일하다.)

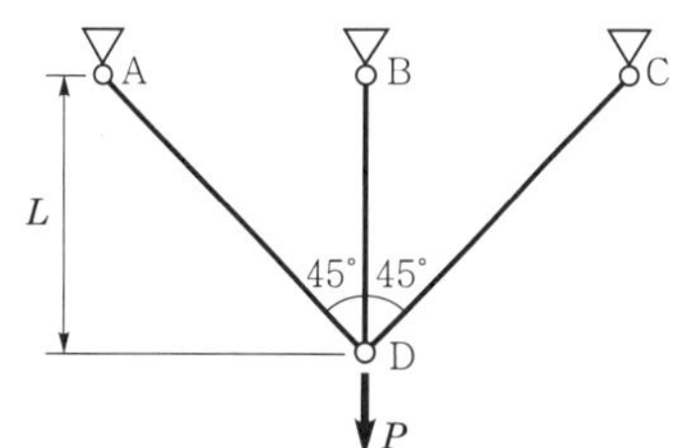

① $\frac{6P}{2+\sqrt{2}}$　　② $\frac{4P}{2+\sqrt{2}}$

③ $\frac{2P}{2+\sqrt{2}}$　　④ $\frac{P}{2+\sqrt{2}}$

해설

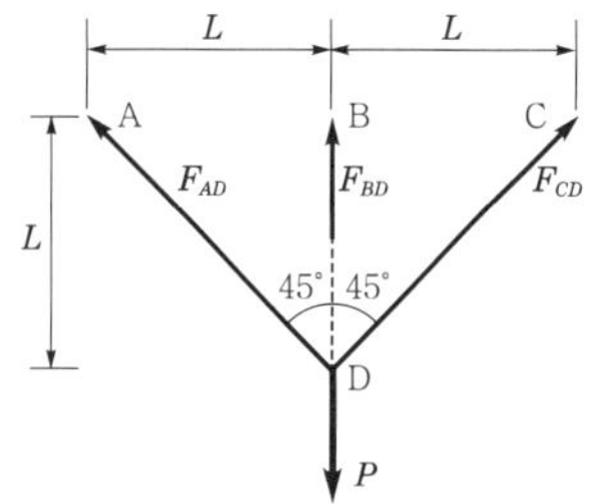

절점 D에서 $\Sigma V=0$, 대칭구조 $F_{AD}=F_{CD}$

$\frac{1}{\sqrt{2}}F_{AD}+F_{BD}+\frac{1}{\sqrt{2}}F_{CD}=P$

$\frac{2}{\sqrt{2}}F_{AD}+F_{BD}=P$ .... ㉠

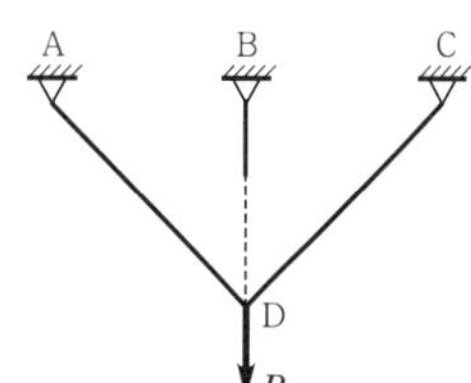

P에 의한 D점의 처짐 $\delta_1=\frac{PL}{2EA\cos^3 45}(\downarrow)$ .... ㉡

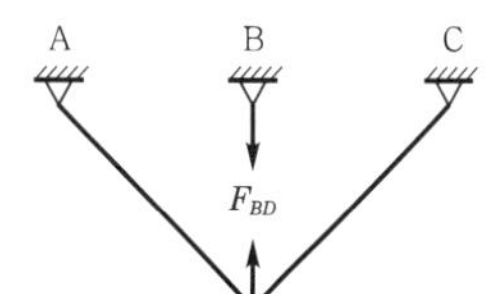

F_{BD}에 의한 D점의 처짐 $\delta_2=\frac{F_{BD}L}{2EA\cos^3 45}(\uparrow)$ ... ㉢

변위적합조건식 $\delta_1-\delta_2=\frac{F_{BD}L}{EA}$

정답 09 ① 10 ② 11 ②

$$F_{BD}=\frac{P}{1+2\times\cos^3 45}$$

$$F_{AD}=\frac{P\cos^2 45}{1+2\times\cos^3 45}$$

$$\therefore \frac{P}{1+2\times\left(\frac{1}{\sqrt{2}}\right)^3}+2\times\frac{P\times\left(\frac{1}{\sqrt{2}}\right)^2}{1+2\times\left(\frac{1}{\sqrt{2}}\right)^3}$$

$$=\frac{P+2P\times\left(\frac{1}{\sqrt{2}}\right)^2}{1+2\times\left(\frac{1}{\sqrt{2}}\right)^3}$$

$$=\frac{4P}{2+\sqrt{2}}$$

12 다음 그림과 같이 폭 $W=50\text{mm}$, 두께 $t=2\text{mm}$인 시편을 탄성구간범위 내에서 인장시험하였다. 인장하중 $P=4.8\text{kN}$을 작용하였을 때 게이지길이 $L=100\text{mm}$ 이내에서 측정된 길이방향 인장량은 0.5mm, 폭방향 수축량은 0.05mm였다. 이 시편의 전단계수는? (단, 탄성계수 E는 일정하다.)

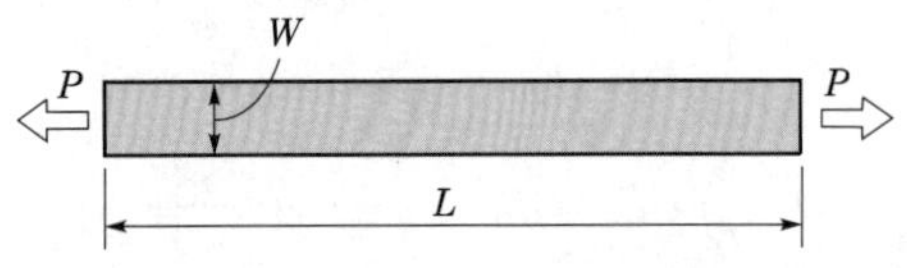

① 9.6GPa ② 5.2GPa
③ 4.0GPa ④ 3.6GPa

해설 $\sigma=E\varepsilon$에서

$$\sigma=\frac{P}{A}=\frac{4.8\times10^3}{50\times2}=48\text{N/mm}^2$$

$$\varepsilon=\frac{0.5}{100}=5\times10^{-3}$$

$$E=\frac{\sigma}{\varepsilon}=\frac{48}{5\times10^{-3}}=9{,}600\text{N/mm}^2$$

$$\nu=\frac{\varepsilon d}{\varepsilon L}=\frac{L\Delta d}{d\Delta L}=\frac{100\times0.05}{50\times0.5}=0.2$$

$$\therefore G=\frac{E}{2(1+\nu)}=\frac{9{,}600}{2\times(1+0.2)}$$

$$=4{,}000\text{N/mm}^2=4\text{GPa}$$

13 다음 그림과 같은 보에서 B점의 곡률반경은? (단, 보의 영탄성계수 E와 단면 2차 모멘트 I는 일정하다.)

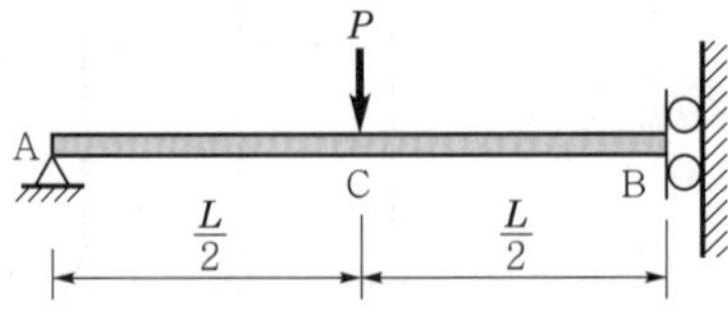

① $\frac{EI}{PL}$ ② $\frac{2EI}{PL}$
③ $\frac{3.5EI}{PL}$ ④ $\frac{4EI}{PL}$

해설 $M_B=\frac{PL}{2}$

$$\frac{1}{R}=\frac{M_B}{EI}$$

$$\therefore R=\frac{EI}{M_B}=EI\times\frac{2}{PL}=\frac{2EI}{PL}$$

14 다음 그림과 같이 4개의 회전스프링으로 연결된 L형 골조구조물에서 A점과 B점에 동일한 하중 P가 작용하고 있다. 이때 구조물에 작용할 수 있는 최대 하중 P는? (단, 회전스프링상수 $k=10\text{kN}\cdot\text{m/rad}$이고, 변형은 미소변형상태로 가정한다.)

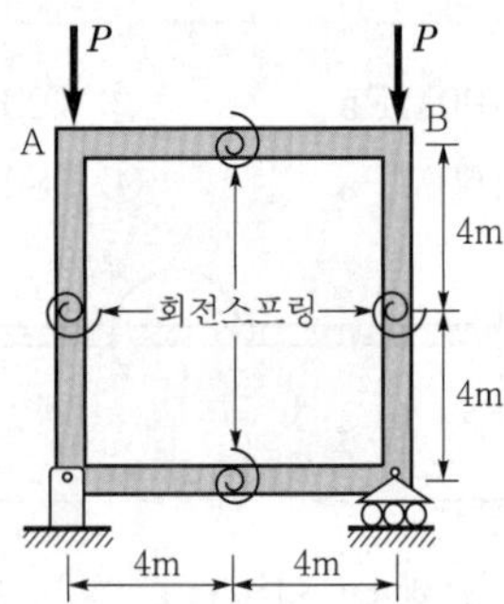

① 20kN ② 15kN
③ 10kN ④ 5kN

정답 12 ③ 13 ② 14 ③

해설

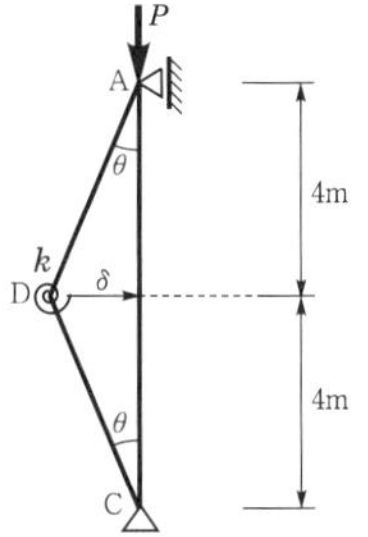

회전스프링모멘트 $M=2k\theta$

$\Sigma M_D = 0$

$M_D - P_{cr}\delta = 0$

$2k\theta - P_{cr}\left(\frac{L}{2}\theta\right) = 0$

$\therefore P_{cr} = \frac{4k}{L} = \frac{4\times 10}{8} = 5\text{kN}$

$\therefore P_{\max} = 5\times 2 = 10\text{kN}$

15 다음 그림과 같이 외경(d)이 1m이고 두께(t)가 10mm인 원형 강관 내부에 $p=10\text{MPa}$의 압력이 균일하게 작용할 때 강관의 원주방향으로 발생하는 수직응력의 크기는?

① 490MPa
② 590MPa
③ 690MPa
④ 790MPa

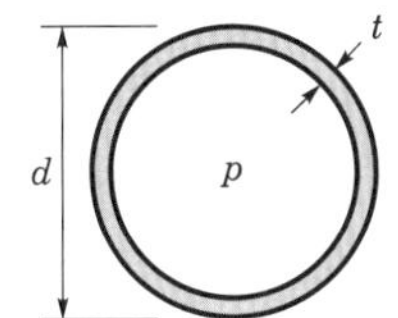

해설 $\sigma_l = \frac{pd}{2t} = \frac{10\times 980}{2\times 10} = 490\text{MPa}$

16 다음 그림과 같이 강체인 AB부재에서 스프링상수 $k=2\text{kN/m}$일 때 부재에 작용할 수 있는 최대 축력 P는? (단, 변형은 미소변형 상태로 가정한다.)

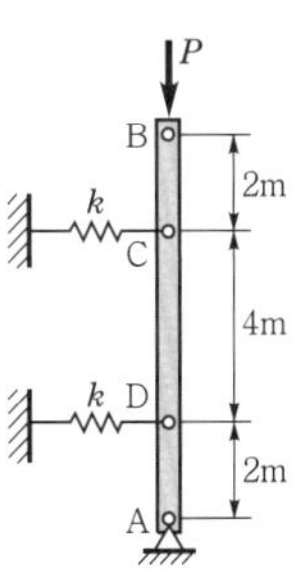

① 25kN ② 20kN
③ 15kN ④ 10kN

해설

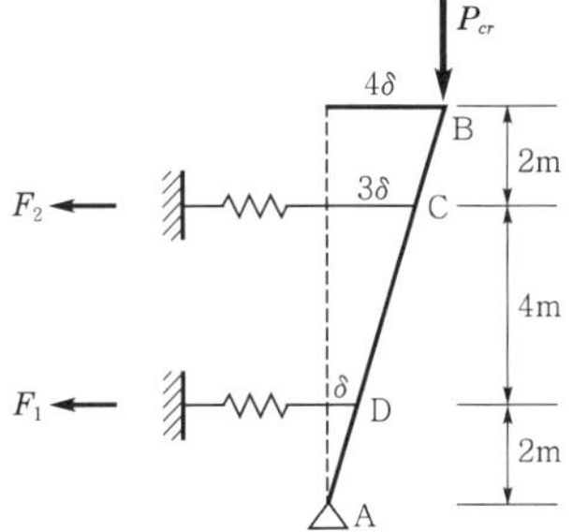

$\Sigma M_A = 0$

$P_{cr}\times 4\delta = (F_1\times 2) + (F_2\times 6)$

$= (2\times\delta\times 2) + (2\times 3\delta\times 6)$

$= 4\delta + 36\delta = 40\delta$

$\therefore P_{cr} = \frac{40\delta}{4\delta} = 10\text{kN}$

17 다음 그림과 같은 내민보 ABC의 높이(h)는 100mm이다. 좌측 지점은 전단해제지점이며, 우측은 롤러로 구성되어 있다. 보 상단의 온도 $T_1 = 0$℃이고, 보 하단의 온도 $T_2 = 50$℃일 때 B지점의 회전각은? (단, 보를 구성하는 재료의 열팽창계수 $\alpha = 20\times 10^{-6}$/℃이다.)

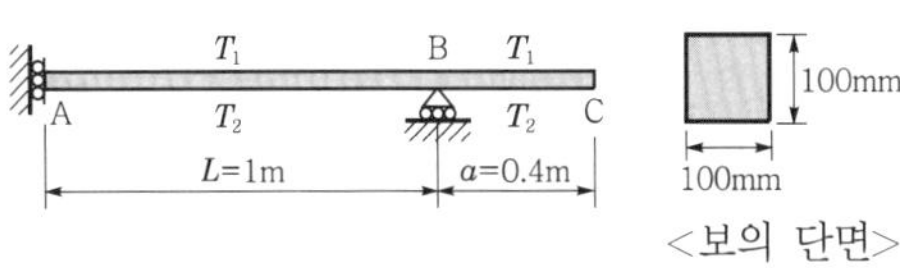

<보의 단면>

① 0.03rad
② 0.01rad
③ 0.04rad
④ 0.02rad

해설 c를 도심에서 연단까지의 거리라고 하고, ΔT_m을 상·하단 평균온도라고 하면

$d\theta = \frac{\alpha\Delta T_m d_x}{c} = \frac{20\times 10^{-6}\times 25\times d_x}{50} = 1\times 10^{-5}d_x$

$L = 1{,}000\text{mm}$를 적용하면

$\theta = 1\times 10^{-5}\times 1{,}000 = 0.01\text{rad}$

정답 15 ① 16 ④ 17 ②

18 다음 그림과 같이 단순보의 상부에서 10℃의 온도 상승이 있은 후 온도 상승에 따라 보가 휘어진 상태에서 양단에 집중모멘트를 가하여 양단의 회전이 0이 되게 하였을 때 가장 옳은 설명은? (단, 이 보는 선형탄성이고 선형열팽창을 하며, 단면의 모양은 직사각형이다.)

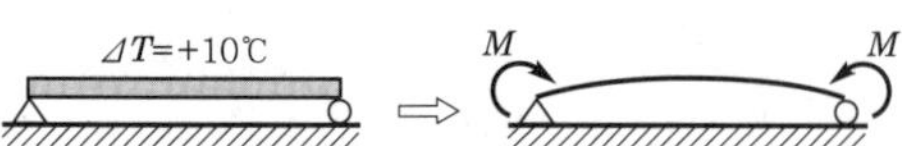

① 보의 양단은 수평이며, 가운데는 아래로 볼록하게 된다.

② 보의 양단은 수평이며, 가운데는 위로 볼록하게 된다.

③ 보의 전체가 수평이 된다.

④ 보의 양단이 수평이며, 중앙에서 한 번의 변곡점이 생긴다.

해설 온도 상승에 따른 곡단부 발생모멘트$\left(M=\dfrac{\Delta T\alpha}{h}\right)$와 양단 집중모멘트가 상쇄되므로 수평을 이루게 된다.

19 다음 그림과 같은 정사각형 단주의 상단 A점에 압축력 600kN이 작용할 때 단주의 하단 B점에 발생하는 압축응력의 값은?

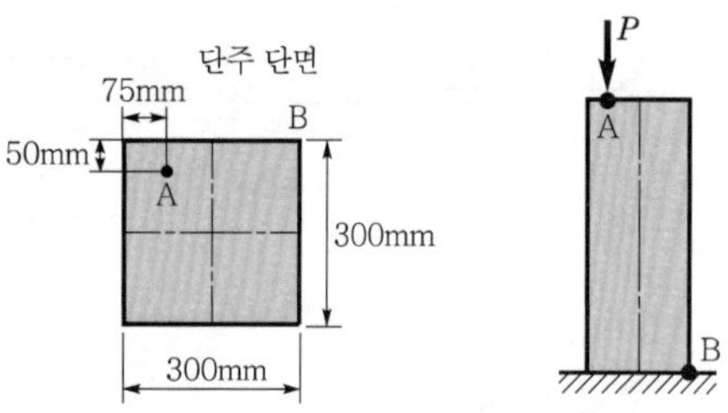

① 30MPa

② 20MPa

③ 10MPa

④ 5MPa

해설

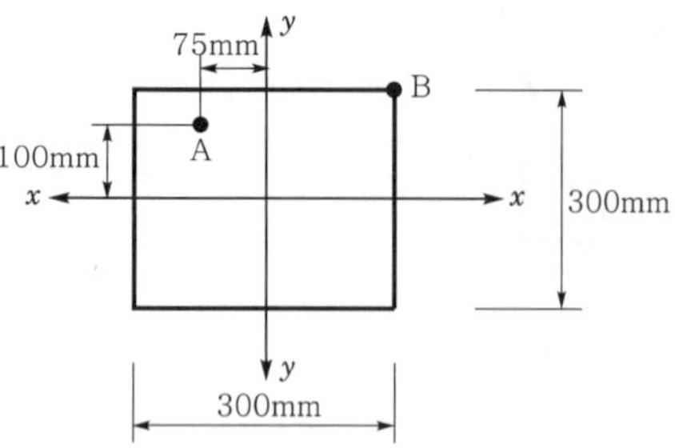

$A = 300 \times 300 = 90,000 = 9 \times 10^4 \text{mm}^2$

$I_x = \dfrac{300 \times 300^3}{12} = 6.75 \times 10^8 \text{mm}^4$

$I_y = 6.75 \times 10^8 \text{mm}^4$

$$\therefore \sigma_B = \frac{P}{A} + \frac{Pe_y}{I_x} y - \frac{Pe_x}{I_y} x$$

$$= \frac{600 \times 10^3}{9 \times 10^4} + \frac{600 \times 10^3 \times 100 \times 150}{6.75 \times 10^8} - \frac{600 \times 10^3 \times 75 \times 150}{6.75 \times 10^8}$$

$= 6.667 + 13.33 - 10$

$= 10\text{MPa}$

20 다음 그림과 같은 단순보의 C지점에 집중모멘트 M_C가 걸려있을 때 전체 보에 저장된 굽힘에너지의 값은? (단, 보의 물성은 선형탄성을 가정하고 영탄성계수 E, 단면 2차 모멘트 I는 일정하다고 가정한다.)

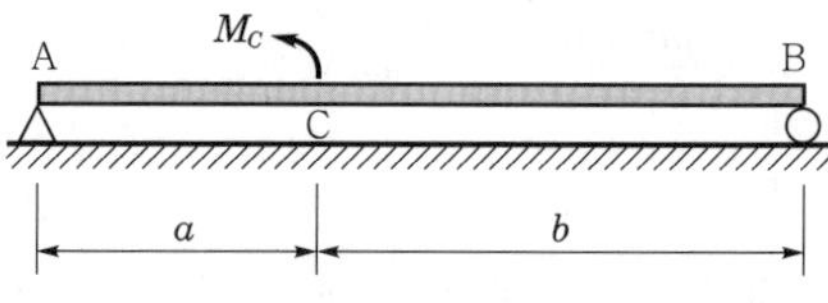

① $\dfrac{1}{3EI}\left(\dfrac{M_C}{a+b}\right)^2(a^3+b^3)$

② $\dfrac{1}{6EI}\left(\dfrac{M_C}{a+b}\right)^2(a^3+b^3)$

③ $\dfrac{1}{12EI}\left(\dfrac{M_C}{a+b}\right)^2(a^3+b^3)$

④ $\dfrac{1}{24EI}\left(\dfrac{M_C}{a+b}\right)^2(a^3+b^3)$

정답 18 ③ 19 ③ 20 ②

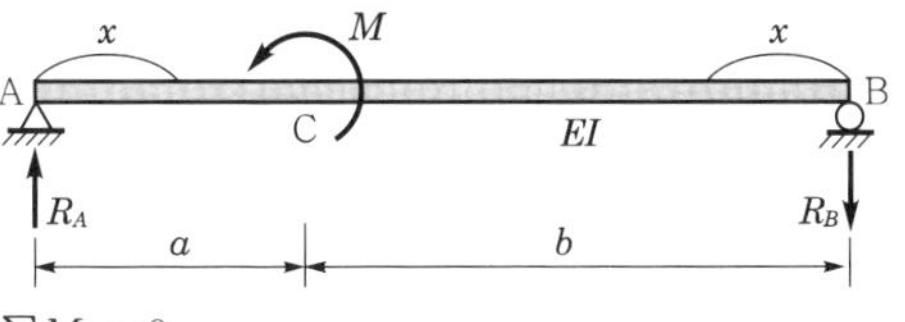

$\sum M_B = 0$

$R_A(a+b) - M = 0$

$\therefore R_A = \dfrac{M}{a+b}$

부재	M_x	구간	원점
AC	$\dfrac{Mx}{a+b}$	$0<x<a$	A
BC	$\dfrac{Mx}{a+b}$	$0<x<b$	B

굽힘에너지 $U = \displaystyle\int \frac{M_x^2}{2EI}dx$

$$= \frac{1}{2EI}\int_0^a \left(\frac{M}{a+b}x\right)^2 dx + \frac{1}{2EI}\int_0^b \left(\frac{M}{a+b}x\right)^2 dx$$

$$= \frac{1}{2EI}\left(\frac{M}{a+b}\right)^2 \left[\frac{1}{3}x^3\right]_0^a + \frac{1}{2EI}\left(\frac{M}{a+b}\right)^2 \left[\frac{1}{3}x^3\right]_0^b$$

$$= \frac{1}{2EI}\left(\frac{M}{a+b}\right)^2 \frac{a^3}{3} + \frac{1}{2EI}\left(\frac{M}{a+b}\right)^2 \frac{b^3}{3}$$

$$= \frac{1}{6EI}\left(\frac{M}{a+b}\right)^2 (a^3 + b^3)$$

과년도 출제문제(2018년 서울시 7급_6월 23일)

01 다음 그림과 같이 한쪽은 고정되어 있고, 타단은 강체(rigid body)에 핀으로 연결되어 있는 두 개의 보가 있다. 강체는 벽면을 타고 움직일 수 있으며 강체의 무게를 W라 할 때 두 개의 보가 갖는 스프링강성도는? (단, EI는 휨강성이다.)

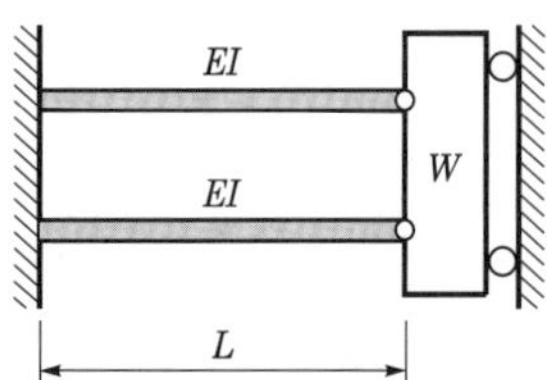

① $\dfrac{6EI}{L^3}$

② $\dfrac{3EI}{L^3}$

③ $\dfrac{3EI}{2L^3}$

④ $\dfrac{2EI}{3L^3}$

해설 두 개의 보가 병렬연결되어 있으므로

$$\frac{3EI}{L^3}+\frac{3EI}{L^3}=\frac{6EI}{L^3}$$

02 다음 그림의 트러스에서 A점의 수직처짐량은? (단, 모든 부재의 탄성계수, 단면적은 각각 E[kN/m²], A[m²]로 동일하다.)

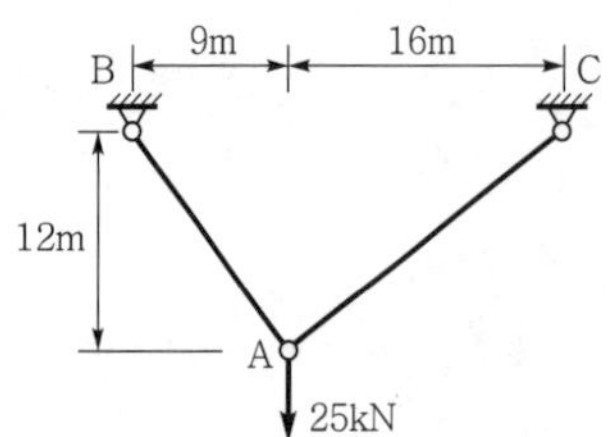

① $\dfrac{320}{EA}$ ② $\dfrac{360}{EA}$

③ $\dfrac{400}{EA}$ ④ $\dfrac{420}{EA}$

해설

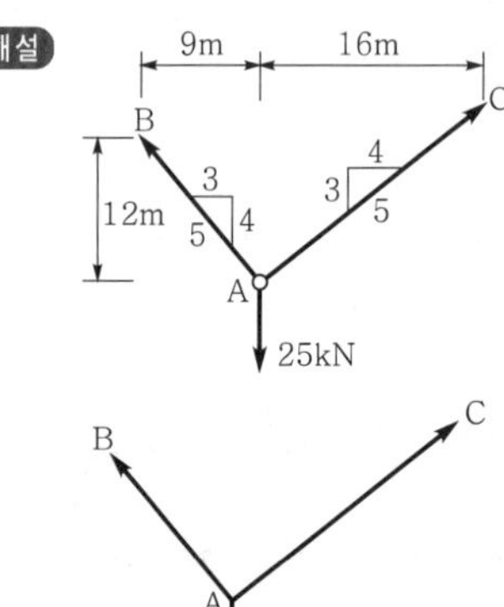

절점 A에서 $\Sigma V=0$

$\frac{4}{5}F_{AD}+\frac{3}{5}F_{AC}-25=0$ ………………………… ㉠

$\Sigma H=0$

$-F_{AB}\times\frac{3}{5}+F_{AC}\times\frac{4}{5}=0$

$\therefore F_{AB}=F_{AC}\times\frac{4}{5}\times\frac{5}{3}=\frac{4}{3}F_{AC}$ ………………… ㉡

식 ㉡을 ㉠에 대입하면

$F_{AC}\times\frac{4}{3}\times\frac{4}{5}+F_{AC}\times\frac{3}{5}=25$

$F_{AC}\times\frac{16}{15}+F_{AC}\times\frac{3}{5}=25$

$\therefore F_{AC}=25\times\frac{15}{25}=15\text{kN}$

$F_{AB}=15\times\frac{4}{3}=20\text{kN}$

$\Delta=\Sigma\frac{FfL}{EA}=\frac{420}{EA}$

부재	L	F	f	FfL
AB	15	20	0.8	240
AC	20	15	0.6	180
합계				420

정답 01 ① 02 ④

03 다음 그림의 점선의 휨모멘트가 나타나는 구조물로 가장 옳은 것은?

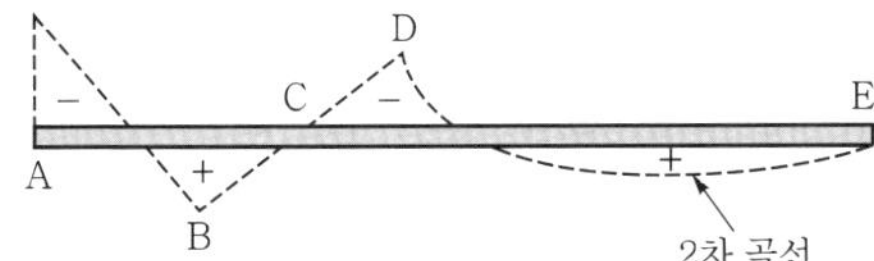

①

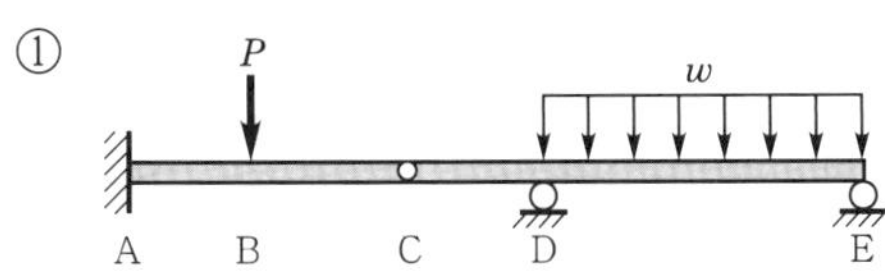

②

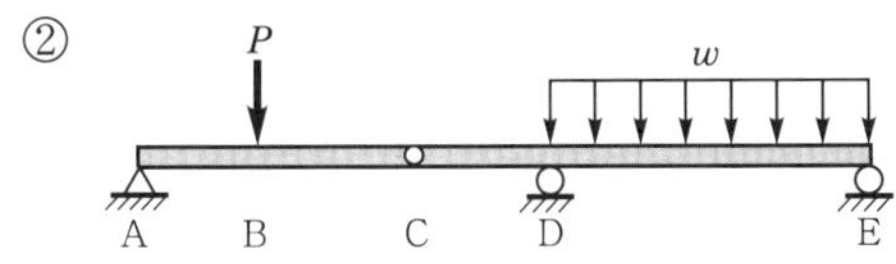

③

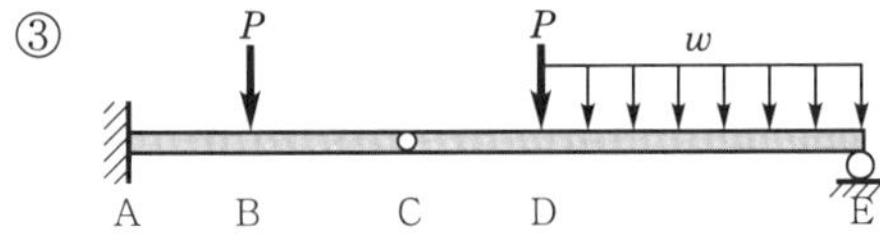

④

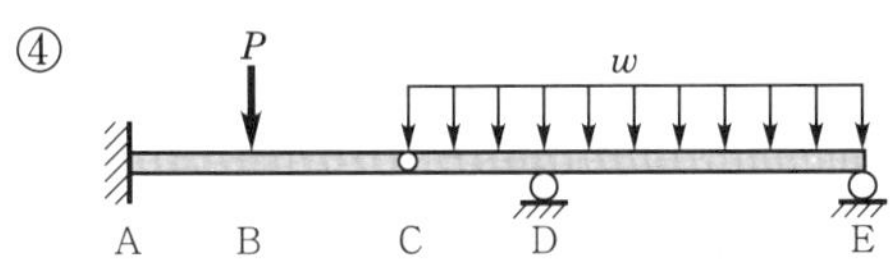

해설 A점에서 부모멘트가 발생하므로 고정단, C점 휨모멘트가 "0"이므로 힌지, CD구간이 부모멘트구간으로 캔틸레버이다.

04 길이가 L인 단순보의 휨모멘트선도가 다음 그림과 같을 때 지점으로부터 $\frac{L}{4}$ 점의 처짐의 크기는? (단, EI는 일정하다.)

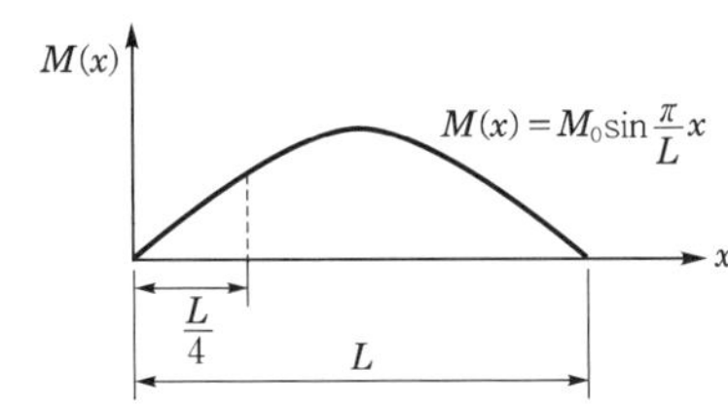

① $\frac{\sqrt{2}M_0L^2}{EI\pi^2}$ ② $\frac{\sqrt{2}M_0L^2}{2EI\pi^2}$

③ $\frac{M_0L^2}{EI\pi^2}$ ④ $\frac{2M_0L^2}{EI\pi^2}$

해설

$$\frac{dy^2}{dx^2}=-\frac{M_x}{EI}=-\frac{M_0\sin\frac{\pi}{L}x}{EI}$$

$$\theta=\frac{dy}{dx}=\int\frac{d^2y}{dx^2}dx=\int-\frac{M_0\sin\frac{\pi}{L}x}{EI}dx$$

$$=-\frac{1}{EI}\int M_0\sin\frac{\pi}{L}xdx=-\frac{M_0}{EI}\left(-\frac{L}{\pi}\cos\frac{\pi}{L}x+c_1\right)$$

$$y=\int\frac{dy}{dx}=\int-\frac{M_0}{EI}\left(-\frac{L}{\pi}\cos\frac{\pi}{L}x+c_1\right)$$

$$=\frac{M_0}{EI}\frac{L}{\pi}\int\cos\frac{\pi}{L}x+c_1dx$$

$$=\frac{M_0L^2}{EI\pi}\left(\frac{L}{\pi}\cos\frac{\pi}{L}x+c_1x+c_2\right)\ \cdots\cdots\ ㉠$$

$x=0\rightarrow y=0$

$c_2=0\ \cdots\cdots\ ㉡$

$x=L\rightarrow y=0$

$$\frac{M_0L^2}{EI\pi}\left(\frac{L}{\pi}\cos\pi+c_1L\right)=0$$

$$c_1=\frac{L}{\pi}\cos\pi\times\frac{1}{L}=\frac{\cos\pi}{\pi}\ \cdots\cdots\ ㉢$$

식 ㉠에 ㉡과 ㉢을 대입하면

$$y=\frac{M_0L^2}{EI\pi}\left(\frac{L}{\pi}\cos\frac{\pi}{L}x+\frac{\cos\pi}{\pi}x\right)$$

$x=\frac{L}{4}$일 때

$$\therefore\ \text{처짐}(y)=\frac{M_0L^2}{EI\pi}\left(\frac{L}{\pi}\cos\frac{\pi}{L}\times\frac{L}{4}+\frac{\cos\pi}{\pi}\times\frac{L}{4}\right)$$

$$=\frac{M_0L^2}{EI\pi}\left(\frac{L^2}{4\pi}\cos\frac{\pi}{L}+\frac{L}{4\pi}\cos\pi\right)$$

$$=\frac{\sqrt{2}M_0L^2}{2EI\pi^2}$$

05 다음 그림과 같이 등분포하중을 받는 직사각형 단면의 단순보에 발생하는 최대 전단응력의 크기는?

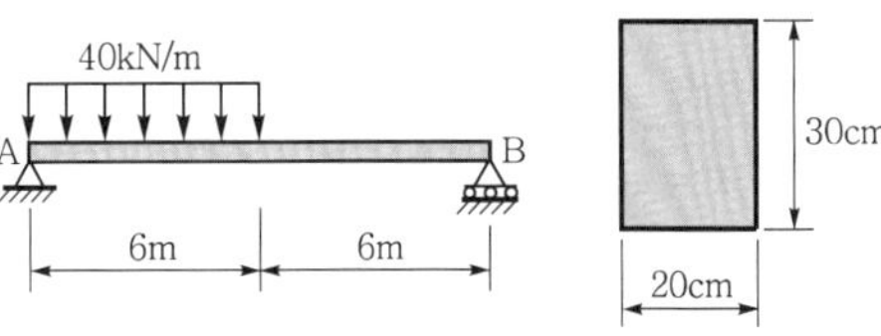

① 3.2N/mm^2 ② 3.5N/mm^2

③ 4.2N/mm^2 ④ 4.5N/mm^2

정답 03 ① 04 ② 05 ④

해설

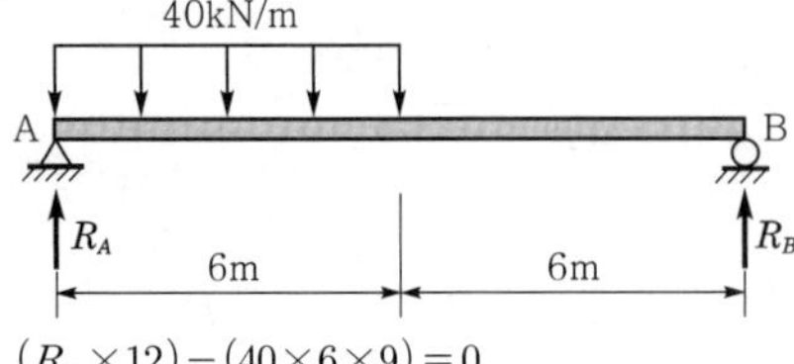

$(R_A \times 12) - (40 \times 6 \times 9) = 0$

$\therefore R_A = 180\text{kN},\ R_B = 60\text{kN}$

$S_{max} = 180\text{kN}$

$\therefore I = \alpha \dfrac{S}{A}$

$= \dfrac{3}{2} \times \dfrac{180 \times 1,000}{20 \times 30}$

$= 450\text{N/cm}^2$

$= 4.5\text{N/mm}^2$

06 다음 그림과 같이 등분포하중이 일부 구간에 작용하는 캔틸레버보에 대하여 자유단에서의 처짐값은? (단, 자중에 의한 처짐은 무시한다.)

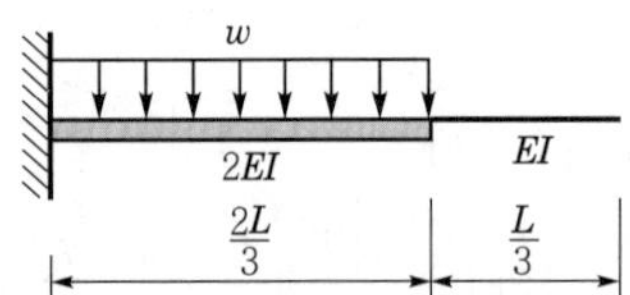

① $\dfrac{5wL^4}{486EI}$　② $\dfrac{7wL^4}{486EI}$

③ $\dfrac{5wL^4}{243EI}$　④ $\dfrac{7wL^4}{243EI}$

해설

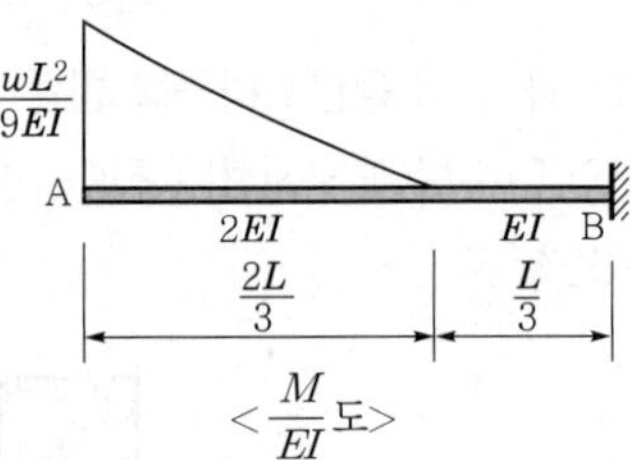

<$\dfrac{M}{EI}$도>

$M_x = wx \times \dfrac{x}{2} = \dfrac{w}{2}x^2$

$M_A = \dfrac{w}{2} \times \left(\dfrac{2}{3}L\right)^2 = \dfrac{w}{2} \times \dfrac{4}{9}L^2 = \dfrac{2wL^2}{9}$

$\delta_B = \left(\dfrac{1}{3} \times \dfrac{2L}{3} \times \dfrac{wL^2}{9EI}\right) \times \left[\dfrac{L}{3} + \left(\dfrac{3}{4} \times \dfrac{2}{3}L\right)\right]$

$= \dfrac{2wL^2}{81EI} \times \dfrac{5L}{6} = \dfrac{5wL^2}{243EI}$

07 다음 그림과 같이 도심에 압축력만 작용하는 기둥의 평균압축응력-세장비곡선에 대한 설명으로 가장 옳은 것은? (단, 기둥재료는 구조용 강재이다.)

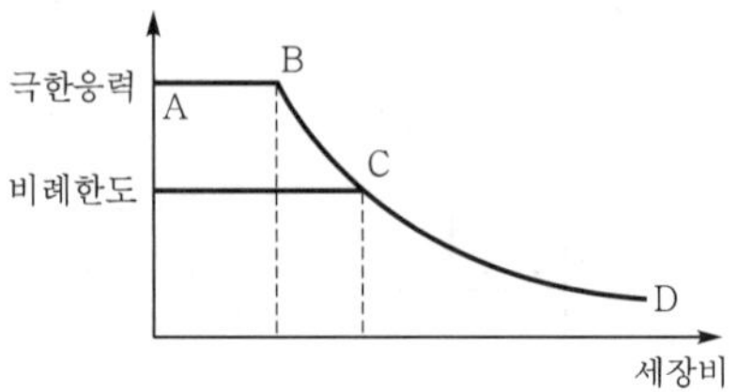

① CD곡선 이상 영역 : 단주의 편심축하중 해석

② AB 이하 영역 : 중간주 해석

③ BC구간 : 단주 해석

④ CD곡선 이하 영역 : 오일러장주 해석

해설 AB구간 단주, AC구간 중간주, CD구간 오일러장주

08 다음 그림과 같은 이등변삼각형 밑변에 대한 빗금 친 부분의 단면 2차 모멘트는?

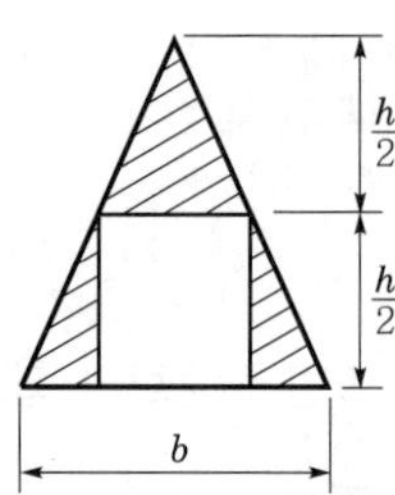

① $\dfrac{bh^3}{8}$　② $\dfrac{bh^3}{12}$

③ $\dfrac{bh^3}{16}$　④ $\dfrac{bh^3}{32}$

해설

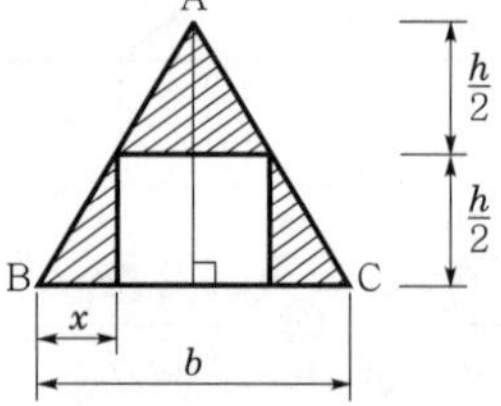

이등변삼각형 꼭짓점 A에서 밑변 BC에 내린 수선은 밑변 BC를 이등분한다.

$h : \dfrac{b}{2} = \dfrac{h}{2} : x$

정답 06 ③ 07 ④ 08 ③

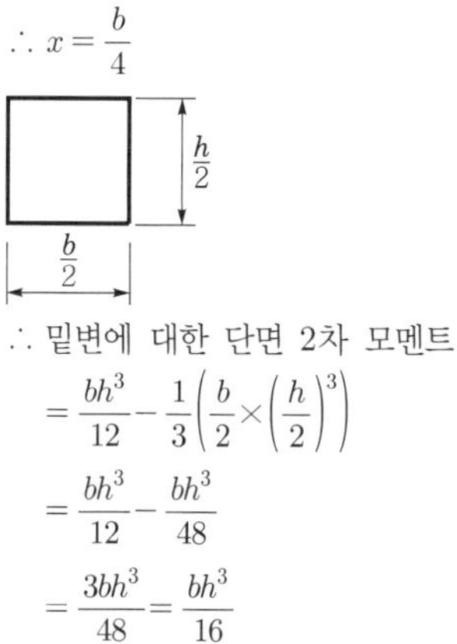

$\therefore x = \frac{b}{4}$

∴ 밑변에 대한 단면 2차 모멘트

$$= \frac{bh^3}{12} - \frac{1}{3}\left(\frac{b}{2} \times \left(\frac{h}{2}\right)^3\right)$$

$$= \frac{bh^3}{12} - \frac{bh^3}{48}$$

$$= \frac{3bh^3}{48} = \frac{bh^3}{16}$$

09 (그림 1)과 같이 단면적이 100mm^2인 2개의 케이블이 강체봉에 작용하는 하중을 지지하고 있을 때 최대로 가할 수 있는 하중 P는? (단, 강체봉의 자중은 무시하며, 케이블의 응력-변형률선도는 (그림 2)와 같고, 케이블은 파괴되지 않는다.)

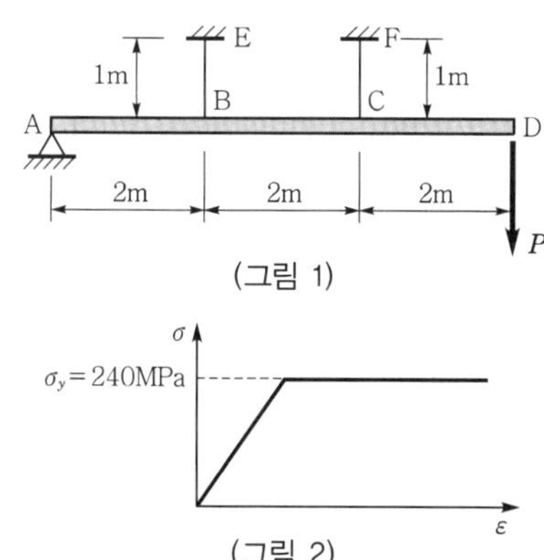

(그림 1)

(그림 2)

① 12kN ② 24kN

③ 36kN ④ 48kN

해설

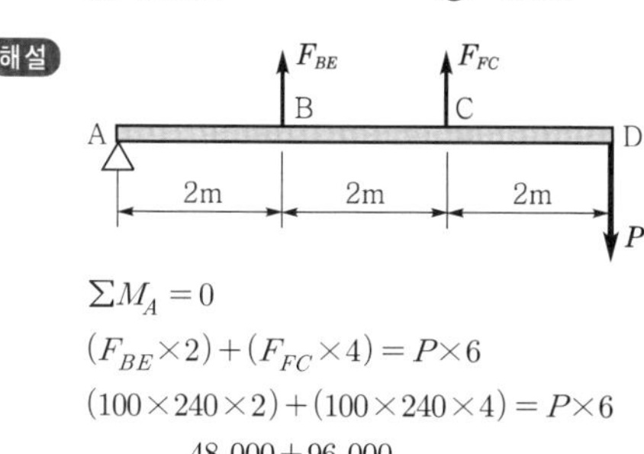

$\Sigma M_A = 0$

$(F_{BE} \times 2) + (F_{FC} \times 4) = P \times 6$

$(100 \times 240 \times 2) + (100 \times 240 \times 4) = P \times 6$

$\therefore P = \frac{48,000 + 96,000}{6} = 24,000\text{N} = 24\text{kN}$

10 인장과 압축에 대한 항복응력이 σ_y인 재료로 만들어진 다음 그림과 같은 단면의 소성모멘트 M_p는?

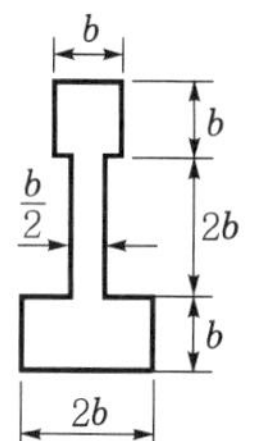

① $\frac{9}{2}b^3\sigma_y$ ② $\frac{11}{2}b^3\sigma_y$

③ $\frac{13}{2}b^3\sigma_y$ ④ $\frac{15}{2}b^3\sigma_y$

해설

b, 0.188b, C, 1.375b, b/2, x_0, 2b, x_0, 1.625b, T, b, 0.61b, x, x, 2b

$$\text{도심}(y_o) = \frac{\left(2b^2 \times \frac{b}{2}\right) + (b^2 \times 2b) + \left(b^2 \times \frac{7}{2}b\right)}{(b \times 2b) + \left(2b \times \frac{b}{2}\right) + b^2}$$

$$= \frac{b^3 + 2b^3 + \frac{7b^3}{2}}{2b^2 + b^2 + b^2} = \frac{\frac{2b^3 + 4b^3 + 7b^3}{2}}{4b^2}$$

$$= \frac{13b^3}{8b^2} = \frac{13}{8}b = 1.625b$$

$$Z_P = \frac{A}{2}(y_1 + y_2) = \frac{4b^2 \times (1.187b + 1.015b)}{2} \fallingdotseq 4.404b^3$$

$$y_2 = \frac{\left(2b^2 \times \frac{b}{2}\right) + (0.313b^2 \times 1.313b)}{(2b \times b) + \left(\frac{b}{2} \times 0.625b\right)} = \frac{b^3 + 0.411b^3}{2b^2 + 0.313b^2}$$

$$= 0.61b$$

$$y_1 = \frac{\left(b^2 \times \frac{b}{2}\right) + (0.188b^2 \times (b + 0.188b))}{b^2 + \left(\frac{b}{2} \times 0.375b\right)} = 0.188b$$

$$\therefore M_p = 4.56yb^3 = \frac{9}{2}b^3\sigma_y$$

11 다음 그림과 같이 길이가 $2L$, L인 2개의 캔틸레버보로 이루어진 구조물의 B점에서의 휨모멘트의 크기는? (단, 휨강성 EI는 일정하다.)

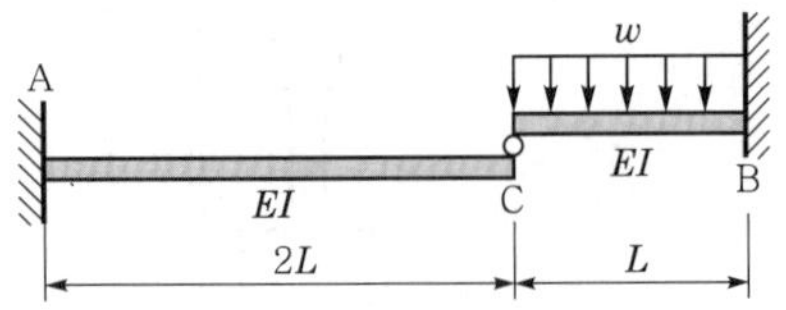

① $\frac{11}{24}wL^2$ ② $\frac{11}{36}wL^2$

③ $\frac{11}{12}wL^2$ ④ $\frac{11}{6}wL^2$

해설

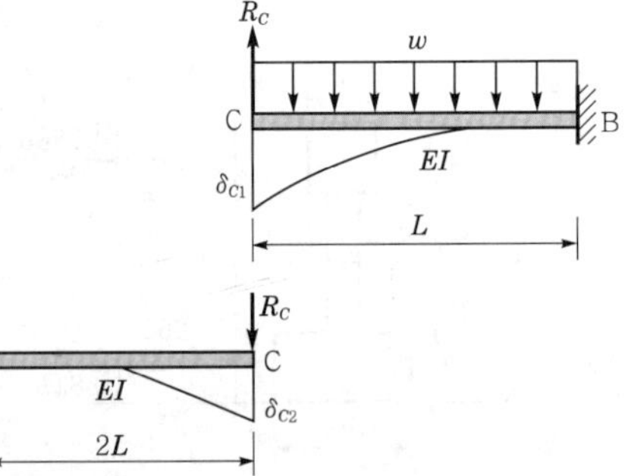

R_C를 구하면

㉠ BC부재에서 $\delta_{C1} = \frac{wL^4}{8EI} - \frac{R_C L^3}{3EI}$

㉡ AC부재에서 $\delta_{C2} = \frac{R_C(2L)^3}{3EI}$

변위적합조건식 $\delta_{C1} = \delta_{C2}$

$$\frac{wL^4}{8EI} - \frac{R_C L^3}{3EI} = \frac{8R_C L^3}{3EI}$$

$$\frac{wL^4}{8EI} = \frac{9R_C L^3}{3EI}$$

$$\therefore R_C = \frac{wL^4}{8EI} \times \frac{3EI}{9L^3} = \frac{wL}{24}$$

$$\therefore M_B = \left(\frac{wL}{24} \times L\right) - \frac{wL^2}{2} = \frac{wL^2}{24} - \frac{12wL^2}{24} = \frac{11wL^2}{24}$$

12 비틀림강성이 각각 $2GJ$와 GJ인 2개의 원형봉 중앙부에 비틀림모멘트 T_0가 작용할 때 B점의 내적토크 T_B는? (단, 두 개의 원형봉은 완벽히 결합되어 있다.)

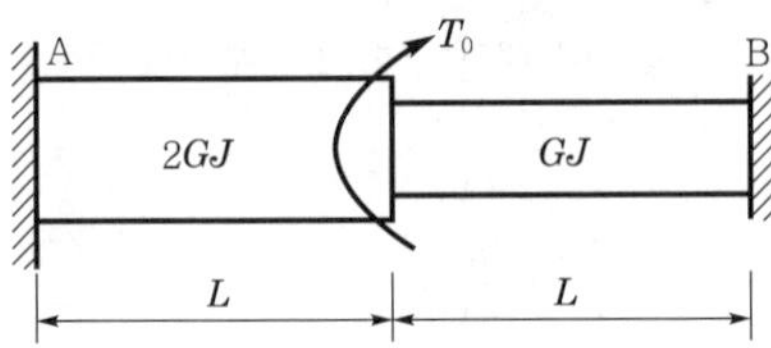

① T_0 ② $\frac{2}{3}T_0$

③ $\frac{1}{2}T_0$ ④ $\frac{1}{3}T_0$

해설 $T_B = \left(\frac{GJ}{2GJ + GJ}\right)T_0 = \frac{1}{3}T_0$

13 부정정구조물의 내측지점 B에서 모멘트의 크기는? (단, 단면 2차 모멘트와 탄성계수는 일정하다.)

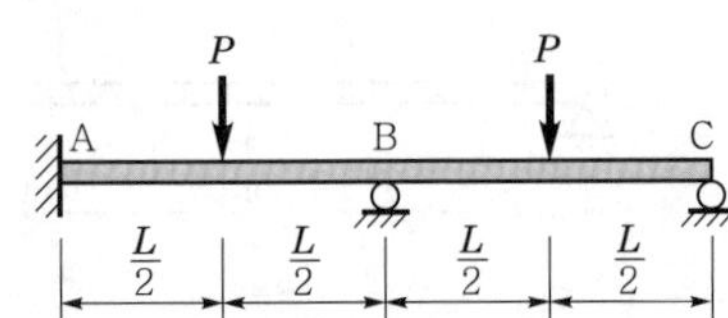

① $\frac{6}{56}PL$ ② $\frac{9}{56}PL$

③ $\frac{12}{56}PL$ ④ $\frac{15}{56}PL$

해설 ㉠ 재단모멘트방정식

$$M_{AB} = 2EK_{AB}(2\theta_A + \theta_B) - \frac{PL}{8} = \theta_B - \frac{PL}{8}$$

$$M_{BA} = 2EK_{AB}(2\theta_B + \theta_A) + \frac{PL}{8} = 2\theta_B + \frac{PL}{8}$$

$$M_{BC} = 2EK_{BC} \times 1.5\theta_B - \frac{3PL}{16} = 1.5\theta_B - \frac{3PL}{16}$$

㉡ 절점방정식

$\Sigma M_B = 0$

$$M_{BA} + M_{BC} = 2\theta_B + \frac{PL}{8} + 1.5\theta_B - \frac{3PL}{16} = 0$$

$$3.5\theta_B = \frac{PL}{16}$$

정답 11 ① 12 ④ 13 ②

$\therefore \theta_B = \dfrac{PL}{56}$

$\therefore M_{BA} = \left(2 \times \dfrac{PL}{56}\right) + \dfrac{PL}{8}$

$= \dfrac{2PL}{56} + \dfrac{7PL}{56}$

$= \dfrac{9PL}{56}$

14 (그림 1)에 주어진 부정정보에서 C점의 수직반력의 크기는? (단, (그림 2)에서처럼 내민보에 P하중이 작용할 때 C점의 수직처짐량은 $\dfrac{13PL^3}{48EI}$ 이다.)

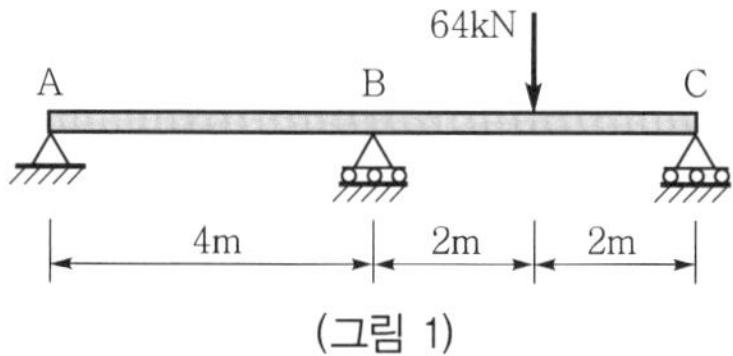

(그림 1)

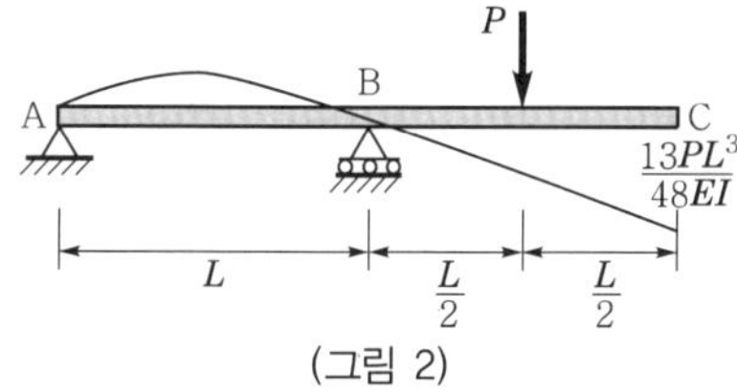

(그림 2)

① 20kN ② 22kN
③ 24kN ④ 26kN

해설

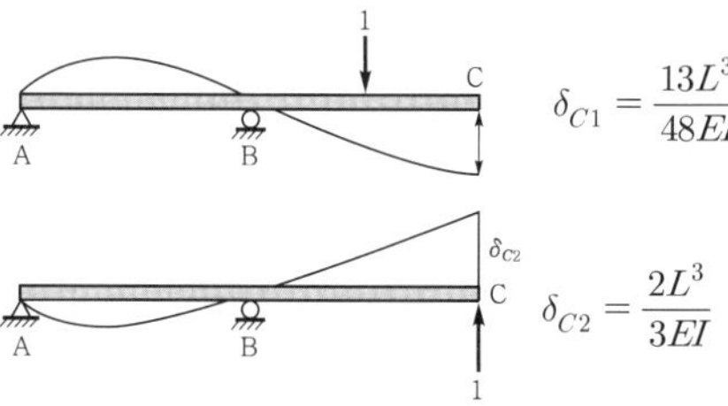

$\delta_{C1} = \dfrac{13L^3}{48EI}$

$\delta_{C2} = \dfrac{2L^3}{3EI}$

$P\delta_{C1} = R_C\delta_{C2}$

$64 \times \dfrac{13L^3}{48EI} = R_C \times \dfrac{2L^3}{3EI}$

$\therefore R_C = \dfrac{64 \times 13 \times L^3}{48EI} \times \dfrac{3EI}{2L^3} = \dfrac{832}{32} = 26\text{kN}$

15 다음 그림과 같은 캔틸레버구조물에 수평등분포하중 w가 작용할 때 B점의 연직처짐 δ_B는? (단, AC부재의 휨강성은 EI, AB사분원부재의 휨강성은 $2EI$이다.)

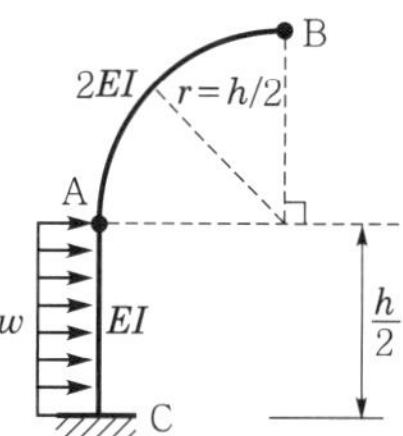

① $\dfrac{wh^4}{96EI}$ ② $\dfrac{wh^4}{24EI}$

③ $\dfrac{wh^4}{48EI}$ ④ $\dfrac{wh^4}{12EI}$

해설

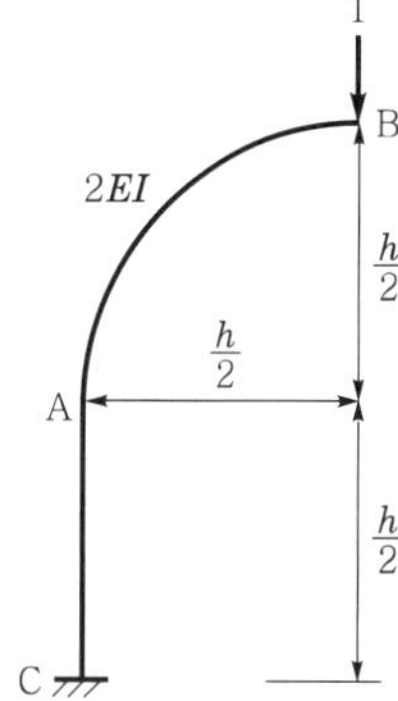

$\delta_B = \displaystyle\int \frac{M_x m_x}{EI} dx$를 적용하면

부재	원점	구간	M_x	m_x
BA	B	$0 < x < \frac{h}{2}$	0	–
AC	A	$0 < x < \frac{h}{2}$	$-\frac{w}{2}x^2$	$\frac{h}{2}$

$\delta_B = \dfrac{1}{EI}\displaystyle\int_0^{\frac{h}{2}} \left(-\frac{w}{2}x^2\right)\frac{h}{2}dx$

$= \dfrac{wh}{4EI}\left[\dfrac{1}{3}x^3\right]_0^{\frac{h}{2}}$

$= \dfrac{wh}{4EI} \times \dfrac{h^3}{24} = \dfrac{wh^4}{96EI}$

정답 14 ④ 15 ①

16 다음 구조물은 A, B, D점에서 각각 점선으로 표기된 방향의 반력으로 지지되어 있다. B점에서의 Y방향 반력은? (단, A, B, D점에서 모멘트반력은 없다.)

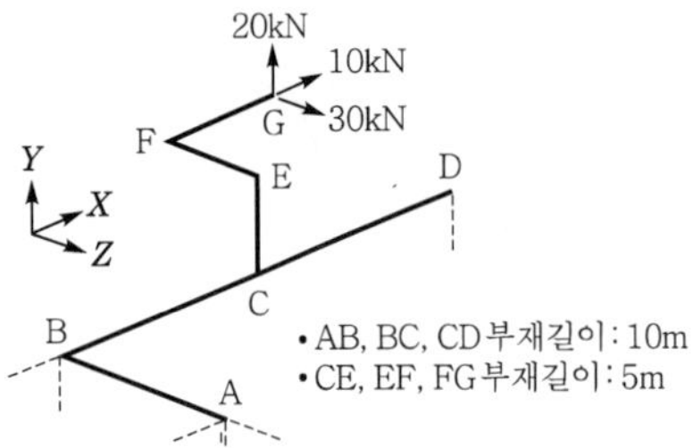

① −32.5kN ② −34.5kN
③ −36.5kN ④ −38.5kN

해설

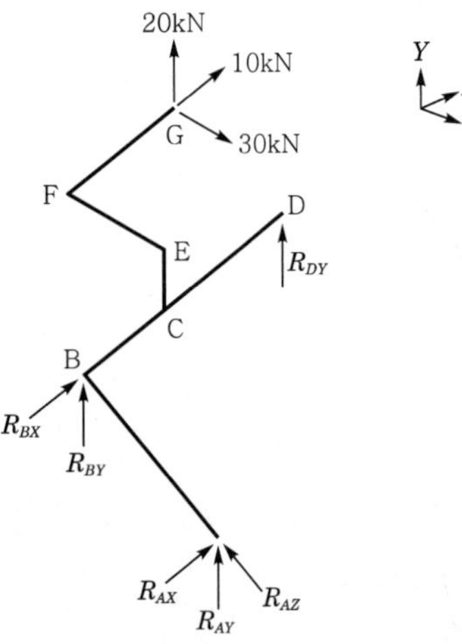

㉠ 3차원 평형조건을 적용하면

$\Sigma F_X = 0$

$R_{AX} + R_{BX} + 10 = 0$

$\Sigma F_Y = 0$

$R_{AY} + R_{BY} + R_{DY} + 20 = 0$ ·························· ㉠

$\Sigma F_Z = 0$

$-R_{AZ} + 30 = 0$

㉡ 절점 A를 기준으로

$\Sigma M_X = 0$

$(20 \times 15) + (30 \times 5) + (R_{DY} \times 10) + (R_{BY} \times 10) = 0$

$450 + 10R_{DY} + 10R_{BY} = 0$

$\Sigma M_Y = 0$

$-(30 \times 15) - (10 \times 15) - (R_{BX} \times 10) = 0$

$\therefore R_{BX} = -60\text{kN}$

$\Sigma M_Z = 0$

$(20 \times 15) + (R_{DY} \times 20) - (10 \times 5) = 0$

$\therefore R_{DY} = 12.5\text{kN}$ ······································· ㉡

$\therefore R_{AY} = 0$ ·· ㉢

㉢ 식 ㉡과 ㉢을 ㉠에 대입하면

$0 + R_{BY} + 12.5 + 20 = 0$

$\therefore R_{BY} = -32.5\text{kN}$

17 상하단이 핀으로 연결된 압축부재의 중간 부분에 다음 그림과 같이 Y축방향으로 횡지지를 두어 유효좌굴길이가 1/2로 줄게 하였다. 강축($Y-Y$)에 대한 좌굴하중이 900kN이라 할 때 약축($X-X$)에 대한 좌굴하중의 크기는?

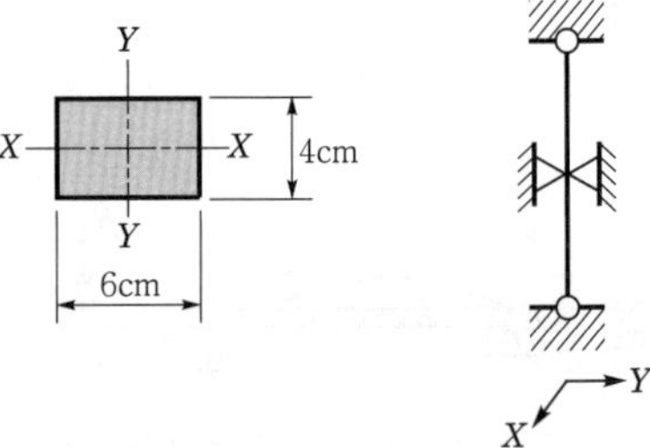

① 600kN ② 900kN
③ 1,200kN ④ 1,600kN

해설

$I_X = \dfrac{6 \times 4^3}{12} = 32\text{cm}^4$

$I_Y = \dfrac{4 \times 6^3}{12} = 72\text{cm}^4$

㉠ Y축에 대한 좌굴하중

$\dfrac{\pi^2 E \times 72}{l^2} = 900$

$\therefore \dfrac{\pi^2 E}{l^2} = 12.5$

㉡ X축에 대한 좌굴하중

$P_{cr} = \dfrac{\pi^2 E \times 32}{1 \times (0.5l)^2}$

$= \dfrac{\pi^2 E \times 32}{0.25l^2}$

$= 12.5 \times \dfrac{32}{0.25}$

$= 1,600\text{kN}$

정답 16 ① 17 ④

18 다음 그림과 같이 고정지지된 부정정라멘에 등분포하중이 작용할 때 변곡점의 개수와 기둥 하단에서 인장측의 위치로 가장 옳은 것은? (단, C는 강절점이다.)

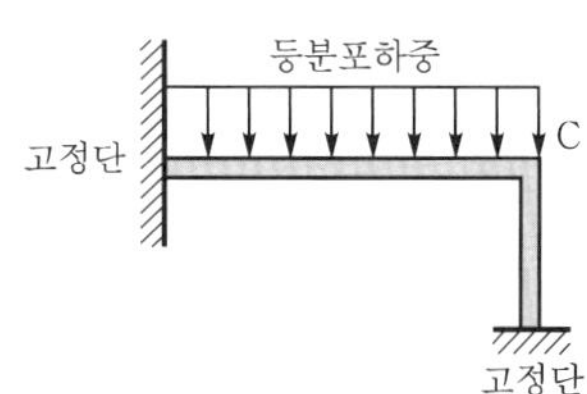

	변곡점개수	기둥 하단의 인장측 발생위치
①	2	좌측
②	2	우측
③	3	좌측
④	3	우측

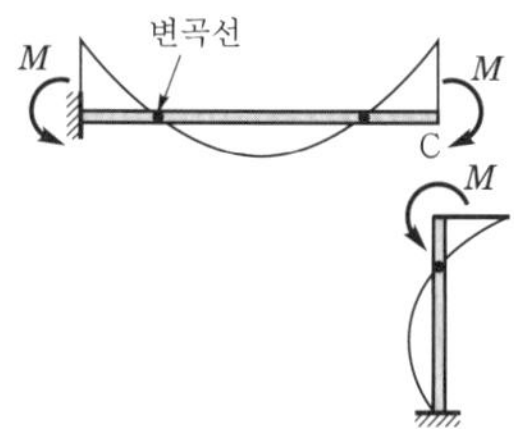

변곡점 3개, 기둥 하단 좌측에 인장력 발생

19 다음 그림과 같이 단면적이 $2A$와 A이고 양단이 고정된 강봉으로 이루어진 구조계의 온도를 T만큼 감소시킬 때 면적이 A인 봉에 발생하는 응력은? (단, 탄성계수, 선팽창계수는 각각 E, α로 일정하다.)

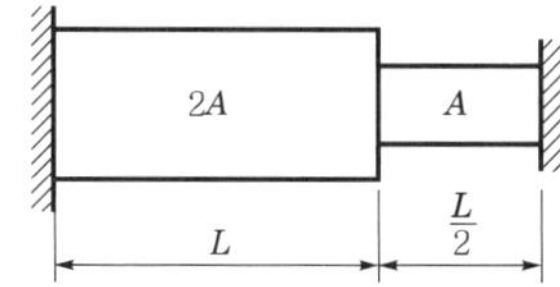

① $\frac{1}{2}E\alpha T$ ② $E\alpha T$

③ $\frac{3}{2}E\alpha T$ ④ $2E\alpha T$

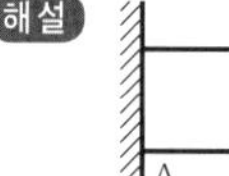

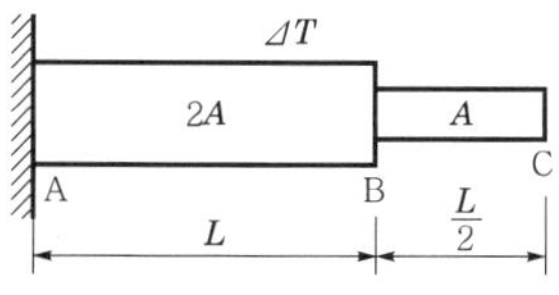

㉠ ΔT로 인한 C점의 변위

$\delta_T = \alpha\left(L+\frac{L}{2}\right)\Delta T = \frac{3}{2}\alpha L\Delta T$

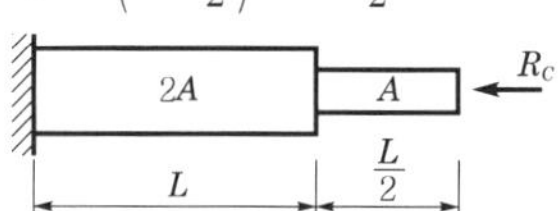

㉡ R_C로 인한 C점의 변위

$$\delta_C = \frac{R_C\frac{L}{2}}{EA}+\frac{R_C L}{2EA} = \frac{R_C L}{2EA}+\frac{R_C L}{2EA} = \frac{R_C L}{EA}$$

㉢ 반력계산

$\delta_T = \delta_C$

$\frac{3}{2}\alpha L\Delta T = \frac{R_C L}{EA}$

$\therefore R_C = \frac{3}{2}\alpha EA\Delta T$

㉣ 면적 A인 BC구간의 응력

$$\delta = \frac{\frac{3}{2}\alpha EA\Delta T}{A} = \frac{3}{2}\alpha E\Delta T$$

20 다음 그림과 같은 sine함수분포의 하중을 받는 캔틸레버보의 중앙점 C에서의 전단력의 크기는?

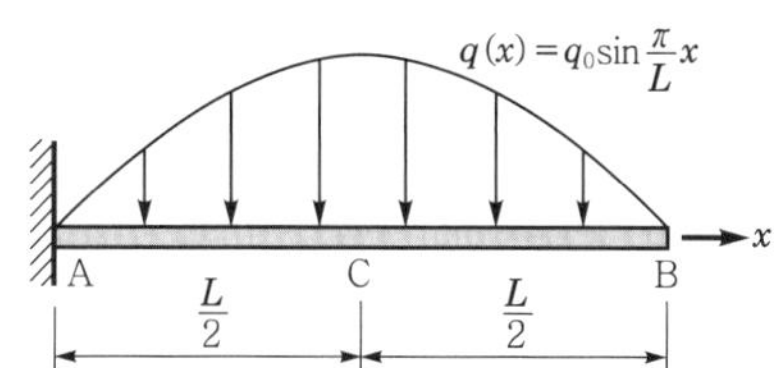

① $\frac{L}{2\pi}q_0$ ② $\frac{L}{\pi}q_0$

③ $\frac{3L}{2\pi}q_0$ ④ $\frac{2L}{\pi}q_0$

해설

$$S_C = \int_0^{\frac{L}{2}} q(x)dx = \int_0^{\frac{L}{2}}\left(q_0\sin\frac{\pi}{L}x\right)dx$$

$$= q_0\left[-\frac{L}{\pi}\sin\frac{\pi}{L}x\right]_0^{\frac{L}{2}} = q_0\left(-\frac{L}{\pi}\times\sin\frac{\pi}{L}\times\frac{L}{2}\right)$$

$$= q_0\left(-\frac{L}{\pi}\times\sin\frac{\pi}{2}\right) = -\frac{L}{\pi}q_0$$

정답 18 ③ 19 ③ 20 ②

과년도 출제문제(2019년 국가직 9급)

01 재료의 거동에 대한 설명으로 옳지 않은 것은?

① 탄성거동은 응력-변형률 관계가 보통 직선으로 나타나지만 직선이 아닌 경우도 있다.

② 크리프(creep)는 응력이 작용하고 이후 그 크기가 일정하게 유지되더라도 변형이 시간 경과에 따라 증가하는 현상이다.

③ 재료가 항복한 후 작용하중을 모두 제거한 후에도 남는 변형을 영구변형이라 한다.

④ 푸아송비는 축하중이 작용하는 부재의 횡방향 변형률(ε_h)에 대한 축방향 변형률(ε_v)의 비($\varepsilon_v/\varepsilon_h$)이다.

해설

④ 푸아송비는 $\dfrac{\varepsilon_h}{\varepsilon_v}$ 이다.

02 그림과 같이 임의의 형상을 갖고 단면적이 A인 단면이 있다. 도심축(x_0-x_0)으로부터 d만큼 떨어진 축(x_1-x_1)에 대한 단면 2차모멘트가 I_x일 때, $2d$만큼 떨어진 축(x_2-x_2)에 대한 단면 2차모멘트 값은?

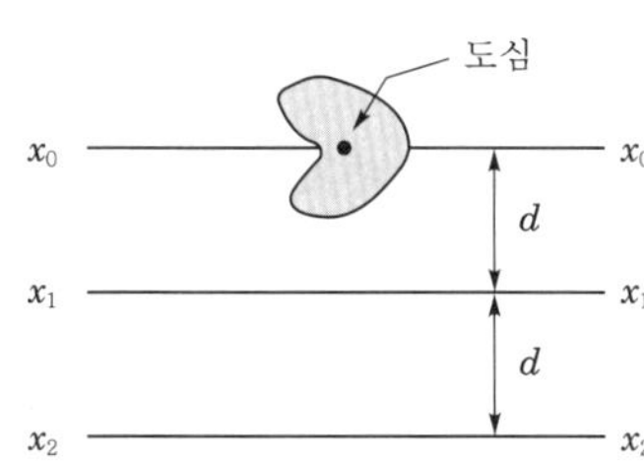

① $I_{x_1}+Ad^2$　② $I_{x_1}+2Ad^2$

③ $I_{x_1}+3Ad^2$　④ $I_{x_1}+4Ad^2$

해설 평행축 정리를 적용하면

$I_{x_1}=I_{x_0}+Ad^2$

$I_{x_2}=I_{x_0}+A(2d)^2=I_{x_0}+4Ad^2=I_{x_1}-Ad^2+4Ad^2$

$=I_{x_1}+3Ad^2$

03 그림과 같이 보 구조물에 집중하중과 삼각형 분포하중이 작용할 때, 지점 A와 B에 발생하는 수직방향 반력 R_A[kN]와 R_B[kN]의 값은? (단, 구조물의 자중은 무시한다.)

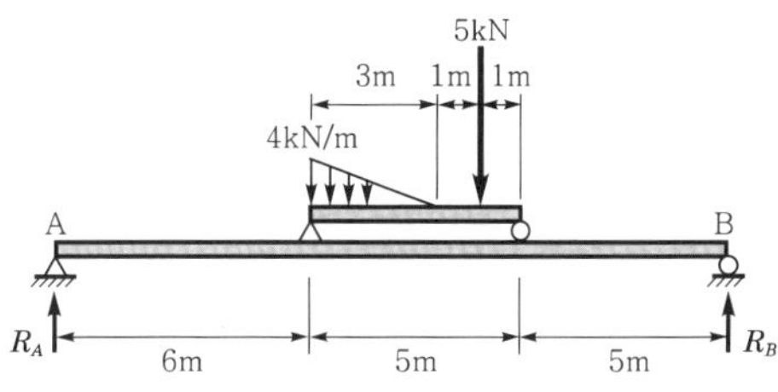

	R_A	R_B
①	$\frac{19}{4}$	$\frac{25}{4}$
②	$\frac{23}{4}$	$\frac{21}{4}$
③	$\frac{21}{4}$	$\frac{23}{4}$
④	$\frac{25}{4}$	$\frac{19}{4}$

해설

3.0　1.0　1.0

4kN/m　5kN

C　D

R_C　R_D

5.0

$\Sigma M_D=0$

$(R_C\times 5.0)-[\frac{1}{2}\times 3\times 4\times(2.0+2.0)]-(5\times 1.0)=0$

$R_C=5.8\text{kN},\ R_D=5.2\text{kN}$

$\Sigma M_B=0$

$(R_A\times 16)-(5.8\times 10)-(5.2\times 5)=0$

$R_A=\frac{84}{16}=\frac{21}{4},\ R_B=\frac{23}{4}$

정답 01 ④ 02 ③ 03 ③

04 그림과 같이 모멘트 M, 분포하중 w, 집중하중 P가 작용하는 캔틸레버 보에 대해 작성한 전단력도 또는 휨 모멘트도의 대략적인 형태로 적절한 것은? (단, 구조물의 자중은 무시한다.)

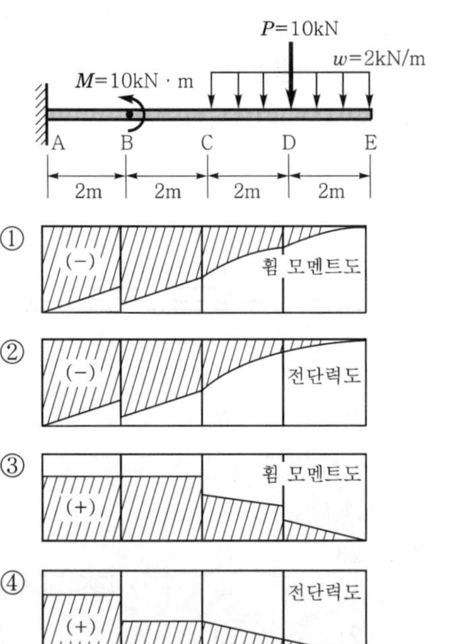

해설 휨모멘트도는 등분포하중이 작용할 경우 2차곡선, 집중하중이 작용할 경우 직선변화하고, 전단력은 등분포하중 작용 시 직선변화, 집중하중 작용 시 일정하다.

05 그림과 같이 양단에서 각각 x만큼 떨어져 있는 B점과 C점에 내부힌지를 갖는 보에 분포하중 w가 작용하고 있다. A점 고정단 모멘트의 크기와 중앙부 E점 모멘트의 크기가 같아지기 위한 x값은? (단, 구조물의 자중은 무시한다.)

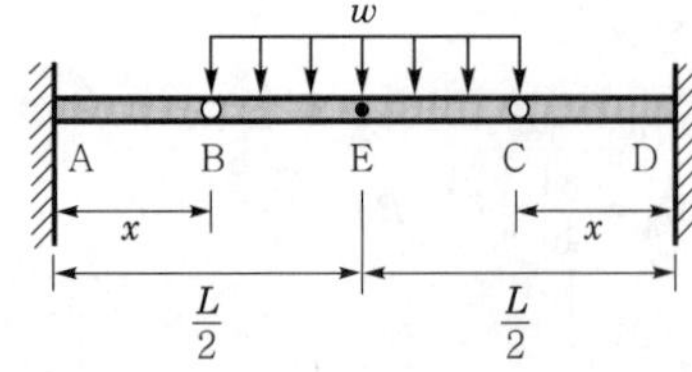

① $\dfrac{L}{6}$　　② $\dfrac{L}{5}$

③ $\dfrac{L}{4}$　　④ $\dfrac{L}{3}$

해설

$$R_B = \frac{w(L-2x)}{2}$$

$$R_C = \frac{w(L-2x)}{2}$$

$$M_E = \frac{w(L-2x)^2}{8}$$

$$M_A = R_B x = \frac{w(L-2x)x}{2}$$

$$M_E = M_A$$

$$\frac{w(L-2x)^2}{8} = \frac{wx(L-2x)}{2}$$

$$2w(L-2x)^2 = 8wx(L-2x)$$

$$2w[L^2 - 2L \cdot 2x + 4x^2] = 8wx(L-2x)$$

$$L^2 - 4Lx + 4x^2 = 4xL - 8x^2$$

$$12x^2 - 8xL + L^2 = 0$$

$$x = \frac{L}{6}$$

06 그림과 같이 수평으로 놓여 있는 보의 B점은 롤러로 지지되어 있고 이 롤러의 아래에 강체 블록이 놓여 있을 때, 블록이 움직이지 않도록 하기 위해 허용할 수 있는 힘 P[kN]의 최댓값은? (단, 블록, 보, 롤러의 자중은 무시하고 롤러와 블록 사이의 마찰은 없으며, 블록과 바닥 접촉면의 정지마찰계수는 0.3으로 가정한다.)

정답 04 ① 05 ① 06 ②

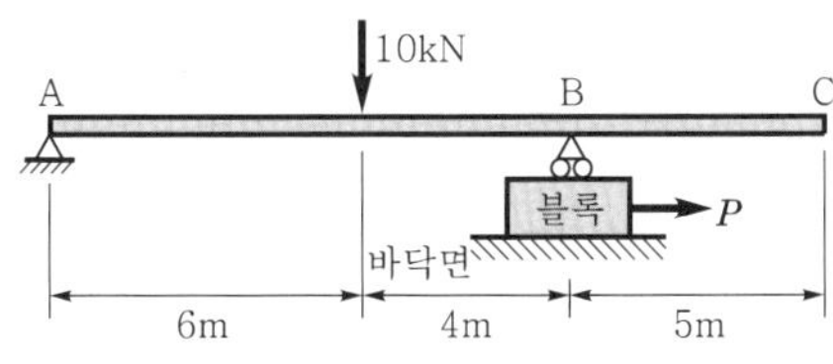

① 1.2 ② 1.8
③ 2.4 ④ 3.0

해설

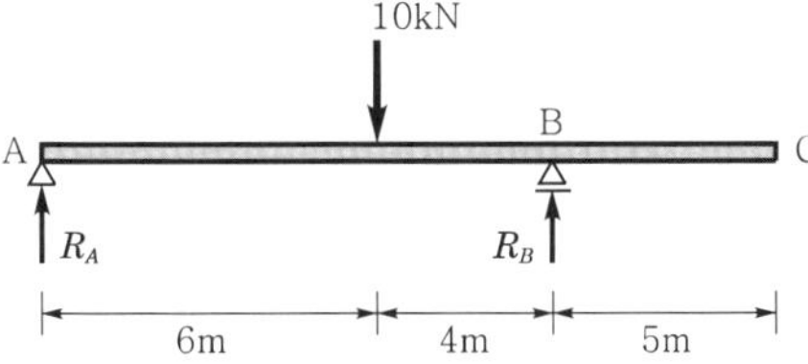

$\Sigma M_B = 0$

$(R_A \times 10) - (10 \times 4) = 0$

$R_A = 4.0\text{kN}$

$\Sigma V = 0$

$R_B = 6.0\text{kN}$

$6.0 \times 0.3 \geq P$

$\therefore P = 1.8\text{kN}$

07 그림과 같은 하중이 작용하는 게르버 보에 대해 작성된 전단력도의 빗금 친 부분의 면적[kN·m]은? (단, 구조물의 자중은 무시한다)

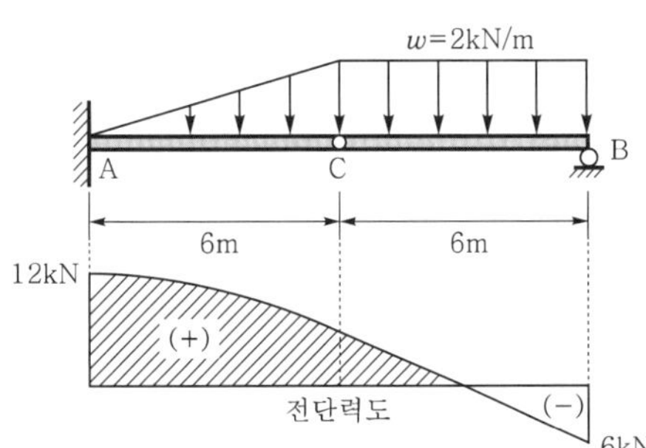

① 9 ② 51
③ 60 ④ 69

해설 CB구간에서 전단력이 $S=0$인 B점 기준 $x=3.0$

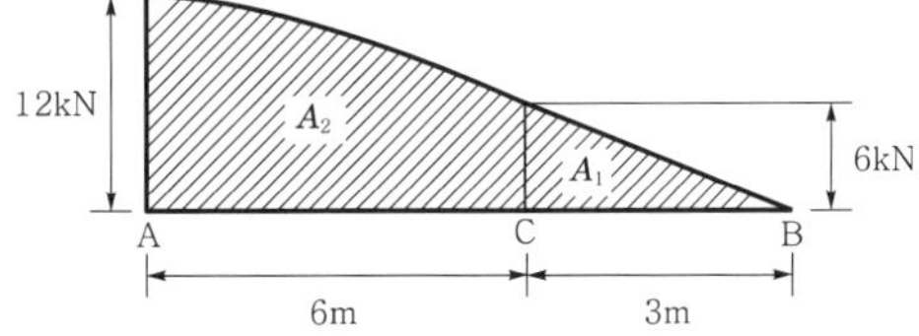

$A_1 = \frac{1}{2} \times 3 \times 6 = 9\text{kN} \cdot \text{m}$

$A_2 = (6 \times 6) + (\frac{2}{3} \times 6 \times 6) = 36 + 24 = 60\text{kN} \cdot \text{m}$

$A = 9 + 60 = 69\text{kN} \cdot \text{m}$

08 그림과 같이 절점 D에 내부힌지를 갖는 게르버 보의 A점에는 수평하중 P가 작용하고 F점에는 무게 w가 매달려 있을 때, 지점 C에서 수직 반력이 발생하지 않도록 하기 위한 하중 P와 무게 W의 비(P/W)는? (단, 구조물의 자중은 무시한다)

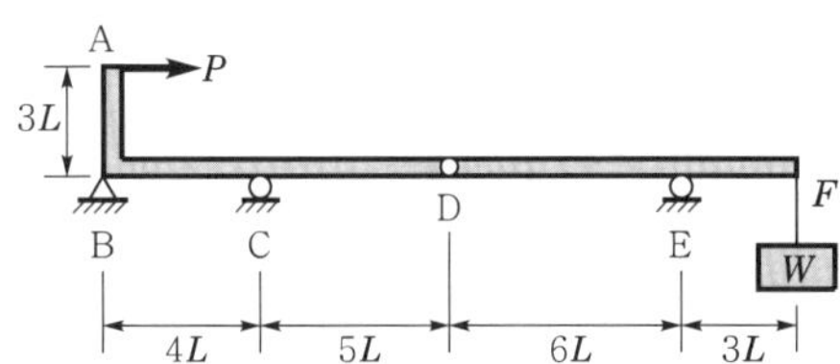

① $\frac{3}{2}$ ② $\frac{5}{2}$

③ $\frac{2}{3}$ ④ $\frac{2}{5}$

해설

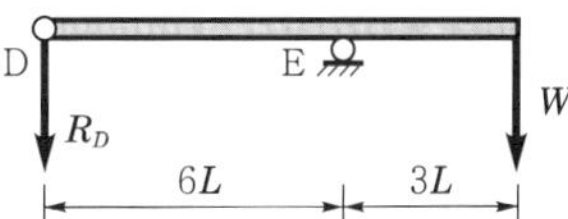

$(-R_D \times 6L) + (W \times 3L) = 0$

$R_D = \frac{3LW}{6L} = \frac{W}{2}$

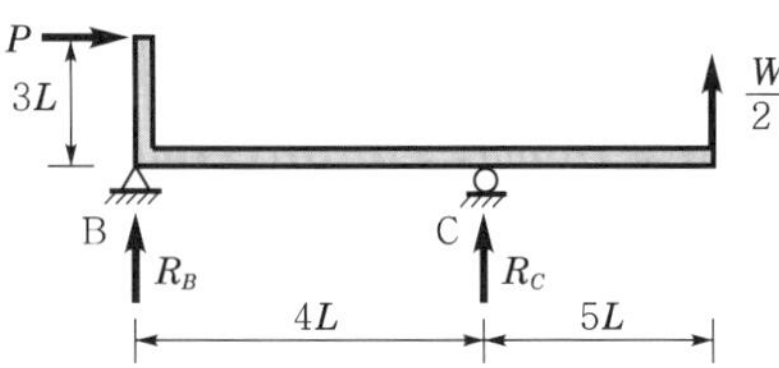

$\Sigma M_B = 0$

$(P \times 3L) - (R_C \times 4L) - (\frac{W}{2} \times 9L) = 0$

$4LR_C = 3PL - \frac{9WL}{2}$

$R_C = \frac{3P}{4} - \frac{9W}{8} = 0$

$\frac{3P}{4} = \frac{9}{8}W$

$24P = 36W$

$\frac{P}{W} = \frac{36}{24} = \frac{3}{2}$

정답 07 ④ 08 ①

09 그림과 같이 축하중 P를 받고 있는 기둥 ABC의 중앙 B점에서는 x방향의 변위가 구속되어 있고 양끝단 A점과 C점에서는 x방향과 z방향의 변위가 구속되어 있을 때, 기둥 ABC의 탄성좌굴을 발생시키는 P의 최솟값은? (단, 탄성계수 $E=\frac{L^2}{\pi^2}$, 단면 2차 모멘트 $I_x=20\pi$, $I_z=\pi$로 가정한다.)

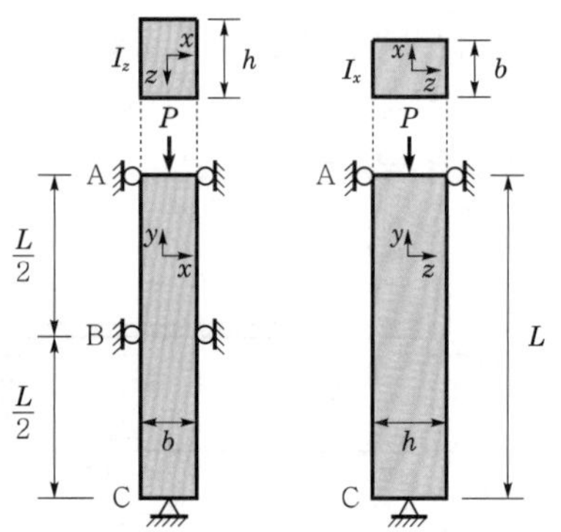

① 2π　② 4π
③ 5π　④ 20π

해설

$$P_1=\frac{\pi^2 EI_z}{(L_{e_1})^2}=\frac{\pi^2\times\frac{L^2}{\pi^2}\times\pi}{\left(\frac{L}{2}\right)^2}=4\pi$$

$$P_2=\frac{\pi^2 EI_x}{(L_{e_2})^2}=\frac{\pi^2\times\frac{L^2}{\pi^2}\times 20\pi}{L^2}=20\pi$$

$\therefore P=4\pi$

10 그림과 같이 집중하중 P를 받는 캔틸레버 보에서 보의 높이 h가 폭 b와 같을 경우($h=b$) B점의 수직방향 처짐량이 8mm라면, 동일한 하중조건에서 B점의 수직방향 처짐량이 27mm가 되기 위한 보의 높이 h는? (단, 구조물의 자중은 무시하고 단면폭 b는 일정하게 유지한다.)

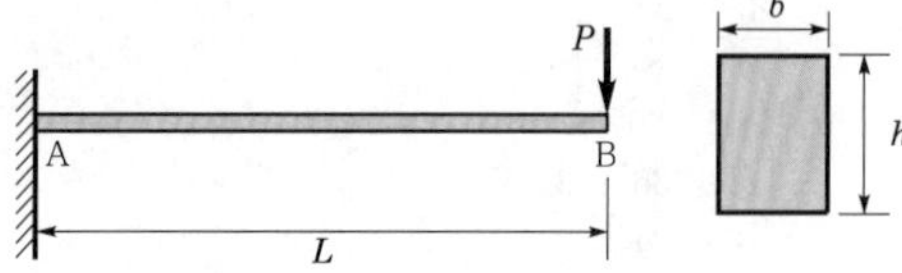

① $\frac{1}{3}b$　② $\frac{2}{3}b$
③ $\frac{3}{4}b$　④ $\frac{4}{5}b$

해설

$$\delta_B=\frac{PL^3}{3EI}=\frac{PL^3}{3E\times\frac{bh^3}{12}}\Rightarrow\delta_B\propto\frac{1}{h^3}$$

$\frac{1}{b^3}$: 8mm $=\frac{1}{h^3}$: 27mm 이므로

$$\frac{27}{b^3}=\frac{8}{h^3}$$

$3h=2b$

$\therefore h=\frac{2}{3}b$

11 그림과 같은 트러스에서 부재 BC의 부재력의 크기는? (단, 모든 부재의 자중은 무시하고, 모든 내부 절점은 힌지로 이루어져 있다)

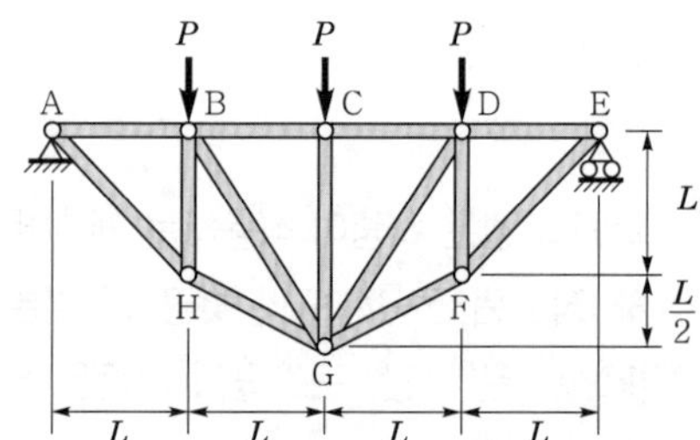

① $\frac{P}{3}$　② P
③ $2P$　④ $\frac{4}{3}P$

해설 $R_A=1.5P$, $R_E=1.5P$

절점 G에 모멘트를 취하면

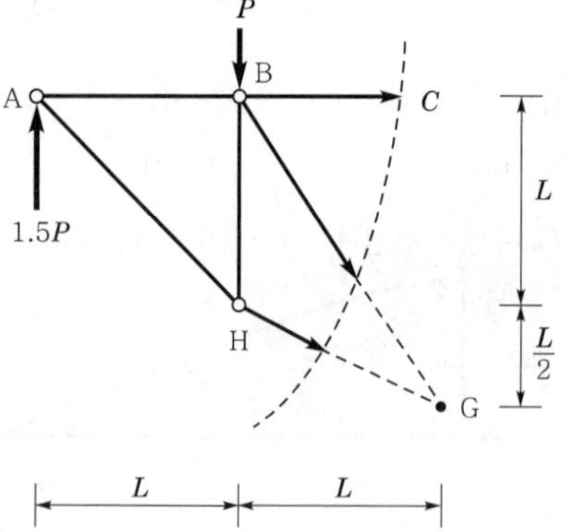

정답 09 ② 10 ② 11 ④

$$(1.5P\times 2L)-(P\times L)+F_{BC}\cdot\frac{3L}{2}=0$$

$$3PL-PL+F_{BC}\cdot\frac{3L}{2}=0$$

$$F_{BC}=-2PL\times\frac{2}{3L}=-\frac{4P}{3}$$

12 그림과 같이 천장에 수직으로 고정되어 있는 길이 L, 지름 d인 원형 강철봉에 무게가 W인 물체가 달려있을 때, 강철봉에 작용하는 최대응력은? (단, 원형 강철봉의 단위중량은 γ이다.)

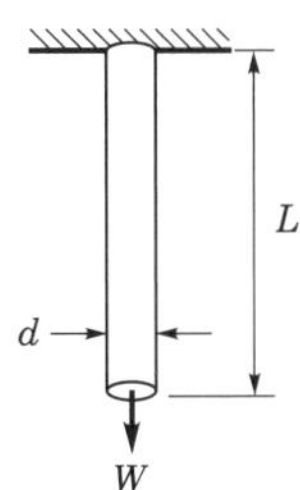

① $\frac{4W}{\pi d^2}+\gamma L$

② $\frac{4W}{\pi d^2}+\frac{\pi d^2\gamma L}{4}$

③ $\frac{2W}{\pi d^2}+\gamma L$

④ $\frac{2W}{\pi d^2}+\frac{\pi d^2\gamma L}{2}$

해설
- 집중하중 $=W$
- 자중 $=\int_o^L\left(\frac{\pi}{4}d^2\right)dx\cdot\gamma_x=\frac{\pi d^2}{4}L\gamma_x$
- 축방향 인장응력 $=\frac{W+\frac{\pi d^2}{4}L\gamma}{\frac{\pi d^2}{4}}=\frac{4W}{\pi d^2}+\gamma L$

13 그림과 같은 분포하중을 받는 보에서 B점의 수직반력(R_B)의 크기는? (단, 구조물의 자중은 무시한다.)

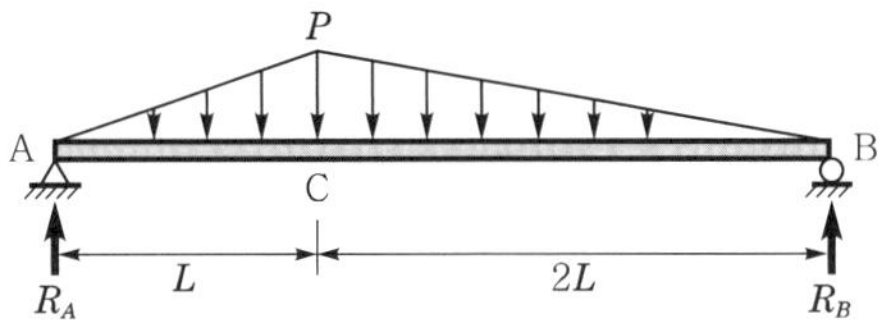

① $\frac{1}{6}PL$　② $\frac{1}{3}PL$

③ $\frac{2}{3}PL$　④ $\frac{5}{6}PL$

해설 $\Sigma M_A=0$

$$(-R_B\times 3L)+\left[\frac{1}{2}\times 2L\times P\left(L+\frac{2L}{3}\right)\right]$$

$$+\left(\frac{1}{2}\times L\times P\times\frac{2L}{3}\right)=0$$

$$(-R_B\times 3L)+PL^2+\frac{2PL^2}{3}+\frac{PL^2}{3}=0$$

$$R_B=\frac{2PL}{3}$$

14 그림과 같이 한 쪽 끝은 벽에 고정되어 있고 다른 한 쪽 끝은 벽과 1 mm 떨어져 있는 수평부재가 있다. 부재의 온도가 20 °C 상승할 때, 부재 내에 발생하는 압축응력의 크기[kPa]는? (단, 보 부재의 탄성계수 E=2GPa, 열팽창계수 $\alpha=1.0\times 10^{-5}/℃$ 이며, 자중은 무시한다.)

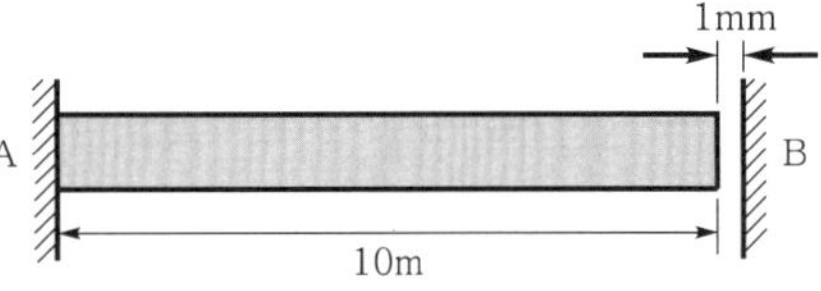

① 100　② 200

③ 300　④ 400

해설 $\delta_T=\Delta T\alpha L=20\times 1.0\times 10^{-5}\times 10^3=2\text{mm}$

$\delta_T-1=2-1=1\text{mm}$

$\sigma=E\varepsilon=2\times 10^9\times\frac{1}{10\times 10^3}=2\times 10^5\text{Pa}=200\text{kPa}$

15 그림과 같이 단위중량 γ, 길이 L인 캔틸레버 보에 자중에 의한 분포하중 w가 작용할 때, 보의 고정단 A점에 발생하는 휨 응력에 대한 설명으로 옳지 않은 것은? (단, 보의 단면은 사각형이고 전 구간에서 동일하다.)

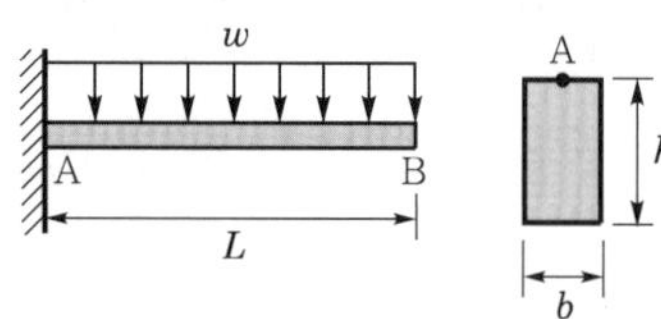

① 폭 b가 2배가 되면 휨 응력값은 2배가 된다.
② 높이 h가 2배가 되면 휨 응력값은 $\frac{1}{2}$배가 된다.
③ 단위중량 γ가 2배가 되면 휨 응력값은 2배가 된다.
④ 길이 L이 2배가 되면 휨 응력값은 4배가 된다.

해설 ① 휨 응력 $\sigma = \dfrac{M}{Z} = \dfrac{M}{\frac{bh^2}{6}} = \dfrac{6M}{bh^2}$이므로 폭 b가 2배가 되면 휨 응력값은 $\frac{1}{2}$배가 된다.

16 그림과 같이 길이가 각각 1.505m, 1.500m이고 동일한 단면적을 갖는 부재 ⓐ와 ⓑ를 폭이 3.000m인 강체 벽체 A와 C 사이에 강제로 끼워 넣었다. 이 때 부재 ⓐ는 δ_1, 부재 ⓑ는 δ_2만큼 길이가 줄어들었다면, 줄어든 길이의 비($\delta_1 : \delta_2$)는? (단, 부재의 자중은 무시하고, ⓑ의 탄성계수 E_2가 부재 ⓐ의 탄성계수 E_1의 3배이다.)

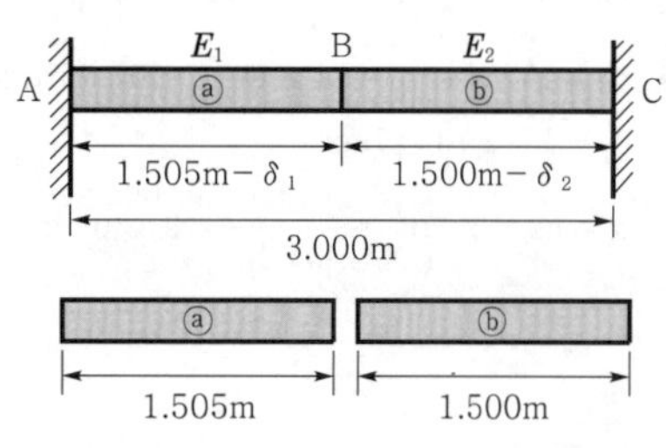

① 0.723 : 1.000　　② 1.505 : 1.000
③ 3.010 : 1.000　　④ 4.515 : 1.000

해설 변위 일치법을 적용하면,

$\delta(5\text{mm}) = \delta_1 + \delta_2$

$= \dfrac{RL_1}{E_1A} + \dfrac{RL_2}{E_2A} = \dfrac{RL_1}{E_1A} + \dfrac{RL_2}{3E_1A}$

$E_2 = 3E_1$

$\delta_1 : \delta_2 = \dfrac{RL_1}{E_1A} : \dfrac{RL_2}{3E_1A} = L_1 : \dfrac{L_2}{3}$

$= 1{,}505 : \dfrac{1{,}500}{3} = 1{,}505 : 500$

양쪽에 2배수하면,

$\therefore \delta_1 : \delta_2 = 3{,}010 : 1{,}000$

17 그림과 같은 부정정보에서 B점의 고정단 모멘트[kN·m]의 크기는? (단, 구조물의 자중은 무시한다.)

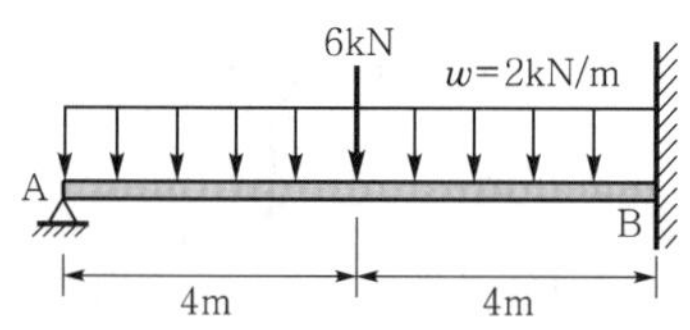

① 20　　② 25
③ 30　　④ 35

해설 $M_B = -\dfrac{WL^2}{8} - \dfrac{3PL}{16} = -\dfrac{2\times8^2}{8} - \dfrac{3\times6\times8}{16}$

$= -16 - 9 = -25\text{kN}\cdot\text{m}$

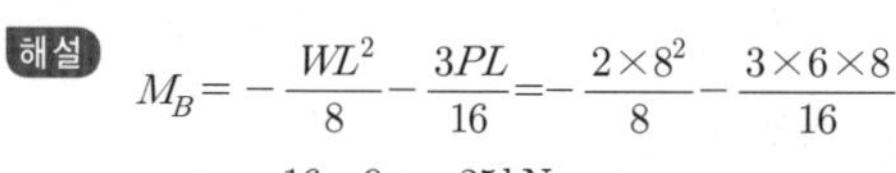

18 그림과 같이 두 벽면 사이에 놓여있는 강체 구(질량 m =1kg)의 중심(O)에 수평방향 외력(P=20N)이 작용할 때, 반력 R_A의 크기[N]는? (단, 벽과 강체 구 사이의 마찰은 없으며, 중력가속도는 10m/s^{2}로 가정한다.)

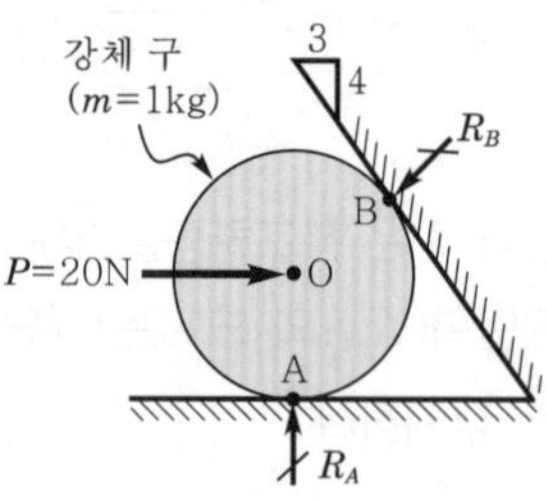

① 15　　② 20
③ 25　　④ 30

정답 15 ① 16 ③ 17 ② 18 ③

해설 R_A = 자중에 의한 반력 + 수평하중 P에 대한 반력

- 자중 = $1\text{kg} \times 10\text{m/sec}^2 = 10\text{N}$
- 수평하중 반력

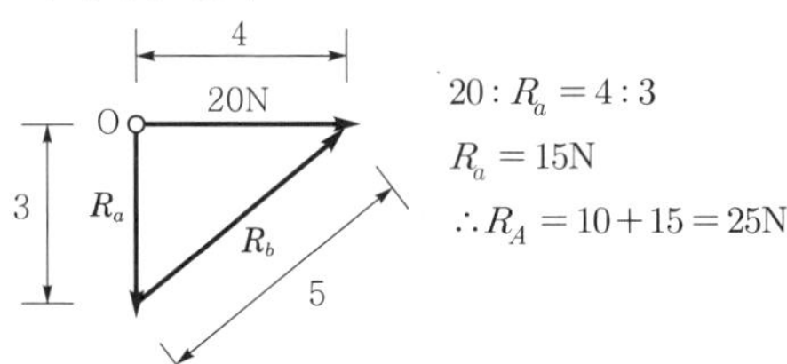

$20 : R_a = 4 : 3$

$R_a = 15\text{N}$

$\therefore R_A = 10 + 15 = 25\text{N}$

19 그림과 같이 재료와 길이가 동일하고 단면적이 각각 $A_1 = 1{,}000\text{mm}^2$, $A_2 = 500\text{mm}^2$인 부재가 있다. 부재의 양쪽 끝은 고정되어 있고 온도가 최초 대비 10°C 올라갔을 때, 이로 인해 유발되는 A점에서의 반력 변화량[kN]은? (단, 부재의 자중은 무시하고 탄성계수 E=210GPa, 열팽창계수 $\alpha = 1.0 \times 10^{-5}/℃$이다.)

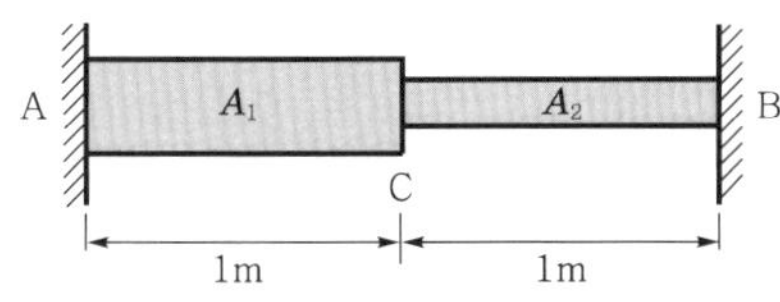

① 8.0 ② 14.0

③ 24.0 ④ 42.0

해설 $\delta_{A_1} = \Delta T \alpha L = 10 \times 1.0 \times 10^{-5} \times 1{,}000 = 0.1\text{mm}$

$\delta_{A_2} = \Delta T \alpha L = 10 \times 1.0 \times 10^{-5} \times 1{,}000 = 0.1\text{mm}$

$\sigma_A = E\varepsilon = 210 \times 10^9 \times \dfrac{0.1}{1{,}000} = 21{,}000{,}000\text{N/mm}^2$

$R_A = \dfrac{21{,}000}{1{,}000 + 500} = 14\text{kN}$

20 그림과 같은 평면응력상태에 있는 미소요소에서 발생할 수 있는 최대 전단응력의 크기[MPa]는? (단, $\alpha_x = 36\text{MPa}$, $\tau_{xy} = 24\text{MPa}$)

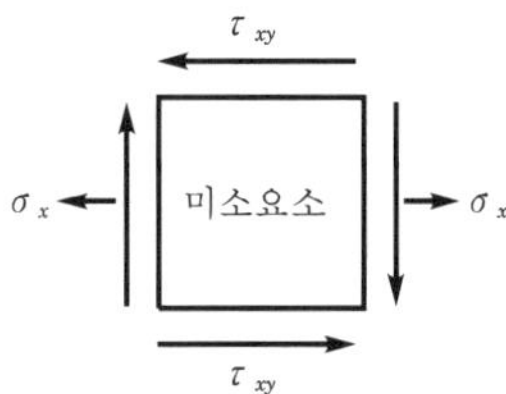

① 30 ② 40

③ 50 ④ 60

해설

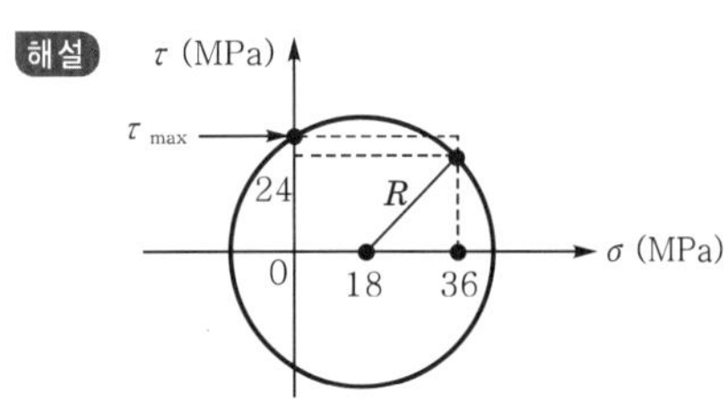

$R = \sqrt{18^2 + 24^2} = 30\text{MPa}$

$\tau_{max} = R = 30\text{MPa}$

정답 19 ② 20 ①

과년도 출제문제(2019년 지방직 9급)

01 그림과 같이 $x-y$ 평면상에 있는 단면 중 도심의 y좌표 값이 가장 작은 것은?

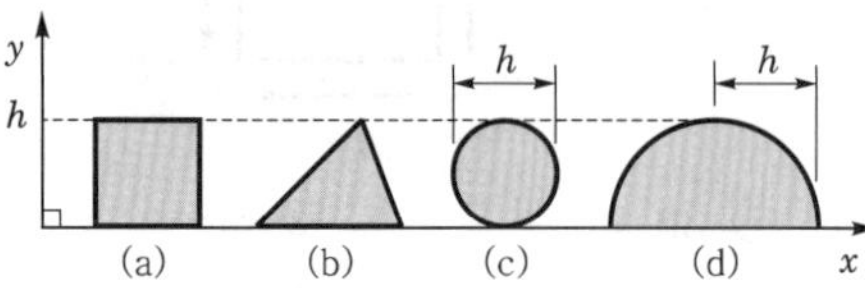

① (a) ② (b)
③ (c) ④ (d)

해설 (a) $\bar{y}=\frac{h}{2}$ (b) $\bar{y}=\frac{h}{3}$

(c) $\bar{y}=\frac{h}{2}$ (d) $\bar{y}=\frac{4h}{3\pi}$

02 그림과 같이 강체로 된 보가 케이블로 B점에서 지지되고 있다. C점에 수직하중이 작용할 때, 부재 AB에 발생되는 축력의 크기[kN]는? (단, 모든 부재의 자중은 무시한다.)

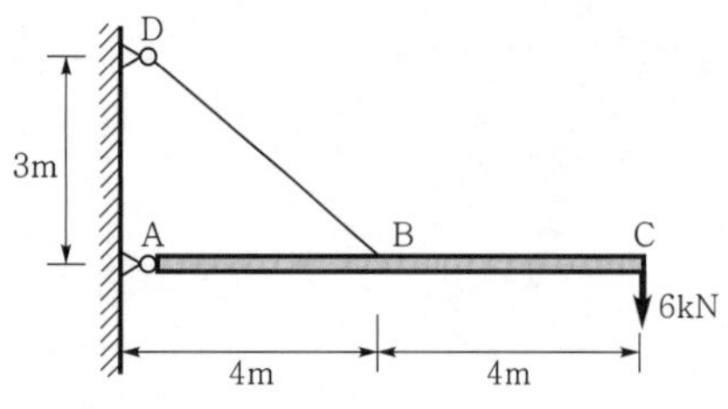

① 12(압축) ② 12(인장)
③ 16(압축) ④ 16(인장)

해설

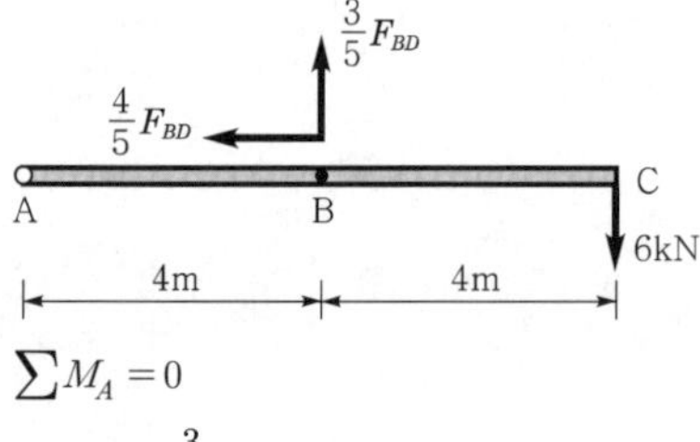

$\sum M_A=0$

$(6\times8)-(\frac{3}{5}F_{BD}\times4.0)=0$

$F_{BD}=48\times\frac{5}{12}=20\text{kN}$

$\sum H=0$

$F_{AB}-(\frac{4}{5}\times20)=0$

$F_{AB}=16\text{kN}$(압축)

03 그림과 같이 C점에 내부힌지가 있는 보의 지점 A와 B에서 수직반력의 비 R_A/R_B는? (단, 보의 휨강성 EI는 일정하고, 자중은 무시한다.)

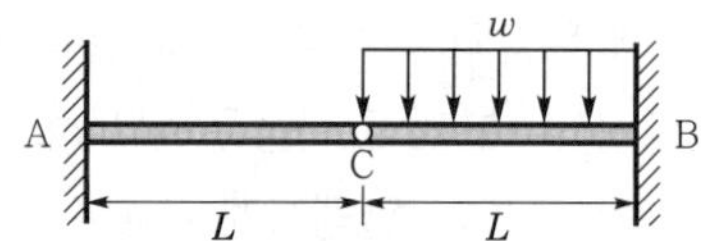

① $\frac{3}{16}$ ② $\frac{3}{15}$

③ $\frac{3}{14}$ ④ $\frac{3}{13}$

해설

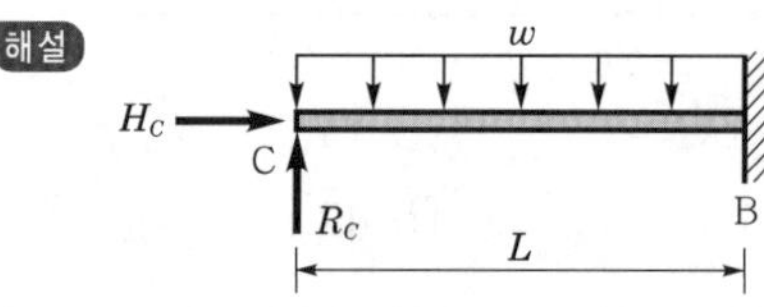

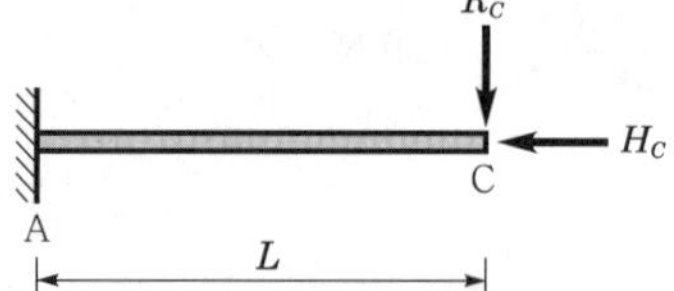

$\delta_{C_1}=\frac{WL^4}{8EI}-\frac{R_CL^3}{3EI}$, $\delta_{C_2}=\frac{R_CL^3}{3EI}$

$\delta_{C_1}=\delta_{C_2}$

정답 01 ② 02 ③ 03 ④

$$\frac{WL^4}{8EI} - \frac{R_C L^3}{3EI} = \frac{R_C L^3}{3EI}$$

$$R_C = \frac{3WL}{16}$$

$$R_A = \frac{3WL}{16}$$

$$R_B = WL - \frac{3WL}{16} = \frac{13WL}{16}$$

$$\frac{R_A}{R_B} = \frac{\frac{3WL}{16}}{\frac{13WL}{16}} = \frac{3}{13}$$

04 그림과 같은 분포하중과 집중하중을 받는 단순보에서 지점 A의 수직반력 크기[kN]는? (단, 보의 휨강성 EI는 일정하고, 자중은 무시한다.)

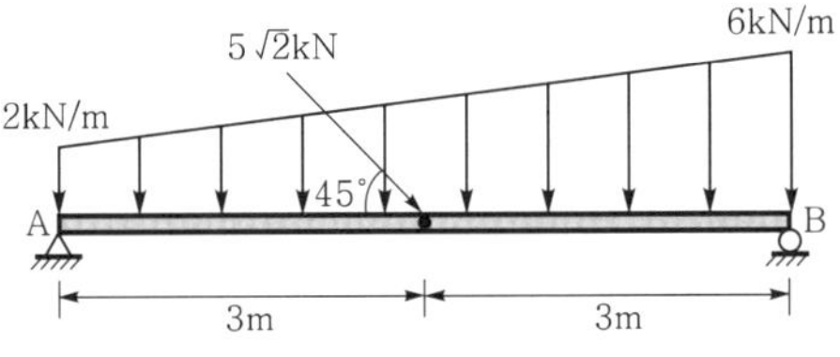

① 10.0 ② 12.5

③ 15.0 ④ 17.5

해설 $\sum M_B = 0$

$(R_A \times 6.0) - (2 \times 6 \times 3) - (\frac{1}{2} \times 6 \times 4 \times \frac{6}{3})$

$-(5\sqrt{2} \cdot \sin 45 \times 3.0) = 0$

$R_A = 12.5\text{kN}$

05 그림과 같은 부정정보에서 지점 B에 발생하는 수직반력 R_B의 크기[kN]는? (단, 보의 휨강성 EI는 일정하며, 자중은 무시한다.)

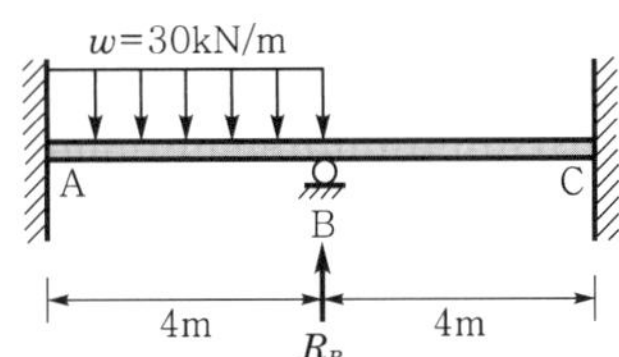

① 55 ② 60

③ 65 ④ 70

해설

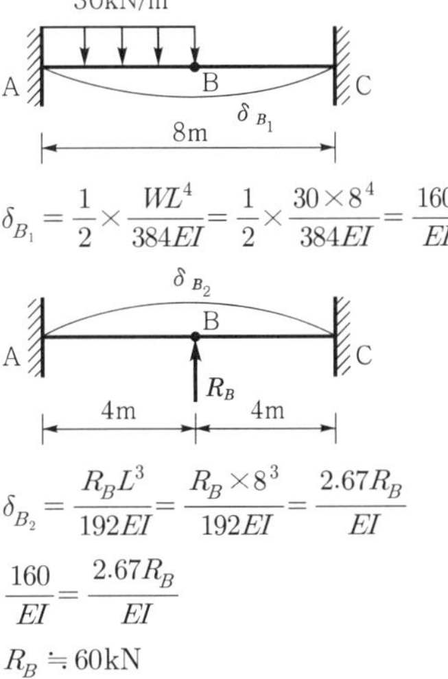

$$\delta_{B_1} = \frac{1}{2} \times \frac{WL^4}{384EI} = \frac{1}{2} \times \frac{30 \times 8^4}{384EI} = \frac{160}{EI}$$

$$\delta_{B_2} = \frac{R_B L^3}{192EI} = \frac{R_B \times 8^3}{192EI} = \frac{2.67R_B}{EI}$$

$$\frac{160}{EI} = \frac{2.67R_B}{EI}$$

$R_B \fallingdotseq 60\text{kN}$

06 그림과 같은 트러스 구조물에서 부재 BC의 부재력 크기[kN]는? (단, 모든 자중은 무시한다.)

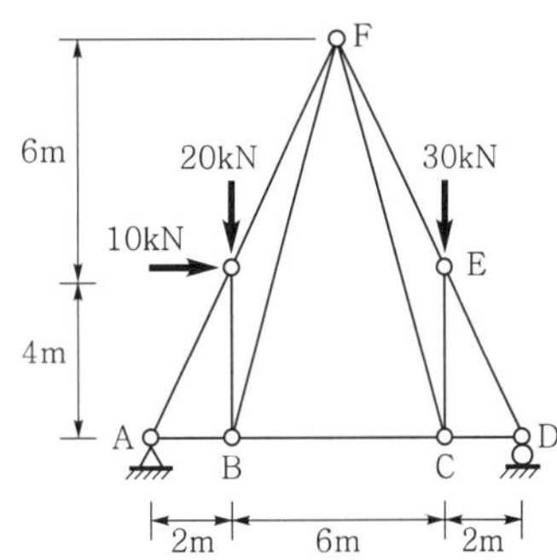

① 5(압축) ② 5(인장)

③ 7(압축) ④ 7(인장)

해설 $\sum M_A = 0$

$(10 \times 4) + (20 \times 2) + (30 \times 8) - (R_D \times 10) = 0$

$R_D = 32\text{kN}$

BC부재력 산정

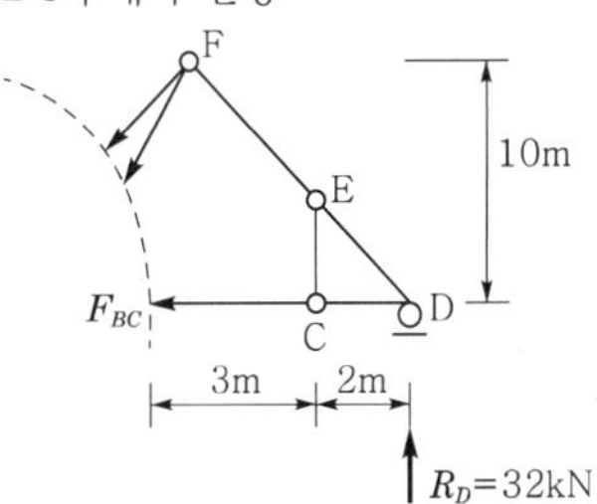

$\sum M_F = 0$
$(30\times3)-(32\times5)+(F_{BC}\times10)=0$
$F_{BC}=7\text{kN}$(인장)

07 그림과 같은 등분포하중이 작용하는 단순보에서 최대휨모멘트가 발생되는 거릿값(x)과 최대휨모멘트 값(M)의 비 $\left[\dfrac{x}{M}\right]$는? (단, 보의 휨강성 EI는 일정하고, 자중은 무시하며, 최대휨모멘트의 발생지점은 지점 A로부터의 거리이다.)

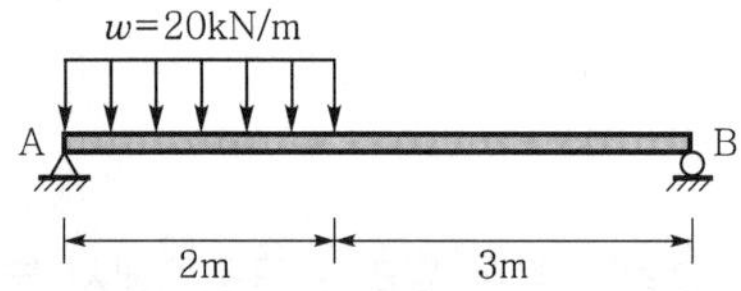

① $\frac{1}{8}$ ② 8
③ $\frac{1}{16}$ ④ 16

해설 $(R_A\times5)-(20\times2\times4)=0$
$R_A=32\text{kN},\ R_B=8\text{kN}$
최대모멘트 발생 위치는 $S=0$인 곳이다.

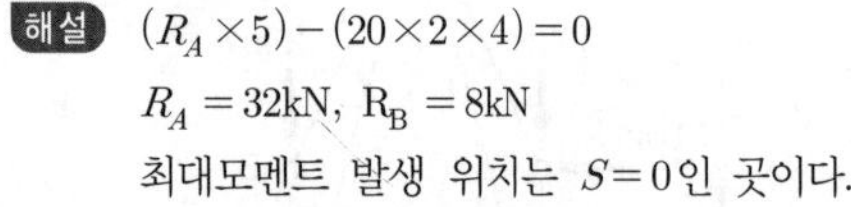

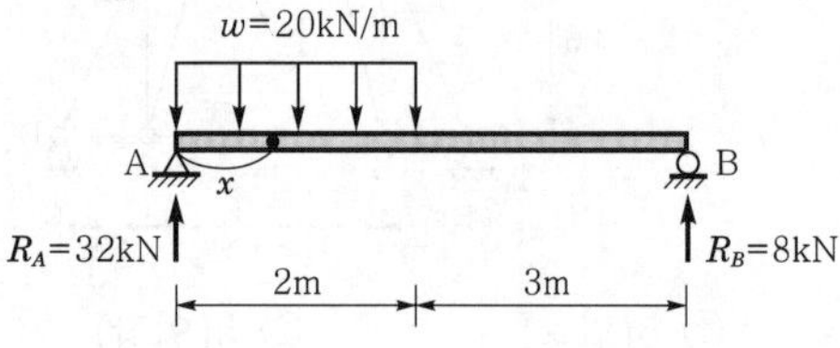

$S_x=32\text{kN}-20x=0$
$x=1.6\text{m}$
$M_{max}=(32\times1.6)-(20\times1.6\times0.8)=25.6\text{kN}\cdot\text{m}$
$\dfrac{x}{M}=\dfrac{1.6}{25.6}=\dfrac{1}{16}$

08 그림과 같은 단순보에 하중이 작용할 때 지점 A, B에서 수직 반력 R_A 및 R_B가 $2R_A=R_B$로 성립되기 위한 거리 x[m]는? (단, 보의 휨강성 EI는 일정하고, 자중은 무시한다.)

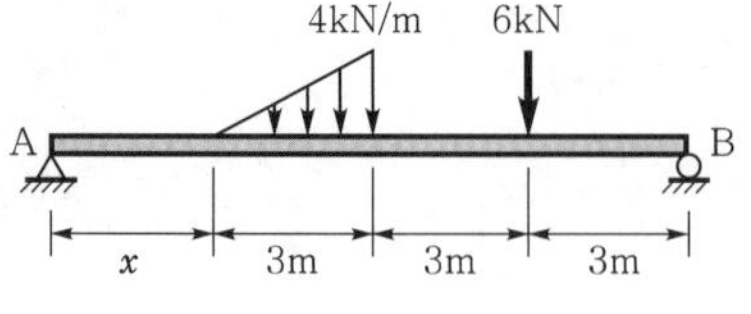

① 3 ② 4
③ 5 ④ 6

해설

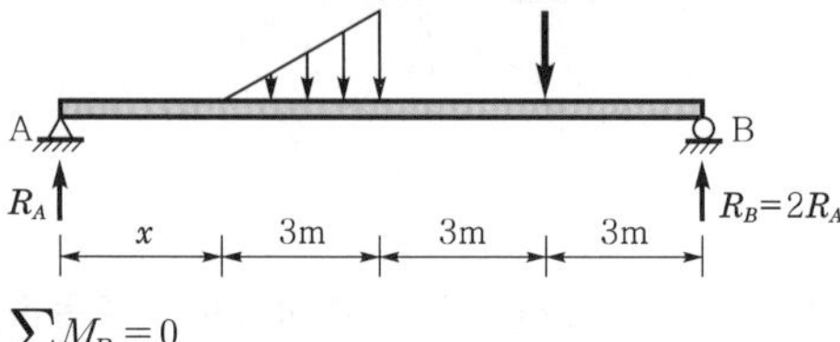

$\sum M_B=0$
$[R_A\times(9+x)]-(\frac{1}{2}\times3\times4\times7)-(6\times3.0)=0$
$9R_A+R_Ax-42-18=0$
$9R_A+R_Ax-60=0\cdots$①
$\sum V=0$
$R_A+R_B-(\frac{1}{2}\times3.0\times4)-6.0=0$
$3R_A-12.0=0$
$R_A=4\text{kN}\ \cdots$②
②식을 ①식에 대입하면,
$36+4x-60=0$
$\therefore x=6.0\text{m}$

09 그림과 같이 폭 300mm, 높이 400mm의 직사각형 단면을 갖는 단순보의 허용 휨응력이 6MPa이라면, 단순보에 작용시킬 수 있는 최대 등분포하중 w의 크기[kN/m]는? (단, 보의 휨강성 EI는 일정하고, 자중은 무시한다)

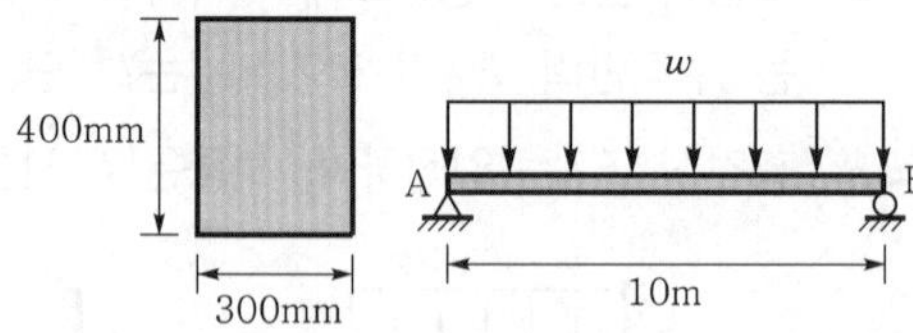

① 3.84 ② 4.84
③ 5.84 ④ 6.84

해설 $M_{max}=\dfrac{wL^2}{8}=\dfrac{w\times10^2}{8}=12.5w[\text{kN}\cdot\text{m}]$

$Z=\dfrac{bh^2}{6}=\dfrac{300\times400^2}{6}=8\times10^6$

정답 07 ③ 08 ④ 09 ①

$$\sigma_{\max} = \frac{M}{Z} = \frac{12.5w}{8\times10^6} = 6\text{MPa}$$

$$w = 3.84\times10^6\text{N/mm} = 3.84\text{kN/m}$$

10 그림과 같이 내부힌지가 있는 보에서, 지점 B의 휨모멘트와 CD구간의 최대휨모멘트가 같게 되는 길이 a는? (단, 보의 휨강성 EI는 일정하고, 자중은 무시한다.)

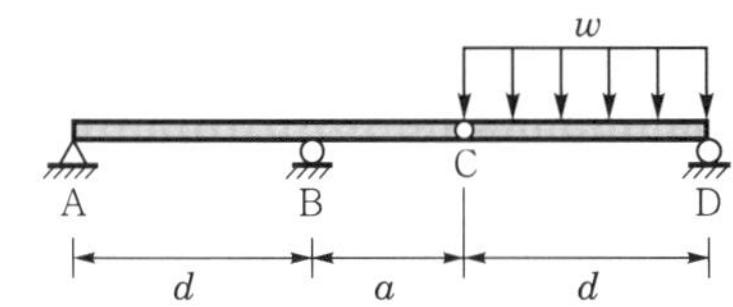

① $\frac{1}{6}d$　　② $\frac{1}{5}d$

③ $\frac{1}{4}d$　　④ $\frac{1}{3}d$

해설

$$M_{\max} = \frac{wd^2}{8}$$

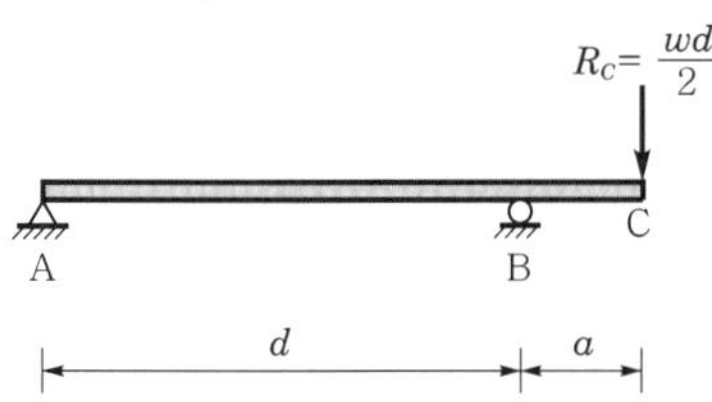

$$M_B = R_c a = \frac{wad}{2}$$

$$M_{\max} = M_B$$

$$\frac{wd^2}{8} = \frac{wad}{2}$$

$$a = \frac{2wd^2}{8wd} = \frac{1}{4}d$$

11 그림과 같은 음영 부분 A 단면에서 $x-x$축으로부터 도심까지의 거리 y는?

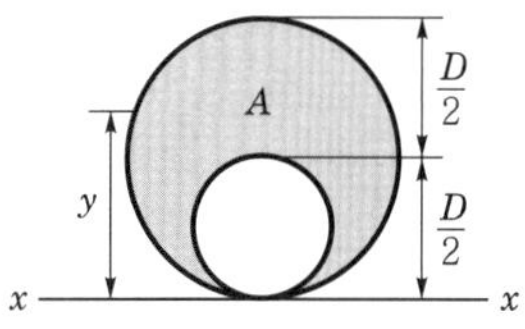

① $\frac{5D}{12}$　　② $\frac{6D}{12}$

③ $\frac{7D}{12}$　　④ $\frac{8D}{12}$

해설

$$y = \frac{\sum G_x}{\sum A} = \frac{\left(\frac{\pi D^2}{4}\times\frac{D}{\pi}\right) - \left[\frac{\pi}{4}\left(\frac{D}{2}\right)^2\times\frac{D}{4}\right]}{\frac{\pi D^2}{4} - \frac{\pi}{4}\left(\frac{D}{2}\right)^2}$$

$$= \frac{\frac{\pi D^3}{8} - \frac{\pi D^3}{64}}{\frac{\pi D^2}{4} - \frac{\pi D^2}{16}} = \frac{\frac{7\pi D^3}{64}}{\frac{3\pi D^2}{16}} = \frac{112\pi D^3}{192\pi D^2} = \frac{7D}{12}$$

12 그림과 같이 재료와 길이가 동일하고 단면적이 다른 수직 부재가 축하중 P를 받고 있을 때, A점에서 발생하는 변위는 B점에서 발생하는 변위의 몇 배인가? (단, 구간 AB와 BC의 축강성은 각각 EA와 $2EA$이고, 부재의 자중은 무시한다.)

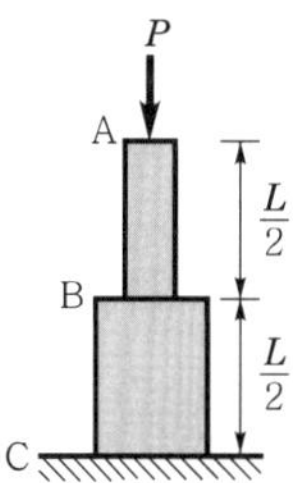

① 1.5　　② 2.0

③ 2.5　　④ 3.0

해설

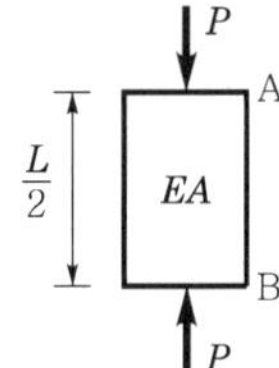

$$\delta_{AB} = \frac{P\times\frac{L}{2}}{EA} = \frac{PL}{2EA}$$

정답 10 ③　11 ③　12 ④

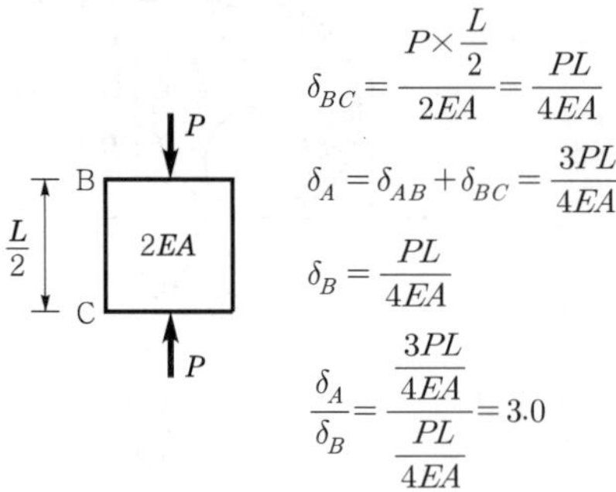

$$\delta_{BC} = \frac{P \times \frac{L}{2}}{2EA} = \frac{PL}{4EA}$$

$$\delta_A = \delta_{AB} + \delta_{BC} = \frac{3PL}{4EA}$$

$$\delta_B = \frac{PL}{4EA}$$

$$\frac{\delta_A}{\delta_B} = \frac{\frac{3PL}{4EA}}{\frac{PL}{4EA}} = 3.0$$

13 그림과 같은 삼각형 단면의 $x-x$축에 대한 단면2차모멘트 $I_x[\text{mm}^4]$는?

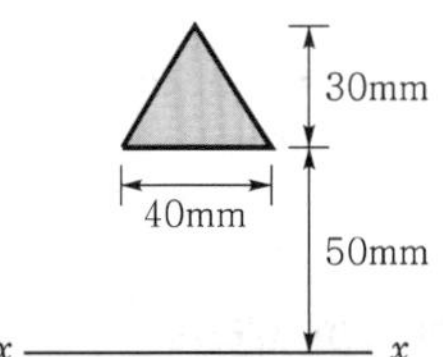

① 155×10^4　　② 219×10^4
③ 345×10^4　　④ 526×10^4

해설 $I_{x-x} = I_o + Ay^2$

$$I_o = \frac{bh^3}{36} = \frac{40 \times 30^3}{36} = 30,000\text{mm}^4$$

$$A = \frac{bh}{2} = \frac{40 \times 30}{2} = 600\text{mm}^2$$

$$y = 50 + \frac{h}{3} = 50 + 10 = 60\text{mm}$$

$$I_{x-x} = 30,000 + (600 \times 60^2) = 2,190,000 = 219 \times 10^4$$

14 그림과 같이 캔틸레버보에 집중하중(P), 등분포하중(w), 모멘트 하중(M)이 작용하고 있다. 자유단 A에 최대 수직처짐을 발생시키는 하중은 이 세 가지 중 어느 것이며, 보에 세 하중이 동시에 작용할 때 발생하는 수직처짐 δ의 크기[mm]는? (단, P=10kN, w=10 kN/m, M= 10 kN · m, 휨강성 $EI = 2 \times 10^{10}$kN·mm^{2}이고, 자중은 무시한다.)

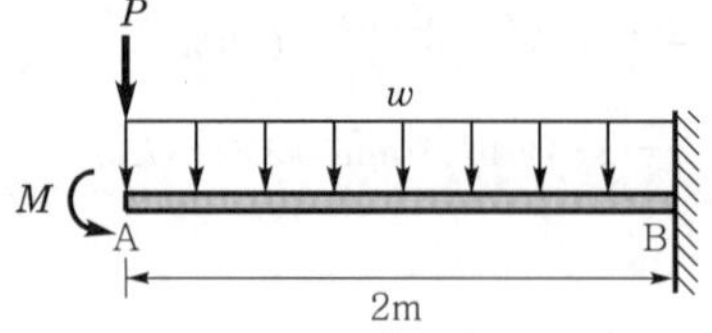

① $w = 10\text{kN/m},\ \delta = 1\text{mm}$
② $M = 10\text{kN} \cdot \text{m},\ \delta = 1\text{mm}$
③ $P = 10\text{kN},\ \delta = \frac{10}{3}\text{mm}$
④ $M = 10\text{kN} \cdot \text{m},\ \delta = \frac{10}{3}\text{mm}$

해설

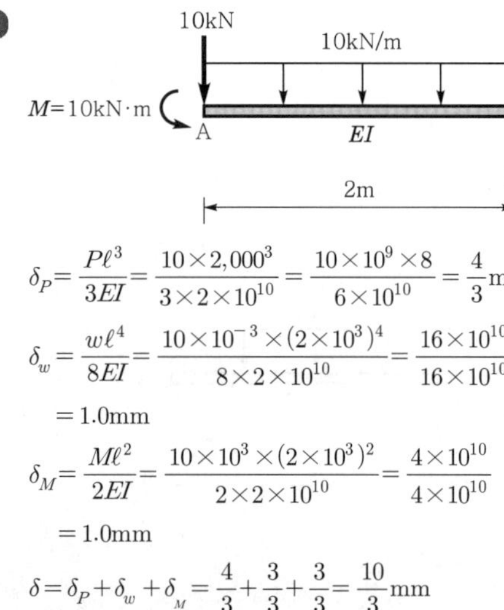

$$\delta_P = \frac{P\ell^3}{3EI} = \frac{10 \times 2,000^3}{3 \times 2 \times 10^{10}} = \frac{10 \times 10^9 \times 8}{6 \times 10^{10}} = \frac{4}{3}\text{mm}$$

$$\delta_w = \frac{w\ell^4}{8EI} = \frac{10 \times 10^{-3} \times (2 \times 10^3)^4}{8 \times 2 \times 10^{10}} = \frac{16 \times 10^{10}}{16 \times 10^{10}}$$

$$= 1.0\text{mm}$$

$$\delta_M = \frac{M\ell^2}{2EI} = \frac{10 \times 10^3 \times (2 \times 10^3)^2}{2 \times 2 \times 10^{10}} = \frac{4 \times 10^{10}}{4 \times 10^{10}}$$

$$= 1.0\text{mm}$$

$$\delta = \delta_P + \delta_w + \delta_M = \frac{4}{3} + \frac{3}{3} + \frac{3}{3} = \frac{10}{3}\text{mm}$$

15 그림과 같은 단순보에서 집중하중이 작용할 때, O점에서의 수직 처짐 δ_O의 크기[mm]는? (단, 휨강성 $EI = 2 \times 10^{12}\text{N} \cdot \text{mm}^2$이며, 자중은 무시한다.)

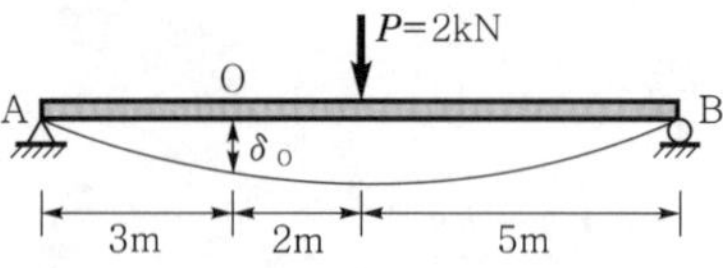

① 14.5　　② 15.5
③ 16.5　　④ 17.5

정답 13 ② 14 ③ 15 ③

해설

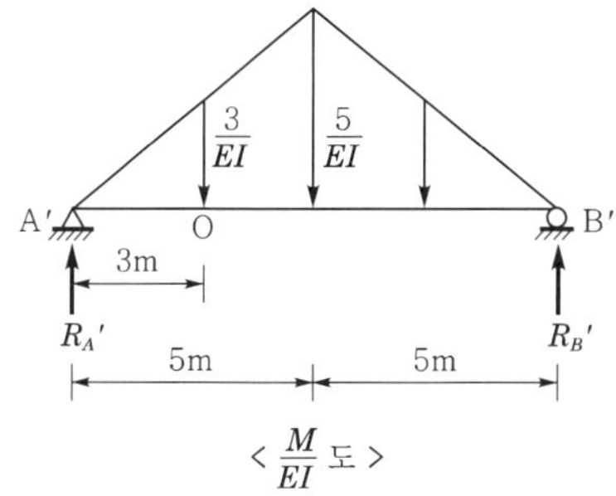

$< \dfrac{M}{EI}$ 도 $>$

$R_A' = \dfrac{1}{2} \times 5.0 \times 5.0 = \dfrac{12.5}{EI}$

$\delta_o = (\dfrac{12.5}{EI} \times 3) - (\dfrac{1}{2} \times 3 \times \dfrac{3}{EI} \times 1.0)$

$= \dfrac{37.5}{EI} - \dfrac{4.5}{EI} = \dfrac{33}{EI}$

$= \dfrac{33}{2 \times 10^{12} \times 10^{-3} \times 10^{-6}} = \dfrac{33}{2 \times 10^{3}} = 0.0165\text{m}$

$= 16.5\text{mm}$

16 그림과 같은 하중을 받는 트러스에 대한 설명으로 옳지 않은 것은? (단, 모든 부재의 자중은 무시한다.)

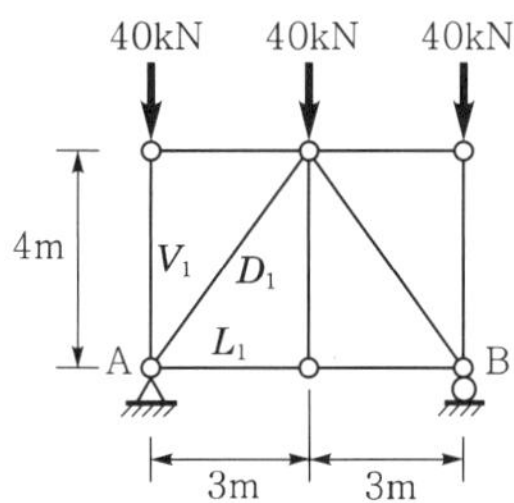

① V_1은 40kN의 압축을 받는다.

② L_1은 15kN의 인장을 받는다.

③ 내적안정이고 외적안정이면서 정정이다.

④ D_1은 16kN의 압축을 받는다.

해설

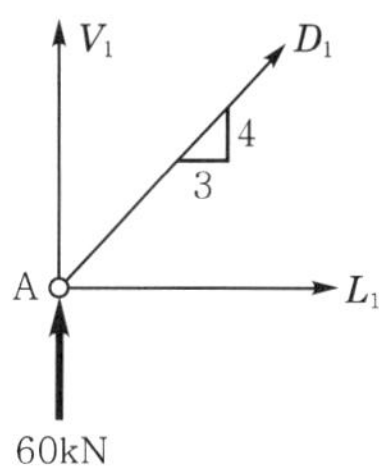

$V_1 = 40\text{kN}$

$\Sigma V = 0$

$60 + V_1 + \dfrac{4}{5} D_1 = 0$

$= 60 + (-40) + \dfrac{4}{5} D_1 = 0$

$= 20 + \dfrac{4}{5} D_1 = 0$

$D_1 = -25$(압축)

$\therefore$ D_1은 25kN의 압축을 받는다.

17 그림과 같이 두 개의 재료로 이루어진 합성단면이 있다. 단면 하단으로부터 중립축까지의 거리 C[mm]는? (단, 각각 재료의 탄성계수는 $E_1 = 0.8 \times 10^5\text{MPa}$, $E_2 = 3.2 \times 10^5\text{MPa}$이다.)

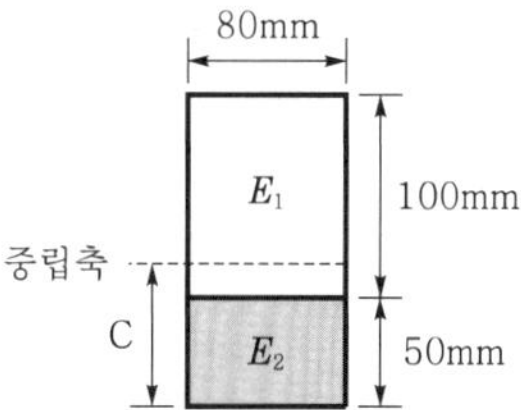

① 50 ② 60

③ 70 ④ 80

해설 $n = \dfrac{E_2}{E_1} = \dfrac{3.2 \times 10^5}{0.8 \times 10^5} = 4$

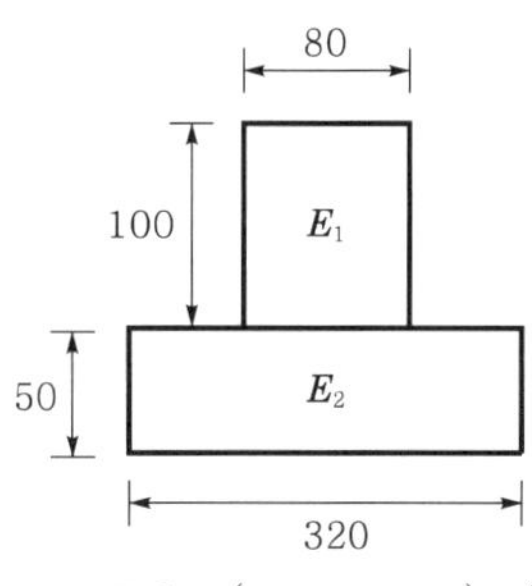

$C = \dfrac{\Sigma G}{\Sigma A} = \dfrac{(320 \times 50 \times 25) + (80 \times 100 \times 100)}{(320 \times 50) + (80 \times 100)}$

$= \dfrac{1,200,000}{24,000} = 50\text{mm}$

정답 16 ④ 17 ①

18 그림과 같은 부재에 2개의 축하중이 작용할 때 구간 D_1, D_2, D_3의 변위의 비($\delta_1 : \delta_2 : \delta_3$)는? (단, 모든 부재의 단면적은 A로 나타내며, 탄성계수 E는 일정하고, 자중은 무시한다.)

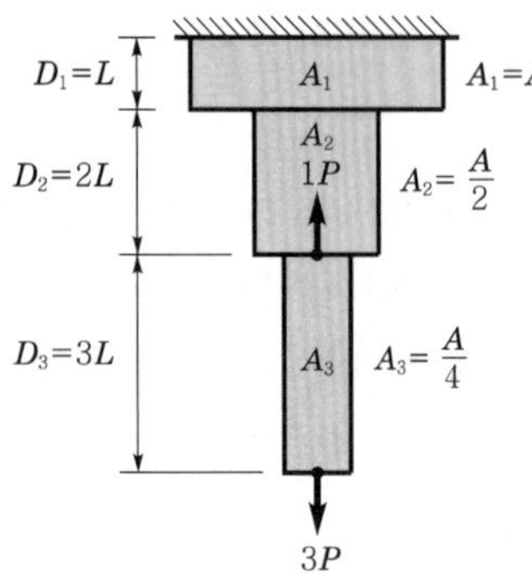

① 1 : 2 : 18　　② 1 : 4 : 18
③ 1 : 2 : 24　　④ 1 : 4 : 24

해설

$$\delta_3 = \frac{3P \times 3L}{E \times \frac{A}{4}} = \frac{9PL}{\frac{EA}{4}} = \frac{36PL}{EA}$$

$$\delta_2 = \frac{2P \times 2L}{E \times \frac{A}{2}} = \frac{4PL}{\frac{EA}{2}} = \frac{8PL}{EA}$$

$$\delta_1 = \frac{2PL}{EA}$$

$$\therefore \delta_1 : \delta_2 : \delta_3 = 1 : 4 : 18$$

19 그림과 같이 양단이 고정지지된 직사각형 단면을 갖는 기둥의 최소 임계하중의 크기[kN]는? (단, 기둥의 탄성계수 E=210GPa, π^2은 10으로 계산하며, 자중은 무시한다.)

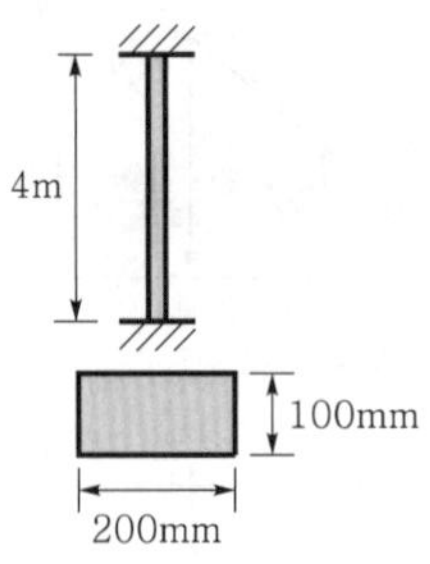

① 8,750　　② 9,000
③ 9,250　　④ 9,750

해설

$$I_{\min} = \frac{0.2 \times 0.1^3}{12} = 1.67 \times 10^{-5}$$

$$P_{cr} = \frac{\pi^2 EI}{(Kl)^2} = \frac{10 \times 210 \times 1.67 \times 10^{-5}}{(0.5 \times 4)^2} = 8{,}767\text{kN}$$

20 그림과 같은 변단면 캔틸레버보에서 A점의 수직처짐의 크기는? (단, 모든 부재의 탄성계수 E는 일정하고, 자중은 무시한다.)

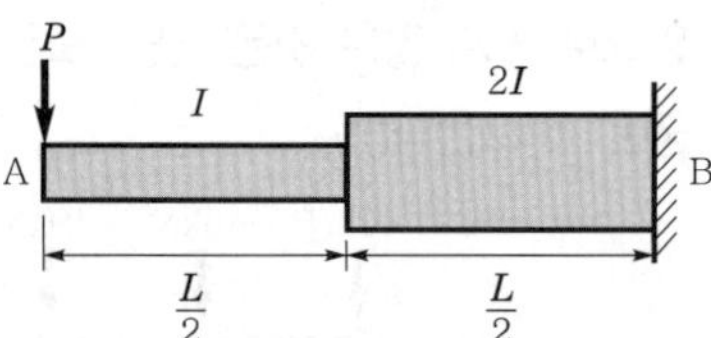

① $\dfrac{PL^3}{32EI}$　　② $\dfrac{3PL^3}{32EI}$
③ $\dfrac{PL^3}{16EI}$　　④ $\dfrac{3PL^3}{16EI}$

해설 중첩공식을 이용하면,

$$n = \frac{2I}{I} = 2$$

$$\delta_A = \frac{PL^3}{3EI}\left(\frac{1}{n}\right) + \frac{Pa^3}{3EI}\left(1 - \frac{1}{n}\right)$$

$$= \frac{PL^3}{3EI}\left(\frac{1}{2}\right) + \frac{P\left(\frac{L}{2}\right)^3}{3EI}\left(1 - \frac{1}{2}\right)$$

$$= \frac{3PL^3}{16EI}$$

정답 18 ② 19 ① 20 ④

과년도 출제문제(2019년 서울시 9급)

01 그림과 같이 외팔보에 등분포하중과 변분포하중이 작용 하고 있다. 두 분포하중의 합력은 200kN이고 이 합력의 작용위치와 방향이 B점의 왼쪽 2m에서 하향이라면 거리 b는?

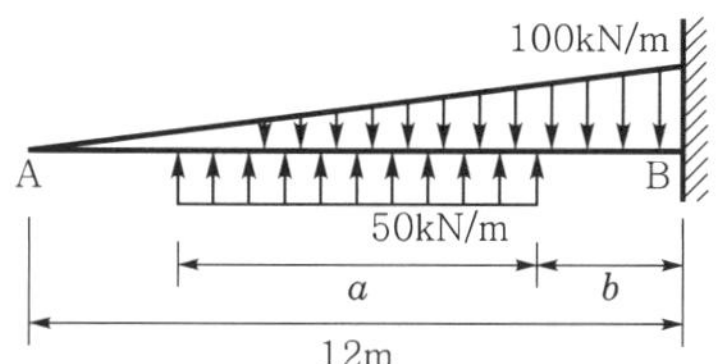

① 1m

② 2m

③ 3m

④ 4m

해설

$(\frac{1}{2}\times 12\times 100)+(50\times a)=200$

$a=8\text{mm}$

접점 B에 대해 바리롱의 정리 적용하면,

$(\frac{1}{2}\times 12\times 100\times \frac{12}{3})-[50\times 8\times (4+b)]$

$=200\times 2$

$\therefore b=1\text{m}$

02 그림과 같은 단순보의 전단력도(S.F.D)와 휨모멘트도(B.M.D)를 이용하여 C점에 작용하는 집중하중 P_1의 크기는?

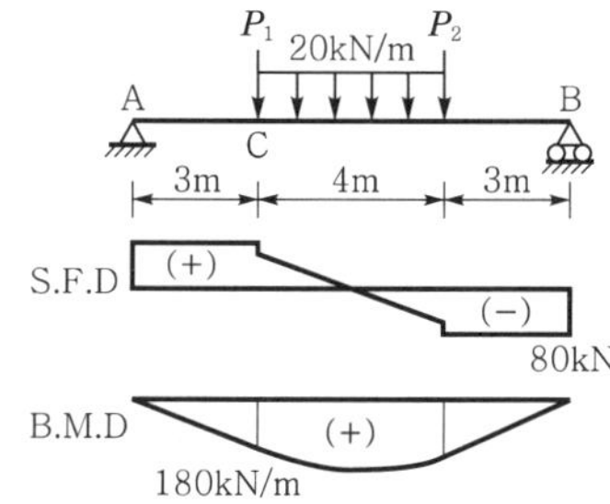

① 4kN ② 5kN

③ 6kN ④ 8kN

해설 반력을 구해 보면,

전단력도에서 $R_B=80\text{kN}$

모멘트도에서 $M_C=180\text{kN}\cdot\text{m}$

$R_a\times 3=180$

$R_a=60\text{kN}$

$\Sigma V=0$

$80+60=P_1+P_2+(20\times 4)$

$140-80=P_1+P_2$

$60=P_1+P_2$

중앙부에서 전단력은 $S_x=0$

$60-P_1-(20\times 2)=0$

$P_1=20\text{kN}$

03 그림과 같은 삼각함수로 둘러싸인 단면을 x축 중심으로 90° 회전시켰을 때 만들어지는 회전체의 부피는?

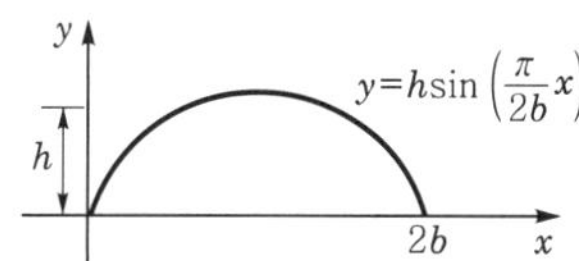

① $\frac{1}{4}\pi bh^2$

② $\frac{1}{3}\pi bh^2$

③ $\frac{1}{2}\pi bh^2$

④ πbh^2

해설 파푸스의 제2정리를 적용하면,

$A=(2b\times h)\times\frac{2}{\pi}=\frac{4bh}{\pi}$

$y_c=\frac{\pi h}{8},\ \theta=90^\circ=\frac{\pi}{2}$

$\therefore V=Ay_c\theta=\frac{4bh}{\pi}\times\frac{\pi h}{8}\times\frac{\pi}{2}=\frac{1}{4}\pi bh^2$

정답 01 ① 02 ② 03 ①

04 그림과 같이 하중을 받고 있는 케이블에서 A지점의 수평반력의 크기는? (단, 구조물의 자중은 무시한다.)

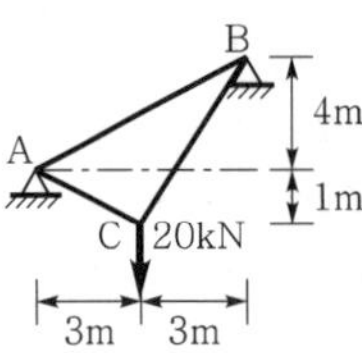

① 6kN ② 8kN
③ 10kN ④ 12kN

해설 케이블 정리를 적용하면 단순보로 가정했을 때 $M_c = 10 \times 3.0 = 30\text{kN} \cdot \text{m}$

케이블의 수평반력 $H_A = \dfrac{M_c}{y_c} = \dfrac{30}{3} = 10\text{kN}$

05 그림에 나타난 트러스에서 부재력이 0인 부재의 수는?

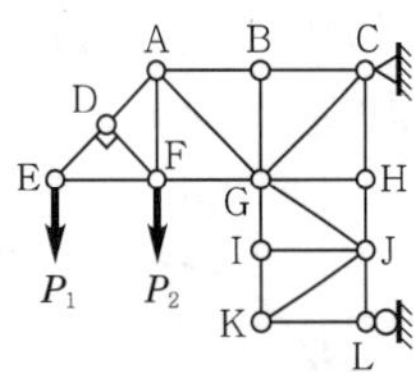

① 4개 ② 5개
③ 6개 ④ 7개

해설

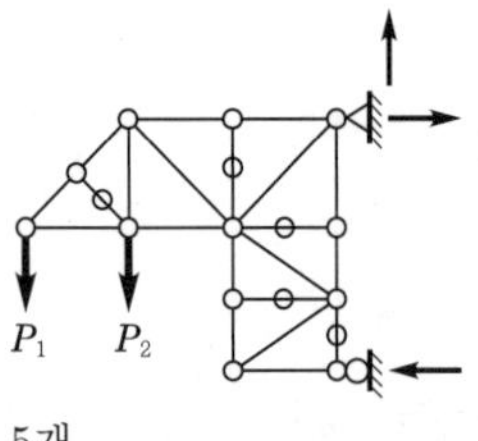

5개

06 그림과 같은 게르버보에 임의의 길이 x를 갖는 등분포 하중이 작용하고 있다. 이때 D점의 최대 수직부반력(↓)을 발생시키는 등분포하중의 길이 x와 D점의 최대 수직부반력 R_D(↓)는?

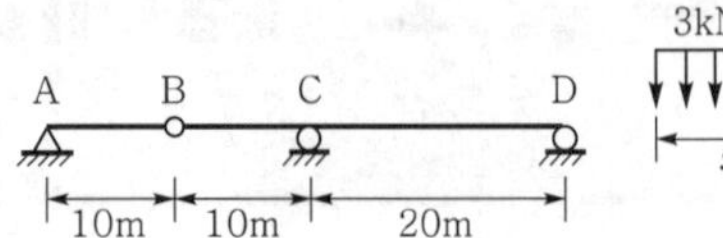

① $x = 10\text{m},\ R_D = 30\text{kN}(\downarrow)$
② $x = 10\text{m},\ R_D = 15\text{kN}(\downarrow)$
③ $x = 20\text{m},\ R_D = 30\text{kN}(\downarrow)$
④ $x = 20\text{m},\ R_D = 15\text{kN}(\downarrow)$

해설 반력 영향선을 적용하면,

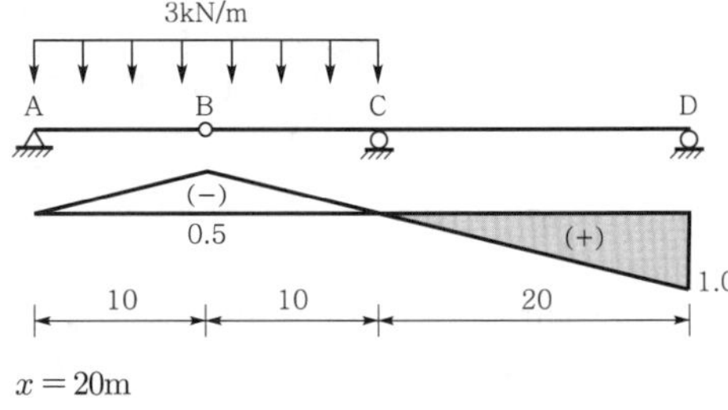

$x = 20\text{m}$

$R_D = (\dfrac{1}{2} \times 20 \times 0.5) \times 3\text{kN/m} = 15\text{kN}$

07 보 CD 위에 보 AB가 단순히 놓인 후에 등분포하중이 작용 하였을 때, 보 AB에서 정모멘트가 최대가 되는 x는? (단, EI는 모든 부재에서 일정하며 $0 \le x \le \dfrac{L}{2}$이고, x는 A점으로부터의 거리이다.)

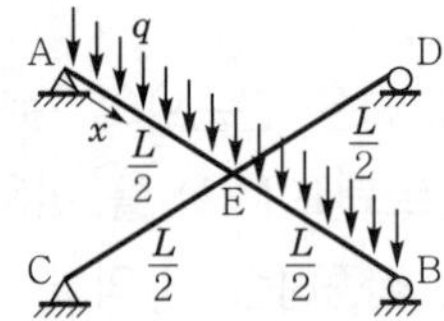

① $\dfrac{11}{16}L$ ② $\dfrac{15}{32}L$
③ $\dfrac{11}{32}L$ ④ $\dfrac{11}{48}L$

해설

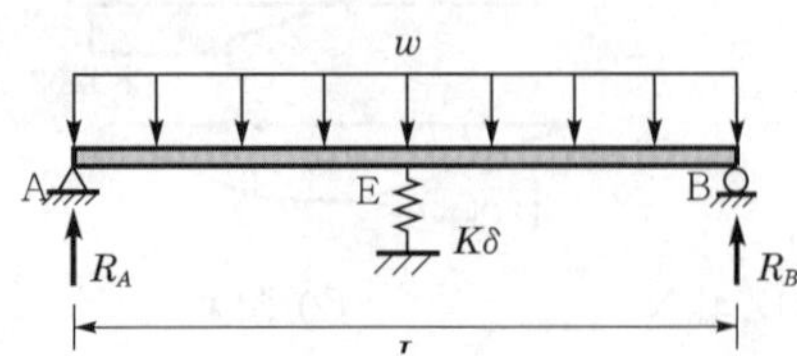

정답 04 ③ 05 ② 06 ④ 07 ③

$K=\dfrac{48EI}{L^3},\ \delta=\dfrac{5wL^4}{384EI}$

$R_A=\dfrac{wL}{2}-\dfrac{K\delta}{2},\ R_B=\dfrac{wL}{2}-\dfrac{K\delta}{2}$

$M_{\max}=S_x=0$ 이므로

$S_x=\left(\dfrac{wL}{2}-\dfrac{K\delta}{2}\right)-wx=0$

$$x=\frac{L}{2}-\frac{K\delta}{2w}=\frac{1}{2}\left(L-\frac{1}{2w}\times\frac{48EI}{L^3}\times\frac{5wL^4}{384EI}\right)$$

$$=\frac{1}{2}\left(L-\frac{120}{384}L\right)=\frac{1}{2}\left(L-\frac{10}{32}L\right)$$

$$=\frac{L}{2}-\frac{5L}{32}=\frac{16L}{32}-\frac{5L}{32}=\frac{11L}{32}$$

08 두께가 8mm인 보를 두께가 24mm인 보의 위와 아래에 접착시켜 제작한 단순보의 지간 중앙에 20kN의 하중이 작용할 때, 단순보의 접착면에서 전단파괴가 발생하였다면 접착면의 접착응력은? (단, 보의 자중은 무시하고, 전단파괴 이전의 접착면에서는 미끄러짐이 발생하지 않는다.)

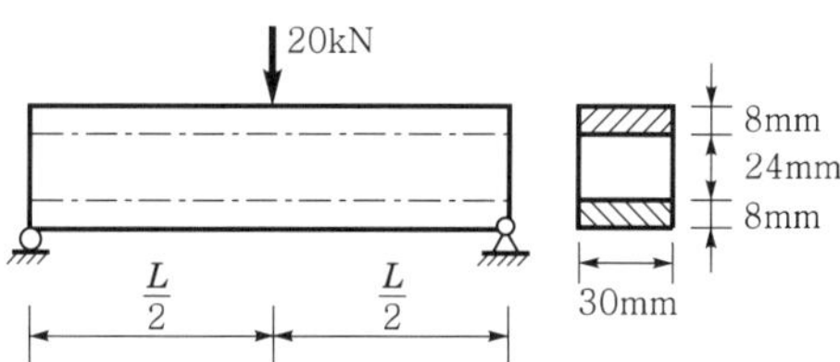

① 2MPa ② 4MPa
③ 6MPa ④ 8MPa

해설

$\tau=\dfrac{SG}{Ib}$ 에서 $I=\dfrac{bh^3}{12}=\dfrac{30\times40^3}{12}=160{,}000\text{mm}^4$

$b=30\text{mm}$

$S=10\text{kN}$

$G=(8\times30)\times(12+4)=3{,}840\text{mm}^3$

$\tau=\dfrac{10\times3{,}840\times10^3}{160{,}000\times30}=8\text{MPa}$

09 그림과 같은 스프링 시스템에 하중 P=100N이 작용할 때, 강체 CF의 변위는? (단, 모든 스프링의 강성은 k=5,000N/m이며, 강체는 수평을 이루면서 이동하고, 시스템의 자중은 무시한다.)

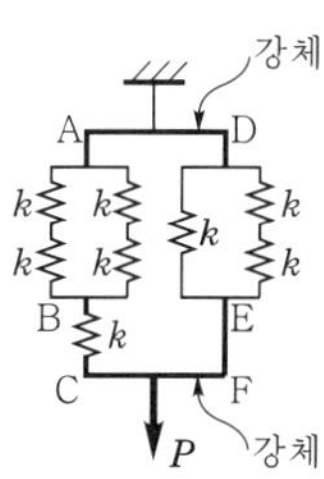

① 10mm
② 20mm
③ 30mm
④ 40mm

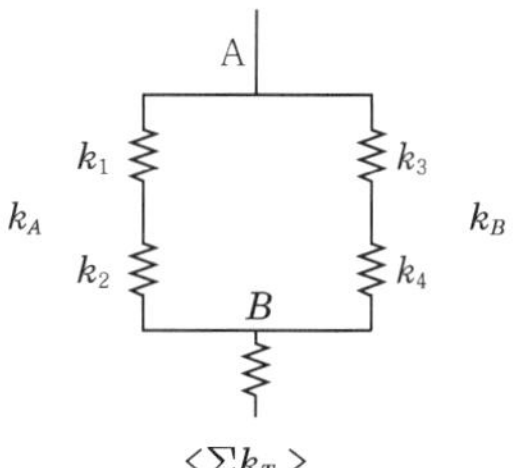

<Σk_{T_1}>

$\dfrac{1}{k_A}=\dfrac{1}{k_1}+\dfrac{1}{k_2}=\dfrac{1}{5000}+\dfrac{1}{5000}$

$k=2{,}500\text{N/m}$

$k_B=2{,}500\text{N/m}$

$k=2{,}500+2{,}500=5{,}000\text{N/m}$

$\dfrac{1}{k_{T_1}}=\dfrac{1}{5{,}000}+\dfrac{1}{5{,}000}$

$k_{T_1}=2{,}500$

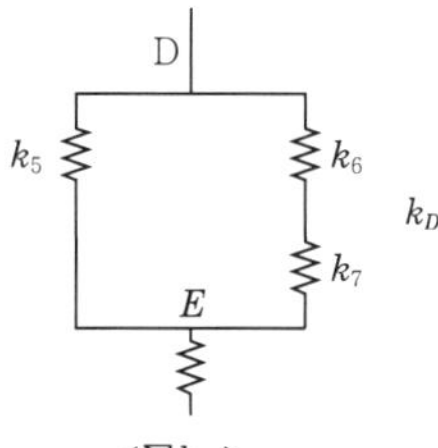

<Σk_{T_2}>

$\dfrac{1}{k_D}=\dfrac{1}{5{,}000}+\dfrac{1}{5{,}000}=\dfrac{2}{5{,}000}$

$k_D=2{,}500\text{N/m}$

$k_{T_2}=5{,}000+2{,}500=7{,}500\text{N/m}$

$\Sigma k_T=k_{T_1}+k_{T_2}=2{,}500+7{,}500=10{,}000\text{N/m}$

$\delta=\dfrac{P}{\Sigma k_T}=\dfrac{100}{10{,}000}=0.01\text{m}=10\text{mm}$

정답 08 ④ 09 ①

10 그림과 같은 구조물에서 휨 모멘트도의 면적의 합이 120kN · m일 때, M_1의 크기는? (단, $M_1 > 0$이다.)

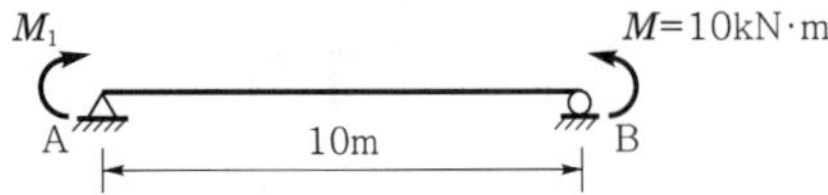

① 24kN · m ② 18kN · m

③ 14kN · m ④ 12kN · m

해설

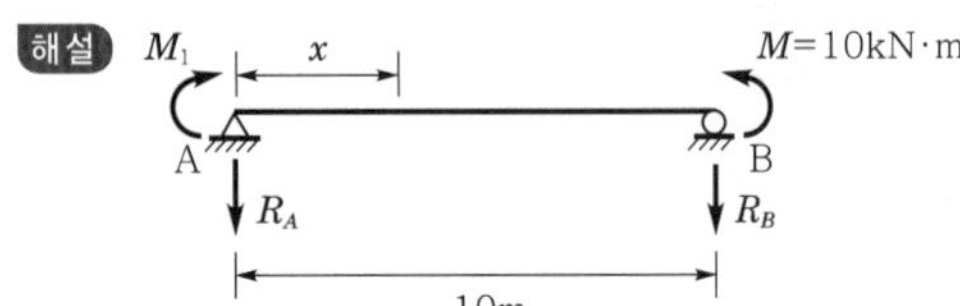

$\Sigma M_B = 0$

$M_1 - (R_a \times 10) - 10.0 = 0$

$R_a = \dfrac{M_1}{10} - 1$

$\Sigma M_A = 0$

$-10.0 + (R_b \times 10) + M_1 = 0$

$R_b = \dfrac{-M_1}{10} + 1$

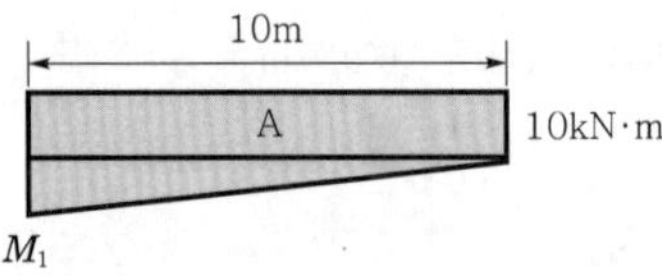

<BMD도>

$$M_x = -R_a x + M_1 = -\left(\frac{M_1}{10} - 1\right)x + M_1$$

$$= -\frac{M_1}{10}x + x + M_1$$

$$A = \int_0^{10} M_x dx = \int_0^{10}\left(-\frac{M_1}{10}x + x + M_1\right)dx$$

$$= \left[-\frac{M_1}{20}x^2 + \frac{1}{2}x^2 + M_1 x\right]_0^{10}$$

$$= -5M_1 + 50 + 10M_1 = 120$$

$M_1 = 14$kN · m

11 그림과 같은 구조물에서 발생하는 최대 휨응력과 최대 전단응력의 비$\left(\dfrac{\sigma_{max}}{\tau_{max}}\right)$는 얼마인가?

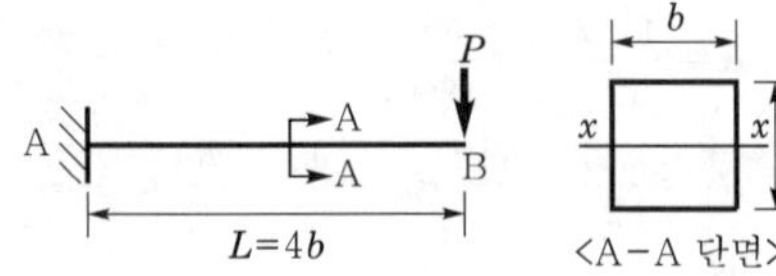

① 4 ② 8

③ 12 ④ 16

해설 $M_{max} = PL = 4Pb$

$S_{max} = P$

$z = \dfrac{bh^2}{6} = \dfrac{b^3}{6}$

$$\sigma_{max} = \frac{M}{Z} = \frac{4Pb}{\frac{b^3}{6}} = \frac{24Pb}{b^3} = \frac{24P}{b^2}$$

$$\tau_{max} = \frac{3S}{2A} = \frac{3P}{2b^2}$$

$$\frac{\sigma_{max}}{\tau_{max}} = \frac{\frac{24P}{b^2}}{\frac{3P}{2b^2}} = \frac{48}{3} = 16$$

12 그림과 같은 보의 A지점에서 발생하는 반력 모멘트 M_A는? (단, 탄성계수 E는 모든 부재에서 동일하며 AB 및 BC 부재의 단면2차 모멘트는 각각 I와 $2I$이다.)

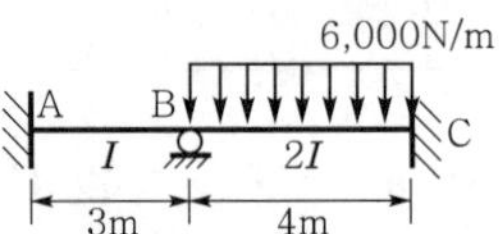

① 800N · m ② 1,600N · m

③ 3,200N · m ④ 10,400N · m

해설 모멘트 분배법을 적용하면

- 고정단모멘트

$$FM_{BC} = \frac{w\ell^2}{12} = \frac{6,000 \times 4^2}{12} = -8,000\text{N} \cdot \text{m}$$

$$FM_{CB} = \frac{w\ell^2}{12} = 8,000\text{N.m}$$

- 강비(K)

$$K_{AB} = \frac{I}{L} = \frac{I}{3} \times 6 = 2K$$

$$K_{BC} = \frac{2I}{4} = \frac{I}{2} \times 6 = 3K$$

정답 10 ③ 11 ④ 12 ②

• 분배율

$$DF_{BA} = \frac{2K}{2K+3K} = 0.4$$

$$DF_{BC} = \frac{3K}{2K+3K} = 0.6$$

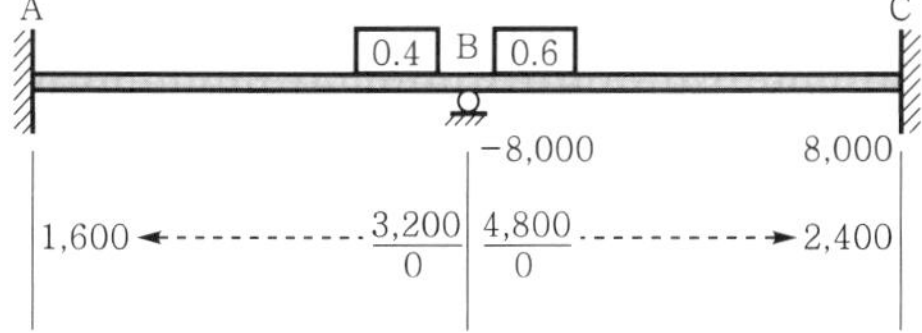

$\therefore M_A = 1{,}600\text{N} \cdot \text{m}$

13 그림 ㈎와 같이 하중 P를 받고 힌지와 케이블로 지지된 강체봉이 있다. 케이블 재료의 응력-변형률 선도가 그림 ㈏와 같을 때, 케이블이 견딜 수 있는 최대하중의 크기는 $B_1(f_yA_s)$이다. B_1은? (단, F_1과 F_2는 케이블의 장력, f_y는 케이블의 항복강도, A_s는 케이블의 단면적이며, 자중은 무시한다.)

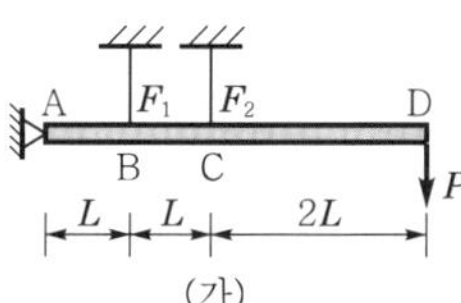

① $\frac{1}{4}$　② $\frac{1}{2}$

③ $\frac{3}{4}$　④ 1

해설 F_1, F_2 모두 항복할 때 최대하중이므로

$F_1 = f_yA_s,\ F_2 = F_yA_s$

$\Sigma M_A = 0$

$(F_1 \times L) + (F_2 \times 2L) = P_u \times 4L$

$f_yA_s \times L + f_yA_s \times 2L = 4P_uL$

$3Lf_yA_s = 4P_uL$

$P_u = \frac{3}{4} f_yA_s$

$\therefore B_1 = \frac{3}{4}$

14 그림과 같이 하중을 받는 구조물에서 고정단 C의 반력 모멘트의 크기는? (단, 구조물 자중은 무시하고, 휨강성 EI는 일정하며, 축방향 변형은 무시한다.)

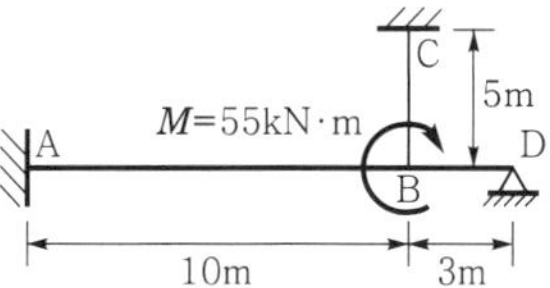

① 10kN · m　② 11kN · m

③ 12kN · m　④ 13kN · m

해설 모멘트 분배법을 이용하면

• 강비(K)

$$K_{BA} = \frac{I}{10} \times 20 = 2K$$

$$K_{BD} = \frac{3}{4} \times \frac{I}{3} \times 20 = 5K$$

$$K_{BC} = \frac{I}{5} \times 20 = 4K$$

• 분배율

$$DF_{BA} = \frac{2}{2+5+4} = 0.182$$

$$DF_{BD} = \frac{5}{2+5+4} = 0.455$$

$$DF_{BC} = \frac{4}{2+5+4} = 0.364$$

$$\therefore\ M_c = 55 \times 0.364 \times \frac{1}{2} = 10\text{kN} \cdot \text{m}$$

15 높이 h=400mm, 폭 b=500mm, 두께 t=5mm인 강판의 양면이 마찰이 없는 강체벽에 y방향으로 구속되어 있다. x방향의 변형량이 0.36mm라면 압력 p의 크기는? (단, 강판의 푸아송비는 0.2이고, 탄성계수는 200GPa이며, 강판의 자중은 무시한다.)

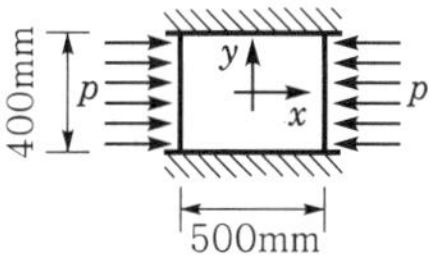

① 60MPa　② 90MPa

③ 120MPa　④ 150MPa

정답 13 ③　14 ①　15 ④

해설

$\epsilon_x = \frac{\delta_x}{L_x} = \frac{-0.36}{500} = -0.00072$

$\epsilon_y = 0$(강체벽 구속)

$\therefore \ \sigma_x = \frac{E(\epsilon_x + \nu\epsilon_y)}{1-\nu^2}$

$= \frac{(200\times 10^3)\times\{-0.00072+(0.2\times 0)\}}{1-0.2^2}$

$= -150\text{MPa}$

16 그림과 같은 단순보에서 외측의 두께 t가 내측의 두께 h보다 매우 작은 경우($t \ll h$), C점에서 발생하는 평균 전단응력의 표현으로 옳은 것은?

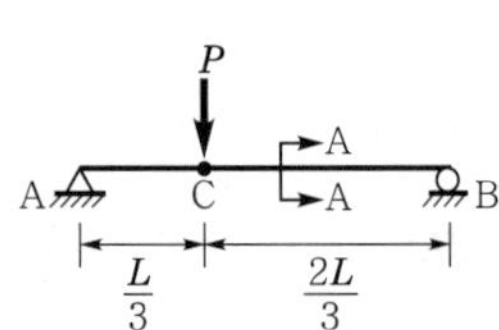

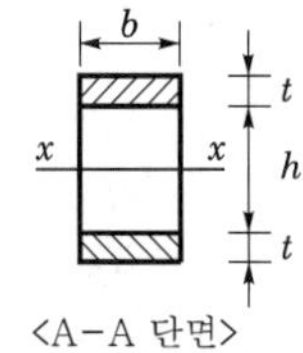

<A-A 단면>

① $\frac{P}{3bh}$　② $\frac{2P}{3bh}$

③ $\frac{PL}{3bh}$　④ $\frac{2PL}{3bh}$

해설

$S_c = \frac{2P}{3}$

$\tau_{ave} = \frac{S}{A} = \frac{1}{bh} \times \frac{2P}{3} = \frac{2P}{3bh}$

17 그림과 같은 구조물에서 스프링이 힘을 받지 않은 상태에서 δ는 5mm이다. 봉 Ⅰ과 봉 Ⅱ의 온도가 증가하여 δ가 3mm로 되었다면, 온도의 증가량 ΔT는? (단, 열팽창계수 $\alpha = 10^{-5}$/℃, E=200GPa, L=1m, A=100mm^2, k=2,000N/mm)

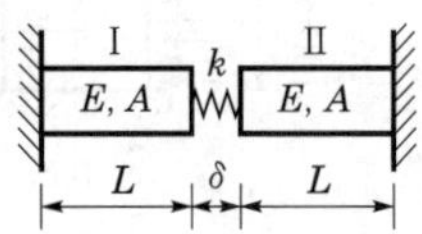

① 60℃　② 80℃

③ 100℃　④ 120℃

해설

$\Delta\delta = 5 - 3 = 2\text{mm}$

$P = k\delta = 2{,}000\times 2 = 4{,}000\text{N}$

$(\Delta T_1 \alpha L \times 2) - \left(\frac{PL}{EA}\times 2\right) = 2\text{mm}$

$(\Delta T \times 10^{-5}\times 10^3 \times 2) - \frac{4{,}000\times 1{,}000\times 2}{200\times 10^3\times 100} = 2$

$\Delta T = \frac{2.4}{10^{-2}\times 2} = 120℃$

18 그림 ㈎에서 외부하중 P에 의하여 B점에 발생한 처짐이 $\frac{PL^3}{8EI}$이고, 그림 ㈏에서 받침 B점에 발생한 침하가 $\frac{PL^3}{24EI}$일 때, B점에 작용하는 반력(R_B)의 크기는? (단, 그림 ㈎와 ㈏는 동일한 구조물로 B점의 경계조건만 다름)

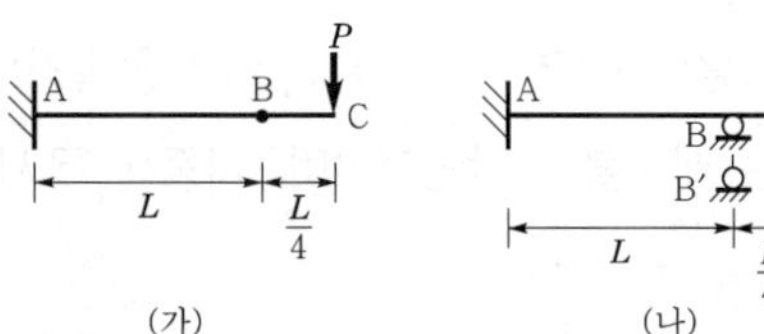

① $\frac{P}{4}$　② $\frac{P}{2}$

③ P　④ $2P$

해설 절점 B의 최종 처짐량은 $\frac{PL^3}{8EI} - \frac{PL^3}{24EI} = \frac{PL^3}{12EI}$

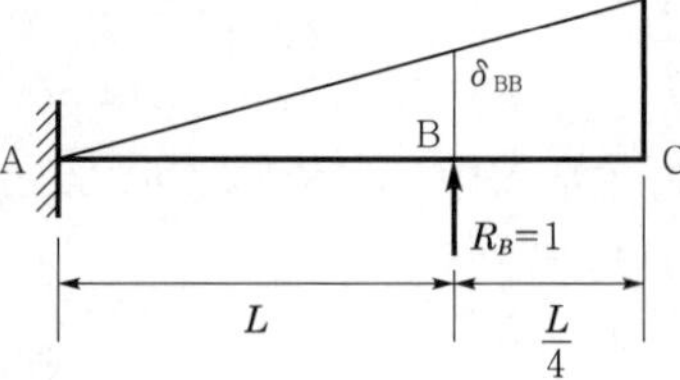

$\delta_B = \frac{L^3}{3EI}$

$\sigma = -\Delta_B + R_B\delta_{BB}$

$\sigma = -\frac{PL^3}{12EI} + \left(R_B \times \frac{L^3}{3EI}\right)$

$R_B = \frac{P}{4}$

정답 16 ② 17 ④ 18 ①

19 그림과 같이 수평하중을 받는 트러스 구조물의 B점에서 발생하는 최대 수평변위 $\delta_{max} = 3\delta$일 때, 허용 가능한 최대 수평하중(P)은? (단, 모든 부재의 단면적 A와 탄성계수 E는 동일하다.)

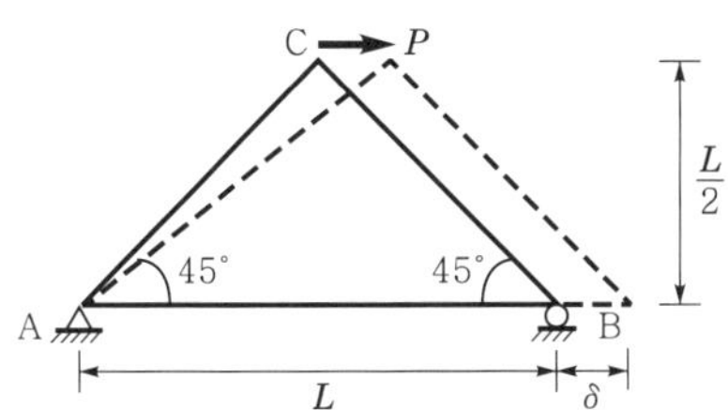

① $\dfrac{2AE}{L}\delta$　② $\dfrac{4AE}{L}\delta$

③ $\dfrac{6AE}{L}\delta$　④ $\dfrac{8AE}{L}\delta$

해설 가상 일의 정리 적용하면

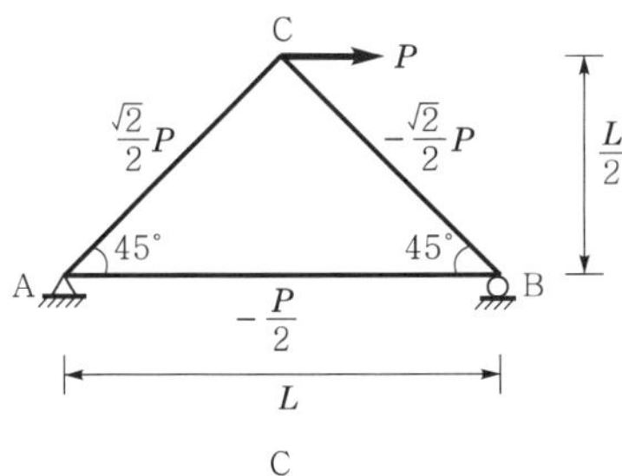

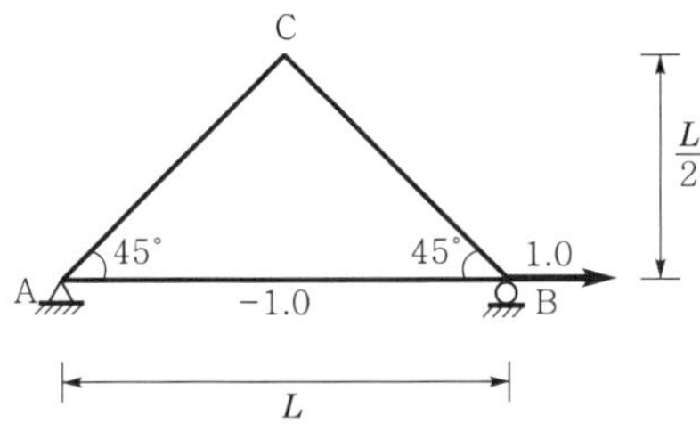

$\delta = \Sigma\dfrac{F\cdot f}{EA}L,\ 3\delta = -\dfrac{PL}{2EA}$

$P = \dfrac{-6EA}{L}\delta$

부재	F	f	L	FfL
AB	$-\dfrac{P}{2}$	-1.0	L	$-\dfrac{PL}{2}$
BC	$\dfrac{\sqrt{2}}{2}P$	0	$\dfrac{\sqrt{2}}{2}L$	0
CB	$-\dfrac{\sqrt{2}}{2}P$	0	$\dfrac{\sqrt{2}}{2}L$	0

20 그림과 같은 외팔보의 자유단 C점에서의 처짐은? (단, 보의 자중은 무시하며 휨강성 EI는 일정하다.)

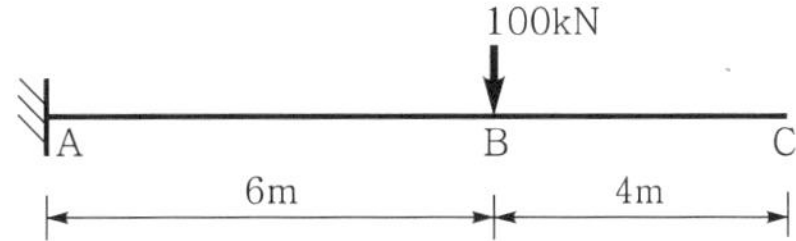

① $\dfrac{10,800}{EI}$[kN · m^3](하향)

② $\dfrac{12,000}{EI}$[kN · m^3](하향)

③ $\dfrac{13,200}{EI}$[kN · m^3](하향)

④ $\dfrac{14,400}{EI}$[kN · m^3](하향)

해설

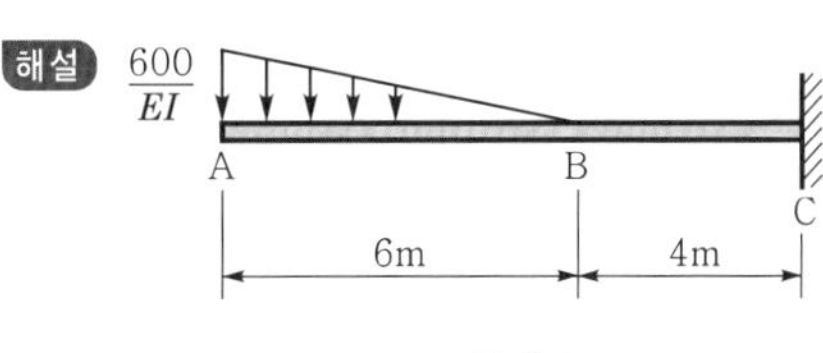

<공액보>

$\delta_c = \dfrac{1}{2}\times 6\times\dfrac{600}{EI}\times(4+4)$

$= \dfrac{14,400}{EI}$[kN · m^3](하향)

과년도 출제문제(2019년 국가직 7급)

01 그림과 같이 내부힌지가 있는 게르버 보에 집중하중 P가 작용할 때, C점에 발생되는 연직반력 RC가 집중하중 P의 3배가 되는 $\frac{a}{b}$는? (단, 구조물의 자중은 무시한다.)

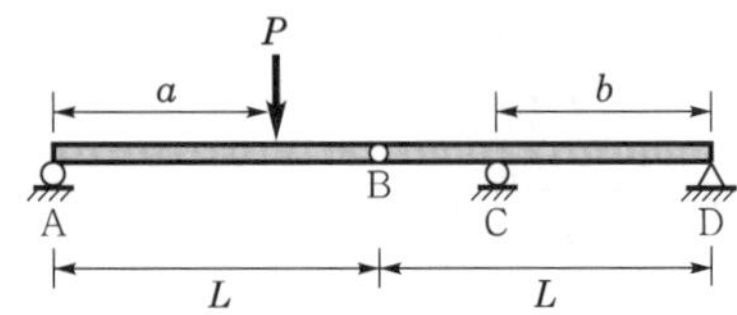

① $\frac{1}{2}$　② $\frac{1}{3}$
③ 2　④ 3

해설 영향선도를 이용하면

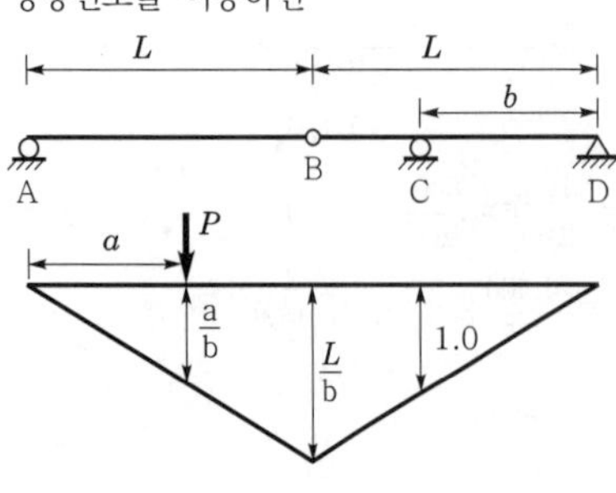

<R_C의 영향선>

$P\times\frac{a}{b}=3P$

$\frac{a}{b}=3$

02 그림과 같이 중앙선에 대칭인 트러스 구조물의 E점에 수직하중 P가 작용할 때, BC부재의 부재력은? (단, 구조물의 자중은 무시한다.)

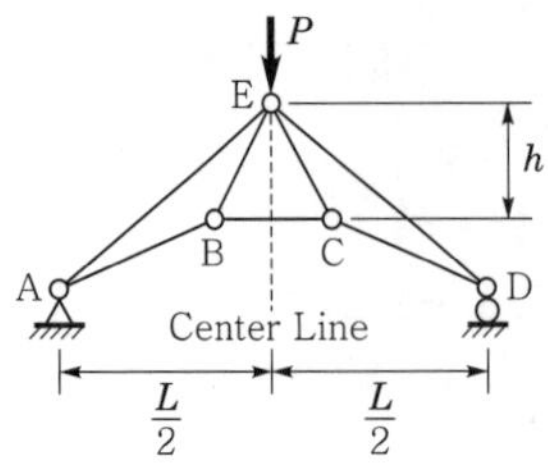

① $\frac{PL}{h}$　② $\frac{PL}{2h}$
③ $\frac{PL}{4h}$　④ $\frac{PL}{8h}$

해설

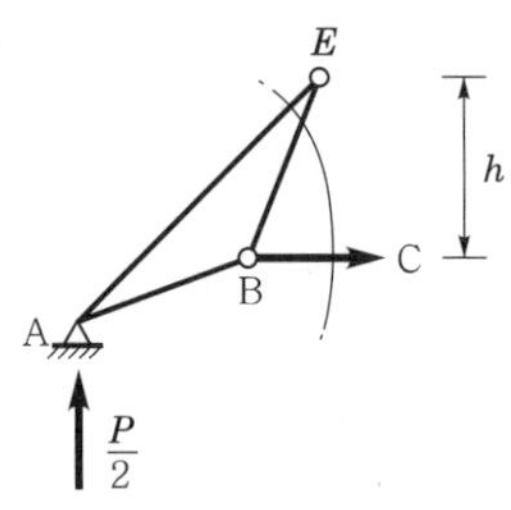

$\Sigma M_E=0$

$\frac{P}{2}\times\frac{L}{2}-F_{BC}\times h=0$

$F_{BC}=\frac{PL}{4h}$

03 그림과 같이 T형 단면에서 도심의 위치가 하단으로부터 $4h$가 될 때, 플랜지의 폭 B의 값은?

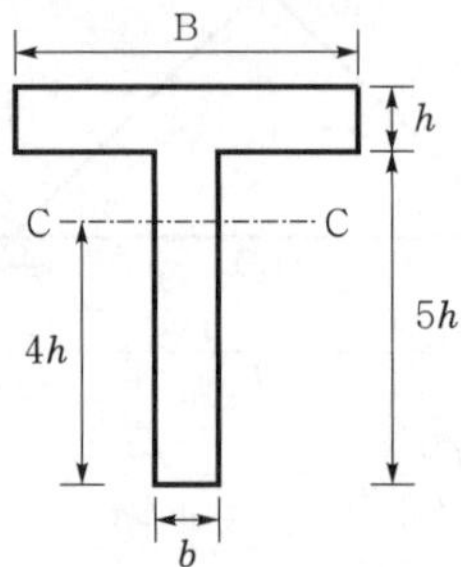

① 4.5b　② 5.0b
③ 6.0b　④ 8.0b

해설

$$y^\circ=\frac{\Sigma G_x}{\Sigma A}=\frac{\left(b\times 5h\times\frac{5h}{2}\right)+(B\times h\times 5.5h)}{(b\times 5h)+(B\times h)}=4h$$

$$\frac{12.5bh^2+5.5Bh^2}{5bh+Bh}=4h$$

$12.5bh^2+5.5Bh^2=20bh^2+4Bh^2$

$7.5bh^2=1.5Bh^2$

$B=5b$

정답 01 ④ 02 ③ 03 ②

04 그림과 같이 직사각형인 구조물에 수평하중 $F=1\text{kN}$과 수직하중(자중) $W=4\text{kN}$이 작용할 때, 구조물에 발생하는 현상으로 옳은 것은? (단, 구조물과 바닥의 접촉면에서의 마찰계수 $\mu=0.3$이다.)

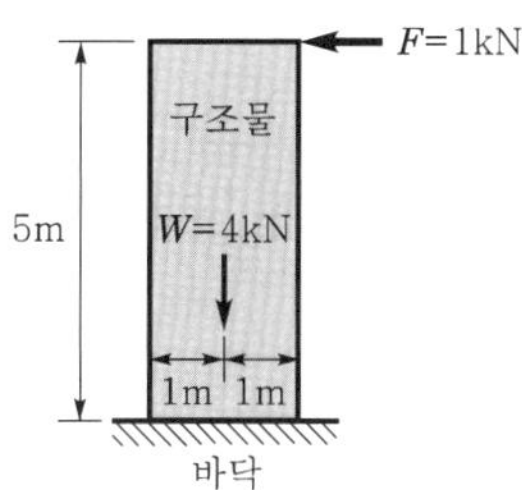

① 미끄러진다.
② 넘어진다.
③ 움직이지 않는다.
④ 미끄러짐과 넘어짐이 같이 일어난다.

해설

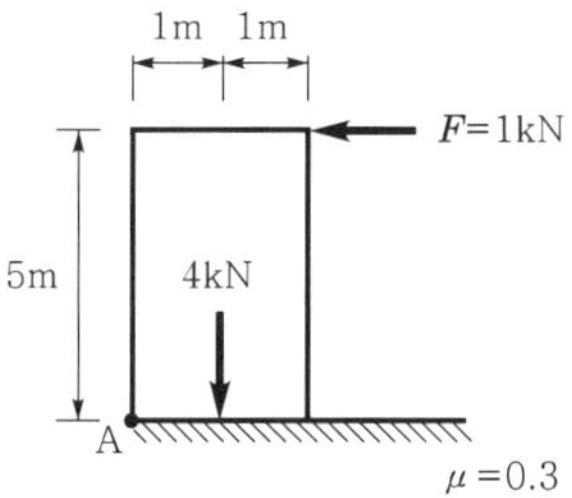

- $F_r=4\times0.3=1.2\text{kN}>F=1\text{kN}$
  → 미끄러지지 않는다.
- $M_r=4\times1.0=4\text{kN}\cdot\text{Tm}<M_o=1\times5=5\text{kN}\cdot\text{m}$
  → 넘어진다.

05 그림과 같이 케이블 세 개로 지지되어 있는 강체인 수평부재에 집중하중 P가 작용할 때, 가장 왼쪽 케이블 AB에 작용하는 인장력은? (단, 각 케이블의 축방향 강성 EA는 동일하고, 자중은 무시한다.)

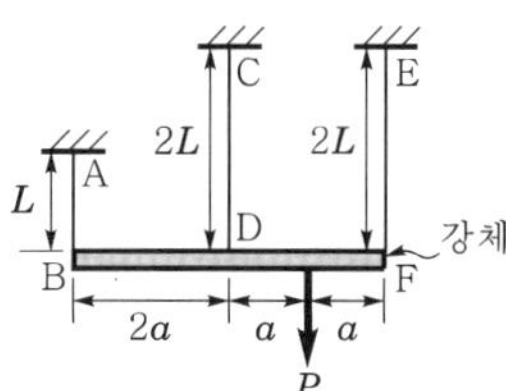

① $\dfrac{P}{11}$　② $\dfrac{P}{5}$

③ $\dfrac{P}{3}$　④ $\dfrac{7P}{22}$

해설

$F_B=\dfrac{EA}{L}\delta_B=K\delta_B$

$F_D=\dfrac{EA}{2L}\delta_D=\dfrac{K}{2}\delta_D$

$F_F=\dfrac{EA}{2L}\delta_F=\dfrac{K}{2}\delta_F$

$\sum V=0$이므로

$F_B+F_D+F_F-P=0$

$K\delta_B+\dfrac{K}{2}\delta_D+\dfrac{K}{2}\delta_F=P$

$K\delta_B+\dfrac{K}{2}\left(\dfrac{\delta_B+\delta_F}{2}\right)+\dfrac{K}{2}\delta_F=P$

$\left(\text{여기서, } \delta_D=\dfrac{\delta_B+\delta_F}{2}\right)$

$\dfrac{5K}{4}\delta_B+\dfrac{3K}{4}\delta_F=P$

$5K\delta_B+3K\delta_F=4P\cdots$ ①

$\sum M_D=0$이므로

$(P\times a)+(F_B\times2a)-(F_F\times2a)=0$

$-2K\delta_B+2\left(\dfrac{K}{2}\delta_F\right)=P$

$-2K\delta_B+K\delta_F=P\cdots$ ②

①$-3\times$②하면,

$11K\delta_B=P$

$K\delta_B=\dfrac{P}{11}=F_B$

06 그림과 같이 보 AB에 선형변분포하중이 작용할 때, 보에 대한 설명으로 옳은 것은? (단, 보는 가이드 로울러 지점과 강성 k인 스프링으로 지지되며, 보의 자중은 무시한다.)

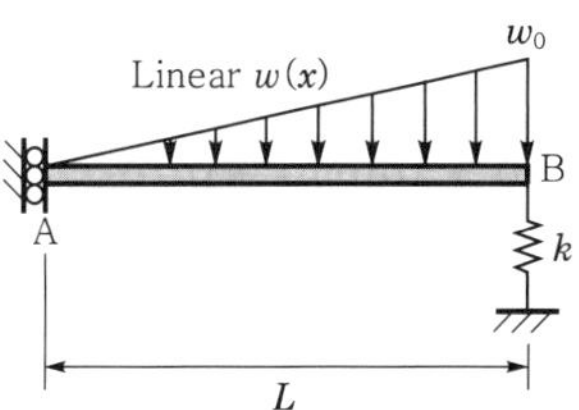

① 지점 A의 처짐은 $\dfrac{w_0L}{2k}$이다.

② 지점 A의 모멘트 반력은 $\dfrac{1}{3}w_0L^2$이다.

③ 보에 작용하는 모멘트의 절대최댓값은 $\dfrac{w_0L^2}{12}$이다.

④ 보에 작용하는 전단력의 절대최댓값은 $\dfrac{1}{2}w_0L$이다.

해설 $w = \dfrac{1}{2}\times L\times w_o = \dfrac{1}{2}w_oL$

지점 A는 수축에 대해 반력이 발생하지 않으므로 지점 B 스프링에 전하중이 작용한다.

07 그림과 같이 주어진 평면응력상태에서 최소주응력 σ_2=0MPa인 경우, 최대주응력 σ_1의 크기[MPa]는?

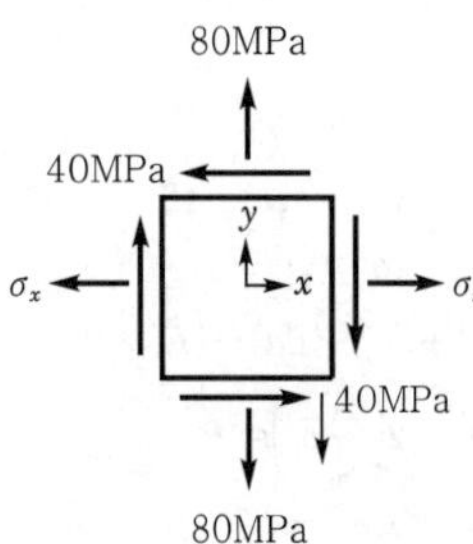

① 80 ② 100

③ 120 ④ 140

해설 $\sigma_x = 80\text{MPa},\ \sigma_y = 80\text{MPa}$

평면응력($\sigma_{\min}$)

$= \dfrac{1}{2}(\sigma_x+\sigma_y) - \dfrac{1}{2}\sqrt{(\sigma_x-\sigma_y)^2+4\tau_{xy}^{\ 2}}$

$= 80 - \dfrac{1}{2}\sqrt{4\tau_{xy}^{\ 2}} = 0$

$\sqrt{4\tau_{xy}^{\ 2}} = 40$

$\tau_{xy} = 20\text{MPa}$

$\sigma_{\max} = \dfrac{1}{2}(80+80) + \dfrac{1}{2}\sqrt{4\times 20^2}$

$= 80+20 = 100\text{MPa}$

08 그림과 같이 A점은 힌지이고, B점은 강성 k가 $\dfrac{32EI}{L^3}$인 스프링으로 지지되어 있는 보에 등분포하중 w가 작용할 때, 지간 중앙점 C에서의 처짐은? (단, 보의 휨강성 EI는 일정하고, 자중은 무시한다.)

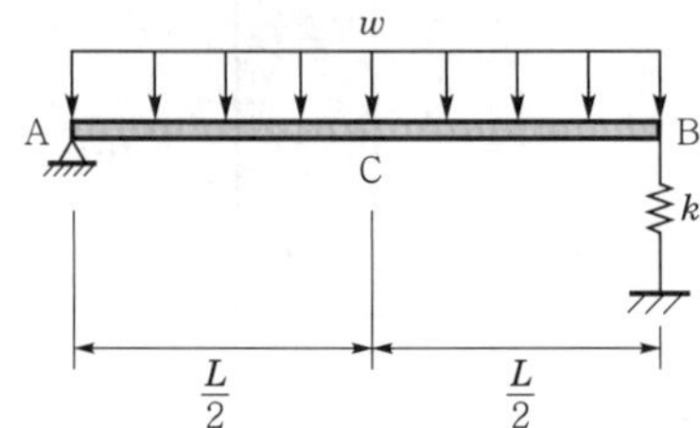

① $\dfrac{wL^4}{32EI}$ ② $\dfrac{wL^4}{48EI}$

③ $\dfrac{wL^4}{64EI}$ ④ $\dfrac{wL^4}{72EI}$

해설

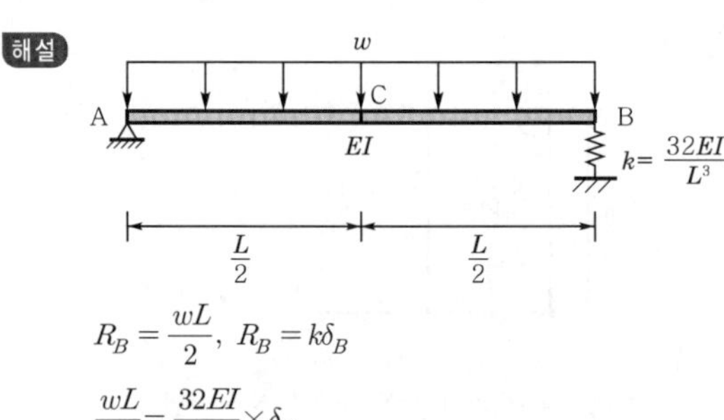

$R_B = \dfrac{wL}{2},\ R_B = k\delta_B$

$\dfrac{wL}{2} = \dfrac{32EI}{L^3}\times\delta_B$

$\delta_B = \dfrac{wL}{2}\times\dfrac{L^3}{32EI} = \dfrac{wL^4}{64EI}$

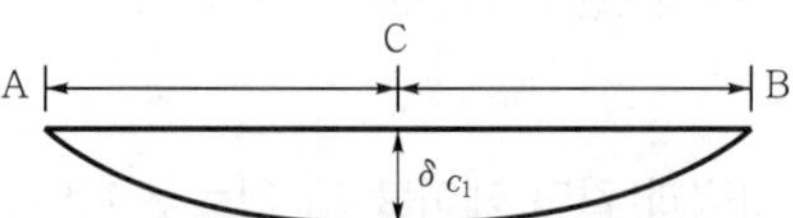

$\delta_{C_1} = \dfrac{5wL^4}{384EI}$

δC2 δB

$\delta_{C_2} = \dfrac{wL^4}{128EI}$

$\delta_C = \delta_{C_1} + \delta_{C_2} = \dfrac{5wL^4}{384EI} + \dfrac{wL^4}{128EI}$

$= \dfrac{5wL^4+3wL^4}{384EI} = \dfrac{8wL^4}{384EI} = \dfrac{wL^4}{48EI}$

정답 07 ② 08 ②

09 그림과 같은 응력(σ) − 변형률(ε) 선도를 갖는 재료로 제작된 기둥이 양단힌지로 지지되어 있다. 이 기둥의 임계좌굴응력 σ_{cr}의 크기[MPa]는? (단, 탄젠트 계수공식을 적용하고, 세장비는 60이며 π =3으로 계산한다.)

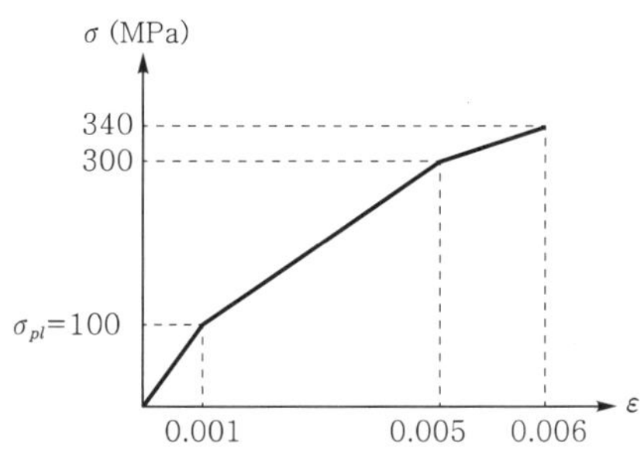

① 100　　② 125

③ 250　　④ 300

해설

$\sigma_{cr} = \frac{n\pi^2 E}{\lambda^2}$

여기서, $\lambda = 60$, $\pi = 3.0$, $n = 1.0$,

$E = \frac{200}{0.004} = 50{,}000$

$\therefore\ \sigma_{cr} = \frac{1.0 \times 3.0^2 \times 50{,}000}{60^2} = 125\text{MPa}$

10 그림과 같이 부정정보의 A점에 모멘트 M이 작용하여 A점의 회전변위 θ_A가 발생하였을 때, A점으로부터 최대 처짐이 발생하는 위치까지 거리는? (단, 구조물의 자중은 무시한다.)

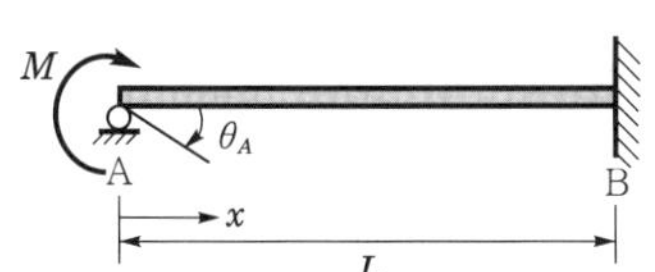

① $\frac{L}{3}$　　② $\frac{3L}{7}$

③ $\frac{3L}{8}$　　④ $\frac{3L}{10}$

해설

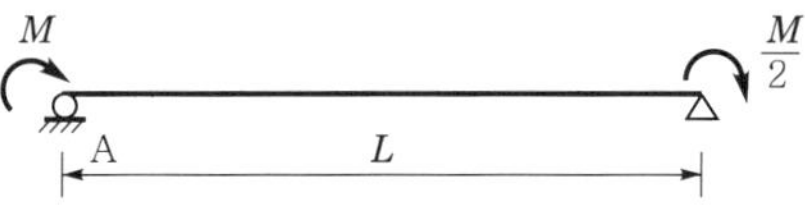

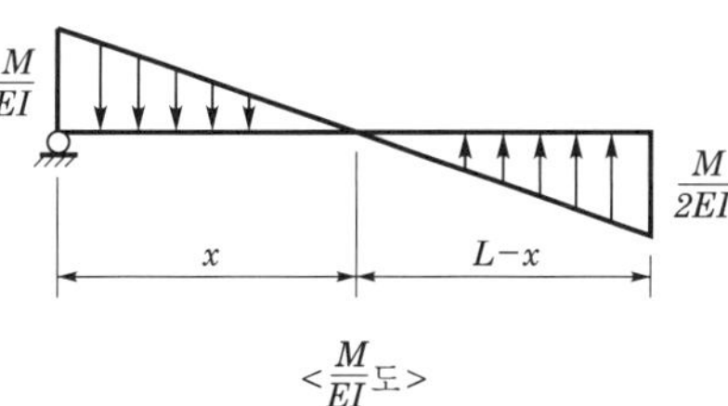

<$\frac{M}{EI}$도>

최대처짐위치는 $\frac{M}{EI}$도에서 처짐각이 0인 지점

즉 $\frac{1}{2} \times \frac{M}{EI} \times x = \frac{1}{2} \times \frac{M}{2EI} \times (L-x)$

$\frac{Mx}{2EI} = \frac{M(L-x)}{4EI}$

$2EIM(L-x) = 4EIMx$

$x = \frac{L}{3}$

11 그림과 같은 구조물에서 최대전단력(절댓값) $V_{\max}$와 최대휨모멘트(절댓값) $M_{\max}$의 크기는? (단, 구조물의 자중은 무시한다.)

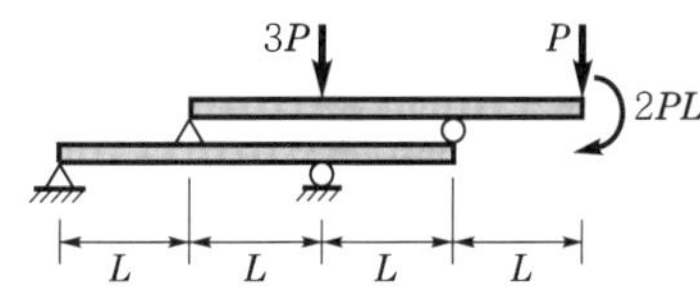

	$V_{\max}$	$M_{\max}$
①	4P	4PL
②	4P	6PL
③	6P	4PL
④	6P	6PL

해설

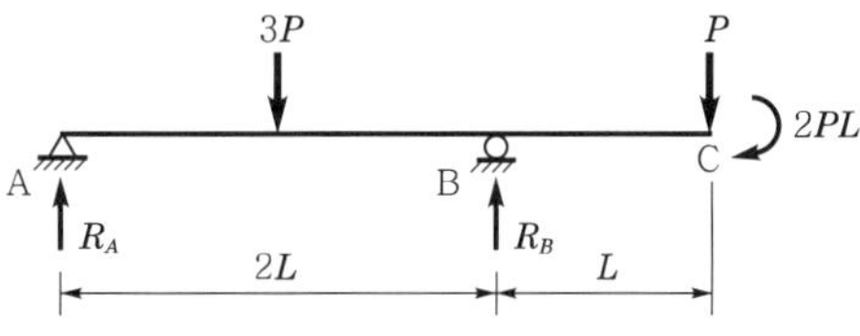

$\Sigma M_B = 0$

$(R_A \times 2L) - (3P \times L) + (P \times L) + 2PL = 0$

$R_A = 0$

$\Sigma V = 0$

$3P + P = R_B$

$\therefore V_{max} = 4P$

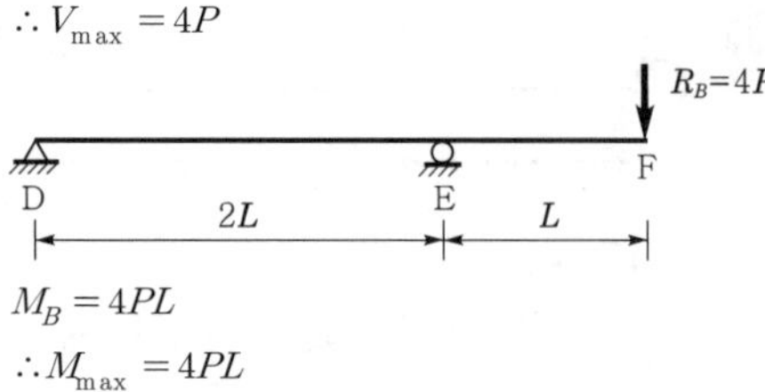

$M_B = 4PL$

$\therefore M_{max} = 4PL$

12 그림과 같이 고무블록 R이 강체블록 S의 평행한 두 평면 벽 사이와 하면이 구속되어 있다. 고무블록의 윗면에 균일한 압력 p_0가 작용한다고 할 때, 고무블록과 강체블록 사이에 발생하는 수직응력(normal stress) σ_x의 크기는? (단, 고무의 푸아송비는 ν이고, 고무와 강체 사이의 마찰과 구조물의 자중은 무시한다.)

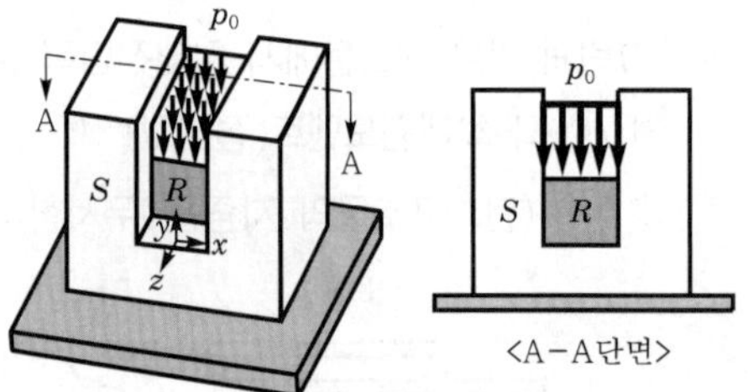

① νp_0 ② $2\nu p_0$
③ p_0 ④ $2p_0$

해설 다축하중을 받는 변형률 성분은

$\varepsilon_x = \frac{\sigma_x}{E} - \frac{\nu\sigma_y}{E} - \frac{\nu\sigma_z}{E}$ 에서

$\sigma_y = P_0,\ \sigma_z = 0,\ \varepsilon_x = 0$

$0 = \frac{\sigma_x}{E} - \frac{\nu P_0}{E} - 0$

$\frac{\sigma_x}{E} = \frac{\nu P_0}{E}$

$\sigma_x = \nu P_0$

13 인장강도가 500MPa인 금속으로 만든 반경 4m, 두께 10cm인 구형(sphere)의 금속압력용기에 5MPa의 내압이 작용한다면 인장파괴에 대한 안전계수는? (단, 용기의 두께는 반경에 비해 매우 작고, 자중은 무시한다.)

① 2 ② 3
③ 4 ④ 5

해설 내압을 받는 얇은 구형관에서

$\sigma = \frac{Pr}{2t} = \frac{5\times400}{2\times10} = 100\text{MPa}$

안전계수 $= \frac{500}{100} = 5$

14 그림과 같이 B점과 E점에 내부힌지를 갖는 게르버 보에 대하여 30kN의 집중 이동하중이 작용할 때, 지점 C에서의 최대 반력[kN]은? (단, 구조물의 자중은 무시한다.)

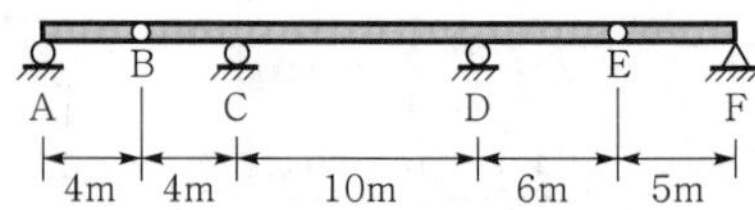

① 30 ② 36
③ 42 ④ 48

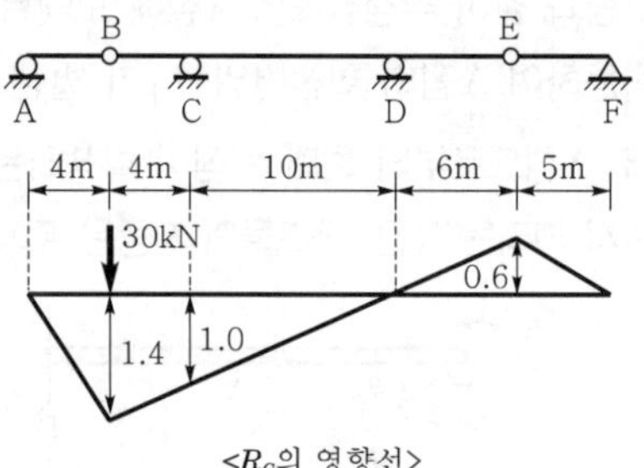

<R_C의 영향선>

$R_{c,max} = 30\times1.4 = 42\text{kN}$

15 그림과 같이 단면이 직사각형인 단순보의 중앙에 집중하중 P가 작용할 때, 휨에 의한 소성붕괴하중(plastic collapse load) P_u는? (단, 재료의 항복응력은 σ_y이며 응력-변형률은 완전 탄소성의 관계이고, 자중은 무시한다)

정답 12 ① 13 ④ 14 ③ 15 ③

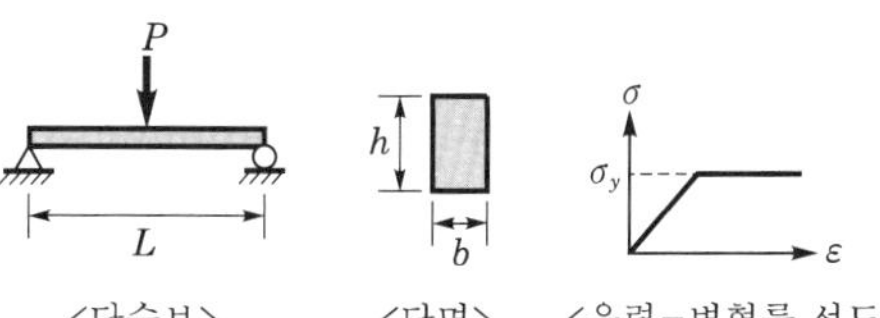

<단순보> <단면> <응력-변형률 선도>

① $\dfrac{bh^2\sigma_y}{12L}$ ② $\dfrac{bh^2\sigma_y}{2L}$

③ $\dfrac{bh^2\sigma_y}{L}$ ④ $\dfrac{bh^2\sigma_y}{6L}$

해설

$M_P = \dfrac{P_u L}{4}$ 에서 $P_u = \dfrac{4M_P}{L}$

소성계수 $Z_P = \dfrac{bh^2}{4}$

$M_P = \sigma_y \times \dfrac{bh^2}{4} = \dfrac{\sigma_y bh^2}{4}$

$P_u = \dfrac{4}{L} \times \dfrac{\sigma_y bh^2}{4} = \dfrac{\sigma_y bh^2}{L}$

16 그림과 같은 2차원 라멘구조물에서 내부온도를 $+\Delta T$만큼 상승, 외부온도를 $-\Delta T$만큼 하강시키면 온도변화로 인해 구조물이 변형된다. 온도변화로 인한 변형을 제거하기 위해 힌지와 로울러 지점에 가해야 하는 집중모멘트 M의 크기는? (단, 구조물의 모든 부재는 한 변이 a인 정사각형 단면이며, 온도는 단면의 높이 방향으로 직선 변화하고, 열팽창계수 α_t와 탄성계수 E는 일정하며, 구조물의 자중은 무시한다.)

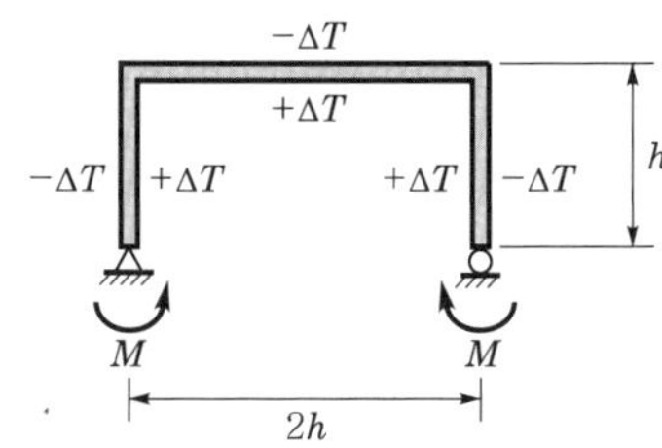

① $\dfrac{\alpha_t E\Delta Ta^3}{2}$ ② $\dfrac{\alpha_t E\Delta Ta^3}{4}$

③ $\dfrac{\alpha_t E\Delta Ta^3}{6}$ ④ $\dfrac{\alpha_t E\Delta Ta^3}{12}$

해설

$\dfrac{M}{EI} = \dfrac{\Delta T\alpha_t}{a}$

$M = \dfrac{\Delta T\alpha_t E \times \dfrac{a^4}{12}}{a} = \dfrac{\Delta T\alpha_t Ea^3}{12}$

M

지점에 가해야 할 집중모멘트는 $2M$이므로

$\dfrac{\Delta T\alpha_t Ea^3}{120} \times 2 = \dfrac{\Delta T\alpha_t Ea^3}{6}$

M

17 그림과 같이 미소평면요소에 45° 스트레인 로제트게이지를 부착하여 a, b, c 게이지에 측정한 변형률이 각각 $\varepsilon_a = 520\times10^{-6}$, $\varepsilon_b = 360\times10^{-6}$, $\varepsilon_c = -100\times10^{-6}$이다. 이 요소의 탄성계수가 $E = 200$GPa이고 포아송비 $\nu = \dfrac{1}{3}$일 때, 요소의 x면에 작용하는 전단응력 τ_{xy}의 크기[MPa]는?

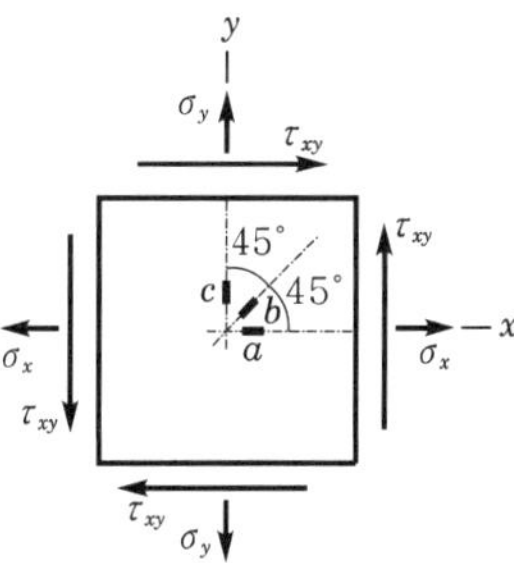

① 17.5 ② 20.0

③ 22.5 ④ 25.0

해설

$\varepsilon_\theta = \dfrac{\varepsilon_x + \varepsilon_y}{2} + \dfrac{\gamma_{xy}}{2}$, $\varepsilon_\theta = 360\times10^{-6}$

$360\times10^{-6} = \dfrac{520\times10^{-6} + (-100\times10^{-6})}{2} + \dfrac{\gamma_{xy}}{2}$

$150\times10^{-6} = \dfrac{\gamma_{xy}}{2}$

$\gamma_{xy} = 300\times10^{-6}$

$G = \dfrac{E}{2(1+\nu)} = \dfrac{200}{2\left(1+\dfrac{1}{3}\right)} = 75$GPa

$\tau_{xy} = \gamma_{xy}G = 300\times10^{-6}\times75\times10^3 = 22.5$MPa

정답 16 ③ 17 ③

18 그림과 같이 직사각형 단면을 갖는 길이 L인 기둥이 약축에 대해서만 높이 $\frac{L}{2}$ 지점에서 횡방향 변위가 구속되어 있다. 약축과 강축에 대한 임계좌굴하중의 비$\left(\frac{P_{cr(약축)}}{P_{cr(강축)}}\right)$는? (단, 기둥은 장주이고, 구조물의 자중은 무시한다.)

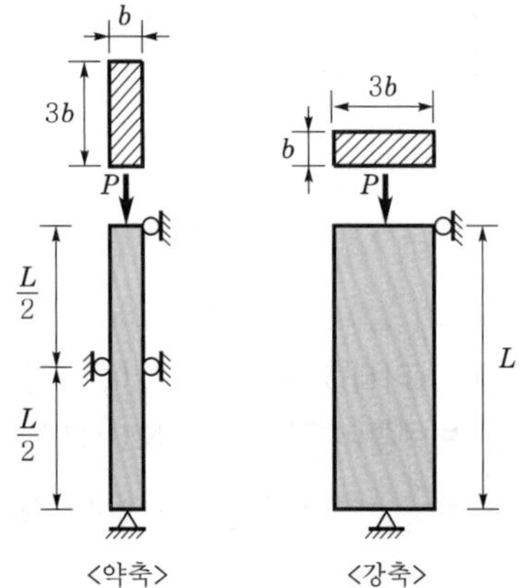

① $\frac{4}{25}$ ② $\frac{9}{16}$

③ $\frac{1}{4}$ ④ $\frac{4}{9}$

해설 $P_{cr}=\frac{\pi^2 EI}{L^2}$ 에서

$$I_{강축}=\frac{b(3b)^3}{12}=\frac{27b^4}{12}=\frac{9b^4}{4}$$

$$I_{약축}=\frac{3b\times b^3}{12}=\frac{b^4}{4}$$

$$P_{cr(강축)}=\frac{\pi^2 E}{L^2}\times\frac{9b^4}{4}=\frac{9\pi^2 Eb^4}{4L^2}$$

$$P_{cr(약축)}=\frac{\pi^2\cdot E\cdot\frac{b^4}{4}}{\left(\frac{L}{2}\right)^2}=\frac{4\cdot\pi^2\cdot E\cdot b^4}{4L^2}=\frac{\pi^2 Eb^4}{L^2}$$

$$\therefore\ \frac{1}{\frac{9}{4}}=\frac{4}{9}$$

19 그림과 같이 휨강성 EI가 다른 두 외팔보 (a), (b)의 단부에 각각 수직하중 P_1, P_2가 작용할 때, 각각의 보에 저장되는 변형에너지가 같기 위한 하중비 $\frac{P_1}{P_2}$는? (단, 휨에 의한 변형에너지만을 고려하고, 보의 자중은 무시한다.)

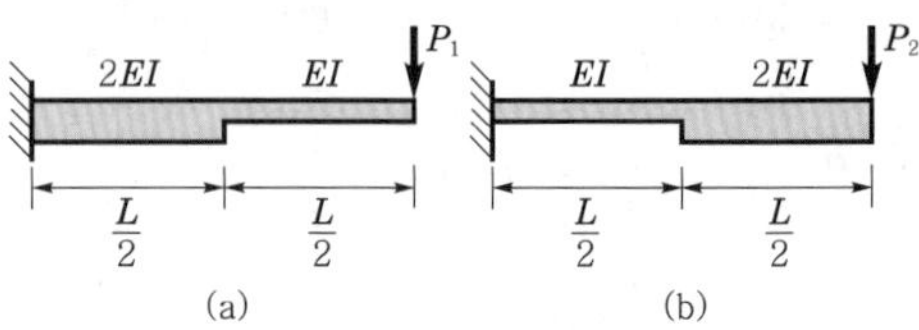

① $\frac{\sqrt{5}}{2}$ ② $\frac{\sqrt{10}}{3}$

③ $\frac{\sqrt{15}}{2}$ ④ $\frac{\sqrt{15}}{3}$

해설 변형에너지 $U=\int_0^x \frac{M_x^{\ 2}}{2EI}dx$

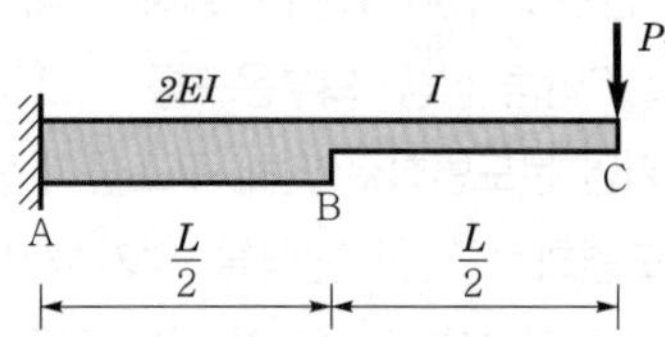

$$M_{CB}=P_1 x,\ M_{BA}=\frac{P_1 L}{2}+P_1 x$$

$$U_1=\frac{1}{2EI}\int_0^{\frac{L}{2}}(P_1^{\ 2}x^2)dx+\frac{1}{4EI}\int_0^{\frac{L}{2}}\left(\frac{P_1^{\ 2}L^2}{4}+P_1^{\ 2}Lx+P_1^{\ 2}x^2\right)dx$$

$$=\frac{1}{2EI}\times\frac{P_1^{\ 2}L^3}{24}+\frac{1}{4EI}\times\frac{3P_1^{\ 2}L^3+3P_1^{\ 2}L^3+P_1^{\ 2}\ell^3}{24}$$

$$=\frac{1}{2EI}\times\frac{P_1^{\ 2}L^3}{24}+\frac{1}{4EI}\times\frac{7P_1^{\ 2}L^3}{24}$$

$$=\frac{9P_1^{\ 2}L^3}{96EI}$$

$$U_2=\frac{1}{4EI}\times\frac{P_2^{\ 2}L^3}{24}+\frac{1}{2EI}\times\frac{7P_2^{\ 2}L^3}{24}$$

$$=\frac{15P_2^{\ 2}L^3}{96EI}$$

$$U_1=U_2$$

$$9P_1^{\ 2}L^3=15P_2^{\ 2}L^3$$

$$\left(\frac{P_1}{P_2}\right)^2=\sqrt{\frac{15}{9}}=\frac{\sqrt{15}}{3}$$

정답 18 ④ 19 ④

20 그림과 같이 양단 고정의 부정정 연속보에서 D점에 집중하중이 작용하고, BC구간에 선형변분포하중이 작용하고 있다. B점에서 불균형모멘트(unbalanced moment)의 크기[kN · m]는? (단, 연속보의 휨강성 EI는 일정하고, 보의 자중은 무시한다.)

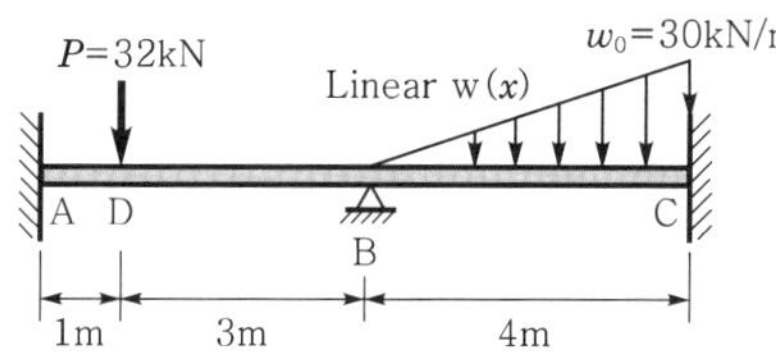

① 6 ② 8

③ 10 ④ 12

해설

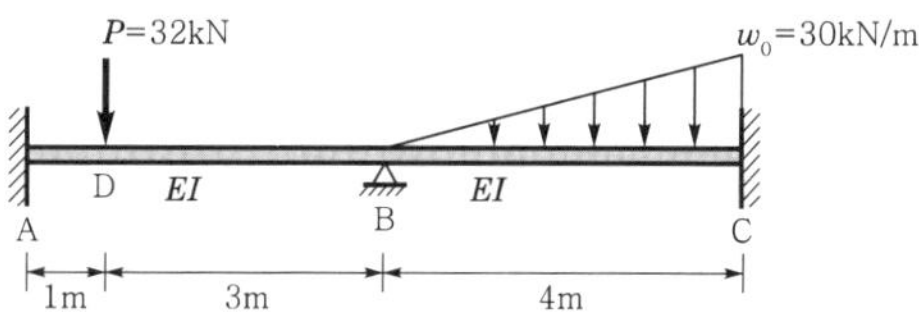

- 부재강도

$K_{AB} = \frac{I}{4}$, $K_{BC} = \frac{I}{4}$

- 분배율(DF)

$(DF)_{BA} = 0.5$, $(DF)_{BC} = 0.5$

- 고정단 모멘트(FEM)

$$(FEM)_{AB} = -\frac{Pab^2}{\ell^2} = -\frac{32 \times 1.0 \times 3^3}{4^2}$$

$$= -18.0\text{kN} \cdot \text{m}$$

$$(FEM)_{BA} = \frac{Pa^2 b}{\ell^2} = -\frac{32 \times 1^2 \times 3}{4^2} = 6.0\text{kN} \cdot \text{m}$$

$$(FEM)_{BC} = -\frac{w\ell^2}{30} = -\frac{30 \times 4^2}{30} = -16\text{kN} \cdot \text{m}$$

$$(FEM)_{CB} = \frac{w\ell^2}{20} = -\frac{30 \times 4^2}{20} = 24\text{kN} \cdot \text{m}$$

불균형모멘트 $M_B = 6 - 16.0 = -10.0\text{kN} \cdot \text{m}$

정답 20 ③

과년도 출제문제(2019년 서울시 7급)

01 평면응력에서 주 응력과 주 전단응력에 대한 설명으로 가장 옳지 않은 것은?

① 주 응력면은 서로 직교한다.
② 주 전단응력면은 서로 직교한다.
③ 최대 전단응력은 주 응력의 차이와 같다.
④ 최대 전단응력이 작용하는 면에서 수직응력은 주 응력의 평균값과 같다.

해설 ③ $\tau_{\max} = \frac{1}{2}\sqrt{(\sigma_x - \sigma_y)^2 + 4\tau_{xy}}$

02 그림의 트러스 양쪽 부재가 동일한 축강성 EA를 갖는 경우에 대하여 절점 B에서 수직 변위가 2mm 발생했을 때, 수직하중 P의 크기[N]는? (단, EA=1N이다.)

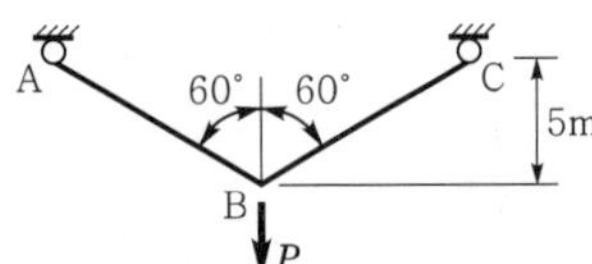

① 0.0001 ② 0.0002
③ 0.0003 ④ 0.0004

해설 트러스 처짐 $1\Delta = \Sigma \frac{FfL}{EA}$

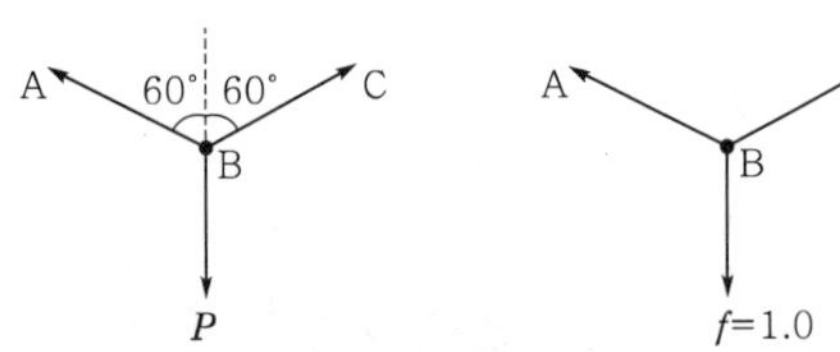

6x

부재	F	f	L
AB	P	1.0	10
BC	P	1.0	10

$2.0 = 2\times\frac{P\times1.0\times10\times10^3}{EA}$

$= \frac{2\times P\times10^4}{1.0}$

$\therefore P = 0.0001$

03 그림과 같은 라멘구조물의 D점에 P=12kN의 집중하중이 작용할 때, 지점 B의 수평변위는? (단, 자중은 무시하며, 모든 부재의 EI는 일정하다.)

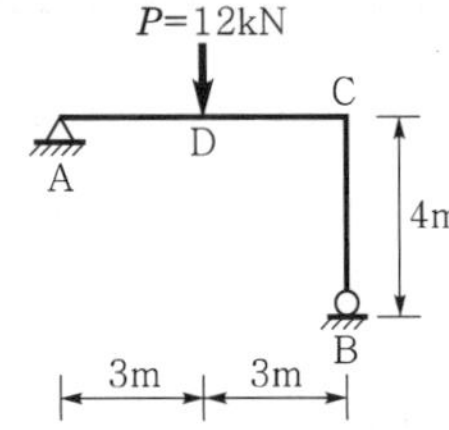

① $\frac{27}{EI}$ ② $\frac{54}{EI}$
③ $\frac{81}{EI}$ ④ $\frac{108}{EI}$

해설

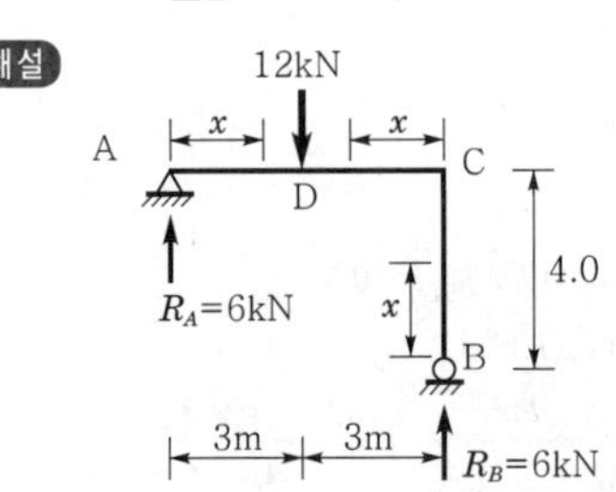

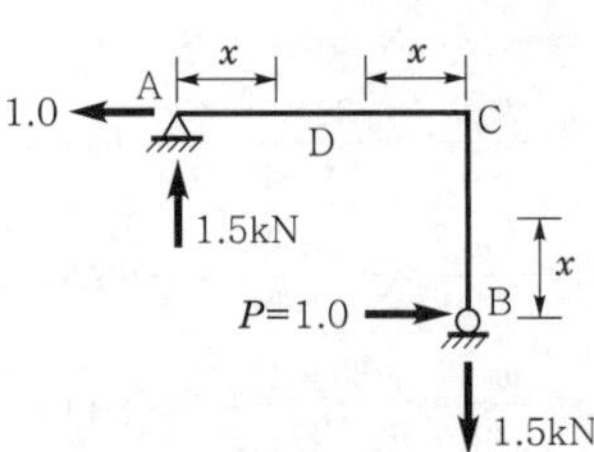

부재	M_x	m_x	$M_x - m_x$
AB	$6x$	$1.5x$	$9x^2$
DC	$6x$	$4-1.5x$	$24x-9x^2$
BC	0	x	

$\Delta = \frac{1}{EI}\int_0^3 9x^2dx + \frac{1}{EI}\int_0^3 (24x-9x^2)dx$

$= \frac{1}{EI}\int_0^3 24x\,dx = \frac{1}{EI}[12x^2]_0^3$

$= \frac{108}{EI}$

정답 01 ③ 02 ① 03 ④

04 그림과 같이 P_1으로 인한 B점의 처짐 δ_{B_1} = 0.2m, P_2로 인한 B점의 처짐 δ_{B_2} =0.2m, P_3로 인한 B점의 처짐 δ_{B_3} =0.2m이다. P_1이 먼저 재하되고, P_2와 P_3가 동시에 재하되었을 경우 P_3가 한 일[kN · m]의 크기는? (단, 자중은 무시한다.)

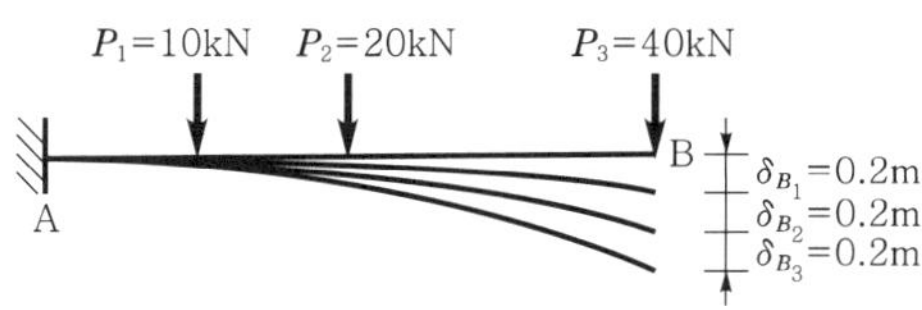

① 4　② 12
③ 20　④ 24

해설

$$w_E = \frac{P_3}{2} \times \delta_{B_3} + P_1\delta_{B_1} + P_2\delta_{B_2} + \frac{P_2}{2}\delta_{B_2}$$

$$= \left(\frac{40}{2} \times 0.2\right) + (10 \times 0.2) + (20 \times 0.2) + \left(\frac{20}{2} \times 0.2\right)$$

$$= 12\text{kN} \cdot \text{m}$$

05 그림과 같이 지지된 부정정보에 등분포하중 w가 재하될 경우, 지점 A의 수직반력 및 반력모멘트, 지점 B의 수직반력은? (단, 자중은 무시한다.)

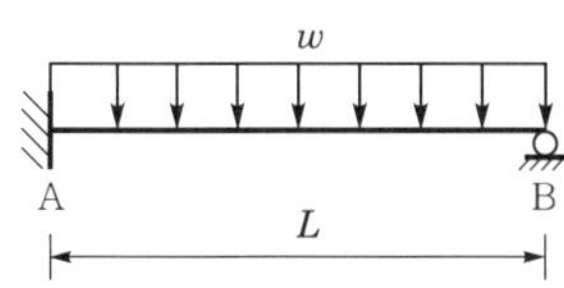

① $R_A = \frac{5}{8}w : (\uparrow)$, $M_A = \frac{7}{8}wL^2(\curvearrowleft)$, $R_B = \frac{3}{8}wL(\uparrow)$

② $R_A = \frac{3}{8}w : (\uparrow)$, $M_A = \frac{7}{8}wL^2(\curvearrowleft)$, $R_B = \frac{5}{8}wL(\uparrow)$

③ $R_A = \frac{5}{8}w : (\uparrow)$, $M_A = \frac{1}{8}wL^2(\curvearrowleft)$, $R_B = \frac{3}{8}wL(\uparrow)$

④ $R_A = \frac{3}{8}w : (\uparrow)$, $M_A = \frac{1}{8}wL^2(\curvearrowleft)$, $R_B = \frac{5}{8}wL(\uparrow)$

해설

$$\delta_{B_1} = \frac{wL^4}{8EI}$$

$$\delta_{B_2} = \frac{R_B L^3}{3EI}$$

$$\delta_{B_1} = \delta_{B_2}$$

$$\frac{wL^4}{8EI} = \frac{R_B L^3}{3EI}$$

$$8EIR_B L^3 = 3EIwL^4$$

$$R_B = \frac{3}{8}wL$$

$$\Sigma V = 0$$

$$wL = R_A + R_B = R_A + \frac{3}{8}wL$$

$$R_A = \frac{5}{8}wL$$

$$M_A = \frac{5}{8}wL \times L - wL \times \frac{L}{2} = \frac{5wL^2}{8} - \frac{wL^2}{2}$$

$$= \frac{1}{8}wL^2(\curvearrowleft)$$

06 길이가 8m인 직사각형 단면의 단순지지보에 그림과 같이 세 개의 집중하중이 작용하고 있다. 보의 허용 휨응력이 24MPa이고 폭에 대한 높이의 비가 $h/b=2$일 때, 보의 폭 b의 최솟값[mm]은? (단, 보의 자중은 무시한다.)

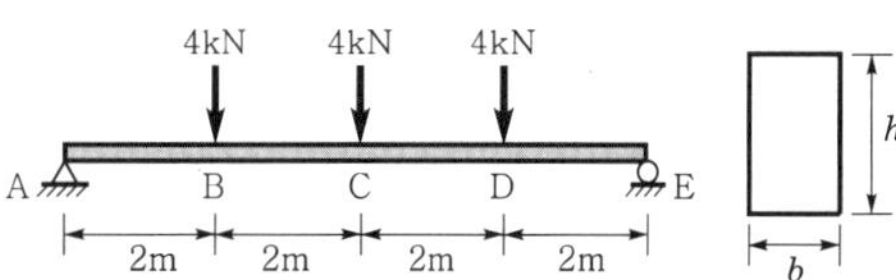

① 100　② $100\sqrt[3]{2}$
③ $100\sqrt[3]{3}$　④ $100\sqrt[3]{6}$

정답 04 ② 05 ③ 06 ①

해설

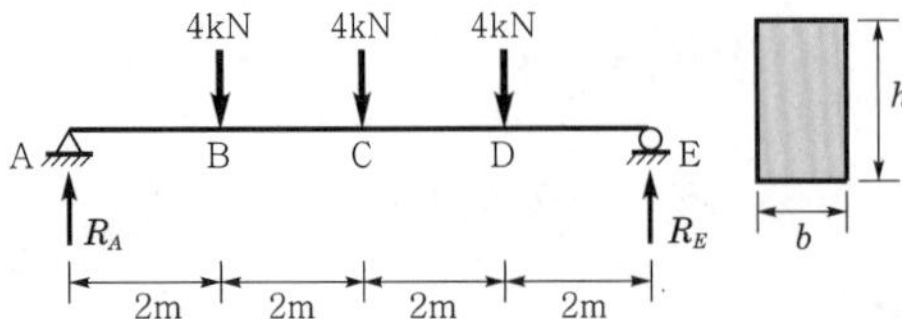

$R_A = 6\text{kN},\ R_E = 6\text{kN},\ \dfrac{h}{b} = 2$

최대 휨모멘트를 산정하면,

$M_C = (6\times4) - (4\times2) = 16\text{kN}\cdot\text{m}$

최대휨응력=허용휨응력이므로,

$$\sigma_{\max} = \frac{M_C}{Z} = \frac{6M_C}{bh^2} = \frac{6\times16}{b(2b)^2} = \frac{96}{4b^3}$$

$$\frac{96\times10^3\times10^3}{4b^3} = 24\text{MPa}$$

$b^3 = 1{,}000{,}000$

$\therefore b = 100\text{mm}$

07 지름이 100mm인 원형 봉이 토크 $T = 4\text{kN}\cdot\text{m}$를 받고 있다. 최대 인장변형률은? (단, 전단탄성계수는 40GPa이다.)

① $\dfrac{0.0008}{\pi}$ ② $\dfrac{0.0016}{\pi}$

③ $\dfrac{0.0032}{\pi}$ ④ $\dfrac{0.0064}{\pi}$

해설 $G = 40\text{GPa},\ \text{T} = 4\text{kN}\cdot\text{m}$

$$\tau_{\max} = \frac{16T}{\pi d^3} = \frac{16\times4\times10^3\times10^3}{\pi\times100^3} = \frac{64}{\pi}\text{N/m}$$

$$\gamma_{\max} = \frac{\tau_{\max}}{G} = \frac{64}{\pi}\times\frac{1}{40\times10^3} = \frac{0.0016}{\pi}$$

$$\varepsilon_{\max} = \frac{\gamma_{\max}}{2} = \frac{0.0008}{\pi}$$

08 그림과 같이 캔틸레버보 AB와 CD가 힌지 E에 의해 연결되어 있고, CD구간의 중앙에 집중하중 P가 작용하고 있다. 힌지 E에서 보 CD를 지지하는 힘의 크기는? (단, 보의 휨강성은 EI이며 자중은 무시한다.)

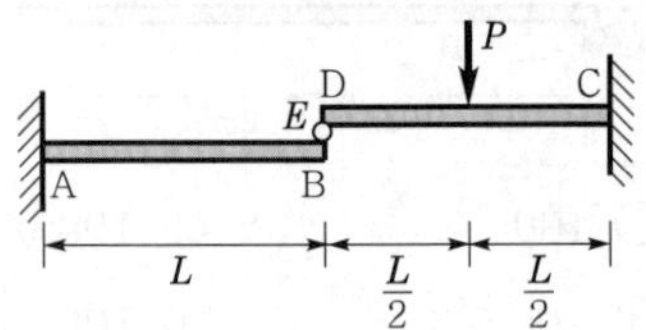

① $\dfrac{5}{32}P$ ② $\dfrac{1}{8}P$

③ $\dfrac{3}{32}P$ ④ $\dfrac{1}{16}P$

해설

$$R_E = K_S\delta_B = \frac{K_{AE}\times K_{CD}}{K_{AE}+K_{CD}}\times\delta_D$$

$$\delta_D = \frac{5PL^3}{48EI},\ K_{AE} = \frac{3EI}{L^3},\ K_{CD} = \frac{3EI}{L^3}$$

$$R_E = \frac{\dfrac{3EI}{L^3}\times\dfrac{3EI}{L^3}}{\dfrac{3EI}{L^3}+\dfrac{3EI}{L^3}}\times\frac{5PL^3}{48EI}$$

$$= \frac{\dfrac{9(EI)^2}{L^6}}{\dfrac{6EI}{L^3}}\times\frac{5PL^3}{48EI}$$

$$= \frac{9EI}{6L^3}\times\frac{5PL^3}{48EI} = \frac{15P}{96} = \frac{5P}{32}$$

09 그림과 같은 트러스에서 부재력이 0인 부재의 개수는? (단, 모든 절점은 힌지이다.)

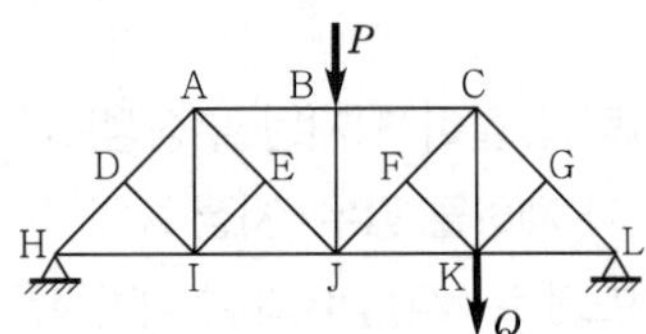

① 2개 ② 3개

③ 4개 ④ 5개

해설

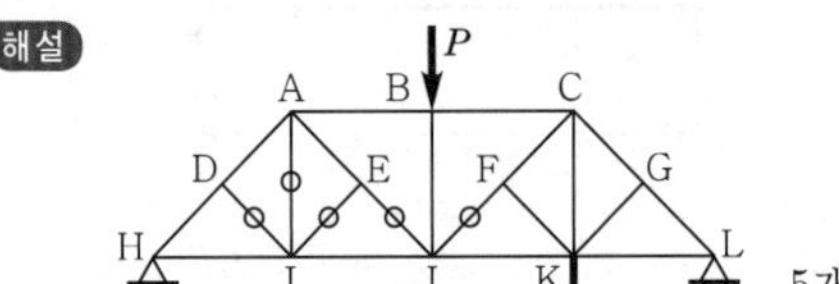

10 그림과 같이 길이가 2m인 직사각형 단면의 강재 보에 등분포하중 q가 작용하고 있다. 단면의 폭은 10cm이고 높이는 20cm이며 강재의 항복강도는 σ_y=300MPa이다. 이 보의 단면이 완전소성상태에 도달할 때 q의 값 [kN/m]은? (단, 강재는 완전탄소성 거동을 하며 보의 자중은 무시한다.)

정답 07 ① 08 ① 09 ④ 10 ④

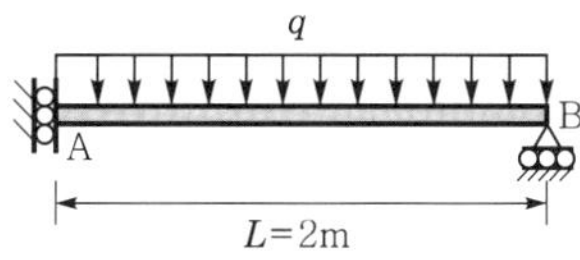

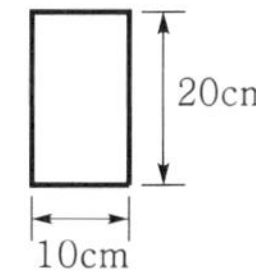

① 75　　② 100
③ 125　　④ 150

해설

$Z_P = \frac{bh^2}{4} = \frac{10 \times 20^2}{4} = 1{,}000\text{cm}^3$

$M_P = \sigma_y Z_P = 300\text{MPa} \times 1{,}000 \times 10^3$

$= 3 \times 10^8\,\text{N} \cdot \text{mm}$

$= 3 \times 10^2\,\text{kN} \cdot \text{m}$

$M_{\max} = \frac{4q\ell^2}{8} = \frac{4q \times 2^2}{8} = \frac{16q}{8} = 2q$

$3 \times 10^2 = 2q$

$q = 1.5 \times 10^2\,\text{kN/m}$

11 그림과 같이 반경이 L인 원호 구조물의 C점에 집중하중 P가 작용할 때, A점의 전단력 V_A, C점의 축력 F_C, D점의 휨모멘트 M_D로 가장 적절한 것은? (단, C점은 게르버 힌지로 가정하며, 자중은 무시한다.)

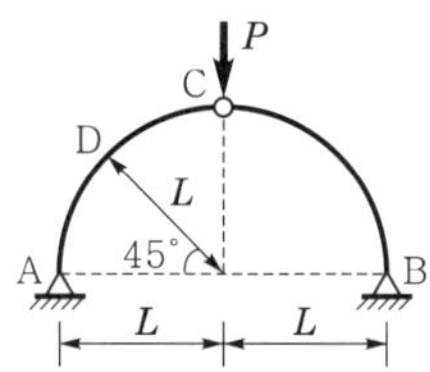

① $V_A = -\frac{P}{2}$, $F_C = -\frac{P}{2}$, $M_D = 0$

② $V_A = -\frac{\sqrt{2}P}{2}$, $F_C = -\frac{P}{2}$, $M_D = \frac{PL}{2}(1-\sqrt{2})$

③ $V_A = -\frac{P}{2}$, $F_C = -\frac{\sqrt{2}P}{2}$, $M_D = 0$

④ $V_A = -\frac{P}{2}$, $F_C = -\frac{P}{2}$, $M_D = \frac{PL}{2}(1-\sqrt{2})$

해설

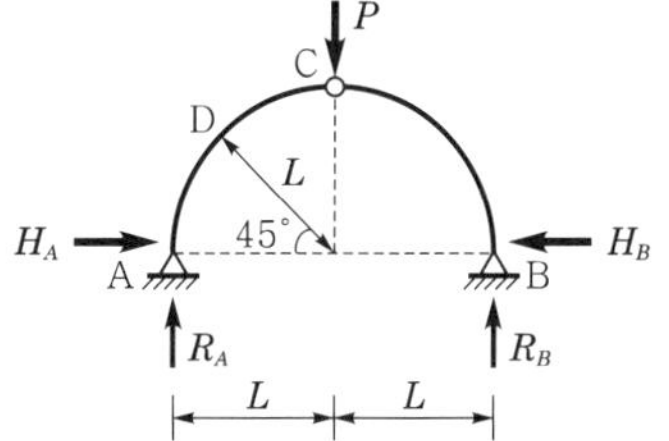

- $R_A = \frac{P}{2}$, $R_B = \frac{P}{2}$
- $M_C = 0\ (\frac{P}{2} \times L) - (H_a \times L) = 0$

  $H_A = \frac{P}{2}$, $H_B = \frac{P}{2}$
- $V_A = -\frac{P}{2}$
- C점의 축력은 수평반력 $F_C = -\frac{P}{2}$
- $M_D = (-H_A \times L\sin 45^\circ) + [R_A \times (L - L\cos 45^\circ)]$

  $= \left(-\frac{P}{2} \times \frac{1}{\sqrt{2}}L\right) - \left[\frac{P}{2} \times L\left(1 - \frac{1}{\sqrt{2}}\right)\right]$

  $= -\frac{PL}{2\sqrt{2}} - \left(\frac{PL}{2} - \frac{PL}{\sqrt{2}}\right)$

  $= -\frac{PL}{2\sqrt{2}} - \frac{PL}{2} + \frac{PL}{\sqrt{2}}$

  $= \frac{PL}{2}(1-\sqrt{2})$

12 그림과 같은 트러스 구조물에 저장되는 변형에너지는? (단, 부재 a, b, c의 단면적은 A로 동일하고 탄성계수는 $E_A = E_B = E$, $E_C = 2E$이다.)

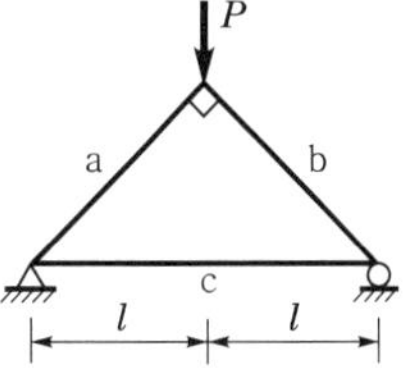

① $\frac{(3\sqrt{2}+1)P^2 l}{8EA}$　② $\frac{(4\sqrt{2}+1)P^2 l}{8EA}$

③ $\frac{(5\sqrt{2}+1)P^2 l}{8EA}$　④ $\frac{(6\sqrt{2}+1)P^2 l}{8EA}$

정답 11 ④　12 ②

해설

$$\Sigma V=0,$$

$$\frac{P}{2}+\frac{1}{\sqrt{2}}a=0$$

$$a=-\frac{\sqrt{2}P}{2}$$

$$\Sigma H=0,$$

$$\frac{1}{\sqrt{2}}a+c=0$$

$$\frac{1}{\sqrt{2}}\times\left(-\frac{\sqrt{2}P}{2}\right)+c=0$$

$$c=\frac{P}{2}$$

부재	부재력	탄성계수	부재길이
a	$-\frac{\sqrt{2}}{2}P$	E	$\sqrt{2}l$
b	$-\frac{\sqrt{2}}{2}P$	E	$\sqrt{2}l$
c	$\frac{P}{2}$	$2E$	$2l$

$$u=\Sigma\frac{F^2L}{2EA}=\left[\frac{\sqrt{2}l}{2EA}\left(-\frac{\sqrt{2}}{2}P\right)^2\right]\times 2+\frac{2l}{4EA}\left(\frac{P}{2}\right)^2$$

$$=\frac{\sqrt{2}l}{EA}\left(\frac{2}{4}P^2\right)+\frac{P^2l}{8EA}$$

$$=\frac{\sqrt{2}lP^2}{2EA}+\frac{P^2l}{8EA}$$

$$=\frac{(4\sqrt{2}+1)P^2l}{8EA}$$

13 그림은 두 가지 재료로 만들어진 부재 A, B가 결합된 축력부재이다. 이 부재 상단에 강체가 부착되어 있을 때, 축력 P에 의해 발생하는 부재 A, B의 수직응력비 σ_A/σ_B는? (단, P는 결합된 부재의 도심에 작용하고, 부재 A, B의 탄성계수 및 단면적 비는 $E_A : E_B = 1:3$, $A_A : A_B = 2:1$이다.)

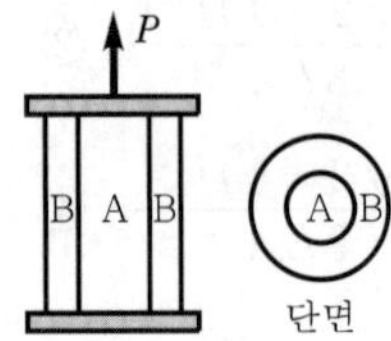

① $\frac{1}{3}$ ② $\frac{1}{5}$

③ $\frac{1}{7}$ ④ $\frac{1}{9}$

해설

$$\sigma_A=\frac{PE_A}{E_AA_A+E_BA_B}$$

$$\sigma_V=\frac{PE_B}{E_AA_A+E_BA_B}$$

여기서, $E_B=3E_A$, $A_A=2A_B$

$$\sigma_A=\frac{PE_A}{E_AA_A+3E_A\times\frac{A_A}{2}}=\frac{PE_A}{E_A\left(A_A+\frac{3A_A}{2}\right)}$$

$$=\frac{P}{\frac{5A_A}{2}}=\frac{2P}{5A_A}$$

$$\sigma_B=\frac{P\times 3E_A}{E_AA_A+3E_A\times\frac{A_A}{2}}=\frac{3PE_A}{E_A\left(A_A+\frac{3A_A}{2}\right)}$$

$$=\frac{3P}{\frac{5A_A}{2}}=\frac{6P}{5A_A}$$

$$\frac{\sigma_A}{\sigma_B}=\frac{\frac{2}{5}}{\frac{6}{5}}=\frac{1}{3}$$

14 그림과 같이 I형 단면의 보가 세 개의 직사각형 단면 부재로 만들어져 있으며, 플랜지는 웨브에 못으로 연결되어 있다. 이 단면에 작용하는 전단력이 V이고 못의 허용 전단력이 $\frac{V}{2}$일 때, 보의 길이 방향으로 못 간격의 최댓값은? (단, 이 단면의 재료의 성질은 일정하며 선형 탄성 상태이다.)

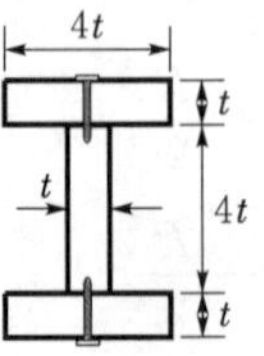

① $1.2t$ ② $2.0t$

③ $2.8t$ ④ $3.6t$

정답 13 ① 14 ③

$f=\dfrac{VQ}{I}$

$I=\dfrac{4t(6t)^2}{12}-\dfrac{3t(4t)^3}{12}=\dfrac{4t\times 216t^3}{12}-\dfrac{3t\times 6t^3}{12}$

$=\dfrac{864t^4-192t^4}{12}=\dfrac{672t^4}{12}=56t^4$

$Q=(4t\times t)\times\left(\dfrac{t}{2}+2t\right)=4t^2\times\dfrac{5}{2}t=10t^3$

$f=\dfrac{V\times 10t^3}{56t^4}=\dfrac{V}{5.6t}$

$f<V_a=\dfrac{V}{2}$ 이므로 간격 $S=\dfrac{\frac{V}{5.6t}}{\frac{V}{2}}=2.8t$

15 그림과 같이 높이가 600mm, 단면 300mm×315mm인 사각형 콘크리트 기둥 내부에 강봉 9개를 삽입하여 일체화되도록 보강하였다. 기둥 상단의 단면 도심에 압축하중 P가 작용하여 기둥의 높이가 0.12mm 단축되었을 때, 작용하중 P의 크기[kN]는? (단, 콘크리트의 탄성계수 $E_C=30\text{GPa}$, 강봉의 탄성계수 $E_S=200\text{GPa}$이며, 단면은 도심에 대해 2축 대칭이다. 강봉 1개의 단면적은 500mm^2이며, 강봉과 콘크리트의 자중은 무시한다.)

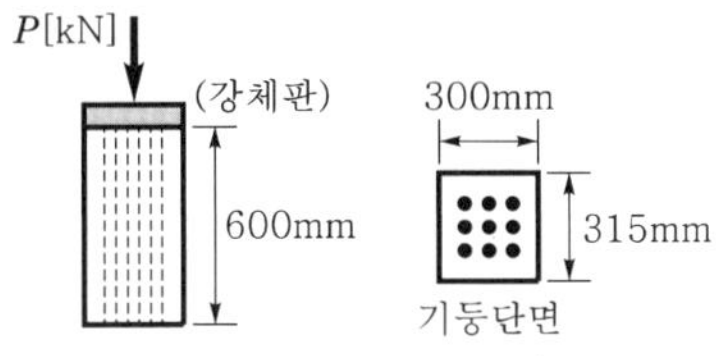

① 180　　② 360
③ 540　　④ 720

해설

$\varepsilon=\dfrac{0.12}{600}=2\times 10^{-4}$

$\varepsilon=\dfrac{P}{E_cA_c+E_sA_s}$

여기서, $A_c=(300\times 315)-4{,}500=90{,}000\text{N}\cdot\text{m}^2$

$A_s=500\times 9=4{,}500\text{N}\cdot\text{m}^2$

$2\times 10^{-4}=\dfrac{P}{(30\times 10^3\times 90{,}000)+(200\times 10^3\times 4{,}500)}$

$P=[(30\times 10^3\times 90{,}000)+(200\times 10^3\times 4{,}500)]\times 2\times 10^{-4}$

$=720\text{kN}$

16 그림과 같이 탄성계수 $E=10\text{GPa}$이며, 단면이 균일하지 않은 캔틸레버보의 C점에 8kN의 집중하중이 작용할 때, B점과 C점의 수직처짐[mm]은? (단, A점~B점까지 보의 단면은 $a-a$ 단면으로 동일하고, B점~C점까지 보의 단면은 $b-b$ 단면으로 동일하며, 자중은 무시한다.)

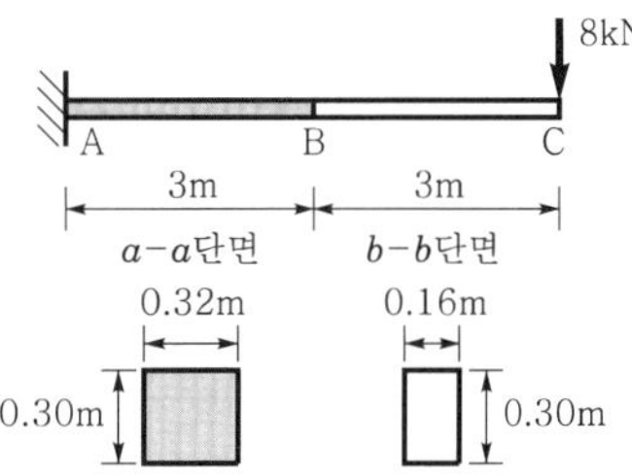

① $\delta_B=25(\downarrow)$, $\delta_C=90(\downarrow)$
② $\delta_B=50(\downarrow)$, $\delta_C=90(\downarrow)$
③ $\delta_B=50(\downarrow)$, $\delta_C=180(\downarrow)$
④ $\delta_B=100(\downarrow)$, $\delta_C=180(\downarrow)$

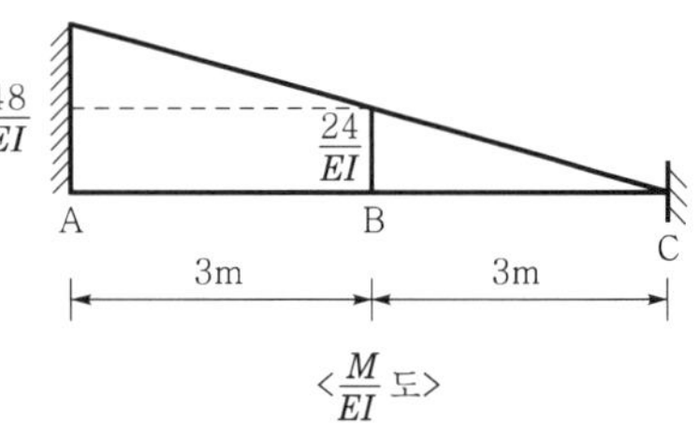

$I_{AB}=\dfrac{0.32\times 0.3^3}{12}$

$=7.2\times 10^{-4}\text{m}^4$

$I_{BC}=\dfrac{0.16\times 0.3^3}{12}=3.6\times 10^{-4}\text{m}^4$

$\delta_B=\left(\dfrac{24}{EI_{AB}}\times 3.0\times 1.5\right)+\left(\dfrac{1}{2}\times\dfrac{24}{EI_{AB}}\times 3\times 2\right)$

$$= \frac{108}{EI_{AB}} + \frac{72}{EI_{AB}} = \frac{180}{EI_{AB}}$$

$$= \frac{180}{10\times10^3\times7.2\times10^{-4}} = 25\text{mm}(\downarrow)$$

$$\delta_C = \left(\frac{24}{EI_{AB}}\times3\times4.5\right) + \left(\frac{1}{2}\times\frac{24}{EI_{AB}}\times3\times5\right) + \left(\frac{1}{2}\times\frac{24}{EI_{BC}}\times3\times2\right)$$

$$= \frac{324}{EI_{AB}} + \frac{180}{EI_{AB}} + \frac{72}{EI_{BC}}$$

$$= \frac{504}{10\times10^3\times7.2\times10^{-4}} + \frac{72}{10\times10^3\times3.6\times10^{-4}}$$

$$= 70 + 20 = 90\text{mm}(\downarrow)$$

17 그림과 같이 왼쪽 단이 구속된 부재의 온도가 ΔT만큼 상승하여 부재 단면에 50MPa의 압축응력이 발생하였을 때, 온도변화 ΔT[℃]는? (단, 열팽창계수 $\alpha = 1\times10^{-5}$/℃, 탄성계수 $E = 100$GPa이고, 온도변화는 전 구간에 균일하게 작용한다고 가정한다.)

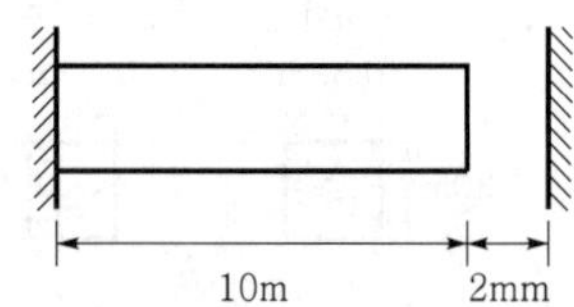

① 40
② 50
③ 60
④ 70

해설 2mm 상쇄온도 T_0

$$T_0 = \frac{2}{\alpha L} = \frac{2}{1\times10^{-5}\times10^4} = 20$$

$$\sigma_T = E\varepsilon = E(\Delta T - 20)\times1\times10^{-5}$$

$$= 100\times10^3\times(\Delta T - 20)\times1\times10^{-5} = 50\text{MPa}$$

$$\Delta T = 70℃$$

18 그림의 2차함수 형태의 분포하중을 받는 캔틸레버보에 대하여 A점에서의 휨모멘트가 -21kN·m일 때, 상수 a의 값은? (단, a는 0보다 큰 상수이고, 모멘트 부호는 시계방향을 +로 간주한다.)

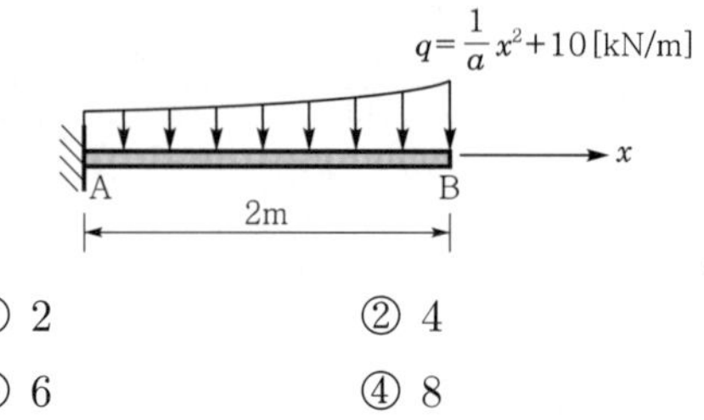

① 2
② 4
③ 6
④ 8

해설

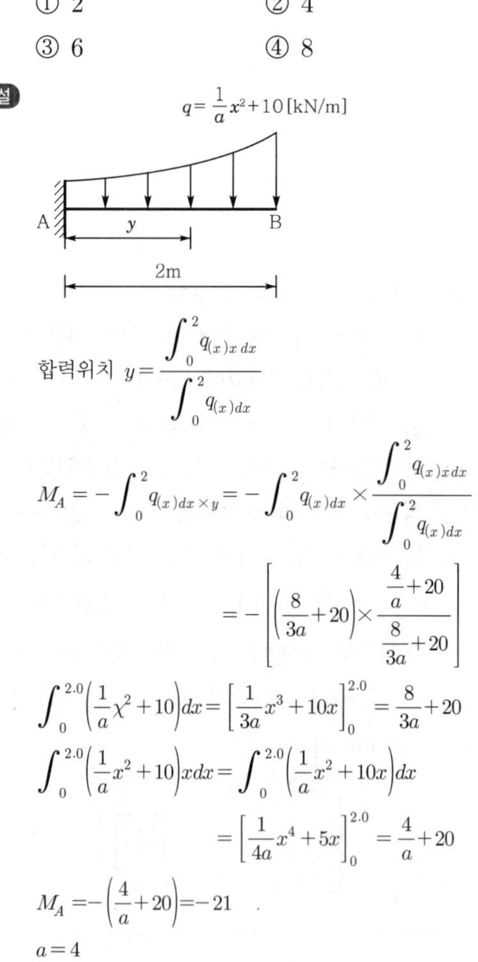

합력위치 $y = \dfrac{\int_0^2 q_{(x)}x\,dx}{\int_0^2 q_{(x)}dx}$

$$M_A = -\int_0^2 q_{(x)}dx \times y = -\int_0^2 q_{(x)}dx \times \frac{\int_0^2 q_{(x)}x\,dx}{\int_0^2 q_{(x)}dx}$$

$$= -\left[\left(\frac{8}{3a}+20\right)\times\frac{\frac{4}{a}+20}{\frac{8}{3a}+20}\right]$$

$$\int_0^{2.0}\left(\frac{1}{a}\chi^2+10\right)dx = \left[\frac{1}{3a}x^3+10x\right]_0^{2.0} = \frac{8}{3a}+20$$

$$\int_0^{2.0}\left(\frac{1}{a}x^2+10\right)x\,dx = \int_0^{2.0}\left(\frac{1}{a}x^2+10x\right)dx$$

$$= \left[\frac{1}{4a}x^4+5x\right]_0^{2.0} = \frac{4}{a}+20$$

$$M_A = -\left(\frac{4}{a}+20\right) = -21$$

$$a = 4$$

정답 17 ④ 18 ②

19 그림의 두 압축부재의 탄성좌굴하중 비가 $P_{cr}(A):P_{cr}(B)=16:3$일 때, 부재 B의 길이는? (단, 부재 B의 탄성계수 $E_B=1.5E_A$이고 단면 2차모멘트 $I_B=2.0I_A$이다.)

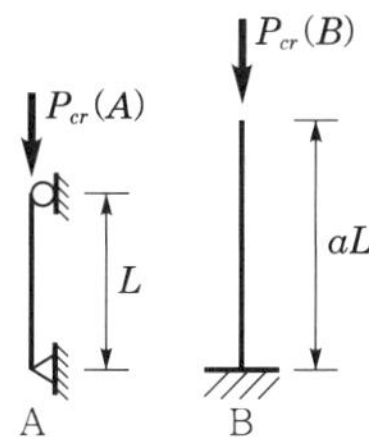

① $1.5L$　② $2.0L$
③ $2.5L$　④ $3.0L$

해설

$$P_{cr(A)}=\frac{\pi^2E_AI_A}{(KL)^2}=\frac{\pi^2E_AI_A}{1.0^2\times L^2}=\frac{\pi^2E_AI_A}{L^2}$$

$$P_{cr(B)}=\frac{\pi^2E_BI_B}{(KaL)^2}=\frac{\pi^2\times1.5E_A\times2.0I_A}{4a^2L^2}=\frac{3.0\pi^2E_AI_A}{4a^2L^2}$$

$$16:3=-\frac{1}{L^2}:\frac{0.75}{a^2L^2}$$

$$\frac{3}{L^2}=\frac{12}{a^2L^2}$$

$$a^2=\frac{12}{L^2}\times\frac{L^2}{3}=4$$

$$\therefore\ a=2$$

20 그림과 같이 직경이 D인 원형단면 보의 소성모멘트값은? (단, 보는 완전탄소성 거동을 하며 재료의 항복강도는 σ_y이다.)

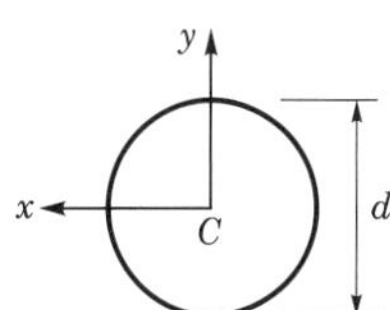

① $\dfrac{\sigma_yd^3}{12}$　② $\dfrac{\sigma_yd^3}{6}$
③ $\dfrac{\sigma_yd^3}{3}$　④ $\dfrac{2\sigma_yd^3}{3}$

해설

$$Z_p=\frac{4r^3}{3}$$

$$M_p=\sigma_yZ_p$$

$$=\sigma_y\times\frac{4}{3}\left(\frac{d}{2}\right)^3=\sigma_y\times\frac{4}{3}\times\frac{d^3}{8}=\frac{\sigma_yd^3}{6}$$

정답 19 ② 20 ②

과년도 출제문제(2020년 국가직 9급)

01 그림과 같은 단순보에서 다음 항목 중 0의 값을 갖지 않는 것은? (단, 단면은 균일한 직사각형이다.)

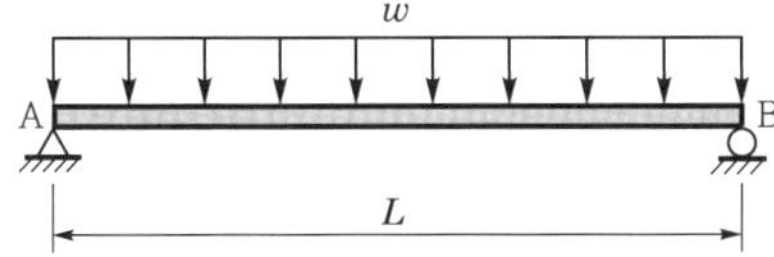

① 중립축에서의 휨응력(수직응력)
② 단면의 상단과 하단에서의 전단응력
③ 양단지점에서의 휨응력(수직응력)
④ 양단지점의 중립축에서의 전단응력

해설 ① 축하중이 작용하지 않으므로 단면의 중립축에서의 변형률과 휨응력(수직응력)은 0이다.
② 전단력은 작용하고 있으나 단면 상단과 하단에서의 전단응력은 0이다.
③ 단순보 양단에서의 모멘트하중이 작용하지 않으므로 양단지점에서의 휨응력(수직응력)은 0이다.
④ 단순보 양단에서의 전단력이 작용하므로 양단지점의 중립축에서의 전단응력은 0이 아니다.

02 그림과 같은 단순보에서 다음 설명 중 옳은 것은? (단, 단면은 균일한 직사각형이고, 재료는 균질하다.)

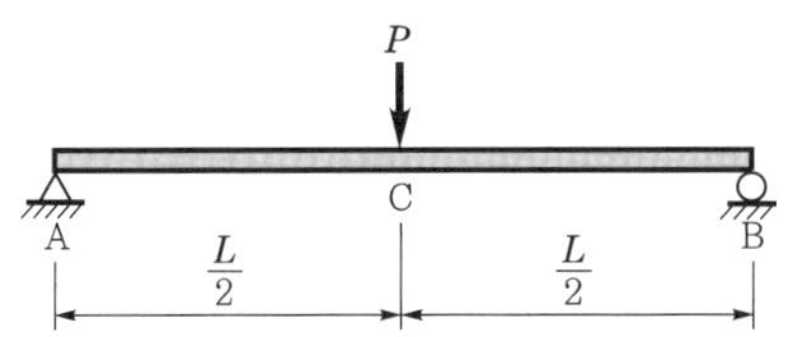

① 탄성계수 값이 증가하면 지점 처짐각의 크기는 증가한다.
② 지점 간 거리가 증가하면 지점 처짐각의 크기는 증가한다.
③ 휨강성이 증가하면 C점의 처짐량은 증가한다.
④ 지점 간 거리가 증가하면 C점의 처짐량은 감소한다.

해설 ① 탄성계수 값이 증가하면 휨강성이 강해지므로 지점 처짐각의 크기는 감소한다.
② 지점 간 거리가 증가하면 휨강성이 약해지므로 지점 처짐각의 크기는 증가한다.
③ 휨강성이 증가하면 휨변형이 줄어들므로 C점 처짐량은 감소한다.
④ 지점 간 거리가 증가하면 휨강성이 약해지므로 휨변형이 커져 C점의 처짐량은 증가한다.

03 그림과 같은 게르버보에 하중이 작용하고 있다. A점의 수직반력 R_A가 B점의 수직반력 R_B의 2배($R_A = 2R_B$)가 되려면, 등분포 하중 w[kN/m]의 크기는? (단, 보의 자중은 무시한다.)

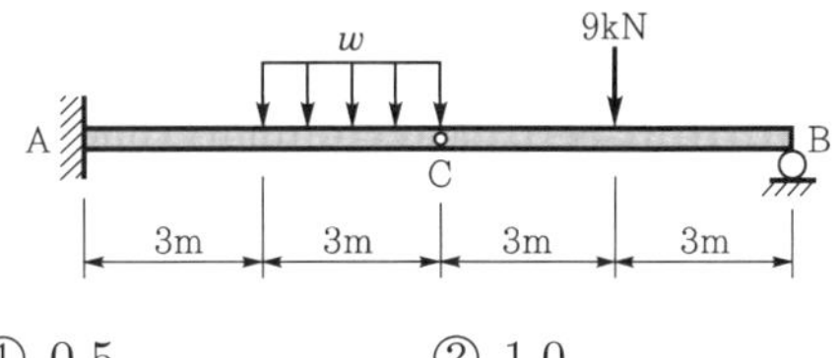

① 0.5　　② 1.0
③ 1.5　　④ 2.0

해설 자유물체도를 그려 평형식과 조건식을 통해 풀이한다.
여기서, $R_A = 2\times R_B$, $R_A(\uparrow)$, $R_B(\uparrow)$, $V_{C+}(\uparrow)$, $V_{C-}(\downarrow)$

BC부재에서
$\Sigma V=0 : V_{C+} + R_B = 9\text{kN}$
$\Sigma M=0 : 9\text{kN}\times 3\text{m} = R_B \times 6\text{m}$
$\therefore\ R_B = 4.5\text{kN},\ V_{C+} = 4.5\text{kN},\ V_{C-} = V_{C+}$

AC부재에서
$\Sigma V=0 : R_A = V_{C-} + W\times 3\text{m}$
$\therefore\ W = 1.5\text{kN/m}$

04 그림과 같이 등분포 고정하중이 작용하는 단순보에서 이동하중이 작용할 때 절대 최대 전단력의 크기[kN]는? (단, 보의 자중은 무시한다.)

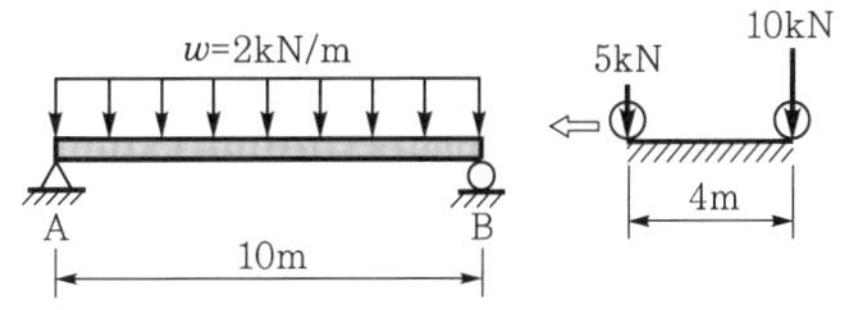

정답 01 ④ 02 ② 03 ③ 04 ④

① 20 ② 21

③ 22 ④ 23

해설 이동하중 후단(10kN)이 지점 B를 통과할 시 단순보 내 절대 최대 전단력이 발생하며 그 위치는 지점 B이다.

$R_{B.D}=10\text{kN}$

$R_{B.L}=10\text{kN}+\dfrac{5\text{kN}\times 6\text{m}}{10\text{m}}=13\text{kN}$

$R_{B.\max}=R_{B.D}+R_{B.L}=23\text{kN}$

$\therefore\ V_{\max}=R_{B.\max}=23\text{kN}$

05 그림과 같이 폭이 b이고 높이가 h인 직사각형 단면의 x축에 대한 단면2차모멘트 I_{x1}과 빗금친 직사각형 단면의 x축에 대한 단면2차모멘트 I_{x2}의 크기의 비$\left(\dfrac{I_{x2}}{I_{x1}}\right)$는?

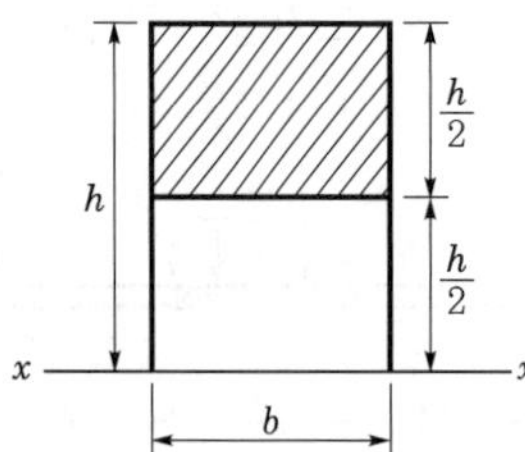

① $\dfrac{1}{2}$ ② $\dfrac{2}{3}$

③ $\dfrac{7}{8}$ ④ 1

해설 2차 단면모멘트의 평행축 정리를 이용하여 풀이한다.

$I_{x1}=\dfrac{bh^3}{12}+bh\left(\dfrac{h}{2}\right)^2=\dfrac{bh^3}{3}$

$I_{x2}=\dfrac{b\left(\dfrac{h}{2}\right)^3}{12}+b\dfrac{h}{2}\left(\dfrac{3h}{4}\right)^2=\dfrac{7bh^3}{24}$

$\therefore\ \dfrac{I_{x2}}{I_{x1}}=\dfrac{7}{8}$

06 그림과 같이 하중을 받는 구조물에서 고정단 C점의 모멘트 반력의 크기[kN · m]는? (단, 구조물의 자중은 무시하고, 휨강성 EI는 일정, $M_B=84\text{kN}\cdot\text{m}$이다.)

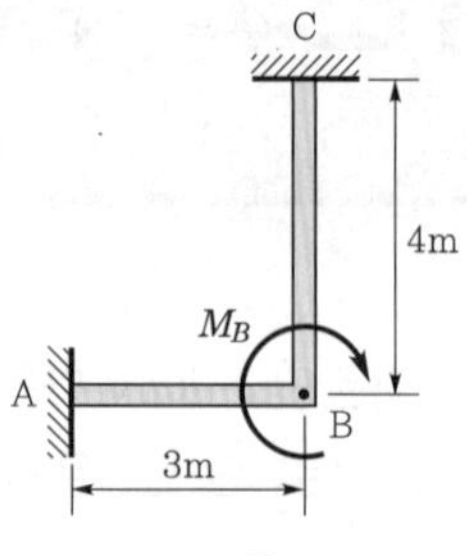

① 9 ② 18

③ 27 ④ 36

해설 양단이 고정된 프레임에 모멘트하중만이 작용하므로 처짐각법을 이용해 간단히 풀이할 수 있다.

$M_{AB}=\dfrac{2EI}{3}\theta_B$

$M_{BA}=\dfrac{4EI}{3}\theta_B$

$M_{BC}=EI\theta_B$

$M_{CB}=\dfrac{EI}{2}\theta_B$

$\Sigma M=0:\ M_{BC}+M_{CB}=\dfrac{7EI}{3}\theta_B=84\text{kN}\cdot\text{m}$

$\therefore\ EI\theta_B=36\text{kN}\cdot\text{m}$

$\therefore\ M_C=M_{CB}=18\text{kN}\cdot\text{m}$

07 그림과 같이 두 개의 우력모멘트를 받는 단순보 AE에서 A 지점 처짐각의 크기$\left(a\dfrac{PL^2}{EI}\right)$와 C점 처짐의 크기$\left(b\dfrac{PL^3}{EI}\right)$를 구하였다. 상수 a와 b의 값은? (단, 보 AE의 휨강성 EI는 일정하고, 보의 자중은 무시한다.)

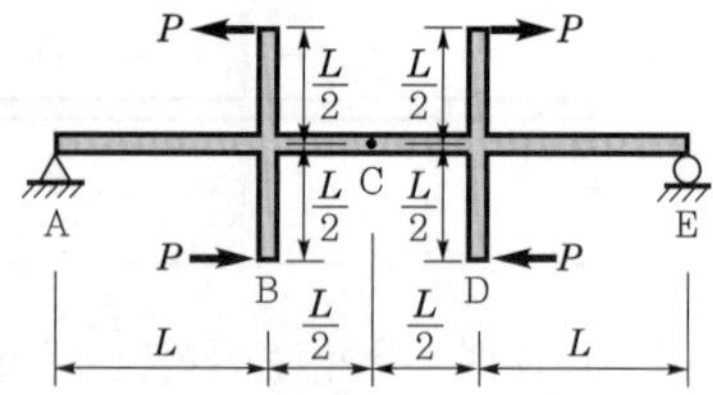

	a	b
①	$\dfrac{1}{2}$	$\dfrac{5}{8}$
②	$\dfrac{1}{2}$	$\dfrac{3}{2}$
③	$\dfrac{1}{6}$	$\dfrac{5}{8}$
④	$\dfrac{1}{6}$	$\dfrac{3}{2}$

정답 05 ③ 06 ② 07 ①

해설 단순보에 두 개의 우력 모멘트가 작용하는 경우 중첩법을 이용하여 처짐각 및 처짐을 구할 수 있다.

$$\theta_A(\curvearrowright) = \frac{a^2+2ab-2b^2}{6(a+b)EI}M(\curvearrowleft)$$

$$\delta_C(\downarrow) = \frac{3a^2-2ab-b^2}{16EI}M(\curvearrowleft)$$

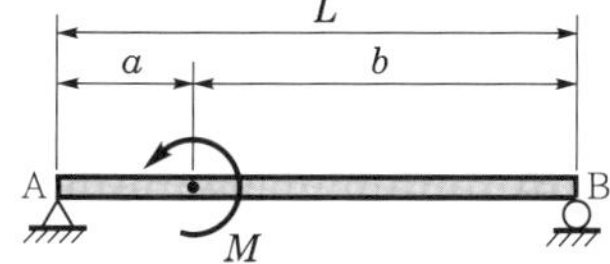

$\theta_A(\curvearrowright)$, $\delta_C(\downarrow)$

$$\theta_A = \frac{L^2+2(L)(2L)-2(2L)^2}{6(L+2L)EI}\times PL + \frac{(2L)^2+2(2L)(L)-2(L)^2}{6(L+2L)EI}\times(-PL) = -\frac{PL^2}{2EI}$$

$$\therefore\ \theta_A = \frac{PL^2}{2EI}(\curvearrowleft)$$

$$\delta_C = \frac{3L^2-2L(2L)-(2L)^2}{16EI}\times PL\times 2 = -\frac{5PL^3}{8EI}$$

$$\therefore\ \delta_C = \frac{5PL^3}{8EI}(\uparrow)$$

08 그림과 같은 하중을 받는 단순보에서 인장응력이 발생하지 않기 위한 단면 높이 h의 최솟값[mm]은? (단, $h=2b$, 50kN의 작용점은 단면의 도심이고, 보의 자중은 무시한다.)

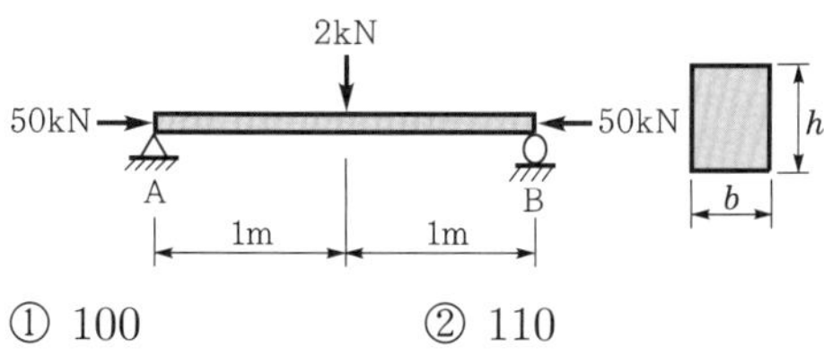

① 100 ② 110
③ 120 ④ 130

해설 수직하중으로 인해 발생하는 휨응력과 축하중으로 인한 축응력을 이용해 인장응력이 발생하지 않기 위한 조건식으로 풀이한다.

$h=2b$

$$I=\frac{bh^3}{12}=\frac{2b^4}{3},\ A=bh=2b^2$$

$$\sigma_T = \frac{1\text{kN}\times 1\text{m}\times\frac{h}{2}}{I} - \frac{50\text{kN}}{A} = 0$$

$\therefore\ b=60\text{mm},\ h=120\text{mm}$

09 그림과 같은 단순보의 C점에 스프링을 설치하였더니 스프링에서의 수직 반력이 $\frac{P}{2}$가 되었다. 스프링 강성 k는? (단, 보의 휨강성 EI는 일정하고 보의 자중은 무시한다.)

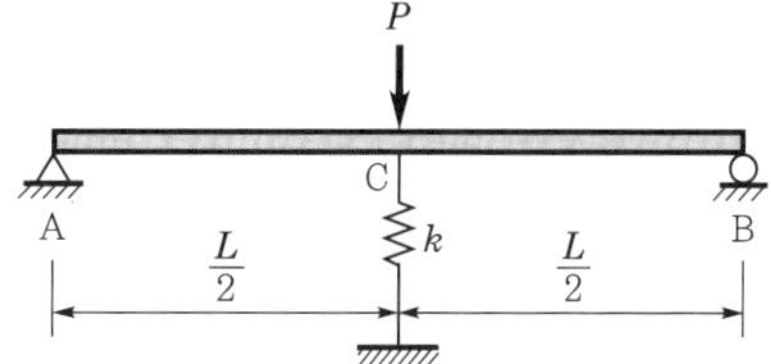

① $\frac{24EI}{L^3}$ ② $\frac{48EI}{L^3}$
③ $\frac{96EI}{L^3}$ ④ $\frac{120EI}{L^3}$

해설 단순보의 처짐식과 중첩법을 이용하여 부정정해석을 통해 스프링의 강성을 구한다.

여기서, $F_{spring}=\frac{P}{2}$

$$\delta_{C.beam}(\downarrow) = \frac{PL^3}{48EI}$$

$$\delta_{C.spring}(\uparrow) = \frac{FL^3}{48EI}$$

$$\delta_{spring}(\downarrow) = \frac{F}{K}$$

$$\delta_{C.beam} - \delta_{C.spring} = \delta_{spring}$$

$$\therefore\ k = \frac{48EI}{L^3}$$

10 보의 탄성처짐을 해석하는 방법에 대한 다음 설명으로 옳지 않은 것은?

① 휨강성 EI가 일정할 때, 모멘트 방정식 $EI\frac{d^2v}{dx^2}=M(x)$를 두 번 적분하여 처짐 v를 구할 수 있는데, 이러한 해석법을 이중적분법(Double Integration Method)이라고 한다.

② 모멘트면적정리(Moment Area Theorem)에 의하면, 탄성 곡선상의 점 A에서의 접선과 점 B로부터 그은 접선 사이의 점 A에서의 수직편차 $t_{B/A}$는 $\frac{M}{EI}$ 선도에서 이 두 점 사이의 면적과 같다.

정답 08 ③ 09 ② 10 ②

③ 공액보를 그린 후 $\frac{M}{EI}$선도를 하중으로 재하하였을 때, 처짐을 결정하고자 하는 곳에서 공액보의 단면을 자르고 그 단면에서 작용하는 휨모멘트를 구하여 처짐을 구할 수 있으며, 이러한 해석법을 공액보법(Conjugated Beam Method)이라고 한다.

④ 카스틸리아노의 정리(Castigliano's Theorem)에 의하면, 한 점에 처짐의 방향으로 작용하는 어느 힘에 관한 변형 에너지의 1차 편미분 함수는 그 점에서의 처짐과 같다.

해설 ② 모멘트면적정리에 의하면, 탄성 곡선상의 점 A에서의 접선과 점 B로부터 그은 접선 사이의 점 A에서의 수직편차는 $\frac{M}{EI}$선도의 1차 단면모멘트와 같다.

11 그림과 같이 단순보에 2개의 집중하중이 작용하고 있을 때 휨모멘트 선도는 아래와 같다. C점에 작용하는 집중하중 P_C와 D점에 작용하는 집중하중 P_D의 비$\left(\frac{P_C}{P_D}\right)$는?

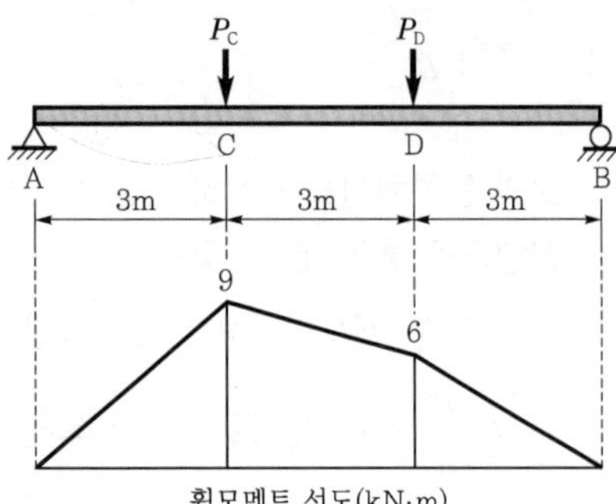

① 4 ② 5
③ 6 ④ 7

해설 자유물체도를 통해 연립방정식 풀이로 하중 간의 비를 구한다.

$\frac{2P_C}{3}\times 3\text{m}+\frac{P_D}{3}\times 3\text{m}=9\text{kN}\cdot\text{m}$

$\frac{P_C}{3}\times 3\text{m}+\frac{2P_D}{3}\times 3\text{m}=6\text{kN}\cdot\text{m}$

$\therefore\ P_C=4\text{kN},\ P_D=1\text{kN},\ \frac{P_C}{P_D}=4$

12 그림과 같이 부재에 하중이 작용할 때, B점에서의 휨모멘트 크기[kN · m]는? (단, 구조물의 자중 및 부재의 두께는 무시한다.)

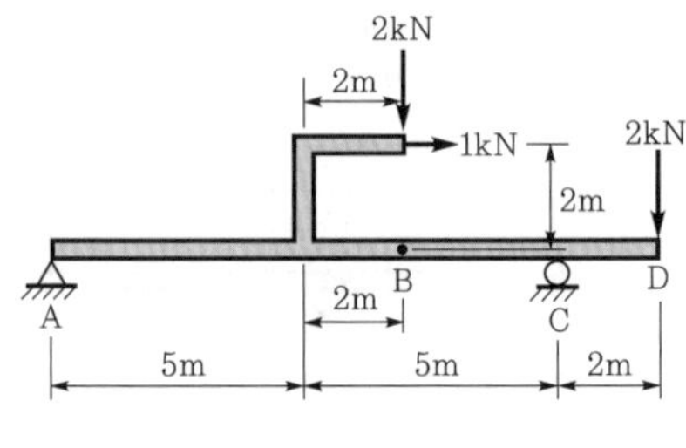

① 1 ② 2
③ 3 ④ 4

해설 자유물체도로부터 점 C의 수직반력을 구한 뒤 점 B의 휨모멘트를 구한다.

여기서, $R_C(\uparrow)$

$\Sigma M_A=0$

$2\text{kN}\times 7\text{m}+1\text{kN}\times 2\text{m}+2\text{kN}\times 12\text{m}=R_C\times 10\text{m}$

$R_C=4\text{kN}$

$\therefore\ M_B=R_C\times 3\text{m}-2\text{kN}\times(3\text{m}+2\text{m})=2\text{kN}\cdot\text{m}$

13 그림과 같이 2개의 부재로 연결된 트러스에서 B점에 30kN의 하중이 연직방향으로 작용하고 있을 때, AB 부재와 BC 부재에 발생하는 부재력의 크기 F_{AB}[kN]와 F_{BC}[kN]는?

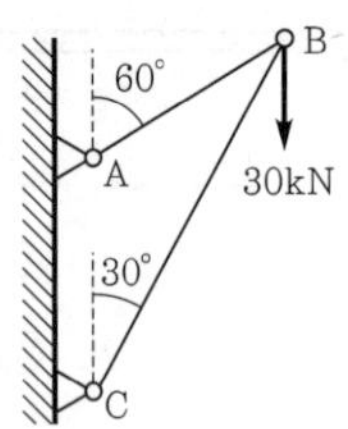

	F_{AB}	F_{BC}
①	30	$30\sqrt{3}$
②	30	30
③	60	$60\sqrt{3}$
④	60	60

정답 11 ① 12 ② 13 ①

해설 절점법을 통한 트러스해석으로 평형방정식 풀이를 통해 풀이한다.

여기서, $F_{AB}(T)$, $F_{BC}(T)$

$$\Sigma F_y = 0 : F_{AB} \times \frac{1}{2} + F_{BC} \times \frac{\sqrt{3}}{2} + 30\text{kN} = 0$$

$$\Sigma F_x = 0 : F_{AB} \times \frac{\sqrt{3}}{2} + F_{BC} \times \frac{1}{2} = 0$$

$$\therefore\ F_{AB} = 30\text{kN}(-),\ F_{BC} = 30\sqrt{3}\,\text{kN}(-)$$

14 그림과 같은 내민보에 집중하중이 작용하고 있다. 한 변의 길이가 b인 정사각형 단면을 갖는다면 B점에 발생하는 최대 휨응력의 크기는 $a\dfrac{PL}{b^3}$ 이다. a의 값은? (단, 보의 자중은 무시한다.)

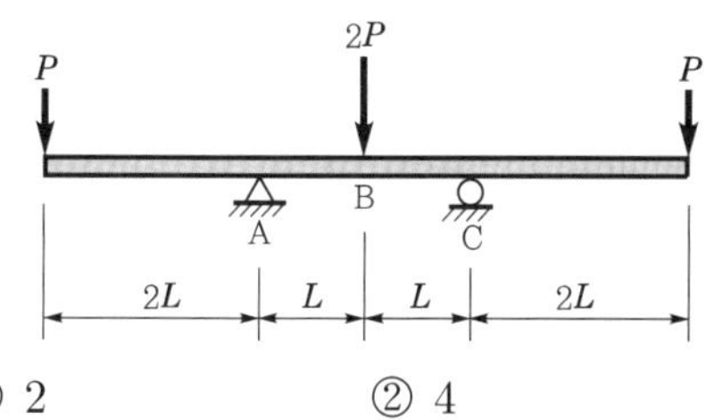

① 2 ② 4

③ 6 ④ 8

해설 점 B에서 발생하는 휨모멘트를 결정한 뒤 휨응력 공식을 통해 풀이한다.

여기서, $I = \dfrac{B^4}{12}$

$$\Sigma F_y = 0 : R_A = P + \frac{2P}{2} = 2P$$

$$M_B(\frown) = P \times 3L - R_A \times L = PL$$

$$\therefore\ \sigma_{\max} = \pm \frac{M_B\left(\frac{b}{2}\right)}{I} = \frac{6PL}{b^4}$$

15 그림과 같이 우력모멘트를 받는 단순보의 A지점 처짐각의 크기는 $a\dfrac{PL^2}{EI}$ 이다. a의 크기는? (단, 보의 휨강성 EI는 일정하고 보의 자중은 무시한다.)

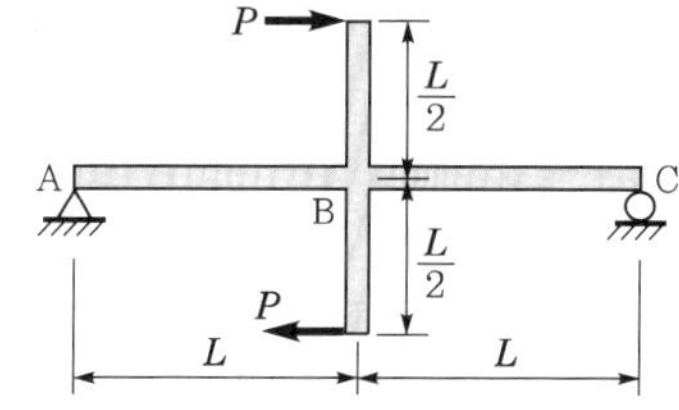

① $\dfrac{1}{2}$ ② $\dfrac{1}{6}$

③ $\dfrac{1}{8}$ ④ $\dfrac{1}{12}$

해설 단순보 중앙에서 우력 모멘트가 발생할 때의 처짐각 식을 통해 풀이한다.

$$\theta_A(\curvearrowright) = \frac{(a^2 + 2ab - 2b^2)}{6(a+b)EI} M(\curvearrowleft)$$

여기서, $M_B(\curvearrowright) = PL$, $\theta_A(\curvearrowright)$

$$\theta_A = -\frac{ML^2}{12EI}$$

$$\therefore\ \theta_A = \frac{ML^2}{12EI}(\curvearrowleft)$$

16 그림과 같이 하중을 받는 스프링과 힌지로 지지된 강체 구조물에서 A점의 변위[mm]는? (단, $M_B = 30\text{N}\cdot\text{m}$, $k_1 = k_2 = k_3 = 5$ kN/m, $L_1 = 2\text{m}$, $L_2 = L_3 = 1\text{m}$, 구조물의 자중은 무시하며 미소변위이론을 사용한다.)

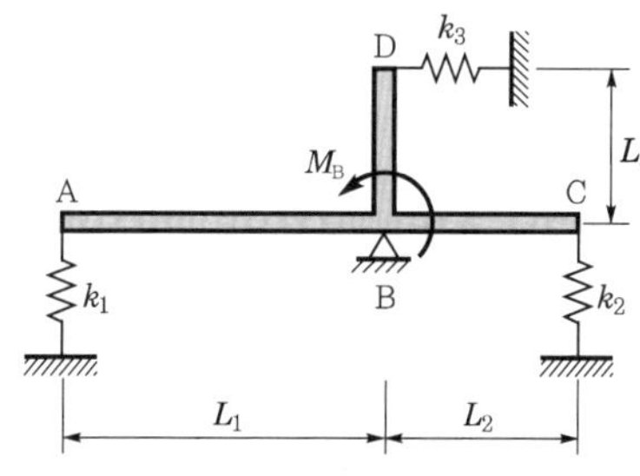

① 1.0 ② 1.5

③ 2.0 ④ 2.5

해설 강체구조물이므로 우력이 점 B에 작용할 때 부재 AB, BC, BD는 모두 동일한 각도로 회전한다. 미소변위 이론을 통해 스프링의 신장량과 스프링 반력을 산정할 수 있으며 평형식을 통해 점 B의 회전각을 산정해 점 A의 수직변위를 구한다(단위 주의).

정답 14 ③ 15 ④ 16 ③

여기서, $M_B = 30\text{N}\cdot\text{m}$, $K_1 = K_2 = K_3 = 5\text{kN/m}$

$L_1 = 2\text{m}$, $L_2 = L_3 = 1\text{m}$

$\delta = L\theta : \delta_A = L_1\theta_B$, $\delta_C = L_2\theta_B$, $\delta_D = L_3\theta_B$

$F = K\delta : F_A = L_1\delta_A$, $F_C = L_2\delta_C$, $F_D = L_3\delta_D$

$\Sigma M = 0 : F_A \times L_1 + F_C \times L_2 + F_D \times L_3 = M_B$

$\therefore\ \theta_B = 0.001\text{rad}$, $\delta_A = 0.002\text{m} = 2\text{mm}$

17 그림 (a)와 같은 이중선형 응력변형률 곡선을 갖는 그림 (b)와 같은 길이 2m의 강봉이 있다. 하중 20kN이 작용할 때 강봉의 늘어난 길이[mm]는? (단, 강봉의 단면적은 200mm^{2}이고, 자중은 무시하며, 그림 (a)에서 탄성계수 $E_1 = 100\text{GPa}$, $E_2 = 40\text{GPa}$이다.)

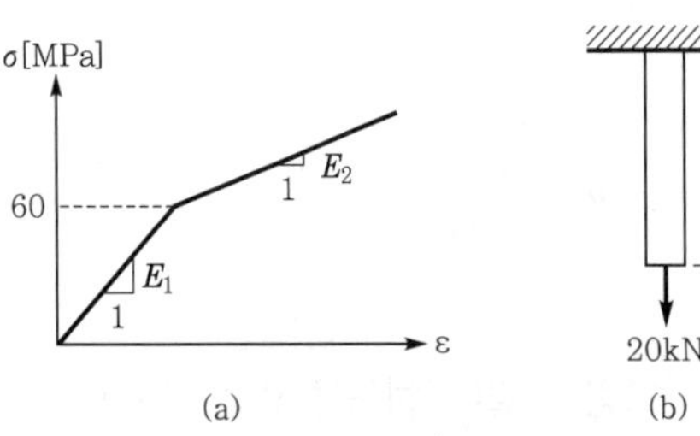

(a) (b)

① 0.2 ② 0.8
③ 1.6 ④ 3.2

해설 자중이 없으므로 강봉에 작용하는 축력은 20kN으로 일정하다. 항복을 검토한 후 변형률을 결정하여 신장량을 결정한다.

여기서, $\sigma_y = 60\text{MPa}$, $E_1 = 100\text{GPa}$, $E_2 = 40\text{GPa}$

$$\sigma = \frac{20\text{kN}}{200\text{mm}^2} = 100\text{MPa}$$

$$\sigma > \sigma_y : \varepsilon = \frac{\sigma_y}{E_1} + \frac{(\sigma - \sigma_y)}{E_2} = 0.0016$$

$$\delta = \varepsilon \times L = 0.0016 \times 2\text{m} = 0.0032\text{m} = 3.2\text{mm}$$

18 그림과 같은 직사각형 단면(폭 b, 높이 h)을 갖는 단순보가 있다. 이 보의 최대휨응력이 최대전단응력의 2배라면 보의 길이(L)와 단면 높이(h)의 비$\left(\frac{L}{h}\right)$는? (단, 보의 자중은 무시한다.)

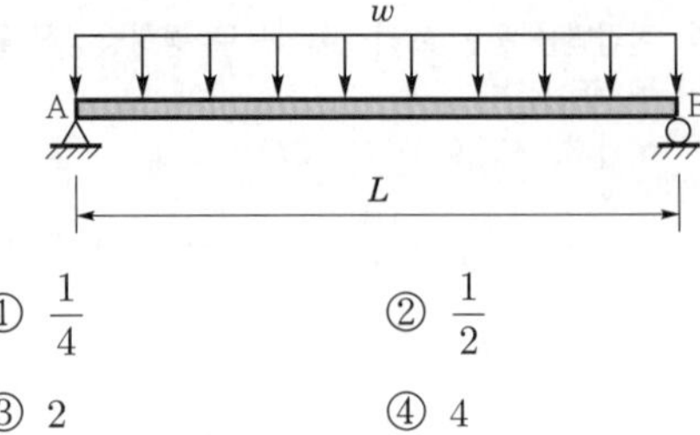

① $\frac{1}{4}$ ② $\frac{1}{2}$
③ 2 ④ 4

해설 최대모멘트는 단순보의 중앙에서 발생하며 최대전단력은 단순보의 양 지점에서 발생한다. 각각에 해당하는 응력을 구해 풀이한다.

여기서, $\sigma_{b.\max} = 2\tau_{\max}$, $Q_{\max} = \frac{bh^2}{8}$, $I = \frac{bh^3}{12}$

$$V_{\max} = \frac{WL}{2},\ M_{\max} = \frac{WL^2}{8}$$

$$\tau_{\max} = \frac{V_{\max}Q_{\max}}{Ib} = \frac{3WL}{4bh}$$

$$\sigma_{b.\max} = \frac{M_{\max}\frac{h}{2}}{I} = \frac{3WL^2}{4bh^2}$$

$$\frac{3WL^2}{4bh^2} = 2 \times \frac{3WL}{4bh}$$

$$\therefore\ \frac{L}{h} = 2$$

19 그림과 같은 가새골조(Braced Frame)가 있다. 기둥 AB와 기둥 CD의 유효좌굴길이계수에 대한 설명으로 옳은 것은?

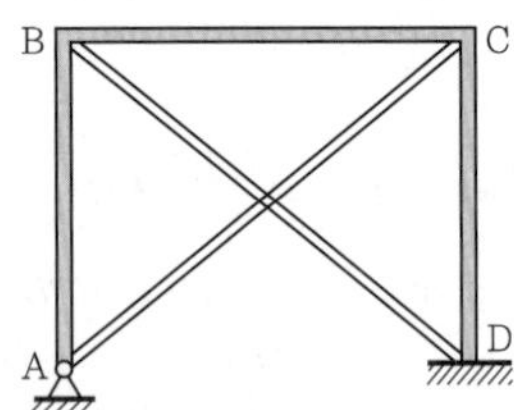

① 기둥 AB의 유효좌굴길이계수는 0.7보다 크고 1.0보다 작다.
② 기둥 AB의 유효좌굴길이계수는 2.0보다 크다.
③ 기둥 CD의 유효좌굴길이계수는 0.5보다 작다.
④ 기둥 CD의 유효좌굴길이계수는 1.0보다 크고 2.0보다 작다.

정답 17 ④ 18 ③ 19 ①

해설 가새골조에 의해 라멘구조물은 횡방향 변위가 구속된 상태이므로 기둥 AB는 힌지-고정 상태이며, 기둥 CD는 양단 고정상태로 볼 수 있다. 그러나 절점 B와 C에는 회전각이 생기므로 기둥 AB와 기둥 CD는 가정한 두 상태보다 약해야 한다. 좌굴하중은 유효길이에 반비례하므로 기둥 AB의 유효길이는 0.7보다 크고 1보다 작으며, 기둥 CD의 유효길이는 0.5보다 크고 0.7보다 작아야 한다.

20 다음 설명에서 틀린 것만을 모두 고르면?

> ㉠ 1축 대칭 단면의 도심과 전단 중심은 항상 일치한다.
> ㉡ 미소변위이론을 사용할 때 $\sin\theta$는 θ로 가정된다.
> ㉢ 구조물의 평형방정식은 항상 변형 전의 형상을 사용하여 구한다.
> ㉣ 반력이 한 점에 모이는 구조물은 안정한 정정구조물이다.

① ㉠, ㉢　　② ㉡, ㉣

③ ㉠, ㉡, ㉣　　④ ㉠, ㉢, ㉣

해설 ㉠ 2축 대칭 단면의 도심과 전단 중심은 항상 일치한다.
㉡ 미소변위이론 사용 시 sine 함수는 그 각에 수렴한다.
㉢ 구조물의 평형방정식은 변형 전과 변형 후를 모두 만족한다.
㉣ 반력이 한 점에 모이는 구조물은 동점역계에 해당하며 불안정구조물이다.

정답 20 ④

과년도 출제문제(2020년 지방직 9급)

01 그림과 같이 O점에 작용하는 힘의 합력의 크기[kN]는?

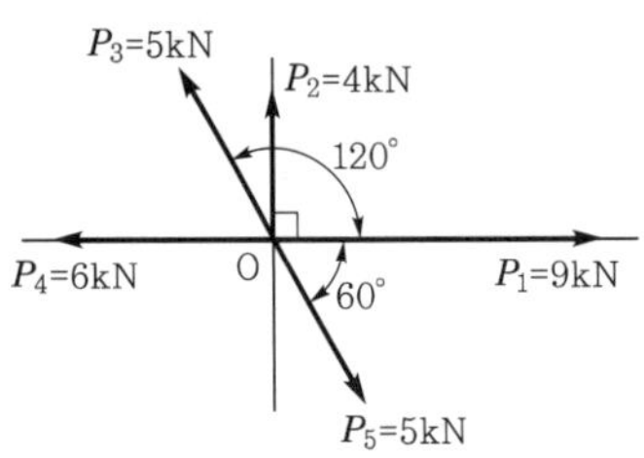

① 2　② 3
③ 4　④ 5

해설 절점 O에 작용하는 각 하중의 수평, 수직분력을 구하고 합력을 결정한다.
여기서, $P_x(\rightarrow)$, $P_y(\uparrow)$

$$P_x = \Sigma P_n \cos\theta_n$$
$$= 9\text{kN} + 0 + \left(-\frac{5\text{kN}}{2}\right) + (-6\text{kN}) + \frac{5\text{kN}}{2} = 3\text{kN}$$
$$P_y = \Sigma P_n \sin\theta_n$$
$$= 0 + 4\text{kN} + 5\text{kN} \times \frac{\sqrt{3}}{2} + 0 + \left(-5kN \times \frac{\sqrt{3}}{2}\right)$$
$$= 4\text{kN}$$
$$\therefore\ P = \sqrt{P_x^2 + P_y^2} = \sqrt{3^2 + 4^2} = 5\text{kN}$$

02 그림과 같은 단면에서 x축으로부터 도심 G까지의 거리 y_0는?

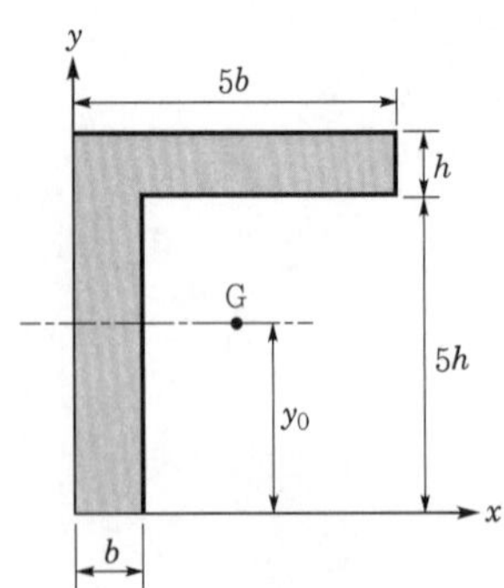

① 3.6h　② 3.8h
③ 4.0h　④ 4.2h

해설 1차 단면모멘트를 이용해 도심까지의 거리를 결정한다.

$$Ay_0 = A_1 y_1 + A_2 y_2$$
$$(5bh + 5bh)y_0 = 5bh \times \frac{5h}{2} + 5bh \times \left(5h + \frac{h}{2}\right)$$
$$\therefore\ y_0 = 4h$$

03 그림과 같이 빗금 친 도형의 $x-x$축에 대한 회전 반지름[cm]은?

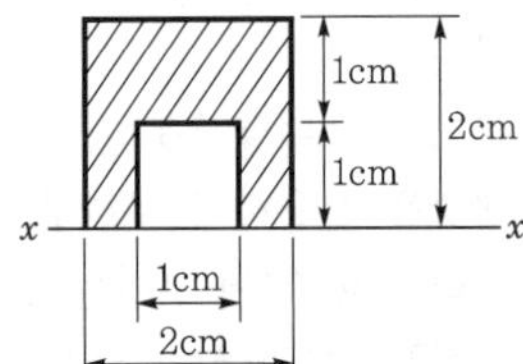

① $\frac{2\sqrt{3}}{3}$　② $\frac{\sqrt{13}}{3}$
③ $\frac{\sqrt{14}}{3}$　④ $\frac{\sqrt{15}}{3}$

해설 단면의 2차 단면모멘트와 면적을 이용해 축에 대한 회전반경을 결정한다.

$$A = 2\text{cm} \times 2\text{cm} - 1\text{cm} \times 1\text{cm} = 3\text{cm}^2$$
$$I_x = \left\{\frac{2\text{cm} \times (2\text{cm})^3}{12} + 2\text{cm} \times 2\text{cm} \times (1\text{cm})^2\right\}$$
$$- \left\{\frac{1\text{cm} \times (1\text{cm})^3}{12} + 1\text{cm} \times 1\text{cm} \times (0.5\text{cm})^2\right\}$$
$$= 5\text{cm}^4$$
$$\therefore\ r_y = \sqrt{\frac{I_x}{A}} = \sqrt{\frac{5}{3}} = \frac{\sqrt{15}}{3}\text{cm}$$

04 그림과 같이 하중을 받는 내민보의 지점 B에서 수직반력의 크기가 0일 때, 하중 P_2의 크기[kN]는? (단, 구조물의 자중은 무시한다.)

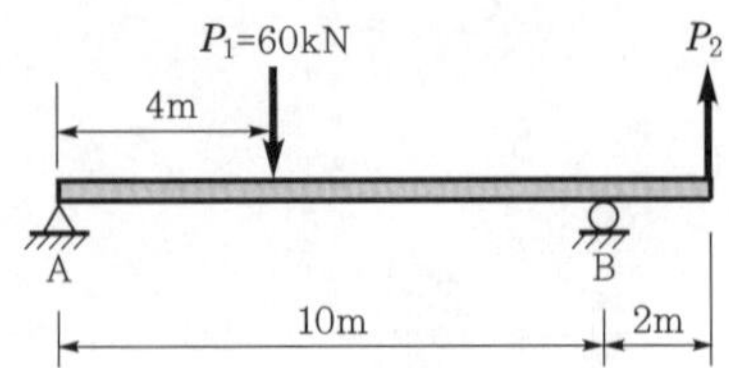

정답 01 ④ 02 ③ 03 ④ 04 ①

① 20 ② 25
③ 30 ④ 35

해설 지점 B의 수직반력의 크기가 0인 조건을 통해 지점 A에서의 모멘트 평형식만으로 하중의 크기를 결정한다.

$\Sigma M_A = 0$

$P_1 \times 4\text{m} - P_2 \times 12\text{m} = 0$

$\therefore\ P_2 = 20\text{kN}$

05 그림과 같이 하중을 받는 캔틸레버보에서 B점의 수직변위의 크기는 $C_1 \frac{PL^3}{EI}$ 이다. 상수 C_1은? (단, 휨강성 EI는 일정하며, 구조물의 자중은 무시한다.)

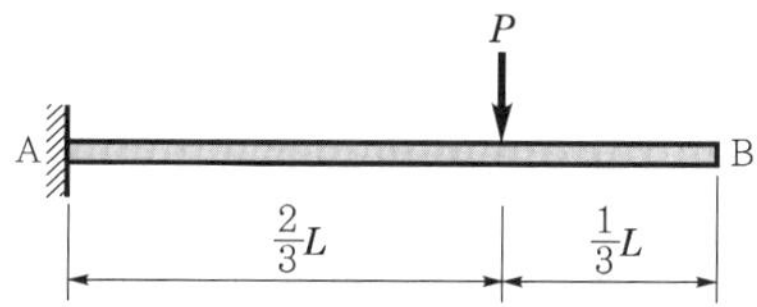

① $\frac{14}{81}$ ② $\frac{16}{81}$
③ $\frac{14}{27}$ ④ $\frac{16}{27}$

해설 하중 작용점에 대한 외팔보 처짐식을 통해 중첩하여 점 B의 수직변위를 결정한다.

$\delta(\downarrow) = \frac{PL^3}{3EI},\ \theta(\curvearrowright) = \frac{PL^2}{2EI}$

$$\delta_P = \frac{P\left(\frac{2L}{3}\right)^3}{3EI} = \frac{9PL^3}{81EI}$$

$$\theta_P = \frac{P\left(\frac{2L}{3}\right)^2}{2EI} = \frac{4PL^2}{18EI}$$

$$\delta_B = \delta_P + \theta_P \times \frac{L}{3} = \frac{14PL^3}{81EI}$$

06 그림과 같이 하중을 받는 트러스 구조물에서 부재 CG의 부재력의 크기[kN]는? (단, 구조물의 자중은 무시한다.)

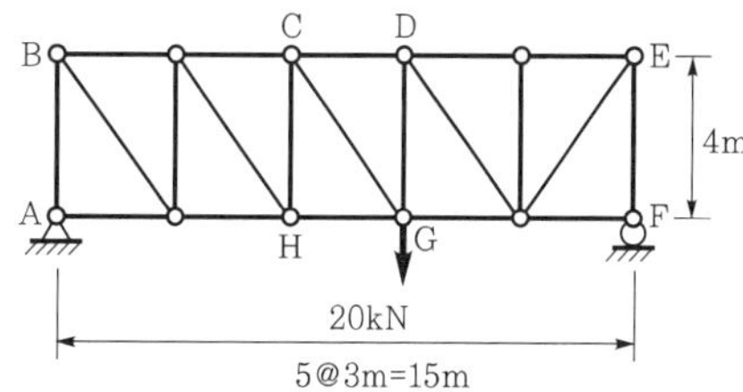

① 8 ② 10
③ 12 ④ 14

해설 트러스 부재 CG의 부재력은 단면법을 통해 결정할 수 있다.

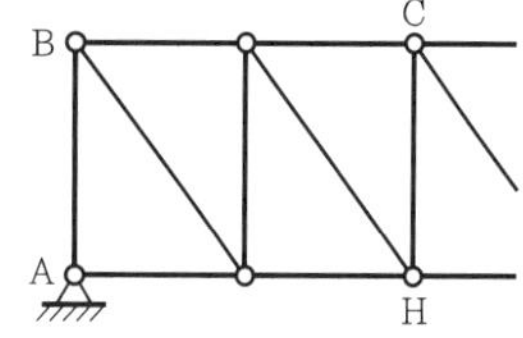

$R_A(\uparrow) = 8\text{kN},\ F_{CD}(T),\ F_{CG}(T),\ F_{HG}(T)$

$\Sigma F_y = 0 : R_A - F_{CG} \times \frac{4}{5} = 0$

$\therefore\ F_{CG} = 10\text{kN}(T)$

07 그림과 같이 축방향 하중을 받는 합성 부재에서 C점의 수평변위의 크기[mm]는? (단, 부재에서 AC 구간과 BC 구간의 탄성계수는 각각 50GPa과 200GPa이고, 단면적은 500mm^{2}으로 동일하며, 구조물의 좌굴 및 자중은 무시한다.)

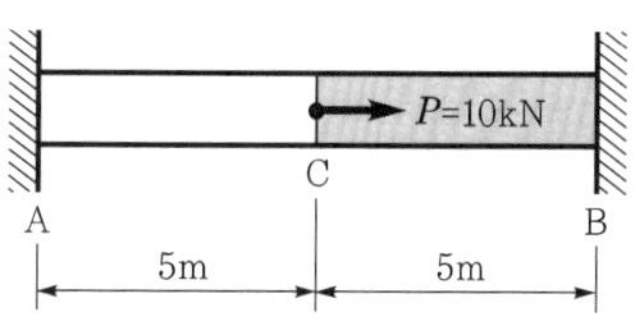

① 0.2 ② 0.4
③ 0.5 ④ 1.6

해설 각 부재의 변형 간의 적합식을 통해 부정정력을 결정하고 점 C의 변위를 구한다.

$A = 500\text{mm}^2,\ E_{AC} = 50\text{GPa},\ E_{BC} = 200\text{GPa},$

$F_{AC}(T),\ F_{BC}(C),\ P = 10\text{kN}$

$\Sigma F_x = 0 : F_{AC} = P - F_{BC}$

정답 05 ① 06 ② 07 ②

$$\delta_{AC}=\delta_{BC}:\frac{F_{AC}\times 5\text{m}}{E_{AC}A}=\frac{(P-F_{BC})\times 5\text{m}}{E_{AC}A}$$

$$=\frac{F_{BC}\times 5\text{m}}{E_{BC}A}(P-F_{BC})E_{BC}$$

$$=F_{BC}E_{AC}$$

$$\therefore\ F_{BC}=8\text{kN}$$

$$\delta_C=\frac{F_{AC}\times 5\text{m}}{E_{AC}A}=0.0004\text{m}$$

$$\therefore\delta_C=0.4\text{mm}$$

08 그림 (a)와 같이 양단 힌지로 지지된 길이 5m 기둥의 오일러 좌굴하중이 360kN일 때, 그림 (b)와 같이 일단 고정 타단 자유인 길이 3m 기둥의 오일러 좌굴하중[kN]은? (단, 두 기둥의 단면은 동일하고, 탄성계수는 같으며, 구조물의 자중은 무시한다.)

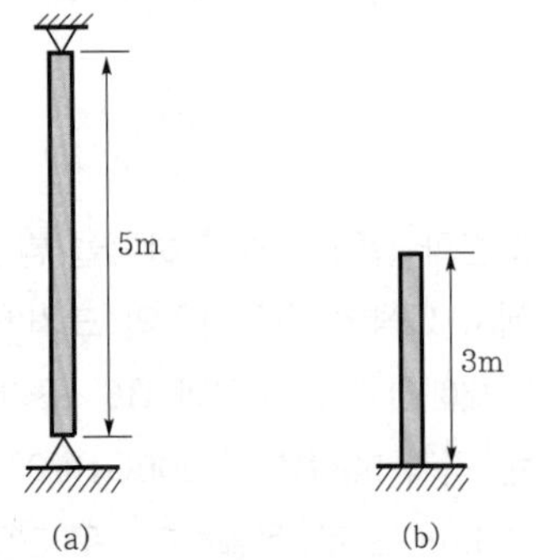

① 125　② 250
③ 500　④ 720

해설 각 기둥에 대한 좌굴 유효길이를 이용해 오일러 좌굴하중을 결정할 수 있다.

$$P_{cr}=\frac{\pi^2 EI}{L_e^2}$$

$$P_{cr.a}=\frac{\pi^2 EI}{5^2}=\frac{\pi^2 EI}{25}=360\text{kN}$$

$$P_{cr.b}=\frac{\pi^2 EI}{(2\times 3)^2}=\frac{\pi^2 EI}{36}=P_{cr.a}\times\frac{25}{36}=250\text{kN}$$

09 그림과 같이 양단이 고정된 수평부재에서 부재의 온도가 ΔT만큼 상승하여 40MPa의 축방향 압축응력이 발생하였다. 상승한 온도 ΔT[℃]는? (단, 부재의 열팽창계수 $\alpha=1.0\times 10^{-5}$/℃, 탄성계수 $E=200$GPa이며, 구조물의 좌굴 및 자중은 무시한다.)

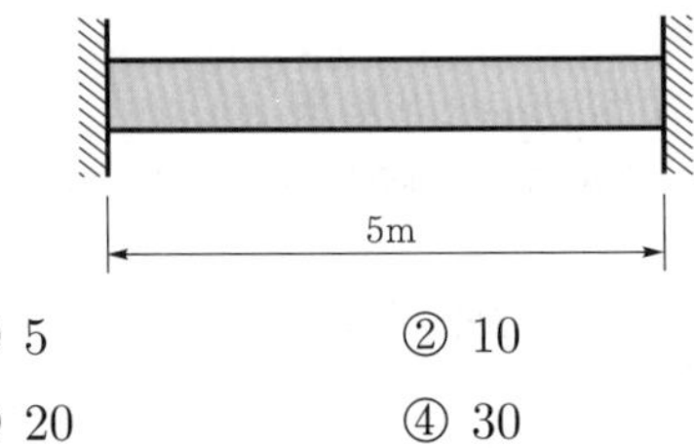

① 5　② 10
③ 20　④ 30

해설 열에 의한 변형량과 열에 의해 발생하는 압축력에 의한 변형량 간의 적합식을 통해 온도변화량을 결정한다.

$$\delta_T=\alpha\Delta TL=1.0\times 10^{-5}/℃\times\Delta T\times 5\text{m}$$

$$\delta_C=\frac{\sigma}{E}L=\frac{40\text{MPa}}{200\text{GPa}}\times 5\text{m}$$

$$\delta_T=\delta_C$$

$$5\times 10^{-5}\times\Delta T=0.001\text{m}$$

$$\therefore\ \Delta T=20℃$$

10 그림과 같이 하중을 받는 부정정 구조물의 지점 A에서 모멘트 반력의 크기[kN·m]는? (단, 휨강성 EI는 일정하고, 구조물의 자중 및 축방향 변형은 무시한다.)

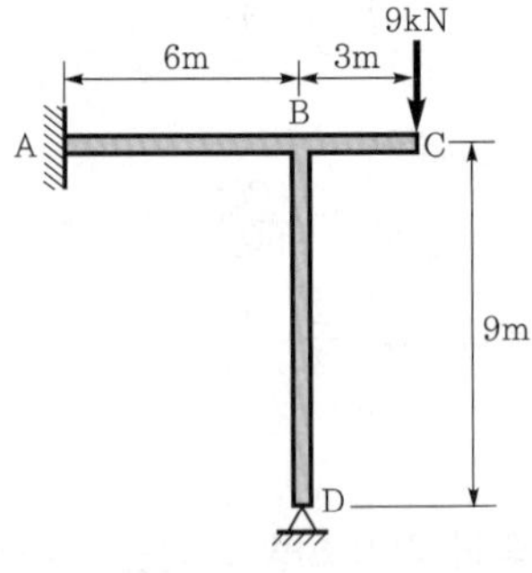

① 6　② 9
③ 12　④ 18

정답 08 ② 09 ③ 10 ②

해설 라멘구조물의 점 C에 작용하는 하중에 대하 등가하중을 점 B에 적용시켜 처짐각법을 통해 지점 A의 모멘트 반력을 구할 수 있다.

여기서, $EI=const$, $EA=\infty$

$$M_{AB}=\frac{EI\theta_B}{3},\ M_{BA}=\frac{2EI\theta_B}{3}$$

$$M_{BD}=\frac{2EI}{9}(2\theta_B+\theta_D),\ M_{DB}=\frac{2EI}{9}(2\theta_D+\theta_B)$$

$$M_{DB}=0$$

$$\theta_D=-\frac{\theta_B}{2}$$

$$M_{BA}+M_{BD}=27\text{kN}\cdot\text{m}$$

$$\frac{10EI\theta_B}{9}+\frac{2EI\theta_D}{9}=EI\theta_B=27\text{kN}\cdot\text{m}$$

$$\therefore\ M_{AB}=9\text{kN}\cdot\text{m}$$

11

그림 (a), 그림 (b)와 같이 원형단면을 가지고 인장하중 P를 받는 부재의 인장변형률이 각각 ε_a와 ε_b일 때, 인장변형률 ε_a에 대한 인장변형률 ε_b의 비 $\varepsilon_b/\varepsilon_a$는? (단, 그림 (a) 부재와 그림 (b) 부재의 길이는 각각 L과 $2L$, 지름은 각각 d와 $2d$이고, 두 부재는 동일한 재료로 만들어졌으며, 구조물의 자중은 무시한다.)

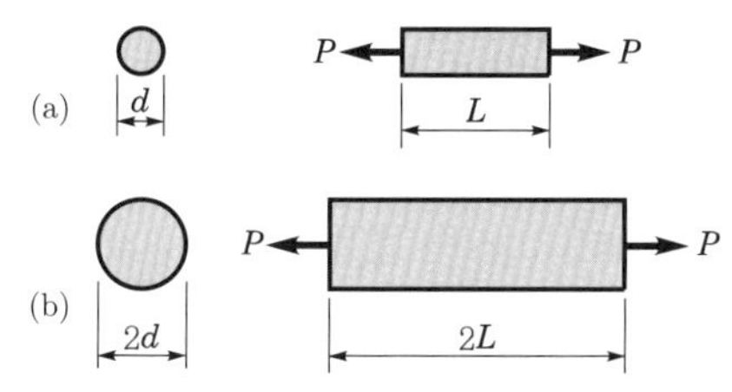

① 0.25　　② 0.5
③ 0.75　　④ 1.0

해설 축응력을 이용하여 변형률 간의 비를 구한다.

$$\sigma=\frac{P}{A}$$

$$\sigma_a=\frac{P}{\frac{\pi d^2}{4}},\ \sigma_b=\frac{P}{\frac{\pi(2d)^2}{4}}$$

$$\epsilon=\frac{\sigma}{E}$$

$$\varepsilon_a=\frac{\sigma_a}{E}=\frac{4P}{\pi Ed^2},\ \varepsilon_b=\frac{\sigma_b}{E}=\frac{P}{\pi Ed^2}$$

$$\therefore\ \frac{\varepsilon_b}{\varepsilon_a}=0.25$$

12

그림과 같은 전단력 선도를 가지는 단순보 AB에서 최대 휨모멘트의 크기[kN·m]는? (단, 구조물의 자중은 무시한다.)

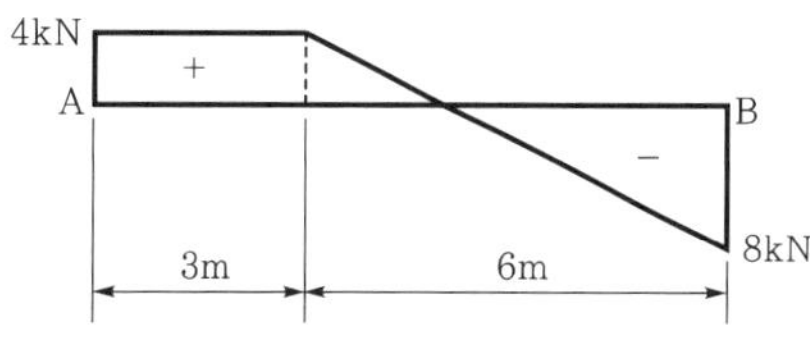

① 10　　② 12
③ 14　　④ 16

해설 전단력 선도를 적분함으로써 단순보 AB의 최대 휨모멘트를 결정한다.

x_p : 전단력이 0인 위치

$$4-\frac{4-(-8)}{6}x_p=0$$

$$x_p=2$$

$$\therefore\ M_{\max}=4\text{kN}\times3\text{m}+4\text{kN}\times2\text{m}\times\frac{1}{2}$$

$$=16\text{kN}\cdot\text{m}$$

13

그림 (a)와 같이 하중을 받는 단순보의 휨모멘트 선도가 그림 (b)와 같을 때, E점에 작용하는 하중 P의 크기[kN]는? (단, 구조물의 자중은 무시한다.)

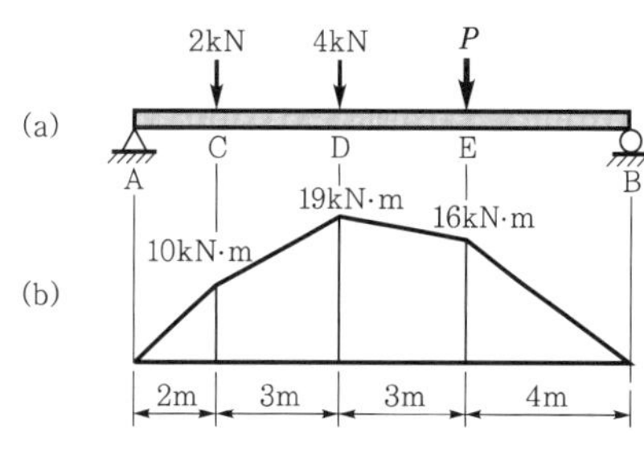

① 2　　② 3
③ 4　　④ 5

해설 지점 B에서의 수직 반력으로 점 E의 모멘트를 구해 하중 P를 결정한다.

$$R_B(\uparrow)=2\text{kN}\times\frac{2}{12}+4\text{kN}\times\frac{5}{12}+P\times\frac{8}{12}=\frac{2P}{3}+2$$

$$M_E=R_B\times4\text{m}=\frac{8P}{3}+8=16\text{kN}\cdot\text{m}$$

$$\therefore\ P=3\text{kN}$$

정답 11 ①　12 ④　13 ②

14 그림과 같이 폭 100 mm, 높이가 200 mm의 직사각형 단면을 갖는 단순보의 허용 휨응력이 6MPa이라면, 단순보에 작용시킬 수 있는 최대 집중하중 P의 크기[kN]는? (단, 휨강성 EI는 일정하고, 구조물의 자중은 무시한다.)

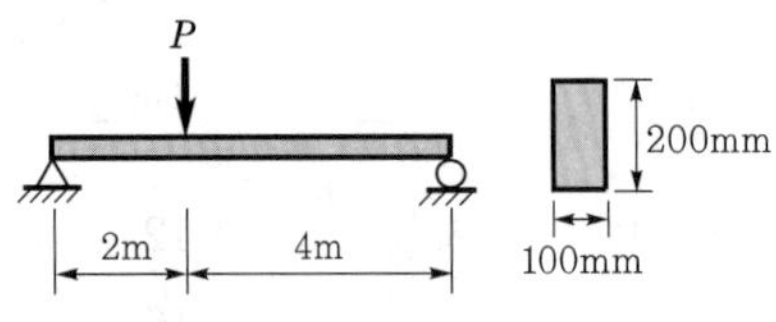

① 2.7　② 3.0
③ 4.5　④ 5.0

해설 단순보 내에 발생하는 최대 휨모멘트를 이용한 단면 내 최대 휨응력을 결정하고 허용 휨응력을 통해 최대 집중하중을 구한다.

$\sigma_a = 6\text{MPa}$

$M_{\max} = \dfrac{4P}{6} \times 2\text{m} = \dfrac{4P}{3}$

$\sigma_{\max} = \dfrac{M_{\max} \times 0.1}{\dfrac{(0.1 \times 0.2^3)}{12}} = 2{,}000P$

$\sigma_a = \sigma_{\max}$

$\therefore\ P = 3\text{kN}$

15 균질한 등방성 탄성체에서 탄성계수는 240GPa, 푸아송비는 0.2일 때, 전단탄성계수[GPa]는?

① 100　② 200
③ 280　④ 320

해설 $G = \dfrac{E}{2(1+\nu)} = \dfrac{240\text{GPa}}{2(1+0.2)} = 100\text{GPa}$

16 그림과 같이 하중을 받는 게르버보에 발생하는 최대 휨모멘트의 크기[kN·m]는? (단, 휨강성 EI는 일정하고, 구조물의 자중은 무시한다.)

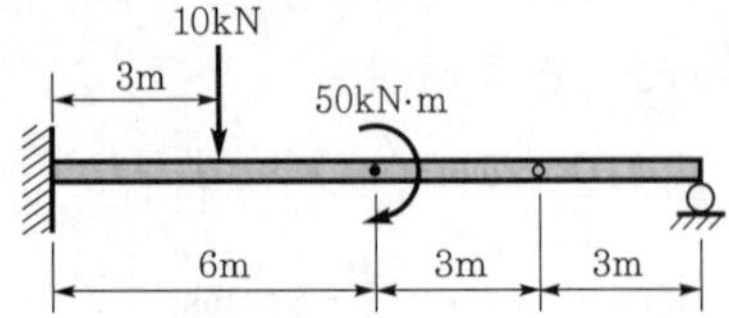

① 60　② 70
③ 80　④ 90

해설 그림과 같은 게르버보에 작용하는 하중은 모두 게르버보의 고정단에서 지지됨을 이용한다.

$M(\curvearrowleft) = 10\text{kN} \times 3\text{m} + 50\text{kN}\cdot\text{m} = 80\text{kN}\cdot\text{m}$

17 그림과 같이 하중을 받는 내민보에서 C점의 수직변위의 크기는 $C_1 \dfrac{wL^4}{EI}$이다. 상수 C_1은? (단, 휨강성 EI는 일정하고, 구조물의 자중은 무시한다.)

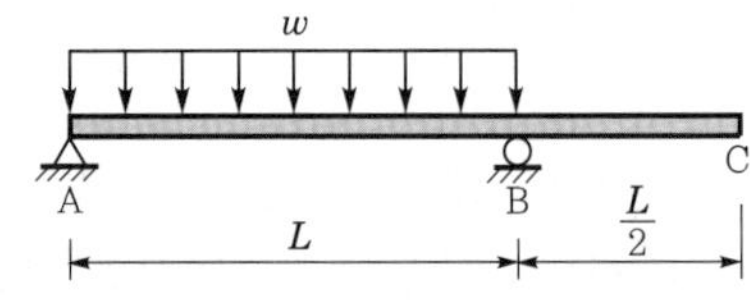

① $\dfrac{1}{24}$　② $\dfrac{1}{36}$
③ $\dfrac{1}{48}$　④ $\dfrac{1}{60}$

해설 지점 B의 회전각을 이용하여 C점의 수직변위를 결정한다.

$\theta_B(\curvearrowleft) = \dfrac{wL^3}{24EI}$

$\therefore\ \delta_C(\uparrow) = \theta_B \times \dfrac{L}{2} = \dfrac{wL^3}{48EI}$

18 그림과 같은 평면응력 상태의 미소 요소에서 최대 주응력의 크기[MPa]는?

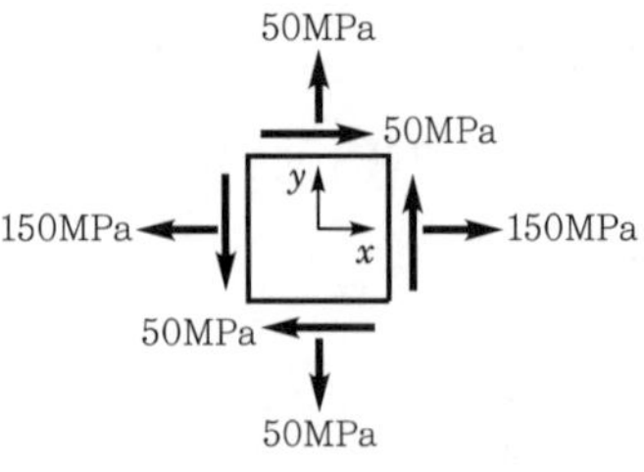

① 150　② $100+50\sqrt{2}$
③ 200　④ $200+50\sqrt{2}$

해설 $\sigma_{1,2} = \dfrac{\sigma_x^2 + \sigma_y^2}{2} \pm \sqrt{\left(\dfrac{\sigma_x - \sigma_y}{2}\right)^2 + \tau_{xy}^2}$

$\therefore\ \sigma_1 = 100 + 50\sqrt{2}\,[\text{MPa}]$

정답 14 ② 15 ① 16 ③ 17 ③ 18 ②

19 그림과 같이 하중을 받는 캔틸레버보의 지점 A에서 모멘트 반력의 크기가 0일 때, 하중 P의 크기[kN]는? (단, 구조물의 자중은 무시한다.)

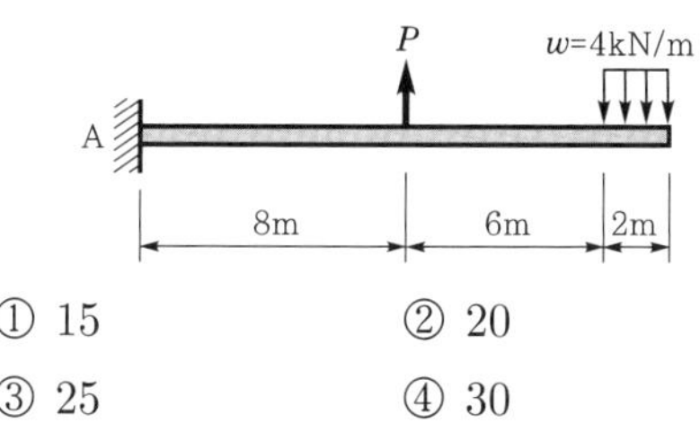

① 15　② 20
③ 25　④ 30

해설 지점 A에서의 모멘트 평형식을 통해 하중 P를 결정한다.

$\Sigma M_A = 0$

$4\text{kN/m} \times 2\text{m} \times 15\text{m} - P \times 8\text{m} = 0$

$\therefore\ P = 15\text{kN}$

20 그림과 같이 C점에 내부힌지를 가지는 구조물의 지점 B에서 수직반력의 크기[kN]는? (단, 구조물의 자중은 무시한다.)

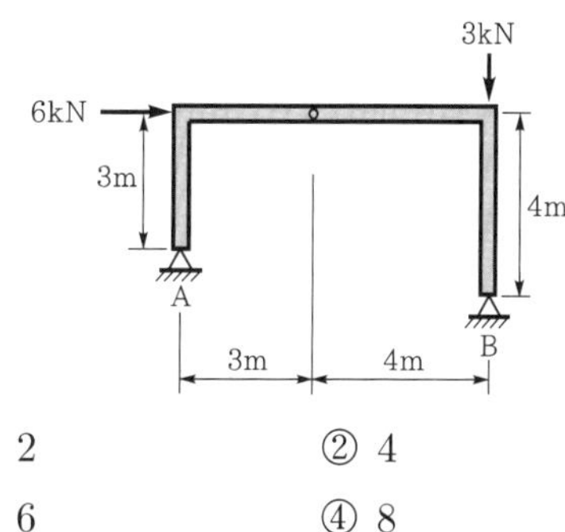

① 2　② 4
③ 6　④ 8

해설 자유물체도를 이용한 평형방정식 풀이로 지점 B의 수직반력을 결정한다.

$A_x(\leftarrow)$, $A_y(\downarrow)$, $C_{x-}(\leftarrow)$, $C_{y-}(\uparrow)$,

$C_{x+}(\rightarrow)$, $C_{y+}(\downarrow)$, $B_x(\leftarrow)$, $B_y(\uparrow)$

AC에서 $\Sigma M_A = 0$

$6\text{kN} \times 3\text{m} = C_{x-} \times 3\text{m} + C_{y-} \times 3\text{m}$

CB에서 $\Sigma M_B = 0$

$C_{x+} \times 4\text{m} = C_{y+} \times 4\text{m}$

$|C_{x-}| = |C_{x+}|$, $|C_{y-}| = |C_{y+}|$

$\therefore\ C_{x+} = 3\text{kN}$, $C_{y+} = 3\text{kN}$

$\therefore\ B_y = C_{y+} + 3\text{kN} = 6\text{kN}(\uparrow)$

정답 19 ① 20 ③

과년도 출제문제(2020년 국가직 7급)

01 그림과 같이 캔틸레버보의 B점에 강체 브라켓 BCD가 강결되어 있다. 미소변형을 하는 것으로 가정할 때, D점에 하중 P가 작용한다면 B점의 연직 처짐이 발생하지 않도록 하기 위한 a와 L의 비$\left(\dfrac{a}{L}\right)$는? (단, AB 부재의 휨강성은 EI이고, 보와 강체 브라켓의 자중은 무시한다.)

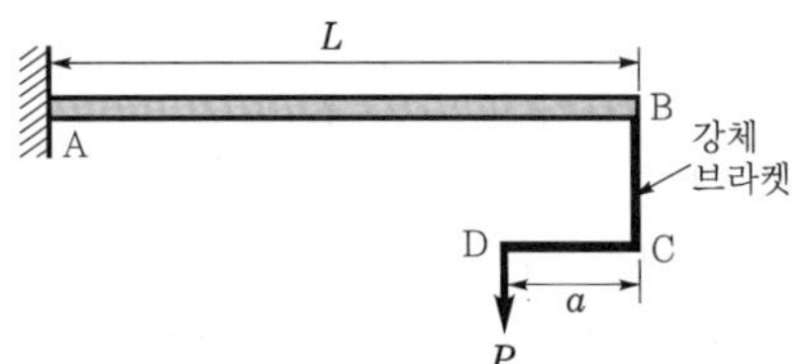

① $\dfrac{3}{4}$　② $\dfrac{2}{5}$

③ $\dfrac{1}{6}$　④ $\dfrac{2}{3}$

해설 수직하중 P를 외팔보 점 B에 작용하는 등가하중으로 치환한 뒤 중첩법을 통해 풀이한다.

$\delta_{V.P}=\dfrac{PL^3}{3EI}$, $\delta_{V.M}=\dfrac{ML^2}{2EI}$

$\dfrac{PL^3}{3EI}-\dfrac{(Pa)L^2}{2EI}=0$

$\therefore\ \dfrac{a}{L}=\dfrac{2}{3}$

02 수직응력(σ)을 수평축, 전단응력(τ)을 수직축으로 한 $\sigma-\tau$ 평면상에 그린 모어(Mohr)원에 대한 설명으로 옳은 것은?

① 모어원 중심의 수평 좌표값은 직교하는 두 축에 대한 수직응력의 평균값과 같다.

② 최대 전단응력의 크기는 두 주응력의 차이와 같다.

③ 모어원이 그려지는 두 축 중 수직축은 수직응력의 크기를 나타낸다.

④ 모어원으로부터 주응력의 크기는 구할 수 있으나, 주응력의 방향은 구할 수 없다.

해설 ① 모어원 중심의 수평 좌표값은 직교하는 두 축에 대한 수직응력의 평균값과 같다.
② 최대 전단응력의 크기는 두 주응력의 차이의 절반과 같다.
③ 모어원이 그려지는 두 축 중 수직축은 전단응역의 크기를 나타낸다.
④ 모어원을 이용하면 주응력의 크기와 방향 모두 알 수 있다.

03 그림과 같이 휨모멘트를 받아 순수 굽힘상태에서 일정한 곡률을 유지하고 있는 부재가 있다. 부재 단면의 중립축으로부터 압축측으로 20mm 떨어진 A점의 축방향 압축변형률이 0.0001일 때, 이 부재의 곡률반경 ρ[m]는? (단, 휨 변형 시 횡방향 단면은 평면을 유지하고, 부재는 미소변형을 한다.)

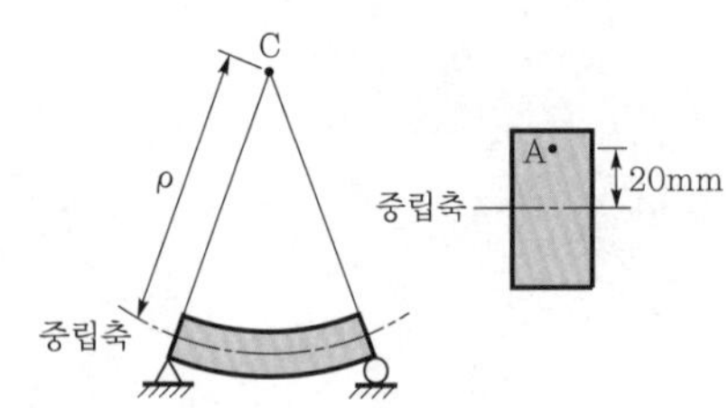

① 10　② 20

③ 100　④ 200

해설 곡률과 변형률 간의 관계식을 이용한다.

$\varepsilon=0.0001(C)$, $y=0.02\text{m}$

$\varepsilon=\kappa y$, $\kappa=\dfrac{1}{200}\text{rad/m}$

$\kappa=\dfrac{1}{\rho}$

$\therefore\ \rho=200\text{m}$

정답 01 ④ 02 ① 03 ④

04 10N의 힘으로 당길 때 0.5cm 늘어나는 탄성 스프링에 힘이 작용하여 5cm 늘어난 상태이다. 이 상태에서 스프링을 10cm 더 늘리는 데 필요한 일 W[N·m]는?

① 5 ② 10
③ 20 ④ 40

해설 하중의 변화량을 결정한 뒤 추가적으로 필요한 일을 결정한다.

$F_{spring} = K\delta,\ K = 20\text{N/cm}$

$F_0 = K \times 5\text{cm} = 100\text{N}$

$F_0 + \Delta F = K \times (5\text{cm} + 10\text{cm})$

$\Delta F = 200\text{N}$

$\therefore\ \Delta W = \Delta F \times \Delta\delta = 20\text{N}\cdot\text{m}$

05 그림과 같이 비틀림모멘트 T와 $\frac{3}{2}T$가 서로 다른 방향으로 작용하는 원형봉에 저장된 탄성 변형에너지 U는? (단, 봉의 전단탄성계수 G는 전단면에서 일정하다.)

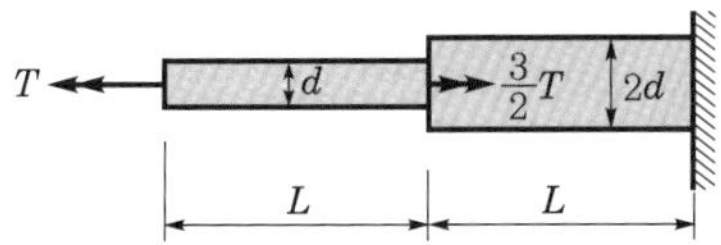

① $U = \frac{65}{2}\frac{T^2L}{\pi Gd^4}$ ② $U = \frac{65}{4}\frac{T^2L}{\pi Gd^4}$
③ $U = \frac{65}{8}\frac{T^2L}{\pi Gd^4}$ ④ $U = \frac{65}{16}\frac{T^2L}{\pi Gd^4}$

해설 부재별 비틂을 이용해 변형에너지를 결정한다.

$$U = \Sigma\frac{T^2L}{2GI_p} : U = \frac{T^2L}{2G\left(\frac{\pi d^4}{32}\right)} + \frac{(0.5T)^2L}{2G\left\{\frac{\pi(2d)^4}{32}\right\}} = \frac{65T^2L}{4\pi Gd^4}$$

$$\therefore\ U = \frac{65T^2L}{4\pi Gd^4}$$

06 그림과 같은 3활절 타이드 아치(3-hinged tied arch)에서 지점 A와 지점 B를 연결한 케이블에 발생하는 인장력은?

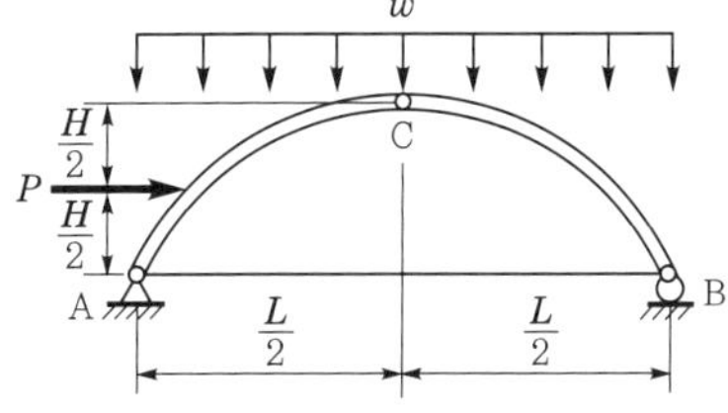

① $\frac{wL^2}{8H} + \frac{P}{4}$ ② $\frac{wL^2}{8H} + \frac{P}{2}$
③ $\frac{wL^2}{12H} + \frac{P}{4}$ ④ $\frac{wL^2}{12H} + \frac{P}{2}$

해설 자유물체도를 이용하여 케이블에서 발생하는 인장력을 결정한다.

여기서, $C_{x-}(\leftarrow),\ C_{y-}(\downarrow),\ C_{x+}(\rightarrow),\ C_{y+}(\uparrow)$, $F_{인장}(T)$

$\Sigma M_A = 0,\ P\left(\frac{H}{2}\right) + \frac{wL^2}{8} + C_{y-}\left(\frac{L}{2}\right) - C_{x-}H = 0$

$\Sigma M_B = 0,\ C_{x+}H + C_{y+}\left(\frac{L}{2}\right) = \frac{wL^2}{8}$

$|C_{x-}| = |C_{x+}|,\ |C_{y-}| = |C_{y+}|$

$\therefore\ C_{x+} = \frac{P}{4} + \frac{wL^2}{8H}$

$\Sigma F_H = 0,\ F_{인장} = C_{x+}$

$\therefore\ F_{인장} = \frac{P}{4} + \frac{wL^2}{8H}$

07 그림과 같이 길이가 각각 L인 알루미늄봉과 강봉이 A－A 위치에서 맞대어 있고, 봉들의 온도가 균일하게 50℃ 상승하였다. 좌굴이 발생하지 않는다고 할 때, A－A면의 수평방향 위치 변화는? (단, 알루미늄의 온도팽창계수 $\alpha_A = 20\times10^{-6}/℃$, 강재의 온도팽창계수 $\alpha_S = 10\times10^{-6}/℃$이고, 알루미늄의 탄성계수 $E_A = 100\text{GPa}$, 강재의 탄성계수 $E_S = 200\text{GPa}$이다. 또한, 알루미늄봉과 강봉은 동일한 단면적을 갖고, 자중은 무시한다.)

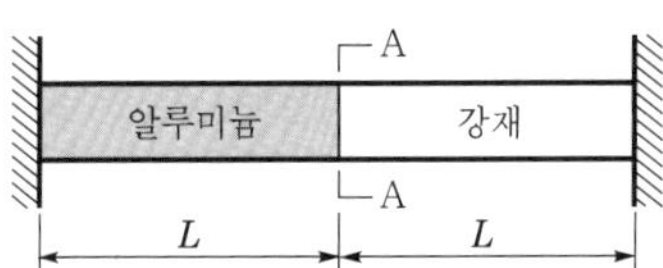

정답 04 ③ 05 ② 06 ① 07 ②

① 최초 위치보다 왼쪽으로 이동한다.
② 이동하지 않는다.
③ 최초 위치보다 오른쪽으로 이동한다.
④ 주어진 조건으로는 알 수 없다.

해설 열에 의한 신장량과 반력에 의한 수축량을 통해 부정정력을 결정하고 변위를 구한다.

여기서, $\Delta T = 50℃$, $\alpha_A = 20\times10^{-6}/℃$,

$\alpha_S = 10\times10^{-6}/℃$

$E_A = 100\text{GPa}$, $E_S = 200\text{GPa}$

$\delta_{\Delta T.A} = \alpha_A \Delta TL$, $\delta_{\Delta T.S} = \alpha_S \Delta TL$,

$\delta_{\sigma.A} = \dfrac{FL}{E_A A}$, $\delta_{\sigma.S} = \dfrac{FL}{E_S A}$

$\delta_{\Delta T.A} - \delta_{\sigma.A} + \delta_{\Delta T.S} - \delta_{\sigma.S} = 0$

$F = 10^5 \times a$

$\delta_{A-A} = \delta_{\Delta T.A} - \delta_{\sigma.A} = 0$

$\therefore\ \delta_{A-A} = 0$

※ 별해

$\delta_{\Delta T}(T)$, $\delta_{\sigma}(C)$

$\delta_{\Delta T.A} : \delta_{\Delta T.S} = 2:1$

$\delta_{\sigma.A} : \delta_{\sigma.S} = 2:1$

$\therefore\ \delta_{A-A} = 0$

08 그림과 같이 100N의 무게를 갖는 블록이 마찰이 없는 표면 위에서 2m/s의 속도로 움직이고 있다. 블록이 움직이는 방향으로 힘 $F = 20\times t$[N]가 3초 동안 작용할 때, 블록이 움직인 거리[m]는? (단, 중력가속도는 10m/s^2, t는 시간(단위는 초[s])이다.)

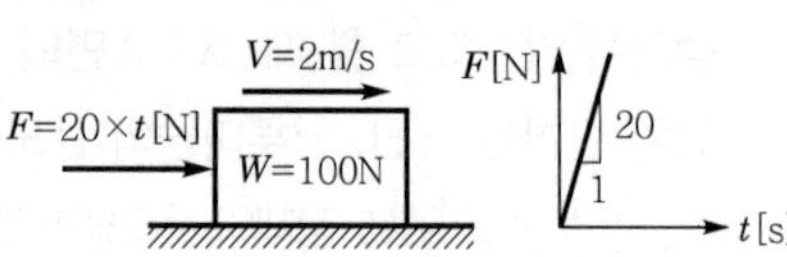

① 3　② 9
③ 12　④ 15

해설 가속도, 속도, 거리 간의 관계식을 통해 3초 후의 이동거리를 결정한다.

$W = 10N$, $g = 10m/s^2$, $v_0 = 2m/s$, $F = 20t(\text{N})$

$F = ma(t) = \left(\dfrac{W}{g}\right)a(t)$, $a(t) = 2t$

$v(t) = \int a(t)dt$, $v(t) = v_0 + t^2$

$s(t) = \int v(t)dt$, $s(t) = v_0 t + \dfrac{t^3}{3}$

$\therefore\ s(3) = 15\text{m}$

09 그림과 같이 2개의 집중하중 P가 작용하는 단순보에서 A점의 휨응력(σ_A)과 전단응력(τ_A) 크기(절댓값) 비($|\sigma_A| : |\tau_A|$)는?

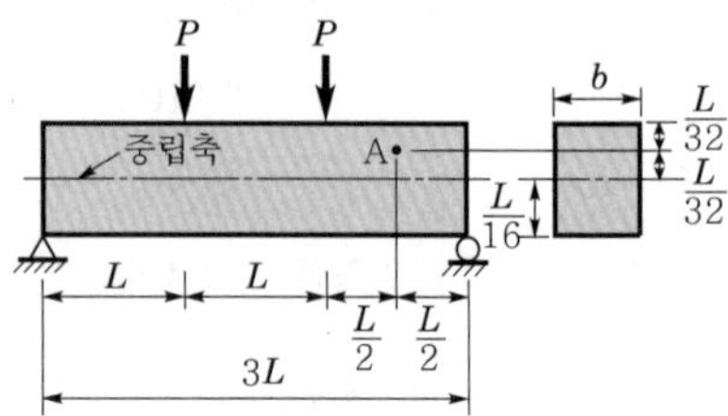

① 32 : 5　② 16 : 5
③ 32 : 3　④ 16 : 3

해설 점 A에서의 단면력과 휨응력, 전단응력 공식을 통해 비를 결정한다.

$M = \dfrac{PL}{2}$, $V = P$

$I = \dfrac{b\left(\dfrac{L}{8}\right)^3}{12} = \dfrac{bL^3}{8^3\times12}$

$Q_A = b\left(\dfrac{L}{32}\right)\left(\dfrac{L}{32} + \dfrac{L}{64}\right) = \dfrac{3bL^2}{32\times64}$

$\sigma_A = \dfrac{M\left(\dfrac{L}{32}\right)}{I} = \dfrac{96P}{bL}$

$\tau_A = \dfrac{vQ_A}{Ib} = \dfrac{9P}{bL}$

$\therefore\ |\sigma_A| : |\tau_A| = 32:3$

10 그림과 같은 양단 내민보의 중앙 C에서 휨모멘트가 0이 되기 위한 a와 L의 비$\left(\dfrac{a}{L}\right)$는? (단, 보의 자중은 무시하고, $P = 2wL$이다.)

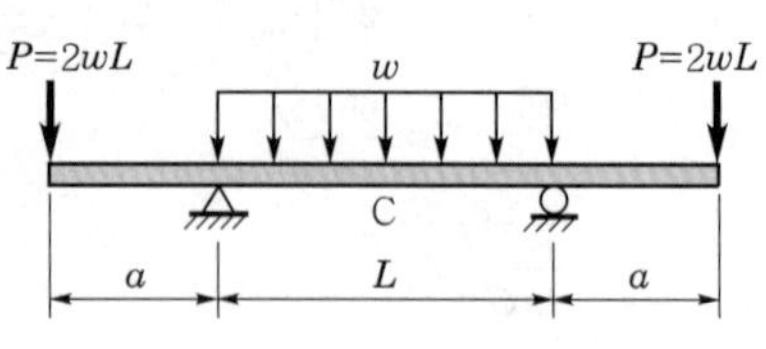

① $\dfrac{1}{16}$　② $\dfrac{1}{8}$
③ $\dfrac{1}{4}$　④ $\dfrac{1}{2}$

정답 08 ④　09 ③　10 ①

해설 정정해석으로 반력을 결정하고 점 C에 대한 휨모멘트를 이용해 a와 L의 비를 결정한다.

$R(\uparrow) = P + \frac{wL}{2} = \frac{5wL}{2}$

$M_C = P\left(a+\frac{L}{2}\right) + w\left(\frac{L}{2}\right)\left(\frac{L}{4}\right) - R\left(\frac{L}{2}\right)$

$M_C = 0$이므로

$2wLa = \frac{wL^2}{8}$

$\therefore\ \frac{a}{L} = \frac{1}{16}$

11 그림과 같은 전단력도를 갖는 단순보에 작용하는 최대 휨모멘트[kN · m]의 크기는?

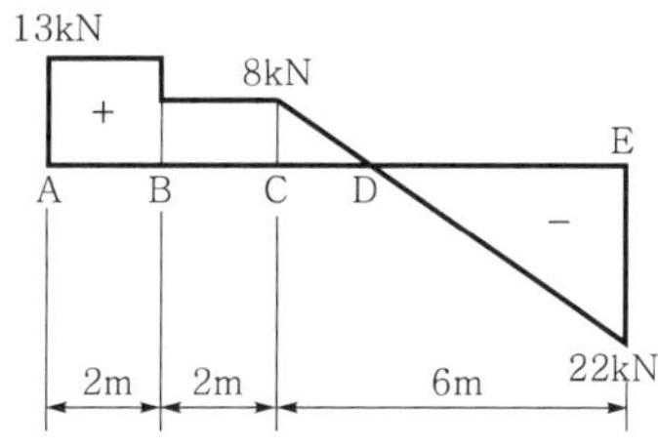

① 42.2　② 45.4
③ 48.4　④ 51.8

해설 전단력도를 적분함으로써 최대 휨모멘트를 결정한다.

x_p : Linear SFD에서 전단력이 0인 위치

$8 - \frac{\{8-(-22)\}x_p}{6} = 0$

$x_p = 1.6$

$M_{max} = 13\text{kN}\times 2\text{m} + 8\text{kN}\times 2\text{m} + 8\text{kN}\times x_p \times \frac{1}{2}$

$= 48.4\text{kN}\cdot\text{m}$

12 그림과 같이 양단이 고정되고 길이가 L인 봉의 온도가 20℃만큼 전단면에서 균일하게 상승할 때, 봉에 발생하는 압축응력[MPa]은? (단, 좌굴은 발생하지 않고, 봉의 자중은 무시한다. 또한 봉의 단면은 일정하며, 열팽창계수는 1.0×10^{-6}/℃, 탄성계수는 2.0×10^{6} MPa이다.)

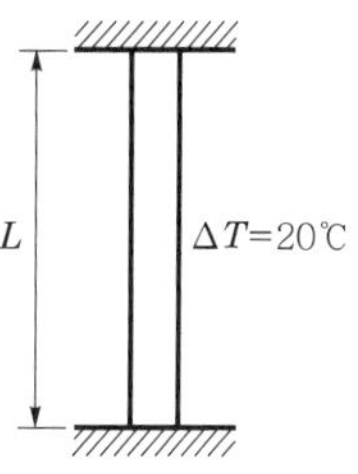

① 40　② 30
③ 20　④ 10

해설 열에 의한 신장량과 반력에 의한 수축량 간의 적합식을 통해 축응력을 결정한다.

$\alpha = 1\times10^{-6}/℃,\ E = 2\times10^6\text{MPa},\ \Delta T = 20℃$

$\delta_{\Delta T} - \delta_\sigma = 0$

$\alpha\Delta TL - \frac{\sigma L}{E} = 0$

$\therefore\ \sigma = 40\text{MPa}$

13 재료상수와 보의 구조해석에 대한 설명으로 옳지 않은 것은?

① 양의 푸아송비를 갖는 건설재료의 전단탄성계수는 항상 탄성계수보다 작다.

② 휨모멘트의 변화량은 해당 구간에서 전단력도의 면적을 계산하여 구할 수 있다.

③ 선형탄성재료의 응력과 변형률 사이의 관계를 표현하는 비례상수를 탄성계수라고 한다.

④ 0이 아닌 전단력이 작용하는 직사각형 보의 단면에서 전단응력은 직선적으로 분포한다.

해설
① $G = \frac{E}{2(1+\nu)}$이므로 푸아송비가 양일 때 전단탄성계수는 탄성계수보다 작다.
② 휨모멘트의 변화량은 해당하는 구간 내 전단력도 면적을 적분함으로써 결정할 수 있다.
③ 탄성재료가 선형일 때 응력-변형률 관계의 비례상수는 탄성계수이다.
④ 전단력이 작용하는 직사각형 단면에서의 전단응력은 포물선의 형태로 나타난다.

정답 11 ③　12 ①　13 ④

14 그림과 같이 강체보가 세 개의 수직 봉에 매달려 있다. A점으로부터 $\frac{a}{2}$만큼 떨어진 위치에 수직하중 P가 작용할 때, 가운데 수직 봉의 인장력(F_{BE})과 오른쪽 수직 봉의 인장력(F_{CF})은? (단, 세 수직 봉의 축강성은 E_bA_b로 동일하며, 수직 봉과 강체보의 자중은 무시한다.)

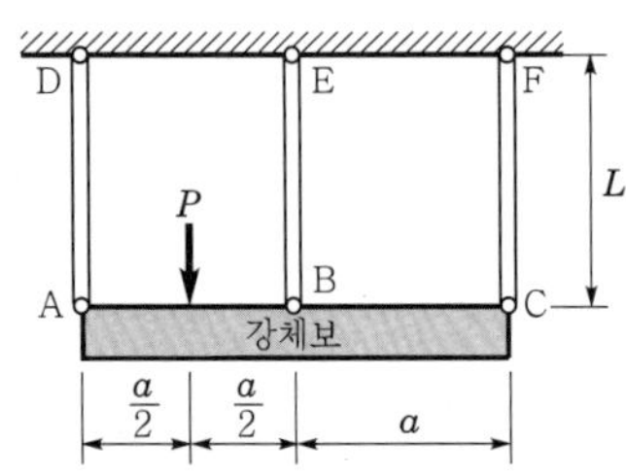

	F_{BE}	F_{CF}
①	$\frac{1}{12}P$	$\frac{1}{3}P$
②	$\frac{1}{3}P$	$\frac{1}{12}P$
③	$\frac{1}{2}P$	$\frac{7}{12}P$
④	$\frac{7}{12}P$	$\frac{1}{2}P$

해설 각 수직봉 간의 적합식을 통해 봉에 작용하는 인장력을 결정한다.

$EA = const,\ K = \frac{EA}{L}$

$\Sigma F_y = 0;\ F_{AD} + F_{BE} + F_{CF} = P$

$\Sigma M_A = 0; P(\frac{a}{2}) = F_{BE} \times a + F_{CF} \times 2a$

$\delta_{BE} - \delta_{CF} : \delta_{AD} - \delta_{CF} = 1:2$

$\frac{F_{AD} - F_{CF}}{K} = \frac{2(F_{BE} - F_{CF})}{K}$

$\therefore\ F_{BE} = \frac{P}{3},\ F_{CF} = \frac{P}{12}$

15 그림과 같이 각각의 단면적이 $2{,}000\text{mm}^2$인 3개의 원형봉 중에서 중앙에 있는 원형봉은 길이가 8,000mm인 다른 봉들보다 조금 짧게 제작되었다. 봉들의 상부에 설치된 강체보의 중앙에 수직력 $P = 160\text{kN}$을 작용시킬 때 가운데 원형봉도 강체보 아랫면에 접촉되었다면 가운데 원형봉의 길이[mm]는? (단, 원형봉의 탄성계수 $E = 80\text{GPa}$이고, 원형봉과 강체보의 자중은 무시하며, 좌굴은 발생하지 않는다.)

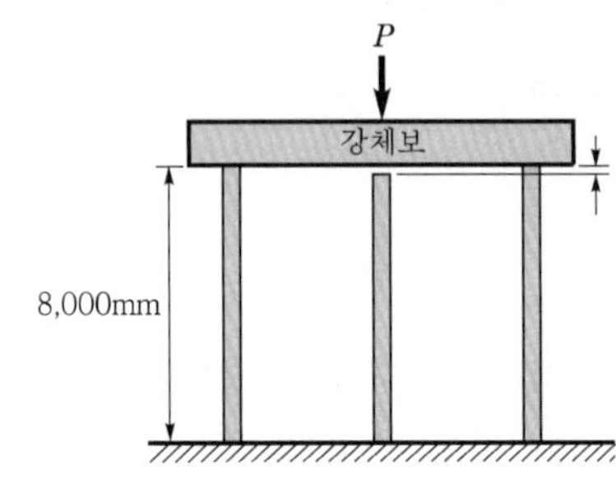

① 7,990　② 7,992
③ 7,994　④ 7,996

해설 양쪽의 원형봉 수축량으로 제작오차를 결정한다.

$A = 2{,}000\text{mm}^2, L = 8{,}000\text{mm}, P = 160\text{kN}, E = 80\text{GPa}$

$\delta = \frac{\left(\frac{p}{2}\right)L}{EA} = \frac{4}{1{,}000}\text{m}$

$\therefore\ L' = L - \delta = 7.996\text{m} = 7{,}996\text{mm}$

16 카스틸리아노(Castigliano)의 정리를 이용하여 구조물의 처짐과 처짐각을 구하는 방법에 대한 설명으로 옳은 것은?

① 구조물의 변형에너지를 어떤 하중에 대해 편미분한 것은 그 하중에 상응하는 변위와 관계가 없다.

② 구조물에서 하중이 작용하지 않는 점에서의 변위를 계산하기 위해서는 필요한 변위에 상응하는 가상 하중을 구조물에 작용시켜야 한다.

③ 내민보의 자유단에 집중하중 P가 작용할 때 변형에너지를 P에 대해 편미분하여 자유단의 처짐각을 계산할 수 있다.

④ 내민보의 자유단에 모멘트 하중 M이 작용할 때 변형에너지를 M에 대해 편미분하여 자유단의 처짐을 계산할 수 있다.

정답 14 ② 15 ④ 16 ②

해설 ① 구조물의 변형에너지를 어떤 하중으로 편미분한 것은 그 하중에 상응하는 변위이다.
② 가상하중의 원리에 대한 설명이다.
③ 변형에너지를 P에 대해 편미분한 것은 자유단의 처짐이지 처짐각이 아니다.
④ 변형에너지를 M에 대해 편미분한 것은 자유단의 처짐각이지 처짐이 아니다.

17 그림과 같이 직사각형 단면을 갖는 단순보에 등분포하중 w와 집중하중 $P=\frac{5}{8}wL$이 작용하고 있다. 이 보의 재료를 탄성계수가 기존 재료의 $\frac{1}{3}$인 재료로 교체하고, 단면은 폭이 동일하고 높이가 3배인 단면으로 교체하였다. 동일한 하중이 작용할 때, 교체된 보의 중앙에서 처짐비$\left(\frac{\delta_{교체보}}{\delta_{기존보}}\right)$와 휨모멘트비$\left(\frac{M_{교체보}}{M_{기존보}}\right)$는? (단, 보는 선형탄성 거동을 하고, 보의 자중은 무시한다.)

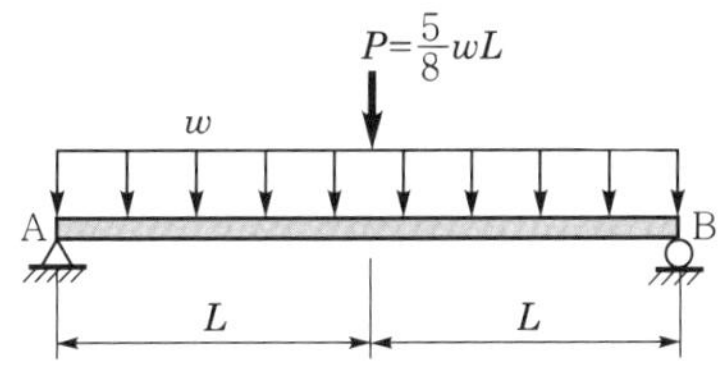

	처짐비	휨모멘트비
①	$\frac{1}{9}$	1
②	$\frac{1}{9}$	2
③	$\frac{1}{3}$	1
④	$\frac{1}{3}$	2

해설 휨강성을 검토하여 비를 결정한다.
E는 $\frac{1}{3}$배, h는 3배가 되므로, EI는 9배가 되고 M은 변화없다.

$\therefore \ \frac{\delta_{교체보}}{\delta_{기존보}}=\frac{1}{9}, \ \frac{M_{교체보}}{M_{기존보}}=1$

18 그림과 같이 한 변의 길이가 L인 정사각형 강체 프레임이 C점에서 힌지로 지지되어 있고, A점과 B점은 케이블로 고정되어 있다. D점에 수직방향 하중 10kN이 작용하여 A점에 연결된 케이블에 8kN의 인장력이 발생할 때, B점 위치의 상대적인 비$\left(\frac{x}{L}\right)$는? (단, 두 케이블은 길이가 같고, 탄성계수는 E_c, 단면적은 A_c이며, 강체 프레임과 케이블의 자중은 무시한다.)

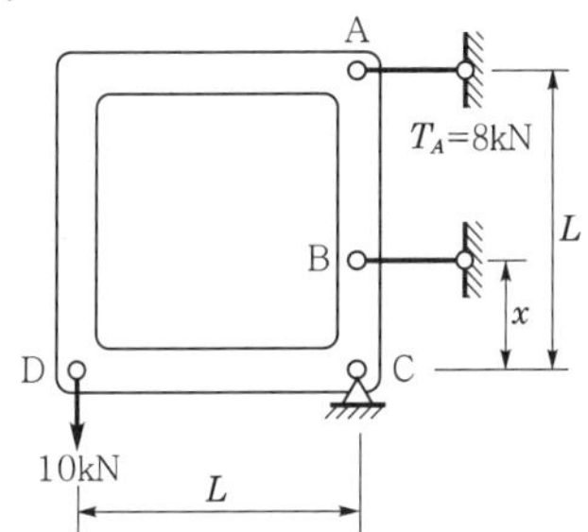

① $\frac{1}{4}$　　② $\frac{1}{3}$

③ $\frac{1}{2}$　　④ $\frac{2}{3}$

해설 케이블 A, B 간의 적합식을 통해 x와 L의 비를 결정한다.

$T_A=8\text{kN}, \ EA=const, \ K=\frac{EA}{L_{cable}}$

$\Sigma M_C=0$

$10\text{kN}\times L=T_A\times L+T_B\times x$

$=2\text{kN}\times L$

$=T_B\times x$

$\delta_A:\delta_B=L:x$

$\frac{T_A}{K}:\frac{T_B}{K}=8\text{kN}:T_B=L:x$

$\therefore \ \frac{x}{L}=\frac{1}{2}$

정답 17 ① 18 ③

19 그림과 같이 초기 평형상태를 유지하고 있는 강체 구조물이 있다. B점에 수직방향 하중 $P=10\text{kN}$이 작용할 때, 스프링에 작용하는 힘 F[kN]의 크기와 부재 AB가 x축과 이루는 각도 θ_2[°]는? (단, 스프링 상수는 $k=10\text{kN/m}$, 강체와 스프링의 자중은 무시한다.)

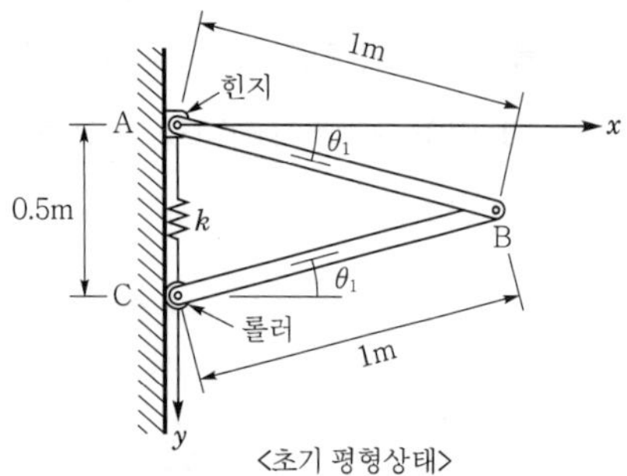

<초기 평형상태>

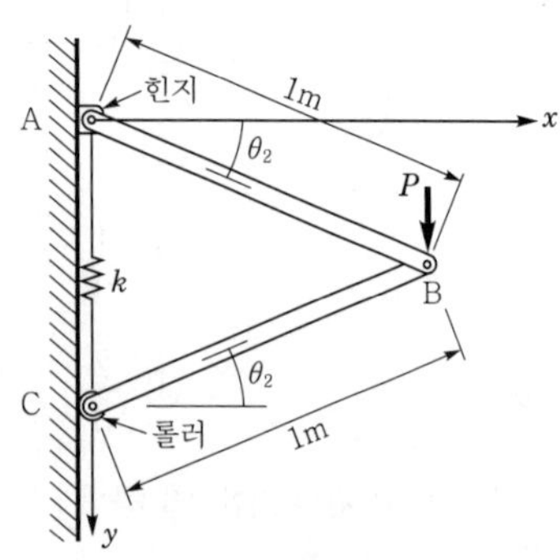

<하중 재하 후 평형상태>

	F	θ_2
①	5	60
②	10	45
③	5	30
④	10	30

해설 기하학적 조건과 평형방정식을 통해 변형 후의 각을 결정한다.

여기서, $K=10\text{kN/m}$, $P=10\text{kN}$, $\sin\theta_1=\dfrac{1}{4}$,

$L=1\text{m}$, $A_x(\leftarrow)$, $C_x(\rightarrow)$

$C_x=A_X$

$A_x L\sin\theta_2\times 2=PL\cos\theta_2$

$C_x L\sin\theta_2=FL\cos\theta_2$

$\therefore F_{spring}=\dfrac{P}{2}=5\text{kN}$

$\delta_C=2\times(L\sin\theta_2-L\sin\theta_1)=2\sin\theta_2-\dfrac{1}{2}$

$F_{spring}=K\delta_C=20\sin\theta_2-5=5$

$\therefore\ \theta_2=30°$

20 그림과 같은 트러스 구조물에서 AC 부재에 탄성 좌굴이 발생하는 임계하중 P의 크기는? (단, 트러스 부재들의 좌굴축(약축)에 대한 단면 2차모멘트는 I, 탄성계수는 E이며, 트러스 부재들은 장주이고, 자중은 무시한다.)

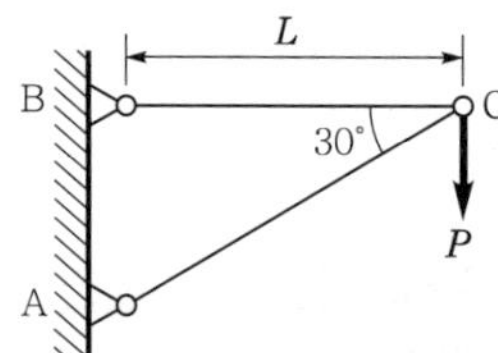

① $\dfrac{\pi^2EI}{2L^2}$ ② $\dfrac{3\pi^2EI}{8L^2}$

③ $\dfrac{\pi^2EI}{4L^2}$ ④ $\dfrac{\pi^2EI}{8L^2}$

해설 트러스 절점해석으로 부재력을 결정한 뒤 오일러 좌굴하중을 이용해 임계하중 P를 결정한다.

$L_{AC}=\dfrac{L}{\cos 30°}$, $EI=const$

$\Sigma F_{y.C}=0$, $F_{AC}\sin 30°=P$

$F_{AC}=2P=\dfrac{\pi^2EI}{L_{AC}^2}$

$\therefore\ P=\dfrac{3\pi^2EI}{8L^2}$

정답 19 ③ 20 ②

과년도 출제문제(2020년 지방직 7급)

01 그림과 같이 높이가 a인 두 단면에서 도심을 지나는 $x-x$축에 대한 단면 2차 모멘트가 동일할 때, B의 값은?

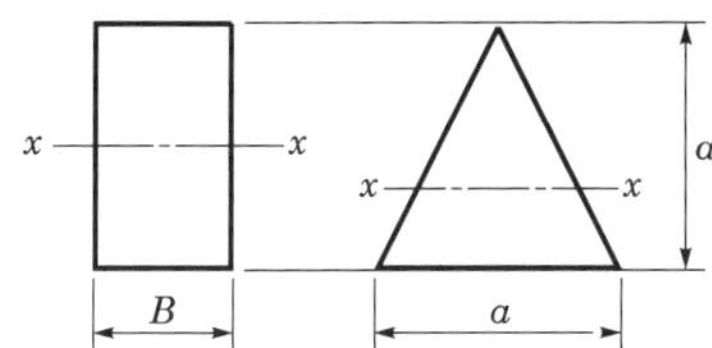

① $\frac{2a}{3}$ ② $\frac{a}{2}$

③ $\frac{a}{3}$ ④ $\frac{a}{4}$

해설 각 단면 도심에서의 2차 단면모멘트를 구해 B의 값을 결정한다.

$$\frac{Ba^3}{12}=\frac{a^4}{36}$$

$$\therefore\ B=\frac{1}{3}a$$

02 그림 (a)의 정사각형 단면의 최대 전단응력 τ_a와 그림 (b)의 원형 단면의 최대 전단응력 τ_b의 비(τ_a/τ_b)는? (단, 두 단면의 면적은 같으며, 작용하는 전단력의 크기도 같다.)

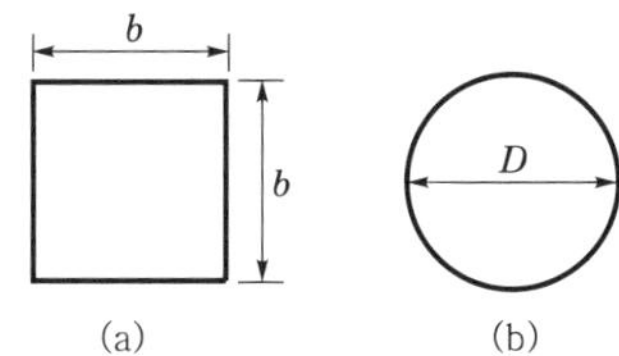

① $\frac{5}{4}$ ② $\frac{7}{6}$

③ $\frac{9}{8}$ ④ $\frac{10}{9}$

해설 동일한 면적을 갖는 조건을 통해 D를 결정한 후 전단응력 간의 비를 결정한다.

$$b^2=\frac{\pi D^2}{4}$$

$$\tau_a=\frac{V\left(b\frac{b}{2}\times\frac{b}{4}\right)}{\frac{b^4}{12}b}=\frac{3V^2}{2b^2}$$

$$\tau_b=\frac{V\left[\left(\frac{\pi D^2}{8}\right)\left(\frac{2D}{3\pi}\right)\right]}{\frac{\pi D^4}{64}D}=\frac{16V}{3\pi D^2}=\frac{4V}{3b^2}$$

$$\therefore\ \frac{\tau_a}{\tau_b}=\frac{9}{8}$$

03 그림과 같이 정지 상태의 물체에 힘 F가 경사지게 작용하고 있다. 물체가 움직이지 않는 최대 힘 F는? (단, 물체 질량은 m, 중력가속도는 g, 물체와 지면 사이의 정지 마찰계수는 μ이다.)

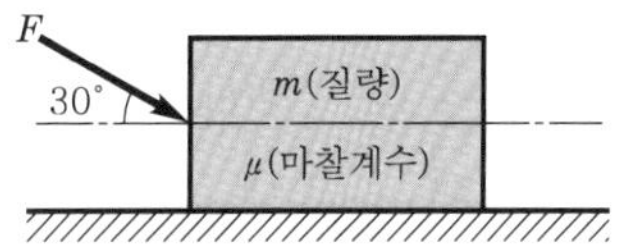

① $\frac{\sin 30°+\mu mg}{\mu\tan 30°}$

② $\frac{\mu mg}{\cos 30°-\mu\sin 30°}$

③ $\frac{\sin 30°+\mu mg}{\mu(\sin 30°+\cos 30°)}$

④ $\frac{\mu(\cos 30°+mg)}{\tan 30°}$

해설 물체에 작용하는 수직항력을 통해 최대 정지마찰력을 구한 뒤 전단력과의 비교를 통해 최대 힘 F를 결정한다.

$$N=F\sin30°+mg$$

$$F_{마찰}=\mu N=\mu(F\sin30°+mg)$$

$$F\cos30°=F_{마찰}$$

$$F=\frac{\mu(F\sin30°+mg)}{\cos30°}$$

$$\therefore\ F=\frac{\mu mg}{(1-\mu\tan30°)\cos30°}=\frac{\mu mg}{\cos30°-\mu\sin30°}$$

정답 01 ③ 02 ③ 03 ②

04 오일러의 좌굴하중 $P_{cr} = \frac{\pi^2 EI}{(kl)^2}$ 에서 장주의 양단 지지상태에 따른 유효길이 계수 k값으로 옳은 것은? (단, 탄성계수는 E, 단면 2차 모멘트는 I, 기둥길이는 l이다.)

① 양단힌지 : 0.5
② 양단고정 : 1.0
③ 한단힌지, 타단고정 : 1.5
④ 한단자유, 타단고정 : 2.0

해설 ① 양단힌지 : 1.0
② 양단고정 : 0.5
③ 한단힌지, 타단고정 : 0.7
④ 한단자유, 타단고정 : 2.0

05 그림과 같이 등분포하중이 작용하는 구조물에서 AB와 BC 부재의 휨강성이 각각 1.5 EI와 1.0EI일 때, A점의 휨모멘트의 크기 [kN·m]는? (단, 구조물의 좌굴 및 자중은 무시한다.)

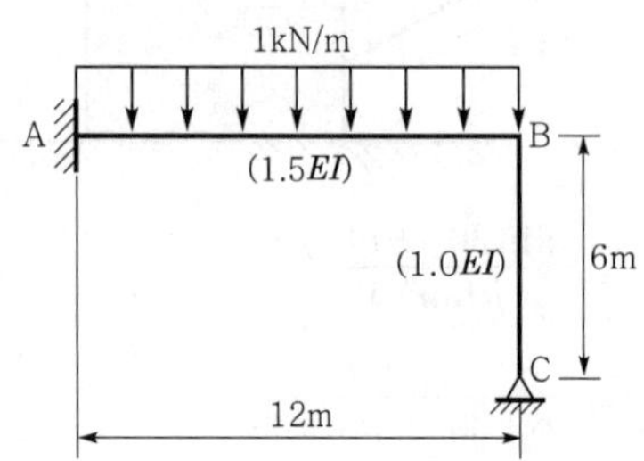

① 9 ② 12
③ 15 ④ 18

해설 처짐각법을 통해 점 A의 휨모멘트를 결정한다.
여기서, $M(\curvearrowright)$, $\theta(\curvearrowright)$

$M_{AB} = \frac{EI\theta_B}{4} - 12$

$M_{BA} = \frac{EI\theta_B}{2} + 12$

$M_{BC} = \frac{2EI\theta_B}{3} + \frac{EI\theta_C}{3}$

$M_{CB} = \frac{2EI\theta_C}{3} + \frac{EI\theta_B}{3} = 0;\ \theta_C = -\frac{\theta_B}{2}$

$\Sigma M_B = 0;\ M_{BA} + M_{BC} = \frac{7EI\theta_B}{6} + \frac{EI\theta_C}{3} + 12 = 0$

$\therefore\ EI\theta_B = -12,\ M_{AB} = -15 = 15\text{kN}\cdot\text{m}(\curvearrowleft)$

06 그림과 같이 등분포하중 w와 B점에 휨모멘트 M이 작용하는 켄틸레버 보에 저장되는 탄성변형에너지의 크기는? (단, 휨강성 EI는 일정하고, 구조물의 자중은 무시한다.)

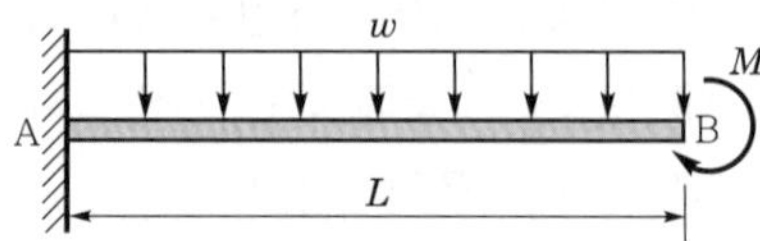

① $\frac{w^2L^5}{40EI} + \frac{wML^3}{6EI} + \frac{M^2L}{2EI}$

② $\frac{w^2L^5}{40EI} + \frac{wML^3}{8EI} + \frac{M^2L}{3EI}$

③ $\frac{w^2L^5}{48EI} + \frac{wML^3}{6EI} + \frac{M^2L}{3EI}$

④ $\frac{w^2L^5}{48EI} + \frac{wML^3}{8EI} + \frac{M^2L}{2EI}$

해설 휨모멘트를 이용해 변형에너지를 결정한다.
x : 자유단원점

$M_x(\frown) = M + \frac{wx^2}{2}$

$\therefore\ U = \int_0^L \frac{(M_x)^2}{2EI}dx = \left(\frac{1}{2EI}\right) \times \left(M^2L + \frac{MwL^2}{3} + \frac{w^2L^5}{20}\right)$

07 그림과 같은 단순보에 등분포하중 w가 작용하여 지점 B에서 지지되고 있다. 지점 B에서 수직 반력의 크기는? (단, 보의 휨강성 EI는 일정하고, 보의 두께와 자중은 무시한다.)

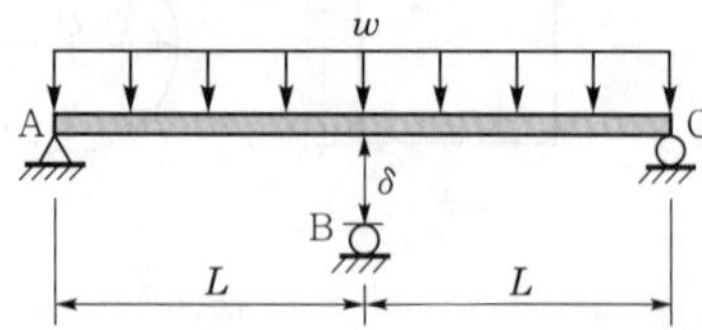

① $\frac{5wL}{8} - \frac{384\delta EI}{L^3}$ ② $\frac{5wL}{8} - \frac{48\delta EI}{L^3}$

③ $\frac{5wL}{4} - \frac{6\delta EI}{L^3}$ ④ $\frac{5wL}{4} - \frac{3\delta EI}{L^3}$

정답 04 ④ 05 ③ 06 ① 07 ③

해설 등분포하중에 의한 처짐과 점 B의 반력에 의한 변형을 중첩함으로써 점 B의 수직반력을 결정한다.

$$\frac{5w(2L)^4}{384EI} - \frac{F(2L)^3}{48EI} = \delta$$

$$\therefore\ F = \frac{5wL}{4} - \frac{6\delta EI}{L^3}(\uparrow)$$

08

그림과 같은 변단면 원형봉에서 2개의 축하중이 작용할 때, 자유단 C의 변형량은? (단, 탄성계수 E는 동일하며, 구조물의 자중은 무시한다.)

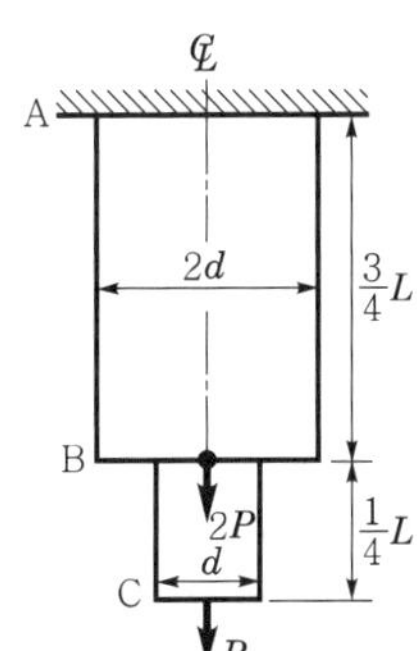

① $\frac{13PL}{4E\pi d^2}$ ② $\frac{12PL}{E\pi d^2}$

③ $\frac{9PL}{4E\pi d^2}$ ④ $\frac{2PL}{E\pi d^2}$

해설 축하중에 의한 신장량을 결정한다.

$$\delta_{AB} = \frac{3P\frac{3L}{4}}{E\left\{\frac{\pi(2d)^2}{4}\right\}} = \frac{9PL}{4E\pi d^2}$$

$$\delta_{BC} = \frac{P\frac{L}{4}}{E\left(\frac{\pi d^2}{4}\right)} = \frac{PL}{E\pi d^2}$$

$$\therefore\ \delta = \delta_{AB} + \delta_{BC} = \frac{13PL}{4E\pi d^2}$$

09

그림과 같이 등분포하중 w가 작용하는 라멘에서 A점의 수평 반력의 크기는? (단, 단면 2차 모멘트 I와 탄성계수 E는 일정하고, 구조물의 좌굴 및 자중은 무시한다.)

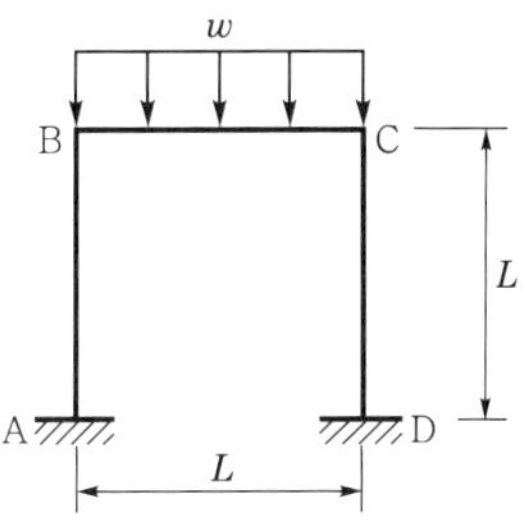

① $\frac{wL}{12}$ ② $\frac{wL}{16}$

③ $\frac{wL}{18}$ ④ $\frac{wL}{24}$

해설 1축 대칭에 대하여 모델링을 실시하고 그에 대하여 처짐각법 해석을 통해 점 A의 수평반력을 결정한다.

BC부재의 중간을 E라 할 때

여기서, $M(\curvearrowright)$, $\theta(\curvearrowright)$, $\Psi(\curvearrowright)$

$$M_{AB} = \frac{2EI\theta_B}{L},\ M_{BA} = \frac{4EI\theta_B}{L}$$

$$M_{BE} = \frac{8EI\theta_B}{L} - \frac{12EI\Psi_{BE}}{L} - \frac{wL^2}{48}$$

$$M_{EB} = \frac{4EI\theta_B}{L} - \frac{12EI\Psi_{BE}}{L} + \frac{wL^2}{48}$$

$$\Sigma M_B = 0$$

$$M_{BA} + M_{BE} = \frac{12EI\theta_B}{L} - \frac{12EI\Psi_{BE}}{L} - \frac{wL^2}{48} = 0$$

BE에서 $\Sigma M_B = 0$

$$M_{BE} + M_{EB} + w\left(\frac{L}{2}\right)\left(\frac{L}{4}\right) = \frac{12EI\theta_B}{L} - \frac{24EI\Psi_{BE}}{L} + \frac{wL^2}{8} = 0$$

$$\therefore\ \theta_B = \frac{wL^3}{72EI},\ \Psi_{BE} = \frac{7wL^3}{576EI}$$

AB에서 $\Sigma M_B = 0$

$$M_{AB} + M_{BA} = A_x L$$

$$\therefore\ A_x = \frac{wL}{12}$$

10

그림과 같은 반원 형상의 3활절 아치 구조물에서 θ의 식으로 나타낸 C점의 휨모멘트의 크기는? (단, 구조물의 자중은 무시한다.)

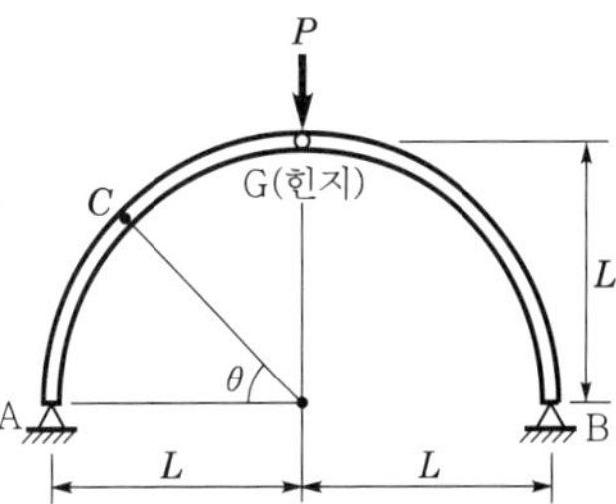

정답 08 ① 09 ① 10 ④

① $\frac{PL}{2}(1+\sin\theta+\cos\theta)$

② $\frac{PL}{2}(1-\sin\theta+\cos\theta)$

③ $\frac{PL}{2}(1+\sin\theta-\cos\theta)$

④ $\frac{PL}{2}(1-\sin\theta-\cos\theta)$

해설 3활절 아치구조물에 대한 정정해석으로 반력을 결정하고 점 C에 대한 휨모멘트를 결정한다.

$A_x = \frac{P}{2}(\rightarrow),\ A_y = \frac{P}{2}(\uparrow)$

$M_C = A_y L(1-\cos\theta) - A_x L\sin\theta$

$= \frac{PL}{2}(1-\sin\theta-\cos\theta)$

11 그림과 같이 콘크리트 속에 강봉을 삽입하여 일체로 제작한 합성 기둥에서 강봉의 탄성계수가 콘크리트의 탄성계수보다 10배 큰 값을 가질 때, 콘크리트와 강봉이 동일한 힘을 받도록 하기 위해 필요한 콘크리트 단면적 A_c와 강봉 단면적 A_s의 비(A_s/A_c)는? (단, 구조물의 자중은 무시한다.)

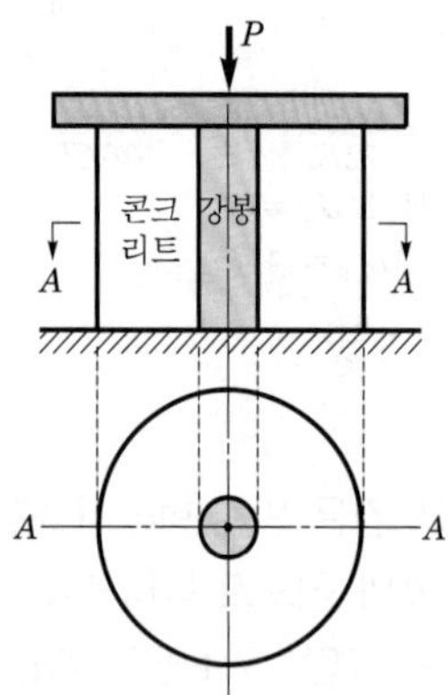

① $\frac{1}{5}$　② $\frac{1}{10}$

③ $\frac{1}{15}$　④ $\frac{1}{20}$

해설 일체 거동하는 조건을 통해 변형량이 같음을 이용하여 탄성계수 간의 비를 결정한다.

여기서, $E_s = 10E_c$, $F = F_s = F_c$

$\epsilon_s = \varepsilon_c$, $\frac{F}{E_s A_s} = \frac{F}{E_c A_c}$

$\therefore \frac{E_c}{E_s} = \frac{1}{10}$

12 평면도형상의 단면 성질에 대한 설명으로 옳지 않은 것은?

① 단면 2차 상승 모멘트의 값은 항상 0보다 크거나 같다.

② 단면 2차 극 모멘트의 값은 두 직교축에 대한 단면 2차 모멘트의 합과 같다.

③ 단면 2차 모멘트의 값은 항상 0보다 크다.

④ 도심 축에 대한 단면 1차 모멘트의 값은 항상 0이다.

해설 ① 단면 2차 상승모멘트의 값은 0보다 작을 수 있다.
② 단면 2차 극모멘트의 값은 두 직교축에 대한 단면 2차 모멘트의 합과 같다.
③ 단면 2차 모멘트는 항상 0보다 크다.
④ 도심 축에 대한 1차 단면 모멘트는 항상 0이다.

13 그림과 같은 트러스에서 AB 부재와 GH 부재의 부재력[kN]은? (단, 구조물의 자중은 무시한다.)

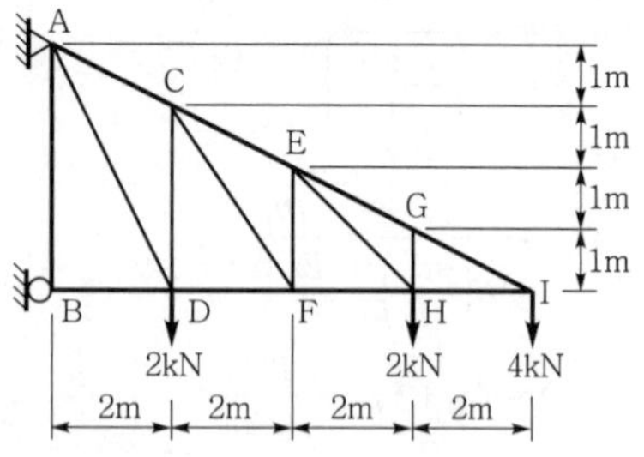

	AB 부재	GH 부재
①	0	0
②	0	3.5
③	3.5	0
④	3.5	2

해설 트러스 부재 AB와 GH는 영부재에 해당한다.

정답 11 ② 12 ① 13 ①

14 그림과 같이 단순보에 집중하중군이 A점에서 B점으로 이동하고 있다. C점의 최대 휨모멘트 [kN·m]는? (단, 보의 자중은 무시한다.)

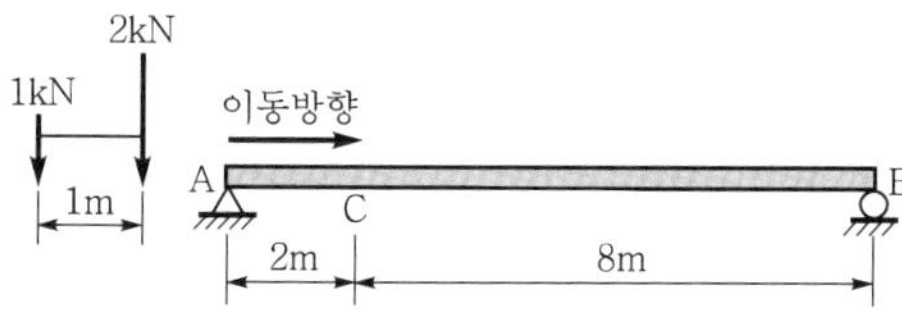

① 3.2 ② 3.6
③ 4.0 ④ 4.4

해설 Muller-Breslau의 정리를 통해 점 C모멘트에 대한 영향선을 이용하여 최댓값을 결정한다.
여기서, x : 점A원점좌표계, y : 영향선식
$\theta_1+\theta_2=1,\ 2\theta_1=8\theta_2$
$\theta_1=0.8,\ \theta_2=0.2$
$y_1=\theta_1 x$
$y_2=1.6-\theta_2(x-2)=2-0.2x$
전단에 위치한 하중이 CB부재에, 후단에 위치한 하중이 AC부재에 위치할 때
$M_C=1\text{kN}\times y_1+\text{kN}\times y_2=0.4x+3.6$
$\therefore\ M_{C.\max}=4.4\text{kN}\cdot\text{m}(x=2$일 경우)

15 그림과 같이 길이가 1,000mm이고 직경이 30mm인 원기둥형 막대에 27kN의 축방향 인장하중이 작용한다. 축방향 길이의 증가량이 0.3mm일 때, 직경의 감소량[mm]은? (단, 막대는 균질한 등방성 재료로 만들어졌으며, 재료의 전단탄성계수 G는 50GPa이다.)

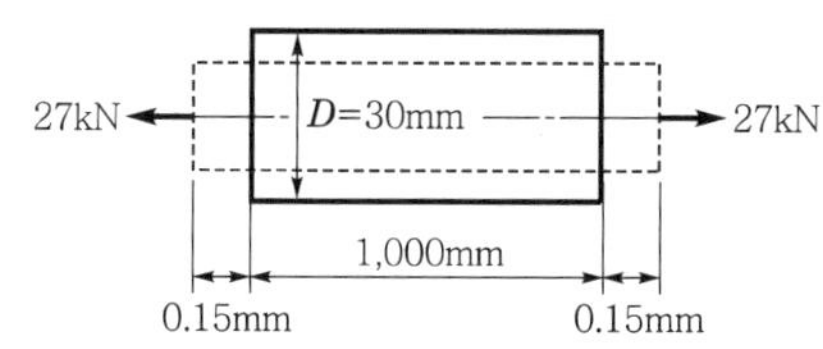

① $\left(\dfrac{32}{\pi}-8\right)\times10^{-3}$

② $\left(\dfrac{36}{\pi}-9\right)\times10^{-3}$

③ $\left(\dfrac{26}{\pi}-8\right)\times10^{-3}$

④ $\left(\dfrac{30}{\pi}-9\right)\times10^{-3}$

해설 응력과 변형률 간의 관계식과 탄성계수와 전단탄성계수 간의 관계식을 이용해 직경 감소량을 결정한다.
$P=27\text{kN},\ L=1000\text{mm},\ D=30\text{mm},$
$\delta=0.3\text{mm},\ G=50\text{GPa},\ \sigma_y=\sigma_z=0,\ \varepsilon_y=\varepsilon_z$
$E=2(1+\nu)G$

$$\sigma_x=\frac{P}{A}=\frac{P}{\frac{\pi d^2}{4}}$$

$$\varepsilon_x=\frac{\delta}{L}=\frac{3}{10{,}000}=\frac{\sigma_x}{E}=\frac{\sigma_x}{2(1+\nu)G}$$

$$\therefore \nu=\frac{4}{\pi}-1$$

$$\varepsilon_y=-\frac{\nu\sigma_x}{E}$$

$$\therefore\ \Delta D=\varepsilon_y D=\left(\frac{36}{\pi}-9\right)\times10^{-3}$$

16 그림과 같이 P_1과 P_2로 인한 처짐이 각각 δ_1과 δ_2가 발생하였다. P_1이 작용 후 P_2가 추가 재하되었을 때, P_1이 행한 일은? (단, 보는 선형 탄성 거동을 하며, 보의 자중은 무시한다)

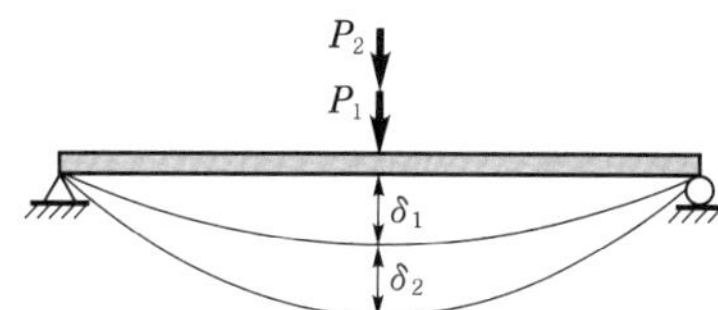

① $\dfrac{1}{2}P_1\delta_1+\dfrac{1}{2}P_2\delta_2$

② $\dfrac{1}{2}P_1(\delta_1+\delta_2)$

③ $\dfrac{1}{2}(P_1+P_2)(\delta_1+\delta_2)$

④ $\dfrac{1}{2}P_1\delta_1+P_1\delta_2$

해설 첫 번째 하중의 경우 구조물에 대한 변형을 발생시키며 일을 하고, 두 번째 하중이 재하될 때에는 첫 번째 하중은 추가되는 변형만큼 일을 한다.

$$\therefore\ W_1=P_1\times\delta_1\times\frac{1}{2}+P_1\times\delta_2$$

$$=\frac{P_1\delta_1}{2}+P_1\delta_2$$

정답 14 ④ 15 ② 16 ④

17 그림과 같은 강체보에서 B점의 처짐이 A점 처짐의 2배가 되게 하기 위한 길이 a[m]는? (단, A와 B지점의 스프링 상수는 동일하며, 보와 스프링의 자중은 무시한다.)

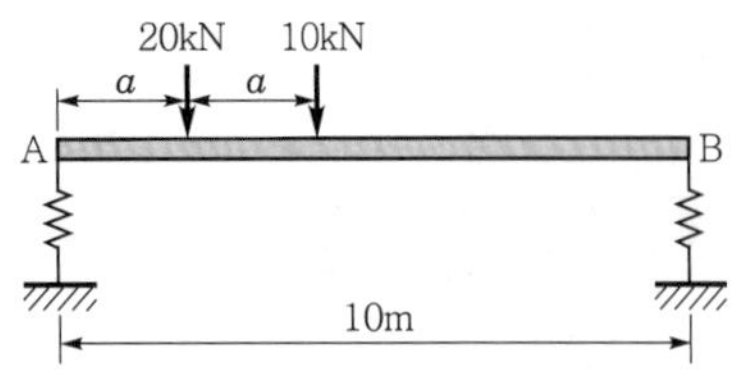

① 2　　② 3
③ 4　　④ 5

해설 정정해석을 통해 스프링에 작용하는 하중을 결정하고 a를 결정한다.

$R_A = 20\text{kN} \times \dfrac{(10-a)}{10} + 10\text{kN} \times \dfrac{(10-2a)}{10}$

$R_B = 20\text{kN} \times \dfrac{a}{10} + 10\text{kN} \times \dfrac{2a}{10}$

$\dfrac{R_B}{K} = \dfrac{R_A}{K} \times 2$

$4a = 60 - 8a$

$\therefore\ a = 5\text{m}$

18 그림과 같이 A점에 휨모멘트 M_A를 받는 단순보에서 AC와 BC구간의 단면 2차 모멘트는 각각 $2I$와 I이다. A점에서 발생하는 회전각 θ_A와 B점에서 발생하는 회전각 θ_B의 비 (θ_A / θ_B)는? (단, 탄성계수 E는 일정하며, 보의 자중은 무시한다.)

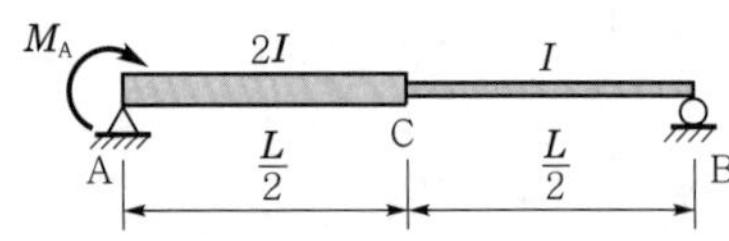

① 0.5　　② 1.0
③ 1.5　　④ 2.0

해설 처짐각 해석을 통해 점 A, B의 회전각 간의 비를 결정한다.

$M_{AC} = \dfrac{16EI\theta_A}{L} + \dfrac{8EI\theta_C}{L} - \dfrac{24EI\Psi_{AC}}{L}$

$M_{CA} = \dfrac{16EI\theta_C}{L} + \dfrac{8EI\theta_A}{L} - \dfrac{24EI\Psi_{AC}}{L}$

$M_{CB} = \dfrac{8EI\theta_C}{L} + \dfrac{4EI\theta_B}{L} - \dfrac{12EI\Psi_{CB}}{L}$

$M_{BC} = \dfrac{8EI\theta_B}{L} + \dfrac{4EI\theta_C}{L} - \dfrac{12EI\Psi_{CB}}{L}$

$\dfrac{L}{2}\Psi_{AC} + \dfrac{L}{2}\Psi_{CB} = 0,\ \Psi_{CB} = -\Psi_{AC}$

- $M_{AC} = M_A$
- $M_{CA} + M_{CB} = 0$
- $M_{BC} = 0$
- $M_{CB} + M_{BC} = \dfrac{M_A}{L} \times \dfrac{L}{2}$

$\therefore \theta_A = \dfrac{3M_A L}{16EI},\ \theta_B = -\dfrac{M_A L}{8EI}$

$\therefore\ \left|\dfrac{\theta_A}{\theta_B}\right| = 1.5$

19 그림과 같이 $x-y$ 평면상에 단순보 AB와 DE가 C점에서 직교하며 연결되어 있다. AB 보에 등분포하중 w가 z축 방향으로 작용할 때, D점의 수직 반력의 크기는? (단, AB와 DE 보의 단면 2차 모멘트는 각각 $2I$와 I이고, 탄성계수 E는 동일하며, 구조물의 자중은 무시한다.)

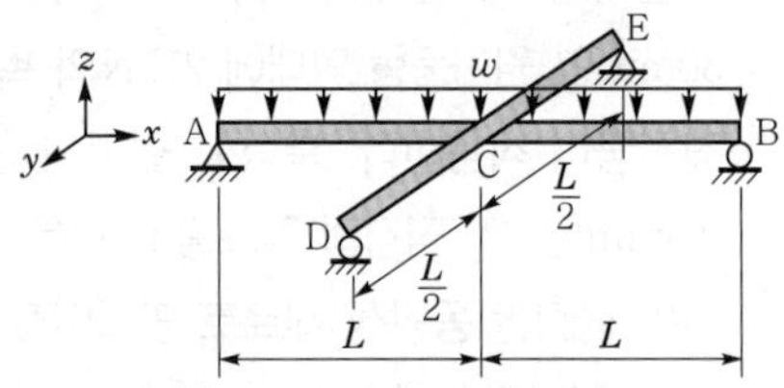

① $0.25wL$　　② $0.5wL$
③ $0.75wL$　　④ $1.0wL$

해설 보 DCE을 모델링하여 중첩을 이용해 부정정력을 구한 뒤 점 D의 수직반력을 결정한다.

$\delta_{C.ACB}(\downarrow) = \dfrac{5w(2L)^4}{384E \times 2I} - \dfrac{F(2L)^3}{48E \times 2I}$

$\delta_{C.DCE}(\downarrow) = \dfrac{FL^3}{48EI}$

$\delta_{C.ACB}(\downarrow) = \delta_{C.DCE}(\downarrow),\ F = wL$

$\therefore\ R_D = \dfrac{F}{2} = 0.5wL$

정답 17 ④　18 ③　19 ②

20 원형 단면 봉에 비틀림 토크 T가 $10\text{N}\cdot\text{m}$ 작용하였다. 단면의 중심 O점에서 5mm 떨어진 A점의 전단응력 τ가 25MPa 발생하였을 때, 원형 단면의 극관성 모멘트 $I_P\,[\text{mm}^4]$와 봉의 단위 길이당 비틀림각 $\theta\,[\text{rad/m}]$는? (단, 전단탄성계수 G는 100GPa이다.)

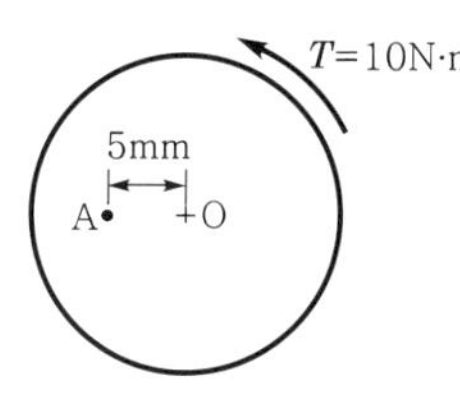

	I_P	θ
①	1,000	0.05
②	1,000	0.10
③	2,000	0.05
④	2,000	0.10

해설 비틀림 전단응력 공식을 이용한다.

$T = 10\text{N}\cdot\text{m},\ G = 100\text{GPa},\ \tau_A = 25\text{MPa}$

$$\tau_A = \frac{Tr}{I_p} = \frac{(10\times10^{-3})\times(5\times10^{-3})}{I_p} = 25\times10^3$$

$$\therefore\ I_p = \frac{1}{5\times10^8}\text{m} = 2{,}000\text{mm}$$

$$\tau_A = G\gamma = Gr\theta = (100\times10^6)\times(5\times10^{-3})\times\theta$$

$$\therefore\ \theta = \frac{1}{20} = 0.05\text{rad/m}$$

정답 20 ③

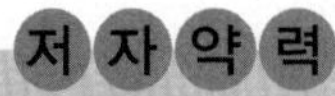

고영주
- 공학박사
- 신성대학교 도시건설과 교수
- 한국도로공사 도로연구소

임성묵
- 토목구조기술사
- 신성대학교 도시건설과 겸임교수
- 청우엔지니어링 대표이사

토목직 응용역학

2017. 1. 10. 초 판 1쇄 발행
2021. 3. 12. 개정증보 4판 1쇄 발행

지은이 | 고영주, 임성묵
펴낸이 | 이종춘
펴낸곳 | BM (주)도서출판 성안당
주소 | 04032 서울시 마포구 양화로 127 첨단빌딩 3층(출판기획 R&D 센터)
10881 경기도 파주시 문발로 112 파주 출판 문화도시(제작 및 물류)
전화 | 02) 3142-0036
031) 950-6300
팩스 | 031) 955-0510
등록 | 1973. 2. 1. 제406-2005-000046호
출판사 홈페이지 | **www.cyber.co.kr**
ISBN | 978-89-315-6753-3 (13530)
정가 | 32,000원

이 책을 만든 사람들
기획 | 최옥현
진행 | 이희영
교정·교열 | 류지은
전산편집 | 전채영
표지 디자인 | 박원석, 임진영
홍보 | 김계향, 유미나
국제부 | 이선민, 조혜란, 김혜숙
마케팅 | 구본철, 차정욱, 나진호, 이동후, 강호묵
마케팅 지원 | 장상범, 박지연
제작 | 김유석